Hochwertiges Gußeisen

seine Eigenschaften und die physikalische Metallurgie seiner Herstellung

Von

Dr.-Ing. habil. Eugen Piwowarsky

ord. Professor der Eisenhüttenkunde, Leiter des Gießerei-Instituts der Technischen Hochschule Aachen und Inhaber des Lehrstuhls für allgemeine Metallkunde und das gesamte Gießereiwesen der Eisen- und Nichteisenmetalle

Mit 1161 Abbildungen im Text

Springer-Verlag Berlin Heidelberg GmbH
1942

ISBN 978-3-662-27121-6 ISBN 978-3-662-28604-3 (eBook)
DOI 10.1007/978-3-662-28604-3

Ursprünglich erschienen bei Springer-Verlag OHG., in Berlin 1942
Softcover reprint of the hardcover 1st edition 1942

Vorwort.

Das Gießen von Metallen und Legierungen ist wohl das eleganteste Formgebungsverfahren unserer heutigen Technik. In zahlreichen Fällen ist es auch hinsichtlich der Ausnutzung des metallischen Werkstoffs besonders günstig und wirtschaftlich um so vorteilhafter, je zweckmäßiger die Konstruktion ist. Die Gießereiindustrie zählt jedenfalls mit vollstem Recht zu den sogenannten Schlüsselindustrien moderner Technik, denn sie greift tief ein in die Belange des Maschinenbaus, des Bauwesens, der Verkehrstechnik und teilweise auch der Rüstungsindustrie.

Im Rahmen der marktgängigen Gußlegierungen stellt der Grauguß einen universellen Baustoff von größter Bedeutung dar und seine Jahreskapazität übertrifft auch heute noch diejenige aller anderen Gußlegierungen. Die Entwicklung der Schweißtechnik und die zunehmende Einführung der Leichtmetalle haben seiner Bedeutung keinen Abbruch getan. Das wird auch zweifellos in weiter Zukunft so bleiben, denn eigentlich hat erst die moderne Stoffmechanik die wertvollen spezifischen Eigenschaften dieses heimischsten unserer Werkstoffe ins volle Licht gerückt und eine sachlich-gerechte Beurteilung desselben angebahnt.

Den vielseitig veränderlichen Eigenschaften des Gußeisens entspricht sein umfangreicher Verwendungssektor. Die mechanischen, physikalischen, chemischen und sonstigen Eigenschaften des Gußeisens sind durch Gattierung, Schmelzführung, Legierung und Nachbehandlung in weiten Grenzen regelbar, erfordern allerdings zu ihrer Ausnützung und ihrem richtigen Einsatz umfangreiche Kenntnisse auf metallkundlich-metallurgischem Gebiet sowie einen hinreichenden Einblick in die Praxis des Gießereiwesens. Das einschlägige in- und ausländische Schrifttum, dessen Studium dem Fachmann ein abgerundetes Bild vom Stand der Technik hinsichtlich Herstellung, Eigenschaften und Einsatzmöglichkeiten des heutigen hochwertigen Gußeisens zu vermitteln vermag, ist aber inzwischen so überaus umfangreich geworden, daß nur wenige Fachleute Zeit und Muße finden dürften, davon in vollem Umfang Gebrauch zu machen. Hier setzt der Zweck des vorliegenden Werkes ein. Es soll dem Fachmann in geschlossener Buchform einen Überblick bringen über die Metallurgie des Gußeisens, über die Beziehungen zwischen dem Gefügeaufbau und den Eigenschaften desselben sowie über den zweckmäßigen Einsatz dieses Werkstoffes und seine künftigen Entwicklungsmöglichkeiten. Die Darstellung und kritische Betrachtung des Fachgebietes erfolgte in einer Form, die den Leser immer wieder auf offene Probleme hinweist und ihn immer wieder zu eigenem produktivem Denken anregt, um auf diese Weise der weiteren Entwicklung dieses Werkstoffs zu dienen.

Es ist selbstverständlich, daß ein so umfangreiches Werk wie das vorliegende nicht frei sein kann von einer persönlichen Note in der Betrachtung der Dinge. Wer eben, wie der Verfasser, die moderne Entwicklung des Gußeisens fast vom Anfang der stürmischen Entwicklung der letzten zwei bis drei Jahrzehnte an persönlich miterleben konnte und an ihr persönlich stark beteiligt war, hat aber nicht nur das Recht, sondern zweifellos auch die Pflicht, nicht nur eine rein darstellende Betrachtungsweise zu wählen, sondern diese durch eigene kritische

Stellungnahme zu beleben. Dadurch wird jedenfalls der Erkenntnisdrang des vorurteilsfreien Lesers angeregt und der Weiterentwicklung bestens gedient.

Das kleine dem eigentlichen Stoff vorangestellte Kapitel II über einige allgemeine konstitutionelle Grundlagen soll dem weniger wissenschaftlich vorgebildeten Leser noch einmal diejenigen Gesetzmäßigkeiten der Kristallisationslehre und Legierungskunde aufzeigen, deren Berücksichtigung bei der Entwicklung des Gußeisens so fruchtbringend war und auch weiterhin von größter Bedeutung sein wird.

Die physikalisch-chemische Betrachtungsweise im Rahmen der Kapitel über die Entphosphorung, Entschwefelung und Desoxydation macht keinen Anspruch darauf, den Stand unserer heutigen Erkenntnisse der Phasenlehre auf dem Gebiet hüttenmännischer Prozesse vollwertig zu berücksichtigen, beschränkt sich vielmehr darauf, in Darstellungsweise und Anwendungsbeispielen den speziellen Verhältnissen bei der Schmelzung und Nachbehandlung von Gußeisen Rechnung zu tragen.

Die Kapitel über die Dauerfestigkeit, Kerbsicherheit und Dämpfungsfähigkeit des Gußeisens sowie die Schlußworte zur Frage Schweißen oder Gießen hat mir mein Mitarbeiter Herr Dozent Dr.-Ing. habil. R. BERTSCHINGER unter Berücksichtigung meiner ihm bekannten Einstellung zu diesen Fragen textlich weitgehend vorbereitet. Die Kapitel über die physikalischen Eigenschaften des Gußeisens haben unsere eigenen, gemeinsam mit meinem früheren Mitarbeiter, Herrn Dr.-Ing. habil. E. SÖHNCHEN, durchgeführten Untersuchungen auf diesem Gebiet zur Basis. Das Kapitel über die Gesetze des Kupolofenschmelzens stützt sich auf die groß angelegten, kritisch bestens durchdachten Arbeiten von Prof. Dr.-Ing. habil. H. JUNGBLUTH und Direktor Dr.-Ing. R. KORSCHAN von der Fried. Krupp A.-G. in Essen, gemeinsam mit P. A. HELLER.

Beim Lesen der Korrekturen haben mir die Herren Dipl.-Ing. W. SULZER, Dipl.-Ing. W. WÜLLENWEBER, vor allem aber Herr Dozent Oberingenieur Dr.-Ing. habil. R. BERTSCHINGER wertvolle Dienste geleistet.

Allen Fachkollegen und Fachgenossen, die mich durch Überlassung von Abbildungen sowie durch Hinweise und Überlassung textlicher Unterlagen unterstützt haben, sei an dieser Stelle noch einmal bestens gedankt.

Das einschlägige Schrifttum ist bis etwa Sommer 1941 berücksichtigt.

Aachen, Sommer 1942.

E. PIWOWARSKY.

Inhaltsverzeichnis.

I. Einleitung.

a) Der Werkstoff Gußeisen.

Begriff. Gußeisen ist eine gut bis hervorragend gießbare Eisenkohlenstofflegierung, d. h. eine Legierung von Eisen mit über etwa 1,8%, in der Mehrzahl der praktischen Verwendungsfälle zwischen 2,8 bis 3,4% (bei Hartguß bis rd. 4,2%) liegendem Gehalt an Kohlenstoff. Tritt bereits im Rohguß ein erheblicher Teil dieses Kohlenstoffs, mindestens aber etwa 0,8 bis 1% (im allgemeinen 1,5 bis 2,5%) in Form von Graphit im Gefüge auf, so erscheint der Bruch mattgrau bis schwarz. Gußeisen dieser Art führt alsdann den Namen Grauguß. Neben Kohlenstoff bzw. Graphit enthält unlegiertes Gußeisen noch etwa 3 bis 6% andere normale Aufbauelemente, wie Silizium, Mangan und Phosphor, bei 0,04 bis 0,15% Schwefel. Die meisten handelsüblichen Gußeisensorten sind entsprechend ihrer chemischen Zusammensetzung dem Gefüge nach eutektisch bis naheutektisch, d. h. ihr Erstarrungsintervall ist klein, die Kornstruktur wenig ausgeprägt und die Neigung zur sog. Kristallseigerung gering. Dieser eutektische oder naheutektische Gefügezustand ist vom mechanischen und korrosionschemischen Standpunkt aus vorteilhaft und im Verein mit den spezifischen, dem Gußeisen zukommenden Sondereigenschaften besonders wertvoll.

Bedeutung der Fremdelemente. Wenn man über den Gefügeaufbau von Grauguß und dessen Beziehungen zu den mechanischen, physikalischen und chemischen Eigenschaften zu sprechen oder zu schreiben hat, so steht man oft noch vor der Notwendigkeit, einige unzeitgemäße Irrtümer zurückzuweisen. Man findet nämlich selbst in technischen Kreisen noch vereinzelt Auffassungen vertreten, welche in dem graphitischen Anteil des Graugusses die Ursache eines undichten Gefüges, im Graphit zusammen mit den restlichen Anteilen der üblichen Begleitelemente (Silizium, Mangan, Phosphor, Schwefel) aber nur ungünstig wirkende Beimengungen sehen. Sachverständige Forscher und erfahrene Praktiker dagegen wissen auf Grund der Fortschritte in der Gießereitechnik und dank des heutigen hochentwickelten Prüfungswesens, daß sich im Werkstoff Gußeisen ganz besondere Eigenschaften vereinigen, welche ihm auch für die Zukunft eine bevorzugte Stellung unter den technischen Nutzlegierungen und Baustoffen sichern. Jene 4,5 bis 7% betragenden Begleitelemente des Graugusses an anderen Metallen, Metalloiden und Graphit verursachen nämlich nicht nur für die technologischen und gießtechnischen Eigenschaften, sondern auch für die Erstarrungsvorgänge, den Gefügeaufbau, die mechanischen, physikalischen und korrosionschemischen Eigenschaften des Gußeisens gewisse spezifisch-günstige Rückwirkungen, deren Kenntnis dem Praktiker, dem Materialprüfer und dem Konstrukteur diejenigen Verwendungsgebiete aufzuzeigen vermag, wo der Grauguß gegenüber anderen Legierungen und Nutzmetallen neben seiner Preiswürdigkeit auch noch ganz offensichtliche technische Vorzüge besitzt.

Die spezifischen Eigenschaften des Gußeisens. Gußeisen (Grauguß) handelsüblicher Zusammensetzung hat neben hervorragender Gießfähigkeit die Vorteile geringer Schwindung bei der Erstarrung, neigt daher wenig zur Lunkerung und Rißbildung, es besitzt hervorragende chemische Eigenschaften, die es seit seiner Entdeckung im 14. Jahrhundert besonders geeignet machten für Gebrauchsgegenstände aller Art, die trotz korrodierender Angriffe und atmosphärischer Einflüsse eine besonders große, jahrzehnte-, ja vielfach jahrhundertelange Lebensdauer aufweisen sollen. Seine mechanischen Eigenschaften konnten im Laufe der letzten zwei bis drei Jahrzehnte so bedeutend entwickelt werden, daß es neben dem handelsüblichen Flußeisen und Stahl, ja sogar neben den hochentwickelten modernen Leichtlegierungen einen unentbehrlichen Platz im Rahmen der neuzeitlichen Nutzlegierungen einnimmt.

Gußeisen ist ein Baustoff, der zwar durch die meist glatte Form seiner Bruchflächen und die geringe, meist unter 1% liegende Bruchdehnung statisch spröde erscheint, dennoch aber eine hinreichend hohe dynamische Zähigkeit mit geringer Oberflächenempfindlichkeit vereinigt (*1*)*. Der Begriff der Sprödigkeit ist heute, wie G. MEYERSBERG (*2*) mit Recht sagt, dahin geklärt, daß er rein relativ das Maß der Verformung ausdrückt, die dem Bruch vorausgeht. Seitdem daher erkannt worden ist, daß eine hohe Bruchdehnung entgegen den früheren Ansichten mit einem mehr oder weniger günstigen Verhalten bei Betriebsbeanspruchungen nichts zu tun hat, ist ihre Bedeutung viel niedriger einzusetzen als früher üblich. Erhöhte praktische Bedeutung hat sie nur in Fällen, wo Sicherheit dagegen gefordert wird, daß einzelne übergroße Gewaltstöße sogleich zum Bruch führen. In solchen Fällen wird Gußeisen also nicht am Platze sein. Um aber betriebsmäßigen, selbst beliebig oft wiederholten Schlägen oder Stößen widerstehen zu können, bedarf es keiner hohen Bruchdehnung. Man bedenke, daß z. B. zahlreiche andere Knet- und Gußlegierungen der Eisen- und NE-Basis ebenfalls nur Dehnungswerte von 1 bis 4% besitzen und sich dennoch an ihrem Platz hervorragend bewähren. Die Aufklärung betreffend übertriebene oder unangebrachte Forderungen nach hoher Bruchdehnung nimmt daher auch im Ausland in steigendem Maße zu (*3*). Der durch die eingelagerten, eine natürliche Kerbwirkung ausübenden Graphitlamellen gekennzeichnete Werkstoff Gußeisen (Grauguß) ist gegenüber zusätzlichen äußeren Kerbwirkungen und Oberflächenfehlern weitgehend unempfindlich. Die durch die Graphiteinlagerungen verursachte hohe Dämpfungsfähigkeit des Gußeisens, welche u. a. bei Ausschwingversuchen in einem raschen Abklingen der Ausschwingkurven zum Ausdruck kommt, gestattet gerade dem Grauguß, bei schwingender Beanspruchung oder mäßigen Schlagimpulsen fortlaufend Arbeit aufzunehmen, ohne zu ermüden. Korrodierende Einflüsse verursachen bei Gußeisen keine größeren, ja vielfach sogar geringere Rückwirkungen auf den Abfall der Festigkeitseigenschaften (Korrosionsermüdung), als dies bei manchen anderen technischen Nutzlegierungen der Fall ist.

Grauguß ist demnach ein Werkstoff, welcher nicht nur in korrosionschemischer Beziehung, sondern auch mit Rücksicht auf seine mechanischen Eigenschaften Vorzüge besitzt, welche ihm eine ausgesprochene Sonderstellung unter den Nutzlegierungen für die weite Zukunft sichern.

Schrifttum:

(*1*) THUM, A.: Neue Erkenntnisse von Gußeisen als Konstruktionswerkstoff. Gießerei, Bd. 22 (1935) S. 529.
(*2*) MEYERSBERG, G.: Edelguß-Mitteilungen Nr. 1. Vgl. Gießerei Bd. 24 (1937) S. 28.
(*3*) Vgl. Metals & Alloys, Sept. 1939 S. 259.

* Die zwischen ( ) Klammern stehenden, schräg gedruckten Zahlen verweisen auf das jeweils am Schluß des betr. Kapitels befindliche Literaturverzeichnis.

b) Aus der Geschichte des Gußeisens.

Zeitalter der Holzkohlentechnik.

Ende 14. Jahrh.	Erstes zwiegeschmolzenes Gußeisen aus dem Stückofen (gußeiserne Kugeln und kleine Geschütze).
Anfang 15. Jahrh.	Erstmalig direkter Guß aus kleinen (1,5 bis 2 m hohen) Hochöfen („Guß aus dem Erz"). Herdguß.
Ende 15. Jahrh.	Erster dünnwandiger Topfguß nach dem Wachsausschmelzverfahren in stark vorgewärmte Gußformen.
16. Jahrh.	Zunehmende Herstellung gußeiserner Grabplatten, Grabkreuze und Feuerböcke. Beginn der Verwendung geschlossener Sandformen.
1681—1688	Bau der großen Wasserkünste von Versailles. Verwendung gußeiserner Flanschenröhren.
Ab 1722	RÉAUMURS kippbarer Kupolofen. Erste Bruch- und Gefügeuntersuchungen mittels Mikroskops.
1708	DARBY führt in England den Geschirrguß in Sandformen ein.
1734	SVEDENBORGS Buch „de ferro". Erstes und ältestes Handbuch der Eisenhüttenkunde.
18. Jahrh.	Hochöfen bereits 8 bis 10 m Höhe. Tagesproduktion 2500 bis 4500 kg Eisen.

Zeitalter der Steinkohlentechnik.

1758	ISAAK WILKINSONS englisches Patent auf Herstellung von Formen und Kernen für röhrenförmige Gußstücke in Trockenguß mit geteilten Formkästen.
1770—1775	Ersatz bronzener Maschinenzylinder atmosphärischer Maschinen durch gebohrte gußeiserne Zylinder. Größter gußeiserner Zylinder auf der Chasewatergrube in Cornwall. 1800 mm weit und 3200 mm hoch.
1765—1785	Einführung der Wattschen Dampfmaschine. Zunehmende Verwendung von Gußeisen im Maschinen- und Brückenbau. Erste gußeiserne Profilschienen.
1788	JOHN WILKINSONS gießt die ersten Dampfzylinder mit Dampfmänteln aus einem Stück. Für das städtische Wasserwerk in Paris werden 60 km Leitungsröhren gegossen.
1785—1790	Schottische Hütten gießen erstmalig leichte dünnwandige Abflußröhren (1789 in Lauchhammer eingeführt). Zunehmende Einführung koksbeheizter englischer Gießereiflammöfen.
1794	JOHN WILKINSONS Patent auf koksbeheizte Gießereischachtöfen.
1796	Inbetriebnahme des ersten deutschen Kokshochofens (Gleiwitz, O/S).
1804	Gründung der Kgl. Eisengießerei in Berlin (zwei Kupolöfen, zwei Flammöfen, vier Tiegelöfen).
1784—1830	Entstehung und Aufblühen des Kunstgusses (Lauchhammer, Gleiwitz, Berlin, Ilsenburg, Wasseralfingen, Sayn).
Anfang 19. Jahrh.	Allmähliche Trennung von Hochofenbetrieb und Gießerei (mit Ausnahme von Rohrguß).
1827	Einführung der Modellplatte im Gießereibetrieb.
1851	Erste Verwendung doppelseitiger Modellplatten.
1855	Erste Abhebeformmaschine auf der Pariser Weltausstellung.
1858	Erster neuzeitlicher Kupolofen nach J. IRELAND.
1865	Erster Kupolofen mit Eisensammelraum nach H. KRIGAR in Hannover.
1867	Erfindung des Kapselgebläses durch die Amerikaner F. M. und P. H. ROOT (rootsblower).
1870	Erster Krigarofen mit Vorherd.
1875	Erfindung der Wendeplattenformmaschine durch F. DEHNE und G. WOOLWOUGH in Halberstadt.
1885	Einführung der Durchziehmaschinen.
1890	Erstes Fließband im Gießereibetrieb (bei Westinghouse Co.).

20. Jahrhundert.

1906	Einführung der Rüttelformmaschine durch Tabor Mfg. Co. in Philadelphia (Patente auf Rüttelformmaschinen existieren seit 1869). P. GOERENS erkennt den Wert perlitischer Struktur für mechanisch festes Gußeisen.
1908	Erste Treffsicherheitsversuche (JÜNGST).
1909	Erster Lichtbogen-Elektroofen im Graugußbetrieb. Erste klassifizierte Normung von Probestäben aus Grauguß.
1912	Erster Ölofen im Graugußbetrieb.

1913	Beginnende Auswirkung der systematischen Untersuchungen von F. Wüst und seiner Mitarbeiter über den Einfluß der Eisenbegleiter im Gußeisen.
1916	Lanz-Perlit-Patent (K. Sipp und A. Diefenthäler) betreffend erstes neuzeitliches Verfahren zur Erzielung von hochwertigem Grauguß mit hoher Widerstandsfähigkeit gegen gleitende Beanspruchung.
1918	Einführung des Duplex-Verfahrens.
1920	Erste Versuche von O. Bauer und E. Piwowarsky über den Einfluß von Sonderelementen auf Grauguß.
1920—1922	Treffsicherheitsversuche Rudeloff-Sipp.
1922	Erste systematische Arbeiten von F. Wüst und P. Bardenheuer über niedrig gekohltes Gußeisen.
1924	Betriebssichere Entwicklung der Verfahren zur Herstellung von Grauguß mit niedrigem Kohlenstoffgehalt bei Eingattierung hoher Stahlschrottanteile (Emmelguß, Kruppscher Sternguß). Erstes unmagnetisches Gußeisen (Nomag). Das erste Gußeißendiagramm von E. Maurer.
1925	E. Schüz (Meier & Weichelt) begründet das erste Verfahren zur systematischen Graphitverfeinerung durch Gießen Si-reichen Eisens in Kokillen. Erste systematische Feststellungen von E. Piwowarsky über den Einfluß der Schmelzüberhitzung auf Grauguß. Zunehmende Einführung legierten Gußeisens.
1926	Feststellungen von H. Hanemann betr. den Zeitfaktor bei der Überhitzung von Gußeisen. Einführung des Niresist-Eisens (Nimol). Entwicklung des Kruppschen Austenitgusses.
1928	Schaffung des Normblattes DIN 1691. (Güteklasse Ge 14 bis 26).
1930—1934	Zunehmende Anwendung von Pfannenzusätzen und steigende Verwendung thermisch vergütbaren Gußeisens. Entwicklung hochlegierter hitzebeständiger Gußeisensorten.
Seit 1934	Erfolgreiche Bestrebungen zur Herstellung mechanisch hochwertigen Gußeisens ohne Verwendung von Spezialelementen.
1941/42	Neugestaltung des Normblattes DIN 1691 (Vorschlag höherer Güteklassen).

Überblicken wir die Entwicklung des Gußeisens bis zur Gegenwart, so können wir etwa folgende Abschnitte (*1*) feststellen:

1. Vom Beginn des Gußeisens (14. Jahrhundert) bis zur Schaffung des eigentlichen neuzeitlichen Kupolofens (etwa 1860) blieb die äußere Form und das Bruchaussehen die Grundlage der Beurteilung. Zugfestigkeit schätzungsweise 6 bis 10 kg/mm² (Mittel etwa 8 kg). Seit 1883 Versuche zur Eingattierung von Stahlabfällen (*2*).

2. Von da an bis 1900 (Einführung der Chemie in die Gießereitechnik) neben der Beurteilung nach Bruchaussehen, Forderung einer Mindestzugfestigkeit von 12 kg/mm² bei einem 1100 mm langen Stab von 30×30 mm Querschnitt.

3. Von 1900 bis etwa 1916, dem Jahre der Entstehung des Lanz-Perlits, weitere Auswirkung der Chemie, sowie seit 1906 zunehmende Anwendung der Metallographie und der Gefügelehre, 1909 erste Normung in drei Klassen, Mindestbiegefestigkeit 30,32 und 34 kg/mm² bei einer Zugfestigkeit der höchsten Klasse von 18 bis 24 kg/mm².

4. Nach Kriegsende bis 1928 durch zielbewußte Beeinflussung der Gefügeausbildung mit Hilfe der modernen Metallurgie, durch verfeinerte metallographische und chemische Prüfmethoden, Einführung der Gußeisendiagramme (1924/25), systematische Verschmelzung höherer Schrottanteile und Anwendung der Schmelzüberhitzung starke Entwicklung der Festigkeitseigenschaften, so daß 1928 neue Normung in vier Güteklassen erfolgt (vgl. das Normblatt DIN 1691); seit 1925 zunehmende Beachtung legierten Gußeisens.

5. Seit 1928 zunehmende Verwendung sehr hoher Schrottzusätze (40 bis 80%) in der Gattierung, Schaffung hochwertiger Roheisensorten, Entwicklung von graphitisierenden oder impfenden Pfannenzusätzen bei Gattierung auf weißes oder meliertes Rinneneisen (Coyle-Verfahren, Meehanitguß), zunehmende Verwendung des Elektroofens, zunehmende Beurteilung des Gußeisens nach spezifischen mechanisch-physikalischen Eigenschaften (Dämpfungsfähigkeit, geringe

Kerbempfindlichkeit usw.), Schaffung hochlegierter Gußeisensorten, zunehmende Einführung thermischer Vergütungsmethoden.

6. Seit 1932: Zunehmende Erforschung der dynamischen Eigenschaften des Gußeisens auf Basis der modernen Stoffmechanik. Dauerfestigkeitswerte als konstruktive Grundlagen, Entwicklung der Leichtbauweise. Erzielung hoher Treffsicherheiten. Diskussionen über eine Erweiterung des Normblattes DIN 1691 (1940/41) durch mechanisch höherwertige Sondergüten.

Schrifttum:

(*1*) Punkte 1 bis 4 in teilweiser Anlehnung an: SIPP, K.: Gußeisen, seine Entwicklung, Eigenschaften und Wertmaßstäbe. Mannheim: H. Lanz, A.-G. Vgl. auch Werkstattstechnik Bd. 27 (1933) S. 94 bis 97.

(*2*) Vgl. A. LEDEBUR: Handbuch der Eisengießereien 1. Aufl. 1883.

II. Einige allgemeine konstitutionelle Grundlagen.

a) Die Anisotropie der Metalle.

Alle Metalle erstarren kristallin (anisotrop) mit gesetzmäßigem Wechsel ihrer mechanischen (z. B. Festigkeit, Dehnung, Härte, Spaltbarkeit), physikalischen (Leitfähigkeit für Wärme und Elektrizität, Ausdehnungskoeffizient-Elastizitätsmodul, optisches Reflexionsvermögen) und chemischen (Lösungsfähigkeit, Korrosion usw.) Eigenschaften, bezogen auf die Hauptachsen oder Kristallflächen des ihnen eigenen Kristallsystems. Auch die Wachstumsgeschwindigkeit der Kristalle zeigt ein richtungsabhängiges (vektorielles) Verhalten bei den Metallen, welche bevorzugte Symmetrieachsen besitzen, also z. B. im hexagonalen oder tetragonalen System kristallisieren. Aber auch bei Metallen, welche im regulären System (mit drei senkrecht zueinander stehenden, kristallographisch gleichwertigen Hauptachsen) kristallisieren und demgemäß zu globu-

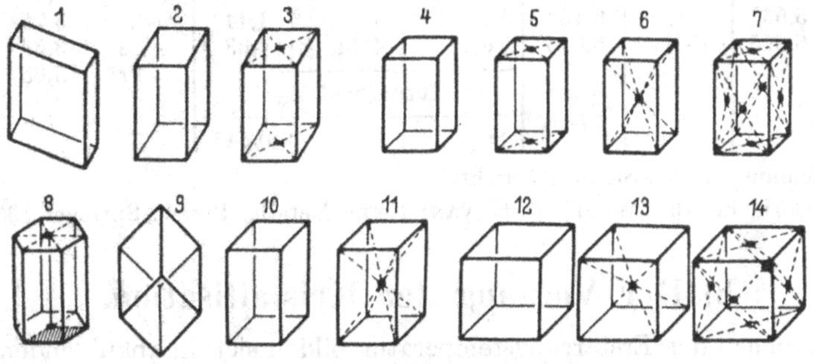

Abb. 1. Die BRAVAISschen Raumgitter.

1 Triklines Gitter, *2* Einfaches monoklines Gitter, *3* Monoklines, einseitig flächenzentriertes Gitter, *4* Einfaches rhombisches Gitter, *5* Rhombisches, einseitig flächenzentriertes Gitter, *6* Rhombisches, raumzentriertes Gitter, *7* Rhombisches, allseitig flächenzentriertes Gitter, *8* Hexagonales Gitter, *9* Rhomboedrische Gitter, *10* Einfaches tetragonales Gitter, *11* Körperzentriertes tetragonales Gitter, *12* Einfaches kubisches Gitter, *13* Körper-(raum)zentriertes kubisches Gitter, *14* Flächenzentriertes kubisches Gitter.

litischer Kristallausbildung neigen, kann durch bevorzugten (gerichteten) Wärmeabfluß dendritische oder stengelige Kristallausbildung erzwungen werden (Transkristallisation).

Im Gegensatz zu den kristallinen oder anisotropen Körpern stehen die isotropen, amorphen Körper, z. B. die Gase, Flüssigkeiten und Gläser. Letztere können nach G. TAMMANN als unterkühlte Flüssigkeiten aufgefaßt werden (*1*). Die Eigenschaften isotroper Körper sind nicht richtungsabhängig.

Die Vermutung, daß Kristalle Raumgitter darstellen, war schon von BRAVAIS (1850), FEODOROW (1890) und SCHÖNFLIES (1891) ausgesprochen worden. Aber erst M. v. LAUE hat 1912 den Beweis erbracht, daß man die Materie als Beugungsgitter für Röntgenstrahlen verwenden könne.

Ungestört gewachsene Kristalle sind im allgemeinen bereits die äußeren Vorbilder ihres feinbaulichen Wesens, das nach der insbesondere von A. SCHÖNFLIES und M. v. LAUE geförderten Raumgittervorstellung in einer bestimmten kristallographischen Symmetrieanordnung ihrer Atome bzw. Moleküle besteht. Abb. 1 zeigt die wichtigsten Raumgittertypen der Metalle (kristallographische Raumgitterlagerung der Atomschwerpunkte), Zahlentafel 1 die Atomabstände einiger Metalle und deren Strukturtypen.

Zahlentafel 1. Kristallgitterbau der Metalle.
(Kantenlängen der Elementarkörper in Ångström-Einheiten = 10^{-8} cm.)

Regulär A_1 * flächenzentriert		Regulär A_2 raumzentriert	
Metall	a	Metall	a
Cu	3,607	α-Fe	2,860
Ni	3,517	δ-Fe	2,93
Ag	4,077	α-Cr	2,879
Au	4,070	α-W	3,158
γ-Fe	3,630	Mo	3,141
Pt	3,916	β-Zr	—
Pd	3,882	V	3,025
Rh	3,796	Nb	3,294
Ir	3,831	Ta	3,296
Pb	4,939	Li	3,50
Th	5,076	Na	4,276
Al	4,041	K	5,318
β-Tl	5,520	Rb	5,70
α-Ca	5,560	Cs	6,16
α-Sr	6,075	α-Ba	5,015

Regulär A_4 Diamanttyp		
Metall	a	c/a
C(Diam.)	3,56	—
Si	5,420	—
Ge	5,648	—
Sn (gr.)	6,46	—
Rhomboedrisch A_7		
As	3,76	2,80
Sb	4,299	2,62
Bi	4,537	2,61
P(schw.)	?	—
Hexagonal A_8		
Se	4,33	1,14
Te	4,44	1,33
Tetragonal A_5		
Sn	5,81	0,545

Hexagonal A_3		
Metall	a	c/a
Mg	3,203	1,62
Be	2,27	1,58
Zn	2,659	1,86
Cd	2,973	1,88
Ti	2,953	1,60
α-Zr	3,228	1,59
Re	2,755	1,62
Ru	2,699	1,58
Os	2,730	1,58
α-Co	2,517	1,64
β-Cr	2,717	1,62
γ-Ca	—	—
α-Tl	3,450	1,60
α-La	3,754	1,61
α-Ce	3,65	1,63
α-Pr	3,657	1,62

* Bezeichnung nach „Strukturberichte".
Schrifttum hierzu: ARKEL, A. E. VAN: Reine Metalle. Berlin: Springer 1939.

b) Der Vorgang der Kristallisation.

Bei Erreichen der Erstarrungstemperatur bilden sich in abkühlenden Metallschmelzen spontan zwei- oder dreidimensionale elementare Kristallkerne etwa nach dem Vorbild von Abb. 1 (*2*). Die Zahl der je Zeiteinheit entstehenden Kristallkerne (*KZ*) und deren lineare Kristallisationsgeschwindigkeit (*KG*) in der erstarrenden Metallschmelze beeinflussen den Kristallisationsvorgang entscheidend. Ähnlich wie gewöhnliches Wasser oder viele Salze neigen auch die Metalle dazu, nicht beim wahren Erstarrungspunkt zu kristallisieren, vielmehr setzt die Kristallisation mit einer gewissen Verzögerung (Unterkühlung) ein, deren Grad von verschiedenen Faktoren abhängt. Wie aber die *KZ* $\left(\frac{1}{\text{cm}^3\,\text{min}}\right)$ bzw. die *KG* (mm/min) durch Unterkühlung beeinflußt werden, zeigt Abb. 2a—d (E = Gleichgewichtstemperatur flüssig/fest). Sowohl die *KZ* als auch die meßbare *KG* nehmen mit zunehmender Unterkühlung zunächst zu bis zu einem Maximum. Der über das Maximum hinausgehende Abfall beider Größen ist allerdings bei Metallen nicht zu realisieren. Die *KG* als strukturelle Einordnungsgröße der Atome hat eigentlich eine in ihrer wahren Temperaturfunktion in Abhängigkeit von der Unterkühlung stetig abnehmende Tendenz (Platzwechselbehinderung durch zunehmende Viskosität des abkühlenden Metalls). Die freiwerdende Kristallisationswärme behindert aber die Auswirkung der wahren *KG* so lange, als während der Kristallisation an der Oberfläche wachsender Kristalle eine Temperatursteigerung über die wahre Schmelzpunktstemperatur hinaus auftritt (Temperaturgebiete *A* und *B* in Abb. 2b). Gleicht sich die Kristallisationswärme mit dem äußeren Wärmeentzug gerade aus, so herrscht an der Oberfläche wachsender Kristalle etwa Schmelzpunktstemperatur, und die *KG* kann sich mit ihrem vollen (maximalen) Wert auswirken (Temperaturgebiet *C* in Abb. 2b). Übersteigt der äußere Wärmeentzug den Wert der freiwerdenden Kristallisationswärme, so erreicht die Oberfläche wachsender Kristalle nicht mehr die wahre Schmelzpunktstemperatur, und die meßbare *KG* fällt nunmehr wieder ab (Temperaturgebiet *D* in Abb. 2b). G. Tammann, der die Begriffe „Kristallisationsgeschwindigkeit" (*KG*) und „Kernzahl" (*KZ*) eingeführt und die Abhängigkeit dieser Größen von der Unterkühlung der Schmelze erstmalig klarstellte, schreibt über die Deutung des kurvenmäßigen Verlaufs der *KG* von der Unterkühlung wie folgt (*3, 4*):

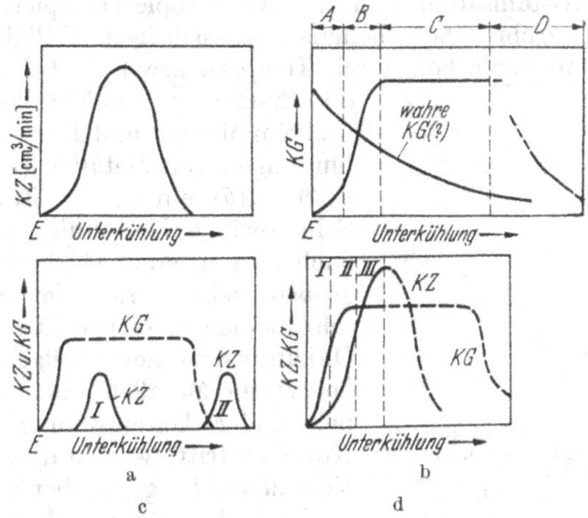

Abb. 2a—d. Abhängigkeit der *KZ* und *KG* von der Unterkühlung (*E* = Erstarrungstemperatur; zunehmende Unterkühlung →), sowie die relative Lage derselben zueinander bei Metallen und Legierungen (schematisch nach G. Tammann bzw. P. Oberhoffer).

„1. Die Kristallisation wird in den Gebieten *A* und *B* durch die freiwerdende Wärme gehemmt. Durch Erwärmung der Flüssigkeitsschichten an den sich vorwärtsbewegenden Kristallflächen auf die Temperatur des Schmelzpunktes wird die *KG* herabgedrückt. Mit wachsender Unterkühlung wächst das Temperaturgefälle an der Kristallisationsgrenze und damit nimmt die *KG* zu, bis das Temperaturgefälle so stark wird, daß sich die Kristallisation mit der ihr eigentümlichen maximalen Geschwindigkeit entwickeln kann.

2. Im Temperaturgebiet *C* hat die *KG* deshalb einen von der Badtemperatur unabhängigen Wert, weil an der Kristallisationsgrenze in diesem Gebiet eine unveränderliche Temperatur, die des Schmelzpunktes, herrscht. Zur Herstellung dieser Temperatur ist in der Kristallisationswärme der zwischen den Enden der Kristallfäden vorhandenen Flüssigkeit, wie die direkte Besichtigung der sichtbaren Kristallisationsgrenze lehrt und die Rechnung zeigt, eine hinreichende Wärmemenge vorhanden.

3. Man darf behaupten, daß die für die Gebiete *A* und *B* gemessenen *KG* keine einfache Bedeutung haben, sie sind gleich der maximalen *KG* minus dem hemmenden Einfluß der Kristallisationswärme, der von den Bedingungen der äußeren Wärmeleitung abhängt ... Die in den Gebieten *A* und *B* wirklich gefundenen *KG* haben für die Feststellung der wahren Temperaturabhängigkeit der *KG* überhaupt keine Bedeutung."

Die Tammannsche Auffassung über die Größenordnung der wahren *KG* ist nicht unwidersprochen geblieben. Insbesondere waren es R. NACKEN (*8*) und neuerdings M. VOLMER (*9*), die abweichende Auffassungen vertraten. Da jedoch völlige Übereinstimmung, insbesondere hinsichtlich der Verhältnisse an den Grenzflächen wachsender Kristalle, noch nicht besteht, wird von einer Diskussion der Ansichten Abstand genommen.

Für den kristallinen Aufbau der festen Phase ist die gegenseitige Lage der *KZ* zur *KG* von entscheidender Bedeutung. Eine relative Lage der beiden Kurven gemäß Fall *II* in Abb. 2c erleichtert erklärlicherweise eine isotrope (glasige) Erstarrung, da beide Faktoren der Kristallisation, die *KG* und die *KZ*, nur innerhalb eines beschränkten Temperaturbereichs, und zwar in unzureichender Größenordnung, koexistieren. Längeres Glühen (Tempern) im Koexistenztemperaturbereich der *KZ* und *KG* führt jedoch auch hier meist zur allmählichen Kristallisation, d. h. zur Anisotropie (Beispiel: Entglasung von Laboratoriumsheizröhren aus ehemals durchsichtigem Kaliglas oder Bergkristall; Entglasung von Schlacken durch Tempern usw.). Fall *I* (Abb. 2c) trifft grundsätzlich für die Erstarrung von Metallen und Legierungen zu, und zwar besitzen Metalle und Legierungen sowie auch chemische Verbindungen von Metallen (z. B. Eisenkarbid) nach P. OBERHOFFER (*5*) ein Kristallisationsdiagramm gemäß Abb. 2d. Sehr geringe Unterkühlung (Fall *I* in Abb. 2d) würde danach zu mittleren, stärkere Unterkühlung (Fall *II*) zu sehr großen, sehr starke Unterkühlung (Fall *III*) wiederum zu sehr kleinen Kristallen führen. Doch scheint diese Auffassung OBERHOFFERS keine allgemeine Gültigkeit zu besitzen, da bei vielen Metallen und technischen Legierungen mit zunehmender Unterkühlung eine ständige Verfeinerung des Korns eintritt, was in diesen Fällen auf einen gegenseitigen Verlauf von *KG* gegenüber *KZ* gemäß Abb. 3 schließen läßt (*11*).

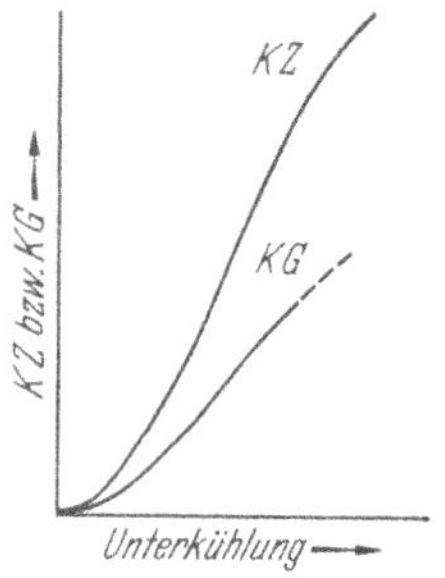

Abb. 3. Wahrscheinlicher Verlauf von *KG* und *KZ* bei der Erstarrung von Metallen.

Es ist leicht einzusehen, daß die Korngröße proportional der Kristallisationsgeschwindigkeit und umgekehrt proportional der Kernzahl ausfallen muß, d. h. ihr absoluter Wert $= c \cdot \frac{KG}{KZ}$ wird, wobei c eine spezielle Konstante darstellt, entsprechend wird die Kornzahl $= c_1 \cdot \frac{KZ}{KG}$. Praktisch läßt sich die mittlere Korngröße aus einem Metallschliff ermitteln nach der Formel:

$$\text{Korngröße} = \frac{F}{Z \cdot v^2}.$$

Hier bedeuten:

F = planimetrisch auf der Mattscheibe umfahrene Bildfläche,
Z = Kornzahl innerhalb der Fläche F,
v = lineare Vergrößerung des Mikroskops.

Bei den meisten Metallen und Legierungen beträgt die Korngröße normalerweise: 100 bis 500000 μ^2 ($\mu = 1/1000$ mm). Künstlich kann man durch gerichtete Lenkung der Erstarrung sowie durch die sog. Rekristallisation (kritische Reckung und längere anschließende Glühung bei geeigneter Temperatur) aber auch Kristalle von mehreren Quadratzentimetern (d. h. mehreren 100 Millionen μ^2) Querschnitt herstellen.

Die Kernzahl kann nach J. CZOCHRALSKI (*12*) ermittelt werden gemäß:

$$KZ = \frac{KG \cdot z}{\sqrt[3]{\frac{\text{Vol.}}{z}}}.$$

Es bedeuten hier:

KZ = Kernzahl,
z = Kornzahl,
KG = Kristallisationsgeschwindigkeit,
Vol. = Vol. in dm^3.

Die Kristallisationsgeschwindigkeit ist nach TAMMANN (*13*):

$$V_K = \frac{(D_0 - D) \cdot L}{S \cdot w},$$

wobei

V_K = lineare KG,
D = Temperatur der Schmelze (unterkühlt),
D_0 = Gleichgewichtstemperatur zwischen Kristall und Schmelze,
S = Dicke der Schicht, welche an der Kristallfläche haftet,
L = absolute Wärmeleitfähigkeit in kcal/cm·sec·° C,
w = Schmelzwärme des Kristalls/Volumeneinheit

bedeuten.

Die folgenden Zahlen zeigen einige zugehörige Werte der KG und KZ für Zinn, Zink und Blei nach Versuchen von J. CZOCHRALSKI.

Metall	KG mm/min	KZ $\frac{1}{\text{ccm} \cdot \text{min}}$
Zinn	90	9
Zink	100	10
Blei	140	3,8

Eine starke Unterkühlung bei der Erstarrung eines Metalls äußert sich im allgemeinen in einer merklichen Temperatursteigerung nach Einsetzen der Kristallisation, so daß die Abkühlungskurve (Temperatur-Zeitkurve) den in Abb. 4b gezeichneten Verlauf annimmt gegenüber dem normalen Verlauf gemäß Abb. 4a. Die Höhe dieser Temperatursteigerung ist

$$t_x = a \cdot \frac{Q}{c} \cdot f(t),$$

wobei bedeuten:

Q = Schmelzwärme,
c = spez. Wärme,
a = Konstante,
$f(t)$ = Temperaturfunktion.

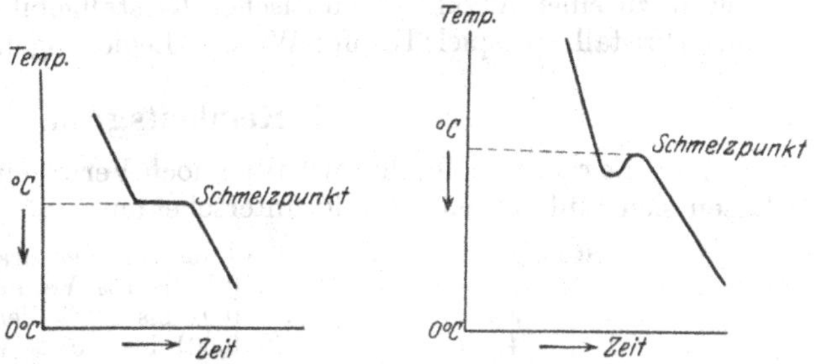

Abb. 4a (links) und 4b (rechts).

Nachstehend sind einige Zahlen mitgeteilt, wie sie bei der Unterkühlung verschiedener Metalle von A. LANGE (*14*) beobachtet wurden (rechts).

	Unterkühlung ° C	Mittlere Unterkühlungszeit in min
Sn	7	27
	9	11
	11	6
Pb	3	25
	7	9
	10	7,1
	15	4,7
Zn	5	112
	8	64
	11	33

R. BLECKMANN (*15*) ermittelte die Unterkühlbarkeit kohlenstoffarmer Stahlschmelzen im Tammann-Ofen durch Aufnahme von Temperatur-Zeitkurven.

Bei Abkühlungsgeschwindigkeiten von etwa 40°/min und unter Einhaltung gewisser Bedingungen im Sandtiegel, auf die im Kapitel VIIh dieses Buches näher eingegangen wurde, ergaben sich Unterkühlungen in der Größenordnung von 250°; dabei erreichte die

Kristallisationsgeschwindigkeit sehr große Werte. Wurde die Schmelze weniger tief unterkühlt, dann benötigte sie bis zum Beginn der spontanen Kristallisation eine gewisse Zeit, die bei geringeren Unterkühlungen als 150° bereits beträchtliche Werte erreichte. Bevor also in niedriggekohltem Stahl bei den üblichen Abkühlungsgeschwindigkeiten „spontan" Keime entstehen, befindet sich dieser in einem sehr labilen Zustand, in dem äußere Umstände, wie Rauhigkeiten der Tiegelwand usw., leicht die Kristallisation anregen. Daher gelang es R. BLECKMANN auch nicht, größere Mengen dieses Stahles bei Abkühlung unter günstigsten Bedingungen im Hochfrequenzofen nennenswert zu unterkühlen.

Mit steigendem Kohlenstoffgehalt, der von BLECKMANN bis 1,38% untersucht wurde, schien zwar der Grad der erreichbaren Unterkühlung abzunehmen, soweit das bei den großen Versuchsschwierigkeiten festgestellt werden konnte; die Größenordnung blieb aber dieselbe. Für die Verhältnisse beim Vergießen von Stahl in Kokillen bedeutet das, daß das spontane Kristallisationsvermögen für die Erstarrung des Blockkernes ohne jede Bedeutung sein dürfte (vgl. auch Kap VIIi).

c) Weitere Einflüsse auf die Kristallisation und die Korngestaltung.

1. Oberflächenspannung.

Im Gegensatz zu den mit sinkender Temperatur stark ansteigenden Richtkräften (*f*) der Atome bzw. Molekülgruppen wachsender Kristalle, welche auf die Ausbildung von Kristallen mit ebenen Flächen und scharfen Kanten hinwirken, begünstigt die Oberflächenspannung (*a*) die Entstehung globulitischer Kristallite, wenn $f < a$ ist. Oft koagulieren die dendritischen Kristallskelette zu einer Anzahl globulitischer Kristallgebilde durch Abschnürung vom Mutterkristall. (Beispiel: Kupfer-Wismut-Legierungen mit mehr als 50% Wismut.)

2. Reinheitsgrad.

Auch die reinsten Metalle enthalten noch Verunreinigungen. Nach MYLIUS (*16*) lassen sich fünf Reinheitsgrade unterscheiden:

Stufe 1	1 bis 5% Verunreinigungen,
„ 2	0,1 bis 1% Verunreinigungen,
„ 3	0,01 bis 0,1% Verunreinigungen,
„ 4	0,001 bis 0,01% Verunreinigungen,
„ 5	unter 0,001% Verunreinigungen.

Stufe 4 ist als chemisch rein, Stufe 5 als physikalisch-spektroskopisch rein zu betrachten. Metallische Beimengungen sind vielfach gelöst, nichtmetallische Beimengungen dagegen seltener gelöst und alsdann innerhalb der Kristallite ausgeschieden oder in den Korngrenzen als Zwischensubstanz angereichert.

Sind die metallischen Beimengungen löslich, so hat der entstandene Mischkristall häufig eine andere Korngröße als das reine Metall. Wie hierbei Wachstumsgeschwindigkeit und Kernzahl beeinflußt werden, ist noch nicht klar. Es treten sowohl Vergrößerungen (Beispiele: Zusatz von Silizium oder Phosphor zu Eisen) wie auch Verkleinerungen des Kornes auf, letzteres besonders in rekristallisierten Materialien (Beispiele: Chrom-Nickel-Legierungen mit zunehmendem Cr-Gehalt).

Ist das Fremdmetall unlöslich, so erscheint es als getrennte Phase in Form von Kugeln, Kristalliten oder Häutchen, die entweder an den Korngrenzen oder innerhalb der Körner angeordnet sind. Der unlösliche Bestandteil kann als Keim wirken unter evtl. Vergrößerung oder Überlagerung der spontanen Kernzahl. Typisches Beispiel: Reines Zink mit strahligem Gefüge verglichen mit Zink + 1% Kadmium, durch dessen Zusatz die Ausbildung von Stengelkristallen behindert und die Entstehung sehr feiner, globulitischer Kristallite begünstigt wird; vgl. auch die Verminderung der Korngröße von Aluminium durch kleine Gehalte an Silizium, Eisen und Titan.

In vielen Fällen, insbesondere wenn das Fremdmetall sich bereits vor Erstarrung des Grundmetalls ausscheidet, aber noch tropfenförmig fein suspendiert in der Schmelze vorliegt, kann eine Keimbildung durch das Fremdmetall ausbleiben (Beispiel: Ausgeschiedenes Kupfer im Grauguß, vgl. Seite 203).

Nichtmetallische Beimengungen wirken im allgemeinen keimbildend, wenn von ihnen auf die Schmelze Richtkräfte irgendwelcher Art ausgeübt werden, z. B. in Form unabgesättigter Oberflächenkräfte bei hochschmelzenden Verunreinigungen. Je ähnlicher die Kristallsysteme der ausgeschiedenen Phase gegenüber der anzuregenden Kristallart sind, um so mehr sind von der ersteren Keimwirkungen zu erwarten.

Gasförmige Beimengungen (suspendierte, sich ausscheidende oder durch chemische Reaktionen entstandene Gase) können einmal unmittelbar, das andere Mal mittelbar durch mechanische Bewegung der Schmelze Keimbildungen hervorrufen. Im Gußeisen sind es vor allem das Kohlenoxyd bzw. der Wasserstoff, denen keimfördernde Einwirkungen zugeschrieben werden müssen. Von R. BLECKMANN (*15*) wurden sämtliche technisch wichtigen Zusätze sowie Verunreinigungen im Sandtiegel durch ihre Beeinflussung der Unterkühlung auf die Fähigkeit hin untersucht, in einer Stahlschmelze Fremdkeime zu bilden. Es wurde gefunden, daß die Unterkühlung durch Zusätze von Aluminium, Beryllium, Bor, Kalzium-Aluminium (20/80), Kalzium-Silizium-Aluminium (21,6/42,15/15,6), Titan, Vanadin und Zirkon vollkommen unterdrückt wird, teilweise schon bei sehr kleinen Gehalten. Dagegen wird sie durch die übrigen untersuchten Zusätze, nämlich Stickstoff, Mangan, Silizium und Kalzium-Silizium (30/60), Chrom, Kobalt, Molybdän, Nickel, Niob + Tantal, Phosphor, Schwefel und Wolfram, sowie durch Kohlenstoff gemeinsam mit Silizium, Chrom, Wolfram und Chrom + Wolfram nicht verhindert. Auch durch Wasserstoff und Eisenoxyd wird sie nur stark abgeschwächt.

3. Ungelöste Kristallreste.

Bei reinen Metallen ist nach Überschreitung des Schmelzpunktes im allgemeinen mit einer atomaren Auflösung des Gitters zu rechnen. Auch molekulare Assoziationen dürften durch kurze Überhitzung praktisch völlig aufgehoben werden. So fanden z. B. A. GOETZ und Mitarbeiter (*17*), daß die Orientierung eines in einem Röhrchen eingeschlossenen Einkristalls aus Wismut erhalten blieb, wenn er nach dem Einschmelzen nur wenige Grad überhitzt wurde. Aber bereits nach 10° Überhitzung trat Neuorientierung ein. Selbst bei kohlenstoffarmen Stahlschmelzen fand R. BLECKMANN (*15*), daß nach einer Überhitzung des Stahls um etwa 20° über die Liquiduslinie bereits die volle Unterkühlung auftritt, deren Grad weder durch längeres Halten noch durch höheres Überhitzen in den untersuchten Grenzen geändert wird. Dagegen verbleiben mitunter bei Legierungen mit sehr stabilen Mischkristallen oder chemischen Verbindungen noch bestimmte Molekülgruppen nach Überschreiten der Schmelztemperatur erhalten. Das gilt vor allem von kohlenstoffreicheren Eisen-Kohlenstoff-Legierungen, in deren Schmelzfluß noch mit dem Vorhandensein von Karbiden, Siliziden, Phosphiden usw. gerechnet werden muß. Beim Aufschmelzen von Grauguß bilden sich sogar in erhöhtem Maße Karbidmoleküle durch Inlösunggehen des elementaren Kohlenstoffs (vgl. die Ausführungen auf Seite 346). Das Vorhandensein derartiger Molekülgruppen ist für die Gleichgewichtsverhältnisse bei den Reaktionen in flüssigen Eisen- und Stahlschmelzen von größter Bedeutung, da sie durch Abbindung zahlreicher Atome des Grundmetalls zu komplexen Molekülgruppen die Konzentrationsverhältnisse der reagierenden Stoffe erheblich verändern. Auch ist mit einer Veränderung des spontanen Kristallisationsvermögens in Abhängigkeit von der molekularen Konstitution der Schmelze zu rechnen. Mit dem Vorhandensein ungelöster Graphitreste in Gußeisenschmelzen ist nach neueren Arbeiten (vgl. die Ausführungen auf Seite 184ff.) nicht zu rechnen, es sei denn im Bereich sehr niedriger Überhitzungsgrade. In diesen Fällen wäre alsdann mit einer starken Impfwirkung während der Erstarrung zu rechnen.

Auch im festen Aggregatzustand sind Kristallreste für die Gefügeausbildung und die Unterkühlungsfähigkeit kristallisierender Phasen von größter praktischer Bedeutung. (Beispiel: Einfluß ungelöster Karbide auf die Härtungsfähigkeit von Stahl, vgl. Seite 685.)

4. Einfluß des Drucks.

Abhängigkeit des Schmelzpunktes vom Druck. Nach dem Prinzip vom kleinsten Zwange (VAN'T HOFF und LE CHATELIER-BRAUN) muß bei Druck-

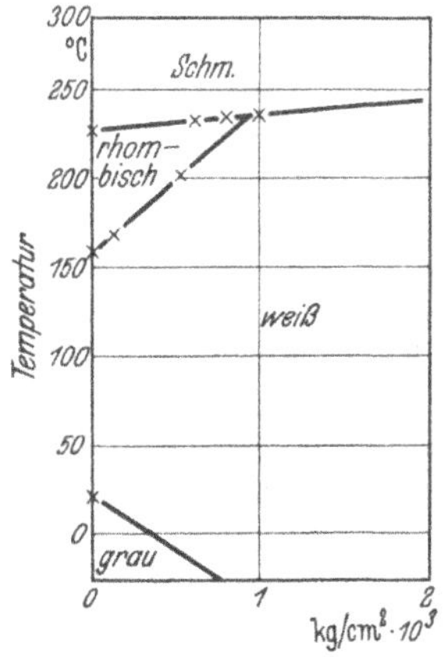

Abb. 5. Zustandsdiagramm des Zinns (G. TAMMANN).

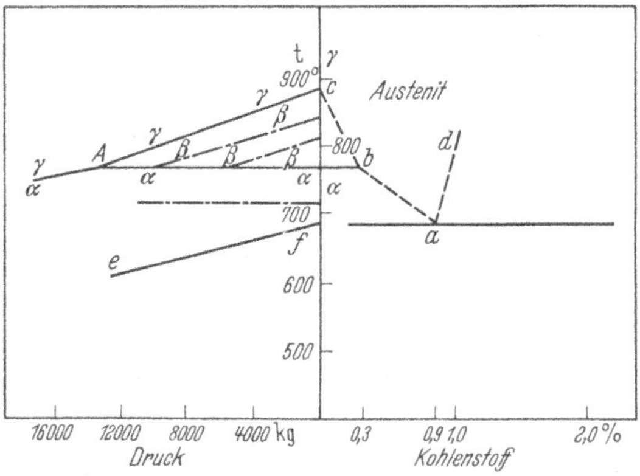

Abb. 6. Einfluß des Drucks auf die Umwandlungstemperaturen des Eisens (G. TAMMANN).

erhöhung eine Erhöhung des Schmelzpunktes eintreten, da alle Metalle mit Ausnahme von Wismut unter Volumenvergrößerung schmelzen (*18*).

Bei hohen Drucken können sich die Schmelzkurven verschiedener Metalle überschneiden. Z. B. stellte BRIDGMAN (*19*) fest, daß oberhalb 9000 at der Schmelzpunkt von Kalium höher liegt als von Natrium, obwohl er bei Atmosphärendruck um 36° niedriger liegt.

Für Zinn z. B. (vgl. auch Abb. 5) gilt:

tetr./rhomb. $dT = 0{,}084^0$ für 1 kg/mm²,
weiß/grau $dT = 0{,}056^0$ für 1 kg/mm².

Für Eisen gilt:

$$dT\ \gamma/\beta = 0{,}009^0 \text{ für } 1\ \text{kg/mm}^2,$$
$$dT\ \beta/\alpha = 0{,}000^0.$$

Bei über etwa 12000 kg/cm² geht danach γ-Fe direkt in α-Fe über (Abb. 6).

Einfluß auf *KZ* und *KG*. Systematische Untersuchungen sind nur an organischen und anorganischen Salzen gemacht worden (*20*). Danach verschieben sich die Maxima nach höheren Temperaturen, und zwar meistens um die gleichen Beträge wie der Schmelzpunkt. Die max. *KG* und max. *KZ* nehmen in den meisten Fällen ab bzw. zu (Abb. 7).

Einfluß auf die Korngröße. Untersuchungen von G. WELTER (*21*) ergaben an Al-Legierungen mit steigendem Druck während der Erstarrung (max. Druck 20000 at) eine sehr starke Kornverfeinerung, die bedeutend größer war als beim Gießen in Kokille.

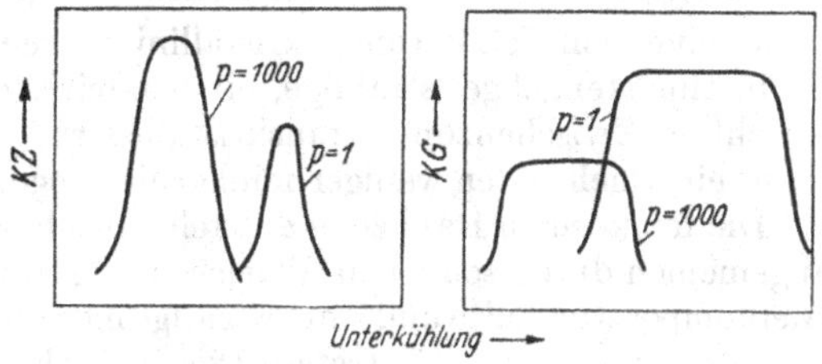

Abb. 7. Einfluß des Drucks auf *KG* und *KZ* (schematisch nach HASSELBLATT).

5. Einfluß mechanischer Bewegung; Resonanzschwingungen und Ultraschall.

Mechanische Bewegung erstarrender Schmelzen beeinträchtigt fast immer den Grad der Unterkühlbarkeit (vgl. Seite 197ff., sowie Abb. 252 bis 254). Das Schleudern oder Rütteln flüssiger Metalle und Legierungen (z. B. das Rütteln von Gußeisen im Vorherd) dagegen bewirkt durch Entfernung von Gasen und nichtmetallischen Einschlüssen eine größere Neigung zur Unterkühlung. Beim R.W.R.-Verfahren der Ver. Aluminiumwerke A.-G. (163) wird die Kokille während der Erstarrung mit einer bestimmten Amplitude und Frequenz gerüttelt mit dem Erfolg, daß die so behandelten Blöcke eine sehr feine Kornausbildung erhalten, während die unbehandelten Blöcke noch Stengelkristalle aufweisen (*22*). Allerdings begünstigt eine solche Behandlung auch die Entstehung feiner Haarrisse, was natürlich in der Praxis höchst unerwünscht ist. Um grobkristalline Struktur bei der Erstarrung von Metallen zu verhindern, wird nach dem schwedischen Patent 94638 (O. Stalhane) das in die Kokillen vergossene Material schnellen und kurzen Drehbewegungen ausgesetzt. Die Drehrichtung wechselt 4000- bis 20000mal in der Minute, der Drehwinkel beträgt 2 bis 3°. Ein Resonanzschwingsystem zwecks Erzielung dichter feinkörniger Blöcke ist auch Gegenstand eines unter dem 19. 9. 1940 in Deutschland erteilten Patentes Nr. 696375, Kl. 31c, 15/01) von E. WATSON SMITH in Melrose, Mass., USA.

In jüngster Zeit hat man mit Erfolg versucht, durch Schallwellen außerhalb des Hörbereichs (Ultraschall) bei der Erstarrung von Metallen und Legierungen eine Kornverfeinerung zu bewirken. Die wichtigsten Ultraschallgeber beruhen auf der Umsetzung von elektrischen Schwingungen in mechanische, wozu die magnetostriktiven oder piezoelektrischen Erscheinungen benutzt werden (*156*). Zur wirksamen Kornverfeinerung, Entgasung und Entschlackung soll man aber nach D.R.P. Zweigstelle Österreich Nr. 155133 vom 15. Juli 1938 nicht mit gleichförmiger Frequenz und konstanter Intensität des Ultraschalls arbeiten, sondern die Frequenz oder die Intensität oder beide im Verlauf der Einwirkung auf die Metallbäder periodisch oder aperiodisch abändern. Nach G. SCHMID und A. ROLL (*157*) spielt für die Wirkung des Ultraschalls die Frequenz eine nur untergeordnete Rolle, ausschlaggebend für die Kornverfeinerung sei die Intensität. Daraus wird der Schluß gezogen, daß die Kornverfeinerung auf eine Auswirkung der Reibungskräfte zwischen Metallschmelze und ausgeschiedenen Kristallen zurückzuführen sei. Ultraschall ist auch imstande, Auflösungs- und Diffusionsvorgänge zu beschleunigen (*157*). Wenngleich das Verfahren des Ultraschalls auf die Erstarrungsvorgänge von Gußeisen noch nicht erprobt ist, so dürfte dennoch auch hier ein bemerkenswerter Einfluß auf die Korngröße und die Graphitausbildung zu erwarten sein. Betriebsfertige Ultraschallgeräte liefert u. a. die Fa. Dr. Steeg & Reuter G.m.b.H. in Bad Homburg v. d. H.

6. Einfluß der Gießbedingungen.

Gußstücke besitzen oft drei Zonen *(23)* (Abb. 9):

a) eine sehr feinkörnige, kristallinisch regellose Randzone,

b) eine stengelige, strahlige, oft dendritische, kristallographisch meist gleichgerichtete Zwischenzone (transkristallisierte Zone),

c) eine mehr oder weniger feinkörnige regellose Innenschicht.

Die feinkörnige Randzone entsteht durch sehr starke Unterkühlungen, die im allgemeinen durch schnellen Wärmeentzug während der Kristallisation (niedrige Gießtemperatur, kalte und starkwandige metallische Gießformen bzw. Kokillen) auftreten. Die Stengelschicht kommt durch Abklingen der Unterkühlung und Einstellung der Kristallfäden mit den am wenigsten dicht mit Atomen besetzten Netzebenen (in dieser Richtung nach Bravais *(24)* größte Wachstumsgeschwindigkeit)[1] parallel zum Wärmeabfluß zustande und fehlt oft bei Sandguß. Es ist wahrscheinlich, daß ihre Entstehung unter Ausschluß spontaner Kernbildungen zustande kommt bei selektiver Auswirkung keimbildender Kräfte der bereits ausgeschiedenen Kristalle oder Verunreinigungen; sie fehlt daher oft bei der Kristallisation sehr reiner Metalle.

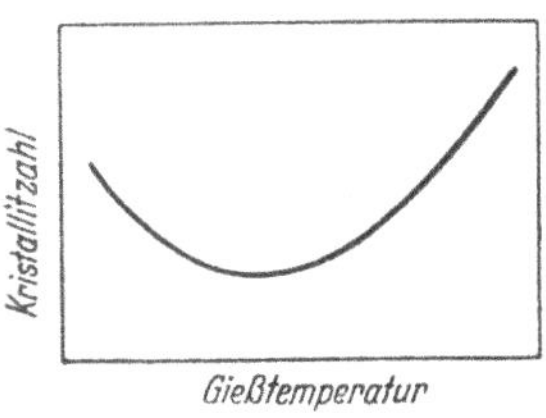

Abb. 8. Einfluß der Gießtemperatur auf die Korngröße bei Stahl (schematisch nach Leitner).

Auf diese bereits makroskopisch sichtbaren **Gußstrukturen** oder besser **Gußtexturen** bei der sog. **primären** Kristallisation der Metalle und Legierungen üben noch zahlreiche andere Gießbedingungen einen (heute noch vielfach nicht eindeutig geklärten) großen Einfluß aus. Bei vielen Metallen oder Legierungen nimmt z. B. mit zunehmender Gießtemperatur die Korngröße sowie die Neigung zur Transkristallisation zu. Bei Überschreitung einer gewissen Gießtemperatur kann allerdings der Einfluß zunehmend gelöster Gasmengen einen Richtungswechsel der aufgezeigten Beziehung bewirken (Abb. 8). Ähnlich wie steigende Gießtemperatur wirkt vielfach eine Erhöhung der Gießgeschwindigkeit. Mit zunehmender Wandstärke der Kokillen steigt ebenfalls zunächst die Neigung zur Transkristallisation, z. B. konnte bei Kohlenstoffstahl beobachtet werden *(26)*:

80 mm	Wandstärke	29,5 mm transkrist. Schicht
110 „	„	32,5 „ „ „
160 „	„	35,5 „ „ „

Doch nimmt je nach Art des Metalls oder der Legierung der Einfluß der Kokillenwandstärke mit Überschreitung bestimmter Wanddicken nicht mehr zu (oft selbst nicht bei stärkster Wasserkühlung). Diese sog. kritische Wandstärke liegt oft unterhalb der Wandstärke, welche aus rein konstruktiven oder betriebstechnischen Gründen nicht unterschritten werden darf. Von Bedeutung ist auch die Kokillentemperatur. Mit dem Anstieg der letzteren wird oft eine Verfeinerung des Korns beobachtet, die nach Überschreiten einer bestimmten Kokillen-

---

[1] Nach F. C. Nix und E. Schmid *(25)* liegt parallel zur Längsachse der Kristallite im kubisch-raum- bzw. -flächenzentrierten System die [100]-Richtung, im hexagonalen die [0001]-Richtung, im tetragonalen (z. B. bei Sn) die [110]-Richtung und im rhomboedrischen System (z. B. bei Bi) die [111]-Richtung. Vgl. Metallwirtsch. Bd. 18 (1939) S. 585.

temperatur wieder zurückgeht (*27*). Stahlwerker verlangen im allgemeinen handwarme Kokillen (60 bis 70° C). Auch die geometrische Form der Kokillen ist von Bedeutung für die Ausbildung der Gußtexturen (*28*). Kleine, oft umgekehrt konische Kokillen finden bevorzugt für Sonderstähle, große Kokillen, oft mit segmentartig vorspringenden Teilen, für schwere Schmiedestücke usw. Verwen-

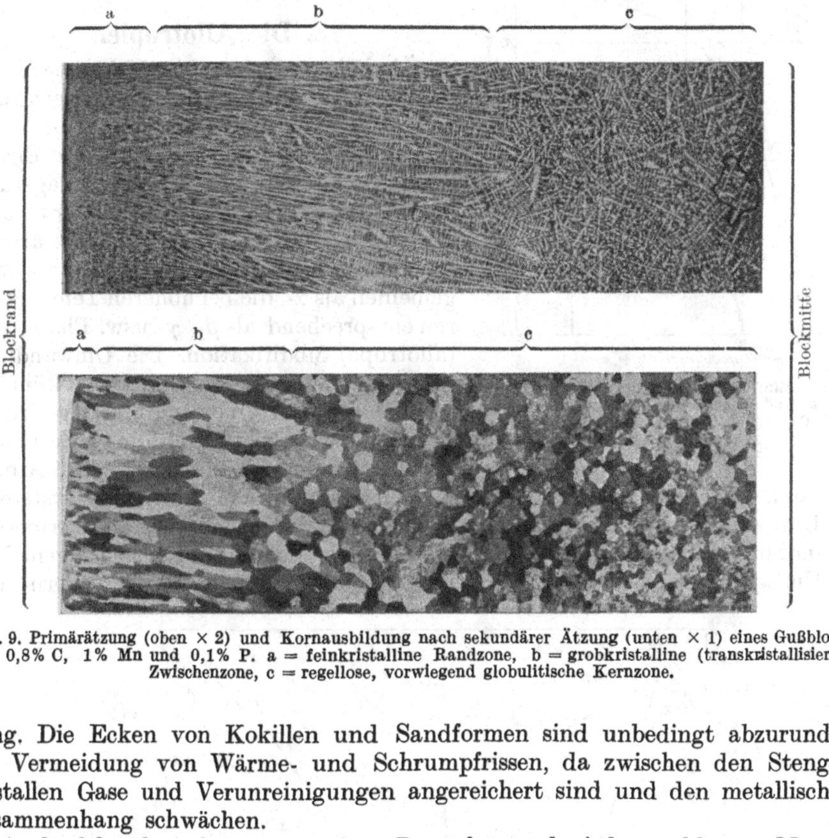

Abb. 9. Primärätzung (oben × 2) und Kornausbildung nach sekundärer Ätzung (unten × 1) eines Gußblocks mit 0,8% C, 1% Mn und 0,1% P. a = feinkristalline Randzone, b = grobkristalline (transkristallisierte) Zwischenzone, c = regellose, vorwiegend globulitische Kernzone.

dung. Die Ecken von Kokillen und Sandformen sind unbedingt abzurunden zur Vermeidung von Wärme- und Schrumpfrissen, da zwischen den Stengelkristallen Gase und Verunreinigungen angereichert sind und den metallischen Zusammenhang schwächen.

Auch elektrolytisch oder aus dem Dampfzustand niedergeschlagene Metalle zeigen vielfach ausgesprochene Gefügetexturen.

7. Begriff der Quasiisotropie.

Im allgemeinen nimmt mit zunehmender Kornverfeinerung die Festigkeit zu und die Dehnung ab, etwa nach dem Schema gemäß Abb. 10. Im gestrichelten Gebiet ist das Korn im Vergleich zum Querschnitt eines Zerreißstabes noch so groß, daß die Werte je nach der zufälligen kristallographischen Orientierung einzelner Kristalle ein Streugebiet ergeben. Erst von einem bestimmten Verhältnis der mittleren Korndimension zum Reißquerschnitt, das nach J. Czochralski für einige NE-Metalle bei 10 Körnern je Stabquerschnitt liegt, verliert sich der Einfluß der Kornorientierung mehr und mehr und das Metall „erscheint" isotrop; es wird „quasi-

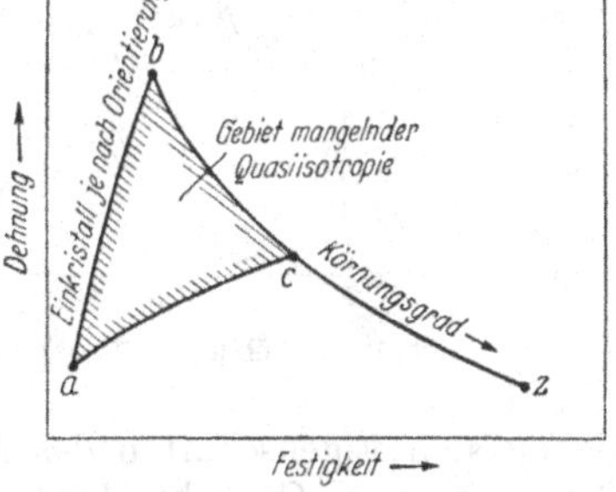

Abb. 10. Beziehung zwischen Festigkeit und Dehnung bei verschiedenem Körnungsgrad eines Metalls (nach J. Czochralski).

isotrop“. Bei einem grobgraphitischen Gußeisen mit 3,24% C, 2,75% Graphit und 1,78% Si fanden P. OBERHOFFER und W. POENSGEN (*6*) an Stäben, die aus einem 600·600·800 ⌷-Block herausgearbeitet waren, erst bei Stabdurchmessern oberhalb 25 bis 30 mm gleichbleibende Werte für die Zug- bzw. Biegefestigkeit (Abb. 11).

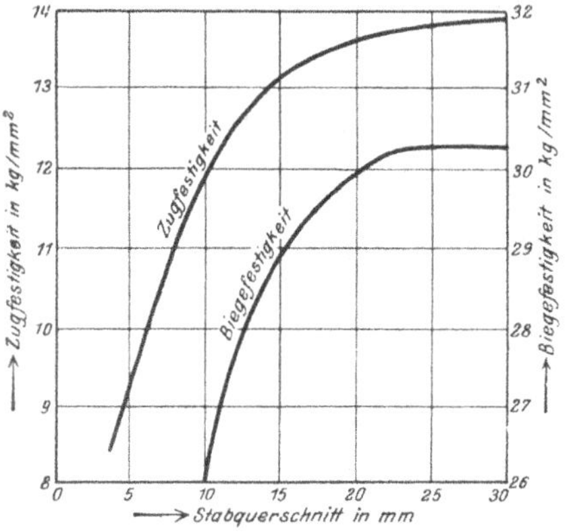

Abb. 11. Einfluß des Probestabquerschnitts auf die Zug- und Biegefestigkeit eines Gußeisens mit 3,24 % C, 2,75% Graphit und 1,78% Si (nach OBERHOFFER und POENSGEN).

8. Die Allotropie.

Ähnlich wie manche nichtmetallische Stoffe, z. B. Schwefel, Jod usw., ändern auch einige Metalle bei bestimmten Temperaturen plötzlich (diskontinuierlich) ihre Eigenschaften, bedingt durch eine Umlagerung der Atomstellungen im Kristallgitter (Stabilitätswechsel). Die bei tieferen Temperaturen stabilere Phase bezeichnet man im allgemeinen als α-, die bei höheren Temperaturen entsprechend als β-, γ- usw. Phase oder (allotrope) Modifikation. Die Umwandlungen gehen insbesondere bei der Abkühlung vielfach mit starker Verzögerung (Hysteresis) vor sich, verursacht durch die große innere Reibung beim Platzwechsel der Atome im festen Aggregatzustand. Die starke Unterkühlungsfähigkeit und Hysteresis der Umwandlungen ist technisch von höchster Bedeutung für die thermische Behandlung (Härtungs- und Anlaßvorgänge) der Metalle und Legierungen. Mit der Umlagerung des Kristallgitters bei den Umwandlungspunkten ändern sich

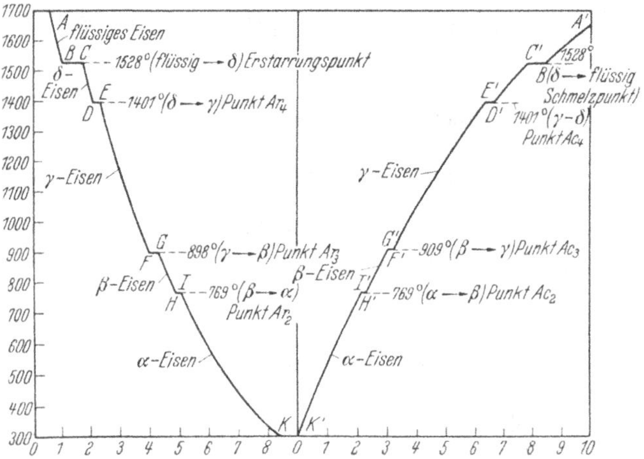

Abb. 12. Abkühlungs- (links) und Erhitzungskurven (rechts) von reinem Eisen.

die meisten Eigenschaften des Metalls bzw. der Legierung (Festigkeit, Härte, Dehnung, spez. Gewicht, Farbe, Wärmeinhalt, elektrische Leitfähigkeit, Gaslöslichkeit usw.) in mehr oder minder starkem Ausmaß.

Unreinigkeiten im Metall können Unstetigkeiten in den Eigenschaftskurven hervorrufen und so eine allotrope Umwandlung vortäuschen. Z. B. kann ein Begleitelement bei tiefer Temperatur ausgeschieden, bei höheren Temperaturen dagegen gelöst sein, was natürlich mit einer Unstetigkeit in einer Eigenschaftskurve verbunden sein muß. Aufgenommene Gasmengen können eine ähnliche Wirkung haben. Früher hat man nicht genügend auf den Reinheitsgrad der Metalle geachtet; dies gab Anlaß zu irrigen Auffassungen über die Existenz allotroper Modifikationen, z. B. bei Aluminium, Zink, Wismut usw.

Neuere Untersuchungen an reinen Metallen, insbesondere mit Hilfe der Röntgenanalyse haben gezeigt, daß nur wenige reine Metalle Umwandlungen (Zahlentafel 2) besitzen.

Zahlentafel 2. Kristallgitterbau von Metallen mit Umwandlungen.

Modifikation	Beständigkeitsbereich °C	Kristallsystem	Gitterkonstante in Å (10^{-8} cm)
α- (bzw. β- und δ-) Fe	20—906 u. 1401—1528	kubisch-raumzentriert	$a = 2{,}861$
γ-Fe	906—1401	kubisch-flächenzentriert	$a = 3{,}63$
α-Co	20—477	hexagonal	$a = 2{,}517$, $c = 4{,}105$
β-Co	477—1490	kubisch-flächenzentriert	$a = 3{,}554$
α-Ce	?	hexagonal	$a = 3{,}65$, $c = 5{,}91$
β-Ce	?	kubisch-flächenzentriert	$a = 5{,}12$
α-Sn grau	unter 18	kubischer Diamanttyp	$a = 6{,}46$
β-Sn weiß	18—161	tetragonal-raumzentriert	$a = 5{,}81$, $c = 3{,}16$
γ-Sn	über 161		
α-Tl	20—225	hexagonal	$a = 3{,}45$, $c = 5{,}52$
β-Tl	225—304	kubisch-flächenzentriert	$a = 5{,}52$
α-Mn	20—742	kubisch eigener Typ	$a = 8{,}89$
β-Mn	742—1191	kubisch eigener Typ	$a = 6{,}30$
γ-(Elektrolyt-)Mn	über 1191	tetragonal-flächenzentriert (Indium-Typ)	$a = 3{,}774$, $c = 3{,}526$
α-Cr	20—?	kubisch-raumzentriert	$a = 2{,}878$
β-Cr	?	hexagonal	$a = 2{,}717$, $c = 4{,}418$
γ-Cr	?	kubisch (α-Mn)	$a = 8{,}717$
α-W	20—?	kubisch-raumzentriert	$a = 3{,}158$
β-W	?	kubisch eigener Typ	$a = 5{,}04$
α-Ca	20—300	kubisch-flächenzentriert	$a = 5{,}56$
β-Ca	300—450	kubisch-raumzentriert	$a = 4{,}43$
γ-Ca	über 450	hexagonal	?

Technisch von größter Bedeutung ist die Allotropie des Eisens (Abb. 12). Das unmagnetische β-Eisen sowie das oberhalb 1401° existierende δ-Eisen sind strukturell mit dem raumzentrierten α-Eisen identisch. Die Unterschiede in den Atomabständen entsprechen der thermischen Ausdehnung mit steigender Temperatur. Bei der Temperaturabhängigkeit verschiedener physikalischer Eigenschaften (Beispiel Abb. 13) ergibt sich das γ-Gebiet als diskontinuierliches Einbruchsgebiet in die Temperaturfunktion des α-(β/δ-)Eisens (*10*), so daß tatsächlich lediglich zwei (starke) Modifikationen des Eisens, die raumzentrierte α- und

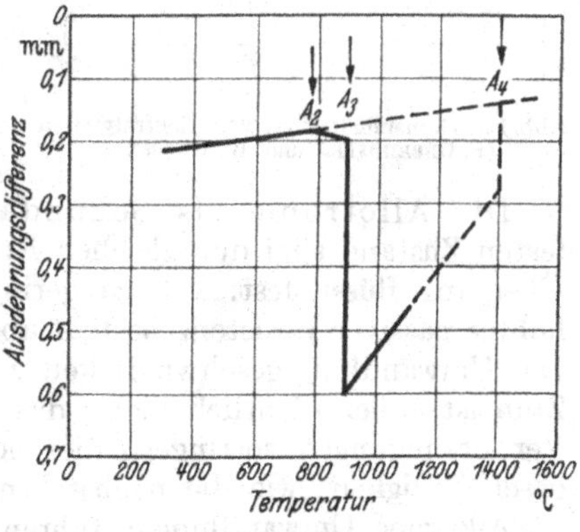

Abb. 13. Differential-Ausdehnungskurve von reinem Eisen (H. Esser).

die flächenzentrierte γ-Phase existieren (Abb. 14). Der Übergang des α-(β-) Eisens mit je zwei Atomen pro Elementarkubus in das (dichter gepackte) γ-Eisen mit je vier Atomen pro Elementarkubus ist mit einer starken Schwindung verbunden. Die zugehörige Wärmetönung bei 906° beträgt 3,93 cal/g gegen 2,531 cal/g beim Übergang von γ- nach α-(δ-)Eisen bei 1401°. Beim A_3-Punkt (Abb. 12) zeigen viele physikalische Eigenschaften deutliche Hysteresis. Der Grad der magnetischen Diskontinuität in der Nähe von 768° ist stark abhängig von der Feldstärke; der Wärmeinhalt zeigt keine ausgeprägt sprunghafte Änderung (Abb. 15). Durch Aufnahme von Kohlenstoff wird der Gitterparameter des γ-Eisens um etwa 0,0032 Å je 0,1% Kohlenstoff erweitert (*29*). T. D. YENSEN (*30*) stellte die Hypothese auf: α-Eisen (körperzentrierter Würfel) sei die charakteristische Form des Eisenkristalls und könne bei allen Temperaturen unterhalb des Erstarrungspunktes existieren. α-Eisen könne aber Verunreinigungen, wie Kohlenstoff, Sauerstoff usw., in Lösung halten, wobei die parasitären Atome die Zwischenräume zwischen den Fe-Atomen im Eisengitter einnehmen und der in Lösung befindliche Betrag von der Temperatur abhängt. Übersteigt der Betrag den maximalen Lösungsanteil für die betreffende Temperatur, so können die Verunreinigungen ausgefällt werden, oder sie veranlassen das Eisen zum Übergang in die γ-Form (flächenzentrierter Würfel), in welcher es mehr an Verunreinigungen in Lösung zu halten vermag. — Als Stütze der Hypothese führte YENSEN an 1., daß je niederer der C-Gehalt des Eisens, desto höher wahrscheinlich der O-Gehalt ist, und 2., daß je niederer der C-Gehalt, desto niederer auch der Betrag an Si ist, der zur Verhinderung der Umwandlung von α- in γ-Eisen gebraucht wird. Bei Extrapolation auf den C-Gehalt Null (oder C < 0,001%) scheint die Annahme logisch, daß in Abwesenheit von Sauerstoff der zur Verhütung der Umwandlung erforderliche Betrag an Si Null ist, d. h. reines Eisen sollte keine allotropen Umwandlungen haben. H. ESSER (*7*) hat später eine ähnliche Auffassung vertreten.

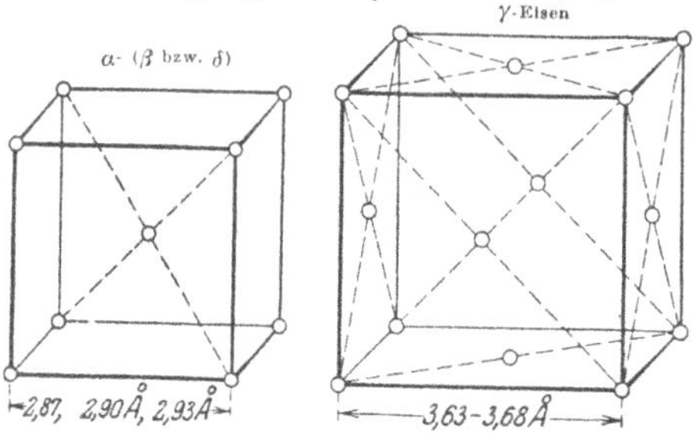

Abb. 14. Anordnung der Atome im raum- bzw. flächenzentrierten Eisen (A. WESTGREN und G. PHRAGMÉN).

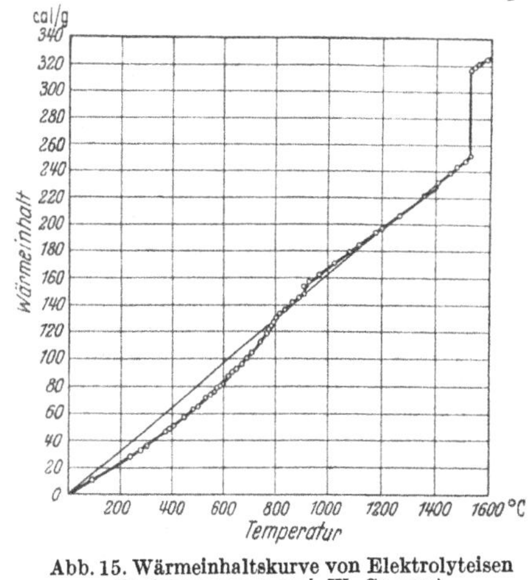

Abb. 15. Wärmeinhaltskurve von Elektrolyteisen (P. OBERHOFFER und W. GROSSE).

Die Allotropie als Sekundärkristallisation. Umkristallisationen im festen Zustand sind den gleichen Kristallisationsgesetzen unterworfen wie beim Übergang flüssig-fest. Infolge geringer Umwandlungsgeschwindigkeit und erhöhter passiver Resistenz besteht aber eine größere Neigung zur Unterkühlung. Die Umwandlungsgeschwindigkeit z. B. beim Übergang von weißem in graues Zinn ist außerordentlich klein; das Maximum bei −30° beträgt 0,004 mm/st. Verunreinigungen verringern hier noch weiterhin erheblich die Umwandlungsgeschwindigkeit, wie die nachstehenden Zahlen (zwei Versuche) lehren (*31*).

Allotrope Umwandlungen führen zur Ausbildung eines sekundären Korngefüges. Vielfach lassen sich durch Spezialätzung Primär- und Sekundärgefüge überlagert oder getrennt nacheinander herausholen. Das Primärgefüge kommt dabei infolge der sog. Kristallseigerung bzw. durch die Anreicherung von Verunreinigungen in den Korngrenzen der ehemals primären Kristallite zum Ausdruck. Mitunter wird das Sekundärkorn durch das primäre Korn in seiner Ausbildung beeinflußt. Magnetische Umwandlungen (CURIE-Punkte) erzeugen keine Kornveränderungen. Die Druckabhängigkeit der sekundären Umwandlungen folgt dem Gesetz von CLAUSIUS-CLAPEYRON (Abb. 5 und 6).

	Umwandlungsgeschwindigkeit bei -10^0 in mm/st	
Sn-Kahlbaum	0,00205	0,0019
Sn-Banka (Fe, Cu, Sb, Pb)	0,00125	0,0013
Sn-Banka + 1% Pb. . . .	0,00075	0,0008
Sn-Kahlbaum + 0,1% Bi .	0,00020	0,00020
Sn-Kahlbaum + 0,1% Sb .	0,00010	0,00015

d) Über den Begriff und das Zustandekommen einer Legierung.

Legierungen sind homogene feste Lösungen oder innige heterogene Gemische von zwei oder mehreren Metallen, welche durch gemeinsame Erstarrung entstanden sind. Sog. Stampflegierungen, z. B. unter hohem Druck zusammengepreßte Späne von Kupfer und Magnesium (*32*), aus Spänen durch Drucksinterung entstandene Werkstoffe oder durch Emulsion künstlich hergestellte Metallgemische (*33*), z. B. von Eisen und Blei, entsprechen nicht dem physikalischen Begriff der Legierung.

Bei idealer Mischkristallbildung treten die Atome des gelösten Elementes willkürlich an die Atomplätze des als Lösungsmittel dienenden Metalls. Ein solcher, auf gegenseitiger willkürlicher Substitution der Atome beruhender Mischkristall hat eine weitgehende strukturelle und chemische Ähnlichkeit der aufbauenden Atomarten zur Voraussetzung, d. h. er kommt zustande, wenn die beiden Elemente:

1. einen gleichen Gittertypus besitzen,
2. möglichst gleiche Gitterkonstanten haben oder
3. über eine gewisse Dehnbarkeit des Raumgitters verfügen,
4. gleichen oder nahezu gleichen Atomradius besitzen, sowie
5. eine Ähnlichkeit im Aufbau des Atoms zeigen (Homöopolarität). Kennzeichen hierfür z. B. gegenseitige Nähe im periodischen System der Elemente.

Bei diesem Mischkristalltyp (Beispiel: Eisen-Nickel-Legierungen) bleibt das Raumgitter erhalten bzw. es erfährt nur eine geringe Änderung des Netzebenenabstandes. Beim sog. Einlagerungsmischkristall, z. B. der festen Lösung von Kohlenstoff im γ-Eisen, treten die gegenüber den Eisenatomen wesentlich kleineren Kohlenstoffatome in die Lücken des Eisengitters und verursachen dabei eine Aufweitung des Gitters um etwa 0,0032 Å je 0,1% C. Eine der letztgenannten ähnliche Anordnung tritt auch auf bei der Einlagerung gewisser Gase, z. B. Wasserstoff und Stickstoff, in das Raumgitter des Eisens. Dabei verursacht ein Atomprozent eingelagerten Wasserstoffs eine Vergrößerung des Gitterparameters um etwa 0,12% (*34*). Im allgemeinen ist die Raumerfüllung der zusammentretenden Atome fast ausnahmslos kleiner, als die aus den Volumenwerten der Komponenten nach der sog. Vegardschen (*35*) Regel additiv errechnete.

Beim Typ des Molekülgitters intermetallischer Verbindungen treten die Atome des gelösten und des lösenden Elementes unter Absättigung iher Hauptvalenzkräfte in bestimmten stöchiometrischen Verhältnissen zu einem neuen, meist komplizierteren Gitter zusammen. Eine Zwischenstellung nehmen die gegenseitigen Legierungen der Eisen- und Platinmetalle ein sowie die Legierungen von Kupfer, Silber und Gold die keine abgegrenzten Verbindungen, sondern nur „Mischkristalle“ bilden, die aber einer bevorzugten Atomstellung zustreben und mit starker Affinität zustande kommen (*36*, *158*). Beispiel: Gold-Kupfer-Legierungen mit 50 Atomprozenten, wo durch geeignete Glühbehandlung die regellose (kubische) Atomanordnung in eine geregelte schwach tetragonale übergeht, wobei die Cu-Atome vorzugsweise in die Ecken, die Au-Atome dagegen in die Flächenzentren übergehen (*37*). Ähnlich liegen die Verhältnisse bei den Au-Cu-Legierungen mit 25 Atomprozenten Gold sowie bei einer Reihe anderer Legierungen, z. B. der Systeme: Au-Cu, Pd-Cu, Pt-Cu, Mg-Cd, Ir-Os. In diesen Legierungsreihen führt schnelle Abkühlung zu einer regellosen Atomanordnung, während langsame Abkühlung oder eine ausreichende Glühung bei bestimmten Temperaturen die geregelte Atomanordnung zur Folge hat. Diese äußert sich im Röntgenbild durch das Auftreten sog. Überstrukturen (*38*).

Die Festigkeit derartiger Legierungen mit ungeregelter Atomanordnung ist im allgemeinen größer als im Zustand der Regelmäßigkeit. Besonders scharf spricht auch das Verhalten des elektrischen Widerstandes auf die Änderung der Atomverteilung an.

Über die oben unter 1 bis 5 gekennzeichneten Voraussetzungen für die Mischkristallbildung hinaus beobachtet man freilich auch zahlreiche Ausnahmefälle. So tritt z. B. das hexagonale Zink bis ~ 38 % in das reguläre Kupfer, das hexagonale Kadmium bis ~ 37 % ins reguläre Silber ein. Wahrscheinlich ist hier die Nachgiebigkeit des Raumgitters stark ausgeprägt und die Homöopolarität nicht zu stark verschieden; die betreffenden Elemente stehen im periodischen System in der IV. bzw. V. Horizontalperiode direkt nebeneinander. Aber auch Ausnahmen gegenteiliger Art treten auf. So sind z. B. Silber und Gold vollkommen mischbar, desgleichen Kupfer und Gold. Silber und Kupfer dagegen besitzen eine große Mischungslücke, obgleich alle drei Elemente kubisch-flächenzentriert kristallisieren und nach ihrer Stellung im periodischen System ähnliche Eigenschaften ihrer Atome besitzen müßten (*39*). Gold und Aluminium anderseits haben trotz gleicher Gitterstruktur und nahezu übereinstimmenden Kantenlängen (4,07 und 4,04 Å) bzw. praktisch gleichem Atomradius dennoch keine Löslichkeit. Es wird eben nur relativ selten der Fall eintreten, daß alle oben unter 1 bis 5 genannten Bedingungen gleichzeitig ideal erfüllt sind; daher sind auch die Fälle beschränkter Mischbarkeit im festen Zustand weit mehr verbreitet als die Fälle völliger Mischbarkeit. Auch scheint nach neueren Auffassungen die spezifische Anziehungskraft der Atomrümpfe untereinander eine wichtige Rolle bei der Mischbarkeit bzw. Verbindungsbildung der Metalle zu spielen (*40*). Welche Bedeutung übrigens dem Atomradius bei der Mischkristallbildung und damit auf den Typus der Zustandsdiagramme zukommt, konnte WEVER (*41*) am Beispiel des Stabilitätsbereiches der γ-Phase bei Eisen-Kohlenstoff-Legierungen zeigen. Legierungselemente mit sehr kleinem Atomradius erweitern darnach das Zustandsfeld des kubisch flächenzentrierten γ-Eisens, während solche mit mittlerem Atomradius den Existenzbereich der γ-Phase verengen (Abb. 16 und 17). Elemente mit sehr großem Atomradius sind im Eisen unlöslich. Nach einer neueren Arbeit von F. WEVER (*42*) wird die γ/β-Umwandlung dann unterdrückt, wenn die Gitteraufweitung des γ-Eisens durch den Einbau der Fremdatome den Betrag von 3‰ des Atomabstandes überschreitet.

Bezüglich der intermetallischen Verbindungen unterscheidet man außer den Molekülgittern mit stark heteropolarer Bindung, bei denen die Wertigkeitsverhältnisse der klassischen Chemie erfüllt sind (E. ZINTL) u. a., noch die sog. HUME-ROTHERYschen Legierungen (der Bronze-Typen), für deren intermediäre

Phasen die von JONES theoretisch erklärte Elektronenzahlregel gilt (*158*), vor allem aber die wichtigen LAVES-Phasen (*159*). Kennzeichnend für letztere sind die sehr kleinen Homogenitätsbereiche der Gittertypen AB_2. Sie können von Metallen aus dem ganzen periodischen System gebildet werden, zeichnen sich durch hohe Symmetrie der A-Atome aus sowie durch eine dichtere Packung ihrer B-Atome mit entsprechend verstärkter Bindung der Molekülkomplexe (hohe Bildungswärme der Verbindung). Die „überhöhte Packung" des Gitters der Laves-Phasen wird durch die kleinen Atomradien der B-Metalle ermöglicht (*160*).

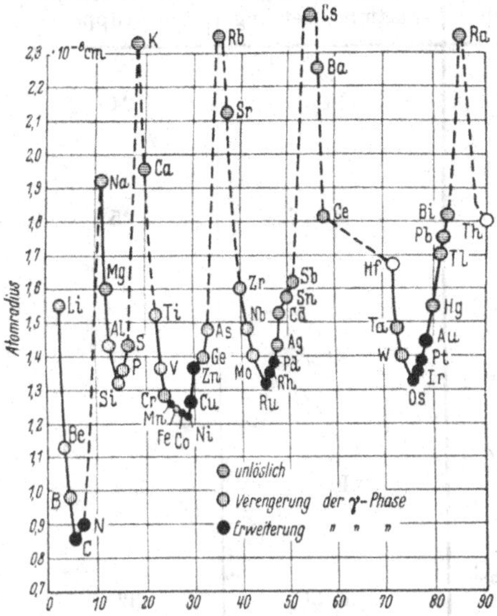

Abb. 16. Atomradien der Elemente (F. WEVER).

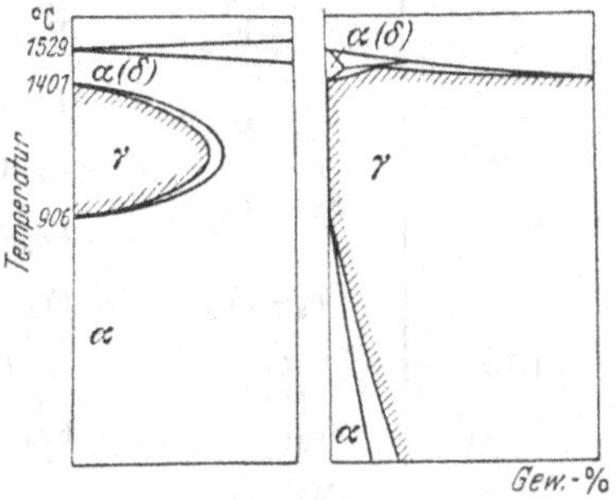

Abb. 17. Beeinflussung des γ-Bereich im System Eisen-Kohlenstoff (F. WEVER).

e) Kann man Zustandsdiagramme errechnen?

Aus den für die Mischkristallbildung gültigen Bedingungen kann man im allgemeinen bereits weitgehende Schlüsse ziehen für die Löslichkeit zweier Metalle ineinander. Über die Grenzen der Mischbarkeit, das Auftreten kritischer Punkte, z. B. in binären Zustandsdiagrammen, sagen jene allgemeinen Gesetze, von denen es auch Abweichungen gibt, aber noch nichts aus. M. J. VONCKEN (*43*) hat den Versuch gemacht, aus der valenzmäßigen Bindung verschiedener Molekülgruppen auf derartige Grenzkonzentrationen in binären Zustandsdiagrammen zu schließen, indem er gemäß der Dreiwertigkeit des Eisens bzw. des Phosphors sowie der Vierwertigkeit des Siliziums bzw. des Kohlenstoffs (Abb. 18) eine Abbindung der freien Valenzen zu bestimmten Molekülgruppen vornimmt, wie dies für den Fall der Zustandsdiagramme Eisen-Kohlenstoff, Eisen-Phosphor und Eisen-Silizium in den Zahlentafeln 3 bis 6 geschehen ist. Man erkennt im Vergleich mit

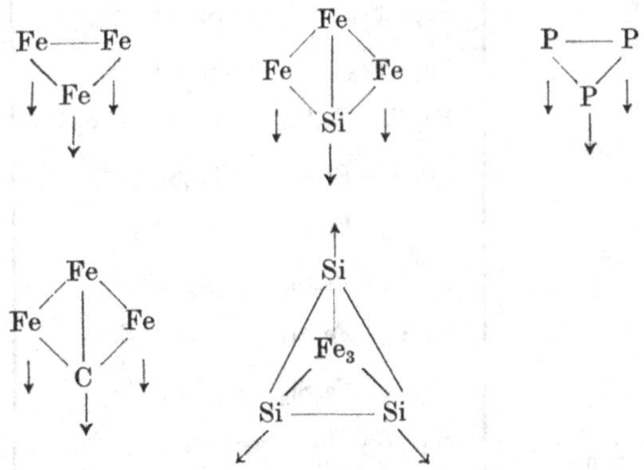

Abb. 18. Valenzmäßige Bindung verschiedener Molekülgruppen (Schematisch nach M. J. VONCKEN).

Zahlentafel 3. Valenzmäßige Aufteilung des Eisen-Kohlenstoff-Diagramms.

C-Gehalt in %	Art der Bindung	Stöchiometrische Zusammensetzung	Zahl der Atome je Gruppe
0	Fe_3-Fe_3 ‖ ‖ Fe_3-Fe_3 + Fe_3-Fe_3 ‖ ‖ Fe_3-Fe_3	Fe_{24}	24
0,88	Fe_3-Fe_3 ‖ ‖ Fe_3-Fe_3 + Fe_3-Fe_3 \ / | C | / \ Fe_3-Fe_3	$Fe_{24}C$	25
1,75	Fe_3-Fe_3 \ / | C | / \ Fe_3-Fe_3 + Fe_3-Fe_3 \ / | C | / \ Fe_3-Fe_3	$Fe_{24}C_2$	26
4,27	Fe_3-Fe_3 \ / | C | / \ Fe_3-Fe_3 + Fe_3C-Fe_3C ‖ ‖ Fe_3C-Fe_3C	$Fe_{24}C_5$	29
6,66	Fe C$-Fe_3C$ ‖ ‖ Fe_3C-Fe_3C + Fe_3C-Fe_3C ‖ ‖ Fe_3C-Fe_3C	$Fe_{24}C_8$	32

Zahlentafel 4. Valenzmäßige Aufteilung des Eisen–Silizium-Diagramms bei hoher Temperatur.

Si-Gehalt in %	Art der Bindung	Stöchiometrische Zusammensetzung	Zahl der Atome je Gruppe
0	Fe_3-Fe_3 ‖ ‖ Fe_3-Fe_3 + Fe_3-Fe_3 ‖ ‖ Fe_3-Fe_3	Fe_{24}	24
20	Fe_3-Fe_3 ‖ ‖ Fe_3-Fe_3 + $Fe_3Si_3-Fe_3Si_3$ | | $Fe_3Si_3-Fe_3Si_3$	$Fe_{24}Si_{12}$	36
33,3	$Fe_3Si_3-Fe_3Si_3$ ‖ ‖ $Fe_3Si_3-Fe_3Si_3$ + $Fe_3Si_3-Fe_3Si_3$ ‖ ‖ $Fe_3Si_3-Fe_3Si_3$	$Fe_{24}Si_{24}$	48
50	$Fe_3Si_3-Fe_3Si_3$ ‖ ‖ $Fe_3Si_3-Fe_3Si_3$ + Si_3-Si_3 ‖ ‖ Si_3-Si_3	$Fe_{12}Si_{24}$	36
60	$Fe_3Si_3-Fe_3Si_3$ ‖ ‖ $Fe_3Si_3-Fe_3Si_3$ + 2 { Si_3-Si_3 ‖ ‖ Si_3-Si_3 }	$Fe_{12}Si_{36}$	48
100	Si_3-Si_3 ‖ ‖ Si_3-Si_3 + Si_3-Si_3 ‖ ‖ Si_3-Si_3	Si_{24}	24

den experimentell ermittelten Zustandsdiagrammen (Abb. 23, Abb. 46 und Abb. 327) leicht, daß tatsächlich im System Eisen-Kohlenstoff alle, in den übrigen Systemen ein großer Teil der dort abzulesenden Grenzkonzentrationen sich

Zahlentafel 5. Valenzmäßige Aufteilung des Eisen-Silizium-Diagramms bei niedriger Temperatur.

Si-Gehalt in %	Art der Bindung	Stöchiometrische Zusammensetzung	Zahl der Atome je Gruppe
0	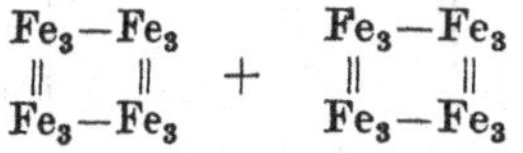 Fe_3-Fe_3 ‖ ‖ Fe_3-Fe_3 + Fe_3-Fe_3 ‖ ‖ Fe_3-Fe_3	Fe_{24}	24
2,04	Fe_3-Fe_3 ‖ ‖ Fe_3-Fe_3 + Fe_3-Fe_3 \ / | Si | / \ Fe_3-Fe_3	$Fe_{24}Si$	25
4,0	Fe_3-Fe_3 \ / | Si | / \ Fe_3-Fe_3 + Fe_3-Fe_3 \ / | Si | / \ Fe_3-Fe_3	$Fe_{24}Si_2$	26
9,45	Fe_3-Fe_3 \ / | Si | / \ Fe_3-Fe_3 + Fe_3Si-Fe_3Si ‖ ‖ Fe_3Si-Fe_3Si	$Fe_{24}Si_5$	29
14,3	Fe_3Si-Fe_3Si ‖ ‖ Fe_3Si-Fe_3Si + Fe_3Si-Fe_3Si ‖ ‖ Fe_3Si-Fe_3Si	$Fe_{24}Si_8$	32
25	Fe_3Si-Fe_3Si ‖ ‖ Fe_3Si-Fe_3Si + Fe_3Si-Fe_3Si ‖ ‖ Fe_3Si-Fe_3Si	$Fe_{24}Si_{16}$	40
33	Fe_3Si-Fe_3Si ‖ ‖ Fe_3Si-Fe_3Si + Fe_3Si-Fe_3Si ‖ ‖ Fe_3Si-Fe_3Si	$Fe_{24}Si_{24}$	48

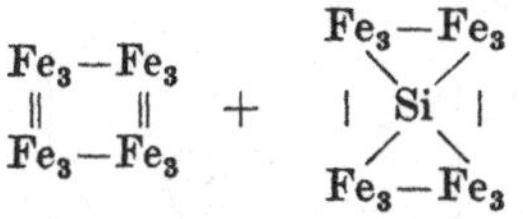

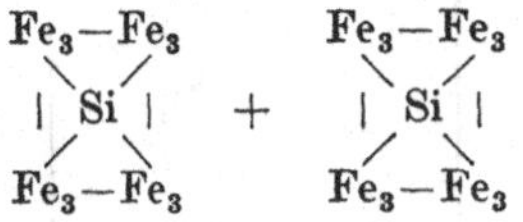

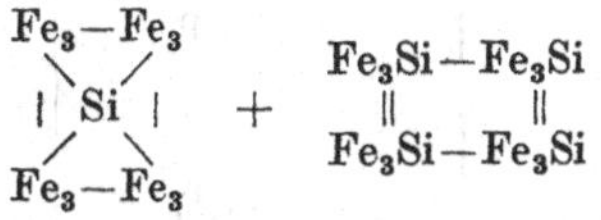

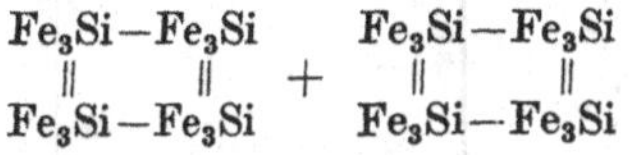

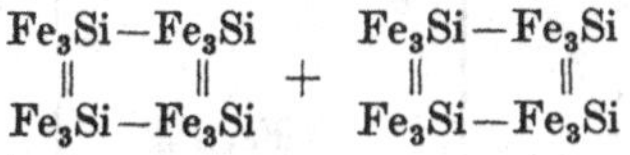

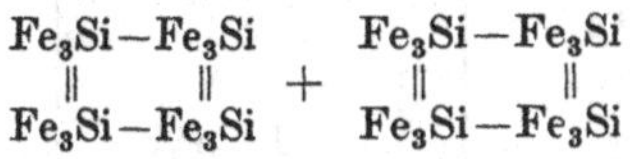

mit der Rechnungsweise von M. J. VONCKEN decken. Es ist aber nicht ausgeschlossen, daß auch die übrigen kritischen Punkte, z. B. im System Eisen-Silizium, wie sie durch die valenzmäßige Abbindung sich errechnen, eine konstitutionelle Bedeutung für die betreffenden Diagramme haben, auch wenn sie sich in den heute bekannten Zustandsdiagrammen noch nicht ausprägen. Im Zuge weiterer Forschungen an den Diagrammen Eisen-Phosphor bzw. Eisen-Silizium dürften die Überlegungen von VONCKEN aber von beachtlicher Bedeutung sein. Grundsätzlich und völlig einwandfrei lassen sich Zustandsdiagramme dadurch errechnen, daß man die thermodynamischen Potentiale der Masseneinheit ermittelt, und zwar für die verschiedenen Aggregatzustände [ROOZEBOOM und GIBBS (*161*)]. Die stabilere Phase ist alsdann durch den kleineren Wert des thermodynamischen Potentials (ζ-Wert) gekennzeichnet. Ein heterogenes System ist dann im Gleichgewicht, wenn die Gesamtpotentiale der Masseneinheiten der koexistierenden Phasen untereinander gleich sind. Nach VAN RIYN VAN ALKEMADE (*162*) geht man dabei am besten graphisch vor, indem man nach Auftragung der ζ-Werte der homogenen Zustände die Tangenten bzw. Doppeltangenten an die ζ-Kurven konstruiert. Man kann auf diese Weise sowohl die px- bzw. tx-Ebenen, als auch die pt-Ebenen ermitteln. Leider fehlen uns heute noch zu viele physikalisch-chemische und thermische Daten, um derartige Rechnungen bzw. graphische Ermittlungen für die wichtigsten technischen Nutzlegierungen durchzuführen.

Zahlentafel 6. Valenzmäßige Aufteilung des Eisen–Phosphor-Diagramms.

P-Gehalt in %	Art der Bindung	Stöchiometrische Zusammensetzung	Zahl der Atome je Gruppe
0	Fe_3-Fe_3 Fe_3-Fe_3 ‖ ‖ + ‖ ‖ Fe_3-Fe_3 Fe_3-Fe_3	Fe_{24}	24
2,55	Fe_3-Fe_3 Fe_3-Fe_3 ‖ ‖ + ‖ ‖ Fe_3-Fe_3 Fe_3-P	$Fe_{21}P$	22
5,85	Fe_3-Fe_3 Fe_3-P ‖ ‖ + ‖ ‖ Fe_3-Fe_3 Fe_3-P	$Fe_{18}P_2$	20
10	Fe_3-Fe_3 Fe_3-P ‖ ‖ + ‖ ‖ Fe_3-P Fe_3-P	$Fe_{15}P_3$	18
15,5	Fe_3-P Fe_3-P ‖ ‖ + ‖ ‖ Fe_3-P Fe_3-P	$Fe_{12}P_4$	16
21,5	Fe_3-P Fe_3-P ‖ ‖ + ‖ ‖ Fe_3-P Fe_3-P_3	$Fe_{12}P_6$	18
27	Fe_3-P Fe_3-P_3 ‖ ‖ + ‖ ‖ Fe_3-P Fe_3-P_3	$Fe_{12}P_8$	20
31,6	Fe_3-P Fe_3-P_3 ‖ ‖ + ‖ ‖ Fe_3-P_3 Fe_3-P_3	$Fe_{12}P_{10}$	22
35,7	Fe_3-P_3 + Fe_3-P_3 ‖ ‖ ‖ ‖ Fe_3-P_3 Fe_3-P_3	$Fe_{12}P_{12}$	24

III. Die konstitutionellen Grundlagen der Eisen-Kohlenstoff-Legierungen.

a) Die stofflichen Komponenten der Zustandsdiagramme und ihre Eigenschaften.

1. Reines Eisen.

Reines Eisen hat nur eine begrenzte technische Bedeutung. Es ist relativ weich, hat eine Brinellhärte von 50 bis 70 kg/mm² je nach dem Grade der auftretenden Verunreinigungen, rostet leicht und bildet dabei eine nur schwach festhaftende Oxydschicht. Es schmilzt bei 1528° und durchläuft bei Abkühlung bzw. Erhitzung zwischen seinem Schmelzpunkt und Zimmertemperatur Zustandsgebiete verschiedener kristallographischer Anordnungen seines atomaren Gitteraufbaues (Abb. 12). Die kubisch raumzentrierte Form (Abb. 14) hat ein Existenzfeld von bzw. unter Zimmertemperatur bis ca. 900° sowie zwischen 1401° und dem Schmelzpunkt. Im Gebiet zwischen ca. 900° und der Temperatur von 1401° besitzt praktisch reines Eisen die sog. flächenzentrierte Atomanordnung seines kubischen Raumgitters. Die mit der Temperatur gemäß dem Ausdehnungsgesetz metallischer Stoffe veränderlichen Gitterabstände waren aus Abb. 13 ersichtlich. Das kubisch raumzentrierte Eisen ist ferromagnetisch, verliert jedoch mit zunehmender Temperatur, besonders in starken magnetischen Feldern, in zunehmendem Maße seine Magnetisierbarkeit und wird bei 768° praktisch völlig unmagnetisch. Die mechanischen und physikalischen Eigenschaften reinen Eisens zeigen die Zahlentafel 7 und 8. Die Umwandlungspunkte des Eisens führen auch zu Unstetigkeiten in den mechanischen Eigenschaften bei höheren Prüftemperaturen. R. Roll (*47*) untersuchte die in Zahlentafel 9 gekennzeichneten Materialien und fand in Abhängigkeit von der Temperatur die in Abb. 19 graphisch dargestellten Ergebnisse. Die Zugfestigkeit von 1 mm starkem Eisendraht läßt knapp vor dem Umwandlungspunkt einen scharfen Abfall mit nachfolgendem Wiederanstieg erkennen. Bei Armco-Eisen vom gleichen Durchmesser liegt der Sattel der Zugfestigkeit bei noch geringerer Temperatur. Einen flacheren Abfall brachte ein Armco-Eisendraht von 1,5 mm Durchmesser. In Stickstoffstrom änderte sich die Unstetigkeit nicht.

2. Eisenkarbid und andere Karbide.

Das Eisenkarbid, formelmäßig Fe_3C, auch Zementit genannt, mit dem Molekulargewicht 179,5, besitzt ein spezifisches Gewicht von 7,82, eine Härte von 660 bis 840 nach Brinell oder etwa 6 bis 6,5 nach Mohs und ein ortho-rhombisches Raumgitter mit den Achsenabständen: $a = 4{,}51$, $b = 5{,}06$ und $c = 6{,}72$ Å bei 4 Molekeln im Elementarkörper. Zementit hat keine mit Sicherheit nachweisliche Löslichkeit für Eisen oder elementaren Kohlenstoff. Die bereits von P. S. Wologdine (*48*) gefundene magnetische Umwandlung des Zementits wurde später von K. Honda (*49*) und T. Takagi genauer untersucht und die Umwand-

Zahlentafel 7. Physikalische Eigenschaften reinen Eisens.

	Für reinste Eisensorten	Karbonyleisen	Weicheisen ***
Spezifisches Gewicht	$7{,}876\ g \cdot cm^{-3}$ *	—	$7{,}85\ g \cdot cm^{-3}$
Spezifischer elektrischer Widerstand bei 20°	$0{,}099\ Ohm/mm^2 \cdot m^{-1}$ *	—	$0{,}11\ Ohm/mm^2 \cdot m^{-1}$
Wärmeleitfähigkeit λ zwischen 0 und 100°	$0{,}133\ cal \cdot cm^{-1} \cdot sec^{-1} \cdot {}^0C^{-1}$	—	$0{,}13\ cal \cdot cm^{-1} \cdot sec^{-1} \cdot {}^0C^{-1}$
Lineare Wärmeausdehnungszahl β zwischen 0 und 100°	$12{,}5 \cdot 10^{-6}$ *	—	$0{,}12 \cdot 10^{-6}$
Mittlere spezifische Wärme c_p zwischen 0 und 100°	$0{,}111\ cal \cdot g^{-1}$ *	—	—
Koerzitivkraft	0,025 Oerstedt ***	0,08 Oerstedt **	0,5—2,0 Oerstedt
Remanenz	zwischen 13000—850 Gauß *	6000 Gauß **	8—10000 Gauß
Anfangspermeabilität μ_0	4000 ***	3000 **	200—500
Maximalpermeabilität μ_{max}	180000 ***	20000 **	5000—10000
Sättigung $4\pi J_\infty$	21600 *	22000 Gauß **	21500 Gauß
Hysteresisverlust (für $B_{max} = 14000$)	$190\ Erg \cdot sec \cdot cm^{-3}$ pro cycl. ***	—	3000—$10000\ Erg \cdot sec \cdot cm^{-3}$ pro cycl.

* Nach Stäblein: Werkstoffhandbuch A. Bd. 105 S. 1/2. ** Für schwedisches Eisen nach Honda und Simidu: Sci. Rep. Tôhoku Univ. Bd. 6 (1917) S. 219. Bei Eisen höherer Reinheit 20 bis 30% höhere Werte. *** Nach Cioffi: Phys. Rev. Bd. 39 (1932) S. 364. An in Wasserstoff geglühtem Elektrolyteisen ermittelt. — Bei kleiner Koerzitivkraft verursacht die geringste Unsicherheit in der Scherung der magnetischen Kurven starke Schwankungen der berechneten Remanenz. — Nach Duffschmidt, Schlecht und Schubardt: Stahl u. Eisen Bd. 52 (1932) S. 848. Gemessen an Kruppschen Weicheisensorten.

Zahlentafel 8. Mechanische Eigenschaften von reinstem Eisen.

	Elektrolyteisen (*44*) im geglühten Zustand	Karbonyleisen (*45*)
Brinellhärte	50—70	56—80
Streckgrenze	10—14 kg/mm²	11—17 kg/mm²
Zugfestigkeit	18—25 kg/mm²	20—28 kg/mm²
Dehnung $l = 10\,d$	50—40%	40—30%
Einschnürung	80—70%	80—70%
Elastizitätsmodul E	21000 kg/mm²	20700 kg/mm²
Dehnungszahl $\alpha = \frac{1}{E}$	0,000048 mm²/kg	
Torsionsmodul G	8200 kg/mm²	
Kerbzähigkeit bei 20°		16—20 mkg/cm²
Probemessung 10·10·100 mm		
Schlagquerschnitt 10·5 mm		
Kerbdurchmesser 1,3 mm		

lungstemperatur zu 212° festgelegt. Der thermische Effekt dieser Umwandlung ist sehr klein und beträgt nach G. TAMMANN und K. EWIG (*50*) weniger als 0,02 Kalorien pro 1 g. Nach den gleichen Autoren ist der Übergang in die unmagnetische (β)-Form mit einer Volumenzunahme von etwa 0,07 mm³ für 1 g Zementit verbunden. Während Aluminium und Titan keinen Einfluß auf die Lage der erwähnten Umwandlung ausüben und auch Silizium erst bei hohen Gehalten einen Einfluß äußert (ca. 14% Si erniedrigten sie um etwa 100°), bewirken bereits rd. 3% Mn eine Erniedrigung

Zahlentafel 9.

Gehalt in %	Gewöhnlicher Eisendraht	Armco-Eisendraht
Kohlenstoff	0,04	0,023
Silizium	Spuren	Spuren
Mangan	0,36	0,02
Phosphor	0,024	0,017
Schwefel	0,035	0,030

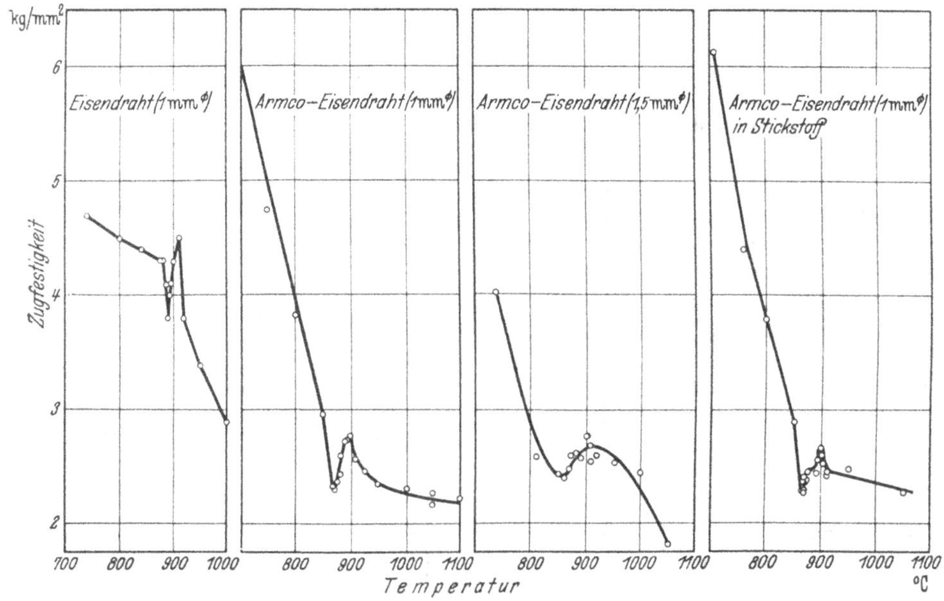

Abb. 19. Zugfestigkeit von Eisendrähten in Abhängigkeit von der Temperatur (F. ROLL).

um 100°, während ein Zusatz von Bor am stärksten einwirkt (0,5% erniedrigen die Umwandlung um 200°). Zementit wird durch heiße alkalische Natriumpikratlösung dunkel bis schwarz gefärbt, auch von Säuren angegriffen, besitzt aber ein um 0,032 V edleres Potential als Eisen. Die hierdurch bedingte geringere Lösungstension des Eisenkarbids gestattet seine Isolierung aus Eisen-Kohlenstoff-Legierungen (*51*). Nach H. Sawamura (*52*) zeigt Eisenkarbid bei 570°, 630° und 760° beim Erhitzen endotherme, irreversible Zustandsänderungen, deren Ursache noch unbekannt ist. Sie stehen jedoch nicht im Zusammenhang mit einem evtl. Karbidzerfall. Die molekulare Bildungswärme des Eisenkarbids (*46*) beträgt nach W. A. Roth (*53*) und Mitarbeitern $= -3{,}9$ ($Mn_3C = +23 \pm 10\%$ und $Ni_3C = -9{,}2 \pm 10\%$). Takéo Watase (*54*) fand den Wert zu $-4{,}8$ kcal/Mol. G. Naeser (*55*) stellte fest, daß die Bildungswärme des Eisenkarbids davon abhänge, ob der Kohlenstoff als Graphit oder in amorphem Zustand vorliegt. Im ersteren Falle liege der Wert bei etwa -4 kcal/Mol, in letzterem je nach dem Graphitisierungsgrad zwischen $+1{,}1$ und $+8{,}2$ kcal/Mol. Der Übergang von amorphem Kohlenstoff zu Graphit erfolge mit einer Wärmetönung von $+13{,}6$ kcal/Mol. Legt man die endothermen Bildungswärmen zugrunde, so ergibt sich, daß die Verbindung Fe_3C bei Raumtemperatur schwach instabil ist, also zum Zerfall neigt, da nach G. Tammann (*56*) eine endotherme Verbindung instabiler ist als das Gemenge ihrer Komponenten, wenn in der Gleichung

$$\zeta = E - \eta T - p \cdot v \tag{1}$$

das Glied $p \cdot v$ gegen E (= molarer Energiewert) zu vernachlässigen ist, was aber bei Atmosphärendruck der Fall ist. Nach dem Prinzip vom kleinsten Zwang (*57*) muß die Stabilität des endothermen Eisenkarbids mit steigender Temperatur zunehmen gemäß dem Schema:

$$\begin{array}{c} \text{Wärmezufuhr} \longrightarrow \\ 3\,Fe + C \rightleftarrows Fe_3C\text{—cal} \\ \longleftarrow \text{Wärmeabfuhr} \end{array} \tag{2}$$

Wenn dennoch das Eisenkarbid mit steigender Temperatur mehr und mehr zerfällt, so liegt dies voraussichtlich daran, daß mit zunehmender Temperatur die Zerfallgeschwindigkeit rascher zunimmt als die Stabilität, so daß zwischen Theorie und Praxis auch hier ein Widerspruch nicht besteht. Graphitisiert ein in der Erstarrung begriffenes Eisen im Innern eines Gußstücks, umschlossen von einem bereits erstarrten Kern, so kann das Glied $p \cdot v$ in Gleichung (1) nicht mehr vernachlässigt werden, da die Volumenvergrößerung beim Karbidzerfall mit etwa 7,33% (*58*) nunmehr gegen die Kohäsion des erstarrten Mantels ansteht.

Das ist auch einer der Gründe dafür, daß im Innern von reinem, Si-freiem Roh- und Gußeisen der Zementit erst oberhalb etwa 1100° mit merklicher Geschwindigkeit zerfällt, während er sich an der Oberfläche der betreffenden Stücke im allgemeinen viel rascher zersetzt. Beobachtungen R. Ruers (vgl. S. 44), daß reine Fe-C-Legierungen mit 2,5 bis 4% C bis dicht an die Schmelztemperatur des Zementiteutektikums sich erhitzen ließen, ohne zu graphitisieren, oberflächlich jedoch (selbst im Stickstoffstrom) eine geringe Graphitisierung zeigten, auch spätere Versuche im Vakuum (*59*) dieselbe Erscheinung aufwiesen, stehen offenbar mit dem Einfluß des Drucks im Zusammenhang. Auch die vom Verfasser öfters beobachtete Zonenbildung im Gefüge abgegossener Rundstäbe (*60*) findet damit teilweise ihre Erklärung. D. Hanson (*61*) machte später dieselbe Beobachtung wie Ruer, jedoch mit dem Unterschied, daß im Vakuum die Graphitisierung auch an der Oberfläche ausblieb. Dies besagt jedoch nichts gegen die Bedeutung des Druckes, da möglicherweise die Schmelzen von HANSON keimfreier und freier von Gaseinschlüssen oder Oxyden waren und hierdurch an sich eine geringere Neigung zur Graphitisierung besaßen.

Allerdings spielt unter normalen praktischen Betriebsbedingungen der katalytische Einfluß von Gasen im allgemeinen eine weit größere Rolle als der Druck.

So konnten bereits K. HONDA und T. MURAKAMI (*62*) beobachten, daß durch Einleiten von Kohlensäure bzw. Kohlenoxyd in flüssiges Gußeisen die Graphitbildung begünstigt wurde. Dieselbe Wirkung übten kleine Zusätze von Oxyden des Eisens aus. Sie schlossen aus ihren Versuchen, daß die Graphitbildung über den durch die katalytische Wirkung dieser Gase verursachten Karbidzerfall erfolge etwa gemäß:

$$\left.\begin{array}{l} Fe_3C + CO_2 = 3Fe + 2CO \\ 2CO = C + CO_2 \end{array}\right\} \qquad (3)$$

oder gemäß (*63*):

$$\left.\begin{array}{l} Fe_3C + 2CO = 3Fe + 2C + CO_2, \\ CO_2 + C = 2CO. \end{array}\right\} \qquad (4)$$

Einleiten von Wasserstoff oder Stickstoff begünstigte die Graphitbildung nicht, während Abwesenheit jener kohlenstoffhaltigen Gase (Schmelzen im Vakuum) die Graphitisierung erschwerte. In einer späteren Arbeit fand H. SAWAMURA (*64*), daß neben Wasserstoff auch Ammoniak und Methan den Karbidzerfall sehr stark erschwert, was auch mit Beobachtungen von F. ROLL (*65*) übereinstimmt. Letzterer glaubt, daß die Zerfallsgeschwindigkeit des Karbids in einem bestimmten Gußstück bei Glühung in Kohlensäure 3- bis 5mal so groß ist, als beim Glühen unter Zutritt von Luft. Gibt man der Zerfallsgeschwindigkeit in Luft den Faktor 0, dann wirke Kohlensäure im Sinne +3 bis +4, während die hemmende Wirkung des Ammoniaks durch den Faktor —1 zum Ausdruck käme. F. ROLL gibt diese Zahlen allerdings mit Vorbehalt an und hält sich von einer Verallgemeinerung derselben zurück. Er glaubt auch beobachtet zu haben, daß der Tiegelofen am „härtesten" gehe (Abb. 157), dann folge der Ölofen und zuletzt komme der Martinofen. Demnach scheinen auch im Betrieb die Gasverhältnisse die Neigung des Gußeisens zu grauer Erstarrung wesentlich zu beeinflussen. Daß der Kupolofen am „weichsten" geht, das können vor allem die Tempergießer aus ihren Erfahrungen mit Kupolofenguß gegenüber Elektro- oder Flammofenguß bestätigen.

E. SCHEIL (*66*) hatte durch Eintauchen eines Kohlestabes in eine rein weiß gattierte Schmelze eine starke Impfwirkung im Sinne eines beginnenden Karbidzerfalls festgestellt. E. PIWOWARSKY und H. NIPPER (*67*) fanden dagegen, daß bei Gußeisen mit 2,66 bis 2,95% C und 1,5 bis 1,6% Si bis zu Wandstärken von 50 mm bei Trockenguß keine Begünstigung der Graphitbildung durch kohlenstoffhaltige Schlichten auftrat. Aber selbst bei einer Wanddicke bis zu 185 mm ergab sich noch keine eindeutige Impfwirkung graphithaltiger Schwärzen. In schwarzen, nassen Sand vergossene Formen mit viel Kohlenstaub dagegen schienen in den Randzonen mehr zu Ferritbildung, also zum Karbidzerfall zu neigen, als die Kernpartien derselben Stücke. F. ROLL (*65*) fand die ferritische Aufspaltung unter dem Einfluß von Schwärzen auch bei Trockenguß, und zwar selbst bei Stücken, die ihrer Analyse nach gar nicht zur Ferritbildung neigen sollten, während mit Tonerde eingestäubte Formen keine ferritischen Randzonen aufwiesen. Zweifellos handelt es sich hier ebenfalls um katalytische Beeinflussungen des Karbidzerfalls.

Auch H. HAYES und G. C. SCOTT (*68*) konnten feststellen, daß die Zerlegung freien Eisenkarbids bei höherer Temperatur etwa die Hälfte der sonst erforderlichen Zeit beanspruchte, wenn sie in einem Gasgemisch von Kohlendi- bzw. -monoxyd unter mäßigem Druck vor sich ging.

E. MAURER (*69*) rechnet ferner mit der Mitwirkung jener Gase beim Entstehen des sog. Schwarzbruchs der Werkzeugstähle. E. PIWOWARSKY (*70*) führt den raschen Karbidzerfall sowie das verstärkte Wachsen von Grauguß in Heißdampf von 300 bis 450° auf eine ähnliche Ursache zurück. Die gesamten Vorgänge der Graphitisierung jedoch, insbesondere die im Zusammenhang mit dem modernen hochwertigen Grauguß vielfach erörterten, vorwiegend durch die eben besprochenen katalytischen Erscheinungen erklären zu wollen, wie es von W. DENECKE und TH. MEIERLING (*71*) versucht wurde, hieße die Vorgänge der Katalyse überschätzen und an der Bedeutung mechanischer und molekularer Impfwirkung vorbeizugehen.

Die Mitwirkung jener Gase macht sich übrigens auch bei tieferen Temperaturen deutlich bemerkbar. So fanden z. B. G. TAMMANN und K. EWIG (*72*), daß durch Säuren isoliertes reines Eisenkarbid, das nach fünfstündigem Erhitzen auf 500° vollständig zerfiel, mit großen Gasmengen beladen war, die beim Erhitzen zwischen 300 und 700° größtenteils wieder entwichen. 1 g des isolierten Karbids entwickelte hierbei etwa 100 cm³ Gas von folgender Zusammensetzung:

14,75% CO_2; 1,65% ungesättigte Kohlenwasserstoffe;
33,2% CO; 39,3% H_2 und 8% N (als Restbest.).

HONDA und MURAKAMI (*73*) stellten magnetometrisch fest, daß nach einer Erhitzungsdauer von 5 Minuten der Spaltungsbeginn des Eisenkarbids bei 400°, wenn auch sehr träge, einsetzte, bei 900° aber die Zersetzung vollkommen war. E. SCHÜZ (*74*) hatte bei 500° einen langsamen Zementitzerfall im Gußeisen beobachtet, der nach sechsstündigem Glühen bei 650° vollkommen war. Silizium bzw. ein hoher Kohlenstoffgehalt erhöhen die Zerfallsgeschwindigkeit des Eisenkarbids bedeutend. So zeigt Abb. 732 eine Differentialdilatometerkurve nach einer Arbeit von P. OBERHOFFER und E. PIWOWARSKY (*75*), welche bei einem weiß erstarrten Gußeisen mit 1% Silizium und ∼4% Kohlenstoff (schwedisches Roheisen) bereits auf der ersten Anlaßkurve bei etwa 810° eine starke, durch den Karbidzerfall verursachte Längenänderung erkennen läßt. Ein ähnliches, aber kohlenstoffreicheres, ebenfalls in Kokille vergossenes Eisen mit 1,32% Si und 4,5% C zeigte einen gleichstarken Effekt bereits bei 650° C.

Geht das Karbid beim Schmelzen von Roheisen in Lösung, so müssen die Karbidmoleküle der Lösung diskontinuierlich um so stabiler werden, je verdünnter die Lösung ist, da ihr Dissoziationsgrad durch den Überschuß an Eisen vermindert wird. Es ist also anzunehmen, daß die Neigung eines Roheisens, nach dem stabilen oder metastabilen System zu erstarren, durch die molekulare Eigenart der Schmelze beeinflußt wird. Bleibt auch die Bildungswärme des Fe_3C der Schmelze noch negativ, so kämen wir zu der eigenartigen Schlußfolgerung, daß mit zunehmender Schmelzüberhitzung gemäß Gleichung (2) eine evtl. Dissoziation des Karbids zurückgedrängt, d. h. die Bildung von Fe_3C-Molekülen in der Schmelze begünstigt wird. Theoretisch wäre es aber auch denkbar, daß bei höheren Temperaturen die für die Wärmetönung maßgebenden Werte der Formel (*76*)

$$W_T = W_0 + \int_0^T [c_{Fe_3C} - (3\,c_{Fe} + c_C)]\,dT \tag{5}$$

entgegen den Erwartungen derart verlaufen, daß der Wert W_T über Null hinaus allmählich positiv wird. Ein solcher Stabilitätswechsel ist im reinen binären System Eisen-Kohlenstoff allerdings kaum zu erwarten, da dann auch die Kurven CD und $C'D'$ sich bei jener Temperatur des Stabilitätswechsels, und zwar bereits unter Atmosphärendruck überschneiden müßten, was aber bislang nicht beobachtet worden ist und für die Erklärung der Garschaumgraphitbildung lediglich von EDWARDS (*77*) angenommen wurde. Es ist an sich theoretisch möglich, die Beständigkeit des Zementits in Abhängigkeit von der Temperatur aus der hierfür maßgebenden Größe, der freien Energie, zu errechnen. Hierzu benötigt man aber die genauen Werte für die Entropie, die spezifische Wärme, den Wärmeinhalt und die Temperaturabhängigkeit dieser Werte. Die bisherigen Rechnungen auf dieser Basis führten jedenfalls zu keinen befriedigenden Ergebnissen, ergaben vielmehr sogar Widersprüche zu den praktischen Beobachtungen (*78*). Eine Lösung von der rechnerischen Seite aus ist also erst dann eindeutig zu erwarten, wenn alle Rechenunterlagen genauestens vorliegen.

3. Die Sonderkarbide.

Von den im Gußeisen vorkommenden Spezialelementen bilden verschiedene mehr oder weniger stabile Karbide. Im allgemeinen gilt, daß die Stabilität der Karbide mit wachsender Verbindungswärme zunimmt. Interessant ist auch, daß die Neigung der sog. Übergangselemente im periodischen System zur Nitridbildung vom Scandium bis zum Nickel mit abnehmendem Atomradius der betreffenden Elemente abnimmt (Zahlentafel 10). Daraus schließen B. JACOBSON und A. WESTGREN (*79*) in Übereinstimmung mit G. HÄGG (*80*), daß es sich um

Zahlentafel 10. Karbidphasen der Elemente Sc-Ni.

Element	Sc	Ti	V	Cr	Mn	Fe	Co	Ni
Atomradius in Å	1,5	1,45	1,33	1,29	1,27	1,26	1,25	1,24
Karbidphasen	ScC ?	TiC ?	VC V_7C_3	Cr_4C Cr_4C_2 Cr_7C_3 Cr_3C_2	Mn_4C Mn_3C Mn_7C_3	Fe_3C	Co_3C?	Ni_3C

Reaktionsprodukte handelt, die durch einfache „Einlagerungsstrukturen" gekennzeichnet sind. In dem Maße nun, wie der Atomradius des karbidbildenden Elementes abnimmt, müßte demnach auch die Stabilität der entsprechenden Karbide abnehmen, was tatsächlich der Fall ist. Wichtig für Gefüge und Eigenschaften kohlenstoffreicher Legierungen ist nun die Frage, in welchem Verhältnis sich die karbidbildenden Sonderelemente (z. B. Wolfram und Molybdän) auf die metallische, eisenreiche Grundmasse bzw. das anwesende Karbid verteilen. Entscheidend wird auch hier u. a. sein, wie groß die Stabilität der Fremdkarbide im Vergleich zum ferritischen bzw. austenitischen Zustand ist und inwieweit eine Mischbarkeit der Spezialkarbide mit dem Eisenkarbid besteht. Vom Mangankarbid z. B., das mit dem Eisenkarbid komplexe Karbide bildet, wissen wir, daß es sich nach einem bestimmten Schlüssel auf Ferrit und Perlit verteilt (Abb. 20). Vanadium dagegen, das die sehr stabilen Karbide VC und V_4C_3 bildet, geht wahrscheinlich nur dann in die ferritische Grundmasse, wenn fast aller Kohlenstoff in Form der genannten Karbide abgebunden ist.

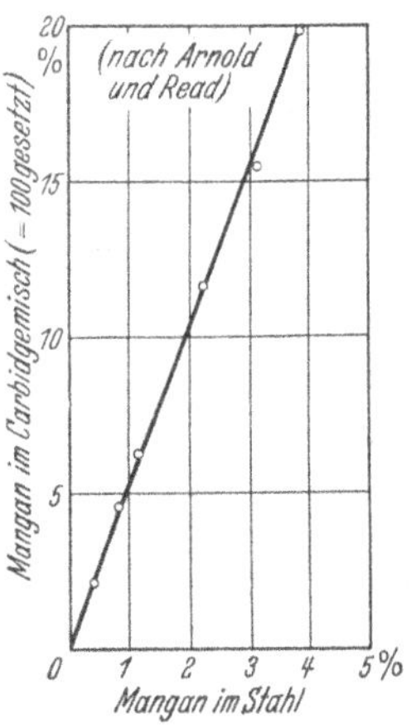

Abb. 20. Verteilung des Mangans auf Ferrit und Karbid im Stahl.

Da Spezialkarbide im allgemeinen eine höhere Härte aufweisen als das Eisenkarbid, so nimmt mit zunehmendem Gehalt des Eisens bzw. Gußeisens an den genannten Elementen auch die technologisch ermittelte mittlere Härte der heterogenen Gemische zu. So fanden z. B.

H. Cornelius und H. Esser (*81*), daß die Härte des Chromkarbids Cr_4C_2 etwa 870 BE beträgt, gegenüber der Härte des Eisenkarbids von etwa 660 BE. Die Härte des komplexen Eisen-Chromkarbids chromhaltiger Stähle dagegen liegt bei etwa 840 BE. Die Frage der Stabilität der im Gußeisen vorkommenden Karbide ist sehr wichtig für die Frage der Warm- und Volumenbeständigkeit, teilweise auch für die Warmfestigkeit, da ein Zerfall der Karbide unter Abscheidung von elementarem Kohlenstoff zum Härteabfall führt und das sog. Wachsen des Gußeisens begünstigt.

4. Graphit und Temperkohle.

Kristalliner Graphit, wie er im Grauguß vorliegt, ist ein vollständig opakes, hexagonales Element mit gutem Reflexionsvermögen und starker Neigung zur Translation nach der hexagonalen Basis (0001), was nach P. Ramdohr (*82*) eine zu geringe Härte des Graphits vortäuscht, nachdem sie in Wirklichkeit etwa der von Glas oder Apatit nahekommt. Das spezifische Gewicht von Graphit beträgt 2,20, seine Zugfestigkeit etwa 2 kg/mm². Der Temperaturkoeffizient der elektrischen Leitfähigkeit ist positiv, d. h. Graphit leitet bei Temperatursteigerung besser. Thermoelektrisch steht Graphit nach M. Pirani und W. Fehse (*83*) zwischen Pd und Pt. Bei der Temperatur der „Lötstelle" von 100° gegen 0° der freien Enden der Drähte zeigt das Pt-C-Thermoelement die elektromotorische Kraft von 25 mV. Der Strom fließt von Pt zu C. Die hexagonale Elementarzelle des Graphits hat die Kantenlängen $a = 2{,}46$ Å, $c = 6{,}80$ Å.

H. Gröber und H. Hanemann (*84*) konnten röntgenographisch nachweisen, daß der Graphit des grauen Gußeisens die gleichen Gitterabstände besitzt wie natürlicher reiner Graphit. Die Korngröße des sog. Primärgraphits nimmt mit zunehmendem Kohlenstoffgehalt zu und erreicht bei den kohlenstoffreichsten Legierungen eine Dicke der Graphitadern von 50 μ. Die Raumform des eutektischen Graphits ist nach Untersuchungen von F. Roll (*85*) von „wabenartiger Struktur". Auch P. Schafmeister (*86*) konnte bei stereoskopischer Betrachtung chlorierter Gußeisenproben die Skelettform der Graphiteinlagerungen nachweisen.

Die im Eisen gemäß den Linien $E'S'$ und $P'S'K'$ (Abb. 23) sich ausscheidende, mit Temperkohle bezeichnete Form elementaren Kohlenstoffs ist im Vergleich mit dem wohlkristallisierten Graphit wiederholt Gegenstand eingehender Untersuchungen gewesen.

Forquignon und später A. Ledebur (*87*) fanden zwischen Graphit und Temperkohle Unterschiede im Verhalten gegen Wasserstoff und Stickstoff. Sie ließen über ein auf Rotglut erhitztes graues Roheisen diese beiden Gase streichen und stellten fest, daß wohl die Temperkohle vergast wurde, nicht aber der Graphit. Nach Untersuchungen von Wüst und Geiger (*87*) dagegen verhielten sich diese Gase sowohl gegenüber Graphit als auch gegenüber Temperkohle neutral. Die von Forquignon erhaltenen Resultate wurden auf ungenügende Reinheit des Materials, insbesondere auf die Anwesenheit von Sauerstoff zurückgeführt. G. Charpy (*87*) hat diese Versuche wiederholt. Er teilte sein flüssiges Roheisen in zwei Teile, deren einer zur Erzeugung grauen Roheisens langsam, der andere zur Erzeugung weißen Roheisens schnell abgekühlt wurde. Letzterer wurde dann zur Überführung in graues Roheisen bei 1000° zwei Stunden lang getempert. In einem der Versuche hatte der langsam abgekühlte Teil folgende Zusammensetzung:

Gesamtkohlenstoff	3,94%	Mangan	0,41%
Graphit	3,55%	Phosphor	0,010%
Silizium	9,95% (*88*)	Schwefel	0,018%

Das getemperte Eisen enthielt 3,69% elementaren Kohlenstoff (Temperkohle).

Durch Behandlung mit kochender Salpetersäure wurde eine gewisse Menge der beiden Kohlenstoffarten isoliert. Sie wurden alsdann nach dem von MOISSAN angegebenen Verfahren mit einem Gemisch von Salpetersäure und Kaliumchlorat behandelt und beide wandelten sich dadurch gleichschnell in Graphitsäure um.

Die Größe der Graphitsäurekristalle war etwas verschieden, desgleichen ihre Färbung. Diesen Unterschied führte CHARPY auf den metallographisch leicht festzustellenden Unterschied in der Korngröße der Kohlenstoffarten zurück.

In einem sorgfältig gereinigten Wasserstoffstrom von 1000° C ließen beide Roheisen eine fortschreitende Entkohlung erkennen, bis nach ca. 14stündigem Erhitzen nur noch Spuren von Kohlenstoff vorhanden waren.

Aus diesen Versuchen schloß CHARPY, daß entgegen der Annahme von FORQUIGNON einerseits, WÜST und GEIGER anderseits, Graphit und Temperkohle im Wasserstoffstrom bei 1000° C beide vollkommen vergast werden können, daß beide Formen demnach, wie dies schon ROOZEBOOM tat, als völlig gleichartige Phasen anzusprechen sind.

MOISSAN (*89*) bestimmte die Entzündungstemperaturen verschiedener Kohlenstoffarten im Sauerstoffstrom, indem er die Abgase durch Barytwasser leitete und die erste Trübung desselben beobachtete. Auf dieselbe Weise bestimmte später auch NORTHCOTT (*90*) die Entzündungstemperaturen und fand für:

Lampenruß	550°
Temperkohle	650°
Nat. Graphit	670°

LISSNER und HORNEY (*91*) fanden bei subjektiver Beobachtung (Aufglühen im Sauerstoffstrom) als Entzündungstemperaturen für

Temperkohle	620°
Graphit aus Temperkohle	725°

H. SAWAMURA (*92*) ermittelte mittels der Hondaschen (*93*) Thermowaage die Entzündungstemperaturen der in Zahlentafel 11 aufgeführten Materialien. Seine Ergebnisse zeigt Abb. 21. Man sieht daraus, daß sich Temperkohle und Graphit keineswegs scharf voneinander unterscheiden, und daß weniger die mikroskopisch

Zahlentafel 11.

Probe-Nr.	Art der Proben	Herkunft der Proben	Geschwindigkeit der Abkühlung	Aschegehalt %	Größe der Graphitausscheidung	Temperatur des Oxydat.-Beginns °C
1	Lampenruß	handelsüblich	—	0,65	—	350
2	Holzkohle	—	—	1,09	—	390
3	Zuckerkohle	—	—	0,83	—	410
4	Koks	—	—	3,24	—	460
5	Temperkohle	Temperguß	—	0,08	—	610
6	Graphit	Schleudergußrohr nach dem de-Lavaud-Prozeß	schnell	0,11	klein	550
7	Graphit	Kokillenguß	schnell	0,16	klein	620
8	Graphit	Sandguß	langsam	0,10	klein	650
9(*96*)	Graphit	Kenjiho-Roheisen (a)	langsam	0,07	klein	650
10(*97*)	Graphit	Kenjiho-Roheisen (b)	langsam	0,09	groß	710
11	Graphit	Gußeisen im Ofen langsam erstarrt	sehr langsam	0,13	groß	710
12	Graphit	Wanishi-Koksroheisen	langsam	0,11	groß	630
13	Graphit	Holzkohlenroheisen	langsam	0,07	groß	640
14	Graphit	Garschaumgraphit	—	0,05	sehr groß	740
15	Natürl. Graphit	von Ceylon	—	0,10	sehr klein	830

ermittelbare Ausscheidungsgröße, als vielmehr wahrscheinlich die submikroskopisch vorhandene Korngröße für die Höhe der Entzündungstemperatur maßgebend ist. RUFF (*94*), MAUTNER und EBERT machten Kontrolluntersuchungen über den amorphen und kristallinen Zustand mittels Debye-Scherrer-Aufnahmen unter Anwendung von Cu($k\alpha$ = 1,540 Å)-Strahlung. Sie fanden keine Interferenzunterschiede, wohingegen LOWRY und MORGAN (*95*) mit Mo-Strahlung solche fanden. Es konnte also nicht sicher entschieden werden, ob amorpher oder kristalliner Kohlenstoff vorlag.

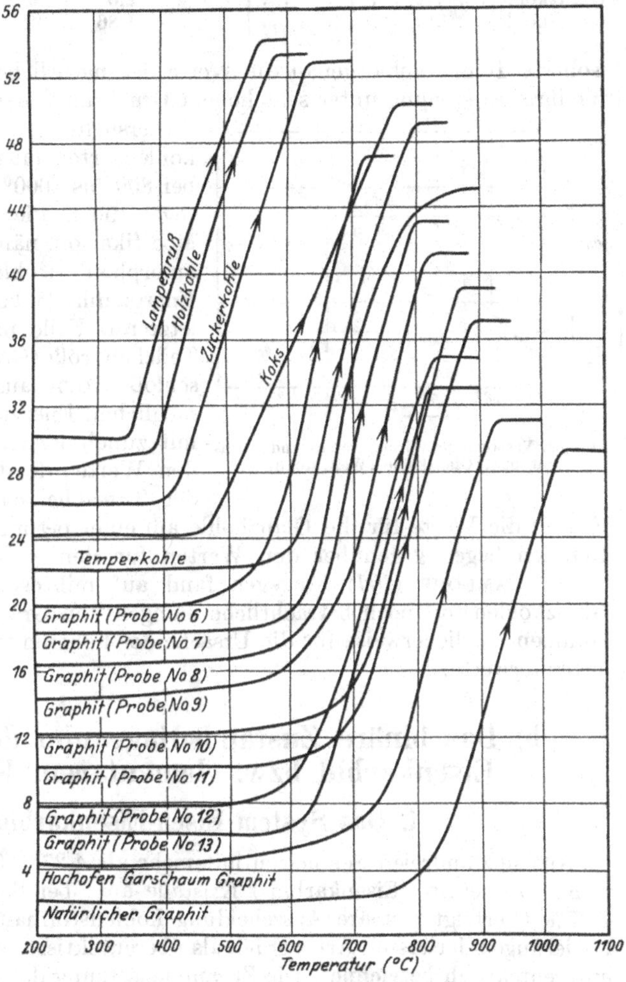

Abb. 21. Zündpunkte verschiedener Stoffe im Sauerstoffstrom bei 0,3 g Einwage und 40 cm³ Gas/min (H. SAWAMURA).

F. WEVER (*98*) äußert auf Grund röntgenographischer Untersuchungen nach der Methode von DEBYE und SCHERRER die Auffassung, daß Graphit und Temperkohle gleiche Modifikationen des Kohlenstoffs darstellen und sich lediglich durch die Korngröße unterscheiden. Die im Gußeisen vorhandenen, sehr oft als einheitlich ansprechenden Graphitlamellen sind danach aus einer großen Zahl submikroskopisch feiner Kristalle aufgebaut mit einer Teilchengröße von etwa $100 \cdot 10^{-8}$ cm, während diese für Temperkohle etwa $30-50 \cdot 10^{-8}$ cm betrug. Alle Formen besitzen nach WEVER das bereits von DEBYE und SCHERRER (*99*) ermittelte Raumgitter, nämlich zwei ineinandergestellte rhomboedrische Gitter, die in der Richtung der trigonalen Achse um ein Drittel der Kantenlänge gegeneinander verschoben sind. W. A. ROTH (*100*) beanstandet allerdings den Schluß, aus dem allmählichen Verblassen der Graphitinterferenzen auf eine allmähliche Verkleinerung der Teilchengröße zu schließen. Aus sehr exakten Bestimmungen der Dichte und der Verbrennungswärme schließt ROTH vielmehr auf die Existenz zweier Graphitmodifikationen, nämlich den α- und β-Graphit (vgl. Zahlentafel 12). Der natürliche α-Graphit fand sich in geologisch sehr alten Formationen, deren Begleitmaterialien (Gneis und kristalliner Kalkspat) auf Entstehung bei sehr hohen Drucken schließen ließen. Während nun Dichte und Verbrennungswärme von Garschaumgraphit mit dem des natürlichen β-Graphits identisch sind, zeigte

Zahlentafel 12.

Kohleart	Spez. Gewicht	Spez. Verbr.-W.
α-Graphit (Temperkohle)	2,28 ± 0,002	7832 cal/g
β-Graphit	2,22 ± 0,002	7856 „
Glanzkohle	2,07	8051 „
Glanzkohle	2,0	8071 „
Glanzkohle	1,86	8148 „

isolierte Temperkohle genau die Werte des natürlichen α-Graphits, ein Beweis für ihre Entstehung unter sehr hohem Druck im Innern des Gußkörpers. Durch Untersuchungen an verschiedenen Glanzkohlensorten (aus Leuchtgas oder Methan bei 800 bis 1000° abgeschieden) fand Roth sogar noch die Existenz einer weiteren Modifikation, nämlich des so oft totgesagten amorphen Kohlenstoffs (mit höchstem Energieinhalt) bestätigt. Daß es sich im letzteren Falle nicht um Graphit feinster Teilchengröße (Graphitkriställchen) handelt, schloß Roth aus einer Berechnung des möglichen Energiezuwachses auf Grund des mit zunehmender Kornfeinheit zunehmenden Wertes der Oberflächenspannung und der Tatsache, daß gemäß Abb. 22 (obere Kurve) die Werte für die Glanzkohle auf einer besonderen winkelabweichenden Geraden liegen gegenüber den Werten für den α- bzw. β-Graphit.

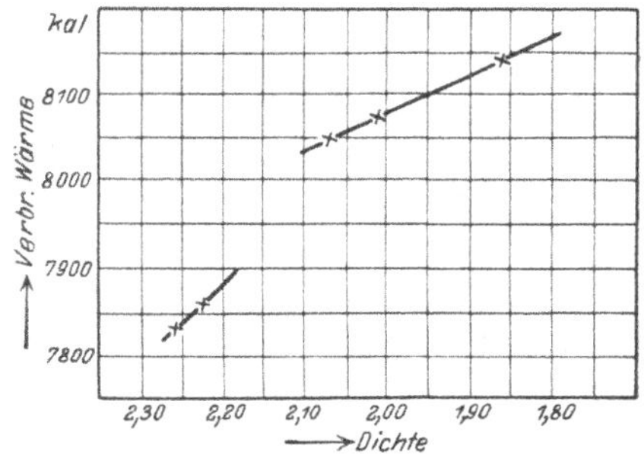

Abb. 22. Verbrennungswärmen von α- und β-Graphit bzw. Glanzkohle (W. A. Roth).

P. Ramdohr (*101*) hingegen fand auf mikroskopischem Wege auch im Glanzkohlenstoff noch beträchtliche Mengen von Graphit und hält dessen Vorkommen möglicherweise für die Ursache der höheren von Roth gefundenen Kalorimeterwerte.

b) Das binäre Zustandsdiagramm des Eisens mit Eisenkarbid bzw. elementarem Kohlenstoff.

1. Das System Eisen-Eisenkarbid (*102*).

Aus siliziumfreien Schmelzen mit mehr als 4,27% C (Abb. 23) scheiden sich primär Zementit- (Eisenkarbid-) Kristalle aus; bei Schmelzen mit weniger als 4,27% C erfolgt primäre Ausscheidung kohlenstoffhaltiger Eisenmischkristalle; Legierungen der ersten Art werden als übereutektisch, solche der zweiten Art als untereutektisch bezeichnet. Die Zusammensetzung der Restschmelze nähert sich in beiden Fällen der Konzentration des Punktes *C* (mit 4,27% C), und bei Erreichung von 1145° erstarrt sie zu einem Eutektikum aus Zementit mit 6,67% C (Punkt *F*) und gesättigten Mischkristallen *E* mit 1,7% C, das mit dem Gefügenamen Ledeburit (nach A. Ledebur) bezeichnet wird. Abb. 24 bis 26 zeigen das Gefüge einer untereutektischen, einer eutektischen und einer übereutektischen Legierung.

Enthält die ursprüngliche Schmelze weniger als 1,7% C, so tritt neben Mischkristallen (Austenit) kein Eutektikum mehr auf. Vom reinen Eisen ausgehend, das in der δ-Modifikation erstarrt, entstehen bei Gegenwart geringer Mengen Kohlenstoff aus der Schmelze zunächst ebenfalls noch δ-Mischkristalle. *AB* ist hier die Liquidus-, *AH* die Soliduslinie. Die δ-Mischkristalle erreichen jedoch bei *H* (0,07% C und 1487°) ihre Sättigungsgrenze. Es tritt nunmehr eine peritektische Umwandlung ein: Die δ-Mischkristalle *H* (0,07% C) reagieren mit der

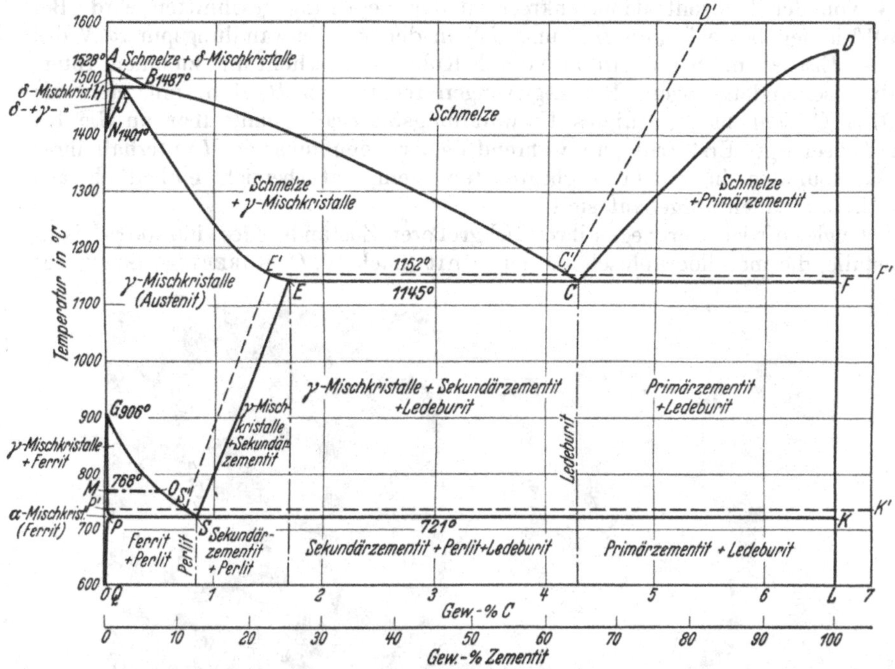

Abb 23. Das Eisen-Kohlenstoff-Diagramm mit einheitlicher Buchstabenbezeichnung. Die punktierten Linien beziehen sich auf das Eisen-Graphit-System.

Schmelze *B* (0,36% C) unter Bildung von γ-Mischkristallen *J* (0,18% C). Liegt der Kohlenstoffgehalt rechts von dem Werte *J*, der zu ungefähr 0,18% ermittelt ist, so verschwinden bei dieser Umsetzung die nach der Kurve *AH* primär aus-

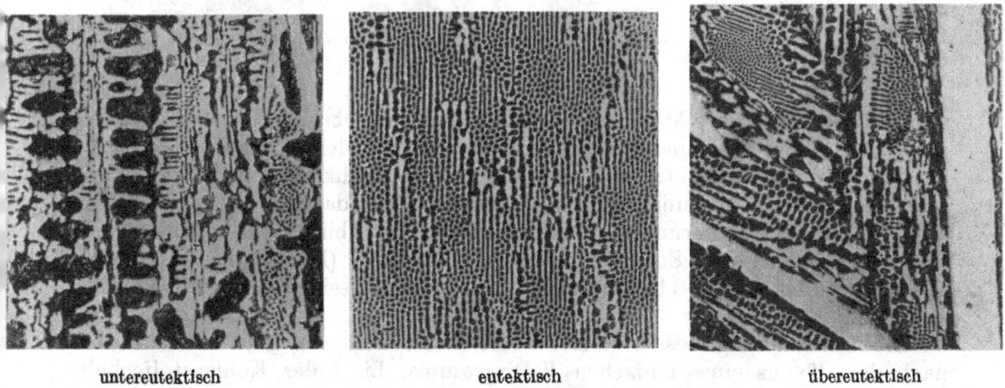

untereutektisch **eutektisch** **übereutektisch**

Abb. 24 bis 26. Gefüge von weißem Gußeisen. Geätzt. $V = 250$.

geschiedenen δ-Kristalle gänzlich; die weitere Erstarrung erfolgt durch Ausscheidung von γ-Mischkristallen, wofür *BC* die Liquidus-, *JE* die Soliduslinie ist; liegt der Kohlenstoffgehalt links von *J*, so wird die Schmelze aufgebraucht, und die anschließende Umsetzung von δ zu γ vollzieht sich im festen Zustande, wobei δ-Mischkristalle längs NH mit γ-Mischkristallen längs JN im Gleichgewicht bleiben. Die Umsetzung ist beendet bei der Temperatur, bei der die Linie JN von der Konzentrationssenkrechten der Legierung geschnitten wird. Bei 1401° laufen beide Linien HN und JN in den δ-γ-Umwandlungspunkt N des reinen Eisens ein. Dieser wird also durch Kohlenstoff erhöht und zu einem Intervall auseinandergezogen. Bei Legierungen rechts von H, d. h. mit mehr als 0,07% C, schließt sich dieses Umwandlungsintervall unmittelbar an die bei 1487° beendigte Erstarrung an, während Legierungen links von H unterhalb ihres Soliduspunktes in einem engbegrenzten Temperaturbereich einheitlich aus δ-Mischkristallen aufgebaut sind.

Ungleich wichtiger wegen ihres viel größeren Zustandsfeldes sind die γ-Mischkristalle, die metallographisch als Austenit (nach W. C. ROBERTS-AUSTEN) be-

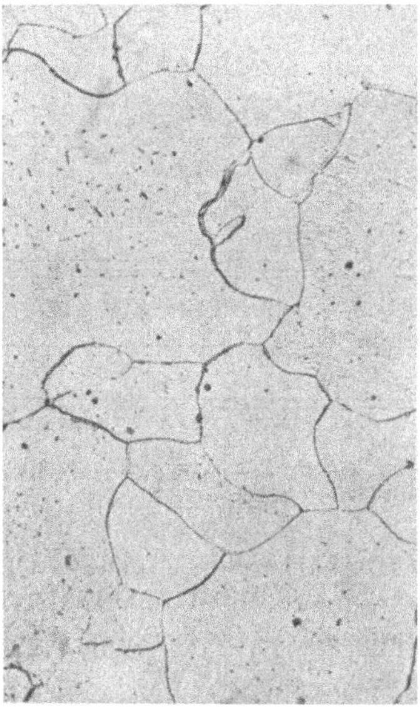

Abb. 27. Reines Eisen (Ferrit) Geätzt. $V = 200$.

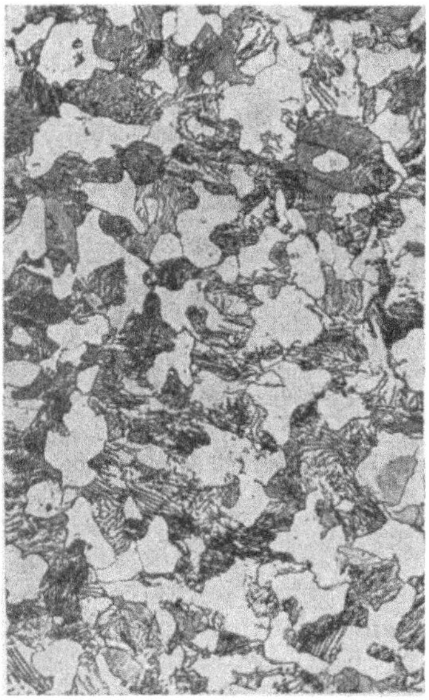

Abb. 28. Eisen mit 0,6% C. Geätzt. $V = 200$.

zeichnet werden. Die γ-Mischkristalle entstehen (wie eben beschrieben) bei Legierungen, deren Kohlenstoffgehalt geringer ist, als dem Punkte $B = 0{,}36\%$ entspricht, durch peritektische Umsetzung von δ-Mischkristallen mit der Restschmelze B, bei Legierungen mit 0,36 bis 4,27% C dagegen primär aus dem Schmelzfluß. Bei Legierungen mit mehr als 1,7% C bilden sie außerdem den einen Bestandteil des Eutektikums gemäß Punkt C (Ledeburit). Bei dessen Erstarrungstemperatur 1145° erreicht der Austenit seinen höchsten Kohlenstoffgehalt mit 1,7%.

Die Umwandlung des Austenits bei tieferen Temperaturen vollzieht sich nach dem Typus eines einfachen V-Diagramms. Liegt der Kohlenstoffgehalt der Legierung unterhalb $S = 0{,}86\%$, so scheiden sich aus dem Austenit mit sinkender Temperatur α-Mischkristalle (Ferrit) mit sehr geringem Kohlenstoffgehalt ab (Linie GP), während der restliche Austenit sich längs GOS an Kohlenstoff anreichert. Aus kohlenstoffreichem Austenit mit über 0,86% C scheidet sich bei Abkühlung Zementit, sog. Sekundärzementit aus, wodurch der Kohlenstoffgehalt des Austenits längs ES abnimmt. Ist die Temperatur 721° erreicht, so zerfällt die restliche feste Lösung S zu einem Eutektoid aus α-Mischkristallen (Ferrit) und Eisenkarbid (Zementit) (*103*). Die beiden Kristallarten lagern sich meist in lamellaren dünnen Schichten ab, deren regelmäßiger Wechsel innerhalb der einzelnen Kristallkörner eine Lichtbeugung und damit bei schrägem Lichteinfall ein perlmutterähnliches (*104*) Aussehen der Schliffläche hervorruft. Der erste Beobachter dieses Gefüges, der Engländer H. C. SORBY, sah sich dadurch veranlaßt, ihm den Namen Perlit zu geben. Abb. 29 zeigt das Gefüge eines rein perlitischen oder eutektoidischen Stahles in genügend starker Vergrößerung, um den streifigen (lamellaren) Aufbau des Gefüges erkennbar zu machen. Untereutektoidische Legierungen mit weniger als 0,86% C bestehen, da unterhalb 721° keine weitere Umwandlung stattfindet, aus Ferrit und Perlit (Abb. 28), übereutektoidische mit mehr als 0,86 bis 1,7% C aus Zementit und Perlit (Abb. 30).

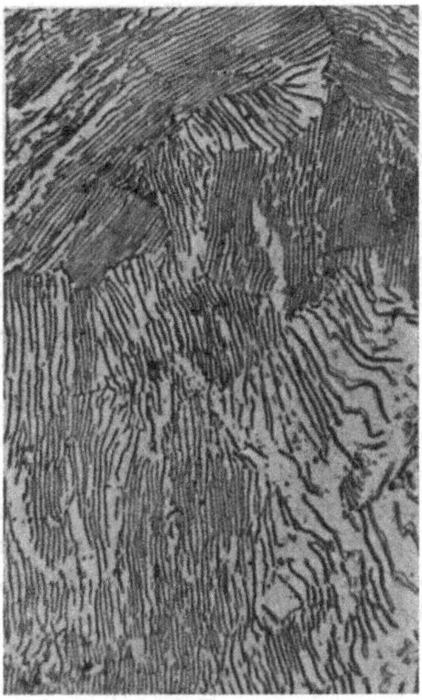

Abb. 29. Eisen mit 0,9% C. Geätzt. $V = 500$.

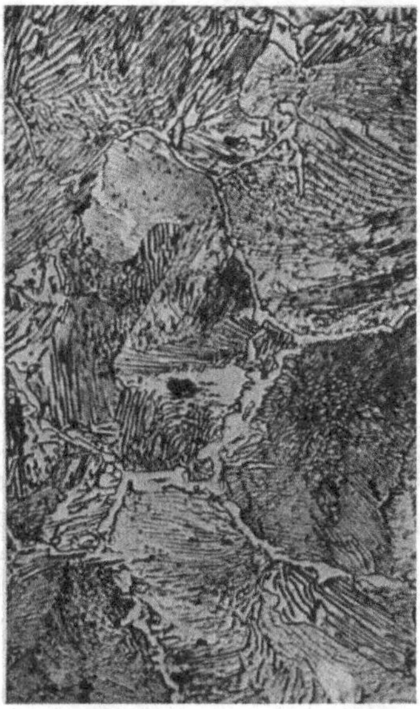

Abb. 30. Eisen mit 1,23% C. Geätzt. $V = 500$.

Nur die ganz kohlenstoffarmen Legierungen links des Punktes P (etwa 0,04% C) enthalten keinen Perlit, sie bestehen aus α-Mischkristallen, deren Kohlenstoffgehalt mit sinkender Temperatur längs der Löslichkeitslinie PQ unter Ausscheidung von Eisenkarbid (Tertiärzementit) bis auf weniger als 0,01% abnimmt. Abb. 27 zeigt das einheitlich aus Ferrit bestehende Gefüge von technisch reinem Eisen.

Reines Eisen hat, wie bereits erwähnt, eine magnetische Umwandlung bei 768° (A_2-Punkt), bei der es aus dem paramagnetischen in den ferromagnetischen Zustand übergeht. Bis zu einem Kohlenstoffgehalt von etwa 0,5% vollzieht sich diese Umwandlung in dem bereits ausgeschiedenen Ferrit bei gleichbleibender Temperatur (Abb. 23, Linie MO). Bei höherem Kohlenstoffgehalt ist das Auftreten des Ferromagnetismus längs der Linie OSK verknüpft mit der Ausscheidung ferromagnetischen α-Eisens aus den unmagnetischen γ-Mischkristallen. Bei 212° hat reines Eisenkarbid eine magnetische Umwandlung, die mit A_0 bezeichnet wird und deren Intensität in den Eisen-Kohlenstoff-Legierungen durch den Mengenanteil des Karbides bestimmt wird (vgl. S. 25ff.).

2. Das System Eisen-Kohlenstoff.

Während in reinen Eisen-Kohlenstoff-Legierungen das System Eisen-elementarer Kohlenstoff (Graphit) nur sehr schwer zu verwirklichen ist, wird mit zunehmendem Anteil gewisser Elemente, wie Silizium, Aluminium, Titan usw., Graphit leichter gebildet.

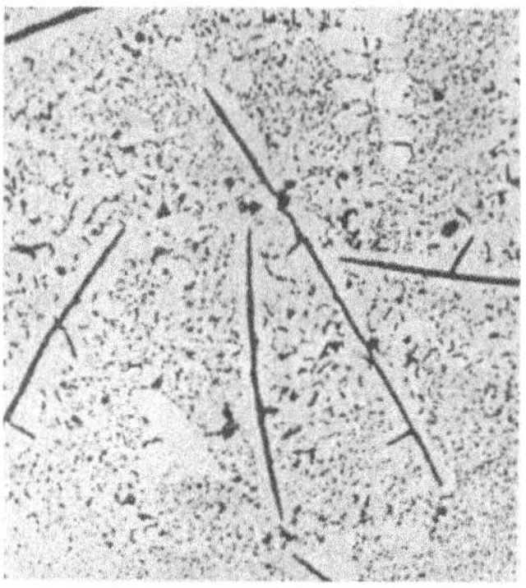

übereutektisch

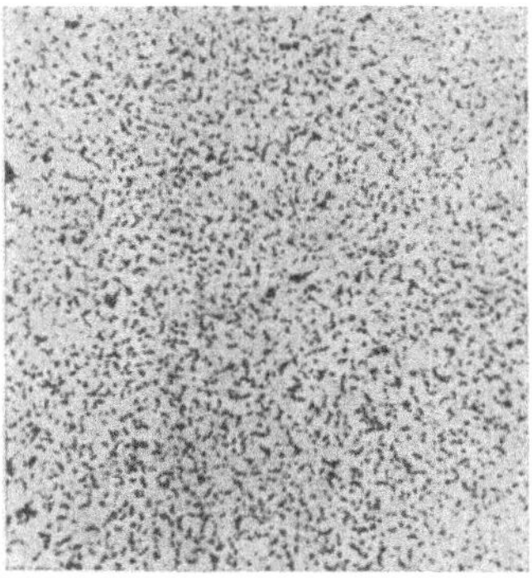

eutektisch

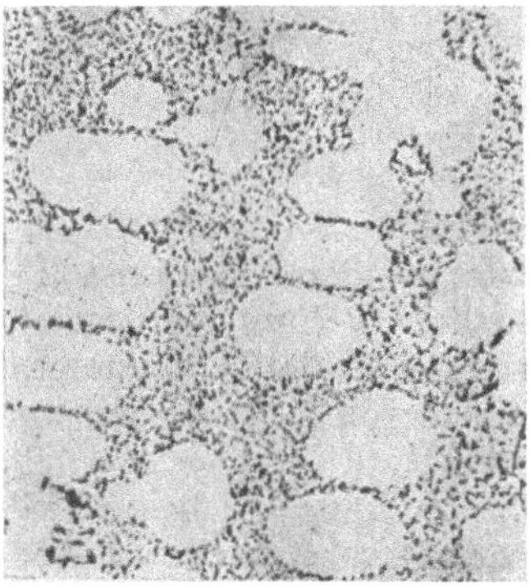

untereutektisch

Abb. 31 bis 33. Gefüge von grauem Roheisen. Ungeätzt. $V = 100$.

Die primäre Ausscheidung von Graphit aus der Schmelze kohlenstoffreicher (übereutektischer) Legierungen erfolgt nach der Linie $C'D'$ (Abb. 23); die primäre Erstarrung kohlenstoffärmerer Legierungen (links von C') erfolgt analog dem Karbidsystem. Die Restschmelze C' mit 4,23% C erstarrt bei 1152°, wenige Grad oberhalb der Eutektikalen des Karbid-Gleichgewichtes (Ledeburitlinie), zu einem aus Graphit und gesättigten γ-Mischkristallen E' bestehenden Eutektikum (vgl. Abb. 31 bis 33). Bei weiterer Abkühlung scheidet sich aus den γ-Mischkristallen — sowohl aus den primär abgeschiedenen als auch aus denen des Eutektikums C' — längs $E'S'$ sekundär elementarer Kohlenstoff (Segregatgraphit) aus; bei ungesättigten Mischkristallen — d. h. Legierungen mit Kohlenstoffgehalten zwischen E' und S' — beginnt die Abscheidung bei entsprechend tieferer Temperatur, sobald bei der Abkühlung die $E'S'$-Linie erreicht wird. Zu beachten ist, daß die Linie $E'S'$ links von ES verläuft; im Gebiete zwischen diesen beiden Linien sind die γ-Mischkristalle an Graphit schon übersättigt, in bezug auf Karbid aber noch ungesättigt. Kohlenstoffärmere γ-Mischkristalle (Legierungen links S') scheiden bei Abkühlung längs der Linie GS' Ferrit, d. h. sehr kohlenstoffarme α-Mischkristalle aus, deren Zusammensetzung in Abhängigkeit von der Temperatur durch die Kurve GP' gegeben ist. Die restlichen γ-Mischkristalle S', die ihren Überschuß an Kohlenstoff oder Eisen abgegeben haben, zerfallen in ein dem Perlit entsprechendes Eutektoid aus α-Mischkristallen P' und freiem Kohlenstoff, der allerdings nur einen geringen Anteil — gewichtsmäßig weniger als 1% — des Eutektoids bildet. Die Temperaturlage dieser Umwandlung — Horizontale $P'S'K'$ — ist zu 12° oberhalb der Perlitlinie PSK bestimmt worden. Bei vollständigem Ablauf des Zerfalls der γ-Mischkristalle S' zum Ferrit-Graphit-Eutektoid bilden nach Abkühlung auf Raumtemperatur Ferrit und elementarer Kohlenstoff die einzigen Gefügebestandteile im ganzen Konzentrationsbereich.

Über den Verlauf der von P' ausgehenden Löslichkeitslinie $P'Q'$ des Graphits im α-Eisen liegen bisher noch keine Beobachtungen vor, sie ist daher nicht in Abb. 23 eingezeichnet.

Bei der Herstellung von Grauguß zu Formgußteilen wird aus verschiedenen Gründen (höhere Verschleißfestigkeit, größere Volumenbeständigkeit, höhere

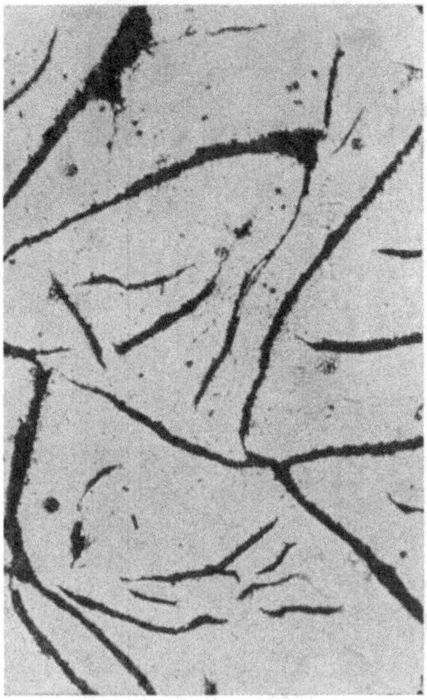

Abb. 34. Grauguß mit sehr grober und ungünstiger Graphitausbildung. Ungeätzt. $V = 100$.

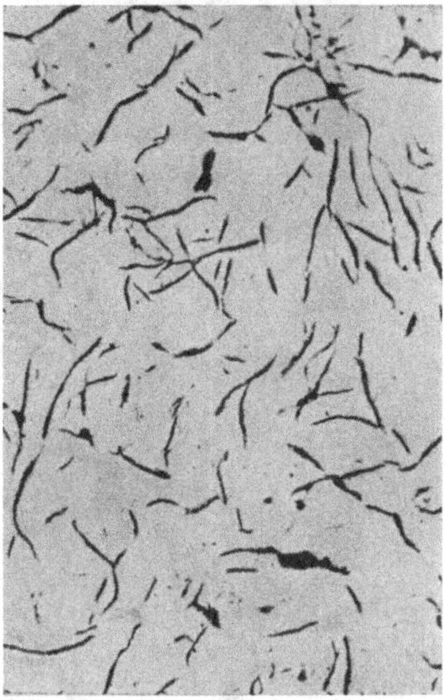

Abb. 35. Grauguß mit ziemlich guter Graphitausbildung. Ungeätzt. $V = 100$.

Festigkeit usw.) ein Gußeisen mit vorwiegend perlitischer Grundmasse unter Ausschluß von freiem Ferrit bzw. Zementit angestrebt. Um den festigkeitsvermindernden Einfluß der eingelagerten Graphitlamellen zurückzudrängen, ist man bemüht, dieselben in möglichst gedrungener, am besten graupeliger oder knotiger Form zur Ausbildung zu bringen (Abb. 34, 35 und 37, vgl. auch Abb. 310a—g). Dies geschieht durch Anpassung der chemischen Analyse an die Erstarrungs- und Abkühlungsbedingungen des Graugusses, ferner durch hinreichende Überhitzung des flüssigen Gußeisens, durch Zusatz geeigneter Legierungselemente (Nickel, Chrom, Titan u. a.) usw. Beim Temperguß wird die chemische Zusammensetzung, insbesondere die Summe C + Si so gewählt, daß der Guß zunächst karbidisch (weiß) erstarrt. Anschließendes Tempern im Temperaturgebiet zwischen 850 und 1000° bringt das Karbid zum Zerfall unter Abscheidung des elementaren Kohlenstoffs in einer für die

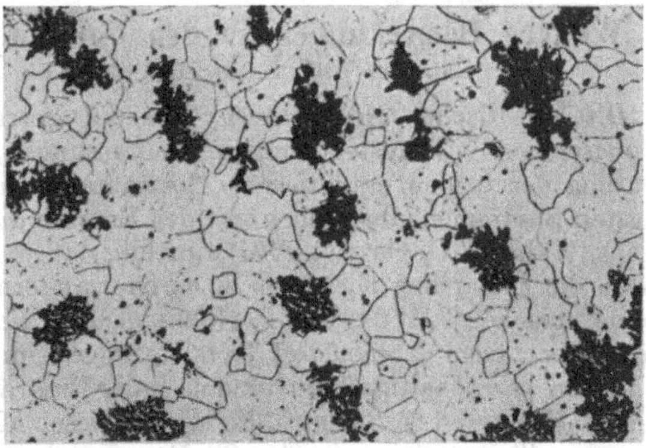

Abb. 36. Gefüge von schwarzem Temperguß. $V = 100$.

Festigkeit und Verformungsfähigkeit des Materials sehr günstigen knotig ausgebildeten Temperkohle, vgl. Abb. 36.

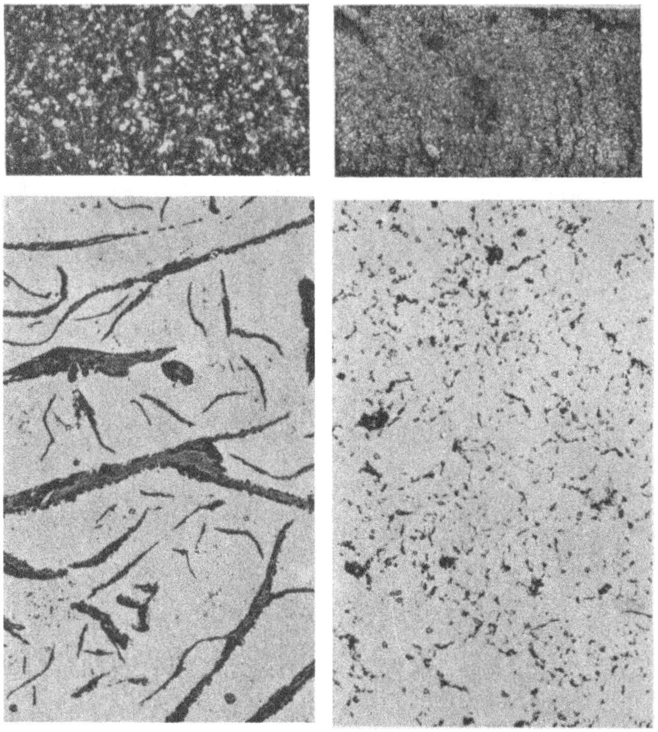

Abb. 37. Bruchgefüge (oben) und Graphitausbildung (unten) von grobkristallinem (links) bzw. im Bruch feinkristallinem (rechts) Gießereiroheisen. Bruch: $V = 1$, Mikrogefüge: V = ungeätzt × 100.

3. Weitere Bemerkungen zu den binären Zustandsdiagrammen des Eisens mit Kohlenstoff bzw. Eisenkarbid.

Die eutektischen Horizontalen. Für die Betrachtung der Verhältnisse bei Gußeisen am wichtigsten sind die Auffassungen, welche hinsichtlich der Bedeutung der beiden eutektischen Horizontalen vertreten wurden, da diese im engsten Zusammenhang stehen mit der Entstehung des grauen Roh- bzw. Gußeisens. Während G. Charpy (*105*) annahm, daß je nach den Abkühlungsverhältnissen die Erstarrung nach dem einen oder andern der beiden Systeme erfolgen könne, sprachen F. Wüst und P. Goerens (*106*) die Ansicht aus, daß die Systeme mit elementarem Kohlenstoff stets aus der Umwandlung des zunächst vorhandenen karbidhaltigen entstanden sind. Eine ähnliche Auffassung vertraten auch E. Heyn und O. Bauer (*107*), welche diesen Mechanismus selbst der Graphitisierung siliziumreicher (~ 4% Si) Eisensorten zugrunde legten.

Durch wiederholte (10malige) Schmelzung und Erstarrung eines synthetisch hergestellten reinen graphitfreien weißen Roheisens mit etwa 2,5% Ges.-C hatten R. Ruer und F. Goerens (*108*) auf der Erhitzungskurve neben den dem Ledeburit zugehörigen thermischen Schmelzeffekten bei 1146° zunehmend noch einen dem Schmelzpunkt des stabilen Eutektikums: Graphit-Mischkristalle zugeschriebenen Wärmeeffekt bei 1153° festgestellt, bis schließlich der erstgenannte Effekt verschwand (Abb. 38, sowie Abb. 252). Das Eisen war überwiegend grau geworden. Die Analyse ergab 1,1% Graphit und 1,33% geb. C. Ähnliche Beobachtungen zeigten sich auch an kohlenstoffreicheren Legierungen, jedoch mit dem Unterschiede, daß der Vorgang der Graphitisierung mit zunehmendem C-Gehalt immer rascher erfolgte. Die wahren Gleichgewichtstemperaturen der Eutektikalen wurden durch Bildung der Mittel aus den oben erwähnten Schmelztemperaturen und den höchst gelegenen beobachteten Erstarrungstemperaturen (1146 bzw. 1144° für das Zementiteutektikum und 1153 bzw. 1151° für das Graphiteutektikum) zu 1145° für das metastabile und zu 1152° für das stabile System angegeben. Da wiederholt sowohl an unter- als auch an übereutektischen Legierungen die Bildungstemperatur des Graphiteutektikums im Temperaturintervall zwischen 1147 und 1159°, also noch vor der höchst beobachteten Bildungstemperatur des Zementiteutektikums festgestellt werden konnte, sahen die Verfasser die flüssige Phase als Ort der Graphitbildung an, d. h. sie vertraten die Ansicht der direkten Graphitbildung aus der Schmelze. Der Graphitbildung durch Zerfall bereits ausgeschiedener Karbide wurde, soweit reine Eisen-Kohlenstoff-

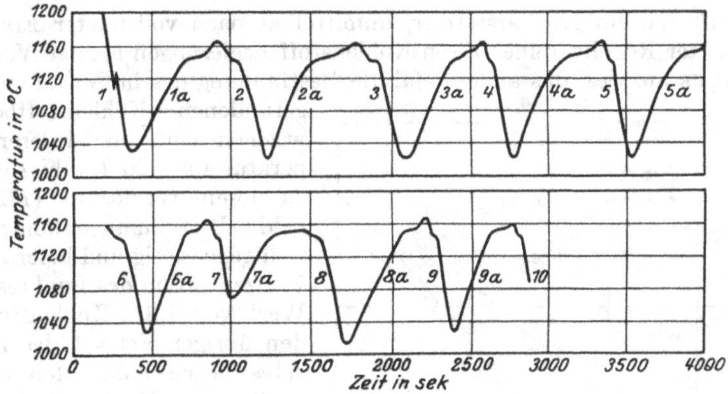

Abb. 38. Pendelversuche zur Ermittlung der Eutektikalen von Roheisen (R. Ruer und F. Goerens).

Legierungen in Frage kommen, nur eine sekundäre Bedeutung zugeschrieben, wobei in reinen, selbst kohlenstoffreicheren Legierungen das Temperaturintervall zwischen 1070° und dem Schmelzpunkt des Zementiteutektikums experimentell als ein solches von sehr kleiner linearer Kristallisationsgeschwindigkeit des Graphits, sowohl im Zementit als auch in den γ-Eisenmischkristallen, erkannt werden konnte. Freilich galt dies wohl nur unter den erschwerenden Bedingungen des auftretenden Gegendruckes im Innern der Eisenkörper, da oberflächlich bereits durch Erhitzungen auf 1120° Graphitisierung eingetreten war. Diese Auffassung würde dann die Brücke schlagen zu den Feststellungen Ruers, daß reines, aus Weißeisen auf dem Rückstandswege gewonnenes Eisenkarbid bereits von 1125° ab mit merklicher Geschwindigkeit zerfiel. Die Ruerschen Versuche über den Charakter der eutektischen Erstarrung wurden später von P. Goerens (*109*) wiederholt und mittels Differentialabkühlungskurven völlig bestätigt gefunden (Abb. 39), was diesen veranlaßte, seine frühere Auffassung aufzugeben und sich den „Dualisten" anzuschließen. Heute kann es als ziemlich sicher gelten, daß der Graphit des grauen Gußeisens vorwiegend auf direkte Kristallisation aus der Schmelze zurückzuführen ist. Über Möglichkeiten der Graphitisierung siliziumreicherer Eisensorten über den Karbidzerfall vgl. die Ausführungen auf Seite 82ff.

Die primäre Kristallisation untereutektischer Schmelzen. Die Kurve des Kristallisationsbeginns reiner Eisen-Kohlenstoff-Legierungen (0 bis 4,27% C) wurde von R. Ruer und R. Klesper (*110*) sowie von R. Ruer und F. Goerens (*111*) ermittelt.

Für den Verlauf des Kurvenstückes $JE'E$ der beendeten Erstarrung sind zunächst die Punkte E' und E bestimmend.

Eür die Konzentration des Punktes E′ liegen zwei einwandfreie Bestimmungen vor, einmal die Bestimmung des 1,32 % betragenden Gehaltes an gebundenem

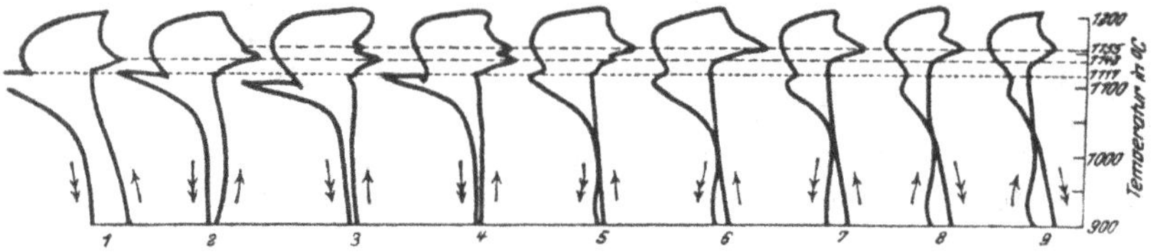

Abb. 39. Differentialkurven zur Feststellung der eutektischen Haltepunkte von weißem und grauem Roheisen (P. Goerens).

Kohlenstoff, den ein grau erstarrter, unmittelbar nach vollendeter Erstarrung abgeschreckter Regulus reiner Eisen-Kohlenstoff-Legierungen bei den Versuchen von R. Ruer aufwies, das andere Mal die Bestimmung des im Mittel zu 1,25 % gefundenen Kohlenstoffbetrages, welchen ein von niederer Temperatur auf 1120° C erhitztes Eisen zu lösen vermochte (*112*). Die beiden Bestimmungen kontrollieren sich gegenseitig und liefern für die Konzentration des Punktes E' den Wert von 1,3 % Kohlenstoff. Für den übrigen Verlauf des Kurvenastes liegen außer den früheren thermischen Messungen von Carpenter und Keeling (*113*) noch nach der mikroskopischen (Abschreck-)Methode gewonnene exakte Messungen von Gutowsky (*114*) vor, welche den merkwürdig flachen Verlauf dieser Kurve in der Nähe der eutektischen Erstarrungstemperatur bestätigten.

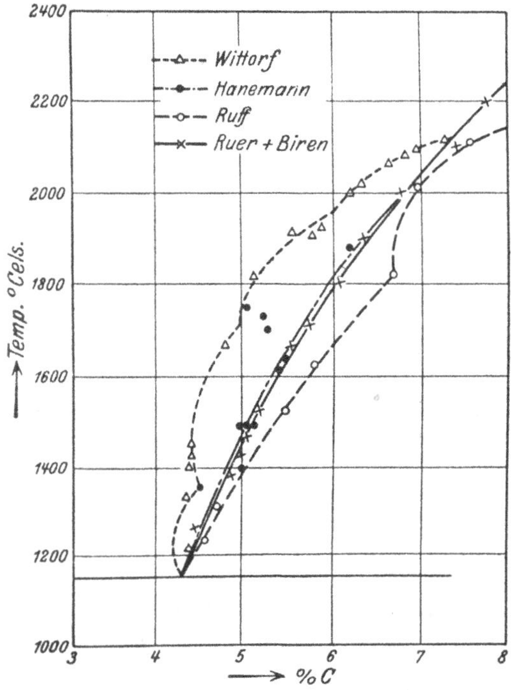

Abb. 40. Löslichkeit des Kohlenstoffs im flüssigen Eisen.

Die Löslichkeit des Graphits in flüssigem Eisen. Über die Löslichkeit des Graphits arbeiteten u. a. O. Ruff (*115*) und seine Mitarbeiter, ferner H. Hanemann (*116*), Wittorf (*117*), R. Ruer und J. Biren (*118*) sowie K. Schichtel und E. Piwowarsky (*119*). Ruer und Biren benutzten für ihre Versuche ein schwedisches Holzkohlenroheisen mit:

3,8 % C, 0,06 % Si, 0 % Mn, 0,02 % S und 0,06 % P.

Da kohlenstoffgesättigte übereutektische Schmelzen oberhalb 1500° sich nur schwierig oder kaum karbidisch abschrecken lassen, weil die Zerfallsgeschwindigkeit des Fe_3C in diesen Temperaturgebieten bereits außerordentlich groß ist und die sicher in großer Zahl vorhandenen Graphitkeime bei der Erstarrung eine impfende Wirkung ausüben, so wurden die mit Graphit gesättigten Schmelzen in eine kupferne Kokille zu dünnen Platten von etwa 0,5 bis 0,8 mm Dicke abgegossen (Breite etwa 70 mm).

Die Temperaturmessung der Schmelzen geschah bis etwa 1700° thermoelektrisch; darüber hinaus erfolgte die Messung nur optisch. Das Ergebnis der Versuche zeigt Abb. 40. Aus dem stetigen Verlauf der Löslichkeitskurve und der Abwesenheit thermisch nachweislicher Effekte zwischen dieser und der eutekti-

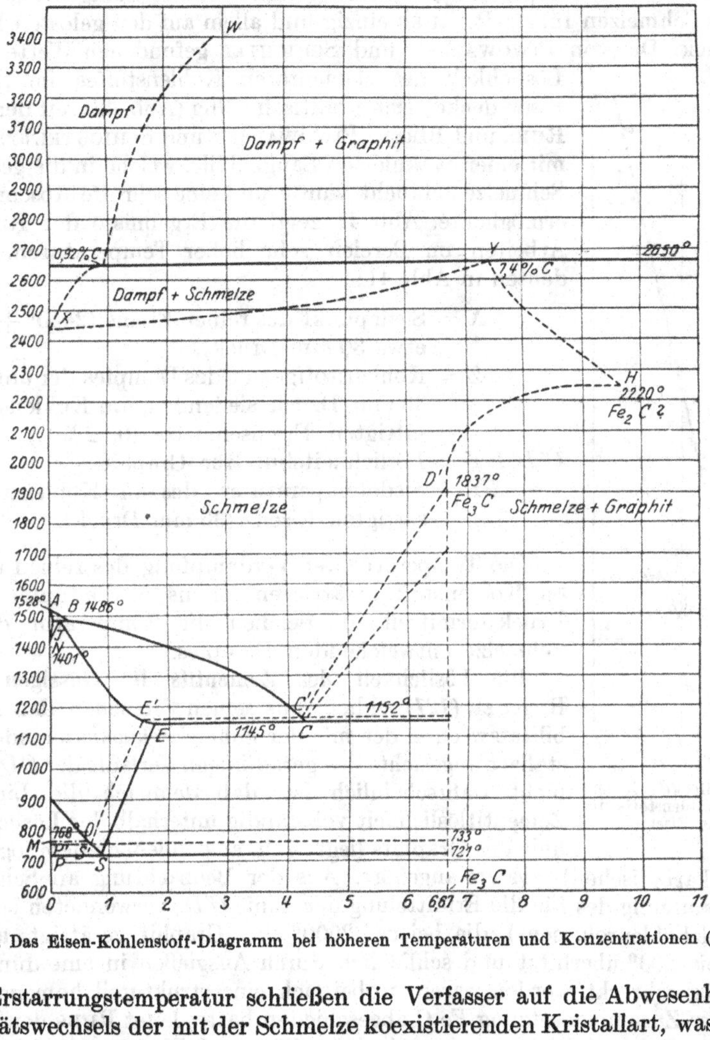

Abb. 41. Das Eisen-Kohlenstoff-Diagramm bei höheren Temperaturen und Konzentrationen (W. Ruff).

schen Erstarrungstemperatur schließen die Verfasser auf die Abwesenheit eines Stabilitätswechsels der mit der Schmelze koexistierenden Kristallart, was beweise, daß die gefundene Linie tatsächlich die Löslichkeitskurve des Graphits im geschmolzenen Eisen darstelle. Die Extrapolation der Löslichkeitslinie des Graphits auf tiefere Temperatur lieferte für 1152° (die Kristallisationstemperatur des Graphiteutektikums) den Wert 4,15% C (die neueren Versuche von H. Jass und H. Hanemann ergaben 4,23%, vgl. Kapitel Vc).

Von 1800° (bei den Hanemannschen Versuchen schon von 1700°) an waren die Schmelzen sehr zähflüssig, bei 2300° waren sie nicht mehr zum Ausfließen zu bringen. Eine Wiederabnahme der Zähigkeit mit weiterer Temperatursteigerung konnte nicht beobachtet werden. Im Gegensatz zu den Versuchen von RUFF nimmt nach RUER auch zwischen 2500° und 2700° die Löslichkeit des Graphits immer noch zu. Wie Abb. 40 zeigt, weichen die Ergebnisse der Ruerschen Arbeit in wesentlichen Punkten von denjenigen RUFFS und WITTORFS ab und kommen denen von HANEMANN recht nahe. Der von RUFF und WITTORF gefundene Stabilitätswechsel einer koexistierenden Molekülart ist unwahrscheinlich, und die bereits von RUFF (*120*) und seinen Mitarbeitern beobachtete, jedoch auf die Entstehung neuer Bodenkörper (Fe_2C?) zurückgeführte starke Zähigkeit der hochgekohlten Schmelzen führte R. RUER einzig und allein auf den gelösten Kohlenstoff zurück. Die von PIWOWARSKY und SCHICHTEL gefundenen Werte für die Löslichkeit des elementaren Kohlenstoffes im flüssigen Eisen decken sich praktisch völlig (Abb. 42) mit denen von RUER und BIREN. PIWOWARSKY und SCHICHTEL arbeiteten mit einer evakuierten Saugkokille, welche in die gesättigte Schmelze getaucht wurde und eine schroffe Abschreckung ermöglichte. Abb. 41 zeigt die Ergebnisse der Ruffschen Arbeiten im Bereich sehr hoher Temperaturen. Es bedeuten in Abb. 41:

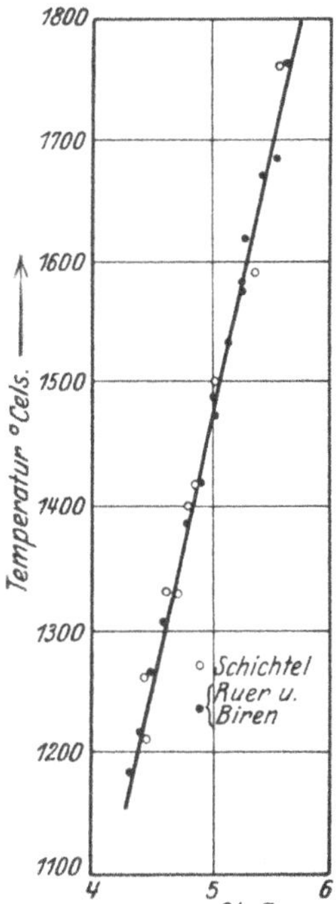

Abb. 42. Löslichkeit des elementaren Kohlenstoffs im flüssigen Eisen.

X = Siedepunkt des reinen Eisens (2450° ± 50° bei etwa 30 mm Druck).

Z = Kohlenstoffgehalt des Dampfes der unter etwa 36 mm Druck siedenden, an Kohlenstoff gesättigten Eisenschmelze (0,92% C).

$C'D'HY$ = Löslichkeitslinie für Graphit.

XY = Siedetemperaturen des an Kohlenstoff gesättigten Eisens (36 mm Druck).

Die Temperatur der Verdampfung des reinen und des an Kohlenstoff gesättigten Eisens wurde unter 36 mm Druck ermittelt, desgleichen die Temperatur des der Schmelze entweichenden Dampfes.

Die Löslichkeit des Zementits im flüssigen Eisen. R. RUER (*121*) schließt aus seinen Versuchen, daß ein Stabilitätswechsel der mit der Schmelze koexistierenden Kristallart angesichts des geradlinigen Verlaufs der *CD*-Kurve nicht wahrscheinlich ist, daß demnach die Linie der Zementitlöslichkeit vollständig unterhalb der Löslichkeitslinie des Graphits liegt, d. h. ausschließlich dem sog. metastabilen (karbidischen) System angehört. Aus der Beobachtung an Schmelzen (unter Benutzung des für die Ermittelung der Linie *C'D'* verwendeten schwedischen Holzkohlenroheisens), die bei ca. 2000° mit Graphit gesättigt, alsdann um 100 bis 200° überhitzt und schließlich durch Ausgießen in eine dünne Cu-Kokille abgeschreckt worden waren, wobei sich eine strukturell homogene Legierung der Zusammensetzung Fe_3C abgeschieden hatte, leitet RUER den Schluß ab, daß der Zementit sich aus einer einzigen (flüssigen) Phase und nicht durch Zusammentreten zweier Phasen, etwa einer Schmelze + einer Kristallart gebildet haben könne. Dies bedeutet, daß umgekehrt das Einschmelzen von reinem Zementit zu einer homogenen Schmelze führen müßte. Der direkte Beweis, daß der Zementit unzersetzt, also unter Ausbildung eines offenen (nicht verdeckten) Maximums schmelze, ließ sich allerdings nicht führen, da eben reiner Zementit bei höheren Temperaturen (von 1100° ab) mit merklicher Geschwindigkeit unter Abscheidung von Kohlenstoff zerfällt. Dies geht aus folgenden Zahlen von

RUER hervor (*122*), welche die Zersetzung des aus dem oben erwähnten schwedischen Holzkohlenroheisen durch Extraktion mit doppelt normaler Salzsäure [Methode von MYLIUS, FÖRSTER und SCHÖNE (*123*)] gewonnenen Zementits nach 10 Minuten langem Glühen bei der angeführten Temperatur zeigen:

Temperatur °C	Ausgeschiedener Kohlenstoff in %	Zersetzungsgrad (*124*) in %	Bemerkungen
1112	0,32	6	nicht geschmolzen
1132	3,40	63	„ „
1164	—	—	geschmolzen (Ledeburit)

Folgerungen aus dem Verlauf der Löslichkeitslinien. Die Ausscheidungstemperatur des metastabilen Eutektikums entsprechend der Horizontalen *ECF* war bereits früher zu 1145° C bestimmt worden. Die Konzentration des eutektischen Punktes *C* ergab sich als Schnittpunkt der Horizontalen *ECF* mit der Schmelzkurve *CD* zu 4,23% Kohlenstoff (heute bei 4,27% C angenommen). Die von RUER angegebene allgemeine Form der Löslichkeitskurve des Zementits (Abb. 23) zeigt einen geringeren Temperaturanstieg als die Linie *C'D'*, d. h. das Temperaturintervall, welches bei weiß erstarrenden Legierungen ohne Graphitabscheidung übersprungen werden muß, wird mit zunehmendem Kohlenstoffgehalt immer größer. Vielleicht ist auch diese Tatsache ein Grund, daß es bei sehr C-reichen Legierungen schwierig ist, die Graphitabscheidung selbst bei schneller Abkühlung zu verhindern.

Verlängert man die Löslichkeitskurven über *CD* und *C'D'* nach unten, so ist nach Lage der Kurven ein Schnittpunkt zu erwarten, welcher einem Stabilitätswechsel der mit der Schmelze koexistierenden Kristallart entspräche. Ob sich dieser Unterkühlungszustand praktisch verwirklichen läßt, ist jedoch zweifelhaft.

Aus den Arbeiten von F. SAUERWALD und seinen Mitarbeitern (*125*) über die Volumenänderungen beim Erstarren von weißem und grauem Gußeisen und unter Berücksichtigung der Formel von CLAUSIUS-CLAPEYRON, welche die Abhängigkeit monovarianter Gleichgewichte von Druck und Temperatur darlegt (*126*)

$$\frac{dT}{dp} = \frac{\Delta v T}{R_v}, \quad (R_v = \text{Umwandlungswärme}),$$

berechnete E. SCHEIL (*127*) den Schnittpunkt der beiden erwähnten Gleichgewichtslinien unter der Annahme, daß ihre Verlängerungen nahezu Geraden darstellen und die Umwandlungswärme R_v für beide Eutektika etwa 40 cal/g beträgt, den Gleichgewichtsdruck zu etwa 300 kg/cm². Da jedoch kleine Fehler in den Bestimmungsgrößen die Lage des Schnittpunktes stark verändern, nahm SCHEIL vorsichtigerweise die Größenordnung des Gleichgewichtsdruckes zu etwa 1000 kg/cm² an.

Die Löslichkeit des Graphits und des Zementits im festen Eisen. R. RUER (*128*) und N. ILJIN benutzten für ihre Versuche zur Ermittelung der Löslichkeit des elementaren Kohlenstoffs im festen Eisen ein weißes schwedisches Roheisen mit 0,05% Si und 4 bis 4,5% C, das durch Umschmelzen im Vakuum und langsame Erstarrung so weit graphitisiert worden war, daß es weniger als 0,5% gebundenen Kohlenstoff enthielt. Das so behandelte Roheisen besaß fein ausgebildeten eutektischen Graphit. Je 4 bis 10 g dieses Eisens wurden in Quarzröhren von 1 cm Weite und 3 cm Länge eingeschmolzen und bis zur Einstellung des Gleichgewichtszustandes bei steigenden Temperaturen geglüht (6 Stunden genügten vollauf) und darauf in kaltem Wasser abgeschreckt. Als untere Grenze der Löslichkeit ergaben sich folgende Resultate:

700°	keine Zunahme an gelöstem Kohlenstoff
800°	0,75%
900°	0,84%
1000°	0,99%
1100°	1,24%
1120°	1,25%

Versuche, von der übersättigten Lösung aus durch Tempern eine direkte Ermittelung der oberen Grenze für die Löslichkeit des elementaren C im festen Eisen vorzunehmen, schlugen fehl, da der beim Erhitzen auf etwa 1100° in Lösung gegangene Kohlenstoff selbst bei sehr langsamer anschließender Abkühlung auf die zwischen 800 und 1100° gelegene Abschrecktemperatur sich nicht wieder ausschied. Eine Wiederausscheidung trat erst dann ein, wenn die Probe vor der Abschreckung schon auf eine unterhalb 800° liegende Temperatur abgekühlt war, merkwürdigerweise aber in diesem Falle selbst dann, wenn das unterhalb 800° liegende Temperaturintervall verhältnismäßig schnell durchlaufen wurde. Dieses Temperaturintervall erhöhter Ausscheidungsgeschwindigkeit war nach unten hin ziemlich verbreitert, und selbst bei 400° trat an den von 800° abgeschreckten Proben nach dreistündigem Glühen noch nachweisliche Temperkohlebildung ein. Obwohl demnach zwischen 800 und 1100° eine merkliche Kohlenstoffausscheidung nicht stattfand, war dennoch der unterhalb 800° eintretende Betrag der Kohlenstoffausscheidung um so größer, je länger das Eisen in dem Intervall oberhalb 800° vorher geglüht worden war. Unter Anlehnung an die früher erwähnten Arbeiten von G. Tammann über die Kristallisations- und Schmelzvorgänge leiteten die Verfasser daraus ab, daß

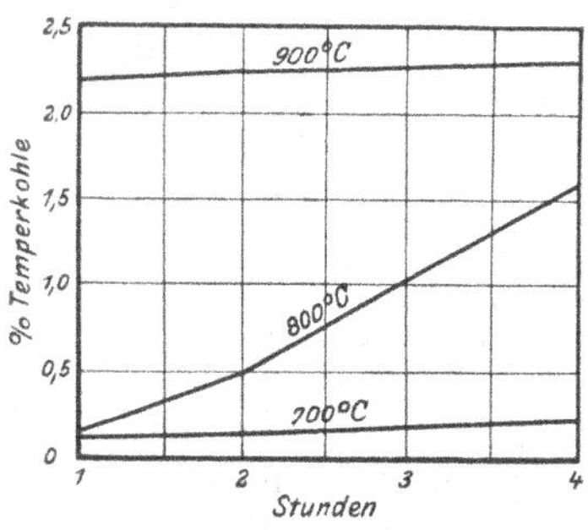

Abb. 43. Einfluß von Zeit und Temperatur auf die Bildung von Temperkohle (G. Charpy und L. Grenet).

1. das Temperaturgebiet zwischen 800 und 1100° als ein solches großer Keimbildung (*KZ*) für den elementaren Kohlenstoff, aber geringer Wachstumsgeschwindigkeit (*KG*) der gebildeten Kristallisationszentren,
2. das Temperaturgebiet unterhalb etwa 800° als ein solches großer Wachstumsgeschwindigkeit, aber geringer spontaner Keimbildung des elementaren Kohlenstoffs anzusehen sei.

Diese Auffassung deckt sich auch mit dem Ergebnis älterer Versuche von G. Charpy und L. Grenet (*129*) an einem Eisen mit 3,2 % C und 1,25% Si (Abb. 43).

Für die Löslichkeit des Zementits im festen Eisen können die Angaben von N. J. Wark (*130*) gelten. Die von ihm angegebenen Werte sind in Zahlentafel 13 zusammengestellt.

Zahlentafel 13.
Löslichkeit des Zementits im festen Eisen (nach N. J. Wark).

Temperatur °C	Löslichkeit des Zementits in Eisen Gew.-% Kohlenstoff
1065	1,65
1035	1,59
1015	1,55
995	1,50
975	1,45
935	1,32
895	1,21

Die eutektoiden Gebiete der Zustandsdiagramme. Die Gleichgewichtstemperatur für die der Perlitumwandlung entsprechende Horizontale *PSK* ist von R. Ruer (*131*) zu 721° bestimmt worden. Die Konzentration des Perlitpunktes *S* liegt bei etwa 0,86% Kohlenstoff. Da schon sehr geringe Mengen Kohlenstoff sich in weichem Eisen als Perlit nachweisen lassen, so hielt man diesen Betrag der Löslichkeit früher für so gering (*132*) und wenig von Bedeutung, daß man ihn im Zustandsdiagramm nicht zum Ausdruck brachte. Heute mißt man dieser Löslichkeit jedoch erhöhte Bedeutung zu, da sie die Grundlage der mit „Zeithärtung" früher („Ausscheidungshärtung") bezeichneten Vergütungsvorgänge ist. Während nun K. Honda und K. Tamura (*133*) (vgl. Abb. 44) das Löslichkeitsgebiet des α-Eisens durch entsprechende Verbindung des Nullpunktes mit dem Punkt maximaler Löslichkeit des δ-Eisens (δ-Eisen = α-Eisen mit etwas vergrößerter, durch die thermische Ausdehnung bedingter Gitterkonstante, vgl. S. 17) abgrenzen, haben E. H. Schulz und W. Köster (*134*) die Löslichkeit des reinen Eisens für Kohlenstoff zu 0,04% bei 700° und zu 0,008% bei Zimmertemperatur festgestellt. Bei langsamer Abkühlung scheidet sich der Kohlenstoff als Karbid, und zwar sehr gern an den vorhandenen Korngrenzen (Abb. 826) ab, was die Sprödigkeit mancher Flußeisensorten erklären soll.

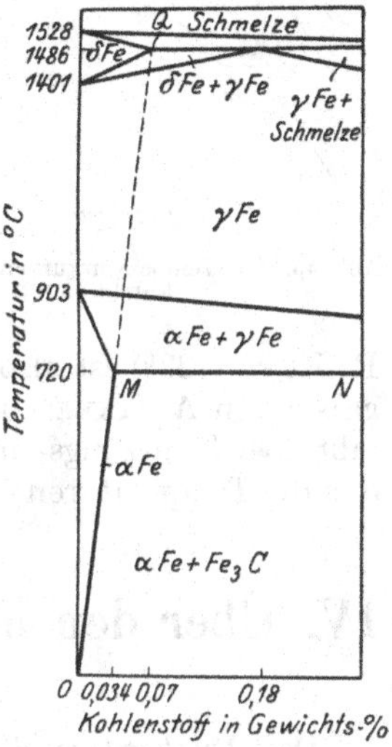

Abb. 44. Löslichkeitsverlauf des Kohlenstoffs im α- und δ-Eisen (K. Honda und K. Tamura).

Die Kurve $E'S'$ trifft bei kontinuierlicher Verlängerung die Kurve GOS bei etwa 740° und einer Kohlenstoffkonzentration von 0,7%. Nimmt man an, daß im stabilen System die Lage der Ferritlinie unverändert bleibt, so verlangt die Theorie die Existenz eines Eutektoids von Ferrit und Graphit (Temperkohle). Strukturell hat sich allerdings ein solcher Gefügebestandteil noch nicht einwandfrei nachweisen lassen, wenngleich wiederholte Beobachtungen eine dahingehende Vermutung zulassen. So hat z. B. E. Piwowarsky im Rahmen einer Arbeit über umgekehrten Hartguß (*135*) als Zufallsprodukt eine Gefügeerscheinung festgestellt, nach welcher im Perlit und an den Randgebieten des sekundär ausgeschiedenen Karbids sehr feine punktförmige Ausscheidungen von elementarem Kohlenstoff zu beobachten waren, desgl. in einer späteren Arbeit über legierten Hartguß (*136*) neben einer größeren Temperkohleausbildung noch sehr fein über das gesamte Gefügefeld verteilt eine äußerst feine Ausscheidung elementaren Kohlenstoffs beobachtet, die möglicherweise mit dem stabilen Eutektoid in Zusammenhang gebracht werden könnte.

Auch A. Hayes und H. E. Flanders (*137*) machten die Beobachtung, daß bei sehr vorsichtigem Polieren im Schliffbild eine große Zahl feiner Graphitpunkte durch den Ferrit verstreut sichtbar waren, die bei weniger vorsichtigem Polieren der Beobachtung entgingen. Dieses Gefüge wurde bei Temperguß erhalten, nachdem dieser einen Tag auf 885° erhitzt worden war, mit einer Geschwindigkeit von 8,9°/st auf 720° abgekühlt, 1 Stunde auf dieser Temperatur gehalten und dann abgeschreckt wurde. Schreckte man bei 720° ab, ohne 1 Stunde auf Temperatur zu halten, so waren nur an den Korngrenzen feine Graphitabscheidungen zu beobachten, im übrigen aber die feste Lösung noch etwa zur Hälfte vorhanden. Das feine Gemisch von Ferrit und Graphit wurde von den Verfassern als das Eisen-Kohlenstoff-Eutektoid angesprochen.

Auch H. Pinsl (*138*) glaubt in grauem Gußeisen diesen Gefügebestandteil beobachtet zu haben.

Thermisch konnte die Existenz des stabilen Eutektoids von R. Ruer (*139*) nachgewiesen werden. Aus Elektrolyteisen mit 0,0012% C und 0,025% P (frei von Mangan, Kupfer und Silizium) stellte er sich durch Zusammenschmelzen mit Zuckerkohle ein Roheisen mit etwa 5% Kohlenstoff her, das er durch langsame Abkühlung und wiederholte Pendelung zwischen 1000° und etwa 1165° weitgehend graphitisierte. Dieses Eisen zeigte bei wiederholten Pendelungen zwischen 600° und 772° neben dem normalen thermischen Effekt des Perlits einen mit zunehmender Erhitzungszahl immer deutlicher sich ausprägenden 12° höher gelegenen zweiten Haltepunkt auf den Erhitzungskurven (Abb. 45), welcher dem Inlösunggehen elementarer, perlitischer Kohlenstoffanteile zugeschrieben wurde. Der Nachweis zweier eutektoider Linien erfolgte demnach ganz analog der Versuchsführung, durch welche Ruer vorher die Existenz der zwei eutektischen Horizontalen dargelegt hatte. Der eutektoide Perlitpunkt des stabilen Gleichgewichts wurde von Ruer zu 0,7% C und 733° C festgelegt. Cyril Wells (*140*) fand bei dilatometrischen Messungen durch Extrapolation die Temperatur des Graphiteutektoids zu 738 ± 3°. Die Übereinstimmung mit den Befunden von R. Ruer (733°) ist also ziemlich befriedigend, während sich gegenüber den Angaben von A. Hayes und H. E. Flanders (*137*) eine starke Abweichung ergibt. Bei Erhitzungs- und Abkühlungsgeschwindigkeiten von nur 0,5°/min wurden die Temperaturen 730° ↓ und 750° ↑ gefunden.

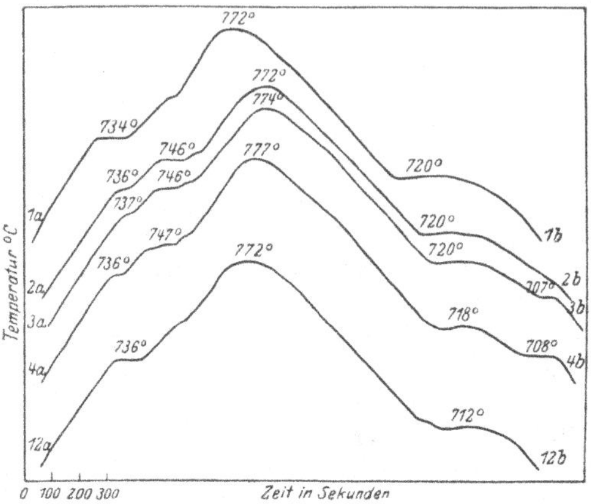

Abb. 45. Zeit-Temperaturkurven zum Nachweis des stabilen Eutektoids (R. Ruer).

IV. Über den molekularen Aufbau kohlenstoffhaltiger Lösungen.

Das Dualsystem der Eisen-Kohlenstoff-Legierungen zwingt uns die Frage auf nach dem molekularen Aufbau der flüssigen bzw. festen Lösungen des Kohlenstoffs im Eisen, über den die Phasenregel bekanntlich keinen Aufschluß gibt. Schon P. Goerens (*141*) behandelte unter Auswertung des Gesetzes der molekularen Gefrierpunktserniedrigung (nach Raoult bzw. van't Hoff) die Frage, ob der Kohlenstoff sich als solcher oder als Karbid im flüssigen Eisen in Lösung befinde. Aber selbst die für verdünnte Lösungen gültige Rothmundsche Formel:

$$t_0 - t_1 = E\frac{c_1 - c_2}{M}$$

M = Molekulargewicht des gelösten Körpers,
t_0 = Schmelzpunkt des reinen Metalls,
t_1 = Bezugstemperatur,
c_1 bzw. c_2 = Konzentrationen der Liquidus- bzw. Solidusphase bei der Temperatur t_1,
E = molekulare Gefrierpunktserniedrigung des Lösungsmittels

erwies sich im vorliegenden Falle als nicht anwendbar, da z. B. eine noch als verdünnt zu bezeichnende Lösung von 1% Kohlenstoff im Eisen einer etwa 15 proz. Karbidlösung entspricht, letztere aber nicht mehr als verdünnt im Sinne des vorliegenden Gesetzes anzusprechen ist. Aus der Tatsache, daß derartige Rechnungen unter Zugrundelegung des erwähnten Gesetzes sich mit dem Ergebnis der thermischen Analyse auch nicht annähernd deckten, schloß P. GOERENS, daß offenbar die Lösung für seine Berechnungen zu konzentriert war, d. h. den Kohlenstoff vorwiegend als Karbid gelöst enthielt.

Die späteren Messungen von F. SAUERWALD (*142*) und seiner Mitarbeiter über die Volumenänderungen beim Einschmelzen von weißem und grauem Roheisen deuteten ebenfalls darauf hin, daß beim Einschmelzen selbst von grauem Gußeisen die entstehende Schmelze der Ort der Bildung erheblicher Karbidmoleküle sei. Inzwischen hat sich auch ergeben, daß in siliziumhaltigen Eisen-Kohlenstoff-Legierungen neben den Karbiden auch die Silizide weitgehend bestehen bleiben (*143*).

Hält man aber am Dualsystem fest, so sollte für die direkte Ausscheidung des Kohlenstoffs aus der Schmelze ebenfalls eine Erklärung gefunden werden. Wofern man eine gewisse Dissoziation des Karbids in der Schmelze annehmen darf, könnte man sich den Vorgang der Graphitisierung unter Zugrundelegung des Massenwirkungsgesetzes wie folgt denken:

$$\frac{[Fe_3C]}{[Fe]^3[C]} = K \qquad (6)$$

für eine Temperatur unmittelbar vor beginnender Erstarrung. Kristallisiert nun der Kohlenstoff [C] aus, so wird das Gleichgewicht gestört in dem Sinne, daß durch erneuten Zerfall von Karbidmolekülen in der Schmelze die Kohlenstoffkonzentration auf der durch die Konstante K geforderten Höhe bleibt, d. h. die Gleichung

$$Fe_3C = 3\,Fe + C \qquad (7)$$

verläuft über den Vorgang fortlaufender Dissoziation des Fe_3C so lange im Sinne nach rechts, bis der eutektische Graphit vollkommen abgeschieden ist. Diese Auffassung entspricht durchaus einer bereits früher von F. WÜST (*144*) ausgesprochenen Ansicht, wobei dieser sich u. a. wie folgt äußerte:

„Vom theoretischen Standpunkte aus müssen bekanntlich sämtliche in einem System auftretenden Molekülarten in jeder Phase vorhanden sein. Daraus folgt, daß die Lösungen von Kohlenstoff im Eisen, da sie nicht nur mit elementarem Kohlenstoff, sondern auch mit Zementit koexistieren können, den Kohlenstoff sowohl in elementarer Form als auch als Karbid enthalten müssen. Über das Mengenverhältnis, in dem diese Molekülarten zueinander stehen, sagt die Theorie nichts aus. Sie verlangt eben nur, daß die Menge für keine der beiden Formen genau Null ist. Nehmen wir an, die Lösungen des Kohlenstoffes in Eisen enthielten diesen so gut wie ausschließlich in elementarer Form; in diesem Falle und in Anbetracht der guten Kristallisationsfähigkeit, die wir im allgemeinen bei Legierungen beobachten, wäre kein Grund vorhanden, warum der infolge einer Temperaturerniedrigung zuviel gelöste Kohlenstoff sich, wenn überhaupt, nicht in elementarer, d. h. in der unter den gegebenen Bedingungen stabilen Form ausscheiden sollte. Nehmen wir jedoch an, daß der Kohlenstoff so gut wie ausschließlich als Karbid gelöst ist, so wird dies ohne weiteres verständlich. In diesem Falle muß die sich in elementarer Form ausscheidende Kohle in dem Maße, in dem sie abgeschieden wird, durch Zersetzung des Zementits nachgeliefert werden. Erfolgt die Abkühlung gegenüber der Zersetzungsgeschwindigkeit des gelösten Zementits mit sehr großer Geschwindigkeit, so wird die Menge des ausgeschiedenen Graphits praktisch Null sein. Wird nun die Zementitkurve überschritten und dadurch dem Kohlenstoff die Möglichkeit gegeben, sich in Form von Zementit auszuscheiden, so kommt, da der auszuscheidende Körper als solcher in der Lösung vorhanden ist, seine Bildungsgeschwindigkeit für das Kristallisationsvermögen nicht in Betracht. Daher wird es unter sonst gleichen Verhältnissen einer weit größeren Abkühlungsgeschwindigkeit bedürfen, um auch die Gleichgewichtskurve des Systems Zementit-Eisen zu überspringen."

Später wies u. a. auch A. Portevin (*145*) auf die Möglichkeit eines Gleichgewichts zwischen Eisen, Eisenkarbid und elementarem Kohlenstoff in flüssigen Eisen-Kohlenstoff-Legierungen hin. Inzwischen haben auch die Viskositätsmessungen von H. Esser, F. Greis und W. Bungardt (vgl. Kapitel XIIb, Seite 332) den Beweis erbracht, daß erhebliche Unterschiede im molekularen Aufbau weißer und grauer Gußeisensorten bestehen müssen.

Auch über den molekularen Aufbau kohlenstoffhaltigen γ-Eisens lassen sich ähnliche Betrachtungen anstellen. Hier gehen freilich einige amerikanische Forscher, u. a. H. A. Schwartz (*146*) so weit, daß sie einen Unterschied machen zwischen der festen Lösung des metastabilen Systems (Austenit) und der mit „Boydenit" bezeichneten entsprechenden Lösung des stabilen Systems, wobei sie allerdings einen gewissen Siliziumgehalt des Eisens als Vorbedingung für die Entstehung des Boydenits anführen. Sie kamen zu diesen Schlußfolgerungen auf Grund von mikroskopischen Untersuchungen sowie Beobachtungen der Löslichkeitseigenschaften und der elektrischen Leitfähigkeit eutektoiden Stahls im Vergleich zu schmiedbarem Guß. Obwohl z. B. bei abgeschrecktem Guß der Gehalt an gebundenem Kohlenstoff die Perlitkonzentration überstieg, sind die Unterschiede des spez. Widerstandes zwischen abgeschreckten und nicht abgeschreckten Proben kleiner als die entsprechenden des eutektoiden Stahls. Im Boydenit kann nach H. A. Schwartz das C-Atom die Eisenatome im Gitter ersetzen, was jedoch bei den sehr unterschiedlichen Atomvolumina freilich höchst unwahrscheinlich ist (Abb. 16). Interessant ist in diesem Zusammenhang eine persönliche Mitteilung von E. C. Bain an H. A. Schwartz: „Der aus dem Zementit eines weißen Gußeisens durch Lösen in Kupferammoniumchlorid erhaltene C ergab keine Interferenz bei der röntgenographischen Untersuchung, d. h. die Atome dieses C sind nicht oder höchstens nur sehr wenig kristallographisch geordnet. Man kann also annehmen, daß die C-Atome im Gitteraufbau des Zementits, wenn überhaupt an andere Atome, so nur an Fe-Atome gebunden sind."

R. S. Archer (*147*) und D. Merica (*148*) sprechen auf Grund ihrer Versuche die Ansicht aus, daß nicht nur Temperkohle, sondern auch graphitischer Kohlenstoff direkt im γ-Eisen löslich sei ohne Zwischenstufe einer vorausgegangenen Karbidbildung. K. Honda (*149*) glaubt auf Grund von Raumgitterbetrachtungen eine atomare Lösung des Kohlenstoffs im Austenit annehmen zu müssen. Auch Jeffries und Archer (*150*) ziehen aus der guten Diffusionsfähigkeit des Kohlenstoffs im Austenit den Schluß, er könne darin nicht als Zementit vorliegen, wie dies u. a. Sauveur (*151*) annimmt, da die großen Fe_3C-Moleküle nicht durch das γ-Eisengitter hindurchwandern könnten. Für die Folgerung von Jeffries und Archer spricht auch die Feststellung von R. Schenk (*152*), daß im Gleichgewicht mit teilweise graphitisierten Legierungen die Gasphase die gleiche ist wie im Gleichgewicht mit Kohlenstoff.

Westgren (*153*) fand bei seinen röntgenographischen Untersuchungen, daß der Kohlenstoff der festen (γ)-Lösung nicht die Eisenatome im flächenzentrierten Gitter ersetze, sondern stets in den Gitterzwischenräumen sich anordne, demnach nur eine Art fester Lösung existiere. Das hält allerdings A. Hayes (*154*) nicht ab, anzunehmen, daß evtl. die beiden mit Austenit und Boydenit bezeichneten Lösungen sich durch die Zahl der kohleeingelagerten Elementarkuben unterscheiden könnten, und wenn der Zementit tatsächlich über die ganze Temperaturskala des festen Aggregatzustandes gegenüber dem reinen Eisen bzw. dem elementaren Kohlenstoff instabil sei, so sei ohne weiteres zu erwarten, daß die

Löslichkeit des Eisens für Fe_3C (die metastabile Phase) eine größere sein müsse als diejenige für Kohlenstoff (*155*).

Jedenfalls wurde auch an vielen anderen, über die Zahl der Messungen Westgrens hinausgehenden Versuchsstücken durch Vergleich der beobachteten und aus den Gitterabständen errechneten Dichte des Austenits bisher lediglich der Nachweis erbracht (*154*), daß der Kohlenstoff nicht durch Atomsubstitution in das γ-Eisen eintritt, sondern ein eigenes Gitter bildet, das in das γ-Eisengitter hineingestellt ist, wobei eine kleine Dehnung des letzteren eintritt. Die Frage nach der chemischen Konstitution bleibt nach wie vor offen. Sie könnte geklärt werden durch Anwendung der van't Hoffschen Gleichung (Gesetz der molekularen Gefrierpunktserniedrigung), die für beide Lösungsarten verschieden lauten müßte. Leider reichen hierzu die bisherigen Versuchsunterlagen noch nicht aus.

Schrifttum zu den Kapiteln IIa bis einschließlich IV.

(*1*) Koerner, O., u. H. Salmang: Untersuchungen über den glasigen Zustand mit Hilfe eines Dilatometers. Z. anorg. allg. Chem. Bd. 199 (1931) S. 235.
(*2*) Über neuere Vorstellungen vom Wachstum der Kristalle; vgl. Kossel, W.: Metallwirtsch. Bd. 8 (1929) S. 877, sowie Naturwiss. Bd. 18 (1930) S. 901; ferner Stransky, J. N.: Z. phys. Chem. Abt. A Bd. 136 (1928) S. 259, sowie Abt. B Bd. 17 (1932) S. 127.
(*3*) Grenet, D.: Compt. rend. Bd. 95 (1882) S. 1278.
(*4*) Tammann, G.: Kristallisieren und Schmelzen. Leipzig: Johann Ambrosius Barth 1903.
(*5*) Oberhoffer, P.: Das technische Eisen 2. Aufl. S. 287. Berlin: Springer 1925.
(*6*) Oberhoffer, P., u. W. Poensgen: Stahl u. Eisen Bd. 42 (1922) S. 1189.
(*7*) Esser, H.: Carnegie Sholarship Mem. Iron Steel Inst. Bd. 25 (1936) S. 213.
(*8*) Nacken, R.: Neues Jb. f. Mineralogie Bd. 133 (1915).
(*9*) Volmer, M.: Kinetik der Phasenbildung, S. 181/182ff. Dresden und Leipzig: Th. Steinkopff 1939.
(*10*) Vgl. Sato, S.: Sci. Rep. Tôhoku Univ. Ser. 1 Bd. 14 (1925) S. 513.
(*11*) Bei der Kristallisation von Zink z. B. beobachtete A. Lange: (Z. Metallkde. Bd. 23 (1931) S. 165) ein stärkeres Ansteigen von *KZ* gegenüber *KG* mit zunehmender Unterkühlung.
(*12*) Czochralski, J.: Moderne Metallkunde, S. 77. Berlin: Springer 1924.
(*13*) Tammann, G.: Aggregatzustände, S. 273. Leipzig 1923.
(*14*) A. a. O. (*11*).
(*15*) Bleckmann, R.: Diss. Aachen 1939. Bardenheuer, P., u. R. Bleckmann: Stahl u. Eisen Bd. 61 (1941) S. 49. Vgl. auch die Ausführungen auf S. 199ff., sowie Abb. 254.
(*16*) Mylius: Z. anorg. allg. Chem. Bd. 79 (1912) S. 407.
(*17*) Goetz, A., u. Mitarbeiter: Phys. Rev. 1931 S. 37, 1044 und 1930 S. 36, 1752.
(*18*) Johnston u. Adams: Z. anorg. allg. Chem. Bd. 72 (1911) S. 11.
(*19*) Bridgman: Phys. Rev. Ser. 2 Bd. 27 (1926) S. 68.
(*20*) Hasselblatt, M.: Z. anorg. allg. Chem. Bd. 119 (1921) S. 325 und 353.
(*21*) Welter, G.: Metallwirtsch. Bd. 10 (1931) S. 475 oder Z. Metallkde. Bd. 23 (1931) S. 255.
(*22*) Vgl. Metallwirtsch. Bd. 11 (1932) S. 583, sowie Stahl u. Eisen Bd. 53 (1933) S. 741.
(*23*) Tammann, G.: Z. Metallkde. Bd. 21 (1929) S. 277.
(*24*) Vgl. auch E. Schmid: Metallwirtsch. Bd. 8 (1929) S. 651.
(*25*) Nix, F. C., u. E. Schmid: Z. Metallkde. Bd. 21 (1929) S. 286.
(*26*) Nach F. Badenheuer: Stahl u. Eisen Bd. 48 (1928) S. 713 und 762.
(*27*) Siebe, P., u. L. Katterbach: a. a. O.
(*28*) v. Göler u. Sachs: Z. VDI Bd. 71 (1927) S. 1353.
(*29*) Müller, G.: Diss. Aachen 1933.
(*30*) Yensen, T. D.: Science Bd. 68 S. 376 bis 377, 19/10. East Pittsburgh (Pa.): Westinghouse Electric and Manufacturing Co. (1928)
(*31*) Tammann, G.: Z. Metallkde. Bd. 24 (1932) S. 154.
(*32*) Vgl. W. Guertler: Metallographie Bd. 1 S. 178. Berlin 1913.
(*33*) Vgl. Friedrichs: Z. Metallkde. Bd. 2 (1910) S. 97.
(*34*) Vgl. Wever, F., u. B. Pfarr: Mitt. K.-Wilh.-Inst. Eisenforschg. Bd. 15 (1933) S. 147.
(*35*) Westgren, A., u. A. Almin: Z. phys. Chem. Abt. B Bd. 5 (1929) 14. bis 28. Aug.
(*36*) Vgl. Metallwirtsch. Bd. 9 (1930) S. 589.
(*37*) Vgl. Piwowarsky, E.: Allgemeine Metallkunde, S 44. Berlin: Gebr. Borntraeger 1934.
(*38*) Dehlinger, U.: Ergebn. exakt. Naturw. Bd. 10 (1931) S. 325.

(39) Lückenlose Mischkristallreihen hat man bei Metallen noch bei Parameterdifferenzen von 11,5% gefunden, wenn hohe Dehnbarkeiten vorhanden waren.
(40) DEHLINGER, U.: Z. Elektrochem. Bd. 38 (1932) S. 148.
(41) Ber. Werkstoffaussch. Eisenhüttenl. Nr. 147 sowie Arch. Eisenhüttenw. Bd. 2 (1928/29) S. 739/48.
(42) WEVER, F.: Ergebn. techn. Röntgenkunde Bd. 2 (1931) S. 240.
(43) VONCKEN, M. J.: La Fonderie Belge Nr. 47 (1937) S. 588.
(44) Vgl. Werkstoffhandbuch Stahl u. Eisen, Blatt A 105 S. 2.
(45) Nach DUFFSCHMIDT, SCHLECHT u. SCHUBART: Stahl u. Eisen Bd. 52 (1932) S. 848.
(46) Über Werte älterer Messungen siehe SCHENCK, H.: Physikalische Chemie Bd. 1 S. 122. Berlin: Springer 1932.
(47) ROLL, F.: Z. Metallkde. Bd. 30 (1938) S. 244.
(48) WOLOGDINE, P. S.: Compt. rend. Bd. 148 (1909) S. 776.
(49) Sci. Rep. Tohoku Univ. Bd. 6 (1917) S. 150.
(50) Z. anorg. allg. Chem. Bd. 167 (1927) S. 385.
(51) MYLIUS, FÖRSTER u. SCHÖNE: Z. anorg. allg. Chem. Bd. 13 (1897) S. 38. Vgl. STENKHOFF, R.: Mitt. a. d. Versuchsanstalten der Vereinigten Stahlwerke A.G. Bd. 2 (1927) S. 75.
(52) Kyoto Imp. Univ. Dep. of Mining and Metallurgie 1928.
(53) Z. angew. Chem. Bd. 42 (1929) S. 981.
(54) Z. phys. Chem. Abt. A Bd. 147 (1930) S. 390.
(55) Mitt. K.-Wilh.-Inst. Eisenforschg. Bd. 16 (1934) Lfg. 1 S. 1.
(56) Z. anorg. allg. Chem. Bd. 149 (1925) S. 89.
(57) Vgl. LE CHATELIER: Equilibres S. 210. Vgl. a. NERNST: Theoretische Chemie.
(58) Wenn die spezifischen Gewichte des α-Eisens, des Eisenkarbids bzw. des Graphits, mit 7,86, 7,82 bzw. 1,8 in Rechnung gezogen werden. W. A. ROTH gibt mit den spez. Gewichten 7,87 bzw. 7,40 (Fe) und 2,26 (C) eine Volumenvergrößerung von 9,7% an.
(59) Z. anorg. allg. Chem. Bd. 117 (1921) S. 249.
(60) Stahl u. Eisen Bd. 45 (1925) S. 457.
(61) Vgl. S. 98.
(62) Sci. Rep. Tôhoku Univ. Bd. 10 (1921) S. 273; vgl. a. Stahl u. Eisen Bd. 45 (1925) S. 1032.
(63) Vgl. a. FLETCHER, J. E.: Vortrag auf der Frühjahrsversammlung der North-East Coast Institution of Engs. and shipbuilders zu Newcastle am 13. März 1925; vgl. a. Zbl. Hütt. u. Walzw. Bd. 29 (1925) S. 401.
(64) SAWAMURA, H.: Mem. College of Engg. Kyoto Imp. Univ. Bd. 5 Nr. 5 (1930).
(65) ROLL, F.: Persönliche Mitteilung an den Verfasser.
(66) Vgl. P. BARDENHEUER: Mitt. K.-Wilh.-Inst. Eisenforschg. Bd. 9 (1927) Lfg. 13 S. 215.
(67) NIPPER, H., u. E. PIWOWARSKY: Gießerei Bd. 19 (1923) S. 1.
(68) Am. Foundrymens. Ass. (1925); vgl. a. Stahl u. Eisen 1926 S. 723.
(69) Krupp. Mh. Bd. 4 (1923) S. 117.
(70) Gießerei Bd. 13 (1926) S. 481.
(71) DENECKE, W., u. TH. MEIERLING: Bemerkungen zur Katalyse bei der Gußeisengraphitisierung. Gießereiztg. Bd. 24 (1927) S. 180.
(72) Zur Kenntnis des Eisenkarbids. Z. anorg. allg. Chem. Bd. 167 (1927) S. 385.
(73) J. Iron Steel Inst. Bd. 98 (1918) S. 375.
(74) Stahl u. Eisen Bd. 43 (1922) S. 1484/88.
(75) Stahl u. Eisen Bd. 45 (1925) S. 1173.
(76) Vgl. GOLLITZER, P.: Die Berechnung chemischer Affinitäten nach dem Nernstschen Wärmetheorem. (Sammlung chemischer und chemisch-technischer Vorträge. Herausg. von Prof. W. HERZ. Stuttgart: F. Enke 1911).
(77) Physico-chemistry of Steel. London 1914. Vgl. a. GONTERMANN: Carnegie Schol. Mem. 1916 und ANDREWS: J. Iron Steel Inst. Bd. 2 (1911).
(78) SCHWARTZ, H. A.: J. Iron Steel Inst. Bd. 138 (1938) S. 205.
(79) JACOBSON, B., u. A. WESTGREN: Z. phys. Chem. Abt. B, Bd. 20 (1933) S. 361.
(80) HÄGG, G.: Z. phys. Chem. Abt. B Bd. 12 (1931) S. 33.
(81) CORNELIUS, H., u. H. ESSER: Arch. Eisenhüttenw. Bd. 8 (1934/35) S. 125.
(82) Arch. Eisenhüttenw. Bd. 1 (1927/28) Heft 11 S. 669.
(83) PIRANI M., u. W. FEHSE: Z. Elektrochem. Bd. 29 (1923) S. 168.
(84) Arch. Eisenhüttenw. Bd. 11 (1937/38) Heft; 4 S. 199.
(85) Gießerei Bd. 24 (1937) S. 206.
(86) Arch. Eisenhüttenw. Bd. 10 (1936/37) Heft 5 S. 221.
(87) Rev. Métall. 1908 S. 75.

(*88*) Dieser in der Originalabhandlung angegebene Gehalt an Silizium dürfte wohl auf einem Druckfehler beruhen, da die Gegenwart von ca. 10% Si mit derjenigen von 3,94% C unvereinbar erscheint.
(*89*) MOISSAN: The Electric furnace 1904.
(*90*) J. Iron Steel Inst. 1923 Nr. 1 S. 491.
(*91*) Stahl u. Eisen Bd. 45 (1925) S. 1297.
(*92*) l. c.
(*93*) Sci. Rep. Tôhoku Univ. Bd. 4 (1915) S. 97.
(*94*) Z. anorg. allg. Chem. Bd. 167 (1927) S. 185.
(*95*) J. phys. Chem. Bd. 29 (1925) S. 1105.
(*96*) Bruchgefüge feinkörnig.
(*97*) Bruchgefüge grobkörnig.
(*98*) Mitt. K.-Wilh.-Inst. Eisenforschg. Bd. 4 (1922) S. 81.
(*99*) Phys. Z. Bd. 18 (1917) S. 291.
(*100*) Die Modifikationen des Kohlenstoffs. Z. angew. Chem. Bd. 41 (1928) S. 273; Arch. Eisenhüttenw. Bd. 2 (1928) S. 245.
(*101*) Arch. Eisenhüttenw. Bd. 1 (1927/28) S. 669; Stahl u. Eisen Bd. 48 (1928) S. 802.
(*102*) Aus Gründen einheitlicher Darstellungsweise ist die Erläuterung des Eisen-Kohlenstoff-Diagramms in Anlehnung an den von F. KÖRBER und H. SCHOTTKY im Auftrage des V. d. Eisenhüttenleute bearbeiteten Bericht (Nr. 180 Werkstoffausschuß) erfolgt.
(*103*) Den gleichen Zerfall wie der primär gebildete Austenit erleiden die gesättigten γ-Mischkristalle *E* des Eutektikums *C*.
(*104*) Die Abb. 28 bis 30 entsprechen Sekundärätzungen (Ätzung *II*) mit alkoholischen Mineralsäuren.
(*105*) CHARPY, G.: Compt. Rend. Bd. 1141 (1905) S. 948.
(*106*) GOERENS, P.: Diss. Aachen 1907.
(*107*) Stahl u. Eisen Bd. 27 (1907) S. 1565. Vgl. a. WETZEL-HYEN: Die Theorie der Eisen-Kohlenstoff-Legierungen. Berlin: Springer 1924.
(*108*) Ferrum Bd. 14 (1917) S. 161.
(*109*) Stahl u. Eisen Bd. 45 (1925) S. 137.
(*110*) Ferrum Bd. 11 (1913/14) S. 257.
(*111*) Ferrum Bd. 14 (1916/17) S. 161.
(*112*) Vgl. RUER, R., u. N. ILJIN: Metallurgie Bd. 8 (1911) S. 97.
(*113*) J. Iron Steel Inst. 1904 Nr. 1 S. 224.
(*114*) Metallurgie Bd. 6 (1909) S. 731.
(*115*) RUFF, O., u. W. BORMANN: Z. anorg. allg. Chem. Bd. 88 (1914) S. 397. Vgl. a. RUFF u. GOECKE: Metallurgie Bd. 8 (1921) S. 417.
(*116*) Z. anorg. allg. Chem. Bd. 48 (1914) S. 1.
(*117*) J. d. Russ. Phys. Chem. Ges. Bd. 43 (1911) S. 505; Z. anorg. allg. Chem. Bd. 79 (1912) S. 1.
(*118*) Z. anorg. allg. Chem. Bd. 113 (1920) S. 98.
(*119*) Über den Einfluß der Legierungselemente Silizium, Phosphor und Nickel auf die Löslichkeit des Kohlenstoffs im flüssigen Eisen. Stahl u. Eisen demnächst. Vgl. a. Dissertation K. SCHICHTEL, Aachen 1928.
(*120*) RUFF, O., u. W. BORMANN: Z. anorg. allg. Chem. Bd. 88 (1914) S. 397. Vgl. a. RUFF u. GOECKE: Metallurgie Bd. 8 (1911) S. 417.
(*121*) Z. anorg. allg. Chem. Bd. 117 (1921) S. 249.
(*122*) Über die Zersetzung von Zementit bei höheren Temperaturen. Vgl. a. die Arbeiten von: SANITER, E. H.: J. Iron Steel Inst. Bd. 2 (1897) S. 115. MYLIUS, F., F. FÖRSTER, u. G. SCHÖNE: Z. anorg. allg. Chem. Bd. 13 (1897) S. 28. WERKMEISTER, OTTO: Diss. Karlsruhe 1910.
(*123*) a. a. O.
(*124*) Unter Abzug des bei etwa 1120° löslichen Kohlenstoffs ($\sim$ 1,25%) berechnet.
(*125*) SAUERWALD, F.: Z. anorg. allg. Chem. Bd. 135 (1924) S. 327; Bd. 149 (1925) S. 273.
(*126*) Vgl. a. ROOZEBOOM u. H. W. BAKHUIS: Heterogene Gleichgewichte II, 1, S. 415. Braunschweig 1904.
(*127*) Zur Frage der Stabilität des Eisenkarbids. Z. anorg. allg. Chem. Bd. 158 (1926) S. 175.
(*128*) Metallurgie Bd. 8 (1911) S. 97.
(*129*) Bull. Soc. Enc. Ind. nat. Paris Bd. 102 (1902) S. 399.
(*130*) WARK, N. J.: Metallurgie Bd. 8 (1911) S. 704.
(*131*) Z. anorg. allg. Chem. Bd. 177 (1921) S. 249.
(*132*) JAMADA, J.: Sci. Rep. Tôhoku Univ. Bd. 15 (1926) S. 851 nimmt als oberste Grenze eine Löslichkeit von 0,01% C an.
(*133*) HONDA, K., u. K. TAMURA: J. Iron Steel Inst. 1927; Stahl u. Eisen Bd. 47 (1927) S. 1462.
(*134*) Stahl u. Eisen Bd. 48 (1928) S. 1473. Vgl. KÖSTER, W.: Arch. Eisenhüttenw. Bd. 2 (1928/29) S. 503.

(*135*) Gießereiztg. Bd. 18 (1921) S. 356.
(*136*) Gießereiztg. Bd. 14 (1927) S. 509.
(*137*) Trans. Amer. Soc. Steel Treat. Bd. 6 S. 623/29; Stahl u. Eisen Bd. 44 (1924) S. 339, Bd. 45 (1925) S. 660 und 2060.
(*138*) Stahl u. Eisen Bd. 48 (1928) S. 473.
(*139*) Z. anorg. allg. Chem. Bd. 117 (1921) S. 249.
(*140*) WELLS, CYRIL: Trans. Amer. Soc. Met. 1937. Vgl. Stahl u. Eisen Bd. 58 (1938) S. 462.
(*141*) Metallurgie Bd. 3 (1906) S. 178.
(*142*) Z. anorg. allg. Chem. Bd. 149 (1925) S. 273.
(*144*) Z. Elektrochem. Bd. 15 (1909) S. 565; Bd. 24 (1909) S. 965.
(*143*) KÖRBER, F., u. W. OELSEN: Mitt. K.-Wilh.-Inst. Eisenforschg. Bd. 18 (1936) S. 109; vgl. Stahl u. Eisen Bd. 56 (1936) S. 1156.
(*145*) PORTEVIN, A.: Metallurgy Congress. Lüttich 1922.
(*146*) SCHWARTZ, H. A., R. PAYNE u. A. F. GORTON: Trans. Amer. Inst. min. metallurg. Engrs. Aug. 1923; vgl. a. Stahl u. Eisen Bd. 43 (1923) S. 409, sowie SCHWARTZ, H. A.: Trans. Amer. Soc. Steel Treat. Bd. 11 (1927) S. 277/83; ferner Foundry Bd. 56 S. 871/73 und 918/20.
(*147*) Trans. Amer. Inst. min. metallurg. Engrs. Febr. 1920.
(*148*) Amer. Bur. Standards Nr. 129.
(*149*) J. Iron Steel Inst. 1926.
(*150*) Science Metals S. 267.
(*151*) Trans. Amer. Inst. min. metallurg. Engrs. Bd. 73 (1926) S. 859.
(*152*) Z. anorg. allg. Chem. Bd. 167 (1927) S. 254.
(*153*) WESTGREN u. PHRAGMÉN: J. Iron Steel Inst. Bd. 109 (1924) Nr. 1 S. 159.
(*154*) Vgl. Diskussion zu SCHWARTZ, H. A.: Graphitisation at constant temperature. Trans. Amer. Soc. Steel Treat. Bd. 9 (1926) S. 883.
(*155*) Vgl. die Diskussion der bisherigen Forschungsarbeiten in: NEUBURGER, M. C.: Röntgenographie des Eisens und seiner Legierungen. Stuttgart: F. Enke 1928.
(*156*) Vgl. HIEDEMANN, E.: Arch. Eisenhüttenw. Bd. 12 (1938/39) S. 185; Ref. Stahl u. Eisen Bd. 58 (1938) S. 1146.
(*157*) SCHMID, G., u. A. ROLL: Z. Elektrochem. Bd. 45 (1939) S. 769; sowie Bd. 46 (1940) S. 653ff.
(*158*) DEHLINGER, U., u. G. E. R. SCHULZE: Z. Kristallogr. (A) Bd. 102 (1940) S. 377ff.
(*159*) LAVES, F.: Naturwiss. Bd. 27 (1939) S. 65.
(*160*) DEHLINGER, U., u. G. E. R. SCHULZE: Z. Metallkde. Bd. 33 (1941) S. 157.
(*161*) Vgl. die Ausführungen in: E. PIWOWARSKY: Hochwertiger Grauguß S. 1ff. Berlin: Springer 1927.
(*162*) Vgl. die Ausführungen in R. VOGEL: Die heterogenen Gleichgewichte S. 301. Leipzig 1937.
(*163*) Vgl. ZEERLEDER, A. v.: Technologie des Aluminiums, S. 106. Leipzig 1934.

V. Der Einfluß des Siliziums auf die Gleichgewichts- und Graphitisierungsvorgänge.

a) Allgemeines.

Bei Abwesenheit von Silizium oder anderer graphitfördernder Elemente (Aluminium, Nickel, Kupfer, Titan usw.) ist die Zerfallsgeschwindigkeit des an sich thermodynamisch instabilen Eisenkarbids so gering, daß sie nicht ausreicht, um während der Abkühlung flüssigen Gußeisens eine Zerlegung des kristallisierenden oder bereits auskristallisierten Eisenkarbids unter Abscheidung elementaren Kohlenstoffs zu bewirken. Aber auch Kernzahl und vor allem die Werte für die Kristallisationsgeschwindigkeit des Graphits aus der Schmelze sind zu klein, um eine direkte Abscheidung von Graphit aus der Schmelze zu ermöglichen. Mit steigendem Siliziumgehalt dagegen nehmen Kernzahl und Kristallisationsgeschwindigkeit für die Bildung des Graphits sowohl aus der erstarrenden Schmelze als auch beim Zerfall freien Eisenkarbids zu. Je größer die Abkühlungsgeschwindigkeit bzw. je geringer die Wandstärke des Gußstücks, um so höher muß grundsätzlich der im Gußeisen anwesende Siliziumgehalt sein, wenn das Eisen grau erstarren soll. Daß Silizium in so starkem Maße die Graphitbildung begünstigt, obwohl es selbst sehr stabile Karbide (unter dem Lichtbogen oder bei sehr hoher Temperatur) zu bilden vermag, liegt darin begründet, daß es sehr stabile (stark exotherme) Mischkristalle und Silizide mit dem Eisen eingeht, und auf diese Weise der Grundmasse Eisen entzieht. Die komplexen Silikokarbide dagegen sind wesentlich instabiler als reines Eisenkarbid und zersetzen sich leicht unter Graphit- bzw. Temperkohleabscheidung. Die Silizide jedoch sind so beständig, daß sie noch in höheren Temperaturbereichen des flüssigen Eisens auftreten und die Bildung von Eisenkarbidmolekülen in der Schmelze erschweren.

Die Herstellung von Roheisensorten mit bestimmten Siliziumgehalten für die Zwecke der Eisengießereien geschieht im Hochofen unter relativ saurer Schlacke bei höheren Windtemperaturen und oft auch größeren Schlackenmengen, damit eine weitgehende Reduktion von Silizium im Gestell des Hochofens erfolgen kann, da diese vorwiegend auf direktem Wege durch festen Kohlenstoff vonstatten geht. Aber auch synthetische Eisensorten mit verschiedenen Siliziumgehalten werden seit Jahren in elektrisch betriebenen Öfen hergestellt. Die Einführung von Silizium in siliziumarme Gattierungen kann aber auch durch Ferrosilizium (Hochofensilizium oder höherprozentiges, im Elektroofen gewonnenes Ferrosilizium) bzw. durch die bekannten Siliziumpakete erfolgen. Auf der richtigen Abstimmung des Siliziumgehaltes im Gußeisen auf die übrigen Begleitelemente, insbesondere den Kohlenstoff, sowie auf die zu erwartende Abkühlungsgeschwindigkeit des Gußeisens und die Wanddicke der Gußstücke, basiert die wichtigste Voraussetzung für die wirtschaftliche Herstellung eines dem Verwendungszweck angepaßten Gußeisens, nämlich eine ausreichende Treffsicherheit. Zur Beherrschung der Kristallisationsvorgänge von Gußeisen ist daher die Kenntnis der binären bzw. ternären Zustandsdiagramme des Eisens mit den Begleitelementen unbedingt vonnöten.

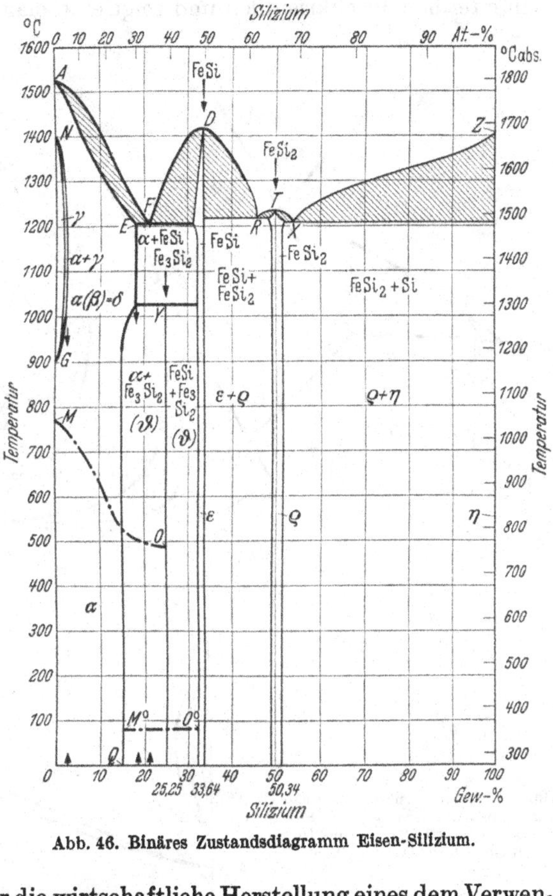

Abb. 46. Binäres Zustandsdiagramm Eisen-Silizium.

b) Das binäre Zustandsdiagramm Eisen-Silizium.

Abb. 46 zeigt das binäre Zustandsdiagramm Fe-Si, wie es auf Grund zahlreicher Forschungsarbeiten (*1*) heute als zutreffend angesehen werden kann. Lediglich der Konzentrationsbereich um 50% herum bedarf noch weiterer Klärung.

Es treten drei Silizide auf. Zwei derselben, welche annähernd den Verbindungen FeSi (33,7% Si) und $FeSi_2$ (50,3 % Si) entsprachen, sind von etwas veränderlicher Zusammensetzung. Diese zwei Phasen und die beiden Endphasen bilden zusammen drei Eutektika. Das α- bzw. δ-Eisen bildet ein zusammenhängendes Konstitutionsgebiet (Abschnürung des γ-Gebietes, Grenzkonzentration etwa 2,5% Si). Die Zusammensetzung des α-Eutektikums (Punkt *F*) beträgt 21,2% Si (*4*), die Sättigungsgrenze der α-Eisenmischkristalle bei Zimmertemperatur 16,8% Si (Punkt *Q*).

Die Verbindung Fe_3Si_2 (25,3% Si) bildet sich bei langsamer Abkühlung im Bereich von etwa 1025° durch Umsetzung des Silizides FeSi (33,7% Si) mit den siliziumreichen Mischkristallen und zeigt eine magnetische Umwandlung bei 90°.

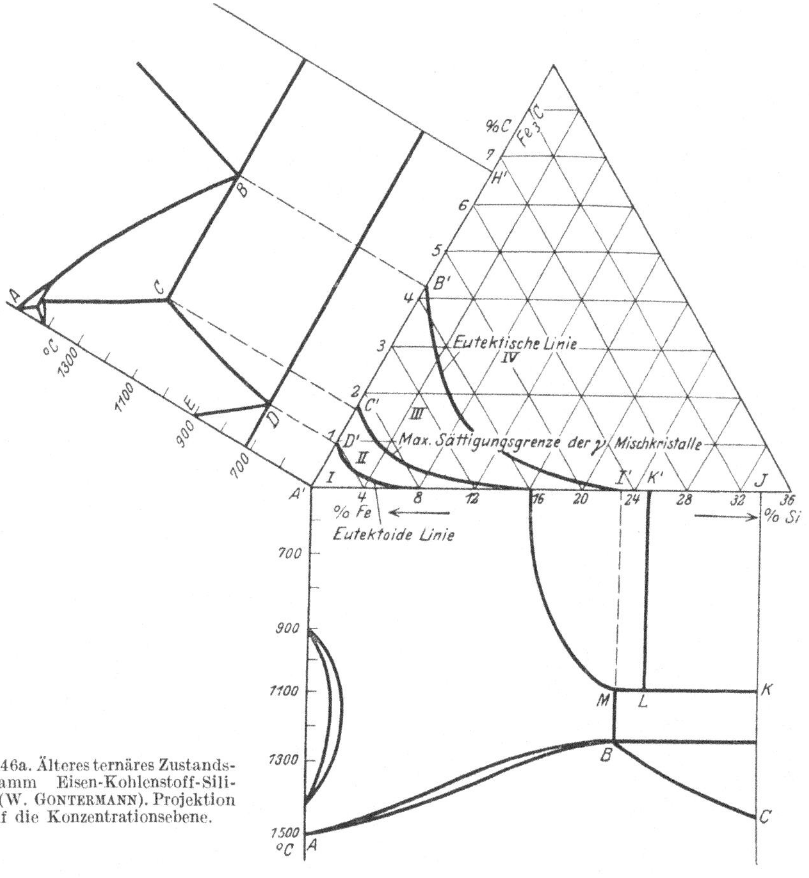

Abb. 46a. Älteres ternäres Zustandsdiagramm Eisen-Kohlenstoff-Silizium (W. GONTERMANN). Projektion auf die Konzentrationsebene.

c) Das ternäre Diagramm Eisen-Kohlenstoff-Silizium.

Das ternäre Diagramm Eisen-Eisenkarbid-Eisensilizid der älteren Fassung nach den Arbeiten von F. WÜST und O. PETERSEN, W. GONTERMANN, K. HONDA und T. MURAKAMI (Abb. 46a), A. KRIZ und F. POBORIL u. a. (*1*) erhielt eine bemerkenswerte Veränderung durch die auf phasentheoretischen Betrachtungen fußende Arbeit von E. SCHEIL (*2*), der die Raumkurve des doppelt gesättigten γ-Mischkristalls in den Endpunkt γ eines bei etwa 1200° liegenden Vierphasengleichgewichts (α (δ)-Mischkristalle, γ-Mischkristall, Zementit und Schmelze) einlaufen läßt und nicht, wie die früheren Forscher, insbesondere W. GONTERMANN und T. Murakami (*1*), in die kohlenstoffreie Eisen-Silizium-Legierung bei 16,8% Si (max. Sättigung des α-Mischkristalls.

E. Scheil (*2*) projizierte nach den Versuchsergebnissen von Křiž und Pobořil den Zustandsraum der ternären Mischkristalle auf die Seite des reinen Systems Eisen-Silizium, wobei sich das in Abb. 47 wiedergegebene Bild ergab. Es zeigt, wie sich mit wachsendem Kohlenstoffgehalt das Existenzgebiet des homogenen Mischkristalls zu höheren Siliziumgehalten verschiebt. Die Konzentration des ternären Mischkristalls maximaler Sättigung an Kohlenstoff und Silizium ergab sich hier zu 0,32% Kohlenstoff bei 9,1% Silizium.

A. Křiž und F. Pobořil (*41*) lieferten später einen weiteren Beitrag zum ternären System Eisen-Kohlenstoff-Silizium, das sie damals bis zu Kohlenstoffgehalten von 4% und Siliziumgehalten von 16% untersucht haben. Sie legten die Gleichgewichtslinien sowohl des stabilen als auch des metastabilen Zustandsschaubildes fest, wodurch zum ersten Male die Aufstellung eines ternären Doppeldiagramms für Dreistoffgemische versucht wurde. Die Konzentrationen der doppeltgesättigten Kanten wurden in übersichtlichen Projektionen auf die Zweistoffschaubilder mitgeteilt. Die Konzentrationen der Eckpunkte der Vierphasenfläche sind gegenüber den von E. Scheil aus den früheren Messungen von Křiž und Pobořil extrapolierten etwas verschoben. Die neuen Werte sind im metastabilen System:

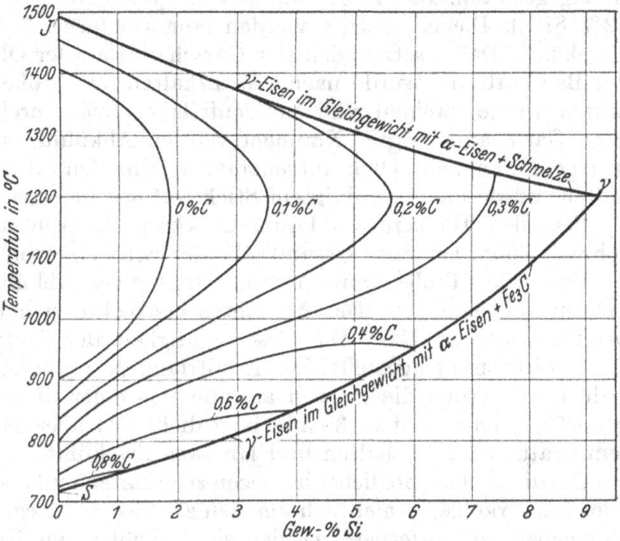

Abb. 47. Das ternäre Diagramm Eisen-Kohlenstoff-Silizium. Projektion der Eisenecke auf die Seite Eisen-Silizium (E. Scheil).

α-Ecke	0,26% C	10,2% Si
γ-Ecke	0,54% C	8,2% Si
Schmelze	2,61% C	6,9% Si.

und im stabilen:

α-Ecke	0,22% C	9,7% Si
γ-Ecke	0,52% C	7,7% Si
Schmelze	2,54% C	6,4% Si

Zu bemerken ist, daß nach diesen Messungen der Zementit bis zu 5% Si in fester Lösung aufnehmen könnte. Zur genauen Bestimmung reichten allerdings die Messungen nicht aus, wie auch E. Scheil in einem Referat über die genannte Arbeit betonte (*42*).

Neuerdings haben H. Jass und H. Hanemann (*3*), ausgehend von den früheren Untersuchungen verschiedener Forscher (*1*) über den Verlauf des Eisen-Kohlenstoff-Eutektikums bei steigendem Siliziumzusatz durch thermische und chemische Analyse sowie mikroskopische Gefügeuntersuchungen, die von dem binären Eutektikum Eisen-Kohlenstoff zu dem α + ε-Eutektikum (Punkt *F* in Abb. 46) der Eisen-Silizium-Seite verlaufenden binären eutektischen Kurven sowie die in diesem Gebiet liegenden Vierphasenebenen ermittelt. Da die genannten Autoren ihre Arbeit auf das für Grauguß so wichtige Graphitsystem abstellten, sei im folgenden die Versuchsdurchführung und deren Ergebnisse in (teilweise wörtlicher) Anlehnung an die Ausführungen von H. JASS und H. HANEMANN (*3*) wiedergegeben:

„Ausgehend von einer synthetisch (aus Armco-Eisen und Zuckerkohle) erschmolzenen reinen Eisen-Kohlenstoff-Legierung mit 5,09% C, 0,013% Si, 0,069% Mn, 0,001% P und 0,039% S wurden unter Zusatz von Ferrosilizium eine Reihe von Legierungen mit steigenden Siliziumgehalten und etwas übereutektischen Kohlenstoffgehalten hergestellt. Die Proben wurden zu je 65 g eingewogen und im Hochfrequenzofen unter Vakuum etwa 15 min bei 1400 bis 1500° flüssig gehalten. Die Tiegel waren aus Pythagorasmasse (etwa 60% Al_2O_3 und 32% SiO_2). Die Schmelzen wurden langsam (etwa 3°/min) bis zur Erstarrung abgekühlt. Dabei setzte sich der Garschaum an der Oberfläche und am Rande des Bades ab und wurde nach dem Erkalten der Probe weggebürstet. Das Verfahren wurde zweimal und nötigenfalls dreimal durchgeführt, bis sich kaum noch Garschaum zeigte. Nunmehr wurden Abkühlungs- und Erhitzungskurven in einem Tammann-Ofen aufgenommen. Um den Abbrand möglichst klein zu halten, wurde unter gereinigtem Stickstoff geschmolzen.

Bei allen Temperaturablesungen betrug die Eintauchtiefe des Pyrometerrohres 15 mm, bei einer Gesamthöhe der Schmelze von etwa 20 mm.

Von jeder Probe wurden mindestens zwei Abkühlungs- und Erhitzungskurven aufgenommen. Die Aufnahme erstreckte sich über einen Temperaturbereich von etwa 120°. Die Geschwindigkeit der Temperaturbewegung wurde auf etwa 5°/min eingestellt. Zur Ermittlung des eutektischen Kohlenstoffgehaltes wurden die Proben alsdann mit einer dünnen Schicht Zuckerkohle bedeckt, nochmals etwa 30 min lang dicht (5°) über der eutektischen Liquidustemperatur flüssig gehalten und langsam abgekühlt.

Um die Proben möglichst homogen zu erhalten und noch Reste von Garschaum oder Zuckerkohle, namentlich aus den zähflüssigen Legierungen mit hohem Siliziumgehalt, zu entfernen, wurden sie schließlich im Hochfrequenzofen im Vakuum 4 min lang bei etwa 1500° flüssig gehalten.

Die Kohlenstoffanalysen wurden nach der volumetrischen Methode durchgeführt und die Proben mit Bleisuperoxyd verbrannt. Von jeder Probe wurden mindestens drei Bestimmungen gemacht. Zur Kontrolle wurde dann noch für jede Probe mindestens eine Bestimmung nach der gravimetrischen Methode durchgeführt (Zahlentafel 13a).

Das Silizium wurde gewichtsanalytisch in der üblichen Weise bestimmt. Von jeder Probe wurden mindestens zwei Analysen gemacht.

Die Proben Nr. 1, 12 und 13 waren, wie zu erwarten, weiß erstarrt. Nr. 2 bis 6 ließen sich sägen. Diese wurden senkrecht durchgeschnitten. Die eine Hälfte diente zur Gefügeuntersuchung, von der anderen wurden über die ganze Schnitt-

Zahlentafel 13a.

Legierung Nr.	1	2	3	4	5	6	7	8
Si . . . . %	0,03	0,93	1,74	2,73	4,68	6,99	9,13	11,13
C . . . . %	4,24	3,90	3,70	3,38	2,79	2,25	1,81	1,45
Legierung Nr.	**9**	**10**	**11**	**12**	**13**	**14**	**15**	
Si . . . . %	11,88	13,44	14,78	16,48	18,78	20,20	22,30	
C . . . . %	1,29	1,05	0,85	0,58	0,28	0,15	0,07	

fläche Späne zur chemischen Analyse gehobelt. Die Proben Nr. 1 und 7 bis 15 wurden zerschlagen. Hier wurden die Analysenproben auch vom ganzen Längsschnitt der Probe entnommen, feingestampft und auf gleiche Größe gesiebt.

Die Analyse ergab Silizium- und Kohlenstoffgehalte für die einzelnen (eutektischen) Legierungen gemäß Zahlentafel 13a.

Die Werte wurden in die Konzentrationsebene der Abb. 48 eingetragen und durch die Punkte die angegebenen Kurvenzüge gelegt. Für die Kohlenstoffseite wurde das Eutektikum (Punkt C') bei 4,23% C, für die Siliziumseite (Punkt F), in Übereinstimmung mit PHRAGMÉN (*4*), bei 21,2% Si liegend angenommen.

Aus den Abkühlungskurven ergaben sich folgende Werte:

Legierung Nr.	1	2	3	4	5	6	7	8
Liquidustemperatur . . . °C	1153	1160	1165	1167	1172	1175	1176	1185
Vierphasentemperatur . . °C	—	—	—	—	—	1172	1171	—
Solidustemperatur . . . . °C	1153	1155	1158	1160	1166	?	—	1172
Legierung Nr.	**9**	**10**	**11**	**12**	**13**	**14**	**15**	
Liquidustemperatur . . . °C	1188	1199	1202	1204	1204	1205	1213	
Vierphasentemperatur . . °C	—	—	1200	1200	?	—	—	
Solidustemperatur . . . . °C	1175	1182	1190	?	—	?	?	

In Übereinstimmung mit den Ergebnissen der Gefügeuntersuchung wurde der Vertikalschnitt der Abb. 50 entwickelt. Danach bestehen in Verbindung mit der Schmelze zwei Übergangsflächen, von denen die eine, $G_1-K-L-M$ (vgl. auch Abb. 49), bei 1172°, die andere, $G_2-T-U-V$, bei 1200° liegt. Die eutektische Temperatur der Kohlenstoffseite wurde in Übereinstimmung mit R. RUER u. F. GOERENS (*5*) zu 1152°, die eutektische Temperatur der Siliziumseite in Übereinstimmung mit T. MURAKAMI (*6*) zu 1205° angenommen.

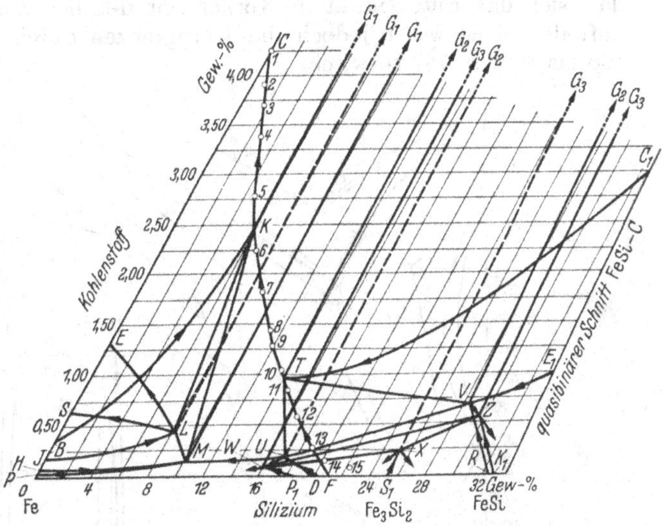

Abb. 48. Projektion des Zustandsdiagramms Eisen-Eisensilizid FeSi-Graphit in die Konzentrationsebene (H. JASS und H. HANEMANN).

Die Dreiphasengleichgewichte $\gamma + S + C$ und $\alpha(\delta) + \gamma + C$, also das binäre Eutektikum und Eutektoid, steigen von der Kohlenstoffseite aus im ternären System an und münden bei 1172° von unten in die Übergangsfläche $G_1-K-L-M$. Die C-Phase besetzt die Ecke G_1, die S-Phase die Ecke K, die γ-Phase die Ecke L und die $\alpha(\delta)$-Phase die Ecke M. Von dieser Ebene erheben sich die Dreiphasengleichgewichte $S + \gamma + \alpha(\delta)$ und $S + \alpha(\delta) + C$. Das erstere endet in der Kohlenstoffseite, das letztere läuft zusammen mit dem Dreiphasengleichgewicht $\alpha(\delta) + \varepsilon + C$ bei 1200° von unten in die Übergangsfläche $G_2-T-U-V$ ein. Die C-Phase besetzt die Ecke G_2, die S-Phase die Ecke T, die $\alpha(\delta)$-Phase die Ecke U und die ε-Phase die Ecke V. Von dieser Ebene aus steigen die Dreiphasengleichgewichte $\varepsilon + S + C$ und $\alpha(\delta) + S + \varepsilon$ an, von denen das erstere in die quasibinäre Seite, das letztere in die Siliziumseite mündet.

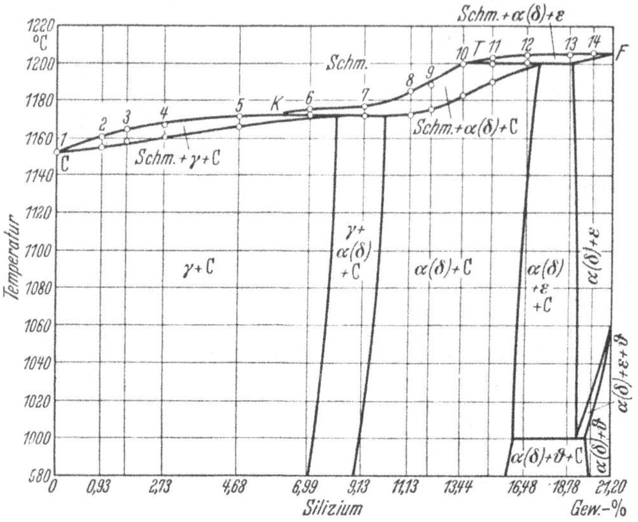

Abb. 49. Vertikalschnitt längs der untersuchten binären eutektischen Kurven; Abwicklung in die Ebene (H. Jass und H. Hanemann).

Probe Nr. 1 war wegen des geringen Siliziumgehaltes fast ganz nach dem Zementitsystem erstarrt.

Von Probe Nr. 2 ab fand die Erstarrung nach dem Graphitsystem statt. Die **Anordnung** des Graphites war bei den Proben mit hohem Kohlenstoffgehalt regellos zwischen den primär erstarrten Dendriten. Mit abnehmendem Kohlenstoffgehalt, etwa von Probe Nr. 5 ab, überwog bei der eutektischen Kristallisation die richtungsgebende Kraft der γ- bzw. $\alpha(\delta)$-Phase, so daß sich das Eutektikum in Körner mit deutlich ausgeprägten Korngrenzen aufteilte. Meist waren jedoch die Korngrenzen durch **Entartung** des Eutektikums (vgl. S. 76) verwischt.

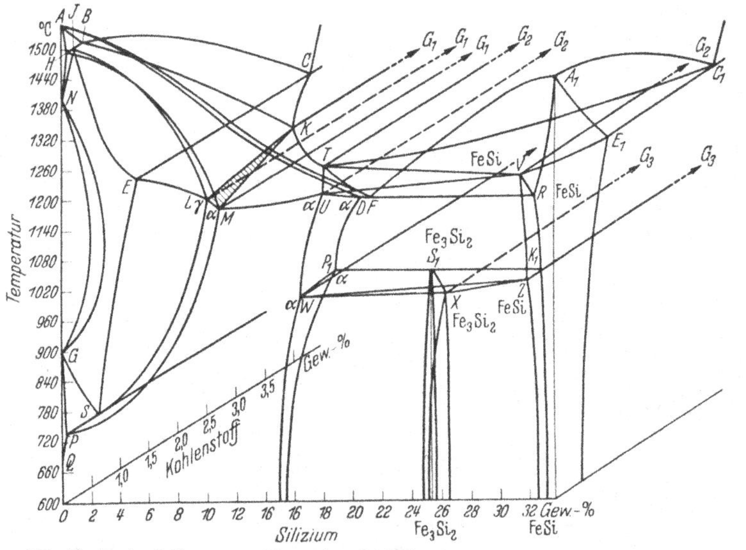

Abb. 50. Zustandsdiagramm Eisen-Eisensizilid FeSi-Graphit, räumliche Darstellung (H. Jass und H. Hanemann).

Bei den Proben Nr. 2 bis 4 war die Grundmasse perlitisch. Diese erstarrten als γ-C-Eutektikum. Im Laufe der weiteren Abkühlung wurde aus den γ-Mischkristallen längs der Sättigungsfläche $E-S-L$ (Abb. 48 bzw. 50) Sekundärgraphit abgeschieden. Bevor jedoch die graphiteutektoidische Kurve S—L erreicht wurde, unterschritt die Kristallisationsgeschwindigkeit des Graphits, die mit der Temperatur abnimmt, die Abkühlungsgeschwindigkeit, und die Abscheidung von Graphit hörte auf. Die Zustandsbahn der γ-Phase überschritt die Graphit-Sättigungsfläche und traf nunmehr im instabilen System auf die zementiteutektoidische Kurve.

Die Proben Nr. 5 und 6 zeigten rein stabiles Gefüge (Graphit und Silikoferrit, d. V.). Hier war im Gegensatz zu den Proben Nr. 2 bis 4 die Kristallisationsgeschwindigkeit des Graphites aus der γ-Phase, die mit dem Siliziumgehalt zunimmt, so groß, daß die graphiteutektoidische Kurve S—L erreicht wurde und in dem Dreiphasengebiet $\gamma + \alpha(\delta) + C$ die γ-Mischkristalle zu α-Mischkristallen und Graphit zerfielen. Ein besonderes Eutektoid war nicht zu sehen, da der eutektoidische wie der Sekundärgraphit an den vorhandenen Graphit ankristallisierten (ähnlich den Abb. 82 und 84).

In der Probe Nr. 6 war bei Erreichen der Vierphasentemperatur etwa die innere Hälfte als $\alpha(\delta)$-C-Eutektikum kristallisiert. Dann reagierte die Schmelze (Punkt K) mit den $\alpha(\delta)$-Mischkristallen (Punkt M) unter Bildung von γ-Mischkristallen (Punkt L) und Graphit (Punkt G_1) bei Zunahme des Erstarrten bis auf den sichtbaren Umfang der Stellen und im Gleichgewichtsfalle bis zum Verbrauch aller $\alpha(\delta)$-Kristalle. Der bei dieser Reaktion entstandene Graphit kristallisierte zum Teil an den vorhandenen eutektischen an, zum Teil bildete er sich frei in Form von Knötchen aus. Die noch vorhandene Schmelze erstarrte als γ-C-Eutektikum. Auf Grund dieser Feststellung liegt die an γ, $\alpha(\delta)$ und C gesättigte Schmelze, der Punkt K im Diagramm, zwischen den Proben Nr. 5 und 6. Seine Lage ergibt sich außerdem durch den Schnitt der γ-C- und $\alpha(\delta)$-C-eutektischen Kurve in Abb. 48.

Die Probe Nr. 7 wies ähnliche Stellen wie die Probe Nr. 6 auf. Diese Legierung erstarrte zum größten Teil als $\alpha(\delta)$-C-Eutektikum. Dann fand die Vierphasenreaktion statt, im Gleichgewichtsfalle bis zum Verbrauch der Schmelze, und die Probe gelangte sofort in das Dreiphasengebiet $\gamma + \alpha(\delta) + C$, in dem die γ-α-Umwandlung erfolgte. Demnach liegt die Konode L—G_1, die untere Diagonale der Übergangsfläche, im Diagramm zwischen den Proben Nr. 6 und 7. Der bei der Reaktion in der Übergangsfläche entstandene Graphit hatte wieder die Form von Knötchen.

Die Probe Nr. 8 zeigte nur noch große eutektische Kristalle. Trotz stärkster Ätzung mit verschiedenen Ätzmitteln war kein Sekundärkorn mehr festzustellen. Die Legierung erstarrte also vollständig als $\alpha(\delta)$-C-Eutektikum. Demnach verläuft die Konode M—G_1 im Diagramm zwischen den Proben Nr. 7 und 8.

Das Gefüge der Proben Nr. 9 und 10 bestand ebenfalls aus dem α-C-Eutektikum. Ein anderer Gefügebestandteil konnte nicht beobachtet werden.

Die an $\alpha(\delta)$, ε und C gesättigte Schmelze, der Punkt T im Diagramm, liegt nach der thermischen Analyse wahrscheinlich zwischen den Proben Nr. 10 und 11. Ein Hinweis hierauf war in dem Gefüge der Probe Nr. 11 nicht zu finden. Aus der Schmelze kristallisierte nur ein kleiner Teil als $\alpha(\delta)$-ε-Eutektikum mit geringem Gehalt an ε-Mischkristallen. In der Übergangsfläche reagierte dann die Schmelze (Punkt T) mit den ε-Mischkristallen (Punkt F) unter Bildung von $\alpha(\delta)$-Mischkristallen (Punkt U) und Graphit (Punkt G_2) bis zum Verbrauch der ε-Mischkristalle. Im Gegensatz zu den Proben Nr. 6 und 7 kann hier der bei der Vierphasenreaktion entstehende Graphit an keinen vorhandenen ankristallisieren, auch ist seine Menge bedeutend kleiner. Der größte Teil der Schmelze kristallisierte als $\alpha(\delta)$-C-Eutektikum.

Bei der Probe Nr. 12 kam ein neuer Gefügebestandteil hinzu. Dieser befand sich zum Teil auf den Korngrenzen, zum Teil im Innern der $\alpha(\delta)$-C-Felder.

Nach der Erstarrung wurden also im Laufe der weiteren Abkühlung aus der übersättigten $\alpha(\delta)$-Phase der Probe Nr. 12 ε-Kristalle abgeschieden. Die Probe gelangte durch die Grenzkonodenfläche $\alpha(\delta)$-C in das Dreiphasengebiet $\alpha(\delta) + \varepsilon + C$. Bei Erreichen der Übergangsfläche $G_3 - W - X - Z$ reagierten die $\alpha(\delta)$-Mischkristalle (Punkt W) mit den ε-Mischkristallen (Punkt Z) unter Bildung von ϑ-Mischkristallen (Punkt X) und Graphit (Punkt G_3) bis zum Verbrauch der ε-Mischkristalle. Die Konode W–G_3 liegt nach den obigen Betrachtungen im Diagramm zwischen den Proben Nr. 11 und 12.

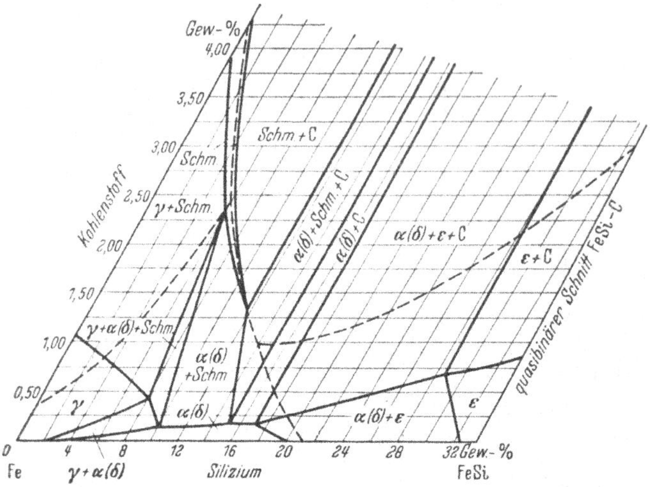

Abb. 51. Isothermer Schnitt bei 1188°.

Bei der Probe Nr. 14 und 15 fehlte der Graphit. Da in der Probe Nr. 14 trotz der geringen Abkühlungsgeschwindigkeit kein Kohlenstoff mehr abgeschieden wurde, so folgt, daß die Konoden $U-V$, $W-Z$ und $W-X$ im Diagramm zwischen den Proben Nr. 13 und 14 verlaufen.

Die Probe Nr. 15 zeigte große ε-Primärkristalle und ist daher übereutektisch. Nach Phragmén (7) kristallisiert die ε-Phase tetraedrisch. Im Schliffbild sah man die typische Dreieckbegrenzung der ε-Kristalle.

Bei der Probe Nr. 14 fehlten die großen Primärkristalle.“

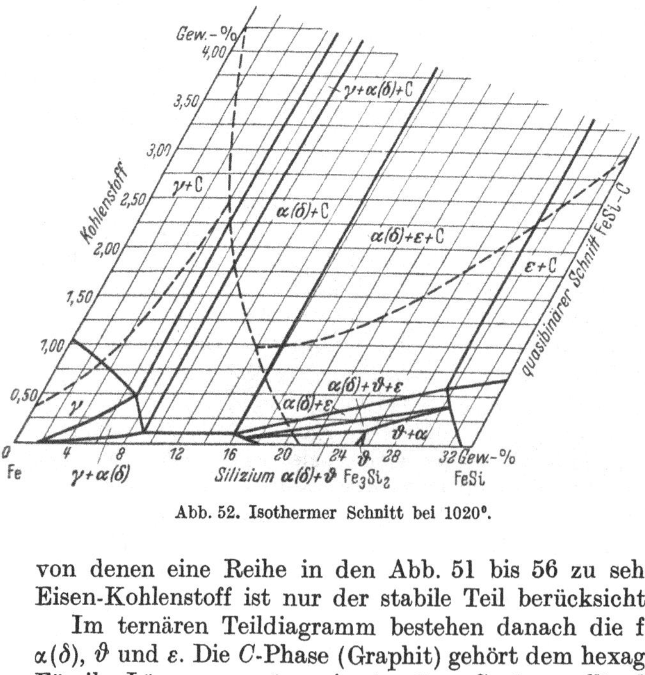

Abb. 52. Isothermer Schnitt bei 1020°.

Auf Grund dieser Ergebnisse wurde von H. Jass und H. Hanemann das Zustandsdiagramm Eisen-Eisensilizid-Graphit bis etwa 4,5% C dargestellt. Der Diagrammentwurf wurde gleichzeitig durch Horizontal- und Vertikalschnitte nachgeprüft, von denen eine Reihe in den Abb. 51 bis 56 zu sehen ist. Von dem System Eisen-Kohlenstoff ist nur der stabile Teil berücksichtigt (Abb. 50).

Im ternären Teildiagramm bestehen danach die fünf Kristallphasen C, γ, $\alpha(\delta)$, ϑ und ε. Die C-Phase (Graphit) gehört dem hexagonalen Kristallsystem an. Für ihr Lösungsvermögen im ternären System sollte die chemische Analyse des

Garschaumes der Probe Nr. 10 einen Anhaltspunkt geben. Sie ergab 91,4% C, 6,3% Fe und 2,3% Si.

„Auf der Kohlenstoffseite erweitert sich das Zustandsgebiet der γ-Phase und kommt mit der Schmelze und der C-Phase in Berührung. Auf der Siliziumseite verengt es sich und verschwindet. Im ternären System fällt mit zunehmendem Siliziumgehalt der eutektoidische Kohlenstoffgehalt, während die eutektoidische Temperatur steigt. Da mit steigendem Siliziumgehalt die Lösungsfähigkeit der γ-Phase für Kohlenstoff abnimmt, ist die Lage der an C, $\alpha(\delta)$ und S gesättigten γ-Mischkristalle, der Punkt L im Diagramm, weitgehend festgelegt. Dieser wurde zu 0,45% C bei 8,2% Si angenommen.“

Das $\alpha(\delta)$-Gebiet erstreckt sich nur bis zu einer geringen Tiefe in das ternäre System. Die Lage der dreifach gesättigten $\alpha(\delta)$-Mischkristalle wurde von Jass und Hanemann durch die Temperatur und die Konoden der zugehörigen Vierphasenebene weitgehend festgelegt. Der Punkt M wurde bei 0,15% C und 10,2% Si, der Punkt U bei 0,18% C und 17,2% Si, der Punkt W bei 0,1% C und 16% Si angenommen.

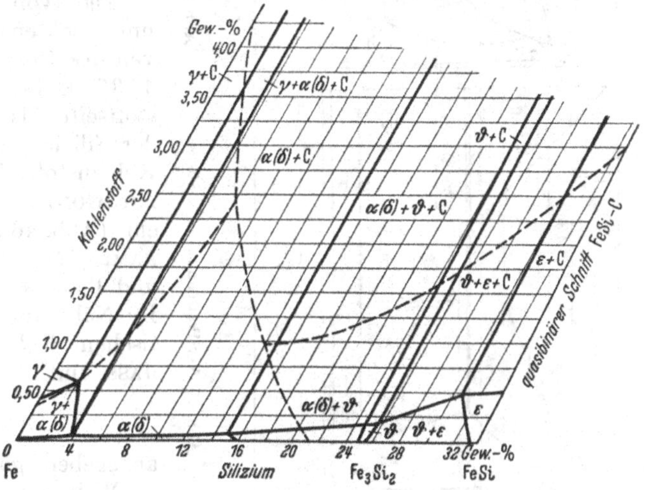

Abb. 53. Isothermer Schnitt bei 780°.

Die Struktur der ϑ-Phase konnte auch von Jass und Hanemann nicht ermittelt werden, da wegen der bekannten Reaktionsträgheit $\alpha(\delta) + \varepsilon \rightleftarrows \vartheta$ stets α neben ϑ im Gefüge vorhanden ist. Aus demselben Grunde konnte bisher auch nicht festgestellt werden, ob ein gewisses Lösungsvermögen der ϑ-Phase für die benachbarten Phasen $\alpha(\delta)$ und ε vorhanden ist, oder ob nur singuläre Zusammensetzung entsprechend dem stöchiometrischen Verhältnis Fe_3Si_2 vorliegt. In Übereinstimmung mit der Gefügeuntersuchung und dem Diagrammentwurf wurde auch von Jass und Hanemann ein beschränkter Mischkristallbereich der ϑ-Phase im binären und ternären System angenommen.

Für die peritektoidische Reaktion $\alpha(\delta) + \varepsilon \rightleftarrows \vartheta$ fand T. Murakami (*6*) Temperaturen von etwa 1000 bis 1030° bei einem durchschnittlichen Kohlenstoffgehalt der Legierungen von 0,07%, N. Kurnakow und G. Urasow (*8*) Temperaturen von etwa 1010 bis 1070°, sämtlich in den Abkühlungskurven. Für die Temperatur in der Erhitzungskurve gibt T. Murakami 1100° an. Von H. Jass und H. Hanemann wurde die peritektoidische Temperatur im binären System zu 1060° angenommen.

Das Dreiphasengleichgewicht $\alpha(\delta) + \vartheta + \varepsilon$ senkt sich im ternären System zu tieferen Temperaturen und mündet mit dem Dreiphasengleichgewicht $\alpha(\delta) + \varepsilon + C$ in die Übergangsfläche $G_3 - W - X - Z$. Ihre Temperatur wurde von Jass und Hanemann willkürlich zu rd. 1000° angenommen.

Nach Phragmén (*4*) röntgenographischen Untersuchungen ändert sich der Gitterparameter der ε-Phase merklich innerhalb seines Bereiches. Danach besteht im binären System eine gewisse Lösungsfähigkeit. Im ternären System erweitert sich wahrscheinlich das Mischkristallgebiet der ε-Phase. Nach GONTERMANNS (*9*) thermischer Analyse im quasibinären Schnitt FeSi-Fe_3C ist das Lösungsvermögen der ε-Phase für Kohlenstoff eher noch größer, als von JASS und HANEMANN im vorliegenden Falle angenommen. In der Arbeit von F. WÜST und O. PETERSEN (*10*) zeigen die Schliffbilder Nr. 753 bis 756 einer Legierung mit 0,87% C und 26,93% Si primäre ε-Kristalle, ϑ und α. Fast der gesamte Kohlenstoff scheint dort in Lösung zu sein.“

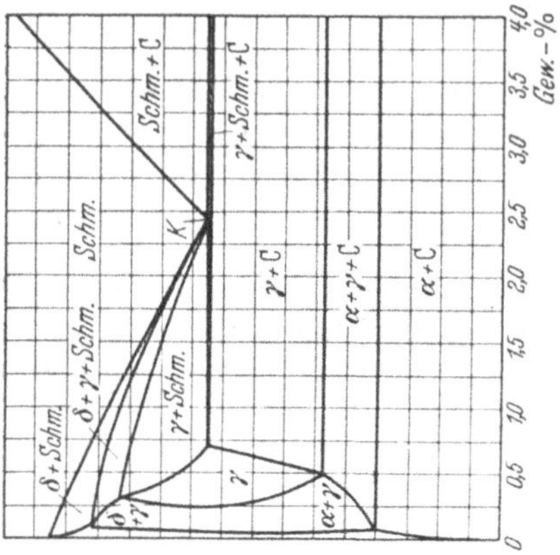

Abb. 56. Vertikalschnitt bei 6,0% Si.

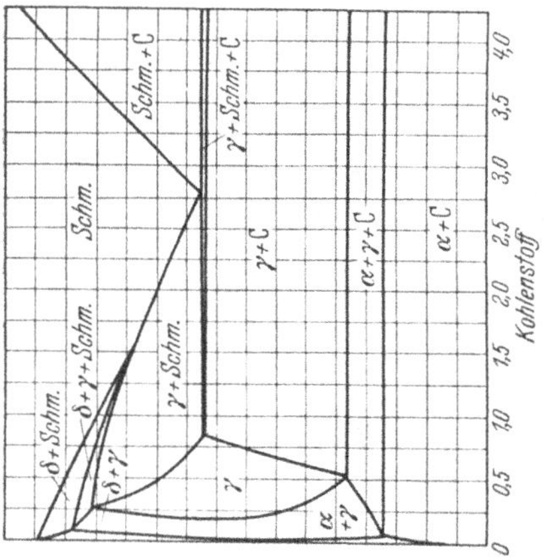

Abb. 55. Vertikalschnitt bei 4,8% Si.

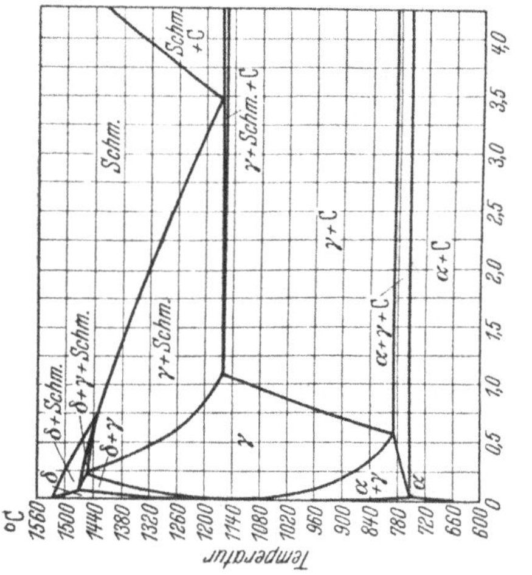

Abb. 54. Vertikalschnitt bei 2,4% Si.

Die von JASS und HANEMANN untersuchten binären eutektischen Kurven des Graphitsystems verlaufen von 4,23% C bei 1152° auf der Kohlenstoffseite bis 21,2% Si bei 1205° auf der Siliziumseite. Diese stimmen dem Kohlenstoffgehalte nach annähernd mit GONTERMANNS (*9*) Werten überein (Abb. 46a). HONDA und MURAKAMIS (*11*) Werte liegen niedriger, WÜST und PETERSENS (*10*) bedeutend höher. Die Näherungsgleichung für den eutektischen Kohlenstoffgehalt wird von JASS und HANEMANN zu

$$\%C = 4{,}23 - \frac{\%\,Si}{3{,}2}$$

angegeben, gültig bis etwa 3% Si.

Weil von besonderer Wichtigkeit für die Gefügeausbildung von Grauguß (bis max. 6% Si) und ein zweckmäßiges Gattieren muß nochmals herausgestellt werden, daß:

1. durch den Zusatz von Silizium die Konzentration des Ledeburiteutektikums, der gesättigten γ-Mischkristalle sowie des Perlits an Kohlenstoff verringert wird;
2. ferner die Temperatur der Eutektikalen *ECF* sowie des Eutektoids durch Si-Zusatz erhöht wird;
3. Graphiteutektikum sowie Perliteutektoid in einem Temperaturintervall zur Kristallisation gelangen (Abb. 54 bis 56);
4. ein ternäres Eutektikum nicht auftritt, was vermuten läßt, daß im hypothetischen System FeSi-Fe_3C weitgehende Mischkristallbildung vorliegen müßte.

d) Die magnetischen Umwandlungen.

Die magnetische Umwandlung des Zementits in normal abgekühlten Schmelzen konnten K. Honda und T. Murakami (*11*) bis zu Siliziumgehalten von 5,5% verfolgen. Bei den Legierungen mit 4 bis 16% Silizium beobachteten sie neben der normalen A_2-Umwandlung noch eine zusätzliche, zunächst bei etwa 580° liegende, mit zunehmendem Siliziumgehalt bis auf 450° sinkende (daher zum Teil von A_2 überdeckte) Umwandlung, die auf das Vorhandensein einer unterhalb jener Temperaturen magnetisierbaren einphasigen, in der Zusammensetzung noch unbestimmten Verbindung zwischen dem Silizid Fe_3Si_2, Eisen und Kohlenstoff (Zementit?) zurückgeführt wird. Legierungen über 16% Si zeigten bis zum Verschwinden der eisenreichen Mischkristalle bei etwa 22% Si die erwähnten Umwandlungen konstant bei 450° wie die kohlenstoffreien Legierungen von Eisen und Silizium. Gleichzeitig setzt mit dem Auftreten der freien Verbindung Fe_3Si_2 die schon früher von Murakami beobachtete magnetische Umwandlung bei 90° mit einer je nach dem prozentualen Anteil dieses magnetisierbaren Silizids veränderlichen Intensität ein.

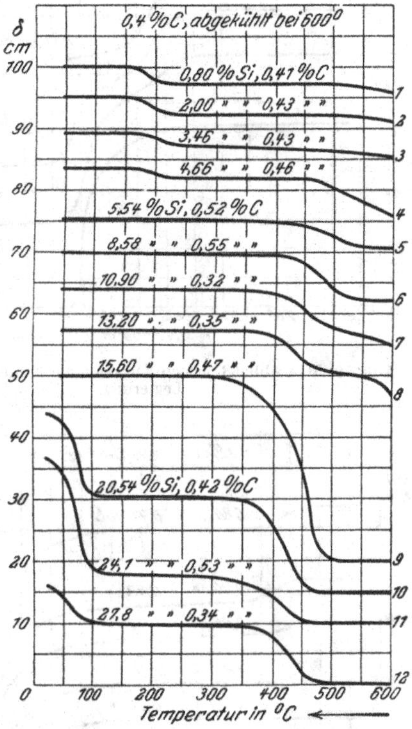

Abb. 57. Magnetisierungskurven bei praktisch konstantem Kohlenstoff- und verändertem Siliziumgehalt bei Abkühlung von 600° (K. Honda und T. Murakami).

Abb. 57 gibt in der Zusammenstellung einer Reihe Magnetisierungskurven von Schmelzen etwa gleichen Kohlenstoffgehalts die Veränderungen der magnetischen Anomalien durch zunehmenden Siliziumgehalt wieder, bei Abkühlung von 600°. Hingewiesen sei besonders auf die Kurven *1* bis *4*, welche in abnehmender Intensität die magnetische Umwandlung des Zementits aufweisen.

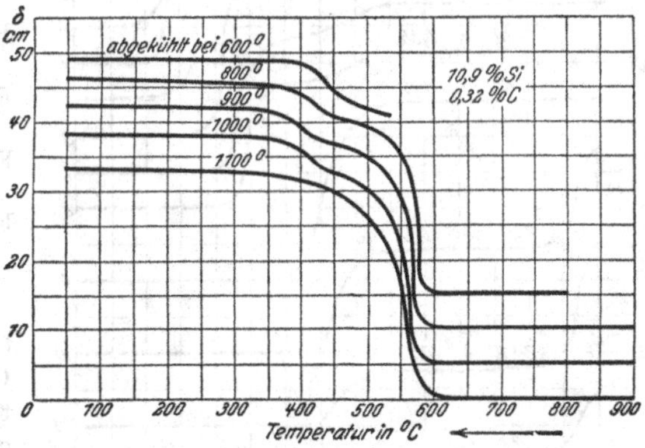

Abb. 58. Der Einfluß der Erhitzung auf den Zerfall der problematischen Eisen-Kohlenstoff-Silizium-Verbindung. Nachweis durch Magnetisierungskurven (K. Honda und T. Murakami).

Jene oben erwähnte Verbindung von Karbid und Silizid (Silikokarbid unbekannter Zusammensetzung) ist sehr instabil, und ein je nach dem Siliziumgehalt kürzeres oder längeres Verweilen auf Temperaturen zwischen 700 und 1000° verursacht bereits Zerfall unter Abscheidung von elementarem Kohlenstoff und Verschwinden der zugehörigen magnetischen Anomalie (vgl. in Abb. 58 und 59 den Einfluß der Erhitzungstemperatur). Mit zunehmendem Siliziumgehalt wird jene Verbindung beständiger, wie ein Vergleich der Abb. 57 mit der die gleichen Schmelzen umfassenden Abb. 60 zeigt.

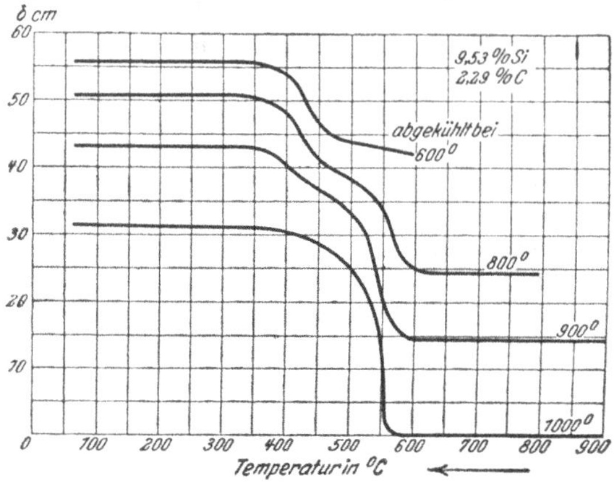

Abb. 59. Wie Abb. 58, jedoch Kurven einer kohlenstoffreicheren Legierung.

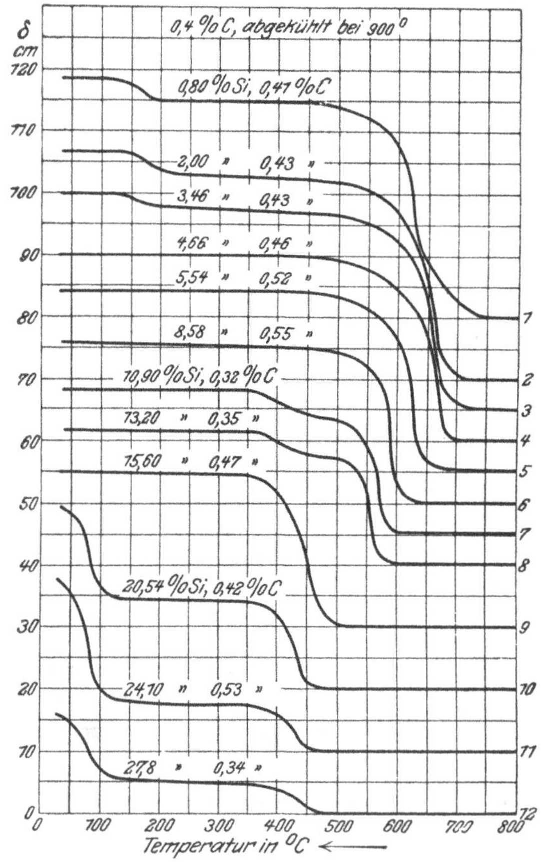

Abb. 60. Magnetisierungskurven eines Eisens mit etwa 0,4 bis 0,5% C und zunehmendem Siliziumgehalt bei Abkühlung von etwa 900° (K. Honda und T. Murakami).

Während bei den siliziumärmeren Legierungen die Erhitzung auf 900° bereits den Zerfall verursachte, besitzen die Legierungen mit über 10% Si (Kurve *7* und *8*) nach wie vor die magnetische Umwandlung. Auch aus diesen Kurven geht übrigens die Abnahme der Intensität der dort mit A_0 bezeichneten Zementitumwandlung bei steigendem Siliziumgehalt hervor, sowie das allmähliche Sinken der A_2-Umwandlung auf 450°, bis sie, wie gesagt, von 16% Si an konstant bleibt. Desgleichen sei auf den zu- und abnehmenden magnetischen Effekt bei 90° hingewiesen.

Auf Grund der magnetischen Untersuchungen bei Abkühlung von 650° stellten die Autoren ein einfaches, in Abb. 61 wiedergegebenes Strukturdiagramm auf, das dem instabilen (d. h. dem bei normaler oder schneller Erstarrung der Legierungen sich einstellenden) Gleichgewicht entspricht. Es zeigten an magnetischen Effekten alle Legierungen von:

Feld *I* zwei Umwandlungen bei etwa 700 und 200°,
Feld *II* drei Umwandlungen bei etwa 700, 500 und 200°,
Feld *III* zwei Umwandlungen bei etwa 650 bis 500 und 500°,
Feld *IV* zwei Umwandlungen bei etwa 450 und 90°.

Die gestrichelte Linie *HG* trennt das Diagramm in zwei Gebiete gemäß der Beobachtung, daß alle rechts von *HG* gelegenen Legierungen freien Graphit aufweisen. Unter Berücksichtigung der mikroskopischen Prüfung kommen nunmehr diesen Feldern folgende Gefügeelemente zu (wobei alle als besondere Phasen zu bezeichnenden Gefügebildner in eckige Klammern gesetzt sind):

I. [$Fe + Fe_3Si_2$] + [Fe_3C],
IIa. [$Fe + Fe_3Si_2$] + [Fe_3C] + [$Fe + Fe_3Si_2 + C$],
IIb. [$Fe + Fe_3Si_2$] + [Fe_3C] + [$Fe + Fe_3Si_2 + C$] + [C],
IIIa. [$Fe + Fe_3Si_2$] + [$Fe + Fe_3Si_2 + C$],
IIIb. [$Fe + Fe_3Si_2$] + [$Fe + Fe_3Si_2 + C$] + [C],
IV. [$Fe + Fe_3Si_2$] + [Fe_3Si_2] + [C].

Das dem Gleichgewichtszustand entsprechende Strukturdiagramm Abb. 62 wurde erhalten auf Grund der mikroskopischen Untersuchung und unter Berücksichtigung der magnetischen Kurven von Legierungen, die vorher einige Zeit bei Temperaturen von 900 bis 1200° (je nach dem Silizium- und

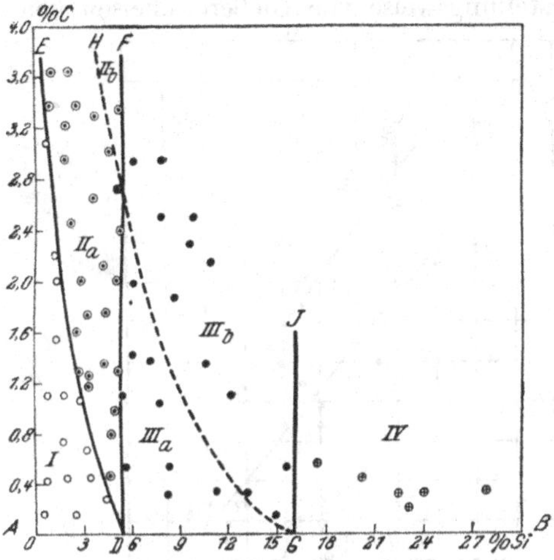

Abb. 61. Strukturdiagramm der Eisen-Kohlenstoff-Legierungen bei metastabiler Erstarrung nach K. Honda und T. Murakami.

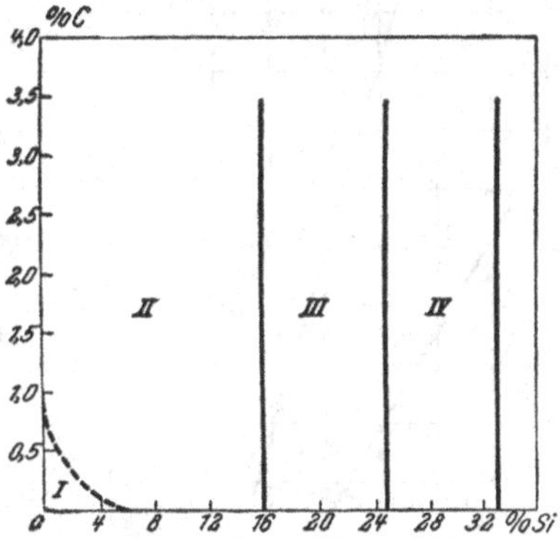

Abb. 62. Strukturdiagramm der Eisen-Kohlen-stoff-Siliziumlegierungen im Gleichgewichtszustand nach K. Honda und T. Murakami.

Kohlenstoffgehalt) angelassen waren. Danach kämen den einzelnen Feldern folgende Gefügebildner zu:

I. [$Fe + Fe_3Si_2$] + [Fe_3C],
II. [$Fe + Fe_3Si_2$] + [C],
III. [$Fe + Fe_3Si_2$] + [Fe_3Si_2] + [C],
IV. [Fe_3Si_2] + [FeSi] + [C].

Vergleichende mikroskopische Beobachtungen an dem in den ternären Legierungen auftretenden Graphit und dem Vorgang der Graphitisierung zementithaltiger Schmelzen veranlaßten die Forscher zu der heute nicht mehr haltbaren Auffassung, daß es auch im ternären System Fe-C-Si keinen direkt aus den Schmelzen kristallisierenden Graphit gebe, sondern, wie bei den siliziumarmen Eisen-Kohlenstoff-Legierungen, die Graphitbildung stets den Weg über den Zementitzerfall nehme.

Ein dem Hondaschen ähnliches Konstitutionsdiagramm stellte später auch H. Sawamura (*12*) auf Grund seiner magnetischen Untersuchungen an synthetischen weiß erstarrten Fe-C-Si-Legierungen auf.

Aus den Intensitäten der bei ca. 200° (magnetische Umwandlung des reinen Zementits) und bei 500° (magnetische Anomalie des Silikokarbides) gefundenen magnetischen Effekte konnte H. Sawamura zeigen:

1. daß der Gehalt an freiem Zementit mit zunehmendem Siliziumgehalt abnimmt und bei ca. 6% Si = Null wird;

2. daß der Anteil des Silikokarbides etwa in gleichem Maße zunimmt, wie der des Zementits zurückgeht.

Sawamura konnte übrigens diese beiden Konstituenten auch metallographisch nachweisen, da bei Ätzung mit heißem alkalischem Natriumpikrat der reine Zementit wesentlich stärker gedunkelt wurde.

e) Die Sättigungslinien für Kohlenstoff im flüssigen und festen Zustand.

Die Verminderung der Löslichkeit des Kohlenstoffs im Eisen durch zunehmenden Siliziumgehalt ist für die Herstellungsweise von Gießereiroheisen von

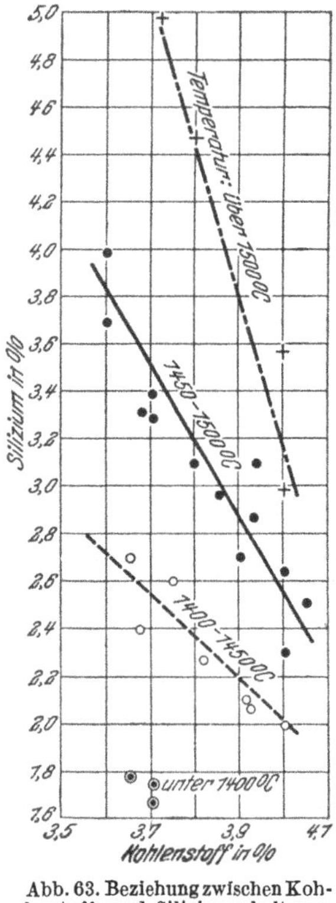

Abb. 63. Beziehung zwischen Kohlenstoff- und Siliziumgehalt von Hämatitroheisen bei verschiedenen Abstichtemperaturen (A. Michel).

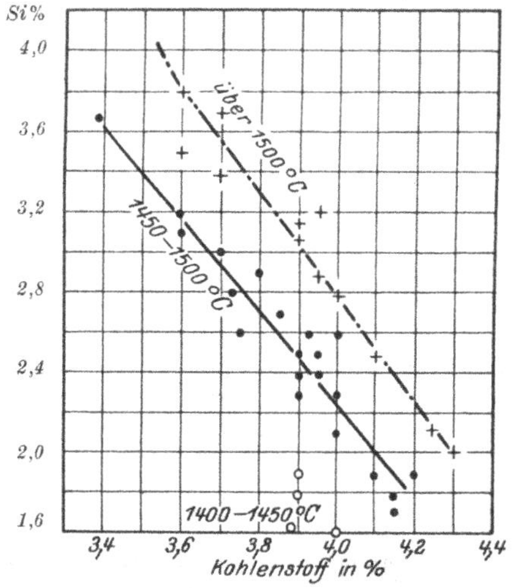

Abb. 64. Beziehung zwischen Kohlenstoff- und Siliziumgehalt von Gießereiroheisen bei verschiedenen Abstichtemperaturen (A. Michel).

großer Bedeutung, da es dort bei nur sehr heißem Ofengang gelingt, ein silizium- und gleichzeitig kohlenstoffreiches (gares) Eisen zu erblasen (*13*), wie es von den Gießereien auch heute noch vielfach gefragt wird, um die Möglichkeit zu haben, mit erhöhten Schrottanteilen gattieren zu können (Abb. 63 und 64).

Die in Abb. 63 und 64 zum Ausdruck gebrachten Verhältnisse stehen in Übereinstimmung mit den Versuchsergebnissen von E. Piwowarsky und K. Schichtel (*14*), welche die Verschiebung der Linie $C'D'$ im binären Eisen-Kohlenstoff-Diagramm durch Zusätze von Silizium, Phosphor und Nickel (Abb. 65a—c) systematisch bestimmten (Ausgangsmaterial Elektrolyteisen, Schmelzen in reinsten Kohletiegeln). Man sieht, daß die drei Elemente einen gleichgerichteten Einfluß ausüben, der quantitativ allerdings stark verschieden ist.

Berechnet man aus den sich entsprechenden Kohlenstoff- und Silizium- (bzw. Phosphor- oder Nickel-)Gehalten die Anteile Kohlenstoff, welche durch einen Gewichtsanteil des Zusatzelementes aus der Schmelze verdrängt werden, so ergeben sich die in Abb. 66 aufgetragenen Werte, wobei die einzelnen Kurven die Temperaturabhängigkeit der Verdrängung zum Ausdruck bringen. Die Verdrängung ist danach bei höheren Temperaturen ausgeprägter als bei tieferen.

Ferner zeigt sich, daß die verdrängende Wirkung bei kleinen Gehalten der Zusatzelemente am größten ist, um von einem gewissen Zusatz an konstant zu bleiben. Diese Konvergenzgehalte liegen für Silizium bei ca. 3,0%, für Phosphor

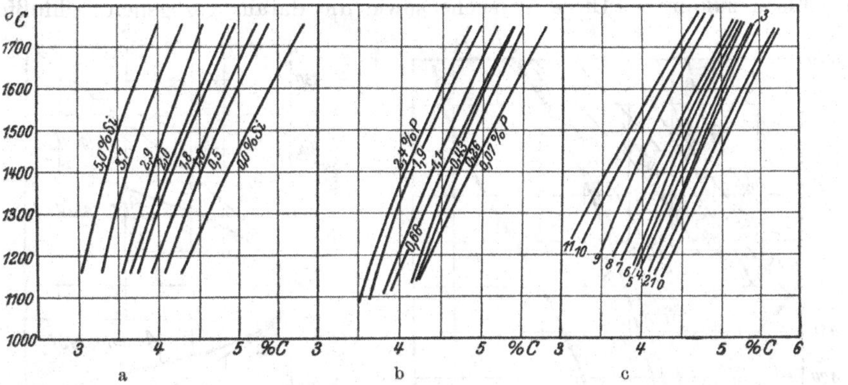

Abb. 65a bis c. Einfluß von Silizium, Phosphor und Nickel auf die Verschiebung der $C'D'$-Linie im Eisen-Kohlenstoffdiagramm (E. Piwowarsky und K. Schichtel). Konzentrationen der Nickelreihe (rechts):

0 = 0,0% Ni	*3* = 4,2% Ni	*6* = 10,9% Ni	*9* = 21,9% Ni
1 = 2,2% Ni	*4* = 6,2% Ni	*7* = 13,3% Ni	*10* = 27,9% Ni
2 = 3,4% Ni	*5* = 7,7% Ni	*8* = 16,6% Ni	*11* = 31,5% Ni

bei etwa 2,5%, für Nickel bei etwa 14%. Es zeigte sich übrigens, daß bei gleichzeitigem Vorhandensein z. B. von Nickel und Silizium die Wirkungen sich quantitativ erst dann summieren, wenn bei beiden Elementen der konstante Wert der Kohlenstoffverdrängung erreicht ist (> 3,0% Si und > 14% Ni). Bei geringeren Gehalten wird die Verschiebung der $C'D'$-Linie kleiner als es der Summe der einzelnen Elemente entsprechend zu erwarten gewesen wäre.

Die Verschiebung der Linie $E'S'$ des stabilen Systems durch zunehmenden Si-Gehalt des Eisens zeigt Abb. 67 nach einer Arbeit von K. Morschel (*15*). Hierbei wurde nach vollkommener Zersetzung des Gefüges in Ferrit und Graphit durch Glühen bei entsprechender Temperatur das Gleichgewicht angestrebt und durch Abschreckung festgehalten.

Bereits früher hatten H. A. Schwarz, M. E. Payne und A. F. Gorton (*16*) ähnliche Untersuchungen an einem graphitisierten Weißeisen mit 2,5% C, 0,052% Mn, 0,03% P, 0,03% S bei Siliziumgehalten von 0,4 bis 3,32% angestellt und waren zu einem der Morschelschen Darstellung ähnlichen Diagramm gekommen. Hinsichtlich des Einflusses von Silizium auf die Temperatur der Perlitumwandlung und den eutektoiden Kohlenstoffgehalt, fanden sie die in Abb. 68 dargestellte Beziehung.

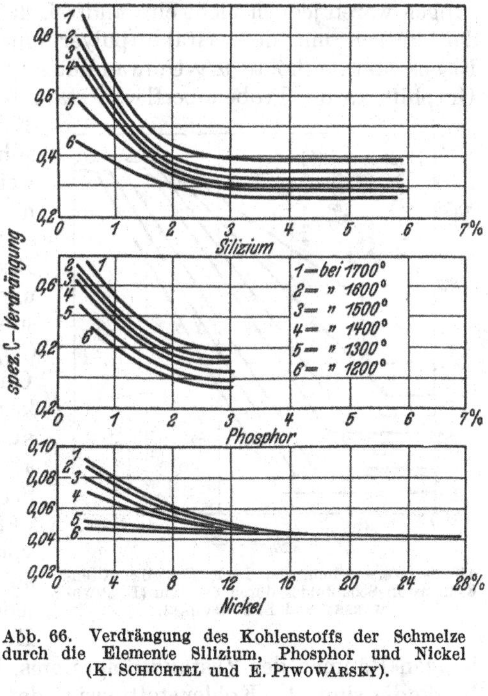

Abb. 66. Verdrängung des Kohlenstoffs der Schmelze durch die Elemente Silizium, Phosphor und Nickel (K. Schichtel und E. Piwowarsky).

M. L. Becker (*17*) glaubte aus Zementationsversuchen in Graphitpulver an Materialien mit verschiedenem Siliziumgehalt den Schluß ziehen zu dürfen, daß unter etwa 900 bis 920° dem elementaren Kohlenstoff keine Löslichkeit im (γ)-Eisen zukomme. Diese Versuche sowie die daraus gezogenen Schlußfolge-

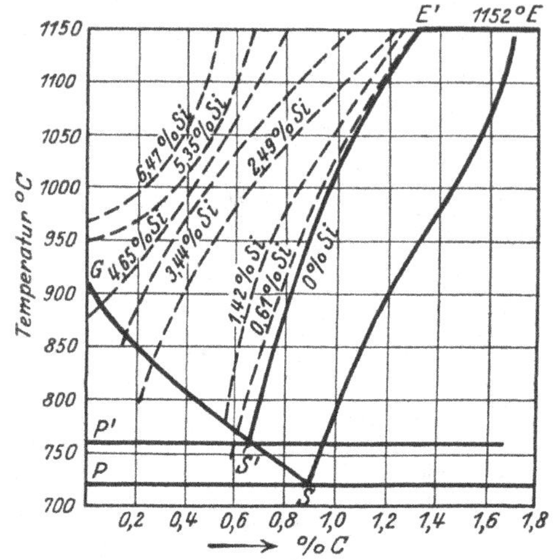

Abb. 67. Einfluß des Siliziums auf die Löslichkeit des Kohlenstoffs im festen Eisen (K. Morschel).

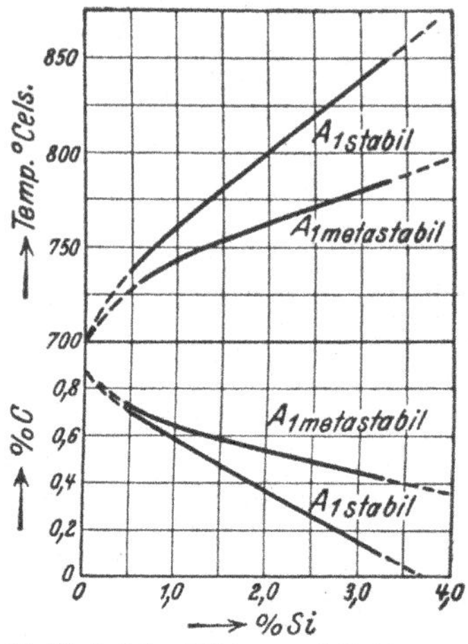

Abb. 68. Einfluß des Siliziums auf die Temperatur der Perlitbildung und den eutektoiden Kohlenstoffgehalt (H. A. Schwarz, M. E. Payne und A. F. Gorton).

rungen waren jedoch nicht einwandfrei, da eine durch unzureichende Berührung der Proben mit dem Graphitpulver einerseits, die durch das Silizium seines Eisens stark erhöhte α/γ-Umwandlung anderseits, die Auflösungsfähigkeit des Graphits an der Probenoberfläche stark beeinträchtigt haben dürfte, so daß die Kurven in Abhängigkeit vom Siliziumgehalt temperaturmäßig zu hoch und zu weit nach links liegen, da sie sich unterhalb der max. Sättigung für Kohlenstoff befinden. Später untersuchte M. L. Becker (*43*) den Einfluß der Temperatur und des Kohlenstoffgehaltes fester Lösungen auf die Zusammensetzung von CO/CO_2-Gemischen und fand, daß das Gas im Gleichgewicht mit Eisenkarbid plus gesättigter fester Lösung reicher an Kohlenoxyd war als dasjenige im Gleichgewicht mit Graphit bei derselben Temperatur. Der Kohlenstoffdampfdruck von Eisenkarbid müsse daher höher sein als derjenige von reinem Kohlenstoff, jedenfalls zwischen 650 und 1000°. Nach H. Schenck (*44*) dagegen muß in denjenigen Räumen des Zustandsdiagramms, in denen zwei Phasen nebeneinander beständig sind, die Kohlenstofftension der Legierung unabhängig sein von ihrer Zusammensetzung und nur mit der Temperatur veränderlich.

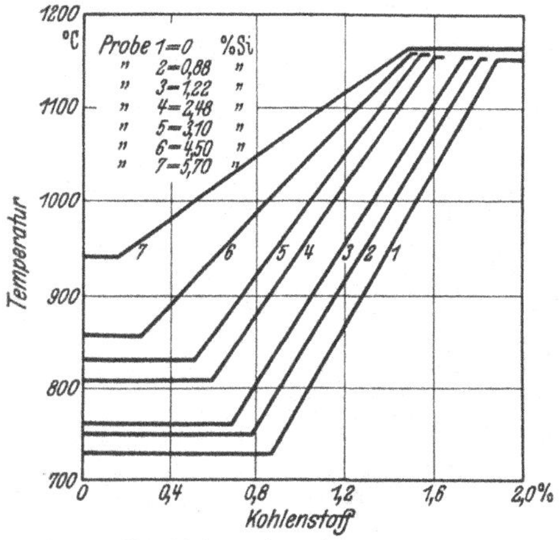

Abb 69. Verschiebung der Linie $E'S'$ des Eisen-Kohlenstoff-Schaubildes durch Silizium (E. Piwowarsky und E. Söhnchen).

E. Piwowarsky und E. Söhnchen (*18*) arbeiteten mit sehr reinen, aus Elektrolyteisen und Zuckerkohle synthetisch hergestellten Ausgangslegierungen und fanden an ferritisch geglühten und bei steigender Temperatur nach ausreichender Sättigungszeit abgeschreckten Proben (also einer der Morschelschen ähnlichen Arbeitsweise) eine Verschiebung der $E'S'$-Linie durch steigenden Siliziumgehalt gemäß Abb. 69. Man erkennt, daß die mit steigendem Siliziumgehalt sich ergebenden Sättigungslinien eine zunehmend schwächere Neigung gegen die Konzentrationsachse annehmen.

Die Kohlenstoffverdrängung fällt bei hohen Temperaturen (1100°) mit zunehmendem Siliziumgehalt, bei niedrigen Temperaturen (900°) steigt sie umge-

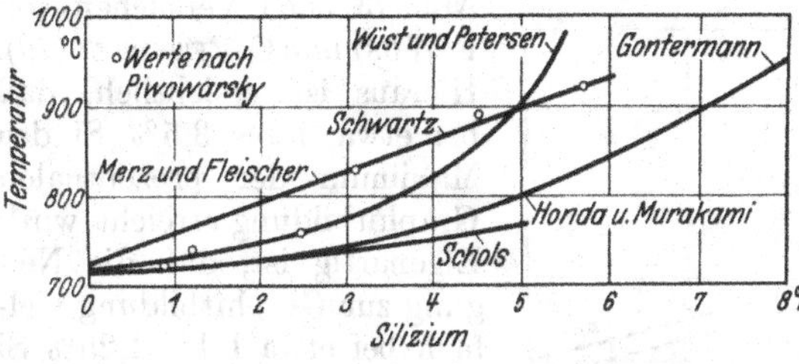

Abb. 70. Verschiebung des A_1-Punktes durch Silizium.

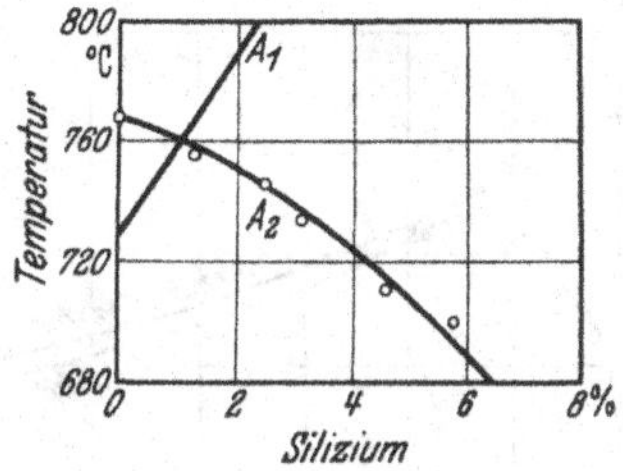

Abb. 71. Verschiebung des A_2-Punktes durch Silizium.

kehrt an. Die Werte 0,20 bis 0,12 für die spezifische Kohlenstoffverdrängung bewegen sich in der gleichen Größenordnung wie die aus der Kohlenstoffverdrängung im flüssigen Zustand durch E. Piwowarsky und K. Schichtel (*14*) ermittelten. Die A_1-Punkte wurden thermisch ermittelt. In Abb. 70 sind die eigenen A_1-Werte neben denen von Wüst und Petersen (*10*), W. Gontermann (*9*), Ch. Schols (*19*), K. Honda und T. Murakami (*11*), H. A. Schwartz, H. R. Payne und A. F. Gorton (*16*) sowie von Merz und Fleischer (*20*) eingetragen. Die Ergebnisse aus den beiden letztgenannten Arbeiten decken sich und scheinen der wahren Gleichgewichtstemperatur am nächsten zu kommen, da Merz und Fleischer ihre Temperaturen auf ganz niedrige Abkühlungsgeschwindigkeiten bezogen haben. Aus Abb. 70 ergibt sich, daß der A_1-Punkt um etwa 30° je Prozent Silizium erhöht wird. Die Intensität der A_1-Umwandlung wird dabei geringer, bei 5,7% Si war sie nur noch ganz schwach. Die Abhängigkeit des A_2-Punktes vom Siliziumgehalt ist in Abb. 71 aufgetragen worden. Während bei A_1 mit steigendem Siliziumgehalt die Hysteresis wächst, ist A_2 praktisch hysteresisfrei. Die in Abb. 71 aufgezeichnete Abhängigkeit deckt sich in etwa mit den Ergebnissen von E. Gumlich (*21*), wonach A_2 zunächst langsamer (etwa bis 3% Si), dann rascher fällt. Von etwa 1% Si ab liegt demnach der A_1-Punkt über dem A_2-Punkt. In Abb. 72 sind die Werte für die größte Löslichkeit sowie für die Konzentration des Eutektoids eingetragen. Die von Schols sowie Gontermann eingetragenen größten Löslichkeitswerte streuen sehr, fallen aber etwa in das Gebiet der Werte von Schichtel und Piwowarsky. Die stärkere Abweichung der Kurve von A. Kříž und F. Pobořil beruht wahrscheinlich darauf, daß diese Verfasser die Kurven nur angenähert durch Abtrennung derjenigen Legierungen im ternären Schaubild bestimmten, die ein Eutektikum aufwiesen bzw. nicht aufwiesen. Die Werte für

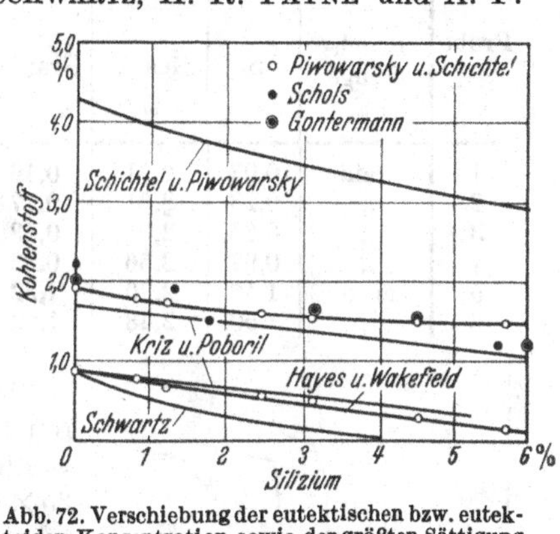

Abb. 72. Verschiebung der eutektischen bzw. eutektoiden Konzentration sowie der größten Sättigung durch Silizium.

die eutektoide Konzentration decken sich mit der von A. HAYES und WAKEFIELD (*22*) festgestellten Kurve, während die von SCHWARTZ und Mitarbeitern (*16*) ermittelte Kurve darunter verläuft.

f) Der Einfluß auf die Graphitbildung.

Den Einfluß des Siliziums auf die prozentuale Graphitbildung und die Löslichkeit des flüssigen Eisens für Kohlenstoff bei Erstarrungstemperatur zeigt Abb. 73 nach Versuchen von F. WÜST und O. PETERSEN (*10*). Hieraus ist ersichtlich, daß bei etwa 3 bis 3,5% Si das Maximum der prozentualen Graphitbildung erreicht wird. Eigenartig ist, daß die Neigung zur Graphitbildung vielfach bei etwa 1 bis 1,25% Si sprunghaft zunimmt, daß hier gewissermaßen ein kritischer Si-Gehalt vorliegt, wie die Zahlentafel 14 nach Versuchen von HAGUE und TURNER (*32*) zeigt.

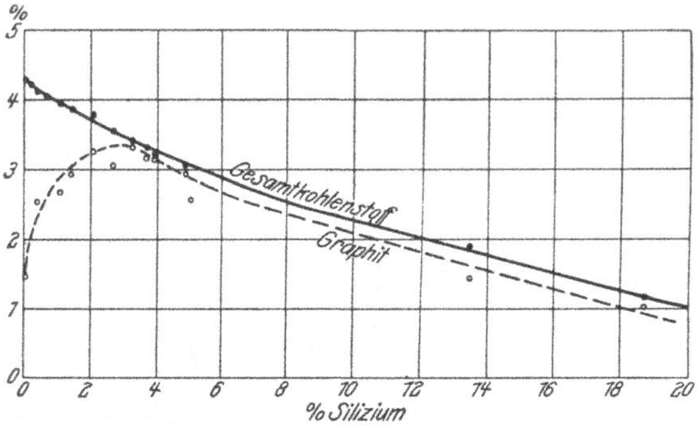

Abb. 73. Der Einfluß des Siliziumsgehaltes auf das Sättigungsvermögen des Eisens für Kohlenstoff und auf die Graphitbildung (F. WÜST und O. PETERSEN).

Zahlentafel 14.

Probe Nr.	Bruch-gefüge	Si %	Ges.-C %	Graphit %	Geb.-C %	Haltepunkte °C		
						Erstarr.-Beginn	Eutekt. Temp.	Perlit-Punkt
1	weiß	0,03	2,71	0,16	2,55	1245	1138	700
2	„	0,23	2,61	0,17	2,44	1217	1138	714
3	„	0,66	2,95	0,13	2,82	1244	1136	726
4	„	0,97	2,56	0,23	2,33	1247	1136	730
5	grau	1,19	2,70	1,32	1,38	1244	1136	734
6	„	1,50	2,48	1,29	1,19	1230	1137	739

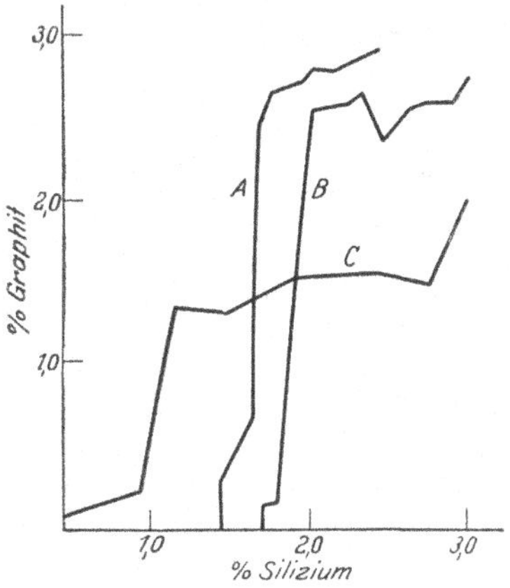

Abb. 74. Einfluß des Siliziums auf die Graphitbildung (Kurven *A* und *B* nach HATFIELD, Kurve *C* nach HAGUE und TURNER).

Ähnliche Beobachtungen sind auch von anderen Forschern, u. a. von GONTERMANN gemacht worden. W. H. HATFIELD (*24*), der Stäbe von 25 × 9 mm (1 × 3/8 in.) abgoß, fand den kritischen Si-Gehalt etwas höher, und zwar bei etwa 1,5 bis 1,6%.

Abb. 74 zeigt die Ergebnisse TURNERS gegenüber denen von HATFIELD. Die Werte der Kurve *B* beziehen sich hier auf eine gegenüber der Kurve *A* höhere Gießtemperatur. Offenbar handelt es sich bei dieser Erscheinung also um einen Unterkühlungsvorgang, da mit höherer Gießtemperatur der kritische Si-Gehalt ansteigt (vgl. das Kapitel: Einfluß der Schmelzüberhitzung, insbesondere die Ausführungen S. 220ff).

Auch E. MAURER und P. HOLTZHAUSEN (*25*) haben dieses diskontinuierliche Verhalten der

Kohlenstofflegierungen mit 1 bis 1,5% Si beobachten können, wie ihr damals ermitteltes Raumdiagramm der Brinellhärte als Funktion der chemischen Zusammensetzung zeigt. Teilschnitte durch diese Raumdiagramme bei 2,5%, 3%

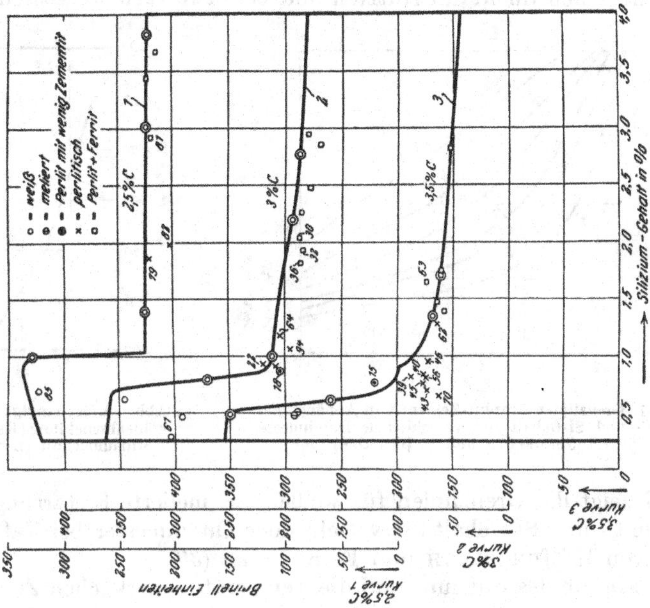

Abb. 76. Wie Abb. 75, jedoch für vorgeheizte Gießformen.

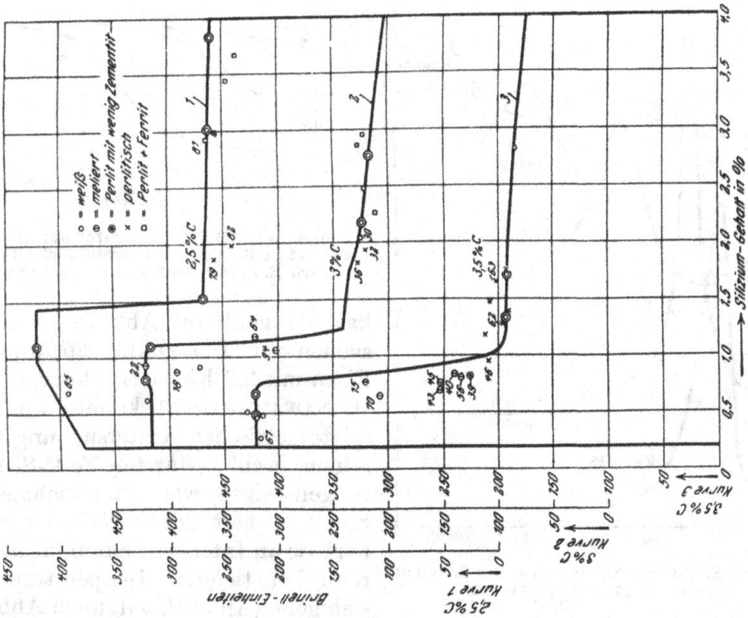

Abb. 75. Schnitt durch das Raumdiagramm Kohlenstoff-Silizium-Härte (E. Maurer).

und 3,5% C geben Abb. 75 bzw. 76. Um eine Überlagerung der Kurven zu vermeiden, sind sie um den Abstand = 100 BE senkrecht gegeneinander verschoben. Die Vorwärmung der Gießform bewirkte Erniedrigung der kritischen Siliziumgehalte, also eine andere Auswirkung als eine Steigerung der Gießtemperatur. Diese den Ergebnissen von HATFIELD zunächst scheinbar widersprechende Abhängigkeit findet mit den im Kapitel „Einfluß der Schmelzüberhitzung" niedergelegten Ausführungen ihre zwanglose Erklärung im Keimreichtum der Maurerschen (nicht überhitzten und bei etwa 1250° vergossenen) Schmelzen.

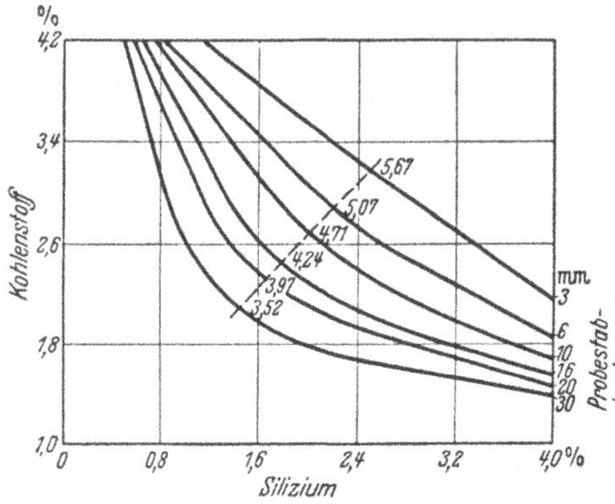

Abb. 77. Grenzlinien Graphit-Zementit in Abhängigkeit vom C- und Si-Gehalt für verschiedene Durchmesser (H. JUNGBLUTH und F. BRÜGGER).

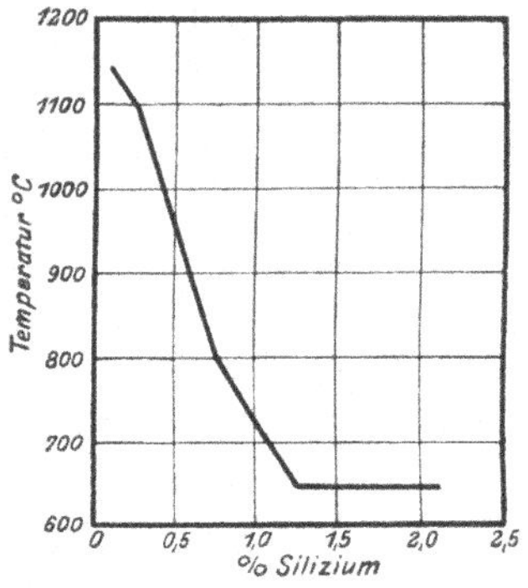

Abb. 78. Abhängigkeit der Temperkohleabscheidung (Karbidzerfall) vom Siliziumgehalt (nach L. GRENET).

Abb. 77 zeigt die Grenzlinien für weiße bzw. melierte Erstarrung in Abhängigkeit vom C- und Si-Gehalt für verschiedene Durchmesser bei Naßguß nach Versuchen von H. JUNGBLUTH und F. BRÜGGER (*39*).

Der Einfluß des Siliziums auf die Temperatur merklichen Zerfalls des Eisen-

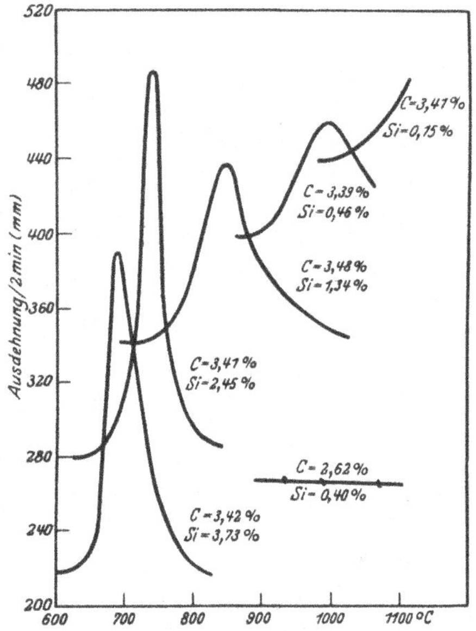

Abb. 79. Einfluß des Siliziums auf den Zerfall des Eisenkarbids (nach H. SAWAMURA).

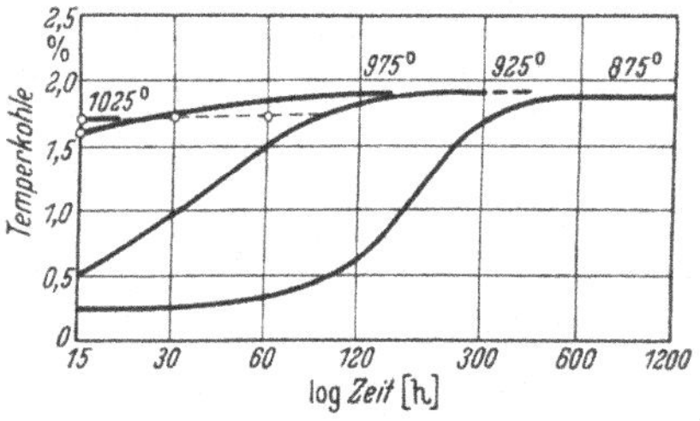

Abb. 80. Einfluß der Temperatur auf die Geschwindigkeit der Temperaturkohlebildung (nach E. PIWOWARSKY und L. HOFMANN).

karbids geht aus Abb. 78 nach Versuchen von L. GRENET (*26*) an einem Eisen mit 3,2 bis 3,6% C hervor. Auch H. SAWAMURA (*12*) konnte an Hand dilatometrischer Untersuchungen an reinen, weiß erstarrten Fe-C-Si-Legierungen zeigen, wie mit zunehmendem Siliziumgehalt der Zerfall des Silikokarbids an Intensität zunimmt und bereits bei tieferen Temperaturen vor sich geht (Abb. 79, vgl. auch Abb. 81). In seinen weiteren Versuchen konnte SAWAMURA auch die an und für sich allerdings bereits bekannte (*27*) Tatsache bestätigen, daß verminderter Gesamtkohlenstoffgehalt den Karbidzerfall behindert. Abb. 80 zeigt die Zunahme der Graphitisierung von weißem Eisen (Temperguß) mit 3,04% C, 1,10% Si und

0,44% Mn bei Steigerung der Glühtemperatur von 875° auf 1025° nach Versuchen von E. Piwowarsky und L. Hofmann (*39*). Bei 1025° stellte sich das Gleichgewicht gegenüber dem Sättigungsbetrag des Austenits (*E'S'*-Linie) bereits nach weniger als 15 min Glühzeit ein.

Auch C. Chevenard und A. Portevin (*28*) untersuchten den Einfluß des Kohlenstoffs und Siliziums auf die Graphitisation von weißem Eisen. Ihre Legierungen waren Eisensorten mit 0,10% Mangan, 0,01% Schwefel und 0,015% Phosphor und wurden bei 1400° in nicht vorgewärmten Kokillen zu Stäben gegossen; ihr Gehalt an Kohlenstoff erstreckte sich von 1,7 bis 4,5% und an Silizium von 0,2 bis 6%. In dem aufgestellten Raumdiagramm wurden daher nicht allein alle technischen Gußeisensorten berührt, sondern auch die Gesamtheit der untereutektischen Legierungen im Eisenkarbidsystem. Bei den Ergebnissen der Versuche wurden zwei Liniengruppen unterschieden, wobei die eine den Einfluß des Siliziums für Kohlenstoffgehalte von 1,7%, 2%, 2,5%, 3%, 3,5% und 4% ausdrückte; diese Kurven verlaufen hyperbolisch, so daß bei den Gehalten von 2,5 bis 3,5% Si die Graphitisationstemperatur sich nur wenig änderte und bei rund 600° konstant blieb. Die anderen Linien sind Graphitisationsisothermen in der Abstufung von 650 bis 1100°; sie verlaufen fast in einer geraden Linie, woraus gefolgert werden kann, daß die Wirkungen des Siliziums und Kohlenstoffs zusammen die Graphitisation begünstigen, daß aber der Einfluß des Kohlenstoffs nur bei geringem Siliziumgehalt (unter 2%) gekennzeichnet ist. Außer Silizium und Kohlenstoff könnten noch andere Faktoren die Graphitisation begünstigen oder erschweren, z. B. gewisse Gehalte an Mangan und Schwefel, die Zusammensetzung der Gasatmosphäre, die Anwesenheit von ungelösten Graphitteilchen usw. Den Einfluß des Siliziums auf Beginn und Ende der Graphitisierung von weißem Eisen zeigt Abb. 81 nach Versuchen von E. Piwowarsky und Mitarbeitern (*29*).

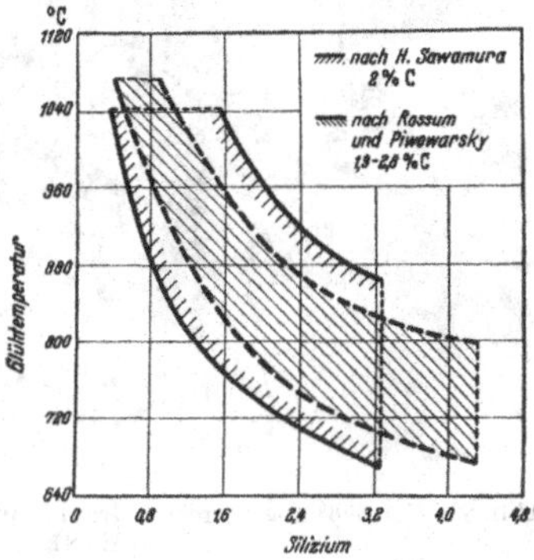

Abb. 81. Einfluß von Silizium auf Beginn und Ende der Temperkohlebildung.

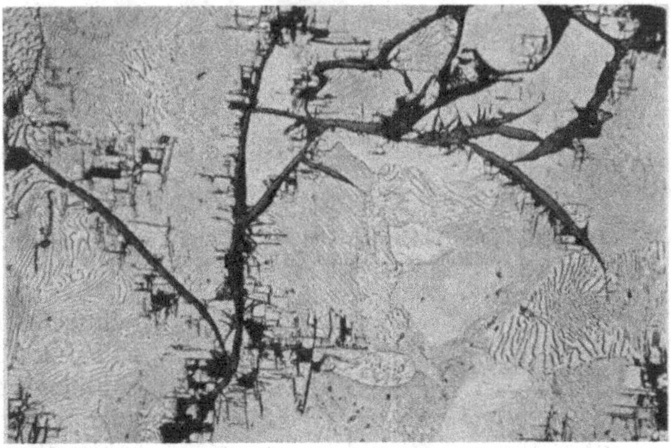

Abb. 82. Segregatgraphit in Widmannstättenscher Anordnung (H. Hanemann). $V = 600$.

Für den gemäß *E'S'* abgeschiedenen Graphit hat H. Hanemann (*37*) den Namen Segregatgraphit gewählt. Daß diese Art elementaren Kohlenstoffs früher im Schrifttum nicht vermerkt worden ist, hat seine Ursache darin, daß er nur selten einwandfrei zu beobachten ist. Er kristallisiert nämlich meistens an den bereits vorhandenen Graphitblättchen an. In selteneren Fällen ist er in Form von Widmannstättenscher Struktur unverkennbar (Abb. 82). Der in höhersilizierten Gußeisensorten, insbesondere solchen mit feiner Graphitausbildung oft zu beobachtende Ferrit im Rohguß ist nach H. HANEMANN und A. SCHRADER (*30*) durch „Entartung" des Graphiteutektoids während der langsamen Abkühlung entstanden, wobei sich der eutektoide Graphit an den aus der eutektischen Kristallisation her bereits vorhandenen Graphitlamellen anlagert (Abb. 83 und 84). Über die sonstigen Ausbildungsformen von Graphit und Temperkohle vgl. Kapitel IX b.

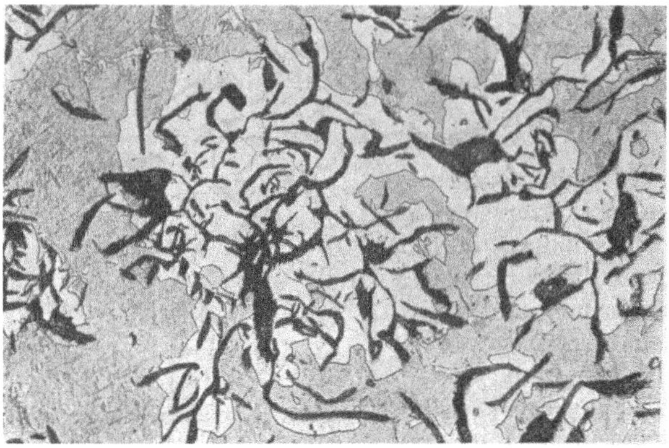

Abb. 83. Von 696° abgeschreckt. Graphiteutektoid neben Martensitresten (H. HANEMANN).

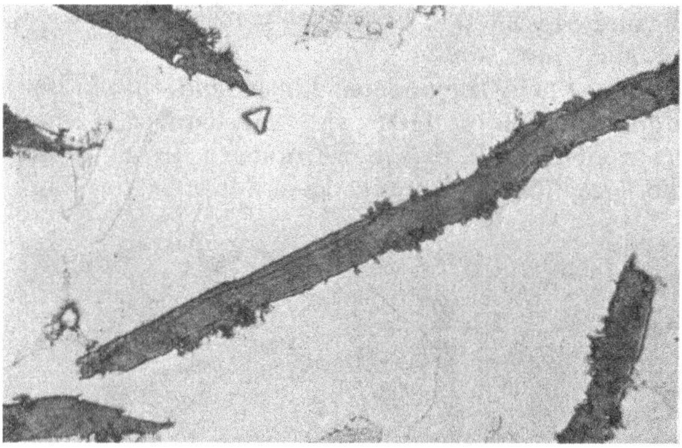

Abb. 84. Graphitlamellen mit Saum und härchenartigen Anlagerungen des eutektoiden Graphits (H. HANEMANN).

Der Gießereifachmann wird nun oft vor die Frage gestellt, im laufenden Betrieb sich schnell ein Bild zu machen von der Neigung des flüssigen Eisens zu grauer, melierter oder weißer Erstarrung. Besteht die Möglichkeit, durch Schnellanalysen von Kohlenstoff und Silizium die Lage der chemischen Zusammensetzung des flüssigen Materials in den sog. Gußeisendiagrammen (vgl. Kapitel VIIa) festzulegen, so führt dies bei gleichgearteten Betriebsbedingungen zu einer zuverlässigen Beurteilung des Gußmaterials. [Über die Durchführung derartiger Schnellanalysen vgl. die Arbeit von F. ROLL (*31*)]. Bei dünnwandigerem Guß dagegen ist die Neigung zu mehr oder weniger grauer Erstarrung von zahlreichen schwer kontrollierbaren Betriebsfaktoren abhängig, so daß nur eine standardisierte technologische Bruchprobe schnell einen hinreichenden Aufschluß über die Neigung zur grauen Erstarrung geben kann.

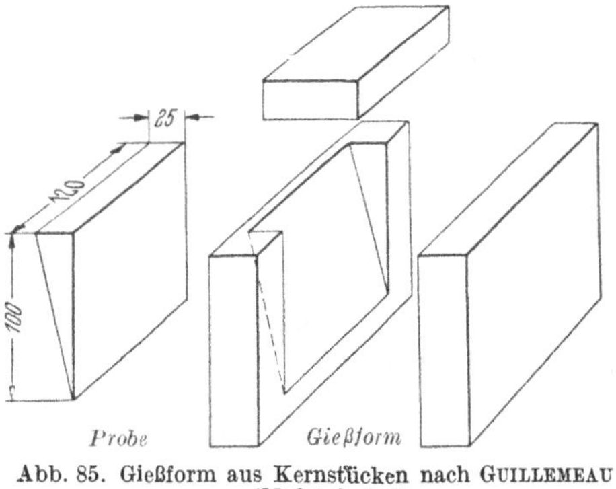

Abb. 85. Gießform aus Kernstücken nach GUILLEMEAU (Maßstab 1:4).

Die Praxis hat daher für Zwecke der Schmelzüberwachung verschiedene Formen von Keilproben entwickelt (*45*). So zeigt Abb. 85 nach einer Arbeit von M. GUILLEMEAU (*32*) eine Ölkernform zum Abgießen keilförmiger Probekörper für die Überwachung von Gußeisenschmelzen bis etwa 1,5% Si bei normalen

Kohlenstoffgehalten um 3,3% C herum (vgl. Zahlentafel 15, obere Spalte A). Die Beziehung des Bruchaussehens zum Siliziumgehalt gibt Abb. 86. Für Siliziumgehalte über etwa 1,5% ergibt diese Probe jedoch keine melierten oder weißen

Si% 1,82 1.46 1,24 1,11 1,02 0,98

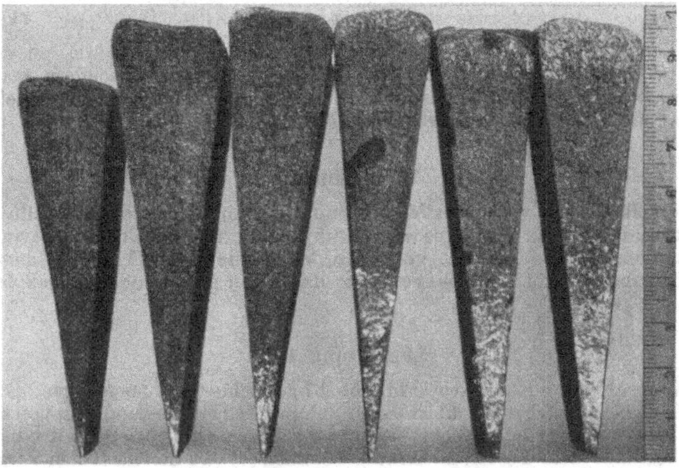

Abb. 86. Einfluß des Siliziums auf die Einstrahltiefe beim Gießen von Keilproben in Sand (C = 3,35%), nach M. Guillemeau.

Zonen mehr. Benutzt man dagegen eine metallische Gießform, so ergibt sich aus dem Bruchgefüge (Abb. 86a) wiederum eine Beziehung, welche bei etwa gleichbleibendem C-Gehalt den Siliziumgehalt abzuleiten gestattet (vgl. Zahlentafel 15,

Si% 2,30 2,10 1,82 1,56 1,46 1,26

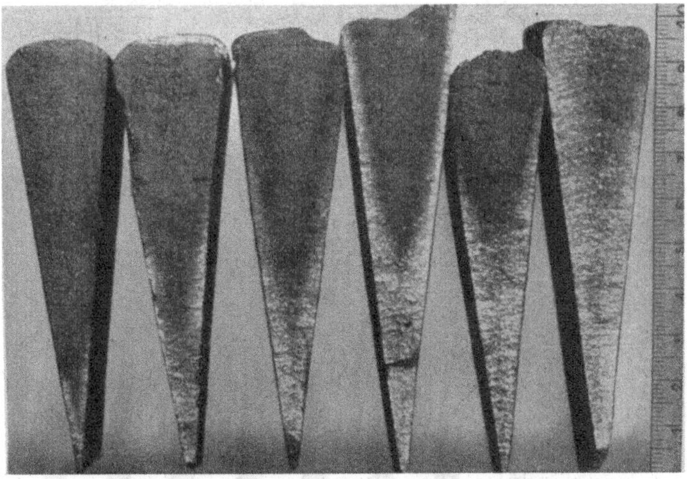

Abb. 86a. Wie Abb. 85, aber nach Guß in Kokille (M. Guillemeau).

untere Spalte B). In deutschen Betrieben hat sich der Gießkeil zur Überwachung des Ofenbetriebes schnell eingeführt. Die Form des Keils ist jedoch vielfach eine andere. Darum haben K. Sipp und F. Roll (*33*) eine Gieß- und Keilform zur Einführung empfohlen, welche die Möglichkeit gibt, bei Gußeisen der Zusammensetzung C = 3,46%, Si = 2,09% (C + Si = 5,55%) bis zur Zusammensetzung von

Merkblatt für die Gießkeilprobe (Entwurf)

herausgegeben vom Verein deutscher Gießereifachleute im NSBDT.

VDG
Fachausschuß
Grauguß

Zweck.

Der Gießkeil soll feststellen, wie sich das erschmolzene Gußeisen bei der Erstarrung verhält. Die Erstarrung ist nicht nur von der Analyse, sondern auch von der Gattierung, Art der Erschmelzung usw. abhängig. Deswegen sagt die Keilprobe dem Gießer mehr, als die Analyse geben kann.

Verwendung.

Der Gießkeil wird vor dem Vergießen des Pfanneninhaltes hergestellt. Nach dem Durchschlagen wird mit Hilfe von Erfahrungswerten das Erstarrungsverhalten festgelegt. Somit ist es möglich, vor dem Vergießen die Analyse, besonders durch Siliziumzusatz, zu korrigieren oder das Eisen einem anderen Gießplatz zuzuführen.

Ausführung 1.

Die Keilprobe Sipp-Roll hat die in Abb. 87 gezeichneten Abmessungen. Das Vergießen erfolgt bei möglichst gleichbleibender Temperatur in eine Sandform von ständig gleichem Wassergehalt und gleicher Verdichtung. Nach dem Abgießen wird die Probe bei etwa 900° aus dem Formsand herausgenommen (etwa 1 min nach dem Vergießen) und durch mehrmaliges Eintauchen in Wasser vom trockenen Sand befreit. In der Mitte durchgeschlagen zeigt die Keilprobe die Weiß- bzw. Grauerstarrung an und läßt auf die Analyse wie auch auf die Erstarrung im Gußstück einen guten Rückschluß zu (Gesamtdauer 3½ min). Abb. 88 zeigt das Erstarrungsverhalten verschiedener Legierungen im Gießkeil. Da das Erstarrungsverhalten auch von weiteren Faktoren beeinflußt wird, ist eine ständige Kontrolle durch die chemische Analyse notwendig [vgl. Gießerei Bd. 27 (1940) S. 9].

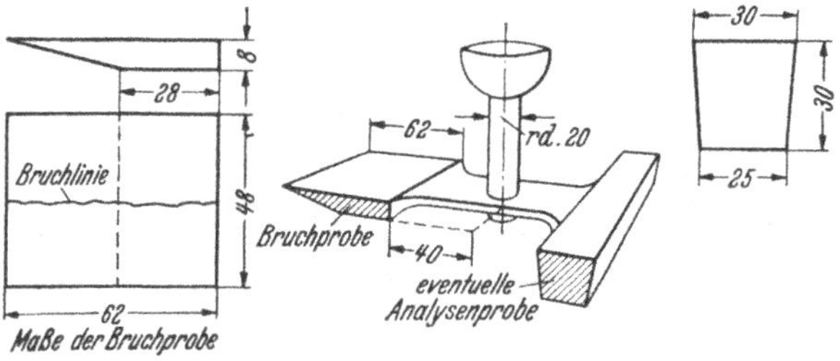

Abb. 87. Gießkeilprobe. Probeform Sipp-Roll.

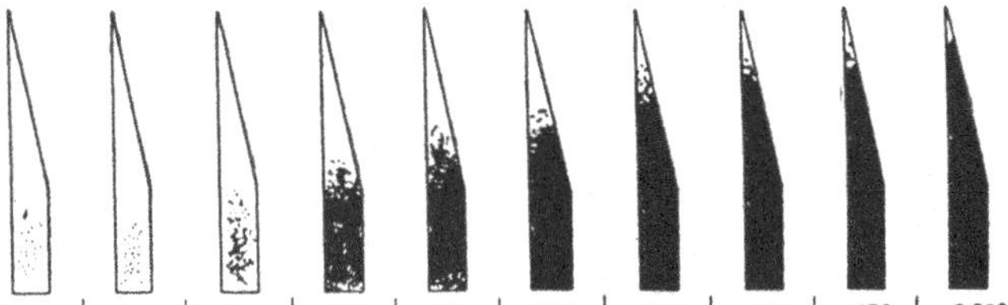

Si: 1,12	1,17	1,22	1,26	1,36	1,46	1,58	1,71	1,78	2,09%
C: 3,14	3,13	3,19	3,22	3,34	3,28	3,32	3,35	3,43	3,46%
ΣC+Si: 4,26	4,30	4,41	4,48	4,70	4,74	4,90	5,06	5,21	5,55%

Abb. 88. Bruchbild der Keile. Probeform Sipp-Roll (konstante übrige Faktoren).

C = 3,14%, Si = 1,12% (C + Si = 4,26%) bei sonst konstanten Einflüssen anderer Art auf das Gefüge des nachfolgenden Gusses mit ziemlicher Sicherheit schließen zu können. Einzelheiten enthält das nebenstehende Merkblatt des Fachausschusses Grauguß beim VDG (Verein deutscher Gießereifachleute, Berlin). Es ist auch eine sinngemäße Übertragung der Keilmethode auf andere Legierungsbereiche als hier abgegrenzt möglich, wenn die Ausbildung des Keils entsprechend verändert wird. So ließ eine Form mit 40 mm Keilwandstärke bei konstanten übrigen Einflüssen die Gehalte von 3,5% C und 3% Si bis 2,8% C und 1,2% Si für ein Sondergußeisen erkennen.

Zahlentafel 15 (nach M. Guillemeau).

Reihe	Chemische Zusammensetzung %					Dicke der Probe an der Grenze der Schreckzone
	C	Si	Mn	S	P	
A.	3,36	1,24	0,87	0,08	0,17	6,5
	3,34	1,03	0,98	0,08	0,12	10,75
	3,37	1,11	0,90	0,09	0,10	9,0
	3,40	1,02	0,88	0,09	0,15	10,75
	3,35	0,98	0,94	0,08	0,17	11,25
	3,32	1,82	0,70	0,09	0,30	2,75
	3,32	1,46	0,79	0,08	0,20	3,75
B.	3,44	2,07	0,57	0,088	1,04	8,5
	3,36	1,10	0,66	0,094	0,15	23,5
	3,32	1,56	0,84	0,07	0,15	12,5
	3,42	2,30	0,60	0,09	1,08	5,75
	3,40	2,10	0,60	0,09	1,00	7,25
	3,38	2,30	0,58	0,09	1,06	5,0
	3,41	1,26	0,91	0,08	0,20	17,0
	3,50	1,28	0,67	0,09	0,24	16,5
	3,32	1,82	0,70	0,09	0,30	10,25
	3,32	1,46	0,79	0,08	0,20	14,0

Für die Zerteilung des Keils sind die in Abb. 89 gekennzeichneten Vorrichtungen vorgeschlagen worden.

Über den relativen Graphitisierungswert des Siliziums im Vergleich zu anderen karbid- oder graphitfördernden Elementen im Gußeisen vgl. die Ausführungen im Kapitel XXI f (unter Vanadin im Gußeisen).

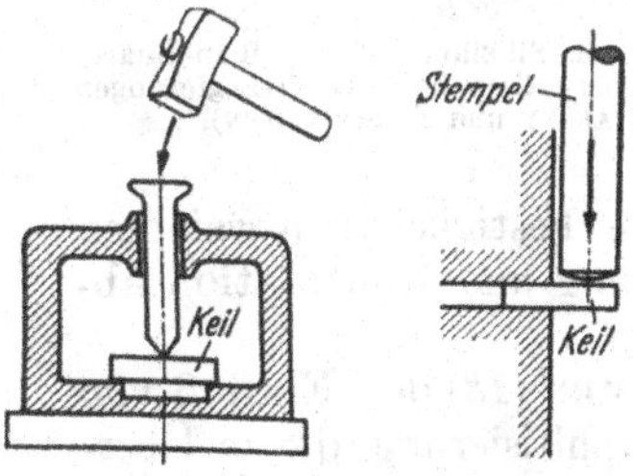

Abb. 89. Vorrichtung zum Zerschlagen der Keilprobe. Vorschlag K. Sipp.

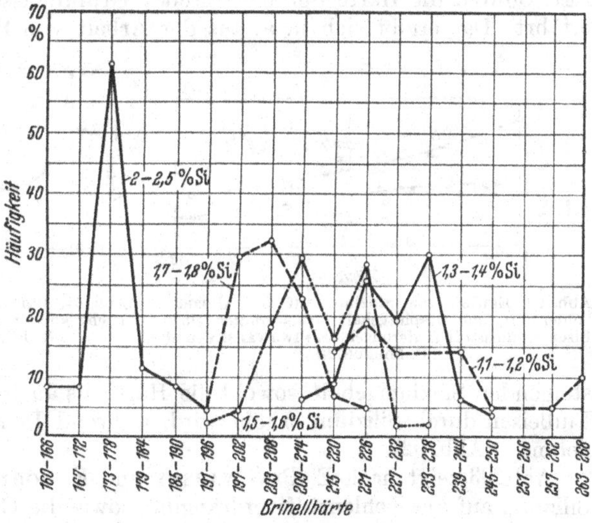

Abb. 90. Abhängigkeit der Brinellhärte vom Si-Gehalt. Häufigkeit des Vorkommens der einzelnen Werte (K. Neustädter).

g) Der Einfluß des Siliziums auf die mechanischen und physikalischen Eigenschaften.

Der Einfluß des Siliziums auf die mechanischen und physikalischen Eigenschaften von Gußeisen wird stets überdeckt durch den gleichzeitig auftretenden starken Einfluß des Siliziums auf die Graphitbildung. Am bemerkenswertesten ist natürlich der Einfluß des Siliziumgehaltes auf die Festigkeit und Härte von

Gußeisen. K. Neustädter (*34*) hat bei Kupolofeneisen aus dem laufenden Betrieb im Rahmen von Großzahlforschungen bezogen auf fünf verschiedene Gattierungen mit fallendem Siliziumgehalt den in Abb. 90 dargestellten Zusammenhang gefunden, der sich bei Darstellung der Mittelwerte gemäß Abb. 91 zum Ausdruck bringen ließ. Erwartungsgemäß wird die Härte durch steigenden Si-Gehalt des

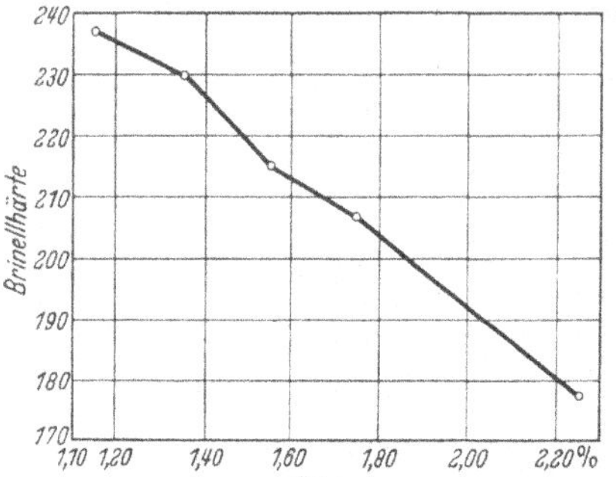

Abb. 91. Abhängigkeit der Brinellhärte vom Si-Gehalt. Mittelwerte (K. Neustädter).

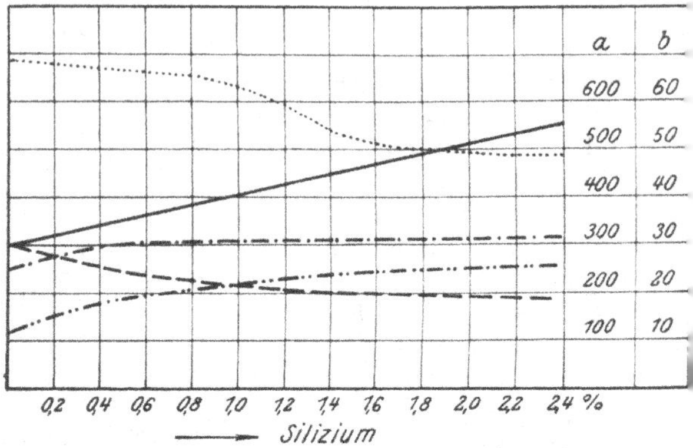

Abb. 92. Einfluß des Siliziums auf die Festigkeitseigenschaften und die Härte von weichem Flußeisen (P. Paglianti).

Maßstab Eigenschaften
b ——— Zugfestigkeit kg/mm²
b – – – Dehnung %
b —·—·— Steckgrenze kg/mm²
a —··—··— Härte (Brinell)
b ·········· Kontraktion %

Gußeisens infolge der zunehmenden Graphitisierung des Gußeisens stark erniedrigt, obwohl die Härte der metallischen Grundmasse zweifellos eine Steigerung erfährt. Das ergibt sich u. a. aus der Arbeit von P. Paglianti (*35*), wo durch

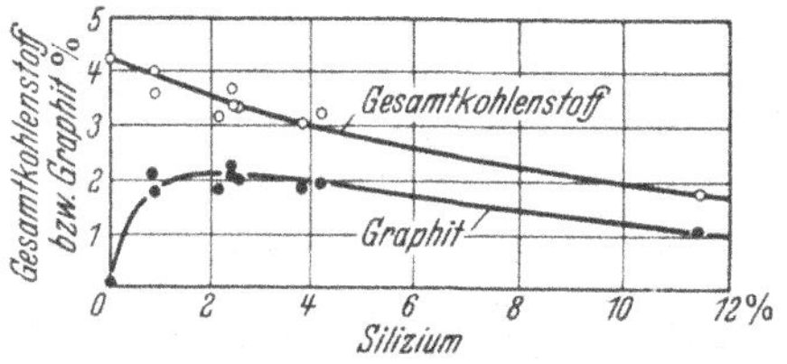

Abb. 93. Einfluß von Silizium auf den Gesamt kohlenstoff- und Graphitgehalt hochgekohlter reiner Eisen-Kohlenstoff-Legierungen (E. Piwowarsky und E. Söhnchen).

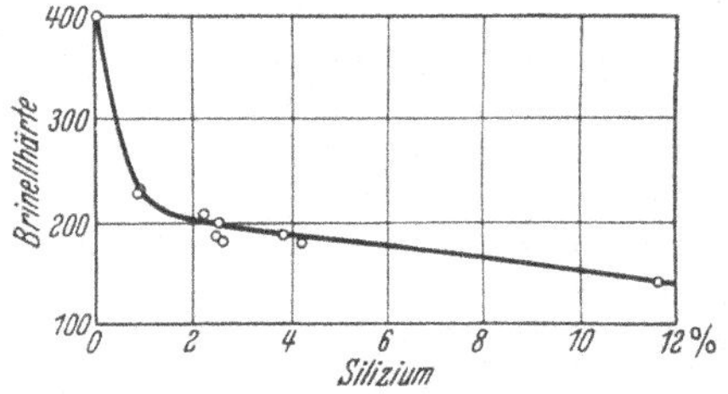

Abb. 94. Einfluß von Silizium auf die Brinellhärte hochgekohlter reiner Eisen-Kohlenstoff-Legierungen (E. Piwowarsky und E. Söhnchen).

steigenden Siliziumgehalt sowohl die Härte als auch die Festigkeit von weichem Flußeisen durch Silizium erhöht wird, während Dehnung und Kontraktion abnehmen (Abb. 92).

Abb. 93 zeigt nach E. Piwowarsky und E. Söhnchen (*18*) den Einfluß von Silizium auf die Kohlenstoffverdrängung sowie die Graphitisierung, die in Übereinstimmung mit den Ergebnissen von F. Wüst und O. Petersen (*10*) bei etwa 2 bis 3% Si ihren Höchstwert erreicht, um von da ab — prozentual ausgedrückt — ziemlich unveränderlich zu bleiben. Abb. 94 zeigt den Härteverlauf. Entsprechend der bekannten Graphitvergröberung und der Vergröberung der perlitischen Grundmasse nimmt die Härte ständig im Gebiet von 0 bis 12% Si ab. Dabei ist besonders der schroffe Härteabfall (50%) zwischen 1 bis 2% Si zu beachten, der in Übereinstimmung mit den umfangreichen Härteuntersuchungen von E. Maurer und P. Holtzhausen (*25*) steht.

Auch in der Arbeit von P. Bardenheuer und W. Bröhl (*40*), welche den Einfluß des Kohlenstoff- und Siliziumgehaltes auf die Zug-, die Biegefestigkeit und die Dauerschlagzahl zum Ausdruck bringen sollte, dürfte der Einfluß des Siliziumgehaltes sich kaum durchgesetzt haben. Vielmehr sind die Abb. 4—6 jener Arbeit (vgl. auch Abb. 291 bis 293) in erster Linie kennzeichnend für den Einfluß des Kohlenstoffgehaltes auf die genannten Eigenschaften.

Da mit steigendem Siliziumgehalt die Stabilität der komplexen Karbide abnimmt, so bewirkt ein Glühen Si-haltigen Gußeisens infolge zunehmender Ferritbildung einen starken Abfall der Festigkeit, vor allem aber der Härte, wenn das Ausgangsmaterial noch mehr oder weniger perlitisch war. Abb. 95 nach F. W. Meyer (*36*) zeigt dies deutlich in Gegenüberstellung des gegenteiligen Einflusses von Chrom.

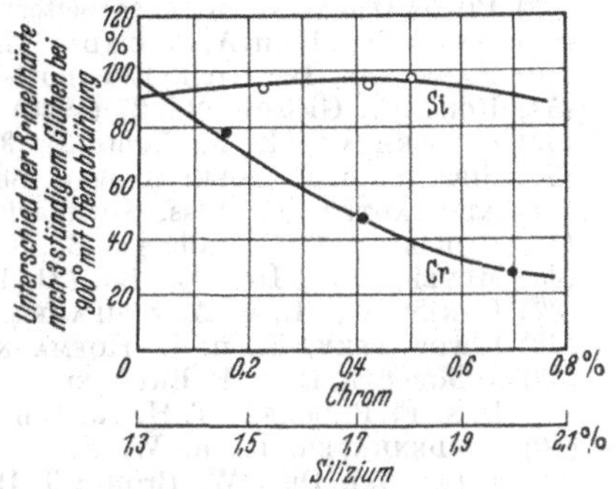

Abb. 95. Einfluß des Chroms und Siliziums auf die Härteverminderung des Gußeisens durch Wärmebehandlung (nach F. W. Meyer).

Schrifttum zum Kapitel Va bis Vg.

(*1*) Vgl. die Zusammenstellung des Schrifttums in P. Oberhoffer, W. Eilender u. H. Esser: Das technische Eisen, S. 67ff. Berlin: Julius Springer 1936; sowie Jass, H., u. H. Hanemann: Gießerei Bd. 25 (1938) S. 293.
(*2*) Scheil, E.: Mitt. Forsch.-Inst. Ver. Stahlwerke, Dortmund Bd. 1 (1928/30) S. 1/12 ff.
(*3*) Jass, H., u. H. Hanemann: Gießerei Bd. 25 (1938) S. 293; vgl. auch Diss. H. Jass: T. H. Berlin 1935, sowie Atlas Metallographicus Bornträger Bd. 2 (1936) S. 5ff.
(*4*) Phragmén, G.: The Constitution of the Iron-Silicon Alloys. J. Iron Steel Inst. Bd. 114 (1926) S. 397.
(*5*) Ruer, R., u. F. Goerens: Über die Schmelz- und Kristallisationsvorgänge bei den Eisen-Kohlenstoff-Legierungen. Ferrum Bd. 14 (1916/17) S. 101.
(*6*) Murakami, T.: On the Equilibrium Diagram of Iron-Silicon System. Sci. Rep. Tôhoku Univ. Bd. 10 (1921) Nr. 2.
(*7*) Phragmén, G.: Om järn-Kisellegeringarnas Byggnad. Jernk. Ann. Bd. 78 (1923) S. 121.
(*8*) Kurnakow, N., u. G. Urasow: Toxische Eigenschaften des Ferrosiliziums des Handels. Z. anorg. allg. Chem. Bd. 123 (1922) S. 89.
(*9*) Gontermann, W.: Über einige Eisen-Silizium-Kohlenstoff-Legierungen. Z. anorg. allg. Chem. Bd. 59 (1908) S. 373.
(*10*) Wüst, F., u. O. Petersen: Beitrag zum Einfluß des Siliziums auf das System Eisen-Kohlenstoff. Metallurgie Bd. 3 (1906) S. 811.
(*11*) Honda, K., u. T. Murakami: On the Structural Constitution of Iron-Carbon-Silicon Alloys. Sci. Rep. Tôhoku Univ. Bd. 12 (1924) Nr. 3.
(*12*) Sawamura, H.: Mem. Kyoto Imp. Univ. Bd. 4 (1926) Nr. 4.
(*13*) Vgl. a. Michel, A.: Einfluß des Hochofenganges auf den Gesamtkohlenstoffgehalt des Roheisens. Stahl u. Eisen Bd. 47 (1927) S. 696.
(*14*) Schichtel, K., u. E. Piwowarsky: Arch. Eisenhüttenw. Bd. 3 (1929/30) S. 139/47; vgl. Stahl u. Eisen Bd. 49 (1929) S. 1341/42.
(*15*) Morschel, K.: Dissertation Berlin 1924.
(*16*) Schwarz, H. A., Payne, M. E., u. A. F. Gorton: Trans. Amer. Inst. min. metallurg. Engrs. Bd. 69 (1923) S. 791; vgl. Stahl u. Eisen Bd. 43 (1923) S. 1262.
(*17*) Becker, M. L.: Iron Coal Tr. Rev. Bd. 111 (1925) S. 396/98; Ref. Stahl u. Eisen Bd. 45 (1925) S. 1789.
(*18*) Piwowarsky, E., u. E. Söhnchen: Arch. Eisenhüttenw. Bd. 5 (1931/32) Heft 2. Vgl. Söhnchen, E.: Diss. T. H. Aachen 1930.
(*19*) Schols, Ch.: Mitt. Eisenh.-Inst. Aachen Bd. 4 (1911) S. 229; Metallurgie Bd. 7 (1910) S. 644.
(*20*) Merz, A., u. F. Fleischer: Gießerei Bd. 17 (1930) S. 817/25.
(*21*) Gumlich, E.: Wiss. Abh. Phys.-Techn. Reichsanst. Bd. 4 (1918) S. 271.
(*22*) Hayes, A., u. Wakefield: Trans. Amer. Soc. Steel Treat. Bd. 10 (1926) S. 214.
(*23*) Hague u. Turner: J. Iron Steel Inst. Nr. 2 (1910) S. 72.
(*24*) Hatfield: J. Iron Steel Inst. Nr. 2 (1906) S. 157.
(*25*) Maurer, E., u. P. Holtzhausen: Stahl u. Eisen Bd. 47 (1927) S. 1805 u. 1977.
(*26*) Grenet, L.: Mem. Kyoto Imp. Univ. Bd. 4 (1926) Nr. 4.

(27) OBERHOFFER, P., u. E. PIWOWARSKY: Stahl u. Eisen 1925 S. 1173.
(28) CHEVENARD, C. u. A. PORTEVIN: Comptes Rendus 1926 S. 1283/84; vgl. a. Gießerei 1927 S. 267.
(29) PIWOWARSKY, E., u. Mitarbeiter: Gießerei Bd. 25 (1938) S. 584.
(30) HANEMANN, H., u. A. SCHRADER: Arch. Eisenhüttenw. Bd. 12 (1938/37) S. 603; vgl. a. (37).
(30) HANEMANN, H.: Arch. Eisenhüttenw. 1938.
(31) ROLL, F.: Gießerei Bd. 27 (1940) S. 9/11.
(32) GUILLEMEAU, M.: La Fonte Nr. 31 (1938) S. 1134.
(33) SIPP, K., u. F. ROLL: Gießerei Bd. 27 (1940) S. 69.
(34) NEUSTÄDTER, K.: Diss. Stuttgart 1932.
(35) PAGLIANTI, P.: Metallurgie Bd. 9 (1912) S. 217.
(36) MEYER, F. W.: Iron Age Bd. 131 (1933) S. 392; vgl. Stahl u. Eisen Bd. 54 (1934) S. 244.
(37) HANEMANN, H., u. A. SCHRADER: Arch. Eisenhüttenw. Bd. 12 (1938/39) S. 257.
(38) PIWOWARSKY, E., u. L. HOFMANN: Vgl. (29).
(39) JUNGBLUTH, H., u. F. BRÜGGER: Techn. Mitt. Krupp. A. Forsch.-Ber. 1938 S. 121, sowie Diss. F. BRÜGGER: T. H. Aachen 1938.
(40) BARDENHEUER, P., u. W. BRÖHL: Mitt. K.-Wilh.-Inst. Eisenforschg. Bd. 22 (1938) S. 135; vgl. Diss. W. BRÖHL: T. H. Aachen 1938.
(41) KŘIŽ, A., u. F. POBOŘIL: J. Iron Steel Inst. Bd. 122 (1930) S. 191.
(42) Ref. SCHEIL, E.: Stahl u. Eisen Bd. 50 (1930) S. 1725.
(43) BECKER, M. L.: Iron Coal Tr. Rev. 1930 S. 841; vgl. Gießerei Bd. 17 (1930) S. 716.
(44) SCHENCK, H.: Physikalische Chemie Bd. 1 S. 124. Berlin: Julius Springer 1932.
(45) Vgl. das Referat in: Gießerei Bd. 28 (1941) S. 457.

VI. Der Mechanismus der Graphitisierung siliziumhaltigen Gußeisens.

a) Direkte oder indirekte Graphitbildung?

Als erster hat wohl C. BENEDICKS (*1*) im Jahre 1906 auf die Möglichkeit der direkten Ausscheidung von Graphit hingewiesen. H. HOWE (*2*) schloß sich bald darauf dieser Auffassung an. Aber erst aus den Arbeiten von R. RUER und F. GOERENS (*3*), P. GOERENS (*4*), H. HANEMANN (*5*) u. a. geht einwandfrei hervor, daß das Dualsystem des Eisen-Kohlenstoff-Diagramms zu Recht besteht, daß also auch unter geeigneten Bedingungen der Graphit des grauen Gußeisens direkt aus der Schmelze zu kristallisieren vermag.

Im Gegensatz hierzu stehen die Arbeiten zahlreicher Forscher, welche annehmen, daß der Graphit des grauen Gußeisens sich auf dem Umweg über den Zerfall der karbidischen Komponente des Eutektikums bildet. Diese Auffassung wurde vor allem von japanischen Forschern wie K. HONDA und T. MURAKAMI (*6*), K. HONDA und H. ENDO (*7*) u. a. damit begründet, daß sich beim Tempern von weißem Eisen oberhalb 1000° der normale flockige Graphit bildet und daß ein in die Schmelze eingeführter Graphitstab die Graphitabscheidung nicht begünstige. HONDA und ENDO untersuchten die Volumenänderungen beim Erstarren von sechs eutektischen Gußproben mit nahezu gleichem Kohlenstoffgehalt (4,1 bis 4,3%) aber verschiedenem Si-Gehalt (0,8 bis 2,3%) nach dem Archimedischen Prinzip durch Bestimmung des Auftriebs in geschmolzenem Natriumchlorid. Das spezifische Volumen des Gußeisens beim Schmelzpunkt ergab sich hierbei zu 0,1443 cm^3. Mit abnehmendem Graphitgehalt in den erstarrten Proben ging die Volumenänderung von einem positiven zu einem negativen Wert über. Für graphitfrei erstarrendes Eisen wurde die Volumenänderung zu —3,6% extrapoliert. Falls der Graphit erst durch Zersetzung des Zementits (und nicht durch unmittelbare Abscheidung aus der Schmelze) entsteht, so müßte sich der Betrag der grau erstarrenden Eisensorten aus der Differenz des Betrages von —3,6% und der durch die Zersetzung des Zementits erfolgenden Expansion berechnen lassen. Für die mittleren Ausdehnungskoeffizienten des Graphits und des Zementits wurden die Werte 2,5 bzw. $15 \cdot 10^{-6}$ zugrunde gelegt. Es ergaben sich alsdann ihre spezifischen Volumina bei 1130° zu 0,4851 bzw. 0,1378, während das des Austenits sich zu 0,1376 cm³ berechnet. Die Volumenänderung durch Zersetzung des Zementits errechnet sich nunmehr zu 11,8%. Berechne man

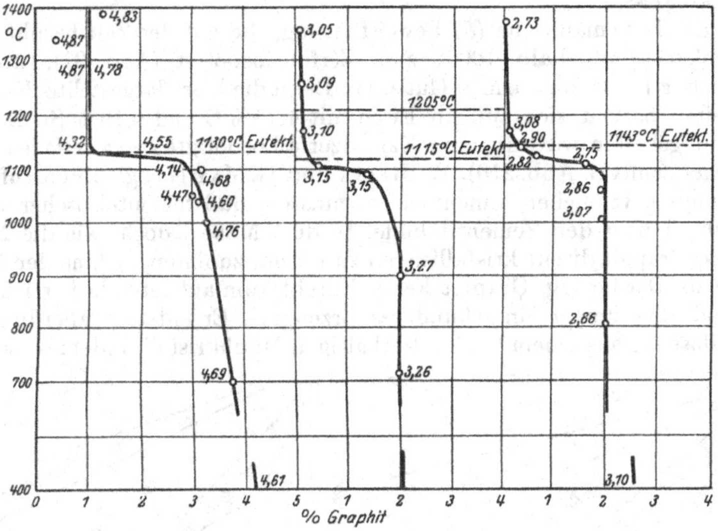

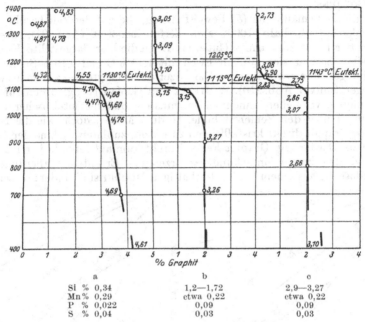

	a	b	c
Si %	0,34	1,2—1,72	2,9—3,27
Mn %	0,29	etwa 0,22	etwa 0,22
P %	0,022	0,09	0,09
S %	0,04	0,03	0,03

Abb. 96a bis c. Graphitabscheidung bei grauem Gußeisen in Abhängigkeit von der Temperatur bei der Abkühlung (E. HEYN und O. BAUER).

hiernach die bei der Erstarrung der untersuchten sechs Eisensorten zu erwartende Volumenänderung, so ergebe sich eine gute Übereinstimmung mit den beobachteten Werten (größter Unterschied 0,3%), woraus denn auch die genannten Forscher die Richtigkeit ihrer Auffassungen herleiten.

E. HEYN und O. BAUER (*8*) untersuchten die Änderung des Graphitgehaltes dreier Roheisensorten mit steigendem Siliziumgehalt in Abhängigkeit von der fortschreitenden Abkühlung und Erstarrung und fanden, daß sowohl bei den siliziumärmeren, untereutektischen, als bei dem eutektischen bzw. übereutektischen Eisen der größte Teil des Graphits sich erst gebildet hatte, nachdem die thermisch nachgewiesene eutektische Erstarrung beendet war (Abb. 96). In Übereinstimmung hiermit fand neuerdings A. BOYLES (*9*) bei Abschreckversuchen zwischen etwa 1300° und 1000°, daß Graphitflocken nicht vor der Erstarrung des Eutektikums entstehen.

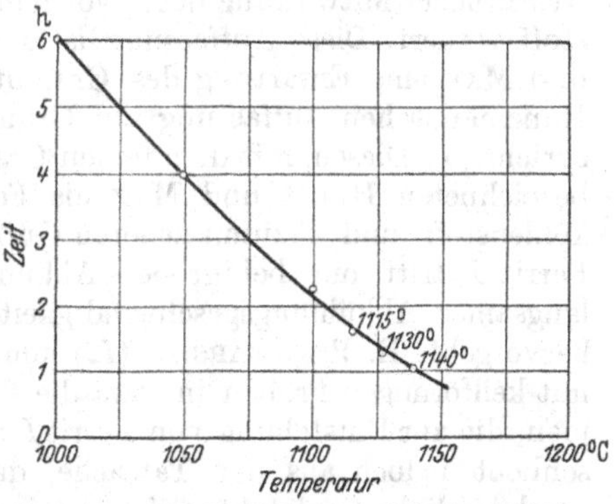

Abb. 97. Zerfallszeiten für Zementit in einem Gußeisen mit 4,15% C und 0,19% Si (Erstarrungstemperatur 1141°) nach H. HANEMANN.

Versuche der Art dagegen, wie z. B. die von L. NORTHCOTT (*10*) ausgeführten, der flüssiges Si-haltiges Eisen in dünnem Strahl in kaltes Wasser goß und aus der Abwesenheit von elementarem Kohlenstoff im Eisen den Schluß zog, die Graphitbildung gehe in untereutektischen Eisensorten über den Karbidzerfall, beweisen allerdings nichts gegen die Möglichkeit der direkten Graphitkristallisation und damit gegen die Auslegung des Dualsystems im Sinne von R. RUER und F. GOERENS.

Auch die Hanemannsche (*5*) Beweisführung, die auf der Zeit beruht, welche das Eisenkarbid oberhalb 1000° zum Zerfall benötigt (Abb. 97), überzeugt eigentlich nur für siliziumarmes Gußeisen. Denn die hier dargestellte Kurve der Zerfallszeiten bezieht sich auf ein Eisen mit 4,15% C und 0,19% Si. Bei höheren Siliziumgehalten wird die zum Karbidzerfall benötigte Zeit zweifellos wesentlich geringer sein(vgl. Abb. 210). W. HEIKE und G. MAY (*11*) glaubten auf Grund von Abkühlungsversuchen annehmen zu müssen, daß feineutektischer Graphit sich sekundär über den Zementit bilde. In dem Maße jedoch, wie die Neigung des Eisens, Graphit direkt kristallisieren zu lassen, zunimmt, nehme der Graphit an Größe zu. Der im sog. Graphit-Ferrit-Eutektikum auftretende Ferrit ist nach HEIKE und MAY immer ein sekundäres Erzeugnis. Er entsteht allerdings nach deren Auffassung aus einem kohlenstoffhaltigen Mischkristall, indem dieser unter

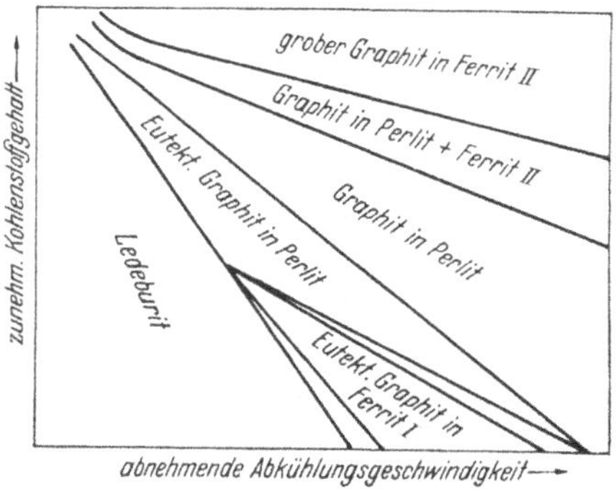

Abb. 98. Schematisches Gußeisendiagramm (nach W. HEIKE und G. MAY).

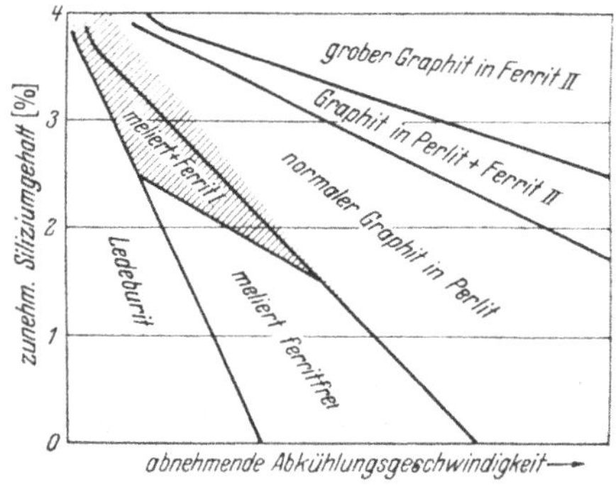

Abb. 99. Einfluß des Siliziumgehaltes auf die Bildung von Zerfallsferrit (E. PIWOWARSKY).

wesentlicher Mitwirkung des zuvor fein ausgeschiedenen Graphits seinen Kohlenstoff verliert. Diese Auffassung ist recht unklar, es sei denn, daß auch HEIKE und MAY eine Entartung des Graphiteutektoids bei A_1 annehmen, wie es der Hanemannschen Auffassung auf Grund durchgeführter Abschreckversuche entspricht (*5*). Diesen, mit dem feinen Graphiteutektikum vergesellschafteten Ferrit bezeichneten HEIKE und MAY als Ferrit *I*, den durch langsame Abkühlung kohlenstoff- und siliziumreicheren Gußeisens entstandenen dagegen als Ferrit *II*. Ferrit *I* tritt nur bei großer Abkühlungsgeschwindigkeit, Ferrit *II* nur bei langsamer Abkühlungsgeschwindigkeit auf, wie aus dem Diagramm Abb. 98 hervorgeht. E. PIWOWARSKY (*12*) konnte später auf Grund von Gießversuchen mit keilförmigen Proben in etwa die Grenzwerte für die Siliziumgehalte bestimmen, die zur Entstehung von Ferrit *I* notwendig sind (Abb. 99). E. PIWOWARSKY schließt jedoch aus der Tatsache, daß Ferrit *I* nur bei hoher Abkühlungsgeschwindigkeit entsteht, auf Entstehung desselben durch Zerfall komplexer Silikokarbide. Tatsächlich kommt es vielfach vor, daß Gußstücke aus Grauguß an der Oberfläche weicher sind als in der Mitte, daß auch in Kokille gegossenes Roheisen, z. B. Migra-Eisen oder Hämatit, an den Randzonen ferritische Stellen, im Innern dagegen rein perlitische Zonen aufweist. Man hat auch mehrfach gefunden, daß die Festigkeit abgegossener Probestäbe aus Grauguß mit zunehmender Dicke nicht kontinuierlich abfällt, sondern daß z. B. der 30-mm-Stab eine höhere Festigkeit hat als der 12- oder 15-mm-Stab. In solchen Fällen können oft ferritische Stellen in den Randzonen der dünnen Stabquerschnitte beobachtet werden. Vergießt man z. B. Gußeisen mit höherem Siliziumgehalt zu Keilen, so beobachtet man mitunter zwischen der weißen Randzone der Keilspitze und der perlitischen Zone der dickeren Querschnitte eine ferritische und damit weichere

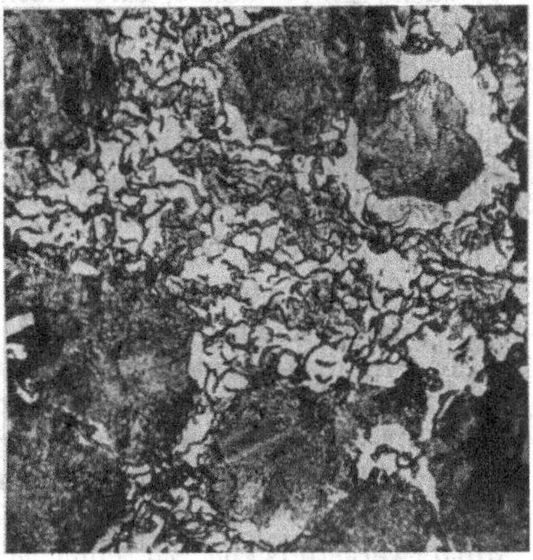

Abb. 100. Eutektikum mit viel Ferrit. $V = 500$.

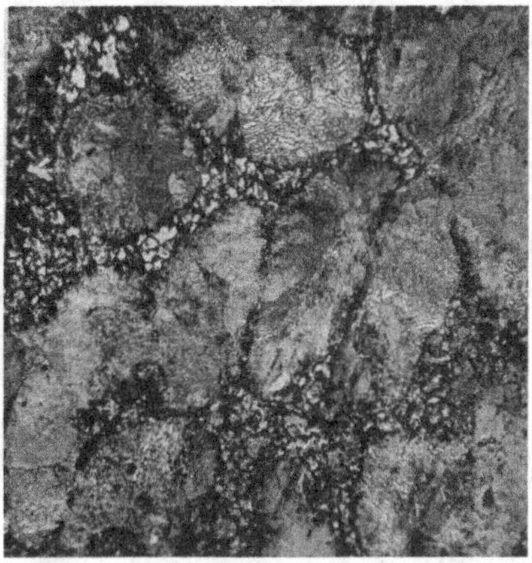

Abb. 101. Eutektikum mit weniger Ferrit. $V = 500$.

Zwischenzone. Diese Erscheinung ist übrigens auch von BANCROFT und DIERKER (*13*), sowie von R. M. PARKE, V. A. CROSBY und A. J. HERZIG (*14*) beschrieben worden. Die letztgenannten Verfasser führen aber den Ferrit (Primärferrit) auf Zerfall von Primärzementit bzw. übersättigtem Austenit während des kritischen (passing through the critical) Intervalls zurück und diskutieren überdies keine Beziehungen dieser Erscheinung zur chemischen Zusammensetzung. Es ist aber anzunehmen, daß derartige Zwischenzonen von Ferrit nur dann auftreten werden, wenn das kristallisierende oder kristallisierte Silikokarbid eine genügend hohe Zerfallsgeschwindigkeit hat, um bei den gegebenen Abkühlungsverhältnissen unter Ferritbildung zu zerfallen, andererseits jedoch die in γ-Eisen umgewandelten ehemaligen Ferritstellen keinen Kohlenstoff unter Austenitbildung aufnehmen bzw. sich nicht mehr bis zur perlitischen Konzentration an Kohlenstoff sättigen können. Ähnliche Ursachen liegen vor, wenn durch Anlegen von Kokillen, im Gegensatz zu den Erwartungen, der Guß mitunter an diesen Stellen weicher oder mit wechselnder Härte ausfällt statt mit höherer Härte und Verschleißfestigkeit (Gleitbahnen von Werkbankbetten).

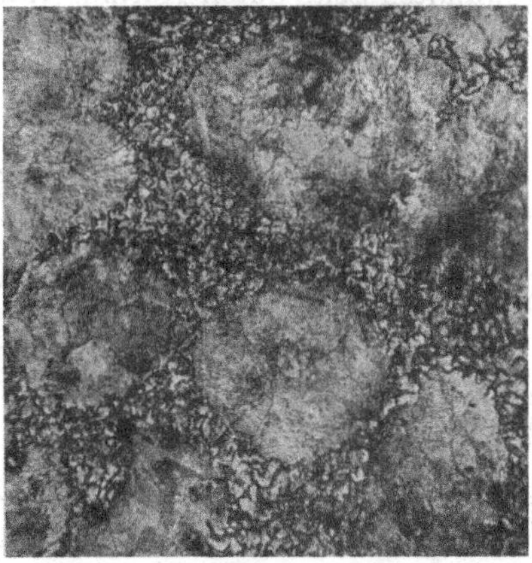

Abb. 102. Eutektikum fast frei von Ferrit. $V = 500$.

Was den beim evtl. Karbidzerfall entstandenen Ferrit betrifft, so kann nach dessen Umwandlung zu γ-Eisen ein je nach chemischer Zusammensetzung und nach vorhandenen Abkühlungsverhältnissen größerer oder kleinerer Anteil an elementarem Kohlenstoff darin in Lösung gehen, es entstehen alsdann eutektische Gefügezonen gemäß Abb. 100 bis 102. Je siliziumreicher nun das Gußeisen und damit auch das umgewandelte γ-Eisen ist, um so schwieriger geht der Kohlenstoff als Austenit in Lösung, bis schließlich der Siliziumgehalt des durch Karbidzerfall entstandenen α-Eisens so groß wird, daß die γ-Umwandlung ganz oder teilweise unterbleibt. In solchen Fällen ist es dann schwierig, den Ferrit überhaupt noch zum Verschwinden zu bringen. Versuche des Verfassers, durch nachträgliches Glühen den Kohlenstoff aufzulösen, ergaben nur bei manchen siliziumärmeren Gußeisensorten einen Erfolg; meistens, insbesondere aber bei höheren Siliziumgehalten, trat selbst durch mehrstündiges Glühen zwischen 900 und 1025° und beschleunigte Luftabkühlung kein Verschwinden der Ferritfelder mehr ein, im Gegenteil, das Eisen wurde nur noch stärker graphitisiert. Abb. 103 z. B., welche eine Lötverbindung nach dem Gussolitverfahren darstellt, zeigt an der Seite des Mutterwerkstoffs bis zu einer gewissen Tiefe zahlreiche Ferritanteile. Hier war die Abkühlungsgeschwindigkeit des aufgebrachten, siliziumreichen Elektrodenmaterials so groß, daß wahrscheinlich die direkte Graphitbildung unterblieb, die Zerfallsgeschwindigkeit des auskristallisierten Silikokarbids dagegen war ausreichend, um die Gussolitraupe an der dem Mutterwerkstoff zugewandten Seite durch Karbidzerfall zu graphitisieren. Bei dem hohen Siliziumgehalt von 3 bis 4% des Elektrodenmaterials wandelt sich der durch Karbidzerfall entstandene Ferrit aber nicht mehr zu γ-Eisen um und bleibt erhalten. An der dem Mutterwerkstoff abgewandten Seite mit der geringeren Abkühlungs- und Erstarrungsgeschwindigkeit dagegen konnte der Graphit noch direkt aus der Schmelze graphitisieren. Das Material gemäß Abb. 103 behielt jedoch die ferritische Zone selbst nach dreistündigem Glühen bei 1025°. Man hätte das Material vielleicht noch um 50 bis 75° höher, d. h. bis in die Temperaturzone beginnenden Schmelzens, erhitzen und nach längerem Glühen daselbst schnell abkühlen müssen, um evtl. den Ferrit zum Verschwinden zu bringen. Um die hier ausgesprochenen Vermutungen experimentell noch weiter zu belegen, hat E. Piwowarsky (*12*) in einem Tammann-Ofen, ausgehend von einem Material mit 3,75% C und 1% Si, in Hartporzellantiegeln von Haldenwanger, Schmelzen von 60 g Gewicht mit zunehmendem Siliziumgehalt erschmolzen, auf etwa 1400° erhitzt,

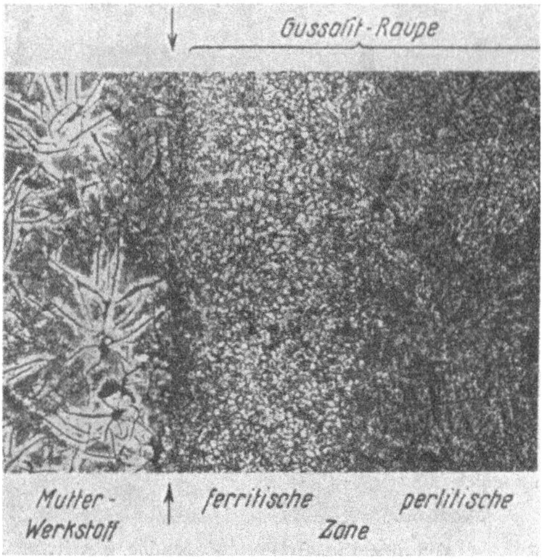

Abb. 103. Gefüge einer Gussolitverbindung (Versuche Siemens & Halske) Ätzung II. $V = 80$.

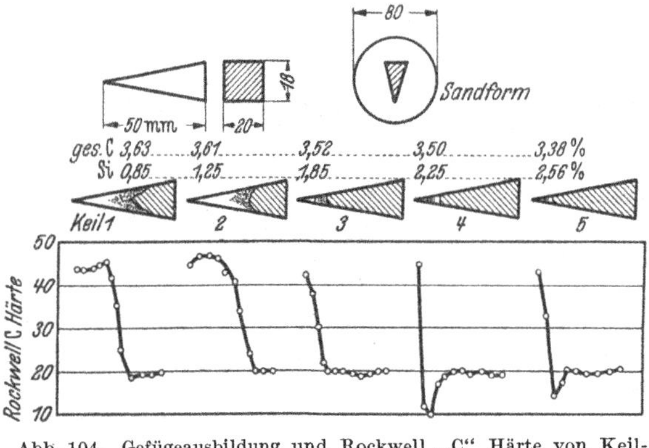

Abb. 104. Gefügeausbildung und Rockwell „C" Härte von Keilproben mit zunehmendem Siliziumgehalt (E. Piwowarsky). Gestrichelt = perlitisch und grau, punktiert = meliert, weiß = weiß.

umgerührt und alsdann in kleine getrocknete Sandformen zu Keilen der in Abb. 104 wiedergegebenen Abmessungen vergossen. Auf einer automatischen Naßschleifmaschine wurden die Keile der in Zahlentafel 16 wiedergegebenen Zusammensetzung an einer Seitenfläche um 6 mm abgeschliffen, von der Spitze aus über die Winkelhalbierende der Keile die Rockwellhärte gemessen, die Lage der weißen, melierten bzw. grauen Zonen durch Skizze festgehalten und von den einzelnen Zonen Gefügeaufnahmen gemacht.

Zahlentafel 16.

Keil Nr.	Gesamt-Kohlenstoff %	Silizium %	Graphit am Kopfende %
1	3,63	0,85	2,55
2	3,61	1,25	2,04
3	3,52	1,85	2,90
4	3,50	2,25	3,00
5	3,38	2,56	3,01

Abb. 104 kennzeichnet die Gefügezonen und den Härteverlauf, Abb. 105 bis 118 geben Mikroaufnahmen bei 500facher Vergrößerung nach sekundärer Ätzung an den den einzelnen Abbildungen beigeschriebenen Entfernungen von der Keilspitze aus. Die Keile Nr. 1 und 2 zeigten entsprechend den Verhältnissen bei Walzenguß eine ferritfreie melierte Zwischenzone und einen damit in Zusammenhang stehenden Härteverlauf. Die höher silizierten Keile Nr. 3 bis 6 dagegen zeigten die erwartete ferrithaltige Zwischenzone. Damit in Übereinstimmung steht der Härteverlauf (Abb. 104). In der ferrithaltigen Zwischenzone besitzen die Keile Nr. 5 und 6 eine geringere Härte als in den dickeren, von der Keilspitze entfernteren Stellen des Gußkörpers. Daß Keil Nr. 3 trotz Auftretens von Ferrit in etwa 6 bis 10 mm Entfernung von der Keilspitze keinen Abfall der Härte aufweist, ist darauf zurückzuführen, daß

a) in 5 bis 7 mm Entfernung von den Keilspitzen der Karbidanteil noch so groß ist, daß er durch seine größere Härte die benachbarten ferritischen Stellen hinsichtlich ihrer geringeren Härte kompensiert und zu einer von den perlitischen Stellen kaum abweichenden Durchschnittshärte bei der Brinellprüfung führt;

b) bei dem noch mäßigen Siliziumgehalt ein Teil des durch Karbidzerfall entstandenen Kohlenstoffs in dem gebildeten kohlenstoffarmen γ-Eisen noch in Lösung gehen konnte, so daß nach dem Erstarrungsvorgang nur noch wenig Ferrit im Gefüge verbleibt (vgl. Abb. 106 bis 108 im Vergleich zu Abb. 112 und 113 bzw. 116 und 117).

Während nun bei Keil Nr. 3 die Abkühlungsverhältnisse in 20 mm Entfernung von der Keilspitze derartig waren, daß das feingraphitische Eutektikum durch Sättigung des γ-Eisens mit Kohlenstoff vollkommen perlitisch werden konnte, reichte im Falle der Keile Nr. 4 und 5 infolge des hohen Siliziumgehaltes die Diffusionsgeschwindigkeit des elementaren Kohlenstoffs hierzu nicht mehr aus, bzw. im Fall des Keils Nr. 5 war voraussichtlich das durch den Karbidzerfall entstehende α-Eisen bereits so reich an Silizium, daß die γ-Umwandlung überhaupt ausblieb. Eine der Abb. 109 entsprechende Gefügepartie war daher in den Keilen Nr. 4 und 5 nicht vorhanden, vielmehr ging das scheineutektische, ferritreiche und feingraphitische Gefüge direkt in das reinperlitische, grobgraphitischere Gefügefeld über, wie es in den Abb. 110, 114 und 118 wiedergegeben ist und aus direkter Kristallisation des Graphits aus der Schmelze entstanden angenommen werden muß. Es ist bekannt, daß auch normaler Walzenguß mit Siliziumgehalten unter etwa 1% niemals oder nur äußerst selten ferritische Stellen in den melierten Zonen aufweist. Dies steht in Übereinstimmung mit den Versuchen von H. Hanemann (*5*) über die geringe Zerfallgeschwindigkeit des Karbids siliziumarmen weißen Gußeisens (Abb. 97).

Die bisherigen Beobachtungen lassen also erkennen, daß bei bestimmt zu-

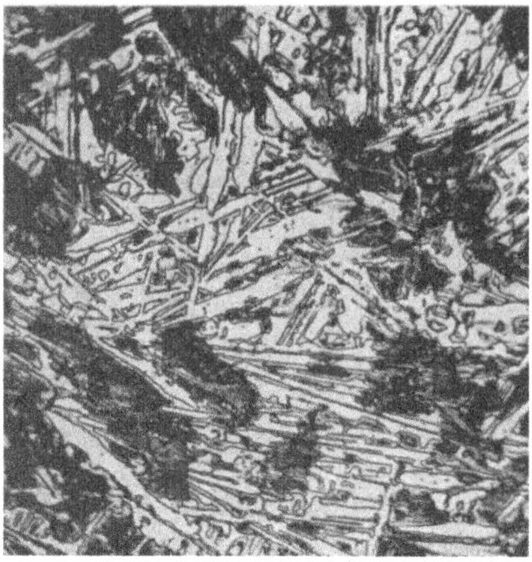

Abb. 105. Gefüge von Keil Nr. 3. $V = 500$. 3 mm von der Keilspitze entfernt.

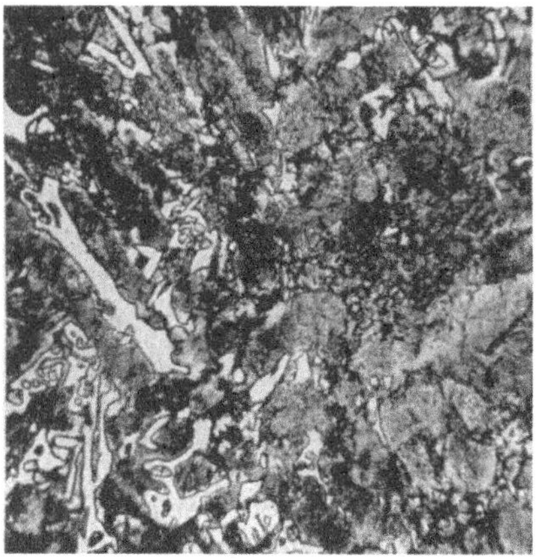

Abb. 106. Wie Abb. 105, jedoch 6 mm von der Keilspitze.

Abb. 107. Wie Abb. 105, jedoch 8 mm von der Keilspitze.

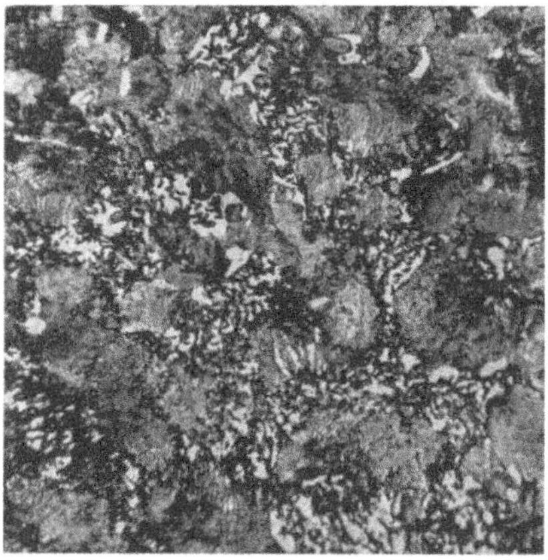

Abb. 108. Wie Abb. 105, jedoch 10 mm von der Keilspitze.

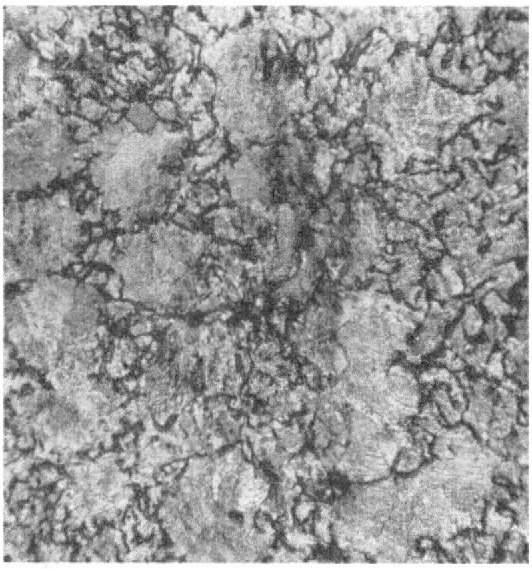

Abb. 109. Wie Abb. 105, jedoch 20 mm von der Keilspitze.

Abb. 110. Wie Abb. 105, jedoch 40 mm von der Keilspitze.

sammengesetzten Gußeisen unter ganz bestimmten Bedingungen der Fall eintreten kann, wo bei kritischem Siliziumgehalt (1,6 bis 2,2% Si) die Graphitbildung über den Karbidzerfall geht. Von der Abkühlungsgeschwindigkeit unmittelbar nach erfolgter Erstarrung und dem Siliziumgehalt des intermediär entstandenen Ferrits wird es alsdann abhängen, ob und wieweit dieser Ferrit bestehen bleibt bzw. sich in kohlenstoffhaltigen Austenit umwandelt.

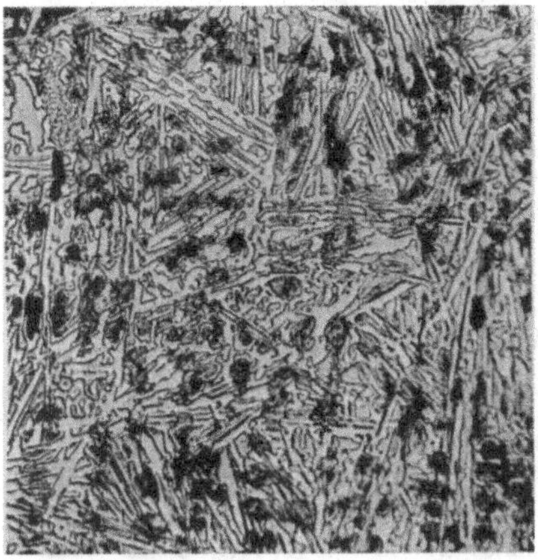

Abb. 111. Gefüge von Keil 4, in 3 mm Entfernung von der Keilspitze. $V = 500$.

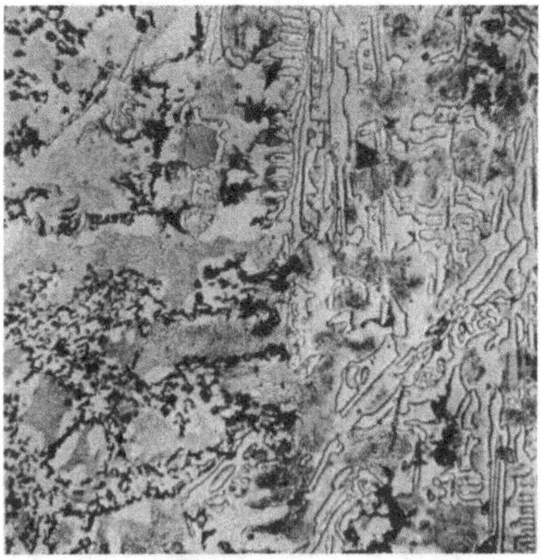

Abb. 112. Wie Abb. 111, jedoch 6 mm von der Keilspitze.

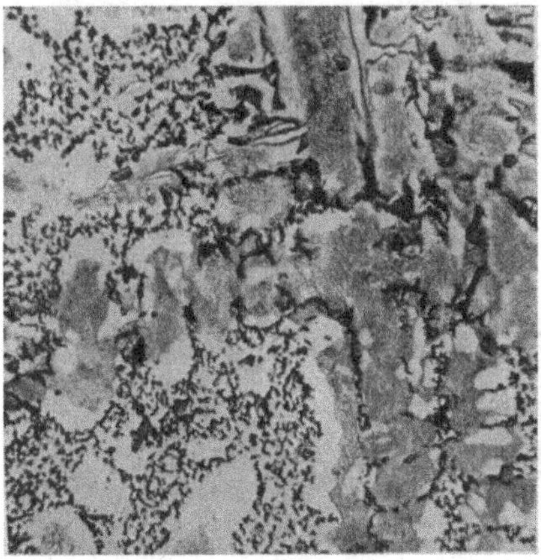

Abb. 113. Wie Abb. 111, jedoch 8 mm von der Keilspitze.

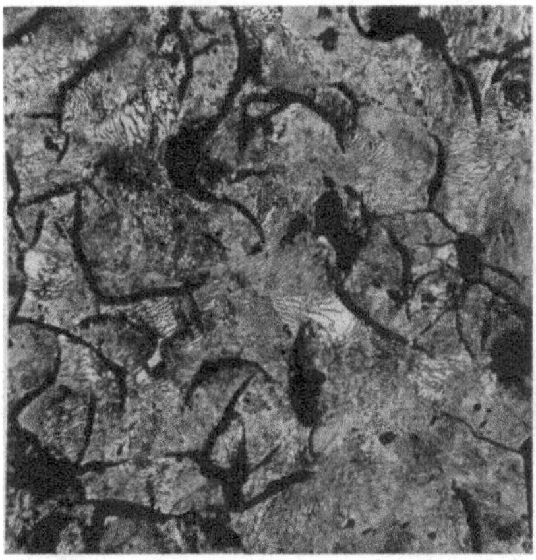

Abb. 114. Wie Abb. 111, jedoch 40 mm von der Keilspitze.

Es ist bekannt, daß nach sehr hoher Schmelzüberhitzung von Grauguß neben einer starken Graphitverfeinerung eine zunehmende Entstehung von Ferrit im Gefüge beobachtet werden kann (Umkehrpunkt). Diese vom Verfasser bereits im Jahre 1925 (*15*) beschriebene Beobachtung wurde von diesem mit einer Umkehr in der Wärmetönung der Reaktion:

$$3\,Fe + C \rightleftarrows Fe_3C \pm WE$$

in Beziehung gebracht. Eine Auswertung zahlreicher späterer Versuche führten den Verfasser zu der Auffassung, daß eine Umkehr der endothermen Wärmetönung bei der molekularen Karbidbildung im flüssigen Gußeisen unwahrscheinlich ist. Es scheint vielmehr sicher, daß mit zunehmender Überhitzung die Neigung zur karbidischen Erstarrung grundsätzlich zunimmt, bis nach Überschreitung einer kritischen Überhitzungstemperatur die Neigung zur direkten Graphitkristallisation so abgenommen hat, daß die Graphitbildung (ausreichende Si-Gehalte vorausgesetzt) mehr und mehr den Weg über den Karbidzerfall nimmt, wodurch zunehmende Ferritmengen entstehen und im Gefüge auch bei

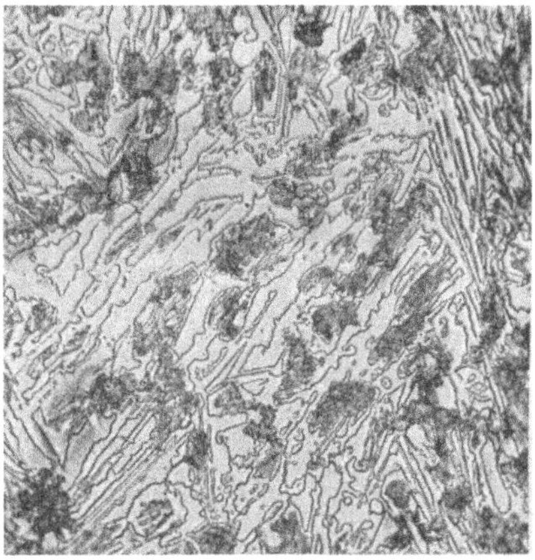

Abb. 115. Gefüge von Keil Nr. 5, in 3 mm Entfernung von der Keilspitze.

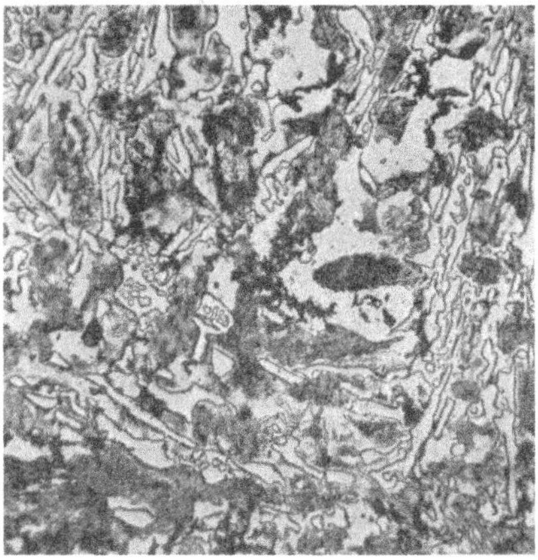

Abb. 116. Wie Abb. 115, jedoch 5 mm von der Keilspitze.

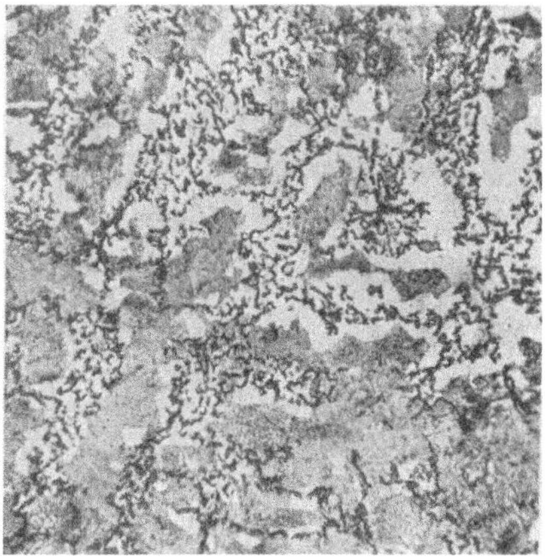

Abb. 117. Wie Abb. 115, jedoch 9 mm von der Keilspitze.

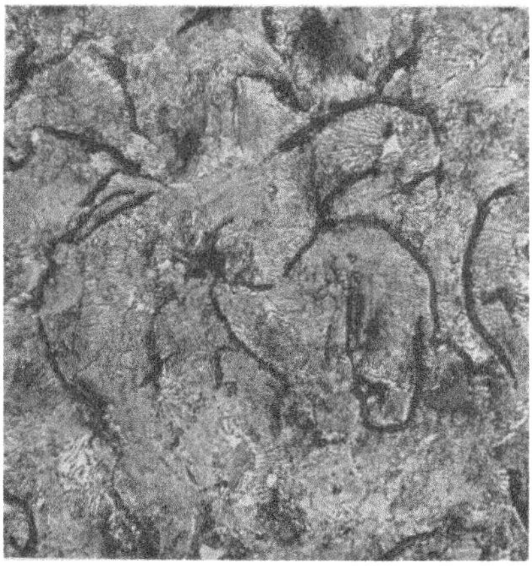

Abb. 118. Wie Abb. 115, jedoch 40 mm von der Keilspitze.

Zimmertemperatur erhalten bleiben. Wo allerdings die Grenzen liegen zwischen dieser Erscheinung und der Möglichkeit einer Ferritbildung durch Entartung des Graphiteutektoids gemäß der Auffassung von H. Hanemann, müssen weitere Versuche klären.

Die in einer neueren Arbeit von E. Piwowarsky (*12*) auf Grund automatisch aufgenommener Abkühlungskurven gezogenen Schlußfolgerungen können vorläufig nicht zum Beweis der Graphitisierung durch Karbidzerfall dienen, da die dort bei den Versuchsreihen *O* und *P* beobachteten Sprünge in den Abkühlungskurven durch erst später erkannte Störungsvorgänge zustande kamen (*16*). Dagegen bleiben die Ergebnisse der damaligen Reihen A bis C (vgl. Zahlentafel 17)

Zahlentafel 17.

Reihe	Chemische Zusammensetzung C %	Si %	Mn %	Graphit %	Gewicht g	Behandlung der Schmelze	Abkühlungsgeschwindigkeit °/sec	Art der Schlacke bzw. Zusätze
A I	2,83	0,42	0,40	0,64	20	ungerührt	100°/68″	ohne Schlacke
A II	2,90	0,42	0,40	0,16	20	gerührt	100°/68″	ohne Schlacke
A III	2,78	0,37	0,40	0,50	20	gerührt	100°/68″	ohne Schlacke
A IV	2,83	0,65	0,40	1,12	20	ungerührt	100°/68″	0,35% Si } nachgesetzt
A V	2,81	0,25	0,72	0,10	20	ungerührt	100°/68″	0,35% Mn } nachgesetzt
B I	2,84	0,32	0,36	0,19	20	gerührt	100°/68″	ohne Schlacke
B II	2,66	0,33	0,36	0,23	20	gerührt	100°/68″	ohne Schlacke
B III	2,65	0,25	0,36	0,25	20	gerührt	100°/68″	ohne Schlacke
B IV	2,60	0,38	0,36	0,36	20	gerührt	100°/68″	0,20% Si } nachgesetzt
B V	2,75	0,38	0,38	0,26	20	gerührt	100°/68″	0,20% Si } nachgesetzt
C I	2,60	0,38	0,36	1,25	20	gerührt	100°/68″	ohne Schlacke
C II	2,56	0,39	0,36	1,28	20	gerührt	100°/68″	ohne Schlacke
C III	2,28	0,36	0,36	0,86	20	gerührt	100°/68″	ohne Schlacke
C IV	2,37	0,36	0,36	0,84	20	gerührt	100°/68″	ohne Schlacke
C V	2,32	0,40	0,36	0,86	20	gerührt	100°/68″	ohne Schlacke
C VI	2,32	0,36	0,36	0,95	20	gerührt	100°/68″	ohne Schlacke

nach wie vor bestehen. Abb. 119 zeigt die automatisch aufgenommenen Abkühlungskurven eines siliziumarmen Eisens der Versuchsreihe A. Die maximale Temperatur der Schmelze betrug stets 1225°, d. h. das Material war eben aufgeschmolzen worden ohne irgendwelche zusätzliche Überhitzung. Die Schmelzen erstarrten im Tiegel bei einer Abkühlungsgeschwindigkeit von 100° je 68 sec (1,5°/sec).

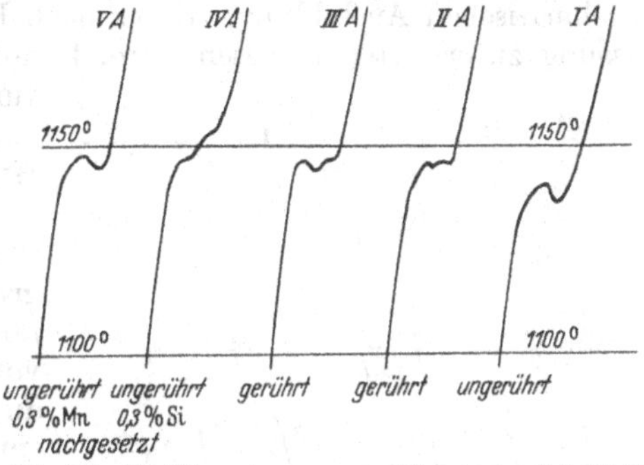

Abb. 119. Abkühlungskurven von Schmelzen mit 2,8% C und 0,4% Si von 1225° abgekühlt (Reihe A).

Kurve *I* zeigt den bei der Erstarrung von Gußeisen, insbesondere von grauem Eisen, vorwiegend auftretenden Kurvencharakter (S-Form mit mehr oder weniger starker Unterkühlung). Durch Rühren der Schmelze (Kurve *II*) wird der Grad der Unterkühlung kleiner, die Kurve ist aufgespalten, der Graphitgehalt geringer (vgl. Zahlentafel 17). Die unter gleichen Bedingungen gewonnene Kurve *III* zeigt den gleichen Typ, nur hat infolge unzureichenden Rührens nach Einsetzen des Erstarrungsvorganges der zweite Teil des dem Erstarrungsvorgang zugehörigen Kurventeils erneut Tendenz zur Ausbildung der S-Kurve mit Unterkühlung. Gleichzeitig ist auch der Graphitanteil angestiegen. Durch Zusatz von 0,35% Si in Form von 90proz. FeSi ist trotz ruhiger Erstarrung der Schmelze eine besonders eindeutige Spaltung des Haltepunktes (Kurve *IV*) eingetreten, wobei die Schmelze meliert fiel mit ziemlich hohem Graphitanteil. Nachsetzen von 0,35% Mangan in Form hochprozentigen FeMn ergab dagegen trotz weißer Erstarrung erneut die mit Kurve *I* scheinbar übereinstimmende S-Form (Kurve *V*).

Abb. 120 zeigt die Abkühlungskurven von Schmelzen ähnlicher Zusammensetzung (ein wenig ärmer an Si und Mn), die bei gleicher Abkühlungsgeschwindigkeit wie Reihe A, aber durchweg unter mechanischer Rührung der Schmelzen (Sillimanitstäbchen) zur Erstarrung gelangten. Kurve *B I* und Kurve *B III* zeigen wiederum Verdoppelung des thermischen Effektes während des eutektischen Intervalls. Der Graphitanteil ist jedoch sehr klein und bei allen Schmelzen annähernd gleich und unabhängig vom Charakter der Abkühlungskurven.

Abb. 121 zeigt die Abkühlungskurven der gleichen Gattierung, erschmolzen unter den gleichen Bedingungen, jedoch nicht in Tiegeln aus sog. D-4-Masse der Staatlichen Porzellan-Manufaktur Berlin (mit 70% Al_2O_3), sondern in Magnesittiegeln. Die Kurven zeigen keine Spaltung, sondern mehr oder weniger ausgesprochene S-Form. Bei der größeren Leitfähigkeit des Tiegelmaterials ist ihre Temperatur aber durchweg um 30 bis 50° tiefer gegenüber Reihe A und B. Anscheinend waren diese Schmelzen äußerst empfindlich gegen geringe Änderungen der maximalen Überhitzung, wodurch die mehr oder weniger starken Unterkühlungen beeinflußt wurden. Überraschend ist nun, daß trotz der allgemein um 30 bis 50° tieferen Lage der Kurven sämtliche Schmelzen meliert und mit erheblichen Anteilen an Graphit fielen. Die stärkere Unterkühlung gab demnach den Schmelzen erhöhte Neigung zur grauen Erstarrung und nicht zur weißen, ledeburitischen Ausbildung, wie es nach bisher fast allgemein vertretener Auffassung zu erwarten gewesen wäre. Damit aber finden sich auch die Beobachtungen von Heike und May, von Bancroft und Dierker, Parke, Crosby und Herzig bestätigt.

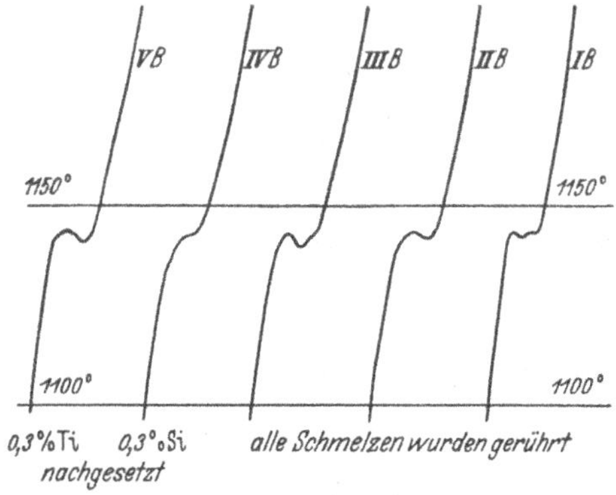

Abb. 120. Abkühlungskurven verschiedener Schmelzen mit etwa 2,6% C und 0,3% Si von 1240° abgekühlt (Reihe B).

Die E. Piwowarskyschen Versuche (*12*) sind aber noch nach anderer Richtung grundsätzlich auswertbar. Die zu Anfang dieses Kapitels erwähnten Arbeiten von R. Ruer und F. Goerens sowie diejenigen von P. Goerens hatten ja eindeutig ergeben, daß beim Aufschmelzen von Gußeisen zwei ausgeprägte Haltetemperaturen auftreten, von denen die tiefer gelegene dem Gleichgewicht zwischen Schmelze und einem Austenit-Karbid-Gemisch, die um 7 bis 8° höher gelegene dagegen dem Gleichgewicht zwischen Schmelze und einem Austenit-Graphit-Gemisch zukommt. Aus diesen Feststellungen hat alsdann fast die gesamte technische Fachwelt die Berechtigung der Koexistenz des Dualsystems Eisen-Graphit bzw. Eisen-Karbid abgeleitet mit dem Erfolg der Fassung des heutigen Eisen-Kohlenstoff-Diagramms. War bei dem verschiedenen Energiegehalt von Graphit und Karbid zu erwarten, daß jene beiden oben gekennzeichneten Gleichgewichtstemperaturen eine verschiedene Lage haben mußten, so konnte das Dualsystem eigentlich aber erst dann vollkommen befriedigen, wenn es gelang, auch bei der

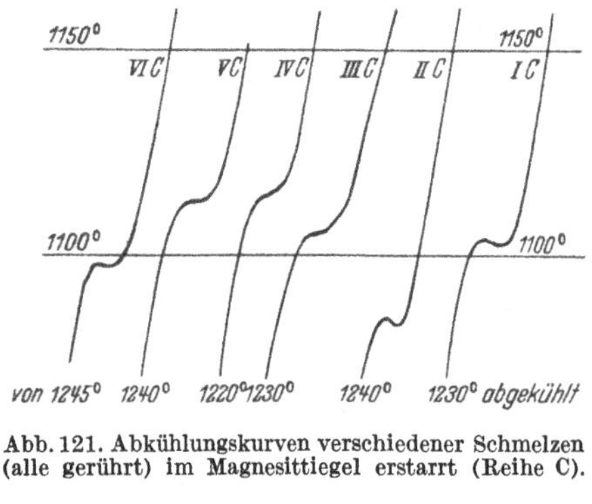

Abb. 121. Abkühlungskurven verschiedener Schmelzen (alle gerührt) im Magnesittiegel erstarrt (Reihe C).

Abkühlung die Differenzierung der beiden Temperaturen, z. B. bei meliert fallenden Eisensorten, nachzuweisen. Man hätte freilich argumentieren können, daß es bislang deswegen nicht glückte, die Spaltung der Haltetemperaturen bei der Erstarrung zu erzwingen, weil durch Neigung zur Unterkühlung die eutektischen Haltepunkte stets unterhalb der wahren Gleichgewichtstemperaturen beider Systeme zu liegen kämen, so daß die Kristallisation des einen Systems auch sofort die Kristallisation des andern auslöste und sich daher stets nur ein Haltepunkt ergab. Nun kann man aber, wie wir sahen, gerade bei Gußeisen durch hohe oder unzureichende Überhitzung der Schmelze, durch mechanische Bewegung oder geeignete Impfung die Neigung zur Unterkühlung bei der Erstarrung weitgehend beeinflussen oder aufheben. Tatsächlich schien nach langen vergeblichen Versuchen dieser Art dem Verfasser schon früher einmal eine solche Spaltung geglückt zu sein (*17*), und zwar an einem siliziumfreien Eisen mit 4,05% C bei einer Abkühlungsgeschwindigkeit von 10°/min. Es zeigte sich aber im Rahmen weiterer sehr umfangreicher Versuche, daß derartige Spaltungen auch dann aufzutreten vermochten, wenn das Eisen vollkommen grau erstarrte bzw. wenn bei weißer Erstarrung sich nur so wenig Graphit bildete, daß die diesem Graphitanteil gegebenenfalls zukommende Wärmetönung quantitativ in keinem Verhältnis stand zu dem prozentualen Graphitanteil, der sich bei der Erstarrung des Materials gebildet hatte. Es scheint demnach, als ob die Bemühungen, zur Stützung der Auffassung des Dualsystems auch bei der Abkühlung von Gußeisen eine Spaltung der eutektischen Haltepunkte zu erzwingen, keine Aussichten auf praktischen Erfolg haben, da die eindeutige Zuweisung der thermischen Teileffekte zu dem einen oder anderen der beiden in Frage kommenden (stabilen oder metastabilen) binären Systeme auf Schwierigkeiten stößt.

O. v. Keil (*18*) kam bei der Untersuchung von sorgfältig eingeschmolzenen und aufgekohlten Proben von Elektrolyteisen und Temperroheisen zu dem Ergebnis, daß der Graphit in Abhängigkeit von der Lage des Erstarrungspunktes, sowohl primär aus der flüssigen Phase, und zwar in nadeliger Form bei Hochlage der Haltepunkte ausgeschieden werden kann, als auch durch Zerfall nach metastabiler Erstarrung, und zwar alsdann in graupeliger (feineutektischer) Form bei Tieflage des Erstarrungsintervalls. Bei der Untersuchung überhitzter Schmelzen zeigte sich in Bestätigung der Auffassungen von E. Piwowarsky, daß bei diesen die kritische Abkühlungsgeschwindigkeit für das Zementitsystem zu sehr geringen Werten verschoben wird, d. h. daß überhitzte Schmelzen auch bei relativ langsamerer Abkühlung noch metastabil mit nachfolgender Zersetzung erstarren können. Weitere Versuche zeigten übrigens, daß diese Eigenschaften auch bei nochmaligem Aufschmelzen erhalten blieben. Der Überhitzungseffekt macht sich also am stärksten in einer Begünstigung der karbidischen Phase geltend. Da aber die karbidische Phase die feingraphitische Ausbildung nach sich zieht, so sei die durch Überhitzung erzielte Qualitätsverbesserung zwanglos erklärbar.

O. v. Keil hat im Gegensatz zu früheren Untersuchungen anderer Forscher thermische und mikrographische Untersuchungen gleichzeitig angewendet. Die Ergebnisse über den Zusammenhang zwischen der Lage des Haltepunktes und der Ausbildungsart des Graphits sind an 300 Schmelzen mit verschiedenem Si- und Mn-Gehalt erprobt. Auch v. Keil glaubt demnach in Übereinstimmung mit W. Heike und H. May (*11*), daß der grobe lamellare Graphit des Eutektikums durch direkte Graphitkristallisation, der feineutektische durch Karbidzerfall entstehe. Auch v. Keil ist demnach der Auffassung, daß es sich beim feineutektischen Graphit um ein Scheineutektikum handelt im Gegensatz zu E. Schüz (*19*), der auch diese Form des Eutektikums für ein echtes Graphiteutektikum hält.

In einer weiteren Arbeit haben dann O. v. KEIL und F. KOTYZA (*20*) auf Grund zahlreicher Schmelzversuche in Magnesiatiegeln an Schmelzen von 150 bis 180 g Gewicht bei einer Abkühlungsgeschwindigkeit von durchschnittlich 30^0/min bei Vermeidung von Überhitzungen über 1400^0 C im Konzentrationsgebiet des Systems Eisen-Kohlenstoff-Silizium diejenigen Gebiete experimentell abgegrenzt, innerhalb deren die Schmelzen mit lamellarem Graphit (nadelig), mit feineutektischem Graphit (graupelig) bzw. weiß erstarren und hierbei folgendes festgestellt:

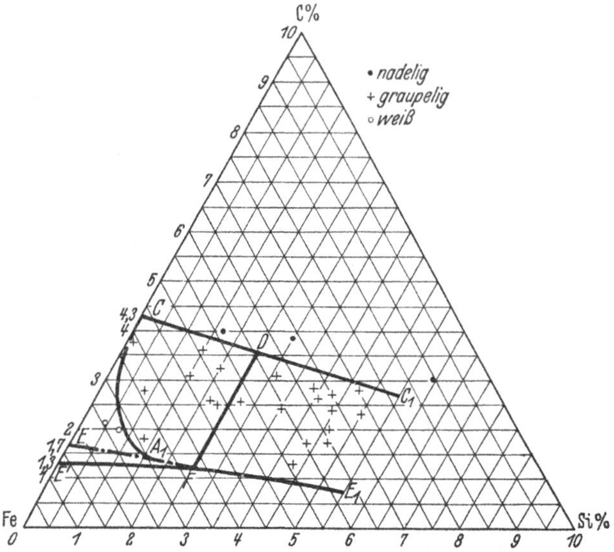

Abb. 122. Erstarrungsschaubild reiner Eisen-Kohlenstoff-Silizium-Legierungen (von KEIL und KOTYZA).

1. In untereutektischen Schmelzen erstarren Eisen-Kohlenstoff-Silizium-Legierungen bei den gewählten durchschnittlichen Abkühlungsbedingungen von 30^0/min durchweg metastabil mit nachfolgender Zersetzung des Karbides. Erst übereutektische Schmelzen zeigen stabile Erstarrung.

2. Durch Zusatz von Mangan wird einerseits bei niedrigen Kohlenstoffgehalten die Weißerstarrung beständiger, während bei nahezu eutektischen Konzentrationen die stabile Phase begünstigt wird.

3. Mit steigendem Mangangehalt wird das Gebiet der metastabilen Erstarrung mit nachfolgender Zersetzung kleiner.

4. Die ferritische Ausbildung der Grundmasse wird bei Legierungen mit metastabiler Erstarrung und nachfolgender Zersetzung durch die einmal eingeleitete Zersetzungsreaktion deutlich gefördert.

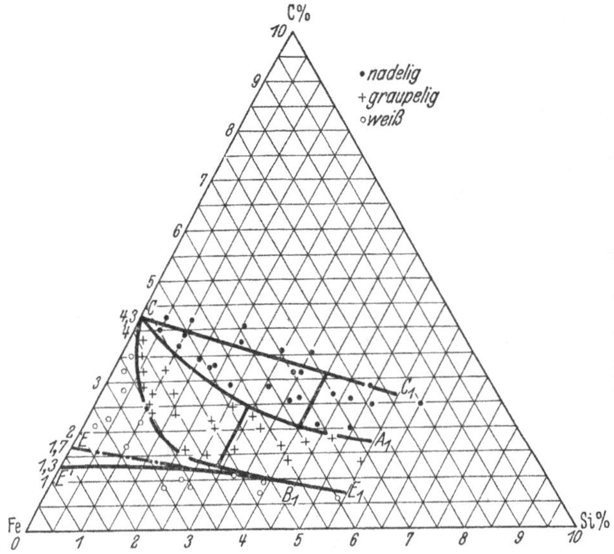

Abb. 123. Erstarrungsschaubild von Eisen-Kohlenstoff-Silizium-Legierungen mit 0,3% Mn (von KEIL und KOTYZA).

Die Abb. 122 bis 125 zeigen die Ergebnisse der Arbeit, wobei im ternären Schaubild die Verschiebung der eutektischen Konzentration durch Silizium nach den Untersuchungen von F. WÜST und O. PETERSEN, die des Sättigungspunktes für das metastabile System nach W. GONTER-

MANN, für das stabile System nach K. MORSCHEL eingezeichnet wurden. Die von KEIL und KOTYZA hinsichtlich des Einflusses hoher Mangangehalte erbrachten Versuchsergebnisse scheinen allerdings einer Nachprüfung auf ihre Allgemeingültigkeit wert zu sein.

Den metallographischen Nachweis eines Falles von feineutektischer Graphitbildung in Si-reichen Legierungen durch Karbidzerfall konnte E. PIWOWARSKY (*21*) wie folgt erbringen:

Je 300 g eines Gußeisens mit 2,78% Si und 3,42% C wurden im Tammannofen (Magnesiatiegel) auf 1350° erhitzt, alsdann nach stets gleichartiger Abkühlungsgeschwindigkeit im Schmelzfluß mitsamt dem Tiegel bei 1120°, d. h. etwa 20 bis 30° unterhalb der eutektischen Erstarrung in kochendem Wasser abgeschreckt. Weitere Schmelzen wurden bei 1300° in eine vorgewärmte eiserne Kokille zu dünnen Stäben vergossen.

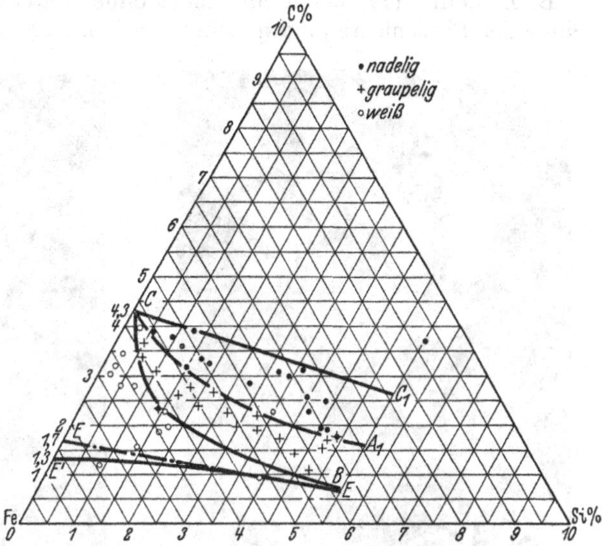

Abb. 124. Erstarrungsschaubild von Eisen-Kohlenstoff-Silizium-Legierungen mit 2% Mn (von KEIL und KOTYZA).

Abb. 126 und 127 zeigen das Ergebnis des Versuches. Der Zusammenhang zwischen Ledeburitausbildung in Abb. 126 mit dem Graphiteutektikum ist unverkennbar. Das Graphiteutektikum ist von fast reinem Eisen umgeben, das hier zweifellos vom Karbidzerfall herrührt und infolge der schnellen Abkühlung keinen Kohlenstoff mehr aus den Mischkristallen durch Diffusion aufnehmen konnte. Es handelt sich hier demnach nicht um die ferritische, im Perlitintervall abgeschiedene Komponente.

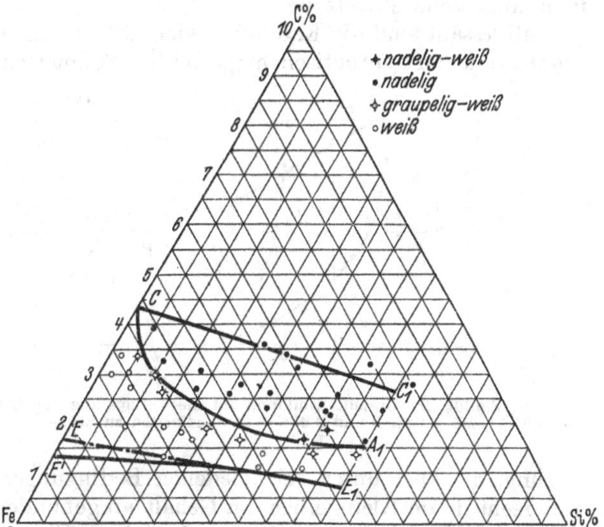

Abb. 125. Erstarrungsschaubild von Eisen-Kohlenstoff-Silizium-Legierungen mit 3,5% Mn (von KEIL und KOTYZA).

Die mäßigere Abschreckung durch Kokillenguß führte neben etwas vergröberter Ledeburitbildung zu zahlreichen, ziemlich gleichmäßig verteilten Graphitnestern (Abb. 127), die ebenfalls von kohlefreiem Eisen umgeben sind, dessen Existenz gleichfalls nur vom Karbid-(Silikokarbid-)Zerfall herrühren kann.

Aus diesen Gründen kann auch das in hochsilizierten Eisensorten (3 bis 3,5% Si) durch Kokillenguß gewonnene feingraphitische Eutektikum, wie es z. B. E. SCHÜZ (*19*) beschreibt, nicht ohne weiteres als Graphiteutektikum im Sinne der Phasenlehre angesprochen werden. Denn auch bei den Versuchen von

Abb. 126. Gußeisen im Erstarrungsintervall von 1120° in Wasser abgeschreckt (Ätzung II, $V = 500$).

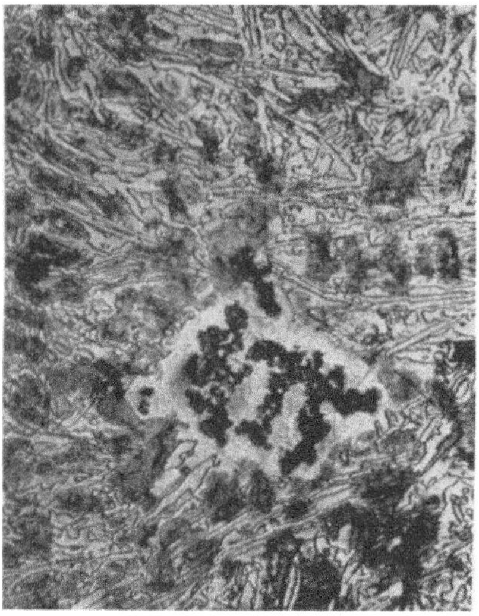

Abb. 127. Gefüge des in Kokille vergossenen Gußeisens (Ätzung II, $V = 300$).

SCHÜZ folgt der fein-ledeburitischen Randzone seiner Güsse unmittelbar die feingraphitische Mittelzone.

Interessant sind die Ergebnisse einer älteren Arbeit von A. L. NORBURY (*22*). Dieser fand an synthetischen hergestellten Schmelzen genau gleicher Zusammen-

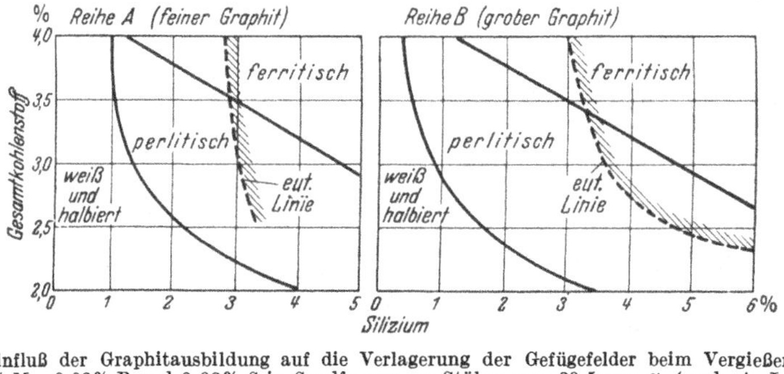

Abb. 128. Einfluß der Graphitausbildung auf die Verlagerung der Gefügefelder beim Vergießen von Gußeisen mit 1% Mn, 0,03% P und 0,03% S in Sandformen zu Stäben von 30,5 mm ⌀ (nach A. L. NORBURY).

setzung, die aber unter verschiedenen Bedingungen erschmolzen waren, große Unterschiede im Kleingefüge, im Gehalt an gebundenem Kohlenstoff, in der Neigung zum Abschrecken, in den mechanischen Eigenschaften usw. Die feineutektisch erstarrten Schmelzen zeigten bereits bei kleineren Siliziumgehalten, bzw. bei gleichen Si-Gehalten bereits bei wesentlich geringeren Kohlenstoffgehalten Ferrit im Gefüge (Abb. 128). Hier könnte diese Erscheinung allerdings durchaus auf die von H. HANEMANN (*5*) durch die feinere Graphitbildung begünstigte Entartung des Graphiteutektoids zurückzuführen sein. Doch muß auch im

Augenblick der eutektischen Erstarrung der Schmelzen ihr Charakter verschieden gewesen sein, da die Grenzlinien, welche bei abnehmenden Querschnitten die weiß bzw. meliert erstarrten von den grau erstarrten Eisensorten trennen, im Falle der feineutektischen Schmelzen eine größere Neigung zur weißen Erstarrung zeigten (Abb. 129). Auch das Phosphidnetzwerk war im Falle der feingraphitischen Schmelzen besser ausgeprägt als im Falle der grobgraphitischen Sorten. Es scheint also, daß hier auch graduell verschiedene Neigungen zur Unterkühlung vorlagen.

Inzwischen haben auch H. Esser, F. Greis und W. Bungardt (vgl. Kapitel XIIb, Seite 332) den Nachweis erbracht, daß weißes Gußeisen eine viel geringere innere Reibung besitzt als graues Gußeisen, was auf einen verschiedenartigen molekularen Aufbau dieser Eisensorten schließen läßt. Daraus ergeben sich wiederum zwangsläufig Verschiedenheiten im Verhalten beim Kristallisieren aus der Schmelze.

Nach Ansicht von Tutom Kasé (*33*) soll sogar der übereutektische Graphit ein Zersetzungsprodukt des Eisenkarbids sein, da Röntgenuntersuchungen zeig-

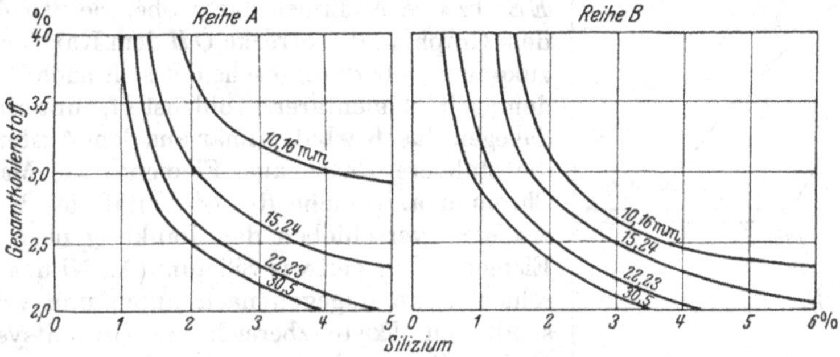

Abb. 129. Abschreckungskurven, die grauerstarrtes von weißem und halbiertem Gußeisen trennen, in Sand gegossene Probestäbe von verschiedenem Durchmesser (A. L. Norbury).

ten, daß kein Einkristall, sondern ein Aggregat feiner Graphitteilchen mit keiner bestimmten Orientierung vorliege.

Die Graphitisierung über den Karbidzerfall kann offenbar auch eine der Ursachen sein, daß man in den meisten Graugußsorten so selten sekundären Graphit (Segregatgraphit) nachweisen kann. Auch findet man z. B. selbst an harten Stellen weit eher ledeburitische Karbidanteile als solche aus sekundärer Zementitabscheidung. Unter den Abkühlungsbedingungen des praktischen Betriebes (abgesehen vom Kokillenguß) wird das gegebenenfalls durch den Karbid-(Silikokarbid-)Zerfall frei gewordene Eisen aus den benachbarten Mischkristallen Kohlenstoff durch Diffusion aufnehmen können, so daß deren Konzentration sich entsprechend verringert, was zur Folge hat, daß bei der Abkühlung der austenitischen Mischkristalle die Linien der sekundären Zementit- bzw. Graphitausscheidung erst bei wesentlich tieferen Temperaturen geschnitten werden. Besitzt z. B. ein Gußeisen einen Ges.-C-Gehalt von etwa 3% und haben die Mischkristalle bei eutektischer Temperatur eine maximale Sättigung von $\sim 1{,}2\%$, so werden etwa 1,8% C bei der eutektischen Erstarrung ausgeschieden, was einer Eisenmenge von: $\frac{93{,}33 \cdot 1{,}8}{6{,}67} = \sim 24\%$ entspricht, d. h. bei Aufkohlung dieses Eisens durch Diffusion wird die Konzentration des Austenits an Kohlenstoff von 1,2 auf etwa 0,9% sinken und damit der Konzentrationsunterschied desselben gegenüber derjenigen des zugehörigen Perlitpunktes entsprechend kleiner.

Da wir demnach annehmen müssen, daß die eutektische Erstarrung grauen Gußeisens in manchen Fällen durch die metastabilen Kristallarten eingeleitet wird, so ist es nicht angängig, lediglich die Gefügefelder des stabilen Systems zur Erklärung der Erstarrungsvorgänge heranzuziehen, wie dies fast immer getan wird. Die Vorgänge bei der Erhitzung und beim Einschmelzen einerseits, bei der Erstarrung und Abkühlung andererseits brauchen sich durchaus nicht hinsichtlich der auftretenden Phasen und ihrer Konzentrationen zu entsprechen. Die Verhältnisse sind für Erhitzung und Abkühlung wahrscheinlich andere, und nur in den seltensten Fällen, wenn überhaupt, reversibel.

Eine eigenartige Auffassung bezüglich der Gleichgewichtsverhältnisse in ternären Eisen-Kohlenstoff-Silizium-Legierungen vertritt D. HANSON (*23*). An getemperten Abschreckproben führte er umfangreiche Gefügeuntersuchungen durch. Gestützt auf diese Beobachtungen stellte er als kennzeichnend für einen Schnitt durch das ternäre Fe-Si-C-Diagramm parallel zur binären Eisen-Kohlenstoff-Ecke ein Schaubild gemäß Abb. 130 auf, das als Überschneidung der binären Fe-C- bzw. Fe-Fe_3C-Diagramme angesehen werden könnte. Punkt Q stelle den Schnittpunkt der ES- bzw. $E'S'$-Linien dar, wobei die Strecke QC dem Graphit-, die Strecke QH dem Karbidsystem zukomme. Oberhalb Q scheidet sich nach HANSON demnach elementarer Kohlenstoff, unterhalb Q dagegen das Karbid primär aus dem Austenit als die stabilere Phase aus. Elemente wie Mangan, Chrom u. a., welche die Stabilität des Karbids erhöhen, verschieben den Punkt Q nach oben, Elemente dagegen wie Silizium (Al, Ni u. a.) verschieben ihn dagegen nach unten und erhöhen somit den Existenzbereich des Graphitsystems. Gleichzeitig werden auch diejenigen Gefügefelder, in denen neben γ- bzw. α-Eisen das Karbid bzw. das Karbid neben Graphit im Gleichgewicht koexistent ist, verkleinert. Nach D. HANSON würde die Mehrzahl der Gußeisenlegierungen, bestimmt aber alle mit mehr als etwa 2% Si, nur oberhalb etwa 700° den Graphit als die stabilere Kohlenstofform besitzen.

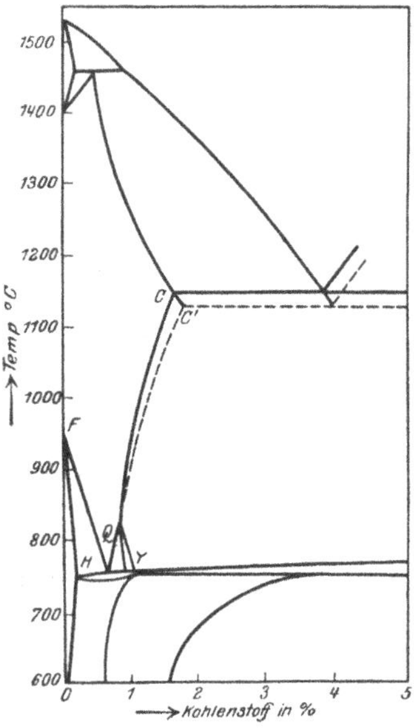

Abb. 130. Eisen-Kohlenstoff-Diagramm nach HANSON.

Diese Negierung des Dualsystems steht mit den Ergebnissen der sehr exakten Arbeiten von RUER, MORSCHEL, SCHENCK (*24*) u. a. im Widerspruch. Wenn in Si-armen Gußeisensorten von etwa 700° abwärts das Karbid als die stabilere Phase angesehen wird, so beweisen die auf S. 92 bis 98 diskutierten Arbeiten, insbesondere aber die Ergebnisse der Untersuchungen von G. TAMMANN und K. EWIG (S. 29) das Gegenteil. Zwar ist die Bildungswärme der Silikokarbide nicht bekannt, aber die Befunde insbesondere der japanischen Forscher (vgl. S. 65ff.), daß diese Verbindungen beim Glühen sehr schnell zerfallen, sprechen gegen die Hansonsche Annahme des Stabilitätswechsels im festen Aggregatzustand. HANSON berücksichtigte nicht genügend, wie schwer es ist, von der übersättigten γ-Lösung aus das Gleichgewicht gemäß der $E'S'$-Linie zu erreichen (vgl. S. 46), daß ferner die große Dichte und Gasfreiheit (von CO und CO_2) seiner im Stickstoffstrom erschmolzenen Proben und damit der erhöhte Gegendruck sowie die Abwesenheit katalysierender Gase die Neigung zum Karbidzerfall bedeutend beeinträchtigen mußten. Auch viele Erscheinungsformen beim Tempervorgang sowie manche andere Erscheinungsformen, z. B. die des sog. Schwarzbruches (d. h. des Karbidzerfalls in siliziumarmen Werkzeugstählen), sprechen gegen die Richtigkeit der

Hansonschen Auffassung. Es muß demnach mit P. BARDENHEUER (*25*) vermutet werden, daß bei den Hansonschen Temperversuchen der Gleichgewichtszustand nicht völlig erreicht worden war. Auch E. SCHEIL (*26*) kommt zur Ablehnung der Hansonschen Hypothese des Stabilitätswechsels unter Atmosphärendruck und spricht den Diagrammen desselben lediglich bei höheren Drücken eine Wahrscheinlichkeit zu.

Zusammenfassend muß man also auch heute noch zugeben, daß unter bestimmten kritischen Bedingungen die Graphitisierung des Gußeisens zweifellos den Weg über den Karbidzerfall nehmen kann. Versuche, welche diese Möglichkeit eindeutig ausschlössen, sind bisher noch nicht erbracht. Daß in den beiden der möglichen Fälle große Unterschiede in der Ausbildung des Graphits zu erwarten sind, ist einleuchtend. Hierbei kann es für die Graphitausbildung noch von Bedeutung sein, ob der Karbidzerfall während der Heterogenisierung der Restschmelze oder erst nach erfolgter eutektischer Kristallisation zustande kommt. Es ist ferner nicht ausgeschlossen, daß der über den Zerfall des Eisenkarbids gebildete Graphit, abgesehen von seiner feineren Ausbildung, einen größeren Anreiz zur Ferritisierung des Gußeisens beim Durchlaufen des Perlitintervalls besitzt, da doch sonst wenigstens auch in der nächsten Umgebung größerer Graphitlamellen, die offenbar direkt kristallisiert sind, gleichzeitig ebenfalls eine gewisse Entartung des Eutektoids zu erwarten wäre. Wahrscheinlich nähert sich der Zerfallsgraphit in seinem Verhalten und in seinem Aufbau mehr und mehr der eigentlichen Temperkohle, was durch Röntgenuntersuchungen leicht nachgewiesen werden könnte. Obwohl auch in labil zusammengesetzten Gußeisen mit freien Zementitanteilen mitunter lange Graphitlamellen beobachtet worden sind, die den Anschein machen, als seien sie durch Karbidzerfall entstanden (*27*), vgl. auch Abb. 131, so ist doch in Übereinstimmung mit H. HANEMANN (*5*) auf Grund der geringen Zerfallsgeschwindigkeit des Karbids in Si-armen Eisensorten kaum mit einer Graphitbildung durch Karbidzerfall zu rechnen, so daß auch das Auftreten des mit Ferrit *I* bezeichneten Gefügebestandteils hier nicht zu erwarten ist. Dieser tritt unter praktischen Schmelz- und Abkühlungsverhältnissen und Kohlenstoffgehalten von etwa 3 bis 3,3% im allgemeinen erst bei Si-Gehalten des Eisens über etwa 1,5 bis 1,8% auf. Andererseits unterbleibt seine Entstehung selbst in Si-reichen Eisensorten (bis etwa 3,5% Si), wenn die Schmelz- und Abkühlungsverhältnisse eine sehr starke Neigung des Eisens zu vollkommen grauer Erstarrung bedingen. Sehr große Abkühlungsgeschwindigkeiten (Kokillenguß) andererseits können auch bei höheren Si-Gehalten (2,5 bis 3,5%) zu rein karbidischer Erstarrung führen, wenn die Dissoziationsgeschwindigkeit der karbidischen Molekülgruppen mit der Abkühlungsgeschwindigkeit nicht Schritt zu halten vermag. Desgleichen kann hohe Schmelzüberhitzung trotz hoher Siliziumgehalte des Eisens die Neigung zu grauer Erstarrung so weit beeinträchtigen, daß die Graphitbildung entweder über den Karbidzerfall geht oder überhaupt aus-

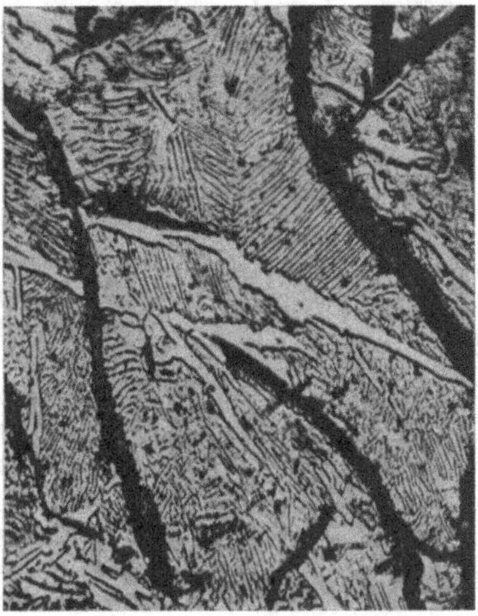

Abb. 131. Gußeisen mit labiler Zusammensetzung, langsam erkaltet (Ätzung II, $V = 500$).

bleibt. Der sog. Umkehrpunkt bei zunehmender Überhitzung ist anscheinend ebenfalls durch das Auftreten von Ferrit *I* (Zerfallsferrit) gekennzeichnet. Daß stark untereutektische Schmelzen mit niedrigem Kohlenstoff- und entsprechend hohem Siliziumgehalt mit zunehmender Schmelzüberhitzung zur Ausbildung eines ferrithaltigen feinen Graphiteutektikums neigen, das übrigens P. BARDENHEUER (*30*) mit Scheineutektikum bezeichnete, ist demnach erklärlich durch die Neigung des überhitzten Eisens zur Erstarrung mit Unterkühlung einerseits, durch die hohe Zerfallsgeschwindigkeit des Silikokarbids aus einer an Kohlenstoff und Silizium angereicherten Restschmelze andererseits, wobei nach dem Vorausgegangenen der siliziumreiche Zerfallsferrit *I* entweder so viel Silizium enthält, daß die α/γ-Umwandlung unterbleibt oder aber, falls die Umwandlung dennoch zustande kommt, nicht genügend Zeit hat, sich in Berührung mit den kohlenstoffhaltigen Mischkristallen bzw. durch erneute Auflösung eines Teils des Zerfallgraphits aufzukohlen. Im Gegensatz zu dem vorwiegend perlitführenden Graphiteutektikum mit gröberen gleichmäßig verteilten Graphitlamellen könnte das Ferrit *I* führende, zwischen den primären Mischkristallen eingebettete feingraphitische Eutektikum als „Zerfallseutektikum" gekennzeichnet werden, wobei es ohne Belang sein soll, ob der Ferrit *I* während der Kristallisation des Silikokarbids aus der Schmelze oder erst kurz nach der Kristallisation desselben entstanden ist. Daß auch die diesem Zerfallseutektikum zugehörige Mischkristallkomponente vielfach kohlenstoffrei ist, kann leicht damit erklärt werden, daß durch Anreicherung der Restschmelze an Silizium über den Durchschnitts-Siliziumgehalt des Eisens (Kristallseigerung) die Mischkristalle kohlenstoffarm oder sogar praktisch kohlenstoffrei anfallen. Eine „Entartung" des Eutektikums derart, daß die kohlenstoffhaltigen Mischkristalle sich mehr oder weniger bevorzugt an den bereits vorhandenen primären Mischkristallen abscheiden, kann gefügemäßig zu einer Ausbildung ohne typische eutektische Anordnung der beteiligten Komponenten führen, bleibt aber phasentechnisch dennoch ein Graphiteutektikum. Alle diese Spezialfragen können jedoch erst einwandfrei behandelt werden, wenn es gelingen sollte, die Siliziumverteilung im Grauguß durch Ätzung festzuhalten. Ätzversuche des Verfassers mit Flußsäure-Schwefelsäure-Gemischen oder in wäßrigem bzw. schmelzflüssigem Ätzkali führten jedenfalls bislang zu keinem Erfolg.

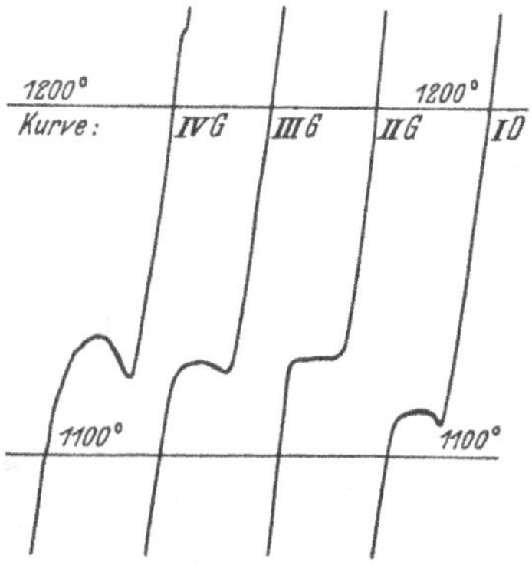

	C %	Si %	Si zugesetzt %	Graphit %
I D	3,—	0,54	—	—
II G	2,98	0,80	0,25	0,62
III G	3,11	1,02	0,50	1,15
IV G	3,14	1,42	1,—	2,24

Abb. 132. Einfluß zunehmender Siliziumzugabe auf den Charakter der Abkühlungskurve eines Eisens mit 3,1% C und etwa 0,60% Si (sonst gleiche Bedingungen).

Im Rahmen der unter (*12*) mitgeteilten Arbeit konnte beobachtet werden, daß weiß erstarrende Eisensorten zu einem mehr oder weniger flach ausgebildeten eutektischen Haltepunkt neigen (Abb. 132), während die Tendenz zu ausgesprochener Grauerstarrung in einer typischen S-Kurve ihren Ausdruck fand. Selbstverständlich kamen je nach den Abkühlungsverhältnissen und dem anfallenden Graphitgehalt auch Zwischenformen vor. Das in der genannten Arbeit unter Abb. 14 gebrachte Kristallisationsdiagramm mit den zugehörigen Gleichungen ist jedoch für die Erklärung des S-Kurventyps bei näherer kritischer Betrachtung der Vorgänge nicht geeignet, da die daselbst angegebene Gleichung (II) für die molekulare Vorbildung des Eutektikums in der Schmelze gemäß:

$$x\,Fe_3C + 3x\,Fe + x\,C = \underbrace{y\,C}_{\text{Graphit}} + \underbrace{[6x\,Fe + (2x - y)\,C]}_{\text{Austenit}}$$

in gleicher Weise für die Kristallisation des Ledeburits Anwendung finden kann gemäß:

$$x\,Fe_3C + 3x\,Fe + x\,C = y\,Fe_3C + [(6x - 3)\,Fe + (2x - y)\,C],$$

so daß ein grundsätzlicher Unterschied im Verhalten bei der Kristallisation nicht herzuleiten ist. Unter Berücksichtigung der Gleichgewichtsbeziehung: $Fe_3C \rightleftarrows 3Fe + C$ könnte man unter den Konzentrationsverhältnissen eines Eisens mit etwa 3,5% C setzen: $Fe_3C + 3Fe \rightleftarrows 6Fe + C$. Alsdann folgt für den Vorgang der eutektischen Kristallisation aus einer nach [C] völlig dissoziierten Schmelze:

$$6\,Fe + C \rightarrow \underbrace{(1 - x)\,C}_{\text{Graphit}} + \underbrace{[6\,Fe + y\,C]}_{\text{Austenit}}. \qquad (I)$$

Für den Vorgang der Kristallisation aus einer praktisch karbidhaltigen Schmelze für den Fall der graphitischen Erstarrung gilt:

$$Fe_3C + 3\,Fe \rightarrow x\,C + (6\,Fe + y\,C), \qquad (II)$$

wobei $(x + y) = 1$ ist. Nach Gleichung (I) wäre die Geschwindigkeit der Graphitbildung vorwiegend durch die Kristallisationsgeschwindigkeit des Kohlenstoffs aus der Schmelze, nach Gleichung (II) dagegen vorwiegend durch die Dissoziationsgeschwindigkeit des Eisenkarbids begrenzt.

Für die Ledeburitbildung kann man alsdann analog zu Gleichung (I) bzw. (II) setzen:

$$Fe_3C + 3\,Fe \rightarrow x\,\overbrace{Fe_3C}^{\text{Karbid}} + \overbrace{[3\,Fe + y\,Fe_3C]}^{\text{Austenit}} \qquad (III)$$

oder

$$Fe_3C + 3\,Fe \rightarrow x\,Fe_3C + [3\,Fe\,(1 + y\,C)], \qquad (IV)$$

je nachdem, wie man sich die Bindung des Kohlenstoffs im Austenit vorstellt.

Da auch bei tiefen Temperaturen, d. h. bei Beginn der Erstarrung, stets noch mit einer erheblichen Anzahl von Karbidmolekülen zu rechnen ist, so kann man wohl am ehesten die Vorgänge nach Gleichung (II) mit denjenigen nach Gleichung (III) vergleichen. Von der Kristallisation des Karbids wissen wir, daß dieselbe sowohl mit großer *KG* erfolgt als auch mit großer spontaner *KZ*, nachdem z. B. H. ESSER und G. LAUTENBUSCH (*28*) zeigen konnten, daß ein eindeutig zur weißen Erstarrung neigendes Eisen durch Überhitzung in der Höhenlage des Eutektikums nicht beeinflußt wird (Abb. 133). Anders dagegen bei einem zu grauer Erstarrung neigenden Eisen, wo zunehmende Überhitzung eine stetig zunehmende Unterkühlung der eutektischen Kristallisation hervorruft (vgl. Abb. 251). Die Erstarrung nach dem stabilen System bedarf daher normalerweise einer stärkeren Anlaufzeit, besitzt demnach die größere passive Resistenz gegen den Beginn der Kristallisation.

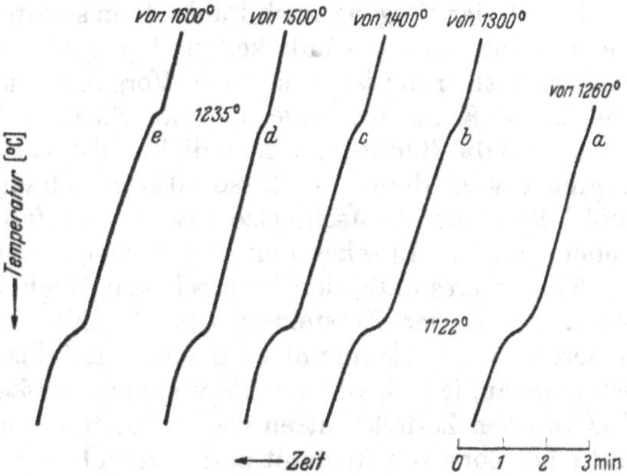

Abb. 133. Abkühlungskurven eines weißen Gußeisens mit 3,8% C und 2,0% Mn nach stufenweiser Überhitzung (nach ESSER und LAUTENBUSCH).

Reines Eisenkarbid Fe_3C ist instabil. Seine Bildungswärme ist von verschiedenen Forschern zwischen $-3{,}5$ und $-15{,}3$ kcal/Mol bestimmt worden (*29*), vgl. die Ausführungen S. 25ff. Da nach obigen Ausführungen in flüssigen Eisen-Kohlenstoff-Legierungen mit einem Gleichgewicht gemäß:

$$Fe_3C \rightleftarrows 3\,Fe + C \cdots + WE$$

zu rechnen ist, so ergibt sich hieraus als Gleichgewichtskonstante

$$K = \frac{[Fe_3C]}{[C]\,[Fe]^3},$$

wobei die Konstante K gleichzeitig ein Maßstab für die Dissoziationskonstante D'_{Fe_3C} ist. Über den Größenwert von K bzw. D'_{Fe_3C} ist noch nichts bekannt, desgleichen nichts über die Möglichkeit der Polymerisation des Karbids zu komplexen Molekeln. Es ist jedoch anzunehmen:

1. daß infolge der geringen, beim Zerfall des Eisenkarbids frei werdenden Wärme (besser der maximalen Arbeit) die Verlagerung jener Konstante K mit der Temperatur ziemlich klein sein und vor allem auch sehr träge verlaufen wird,

2. daß mit zunehmender Temperatur das Verhältnis $\frac{[Fe_3C]}{[C]}$ in der Schmelze zunehmen wird (Prinzip vom kleinsten Zwang),

3. daß mit zunehmendem Siliziumgehalt die Dissoziation des Eisenkarbids zunimmt, da die Eisensilizidbildung stark exotherm ist, wodurch das Verhältnis $\frac{[Fe_3C]}{[C]}$ abnimmt, d. h. die Graphitbildung begünstigt wird,

4. daß das Eisenkarbid während der primären Kristallisation infolge Ausscheidung von Eisen (C-armer Austenit) zunehmend dissoziieren muß, da sich mit Anreicherung der Schmelze an Kohlenstoff der Dampfdruck des Kohlenstoffs in der Schmelze erhöht,

5. daß der Vorgang nach Punkt 4 um so intensiver verlaufen wird, je schneller die Abkühlungsgeschwindigkeit und je größer die Unterkühlung bei der eutektischen Erstarrung ist, weil beide Vorgänge die Anreicherung der Restschmelze sowohl an Kohlenstoff wie auch an Silizium begünstigen,

6. daß die Bildungsgeschwindigkeit des Graphits bei eutektischer Erstarrung begrenzt wird durch die Dissoziationsgeschwindigkeit der komplexen Karbidmoleküle in der Restschmelze bzw. die Zerfallsgeschwindigkeit des ausgeschiedenen oder in Ausscheidung begriffenen komplexen Silikokarbids.

Eine interessante, den besprochenen Möglichkeiten Rechnung tragende Vorstellung von der Entstehung des Graphits äußerte A. Boyles (*31*) in einer neueren Arbeit. Er nimmt zwar eine Kristallisation des Graphits aus der Restschmelze an, jedoch auf dem Umweg über den Zerfall des ledeburitischen Karbids. Die von den Zerfallszentren des letzteren aus wachsenden Nadeln umgeben sich mit einer Zone von Austenit und werden hierdurch am Weiterwachsen behindert, wenn man nicht eine hinreichend schnelle Wanderung von Kohlenstoff durch den Austenit hindurch annehmen will. Je instabiler nun das komplexe Silikokarbid ist, um so mehr neue Zerfallszentren entstehen in der Zeiteinheit und um so feiner wird die Graphitverteilung. In einem Referat über die Arbeit von Boyles anerkennt H. Jungbluth (*32*) zwar die Neuartigkeit der Boylesschen Gedankengänge, ohne sie allerdings als befriedigend zu bezeichnen.

An Gußeisenproben, die nach Entgasung im Vakuum erstarrt waren (Sauerstoffbestimmungen), konnte H. A. Nipper (*34*) sehr interessante Feststellungen machen. Es zeigte sich nämlich, daß auch stark übereutektische Schmelzen noch mit großer Unterkühlung der Mischkristalle zur Erstarrung kamen. Das Vorhandensein übereutektischen Graphits braucht also die Unterkühlung der eutektischen Kristallisation nicht immer aufzuheben. In vielen Fällen wuchs der über-

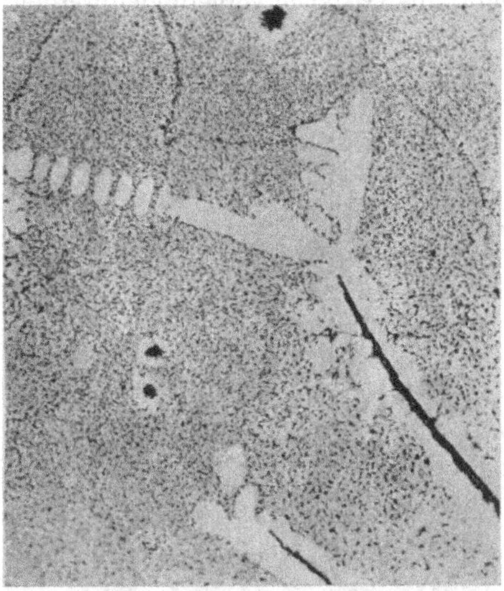

Abb. 134. Übereutektisches Gußeisen, ungeätzt. $V = 100$ (H. NIPPER).

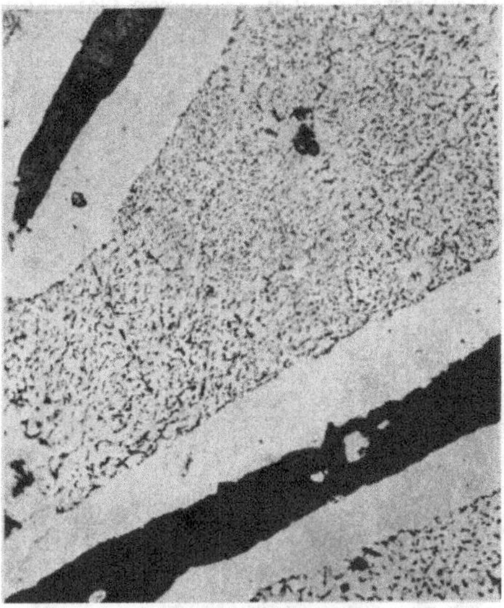

Abb. 135. Übereutektisches Gußeisen, geätzt. $V = 200$ (H. NIPPER).

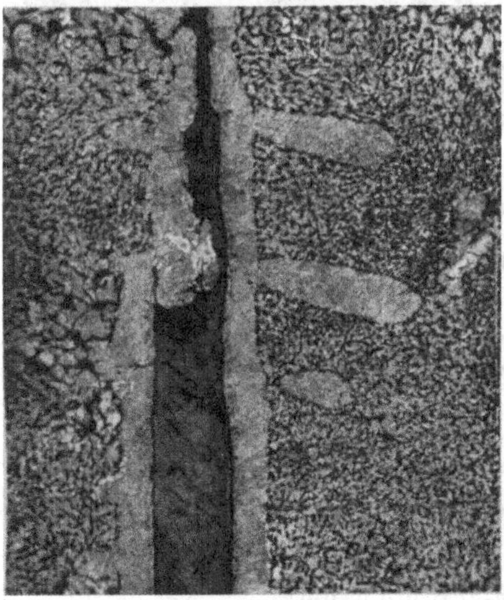

Abb. 136. Übereutektisches Gußeisen, schwach geätzt. $V = 200$ (H. NIPPER).

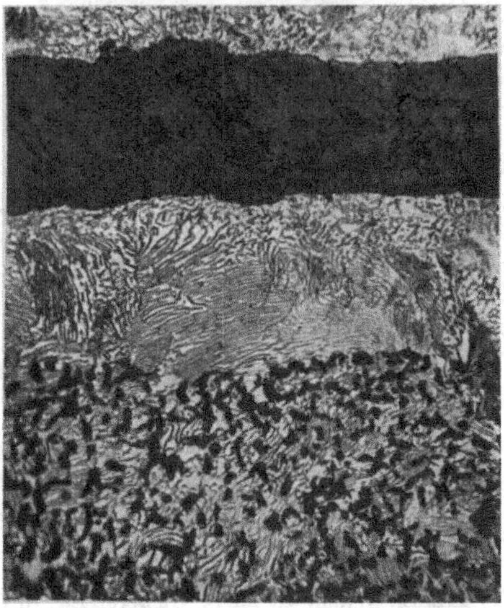

Abb. 137. Übereutektisches Gußeisen, geätzt. $V = 500$ (H. NIPPER).

eutektische (Garschaum) Graphit noch weiter, auch wenn die eutektische Zusammensetzung der Restschmelze längst überschritten war. Es kam alsdann bei besonders reinen Schmelzen (Hochvakuum, hohe Überhitzungstemperatur) zur Ausbildung außerordentlich dicker primärer Graphitkristalle; war die Schmelze nunmehr untereutektisch geworden, so nahmen die primären Mischkristalle ihren

Ausgang oft von den primären Graphitkristallen aus. Der stark unterkühlte Rest der Schmelze erstarrt schließlich zu einem äußerst feinen graupeligen Graphit und gesättigten Mischkristallen. Es können also in diesen Fällen im Schliffbild primäre Mischkristalle neben primären Garschaumgraphit-Kristallen vorgefunden werden (Abb. 134 bis 139).

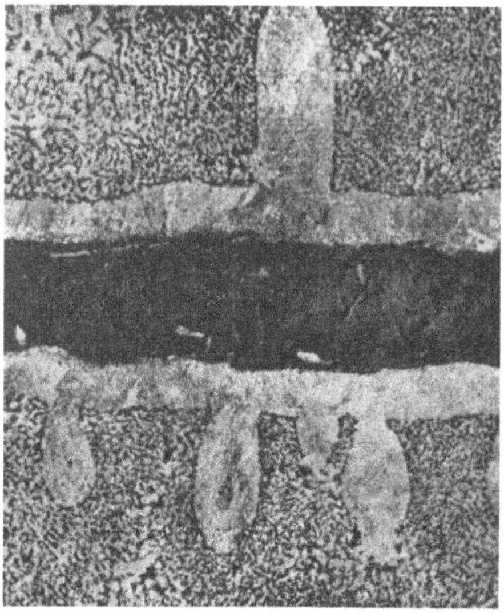

Abb. 138. Übereutektisches Gußeisen, schwach geätzt. $V = 200$ (H. NIPPER).

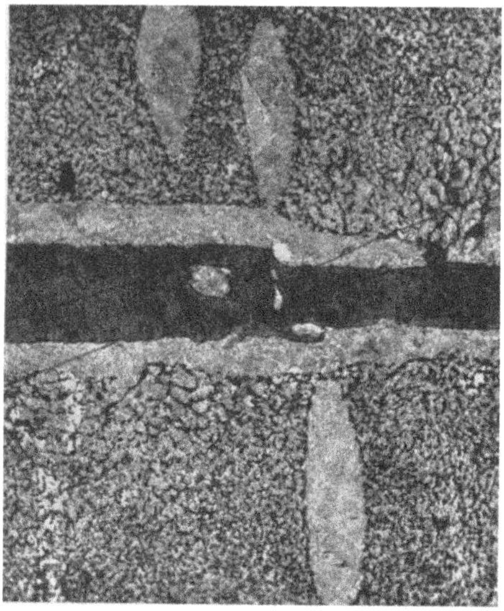

Abb 139. Übereutektisches Gußeisen, schwach geätzt. $V = 200$ (H. NIPPER).

Schrifttum zum Kapitel VIa.

(1) BENEDICKS, C.: Metallurgie Bd. 3 (1906) S. 393/95, 425/41 und 466/76. Vgl. BARDENHEUER, P.: Mitt. K.-Wilh.-Inst. Eisenforschg. Bd. 9 (1927) Lief. 13.
(2) HOWE, H.: Metallurgie Bd. 6 (1909) S. 65/83, S. 105/27.
(3) RUER, R., u. F. GOERENS: Ferrum Bd. 14 (1916/17) S. 161.
(4) GOERENS, P.: Stahl u. Eisen Bd. 45 (1925) S. 137.
(5) HANEMANN, H.: Stahl u. Eisen Bd. 51 (1931) S. 966. Ferner HANEMANN, H., u. A. SCHRADER: Arch. Eisenhüttenw. Bd. 12 (1938/39) S. 257 und Bd. 13 (1939/40) S. 85.
(6) HONDA, K., u. H. ENDO: Z. anorg. allg. Chem. Bd. 154 (1926) S. 238, sowie Sci. Rep. Tôhoku Univ. Bd. 16 (1927) S. 1; vgl. Phys. Ber. 1927 S. 2154.
(7) HONDA, K., u. T. MURAKAMI: J. Iron Steel Inst. Bd. 102 (1920) S. 287; vgl. Stahl u. Eisen Bd. 41 (1921) S. 767; ferner Sci. Rep. Tôhoku Univ. Bd. 10 (1921) S. 273; vgl. Stahl u. Eisen Bd. 45 (1925) S. 1032; ferner HONDA, K.: C. 1929 II 2243.
(8) Vgl. HEYN, E.: Die Theorie der Eisen-Kohlenstoff-Legierungen (Herausgeber E. WETZEL) S. 142ff. Berlin: Springer 1924.
(9) BOYLES, A.: Foundry Trade J. 1937 S. 335.
(10) NORTHCOTT, L.: Foundry Trade J. Bd. 29 (1924) S. 515; vgl. Stahl u. Eisen Bd. 44 (1924) S. 1777.
(11) HEIKE, W., u. G. MAY: Gießerei Bd. 16 (1929) S. 625 u. 645.
(12) PIWOWARSKY, E.: Gießerei Bd. 25 (1938) S. 523.
(13) BANCROFT u. DIERKER: Trans. Amer. Foundrym. Ass. Preprint Nr. 37/39 (1937).
(14) PARKE, R. M., CROSBY, V. A., u. A. J. HERZIG: Metals &. Alloys Bd. 9 (1938) S. 9.
(15) PIWOWARSKY, E.: Stahl u. Eisen Bd. 45 (1925) S. 1455.
(16) Vgl. das Referat von JUNGBLUTH, H., u. A. HELLER: Stahl u. Eisen Bd. 59 (1939) S. 1031.
(17) PIWOWARSKY, E.: Stahl u. Eisen Bd. 54 (1934) S. 82.
(18) v. KEIL, O.: Arch. Eisenhüttenw. Bd. 4 (1930/31) S. 245.
(19) SCHÜZ, E.: Stahl u. Eisen Bd. 45 (1925) S. 144.
(20) v. KEIL, O., u. F. KOTYZA: Arch. Eisenhüttenw. Bd. 4 (1930/31) S. 295.
(21) PIWOWARSKY, E.: Hochwertiger Grauguß S. 51. Berlin: Springer 1929.

(22) NORBURY, A. L.: Iron Coal Tr. Rev. (1929) S. 667; vgl. Gießerei Bd. 16 (1929) S. 468.
(23) HANSON, D.: J. Iron Steel Inst. Bd. 116 (1927) S. 129; vgl. Stahl u. Eisen Bd. 48 (1928) S. 148 sowie Gießerei Bd. 15 (1928) S. 148.
(24) SCHENCK, R.: Z. anorg. allg. Chem. Bd. 167 (1927) S. 254.
(25) BARDENHEUER, P.: Stahl u. Eisen Bd. 48 (1928) S. 211.
(26) SCHEIL, E.: Gießerei Bd. 15 (1928) S. 1086.
(27) Vgl. STEAD, J. E.: Ferrum Bd. 12 (1914/15) S. 25 und 45.
(28) ESSER, H., u. G. LAUTENBUSCH: Dipl. Arbeit G. LAUTENBUSCH, Eisenhüttenm. Inst. T. H. Aachen 1931.
(29) SCHENCK, H.: Physikalische Chemie der Eisenhüttenprozesse Bd. 1 S. 122. Berlin: Springer 1932.
(30) BARDENHEUER, P.: Gießerei Bd. 26 (1939) S. 543.
(31) BOYLES, A.: Trans. Amer. Foundrym. Ass. Bd. 46 (1938) S. 297.
(32) JUNGBLUTH, H.: Stahl u. Eisen Bd. 59 (1939) S. 1030.
(33) KASÉ, TUTOM: Sci. Rep. Tôhoku Univ. Bd. 19 (1930) S. 17 bis 35. März.
(34) NIPPER, H. A.: Gießerei Bd. 21 (1935) S. 280.

b) Die Geschwindigkeit der Graphitisierung und deren Beeinflussung durch andere Elemente.

Bereits im Jahre 1915 maß H. A. SCHWARTZ (*1*) die Geschwindigkeit der Graphitisierung bei konstanter Temperatur als Funktion der Konzentration und fand, daß, einmal eingeleitet, jene nahezu konstant bleibt und erst zu fallen beginnt, wenn die Konzentration des gebundenen Kohlenstoffs sich etwa dem Kohlenstoffgehalt Ac_m (ES)-Linie bei der betrachteten Temperatur nähert. PAYNE (*2*) hatte beobachtet, daß freier Zementit außerordentlich schnell graphitisiert im Vergleich zum Weißeisen, aus dem er isoliert ist. Bei der mikroskopischen Prüfung harter Eisensorten, in denen eine Graphitisierung eben erst begonnen hatte, stellten jene Forscher fest, daß die Temperkohlebildung ihren Ausgangspunkt niemals in einem Zementitkorn nimmt, auch nur sehr selten in Berührung mit einem solchen, vielmehr fast ausschließlich im Mischkristall (Austenit).

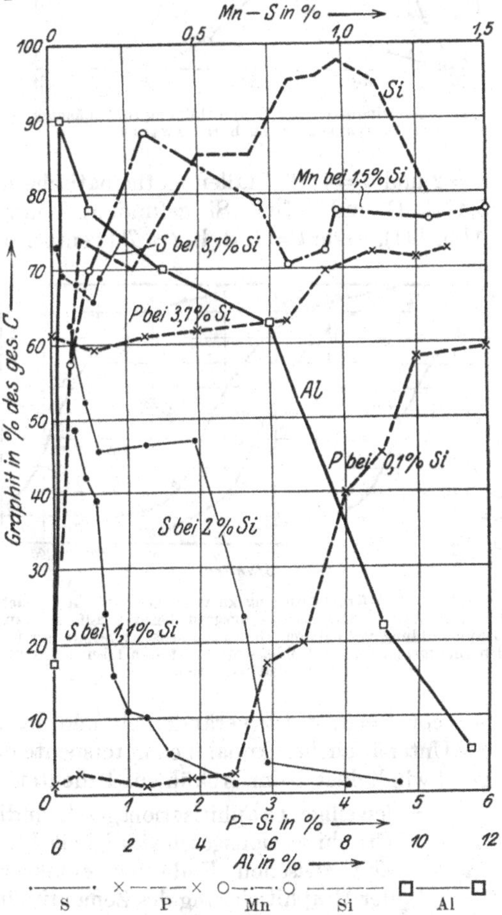

Abb. 140. Einfluß einiger Elemente auf die Graphitbildung (größtenteils nach F. WÜST und Mitarbeitern).

Den Einfluß verschiedener Elemente auf die Graphitbildung zeigt Abb. 140. Die Abhängigkeiten sind nicht immer eindeutig.

Unter Zugrundelegung seiner dilatometrischen und magnetischen Experimentaluntersuchungen behandelte H. SAWAMURA (*3*) die Graphitisierungsgeschwindigkeit (v) bei verschiedenen Temperaturen auf mathematischem Wege. Er machte die Annahme, daß lediglich der Zementit (m = Gesamtgehalt desselben) graphitisiert würde und daß seine Veränderung nur in einer Graphitisierung bestände. Unter Voraussetzung einer linearen Zeitabhängigkeit: $t = k \cdot T$ (t = Zeit, k = const, T = Temperatur) erhält man die Beziehung

$$-\int \frac{dm}{m} = \int v\,dt.$$

Die Graphitisierungsgeschwindigkeit setzte SAWAMURA in der Form an

$$v = a\,t^n \tag{11}$$

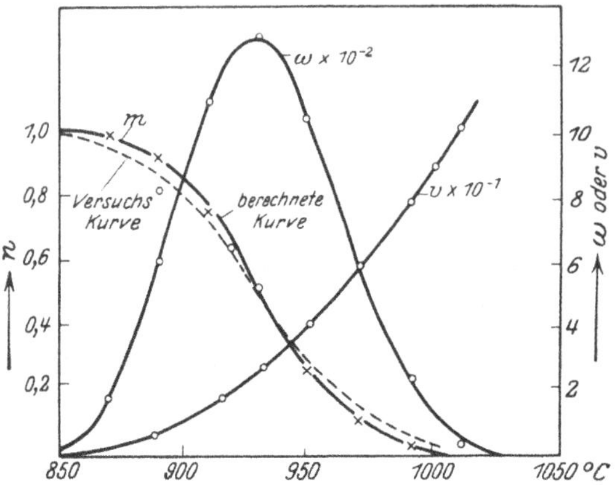

Abb. 141. Geschwindigkeit der Graphitbildung in Abhängigkeit von der Temperatur (nach H. SAWAMURA).

mit a und n als positiven reellen Zahlen. Damit erhielt er für den gesamten Zementitgehalt:

$$m = e^{-\frac{a}{n+1} \cdot t^{n+1}} \tag{12}$$

und für den Zerfall:

$$w = m \cdot v = a\,t^n \cdot e^{-\frac{a}{n+1} \cdot t^{n+1}}. \tag{13}$$

Diese Kurven wurden für $n \gtreqless 1$ diskutiert und mit der experimentell gefundenen Kurve verglichen. Es zeigte sich eine allgemeine Übereinstimmung mit der Kurve für $n > 1$ und bei Wahl von $n = 2$ und $a = 4 \cdot 10^{-3}$ fallen mathematische und empirische (an einem Eisen mit 3,42% C und 0,76% Si gefunden) Kurve fast vollkommen zusammen (vgl. Abb. 141), wenn $k = 1$, d. h. $t = T$ (Temperatur) gesetzt werden kann, was dann der Fall sei, wenn als Einheit der Zeit 2 min, als Einheit der Temperatur 10° gewählt werde.

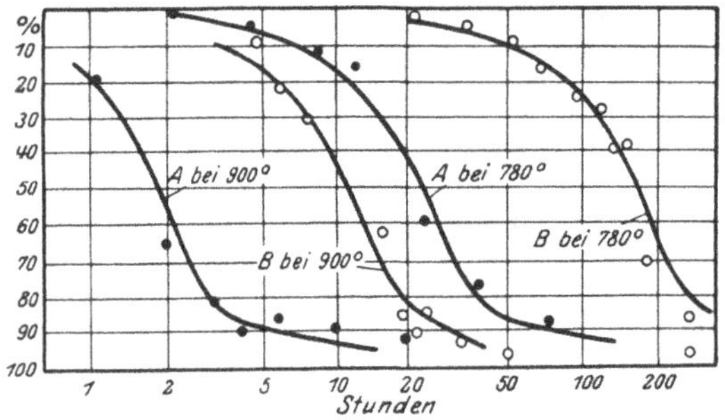

Abb. 142. Zeit-Graphitisierungskurve oberhalb A_1 nach H. A. SCHWARTZ (Graphitisierungsgrad bezogen auf den zur Graphitbildung verfügbaren Gesamtkohlenstoff vermindert um den nichtgraphitischen Kohlenstoff der festen Lösung des stabilen Systems).

Um dieses Ergebnis allgemein auf das weiße Roheisen übertragen zu können, untersuchte SAWAMURA die gegenseitige Lage des Maximums und der Wendepunkte seiner Kurven für $n > 1$ und fand dabei, daß sie unabhängig von a und lediglich von n abhängig ist. Da diese Verhältnisse nach seinen experimentellen Untersuchungen nur wenig schwankten, setzte SAWAMURA sie als unabhängig von der chemischen Zusammensetzung und $n = \text{const} = 2$; a ist veränderlich und hängt von den Beimengungen ab.

Unter ähnlichen Annahmen untersuchte dann SAWAMURA die Graphitisierungsgeschwindigkeit beim Abkühlen. Bedeutet:

v = jeweilige Graphitisationsgeschwindigkeit,
V = Graphitisationsgeschwindigkeit bei eutektischer Temperatur,
b = Zeit zwischen Ende der eutektischen Erstarrung und dem Beginn der Graphitisierung des Zementits im Gußeisen oder den entsprechenden Temperaturunterschied,

$n =$ positive reelle Zahlen, so findet man unter Annahme von

$$v = \frac{V}{b^n}(b - t)^n \tag{14}$$

alsdann als Beziehung zwischen dem V-Gehalt und der Abkühlungszeit bzw. der Temperatur:

$$m = e^{\frac{V}{(n+1)\cdot b^n}\{(b-t)^{n+1} - b^{n+1}\}} \quad \text{und} \quad m = e^{\frac{V}{(n+1)b^n}\{(b-k\cdot T)^{n+1} - b^{n+1}\}}$$

und kann diese Kurven für verschiedene Werte von V, n, b berechnen.

Endlich bestimmte SAWAMURA den Graphitisierungsgrad und fand

$$m_{\min} = e^{-k'' V b} \tag{14}$$

(k'' = eine von der Zusammensetzung und der Abkühlungsgeschwindigkeit unabhängige Konstante). Dieser hinge also lediglich von der Temperatur der beginnenden Graphitisierung und der Graphitisierungsgeschwindigkeit ab.

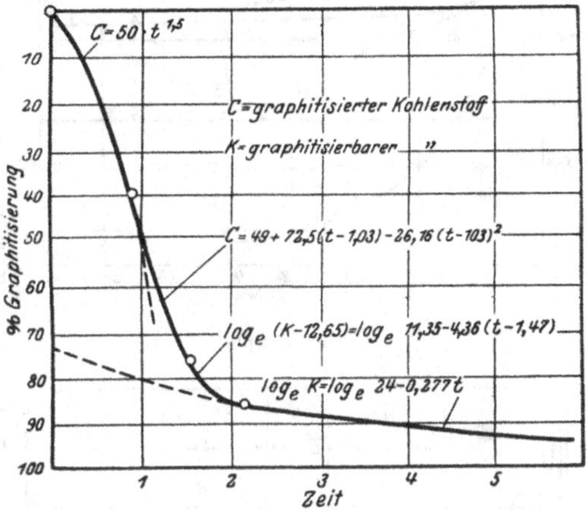

Abb. 143. Zeit-Graphitisierungskurve oberhalb A_1 (nach H. A. SCHWARTZ).

Mit Hilfe seiner Potenzannahme [Gleichung (11)] kam SAWAMURA zu einer befriedigenden Übereinstimmung zwischen Rechnung und Beobachtung. Daß diese Annahme eine exakte Lösung des vorliegenden Problems darstellt, ist unwahrscheinlich. Das Endresultat hat also auch nur den Charakter einer Näherungslösung. Mit Hilfe der Theorie war es SAWAMURA ebenfalls nicht möglich, die Werte für n und a zu bestimmen. Bei der Übertragung seiner Ergebnisse auf ein beliebiges weißes Roheisen machte SAWAMURA weiter die Annahme, daß die relative Lage des Maximums zu den Wendepunkten invariant sei. Dies wäre durch feinere Messungen noch nachzuprüfen und erscheint nicht ohne weiteres einleuchtend. Die übrigen Entwicklungen basieren auf ähnlichen Voraussetzungen, so daß die obigen Einwände auch für sie Geltung haben.

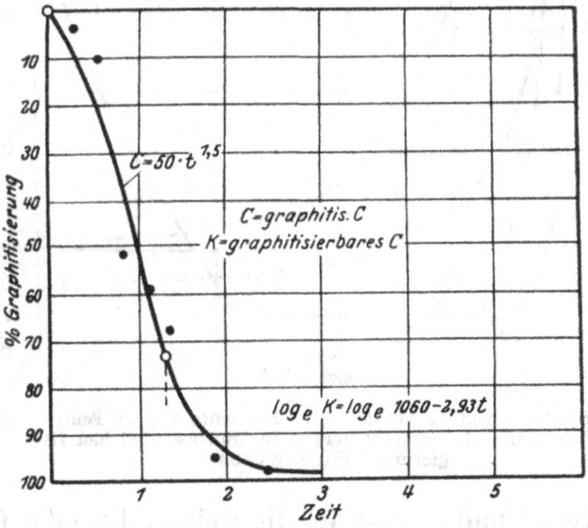

Abb. 144. Zeit-Graphitisierungskurve unterhalb A_1 (nach H. A. SCHWARTZ).

In einer späteren Arbeit (*4*) beschäftigte sich H. A. SCHWARTZ wiederum mit der Graphitisierung bei konstanter Temperatur. Wenn man z. B. die in Abb. 142 wiedergegebenen Graphitisierungskurven zweier Eisensorten mit verschiedenem Siliziumgehalt und gültig für zwei verschiedene Temperaturen horizontal verschiebe, so kämen bei dem gewählten Koordinatensystem (Ordinate = prozentuale Graphitisierung; Abszisse = Zeit in logarithmischer Darstellung) alle Kurven leidlich zur Überdeckung. Wählt man jedoch als Einheit der Abszisse die halbe für eine vollkommene Graphitisierung benötigte Zeit, so fallen alle vier Kurven übereinander (Abb. 143). Die Idealkurve lasse sich nunmehr in vier Kurvenäste aufteilen, deren jeder einer besonderen Gleichung folgt. Auch die Graphitisierung unterhalb A_1 folge ähnlichen Gesetzen (vgl. Abb. 144).

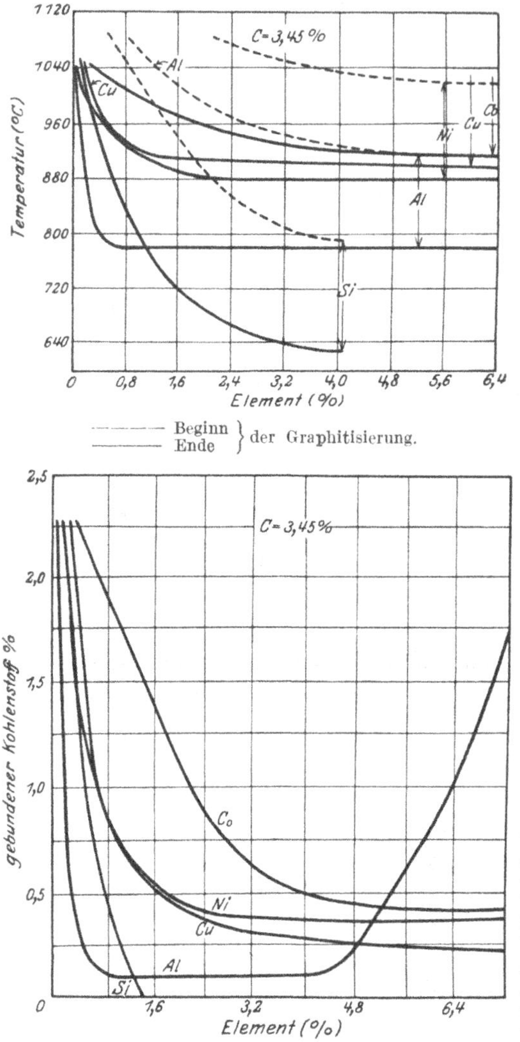

Abb. 145. Einfluß verschiedener Elemente auf die Temperaturgrenzen der Graphitisierung in kohlenstoffreichen Legierungen (H. SAWAMURA).

Auf Grund von metallographischen Untersuchungen an Proben, die während des Graphitisierungsvorganges in gewissen Zeitabschnitten abgeschreckt worden waren, folgert SCHWARTZ, daß die Graphitisierung bei konstanter Temperatur durch Wachsen der graphitisierten Anteile fortschreite und nicht durch Entstehung neuer Graphitisationszentren, daß demnach die Geschwindigkeit der Graphitisierung an der Diffusionsfähigkeit des Kohlenstoffs ihre Grenze finde.

Das würde sich auch mit der Feststellung von GLADBILL (*5*) decken, daß der Temperaturkoeffizient der Graphitisierungsgeschwindigkeit quantitativ dem der Diffusionsgeschwindigkeit von C im γ-Eisen gleichkommt. Allerdings fanden TAMMANN und SCHÖNERT (*6*) nicht, daß fremde Elemente die Wanderungsgeschwindigkeit und Graphitisierung in derselben Weise beeinflussen. Zwar sind Beispiele denkbar, bei denen die Graphitisierung durch ein Unterbinden der Wanderung aufhört. Dies trifft insbesondere bei Bildung nichtmetallischer Einschlüsse in Form dünner Filme, z. B. beim Schwefel zu. Auch der Wechsel vom Positiven zum Negativen beim Einfluß von Bor sei auf die Bildung von Eisenboridfilmen zurückzuführen.

Im Anschluß an weitere Untersuchungen über den Einfluß von Nickel und Kupfer auf die Keimzahl bei der Graphitisierung von Temperguß (*9*) fanden später H. A. SCHWARTZ und M. K. BARNETT (*10*), daß bei Erhöhung der Keimzahl im allgemeinen auch die Graphitisierungsgeschwindigkeit wächst, und zwar für übliche Keimzahlen von 100 bis 500 je mm² linear, bei großen Unterschieden in der Keimzahl (hervorgerufen durch völlig verschiedene Behandlung der Werkstoffe) dagegen nach einem Wurzelgesetz.

H. SAWAMURA ermittelte auf dilatometrischem Wege, und zwar im Vakuum, den Einfluß zahlreicher Spezialelemente auf die Verschiebung der Temperaturgrenzen für die Graphitisierung reiner, weiß erstarrter (Kokillenguß) Eisen-Kohlenstoff-Legierungen, wobei er folgende Versuchsbedingungen wählte:

Erhitzung	Abkühlung
Raumtemp. → (5° C/min) → etwa 1070° C	→ (5° C/min) → Ar_1 → (Ofenabkühlung) Raumtemp.

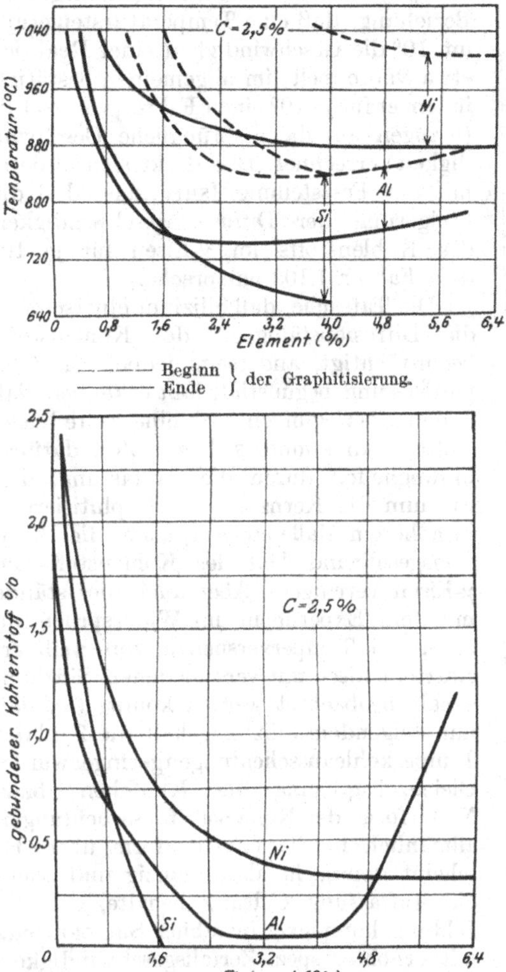

Abb. 146. Einfluß von Silizium, Aluminium und Nickel auf die Temperaturgrenzen der Graphitisierung in kohlenstoffarmen Legierungen (H. SAWAMURA).

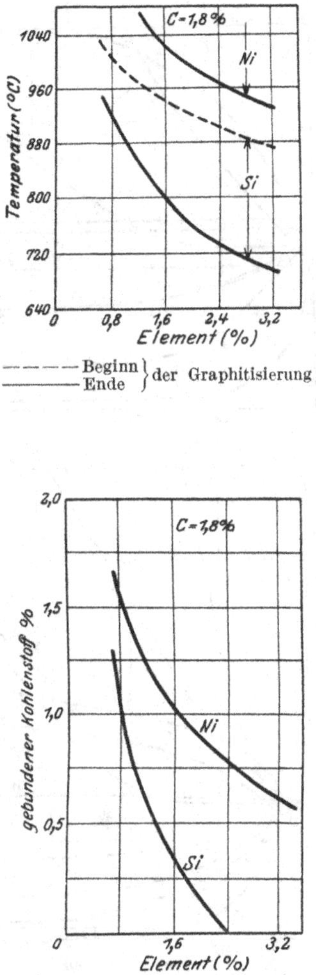

Abb. 147. Wie Abb. 145 und 146, jedoch für sehr kohlenstoffarme Legierungen (H. SAWAMURA).

Die so geglühten Proben wurden alsdann noch auf ihren Gehalt an gebundener Kohle untersucht. Abb. 145 zeigt den Einfluß von Si—Al—Ni—Cu und Co auf die Temperatur des Graphitisationsbeginns bzw. den geb. Kohlenstoffgehalt bei Legierungen mit ~3,45% Ges.-C, desgl. Abb. 146 für Legierungen mit 2,5% Ges.-C, ferner Abb. 147 dasselbe für sehr kohlearme Legierungen (1,8% Ges.-C). Abb. 148 schließlich zeigt die erwähnten Einflüsse an Legierungen mit etwa 2,8% C und 0,8% Silizium. Die Ergebnisse SAWAMURAS decken sich im Prinzip mit den Ergebnissen ähnlicher Untersuchungen zahlreicher anderer Forscher; lediglich bei den für das Gußeisen weniger wichtigen Elementen Kobalt und Kupfer weichen die Ergebnisse der Sawamuraschen Messungen stärker ab.

Erwähnenswert ist, daß nach SAWAMURA die Elemente mit flächenzentriertem Gitter (Al—Ni—Cu—Co—Au—Pt) die Graphitisation begünstigen, während die raumzentrierten (Cr—Va—W—Mo) sie behindern.

Was den Einfluß der Temperatur auf die Graphitisierungsgeschwindigkeit betrifft, so findet H. A. SCHWARTZ die in der physikalischen Chemie allgemein gültige Beziehung, daß eine Temperatursteigerung um 10° die Geschwindigkeit einer Reaktion etwa verdoppelt, im allgemeinen bestätigt, indem er für je 10° einen Faktor von ~1,23 (bezogen auf die ursprüngliche Geschwindigkeit) errechnet. Dies deckt sich alsdann mit der Feststellung ISHIWARAS, daß die Steigerung der Diffusionsgeschwindigkeit des Kohlenstoffs im γ-Eisen für je 10° dem Faktor 1,103 entspreche.

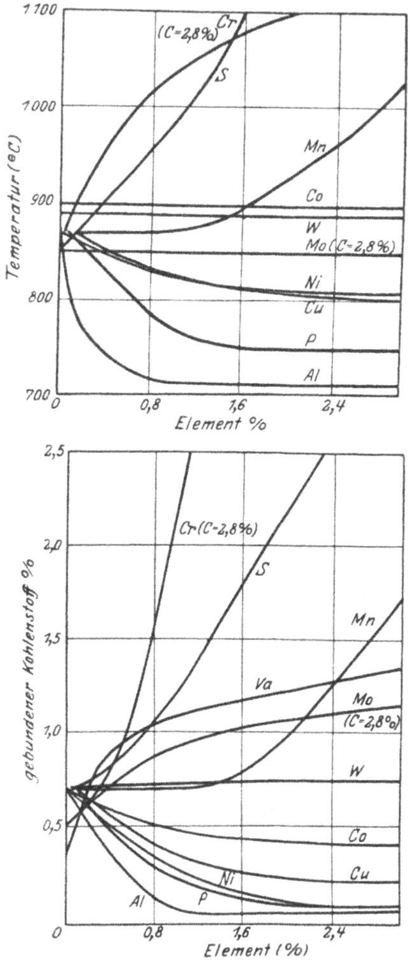

Abb. 148. Einfluß verschiedener Elemente auf den Beginn der Graphitisierung in Legierungen mit 2,8% C und 0,8% Si (H. SAWAMURA).

Die Tatsache, daß Silizium einerseits (*7*) die Diffusionsfähigkeit des Kohlenstoffs beeinträchtigt, anderseits jedoch die Graphitisierung begünstigt, läßt erkennen, daß in den Überlegungen noch eine weite Lücke klafft. Man könnte sich zur Zeit darüber hinweghelfen durch die Auffassung, daß Silizium die Kernzahl der Graphitisierung in höherem Maße steigert, als es die Diffusionsgeschwindigkeit des Kohlenstoffs im γ-Eisen verringert. Aber auch dies stände mit dem Experiment im Widerspruch, da z. B. bei Temperversuchen von weiß erstarrtem Eisen mit verschiedenem Siliziumgehalt beobachtet werden konnte (*8*), daß mit steigendem Siliziumgehalt die Zahl der Temperkohleausscheidungen geringer wurde. Gleichzeitig ging die Knötchen- bzw. Nesterform der Kohlenstoffausscheidungen allmählich in die Lamellenform über. Es scheint demnach, als ob einzig und allein die Auffassung Geltung behalte, daß die Bildung komplexer instabiler Silikokarbide mit erhöhter spez. Zerfallsgeschwindigkeit den begünstigenden Einfluß von Silizium auf die Graphitisierung erkläre.

Schrifttum zum Kapitel VIb.

(*1*) SCHWARTZ, H.A.: Trans. Amer. Inst. min. metallurg. Engrs. 1926 Nr. 1181.
(*2*) PAYNE: Trans. Amer. Inst. min. metallurg. Engrs. 1922.
(*3*) SAWAMURA, H.: News coll. of eng. Kyoto Univ. IV 4 (1926).
(*4*) SCHWARTZ, H. A.: Trans. Amer. Soc. Steel Treatm. Bd. 9 (1926) S. 883; Bd. 10 (1926) S. 53.
(*5*) GLADBILL: Trans. Amer. Foundrym. Ass. 1921.
(*6*) TAMMANN u. SCHÖNERT: Z. anorg. allg. Chem. Bd. 122 (1922) S. 27.
(*7*) Vgl. Z. anorg. allg. Chem. Bd. 122 (1922) 27).
(*8*) Vgl. z. B. SAWAMURA, H.: Mem. Kyoto Imp. Univ. Bd. 4 (1926) Nr. 1.
(*9*) SCHWARTZ, H. A.: F. FIORDALIS, J. L. FISHER u. M. J. TRINTER: Amer. Trans. Soc. Met. Vorabdruck Bd. 23 (1939).
(*10*) SCHWARTZ, H. A., u. M. K. BARNETT: Trans. Amer. Soc. Met. Bd. 27 (1939) S. 570.

VII. Über die strukturelle Beherrschung der metallischen Grundmasse.

a) Die Gußeisendiagramme und ihre Vorläufer.

Da, wie noch gezeigt werden soll, die Ausbildung der Gefügebildner (Ferrit, Perlit, Zementit, Graphit, Phosphid) in Abhängigkeit steht zu der Erstarrungs- und Abkühlungsgeschwindigkeit, die letzteren aber u. a., wie aus Abb. 149 nach J. E. Hurst (*1*) hervorgeht, in Beziehung zur Wanddicke der Gußstücke stehen, so erhellt, daß es für jeden mechanisch höherwertigen, d. h. vorwiegend perlitischen Grauguß, eine seiner chemischen Zusammensetzung und Wanddicke angepaßte günstige Abkühlungsgeschwindigkeit geben wird. Umgekehrt verlangt jede Abkühlungsgeschwindigkeit (Wandstärke) eine bestimmte chemische Zusammensetzung zur Erzielung der besten mechanischen Eigenschaften. So zeigt z. B. Abb. 150 die Ergebnisse einer Versuchsreihe nach H. H. Beeny (*2*), welche den ersten Fall demonstrieren. Diese Erkenntnis reicht jedoch bereits in die Zeit zurück, da chemische

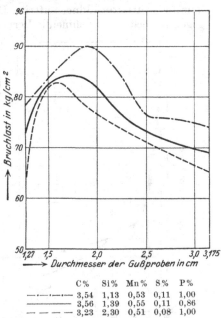

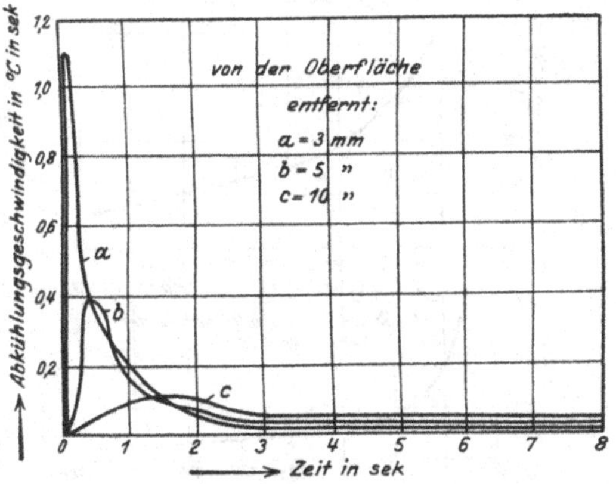

Abb. 149. Abkühlungsgeschwindigkeiten an verschiedenen Stellen eines Gußblocks (entnommen: Hurst, Metallurgy of Cast Iron).

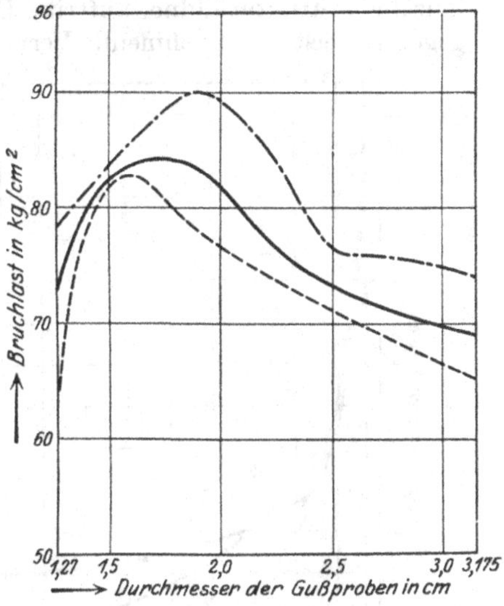

	C%	Si%	Mn%	S%	P%
—·—·—	3,54	1,13	0,53	0,11	1,00
———	3,56	1,39	0,55	0,11	0,86
— — —	3,23	2,30	0,51	0,08	1,00

Abb. 150. Beziehung zwischen chemischer Zusammensetzung, Wandstärke und Festigkeit von Grauguß (nach H. Beeny).

Analyse und Bruchaussehen die einzigen Prüfungsarten für Gußeisen darstellten. Bereits aus den systematischen Untersuchungen von W. J. Keep (*3*) ging der Einfluß der Wandstärke klar hervor; aber noch mehr, Keep konnte zeigen, daß mit steigendem Si-Gehalt die Empfindlichkeit des Materials gegen jede Änderung der Abkühlungsgeschwindigkeit und damit auch der Wandstärke erheblich zunahm. Dies geht aus Abb. 151 hervor. Man erkennt, daß die Grenzen der mechanischen Eigenschaften in Abhängigkeit vom Stabdurchmesser bei den Si-reichen Legierungen außerordentlich weit auseinanderliegen. Die Ausbildung von harten Silikokarbiden in den dünnen, von erheblich weicherem Silikoferrit in den dicken Wandstärken dürfte die Ursache dieser Erscheinung sein. Für einen möglichst weitgehenden Gleichmäßigkeitsgrad des Gefüges bei wechselnden Wandstärken des Gußeisens ergibt sich demnach die wichtige Folgerung, den Si-Gehalt so niedrig zu bemessen, als es die übrige Zusammensetzung des Gusses (insbesondere sein Kohlenstoffgehalt) und die voraussichtliche Abkühlungsgeschwindigkeit eben zulassen.

Aber nicht nur die mit zunehmender Wandstärke wechselnde Gefügeausbildung, sondern auch die Zahl und Größe der bei der Erstarrung sich bildenden Graphitlamellen üben einen ähnlich Einfluß aus.

Abb. 152 zeigt unter metallographischer Auswertung von Versuchen nach E. Jüngst und O. Leyde (*4*) den Einfluß der Querschnittsabmessungen auf die Festigkeit und die Graphitausscheidung eines Gußeisens mit 2,1% Si nach E. Heyn (*5*). Man sieht, daß selbst nach Erreichen eines konstanten Graphitgehaltes (von quadratischer Querschnittskante = 54,7 mm und aufwärts) die Biegefestigkeit weiter abnimmt, obwohl offenbar keine weitere quantitative Änderung der einzelnen Strukturbildner auftritt. Dagegen beweist die zunehmende Vermin-

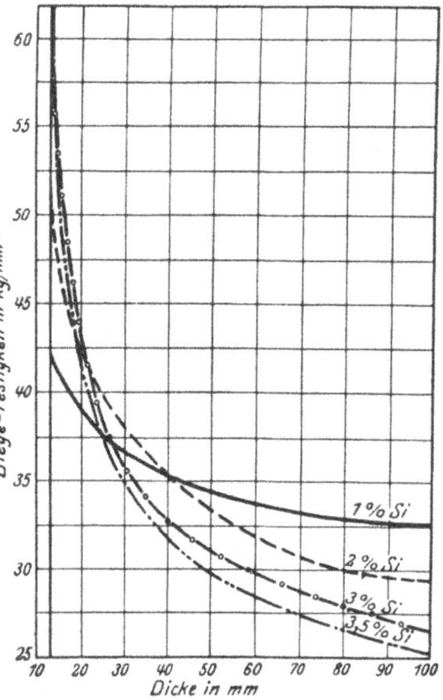

Abb. 151. Einfluß des Siliziums auf die Biegefestigkeit in Abhängigkeit von der Wanddicke (W. J. Keep).

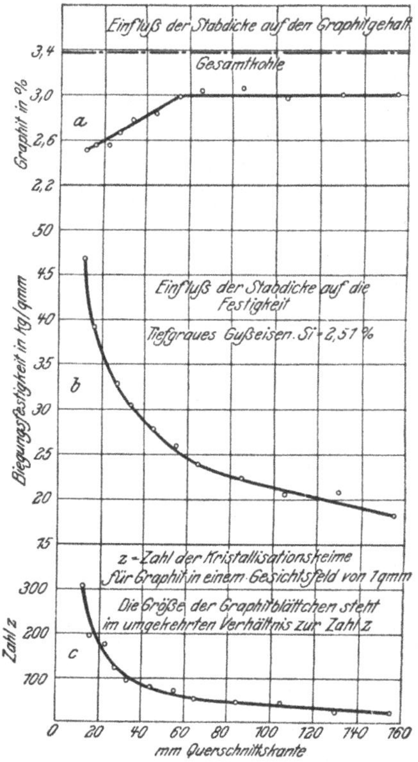

Abb. 152. Einfluß der Wanddicke auf die Biegefestigkeit und die Graphitbildung von Grauguß (nach C. Jüngst, O. Leyde und E. Heyn).

derung der ausgezählten Graphitteilchen, daß die Lamellengröße des Graphits kontinuierlich zunimmt und für die weitere Beeinträchtigung der mechanischen Eigenschaften verantwortlich zu machen ist. Diese Tatsachen erklären die Beobachtung, daß die Festigkeit von Gußeisen an verschiedenen Stellen eines Gußstücks wechselnder Wandstärke verschieden groß sein muß, wenn nicht durch besondere Maßnahmen diesem Dickeneinfluß wirksam begegnet wird. Da ferner für die Abkühlungsgeschwindigkeit auch das Verhältnis von Stückvolumen zu Gußstückoberfläche maßgebend ist, so wird im allgemeinen die Festigkeit angegossener Prüfstäbe meistens höher sein, als die aus Gußstücken von gleichem Durchmesser (besser gleicher Wandstärke) herausgearbeiteten Prüfstäbe. Im Jahre 1909 legte die Gebr. Sulzer A.G., Winterthur, dem V. Kongreß des Internationalen Verbd. f. d. Mat.-Prüf. der Technik zu Kopenhagen bereits einen sehr umfangreichen Bericht über den Einfluß der Wanddicke, der Stabform, des Voll- oder Hohlgusses usw. auf die Eigenschaften von Gußeisen verschiedener chemischer Zusammensetzung vor *(6)*.

Ähnliche Ergebnisse teilte einige Jahre später E. JÜNGST *(7)* mit, der auch zeigte, daß eine nur wenige Zehntelmillimeter betragende Bearbeitung der quadratischen Probestäbe deren Durchbiegung und Biegefestigkeit erhöhte, und zwar bei den dünneren mehr als bei den dickeren (Wirkung von Ecken auf die Ausbildung einer spröderen, spannungsreichen Gußhaut). Auch W. ROTHER *(8)* gab später ähnliche Versuche bekannt.

Tatsächlich regelte man von jeher die mechanischen Eigenschaften des Graugusses durch eine den Wandstärken und damit der Abkühlungsgeschwindigkeit im Erstarrungsintervall möglichst angepaßte chemische Zusammensetzung. Bei dieser Arbeitsweise fiel denn auch vielfach ein Guß mit vorwiegend perlitischer Grundmasse, wobei der Karbidgehalt sich etwa auf den eutektoiden einstellte.

Den klaren Zusammenhang zwischen den mechanischen Eigenschaften von Grauguß und der Struktur der Grundmasse hatte aber erst P. GOERENS *(9)* im Jahre 1906 eindeutig herausgestellt und auf Grund mikroskopischer Untersuchungen das perlitische Gefüge als Träger der höheren Festigkeitseigenschaften des grauen Eisens herausgestellt. Tatsächlich läßt die in Zahlentafel 18 für höherwertigen Guß wiedergegebene Gattierungstafel einer süddeutschen Maschinenfabrik aus dem Jahre 1911 erkennen, daß dieses Eisen fast durchweg mit etwa 0,7 bis 0,9% geb. C anfiel.

Bereits vor mehreren Jahrzehnten hat man ferner gewußt, daß für die Eigenschaften des Graugusses der absolute Gehalt des Graphits und demnach auch des Gesamtkohlenstoffs maßgebend ist, wie dies später von F. WÜST und K. KETTENBACH *(61)* an Hand systematischer Versuchsreihen gezeigt werden konnte. Um der kohlenstoffverdrängenden Wirkung des Siliziums Rechnung zu tragen und die garschaumhaltigen, übereutektischen Gebiete zu vermeiden, stimmte man den Gesamtkohlenstoff des Materials auf den jeweiligen Siliziumgehalt ab, derart, daß bei Guß höherer Festigkeit auch der Gesamtkohlenstoffgehalt gedrückt wurde. A. LEDEBUR *(58)* brachte diese Bemühungen erstmalig zahlenmäßig zum Ausdruck durch die Formel:

$$\frac{\text{Ges.-C} + \text{Si}}{1{,}5} = 4{,}2 \text{ bis } 4{,}4.$$

Nach LEDEBUR galt diese Formel für Si-Gehalte von 1 bis 3%, und zwar bezog sich die Zahl 4,2 für dickere, die Zahl 4,4 entsprechend für dünnere Gußstücke.

F. J. COOK *(10)* paßte die Ledebursche Formel unter der abgeänderten Form:

$$\frac{\text{Ges.-C}}{4{,}26 - \dfrac{\text{Si}}{3{,}6}} = X$$

noch enger den Bedürfnissen der Praxis an. Er setzt hierbei X:

für gewöhnlichen Guß . . . . = 0,90 bis 1,00,
für höherwertige Stücke . . . . = 0,83,
für höchstwertige (Dampf-, Dieselzylinder usw.) Gußstücke . . . . . . = 0,75 bis 0,82.

In der graphischen Darstellung, Abb. 153, liegen demnach zwischen den Geraden *2* und *3* die C + Si-Summen für hochwertige, zwischen den Geraden *4* und *5* die C + Si-Summen für gewöhnliche Gußstücke. Die Geraden *6* und *7*, welche der Ledeburschen Beziehung entsprechen, liegen etwa an der Grenzfläche dieser beiden Gebiete.

Im Jahre 1924 hat E. MAURER diese Verhältnisse aus theoretischen Erwägungen heraus und unter Heranziehung des Mikroskops erstmalig in syste-

Zahlentafel 18. Graugußgattierungen einer

Einteilung der Gußstücke

Satz Nr.	Bennennung der einzelnen Sätze	Wandstärke der Gußstücke
0	Bau- und gewöhnlicher Maschinenguß	15 mm und darüber
I Si	Sehr weicher Maschinenguß	bis 3 mm
I	Weicher Maschinenguß	3 mm und darüber
II	Harter Maschinenguß	7 mm und darüber
III	Sehr harter Maschinenguß	10 mm und darüber
V	Schwacher Zylinderguß	25 mm und darüber
VI	Starker Zylinderguß	40 mm und darüber
VII	Räderguß	30 mm und darüber
VIII	Kokillenguß	sämtl. vorkommende Wandstärke
IX	Pressenguß	40 mm und darüber
X	Hartguß	10 mm und darüber
CE	Schieberguß	10 mm und darüber
SP	Spiralenguß	bis 5 mm

Normal-Analysen der einzelnen Sätze

Satz Nr.	Gesamt C	Graphit	Gebund. C	Si	Mn	P	S
	%	%	%	%	%	%	%
0	ca. 3,60	ca. 3,00	ca. 0,60	1,7 —2,20	0,50—0,70	0,80—1,20	unter 0,13
I Si	ca. 3,70	ca. 3,00	ca. 0,70	2,50—3,50	0,50—0,70	unter 0,60	unter 0,10
I	ca. 3,70	ca. 3,00	ca. 0,70	2,00—2,50	0,50—0,70	unter 0,60	unter 0,10
II	ca. 3,50	ca. 2,70	ca. 0,80	1,60—2,00	0,60—0,80	unter 0,40	unter 0,10
III	unter 3,40	ca. 2,50	ca. 0,90	1,40—1,60	0,80—0,90	unter 0,30	unter 0,10
V	unter 3,30	ca. 2,40	ca. 0,90	1,20—1,40	0,80—1,00	unter 0,20	unter 0,10
VI	unter 3,20	ca. 2,30	ca. 0,90	1,00—1,20	0,80—1,00	unter 0,20	unter 0,10
VII	ca. 3,50	ca. 2,60	ca. 0,90	1,20—1,60	0,60—0,80	unter 0,50	unter 0,10
VIII	ca. 3,60	ca. 3,00	ca. 0,60	2,00—3,00	0,50—0,70	unter 0,10	unter 0,08
IX	unter 3,10	ca. 2,20	ca. 0,90	0,80—1,00	0,80—1,20	unter 0,20	unter 0,10
X	unter 3,40	ca. 2,50	ca. 0,90	0,80—1,00	0,40—0,60	unter 0,20	unter 0,09
CE	ca. 3,90	ca. 3,40	ca. 0,50	1,00—1,20	0,50—0,60	unter 0,30	unter 0,09
SP	ca. 3,60	ca. 3,00	ca. 0,60	2,50—3,50	0,50—0,70	0,80—1,00	unter 0,08

süddeutschen Maschinenfabrik aus dem Jahre 1911.

in die einzelnen Sätze

Maschinenfabrik	Kundenguß
Rohe Kesselarmaturen, Feuerungsteile, Säulen, Herdguß usw.	Bauguß
Gußstücke, welche besonders weich sein müssen	Guß mit magnetischen Eigenschaften, z. B. Anker, Polschuhe, Rippenzylinder usw.
Gußstücke, bei welchen es nicht auf besondere Festigkeit ankommt	Riemenscheiben, Rundstühle, Klavierplatten, Formmaschinenguß usw.
Dichte Gußstücke, wie Ventile, Kegel, Kolben Kolbenringe, Zylinderdeckel usw.	Autozylinder mit Wasserkühlung, Kolben, Kolbenbüchsen für Automobile usw.
Dichte Gußstücke, wie Ventile, Kegel, Kolben, Kolbenringe, Zylinderdeckel, Lagerbalken und Ammoniakarmaturen usw.	Wie Satz II
Lokomotiv-, Dampf- u. Kompressorzylinder, Zylinderbüchsen, Kolben, Zylinderdeckel, Lagerbalken, Pumpen usw.	NB. Die Einteilung des Kundengusses ist genau wie die des Gusses der Maschinenfabrik, wenn nichts anderes vorgeschrieben ist
Wie Satz V	
Seilscheiben, Riemenscheiben u. Schwungräder, Grundplatten usw.	
Kokillen	
Preßgestelle, Matritzen, Patritzen, Plungerkolben, Walzen nicht in Kokillen gegossen usw.	
Walzen in Kokillen gegossen, feuerbeständiger Guß usw.	
	Schieber für Daimler
	Spiralen für Elektron

Normal-Festigkeiten der einzelnen Sätze								Bemerkung
Rohe Probestäbe					Bearb. Probestäbe			
Dimensionen		Biegeprobe		Härte nach Brinell	Dimensionen		Zugfestigkeit	
Ø	Auflage Entfernung	Festigkeit kg/mm²	Durchbieg. mm		roh Ø	bearb. Ø	kg/mm²	
30	600	ca. 32	ca. 8	170—190	30	20	12—16	Werden an einem Gußstück Probestäbe für Zugproben angegossen oder werden dieselben für sich gegossen, so wird der rohe Durchmesser der Probestäbe so gewählt, daß derselbe mindestens 10mm stärker ist als die Wandstärke des Gußstückes.
20	400	ca. 35	ca. 7		30	20	12—16	
30	600	ca. 30	ca. 10	130—150				
20	400	ca. 35	ca. 6		30	20	12—18	
30	600	ca. 30	ca. 10	150—170				
20	400	nicht unt. 40	ca. 7		30	20	16—20	
30	600	ca. 37	ca. 10	170—190				
30	600	nicht unt. 42	ca. 10	190—210	40	20	18—22	
40	800	nicht unt. 44	ca. 15		40	20	20—26	
30	600	ca. 48	ca. 12	210—220				
40	800	nicht unt. 46	ca. 15		40	20	22—26	
30	600	ca. 48	ca. 12	220—240				
40	800	nicht unt. 35	ca. 14		40	20	18—20	
30	600	ca. 40	ca. 11	180—210				
40	800	ca. 22	ca. 18		30	20	10—14	
30	600	ca. 30	ca. 12	120—150				
40	800	ca. 48	ca. 15		40	20	24—30	
30	600	ca. 50	ca. 10	240—260				
40	800	ca. 30	ca. 12		30	20	18—22	
30	600	ca. 35	ca. 10	200—230				
20	400	ca. 30	ca. 6		30	20	10—16	
30	600	ca. 25	ca. 10	130—150				
20	400	ca. 35	ca. 6		30	20	10—16	
30	600	ca. 28	ca. 10	130—150				

matische Beziehung zu dem Gefügeaufbau gebracht. Abb. 154 gibt das damals von E. Maurer (*11*) aufgestellte Diagramm wieder, das für mittlere Abkühlungsverhältnisse bei lufttrockenen Formen und 30-mm-Durchmesser-Stäbe gilt. E. Maurer war sich natürlich von vornherein darüber klar, daß außer dem Kohlenstoff- und Siliziumgehalt die Wanddicke entscheidend auf die Gefügeausbildung einwirkt. Sollen nun in einem Schaubilde alle drei Faktoren Berücksichtigung finden, so kann dies nur in einem Raumdiagramm mit den genannten drei Koordinaten geschehen. Von dieser Erkenntnis ausgehend erweiterte E. Maurer 1927 zusammen mit P. Holtzhausen (*12*) sein Schaubild unter Anwendung des Tiegelofens und bei Guß in lufttrockene, auf 250° bzw. 450° vorgeheizte Formen, sowie in eiserne Kokillen. In Abb. 155 sind daher in das ursprüngliche Diagramm schraffiert die Begrenzungslinien des Perlitfeldes eingezeichnet, welche sich nunmehr ergaben unter Berücksichtigung verschiedener Wandstärke der Gußstücke bzw. bei Vorwärmung der Gießform, welche ja eine der zunehmenden Wandstärke parallele Verzögerung in der Abkühlungsgeschwindigkeit von Gußstücken mittlerer Wandstärke verursacht. Nach den Versuchen von Maurer ergibt eine Vorwärmung der Gießform auf ca. 450° bei Gußstücken mittlerer Wandstärke eine gleiche Abkühlungsgeschwindigkeit wie das Abgießen 90 mm starker Gußstücke in Formen von etwa Raumtemperatur. Das in Abb. 155 durch strichpunktierte Linien begrenzte Feld gibt demnach diejenigen Konzentrationen von Si + C an, welche auch bei Gußstücken mit stark verschiedenen Wandstärken von 10 bis 90 mm noch mit größter Sicherheit in allen Querschnitten ein vorwiegend perlitisches Gefüge gewährleisten. Das Abbiegen des perlitischen Feldes im Diagramm, Abb. 155, war geboten, da infolge des bereits auf S. 73 erwähnten diskontinuierlichen Verhaltens des Siliziums noch zu viele Schmelzen mit meliertem Bruchgefüge in die Spitze des ursprünglichen Perlitfeldes hineinfielen. Die handelsüblichen Gußeisensorten würden dann etwa in die schraffierte Zone zu liegen kommen, d. h. bei einem Kohlenstoffgehalt von 2,6—3,2% einen Si-Gehalt von 1,4—2,2% besitzen.

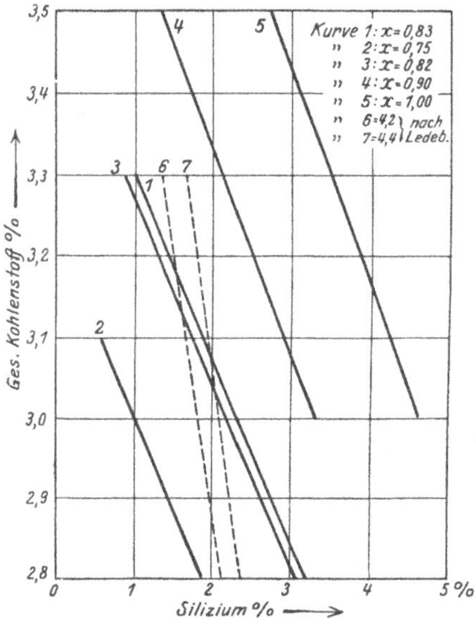

Abb. 153. Summe (C + Si) bei verschiedenen Gußeisensorten (F. J. Cook).

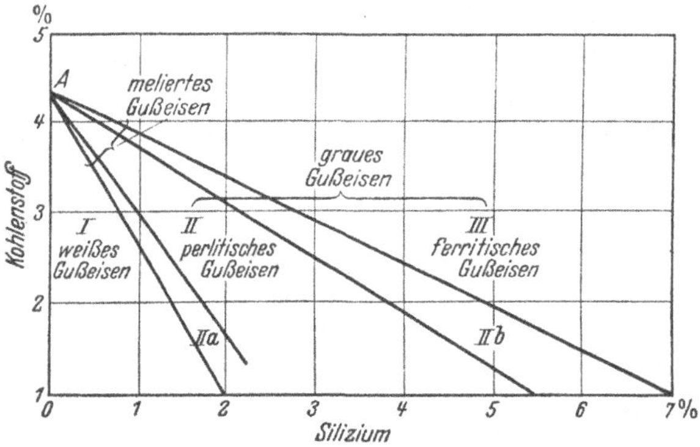

Abb. 154. Strukturdiagramm des Gußeisens nach E. Maurer.

Die grundsätzlich gleichgerichtete Beeinflussung der Graphitbildung durch die Elemente Kohlenstoff und Silizium veranlaßte P. Greiner und Th. Klingenstein (*13, 14*), auch auf den Konzentrationsordinaten diese Elemente additiv zusammenzufassen über der Wanddicke als Abszisse (Abb. 156). Beachtenswert ist der Knickpunkt der oberen Begrenzungskurven bei etwa C+Si=5%, was bedeutet, daß man in höherwertigem Guß zweckmäßig unter dieser Summenzahl bleiben soll.

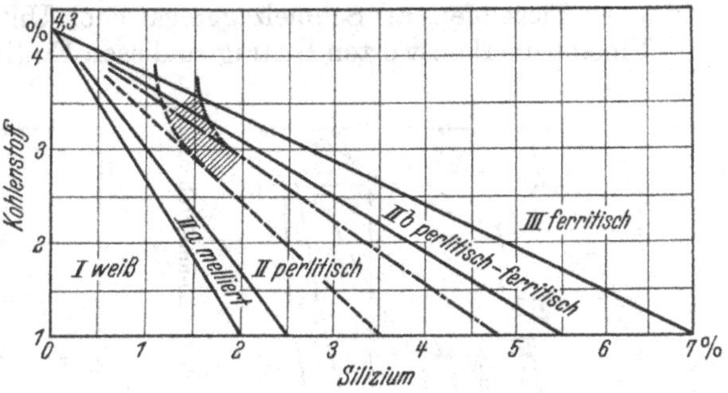

Abb. 155. Gußeisendiagramm nach E. Maurer und P. Holtzhausen.

Die Gleichstellung der beiden Elemente Kohlenstoff und Silizium hinsichtlich ihrer Auswirkung im Gußeisen ist natürlich nur mit Einschränkung und innerhalb bestimmter Bezugsbedingungen (perlitische Gußeisensorten) berechtigt. Dagegen geht auch aus dem letzteren Diagramm die wichtige, wenn auch freilich nicht mehr unbekannte Tatsache hervor, daß, je niedriger die Summe C + Si ist, desto größer der Bereich des perlitischen Zustandsfeldes und desto unabhängiger daher auch die Gefügeausbildung von Wandstärke und Abkühlungsgeschwindigkeit wird. Diese Erkenntnis war bei den neueren Bestrebungen zur Herstellung hochwertigen Gußeisens auch stets der leitende Gedanke bei der Schaffung eines möglichst wandstärkenunempfindlichen Gußeisens.

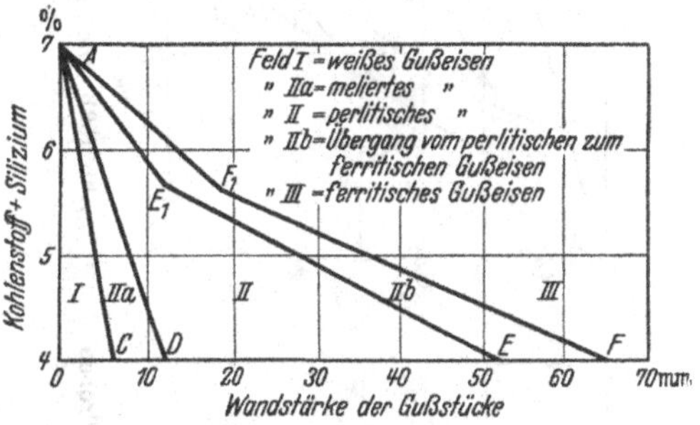

Abb. 156. Strukturdiagramm des Gußeisens nach F. Greiner und Th. Klingenstein.

Es ist einleuchtend, daß die Ausdehnung der Gefügefelder in den Gußeisendiagrammen nach E. Maurer und Mitarbeiter nur einen Anhaltspunkt geben kann für die zu erwartenden Strukturen und die damit in Zusammenhang stehenden Eigenschaften von Gußeisen. Jede gutgeführte Gießerei wird sich in Anlehnung an das Maurersche Diagramm auf Grund der betreffenden Betriebsverhältnisse durch einige systematische Versuche bald ein den betreffenden örtlichen Verhältnissen angepaßtes Diagramm zulegen müssen, und zwar besonders dort, wo periodisch wiederkehrende Gattierungen unter Verwendung verschiedener Ofensysteme reproduzierbare Schmelz- und Gießbedingungen verlangen. So werden die Diagrammlinien für Naß- und Trockenguß verschieden liegen, sie werden ferner beeinflußt sein durch die Sonderheiten der verwendeten Rohstoffe, durch die Art der vorhandenen Schmelzöfen, durch die Schmelzüberhitzung, die Gießtemperatur, die Anwendung von Pfannenzusätzen, von Legierungselementen usw. Auch ist bekannt, daß der Kupolofen am „weichsten" geht, während der Flamm-, Elektro- und Tiegelofen zunehmend härter gehen, also eine Verschiebung der Grenzlinien im Maurerschen Diagramm nach rechts zur Folge haben.

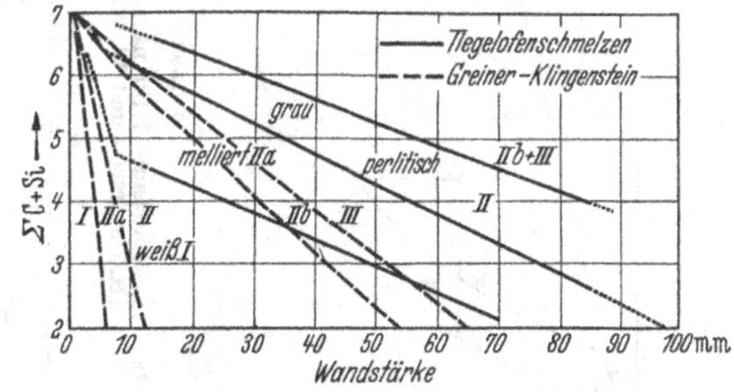

Abb. 157. Verschiebung des Greiner-Klingensteinschen Diagramms bei Benutzung des Tiegelofens als Schmelzaggregat (F. Roll).

Das gilt natürlich auch für die Gußeisendiagramme anderer Darstellung. So zeigt Abb. 157 die Verschiebung des Greiner-Klingensteinschen Diagramms bei Verwendung des Tiegelofens als Schmelzaggregat nach Untersuchungen von P. Roll (*57*).

Einen bemerkenswerten Beitrag zu diesen Einflußgrößen haben H. Uhlitzsch

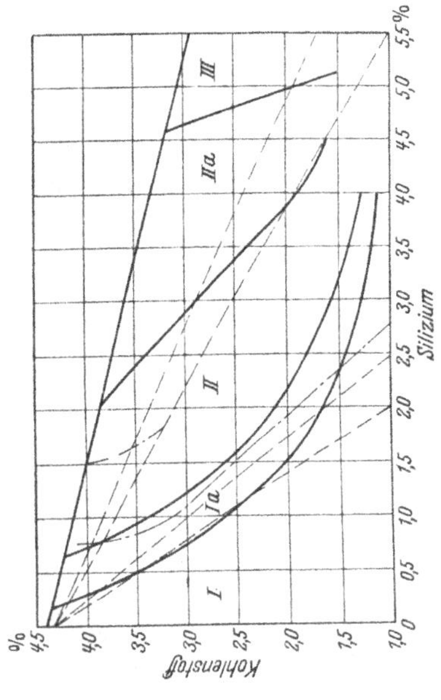

Abb. 158a. Gußeisenschaubild für naßgegossene 30 mm-Proben (H. Uhlitzsch und W. Weichelt).

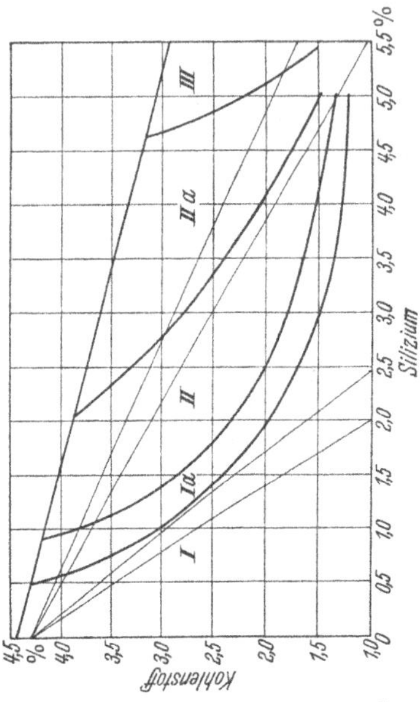

Abb. 158b. Die Abb. 158a, jedoch für 20-mm-Proben.

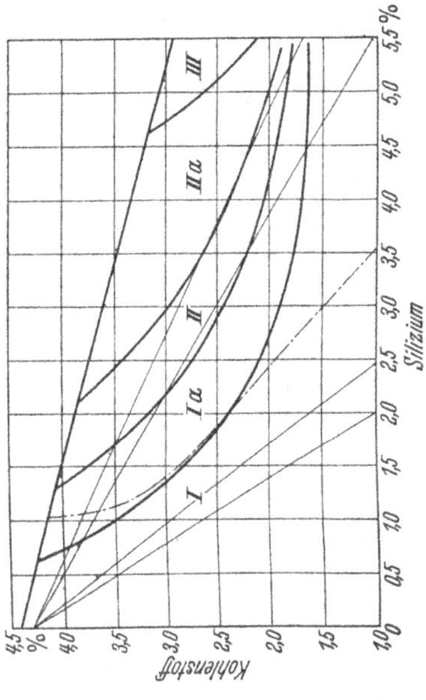

Abb. 158c. Wie Abb. 158a, jedoch für 10-mm-Proben.

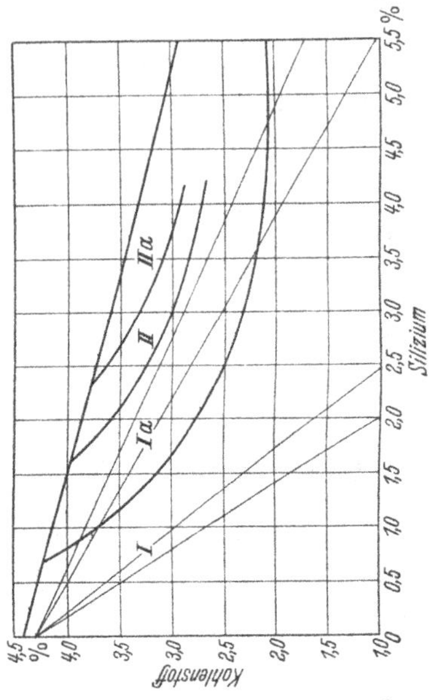

Abb. 158d. Wie Abb. 158a, jedoch für 6-mm-Proben.

und W. Weichelt (*15*) geliefert, indem sie die Verschiebung der Gefügefelder im Gußeisenschaubild nach E. Maurer beim Gießen kleiner Wandstärken von 30—3 mm Durchmesser in grünen Sand unter Verwendung des Tiegelofens untersuchten.

Abb. 158a—d vergleicht die Untersuchungsergebnisse mit dem ursprünglichen Schaubild nach E. Maurer bzw. dem erweiterten Diagramm nach Maurer und

P. Holtzhausen. Neu ist in diesen Diagrammen die obere Begrenzung durch die Linie der jeweils eutektischen Kohlenstoff- und Siliziumzusammensetzung, die durch Messung bestimmt wurde. Gegenüber den Maurerschen Versuchen verschieben abnehmende Stabdicken die Gefügefelder in Gebiete höheren Siliziumgehaltes. Rein ferritisches Gefüge (Feld *III*) tritt nur bei hohen Siliziumgehalten auf. Die Verschiebung des für die Betrachtung besonders wichtigen Perlitfeldes als Folge veränderter Wandstärken zeigt Abb. 159, aus der auch die bei unterschiedlichen Wandstärken gültigen Zusammensetzungsgrenzen für unterschiedslos perlitische Erstarrung zu entnehmen sind. Die Perlitgebiete sind der Übersichtlichkeit halber durch die für Gußeisen maßgebenden Kohlenstoffgrenzen von 3,7 und 2,4% begrenzt und in der Richtung der Senkrechten leicht gegeneinander verschoben gezeichnet. Die mechanische Prüfung paßte sich dem Gefügebefund im allgemeinen gut an. Die gegenüber Kupolofenguß vielfach höheren Härtewerte für perlitisches Gußeisen ergeben sich aus dem angewendeten, hart arbeitenden Tiegelgußverfahren.

Mit der Abhängigkeit der Maurerschen Gefügefelder vom Querschnitt beschäftigten sich auch M. v. Schwarz und A. Väth (*16*). Nach dieser Arbeit ist auf den für die einzelnen Wanddicken in Abb. 160 eingezeichneten Linien mit Sicherheit eine perlitische Gefügeausbildung gewährleistet. Die Linie für 5 mm Wanddicke wurde bei Untersuchungen über Kolbenringguß (Einzelguß) festgelegt. Ein feines Graphiteutektikum und damit das Auftreten von Ferrit in den eutektischen Gefügezonen wird aber nicht mehr mit Sicherheit vermieden, weil der hohe Siliziumgehalt eine rein perlitische Grundmasse erschwere. Ein Gehalt von 1 bis 1,4% P dagegen verschiebe wegen seiner Begünstigung des stabilen Systems das Perlitgebiet stark zu niedrigen Siliziumgehalten.

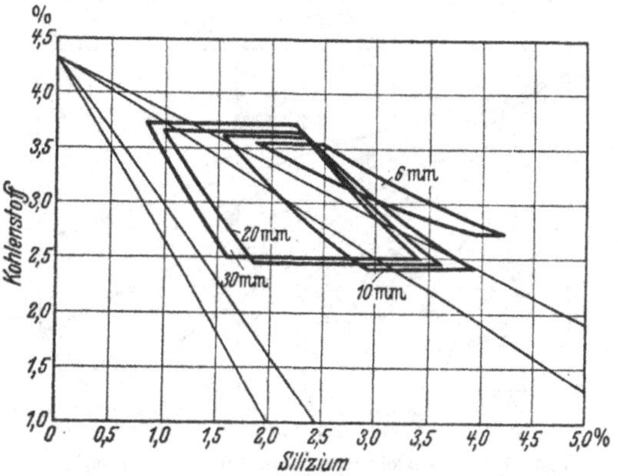

Abb. 159. Verschiebung des Perlitfeldes im Maurerschen Schaubild mit abnehmender Wandstärke (H. Uhlitzsch und W. Weichelt).

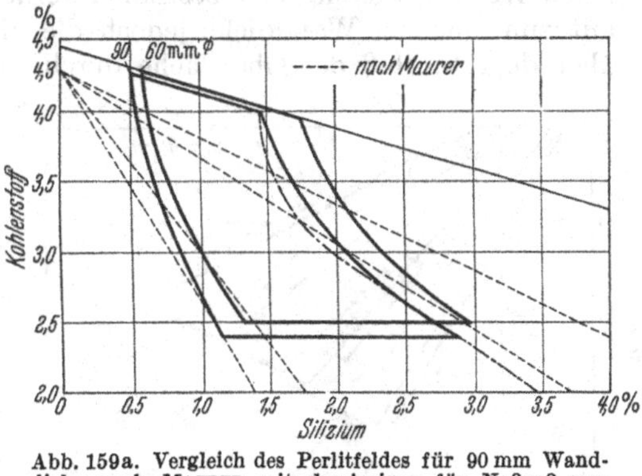

Abb. 159a. Vergleich des Perlitfeldes für 90 mm Wanddicke nach Maurer mit demjenigen für Naßguß von 60 mm nach W. Weichelt.

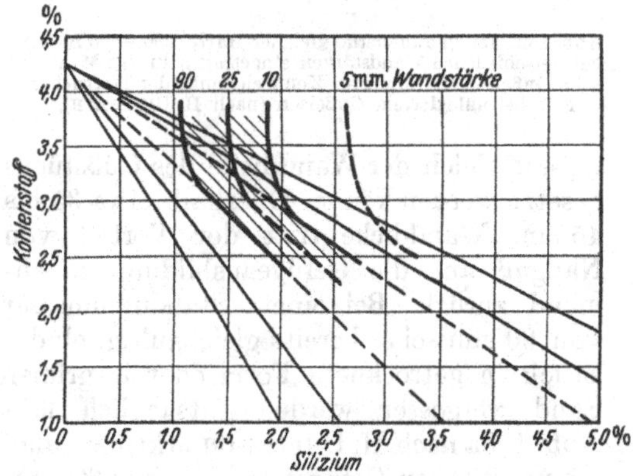

Abb. 160. Gußeisenschaubild für verschiedene Wandstärken nach M. v. Schwarz und A. Väth.

Die Arbeit von SCHWARZ und VÄTH enthält übrigens eine bemerkenswerte Untersuchung über die von H. W. SWIFT (*17*) bereits früher rechnerisch gefundene Tatsache, daß die Abkühlungsgeschwindigkeit bei einer rechteckigen Wand von *r* mm im Gußstück derjenigen eines Probestabes von 2 *r* Durchmesser entsprechen. Allerdings soll obige Regel vorerst nur für Wandstärken bis zu 35 mm und für einfache Gußstücke Geltung haben. Bei verwickelteren Abgüssen mit verhältnismäßig kleinen Kernen schlagen die Verfasser eine Formel $d = (2r + c)$ mm vor, so daß der Probestab größer zu wählen wäre, als den obigen Befunden entspricht. Der Berichtigungsbeiwert c müsse aber wohl für jedes Gußstück und jeden Werkstoff immer erst bestimmt werden. Nach H. UHLITZSCH (*60*) setzt sich mit zunehmender Wanddicke jedoch die Masse des Gußstücks derartig gegenüber dem Einfluß der Oberfläche durch, daß ab etwa 10 mm der Stabdurch-

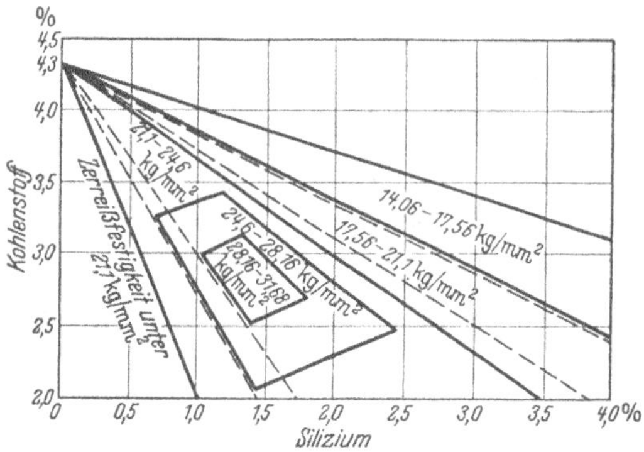

Abb. 161. Festigkeitsdiagramm für Gußeisen nach F. B. COYLE.

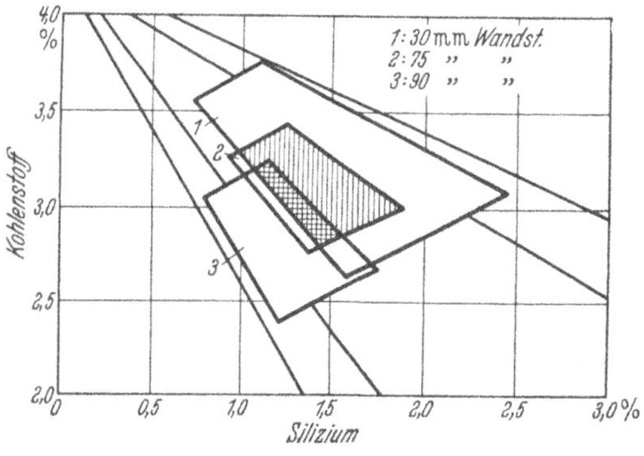

Abb. 162. Felder annähernd gleicher Härte (200—250 B.-H.) bei verschiedenen Wandstärken eingetragen in das Maurersche Gußeisendiagramm zur Kennzeichnung der Treffsicherheit bei unlegiertem Gußeisen (nach H. UHLITZSCH).

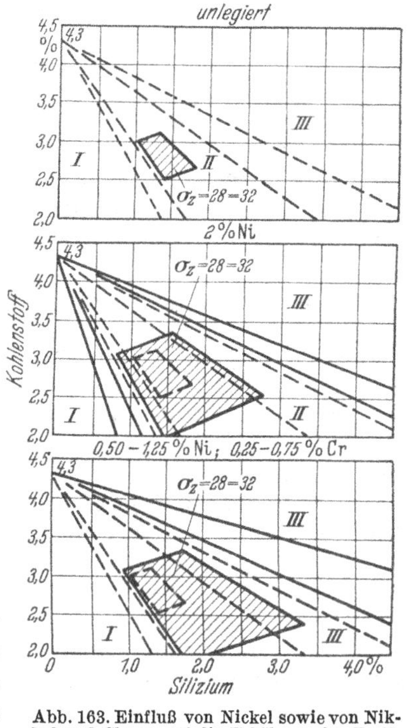

Abb. 163. Einfluß von Nickel sowie von Nikkel und Chrom auf die Erhöhung der Treffsicherheit von Grauguß (nach F. B. COYLE).

messer gleich der Wanddicke des Gußstücks gesetzt werden könne. Oberhalb etwa 35 bis 45 mm Wanddicke tritt der Vorteil von Naßguß auf die Gefügeausbildung zunehmend zurück. Bei einem Stabdurchmesser von 90 mm sei es bereits gleichgültig, ob das Stück in getrocknete Form oder in grünen Sand vergossen werde. Tatsächlich läßt Abb. 159a nach H. UHLITZSCH erkennen, daß die perlitischen Gefügefelder für den 60-mm-Durchmesser-Stab im Maurerschen Diagramm nur noch eine unwesentliche Verlagerung gegenüber dem 90-mm-Durchmesser-Stab erfahren.

F. B. COYLE (*18*) stellte dem konstitutionellen Maurer-Diagramm ein neues Diagramm gegenüber, welches im Bereich der durch Kohlenstoff und Silizium gekennzeichneten Zusammensetzung die Felder gleicher Festigkeit zum Ausdruck bringt (Abb. 161). Besonders wichtig in diesem Diagramm ist natürlich das Feld höchster Festigkeit, soweit dieses gleichzeitig mit dem Gefügefeld des Perlits zusammenfällt. Man erkennt, daß dieses Gebiet höchster Festigkeit nur mit einem relativ kleinen Anteil des strukturellen Perlitfeldes zusammenfällt. Perlitische Struktur bürgt demnach noch keineswegs für das Optimum der Festigkeitseigenschaften, eine Beobachtung, die durch die Praxis immer wieder bestätigt wird. H. Uhlitzsch (*19*) untersuchte in ähnlicher Weise den Verlauf der Härte bei Gußstücken verschiedener Wandstärke und fand hier, daß, ähnlich dem Perlitfeld in Abb. 161, die Felder gleicher Härte bei wechselnder Wandstärke innerhalb eines und desselben Gußstücks nur in einem sehr engen Bereich chemischer Zusammensetzung zugehörig sind (Abb. 162). Nickel- bzw. Nickel- und Chromzusätze erweitern sowohl das Gefügefeld des Perlits (Abb. 163), als auch das gemeinsame Perlitfeld und das Gebiet höchster Festigkeit bei unterschiedlichen Wandstärken (Abb. 164), wie F. B. Coyle (*18*) bzw. F. B. Coyle und H. Uhlitzsch (*20*) zeigen konnten. (Vgl. a. Seite 183 und Abb. 224).

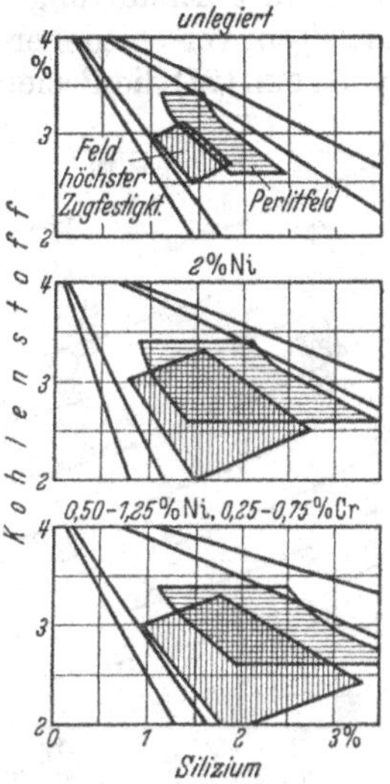

Abb. 164. Einfluß von Nickel auf das gemeinsame Perlitfeld für Wandstärken von 10 bis 90 mm und das Feld höchster Zugfestigkeit (F. B. Coyle und H. Uhlitzsch).

Aus den meisten der hier gezeigten Gußeisendiagrammen geht hervor, daß man den Einfluß des Kohlenstoffs und denjenigen des Siliziums in ihrer graphitisierenden Wirkung, vor allem aber auch hinsichtlich des Einflusses auf die Festigkeitseigenschaften, einander praktisch gleichgestellt hat. Das kam nicht etwa daher, daß man die Wirkung der beiden Elemente als gleich groß ansah, vielmehr wußte man, daß der graphitisierende Einfluß der genannten Elemente in Zusammenhang mit der chemischen Zusammensetzung des Gußeisens stark wechselt, was aber in einem zweidimensionalen Diagramm nicht zum Ausdruck gebracht werden kann. So entspricht z. B. (*21*) bei einem Eisen mit 2,50% C und 1% Si ein Siliziumzuwachs von 1% einer Kohlenstoffzunahme von etwa 0,40%, um denselben Abfall der Festigkeit zu bewirken. Bei 3% C dagegen entspräche der Verschiebung des Siliziums von 2 auf 3% eine Kohlenstoffzunahme um 0,50%. Kohlenstoff wirkt also, wie auch H. Uhlitzsch und K. Appel (*21*) betonten, in weit stärkerem Maße auf die Zugfestigkeit ein als Silizium, das übrigens über etwa 3% bei Grauguß nur noch einen geringfügigen Einfluß besitzt. Andererseits weiß man, was vor allem die Walzengießer bestätigen können,

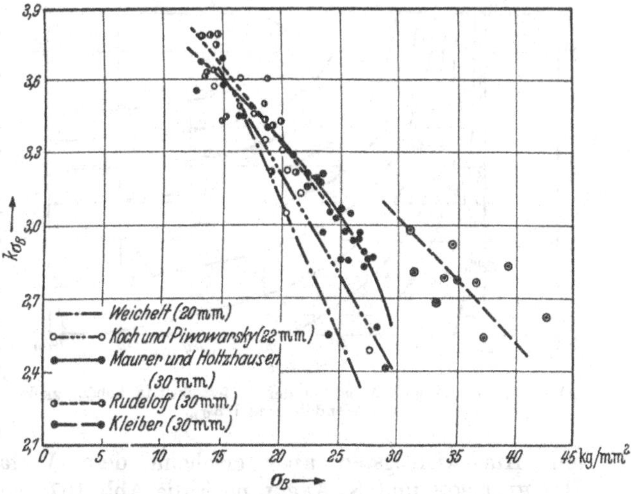

Abb. 165. Abhängigkeit der Zugfestigkeit von $K_{\sigma B}$ (H. Uhlitzsch und K. Appel).

daß bei hohen Kohlenstoffgehalten (über 3,3%) ein geringer Si-Zuwachs, zugeschlagen zu einem weiß oder meliert gattierten Eisen, einen völligen Umschlag zu grauer Erstarrung verursachen kann. Um hier einen Vergleich mit den Arbeiten verschiedener Forscher zu ermöglichen, haben H. UHLITZSCH und K. APPEL (*21*) die Beziehungen zwischen dem C + Si-Gehalt einerseits, den Festigkeitseigenschaften andererseits vereinfacht, indem sie anstatt der Summe C + Si den notwendigen Kohlenstoffgehalt für 2% Si einsetzten. Diesen Kohlenstoffgehalt bezeichnen sie mit K_{σ_B}. Der Gehalt von 2% Si wurde gewählt, weil er in handelsüblichem Gußeisen am meisten vorkommt. Trägt man die K_{σ_B}-Werte der verschiedensten Arbeiten über der Zugfestigkeit auf, so sieht man (Abb. 165), daß der Einfluß verschiedener Arbeitsverfahren der verschiedenen Forscher (Gießtemperatur, Ofenart, Gattierungsverhältnisse usw.) nur bei geringeren K_{σ_B}-Werten stark differiert, bei einem K_{σ_B}-Wert von etwa 3,6 aber praktisch verschwindet. Je höher also bei gleichem K_{σ_B}-Wert z. B. die Zugfestigkeit liegt, um so günstiger ist das gewählte Arbeitsverfahren. H. UHLITZSCH und K. APPEL haben dann Raumbilder mit den Koordinaten K_{σ_B}, Zugfestigkeit und Wanddicke aufgestellt. Eine Projektion der Schnitte gleicher Zugfestigkeit auf die Beziehungsebene: K_{σ_B} und Wanddicke für die Versuche der Arbeit von A. KOCH und E. PIWOWARSKY (*22*) gibt Abb. 166 wieder. Ähnliche Beziehungen kann man nunmehr auch zwischen der Wandstärke und den reduzierten Kohlenstoffwerten für die Biegefestigkeit (K_{σ_B}), die Härte (K_{HB}) und die Verbiegungszahl (K_{Zf}) aufstellen. Am wichtigsten aber erscheint dem Verfasser aus der Arbeit von H. UHLITZSCH und K. APPEL noch die Abb. 167, wo an Hand von 202 Werten, stammend aus den Arbeiten von A. KOCH und E. PIWOWARSKY (*22*), P. A. HELLER (*25*) und H. PINSL (*40*) der prozentuale Abfall der Zugfestigkeit in Abhängigkeit von der Wanddicke und den K_{σ_B}-Werten zum Ausdruck gebracht wird.

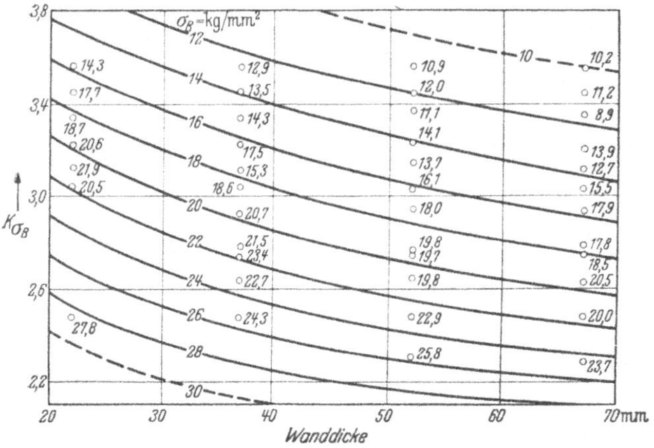

Abb. 166. Abhängigkeit der Zugfestigkeit von der Wanddicke und K_{σ_B}.

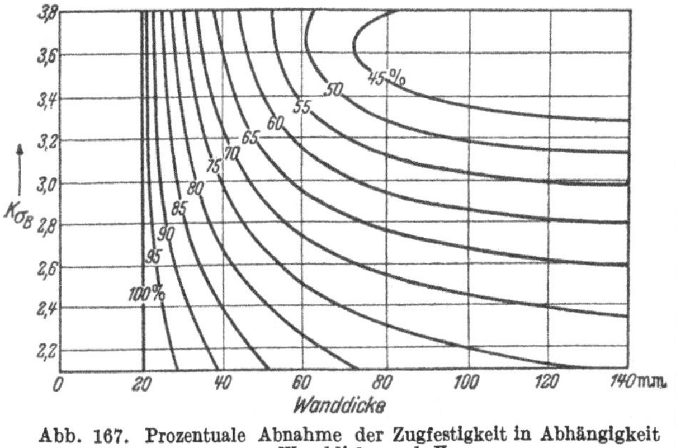

Abb. 167. Prozentuale Abnahme der Zugfestigkeit in Abhängigkeit von Wanddicke und K_{σ_B}.

Bei der Auswertung der Ergebnisse der genannten Arbeit ergab sich wiederum, daß die Härte in erster Linie vom Grundgefüge, die Zugfestigkeit

Zahlentafel 19. Härte der untersuchten Gußeisensorten in Abhängigkeit vom Gußdurchmesser (K. SIPP).

Schmelze Nr.	% C	% Si	% (C+Si)	Sättigungsgrad S_c	Brinellhärte der Stäbe mit einem Gußdurchmesser von 10 mm	20 mm	30 mm	50 mm	100 mm
1	1,62	3,05	4,67	0,49	430	400	340	290	280
2	1,62	3,30	4,92	0,51	370	306	302	286	268
3	1,98	2,77	4,75	0,59	330	300	288	274	270
4	2,05	3,10	5,15	0,63	350	298	282	245	234
5	2,34	2,06	4,40	0,65	404	400	238	217	205
6	2,44	2,34	4,78	0,73	280	270	258	240	230
7	2,71	1,93	4,64	0,75	270	240	230	222	206
8	2,66	2,50	5,06	0,78	340	250	248	234	228
9	2,33	4,20	6,53	0,80	355	325	310	280	290
10	3,02	1,88	4,90	0,83	260	240	224	214	202
11	3,03	2,20	5,23	0,86	272	248	248	230	228
12	2,29	5,14	7,43	0,87	310	335	295	275	266
13	3,16	2,00	5,16	0,88	272	236	225	202	206
14	3,35	1,69	5,04	0,90	265	250	212	185	190
15	3,50	1,60	5,10	0,94	255	204	190	188	196
16	3,66	1,40	5,06	0,96	222	200	170	156	148
17	3,98	0,50	4,48	0,98	230	320	238	128	135
18	3,55	1,98	5,53	0,99	240	224	180	166	168
19	3,60	2,83	6,48	1,08	218	204	146	126	122

von Graphitform und Grundgefüge, die Biegefestigkeit aber hauptsächlich von der Graphitausbildung beeinflußt werden.

K. SIPP (*59*) schlägt zur Ergänzung bestehender Gußeisendiagramme ein Schaubild vor, das den Sättigungsgrad des Gußeisens an Kohlenstoff nach der Formel von E. HEYN als Abszisse zeigt, während die Ordinate die Wanddicke des Gußstücks angibt, wobei er sich auf das vorhandene Schrifttum (Abb. 168) und eigene Versuche (Zahlentafel 19) stützt.

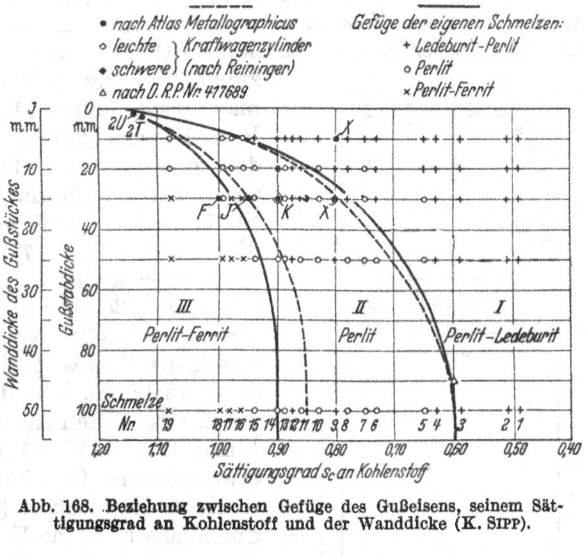

Abb. 168. Beziehung zwischen Gefüge des Gußeisens, seinem Sättigungsgrad an Kohlenstoff und der Wanddicke (K. SIPP).

b) Der Dickeneinfluß (Wandstärkeneinfluß).

Es ist zweifellos, daß die **Treffsicherheit** bei der Erzielung bestimmter Festigkeitswerte in einem Gußstück in engster Beziehung stehen muß zur Abhängigkeit der Eigenschaften von der Wanddicke. Je unabhängiger der Guß in seinen Eigenschaften von der Wanddicke ist, um so besser wird die konstruktive Ausnutzung des Werkstoffes sein. Grundsätzlich zeigen alle Gußlegierungen auf Grund der allgemeinen Kristallisationsgesetze eine solche Abhängigkeit, wenngleich es auch bei manchen derselben z. B. beim Stahlguß gelingt, durch ein anschließendes Glühverfahren die von der primären Kristallisation her vorhandenen

Unterschiede im Gefügeaufbau auszugleichen und damit auch einen Ausgleich der mechanischen und physikalischen Eigenschaften herbeizuführen. Aber auch bei ziemlich einheitlichen Wanddicken ergibt sich eine gewisse Streuung der Festigkeitswerte innerhalb eines Gußstückes, da die Menge des durch irgendeinen Querschnitt durchfließenden Eisens, also dessen Lage zum Einguß, zu den Steigern und Trichtern verschiedene Abkühlungsgeschwindigkeiten bedingen. Experimentell wird der Dickeneinfluß ermittelt durch Abgießen von Probestäben verschiedenen Durchmessers, durch kastenförmige Körper oder Stufenscheiben (Abb. 169). Für den kastenförmigen Körper sieht der Unterausschuß für Gußeisen beim VDE (*23*) Wanddicken von 15—30—50 und 70 mm vor bei einer Kastenhöhe von 300 mm und seitlichem Anguß (Abb. 170).

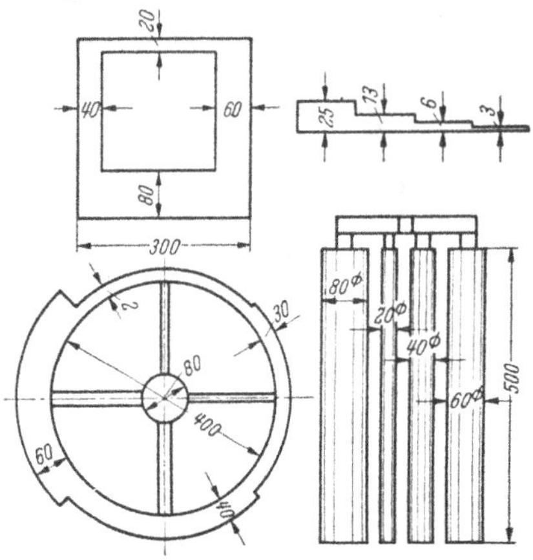

Abb. 169. Prüfkörper zur Bestimmung des Dickeneinflusses.

Man kann nun zur Darstellung des Dickeneinflusses entweder die Eigenschaften des Gußeisens in Abhängigkeit von der Wanddicke auftragen, wie dies zu diesem Zweck erstmalig von E. PIWOWARSKY und E. SÖHNCHEN (*24*) vorgenommen wurde, wobei man aus dem Auseinanderstreben bzw. dem Zusammenlaufen der Kurven auf die Veränderung der Wandstärkeneinflußziffer schließen kann (Abb. 171 und 172 für den Einfluß des Siliziums und des Nickels als Beispiel); oder aber man trägt entsprechend einer Anregung von P. A. HELLER (*25*) die Eigenschaftsänderung, z. B. den prozentualen Abfall der Zugfestigkeit, bezogen auf den 20-mm- oder 30-mm-Durchmesser-Stab in Abhängigkeit von der zunehmenden Wanddicke auf (Abb. 173). F. B. COYLE (*26*) hatte nun zeigen können, daß zwischen der Zugfestigkeit von Gußeisen und der Wandstärke Beziehungen exponentieller Natur bestehen, d. h., daß der Abfall der Zugfestigkeit in Probestäben verschiedener Dicke, im Koordinatensystem mit logarithmisch eingeteilten Achsen aufgetragen, zu geraden Linien führt (Abb. 173b). Die Beziehung folgt in etwa folgender Gleichung: $y = c \cdot d^x$, wo y die betrachtete Eigenschaft (Zugfestigkeit), d den Stabdurchmesser, c eine Konstante und x einen Exponenten bedeuten. Logarithmiert ergibt sich: $\log y = x \cdot \log d + \log c$. Hier bedeutet, wie leicht einzusehen ist, x die Neigung der logarithmischen Beziehungsgeraden und c die Festigkeit für den Probestab 1 (= ein Zoll bei F. B. COYLE). Die Zahl x hat bei COYLE den Wert von $\frac{1}{2{,}02} = -0{,}495$. H. JUNGBLUTH und P. A. HELLER (*27/28*) konnten nun zeigen, daß nicht nur die Zugfestigkeit, sondern auch die Biegefestigkeit, die Meyersbergsche Verbiegungszahl usw. der aufgezeigten exponentiellen Beziehung mit ziemlicher Genauigkeit folgen. Die Konstanten c

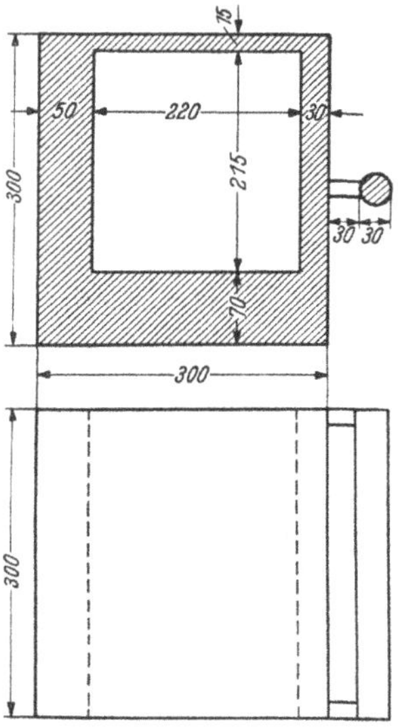

Abb. 170. Form des Versuchsgußstückes mit angegossenem Probestab [H. JUNGBLUTH (*35*)].

nach F. B. Coyle wurden von den genannten Forschern umgerechnet und in Abb. 174 in Abhängigkeit von Kohlenstoff- und Siliziumgehalt gebracht. Die Konstanten c bedeuten daselbst tatsächlich die Zugfestigkeit des zölligen Probestabes. Da aber die Konstante x bei Coyle stets den Wert $-0{,}495$ hat, die Neigung der Tangenten der Beziehungsgeraden, die diesem Exponenten x entspricht, aber mit der Zusammensetzung des Gußeisens sich ändert, so erkannten H. Jungbluth und P. A. Heller, daß nicht die Konstante c, sondern der Exponent x ein Maßstab des Dickeneinflusses, d. h. die Einflußziffer (*29*) darstellt, so daß es nunmehr möglich war, den Dickeneinfluß von Gußeisen zahlenmäßig zum Ausdruck und auch in Beziehung zum C + Si-Gehalt (*35*) zu bringen. Da bei der üblichen Darstellung der Beziehungen die Gerade stets von links oben nach rechts unten verlaufen (abfallen) wird, so hat die Einflußziffer stets ein negatives Vorzeichen. Je kleiner x bzw. tg α ist, desto geringer ist der Dickeneinfluß. Die Einflußziffer für die Zugfestigkeit wird im neueren Schrifttum immer mit a bezeichnet. In Abb. 173a (*28*) zeigt Schmelze *M* den schnelleren Abfall der Zugfestigkeit mit der Wandstärke als Schmelze *A*, hat also auch den größeren tg α in der Darstellung gemäß Abb. 173b, ist also wandstärkenabhängiger.

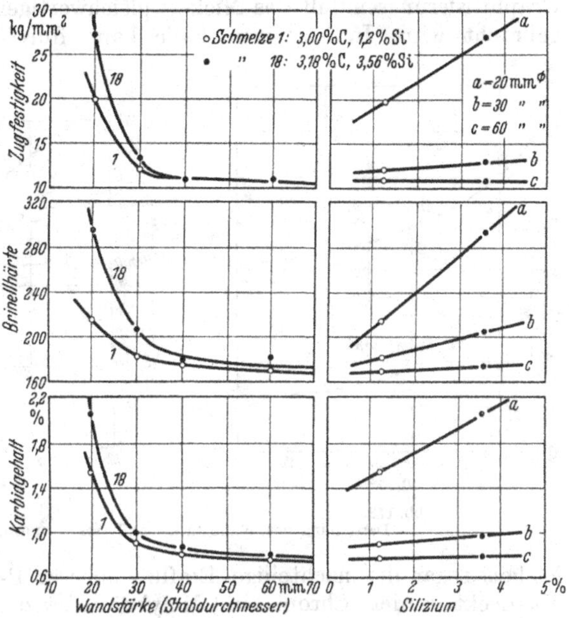

Abb. 171. Einfluß des Si-Gehaltes auf die Wandstärkenempfindlichkeit (E. Piwowarsky und E. Söhnchen). Die in der rechten Hälfte des Schaubildes gewählte Darstellungsweise zeigt den Einfluß der Wandstärke besonders deutlich („Wandstärkelinien").

Die Abb. 171 und 172 zeigten bereits den Einfluß von Silizium und Nickel nach Arbeiten von E. Piwowarsky und E. Söhnchen (*24* und *30*) in der älteren Darstellungsart zusammen- oder auseinanderstrebender

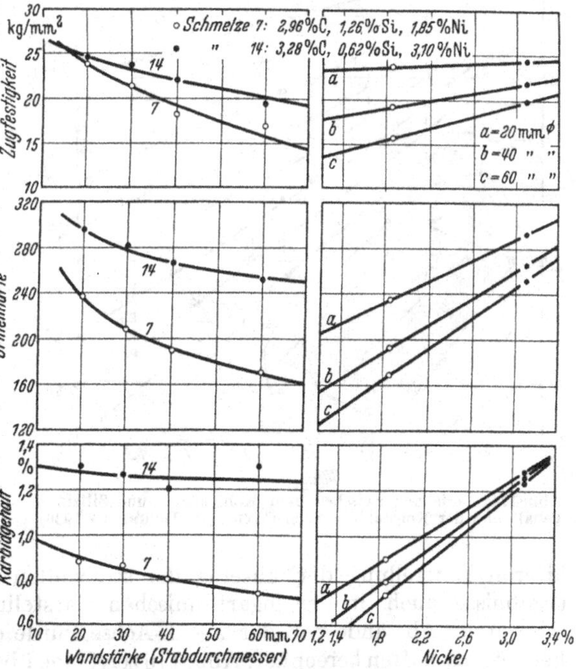

Abb. 172. Einfluß des Nickelgehaltes auf die Wandstärkenempfindlichkeit (E. Piwowarsky und E. Söhnchen).

Kurven. Man erkennt den ungünstigen Einfluß des Siliziums, dagegen den günstigen Einfluß des Nickels, insbesondere dann, wenn gleichzeitig ein dem Graphitisierungseinfluß des Nickels gleichwertiger Anteil an Silizium in Abzug gebracht wird. In letzterem Falle kann durch den günstigen Einfluß des

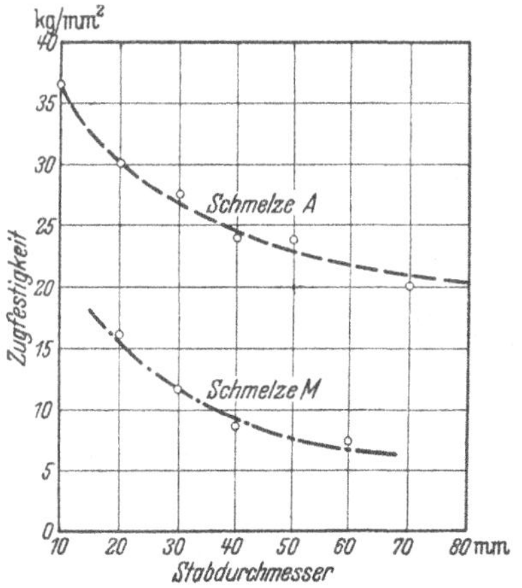

Abb. 173a.

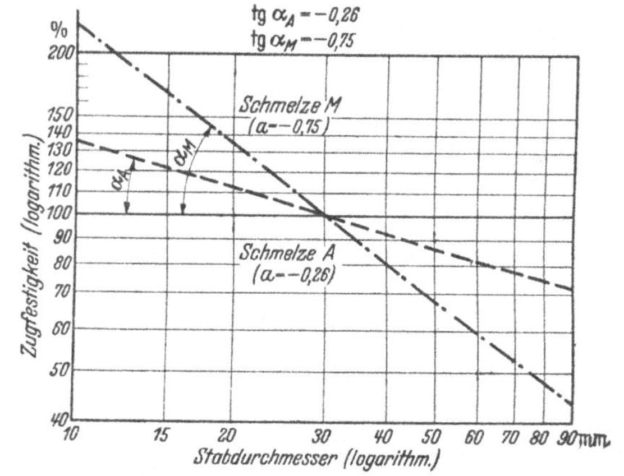

Abb. 173b.

Darstellung des Wandstärkeneinflusses (JUNGBLUTH und HELLER).

Nickels sogar der nachteilige Einfluß höherer P-Gehalte auf die Einflußziffer überdeckt werden. Chrom- und Molybdänzusätze wirkten sich ebenfalls günstig aus, während der Einfluß des Aluminiums nicht eindeutig war. Abb. 175 zeigt nach einer Arbeit von A. KOCH und E. PIWOWARSKY (*22*) den nachteiligen Einfluß höherer Kohlenstoffgehalte auf den Abfall der Biegefestigkeit bei zunehmender Wanddicke. In einer späteren Arbeit untersuchten E. HUGO, E. PIWOWARSKY und H. NIPPER (*31*) nochmals eingehend den Einfluß der Elemente Silizium, Phosphor, Nickel, Chrom, Molybdän usw. auf den Dickeneinfluß und andere Eigenschaften. Die Zusammensetzung der Schmelzen ist aus Zahlentafel 20 zu ersehen. Sie stammen aus einem Kupolofen von 700 mm Durchmesser und wurden zu Kästen mit den Wandstärken 20—40—60 und 80 mm vergossen. Außer der

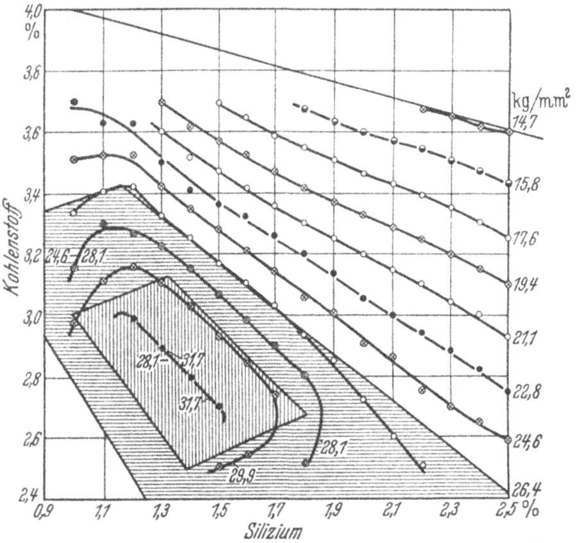

Abb. 174. Beziehung zwischen dem Kohlenstoff- und Siliziumgehalt und der Konstante *c* nach COYLE (H. JUNGBLUTH 1936).

älteren Darstellung der auseinander strebenden Linien wurden die Versuchsergebnisse auch in der logarithmischen Darstellung ausgewertet. Durch Ausmessen der Abstände von der $X-Y$-Achse wurde die Neigung a für alle Festigkeitseigenschaften berechnet. Abb. 176 zeigt eine übersichtliche Zusammenstellung dieser Werte. Die Größenordnung des Koeffizienten des Dickeneinflusses (vgl.

Zahlentafel 20) schwankte für

den Karbidgehalt	zwischen	0,090	und	0,60
die Biegefestigkeit (— *b*-Werte)	„	0,025	„	0,35
die Zugfestigkeit (— *a*-Werte)	„	0,026	„	0,36
die Abscherfestigkeit τ_z (nach PIWOWARSKY)	„	0,020	„	0,28
die Brinellhärte (— *c*-Werte)	„	0,002	„	0,15

Aus der schaubildlichen Darstellung geht hervor, daß, entsprechend dem bereits früher Gesagten, die legierten Schmelzen niedrige *a*-Werte aufweisen und damit geringe Wandstärkenabhängigkeit haben. Außerordentlich hohe Neigungswerte zeigten wiederum die silizium- und phosphorreichen Schmelzen, während die molybdänhaltigen Schmelzen mit steigendem Molybdängehalt einen leichten Abfall, die wolfram- und kupferlegierten Schmelzen dagegen ein Gleichbleiben der *a*-Werte erkennen lassen (vgl. auch Abb. 177).

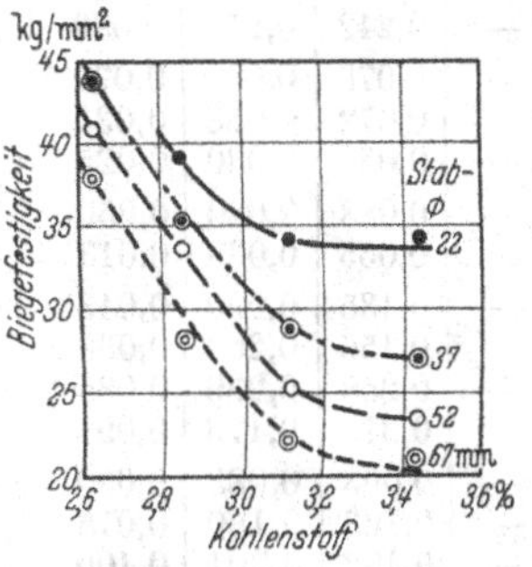

Abb. 175. Einfluß des Kohlenstoffgehaltes auf die Biegefestigkeit bei einem Siliziumgehalt von 2,25 % und verschiedener Stabdicke (A. KOCH und E. PIWOWARSKY).

Ein Vergleich der *a*-Werte der verschiedenen Festigkeitseigenschaften untereinander oder das Aufstellen von eindeutigen Beziehungen zwischen den Neigungswerten scheiterte damals an der starken Streuung der Werte.

Es ist zweckmäßig, zur Kennzeichnung des Dickeneinflusses eines Gußeisens nicht nur die mittleren Festigkeitseigenschaften der verschiedenen Wand-

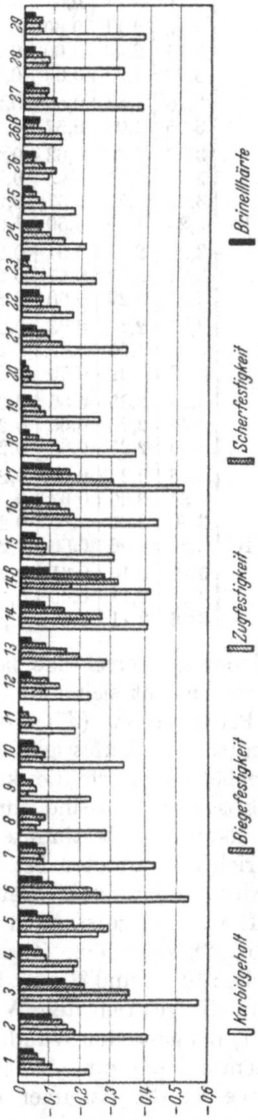

Abb. 176. Bildliche Darstellung der „a"-Werte für Karbidgehalt, Biege-, Zug- und Scherfestigkeit τ_z, sowie Brinellhärte.

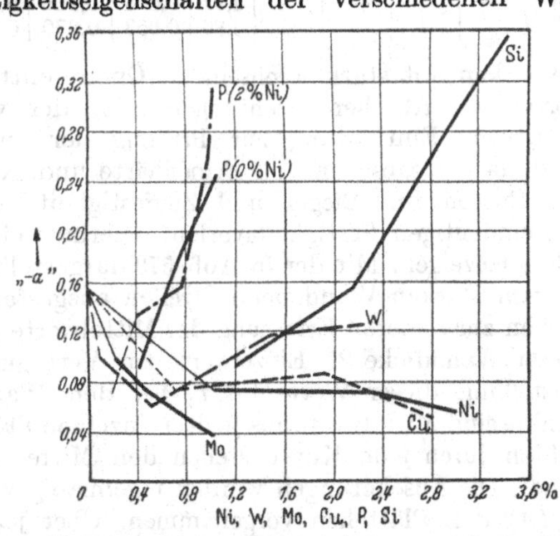

Abb. 177. Einfluß verschiedener Legierungselemente auf die Wandstärkenabhängigkeit für die Zugfestigkeit (HUGO, PIWOWARSKY und NIPPER).

stärken zu prüfen, sondern auch den Verlauf z. B. der Festigkeiten innerhalb einer bestimmten Wandstärke, d. h. den Festigkeitsverlauf vom Innenrand über Mitte zum Außenrand einer Wand festzustellen (Querschnittsempfindlichkeit). Dies ist z. B. wichtig für die Berücksichtigung von Bearbeitungszugaben

Zahlentafel 20. Analysen und Einflußziffern der Schmelzen 1 bis 29.

Schmelze Nr.	C %	Si %	Mn %	P %	S %	Ni %	Cr %	Mo %	W %	Cu %	$-a$ %	$-b$ %	$-c$ %
1	3,35	1,20	0,67	0,20	0,135	—	—	—	—	—	0,093	0,109	0,050
2	3,20	2,16	0,50	0,25	0,100	—	—	—	—	—	0,156	0,188	0,111
3	3,02	3,43	0,62	0,26	0,100	—	—	—	—	—	0,355	0,353	0,153
4	3,29	2,16	0,63	0,42	0,135	—	—	—	—	—	0,093	0,198	0,048
5	3,28	2,07	0,60	0,73	0,110	—	—	—	—	—	0,175	0,295	0,063
6	3,26	1,97	0,57	1,04	0,110	—	—	—	—	—	0,242	0,271	0,080
7	3,26	2,11	0,60	0,20	0,115	1,03	—	—	—	—	0,075	0,080	0,070
8	3,24	2,02	0,60	0,20	0,115	2,30	—	—	—	—	0,072	0,058	0,035
9	3,26	1,93	0,60	0,22	0,115	3,22	—	—	—	—	0,055	0,030	0,025
10	3,26	1,64	0,60	0,23	0,13	2,17	—	—	—	—	0,088	0,080	0,050
11	3,35	1,08	0,57	0,20	0,14	3,02	—	—	—	—	0,055	0,038	0,013
12	3,33	1,60	0,63	0,41	0,13	2,09	—	—	—	—	0,135	0,090	0,043
13	3,33	1,60	0,63	0,77	0,13	2,11	—	—	—	—	0,156	0,202	0,038
14	3,33	1,55	0,57	0,98	0,13	2,01	—	—	—	—	0,258	0,236	0,085
14 B	3,28	1,55	0,59	1,02	0,11	1,95	—	—	—	—	0,315	0,173	0,098
15	3,22	2,20	0,54	0,21	0,18	—	0,29	—	—	—	0,093	0,083	0,050
16	3,22	2,77	0,57	0,21	0,14	—	0,67	—	—	—	0,163	0,180	0,075
17	3,27	3,29	0,60	0,21	0,14	—	1,13	—	—	—	0,182	0,301	0,100
18	3,27	2,15	0,63	0,23	0,14	1,36	0,69	—	—	—	0,115	0,129	0,030
19	3,35	1,65	0,59	0,20	0,12	2,20	0,71	—	—	—	0,070	0,088	0,038
20	3,33	1,32	0,59	0,21	0,12	3,14	0,78	—	—	—	0,043	0,033	0,015
21	3,35	2,25	0,60	0,21	0,13	—	—	0,21	—	—	0,100	0,143	0,055
22	3,35	2,20	0,60	0,20	0,13	—	—	0,47	—	—	0,075	0,136	0,058
23	3,33	2,25	0,60	0,20	0,12	—	—	1,04	—	—	0,038	0,088	0,030
24	3,36	2,25	0,60	0,22	0,11	—	—	—	0,10	—	0,100	0,151	0,075
25	3,34	2,20	0,63	0,22	0,10	—	—	—	0,54	—	0,063	0,083	0,038
26	3,30	2,20	0,60	0,23	0,10	—	—	—	1,49	—	0,118	0,119	0,045
26 B	3,26	2,06	0,60	0,21	0,13	—	—	—	2,22	—	0,125	0,129	0,055
27	3,28	2,16	0,61	0,20	0,13	—	—	—	—	0,72	0,075	0,111	0,033
28	3,26	2,11	0,60	0,20	0,13	—	—	—	—	1,91	0,088	0,106	0,040
29	3,26	2,11	0,61	0,20	0,13	—	—	—	—	2,80	0,053	0,070	0,040

und der Abschrecktiefe bei Gußstücken mit stark wechselnden Querschnitten. Hierbei macht sich nun der Vorteil von Abschereinrichtungen, z. B. der von E. PIWOWARSKY *(31)* vorgeschlagenen Einrichtung zur Prüfung der zweischnittigen Scherfestigkeit geltend, da — abgesehen von Brinellhärte und Karbidgehalt — auch die kleinsten Proben für Biege- und Zugfestigkeit noch praktisch zu groß sind, um einen eindeutigen Festigkeitsverlauf innerhalb einer Wandstärke an bestimmter Stelle anzuzeigen. Mit der in Abb. 579 dargestellten Einrichtung konnten bei der 80 mm starken Wand neun Streifen ausgestanzt werden, und da stets drei Plättchen zur sicheren Erfassung der Mittelwerte geprüft wurden, so standen bei dieser Wanddicke 27 Einzelwerte zur Verfügung. Abb. 178 zeigt eine Zusammenstellung dieser Werte für τ_z bei den Wandstärken 40, 60 und 80 mm. Die Punkte sind Mittelwerte aus je drei einzelnen Plättchen, die gestrichelten Wagerechten durch jede Kurve stellen den Mittelwert für τ_z der gesamten Wandstärke dar. Die Abscherungen wurden regelmäßig vom Innenrand (J) zum Außenrand (A) der Plättchen vorgenommen. Über jeder Kurve ist die Nummer der betreffenden Schmelze angebracht. Da bei der 20 mm starken Wand nur zwei Streifen in Richtung von innen nach außen ausgestanzt werden konnten und demgemäß die so erhaltenen Punkte nicht zur Darstellung des Festigkeitsverlaufes genügten, wurden die Plättchen quer zur Wandstärkenrichtung abgeschert. Aus diesem Grunde mußte von der Darstellung des Festigkeitsverlaufes in der 20 mm starken Wand abgesehen werden.

Im allgemeinen zeigen die Kurven in der Mitte der Wandungen ein Minimum und steigen nach den Rändern hin teilweise beträchtlich an. Einen abnormalen Verlauf zeigen die Kurven *1*, *2* und *3*, besonders bei der Wandstärke von 80 mm, während die Kurven Nr. *29* für alle Wandungen in der Mitte ein ausgesprochenes Maximum haben. Aus vielen Beispielen der Praxis geht hervor, daß Gußstücke aus getrockneter und geschwärzter Form mitunter eine Außenschicht haben, die weicher ist als der Gußkern. W. Denecke und Th. Meierling (*32*) weisen unter anderem auch auf den Karbidzerfall an der Außenschicht von Gußstücken hin. F. Roll (*33*) bestätigt diese Erscheinung und sucht sie durch katalytische Gaseinwirkung durch die Formwandschwärze zu erklären (vgl. Seite 28).

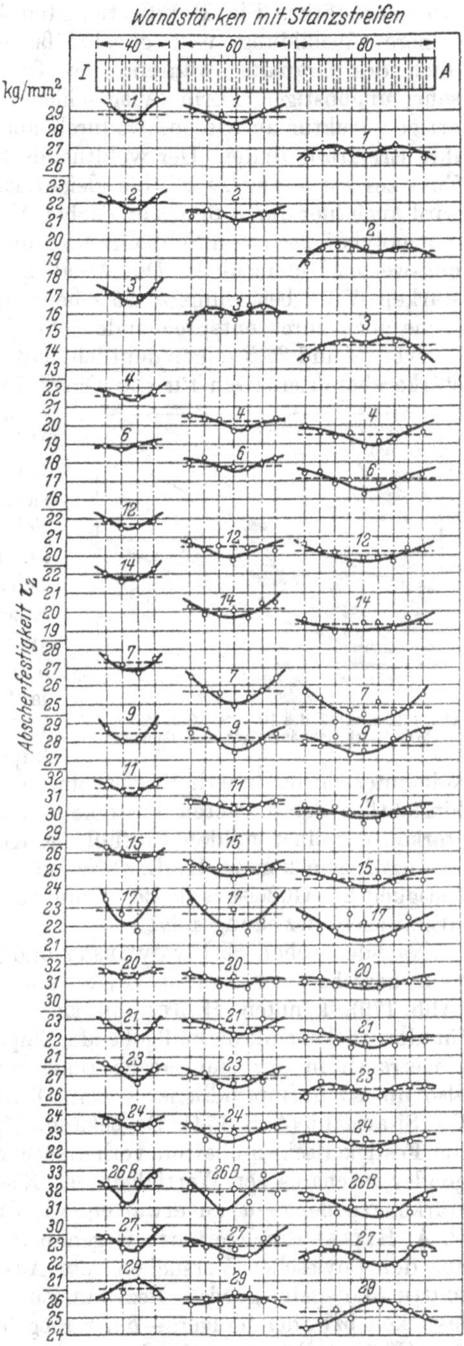

Abb. 178. Verlauf der Scherfestigkeit über den Wandstärken 40, 60 und 80 mm.

Einen flacheren und gleichmäßigeren Verlauf gegenüber den Kurven *4* und *6* der phosphorreichen Schmelzen zeigen die Kurven *12* und *14* der entsprechenden phosphorreichen nickellegierten Schmelzen.

Auffallend ist, daß, abgesehen von dem Festigkeitsunterschied beim Vergleich der verschiedenen Wandstärken miteinander, der besonders beim Übergang von der 40 mm starken Wand zu dickeren Querschnitten auftritt, die Scherfestigkeit innerhalb der 60 und 80 mm starken Wand bei den nickellegierten Schmelzen nur geringen Schwankungen unterworfen ist, hervorgerufen durch die günstige Beeinflussung des Grundgefüges durch Nickelzusatz.

Die Schmelzen *7* und *9* zeigen im Vergleich zur Schmelze *11* einen starken Abfall der Scherfestigkeit zur Wandmitte hin, wobei die Kurven für die nickelreichere Schmelze *9* etwas flacher verlaufen. Immerhin aber sehen wir, daß der hohe Siliziumgehalt dieser Schmelzen den günstigen Einfluß des Nickels nicht zur Auswirkung kommen läßt. Anders ist es bei Schmelze *11*, deren Siliziumgehalt von 2 auf 1% reduziert wurde, und deren geringe Wandstärkenabhängigkeit durch den flachen Verlauf der Kurven zum Ausdruck kommt.

Denselben ungünstigen Einfluß des Siliziums sehen wir bei den Schmelzen *15* und *17*, den die karbidbildende Wirkung des Chromzusatzes anscheinend noch verstärkt. Die Randfestigkeiten liegen hoch, hervorgerufen durch die feinere Ausbildung und gleichmäßigere Verteilung der Chromkarbide wie auch des Graphits, während der Graphit in der Wandmitte langadrig in sehr ungünstiger Form ausgeschieden war und die Karbide grobe, netzartige Struktur aufwiesen, wodurch auch die starken Streuungen der Punkte ihre Erklärung finden. Der wohltuende Einfluß des gemeinsamen Chrom-Nickel-Zusatzes zur Schmelze *20*, bei gleichzeitiger Reduzierung des Siliziumgehaltes, wird auch hier durch den sehr flachen Verlauf der Kurven bestätigt. Die Kurven der molybdänlegierten Schmelzen *21* und *23* zeigten in ihrem Verlauf keine nennenswerten Unterschiede. Das Abfallen der Festigkeit am Innenrand der 80 mm starken Wand bei Schmelze *23* scheint auf Zufälligkeiten zu beruhen, deren Ursache auch durch entsprechende Schliffbilder nicht geklärt werden konnte. Die Kurven *24* und *26 B* zeigen deutlich, daß nicht immer die Mittelwerte einer Wandstärke charakteristisch für die Querschnittsempfindlichkeit sind. Während auf Grund der Wandstärkenabhängigkeit die Wirkung des Wolframs als annähernd neutral angesprochen werden mußte, zeigte es sich, daß vor allem bei hochwolframhaltigen Schmelzen, wie z. B. *26 B*, die Scherfestigkeit innerhalb der einzelnen Wandungen großen Schwankungen unterworfen war. Für diese Erscheinung konnten stellenweise netzartig angehäufte Karbidbildungen verantwortlich gemacht werden. Der eigenartige Verlauf der Kurven *27* und *29* bedarf noch der Klärung. Jedenfalls ist es auffallend, daß die kupferhaltigen Schmelzen erhebliche Festigkeitsunterschiede innerhalb der einzelnen Wanddicken aufwiesen, obwohl sie hinsichtlich der mittleren Festigkeitswerte zwischen den verschiedenen Wandstärken nur einen milden Einfluß des Kupfers erkennen ließen.

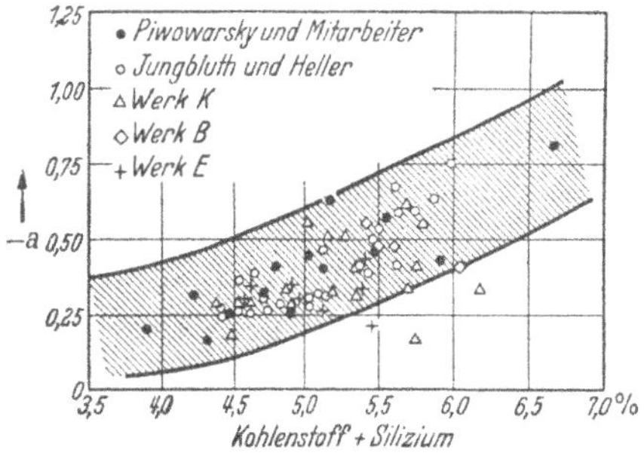

Abb. 179. Einfluß des (C + Si)-Gehaltes auf die Wandstärkenabhängigkeit von Gußeisen.

Inzwischen konnte H. L. Campbell (*34*) nachweisen, daß auch die Druckfestigkeit des Gußeisens in Beziehung zur Wandstärke der oben erwähnten logarithmischen Beziehung folgt.

Nachdem schon E. Piwowarsky und E. Söhnchen (*30*) auf den Zusammenhang zwischen der Summe C + Si und der Einflußziffer hingewiesen hatten (Abb. 179), konnten H. Jungbluth und P. A. Heller (*28*) zeigen, daß die für den Dickeneinfluß maßgebende Empfindlichkeitsziffer a der Zugfestigkeit, eingetragen in das Maurersche Diagramm, um so kleiner wird, das Gußeisen also um so unempfindlicher gegen Dickeneinflüsse ist, je kleiner die Summe C + Si ausfällt (Abb. 174). Da bekanntlich beide Elemente in ihrem Einfluß auf die Festigkeitseigenschaften vorherrschend sind, so ist ganz allgemein mit steigender mechanischer Wertigkeit des Eisens eine kleinere Einflußziffer (Wandstärkenexponent $-a$) zu erwarten, wie dies auch die von H. Jungbluth und P. A. Heller durchgeführte Gegenüberstellung der Werte für den 30-mm-Stab aus den Coyleschen Versuchen zum Ausdruck brachte. Wenngleich H. Jungbluth (*35*) später gewisse Beziehungen zwischen den Exponenten $-a$ der Zugfestigkeit bzw. demjenigen $-b$ der Biegefestigkeit einerseits und demjenigen $-c$ der Härte andererseits fand, so ist doch grundsätzlich eine enge Beziehung zwischen diesen nicht ohne weiteres zu erwarten, da die Festigkeit ja von anderen Faktoren (Graphitmenge und Graphitform usw.) maßgebend beeinflußt wird als die Härte, bei welcher die metallische graphitfreie Grundmasse führend ist. Immerhin ist es auffallend, daß eine von JUNGBLUTH (*35*) vorgenommene Gegenüberstellung sämtlicher Exponenten $-a$ der Rundstäbe aus den Arbeiten von E. PIWOWARSKY und E. SÖHNCHEN einerseits, von H. JUNGBLUTH und P. A. HELLER andererseits zu einem gemittelten Linienzug führte, der immerhin in großen Zügen eine gewisse Beziehung erkennen läßt, obwohl die Schmelzen der erstgenannten Arbeit zum großen Teil legiert, diejenigen der zweitgenannten dagegen unlegiert waren (Abb. 180). Exaktere Beziehungen sind dagegen grundsätzlich für die Gegenüberstellung der $-a$- mit den $-b$-Exponenten zu erwarten. Abb. 181 zeigt die Exponenten $-a$ in Gegenüberstellung derjenigen von $-b$ für die Biegefestigkeit aus den Versuchen von JUNGBLUTH und HELLER bzw. HUGO, PIWOWARSKY und NIPPER, und zwar bezogen auf die kastenförmigen Körper. H. JUNGBLUTH (*35*) hat übrigens die Werte der Abb. 176 abgegriffen und in ein übersichtliches Schaubild (Abb. 177) gebracht. Bei dieser Art der Darstellung springt der nachteilige Einfluß der Elemente Silizium und Phosphor besonders überzeugend in die Augen. Hingewiesen sei in diesem Zusammenhang auch auf die wertvolle Arbeit von E. DÜBI (*36*), in deren Rahmen sich das Gesetz des logarithmischen Zusammenhanges zwischen Zugfestigkeit, Biegefestigkeit, Härte und der Wanddicke erneut mit hinreichender Genauigkeit bestätigt fand. Im Rahmen der Auswertung einer größeren Gemeinschaftsarbeit des Unterausschusses für Gußeisen beim VDE konnte H. JUNGBLUTH (*37*) auch den Zusammenhang zwischen dem Verhältnis Volumen zu Oberfläche für den Dickeneinfluß klar herausstellen. Dabei zeigten in Bestätigung der Arbeiten von E. PIWOWARSKY und E. SÖHNCHEN (*30*) diese Untersuchungen an einer Reihe von Abgüssen aus Kupolofeneisen, daß unter einheitlichen Versuchsbedingungen die Wandstärkenabhängigkeit getrennt gegossener Probestäbe für die Zugfestigkeit und die Härte etwa zweieinhalb- bis dreimal so groß ist als diejenige kastenförmiger Abgüsse, deren Wanddicken genau so groß sind wie die Durchmesser der Probestäbe (Abb. 182). Die Wandstärkenabhängigkeit hochwertiger Gußeisensorten, d. h. solcher mit mehr als 24 bis 26 kg/mm² Zugfestigkeit, war in beiden Fällen sehr klein.

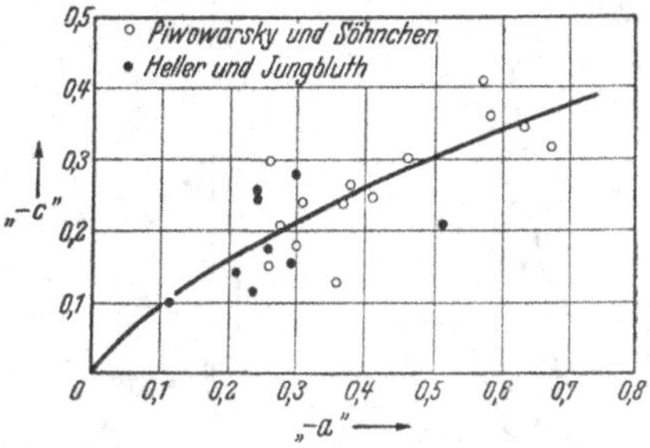

Abb. 180. Beziehung zwischen den Exponenten „—a" und „—c" (nach PIWOWARSKY und SÖHNCHEN bzw. HELLER und JUNGBLUTH).

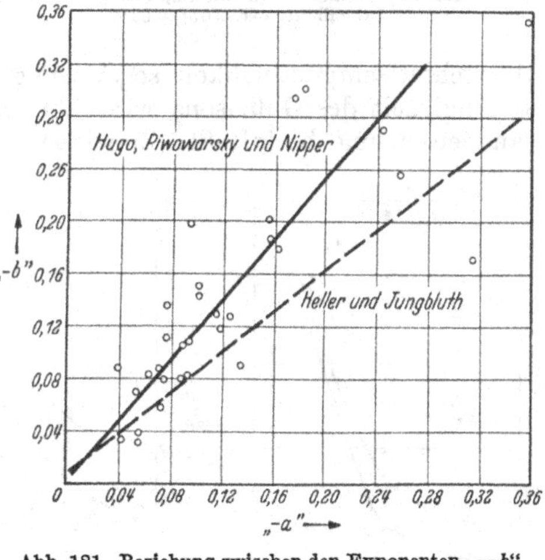

Abb. 181. Beziehung zwischen den Exponenten „—b" und „—a" nach HUGO, PIWOWARSKY und NIPPER.

Die Festigkeit des angegossenen Stabes von 30 mm Durchmesser wich ferner um so mehr von der Festigkeit der Wand gleicher Stärke ab, je mechanisch geringwertiger das Gußeisen war. Bei hochwertigen Gußeisensorten ist die Festigkeit des angegossenen Stabes nicht mehr wesentlich verschieden von der Wand gleicher Dicke. Da auch die Wandstärkenabhängigkeit hochwertiger Gußeisensorten gering ist, kann in solchen Fällen der angegossene Probestab ein hinreichend genaues Bild von der Festigkeit in den verschiedenen Wandstärken hochwertiger Gußstücke vermitteln.

Die Untersuchung der Gußstücke und Probestäbe nach dem von E. DÜBI (*36*) entwickelten Verfahren der Härtecharakteristik führte in den vorliegenden Fällen zu keinen eindeutigen Ergebnissen.

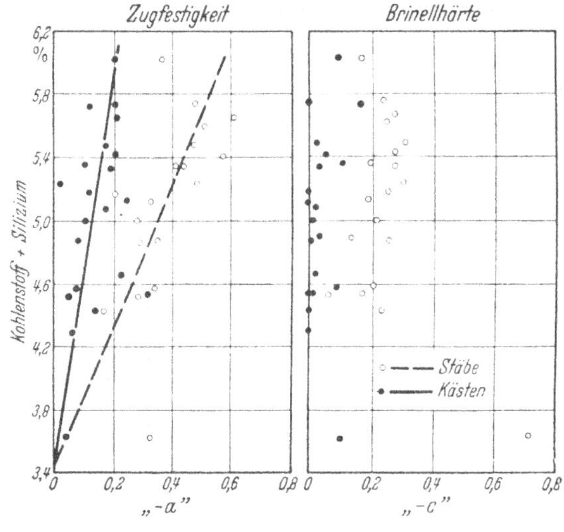

Abb. 182. Dickeneinfluß bei getrennt gegossenen Stäben und bei Gußstücken, gemessen an der Zugfestigkeit und an der Brinellhärte (H. JUNGBLUTH).

Übrigens folgt auch die Graphitkeimzahl (je mm² ausgezählt) vermutlich dem logarithmischen Zusammenhang, wie aus einer Arbeit von M. v. SCHWARZ und A. VÄTH (*38*) hervorzugehen scheint. Neben der Wandstärkenabhängigkeit kann, wie bereits früher ausgeführt, auch die Querschnittsempfindlichkeit im Sinne des Dickeneinflusses ausgewertet werden. Ja für besondere Zwecke (z. B. die zu wählenden Bearbeitungszugaben, den Verlauf der Verschleißfestigkeit mit steigender Abtragung des Materials usw.) kann die Bestimmung der Querschnittsempfindlichkeit sogar von größerem Vorteil sein. Die Wandstärkenabhängigkeit des Gußeisens wird übrigens nicht nur von der chemischen Zusammensetzung beeinflußt. Zunehmende Stahlverschmelzung, Abstehenlassen der Schmelze, steigende Überhitzung derselben [Abb. 183 nach E. PIWOWARSKY u. W. SZUBINSKY (*56*)] usw. führen im allgemeinen zu einer weiteren Steigerung der Unempfindlichkeit des Gußeisens gegen Unterschiede der Abkühlungsgeschwindigkeit und damit gegen Unterschiede der Wandstärken. Hinsichtlich des Einflusses der Schmelzüberhitzung konnte E. PIWOWARSKY (*39*) schon vor etwa 15 Jahren die günstige Rückwirkung dieser Behandlung auf den Ausgleich des Gefüges nachweisen (Abb. 222). Voraussetzung der Schaffung eines hochwertigen Gußeisens mit geringer Einflußziffer ist natürlich die der mittleren Wandstärke zweckmäßigst angepaßte Gattierung. Doch nützen alle Anstrengungen der Metallurgen bzw. der Gießer nichts, wenn nicht auch der Konstrukteur dieser Eigentümlichkeit jeder Gußlegierung Rechnung trägt und bei seinen konstruk-

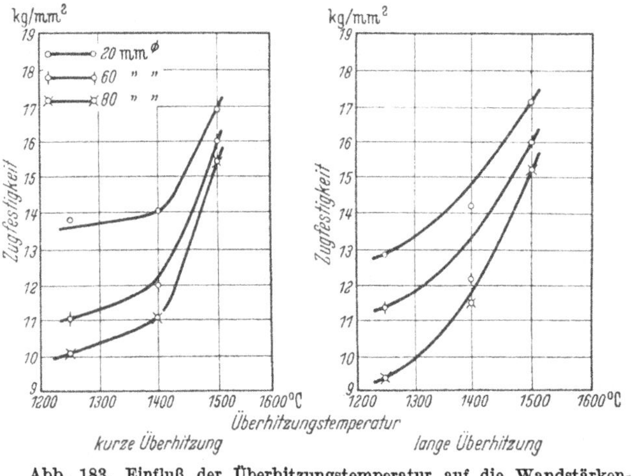

Abb. 183. Einfluß der Überhitzungstemperatur auf die Wandstärkenempfindlichkeit von C-reichem Gußeisen (E. PIWOWARSKY und W. SZUBINSKI).

tiven Entwürfen auf einen möglichst weitgehenden Ausgleich der Wanddicken hinarbeitet. Hingewiesen sei an dieser Stelle nochmals auf die Abb. 167, stammend aus der Arbeit von H. UHLITZSCH und K. APPEL (*21*), wo an Hand von 202 Werten für den reduzierten Kohlenstoffgehalt K_{σ_B} (= Kohlenstoffgehalt bei 2% Si), errechnet aus den Arbeiten von A. KOCH und E. PIWOWARSKY (*22*), P. A. HELLER (*25*) und H. PINSL (*40*) der prozentuale Abfall der Zugfestigkeit in Abhängigkeit von der Wanddicke und den K_{σ_B}-Werten zum Ausdruck kommt, wobei der Festigkeitsabfall nach dem Vorschlag von P. A. HELLER (*25*) auf die Werte des 20-mm-Stabes bezogen wurde. Auch aus diesem Schaubild geht hervor, daß die Wandstärkenabhängigkeit von Gußeisen mit kleinen K_{σ_B}-Werten, also der mechanisch höherwertigen Gußarten, am geringsten ist.

Es ist bereits zu Beginn dieses Kapitels darauf hingewiesen worden, daß alle technischen Gußlegierungen dem Dickeneinfluß unterliegen. Zahlentafel 21 zeigt

Zahlentafel 21. Einflußziffern verschiedener Gußlegierungen.

Legierung		Stabform	$-a$
1. Deutsche Legierung	16% Zn, 2,5% Cu	Flachstäbe Breite = 25,4 mm	0,13
2. Deutsche Legierung	10% Zn, 2% Cu	Vierkantstäbe	0,29
3. Deutsche Legierung	14% Zn, 2% Cu	Rundstäbe	0,40
4. Deutsche Legierung	13% Zn, 38% Cu 0,2% Zusätze	Rundstäbe	0,71
5. Amerik. Legierung	8% Cu	Rundstäbe	0,47
6. Amerik. Legierung.	8% Cu, 0,2% Zus.	Rundstäbe	0,75
7. Silumin-Beta	12% Si, 0,3% Mg	Rundstäbe	0,30
8. Silumin-Gamma. . . . . . 20 st 150° angelassen	12% Si, 0,3% Mg	Rundstäbe	0,27
9. Silumin-Gamma. . . . . . 3 st 510° abgeschr. 20 st 150° angelassen	12% Si, 0,3% Mg	Rundstäbe	0,22
10. Gußeisen	Grenzwerte	Rundstäbe	0,10 bis 0,75

nach einer Arbeit von E. PIWOWARSKY und E. SÖHNCHEN (*30*) die Exponenten $-a$ für die Zugfestigkeit bei einer Anzahl technischer Nutzlegierungen. Man erkennt allerdings, in wie starkem Ausmaß gerade bei Gußeisen die Möglichkeit besteht, auf niedrige $-a$-Werte hinzuarbeiten. Tut man dies, so bleibt der Dickeneinfluß bei Gußeisen in den meisten Fällen sogar geringer, als bei vielen der zum Vergleich herangezogenen Legierungen. Lediglich bei geglühtem Stahlguß ist, wie bereits früher ausgeführt, die Wandstärkenabhängigkeit meist geringer, da man hier durch die Glühung des Stahlgusses in der Lage ist, selbst größere Unterschiede im Gefügeaufbau und den Eigenschaften nachträglich auszugleichen. Immerhin kommt man selbst bei dieser Gußlegierung bei Wanddicken zwischen 40 mm und aufwärts zu $-a$-Werten, die zwischen 0,03 und 0,07 liegen, wie H. JUNGBLUTH (*35*) bei Auswertung einer Arbeit von A. RYS (*41*) mitteilte. Auch Schwarzkerntemperguß hat eine etwas geringere Einflußziffer als Gußeisen, wie H. JUNGBLUTH und F. BRÜGGER (*42*) zeigten. Immerhin fällt der dort untersuchte Temperguß mit einem Wert von $-a$ in Höhe von 0,18 schon in den Bereich der Streuwerte für Grauguß hinein. Der Werkstoff Gußeisen nimmt jedenfalls, wie auch H. JUNGBLUTH in seiner bemerkenswerten Arbeit über den Dickeneinfluß auf die mechanischen Eigenschaften von Gußeisen (*35*) besonders herausstellte, gar keine Ausnahmestellung im Rahmen der verfügbaren Werkstoffe hinsichtlich seines Dickeneinflusses ein.

Zahlentafel 22. Verzeichnis der Roheisensorten nebst Analysen.

	Si %	Mn %	P %	S %	Ges.-C (unverbindlich) %	Bemerkungen
I. Normalsorten						
Hämatit-Roheisen	2,0 —3,0	max, 1,2	max. 0,1	max. 0,04	3,5—4,0	Auch mit höherem und niedrigerem Si-Gehalt, ebenso mit niedrigerem Mn-, P- und S-Gehalt, je nach Vorschrift
Gießerei-Roheisen I	2,25—3,0	max. 0,8	max. 0,7	max. 0,04	3,5—4,0	Auch mit höherem Si- und niedrigerem S-Gehalt je nach Vorschrift
Gießerei-Roheisen III	1,8 —2,5	max. 0,8	max. 0,9	max. 0,06	3,5—4,0	Auch mit höherem Si- und niedrigerem S-Gehalt, je nach Vorschrift
Gießerei-Roheisen IV A	2,0 —2,5	max. 1,0	1,0—1,5	max. 0,06	3,5—4,0	Auch mit höherem Si-Gehalt, je nach Vorschrift
Gießerei-Roheisen IV B	1,8 —2,5	max. 0,8	1,6—1,8	max. 0,06	3,5—4,0	Auch mit höherem Si-Gehalt, je nach Vorschrift
Stahleisen	unter 1,0	2,0—6,0	unter 0,1	unter 0,04	4,0—5,0	
Puddeleisen	unter 1,0	3,0—5,0	unter 0,3	unter 0,04	4,0	
Spiegeleisen	unter 1,0	6–8, 8–10, 10–12	unter 0,1	unter 0,04	4,5—5,5	
Thomaseisen OM	0,5 —1,0	unter 1,0	1,8—2,0	0,06—0,15	etwa 3,0	
Thomaseisen MM	0,4 —1,0	etwa 1,5	1,9—2,0	etwa 0,08	etwa 3,0	
II. Spezialsorten						
Siegerländer Zusatzeisen, weiß	0,3 —0,8	2,0—6,0	0,05—0,15	0,03 —0,07	3,5—4,5	
„ „ , meliert	0,8 —1,8	3,0—5,0	0,1 —0,15	0,03 —0,07	3,0—4,0	
„ „ , grau	1,5 —3,0	2,0—5,0	0,1 —0,25	0,03 —0,07	3,0—3,5	
Kalt erblasenes Spezial-Roheisen, weiß	0,2 —1,2	2,0—6,0	0,05—0,25	0,01 —0,08	3,0—4,5	Hersteller u. a. die kleinen Siegerländer Hütten (Grünebacher-Hütte, Hainerhütte, Alte Herdorfer Hütte usw.)
„ „ „ , meliert	0,8 —1,8	2,0—5,0	0,05—0,25	0,015—0,07	2,8—3,8	
„ „ „ , grau	1,0 —3,4	1,8—4,5	0,1 —0,25	0,02 —0,08	2,3—3,5	
Friedrich-Wilhelmshütte Silbereisen	0,5 —2,5	0,4—1,5	0,07—0,08	0,02 —0,04	unter 2,8	
„ Migra-Eisen	kann in allen Hämatit- und Gießerei-Qualitäten mit den üblichen Analysen (C max. 4,1%, Si 2—3%) geliefert werden					

Kruppsches Spezial-Feinkorn-Eisen	1,5—4,0	0,3 —2,0	0,06	etwa 0,02	3,5 —4,0	
Temperroheisen	0,3—2,0	0,3 —0,4	0,06	0,02—0,15	3,25—3,9	
Kupferhütter Spezial-Feinkorn-Eisen	2,0—4,0	0,3 —2,0	0,06	0,02—0,03	3,6 —3,8	
D. K. C.-Eisen	0,4—2,0	0,6 —0,8	0,06	0,04—0,06	2,4 —2,8	
Gopag-Eisen	0,8—1,2	0,6 —1,0	0,3 —0,5	0,06—0,12	3,5 —4,0	
H. K.-Sonderroheisen „Weiß" (Hochofenwerk	unter 0,10	0,25—0,45 [1]	0,08—0,15	etwa 0,05	etwa 4,2	Ti etwa 0,1%
„ „Grau" Lübeck)	0,2—0,5 [1]	0,3 —0,7 [1]	0,08—0,15	0,01—0,03 max.	4,5 —5,0	Ti etwa 0,4%
Titan-Roheisen des Hochofenwerks Lübeck	0,8—1,5	0,4 —0,5	0,1 —0,15	etwa 0,02	4,7 —5,2	Ti 0,8—1,0%, 1,0—1,2%, V etwa 0,1%
Nikrofen (Niederdreisbacher-Hütte)	0,6—2,5	1,5 —4,0	0,05—0,25	0,02—0,06	2,8 —4,0	Ni 1,0—1,5%, Cr unt. 1,0%
Chrom-Nickel legiertes Spezial-Roheisen (Niederdreisbacher-Hütte)	0,5—2,5	2,0 —4,5	0,1 —0,6	0,03—0,08	etwa 3,0	Ni etwa 1%, auf Wunsch höher, bis etwa 10% Cr etwa 0,3%, auf Wunsch höher, bis etwa 10%
Stürzelberger Roheisen (aus Meggener Kiesabbränden)	0,015	0,2 —0,4	0,01—0,03	unter 0,01	4,4 —4,8 [2]	
	0,015	0,2 —0,4	0,01—0,03	0,01 —0,015	4,4 —4,8 [2]	
	0,015	0,2 —0,4	0,01—0,03	0,015—0,025	4,4 —4,8 [2]	

[1] Nach Wunsch. [2] Auf Wunsch geringer.

c) Rohstoffe und Gattierung (Treffsicherheit).

Den Eisengießereien stehen heute als Grundlage für ihre Gattierungen Roheisensorten der verschiedenartigsten Zusammensetzung und mit bestimmten Merkmalen hinsichtlich Gießfähigkeit, Härtbarkeit (Neigung zum Weich- oder Hartmachen), Graphitausbildung usw. zur Verfügung. Früher wählte man die Roheisensorten nur nach dem Bruchaussehen aus. Später ging man dazu über, bestimmte Analysengrenzen zu verlangen. Heute bezieht bzw. beurteilt man die Roheisensorten nach Analyse und nach dem Bruchaussehen, so daß in den Markenbezeichnungen insbesondere der Spezialsorten durch Bezeichnungen wie grau, weiß, meliert usw. das Bruchaussehen gekennzeichnet wird. Zahlentafel 22 gibt eine Zusammenstellung der gängigsten Roheisensorten wieder, geordnet nach Normalsorten und Spezialsorten, wie sie durch den deutschen Roheisenverband Essen zu beziehen sind. Man beachte, daß seit dem Jahre 1936 die phosphorreicheren Eisensorten eine neue Einteilung erfahren haben (Zahlentafel 22a).

Die Anordnung 20 der Reichsstelle für Eisen und Stahl (Neufassung vom 8. Oktober 1940) unterscheidet zwischen folgenden Gußbruchsorten: Kokillenbruch — Maschinengußbruch — Handelsgußbruch — reiner Ofen- und Topfgußbruch (reine Poterie) und Hartgußbruch. Die Sortengrundlage für die zulässigen Höchstpreise (§ 9 der Anordnung 20) sieht vor:

1. a) Bruch von Kokillen, Kokillenuntersätzen und Spannplatten, handlich zerkleinert,
b) desgleichen, jedoch unzerkleinert;

2. a) prima Maschinengußbruch, handlich zerkleinert, insbesondere starkwandige Stücke von: Werkzeugmaschinen, sonstigen Maschinen (auch landwirtschaftlichen) und Motoren, im allgemeinen nicht unter 10 mm stark, Futterstücke, Waggonachsbüchsen (frei von Öl, Fett oder sonstigen Anhaftungen) und Schienenstähle, alles frei von Stahl- und Brandguß, Schmiedeeisen und Emaille,
b) desgleichen, jedoch unzerkleinert;

3. a) Handelsgußbruch, handlich zerkleinert, insbesondere sauberer, starkwandiger Röhrengußbruch, Baugußbruch, schwachwandiger Bruch von landwirtschaftlichen Maschinen, Kanalisationsteile, Belagplatten und unverbrannte Feuerungsteile, unverbrannte Roststäbe, Glieder-

kesselbruch, Bremsklotzbruch, alles frei von Stahl- und Brandguß, Schmiedeeisen und Emaille,

b) desgleichen, jedoch unzerkleinert;

4. reiner Ofen- und Topfgußbruch (reine Poterie), insbesondere unverbrannte Ofenteile, gußeiserne Radiatorenteile, dünnwandiger Röhrengußbruch, alles frei von Brandguß und Schmiedeeisen;

5. a) Hartgußbruch, handlich zerkleinert, insbesondere Hartgußräder, Hartguß-Polygonecken, Hartguß-Ziegeleimäntel oder Kollern, Hartguß-Verkleidungen (Platten), ausgenommen Hartgußwalzen (auch Kalander) und Hartgußrollen aller Art, alles frei von Stahlguß, Brandguß und Schmiedeeisen,

b) desgleichen, jedoch unzerkleinert.

Zahlentafel 22a. Neue Bezeichnung für Gießereiroheisen (1936).

Bisherige Bezeichnung	Neue Bezeichnung
Deutsch I	Gießereiroheisen I (mit max. 0,7 P)
Deutsch III	„ III (mit max. 0,9 P)
Englisch III	„ IVA (mit 1,2—1,5 P)
Luxemburger III	„ IVB (mit 1,6—1,8 P)

Über die Roheisen-, Gußbruch- und Schrottpreise unterrichten die Zahlentafeln 23 und 24. Auf die Roheisenpreise des Stichtages vom 1. September 1936 vergütete der Roheisenverband in Essen noch einen Sonderrabatt von 6,— RM/t.

Zahlentafel 23. Roheisenpreise.

	RM je t 1. 9. 1936
Gießereiroheisen I	74,50
Gießereiroheisen III	69,—
Hämatit	75,50
Kupferarmes Stahleisen	72,—
Siegerländer Stahleisen	72,—
Siegerländer Zusatzeisen, weiß	82,—
Siegerländer Zusatzeisen, meliert	84,—
Siegerländer Zusatzeisen, grau	86,—
Kalt erblasenes Zusatzeisen der kleinen Siegerländer Hütten, ab Werk, weiß	88,—
Kalt erblasenes Zusatzeisen der kleinen Siegerländer Hütten, ab Werk, meliert	90,—
Kalt erblasenes Zusatzeisen der kleinen Siegerländer Hütten, ab Werk, grau	92,—
Spiegeleisen, 6 bis 8% Mn	84,—
Spiegeleisen, 8 bis 10% Mn	89,—
Spiegeleisen, 10 bis 12% Mn	93,—
Luxemburger Gießereiroheisen III	61,—
Temperroheisen, grau, großes Format	81,50

Die Preise für Gießereiroheisen und Hämatit galten damals mit Frachtgrundlage Oberhausen, für kupferarmes Stahleisen, Siegerländer Stahleisen, Siegerländer Zusatzeisen und Siegerländer Spiegeleisen mit Frachtgrundlage Siegen, für kalt erblasenes Zusatzeisen und Temperroheisen ab Werk und für Luxemburger Gießereiroheisen mit Frachtgrundlage Apach.

Heute ist die ganze Roheisenpreisberechnung unter Aufhebung der verschiedenen Frachtgrundlagen einheitlich frei Empfangsstation umgestellt worden. Die heutigen Grundpreise betragen z. B. für:

Hämatitroheisen mit 2,5—3% Si	80,50 RM/t
Hämatitroheisen mit 2,0—2,5% Si	79,50 „
Gießereiroheisen I	78,00 „
Gießereiroheisen III	72,50 „
Gießereiroheisen IV A	71,50 „
Gießereiroheisen IV B	70,50 „

Für höhere Si- bzw. Mn-Gehalte werden Aufpreise berechnet, desgl. für geringere P- und S-Gehalte.

Zahlentafel 24. Gußbruch- und Schrottpreise.
Großhandelseinkaufspreise für das rhein.-westf. Industriegebiet, frei Verbrauchswerk.

	RM je t 1. 9. 1936
Kernschrott	36,— bis 38,—
Stahlschrott	39,— „ 40,—
Neue lose Schwarzblechabfälle	28,— „ 29,—
Hochofenspäne	26,— „ 27,—
Martinofenspäne	29,— „ 30,—
Schmelzeisen	23,— „ 25,—
Ia handlich zerkleinerter Maschinengußbruch	49,— „ 52,—
Handlich zerkleinerter Handelsgußbruch	43,— „ 46,—
Ofen- und Topfgußbruch	36,— „ 38,—

Großhandelspreise der deutschen Schrottvereinigung für Mittel- und Ostdeutschland, frei Versandstation

	Groß-Berliner Bezirk RM je t	Sonstiges Einkaufsgebiet RM je t
Kernschrott	22,—	21,—
Brockeneisen	19,—	18,—
Neue lose Blechabfälle	18,—	16,50
Neue geb. Blechabfälle	19,—	18,—
Neue hydraul. gepreßte Blechpakete	20,50	19,50
Schmelzeisen	11,50	11,50
Drehspäne	17,50	16,—
Gußspäne	16,50	15,—

Roheisen wird sowohl in Sandbetten als auch in eiserne Masselbetten vergossen. Für hochwertiges Gußeisen empfiehlt sich im allgemeinen die Verwendung sandfreier Masseln mit feinkörnigem Bruch und feingraphitischem Gefüge. Aus wirtschaftlichen Erwägungen und Gründen des Raummangels sind aber nur relativ wenige Hochofenwerke in der Lage, in eiserne Masselbetten vergossenes Roheisen für Gießereizwecke auf den Markt zu bringen. Für besondere Arten von Gattierungen, insbesondere solche mit weichmachenden Eigenschaften, z. B. für Gußstücke mit besonders guter Bearbeitbarkeit, für Guß schwerer Stahlwerkskokillen usw. werden aber von manchen Gießereien die im Bruch gröberen, grobgraphitischeren Roheisensorten nach wie vor bevorzugt. Durch Behandlung in Mischern, Schleudern des flüssigen Eisens (Cockerill-Verfahren usw.), Überhitzen in Herdöfen oder beheizten Mischern, Zusatz von flüssigem Stahl usw. kann man heute hochwertige Roheisensorten für jeden erdenklichen Zweck herstellen. Doch werden die seitens der Gießereien an die Hochofenwerke gestellten Anforderungen auch manchmal übertrieben. Das gilt insbesondere von den einzuhaltenden Grenzen hinsichtlich des Siliziumgehalts. Der erfahrene Gießer ist zwar stets imstande, seine Gattierung der angestrebten Gußeisenqualität anzupassen, muß aber Wert darauf legen, daß die angelieferten Roheisensorten von genügend großen Abstichen herstammen, damit die ihm übermittelte chemische Zusammensetzung auch wirklich dem Durchschnitt entspricht.

Jedes hochentwickelte Industrieland hat heute seine besonderen Erzeugungsbedingungen. Während man in Deutschland unter Verwendung heimischer

Erze sowie Erze aus dem Minettegebiet verschiedene phosphorhaltige Gießereiroheisensorten herstellen kann, besteht andererseits auch die Möglichkeit, durch Eingattierung schwedischer, spanischer, russischer usw. Erze phosphorarme Hämatite zu erzeugen. Eine unnütze rohstoffmäßige Belastung unserer Roheisenbasis ergibt sich durch die noch oft anzutreffende unzweckmäßige Gattierung von Hämatiten mit phosphorreichen Gießereieisensorten. Man entlastet unsere Rohstoffbasis bzw. kommt den Bedürfnissen der Stahlwerke entgegen, wenn man in den Gießereien z. B. den Gießereiroheisen-I-Sorten den Vorzug gibt vor der Verwendung von Hämatit + Gießerei III. Durch Gattieren von Gießerei I mit Stahlzusätzen und geeignetem Gußbruch kann man auch den für hochwertiges Gußeisen heute zulässigen P-Gehalt innehalten, ohne größere Mengen von Hämatiten zu verschmelzen.

Was die sog. hart- bzw. weichmachenden Roheisensorten betrifft, so kennzeichnen sie sich, wie F. ROLL (*43*) zeigte, in erster Linie durch ihren verschiedenen Gehalt an gebundenem Kohlenstoff bei gleichem oder vergleichlich hohem Siliziumgehalt. Aus den Streubildern der chemischen Zusammensetzung (Abb. 199) ergeben sich vielfach zwei Kurvenscharen, welche für die hart- bzw. weichmachenden Eisensorten charakteristisch sind. Während nun A. WAGNER (*44*) die Grenze des gebundenen C-Gehaltes zwischen diesen beiden Typen bei 0,7% geb. C zieht, glaubt F. ROLL diese Grenze auf 0,35% C heruntersetzen zu müssen. Von großer praktischer Bedeutung ist nun, daß die beiden Typen von Roheisen ihren weich- bzw. hartmachenden Charakter auch auf die Eigenschaften des Gusses zweiter Schmelzung übertragen (Vererblichkeit).

Durch Stahlzusatz (Silbereisen der Friedr.-Wilhelms-Hütte in Mülheim/Ruhr), thermische Nachbehandlung des flüssigen Hochofeneisens in Flammöfen (Migra-Eisen der Friedr.-Wilhelms-Hütte), Elektroöfen (Hautes Fourneaux de Saulnes) oder großen Mischern (u. a. mehrere große westdeutsche Werke), gelingt es, Sondereisen zu schaffen, welche den Anforderungen an die Herstellung hochwertigen Gußeisens weitgehend entsprechen (*45*). Aber auch die kohlenstoffreichen, aus hochtonerdehaltigem Möller erschmolzenen (*46*) Spezialeisensorten (H. K.-Sondereisen des Hochofenwerks Lübeck), sowie die kalterblasenen, meist manganreichen Spezialeisensorten der Siegerländer Werke werden im Rahmen von Gattierungen für hochwertiges Gußeisen gern verwendet. Hingewiesen sei auch auf die beim sauren Hochofenschmelzen unter Verwendung deutscher Erze hergestellten Gießereieisen (*47*). Handelt es sich lediglich um die Frage der Beseitigung von Garschaumgraphit oder nichtmetallischer Verunreinigungen, so kann auch ein Zentrifugieren oder Schleudern des vom Hochofen anfallenden Roheisens zu einer erhöhten Eignung des Roheisens für die Zwecke der Herstellung hochwertigen, mechanisch festen und wandstärkenunabhängigeren Gußeisens führen. In diesem Zusammenhang sei auf das Schleuderverfahren der Cockerill-Werke in Seraing bei Lüttich hingewiesen, wo das flüssige Roheisen in einer kegelförmigen Gießrinne, die eine Neigung von etwa 45° besitzt, durch Fliehkraft gereinigt wird. Das flüssige Eisen kommt auf der Breitseite des Fliehkraftkegels in die Schleudervorrichtung und läuft durch einen schmalen Gießspalt am Spitzende des rotierenden, mit ff. Material ausgekleideten Kegels wieder ab (*48*).

In den Vereinigten Staaten von Amerika steht bekanntlich das phosphorärmere Roheisen der Nordstaaten, das im allgemeinen bei 0,12 bis 0,18% P noch Mangangehalte von 1,25 bis 1,40% aufweist, in starkem Wettbewerb gegen das phosphorreichere Eisen der Südstaaten, welches bei 0,85% P noch Mangangehalte von 0,35 bis 0,90% hat (*49*). Infolgedessen waren die Hochofenwerke der Südstaaten gezwungen, alle Maßnahmen zu treffen, um ein hochwertiges Roheisen auf den Markt zu bringen. So konnte bereits heute die obere Grenze für den Schwefelgehalt für alle Südstaaten-Eisensorten auf 0,05% herabgesetzt werden. Durch dreifaches Abkrampen (triple skimming) in der Abstichrinne des Hochofens gelingt es, das Eisen reiner von nichtmetallischen Verunreinigungen und vollkommen garschaumfrei zu erhalten. In den Gießmaschinen wird das Eisen ferner langsamer gekühlt als dies früher der Fall war, wodurch das Gefüge einheitlicher und das Eisen wesentlich zäher fällt. Große Gießereien in USA. kaufen darum heute ihr Roheisen nach Analyse und nach dem Bruchaussehen, weil sie wissen, daß über die chemische Analyse hinaus jedes Eisen seine gewisse Eigenart hat, welche sich im Bruchaussehen auswirkt und diese Eigenheit in vielen Fällen auch dem Guß zweiter Schmelzung verleiht.

Durch geeignetes Schmelzen, Überhitzen und Nachbehandeln flüssigen Roheisens soll es nach G. T. LUNT (*50*) in England gelungen sein, derartig nachbehandelten Roheisensorten die ausgesprochenen Eigenschaften sog. kalterblasener Roheisensorten aufzuzwingen. Nach einem geschützten Verfahren von BRADLEY wird dabei in einem ölgefeuerten zylindrischen Raffinierofen von 10 bis 15 t Fassung das dem Hochofen entnommene flüssige Roheisen in folgender Weise entgast und verfeinert: Das im Flammofen weitgehend überhitzte Hochofeneisen wird durch eine durch das Ofengewölbe in das Bad eintauchende Quirlvorrichtung heftig in Bewegung versetzt. Die Umfangsgeschwindigkeit der vier senkrecht in das Bad eintauchenden, mit feuerfesten Stoffen überkleideten Quirlstangen beträgt bis zu 400 Fuß je min (122 m/min). Das auf diese Weise behandelte Roheisen zeichnet sich nach LUNT durch eine bemerkenswerte Verfeinerung der Graphit- und Kornausbildung aus. Auch Roheisensorten, welche für die Erzeugung von Temperguß oder von Sondergrauguß Verwendung finden (für die Herstellung von Zylinderguß, Kolben- und Kolbenringguß), werden nach diesem Verfahren verfeinert. Über die Gütesteigerung von Gußeisen durch Zusatz dieses raffinierten Roheisens zur Gattierung im Gießereibetrieb sagt LUNT jedoch nichts aus. Nach dem gleichen Verfahren werden ferner legierte Eisensorten hergestellt, welche vorwiegend für die Herstellung von hitzebeständigen, verschleißfesten bzw. vergütbaren Gußeisensorten Verwendung finden. Z. B. wurden u. a. folgende chromhaltigen Eisensorten der Nachbehandlung ausgesetzt:

Marke	Ges.-C %	Si %	Mn %	S % max.	P %	Cr %
C.C.	2,9—3,1	je nach Bestellung	je nach Bestellung	0,08	je nach Bestellung	2,2 —2,5
C.E.	2,9—3,1			0,08		2,75—3,0
C.F.	3,5—3,75			0,08		7,75—8,0

Die Zusammensetzung des mit C.F. bezeichneten Eisens entspricht dem ternären Eutektikum der Eisen-Chrom-Kohlenstoff-Basis (nach VEGESACK 8% Cr, 3% C, 88,4% Fe, Schmelzpunkt bei 1050°). Auch nickel-, molybdän-, wolfram-, vanadin- und siliziumreiches Eisen wurde in England nach diesem Verfahren hergestellt und war im Handel erhältlich.

Das Verfahren nach BRADLEY ähnelt bis zu einem gewissen Grade dem Verfahren, welches von den Deutschen Eisenwerken A.G. bei der Herstellung des sog. Migra-Eisens Verwendung findet. Hier wird das flüssige Hochofen-Eisen in einem besonderen Herdofen während bestimmter Zeiten und auf bestimmte Temperaturen überhitzt und in geeigneter Weise vergossen. Welchen Einfluß die Überhitzungszeit auf die Eigenschaften eines Eisens auszuüben vermag, ist der Fachwelt bekannt. Erst jüngst konnte FR. BOUSSARD (*51*) bei Überhitzungsversuchen in einem kohlenstaubgefeuerten Drehofen, wo er die Überhitzungszeit bis auf 90 min, die Überhitzungstemperatur bis über 1500° steigerte, feststellen, daß unter den dort gegebenen Bedingungen ein 60 min lang auf 1460° behandeltes Eisen mit 3,2% C und 1,75% Si die besten Eigenschaften ergab. Analoge Verhältnisse konnten auch bei der Herstellung des in seinem Kohlenstoffgehalt reicheren Migra-Eisens beobachtet werden.

Für das Gattieren im Kupolofen ist die richtige Auswahl der Rohstoffe von Bedeutung, desgleichen die Wahl der chemischen Zusammensetzung unter Anpassung an die Wanddicken der Gußstücke bei Berücksichtigung der durch die Gußeisendiagramme zum Ausdruck kommenden Gesichtspunkte. Damit das Rinneneisen die richtige Zusammensetzung erhält, muß man natürlich die Ab- und Zubrandverhältnisse im Kupolofen berücksichtigen, die je nach Bauart des Ofens, der Betriebsweise, dem Reinheitsgrad der verwendeten Rohmaterialien hinsichtlich äußerlicher Sand- und Rostansätze usw. stark schwanken können. Durch Verwendung zementgebundener Pakete, gepulverter oder gekörnter Ferrolegierungen [E.K.-Pakete der Maschinenfabrik Eßlingen (Lizenznehmerin Fa. Schumacher & Co. in Dortmund), Wachenfeld-Pakete usw.] gelingt es, den Abbrand wichtiger Eisenbegleiter (Silizium, Mangan, Chrom usw.) auf ein Mindestmaß zu beschränken. Gleichzeitig geben diese Pakete die Möglichkeit, in Ergänzung der verfügbaren Rohstoffbasis die Gattierungen auch bei nur wenigen verfügbaren Roheisensorten den Verwendungszweck noch besser anzupassen, insbesondere aber bei Verschmelzung erhöhter Schrottanteile in der Gattierung jede beliebige chemische Zusammensetzung des Rinneneisens zu sichern. Beim Gattieren geht man entweder rechnerisch oder graphisch nach bekannten Methoden vor. Zahlentafel 25 zeigt die Einheits- oder Leitgattierungen für verschiedene Eisensorten, wie sie seinerzeit vom ehemaligen Verein Deutscher Eisengießereien ausgearbeitet worden sind. Wenn auch die dortigen Preisberechnungen auf Basis des Jahres 1936 beruhen, so ist doch der Gattierungsvorgang als solcher auch heute noch grundsätzlich gleichartig durchzuführen.

Zahlentafel 25. Das Gattieren von Grauguß. Die Einheitsgattierungen des ehemaligen Vereins Deutscher Eisengießereien.

Chemische Zusammensetzung der Rohstoffe und Gußgattungen.

Eisen- und Gußgattungen	Si %	Mn %	P %	S %
Gußgattungen				
Hochwertiger Maschinenguß (Zylindereisen)	1,5	0,95	0,25	0,08
Allgemeiner Maschinenguß	1,7	0,8	0,36	0,08
Dünnwandiger Guß	2,6	0,65	1,11	0,09
Handelsguß	1,95	0,75	0,65	0,09
Verfügbares Roheisen				
Hämatitroheisen	2—3	max. 1,2	max. 0,1	max. 0,04
Gießereiroheisen I normal	2,2—3	„ 1,0	„ 0,7	„ 0,04
Gießereiroheisen I Buderus	3,0—3,6	1,0—1,5	„ 0,3	„ 0,04
Gießereiroheisen III	1,8—2,5	max. 0,8	„ 0,9	„ 0,06
Gießereiroheisen IV (Lux.)	1,8—2,5	„ 0,8	1,6—1,8	„ 0,06
C-armes Roheisen N-Dreisbach	1,0—1,5	1,0—1,5	0,1—0,25	0,03—0,08
C-armes Roheisen K.B.	1,2—1,5	0,6—1,0	0,3—0,4	0,04—0,08

Zahlentafel 25 (Fortsetzung).

Kosten des flüssigen Eisens (auf Basis der Preise von 1936).

Gattierung		I		II		III		IV	
Eisengattung	RM 100 kg	%	RM	%	RM	%	RM	%	RM
Hämatitroheisen	6,95	25	1,74	15	1,04	—	—	—	—
Gießereiroheisen I	6,85	25	1,71	—	—	30	2,06	25	1,71
Gießereiroheisen III	6,30	—	—	45	2,84	—	—	—	—
Gießereiroheisen IV (Lux.)	6,61	—	—	—	—	30	1,98	25	1,65
C-armes Roheisen	9,43	10	0,94	—	—	—	—	—	—
Maschinengußbruch	5,40	40	2,16	40	2,16	40	2,16	50	2,70
Satzkosten je 100 kg		RM	6,55	RM	6,04	RM	6,20	RM	6,06
Schmelzkosten je 100 kg		„	1,10	„	1,10	„	1,10	„	1,10
Satz- und Schmelzkosten		RM	7,65	RM	7,14	RM	7,30	RM	7,16
Ofeneinsatz 168 kg		„	12,85	„	11,99	„	12,26	„	12,02
Abfall 60 kg à RM 5,40*		„	3,24	„	3,24	„	3,24	„	3,24
Flüssiges Eisen je 100 kg		„	9,61	„	8,75	„	9,02	„	8,78

I. Hochwertiger Maschinenguß (Zylindereisen).

Chemische Zusammensetzung

Fertigguß	1,5 % Si	0,95% Mn	0,25% P	0,08% S
Kalter Satz	1,65% Si	1,11% Mn	0,25% P	0,06% S

Gattierung:

Verfügbares Eisen					Kalter Satz				
Eisengattung	Si %	Mn %	P %	S %	Satz %	Si %	Mn %	P %	S %
Hämatitroheisen	2,4	1,2	0,1	0,03	25	0,60	0,30	0,025	0,0075
Gießereiroheisen I	2,2	1,0	0,4	0,03	25	0,55	0,25	0,100	0,0075
C-armes Roheisen	1,0	1,5	0,25	0,05	10	0,10	0,15	0,025	0,0050
Perlitgußbruch	1,0	1,0	0,25	0,10	40	0,40	0,40	0,100	0,0400
Zusammensetzung des kalten Satzes						1,65	1,10	0,25	0,060
Analyse des Gusses						1,50	0,95	0,25	0,080
Ab- und Zubrand: Gewichtsprozente						— 0,15	— 0,15	—	+ 0,020
Ab- und Zubrand: % vom Einsatz						9	13,6	—	33

II. Allgemeiner Maschinenguß.

Chemische Zusammensetzung

Fertigguß	1,7% Si	0,8 % Mn	0,36% P	0,08 % S
Kalter Satz	1,9% Si	0,95% Mn	0,36% P	0,057% S

Gattierung:

Verfügbares Eisen					Kalter Satz				
Eisengattung	Si %	Mn %	P %	S %	Satz %	Si %	Mn %	P %	S %
Hämatitroheisen	2,4	1,2	0,1	0,03	15	0,36	0,18	0,015	0,0045
Gießereiroheisen III	2,0	0,8	0,5	0,04	45	0,90	0,36	0,225	0,0180
Maschinengußbruch	1,6	0,95	0,3	0,09	40	0,64	0,38	0,120	0,0360
Zusammensetzung des kalten Satzes						1,90	0,92	0,360	0,0585
Analyse des Gusses						1,70	0,80	0,360	0,0800
Ab- und Zubrand: Gewichtsprozente						—0,2	—0,12	—	+0,0215
Ab- und Zubrand: % vom Einsatz						10,5	13	—	36

* Abfallgruppe 6 gemäß Nachrichtenblatt des ehemaligen VDEG Nr. 5, 1936.

Zahlentafel 25 (Fortsetzung).

III. Dünnwandiger Guß.

Fertigguß	2,6 % Si	0,65% Mn	1,11% P	0,09 % S
Kalter Satz	2,95% Si	0,78% Mn	1,11% P	0,063% S

Gattierung:

Verfügbares Eisen					Kalter Satz				
Eisengattung	Si %	Mn %	P %	S %	Satz %	Si %	Mn %	P %	S %
Buderus-Roheisen I . .	3,6	1,2	0,3	0,03	30	1,08	0,36	0,09	0,009
Gießereiroheisen IV (Lux)	2,5	0,6	1,8	0,06	30	0,75	0,18	0,54	0,018
Poteriegußbruch . . .	2,8	0,6	1,2	0,09	40	1,12	0,24	0,48	0,036
Zusammensetzung des kalten Satzes						2,95	0,78	1,11	0,063
Analyse des Gusses						2,60	0,65	1,11	0,090
Ab- und Zubrand { Gewichtsprozente						−0,35	−0,13	—	+0,027
Ab- und Zubrand { % vom Einsatz						11,8	16,7	—	43

IV. Handelsguß.

Fertigguß	1,95% Si	0,75% Mn	0,65% P	0,09 % S
Kalter Satz	2,15% Si	0,9 % Mn	0,65% P	0,063% S

Gattierung:

Verfügbares Eisen					Kalter Satz				
Eisengattung	Si %	Mn %	P %	S %	Satz %	Si %	Mn %	P %	S%
Gießereiroheisen I . . .	3,0	1,0	0,3	0,03	25	0,75	0,25	0,075	0,0075
Gießereiroheisen IV (Lux)	2,5	0,6	1,7	0,06	25	0,625	0,15	0,425	0,015
Maschinengußbruch . .	1,6	0,95	0,3	0,08	50	0,80	0,475	0,150	0,040
Zusammensetzung des kalten Satzes						2,175	0,875	0,650	0,0625
Analyse des Gusses						1,950	0,75	0,650	0,030
Ab- und Zubrand { Gewichtsprozente						−0,225	−0,125	—	+0,0275
Ab- und Zubrand { % vom Einsatz						10,4	14,2	—	44

Hingewiesen sei in diesem Zusammenhang auf die Gattierungsvorschläge, wie sie von H. Uhlitzsch (*52*) unter Berücksichtigung der im Normblatt DIN 1691 gegebenen Richtzahlen zusammengestellt wurden (Rechenbeispiel Zahlentafel 26). Die Uhlitzschschen Vorschläge tragen der Tatsache Rechnung, daß zur Erzielung einer bestimmten Güteklasse in den Gußeisendiagrammen nicht ein Punkt, sondern ein Feld zur Verfügung steht, d. h. ein bestimmtes Gefüge bzw. bestimmte Festigkeitswerte sind entweder mit höherem Kohlenstoff- und entsprechend niedrigerem Siliziumgehalt der Gattierung oder auch umgekehrt zu erzielen.

Zahlentafel 26. Gattierungsbeispiel für Güteklasse 22.91.

Zur Verfügung stehen:

	C %	Si %	Mn %	P %	S %
Eigenbruch	3,20	1,50	0,80	0,40	0,10
Kaufbruch	3,40	2,00	0,60	0,60	0,13
Stahlbruch	[2,70]	0,35	0,60	0,07	0,04
Hämatiteisen	3,60	4,50	0,54	0,10	0,02
Gießereieisen I	3,60	2,30	0,95	0,40	0,01
Silbereisen	2,20	1,60	1,50	0,35	0,10
Spiegeleisen	4,90	0,85	10,35	0,04	0,02

Zahlentafel 26 (Fortsetzung).

Bruchanteil an 1000 kg Gattierung:

	C kg	Si kg	Mn kg	P kg	S kg
A. 500 kg:					
1. 200 Eigenbruch	6,40	3,00	1,60	0,80	0,20
100 Kaufbruch	3,40	2,00	0,60	0,60	0,13
200 Stahlbruch	5,40	0,70	1,20	0,14	0,08
	15,20	5,70	3,40	1,54	0,41
2. 200 Eigenbruch	6,40	3,00	1,60	0,80	0,20
300 Stahlbruch	7,10	1,05	1,80	0,21	0,12
	13,50	4,05	3,40	1,01	0,32
B. 600 kg:					
1. 200 Eigenbruch	6,40	3,00	1,60	0,80	0,20
200 Kaufbruch	6,80	4,00	1,20	1,20	0,26
200 Stahlbruch	5,40	0,70	1,20	0,14	0,08
	18,60	7,70	4,00	2,14	0,54
2. 200 Eigenbruch	6,40	3,00	1,60	0,80	0,20
100 Kaufbruch	3,40	2,00	0,60	0,60	0,13
300 Stahlbruch	8,10	1,05	1,80	0,21	0,12
	17,90	6,05	4,00	1,61	0,45
C. 700 kg:					
1. 300 Eigenbruch	9,60	4,50	2,40	1,20	0,30
200 Kaufbruch	6,80	4,00	1,20	1,20	0,26
200 Stahlbruch	5,40	0,70	1,20	0,14	0,08
	21,80	9,20	4,80	2,54	0,64
2. 200 Eigenbruch	6,40	3,00	1,60	0,80	0,20
200 Kaufbruch	6,80	4,00	1,20	1,20	0,26
300 Stahlbruch	8,10	1,05	1,80	0,21	0,12
	21,30	8,05	4,60	2,21	0,58
D. 800 kg:					
1. 200 Eigenbruch	6,40	3,00	1,60	0,80	0,20
300 Kaufbruch	10,20	6,00	1,80	1,80	0,39
300 Stahlbruch	8,10	1,05	1,80	0,21	0,12
	24,70	10,05	5,20	2,81	0,71
2. 300 Eigenbruch	9,60	4,50	2,40	1,20	0,30
200 Kaufbruch	6,80	4,00	1,20	1,20	0,26
300 Stahlbruch	8,10	1,05	1,80	0,21	0,12
	24,50	9,55	5,40	2,61	0,68

Roheisenanteil an 1000 kg Gattierung:

	C kg	Si kg	Mn kg	P kg	S kg
E. 500 kg:					
1. 150 Hämatit	5,40	6,75	0,81	0,15	0,03
150 Gießerei I	5,40	3,45	1,43	0,60	0,015
200 Silbereisen	4,40	3,20	3,00	0,70	0,20
	15,20	13,40	5,24	1,45	0,245
2. 300 Gießerei I	10,80	6,90	2,85	1,20	0,03
200 Silbereisen	4,40	3,20	3,00	0,70	0,20
	15,20	10,10	5,85	1,90	0,23
F. 400 kg:					
1. 100 Hämatit	3,60	4,50	0,54	0,10	0,02
100 Gießerei I	3,60	2,30	0,95	0,40	0,01
200 Silbereisen	4,40	3,20	3,00	0,70	0,20
	11,60	10,00	4,49	1,20	0,23
2. 100 Hämatit	3,60	4,50	0,54	0,10	0,02
200 Gießerei I	7,20	4,60	1,90	0,80	0,02
100 Silbereisen	2,20	1,60	1,50	0,35	0,10
	13,00	10,70	3,94	1,25	0,14

Zahlentafel 26 (Fortsetzung).

	C kg	Si kg	Mn kg	P kg	S kg
G. 300 kg:					
1. 100 Hämatit	3,60	4,50	0,54	0,10	0,02
100 Gießerei I	3,60	2,30	0,95	0,40	0,01
100 Silbereisen	2,20	1,60	1,50	0,35	0,10
	9,40	8,40	2,99	0,85	0,13
2. 100 Gießerei I	3,60	2,30	0,95	0,40	0,01
200 Silbereisen	4,40	3,20	3,00	0,70	0,20
	8,00	5,50	3,95	1,10	0,21
H. 200 kg:					
1. 100 Gießerei I	3,60	2,30	0,95	0,40	0,01
100 Silbereisen	2,20	1,60	1,50	0,35	0,10
	5,80	3,90	2,45	0,75	0,11
2. 200 Gießerei I	7,20	4,60	1,90	0,80	0,02

	C %	Si %	Mn %	P %	S %
Sollzusammensetzung im Gußstück	3,2	1,5	0,8	0,4	0,1
Einfluß der Schmelzung		−0,15	−0,16		+0,03
Sollzusammensetzung der Gattierung	3,2	1,65	0,96	0,4	0,07

Für 1000 kg Gattierung können gesetzt werden:

I. 500 kg Bruchanteil + 500 kg Roheisenanteil.

In kg	C	Si	S	P	Mn
A_1	15,20	5,70	3,40	1,54	0,41
E_1	15,20	13,40	5,24	1,45	0,245
	30,40	19,10	8,64	2,99	0,655

In kg	C	Si	Mn	P	S
A_2	13,50	4,05	3,40	1,01	0,32
E_2	15,20	10,10	5,85	1,90	0,23
	28,70	14,15	9,25	2,91	0,55

II. 600 kg Bruchanteil + 400 kg Roheisenanteil.

B_1	18,60	7,70	4,00	2,14	0,54
F_1	11,60	10,00	4,49	1,20	0,23
	30,20	17,70	8,49	3,34	0,77

B_2	17,90	6,05	4,00	1,61	0,45
F_2	13,00	10,70	3,94	1,25	0,14
	30,90	16,75	7,94	2,86	0,59

III. 700 kg Bruchanteil + 300 kg Roheisenanteil.

C_1	21,80	9,20	4,80	2,54	0,64
G_2	8,00	5,50	3,95	1,10	0,21
	29,80	14,70	8,75	3,64	0,85

C_2	21,30	8,05	4,60	2,21	0,58
G_1	9,40	8,40	2,99	0,85	0,13
+20 Spiegel	0,98	0,17	2,07	0,008	0,004
	31,68	16,62	9,66	3,068	0,714

IV. 800 kg Bruchanteil + 200 kg Roheisenanteil.

D_1	24,70	10,05	5,20	2,81	0,71
H_1	5,80	3,90	2,45	0,75	0,11
+20 Spiegel	0,98	0,17	2,07	0,008	0,004
+2 E.K.		2,00			
	31,48	16,12	9,72	3,568	0,824

D_1	24,70	10,05	5,20	2,81	0,71
H_2	7,20	4,60	1,90	0,80	0,02
	31,90	14,65	7,10	3,61	0,73
+20 Spiegel	0,98	0,17	2,07	0,008	0,004
	32,88	14,82	9,17	3,618	0,734

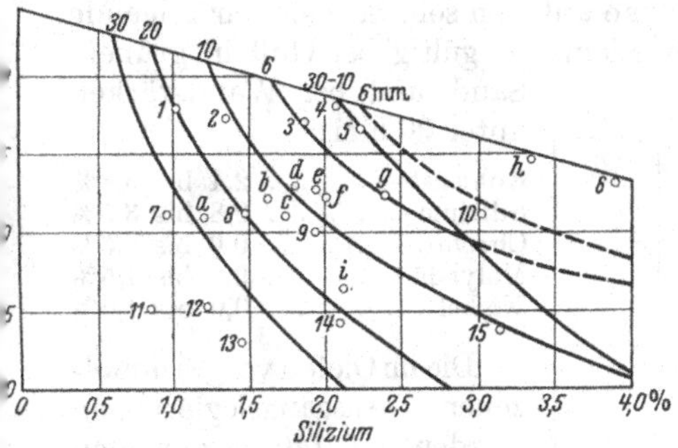

Abb. 184. Gußeisendiagramm (unlegiert).

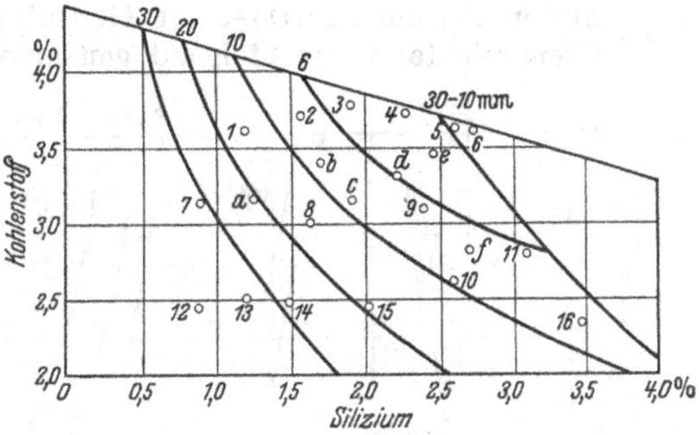

Abb. 185. Gußeisendiagramm bei 0,5% Nickel.

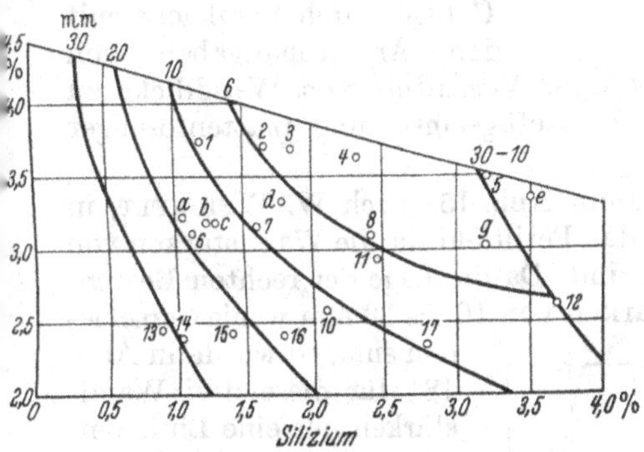

Abb. 186. Gußeisendiagramm bei 1,5% Nickel.

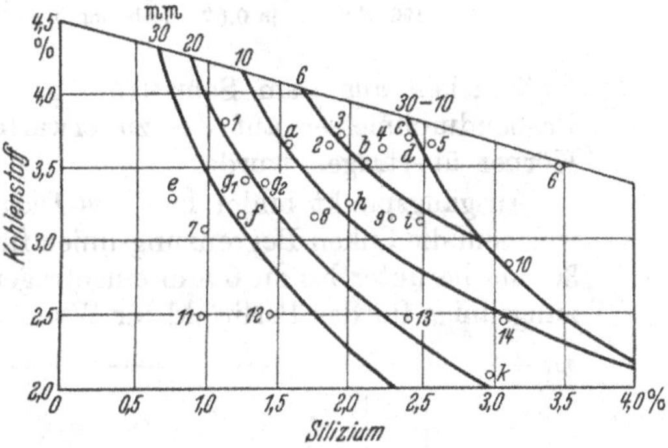

Abb. 187. Gußeisendiagramm bei 0,25% Mo.

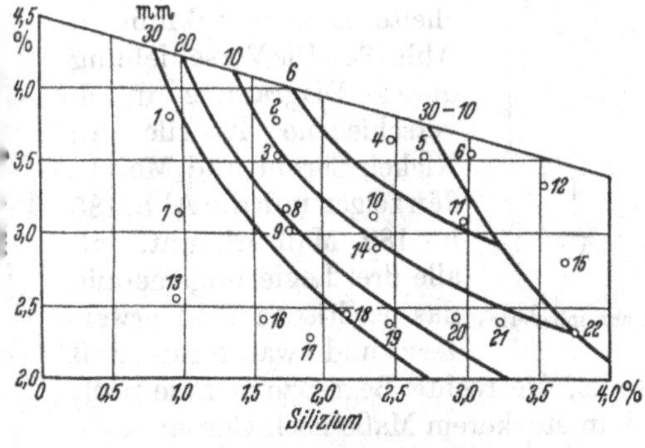

Abb. 188. Gußeisendiagramm bei 0,75% Molybdän.

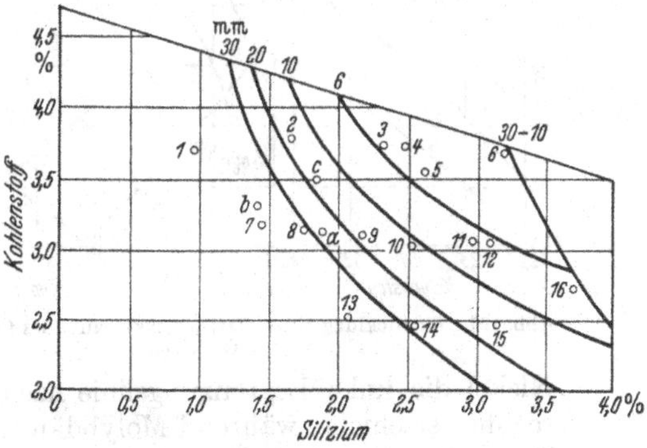

Abb. 189. Gußeisendiagramm bei 0,5% Chrom.

H. Uhlitzsch und K. Kappel (*53*) haben in Weiterführung der Arbeit von W. Weichelt (*15*) Gattierungsnomogramme für legierten Guß entworfen, der mit perlitischer Grundmasse anfallen soll. Sie sind für folgende Grenzgehalte der nachfolgend genannten Elemente gültig bei Guß in grünem Sand und bei Wandstärken unter 30 mm:

Kohlenstoff	2,4 bis 3,8%
Silizium	0,8 bis 3,5%
Chrom	0,0 bis 2,5%
Molybdän	0,0 bis 1,5%
Nickel	0,0 bis 4,0%

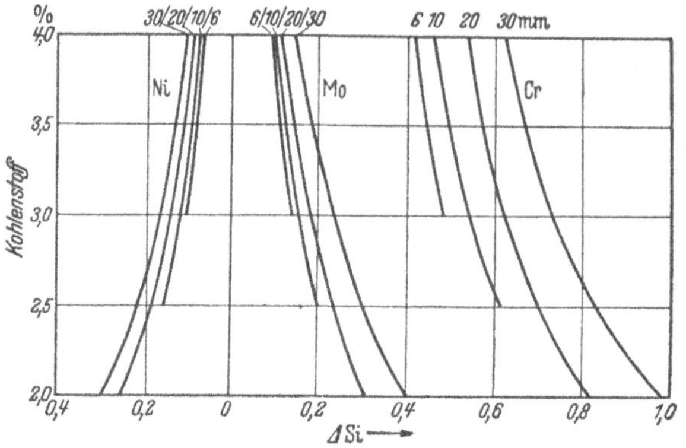

Abb. 190. Δ Si für je 0,5% Legierungsmetall.

Die im Ölofen vorgeschmolzenen Ausgangslegierungen wurden zu 140 verschieden zusammengesetzten Endschmelzen im koksbeheizten Tiegelofen verarbeitet und zu Rundstäben vergossen, deren Gefüge durch Vergleiche mit den Analysenangaben von Gußstücken aus dem Schrifttum gemäß dem Verhältnis von Wanddicke zu Probendurchmesser auf die zu erwartende Gefügeeinstellung plattenförmiger Körper übertragen wurde.

Ausgangspunkt bildet hier das Diagramm Abb. 158 nach W. WEICHELT, in welchem die linken Begrenzungslinien für das Perlitfeld für die Wandstärken von 30 mm herunter bis zu 6 mm eingetragen sind. Da die Lage der rechten Begrenzungslinien für das Perlitfeld für Wandstärken von 10 bis 30 mm wenig verschieden sind, so wurde in Abb. 184 für diese drei Wandstärken nur eine Linie eingetragen, für 6 mm Wandstärken wird die rechte Begrenzungslinie allerdings noch um ein geringes nach rechts verschoben (gestrichelte Linie für 6 mm in Abb. 184). Die Verschiebung dieses Diagramms durch verschiedene Anteile an Nickel, Chrom und Molybdän zeigen nun die Abb. 185 bis 189. Man erkennt, daß alle drei Legierungsmetalle das perlitische Feld erweitern, und zwar derart, daß Nickel die linke Begrenzungslinie nach links, die rechte Begrenzungslinie nach rechts verschiebt, während Molybdän und in stärkerem Maße noch Chrom beide Grenzkurven nach rechts verschieben. Aus der Größe der Verschiebung der linken Perlitlinie um den Betrag Δ Si (für je 0,5% Legierungsmetall in Abb. 190 dargestellt) wurden dann die Verhältniszahlen (Ni : Δ Si), (Mo: Δ Si), (Cr: Δ Si) gebildet, die sich als unabhängig von der prozentualen Menge des Zusatzmetalls erwiesen. Mit ihrer Hilfe und mit folgender Überlegung der genannten Forscher sind alsdann die Gattierungsnomogramme gemäß Abb. 191 bis 194 entstanden.

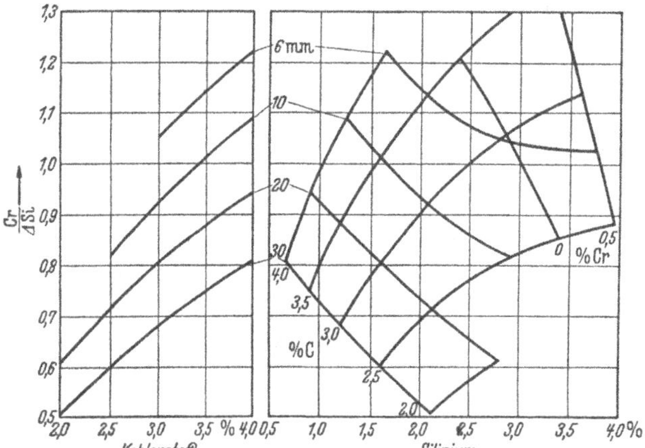

Abb. 191. Entwicklung eines Gattierungsschaubildes für chromlegiertes Gußeisen.

An Stelle des Kohlenstoffs kann für einen bestimmten Probendurchmesser auch der entsprechende Siliziumgehalt eingeführt werden, der ja von dem unlegierten Gußeisendiagramm her bekannt ist. Somit kann die Abszisse Kohlenstoff durch die Abszisse Silizium ersetzt werden. Beispielsweise liegt der Schnittpunkt der 30-mm-Durchmesser-Grenzkurve mit der Kohlenstofflinie von 4% C (Abb. 184) bei 0,67% Si, mit 3,5% C bei 0,88% Si, mit 3% C bei 1,2% Si und so fort. Durch Herüberloten der Schnittpunkte der 30-mm-Kurve mit diesen Kohlenstoffgehalten aus dem linken Teil der Abb. 191 in den rechten hinüber und Aufsuchen der Schnittpunkte mit den zugehörigen Siliziumloten wurde die untere Kurve für 30 mm im rechten Teil der Abb. 191 konstruiert. In gleicher Weise wurden auch die übrigen Kurven für 20, 10 und 6 mm Probendurchmesser erhalten. Weiter wurden dann die dem gleichen Kohlenstoffgehalt links entsprechenden Punkte dieser Kurven untereinander wieder verbunden, so daß jetzt rechts außerdem die Kohlenstoffkurven erscheinen. Diese laufen alle im Punkt 0% Si und 0 (Cr : Δ Si) zusammen. Damit wurde die gegenseitige Abhängigkeit von Kohlenstoff, Silizium, Wanddicke und (Cr : Δ Si) in einem einzigen zweidimensionalen Schaubild vereinigt. Darüber hinaus wurden dann ganz rechts noch die Grenzkurven für die Perlitfelder von 30 bis 10 mm Probendurchmesser nach ihren Kohlenstoff- bzw. Siliziumgehalten eingetragen. Es beziehen sich diese Kurven also lediglich auf Kohlenstoff und Silizium, nicht aber auf das Verhältnis Cr : Δ Si.

In gleicher Weise sind alsdann auch die Schaubilder nach Abb. 192 bis 194

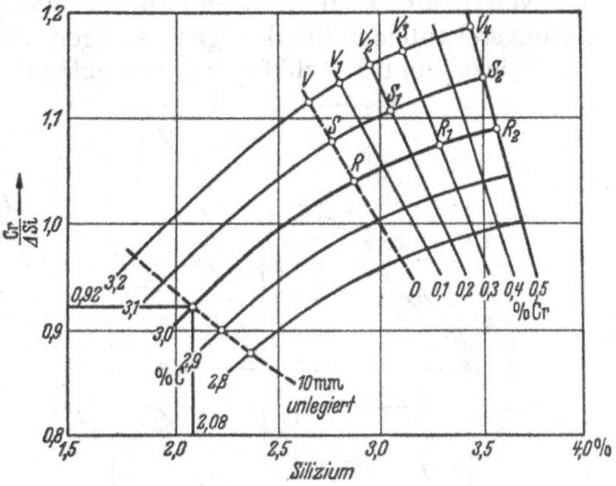

Abb. 192. Gattierungsschaubild für chromlegiertes Gußeisen.

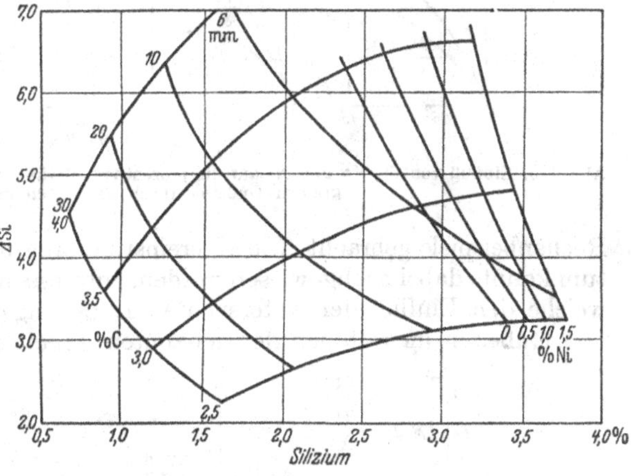

Abb. 193. Gattierungsschaubild für nickellegiertes Gußeisen.

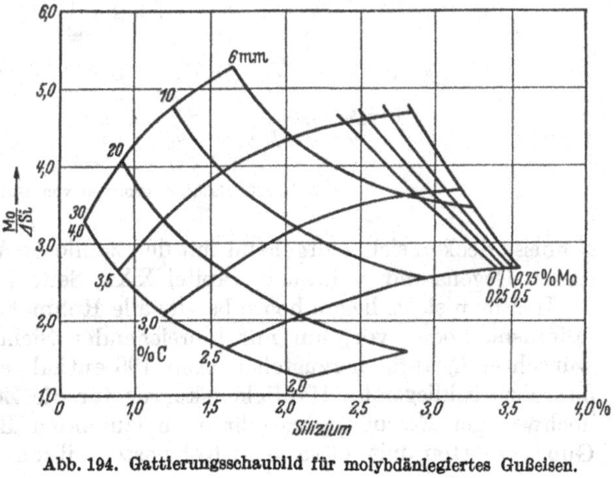

Abb. 194. Gattierungsschaubild für molybdänlegiertes Gußeisen.

(Abb. 192 ist die Vergrößerung eines Teiles der Abb. 191) entstanden. Die genannten Forscher gaben nunmehr zahlreiche Beispiele für die Anwendbarkeit der Nomogramme, die für den Praktiker von großer Bedeutung sind. Auch Gattierungsschaubilder für den gleichzeitigen Zusatz von Nickel und Chrom sowie von Nickel und Molybdän wurden entworfen und auch hierzu verschiedene

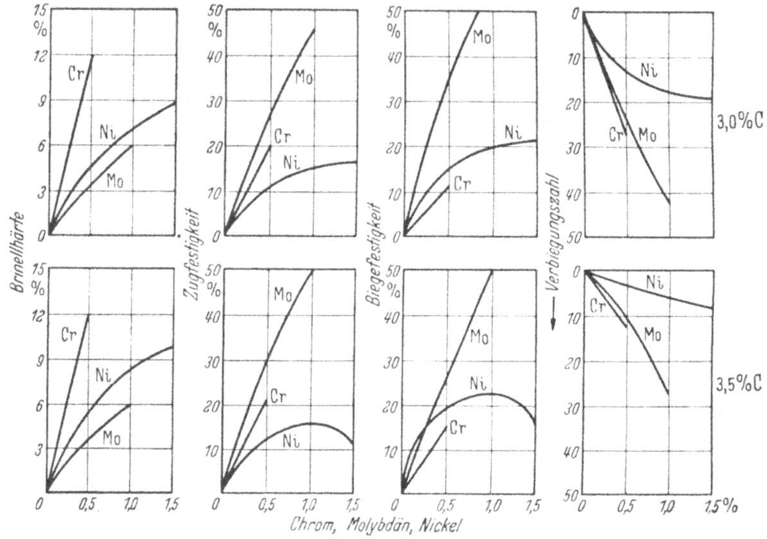

Abb. 195. Einfluß von Cr, Mo und Ni auf die prozentuale Veränderung der mechanischen Eigenschaften von grauem Gußeisen (nach UHLITZSCH und KAPPEL).

Rechenbeispiele gebracht. Die Übereinstimmung mit Beispielen aus dem Schrifttum konnte dabei nachgewiesen werden. Interessant ist schließlich noch Abb. 195, welche den Einfluß der untersuchten Legierungsmetalle auf die Eigenschaften von Gußeisen im Rahmen der genannten Arbeit zum Ausdruck bringt. Die Er-

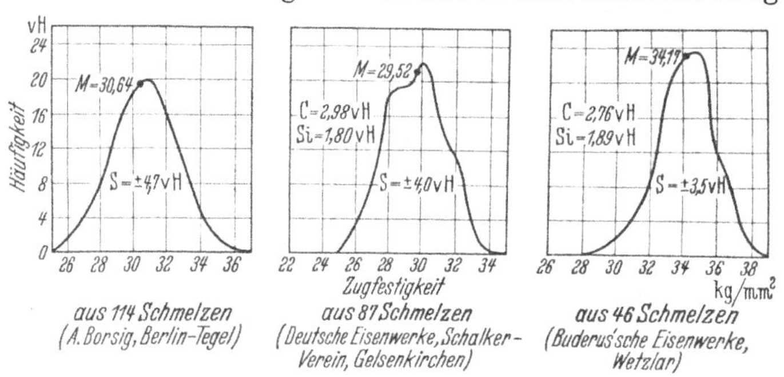

Abb. 196. Häufigkeitskurven von Gußeisen.

gebnisse decken sich weitgehend mit den zahllosen Werten des Schrifttums über diesen Gegenstand (vgl. auch Kapitel XXI, Seite 713).

Wie man sieht, liegen heute bereits alle Rohmaterialien, Hilfsmittel und Verfahrensmethoden vor, um mit hinreichender Sicherheit ein Gußeisen der gewünschten Qualität herzustellen. Abb. 196 enthält einige (übrigens schon fast 10 Jahre zurückliegende) Häufigkeitskurven für die Zugfestigkeit bei Anwendung hochwertiger Erzeugungsverfahren im laufenden Betrieb (*54*). Man sieht, daß Gußeisensorten mit etwa 3% Kohlenstoff ihren häufigsten Wert bei etwa

30 kg/mm² hatten, während für ein niedriger gekohltes Material (rechte Kurve) die größte Häufigkeit sogar bei rund 34 kg/mm² lag. Dabei war die Treffsicherheit in allen Fällen recht groß. Die mittleren Abweichungen vom häufigsten bzw. mittleren Wert lagen zwischen ±3,5 bis 4,5%. Die größten Festigkeitsabweichungen nach oben und unten betrugen etwa ±4 kg/mm². In keinem Falle aber wurde der Wert von 26 kg/mm², entsprechend der höchsten Ge-Klasse des alten Normenblattes DIN 16.91 unterschritten. Abb. 197, nach einer Arbeit von K. KNEHANS (*55*), läßt erkennen, daß auch bei der Herstellung von Gußeisen mit sehr hohen mechanischen Eigenschaften die Treffsicherheit heute keineswegs kleiner ist, ja, wie aus dem Verlauf der Kurven für die Kruppschen Sondergüten im Vergleich mit den Kurven für Ge 18.91 bzw. 22.91 hervorgeht, eher noch besser ist. Sie setzt allerdings den Einsatz aller modernen Kenntnisse in der Metallurgie des Gußeisens voraus.

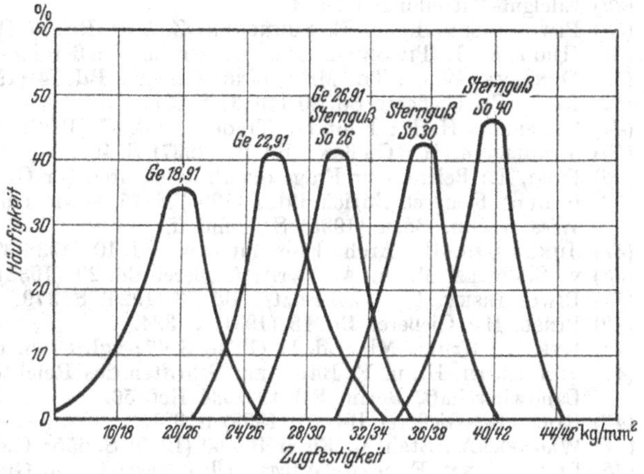

Abb. 197. Festigkeiten und Treffsicherheit der verschiedenen Graugußgüteklassen.

Schrifttum zum Kapitel VIIa bis VIIc.

(*1*) HURST, J. E.: Foundry Trade J. 1925 S. 476; vgl. a. J. E. HURST: Metallurgy Cast Iron 1926 S. 200.
(*2*) BEENY, H. H.: Inst. Brit. Foundrym. 1924.
(*3*) KEEP, W. J.: Cast Iron. New York: J. Willey & Sons 1902.
(*4*) O. LEYDE: Stahl u. Eisen Bd. 24 (1904), S. 94.
(*5*) HEYN, E.: Stahl u. Eisen Bd. 26 (1906) S. 1295.
(*6*) Vgl. Stahl u. Eisen Bd. 29 (1909) S. 1177, sowie E. PIWOWARSKY: Hochwertiger Grauguß S. 66ff. Berlin: Julius Springer 1929.
(*7*) JÜNGST, E.: Beitrag zur Untersuchung des Gußeisens. Verlag Stahl u. Eisen m. b. H. 1913.
(*8*) ROTHER, W.: Iron Age 1924 S. 326/28; vgl. Gießerei 1924 S. 777.
(*9*) GOERENS, P.: Stahl u. Eisen 1906 S. 1219.
(*10*) COOK, F. J.: Bull. Brit. Cast Iron Ass. Nr. 13.
(*11*) MAURER, E.: Krupp. Mh. Bd. 5 (1924) S. 115; Stahl u. Eisen Bd. 44 (1924) S. 1522.
(*12*) MAURER, E., u. P. HOLTZHAUSEN: Stahl u. Eisen Bd. 47 (1927) S. 1805/12 u. 1977/84.
(*13*) KLINGENSTEIN, TH.: Automobil-Flugtechn. Z. Motorwagen Jg. 29 Heft 21.
(*14*) GREINER, F., u. TH. KLINGENSTEIN: Stahl u. Eisen Bd. 45 (1925) S. 1173; Z. VDI 1926 S. 388.
(*15*) WEICHELT, W.: Diss. Sächs. Bergakademie Freiberg 1933.
(*16*) v. SCHWARZ, M., u. A. VÄTH: Gießerei Bd. 20 (1933) S. 373.
(*17*) SWIFT, H. W.: Foundry Trade J. Bd. 44 (1931) S. 273; vgl. Stahl u. Eisen Bd. 52 (1932) S. 315.
(*18*) COYLE, F. B.: Iron Age 1929 S. 6, sowie Proc. Amer. Soc. Test. Mater. Bd. 29 (1929) S. 87; vgl. COYLE, F. B., u. D. M. HOUSTON: Trans. Amer. Foundrym. Ass. Bd. 37.
(*19*) UHLITZSCH, H.: Gießerei Bd. 18 (1931) S. 893.
(*20*) COYLE, F. B., u. H. UHLITZSCH: Erste Mitt. des neuen Intern. Verbandes f. Materialprüfungen Gruppe A, Zürich 1930 S. 35; vgl. Gießerei Bd. 18 (1931) S. 433.
(*21*) UHLITZSCH, H., u. K. APPEL: Gießerei Bd. 23 (1936) S. 524.
(*22*) KOCH, A., u. E. PIWOWARSKY: Gießerei Bd. 20 (1933) S. 1 Heft 1/2 und 3/4; vgl. KOCH, A.: Diss. T. H. Aachen 1931.
(*23*) JUNGBLUTH, H.: Arch. Eisenhüttenw. Bd. 10 (1936/37) S. 211.
(*24*) PIWOWARSKY, E., u. E. SÖHNCHEN: Gießerei Bd. 18 (1931) S. 533.

(25) Heller, P. A.: Gießerei Bd. 18 (1931) S. 237.
(26) Coyle, F. B.: Proc. Amer. Soc. Test. Mater. Bd. 29 (1929) I S. 118.
(27) Jungbluth, H., u. P. A. Heller: Arch. Eisenhüttenw. Bd. 5 (1931/32) S. 519.
(28) Heller, P. A., u. H. Jungbluth: Arch. Eisenhüttenw. Bd. 8 (1934/35) S. 75; Techn. Mitt. Krupp Bd. 2 (1934) S. 106.
(29) Edelguß-Mitteilungen Nr. 4.
(30) Piwowarsky, E., u. E. Söhnchen: Z. VDI Bd. 77 (1933) S. 463.
(31) Hugo, E., E. Piwowarsky u. H. Nipper: Gießerei Bd. 22 (1935) S. 421 und 452.
(32) Denecke, W., u. Th. Meierling: Gießerei Bd. 14 (1927) S. 180.
(33) Roll, F.: Gießerei Bd. 20 (1933) S. 233.
(34) Campbell, H. L.: Foundry Trade J. Bd. 57 (1937) S. 101.
(35) Jungbluth, H.: Gießerei Bd. 24 (1937) S. 49.
(36) Dübi, E.: Beitrag zur Frage der Prüfverfahren für Gußeisen. Intern. Vbd. f. Materialprüfung Kongreß Zürich Bd. 1 (1931) S. 75, sowie Dübi, E.: Schweizer Arch. angew. Wiss. Techn. Bd. 1 (1935) S. 3 und ff.
(37) Jungbluth, H.: Arch. Eisenhüttenw. Bd. 10 (1936/37) S. 211.
(38) v. Schwarz, M., u. A. Väth: Gießerei Bd. 20 (1933) S. 374.
(39) Piwowarsky, E.: Gießereiztg. Bd. 23 (1926) S. 379.
(40) Pinsl, H.: Gießerei Bd. 18 (1931) S. 334.
(41) Rys, A.: Krupp. Mh. Bd. 11 (1930) S. 47; vgl. Stahl u. Eisen Bd. 50 (1930) S. 423.
(42) Jungbluth, H., u. F. Brügger: Schriften des Reichskuratoriums für Technik in der Landwirtschaft, Berlin SW 11 1934 Heft 56.
(43) Roll, F.: Gießerei Bd. 25 (1938) S. 321.
(44) Wagner, A.: Stahl u. Eisen Bd. 50 (1930) S. 655; Gießerei Bd. 27 (1930) S. 403.
(45) Piwowarsky, E., u. A. Wirtz: Über Migra-Eisen. Gießerei Bd. 18 (1931) S. 703 und Bd. 19 (1932) S. 121.
(46) Paschke, M., u. E. Jung: Arch. Eisenhüttenw. Bd. 5 (1931) S. 1; vgl. Gießerei Bd. 18 (1931) S. 777.
(47) Paschke, M., u. C. Pfannenschmidt: Gießerei Bd. 25 (1938) S. 539.
(48) Vroonen, M. E.: Vortrag Gießerei-Kongreß Brüssel 1935; vgl. Techn. Blätter zur Deutschen Bergwerksztg. Nr. 48 (1935) S. 831.
(49) Pig Iron Rough Notes, Herbst 1935 der Sloss Sheffield Werke, Birmingham, Ala.
(50) Lunt, G. T.: Foundry Trade J. II (1935) S. 222.
(51) Boussard, Fr.: Foundry Trade J. II (1935) S. 226.
(52) Uhlitzsch, H.: Gießerei Bd. 18 (1931) S. 433.
(53) Uhlitzsch, H., u. K. Kappel: Gießerei Bd. 26 (1939) S. 266 und 310.
(54) Vgl. Meyersberg, G.: Werkstattstechnik Bd. 27 (1933) S. 98.
(55) Knehans, K.: Techn. Mitt. Krupp 1938 S. 102.
(56) Piwowarsky, E., u. W. Szubinski: Gießerei Bd. 19 (1932) S. 262; Z. VDI Bd. 80 (1936) S. 133.
(57) Von Herrn Dr. F. Roll in liebenswürdiger Weise überlassen.
(58) Ledebur, A.: Handbuch der Eisen- und Stahlgießerei. Weimar (1892) S. 342ff.
(59) Sipp, K.: Arch. Eisenhüttenwes. Bd. 14 (1940/41) S. 267.
(60) Uhlitzsch, H.: Vortrag auf der Arbeitstagung des VDG. in Hannover am 10. Mai 1941. Vgl. Die Gießerei Bd. 28 (1941) S. 263.
(61) Wüst, F., und K. Kettenbach: Ferrum (1913/14) S. 51.

d) Die chemische Zusammensetzung ein unzulänglicher Maßstab der Qualität (Vererblichkeitserscheinungen).

Es ist eine bekannte Erscheinung, daß die Qualität eines Roheisens auf die Güte des Gusses zweiter Schmelzung von Einfluß ist; andererseits können aber auch Roheisensorten trotz gleicher (bislang erfaßbarer) chemischer Zusammensetzung dem Guß zweiter Schmelzung verschiedene Eigentümlichkeiten (*1*) verleihen (Neigung zu harten Stellen und Rißbildung, zum Weichwerden, verschiedene Bearbeitbarkeit usw.). Tatsächlich können z. B. die Vorzüge des Holzkohlenroheisens nicht allein auf den geringeren Gehalt desselben an Schwefel und Phosphor zurückgeführt werden.

W. E. Jominy (*2*) versuchte, auf Grund einer über 100 Abstiche umfassenden Versuchsreihe einen Zusammenhang zu finden zwischen den Eigenschaften verschiedener Roheisensorten und der Art des Herstellungsverfahrens; er hoffte dabei die Tatsache erklären zu können, daß Holz- bzw. Kokshochofeneisen gleicher Analyse in ihrem mechanischen und metallurgischen Verhalten oft so starke Abweichungen zeigen.

Die Versuche kamen an fünf verschiedenen Holzkohlen- bzw. Kokshochöfen zur Durchführung und erstreckten sich über einen Zeitraum von vier Monaten.

Metallographische Untersuchungen an den ungeätzten Schnitten zeigten, daß sämtliche Proben der Holzkohlen-Roheisensorten ein wesentlich feineres Gefüge besaßen, das durch Umschmelzung im allgemeinen noch weiter verfeinert wurde. Das Koksroheisen dagegen hatte stets ein weit gröberes graphitisches Gefüge, und die Neigung zur Verfeinerung durch Umschmelzen trat weniger hervor.

Leider haben in der Arbeit nur die Gesamt-Kohlenstoffgehalte Aufnahme gefunden, auch die so wichtige Bestimmung des prozentualen Graphitgehaltes bzw. des gebundenen C-Gehaltes fehlt durchweg. Ohne Berücksichtigung dieses Wertes muß aber jede Untersuchung über die mechanischen Eigenschaften an Roh- und Gußeisen erfolglos bleiben. Tatsächlich konnte Jominy auch nicht den geringsten Zusammenhang zwischen mechanischen Eigenschaften und dem Gefüge einerseits, der chemischen Zusammensetzung und dem Hochofengang andererseits feststellen.

J. E. Fletcher (*3*) machte die zahlreichen Unterschiede in der Betriebsführung der Öfen für das verschiedenartige Verhalten des Roheisens verantwortlich und erörterte u. a. die Betriebsführung zweier Öfen, welche unter sehr abweichenden Betriebsbedingungen zwar Eisensorten gleicher Analyse (2% Si, 1% P usw.) zu liefern imstande waren, die jedoch qualitativ stark voneinander abwichen. Fletcher wies auch wiederholt auf die Bedeutung des bei gleicher Analyse oftmals verschiedenartigen strukturellen Aufbaues von Roheisensorten hin, der nicht ohne Einfluß bleiben könne (vgl. Zahlentafel 27 u. 28, sowie Abb. 198).

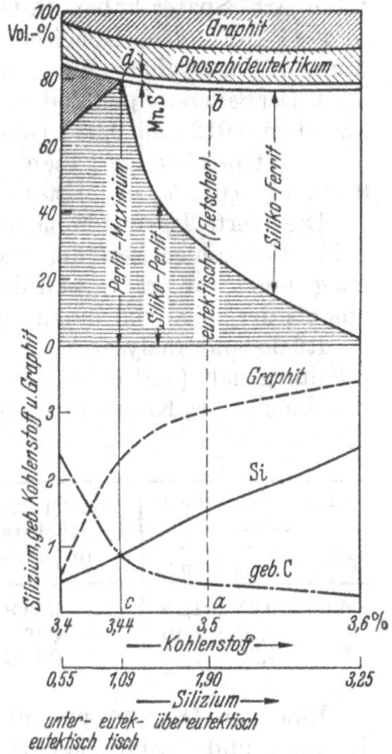

Abb. 198. Gefügebestandteile verschiedener Roheisensorten mit wenig unterschiedlichem C-Gehalt (Fletcher).

Zahlentafel 27.

	Ges.-C %	geb. C %	Graphit %	Si %	Mn %	S %	P %
Grobkörniges Eisen	3,30	0,30	3,00	1,8	1,0	0,08	1,0
Feinkörniges Eisen.	3,30	0,65	2,65	1,7	0,9	0,10	1,0

Zahlentafel 28. Anteil der einzelnen Gefügebildner.

	Grobkörniges Eisen		Feinkörniges Eisen	
	Gewichts-%	Volumen-%	Gewichts-%	Volumen-%
Graphitische Kohle	3,00	9,52	2,65	8,52
Phosphideutektikum	14,73	14,45	14,72	14,60
Mangansulfid	0,22	0,39	0,27	0,49
Perlit (Si u. Mn enthaltend) . .	2,83	2,58	42,40	39,00
Silikoferrit	79,22	73,06	39,96	37,39
	100,00	100,00	100,00	100,00

L. JORDAN, J. R. ECKMAN und E. JOMINY (*4*) untersuchten die Schmelzen der Jominyschen Arbeit auf ihren Gehalt an Sauerstoff (Heißextraktion im Hochfrequenzofen), um die von JOHNSON ausgesprochene Vermutung nachzuprüfen, ob nicht der im Eisen in wechselnder Form und Menge als Oxyde oder Silikate vorhandene Sauerstoffgehalt in Zusammenhang gebracht werden könne mit dem verschiedenartigen Verhalten analytisch gleich- oder ähnlicher Roheisensorten. Ihre Untersuchungen aber erbrachten wiederum keine Beziehungen der erwarteten Art. Später haben P. OBERHOFFER und E. PIWOWARSKY (*5*) an 20 Koks- und 14 Holzkohlen-Roheisensorten verschiedenster Herkunft Sauerstoffbestimmungen durchgeführt und kamen zu folgenden Ergebnissen:

1. Der Sauerstoffgehalt der schwedischen Holzkohlen-Roheisensorten schwankte zwischen 0,012 und 0,033 Gewichtsprozent und betrug im Mittel 0,023%,

2. entsprechend ergaben sich bei dem Koksroheisen Sauerstoffgehalte von 0,012 bis 0,036%, im Mittel = 0,022%.

Die Werte lagen demnach praktisch gleich hoch, dagegen zeigte es sich, daß beim Holzkohleneisen der Sauerstoffgehalt mit zunehmendem Siliziumgehalt stieg, und zwar prägte sich der Übergang von weiß in halbgrau etwas deutlicher aus als derjenige von halbgrau zu grau.

Rückstandsanalysen nach dem Bromverfahren ergaben, daß mit steigendem Siliziumgehalt (und entsprechend zunehmendem grauen Gefüge) der Sauerstoff zunehmend als Kieselsäure vorlag, wie folgende Zahlentafel zeigt:

Zahlentafel 29.

Chem. Zusammensetzung			Kieselsäure im Rückstand in Gew.-%	Gesamtsauerstoff nach der Heißextraktionsmethode in Gew.-%	Davon Sauerstoff an Kieselsäure gebunden in Gew.-%
C %	Si %	Mn %			
4,5	0,05	1,25	0,009	0,015	0,005
4,0	0,50	1,10	0,028	0,018	0,015
3,5	1,00	1,00	0,070	0,033	0,033

Eine von OBERHOFFER und PIWOWARSKY vorgenommene Auswertung der Eckman- und Jordanschen Bestimmungen in der oben gekennzeichneten Richtung ließen für die dort untersuchten Holzkohlen-Roheisensorten die gleiche Tendenz erkennen. Warum nun aber diese Beziehungen nur für Holzkohlen-, offenbar aber nicht für Koksofenroheisen Geltung haben, das erschöpfend zu beantworten, erschien kaum möglich, doch dürfte hierfür die für eine vollkommene Reduktion der Kieselsäure des Eisenbades unzureichende Herstellungstemperatur des Holzkohlenroheisens in erster Linie verantwortlich zu machen sein. Trug man übrigens die Sauerstoffgehalte in Abhängigkeit vom Karbidgehalt des Eisens schaubildlich auf, so ergab sich bei Kokshochofeneisen ein mit steigendem Karbidgehalt ansteigender Sauerstoffgehalt des Eisens. Die Ursache ist unklar. Holzkohleneisen ließ diese Beziehung nicht erkennen.

Auch J. A. LEFFLER (*6*) versuchte, die Vorzüge des schwedischen Holzkohlenroheisens gegenüber dem Koksroheisen auf einen geringeren Gehalt des ersteren an Eisenoxydul zurückzuführen, indem er von der Vermutung ausging, daß die reaktionsfähigere Holzkohle trotz des kälteren Windes (max. 400°) eine Verminderung der oxydierenden Zone vor den Blasformen bewirkte. Die oben erwähnten Untersuchungen von OBERHOFFER und PIWOWARSKY erhärten allerdings diese Vermutung nicht. Ferner begünstigt nach LEFFLER die größere Azidität der Holzkohlen-Hochofenschlacke im Zusammenhang mit ihrem weit höheren Magnesiagehalt die Abscheidung des im Bad gelösten Eisenoxyduls, eine Auffassung, welche allerdings nach neueren Anschauungen über die Konstitution der Schlacke und ihre Reaktionsmöglichkeiten mit dem flüssigen Eisen zu beachten wäre. Auch der höhere Vanadin- und Titangehalt der meisten schwedischen Erze wirkt nach Leffler im gleichen Sinne reinigend auf das reduzierte Eisen. Eine der Lefflerschen ähnliche Vermutung sprach auch bereits R. Moldenke (*7*) aus.

Anknüpfend an den von E. Piwowarsky behandelten Einfluß der Überhitzung auf die Eigenschaften, insbesondere aber auf das graphitische Feingefüge des Roh- und Gußeisens, untersuchte A. Wagner (*8*) die Ursachen der Qualitätsunterschiede gleich zusammengesetzter Eisensorten. Er fand keine maßgebende Beeinflussung der Eigenschaften des Roheisens durch wechselnde Windtemperatur, konnte dagegen Beziehungen aufstellen zu der fühlbaren Schlackenwärme. Danach begünstigt eine große Schlackenmenge den weichmachenden Einfluß des Roheisens, eine Ansicht, die in ähnlicher Form bereits von F. S. Wickinson (*9*) ausgesprochen wurde, indem er sagte, das Roheisen sei um so „besser", je langsamer der Hochofen gehe. Tatsächlich liefern deutsche Hochofenwerke, welche mit 120% und mehr durchschnittlichen Schlackenmengen arbeiten, sowie auch englische Hochofenwerke, bei denen sogar Schlackenmengen bis 170% durch Verhüttung eisenarmer Erze fallen, ein qualitativ hochstehendes, weichmachendes Gießereiroheisen (*9*). Im Gegensatz hierzu arbeiten manche Hochofenwerke in Deutschland mit Schlackenmengen bis herunter zu 40%. Auch die Lage der Zone höchster Temperatur im Ofen sowie der Schmelzpunkt der Schlacke, ihre Basizität und Viskosität beeinflussen nach Wagner die Wärmeübertragung an das reduzierte Eisen sowie die Herstellungsmöglichkeit sog. „warmer" Eisensorten und damit die Menge und Ausscheidungsform des Kohlenstoffs. An Hand von etwa 1000 Schliffbildern und mehreren tausend Festigkeitsproben von Holzkohlen- und Koksroheisen gleicher Zusammensetzung konnte A. Wagner (*10*, *17*) später im Gegensatz zu Jominy metallographisch, analytisch und physikalisch nicht den geringsten Unterschied finden, sprach aber dem Gasgehalt der Eisensorten gewisse Einflüsse zu. Bei Umschmelzversuchen an zahlreichen verschiedenen Roheisensorten stellte Wagner eine ständige Gütezunahme (Festigkeitssteigerung) fest, ohne daß die Zusammensetzung sich wesentlich änderte. Zwischen der 1. und 5. Umschmelzung betrug die Festigkeitssteigerung oft bis zu 100%, und zwar war sie bei Gießereiroheisen größer als bei den Hämatiten, was z. T. auf eine zunehmende Verfeinerung des Phosphideutektikums zurückgeführt wurde. Ein beachtenswerter Einfluß wurde von Wagner auch dem Titan zugeschrieben, dessen Gehalt in fast allen Handelshämatiten zwischen 0,06 und 0,07% sich bewegt. Titan bewirkt, wie auch E. Piwowarsky (*11*) schon nachweisen konnte, eine Kornverfeinerung und begünstigt die Graphitbildung. Titannitrid begünstigt nach Wagner (a. a. O.) auch die Ausseigerung von Mangansulfid, wodurch Unregelmäßigkeiten im Gefüge herbeigeführt werden können. Einen dem Wagnerschen ähnlichen Standpunkt vertrat auch R. Fowler (*12*) bei seinem Versuch, die bei Gießereiroheisensorten auftretenden Unterschiede durch den Einfluß der Koks- und Erzqualität sowie der Windmenge und Windfeuchtigkeit usw. zu erklären. Auch R. Moldenke (*13*) wies in diesem Zusammenhang wiederholt auf die Bedeutung der Schlackenmenge, des Schrottzusatzes, der Oxydationszone vor den Formen usw. hin.

E. Piwowarsky (*14*) konnte bei Tiegelofenschmelzen an synthetischen Holz- und Koksroheisensorten keine ausgeprägten Festigkeitsunterschiede finden, wohl aber eine größere Neigung des Holzkohleneisens zur Ausbildung körnigen Perlits. Er vertritt die Auffassung, daß die Ausbildung komplexer Molekülarten (mit trägem Einformungs- und Zerfallsvermögen) zwischen den Siliziden, Phosphiden und Karbiden als Funktion der Herstellungsbedingungen und der Schmelzbehandlung eine direkte und indirekte Beeinflussung der Erstarrungsvorgänge und damit der entstehenden Kristallarten veranlaßt, eine Anschauung, welche in ähnlicher Form später auch von R. S. McCaffery (*15*) geäußert worden ist. Die Tatsache nun, daß die im Bruch grobkristallinen, im Gefüge grobgraphitischen und oft Ferrit führenden Eisensorten zum Weichmachen neigen, die im Bruch feinkörnigen, im Gefüge feingraphitisch und vorwiegend perlitischen (Abb. 37) dagegen ein härteres Gußeisen ergeben, läßt die Vermutung aufkommen, daß dem Einfluß der Graphitausbildung ein wesentlicher Anteil an dem Verhalten des Roheisens beim Umschmelzen zukommt. Tatsächlich konnten B. Buffet und H. Thyssen (*16*) nachweisen, daß grobgraphitische Roheisensorten beim Umschmelzen nicht nur eine gröbere Ausbildung des Graphits im Gußeisen verursachen, sondern auch einen geringeren Gehalt an gebundenem Kohlenstoff.

Daß die grobe oder feine Graphitausbildung aber nicht die Ursache, sondern nur eine der augenscheinlichsten Rückwirkungen des spezifischen Charakters der betreffenden Roheisensorte darstellt, geht aus den Beobachtungen von A. Le Thomas (*18*) hervor, der ein Material mit 3,25% C, 0,73% geb. C, 1,42% Si, 0,52% Mn, 0,27% P und 0,06% S zu Blöcken in Sand bzw. in eiserne Kokillen vergoß und mit diesen beiden Materialien Umschmelzversuche vornahm. Mikroskopisch, chemisch, dilatometrisch, ferner bezüglich Härte, Festigkeitseigenschaften usw. konnten keine praktischen Unterschiede im Verhalten der Umschmelzlegierungen festgestellt werden. Die Graphitgröße wäre also nur dann von Bedeutung auf die Eigenschaften des Gusses zweiter Schmelzung, wenn sie nicht durch die Abkühlungsgeschwindigkeit allein, sondern durch tiefer liegende, eben noch nicht völlig geklärte Ursachen bedingt ist. Diese Beobachtungen von Le Thomas stehen allerdings nicht ganz im Einklang mit Versuchen von E. Piwowarsky (*19*), der beobachten konnte, daß in Kokillen vergossenes Hämatitroheisen stets zu höherem Anteil an Karbid im Guß zweiter Schmelzung neigte.

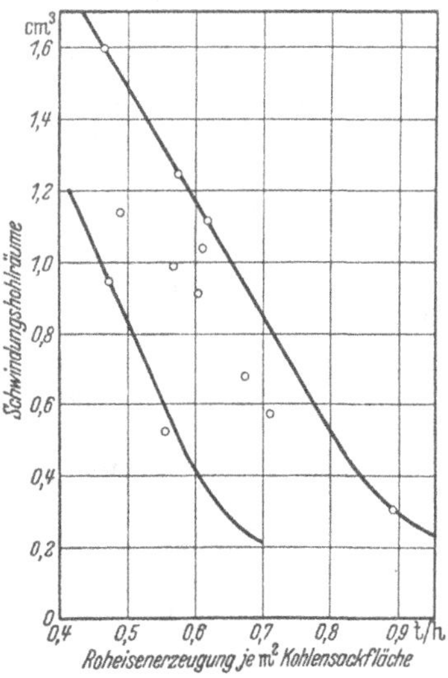

Abb. 199. Einfluß der Arbeitsgeschwindigkeit des Hochofens auf die Bildung von Schwindungshohlräumen in Gußeisen (A. L. Boegehold).

Als Beispiel dafür, daß das Umschmelzen im Kupolofen nicht imstande sei, gewisse durch die Hochofenführung bedingte Eigenheiten des Roheisens zu beseitigen, führt C. W. Pfannenschmidt (*26*) unter Hinweis auf Abb. 199 die Versuche von E. Boegehold (*27*) an; dieser hatte elf Roheisenabstiche von sieben verschiedenen Hochöfen im Gewicht von je 75 t laufend zu Formstücken vergossen. Der Si-Gehalt der Gußstücke betrug etwa 2,5%. Die Umschmelzung im Kupolofen ergab dabei Schwindwerte, die in enger Beziehung zur Arbeitsgeschwindigkeit des Hochofens standen.

Im Auftrage des damaligen Vereins Deutscher Eisengießereien wurden am Gießerei-Institut der Technischen Hochschule Aachen vor einigen Jahren Versuche durchgeführt (*20*), in deren Rahmen versucht werden sollte, an Hand von Laboratoriumsversuchen größeren Maßstabes Unterschiede im Verhalten zweier rechtsrheinischer Gießereieisensorten gleicher Zusammensetzung nachzuweisen, von denen die Praxis behauptete, daß sie sich gießereitechnisch verschiedenartig verhielten. Um die Eigenheiten der beiden Roheisensorten nicht durch andere Gattierungsanteile zu verwischen, hatte der betreffende Sonderausschuß beim Verein Deutscher Eisengießereien verfügt, die Umschmelzversuche mit den reinen

Eisensorten ohne Zuschlag von Gußbruch, Stahl oder anderen Eisen vorzunehmen. Dagegen sollte größter Wert darauf gelegt werden, die Schmelz-, Gieß- und Prüfbedingungen in beiden Fällen so gleichartig wie möglich zu gestalten.

Von den Werken A und B (in der Folge stets so bezeichnet) waren je 2 t Gießereiroheisen praktisch gleicher Zusammensetzung (Zahlentafel 30) angeliefert worden, und zwar in kleinen eingekerbten Masseln mit Rücksicht auf die Abmessungen des damaligen sehr kleinen Versuchskupolofens (350 mm l. W.).

Zahlentafel 30.

Chem. Zusammensetzung in %	Werk A	Werk B
Ges.-C	3,80	3,93
Graphit	3,40	3,20
Si	2,56	2,45
Mn	0,67	0,55
P	0,82	0,87
S	0,016	0,04

Die wichtigsten Betriebsdaten der Umschmelzversuche sind aus Zahlentafel 31 zu ersehen. Die Gleichmäßigkeit der Betriebsverhältnisse war offenbar zufriedenstellend.

Zahlentafel 31. Schmelzdaten der Kupolofenversuche.

		Gießereiroheisen	
		Werk A	Werk B
Eiseneinsatz	kg	600	540
Zahl der Eisengichten		20	18
Gewicht je Eisengicht	kg	30	30
Füllkoks, eingesetzt	kg	25	25
Koks, wiedergewonnen	kg	12	12
Satzkoksverbrauch gesamt	kg	109	101
Ausbringen:			
a) Eisen, vergossen zu Gußstücken	kg	366	320
b) Masseln	kg	99	45
c) Gußschrott	kg	90	140
Schmelzverlust des Einsatzes	kg	45	35
Schmelzverlust des Einsatzes	%	7,5	6,5
Schlackenmenge		n. b.	n. b.
Koksverbrauch des Einsatzes:			
a) Gesamtkoks	%	16,2	16,5
b) Satzkoks	%	13,95	14,05
Schmelzzeit	min	129	122
Schmelzleistung	kg/m²/st	3920	3740
Mittlere Windpressung	mm WS	300	280
Mittlere Windmenge	m³/m²/min	96,5	98
Mittlere Abstichtemperatur des Eisens	° C	1315	1320

Das Material beider Eisensorten wurde unter völlig gleichen Bedingungen zu kastenförmigen Gußstücken, Biegestäben, Lunkerproben, Büchsen für die Bearbeitbarkeit, Auslaufproben, Gießkeilen usw. und zwar sowohl in Naß- als auch in Trockenguß vergossen und eingehend geprüft. Es ergab sich aber in jeder Hinsicht eine weitgehende Gleichheit. Zu beobachten war lediglich, daß Roheisen A immer mit höherem Kohlenstoffgehalt im Rinneneisen anfiel, obwohl dieses Eisen doch einen geringeren Gesamt-Kohlenstoffgehalt besaß. Leider war damals versäumt worden, Analysen des geb. C vorzunehmen. Es scheint demnach, als ob die Aufnahmefähigkeit für Kohlenstoff, die Diffusionsgeschwindigkeit des Kohlenstoffs im Eisen und damit vielleicht auch die größere oder kleinere Neigung des abkühlenden Eisens zur Entartung des Graphiteutektoids (vgl. Abb. 83) zu den charakteristischen Unterschieden hart- bzw. weichmachender Eisensorten gehört. Das deckt sich auch mit den Feststellungen von F. Roll (*21*), daß die gebundenen C-Gehalte dieser beiden Eisentypen auf zwei ganz verschiedenen Abhängigkeitsgeraden hinsichtlich ihres C + Si-Gehaltesliegen (Abb. 199a). Damit in Zusammenhang könnte auch die Beobachtung von E. PIWOWARSKY (*14*) stehen, daß Holzkohleneisen mehr zur Bildung körnigen Perlits neige als Koksroheisen.

Eine im Jahre 1929 beim damaligen Verein Deutscher Eisengießereien eingelaufene Zuschrift behauptete, daß amerikanischer Zylinderguß trotz höherem Kohlenstoff- und Siliziumgehalt, geringerem Phosphor- und Schwefelgehalt viel-

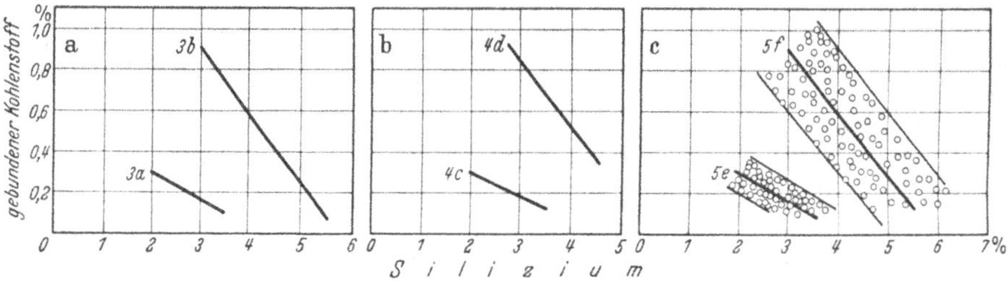

Abb. 199a. Allgemeine Beziehung geb. C/Si. a) und b) Verschiedene Lage der Mittelkurven; c) Streubilder zweier Roheisensorten (F. ROLL).

fach eine höhere Härte und damit bessere Verschleißeigenschaften habe (Zahlentafel 32), versäumte aber ebenfalls, den beiden Sorten den zugehörigen gebundenen C-Gehalt beizuschreiben. Die Differenzen der Härte dürften aber zweifellos auch dort u. a. auf Unterschiede im gebundenen C-Gehalt zurückzuführen sein.

Zahlentafel 32.

Zusammensetzung %	Deutscher Zylinderguß %	Amerikanischer Zylinderguß %
Ges.-C.	3,31	3,70
geb. C.	0,77	0,83
Si	2,35	2,77
Mn	0,76	0,65
P.	0,294	0,06
S.	0,08	0,034
Brinellhärte	178—188	260

Für die Entstehung des grob- bzw. feinbrüchigen Roheisens im Hochofen könnten außer den bereits von A. WAGNER diskutierten Einflüssen (Temperatur, Schlackenmenge, Gase) natürlich noch zahlreiche andere Faktoren in Frage kommen. So ist beobachtet worden, daß vorübergehende stärkere Kühlung des Gestells bzw. Leckwerden der Formen sofort zu feinkörnigem oder im Bruch fleckigem (feinbrüchige Partien inmitten groben Bruchs) Eisen führt. Auch die Reihenfolge der Silizierung gegenüber der Aufkohlung in Rast und Gestell dürfte von Bedeutung sein. So wäre der Fall denkbar, daß ein in Schacht und Rast schon sehr weit aufgekohltes Eisen nunmehr im Gestell siliziert wird, wodurch dessen Löslichkeit für Kohlenstoff vermindert, dieser daher ausgeschieden wird, d. h. das Eisen nähert sich seiner durch die Höhe der Silizierung bedingten Gleichgewichtskonzentration an Kohlenstoff von der Kohlenstoffübersättigung aus, es wird demnach keimreich (an Graphit) fallen, während ein kohlenstoffarmes, in der Rast aber bereits weit aufsiliziertes, im Gestell sich erst völlig aufkohlendes Eisen keimfreier entsteht, da es sich seiner Kohlenstoffkonzentration von der entgegengesetzten Seite aus nähert. Nach E. BOEGEHOLD (*22*) soll das Arbeiten mit trockenem Wind die Bearbeitbarkeit des anfallenden Roheisens begünstigen, während hoher Festigkeitsgehalt des Kupolofenwindes zum Hartwerden des Gusses führt (*23*). Verarbeitung blei- oder zinkhaltiger Möller soll nach A. WAGNER (*17*) zu feinkörnigem Roheisen führen, das sich als Zusatzeisen zu Stahlwerkskokillen, Zylinderguß usw. eignet. Es kann aber sowohl hart- als auch weichmachend anfallen und sich alsdann durch den Gehalt an gebundenem Kohlenstoff unterscheiden. Auch das aus eisenarmen Erzen bei saurer Hochofenführung anfallende Gießereieisen soll nach M. Paschke und C. Pfannenschmidt (*24*) eine feinere Graphitausscheidung besitzen als das bei basischem Hochofenbetrieb erschmolzene (vgl. auch Seite 225). Ferner ist nach Auffassung des Verfassers dem Wasserstoff- bzw. Stickstoffgehalt der Roheisensorten im Zusammenhang mit den Vererbungserscheinungen noch nicht die genügende Aufmerksamkeit geschenkt worden.

Bei der Beurteilung der hier behandelten Fragen sei auch auf die in ihrer Rückwirkung noch völlig ungeklärte Beeinflussung der Roheisenqualität durch erhöhten Schrottzusatz (*25*) im Hochofen hingewiesen. Bei Nachprüfungen laut gewordener Beanstandungen wird ferner die Art der Gußstücke, ihre Nachbehandlung und ihr Verwendungszweck in Betracht zu ziehen sein. Gelten z. B. die Eisensorten von Schalke, Buderus und Meiderich sowie die meisten englischen Ostküsten-Hämatite und einige indische Eisensorten (z. B. das der Tata Iron Comp.) als weichmachend, so beklagen sich manche Gießereien z. B. über die härtende Wirkung des Amberger Eisens, während zahlreiche andere Gießereien im Gegensatz hierzu erklären, ohne das Amberger Eisen nicht auskommen zu können. In zahlreichen Fällen wird also der spezielle Verwendungszweck eine ausschlaggebende Rolle spielen; so ist es vielleicht nicht ausgeschlossen, daß z. B. für die Emaillierfähigkeit das durch die Oberflächengestaltung beeinflußte Haftvermögen eine Rolle spielt und daß in solchen oder ähnlichen Fällen die Frage, ob Sandguß oder Kokillenguß, Trocken- oder Naßguß zu wählen ist, von größerer Bedeutung sein dürfte als die Herkunft des verwendeten Roheisens. In welchen Fällen ferner die Beanstandungen überhaupt zu Recht bestehen, vielmehr unsachgemäße Ofenführung, schlechter Gußbruch (Inzucht) usw. die Ursache der beträchtlichen Mißerfolge sind, bedarf jedenfalls noch einer Klärung.

Schrifttum zum Kapitel VIId.

(*1*) Auf eine Rundfrage des Gießereiverbandes im Sommer 1928 bezüglich dieser Erscheinung antworteten 378 Gießereien, wovon sich 134 zu dieser Beobachtung bekannten.
(*2*) Jominy, W. E.: Trans. Amer. Foundrym. Ass. 1924; vgl. a. Stahl u. Eisen Bd. 45 (1925) S. 843.
(*3*) Fletcher, J. E.: Bull. Brit. Cast Iron. Ass. Rep. Nr. 7 1925 Juli.
(*4*) Jordan, L., J. R. Eckman u. E. Jominy: Foundry Bd. 54 (1926) S. 506.
(*5*) Oberhoffer, P., u. E. Piwowarsky: Stahl u. Eisen Bd. 47 (1927) S. 521.
(*6*) Leffler, J. A.: Schwedisches Eisen und Stahl. Göteborg: W. Zachrissons Boktryskeri 1923.
(*7*) Moldenke, R.: Stahl u. Eisen Bd. 33 (1913) S. 1813.
(*8*) Wagner, A.: Ber. Hochofenaussch. Ver. d. Eisenh. 1926 Nr. 75; vgl. Stahl u. Eisen Bd. 46 (1926) S. 1005/12.
(*9*) Wickinson, F. S.: Foundry Trade J. (1921) 22. Dez. S. 495; Iron Coal Tr. Rev. (1921) 23. Dez. S. 911.
(*10*) Wagner, A.: Stahl u. Eisen Bd. 47 (1927) S. 1081.
(*11*) Piwowarsky, E.: Stahl u. Eisen Bd. 43 (1923) S. 1491.
(*12*) Fowler, R.: Foundry Trade J. Bd. 38 (1928) S. 153.
(*13*) Moldenke, R.: Trans. Amer. Inst. min. metallurg. Engrs. Bd. 35 (1927) S. 323/27; ebenda Bd. 75 (1927) S. 443/56; vgl. Stahl u. Eisen Bd. 47 (1927) S. 1992; Bd. 47 (1927) S. 1377/78.
(*14*) Piwowarsky, E.: Bislang unveröffentlicht.
(*15*) McCaffery, R. S.: Trans. Amer. Foundrym. Ass. Bd. 35 (1927) S. 427; Ref. Stahl u. Eisen Bd. 47 (1927) S. 1825.
(*16*) Buffet, B., u. H. Thyssen: Rev. Univ. des Mines et Métallurgie (1928) 1. April. Vgl. Fonderie Belge (1932/33) S. 40.
(*17*) Wagner, A.: Gießereiztg. Bd. 27 (1930) S. 403; Stahl u. Eisen Bd. 50 (1930) S. 655.
(*18*) Le Thomas: L'Usine (1928) S. 21.
(*19*) Piwowarsky, E.: Stahl u. Eisen Bd. 50 (1930) S. 966.

(20) PIWOWARSKY, E., u. H. NIPPER: Gießerei Bd. 20 (1933) S. 41.
(21) ROLL, F.: Gießerei Bd. 25 (1938) S. 321.
(22) BOEGEHOLD, E.: Foundry (1929) S. 421.
(23) BOEGEHOLD, E.: Foundry (1929) S. 388.
(24) PASCHKE, M., u. C. PFANNENSCHMIDT: Gießerei Bd. 25 (1938) S. 539.
(25) Trans. Amer. Foundrym. Ass. Bd. 35 (1927) S. 319; Stahl u. Eisen Bd. 47 (1927) S. 1618.
(26) PFANNENSCHMIDT, C. W.: Mitt. Forsch.Anst. GHH-Konzern. Sept. 1941, S. 105.
(27) BOEGEHOLD, E.: Trans. Amer. Foundrym. Ass. Bd. 37 (1929) S. 91 und 683. Vgl. Stahl u. Eisen Bd. 49 (1929) S. 1592.

e) Die Vorwärmung der Gießform.

Bereits aus den im Jahre 1898 veröffentlichten Versuchen von W. J. KEEP (vgl. S. 112) über den Einfluß des Siliziums auf die Festigkeit des Gußeisens bei zunehmender Wandstärke ging hervor, daß mit abnehmendem Siliziumgehalt die Empfindlichkeit des Gußeisens gegen Änderung der Abkühlungsgeschwindigkeit abnahm. Mit abnehmendem Siliziumgehalt nimmt aber auch die Kristallisations- bzw. Bildungsgeschwindigkeit des Graphits ab; wird letztere kleiner als die Abkühlungsgeschwindigkeit im und kurz unterhalb des Erstarrungsbereiches, so tritt freier Zementit im Gefüge auf, der den Guß entweder unbrauchbar (Rißbildung) oder aber ein Nachglühen desselben erforderlich macht. Auch abnehmender Kohlenstoffgehalt des Gußeisens verringert die Bildungsgeschwindigkeit des Graphits bzw. die Zerfallsgeschwindigkeit des Karbids. Es wirken demnach Silizium und Kohlenstoff grundsätzlich in gleichem Sinne.

Um nun ein Gußeisen mit vorwiegend perlitischer Grundmasse zu erhalten, wird es darauf ankommen, die Abkühlungsgeschwindigkeit des Gußstückes der chemischen Zusammensetzung, insbesondere aber dem Gehalt an Kohlenstoff und Silizium so anzupassen, daß sie gleich oder nur wenig kleiner ist als die Kristallisationsgeschwindigkeit des Graphits bzw. die Zerfallsgeschwindigkeit des Karbids im Temperaturbereich von etwa 1000 bis 1100°. Gewissermaßen in Weiterführung der aus den Keepschen Überlegungen sich ergebenden Folgerungen haben nun A. DIEFENTHÄLER und K. SIPP (*1*) den Siliziumgehalt ihres Gusses noch weiter, und zwar bis herunter zu 0,6% verringert und durch systematische Vorwärmung der Form auf eine mit der Zusammensetzung des Gußeisens und der mittleren Wandstärke des Gußstücks wechselnde Temperatur die planmäßige Herbeiführung einer vorwiegend perlitischen Grundmasse erzwungen, nachdem sie dieses Gefüge als besonders günstig für verschleißbeanspruchte Gegenstände erkannt hatten. Wohl hatte man zunächst versucht, dieses Gefüge ausschließlich durch die Gattierung zu erzielen, wie man es zur Erzielung höherer Festigkeiten damals allgemein machte, kam dabei aber nur selten zu dem gewünschten Resultat. Erst nach langwierigen und kostspieligen Versuchen entstand dann die Erkenntnis, daß unbedingt ein anderer Faktor mitberücksichtigt werden müßte, nämlich die Abkühlungsgeschwindigkeit. Diese wurde dann auch durch sehr zahlreiche Versuche durch Vor- oder Nachbehandlung der Form oder durch Vergießen des flüssigen Eisens mit verschiedenen Temperaturen unter Berücksichtigung der Gattierung für die Bildung lamellaren Perlitgefüges ermittelt.

Die den Patentschriften der Firma H. LANZ (*2*) entnommenen Kurven (Abb. 200) galten natürlich nur für die speziellen Verhältnisse der Lanzschen Gießerei und mußten je nach den örtlichen Betriebsverhältnissen eine Modifizierung erfahren. Im allgemeinen aber wird für mittlere Wandstärken ein C + Si-Gehalt von 4,0% (bei C $\leqq$ 3,5% und Si $\leqq$ 1,5%) den Verhältnissen zugrunde gelegt (Kurve *1*), während für dicke Wandstärken (Kurve *3*) eine härtere Gattierung gemäß C + Si = 3,4% (C $\leqq$ 2,9%, Si $\leqq$ 0,9%), für besonders dünnwandige Teile dagegen eine weichere mit C + Si = 4,6% (C $\leqq$ 3,5%, Si $\leqq$ 1,2%) angegeben wird (Kurve *2*).

Kurve *1a* gibt für die Normalgattierung die zugehörige Beziehung zwischen der Temperatur der Gießform und der Wandstärke wieder, die Kurven *2a* und *3a* dasselbe für die Gattierungen gemäß Kurve *2* und *3*. Gegebenenfalls kann nach einem Vorschlag der Fa. H. LANZ (*3*) durch Einformen von Hohlräumen die Wärmeableitung der Form verringert und in Zusammenhang mit einer höheren Gießtemperatur (*4*) das Vorwärmen der Gießform bei Herstellung des siliziumarmen Perlitgusses vollkommen unterbleiben. Auch das vielfach und seit Jahren in Gießereien geübte Durchschütten des Eisens durch die Form (Abziehen des ersten Eisens durch einen Überlauf) wird sich im Sinne der Lanzschen Vorschläge auswirken. Bei sehr unterschiedlichen Wandstärken wird man auch durch ein Umgießen (betone die zweite Worthälfte!) der besonders dünnen Teile zum Ziel kommen.

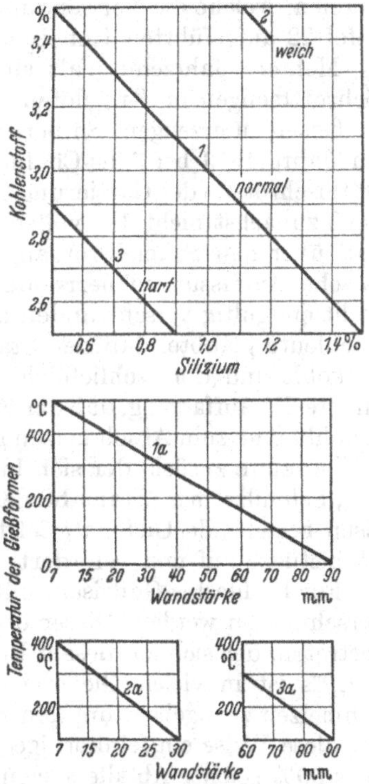

Abb. 200. Beziehungen zwischen Temperatur der Gießform und der Wandstärke unter Berücksichtigung verschiedener Gattierungen beim Arbeiten auf Perlitguß (H. LANZ A.G.).

Da das Lanzsche Verfahren ursprünglich auf die Erzielung eines „ausgereiften“ (schön lamellaren) Perlits bei Abwesenheit von Ferrit und Zementit eingestellt war, so wirkte es sich zunächst weniger in einer besonderen Erhöhung der Zug- und Biegefestigkeit aus, als vielmehr in einer bemerkenswerten Steigerung der Zähigkeit bei der Wechselschlagprobe (*5*), ferner in einer wesentlichen Verbesserung der Verschleißfestigkeit (*6*) und der Volumenbeständigkeit (*7*). Es ergab sich vor allem die überraschende Beobachtung, daß von zwei Stücken mit gleicher Zug- und Biegefestigkeit das perlitisch gegossene Stück in seiner gesamten inneren Festigkeit (Gestaltsfestigkeit) dem nicht perlitisch gegossenen weit überlegen ist. Während man z. B. ein nicht perlitisch gegossenes Stück mit drei Handhammerschlägen zertrümmern konnte, widerstand das Perlitgußstück 50 und weit mehr Schlägen mit einem schweren Vorschlaghammer. Dies führte die Fa. H. LANZ damals dazu, den Zugproben, insbesondere den gesondert gegossenen Probestäben mehr und mehr die kennzeichnende Bedeutung für die Qualität von Grauguß abzusprechen und die Dauerschlagprobe als ein weiteres sehr wichtigeres Prüfmittel in Anwendung zu bringen. So hält heute Perlitguß mittlerer Zugfestigkeit auf dem Kruppschen Schlagwerk mindestens die 10fache Dauerschlagzahl aus, gegenüber normalem Zylindergußeisen.

Auffallend ist ferner, daß höhere Schwefelgehalte dem Perlitguß qualitativ anscheinend weniger Abbruch tun, eine Beobachtung, welche die von E. PIWOWARSKY und F. SCHUMACHER (vgl. S. 279) geäußerte Auffassung zu bestätigen scheint.

f) Die Verminderung des Graphitanteils.

Nach dem auf S. 113 Gesagten mußte es aussichtsreich erscheinen, auf dem Wege über eine weitere Kohlenstoffverminderung eine größere Unabhängigkeit des Gefüges von der Wandstärke zu erstreben. Dabei war gleichzeitig eine wesentliche Erhöhung der Festigkeitseigenschaften als Folge des verminderten Graphitanteils zu erwarten, wie dies aus den Versuchen von Wüst und Kettenbach (*36*) hervorging. Die letztere Erwartung ist der Leitgedanke aller Bestrebungen gewesen, welche durch eine Kohlenstoffverminderung dem Grauguß mehr und mehr von den Eigenschaften eines Stahls mitzuteilen hofften. Zur Herstellung von besonders stark beanspruchten Maschinengußstücken aller Art, z. T. auch für feuer- und säurebeständigen Guß, verwenden die Gießereien daher seit vielen Jahren die sog. kohlenstoffarmen Gießereiroheisensorten mit bestem Erfolg. Die damit erzielten Gußstücke zeichnen sich durch große Festigkeit, Dichte und Zähigkeit, sowie durch eine feinkörnige gleichmäßige Perlitstruktur aus, ja es gibt Gießereien, welche die Verwendungsmöglichkeit z. B. der entsprechenden in Zahlentafel 22 aufgeführten Roheisensorten keinesfalls missen möchten.

Mehrere Jahrzehnte alt sind ferner die Bemühungen, größere Anteile von Schrottmengen im Kupolofen zu verschmelzen, um besonders niedrig gekohltes Gußeisen zu erzeugen. So berichtet u. a. R. S. MacPherran (*21*), daß er bereits im Jahre 1913 bei Allis-Chalmers Mfg. Comp. in Milwaukee, USA. bis zu 60% Stahlschrott in der Gattierung gesetzt habe (*21*). Diese Bestrebungen brachten jedoch zunächst nicht den vollen Erfolg und die volle Befriedigung. Dies kam daher, daß über den Schmelzvorgang der Stahlabfälle in der Gattierung vollkommen falsche Auffassungen herrschten, die z. T. bis in die neueste Zeit hinein noch nicht endgültig verschwunden sind (vgl. Kapitel XXVc). Während ein Teil der Fachleute glaubte, daß der Stahl im Schacht durch Berührung mit dem Koks aufkohle und dort schließlich als aufgekohltes Produkt abschmelze, vertraten andere die Auffassung, daß der Stahl von den niederrieselnden Roheisensorten aufgekohlt und zum Abschmelzen gebracht werde. Die letztere Auffassung geht auf A. Ledebur zurück, der sich hierzu wie folgt äußert (*22*):

„Schmilzt man Stahlabfälle, so wird das aus Roheisenmasseln und Brucheisen bestehende Gießmaterial früher als diese flüssig, löst die niederrückenden Stahlstücke auf und befördert deren Schmelzung."

Für hochfestes Gußeisen sollten nach A. Ledebur Stahlabfälle bis max. 30% verschmolzen werden. Dieser obere Grenzgehalt wurde auch noch von B. Osann vertreten, der sich zu diesem Punkt wie folgt ausdrückte (*23*):

„Es ist in vielen Gießereien üblich, Schmiedeeisen und Stahlabfälle beim Schmelzen zuzugeben, um den Silizium- und Kohlenstoffgehalt zu drücken und auf diese Weise ein feinkörniges, festes Gefüge zu erzeugen. Man soll keinesfalls über 30% solcher Abfälle setzen. Besser ist es aber, wenn man geringere Anteilziffern innehält und nicht ohne zwingenden Grund über 10% hinausgeht. Bei Stücken mit geringerer Wandstärke als 20 mm darf man nicht einmal so weit gehen." Diese Auffassung wurde von B. Osann noch im Jahre 1922 vertreten.

Zu diesen Auffassungen gesellte sich die irrige Ansicht, daß der schwerer (d. h. höher!) schmelzbare Stahl auch einen höheren Koksbedarf erfordere (vgl. Kapitel XXVc), eine Auffassung, die sogar noch im III. Band des Geigerschen Handbuches der Eisen- und Stahlgießerei 1928 Seite 312 vertreten wird, wo es heißt: „Der Satzkoksverbrauch beträgt bei großem Schrottsatz 15—20%." In dem gleichen Werk wird auf Seite 114 als normaler Koksverbrauch im Kupolofen 8—10% angegeben.

Ein gewisser Nachteil der Schrottverschmelzung liegt zweifellos in der durch die notwendige höhere Gießtemperatur und durch die etwas höhere Schwindung bedingte größere Beanspruchung der Formen und des Formmaterials, ferner der notwendig höheren Sorgfalt bei der Wahrung metallurgisch-formtechnischer Gesichtspunkte (mehr Trichter, größere Überköpfe, vermehrtes Nachgießen usw.), sowie in der geringeren Abstehfähigkeit dieses Eisens. Die nach diesem Verfahren hergestellten Eisensorten benötigen naturgemäß höhere Siliziumgehalte. Eine gute zusammenfassende Darstellung der Entwicklung der Schrottverschmelzung gaben F. WÜST und P. BARDENHEUER in einer im Jahre 1922 erschienenen Arbeit (*8*). Betrachtet man die von diesen Forschern gegebene Kritik, nach welcher „die direkte Aufgabe von kohlenstoffarmem Schweißeisen oder Stahl in den Kupolofen eines der ältesten und zweifellos auch das billigste Verfahren zur Erhöhung der Festigkeit des Gußeisens ist, aber heute bezüglich der Güte und Gleichmäßigkeit des erzeugten Eisens weit hinter den anderen Verfahren zurücksteht", so ermißt man den technischen Fortschritt, welcher K. EMMEL (*9*) mit seinem im Jahre 1924 entwickelten Verfahren beschieden war. Der erste dieses Verfahren kennzeichnende Schutzanspruch (*10*) lautet:

„Verfahren zur Herstellung von hochwertigem Grauguß unter Zusatz von Schmiedeeisen- oder Stahlschrott zur Kupolofengattierung, dadurch gekennzeichnet, daß die Gattierung aus etwa 50% oder mehr kohlenstoffarmem Eisen und Roh- oder Brucheisen oder ausschließlich aus kohlenstoffarmem Eisen mit entsprechenden Zuschlägen (Silizium, Mangan usw.) besteht und daß diese Gattierung nur mit den für das Umschmelzen von Grauguß üblichen Koksmengen und der dieser Koksmenge entsprechenden Windmenge geschmolzen wird, zwecks Erzeugung einer überhitzten Schmelze mit etwa 2 bis 3% Kohlenstoff."

Abb. 201. Unzweckmäßig konstruiertes Winkelstück, gegossen nach dem Verfahren von K. EMMEL.

Ausgehend von der richtigen Überlegung, daß beim Verschmelzen großer Schrottmengen im Kupolofen höchstens der zur Aufkohlung des Schrotts nötige Kohlenstoff zusätzlich mit dem Satzkoks einzuführen sei, im übrigen aber das Schrottschmelzen keinen höheren Brennstoffbedarf bedingte, regulierte K. EMMEL die Kohlung des Eisens durch entsprechende Arbeitsweise mit einem aus zwei Reihen bestehenden Düsensystem (Beeinflussung der Ausdehnung der Schmelzzone). Das mit etwa 1500° C heruntergeschmolzene Eisen hatte, wenn es heiß vergossen wurde, ein einheitlich feinkörniges Bruchgefüge. Abb. 201 zeigt den Bruch eines eigens für seine Versuchszwecke abgegossenen Winkelstückes in einer Ausführung, wie man sie konstruktiv ungünstiger sich wohl kaum vorstellen kann. Das Stück war in den dünnsten (5 mm) und dicksten (70 mm) Wandstärken vollkommen perlitisch und zeigte selbst bei *A* keine Saugstellen oder Risse. Der Guß nach dem ursprünglichen Emmelschen Verfahren fällt nach dem Gußeisendiagramm von E. MAURER vermöge seines damals weit gedrückten Kohlenstoffgehaltes bei erhöhtem Siliziumgehalt in ein Zustandsgebiet, das zur Erzielung eines perlitischen Grundgefüges einen so großen Spielraum in den Abkühlungsgeschwindigkeiten zuläßt, daß auch bei Gußstücken mit stark unterschiedlichen Wanddicken sich noch eine vorwiegend perlitische Grundmasse einstellt. Beim Emmel-Guß geht die eutektische Erstarrung des flüssigen Eisens vermutlich mit weitgehender Unterkühlung in einem Gebiet großer Kernzahl vor sich. Das beweist die außerordentlich feine Graphitbildung am Rande der Gußstücke, die selbst bei zunehmender Vergröberung inmitten großer Wandstärke noch oft ausgeprägt eutektischen Charakter zeigt.

Nachdem K. EMMEL beobachtet hatte, daß das nach seinem Verfahren mit hohem Schrottzusatz erschmolzene Gußeisen mit sehr hohen Überhitzungstemperaturen abfloß und daher auch eine sehr feine Graphitausbildung aufwies, lag der Gedanke nahe, aus schrottreichen Gattierungen auch ein hochwertiges höhergekohltes Eisen im Kupolofen zu erschmelzen. Auch hier konnte seinerzeit wiederum K. EMMEL (*11*) führend vorgehen und zeigen, daß ein solches Eisen trotz höheren Kohlenstoffgehaltes kaum geringere Festigkeitswerte aufwies, als das zunächst sehr niedriggekohlt hergestellte Eisen. Überdies zeigte das im nunmehr vorherdlosen Ofen bei 50 bis 80% Schrott erschmolzene Eisen eine viel größere Treffsicherheit der Analyse und der Festigkeitswerte. Während die älteren

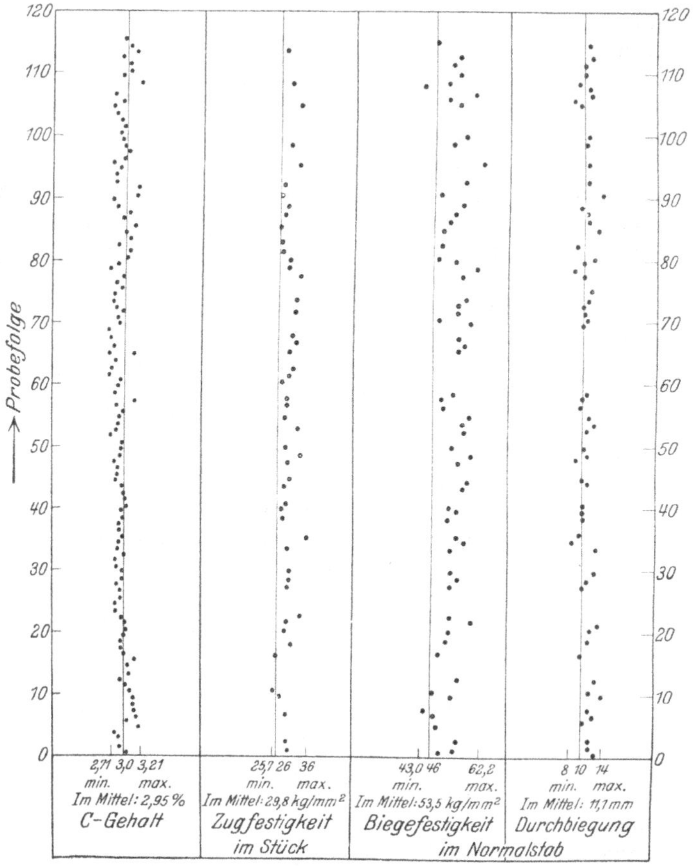

Abb. 202. Streuungsbild beim Arbeiten auf ein hochwertiges Gußeisen mit etwa 3% Kohlenstoff (EMMEL).

Emmelschen Werte für den Kohlenstoffgehalt von 2,3 bis 2,9% und für die Zugfestigkeit von 28 bis 42 kg/mm² schwankten, lagen die neueren Werte bei 2,7 bis 3,2% C und 26 bis 36 kg/mm² Zugfestigkeit. Die Abstichtemperaturen betrugen etwa 1500°, ja mitunter noch darüber. Das Eisen brauchte demnach nicht sofort vergossen zu werden, sein Transport in der Gießerei gestaltete sich ruhiger, die Schwindung war wesentlich geringer, so daß auch an Steigern und Trichtern gespart werden konnte. So zeigt Abb. 202 an Hand von Zahlen aus dem Jahre 1929 die Ergebnisse einer derartigen Betriebsführung auf die chemische Zusammensetzung und die mechanischen Eigenschaften des an 25 aufeinander folgenden Betriebstagen fallenden Gußeisens (119 t), wobei täglich 3 bis 7 Abstiche zu je einer Tonne erfolgten. Beachtenswert für die

Beurteilung der schon damals großen Treffsicherheit ist die Tatsache, daß kein einziger Abstich für die Beobachtungen in Fortfall kam. Der angestrebte Gehalt an Kohlenstoff war 3%. Die größere Treffsicherheit bezüglich des Kohlenstoffgehaltes bei der gekennzeichneten Arbeitsweise ergibt sich aus der geringeren Streuung der Aufkohlung bei Annäherung an den durch die übrigen Fremdstoffe (z. B. das Silizium, den Phosphor usw.) festgelegten Sättigungsgehalt für Kohlenstoff. Abb. 203 zeigt die Streugebiete der Festigkeit des alten gegenüber dem neuen Emmel-Verfahren nach einer Darstellung von K. Emmel. Sie läßt erkennen, daß die Häufigkeit der Festigkeitswerte nach dem neuen Verfahren tatsächlich nur um 1 bis 2 kg/mm² niedriger liegt. Emmel stellte bei diesen Versuchen ferner fest, daß die Bemessung der Stahlzusatzmengen für die Einstellung der verschiedenen Kohlenstoffgehalte bei weitem nicht in dem Maße ausschlaggebend war, wie man anzunehmen hätte geneigt sein können. Vielmehr sei die Betriebsweise, die Bauart des Ofens, die Koksbeschaffenheit usw. ebenfalls von großer Bedeutung. So war es ihm z. B. möglich, den Kohlenstoffgehalt des Eisens bei nur 50% Stahlschrott planmäßig auf durchschnittlich 3,1 bis 3,4% und bei Verwendung von 60 bis 70% Stahlschrott planmäßig auf 2,9 bis 3,1% zu halten.

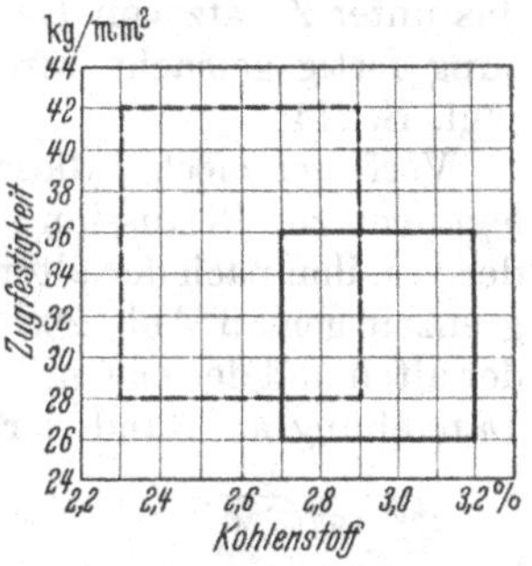

Abb. 203. Streuungsbild von Emmelschen Schmelzen.
—— neues Verfahren,
- - - - älteres Verfahren.

In die Reihe der Verfahren, welche mit verringertem Kohlenstoffgehalt unter exakter Anpassung der Summe C + Si an die Art der Gußstücke ein hochwertiges Gußeisen erzeugten, gehört vor allem auch der Kruppsche Sternguß (*12*). Er ist seinerzeit grundsätzlich Betriebserfahrungen entsprungen, welche zur Aufstellung des Maurerschen Gußeisendiagramms (S. 116) geführt hatten. Zahlentafel 33

Zahlentafel 33. Analysen, Zerreißfestigkeiten, Biegefestigkeit, Durchbiegung und Brinellhärte von Kruppschem Sternguß (Kleiber).

Nr.	Analyse					Rohstab	Prüfstab	Zerreißfestigkeit	Biegefestigkeit	Durchbiegung	Bleibende Durchbiegung
	Ges.-C	Si	Mn	P	S	⌀	⌀				
	%	%	%	%	%	mm	mm	kg/mm²	kg/mm²	mm	mm
1	2,60	2,30	1,48	0,11	0,08	30	15	36,8	n. b.	n. b.	n. b.
2	2,60	2,70	1,40	0,20	0,09	30	15	34,7	„	„	„
3	2,50	2,05	1,48	0,25	0,06	30	15	37,4	„	„	„
4	2,65	2,30	1,38	0,24	0,09	30	15	31,6	„	„	„
5	2,75	2,05	1,10	0,25	0,07	30	15	34	„	„	„
6	2,74	1,87	1,54	0,15	0,10	30	15	43	„	„	„
7	2,85	2,24	1,02	0,10	0,08	30	15	31,2	„	„	„
8	2,75	2,04	1,16	0,14	0,11	30	15	35,1	„	„	„
9	2,61	2,12	0,99	0,19	0,10	30	15	33,4	„	„	„
10	2,82	2,00	1,5	0,14	0,09	30	15	39,1/40,1	„	„	„
11	2,75	2,04	1,16	0,14	0,11	30	unb.	n. b.	61,0	11	1,2
12	2,73	2,01	1,2	0,15	0,09	30	„	„	65,1	12	1,2
13	2,60	2,30	1,48	0,11	0,08	30	„	„	63,0	11	—
14	2,90	1,79	1,44	0,24	0,09	30	„	„	56,0	12,5	—
15	2,91	1,66	0,86	0,12	0,13	30	bearb.	„	62,5	13,6	3,4
16	2,70	2,33	0,93	0,12	0,13	30	„	„	59,3	14,1	4,0
17	2,38	1,9	1,2	0,16	0,10	20	„	„	63,8	5,6	0,2
18	2,47	2,17	1,4	0,12	0,10	16	„	„	78,4	4,9	0,3
19	2,47	2,17	1,4	0,12	0,10	10	„	„	75,8	2,9	0,2

Brinellhärte 200—250. Anzahl der Schläge bei der Dauerschlagprobe 25000—53000. (Bärgewicht = 2,63 kg, Fallhöhe = 1 cm, 2 Schläge je Umdrehung).

gibt die Festigkeitseigenschaften des Kruppschen (niedriggekohlten) Spezialgusses nach einer älteren Arbeit von P. Kleiber (*13*) wieder. Den heutigen Stand der Erzeugung dieses hochwertigen Kupolofenproduktes charakterisiert Abb. 197.

Ähnliche Ergebnisse erhielt später A. Smith (*14*) beim Verschmelzen von 40 bis 60% Schrott im Kupolofen. Auch bei dem unter dem Namen Meehanite (vgl. S. 210) hergestellten Gußeisen handelt es sich um ein niedriggekohltes Eisen, das unter Zusatz von Kalziumsilizid zu einer auf Weißeisen gattierten Schmelzung fertig gemacht wird. Das gleiche gilt vom Verfahren nach F. B. Coyle (vgl. S. 214).

Verfasser möchte dieses Kapitel nicht abschließen, ohne nachstehende Überlegungen zur Diskussion zu stellen. Während K. Emmel eine Gegenüberstellung der von ihm nach der älteren bzw. der späteren Arbeitsweise erzielten Festigkeitsgrenzen gemäß Abb. 203 wählte, hat Verfasser (*24*) für die Gegenüberstellung der alten und der neuen Emmelschen Arbeitsweise die in Abb. 204 wiedergegebene Darstellung an Hand der Zahlen aus den Emmelschen Arbeiten gewählt. Man erkennt, daß die Maxima der (hier nicht gemittelten) Kurven tatsächlich nur um 1 bis 2 kg/mm² auseinander liegen. Das ist aber bei dem großen Unterschied in den Kohlenstoffgehalten nicht nur überraschend, sondern zunächst geradezu unerklärlich. Nun erkennt man aus dem Kurvenzug für das alte Verfahren (Abb. 204 links), daß die Häufigkeitskurve anscheinend das Bestreben hatte, in der Gegend von 38 bis 40 kg/mm² ein zweites Festigkeitsmaximum auszubilden, das in besserer Übereinstimmung zu dem wesentlich tieferen Kohlenstoffgehalt des älteren Verfahrens gestanden hätte. Verfasser vermutet nun, daß sich dieses erwartungsgemäße Maximum deswegen nicht durchsetzte, weil bei dem stark erniedrigten C-Gehalt des alten Verfahrens vielfach eine mehr oder weniger ausgeprägte netzförmige Graphitanordnung mit ihren nachteiligen Folgen auf den Festigkeitsabfall gemäß Abb. 269 auftrat mangels impfender Nachbehandlung des flüssigen Eisens in der Pfanne durch geeignete Pfannenzusatzmittel (vgl. auch Kapitel VII i). Tatsächlich sind dem Verfasser Werke bekannt, die bei Eisensorten nahe den C-Werten des ersten Emmelschen Verfahrens durch geeignete Pfannenzusätze nach voraufgegangener starker Überhitzung der Schmelze aus dem Kupolofen laufend Zugfestigkeiten von 36 bis 42 kg/mm² bezogen auf den 30-mm-Durchmesser-Stab erzielen. Damit scheint die zunächst überraschende Tatsache geklärt, daß Emmel bei seinem abgeänderten Verfahren hinsichtlich der erreichten Festigkeitswerte in der Größenordnung der Festigkeitswerte des ursprünglichen Verfahrens verblieb, da ja bekanntlich beim höhergekohlten Eisen die Neigung zur regellosen Anordnung des Graphits überwiegt. Um nun nachzuprüfen, ob unabhängig von der Art des verwendeten Schmelzofens die von E. Piwowarsky gemäß Abb. 264 schematisch zum Ausdruck gebrachte Neigung niedriggekohlten Eisens, mit geringeren Festigkeitswerten anzufallen als der Erwartung angesichts des erniedrigten Kohlenstoff- (und damit des Graphit-) gehaltes entspricht, hat der Verfasser die wichtigsten, im Schrifttum bekannt gewordenen Arbeiten über das Erschmelzen

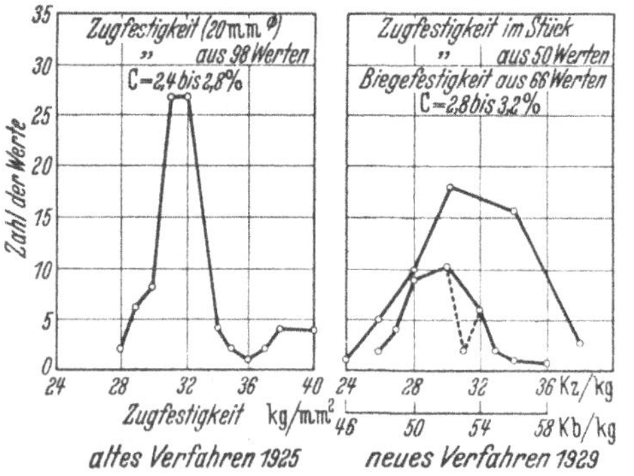

Abb. 204. Treffsicherheit beim Niederschmelzen schrottreicher Gattierungen (aus Emmelschen Zahlenwerten graphisch dargestellt).

hochfesten Gußeisens herausgegriffen und die daselbst mitgeteilten Festigkeitswerte über der Summe C + ⅓ Si aufgetragen, um gemäß Abschnitt IXa die verschiedenen Schmelzen unter dem Gesichtspunkt annähernd gleichen Sättigungsgrades vergleichen zu können. Abb. 205 zeigt die graphische Auswertung dieser überaus mühsamen Arbeit. In der genannten Abbildung sind durch zwei gestrichelt eingezogene Linien die erwartungsgemäßen Streugebiete der Festigkeit in Abhängigkeit von der Summe C + ⅓ Si eingetragen, wie sie sich im allgemeinen aus der verschiedenartigen Graphitausbildung derartiger Eisensorten ergeben. Man erkennt, daß

1. im Gebiet von Summe C + ⅓ Si = 2,8 bis 3,6% ein starker Rückgang der Festigkeitswertseigenschaften zu beobachten ist,

2. an der Neigung zu diesem Festigkeitsabfall alle Ofenarten in gleicher Weise beteiligt sind,

3. auch innerhalb des durch die gestrichelten Linien gekennzeichneten Gebiets keine bevorzugte Lage irgendeines Ofens hinsichtlich der erzielten Festigkeitswerte erkennbar ist.

Wenn man bedenkt, daß immerhin 1189 Werte aus mindestens 2200 Einzelwerten in Abb. 205 verarbeitet worden sind, so scheint sich hier die für wissenschaftliche und praktische Überlegungen wichtige Folgerung zwanglos abzuleiten, daß

a) die Wahl eines bestimmten Schmelzofens noch keine Gewähr für eine bestimmte, insbesondere praktisch zu garantierende Qualität des erschmolzenen Gußeisens bietet,

b) das in Abb. 205 gestrichelte Gebiet im Kupolofen heute noch nicht hinreichend ausgenützt wird, mit anderen Worten:

Da bei Ausschluß dünnster Wandstärken, etwa unter 8 mm, die im Kupolofen mit hinreichender Sicherheit (Treffsicherheit) noch eben betriebstechnisch zuverlässig erzielbare Kohlenstofferniedrigung des flüssigen Eisens unter dem Gesichtspunkt befriedigender Lauf- und Abstehfähigkeit des Eisens bei einer Summe C + ⅓ Si etwa 2,8 bis 3,1% liegt (entsprechend einem C-Gehalt von 2,4 bis 2,7% mit zugeordneten Si-Gehalten von 1,2 bis 2,1%), so erkennt man, daß bei Ausnutzung der gestrichelten Festigkeitsgebiete in Abb. 205 der Kupolofen eigentlich den höchsten Ansprüchen auf Festigkeit genügen müßte. Freilich ist die entsprechende Beherrschung der Gattierungs-, Schmelz- und Nachbehandlungsweise derartiger Gußeisensorten noch keineswegs Allgemeingut der Fachwelt, vielmehr verstehen selbst heute noch nur sehr wenige gut geführte Gießereien, im Kupolofen Qualitäten der gekennzeichneten Art zu erschmelzen.

Die angestellte Überlegung ist aber noch einer weiteren Beachtung wert. Sie führt nämlich zwangsläufig dazu, Ausdrücke wie Elektroguß, Duplexeisen usw. keineswegs mit dem Begriff besonderer, über gute Kupolofenqualitäten hinausgehender Eisenqualitäten a priori gedankenmäßig zu verbinden. Das aber scheint wichtig, einmal herausgestellt zu werden und zwar durchaus im Sinne und zum Schutze des Eisengießereigewerbes. Daß Eisenqualitäten mit stark erniedrigten C-Gehalten etwa unter 2,6 bis 2,8% heute noch leichter im Flamm- oder Elektroofen herzustellen sind, steht außer Frage. Derartige weitgehend niedriggekohlte Sondereisensorten aber könnten auf bestimmte, enger begrenzte Verwendungszwecke beschränkt bleiben, wenn durch Wahl geeigneter Rohstoffe, beste Überwachung des Kupolofenbetriebes und weitere Verfeinerung in der Beherrschung und Abstimmung der Schmelz- und Gießmethoden aus dem wärmetechnisch einzig dastehenden, wirtschaftlich unübertroffenen Kupolofen das bestmögliche an Eisenqualität herausgeholt wird. Natürlich spielen hier auch Fragen der Rohstoffqualität, insbesondere der Koksbeschaffenheit eine besondere Rolle.

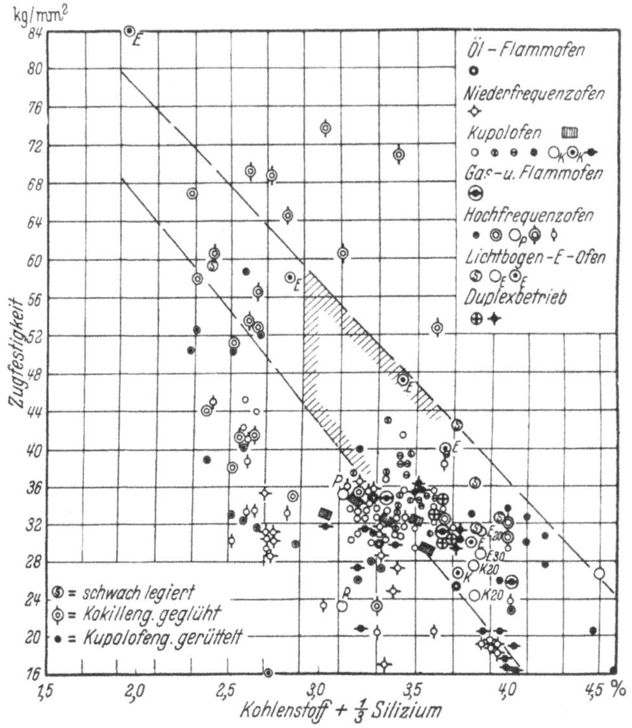

Abb. 205. Einfluß der Graphitausbildung auf den Streubereich der Zugfestigkeit von Gußeisen.

Erklärungen und Schrifttum zur Abbildung 205.

S ○ Sulzer A.-G. Hochwertiges Gußeisen. Erste Mitteilungen des neuen Internationalen Verbandes für Materialprüfung, Zürich 1930. (Unter Zusatz von V-Ti-haltigem Eisen hergestellt.) 13 Werte.

P ○ PIWOWARSKY, E.: Gießerei Bd. 20 (1933) S. 16. (Unter Zusatz von V-Ti-haltigem Eisen hergestellt.) Hochfrequenzofen. Mittel aus je 6 Werten, zusammen 12 Werte.

E20○ Elektroofen, 20-mm-Durchmesser-Stab
E30○ Elektroofen, 30-mm-Durchmesser-Stab
K20○ Kupolofen, 20-mm-Durchmesser-Stab
K30○ Kupolofen, 30-mm-Durchmesser-Stab
} KLINGENSTEIN, TH.: Stahl u. Eisen Bd. 59 (1939) S. 1288. Mittel aus je 4 Schmelzen, zusammen 16 Werte.

E ◎ Elektroofen
K ◎ Kupolofen
} Sulzer A.-G. (vgl. E. PIWOWARSKY: Der Eisen- und Stahlguß, Abb. 82 u. 191, Düsseldorf: Gießerei-Verlag 1937): zusammen 5 Werte.

◎ Sandguß
◎ Kokillenguß
} PIWOWARSKY, E.: Gießerei Bd. 24 (1937) S. 97. Hochfrequenzofen. 58 Werte aus 14 Schmelzen.

⊕ v. KERPELY, K.: Stahl u. Eisen Bd. 45 (1925) S. 2004. Duplexbetrieb. Jeder Punkt Mittelwert von 12 bis 30 Einzelwerten, zusammen 84 Werte. (Schrottzusatz bis 30%.)

⊖ CORSALLI-GILLES: Gießereiztg. 1926. Kupolofen. 9 Werte.

⦶ KLEIBER, P.: Krupp. Mh. Bd. 8 (1927) S. 110. 10 Werte.

○ EMMEL, K.: Stahl u. Eisen Bd. 45 (1925) S. 1466. Kupolofen. 24 Schmelzen, jeder Punkt Mittel von je 4 Werten, zusammen 96 Werte.

Hanemann-Borsig: Flammofenguß (vgl. E. PIWOWARSKY: Hochwertiger Grauguß, S. 280. Berlin: Springer 1929). Mittelwerte aus insgesamt 160 Schmelzungen.

● IRRESBERGER, C.: Gerüttelte Eisensorten (vgl. E. PIWOWARSKY: Hochwertiger Grauguß, S. 282. Berlin: Springer 1929). 9 Werte.

Sandguß
Kokillenguß
} BRÖHL, W.: Diss. Aachen 1938. Hochfrequenzofen. 17 Mittelwerte aus je 2 Proben geglüht, 17 Mittelwerte aus je 2 Proben.

KLINGENSTEIN, TH.: Z. VDI 1926, S. 387. 4 Werte Ölofen.

v. FRANKENBERG, A.: Vortrag Gießerei-Kolloquium Aachen 1939. Niederfrequenz-Induktionsofen. Mittel aus je 10 Schmelzen, insgesamt 240 Einzelwerte.

PIWOWARSKY, E.: Gießerei Bd. 27 (1940) S. 26.
Kupolofen 20 Werte aus 10 Schmelzen.
Duplexbetrieb 24 Werte aus 6 Schmelzen.

□ Edelgußverband: Gemeinschaftsversuche. 6. Arbeitssitzung vom 16. Juni 1930. Mittelwerte aus je 35 bis 48 Schmelzen, insgesamt 359 Schmelzungen.

Jedenfalls stellen einige wenige, besonders gut geführte deutsche Eisengießereien heute laufend aus dem Kupolofen Eisenqualitäten her, die in den meisten rohstoffmäßig günstiger dastehenden Kulturländern im allgemeinen nur mit legierten Gußeisensorten erreicht werden.

Auf Grund der Versuche von A. v. FRANKENBERG (*24*) darf man ferner annehmen (vgl. Kapitel VIIi), daß der durch netzförmige Graphitausbildung in Abb. 264 gekennzeichnete Abfall der Festigkeitswerte nur bei Wanddicken unter etwa 30 mm auftreten wird, während bei Wanddicken von 40 mm und darüber mit einer allmählichen Abmilderung des Festigkeitsabfalls bis zu dessen völligem Verschwinden zu rechnen ist (vgl. auch Kapitel VIIh und Abb. 224).

Interessant in Abb. 205 ist auch die starke Streuung der Festigkeitswerte der nachbehandelten Eisensorten in dem Bereich links einer Summe C + ⅓ Si = 2,8%. Das gilt sowohl für Sand- als auch für Kokillenguß. In dem Bereich zwischen C + ⅓ Si = 2,5 bis 2,8% ist die Streuung der Festigkeitswerte sogar noch wesentlich ausgeprägter als in den naheutektischen Eisensorten. Hier ist also der Einfluß der Graphitausbildung bzw. der Einfluß geringer (eutektischer) Graphitmengen auf die spätere Lage der Temperkohle nach erfolgtem Glühen von noch durchschlagenderer Bedeutung für die Festigkeitseigenschaften des Gußeisens als beim grau erstarrten Gußeisen, eine Tatsache, welche vor allem für die Verhältnisse beim Gießen in Dauerformen von besonderer Bedeutung ist.

g) Der Einfluß erhöhter Abkühlungsgeschwindigkeit.

(Guß in Dauerformen, Schleuderguß, Spritzguß.)

Auch beim Gießen in Dauerformen ist eine perlitische Grundmasse nur bei genauester Regelung der Abkühlungsgeschwindigkeit, der Legierungszusammensetzung und der Schmelzbehandlung zu erreichen. Bekannt sind die Dauerformverfahren nach H. ROLLE (*15*), A. H. SCHWARTZ (*16*) und E. HOLLEY (*17*). E. KÖTTGEN (*18*) hat die bei Erstrebung eines feingraphitischen Gußeisens mit perlitischer Grundmasse zu berücksichtigenden Faktoren herausgestellt, wobei er 2 bis 3 kg schwere Schmelzen aus dem Hochfrequenz- bzw. Tammann-Ofen der chemischen Zusammensetzung:

C = 3,5%	P = 0,4%
Si = 2,5%	S = 0,1%
Mn = 0,4%	

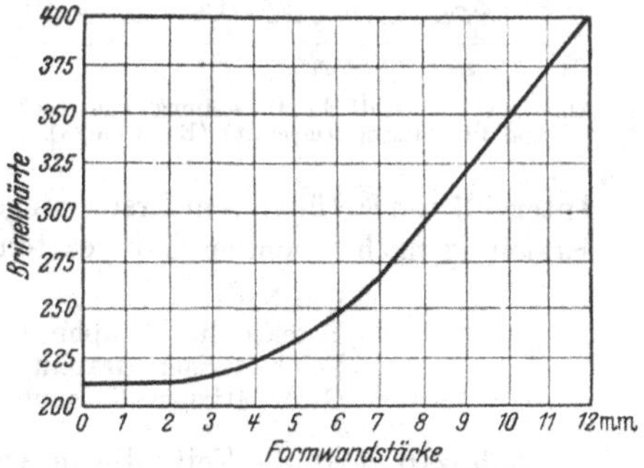

Abb. 206. Einfluß der Formwandstärke auf die Brinellhärte (E. KÖTTGEN).

in Dauerformen aus Grauguß vergoß. Hierbei ergab sich, daß zur Herstellung eines gut bearbeitbaren Gusses die Wandstärke der Dauerform etwa 6 mm nicht überschreiten dürfte, da andernfalls in zunehmendem Maße freier Zementit auftritt und die Brinellhärte der Gußstücke schnell ansteigt (Abb. 206). Da aber aus mechanischen Gründen stärkere Gießformen verwendet werden müssen, so ergibt sich die Notwendigkeit einer Vorwärmung der Gießformen. Mit Sicherheit läßt sich ein gut bearbeitbarer Guß nur bei einer Vorwärmung von 400 bis 500° erzielen (Abb. 207). Bei 300° tritt noch Zementit auf, der die Bearbeitbarkeit in Frage stellt. Im Rahmen von Versuchen mit einer 50 mm starken Kokille und Abgießen von Flachstäben, Rundstäben und Rohrstücken ergab sich, daß mit steigender Gießtemperatur die Graphitausscheidung zunimmt und die Härte fällt (Abb. 208).

Dies hängt eng zusammen mit der längeren Dauer der Haltezeit für die eutektische Kristallisation. Was die Gießtemperatur betrifft, so nimmt die Graphitabscheidung mit zunehmender Gießtemperatur bei gleichbleibender Überhitzung der Schmelze zu (Vorwärmung der Form), während bei zunehmender Überhitzung unter der Bedingung: Gießtemperatur = Überhitzungstemperatur durch den bekannten Einfluß der Überhitzung (vgl. Kapitel VIIh) die Graphit-

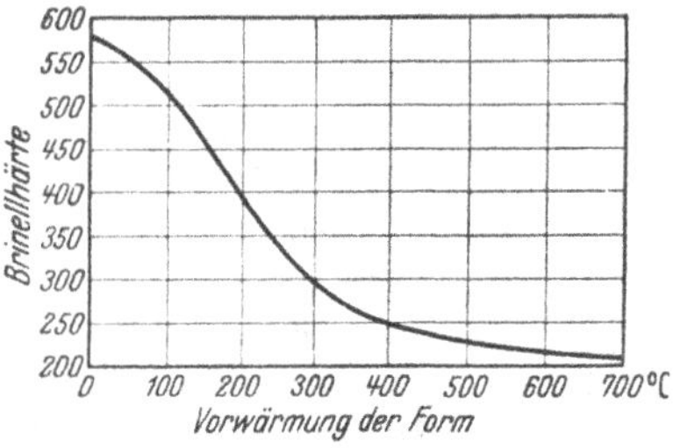

Abb. 207. Einfluß der Formvorwärmung auf die Brinellhärte (E. KÖTTGEN).

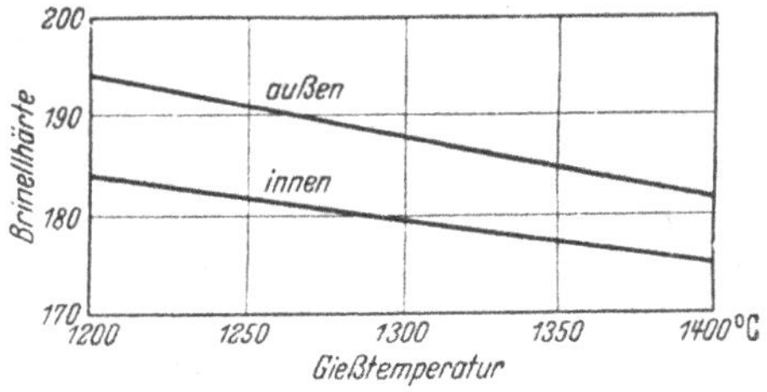

Abb. 208. Einfluß der Gießtemperatur auf die Brinellhärte (E. KÖTTGEN).

bildung abnimmt, wie schematisch in Abb. 209 zum Ausdruck gebracht wurde. Anstriche der Kokillen (z. B. mit einem Gemisch von Wasserglas und Ton) verringern die Endhärte des Gußstücks beträchtlich gegenüber dem Gebrauch einer blanken Kokille. Abkühlen der erstarrten Stücke in Luft erhöht, Abkühlen in Asche vermindert dagegen die Endhärte stark. Was die Abkühlungsgeschwindigkeiten einer Legierung der oben gekennzeichneten Zusammensetzung betrifft, so ergeben sich nach KÖTTGEN folgende kritische Abkühlungsgeschwindigkeiten im

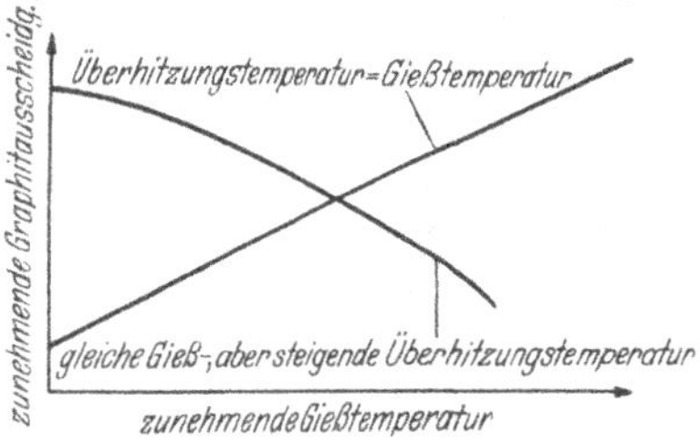

Abb. 209. Schematische Darstellung von Gieß- und Überhitzungstemperatur (E. KÖTTGEN).

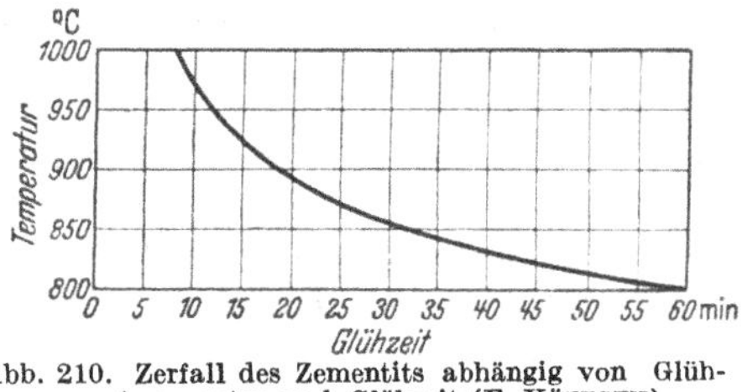

Abb. 210. Zerfall des Zementits abhängig von Glühtemperatur und Glühzeit (E. KÖTTGEN).

Intervall von 80° über dem Erstarrungspunkt bis zur beendeten Erstarrung zwecks Erzielung nachstehender Gefügearten:

Ledeburit	über 500°/min
Eutektischer Graphit	über 300°/min
Feinblättriger Graphit.	über 200°/min
Grobblättriger Graphit	unter 200°/min

Abb. 210 zeigt die Zeit, die in Abhängigkeit von der Temperatur notwendig war, um im Gefüge vorhandenen Ledeburit zum Zerfall zu bringen.

Wenn man aus bestimmten Gründen eine rein ferritische Grundmasse erzielen will, so werden die Gußstücke nach dem Glühen nicht an der Luft zum Erkalten gebracht, sondern im Ofen langsam auf Temperaturen von etwa 700 bis 650° abgekühlt. Das alsdann entstehende rein ferritische Gefüge läßt den Einfluß des Gießens in Kokille besonders gut erkennen, wie Abb. 211 und Abb. 212 nach ähnlichen Versuchen des Verfassers an einem Eisen mit 3,2% C und 2,2% Si zeigt. Man sieht, daß durch den Guß in Kokille der Graphit in feineutektischer Gefügeanordnung zur Ausbildung gelangt ist. Das Verdienst, zuerst auf Basis schneller Abkühlung in kalte oder handwarme Kokillen systematisch diese Gefügeart erzeugt zu haben, gebührt E. Schüz (*19*), der allerdings für seine ersten Versuche ein kohle- und siliziumreicheres Eisen (3 bis 3,5% Si bei etwa 3 bis 3,3% C) verwenden mußte, um seine Gußstücke überwiegend grau zur Erstarrung zu bringen. Das gelingt natürlich um so leichter, je dickwandiger die herzustellenden Gußstücke sind, wie auch aus Abb. 213 nach Th. Klingenstein (*20*) hervorgeht.

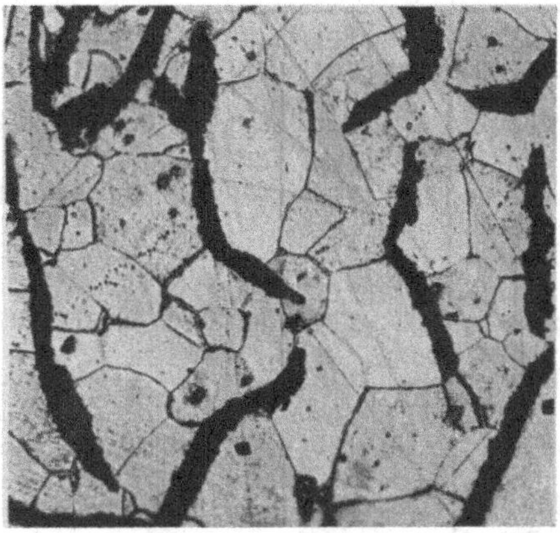

Abb. 211. Gußeisen mit 3,2% C und 2,2% Si in Sand gegossen und ferritisch geglüht. $V = 500$ (E. Piwowarsky).

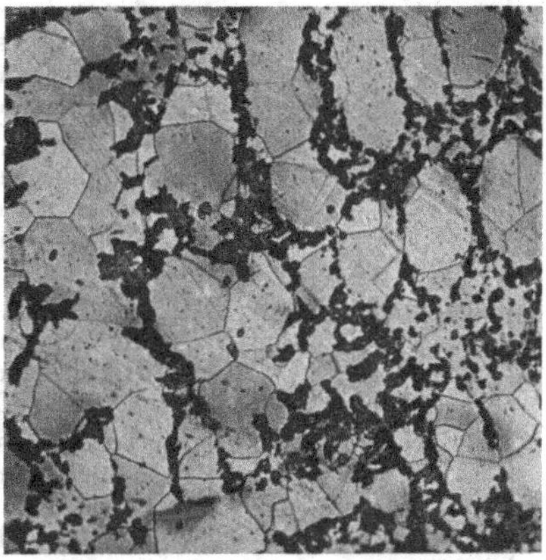

Abb. 212. Gußeisen mit 3,2% C und 2,2% Si in Kokille gegossen und ferritisch geglüht. $V = 500$ (E. Piwowarsky).

Trotz des überwiegend ferritischen Gefüges ergaben derartige in Kokille gegossene Stäbe Zugfestigkeiten von etwa 36 kg/mm² bei Biegefestigkeiten bis zu 85 kg/mm². Die dünne harte Randschicht mußte allerdings vorher entweder abgeschliffen oder durch kurzes Erhitzen auf 800 bis 850° weichgeglüht werden. Der Vorgang der Graphitbildung ist hier so zu verstehen, daß durch die starke Unterkühlung die Graphitkristallisation im Gebiet hoher spontaner Kernzahl vor sich geht, oder daß in dem durch die starke Unterkühlung fein zur Ausscheidung kommenden Ledeburiteutektikum das Karbid trotz der schnellen Abkühlungsgeschwindigkeit noch zerfallen kann, und zwar vermöge des hohen Siliziumgehaltes und der durch den letzteren wesentlich gehobenen (vgl. S. 82ff. und Abb. 49) Erstarrungstemperatur des Gusses. Die größere Festigkeit der ferritischen Grundmasse ist durch den hohen Siliziumgehalt (Siliziumferrit) bedingt. So konnte z. B. P. Paglianti (*25*) feststellen, daß die Zugfestigkeit eines weichen Flußeisens durch Zusatz von 2,4% Si von etwa 30 kg/mm² auf ca. 56 kg/mm² stieg, wobei allerdings die Dehnung von ~30% auf 18% abnahm, die Härte dagegen von ~115 auf 260 BE stieg (Abb. 92).

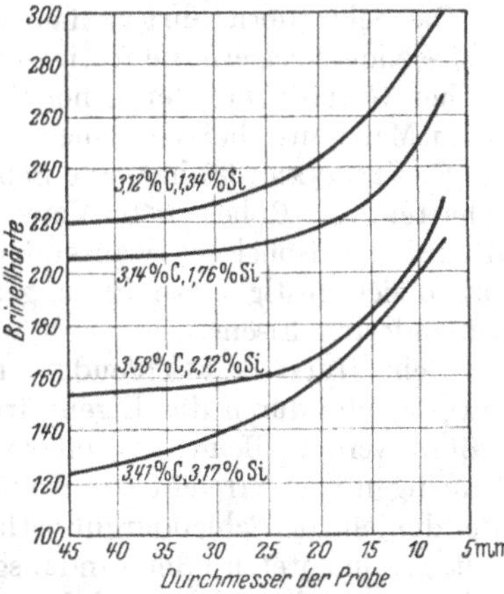

Abb. 213. Einfluß der Wandstärke auf die Brinellhärte für verschiedene Si-Gehalte (Th. Klingenstein).

Auf ähnliche Erscheinungen sind auch die besseren mechanischen Eigenschaften von Schleuderguß (in gekühlte Kokillen) gegenüber dem üblichen Sandguß zurückzuführen, was praktisch insbesondere für die Rohrfabrikation Bedeutung hat (*26*).

Zahlentafel 34. Einfluß der Ausbildung des Graphits auf die
(Die Ergebnisse der Festigkeitsprüfung sind

Schmelze Nr.	Werkstoff	Behandlung	Chemische Zusammensetzung C %	Graphit %	Si %	Mn %	P %	S %
1	Kupolofenguß .	a) in Sand gegossen.	—	3,01	—	—	—	—
		b) in heiße Form gegossen. .	3,69	3,31	1,63	0,68	0,60	0,061
		c) in Kokille gegossen u. 6 Std. bei 800 bis 850⁰ geglüht . .	—	3,65	—	—	—	—
2	Elektroofenguß .	a) in Sand gegossen.	—	2,63	—	—	—	—
		b) in heiße Form gegossen. .	3,36	3,00	1,98	0,95	0,025	0,016
		c) in Kokille gegossen u. 6 Std. bei 800 bis 850⁰ geglüht . .	—	3,27	—	—	—	—
3	Elektroofenguß .	a) in Sand gegossen.	—	2,51	—	—	—	—
		b) in heiße Form gegossen. .	3,27	2,84	1,90	0,93	0,021	0,020
		c) in Kokille gegossen u. 6 Std. bei 800 bis 850⁰ geglüht . .	—	3,13	—	—	—	—
4	Elektroofenguß .	a) in Sand gegossen.	—	2,07	—	—	—	—
		b) in heiße Form gegossen .	2,79	2,31	1,85	0,86	0,027	0,028
		c) in Kokille gegossen u. 6 Std. bei 800 bis 850⁰ geglüht . .	—	2,74	—	—	—	—
5	Elektroofenguß .	In Kokille gegossen u. 6 Std. bei 800 bis 850⁰ geglüht . .	2,70	2,30	1,55	0,99	0,038	0,023

Die mechanischen Eigenschaften von geschleudertem Gußeisen sind wesentlich günstiger als die von Sandguß gleicher Schmelzung; insbesondere erfahren Biege- und Zugfestigkeit eine starke Steigerung (vgl. Kapitel XXVIIh).

Anschließendes 20 bis 40 min langes Glühen übt auf in metallische Formen geschleuderte Gußstücke einen günstigen Einfluß aus, indem es einen Gefügeausgleich herbeiführt und insbesondere die durch Abschreckung eingetretene Härtung beseitigt.

Das Schleudern führt vielfach eine Entmischung der Gefügebestandteile herbei. Insbesondere seigern die festigkeitsvermindernden Stoffe, Sulfide und übereutektischer Graphit, auf der Innenoberfläche von zylindrischen Hohlkörpern in solchem Maße aus, daß von einer teilweisen Abscheidung gesprochen werden kann. M. E. Vroonen *(32)* hat eine Schleudervorrichtung zur Verbesserung der Eigenschaften von Roheisen in Vorschlag gebracht, die sich dem ununterbrochenen Ablauf des Roheisens während eines Hochofenabstichs gut anpaßt. Dabei ergaben sich Festigkeitssteigerungen bis auf das Dreifache der Werte des nicht geschleuderten Eisens.

Beim Hurst-Ball-Schleuderverfahren *(27)* benutzt man heiße Formen (Kokillen), welche durch die Eigenwärme der gegossenen Stücke auf Temperatur gehalten werden. Beim Schleudern von Automobilzylinderbüchsen, kleineren Kolbenringen usw. erreicht die Kokillentemperatur *(28)* etwa 500⁰ (heute bis 650⁰). Bei denjenigen Schleudergußverfahren, welche zur Vermeidung des Nachglühens mit geschlichteten oder sandausgekleideten Drehkokillen (sand-spun-Verfahren) arbeiten, dürfte der Vorteil der schnellen Abkühlung mehr und mehr nachlassen. Bemerkenswert ist die Angabe von J. E. Hurst *(28)*, daß ein höherer Mangangehalt (0,4 bis 1,2%) im Schleuderguß wohltuend im Sinne einer Verminderung der weißen Schreckzone sich auswirkt.

Das Graphiteutektikum tritt übrigens nach Th. Klingenstein und F. Greiner *(29)* in den Randzonen eines jeden Sandgusses infolge der dort größeren Abkühlungsgeschwindigkeit auf.

Festigkeitseigenschaften des grauen Gußeisens (BARDENHEUER).
das Mittel aus je zwei Einzelwerten.)

Form des Graphits	Gefüge der Grundmasse	Biegefestigkeit kg/mm²	Durchbiegung mm	Zugfestigkeit kg/mm²	Dehnung %	Brinellhärte 10/3000/30
grob	Perlit	27,7	10,1	16,5	—	160
sehr grob	Perlit u. Ferrit	26,0	7,2	13,9	—	133
feines Eutektikum	Ferrit	54,4	16,4	19,2	—	146
grob	Perlit	45,2	19,4	24,1	—	183
sehr grob	Perlit u. Ferrit	30,3	10,1	18,9	—	136
feines Eutektikum	Ferrit	52,0	22,0	23,8	0,8	134
grob	Perlit	42,5	16,8	25,2	—	180
sehr grob	Perlit u. Ferrit	35,2	10,2	20,9	—	142
feines Eutektikum	Ferrit	60,2	52,1	30,1	1,2	136
grob	Perlit	50,8	12,8	37,7	—	198
sehr grob	Perlit u. Ferrit	45,1	8,4	33,1	—	174
Knötchen	Ferrit	74,5	167,8	43,2	8,2	146
Knötchen	Perlit u. Ferrit	91,6	94,0	40,0	3,0	190

Heute hat sich auch für Grauguß das Gießen in vorgewärmte Kokillen dort eingeführt, wo es sich um die Herstellung hoher Stückzahlen handelt, z. B. bei der Herstellung von Pumpenteilen, kleinen Druckzylindern usw. Die Herstellung der zugehörigen Kokillen, deren Bemessung, Teilung, Schlichtung usw. erfordert allerdings große praktische Erfahrung und metallurgische Sorgfalt.

Soll die Abkühlungsgeschwindigkeit beim Guß in Dauerformen stark abgemildert werden, so verwendet man Formen aus Eisen oder Gußeisen, die eine dünne Auskleidung mit feuerfestem Material tragen, das wiederum durch eine dicke Rußschicht geschützt wird (*33*). Letztere wird meistens durch Azetylenbrenner kurz vor dem Einlegen der Kerne aufgebracht und beträgt bis zu 0,8 mm Dicke. Auch Asbest in folgender Mischung:

2 bis 4 Teile Asbest,
2 bis 3 Teile gemahlener Ton,
2 bis 3 Teile Kaolin,
1 Teil Koksmehl,
2 Teile Quarzsand,
2 Teile Schamotte,
2 Teile magerer Formsand,

je nach Wandstärke der Gußstücke, soll sich als Dauerformmaterial ausgezeichnet eignen (*34*).

Eine theoretisch eingehende und auch in ihrer praktischen Auswertung bedeutungsvolle Arbeit zur Theorie der Erstarrung von Gußstücken hat N. CHWORINOFF (*30*) geschrieben. Von den Arbeiten, die den Einfluß der Graphitausbildung in Abhängigkeit von der Abkühlungsgeschwindigkeit systematisch aufzeigten, ist nach wie vor die schon ältere Arbeit von P. BARDENHEUER (*31*) immer noch die bedeutendste (vgl. Zahlentafel 34).

Spritzguß, d. h. das Einführen von flüssigem Gußeisen in Dauerformen unter höherem Druck, wird in Eisengießereibetrieben noch kaum betriebsmäßig vorgenommen. Dies ist verständlich angesichts der Schwierigkeiten bei der Schaffung geeigneter Warmhalteeinrichtungen für das relativ hochschmelzende Gußeisen. Nach HERB (*35*) soll Spritzguß von Gußeisen erstmalig von S. PRICE

Wetherill durchgeführt worden sein. Die hierzu benutzte Apparatur ist bei der Wetherill Engineering Co. in Philadelphia, Pa. entwickelt worden. Die eigentliche Spritzgußeinrichtung wurde von der Alan Wood Steel Co. in Conshohocken, Pa. hergestellt. Sie arbeitet mit relativ geringen Luftpressungen von nur 20 pds/squ. inch = etwa 1,4 kg/mm². Die Spritzgußform besteht dabei aus Gußeisen mit kaltgewalzten Stahleinlagen an den Innenseiten der Spritzgußform. Das flüssige Gußeisen befindet sich in einem Graphittiegel von etwa 200 kg Fassung (Abb. 214). Das Metall tritt durch das Mundstück *D* und das Ventil *F* (beide aus Siliziumkarbid) in die Form ein. *H* ist ein Stahlmantel von 1071 mm Durchmesser bei 1045 mm Höhe. Bei *J* sind Öffnungen für Gas- bzw. Ölbrenner. Bei *L* (aus Siliziumkarbid) sitzt die Spritzgußform auf. *M* ist der Zufluß für das flüssige Gußeisen. *N* ist ein luftgekühltes Abschlußrohr von 25,4 mm (1 inch) Durchmesser. Der Preßluftzylinder zur Erzeugung des nötigen Luftdrucks dient auch zum Heben und Senken der Spritzgußform auf das Mundstück *L*. Bei einer Tiegelkapazität von etwa 200 kg können in einem Arbeitsgang etwa 170 kg Eisen verarbeitet werden, wenn die Einzelstücke ein Gewicht von über 28,5 kg besitzen. Das Einzelgewicht der zu verspritzenden Gegenstände soll nicht unter 2,3 kg betragen. Faßt die Spritzgußform 4 gleichartige Gußstücke, so dauert der Guß ungefähr 45 sec. Die obenerwähnte amerikanische Firma hat schon mit Erfolg folgende Teile in Spritzguß hergestellt:

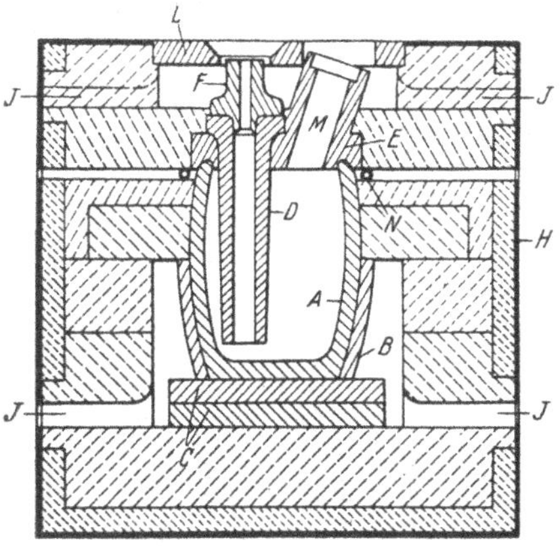

Abb. 214. Spritzgußform für Gußeisen (Herb).

Ventilteile im Einzelgewicht von etwa 16 bis 18 kg;

Radiatorenglieder (432 mm lang und etwa 100 mm breit). Der Guß erfolgte hierbei unter Verwendung von Sandkernen.

Ferner: Ventilflanschen, Pumpenrotoren, Lagerringe, Luftkompressorkolben usw., wobei auch bereits zwecks Armierung stählerne Teile eingelegt worden waren.

Blasen, Schrumpfrisse usw. sollen bei diesem Verfahren kaum auftreten (?). Das Korn des gespritzten Gußeisens ist sehr fein, die Oberfläche sehr glatt. Bearbeitungszugaben sind nur wenig oder gar nicht erforderlich. Die Genauigkeitsgrenzen liegen bei ± 0,005 inch (= 0,0127 mm). Spritzgußeisen muß bei 1475 bis 1525°, in Sonderfällen bei Temperaturen bis zu 1625° vergossen werden gegenüber normalen Gießtemperaturen von 1300 bis 1425°. Die Zugfestigkeit verspritzten Gußeisens betrug dabei rd. 37,5 kg/mm² gegen etwa 23,5 kg/mm² des gleich zusammengesetzten, jedoch in Sandformen vergossenen Gußeisens.

Schrifttum zum Kapitel VIIe bis g.

(*1*) Sipp, K.: Perlitguß. Stahl u. Eisen Bd. 40 (1920) S. 1141.
(*2*) D.R.P. 301913 vom 10. Mai 1916 sowie Zusatzpat. D.R.P. 325250, vgl. Eidg. Pat. 108752 vom 17. Jan. 1924 u. a.
(*3*) Vgl. D.R.P. Nr. 325250, Kl. 31c, Gr. 25.
(*4*) Zu beachten ist hierbei, daß, solange das Eisen nicht zur Keimfreiheit überhitzt ist, zunächst leicht eine gegensätzliche Auswirkung der Überhitzung eintreten kann (vgl. S. 174).
(*5*) Bauer, O.: Stahl u. Eisen Bd. 43 (1923) S. 553/57; Foundry Trade J. Bd. 27 (1923) S. 454/56; Zuschriften ebenda: Bd. 27 (1923) S. 492; Bd. 28 (1923) S. 16 und 505.
(*6*) Vgl. das Kapitel über Verschleißfestigkeit.
(*7*) Sipp, K., u. F. Roll: Gießereiztg. Bd. 24 (1927) S. 229 und 280.
(*8*) Wüst, F., u. P. Bardenheuer: Mitt. K.-Wilh.-Inst. Eisenforschg. Bd. 4 (1922) S. 125/44; Foundry Trade J. Bd. 28 (1923) S. 410/13.

(9) EMMEL, K.: Stahl u. Eisen Bd. 45 (1925) S. 1466/70; Foundry Trade J. Bd. 32 (1925) S. 255/59; Bd. 35 (1927) S. 79/80, 231/32 und 257/58.
(10) EMMEL, K.: D.R.P. 1683714 vom 9. 12. 1924.
(11) EMMEL, K.: Gießerei Bd. 16 (1929) S. 605.
(12) MAURER, E.: Krupp. Mh. Bd. 5 (1924) S. 115/22.
(13) KLEIBER, P.: Krupp. Mh. Bd. 8 (1927) S. 110/16.
(14) SMITH, A.: Foundry Trade J. Bd. 38 (1928) S. 77.
(15) ROLLE, H.: D.R.P. 242629 (1911) und 269441 (1912). Vgl. Z. Masch. (1921) S. 319.
(16) SCHWARTZ, A. H.: D.R.P. 425132 (1922) und 428339 (1924).
(17) HOLLEY, E.: D.R.P. 389650 (1922), 402439 (1923), 405176 (1923), 463229 (1923) und 425135 (1929).
(18) KÖTTGEN, E.: Gießerei Bd. 17 (1930) S. 1061.
(19) SCHÜZ, E.: Stahl u. Eisen Bd. 45 (1925) S. 144; Gießerei Bd. 15 (1928) S. 73.
(20) KLINGENSTEIN, TH.: Gießerei Bd. 14 (1927) S. 335.
(21) MACPHERRAN, R. S.: Foundry Trade J. 1932 S. 16 und 25 (Juliheft).
(22) LEDEBUR, A.: Eisen- und Stahlgießerei S. 342. Weimar 1892.
(23) OSANN, B.: Lehrbuch der Eisen- und Stahlgießerei S.164/65. Leipzig: W. Engelmann 1922.
(24) FRANKENBERG UND LUDWIGSDORF, A. v.: Vortrag auf dem 8. Gießerei-Kolloquium des Gießerei-Instituts der T. H. Aachen (Febr. 1938).
(25) PAGLIANTI, B.: Metallurgie 1912 S. 217.
(26) PARDUN, C.: Stahl u. Eisen Bd. 44 (1924) S. 905, 1044 und 1200.
(27) Iron Age Bd. 115 (1925) S. 1704; vgl. a. Stahl u. Eisen Bd. 47 (1927) S. 138; Foundry 1927 S. 649; vgl. a. Gießereiztg. Bd. 25 (1928) S. 20.
(28) HURST, J. E.: Metallurgy Cast Iron S. 294. London 1926.
(29) KLINGENSTEIN, TH.: Z. VDI (1926) S. 389.
(30) CHWORINOFF, N.: Gießerei Bd. 27 (1940) S. 177, 201 und 222.
(31) BARDENHEUER, P.: Stahl u. Eisen Bd. 47 (1927) S. 857; vgl. a. Gießereiztg. Bd. 24 (1927) S. 365, sowie Gießerei Bd. 14 (1927) S. 557.
(32) VROONEN, M. E.: Vortrag auf dem Gießerei-Kongreß in Brüssel (1935); vgl. Stahl u. Eisen 56 (1936) S. 123; sowie Gießerei Bd. 23 (1936) S. 415.
(33) SHARPE, D.: Foundry Trade J. Nr. 555 (1927) S. 297.
(34) LEHMANN, K.: Z. VDI Nr. 1 (1928) S. 24.
(35) HERB: Die Casting S. 279 bis 291. London: The Industrial Press 1936.
(36) WÜST, F., u. K. KETTENBACH: Ferrum (1913/14) S. 51.

h) Der Einfluß der Gießtemperatur und die Bedeutung der Schmelzüberhitzung.

Über den Einfluß der Gießtemperatur auf die Graphitbildung, das Gefüge und die mechanischen Eigenschaften von Roh- und Gußeisen gingen die im Schrifttum vertretenen Ansichten früher sehr weit auseinander (*1*). So fand L. LONGMUIR (*2*), daß eine mittlere Gießtemperatur die besten mechanischen Eigenschaften ergibt. W. H. HATFIELD dagegen fand, daß die höchste Gießtemperatur stets die besten Werte ergab. Es sei allerdings bemerkt, daß HATFIELD mit verhältnismäßig dünnen Versuchsstäben arbeitete (24·9 mm). HAILSTONE (*3*) stellte an einem Eisen mit 3,24% Ges.-C, 1,87% Si, 0,30% Mn, 1,4% P und 0,1% S mit zunehmender Gießtemperatur bis 1425° (höhere Temperaturen wurden damals noch nicht in Betracht gezogen) eine deutliche Abnahme des prozentualen Graphitgehaltes und eine Besserung der Festigkeitseigenschaften fest (vgl. Zahlentafel 35).

Zahlentafel 35.

Probe-Nr.	Gieß-temperatur °C	Geb.-C %	Graphit %	Ges.-C %
2	1400	0,406	2,840	3,246
3	1390	0,399	2,862	3,261
4	1386	0,365	2,891	3,256
5	1361	0,366	2,915	3,281
6	1348	0,357	2,926	3,283
7	1330	0,340	2,951	3,291
8	1302	0,308	2,987	3,295
9	1272	0,293	3,012	3,305
10	1264	0,186	3,126	3,312

Zu ähnlichen Ergebnissen kamen auch K. HONDA und T. MURAKAMI (*4*), welche als Ursache für die zunehmende Karbidbildung eine abnehmende Gasentwicklung der Schmelze und damit ein Zurücktreten der katalytischen Reaktion: $CO_2 + Fe_3C = 2CO + 3Fe$ und $2CO = CO_2 + C$ zugrunde legten. Im Gegensatz zu diesen Forschern fand L. NORTHCOTT (*5*) an einem Eisen mit 3,4% Ges.-C, 1,4% Si, 0,9% Mn, 1,07% P und 0,09% S bei zunehmender Gießtemperatur (von 1210 bis 1410°) eine Zunahme des Graphitgehaltes von 2,5 auf 2,84% (bezogen auf den Rand der Schmelzproben), wenn Proben aus dem gleichen Tiegel in verschiedenen Stadien der Abkühlung vergossen wurden (Zahlentafel 36).

Zahlentafel 36.

Gieß-temperatur °C	Brinellhärte		Graphit %	
	Mitte	Rand	Mitte	Rand
1410	170	138	2,80	2,84
1350	163	150	2,96	2,70
1270	166	150	2,86	2,60
1240	174	138	2,87	2,56
1210	179	159	2,78	2,50

P. OBERHOFFER und H. STEIN (*6*) fanden bezüglich der Zug- und Biegefestigkeit als günstigsten Wert der Gießtemperatur 1240 bis 1250°; die Härte verhielt sich ähnlich. Die spezifische Schlagarbeit sank mit abnehmender Gießtemperatur stetig. Die Schwindung (aus dem Stabdurchmesser errechnet) nahm ebenfalls mit der Gießtemperatur ab. Beim Vergießen unter 1200° trat leicht starke Blasenbildung auf. Die verwendeten Eisensorten hatten ungefähr folgende Zusammensetzung: Ges.-C = 3,3 bis 3,7%, Si = 1,68 bis 1,88%, Mn = 0,32 bis 1,30%, P = 0,57 bis 1,02% und S = 0,083 bis 0,107%. Der Graphitgehalt wechselte zwischen 2,60 und 2,98%. Die in letztgenannter Arbeit mitgeteilten Ergebnisse können allerdings hinsichtlich des Einflusses der Gießtemperatur auf die Graphitbildung nur mit Einschränkung ausgewertet werden, da die gewählte Temperaturspanne (1170 bis 1310°) viel zu gering war.

Geht man von der wohl kaum umstrittenen Tatsache aus, daß die mit steigender Eisentemperatur zunehmende Vorwärmung der Gießform den Temperaturabfall im Intervall der eutektischen Erstarrung verzögert, so wäre ganz allgemein mit zunehmender Gießtemperatur eine Begünstigung der Graphitbildung zu erwarten (*7*). Die wiederholt gemachten gegenteiligen Beobachtungen ließen aber vermuten, daß die Graphitbildung von mindestens zwei gegensätzlich sich auswirkenden, damals noch unbekannten Umständen abhängig sein müsse.

Tatsächlich haben dann die Arbeiten von E. PIWOWARSKY (*8*) an kohlenstoffreicheren Legierungen (3,23 bis 4,01%) gezeigt, daß die Neigung zur graphitischen oder weißen Erstarrung auch von der Schmelzbehandlung (Schmelz- bzw. Behandlungstemperatur im Schmelzfluß und der Dauer dieser Behandlung) der Eisensorten abhängt. E. PIWOWARSKY benutzte für seine ersten Versuche in den Jahren 1923/24 als Ausgangswerkstoff ein weißes schwedisches Holzkohlenroheisen folgender Zusammensetzung: 4,01% Ges.-C., 0,063% Si, 0,13% Mn, 0,019% P und 0,075% S. Sämtliche Schmelzen wurden in einem gegen Luftzutritt geschützten Tammann-Kohlerohrofen ausgeführt, und zwar Versuchsreihe *I* im Graphittiegel, Reihe *II* und *III* dagegen im Magnesiatiegel unter Zusatz von etwas reiner Elektrodenkohle. Das Gewicht der einzelnen Schmelzen betrug bei diesen ersten Versuchen je 50 g. Während der Schmelzversuche der Reihe *II* und *III* wurde die Apparatur unter Stickstoffatmosphäre gebracht. Die Schmelzen wurden bis auf die angegebene Temperatur überhitzt und mit genau 3°/min abgekühlt (Regelung durch Stromdrosselung), ungefähr 20 bis 30° unterhalb des eutektischen Haltepunktes mit dem Tiegel in Wasser getaucht und abgeschreckt. Die Temperaturmessung geschah optisch. Während der Abkühlung wurde bei 1200° ein auf eben diese Temperatur vorgewärmtes Thermoelement in die

Zahlentafel 37. Ergebnisse der Versuchsreihen.

Temp. °C	1153	1250	1475	1550	1600	1810	
Ges.-C %	4,01	4,70	5,20	—	5,74	6,00	Reihe *I*
Geb.-C %	1,83	2,19	3,43	—	3,20	2,14	
Ges.-C %	4,01	4,60	4,30	4,25	4,20	3,80	Reihe *II*
Geb.-C %	1,22	1,28	2,43	1,28	1,15	0,73	
Ges.-C %	4,01	5,10	5,00	—	4,80		Reihe *III*
Geb.-C %	0,68	0,89	1,76	—	1,18		

Schmelze eingeführt, um mit Hilfe der Abkühlungskurve die Lage des eutektischen Haltepunktes zu beobachten. Die Ergebnisse der drei Versuchsreihen sind in Zahlentafel 37 sowie in Abb. 215 zum Ausdruck gebracht. Die eigentümliche Charakteristik der Kurven war unabhängig von der Art der Versuchsführung, sofern diese in den einzelnen Schmelzreihen gleichblieb. Die Kurven zeigten, daß

1. der (eutektische) Karbid-Kohlenstoff-Gehalt mit der Überhitzungstemperatur bis ungefähr 1500° zunahm,
2. eine weitere Steigerung der Überhitzungstemperatur bis etwa 1800° hingegen die (eutektische) Graphitbildung begünstigte.

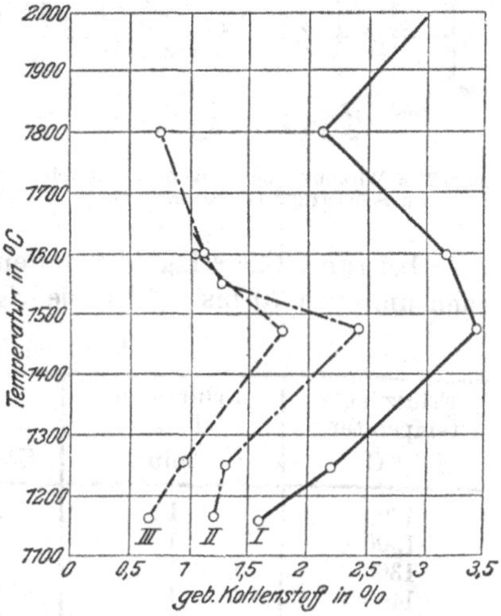

Abb. 215. Einfluß der Erhitzungstemperatur der Schmelze auf den geb. Kohlenstoffgehalt (E. PIWOWARSKY).

Mit demselben schwedischen Roheisen wurden in Magnesiatiegeln ohne Kohlezusatz ferner einige Schmelzen im Gewicht von je 100 g durchgeführt bei steigenden Temperaturen bis etwa 1650° und zunehmender Haltezeit bei den gewählten Versuchstemperaturen. Das Abschrecken geschah hier in allen Fällen bei 1000°. Zahlentafel 38 und Abb. 216 zeigen die analytischen Ergebnisse dieser Versuche. Es geht daraus hervor, daß

1. eine Wendetemperatur in Übereinstimmung mit den Vorversuchen bei annähernd 1500° auftrat,
2. unterhalb der Wendetemperatur zunehmende Schmelzdauer auf die Karbidbildung in demselben Sinne wirkte wie eine zunehmende Schmelzüberhitzung.

Zahlentafel 38.

Überhitzungstemperatur °C	Dauer der Überhitzung min	Analyse		
		Ges.-C %	Graphit %	Geb.-C %
1250	5	4,0	2,50	1,50
1250	20	3,95	1,40	2,55
1350	5	4,01	1,99	2,02
1350	20	3,91	0,78	3,13
1500	5	3,88	1,28	2,60
1500	20	3,80	2,45	3,35
1650	5	3,82	2,77	1,05
1650	20	3,74	2,24	1,50

Für die weiteren Versuche wurden etwa 1,2 kg schwedisches Roheisen unter Zusatz von etwas hochprozentigem Ferrosilizium im Gastiegelofen umgeschmozen. Die so erhaltene Schmelze wurde in einer getrockneten Form zu Stäben von 20 mm Durchmesser vergossen. Die Durchschnittsanalyse dieser neuen Legierung war: 3,6% Ges.-C, 2,4% Si, 0,13% Mn, 0,019% P und 0,075% S. Von diesem Eisen wurden je 120 g im Tammann-Kurzschlußofen unter Verwendung von reinen Tonerdetiegeln bei möglichster Verhinderung von Luftzutritt mit einer E-.

hitzungsgeschwindigkeit von stets 25 bis 30°/min eingeschmolzen, auf bestimmte steigende Temperaturen überhitzt, 1 min auf der gewünschten Höchsttemperatur belassen und mit 50 bis 60°/min abgekühlt. Bei 1050° wurden die erstarrten Schmelzen aus dem Ofen genommen und in Kieselgur der weiteren Abkühlung überlassen. Die Temperaturmessung geschah mit Hilfe eines geeichten Ardometers. Von den erkalteten Schmelzen wurden für die Analyse einwandfreie Durchschnittsproben entnommen. Die Ergebnisse dieser Versuche gibt Zahlentafel 39 sowie Abb. 217 wieder. Auch hier war der gleiche Verlauf der Kurven wie früher zu beobachten mit dem Unterschied, daß der Bereich der Karbidumkehr bei rund 1400° lag, durch den Siliziumgehalt von etwa 2,3 bis 2,4% demnach um etwa 70 bis 100° erniedrigt worden war.

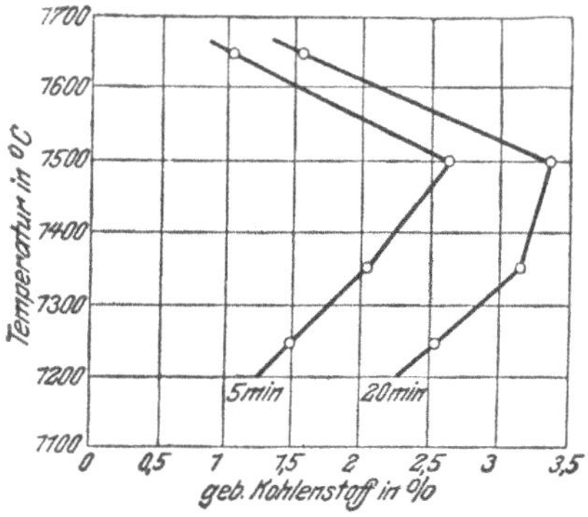

Abb. 216. Wirkung einer längeren Haltezeit im Schmelzfluß (PIWOWARSKY).

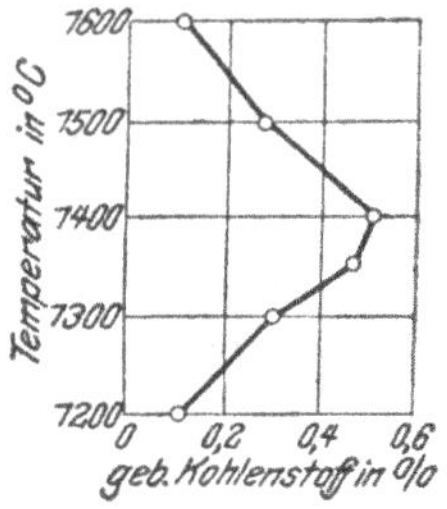

Abb. 217. Wirkung eines höheren Siliziumsgehaltes auf die Wendetemperatur (PIWOWARSKY).

Zahlentafel 39. Siliziertes Eisen.

Erhitzungstemperatur °C	Erhitzungsdauer min	Analyse			
		Ges.-C %	Graphit %	Geb.-C %	Si %
1200	1	3,46	3,34	0,12	2,36
1300	1	3,54	3,25	0,29	2,35
1360	1	3,29	2,83	0,46	2,33
1400	1	3,32	2,83	0,49	2,35
1500	1	3,32	3,03	0,28	2,34
1600	1	3,23	3,12	0,11	2,30

Um auch bei diesen Versuchen den Faktor Zeit zu berücksichtigen, war unter gleichen Bedingungen, wie vorher mitgeteilt, eine neue rund 1,2 kg schwere Ausgangsschmelze hergestellt worden, die sich von der ersten nur durch einen etwas höheren Siliziumgehalt unterschied (2,6 gegen 2,4% Si). Mit dieser Legierung wurden die Versuche unter den gleichen oben erwähnten Bedingungen durchgeführt mit dem Unterschied, daß nur drei die extremsten Kurvenpunkte erfassende Temperaturen berücksichtigt und auf den Höchsttemperaturen

Zahlentafel 40. Siliziertes Eisen.

Erhitzungstemperatur °C	Erhitzungsdauer min	Analyse			
		Ges.-C %	Graphit %	Geb.-C %	Si %
1200	1	3,60	3,55	0,05	2,59
1400	1	3,51	3,35	0,16	2,53
1600	1	3,54	3,50	0,04	2,55
1200	5	3,56	3,38	0,18	2,51
1400	5	3,42	3,08	0,34	2,49
1600	5	3,44	3,37	0,07	2,50
1200	20	3,52	2,83	0,69	2,49
1400	20	3,44	2,53	0,91	2,49
1600	20	3,38	2,75	0,63	2,47

je 1 min, 5 min und 20 min gehalten wurde. Zahlentafel 40 und Abb. 218 geben das Ergebnis wieder, aus dem hervorgeht, daß längeres Glühen im Schmelzfluß bei mittleren Temperaturen im gleichen Sinne sich auswirkte wie eine höher getriebene Schmelzüberhitzung.

Der Wendebereich lag bei allen drei Versuchsreihen wiederum auf etwa gleicher Höhe und die Verschiebung der Einzelkurven war dieselbe wie bei den Versuchen mit dem unlegierten schwedischen Eisen (Abb. 216).

Für die Beobachtung, daß offenbar bei jedem Roh- oder Gußeisen unter gewissen Versuchsbedingungen ein bestimmter kritischer Temperaturbereich bestehe, bei dessen Überschreiten das flüssige Eisen in zunehmendem Maße die Neigung erhält, grau zu erstarren, erschien es seinerzeit schwierig, eine geeignete Erklärung zu finden. Versuchte man die mit zunehmender Überhitzungstemperatur zunächst abnehmende Neigung des Eisens, grau zu erstarren, mit dem allmählichen Verschwinden ungelöster Graphitanteile zu erklären, so entzog man sich damit der Möglichkeit, für die Umkehrung der Kurve nach Überschreiten der kritischen Wendetemperatur eine Erklärung zu geben; lediglich für den untersten Teil der Kurvenäste konnte eine solche Ursache auf Grund zahlreicher ähnlicher Beobachtungen und Arbeiten von E. J. B. KARSTEN (*9*), A. LEDEBUR (*10*), R. RUER usw. als mitbeteiligt angenommen werden.

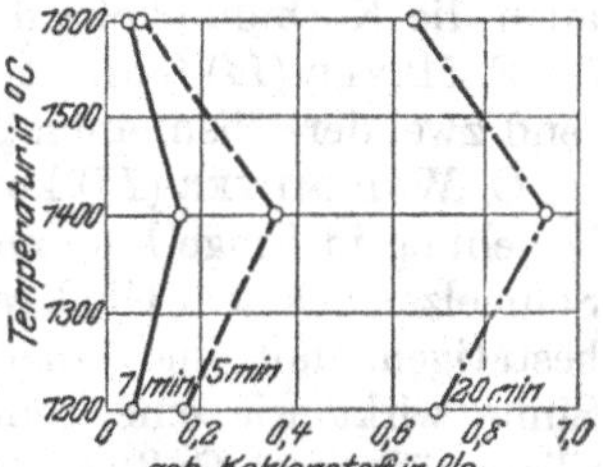

Abb. 218. Wirkung zunehmender Überhitzungszeiten (PIWOWARSKY).

Um für die Beobachtung der Wendetemperatur wenigstens eine hypothetische Erklärung zu geben, vermutete seinerzeit E. PIWOWARSKY die Existenz eines mit der Temperatur veränderlichen Gleichgewichtszustands zweier Molekülarten im flüssigen Eisen, der sich jedoch infolge geringer Reaktionsgeschwindigkeit erst bei längerer Erhitzungsdauer einstelle. Es lag nahe, diese beiden molekularen Möglichkeiten als die karbidische und die elementare Kohlenstoffanordnung zu kennzeichnen. Würde die den endgültigen Gleichgewichtszustand kennzeichnende Kurve etwa der Charakteristik der Kurven laut Abb. 216 bis 218 entsprechen, d. h. von einem bestimmten Temperaturbereich an eine gegensätzliche Tendenz besitzen (*11*), so könnte man sich tatsächlich zu der Annahme veranlaßt sehen, daß die Wärmetönung bei der Bildung des Eisenkarbids in diesem Temperaturbereich durch einen Nullwert geht, während sie unterhalb dieses Temperaturbereichs negativ, oberhalb desselben aber positiv wäre, so daß eine Temperatursteigerung im Bereich der negativen Wärmetönung zur Bildung von Eisenkarbidmolekülen, eine Temperatursteigerung im Bereich der positiven Wärmetönung dagegen zum Zerfall derselben in der flüssigen Lösung führen müßte nach folgendem für reine Eisen-Kohlenstoff-Schmelzen gültigen Schema:

$3\,Fe + C \rightleftarrows Fe_3C \pm W$; dabei wäre:
$W = -$ cal im Bereich von rd. 1150 bis 1500°,
$W = \pm 0$ cal im Bereich von rd. 1500 bis 1550°,
$W = +$ cal im Bereich von rd. 1550 bis 1650°.

Bleiben wir zunächst einmal bei der Auffassung des Nebeneinanderbestehens zweier Molekülarten im flüssigen hochgekohlten Eisen, so wäre unter Berücksichtigung der Versuchsergebnisse anzunehmen, daß beim Einschmelzen von Roh- bzw. Gußeisen das im Augenblick des Schmelzvorganges vorhandene Eisenkarbid als solches in Lösung geht, während der elementare Kohlenstoff zunächst gleichfalls als solcher in Lösung geht, aber das Bestreben hat, nach erfolgter Auflösung sich in die karbidische Molekülanordnung umzuwandeln. Auf die Trägheit dieses Einformungsvorganges wäre es alsdann zurückzuführen, daß ein einmal grau erstarrtes Eisen selbst bei Überhitzung um 50 bis 150° die Neigung behält, wiederum grau zu erstarren, indem der einmal elementar gelöste Kohlenstoff als solcher wieder leichter auszukristallisieren vermag. Wieweit das Vorhandensein komplizierterer Molekülarten, vor allem der Silizid-, Karbid- und Phosphidkonfiguration diese Überlegungen zu modifizieren vermag, ist direkten Versuchen schwer zugänglich. An sich trägt die Hypothese vom Stabilitätswechsel der Karbide insofern den Stempel der Unwahrscheinlichkeit, als das Dualdiagramm Eisen-Kohlenstoff bzw. Eisen-Eisenkarbid in seiner heutigen Form auf die Abwesenheit eines Stabilitätswechsels der mit der Schmelze koexistierenden Kristallart hindeutet.

E. PIWOWARSKY (*12*) konnte übrigens auch zeigen, daß die Tendenz zur Karbidumkehr erhalten blieb, wenn das verschieden hoch erhitzte Eisen zunächst weiß (Kokillenguß) vergossen und alsdann in sekundärem Prozeß getempert wurde, wobei im getemperten Eisen das ehedem hoch überhitzte Eisen die beste Temperkohleausbildung ergab.

Die Versuche von E. PIWOWARSKY wurden von verschiedenen Seiten nachgeprüft. TH. KLINGENSTEIN (*13*) fand sie im allgemeinen bestätigt und konnte auch die Karbidumkehr feststellen.

F. MEYER (*14*) fand an 11 von 13 Schmelzreihen dieselbe Beobachtung, während zwei derselben einen gegenteiligen Verlauf der Karbidabhängigkeit zeigten.

O. WEDEMEYER (*15*) konnte, soweit die unteren Kurvenäste der Temperaturbeziehung in Frage kommen, an Hand von Großversuchen (10 bis 26 t schwere Schmelzen aus dem Gießereiflammofen) die Beobachtungen von E. PIWOWARSKY bestätigen, daß eine längere Zeitdauer der Schmelzbehandlung in demselben Sinne wirkt wie eine Temperaturerhöhung. Er fand auch bestätigt, daß bei siliziumärmerem Guß (Walzenguß) die Unterschiede im gebundenen Kohlenstoffgehalt der erstarrten Schmelzen weit größer ausfielen als beim siliziumreicheren Eisen (Hämatit).

Die Umkehrkurven sind übrigens von E. PIWOWARSKY selbst nicht immer beobachtet worden. Vor allem blieben sie recht oft aus, wenn die Schmelzen im Vakuum durchgeführt wurden. Auch K. v. KERPELY (*16*) und H. HANEMANN (*17*) konnten sie entweder gar nicht oder nicht immer beobachten. An sich hielt jedoch HANEMANN ihre Existenz für berechtigt, gab jedoch eine andere Erklärung für deren Ursache. Praktisch berechtigter und den Ansichten von E. PIWOWARSKY durchaus nicht widersprechend dürfte die Anschauung von P. BARDENHEUER und L. ZEYEN (*18*) sein, nach der an der Luft geschmolzenes Gußeisen mit zunehmender Keimfreiheit der Schmelze bei steigender Überhitzung an sich wachsende Neigung zur karbidischen Erstarrung in sich birgt, jedoch, veranlaßt durch die aus den Reaktionen der Schmelze (insbesondere bei den höheren Temperaturen) mit der Tiegelwand oder dem Schmelzherd entstehenden Gase, durch Berührung mit keimförderndem Tiegelmaterial mitunter wieder zu erhöhtem Karbidzerfall hinüberwechselt. Eine Erklärung für die Feststellung PIWOWARSKYS, der bei seinen ersten Versuchen unabhängig vom Tiegelmaterial (Graphit- oder Magnesiatiegel) nach dem Abschrecken der Schmelzen von 1000° C die Umkehrkurven gefunden hatte, für den Karbidanteil demnach nur die eutektischen Erstarrungsvorgänge maßgebend sein konnten (was HANEMANN möglicherweise übersehen hatte), ist jedenfalls noch nicht erbracht worden. Immerhin ist die von HANEMANN für den oberen (rückläufigen) Ast der Umkehrkurve gegebene Erklärung, wonach die mit der Schmelzüberhitzung zunehmende Graphitverfeinerung infolge der damit zunehmend größeren Oberfläche der Graphitlamellen einen wachsenden Anreiz zur Graphitkristallisation aus den Mischkristallen während der eutektoiden Umwandlung ausübt, für das Auftreten der rückläufigen

Kurve unter normalen Abkühlungsbedingungen durchaus brauchbar. H. HANEMANN hält also die durch die feine Graphitausbildung der überhitzten Schmelzen zustande gekommene „Entartung" des Eutektoids für die Ursache des Auftretens der Wendetemperatur (vgl. S. 76).

Die größte Wahrscheinlichkeit für die Ursache des Umkehrpunktes dürfte mit W. O. RUFF (*19*) darin liegen, daß nach Erreichen einer Temperatur, welche zur stärkeren Reduktion der Oxyde des Tiegelmaterials unter Gasentwicklung führt, die Schmelze reicher an Gasen, vor allem Kohlenoxyd, wird und auch mehr Sauerstoff aufnimmt. Dieser wird zwar durch den Kohlenstoff des Bades wieder reduziert, aber die Neigung zur graphitischen Erstarrung bleibt weiter bestehen, solange die Reaktion noch nicht abgeschlossen ist, was sich auch mit den bekannten Beobachtungen von HONDA und MURAKAMI (*20*) u. a. über den Einfluß von Gasen auf den Graphitgehalt erstarrenden Gußeisens deckt. W. O. RUFF stellte im Hochfrequenzofen eine Reihe von Schmelzen her, von denen die eine Hälfte jeweils bei 1500° abgegossen wurde, der Rest nach langsamem Abkühlen der Schmelzen auf etwa 1300°. Das Abgießen geschah der hohen Summe C + Si wegen in eiserne Kokillen. Abb. 219 zeigt, wie durch das Abkühlen unter Luftzutritt auf 1300° stets die Neigung zur graphitischen Erstarrung zunahm, obwohl durch die niedrigere Gießtemperatur die Abkühlungsgeschwindigkeit größer war. Erfolgte die Abkühlung von 1500 auf 1300° jedoch in einer reinen Kohlenoxydatmosphäre, so war keine verminderte, sondern eine erhöhte Neigung zur karbidischen Erstarrung zu beobachten. Daß die Entfernung aufgenommenen Sauerstoffs zweifellos an diesen Beobachtungen ursächlich beteiligt war, konnte auch daraus geschlossen werden, daß die Oxydhäutchen auf der Oberfläche der Schmelzen oberhalb etwa 1370° verschwanden, eine Tatsache, welche bekanntlich bei der optischen Temperaturmessung flüssiger Gußeisenschmelzen zu beachten ist, da sie eine erhebliche Änderung des Emissionskoeffizienten verursacht.

$V = 2/3$

Gießtemperatur: 1500°, 1300°

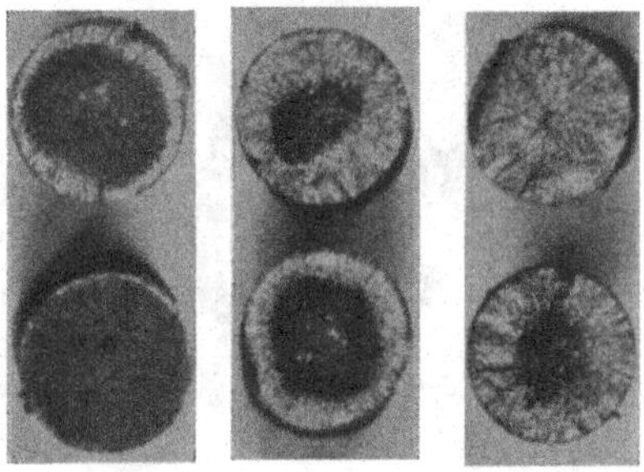

C%	3,70	3,44	3,58
Si%	2,32	2,40	2,40

Abb. 219. Einfluß der Gießtemperatur bei freiem Zutritt von Sauerstoff in Proben aus Eisenkokillen (W. O. RUFF).

Der Überhitzungseffekt. Schon im Rahmen seiner ersten systematischen Versuche hat E. PIWOWARSKY die hinsichtlich ihres kausalen Zusammenhanges zweifellos neuartige und überraschende Feststellung gemacht, daß unabhängig vom Siliziumgehalt sämtliche Eisensorten mit zunehmender Überhitzung eine steigende Verfeinerung des graphitischen Gefügebestandteiles zeigten, was auch metallographisch belegt werden konnte (Abb. 220). Ja, die Verfeinerung des Graphits konnte bis zur temperkohleartigen Ausbildung getrieben werden. Kurze Zeit darauf (*21*) konnte E. PIWOWARSKY als Ursache der Graphitverfeinerung eine mit steigender Schmelzüberhitzung zunehmende Unterkühlung der eutektischen Erstarrung nachweisen. Seine Versuchsführung war folgende:

In einem Versuchstiegelofen wurden aus gleichartigen Rohmaterialien drei Schmelzen gleicher Zusammensetzung (3,2% C, 2,2% Si, 0,45% Mn, 0,02% P, S in Spuren) erschmolzen, die erste derselben auf 1260°, die zweite auf 1420°, die dritte auf 1590° überhitzt, in allen Fällen 10 min auf Maximaltemperatur belassen, alsdann sofort vergossen zu je einem Stab von 30 mm Durchmesser und etwa 500 mm Länge unter Benutzung einer Gießform gemäß Abb. 221. Die Gießform war zur weitgehenden Änderung der Abkühlungsgeschwindigkeit aus

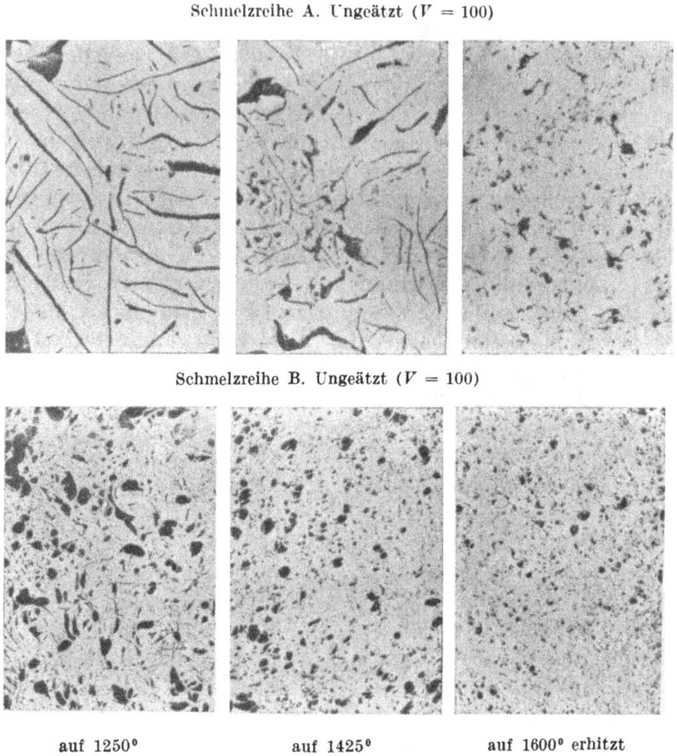

Abb. 220. Einfluß der Schmelzüberhitzung auf die Graphitausbildung in kohlenstoffreichem Grauguß (E. Piwowarsky).

fünf Teilen je gleicher Länge zusammengesetzt, und zwar aus einem Kokillenstück, einem Naß-, einem Trockenformstück, alsdann aus einem mittels eingebautem Chromnickeldrahtofen vor dem Vergießen auf 500° vorgewärmten Oberteil, an den sich der reichlich dimensionierte verlorene Kopf anschloß. In der Mitte einer jeden Teilform war ein Thermoelement eingelassen. Die ermittelten Werte der eutektischen Haltetemperaturen dieses Versuches sind in Abb. 221 aufgeführt. Man sieht hieraus, daß nicht nur die Abkühlungsgeschwindigkeit (Zahlen vertikal), sondern auch die Schmelzüberhitzung (Zahlen horizontal) einen gleichgerichteten Einfluß auf die Lage der eutektischen Temperatur ausübt. Es ist demnach durch die Anwendung hoher Überhitzungstemperaturen damals erstmalig gelungen, dasselbe zu erreichen, was

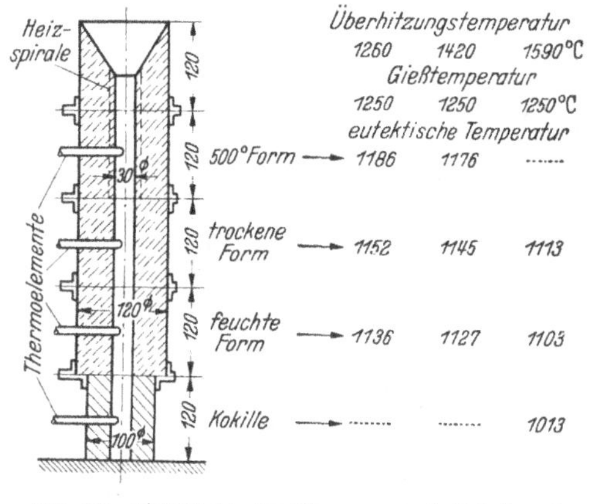

Abb. 221. Einfluß der Abkühlungsgeschwindigkeit und der Schmelzüberhitzung auf die Lage des eutektischen Erstarrungsintervalls (E. Piwowarsky).

man bislang nur durch Guß in metallische Formen erzielen konnte. Da Kokillenguß aus wirtschaftlichen Gründen nur für gewisse Sonderfälle (serien-

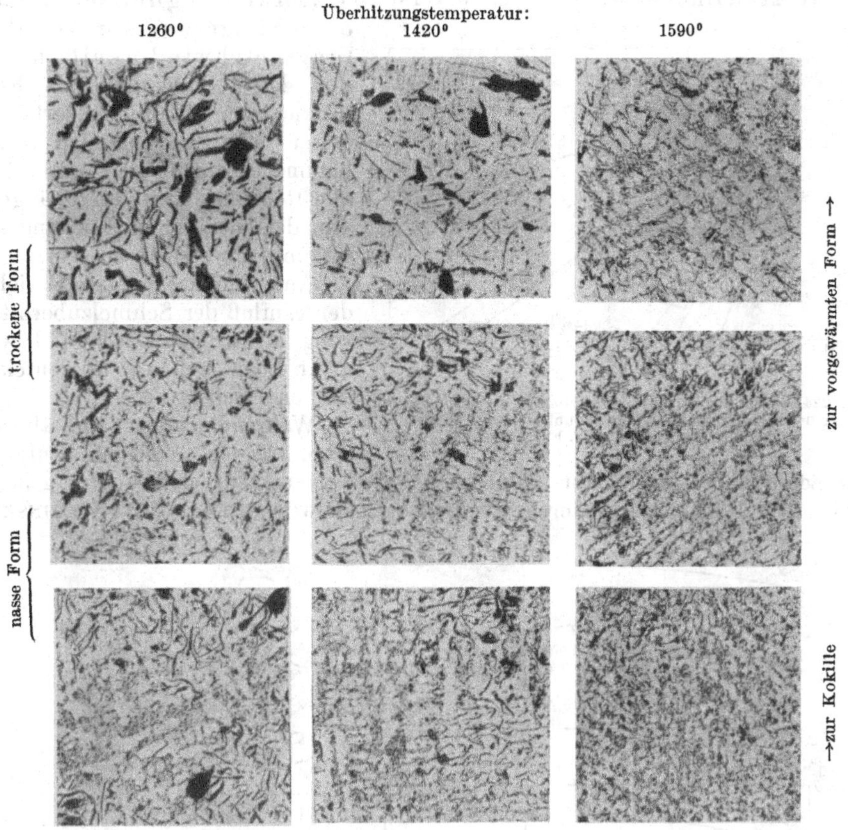

Abb. 222. Einfluß der Abkühlungsgeschwindigkeit bei verschiedener Überhitzungstemperatur im Schmelzfluß auf die Graphitausbildung im Grauguß nach E. Piwowarsky (Ungeätzt. $V = 50$.)

mäßige Herstellung kleinerer einfacherer Gußstücke) in Frage kommt, so erhellt hieraus der besondere Vorteil der Anwendung hoher Überhitzungstemperaturen.

Abb. 222 zeigt die Graphitausbildung dieser drei Schmelzen in den verschiedenen Zonen des Stabes, und zwar unmittelbar unterhalb der Meßstellen. Die Graphitvergröberung durch Verzögerung der Abkühlung in den Vertikalreihen läßt demnach dem Grade nach mit der Überhitzungstemperatur deutlich nach. Man sieht also, daß das auf die anormal hohe Temperatur von 1590° erhitzte Eisen hinsichtlich seiner Graphitausbildung weit weniger empfindlich war gegen Änderung der Abkühlungsgeschwindigkeit oder, was gleichbedeutend ist, weitgehender unabhängig war von der Wandstärke, indem es auch bei langsamer Abkühlung (große

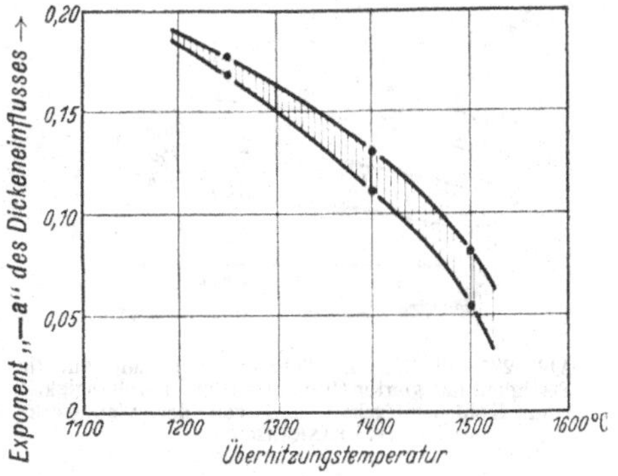

Abb. 223. Einfluß der Überhitzung auf die Wandstärkenabhängigkeit von Elektroeisen mit 3,3% C und 2% Si (E. Piwowarsky und E. Söhnchen).

Wandstärke) sein feingraphitisches Gefüge leichter beibehielt. Die systematische Graphitverfeinerung durch anormale Schmelzüberhitzung läuft also letzten Endes auf eine systematische Unterkühlung der Schmelze ohne Steigerung der Abkühlungsgeschwindigkeit hinaus. Dieses Verfahren hat den Vorzug, den Abkühlungsverhältnissen beim Sandguß sich vollkommener anzupassen und für alle Roheisensorten, unabhängig von der chemischen Zusammensetzung, anwendbar zu sein.

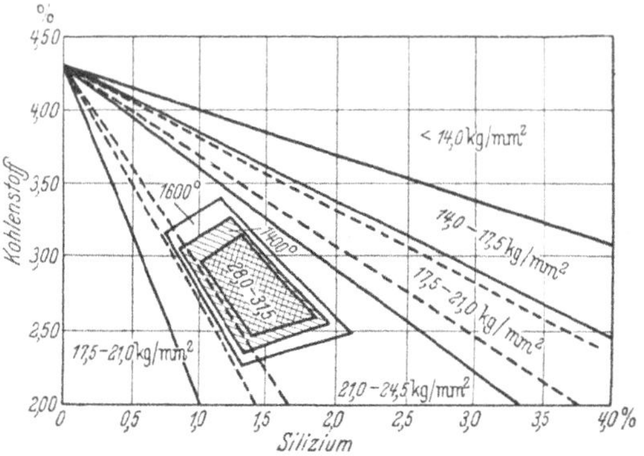

Abb. 224. Einfluß der Schmelzüberhitzung auf die Verbreiterung des Feldes höchster Zugfestigkeit bei unlegierten Gußeisen und Querschnitten von 40 mm (v. FRANKENBERG).

Am vorteilhaftesten zeigt sich der Einfluß der Schmelzüberhitzung an naheutektischen bzw. mehr oder weniger übereutektischen Eisensorten.

Während bereits die ältere Abb. 222 den günstigen Einfluß der Schmelzüberhitzung auf den Dickeneinfluß zum Ausdruck brachte, geben Abb. 183 und 223 gemäß späteren Arbeiten von E. PIWOWARSKY und W. SZUBINSKI

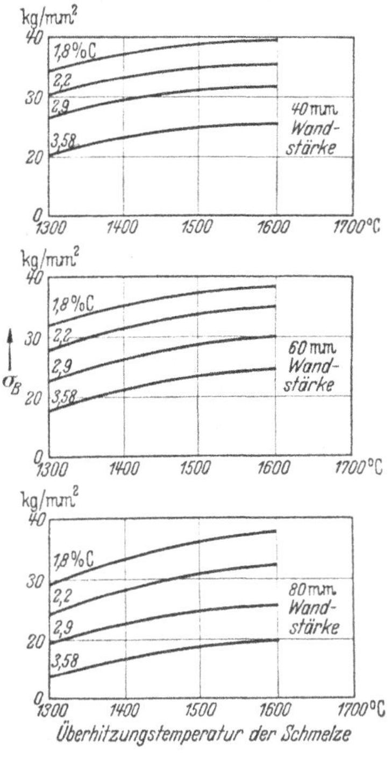

Abb. 225. Einfluß der Schmelzüberhitzung auf die Festigkeit unlegierter Graugußsorten in Abhängigkeit vom Kohlenstoffgehalt und von der Wandstärke (v. FRANKENBERG).

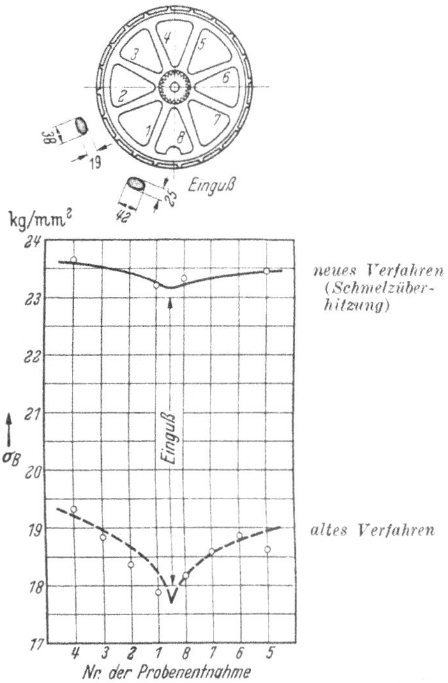

Abb. 226. Einfluß des Eingusses auf die Zugfestigkeit bei Landmaschinen-Grauguß (altes Schmelzverfahren) und Landmaschinen-Sondereisen (neues Schmelzverfahren).

bzw. E. SÖHNCHEN (*22, 24*) Beispiele für die Verringerung des Koeffizienten des Dickeneinflusses bei Elektroeisen, und zwar für die Zugfestigkeit. Eine neuere

Arbeit von A. von Frankenberg und Ludwigsdorf (25) konnte ferner den günstigen Einfluß der Schmelzüberhitzung auf die Verbreiterung des Feldes höchster Zugfestigkeit im Coyle-Diagramm aufzeigen (Abb. 224) und den Einfluß der Schmelzüberhitzung bei steigender Wandstärke der Gußstäbe zum Ausdruck bringen (Abb. 225). Auch Abb. 226 aus älteren Versuchen der Fa. Friedr. Krupp A.G., Essen (23) zeigt, wie durch Überhitzung des Eisens der sonst so ungünstige Einfluß der Eingußnähe auf den Festigkeitsabfall weitgehendst ausgeglichen werden konnte.

Ein bemerkenswertes Beispiel für die Bedeutung der Schmelzüberhitzung auf die Eigenschaften von Gußeisen brachte auch u. a. C. W. Pfannenschmidt (87). Unter Hinweis auf die außerordentliche Verfeinerung des Bruchgefüges von gleich schweren und gleich großen Zylinderbüchsen heutiger Herstellungsweise gegenüber dem Jahr 1907 gab er nebenstehende Zahlen (Zahlentafel 41) bekannt.

Zahlentafel 41.

	Zylinderguß 1907	Elektroguß 1933
Ges.-C . . . . %	3,22	3,18
Graphit . . . . %	2,54	2,26
Si . . . . %	1,24	1,22
Mn . . . . %	0,64	0,80
P . . . . %	0,45	0,44
S . . . . %	0,097	0,021
Zerreißfestigkeit kg/mm²	19,8	37,0
Brinellhärte	187	255

Der Zylinderguß im Jahre 1907 wurde aus dem gleichen Ofen erzeugt wie derjenige rund 25 Jahre später, jedoch war der letztere aus Gußbruch und Stahlschrott ohne Roheisen im Kupolofen vorgeschmolzen und dann im basischen Elektroofen überhitzt und dabei auch entschwefelt worden.

Der Hanemann-Effekt. H. Hanemann (26) glaubte, die Neigung schmelzüberhitzten Eisens zur feineren Graphitausbildung damit erklären zu können, daß der Graphit beim Aufschmelzen von Gußeisen bzw. Grauguß nicht sofort restlos in Lösung gehe, unaufgeschmolzene Graphitreste sich vielmehr noch über einen gewissen Temperaturbereich der Überhitzung und in Abhängigkeit von der Zeitdauer der Überhitzung existenzfähig hielten und bei vorzeitiger Erstarrung des keimführenden Eisens durch Impfwirkung eine Unterkühlung des erstarrenden Eisens behinderten, wodurch die Graphitkristallisation in geringeren Unterkühlungsbereichen einsetzte. Die Folge mußte nach den bekannten Gesetzmäßigkeiten eine gröbere Ausbildung des Graphits sein. Was eine anormale Schmelzüberhitzung hinsichtlich der Graphitverfeinerung erreichte, das mußte also logischerweise durch zeitlich längeres Flüssighalten der Schmelze in mittleren Überhitzungsbereichen erreichbar sein. Diese Überlegungen fanden sich in ihrer praktischen Auswirkung bestätigt, und H. Hanemann konnte den Zusammenhang zwischen zeitlicher Schmelzbehandlung und demjenigen Zustand nachweisen, der zu einer anscheinend keimfreien Schmelze und damit zu einer feineutektischen Graphitausbildung bei der Erstarrung führt (Abb. 227). Die Anwendung dieser Zusammenhänge führte zur Schaffung des „Stabilgusses" der Firma Borsig G. m. b. H. in Berlin, der sich bei guter mechanischer Festigkeit

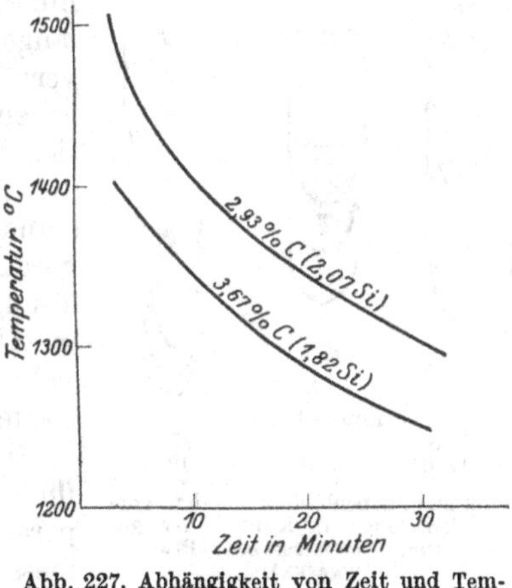

Abb. 227. Abhängigkeit von Zeit und Temperatur der Schmelze zwecks Graphitverfeinerung (Hanemann).

durch besonders gute Volumenbeständigkeit auszeichnete (*24*). Die in Abb. 227 wiedergegebenen Kurven sind logischerweise als Mindestzeit anzusehen, während der eine Schmelze bei konstant gehaltener Temperatur zur Erreichung des gewünschten Erfolges (der Graphitverfeinerung) überhitzt werden muß.

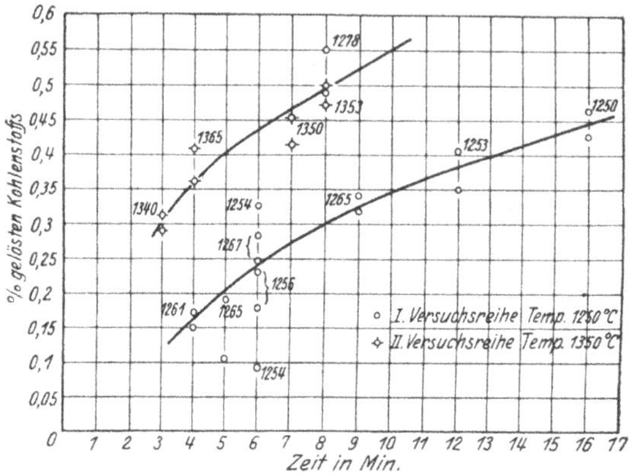

Abb. 228. Abhängigkeit der Graphitauflösung von Zeit und Temperatur (SAUERWALD und KORENY).

Wenngleich inzwischen nachgewiesen werden konnte, daß der Hanemann-Effekt weniger auf dem Verschwinden mechanisch vorhandener, ungelöster Graphitanteile, als vielmehr ganz allgemein auf einer mit zunehmender Keimfreiheit der Schmelze zunehmenden Neigung des Gußeisens, feingraphitisch anzufallen, beruht, so wird durch diese Feststellung der neuwertige Erfolg ebensowenig beeinträchtigt, als die erstmalig von E. PIWOWARSKY aufgezeigte Kausalität zwischen zunehmender Schmelzüberhitzung und der Graphitverfeinerung. Zwar schienen die Versuche von F. SAUERWALD und A. KORENY (*27*) der ursprünglichen Graphitkeimhypothese eine neue Stütze zu geben. Die genannten Autoren gingen von ungesättigtem Eisen mit 3,62% C und 0,16% Si aus, dem abgewogene Mengen von Graphit zugesetzt wurden. Die Schmelzen wurden innerhalb zweier Temperaturreihen in zunehmend längeren Abständen abgeschreckt und der ungelöst verbliebene Graphitanteil analytisch bestimmt. Es ist einleuchtend, daß bei dieser Versuchsführung sich leicht Fehler einschleichen konnten, welche die Auflösungsvorgänge zu beeinträchtigen imstande waren, zumal Diffusions- und Konvektionsvorgänge die Geschwindigkeit der Graphitauflösung zweifellos stark beeinflussen mußten. Die in Abb. 228 wiedergegebenen Ergebnisse halten sich daher an der untersten Grenze der zu erwartenden Auflösungsgeschwindigkeit.

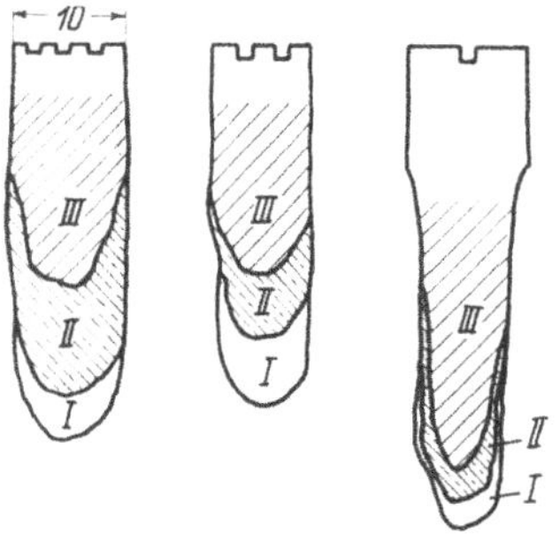

Eintauchdauer:
5 sec bei 1200° — 10 sec 1250° — 15 sec 1300°

Abb. 229. Zonenbildung in den verschieden lange in Kupferbäder getauchten Gußeisenstäben (PIWOWARSKY).

Die Auflösungsgeschwindigkeit des Graphits im flüssigen Eisen. Bei der Aufnahme von Zeit-Temperatur-Kurven an Proben von 10 bis 15 mm Durchmesser und 20 bis 30 mm Höhe aus den verschiedensten Sorten grauen Gußeisens konnte der Verfasser (*83*) beobachten, daß das Graphiteutektikum auch bei hohen Erhitzungsgeschwindigkeiten von 20 bis 50°/min in einem Temperaturbereich von nur 4 bis 8° schmolz. Bei Erhitzungsgeschwindigkeiten von 50 bis 100°/min stieg der Bereich der Graphitauflösung auf 10 bis 35° bei feingraphitischem und auf etwa 25 bis 60° bei grobgraphitischem Gußeisen. Siliziumreiche, sehr grobgraphitische Hämatitroheisen ergaben sogar Auflösungsbereiche von 80 bis 90°, und zwar bei sehr hohen Erhitzungsgeschwindigkeiten von 100 bis 150°/min. Eine voraufgehende Glühung der Proben zur Erzielung eines ferritischen Grundgefüges hatte keinen nachweislichen Einfluß auf die Größe des Schmelzintervalls.

Da diese Beobachtungen von großer Bedeutung für die Lösung zeitgemäßer

Fragen in Forschung und Betrieb schienen, sollte ihre Richtigkeit durch weitere Versuche noch erprobt werden. Hierzu wurden aus fünf verschiedenen Gußeisensorten mit rd. 3% C, 0,4 bis 2,5% Si, dazu teilweise noch 3,7 oder 4% Ni in nassen und trockenen Formen Stäbe mit verschiedener Graphitausbildung gegossen, die, teilweise erst nach Temperung oder Glühung, auf 10 mm abgedreht wurden. Die Proben wurden mit einem Ende in ein Nickel-Kupfer-Bad von 1400° oder in Kupferbäder von 1200, 1250 oder 1300° getaucht und in Wasser abgeschreckt, sobald Anzeichen für ein Abschmelzen der Stabenden vorlagen (nach 5 bis 15 sec).

In den Versuchsstäben konnte man dann stets drei Zonen unterscheiden (Abb. 229):

I. eine ledeburitische Randzone, die frei von Graphit war oder nur Spuren davon zeigte, dazu Austenit oder Martensit;

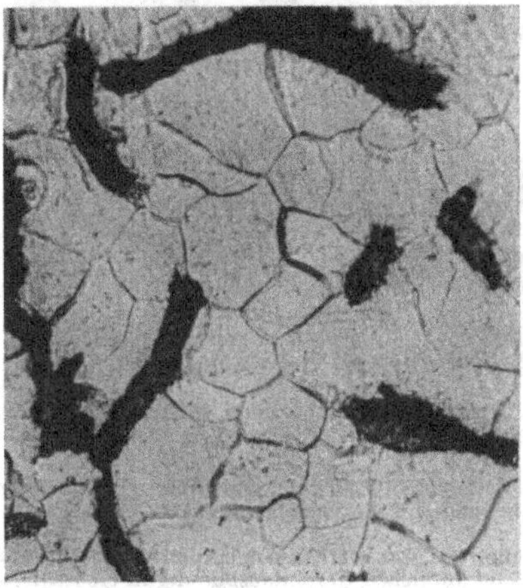

Abb. 230. Anlieferungszustand. $V = 1000$.

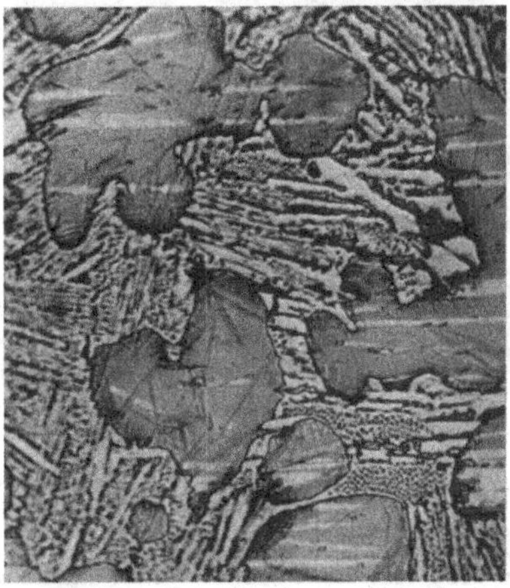

Abb. 230a. Gefüge der Zone *I* nach Abschreckung. $V = 1000$.

Es ergab sich durch Abschreckung:
Zone *I* = ledeburitische Randzone, frei von Graphit, die Grundmasse besteht aus Austenit und Martensit.
Zone *II* = Zone mit abnehmendem Ledeburit- und zunehmendem Graphitgehalt, daneben Austenit und Martensit.
Zone *III* = ledeburitfreie Zone mit einer dem Anlieferungszustand ähnlichen Graphitausbildung in troostitisch-martensitischer Grundmasse. (Das Material gemäß Abb. 230 war vor dem Versuch bei 850° ferritisch geglüht worden.)

II. eine Zone mit abnehmendem Ledeburit- und zunehmendem Graphitanteil, daneben Austenit oder Martensit;

III. eine ledeburitfreie Zone mit einer dem Zustand vor dem Tauchversuch nahekommenden Graphitausbildung, wobei die Grundmasse troostitisch oder martensitisch war.

Abb. 230 und 230a geben kennzeichnende Bilder von einer Probe mit 3% C und 0,94% Si wieder. Es leuchtet ein, daß die Zone *I* bei der Tauchbehandlung nur wenige Grad über die wahre Schmelztemperatur erhitzt gewesen ist. Trotzdem war der Graphit hier völlig verschwunden (Abb. 230a), in Zone *II* stark in Auflösung begriffen, und selbst in den der Zone *II* benachbarten Teilen der Zone *III* war ein Teil des Graphits von der Grundmasse aufgenommen worden, wie das Austenit-Martensit-Gefüge in der Nähe der Graphitlamellen erkennen ließ.

Bemerkenswert war das Verhalten des siliziumreichen Materials mit 3% C und 2,52% Si (Abb. 231 und 231a). Hier enthielten die Zonen *I* zwar größere Mengen Graphit (vgl. Abb. 231a), aber die neben den ledeburitischen Feldern erkennbare eutektische Graphitanordnung in Zone *I* und *II* gegenüber der groblamellaren des Anlieferungszustandes beweist, daß praktisch der gesamte Kohlenstoff bei oder kurz oberhalb der eutektischen Temperatur in wenigen Sekunden aufgelöst worden ist. Da der Karbidzerfall bei jenen Temperaturen nach Versuchen von H. HANEMANN (*84*) nur langsam verläuft, so könnte es sich im vorliegenden Falle um eutektischen Graphit handeln, der unmittelbar aus der flüssigen Phase entstanden ist.

Weitere Kontrollversuche wurden in der gleichen Weise an verschiedenen Gußeisensorten der in Zahlentafel 42 mitgeteilten Zusammensetzung durchgeführt.

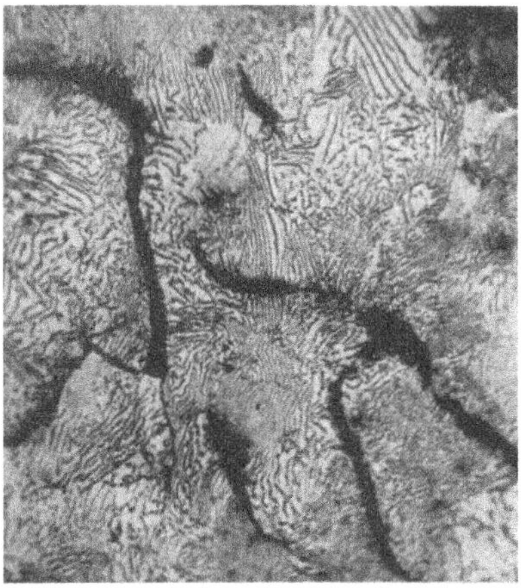

Abb. 231. Anlieferungszustand. $V = 1000$.

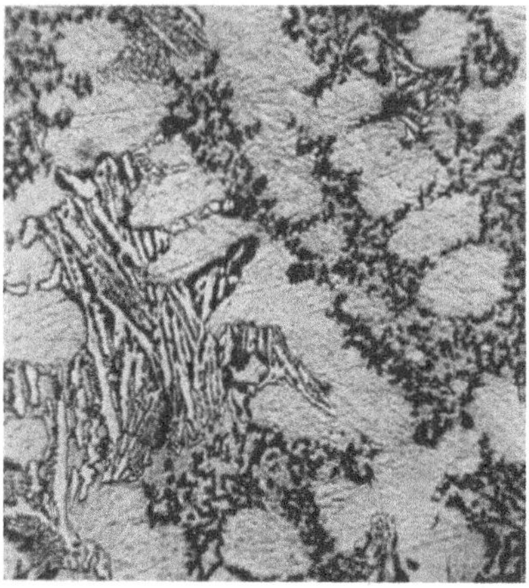

Abb. 231a. Gefüge der Zone *I* nach Abschreckung. $V = 1000$.

Es ergab sich durch Abschreckung:
Zone *I* = Ledeburit neben Graphiteutektikum, die eutektische Form in Abb. 231a gegenüber der lamellaren Form des Graphits in Abb. 231 deutet auf Entstehung des Graphits gemäß Abb. 231a aus der Schmelze.
Zone *II* = Zone mit abnehmendem Ledeburit- und zunehmendem Graphitanteil, daneben Austenit und Martensit.
Zone *III* = ledeburitfreie Zone mit einer dem Anlieferungszustand ähnlichen Graphitausbildung in troostitisch-martensitischer Grundmasse.

Man erkennt, daß sich die Schmelzen *1* bis *4* durch einen steigenden Siliziumgehalt auszeichnen, während in den Schmelzen *5* und *6* der Siliziumgehalt in

Zahlentafel 42.

Schmelze Nr.	Ges.-C %	Si %	Mn %	P %	S %	Ni %	Cr %
1	3,08	0,94	0,05	0,02	0,012	—	—
2	3,03	1,74	0,05	0,02	0,014	—	—
3	3,07	2,51	0,06	0,024	0,012	—	—
4	2,24	5,80	0,40	0,061	0,02	—	—
5	3,10	0,73	0,03	0,014	0,018	3,70	—
6	3,09	0,32	0,04	0,02	0,014	5,63	—
7	3,16	3,93	0,48	0,114	0,014	—	1,24

zunehmendem Maße durch Nickel als graphitbildendes Element ersetzt worden ist. Schmelze *7* enthält neben einem höheren Siliziumgehalt auch noch einen relativ hohen Chromgehalt. Das gesamte Versuchsmaterial war im Hochfrequenzofen erschmolzen bis auf Schmelze *4*, die in einem Gastiegelofen hergestellt wurde. Als Ausgangsstoff diente in allen Fällen reines schwedisches Holzkohleneisen, welches mit Kruppschem Weicheisen und den entsprechenden Ferrolegierungen versetzt wurde zur Anpassung an die erstrebte Analyse. Durch eine Anzahl Vorversuche wurde die zweckmäßigste Temperatur des als Tauchflüssigkeit benutzten Kupferbades ermittelt, desgleichen der zweckmäßigste Durchmesser der Tauchkörper sowie die zweckmäßigste Tauchzeit. Es ergab sich für eine Badtemperatur von 1300° eine günstigste Eintauchzeit von 8 sec und für eine Badtemperatur von 1250° eine solche von 12 sec. Der günstigste Stabdurch-

Schmelze *1*. × 100

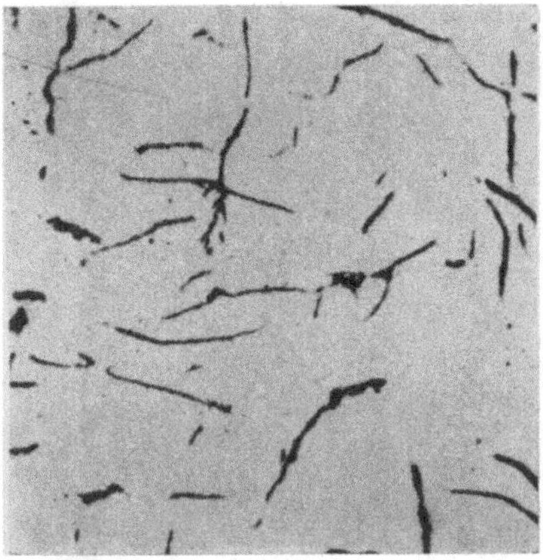

Abb. 232. Anlieferungszustand, ungeätzt.

Schmelze *1*. × 500

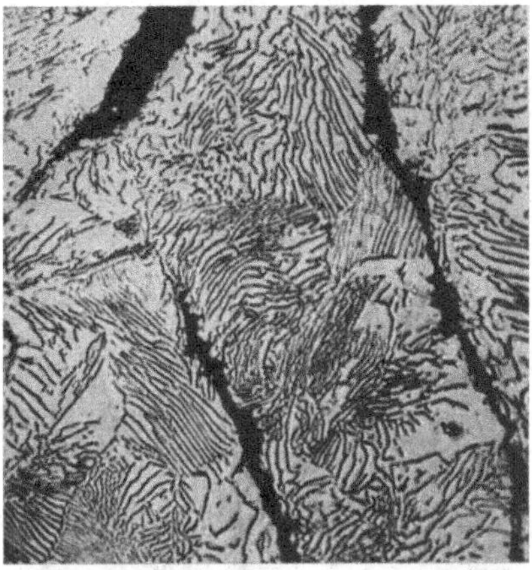

Abb. 233. Wie Abb. 232, jedoch Ätzung II.

messer betrug 10 mm. Unter diesen Bedingungen schmolzen die getauchten Proben derart ab, daß nach dem Abschrecken die nachstehend gekennzeichneten drei Gefügezonen, vor allem aber die für die Auswertung wichtigste äußere Zone *I*,

Schmelze *1*. × 500

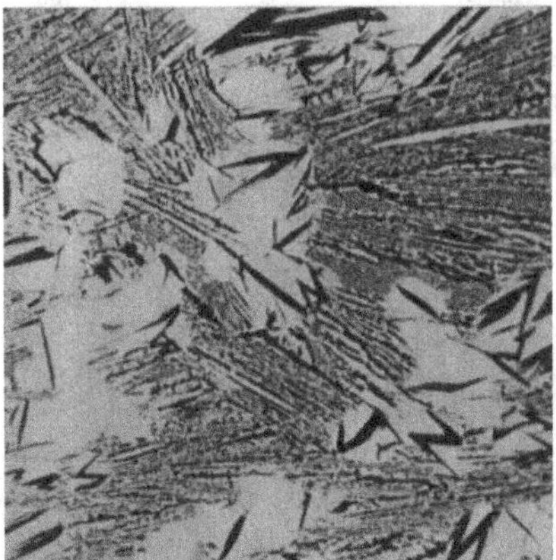

Abb. 234. Zone *I*, Ätzung II.

Schmelze *1*. × 500

Abb. 235. Übergang nach Zone *II*, Ätzung II.

ganz eindeutig auftraten. Die Zonen *I* bis *III* waren wiederum gekennzeichnet durch:

I. eine ledeburitische Randzone, frei von Graphit bzw. bei den höher silizierten Proben mit größeren Anteilen an Graphiteutektikum; daneben Austenit und grober Martensit;

II. eine Zone mit abnehmendem Anteil an Ledeburit und zunehmendem Anteil an in Auflösung begriffenem Graphit, daneben Austenit und feinerer Martensit;

III. eine ledeburitfreie Zone mit einer dem Zustand vor den Tauchversuchen nahekommenden Graphitausbildung, wobei die Grundmasse meistens troostomartensitisch war.

Die Proben wurden stets gemeinsam in einen geräumigen Rahmen gespannt, und zwar in ausreichender Entfernung voneinander; sie waren ferner hori-

Schmelze *1.* × 500

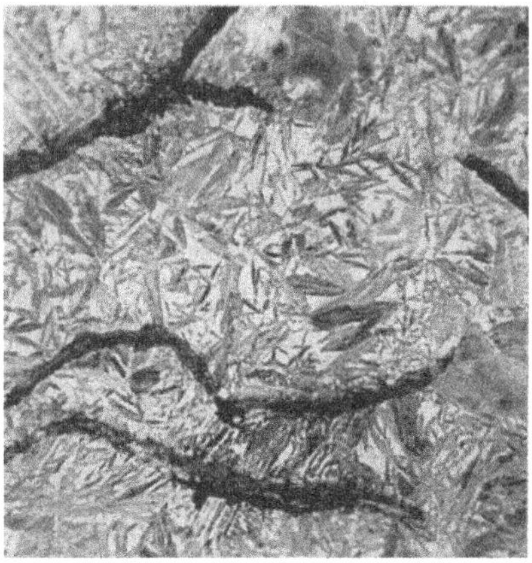

Abb. 236. Zone *III*, Ätzung II.

Schmelze *2.* × 100

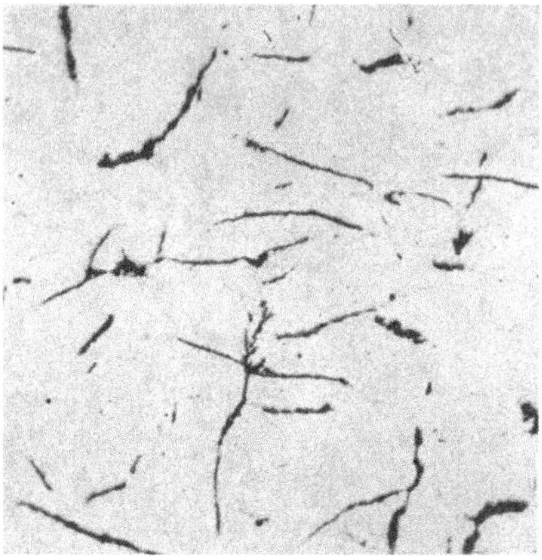

Abb. 237. Anlieferungszustand, ungeätzt.

zontal so ausgerichtet, daß die Tauchtiefe (3 cm) in allen Fällen die gleiche blieb.

Abb. 232 zeigt die graphitische Ausbildung der Schmelze *1* im Anlieferungszustand, Abb. 233 nach erfolgter Ätzung, wobei die lamellar perlitische Struktur

Schmelze *2.* × 500

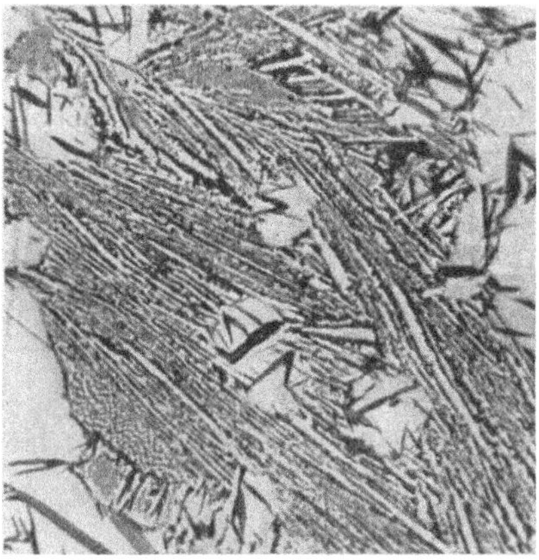

Abb. 238. Zone *I*, Ätzung II.

Schmelze *3.* × 100

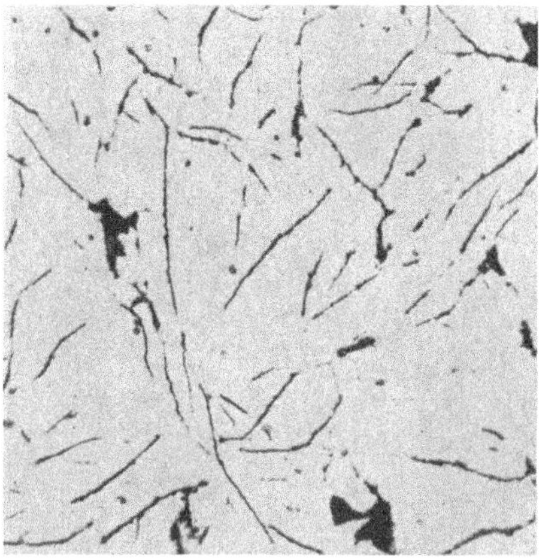

Abb. 239. Anlieferungszustand, ungeätzt.

der Probe zu erkennen ist. Abb. 234 gibt ein Durchschnittsbild der äußersten Zone *I*, d. h. derjenigen Zone, innerhalb deren die getauchten Stäbe aufgeschmolzen waren, wo aber infolge sehr hoher Viskosität noch ein gewisser Schmelzanteil am Stab haften geblieben war. Ein Absuchen des ungeätzten Schliffes ergab auch bei starker Vergrößerung das Fehlen jeglicher ungelöster Graphitreste. Abb. 235 stammt aus dem Übergang von Zone *I* nach Zone *II*. Hier ist eine in Auflösung begriffene Graphitlamelle zu erkennen, umgeben von Ledeburit. Abb. 236 stammt aus der Zone *III*, d. h. aus demjenigen Gebiet der Probe, wo die Schmelztemperatur noch nicht erreicht worden war, demnach auch das graphitische Gefüge etwa dem des Anlieferungszustandes entspricht. In den Abb. 237 bis 246 ist lediglich das graphitische Anlieferungsgefüge der Schmelzen mit zunehmendem Siliziumgehalt der Gefügeausbildung der äußersten Zone *I*

Schmelze *3*. × 500

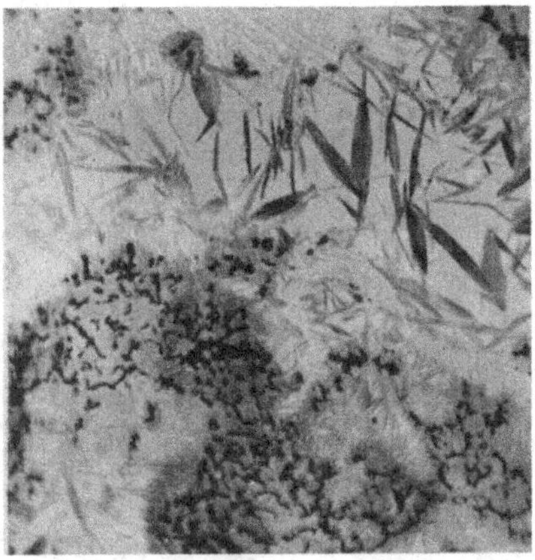

Abb. 240. Zone *I*, Ätzung II.

Schmelze *4*. × 500

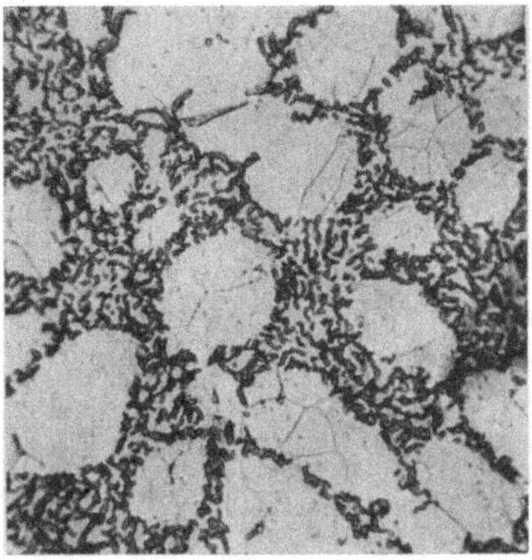

Abb. 241. Anlieferungszustand, ungeätzt.

nach erfolgter Ätzung gegenübergestellt. Man sieht, daß bei Schmelze *2* die Zone *I* noch durchaus dasselbe Gefüge hat wie Abb. 234. Auch im Falle der Schmelze *2* konnte am ungeätzten Schliff innerhalb der Zone *I* kein ungelöster Graphit be-

Schmelze *4*. × 500

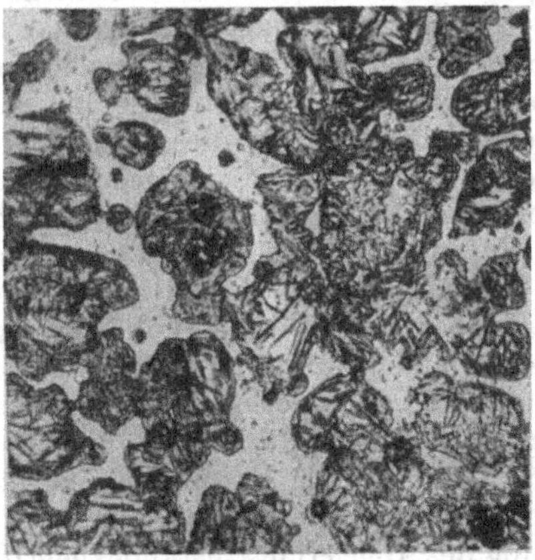

Abb. 242. Zone *I*, Ätzung II.

Schmelze *6*. × 100

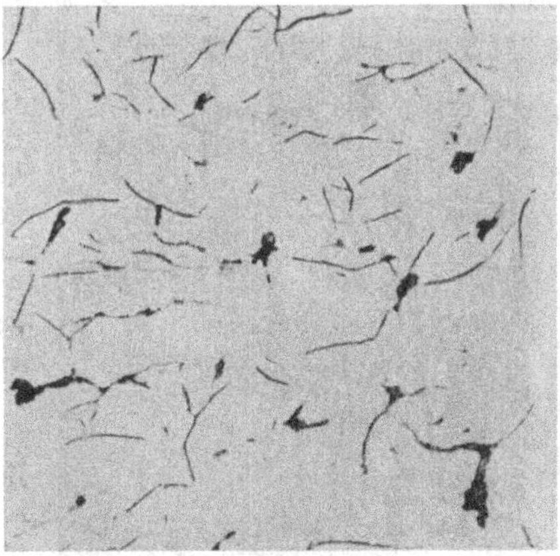

Abb. 243. Anlieferungszustand, ungeätzt.

obachtet werden. Wie aus Abb. 240 hervorgeht, ist bei der Schmelze *3* mit 2,51 % Si in der Randzone *I* neben Ledeburit, Austenit und Martensit auch noch Graphit zu beobachten, jedoch in eutektischer Anordnung gegenüber der groblamellaren Graphitausbildung des Anlieferungszustandes (Abb. 239). Es ist demnach der Schluß berechtigt, daß sich dieser eutektische Graphit nach erfolgter Auflösung der groben Graphitlamellen trotz hoher Abschreckgeschwindigkeit infolge des hohen Siliziumgehaltes ausgeschieden hat. Eine Entscheidung darüber, ob bei

Zone *I* in diesem Falle noch Spuren ungelöster Graphitreste vorhanden waren, ist natürlich schwer zu fällen. Doch spricht die Wahrscheinlichkeit dafür, daß auch bei Schmelze *3* der Anteil an ungelöstem Graphit praktisch gleich Null gewesen sein muß. Anders verhält es sich bei der sehr siliziumreichen Schmelze *4* mit 5,8% Si (Abb. 241). Hier sind, wie Abb. 242 zeigt und wie auch aus Abb. 247

Schmelze *6*. × 500

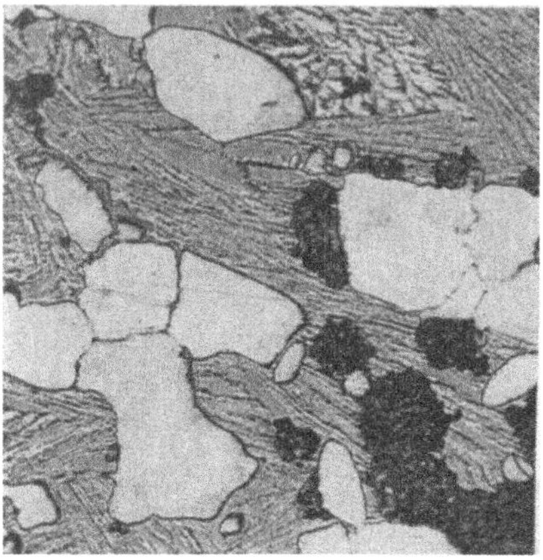

Abb. 244. Zone *I*, Ätzung II.

Schmelze *7*. × 100

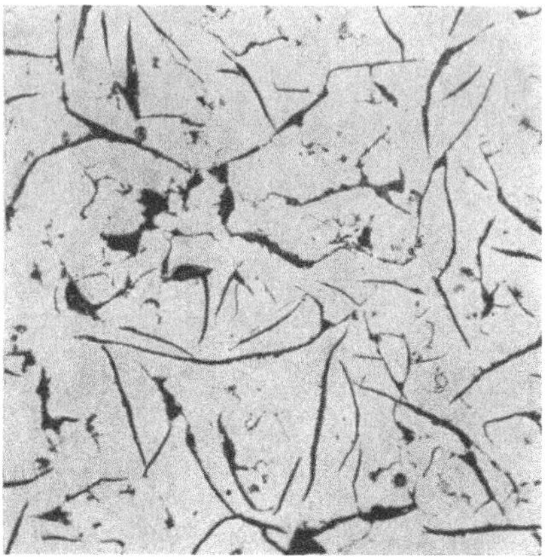

Abb. 245. Anlieferungszustand, ungeätzt.

(welche das Gefüge der äußersten Randzone im ungeätzten Zustand zeigt) zu erkennen ist, gewisse Anteile des Graphits beim Aufschmelzen der Probe ungelöst geblieben, doch kann es sich hier auch um nachträgliche Abscheidung kleiner Temperkohlenester handeln. Die nickelärmere Schmelze *5* zeigte in den Randgebieten der Zone *I* keinen ungelösten Graphit. Dagegen enthält die nickelreichere Schmelze *6* in dieser Zone erhebliche Graphitanteile, eingelagert in homogenem Austenit (Abb. 244), jedoch in völlig anderer Ausbildung, als es dem Anlieferungszustand (Abb. 243) entspricht, was also ebenfalls auf Temperkohlebildung schließen läßt.

Schmelze *7*. × 500

Abb. 246. Übergang von Zone *I* nach Zone *II* (links), Ätzung II.

Auch Abb. 248, welche das ungeätzte Gefüge der Schmelze *6* in der äußersten Zone *I* zeigt, enthält Graphit eutektisch angeordnet, gegenüber der lamellaren Anordnung des Anlieferungszustandes gemäß Abb. 243. Die Abb. 245 und 246 schließlich beziehen sich auf die Graphitausbildung im Anlieferungszustand bzw. die Gefügeausbildung in Zone *I* bei Schmelze *7*. Abb. 246 stammt allerdings bereits aus dem Übergangsgebiet von Zone *I* nach Zone *II*. Neben Ledeburit, Martensit und Austenit sind noch einige in Auflösung begriffene Graphitlamellen zu erkennen. Die äußerste Zone *I* zeigte in diesem Falle nach erfolgter Ätzung reinen Ledeburit neben etwas Austenit und Martensit, im ungeätzten Gefüge jedoch noch einige Graphitpartikelchen (Abb. 249), die ihrem Aussehen nach ebenfalls eher für sekundär entstandene Temperkohle, als für ungelöste Graphitanteile sprechen.

Bedenkt man, daß die hier beobachteten Auflösungsvorgänge in den jeweiligen Zonen *I* nächst der Oberfläche in einem Temperaturbereich unmittelbar oberhalb der eutektischen Temperatur vor sich gegangen sind, so ergibt sich, daß selbst bei höheren Anteilen an Silizium, Nickel oder Chrom die Auflösung des Graphits mit einer außerordentlichen Geschwindigkeit vor sich gehen kann. Es ist demnach nicht zu erwarten, daß schmelzflüssiges Gußeisen in höheren Temperaturbereichen noch ungelöste Graphitanteile enthält, so daß eine Mitwirkung der letzteren bei der Kristallisation und Erstarrung von handelsüblichem Grauguß (eutektisch und untereutektisch) ausgeschlossen erscheint.

Schmelze *4*. × 500

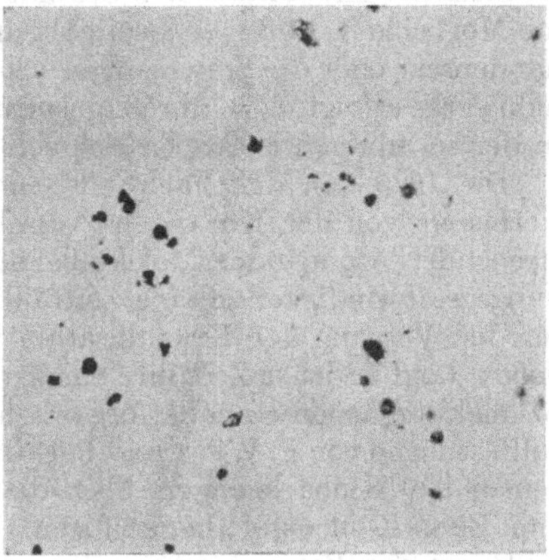

Abb. 247. Ungeätztes Gefüge in Zone *I*.

Man könnte nun der Auffassung sein, daß die Ergebnisse der Tauchversuche im Widerspruch stehen zu den Beobachtungen über das zunehmend größer werdende Schmelzintervall bei zunehmender Vergröberung des Graphits. Das ist aber nicht der Fall. Man bedenke, daß bei den Tauchversuchen die Geschwindigkeit der Wärmezufuhr durch die direkte Berührung mit dem hocherhitzten metallischen Tauchbad überaus groß war und keine direkten Messungen des Schmelzintervalls in den Zonen *I* durchgeführt

Schmelze *6*. × 500

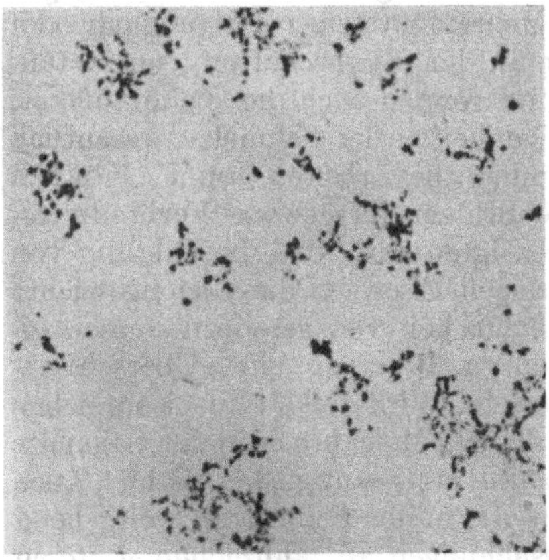

Abb. 248.

Schmelze *7*. × 500

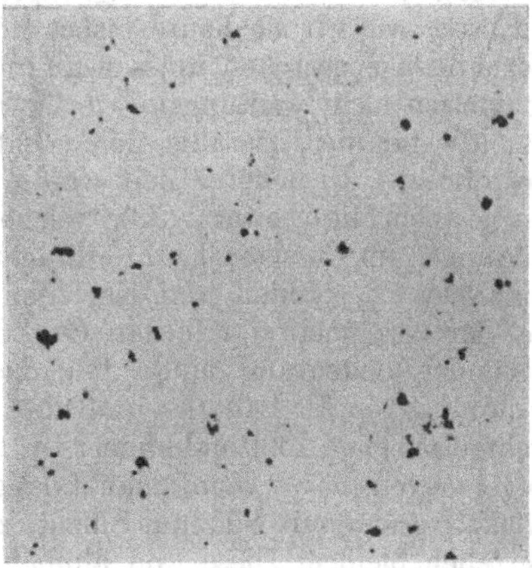

Abb. 249.

Abb. 247 bis 249. Ungeätztes Gefüge im äußersten Rand der rein ledeburitischen Zonen *I*.

wurden. Es ist also durchaus möglich, ja sogar wahrscheinlich, daß im Fall der Tauchversuche größere Schmelzintervalle vorhanden waren, aber die Zeitdauer ihres Auftretens war offenbar sehr kurz. Die mitgeteilten Versuche beweisen also lediglich die große Auflösungstendenz des Graphits im geschmolzenen Eisen. Die praktische Bedeutung größerer Schmelzintervalle grobgraphitischer Roh- und Gußeisensorten gegenüber feingraphitischen bzw. weißen Eisensorten für die stärkere Überhitzungsmöglichkeit der erstgenannten Eisentypen z. B. beim Niederschmelzen im Kupolofen bleibt von dem Ergebnis der Tauchversuche unberührt.

Die Ursachen des Überhitzungseffektes. Molekulare Konstitution der Schmelzen (arteigene Keime): Obwohl es unwahrscheinlich ist, daß der Überhitzungseffekt auf das Verschwinden sog. „arteigener" Keime im Sinne unaufgeschmolzener Kristallteile des Graphits zurückzuführen ist, besteht grundsätzlich die Möglichkeit, daß eine Beeinflussung der Erstarrungsvorgänge durch das Vorhandensein oder die Abwesenheit arteigener Keime im Sinne anisotroper Atomhaufwerke erfolgt, d. h. durch anisotrope Bereiche molekularer Größenordnungen, in der im übrigen isotropen Schmelze (*28*).

Die 1925 von der Fachwelt sehr skeptisch aufgenommene Hypothese des Verfassers von der Koexistenz verschiedener, einem Gleichgewichtszustand zustrebender Atom- oder Molekülbereiche, deren geringe Dissoziations- oder Bildungsgeschwindigkeiten eine Zeitfunktion der Schmelzbehandlung sowie gewisse für den Vorgang der Kristallisation wichtige Hysteresiserscheinungen erwarten ließen, fand zu jener Zeit ihre einzige Stütze in ähnlichen Erscheinungen bei den Schmelzvorgängen mancher organischer Substanzen, sowie in früheren, ähnlichen Auffassungen von F. Wüst und P. Goerens (*29*) sowie den von F. Sauerwald (*30*) gemachten Beobachtungen über die Volumenänderungen beim Aufschmelzen von Eisen-Kohlenstoff-Legierungen. In der Folgezeit mehrten sich jedoch die Fälle, wo aus Beobachtungen über die innere Reibung, über die Leitfähigkeit, das Formfüllvermögen und andere physikalische und technologische Eigenschaften die älteren Auffassungen über den regellos atomaren Aufbau von Metallschmelzen allmählich verlassen wurden und neuartige, für das ganze Gebiet der Metallkunde noch unabsehbar bedeutungsvolle Ansichten über den konstitutionellen Charakter flüssiger Metalle und Legierungen heranreiften (*31*).

Komplexbildungen gleichartiger und fremdartiger Atomarten miteinander, Bildung bestimmter Molekülgruppen und Verbindungsbildungen im flüssigen Zustand, wie wir sie heute insbesondere in Mehrstoffsystemen als möglich oder vorhanden zugestehen müssen, können aber an den Eigenschaften von Metallschmelzen nicht wirkungslos vorübergehen und werden auch die Keimfähigkeit und die für die Kristallisation wichtigen Eigenheiten der Schmelze wesentlich beeinflussen. In neuerer Zeit waren es besonders die Arbeiten von F. Körber und seinen Mitarbeitern (*32*), welche weitere Stützen für gewisse Verbindungsbildungen im flüssigen Eisen erbrachten. Sie zeigten auch, daß die Bildung von Siliziden, Phosphiden und Karbiden im flüssigen Eisen auf die Gleichgewichte der Metallschmelzen mit den Oxyden der Schlacken von geradezu ausschlaggebender Bedeutung sind. Für das Silizium z. B. ergab eine Überschlagsrechnung von F. Körber, daß dessen chemische Wirksamkeit in eisenreichen Schmelzen etwa 1500mal kleiner ist, als nach seinem Molenbruch in der Schmelze zu erwarten wäre, wenn man flüssiges Silizium als Bezugsphase wählt. Auch Nickel vermag mit Silizium Silizide zu bilden, die in den Schmelzen weitgehend bestehen bleiben. Diese und ähnliche Untersuchungen an zahlreichen weiteren Legierungsreihen (*33*), z. B. an Eisen-Aluminium- und Eisen-Nickel-Aluminium-Reihen, geben uns neuartige Einblicke in die intermetallischen Bindungsverhältnisse metallischer Schmelzen.

Sind aber schmelzflüssige Metalle und Legierungen keine der klassischen Auffassung entsprechende atomar aufgespaltene homogene Phasen, so müssen wir annehmen, daß nicht nur die kinetische Energie, sondern auch die Molekularverhältnisse derartiger Schmelzen durch starke Überhitzung oder thermische Behandlung im Schmelzfluß sich wesentlich zu ändern vermögen. Die Überhitzung ist demnach ein Problem, das über die an Grauguß gemachten Beobachtungen weit hinausreicht.

Tatsächlich konnte der Verfasser bereits im Jahre 1925 (*34*) feststellen, daß z. B. bei Gußeisen die Tendenz zur Karbidumkehr erhalten blieb, wenn das verschieden hoch erhitzte Eisen zunächst weiß (als Kokillenguß) vergossen und alsdann in sekundärem Prozeß getempert wurde, wobei auch im getemperten Eisen das ehedem hoch überhitzte Material die beste Temperkohleausbildung besaß. Amerikanische Forscher fanden inzwischen (*35*) in Übereinstimmung hiermit, daß anormal stark (auf 1760°) überhitzter Temperrohguß in der halben Zeit getempert werden konnte (Abb. 250) als ein nur auf etwa 1538° erhitzter Rohguß. Da ferner neuerdings auch Beziehungen zwischen Primärkristallisation und Gefügeausbildung des ferritisch getemperten Rohgusses nachgewiesen werden konnten (*36*), so erhellt daraus die Bedeutung der Schmelzführung für den Tempergießer, eine Tatsache, welche bereits jene Tempergießer zu spüren bekamen, die Temperguß sowohl aus dem Kupolofen wie aus dem Flamm- oder Elektroofen herstellen. Weitere Beobachtungen des Verfassers über analoge Beeinflussungsmöglichkeiten der Gefügeausbildung von Zinnbronzen mit 10 bis 14% Sn, ferner von Aluminiumbronzen und Aluminium-Kupfer-Legierungen, ja sogar an Stahlguß, führten ihn bereits zu Beginn des Jahres 1926 dazu, gemeinsam mit Professor Dr.-Ing. P. OBERHOFFER † eine Patentanmeldung über die Auswertung starker Schmelzüberhitzungen auf technische Legierungen ganz allgemein zu formulieren und anzumelden; wenngleich diese Anmeldung später zurückgezogen wurde, so glaubt er es doch dem Andenken OBERHOFFERS schuldig zu sein, den Inhalt der damaligen Anmeldung der Fachwelt bekannt zu geben, da sie einen Einblick gestattet in unsere damaligen Auffassungen:

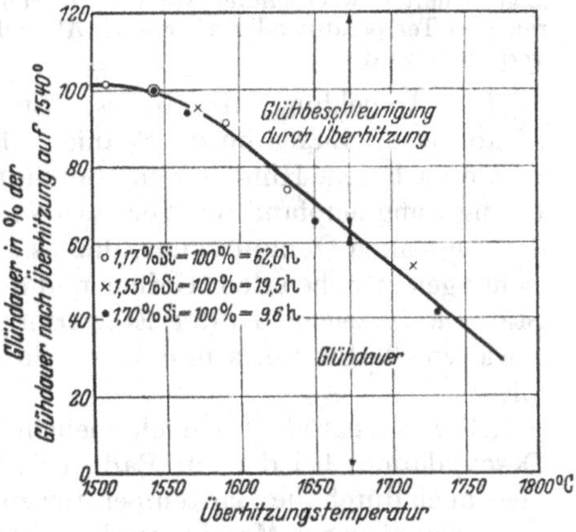

Abb. 250. Einfluß der Überhitzung auf die Glühzeit beim Tempern (nach WHITE und SCHNEIDEWIND).

P 52496 VI/40b vom 17. März 1926.

EUGEN PIWOWARSKY und PAUL OBERHOFFER, beide in Aachen.

„Verfahren zur Herstellung von technischen Legierungen mit verschiedenem Gefügezustand und wechselnden Eigenschaften."

Beschreibung.

Bei den heute bestehenden Verfahren werden zur Erzielung von Legierungen für bestimmte Verwendungszwecke verändert:

1. die chemische Zusammensetzung;
2. die Erstarrungs- und Abkühlungsgeschwindigkeit;
3. die thermische Behandlung der erstarrten Legierungen.

Die Gießtemperatur ist bedingt durch die Wandstärke und die Stückgröße der abzugießenden Blöcke oder Gußformen, wird also auf den jeweils notwendigen Formfüllungsgrad eingestellt.

Die vorliegende Erfindung beruht auf der überraschenden Feststellung, daß unter gleichen Schmelz- und Gießbedingungen der Gefügezustand und die mechanischen Eigenschaften technischer Legierungen neben den unter 1 bis 3 erwähnten Punkten und unabhängig von der Gießtemperatur systematisch, und zwar in weitem Ausmaß regelbar sind durch Änderung der maximal erreichten Temperatur im Schmelzfluß, insbesondere durch Temperatursteigerungen der Schmelzen in sehr hohe, bisher nicht übliche Überhitzungsbereiche.

So konnte u. a. beobachtet werden, daß z. B. Zinnbronzen mit 10 bis 14% Sn bei gleichbleibender, etwa 75° C über dem Schmelzpunkt liegender Gießtemperatur eine zunehmende

Kornvergröberung erlitten, wenn sie vor dem Vergießen um 150 bis 250 bzw. 350° usw. über den zugehörigen Schmelzpunkt erhitzt worden waren, während der sonstige Gefügeaufbau wie Eutektika, Kornauflösung usw. sich kontinuierlich verfeinerte. Hand in Hand mit den Gefügeänderungen aber änderten sich auch naturgemäß die mechanischen Eigenschaften der so behandelten Legierungen wesentlich, trotz gleicher chemischer Zusammensetzung und gleichbleibender Gießtemperatur. Ähnliche Beobachtungen konnten an Kupfer-Aluminium-Legierungen (kupferreich) und Aluminium-Kupfer-Legierungen (aluminiumreich) gemacht werden und sind auf Grund der Erkenntnisse der Erfinder besonders dort zu erwarten, wo die chemische Zusammensetzung der betreffenden Legierung in der Nähe heterogener Zustandsgebiete des festen Zustandes sich befindet, d. h. wenn im festen Zustand mindestens zwei verschiedene Kristallarten vorhanden sind. . . .

Die vorliegende Erfindung, welche auf völlig neuartigen Auffassungen über den molekularen Aufbau flüssiger Lösungen beruht, erschließt der modernen Metallkunde gewaltige Entwicklungsmöglichkeiten.

Patentanspruch.

Verfahren zur weitgehenden Beeinflussung von Gefüge und Eigenschaften technischer Legierungen, dadurch gekennzeichnet, daß nach systematischer, je nach den erstrebten Eigenschaften wechselnder starker Überhitzung im Schmelzfluß mit der maximalen erreichten Temperatur oder aber nach Abkühlung auf die normale Gießtemperatur bei dieser vergossen wird.

Die Anmeldung, die in den Staaten mit schnellem Erteilungsverfahren (Frankreich, Luxemburg, Spanien, Belgien) zum Patentschutz führte (*37*), wurde nach dem Hinscheiden Oberhoffers zurückgezogen. Eine um so größere Genugtuung empfand der Verfasser sowohl für sich selbst, als vor allem auch für das Andenken Oberhoffers, daß es später W. Eilender gelang, wertvolle Beziehungen zwischen dem Gefüge und den Eigenschaften stark schmelzüberhitzter Stähle aufzuzeigen. In der Erörterung über die Vorträge von H. Houdremont sowie von T. Swinden und R. G. Bolsover äußert sich W. Eilender (*38*) wie folgt:

„Die Korngröße ist nach meinen Versuchen vor allem durch die Art der Desoxydation, bei der im Bad verbleibende feste Teilchen als Keime wirken, aber auch durch die Badtemperatur zu beeinflussen. So waren im Tiegelofen, im basischen Siemens-Martin- und Induktionsofen mit Überhitzung erschmolzene, aber mit der üblichen Temperatur vergossene Stähle feinkörnig. Die so behandelten Werkzeugstähle zeigten eine bessere Verschleißfestigkeit, größere Schneidhaltigkeit, keinen Schieferbruch, keinen Verzug beim Härten, aber eine geringere Überhitzungsempfindlichkeit und geringere Durchhärtung. Bei überhitzt erschmolzenen Baustählen wurden Zugfestigkeit und Streckgrenze gleich den Werten bei üblich behandelten Stählen gefunden; die Dehnung und Einschnürung waren etwas besser, die Kerbschlagzähigkeit viel besser, entsprechend die Neigung zur Anlaßsprödigkeit geringer. Die besonders erschmolzenen Baustähle waren unempfindlicher gegen Schweißrissigkeit und gegen Flocken. Wie es mit der Zerspanbarkeit ist, konnte noch nicht entschieden werden. Die Säurebeständigkeit dieser Stähle ist besser. Auch überhitzt erschmolzene Transformatorenstähle ergaben bessere Eigenschaften."

Auch Eilender bringt die Wirkung hoher Überhitzungen, vor allem auf basische Stähle, mit einer Verzögerung instabiler Zustände im molekularen Aufbau der Schmelzen bis in deren Erstarrungsbereich als wahrscheinlicher Ursache in Zusammenhang.

Was die Beeinflussung der Eigenschaften von Nichteisenlegierungen betrifft, so finden sich im Schrifttum des letzten Jahrzehnts vereinzelte Versuche über den Einfluß einer thermischen Schmelzbehandlung, die sich ebenfalls im Sinne einer Schmelzüberhitzung auswerten lassen. So sei in diesem Zusammenhang auf die Versuche von C. H. Carpenter und Edwards (*39*) hingewiesen, wo an einer 10% Aluminiumbronze nach jeder Umschmelzung eine deutliche

Vergröberung des Korns festgestellt werden konnte. Die erwähnten Forscher brachten diese Erscheinung in Zusammenhang mit der Möglichkeit, daß beim Aufschmelzen der Legierung der kristalline Charakter nicht völlig verschwinde und eine Art „flüssiger Kristalle“ sich längere Zeit existenzfähig halte.

Schon die wenigen hier aufgeführten Fälle der Beeinflussung des Gefüges und der Eigenschaften technischer Nutzlegierungen beweisen uns, daß wir nach wie vor den Rückwirkungen starker Überhitzungsgrade unser vollstes Augenmerk zuwenden sollten. Zweifellos sind auch rein eutektische Gußeisensorten noch keine Gewähr für irgendeine Qualität. Daß eutektische Legierungen hinsichtlich Gießfähigkeit, Schwindung, Korngestaltung, geringer Neigung zu Seigerungen und dendritischer Gefügeausbildung beachtliche Vorteile haben, ist jedem Gießer und Metallurgen bekannt und geläufig. Aber ähnlich wie das eutektische Silumin einer Veredelung zwecks Kornverfeinerung bedarf, kann auch eutektisches Gußeisen je nach Behandlungsart im Schmelzfluß eine feinere oder gröbere Graphitausbildung erhalten, wie z. B. A. REINHARDT (*40*) in einer aufschlußreichen Arbeit zeigen konnte. Bei einer Behandlung von Gußeisen unter eisenoxydulreichen Schlacken hatten die eutektischen Schmelzen gegenüber den kohlenstoffärmeren Schmelzen stets die gröbere Form blättchenförmigen Graphits.

Es bestehen übrigens erhebliche Schwierigkeiten, aus der chemischen Zusammensetzung den eutektischen Charakter von Grauguß zu erkennen. Das hängt u. a. damit zusammen, daß die kohlenstoffverdrängende Wirkung des Siliziums und Phosphors, ferner auch die des Nickels und Aluminiums, wie der Verfasser gemeinsam mit K. SCHICHTEL (*41*) nachweisen konnte, keineswegs linear mit dem Zusatz des betreffenden Legierungselementes zunimmt, vielmehr erst bei höheren Gehalten derselben ($>3\%$ Si, $>2{,}5\%$ P und $>14\%$ Ni) ein gleichbleibender spezifischer Einfluß eintritt. Auch trat erst oberhalb dieser sog. Konvergenzgehalte eine additive Wirkung verschiedener Legierungselemente auf (vgl. Abb. 65 und 66). Wichtig für die Auswertung nach dem konstitutionellen Charakter flüssiger Eisen-Kohlenstoff-Legierungen waren auch die dabei gemachten Beobachtungen, daß die spezifische Kohlenstoffverdrängung bei höheren Temperaturen ausgeprägter war als bei den tieferen, was auf eine stärkere Bindung von Eisenatomen an kohlenstoffärmere Molekülgruppen schließen ließe. In der gleichen Richtung liegen die Ergebnisse der Viskositätsmessungen von H. ESSER, F. GREIS und W. BUNGARDT (*88*) über die innere Reibung von flüssigem weißen Roheisen gegenüber grauem Gußeisen. Danach hat Grauguß eine größere innere Reibung, ist also auch strengflüssiger als weißes Roheisen, z. B. Temperguß. Die großen Unterschiede in den Viskositätswerten (vgl. Abb. 410) lassen zweifellos auf verschiedenartigen molekularen Zustand der beiden Eisensorten schließen. Interessant waren auch die Beobachtungen der genannten Forscher, daß eine auf 1365° gehaltene Graugußschmelze ihren Viskositätswert mit der Zeit verminderte, also leichtflüssiger wurde. Das kann in Übereinstimmung mit den Auffassungen von F. SAUERWALD und des Verfassers aber nur in einem zunehmenden Übergang der elementaren Molekülart in die karbidische erklärt werden, wodurch die Hypothese des Verfassers von der langsamen Umlagerung der Molekülzustände aufgeschmolzenen Graugusses eine wertvolle Stütze erhält. Auch die eigenartigen Knicke im Verlauf der Kurven für das Formfüllvermögen, wie sie bei den Arbeiten des belgischen Forschers R. BERGER (*42*) insbesondere in Abhängigkeit vom Siliziumgehalt auftraten, dürften in Beziehung stehen zum molekularen Aufbau der untersuchten Schmelzen. Verfasser hat nun gemeinsam mit W. SCHMID-BURGK (*43*) versucht, u. a. durch Messungen des elektrischen Widerstandes, evtl. Änderungen im molekularen Aufbau von weißen und grauen Gußeisensorten experimentell festzustellen. Die Ergebnisse waren insofern nach dieser

Richtung ergebnislos, als im Schmelzfluß stets ein lineares Ansteigen des Widerstandes beobachtet werden konnte. Dabei zeigten übrigens alle meliert bis grau erstarrten Schmelzen einen plötzlichen Anstieg des Widerstandes im Erstarrungsintervall (Abb. 673), während die weiß erstarrten Eisensorten nur eine allmähliche Änderung des Widerstandes aufwiesen. Dennoch brauchen diese Ergebnisse noch keinesfalls als im Widerspruch stehend mit der Hypothese von der Koexistenz verschiedener Molekülarten im Schmelzfluß aufgefaßt zu werden. Es ist nämlich zu erwarten, daß bereits sehr kleine Änderungen im Dissoziationsgrad bestimmter Molekülgruppen, z. B. von komplexen Silikokarbiden, oder aber kleine Änderungen im prozentualen Anteil der entsprechenden Verbindungen, den für die primären Erstarrungsvorgänge maßgebenden Kristallisations- oder Keimcharakter der Schmelze stark zu beeinflussen vermögen, ohne daß diese quantitativ kleinen Veränderungen die Meßgenauigkeit der Apparatur überschreiten oder bei der Untersuchung der physikalischen Eigenschaften der Schmelze überhaupt zum Ausdruck kommen, wenn die Unterschiede im Stabilitätscharakter der verschiedenen Schmelzzustände klein sind. Es bleibt daher nach grundsätzlicher Feststellung der Bildungsmöglichkeit bzw. der Erhaltung bestimmter Molekülgruppen oder gewisser Verbindungen forschungsmäßig zunächst anscheinend nur der Weg der Beobachtung des Zusammenhanges zwischen Schmelzführung einerseits, den Kristallisationsvorgängen und dem Gefüge bzw. den Eigenschaften anderseits übrig. Diese empirische Forschungsweise ist aber durchaus aussichtsreich, wie u. a. aus folgenden Beobachtungen hervorgeht: Das Auftreten von Ferrit in sehr wenig oder aber sehr stark überhitzten Schmelzen darf nicht allein auf den die Diffusionswege verringernden Feinheitsgrad des eutektisch ausgeschiedenen Graphits zurückgeführt werden, steht vielmehr vermutlich ebenfalls im Zusammenhang mit dem molekularen Charakter der Schmelze, vgl. (*45*). Umgekehrt konnte der Verfasser mehrfach beobachten, daß die Ferritbildung einer nur wenig über den Schmelzpunkt erhitzten Schmelze bereits merklich zurückging, bevor noch ein deutlicher Einfluß steigender Temperatur auf die Graphitverfeinerung zustande kam. Bei der Beobachtung schnell abgekühlter Schmelzen mit ausgeprägter Dendritenstruktur wurde ferner vom Verfasser (*44*) wiederholt beobachtet, daß die Kohlenstoffkonzentration im Inneren der primären Mischkristalle oft kaum den perlitischen Mengenanteil erreichte und daß diese Tatsache irgendwie in Beziehung stand mit dem durch die Temperaturführung aufgezwungenen spezifischen Charakter der Schmelze. Aus Beobachtungen des Verfassers bei siliziumreicherem Kokillenguß, bei Schnelltemperguß und schnell abgekühltem Grauguß, konnte auch geschlossen werden, daß der Kohlenstoff in schmelzflüssigen Eisen-Kohlenstoff-Legierungen nicht gleichmäßig verteilt ist, vielmehr zu inselförmigen Anreicherungen neigt, daß ferner die Ferritbildung in den feineutektischen Zonen von Grauguß mit der primären Abscheidung sehr kohlearmen Austenits in Beziehung steht. Auch A. di Giulio und A. E. White (*45*) beobachteten bei Versuchen über den Einfluß der Überhitzung bzw. der Gießtemperatur, daß ein bei 1700° vergossenes Gußeisen einen feineren und gleichmäßiger verteilten Graphit aufwies als ein bei 1360° vergossenes Material. Niedrigere Gießtemperaturen als 1430° ergaben eine zusehends gröbere Verteilung des Graphits, bis endlich bei Gießtemperaturen unterhalb 1360° der feine Graphit völlig verschwand. Schmelzen, die zwischen 1475 und 1665° vergossen waren, besaßen trotz dieser hohen Gießtemperatur ein perlitisch-sorbitisches Gefüge. Von einer Gießtemperatur von 1540° abwärts wurde der Perlit immer gröber, auch begann bereits etwas Ferrit im Gefüge sich auszubilden, bis bei tieferen Gießtemperaturen in der Nähe von 1350° der Anteil an Ferrit bedeutend größer wurde. Also auch hier wurde trotz zunehmender Vergröberung des Graphits zunehmende Ferritbildung beobachtet. Auch H. PINSL (*46*) fand bei der metallographischen Untersuchung im Rahmen seiner Überhitzungsversuche (die übrigens den günstigen Einfluß dieser Behandlung bestätigten), „daß die matt vergossenen Probeklötze durchweg einen erheblich höheren Ferritgehalt und eine gröbere Graphitkristallisation besaßen, als die heiß vergossenen". Wir sehen aus diesen Versuchen, daß man stets unterscheiden muß zwischen den Vorgängen, welche bei gleicher Gießtemperatur nach stufenweiser Überhitzung auftreten, und solchen Vorgängen, bei denen nach stufenweiser Überhitzung die Gießtemperatur allmählich gesenkt wird. Es ergibt sich demnach bei Berücksichtigung dieser Einflußgrößen noch ein außerordentlich weites Forschungsgebiet. Auch A. DI GIULIO und A. E. WHITE glauben ihre Beobachtungen nur im Hinblick auf gewisse Veränderungen in der Natur der Schmelze (des variations dans la nature de la matrice en fonction de la température de surchauffe) verstehen zu können. Die Ferritbildung bei niedrigen Gießtemperaturen steht demnach zweifellos auch in Beziehung zum molekularen Aufbau der Graugußschmelzen.

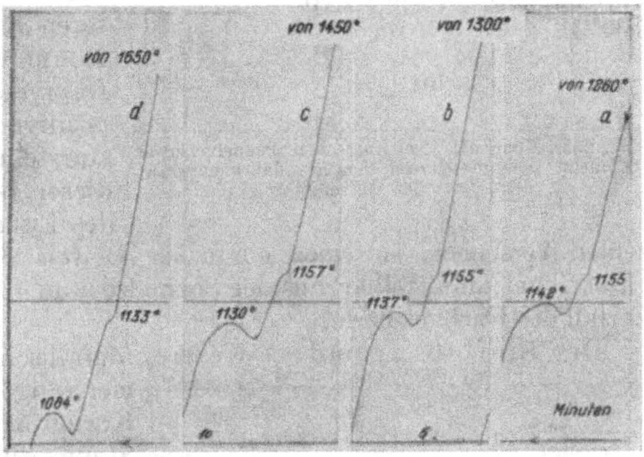

Abb. 251. Originalabkühlungskurven von Gußeisen (Kurnakow-Prinzip). Aufnahmen: H. ESSER und G. LAUTENBUSCH.

Sehr aussichtsreich für die forschungsmäßige Erfassung der Beziehungen zwischen Schmelzbehandlung und Eigenschaften sind, wie der Verfasser bereits (*47*) betonte, Aufnahmen von Abkühlungskurven schmelzbehandelter Eisen-Kohlenstoff-Legierungen und deren Beziehungen zum Gefüge. Es sei nur an den Einfluß mechanischen Rührens auf die Lage der eutektischen Haltepunkte erinnert (*47*), wie dies schematisch in Abb. 252 und 252a wiedergegeben ist. Inzwischen haben auch H. ESSER und G. LAUTENBUSCH (*48*) mit Hilfe des Kurnakow-Apparates Abkühlungskurven erhalten, welche die Beziehungen zwischen Schmelzüberhitzung und der Neigung zur Unterkühlung nicht nur des eutektischen Schmelzanteiles, sondern auch der primär zur Ausscheidung gelangten eisenreichen Kristalle deutlich aufzeigen. Abb. 251 läßt erkennen, daß eine zunehmende Überhitzung bis etwa 1400° auf die Unterkühlung des Eutektikums zunächst nur schwach, auf die Unterkühlung der primär ausgeschiedenen Mischkristalle aber sich noch gar nicht auswirkte. Überhitzungen über etwa 1450° dagegen wirkten sich sowohl hinsichtlich der Kristallisation des Eutektikums als auch der primären Mischkristalle außerordentlich stark aus. Es wird demnach bestätigt, daß auch die Primärkristallisation des Gußeisens in engster Beziehung zur Schmelzüberhitzung steht. Abb. 251 stellt eine photographische Wiedergabe der Originalkurven dar, ohne daß diese für die Zwecke dieses Buches umgezeichnet worden wären. Sie lassen erkennen, wie empfindlich die benutzte Apparatur auf thermische Effekte ansprach. Es sei ferner erwähnt, daß zwischen je zwei photographisch aufgenommenen Kurven sechs gleichartige Pendelungen in dem betreffenden Temperaturintervall durchgeführt wurden, um sich von Zufälligkeiten bei der Versuchsdurchführung unabhängig zu machen. Bei einer weiteren Schmelzreihe, wo trotz der gewählten Stickstoffatmosphäre durch mäßige Entkohlung der Liquiduseffekt leicht anstieg, neigte in Übereinstimmung mit den Beobachtungen bei allen Schmelzen der Liquiduseffekt dazu, mit steigender Überhitzung vom Charakter eines Knicks in der Abkühlungskurve zum Charakter eines Haltepunktes mit deutlicher Unterkühlung überzugehen. Weiße Eisensorten zeigten dagegen keinerlei Unterkühlung des eutektischen Effekts in Abhängigkeit zur stufenweisen Schmelzüberhitzung, während die Beeinflußbarkeit des Liquiduseffektes erhalten blieb (Abb. 133). Es scheint demnach, als ob die Neigung zur Unterkühlung der eutektischen Phase eine spezifische Eigenschaft der grau zur Erstarrung gelangenden Schmelzen sei. Inwieweit aber die molekulare Konstitution der Schmelzen ursächlich an dieser Tatsache beteiligt ist, bzw. durch andere Faktoren unterstützt oder überdeckt wird, bleibt weiteren Forschungen vorbehalten. A. L. NORBURY (*49*), der im Rahmen von Impfversuchen im Gegensatz zu den positiven Beobachtungen bei grau erstarrtem Gußeisen keine Rückwirkung dieser Behandlung auf weiß erstarrendes Eisen fand, schließt allerdings aus seinen Versuchen, sie seien ein neuer Beweis dafür, daß sich das Graphiteutektikum unmittelbar aus der Schmelze und nicht auf dem Umweg über den Zerfall des Karbids bilde.

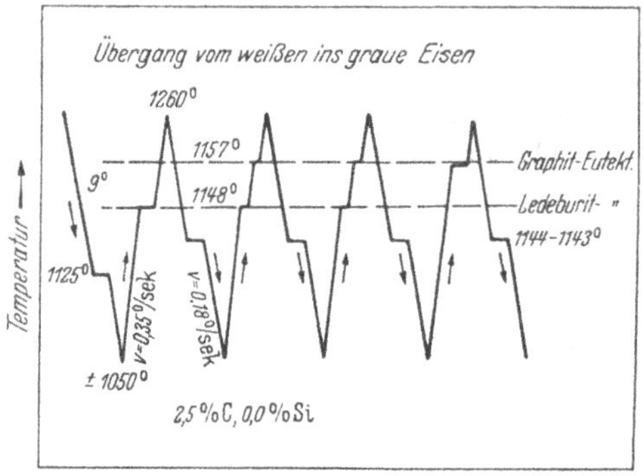

Abb. 252. Kontrolle der Ruerschen Pendelversuche (Schmelze stets mechanisch bewegt, daher unveränderte Lage der Haltepunkte).

Der Einfluß „fremder“ Keime: Metallische, in Schmelzen lösliche Beimengungen verursachen Änderungen der Korngrößen in dem einen oder anderen Sinne. Siliziumzusätze zu reinem Eisen bewirken z. B. eine starke Kornvergröberung, ähnlich wirkt auch ein Zusatz von Phosphor. Zusätze von Nickel, Chrom und anderen Elementen hingegen bewirken vielfach eine bemerkenswerte Kornverfeinerung, vor allem bei rekristallisierten Materialien.

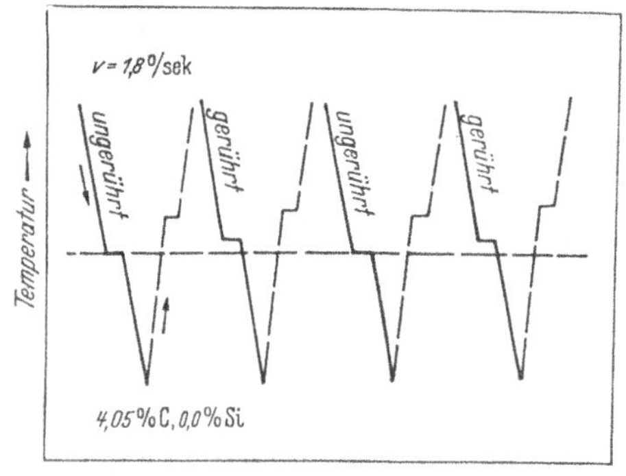

Abb. 252a. Beeinflussung der Unterkühlung durch mechanische Bewegung (PIWOWARSKY).

Ist ein Fremdelement im Grundmetall unlöslich, so erscheint es als besondere Phase in Form von Kugeln, Kristalliten oder Häutchen, die entweder an den Korngrenzen oder innerhalb der Körner des Grundmetalls angeordnet sind. Der unlösliche Bestandteil wirkt dann vielfach als anregender Keim, addiert seine Wirkung evtl. den spontanen Kernen hinzu und wirkt kornverfeinernd. Neigt das Grundmetall jedoch zu starker Unterkühlung, so kann der keimfördernde Fremdbestandteil die Kristallisation auslösen, bevor spontane Keime in nennenswerter Zahl entstanden sind. Die Fremdkeime beherrschen alsdann völlig den Vorgang der Kristallisation, so daß es gar nicht zur Auswirkung der Tammannschen Gesetzmäßigkeiten kommt (vgl. S. 6ff.). Bei zunehmender Abkühlungsgeschwindigkeit dagegen kann auch in diesen Fällen eine additive Wirkung der beiden Keimarten (spontan und fremd) zustande kommen.

Als Fremdkeime im Sinne der obigen Ausführungen können sowohl metallische Ausscheidungen als auch nichtmetallische Einschlüsse (Oxyde, Nitride, Sulfide, Silikate usw.) in Frage kommen. Auch gelöste Gase oder Gaseruptionen können die gleiche Wirkung ausüben. Fremdkeime **können**, brauchen aber **keineswegs** anregend zu wirken auf den Vorgang der anisotropen Einordnung der Atome oder Moleküle während des Erstarrungsvorganges. Es darf angenommen werden, daß eine die Erstarrung anregende Wirkung dann auftritt, wenn von den Fremdkeimen Richtkräfte irgendwelcher Art auf die abkühlende Schmelze ausgeübt werden. So dürfte eine Benetzung der Fremdkeime durch die Schmelze, das Vorhandensein freier Oberflächenkräfte usw. bereits genügen, um dem Fremdkeim Aktivität zu verleihen. Zunehmende Schmelzüberhitzung kann im Sinne dieser Keimtheorie sowohl durch Vermehrung oder Verminderung von Fremdkeimen die nachfolgende Kristallisation beeinflussen, als auch vorhandene inaktive Keime durch irgendwelche Reaktionen, z. B. Oxydations- oder Reduktionsvorgänge, in ihrem Aufbau so verändern, daß sie ihren aktiven bzw. inaktiven Charakter ändern. Im Zusammenhang mit der Einwirkung von Gasen sei nochmals auf die Abb. 251 und 252a, sowie auf die Abb. 253a und 253b nach R. Bleckmann (*28*) hingewiesen, welche zeigen, daß eine mechanische Bewegung der Schmelze sich ähnlich auswirken kann wie impfende Gaseruptionen, d. h. die Unterkühlung wird vermindert oder fast völlig aufgehoben. Abb. 251 bezieht sich auf die Ergebnisse einiger Versuche von E. Piwowarsky (*47*), wo an einem Eisen der gleichen chemischen Zusammensetzung wie bei den Versuchen gemäß Abb. 38 die Lage der eutektischen Punkte bei stets mechanisch bewegter Schmelze nachgeprüft wurde. Die Haltepunkte bei Erhitzung und Abkühlung liegen daher stets bei praktisch gleicher Temperatur. Eine mehrfach vorgependelte Schmelze mit 4% C (Abb. 252a) zeigte

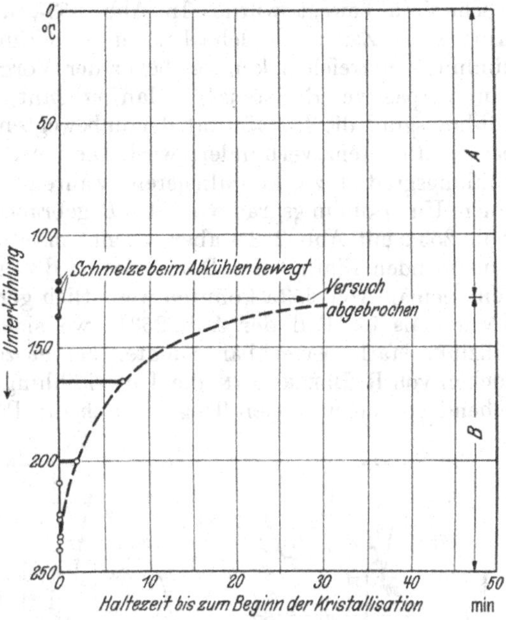

Abb. 253a. Erforderliche Haltezeit bis zum Beginn der Kristallisation bei verschiedenem Unterkühlungsgrad. Einsatz: Armcoeisen + 0,5% Si (R. Bleckmann).

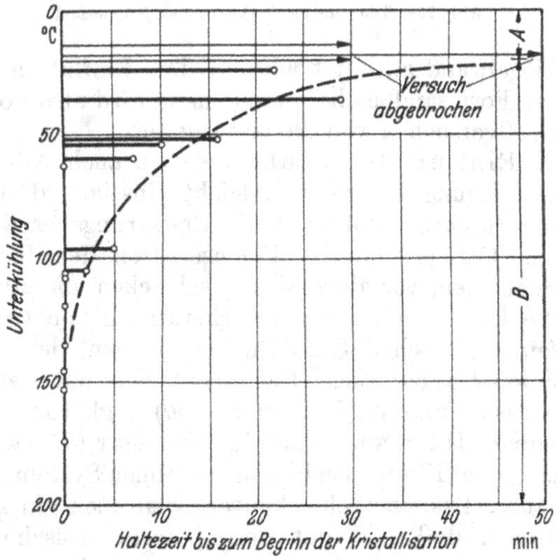

Abb. 253b. Erforderliche Haltezeit bis zum Beginn der Kristallisation bei verschiedenem Unterkühlungsgrad. Einsatz: Armcoeisen. (R. Bleckmann.)

nur noch einen einzigen Haltepunkt, der bei der Abkühlung stets um 6 bis 8⁰ höher lag, wenn die Schmelze im Erstarrungsbereich durch ein Graphitstäbchen mechanisch bewegt wurde. In Abb. 253a und 253b geben die gestrichelten Kurven die Zeit an, welche bei der Abkühlung in Abhängigkeit von der Unterkühlung verstreichen konnte, bevor der Vorgang der Kristallisation ausgelöst wurde (passive Resistenz!). Man erkennt, wie mit zunehmendem Unterkühlungsgrad die Instabilität der unbewegten Schmelze zunimmt, wodurch die passive Resistenz vermindert wird. Die bewegte Schmelze beginnt beim Unterkühlungsgrad *A* zu kristallisieren, während die unbewegte Schmelze bis auf einen Unterkühlungsgrad von *A—B* gebracht werden kann. Im Vergleich der Abb. 253a mit Abb. 253b aber erkennt man deutlich den die Unterkühlung begünstigenden Einfluß der Desoxydation des Armco-Eisens durch 0,5% Silizium, denn gemäß Abb. 253a konnten wesentlich geringere Unterkühlungsgrade erzielt werden als im Fall der Abb. 253b, wo sich die desoxydierende Wirkung des Silizium stark bemerkbar machte. Ferner zeigt Abb. 254, daß bei Pendelversuchen von R. BLECKMANN die Unterkühlung in dem Maße zunahm, wie, ausgehend von einem neuen Tiegel, durch die Pendelschmelzen die Rauheiten der

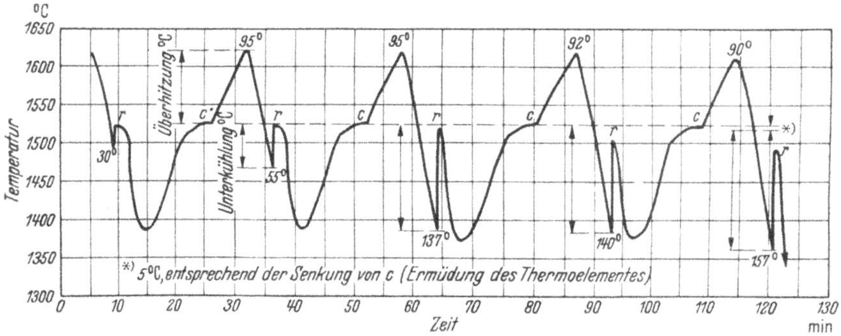

Abb. 254. Temperatur-Zeitkurve der Schmelze Nr. 1. Einsatz: Armcoeisen (R. BLECKMANN).

Tiegelwand geglättet wurden. Der Einfluß der Tiegelwand, der ff. Auskleidung, der Formsandbeschaffenheit usw. wird also voraussichtlich auch bei praktischen Großversuchen von Bedeutung sein.

Einfluß der Schlacke (vgl. auch Abschnitt VIIk): Aus den bisherigen Überlegungen wird man leicht einsehen, daß auch die Schlackenführung eine sehr wichtige Rolle auf die Erstarrungsvorgänge von Gußeisen und damit auf das Gefüge und die Eigenschaften desselben auszuüben vermag. Oxydfreie Schlacken, vor allem Karbidschlacken, die stark desoxydierend wirken, dürften die Unterkühlung bei der Erstarrung von Grauguß und damit die Ausbildung feineutektischen Graphits begünstigen, da sie eine starke „Entkeimung" der Schmelze bewirken. Das deckt sich mit den Untersuchungen von E. PIWOWARSKY und W. HEINRICHS (*50*) (vgl. Kap. XXVb) und den Beobachtungen von E. DIEPSCHLAG und L. TREUHEIT (*51*), wonach basische Schlacken die Neigung des Eisens, nach dem instabilen System zu erstarren, mehr begünstigen als saure. Basische Schlacken ergeben auch ein gasfreieres Gußeisen, und es ist bekannt, daß z. B. gut desoxydierte basische Elektroschmelzen keinerlei Badbewegung zeigen. Im Gegensatz hierzu lassen unter sauren Schlacken hergestellte Schmelzen ein bewegteres Spiel erkennen, ergeben gröbere Graphitausbildung und geringere Unterkühlung.

In einer aufschlußreichen Arbeit konnte A. REINHARDT (*52*) zeigen, daß bei einer Behandlung von Gußeisen unter verschiedenen Schlacken die gröbste

Graphitausbildung bei geringster Unterkühlung dann auftrat, wenn das Eisen unter oxydulreichen Schlacken hergestellt wurde. Je größer der Anteil freier, reduzierbarer Oxyde in der Schlacke, um so sauerstoff- und gasreicher ist eben voraussichtlich die Schmelze und die impfenden Einflüsse nehmen zu.

Starke Überhitzungen der Schmelze im Sinne der ersten diesbezüglichen Feststellungen von E. Piwowarsky sind nach den Ergebnissen zahlreicher Arbeiten imstande, Schlackeneinschlüsse zur Koagulation und Abscheidung zu bringen, sie sind ferner imstande, leichtschmelzende, als Fremdkeime anzusprechende Einschlüsse und Suspensionen, z. B. nach Art der von O. v. Keil und Mitarbeitern (89) angenommenen und u. a. von P. Schafmeister (*85*) auch analytisch nachgewiesenen Silikattrübe, zu reduzieren und die Schmelze zu entkeimen mit dem Erfolg erhöhter Neigung zur Erstarrung in größeren Unterkühlungsbereichen.

Eine gute Stütze dieser Auffassungen konnte durch die Untersuchungen von A. L. Norbury und E. Morgan (*53*) geschaffen werden. Kleine, etwa 100 g schwere Tiegelschmelzen wurden mit 0,1 bis 0,2% Ti versetzt und alsdann Kohlensäure durch die Schmelze geblasen. Bei Abkühlung ergab sich in diesen Fällen stets eine feine Graphitausbildung (Abb. 255 bis 260). Wurde jedoch im Anschluß an die erwähnte Behandlung der Schmelze Wasserstoff durch die Schmelze geblasen, so fiel der Graphit in groblamellarer Form an. Nach Ansicht der genannten Forscher bilden sich im ersten Falle leicht schmelzende, während der eutektischen Erstarrung des Gußeisens noch flüssige Titanate, die keine impfende Wirkung ausüben, evtl. vorhandene hochschmelzende Fremdkeime umschließen und ihnen ihre Impfwirkung nehmen. Durch die Behandlung mit Wasserstoff dagegen sollen die Titanate zu hochschmelzenden titanführenden Einschlüssen reduziert werden, die eine ausgeprägte Impfwirkung auf die Graphitkristallisation ausüben. Zusätze von Silizium, Kalziumsilizium, Aluminium usw. zur Schmelze verursachen die Entstehung hochschmelzender Einschlüsse von impffähigem Charakter. Daß hochschmelzende, bei eutektischer Temperatur bereits kristallisierte Silikateinschlüsse eine impfende Wirkung ausüben, zeigt auch Abb. 261 (*90*). Anderseits lassen Abb. 262 und 263 erkennen, daß Kupferzusätze, welche die Löslichkeit des Eisens für Kupfer bei eutektischer Temperatur übersteigen und sich infolgedessen in Form feiner, aber noch flüssiger Tropfen (der Schmelzpunkt des Kupfers liegt bei 1083°) noch vor Einsetzen der Graphitkristallisation ausscheiden, dies vorwiegend um vorhandene aktive Keime tun, denen nunmehr ihr impfender Charakter auf die Graphitkristallisation genommen wird (*53*). Das Ergebnis ist feineutektischer Graphit gegenüber dem regellos lamellar verteilten gröberen Graphit für den Fall des kupferfreien Eisens. Ob ganz allgemein hochschmelzenden Einschlüssen ein impfender Charakter zukommt, ist noch nicht einwandfrei geklärt.

Für den Vorgang der Kristallisation kohlenstoffarmen Stahls konnte R. Bleckmann (*28*) feststellen, daß Zusätze von Aluminium, Beryllium, Bor, Kalzium-Aluminium, Kalzium-Aluminium-Silizium, Titan, Vanadin und Zirkon als aktive Fremdkeime wirkten, während Zusätze von Chrom, Wolfram, Kobalt, Molybdän, Nickel, Niob und Tantal diese Wirkung nicht zeigten. Das gleiche war der Fall für Eisen-Mangan-Silikate, Eisen-Kalk-Silikate (durch Zugabe von Kalzium-Silizium) oder kieselsäurereiche Eisensilikate (bei Zugabe von 4% Si), woraus geschlossen wird, daß die entstandenen Silikate bei der Temperatur der Stahlkristallisation noch im amorphen, also flüssigen Zustand vorlagen. Diese an Stahl gewonnenen Ergebnisse sind aber nicht ohne weiteres auf die Vorgänge bei der Kristallisation von Gußeisen zu übertragen, da ja hier eine andere Phase, nämlich der Graphit, in seinem Kristallisationsverhalten beeinflußt werden soll und nicht die eisenreichen primären Mischkristalle.

In den Kapiteln XXV und XXVI ist eingehend darauf hingewiesen, welche Mittel seit etwa 1925 versucht worden sind, um aus dem Kupolofen ein hinreichend hoch

Flockiger Graphit — Unterkühlter Graphit

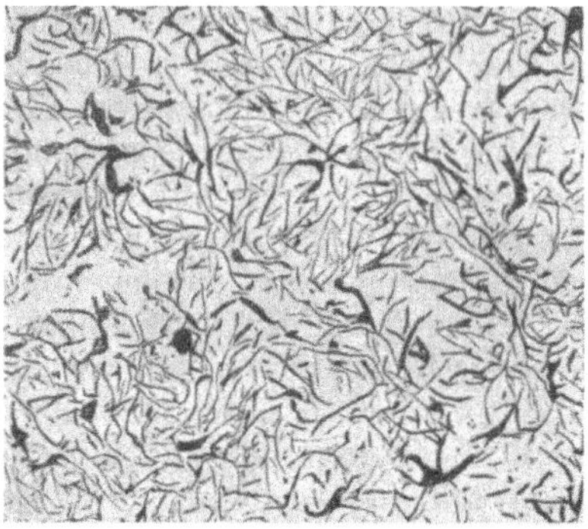

Abb. 255. Unbehandeltes Eisen.

$V = 50$

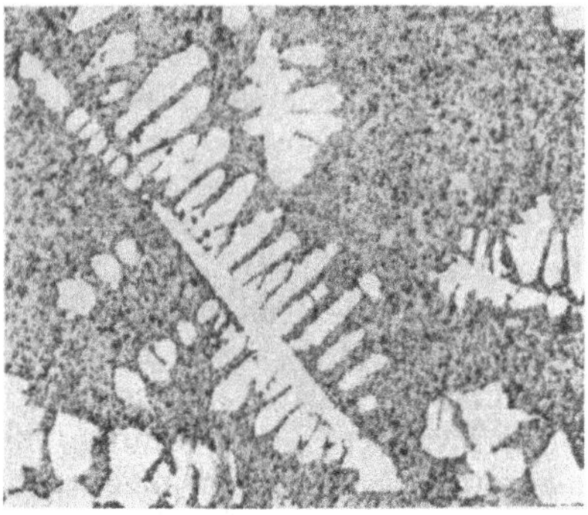

Abb. 258. Behandeltes Eisen.

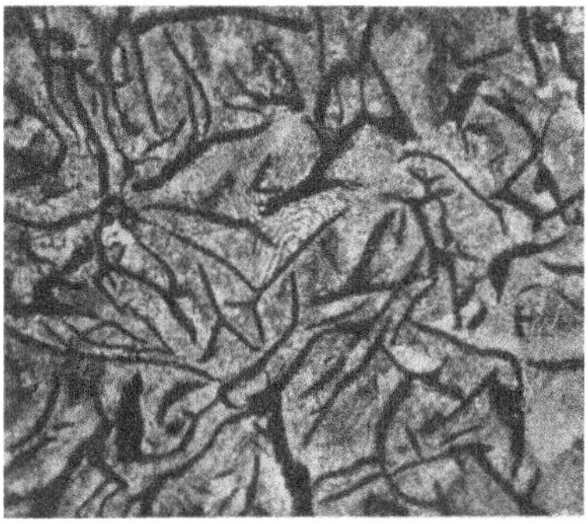

Abb. 256. Wie Abb. 255 geätzt.

$V = 200$

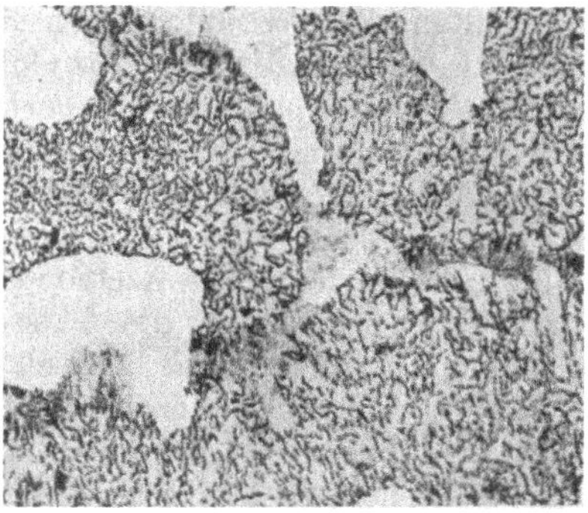

Abb. 259. Wie Abb. 258 geätzt.

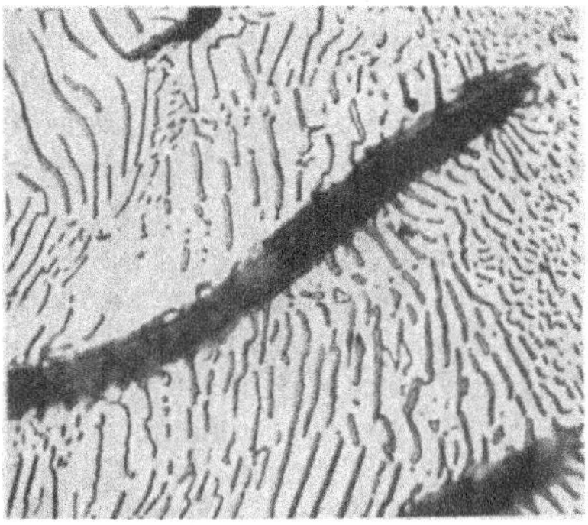

Abb. 257. Wie Abb. 255.

$V = 1500$

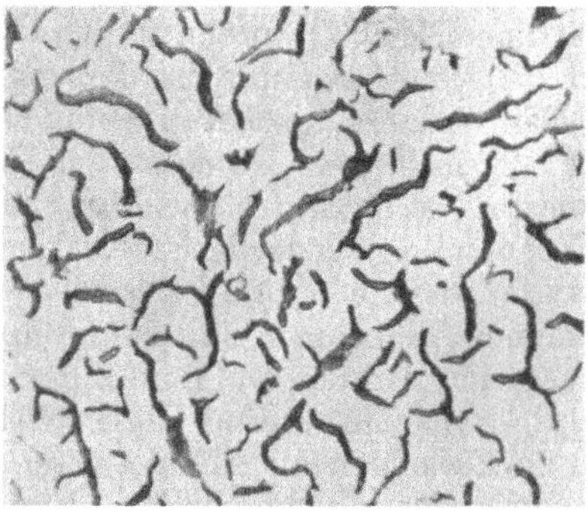

Abb. 260. Wie Abb. 259.

Abb. 255 bis 260. Einfluß einer Titan-Kohlensäurebehandlung auf das Gefüge von Grauguß (NORBURY u. MORGAN).

überhitztes Eisen abzustechen, und es darf gesagt werden, daß es heute jeder gut geführten Eisengießerei gelingt, ein Eisen mit 1450° Rinnentemperatur, bei

Verwendung erhöhter Stahlschrottanteile oder Anwendung von anderen Sondermaßnahmen ein solches von 1500, ja sogar bis 1550° Rinnentemperatur zu gewinnen.

In diesem Zusammenhang sei noch auf ein amerikanisches Verfahren hingewiesen, demzufolge eine mit „Fer X" bezeichnete Mischung, bestehend aus Natriumnitrat und Ferrosilizium dem flüssigen Gußeisen zugesetzt wird, um seine Temperatur zu erhöhen. Ein Zusatz von 8% Ferrosilizium in jener Mischung zu flüssigem Gußeisen im Vorherd zugeschlagen, sei in seiner Wirkung gleichwertig einer Nachbehandlung im Elektroofen bei Verbrauch von 75 kWst. je Tonne (*86*). Diese nach dem Vorbild des Goldschmidtschen Thermitverfahrens arbeitende Nachbehandlung des flüssigen Eisens kommt aber wohl nur für wenige Sonderfälle in Frage, da es eigentlich gegen jedes metallurgische Gefühl verstößt, einen so teuren und unwirtschaftlichen Notbehelf laufend im Gießereibetrieb anzuwenden.

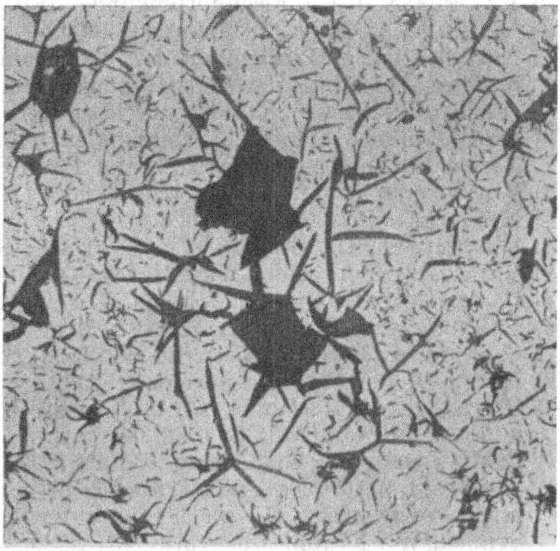

Abb. 261. Impfwirkung großer Silikateinschlüsse in Grauguß (F. W. SCOTT).

Einige patentrechtliche und patentgeschichtliche Bemerkungen zur Frage der Entwicklung der Schmelzüberhitzung hat der Verfasser am Schluß dieses Werkes

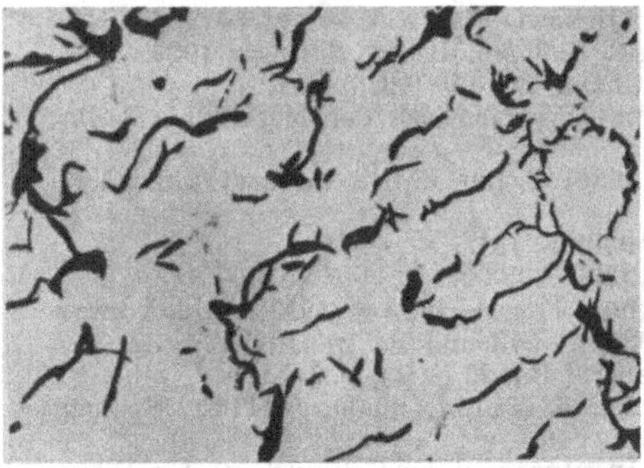

Abb. 262. Graues Gußeisen mit einem Kupfergehalt unter der Löslichkeizsgrenze. Graphit verfeinert, aber flockig. Ungeätzt, $V = 200$ (NORBYRU und MORGAN).

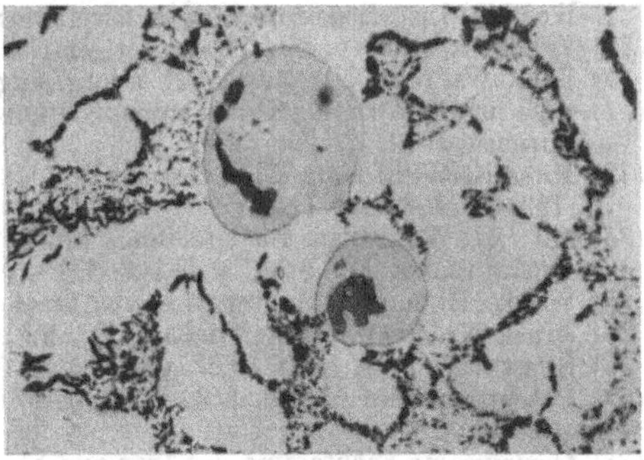

Abb. 263. Graues Gußeisen mit einem Kupfergehalt über der Löslichkeitsgrenze. Unterkühlter Graphit. Freies Kupfer im Gefüge. Ungeätzt, $V = 200$ (NORBURY und MORGAN).

gebracht. Die dort erwähnten Schrifttumsstellen beziehen sich auf die Zahlen des Schrifttumsverzeichnisses dieses Kapitels (Kapitel VIIh).

Schrifttum zum Kapitel VIIh.

(*1*) Vgl. a. ADAMSON: Stahl u. Eisen Bd. 29 (1909) S. 561, 581, 601; ferner COOK, F. J.: Castings Bd. 2 (1908) S. 18. BOLTON: Foundry Bd. 50 (1922) S. 436. SMALLEY, O.: Eng. Bd. 114 (1922) S. 277 u. a. m.
(*2*) LONGMUIR: Iron Age Bd. 98 (1916) S. 241, II; Stahl u. Eisen Bd. 26 (1906) S. 286.
(*3*) HAILSTONE: Carnegie Schol. Mem. Bd. 5 (1913) S. 51.

(4) Sci. Rep. Tôhoku Univ. Bd. 10 (1921) S. 273.
(5) Foundry Trade J. Bd. 29 (1924) S. 515.
(6) Gießerei Bd. 10 (1923) S. 424.
(7) Vgl. die zahlreichen grundlegenden Arbeiten von WÜST, GOERENS, GUTOWSKI und SCHÜZ in den Mitt. Eisenhüttenm. Inst. Aachen Bd. 1 bis 4.
(8) PIWOWARSKY, E.: Stahl u. Eisen Bd. 45 (1925) S. 1455; ferner Werkstoffaussch. Nr. 65 und Disk. dazu.
(9) KARSTEN E. J. B.: Eisenhüttenkunde. 1816.
(10) LEDEBUR, A.: Eisenhüttenkunde. 1906.
(11) Natürlich ist in Wirklichkeit der Wendepunkt nicht so scharf ausgebildet, wie es bei direkter Verbindung der Versuchspunkte scheinen mag; jedoch wurde damals davon abgesehen, idealisierte Kurven durch die gefundenen Kennpunkte zu legen.
(12) Die thermische Schmelzüberhitzung und ihre Rückwirkung auf den metallurgischen Verlauf des Temperprozesses. Stahl u. Eisen Bd. 45 (1925) S. 2009.
(13) KLINGENSTEIN, TH.: Gießereiztg. Bd. 24 (1927) S. 335/40.
(14) MEYER, F.: Diss. Aachen 1926.
(15) WEDEMEYER, O.: Stahl u. Eisen Bd. 46 (1926) S. 557.
(16) Vgl. Zuschriftenwechsel WEDEMEYER—V. KERPELY: Stahl u. Eisen Bd. 46 (1926) S. 874.
(17) HANEMANN, H.: Stahl u. Eisen Bd. 47 (1927) S. 693.
(18) BARDENHEUER, P., u. L. ZEYEN: Mitt. K.-Wilh.-Inst. Eisenforschg. Bd. 10 (1928) S. 23; ferner Stahl u. Eisen Bd. 48 (1928) S. 515, sowie Gießerei Bd. 15 (1928) S. 354.
(19) RUFF, W. O.: Diss. Braunschweig 1932.
(20) HONDA, K., u. T. MURAKAMI: J. Iron Steel Inst. Bd. 102 (1920) S. 287/94; vgl. Stahl u. Eisen Bd. 45 (1925) S. 1032/33.
(21) PIWOWARSKY, E.: Gießereiztg. Bd. 23 (1926) S. 379.
(22) SZUBINSKI, W.: Diplom-Arbeit, Aachen 1932; vgl. Gießerei Bd. 19 (1932) S. 262 Heft 27/28, sowie PIWOWARSKY, E., u. E. SÖHNCHEN: Z. VDI Bd. 80 (1936) S. 133.
(23) STRUCK, W.: Krupp. Mh. April 1931 S. 89.
(24) Vgl. D.R.P. Nr. 499712 Kl. 18b, 1 vom 3. 6. 1926.
(25) V. FRANKENBERG UND LUDWIGSDORF: Vortrag a. d. Aachener Gießerei-Kolloquium Februar 1939.
(26) HANEMANN, H.: Monatsblätter des Berliner Bezirksvereins Deutscher Ingenieure 1926 Nr. 4.
(27) SAUERWALD, F., u. A. KORENY: Stahl u. Eisen Bd. 48 (1928) S. 537.
(28) Vgl. BLECKMANN, R.: Diss. Aachen 1939. BARDENHEUER, P., u. R. BLECKMANN: Mitt. K.-Wilh.-Inst. Eisenforschg. Bd. 21 (1939) S. 201, sowie Stahl u. Eisen Bd. 61 (1941) S. 49.
(29) Vgl. PIWOWARSKY, E.: Hochwertiger Grauguß S. 35/36. Berlin: Springer 1929.
(30) SAUERWALD u. WIDAWSKI: Z. anorg. allg. Chem. Bd. 155 (1926) S. 1.
(31) Vgl. u. a. die betr. Kapitel aus SAUERWALD, F.: Lehrbuch der Metallkde. Berlin: Springer 1929.
(32) Mitt. K.-Wilh.-Inst. Eisenforschg. Bd. 18 (1936) S. 109; vgl. Stahl u. Eisen Bd. 56 (1936) S. 433 und 1156.
(33) Mitt. K.-Wilh.-Inst. Eisenforschg. Bd. 18 (1936) S. 131.
(34) PIWOWARSKY, E.: Stahl u. Eisen Bd. 45 (1925) S. 2009.
(35) WHITE, R., u. A. E. SCHNEIDEWIND: Trans. Amer. Foundrym. Ass. (1933), Juni, Vorausdruck Nr. 33—12. Vgl. Gießerei Bd. 22 (1935) S. 513 und Bd. 24 (1937) S. 514.
(36) SCHWARTZ, H. A., u. C. H. JUNGE: Vgl. Gießerei Bd. 22 (1935) S. 511.
(37) Patentnummern: Belgien 34 a 388, Frankreich 631014, Luxemburg 14901, Spanien 101889.
(38) Gemeinsame Fachtagung des Iron and Steel Institute und des Vereins deutscher Eisenhüttenleute; vgl. Stahl u. Eisen Bd. 56 (1936) S. 1287.
(39) 8. Bericht des Alloys Research Comittee; vgl. Metallurgist (1926) 29. Jan.
(40) Gießerei Bd. 22 (1935) S. 45, sowie Diss. A. REINHARDT. Aachen 1933.
(41) Arch. Eisenhüttenw. Bd. 3 (1929/30) S. 139.
(42) Fond. Belge (1933) S. 14 u. 160, sowie ebenda (1934) S. 43.
(43) SCHMID-BURGK, W., E. PIWOWARSKY u. H. NIPPER: Z. Metallkde. Bd. 28 (1936) S. 224.
(44) Noch unveröffentlicht, Versuche gemeinsam mit W. PATTERSON.
(45) Amer. Foundrym. Assoc. Kongreß, Toronto 1935; vgl. Bull. Ass. techn. Fond. Paris, Nov. (1936) S. 417.
(46) PINSL, H.: Gieß.-Praxis Bd. 53 (1932) S. 153.
(47) PIWOWARSKY, E.: Stahl u. Eisen Bd. 54 (1934) S. 82/84.
(48) Die Kurven wurden im Jahre 1931 (Dipl.-Arbeit LAUTENBUSCH) gewonnen.
(49) Iron Steel Inst. Vorabzug Bd. 8 (1939); vgl. Stahl u. Eisen Bd. 60 (1940) S. 121.
(50) PIWOWARSKY, E., u. W. HEINRICHS: Diss. Aachen 1931; Arch. Eisenhüttenw. Bd. 6 (1932/33) S. 221.

(51) Diepschlag, E., u. L. Treuheit: Gießerei Bd. 18 (1931) S. 705.
(52) Reinhardt, A.: Diss. Aachen 1933; ferner Gießerei Bd. 22 (1935) S. 45; vgl. Mitt. K.-Wilh.-Inst. Eisenforschg. Bd. 16 (1934) Lief. 6 S. 65.
(53) Norbury, A. L., u. E. Morgan: Iron Steel Inst. Ber. Bd. 12 (1936) Sept.; vgl. a. Foundry Trade J. Bd. 56 (1936) S. 272ff.
(54) Akt.-Zeichen G. 63543 VI/18b vom 21. 2. 1925; vgl. USA.-Patent Nr. 1705995 vom 19. 3. 1929.
(55) Bescheid vom 23. 12. 1931.
(56) Elliot, G. K.: Foundry, Sept. (1921) S. 714; vgl. Stahl u. Eisen Bd. 41 (1921) S. 1741.
(57) Stahl u. Eisen Bd. 45 (1925) S. 137.
(58) Klingenstein, Th.: Stahl u. Eisen Bd. 45 (1925) S. 1476.
(59) Kerpely, K. v.: Stahl u. Eisen Bd. 45 (1925) S. 2004.
(60) Elliot, G. K.: Stahl u. Eisen Bd. 45 (1925) S. 1741.
(61) Piwowarsky, E.: Stahl u. Eisen Bd. 45 (1925) S. 1455; vgl. a. Bericht Nr. 63 (1925) Werkst.-Aussch. VDE.
(62) Piwowarsky, E.: Stahl u. Eisen Bd. 45 (1925) S. 2009.
(63) Klingenstein, Th.: Gießereiztg. Bd. 24 (1927) S. 340.
(64) Im Rahmen eines Reichsgerichtsgutachtens vom 1. 7. 1937 zum D.R.P. Nr. 526815.
(65) MacKenzie, Birgmingham, Ala.; vgl. Trans. Amer. Foundrym. Ass.; Preprint Nr. 26/23 d. Intern. Gießerei-Kongreß Detroit (1926).
(66) Meyer, F.: Diss. Aachen 1926; vgl. Stahl u. Eisen Bd. 47 (1927) S. 294.
(67) Valentin, W.: Gießereiztg. Bd. 27 (1930) S. 617.
(68) Piwowarsky, E.: Stahl u. Eisen Bd. 45 (1925) S. 1455.
(69) Sauerwald, F.: Vortrag vor der Hauptversammlung d. Dtsch. Ges. f. Metallkunde 1925. Z. Metallkde. 1926 S. 141; Gießereiztg. Bd. 26 (1929) S. 55; Lehrbuch der Metallkunde. Springer (1929) S. 323 und 260.
(70) Moldenke, R.: Gießerei Bd. 18 (1931) S. 573.
(71) Phillips, G. P.: Foundry Bd. 63 Aug. (1935) S. 33, 72 und 74.
(72) Delbart, G.: Revue du Nickel Nr. 1 (1937) Jan., S. 25; vgl. a. Bull. Ass. techn. Fond., Mai 1936 S. 166.
(73) Neuendorf, G.: Metals & Alloys Bd. 1 (1930) S. 622.
(74) Achenbach, A.: Gießerei Bd. 19 (1932) S. 455.
(75) Pinsl, H.: Gieß.-Praxis Bd. 53 (1932) S. 153.
(76) Väth, A.: Gießerei Bd. 21 (1934) S. 221.
(77) Paschke, F.: Gieß.-Praxis Heft 27/28 (1937) S. 269/272.
(78) Simpson, G. L.: Foundry vom 1. Juni 1931 S. 76.
(79) Di Giulio, A., u. A. K. White: Trans. Amer. Foundrym. Ass. Nr. 3 (1936) S. 531; Referat über die Originalarbeit in Gießerei Bd. 24 (1937) S. 13.
(80) Diepschlag, E.: Gießerei Bd. 24 (1937) S. 437.
(81) Norbury, A. L., u. E. Morgan: Foundry Trade J. Bd. 42 (1930) S. 357.
(82) Geilenkirchen, Th.: Vortrag auf der 58. Hauptversammlung des Vereins deutscher Eisengießereien. Gießerei Bd. 15 (1928) S. 853.
(83) Piwowarsky, E.: Arch. Eisenhüttenw. Bd. 7 (1933/34) Heft 7 S. 431/32.
(84) Hanemann, H.: Stahl u. Eisen Bd. 51 (1931) S. 966/67.
(85) Schafmeister, P.: Arch. Eisenhüttenw. Bd. 10 (1936/37) S. 221.
(86) Gillett, H. W., und C. H. Lorig: Iron Age 28. Dez. (1939) S. 17 und 46; vgl. Gießerei Bd. 28 (1941) S. 66.
(87) Pfannenschmidt, C. W.: Mitt. Forsch.Anst. GHH-Konzern. Sept. (1941) S. 105.
(88) Esser, H., Greis, F., u. W. Bungardt: Arch. Eisenhüttenw. Bd. 7 (1933/34) S. 385.
(89) v. Keil, O., Mitsche, A., Legat, A. u. H. Trenkler: Arch. Eisenhüttenw. Bd. 7 (1933/34) S. 579.
(90) Scott, F. W.: Metals & Alloys Bd. 9 (1938) S. 201.

i) Die Überhitzung niedriggekohlten Gußeisens und die Bedeutung von Pfannenzusätzen.

Während bei normal gekohlten Eisensorten unter der Voraussetzung zweckmäßiger Gattierungs-, Schmelz- und Gießbedingungen die Überhitzung im Bereiche von 1450 bis 1550° und darüber eine im allgemeinen stetige Verbesserung der Festigkeitseigenschaften hervorruft, konnte beobachtet werden, daß mit sinkendem Kohlenstoffgehalt, oder besser gesagt mit abnehmendem Sättigungsgrad (vgl. Seite 231 ff.) des Eisens, bei Überschreitung einer kritischen Überhitzungsgrenze, leicht ein Abfall der mechanischen Eigenschaften stattfindet, und daß dieser Abfall um so größer wird, je niedriger der Kohlenstoffgehalt des Eisens ist (*1*). E. PIWOWARSKY (*2*) hat diese Verhältnisse später in einem Schaubild nach Abb. 264 dargestellt. Als Ursache dieser Erscheinung konnte festgestellt werden (*3*), daß die Überhitzung bei niedriggekohlten Legierungen leicht eine allzu starke Unterkühlung bei der Graphitkristallisation hervorruft, wodurch der eutektische Anteil der Restschmelze nach dem Hebelgesetz quantitativ verkleinert (Abb. 265) wird und der

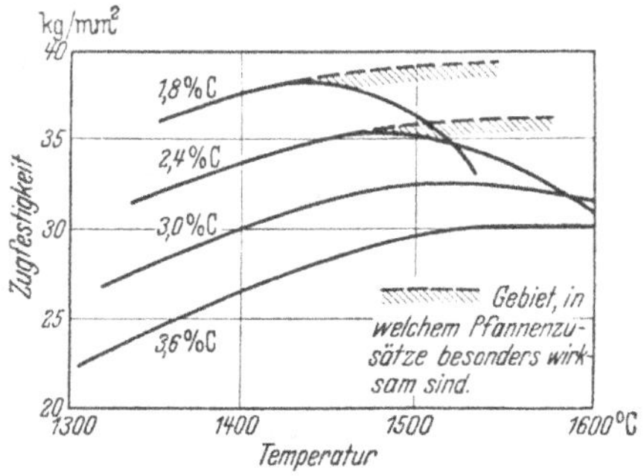

Abb. 264. Einfluß der Überhitzung auf die Festigkeit von Grauguß in Abhängigkeit vom C-Gehalt (schematisch nach E. PIWOWARSKY).

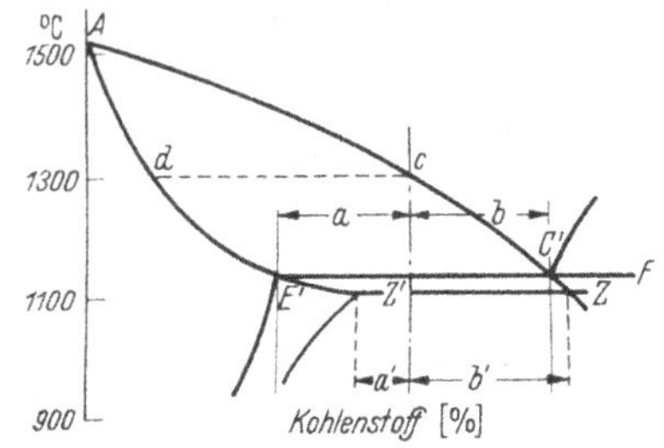

Abb. 265. Einfluß einer starken Überhitzung auf die Linien der maximalen Löslichkeit bei Eisen-Kohlenstoff-Legierungen (schematisch nach E. PIWOWARSKY).

im eutektischen Intervall sich ausscheidende Graphit auf kleinere Volumenanteile beschränkt wird. Das führt besonders dann zu einer starken Anhäufung bis geradezu bandförmigen Ausscheidung von Graphit um die primären Mischkristalle, wenn sich die austenitische Komponente des Eutektikums an die bereits ausgeschiedenen Primärkristalle anlagert und den Graphit in die feinen Verästelungen der Restschmelze abdrängt. Es ist ferner durchaus möglich, daß der aus den infolge der starken Unterkühlung an Kohlenstoff stark übersättigten Randzonen der primären Misch- (Schicht-)kristalle an sich schon netzförmig (bzw. dendritisch) abgeschiedene Segregatgraphit einen erhöhten Anreiz für die graphitische Komponente des Eutektikums bildet, sich vorwiegend dort abzulagern. Es kommt dann zu Gefügeausbildungen, wie sie z. B. Abb. 269 kennzeichnet. Das Auftreten von Ferrit in den feineutektischen Gefügezonen, das P. BARDENHEUER (*4*) für typisch, aber auch in starkem Maße verantwortlich für den Festigkeitsabfall hält, dürfte für letzteren jedoch weniger von Bedeutung sein, als

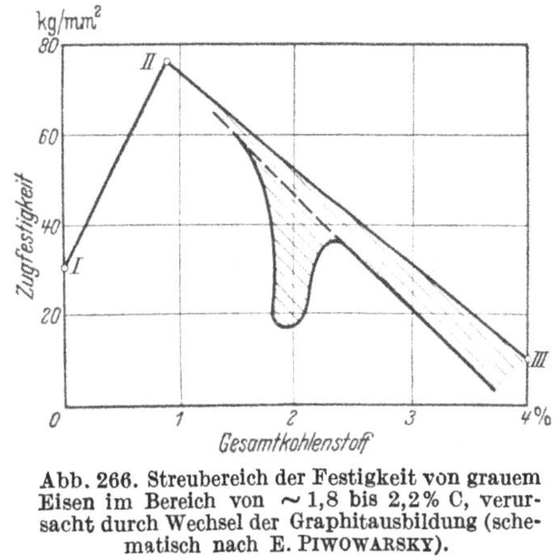

Abb. 266. Streubereich der Festigkeit von grauem Eisen im Bereich von ~1,8 bis 2,2% C, verursacht durch Wechsel der Graphitausbildung (schematisch nach E. PIWOWARSKY).

das Auftreten der erwähnten bandförmigen Graphit- bzw. Temperkohleabscheidungen. Tatsächlich lassen sich trotz merklicher Ferritmengen in den eutektischen Zonen Festigkeitswerte von 32 bis 42 kg/mm² erzielen, während bei bandförmiger Graphitablagerung die Zugfestigkeit auf 12 bis 18 kg/mm² absinken kann (Abb. 266 und Abb. 267 bis 269), wo eine solche von 36 bis 45 kg/mm² zu erwarten wäre (*33*). Um diese Erscheinung des unerwünschten Festigkeitsabfalls zu bekämpfen, hat man mit Erfolg desoxydierende Pfannenzusätze verwendet, die zur Entstehung hochschmelzender, impfender Desoxydations- oder Reaktionsprodukte führen. Schon vor etwa 15 Jahren konnte der Verfasser beobachten, daß durch desoxydierende Zusätze zu Grauguß die mechanischen Eigenschaften sich fast immer verbesserten. Er schrieb damals folgendes (*5*):

„Den günstigen Einfluß einer Desoxydation des Gußeisens vor seinem Vergießen konnte der Verfasser an Hand von größeren, noch unveröffentlichten Versuchsreihen dartun, bei denen Gußeisensorten von 48 bis 52 kg/mm² Biegefestigkeit durch Zusatz von 0,05 bis 0,15% Si in Form von Ferrosilizium oder Alsimin regelmäßig eine Erhöhung der Biegefestigkeit um 4 bis 6 kg, also auf etwa 52 bis 58 kg/mm² erfuhren. Heiß erschmolzene Gußeisensorten verlangen zur Erzielung dichter, blasenfreier Güsse stets eine Endbehandlung mit etwas Silizium, Aluminium, Titan oder Vanadium."

Grundsätzlich ist die Verwendung desoxydierender Zusätze für Gußeisen sogar noch früher bekannt gewesen (*6*), wenn auch die Vorteile einer solchen Behandlung auf die mechanischen Eigenschaften noch nicht so eindeutig herausgestellt werden konnten. Allerdings hat bereits im Jahre 1890 E. Jüngst (*36*) für die Herstellung mechanisch festen Gußeisens die Erschmelzung desselben aus weißem Roheisen bei Zusatz von Ferrosilizium empfohlen. Pfannenzusätze mit dem bewußten Ziel, die Graphitbildung niedriggekohlten oder überhitzten Eisens zu beeinflussen, sind dagegen erstmalig von P. Bardenheuer und K. L. Zeyen (*1*) in Vorschlag gebracht worden, und zwar verwendeten die Genannten bei ihren damaligen Versuchen kleine Mengen von pulverisiertem Ferrosilizium oder Ferromangan. Später hat man zu diesem Zweck mit Erfolg neben Ferrosilizium noch Kalziumsilizium, Kalzium-Aluminium-Silizium, Gemische von Ferrolegierungen mit oxydierenden Salzen, Behandlung der Schmelze mit Ferrotitan und Kohlensäure usw. verwendet (*6*), vgl. auch Zahlentafel 43. Die Verwendung eisenfreier Silizide zur Graphitisierung von Gußeisen ist seit dem Jahre 1922 bekannt. Damals ließ sich der Amerikaner A. F. Meehan ein Patent darauf erteilen (USA.-Patent Nr. 1499068), ein weiß gattiertes Gußeisen durch Zusatz eisenfreier Silizide in die Schmelze zu grauer Erstarrung zu bringen. Als besonderes Beispiel solcher eisenfreier Silizide ist

Abb. 269. Zugfestigkeit 13,5 kg/mm².

Abb. 268. Zugfestigkeit 37 kg/mm².

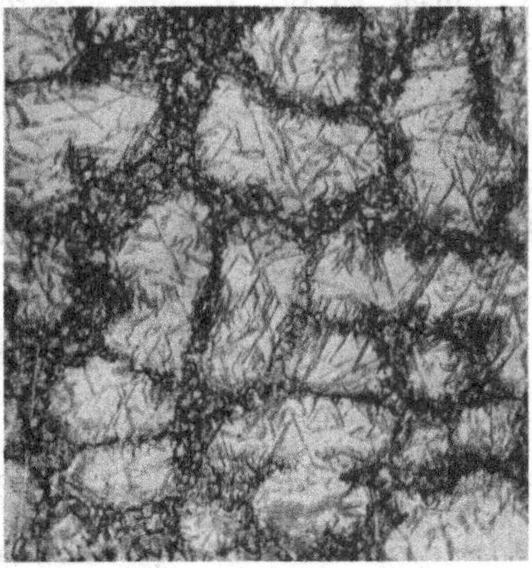

Abb. 267. Zugfestigkeit 41 kg/mm².

Abb. 267 bis 269. Austenitisches Gußeisen gleicher chemischer Zusammensetzung, aber verschiedener Graphitanordnung, geätzt, $V = 200$.

Zahlentafel 43.

Schrifttum	Art des Zusatzes	Bemerkungen
WÜST, F.: Stahl u. Eisen Bd. 20 (1900) S. 1041.	Blei, Zink, Zinn, Aluminium, Natrium, Magnesium.	Zur Reinigung, Entgasung und Dichtesteigerung.
GEILENKIRCHEN, TH. (MOLDENKE): Stahl u. Eisen Bd. 28 (1908) S. 592.	Ferrosilizium, Kalzium, Vanadium.	Zur Desoxydation und Dichtesteigerung empfohlen.
USA.-Patent Nr. 1499068 vom 8. 2. 1922 (A. F. MEEHAN).	Kalziumsilizid.	Vgl. franz. Pat. Nr. 557274 vom 11. 10. 1922.
Britisches Pat. 290267 vom 8. 3. 1928 mit der Priorität von USA. vom 13. 5. 1927 (Ni-Tensyl Patent der Mond Nickel Company, FRANCIS BRIEN COYLE).	Gemisch von Nickel und Ferrosilizium.	Zur Beeinflussung der Graphitausbildung und Erzielung hoher Festigkeiten, vgl. D.R.P. Nr. 609319.
D.R.P. Nr. 541296, Kl. 18b, Gr. 1 vom 22. 2. 1928 (Meehanite Metal Corp. in Chattanooga, USA.).	Zusatz von metallischem Kalzium (allein oder in Verbindung mit Magnesium oder Alkalierdmetallen) zu weißem oder grauem Gußeisen.	Zur Festigkeitssteigerung, vgl. Schweizer Patent Nr. 131625.
USA.-Patent Nr. 1790552 vom 29. 8. 1928 (A. F. MEEHAN und Meehanite Metal Corp.)	Ferrolegierungen mit mindestens 50% Si, Erdalkalien über 25%, ferner bis 5% Nickel und einige Prozent Magnesium.	Zusatz zu dem USA.-Patent Nr. 1683086 vom 16. 6. 1927.
BARDENHEUER, P., u. L. ZEYEN: Mitt. K.-Wilh.-Inst. Eisenforsch. Bd. 11 (1929) S. 225.	Ferrosilizium, Ferromangan, Ferrochrom.	Verhinderung netzförmiger Graphitausbildung bei niedrig gekohltem Grauguß.
PIWOWARSKY, E.: Hochwertiger Grauguß S. 134. Berlin: Springer 1929.	Ferrosilizium, Alsimin, Aluminium, Titan oder Vanadium.	Zur Desoxydation und Verbesserung der Festigkeitseigenschaften.
D.R.P. Nr. 649475, Kl. 18b, Gr. 1 (E. PIWOWARSKY) vom 2. 11. 1930.	< 0,5% Zink, Natrium, Kalium, Lithium zusammen mit < 0,5% As, Al, Mg, Ca, Sr oder Ba.	Anspruch 2: Behandlung eines Eisens nach Anspruch 1 unter bauxithaltiger Schlacke. Patent inzwischen fallen gelassen.
D.R.P. Nr. 608767, Kl. 18b, Gr. 1 (E. PIWOWARSKY) vom 2. 11. 1930.	Kleine Bleizusätze zusammen mit As, Ca, Sr, Ba, Na, K, Si, Al oder Mg.	Beeinflussung der Graphitausbildung. Patent inzwischen fallen gelassen.
D.R.P. a. Aktenzeichen O. 19209, Kl. 40a, 15/01 vom 6. 7. 31 (H. OSBORG, USA.).	Lithiumhaltige Alkali- und Erdalkalimetalle.	Zur Verbesserung der Festigkeitseigenschaften.
D.R.P. a. Aktenzeichen P. 69347, Kl. 18b, 10. vom 26. 4. 34 (TH. PAWELCZEK, Düsseldorf).	Legierung bestehend aus: 5 bis 30% Aluminium, 70 bis 10% Silizium, 20 bis 50% Kalzium.	Desoxydationsmittel für Eisen- und Stahllegierungen.
USA.-Pat. Nr. 2013877 vom 23. 3. 1934 (Erfinder: G. F. COMSTOCK und die Titanium Alloy Manuf. Comp., New York).	25 bis 75% Molybdän, 5 bis 45% Titan, Rest Eisen (oder: 25 bis 75% Mo, 5 bis 45% Ti, 0 bis 25% Si und 0 bis 15% Al).	Zur Verbesserung der Festigkeitseigenschaften.

Zahlentafel 43. (Fortsetzung.)

Schrifttum	Art des Zusatzes	Bemerkungen
USA.-Pat. Nr. 2052107 vom 13. 8. 1934 (Erfinder: A. L. NORBURY u. E. MORGAN).	Zusatz von Ferrotitan mit anschließend oxydierender Behandlung der Schmelze.	D.R.P. Nr. 653969 vom 7. 8. 1934 unter Beanspruchung der Prioritäten von England vom 9. 9. 1933 (Brit. Pat. Nr. 425227).
PORTEVIN, A., u. R. LEMOINE: Bull. Ass. techn. Fond. (Sept. 1936) S. 33.	Kalziumsilizium mit 25% Ca unter Zusatz oxydierender Salze (Karbonate, Bichromate und Permanganate).	Vorteile: feine Graphitkristallisation durch Erhöhung der Kernzahl, erhöhte Entschwefelung, Erhöhung der Badtemperatur.
BOYER, F. A.: Metals & Alloys (1939) S. 59.	Siliziumkarbid.	Zweck: Verhinderung von Rosettengraphit in der Restschmelze und Herstellung feinkörnigen, dichten Gußeisens.
Franz. Pat. Nr. 827820, Gr. 8 — Cl. 2. vom 13. 10. 1937 (Erfinder: GEORGE WILLIAM WILLIS, England).	Natriumsulfat gefolgt von Kalkzusatz. Behandlungstemperatur über 1600°.	Zur Verbesserung der Festigkeitseigenschaften.
Franz. Pat. P 813507, Gr. 8, Cl. 2.	Inniges physikalisches Gemisch von 25 bis 75% Kohlenstoff (Graphit) mit Ferrosilizium (> 65% Si) oder Zirkon.	Zur Verbesserung der Festigkeitseigenschaften.
WEBER, H.: Dipl.-Arbeit T. H. Aachen 1935 (Eisenhüttenm. Institut).	Kalzium-Aluminium-Legierungen mit 15 bis 40% Ca, Rest Aluminium.	Zur Desoxydation und Verbesserung der mechanischen Eigenschaften von Eisenlegierungen.
NIPPER, H. A.: Unveröffentlichter Vorschlag 1938.	Wasserglas mit: 5% Graphit, 5% Holzkohle, 10% Braunstein und 2% Ferrosilizium.	Aufhebung zu starker Unterkühlung.
SCHNEIDEWIND, R., u. R. G. MCELWEE: Trans. Amer. Foundrym. Ass. Bd. 47 (1939) Nr. 2 S. 491.	Graphidor: 7,5% Ti, 20% Al, 27% Si, Rest Eisen.	Zur Desoxydation in der Pfanne.
BRÖHL, W.: Diss. Aachen 1938, Mitt. K.-Wilh.-Inst. Eisenforschung Bd. 20 (1940) Lief. 11 Abh. 352.	Soda und Kohle im Verhältnis von 10:1.	Verhinderung scheineutektischer Graphitausbildung.
PIWOWARSKY, E., E. HITZBLECK u. O. DÖRUM: Gießerei Bd. 27 (1940) S. 21.	Ferrosilizium, Kalziumsilizium, Titansilizium.	Zusammenfassender Bericht und systematische Versuchsreihen an Kupol- u. Elektroofenguß.
Metals & Alloys Bd. 11 (1940) S. 306.	Silizium-Mangan-Zirkon-Legierung.	Sicherung grauer Erstarrung in dünnen Querschnitten und Erhöhung der Festigkeit.
Metal Progr. Bd. 38 (1940) S. 373.	< 0,1% Graphit.	
Nachtrag:		
Diss. H. BRUHN. Aachen 1937; vgl. D.R.P. 704495.	Ferrotitan in Verbindung mit sauerstoffhaltigen Formlingen.	Aufhebung nachteiliger Einflüsse von Blei auf die Graphitausbildung.
SCHNEE, V. H., u. T. E. BARLOW: Amer. Foundrym. Ass. Preprint Nr. 39—28. 1939.	1%ige Cu-Al-Si-Legierung (80% Cu, 12% Si, 6% Al, Schmelzpunkt = 815°).	Wirkt sich stärker aus als ein Impfen mit 0,5% (78%) Ferrosilizium.

in einem Unteranspruch das Kalzium-Silizid genannt, ein an sich bereits bekanntes und noch heute vielfach verwendetes Desoxydationsmittel für Stahl und Stahlguß. MEEHAN hat auf den gleichen Gegenstand dann noch in England und Frankreich Patente angemeldet und erhalten. Dies gilt jedoch nicht für Deutschland. Zwar hat MEEHAN bzw. die von ihm begründete Meehanite-Gesellschaft später auch in Deutschland ein Patent erhalten (D.R.P. Nr. 541296, Kl. 18b, Gr. 1 vom 22. Febr. 1928). Dieses Patent bezieht sich jedoch nicht auf die Verwendung von Kalzium-Silizid, das in der deutschen Patentschrift ausdrücklich als dafür vorbekannt bezeichnet wird, sondern nur auf den Zusatz von metallischem Kalzium, Magnesium und anderer Alkalierdmetalle als graphitfördernde Mittel zu schmelzflüssigem weißem oder grauem Gußeisen. Als Beispiel wird in der Patentschrift ein Gußeisen mit 2,2% C und 1,07% Si angeführt, dem in der Pfanne 0,5% Kalzium zwecks Grauung zugesetzt wird. Die Verwendung von Kalzium-Silizid in der von MEEHAN beabsichtigten Weise ist jedenfalls in Deutschland frei. Daß sich das Meehanite-Verfahren erst so spät nach der im Jahre 1922 in USA. erfolgten Patentannahme durchgesetzt hat, liegt daran, daß die Verwendung eisenfreier Silizide gemäß dem Meehanschen Grundpatent in normal gekohlten oder kohlenstoffreichen Gußeisensorten keineswegs zu einer besonders ausgeprägten Steigerung der Festigkeitswerte führte, was übrigens von fast allen Pfannenzusätzen gesagt werden kann. Im Gegenteil ergeben Pfannenzusätze zu höhergekohltem Grauguß, d. h. zu Gußeisen über 3,3% C, vielfach sogar einen Abfall der Festigkeitswerte. Eine Verbesserung der Festigkeitswerte tritt dagegen in steigendem Maße bei Abnahme des Kohlenstoffgehaltes unter 3% vor allem unter 2,8% auf. Da zur Herstellung derartiger Eisensorten aber stets erhöhte Schrottanteile benötigt werden, so erhielt das sog. Meehanite-Verfahren eigentlich erst durch die zunehmende Beherrschung erhöhter Schrottanteile beim Kupolofenschmelzen, d. h. seit dem Jahre 1925, besondere Bedeutung.

Über Versuche, die das Verhalten von in der Pfanne aufsiliziertem Grauguß zum Gegenstand hatten, erstattete der Obmann des damit betrauten Unterausschusses beim Verein deutscher Gießereifachleute, Obering. Dr. OTT, im Jahre 1934 (7) ausführlichen Bericht, worin es heißt:

„Das in der Pfanne aufsilizierte Gußeisen ist dem nicht nachbehandelten überlegen. Die Überlegenheit tritt bei niedriggekohltem Eisen von mäßigem Siliziumgehalt am deutlichsten in Erscheinung. Sie wird mit steigendem C-Gehalt geringer und kehrt sich schließlich in das Gegenteil um.

Das Aufsilizieren läßt sich mit 45-, 75- und 90proz. Fe-Si bewirken, wie auch mit Kalzium-Silizid. Bei Reihenbeobachtungen an einem Eisen mit 5% (C + Si) und Aufsilizierung mit 75proz. Fe-Si in der Rinne um 0,2% ergab sich eine durchschnittliche Festigkeitszunahme von 20%. In einem anderen Falle betrug die Festigkeitszunahme eines Eisens mit 4,5% (C + Si) beim Aufsilizieren mit CaSi in der Rinne 20 bis 25%, bezogen auf die Biegefestigkeit und Zerreißfestigkeit. Die Durchbiegung stieg um 30%. Sehr hohe Werte ergaben sich bei Dauerschlagversuchen, wo gegenüber nicht nachbehandeltem Eisen im Durchschnitt Steigerungen um 600% beobachtet wurden. Das Verfahren des Aufsilizierens ist verschieden; es wurden sowohl beim Aufwerfen des Silizierungsmittels auf das flüssige Eisen in der Pfanne gute Resultate bei hoher Treffsicherheit erzielt, wie auch beim Zusetzen in der Rinne. Interessant ist das im Zusammenhang mit diesen Versuchen beobachtete Ergebnis, daß die auf dem flüssigen Eisen nach dem Aufsilizieren beobachteten Klumpen im Höchstfall 6% unzersetztes Ca-Si enthielten. Allgemein kam die Überzeugung zum Ausdruck, daß zur Erzielung von Bestwerten beim Aufsilizieren in erster Linie der Kupolofenbetrieb sorgfältig geleitet sein muß.“

Hierzu möchte der Verfasser sagen, daß natürlich auch bei hochgekohltem Gußeisen von einer Nachsilizierung ein gewisser Erfolg zu erwarten ist, z. B., wenn es sich darum handeln sollte, eine größere Dichte zu erreichen, oder aber durch niedriger gehaltenen Siliziumgehalt in der Gattierung eine größere Aufkohlung zu erzwingen (Hartguß, Guß für dünnwandige Gußstücke, Kolbenringe usw.).

Die Neuwertigkeit des sog. Meehanite-Verfahrens und seine Stellung im Rahmen der bestehenden Verfahren zur Herstellung hochwertigen Gußeisens in Deutschland ist nicht immer richtig gekennzeichnet worden. Eine besonders unglückliche Darstellung (*8*) hat bald darauf von fachmännischer Seite die notwendige Richtigstellung erfahren (*9*). Die von O. SMALLEY (*10*) mitgeteilten Ergebnisse amerikanischer Gießereien waren bereits zur Zeit ihrer Bekanntgabe in deutschen gut geführten Eisengießereien mit heimischen Verfahren bei gleicher Treffsicherheit zu erzielen.

Die Arbeitsweise der Meehanite-Gesellschaft, das sog. Meehanite-System (*11*), kann ihre Erfolge weniger auf neuwertige Patente gründen, als vielmehr auf die sehr sorgfältigen Schmelz-, Legierungs- und Gießmethoden, welche als Summe praktischer Erfahrungen bei dem regen Gedankenaustausch der in der Meehanite-Gesellschaft vereinigten Gießereien entwickelt worden sind. O. SMALLEY mußte z. B. zugeben (*11*), daß hohe Stahlschrottzusätze und eine Überhitzung der Schmelze wesentliche Faktoren bei der Herstellung hochwertigen Gußeisens seien. Im allgemeinen werden daher auch nach dem Meehanite-System 50 bis 80% Stahlschrott verwendet, der Siliziumgehalt aber so eingestellt, daß das Rinneneisen weiß, bis meliert erstarren würde, wobei zur Grauung des Eisens erst nachträglich in der Pfanne 2,5 bis 3,5 kg Kalziumsilizium je Tonne Eisen zugesetzt werden. Noch besser ist es, das gepulverte Kalziumsilizium mittels eines Schneckenzuteilers in der Abstichrinne zuzusetzen. Das Eisen bleibt alsdann etwa 5 min abstehen und wird nach dem Abziehen der Schlacke unter Verwendung siphonartiger Ausgüsse bei den Pfannen, ausreichenden Schlackenfänger, zweckmäßiger Siebkerne usw. in die Formen vergossen. Noch nicht ganz erklärlich ist in diesem Zusammenhang die von E. PIWOWARSKY (*35*) beobachtete Erscheinung, daß durch die Nachsilizierung trotz des nunmehr höheren Si-Gehaltes der Schmelze der eutektische Haltepunkt tieferliegend gefunden wurde, um allmählich, insbesondere im Gebiet abklingender Wirksamkeit des Pfannenzusatzes, wieder anzusteigen (Abb. 270). Die gebräuchlichste Kalzium-Silizium-Legierung enthält 33 bis 35% Kalzium und 58 bis 65% Silizium. Die Siliziumzunahme bleibt meistens unter 0,20%. Im fertigen Guß ist Kalzium meist nur in Spuren nachzuweisen. Die Kalzium-Silizium-Zugabe hat exotherme Reaktionen zur Folge und bewirkt starke lokale Erhitzungen der Schmelze.

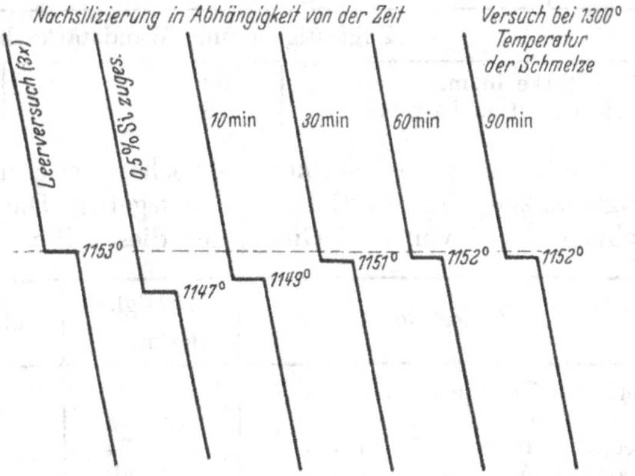

Abb. 270. Einfluß der Nachsilizierung auf die Lage der Unterkühlung (E. PIWOWARSKY).

Meehanite-Guß hat neben guten mechanischen Eigenschaften eine recht gute Volumenbeständigkeit und eine nur geringe Wandstärkenabhängigkeit. Es wird in Sorten A bis E unterschieden, die sich durch Brinellhärten von 160 bis 280 kennzeichnen, Festigkeiten von 28 bis 40 kg/mm² besitzen und einen Elastizitätsmodul von 12000 bis 18000 aufweisen. Nachfolgende Werte (Zahlentafel 44) sind einer weiteren Arbeit von O. SMALLEY (*12*) entnommen:

Zahlentafel 44. Eigenschaften von Meehanite-Gußeisen.

Ort der Probenahme	Grauguß: (3,42% C; 2,16% Si; 0,83% Mn; 0,14% P)	Legierter Grauguß: (3,3% C; 2,02% Si; 0,7% Mn; 0,1% P; 0,8% Ni; 0,2% Cr; 0,38% Mo)	Meehanite B: (3,00% C; 1,54% Si; 0,8% Mn; 0,08% P)
	Druckfestigkeit in kg/mm²		
Außen	66	67	80
↓	49	60	75
Mitte	48	58	73
	Proben aus würfelförmigem Gußstück von 305 mm Kantenlänge		

Zugfestigkeit und Wandstärke bei Meehanite:

Wandstärke in mm	32	51	76	102	152
Zugfestigkeit in kg/mm² . .	38	38	37	36	33

Die Schwingungsfestigkeit für höchstwertigen Meehanite-Guß von 45 kg/mm² Zugfestigkeit wird mit 21 kg/mm² angegeben. Die Dauerschlagfestigkeit (14 cm/kg Schlagenergie) von drei Gütestufen dieses Sondergußeisens soll folgende Werte erreichen:

Gütestufe	Zugfestigkeit kg/mm²	Schlagzahl
Legiertes Gußeisen	—	500
Meehanite C	etwa 28	3000
Meehanite B	etwa 34	8000
Meehanite A	etwa 40	12000

Die Wandstärkenabhängigkeit für Härte und Druckfestigkeit bei dem in Zahlentafel 44 gekennzeichneten Meehanite-Guß ergibt einen *a*-Wert von etwa —0,13, der als hervorragend anzusprechen ist. Durch thermische Nachbehandlung können die mechanischen und elastischen Werte eine weitere Verbesserung erfahren. Meehanite-Guß der Gütestufe A kann dabei bis auf etwa 65 kg/mm² Zugfestigkeit vergütet werden, wobei der Elastizitätsmodul bis auf 20850 kg/mm² heraufgeht, auch wenn die Härte auf etwa 245 BE eingestellt wird (*13*), was durch Glühen bei 850 bis 875° C mit anschließender Luftabkühlung zu erreichen ist.

Damit Pfannenzusätze den gewünschten Erfolg haben, müssen sie der Art der Gußstücke, insbesondere der mittleren Wandstärke derselben, angepaßt sein. Das Eisen soll nach dem Zusatz etwa 5 min abstehen. Längere Wartezeit als etwa 15 min kann die Wirkung abschwächen oder gänzlich aufheben. Es ist alsdann notwendig, erneut Zusätze zu machen und erneut die zweckmäßigste Zeit von Zusatz bis Abguß abzuwarten. V. A. CROSBY und A. J. HERZIG (*14*) untersuchten den Einfluß nachträglicher Siliziumzusätze auf Gefüge und mechanische Eigenschaften eines synthetischen Gußeisens mit 3,04 bis 3,11% C, 2,08 bis 2,17% Si und 0,8 bis 0,89% Mn, das im Induktionsofen aus Flußeisen, Graphit und Ferromangan erschmolzen worden war. In diesem Eisen wurde ein Anteil von 0% über 25 bis 50 bzw. 75 und 100% des angestrebten Siliziumgehaltes in der Pfanne anstatt in der Gattierung zugesetzt. Das Ergebnis (Abb. 271) zeigte, daß die besten Werte erhalten wurden, wenn 50 bis

75% des endgültigen Siliziumgehaltes in der Pfanne zugesetzt wurden, wobei die Härte annähernd auf gleicher Höhe blieb; das aber bedeutet, daß vor allem die Graphitausbildung durch diese Behandlung eine Veränderung erfuhr. Tatsächlich änderte sich die Ausbildung des Graphits von einer bandartig bis punktförmigen in dendritischer Textur über eine mehr regellos verteilte bis zur gröberen lamellaren Form. Bei derartigen Versuchen ist nun zu beobachten, daß der graphitfördernde Einfluß des nachträglichen Siliziumzusatzes auf die prozentuale Graphitmenge wesentlich stärker ist, als wenn das Silizium von vornherein in der Gattierung eingeführt wird. Eigentlich müßten also die zugesetzten Siliziumanteile quantitativ etwas geringer werden, wenn das Silizium in steigendem Maße durch Pfannenzusatz erfolgt. Doch schadet ein geringer Siliziumüberschuß bei diesem Verfahren kaum. Bei Vornahme von Pfannenzusätzen ist ferner zu beachten, daß die Neigung mäßig oder niedriggekohlter Eisensorten zur dendritischen Graphitanordnung um so ausgeprägter wird, je schneller die Abkühlung und je dünner die Wandstärke ist. In diesen Fällen ist also eine größere Menge Graphitbildner in der Pfanne zuzusetzen, um eine zu starke Unterkühlung bei der Kristallisation des Graphiteutektikums zu verhindern. Darum empfiehlt z. B. M. M. Duduet (*15*):

1. Bei Wandstärken zwischen 20 und 100 mm keinen Pfannenzusatz, wenn besondere Eigenschaften nicht gefordert werden. Soll die Festigkeit dagegen höher werden, so wird ein Zusatz von 0,3% Si in Form von 90- bis 95proz. Ferrosilizium empfohlen.

2. Bei Stücken von 8 bis 20 mm wird ein Zusatz von 0,5% Si empfohlen.

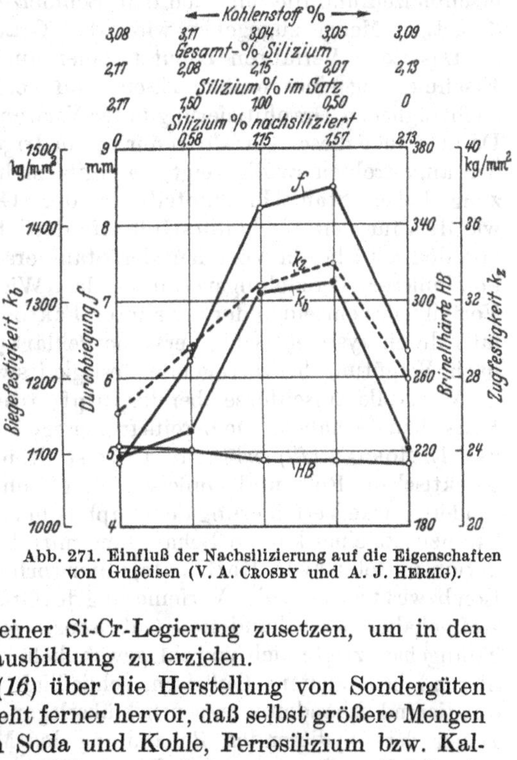

Abb. 271. Einfluß der Nachsilizierung auf die Eigenschaften von Gußeisen (V. A. Crosby und A. J. Herzig).

3. Bei Stücken mit Wandstärken über 100 mm soll man etwa 0,4% einer Si-Cr-Legierung zusetzen, um in den dicken Teilen eine feinere Graphitausbildung zu erzielen.

Aus der Arbeit von W. Bröhl (*16*) über die Herstellung von Sondergüten mit erniedrigtem Kohlenstoffgehalt geht ferner hervor, daß selbst größere Mengen von Pfannenzusätzen (Gemische von Soda und Kohle, Ferrosilizium bzw. Kalziumsilizium) bei niedriggekohlten hochsilizierten Gußeisensorten zwar bei Sandguß eine starke Unterkühlung des Graphiteutektikums zu verhindern vermochten, nicht aber bei Kokillenguß. In diesem Zusammenhang sei nochmals auf die Versuche von A. von Frankenberg (S. 182) hingewiesen, nach denen der von E. Piwowarsky (*2, 33*) beobachtete Festigkeitsabfall bei der Überhitzung von Gußeisen mit niedrigem und mittlerem Kohlenstoffgehalt (Abb. 264 und 266) nur bei dünnwandigen Gußstücken bis etwa 30 mm festzustellen war, bei größeren Wandstärken dagegen eine kontinuierliche Verbesserung aller Festigkeitseigenschaften auftrat (Abb. 225). Bei Wandstärken über etwa 40 mm ist der Einfluß verringerter Abkühlungsgeschwindigkeit, der Einfluß entweichender Gase usw. so groß, daß die Neigung zu einer unerwünscht starken Unterkühlung bei der Graphitkristallisation nur noch sehr gering ist. Es ergäbe sich daher nach v. Frankenberg (*34*) die Erkenntnis, Gußeisen von 1,8 bis 3,6% C und Wanddicken von 40 bis 80 mm und darüber zur Erzielung von Bestwerten für die Festigkeit so hoch als möglich zu überhitzen. Die Wandstärkenabhängigkeit werde gleichzeitig immer geringer, so daß sich auch eine Erweiterung des für max. 90 mm Wanddicke und gewöhnlichen Ofenbetrieb aufgestellten Maurer-Diagramms ergäbe (vgl. Abb. 224).

Bei dem auch in Deutschland patentierten Coyle-Verfahren (*17*) verwendet man als Graphitbildner Nickelsilizid oder Nickel zusammen mit Silizium. Dieses Verfahren ist von der International Nickel Company in New York entwickelt worden. Das nach ihm hergestellte Material wird unter dem Namen „Nitensyl-Eisen" vertrieben (*18*). Anspruch 1 des deutschen Patentes lautet:

„Verfahren zur Herstellung von grauem Gußeisen mit hoher Zugfestigkeit über 35 kg/mm² durch Zusatz von graphitbildenden Stoffen zu geschmolzenem weißen Gußeisen, dadurch gekennzeichnet, daß ein weißes oder meliertes Eisen erschmolzen und diesem nach dem Schmelzen Nickel zusammen mit Silizium in derartiger Menge zugegeben wird, daß Grauguß entsteht."

Das Coyle-Verfahren benutzt daher auch den Meehanschen Gedanken der Erschmelzung eines weißen Eisens und verbindet ihn mit den Vorteilen einer nachträglichen Graphitisierung unter Verwendung von Nickel als Graphitbildner. Da aber auch dieses Verfahren nur bei niedrigen bis mittleren Kohlenstoffgehalten den angestrebten Erfolg zeigt, so ergibt sich die Notwendigkeit der Verschmelzung hoher Stahlschrottanteile in der Gattierung (50 bis 80%), ähnlich wie dies für den Meehanite-Guß erforderlich ist. Es macht demnach ebenfalls von den natürlichen Vorteilen der Stahlverschmelzung Gebrauch, stellt also ein kombiniertes Veredelungsverfahren dar. Wie groß im Endeffekt prozentual der Vorteil jedes einzelnen der erwähnten Faktoren anzusetzen ist, müßte gegebenenfalls durch systematische Versuche geklärt werden. Auch Nitensyl-Eisen zeigt nach Vergütung hervorragende Festigkeitswerte.

Wertvolle Aufschlüsse über den impfenden Charakter nichtmetallischer Einschlüsse haben, wie bereits früher erwähnt, die Arbeiten von A. L. Norbury und E. Morgan (*19*) erbracht. Diese stellten fest, daß ein Titanzusatz zu untereutektischem Roh- und Gußeisen (Tiegelschmelzen von je 100 g) dann eine besonders starke Verfeinerung des Graphits hervorruft, wenn die Schmelze nach dem Titanzusatz einer kurzen Behandlung mittels oxydierender Gase oder fester Oxydationsmittel (Oxyde, Karbonate) unterworfen wird (Abb. 255 bis 260). Die Oxydation bewirkt alsdann eine Verfeinerung des Graphits ohne Verringerung des Kohlenstoffgehaltes des behandelten Gußeisens. Oxydierend behandeltes Gußeisen mit Titangehalt zeigte sich sowohl gewöhnlichem, wie auch ohne Titanzusatz oxydierend behandeltem Gußeisen, schließlich dem mit titanhaltigen, aber nicht oxydierend behandelten wesentlich überlegen. Da bei der notwendigen sehr kurzen Dauer der oxydierenden Behandlung das Maß der Verfeinerung des Graphits kaum zu beeinflussen war, so konnten Zwischenstufen der Verfeinerung nur dadurch erreicht werden, daß nach der oxydierenden Behandlung während ein bis zwei Minuten Wasserstoff durch die Schmelze geblasen wurde. Mit zunehmender Dauer dieser Maßnahme nahm alsdann der Grad der Graphitverfeinerung allmählich wieder ab. An Stelle von Wasserstoff sollen auch wasserstoffhaltige Verbindungen, z. B. Wasserdampf oder Kohlenwasserstoffe, verwendbar sein. Etwaigen in der Schmelze verbliebenen Überschuß an Wasserstoff könne man durch Abstehenlassen oder durch kurzes Hindurchblasen von Luft, Stickstoff oder Kohlendioxyd entfernen. Eine eindeutige Erklärung für die Wirkungsweise dieses Verfahrens konnten die erwähnten Erfinder zunächst noch nicht machen. In der deutschen Patentanmeldung (*20*) wird lediglich angenommen, daß die Titanschlackenteilchen die vorhandenen Schlackensuspensionen irgendwie beeinflussen, wahrscheinlich in der Weise, daß sie diese umhüllen und dadurch ihre Impfwirkung herabsetzen. Unter Hinweis auf die Ausführungen auf Seite 201 sei erwähnt, daß auch W. Bröhl (*16*) sich der Auffassung anschließt, derzufolge durch den Titanzusatz und die anschließende oxydierende Behandlung mit Kohlensäure niedrigschmelzende Reaktionsprodukte entstehen, durch die reduzierende Behandlung mit Wasserstoff aber wiederum der Schmelzpunkt derselben ansteigt und alsdann zusammen mit dem vom Bad gelösten Wasserstoff impfend wirken. Norbury und Morgan konnten diese erstmalig an kleinen 100-g-Schmelzen erzielten Beobachtungen auch an 25- und 100-kg-Tiegelofenschmelzen bestätigt finden, dagegen war bei Kupolofeneisen die Wirkung der gekennzeichneten Behandlung klein oder sie blieb völlig aus. Dieselben Erscheinungen traten auf, wenn Gußeisen im Tiegel unter Koks, also reduzierend, geschmolzen wurde. W. Bröhl (*16*) führt das Versagen der Titan-Kohlensäure-Behandlung bei Kupolofenschmelzen auf die Anwesenheit von Einschlüssen zurück, die durch die Behandlung ihre impfenden Eigenschaften nicht verlieren. Infolge der reduzierenden Bedingungen im Gestell des Kupolofens seien im Kupolofeneisen eisenoxydularme Einschlüsse mit hohem Schmelzpunkt vorhanden, so daß also die gleichen Bedingungen vorherrschen, wie nach dem Durchblasen von Wasserstoff durch eine mit Titan und Kohlensäure verfeinerte Tiegelschmelze. Ferner sei bei Kupolofeneisen und seinem meist höheren Schwefelgehalt mit der Anwesenheit von Mangansulfid zu rechnen, das nach A. Allison (*21*) als Keim für die Graphitabscheidung angesehen wird. Nach Versuchen von Norbury und Thomas (*22*) wird allerdings Mangansulfid als Keim für die Graphitkristallisation abgelehnt. Daß übrigens Titansäure die Ausbildung sehr dünnflüssiger Schlacken begünstigt, zeigt Abb. 272 nach K. Endell und G. Brinkmann (*23*). Sie läßt die Beeinflussung der Viskosität einer synthetischen Schlacke durch die drei Metalloxyde Kieselsäure, Tonerde und Titansäure erkennen. Titansäure verringert nicht nur stark die Viskosität der Schlacken, sondern ist sogar imstande, die viskositätssteigernde Wirkung von Tonerde und Kieselsäure wieder aufzuheben. Andererseits wird Titansäure durch Graphit in Gegenwart von Eisen leicht reduziert, wie Abb. 273 nach W. Baukloh und R. Durrer (*24*) erkennen läßt; da aber fast alle Eisenerze titanführend sind, so besitzen auch fast alle Roheisensorten Titangehalte von 0,05 bis 0,2%. Wird nun vorhandene Titansäure zu metallischem Titan reduziert, so kommt es in steigendem Maße zur Ausbildung von Titankarbid im Gußeisen, das aber einen sehr hohen Schmelzpunkt hat, impfend wirkt, und auch durch Kohlensäure nicht mehr zu Titansäure rückgebildet werden kann, solange das vorhandene Silizium und Mangan der oxydierenden Wirkung zur Verfügung stehen. Das aber dürfte ein weiterer Grund dafür sein, daß Norbury

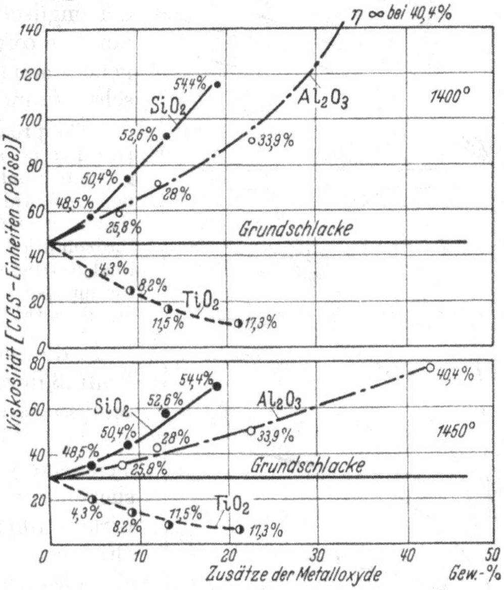

Abb. 272. Beeinflussung der Viskosität einer synthetischen Schlacke durch Zusätze von Metalloxyden. Zusammensetzung der Schlacke: $\frac{CaO}{SiO_2} = 0,66$ (30,5% CaO, 46,1% SiO_2; 18,4% Al_2O_3, 5,1% MgO).

und MORGAN bei ihren Kupolofenschmelzen keine Verfeinerung mit ihrem Titan-Kohlensäure-Verfahren erzielen konnten. Ähnlich auf die Keimbildung, insbesondere von Kupolofeneisen, dürfte sich die sog. „Silikattrübe" nach den Arbeiten von O. v. KEIL und seinen Mitarbeitern (*25*) auswirken. Diese Silikattrübe, in welcher ein feindisperses Eisensilikat gesehen wird, ist durch die reduzierende Wirkung des Kohlenstoffs zweifellos von wesentlich höherem Schmelzpunkt als demjenigen des erstarrenden Gußeisens, so daß sie impfenden Charakter zu besitzen vermag. Eine dem Norburyschen Verfahren ähnliche Rückwirkung vermögen auch die unter oxydulreichen Schlacken hergestellten Eisensorten aufzuweisen, wie bereits auf S. 195 ausgeführt wurde.

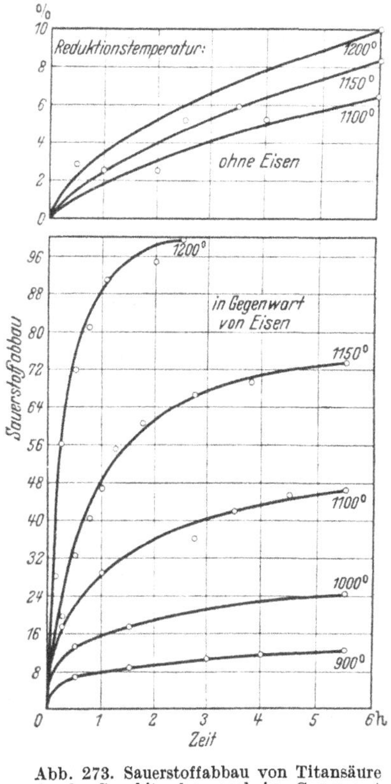

Abb. 273. Sauerstoffabbau von Titansäure durch Graphit ohne und in Gegenwart von metallischem Eisen (W. BAUKLOH und R. DURRER).

W. RUFF hat übrigens noch vor den Arbeiten der englischen Forscher in Amerika ein Patent auf eine oxydierende Behandlung von Gußeisen genommen (*26*). Der Anspruch 1 der amerikanischen Anmeldung lautet:

"The process of making cast iron comprising preparation of a molten iron substantially free from graphite nuclei. Adjusting the silicon content of the molten metal to an amount not less than 0,5% proportioned to the desired size of the graphite particles of the solidified metal, and subjecting the melt to a final oxydising treatment proportioned in amount to the number of graphite particles desired in the solidified metal."

In diesem Zusammenhang sei auch auf den Einfluß der Konstitution nichtmetallischer Einschlüsse auf die Rückwirkungen eines Bleizusatzes bei Gußeisen hingewiesen (vgl. die Versuche von H. BRUHN, S. 788). Nach Versuchen von E. VALENTA und N. CHVORINOW (*27*) wirken übrigens Zusätze von Ferromolybdän ähnlich wie Zusätze von Ferrosilizium, während ein gleichzeitiger Zusatz von Ferrosilizium und Ferromolybdän in niedrig gekohlten Schmelzen keinen Vorteil erbringt, also anscheinend keine Impfwirkung ausübt.

Nach den Ausführungen dieses Abschnittes ist bei Zusatz von Stoffen, die leichtflüssige Schlacken bilden, ganz allgemein durch Reinigung der Schmelze von hochschmelzenden Einschlüssen bzw. Auflösung derselben in den niedrigschmelzenden Reaktionsprodukten eine Entkeimung von flüssigem Gußeisen mit dem Erfolg einer merklichen Graphitverfeinerung zu erwarten. Es ist demnach nicht überraschend, daß bei der Entschwefelung des Gußeisens durch Soda oder Kalk-Soda-Gemische neben einer Erniedrigung des Schwefel- und Gasgehaltes der Schmelze auch meistens eine gewisse Verfeinerung des Graphits verursacht wird. Ähnlich wirken auch Mischungen von Kalk und Flußspat mit Soda oder anderen Alkalikarbonaten. (Vgl. auch Abschnitt IXe über Entschwefelung).

Schmelzüberhitzung und Gußtextur. Schon P. BARDENHEUER und K. L. ZEYEN (*1*) hatten festgestellt, „daß bei kohlereichem Gußeisen bis zu Kohlenstoffgehalten von etwa 3,2% herunter eine Überhitzung infolge der eintretenden Graphitverfeinerung festigkeitserhöhend wirkt. Bei weiter fallendem Kohlenstoffgehalt nimmt mit steigender Überhitzung die Neigung des Werkstoffs zur Kristallisation in Form langgestreckter Dendriten mit zwischengelagertem Graphiteutektikum zu, wodurch die mechanischen Eigenschaften, namentlich die Ergebnisse der Biegeprobe, verschlechtert werden.“ P. BARDENHEUER geht aber zweifellos zu weit, wenn er aus dieser Beobachtung heraus von einem „Fehler“ der Schmelzüberhitzung spricht (*4*). Denn schon aus betriebstechnischen Gründen wird der Praktiker auch niedriger ge-

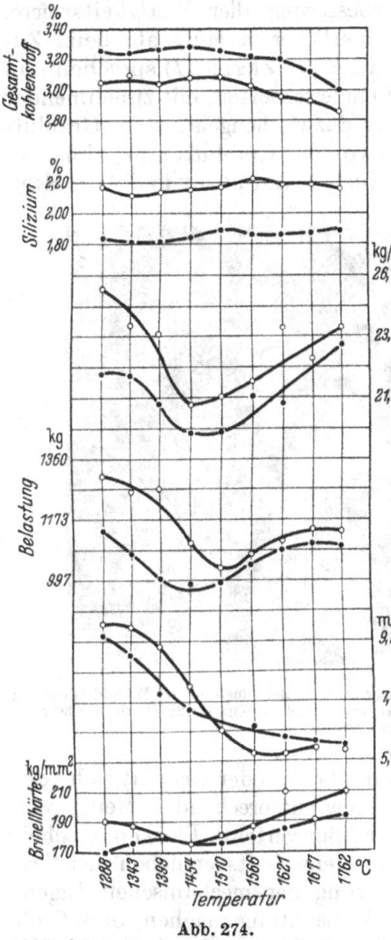

Abb. 274.

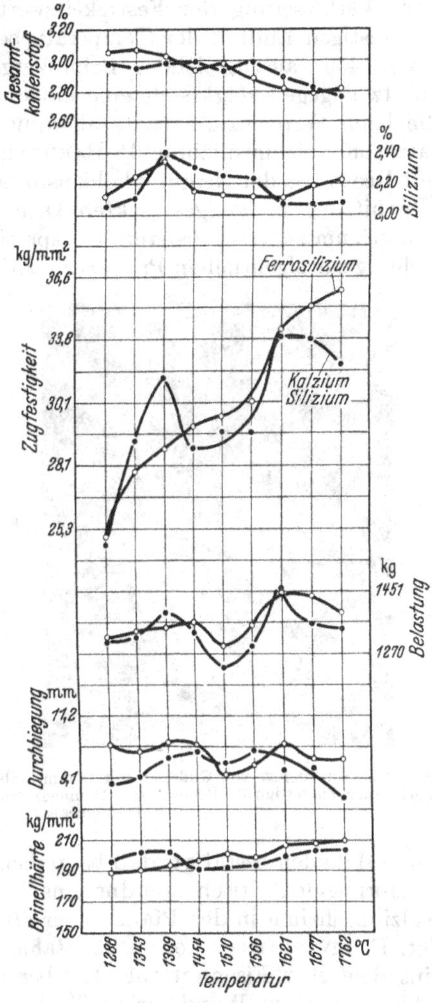

Abb. 275.

Abhängigkeit der Festigkeitseigenschaften von niedriggekohltem Gußeisen mit zunehmender Überhitzung ohne (Abb. 274) und mit Benutzung (Abb. 275) von Pfannenzusätzen (C. H. LORIG).

kohlte Eisensorten so hoch als möglich zu überhitzen trachten, wenn er neben guter Gießfähigkeit auch noch eine hinreichende Abstehfähigkeit des Materials erreichen will. Viel treffender werden daher die wahren Verhältnisse von J. G. PEARCE (*28*) gekennzeichnet, wenn er mit Bezug auf untereutektische Schmelzen sagt:

„Die Vorteile einer Überhitzung der Schmelze lassen sich bei gewöhnlichen Wandstärken ohne jede Gefahr wegen der Bildung von Ferrit und Feingraphit aufrecht erhalten durch Impfen der Schmelze mit Graphit oder einem genügend fein verteilten graphitfördernden Material.“

In diesem Sinne hat sich auch die Anwendung von Pfannenzusätzen auf die Verbesserung der mechanischen Eigenschaften stark untereutektischer bzw.

mäßig gekohlter Gußeisensorten durchgesetzt. Ganz deutlich geht dies u. a. aus Abb. 274 und 275 hervor, die einem Aufsatz von C. H. Lorig (*29*) entnommen sind. Das verhältnismäßig niedrig gekohlte Eisen zeigt ohne Pfannenzusätze vergossen mit zunehmender Überhitzung über 1450° zwar eine merkliche Verbesserung der Festigkeitswerte, die jedoch knapp imstande sind, den ungünstigen Einfluß der Temperaturbehandlung im Bereich zwischen 1288 und etwa 1450° auszugleichen. Beim Vergießen nach voraufgegangenem Pfannenzusatz dagegen zeigt sich eine eindeutige Verbesserung aller Festigkeitswerte, die beim Ferrosiliziumzusatz allerdings kontinuierlicher verläuft als beim Zusatz von Kalziumsilizium. P. Bardenheuer und K. L. Zeyen (*1*) sprechen nun mit Recht von der Neigung kohlenstoffärmerer Gußeisensorten, mit zunehmender Überhitzung in langgestreckten Dendriten mit dazwischengelagertem Graphiteutektikum zu kristallisieren. Sie sprechen also von der Graphittextur, ohne Beziehung zur eigentlichen Primärkristallisation. Auch V. A. Crosby und A. J. Her-

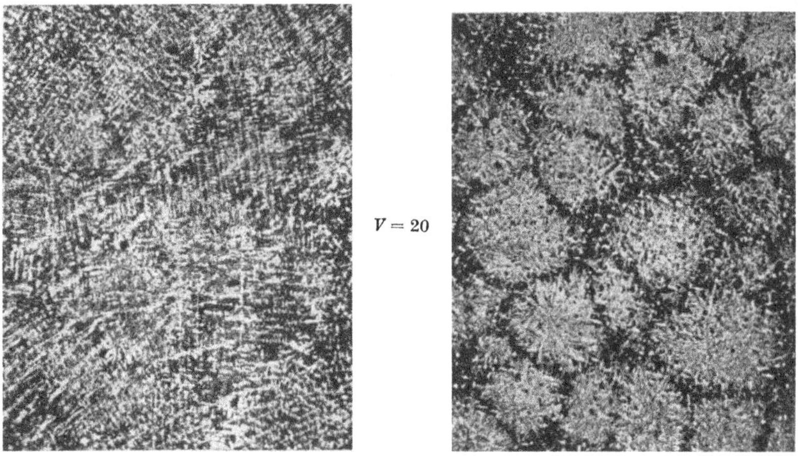

Abb. 276. Primärgefüge von Gußeisen mit 15 mm Stabdurchmesser. Links: Bei zunehmender Wanddicke stetig abnehmende Zugfestigkeit. Rechts: Der 15-mm-Durchmesserstab ergab kleinere Zugfestigkeit als der 30-mm-Durchmesserstab (E. Piwowarsky).

zig (*14*) fanden bestätigt, daß bei unbehandeltem Material der Graphit sich gern netzförmig-dendritisch anordnet, nach Zusatz einer entsprechenden Menge von Kalziumsilizium in der Pfanne aber als unregelmäßig verteilte Flocken abscheidet. E. Piwowarsky konnte im Rahmen von Gemeinschaftsversuchen des Vereins deutscher Eisenhüttenleute über die Änderung der mechanischen Eigenschaften mit der Wandstärke (*30*) bereits die Beobachtung machen, daß Gußeisenschmelzen, bei denen die Festigkeitswerte für den 15-mm-Durchmesser-Stab geringere Werte ergaben als diejenigen des 30-mm-Durchmesser-Stabes, eine eigenartige globulare Primärstruktur mit überlagertem Netz (Phosphidnetz?) aufwiesen, während bei Schmelzen mit stetig fallender Zugfestigkeit bei zunehmender Wanddicke eine vorwiegend dendritische Primärstruktur vorhanden war. (Abb. 276). E. Piwowarsky und E. Hitzbleck (*6*) haben später an behandeltem und unbehandeltem Material (Tiegelofenschmelzen mit 3,57 % C und 1,60 % Si) zahlreiche Primärätzungen (nach H. Jurich: Borsäure + Konzentrierte Schwefelsäure) vorgenommen und gefunden, daß die Schmelzen ohne Pfannenzusatz offenbar mit stärkerer Unterkühlung erstarrt waren, da sie gegenüber den behandelten Schmelzen zahlreichere, aber kürzere Dendriten (Dendriten hier im Sinne der Primärätzungen zu verstehen, also unabhängig von der Graphittextur) aufwiesen. Vielfach war die dendritische Graphittextur verbunden mit einer ausgesprochen globulitischen Primärstruktur (Abb. 277 bis 282). Es konnte damals zusammenfassend festgestellt werden: Je stärker untereutektisch ein Gußeisen ist, desto mehr neigt der Graphit zu

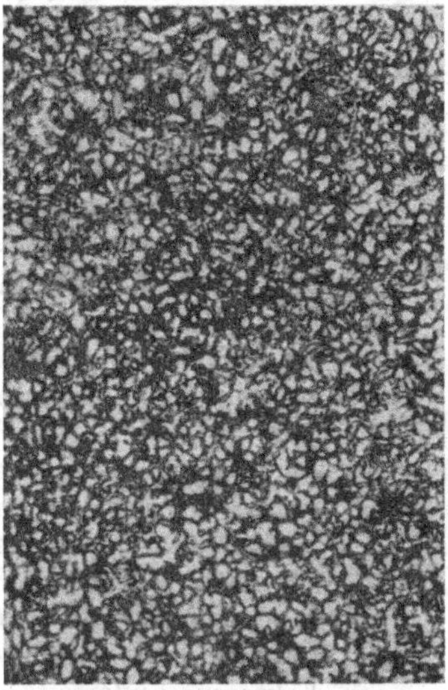

Abb. 277. Primärgefüge der Tiegelofenschmelze T_0 (unbehandelt). $V = 20$

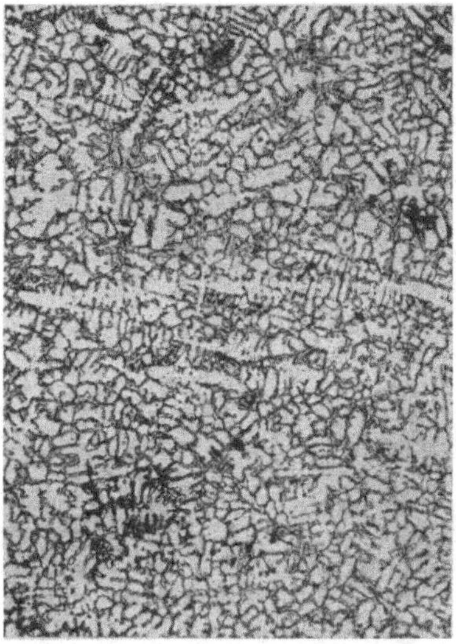

Abb. 278. Primärgefüge der Tiegelofenschmelze T_0 (mit Kalzium-Silizium behandelt). $V = 20$

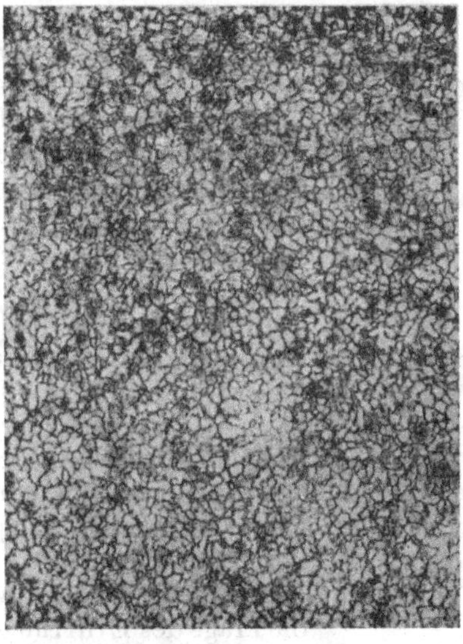

Abb. 279. Primärgefüge der Tiegelofenschmelze T_{00} (unbehandelt). $V = 20$

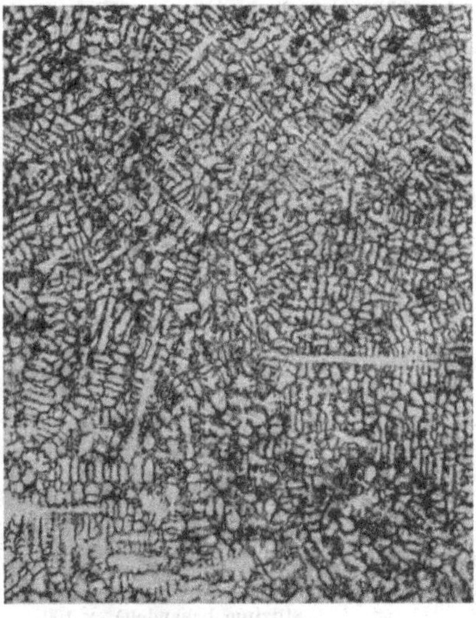

Abb. 280. Primärgefüge der Tiegelofenschmelze T_{00} (mit Ferro-Titan behandelt). $V = 20$

einer netzförmigen Anordnung. Geht hierbei die Erstarrung ruhig, d. h. ohne starke Erschütterung oder Rühren vonstatten, so bildet sich meist eine feindendritische bis globulitische Primärstruktur. Im anderen Falle nimmt das Primärgefüge grobdendritischen Charakter an, wobei die Graphitanordnung von der vorwiegend eutektischen (eutektisch hier im texturmäßigen, nicht phasentechnischen Sinne gemeint) bzw. netzförmigen in die unorientierte mit gleichmäßiger

Verteilung des Graphits im Grundgefüge übergeht (Abb. 281 und 282). Nach den erwähnten Versuchen muß angenommen werden, daß die fein-dendritische bis globulitische Art der Erstarrung als Folge einer Kristallisation mit starker, die grobdendritische dagegen als Folge einer geringeren Unterkühlung aufzufassen ist. Es konnte weiter beobachtet werden, daß mechanisches Umrühren oder starke Bewegung der Schmelze einen gleichstarken Einfluß ausübten wie der nachträgliche Zusatz von Ferrosilizium oder Kalziumsilizium. Es fanden sich also durch die erwähnten Versuche die bisherigen Anschauungen über den ursächlichen Zusammenhang zwischen Graphitausbildung und Kristallisation in verschiedenen Unterkühlungsbereichen einerseits, dem Einfluß impfender oder die Unterkühlung behindernder Faktoren anderseits bestätigt. Tatsächlich ergaben auch Messungen des Kaiser Wilh.-Instituts für Eisenforschung (*37*), daß die in den Randzonen erstarrender Blöcke überaus starke Unterkühlung beim Vergießen von Stahl in metallische Blockformen (Kurve *1* in Abb. 283) verbunden war mit einem sehr fein globularen Primärgefüge. Abb. 283 ist ein überzeugender Beweis für die Tatsache, daß die im Blockinneren frei werdenden Gase sowie die Anreicherung des Blockkerns mit impfend wirkenden Verunreinigungen die Unterkühlung des Stahls an dieser Stelle völlig aufheben. (Im Zusammenhang mit den vorstehenden Ausführungen empfiehlt es sich, Kapitel XXVc zu lesen.)

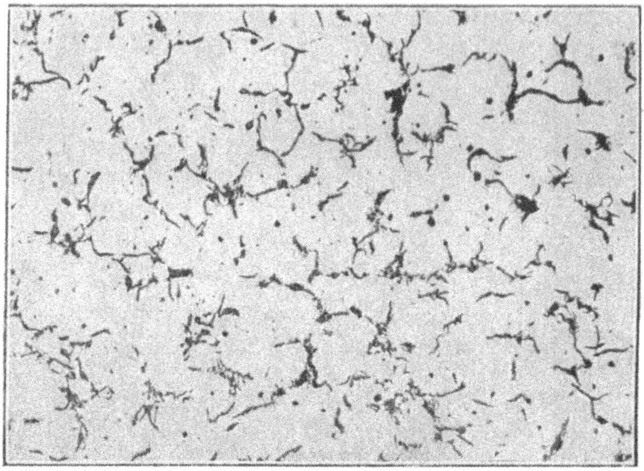

Abb. 281. Graphitausbildung der Tiegelofenschmelze T_0 (unbehandelt). × 100.

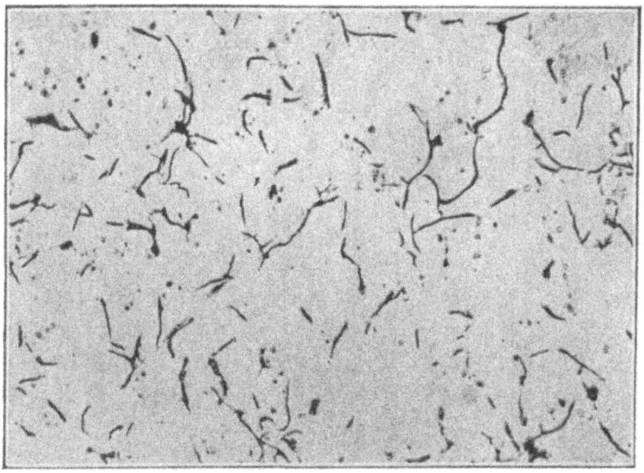

Abb. 282. Graphitausbildung der Tiegelofenschmelze T_0 (mit Kalzium-Silizium behandelt). × 100.

Zurückkommend auf die Frage des **Einflusses der Gießtemperatur** (vgl. S. 173), dürfte es nach den Ausführungen dieses ganzen Kapitels nunmehr nicht verwunderlich sein, daß früher von seiten verschiedener Forscher die verschiedenartigsten, z. T. gegensätzlich erscheinenden Feststellungen gemacht worden sind. Entgegen reinen Metallen oder solchen Legierungen, die während des Schmelzflusses keine grundsätzlichen Veränderungen ihres molekularen Aufbaus erfahren, liegen die Verhältnisse beim Gußeisen, vor allem aber beim Grauguß, wesentlich komplizierter. Denn nicht allein die chemische Zusammensetzung und die durch höhere Gießtemperatur verursachte größere Vorwärmung der Gießformen ist der bestimmende Faktor für den Vorgang der Kristallisation, vielmehr wirken die Höhe der einmal durchlaufenen Temperatur, die Dauer der Schmelzbehandlung, der starke Einfluß von Keimen, Gasen und Reaktionsprodukten auf die Graphitausbildung so entscheidend mit, daß nur bei Kenntnis der Summe dieser Einflüsse die sich.durchsetzenden oder für die Kristallisation maßgebenden Teileinflüsse abgeschätzt werden können. In jedem Falle aber ist der Einfluß der Temperaturführung auf den Vorgang der Kristallisation, insbesondere der Menge und Ausbildungsform des Graphits, nur durch genau angestellte Vorversuche zu ermitteln, bevor eine betriebliche Neuerung Platz greifen darf. Im allgemeinen sollte man erwarten, daß die mit zunehmender Temperatur der Schmelze wachsende Neigung des Gußeisens, nach dem metastabilen System zu erstarren, durch eine entsprechende Vorwärmung der Gießform ausgeglichen wird. Je nach Lage der Dinge aber setzt sich der Einfluß keimfördernder Faktoren mehr oder weniger durch. Wichtig ist z. B. die Feststellung von F. HESSE und H. PINSL (*31*), nach welcher das Abstehenlassen nicht hoch genug überhitzten Eisens zu einer Verschlechterung der Festigkeitseigenschaften führt, was sich durch Zusammenballung noch vorhandener Graphitkeime (besser wohl graphitfördernder Keime, der Verf.) und dadurch bewirkte grobe Graphitausscheidung bei anschließender Abkühlung erklären soll. Abb. 274 und 275 (nach C. H. LORIG) scheinen diese Beobachtung zu stützen. Auch P. BARDENHEUER und K. L. ZEYEN (*1*) haben festgestellt, daß bei gewöhnlichem Kupolofenguß mit fallender Gießtemperatur auch die Festigkeitseigenschaften absinken, da die Größe der Graphitblättchen zunimmt. Sie erklären diese Erscheinung durch Hinweis auf das Verhalten von Salol, das in der Nähe des Schmelzpunktes alle Kristallflächen gleichmäßig ausbildet, bei Unterkühlung aber Unterschiede der Kristallisationsgeschwindigkeit auf den einzelnen Flächen zeigt. Daß man auch bei Grauguß unterscheiden muß zwischen Einflüssen auf die Primärkristallisation und solchen auf die Graphitausbildung, geht daraus hervor, daß trotz Vergröberung des Graphits bei abnehmender Gießtemperatur ungenügend überhitzten Eisens eine Verfeinerung der Primärkristallisation auftritt, wie dies auch bei weiß erstarrendem Gußeisen der Fall ist. Ist Grauguß einmal im Schmelzfluß keimfrei geworden, so ist der Einfluß der Gießtemperatur bei weitem nicht mehr so ausgeprägt. Doch können weitere Einflüsse hinzukommen, wie solche der Schlackenführung, der Ofenauskleidung (basisch oder sauer), der Ferritbildung bei allzu starker Unterkühlung kohlenstoffärmerer Eisensorten, der Gasaufnahme durch Reaktion zwischen Metall und Auskleidung usw. Auf eine wichtige Beobachtung des Verfassers sei an dieser Stelle hingewiesen. Es wird fast allgemein angenommen, daß stehend von unten in trockene Formen gegossene Biegestäbe im unteren Teil infolge des höheren ferrostatischen Drucks dichter sind und bessere Werte für die aus dem unteren Teil der Biegestäbe herausgearbeiteten Zugstäbe ergeben. Das trifft jedoch nicht immer

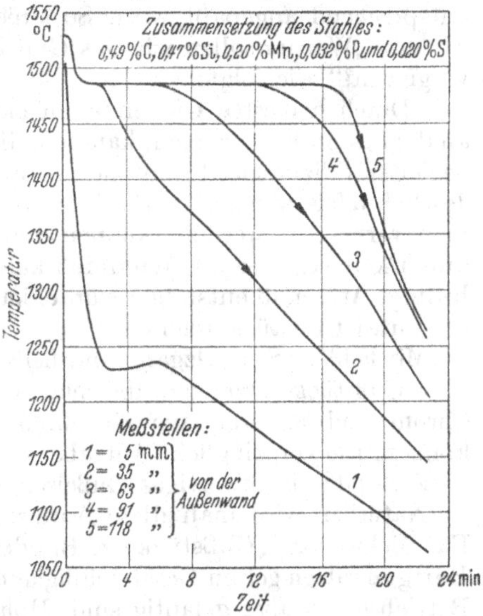

Abb. 283. Temperaturverlauf beim Erstarren eines Stahlblocks von 244 mm Quadratdurchmesser (BLECKMANN).

zu, vielmehr tritt oft das Gegenteil ein. Das ist z. B. dann der Fall, wenn der C + Si-Gehalt dem Stabdurchmesser nicht genügend angepaßt wird; es gibt für jede Abkühlungsgeschwindigkeit bekanntlich nur ganz bestimmte optimale Summen für den C + Si-Gehalt. Ist letzterer zu hoch, so tritt durch die stärkere Vorwärmung des unteren Teils des Biegestabs leicht eine Vergröberung der Graphitlamellen ein. Ist jene Summe aber zu klein, so kommt es insbesondere bei mittleren oder niedrigen Kohlenstoffgehalten zu der mehrfach geschilderten Entartung des Graphiteutektikums unter Ausbildung netzförmiger Graphitanordnung, und die Versuchswerte, vor allem für die Biegefestigkeit, streuen sehr stark. Im allgemeinen aber herrscht in Gießereikreisen die Auffassung vor, daß man nicht nur heiß schmelzen, sondern auch heiß vergießen soll. Natürlich setzt dies voraus, daß die chemische Zusammensetzung den Abkühlungsverhältnissen entsprechend angepaßt wird. So äußert sich z. B. F. Paschke (*32*) unter dem Thema: „Warum sollen wir das Gußeisen heiß herunterschmelzen und sehr heiß vergießen?“ wie folgt:

„Durch heißestes Gießen kann man die Qualitäten des Gußeisens bis nahe an die des Stahles bringen, kann die die Güte des Gußeisens behindernden Eisenbegleiter, Silizium und Phosphor, herabmindern und braucht die üblen Wirkungen des Schwefels weniger zu fürchten. Ausschußgründe, die durch fehlerhaftes Formen verursacht werden, können durch heißes Eisen eher beseitigt werden als durch kalt vergossenes. Wo durch kalt vergossenes Eisen in solchen Formen unbedingt Ausschuß entstehen würde, kann man mit heißem Eisen immer noch auf ein gutes Gußstück rechnen.

Mit heißem Schmelzgang und heißem Vergießen des überhitzten Eisens kann man Gußstücke erzeugen, die man sonst nur glaubt durch Zusätze von Nickel, Chrom und anderen devisenzehrenden Legierungsbestandteilen erreichen zu können. Die vordringliche Aufgabe der deutschen Gießereifachleute ist aber, ohne diese Zusätze hochwertiges Gußeisen zu erzeugen.“

Natürlich wird man diese Auffassung nicht planlos verallgemeinern dürfen. Für dickwandige Gußstücke z. B. oder für Hart- und Walzenguß, insbesondere Hartgußwalzen gelten Gesetzmäßigkeiten, die hiervon abweichen, dem erfahrenen Betriebsmann aber geläufig sind. Höhere Gießtemperatur verlangt jedoch auch eine sorgfältigere Formsandwirtschaft, eine besondere Gieß- und Anschnittechnik usw.

Schrifttum zum Kapitel VIIi.

(*1*) Bardenheuer, P., u. L. Zeyen: Mitt. K.-Wilh.-Inst. Eisenforschg. Bd. 10 (1928) S. 23; Gießerei Bd. 15 (1928) S. 354; Stahl u. Eisen Bd. 48 (1928) S. 515, sowie Bd. 11 (1929) S. 225; Gießerei Bd. 16 (1929) S. 733; Stahl u. Eisen Bd. 49 (1929) S. 1236.
(*2*) Piwowarsky, E., u. E. Söhnchen: Gießerei Bd. 24 (1937) S. 97/106.
(*3*) Wie Fußnote (*2*); ferner Piwowarsky, E.: Gießerei Bd. 24 (1937) S. 97 und 510; Bd. 18 (1931) S. 356. Tammann, G.: Metallographie 1914 S. 246. Bardenheuer, P., u. A. Reinhardt: Mitt. K.-Wilh.-Inst. Eisenforschg. Bd. 16 (1934) S. 65. Bröhl, W.: Diss. Aachen 1938.
(*4*) Bardenheuer, P.: Gießerei Bd. 26 (1939) S. 543.
(*5*) Piwowarsky, E.: Hochwertiger Grauguß S. 134. Berlin: Springer 1929.
(*6*) Piwowarsky, E., Hitzbleck, E., u. O. Dörum: Gießerei Bd. 27 (1940) S. 21.
(*7*) Vgl. auch die Niederschrift über „Nachsilizierung“ anläßlich der 15. Arbeitssitzung des ehemaligen Edelgußverbandes am 4. 12. 1934 in Berlin.
(*8*) Neuberg, E.: Motor, März-Ausgabe (1934) S. 48/52.
(*9*) Motor, Mai-Ausgabe (1934) S. 23/24.
(*10*) Smalley, O.: Trans. Amer. Foundrym. Ass. Bd. 37 (1929) S. 485; vgl. Gießerei Bd. 17 (1930) S. 1143.
(*11*) Smalley, O.: Foundry Trade J. Bd. 42 (1930) S. 25.
(*12*) Smalley, O.: Foundry Trade J. Bd. 57 (1937) S. 62/65 und 81/85.
(*13*) Vgl. Lambert, A. G., u. F. M. Robbins: Canad. Foundrym. Bd. 21 (1930) Aug. S. 13/15 und Sept. S. 14/15.

(14) CROSBY, V. C., u. A. J. HERZIG: Foundry, Cleveland Bd. 66 (1938) S. 28 und 73.
(15) DUDUET, M. M.: Bull. Ass. techn. Fond. Liége (1936) S. 40.
(16) BRÖHL, W.: Diss. Aachen 1938. Vgl. BARDENHEUER, P., u. W. BRÖHL: Mitt. K.-Wilh.-Inst. Eisenforschg. Bd. 22 (1938) S. 135.
(17) D.R.P. Nr. 609319 vom 26. 3. 1928 (USA. Priorität vom 13. 5. 1927).
(18) Der Name Nitensyl-Eisen ist in USA., Kanada, England usw. als Handelsname geschützt.
(19) NORBURY, A. L., u. E. MORGAN: J. Iron Steel Inst. Bd. 2 (1936) S. 327, sowie Foundry Trade J. Bd. 56 (1936) S. 272ff.
(20) Anmeldung vom 7. 8. 1934, Akt.-Zeichen B. 166441. Das entsprechende britische Patent hat die Nummer 425227.
(21) ALLISON. A.: Foundry Trade J. Bd. 42 (1930) S. 417.
(22) Vgl. BOLTON, J. W.: Trans. Amer. Foundrym. Ass. 1937 Dez. S. 467/544.
(23) ENDELL, K., u. G. BRINKMANN: Stahl u. Eisen Bd. 59 (1939) S. 1319.
(24) BAUKLOH, W., u. R. DURRER, Stahl u. Eisen Bd. 60 (1940) S. 12.
(25) v. KEIL, O., MITSCHE, A., LEGAT, A., u. H. TRENKLER: Arch. Eisenhüttenw. Bd. 7 (1933/34) S. 579.
(26) USA.-Patent Nr. 1985553 vom 18. Aug. 1933. Die entsprechende deutsche Anmeldung datiert vom 5. Sept. 1932.
(27) VALENTA, E., u. N. CHVORINOW: Bericht M. O.—7 auf dem Internationalen Gießereikongreß, Paris, 17. bis 24. Juni 1937.
(28) PEARCE, J. G.: The structure and mechanical properties of cast iron. J. Iron Steel Inst. Bd. 1 (1930) S. 367.
(29) LORIG, C. H.: Foundry, Cleveland März (1939) S. 26.
(30) JUNGBLUTH, H.: Arch. Eisenhüttenw. Bd. 10 (1936/37) S. 211.
(31) HESSE, F., u. H. PINSL: Gießerei Bd. 15 (1928) S. 282.
(32) PASCHKE, F.: Gieß.-Praxis (1937) S. 269.
(33) PIWOWARSKY, E.: Gießerei Bd. 24 (1937) S. 97 bis 106.
(34) v. FRANKENBERG U. LUDWIGSDORF: Vortrag auf dem Gießerei-Kolloquium zu Aachen, Febr. 1939.
(35) PIWOWARSKY, E.: Stahl u. Eisen Bd. 54 (1934) S. 82/84.
(36) JÜNGST, E.: Schmelzversuche mit Ferrosilizium. Berlin. Ernst & Korn 1890.
(37) Erörterung zum Aufsatz von H. SIEGEL: Stahl u. Eisen Bd. 61 (1941) S. 991.

k) Einfluß der Schlackenführung.

Nachdem u. a. E. PIWOWARSKY (*1*) bereits im Jahre 1926 beobachtet hatte, daß eine Desoxydation des Gußeisens durch 0,05 bis 0,20% Si in Form von Ferrosilizium oder Alsimin fast regelmäßig eine Erhöhung der Biegefestigkeit um 4 bis 6 kg/mm² hervorrief, konnte man annehmen, daß auch die Art der Schlacke durch ihren mehr oder weniger stark desoxydierenden Charakter einen Einfluß auf die Gefügeausbildung, die Dichte usw. des Gußeisens, vor allem aber auch auf die Graphitausbildung desselben ausüben müßte. Tatsächlich konnte kurz darauf von E. PIWOWARSKY und G. LENZE (*2*) nachgewiesen werden, daß bei Verwendung einer tonerdereichen Schlacke und nachfolgender Desoxydation mit Alsimin die Festigkeitswerte der Versuchsschmelzen besser waren, als beim Arbeiten unter reinen Kalkschlacken, wie folgende Werte für die Biegefestigkeit der aus den Jahren 1926 bis 1928 stammenden Schmelzen mit etwa 3,2 bis 3,3% C bei 2,2 bis 2,6% Si zeigen:

Zahlentafel 45.

Schmelzen mit rund 0,25% P	
mit Kalkschlacke ohne Desoxydation, durchschnittlich	44,3 kg/mm²
mit Kalkschlacke durch Alsimin desoxydiert, durchschnittlich	48,7 „
mit Al_2O_3-reicher Schlacke (Chamotte), durchschnittlich	52,5 „
Schmelzen mit 0,4 bis 0,5% P	
mit Kalkschlacke ohne Desoxydation, durchschnittlich	44,4 kg/mm²
mit Kalkschlacke durch Alsimin desoxydiert, durchschnittlich	47,0 „
mit Al_2O_3-reicher Schlacke (Chamotte), durchschnittlich	48,8 „

E. DIEPSCHLAG und L. TREUHEIT (*3*) fanden an Hand von Schmelzversuchen in ausgekleideten Graphittiegeln, daß unter tonerdereichen Kalkschlacken starke Neigung des flüssigen Eisens besteht, nach dem instabilen System mit feineutektischer Anordnung des Graphits in der Restschmelze zu erstarren. Eine Kieselsäure-Kalk-Schlacke veränderte die Graphitausbildung, wie sie vom Ursprungseisen übernommen wurde, nicht, unabhängig davon, ob der Graphit darin „wurmartig, nadelig oder wirbelig" vorhanden war. E. PIWOWARSKY und W. HEINRICHS (*4*) untersuchten den Einfluß verschiedenartigster Schlacken auf die Festigkeitseigenschaften von Elektrogußeisen im Duplex-Verfahren (Abb. 1100). Die geringste Festigkeit wiesen die Proben der Schmelze *A* mit der tonreichen Schlacke (aus gemahlenem Ton) auf. Letztere besaßen im Zustand der Probe *4* eine chemische Zusammensetzung gemäß Zahlentafel 46. Es folgten dann mit besserer Qualität des anfallenden Eisens die Schmelze *B* mit Kalkschlacke, *C* mit Kalk-Flußspat-Koks-Schlacke und schließlich die Schmelzen *E* und *F* mit Karbidschlacken. Es scheint also, daß mit der Abnahme des freien Sauerstoffs in den Schlacken die Festigkeit des Eisens zunimmt, und zwar ganz erheblich. Die Versuche wären vielleicht noch überzeugender ausgefallen, wenn nicht nach erfolgter Entnahme der Proben *4* stets aus bestimmten Gründen des laufenden Betriebs sämtliche Schmelzen unter einer gleichartigen Kalk-Flußspat-Koks-Schlacke fertiggemacht worden wären.

Zahlentafel 46. Schlacken im Zeitpunkt der Entnahme von Probe *4* (vgl. Abb. 1100).

Schlackenart	Chemische Zusammensetzung						
	SiO_2 %	Al_2O_3 %	CaO %	MgO %	Fe_2O_3 %	MnO %	S %
A Tonschlacke	47,7	10,8	16,9	8,55	4,80	0,36	0,55
B Kalk-Schlacke	5,3	0,3	71,5	4,90	6,80	—	0,26
C Kalk-Flußspat-Koks	21,8	9,4	54,8	9,98	2,00	0,20	1,62
D Kalk-Flußspat-Koks (Stadium D_2)	25,2	3,54	52,3	9,00	2,48	0,68	1,51
E Karbidschlacke	2,48	0,12	69,3	3,62	2,48	0,09	0,60
F Karbidschlacke	6,78	6,80	65,8	12,81	2,40	0,19	0,71

Bei den Versuchen von E. PIWOWARSKY und W. HEINRICHS ergab sich stets eine plötzliche wesentliche Erhöhung der Festigkeit nach der Zugabe von Ferrosilizium (Zusatz nach Probe *3* in Abb. 1100), die nicht nur auf die Änderung des Siliziumgehaltes des Eisens, sondern auch auf die Desoxydation des Bades usw. zurückgeführt werden mußte. Die Versuche zeigten ferner, daß eine unzweckmäßige Schlackenführung die Vorteile einer Schmelzüberhitzung aufheben kann. P. BARDENHEUER und A. REINHARDT (*5*) behandelten eine Anzahl Schmelzen untereutektischer, eutektischer und übereutektischer Zusammensetzung mit Siliziumgehalten von rd. 0,5 bis 5% bei etwa 1500 bis 1600° mit Schlacken, deren Eisenoxydulgehalt durch Zugabe von Walzensinter geregelt wurde. Bei Behandlung mit oxydulreichen Schlacken trat bei allen Schmelzen die Erstarrung nach dem stabilen System ohne nachweisliche Unterkühlung ein, wobei der Graphit immer eine regellose Anordnung aufwies und blättrige Ausbildungsform hatte. Bei eutektischen Schmelzen unter reiner Glasschlacke (also bei Abwesenheit freien Oxyduls) trat bei den niedrig gekohlten Schmelzen ein starker Abfall sowohl der Zug- als auch der Biegefestigkeit auf. Bei mittleren Kohlenstoffgehalten war der Abfall geringer, um bei Schmelzen über etwa 3,4% C in eine Verbesserung der Festigkeitseigenschaften umzuschlagen. Bei übereutektischen Schmelzen trat bei geringen Siliziumgehalten eine Steigerung der Festigkeit, bei hohen Siliziumgehalten ein Abfall derselben ein. Die Änderungen der Festigkeit standen im engsten Zusammenhang mit der Ausbildungsform des Graphits. Der starke Abfall der Festigkeitseigenschaften trat stets dann ein, wenn (vor allem bei den C-armen Schmelzen, vgl. Seite 205ff.) eine zu feineutektische Anordnung des Graphits mit mehr oder weniger starker Entartung des Eutektikums und alsdann auch meist größeren Mengen von Ferrit in den Zonen der eutektischen Restschmelze zustande kam. E. Diepschlag und M. Michalke (*6*) schmolzen Roheisen gleicher Analyse im Lichtbogenofen um und erhielten ganz verschiedene Gefügeausbildungen je nach der gewählten Schlackenführung. Dabei ergaben sich folgende Beziehungen (vgl. auch Abb. 284):

„1. Kalk-Tonerde-Schlacken (Feld *I*) mit niedrigem Gehalt an Kieselsäure ergaben normal ausgebildeten Graphit in perlitischem Grundgefüge. Bei über 10 % SiO_2 in der Schlacke trat schon in wechselnden Anteilen das Graphiteutektikum auf.

2. Bei Schmelzen unter Kalk-Kieselsäure-Schlacken (Feld *II*) von höherem Kalkgehalt war eine besonders starke Neigung zur Ausbildung des Graphiteutektikums festzustellen. Das galt auch für phosphorreiche Schmelzen.

3. Bei den Kalk-Kieselsäure-Schlacken (Feld *III*) von höherem Gehalt an Kieselsäure trat vorzugsweise Zerfallsferrit mit grobem Graphit auf. Die zu der letzten Gruppe gehörende Probe *33* wies den höchsten Sauerstoffgehalt von 0,0105% auf, während die Proben *5* und *24* mit normal ausgebildetem und feineutektischem Graphit nur 0,0019 und 0,0025% Sauerstoff enthielten.

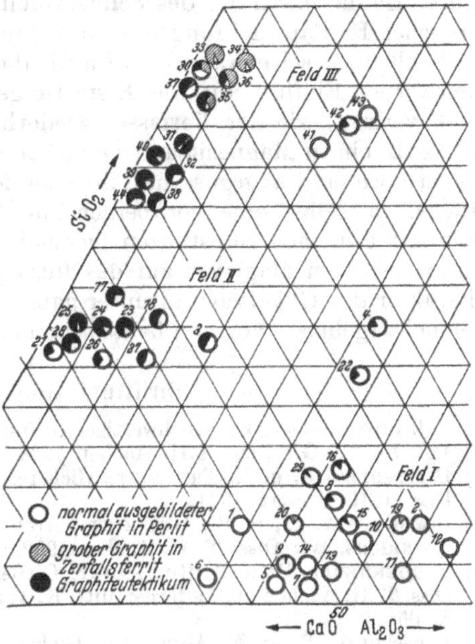

Abb. 284. Einfluß der Schlackenführung im Lichtbogenofen auf die Graphitausbildung von Roheisen (E. Diepschlag und M. Michalke).

Eine Abhängigkeit der Gefügeart von der verwendeten Roheisensorte war nicht zu beobachten. Es gibt also zweifellos Möglichkeiten, die Vererbungseigenschaften des Roheisens zu vermindern. Bei den vorliegenden Versuchen haben die hohe Schmelztemperatur und Schmelzzeit sowie die Umsetzungen mit der Schlacke dazu beigetragen.

M. Duduet (*7*) stellte bezüglich des Einflusses der Schlacke auf die Vorgänge der Graphitisation folgendes fest:

„Gewisse saure und sauerstoffreie Schlacken bewirken eine starke Unterkühlung bei der Erstarrung und eine Ausscheidung des Graphits in Netzform. Oxydreiche, insbesondere kieselsäurereiche Schlacken bewirken eine Erstarrung mit verminderter Unterkühlung, reicherer Graphitbildung und vollkommen einheitlicher perlitischer Grundmasse. Unter basischen Schlacken erschmolzener Grauguß hat immer eine geringere Gießfähigkeit als ein solcher unter saurer Schlacke erzeugter. Auch zeigt ein unter saurer Schlacke erzeugtes Gußeisen eine geringere Neigung zur Schwindung und Lunkerung als ein unter basischer Schlacke hergestelltes. Basische Schlacken entweichen besser aus dem Bade, während saure Schlacken viskoser sind und leichter vom Bad festgehalten werden. Für die Erzeugung von hochwertigem

Gußeisen empfiehlt Verfasser u. a. die Benutzung eines sauer zugestellten Elektroofens."

Diese Feststellungen decken sich vollkommen mit den Ausführungen TH. KLINGENSTEINS (vgl. S. 927) über die Vorteile des sauren Elektroofenbetriebs gegenüber dem des basischen Ofens. Es scheint demnach, daß auch die Art der Ofenzustellung auf das Gefüge und die Eigenschaften von Gußeisen einen aus dem Einfluß der Schlacken herzuleitenden spezifischen Einfluß hat. Interessant, wenn auch für die Zwecke der Gußeisenmetallurgie noch nicht angewendet, ist das Verfahren der Heraeus-Vacuumschmelze A.G. in Hanau (*8*), welches sich auf eine Beschleunigung metallurgischer Schlackenreaktionen in induktiv beheizten elektrischen Schmelzöfen bezieht, „dadurch gekennzeichnet, daß bei saurer Herdauskleidung des Schmelzofens mit einer basischen Schlacke und bei basischer Herdauskleidung mit einer sauren Schlacke gearbeitet wird".

Schließlich sei erwähnt, daß auch das Material der Gießform einen bemerkenswerten Einfluß auf die Erstarrungs- und Kristallisationsvorgänge auszuüben vermag, wie der Verfasser wiederholt beobachten konnte. Dabei verhielt sich z. B. ein in Magnesitsand vergossenes Material völlig anders als ein in normalen Formsand abgegossenes, insbesondere bei größeren Wanddicken des Gußstücks. Ja, selbst eine vorübergehende Berührung sauer erschmolzenen Materials mit basischen Substanzen (versuchsweise basisch zugestellte Pfannen oder Aufbringen von Magnesit auf das flüssige Eisen der Gießpfanne) änderte den Charakter des Gußeisens mitunter ganz ausgeprägt. Doch liegen noch zu wenig Versuchsergebnisse vor, um heute schon eingehend hierüber berichten zu können.

Schrifttum zum Kapitel VIIk.

(*1*) Vgl. PIWOWARSKY, E.: Hochwertiger Grauguß S. 134/35. Berlin: Springer 1929.
(*2*) Vgl. LENZE, G.: Diss. T.H. Aachen 1928.
(*3*) DIEPSCHLAG, E. u. L. TREUHEIT: Gießerei Bd. 18 (1931) S. 705; vgl. TREUHEIT, L.: Diss. T. H. Breslau 1931.
(*4*) PIWOWARSKY, E., u. W. HEINRICHS: Arch. Eisenhüttenw. Bd. 6 (1932/33) S. 221; vgl. HEINRICHS, W.: Diss. T. H. Aachen 1932.
(*5*) BARDENHEUER, P., u. A. REINHARDT: Gießerei Bd. 22 (1935) S. 45; vgl. REINHARDT, A.: Diss. T. H. Aachen 1933; ferner Mitt. K.-Wilh.-Inst. Eisenforschg. Bd. 16 (1934) Lfg. 6 S. 65.
(*6*) DIEPSCHLAG, E., u. M. MICHALKE: Gießerei Bd. 21 (1934) S. 493.
(*7*) DUDUET, M. M.: Bull. Ass. techn. Fond. Liège (1936) S. 40.
(*8*) D.R.P. Nr. 684384, Kl. 40a vom 14. 1. 1936.

VIII. Die Primärkristallisation des Gußeisens.

Die ersten systematischen Versuche zur Frage der Primärkristallisation von Gußeisen hat F. ROLL (*1*) durchgeführt. Nach seiner Ansicht ist die Lage manganreicher Sulfide ein sehr gutes Hilfsmittel zur Beurteilung der Art der Primärkristallisation, da die Sulfide sich immer in den zuletzt erstarrten Schmelzanteilen vorfinden (Abb. 285). Durch einen Baumann-Abdruck könne man daher leicht zwischen dendritischer und globulitischer Erstarrung unterscheiden. Obwohl das Phosphidnetz mit der Primärkristallisation ebenfalls in enger Beziehung steht, lasse dennoch eine Tiefätzung auf Phosphor mitunter globulitische Kristallisation dort vermuten, wo in Wirklichkeit rein dendritische Erstarrung vorlag (Abb. 286). Einige Versuche von F. ROLL über den Einfluß von Legierungselementen zeigten daß die Metalle Antimon, Arsen, Kupfer, Wismut, Zink und Zinn auf das Primärkorn vergrößernd wirken, während Blei, Chrom, Mangan, Nickel, Titan sowie Eisenoxyde dasselbe verkleinern. Die Lage der Dendriten nach dem Baumann-Abzug gab keine Übereinstimmung mit der durch Transkristallisation zu erwartenden Ausrichtung der Primärkristalle. Im Gegensatz hierzu fanden P. TOBIAS und K. CASPER (2), daß die primären Kristalle die Neigung haben, sich nach dem Wärmefluß zu orientieren, was ebenfalls durch Schwefelabzüge belegt werden konnte. Da der Graphit sich erst nach der Bildung der primären Kristalle ausscheidet, so werde seine Lage durch diese bestimmt. Durch die Anordnung der Mangansufilde auf den Haupt- und Nebenachsen der Dendriten ordnen sich die Graphitlamellen senkrecht zu diesen ein. Nach P. BARDENHEUER und K. L. ZEYEN (3) begünstigt starke Überhitzung eine dendritische Primärstruktur des Gußeisens. Das fand auch R. MITSCHE (4) bestätigt, der zu der Auffassung kam, daß die Dendriten mit jenen Stellen im Gefüge zusammenfallen, an denen durch Überhitzung fein gewordener Graphit vorlag. Es liege also ein klarer Zusammenhang zwischen Primärgefüge und Graphitausbildung vor. Diesen Befund konnten E. PIWOWARSKY und E. HITZBLECK (5) nicht bestätigen. Sie fanden vielmehr, daß starke Unterkühlung mit feinster Graphitausbildung in netzförmiger Anordnung verbunden sein kann mit einem ausgesprochen globularen Primärgefüge des Gußeisens, während bei dendritischer Erstarrung, die durch verminderte Unterkühlung zustande kommt, der Graphit regellos und in gröberer Form vorlag (Abb. 277 bis 282). Typisch und anscheinend durch das Auftreten eines Phos-

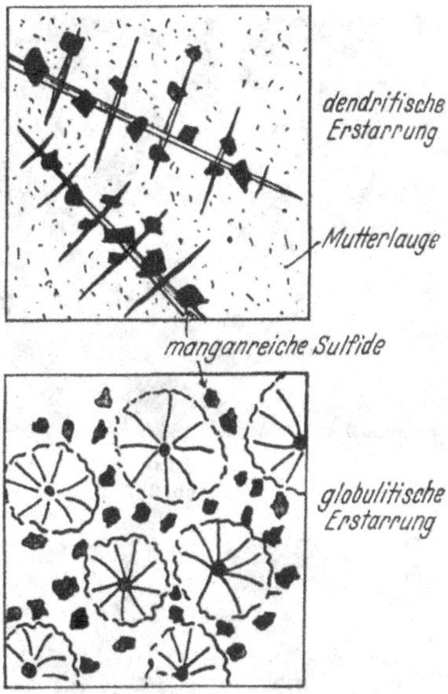

Abb. 285. Schematische Darstellung der Lage der manganreichen Sulfide zum Primärkristall (F. ROLL).

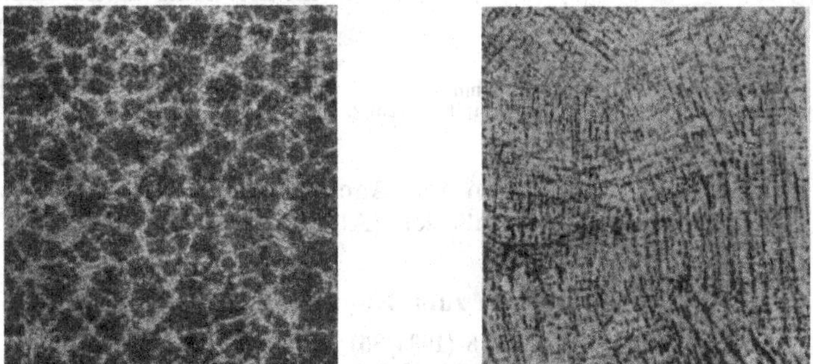

Abb. 286. Tiefätzung (links) und Baumann-Abzug (rechts) des gleichen Gußeisenstücks. $V = 3$ (F. ROLL).

phidnetzwerkes begünstigt ist auch das globulitische, von einem dunklen Netzwerk überlagerte Primärgefüge gemäß Abb. 276 rechts, im Vergleich zu dem dendritischen, durch geringe Unterkühlung zustande gekommenen Primärgefüge gemäß Abb. 276 links, die einer Arbeit von E. PIWOWARSKY (9) entstammen.

Während F. ROLL zur Kenntlichmachung des Primärgefüges den Baumann-Abzug benutzte, verwendeten P. TOBIAS und K. CASPER das Heynsche Mittel in etwas veränderten Konzentrationsverhältnissen. R. MITSCHE dagegen verwendete zur Aufdeckung der Primärkristallisation das Ätzmittel nach P. OBERHOFFER. W. PATTERSON (6) schließlich sowie E. PIWOWARSKY und E. HITZBLECK behandelten die Schliffe mit dem von H. JURICH (7) erprobten Ätzmittel, das aus einer Mischung von konz. Schwefelsäure und Ameisensäure besteht. Die Ameisensäure wird durch die Schwefelsäure in Kohlenoxyd und Wasser zerlegt. Das Kohlenoxyd verhindert unter Kohlensäurebildung den bei alleiniger Verwendung von Schwefelsäure zu beobachtenden Überzug der Schliffoberfläche mit einer Oxydhaut unter Mitwirkung des Luftsauerstoffs. Bei Vorhandensein sehr feiner Graphitausbildung genügt aber auch die Ameisensäure nicht zur vollständigen Verhinderung einer Oxydation der Schliffläche. In diesem Falle ergibt die Benutzung eines Gemisches aus konz. Schwefelsäure und Borsäure einwandfreie Ätzungen. Durch die anwesende Schwefelsäure wird die Borsäure zerlegt und das Bortrioxyd B_2O_3 wird frei für die Aufnahme der Metalloxyde, ein Vorgang, von dem man beim Löten bekanntlich Gebrauch macht. Eine Kenntlichmachung des Primärgefüges durch Anlaßätzung beschrieb A. BOYLES (8). Auch die bei der Stahlätzung gebrauchte Ätzung in heißer alkalischer Natriumpikratlösung eignet sich nach den Erfahrungen im Aachener Gießerei-Institut zur Aufdeckung des Primärgefüges von Gußeisen (Abb. 287).

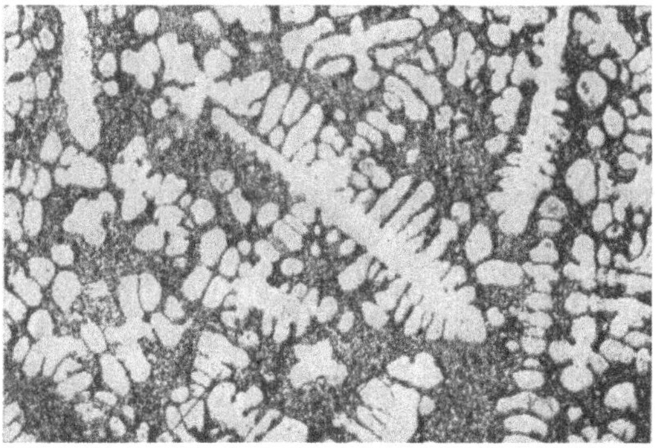

Mitte
Abb. 287.

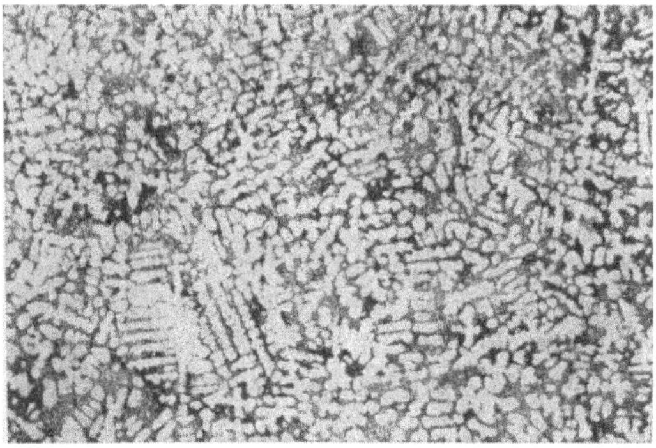

Rand
Abb. 287 und 287a.
Kleingefüge aus Rand und Mitte einer im Vakuum erschmolzenen untereutektischen Gußeisenprobe. Natriumpikratätzung. $V = 100$.

Schrifttum zum Kapitel VIII.

(1) ROLL, F.: Arch. Eisenhüttenw. Bd. 8 (1934/35) S. 129.
(2) TOBIAS, P., u. K. CASPER: Gießerei Bd. 23 (1936) S. 201.
(3) BARDENHEUER, P., u. K. L. ZEYEN: Vgl. Schrifttumsstelle (1) des Abschnitts VIIi.
(4) MITSCHE, R.: Arch. Eisenhüttenw. Bd. 10 (1936/37) S. 263.
(5) PIWOWARSKY, E., u. E. HITZBLECK: Vgl. Schrifttumsstelle (6) im Abschnitt VIIi.
(6) PATTERSON, W.: Arch. Eisenhüttenw. Bd. 11 (1937/38) S. 463.
(7) JURICH, H.: Gießerei Bd. 24 (1937) S. 341.
(8) BOYLES, A.: Trans. Amer. Foundrym. Ass. Bd. 46 (1938) S. 297; vgl. Ref. Stahl u. Eisen Bd. 59 (1939) S. 1030.
(9) Vgl. JUNGBLUTH, H.: Arch. Eisenhüttenw. Bd. 10 (1936/37) S. 211.

IX. Der Einfluß der ständigen Eisenbegleiter.

a) Der Einfluß des Kohlenstoffs.

Allgemeines. Technisch reines Eisen hat je nach seinem Reinheitsgrad eine Festigkeit von 25 bis 33 kg/mm². Mit steigendem Kohlenstoffgehalt erhöht sich diese, bis sie bei eutektoidem Kohlenstoffgehalt im geglühten Zustand des Materials etwa 80 kg/mm² erreicht (Kurve *AB* in Abb. 288). Ein Grauguß mit etwa 4% Gesamt-Kohlenstoffgehalt, bei einem Graphitgehalt von rd. 3 Gew.-% = rd. 10 Vol.-% müßte demnach, wenn lediglich die Materialwegnahme durch den Graphit berücksichtigt wird, noch eine Zugfestigkeit von etwa 68 bis 70 kg/mm² besitzen (Kurve *BC* in Abb. 288). Die Bestwerte, welche man an Grauguß beobachten kann, folgen aber etwa der Kurve *BD* in Abb. 288, d. h. der Festigkeitsverlust gemäß der Höhendifferenz der Linienzüge *BC* gegenüber *BD* ist auf den Einfluß der Graphiteinlagerungen, insbesondere die Kerbwirkung derselben zurückzuführen. Es sei bei dieser grundsätzlichen Betrachtung außer acht gelassen, daß die Festigkeit von Grauguß durch die Eisenbegleiter, insbesondere den Siliziumgehalt der Grundmasse eine Steigerung um 8 bis 15 kg/mm² erfährt. Betrachtet man nun in Abb. 288 die unteren Linienzüge *BD* und *BE*, so sieht man, daß die Normal-Festigkeitswerte gegenüber den erreichbaren Bestwerten noch um weitere 10 bis 12 kg/mm² tiefer liegen. Dies ist auf eine besonders ungünstige Form der Graphiteinlagerungen (lange, dünne, fadenförmige Ausscheidungen) zurückzuführen. Durch Verbesserung der Graphitausbildung nach bekannten Verfahren der Schmelzbehandlung, Gieß- und Legierungsmethoden usw. lassen sich mehr oder weniger die oberen Bestwerte (Linienzug *BD*) erreichen. Der sehr schnelle Abfall der Festigkeitswerte im Gebiet zwischen 1,8 bis 2,6% C kommt dann zustande, wenn in diesen zunehmend untereutektischen Gußeisensorten die Graphitausbildung eine mehr oder weniger netzförmige zusammenhängende Form annimmt (vgl. S. 205ff.), die ihre Ursache in einer Entartung der eutektischen Gefügeanordnung hat. Auch diese Erscheinung kann man heute durch besondere Maßnahmen, z. B. die Verwendung wirksamer Pfannenzusätze, Kokillenguß mit anschließend vergütender Wärmebehandlung, weitgehendst zurückdrängen, so daß man alsdann mehr und mehr an die hohen, durch den niedrigen Kohlenstoff- bzw. Graphitgehalt bedingten Festigkeitswerte herankommt [vgl. auch Abb. 289 nach W. Bröhl (*1*)].

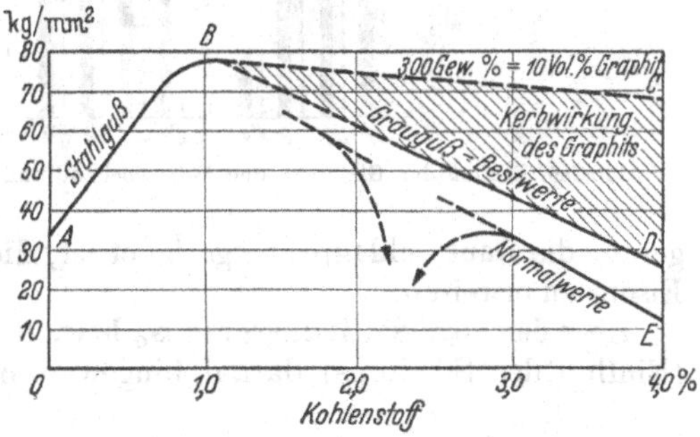

Abb. 288. Einfluß des Kohlenstoffs (Graphits) auf die Zugfestigkeit von Eisen und Gußeisen (schematisch nach E. Piwowarsky).

Man erkennt aus diesen kurzen Ausführungen die Bedeutung der Graphitausbildung für die Gütesteigerung von Grauguß, insbesondere dessen Festigkeitseigenschaften. Es ist klar, daß die Härte des Gußeisens von der Graphitausbildung wesentlich weniger betroffen wird. Das wird u. a. aus Abb. 290 erkenntlich, wo die Entwicklung des Gußeisens während der letzten Jahrzehnte schematisch an Hand der ungefähren Zahlen für Härte, Zug- und Biegefestigkeit sowie die Dauerschlagfestigkeit zum Ausdruck kommt. Es fällt auf, daß von der durch bessere Graphitausbildung verursachten Verminderung der Kerbwirkung des Graphits neben der Zugfestigkeit vor allem die Dauerschlagfestigkeit den größten Nutzen gezogen hat.

So zeigen die Abb. 289 und 291 bis 293 nach W. BRÖHL (*1*) den Festigkeitsverlauf für die dort untersuchten Schmelzen in Abhängigkeit von der Summe (C + Si). Es ist ersichtlich, daß bei (C + Si)-Gehalten unter 5% die Festigkeit bis zu $\sigma'_B = 145{,}5\,\text{kg/mm}^2$ (bei 55 mm Durchbiegung) und $\sigma_B = 74{,}6\,\text{kg/mm}^2$ (Probe *3* / *K* 3) ansteigt. Die starke Erhöhung der Dauerschlagzahl in Abb. 293 zeigt, wie sehr

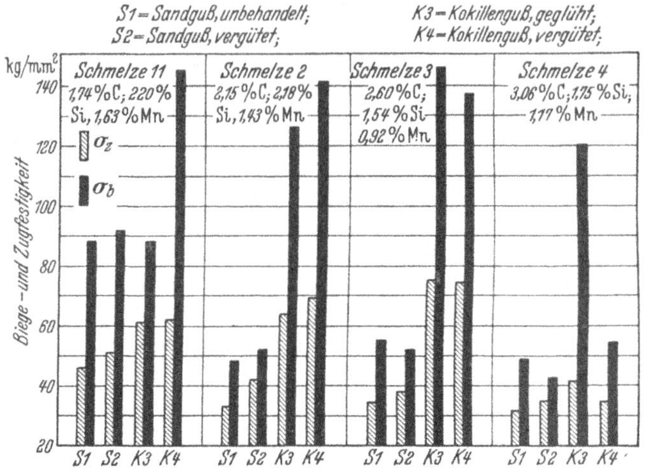

Abb. 289. Einfluß der Gießform und Wärmebehandlung auf die Biege- und Zugfestigkeit (W. BRÖHL).

gerade die Dauerschlagprobe geeignet ist, die Überlegenheit des niedriggekohlten Eisens zu erweisen.

Über den sog. Sättigungsgrad S_c bzw. S_r des Gußeisens. Es ist im Kapitel V (Einfluß des Siliziums) darauf hingewiesen worden, daß die meisten graphit-

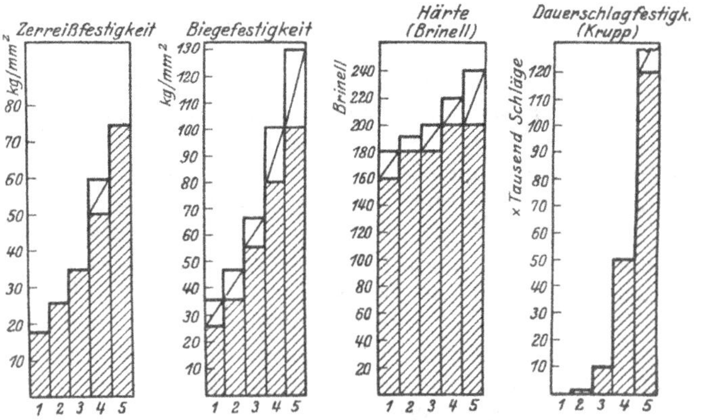

Abb. 290. Entwicklung der Gußeisenqualität (schematisch). Es bedeuten:
1 = Abnahmebedingung hochw. Gußeisen bis 1925.
2 = Abnahmebedingung hochw. Gußeisen heute.
3 = Heute mit Sicherheit erreichbar.
4 = Vereinzelte Spitzenleistungen (heute)
5 = Bei günstigster Graphitausbildung erreichbar.

fördernden Elemente, vor allem aber das Silizium sowie die Elemente Aluminium, Nickel usw. die Löslichkeit des flüssigen und festen Eisens für Kohlenstoff vermindern. Es ergibt sich z. B. für den Einfluß des Siliziums eine Verschiebung des im reinen System Eisen-Kohlenstoff bei etwa 4,23% C liegenden eutektischen Punktes nach links gemäß der Linie *CTF* in Abb. 48. Je weiter nun ein Gußeisen seiner Zusammensetzung nach von dem jeweiligen eutektischen Intervall im polynären System entfernt ist, um so mehr primäre eisenreiche Mischkristalle treten im Gefüge auf, bevor es zur eutektischen Kristallisation kommt. Da die eisenreichen, graphitfreien polynären Mischkristalle eine größere Festigkeit haben als die eutektischen Zonen, muß also erwartungsgemäß die Festigkeit um so höher sein, je untereutektischer das Gußeisen ist, je niedriger sein sog. Sättigungsgrad ist. Bei Ermittlung dieses Sättigungsgrades muß man aber der spezifischen, kohlenstoffverdrängenden Wirkung der graphitfördernden Elemente Rechnung tragen.

Bekanntlich regelt man nun seit einigen Jahrzehnten die mechanischen Eigenschaften von Grauguß grundsätzlich durch eine den Wandstärken und damit der Abkühlungsgeschwindigkeit angepaßte chemische Zusammensetzung. Daß Guß höherer Festigkeit zweckmäßig auf einen geringeren Gesamtkohlenstoff einzustellen sei, kam bereits in alten Gattierungstafeln deutlich zum Ausdruck (vgl. Zahlentafel 18). Die ersten im Schrifttum nachweislichen zahlenmäßigen Beziehungen dieser Art stammen von A. LEDEBUR (*2*), der die Anwendung folgender Formel empfahl:

$$\frac{\text{Ges. C} + \text{Si}}{1{,}5} = 4{,}2 \text{ bis } 4{,}4. \qquad (1)$$

Nach LEDEBUR galt diese Formel für Siliziumgehalte von 1 bis 3%, und zwar war die Zahl 4,2 für dickere, die Zahl 4,4 für dünnwandigere Gußstücke empfohlen.

F. J. COOK (*3*) paßte die Ledeburssche Formel unter der abgeänderten Form

$$\frac{\text{Ges. C}\,\%}{4{,}26 - \frac{\text{Si}\,\%}{3{,}6}} = K$$

noch enger den Bedürfnissen der Praxis an (vgl. Abb. 153).

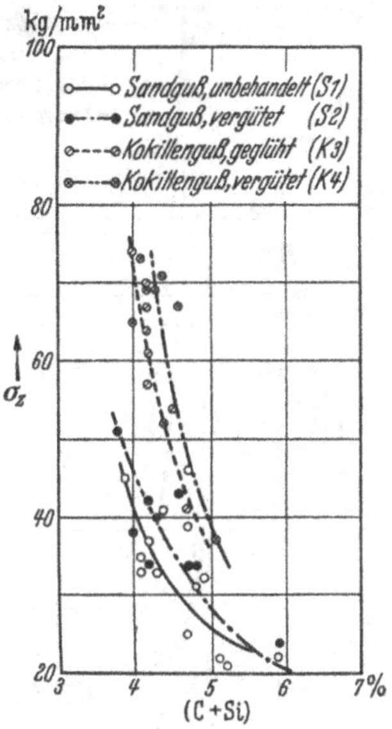

Abb. 291. Einfluß des Kohlenstoff- und Siliziumgehaltes auf die Zugfestigkeit (W. BRÖHL).

E. HEYN (*4*) führte für die Cooksche Formel den Ausdruck Sättigungsgrad (S_c) ein. H. HANEMANN und A. SCHRADER (*5*) berichtigten die Cooksche Formel entsprechend den Zahlenwerten der Dissertation H. JASS (*6*) und setzten den Sättigungsgrad

$$S_c = \frac{\%\,\text{C}}{4{,}23 - \frac{\%\,\text{Si}}{3{,}2}}. \qquad (2)$$

In der gleichen Arbeit wird alsdann der Zusammenhang zwischen Sättigungsgrad einerseits, dem Kohlenstoff- bzw. Siliziumgehalt sowie der Zugfestigkeit anderseits zum Ausdruck gebracht (Abb. 294). Naturgemäß müssen Zugfestigkeit und Härte mit abnehmendem Sättigungsgrad ansteigen. Die Abb. 295 bis 297 geben die entsprechenden Beziehungen zwischen dem Sättigungsgrad S_c einerseits, der Härte bzw. der Zugfestigkeit bei wechselnder Wanddicke (Probestabdurchmesser) andererseits. Leider gibt der Sättigungsgrad S_c keine hinreichende Vorstellung von der Menge vorhandener primärer Mischkristalle im Vergleich zum eutektischen Anteil. Darum haben verschiedene Forscher den Weg eingeschlagen, die Zugfestigkeit über der Summe C$+{}^1/_3$ Si aufzutragen, was mit praktisch hinreichender Genauigkeit den Einfluß des Siliziums auf die Verschiebung des eutektischen Punktes C bzw. C' zum Ausdruck bringt (Beispiel: Abb. 926 bis 928). Den prozentualen Anteil des Eutektikums an der Summe Eutektikum + Mischkristalle (unter Vernachlässigung des Unterschiedes in den spezifischen Gewichten der beteiligten Komponenten) erhält man aber erst, wenn man nach dem Vorschlag von E. PIWOWARSKY (7) gemäß:

$$\frac{\text{Ges. C}\,\% - E''}{4{,}23 - (0{,}32\,\text{Si} + E'')} \cdot 100 \text{ in } \% = C_r \tag{3}$$

den berichtigten Sättigungsgrad (S_r) für Siliziumgehalte von 1 bis 4% pro-

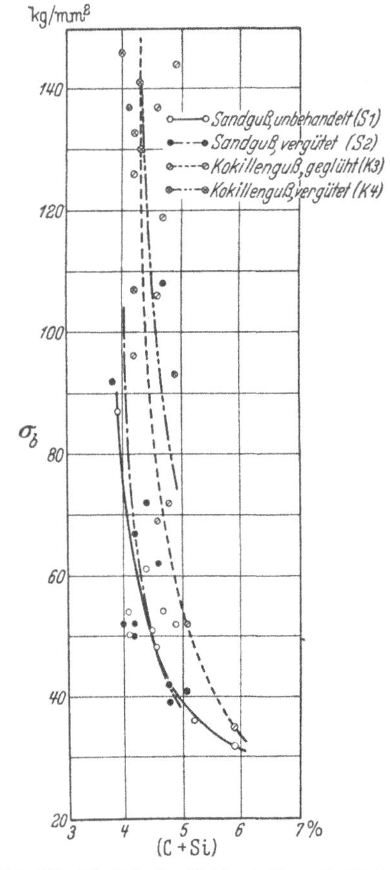

Abb. 292. Einfluß des Kohlenstoff- und Siliziumgehaltes auf die Biegefestigkeit (W. BRÖHL).

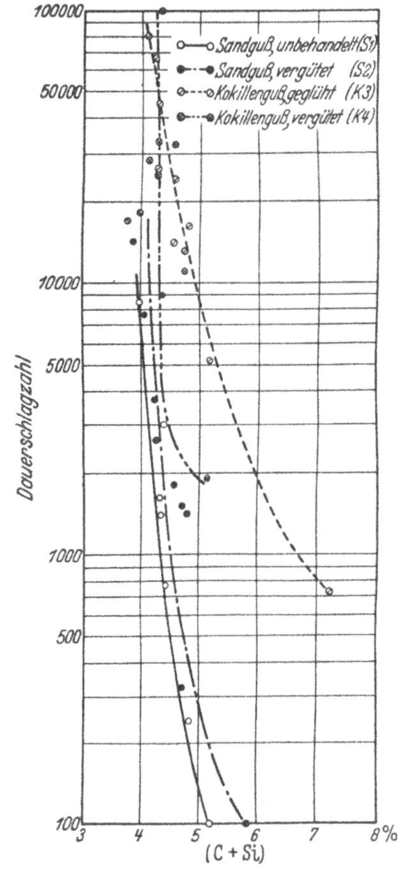

Abb. 293. Einfluß des Kohlenstoff- und Siliziumgehaltes auf die Dauerschlagzahl (W. BRÖHL).

zentual gleichsetzt mit dem Anteil des Eutektikums am Gefügeaufbau, wobei unter E'' die dem jeweiligen Siliziumgehalt zugehörige Konzentration des Punktes E' (= 1,3% im siliziumfreien stabilen System) im Schnitt parallel zur Eisen-Kohlenstoff-Seite des ternären Systems Eisen-Kohlenstoff-Silizium zu verstehen ist[1]. Nach der schon früher erwähnten Arbeit von H. JASS (6) verschiebt Silizium

[1] H. JUNGBLUTH (13) schlug vor, in der Piwowarskyschen Formel den Ausdruck E'' zu ersetzen durch den Wert: $E'' = 1{,}3 - 0{,}1$ Si, wodurch die Schlußformel weiterhin gemäß:

$$C_r = \frac{\text{C} - 1{,}3 + 0{,}1\,\text{Si}}{2{,}93 - 0{,}21\,\text{Si}} \tag{5}$$

vereinfacht wird.

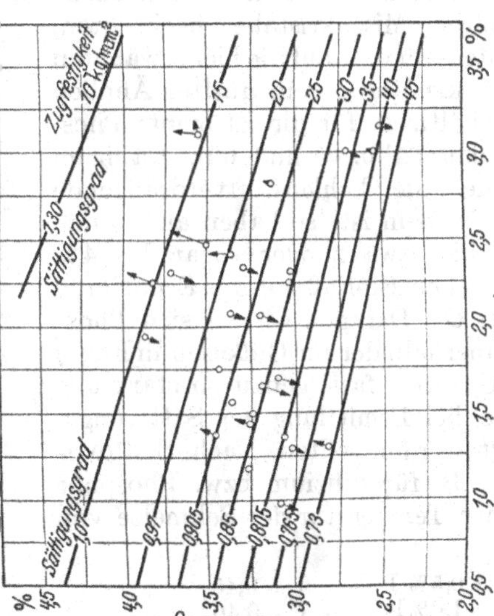

Abb. 294. Gleichläufigkeit von Zugfestigkeit und Sättigungsgrad verschiedener Gußeisensorten in Abhängigkeit vom Kohlenstoff- und Siliziumgehalt (H. HANEMANN und A. SCHRADER).

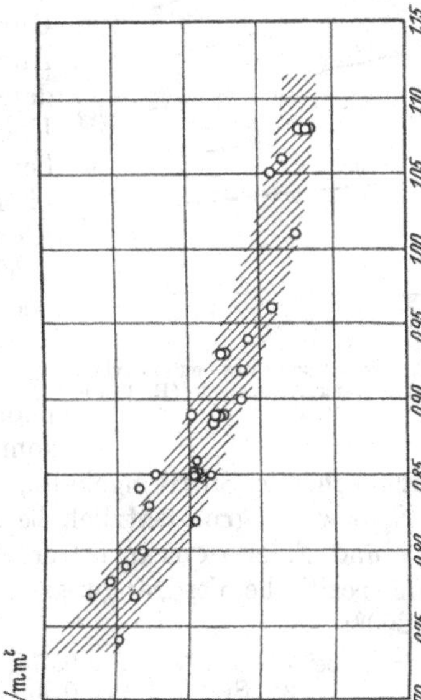

Abb. 295. Beziehungen zwischen Sättigungsgrad und Zugfestigkeit bei verschiedenen Gußeisensorten (H. HANEMANN und A. SCHRADER).

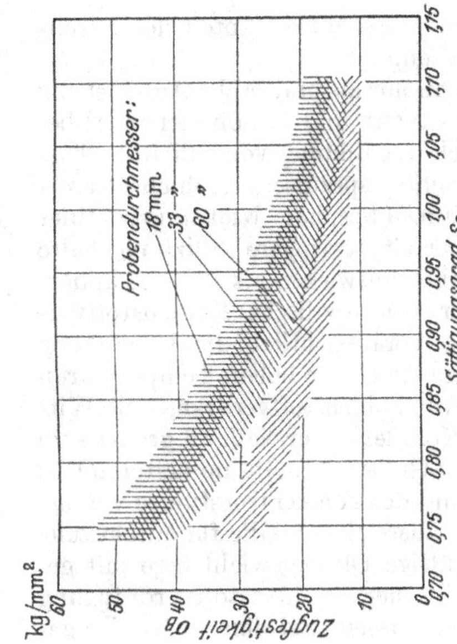

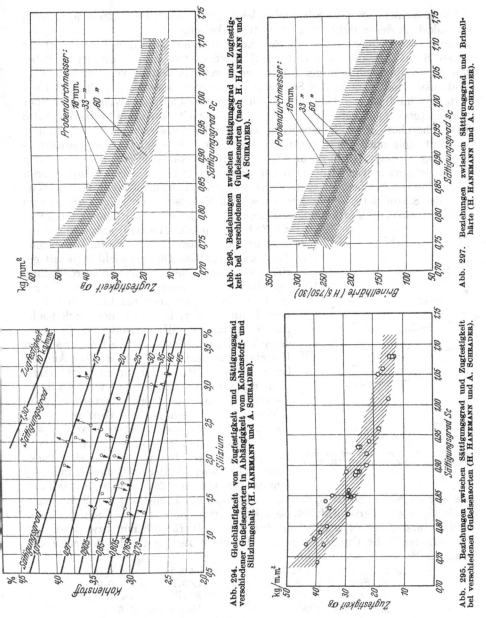

Abb. 296. Beziehungen zwischen Sättigungsgrad und Zugfestigkeit bei verschiedenen Gußeisensorten (nach H. HANEMANN und A. SCHRADER).

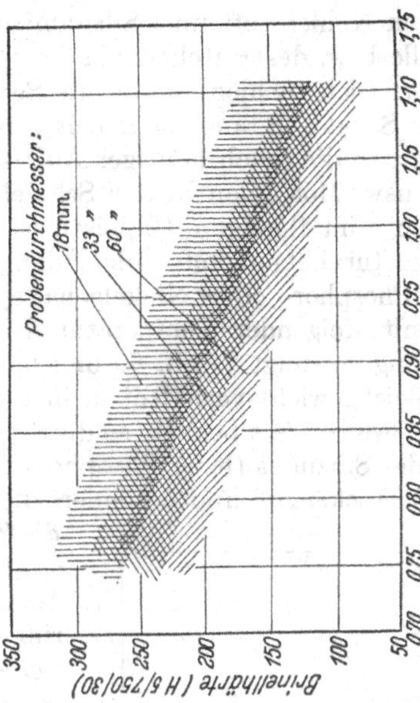

Abb. 297. Beziehungen zwischen Sättigungsgrad und Brinellhärte (H. HANEMANN und A. SCHRADER).

in den hier interessierenden Grenzen den Punkt E' um etwa ein Zehntel des vorhandenen Siliziumgehaltes nach links:

Beispiel: Bei Ges.-C = 2,80% und Si = 2,4% ist

$$C_r = \frac{2,80 - 1,06}{4,23 - 1,83} \cdot 100\,\% = 72,5\,\%, \qquad (4)$$

d. h. der Anteil des Eutektikums an der Summe Mischkristalle + Eutektikum ist = 72,5%. Trägt man diese Verhältnisse graphisch auf, wie dies in Abb. 298 geschehen ist, so kann man für eine beliebige chemische Zusammensetzung hinsichtlich Kohlenstoff und Silizium sogleich den prozentualen Anteil der Mischkristalle bzw. des Eutektikums im Gefüge ablesen.

Aber auch die hier entwickelte Beziehung kann nur als praktische Annäherung gelten. So ist z. B. aus der Arbeit von E. PIWOWARSKY und F. SCHICHTEL (*8*) bekannt, daß die (nach heutiger Auffassung durch die Bildung von Silizid-, Phosphid- usw. Molekülen in der Schmelze verursachte) spezifische Kohlenstoffverdrängung im flüssigen Gußeisen durch Silizium, Phosphor, Nickel usw. einer Temperaturabhängigkeit folgt, derzufolge einerseits geringere Siliziumgehalte (bzw. Phosphor- oder Nickelgehalte) sich stärker auswirken als höhere, anderseits mit steigender Temperatur der Wert für die spezifische Kohlenstoffverdrängung ansteigt (Abb. 65 und 66). Da nun voraussichtlich die Einstellung der Gleichgewichtsverhältnisse in der Schmelze trotz der hohen Temperaturen einer gewissen Zeit bedarf, so dürfte praktisch die kohlenstoffverdrängende Wirkung des Siliziums (bzw. Phosphors usw.) bei Kokillen- oder Naßguß größer sein als bei Trockenguß und besonders dickwandigen Gußstücken, da im ersteren Fall die Zeit während des Temperatursturzes voraussichtlich nicht ausreicht, um die für eutektische Temperatur gültige Gleichgewichtslage mit geringerer spezifischer Kohlenstoffverdrängung sich einstellen zu lassen. Bei dem in Kokille gegossenen, im allgemeinen eutektischen Schüz-Guß kann man z. B. meist noch erhebliche Anteile primärer Mischkristalle beobachten, deren Vorhandensein u. a. auf die hier erwähnten Ursachen zurückzuführen sein dürfte. Ähnlich liegen die Verhältnisse für die Elemente Phosphor und Nickel (Abb. 65 und 66). Da beim Element Nickel die kohlenstoffverdrängende Wirkung relativ klein ist, so haben anwesende Nickelgehalte bis etwa 2 oder sogar bis 4% keinen wesentlichen Einfluß auf die Ermittlung des Wertes für C_r. Dagegen wirken sich Phosphorgehalte innerhalb der für Gußeisen in Frage kommenden Grenzen fast genau so stark aus wie entsprechende Siliziumgehalte, so daß sie bei Ermittlung der Sättigungsgrade S_c bzw. S_r grundsätzlich berücksichtigt werden sollten. Nach E. PIWOWARSKY und F. SCHICHTEL (*8*) ergeben sich z. B. für Silizium bzw. Phosphor folgende spezifische Verdrängungswerte bei einer Temperatur der Schmelze von etwa 1200°:

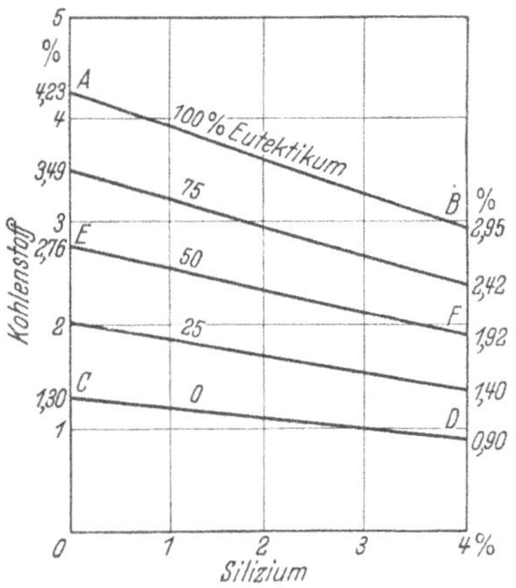

Abb. 298. Ermittlung des eutektischen Anteils von Graugußschmelzen (E. PIWOWARSKY).

bei 1% Si	0,375	bei 0,5% P	0,45
2% Si	0,30	1,0% P	0,40
3% Si	0,265	2% P	0,30
Mittelwert:	0,313	Mittelwert:	0,375.

Formel (2) bzw. (3) müßte daher eigentlich eine Berichtigung erfahren, wie dies übrigens bereits von anderer Seite betont worden ist. So schlug z. B. J. E. FLETCHER (*9*) zwecks Ermittlung des eutektischen Kohlenstoffgehaltes die Formel vor:

$$\text{C eutektisch} = 4{,}3 - 0{,}286\ \text{Si} - 0{,}387\ \text{P} + 0{,}018\ (\text{Mn} - 1{,}8\ \text{S}). \qquad (6)$$

Trotzdem hat die Praxis sich bisher gegen eine entsprechende Abänderung der einfacheren Formel gewehrt (*10*), da dies die Rechnungsverhältnisse kompliziert, ohne ihrerseits die wahren Konzentrationsverhältnisse völlig einwandfrei zu erfassen. Wir wissen ja, daß z. B. die Abkühlungsgeschwindigkeit, der Gasgehalt und die Keimfreiheit der Schmelzen ebenfalls auf eine Verschiebung der Gefügeanteile bei eutektischer Erstarrung hinwirken. Da ferner mechanisch hochwertige Gußeisensorten selten Phosphorgehalte über 0,35% besitzen, so genügt eine Rechnung gemäß Formel (3) bzw. eine graphische Darstellung gemäß Abb. 298 im allgemeinen den praktischen Verhältnissen.

Gibt es eine untere Grenze für den Kohlenstoffgehalt hochwertigen Gußeisens (Graugusses)? Grauguß ist ein Werkstoff, der auf Grund seiner spezifischen Eigenschaften unter den Gußwerkstoffen von jeher eine bemerkenswerte Sonderstellung eingenommen hat. Waren seine gute Gießfähigkeit, seine Billigkeit und seine gute Bearbeitbarkeit Vorteile, deren Würdigung so alt ist, wie der Grauguß selbst, so wurden auch früher schon mehr unbewußt, heute mehr und mehr bewußt und wissenschaftlich begründet, gewisse Sondereigenheiten geschätzt und erkannt, deren sinngemäße Auswertung im Zusammenhang mit zweckentsprechender Konstruktion (Gestaltung) dem Grauguß heute trotz des scharfen Wettbewerbs neuartiger Werkstoffe auf Leichtmetall- oder Kunstharzgrundlage auf Jahrzehnte hinaus seine bevorzugte Sonderstellung unter den Gußwerkstoffen sichern. Zu jenen spezifischen Eigenschaften des Graugusses zählen seine hohe Verschleißfestigkeit, seine hohe Druckfestigkeit, sein gutes Dämpfungsvermögen, seine geringe Kerbempfindlichkeit, seiner elativ hohe Dauerfestigkeit, seine mechanische Nachgiebigkeit, seine guten Korrosionseigenschaften, die gute Haftfähigkeit seiner Oxyd- und Zunderschichten usw.

Betrachtet man alle diese dem Grauguß arteigenen Eigenschaften auf ihre ursächlichen Faktoren, so läßt sich leicht nachweisen, daß sie in irgendeiner Form gebunden sind an die Anwesenheit der Graphiteinlagerungen. Da anderseits die Graphiteinlagerungen den metallischen Zusammenhang schwächen, ergaben sich hinsichtlich der mechanischen Gütesteigerung unlegierten Graugusses die beiden bekannten Wege der Graphitverminderung sowie der zweckmäßigsten Ausbildung der Graphiteinlagerungen. Nachdem heute Mittel und Wege bekannt sind, in normal gekohlten Gußeisensorten die Graphitausbildung so zu beeinflussen, daß ihre schwächende Wirkung auf die mechanische Festigkeit viel stärker zurücktritt als dies noch vor etwa zwei Jahrzehnten der Fall war, hat die Frage der Herstellung von Gußeisensorten mit stark erniedrigtem Kohlenstoffgehalt wesentlich an Bedeutung verloren. Da es heute gelingt, Gußeisen mit 3,0 bis 3,3% C bei 1 bis 2,0% Si und Wandstärken von 10 bis 30 mm bei Sandguß im allgemeinen laufend so herzustellen, daß ein der mittleren Wandstärke angepaßter Probestab Festigkeiten von 24 bis 28 kg/mm² besitzt, bei Kohlenstoffgehalten von 2,7 bis 3% und 1,5 bis 2,5% Si sogar Festigkeiten von 28 bis 32 kg/mm², und unter Verwendung von Sondermaßnahmen (Schrottverschmelzung, Verwendung hochwertigen Roheisens, zweckmäßige metallurgische Behandlung usw.) sogar bis herauf zu etwa 38 bis 42 kg/mm², scheint es auch für mechanisch hochwertigen Guß im allgemeinen nicht nötig, den Kohlenstoffgehalt unter etwa 2,7 bis 2,8% C herunterzudrücken. Kohlenstoffgehalte dieser Größenordnung bei Graphitgehalten von etwa 2 bis 2,2% sichern alsdann noch die Ausnützung jener oben erwähnten spezifischen Eigenschaften des Graugusses, ohne dem Gießer wesentliche Schwierigkeiten bei der konstruktiven Gestaltung der Gußstücke sowie beim Schmelzen und Gießen zu bereiten. Die Herstellung von Gußeisen mit 1,5 bis 2,5% C kommt nur für Sonderzwecke (insbesondere thermisch nachzubehandelnde Gußeisensorten) in Frage, wo für die betriebstechnische Verwendung eine besonders hohe Festigkeit auf Kosten der anderen dem Grauguß arteigenen Eigenschaften zweckmäßig erscheint. Derartige Gußeisensorten aber haben bekanntlich zahlreiche gießtechnische und metallurgische Mängel (geringeres Formfüllvermögen, geringe Abstehfähigkeit, erhöhte Schwindung und Lunkerung, geringere Bearbeitbarkeit usw.). Überdies steht noch der Beweis aus, ob derartig zusammengesetzte Gußeisensorten wirklich gegenüber dem Stahlguß bzw. dem geschmiedeten Stahl einerseits, gegenüber dem hochwertigen Grauguß mit normalen Kohlenstoffgehalten anderseits praktisch derartige Vorteile bieten, daß ihre vermehrte Herstellung bzw. größere Verbreitung gerechtfertigt wäre. Mit Höchstfestigkeiten in Sondergüten des unlegierten und thermisch nicht nachbehandelten Graugusses von 34 bis 38 kg/mm², allerhöchstens aber 40 bis 42 kg/mm², die dem St 37 nahe- oder gleichkommen, sollte das „Rennen" um die Festigkeitseigenschaften von Grauguß für den allgemeinen und speziellen Maschinenbau vorerst sein Bewenden haben. Denn der hochwertige Grauguß soll nämlich andere Bauwerkstoffe weniger ersetzen *(11)*, sondern sie vielmehr auf Grund seiner besonderen Eigenheiten ergänzen. Eine weitere Übersteigerung der Bestrebungen ausschließlich nach der Seite der reinen Festigkeitserhöhung ist nur geeignet, dem Gießereigewerbe zu schaden, die Gestehungskosten zu erhöhen und dem Konstrukteur einen der wertvollsten metallischen Werkstoffe zu entfremden. Das muß immer wieder offen ausgesprochen werden *(12)* und kann m. E. in Kreisen der Maschineningenieure und Konstrukteure nicht nachdrücklich genug betont werden. Schließlich wissen wir ja auch, daß heute die Bau- und Werkstoffe weniger nach ihrer rein statischen Festigkeit zu bewerten sind, als vielmehr nach den Gesichtspunkten der sog. zweckbedingten Güte, die auch bei der offiziellen, d. h. staatlichen Materialprüfung sich mehr und mehr durchsetzt. Die bisherigen Erkenntnisse über die Beziehungen zwischen statischer Festigkeit, Dauerfestigkeit und Gestaltfestigkeit lassen Schlußfolgerungen zu, die ganz im Sinne meiner obigen Ausführungen liegen.

Wenn von Fachleuten oder Wissenschaftlern, die in der Forschung stehen, Festigkeitswerte zur Veröffentlichung gelangen, die über die oben genannten Festigkeitszahlen noch hinausgehen, so handelt es sich hier meistens um Laboratoriumsversuche, die in erster Linie der künftigen Weiterentwicklung des Werkstoffes Gußeisen dienen und nicht ohne weiteres Veranlassung geben dürfen für entsprechende Forderungen von Abnehmern an die erzeugenden Gießereien, welche ja ihre Gußstücke unter wesentlich schwierigeren Bedingungen herzustellen haben als dies der Fall ist, wenn im Laboratorium mit großer Sorgfalt einfache Stäbe oder ganz einfache Gußstücke abgegossen werden. Ferner ist es selbstverständlich, daß für viele Zwecke, wo ein unlegiertes Eisen seine Dienste tut, keine Forderungen nach einem legierten Gußeisen erhoben werden sollten. Vielfach wird ferner von Abnehmern der Sinn des Normblattes 1691 völlig mißverstanden, vor allem, soweit es sich um Maschinenguß mit besonderen Gütevorschriften handelt. Die im Normblatt für die verschiedenen Güteklassen vorgesehenen Mindestwerte beziehen sich auf gesondert angegossene Probestäbe, deren Durchmesser der mittleren Wanddicke der Gußstücke angepaßt ist und im allgemeinen 30 mm nicht übersteigen soll. Es ist selbstverständlich, daß es völlig unsinnig ist, wenn Abnehmer, wie dies tatsächlich schon vorgekommen ist, verlangen, daß die der Güteklasse entsprechende Festigkeit, z. B. die Zugfestigkeit, durchweg im Gußstück, ja sogar an den gießtechnisch schwächsten Stellen desselben, z. B. in der Nähe des Eingusses, vorhanden sein soll. Eine solche völlig sinnwidrige Auslegung des Normblattes würde z. B. dazu führen, daß, um eine Festigkeit von 26 kg in allen Teilen eines Gußstückes zu gewährleisten, der angegossene Probestab eine Festigkeit von 32 bis 34 kg oder darüber aufweisen müßte. Viel richtiger und sinngemäßer wäre es, wenn die besonderen Forderungen sich auf eine Begrenzung der zulässigen untersten Werte an den zur Lunkerung usw. neigenden Stellen des Gußstücks ausdehnen würden, wodurch die Gießereien gezwungen wären, alle Maßnahmen zu treffen, um ein möglichst wandstärkenunabhängiges Eisen zu erzeugen. Keinesfalls aber bietet eine übermäßige Forderung nach allzu hohen Festigkeiten die Gewähr für die zweckbedingte Güte des Gußstückes.

Aus vorstehendem geht hervor, daß für den Graugießer die Gußeisensorten mit 2,7 bis 3,4% Ges.-Kohlenstoff die herstellungs- und verwendungsmäßig wichtigsten sind und auch bleiben sollten. Im Rahmen dieser Analysengrenzen hat der Gießer natürlich aus dem Grauguß das Beste an Eigenschaften der jeweils gewünschten Art herauszuholen. Er muß bestrebt sein, die metallische Grundmasse sowie die Ausbildungsform des Graphits so beherrschen zu lernen, daß die besten Eigenschaften mit einem Mindestmaß an Herstellungskosten und Betriebsausschuß erzielt werden.

Der Abnehmer aber seinerseits sollte noch mehr als bisher darauf Rücksicht nehmen, daß wichtige spezifische Eigenschaften des Gußeisens an das Vorhandensein einer gewissen Menge von Graphit gebunden sind. Forderungen, welche aus Gesichtspunkten der reinen Festigkeitseigenschaften gestellt werden, finden damit ihre natürliche Grenze.

Schrifttum zum Kapitel IXa.

(*1*) Bröhl, W.: Diss. T. H. Aachen 1938; Bardenheuer, P., u. W. Bröhl: Mitt. K.-Wilh.-Inst. Eisenforschg. Bd. 22 (1938) S. 135
(*2*) Ledebur, A.: Handbuch der Eisen- und Stahlgießerei Leipzig 1901.
(*3*) Cook, F. J.: Bull. Brit. Cast Iron Ass. Nr. 13 (1926).
(*4*) Heyn, E.: Hütte, Taschenbuch für Eisenhüttenleute, 1. Aufl. Berlin 1910; vgl. Stahl u. Eisen Bd. 30 (1910) S. 906.
(*5*) Hanemann, H., u. A. Schrader: Arch. Eisenhüttenw. Bd. 13 (1939/40) S. 85/87.
(*6*) Jass, H.: Diss. T.H. Berlin 1935.
(*7*) Piwowarsky, E.: Gießerei Bd. 27 (1940) S. 285.
(*8*) Piwowarsky, E., u. F. Schichtel: Arch. Eisenhüttenw. Bd. 3 (1929/30) S. 139.
(*9*) Fletcher, J. E.: Foundry Trade J. Bd. 44 (1922) S. 229, 246 u. 269; vgl. Stahl u. Eisen Bd. 42 (1922) S. 1781.
(*10*) Osann, B.: Gießerei Bd. 16 (1929) S. 565.
(*11*) Bertschinger, R.: Gießerei Bd. 25 (1938) S. 55.
(*12*) Piwowarsky, E.: Gießerei Bd. 25 (1938) S. 393.
(*13*) Jungbluth, H.: Zuschrift an den Verfasser unter dem 23. XII. 40.

b) Der Einfluß des Graphits.

Für fast alle, dem Gußeisen, insbesondere dem eigentlichen Grauguß arteigenen Eigenschaften (Abweichungen vom Hookeschen Gesetz, hohe Dämpfung, geringe Kerbempfindlichkeit, Gleiteigenschaften usw.) ist der im Gußeisen anwesende Graphit verantwortlich. Seine Menge und Ausbildungsform beeinflußt die genannten Eigenschaften, insbesondere aber seine mechanischen und elastischen Eigenschaften. Der spezifische Einfluß der Graphiteinlagerungen setzt sich zusammen aus:

1. seiner „Verengungswirkung“,
2. seiner Kerbwirkung.

Zur Begründung dieser Einflüsse und ihrer Trennung führt G. Meyersberg (*1*) folgendes aus: „Eine ausreichende Erklärung ergibt sich, wenn in Betracht gezogen wird, daß die Graphitblätter nicht nur metallische Querschnittfläche senkrecht zur Richtung des äußeren Zuges, also bei einem zylindrischen Stab senkrecht zur Längsachse, wegnehmen, sondern auch die Richtungen beeinflussen, in denen die Zugspannungen im Innern des Stabes verlaufen (Abb. 299 und 300). Sie werden nicht mehr wie bei einem homogenen Werkstoff parallel zur Achse durchgeführt, sondern erfahren erhebliche Ablenkungen. Den Verzweigungen der Metallbrücken, wie sie sich aus der unregelmäßigen Gestaltung der Graphiteinlagerungen ergeben, folgen auch die Spannungsbahnen. An einzelnen Stellen trennen sie sich, an anderen treten sie wieder zusammen. Die Gesamtsumme der Spannungen ist zwar durch die äußere Kraft an beiden Enden gegeben. Die Größe an den einzelnen Stellen wird aber sehr verschieden sein, und ebenso wird ihre Richtung je nach Lage der Spannungsbahn von der axialen Richtung stark abweichen können.

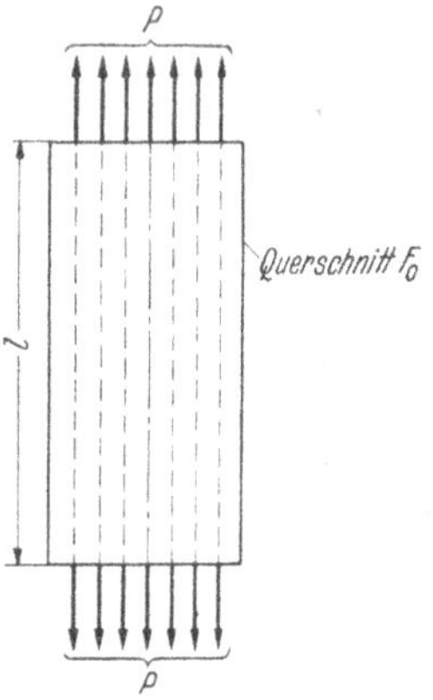

Abb. 299. Zugbeanspruchung eines Stahlstabes (schematisch).

Abb. 300. Spannungsverlauf in Gußeisen.

Die Richtungsabweichung erfolgt nicht ohne gleichzeitige Änderung der Länge jeder Spannungsbahn, von einem bis zum anderen Ende des Stabes reichend, und zugleich nicht ohne Querschnittsveränderung dieser Bahn. Da die geradlinige Verbindung der Stabenden die kürzestmögliche ist, muß sich für die Gesamtheit der Spannungsbahnen eine durchschnittliche Wegverlängerung von einem Ende des Stabes bis zum anderen ergeben und zugleich eine durchschnittliche Querschnittsverengung. Wenn man das ganze Graphitvolumen eines C-reichen Gußeisens in Form einer zylindrischen Seele längs der Mittelachse des zylindrischen Stabes anordnet, dann wird der tragende Querschnitt durch diese Querschnittswegnahme um etwa 15% geschwächt (Abb. 301 links). Er beträgt also nur mehr 85% des gesamten Nennquerschnitts, was eine Spannungserhöhung von etwa 18% bedeutet.

Außer dieser Anordnungsmöglichkeit, mit der die geringstmögliche Querschnittsverengung bei vorhandenem Graphitvolumen verbunden ist, gibt es aber noch viele andere Anordnungsmöglichkeiten.

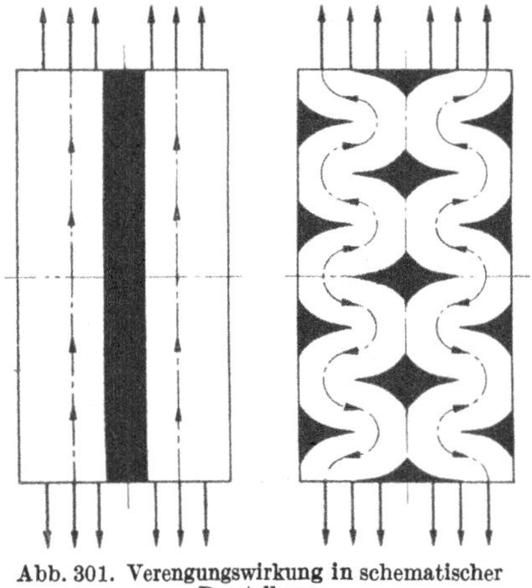

Abb. 301. Verengungswirkung in schematischer Darstellung.

Eine solche sei durch Abb. 301 rechts dargestellt. Sie ist ganz willkürlich gewählt, zeigt aber, daß bei gleicher Graphitfläche im Querschnitt bzw. gleichem Graphitvolumen im ganzen Körper durch andere Verteilung und Anordnung andersartige Gestaltung der Metallbrücken erzielt werden kann. Die in Abb. 301 rechts schematisch gezeichnete Anordnung ergibt Verengung der Metallbrücken auf 50%, also eine weit stärkere Querschnittsabnahme als bei Abb. 301 links. Entsprechend ist auch die Gesamtlänge der Spannungsbahnen größer. Aus der Verengung folgt Spannungserhöhung, da ja die gleiche Gesamtspannungssumme P durch einen Gesamtquerschnitt übertragen werden muß, der kleiner ist als der Nennquerschnitt F_0. Unter der höheren Spannung längt sich das Material der Grundmasse auch entsprechend mehr. Daß diese größere Längung auf eine größere Gesamtlänge der mehrfach gewundenen Spannungsbahn entfällt, macht sich in einer Berechnung, die sich nur auf die äußeren Verhältnisse bezieht, nicht geltend, da ja hier nur die von außen meßbare Länge l als Vergleichsgrundlage zur Verfügung steht. Die Komponenten der

Längungen quer zur Längsachse in der einen und der anderen Richtung heben sich gegenseitig auf. Nach außen bleiben nur die Komponenten der Längungen parallel zur Längsachse. Was wir nun messen, wenn wir den Elastizitätsmodul bestimmen wollen, ist das Verhältnis der Nennspannung $P : F_0$ zu der resultierenden Längung in Richtung der Längsachse, und da diese Längung größer ist als im Falle von Abb. 301 links, so erhalten wir einen kleineren Elastizitätsmodul, als wir bei der Graphitanordnung nach letzterer Figur oder gar bei Stahl ohne Graphit erhalten hätten.

Die Herabsetzung des Elastizitätsmoduls bei Gußeisen ist demnach nur eine scheinbare. Denn das Grundgefüge behält den gleichen Elastizitätsmodul wie bei Stahl. Dieser Schein hat aber sehr reelle Bedeutung; für das, was praktisch in Betracht kommt, nämlich das nach außen hervortretende Verhältnis zwischen der aus der äußeren Kraft berechneten Nennspannung und der Längung in der Achsenrichtung, ist er allein entscheidend.

Daraus folgt, daß der Elastizitätsmodul bei Gußeisen sehr stark von der Verteilungsart des Graphits abhängig sein muß. Die Erfahrung bestätigt dies. Dünnere und kürzere Adern oder gar solche von temperkohleähnlicher Form haben weit weniger ablenkende Wirkung auf den Verlauf der Spannungen in den Metallbrücken als mächtige Graphitbarren, die sich ihm stärker hindernd in den Weg stellen.

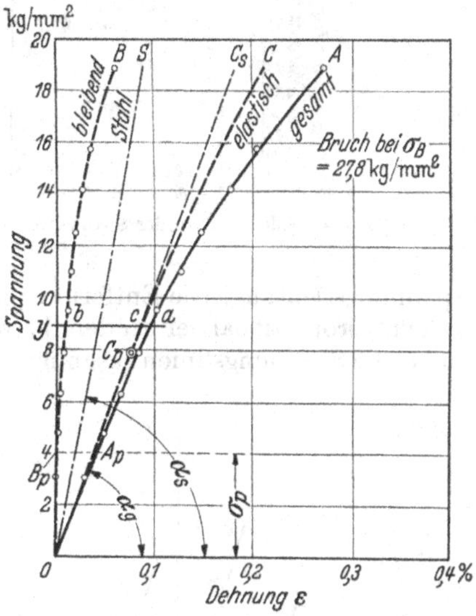

Abb. 302. Spannungs-Dehnungs-Diagramm für Zug (nach Siebel).

Dieser Einfluß der Graphiteinlagerungen kann demnach als ihre „Verengungswirkung" bezeichnet werden.

Erfassung der Verengungswirkung. Entsprechend dem Hookeschen Gesetz verläuft die Spannungs-Dehnungs-Kurve, die den rein elastischen Teil der Verformung des Grundgefüges zum Ausdruck bringt, geradlinig, also nach OC_S (Abb. 302).

Solange die Durchschnittsspannungen in den Metallbrücken noch nicht eine Höhe erreicht haben, die ein allgemeines Fließen des Grundgefüges veranlassen könnte, solange also der elastische Bereich nicht überschritten wird, kann die Größe der Verengungswirkung als gleichbleibend angesehen und nach der Neigung des Anfangsverlaufs von OC im Vergleich zur Neigung von OS beurteilt werden. Sie findet also ihren Ausdruck in dem Verhältnis der Dehnungszahl für Nullast, die bei dem betreffenden Gußeisenstab gemessen wurde, zu der Dehnungszahl reinen Stahles oder auch, was dasselbe besagt, in dem Verhältnis der beiden Elastizitätsmodule bei Spannung Null. Für das Maß der Verengungswirkung, den „Verengungsfaktor" e_α ergibt sich mithin:

$$e_\alpha = \frac{\operatorname{tg}\alpha_s}{\operatorname{tg}\alpha_g} = \frac{E_s}{E_g}, \tag{1}$$

wobei g und s die Indizes für Gußeisen und Stahl bedeuten. Die „Unterbrechungswirkung", von der oben die Rede war, wird damit gleichzeitig erfaßt. Von ihrer getrennten Berücksichtigung kann abgesehen werden. e_α bewegt sich bei den gebräuchlichen Gußeisensorten etwa zwischen 1,5 und 3.

Kerbwirkung. Wesentlich anders verhält es sich nun bei der Kerbwirkung.

Auch sie bringt Spannungserhöhungen hervor. Von den durch die Verengungswirkung hervorgebrachten unterscheiden sie sich aber dadurch, daß sie nicht als Durchschnittswirkung über größere Bereiche hinweg auftreten, sondern nur örtlich an bestimmten Stellen, nämlich an den vorspringenden Spitzen und Kanten der Graphiteinlagen. Auf die an diesen Stellen entstehenden Spannungsspitzen kommt es an, also nicht mehr auf einen Durchschnittswert, sondern auf Maximalwerte. Die eingezeichneten Spannungslinien folgen gemäß der üblichen Darstellungsweise an jeder Stelle ihres Verlaufs der dort herrschenden Zug-

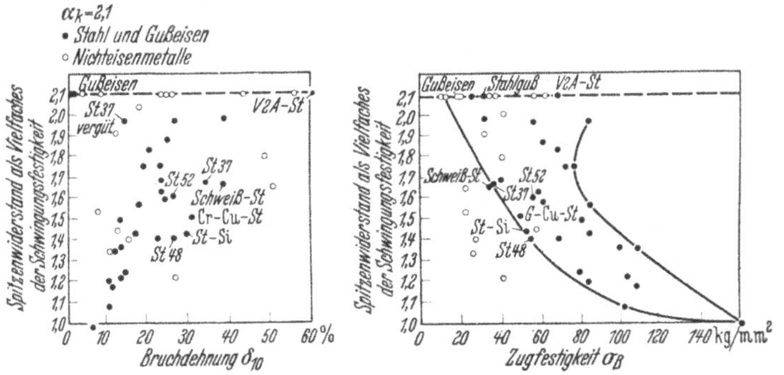

Abb. 303/304. Widerstand an der Spannungsspitze im Vergleich zur Bruchdehnung und Zugfestigkeit bei Schwingungen (KUNTZE).

spannungsrichtung. Die Entfernung zweier benachbarter Spannungslinien ist umgekehrt proportional der an dem betreffenden Punkt herrschenden Spannung. Je näher die Spannungslinien zusammentreten, desto höher ist also die dort bestehende Spannung. Daneben verläuft noch eine zweite Schar von Spannungslinien, Druckspannungen, von denen aber der Einfachheit halber im vorliegenden Fall abgesehen sein soll.

Abb. 301 rechts zeigte den Spannungsverlauf, wie er sich auf Grund reiner Verengungswirkung ergeben würde. Im Raum zwischen den beiden Hindernissen (Graphiteinschlüssen) nähern sich sämtliche Spannungslinien einander gleichmäßig. Tritt jedoch zu der Verengungswirkung noch die Kerbwirkung, so findet diese Annäherung nicht mehr gleichmäßig statt. Vielmehr drängen sich die Spannungslinien an den Rändern der Hindernisse stärker zusammen als an den Stellen, die weiter entfernt von diesen Rändern liegen. Je spitzer das Hindernis zuläuft, desto stärker ist die Zusammendrängung an der Spitze und entsprechend die lokale

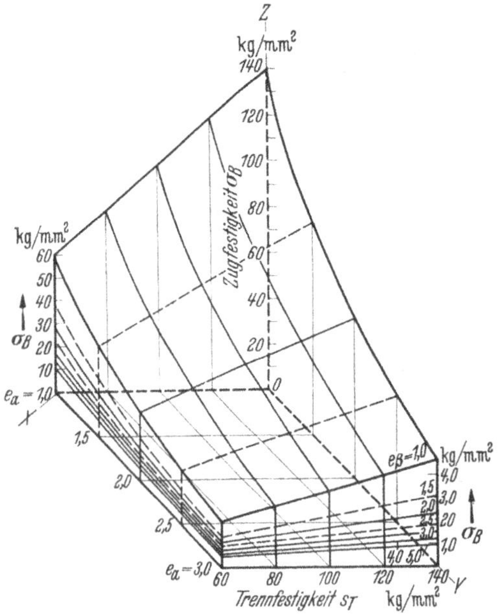

Abb. 305. Zusammenhang zwischen Zugfestigkeit, Trennfestigkeit und Verengungsfaktor bei Gußeisen (MEYERSBERG).

Spannungserhöhung daselbst.“ Bei Überschreitung bestimmter Spitzenwerte der Überspannungen im Kerbgrund wird die Trennfestigkeit des Materials überschritten und es tritt der Bruch ein. Das Verhältnis der im Kerbgrund auftretenden maximalen Überspannungen zu der mittleren Spannung des Querschnitts (Nennspannung), die das Material ausgehalten hat, nennt man den Kerbfaktor. Man bezeichnet ihn mit e_β. Der Kerbfaktor liegt bei Gußeisen um so höher, je graphitreicher und je grobgraphitischer das Material ist und kann Werte bis zu etwa 5,0 annehmen. Auch bei wechselnder Beanspruchung (Wechsel- oder Schwingungsfestigkeit) liegt der Kerbfaktor bei Gußeisen sehr hoch und über demjenigen fast aller anderen bekannten Baustoffe. Abb. 303 zeigt nach einer Arbeit von W. KUNTZE (7) diese Verhältnisse in Abhängigkeit von der Bruchdehnung zahlreicher untersuchter Werkstoffe. Man erkennt, daß das dehnungsarme Gußeisen mit einem Kerbfaktor von 2,1 an erster Stelle steht, d. h. am meisten imstande ist, lokale Überspannungen aufzunehmen. Ein Versuch KUNTZES, diesen Spitzenwiderstand der Werkstoffe in Beziehung zu ihrer Zugfestigkeit zu bringen, ergab keine eindeutige Beziehung (Abb. 304).

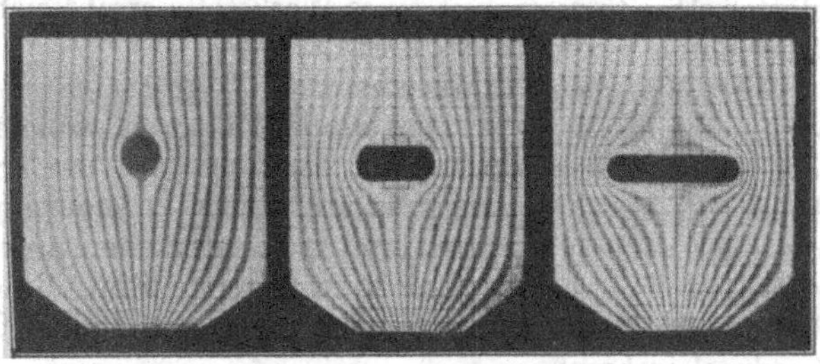

a b c

Abb. 306. Strömungsbilder I.

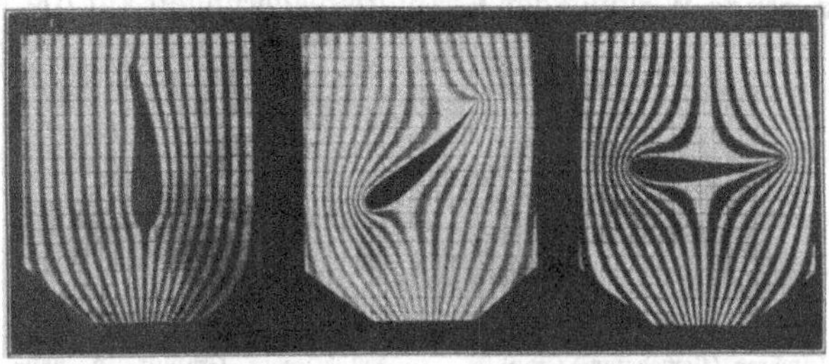

a b c

Abb. 307. Strömungsbilder II.

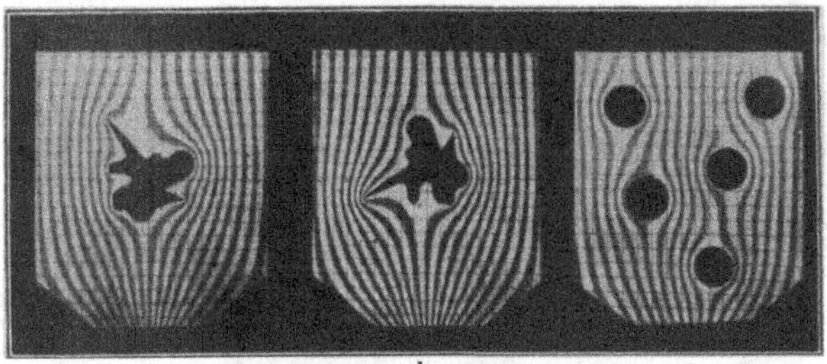

a b c

Abb. 308. Strömungsbilder III.

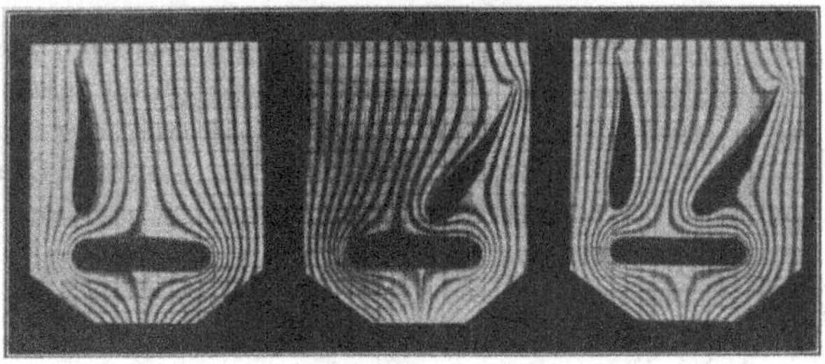

a b c

Abb. 309. Strömungsbilder IV.

Die Trennfestigkeit metallischer Werkstoffe liegt im allgemeinen wesentlich höher als diejenige Zugfestigkeit, welche sich ergibt, wenn der betreffende Werkstoff unter Ausbildung eines Verformungsbruches reißt. Die Trennfestigkeit kann man aber technisch ermitteln, indem man Stäbe des gleichen Materials verschieden tief einkerbt und die mit zunehmender Einkerbung zunehmende Zugfestigkeit auf eine 100%ige Einkerbung extrapoliert. Im Grauguß wirken nun die eingelagerten Graphitlamellen ähnlich wie äußerlich angebrachte Kerben. Für den Einfluß des Graphits sind aber beide Faktoren, sowohl der Verengungsfaktor, als auch der Kerbfaktor kennzeichnend, wobei der erstere in enger Beziehung steht zur Verteilung des Graphits, der andere zur Ausbildungsform der Graphitblätter. Die Zugfestigkeit eines Werkstoffs ergibt sich im allgemeinen durch den Quotienten Trennfestigkeit: $e_\alpha + e_\beta$.

Abb. 305 nach G. Meyersberg (*8*) gibt eine räumige Darstellung der Zusammenhänge dieser drei genannten Faktoren, wobei nach der Achse OZ die Zugfestigkeit aufgetragen ist, nach der Achse OX die Trennfestigkeit und nach der Achse OY der Verengungsfaktor e_α. Die Verminderung der Zugfestigkeit, die sich aus einer Erhöhung von e_α ergibt, ist zu ersehen, wenn man längs der Achse OY vorwärtsschreitet. Der noch hinzutretende Einfluß des Kerbfaktors e_β ist durch die auf den beiden Vorderflächen gezogenen Linien für $e_\beta = 1{,}0$ bis $e_\beta = 5$ zum Ausdruck gebracht.

An Hand von Strömungsbildern (Abb. 306 bis 309) zeigte Meyersberg die störende Wirkung der Graphiteinlagerungen auf die Ablenkung und Verdichtung

a b c

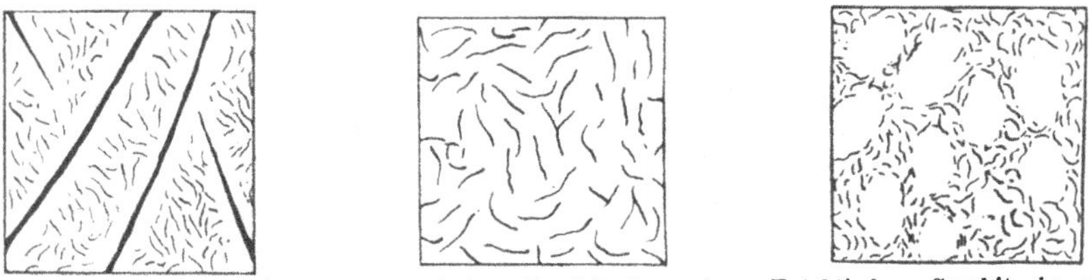

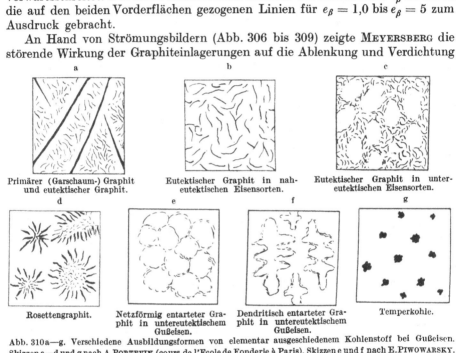

Primärer (Garschaum-) Graphit und eutektischer Graphit. — Eutektischer Graphit in naheutektischen Eisensorten. — Eutektischer Graphit in untereutektischen Eisensorten.

d e f g

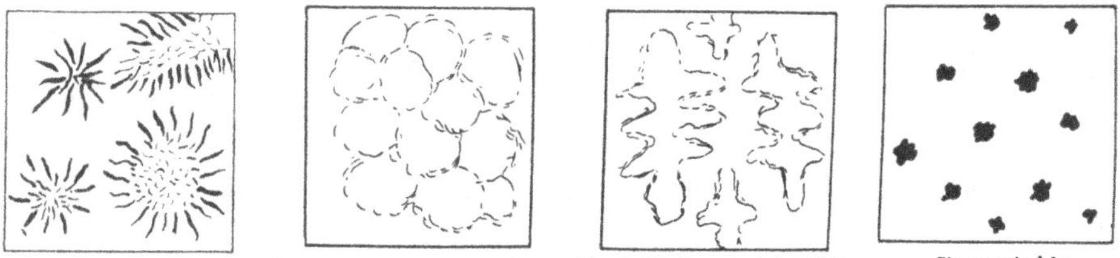

Rosettengraphit. — Netzförmig entarteter Graphit in untereutektischem Gußeisen. — Dendritisch entarteter Graphit in untereutektischem Gußeisen. — Temperkohle.

Abb. 310a—g. Verschiedene Ausbildungsformen von elementar ausgeschiedenem Kohlenstoff bei Gußeisen. Skizzen a—d und g nach A. Portevin (cours de l'Ecole de Fonderie à Paris), Skizzen e und f nach E. Piwowarsky.

der Spannungslinien; die Strömungsbilder wurden mit dem von Hele Shaw (*2*) in Vorschlag gebrachten Apparat im Institut für technische Strömungsforschung (Prof. Föttinger) an der T. H. Berlin-Charlottenburg durch Dr. Leo aufgenommen.

Es ist immer wieder beobachtet worden, daß Grauguß bei gleichem Gesamtkohlenstoff- und gleichem Graphitgehalt verschiedene mechanische und physikalische Eigenschaften haben kann. In zahlreichen Fällen hängen diese Unterschiede mit den Unterschieden der Graphitausbildung zusammen. Bei gleicher Graphitmenge können Unterschiede auftreten in:

a) der Form,
b) der Orientierung,
c) der Verteilung und
d) der Größe der ausgeschiedenen Graphitanteile (*3*).

Der Form nach kann unterschieden werden in lamellaren, schuppigen oder blättchenförmigen Graphit, je nachdem ob die Graphitteilchen lang gestreckt und dünn, kürzer und mehr oder weniger dünn und gebogen, oder aber kürzer, gedrungener und massiver erscheinen (Abb. 310a bis 310c). Im Gegensatz zum lamellaren Graphit steht der flockige knötchenförmige, mehr rundliche Graphit, wie er in Form der Temperkohle seine charakteristischste Ausbildung annimmt (Abb. 310g).

Der Orientierung nach kann unterschieden werden zwischen völlig unorientiertem, aber gleichmäßig verteiltem Graphit (Abb. 310b), zwischen Rosettengraphit (Abb. 310d) und netzförmig (globulitisch oder dendritisch) entartetem Graphit (Abb. 310e und 310f).

Die Verteilung des Graphits kann gleichmäßig über den ganzen Querschnitt sein, oder aber es können graphitreichere Zonen mit graphitärmeren abwechseln. Es kann ferner zonenweise der Graphit mehr lamellar oder mehr feineutektisch bzw. rosettenförmig ausgebildet sein.

Um die Größe der Graphitlamellen bzw. der schuppigen oder knötchenförmigen Ausbildungsformen festzulegen, sind verschiedene Verfahren vorgeschlagen worden. Verfasser gibt in seinen Veröffentlichungen zur Kennzeichnung der Gefügeausbildung von Grauguß fast stets Aufnahmen ungeätzt $V = 100$ sowie eine Aufnahme geätzt $V = 250$ oder $V = 500$ bei. Die geätzten Aufnahmen dienen zur Festlegung der perlitischen Grundmasse (groblamellar, feinlamellar, sorbitisch, körnig usw.). Bezüglich der ungeätzten Bilder kann im allgemeinen der Graphit als fein gelten, wenn seine mittleren Längenausmaße bei 100facher Vergrößerung unterhalb 3 bis 5 mm liegen, als mittelmäßig, wenn sie zwischen 8 und 15 mm liegen und als grob, wenn sie über etwa 15 mm betragen. Natürlich gibt diese Unterscheidung noch nicht alle Merkmale an, die zur Charakterisierung des Graphits in seiner Rückwirkung auf die Eigenschaften des Graugusses dienen könnten. Erschwerend bei derartigen Bemühungen kommt hinzu, daß, wie A. PORTEVIN und GUILLEMOT (*4*) betonen, innerhalb kleiner Betrachtungsfelder die Längenmaße um das Doppelte und mehr schwanken können, so daß die mittlere Größe des Graphits sich als eine Gaußsche Kurve darstellt (Abb. 311). Es ist nun schon mehrfach vorgeschlagen worden, die Eigenschaften von Gußeisen zur „linearen Graphitdurchsetzung" in Beziehung zu bringen, wie dies u. a. A. WALLICHS und Mitarbeiter für den Einfluß der Graphitausbildung auf den Verschleiß (vgl. Abb. 523a) getan haben. Hierbei könnten z. B. drei verschiedene Gußeisensorten bei Auszählung der Graphitanteile innerhalb einer Fläche von 50 mal 50 mm über dem Gefügebild bei 100facher Vergrößerung Zahlen von:

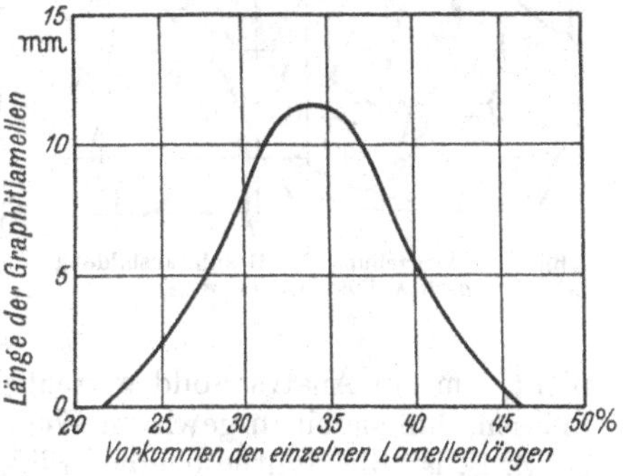

Abb. 311. Gaußsche Kurve der Graphitausbildung (A. PORTEVIN)

Guß $A = 158$ Lamellen,
Guß $B = 137$ Lamellen,
Guß $C = 83$ Lamellen

ergeben. Man würde also geneigt sein, dem Guß A den Vorzug zu geben vor den Gußeisen B bzw. C. Das kann aber, wie A. PORTEVIN (*4*) ausführte, zu Irrtümern in der Beurteilung von Grauguß führen. A. PORTEVIN schlägt daher folgende Methode zur mikroskopischen Beurteilung von Grauguß vor (*4*):

Man zeichnet auf Pauspapier ein Quadrat z. B. von 5 cm Seitenlänge und teilt die Seiten in Abschnitte von je 1 cm Länge ein. Ein solches Gitter legt man auf die Oberfläche des Mikrobildes von 100facher Vergrößerung, dann entspricht ein Teilstrich einer Länge von 0,1 mm auf der Probe; um den Graphit eines Gußeisens zu bezeichnen, zählt man zunächst die Lamellen, die keine der Linien innerhalb des Quadrats von 25 cm² schneiden, und bezeichnet die gefundene Zahl mit dem Index 0. Dann zählt man die Lamellen, die eine Linie schneiden, und bezeichnet die gefundene Zahl mit dem Index 1, dann weiter die Lamellen, die zwei Linien schneiden, mit dem Index 2, diejenigen, die drei Linien schneiden, mit dem Index 3 usw.

Das Ergebnis einer Auszählung sieht dann z. B. so aus (Abb. 312 links):

$$19_0 - 11_1 - 5_2 - 0_3 - 1_4 \text{ Lamellen auf } \frac{5\,\text{cm}^2}{V^2}$$

statt einfach zu sagen 36 Lamellen auf $\frac{25\,\text{cm}^2}{V^2}$.

Bezüglich der Lamellen, die über den Rand des Quadrats von 25 cm² hinausgehen, kann man nachstehendes Übereinkommen treffen. Eine Lamelle wird mitgerechnet, wenn mehr als ihre Hälfte in das Quadrat hineinfällt; das bedeutet nach dem Gesetz des Zufalls, daß die Hälfte der Randlamellen mit eingerechnet wird.

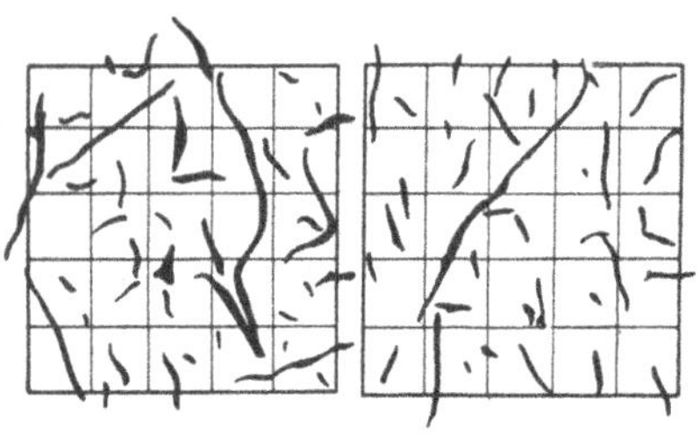

Abb. 312. Beurteilung der Graphitausbildung nach A. PORTEVIN ($V = 1/2$)

A. PORTEVIN gibt zu, daß auch diese Beurteilungsmethode für Graphit noch nicht vollkommen ist; denn einzelne Lamellen vom Index 1 könnten kürzer sein als Lamellen vom Index 0, wenn sie eben über einen Strich hinausgehen. Aber wenn man diese Indexziffern dazu benutzen will, Gußsorten miteinander zu vergleichen, und nicht, um ein Analysenbild getreulich wiederzugeben, wird man schon sagen müssen, daß sie einen gewissen Wert haben.

Z. B. ist die Synthese eines Bildes nach der Formel $19_0 - 11_1 - 5_2 - 0_3 - 1_4$, wenn die Lamellen der verschiedenen Indizes über ein Quadrat von 5 cm Seitenlänge eingetragen werden, durch das Gitter in Abb. 312 rechts wiedergegeben.

Man sieht, daß man sich der Wirklichkeit nähert; würde man nach dem einfachen Auszählverfahren feststellen, daß z. B. Guß $X = 39$ Lamellen und Guß Y eben-

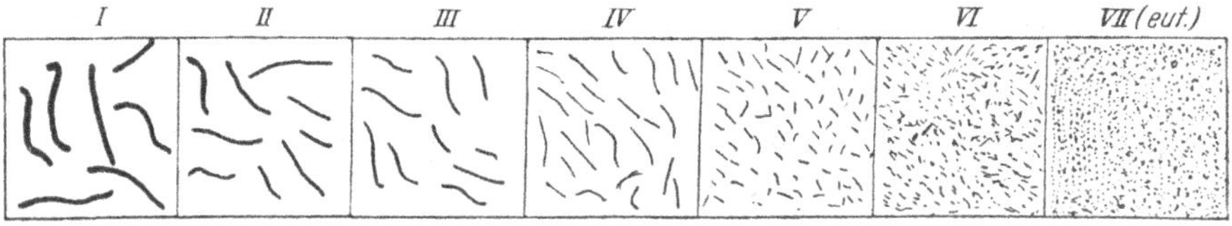

Abb. 313. Graphitgrößen in etwa 25facher Vergrößerung (W. HEIKE und G. MAY).

falls 39 Lamellen hat, so müßte man annehmen, daß beide Gußeisen gleichwertig sind, während sie nach dem neuen Verfahren z. B. wie folgt bezeichnet werden müßten:

$$\text{Guß } X = 18_0 - 5_1 - 7_2 - 9_3,$$
$$\text{Guß } Y = 29_0 - 10_1,$$

woraus das bessere Gußeisen festgestellt werden kann. Wenn man jede Seitenlänge mit 4 multipliziert, erhält man das Ergebnis für 1 mm² bei einer Vergrößerung = 100. Man könnte an sich auch andere Abmachungen über die Größe der Quadrate und die Vergrößerungen treffen.

Für die Beurteilung der Gleichmäßigkeit in der Verteilung des Graphits ist die 100fache Vergrößerung im allgemeinen schon zu groß. Am besten fährt man, wenn man sich auf Betrachtung des Schliffs bei 25facher Vergrößerung festlegt, was auch A. PORTEVIN (*4*) in Vorschlag bringt.

W. HEIKE und G. MAY (*5*) schlugen vor, den Graphit bei 40facher Vergrößerung in sieben Größenordnungsklassen einzuteilen (Abb. 313). Dieses Verfahren hat gegenüber dem Vorschlag von A. PORTEVIN den Nachteil starker Subjektivität.

In diesem Zusammenhang sei auf eine Deutsche Patentanmeldung (*6*) hingewiesen, derzufolge für Grauguß höherer Festigkeit (eutektisch oder übereutektisch) ein schlackenarmes Gußeisen mit mindestens 1% Silizium so rasch zum Erstarren gebracht wird, daß der Graphit ganz oder zum Teil in sphärolitischer Form ausgeschieden ist.

Schrifttum zum Kapitel IXb.

(*1*) MEYERSBERG, G.: Gießerei Bd. 23 (1936) S. 285.
(*2*) SHAW, HELE: Rep. Brit. Ass. Proc. Inst. Nav. Arch. 1898 und Electrician Bd. 56 (1905/06) S. 959.
(*3*) PORTEVIN, M. A.: Fonderie Belge Bd. 49 (1937) S. 575.
(*4*) PORTEVIN, M. A.: Bericht Intern. Gießerei-Kongreß Warschau 1938.
(*5*) HEIKE, W., u. G. MAY: Gießerei Bd. 16 (1929) S. 625 u. 645.
(*6*) D.R.P. angem. Akt.-Zeich. G. 98710 (Klasse 18/b, 1/02), Erfinder: C. ADEY, Anmelder: Goetzewerk A.G. Burscheid.
(*7*) KUNTZE, W.: Der Stahlbau Bd. 8 (1935) S. 9.
(*8*) MEYERSBERG, G.: Gießerei Bd. 23 (1936) S. 285.

c) Der Einfluß des Mangans.

Reines Mangan hat das Atomgewicht 54,93, ein spezifisches Gewicht von 7,2 und einen Schmelzpunkt von 1274°. Es ist ein silbergraues, sprödes Metall. Im periodischen System der Elemente steht es zwischen Chrom und der Eisengruppe, Es ist in Form chemischer Verbindungen in zahlreichen Eisenerzen enthalten. tritt aber auch als selbständiges Manganerz auf. Da Roheisensorten existieren mit Mangangehalten zwischen 0,2 und 6%, ferner Spiegeleisensorten mit 10 bis 25% Mn und Ferromangane mit 50 bis 80% Mn, so macht die Einstellung der gewünschten Mangangehalte im Gußeisen keine Schwierigkeiten. Mangan hat im Gußeisen und Stahl desoxydierende und entschwefelnde Wirkungen, stabilisiert den Austenit und vermindert die kritische Abkühlungsgeschwindigkeit bei der Stahlhärtung. Es stabilisiert auch das Eisenkarbid durch Bildung komplexer Karbide, ein Einfluß, der in seiner grundsätzlich härtenden Wirkung durch die impfende Eigenschaft suspendierter Mangansulfidteilchen auf die Kristallisationsvorgänge bei Gußeisen und die damit verbundene Begünstigung der Graphitbildung bei geringeren Mangangehalten oft überdeckt wird. Reines Mangan hat verschiedene allotrope Modifikationen (vgl. Seite 17 sowie Abb. 314.)

Abb. 314 zeigt das Zustandsdiagramm der Eisen-Mangan-Legierungen nach den Arbeiten von G. RÜMELIN und K. FICK (*1*) bzw. E. OEHMANN (*2*). Man erkennt, daß zwischen beiden Metallen eine lückenlose Mischkristallreihe besteht. Auf der Eisenseite sinkt mit zunehmendem Mangangehalt die γ/α-Umwandlung. Bei 30% Mangan und 500° steht ein Mischkristall mit etwas mehr als 30% Mn im Gleichgewicht mit einem α-Mischkristall von etwa 3% Mn. Die Kurvenzüge der Manganseite kennzeichnen die Lagenänderung der Modifikationsumwandlungen des Mangans bei zunehmendem Anteil an Eisen. Letztere sind für die Betrachtung der Verhältnisse bei Gußeisen ohne Bedeutung. Das binäre Diagramm Mangan-Kohlenstoff (Abb. 315) nach A. STADELER (*3*), das eine lückenlose Mischkristallreihe bis zu der Verbindung Mn_3C mit einem Maximum bei etwa 3% Kohlenstoff aufweist, wird neuerdings nicht mehr als vollkommen gültig betrachtet; dasselbe gilt von dem ternären Teildiagramm Eisen-Mangan-Kohlenstoff nach F. Wüst und P. Goerens (*4*). Während gemäß Abb. 316 im ternären System die Mischungslücke sich bei etwa 33% Mn schließt, fand H. Lütke (*5*) noch oberhalb 50% Mn eutektische Gefügebestandteile. Zwischen den Karbiden Fe_3C und Mn_3C kann mit F. Wüst und P. Goerens eine lückenlose Mischkristallreihe angenommen werden.

Die Umwandlungspunkte kohlenstoffhaltiger Eisenlegierungen erfahren

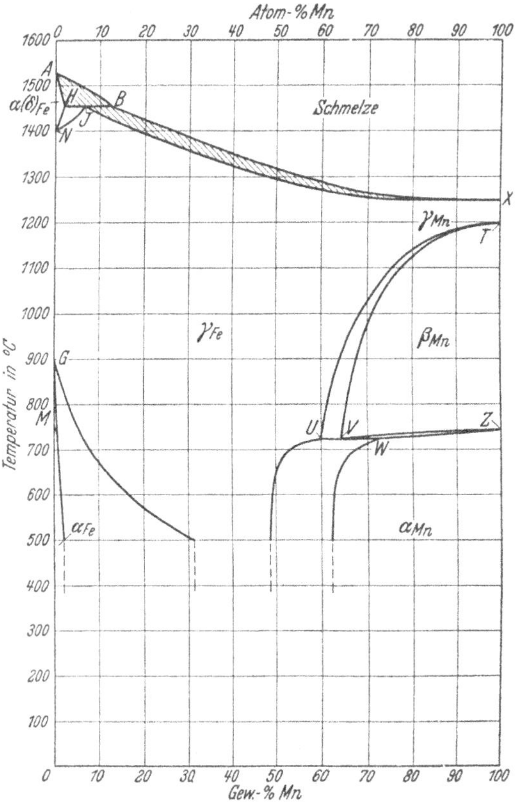

Abb. 314. Zustandsdiagramm der Eisen-Manganlegierungen (nach G. Rümelin, K. Fick, E. Oehman).

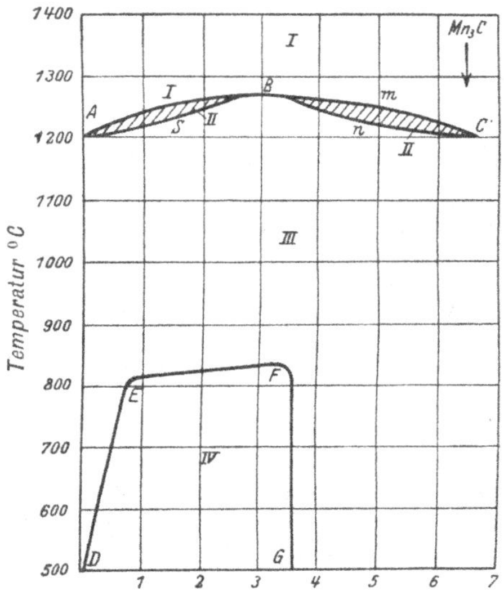

Abb. 315. Zustandsdiagramm Mangan-Kohlenstoff (A. Stadeler).

durch zunehmenden Mangangehalt eine starke Erniedrigung, doch hängen die quantitativen Beträge sehr vom vorhandenen Kohlenstoff und von der Abkühlungsgeschwindigkeit ab (*9*).

In Abb. 317 nach P. Dejean (*6*) scheint bei den Legierungen mit 0,3 bzw. 0,6% C (unten) die kritische Abkühlungsgeschwindigkeit erreicht worden zu sein (Selbsthärtung!). F. Osmond fand in einer Legierung mit 0,45% C eine Erniedrigung der γ/α-Umwandlung durch 4% Mn auf etwa 300°, in etwas kohleärmeren Legierungen eine Erniedrigung durch ∼5% Mn auf 100°, während über 7% Mn die Umwandlung bis Zimmertemperatur nicht mehr auftrat (homogener Austenit). Ein 12proz. austenitischer Manganstahl mit etwa 1% C zeigte beim Anlassen die γ/α-Umwandlung immer noch bei etwa 653° (*7*).

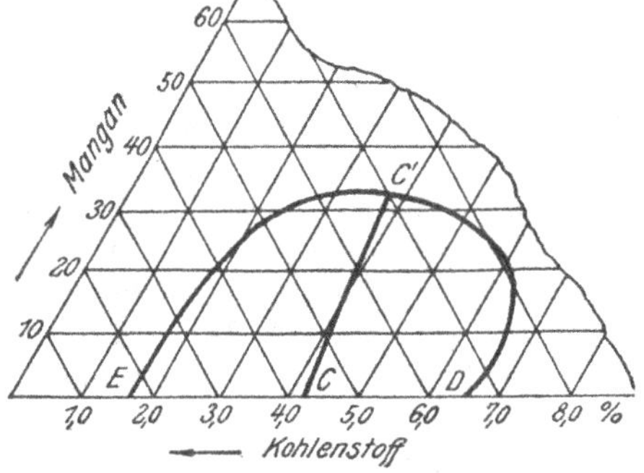

Abb. 316. Ternäres Teildiagramm Eisen-Mangan-Kohlenstoff (F. Wüst und P. Goerens).

Nach D. Arnold und A. Read (*8*), welche die Karbide aus den betreffenden Legierungen elektrolytisch trennten, bilden in etwa eutektoiden Fe-C-Legierungen die Karbide Fe_3C und Mn_3C bis ~4,98 % Mn feste Lösungen miteinander, um von 4,98 bis 13,38 % Mn eine Doppelverbindung $3 Fe_3C \cdot Mn_3C$ einzugehen. Darüber hinaus trete wahrscheinlich ein neues manganreicheres Karbid gemäß $(2 Fe_3C \cdot Mn_3C)$ auf. Der magnetische Umwandlungspunkt von Eisenlegierungen wird durch Manganzusätze stark erniedrigt und neigt zu ausgeprägter Hysteresis. Abb. 20 zeigte bereits die Verteilung des Mangans auf Ferrit und Karbid in Kohlenstoffstählen nach D. Arnold und A. Read (*8*). Daraus läßt sich der auf das Karbid Mn_3C entfallende Betrag an Mangan errechnen.

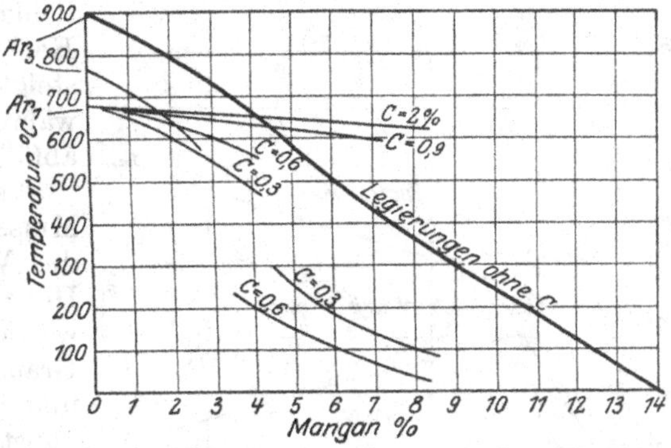

Abb. 317. Einfluß des Mangans auf die Haltepunkte der Eisen-Kohlenstoff-Manganlegierungen (nach P. Dejean).

In schwefelhaltigen, manganfreien Gußeisensorten macht sich ein Manganzusatz zunächst indirekt über die Keimwirkung gebildeten Mangansulfids in einer Erhöhung der Graphitbildung bemerkbar, worauf schon A. Hague und Th. Turner (*10*) hingewiesen haben. Für den in Abb. 318 (nach H. J. Coe bzw. F. Wüst) gekennzeichneten Einfluß schien es, daß ein Gehalt von etwa 0,3 % Mn über die

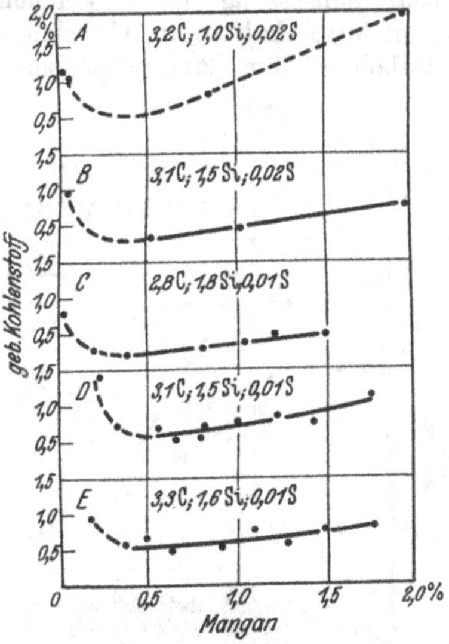

Abb. 318. Einfluß von Mangan auf den geb. C-Gehalt von Grauguß (*A—C* nach Coe; *D—E* nach Wüst).

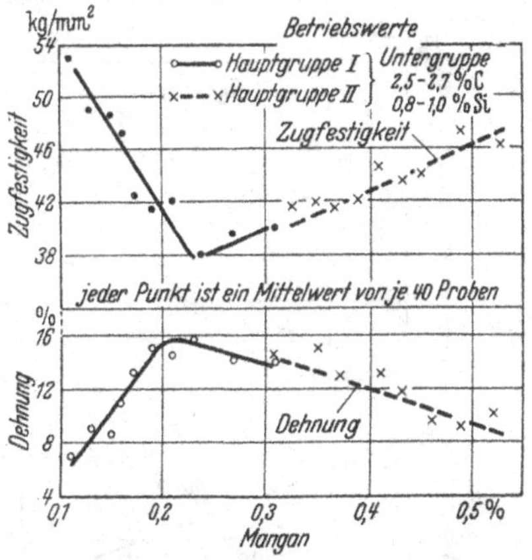

Abb. 319. Einfluß des Mangans auf die Festigkeit und Dehnung von schwarzem Temperguß (H. Jungbluth und F. Brügger).

theoretisch zur Bildung von MnS nötige Menge Mangan erforderlich sei (*11*), bei deren Überschreitung sich der zu erwartende härtende Einfluß des Mangans auszuprägen beginnt. H. Jungbluth und F. Brügger (*12*) konnten bei Betriebsversuchen an schwarzem Temperguß zeigen, daß der Tiefstpunkt des graphitisierenden Einflusses von Mangansulfid bei einem Verhältnis Mn : S von etwa 3,5 auftrat. Darunter wirkt Mangan (sekundär über die Begünstigung der Graphitbildung!) härte- und festigkeitserniedrigend, darüber hinaus härte- und festigkeitssteigernd, da erst dann Mangan zur Karbidbildung frei wird (Abb. 319 und 320). Bleibt das Verhältnis Mn:S > 3,5, so kann sich selbst bei kleinen Mangangehalten von 0,25% an in zunehmendem Maße Mangankarbid (in Wirklichkeit ein komplexes Eisen-Mangan-Karbid) bilden, und die Zugfestigkeit steigt alsdann bereits allmählich an, während die Dehnung entsprechend abfällt (Abb. 321).

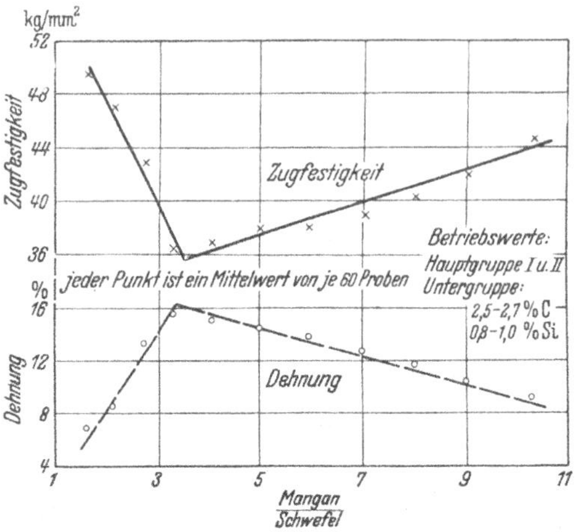

Abb. 320. Einfluß des Verhältnisses Mn : S auf die Dehnung von schwarzem Temperguß (H. Jungbluth und F. Brügger).

Versuche von F. Wüst und H. Meissner (*13*) ließen erkennen, daß die Wahl eines Mangangehaltes in Höhe von 0,6 bis 1,4% im höherwertigen, niedrig oder mäßig gekohlten Grauguß von Vorteil ist. Festigkeit und Härte wurden bis etwa 1,4% Mn günstig beeinflußt, während Kerbzähigkeit und Durchbiegung nur bis ungefähr 0,6% Mn verbessert wurden. Die Abb. 322 bis 325 zeigen den Einfluß höherer Mangangehalte in kohlenstoffarmen Spezialgußeisensorten der in Zahlentafel 47 wiedergegebenen Zusammensetzung nach Versuchen von W. Bröhl (*14*). Auch hier war bei höheren Mn-Gehalten ein Absinken der Graphitmenge zu beobachten, die bei den unbehandelten Sandgußproben bei etwa 1,2% Mn einen Tiefstwert erreichte. Die den Karbidzerfall hindernde Wirkung

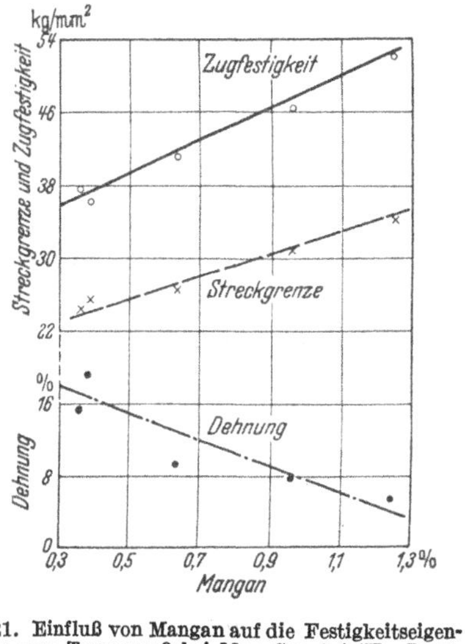

Abb. 321. Einfluß von Mangan auf die Festigkeitseigenschaften von Temperguß bei Mn : S > 3,5 (H. Jungbluth und F. Brügger).

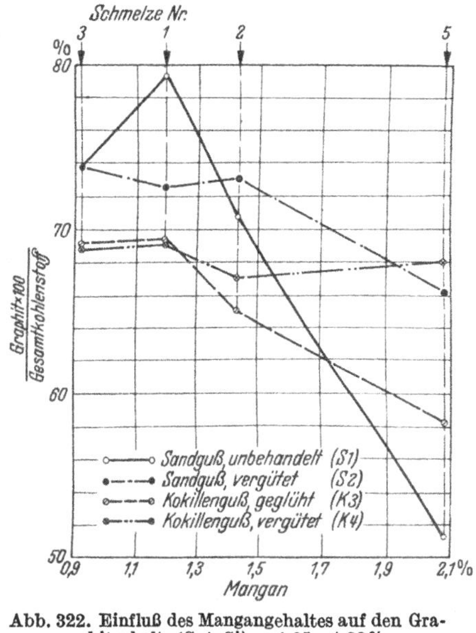

Abb. 322. Einfluß des Mangangehaltes auf den Graphitgehalt. (C + Si) = 4,05—4,33% (W. Bröhl).

des Mangans konnte sich hier besser auswirken als bei den anderen Versuchsreihen, wo durch die nachfolgende Wärmebehandlung eine zusätzliche Graphitabscheidung selbst noch bei höheren Mn-Gehalten herbeigeführt werden konnte. Bei den in Kokille gegossenen Schmelzen ist im Gebiet niedriger Mangangehalte die Graphitmenge geringer als bei Sandguß. Die festigkeitssteigernde Wirkung des Mangans bis etwa 1,4% kommt ferner nur bei den Sandgußproben zum Ausdruck, während die Härte in allen Fällen der wärmebehandelten Proben

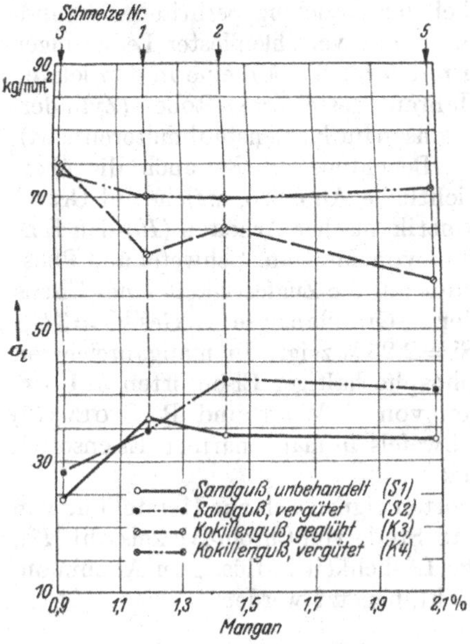

Abb. 323. Einfluß des Mangangehaltes auf die Zugfestigkeit. (C + Si) = 4,05—4,33% (W. Bröhl).

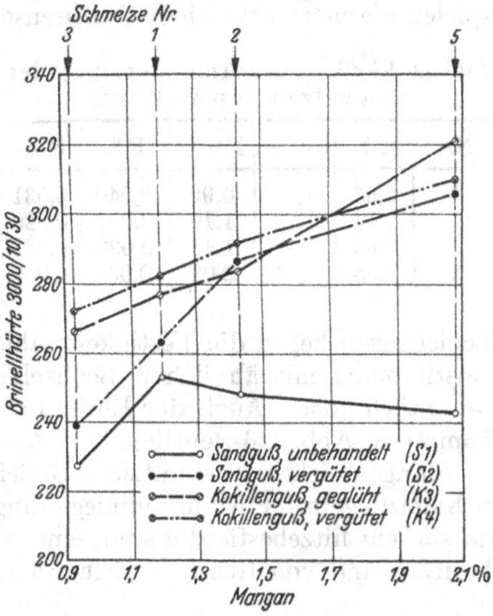

Abb. 324. Einfluß des Mangangehaltes auf die Brinellhärte. (C + Si) = 4,05—4,33% (W. Bröhl).

noch weiter ansteigt. Die Werte für die Dauerschlagzahl (Kruppsches Schlagwerk mit 2,47 kg bei 30 mm Fallhöhe) stiegen bis etwa 1,5% Mn stark an, um alsdann mehr oder weniger schnell wieder abzusinken (Abb. 325).

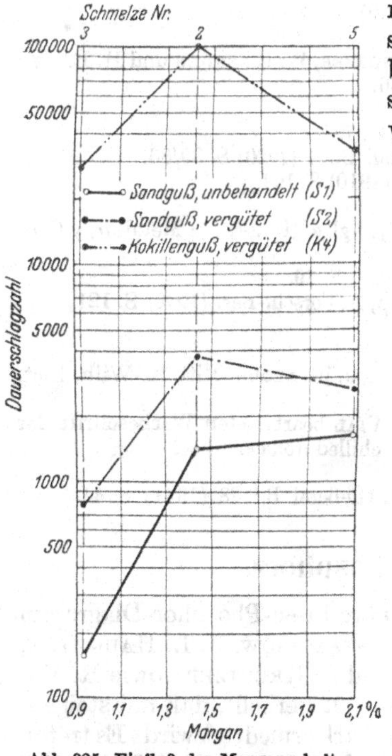

Abb. 325. Einfluß des Mangangehaltes auf die Dauerschlagzahl. (C + Si) = 4,05—4,33% (W. Bröhl).

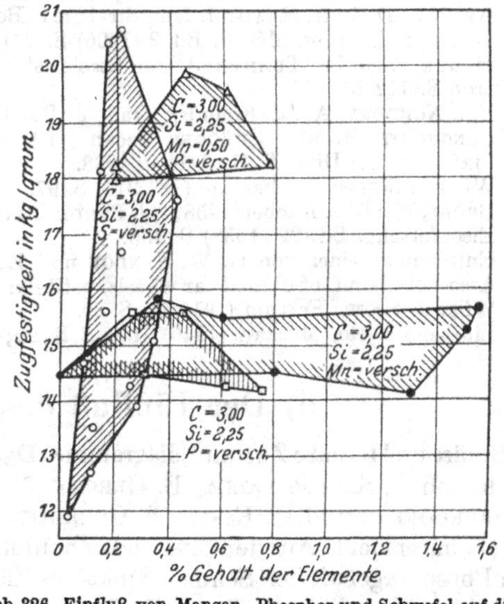

Abb. 326. Einfluß von Mangan, Phosphor und Schwefel auf die Zugfestigkeit von Gußeisen (einer Werbeschrift der Assoc. of Manuf. of chilled car wheels entnommen).

Mangan begünstigt die Ausbildung sorbitischer Perlitausbildung infolge der früher erwähnten Erniedrigung der γ/α-Umwandlung. Im Temperguß ist die richtige Einstellung des Mangangehaltes bei der Erzielung perlitischer Grundmassen von großer Bedeutung. Bei der Herstellung verschleißfester Legierungen spielen die martensitischen Gußeisensorten mit 5 bis 8% Mn eine in den letzten Jahren gesteigerte Rolle (Zylinderbüchsen für Kohlenstaubmotoren usw.).

Zahlentafel 47. Zusammensetzung der Schmelzen von W. Bröhl.

Nr.	C %	Si %	Mn %	P %	S %
3	2,55	1,54	0,92	0,040	0,031
1	2,43	1,78	1,19	0,027	0,026
2	2,08	2,18	1,43	0,030	0,027
5	1,95	2,31	2,08	0,034	0,029

Beachtenswert ist auch die übersichtliche Abb. 326, welche auf Grund amerikanischer Arbeiten (*15*) den Einfluß von Mangan, Schwefel und Phosphor auf die Zugfestigkeit eines Eisens der Grundanalyse: Ges.-C = 3%, Si = 2,25% zeigt. In manganreicheren Legierungen liegen die Festigkeitszahlen phosphorhaltiger Eisensorten in Übereinstimmung mit ähnlichen Beobachtungen von F. Wüst und R. Stotz (*16*) wesentlich höher. Auch der Einfluß des Schwefels in manganarmen Eisensorten kommt in Abb. 326 deutlich zum Ausdruck.

Manganreichere austenitische Gußeisensorten eignen sich zur Herstellung von Schmelztiegeln für Aluminiumlegierungen an Stelle von Chrom-Nickelstahl (*17*), da sie sehr hitzebeständig sind, eine geringe Löslichkeit in flüssigem Aluminium besitzen und von flüssigem Aluminium nicht benetzt werden.

Schrifttum zum Kapitel IX c.

(*1*) Rümelin, G., u. K. Fick: Ferrum Bd. 12 (1915) S. 41.
(*2*) Oehmann, E.: Z. physik. Chem. Abt. B Bd. 8 (1930) S. 81.
(*3*) Stadeler, A.: Metallurgie Bd. 5 (1908) S. 260.
(*4*) Vgl. die Kritik der genannten Arbeiten in P. Oberhoffer, W. Eilender und H. Esser: Das technische Eisen. Berlin: Julius Springer 1936.
(*5*) Lütke, H.: Metallurgie Bd. 7 (1910) S. 268.
(*6*) Dejean, P.: C. R. Acad. Sci., Paris Bd. 171 (1920) S. 791.
(*7*) Vgl. Maurer, E.: Mitt. K.-Wilh.-Inst. Eisenforschg. Bd. 1 (1920) S. 39/86.
(*8*) Arnold, D., u. A. Read: J. Iron Steel Inst. Bd. 1 (1910) S. 169.
(*9*) Guillet, L.: Rev. Métall. Bd. 3 (1906) S. 271.
(*10*) Hague, A., u. Th. Turner: J. Iron Steel Inst. (1910); vgl. a. Hurst, E.: Metallurgy Cast Iron S. 112/13.
(*11*) Vgl. Norbury, A. L.: Foundry Trade J. Bd. 41 (1929) S. 79.
(*12*) Jungbluth, H., u. F. Brügger: Techn. Mitt. Krupp, A. Forsch.-Ber. (1938) S. 121; vgl. Brügger, F.: Diss. T. H. Aachen 1938.
(*13*) Wüst u. Meissner: Ferrum (1913/14) S. 97.
(*14*) Bröhl, W.: Diss. Aachen 1938; vgl. Bardenheuer, P., u. W. Bröhl: Mitt. K.-Wilh.-Inst. Eisenforschg. Bd. 22 (1938) S. 135.
(*15*) Entnommen einer von G. W. Syndon und K. F. Vial bearbeiteten Werbeschrift der Assoc. of Manuf. of chilled car wheels, betitelt: The chilled iron car wheel.
(*16*) Wüst u. Stotz: Ferrum (1914/15) S. 89.
(*17*) Litejnoje Djelo, Moskau (1940) Heft 2 S. 29; vgl. Gießerei Bd. 28 (1941) S. 41.

d) Der Einfluß des Phosphors.

Binäre und ternäre Zustandsdiagramme. Das binäre Eisen-Phosphor-Diagramm wurde von B. Saklatwalla, E. Gercke, N. Konstantinow, J. L. Haughton, P. Oberhoffer und H. Esser, P. Oberhoffer und C. Kreutzer sowie R. Vogel (*1*) untersucht. Aus dem Zustandsschaubild Abb. 327 erhellt, daß mit steigendem Phosphorgehalt der Schmelzpunkt des Eisens stark erniedrigt wird. Es treten die beiden Phosphide Fe_2P und Fe_3P auf. Letzteres bildet mit den gesättigten α-Mischkristallen ein bei etwa 1050° C liegendes Eutektikum. Die maximale Sättigung der α-Mischkristalle beträgt 2,6% P. Sie fällt mit sinkender Temperatur bis auf 1,2% P bei Zimmertemperatur. Bis zu diesem Phosphorgehalt treten also in reinen Eisen-Phosphor-Legierungen bei Zimmertemperatur nur homogene Mischkristalle auf. Dies tritt natürlich nur unter der Voraussetzung hinreichender Diffusionsgeschwindigkeit des Phosphors im Austenit ein. Verunreinigungen (auch gelöster Sauerstoff und Kohlenstoff wirken in gleichem Sinne), welche die Kristallseigerung (*2*) begünstigen, sowie erhöhte Abkühlungsgeschwindigkeit verursachen das vorzeitige Auftreten eines neuen Gefügebestandteiles, der dem Diagramm gemäß erst jenseits von etwa 2,2%P auftreten dürfte. Dieser hat meistens zellenartige Struktur und stellt das Eutektikum von Eisen und Eisenphosphid (Fe_3P) mit 10,2% P dar. Oberhalb 10,2% P scheidet sich in binären Eisen-Phosphor-Legierungen das Phosphid als primäre Kristallart aus. Das Phosphideutektikum ist außerordentlich hart, seine Härte beträgt 5,5 nach der Mohsschen Härteskala. Da das γ-Gebiet bereits durch geringe Phosphorgehalte abgeschnürt wird, beträgt die maximale Löslichkeit des γ-Eisens bei etwa 1150° nur etwa 0,25% P. Die zugehörige Löslichkeit des α-Mischkristalls für die gleiche Temperatur beträgt nach R. Vo-

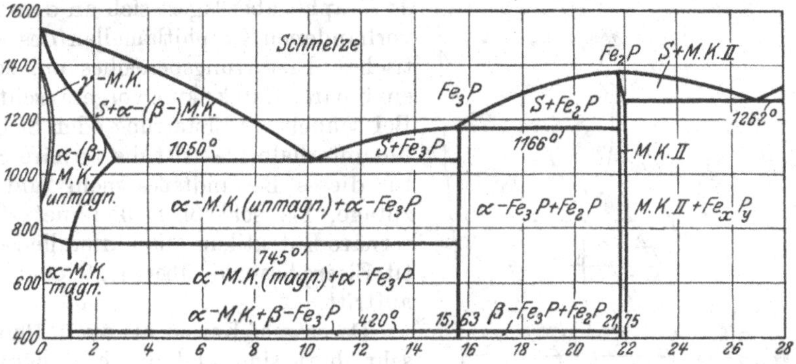

Abb. 327. Zustandsdiagramm der Eisen-Phosphorlegierungen (N. Konstantinow, H. Esser und P. Oberhoffer, J. L. Haughton und C. Kreutzer).

gel ungefähr 0,6%, nach Oberhoffer und Esser etwa 0,4% P. Die magnetische Umwandlung wird nach R. Vogel von 768° auf etwa 720° bei 1,2% P erniedrigt. Das Eisenphosphid Fe_3P zeigt eine magnetische Umwandlung bei 420°. Fe_3P kristallisiert mit einem raumzentrierten tetragonalen Gitter der Dimensionen: $a = 9{,}090$ Å und $c = 4{,}46$ Å ($c/a = 0{,}4891$) mit 32 Atomen (8 Molekülen Fe_3P) in der Elementarzelle. Fe_2P kristallisiert nach G. Hägg (*3*) hexagonal. Im ternären Zustandsdiagramm (Abb. 328) der Eisen-Phosphor-Kohlenstoff-Legierungen tritt nach F. Wüst, P. Goerens und W. Dobbelstein (*4*) ein ternäres Eutektikum mit 6,89% P und 1,96% C (nach den neueren Untersuchungen von R. Vogel enthält es 2,4% C neben 6,89% P) auf, das bei 953° erstarrt und ein Bestandteil fast aller weiß erstarrten, phosphorhaltigen Eisensorten (z. B. Thomasroheisen) ist. Auch tritt dieses Eutektikum durch Kristallseigerung in technischen Eisensorten oft bereits bei geringeren P-Gehalten auf, als der Sättigungsgrenze im ternären Mischkristallgebiet entspricht. Wie die Untersuchungen von R. Vogel (*1*) ergaben, tritt in dem Konzentrationsbereich des Teilsystems Fe-Fe_3C-Fe_3P keine neue Kristallart von singulärer Zusammensetzung auf. Es scheiden sich also aus den Schmelzen dieses Gebietes die Kristallarten aus, die auch in den binären Grenzsystemen vorkommen, nämlich: Fe_3C, Fe_3P sowie die Mischkristalle des α(δ)- und γ-Eisens, die ternärer Natur sind, also neben Kohlenstoff noch Phosphor in Lösung halten. Das ternäre Raumdiagramm entspricht dem Übergang eines Systems mit offenem zu dem mit geschlossenem γ-Gebiet. Der eutektische, das Phosphid enthaltende Bestandteil führt bei grauem Gußeisen den Namen Steadit (nach dem englischen Forscher J. E. STEAD). Über seine binäre bzw. ternäre Konstitution bestanden früher Meinungsverschiedenheiten. Während N. GUTOWSKY (*5*) glaubte, daß es sich hierbei um das Eisen-Eisenphosphid-Eutektikum handele, konnten M. KÜNKELE und P. BARDENHEUER (*6*) zeigen, daß die binäre Struktur des Steadits nur vorgetäuscht wird, daß es sich also um eine pseudobinäre Ausbildung oder Entartung einer an sich ursprünglich ternären Phase, nämlich des ternären Phosphideutektikums zwischen ternären Mischkristallen, Phosphid und Graphit handelt, also um die stabile Phase dieses ternären Eutektikums. Bei langsamer Erstarrung einer Gußeisenschmelze im Existenzbereich des ternären Eutektikums und ausreichendem Siliziumgehalt des Materials (über etwa 2%) scheidet sich im Bereich von etwa 950° das stabile ternäre Eutektikum aus, der kristallisierende Graphit aber lagert sich an den bereits vorhandenen Graphitlamellen des eutektischen Erstarrungsbereiches an, so daß ein binäres Eutektikum vorgetäuscht wird. Bei schnellerer Erstarrung oder Si-Gehalten unterhalb 2% tritt die ternäre Struktur dieses Bestandteiles mehr und mehr zutage, bis schließlich das metastabile, ternäre Eutektikum Mischkristalle-Zementit-Eisenphosphid überwiegt oder allein auftritt.

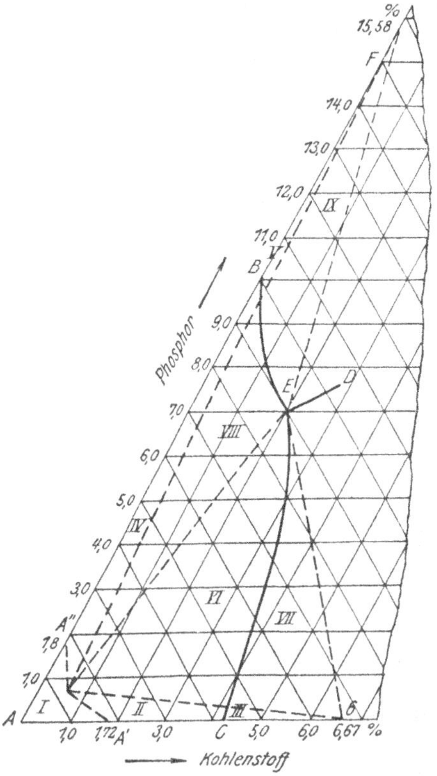

Abb. 328. Ternäres Zustandsdiagramm Eisen-Kohlenstoff-Phosphor (WÜST, GOERENS und DOBBELSTEIN).

Da sowohl Karbid als auch Phosphid sehr hart sind und durch mineralische Säuren schwer angegriffen werden und demnach im Gefüge hell erscheinen, müssen zur Unterscheidung dieser beiden Konstituenten Sonderätzungen verwendet werden. M. MATWEIEFF (*7*) verwendet alkalisches Natriumpikrat, das sowohl Karbid als auch Phosphid dunkelt neben neutralem Natriumpikrat, das nur das Phosphid angreift (dunkelt), das Karbid dagegen unangegriffen und hell läßt. M. KÜNKELE (*6*) verwendet eine 5- bis 8 proz. Chromsäurelösung (etwa 1 min Ätzdauer), die nur das Phosphid angreift (Ätzung *I*). Bessere Bilder ergeben sich jedoch durch ein mit Sonderätzung *II* benanntes Ätzverfahren, welches darin besteht, daß der nach Sonderätzung *I* behandelte Schliff nochmals mit alkoholischer Salzsäure bis zur Entfernung der Oxydschicht behandelt wird, wobei die durch die Chromsäurebehandlung entstandenen Grenzen zwischen den Konstituenten infolge der Höhenunterschiede bestehen bleiben. Da auch beim Anlassen an der Luft das Phosphid sich edler verhält, so können die Kontraste so weit gesteigert werden, daß nunmehr das Phosphid hell, der Zementit getönt, die Mischkristalle dagegen dunkel erscheinen (Abb. 329). Ein weiteres Sonderätzverfahren gab W. HEIKE und J. GERLACH (*8*) an, auf das hier nur verwiesen sei.

Die Temperatur beginnender Erstarrung, d. h. sowohl der Ausscheidungsbeginn der primären Mischkristalle als auch der eutektischen Konstituenten wird durch Phosphor stark erniedrigt. Phosphorhaltiges Eisen bleibt also länger flüssig. Dies geht auch aus den in Abb. 330 wiedergegebenen Abkühlungskurven von H. J. Coe (*9*) hervor, deren Ergebnis die Wüstschen (*4*) Beobachtungen bestätigten. Die Temperaturlage der Eutektoiden (Perlitlinie) wird darnach durch den Phosphorgehalt kaum beeinflußt, was auch R. Vogel (*1*) bestätigt fand. Hinsichtlich des Einflusses von Phosphor auf die Graphitbidung finden sich im Schrifttum zahlreiche Widersprüche. So schloß O. Bauer (*10*) aus den Versuchen von J. E. Stead und F. Wüst, daß Phosphor die Graphitbildung begünstige. Allerdings sei diese Wirkung bei weitem nicht so stark wie die mittlerer Siliziumgehalte und trete erst bei höheren P-Gehalten (über 2,5% P) deutlich in Erscheinung. Bei 5% P erreiche die Graphitbildung ihren Höchstwert. Auch nach den Untersuchungen von F. Wüst und R. Stotz (*11*) würde ein P-Gehalt bis 2,5 oder 3% keinen Einfluß auf die Graphitbildung ausüben, darüber hinaus jedoch dieselbe begünstigen. Nach O. v. Keil und R. Mitsche (*12*) soll Phosphor die Graphitbildung sogar hemmen. Der Widerspruch gegenüber den früheren Auffassungen erkläre sich durch die Verschiebung der Linie *CE* im Eisen-Kohlenstoff-Diagramm nach links, wodurch die Legierungen mit steigendem P-Gehalt übereutektisch werden, leichter Primärgraphit bilden, der seinerseits wie-

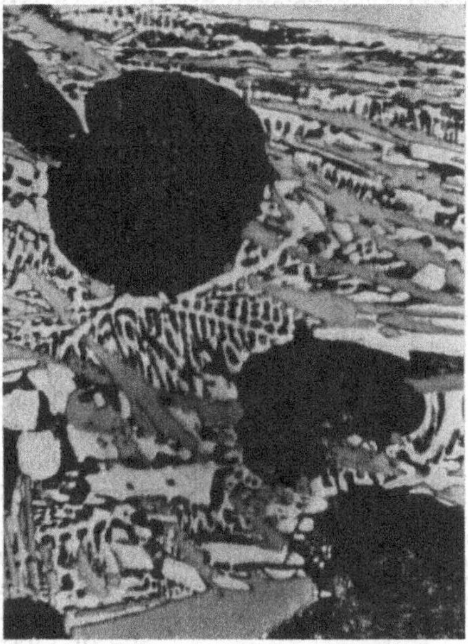

Abb. 329. Thomasroheisen nach Sonderätzung II (nach M. Künkele). $V = 1000$. Zementit = getönt, Eisenphosphid = hell, Mischkristalle = dunkel.

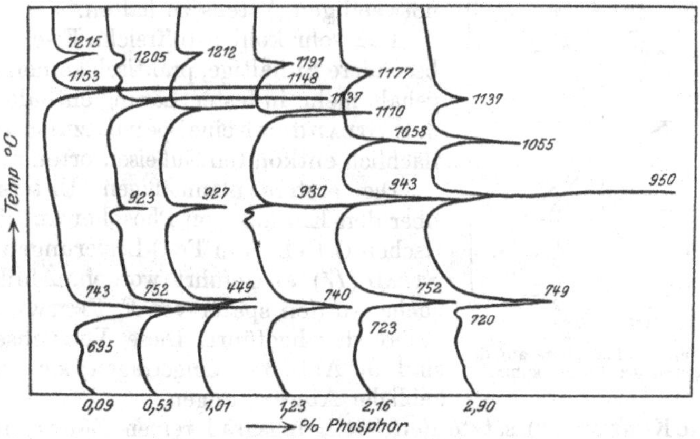

Abb. 330. Differentialausdehnungskurven von Gußeisen mit zunehmendem Phosphorgehalt (H. J. Coe).

derum die Neigung zur Bildung des stabilen Graphiteutektikums begünstige. Tatsächlich fanden K. Schichtel und E. Piwowarsky (*13*) durch steigende Phosphorzusätze eine Verschiebung der Löslichkeit flüssigen Eisens für Kohlenstoff, wie sie aus den Abb. 65 und 66 hervorgeht (vgl. auch die Ausführungen über den sog. Sättigungsgrad des Gußeisens auf S. 231). Die Verschiebung liegt demnach in derselben Größenordnung, wie sie durch Silizium hervorgerufen wird, während die Temperaturabhängigkeit der spezifisch verdrängten C-Menge nicht so groß ist wie bei Silizium. Nach den Untersuchungen von K. SCHICHTEL und E. PIWOWARSKY war zu erwarten, daß auch im kristallisierten Zustand eine bemerkenswerte Verlagerung der $E'S'$-Linien des Eisen-Kohlenstoff-Diagramms durch Phosphor eintreten müsse. Tatsächlich fanden E. PIWOWARSKY und E. SÖHNCHEN (*14*) an Legierungen mit 0, 0,5, 0,85 und 1,65% P eine zunächst sehr starke Verschiebung der Linie $E'S'$ bis 0,5% P. In Abb. 331 ist zum Vergleich die Verschiebung der Linie durch 1,8% Si eingetragen worden. Der Einfluß des Phosphors ist danach stärker als der des Siliziums. Allerdings zeigte sich dieser Einfluß nur bis 0,5% P, da bei höheren P-Gehalten der letztere praktisch völlig als Steadit vorliegt und nur noch wenig mehr Phosphor im Austenit in Lösung geht (*15*), was bereits J. E. STEAD (*15*) festgestellt hatte. In hochphosphorhaltigem Guß neigt der Graphit zur nesterförmigen Ausbildung mit ungleichmäßiger Verteilung desselben über den Querschnitt (Abb. 310d).

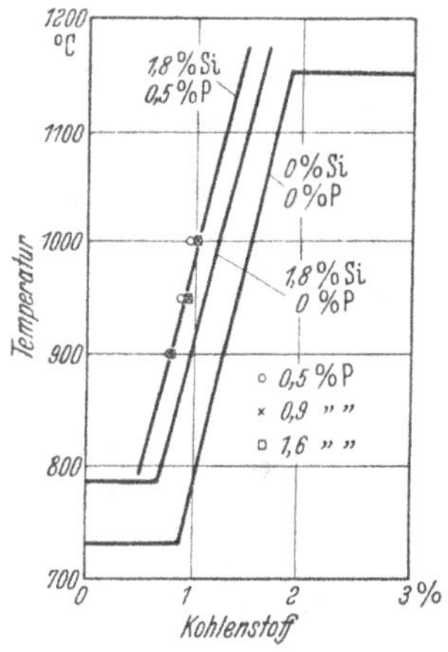

Abb. 331. Verschiebung der $E'S'$-Linie im Eisen-Kohlenstoffdiagramm durch Phosphor bei gleichzeitiger Anwesenheit von 1,8% Silizium (nach E. PIWOWARSKY und E. SÖHNCHEN).

Bemerkenswert ist, daß Phosphor im Gußeisen die Stabilität des Perlits zu erhöhen scheint, obwohl mit steigendem P-Gehalt der geb. Kohlenstoff an sich meistens eine Erniedrigung erfährt. Selbst nach längerem Glühen von Grauguß findet sich fast stets in unmittelbarer Nähe des Phosphideutektikums noch lamellarer oder zusammengeballter Perlit. Will man in P-reichem Gußeisen einen genügend hohen gebundenen Kohlenstoffgehalt erreichen, so empfiehlt es sich, das Silizium an der unteren Grenze des notwendigen Anteils zu halten.

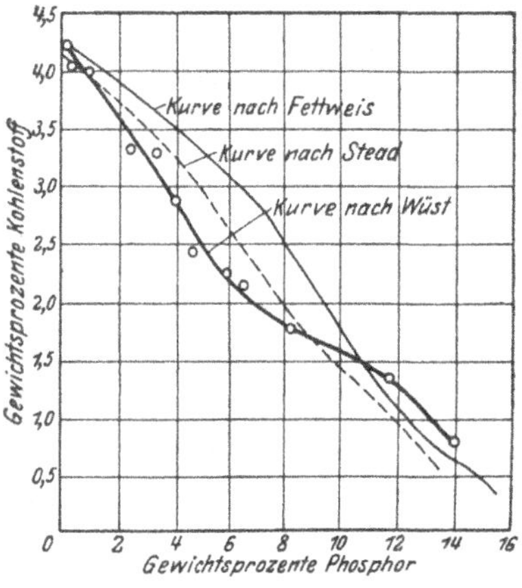

Abb. 332. Einfluß des Phosphors auf den Kohlenstoffgehalt des Eutektikums.

Daß sehr kohlenstoffreiche Eisensorten, insbesondere Si-haltige, praktisch keinen Phosphorgehalt mehr in fester Lösung enthalten, konnte J. E. STEAD durch eine Spezialätzung (*16*) an oberflächlich entkohlten Gußeisensorten nachweisen.

Die ersten planmäßigen Untersuchungen über den Einfluß von Phosphor auf den eutektischen C-Gehalt in Fe-C-Legierungen sind von STEAD (*17*) ausgeführt worden. Ähnliche Versuche wurden später von F. FETTWEIS (*18*) und WÜST durchgeführt. Diese Versuchsergebnisse sind in Abb. 332 eingetragen; sie ergeben erhebliche Abweichungen.

J. T. MACKENZIE (*19*) setzte den Sättigungsgrad reinen Eisens an Kohlenstoff bei normaler Temperatur der Schmelze mit 4,6% ein. In dem Maße nun, wie Phosphor an Eisen zu Fe_3P gebunden werde, müsse alsdann der zugehörige Ges.-C-Gehalt des Eisens (gleiche Löslichkeiten vorausgesetzt) vermindert werden. Die praktisch ermittelten Löslichkeitswerte wichen jedoch von den errechneten teilweise ziemlich stark ab, während die Grundtendenz überall ausgeprägt war. Eine exakte Beziehung ließ sich aus den Ergebnissen aber nicht ableiten und auch die früheren Arbeiten von WÜST und STOTZ (*11*) haben eine solche Beziehung nicht ergeben. Aus den Arbeiten von J. T. MACKENZIE lassen sich immerhin die in Abb. 333 für zwei verschiedene Siliziumgehalte dargestellten Kurven ableiten (*20*), welche die Verschiebung des eutektischen Punktes C' mit steigendem Phosphorgehalt zum Ausdruck bringen.

A. E. PEACE und P. A. RUSSELL (*21*) teilen ein bemerkenswertes Schaubild

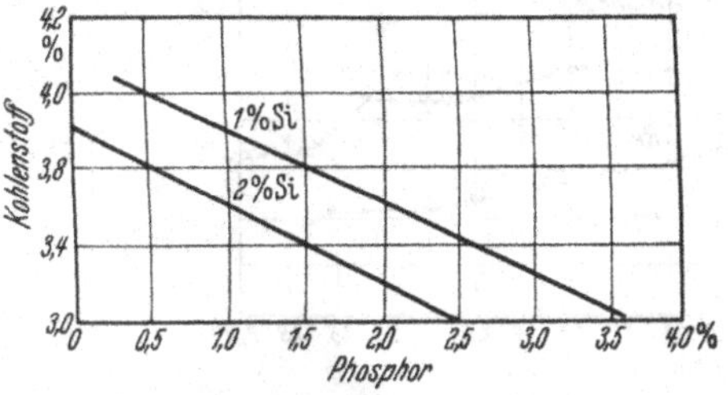

Abb. 333. Einfluß des Phosphors auf den Kohlenstoffgehalt des Eutektiums nach MCKENZIE (aus der Arbeit von DESSENT und KAGAN).

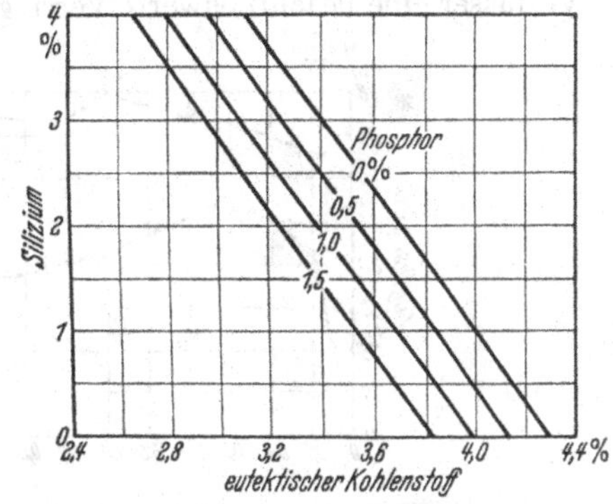

Abb. 334. Einfluß des Phosphors auf die Verlagerung des eutektischen Kohlenstoffgehalts in Eisen-Kohlenstoff-Silizium-Legierungen (A. E. PEACE und P. A. RUSSELL).

über die Verlagerung der eutektischen Kohlenstoffkonzentration durch Phosphor mit (Abb. 334). Die Verfasser lassen allerdings nicht erkennen, ob das Ergebnis eigenen Versuchen entstammt.

Man könnte vermuten, daß in Gußeisensorten mit 2,5 bis 3,3% C und z. B. 0,4 bis 0,6% P, die nach dem Diagramm von WÜST und DOBBELSTEIN bei vollkommener Diffusion kein ternäres Phosphideutektikum zeigen sollten, die Gießtemperatur einen Einfluß auf die quantitative Ausbildung des Phosphideutektikums habe.

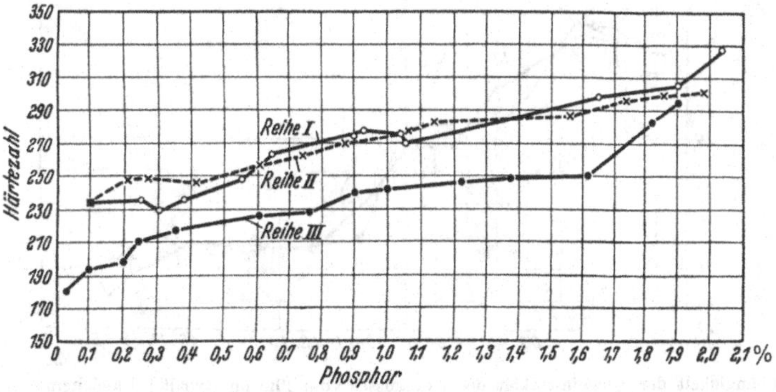

Abb. 335. Abhängigkeit der Härte von Grauguß vom Phosphorgehalt bei gleichem Siliziumgehalt (WÜST und STOTZ).

H. JUNGBLUTH und H. GUMMERT (*22*) stellten hierüber einige Versuche an. Acht verschiedene Schmelzen mit P-Gehalten zwischen 0,35 und 0,64% P wurden mit hoher und niedriger Gießtemperatur zu Keilen vergossen. Das Gefüge war in allen Fällen perlitisch. Durch Ausplanimetrieren der Phosphidfläche bei 250facher Vergrößerung ergab sich als Mittel für das Material mit höherem C-Gehalt (3,0 bis 3,3%) für heißgegossene Proben ein Wert von 2,82% Phosphidflächenanteil, für mattgegossenes Material dagegen von 4,06%. Bei den Schmelzen mit niederem C-Gehalt (2,32 bis 2,56%) betrugen die Werte 2,5 bzw. 3,2%. Die höhere Gießtemperatur ergab demnach eine wesentliche Verringerung des freien Phosphids, eine durchaus beachtenswerte Feststellung. Die durchschnittliche Korngröße des Phosphids war bei allen Proben ungefähr gleich, so daß eine Beeinflussung hier offenbar nicht vorhanden ist. Ähnlich wie E. Schüz, der bei Glühungen bis 700° noch keine Diffusion des Phosphors beobachtet hatte, fanden die erwähnten Verfasser eine beachtenswerte Verringerung des kristallgeseigerten Phosphids erst

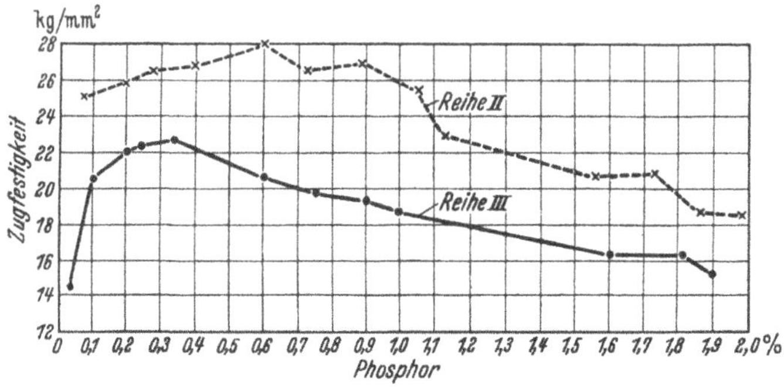

Abb. 336. Abhängigkeit der Zugfestigkeit des Graugusses vom Phosphorgehalt bei gleichem Siliziumgehalt (Wüst und Stotz).

durch Glühen bei Temperaturen oberhalb 700°; lediglich bei einer einzigen Schmelze war der Einfluß des Glühens nicht so ausgeprägt. Bei 830° machte sich übrigens eine Zusammenballung des Phosphids bemerkbar, dabei erhielten sich nur um das Phosphid herum noch Perlitinseln. Diese Feststellungen decken sich auch mit den Beobachtungen von A. Pinsl (*23*), sowie denen von E. Piwowarsky (*24*) an phosphorhaltigem Manganhartstahl.

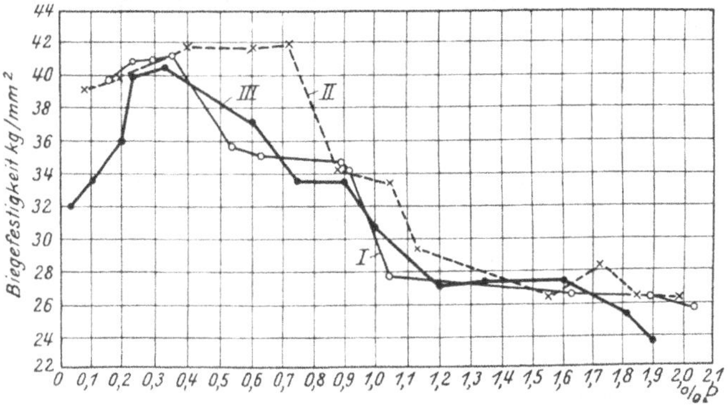

Abb. 337. Abhängigkeit der Biegefestigkeit des Graugusses vom Phosphorgehalt bei gleichem Siliziumgehalt (Reihe *I*—*III* nach Wüst und Stotz).

Mechanische und physikalische Eigenschaften. Die Abb. 335 bis 340 zeigen den Einfluß des Phosphors auf einige Eigenschaften von Gußeisen nach den älteren Versuchen von F. Wüst und R. Stotz (*9*). Die zugehörigen Analysen gibt Zahlentafel 48 wieder. In Übereinstimmung mit späteren Versuchen von M. Hamasumi (*25*), F. Wüst und P. Bardenheuer (*26*), P. Bardenheuer und L. Zeyen (*27*) sowie W. West (*28*) liegt der Höchstwert der Festigkeit bei etwa 0,3% Phosphor.

Der Abfall der Biegefestigkeit (Abb. 337) bei etwa 0,3 bis 0,4% P trifft meist mit dem konstitutionellen Merkmal zusammen, daß bei diesem P-Gehalt die

Zahlentafel 48. Mittlere chemische Zusammensetzung und Zugfestigkeit bei 0,4 % P der von F. Wüst und R. Stotz untersuchten Gußeisenarten.

Guß-eisen	% C gesamt	% C gebunden	% Si	% Mn	% P	% S	Zugfestigkeit bei 0,4 % P in kg/cm²
I	3,28	1,48	1,12	0,12	0,09 bis 2,0	0,014	—
II	3,25	1,44	1,15	0,12	0,09 bis 2,0	0,013	27
III	3,53	1,34	1,34	0,11	0,10 bis 1,9	0,010	22,5
IV	3,17	1,15	2,10	0,11	0,03 bis 1,0	0,005	22
V	3,18	0,49	2,56	0,10	0,04 bis 1,7	0,010	21,5
VI	3,22	0,58	1,94	1,04	0,04 bis 1,3	0,010	24
VII	3,57	0,45	1,63	1,26	0,03 bis 1,0	0,004	23,5

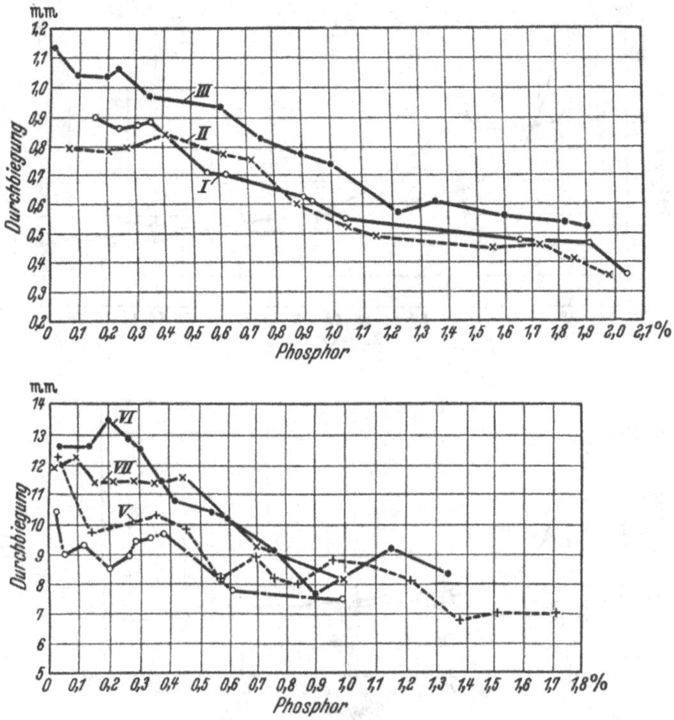

Abb. 338. Abhängigkeit der Durchbiegung des Graugusses vom Phosphorgehalt bei gleichem Siliziumgehalt (Wüst und Stotz).

eutektischen Phosphideinschlüsse unter mittleren Betriebsbedingungen gerade ausreichen, um sich zu einem zusammenhängenden Netzwerk zusammenzuschließen. Höhere Gießtemperatur begünstigt die Ausbildung einer ausgeprägten Netzwerkstruktur, niedrige hingegen (nach erfolgter Überhitzung) eine feinere und gleichmäßigere Verteilung. Auch in Eisensorten mit stark untereutektischem Kohlenstoffgehalt ist das Phosphid im allgemeinen günstiger verteilt. E. Piwowarsky und H. Nipper (*29*) konnten systematische Beziehungen zwischen der Graphitausbildung und dem Verteilungsgrad des Phosphids feststellen, wobei sie fanden, daß alle Maßnahmen, welche eine Graphitverfeinerung hervorrufen, auch eine entsprechend feinere Ausbildung des Phosphideutektikums verursachen.

Die spezifische Schlagarbeit, gemessen an glatten unbearbeiteten Probestäben und geschlagen auf einem 15 mkg Charpy-Pendelhammer, zeigt in Abhängigkeit vom Phosphorgehalt einen schnellen, z. T. plötzlichen Abfall der Werte (Abb. 339 und 340). Phosphor erhöht danach vor allem die Stoßempfindlichkeit des Gußeisens, während bei einer rein statischen, insbesondere bei Zug- (Normal-) Beanspruchung, nur eine sehr mäßige Beeinträchtigung und bei niederen P-Gehalten eher eine Erhöhung der Zugfestigkeit auftritt. Auch E. HURST (*30*) schreibt, daß der Einfluß des Phosphors oft überdeckt wird durch die nachteilige Wirkung grober Graphitlamellen, und daß bei feiner Graphitverteilung gerade P-reiche Legierungen zu erhöhter Zugfestigkeit neigen. Dies geht auch aus den umfangreichen Versuchen von v. KERPELY (*31*) hervor, der hochwertige, P-reiche Gußeisensorten mit feiner Graphitverteilung aus dem Elektroofen vergoß und bei C-Gehalten von etwa 3,10%, Si-Gehalten von etwa 1,75%

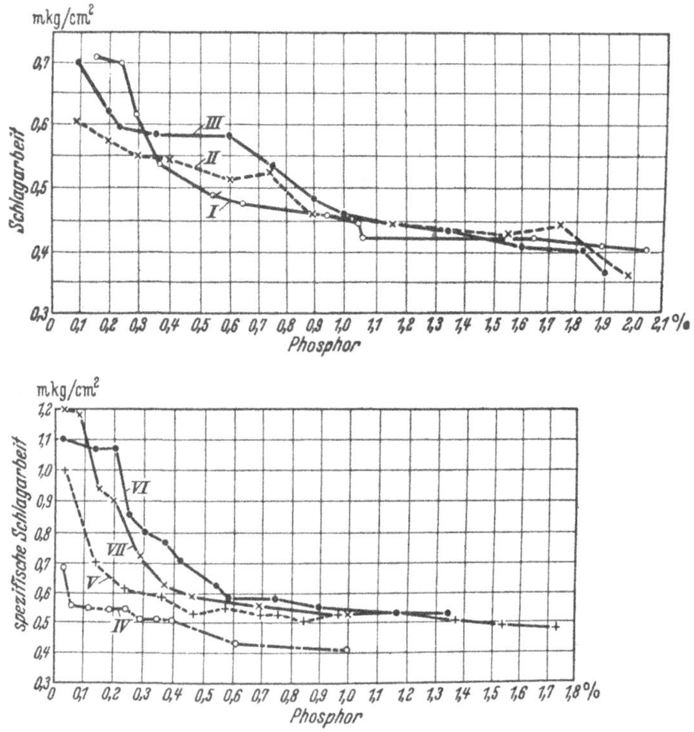

Abb. 339 und 340. Abhängigkeit der spez. Schlagarbeit des Graugusses vom Phosphorgehalt bei gleichem Siliziumgehalt (WÜST und STOTZ).

und P-Gehalten von 0,41 bis 0,83% Festigkeiten von 30 bis 33 kg/mm² erreichte. Was den Einfluß des Phosphors auf die Härte betrifft, so fanden E. PIWOWARSKY und E. SÖHNCHEN, daß der Härteanstieg um so ausgeprägter war, je niedriger der Kohlenstoffgehalt des Gußeisens lag (*32*) (vgl. Abb. 341).

Macht Phosphor das Gußeisen spröde? Nach den Arbeiten von F. Wüst und R. STOTZ (*11*) werden die dynamischen Eigenschaften von Gußeisen, gemessen durch die spezifische Schlagarbeit an ungekerbten Proben, bereits durch kleine Phosphorgehalte stark beeinträchtigt und zeigen einen kontinuierlichen Abfall bis zu etwa 0,6% P (Abb. 340). Obwohl die statischen Eigenschaften weniger beeinträchtigt werden, Zug- und Biegefestigkeit zunächst sogar bis etwa 0,35% P zunehmen, bevor ein Absinken erfolgt (Abb. 337 und 338), ja sogar die Durchbiegung mitunter noch bis etwa 0,2% P ein wenig ansteigt (Abb. 338), so besteht doch in weiten Kreisen der Verbraucher von Grauguß die Neigung, höhere Phosphorgehalte als 0,35% in mechanisch höherwertigem Grauguß als allgemein schädlich abzulehnen. Verschiedene Behörden gingen früher sogar so weit, einen höchst zulässigen P-Gehalt von 0,15% vorzuschreiben, um so mit Sicherheit im Gebiet unbeeinträchtigter Schlagzähigkeit zu bleiben. Ganz abgesehen davon, daß der Gießer aus Gründen der Formfüllbarkeit usw. ganz allgemein lieber mit höheren P-Gehalten arbeitet, widerspricht diese übertriebene Forderung den Notwendigkeiten, welche sich aus der deutschen Erzbasis ergeben. Sie scheint ihren Grund zu haben in der von der Stahlseite her übernommenen Auffassung über den Einfluß des Phosphors. Man übersieht dabei, daß im Gußeisen der Phosphor nur teilweise in derjenigen Form auftritt, die im Stahl die Ursache für die sog. Kaltsprödigkeit ist, d. h. in Form eines phosphorreicheren Mischkristalls. Vielmehr liegen im Roh- und Gußeisen im Gegensatz zum Stahl fast immer 50 bis 85% des Phosphorgehaltes in Form von Phosphid vor, das zwar an sich hart und spröde ist, bei der bereits vorhandenen starken inneren Kerbwirkung der Graphiteinlagerungen aber muß er sich schwächer im Sinne einer zusätzlichen Versprödung des Graugusses auswirken, je höher der Kohlenstoff- bzw. Graphitgehalt des Gußeisens ist. Je feiner und gleichmäßiger ferner die Phosphide im Gußeisen verteilt sind, um so höher liegt derjenige Grenzwert an Phosphor, der im Gußeisen vorhanden sein darf, bevor die Rückwirkungen des Phosphors auf die mechanischen, insbesondere die statischen Eigenschaften des Gußeisens einen für die verschiedenen Verwendungszwecke von Grauguß unerwünschten Grad erreichen. Inzwischen haben bereits einige Großabnehmer von Gußeisen, darunter z. B. auch die Reichsmarine, unter dem Eindruck beigebrachten überzeugenden Zahlenmaterials auf die bisher bestehende Beschränkung des P-Gehaltes auf max. 0,15% in den Güteklassen Ge 22 und Ge 26 verzichtet.

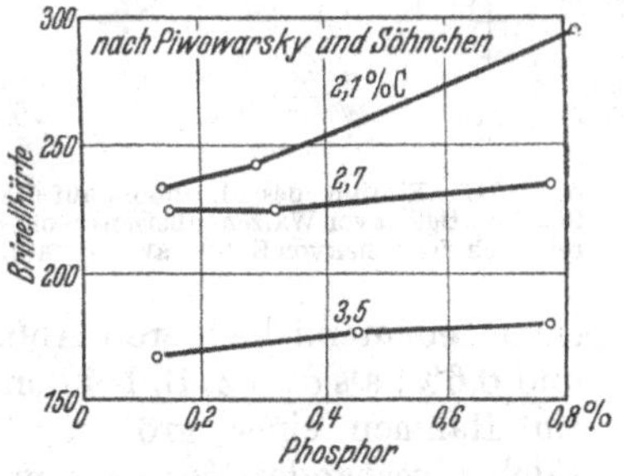

Abb. 341. Einfluß des Phosphors auf die Härte von Gußeisen (E. PIWOWARSKY und E. SÖHNCHEN).

Bezüglich der dynamischen Eigenschaften müssen wir unterscheiden zwischen dem Einfluß des Phosphors auf die dynamische Zähigkeit, ermittelt aus der Dauerfestigkeit gekerbter und ungekerbter Stäbe bei wechselnder oder schwellender Beanspruchung einerseits, auf die Schlagzähigkeit bei plötzlichen, zu Gewaltbrüchen führenden schweren Stoßimpulsen andererseits (spezifische Schlagzähigkeit). Ferner wird man in zunehmendem Maße dazu übergehen müssen, weniger die an einfachen Probestäben gewonnenen Ergebnisse der praktischen Beurteilung zugrunde zu legen, als vielmehr die Beobachtungen über die Gestaltsfestigkeit am Modell oder fertigen Gußstück.

Bezüglich des Einflusses von Phosphor auf die Dauerfestigkeitswerte von Gußeisen liegen leider erst einige wenige Beobachtungen vor. Sie deuten jedoch schon heute darauf hin, daß die Furcht vor dem Phosphor im Grauguß übertrieben ist. Wir wissen nämlich heute, daß bezüglich des Verhaltens bei kleinen Schlagimpulsen das graphithaltige Gußeisen weichem Stahl nahekommt, der geschweißten Konstruktion bzw. dem Stahlguß sogar manchmal überlegen ist (*33*), da die Nachgiebigkeit des graphitischen Gußeisens, welche in der Abweichung vom Hookeschen Gesetz zum Ausdruck kommt, bei vergleichbaren Formänderungen zu kleineren Nennspannungen im Material führt, als dies bei den graphitfreien Eisensorten, d. h. beim Stahl und Stahlguß, der Fall ist. Ähnlich, wie wir bezüglich der Bedeutung der Graphiteinlagerungen völlig umgelernt haben, werden wir in Zukunft vielleicht auch bezüglich des Phosphors etwas milder urteilen müssen.

Aber selbst bezüglich des Einflusses schwerer, zu Gewaltbrüchen führenden Impulsen mehren sich die Beobachtungen, nach denen Phosphorgehalte bis herauf zu etwa 0,5 bis 0,6% mitunter durchaus noch tragbar erscheinen. Schon E. SCHARFFENBERG (*34*) hatte gefunden, daß ähnlich den statischen Verhältnissen auch die Schlagzähigkeit von Walzengußeisen bis etwa 0,3% Phosphor ansteigt, alsdann bis zu etwa 0,55% P mäßig abfällt und erst oberhalb dieses Prozentsatzes einen rascheren Abfall erfährt (Abb. 342). Das deckt sich auch mit einem Diagramm des Verfassers (*35*), welches die Streugebiete der Schlagzähigkeit von Gußeisensorten verschiedener Wärmebehandlung darstellt (Abb. 633 im Kapitel XIVe). Im Rahmen der gleichen Untersuchungen des Verfassers hatte sich für den Einfluß des Phosphors auch eine relativ geringe Verminderung der Zug-, Biegefestigkeit, sowie des Biegeproduktes ergeben (vgl. Abb. 634 im Kapitel XIVe, sowie die Ausführungen auf Seite 501 ff.). Wenn auch im allgemeinen bezüglich der spezifischen Schlagzähigkeit von Gußeisen schon oberhalb etwa 0,15% P mit einem allmählichen Sinken der aufgenommenen Arbeitsenergien zu rechnen ist, so ergeben doch neuere Arbeiten fast immer einen bedeutend kleineren Abfall der Zähigkeitswerte im Intervall zwischen 0,3 und 0,6%, als dies z. B. bei den Arbeiten von F. WÜST und R. STOTZ der Fall war. Im Rahmen einer größeren Gemeinschaftsarbeit des ehemaligen deutschen Edelgußverbandes (*36*) wurden bei den Deutschen Eisenwerken in Gelsenkirchen zahlreiche Probestäbe abgegossen und auf statische Eigenschaften sowie Schlagbiegefestigkeit in der Versuchsanstalt der Firma Friedr. Krupp A.-G., Essen, geprüft. Die günstigsten Werte für die Zugfestigkeit lagen bei etwa 0,4% P, aber auch darüber hinaus bis etwa 0,8% P war nur ein unwesentlicher Abfall der Festigkeit eingetreten. Interessant war, daß die Werte der Schlagfestigkeit bis etwa 0,3% P kaum, von da an aber ebenfalls nur allmählich abklangen, jedenfalls keinen so plötzlichen Abfall zwischen 0,2 und 0,3% P erkennen ließen, wie er bei den früheren Versuchen von F. WÜST und R. STOTZ beobachtet worden war.

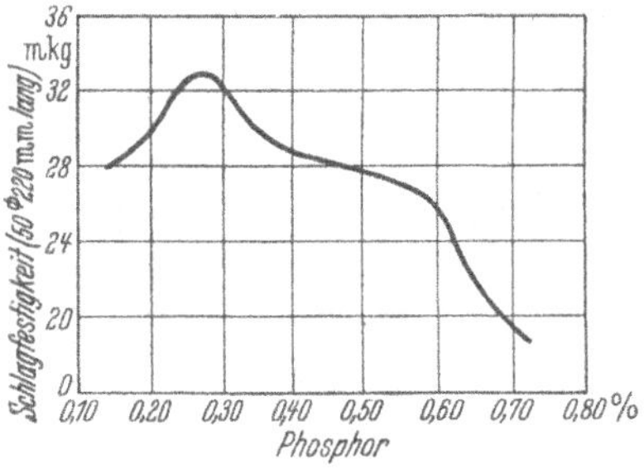

Abb. 342. Einfluß des Phosphors auf die Schlagfestigkeit von Walzengußeisen (gemittelt nach Versuchen von E. SCHARFFENBERG).

Zahlentafel 49. Chemische Zusammensetzung der Versuchsschmelzen.

Reihe	Schmelze	% C	% Si	% Mn	% P	% S
I	1	3,04	2,2	0,51	0,062	0,048
	2	3,00	2,2	0,55	0,224	0,036
	3	2,98	2,2	0,51	0,384	0,041
	4	2,93	2,1	0,55	0,984	0,041
II	5	3,10	2,0	0,92	0,064	0,032
	6	2,92	1,9	0,81	0,248	0,044
	7	2,99	2,0	0,87	0,404	0,031
	8	2,91	2,0	0,92	1,010	0,035
III	9	3,07	2,0	0,55	0,071	0,103
	10	3,00	2,1	0,60	0,242	0,132
	11	2,92	1,9	0,68	0,412	0,125
	12	3,02	2,2	0,54	1,000	0,112
IV	13	3,08	2,1	0,86	0,067	0,073
	14	3,00	2,0	0,73	0,236	0,141
	15	2,98	2,2	0,79	0,404	0,137
	16	2,97	2,0	0,92	1,000	0,115
V	17	3,14	1,9	0,90	0,064	0,036
	18	3,26	1,9	1,06	0,247	0,038
	19	3,16	1,9	0,91	0,404	0,055
	20	3,20	1,9	1,14	1,470	0,036

A. Thum und O. Petri (*37*) untersuchten zwanzig Gußeisenschmelzen (Zahlentafel 49) auf die für Gußeisen gebräuchlichsten Festigkeitseigenschaften unter besonderer Berücksichtigung der Schlagfestigkeit als bisherigen Maßstabs der Sprödigkeit. Außer dem Einfluß des Schwefel- und Mangangehalts wurde, besonders für den heutigen hochwertigen perlitischen Werkstoff, der Einfluß steigenden Phosphorgehaltes bestimmt. Zug- und Biegefestigkeit sowie Durchbiegung nahmen mit zunehmendem Phosphorgehalt bis etwa 0,4% zu und sanken dann wieder ab (Zahlentafel 50). Die Härte stieg mit dem Phosphorgehalt etwa verhältnismäßig gleich an. Die Schlagprüfung (15 mkg Pendelhammer, 120 mm Auflageentfernung, unbearbeitete Stäbe von 30 mm Durchmesser und 180 mm Länge) ergab einen Höchstwert bei etwa 0,35% P; dieser fiel dann allerdings mit zunehmendem Phosphorgehalt ab (Abb. 343 oben). Der von Wüst und Stotz angegebene Steilabfall in der spezifischen Schlagarbeit wurde bei den rein perlitischen Versuchsreihen *I* bis *IV* jedenfalls nicht festgestellt, nur das Gußeisen mit einem etwas geringeren gebundenen Kohlenstoffgehalt von nur 0,5% (Reihe *V*) zeigte einen stärkeren Abfall.

Zahlentafel 50.
Festigkeitseigenschaften der Versuchsstäbe.

Schmelze	Zugfestigkeit kg/mm²	Biegefestigkeit kg/mm²	Bruchdurchbiegung mm	Härte Brinell-Einheiten	Härte Rockwell-B-Einheiten
1	25,1	39,0	10,0	202	110
2	25,8	41,6	9,6	211	110
3	28,5	44,5	10,2	218	111
4	27,4	40,6	7,5	235	113
5	25,9	38,2	9,8	200	111
6	26,3	44,7	10,0	217	110
7	27,8	42,2	8,8	227	112
8	23,7	35,5	5,9	255	115
9	26,7	42,0	11,3	202	110
10	28,1	43,7	11,1	211	111
11	27,8	46,6	9,9	219	112
12	25,3	41,3	8,8	221	112
13	24,5	36,4	9,7	198	109
14	29,0	48,5	11,6	213	110
15	28,3	44,8	10,0	219	112
16	26,1	38,9	7,0	238	113
17	27,2	42,8	10,1	219	111
18	22,6	41,6	11,1	200	109
19	28,7	44,9	10,0	224	111
20	21,4	34,8	5,9	240	114

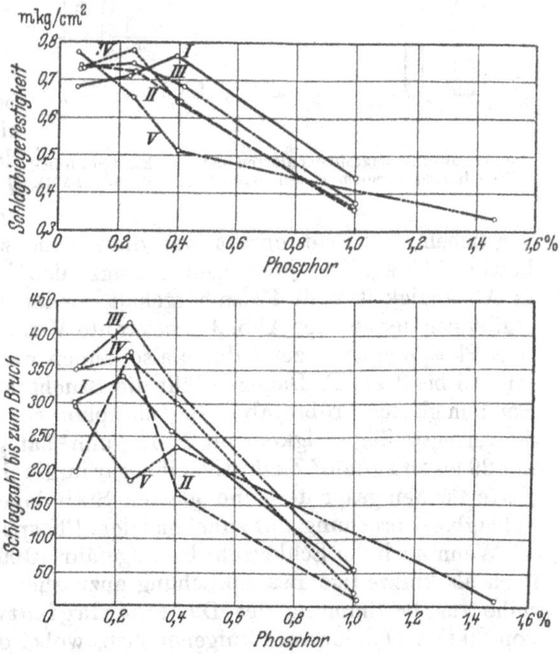

Abb. 343. Schlagbiegefestigkeit und Schlagzahl bis zum Bruch der Versuchsstäbe in Abhängigkeit vom Phosphorgehalt (Thum u. Petri).

Da die Reihen *V*, *VI* und *VII* nach Wüst und Stotz, die ein schnelles Absinken der Schlagfestigkeit mit zunehmendem P-Gehalt aufwiesen, noch größere Mengen freien Ferrits enthielten, so scheint es, daß rein perlitische Gußeisensorten eine geringere Versprödung durch Phosphor erfahren, als solche mit freiem (P-haltigem) Ferrit in der perlitischen Grundmasse. Damit erweist sich auch bei Schlagbeanspruchung für die gebräuchlichsten P-Gehalte das rein perlitische Gußeisen am günstigsten und der früher beobachtete stärkere Abfall der Schlagfestigkeitswerte mit zunehmendem P-Gehalt dürfte ganz allgemein wohl dort aufgetreten sein, wo im Grundgefüge freier Ferrit vorhanden war*. Damit aber entfällt ein weiteres Argument hinsichtlich der allzu scharfen Forderungen nach unberechtigt tiefen P-Gehalten in mechanisch hochwertigem Gußeisen. Angesichts der Bedeutung der auf die Dauerfestigkeiten bezogenen Ausführungen von THUM und PETRI seien sie im folgenden (mit einigen unwichtigen Änderungen) wörtlich wiedergegeben:

„Zur weiteren Bestimmung des Phosphoreinflusses wurde der Dauerschlagversuch auf dem Kruppschen Schlagwerk herangezogen. Hierzu fanden übliche, bearbeitete Schlagbiegestäbe von 15 mm Durchmesser Verwendung mit einer Rundkerbe von 13 mm Durchmesser. Das Hammergewicht betrug 2 kg, die Fallhöhe 30 mm; nach jedem Schlag erfolgte eine Stabdrehung um 180°. Die bis zum Stabbruch erforderlichen Schlagzahlen sind für die Versuchsreihen in Abhängigkeit vom Phosphorgehalt in Abb. 343 unten aufgetragen. Bei den Reihen *I* bis *IV* liegt ein Höchstwert zwischen 0,2 und 0,3 % P, die Reihe *V* zeigt ähnlich liegende Werte bis auf die Schmelze *18*, auf deren von den anderen Schmelzen abweichende Zugfestigkeit und Härte bereits hingewiesen wurde und die daher bei der Gesamtbewertung nicht einbezogen werden kann. Außerdem wurde für die Schmelzreihe *IV* die Bruchschlagzahl von glatten und von gekerbten Stäben nicht verglichen. Die Prüfungsart war die gleiche wie vorher. Das Hammergewicht betrug 5,93 kg. Die jeweiligen Schlagzahlen bis zum Bruch sind in Abb. 344 in Abhängigkeit vom Phosphorgehalt wiedergegeben. Für den gekerbten Stab ergibt sich der aus der Abb. 343 bekannte Verlauf. Das Gußeisen mit dem geringsten Phosphorgehalt zeigt dabei also keinen wesentlich günstigeren Wert als das mit 0,3 bis 0,4% P. Dagegen fällt die Bruchschlagzahl bei etwa 1% P stark ab. Bei dem glatten Probestab ist das phosphorarme Eisen, das bei dieser Reihe auch die geringste Zugfestigkeit mit 24,5 kg/mm² hat, gegenüber allen anderen Gußeisen mit 29 bis 26 kg/mm² Zugfestigkeit sogar im Nachteil. Der Vergleich der Versuchswerte für den gekerbten und glatten Stab dagegen zeigt, daß das Gußeisen bei Schlagbeanspruchung mit zunehmendem Phosphorgehalt kerbempfindlicher wird.

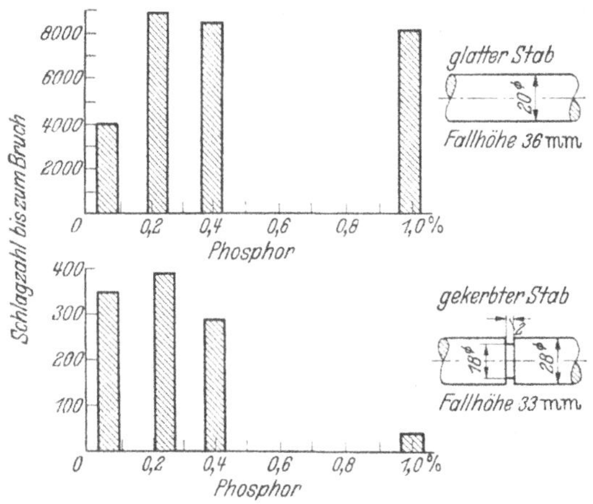

Abb. 344. Bruchschlagzahl der glatten und der gekerbten Probestäbe mit zunehmendem Phosphorgehalt (THUM und PETRI).

Wenn auch die Schlagzahl bis ungefähr 10000 ging, ist diese Prüfung immer noch als kurzzeitige Beanspruchung anzusehen. Es wurde daher eine Versuchsreihe zur Bestimmung der Dauerschlagfestigkeit mit glatten Stäben von 20 mm Durchmesser aufgenommen, wobei das Hammergewicht mit 5,93 kg bei allen Versuchen gleichblieb und durch Änderung der Fallhöhe (13 bis 16 mm) die bekannten Wöhler-Kurven aufgestellt wurden. Wenn nach einer Schlagzahl von 5 bis 6 Millionen kein Bruch mehr auftrat, war die Dauerschlagfestigkeit

* Freier Ferrit vermag einen Teil des Phosphids in fester Lösung aufzunehmen, wodurch er versprödet.

praktisch erreicht. Untersucht wurden hierbei die Schmelzen der Reihe *I* und die Schmelze 20 mit 1,5% P. Die ermittelten Werte sind in Abb. 345 zusammengestellt. Ein größerer Unterschied in den einzelnen Gußeisenarten tritt nicht in Erscheinung, der höchste Wert mit 2,8 cmkg/cm² liegt bei 0,4% P. Vergleicht man mit diesen Werten die Dauerschlagfestigkeit des Stahles St 42, die unter den gleichen Verhältnissen bestimmt wurde und sich zu etwa 2,4 cmkg/cm² ergab, so ist hier bei dieser Prüfung am ungekerbten Stab das Gußeisen durch die günstige Auswirkung seines geringeren Elastizitätsmoduls bei Schlagbeanspruchung keineswegs im Nachteil.

Es zeigt sich also, daß die Abhängigkeit der Festigkeitswerte vom Phosphorgehalt um so größer wird, je mehr eine Gewaltbeanspruchung vorliegt. Dies gilt vor allem für die gekerbten Probestäbe. Bei Dauerbeanspruchung, wo bei häufiger Lastwechselzahl schon ganz geringe Verformungen zum Bruch führen, tritt ein höherer Phosphorgehalt bedeutend weniger in Erscheinung. Für eine deutliche und klare Unterscheidung von Schmelzen mit verschiedenen Phosphorgehalten wäre demnach die Gewalt- und Schlagbeanspruchung den anderen Prüfungen vorzuziehen. Dem steht aber gegenüber, daß gerade für die spröden Werkstoffe die tatsächlich auftretenden Beanspruchungen beim Schlagversuch, sowie die möglichen Fehlerquellen noch so unklar und so schwer zu erfassen sind *(38)*, daß selbst für dieselben Versuchsbedingungen ohne weiteres ein Vergleich von verschiedenen Gußeisen nicht durchgeführt werden kann. Nur im Zusammenhang mit den anderen Festigkeitswerten kann daher über das Verhalten der betreffenden Schmelzen für die jeweils vorliegende Beanspruchungsart und für die Form des zu prüfenden Teiles Klarheit erhalten werden.

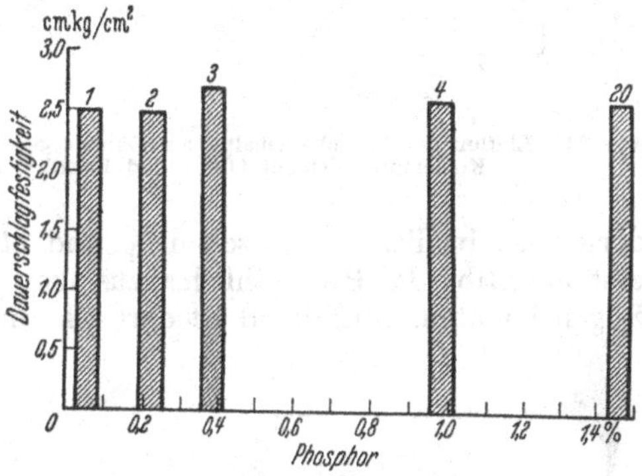

Abb. 345. Dauerschlagfestigkeit von glatten Stäben bei verschiedenem Phosphorgehalt (THUM und PETRI).

Zur Ergänzung wurde die Umlaufdauerbiegefestigkeit an glatten und gekerbten Stäben bestimmt, um auch bei dieser Beanspruchung Aufschluß über die Kerbempfindlichkeit zu erhalten, die sich beim Schlagversuch gezeigt hatte. In Abb. 346 sind für die Schmelzen *1*, *6*, *12* und *20* die Dauerfestigkeiten in Abhängigkeit vom Phosphorgehalt zusammengestellt. Die Dauerbiegefestigkeit des glatten Stabes beträgt bei der phosphorarmen Schmelze mit einer Zugfestigkeit von 25 kg/mm² etwa 9,3 kg/mm², steigt mit zunehmendem Phosphorgehalt an und erreicht bei 1,47% P einen Wert von 12,1 kg/mm². Bei den abgesetzten Stäben ist die Kerbempfindlichkeit bei Schmelze *1* mit 7,8 kg/mm² Dauerfestigkeit gering, nimmt dann aber zu, so daß sich die Dauerfestigkeit mit größer werdendem P-Gehalt nur noch unwesentlich erhöht.

Den Einfluß des Phosphorgehaltes auf die Dämpfungsfähigkeit bei Gußeisen zeigt Abb. 347. Für diese Versuche wurden Stäbe mit quadratischem Querschnitt von 20 mm Kantenlänge an einem Ende fest eingespannt und am andern Ende durch ein Gewicht auf Biegung belastet. Die Last wurde dann plötzlich entfernt und die Ausschwingungen des Stabes aufgezeichnet. Bei geringem Phosphorgehalt zeigte sich die größte Dämpfung; das Gußeisen mit 1,0 und 1,86% P *(39)* hatte schon eine wesentlich längere Schwingungszeit und ein langsameres Abklingen des Ausschlages."

Der Einfluß des Phosphorgehaltes auf den Elastizitätsmodul wurde von THUM und PETRI wie folgt festgestellt:

Gußeisen mit

0,06% P . $E = 9800$ kg/mm²,
0,40% P . $E = 10800$ kg/mm²,
1,00% P . $E = 11900$ kg/mm²,
1,86% P . $E = 12400$ kg/mm².

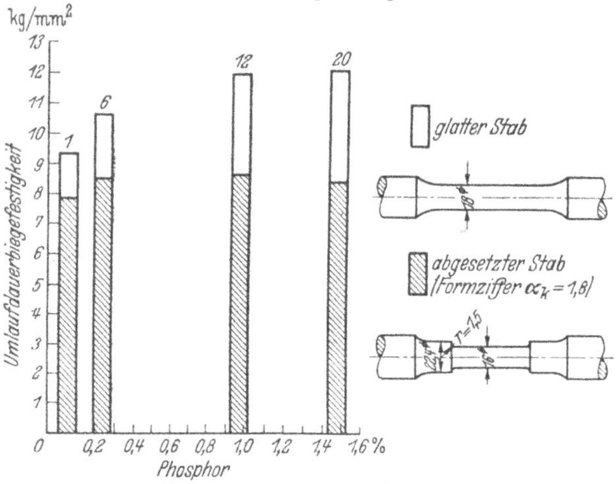

Abb. 346. Einfluß des Phosphorgehaltes auf Dauerbiegefestigkeit und Kerbempfindlichkeit (THUM und PETRI).

Sonstige Eigenschaften des Phosphors im Gußeisen. Ohne den betr. Spezialkapiteln dieses Werkes vorzugreifen, sei schon hier generell darauf hingewiesen, daß Phosphor dem Gußeisen eine gute Gießbarkeit und Formfüllfähigkeit verleiht. Er scheint auch die Schwindung etwas zu verringern, Zug- und Biegefestigkeit werden nicht nur bei Zimmertemperatur, sondern auch im Bereich zwischen 20 und etwa 800° zunächst etwas erhöht, um erst oberhalb 0,3% P allmählich abzusinken, wie M. PASCHKE und F. BISCHOF (*40*) zeigen konnten. Auffallend ist dort allerdings das Minimum der Festigkeit bei der Schmelze mit 0,58% P, ein Befund, der ursächlich noch einer Nachprüfung bedarf, zumal er auch in einer Reihe der Versuche von F. WÜST und R. STOTZ, sowie in einer Arbeit v. J. E. HURST (*41*) aufgetreten war, in letzterem Falle allerdings bei einem chromhaltigen Gußeisen. Im System Eisen-Chrom-Phosphor ist übrigens zu beachten, daß nach den Untersuchungen von R. VOGEL und G. W. KASTEN (*42*) das in den Randsystemen abgeschlossene γ- und $(\alpha+\gamma)$-Gebiet auch im ternären System geschlossen bleibt, aber bis zu 1,8% P bei 1140° ausgeweitet wird (Abb. 348). Phosphorhaltige Gießereiroheisen haben nach A. WAGNER (*43*) durchweg eine größere Festigkeit als die Hämatite, wobei mit wiederholtem Umschmelzen ihre Festigkeit unverhältnismäßig stark zunimmt.

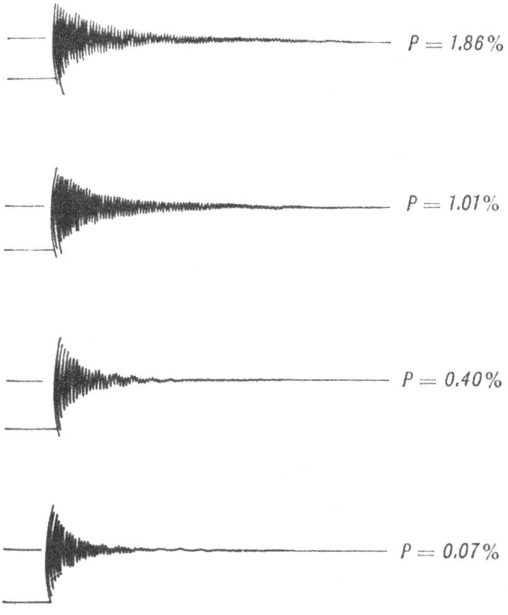

Abb. 347. Ausschwingkurven von Gußeisen mit verschiedenem Phosphorgehalt (THUM und PETRI).

Phosphorhaltiges Gußeisen mit etwa 0,45 bis 0,75% P hat auch einen größeren Verschleißwiderstand, insbesondere bei gleitender Reibung auf Stahllegierungen (Zylinderbüchsen!). Was die Volumenbeständigkeit von Gußeisen betrifft, so haben auch hier die meisten Forscher einen günstigen Einfluß des

Phosphors festgestellt (*44*). Abweichungen können u. a. vielleicht durch Nichtbeachtung des (indirekten) graphitisierenden Einflusses höherer P-Gehalte (Verschiebung der $C'E'$-Linie) verursacht sein. In feuerbeständigem (Rost-) Guß zeigt sich der günstige Einfluß des Phosphors bei kohlenstoffreichen Gußeisensorten ausgeprägter und bis zu höheren P-Gehalten als bei niedrig gekohltem (unter etwa 3% Gesamt-Kohlenstoff) Grauguß (*45*), wo der günstige Einfluß des Phosphors oft nur bis etwa 0,4% P reicht.

Das Eisenphosphid ist chemisch sehr edel und gegenüber lösenden oder oxydierenden Säuren sehr widerstandsfähig. Hierauf beruht die Möglichkeit der Tiefätzung P-haltiger Eisensorten zur makroskopischen Kennzeichnung der Phosphidanordnung. Die bisher im Schrifttum vorliegenden Arbeiten über den Einfluß des Phosphors auf die physikalischen Eigenschaften des Gußeisens (Wärme- und elektrische Leitfähigkeit, magnetische Eigenschaften usw.) sind noch sehr widerspruchsvoll. Auch hier wird der wahre Einfluß des Phosphors vielfach überdeckt werden durch parallel laufende Vorgänge der Graphitisierung.

Bei dünnwandigem Guß wird der Phosphor im Gußeisen ziemlich hoch eingestellt (0,3 bis 0,7% bei Kolbenringen, 0,7 bis 0,8% bei Rohrguß, 1,2 bis 1,6% bei Poterieguß usw.). Wo es im Gebrauch von Werkstücken aus Gußeisen auf höchste Festigkeitseigenschaften gegenüber Zug- und Biegebeanspruchungen bei gleichzeitig großer Zähigkeit gegen schwere dynamische Impulse und hoher Kerbunempfindlichkeit ankommt, muß der Phosphorgehalt des Gußeisens unter 0,45%, besser noch unter 0,35% liegen. Für normales Gußeisen, bei dessen Anwendung schwere, zu Gewaltbrüchen führende dynamische Impulse ausgeschlossen sind, darf der Phosphorgehalt dagegen bedenkenlos zwischen 0,35 und 0,45% liegen, ja in manchen Fällen bis auf 0,75% heraufgehen.

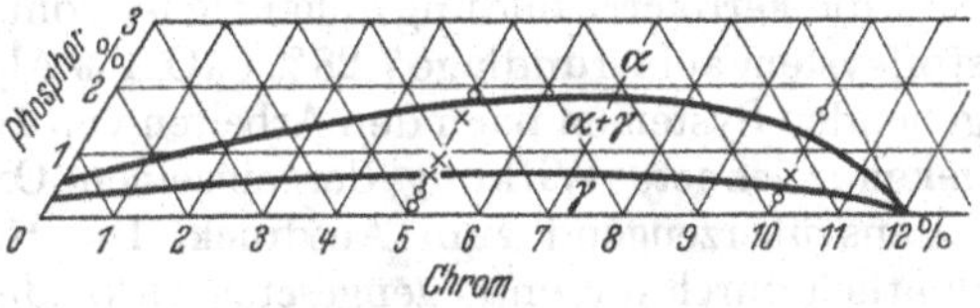

Abb. 348. Ausweitung des γ- und $(\alpha + \gamma)$-Gebietes im ternären System Eisen-Chrom-Phosphor bei 1140° (R. VOGEL und G. W. KASTEN).

Warum ist beim Gußeisenschmelzen eine Entphosphorung nicht möglich? Um diese Frage zu beantworten, müssen zunächst einige grundsätzliche Ausführungen zur Konstitution technischer Schlacken gemacht werden.

Die Schlacken des technischen Stahlwerkbetriebes, aber auch die üblichen Kupolofenschlacken und die Schlacken, welche sich bei der Erschmelzung und Raffination von Grauguß in Flamm- oder Elektroöfen bilden, sind grundsätzlich Silikatschlacken. Ihr saurer oder basischer Charakter hängt davon ab, ob und wieviel Oxyde sauren oder basischen Charakters in diesen Silikatschmelzen wirksam sind. Als letztere kommen sowohl die gelösten, also in jedem Falle „freien" Oxyde in Betracht, aber auch die auf dem Wege über die Dissoziation chemischer Verbindungen „frei" gewordenen Oxyde. Da es heute gelingt, die Dissoziationsgrade technischer Schlacken annähernd zu berechnen, so ist auch die Frage der Ermittlung „freier Säuren" bzw. der „freien Basen", z. B. des freien Kalks praktisch gelöst. Basen in der Reihenfolge ihres Basencharakters sind (*46*):

$$K_2O, \quad Na_2O, \quad BaO, \quad CaO, \quad MgO, \quad PbO, \quad FeO, \quad MnO.$$

Amphoteren Charakters, d. h. je nach den vorliegenden Verhältnissen und Temperaturen teils basisch, teils sauer sind die Oxyde: Al_2O_3, Fe_2O_3 und Mn_2O_3. Von letzteren ist das Mn_2O_3 selbst in oxydierender Atmosphäre oberhalb 1500° nicht mehr beständig und geht in die Oxydulform über. Die Magnesia scheint nach H. SALMANG (*46*) bei hohen Temperaturen ihr kennzeichnendes Verhalten als Base einzubüßen. Als Säuren kommen vor allem die Phosphorsäure P_2O_5 und die Kieselsäure SiO_2 in Frage. Im übrigen ist in technischen Eisenschlacken vorwiegend mit folgenden Schlackenkonstituenten zu rechnen:

Silikate: Im basischen Siemens-Martin-Ofen (*48*): $(CaO)_2SiO_2$ (Kalziumorthosilikat). Im sauren Siemens-Martin-Ofen (*49*): Eisen- und Mangan-Orthosilikate $(FeO)_2SiO_2$ und $(MnO)_2SiO_2$. Im Kupolofen: Metasilikate des Eisens, Mangans und Kalks der Formel $RO \cdot SiO_2$.

Phosphate: Bei tiefen Temperaturen (1100 bis 1350°) in eisenreichen Schlacken (*47*) Eisenphosphate der Formel $(FeO)_2 \cdot P_2O_5$ sowie $(FeO)_3 \cdot P_2O_5$ und $(FeO)_5 \cdot P_2O_5$. Bei höheren Temperaturen vorwiegend Kalkphosphate der Zusammensetzung $(CaO)_3P_2O_5$ (Trikalziumphosphat).

Ferner in kalkreichen Schlacken Spinellarten, insbesondere Kalkferrite (*48*) der Zusammensetzung $(CaO)Fe_2O_3$ und $(CaO)_2Fe_2O_3$. Schließlich Sulfide des Mangans und des Kalks, je nach ihrem Schmelzpunkt in den Kalksilikaten gelöst oder teilweise bereits feindispers ausgeschieden, sowie Kalkaluminate bzw. Aluminiumsilikate, letztere in tonerdereichen Silimanitschmelzen.

In eisenreichen Silikatschlacken steigt die Neigung zur Dissoziation des Eisenoxyds mit dem Kieselsäuregehalt stark an, die Temperaturabhängigkeit ist hier weniger ausgeprägt. Durch Zusätze von Tonerde wird die Ferrobildung ebenfalls begünstigt, jedoch schwächer als durch Kieselsäure. Kalziumoxyd fördert wahrscheinlich stark die Ferritbildung, während in Schlacken mit CaO, FeO, Fe_2O_3 und SiO_2 die Ferroferritbildung abhängig ist vom Verhältnis CaO : SiO_2. In einem Vielstoffsystem auf Grundlage 7,28% CaO, 1% Al_2O_3, 5,9% SiO_2 kam die in den vorhergehenden Systemen nach den Arbeiten von H. Salmang und J. Kaltenbach (*49*) gekennzeichnete Wirkung der einzelnen Oxyde auf die Oxydationsstufen des Eisens überzeugend zum Ausdruck. Die Reaktionsstärke des Kalks wird hier deutlich durch die entgegengesetzt wirkenden Einflüsse der Kieselsäure und der Tonerde abgebremst. Bei Schlacken mit zunehmendem Eisengehalt, bei denen nach den voraufgegangenen Beziehungen der Kalk zunehmend durch Eisenoxydul, die Kieselsäure und Tonerde dagegen zunehmend durch Eisenoxyd ersetzt werden, steigt erwartungsgemäß auch das Verhältnis des zwei- zum dreiwertigen Eisen stark an.

Die Vorgänge der Entphosphorung. Die Entphosphorung des Eisens unter eisenreichen Schlacken und bei Gegenwart ausreichender Kalkmengen geht gemäß:

$$5\,FeO + 2\,Fe_3P + 3\,CaO \rightleftharpoons 11\,Fe + (CaO)_3P_2O_5 + WE. \qquad (1)$$

unter Oxydation des Phosphors zu Phosphorsäure und dessen Bindung als Kalkphosphat vor sich. Die Abbindung des Kalks zu Kalkphosphat ist gemäß:

$$3\,CaO + P_2O_5 \rightleftharpoons (CaO)_3P_2O_5 + 159000\,\text{cal (Berthelot)} \qquad (2)$$

stark exotherm. Bei Einstellung des heterogenen Gleichgewichts gilt:

$$K_P = \frac{(FeO)^5\,(CaO)^3\,[\Sigma P]^2}{(\Sigma P_2O_5)}. \qquad (3)$$

Führt man mit H. Schenck (*47*) die Größe

$$\frac{(\Sigma P_2O_5)}{[\Sigma P]^2} = \eta P \qquad (4)$$

als Maßstab für den Entphosphorungsgrad ein, mit ηP_{max} den „besten Ausnutzungswert“, d. h. das Äußerste, was von der betreffenden Reaktion unter den herrschenden Bedingungen geleistet werden kann, wenn der Umsatz bis zum Gleichgewicht fortschreitet, dann gilt der Ausdruck $\frac{\eta P_{max}}{\eta P} = 1$ als Idealfall der Entphosphorungsreaktion.

Da der Gesamtkalk sich wie folgt aufteilt:

$$(\Sigma\,CaO) = \underset{\text{Phosphat}}{(CaO)_{P_2O_5}} + \underset{\text{Silikat}}{(CaO)_{SiO_2}} + \underset{\text{Ferrit}}{(CaO)_{Fe_2O_3}} + \underset{\text{„frei"}}{(CaO)}, \qquad (5)$$

so kann, wenn man vom Gesamtkalk den an Phosphor- und Kieselsäure gebundenen Kalk abzieht [mit $(CaO)''$ bezeichnet], unter Verwendung rein stöchiometrischer Beziehungen und unter Berücksichtigung einer früher ermittelten Dissoziationskonstante der Kalkferrite das freie (FeO) und damit das freie Kalziumoxyd errechnet werden gemäß (*47*):

$$(CaO) = (\Sigma\,CaO)'' - 0{,}50\,(\Sigma\,Fe) + 0{,}39\,(FeO). \qquad (6)$$

Werden in Gl. (3) als Konzentrationen diejenigen der freien Stoffe verstanden, ferner der Ausdruck gemäß Gl. (4) eingesetzt, so gelangt man zu:

$$K_P = \frac{(FeO)^5 \cdot (CaO)^3}{\eta\, P_{max}}. \qquad (7)$$

Wenn dann $\log K_P$ mit H. SCHENCK zu $\log K_P = -\frac{93\,430}{T} - 53{,}747$ errechnet wird, so ergibt sich eine Abhängigkeit für K_P gemäß nebenstehender Zahlentafel 51.

Zahlentafel 51.

t^0 C	T	$\log K_P$
1527	1800	1,841
1552	1825	2,552
1577	1850	3,244
1602	1875	3,918
1627	1900	4,573
1652	1925	5,212

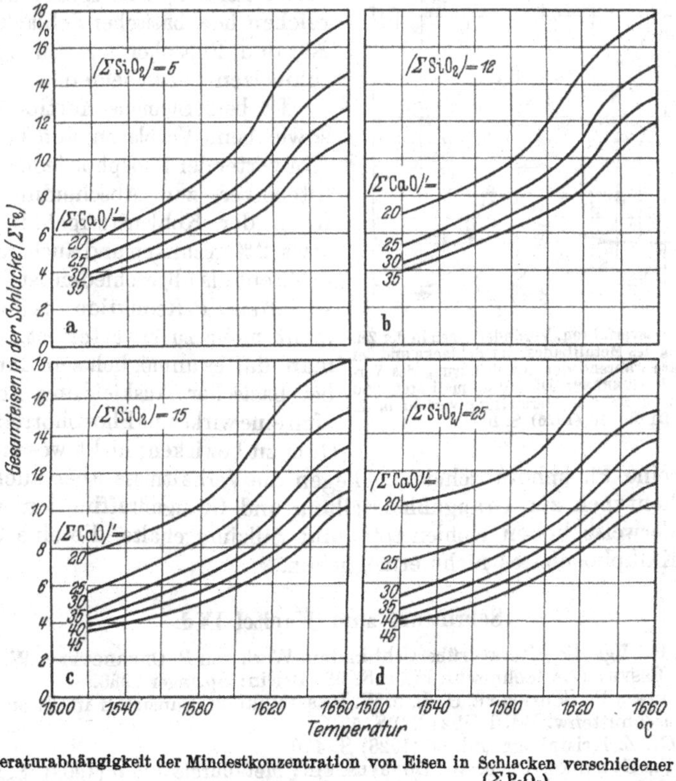

Abb. 349. Temperaturabhängigkeit der Mindestkonzentration von Eisen in Schlacken verschiedener Zusammensetzung für einen „Ausnutzungswert der Phosphorreaktion" $\eta P = \frac{(\Sigma P_2O_5)}{[\Sigma P]^2} = 10^4$ (H. SCHENK).

Die Gleichung (7) enthält alle Grundbedingungen für eine gute Entphosphorung von Eisenschmelzen, nämlich die Forderung:

a) nach hohem Gehalt an Eisenoxydul in der Schlacke (5. Potenz),
b) nach hohem Anteil von Kalk in der Schlacke (3. Potenz),
c) nach niedriger Reaktionstemperatur.

Nur bei sehr hohen Gehalten der Schlacke an Eisenoxydul und Kalk ist auch bei höheren Temperaturen Entphosphorung möglich. So zeigt Abb. 349, wie stark bei einem $\eta P_{\max} = 10^4 =$ z. B. $\frac{20}{0{,}045^2}$ der Eisengehalt der Schlacke gesteigert werden muß, um den Einfluß zunehmender Badtemperatur, aber auch zunehmenden Kieselsäuregehalts bzw. abnehmenden Kalkgehalts so auszugleichen, daß jenes $\eta P_{\max} = 10^4$ erhalten bleibt. Neuere Arbeiten (*50*) führen in der Gleichung für die Entphosphorung den Phosphor als vierbasisches Phosphat ein, den Phosphorgehalt des Bades jedoch nur mit (ΣP). Für die Zwecke des vorliegenden Werkes genügt jedoch die oben vermittelte Darstellung.

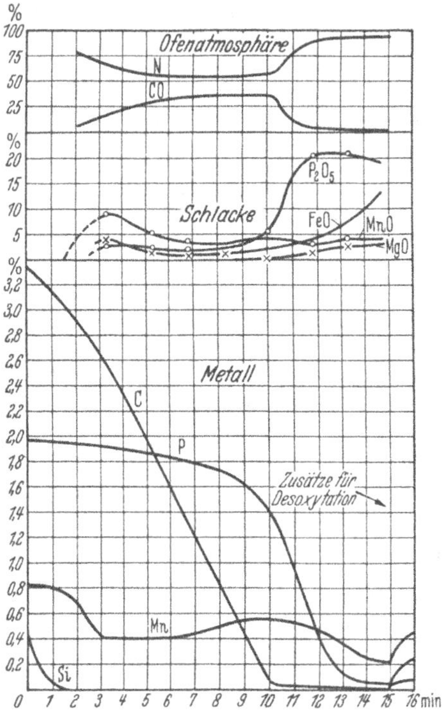

Abb. 350. Thomasverfahren. Veränderungen in der Zusammensetzung des Metallbades, der Schlacke und der Ofenatmosphäre während der Durchführung des Verfahrens nach P. GOERENS: Die Stahlqualitäten und ihre Beziehungen zu den Herstellungsverfahren. Z. VDI Bd. 70 (1926) S. 1093.

Vorstehende Ausführungen lassen also erkennen, daß es nur unter eisenreichen, hochbasischen Schlacken möglich ist, den Phosphor aus flüssigen Eisenschmelzen abzuscheiden.

Da beim Siemens-Martin-Ofenbetrieb sowie beim Verblasen von Roheisen im Konverter der Phosphor jedoch erst dann intensiver zur Abscheidung gelangt, wenn der Kohlenstoffgehalt auf unter etwa 2% gesunken und auch das Silizium größtenteils abgeschieden ist (Abb. 350), so daß eine P-Reduktion aus der Schlacke nicht mehr zu erwarten ist, so erkennt man, daß es unmöglich sein dürfte, selbst bei basischer Auskleidung von Kupolöfen eine wirksame Phosphorreduktion im Ofen zu bewirken; nicht wesentlich günstiger für eine Phosphorabscheidung liegen die Verhältnisse aber auch bei den anderen Ofentypen zur Graugußherstellung und Graugußraffination angesichts der normalerweise hohen Kohlenstoff- und Siliziumgehalte, die eine Stabilisierung des Kalkphosphates nicht ermöglichen.

Schrifttum zum Kapitel IXd.

(*1*) VOGEL, R.: Vgl. die Literaturübersicht in dem Werk von P. OBERHOFFER, W. EILENDER und H. ESSER: Das technische Eisen S. 93. Berlin: Springer 1936.
(*2*) OBERHOFFER, P., SCHIFFLER, H. J., u. W. HESSENBRUCH: Sauerstoff im Eisen und Stahl. Arch. Eisenhüttenw. Bd. 1 (1927/28) S. 57.
(*3*) HÄGG, G.: Z. Kristallogr. Bd. 68 (1928) S. 470.
(*4*) WÜST, F., GOERENS, P., u. W. DOBBELSTEIN: Metallurgie Bd. 5 (1908) S. 73 u. 561; Bd. 6 (1909) S. 537.
(*5*) GUTOWSKY, N.: Metallurgie Bd. 5 (1908) S. 463.
(*6*) KÜNKELE, M.: Diss. Aachen 1929; vgl. BARDENHEUER, P., u. KÜNKELE: Gießerei Bd. 18 (1931) S. 417.
(*7*) MATWEIEFF, M.: Rev. Métall. Bd. 7 (1910) S. 848.

(*8*) HEIKE, W., u. J. GERLACH: Gießerei Bd. 20 (1933) S. 561.
(*9*) COE, H. J., vgl. W. BOLTEN: Foundry Bd. 54 (1926) S. 378.
(*10*) BAUER, O., vgl. P. GEIGER: Handbuch der Eisen- und Stahlgießerei Bd. I (1925) S. 92.
(*11*) WÜST, F., u. R. STOTZ: Ferrum Bd. 12 (1914/15) S. 89ff.
(*12*) v. KEIL, O., u. R. MITSCHKE: Stahl u. Eisen Bd. 49 (1929) S. 1041.
(*13*) SCHICHTEL, K., u. E. PIWOWARSKY: Stahl u. Eisen Bd. 49 (1929) S. 1341, sowie Bd. 50 (1930) S. 1092; vgl. SCHICHTEL, K.: Diss. T. H. Aachen 1928.
(*14*) PIWOWARSKY, E., u. E. SÖHNCHEN: Arch. Eisenhüttenw. Bd. 5 (1931/32) S. 111, vgl. SÖHNCHEN, E.: Diss. Aachen 1930.
(*15*) STEAD, J. E.: Krupp. Mh. Bd. 5 (1924) S. 95/98.
(*16*) STEAD, J. E.: J. Iron Steel Inst. Bd. 1 (1918) S. 389.
(*17*) STEAD, J. E.: J. Iron Steel Inst. Bd. 58 (1900) S. 60 und 109.
(*18*) FETTWEIS, F.: Metallurgie Bd. 3 (1906) S. 60.
(*19*) MACKENZIE, J. T.: Trans. Amer. Foundrym. Ass. Bd. 34 (1927) S. 986.
(*20*) Vgl. DESSENT, J., u. M. KAGAN: Fond. Belge Bd. 3 (1931) S. 37.
(*21*) PEACE, A. E., u. P. A. RUSSELL: Foundry Trade J. Bd. 58 (1938) S. 135, 165, 168.
(*22*) JUNGBLUTH, H., u. H. GUMMERT: Krupp. Mh. Bd. 7 (1926) S. 41.
(*23*) PINSL, A.: Stahl u. Eisen Bd. 47 (1927) S. 537.
(*24*) PIWOWARSKY, E.: Stahl u. Eisen Bd. 45 (1925) S. 1075.
(*25*) HAMASUMI, M.: Sci. Rep. Tôhoku Univ. Bd. 13 (1924) S. 133; Stahl u. Eisen Bd. 45 (1925) S. 1672.
(*26*) BARDENHEUER, P.: Mitt. K.-Wilh.-Inst. Eisenforschg. Bd. 4 (1922) S. 125.
(*27*) BARDENHEUER, P., u. L. ZEYEN: Gießerei Bd. 15 (1928) S. 1124.
(*28*) WEST, W.: Foundry Trade J. Bd. 48 (1933) S. 90, 103, 114.
(*29*) PIWOWARSKY, E., u. H. NIPPER: Unveröffentlicht; vgl. PIWOWARSKY, E.: Hochwertiger Grauguß S. 116. Berlin: Springer 1929.
(*30*) HURST, E.: Metallurgy Cast Iron S. 125.
(*31*) v. KERPELY, K.: Gießereiztg. Bd. 23 (1926) S. 33/44.
(*32*) PIWOWARSKY, E., u. E. SÖHNCHEN: Bisher unveröffentlicht.
(*33*) THUM, A., u. R. SIPP: Gießerei Bd. 21 (1934) S. 89.
(*34*) SCHARFFENBERG, E.: Diss. T. H. Darmstadt 1930.
(*35*) Gießerei Bd. 23 (1936) S. 674.
(*36*) Bericht auf der 18. Arbeitssitzung des Edelgußverbandes G. m. b. H. am 3. Juli 1936 in Mannheim.
(*37*) THUM, A., u. O. PETRI: Arch. Eisenhüttenw. Bd. 13 (1939/40) S. 149.
(*38*) v. RAJAKOVICS, E.: Gießerei Bd. 22 (1935) S. 458/59. PIWOWARSKY, E.: Gießerei Bd. 23 (1936) S. 674/85. UEBEL, F.: Gießerei Bd. 24 (1937) S. 413/17.
(*39*) Das Gußeisen mit 1,86% P steht außerhalb der Versuchsgußeisen dieser Arbeit und wurde von Herrn Dr.-Ing. e. h. K. SIPP zur Verfügung gestellt.
(*40*) PASCHKE, M., u. F. BISCHOF: Gießerei Bd. 22 (1935) S. 447.
(*41*) HURST, J. E.: J. Iron Steel Inst. (1933) Nr. I, S. 229.
(*42*) VOGEL, R., u. G. W. KASTEN: Arch. Eisenhüttenw. Bd. 12 (1938/39) S. 387.
(*43*) WAGNER, A.: Gießereiztg. Bd. 27 (1930) S. 403.
(*44*) Vgl. das Spezialkapitel über das Wachsen von Gußeisen S. 581ff. dieses Buches.
(*45*) PIWOWARSKY, E., u. E. SÖHNCHEN: Stahl u. Eisen Bd. 55 (1935) S. 340; vgl. PIWOWARSKY, E., u. R. ZECH: Gießerei Bd. 21 (1934) S. 385.
(*46*) SALMANG, H., u. F. SCHICK: Untersuchungen über die Verschlackung feuerfester Stoffe. Arch. Eisenhüttenw. Bd. 2 (1928/29), S. 439.
(*47*) SCHENCK, H.: Arch. Eisenhüttenw. Bd. 3 (1929/30) S. 505.
(*48*) WENTRUP, H.: Diss. T. H. Berlin 1834; vgl. Arch. Eisenhüttenw. Bd. 9 (1935/36) S. 57.
(*49*) SALMANG, H., u. J. KALTENBACH: Die Oxydationsstufen des Eisens in Schlacken. Arch. Eisenhüttenw. Bd. 8 (1934/35) S. 9.
(*50*) Über neuere Arbeiten zum physikalischen Chemismus der Entphosphorung vgl. auch WENTRUP, H., SCHWINDT, K., u. G. HIEBER: Stahl u. Eisen Bd. 55 (1935), S. 1068 und S. 1569, sowie Stahl u. Eisen Bd. 55 (1935) S. 1569.

e) Der Einfluß des Schwefels.

Zustandsdiagramme. Abb. 351 zeigt das binäre Zustandsdiagramm Eisen-Schwefel nach den Arbeiten von G. TAMMANN und W. TREITSCHKE, K. FRIEDRICH, R. LOEBE und E. BECKER, E. BOGITSCH, C. BENEDICKS und H. LÖFQUIST (*1*). Die (hexagonale) Verbindung FeS mit 36,5% S schmilzt bei 1193°. Bis zu dieser Konzentration besteht im flüssigen, reinen Eisen vollkommene Löslichkeit, darüber hinaus tritt eine Mischungslücke auf, innerhalb der eine schwefelreiche (gasförmige) Phase mit einer eisenreicheren koexistiert. Das Eutektikum auf der Eisenseite des Diagramms schmilzt bei 985° und liegt bei 84,6% FeS bzw. 30,9% Schwefel. Aus der Tatsache, daß der A_3-Punkt des Eisens durch zunehmenden Schwefelgehalt nicht verlagert wird und daß die Umwandlungen des FeS bei 298° bzw. 138° in weiten Grenzen konstant bleiben, kann man schließen, daß Schwefel bzw. FeS im festen Eisen praktisch nicht löslich ist. In Übereinstimmung damit nimmt M. ZIEGLER (*2*) für die Löslichkeit des Schwefels im festen Eisen den Betrag von 0,03% an, während A. FRY (*3*) auf Grund von Diffusionsversuchen den Wert von 0,025% nennt.

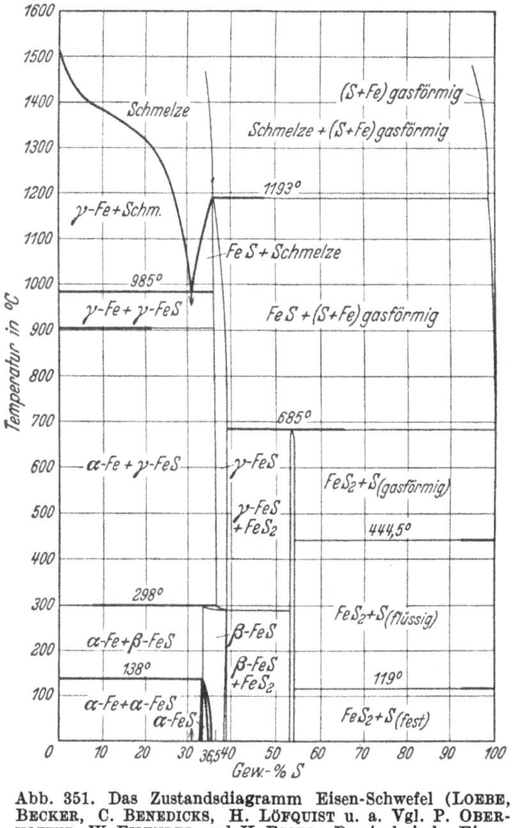

Abb. 351. Das Zustandsdiagramm Eisen-Schwefel (LOEBE, BECKER, C. BENEDICKS, H. LÖFQUIST u. a. Vgl. P. OBERHOFFER, W. EILENDER und H. ESSER: Das technische Eisen, S. 103ff. Berlin: Springer 1936).

Im ternären System Eisen-Eisensulfid-Eisenkarbid (Abb. 352, 353 und 354) nach R. VOGEL und G. RITZAU (*4*) wird von der quasibinären Seite Fe_3C-FeS über einen großen Konzentrationsbereich eine Mischungslücke angenommen. Da die für Gußeisen in Frage kommenden Konzentrationsbereiche außerhalb der Mischungslücke liegen, so ist in diesen Fällen noch mit einer völligen Löslichkeit des (manganfreien!) Eisensulfids im flüssigen Eisen zu rechnen, während im festen Eisen nach wie vor praktisch Unlöslichkeit vorliegt. Der Punkt C* des ternären Eutektikums liegt nach H. HANEMANN und A. SCHILDKÖTTER (*5*) bei 0,17% C und 31,7% S, der Anteil des Zementits am ternären Eutektikum ist also außerordentlich klein. Alle für Gußeisen in Frage kommenden Konzentrationsbereiche liegen zwischen γ'_F-F_1 und B'. Links von $F_1 e'_1$ (Abb. 353) beginnt die Erstarrung mit der Ausscheidung von an Kohlenstoff gesättigten γ-Mischkristallen, rechts davon mit der Abscheidung von Zementit bzw. Graphit im Falle des stabilen Systems. Alsdann folgt die Kristallisation des Eutektikums, bis die Konzentration der Restschmelze den Punkt F_1 erreicht hat. Dieser Punkt liegt bei 1100° C, 4% C und 0,8% S. Jetzt erfolgt die Vierphasenumsetzung, derzufolge die Restschmelze unter Abscheidung einer neuen schwefelreichen flüssigen Phase der Zusammensetzung F_2 (mit 0,25% C und 29,5% S) erstarrt. Letztere ändert nun mit weiter sinkender Temperatur ihre Zusammensetzung gemäß F_2E unter Ausscheidung des binären Eutektikums γ-Mischkristalle + Zementit (bzw. Graphit), bis sie nach Erreichen von Punkt E (bei 975°) ternär zerfällt. Da, wie gesagt, dieses ternäre Eutektikum nur wenig Kohlenstoff enthält, so macht es

* C in Abb. 352 bzw. Punkt E in Abb. 353.

meistens den Eindruck eines binären Eutektikums zwischen Eisensulfid und Mischkristallen (Abb. 355) bzw. bei Entartung (Anlagerung der Mischkristalle an die bereits vorhandenen) von reinen Eisensulfideinlagerungen zwischen den Korngrenzen.

Beim Hinzutritt von Mangan ändern sich die geschilderten Verhältnisse vollkommen. Da das (kubisch kristallisierende) Mangansulfid eine wesentlich größere molekulare Bildungswärme hat als das Eisensulfid (+45000 cal gegen +23000 cal, vgl. auch Kap. XI), so wirkt Mangan gemäß der Reaktion: FeS + Mn = MnS +

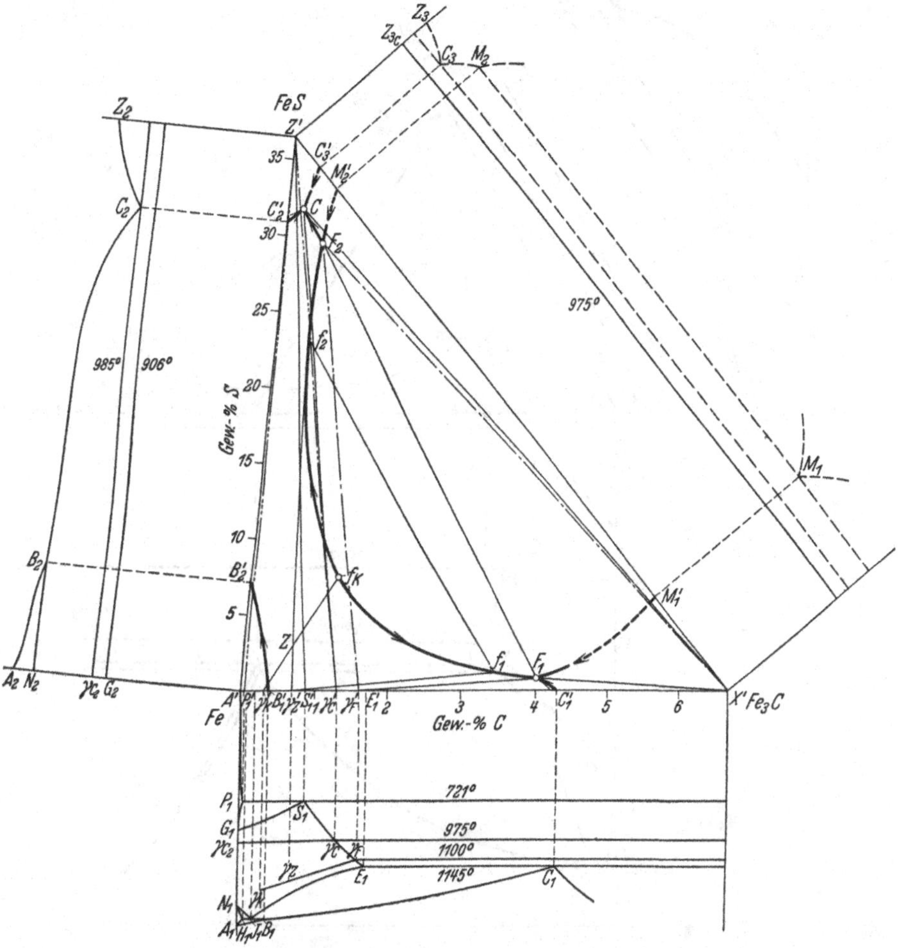

Abb. 352. Das Zustandsschaubild Eisen-Eisensulfid-Eisenkarbid (VOGEL und RITZAU).

+ Fe + WE stark entschwefelnd auf Eisenlegierungen, zumal dieses Mangansulfid bei etwa 1600 bis 1610° (nach ZEN-ICHI-SHIBATA) kristallisiert und im flüssigen Eisen bzw. Gußeisen praktisch unlöslich ist, nachdem es selbst im System Mn-MnS eine fast über den ganzen Konzentrationsbereich gehende Mischungslücke besitzt und auch in diesem System keine Mischkristallgebiete vorkommen (Abb. 356). Abb. 357 zeigt das binäre Zustandsdiagramm FeS-MnS nach G. RÖHL bzw. SHIBATA. Man erkennt, daß zwar das Mangansulfid eine erhebliche Löslichkeit für FeS hat, mit diesem also Mischkristalle bildet, während die Löslichkeit von MnS in FeS, wenn überhaupt, so äußerst gering ist.

Die wahren Verhältnisse bringt das quaternäre Zustandsschaubild Abb. 358 und 359 nach einer Arbeit von R. VOGEL und W. HOTOP (6). In Übereinstimmung mit Befunden von F. KÖRBER und W. OELSEN, O. MEYER und F. SCHULTE sowie H. WENTRUP umfaßt die vom System Mangan-Mangansulfid ausgehende

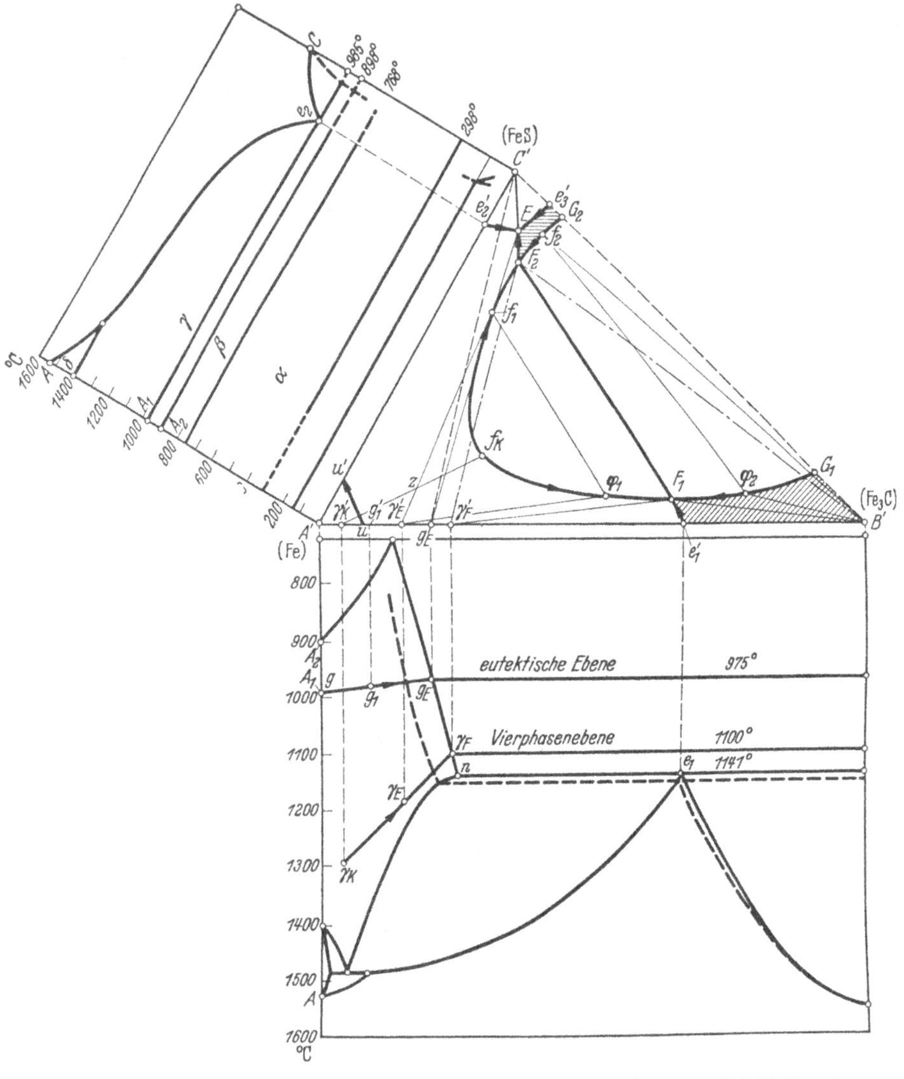

Abb. 353. Idealschaubild des Zustandsdiagramms Eisen-Eisensulfid-Eisenkarbid (R. VOGEL).

Mischungslücke $\varphi' M K F M' f'$ den größten Teil des Konzentrationsfeldes. Wichtig für die Entschwefelung von Eisenlegierungen ist die Tatsache, daß die Kurve der Mischungslücke auf der Eisen-Mangan-Seite so nahe an diese binäre Seite herankommt, daß bereits ein Schwefelgehalt von etwa 0,3% genügt, um den Schwefel in Form einer sulfidreichen Flüssigkeit zur Abscheidung zu bringen. Eigenartig ist auch, daß die genannte Kurve über den ganzen Bereich von etwa 5 bis 100% Mn ziemlich parallel der binären Seite Eisen-Mangan verläuft. Aus dem Konodenverlauf muß ferner geschlossen werden, daß die „Schichtungskurve“ bei M bzw. M' durch einen Temperaturhöchstwert geht, der bei etwa 1600° liegt. Rechts der Konode MM' fällt die Schichtungskurve bis zur Temperatur des Entmischungsvorganges im Zweistoffsystem Mangan-Mangansulfid (etwa 1580°) ab, links derselben sinkt sie bis zu dem kritischen Punkt K, der bei etwa 1370° liegt und die Zusammensetzung 76% Fe, 4% Mn und

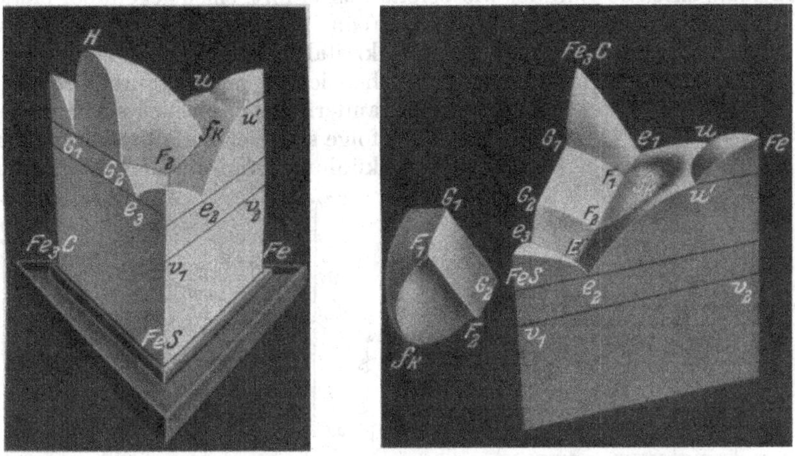

a b

Abb. 354. Gipsmodell zur Veranschaulichung der räumlichen Verhältnisse im Dreistoffsystem Eisen-Eisensulfid-Eisenkarbid (nach VOGEL und RITZAU).

21% S hat. Von dem eutektischen Punkt e_3 im Zweistoffsystem Mn-MnS bei 1230° geht eine eutektische Kurve aus, die etwa parallel zur Eisen-Mangan-Seite bis zur größten Annäherung der Schichtungskurve an das Randsystem Eisen-Eisensulfid bei F (etwa 1510°) ansteigt und so nahe der Schichtungskurve verläuft, daß sie praktisch mit ihr zusammenfällt. Links von Punkt F fällt sie sehr nahe der Seite Fe-FeS weiter bis zum ternären Punkt, der mit der Konzentration des Punktes e_1 des binären Systems Fe-FeS praktisch zusammenfällt. Hier mündet auch die eutektische von dem Zweistoffsystem FeS-MnS bei e_2 (1180°; 6,5% MnS) ausgehende Kurve. Die Schichtungskurve verläuft also vollkommen innerhalb der Fläche der primären Kristallisation von Mangansulfid. Da sie in der Eisenecke und parallel der Seite Fe-Mn sehr nahe der eutektischen verläuft, so beobachtet man nur selten primäres Mangansulfid in eutektischer Grundmasse (Abb. 360). Die Kurve e_3Re_1 trennt also das Gebiet der Primärausscheidung von Mangansulfid von dem Feld der primären Eisen-Mangan-Mischkristalle. Dieses letztere tritt praktisch nur in der Eisenecke in Erscheinung. Alle Legierungen links der genannten Linie sollten demnach keine sulfidische Schicht abscheiden. Nun liegt aber die genannte eutektische Kurve so nahe der Eisen- bzw. Eisen-Manganseite, wird ferner durch die Begleitelemente des Eisens, die mit einer Abbindung von Eisen-

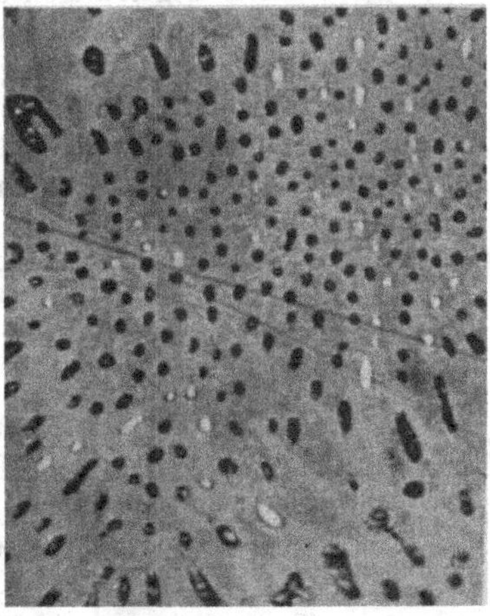

Abb. 355. Ternäres Eutektikum. Schmelze mit 0,2% C und 31,96% S, mit 1%iger alkoholischer Salpetersäure geätzt. V = 1500 (HANEMANN und SCHILDKÖTTER).

molekülen in der Schmelze verbunden sind (Karbide, Silizide, Phosphide usw.), noch weiterhin so merklich gegen die Eisenseite verlagert (7), daß man im allgemeinen bereits bei bedeutend kleineren Gehalten an Mangan, als aus Abb. 358 ersichtlich, in das Gebiet der Mischungslücke gelangt, wobei gleichzeitig der Schwefelgehalt der metallischen Phase auf Gehalte unter 0,05% S herabgedrückt wird.

Da manganreiche Sulfide, wie bereits ausgeführt, einen gegenüber erstarrendem Gußeisen höheren Schmelzpunkt haben, so erscheinen sie sehr oft wohlkristallisiert. Sie erscheinen um so einheitlicher, je manganreicher sie sind, andernfalls erscheinen sie heterogen infolge späteren Zerfalls während der Abkühlung. Mangansulfid ist durch seine

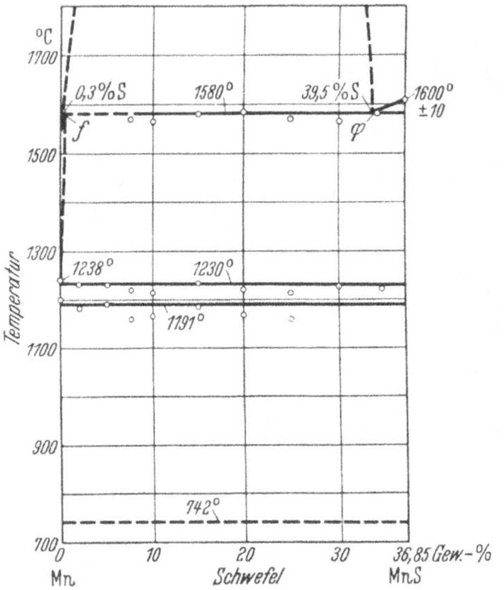

Abb. 356. Zustandsschaubild des Systems Mangan-Mangansulfid (R. Vogel und W. Hotop).

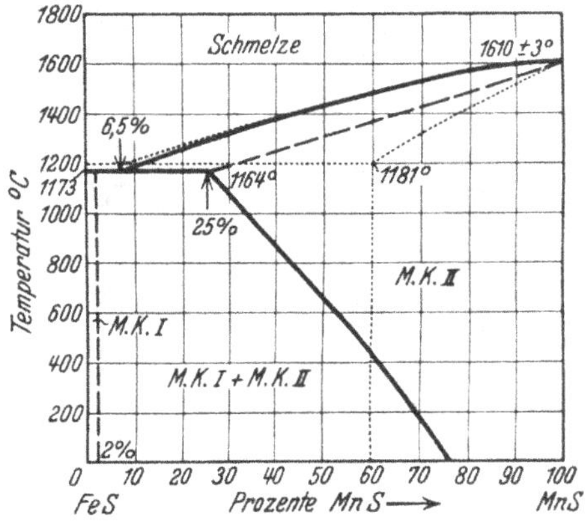

Abb. 357. Zustandsdiagramm des Systems FeS—MnS (——— - - - - - Shibata; ············ Röhl).

taubengraue Färbung leicht von dem rötlich-gelben Eisensulfid zu unterscheiden. In manganarmen Legierungen enthalten die ausgeschiedenen Sulfide auch oxydische Einschlüsse, da Sulfid und Oxyd im flüssigen Zustande löslich sind und bei der gemeinsamen Erstarrung ein Eutektikum bilden (Abb. 360a nach Giani). Treten schließlich noch Silikate auf, so bilden sich bei Gegenwart der gleichmetallischen Sulfide zwei Schichten entsprechend den Mischungslücken des flüssigen Zustandes (8). Im allgemeinen kennzeichnen sich die eisenreichen gegenüber den manganreichen Sulfiden im Gußeisen wie folgt:

	eisenreiches Sulfid	manganreiches Sulfid
Ausscheidungsform im Guß	zahlreiche, gleichmäßig verteilte feine Einschlüsse, oft im eutektischen Gemisch mit graubraunem FeO	gröbere, meistens wohlkristallisierte, oft nesterförmig auftretende Einschlüsse
Lage zum primären Korn	meist an den Korngrenzen	meist innerhalb der Körner
Farbe	rötlich bis bräunlich	bläulich bis grau
Verhalten beim Anlassen	eilt vor, beim Anlassen z. B. auf 255° dunkelgelb-bläulich	bleibt zurück beim Anlassen z. B. auf 255° fahlweißlich
Verhalten bei der Baumannschen Schwefelprobe	gleichmäßige, leichte Dunkelung des Papiers	unregelmäßig verteilte, starke Dunkelung des Papiers
Verhalten gegen 1%ige Essigsäure in Äthylalkohol (Roehlsches Reagens)	starke Bräunung	erscheint schwach bläulich

Die Eindeutigkeit des Baumannschen Schwefelabdruckes für Stahl ist umstritten. Für Gußeisen und Temperguß erbrachte F. Roll (*9*) den Nachweis,

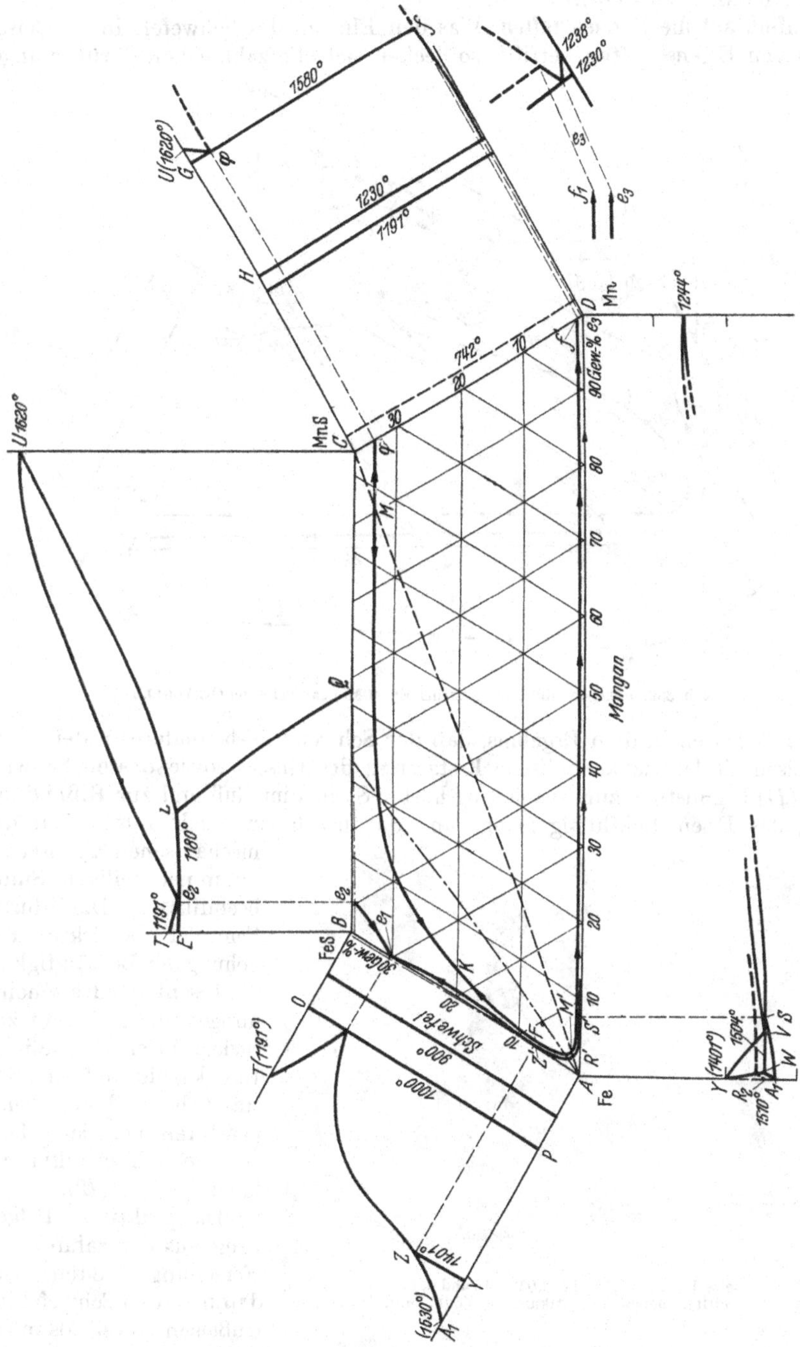

Abb. 358. Wirkliches Zustandsschaubild des Systems Eisen-Mangan-Schwefel (R. Vogel und W. Hotop).

daß die Baumann-Probe einwandfreie Werte ergibt, d. h. daß also von seiten der Phosphideinschlüsse keine Nebenwirkungen zu befürchten sind, da sie mit der benutzten Schwefelsäure-Konzentration nicht reagieren. Ein Ätzverfahren zur generellen Unterscheidung von Sulfiden gegenüber anderen Schlackeneinschlüssen gab M. KÜNKELE an (*10*).

Einfluß auf die Eigenschaften. Was den Einfluß des Schwefels im Gußeisen auf dessen Eigenschaften betrifft, so decken sich die zahlreichen darüber ange-

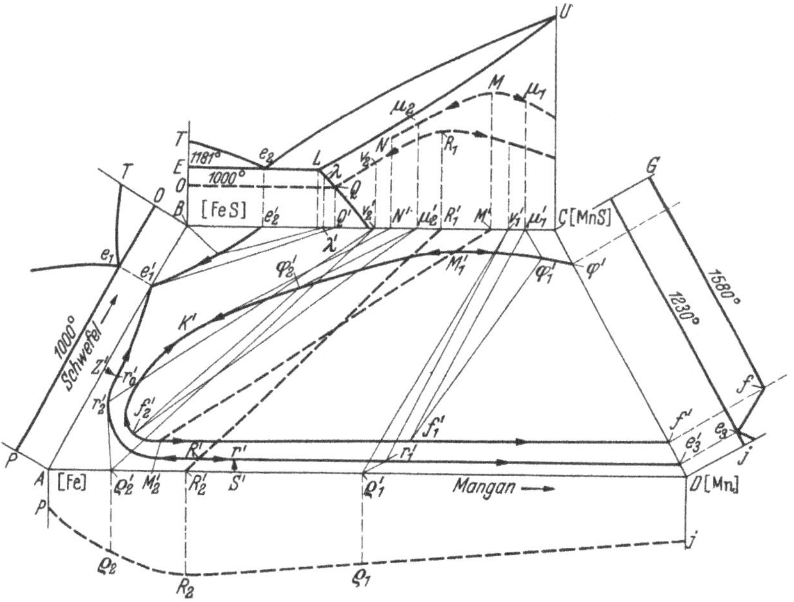

Abb. 359. Idealschaubild des Systems Eisen-Mangan-Schwefel (R. VOGEL).

stellten Arbeiten in dem Ergebnis, daß der Schwefel, insbesondere in der Form des Eisensulfids, die karbidische Erstarrung des Gusses sowie dessen Schwindung (*11*) begünstige, zur Ausbildung harter Stellen im Guß und zur Rißbildung führe, das Eisen dickflüssig mache und darüber hinaus auch unmittelbar die mechanischen Eigenschaften in nachteiligem Sinne beeinflusse. Die durch Schwefel bewirkte Erhöhung der Beständigkeit des Eisenkarbides scheint übrigens u. a. darauf zurückzuführen sein, daß das Eisenkarbid im festen Zustand bei höheren Temperaturen merkliche Mengen von Eisensulfid zu lösen vermag (*12*).

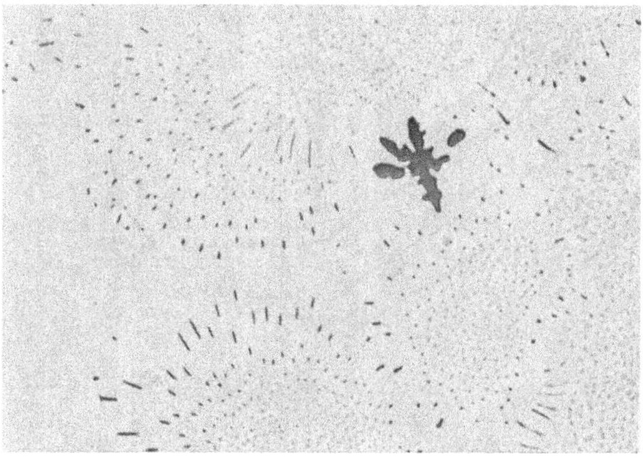

Abb. 360. Schmelze II_1 mit 95,8% Fe, 3,06% Mn und 0,45% S. $V = 200$. Mangansulfiddendriten neben Eutektikum (R. VOGEL und W. HOTOP).

Die praktische Folgerung aus den zahlreichen Forschungsarbeiten ist, daß man den Schwefel im Gußeisen soweit als möglich zu drücken sucht, im allgemeinen heute aber zufrieden ist, wenn sein Gehalt den Betrag von 0,08 bis 0,1% nicht überschreitet. Die jüngste Entwicklung der Qualitätsgußerzeugung beruht nun teilweise auf einer Erniedrigung des Gesamtkohlenstoff- und auch des Siliziumgehaltes im Fertigguß. Die Beobachtungen über die Ursachen des sog. umgekehrten Hartgusses, die systematischen Arbeiten von F. Wüst und J. Miny (*13*) usw. deuteten aber bereits darauf hin, daß der Schwefel um so mehr hervortritt, je „labiler" die chemische Zusammensetzung wird in bezug auf die Sicherstellung ausreichender Graphitbildung. Das bewiesen später die Untersuchungen von E. Piwowarsky und F. Schumacher (*14*), die an manganarmen Eisensorten den Einfluß des Schwefels auf die Karbidbildung zu erfassen suchten unter Berücksichtigung

1. wechselnden Gesamtkohlenstoffgehaltes,
2. wechselnden Siliziumgehaltes,
3. wechselnder Erstarrungs- und Abkühlungsgeschwindigkeit.

Diesem Plan entsprechend, sah ihr Versuchsprogramm zwei Hauptversuchsreihen mit eutektischem (Reihe A) und untereutektischem (Reihe B) Kohlenstoffgehalt vor, deren jede wiederum vier Schmelzreihen (Siliziumreihen) umfaßte, in denen der Siliziumgehalt zu 3%–2%–1%–0,5% angestrebt wurde. Jeder Siliziumreihe waren schließlich eine Anzahl Schmelzen mit steigendem Schwefelgehalt zugehörig, ausreichend genug, um den Einfluß des Schwefels klar erkennen zu lassen. Um endlich den Einfluß der Abkühlungsgeschwindigkeit (d. h. praktisch den Einfluß der Wandstärke) zu erfassen, waren sämtliche der vorgenannten Schmelzen zweimal hergestellt und einmal mit einer Abkühlungsgeschwindigkeit von ca. 50°/min (Reihe A_1 und B_1), das andere Mal mit einer solchen von 10°/min (Reihe A und B) zum Abkühlen gebracht worden. Die genannten Abkühlungsgeschwindigkeiten sollten etwa die Mittelwerte der in dem Temperaturgebiet zwischen beginnender und beendeter Erstarrung beobachteten Abkühlungsgeschwindigkeiten darstellen; sie wurden gewählt unter Anpassung an Beobachtungen des Temperaturverlaufs beim Abgießen von Gußstücken mittlerer bis dünner Wandstärke.

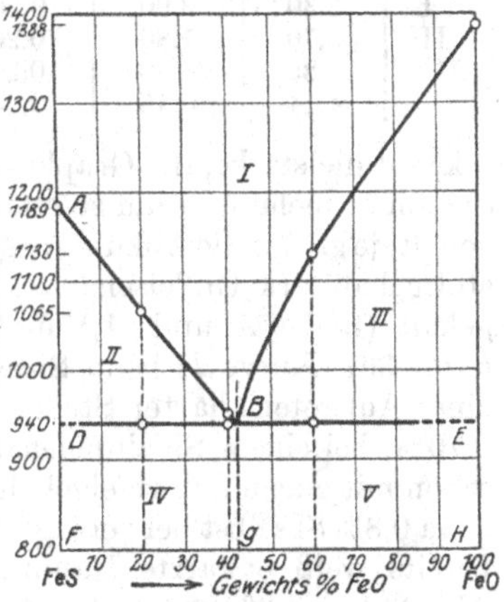

Abb. 360a. Binäres Zustandsdiagramm Fe—FeO (Giani).

Zu beachten war bei Herstellung der Versuchsproben, daß Silizium die Lösungsfähigkeit des Eisens für Kohlenstoff erniedrigt und steigende Gehalte an Silizium den eutektischen Punkt C (Ledeburit) des Eisen-Kohlenstoff-Diagramms nach links, d. h. zu niedrigeren Kohlenstoffgehalten verschieben.

Unter Berücksichtigung dieser Tatsache war demnach in der eutektischen Kohlenstoffreihe:

bei 3,0% Si ein Gehalt von etwa	3,40%	Kohlenstoff
„ 2,0% Si „ „ „ „	3,67%	„
„ 1,0% Si „ „ „ „	3,95%	„
„ 0,5% Si „ „ „ „	4,07%	„

und entsprechend in der kohlenstoffärmeren Gruppe, die um den Betrag von 0,75% C gegenüber dem eutektischen Punkt untereutektisch gewählt wurde,

bei 3,0% Si ein Gehalt von etwa	2,65%	Kohlenstoff
„ 2,0% Si „ „ „ „	2,92%	„
„ 1,0% Si „ „ „ „	3,20%	„
„ 0,5% Si „ „ „ „	3,32%	„

angestrebt worden.

Als Ausgangsstoff zur Herstellung der Versuchsproben diente ein manganarmes, schwedisches Holzkohlenroheisen nachfolgender Zusammensetzung:

C%	Si%	Mn%	P%	S%
4,25	0,22	0,32	0,04	0,02

Aus diesem Material wurden in einem Gasflamm-Tiegelofen unter Zugabe von etwa 80 %igem Ferrosilizium vier verschieden hoch silizierte, eutektische Gußeisensorten von je 5 kg Gewicht erschmolzen und in Sandformen zu Stäben vergossen. Diese Roheisenstäbe wurden zu kleinen Stückchen zersägt und die dabei aufgefangenen Sägespäne zur chemischen Analyse verwendet. Die Zusammensetzung dieser vier Vorschmelzen, die das Ausgangseisen für die einzelnen Versuchsreihen (Siliziumreihen) abgaben, war:

	Ges.-C %	Si %	Mn %	P %	S %
I	3,30	2,90	0,26	0,038	0,023
II	3,70	1,80	0,26	0,038	0,024
III	3,85	0,80	0,26	0,040	0,023
IV	4,14	0,45	0,24	0,0361	0,023

Durch die aus den Analysenwerten gewonnenen Kurven Abb. 361 bis 364 kommt der Einfluß des Schwefels deutlich zum Ausdruck. Man erkennt die starke, die Graphitbildung beeinträchtigende Wirkung des Schwefels, die um so mehr und um so stärker in Erscheinung tritt, je geringer der Siliziumgehalt, je größer die Abkühlungsgeschwindigkeit und je geringer der Gesamtkohlenstoffgehalt des Gußeisens ist. So beginnt z. B. bei eutektischem Kohlenstoffgehalt (Reihe A und A_1) und einer Abkühlungsgeschwindigkeit von 10^0/min (Abb. 361, Kurve *I*) beim Si-reichsten Eisen mit ca. 2,80% Silizium die Gefahr eines Auftretens harter Stellen erst bei einem Schwefelgehalt von mehr als etwa 0,70%, bei einem Siliziumgehalt von etwa 1,8% (Abb. 361, Kurve *II*) hingegen schon mit einem Schwefelgehalt von etwa 0,5%, während bei Gegenwart von nur etwa 0,8% Si selbst bei verzögerter Abkühlung (Kurve *III*) eine Probe mit 0,12% S bereits weiß erstarrte Randzonen aufwies. Der Unterschied der Kurven der Abb. 361 und 363 gegenüber denjenigen Abb. 362 und 364 bringt den Einfluß der Abkühlungsgeschwindigkeit auf die verstärkte Wirksamkeit des Schwefels zum Ausdruck. Während z. B. in der untereutektischen Reihe B_1 bei einer Abkühlungsgeschwindigkeit von 50^0/min das kritische Übergangsgebiet vom grauen zum weißen Eisen bei einem Si-Gehalt von ungefähr 3% (Abb. 364, Kurve *I*) schon mit etwa 0,2% S (Mittelwert des abfallenden Astes der Graphitkurve) erreicht ist, tritt man bei einer Abkühlungsgeschwindigkeit von 10^0/min (Abb. 362, Kurve *I*) und sonst gleichbleibendem Si- bzw. C-Gehalt erst mit einem Schwefelgehalt von etwa 0,3 bis 0,4% in dieses Gebiet ein. Wie außerordentlich durch Erniedrigung des Kohlenstoffgehaltes die Wirkung des Schwefels auf die Karbidbildung verschärft wird, tritt durch Vergleich der Abb. 363 mit 361 und Abb. 364 mit 362 in Erscheinung. Man erkennt, daß, besonders in den siliziumärmeren Reihen, eine Erniedrigung des Kohlenstoffgehaltes die Wirkungsweise des Schwefels fast noch empfindlicher beeinflußt, als eine Vergrößerung der Abkühlungsgeschwindigkeit. Die Versuche zeigen ferner, daß der Einfluß des Schwefels um so ausgeprägter wird, der Übergang von grauem zu weißem Eisen also um so plötzlicher auftritt, je silizium- und kohlenärmer das Eisen und je größer die Abkühlungsgeschwindigkeit ist. In dieser Beobachtung liegt offenbar auch eine der Ursachen zur Erklärung der Erscheinung des umgekehrten Hartgusses, der im Rahmen der vorliegenden Versuche tatsächlich auch wiederholt beobachtet werden konnte.

Von besonderer Bedeutung dürften die durch die Abb. 361 bis 364 wiedergegebenen Versuchsergebnisse sein im Hinblick auf die bisherigen Erfolge bei der

Herstellung mechanisch hochwertigen Gußeisens. Die den Kurven der genannten Abbildungen zugrunde liegenden chemischen Analysen umfassen ja bezüglich ihres Kohlenstoff- und Siliziumgehaltes teilweise die übliche Zusammensetzung hochwertigen Gusses. Reicht hier die bisherige, 0,08 bis 0,15%ige Schwefelgrenze noch aus, um vor den früher erwähnten Folgen der harten Stellen, der Rißbildung usw. gesichert zu sein, soweit es sich um größere Wandstärken (gleich-

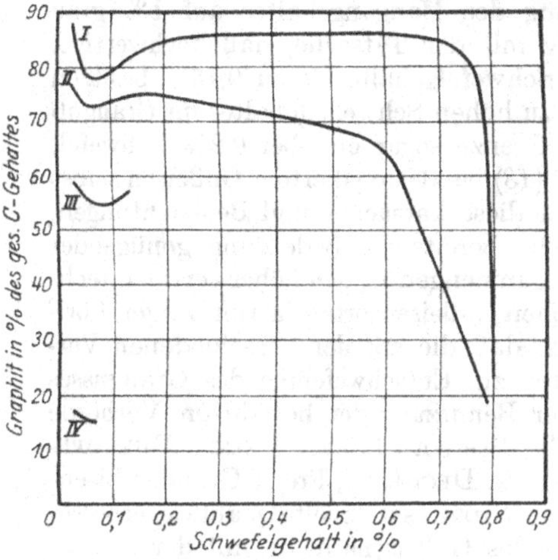

Abb. 361. Versuchsreihe A.

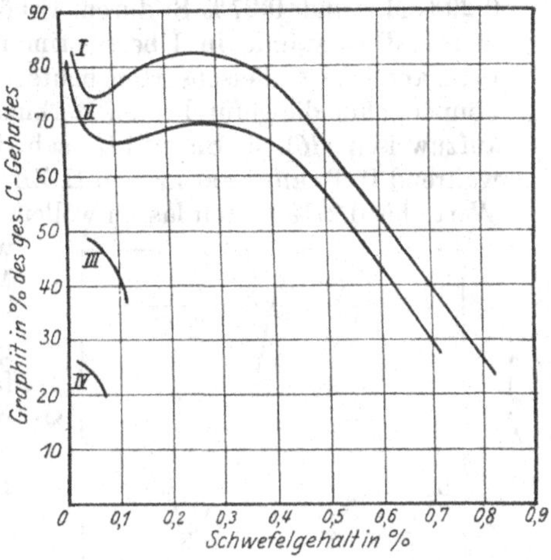

Abb. 362. Versuchsreihe A_1.

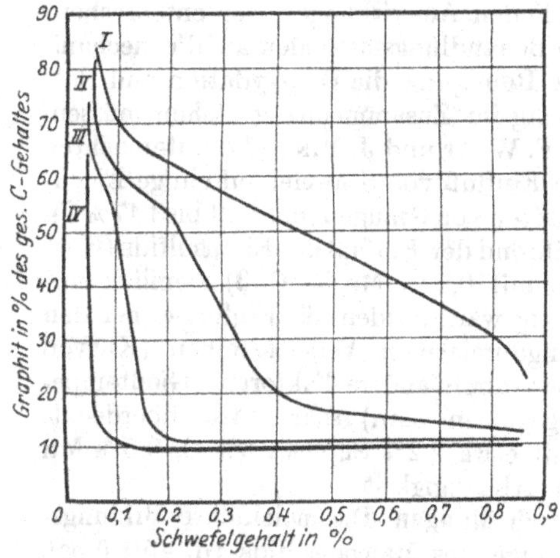

Abb. 363. Versuchsreihe B.

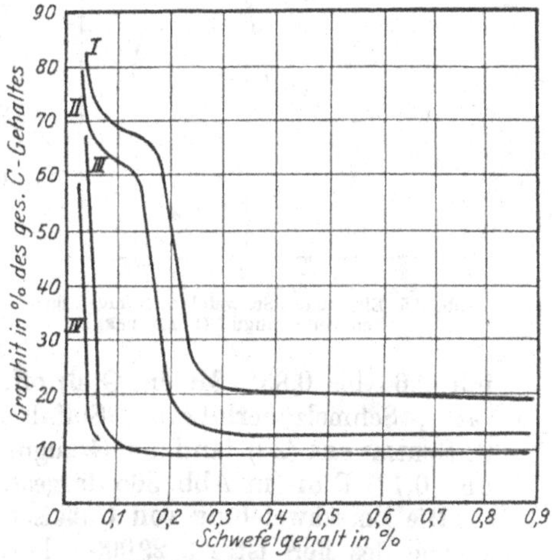

Abb. 364. Versuchsreihe B_1.

Abb. 361 bis 364. Einfluß des Schwefels auf die Graphitbildung in Abhängigkeit vom Kohlenstoff- und Siliziumgehalt sowie von der Abkühlungsgeschwindigkeit (Piwowarsky und Schumacher).

bedeutend mit kleinerer Abk.-Geschw.) handelt, so muß für kleinere Wandstärken (gleichbedeutend mit größerer Abk.-Geschw.) selbst ein Schwefelgehalt über 0,05 bis 0,08% schon als bedenklich gelten.

Dies alles gilt allerdings nur, soweit es sich, wie im vorliegenden Falle, um manganärmeres Eisen handelt, worin der Schwefel vorwiegend in Form von Eisensulfid sich vorfindet. Nun glaubten bereits H. D. Arnold und R. G. Bolsover (*15*) metallographisch festgestellt zu haben, daß bereits 1% Mangan im Eisen genüge, um einen Schwefelgehalt von 0,28% in ein manganreiches Sulfid überzuführen. Das deckt sich weitgehend mit dem von H. JUNGBLUTH und F. BRÜGGER (Kap. IXc (*12*)] gefundenen Verhältnis Mn : S $\leqq$ 3,5; vgl. Abb. 319 bis 321). Das zur Überführung des Schwefels in die harmlosere Form eines manganreichen Sulfids notwendige Verhältnis von Mn zu S im Guß ist früher einmal von J. D. STEAD mit dem hohen Wert 8 : 1 angegeben worden. STEAD erwähnte aber auch einen Fall, wo ein vollkommen weißes Eisen mit 2,98% C, 1,89% Si, 0,29% Mn und 0,27% S durch Erhöhung des Mangangehaltes auf 1% grau wurde. Dies stände in Übereinstimmung mit der Tatsache, daß hochwertige, manganreiche Gußeisensorten heute oft Schwefelgehalte bis zu 0,15% besitzen können, ohne die gefürchteten Merkmale zu hohen Schwefelgehaltes im Grauguß aufzuweisen (*16*). J. SHAW (*17*) sah die Grenze sogar erst bei 0,2% Schwefel, während P. BARDENHEUER und L. ZEYEN (*18*) bei desoxydiertem Gußeisen selbst Werte bis 0,27% gelten lassen wollen. Alle diese Tatsachen und Beobachtungen, welche bereits die Bedeutung genügender Manganmengen in den höherwertigen technischen Gußeisensorten dartun, zeigen übrigens, daß die mit den verschiedenen Verfahren zur Entschwefelung des Graugusses unter Benutzung der bewährten Vorherde nach System LÖHE, REIN, DÜRKOPP-LUYKEN, DECHÈSNE, Freier Grunder Eisenwerke, STOTZ usw. erzielte Qualitätsverbesserung des Gußeisens nicht mit der Schwefelverminderung allein, sondern mit zusätzlichen Auswirkungen der entsprechenden Behandlungsmethoden auf die mechanische Reinigung, die Desoxydation und Entgasung im Zusammenhang stehen müssen.

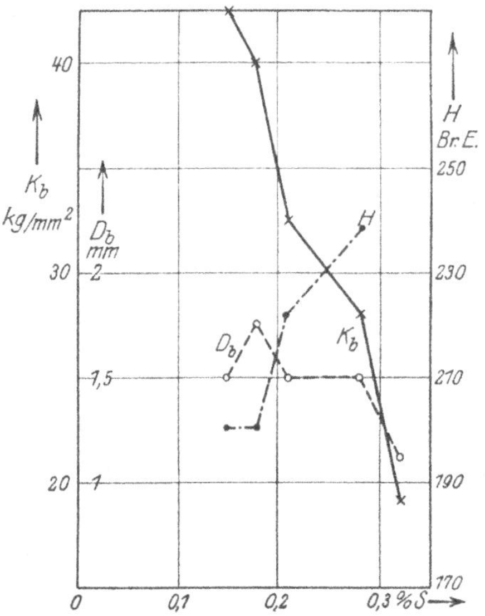

Abb. 365. Einfluß des Schwefels auf einige Eigenschaften von Grauguß (SCHMAUSER).

F. WÜST und J. MINY (*19*) untersuchten den Einfluß von Schwefel auf einige Eigenschaften von Grauguß (mit 3,21 bis3,47% C). Während der Einfluß des Eisensulfids (Kurven mit 0,09% Mn im Guß) ziemlich eindeutig war, wurden die Einflüsse bei den manganreicheren Versuchsreihen (Kurven mit 0,64 bis 0,85% Mn im Guß) offenbar durch andere Faktoren (Gießtemperatur, Schmelzüberhitzung, Sulfidsegregationen usw.) sehr stark überdeckt. J. SCHMAUSER (*20*) fand an Grauguß mit etwa 2,2% Si, etwa 3% C, 0,5% Mn und 0,7% P die in Abb. 365 dargestellte Abhängigkeit.

Die Entschwefelung von Gußeisen durch Mangan. Die molekulare Bildungswärme des FeS ist rd. 23000 cal, diejenige des Mangansulfids rd. 45000 cal. Wenngleich theoretisch die Bildungswärme (BERTHELOT) kein quantitativer Maßstab für die Affinität einer Verbindung ist, hierfür vielmehr die freie Energie (NERNST) in Frage kommt, so ist sie doch recht oft ein qualitativer Maßstab hierfür. Da ferner die Reaktion:

$$\mathrm{Mn + FeS = Fe + MnS + WE} \tag{1}$$

stark exotherm ist, so ist es erklärlich, daß Mangan als Entschwefelungsmittel gilt, da die Löslichkeit des Mangansulfids im Eisen verschwindend klein ist. Da ferner FeS und MnS sich im festen und im flüssigen Zustande weitgehend lösen (vgl. Abb. 357), so besteht das Entschwefelungsprodukt aus beiden Sulfiden. Bei Gültigkeit des idealen Massenwirkungsgesetzes wäre als Gleichgewichtsbedingung für das heterogene Gleichgewicht daher zu setzen:

$$\frac{(\mathrm{FeS})\,[\mathrm{Mn}]}{(\mathrm{MnS})} = \frac{(\mathrm{FeS})\,[\mathrm{Mn}]}{100-(\mathrm{FeS})} = \frac{(\mathrm{FeS})\cdot L\cdot[\mathrm{Mn}]}{100\,L-(\mathrm{FeS})\cdot L} = \frac{[\mathrm{Mn}]\cdot[\mathrm{FeS}]}{100\,L-[\mathrm{FeS}]} = K, \tag{2}$$

worin $L = [\mathrm{FeS}]:(\mathrm{FeS})$ die Verteilungskonstante zwischen der sulfidischen und der metallischen Phase bedeutet. Wegen dieser Mischbarkeit der Sulfide erscheint die in der Literatur häufig geübte Formulierung der Konstanten in der Fassung $K' = [\mathrm{Mn}]\,[\mathrm{FeS}] \sim \sim [\mathrm{Mn}]\,[\Sigma\mathrm{S}]$, die die Anwesenheit von reinem MnS als Entschwefelungsprodukt voraussetzt, nicht einwandfrei (*21*).

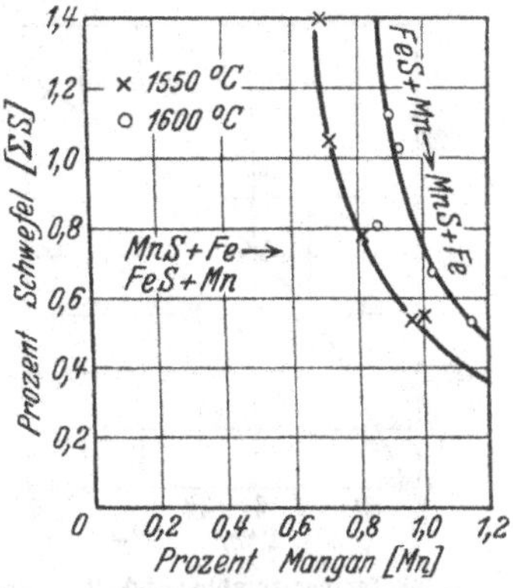

Abb. 366. Gleichgewichte bei der Entschwefelung des Eisens durch Mangan (H. Schenck und A. Th. Tiefenthal).

O. Meyer und F. Schulte (*22*) stellten durch Laboratoriumsschmelzen fest, daß sich das Gleichgewicht zwischen manganhaltigen Eisenbädern und reinen Sulfidschlacken durch die Ausdrücke

$$K_1 = \frac{(\mathrm{Fe})\cdot[\mathrm{Mn}]}{(\mathrm{Mn})\cdot[\mathrm{Fe}]} \quad \text{und} \quad K_2 = \frac{[\mathrm{S}]\cdot[\mathrm{Mn}]}{(\mathrm{S})\cdot[\mathrm{Fe}]} \tag{3}$$

innerhalb weiter Konzentrationsgebiete in befriedigender Weise beschreiben läßt. Zahlenmäßig ergibt sich für eine Schmelztemperatur von 1600° $K_1 = 0{,}00425 \pm 0{,}00125$ und $K_2 = 0{,}000725 \pm \pm 0{,}000175$. Durch Kohlenstoff- und Siliziumzusätze zum Bade wird im wesentlichen nur der Wert von K_2 verändert. Die aus der Temperaturabhängigkeit der Gleichgewichtskonstanten K_1 errechneten Wärmetönungen liegen bei etwa 18 bis 19 kcal/Mol.

Aus den Versuchsschmelzen geht weiterhin hervor, daß die Mischungslücke in reinen, schwefelhaltigen Eisen-Mangan-Schmelzen bei 1600° durch Mangan-

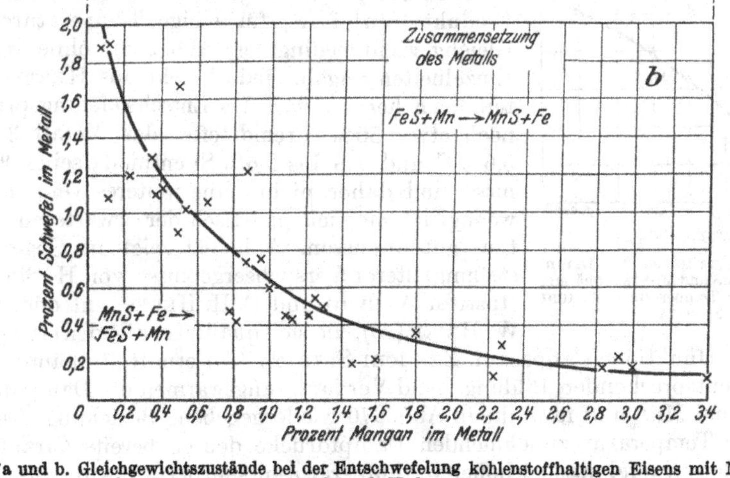

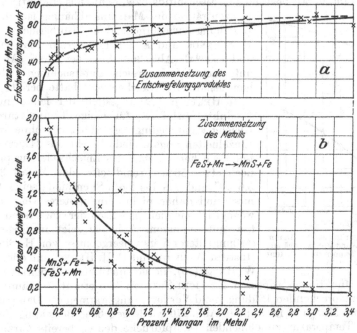

Abb. 367a und b. Gleichgewichtszustände bei der Entschwefelung kohlenstoffhaltigen Eisens mit Mangan für eine Temperatur von 1400° (nach H. Schenck und E. Söhnchen).

und Schwefelgehalte im Bade gekennzeichnet ist, deren Produkt im Mittel dem Wert [Mn]·[S] = 2,6 entspricht. In kohlenstoffhaltigen Schmelzen erniedrigt sich dieser Wert auf etwa 1,2 und sinkt für das Temperaturgebiet zwischen 1350 und 1250° auf 0,75 ab. Da nämlich nach dem „Prinzip vom kleinsten Zwang" (Prinzip der Nachgiebigkeit) exotherme Reaktionen durch Temperaturabfall begünstigt werden, so ist mit sinkender Temperatur ein Verlauf der Reaktion

$$FeS + Mn \rightleftarrows MnS + Fe + WE$$

nach rechts, d. h. eine bessere Entschwefelung zu erwarten.

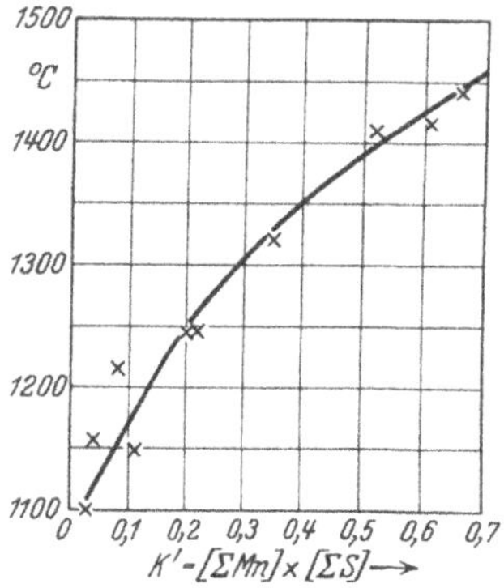

Abb. 368. Temperaturabhängigkeit der Produkte $K' = [\Sigma Mn] \cdot [\Sigma S]$ (nach C. HERTY).

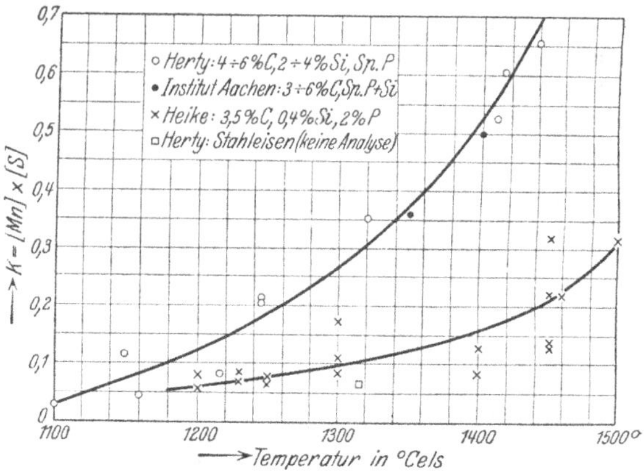

Abb. 369. Einfluß der Temperatur auf die Größe der Gleichgewichtskonstanten für die Entschwefelung mit Mangan.

Gl. (2) und (3) verlangen jedenfalls, daß — bei gegebener Temperatur — der Gehalt des im Metall beständigen Eisensulfids bzw. Schwefels eindeutig von der Konzentration des Mangans abhängig ist; die diese Beziehung wiedergebenden Isothermen haben H. SCHENCK und A. TH. TIEFENTHAL (*23*) bei 1550 und 1600° C (Abb. 366) bzw. bei 1400° (Abb. 367) untersucht. Umfangreiche Untersuchungen über das hier behandelte Gleichgewicht hatte bereits früher C. H. HERTY jr. (*24*) angestellt, der leider nur das Produkt [Mn]·[ΣS] für einige Temperaturen als Gleichgewichtsbedingung (Abb. 368) ohne nähere Einzelheiten angab. Jedoch geht aus HERTYS Mitteilungen hervor, daß das Entschwefelungsprodukt noch etwa 50% Fremdstoffe, das Metall 3,7 bis 5,6% C und 1,8 bis 2,6% Si enthielt; seine Ergebnisse sind daher nicht ohne weiteres vergleichbar, wenngleich sie sich praktisch der erwarteten Funktion gut anpassen. Abb. 369 zeigt in Gegenüberstellung älterer Versuchsergebnisse von H. SCHENCK (Institut Aachen) und C. H. HERTY mit denen von W. HEIKE (*25*), die sich qualitativ alle den erwarteten Temperaturfunktionen anpassen. ZEN-ICHI-SHIBATA (*26*) ermittelte nämlich mit Hilfe der entsprechenden Bildungs- und Verdampfungswärmen die Dampfdrücke von FeS und MnS und fand die in Abb. 370 wiedergegebene Beziehung. Die mit steigender Temperatur zunehmenden Dampfdrücke deuten bereits darauf hin, daß die Entschwefelung bei höheren Temperaturen schwieriger wird. Mit Hilfe

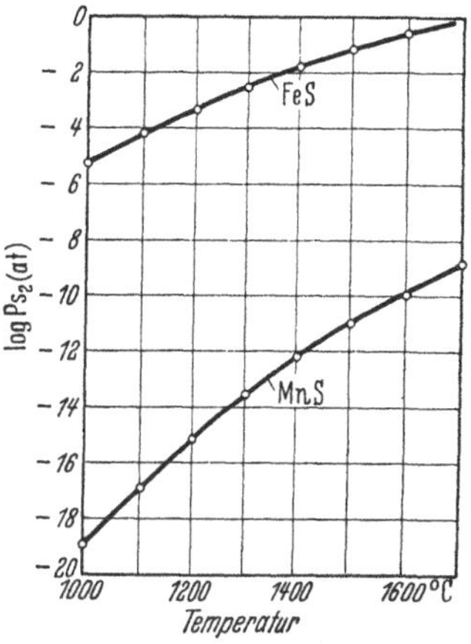

Abb. 370. Logarithmen der Dampfdrücke für FeS und MnS in Abhängigkeit von der Temperatur (ZEN-ICHI-SHIBATA).

des Massenwirkungsgesetzes ermittelt er alsdann die Konstanten für die Entschwefelungsreaktion mit zunehmendem Mangangehalt und kommt zu der in Abb. 371 wiedergegebenen Beziehung, welche grundsätzlich das Spiegelbild zu Abb. 366 darstellt. Abb. 371a nach W. Oelsen (*44*) zeigt ebenfalls ganz deutlich die Beziehungen zwischen dem Mangangehalt des Roh- bzw. Gußeisens und

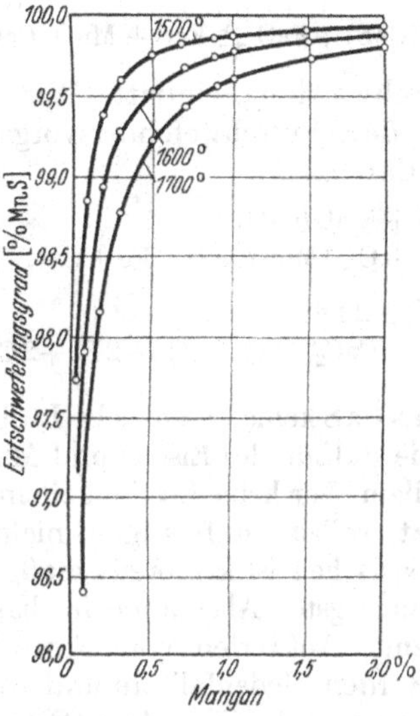

Abb. 371. Einfluß des Mangans auf den Grad der Entschwefelung (Zen-Ichi-Shibata).

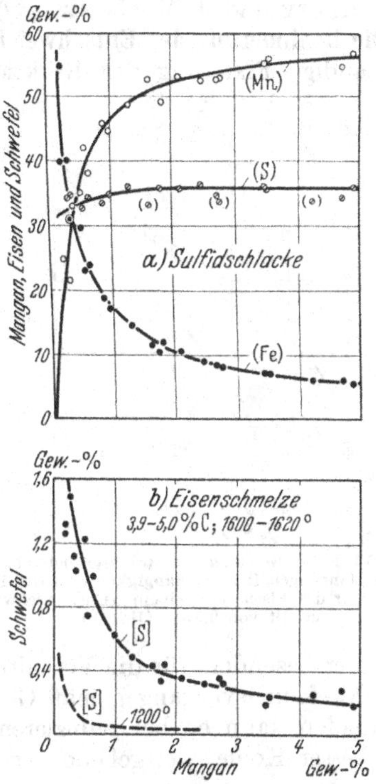

Abb. 371a. Entschwefelung von Roheisen mit Mangan (W. Oelsen).

dem Schwefelgehalt des Bades bzw. der Schlacke. Beachtenswert ist die Verschiebung der Konzentrationskurve für den Schwefelgehalt des Bades mit sinkender Temperatur von 1600° auf 1200°.

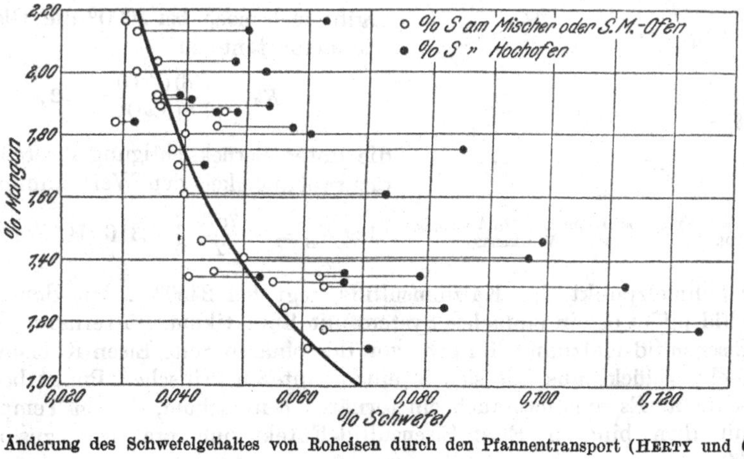

Abb. 372. Änderung des Schwefelgehaltes von Roheisen durch den Pfannentransport (Herty und Gaines).

Tatsächlich hat man seit jeher beim Abstehenlassen schwefelhaltiger Roh- und Gußeisensorten eine Entschwefelung feststellen können. Ein längerer Transport des flüssigen Eisens wirkt in gleicher Richtung [Mischerbetrieb, vgl. die Versuche von O. SIMMERSBACH (*27*), F. SPRINGORUM (*28*), E. SPETZLER (*29*), C. H. HERTY und J. M. GAINES (*30*) u. a., vgl. Abb. 372 und 373].

Die Behinderung der Entschwefelung durch den Sauerstoff der Schlacken. Die vollständige Fixierung des Reaktionssulfids in der Schlacke ist nur bei Abwesenheit von (freiem) Eisenoxydul (*30*), d. h. in neutraler oder reduzierender Atmosphäre möglich, da andernfalls gemäß

$$MnS\,(CaS) + FeO \rightleftarrows FeS + MnO\,(CaO) \qquad (4)$$

Rückschwefelung eintritt. Wir müssen daher den Entschwefelungsvorgang wie folgt darstellen:

$$FeS + MnO\,(CaO) + C \rightleftarrows MnS\,(CaS) + Fe + CO, \qquad (5)$$

$$MnO + 2\,FeS + CaO + CaC_2 \rightleftarrows 2\,CaS + Mn + 2\,Fe + 2\,CO. \qquad (6)$$

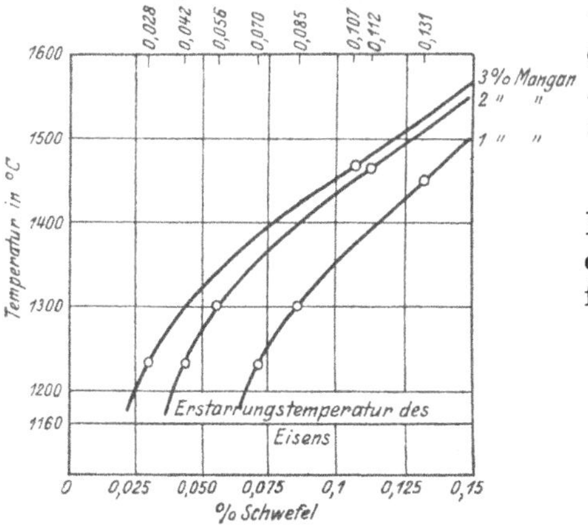

Abb. 373. Entschwefelung von Roheisen bei verschiedenem Mangangehalt in Abhängigkeit von der Badtemperatur des Eisens und einem Ausgangsschwefelgehalt von 0,15% (HEIKE).

Da das CaS keine wesentliche Löslichkeit für die Sulfide des Eisens und Mangans, vor allem aber keine Löslichkeit im Eisen besitzt, selbst im flüssigen nicht (*64*), so ist der besonders für die Verhältnisse des basischen Elektroofens maßgebende Entschwefelungsvorgang gemäß Gl. (6) der günstigste. Aber auch im basischen Flammofen kann er bei reduzierender Flamme, Aufwerfen von Ferrosilizium oder besser Kohle, weitgehend verwirklicht werden. Jedenfalls nimmt die Entschwefelung mit sinkendem FeO-Gehalt der Schlacken und steigendem Anteil derselben an CaO zu. Ja selbst für die Gleichgewichtsbedingungen gemäß:

$$CaS + FeO \rightleftarrows CaO + FeS \qquad (7)$$

ergibt sich noch bei 1600° die Gleichgewichtskonstante zu

$$K_S = \frac{(\Sigma S)\,(FeO)}{[\Sigma S]\,(CaO)} = \sim 2,$$

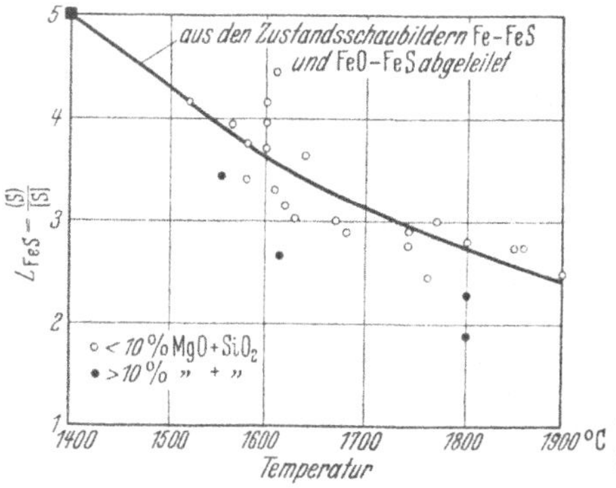

Abb. 374. Verteilungskoeffizient L_{FeS} in Abhängigkeit von der Temperatur (W. GELLER).

die unter Berücksichtigung ihrer Temperaturabhängigkeit den Wert annimmt:

$$\log K_S = -\frac{7570}{T} + 4{,}316 \text{ (H. SCHENCK)}.$$

Der Schmelzpunkt des Kalziumsulfids liegt bei 2450° C. Mit dem reinen Eisensulfid bildet es ein einfaches System mit Eutektikum. Im ternären System Eisen-Eisensulfid-Kalziumsulfid geht von der binären Seite Eisen-Kalziumsulfid eine Mischungslücke aus, die sich in einem unteren kritischen Punkt bei etwa 1800° schließt. Es existiert auch ein ternäres Eutektikum, dessen Temperatur aber mit dem binären Eisen-Eisensulfid-Eutektikum praktisch zusammenfällt (*64*).

Die rein thermodynamische Berechnung der Gleichgewichtsverhältnisse in homogener Phase auf Grund der Dampfdrücke der Sulfide und mit Hilfe der

Nernstschen Näherungsgleichung durch ZEN-ICHI-SHIBATA (*26*) führte zu folgenden K-Werten:

Temp. ⁰C...	1500^0 ...	1600^0 ...	1700^0
$K \cdot 10^4$ ... =	8,43 ...	4,60 ...	2,67,

das aber bedeutet, daß mit zunehmender Temperatur die Entschwefelung in Gegenwart oxydischer Schlackenbestandteile stark erschwert wird.

Da sowohl FeS als auch MnS in den meisten technischen Schlacken, selbst den oxydreichsten, noch eine gewisse Löslichkeit besitzt, so ist leicht einzusehen, daß auch die Schlackenmenge einen beachtlichen Einfluß auf den Grad der Entschwefelung ausüben muß, da nach dem Nernstschen Verteilungssatz das Verhältnis der Konzentration der Sulfide in der metallischen zu derjenigen der Schlackenphase bei gegebener Temperatur eine Konstante ist. Unter oxydreichen Schlacken tritt nun mit zunehmender Temperatur eine starke Rückschwefelung ein, wie W. GELLER (*31*) durch Versuche eindeutig beweisen konnte. Abb. 374 zeigt, daß der Verteilungskoeffizient L_{FeS} zwischen reinem flüssigem Eisen und reiner

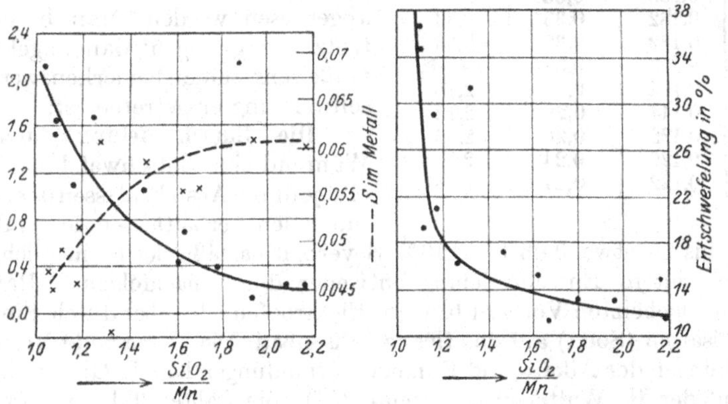

Abb. 375. Abhängigkeit der Entschwefelung von Roheisen vom Verhältnis SiO_2 : Mn (BLUM).

Eisenoxydulschlacke mit zunehmender Temperatur stark abfällt. B. OSANN (*32*) glaubte an eine rein mechanische Art der Entschwefelung auf Grund einfacher Koagulation und des Auftriebs der sulfidischen, spezifisch leichteren Segregationen, die auf der Oberfläche des Bades alsdann einen flüssigen Stein bilden. Die Ansicht von HEIKE (*25*) HERTY und GAINES (*33*) u. a. über den Einfluß der Temperatur und des Mangangehaltes der Heikeschen Beobachtungen decken sich jedoch besser mit den Forderungen der Theorie. Auch die Beobachtung, daß nach einem längeren Pfannentransport (stärkere Abkühlung) zu einem beheizten Mischer in letzterem oft keine weitere Entschwefelung mehr stattfindet, spricht für einen Reaktionsmechanismus gemäß der früher im Zusammenhang mit den Zustandsdiagrammen entwickelten Theorie. Allerdings kann nach L. BLUM (*34*) auch eine Rückschwefelung aus sulfidischen Segregationen stattfinden, wenn durch Oxydation von Silizium (an der Luft) Kieselsäure gebildet wird, so daß etwa folgender Vorgang einsetzt:

$$2\,MnS + 2\,SiO_2 + O_2\,(\text{Luft}) + 2\,Fe \rightleftarrows 2\,MnO \cdot SiO_2 + \underset{\text{ins Bad}}{2\,FeS}. \qquad (8)$$

Nach BLUM ist also der Grad der Entschwefelung weitgehend abhängig vom Verhältnis SiO_2 : Mn in der Schlacke (Abb. 375). Ist dieses $<0,8$ bis 1, so sei die Entschwefelung gut, bei einer Höhe von 1,2 bis 1,3 mäßig, während bei Beträgen von $\geqq 2$ eine Rückschwefelung zu erwarten sei. J. CIOCHINA (*35*) beobachtete ferner zunehmende Entschwefelung in Abhängigkeit von der Entfernung der Entnahmestelle der Probe vom Stichloch des Hochofens und führt diese Erscheinung auf das Vorhandensein gelöster Schwefeldämpfe im flüssigen Eisen zurück. Diese Auffassung von der Koexistenz freien Schwefels neben Sulfiden soll nach CIOCHINA die zahlreichen Beobachtungen erklären, daß nicht immer ein klarer Zusammenhang zwischen dem Schwefelgehalt von Eisen- und Stahlbädern und dem Mangangehalt derselben besteht.

Zahlentafel 52 nach TH. MEIERLING und W. DENECKE (*36*) zeigt die Veränderungen der chemischen Zusammensetzung von schwefelhaltigem Gußeisen vom Abstich (Probe 1) über den Transport zur Gießstelle und der Verteilung in kleine Handpfannen, wobei der Temperaturabfall bis zum Eintreten merklicher Dickflüssigkeit ging. Während dieser Operationen waren in entsprechenden Zeitabschnitten fortlaufend zwölf Proben abgegossen worden. Man beachte, daß trotz des geringen Mangangehaltes des Gußeisens eine bemerkenswerte Entschwefelung eingetreten ist.

Zahlentafel 52.

Probe	S %	Mn %	Si %
1	0,236	0,37	2,10
2	0,216	0,36	2,16
3	0,210	0,35	2,20
4	0,185	0,35	—
5	0,182	0,33	0,33
6	0,182	0,33	0,33
7	0,178	0,32	—
8	0,164	0,27	2,15
9	0,144	0,26	2,12
10	0,128	0,26	2,16
11	0,126	0,24	2,14
12	0,122	0,21	2,16

Die Entschwefelung durch Soda. Während eine Entschwefelung des Gußeisens durch Abstehenlassen der Schmelze unter den Verhältnissen des praktischen Betriebes bis zu etwa 0,08 bis 0,10% S verhältnismäßig leicht möglich ist, gelingt eine weitere Entschwefelung entweder durch nachfolgende Raffination in einem (öl-)beheizten Vorherd bzw. im Elektroofen oder aber durch Einwirkung von Alkalisalzen (Soda) auf das flüssige Eisenbad. Die umfassende Verwendung von Mischungen der Alkali- und Erdalkaliverbindungen kam in Gießereibetrieben auf Grund der R. Walterschen Patente (*37*) vom Jahre 1921 auf. Nach einer Schrifttumsangabe enthält ein im Handel erscheinendes Waltersches Entschwefelungsmittel 94% Soda, 4% Bariumchlorid, 0,6% Eisenoxydul und 0,9% Wasser (*38*). L. SCHARLIBBE und K. EMMEL (*39*) berichteten zuerst über die praktische Anwendung dieses Präparates. Bei einem Pfanneninhalt von 30 t benutzte EMMEL einen Zusatz von 0,5% und erhielt eine Erniedrigung des S-Gehaltes im flüssigen Gußeisen von 0,14% um 72,9%. Als Einwirkungsdauer des Mittels gibt K. EMMEL ungefähr 5 bis 10 min an. Alsdann wird die leichtflüssige Sodaschlacke mit Kalk abgesteift, um sie besser vom Bad abziehen zu können. Nach den Untersuchungen von H. OSTERMANN (*40*) tritt durch Sodabehandlung jedoch nur dann Entschwefelung (bis 60%) ein, wenn es zur Bildung einer Silikatschlacke ($Na_2O \cdot SiO_2$) kommt. Diese muß nunmehr genügend freies Alkalioxyd lösen, das alsdann erst wie folgt einwirkt:

$$\left.\begin{array}{l} Na_2O + C = CO + 2\,Na \\ 2\,Na + FeS = Na_2S + Fe \end{array}\right\} \text{wenn Kohlenstoff als Reduktionsmittel auftritt,}$$

und

$$\left.\begin{array}{l} 2\,Na_2O + Si = SiO_2 + 4\,Na \\ 2\,Na + FeS = Na_2S + Fe \end{array}\right\} \text{wenn Silizium als Reduktionsmittel vorliegt.}$$

Das Aufnahmevermögen der Alkalisilikatschlacken für Mangansulfid und Natriumsulfid liegt zwischen 30 bis 40% bzw. 20 bis 30%.

Zusätze von Ferrosilizium und Kalziumkarbid u. a. zu der aufgegebenen Soda schützen den Siliziumgehalt des Bades. Andernfalls nimmt letzterer infolge Silikatbildung ab. Die Reaktion zwischen Soda und Eisenbad nimmt nach OSTER-

MANN mit steigender Temperatur wegen der gleichzeitig wachsenden Verdampfungsverluste ab. Stahlbäder und voraussichtlich auch sehr hoch überhitztes Gußeisen können daher durch Alkalien nicht entschwefelt werden. Im übrigen müssen oxydische Ofenschlacken vom Bad ferngehalten werden, da sonst die Soda völlig verschlackt, z. B. gemäß:

$$Na_2O + 2\,FeO\cdot SiO_2 = 2\,FeO + Na_2O\cdot SiO_2. \qquad (9)$$

Auch das vorzeitige Einwerfen der Sodamischung in die rotwarme (sauer zugestellte) Gießpfanne kann zur Kieselsäure-Anreicherung im Alkalisilikat ohne freies Alkali führen und wird damit wirkungslos. Auf schlackenfreier Badoberfläche dagegen regelt sich die Menge des verfügbaren Alkalioxyds dadurch von selbst, daß die bei der Reduktion durch Silizium entstehende Kieselsäure Alkali zu Silikat bindet (OSTERMANN).

J. E. FLETCHER *(41)* untersuchte die bei der Entschwefelung des Gußeisens durch Soda auftretenden Wärmetönungen, wobei er folgenden Hauptreaktionsverlauf annimmt:

1. $Na_2CO_3 \longrightarrow Na_2O + CO_2$,
2. $Na_2O + MnS \longrightarrow Na_2S + MnO$,
3. $Si + O_2 + Na_2O \rightarrow Na_2O\cdot SiO_2$.

Für den unverbrauchten, dissoziierten Sodarest nimmt er, mangels genauer Unterlagen über den Ablauf der Vorgänge, an, daß der Sauerstoff des Natriumoxyds sowohl durch freien als auch an Natrium gebundenen Schwefel unter Bildung von Schwefeltrioxyd verbraucht wird, so daß die in der Oberflächenflamme sich abspielenden Reaktionen im wesentlichen auf eine Rückoxydierung des freien Natriums hinauslaufen. Auf einen Zusatz von 1 kg Soda zu 100 kg einer Schmelze mit 3,2% C, 2,0% Si, 0,49% Mn, 1,02% P und 0,08% S umgerechnet, ergibt sich, unter Zugrundelegung einer von FLETCHER bestimmten Verminderung des Schwefelgehaltes um 0,04% und des Siliziumgehaltes um 0,15%, folgendes Bild:

Hauptreaktion	Anteiliger Soda-verbrauch %	Nebenreaktion	Wärmetönung kcal	
$Na_2CO_3 \rightarrow Na_2O + CO_2$	—	—	−710	
$Na_2O + MnS \rightarrow Na_2S + MnO$	13,25	$Na_2O \rightarrow 2\,Na + O$	−126	
		$MnS \rightarrow Mn + S$	− 56	
		$2\,Na + S \rightarrow Na_2S$		+ 112
		$Mn + O \rightarrow MnO$		+ 112
$SiO_2 + Na_2O \rightarrow Na_2SiO_3$	56,50	$Si + O_2 \rightarrow SiO_2$		+1050
		$SiO_2 + Na_2O \rightarrow Na_2SiO_3$		+ 253
Flammenreaktion $4\,Na + O_2 \rightarrow 2\,Na_2O$	30,25			+ 282
	100,00		−892	+1809

Es ergibt sich also auf 100 kg Eisen ein Wärmegewinn von 917 kcal, was rechnerisch einer Temperaturerhöhung des Bades um 55° gleichkommt. Der Verfasser gibt an, daß bei seinen Versuchen Rechnung und Messung gute Übereinstimmung ergeben hätten.

Nach F. KÖRBER und W. OELSEN *(42)* besteht der Vorgang der Entschwefelung durch Soda nicht allein in der Umsetzung des Eisensulfides zu Natriumsulfid, sondern das gebildete Natriumsulfid vermag seinerseits noch ganz erhebliche Eisensulfidmengen aufzunehmen, und zwar auch noch bei recht kleinen Schwefelgehalten der Schmelze. Um diese Beträge wird also die durch die Soda im günstigsten Fall zu entfernende Schwefelmenge höher sein, als die des stöchiometrischen Umsatzes, der je Gramm Na_2CO_3 = 0,302 g Schwefel beträgt. Denkt man sich in Abb. 376 bei 0,302 g Schwefel eine Horizontale gezogen, so sieht man deutlich, wie mit zunehmend basischem Charakter der Schlacken jene Grenze merklich überschritten wird, mit steigendem Kieselsäuregehalt, d. h. abnehmendem Verhältnis $Na_2O : SiO_2$ aber rasch fällt, da die sauren Schlacken nur wenig Sulfidmengen zu lösen vermögen. Die im Graphittiegel an silizium- und manganarmen Eisensorten durchgeführten Versuche zeigten die wesentlich stärker entschwefelnde Wirkung der reinen Soda gegenüber dem Natriummetasilikat oder anderen Silikatstufen der Reaktionsschlacken. Mit Hilfe der Abb. 377 konnten Körber und Oelsen auch nachweisen, daß eine stufenweise Entschwefelung mit geringeren Sodamengen eine bessere Ausnutzung der Sodamenge gestattet als die einmalige Verwendung einer größeren Sodamenge. Betrachtet man den Verlauf der Entschwefelung für den Fall des Metasilikates

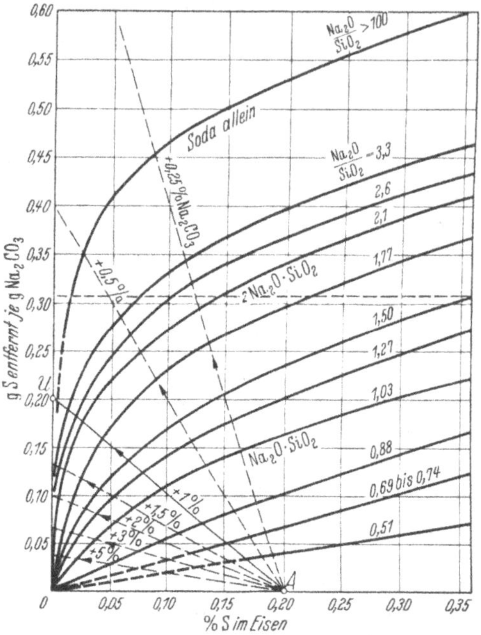

Abb. 376. Beziehungen zwischen Anfangsschwefelgehalt, Sodazusatz und Endschwefelgehalt für verschiedene Verhältnisse von $Na_2O : SiO_2$ im Zusatz (nach F. Körber und W. Oelsen).

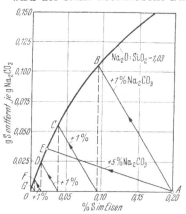

als Endschlacke gemäß der Kurve für ein Verhältnis von $Na_2O : SiO_2 = 1{,}03$ und wird der stark übertriebene Fall eines Sodazusatzes von 5% zu einer Schmelze mit 0,2% S zugrunde gelegt, so gelangt man bei Benutzung dieser Sodamenge zu Punkt *E* mit 0,022% S. Gibt man jedoch 5 Teilmengen von je 1% Soda unter jedesmaliger Entfernung der Schlacke, so gelangt man nacheinander zu den Punkten *B* (0,094% S), *C* (0,038% S), *D* (0,014% S), *F* (0,005% S) und *G* (0,002% S). Ein Blick auf Abb. 377 zeigt, daß man bereits nach dem dritten Teilzusatz (Punkt *D*), also mit 3% Soda, auf einen geringeren Endgehalt des Eisens an Schwefel kommt als bei einmaliger Verwendung von 5% Soda. Nach dem vierten und fünften Teilzusatz sind die Schwefelgehalte sogar schon erheblich unter 0,01% abgesunken. Die Wirkung sodahaltiger Entschwefelungsmittel soll auch in einer zusätzlichen Entgasung der Schmelze beruhen (vgl. Zahlentafel 54), die allerdings teilweise auch schon aus der längeren Abstehzeit während der Behandlung mit dem Entschwefelungsmittel zu erwarten wäre (*43*).

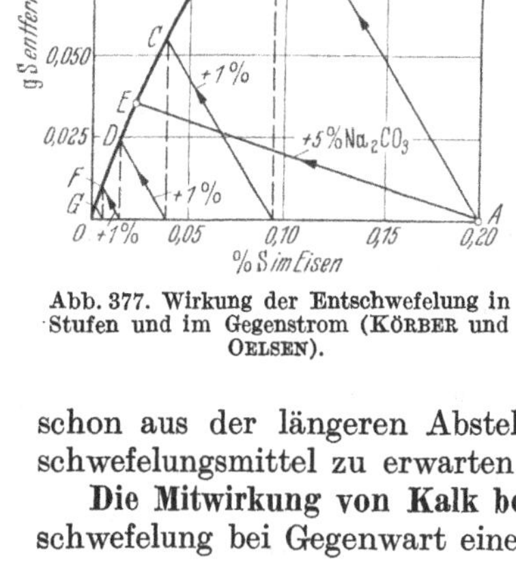

Abb. 377. Wirkung der Entschwefelung in Stufen und im Gegenstrom (Körber und Oelsen).

Die Mitwirkung von Kalk bei der Entschwefelung. Eine Erhöhung der Entschwefelung bei Gegenwart einer sauren Schlacke kann durch eine Zugabe von

Kalk erzielt werden. Der Kalk kann einen Teil der Kieselsäure binden, andererseits sich aber auch selbst durch Bildung von Kalziumsulfid an der Entschwefelung beteiligen.

W. Oelsen (*44*) gibt eine Reihe von Versuchen an, die mit Kalkzusätzen zu $Na_2O \cdot SiO_2$ sowie zu Natriumsilikaten mit höheren SiO_2-Gehalten durchgeführt wurden. Abb. 378 zeigt die Mitwirkung des Kalkes bei der Entschwefelung mit $Na_2O \cdot SiO_2$. Beachtlich ist hierbei die starke Wirkung bei geringen Endschwefelgehalten. Beispielsweise kann durch Zusatz von 1% Na_2CO_3 in Form des $Na_2O \cdot SiO_2$ bei einem Anfangsschwefelgehalt von 0,20% durch das Metasilikat ein Endschwefelgehalt von 0,096% erreicht werden, während durch dieselbe Menge Soda unter gleichzeitiger Kalkbeimengung von 40% eine Entschwefelung bis auf etwa 0,019% eintritt (Punkt *E* in Abb. 378).

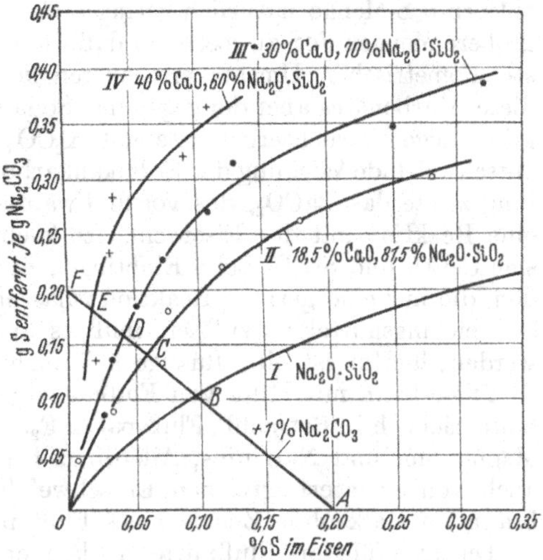

Abb. 378. Mitwirkung des Kalkes bei der Entschwefelung mit Natriummetasilikat (W. Oelsen).

Noch deutlicher ist der günstige Einfluß des Kalkes, wenn Natriumsilikate mit höheren SiO_2-Gehalten auf Schmelzen einwirken, wie Abb. 379 zeigt. Die eingezeichnete Gerade *ABC* läßt erkennen, daß durch Zugabe von 2% Soda in Form des Silikates $2Na_2O \cdot 3SiO_2$ eine Schmelze mit 0,4% S (Punkt *A*) auf etwa 0,24% (Punkt *B*) entschwefelt werden kann, während durch Beimengung von 31,5% CaO ein Endschwefelgehalt von etwa 0,07% (Punkt *C*) erreicht werden kann. Der Gehalt von 31,5% CaO ergibt sich aus der stöchiometrischen Zusammensetzung des Silikates: $2Na_2O \cdot 3SiO_2 \cdot 2{,}5\,CaO$, der die obere Kurve entspricht. Die Erhöhung der entschwefelnden Wirkung der Silikate durch Kalkbeimengung beruht aber nicht nur auf der höheren Basizität der entstehenden Schlacke, sondern auch auf der eintretenden CaS-Bildung, die jedoch um so stärker ist, je mehr Kalk schon während der eigentlichen Reaktion in der Schlacke gelöst ist.

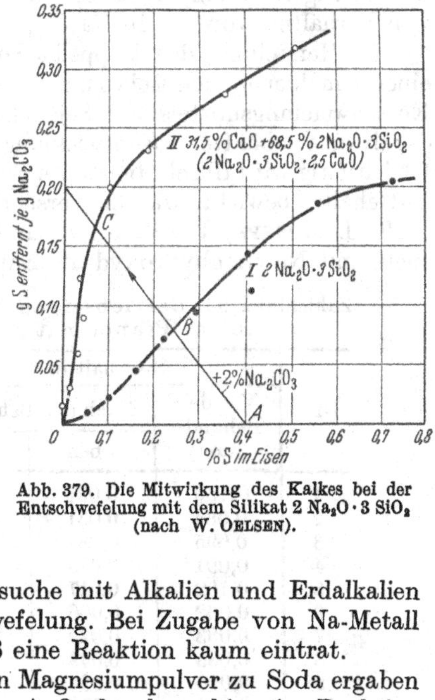

Abb. 379. Die Mitwirkung des Kalkes bei der Entschwefelung mit dem Silikat $2Na_2O \cdot 3SiO_2$ (nach W. Oelsen).

Entschwefelung mit anderen Entschwefelungsmitteln. Über die Verwendungsmöglichkeit anderer Entschwefelungsmittel sind die verschiedensten Versuche durchgeführt worden.

Von H. Ostermann (*40*) angestellte Versuche mit Alkalien und Erdalkalien zeigten nur geringe Erfolge in der Entschwefelung. Bei Zugabe von Na-Metall verdampfte dieses zum größten Teil, so daß eine Reaktion kaum eintrat.

Versuche mit verschiedenen Zusätzen von Magnesiumpulver zu Soda ergaben etwa die gleichen Ergebnisse wie mit Natrium. Außerdem kann hier eine Reaktion zwischen Mg und Na_2CO_3 stattfinden. Reines Magnesium zeigte keinen Einfluß auf die Zusammensetzung der Schmelze.

Eine Entschwefelung kann ebenso wie mit Na_2CO_3 auch mit K_2CO_3 durchgeführt werden. Durch das höhere Atomgewicht ist die je Gewichtseinheit K_2CO_3 entfernte S-Menge natürlich geringer als die der Soda. Auch K_2S ist imstande, größere Mengen FeS zu lösen, so daß die entfernte S-Menge über der durch den stöchiometrischen Umsatz errechneten liegen kann. Es steht der Verwendung dieses Karbonates aber der gegenüber Soda höhere Preis entgegen. W. OELSEN (*44*) gibt einige Versuchsergebnisse mit K_2CO_3 an. In der gleichen Arbeit wird die entschwefelnde Wirkung der Erdalkalikarbonate angeführt. Die beste Entschwefelung zeigte das $BaCO_3$, das vor und während seiner Zersetzung schmilzt, so daß eine Reaktion mit der Eisenschmelze leicht eintreten kann. Dagegen zersetzen sich $CaCO_3$ und $SrCO_3$ beim Einbringen in die Schmelze sogleich zu festen Oxyden, die nur eine geringe Reaktion zulassen. Um die Wirkung des CaO als Entschwefelungsmittel auszulösen, muß es in eine reaktionsfähige Form überführt werden; hierfür ist eine flüssige kalkreiche Schlacke geeignet.

Diese kann mit Hilfe von Flußmitteln erreicht werden. Es kommen hierfür hauptsächlich in Betracht: Flußspat CaF_2, sowie auch die Chloride des Kalziums, Magnesiums und Natriums. Allerdings berichten W. BADING und A. KRUS (*45*) auch von einer erfolgreichen Entschwefelung von Roheisenschmelzen mit gebranntem Kalk ohne Zusatz eines Flußmittels.

Die angeführten Flußmittel wirken erst auf den gebrannten Kalk. Durch Zusatz von Na_2CO_3 zu $CaCO_3$ kann jedoch der feste Kalkstein schon verflüssigt werden. Na_2CO_3 und $CaCO_3$ bilden das Doppelkarbonat $Na_2Ca(CO_3)_2$. Während die reine Soda bei 860^0 schmilzt, liegt der Schmelzpunkt des Doppelkarbonates bereits bei 813^0. Die Soda wirkt also auf $CaCO_3$ als ein Flußmittel ein. Da bei 900^0 die Zersetzung des Kalkes eintritt, muß die Bildung des Doppelkarbonates bei niedrigeren Temperaturen vor sich gehen; denn nur das $CaCO_3$ ist in diesem Verhältnis von 1:1 in Na_2CO_3 löslich.

Die Herstellung des Doppelkarbonates kann durch Schmelzen oder Sintern eines gemahlenen Gemisches aus Soda und Kalkstein erfolgen. Bei Zugabe dieses Entschwefelungsmittels zur Schmelze wird die gesamte Kohlensäure frei, wodurch eine lebhafte Gasentwicklung eintritt, die jedoch erwünscht sein kann. Gleichzeitig wird durch die Anwendung dieses Karbonates eine Erniedrigung des Si-Gehaltes bewirkt, wie die Versuchsergebnisse von W. OELSEN zeigen.

T. L. JOSEPH, F. W. SCOTT und M. TENENBAUM (*46*) machten auch Versuche mit Natriumhydroxyd als Entschwefelungsmittel. Abgesehen davon, daß

Zahlentafel 53. Betriebsergebnisse der Behandlung von Gußeisen in der Pfanne mit gemahlenem Kalziumkarbid.

Nr.	S-Gehalt in %			S-Abnahme	CaC_2-Zusatz	Dauer der Behandlung
	Vor der Behandlung	Nach der Behandlung oben	Nach der Behandlung unten	%	kg je t	min
1	0,100	0,031	0,032	68,5	4,5	4
2	0,086	0,031	0,031	64,0	4,5	4
3	0,095	0,084	0,079	14,2	2,25	2,5
4	0,094	0,075	0,075	20,2	4,5	4,5
5	0,102	0,017	0,011	86,3	5,5	6
6	0,092	0,006	0,006	93,5	6,75	7,75
7	0,083	0,029	0,029	65,1	5,00	6,3
8	0,085	0,039	0,042	52,4	5,00	8
9	0,090	0,034	0,033	62,8	6,75	6
10	0,089	0,015	0,013	84,3	6,75	6,5

dieses Mittel teurer ist als Soda, dürfte auch die Schwierigkeit, dieses stark hygroskopische Präparat praktisch wasserfrei zur Anwendung zu bringen, mehr Nachteile als Vorteile mit sich bringen.

Die gute Entschwefelung von Gußeisen im Elektroofen wird unter anderem auf die Mitwirkung der in der Schlacke sich bildenden Metallkarbide zurückgeführt. F. HEIMES (*47*) konnte bei Entschwefelungsversuchen in der Pfanne mit verschiedenen Metallkarbiden (Siliziumkarbid, Kalziumkarbid, Aluminiumkarbid) nur bei Al_4C_3 eine erfolgreiche Wirkung auf die Entschwefelung (bis zu 38%) feststellen, bei verminderter Lunkeranfälligkeit und erhöhter Dichte. Im Gegensatz hierzu konnten C. E. WOOD, E. P. BARRETT und W. F. HOLBROOK (*60*) durch Behandlung von Gußeisen mit Kalziumkarbid in der Pfanne (handelsübliches Karbid mit 75% CaC_2) eine recht weitgehende Entschwefelung erzielen (Zahlentafel 53), allerdings nur dann, wenn das gemahlene Karbid mit einem Flußmittel, am besten Kochsalz (?), zu Briketts gepreßt und mittels besonderer Halter aus Graphit (Abb. 380) so lange in das Eisenbad getaucht wurde, bis sich das Brikett völlig aufgelöst hatte. Das gleiche wurde durch mechanische Aufgabe- und Rührvorrichtungen erreicht (Abb. 381 und 382). Ein einfacher Zusatz in die Pfanne oder in die Abstichrinne hatte jedoch keinen Erfolg.

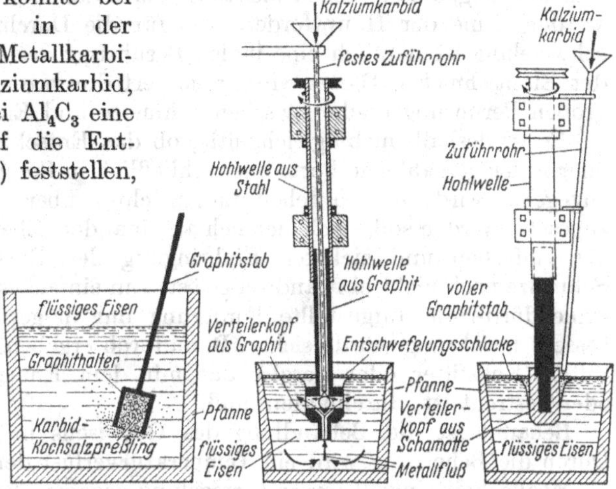

Abb. 380. Verfahren zum Einbringen von Kalziumsilizid und Kochsalz in das Eisenbad.
Abb. 381. Verfahren mit Zufuhr von innen.
Abb. 382. Verfahren mit Zufuhr von außen.

Bekannt ist ferner, daß mit fallendem Siliziumgehalt die aus dem Kupolofen anfallenden Gußeisensorten zu höheren Schwefelgehalten neigen, eine Erscheinung, unter der besonders die Tempergießer zu leiden haben. F. ROLL (*48*) konnte an 15 verschiedenen im Kupolofen erschmolzenen Gußeisen, die aus sechs Gießereien stammten, diese Abhängigkeit des Schwefelgehaltes vom Siliziumgehalt eindeutig zeigen (Abb. 383).

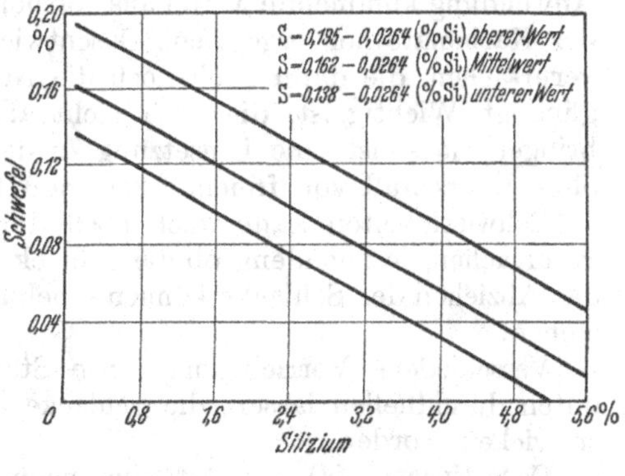

Abb. 383. Abhängigkeit des Schwefelgehaltes vom Siliziumgehalt bei Gußeisen (F. ROLL).

Berylliumzusätze vermögen ebenfalls eine zusätzliche Abscheidung des Schwefels als BeS zu bewirken, wie W. KROLL (*49*) zeigen konnte. Hierbei bleibt auch der anwesende Kohlenstoff unbeeinflußt und unversehrt, wenn kein größerer Überschuß von Be angewendet wird.

In manganarmen Eisensorten kann ferner durch Glühen im Wasserstoffstrom eine bemerkenswerte Entschwefelung auftreten, die, wie K. JELLINEK und J. ZA-

KOWSKI sowie W. BAUKLOH (*50*) zeigten, in der Gleichung:

$$FeS(MnS) + H_2 \rightleftarrows Fe(Mn) + H_2S \tag{10}$$

ihre ursächliche Formulierung findet.

Praktische Durchführung der Entschwefelung. Die bei Laboratoriumsversuchen erzielten Ergebnisse stellen meistens Werte dar, die in der Praxis nicht erreicht werden. Eine der Hauptforderungen für die Durchführung einer guten Entschwefelung ist nämlich eine innige Berührung des Entschwefelungsmittels mit der Eisenschmelze. Dieses wird erleichtert durch die Schaffung einer möglichst großen Berührungsfläche zwischen Schmelze und Entschwefelungsmittel.

Es ist deshalb nicht gleichgültig, ob das Entschwefelungsmittel großstückig oder in feingemahlener Form oder schließlich in flüssigem Zustand der Schmelze zugegeben wird. Jedoch gehen die Ansichten über die Form, in der das Mittel zugesetzt werden soll, noch ziemlich auseinander. Ebenso ist auch die Frage nach der einfachen und sicheren Einbringung des Entschwefelungsmittels in die Schmelze noch nicht einwandfrei gelöst. Ein einfaches Aufstreuen in die Abstichrinne dürfte die aufgestellte Forderung nur in geringem Maße erfüllen. Eine bessere Berührung würde sich z. B. dadurch ergeben, daß das flüssige Eisen ein Filter (Koksfilter oder dergl.), das mit dem Entschwefelungsmittel getränkt oder bestreut ist, durchlaufen muß.

Bekannt ist die Behandlung des Gußeisens in einem beheizten Vorherd. Durch die Beheizung wird ein Temperaturverlust der Schmelze vermieden und die Möglichkeit einer Temperaturregelung gegeben. Bei einer einfachen Pfannenbehandlung können sich Temperaturverluste oft unliebsam bemerkbar machen.

Eine mechanische Bewegung oder Durchwirbelung des Bades kann für eine erfolgreiche Entschwefelung von großem Vorteil sein. Hierdurch wird eine bessere Berührung von Mittel und Schmelze gesichert und damit die Reaktionszeit abgekürzt.

Das Einbringen des festen oder flüssigen Entschwefelungsmittels in die Pfanne vor dem Zugießen der Schmelze kann ebenfalls von Vorteil sein. Besteht das zur Anwendung kommende Mittel aus Karbonaten, so wird die durch die Zersetzung der Karbonate hervorgerufene Gasentwicklung eine Durchbewegung des Bades verursachen, die dann auch noch die Ausscheidung von Verunreinigungen begünstigt. Wichtig ist, die Soda nicht allzufrüh in rotglühende Pfannen einzubringen, da sonst eine Umsetzung zu dem weniger wirkungsvollen Metasilikat ohne Überschuß von freiem Alkali stattfinden kann.

Schwierigkeiten kann auch noch die Entfernung der gebildeten Schlacke verursachen, je nachdem, ob die Schlacke steif oder sehr dünnflüssig ist. Durch das Abziehen der Schlacke können erhebliche Zeit- und Temperaturverluste entstehen.

Verschiedene Vorrichtungen, wie Stauwände, die das entschwefelte Eisen unten durchfließen lassen, die Schlacke aber zurückhalten, sind versucht und entwickelt worden.

G. S. EVANS (*51*) benutzt eine nach diesem Prinzip gebaute verlängerte Pfanne, die eigentlich mehr die Form und das Ausschen eines Mischers hat, wenn auch in kleineren Ausmaßen. Durch eine Scheidewand wird diese Pfanne in zwei verschieden große Räume geteilt, die am Boden miteinander verbunden sind. In der eigentlichen Pfanne wird die Entschwefelung durchgeführt, während durch die Scheidewand die Schlacke aus dem anderen Raum ferngehalten wird, der gleichzeitig als Ausguß benutzt werden kann. Ähnliche Vorherde findet man auch in Deutschland.

Was den Zusatz wasserfreier Soda zu flüssigem Gußeisen betrifft, so kann man damit rechnen, bei 0,1% S im Eisen mit etwa 0,5 kg/100 kg Metall auszukommen. Bei etwa 0,2% S im Eisen steigt die benötigte Sodamenge auf 1%. Bei noch höheren Schwefelgehalten empfiehlt sich zweifellos die stufenweise Entschwefelung, wie sie von F. KÖRBER und W. OELSEN (*42*) in Vorschlag gebracht wurde.

Um bei der Verwendung rotglühender Pfannen eine zu starke Abbindung des Alkalioxyds durch die freie Kieselsäure der sauren Klebmassen zu vermeiden, könnte man natürlich auch daran denken, in solchen Fällen die Gießpfanne basisch auszukleiden. Ganz abgesehen aber davon, daß die basische Zustellung eine Änderung im Verhalten des Eisens hervorrufen kann (vgl. die Ausführungen auf S. 92 und 225), ist ein Magnesitfutter natürlich sehr teuer und temperaturempfindlich. Nach M. PASCHKE und E. PEETZ (*52*) haben sich gegenüber dem Angriff sodahaltiger Schlacken Schamottesteine mit etwa 8% Porenraum und mittlerem Tonerdegehalt am besten bewährt, während hochtonhaltige Steine versagt haben. Um bei hochwertigen, sehr dünnwandigen Gußstücken Ausschuß durch Ausschwitzen sodahaltiger Sulfidschlacken zu vermeiden, empfiehlt sich in jedem

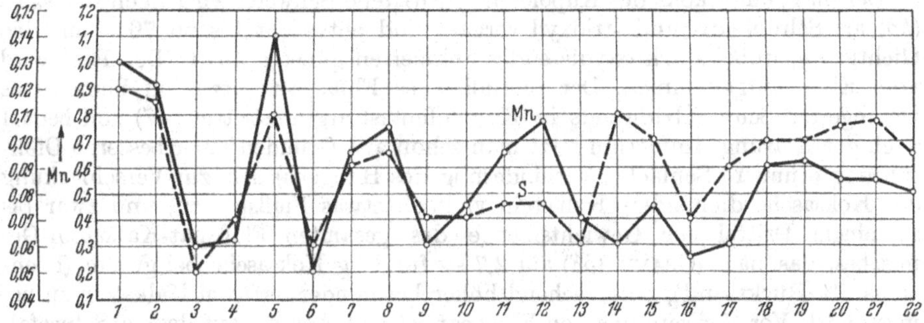

Abb. 384. Beziehung zwischen Mn-Gehalt der Gattierung und der Schwefelaufnahme bei 22 Kupolofenschmelzen (J. SHAW).

Falle die Verwendung von Siebeingüssen, sowie eine sorgfältige Ausbildung der Schlackenfänger vor dem Zulauf zum eigentlichen Gußstück. Auch ein kurzes Ausschleudern des flüssigen Eisens vor dem Vergießen sollte sich recht gut bewähren.

In Fällen, wo die Fabrikationsbedingungen eine genügend hohe Temperatur des Eisens bei entsprechend verringerter Behandlungszeit erfordern, oder wo die Kleinheit der Gußstücke die Dauer der Schmelzbehandlung sehr stark begrenzt, ist es vorteilhaft, direkt im Kupolofen mit Blocksoda (zu Blockformen vergossene flüssige Soda) oder gekörnter Soda zu arbeiten. Der Sodazusatz beträgt alsdann 1 bis 2 kg/t.

Nach Mitteilungen der Eßlinger Maschinenfabrik (*53*) nimmt ein hochmanganhaltiges Material (Stahleisen, Spiegeleisen usw.) im Kupolofenschacht den Schwefel aus dem Koks weit gieriger auf als ein manganarmes Material, eine Auffassung, die durch Abb. 384 nach J. SHAW (*54*) bestätigt wird. Jedenfalls hat die Maschinenfabrik Eßlingen auf Grund ihrer Beobachtungen die Manganformlinge herausgebracht, in denen das Mangan vor Abbrand und Schwefelaufnahme geschützt ist und daher vollkommen in das Eisenbad übergeht. Die Verwendung von Blocksoda im Kupolofen verursacht angeblich nur einen geringfügigen Einfluß auf das Mauerwerk (*55*), einige Gießereien wollen sogar längere Haltbarkeit infolge Schutzschichtenbildung beobachtet haben (?).

Die Wirkung des Entschwefelungsmittels nach WALTER soll auch in einer zusätzlichen Entgasung (vgl. Zahlentafel 54) der Schmelze beruhen (*43*), die allerdings schon aus der längeren Abstehdauer während der Behandlung mit dem sodareichen Salz allein zu erwarten ist. Auch hat man eine Verbesserung der Laufeigenschaften des entschwefelten Eisens bis zu 33% beobachtet (*63*).

Zahlentafel 54 (*43*). In 100 g Gußeisen waren enthalten:

Gußeisensorten	S %	Entschwefelung %	CO_2 cm³	CO cm³	H_2 cm³	N_2 cm³	Gesamtgasgehalt cm³	Gasabnahme %	Brinellhärte
12622 A, nicht entschwefelte Probe	0,096	—	4,53	49,27	31,78	0,0	85,58	—	315
Dieselbe entschwefelt	0,052	45,8	1,35	10,34	31,16	1,20	44,05	48,6	293
19622 B, nicht entschwefelte Probe	0,089	—	4,13	45,42	11,58	3,79	64,92	—	320
Dieselbe entschwefelt	0,056	37,1	0,93	33,60	10,32	1,07	45,92	29,2	291

Der im Schmelzkoks des Kupolofens enthaltene Schwefel wird nach B. Osann (*56*) als Schwefeldi- und -trioxyd vergast und entweicht bis zu 70% mit den Gichtgasen, wobei stark oxydierendes Schmelzen günstig wirkt. Der Rest wird vom Eisen aufgenommen. Der Einfluß eines Flußspatzusatzes im Sinne eines verringerten Schwefelzubrands im Kupolofen ist arg umstritten (*57*) und bedarf noch der Klärung. Immerhin setzt man schon aus Gründen einer besseren Ofenführung (dünnere Schlacke, Verhinderung des Hängens) dem zur Verschlackung der Koksasche dienenden Kalkstein vielfach etwas Flußspat zu, und zwar bis zu einem Drittel der Gewichtsmenge des gesamten Flußspat-Kalkstein-Gemisches, das nach Osann (*58*) auf 2,7 kg für 1 kg Koksasche bei gutem (höchstens 5% Rückstand), entsprechend höher bei minderwertigem Kalkstein zu bemessen ist. Vor Verwendung von Flußspat ist eine Analyse auf dessen Schwefelgehalt empfehlenswert, da Flußspat oft mit Metallsulfiden verunreinigt ist.

Im kohlenstoffreichen Eisen ist durch die Karbidbildung ein weit größerer Teil des Eisens bereits gebunden und für die Sulfidbildung nicht mehr verfügbar als im kohlenstoffärmeren, demnach ist die Konzentration des Schwefels im freien Eisen bei ersterem größer, was die Segregation sicherlich begünstigt. Bei gleicher Temperatur ist ferner die Viskosität des kohlearmen Eisens wesentlich größer und damit die Segregationsmöglichkeit erschwert. Offenbar im Zusammenhang mit der erstgenannten Begründung steht die Tatsache, daß schrottreiche Gattierungen aus dem Schmelzkoks des Kupolofens mehr Schwefel aufnehmen. Dasselbe gilt von Gußbruch, der ein wiederholtes Umschmelzen hinter sich hat (Gefahr der Inzucht). Wie klar hier der Zusammenhang ist, zeigt Abb. 385a und b nach J. E. Fletcher (*59*).

Jedenfalls macht bei stahlschrottreichen Gattierungen die Entschwefelung besonders große Schwierigkeiten, zumal ein so hergestelltes Eisen meistens keine langen Abstehzeiten verträgt. Da der Ofengang aber in solchen Fällen heißer ist, sollte die Möglichkeit bestehen, durch Erhöhung des Kalkgehaltes der Schlacke in Verbindung mit der Verwendung von Blocksoda oder Flußspat die Aufnahmefähigkeit der Schlacke für die Sulfide zu steigern. Da ferner der Verteilungsfaktor für die Sulfide in kalkhaltigen Schlacken bei bestimmten Magnesiagehalten (11 bis 15%) günstiger zu werden scheint, wie W. F. Holbrook und T. L. Joseph (*61*) zeigen konnten, so ergeben sich hier vielleicht weitere Möglichkeiten, die übrigens bei stärkerer Einführung der Heißwindkupolöfen (vgl. S. 877ff.) sich sogar noch erweitern dürften.

Ein eigenartiges, in seiner metallurgischen Berechtigung nicht ganz durchsichtiges Verfahren zur Herstellung hochwertigen Gußeisens hat F. WEEREN (*62*) zum Patentschutz angemeldet. Der Anspruch lautet:

„Verfahren zur Herstellung von hochwertigem Gußeisen aus beliebigem Einsatz, dadurch gekennzeichnet, daß mit dem Einsatz so viel Schwefel eingebracht wird, daß in der erstarrenden Schmelze aller aus dem metallischen Rohstoff stammender elementarer Kohlenstoff (Graphit) in die Karbidform übergeführt

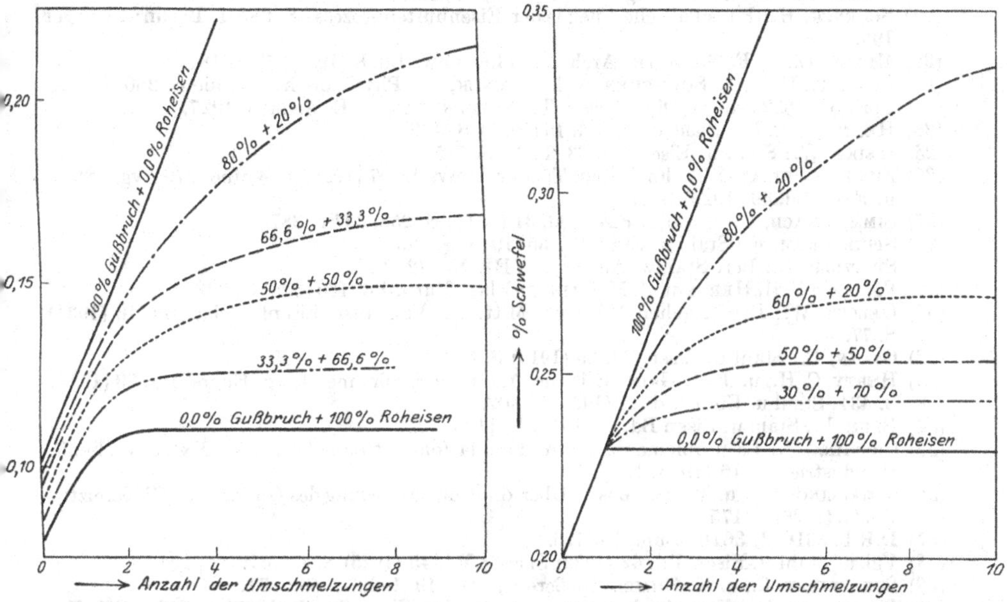

a) graues Eisen (0,03% S im Roheisen, 0,10% S im ersten Gußbruch). b) weißes (Temper-)Eisen mit 0,2% S im Roheisen und 0,23% S im ersten Gußbruch.

Abb. 385a und b. Der Einfluß wiederholten Umschmelzens auf den Schwefelgehalt des anfallenden Gußeisens (nach J. E. FLETCHER).

wird, worauf durch Anwendung eines an sich bekannten Entschwefelungsverfahrens oder durch Zusatz von Mangan der Kohlenstoff in Form von feinverteiltem Graphit wieder zur Ausscheidung gelangt."

Der vorliegenden Idee liegen zweifellos die guten Erfahrungen zugrunde, die man mit der Verwendung weiß erstarrter Eisensorten bzw. die nachträgliche Silizierung bei der Herstellung hochwertigen Gußeisens gemacht hat (vgl. Kapitel VIIi dieses Buches).

Schrifttum zum Kapitel IXe.

(*1*) Eine Übersicht über das gesamte Schrifttum findet sich in P. OBERHOFFER, W. EILENDER und H. ESSER: Das technische Eisen S. 103ff. Berlin: Springer 1936.

(*2*) ZIEGLER, M.: Rev. Métall. Bd. 6 (1909) S. 1039.

(*3*) FRY, A.: Stahl u. Eisen Bd. 43 (1923) S. 1039.

(*4*) VOGEL, R., u. G. RITZAU: Arch. Eisenhüttenw. Bd. 4 (1930/31) S. 549.

(*5*) HANEMANN, H., u. A. SCHILDKÖTTER: Arch. Eisenhüttenw. Bd. 3 (1929/30) S. 427.

(*6*) VOGEL, R., u. W. HOTOP: Arch. Eisenhüttenw. Bd. 11 (1937/38) S. 41.

(*7*) Vgl. WENTRUP, H.: Arch. Eisenhüttenw. Bd. 9 (1935/36) S. 535, sowie die ternären Schaubilder Eisen-Kohlenstoff-Schwefel bzw. Eisen-Kohlenstoff-Phosphor.

(*8*) Vgl. GLASER, O.: Diss. Aachen 1925, sowie TAMMANN, G.: Zur Analyse des Erdinnern. Z. anorg. allg. Chem. Bd. 131 (1923) S. 99.

(*9*) ROLL, F.: Gießerei Bd. 25 (1938) S. 217.

(*10*) KÜNKELE, M.: VDE Werkstoffaussch. Nr. 75.

(*11*) OSANN, B.: Lehrbuch der Eisen- u. Stahlgießerei, 5. Aufl. (1922) S. 152.

(*12*) Vgl. Stahl u. Eisen Bd. 48 (1928) S. 1828.

(13) WÜST u. MINY: Ferrum Bd. 14 (1916/17) S. 97.
(17) PIWOWARSKY, E., u. F. SCHUMACHER: Gießerei Bd. 12 (1925) S. 773.
(15) ARNOLD J. O., u. H. D. BOLSOVER: Stahl u. Eisen Bd. 34 (1914) S. 973.
(16) Stahl u. Eisen Bd. 45 (1925) S. 1467; Bd. 43 (1923) S. 555.
(17) SHAW, J.: Foundry 1928 S. 471/519 und 584.
(18) BARDENHEUER, P., u. L. ZEYEN: Gießerei Bd. 15 (1928) S. 1124.
(19) WÜST und MINY: Ferrum 1916/17 S. 97.
(20) SCHMAUSER, J.: Gießereiztg. Bd. 17 (1920) S. 355.
(21) SCHENCK, H.: Physikalische Chemie der Eisenhüttenprozesse S. 280ff. Berlin: Springer 1932.
(22) MEYER, O., u. F. SCHULTE: Arch. Eisenhüttenw. Bd. 8 (1934/35) S. 187.
(23) SCHENCK, H., u. E. SÖHNCHEN: Vgl. SCHENCK, H.: Physikalische Chemie S. 280. Berlin: Springer 1932, sowie Dipl.-Arbeit TH. TIEFENTHAL, T. H. Aachen 1927.
(24) HERTY JR., C. H.: Blast Furn. Bd. 15 (1927) S. 467.
(25) HEIKE, W.: Stahl u. Eisen Bd. 33 (1913) S. 765.
(26) ZEN-ICHI-SHIBATA: Technol. Rep. Tôhoku Univ. Bd. 7 (1928) S. 4 und 279; vgl. Stahl u. Eisen Bd. 49 (1929) S. 1348.
(27) SIMMERSBACH, O.: Stahl u. Eisen Bd. 31 (1911) S. 253, 337 u. 387.
(28) SPRINGORUM, F.: Stahl u. Eisen Bd. 35 (1915) S. 825.
(29) SPETZLER, E.: Ber. Stahlw.-Ausschuß VDE Nr. 72 1923.
(30) Vgl. auch C. H. HERTY u. J. M. GAINES: Blast Furn. Bd. 16 (1928) S. 233.
(31) GELLER, W.: Diss. Aachen 1934; vgl. Mitt. K.-Wilh.-Inst. Eisenforschg. Bd. 16 (1934) S. 77.
(32) OSANN, B.: Stahl u. Eisen Bd. 39 (1919) S. 677.
(33) HERTY, C. H., u. J. M. GAINES: Trans. Amer. Inst. min. metallurg. Engrs. Bd. 73 (1927) S. 434; Stahl u. Eisen Bd. 47 (1927) S. 802.
(34) BLUM, L.: Stahl u. Eisen Bd. 36 (1916) S. 1125.
(35) CIOCHINA, J.: Le problème du soufre dans la fonte et dans les aciers. Extr. de chimie et industrie Bd. 16 (1926) Nr. 6.
(36) MEIERLING, TH., u. W. DENECKE: Über die Entschwefelung des Gußeisens. Gießereiztg. Bd. 23 (1926) S. 175.
(37) D.R.P. 361092, 361093 und 375796.
(38) Vgl. a. Stahl u. Eisen Bd. 42 (1922) S. 506; Bd. 45 (1925) S. 449/51.
(39) SCHARLIBBE, L., u. K. EMMEL: Gießereiztg. Bd. 19 (1922) S. 53 u. 71.
(40) OSTERMANN, H.: Diss. Aachen 1927; vgl. Stahl u. Eisen Bd. 47 (1927) S. 542; Mitt. K.-Wilh.-Inst. Eisenforschg. Bd. 9 (1927) S. 129.
(41) FLETCHER, J. E.: Foundry Trade J. Bd. 48 (1933) S. 239 u. 248.
(42) KÖRBER, F., u. W. OELSEN: Stahl u. Eisen Bd. 58 (1938) S. 905 u. 943.
(43) MEHRTENS, J.: Entschwefelungs-, Entgasungs- und Desoxydationsverfahren für hochwertiges Gußeisen. Stahl u. Eisen Bd. 45 (1925) S. 451.
(44) OELSEN, W.: Stahl u. Eisen Bd. 58 (1938) S. 1212.
(45) BADING, W., u. A. KRUS: Stahl u. Eisen Bd. 58 (1938) S. 1457.
(46) JOSEPH, T. L., SCOTT, F. W., u. M. TENENBAUM: Metals & Alloys Bd. 9 (1938) S. 329.
(47) HEIMES, F.: Stahl u. Eisen Bd. 53 (1933) S. 125.
(48) ROLL, F.: Gießerei Bd. 21 (1934) S. 349.
(49) KROLL, W.: Metallwirtsch. Bd. 2 (1934) S. 23.
(50) JELLINEK, K., u. J. ZAKOWSKI: Z. anorg. allg. Chem. Bd. 142 (1925) S. 35; vgl. auch H. SCHENCK (21), jedoch S. 268; ferner BAUKLOH, W.: Metallwirtsch. Bd. 15 (1936) S. 1193.
(51) COLBECK, F. W., u. N. S. EVANS: Foundry Trade J. Bd. 49 (1933) S. 191.
(52) PASCHKE, M., u. E. PEETZ: Gießerei Bd. 23 (1936) S. 454.
(53) Mitt. Gießereilaboratorium der Masch.-Fabr. Eßlingen Nr. 2.
(54) SHAW, JOHN: Vgl. Gießereiztg. 26 (1929) S. 563.
(55) LEFÈBRE, M. A. G.: Fond. Belge Bd. 40 (1935) S. 307.
(56) OSANN, B.: Die Vorausbestimmung des Schwefelgehaltes im Gußeisen beim Kupolofenbetrieb. Gießerei Bd. 15 (1928) S. 204.
(57) Stahl u. Eisen Bd. 47 (1927) S. 128, sowie Zuschriftenwechsel OSANN/WILKE-DÖRFURT und KLINGENSTEIN: Stahl u. Eisen Bd. 47 (1927) S. 881; vgl. auch S. 840.
(58) OSANN, B.: Die Verwendung von Flußspat beim Kupolofenschmelzen. Gießereiztg. Bd. 24 (1927) S. 659.
(59) FLETCHER, J. E.: Brit. Cast Iron Res. Ass. 1925 Ber. Nr. 7.
(60) WOOD, C. E., BARRETT, E. P., u. W. F. HOLBROOK: Foundry Trade J. Bd. 62 (1940) S. 73; vgl. Gießerei Bd. 27 (1940) S. 267.
(61) HOLBROOK, W. F., u. T. L. JOSEPH: Trans. Amer. Inst. min. metallurg. Engrs. Publ. Nr. 690; Metal Techn. Bd. 3 (1936) Nr. 2; vgl. Stahl u. Eisen Bd. 56 (1936) S. 1146.

(62) D.R.P. ang. Akt.-Zeich. W. 103137 (Klasse 18b, 1/02).
(63) Trans. Amer. Foundrym. Ass. Bd. 48 (1941) Heft 3 S. 623. Vgl. Gießerei Bd. 28 (1941) S. 377.
(64) VOGEL, R., u. TH. HEUMANN: Arch. Eisenhüttenw. Bd. 15 (1941/42) S. 195. Werkstoffaussch. 558.

X. Der Einfluß der Gase.

a) Allgemeiner Verlauf der Löslichkeit.

Liegt lediglich einfache Lösung vor, so folgt die im flüssigen Metall gelöste Gasmenge dem Henry-Daltonschen Absorptionsgesetz (1803 und 1807), d. h. die gelöste Gasmenge ist dem Partialdruck des Gases proportional oder anders ausgedrückt: bei gegebener Temperatur ist das Verhältnis der Konzentration des Gases im Gasraum (c_1) zu derjenigen in der Flüssigkeit (c) konstant gemäß: $\frac{c_1}{c} = L$, worin nach dem Vorbild von NERNST der Proportionalitätsfaktor L mit Löslichkeitskoeffizient bezeichnet wird. Ändert sich jedoch beim Lösungsvorgang der Molekularzustand des Gases, so bedarf das Gesetz zu seiner Erfüllung einer weiteren Ergänzung durch eine von der Molekülart abhängige individuelle Konstante (NERNST 1891).

Für die Löslichkeit des Wasserstoffs in Eisen, Nickel usw. in Abhängigkeit vom Druck fand A. SIEVERTS (*1*) das folgende Quadratwurzelgesetz:

$$[H] = K \cdot \sqrt{p_{H_2}}, \tag{1}$$

wobei $[H]$ = Wasserstoffgehalt des Eisens in Gewichtsprozenten ist.

Diese Formel gilt ganz allgemein für alle zweiatomigen Gase, die sich atomar aufspalten, wenn sie in einem Metall in Lösung gehen. G. BORELIUS und S. LINDBLOM (*2*) haben jene Formel abgeändert gemäß:

$$[G] = K \sqrt{p} - \sqrt{p_t}, \tag{2}$$

worin $p > p_t$ ist und p_t ein Schwellenwert des Druckes darstellt. $[G]$ bedeutet Gasgehalt des Metalls in Gewichtsprozenten.

Gase können in Metallen vorhanden sein:

1. an der Oberfläche (durch Adhäsion),
2. atomar gelöst (wahre Gaslöslichkeit),
3. als Verbindung gelöst oder eingeschlossen (Oxyde, Sulfide, Hydride, Nitride),
4. als Reaktionsgase.

Abkühlende Metallbäder sind im allgemeinen mit Gasen übersättigt. Druckverminderung der über dem Bade lagernden oder über das Bad streichenden Gase, ferner mechanische Erschütterungen (z. B. Rütteln), erhöhte mechanische Badbewegung (Induktionsofen, Hochfrequenzofen) usw. führen zu einer erheblichen Gasverminderung. Auch das Vergießen der Schmelzen bei Unterdruck, im Vakuum oder unter starker mechanischer Durchwirbelung (Schleuderguß) führt zu starker Entgasung und verursacht verbesserte Gußqualität.

Von größter Bedeutung ist die Unschädlichmachung gelöster Oxyde, sei es durch deren völlige Reduktion, sei es durch Überführung in unschädlichere, reaktionsträgere und weniger lösliche Metalloxyde. Eine derartige Desoxydation ist aber erst vollständig, wenn die Reaktionsprodukte auch aus dem Metallbad entfernt werden (Vergasung, Verschlackung). Im allgemeinen gilt, daß jedes Metallbad für die eigenen Metallverbindungen (Oxyde, Sulfide, Silikate, Phosphate) ein größeres Lösungsvermögen hat als für die entsprechenden Metallverbindungen fremder Metalle. Für den voraussichtlichen Ablauf der Reaktionen ist ferner die Kenntnis der Bildungswärmen von Wichtigkeit, welche bei nicht zu hohen Reaktionstemperaturen ungefähr einen Maßstab für die Affinität der betreffenden Reaktionen darstellen (vgl. Kapitel XI).

b) Löslichkeit und Einfluß des Wasserstoffs.

Ganz allgemein nimmt die Löslichkeit des Wasserstoffs in Metallen nach folgender Reihenfolge zu:

Silber—Platin—Kupfer—Eisen—Nickel—Palladium—Vanadium—Tantal—Titan—Zirkon—Thorium—Cer, wobei als metalloide Hydride zu bezeichnende Phasen von Nickel an aufwärts erhalten worden sind. Abb. 391 zeigt u. a. die Löslichkeit von reinem Eisen für Wasserstoff. Beachtenswert im untersten Kurvenzug ist die sprunghafte Löslichkeitsveränderung im Zusammenhang mit den Modifikationswechseln des reinen Eisens sowie die Hysteresiserscheinungen in diesen Temperaturintervallen. Mit zunehmendem Nickelgehalt steigt die Löslichkeit des Wasserstoffs im Eisen bedeutend an, wobei die Kurven des festen Zustandes einen kontinuierlichen Verlauf annehmen. Lediglich der starke Löslichkeitssprung beim Übergang vom festen in den flüssigen Zustand bleibt nach wie vor ausgeprägt, eine Eigentümlichkeit, die für praktisch alle vorkommenden Fälle der Löslichkeit von Gasen in Metallen und Legierungen gilt.

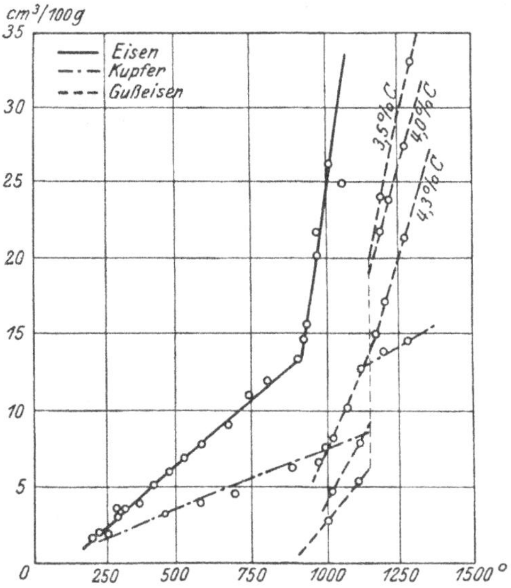

Abb. 386. Gleichgewichte zwischen Wasserstoff und Eisen, Gußeisen mit 3,5% 4,0%, und 4,3% C und Kupfer (IWASÉ).

Nach allen bisher gemachten Erfahrungen muß die Wasserstoffdiffusion bei festen Metallen in mehrere Einzelvorgänge zerlegt werden: Der molekulare Wasserstoff wird an der Metalloberfläche adsorbiert, reagiert dort mit den in der äußeren Gitterschicht befindlichen Metallatomen nach der Gleichung $H_2 + 2Me \rightarrow 2MeH$ unter Bildung von Wasserstoffionen. Für die Wasserstoffaufnahme beim Beizen braucht diese Spaltungsarbeit nicht geleistet zu werden, da der Wasserstoff bereits in ionisierter Form vorliegt. Diese adsorbierten Wasserstoffatome treten in das Metallgitter ein, werden in der Grenzschicht verhältnisgleich ihrem Teildruck in der adsorbierten Phase gelöst und wandern nunmehr in Richtung geringerer Wasserstoffkonzentration. Eine Störung erfährt diese Wanderung lediglich an den Korngrenzen des Metalles, wo ein Wechsel des Wasserstoffes vom gelösten in den adsorbierten Zustand erfolgen muß. Kohlenstoffhaltiges Eisen wird von etwa 700° aufwärts durch strömenden Wasserstoff oberflächlich merklich entkohlt, insbesondere bei größeren Drücken. Dabei entsteht Methan gemäß der Reaktion:

$$Fe_3C + 2\,H_2 = 3\,Fe + CH_4. \qquad (3)$$

Die Abb. 387 und 388 zeigen durch Wasserstoff oberflächlich entkohlten Stahl bzw. weißes Gußeisen nach Versuchen von W. BAUKLOH und B. KNAPP (*3*). Aber auch graues Gußeisen, insbesondere aber temperkohlehaltiges Eisen, wird durch Wasserstoff gemäß der Reaktion: $C + 2H_2 = CH_4$ bei Temperaturen von 700° aufwärts angegriffen, und zwar wesentlich stärker als weißes Eisen

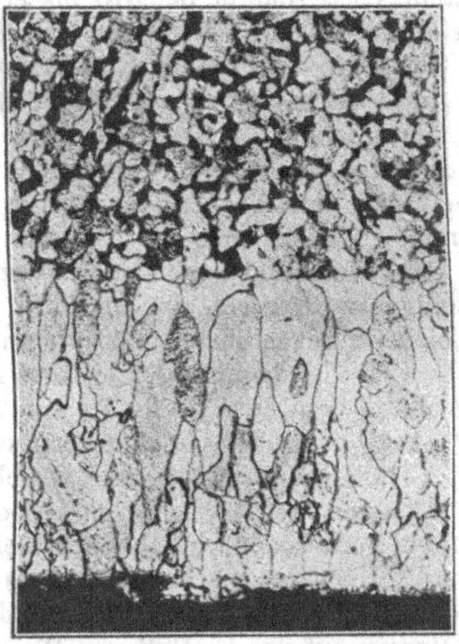

Abb. 387. Probe mit 0,32% C. Strömender Wasserstoff von 20 kg/cm², 700°, 3 std.

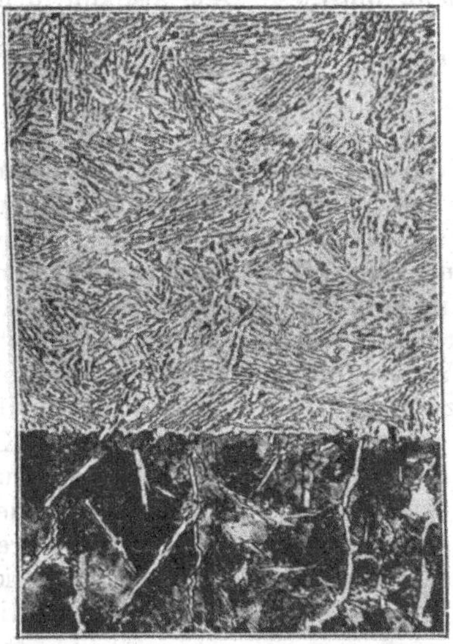

Abb. 388. Probe mit 4,2% C. Strömender Wasserstoff von 1 kg/cm², 1000° und 3 std.

Abb. 387 und Abb. 388. Auswirkung der Temperatur und des Kohlenstoffgehaltes auf die Ausbildung der Randschicht (BAUKLOH und KNAPP). $V = 100$.

(Abb. 389). Das liegt nach W. BAUKLOH (*4*) an der durch die Graphit- bzw. Temperkohleeinlagerungen bedingten größeren Diffusionsfähigkeit des Wasserstoffs in den beiden erstgenannten Werkstoffen. Die hohe Wasserstoffdurchlässigkeit des grauen Gußeisens kann aber z. B. durch Alitieren auf fast die Hälfte heruntergesetzt werden, wodurch dieser Werkstoff auch für die evtl. Verwendung bei Hydrieranlagen nicht ungeeignet erscheint. Aber auch eine sorgfältige Gattierung kann einen wesentlichen Einfluß auf das Verhalten des Gußeisens ausüben. So zeigt Abb. 390 nach W. BAUKLOH und F. SPRINGORUM (*5*) den Einfluß des Siliziums auf die Durchlässigkeit von Gußeisen bei steigenden Temperaturen. Man erkennt, daß es möglich sein muß, durch möglichst niedrige Bemessung des Siliziums das Verhalten des Gußeisens stark zu beeinflussen.

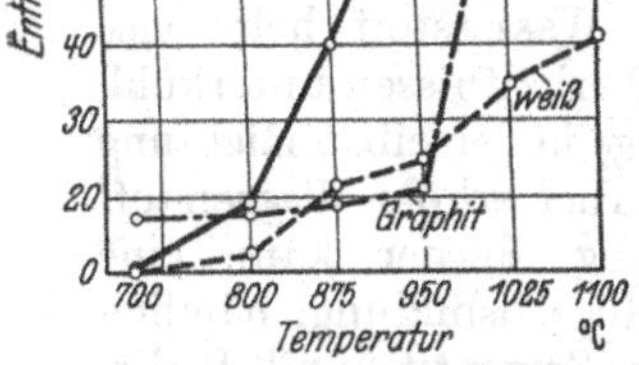

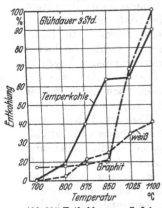

Abb. 389. Entkohlung von Gußeisen durch Wasserstoff (BAUKLOH und KNAPP).

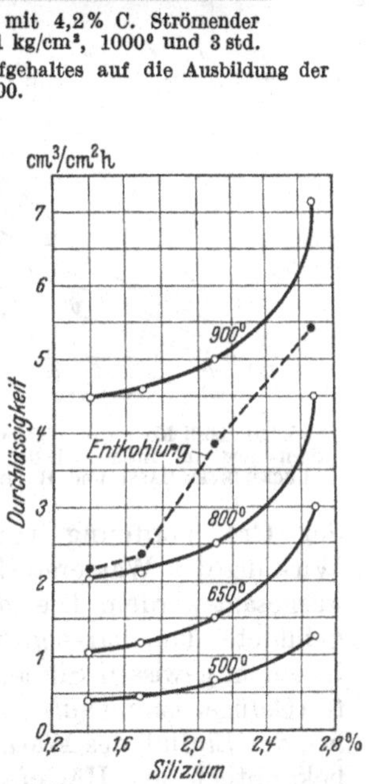

Abb. 390. Wasserstoffdurchlässigkeit und Wasserstoffkohlung von Gußeisen in Abhängigkeit vom Siliziumgehalt (nach W. BAUKLOH und F. SPRINGORUM).

Die Praxis hat sich die Vorgänge der Entkohlungsmöglichkeit von Gußeisen bereits zunutze gemacht. So hat die General Motors Corp. einen Patentanspruch (*6*) getätigt, welcher das Abgießen dünner Teile aus Gußeisen von 2,5 bis 4,3% Kohlenstoff, etwa 1% Silizium bzw. Mangan und 0,35 bis 0,55% Vanadium vorsieht, um diese Teile alsdann in feuchtem Wasserdampf bei 870 bis etwa 1100° C bis zur erwünschten Zähigkeit zu entkohlen. Wasserstoff ist mitunter die Ursache feiner poröser Stellen im Gußeisen, tritt jedoch fast immer gemeinsam mit anderen Gasen auf. Hindurchleiten von Wasserstoff durch Gußeisen reduziert die oxydischen Verunreinigungen, gibt ihnen damit erhöhte Keimwirkung und erleichtert auf diese Weise die Unterdrückung einer zu weitgehenden Unterkühlung bei der eutektischen Kristallisation (vgl. die Ausführungen S. 201). Eine genaue Bestimmung des Wasserstoffs in Gußeisen ist überaus schwer, zumal noch keine Methode besteht, den in wahrer Lösung befindlichen Wasserstoff von demjenigen zu trennen, der in Form von Hydriden anwesend sein könnte. Soweit die bisher durchgeführten Bestimmungen des Wasserstoffs im Gußeisen ergeben, schwankt der gesamte ermittelte Anteil zwischen 1,5 bis etwa 65 cm³ je 100 g Metall (vgl. Zahlentafel 55 und 56).

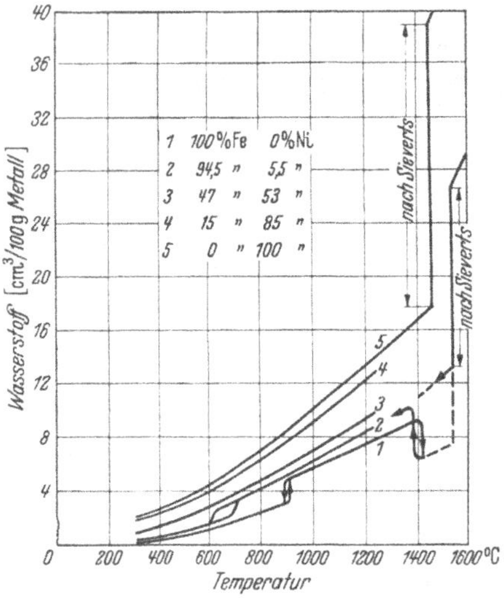

Abb. 391. Löslichkeit von Wasserstoff im reinen Eisen und in Eisen-Nickellegierungen [nach LUCKEMEYER-HASSE und H. SCHENCK (*70*)].

K. IWASÉ (*7*) fand bei Gleichgewichtsversuchen zwischen Wasserstoff und verschiedenen Metallen den in Abb. 386 wiedergegebenen Verlauf der Löslichkeit, welcher sich der Form nach (nicht quantitativ) an die Ergebnisse von SIEVERTS anschließt. Der erste Hinweis auf den Einfluß von Wasserstoff im Sinne eines Legierungselementes im Gußeisen findet sich in einer Arbeit von A. BOYLES (*62*). Nach seinen Feststellungen begünstigt Wasserstoff sowohl die Bildung von Primärkarbid als auch eutektischem Karbid bei der Erstarung von Gußeisen. Über die Wirkung von Wasserstoff auf den sekundären Zementitzerfall sagt BOYLES nichts aus. Von E. HOUDREMONT und P. A. HELLER (*63*) konnte nunmehr jüngst nachgewiesen werden, daß Wasserstoff im Gußeisen als Legierungselement im Sinne der Karbidstabilisierung wirkt. Die hierzu erforderlichen Wasserstoffgehalte liegen in der Größenordnung von 0,5 bis 0,7 cm³ je 100 g. Über die Art, wie die Wirkung des Wasserstoffes zustande kommt, konnte jedoch noch nichts weiter ausgesagt werden. Die mit Wasserstoff beladenen Proben zeigten ein gut ausgebildetes lamellar-perlitisches Gefüge neben Graphit. Wasserstoff helfe also in einem gewissen Sinne, einen gegenüber den stabilen Verhältnissen unterkühlten Gefügezustand aufrechtzuerhalten. Diese Wirkung liege in derselben Richtung wie der Einfluß des Wasserstoffes auf Eisen und Stahl. Hier erhöht Wasserstoff bekanntlich die Härtefähigkeit bzw. die Durchhärtung. Ferner kann eine Wasserstoffbeladung bei Stählen, die zu anormaler Gefügeausbildung, nämlich starker Zementitzusammenballung neigen, eine normale Zementit- und Perlitausbildung herbeiführen. Die beim Gußeisen und Stahl gemachten Beobachtungen von HOUDREMONT und HELLER decken sich damit weitgehend. Wasserstoff wirkt also als Legierungselement im gleichen Sinne wie beispielsweise Mangan oder Chrom, wenn man von der weiteren besonderen Wirkungsweise dieser Elemente beim Gußeisen absieht.

c) Löslichkeit und Einfluß des Stickstoffs.

Die Löslichkeit des Stickstoffs in flüssigem reinen Eisen beträgt bei 1600° = ~ 0,046%. Nach TH. KLOTZ (*67*) wird diese Löslichkeit durch Kohlenstoff und Phosphor vermindert, durch Chrom stark heraufgesetzt. Die Löslichkeit des Stickstoffs im reinen Eisen folgt bei Änderung des Stickstoff-Partialdrucks dem Quadratwurzelgesetz nach SIEVERTS (*67*).

Da Stickstoff mit den meisten Eisenbegleitern Nitride bildet, deren Stabilität etwa in der Reihenfolge: Eisennitrid—Mangannitrid—Siliziumnitrid—Aluminiumnitrid—Titannitrid zunimmt, so macht auch die Ermittlung des Stickstoffgehaltes erhebliche Schwierigkeiten, wenngleich die Aufschlußverfahren (Kjeldal-Methode usw.) Werte liefern, welche den im Gußeisen wirksamen Stickstoffgehalten nahekommen dürften. Vielfach wurde aber bei früheren Arbeiten der Stickstoffgehalt als Gasrest aus der Heißextraktionsmethode aufgeführt; derartige Angaben waren demnach mit allen Fehlern der genannten Methode behaftet und hinsichtlich des Stickstoffgehaltes völlig unzuverlässig. H. JURICH (*8*) fand an Kupoleisen für den Bessemerprozeß mit 3,2 bis 3,30% Ges.-C, 1 bis 1,20% Si, 0,40% Mn, 0,090 bis 0,095% P und 0,090 bis 0,095% S folgende Durchschnittswerte für den Stickstoff- und Sauerstoffgehalt von 19 Kupol-

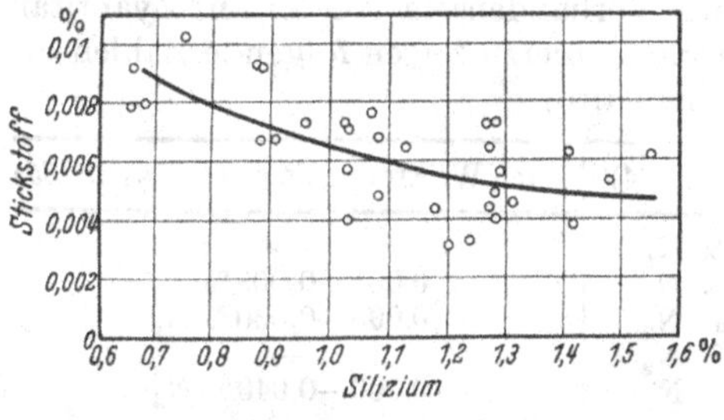

Abb. 392. Abhängigkeit des Stickstoffgehaltes des Kupolofeneisens vom Siliziumgehalt (JURICH).

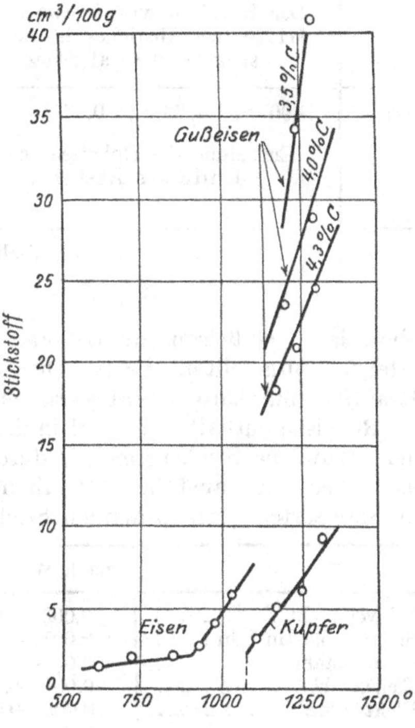

Abb. 393. Gleichgewicht zwischen Stickstoff und verschiedenen Metallen (IWASÉ).

ofenabstichen: 0,006% N_2 (0,005 bis 0,008% bei 15 von 19 Chargen) und 0,0054% O_2 (Durchschnitt von 11 Chargen, Analysengrenzen von 0,0035 bis 0,0083%.) Interessant ist die von JURICH gefundene Beziehung des Stickstoffgehaltes zum Siliziumgehalt des Kupolofeneisens, derzufolge der nachgewiesene Stickstoffgehalt mit zunehmendem Siliziumgehalt überraschenderweise abfällt (Abb. 392).

Abb. 393 nach K. IWASÉ (*7*) zeigt für festes Eisen und Gußeisen die Gleichgewichte mit Stickstoff unter der Annahme, daß keine Nitridbildung (?) eintritt.

In den von erstarrendem Roheisen abgegebenen Gasen konnte u. a. auch E. PIWOWARSKY (*9*) neben Kohlenoxyd, Kohlensäure und Wasserstoff auch Stickstoff und Methan feststellen (vgl. Zahlentafel 55). Die Gase wurden hierbei dem aus dem Hochofen abgestochenen flüssigen Roheisen entnommen. Später bestimmten E. PIWOWARSKY und A. WÜSTER (*10*) die Gasmengen bei der Erstarrung phos-

Zahlentafel 55. Aus erstarrendem Roheisen abgesaugte Gase (nach E. PIWOWARSKY).

Versuchs-Nr.	Roheisen Mn %	P %	S %	Si %	Abgesaugte Gase CO_2 %	CO %	H_2 %	N_2 %
I	1,69	2,11	0,065	0,35	0,84	24,00	30,80	44,26
	Das flüssige Eisen wurde bei Beginn des Abstiches nach den Absaugekokillen geleitet				0,40	28,20	39,30	31,80
					0,40	31,40	46,00	21,90
					0,60	30,80	49,60	18,60
					0,85	29,40	47,30	22,15
II	2,01	2,35	0,065	0,45	0,74	36,40	42,83	19,80
	Das Roheisen wurde etwa in der Mitte des Abstiches in die Absaugekokillen abgeleitet				0,45	39,49	47,23	12,63
					0,55	38,86	49,69	9,76
					0,55	39,62	48,02	11,54
					0,57	41,90	46,22	11,15
III	1,90	2,23	0,065	0,41	0,40	43,30	45,80	10,50
	Entnahme des Roheisens gegen Ende des Abstiches				0,35	43,90	44,10	11,55
					0,30	42,20	48,30	9,10
					0,35	43,00	45,20	10,55
					0,48	40,70	46,20	12,52
	Analyse a:				0,30	0,80	2,10	Rest
	b:				0,30	0,95	1,80	Rest

phorreichen Gußeisens an Laboratoriumsschmelzen und fanden die in Zahlentafel 56 mitgeteilten Werte. Die hohen Methanmengen lassen auf sekundäre Reaktion innerhalb der abgesaugten Gasmenge schließen.

Roheisen enthält Stickstoff in den Grenzen von 0,001 bis 0,004%, doch kann der gebundene Stickstoffgehalt durch das Vorhandensein von Titan, Zyantitan usw. noch höher ausfallen (*61*). Zum Vergleich hierzu zeigen folgende Zahlen die in Stahlsorten vorkommenden Stickstoffgehalte:

	nach W. KÖSTER (*64*)	nach W. EILENDER u. O. MEYER (*65*)
Schweißstahl	0,003—0,005% N_2	—
Siemens-Martinstahl . . .	0,001—0,008% N_2	0,001—0,008% N_2
Thomasstahl	0,01 —0,03% N_2	0,006—0,030% N_2
Tiegelstahl	0,001—0,008% N_2	—
Elektrostahl	0,008—0,016% N_2	0,006—0,040% N_2

Der Endstickstoffgehalt ist also wesentlich vom Schmelzverfahren abhängig.

Über den Einfluß des Stickstoffs liegen noch zu wenig systematische Beobachtungen vor, um sich ein richtiges Bild von dessen Rückwirkung auf die Eigenschaften von Gußeisen zu machen. Mit Stickstoff überladenes Gußeisen, z. B. durch Verwendung stickstoffreichen Ferrochroms beim Legieren des Gußeisens, kann natürlich zu porigem Guß führen. Nach den Arbeiten von K. HONDA und T. MURAKAMI (vgl. Kap. IIIa 2) scheint Stickstoff die Graphitbildung nicht zu beeinflussen. Durchleiten von Stickstoff kann aber nach den Beobachtungen des Verfassers dennoch durch Austreiben des im flüssigen Eisen gelösten Wasserstoffs zu einem weicheren Eisen führen (vgl. Seite 304). Diese Beobachtung dürfte aber den wahren Einfluß des Stickstoffs nicht ohne weiteres entsprechen. Vielmehr scheint aus einigen Versuchen des Verfassers hervorzugehen, daß Stickstoffzusätze bei schneller Erstarrungsgeschwindigkeit des Gußeisens geeignet sind, das Auftreten von Ferrit in den feineutektischen Zonen zu verhindern. Beim Abgießen von dünnen Keilen gemäß Abb. 104 zeigte sich zwar bei Sandguß kein

Zahlentafel 56. Gasbestimmung im Gußeisen nach dem Vakuum-Hochsauge-Verfahren von E. PIWOWARSKY und A. WÜSTER.

Analyse des Gußeisens: 3,36% C; 1,41% Graphit; 1,36% Si; 0,029% P; 0,018% S.

Nr.	Temperatur der Schmelze °C	Gasmenge auf 100 g Eisen cm³	Gasanalyse in Volumprozenten				
			CO_2	N_2	H_2	CO	CH_4
1	1280	6,93	5,51	25,20	39,60	20,42	9,24
2	1340	4,96	14,30	18,66	31,99	24,18	10,90
3	1370	4,78	12,33	15,30	31,60	29,90	10,88
4	1390	—	11,45	11,11	41,81	22,24	13,38
5	1410	8,07	7,62	12,57	32,98	24,00	22,83
6	1440	6,93	12,50	13,40	32,34	29,28	12,50
7	1490	8,71	13,12	15,75	29,67	29,67	11,81
8	1520	8,90	9,36	20,43	36,81	26,61	6,73

Analyse des Gußeisens: 3,25% C; 1,90% Si; 0,038% P; 0,03% S.

Nr.	Temperatur der Schmelze[1] °C	Gasmenge auf 100 g Eisen cm³	Gasanalyse in Volumprozenten				
			CO_2	N_2	H_2	CO	CH_4
1	1580	8,32	21,44	12,04	28,00	28,42	10,07
2	1570	5,78	17,70	13,80	33,60	23,05	11,91
3	1510	4,84	14,70	13,11	34,65	30,43	7,08
4	1500	5,67	14,60	12,98	34,70	24,32	13,22
5	1400	7,41	16,00	13,88	35,49	23,76	10,93
6	1340	5,36	16,93	20,00	32,38	20,91	9,85

Gasmenge und Gaszusammensetzung bei der Erstarrung eines phosphorreichen Graugusses in Abhängigkeit von der Erhitzungstemperatur im Schmelzfluß.

Analyse des phosphorreichen Graugusses: 3,24% C; 1,26% Si; 0,40% Mn; 0,94% P.

Nr.	Probe	Temperatur °C	Gasmenge auf 100 g Eisen cm³	Gasanalyse in Volumprozenten				
				CO_2	N_2	H_2	CO	CH_4
1	Grauguß	1270	4,89	8,22	19,00	63,85	2,85	6,08
2	„	1280	7,41	5,51	25,20	39,60	20,42	9,24
3	„	1300	4,5	14,9	23,42	36,2	15,33	9,36
4	„	1320	6,03	18,12	8,74	18,00	47,00	8,15
5	„	1340	5,35	14,3	18,66	31,99	24,18	10,90
6	„	1345	6,65	14,78	18,48	42,80	11,08	13,02
7	„	1350	4,39	20,31	10,62	33,31	27,28	8,48
8	„	1370	5,17	12,33	15,30	31,60	29,90	10,88
9	„	1390	9,56	13,12	15,75	29,67	29,67	11,81
10	„	1400	5,56	19,25	15,40	25,63	31,53	8,20
11	„	1410	8,6	7,62	12,57	32,98	24,00	22,83
12	„	1435	9,84	15,90	7,94	40,50	26,20	9,54
13	„	1440	9,1	18,06	15,3	27,8	32,32	6,39
13a	„	1440	7,7	12,50	13,40	32,34	29,28	12,50
14	„	1500	4,7	16,09	9,70	38,72	27,20	8,25
15	„	1520	9,7	9,36	20,43	36,81	26,61	6,73
16	„	1570	6,5	17,70	13,8	33,6	23,05	11,91
17	„	1600	5,3	14,70	13,1	34,6	30,4	7,08
18	„	1600	4,02	12,11	8,46	41,10	32,10	6,20
51	Schwed. Roheisen	1500	10,12	13,4	9,52	27,08	42,4	7,57
52	„ + 0,8% P-Zusatz	1500	6,97	8,98	11,54	37,40	31,02	11,03

[1] Die Schmelze wurde zunächst stets auf etwa 1600° erhitzt, dann abgekühlt, worauf das Gas abgesaugt wurde.

durchschlagender Einfluß des Stickstoffs, dagegen konnte bei Abguß der Keile in metallische Kokillen, und zwar bei Wahl eines höher silizierten Gußeisens, etwa der Qualität von Automobil- und Flugzeugkolbenringen, der ohne Stickstoffbehandlung in den Spitzen der Keile sonst auftretende feine Graphit vermieden werden. Im Falle der eben gekennzeichneten noch unveröffentlichten Versuche wurde der Stickstoff allerdings nicht einer Gasbombe entnommen, sondern durch Eintragen leicht dissoziierbarer Nitride des Eisens und Mangans dem Bad zugeführt. Im übrigen ist es wahrscheinlich, daß anwesender Stickstoff, sofern er im flüssigen Gußeisen in Form hochschmelzender Nitride des Mangans, Siliziums, Aluminiums, Titans usw. fein dispers vorliegt, in niedriggekohlten Gußeisensorten impfend wirkt und somit die Ausbildung einer regellosen Graphitanordnung, an Stelle einer netzförmigen, für die mechanischen Eigenschaften nachteiligen Ausbildung, begünstigt. In ferritischem hochprozentigem Chromguß wird durch Stickstoff eine bemerkenswerte Kornverfeinerung sowie eine wesentliche Verbesserung der mechanischen Eigenschaften erzielt (Abb. 755).

d) Löslichkeit und Einfluß des Sauerstoffs.

Der Sauerstoff liegt im flüssigen Eisen einmal als Eisenoxydul bzw. Oxyd der Eisenbegleiter (Mn, Si, Al, Ti, Va usw.) vor, andererseits als Kohlenoxyd bzw. -dioxyd, soweit deren Löslichkeit reicht. Die großen CO- und CO_2-Mengen, welche bei der Erstarrung technischer Eisensorten entweichen und vorwiegend die Ursache der Porosität und Blasenbildung sind, stammen aber weniger aus der Abscheidung gelöster sauerstoffhaltiger Gasanteile, als vielmehr aus der Wechselwirkung der Metalloxydule mit dem Kohlenstoff, da die reine Löslichkeit des Eisens für CO bzw. CO_2 sehr klein ist. Nur auf Grund dieser Erkenntnisse (*11*) war es möglich, die Oberhoffersche Gasbestimmungsmethode in Gegenwart von überschüssigem Kohlenstoff zur Gesamtsauerstoffbestimmung auszubauen durch Errechnung der an die Reaktionsgase CO und CO_2 gebundenen Sauerstoffmengen. Abb. 394 zeigt das Zustandsdiagramm Fe-Fe_3O_4 nach den Arbeiten von R. Vogel und E. Martin (*12*). Es weicht von den Ergebnissen früherer Arbeiten etwas ab (*13*). Im Teilsystem Fe-FeO (Abb. 395) liegen verschiedene Messungen vor, denen zufolge der Schmelzpunkt des Eisens auf etwa 1519° bei etwa 0,21% Sauerstoff herabgesetzt wird (*14*)- Die Löslichkeit des reinen Eisens für Sauerstoff nimmt mit steigender Tempe.

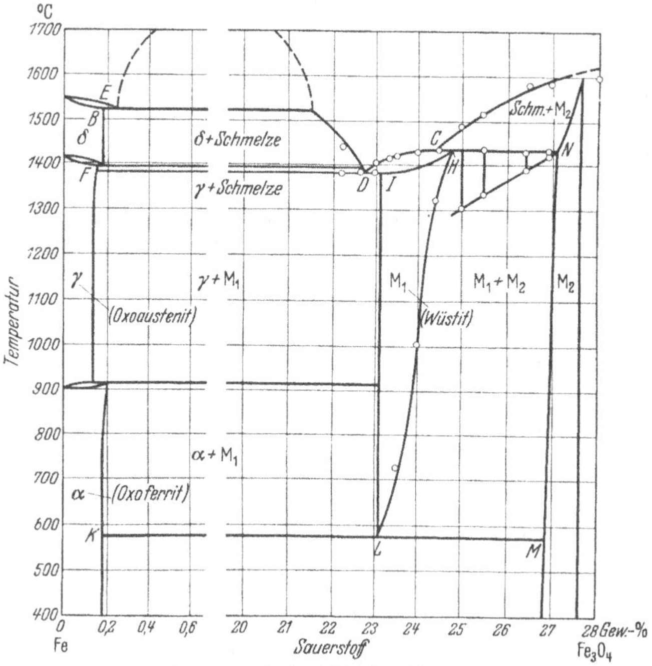

Abb. 394. Das Zustandsschaubild Eisen-Eisenoxyduloxyd (nach Vogel und Martin).

ratur zu und beträgt nach den Messungen des U. S. A. Bureau of Mines bzw. des Carnegie Inst. of Technology (*15*) bei 1700° etwa 0,45%. F. Körber und W. Oelsen (*16*) prüften die Aufnahmefähigkeit des flüssigen Eisens für Sauerstoff nach

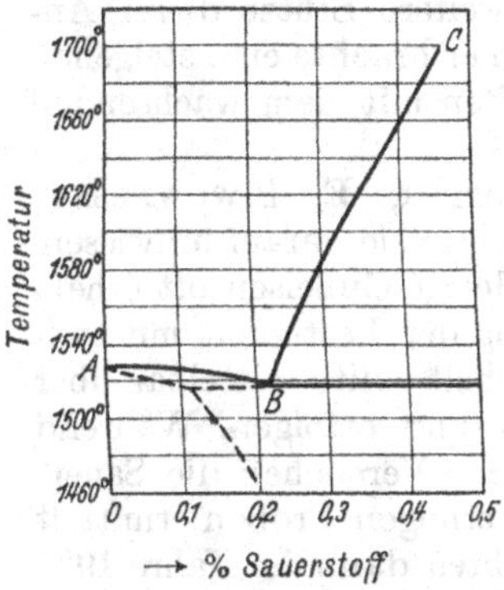

Abb. 395. Löslichkeit von Sauerstoff im flüssigen Eisen (Kurve *AB* nach F. S. Tritton und D. Hanson, Kurve *BC* nach C. H. Herty und G. R. Fitterer).

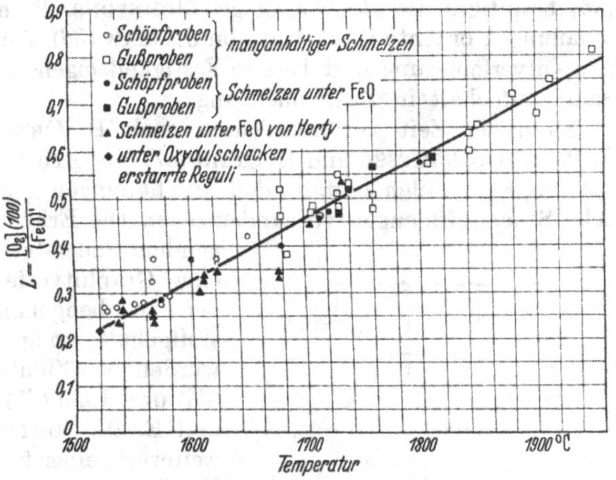

Abb. 396. Sauerstofflöslichkeit im Eisen unter Oxydulschlacken (F. Körber und W. Oelsen).

und fanden die in Abb. 396 dargestellte Beziehung. Letztere ließ sich mit hinreichender Genauigkeit in die Formel kleiden:

$$[O] = 0{,}131 \cdot 10^{-2} \cdot t\,^{\circ}C - 1{,}77. \qquad (4)$$

Die Löslichkeit des Sauerstoffs im α-Eisen beträgt bei Raumtemperatur nach A. Wimmer (*17*) etwa 0,035%, nach R. Vogel und E. Martin (*12*) etwa 0,18%. Mit zunehmendem Kohlenstoff muß im flüssigen Eisen die Löslichkeit für Sauerstoff zurückgehen, da gemäß

$$FeO + C \rightleftarrows Fe + CO - WE \qquad (5)$$

ein Teil desselben reduziert wird. Für das Gleichgewicht bei verschiedenen Temperaturen gilt nun:

$$\frac{p_{CO}}{[C] \cdot [FeO]} = K, \qquad (6)$$

wobei K mit der Temperatur wächst (Prinzip vom kleinsten Zwang), d. h. mit zunehmender Temperatur wird die Desoxydation durch Kohlenstoff begünstigt (Abb. 397), wobei die dem Gleichgewicht entsprechende gelöste Gasmenge (CO) abnehmen muß. Tatsächlich fand auch Iwasé bei seinen Gleichgewichtsversuchen in CO-reichen (85 bis 98%) CO + CO_2-Gasgemischen einen Abfall der Gasmenge mit steigender Temperatur (Abb. 398). Auch die hier mit zunehmendem Kohlenstoffgehalt kleiner werdenden Gasmengen stehen mit den Forderungen der Gleichung (5) in Einklang, wenn sie auch an sich unwahrscheinlich hoch erscheinen.

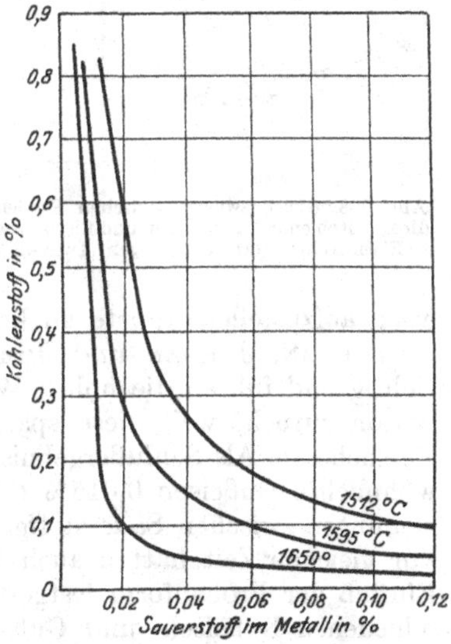

Abb. 397. Gleichgewicht zwischen Kohlenstoff und Sauerstoff im flüssigen Eisen bei verschiedenen Temperaturen (U. S. A. Bureau of Mines & Carnegie Inst. of Technology).

G. W. Austin (*33*) fand 1912 durch Schmelzen im Vakuum für Gußeisen geringere Gasmengen als für Stähle. Umfangreiche Untersuchungen über den Sauerstoff im Gußeisen stellte in den Jahren 1914 bis 1919 J. E. Johnson (*34*) an. Er machte die Beobachtung, daß die mechanischen Eigenschaften, besonders die Festigkeitseigenschaften bei hohen Sauerstoffgehalten besser waren. W. L. Stork (*35*) bestätigte die Beobachtungen Johnsons. Eine weitere Stütze dieser Anschauungen brachte die Arbeit von J. Shaw (*36*). Auch er brachte eine steigende Graphitverfeinerung und bessere Festigkeitseigenschaften mit dem wachsenden Sauerstoffgehalt in Zusammenhang.

Zu dieser Zeit veröffentlichten auch P. Oberhoffer, E. Piwowarsky, A. Pfeiffer-Schiessl und H. Stein (*37*) eine Arbeit, worin sie darauf hinwiesen, daß entgegen vielen bestehenden Anschauungen gerade im Gußeisen oft erhebliche Sauerstoffmengen vorhanden seien. Die Erhöhung der Festigkeit mit steigendem Sauerstoffgehalt sollte mittelbar über eine Graphitverfeinerung erfolgen. Während bei den obengenannten Versuchen die Sauerstoffgehalte an spanförmigen Proben ermittelt wurden, veröffentlichten dann im Jahre 1925 (*38*) und 1926 (*39*) J. R. Eckman, L. Jordan und E. W. Jominy eine Arbeit, die eine Erweiterung einer früheren Veröffentlichung von E. W. Jominy (*40*) darstellt. Sie behandelt die Unzulänglichkeit der chemischen Analyse für die Beurteilung von Roheisen und Gußeisen, denn bei gleicher chemischer Zusammensetzung wurden verschiedene Festigkeitseigenschaften gemessen. An diesen Proben führten Eckman und Jordan im Bureau of Standards nach dem Vakuum-Heißextraktionsverfahren mit Hochfrequenzofen (*41*) an stückförmigen Proben von 30 g Sauerstoffbestimmungen durch. Die Proben waren glatt geschliffen und mit Äther und Alkohol abgewaschen. Die erhaltenen Sauerstoffwerte lagen zwischen praktisch Null (unter 0,001% O) und 0,014% Sauerstoff (*42*).

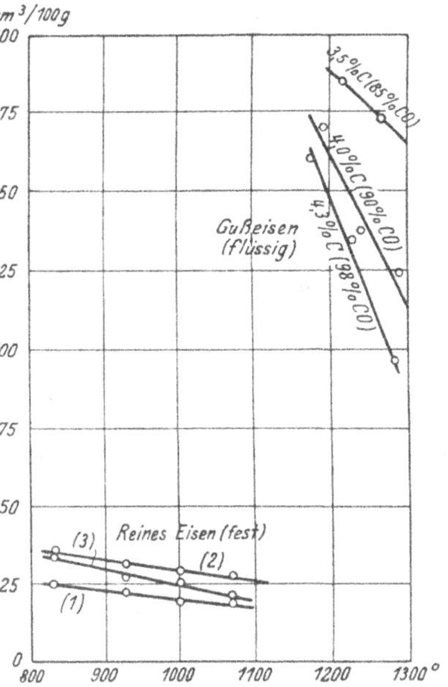

Abb. 398. Gleichgewichte zwischen Kohlendioxyd-Kohlenoxydgemischen und Eisen- bzw. Eisen-Kohlenstoff-Legierungen (Iwasé).

Ein Versuch, die Beziehung von Gesamtsauerstoff und gebundenem Kohlenstoff zur Zugfestigkeit bei Koks- und Holzkohlengußeisen aufzustellen, führte zu keiner Abhängigkeit (*39*).

Eckman, Jordan und Jominy halten ihre niedrigen Sauerstoffwerte für richtig und führen die hohen Werte der anderen Forscher auf Oberflächenoxydation zurück, weil diese spanförmige Proben benutzten. Sie führen hierfür Versuche an. Als Schlußergebnis stellen sie fest, daß der Sauerstoffgehalt für gewöhnliches Gußeisen 0,015% (höchstens 0,02% O) beträgt, und daß keine Beziehungen zwischen Sauerstoffgehalt und mechanischen Eigenschaften bestehen. Zur gleichen Zeit hatten auch P. Oberhoffer und E. Piwowarsky (*43*) den Einfluß der Probenform festgestellt und neue Sauerstoffbestimmungen an verschiedenen Roheisen- und Gußeisenproben durchgeführt. Sie führen die hohen Sauerstoffwerte des Gußeisens bei Anwendung spanförmiger Proben auf eine Adsorptionsfähigkeit des Graphits für Luft zurück. Es schien ihnen daher fraglich, ob die früher mitgeteilten Zahlen (*37*) auch nur verhältnismäßig zutreffen, und damit die abgeleitete Abhängigkeit der mechanischen Eigenschaften vom Sauerstoffgehalt zu Recht besteht. Sie glaubten, daß mit steigender Graphitverfeinerung und dadurch bedingter größerer Adsorptionsfähigkeit die Sauerstoffwerte gestiegen seien, die Graphitverfeinerung jedoch mit der erhöhten Schmelz- und Gießtemperatur zusammenhinge. Diese Graphitverfeinerung durch Schmelzüberhitzung war von E. PIWOWARSKY (*44*) inzwischen nachgewiesen worden.

H. DIERGARTEN (*32*) schließt aus seinen Versuchen und Messungen, daß die mechanischen Eigenschaften des Gußeisens durch den Sauerstoffgehalt offenbar nicht beeinflußt werden, oder nur in einem solchen Ausmaß, daß dieser von anderen Einflüssen, wie der chemischen Zusammensetzung, vor allem aber der Graphitausbildung, weitgehend überdeckt wird.

Für den Betrieb könnte man daraus folgern, daß Schrott oder andere Sauerstoffträger (z. B. Erz) dem Gußeisen zugesetzt werden dürfen, ohne daß die mechanischen Gütewerte nachteilig beeinflußt werden, sofern die Temperatur der Schmelze hoch genug und die Reaktionsdauer wirklich ausreichend ist. Andere mehr physikalische Fragen, z. B. diejenigen der Bearbeitbarkeit, der Schwindung, des Wachsens, des Oberflächenschutzes usw. harren bezüglich ihres Verhältnisses zum Sauerstoffgehalt noch der klaren Lösung. Bei Versuchsreihen, die im Aachener Gießerei Institut durchgeführt wurden, ergaben Schmelzen, die zur Porosität oder Blasenbildung neigten, in der Regel höhere Sauerstoffwerte. Die Unterschiede in den Sauerstoffgehalten waren allerdings meist nur sehr gering.

Den günstigen Einfluß einer Desoxydation des Gußeisens vor seinem Vergießen konnte übrigens der Verfasser (*46*) an Hand von größeren Versuchsreihen aus den Jahren 1927 bis 1929 dartun, bei denen Eisensorten von 48 bis 52 kg/mm² Biegefestigkeit durch Zusatz von 0,05 bis 0,15% Si in Form von Ferrosilizium oder Alsimin regelmäßig eine Erhöhung der Biegefestigkeit um 4 bis 6 kg, also auf etwa 52 bis 58 kg/mm² erfuhren (vgl. die Ausführungen auf S. 207). Bei Verwendung von Ferrotitan als Desoxydationsmittel fanden P. BARDENHEUER und L. ZEYEN (*64*) bei geglühtem Kokillenguß bessere Dehnungswerte, während bei Sandguß durch Erhöhung des Graphitgehalts ein Abfall der Festigkeitswerte eintrat.

e) Der Vorgang der Desoxydation des Eisens.

Da an Roh- und Gußeisen Gleichgewichtsmessungen über den Vorgang der Desoxydation mit Mangan, Kohlenstoff, Silizium usw. noch fehlen, so sei der Chemismus dieses Vorganges an Hand der zahlreich vorliegenden Messungen an reinen oder schwach gekohlten Eisensorten besprochen.

1. Die Desoxydation mit Mangan.

Diese hat zwar für Gußeisen weniger Bedeutung, da ja stets Kohlenstoff in größerem Überschuß vorhanden ist. Vom Manganoxydul nimmt man an, daß es in reiner Form im flüssigen Eisen praktisch unlöslich sei. Daher glaubte man, die Desoxydation mit Mangan auf Grund der Reaktion:

$$\mathrm{FeO} + \mathrm{Mn} \rightleftharpoons \mathrm{MnO} + \mathrm{Fe} + 25800\ \mathrm{cal} \qquad (7)$$

durch die Gleichgewichtsbedingung

$$K = [\mathrm{FeO}]\,[\mathrm{Mn}] \qquad (8)$$

darstellen zu dürfen, wenngleich streng genommen dieselbe gemäß

$$K_{\mathrm{Mn}} = \frac{[\mathrm{FeO}]\,[\mathrm{Mn}]}{[\mathrm{MnO}]} \qquad (9)$$

ausgedrückt werden müßte.

Bei der Desoxydation mit Mangan scheidet sich aber aus dem Eisen kein reines MnO, sondern ein FeO + MnO-Gemisch aus (Abb. 399), so daß für das heterogene Gleichgewicht gilt:

$$K_{Mn} = \frac{(FeO)\,[Mn]}{(MnO)}. \tag{10}$$

Setzt man FeO + MnO im reinen System = 100, so kann geschrieben werden:

$$K_{Mn} = \frac{(FeO)\,[Mn]}{100 - (FeO)}. \tag{11}$$

Aus dieser Gleichung läßt sich mit Hilfe des Verteilungssatzes die Verteilungskonstante

$$L = \frac{[FeO]}{(FeO)}$$

berechnen (analog dem Vorgang der Entschwefelung von Gußeisen durch Mangan, vgl. S. 280ff.). Der von P. OBERHOFFER und H. SCHENCK (*18*) für K_{Mn} bei 1600° experimentell gefundene Wert von 0,38 entspricht wahrscheinlich dem Mittelwert der Gleichgewichtslage bei Erstarrungstemperatur.

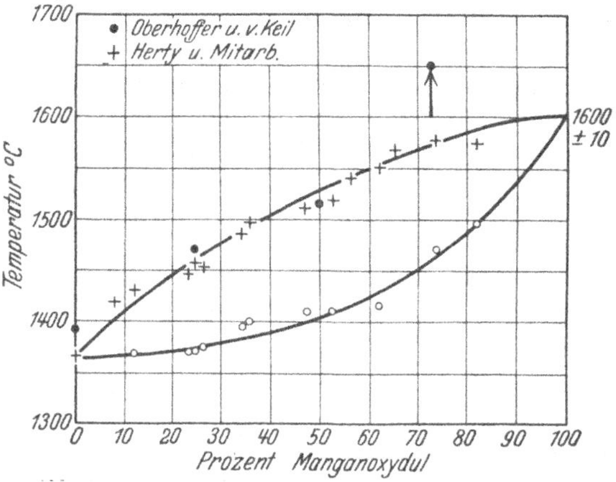

Abb. 399. Zustandsdiagramm des Systems FeO—MnO (nach C. H. HERTY und Mitarbeitern).

Praktisch wird heute für die Verhältnisse beim Stahlschmelzen vornehmlich die heterogene Gleichgewichtsbeziehung betrachtet (*68*). Eine z. B. in den Siemens-Martin-Ofen eingebrachte Manganmenge verteilt sich je nach Schlackenzusammensetzung und Temperatur auf Stahl und Schlacke. Gilt für eine Schlackenzusammensetzung und Temperatur ein bestimmter Kennwert K'_{Mn}, so muß gelten:

$$\frac{(MnO)}{[Mn]} = \frac{(FeO) \cdot K'_{Mn}}{100}. \tag{12}$$

Außer dem Kennwert ist demnach der Eisenoxydulgehalt der Schlacke für die Manganverteilung maßgebend. Es geht um so mehr Mangan in den Stahl (d. h. das Verhältnis $\frac{(MnO)}{[Mn]}$ wird um so kleiner), je kleiner (FeO) und K'_{Mn} sind. K'_{Mn} ist um so kleiner, je basischer die Schlacke und je höher die Temperatur ist. Der Sauerstoffgehalt des Bades wäre dann unabhängig von seinem Mangangehalt und nur vom Eisenoxydulanteil der Schlacke abhängig, mit dem er über den Verteilungskoeffizienten gekoppelt ist:

$$L_{FeO} = \frac{[FeO] \cdot 100}{(FeO)}. \tag{13}$$

Wird z. B. durch Manganzusatz das Gleichgewicht gestört, so reagiert das Mangan des Stahls mit dem Eisenoxydul der Schlacke unter Bildung von MnO, wodurch der FeO-Gehalt der Schlacke vermindert wird. Dies führt dann indirekt zu einer Verminderung des Sauerstoffgehalts im Stahl. Die Desoxydation erfolgt also ähnlich wie durch Reduktionsschlacken im Elektroofen (*68*).

Bei großer Abkühlungsgeschwindigkeit fanden F. Körber und W. Oelsen (*19*) eine Beziehung gemäß Abb. 400, die sich auch durch die Gleichung:

$$\log K'_{Mn} = \log \frac{(FeO)\,[Mn]}{(MnO)} = -\frac{6234}{T} + 3{,}0263 \tag{14}$$

ausdrücken läßt, d. h. im Mittel etwa 0,4 ist (0,515 bei saurem S.M.-Betrieb und 1607°). Auch das für die Gleichgewichtsrechnungen so wichtige Verteilungsverhältnis des Eisenoxyduls auf Bad und Schlacke ist von den genannten Forschern zu:

$$L_{FeO} = \frac{[FeO]}{(FeO)} = 5{,}88 \cdot 10^{-5}\, t^{0}\,C - 0{,}0793 \tag{15}$$

ermittelt worden.

Einen praktisch sehr brauchbaren Weg, eine „Gleichgewichtskennzahl“ für die Manganreaktion unter Heranziehung analytisch leicht zugänglicher Werte zu

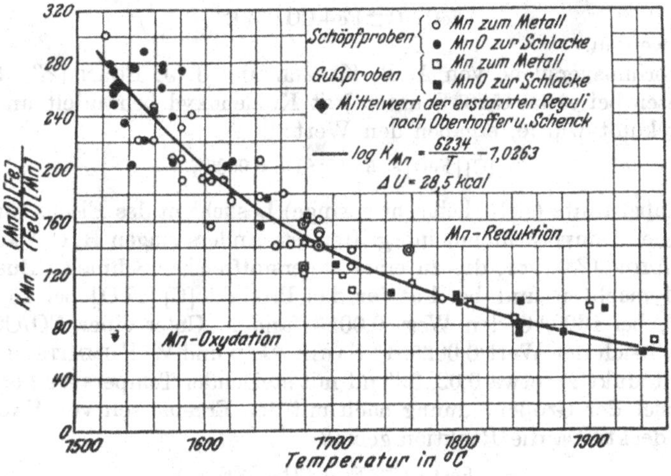

Abb. 400. Gleichgewichtskonstanten der Reaktion FeO + Mn ⇄ MnO + Fe (nach Körber und Oelsen).

gewinnen, schlug E. Faust (*22*) bei Beobachtung der Verhältnisse im basischen Konverter ein. Faust stellte die Gleichung auf:

$$\frac{(\Sigma\,Fe)\,[Mn]}{(\Sigma\,Mn)\,[Fe]} = K', \tag{16}$$

wobei die Größe K' eine nicht näher definierte Abhängigkeit von der jeweiligen Schlackenzusammensetzung besitzt. In der Größe K' sind demnach auch alle Einflüsse der als „frei“ anzusprechenden sauren oder basischen Komponenten mit enthalten. Hierbei ergab sich eine recht gute lineare Beziehung zwischen dem Mangangehalt des Eisens und dem Verhältnis von Mn : Fe in der Schlacke. Die Werte für K' bewegten sich zwischen 190 und 360. Jedenfalls ist eine vollkommene Desoxydation nicht möglich, solange die Schlacke noch freie, nicht abgesättigte (d. h. gelöste oder durch Dissoziation frei gewordene) Oxyde aufweist, für die auch das Eisenbad eine gewisse Löslichkeit besitzt (FeO, MnO usw.). Es ergibt sich hieraus die Forderung:

a) Bei metallurgischen Operationen mit kalkreichen Silikatschlacken (basischer Martin-, Flamm- oder Elektroofen) durch Raffinieren in reduzierender Flamme, Aufwerfen von Ferrosilizium oder Kohle bei guter Abdichtung des Herdraumes gegen Luftzutritt eine möglichst weitgehende Reduktion der vorhandenen Eisen- und Manganoxyde anzustreben.

b) Bei Schmelzöfen mit sauren Arbeitsschlacken (sauer zugestellte Herde) die Dissoziation der Eisen- bzw. Mangansilikate durch möglichst großen Überschuß an Kieselsäure zurückzudrängen. Für Grauguß mit seinem hohen Gehalt an Kohlenstoff und Silizium spielt eine evtl. Desoxydation mit Mangan voraussichtlich nur einen sekundären Einfluß auf dem Weg über die Konstitution der nichtmetallischen Einschlüsse und damit auf die Graphitausbildung. Dagegen ist schon versucht worden, manganreiche Schlacken aus dem Stahlschmelzbetrieb als Manganträger beim Graugußschmelzen zu verwenden und bei der hohen Reduktionskraft des Kohlenstoffs eine Manganreduktion aus den Schlacken in das Eisenbad zu erzwingen.

2. Die Desoxydation mit Kohlenstoff.

Grundsätzlich kann der Vorgang der Desoxydation mit Kohlenstoff gemäß

$$\mathrm{FeO} + \mathrm{C} \rightleftarrows \mathrm{Fe} + \mathrm{CO} - \mathrm{WE}$$

angesehen werden.

Laboratoriumsversuche von A. B. KINZEL und J. J. EGAN (*23*), bei denen flüssiges Eisen bei etwa 1550° C unter 1 at Kohlenoxyd behandelt und alsdann schnell abgekühlt wurde, ergaben den Wert:

$$[\mathrm{C}]\,[\mathrm{FeO}] \sim 5 \cdot 10^{-4}\ (= 0{,}0005),$$

wobei die unbekannte (sicherlich sehr geringe) Löslichkeit des Eisens für Kohlenoxyd bei jener Temperatur mit inbegriffen ist. Anders gingen H. C. VACHER und E. H. HAMILTON (*24*) vor, die zu einer sauerstoffreichen Schmelze Zusätze von Kohlenstoff machten und bei 1 at für das Produkt [C] [FeO] bei 1580° C den Wert 0,066, bei 1600° C den Wert 0,0055 fanden. Unter einer CO/CO_2-Atmosphäre ergab sich der Wert 0,0025. F. SAUERWALD und W. HUMMITSCH (*45*) fanden jenes Produkt zu etwa 0,02, fallend mit steigender Temperatur bis auf etwa 0,005, was sich der Größenordnung nach mit den Ergebnissen von VACHER und HAMILTON deckt. Da die Reaktion gemäß

$$\mathrm{FeO} + \mathrm{C} \rightleftarrows \mathrm{Fe} + \mathrm{CO} - \mathrm{WE} \tag{15}$$

als Reduktionsvorgang endotherm ist, so muß zunehmende Temperatur die Konstante

$$K = \frac{p_{\mathrm{CO}}}{[\mathrm{C}]\,[\mathrm{FeO}]} \tag{16}$$

vergrößern, das Produkt [C] [FeO] also verkleinern, wie es VACHER und HAMILTON ja auch fanden. Kohlenstoff ist also bei hoher Temperatur ein vorzügliches Desoxydationsmittel (vgl. Abb. 397). Allerdings scheint es nach H. SCHENCK (*25*), daß im Bereich von etwa 1600° der Wert K sich weniger ändert, als oben angegeben. Unter Berücksichtigung der von C. H. HERTY JR. gefundenen linearen Beziehung zwischen [C] [FeO] und der Entkohlungsgeschwindigkeit $\frac{d\,[\mathrm{C}]}{dx}$ im Bereich von 1570 bis 1590° hält H. SCHENCK in diesem Temperaturbereich für den Wert K nach Gleichung (17) die Zahl $K = 70$ bis 80 als die wahrscheinlichste bei einem C-Gehalt des Stahls von 0 bis 0,4% (bei $p_{\mathrm{CO}} = 1$). Für die heterogenen Gleichgewichtszustände kann geschrieben werden (für CO wiederum dessen Partialdruck eingesetzt):

$$K_{\mathrm{C}} = \frac{p_{\mathrm{CO}}}{(\mathrm{FeO}) \cdot [\Sigma\,\mathrm{C}]}\,. \tag{17}$$

Bei

$$[\Sigma\,\mathrm{C}] = \frac{p_{\mathrm{CO}}}{(\mathrm{FeO}) \cdot K_{\mathrm{C}}} \tag{18}$$

herrscht Gleichgewicht, d. h. es findet kein Umsatz statt, bei

$$[\Sigma\,C] < \frac{p_{CO}}{(FeO)\cdot K_C} \tag{19}$$

geht Gleichung (15) von rechts nach links, d. h. das Bad kann neben Oxydul noch Kohlenstoff aufnehmen, bei

$$[\Sigma\,C] > \frac{p_{CO}}{(FeO)\,K_C} \tag{20}$$

dagegen wird das Eisen gefrischt werden, d. h., es kommt Kohlenstoff zur Verbrennung.

In Übereinstimmung mit Gleichung (16) und (17) kann eine eindeutige Beziehung zwischen dem Kohlenstoffgehalt eines Stahlbades und dem Sauerstoffgehalt der Schlacke bzw. des Bades nur dann erwartet werden, wenn die Er-

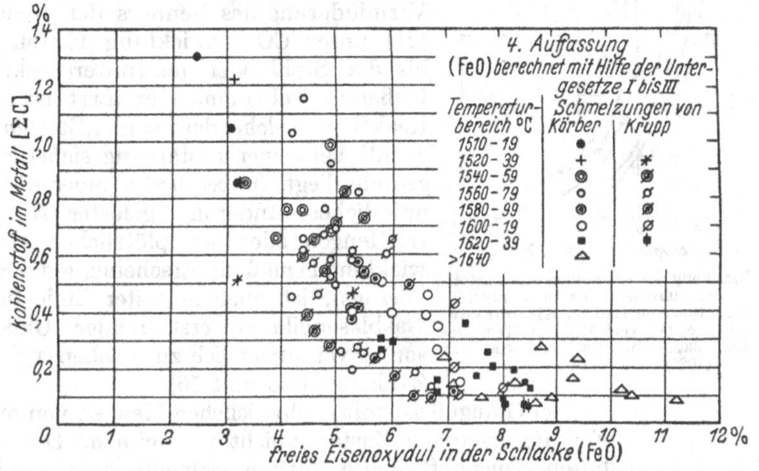

Abb. 401. Beziehung zwischen dem Kohlenstoffgehalt von Siemens-Martin-Schmelzungen und dem Eisenoxydulgehalt der Schlacke gemäß Auffassung 4 nach H. SCHENCK).

mittlung der freien Oxydulgehalte in der Schlacke gelingt. H. SCHENCK (*26*) beschritt mit Erfolg diesen Weg in der bereits oben geschilderten Weise und erhielt bei Auswertung verschiedener Betriebsschmelzungen (*27*) die in Abb. 401 dargestellte Beziehung. Noch klarer wurde die Beziehung zwischen dem Kohlenstoff des Bades und dem Gehalt der Schlacke an freiem Eisenoxydul, als H. SCHENCK die einzelnen Temperaturbereiche gemäß Abb. 402 auseinanderzog und für jeden engen Temperaturbereich die zugehörige Abhängigkeit graphisch darstellte.

Desoxydation mit Kohlenstoff unter Vakuum muß gemäß Gleichung (15) zur restlosen Sauerstoffentfernung führen (ideale Desoxydation). Wird dieser Fall im Großbetrieb auch schwierig zu erreichen sein, so läßt dennoch die Gleichung (16) erkennen, daß kohlenstoffreiche Eisensorten weniger Sauerstoff enthalten müssen als weiches Eisen oder niedrig gekohltes Gußeisen und daher, wie gleich zu folgern sein wird, auch weniger zur Blasenbildung neigen werden.

Hat nämlich eine sauerstoffhaltige Eisen-Kohlenstoff-Legierung bei einer gewissen Überhitzungstemperatur den Gleichgewichtszustand gemäß Gleichung (15) erreicht und kühlt sie nunmehr ab, so muß die Abkühlung im Schmelzfluß zunächst ohne CO-Entwicklung vor sich gehen, da gemäß dem Prinzip vom kleinsten Zwang eine Verschiebung der Reaktion nach Gleichung (15) im Sinne nach rechts, d. h. eine Abnahme der in Koexistenz mit Oxydul und Karbid gelösten CO-Mengen zu erwarten ist. Beginnt das Eisen jedoch zu erstarren, wird also reines Eisen oder ein gegenüber dem Gesamtkohlenstoffgehalt der Schmelze kohlenstoffarmer Mischkristall ausgeschieden, so darf bei unseren Betrachtungen die Konzentration des Eisens nicht mehr konstant gesetzt werden, d. h. statt Gleichung (16) gilt nunmehr:

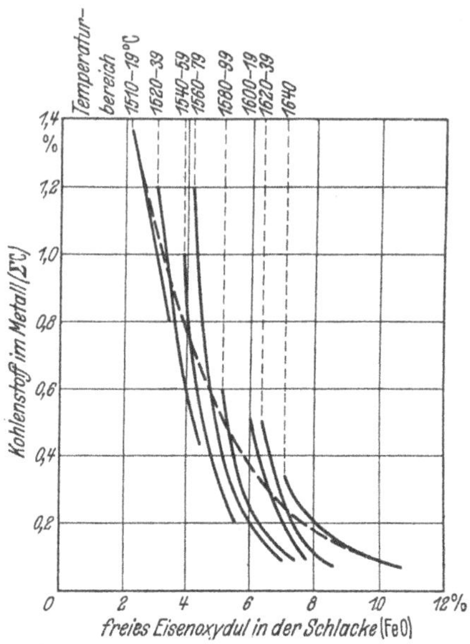

Abb. 402. Beziehung zwischen dem Kohlenstoffgehalt des Siemens-Martin-Stahls und der berechneten Konzentration von freiem Eisenoxydul in der Schlacke bei verschiedenen Temperaturen [H. SCHENCK, Arch. Eisenhüttenwes. Bd. 3 (1929/30) S. 571].

$$\frac{p_{CO} \cdot [Fe]}{[\Sigma C] \cdot [FeO]} = K\,. \qquad (21)$$

Es wird nunmehr klar, daß eine Kristallisation der eisenreichen Mischkristalle durch Verringerung der Fe-Konzentration zu einer Verminderung des Nenners der Gleichung (21) unter CO-Entwicklung führen muß, bis der Stahl oder das (untereutektische) Gußeisen vollkommen erstarrt ist. Diese Reaktion, welche dem sog. „Steigen" des Stahls bei seiner Erstarrung sicherlich zugrunde liegt (unbeschadet einer diskontinuierlichen Änderung gelöster N_2- oder H_2-Mengen oder der plötzlichen Gasentwicklung gemäß der Erscheinung des Siedeverzugs), ist auch in erster Linie für die Gasblasenbildung erstarrender Gußeisensorten verantwortlich zu machen (vgl. auch Zahlentafel 55 und 56).

Bei Grauguß ist mit nachweislichen Mengen von reinem FeO im erstarrten Zustand nicht zu rechnen. Die ermittelten Sauerstoffgehalte dürften vielmehr vorwiegend aus Verbindungen des Mangans, des Siliziums, Aluminiums u. a. Elementen mit hoher Affinität zum Sauerstoff stammen.

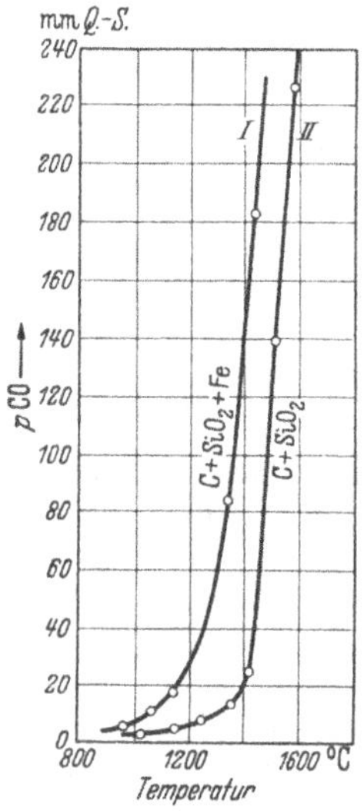

Abb. 403. Druck-Temperatur-Kurve der Reaktion von Graphit mit Kieselsäure [nach O. MEYER: Arch. Eisenhüttenwes. Bd. 9 (1935/36) S. 475].

3. Die Desoxydation mit Silizium.

Kohlenstoff reagiert mit Kieselsäure bereits von 1400° C aufwärts ziemlich intensiv gemäß:

$$SiO_2 + 2\,C \rightleftarrows Si + 2\,CO - WE, \qquad (22)$$

bei Gegenwart von Eisen gemäß:

$$SiO_2 + 2\,C + Fe \rightleftarrows FeSi + 2\,CO, \qquad (23)$$

sogar schon oberhalb 1200° (Abb. 403). Wofern daher z. B. flüssigem Gußeisen hinreichend Zeit bleibt oder die Temperatur hoch genug ist, können selbst kieselsäurereiche Oxyde des flüssigen Eisens weitgehendst reduziert oder in hochschmelzende Oxydstufen übergeführt werden. (Schmelzüberhitzung! Durchblasen mit Wasserstoff nach NORBURY!)

Für die Desoxydation flüssigen Eisens mittels Silizium kann man schreiben:

$$Si + 2\,FeO \rightleftarrows SiO_2 + 2\,Fe + WE. \qquad (24)$$

Die entsprechende Gleichgewichtskonstante kann, da die Löslichkeit der Kieselsäure im flüssigen Eisen sicherlich sehr klein ist, wie folgt geschrieben werden:

$$[Si]\,[FeO]^2 = K. \tag{25}$$

C. H. Herty und G. R. Fitterer (*28*) bestimmten den K-Wert für das Gleichgewicht bei etwa 1600° C zu $1{,}49 \cdot 10^{-4}$, während A. L. Feild (*29*) bei Desoxydationsversuchen in der Pfanne den Wert $0{,}17 \cdot 10^{-4}$ errechnete. Die Hertyschen Versuche sind in Abb. 404 graphisch aufgetragen. Man erkennt, daß im Bereich kleiner Siliziumgehalte beachtliche Abweichungen von der sonst eindeutigen Isotherme auftreten.

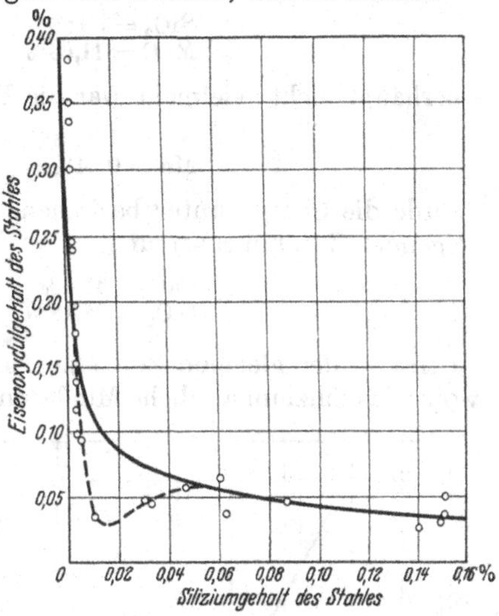

Abb. 404. Abhängigkeit des Sauerstoffgehaltes im Stahl vom Siliziumgehalt (C. H. Herty).

H. Schenck und E. Brüggemann (*30*) setzen beim sauren S.M.-Prozeß

$$\log K_{Si} = \log\,[FeO]^2[Si] = -\frac{11106}{T} + 4{,}495, \tag{26}$$

$$\log D_{(FeO)_2SiO_2} = -\frac{11230}{T} + 7{,}76 \tag{27}$$

und für

$$\log D_{(MnO)_2SiO_2} = -\frac{18880}{T} + 10{,}77, \tag{28}$$

wobei D die jeweiligen Dissoziationskonstanten der Orthosilikate bedeuten. Mit Hilfe dreier aus den einzelnen Gleichgewichtsbeziehungen abgeleiteter Formeln

$$(\Sigma\,FeO) = (FeO) + \frac{0{,}705\,(FeO)^4[Si]}{K_{Si} \cdot D_{(FeO)_2SiO_2}}, \tag{29}$$

desgleichen ähnlich für $(\Sigma\,MnO)$ und $(\Sigma\,SiO_2)$ entsteht schließlich der Ausdruck:

$$[Si] = K_{Si}\,\frac{100 - (FeO)\left(1 + \frac{[Mn]}{K_{Mn}}\right)}{(FeO)^2 + (FeO)^4\left(\frac{1}{D_{(FeO)_2SiO_2}} + \frac{[Mn]^2}{K^2_{Mn} \cdot D_{(MnO)_2SiO_2}}\right)}. \tag{30}$$

Sind demnach D und K_{Si} bekannt, so kann man bei bestimmtem Siliziumgehalt den zugehörigen „freien" Eisenoxydulgehalt der Schlacke errechnen, oder umgekehrt, wenn der freie Oxydulgehalt bekannt ist, den Dissoziationsgrad der Schlacke berechnen. H. Schenck erhielt bei einer sauren S.M.-Schmelze für K_{Si} die Werte:

Temperatur °C . . .	**1472**	**1509**	**1538**	**1565**	**1594**	**1605**
$K_{Si} \cdot 10^{-4}$	**4,4**	**7,1**	**9,9**	**13,0**	**18**	**21,2**

Für die Bestimmung des freien (FeO) fand Schenck folgende Gleichung:

$$(\Sigma\,SiO_2) = \frac{(FeO)^2 \cdot [Si]}{K_{Si}} + 0{,}43\,(FeO) + 0{,}43\,(\Sigma\,FeO). \tag{31}$$

Für eine saure S.M.-Schmelzung mit: 0,21% C, 0,065% Si, 0,17% Mn im Eisenbad und 56,3% SiO_2, 22,8% MnO sowie 16,1% FeO in der Schlacke errechneten H. Schenck und E. Brüggemann bei 1607° C Eisentemperatur die Dissoziationsgrade der Silikate und fanden für das Mangan-Orthosilikat einen Wert von 3,89%, für das Eisen-Orthosilikat den Wert von 68%. Diese Werte erscheinen überraschend hoch, jedenfalls für die Dissoziation des Fayalits. Verfasser konnte nämlich wiederholt bei Tiegelversuchen sowie bei Versuchen im Drehtrommelofen Gußeisenschmelzen bis zu einer Stunde bei Temperaturen bis etwa 1550°

unter sauren S.M.-Schlacken halten, ohne daß eine Veränderung der Analyse des Roheisens eintrat. Z. B. änderte sich die Zusammensetzung eines Roheisens folgender Analyse:

Si = 1,92%	S = 0,024%
Mn = 0,52%	C = 3,90%

nach einstündigem Halten unter einer Schlacke folgender Zusammensetzung:

SiO_2 = 58.28%	CaO = 6,03%
MnO = 11,64%	Rest FeO

überhaupt nicht, vielmehr war die Endanalyse der Schmelze folgende:

Si = 1,92%	S = 0,026%
Mn = 0,54%	C = 3,92% .

Wurde die Charge unter basischen, d. h. kalkreichen Schlacken gehalten, z. B. folgender Zusammensetzung:

CaO = 45,4%	MnO = 8,79%
SiO_2 = 28,48%	FeO = 5,47%,

so trat in der gleichen Zeit eine Kohlenstoffabnahme um 0,3 bis 0,5% C ein, wobei das Silizium ähnliche Minderungen erfuhr. Das ist auch die Ursache, warum man mit Erfolg zum Abdecken von Gußeisenbädern saure S.M.-Schlacke verwendet. Sie schützt das Bad weitgehend vor Luftzutritt und hindert so einen unerwünschten Abbrand an den für die Treffsicherheit so wichtigen Eisenbegleitern, insbesondere Kohlenstoff und Silizium. Wenn man sich nun noch einmal vor Augen hält, daß eine Reaktionsgasbildung zwischen dem Kohlenstoff des Bades um so mehr abgeschwächt, die Desoxydation also um so besser wird, je stabiler das vorhandene Oxyd ist, so erkennt man, daß z. B. die Überführung vorhandener Eisenoxydule in Mangan-, Kalk-, Silizium- bzw. Aluminiumoxyd das Eisenbad in steigendem Maße beruhigen wird, da die Bildungswärme der genannten Oxyde, welche bis zu einem gewissen Grade ein Maßstab für die Reduzierbarkeit ist, sich wie folgt verhält:

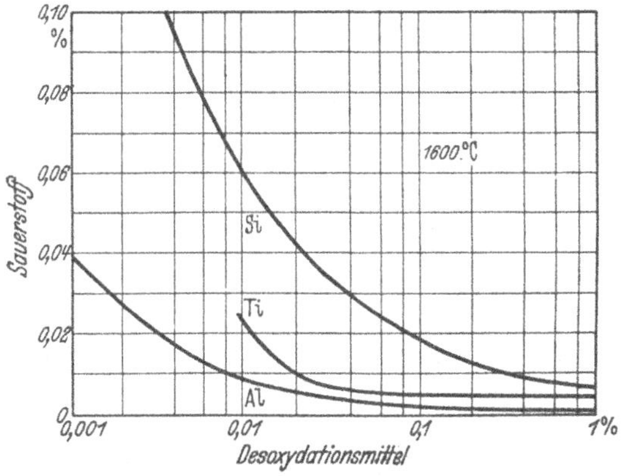

Abb. 405. Vergleich der desoxydierenden Wirkung des Titans, Siliziums und Aluminiums (H. WENTRUP und G. HIEBER).

NiO	58,4 kcal/Mol	SiO_2	208,3 kcal/Mol
FeO	64,5 „	TiO_2	220,0 „
MnO.	96,5 „	Al_2O_3	393,3 „
CaO	151,7 „		

(vgl. auch Zahlentafel 63). Abb. 405 nach H. WENTRUP und G. HIEBER (*31*) zeigt für die Verhältnisse bei Stahl die Sauerstoffgleichgewichte mit den Metallen Silizium, Titan und Aluminium. Man sieht, daß das Titan in seiner desoxydierenden Wirkung zwischen das Silizium und das Aluminium eingeordnet werden muß.

Auf die Verhältnisse bei Gußeisen lassen sich diese Beziehungen zwar grundsätzlich übertragen, es ist aber zu berücksichtigen, daß viele desoxydierende Elemente, wie Titan, Vanadium usw. bei Vorhandensein großer Kohlenstoffmengen gern stabile Karbide bilden, so daß sie für die eigentliche Desoxydation z. T. verlorengehen. Sie haben jedoch möglicherweise Rückwirkungen auf die Ausbildungsform des Graphits (vgl. u. a. die Ausführungen auf S. 752 dieses Buches). Je stabiler und schwerer reduzierbar also ein Oxyd ist, mit um so geringerer Geschwindigkeit wird auch im Intervall der Erstarrung die Reduktion der Oxyde (MnO, SiO_2, TiO_2, Al_2O_3 usw.) parallel dem Vorgang der Gleichung (21) vor sich gehen.

Aber auch eine das Auftriebsvermögen fördernde Koagulation der Desoxydationsprodukte durch Begünstigung der Bildungsmöglichkeit leicht flüssiger Silikate oder Aluminate (Desoxydation mit Ferromangansilizium, Silal, Alsimin usw.) wirkt sich bei der Desoxydation stets günstig aus, wobei der Faktor Zeit allerdings eine nennenswerte Rolle spielt (Abstehenlassen, Zentrifugieren usw.). Tatsächlich ist die Auftriebsgeschwindigkeit U gemäß der Formel von STOKE:

$$U = \frac{2 \cdot r^2}{9 \cdot \eta} \cdot g\,(d' - d) \tag{32}$$

nur einfach proportional der Dichtedifferenz $(d - d')$ der Medien, aber eine quadratische Funktion der Teilchengröße r, woraus die überragende Bedeutung der Koagulation hervorgeht. Stellt man sich die Desoxydation des Gußeisens durch Silizium vor nach der Gleichung

$$3\,FeO + FeSi \rightleftarrows 3\,Fe + FeO \cdot SiO_2, \tag{33}$$

so erhält man bei Anwendung des Massenwirkungsgesetzes bei einer bestimmten Temperatur

$$K = \frac{[FeO]^3 \cdot [FeSi]}{[FeO \cdot SiO_2]}. \tag{34}$$

Da die oxydreichen Eisensilikate ein gutes Koagulations- und Auftriebsvermögen haben und sich aus dem Eisenbad infolge geringer Löslichkeit darin leicht ausscheiden, wird der Wert $[FeO \cdot SiO_2]$ in der Eisenschmelze voraussichtlich sehr klein, so daß Gleichung (33) weitestgehend nach rechts verläuft. Hieraus erklärt sich ein niedriger, aber doch noch bestimmter Sauerstoffgehalt des Gußeisens. Ist die Schlacke sehr kieselsäurereich — nach dem Massenwirkungsgesetz die Dissoziation der Eisen-Mangan-Kalk-Silikate also stark zurückgedrängt — so wird theoretisch ein noch niedrigerer Sauerstoffgehalt zu erwarten sein. Umgekehrt erscheint es nicht ausgeschlossen, daß in sehr siliziumreichen Eisensorten sich hochviskose, kieselsäurereiche Desoxydationsprodukte mit geringem Auftriebsvermögen bilden, welche selbst bei höheren Temperaturen längere Zeit für ihre Verschlackung benötigen. Leider ist es auch heute noch nicht möglich, die verwickelten Verhältnisse der Desoxydation erschöpfend klarzulegen (*32*). Sauerstoffgehalte im Gußeisen über 0,015 bis 0,02% entsprechen jedenfalls ungewöhnlichen Verhältnissen.

f) Gas- und Sauerstoffbestimmungen.

Gelöste Gase können den Metallen und Legierungen durch Glühen oder Schmelzen im Vakuum (Heißextraktionsverfahren) entzogen werden. Bei höheren Temperaturen kann hierbei auch ein Teil der durch Dissoziation frei werdenden Gasanteile instabiler chemischer Verbindungen (Hydride bzw. Nitride des Eisens, Mangans und Nickels) gewonnen werden. Stabilere Nitride sind nur durch chemische Naßmethoden (z. B. Verfahren nach KJELDAHL, WÜST und DUHR) zu erfassen (*66*). Leicht reduzierbare Oxyde (z. B. des Zinks, Kupfers, Eisens) sind durch reduzierende Behandlung im Wasserstoffstrom und Auswägen des entstandenen Wassers relativ leicht quantitativ zu bestimmen. Stabilere Oxyde, z. B. des Siliziums, Chroms, Aluminiums, sind dagegen nur durch Reduktion der schmelzflüssigen Legierungen im entgasten Kohletiegel bei Temperaturen zwischen 1400°

und 1700° abzubauen oder durch chemische Rückstandsverfahren (Behandlung im Chlorstrom oder nach den Naßverfahren durch Behandlung mit Brom-, Jod-, Eisenchlorid- bzw. Kupferammonchloridlösungen) zu erfassen (*47*). Für die Beurteilung eines Desoxydationsvorganges ist es von höchster Bedeutung, die Art der Sauerstoffbindung klarzulegen. Oxyde und Schlacken im Gußeisen rühren vielfach vom Futter der Schmelzöfen, Rinnen, Pfannen, des Formsandes

Zahlentafel 57.

Schliff wird blank poliert und dann bei starker Vergrößerung beobachtet

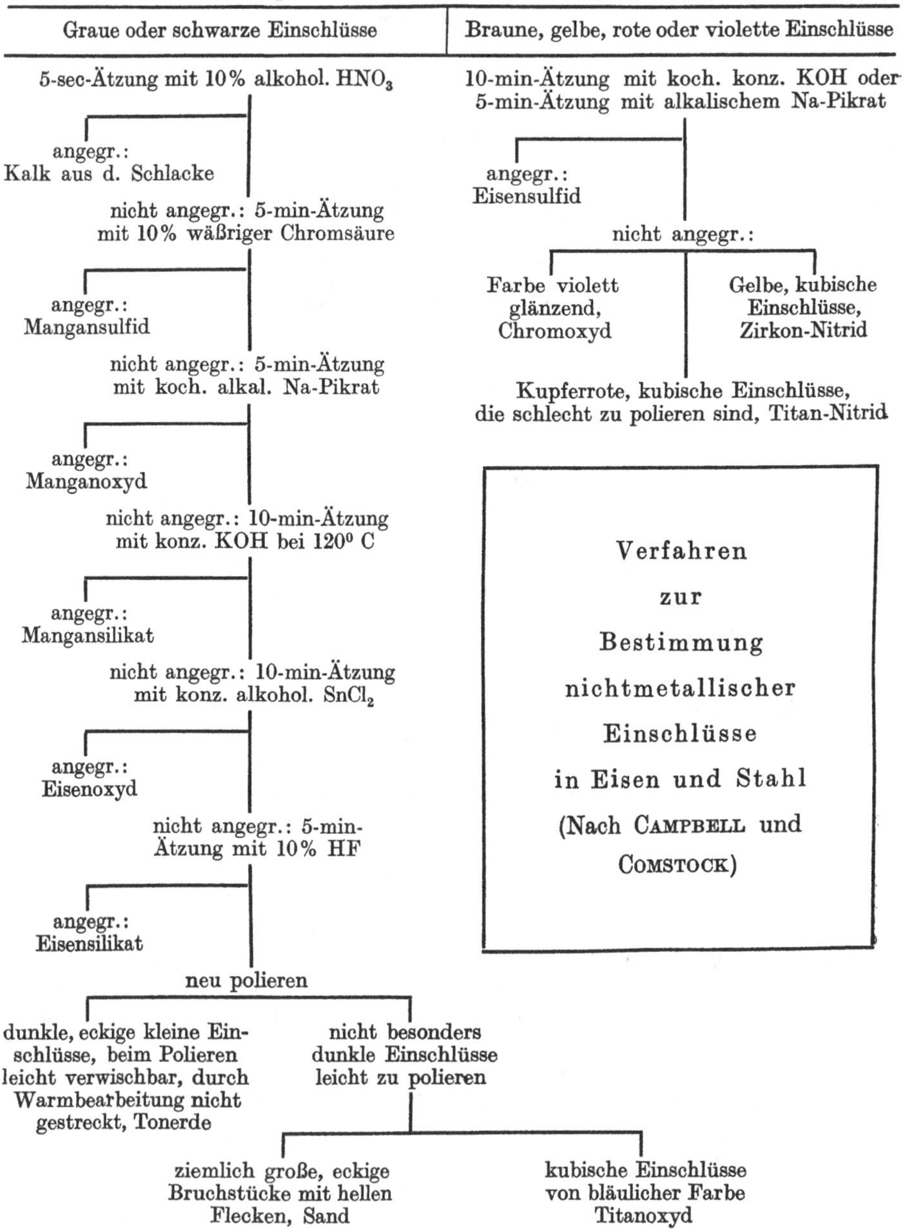

usw. her. Auch rostige Kernstützen sind oft die Ursache von Gasblasen und Schlackenbildung.

T. W. SCOTT und T. L. JOSEPH (*48*) untersuchten Art und Menge der im Gußeisen auftretenden Einschlüsse und fanden dabei Gehalte in folgenden Grenzen:

MnO . . . . 0,0001 bis 0,0007%,
FeO . . . . 0,0029 „ 0,0117%,
SiO_2 . . . . 0,0038 „ 0,0063%.

Eisenoxydul kann ihrer Meinung nach entweder gelöst oder aber in Form eines hochschmelzenden Ferrosilikates vorliegen. Nach C. H. HERTY und J. M. GAINES (*49*) schwankt die Menge der im Roheisen vorkommenden Oxyde zwischen Spuren und mehr als 0,13%. Den höchsten Gehalt habe das Eisen, wenn der Ofen unregelmäßig gehe. Das Erzeugnis verschiedener Öfen, ja sogar Eisen von demselben Abstich, kann alsdann verschieden große Mengen, z. B. von Silikaten enthalten. Der Ursprung nichtmetallischer Einschlüsse im Roheisen und ihr Verhalten bei der Stahlherstellung wurde von der Pittsburg Experiment Station des U.S. Bureau of Mines (*50*) untersucht. Solange der Hochofen regelmäßig betrieben wird, sind solche Einschlüsse im Gußeisen immer vorhanden, aber nur in geringen Mengen. Der durchschnittliche Gehalt in 61 Proben von basischem Roheisen war 0,0272%, in 50 Proben von Bessemereisen 0,0223% und in 15 Proben von Gießereieisen 0,0078%. Der Oxydgehalt des Eisens erhöht sich während des Umgießens von einem Gefäß in das andere, so vom Hochofen in den Mischer oder vom Mischer in den Siemens-Martin-Ofen. Wenn der Hochofen Störungen hat, können die nichtmetallischen Bestandteile bis auf 0,15 bis 0,20%

Zahlentafel 58. Zusammenfassung aller Gleichgewichtskonstanten[1] (F. SAUERWALD und W. HUMMITZSCH).

Bearbeiter:	Das System: Fe-O-C	Gleichgew.-Konst.	Temp. °C
KINZEL und EGAN (Laboratorium)	[C]·[O]	$1{,}13 \times 10^{-4}$	1550°
VACHER und HAMILTON (Laboratorium) . . .	[C]·[O]	$6{,}6 \times 10^{-2}$	1580°
VACHER und HAMILTON (Laboratorium) . . .		$0{,}55 \times 10^{-2}$	1600°
HERTY und GAINES (basischer Siemens-Martin-Ofen)	[C]·[O]	$0{,}98 \times 10^{-2} - 0{,}455 \times 10^{-2}$	1524—1660°
SCHENCK (mittels HERTYS Verteilungskoeffizienten umgerechnet)	[C]·[O]	$2{,}7 \times 10^{-2} - 0{,}41 \times 10^{-2}$	1510—1640°
	Das System: Fe-O-Si		
HERTY und FITTERER (Laboratorium) . . .	$[FeO]^2 \cdot [Si]$	$1{,}49 \times 10^{-4}$	1600°
SCHENCK (rechnerisch aus Affinitäten) . .	$[FeO]^2 \cdot [Si]$	$0{,}44 \times 10^{-5} - 9{,}0 \times 10^{-5}$	1527—1677°
SCHENCK, ebenso (saures Verfahren) . . .	$K_{Si} = \frac{[Si]\,(FeO)^2}{(SiO_2)}$	$4{,}4 \times 10^{-4} - 21{,}2 \times 10^{-4}$	1472—1605°
FEILD (Desoxydation in der Pfanne)	$[FeO]^2 \cdot [Si]$	$1{,}7 \times 10^{-5}$	—
HERTY und CHRISTOPHER (basischer Siemens-Martin-Ofen) .	$[FeO]^2 \cdot [Si]$	$1{,}65 \times 10^{-4}$	(Mittelwert)

[1] Die Konzentrationen sind hier überall in Gewichtsprozenten angegeben.

Zahlentafel 58 (Fortsetzung).

Bearbeiter:	Das System: Fe-O-Mn	Gleichgew.-Konst.	Temp. °C
HERTY (Laboratorium)	$K'_{Mn} = \frac{[Mn] \cdot (\Sigma FeO)}{(\Sigma MnO)}$	0,28—0,13	1560—1462°
OBERHOFFER u. SCHENCK (Laboratorium) . . .	$K'_{Mn} = \frac{[Mn] (\Sigma FeO)}{(\Sigma MnO)}$	0,38	1600°
OBERHOFFER u. SCHENCK (Laboratorium und Affinitätsrechnung) .	$K'_{Mn} = \frac{[Mn] \cdot [FeO]}{[MnO]}$	0,021—0,0131	1605—1515°
HERTY (basischer Siemens-Martin-Ofen) .	$K'_{Mn} = \frac{[Mn] (\Sigma FeO)}{(\Sigma MnO)}$	0,46	1605°
SCHENCK (basischer Siemens-Martin-Ofen) .	$K'_{Mn} = \frac{[Mn] \cdot (\Sigma FeO)}{(\Sigma MnO)}$	0,20—0,23	1545—1621°
TAMMANN und OELSEN	$K'_{Mn} = \frac{[Mn] \cdot (\Sigma FeO)}{(\Sigma MnO)}$	~ 0,4	Mittelwert aus basischem Verfahren.
MAURER und BISCHOF .		~ 0,1	Mittelwert aus saurem Verfahren
	Das System: Fe-O-P		
HERTY (basischer Siemens-Martin-Ofen) .	$K_P = \frac{[\Sigma P]^2 (FeO)^5 (CaO)^3}{(\Sigma P_2O_5)}$	$5,3 \times 10^3 - 126 \times 10^3$	1574—1674°
SCHENCK (basischer Siemens-Martin-Ofen) .	$K_P = \frac{[\Sigma P]^2 (FeO)^5 \cdot (CaO)^3}{(\Sigma P_2O_5)}$	$1,54 \times 10^3 - 574 \times 10^3$	1574—1674°
HERTY (Laboratorium).	$K_{P_1} = \frac{(3 FeO \cdot P_2O_5)}{[P]^2 (FeO)^8}$	0,56	1510°
	Das System: Fe-O-S		
ZEN-ICHI-SHIBATA (rechnerisch)	$K = \frac{[MnS] \cdot [Fe]}{[FeS] \cdot [Mn]}$	$8,43 \times 10^4 - 2,67 \times 10^4$	1500—1700°
SCHENCK (basischer Siemens-Martin-Ofen) .	$K_S = \frac{(\Sigma S)}{[\Sigma S]} \cdot \frac{(FeO)}{(CaO)}$	~ 2	1600°

steigen. Die Einschlüsse bestehen aus Kieselsäure und Eisen- bzw. Mangansilikaten mit ungefähr 50% SiO_2, 30% FeO, 15% MnO und 5% Al_2O_3. Durch Kombination mikroskopischer Untersuchungen mit gewissen Ätzverfahren gelingt es in den meisten Fällen, den Charakter nichtmetallischer Einschlüsse in Eisen und Stahl zu ermitteln (vgl. Zahlentafel 57 nach T. P. CAMPBELL und G. F. COMSTOCK). Zahlentafel 58 gibt eine Zusammenfassung der wichtigsten Gleichgewichtskonstanten für die Vorgänge der Desoxydation, Entschwefelung und Entphosphorung nach Arbeiten verschiedener Forscher.

g) Dichte und Gasdurchlässigkeit von Gußeisen.

Das spezifische Gewicht der verschiedenen Gußeisensorten (*51*) schwankt zwischen etwa 6,8 und 7,5 je nach dem Kohlenstoff-, Silizium- und Graphitgehalt, teilweise auch beeinflußt durch die mikroskopische und makroskopische Porosität. Blasenfreies, heiß erschmolzenes Gußeisen ist aber meistens wesentlich dichter, d. h. gasundurchlässiger als vielfach angenommen. Beim Abpressen 0,5 bis 2 mm starker Gußeisenplatten mit 150 bis 175 at Wasserstoff gegen einen mit hochempfindlichem Vakuummeter verbundenen luftleeren Raum (Anordnung gemäß

Abb. 406), konnten E. PIWOWARSKY und H. ESSER (*52*) entweder gar keine oder eine nur sehr langsame Drucksteigerung des Vakuummeters beobachten, wenn höherwertige Gußeisensorten geprüft wurden, ja selbst Roh- oder grobgraphitische Gußeisensorten zeigten nur eine geringe Gasdurchlässigkeit. Ähnlich, wie dies bereits von G. TAMMANN und H. BREDEMEIER (*53*) vorgeschlagen, prüfte F. ROLL (*54*) die Porosität von Gußeisen nach der Farbstoffeindringungsmethode. In den freien Raum eines Stahlzylinders mit gut dichtendem Kolben wurden Gußeisenwürfel von 30 bzw. 60 mm Kantenlänge eingesetzt, mit einer $\frac{n}{100}$ bis $\frac{n}{500}$ fuchsin- oder eosinhaltigen wässerigen Lösung übergossen und während 10 bis 30 min mittels einer Presse einem hydrostatischen Druck von 200 bis 2000 at ausgesetzt. Die farbstoffhaltige Lösung dringt in die Poren und feinen Kanäle, wobei die darin enthaltenen Gase unter dem starken Druck von der Lösung absorbiert werden. Schließlich werden die Proben herausgenommen, getrocknet, auf der Drehbank möglichst fein zerspant, in ein Kolorimeter gebracht, mit Hilfe einer Vergleichslösung auf Farbtiefe abgeglichen und hieraus die Porosität ermittelt. Zahlentafel 59 soll die Überlegenheit des Lanzschen Perlitgusses (P 85) gegenüber gewöhnlichem Grauguß (G 85) zeigen; Abb. 407 zeigt dieselben Beziehungen an zwei Eisensorten der in Zahlentafel 60 wiedergegebenen Zusammensetzung, wobei der Einfluß des ferrostatischen Druckes auf die größere Dichte des Fußendes der Probestäbe zu beachten sei. Die Rollschen Versuche beweisen gegenüber den Versuchen von E. PIWOWARSKY und H. ESSER jedoch noch nichts, solange der Anteil des durch den Graphit adsorbierten Farbstoffs nicht festgestellt worden ist. B. BEER (*55*) fand bei Durchlässigkeitsuntersuchungen von Gußeisen bei hohen Drücken mittels Kohlensäure ebenfalls größere Mengen,

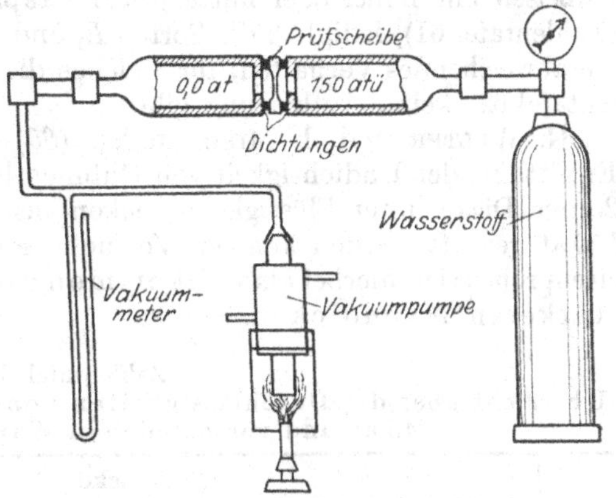

Abb. 406. Apparatur zur Prüfung der Porosität von Gußeisen (PIWOWARSKY und ESSER).

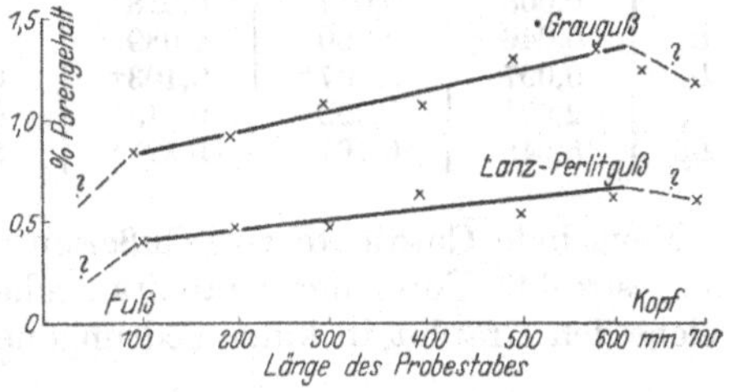

Abb. 407. Porengehalt von Grau- und Lanz-Perlitguß längs eines Stabes (LIPP und ROLL).

Zahlentafel 59. Zusammensetzung der Gußklötze.

	C %	Si %	Mn %	P %	S %
G 85	3,38	1,75	0,38	0,39	0,06
P 85	3,28	1,35	0,70	0,45	0,08

Porosität in %

	30-mm-Klotz		60-mm-Klotz	
	Würfel A	Würfel B	Würfel A	Würfel B
G 85	0,92	1,02	0,98	1,32
P 85	0,41	0,61	0,50	0,65

Zahlentafel 60.

	C %	Si %	Mn %	P %	S %
G 18	3,30	1,65	0,85	0,40	0,08
P 18	3,21	1,15	0,87	0,36	0,06

als sie bei E. PIWOWARSKY und H. ESSER zu erwarten gewesen wären. Allerdings beschreibt er die Herkunft und Art seiner Eisensorten nicht ausreichend genug, um den Unterschieden in den erhaltenen Werten mit Erfolg nachgehen zu können. Aber selbst die von BEER gefundenen Durchlässigkeitswerte für Gußeisen mit feiner oder mittelgrober Graphitausbildung sind noch recht klein (Zahlentafel 61), lediglich die Sorten L_1 und L_3 zeigen aus unbekannten Gründen ein abweichendes Verhalten, für welches die chemische Zusammensetzung (Zahlentafel 62) keine Aufklärung gibt.

G. WELTER und J. MIKOLOJCZYK (*60*) beschrieben ein Prüfverfahren zur Ermittlung der Undichtigkeit von Gußmetallen, bei dem Platten von 1 bis etwa 25 mm Dicke unter Flüssigkeitsdrücken bis zu 1000 at und Gasdrücken bis zu 150 at geprüft werden können. Versuche ergaben, daß die untersuchten Gußeisenproben sich hierbei als vollkommen dicht erwiesen, selbst solche aus stärkeren Wanddicken.

Zahlentafel 61.
Übersicht über die Durchlässigkeiten von Grauguß gegen Kohlensäure bei 45 at und verschiedenen Wandstärken (B. BEER).

	Dicke						Graphit-ausbildung
	12 mm cm³/min	11/10 mm cm³/min	8 mm cm³/min	6 mm cm³/min	4 mm cm³/min	3 mm cm³/min	
E_1	0,007	0,003	0,010	0,012	0,024	0,041	sehr fein
K_4	0,002	0,010	0,020	0,039	0,063	0,078	mittelm.
K_3	0,003	0,011	0,021	0,032	0,065	0,105	,,
L_2	0,008	0,017	0,028	—	—	0,043	,,
E_2	0,046	0,060	0,089	0,102	0,141	0,178	,,
L_4	0,097	0,107+	0,103+	0,136	3,79	24,77	grob
L_1	2,991	1,392+	0,415+	0,744	0,078	0,037	mittelm.
L_3	5,648	6,167+	5,327+	3,896	2,663	0,744	sehr grob

Mangelnde Gasdichte von Gußeisen wird fast immer durch eine ungünstige, langgestreckte Form der Graphitausscheidungen verursacht. Alle Maßnahmen, welche den Graphit in kurze gedrungene Form bringen, werden daher die Gasdurchlässigkeit von Gußeisen selbst bei hohen Drücken sichern. Aber auch feine Haarrisse, besonders in wärmebehandeltem Gußeisen, können manchmal die Ursache mangelnder Gasdichte sein. Gasblasen, verursacht durch das Entweichen gelöster oder durch chemische Reaktion entstandener Gase, sowie die durch die normale Lunkerung entstandenen Hohlräume sind selten die Ursache mangelnder Gasdichte. Für die laufende Betriebskontrolle wird die makroskopische Prüfung auf Lunkerung und Porosität durch die in Kapitel XIIc näher beschriebenen technologischen Proben vorgenommen. Auf die Bedeutung eingeschlossener oder gelöster Gase auf den Wachstumsvorgang wird im Kapitel XVIb hingewiesen werden.

Zahlentafel 62. Phosphor- und Kohlenstoffgehalte der untersuchten Proben (nach B. BEER).

	Kohlenstoff			Phosphor
	gesamt %	frei %	gebunden %	%
E_1	3,06	2,18	0,88	0,988
E_2	3,05	2,49	0,56	0,954
L_3	3,28	2,26	1,02	1,174
L_1	3,36	2,51	0,85	,226

Bei phosphorreicherem Gußeisen begünstigt eine starke Schwindung das Auftreten der sog. Schwitzkugeln. Diese letzteren stellen meist ein Segregat niedrig schmelzender eutektischer Restbestandteile dar, welche unter dem Schwindungsdruck des Eisens an gewissen Stellen der Gußkörper herausgepreßt werden. Besonders die phosphorreichen ternären oder quaternären Eutektika neigen zur Segregation. Tatsächlich nähert sich die chemische Zusammensetzung der Schwitzkugeln oft dem Phosphideutektikum (*56*) mit 6,89% P und 1,96% C. Höhere Mangangehalte (über etwa 0,8%) im Grauguß begünstigen das Auftreten der Schwitzkugeln. Auch andere Elemente, z. B. Molybdän, scheinen ähnlich zu wirken. Inwiefern der Gasgehalt des Gußeisens, sowie die Abkühlungsgeschwindigkeit oder auch die Graphitisierungsvorgänge während der Erstarrung auf die Erscheinung der Schwitzkugelbildung von Bedeutung sind, bedarf noch eingehender Klärung.

Die spezifische Dichte flüssigen Gußeisens bei etwa 1450° C folgt nach H. A. Schwartz (*57*) etwa folgender Beziehung:

$$d = 7{,}16 - (0{,}1\,\text{Si} + 0{,}07\,\text{C});$$

vgl. auch Kapitel XIIc.

XI. Wärmetönungen metallurgischer Reaktionen.

Zusammenstellung von Hermann Ulich, Carl Schwarz und Kurt Cruse (*58*).
(Auszugsweise wiedergegeben[1].)

Als Hauptstütze der Zahlentafel 63 diente das neue (3.) Ergänzungswerk von Landolt-Börnsteins „Physikalisch-chemischen Tabellen" (Berlin: Springer 1936), in dem W. A. Roth eine vorzügliche Zusammenstellung der neuesten thermochemischen Werte bringt. Das neuere Schrifttum wurde von den Autoren bis Anfang 1937 berücksichtigt.

Eine wesentliche Änderung gegenüber früheren Darstellungen liegt in der neuen Vorzeichengebung (*59*). Von den reagierenden Stoffen abgegebene Energiebeträge werden als Verlust des Systems verbucht, also mit negativem Vorzeichen. Mithin erscheinen wärmespendende (exotherme) Reaktionen mit negativen, wärmebrauchende (endotherme) mit positiven Wärmebeträgen. In deutschen thermochemischen Arbeiten (auch im vorliegenden Buch, d. V.) überwiegt gegenwärtig noch die entgegengesetzte Vorzeichengebung (auch im Landolt-Börnstein). Doch ist es nach Auffassung der Autoren unaufschiebbar, für die ganze Energetik und das gesamte Weltschrifttum einheitliche Vorzeichen einzuführen, und als solche kommen nur die obigen in Frage, da sie weitaus stärker verbreitet sind. Von „positiven und negativen Wärmetönungen" solle man freilich in der Übergangszeit lieber nicht sprechen, um Mißverständnisse zu vermeiden.

Im einzelnen seien den nachstehenden Zahlentafeln noch folgende Erläuterungen der Autoren vorausgeschickt.

Spalte 1. Die Anordnung der Stoffe ist durch Gliederung in Gruppen mit Zwischenüberschriften verdeutlicht. In jeder Gruppe sind zuerst die Verbindungen der Nichtmetalle und dann die der Metalle, und zwar von Gruppe VIII bis Gruppe I des periodischen Systems absteigend, aufgeführt.

Spalte 2. Die Abkürzungen bedeuten:

Crist.	= Cristobalit.	hexag	= hexagonal.
f	= fest.	kr	= kristallin.
fl	= flüssig.	Qu.	= Quarz.
g	= gasförmig	reg	= regulär.
Gr.	= Graphit.	rh	= rhombisch.
H_o	= oberer Heizwert.	schw	= schwarz.
H_u	= unterer Heizwert.	Woll.	= Wollastonit.

[1] Mit freundl. Erlaubnis der Autoren.

Zahlentafel 63.
Zusammenstellung von Wärmetönungen metallurgischer Reaktionen.

Stoff	Reaktionsformel	Reaktionswärme in kcal (wärmespendende Reaktion negativ)	
		für molaren Umsatz nach Spalte 2 bei 20 bis 25° und konstantem Druck	je kg des in Spalte 2 fettgedruckten Stoffes
1	2	3	4
	1. Verbindungen des Kohlenstoffs mit Sauerstoff.		
CO_2	**C**(β-Gr.) + O_2 (g) → CO_2 (g)	-94220 ± 100	$-7845,_0$
CO_2	**C**(Temperk.) + O_2 (g) → CO_2 (g)	-94062	$-7832,_0$
CO_2	**C**(Koks) + O_2 (g) → CO_2 (g)	-95407	$-7944,_0$
CO_2	**C**(amorph. „Glanzkohle", Dichte 2,07 bis 1,86) + O_2 (g) → CO_2 (g)	-96690 bis -97860	$-8051,_0$ bis $-8148,_0$
CO	**C**(β-Gr.) + $\frac{1}{2}$ O_2 (g) → CO (g)	-26570 ± 100	$-2212,_5$
CO_2	**CO**(g) + $\frac{1}{2}$ O_2 (g) → CO_2 (g)	-67650 ± 100	$-2415,_0$
	2. Oxyde.		
SO_2	**S** (rh) + O_2 (g) → SO_2 (g)	-70920 ± 50	$-2212,_0$
SO_3	**S** (rh) + $\frac{3}{2}$ O_2 (g) → SO_3 (g)	-93900 ± 500	$-2929,_0$
SiO_2	**Si** (f) + O_2 (g) → SiO_2 (α-Qu.)	-208300 ± 350	$-7423,_5$
SiO_2	**Si** (f) + O_2 (g) → SiO_2 (α-Crist.)	-205600 ± 300	$-7327,_0$
SiO_2	SiO_2 (α-Qu.) → SiO_2 (β-Crist.)	$+1680 \pm 100$	—
SiO_2	SiO_2 (α-Qu.) → SiO_2 (amorph, bei 550° getrocknet)	$+3510 \pm 100$	—
SiO_2	SiO_2 (α-Qu.) → SiO_2 (Quarzglas)	$+3000 \pm 500$	—
P_2O_5	2 **P** (rot) + $\frac{5}{2}$ O_2 (g) → P_2O_5 (f)	-369400 ± 2000	$-5954,_0$
P_2O_5	**P** (gelb) → P (rot)	-4220 ± 100	—
As_2O_3	2 **As** (f) + $\frac{3}{2}$ O_2 (g) → As_2O_3 (f)	-156600 ± 1000	$-1045,_5$
As_2O_5	2 **As** (f) + $\frac{5}{2}$ O_2 (g) → As_2O_5 (f)	-219400 ± 1000	$-1464,_5$
B_2O_3	2 **B** (schw) + $\frac{3}{2}$ O_2 (g) → B_2O_3 (glasig)	-349000 ± 3000	$-16127,_5$
FeO	**Fe** (α) + $\frac{1}{2}$ O_2 (g) → FeO (f)	-64500 ± 100	$-1155,_0$
Fe_3O_4	3 **Fe** (α) + 2 O_2 (g) → Fe_3O_4 (f)	-266500 ± 200	$-1591,_0$
Fe_2O_3	2 **Fe** (α) + $\frac{3}{2}$ O_2 (g) → Fe_2O_3 (f)	-195200 ± 200	$-1748,_0$
Fe_3O_4	**FeO** (f) + Fe_2O_3 (f) → Fe_3O_4 (f)	-6800 ± 300	$-94,_6$
CoO	**Co** (f) + $\frac{1}{2}$ O_2 (g) → CoO (f)	-57500 ± 200	$-975,_5$
NiO	**Ni** (f) + $\frac{1}{2}$ O_2 (g) → NiO (f)	-58400 ± 500	$-995,_0$
MnO	**Mn** (f) + $\frac{1}{2}$ O_2 (g) → MnO (kr)	-96500 ± 700	$-1757,_0$
Mn_3O_4	3 **Mn** (f) + 2 O_2 (g) → Mn_3O_4 (kr)	-345000 ± 1000	$-2093,_5$
Mn_2O_3	2 **Mn** (f) + $\frac{3}{2}$ O_2 (g) → Mn_2O_3 (f)	-233000 ± 5000	$-2121,_0$
MnO_2	**Mn** (f) + O_2 (g) → MnO_2 (kr)	-123000 ± 3000	$-2239,_0$
Cr_2O_3	2 **Cr** (f) + $\frac{3}{2}$ O_2 (g) → Cr_2O_3 (f)	-273000 ± 10000	$-2624,_5$
CrO_3	**Cr** (f) + $\frac{3}{2}$ O_2 (g) → CrO_3 (f)	-139300 ± 2000	$-2678,_5$
MoO_3	**Mo** (f) + $\frac{3}{2}$ O_2 (g) → MoO_3 (f)	-180400 ± 100	$-1879,_0$
WO_2	**W** (f) + O_2 (g) → WO_2 (f)	-131000 ± 500	$-712,_0$
WO_3	**W** (f) + $\frac{3}{2}$ O_2 (g) → WO_3 (f)	-195500 ± 500	$-1062,_5$
UO_2	**U** (f) + O_2 (g) → UO_2 (f)	-257000 ± 2000	$-1079,_5$
U_3O_8	3 **U** (f) + 4 O_2 (g) → U_3O_8 (f)	-845000 ± 5000	$-1183,_0$
UO_3	**U** (f) + $\frac{3}{2}$ O_2 (g) → UO_3 (f)	-291600 ± 2000	$-1225,_0$
V_2O_3	2 **V** (f) + O_2 (g) → V_2O_2 (f)	-230000 ± 10000	$-2257,_0$
V_2O_3	2 **V** (f) + $\frac{3}{2}$ O_2 (g) → V_2O_3 (f)	-320000 ± 10000	$-3140,_5$
V_2O_4	2 **V** (f) + 2 O_2 (g) → V_2O_4 (f)	-375000 ± 10000	$-3680,_0$
V_2O_5	2 **V** (f) + $\frac{5}{2}$ O_2 (g) → V_2O_5 (f)	-437000 ± 7000	$-4288,_5$
Nb_2O_5	2 **Nb** (f) + $\frac{5}{2}$ O_2 (g) → Nb_2O_5 (f)	-463100 ± 1000	$-2492,_0$
Ta_2O_5	2 **Ta** (f) + $\frac{5}{2}$ O_2 (g) → Ta_2O_5 (f)	-486000 ± 500	$-1343,_5$
Sb_2O_3	2 **Sb** (f) + $\frac{3}{2}$ O_2 (g) → Sb_2O_2 (reg)	-164000 ± 500	$-673,_5$
Bi_2O_3	2 **Bi** (f) + $\frac{3}{2}$ O_2 (g) → Bi_2O_3 (f)	-138000 ± 1000	$-330,_0$

Zahlentafel 63 (Fortsetzung).
Zusammenstellung von Wärmetönungen metallurgischer Reaktionen.

Stoff	Reaktionsformel	Reaktionswärme in kcal (wärmespendende Reaktion negativ): für molaren Umsatz nach Spalte 2 bei 20 bis 25° und konstantem Druck	je kg des in Spalte 2 fettgedruckten Stoffes
1	2	3	4
TiO_2	**Ti** (f) + O_2 (g) → TiO_2 (f)	− 220000 ± 2000	− $4593,_0$
ZrO_2	**Zr** (f) + O_2 (g) → ZrO_2 (f)	− 258100 ± 600	− $2829,_5$
SnO_{22}	**Sn** (f) + ½ O_2 (g) → SnO (f).	− 67000 ± 1000	− $564,_5$
SnO_2	**Sn** (f) + O_2 (g) → SnO_2 (f)	− 137800 ± 500	− $1161,_0$
PbO	**Pb** (f) + ½ O_2 (g) → PbO (f)	− 52400 ± 500	− $253,_0$
Pb_3O_4	**3 Pb** (f) + 2 O_2 (g) → Pb_3O_4 (f)	− 171000 ± 1000	− $275,_0$
PbO_2	**Pb** (f) + O_2 (g) → PbO_2 (f)	− 65000 ± 1000	− $313,_5$
Al_2O_3	**2 Al** (f) + 3/2 O_2 (g) → Al_2O_3 (α)	− 393300 ± 400	− $7291,_5$
	nach Roth und Bürger	− 310000 am wahrscheinlichsten	
Al_2O_3	Al_2O_3 (α) → Al_2O_3 (γ).	− 7800 ± ?	—
CeO_2	**Ce** (f) + O_2 (g) → CeO_2 (f)	− 233000 ± 5000	− $1662,_5$
BeO	**Be** (f) + ½ O_2 (g) → BeO (f).	− 138000 ± 2000	− $15299,_5$
MgO	**Mg** (f) + ½ O_2 (g) → MgO (f)	− 146100 ± 1000	− $6007,_5$
CaO	**Ca** (f) + ½ O_2 (g) → CaO (f).	− 151700 ± 500	− $3785,_0$
BaO	**Ba** (f) + ½ O_2 (g) → BaO (f).	− 126100 ± 300	− $918,_0$
ZnO	**Zn** (f) + ½ O_2 (g) → ZnO (hexag) . . .	− 83300 ± 200	− $1274,_0$
CdO	**Cd** (α) + ½ O_2 (g) → CdO (f).	− 62000 ± 200	− $553,_5$
Na_2O	**2 Na** (f) + ½ O_2 (g) → Na_2O (f)	− 99450 ± 500	− $2162,_0$
$Na_2Fe_2O_4$	Na_2O (f) + **Fe_2O_3** (f) → $Na_2Fe_2O_4$ (f). .	− 42300 ± 1000	− $265,_0$
K_2O	**2 K** (f) + ½ O_2 (g) → K_2O (f)	− 86000 ± 1000	− $1100,_0$
Cu_2O	**2 Cu** (f) + ½ O_2 (g) → Cu_2O (f).	− 41000 ± 1000	− $322,_5$
CuO	**Cu** (f) + ½ O_2 (g) → CuO (f).	− 37500 ± 1000	− $590,_0$

3. Karbide.

Stoff	Reaktionsformel	für molaren Umsatz	je kg
SiC	**Si** (f) + C (β-Gr.) → SiC (f).	30000 bis 35000	− $1069,_0$ bis − $1247,_5$
Fe_3C	**3 Fe** (α) + C (β-Gr.) → Fe_3C (f)	+ 2500 ± 1000	+ $14,_9$
Ni_3C	**3 Ni** (f) + C (β-Gr.) → Ni_3C (f)	+ 9200 ± 800	+ $52,_3$
Mn_3C	**3 Mn** (f) + C (β-Gr.) → Mn_3C (f). . . .	− 23000 ± 2000	− $139,_5$
TiC	**Ti** (f) + C (β-Gr.) → TiC (f).	− 114000 ± 2000	− $2380,_0$
ZrC	**Zr** (f) + C(β-Gr.) → ZrC (f).	− 45000 ± 2000	− $493,_5$
Al_4C_3	**4 Al** (f) + 3 C (β-Gr.) → Al_4C_3 (f) . . .	− 21000 ± 3000	− $194,_5$
CaC_2	**Ca** (f) + 2 C (β-Gr.) → CaC_2 (f)	− 14500 ± 500	− $362,_0$

4. Nitride.

Stoff	Reaktionsformel	für molaren Umsatz	je kg
Si_3N_4	**3 Si** (f) + 2 N_2 (g) → Si_3N_4 (f)	etwa − 168000	− $1995,_5$
P_3N_5	**3 P** (gelb) + 5/2 N_2 (g) → P_3N_5 (f). . . .	− 75000 ± ?	− $806,_0$
BN	**B** (f) + ½ N_2 (g) → BN (f)	etwa − 35000	− $3235,_0$
Fe_2N	**2 Fe** (α) + ½ N_2 (g) → Fe_2N (f)	− 3000 ± ?	− $26,_9$
Fe_4N_2	**4 Fe** (α) + ½ N_2 (g) → Fe_4N (f)	− 1000 ± ?	− $4,_5$
Mn_5N_2	**5 Mn** (f) + N_2 (g) → Mn_5N_2 (f)	− 56600 ± 500	− $206,_0$
CrN	**Cr** (f) + ½ N_2 (g) → CrN (f)	− 29500 ± 500	− $567,_0$
Mo_2N	**2 Mo** (f) + ½ N_2 (g) → Mo_2N (f)	− 16400 ± 600	− $85,_4$
U_3N_4	**3 U** (f) + 2 N_2 (g) → U_3N_4 (f).	− 274000 ± 3000	− $383,_5$
VN	**V** (f) + ½ N_2 (g) → VN (f)	etwa − 78000	− $1531,_0$
TaN	**Ta** (f) + ½ N_2 (g) → TaN (f)	− 58100 ± 900	− $321,_0$
TiN	**Ti** (f) + ½ N_2 (g) → TiN (f)	− 80300 ± 400	− $1676,_5$
ZrN	**Zr** (f) + ½ N_2 (g) → ZrN (f).	− 82200 ± 1000	− $901,_0$

Zahlentafel 63 (Fortsetzung).
Zusammenstellung von Wärmetönungen metallurgischer Reaktionen.

Stoff	Reaktionsformel	Reaktionswärme in kcal (wärmespendende Reaktion negativ): für molaren Umsatz nach Spalte 2 bei 20 bis 25° und konstantem Druck	je kg des in Spalte 2 fettgedruckten Stoffes
1	2	3	4
AlN	**Al** (f) + ½ N_2 (g) → AlN (f)	– 56000 ± 2000	$-2076,_5$
CeN	**Ce** (f) + ½ N_2 (g) → CeN (f)	– 78000 ± 1000	$-556,_5$
Be_3N_2	**3 Be** (f) + N_2 (g) → Be_3N_2 (f)	– 134000 ± 1000	$-4952,_0$
Mg_3N_2	**3 Mg** (f) + N_2 (g) → Mg_3N_2 (f)	– 116000 ± 2000	$-1590,_0$
Ca_3N_2	**3 Ca** (f) + N_2 (g) → Ca_3N_2 (f)	– 109500 ± 5000	$-910,_5$
	5. Sulfide.		
FeS	**Fe** (α) + S (rh) → FeS (f)	– 22900 ± 100	$-410,_0$
FeS_2	**Fe** (α) + 2 S (rh) → FeS_2 (kr)	– 35500 ± 500	$-635,_5$
NiS	**Ni** (f) + S (rh) → NiS (f)	– 20400 ± ?	$-347,_5$
MnS	**Mn** (f) + S (rh) → MnS (f)	– 44600 ± 500	$-812,_0$
Sb_2S_3	**2 Sb** (f) + 3 S (rh) → Sb_2S_3 (schw)	– 35800 ± 1000	$-147,_0$
PbS	**Pb** (f) + S (rh) → PbS (f)	– 22500 ± 500	$-108,_5$
Al_2S_3	**2 Al** (f) + 3 S (rh) → Al_2S_3 (f)	– 140500 ± ?	$-2604,_5$
MgS	**Mg** (f) + S (rh) → MgS (f)	– 82200 ± ?	$-3380,_0$
CaS	**Ca** (f) + S (rh) → CaS (f)	– 113000 ± ?	$-2819,_5$
ZnS	**Zn** (f) + S (rh) → ZnS (f)	– 41500 ± 900	$-635,_0$
CdS	**Cd** (α) + S (rh) → CdS (f)	– 34600 ± 500	$-308,_0$
Na_2S	**2 Na** (f) + S (rh) → Na_2S (f)	– 89800 ± 500	$-1952,_5$
K_2S	**2 K** (f) + S (rh) → K_2S (f)	– 87300 ± 500	$-1116,_5$
Cu_2S	**2 Cu** (f) + S (rh) → Cu_2S (kr)	– 20200 ± 500	$-159,_0$
	6. Phosphide.		
Fe_3P	**3 Fe** (α) + P (gelb) → Fe_3P (f)	– 43360 ± ?	$-259,_0$
Fe_2P	**2 Fe** (α) + P (rot) → Fe_2P (f)	– 41000 ± 4000	$-367,_0$
FeP	**Fe** (α) + P (rot) → FeP (f)	– 28500 ± 500	$-510,_5$
FeP_2	**Fe** (α) + 2 P (rot) → FeP_2 (f)	– 37500 ± 500	$-671,_5$
Ca_3P_2	**3 Ca** (f) + 2 P (rot) → Ca_3P_2 (f)	– 120000 ± 2500	$-998,_0$
	7. Silizide.		
FeSi	**Fe** (α) + Si (f) → FeSi (f)	– 19200 ± 1000	$-344,_0$
Co_2Si	**2 Co** (f) + Si (f) → Co_2Si (f)	– 27600 ± 1000	$-234,_0$
CoSi	**Co** (f) + Si (f) → CoSi (f)	– 22000 ± 2000	$-373,_5$
Ni_2Si	**2 Ni** (f) + Si (f) → Ni_2Si (f)	– 33600 ± 1000	$-286,_0$
NiSi	**Ni** + Si (f) → NiSi (f)	– 20600 ± 1000	$-351,_0$
Ca_2Si_2	**2 Ca** (f) + 2 Si (f) → Ca_2Si_2 (f)	– 170600 ± ?	$-2128,_0$
$CaSi_2$	**Ca** (f) + 2 Si (f) → $CaSi_2$ (f)	– 161800 ± ?	$-4037,_0$
	8. Intermetallische Verbindungen.		
FeSn	Fe (α) + Sn (f) → FeSn (f)	etwa – 2000	$-11,_5$
FeAl	Fe (α) + Al (f) → FeAl (f)	– 12200 ± 500	$-147,_5$
$FeAl_3$	Fe (α) + 3 Al (f) → $FeAl_3$ (f)	– 27000 ± 1000	$-197,_5$
NiAl	Ni (f) + Al (f) → NiAl (f)	– 34000 ± 2000	$-397,_0$
Al_3Ca	3 Al (f) + Ca (f) → Al_3Ca (f)	– 51000	$-421,_5$
AlCu	Al (f) + Cu (f) → AlCu (f)	– 13400 ± 500	$-148,_0$
$AlCu_2$	Al (f) + 2 Cu (f) → $AlCu_2$ (f)	– 16000 ± 500	$-104,_0$
	9. Karbonate, Hydroxyde.		
			je kg Base
$FeCO_3$	FeO (kr) + CO_2 (g) → $FeCO_3$ (kr)	– 14000 ± 1500	$-195,_0$
$Fe(OH)_2$	FeO (f) + H_2O (fl) → $Fe(OH)_2$ (f)	– 4000 ± 500	$-55,_7$
$Fe(OH)_3$	½ Fe_2O_3 (f) + $\frac{3}{2}$ H_2O (fl) → $Fe(OH)_2$ (f)	+ 500 ± 200	$+6,_3$

Zahlentafel 63 (Fortsetzung).

Zusammenstellung von Wärmetönungen metallurgischer Reaktionen

Stoff	Reaktionsformel	Reaktionswärme in kcal (wärmespendende Reaktion negativ): für molaren Umsatz nach Spalte 2 bei 20 bis 25° und konstantem Druck	je kg des in Spalte 2 fettgedruckten Stoffes
1	2	3	4
			je kg Base
$CoCO_3$	CoO (f) + CO_2 (g) → $CoCO_3$ (f)	$-$ 20800 ± 1000	$-\,277,_5$
$MnCO_3$	MnO (f) + CO_2 (g) → $MnCO_3$ (f)	$-$ 28300 ± 800	$-\,399,_0$
$MgCO_3$	MgO (f) + CO_2 (g) → $MgCO_3$ (f)	$-$ 26150 ± 500	$-\,648,_5$
$Mg(OH)_2$	MgO (f) + H_2O (fl) → $Mg(OH)_2$ (f) . . .	$-$ 7905 ± 50	$-\,196,_0$
$CaCO_3$	CaO (f) + CO_2 (g) → $CaCO_3$ (f)	$-$ 42520 ± 100	$-\,758,_0$
$CaMg(CO_3)_2$ Dolomit	$CaCO_3$ (f) + $MgCO_3$ (f) → $CaMg(CO_3)_2$. (Dolomit)	$-$ 2840 ± 350	—
$Ca(OH)_2$	CaO (f) + H_2O (fl) → $Ca(OH)_2$ (f) . . .	$-$ 15640 ± 50	$-\,279,_0$
$BaCO_3$	BaO (f) + CO_2 (g) → $BaCO_3$ (f)	$-$ 64600 ± 500	$-\,421,_0$
Na_2CO_3	Na_2O (f) + CO_2 (g) → Na_2CO_3 (f) . . .	$-$ 76900 ± 100	$-\,1240,_5$
$NaOH$	$\frac{1}{2}Na_2O$ (f) + $\frac{1}{2}H_2O$ (fl) → $NaOH$ (f) . .	$-$ 18100 ± 500	$-\,584,_0$
K_2CO_3	K_2O (f) + CO_2 (g) → K_2CO_3 (f)	$-$ 94300 ± 1000	$-\,101,_0$
KOH	$\frac{1}{2}K_2O$ (f) + $\frac{1}{2}H_2O$ (fl) → KOH (f) . . .	$-$ 24700 ± 500	$-\,524,_5$

10. Phosphate.

Stoff	Reaktionsformel	für molaren Umsatz	je kg Base
$FePO_4$	$\frac{1}{2}Fe_2O_3$ (f) + $\frac{1}{2}P_2O_5$ (f) → $FePO_4$ (f) . .	$-$ 21600 ± 500	$-\,270,_5$
$Mg_3P_2O_8$	$3\,MgO$ (f) + P_2O_5 (f) → $Mg_3(PO_4)_2$ (f) .	$-$ 114900 ± ?	$-\,950,_0$
$Ca_3P_2O_8$	$3\,CaO$ (f) + P_2O_5 (f) → $Ca_3(PO_4)_2$ (f) . .	$-$ 164000 ± 2000	$-\,975,_0$
$Ca_4P_2O_9$	$4\,CaO$ (f) + P_2O_5 (f) → $Ca_4P_2O_9$ (f) . . .	$-$ 165000 ± 2000	$-\,735,_5$

11. Silikate, Aluminate.

Stoff	Reaktionsformel	$\%SiO_2$	für molaren Umsatz	je kg Base
$FeSiO_3$	FeO (f) + SiO_2 (α-Qu.) → $FeSiO_3$ (f) . .	45,5	$-$ 5900 ± 500	$-\,82,_1$
Fe_2SiO_4	$2\,FeO$ (f) + SiO_2 (α-Qu.) → Fe_2SiO_4 (kr)	29,5	$-$ 11300 ± 300	$-\,78,_6$
$MnSiO_3$	MnO (f) + SiO_2 (α-Qu.) → $MnSiO_3$ (f) .	45,9	$-$ 1500 ± 1000	$-\,21,_1$
Al_2SiO_5	Al_2O_3 (α) + SiO_2 (α-Qu.) → Al_2SiO_5 — (Sillimanit)	37,1	$-$ 45950 ± 300	$-\,451,_0$
$CaSiO_3$	CaO (f) + SiO_2 (α-Qu.) → $CaSiO_3$ (Ps.-Woll.)	51,7	$-$ 21750 ± 100	$-\,388,_0$
$CaSiO_3$	$CaSiO_3$ (Ps.-Woll.) → $CaSiO_3$ (nat. Woll.)	—	$-$ 1260 ± 100	—
Ca_2SiO_4	$2\,CaO$ (f) + SiO_2 (α-Qu.) → Ca_2SiO_4 (f)	34,9	$-$ 28400 ± ?	$-\,253,_0$
Ca_3SiO_5	$3\,CaO$ (f) + SiO_2 (α-Qu.) → Ca_3SiO_5 (f)	26,3	$-$ 28700 ± ?	$-\,170,_5$
$Ca_3Al_2O_6$	$3\,CaO$ (f) + Al_2O_3 (f) → $Ca_3Al_2O_6$ (f) . .	—	$-$ 20700 ± ?	$-\,123,_0$
$Ca_3Al_2Si_2O_{10}$	$3\,CaO$ (f) + Al_2O_3 (f) + $2\,SiO_2$ (α-Qu.) → $Ca_3Al_2Si_2O_{10}$ (f)	30	$-$ 38200 ± ?	$-\,227,_0$
Na_2SiO_3	Na_2O (f) + SiO_2 (α-Qu.) → Na_2SiO_3 (f)	49,2	$-$ 56500 ± 1000	$-\,911,_5$
K_2SiO_3	K_2O (f) + SiO_2 (α-Qu.) → K_2SiO_3 (f) . .	38,9	$-$ 63000 ± 1000	$-\,669,_0$
$K_2Si_2O_5$	K_2O (f) + $2\,SiO_2$ (α-Qu.) → $K_2Si_2O_5$ (f)	56,1	$-$ 76800 ± 1000	$-\,815,_5$
$K_2Si_4O_9$	K_2O (f) + $4\,SiO_2$ (α-Qu.) → $K_2Si_4O_9$ (f)	71,8	$-$ 80200 ± 1000	$-\,851,_5$

12. Schlacken.

Zusammensetzung in Gewichtsprozenten: FeO	CaO	Al_2O_3	SiO_2	je kg Schlacke	je kg FeO + CaO	je kg SiO_2	
57,6	12,0	—	30,4	$-$ 140	$-$ 201	$-$ 461	—
40,3	28,0	—	31,7	$-$ 140	$-$ 201	$-$ 461	—
39,7	15,2	9,2	35,5	$-$ 133	$-$ 277	$-$ 375	je kg Al_2O_3 — 1446; je kg $(CaO + Al_2O_3)$ — 206

Spalte 3. Eine Angabe der Fehlermöglichkeit ist oft sehr schwer. Trotzdem sind geschätzte Fehlerwerte besser als gar keine, da die Genauigkeit der Angaben oft ganz falsch beurteilt wird.

Spalte 4. Hier sind Fehlerangaben weggelassen, da sich der Benutzer durch einen Blick auf Spalte 3 darüber unterrichten kann. Alle Zahlen sind in kcal mit einer Stelle nach dem Komma angegeben, jedoch ist die letzte Zahl fast durchgängig auf 0 oder 5 abgerundet.

Schrifttum zum Kapitel Xa bis XI.

(*1*) SIEVERTS, A.: Z. Elektrochem. Bd. 16 (1910) S. 707.
(*2*) BORELIUS, G., u. S. LINDBLOM: Amer. Phys. Bd. 82 (1927) S. 201.
(*3*) BAUKLOH, W., u. B. KNAPP: Arch. Eisenhüttenw. Bd. 12 (1938/39) S. 405.
(*4*) BAUKLOH, W.: Gießerei Bd. 22 (1935) S. 406.
(*5*) BAUKLOH, W., u. F. SPRINGORUM: Metallwirtsch. Bd. 16 (1937) S. 446.
(*6*) Brit. Pat. Nr. 493159/18d vom 11. Juni 1937.
(*7*) IWASÉ, K.: Sci. Rep. Tôhoku Univ. Bd. 15 (1926) S. 531; Stahl u. Eisen Bd. 47 (1927) S. 1786.
(*8*) JURICH, H.: Dipl.-Arbeit T. H. Aachen 1937.
(*9*) PIWOWARSKY, E.: Stahl u. Eisen Bd. 40 (1920) S. 1365.
(*10*) PIWOWARSKY, E., u. A. WÜSTER: Stahl u. Eisen Bd. 47 (1927) S. 698.
(*11*) PIWOWARSKY, E.: Habilitationsschrift, T. H. Breslau 1920. MAURER, E.: Über Gase im Eisen und Stahl. Stahl u. Eisen Bd. 42 (1922) S. 447. OBERHOFFER, P., u. E. PIWOWARSKY: Zur Bestimmung der Gase im Eisen. Stahl u. Eisen Bd. 42 (1922) S. 801; Bd. 44 (1924) S. 113. KLINGER, P.: Die Gase im Stahl. Stahl u. Eisen Bd. 46 (1926) S. 1245/1284 und 1353.
(*12*) VOGEL, R., u. E. MARTIN: Arch. Eisenhüttenw. Bd. 6 (1932/33) S. 109.
(*13*) Vgl. das Schrifttum in H. SCHENCK: Physikalische Chemie Bd. 1 S. 128ff. Berlin: Julius Springer 1932.
(*14*) TRITTON, F. S., u. D. HANSON: J. Iron Steel Inst. Bd. 60 (1924) S. 90.
(*15*) Carnegie Institute Technology Bull. Bd. 34 (1927) S. 1/69; Trans. Amer. Inst. Min. Metallurg. Engrs. techn. Publ. Nr. 88; Stahl u. Eisen Bd. 48 (1928) S. 831.
(*16*) KÖRBER, F., u. W. OELSEN: Stahl u. Eisen Bd. 52 (1932) S. 133.
(*17*) WIMMER, A.: Stahl u. Eisen Bd. 45 (1925) S. 73.
(*18*) OBERHOFFER, P., u. H. SCHENCK: Stahl u. Eisen Bd. 47 (1927) S. 1526; Bd. 48 (1928) S. 407.
(*19*) KÖRBER, F., u. W. OELSEN: Stahl u. Eisen Bd. 52 (1932) S. 133.
(*20*) SCHENCK, H., u. E. O. BRÜGGEMANN: Arch. Eisenhüttenw. Bd. 9 (1935/36) S. 543.
(*21*) KÖRBER, F., u. W. OELSEN: Mitt. K.-Wilh.-Inst. Eisenforschg. Bd. 14 (1932) S. 182; vgl. Arch. Eisenhüttenw. Bd. 5 (1931/32) S. 75.
(*22*) FAUST, E.: Arch. Eisenhüttenw. Bd. 1 (1927) S. 119.
(*23*) KINZEL, A. B., u. J. J. EGAN: Trans. Amer. Inst. min. metallurg. Engrs. Iron Steel Div. (1929) S. 304; vgl. Stahl u. Eisen Bd. 50 (1930) S. 85.
(*24*) VACHER, H. C., u. E. H. HAMILTON: Trans. Amer. Inst. min. metallurg. Engrs. techn. Publ. Nr. 490 (1931); vgl. SAUERWALD, F., u. W. HUMMITSCH: Arch. Eisenhüttenw. Bd. 5 (1931/32) S. 355.
(*25*) SCHENCK, H.: Physikalische Chemie der Eisenhüttenprozesse Bd. 1 S. 151. Berlin: Julius Springer 1932.
(*26*) SCHENCK, H.: Arch. Eisenhüttenw. Bd. 3 (1929/30) S. 571.
(*27*) KÖRBER, F.: Diss. Aachen 1922; vgl. Stahl u. Eisen Bd. 43 (1923) S. 329. SCHENCK, H.: Stahl u. Eisen Bd. 50 (1930) S. 953.
(*28*) HERTY, C. H., u. G. R. FITTERER: Min. metall. Invest. Bull. Nr. 36 (1928); vgl. Stahl u. Eisen Bd. 49 (1929) S. 664.
(*29*) FEILD, A. L.: Trans. Faraday Soc. Bd. 21 (1925/26) S. 259; vgl. SAUERWALD, F., u. W. HUMMITZSCH: Arch. Eisenhüttenw. Bd. 5 (1931/32) S. 355.
(*30*) SCHENCK, H., u. E. BRÜGGEMANN: Arch. Eisenhüttenw. Bd. 9 (1935/36) S. 543.
(*31*) WENTRUP, H., u. G. HIEBER: Arch. Eisenhüttenw. Bd. 13 (1939/40) S. 69.
(*32*) DIERGARTEN, H.: Diss. Aachen 1929.
(*33*) AUSTIN, G. W.: J. Iron Steel Inst. Bd. 85 (1912) S. 236.
(*34*) JOHNSON, J. E.: Trans. Amer. Inst. min. metallurg. Engrs. Bull. Nr. 85 (1914) S. 1/40; vgl. Stahl u. Eisen Bd. 35 (1915) S. 78; ferner Chem. metall. Engng. Bd. 15 (1916) S. 530, 588, 642, 683; vgl. Stahl u. Eisen Bd. 38 (1918) S. 683; Foundry Trade J. Bd. 21 (1919).
(*35*) STORK, W. L.: Iron Age Bd. 103 (1919) S. 1636/37.
(*36*) SHAW, J.: Foundry Bd. 49 (1921) S. 759.

(37) OBERHOFFER, P., PIWOWARSKY, E., PFEIFFER-SCHIESSL, A., u. H. STEIN: Stahl u. Eisen Bd. 44 (1924) S. 113; s. a. Gießerei Bd. 10 (1923) S. 423. OBERHOFFER, P.: Das technische Eisen 2. Aufl. S. 547, 560. Berlin: Springer 1925.
(38) ECKMANN, J. R., JORDAN, L., u. E. W. JOMINY, Sci. Pap. Bur. Stand. Bd. 20 (1925) S. 445/82.
(39) ECKMANN, J. R., JORDAN, L., u. E. W. JOMINY: Foundry Bd. 54 (1926) S. 506; vgl. Stahl u. Eisen Bd. 46 (1926) S. 402.
(40) JOMINY, E. W.: Foundry Trade J. Bd. 30 (1924) S. 371; vgl. Stahl u. Eisen Bd. 47 (1927) S. 532; s. a. Stahl u. Eisen Bd. 45 (1925) S. 843.
(41) ECKMANN, J. R., u. L. JORDAN: Sci. Pap. Bur. Stand. Bd. 20 (1925) S. 445/82; vgl. Stahl u. Eisen Bd. 46 (1926) S. 1428.
(42) Tabellen und graphische Auftragungen; s. a. Stahl u. Eisen Bd. 47 (1927) S. 521.
(43) OBERHOFFER, P., u. E. PIWOWARSKY: Stahl u. Eisen Bd. 47 (1927) S. 521.
(44) PIWOWARSKY, E.: Stahl u. Eisen Bd. 45 (1925) S. 2001; vgl. Stahl u. Eisen Bd. 48 (1928) S. 1584.
(45) SAUERWALD, F., u. W. HUMMITZSCH: Arch. Eisenhüttenw. Bd. 5 (1931/32) S. 355.
(46) Vgl. PIWOWARSKY, E.: Hochwertiger Grauguß S. 134. Berlin: Springer 1929.
(47) Vgl. das umfangreiche einschlägige Schrifttum, insbesondere die Veröffentlichungen der Aachener Hüttenmännischen Institute, des Kais.-Wilh.-Inst. für Eisenforschung Düsseldorf sowie des U. S. A. Bureau of Standards.
(48) SCOTT, T. W., u. T. L. JOSEPH: Metals & Alloys Bd. 9 (1938) S. 299.
(49) HERTY, C. H., u. J. M. GAINES: Iron Coal Tr. Rev. (1929) S. 806.
(50) Iron Coal Tr. Rev. (1929) S. 18.
(51) Vgl. a. Gießereiztg. Bd. 25 (1928) S. 62/63.
(52) PIWOWARSKY, E., u. H. ESSER: Gießerei Bd. 15 (1928) S. 1265.
(53) TAMMANN, G., u. H. BREDEMEIER: Über Hohlkanäle in Metallen, die an die Oberfläche eines Metallstückes münden. Z. anorg. allg. Chem. Bd. 142 (1925) S. 54.
(54) ROLL, F.: Die Dichte von Grauguß und der Lanz-Perlitguß. Gießereiztg. Bd. 24 (1927) S. 576.
(55) BEER B.: Diss. T. H. Dresden 1930.
(56) Vgl. STOTZ, R.: Gießereiztg. Bd. 18 (1921) S. 325.
(57) SCHWARTZ, H. A.: Industr. Engng. Chem. Bd. 17 (1925) S. 647/49.
(58) ULICH, H., SCHWARZ, C., u. K. CRUSE: Arch. Eisenhüttenw. Bd. 10 (1936/37) S. 493.
(59) Vgl. SCHWARZ, C.: Arch. Eisenhüttenw. Bd. 9 (1935/36) S. 389.
(60) WELTER, G., u. J. MIKOLOJCZYK: Metallwirtsch. Bd. 17 (1938) S. 1187.
(61) Vgl. hierzu das Referat über die Arbeit von H. W. GRAHAM, und H. K. WORK, T. L. JOSEPH, A. L., BOEGEHOLD usw. in Stahl u. Eisen Bd. 58 (1938) S. 1410.
(62) BOYLES, A.: Trans. Amer. Inst. min. metallurg. Engrs. techn. Publ. Nr. 809; Metals Techn. Bd. 4 (1937) Nr. 3; Trans. Amer. Inst. min. metallurg. Engrs. Bd. 125 (1937) S. 141/199; vgl. auch BOYLES, A.: Trans. Amer. Inst. min. metallurg. Engrs. techn. Publ. Nr. 1046; Metals Techn. Bd. 6 (1939) Nr. 3.
(63) HOUDREMONT, E., u. P. A. HELLER: Werkstoffausschuß Nr. 549 des VDE Düsseldorf, vgl. Stahl u. Eisen Bd. 61 (1941) S. 756.
(64) BARDENHEUER, P., u. L. ZEYEN: Gießerei Bd. 15 (1928) S. 1124.
(65) KÖSTER, W.: Arch. Eisenhüttenw. Bd. 3 (1929/30) S. 637.
(66) EILENDER, W., u. O. MEYER: Stahl u. Eisen Bd. 55 (1935) S. 491.
(67) Vgl. PHRAGMEN, G., u. R. TREJE: Jernkont. Ann. Bd. 124 (1940) S. 511. Ref. Stahl u. Eisen Bd. 61 (1941) S. 630.
(68) KLOTZ, TH.: Arch. Eisenhüttenw. Bd. 15 (1941/42) S. 77.
(69) LINDER, F. W.: Diss. T. H. Aachen 1941.
(70) LUCKEMEYER-HASSE, L.: Diss. T. H. Aachen 1932.

XII. Technologische Eigenschaften flüssiger und erstarrender Eisen-Kohlenstoff-Legierungen.

a) Die Oberflächenspannung im flüssigen Zustand.

Eine Flüssigkeitsoberfläche läßt sich mit einer gespannten Membran vergleichen. Die Einheit der Oberflächenspannung ist alsdann diejenige Kraft, mit der eine Flüssigkeitsoberfläche von 1 cm Breite sich zu verkleinern sucht. Sie wird gemessen in g/cm, die entsprechende Arbeitsleistung in dyn/cm.

Bedeutung der Oberflächenspannung: Beim Gießen beeinflußt die Oberflächenspannung die Laufeigenschaften, ferner die Schärfe der Formoberfläche (Formfüllfähigkeit). Auch für die Reaktion verschiedener Phasen miteinander (z. B. Metall und Schlacke) ist die Oberflächenspannung von Bedeutung, da sie die Oberfläche der miteinander reagierenden Phasen zu verkleinern sucht, den atomaren Platzwechsel in den oberflächlichen Grenzschichten zweifellos beeinflußt usw. Bezüglich der Bedeutung für den molekularen Aufbau siehe weiter unten.

Bestimmung der Oberflächenspannung: Im allgemeinen wird die Oberflächenspannung aus der Steighöhe einer Flüssigkeit in einem engen Rohr bestimmt, wobei eine Benetzung der Rohrwand durch die Flüssigkeit unbedingte Voraussetzung ist. Aus dem Innenradius der Kapillare r, der Steighöhe h der Flüssigkeit und der Dichte d ergibt sich die Oberflächenspannung σ:

$$\sigma = \frac{r \cdot h \cdot d}{2}.$$

Bei Metallen läßt sich die Bestimmung am zweckmäßigsten nach der sogenannten Blasendruckmethode ausführen (*1*). Hierbei wird eine Kapillare in das Metall getaucht und der Druck bestimmt, der notwendig ist, um Gasblasen aus der Kapillare gegen die Oberflächenspannung der Flüssigkeit austreten zu lassen:

$$\sigma = \frac{r}{2} p \left(1 - \frac{2 \cdot d \cdot r}{3 \cdot p}\right),$$

$2r$ = äußerer Durchmesser der Kapillare,
p = Druck,
d = Dichte der Flüssigkeit.

Temperaturabhängigkeit der Oberflächenspannung: Mit steigender Temperatur ist eine Abnahme der Oberflächenspannung zu erwarten, da sie im kritischen Punkt (Phasenwechsel: Flüssigkeit → Dampf) theoretisch Null werden muß. Diese Bedingung ist auch bei den meisten Metallen erfüllt. Kupfer und Gußeisen, die sich vor anderen Metallen und Legierungen durch eine sehr große Oberflächenspannung auszeichnen, besitzen jedoch einen positiven Temperaturkoeffizienten. Vermutlich durchläuft in diesem Fall die Oberflächenspannung ein Maximum, wie es z. B. bei den Gold-Kupfer-Legierungen festgestellt worden ist. Der positive Temperaturkoeffizient läßt sich vielleicht durch besondere Veränderungen im Molekularzustand der Schmelze kurz oberhalb des Schmelzpunktes erklären (*2*).

Der Temperaturkoeffizient der freien molekularen Oberflächenenergie μ hat für zahlreiche Flüssigkeiten einen konstanten Wert:

$$\frac{d\mu}{dt} = K = 2{,}27.$$

Diese Eötvössche Regel wird jedoch bei vielen Metallen nicht erfüllt. Z. B. ist die Konstante bei Silber 0,196, bei Gold 0,242, bei Zink 0,492. Auch aus dieser Abweichung läßt sich auf molekulare Assoziationen im flüssigen Zustand schließen. Von W. Krause und F. Sauerwald (*1*) wurde festgestellt, daß die Bildung intermetallischer Verbindungen, z. B. Cu_3Sn, größenordnungsmäßig auf die molekulare Oberflächenenergie nicht anders wirkt als die Assoziation gleichartiger Metallatome, z. B. der genannten Metalle Silber, Gold und Zink.

Verhältnis der Dichte zur Oberflächenspannung: Es besteht hier eine Beziehung von McLeod (*3*):

$$\sigma = C(D - d)^4.$$

wobei bedeuten:
D = Dichte der Flüssigkeit,
d = Dichte des Dampfes,
C = Stoffkonstante.

Nach SUDGEN (*4*) ist C unabhängig von der Temperatur für nicht assoziierte, jedoch abhängig für assoziierte (atomar oder molekular verkettete) Flüssigkeiten.

Oberflächenspannung von Gußeisen: Gußeisen hat eine relativ große Oberflächenspannung, etwa in der Größenordnung von Kupfer. Vgl. nachstehende Zahlen nach SAUERWALD und Mitarbeitern:

Cu.	1103 dyn/cm	(1131°)
Gußeisen	920 „	(1150°)
Sn.	508 „	(878°)
Pb.	423 „	(750°).

Interessant ist der Einfluß von Phosphor auf Gußeisen. Man hat bisher vermutet, daß steigender Phosphorgehalt die Oberflächenspannung verringert und daß daher die Feinheiten der Gußform besser zum Ausdruck gebracht werden. Diese Vermutung scheint hinfällig, da W. KRAUSE und F. SAUERWALD festgestellt haben, daß ein Gußeisen mit 7,44% P eine um 100 dyn/cm höhere Oberflächenspannung besitzt als ein solches mit 0,49% P. Die besseren Gießeigenschaften des phosphorhaltigen Gußeisens dürften also hervorgerufen sein durch die Schmelzpunkterniedrigung und die Verringerung der Viskosität durch Phosphor.

Schrifttum zum Kapitel XIIa.

(*1*) Vgl. SAUERWALD, F., u. G. DRAHT: Z. anorg. allg. Chem. Bd. 154 (1926) S. 79; Bd. 162 (1927) S. 301. KRAUSE, W., u. F. SAUERWALD: Z. anorg. allg. Chem. Bd. 181 (1929) S. 353.
(*2*) Vgl. dazu Diss. MÖLLER, Greifswald 1924.
(*3*) MCLEOD: Trans. Faraday Soc. Bd. 19 (1923) S. 38.
(*4*) SUDGEN: Trans. Chem. Soc. Bd. 45 (1924) S. 32 u. 1167.

b) Die Gießfähigkeit (Formfüllfähigkeit) von Gußeisen.

Für den Gießvorgang, das Auslaufen des Gusses und die Schärfe der Konturen ist der Flüssigkeitsgrad (Viskosität) des Gußeisens von Bedeutung. Der Reibungskoeffizient η der inneren Reibung selbst ist durch die Beziehung $\varphi = \eta^{-1}$ mit dem Koeffizienten des Flüssigkeitsgrades (φ) verknüpft. Die innere Reibung ist die Kraft, welche die Flächeneinheiten von aneinander vorbeigleitenden Flüssigkeitsschichten bei laminarer Strömung aufeinander ausüben. (Laminare Strömung als Gegensatz zur turbulenten Strömung und Wirbelbildung.)

Eine große innere Reibung beeinträchtigt:

1. das Aufsteigen nicht gelöster Beimengungen und deren Aufnahme durch die Schlacke,
2. die Reaktionsgeschwindigkeit und Diffusion bei chemischen Vorgängen im Metallbad,
3. die Geschwindigkeit des Fließvorganges beim Gießen.

Bestimmungsverfahren der inneren Reibung:

1. Durchflußverfahren (Kapillarverfahren).
2. Schwingungsverfahren.

Das erste Verfahren wurde gut durchgebildet von F. SAUERWALD und seinen Mitarbeitern (*1*). Nach dem POISEUILLEschen Gesetz (*11*) errechnet sich die innere Reibung folgendermaßen unter Zuhilfenahme der Hagenbachschen Korrektur (*2*):

$$\eta = \frac{981 \cdot p \cdot q^2 \cdot z}{8\pi \cdot V \cdot l} - \frac{d \cdot V}{8\pi \cdot l \cdot z}, \text{ wobei bedeuten:}$$

η = innere Reibung, z = Zeit,
p = Druckdifferenz, V = ausgeflossenes Volumen,
q = Querschnitt der Kapillare, d = Dichte.
l = Länge der Kapillare,

Das zweite Verfahren wird dann angewendet, wenn bei hohen Temperaturen Quarzglas bei der Kapillarmethode versagt. Bei der Schwingungsmethode wird die einen feuerfesten Körper benetzende Flüssigkeit in Drehschwingungen versetzt. Dabei kann einmal das Schwingungssystem die Flüssigkeit umschließen (Tiegel), oder aber die Flüssigkeit umschließt das Schwingungssystem (Kugel, Zylinder, Scheibe). Nach diesem Verfahren sind u. a. Versuche von CH. FAWSITT (*3*), von P. OBERHOFFER und A. WIMMER (*4*), sowie von H. THIELMANN und A. WIMMER (*5*) durchgeführt worden. Während für das Durchflußverfahren die mathematische Erfassung der absoluten Viskositätswerte durchführbar ist, wird die Anwendung der für die Schwingungsmethode beim Arbeiten unter Luftzutritt gültigen Formeln zur absoluten Viskositätsmessung durch zahlreiche Versuchsschwierigkeiten (Einfluß der Bodenflächen, Störungen in den Strömungsverhältnissen, durch die Aufhängevorrichtung usw.) sehr erschwert. Durch Eichung der Apparatur mit Flüssigkeiten oder Schmelzen bekannter innerer Reibung gelingt es jedoch auch hier zu brauchbaren Werten zu gelangen, wobei diese Methode den Vorzug hat, daß sie unter Berücksichtigung der heute verfügbaren ff. Materialien für die Messung bei höheren Temperaturen sich besser eignet als die Kapillarmethode. Die Ermittlung der η-Werte gelingt bei den Schwingungsmethoden aus dem beobachteten Dämpfungsdekrement λ (Logarithmus des Amplitudenverhältnisses zweier aufeinanderfolgender Schwingungen, vgl. auch Abb. 408), das dem Wert $\sqrt{\eta \cdot d}$ (d = Dichte der Flüssigkeit) proportional ist.

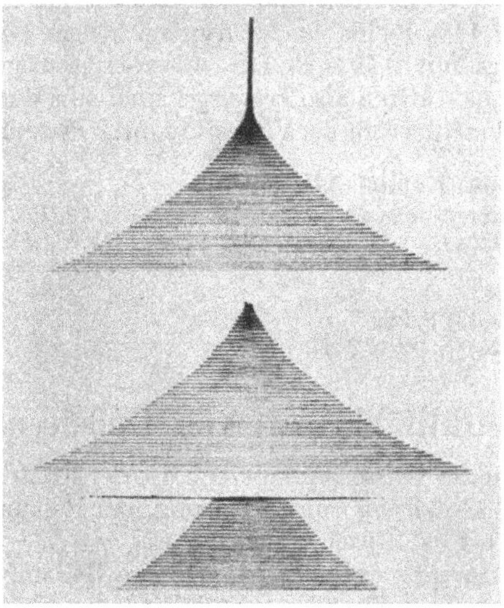

Abb. 408. Schwingungsamplituden in Quecksilber (Viskosimeter nach H. THIELMANN und A. WIMMER).

Aus den Beobachtungen von P. OBERHOFFER und A. WIMMER ergab sich für den Einfluß des Mangans keine klare Gesetzmäßigkeit. Bezüglich des Schwefels zeigte es sich, daß dieser die Viskosität und die Temperatur beginnender Erstarrung stark erhöht. Es ist jedoch nicht ausgeschlossen, daß der durch den plötzlichen Anstieg des logarithmischen Dekrementes vermutete Erstarrungsbeginn mit dem Auftreten einer Mischungslücke für die Löslichkeit des Mangansulfids in Zusammenhang stand, was sich mit der Entschwefelungshypothese durch Ausseigerung recht gut in Zusammenhang bringen ließe. Daß Silizium die Viskosität etwas erhöht und Phosphor dieselbe stark erniedrigt, schien aus der erwähnten Arbeit ebenfalls hervorzugehen. Tatsächlich gaben die Verfasser die Änderungen der Viskosität einer Ausgangslegierung mit 2,8% C (0,0135 log. Dekr.) mit Vorbehalt wie folgt wieder:

0,1% der nachfolgenden Elemente ändert das log. Dekrement um %

C	+ 1,5	Si	+ 0,75
P	− 1,0	S(MnS)	+ 3,00.
Mn	+ 0,4		

Spätere Untersuchungen von D. SAITO und T. MATSUKAWA (*6*) fanden in teilweisem Gegensatz zu den Untersuchungen von OBERHOFFER und WIMMER, daß Mangan und vor allem Phosphor die Viskosität des Gußeisens erniedrigen, desgl.

Silizium und Kohlenstoff, während Schwefel sie stark erhöhte, wie folgende Zahlen zum Vergleich zeigen:

Einfluß von je 0,1% Legierungselement auf die Viskosität von Gußeisen.

Element	~3,5% C			~3,0% C		
	C %	Konzentrationsbereich der Elemente	Änderung des log. Dekrements in %	C %	Konzentrationsbereich der Elemente	Änderung des log. Dekrements in %
P	3,43	0,036–2,453%	— 5,8	3,11	0,187–2,706%	— 5,7
S	3,64	0,019–0,202%	+ 20,5	3,00	0,032–0,208%	+ 21,3
Si	3,47	0,19 –2,23 %	— 2,9	3,07	0,42 –2,40 %	— 2,5
Mn	3,33	0,22 –1,97 %	— 2,5	2,84	0,58 –2,44 %	— 2,2
C	—	1,95 –3,69 %	— 4,7			

— bedeutet Erniedrigung der Viskosität.
+ bedeutet Erhöhung der Viskosität.

Die von Oberhoffer und Wimmer benutzte offene Apparatur mit subjektiver Spiegelablesung zeigte sich also offenbar nicht empfindlich genug, um die Änderung der Viskosität mit der Temperatur eindeutig erkennen zu lassen. Dagegen ließ sie sehr scharf die plötzliche starke Zunahme der Viskosität bei Ausscheidungsbeginn primärer Kristallarten erkennen.

Mit einer empfindlicher gestalteten Vakuumapparatur bestimmten später H. Thielmann und A. Wimmer die innere Reibung verschiedener Gußeisensorten (Analysen in Zahlentafel 64), wobei der Einfluß zunehmender Überhitzung klar zum Ausdruck kam. Als Bezugsgröße der graphischen Darstellung wählten sie den Quotienten aus der absoluten Versuchs- und der zugehörigen Liquidustemperatur. Als Eichflüssigkeiten benutzten sie Quecksilber, Zinn und Wismut. Die innere Reibung der Eisen-Kohlenstoff-Legierungen in Abhängigkeit von Temperatur und Konzentration stellten sie für das untersuchte Temperaturgebiet schaubildlich in Form von Isothermen (Abb. 409 unten) dar. Diese Darstellung ist insofern bemerkenswert, als sie die zunehmend wachsende Temperaturabhängigkeit der inneren Reibung mit zunehmendem Kohlenstoffgehalt klar zum Ausdruck bringt, eine für höherwertiges niedrig gekohltes Gußeisen wichtige Erkenntnis, welche sich mit den Betriebserfahrungen deckt, daß niedrig gekohltes Eisen sehr schnell dickflüssig wird und keinen langen Transport bzw. ein längeres Abstehenlassen verträgt.

Zahlentafel 64. Zusammensetzung der untersuchten Fe-C-Legierungen (Thielmann und Wimmer).

	C %	P %	Mn %	S %	Si %
I.	2,71	0,062	0,38	0,109	—
II.	3,25	0,069	0,31	0,144	0,15
III.	3,45	0,075	0,34	0,131	0,15
IV.	3,65	0,081	0,37	0,138	0,15
V.	3,85	0,087	0,40	0,140	0,15
VI.	4,05	0,095	0,44	0,113	0,15

Bei weiterer Verfeinerung der Meßgenauigkeit dürfte die Messung der inneren Reibung neben der Messung des elektrischen Leitwiderstandes ein ausgezeichnetes Mittel darstellen, den molekularen Aufbau von Legierungen im Schmelzzustand zu erfassen. Es bestehen nämlich, wie z. B. N. S. Kurnakow und seine Mitarbeiter (7) zeigen konnten, zwischen den Grundtypen der Schmelzdiagramme und der inneren Reibung gewisse Beziehungen. So entspricht im allgemeinen die Konzentration einer Verbindung einem Maximum der inneren Reiqung, während das Minimum der inneren Reibung oft bei oder in der Nähe eutektischer Konzentrationen liegt. Jedoch ist der erstere Fall noch umstritten.

Abb. 415 zeigt den ersten Fall nach KURNAKOW. Die der chemischen Verbindung zugehörigen Maxima werden mit zunehmender Temperatur immer flacher (Dissoziation), um bei starker Überhitzung wohl gänzlich zu verschwinden. Diese Beziehungen legen die Anwendung der Viskositätsprüfung zur Untersuchung der Molekularzustände flüssiger Eisen-Kohlenstoff-Legierungen nahe. Tatsächlich fanden H. ESSER, F. GREIS und W. BUNGARDT (*8*) an Eisen-Kohlenstoff-Legierungen mit 3,07 bis 3,92% C in Anlehnung an das Arbeitsverfahren nach H. THIELMANN für graues Gußeisen höhere η-Werte, als sie den entsprechenden η-Werten der weiß erstarrten Legierungen nach H. THIELMANN zukamen (Abb. 409 oben). Dem Vorschlag THIELMANN folgend, haben die Genannten die Reibungskoeffizienten auch als Funktion des Temperaturquotienten $\frac{T}{T_s}$ dargestellt. Darin bedeutet T die Versuchstemperatur, T_s die Liquidustemperatur, beide als absolute Temperaturen ausgedrückt. Abb. 410 zeigt den Vergleich beider Messungen; er läßt erkennen, daß grau erstarrendes Gußeisen bereits im Schmelzfluß eine größere innere Reibung besitzt, also strengflüssiger ist als weiß erstarrendes Gußeisen, was auch mit der besseren Vergießbarkeit von Temperguß übereinstimmt. H. ESSER, F. GREIS und W. BUNGARDT erklären diesen Befund u. a. mit der Gegenwart elementaren Kohlenstoffs in der Schmelze. Auf Grund der verschiedenen Reibungskoeffizienten beider Zustände konnten sie aber auch eine weitere Beobachtung gut erklären. Beim Messen des logarithmischen Dekrementes bzw. der Dämpfung einer Graugußprobe bei konstanter Temperatur von 1365° stellte man fest, daß mit Zunahme der Zeit die logarithmischen Dekremente abnehmen. Da nach der Theorie von F. SAUERWALD (*9*) und E. PIWOWARSKY (*10*) der Graphit des grauen Gußeisens sich teilweise in Eisenkarbid umsetzt, muß der Reibungskoeffizient entsprechend dem Fortschreiten der Reaktion sich mehr und mehr dem Wert der karbidischen Schmelze nähern, was in der Tat beobachtet wurde. Damit ist aber der hohe Wert der Reibungsmessung für die Konstitutionsforschung erwiesen. Bereits früher hatte übrigens W. HERZ (*12*) nachgewiesen, daß bei organischen Substanzen die sechste Wurzel aus der inneren Reibung der Anzahl Molekeln im Kubikzentimeter proportional ist.

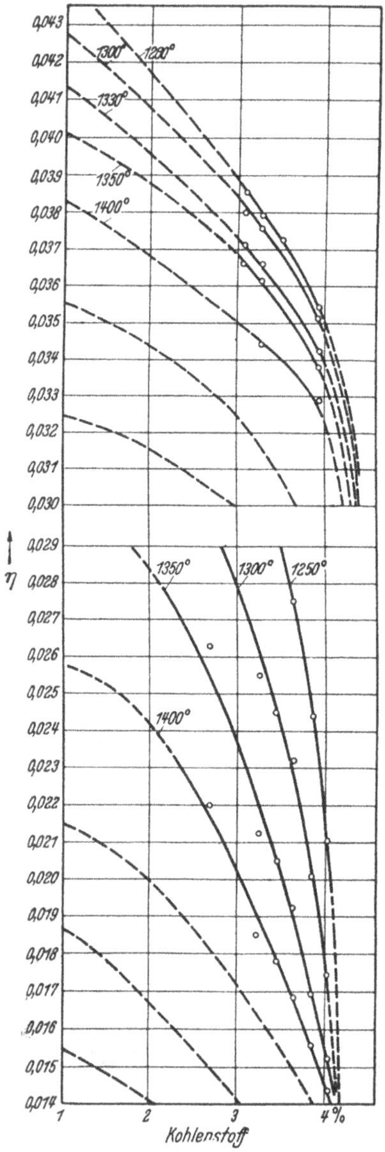

Abb. 409. Reibungskoeffizient grauen (oben) bzw. weißen (unten) Gußeisens in Abhängigkeit vom Kohlenstoffgehalt und der Temperatur nach ESSER, GREIS und BUNGARDT (oben) bzw. nach THIELMANN (unten).

Messung der Gießfähigkeit. W. RUFF (*13*) ermittelte die Laufeigenschaften von im Formsand strömendem Temperguß im Vergleich zu Stahlguß durch

Bestimmung der Geschwindigkeit eines Metallstromes mittels Ausflußparabel. Um von den geometrischen Größen unabhängig zu sein, führte er die in der Hydrodynamik viel gebrauchte Widerstandszahl λ ein, welche in Beziehung

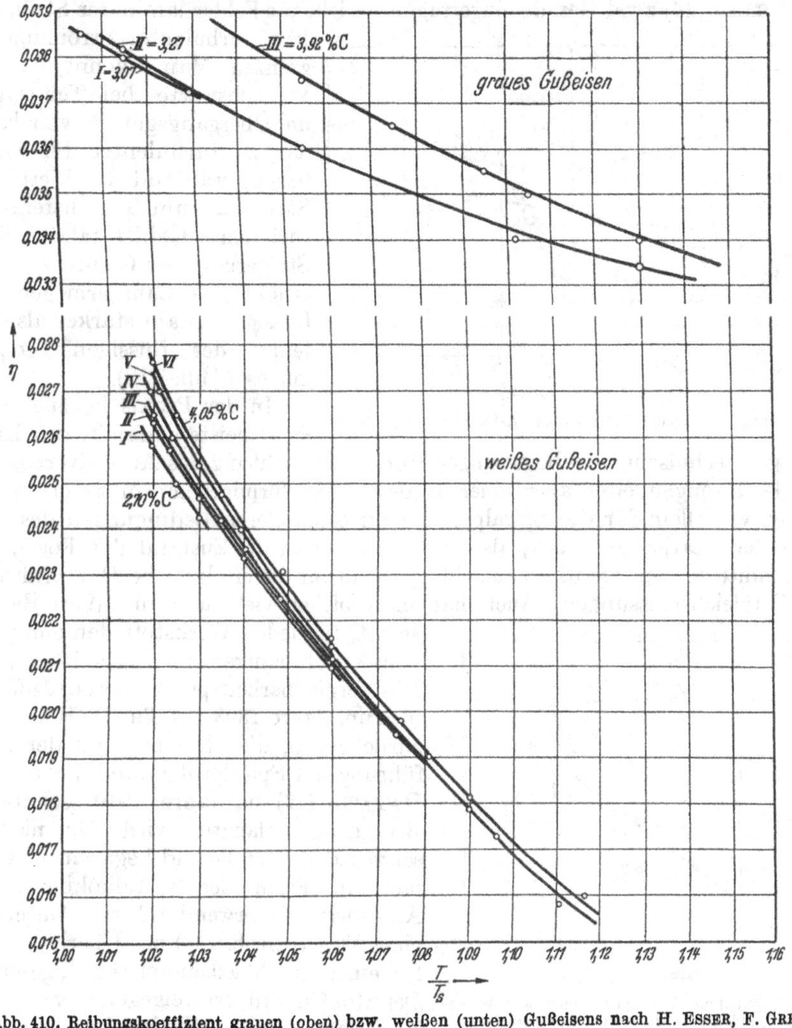

Abb. 410. Reibungskoeffizient grauen (oben) bzw. weißen (unten) Gußeisens nach H. ESSER, F. GREIS (oben) bzw. H. THIELMANN und A. WIMMER (unten).

steht zu der sog. Reynoldsschen Zahl R. Letztere ist definiert durch die Formel

$$R = \frac{v \cdot D}{\nu}.$$

Hierin ist v die Strömungsgeschwindigkeit, D der Durchmesser des flüssigen Metallstroms, während ν die kinetische Zähigkeit der Schmelze bedeutet, die aus dem Wert der inneren Reibung η und der Dichte d gemäß

$$\nu = \frac{\eta}{d}$$

errechnet wird. Die Widerstandszahlen λ in Abhängigkeit von der Reynoldsschen Zahl sind für die Messungen an Temper- und Stahlguß in Abb. 411 wiedergegeben, und zwar in doppelt-logarithmischem Maßstab, wodurch die Beziehungen gerade Linien ergeben. Der Anstieg ist aber bei Temperguß bedeutend größer als bei Stahlguß. In die gleiche Abb. 411 hat W. Ruff ferner noch aus Messungen von L. Schiller (*14*) zwei Gerade eingetragen, welche die Felder laminarer Strömung bzw. turbulenter Strömung abgrenzen. Man erkennt, daß die Versuchswerte bei Temperguß im Übergangsgebiet von laminar zu turbulenter Strömung liegen, während die Werte für Stahlguß zum Teil bereits ins turbulente Gebiet fallen. Eine Steigerung der Gießtemperatur erhöht das Laufvermögen von flüssigem Stahl stärker als dasjenige des flüssigen Tempergusses (Abb. 412).

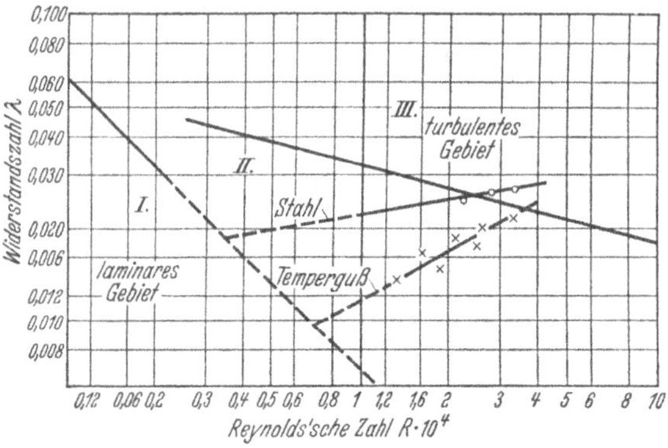

Abb. 411. Lage der Versuchspunkte im λ–*R*-Diagramm (W. Ruff).

In der Praxis begnügt man sich meistens damit, das Laufvermögen technischer Gußlegierungen durch Beobachtung des Ausfüllvermögens einer keilförmigen oder aber einer dünnen, spiralförmigen Form zu ermitteln. Hierbei, vor allem für die Spiralprobe, sind die äußeren Bedingungen des Versuches (ferrostatischer Druck, also Gießhöhe, ferner der Zustand der Form, der Querschnitt der Spirale usw.) ausschlaggebend für die erfolgreiche Durchführung von Vergleichsmessungen. Auch hat man bisher viel zu wenig Wert darauf gelegt, für jeden Werkstoff den empfindlichsten Stabquerschnitt zu ermitteln (*15*). Die Vergießbarkeitsprobe, deren Anfänge bis zum Jahre 1898 auf Th. D. West (*16*) zurückgehen, die aber erst mit der Einführung der Spiralprobe durch Saito und Hayashi (*17*) im Jahre 1919 technische Bedeutung erlangte, wird für niedrig schmelzende Metalle und Legierungen vielfach in Form der Spiralkokille nach A. Courty (*18*) verwendet. Durch Aufsetzen eines Tiegels (Abb. 413) mit Überlauf wird für einen gleichbleibenden Druck gesorgt. Der Stopfen wird erst freigegeben, wenn der Tiegel mit Metall gefüllt ist. Ein dem Verschluß dienendes Bleiplättchen schmilzt durch, das Metall fließt zunächst in den Tümpel und von dort in die Spirale. Eine andere Form der Spiralkokille (*19*) läßt einen Abfall des ferrostatischen Druckes der Metallsäule zu.

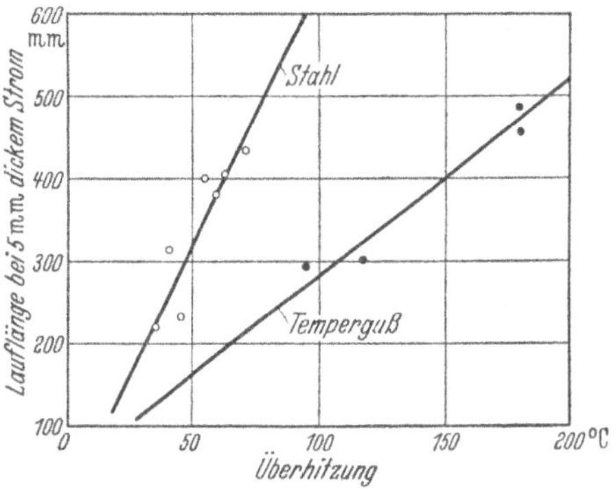

Abb. 412. Zunahme des Laufvermögens bei Temperguß und Stahl mit steigender Überhitzung (W. Ruff).

Wird ein Kokillenanstrich gewählt, so muß auf dessen hauchdünne und gleichmäßige Auftragung besonders geachtet werden; vorteilhaft ist die Verwendung einer Spritzpistole.

Für Gußeisen ist in Deutschland die Probe des Edelgußverbandes in der von Sipp verbesserten Form des Vorschlags von Courty gebräuchlich (Abb. 414). Als Formwerkstoff wird Sand gebraucht. Es ist für leichte Abführung der verdrängten Luft zu sorgen; der Wassergehalt des Formsandes soll sich zwischen 5 und 7% bewegen; denn, wie Untersuchungen von E. K. Widin und N. G. Girschowitz

(*20*) zeigten, durchläuft die Kurve der Abhängigkeit der Vergießbarkeit vom Wassergehalt des Formsandes innerhalb dieser Verhältnisse ein flaches Maximum, um bei höherer Feuchtigkeit rasch abzufallen, so daß bei 10% Wasser nur noch mit der halben Auslauflänge der Spirale zu rechnen ist.

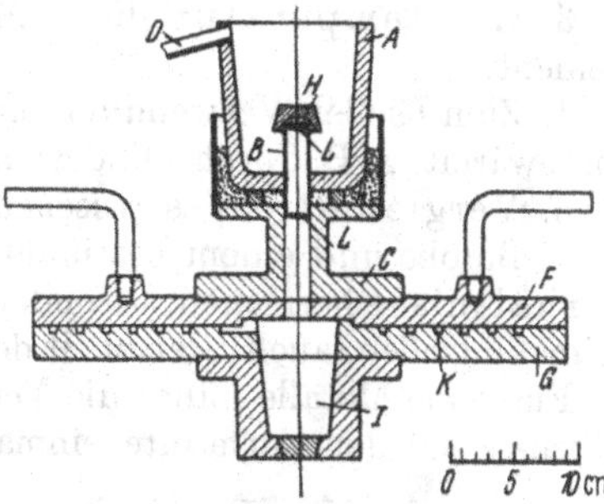

Abb. 413. Spiralkokille nach COURTY (Kokillenmodell).

Kohlenstaubzusatz erhöht bis zu einem Gehalt von etwa 6 bis 7% die Vergießbarkeit (*20*). Darüber hinaus fällt das Formfüllungsvermögen wieder ab.

Für die Prüfung in Kokille wie in Sand gilt, daß mit steigendem Querschnitt die Auslauflänge wächst. Bei gleichem Querschnitt wirkt sich das Verhältnis des Stabumfanges zum Querschnitt, also das Profil aus. Mit wachsendem Verhältnis wächst die Oberfläche des Stabes; Reibung und Keimwirkung, die einer auslaufbegünstigenden Unterkühlung entgegenwirkt, werden vergrößert.

Demnach ist für kreisförmigen Querschnitt die größte Auslauflänge zu erwarten. Aus formtechnischen Gründen verwendet jedoch der Vorschlag von K. SIPP im Gegensatz zur belgischen Probe einen dreieckigen Querschnitt mit ausgerundeter Spitze und Teilung in der Grundfläche. Durch diese Maßnahme kann der Unterkasten flach gehalten werden, wobei nach Ansicht von K. SIPP eine thermische Einwirkung der Teilfuge vermindert wird.

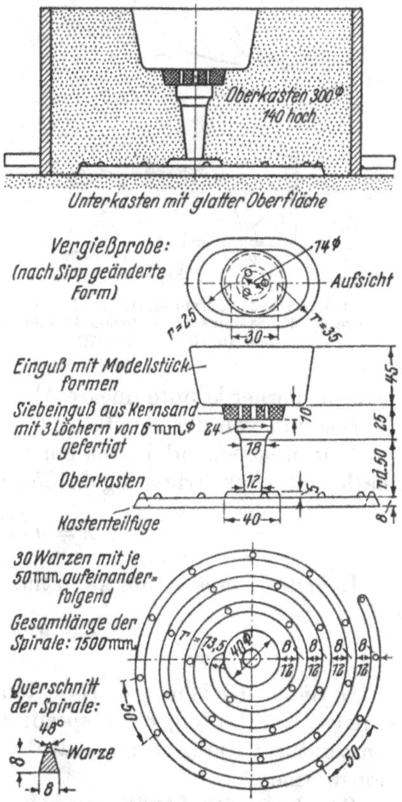

Abb. 414. Formfüllprobe (nach K. SIPP geänderte Form).

Die Auslauflänge wird um so höher sein, je schneller das Metall in die Gießform eintritt. Um wirbelnde Strömung mit ihren schlecht übersehbaren Verhältnissen zu vermeiden, muß man entweder einen geräumigen Tiegel anordnen (siehe Abb. 413), oder durch Einbau eines geeigneten Filterkerns für günstige laminare Strömung sorgen. Der erste Weg führt nach R. BERGER (*21*) erst bei ziemlich hohem Tiegelinhalt zu befriedigenden Ergebnissen; dagegen bilden genau gearbeitete Filterkerne ein geeignetes Hilfsmittel, eine gleichbleibende Einströmgeschwindigkeit einzuhalten.

Beachtet man die sich aus diesen Untersuchungen ergebenden Regeln, so lassen sich sehr gute Beobachtungen über die Vergießbarkeit von Metallen und Legierungen machen.

Der ehemalige Edelgußverband G. m. b. H., Berlin, gab zu der in Abb. 414 wiedergegebenen Spiralprobe noch folgende Bemerkungen (*22*) heraus:

1. Formart (ob grün oder trocken) anzugeben. Bei grüner Sandform auf Sandfeuchte achten, bei Vergleichsversuchen gleich zu halten, in der Regel 5 bis 7%. Bei Trockenform Verwendung stark kohlehaltigen Sandes, aber ohne Schwärzung.

2. Anfertigung des Siebeinlaufkerns entweder aus schwarzem Sand (unmittelbar vor dem Vergießen einzulegen!) oder aus Ölsand.

3. Gießtemperatur durch Messung bestimmen, möglichst durch Thermoelement.

4. Zum Gießen Verwendung eines Gießlöffels von bestimmtem Inhalt, gut vorgewärmt, z. B. durch mindestens zwei vorhergegangene Schöpfproben.

5. Vergleiche, sei es zwischen verschiedenen Schmelzen, sei es zwischen der Vergießprobe und einem bestimmten Gußstück, haben nur Wert, wenn gleiche Verhältnisse herrschen, besonders bezüglich Formart, Gießtemperatur, Vorgang beim Eingießen, auch Gleichheit der Druckverhältnisse.

Für reine Metalle hängt die Vergießbarkeit bei Einhaltung gleichartiger Verhältnisse auf der Formseite einmal von der Überhitzungstemperatur ab, zum anderen von dem Unterschied zwischen Erstarrungsintervall und Kokillentemperatur. Ferner konnte lineare Abhängigkeit von der Dichte, von der spezifischen Wärme und von der Kristallisationswärme beobachtet werden.

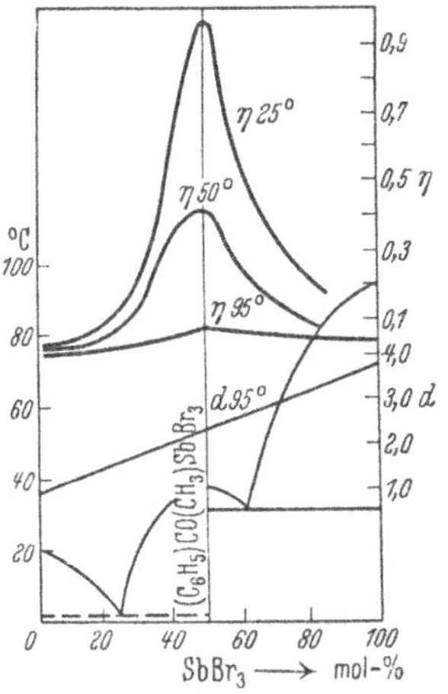

Abb. 415. Zustandsdiagramm, Dichte (d) und innere Reibung (η) des Systems Azetophenon-Antimontribromid (nach Kurnakow).

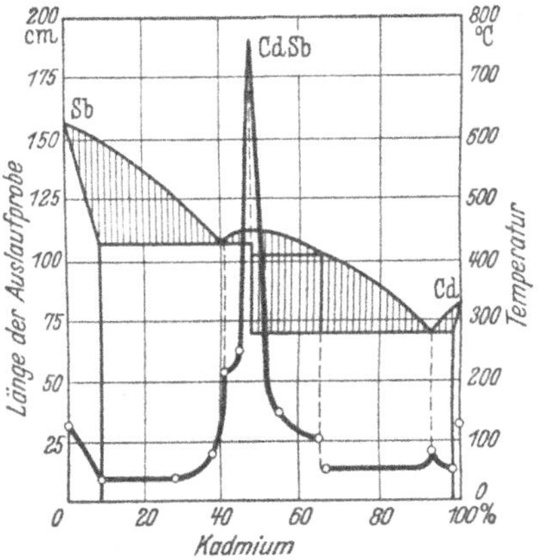

Abb. 416. Vergießbarkeit von Sb-Cd-Legierungen (nach Portevin).

Dementsprechend lautet ein von A. Portevin (*23*) gemachter Ansatz einer mathematischen Erfassung des Formfüllvermögens:

$$\lambda = a\,\frac{c \cdot d \cdot (t_s - t)}{t - t_f} + b\,\frac{W \cdot d}{t - t_f}.$$

In erster Annäherung kann man schreiben:

$$\lambda = k \cdot d \cdot c\,\frac{(t_s - t) + W}{t - t_f}.$$

In diesen Gleichungen bedeuten a, b und k von den Formverhältnissen abhängige Konstanten, c die spezifische Wärme, d die Dichte, t die Erstarrungstemperatur, t_s die Gießtemperatur, t_f die Formtemperatur und W die Kristallisationswärme.

Beziehung der Laufeigenschaften zum Zustandsdiagramm. Bei Legierungen lassen sich zwei Gruppen unterscheiden. 1. Die innere Reibung ist nur unwesentlich kleiner als die additiven Werte. 2. Die Isothermen der inneren Reibung weisen einen Wendepunkt auf. N. S. Kurnakow (*7*) stellte bei Untersuchungen an organischen Zweistoffsystemen folgendes fest: einer Verbindung im Schmelzdiagramm entspricht ein Maximum der inneren Reibung, vgl. Abb. 415. Mit steigender Temperatur wird dieses Maximum flacher, bei sehr hohen Temperaturen soll es sogar verschwinden und sich in eine konkave Kurve verwandeln. Bei einem Eutektikum scheint ein Minimum der inneren Reibung aufzutreten. Später konnte u. a. auch A. PORTEVIN (*24*) diese Beziehungen deutlich nachweisen. Abb. 416 z. B. zeigt die Vergießbarkeit von Antimon-Kadmium-Legierungen. Mit zunehmendem Erstarrungsintervall kann man zuerst eine starke Verminderung der Gießfähigkeit beobachten, während die chemische Verbindung CdSb sich durch ein Maximum der Vergießbarkeit ausprägte. Der Widerspruch zu den Erwartungen gemäß den Auffassungen von N. S. KURNAKOW über den Einfluß chemischer Verbindungen könnte vielleicht seine zwanglose Erklärung im verschiedenen Dissoziationsgrad der betreffenden chemischen Verbindung im Schmelzfluß finden. Daß im allgemeinen eutektische Legierungen ein besseres Laufvermögen besitzen als solche mit zunehmend größerem Erstarrungsintervall, kann man bei Betrachtung der Abb. 417 gedanklich leicht einsehen. Eutektische Legierungen (Fall *a* in Abb. 417) werden im allgemeinen ein viel

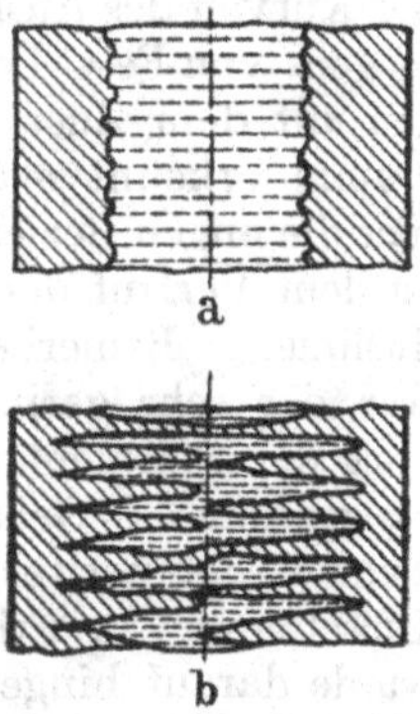

Abb. 417. Erstarrungsvorgang eutektischer (a) und untereutektischer (b) Legierungen (schematisch).

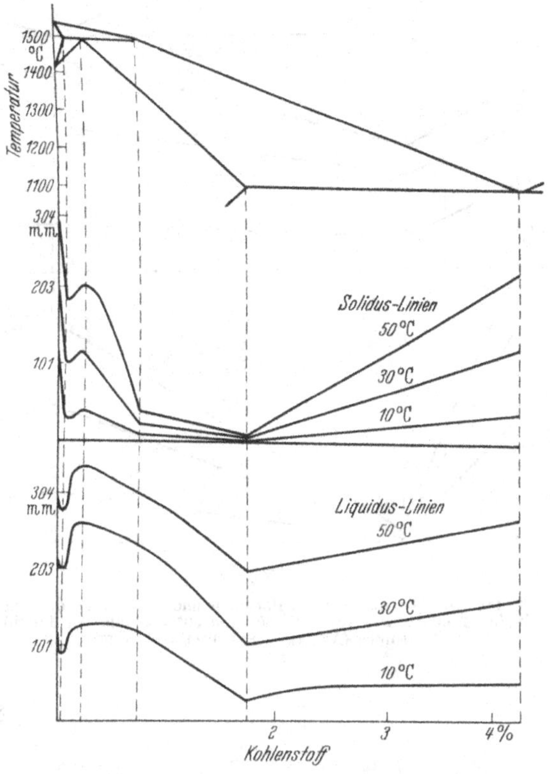

Abb. 418. Das Eisen-Kohlenstoffdiagramm und die Kurven der Vergießbarkeit für Temperaturen von 10°, 30° und 50° oberhalb der Liquidus- bzw. Soliduslinien (ANDREW, PERCIVAL und BOTTOMLEY).

gleichmäßigeres Anwachsen der erstarrenden Randzonen zeigen als Legierungen mit Erstarrungsintervall und bevorzugter Kristallisationsgeschwindigkeit einer Komponente entgegen dem Wärmefluß (Fall *b* in Abb. 417). In letzterem Falle werden die in die Restschmelze hineinwachsenden Primärkristalle zu einer stärkeren Verjüngung des freien Strömungsquerschnitts führen, größere Reibungswiderstände verursachen und zu turbulenter, stark gestörter Strömung führen. J. H. ANDREW, R. T. PERCIVAL und G. T. BOTTOMLEY (*25*) führten Gießbarkeitsversuche an Fe-C-Legierungen und einer Anzahl anderer Metallpaare (Fe-P, Fe-Si, Fe-Mn) aus. Auch sie benutzten die Auslaufspirale mit Gießtümpel und Überlauf, ermittelten die besten Anschnittsverhältnisse und benutzten als Formmasse Ölsand mit 5% Öl. Es wurden stets 12 kg Metall geschmolzen und damit zwei Spiralen vergossen.

Für die Beziehungen zwischen dem Auslaufvermögen und dem Zustandsdiagramm benutzten sie zunächst die Spiralenlängen der Fe-C-Legierungen mit 0,17, 0,71, 1,72 und 3,75% C, gemessen in Abhängigkeit von verschiedenen Gießtemperaturen; hierbei setzten sie die Spiralenlänge, welche bei einer Gießtemperatur gleich der entsprechenden Liquidustemperatur gemessen wurde, als Koordinatenanfangspunkt ein. In derselben Weise wurde bei den anderen Legierungsgruppen verfahren. Aus den betr. Einzelwerten konnten Schaubilder hergeleitet werden über die Beziehungen zwischen Auslauflänge und chemischer Zusammensetzung bei der zunächst einheitlichen Temperatur von 1600°.

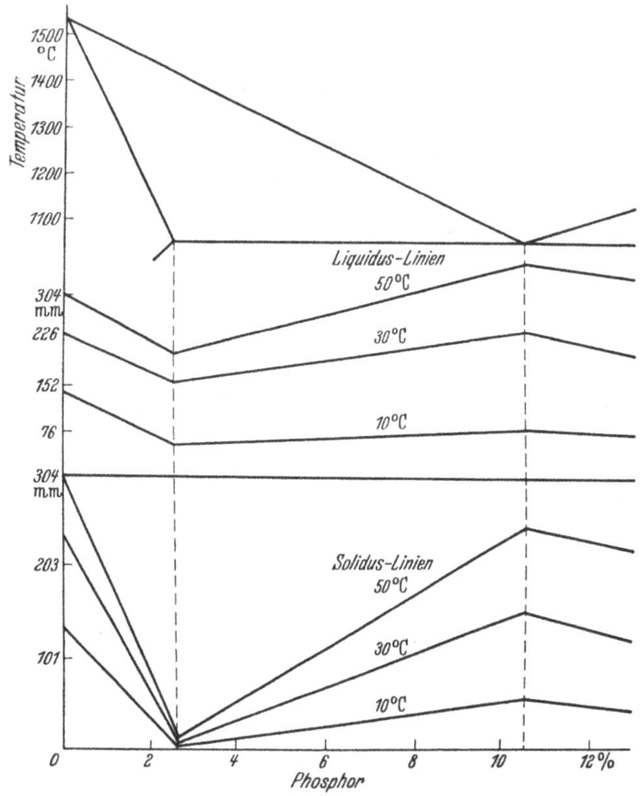

Abb. 419. Das Diagramm Eisen-Phosphor und die Kurven der Vergießbarkeit für Temperaturen von 10°, 30° und 50° oberhalb der Liquidus- bzw. Soliduslinien (ANDREW, PERCIVAL und BOTTOMLEY).

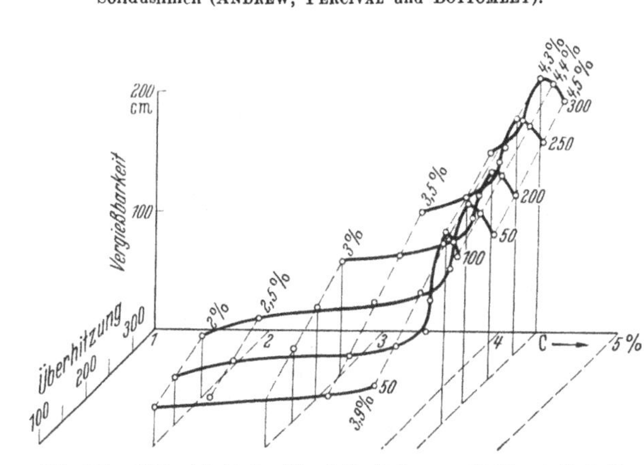

Abb. 420. Abhängigkeit der Vergießbarkeit vom Kohlenstoffgehalt und von der Überhitzung (R. BERGER).

Bei einem Vergleich der Kurven des Auslaufvermögens von Fe-C-Legierungen mit dem Zustandsdiagramm erkennt man auch hier die engen Beziehungen zu dem Verlauf der Liquiduslinie. Bemerkenswert war der sehr geringe Anstieg der Spiralenlänge bei steigendem C-Gehalt im Bereich der peritektischen Umsetzung. Zur Erklärung wurde darauf hingewiesen, daß die Annahme, das Auslaufvermögen bei einer Gießtemperatur gleich der Liquidustemperatur sei null, nicht der Wirklichkeit entspräche. Weiterhin müsse bedacht werden, daß die einheitlich gewählte Temperatur von 1600° für jede einzelne Legierung einen verschieden hohen Überhitzungsgrad abgeben muß. Deshalb haben die genannten Verfasser eine weitere Reihe von Kurven aufgestellt, bei denen die Länge der Spirale bei einer Gießtemperatur gleich der Liquidus- bzw.

Solidustemperatur als Koordinatenausgangspunkt gewählt wurde und wobei als Versuchs-Gießtemperaturen jeweils solche gewählt wurden, welche 10, 30 und 50⁰ über den jeweiligen Solidus- und Liquidustemperaturen lagen (Abb. 418). Die Beziehungen zwischen dem Kurvenverlauf des Gleichgewichtsdiagrammes und dem Verlauf der Auslaufkurven entsprechen den Erwartungen. Für das System Eisen-Phosphor wurden analoge Beziehungen aufgestellt (siehe Abb. 419).

Über die Vergießbarkeit von Gußeisen und die Einwirkung der wichtigsten Gußeisenbegleiter auf das Formfüllungsvermögen liegen umfangreiche Versuchsreihen vor, die R. Berger *(26)* mit Unterstützung belgischer Gießereien durchgeführt hat.

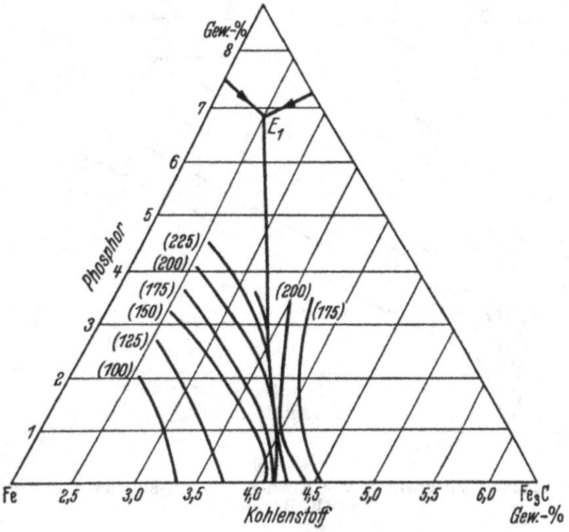

Abb. 421. Linien gleicher Vergießbarkeit im Zustandsschaubild Eisen-Kohlenstoff-Phosphor (R. Berger).

Die folgenden Abbildungen sollen ihre wesentlichen Ergebnisse wiedergeben. Abb. 420 gibt in einem räumlichen Schaubild die Zusammenhänge zwischen Vergießbarkeit, Gießtemperatur und Zusammensetzung im Teilschaubild Eisen-Kohlenstoff wieder. Auch hier gilt wieder, daß mit steigender Überhitzung das Formfüllungsvermögen stark ansteigt. Die Vergießbarkeit steigt mit zunehmendem Kohlenstoffgehalt und entsprechender Verkleinerung des Erstarrungsintervalls, um in der Nähe der eutektischen Zusammensetzung steil ansteigend bei ~4,3% C ihren Höchstwert zu erreichen. Weiterer Kohlenstoffzusatz verringert die Vergießbarkeit.

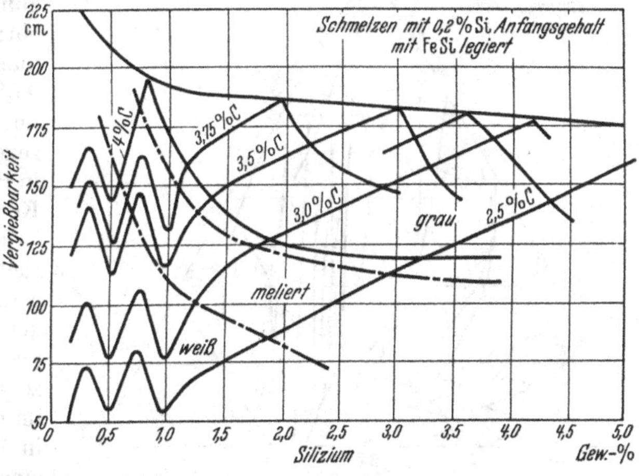

Abb. 422. Vergießbarkeit von Eisen-Kohlenstoff-Silizium-Schmelzen (R. Berger).

Über den Einfluß des Phosphors geht die Ansicht der Gießer übereinstimmend dahin, daß Phosphor die Vergießbarkeit begünstigt. Die Arbeiten Bergers erstreckten sich über Phosphorgehalte zwischen 0 und 4% P. Es ergab sich hierbei, daß auch im System Eisen-Kohlenstoff-Phosphor die oben erwähnten Gesetzmäßigkeiten bestehen. In Abb. 421 sind in das Teil-Konzentrationsdreieck die Linien gleicher Vergießbarkeit eingetragen. E_1 ist das ternäre Eutektikum, die Verbindungslinie vom Punkte 4,27% C nach E_1 ist die Projektion der eutektischen Rinne. Man sieht, daß diese eutektische Rinne mit einer Kammlinie bevorzugter Vergießbarkeit zusammenfällt, was eine weitere anschauliche Bestätigung der Zusammenhänge zwischen Vergießbarkeit und Zustandsschaubild bedeutet.

Bemerkenswerte Anomalien traten im System Eisen-Kohlenstoff-Silizium auf. Während die Thomasstahlwerker im Silizium ein Element sehen, welches das Metall eindickt, findet man in Gießerkreisen die Ansicht, daß Silizium die Vergießbarkeit erhöht. Abb. 422 zeigt die Werte der Vergießbarkeit an einem Eisen mit etwa 0,2% Si Anfangsgehalt, dessen Siliziumgehalt durch Legieren mit Ferrosilizium auf die erforderliche Höhe gebracht wurde. Durch eine große Zahl von Versuchen und durch Kontrollversuche von anderer Seite in anderen Werken unter Verwendung verschiedenster Schmelzeinrichtungen wurden zwei konzentrationsunabhängige Minima der Vergießbarkeit bei 0,5 und 0,95% Si festgestellt. Die zweite Anomalie blieb jedoch aus, wenn Schmelzen mit höherem Gehalt an Silizium unmittelbar im Ofen erschmolzen wurden. Als Grenze wurde ein Gehalt von 0,5% Si gefunden. Blieb man unter dieser Zusammensetzung, so trat die Anomalie ein; legierte oder erschmolz man ein Eisen mit mehr als 0,5% Si, so blieb die Erscheinung aus (Abb. 423). Abb. 424 zeigt die beobachteten Werte in Projektion auf die ternäre Konzentrationsebene.

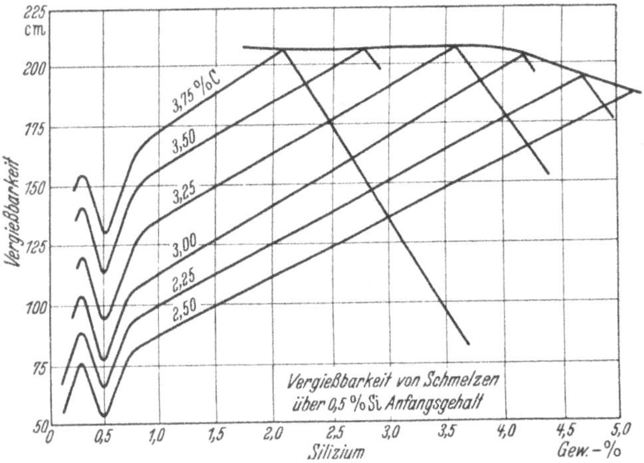

Abb. 423. Vergießbarkeit von Eisen-Kohlenstoff-Silizium-Legierungen (R. BERGER).

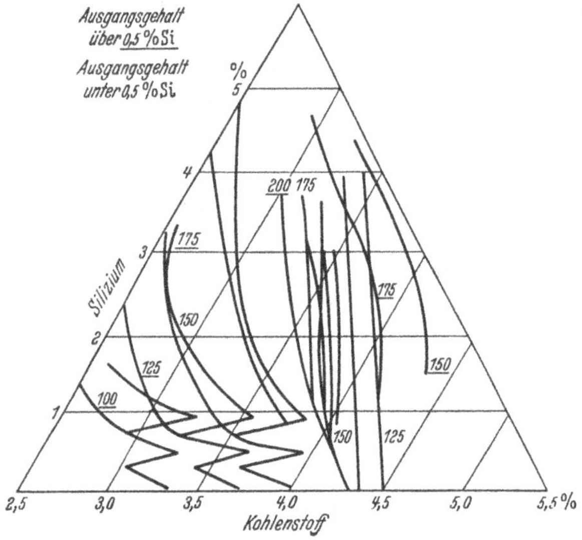

Abb. 424. Linien gleicher Vergießbarkeit im ternären System Eisen-Kohlenstoff-Silizium (R. BERGER).

Die mikroskopische Untersuchung ergab keine Erklärung für diese Merkwürdigkeit; denn die zweite Anomalie liegt, wie Abb. 424 zeigt, sowohl im weißen wie im melierten Gebiet. — Auch in Abb. 424 prägt sich wieder eine vom binären Eutektikum der Eisen-Kohlenstoffseite ausgehende Kammlinie bester Vergießbarkeit aus.

Man sieht ein, daß nach diesen Untersuchungen sowohl die Ansicht der Stahlwerker als auch die der Gießer zu Recht besteht; denn der Stahlwerker arbeitet mit Gehalten von gewöhnlich 0,3 bis 0,5% Si und beobachtet deshalb bei Zufügung von Silizium ein Anwachsen der Zähigkeit, während der Gießer fast immer über 0,5% Si hat und deshalb eine Zunahme des Formfüllungsvermögens beobachten muß.

Der Einfluß des Mangans scheint nach R. BERGER geringfügiger Natur zu sein. Auf die Anomalien im System Eisen-Kohlenstoff-Silizium wirkte es schwach erhöhend ein; bei höheren Siliziumgehalten drückte erhöhter Manganzusatz das Formfüllungsvermögen etwas herunter. Nach H. C. AUFDERHAAR (*29*) wird die Gießbarkeit durch niedrige Nickelgehalte bis 1,5%, durch Molybdängehalte bis 4,4% und Chromgehalte bis 1% nicht beeinflußt. Zusätze von 1,6% und mehr Chrom vermindern aber die Gießbarkeit, die hinwiederum durch Zulegierung von Kupfer, wenig Vanadin und Wismut verbessert wird. Doch werden Wismutzusätze wegen der Verschlechterung der mechanischen Eigenschaften in der Regel nicht verwendet, außer zur Handgranatenherstellung, wo eine Steigerung der Sprödigkeit erwünscht ist.

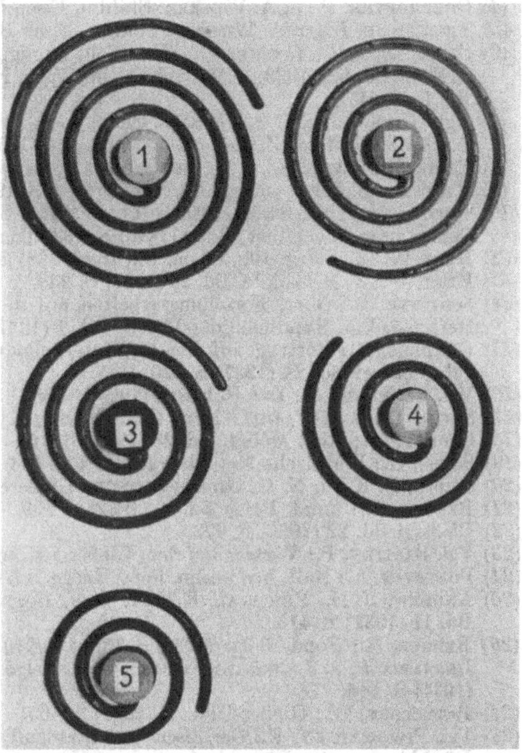

Abb. 425. Prüfung der Laufeigenschaften von Gußeisen verschiedenen C + Si-Gehaltes bei gleicher Gießtemperatur (H. LANZ A.G.). Summe C + Si: bei 1 = 6,2%, bei 2 = 5,9%, bei 3 = 5,2%, bei 4 = 5,0%, bei 5 = 4,2%.

Zusammenfassend kann man also sagen, daß die eutektischen Legierungen die beste Vergießbarkeit besitzen und demnach am meisten befähigt sind, vollkommene Abgüsse zu liefern. Betrachtet man den untereutektischen Bereich, so bestimmt in erster Linie der Kohlenstoff die Vergießbarkeit; dann folgen ihrer Bedeutung nach Phosphor, Silizium, Mangan und Kupfer, wobei Mangan je nach Zusammensetzung der Schmelze verschiedenartig wirkt.

Eine gute Übersicht über das bis 1936 bestehende Schrifttum gab W. PATTERSON (*27*). — Einige Gießspiralen bei abnehmendem C + Si-Gehalt zeigt Abb. 425. Wie bereits kleine Änderungen des Kohlenstoffgehaltes neben der Formfüllfähigkeit auch das Abstehvermögen von Gußeisen beeinflussen, ergibt sich aus den folgenden (*28*) Versuchen der Maschinenfabrik Eßlingen mit der Gießspirale:

Einfluß des Kohlenstoffgehaltes auf das Formfüllvermögen von Gußeisen		Einfluß des Kohlenstoffgehaltes auf die Geschwindigkeit des Abstehens von Gußeisen	
C-Gehalt %	Anzahl der erreichten Punkte	C-Gehalt %	Abnahme der erreichten Punkte für je 100 sec
Ofen I 3,15%	14,0	> 3,42%	1,3
„ II 3,30%	16,4	3,37—3,42%	1,5
„ II 3,31—3,35%	17,0	3,31—3,36%	1,7
„ II 3,36—3,40%	18,0	< 3,30%	2,5

Schrifttum zum Kapitel XIIb.

(1) Z. anorg. allg. Chem. Bd. 135 (1924) S. 255; Bd. 157 (1926) S. 117; Bd. 161 (1927) S. 51.
(2) Vgl. z. B. die Arbeiten von PLÜSS: Z. anorg. allg. Chem. Bd. 93 (1915) S. 1, sowie SAUERWALD: Z. anorg. allg. Chem. Bd. 135 (1924) S. 255.
(3) FAWSITT, CH.: J. chem. Soc. Bd. 93 (1908) S. 1299.
(4) OBERHOFFER, P., u. A. WIMMER: Stahl u. Eisen Bd. 45 (1925) S. 969.
(5) THIELMANN, H., u. A. WIMMER: Stahl u. Eisen Bd. 47 (1927) S. 389.
(6) SAITO, D., u. T. MATSUKAWA: Mem. Coll. Engng., Kyoto Bd. 7 (1932) S. 49; Ref. Stahl u. Eisen Bd. 53 (1933) S. 44; vgl. CLAUS, W., u. F. BLANK: Metallwirtsch. Bd. 18 (1939); Bd. II S. 917.
(7) Vgl. KURNAKOW, N. S.: J. Russ. Chem. Ges. Bd. 47 (1915) S. 558, sowie Bd. 48 (1916) S. 1658/98. Referat Z. anorg. allg. Chem. Bd. 135 (1924) S. 81.
(8) ESSER, H., GREIS, F., u. W. BUNGARDT: Arch. Eisenhüttenw. Bd. 7 (1933/34) S. 385.
(9) SAUERWALD, F.: Z. anorg. allg. Chem. Bd. 149 (1925) S. 273; Bd. 155 (1926) S. 1.
(10) PIWOWARSKY, E.: Stahl u. Eisen Bd. 45 (1925) S. 1455.
(11) POISEUILLE: Mem. Inst. Bd. 9 (1846) S. 433; Pogg. Ann. Bd. 58 (1843) S. 424.
(12) HERZ, W.: Z. anorg. allg. Chem. Bd. 168 (1928) S. 89.
(13) RUFF, W.: Z. Metallkde. Bd. 29 (1937) S. 238.
(14) SCHILLER, L.: Mitt. Forschungsarbeiten auf dem Gebiet des Ingenieurwesens (1922) Heft 248. Vgl. Handbuch der Physik Bd. 7 (1927) S. 128.
(15) GENDERS, R.: Vortrag auf dem 6. Winterkolloquium des Aachener Gießerei-Instituts; vgl. Gießerei Bd. 24 (1937) S. 520.
(16) Vgl. LEDEBUR, A.: Das Roheisen (1904) S. 86.
(17) SAITO, D., u. HAYASHI: Mem. Coll. Engng., Kyoto Bd. 2 (1919) S. 83.
(18) COURTY, A.: Rev. Métall. Bd. 28 (1931) S. 169—182 und 194—208.
(19) SACHS, G.: Praktische Metallkunde Bd. 1 S. 148. Berlin: Springer 1933.
(20) WIDIN, E. K., u. N. G. GIRSCHOWITSCH: Gießerei Bd. 17 (1930) S. 1129.
(21) BERGER, R.: Fond. Belge Bd. 10 (1932) S. 139.
(22) Gießerei Bd. 22 (1935) S. 473.
(23) Vgl. BASTIEN, P.: Vortrag auf dem Gießerei-Kongreß Prag 1933.
(24) PORTEVIN, A.: Bull. Ass. techn. Fond. Liége Bd. 6 (1932) S. 422.
(25) ANDREW, J. H., PERCIVAL, R. T., u. G. T. BOTTOMLEY: Bull. Ass. techn. Fond. Liège Bd. 11 (1937) S. 416.
(26) BERGER, R.: Fond. Belge (1932) S. 139, 186/210, 242; (1933) S. 14, 160; (1934) S. 43. LÉONARD, J., u. J. CHALLANSONNET: Fond. Belge (1934) S. 74. BERGER, R.: Fond. Belge (1934) S. 146, 173.
(27) PATTERSON, W.: Gießerei Bd. 26 (1936) S. 405.
(28) Vgl. PIWOWARSKY, E.: Der Eisen- und Stahlguß auf der VI. Gießereifach-Ausstellung in Düsseldorf, S. 42. Düsseldorf: Gießerei-Verlag m. b. H. 1937.
(29) AUFDERHAAR, H. C.: Foundry Bd. 67 (1939) Nr. 11 S. 30ff.

c) Die Volumenänderungen beim Schmelzen bzw. Erstarren und die Schwindung.

Der thermische Ausdehnungs- bzw. Schwindungskoeffizient als Differentialquotient der Abhängigkeit des Volumens von der Temperatur ist für die Technik sehr wichtig. Dabei ist die dilatometrische Analyse ein willkommenes Hilfsmittel bei der Untersuchung innerer Vorgänge in Ergänzung zur thermischen Analyse. Die Grenze der Anwendung dieses Verfahrens ist durch den Viskositätszustand der Körper im festen Zustand gegeben, immerhin läßt sich mit modernen Apparaten bis kurz unterhalb des Schmelzpunktes dilatometrieren. Der lineare Ausdehnungskoeffizient ist definiert als

$$\beta = \frac{l_t - l_0}{t - t_0} \cdot \frac{1}{l_0} = \frac{1}{l_0} \cdot \frac{\Delta l}{\Delta t}.$$

Da in guter Annäherung der kubische Ausdehnungskoeffizient α gleich $3\,\beta$ ist, so errechnet sich die Dichte d bei der Temperatur t aus der Dichte d_0 bei Null Grad und dem linearen Ausdehnungskoeffizienten β nach folgender Formel:

$$d = \frac{d_0}{1 + 3\,\beta\,t}.$$

Die Ausdehnungskurve eines Metalls ohne allotrope Umwandlungspunkte zeigt schematisch die Abb. 426. Daraus geht hervor, daß

1. der Ausdehnungskoeffizient des flüssigen und festen Zustandes bis herunter zu etwa 0° C praktisch linear mit der Temperatur verläuft,

Zahlentafel 65. Ausdehnungskoeffizient fester Metalle und Volumenänderung beim Schmelzen.

Metall	Ausdehnungskoeffizient $\beta \cdot 10^{-6}$ (0°—100°)	Volumenänderung beim Schmelzen in %
Reines Eisen .	12,5	+ 4,0 (+ 3,0) (*3*) (*1*)
Aluminium. .	27,4	+ 6,4 (+ 6,45) (*5*)
Antimon. . .	10	+ 1,4 (+ 0,95) (*5*)
Wismut . . .	13	— 3,4 (— 3,2) (*2*)
Kadmium . .	31	+ 4,7 (+ 4,7) (*5*)
Kupfer . . .	16,5	+ 4,0 (+ 4,05) (*5*)
Gold. . . .	14,5	+ 5,2
Blei.	29	+ 3,4 (+ 3,6) (*5*)
Magnesium. .	29	+ 3,8 (+ 2,5) (*5*)
Nickel. . . .	16	—
Silber	24	+ 5,0
Zinn	22	+ 2,8 (+ 2,9) (*5*)
Zink	26	+ 6,5 (+ 4,5) (*5*)

2. der flüssige Zustand im allgemeinen einen höheren Ausdehnungskoeffizienten besitzt als der feste Aggregatzustand,

3. der Übergang in den flüssigen Aggregatzustand mit einer diskontinuierlichen (sprunghaften) Volumenzunahme verbunden ist, die bei der Erstarrung reversibel verläuft.

Zahlentafel 65 (*6*) enthält den Ausdehnungskoeffizienten des festen Zustandes und den Volumenwechsel beim Schmelzen für eine Anzahl von Metallen, ergänzt durch weitere Schrifttumsangaben.

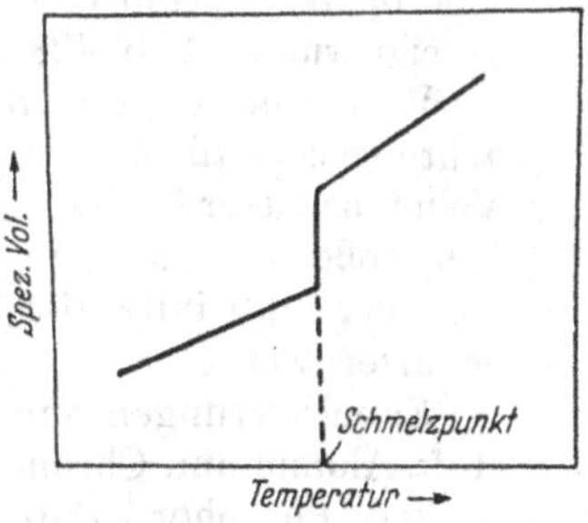

Abb. 426. Temperaturabhängigkeit des spez. Volumens bei reinen Metallen (schematisch).

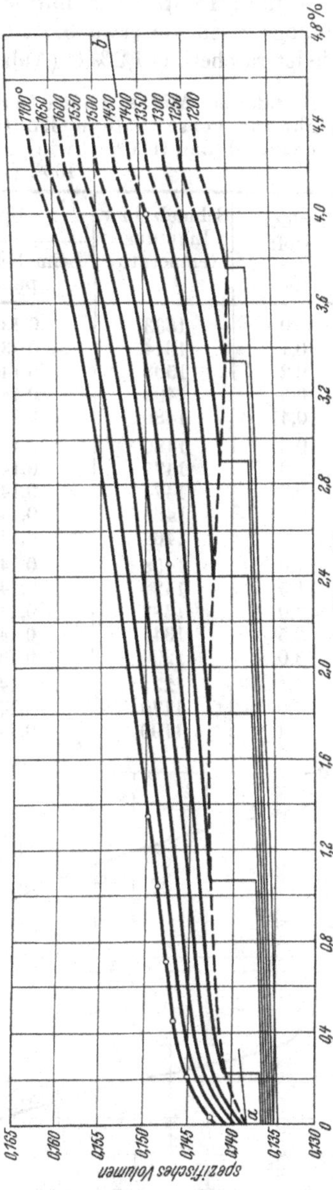

Abb. 427. Spezifische Volumina von Eisen-Kohlenstoff-Legierungen bis zu 4% C (Benedicks und Mitarbeiter).

Auch die Verbindungen und technischen Legierungen folgen im allgemeinen diesen Gesetzen, nur daß im festen Zustand Anomalien auftreten, falls Modifikationswechsel vorhanden sind. Von den Metallen zeigt nur das Wismut, von den Verbindungen lediglich eine Al-Sb-Reihe insofern eine Abweichung, als sie im Gegensatz zu den übrigen Metallen und Legierungen unter Kontraktion schmelzen. C. BENEDICKS, N. ERICSSON und G. ERICSON (7) bestimmten das spezifische Volumen von Eisenlegierungen in geschmolzenem Zustand nach einem von C. BENEDICKS entwickelten Verfahren mit kommunizierenden U-Röhren. Sie fanden, daß das spezifische Volumen der Eisen-Kohlenstoff-Legierungen bei gleichbleibender Temperatur mit steigendem Kohlenstoffgehalt ansteigt, und zwar anfangs rasch bis etwa 0,4% C, dann langsamer bis etwa 2,5% C und nachher wieder rascher bis 4,2% C (Abb. 427 und Zahlentafel 66). Der Verlauf der Dichte-

Zahlentafel 66. Mittelwerte für das spezifische Volumen und spezifische Gewicht für verschiedene Kohlenstoffgehalte bei dem betreffenden Schmelzpunkt und bei 1600°, sowie die Änderung des spezifischen Volumens für je 100°. (BENEDICKS und Mitarbeiter.)

Kohlenstoff %	Schmelz- bzw. Liquidustemperatur °C	Spezifisches Volumen		Änderung des spezifischen Volumens für je 100°	Spezifisches Gewicht bei 1600°
		beim Schmelzpunkt	bei 1600°		
0,0	1533	0,1384	0,1397	0,0020	7,158
0,1	1514	0,1399	0,1416	0,0021	7,061
0,2	1503	0,1407	0,1428	0,0021	7,003
0,3	1494	0,1412	0,1436	0,0022	6,963
0,4	1486	0,1416	0,1441	0,0022	6,939
0,5	1480	0,1419	0,1445	0,0023	6,920
0,6	1477	0,1421	0,1448	0,0023	6,905
0,7	1474	0,1423	0,1451	0,0023	6,891
0,8	1469	0,1424	0,1454	0,0024	6,877
0,9	1464	0,1425	0,1457	0,0024	6,863
1,0	1458	0,1425	0,1461	0,0025	6,844
1,5	1422	0,1423	0,1471	0,0028	6,798
2,0	1382	0,1421	0,1487	0,0030	6,725
2,5	1341	0,1417	0,1501	0,0033	6,662
3,0	1290	0,1413	0,1518	0,0035	6,587
3,5	1232	0,1409	0,1539	0,0037	6,499
4,0	1170	0,1403	0,1566	0,0038	6,385
4,4	1190	0,1430	0,1587	0,0038	6,301

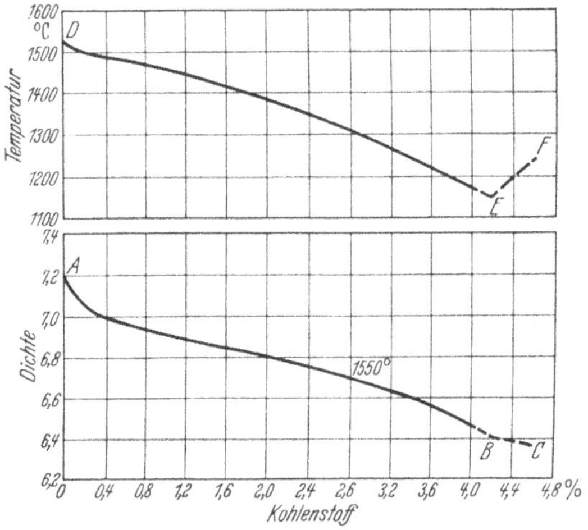

Abb. 428. Schmelzpunktskurve und Dichte-Isotherme für Eisen-Kohlenstoff-Legierungen bei 1550°.

Konzentrationskurve verläuft in enger Beziehung zu dem der Liquiduskurve, ein Zusammenhang, der hier im Schrifttum erstmalig aufgezeigt wurde (Abb. 428).

Weiterhin zeigten die Beobachtungen, daß die spezifischen Volumina dieser Legierungen merklich größer sind als jene, die man nach der Additivität der Volumina erwarten würde.

Eisenlegierungen mit Kohlenstoff, Aluminium, Chrom, Mangan, Nickel, Phosphor, Silizium oder Wolfram haben spezifische Volumina, die je nach dem Legierungsstoff sehr verschieden sind und sich im allgemeinen mit dessen Konzentration linear ändern (Abb. 429).

Das spezifische Volumen des flüssigen Eisens stimmt im großen und ganzen mit den durch verschiedene gelöste Bestandteile verursachten spezifischen Volumenänderungen des festen Eisens gut überein. Es erhöht sich beim Zusatz von Kohlenstoff, Aluminium, Silizium, Phosphor, Chrom und Mangan in der hier genannten Reihenfolge, es verringert sich durch Nickel und am meisten durch Wolfram. Es ergeben also von den untersuchten Grundstoffen diejenigen mit einem Atomgewicht, das niedriger als dasjenige des Eisens ist, eine Erhöhung, im andern Falle eine Verringerung des spezifischen Volumens des geschmolzenen Eisens.

Abb. 429 enthält auch für jeden Zusatzstoff gestrichelte Linien, um zu zeigen, wie sich das spezifische Volumen des reinen Eisens bei Zimmertemperatur ($v_{20} = 0{,}1270$) infolge von Zusätzen in fester Lösung erhöht.

Im großen und ganzen zeigt sich, daß die Änderung des spezifischen Volumens im flüssigen Zustand ziemlich mit derjenigen übereinstimmt, die beim festen Eisen durch dieselben Stoffe in fester Lösung veranlaßt wird. Lediglich die

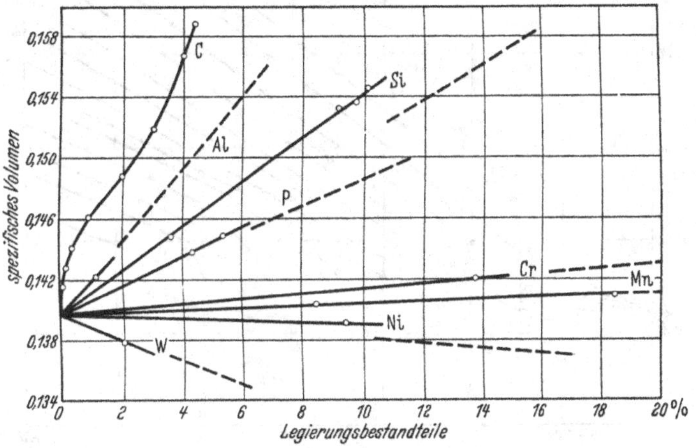

Abb. 429. Die Änderung des spezifischen Volumens von Eisenlegierungen bei 1600° mit dem Gehalt an verschiedenen Legierungsstoffen (BENEDICKS).

Volumenvermehrung des flüssigen Eisens durch die Elemente Silizium und Phosphor ist größer als diejenige im festen Zustand.

Abb. 430 zeigt die Werte von BENEDICKS und Mitarbeitern im Vergleich mit ähnlichen, aber älteren Untersuchungen. Die Übereinstimmung kann als ausreichend gelten.

Graues Gußeisen schmilzt im Gegensatz zum Weißeisen unter Kontraktion. Abb. 431 zeigt nach Untersuchungen von F. SAUERWALD (*8*) und seinen Mitarbeitern die nach der Auftriebsmethode ermittelte Ausdehnungskurve eines weißen bzw. grauen Roheisens folgender Zusammensetzung:

	C %	Graphit %	Si %	Mn %	S %	P %
grau	3,32	2,72	2,76	0,56	0,126	0,492
weiß	4,15	—	—	2,2	Sp.	Spuren.

Während das graue Roheisen unter Kontraktion schmolz, dehnte sich das weiße Eisen beim Schmelzen aus. Auch L. ZIMMERMANN und H. ESSER (*9*) bestimmten im Vakuum auf dilatometrischem Wege die Ausdehnungswerte weißen Gußeisens mit 3,5 bis 3,92% C, 0,06 bis 0,1% Mn und 0,13 bis 0,67% Si und erhielten im Mittel eine Volumenvergrößerung beim Schmelzen von ca. 1,35% (vgl. Abb. 432).

K. HONDA und H. ENDO (*10*) hatten für graphitfrei erstarrendes Gußeisen etwa eutektischer Zusammensetzung eine Kontraktion von 3,6% gefunden.

Aus den Werten der spez. Volumina nach SAUERWALD und Mitarbeitern errechnet sich für das graue Eisen eine Kontraktion beim Schmelzen von etwa 0,90%, während sie in einer früheren Arbeit den Wert von 0,62%, bezogen auf das Volumen

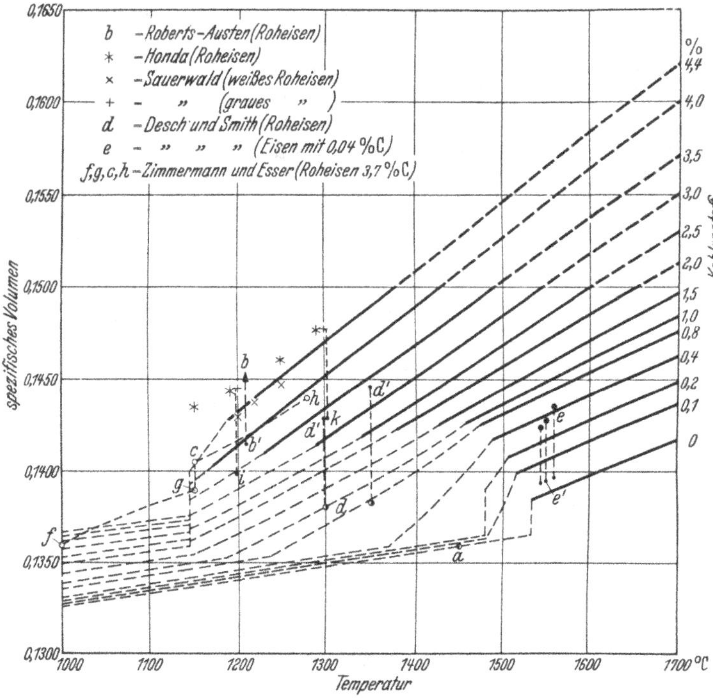

Abb. 430. Spezifische Volumina von Eisen-Kohlenstoff-Legierungen. Eigenwerte von BENEDICKS und Mitarbeitern im Vergleich mit früheren Beobachtungen.

vor der Schmelzung, gefunden hatten. Die wahren Ausdehnungskoeffizienten $\frac{1}{v_0} \cdot \frac{dv}{dt}$ des flüssigen Zustandes liegen nach SAUERWALD für das Grau- und das Weißeisen sehr nahe beieinander und sind mit $0{,}31 \cdot 10^{-4}$ bzw. $0{,}30 \cdot 10^{-4}$ praktisch gleich. Dies könnte auf einen ähnlichen Molekülzustand der Schmelzen schließen lassen. Da nun Zementit ein kleineres spezifisches Volumen besitzt, als es sich aus dem Volumen von Eisen und Graphit nach der Mischungsregel errechnet (gestrichelte Linie in Abb. 433), so führt SAUERWALD jene dem Graueisen zugehörige Kontraktion auf die Bildung erheblicher Mengen von Karbidmolekülen beim Schmelzvorgang zurück. Dies würde demnach den bereits von F. WÜST aus der Anwendung des Gesetzes der Gefrierpunktserniedrigung (vgl. S. 48) abgeleiteten Schluß bestätigen, daß geschmolzenes hochgekohltes Eisen den Kohlenstoff vorwiegend in der Karbidform gelöst enthalte.

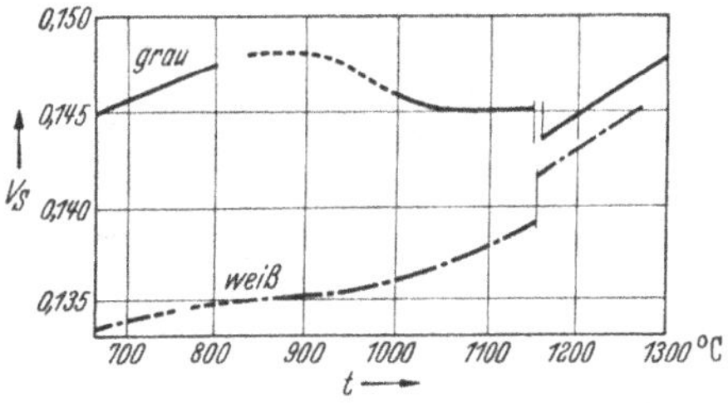

Abb. 431. Spezifisches Volumen von grauem (———) bzw. weißem (—·—·—) Roheisen bei langsamer Erwärmung (F. SAUERWALD).

Die in Abb. 431 deutliche Kontraktion beim Erhitzen des Graueisens im Intervall von 900 bis 1000° führt SAUERWALD auf die Auflösung von Graphit in den γ-Mischkristallen zurück.

Nach T. TURNER und A. HAGUE (*11*) besitzt reines Weißeisen und reines Si-freies Gußeisen keine ausgesprochene anfängliche Ausdehnung bei der Erstarrung, sondern nur eine schwache Verzögerung der Schwindung. Schon ein geringer Betrag an Silizium rufe jedoch eine ausgesprochene Ausdehnung hervor, noch bevor die Graphitausscheidung einsetze.

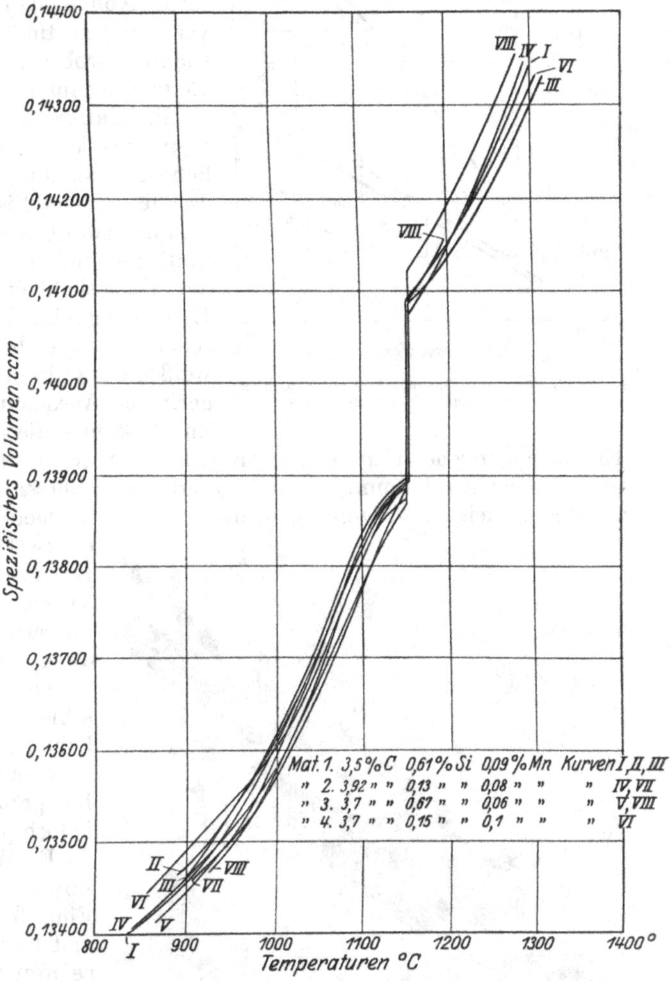

Abb. 432. Volumenmessungen an weißem Roheisen (ZIMMERMANN und ESSER).

H. J. COE (*12*) beobachtete, daß z. B. ein Eisen mit:

4,25% C,
1,14% Graphit,
3,11% geb.-C,
17,57% Mn (?),
2,54% Si

eine etwa dreimal so große lineare Ausdehnung (0,0859 mm) während der Erstarrung zeigte als ein viel weitgehender graphitisiertes Eisen mit:

3,63% C,
3,16% Graphit,
0,47% geb.-C,
1,61% Mn,
2,35% Si,

welches bei gleicher Stablänge nur eine Ausdehnung von 0,0354 mm ergab. Er zweifelte demnach an der bis dahin üblichen Anschauung, daß die Volumenzunahme während der Erstarrung auf den ausscheidenden Graphit zurückzuführen sei. Ähnliche Beobachtungen hatte früher bereits TH. WRIGHTSON (*13*) gemacht. Auch F. SAUERWALD (*14*) hatte an einem Graueisen der auf S. 345 mitgeteilten Zusammensetzung anfängliche Ausdehnungen von 0,33 bis 0,39% beobachtet.

Daß kohlenstoffreiches Gußeisen, wenn es grau erstarrt, im Erstarrungsintervall die Neigung haben dürfte, sich auszudehnen, auch wenn es gasarm oder völlig gasfrei ist, weiß erstarrendes Gußeisen aber im Gegensatz hierzu meistens während der Erstarrung kontrahiert, dürfte auch aus den Abb. 434 und 435 nach Beobachtungen von H. A. NIPPER (*33*) hervorgehen. Die genannten Abbildungen beziehen sich auf Gußeisenproben, die aus im Vakuum durchgeführten Gasbestimmungen herstammen, also praktisch frei von Oxyden und Gasen sind. Während nun in Abb. 434 der Garschaumgraphit durch eine Ausdehnung der teigigen Schmelze zerrissen wurde und eine konische Bruchform aufweist, wie man sie von Zerreißversuchen bei Metallen her kennt, zeigt der Primärzementit eine auf Stauchung zurückzuführende Bruchform (Abb. 435). Diese Bilder waren nicht vereinzelt zu finden, sondern in den untersuchten Proben je nach grauer oder weißer Erstarrung immer wieder anzutreffen.

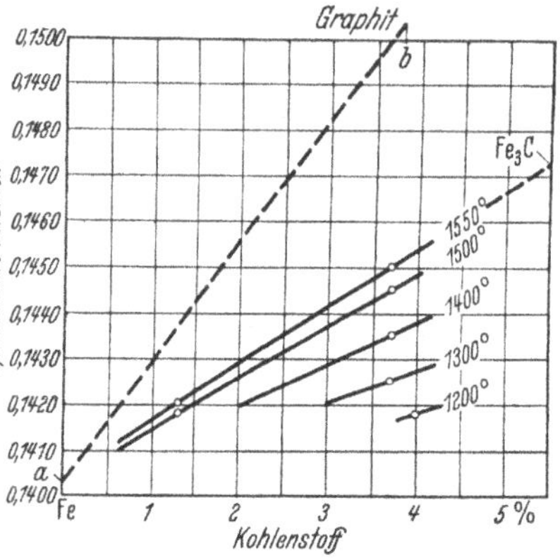

Abb. 433. Volumenisothermen von Eisen-Kohlenstoff-Legierungen (F. SAUERWALD).

P. BARDENHEUER und C. EBBEFELD (*15*) konnten allerdings zeigen, daß die anfängliche Ausdehnung sowohl des weißen wie die des grauen Eisens auch in enger Beziehung zum Gasgehalt der Schmelze stehe und demnach die sprunghafte Abnahme der Gaslöslichkeit des Eisens bei seiner Erstarrung eine der Ursachen jener Erscheinung sei. Jedenfalls ergab z. B. ein weißes schwedisches Roheisen eine um so geringere Ausdehnung, je vollständiger ihm im Vakuum die Gase entzogen wurden. Ein manganreiches schwedisches Roheisen ferner, das an der Luft geschmolzen unter großer Ausdehnung erstarrte, zeigte nach kurzer Behandlung im Vakuum überhaupt keine Ausdehnung mehr. Der Unterschied in der Schwindung des erstarrten weißen und grauen Eisens erstreckt sich nach diesen Versuchen hauptsächlich auf den vorperlitischen Teil der Schwindung, verursacht durch den in diesem Intervall sekundär abgeschiedenen Graphit (Temperkohle), vgl. Zahlentafel 67. Die nachperlitische Schwindung ist bei grauem und weißem Eisen jedoch praktisch gleich groß.

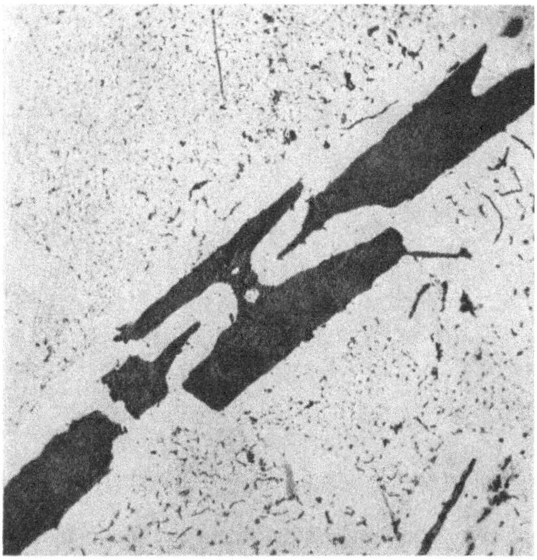

Abb. 434. Brucherscheinung an einer Garschaumgraphitlamelle (H. NIPPER). $V = 100$.

F. WÜST und G. SCHITZKOWSKI (*16*) untersuchten den Einfluß von C, Si, Mn, P, S, Cr und Ni auf die Schwindung des reinen Eisens unter Benutzung eines von ihnen erbauten, selbstregistrierenden Schwindungsmessers bei gleichzeitiger Aufnahme einer Schwindungs- und einer Temperatur-Zeitkurve. Sie kamen hierbei zu den durch Abb. 436 und Abb. 437 dargestellten Ergebnissen. Auch die graphitfreien Eisen-Kohlenstoff-Legierungen zeigten zu Beginn der Erstarrung eine Ausdehnung, deren Größe etwa mit dem Erstarrungsintervall der betreffenden Legierung sich änderte.

P. BARDENHEUER und C. EBBEFELD (*15*) hatten nachweisen können, daß die Anordnung der das Schreibwerk betätigenden Übertragungsdrähte in der Längsachse der Versuchsstäbe die Aufzeichnung der Schwindungskurven infolge eigener Wärmeausdehnung störend beeinflussen mußte. Sie ordneten daher bei ihren Schwindungsversuchen die 8 bis 10 mm starken Übertragungsdrähte senkrecht zur Stabachse an mit seitlichen Bügeln für die axiale Übertragung der Längenänderungen. Mit dieser neuen Anordnung konnten sie die von Wüst und Schitzkowski beobachtete Gesetzmäßigkeit zwischen der Größe des Erstarrungsintervalles und der anfänglichen Ausdehnung nicht bestätigt finden. Abb. 438 zeigt den idealisierten Verlauf einer mit dem Wüstschen Schwindungsmesser gewonnenen Temperatur-Zeit- und Schwindungskurve für einen untereutektischen Grauguß. A' entspricht dem Beginn der Erstarrung (Ausscheidung primärer Mischkristalle), B' dem eutektischen Intervall, C' der Perlitbildung. Der Schwindungsapparat beginnt allerdings erst zu arbeiten, wenn die Erstarrung der Schmelze so weit fortgeschritten ist, daß die Reibung des Übertragungsmechanismus von der Zugfestigkeit des erstarrenden Probestabes überwunden wird. Alsdann entspricht die Strecke AB der Volumenänderung während der anfänglichen Ausdehnung, die Strecke BC der vorperlitischen durch die Graphitisierung beeinträchtigten Schwindung, während die Strecke CD der nachperlitischen Schwindung zugehörig ist. Im Perlitintervall selbst (bei C) ist infolge der γ/α-Ausdehnung die stärkste Verzögerung der Schwindung zu beobachten. Was den Einfluß der Legierungselemente betrifft, so fanden

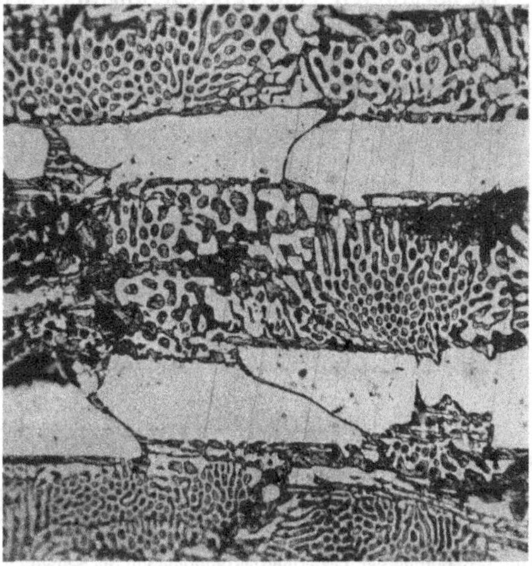

Abb. 435. Bruchenscheinung an primären Zementitkristallen (H. Nipper). $V = 100$.

Zahlentafel 67. Schwindung von weißem bzw. grauem Eisen nach erfolgter Erstarrung (Bardenheuer und Ebbefeld).

Schmelze Nr.	Analyse C ges. %	Analyse Graphit %	Bruchaussehen	Schwindung Gesamt %	Schwindung Vorperlitisch %	Schwindung Nachperlitisch %	Gießtemperatur °C
28	3,23	—	weiß	1,888	0,877	1,010	1191
68	3,20	—	„	1,872	0,947	0,925	1201
72	3,17	1,67	grau	1,263	0,297	0,966	1253
73	3,17	1,97	„	1,225	0,255	0,971	1305

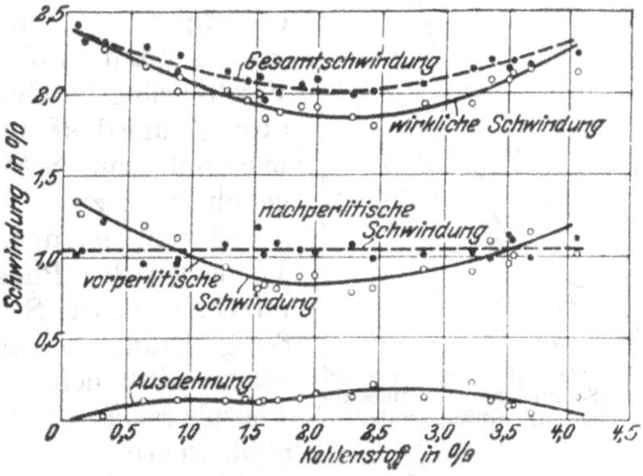

Abb. 436. Einfluß des Kohlenstoffs auf die Schwindung des Eisens (Wüst und Schitzkowski).

BARDENHEUER und EBBEFELD, „daß solche Elemente und Einflüsse, welche die Abscheidung von (sekundärem) Graphit fördern, eine Verminderung, und solche, die sie erschweren, eine Vergrößerung der vorperlitischen und damit auch der Gesamtschwindung bewirken".

Silizium, das nach WÜST und SCHITZKOWSKI die Schwindung des graphitfreien Eisens verkleinert, wirkte infolge seiner Begünstigung der Graphitbildung auf die

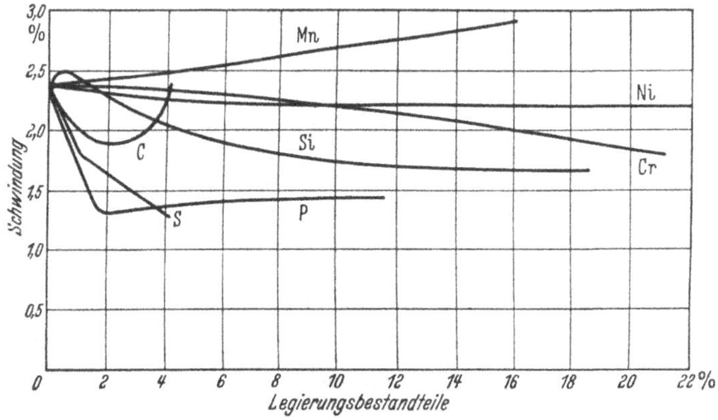

Abb. 437. Einfluß der Legierungsbestandteile auf die Schwindung von reinem Eisen (WÜST und SCHITZOWSKI).

Schwindung des grauen Gußeisens in der gleichen Richtung ein, bei nassen Formen anscheinend jedoch nur bis etwa 3% Si.

Mangan hatte nicht nur eine Vergrößerung der Schwindung des reinen Eisens, sondern auch eine solche des grauen Gußeisens zur Folge, da es die Graphitbildung erschwert.

Phosphor beeinflußte unter den angewandten Versuchsbedingungen bis zu Gehalten von 3,0% das Maß der Schwindung praktisch nicht, obwohl das Schwindmaß kohlenstoffarmen Eisens durch Phosphorgehalte bis zu 1,7% stark herabgesetzt wird (Abb. 437). Während Schwefel die Schwindung reinen Eisens stark ermäßigte, nahm im grauen Eisen infolge der Erschwerung der Graphitabscheidung das Schwindmaß mit dem Schwefelgehalt stark zu.

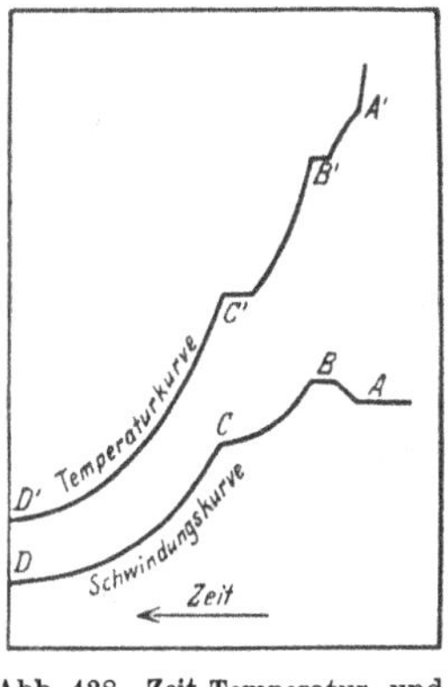

Abb. 438. Zeit-Temperatur- und Zeit-Schwindungskurve eines abkühlenden Gußeisenstabes.

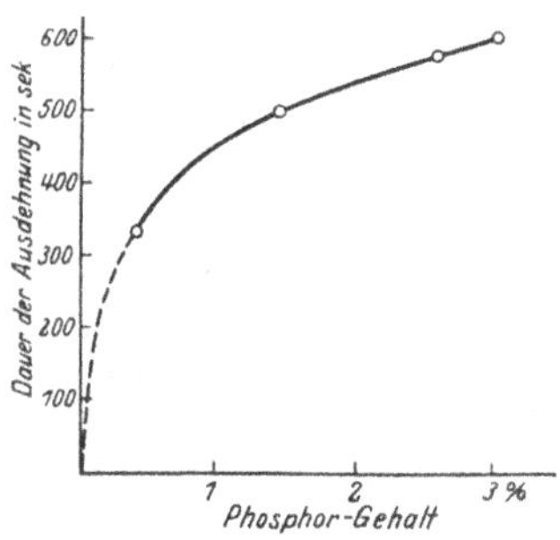

Abb. 439. Einfluß des Phosphorgehalts auf die Ausdehnung bei der Erstarrung von Gußeisen (EBBEFELD und BARDENHEUER).

Obwohl nach diesen Versuchen der Phosphor im Gußeisen die Schwindung kaum beeinflußt, nimmt mit zunehmendem Phosphorgehalt (Phosphideutektikum) das Erstarrungsintervall und damit die Zeitdauer zu, während welcher der Abguß ein größeres Volumen einzunehmen bestrebt ist, als es die Gußform besitzt (Abb. 439 sowie Abb. 330). In dem hierdurch entstehenden, lang anhaltenden Anpreßdruck sehen BARDENHEUER und EBBEFELD eine Erklärung für den bekannten, konturenfördernden Einfluß des Phosphors (Kunstguß). Auch im Hartguß ist diese Eigenschaft des Phosphors, welche die Berührungsdauer des Eisens mit der Form erhöht, von größter Bedeutung.

Da eine Vorwärmung der Form (Lanz-Verfahren) die Abscheidung des sekundären Graphits fördert, so beeinträchtigt sie ebenfalls die vorperlitische Schwindung und damit die Gesamtschwindung und wirkt demnach günstig im Sinne einer Verminderung der Gießspannungen (vgl. Zahlentafel 68).

Aus den Ergebnissen der Arbeit von BARDENHEUER und EBBEFELD konnte man übrigens bereits erkennen, daß die anfängliche Ausdehnung im Erstarrungsintervall kaum auf die Graphitbildung zurückzuführen ist. Wäre dies nämlich der Fall, so hätte mit zunehmendem Siliziumgehalt im Guß eine Erhöhung der anfänglichen Ausdehnung eintreten müssen, tatsächlich aber war dort gerade das Gegenteil zu beobachten, so daß vielmehr der Zusammenhang zwischen der entgasenden Wirkung des Siliziums und jener bemerkenswerten Erscheinung deutlich dokumentiert wird. Dagegen konnte erneut beobachtet werden, daß die Gesamtschwindung des Gusses mit dem Zusatz eines graphitfördernden Mittels abnimmt.

Das gleiche geht aus Schwindungsversuchen nach einer Arbeit von E. PIWOWARSKY (*17*) hervor (vgl. Zahlentafel 71), denn die wirkliche Schwindung betrug dort:

bei Schmelzreihe	I	mit etwa 2,0 % Si	= 0,486 % i. Mittel
„ „	II	„ „ 1,6 % Si	= 0,587 % i. Mittel
„ „	III	„ „ 0,95 % Si	= 1,08 % i. Mittel

Die Zahlen nach E. PIWOWARSKY zeigten übrigens eine starke Abhängigkeit der anfänglichen Ausdehnung von der Schmelzbehandlung insofern, als im mittleren Überhitzungsbereich die anfängliche Ausdehnung am größten ist, um bei weiterer Temperatursteigerung wiederum abzufallen (Zahlentafel 71). Tatsächlich fanden E. PIWOWARSKY und A. WÜSTER (*18*) mit einer hierfür besonders entwickelten Apparatur an einem phosphorreichen Gußeisen einen mengenmäßig gleichartigen Verlauf der aus dem Schmelzfluß entweichenden Gasmengen, wenngleich die dort mitgeteilten Zahlen noch nicht völlig ausreichten, eine genaue Beziehung zwischen Gasabscheidung und anfänglicher Ausdehnung sicherzustellen. Mit einem noch weiterhin verbesserten, im übrigen aber dem von F. WÜST und G. SCHITZKOWSKI ähnlichen Schwindungsmesser konnten P. BARDENHEUER und W. BOTTENBERG (*19*) einen Zusammenhang zwischen der bei Grauguß meistens zu beobachtenden anfänglichen

Zahlentafel 68. Einfluß der Temperatur der Form auf die Schwindung (nach P. BARDENHEUER und C. EBBEFELD).

Nr. d. Probe	Analyse								Temperatur der Form	Schwindung			Gießtemperatur	Härte nach Brinell
	Ges.-C %	Graphit %	Graphit i. % d. Ges.-C	C geb. %	Si %	Mn %	P %	S %	°C	Gesamt %	Vorperlitisch %	Nachperlitisch %	°C	
42	3,29	2,09	63,6	1,20	1,27	0,67	0,36	0,077	15	1,279	0,337	0,942	1206	217
43	3,25	2,08	64,0	1,17	—	—	—	—	175	1,163	0,176	0,988	1206	209
44	3,27	2,07	63,3	1,20	1,18	—	—	—	297	1,124	0,119	1,005	1242	196
41	3,30	2,48	75,2	0,82	—	—	—	—	403	1,019	0,075	0,944	1200	186
45	3,27	2,58	79,0	0,69	—	—	—	—	554	0,878	0,003	0,875	1247	171
47	3,23	—	—	3,23	0,06	0,00	0,06	0,02	414	1,630	0,630	1,000	1227	—

Ausdehnung im Erstarrungsintervall und dem Gasgehalt der Schmelzen überzeugend nachweisen. Um über die mit „Schwindung“ bezeichneten Größen keine Unklarheiten aufkommen zu lassen, zeigten sie zunächst an einer Skizze gemäß Abb. 440 die verschiedenen bei Grauguß zu erwartenden Schwindungskurven. Als Ordinate ist die Stablänge bei Raumtemperatur gewählt. In Fall *I*, wo die Legierung ohne gleichzeitige Ausdehnung erstarrt, gibt die Strecke (*a*) die Verkürzung des Versuchsstabes vom Zeitpunkt des Erstarrens bis zum vollständigen Erkalten wieder, d. h. den Unterschied zwischen dem Modell und dem Gußstück. Diese für den Praktiker wichtigste Größe wird mit „wahrer“ oder „technischer“ Schwindung bezeichnet.

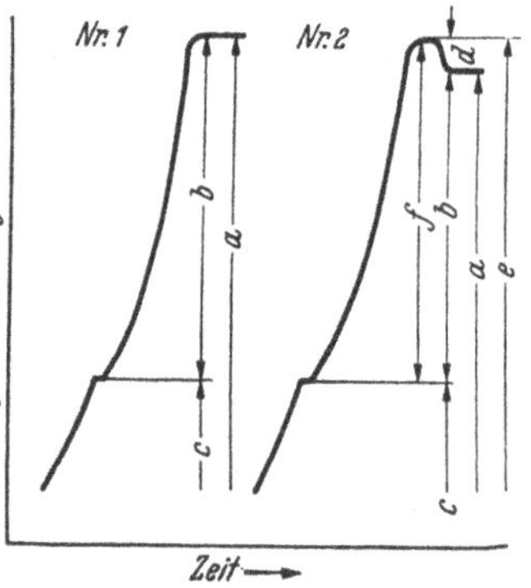

Abb. 440. Verschiedene Formen des Schwindungsverlaufs.

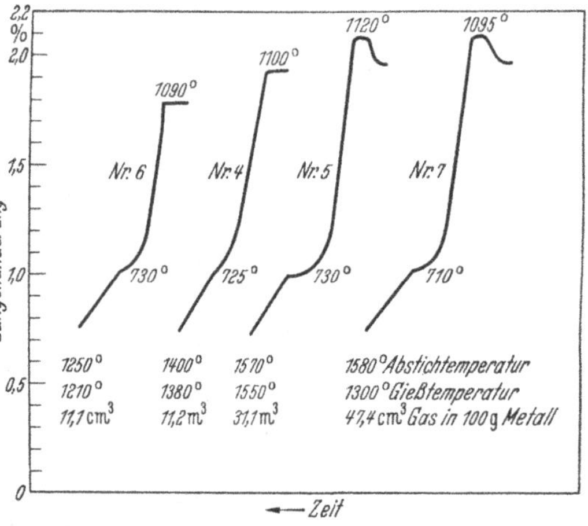

Abb. 441. Schwindungsverlauf und Gasgehalt von Roheisen A (BARDENHEUER und BOTTENBERG).

Durch die Anomalie des Perlitintervalls kann die gesamte Schwindung, wie dies bereits bei den früheren Arbeiten geschehen ist, in die vorperlitische (*b*) und die nachperlitische (*c*) unterteilt werden. Tritt Ausdehnung im Erstarrungsintervall ein, so setzt die eigentliche Schwindung erst ein, nachdem sich Versuchsstab und Gußform um den Betrag (*d*) verlängert haben. Die Gesamtschwindung (*e*) ist also um den Betrag (*d*) größer als die „wahre oder technische“ Schwindung (*a*).

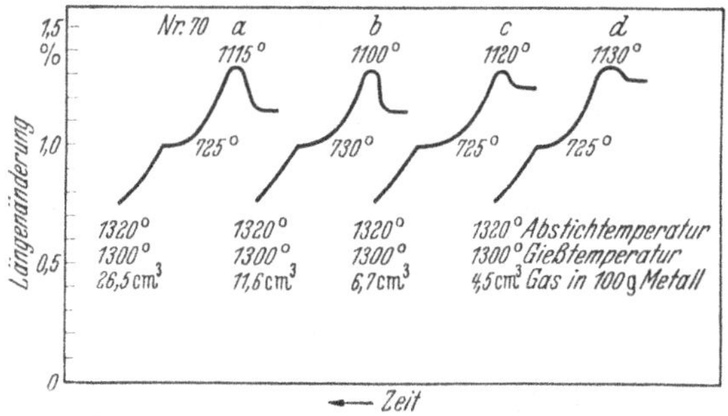

Abb. 442. Einfluß wiederholten Umschmelzens auf die Gasabgabe von Roheisen E im Erstarrungsintervall (BARDENHEUER und BOTTENBERG).

Entsprechend kann mit (*f*) die gesamte vorperlitische, mit (*b*) die wahre vorperlitische Schwindung bezeichnet werden. Aus der größeren Anzahl von Zahlentafeln und Abbildungen der genannten Arbeit seien zwei von besonderer Wichtigkeit hervorgehoben, einmal Abb. 441, welche für weißes Roheisen die Zunahme des im Erstarrungsintervall abgegebenen Gasgehaltes mit steigender Abstichtemperatur aufzeigt (vgl. auch Zahlentafel 69, Roheisen A), sowie Abb. 442, welche den Einfluß wiederholten Umschmelzens eines Roheisens auf die Verminderung der Gasabgabe im Erstarrungsintervall erkennen läßt. Die zugehörigen Analysenwerte geben die Zahlentafeln 69 und 70, die auch die nach dem Heißextraktionsverfahren gewonnenen Gasanteile enthält. Man erkennt also, daß bei

Zahlentafel 69. Einfluß der Abstichtemperatur auf den Schwindungsverlauf und den Gasgehalt von weißem und grauem Roheisen (P. Bardenheuer und W. Bottenberg).

	Nr.	Analyse C %	Si %	Mn %	P %	S %	Abstich-temperatur °C	Gieß-temperatur °C	Aus-dehnung %	Schwindung vorperlitisch wahre %	gesamte %	cm³ Gas in 100 g Metall	CO cm³	H_2 cm³
A	6	3,79	0,04	0,03	0,056	0,018	1250	1210	0,000	0,762	0,762	11,1	7,0	3,5
	4	3,28	0,03	0,05	0,065	0,019	1400	1380	0,000	1,070	1,070	11,2	7,0	3,5
	50	3,93	0,02	Spur	0,069	0,011	1160	1140	0,000	1,160	1,160	11,8	11,2	3,3
	51	3,58	0,18	0,06	0,069	0,014	1480	1460	0,037	1,040	1,077	15,0	12,6	3,3
	5	3,50	0,20	0,08	0,065	0,022	1570	1550	0,110	0,960	1,070	31,1	13,1	17,8
	7	3,53	0,16	0,12	0,065	0,021	1580	1300	0,120	0,950	1,070	47,4	25,2	21,3
E	86	3,82	2,59	0,85	0,068	0,017	1300	1280	0,102	0,034	0,136 [1]	7,8	5,9	2,1
	88	3,73	2,59	0,85	0,068	0,017	1400	1380	0,203	0,100	0,303	14,7	11,8	3,2
	87	3,72	2,57	0,86	0,075	0,017	1620	1600	0,219	0,160	0,379	17,1	13,2	4,3
	23	3,66	2,64	0,96	0,088	0,017	1630	1300	0,143	0,169	0,312	11,3	8,4	4,5

Zahlentafel 70. Einfluß einer vorgewärmten Form (obere Spalte) und wiederholten Umschmelzens (untere Spalte) auf den Schwindungsverlauf und den Gasgehalt von grauem Roheisen (P. Bardenheuer und W. Bottenberg).

	Nr.	Analyse C %	Si %	Mn %	P %	S %	Abstich-temperatur °C	Gieß-temperatur °C	Aus-dehnung %	Schwindung [1] vorperlitisch wahre %	gesamte %	cm³ Gas in 100 g Metall	CO cm³	H_2 cm³	
E	91	3,76	2,58	0,85	0,070	0,017	1300	1280	0,074	0,104	0,178	5,0 [2]	2,8	2,2	Temperatur der Form 540°
	92	3,77	2,57	0,87	0,071	0,016	1450	1420	0,100	0,040	0,140	9,7 [2]	7,0	3,3	
	93	3,79	2,58	0,85	0,070	0,017	1650	1620	0,060	0,160	0,220	6,1 [2]	5,6	2,2	
E	70a	3,47	3,10	0,54	0,068	0,017	1320	1300	0,188	0,141	0,329	26,5	19,4	6,9	
	70b	3,35	2,85	0,55	0,065	0,017	1320	1300	0,180	0,148	0,328	11,6	8,4	3,3	
	70c	3,30	2,73	0,50	0,068	0,015	1320	1300	0,078	0,243	0,321	6,7	4,3	2,8	
	70d	3,24	2,67	0,50	0,068	0,017	1320	1300	0,073	0,277	0,350	4,5	4,2	2,2	

[1] Die gegenüber den Verhältnissen der Praxis sehr geringen Werte der Schwindung liegen in der Art der Versuchsführung (Laboratoriumsversuche, glatte Stäbe als Versuchsproben usw.). Sie sind daher nur relativ von Bedeutung (der Verfasser).
[2] Die zur Gasanalyse verwendeten Probekörper entstammen den Versuchsstäben.

Zahlentafel 71. Ausdehnung im Erstarrungsintervall bei gleicher Gießtemperatur in Abhängigkeit von der voraufgegangenen Überhitzung (E. Piwowarsky).

Schmelzreihe	Schmelze Nr.	C %	Graphit %	Si %	Behandlung: erhitzt auf °C	Behandlung: vergossen bei °C	Wirkliche Schwindung %	Ausdehnung im Erst.-Intervall %	Gesamtschwindung %
I	1	3,26	3,02	2,24	1300	1250	0,385	0,352	0,737
	2	3,30	2,51	2,18	1450	1250	0,320	0,529	0,849
	3	3,23	1,99	2,24	1600	1250	0,753	0,240	0,993
II	4	3,52	3,08	1,74	1300	1250	0,497	0,192	0,689
	5	3,36	1,71	1,54	1450	1250	0,833	0,448	1,281
	6	3,56	2,22	1,74	1600	1250	0,432	0,417	0,849
III	7	3,28	1,51	0,82	1300	1250	0,933	0,256	1,189
	8	3,02	1,23	0,98	1450	1250	1,008	0,481	1,489
	9	3,24	1,16	0,92	1600	1250	1,300	0,0962	1,369

weißem Roheisen mit steigender Überhitzungstemperatur der Gasgehalt zunimmt. Für grau erstarrendes Eisen fanden Bardenheuer und Bottenberg, daß der Gasgehalt mit der Überhitzung zunächst ebenfalls ansteigt, um bei längerem Verweilen auf hoher Temperatur oder Abstehenlassen der Schmelze wieder zu-

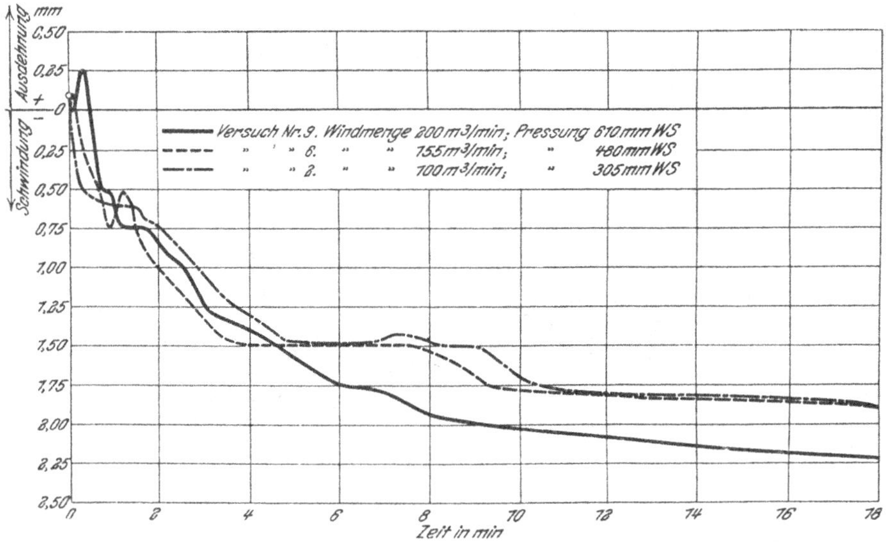

Abb. 443. Einwirkung des Winddruckes beim Kupolofenbetrieb auf die Ausbildung der Schwindungskurven des Gußeisens (Wilson).

rückzugehen, womit auch die Ausdehnung im Erstarrungsintervall entsprechend kleiner wird. Die genannten Untersuchungen stützen also die früheren Beobachtungen von E. Piwowarsky und A. Wüster (*18*). An den ermittelten Gasen hatten Kohlenoxyd und Wasserstoff den größten Anteil, während der als Gasrest ermittelte Stickstoffgehalt größenordnungsmäßig natürlich sehr unsicher ist. Schwindungsversuche in vorgewärmte Formen, die übrigens auch Bardenheuer und Ebbefeld (Zahlentafel 68) vorgenommen hatten, ergaben, daß Gasgehalt und Ausdehnung kleiner wurden. Hieraus wurde geschlossen, daß bei sehr langsamer Abkühlung ein großer Teil der während der Abkühlung im Schmelzfluß frei gewordenen Gase entweichen kann, ohne die Ausdehnung zu beeinflussen (Zahlentafel 70). In diesem Zusammenhang sind auch die älteren Schwindungsmessungen von P. H. Wilson (*20*) an Kupolofeneisen von Interesse. Wilson beobachtete, daß nur das bei höherer Windpressung erschmolzene Eisen die Ausdehnung im Erstarrungsintervall zeigte (Abb. 443), was die Existenz der eben diskutierten Zusammenhänge praktisch bestätigen dürfte.

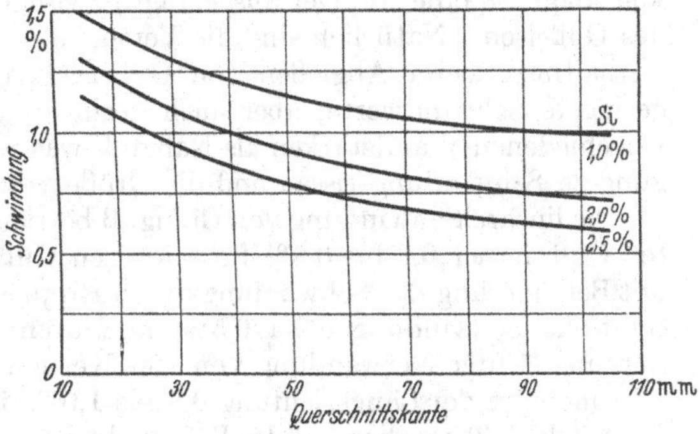

Abb. 444. Einfluß des Stabquerschnittes auf die Schwindung von Gußeisen (W. J. Keep).

Wenn man die Längenänderung erstarrender Metalle möglichst unbeeinflußt von Gefäßwänden und bei möglichst gleichmäßiger Temperatur mißt, so ergeben die derartig ermittelten Schwindwerte eine annähernde Übereinstimmung mit den aus den thermischen Ausdehnungskoeffizienten der Metalle errechneten Werten (*21*). Die technischen Schwindwerte dagegen weichen von diesen rechnerisch ermittelten Werten im allgemeinen ziemlich stark ab, sind oft größer, oft aber auch kleiner. Die linearen Schwindwerte sind demnach keine Materialkonstanten, hängen vielmehr von den äußeren Bedingungen der Abkühlung und Erstarrung weitgehend ab, werden durch die Form der Gußstücke, die Leitfähigkeit des Formmaterials, die plastische Nachgiebigkeit des Metalls die Festigkeit und Nachgiebigkeit des Formsandes, die entweichenden Gase usw. beeinflußt. Abb. 444 zeigt die Beziehungen zwischen Wanddicke, Siliziumgehalt und Schwindung von Gußeisen nach einer älteren Arbeit von W. J. Keep (*32*). P. Tobias (*31*) hat eingehend die Schwindung von Gußeisen verschiedener Güteklassen bei Naßguß mit 6% Wasser untersucht und die in Abb. 445 und 446 zusammengestellten Ergebnisse gefunden. Man erkennt, daß die Schwindung mit zunehmender Wanddicke stark fällt, daß auch mit zunehmendem Kohlen-

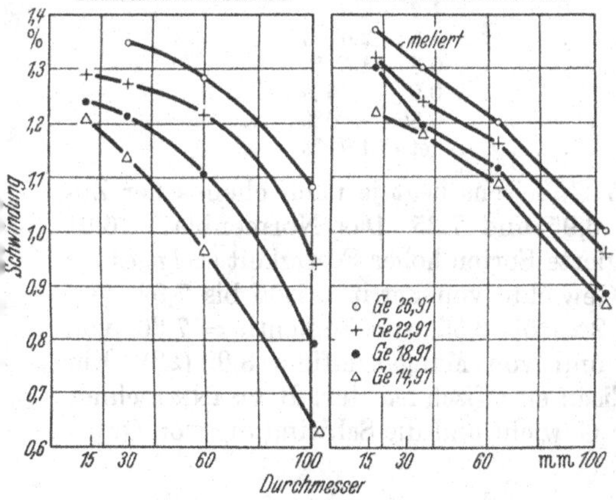

	%C	%Si	Σ
26,91	3,21	1,25	4,46
22,91	3,18	1,63	4,81
18,91	3,30	1,78	5,08
14,91	3,40	1,98	5,38

	%C	%Si	Σ
26,91	3,22	1,25	4,47
22,91	3,34	1,74	5,08
18,91	3,35	2,06	5,41
14,91	3,51	1,92	5,43

Abb. 445. Die Schwindung von Grauguß. Naßguß mit 6% Wasser (P. Tobias).

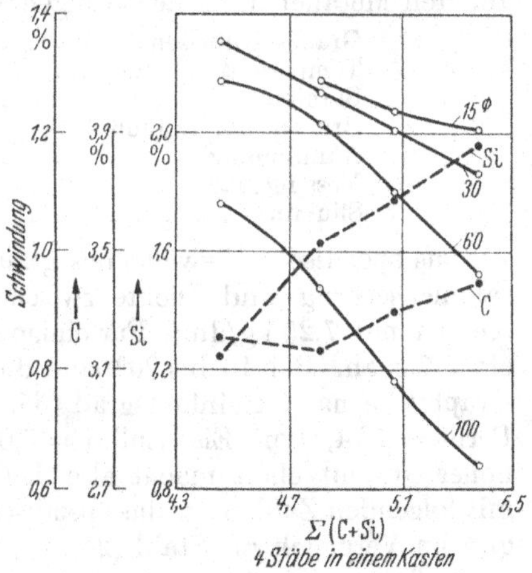

Abb. 446. Die Schwindung von Grauguß (Naßguß mit 6% Wasser). Nach Versuchen von P. Tobias.

stoff- und Siliziumgehalt bzw. zunehmender Summe C + Si die Schwindung kleiner wird, so daß im allgemeinen auch die höherwertigen Eisensorten eine größere Schwindung besitzen als jene mit geringerer Festigkeit. Es ergab sich sogar eine ziemlich eindeutige Beziehung zwischen Schwindung und Zugfestigkeit, dagegen eine weniger ausgeprägte zwischen der Schwindung und der Härte des Gußeisens. Natürlich sind die Versuche am Stab nicht ohne weiteres auf die Verhältnisse beim Abgießen von Gußstücken übertragbar. Trockenguß ergibt geringere Schwindwerte, aber auch geringere Schwindungsdifferenzen zwischen verschiedenen Wandstärken als Naßguß, was von großer Bedeutung für die Neigung zu Schwindungsrissen und die Größe von Restspannungen sein kann.

Die lineare Schwindung von Grauguß beträgt etwa 1% für mittleren und leichten Guß, ferner 0,7 bis 0,8% für schweren Guß und 0,5 bis 0,7% für Gußstücke mit Behinderung der Schwindung durch Rippen. Bei schwererem Zylinderguß beträgt die Schwindung etwa 0,5% im Durchmesser und 0,9% für die Längsrichtung. Unter Verwendung von viel Kernen hergestellte Zylinderblöcke z. B. schwinden in der Längsrichtung 0,8 bis 1,0%, in der Querrichtung 0,6 bis 0,8%.

Auf diese Tatsachen hat der Konstrukteur und Modellbauer in der Weise Rücksicht zu nehmen, daß die zu bearbeitenden Wandstärken, für die bestimmte Mindestabmessungen im Gußteil unbedingt erforderlich sind, mit einer genügenden Zugabe versehen sind, damit die notwendigen Wandstärken auch nach erfolgter Bearbeitung vorhanden sind, Bolzenaugen die vorgeschriebene Lage aufweisen usw. Wenn Maschinenformeinrichtungen zur Erzeugung großer Gußteilmengen vorgesehen sind, ist das hierzu erforderliche Holz-Muttermodell zunächst mit doppeltem Schwindmaß zu versehen, damit in den danach hergestellten Graugußmodellen noch das normale Schwindmaß berücksichtigt ist.

Die technologisch ermittelten Schwindmaße von Grauguß im Vergleich zu anderen Metallen und Legierungen verhalten sich wie folgt:

Graues Gußeisen	0,5 –1,2 %
Temperguß	1,2 –2,0 %
Stahlguß	1,5 –2,0 %
Bronze und Rotguß	0,8 –1,5 %
Aluminiumguß	0,9 –1,75%
Messingguß	0,85–1,50%
Silumin	etwa 1,0 %

Das spezifische Gewicht des grauen Gußeisens liegt je nach chemischer Zusammensetzung und Dichte zwischen 6,95 und 7,35. Das Normenblatt 16.91 rechnet mit 7,25 kg/dm³. Für einige legierte Sorten hoher Festigkeit steigt es bis etwa 7,5 an. Bei 15 bis 20° sind die Gewichte von Ferrit = 7,85 bis 7,92, von Graphit je nach Reinheitsgrad (*35*) = 2,25 bis 2,55, von Zementit = 7,66, von Perlit = 7,74, von Eisensulfid = 5,02 und von Mangansulfid = 3,99 (*22*). Ein hoher Graphitgehalt macht also das Eisen spezifisch leichter. B. OSANN rechnet mit folgenden Zahlen für das spezifische Gewicht und die Schwindung von Grauguß im Vergleich zu Stahl (*23*):

Gußeisen:

spez. Gewicht flüssig	= 6,9 kg/dm³
spez. Gewicht fest	= 7,25 kg/dm³
Schwindung flüssig	= etwa 3 Vol.-%
Schwindung fest	= etwa 1,83 Vol.-%

wenn die lineare Schwindung fest etwa 1% beträgt.

Stahl:

spez. Gewicht flüssig	= 6,50 kg/dm³
spez. Gewicht fest	= 7,77 kg/dm³
Schwindung flüssig	= etwa 11 Vol.-%
Schwindung fest	= etwa 5,3 Vol.-%

wenn die lineare Schwindung im festen Zustand etwa 1,8% beträgt.

Die praktische Ermittlung der Schwindung. Abb. 447 zeigt die Versuchsanordnung nach einem älteren Vorschlag von E. Piwowarsky, bei der das Modell an beiden Stabenden durch Schreckplättchen begrenzt wird, deren Abstand das Maß für die Stablänge im Augenblick des Erstarrens gibt. Nach dem Erkalten wird die Absolutlänge der Probestäbe gemessen. Das Verfahren hat offensichtliche Nachteile. Selbst wenn der Abstand der Plättchen erst nach dem Herausnehmen des Modells festgestellt wird, ist die Meßgenauigkeit dadurch, daß die Plättchen nie genau parallel eingeformt werden können, auf $> \pm 0{,}3$ mm begrenzt, solange nicht eine punktförmige Marke in den Schreckblechen vorgesehen wird; man käme hiermit wieder auf das in der Gießerei der Maschinenfabrik Lanz A.-G. vor längerer Zeit geübte Verfahren zurück, in die Enden der Probestäbe Stifte einzugießen, deren Abstand man vor und nach dem Guß mißt. Ein Nachteil dieses Verfahrens lag jedoch in der Schwierigkeit des Einformens. Es lag daher nahe, eine entsprechende Marke unmittelbar im Formsand einzuprägen und am kalten Abguß nachzumessen. Da man in diesem Falle von den unvermeidlichen Modellverschiebungen während des Herausnehmens unabhängig sein muß, werden die Marken bei einem von K. Sipp neu entwickelten Verfahren unmittelbar vor dem Zulegen der Form durch eine Schablone eingedrückt. Das neue Verfahren bietet weiterhin den Vorzug, die Schwindung nicht aus der Differenz der Absolutlängen ermitteln zu müssen, vielmehr kann sie durch eine geeignete Lehre am erkalteten Stück unmittelbar gemessen werden. Abb. 448 gibt das Einformen der Marken sowie die Meßlehre wieder (*24*).

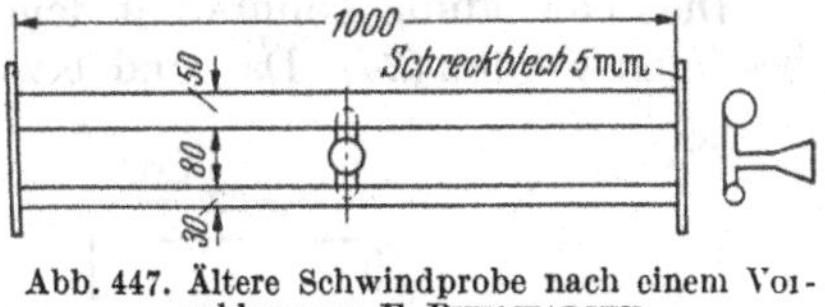

Abb. 447. Ältere Schwindprobe nach einem Vorschlag von E. Piwowarsky.

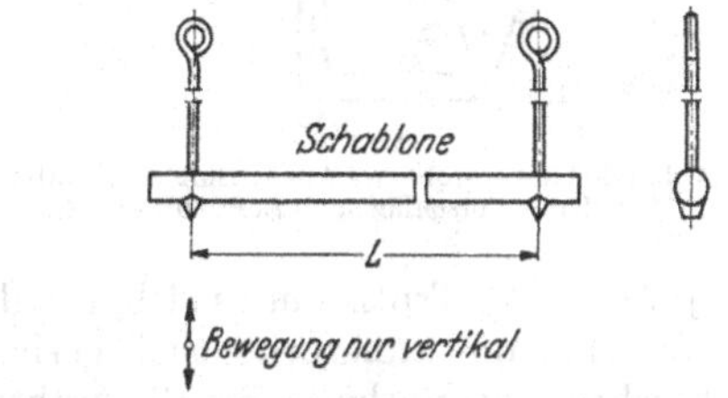

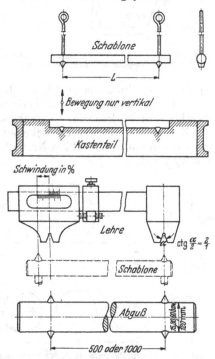

Abb. 448. Meßeinrichtung (unten), sowie Schablone und Unterkasten (oben) zur Ermittlung der Schwindung.

Die Meßgenauigkeit ist jetzt unabhängig von der Formerarbeit. Sie ist vorwiegend bestimmt durch die Ablesung, da das Einpassen von Schablone und Lehre mit großer Genauigkeit erfolgen kann. Es wird dabei nicht die wirkliche Schnittlinie der Prismenflächen gemessen, die nicht immer voll ausläuft, sondern die theoretische Schnittlinie, die durch die Flächenneigung bestimmt ist. Dadurch, daß also die ganze Fläche, die notfalls mittels Feile von der Sandrauhigkeit befreit wird, maßgebend ist, ist eine weitestgehende Unabhängigkeit von den Zufälligkeiten des Gusses erreicht, die selbst bei nicht voll ausgelaufenem Prisma ein einwandfreies Ergebnis sichert.

Die Ablesegenauigkeit ist — selbstverständlich außer durch die Genauigkeit der Lehre ($\pm 0{,}05$ mm) — bestimmt durch den Winkel der Prismaflächen, da beim Einspielen der Lehre auf die gleichmäßige Auflage beider Flächen die Vertikalbewegung beobachtet wird. Diese verhält sich zur Horizontalbewegung wie die

Kotangente des halben Spitzenwinkels, also diesem umgekehrt proportional. Der günstigste Winkel dürfte bei etwa 50° liegen. (Im ausgeführten Modell gemäß Abb. 448 ist er 90°, Neigungsverhältnis 1:1.) Die Horizontalbewegung kann dann im Maßstab 1:2 beobachtet werden. Ein noch spitzerer Winkel empfiehlt sich nicht im Interesse eines guten Einformens.

Die Schwindung konnte mit dem ausgeführten Modell auf ± 0,05 mm genau bestimmt werden (*24*). Das sind bezogen auf die übliche Meßlänge von 1000 mm

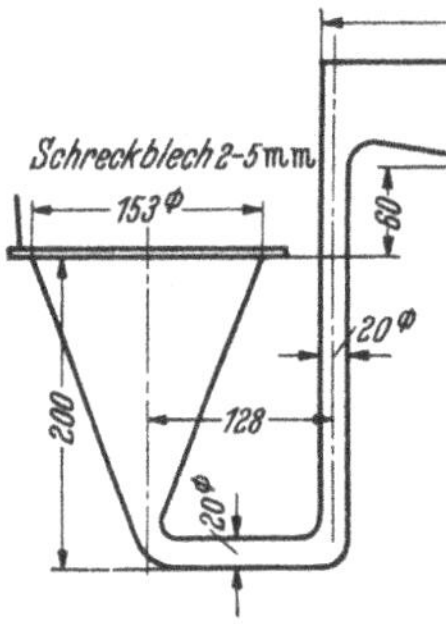

Abb. 449. Lunkerprobe des Amer. Bur. Stand. (abgeänderter Vorschlag nach E. PIWOWARSKY).

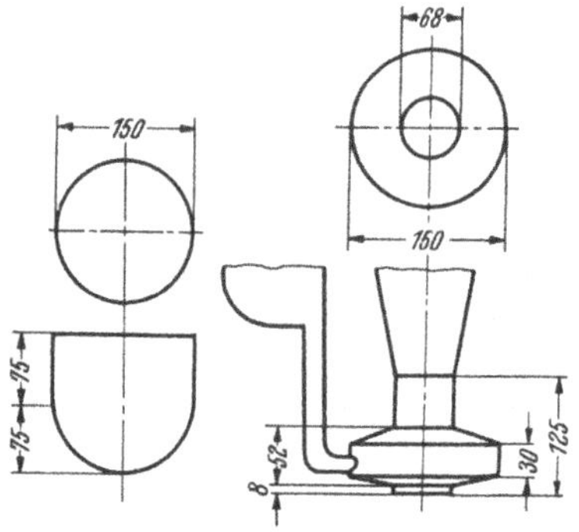

Abb. 450. EGV-Form. Form nach DÜBI (v. ROLLsche Eisenwerke).

$\pm 5 \cdot 10^{-3}$%. Trotzdem es sich, wie die Versuchsergebnisse zeigten, bei hochwertigem Guß um außerordentlich geringe Dehnungsdifferenzen handelte, dürfte die beschriebene Methode für alle praktisch vorkommenden Fälle durchaus genügen.

Zu der von K. SIPP entwickelten Probe[1] gemäß Abb. 448 gab der Edelgußverband in seinem Merkblatt Nr. 6 (*25*) folgende Anleitung heraus:

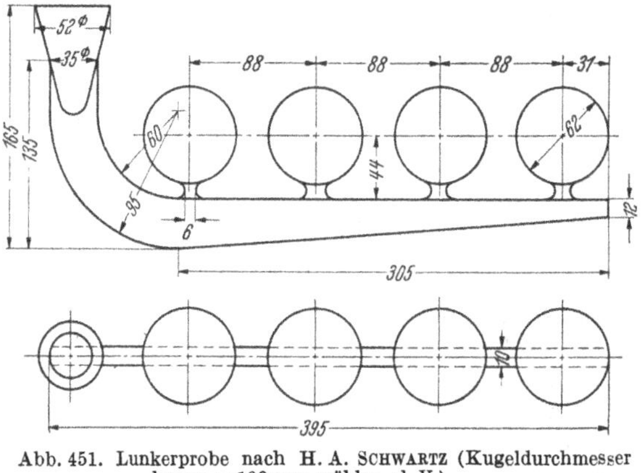

Abb. 451. Lunkerprobe nach H. A. SCHWARTZ (Kugeldurchmesser besser = 100 mm wählen, d. V.).

Die Entfernung zwischen den Keilmarken L beträgt 500 oder 1000 mm. Für den Durchmesser D kommen 15, 30, 60 oder 120 mm in Betracht. Gleichzeitiger Abguß mehrerer Stäbe verschiedenen Durchmessers ermöglicht auch Bestimmung der Wandstärkenabhängigkeit (Dickeneinfluß). Das Einformen erfolgt mittels Schablone, das Gießen nach Feststellung der Gießtemperatur (möglichst Thermoelement). Die Schwindung in Prozent ergibt sich aus Feststellung der Markenentfernung mittels Lehre, zuerst an der Schablone, dann am erstarrten Abguß. Wesentlich ist auch Feststellung der Analyse.

Ein neues bequemes Verfahren zur Bestimmung zuverlässiger Schwindungswerte metallischer Werkstoffe beschreibt J. LEUSER (*34*). Die Arbeitsweise besteht darin, unter Benutzung einer Schleudergußapparatur und kleiner Stoffmengen Meßplättchen zu gießen, deren Zusammenziehung nach Erkalten auf Zimmertemperatur ermittelt wird.

[1] Schwindungsapparate der hier besprochenen Form und Ausführung werden von der Firma K. Dindorf in Budenheim a. Rh. in den Handel gebracht.

Die Lunkerung und deren Prüfung. Zweifellos bestehen zwischen der Schwindung und der Lunkerung erstarrter Gußstücke physikalisch bedingte Zusammenhänge, da ja die Lunkerung eine Folge der Schwindung ist. Zusätzliche Einflüsse jedoch (Gasausscheidungen, verschiedene Erstarrungsbedingungen, Außenlunker usw.) werden fast stets die erwarteten Zusammenhänge beeinflussen und die Ermittlung der Innenlunker erschweren. Nach früheren Ausführungen sollten eutektische Legierungen die geringste Neigung zur Lunkerung zeigen, da sie das geringste Erstarrungsintervall haben.

Die Abb. 449 bis 456 zeigen verschiedene Ausführungsformen vorgeschlagener Lunkerproben. Abb. 449 ist die vom amerikanischen Bureau of Standards empfohlene Probe, die jedoch den Nachteil hat, daß hierbei das Einsinken des Metalls an der breiten oberen Fläche eine genaue Ausmessung dieses Raumes nur unter großen Fehlerquellen ermöglicht. E. Piwowarsky (*26*) schlug daher vor, durch Einlegen einer dünnen Schreckplatte die Entstehung eines wohlausgeprägten Innenlunkers zu erzwingen. Die Bemessung der Dicke der Schreckplatte macht jedoch bei Schmelzen, die in Gießtemperatur und chemischer Zusammensetzung stark voneinander abweichen, große Schwierigkeiten. In der Gießerei der Firma Lanz A.-G., Mannheim, wird die Lunkerneigung seit langem durch den Abguß einer Kugel gemessen (*28*). Die hiermit erzielten Resultate sollen zufriedenstellend sein. Der ehemalige Edelgußverband schlug eine

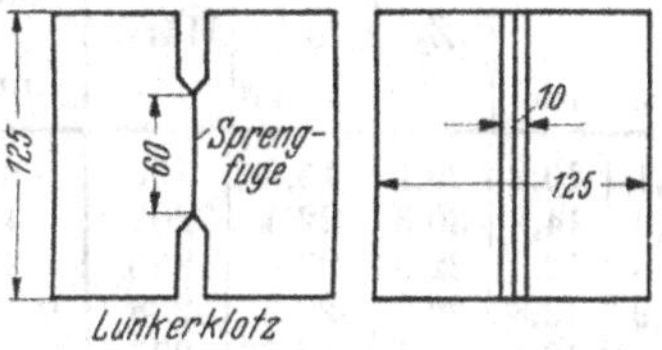

Abb. 452. Lunkerprobe nach W. Bültmann.

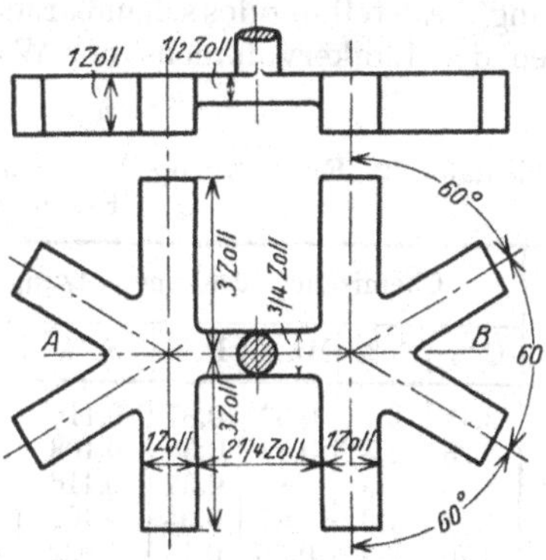

Abb. 453. Porositäts- und Lunkerprobe nach Cook.

der Lanzschen Probe ähnliche Ausbildungsform vor (Abb. 450 links), die sich aber bislang nicht sehr eingebürgert zu haben scheint. Der Einguß erfolgt offen von der zylindrischen Seite aus (*28*).

Die Kugelprobe wird auch in USA. viel angewendet, und zwar in der von H. A. Schwartz (*27*) vorgeschlagenen Form (Abb. 451), die gießtechnisch nicht ganz einfach ist. Abb. 452 zeigt eine von W. Bültmann (*28*) in Vorschlag gebrachte Form, mit der der Verfasser am Aachener Gießerei-Institut im allgemeinen recht gute Erfahrungen gemacht hat (*29*). Die Cooksche Winkelprobe gemäß Abb. 453 befriedigt selten, da sie auch fast immer die Ausbildung von Außenlunkern bewirkt, hervorgerufen durch die vorspringenden Formteile, die sich naturgemäß stark vorwärmen.

Gut durchgebildet scheint die bei den v. Rollschen Eisenwerken (*4, 28*) entwickelte Lunkerprobe zu sein (Abb. 450 rechts). Gemäß Abb. 454 wird durch die Gießanordnung links die Ausbildung des Lunkers begünstigt, während eine Gießanordnung gemäß Abb. 454 rechts den Lunker vermindert. Es zeigte sich bei Versuchen mit dieser Probeform, daß selbst die geeignetste Gattierung den Lunker nicht vollständig zum Verschwinden bringen kann, und daß erst durch ein richtiges Anschnittverfahren in Verbindung mit zweckmäßigen Eisensorten ein lunkerfreies Gußstück zu erzielen ist. In der von den v. Rollschen Eisenwerken (E. Dübi) überlassenen Zahlentafel 72 sind die mit Nr. 4 und 5 bezeichneten Legierungen naheutektisch, die Legierungen 6 und 7 zunehmend untereutektisch. Der meßtechnisch ermittelbare Lunker wird um so ausgeprägter, je gleichmäßiger die Legierung erstarrt. Bei den stark untereutektischen Schmelzen ist ein großer Teil des zu erwartenden Lunkervolumens zwischen den Primärkristallen über das ganze Gußstück verteilt und meßtechnisch kaum zu erfassen.

Abb. 454. Lunkerprobe der v. ROLLschen Eisenwerke. Die Gießanordnung links begünstigt, die Gießanordnung rechts vermindert den Lunker (E. DÜBI).

Die Lunkerhohlräume übereutektischer Legierungen zeigen wenige oder gar keine Dendriten mehr, sind vielmehr glatt und haben vielfach glänzende Wände (Graphitabscheidungen).

Die Ermittlung des Lunkervolumens geschieht durch Auswägung, Feststellung des scheinbaren und wirklichen spezifischen Gewichtes, Ausgießen des Lunkervolumens mit Wachs, Petroleum, Quecksilber usw.

Zahlentafel 72. Ermittlung des Lunkers nach der Methode der v. Rollschen Eisenwerke (E. DÜBI).

Nr.	Chemische Zusammensetzung						σ'_B	f	Z_f	σ_B	Härte	Volumen des Lunkers
	C %	Si %	Mn %	P %	S %	Cr %	kg/mm²	mm		kg/mm²		
4	3,48	2,1	0,57	0,87	0,115	—	35,1	10,2	29,1	15,5	196	8 cm³
5	3,28	2,3	0,91	0,30	0,108	—	46,9	14,2	30,3	22,4	207	4 cm³
6	3,13	1,9	0,85	0,37	0,116	—	55,3	12,6	22,8	27,9	228	2 cm³
7	3,17	1,6	0,91	0,34	0,102	—	55,9	12,8	22,9	28,5	228	0,5 cm³
8	2,70	2,8	0,55	0,13	0,032	0,75	61,0	10,8	17,7	37,7	277	2 cm³
9	2,43	3,1	0,61	0,11	0,025	0,64	72,8	10,4	14,3	41,3	321	3 cm³

Zu erwähnen wäre noch die von N. B. PILLING und T. E. KIHLGREN (*30*) vorgeschlagene Probeform zur Ermittlung der gesamten Schwindung im flüssigen Zustand einschließlich der Schwindung während der Erstarrung (Abb. 455). Die stets in Ölsand vergossene Probe wird vor dem Abguß

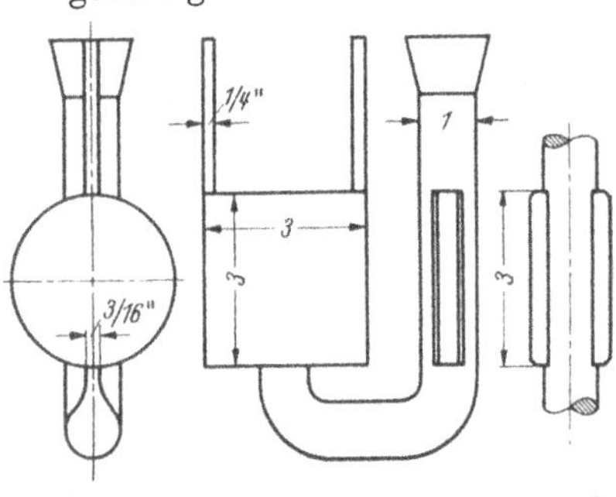

Abb. 455. Lunkerprobe nach PILLING und KIHLGREN (Abmessungen in engl. Zoll).

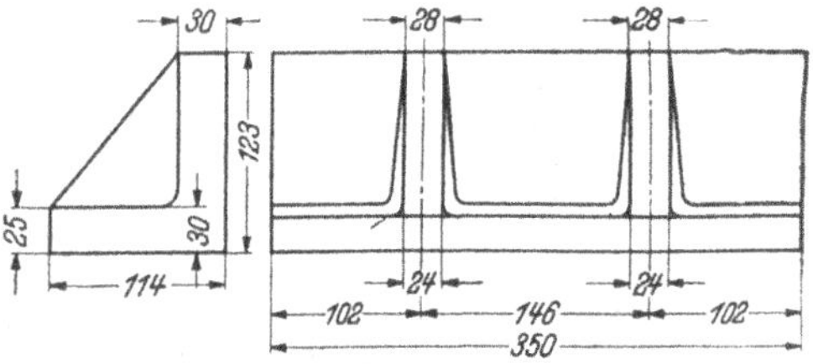

Abb. 456. Lunkerprobe nach H. KÜSTER.

volumetrisch ausgemessen. Nach erfolgtem Abguß werden aus der Differenz des Volumens der Ölsandform gegen das Volumen des zylindrischen Gußkörpers sowie aus der Differenz der scheinbaren Dichte gegenüber der wahren (an einer dichten Stelle des Gußstücks ermittelten) alle Werte für die flüssige Schwindung, die Schwindung während der Erstarrung und diejenige des festen Zustandes errechnet.

Für den Konstrukteur von besonderem Interesse ist die von H. KÜSTER (*24*) entwickelte Winkelprobe, die in Abb. 456 dargestellt ist. Es werden von Fall zu Fall derartige mit Rippen versehene Winkel gegossen, bei denen die Wandstärken entsprechend dem Konstruktionsteil gewählt sind. Die Probe gehört also mehr in das Gebiet der Stückprüfung als in das der Allgemeinprüfung, hat aber ihre besondere Bedeutung.

Schrifttum zum Kapitel XII c.

(*1*) J. Iron Steel Inst. Bd. 113 (1926) S. 159.
(*2*) Vgl. a. TAMMANN, G.: Lehrbuch der Metallographie S. 38. Leipzig und Hamburg: L. Voß 1914.
(*3*) SCHWARTZ, H. A.: Foundry Bd. 64 (1936) S. 50.
(*4*) DÜBI, E.: Roll-Mitteilungen, demnächst.
(*5*) Nach SCHULZ, H. v.: Jahrbuch der Metalle, S. 280. Berlin: Dr. Georg Lüttke 1941.
(*6*) Vgl. auch: DESCH, C.: Vortrag vor dem Inst. of Brit. Foundrymen, 5. bis 8. Juli 1926 zu Sheffield.
(*7*) BENEDICKS, C., ERICSSON, N., u. G. ERICSON: Arch. Eisenhüttenw. Bd. 3 (1930) S. 473; vgl. Physikalische Berichte XI (1930) S. 628.
(*8*) Z. anorg. allg. Chem. Bd. 135 (1924) S. 327; Bd. 149 (1925) S. 273; Bd. 155 (1926) S. 1.
(*9*) ZIMMERMANN, L.: Diss. Aachen 1928.
(*10*) HONDA, K., u. H. ENDO: Z. anorg. allg. Chem. Bd. 154 (1926) S. 238.
(*11*) TURNER, T., u. A. HAGUE: Metallurgie Bd. 8 (1911) S. 118.
(*12*) COE, H. J.: J. Iron Steel Inst. Bd. 82 (1910) S. 105; Metallurgie Bd. 8 (1911) S. 102.
(*13*) WRIGHTSON, TH.: J. Iron Steel Inst. Bd. 1 (1880) S. 11.
(*14*) SAUERWALD, F.: Z. techn. Phys. Bd. 45 (1927) S. 650/62.
(*15*) BARDENHEUER, P., u. C. EBBEFELD: Mitt. K.-Wilh.-Inst. Eisenforschg. Bd. 6 (1925) S. 45.
(*16*) WÜST, F., u. G. SCHITZKOWSKI: Mitt. K.-Wilh.-Inst. Eisenforschg. Bd. 4 (1923) S. 105/24.
(*17*) PIWOWARSKY, E.: Gießereiztg. Bd. 23 (1926) S. 379.
(*18*) PIWOWARSKY, E., u. A. WÜSTER: Stahl u. Eisen Bd. 47 (1927) S. 698.
(*19*) BARDENHEUER, P., u. W. BOTTENBERG: Mitt. K.-Wilh.-Inst. Eisenforschg. Bd. 13 (1931) S. 149; vgl. Gießerei Bd. 19 (1932) S. 201, sowie BOTTENBERG, W.: Diss. T. H. Aachen 1931.
(*20*) WILSON, P. H.: Inst. Brit. Foundrym. Juli 1927. Ref. Stahl u. Eisen Bd. 47 (1927) S. 1613.
(*21*) Vgl. SAUERWALD, F., NOWAK, E., u. H. JURETZEK: Z. Physik Bd. 45 (1927) S. 650.
(*22*) BOLTON, J. W.: Foundry 1936 Okt. S. 44.
(*23*) OSANN, B.: Gieß.-Praxis Bd. 60 (1939) S. 316.
(*24*) Vortrag von K. SIPP auf der 14. Arbeitssitzung des ehemaligen Edelgußverbandes G. m. b. H. am 19. Juni 1934 in Berlin.
(*25*) Gießerei Bd. 22 (1935) S. 473.
(*26*) PIWOWARSKY, E.: Der Grauguß und seine Prüfmethoden. Kongreßbuch Zürich (1931) des Intern. Verb. Materialprüf. Techn.
(*27*) Vgl. a. SCHWARTZ, H. A.: Preprint Nr. 29. 10. Jahresversammlung der Amer. Foundrym. Ass. Chicago (1929).
(*28*) Beitrag der von Rollschen Eisenwerke A.G. zu einer Gemeinschaftsarbeit des ehemaligen Edelgußverbandes G. m. b. H. Berlin über Lunkerfragen (1935/36).
(*29*) Vgl. PIWOWARSKY, E., HITZBLECK, H., u. O. DÖRUM: Gießerei Bd. 27 (1940) S. 21.
(*30*) PILLING, N. B., u. T. E. KIHLGREN: Nonferrous Session der Amer. Foundrym. Ass. Chicago (1932).
(*31*) TOBIAS, P.: Vortrag auf der Tagung des ehemaligen Edelgußverbandes, Juni 1936 in Mannheim.
(*32*) KEEP, W. J.: Stahl u. Eisen Bd. 10 (1890) S. 604.
(*33*) NIPPER, H. A.: Gießerei Bd. 21 (1935) S. 280.
(*34*) LEUSER, J.: Metallwirtsch. Bd. 19 (1940) S. 77.
(*35*) Vgl. JASS, H.: Diss. T. H. Berlin 1938.

d) Über Rißneigung und Gußspannungen.

Bei den großen Temperaturunterschieden zwischen dem Metall und der Form erfolgt unmittelbar nach dem Einguß ein starker Temperaturabfall der mit den Formwänden direkt in Berührung kommenden Teile des Gußmaterials. Je langsamer nun der Wärmeausgleich im Gußstück sich vollzieht (geringe Wärmeleitfähigkeit u. a.), um so größer werden die Temperaturunterschiede zwischen Rand und Mitte, welche maßgeblich sind für die Neigung zur Lunkerung und für das Auftreten von Wärmespannungen. Fallen bei den in Abb. 457a bis c schematisch dargestellten Temperaturkurven die Maxima des Temperaturunterschiedes Z_m zwischen Z_a und Z_b, d. h. in die Erstarrungsperiode (Abb. 457b) oder gar in den Zeitpunkt nach beendeter Erstarrung (Abb. 177c), so ist die Neigung zu Warmrissen oder bleibenden Spannungen (Eigenspannungen) am größten. Ein Erstarrungsvorgang gemäß Fall a dagegen ist sowohl hinsichtlich Lunkerausbildung als auch hinsichtlich der Entstehung von Spannungen am günstigsten, denn hier ist das Maximum des Temperaturunterschiedes kleiner und tritt auf, noch bevor sich eine feste Gußhaut gebildet hat. Da ferner auch die flüssige Schwindung ($s = v_1 - v_2$) gemäß

$$s = v_0 \cdot 3\,\beta\,(T_1 - T_2) \qquad (1)$$

eine Funktion des Temperaturunterschiedes ist, so wird der Lunker um so größer, je rascher das Gußstück abkühlt und je höher die Gießtemperatur ist, falls nicht künstlich dafür gesorgt wird, daß flüssiges Material bis zum Zeitpunkt Z_b nachfließen kann.

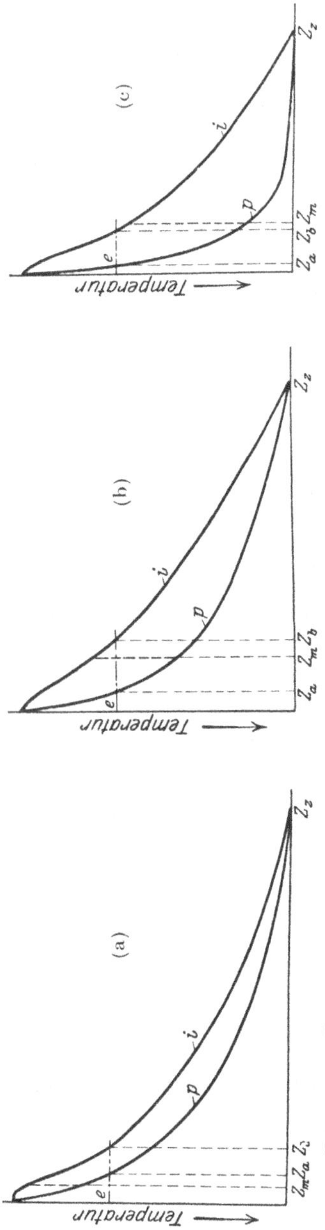

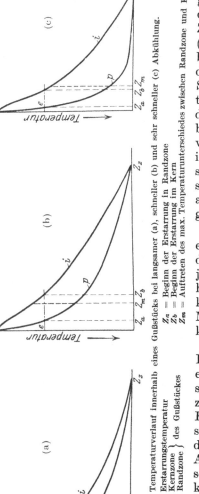

Abb. 457a—c. Temperaturverlauf innerhalb eines Gußstücks bei langsamer (a), schneller (b) und sehr schneller (c) Abkühlung.

Es bedeuten: e = Erstarrungstemperatur; i = Kernzone, p = Randzone } des Gußstückes; Z_a = Beginn der Erstarrung in Randzone; Z_b = Beginn der Erstarrung im Kern; Z_m = Auftreten des max. Temperaturunterschiedes zwischen Randzone und Kern

Man denke sich in Anlehnung an E. HEYN (*1*) zwei Stäbe *I* und *II* fest miteinander verbunden, so daß sie gezwungen sind, unter allen Umständen gleiche Lage zu behalten. Ferner sei aus Gründen der Einfachheit angenommen, daß die Querschnitte beider Stäbe und die Dehnungszahl des Materials für Zug und Druck gleich sei. Außerdem sollen die Bedingungen erfüllt sein, daß die Stäbe sich nicht krümmen können, beide bei der Temperatur t_1 ohne Spannung sind und die gleiche Länge l_1 besitzen. Dem Stab *II* werde nun die Temperatur t_2, die größer sein soll als t_1, erteilt, während Stab *I* seine Temperatur beibehält. Wären die beiden Stäbe frei, nicht verkuppelt, so würde Stab *II* die Länge

$$l_2 = l_1 \cdot [1 + \alpha \cdot (t_2 - t_1)] \qquad (2)$$

annehmen, wobei α der Wärmeausdehnungskoeffizient ist. Die thermische Verlängerung wäre also:

$$\Delta\, l_1 = \alpha\,(t_2 - t_1) \cdot l_1 \,. \qquad (3)$$

Infolge der Verkupplung mit Stab *I* ist er aber daran verhindert, und beide Stäbe müssen sich auf eine mittlere Länge $l_m = \frac{l_1 + l_2}{2}$ einigen.

Hierdurch wird aber Stab *I* verlängert, Stab *II* verkürzt; d. h. es entstehen in Stab *I* Zug-, in Stab *II* Druckbeanspruchungen. Solange diese die Streckgrenze des Materials nicht überschreiten, solange also die Formveränderungen rein elastisch sind, entstehen auf diese Weise in den Stäben Spannungen, im kälteren Stabe Zug-, im wärmeren Druckspannungen, die man berechnen kann. Diese spezifische Verlängerung ε_1 des Stabes *I* beträgt somit:

$$\frac{\Delta l_1}{l_1} = \alpha \frac{(t_2 - t_1)}{2}.$$

Ihr entspricht nach dem HOOKEschen Gesetz $\sigma = E \cdot \varepsilon$ eine Zugspannung:

$$\sigma_1 = E \cdot \alpha \frac{(t_2 - t_1)}{2}. \tag{4}$$

Aus Gleichgewichtsgründen entsteht im verkürzten Stab *II* eine gleich große entgegengesetzt gerichtete Druckspannung $-\sigma_2$. Die entstehenden Spannungen sind danach proportional dem Elastizitätsmodul, dem Wärmeausdehnungskoeffizienten des Materials und dem Temperaturunterschied, dagegen unabhängig von der Länge der Stäbe. Die Spannungen sind folglich unter sonst gleichen Verhältnissen in langen Stäben nicht größer als in kürzeren.

Ist der Querschnitt der beiden Stäbe nicht gleich, sondern f_1 und f_2, so verlangt die Gleichgewichtsbedingung die Beziehung: $f_1 \cdot \sigma_1 - f_2 \cdot \sigma_2 = 0$. Daraus folgt

$$\frac{\sigma_1}{\sigma_2} = \frac{f_2}{f_1}, \tag{5}$$

d. h. die Spannungen verhalten sich umgekehrt wie die Größe der Querschnitte, in denen sie auftreten.

Um einen Überblick über das Größenmaß solcher Spannungen zu erhalten, deren Wirkung meistens unterschätzt wird, soll ermittelt werden, welcher Temperaturunterschied $t_2 - t_1$ nötig ist, damit die Spannung in einem Eisen mit 40 kg/mm² Festigkeit und einer Streckgrenze von etwa 24 kg/mm² die letztere erreicht. Der Elastizitätsmodul E wurde zu 20000 kg/mm² und der Wärmeausdehnungskoeffizient zu 0,000012 gerechnet. Aus Gleichung (4) ergibt sich dann:

$$24 = \frac{20000}{2} \cdot 0{,}000012 \cdot (t_2 - t_1).$$

Hieraus folgt

$$\Delta t = t_2 - t_1 = \frac{24 \cdot 2}{20000 \cdot 0{,}000012} = 200\,^0\mathrm{C}.$$

Temperaturunterschiede dieser Größenordnung können aber, wie E. HONEGGER (2) nachweisen konnte, in abkühlenden Guß- oder Schmiedestücken sehr wohl auftreten. Die Größenordnung der hierdurch verursachten Eigenspannungen errechnete E. HONEGGER zu 1000 bzw. 2600 kg/cm² für Körper, deren Abkühlung vorwiegend zweidimensional vor sich geht, und zu 2500 kg/cm² für den räumlichen Spannungszustand in Körpern, deren Abkühlung dreidimensional erfolgt.

Bei höheren Temperaturen mit entsprechend geringeren Werten für die Festigkeit werden natürlich bereits wesentlich kleinere Temperaturunterschiede zur Rißbildung führen können.

Besteht für die Stäbe die Möglichkeit, sich unter dem Einfluß der Spannungen zu krümmen, so werden diese zum Teil wieder verschwinden (Abb. 461).

Es wäre nun wiederum in Anlehnung an E. HEYN der Fall zu betrachten, daß das Material nur plastischer und keiner elastischen Formveränderung fähig wäre. Hier läßt sich sagen, daß bei völlig plastischen Körpern zwar ein Längenausgleich auf eine gemeinschaftliche Länge l_m eintritt, daß aber keine Spannungen entstehen. Nach Aufhören des Temperaturunterschiedes nehmen die einzelnen Stabteile keine andere Länge an. Sie behalten die Länge l_m unter bleibender Streckung bzw. Stauchung bei. Krümmungen können eintreten, aber ebenfalls nur plastischer Art. Sie bleiben nach Beseitigung der Temperaturunterschiede bestehen.

Nach den bisherigen Ausführungen lassen sich die bleibenden Spannungen, die nach dem Erkalten in den Gußstücken fast stets vorhanden sind, nicht erklären; denn nach diesen müssen die langsamer abkühlenden Stabteile vorübergehend unter Druck stehen, während gerade bei den bleibenden Gußspannungen diese Teile Zugspannungen besitzen. Dies ist durch den Umstand begründet, daß die Metalle bis zu einer bestimmten Grenze vorwiegend elastische Formveränderungen und oberhalb dieser vorwiegend plastische Formänderungen erleiden. Wird die Elastizitätsgrenze überschritten, so treten plastische Formänderungen ein. Nun haben aber gerade metallische Stoffe bei hohen Wärmegraden eine sehr niedrige Elastizitäts- und Streckgrenze. Dies trifft sowohl für Stahl als auch für Gußeisen zu. Die heute noch in weiten Kreisen verbreitete Ansicht, Gußeisen sei unterhalb der Erstarrungstemperatur unplastisch, ist nur so weit richtig, daß es nicht die ausgeprägte Plastizität zeigt wie Stahl- und Flußeisen. Nach Versuchen von M. RUDELOFF sowie R. v. STEIGER (*3*) kann die elastische Dehnung des Gußeisens bis zu einer Beanspruchung von 500 kg/cm² mit genügender Genauigkeit als proportional der Spannung angenommen werden. Oberhalb 400° nimmt die Widerstandsfähigkeit rasch ab, und oberhalb 620° geht das Material in einen weitgehend plastischen Zustand über. In dieser Periode vermögen die Stabteile sich plastisch zu strecken oder zu verkürzen, ohne daß wesentliche Spannungen entstehen.

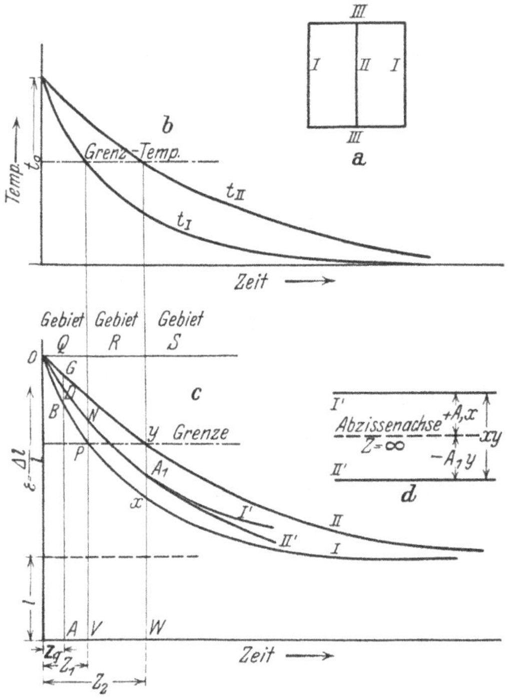

Abb. 458a bis d. Vorgänge bei der Abkühlung von Gußstücken (nach MARTENS und HEYN).

Um zu einer richtigen Vorstellung von den Verhältnissen zu gelangen, werde die Überlegung an Hand der Abb. 458 durchgeführt. Abb. 458a stelle einen gitterförmigen Rahmen dar, in welchem ein System von 3 Stäben *I*, *I* und *II* durch die Joche *III* starr gekuppelt ist, analog der Abb. 459 bzw. 460, so daß keiner seine Länge verändern kann, ohne die andern zu beeinflussen. Auch sollen die Stäbe so geführt sein, daß sie sich nicht krümmen können. Das System kühle sich von der Gießtemperatur bis auf die Außentemperatur ab, die der Einfachheit halber gleich Null Grad angenommen werde. Dabei werden sich die Stäbe *I*, die untereinander gleich sind, rascher abkühlen als der dickere Stab *II*. Trägt man die Temperatur der beiden Stäbe in einem Temperatur-Zeit-Diagramm auf, so erhält man ein Schaubild nach Abb. 458b. Die Kurven *I* und *II* nähern sich der Abszissenachse, die sie aber erst nach unendlich langer Zeit erreichen. Um ein ungefähres

Bild von dem Verlauf der Kurven zu erlangen, werde angenommen, daß die Abkühlungsgeschwindigkeit $\frac{dt}{dZ}$ proportional dem Temperaturgefälle $t - t_1$ und einer Konstanten k sei, die abhängig ist von dem Verhältnis zwischen Masse und Oberfläche der abkühlenden Stäbe. Also $\frac{dt}{dZ} = -k(t - t_1)$. Das Minuszeichen wird gesetzt, weil mit wachsendem Z der Wert t abnimmt. Durch Integration erhält man dann $\ln(t - t_1) = -kZ + C$. Die Integrationskonstante C ergibt sich aus der Bedingung, daß für $Z = 0$ und $t = t_0$ alsdann $C = \ln(t_0 - t_1)$ wird und somit die Gleichung der Kurven

$$t = t_0 \cdot e^{-kZ}. \tag{6}$$

Setzt man die Konstante k für den rascher abkühlenden Stab k_1, so erhält man für Kurve I

$$t = t_0 \cdot e^{-k_1 Z} \tag{7}$$

und für die Kurve II bei k_2

$$t = t_0 \cdot e^{-k_2 Z}. \tag{8}$$

Da die Werte t der Kurve II für gleiche Z höher liegen als die der Kurve I, folgt,

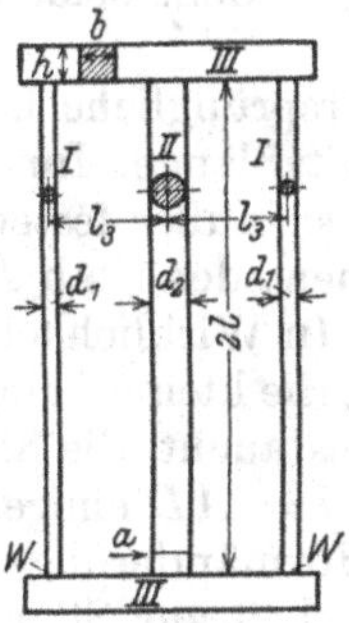

Abb. 459.

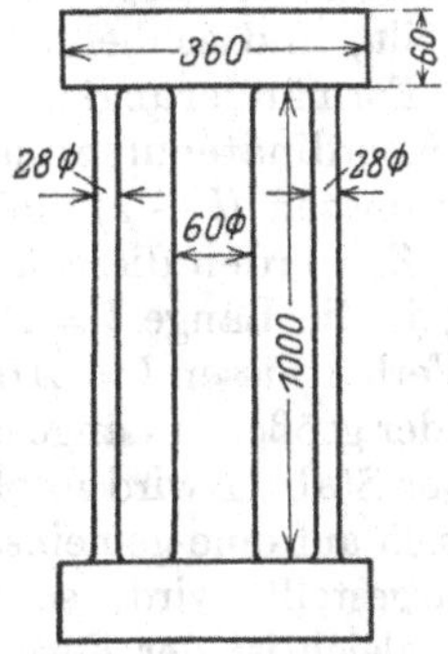

Abb. 460 (Vorschlag VDG.).

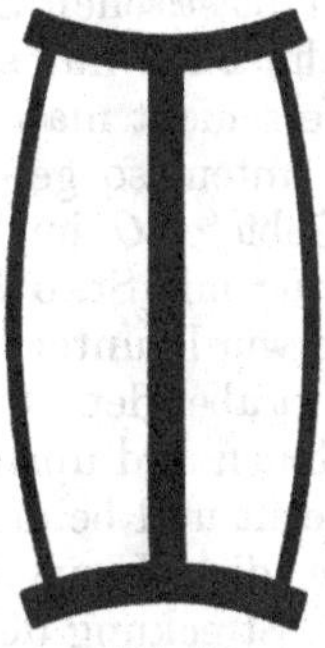
Abb. 461.

daß $k_1 > k_2$ sein muß. Einem größeren Verhältnis von Masse zu Oberfläche entspricht langsamere Abkühlung, also der kleinere Wert k_2.

Aus dem Schaubild Abb. 458b kann man ein anderes ableiten, das als Funktion der Zeit die Längenänderung darstellt, welche die Stäbe erleiden würden, wenn sie sich frei zusammenziehen könnten (Abb. 458c). Als Maß wird die Längenänderung $\left(\frac{\Delta l}{l}\right)$ gewählt, bezogen auf die Einheit der Länge bei der Temperatur 0^0, also das Schwindmaß.

Unterhalb der Erstarrungstemperatur läßt sich mit genügender Genauigkeit sagen:

$$\varepsilon = a\,t, \quad t = \frac{\varepsilon}{a} \tag{9}$$

und für t_0

$$\varepsilon_0 = a\,t_0, \quad t_0 = \frac{\varepsilon_0}{a}. \tag{10}$$

Durch Einsetzen der Werte für t und t_0 aus den Gleichungen (9) und (10) in die Gleichungen (7) und (8) erhält man für Kurve I

$$\varepsilon_I = \varepsilon_0 \cdot e^{-k_1 Z} \tag{11}$$

und für Kurve II

$$\varepsilon_{II} = \varepsilon_0 \cdot e^{-k_2 Z}. \tag{12}$$

Das Material der Stäbe I und II sei oberhalb einer bestimmten Grenztemperatur t_0 plastisch, unterhalb dieser dagegen elastisch. Nach Abb. 458b wird die Grenztemperatur nun von den Stäben I und II nach verschiedenen Zeiten Z_1 und Z_2 erreicht. In Abb. 458c entspricht der Grenztemperatur eine bestimmte Verlängerung Δl, die als Grenze zwischen den beiden Zonen plastischer und elastischer Formveränderungen auftritt. Die beiden Zeiten Z_1 und Z_2 ergeben sich aus den Abszissen der Schnittpunkte P und Y:

$$\Delta l = \varepsilon_0 \cdot e^{-k_1 Z_1},$$

woraus

$$Z_1 = \frac{l}{k_1} \ln \frac{\varepsilon_0}{\Delta l} \tag{13}$$

und in ähnlicher Weise

$$Z_2 = \frac{l}{k_2} \ln \frac{\varepsilon_0}{\Delta l}. \tag{14}$$

Durch die beiden Ordinaten VP und WY zu den Abszissen Z_1 und Z_2 wird die Gesamtheit der Abkühlung in drei Gebiete eingeteilt: Gebiet Q, in dem sich die Stäbe I und II innerhalb der Zone der plastischen Formänderung befinden.

Gebiet R, in dem Stab I bereits nur noch elastisch ist, Stab II dagegen noch in der plastischen Zone verweilt; und schließlich Gebiet S, in dem beide Stäbe ausschließlich nur elastischer Formänderungen fähig sind.

Verschiebt man nun den Koordinatenursprung um die ursprüngliche Länge l nach unten, so geben die Ordinaten $(l + \varepsilon)$ ein Maß der Stablänge. Innerhalb des Gebietes Q im Zeitpunkt Z_q würden die Stäbe I, wenn sie außer fester Verbindung mit Stab II wären, je die Länge $l = AB$ einnehmen; der Stab II dagegen würde unter gleichen Verhältnissen $l = AG$ lang sein. In Wirklichkeit verhindert aber der Stab II mit der größeren Länge die Stäbe I, die kleine Länge anzunehmen und umgekehrt. Der Stab II wird infolgedessen gestaucht, die Stäbe I gestreckt und beide werden sich auf eine gemeinsame Länge $l = AD$ einigen, die durch die Kurve ODN dargestellt wird, so daß die Formänderungsarbeit durch Streckung der Stäbe I gleich ist der Formänderungsarbeit zur Stauchung des Stabes II. Spannungen bleiben nicht zurück.

Da im Gebiet R die Stäbe I schon in die Zone nur noch elastischer Formänderungen eingetreten sind, während der Stab II dies noch nicht ist, wird letzterer noch weiterhin gestaucht und nimmt die Länge der Stäbe I an. Im Zeitpunkt Z_2 ist demnach die gemeinsame Länge der Stäbe I und II gleich $l = WA_1$. Spannungen bleiben auch jetzt noch nicht zurück.

Erst im Gebiet S treten Spannungen auf, nachdem nun auch Stab II nur noch elastischer Formänderungen fähig ist. Würden die Stäbe sich jetzt unbeeinflußt voneinander zusammenziehen können, so würden die Stäbe I ihre Länge nach der Kurve I' ändern, die an allen Stellen im Vertikalabstand $A_1 y$ unterhalb der Kurve II liegt. Bei $Z = \infty$ würden die Kurven I' und II' also die in Abb. 458d dargestellte Lage haben. Die schließliche Länge der Stäbe würde dann sein: Für Stäbe $I = l + A_1 x$ und für $II = l - A_1 y$. Wenn sie aber miteinander verkuppelt sind, müssen sie sich auf eine mittlere Länge einigen, und zwar wird hierbei Stab I elastisch zusammengedrückt, steht also unter Druckspannungen, während der Stab II elastisch gestreckt wird, also Zugspannungen besitzt. Je größer die Strecke $\widehat{A_1 x} + \widehat{A_1 y} = \widehat{xy}$ ist, um so größer werden auch die Spannungen unter sonst gleichen Umständen werden. Ihr Höchstmaß tritt ein, wenn die Grenztemperatur die Kurve II in einem solchen Punkt schneidet, in dem der vertikale Abstand zwischen Kurve I und II den Höchstwert erreicht. Dagegen wird $\widehat{xy} = 0$ bei $Z = 0$ oder wenn die Grenztemperatur mit der Abszissenachse zusammenfällt.

Da nach Einsetzen des Wertes Z_2 für Z die Strecke $\widehat{xy}$ sich aus der Differenz der beiden Ordinaten nach Gleichung (11) und (12) ergibt, kann man sich auch durch Rechnung von der Größenordnung der eingetretenen Spannungen überzeugen:

$$\widehat{xy} = \varepsilon_{II} - \varepsilon_I = \varepsilon_0 [e^{-k_2 Z_2} - e^{-k_1 Z_1}]. \qquad (15)$$

Demnach ist die Größe der Spannungen abhängig:

1. von ε, also von dem Schwindmaß;
2. von Z_2 resp. von der Lage der Grenztemperatur;
3. von der Größe der Zahlen k_1 und k_2, d. h. von dem Unterschied in der Abkühlungsgeschwindigkeit der einzelnen Teile eines Gußstückes.

Nach Kenntnis dieser drei Faktoren durch Versuch oder Berechnung wäre bei einem idealen Material die Ermittlung der Spannungen nicht sehr schwierig. In Wirklichkeit trifft dies aber meist nicht zu, sondern es sprechen hier noch verschiedene andere Umstände mehr oder weniger wesentlich mit.

So trifft die Annahme nicht zu, die Stäbe seien starr verbunden; sondern die Verbindung ist durch gleichfalls gegossene Joche erzielt. Die gegenseitige Beeinflussung wird also verringert, da einmal das Joch auch einen plastischen Zustand durchmacht und so selbst einen Teil der bleibenden Deformationen aufnimmt, zum andern, besonders wenn es sehr dünn gehalten wird, in der Gefahrzone R merklich federt, so daß der Einfluß der Stäbe I zur Stauchung des Stabes II und infolgedessen die für die später bleibenden Spannungen ausschlaggebende Deformation des Stabes II verringert wird.

Eine weitere Voraussetzung, daß das System in einem widerstandslosen Medium liege, wird in der Praxis nicht erfüllt, sondern der Formsand kann infolge seiner Festigkeit einen sehr erheblichen Widerstand bieten, besonders bei Kernmaterial und bei solchem für Stahlformguß, wodurch eine Beeinflussung der Schwindung und somit der Spannungszustände hervorgerufen wird.

Auch die Annahme, die Stäbe seien axial geführt und könnten sich nicht ausbiegen, trifft im Formsand nur bis zu einem gewissen Maße zu.

Eine weitere wesentliche Abweichung von den vereinfachten Annahmen bedingen die früher besprochenen Einflüsse auf die Schwindung. So könnten z. B. die Spannungen sehr bedeutend erhöht werden, wenn das Material aus Grauguß bestände und bei genügend großem Temperaturunterschied Stab II infolge der Beeinflussung durch die Stäbe I an einer Ausdehnung im Erstarrungsintervall behindert würde, wodurch das Schwindmaß des Stabes II erhöht und damit der Schwindungsunterschied wesentlich vergrößert wird.

Es besteht übrigens keine so scharfe Grenze, wie angenommen, zwischen der elastischen und plastischen Zone, sondern der Übergang geht allmählich vor sich. Auch wird die Annahme nicht zutreffen, daß oberhalb der Grenztemperatur ausschließlich bleibende, unterhalb derselben ausschließlich elastische Formveränderungen auftreten. Die erstere Annahme ist vielleicht zulässig, da die kleinen elastischen Deformationen, die in diesem Zustand auftreten, gegenüber den späteren jedenfalls zu vernachlässigen sind. Die bleibenden Formänderungen aber, die auch bei tieferen Temperaturen neben den elastischen auftreten, müssen unbedingt berücksichtigt werden.

Wie man sieht, liegen die Verhältnisse bedeutend verwickelter als bei der vereinfachten Annahme, doch können die Nebenumstände das ideale Bild nicht derart wesentlich ändern, daß die vom Erstarrungsvorgang gemachte Auffassung vollkommen umgestoßen werden müßte oder eine rechnerische Erfassung der Spannungen unmöglich wäre.

Es gibt nun noch einen anderen Weg, die Größe der Spannungen festzustellen, und zwar den experimentellen. Diesen Nachweis hat v. STEIGER (*3*) für Gußeisen durchgeführt, indem er sich gitterförmige Rahmen gießen, nach dem Erkalten des Gußstückes den Stab *II* bei *a* durchschneiden ließ (Abb. 459) und so die Spannungen aufhob. Bei *a* trat ein Klaffen ein, das bei einer Stablänge von einem Meter zwischen 0,5 bis 3 mm betrug und das ihm als Unterlage zur Auswertung seiner Versuche diente. Er ging dabei von folgendem Gedankengang aus:

Ein Gitter, wie es in Abb. 459 bzw. 460 (*4*) dargestellt ist, nimmt in gespanntem Zustande eine Gestalt an, wie sie in der Abb. 461 in stark verzerrtem Maßstab wiedergegeben ist. Nun kann man den Mittelstab *II* durch eine Kraft 2 P ersetzen (Abb. 462, Fig. 1) und das ganze System nach einer vertikalen Symmetrieachse durch O trennen. Um nach der Trennung das Gleichgewicht zu erhalten, muß man an dem übrig gebliebenen Stück Ergänzungskräfte anbringen, welche in ihren Wirkungen den Reaktionskräften entsprechen, die das abgetrennte Stück ausübte (Fig. 2). Da die elastische Linie des Stabes *I* bei G eine vertikale Tangente besitzt, so kann man sich ferner den Stab *I* bei G geschnitten und eingespannt

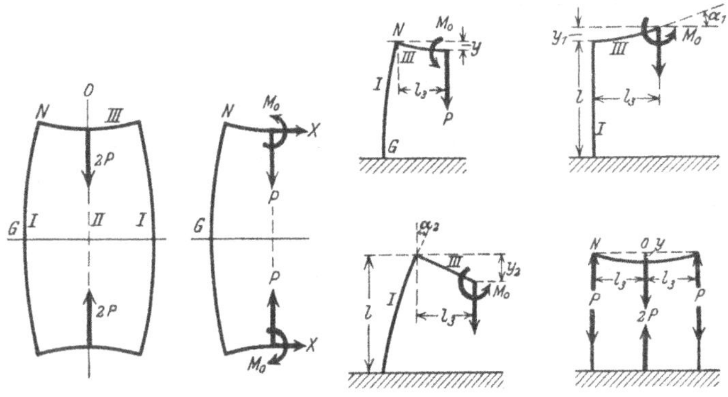

Fig. 1. Fig. 2. Fig. 3. Fig. 4.

Abb. 462. Kräfteverteilung im Spannungsgitter.

denken, wie Fig. 3 (oben) zeigt. Da die Summe der an dem einzelnen Stab angreifenden Horizontalkräfte verschwindet, ist die Horizontalkraft X gleich Null und infolgedessen das Problem zurückgeführt auf die Bestimmung der zwei Größen: Vertikalkraft P und Drehmoment M_0, die in O angreifen. Aus Symmetriegründen ist die Tangente an die elastische Linie im Punkte O horizontal, die Summe der Winkeländerungen unter der Wirkung von P und M_0 somit Null. Mit Hilfe des Superpositionsprinzips berechnet man die Teildeformationen, indem man zuerst den Stab *I* als elastisch und den Stab *III* als starr auffaßt und nacheinander die Einzelkraft P und das Moment M_0 allein für sich wirkend denkt, um nachher dasselbe zu wiederholen, wenn Stab *I* als starr und Stab *III* als elastisch angenommen wird. Daraus folgt die Bestimmungsgleichung

$$P\left(\frac{l_3^2}{2\,J_3}+\frac{l_3\cdot l}{J_1}\right)-M_0\left(\frac{l_3}{J_3}+\frac{l}{J_1}\right)=0.$$

Auf die gleiche Weise rechnet sich die Verschiebung des Angriffspunktes O in Richtung der Kraft P, die experimentell bestimmt ist. Schreibt man die Gleichung in der Form $\sum y+e=2e$ an, so ergibt sich die zweite Bestimmungsgleichung zu

$$P\left(\frac{l_3^3}{3\,J_3}+\frac{l\cdot l_3^2}{J_1}+\frac{2\,l}{f_2}+\frac{l}{f_1}\right)-M_0\left(\frac{l_3^2}{2\,J_3}+\frac{l_3\,l}{J_1}\right)=2\,e\cdot E,$$

woraus P und M_0 zahlenmäßig folgen, wenn die Zahlen eingesetzt werden für:

$2\,e$ = gemessenes Klaffen bei a,
$2\,l = 1000$ mm = Länge sämtlicher Stäbe,
l_3 = Abstand der Stäbe I und II,
f_1 = Querschnitt von I,
f_2 = Querschnitt von II,
J_1 = Trägheitsmoment von I,
J_3 = Trägheitsmoment von III,
E = Elastizitätsmodul.

Die größten Spannungen in den Stäben sind dann:

Stab I: $$\sigma_1 = \frac{-P}{f_1} - \frac{P \cdot l_3 - M_0}{J_1},$$

Stab II: $$\sigma_2 = \frac{2\,P}{f_2},$$

Stab III: $$\sigma_3 = \frac{M_0}{J_3}.$$

Die Abmessung der Stäbe und die berechneten Werte der Kräfte und Spannungen finden sich in Zahlentafel 73 zusammengestellt. Die Biegungsspannung σ_3 im Punkte O des Joches nimmt unter den drei Spannungen die größten Werte an. In Abb. 463 ist dieselbe nochmals graphisch dargestellt, während das Schaubild in Abb. 464 die Schwindungsdifferenzen zeigt in Abhängigkeit von $\frac{d_2}{d_1}$.

Zahlentafel 73.

Abmessungen mm	$\frac{d_2}{d_1}$	$2\,e$ mm	P t	M_0 cmkg	σ_1 kg/cm²	σ_2 kg/cm²	σ_3 kg/cm²	Bemerkungen	Kennzeichen
$d_1 = 20{,}5$ $d_2 = 41$ $h = 41$ $b = 41$ $l_3 = 150$	2,00	—	—	—	—	—	—	Warmrisse bei W (Abb. 459)	Normales Joch
$d_1 = 20{,}5$ $d_2 = 40{,}5$ $h = 41$ $b = 41$ $l_3 = 150$	1,98	2,89	1554	23200	590	241	2018	—	Normales Joch
$d_1 = 26{,}8$ $d_2 = 40{,}8$ $h = 42$ $b = 40$ $l_3 = 150$	1,52	1,98	1221	18080	334	186	1541	—	Normales Joch
$d_1 = 30{,}5$ $d_2 = 41{,}5$ $h = 41{,}5$ $b = 41{,}5$ $l_3 = 150$	1,36	1,48	955	14000	245	142	1175	—	Normales Joch
$d_1 = 36$ $d_2 = 40{,}7$ $h = 41$ $b = 41$ $l_3 = 150$	1,13	0,73	485	6930	120	75	602	—	Normales Joch
$d_1 = 21$ $d_2 = 61$ $h = 82$ $b = 32$ $l_3 = 150$	2,90	—	—	—	—	—	—	Warmrisse bei W (Abb. 459)	Hohes schmales Joch
$d_1 = 30{,}8$ $d_2 = 41{,}0$ $h = 82$ $b = 32$ $l_3 = 150$	1,33	1,60	2750	41000	475	416	1145	—	Hohes schmales Joch
$d_1 = 21$ $d_2 = 41$ $h = 22$ $b = 42$ $l_3 = 150$	1,95	2,55	265	3820	274	40	1125	—	Schwach-Joch
$d_1 = 30{,}5$ $d_2 = 41{,}0$ $h = 22{,}5$ $b = 41$ $l_3 = 150$	1,34	1,09	152	1965	134	23	595	—	Schwach-Joch
$d_1 = 21$ $d_2 = 41$ $h = 41$ $b = 41$ $l_3 = 60$	1,95	2,12	3830	22950	345	580	1995	—	Enges Gitter
$d_1 = 31$ $d_2 = 41$ $h = 41$ $b = 41$ $l_3 = 60$	1,32	1,16	2425	14380	345	368	1250	—	Enges Gitter

Wie man aus der Zusammenstellung ersieht, können die Beträge der Gußspannungen ganz bedeutende Höhen erreichen. Das Gefährliche dabei ist, daß man sich an dem fertig gegossenen Stück gar kein Bild von der Größe der Spannungen machen kann. Schon bei Verhältnissen der Wandquerschnitte von 2:1, welche bei konstruktiven Ausführungen sehr oft vorkommen, treten Spannungswerte auf, die weit über die Grenze hinausgehen, welche man als Beanspruchung den Gußkonstruktionen zugrunde zu legen pflegt. E. MAURER (5) berechnete, daß die bei der Wärmebehandlung (Abkühlen, Vergüten) großer Guß- und Schmiedestücke auftretenden Spannungen 50 bis 90% der Festigkeitswerte (je nach chemischer Zusammensetzung) betragen können. Es ist darum erklärlich, daß die Verspannungen, wenn sie noch höhere Werte erreichen, einen Bruch des Gußstückes schon während der Abkühlung oder kurz nachher verursachen. Besonders letzteres tritt oft ein; hier genügt dann schon ein Umfallen des Gußstückes, ein Hammerschlag beim Putzen oder irgendeine andere geringe mechanische Einwirkung, um die Spannungen zur Auslösung zu bringen. In diesem Fall spricht man von Kaltrissen zum Unterschied von Warmrissen, die meistens kurz unterhalb der Erstarrungstemperatur, immer aber noch in glühendem Zustand des Gußstückes eintreten.

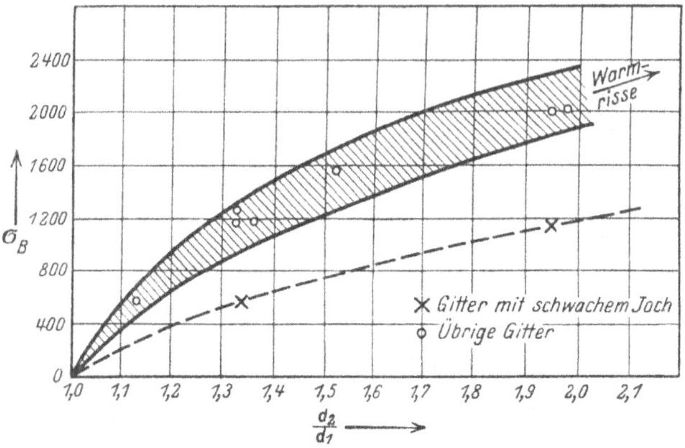

Abb. 463. Biegespannungen gemäß Zahlentafel 73 in graphischer Darstellung.

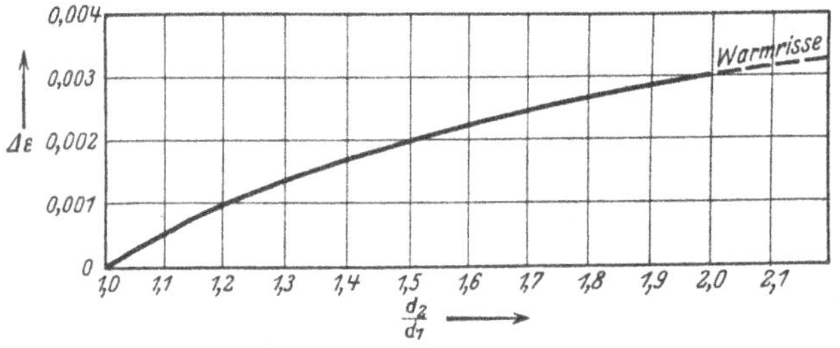

Abb. 464. Schwindungsdifferenzen.

In Abb. 465 und 466 ist die Entstehung eines solchen Warmrisses dargestellt. Da der dickere Teil erst eine verhältnismäßig dünne Kruste ansetzt und im Innern noch flüssig ist, wie in Abb. 465 durch Punktierung angedeutet, so kann bei Zugwirkung innerhalb des in der Abkühlung schon bedeutend vorgeschritteneren dünneren Querschnittes Trennung des Zusammenhangs nach Abb. 466 erfolgen. Stahlguß reißt leicht in einem solchen Fall, wenn in Abhängigkeit von der chemischen Zusammensetzung unmittelbar nach der Erstarrung sein plastisches Formänderungsvermögen sehr gering ist. Am meisten jedoch neigt weiches Flußeisen mit etwa 0,1 bis 0,3% Mangan, 0,05 bis 0,2% Silizium und 0,1% Kohlenstoff zu Warmrissen.

Des weiteren kann die Gefahr der Rißbildung durch scharfe Ecken bei dem Übergang des einzelnen Querschnittes zum andern gefördert werden. Wie durch die strahlige Anordnung (Transkristallisation) der Kristalle an einer scharfen Ecke die Riß- oder Lunkerbildung begünstigt wird, geht aus der Abb. 467a und b hervor. Bei einer genügenden Abrundung der Ecken würden diese Fehler nicht entstehen, wie Abb. 467c zeigt. Durch vernünftiges Anbringen von Verstärkungsrippen oder starke Abrundung der Hohlkehlen (großer Radius) wird der Gefahr des Auf- oder Abreißens mit Erfolg zu begegnen sein. Einen der Steigerschen Methode ähnlichen Weg zur Ermittlung der Eigenspannungen bei Gußeisen beschritten O. Bauer und K. Sipp (*6*). Aus einem Eisen mit 3,32 % C, 1,63 % Si, 0,81 % Mn und 0,40 % P wurden 11 Gitter gemäß Abb. 468 abgegossen.

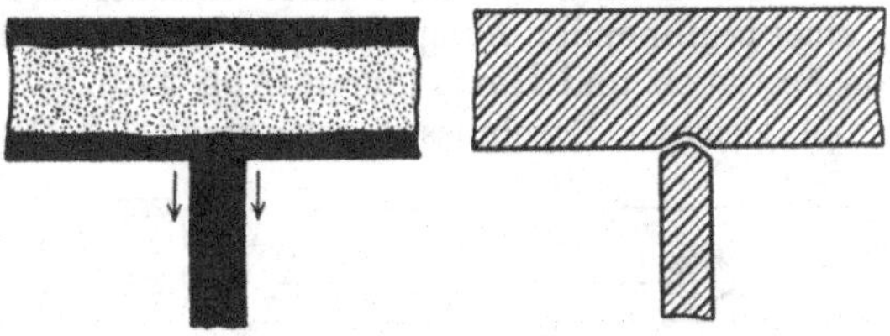

Abb. 465. Abb. 466.
Entstehung eines Warmrisses.

Um bei den nach der Glühbehandlung wieder erfolgenden Längenmessungen keine Fehlmessungen durch Verzunderung zu erhalten, wurden die Gitter an den in Abb. 468 mit $\alpha\beta\gamma$, $\alpha'\beta'\gamma'$ bezeichneten Stellen mit Stopfen aus 3 mm starkem Nickeldraht versehen. Die Längenmessungen wurden mit Hilfe einer Mikrometerschraube ausgeführt. Die erste Ausmessung der Abstände $\alpha - \alpha'$, $\beta - \beta'$, $\gamma - \gamma'$ wurde unmittelbar nach dem Guß vorgenommen. Nach der Anlaß- bzw. Glühbehandlung wurden die Messungen wiederholt. Die Unterschiede waren nur geringfügig (0,01 bis 0,08 mm); auch konnte keine Gesetzmäßigkeit in den Längenänderungen festgestellt werden. Für das später zu ermittelnde „Klaffen" nach dem Ausfräsen des Stabes *II* wurden daher die Mittelwerte aus beiden Messungen in Rechnung gesetzt. Das Ausfräsen geschah unmittelbar nach der Glühbehandlung.

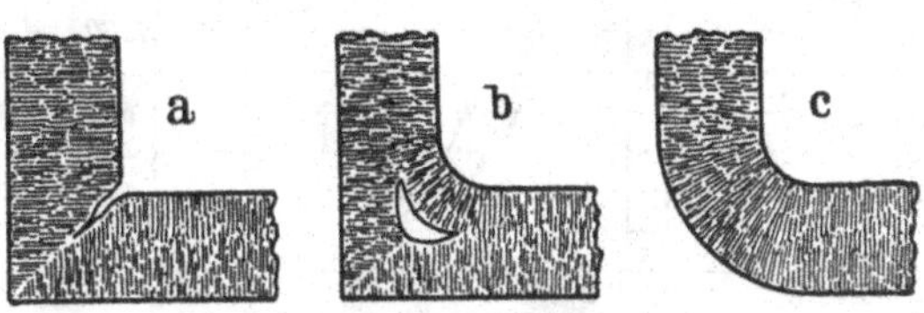

Abb. 467a bis c. Schematische Darstellung der Transkristallisation (Wirkung scharfer Ecken).

Sobald der Querschnitt $F = a \cdot x$ eine bestimmte Schwächung erreicht hatte, riß Stab *II* unter der noch herrschenden Zugspannung.

Die nach der jeweiligen Wärmebehandlung in dem Stabe *II* noch verbliebene Zugspannung P ergibt sich somit aus

$$P = F \cdot \sigma_B .$$

Die Zugfestigkeit σ_B wurde an Zugstäben, die aus den Reststücken von Stab *II* entnommen waren, ermittelt.

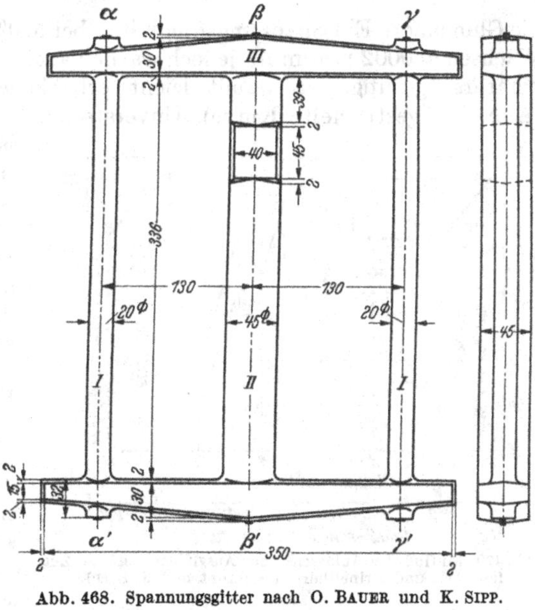

Abb. 468. Spannungsgitter nach O. Bauer und K. Sipp.

Das Klaffen wurde schließlich durch das nunmehr wieder vorgenommene Ausmessen des Abstandes $\beta\beta'$ ermittelt.

Die Abb. 469 und 470 zeigen das Ergebnis dieser Versuche. Bei Temperaturen zwischen 500 und 550° C, d. h. im Bereich der beginnenden bildsamen Verformungsfähigkeit, werden die Gußspannungen mit Sicherheit auf ein geringes praktisch unschädliches Maß herabgesetzt. Die Glühdauer braucht nur etwa zwei Stunden zu betragen. Höhere Glühzeiten könnten unter Umständen schon zu einer beginnenden Aufspaltung des Zementits und damit zu einer Verminderung von Festigkeit und Härte führen (Abb. 470).

Zu gleichen Ergebnissen gelangten E. L. BENSON und H. ALLISON (7) auf Grund von Beobachtungen beim Biegeversuch. Die Probekörper, welche aus einem Grauguß mit 3,03% C, 2,02% Si, 0,38% Mn, 0,64% P und 0,096% S erschmolzen worden waren, wiesen im Anlieferungszustand innere Spannungen von rd. 8 kg/mm² auf. Nach sechsstündigem Glühen bei verschiedenen Temperaturen ergab sich der in Abb. 471 wiedergegebene Spannungsabbau. Ein Spannungsfreiglühen bei 550° entfernt demnach 90% der vorhandenen Spannungen. Dabei erwies sich die Glühtemperatur wichtiger als die Glühdauer. Ein Spannungsfreiglühen bei 550° erbrachte noch kein schädliches Wachsen (0,0002 mm/min), jedoch warnen auch diese Forscher vor weiterer Temperatursteigerung, da damit leicht erhebliche Wachstumsbeträge auftreten (Abb. 471, gestrichelte Kurve). Unverständlich bei den genannten Versuchen ist das Minimum des Wachsens bei einer Temperatur von etwa 850°.

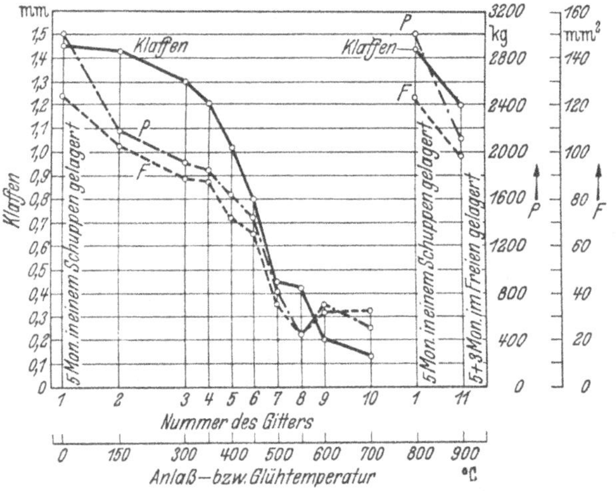

Abb. 469. Einfluß des Anlassens bzw. Ausglühens auf die Gußspannungen (O. BAUER und K. SIPP).

A. LE THOMAS (8) goß bei seinen Versuchen zur Erforschung der besten Temperaturgebiete für das Spannungsfreiglühen acht exzentrische Kränze gemäß Abb. 472 aus einem Perlitguß folgender Zusammensetzung: 3,38% Ges.-C, 0,73% geb. C, 1,74% Si, 0,83% Mn, 0,25% P, 0,10% S. Um die Spannungen zu erhöhen, wurde beim Einformen an die dünnere Seite der Probe eine Schreckplatte gesetzt. Nach dem Erkalten wurden die beiden planparallelen Flächen AA', BB' gehobelt und ihr Abstand gemessen. Dann wurde die Probe längs CC' aufgesägt und wieder der Abstand von AA' und BB' gemessen. Die Differenz gegen die frühere Messung war das Maß für die Spannung. Zweistündige Glühungen zur Beseitigung der Spannungen zeigten:

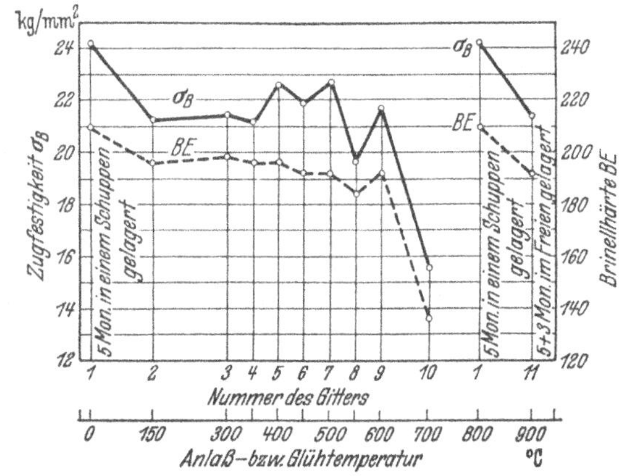

Abb. 470. Einfluß des Anlassens bzw. Ausglühens auf die Zugfestigkeit und Brinellhärte (O. BAUER und K. SIPP).

1. eine Glühung macht sich erst oberhalb 300⁰ praktisch bemerkbar,
2. bei 600⁰ sind die Spannungen fast vollständig verschwunden (Abb. 473),
3. mit der Glühung bei 500 bis 600⁰ war eine Verminderung des Bearbeitungswiderstandes und der Härte verbunden (von 255 BE auf 178 BE).

Die Beseitigung unerwünschter Spannungen in Graugußstücken ist auch Gegenstand des französischen Patents 858679 (*14*). Man verfährt so, daß die Gußstücke auf innerhalb des Gebietes der Plastizität liegende Temperaturen von etwa 500 bis 600⁰ erhitzt werden. Die Dauer der Erhitzung soll so bemessen sein, daß das Gußstück in allen seinen Teilen diese Temperatur angenommen hat. Hierauf kühlt man das Stück bis auf die Temperaturgrenze, bei welcher das Gußeisen aus dem Gebiet plastischen in das Gebiet elastischen Verhaltens tritt, also bis etwa 300⁰, ab, und zwar so langsam und gleichmäßig, daß das Gußstück in allen Querschnitten die gleiche Temperatur aufweist. Dann wird das Abkühlen ohne Aufrechterhaltung eines gleichmäßigen Temperaturausgleichs beschleunigt.

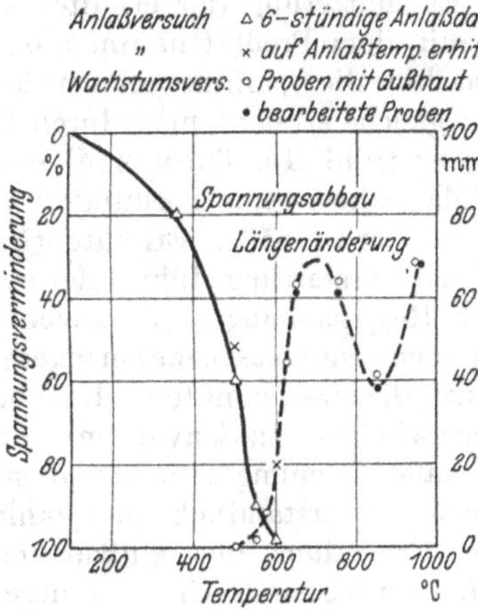

Abb. 471. Spannungsverminderung und Wachsen beim Glühen von Gußeisen (nach E. L. BENSON und H. ALLISON).

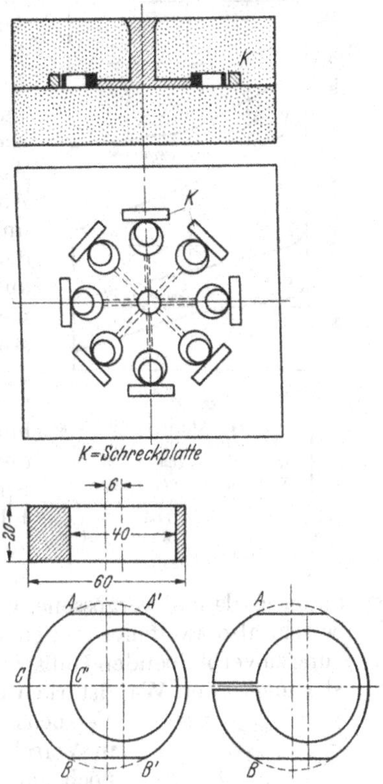

Abb. 472. Probenform nach A. LE THOMAS.

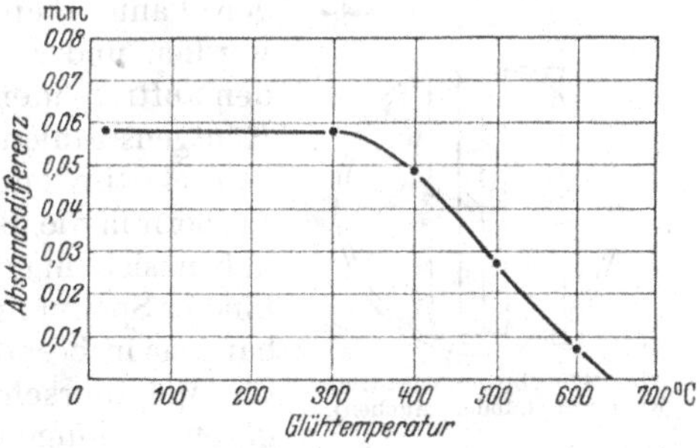

Abb. 473. Beseitigung von Wärmespannungen durch Glühen (A. LE THOMAS).

Das beste Mittel, Gußspannungen zu vermindern, ist natürlich ein möglichst langes Verbleiben der Gußstücke in der Gießform (bei Sandguß). Freilich ist dieses Mittel nicht immer anzuwenden, da es lange Zeit beansprucht und der Gießerei den verfügbaren Platz einengt. So fand E. K. HENRIKSEN (*9*) bei seinen Versuchen zur Spannungsermittlung unter Verwendung von Prüfkörpern nach Art von Fachwerkkonstruktionen auftretende Restspannungen von nur ca. 1,7 bis 1,8 kg/mm². Das benutzte Gußeisen von 3,34% C, 2,21% Si, 0,46% Mn und

0,95% P wurde bei 1300° in eine auf 100° vorgewärmte Form vergossen. Das Ausschlagen erfolgte erst 16 Stunden nach dem Gießen. In vorgewärmter Form vergossene Gußstücke nach dem Lanz-Verfahren dürften ebenfalls nur geringe Eigenspannungen nach dem Erkalten besitzen, wenn sie Gelegenheit haben, in der Gießform auf unter 300° zu erkalten. Es ist ferner bekannt, daß ein wochen- oder monatelanges Liegenlassen der Gußstücke auf Hüttenflur die Gußspannungen vermindert, wenngleich nur in beschränktem Ausmaß. Im Falle der Versuche von O. Bauer und K. Sipp (*6*) gemäß Abb. 469 war das Klaffen des Mittelstabes durch Anlassen bei 600° von 1,44 mm auf 0,21 mm heruntergegangen. Ein drei Monate längeres Lagern dagegen ergab nur eine Verminderung des Klaffens auf 1,20 mm. Übrigens kann man auch durch mechanische Erschütterung der erkalteten Gußstücke z. B. mit dem Preßlufthammer oder auf der Rüttelmaschine die Spannungen merklich vermindern. Das gleiche erreicht man durch Putzen mit dem Wasserstrahl. Le Thomas (*8*) erreichte durch diese Maßnahme eine Verminderung der Spannungen um etwa 65%. Erhöhte Graphitbildung bei der Erstarrung führt naturgemäß zu geringeren Restspannungen, desgleichen besitzen trockengegossene Gußstücke geringere Restspannungen als naß vergossene, wie O. Banse (*10*) zeigen konnte (vgl. Abb. 474).

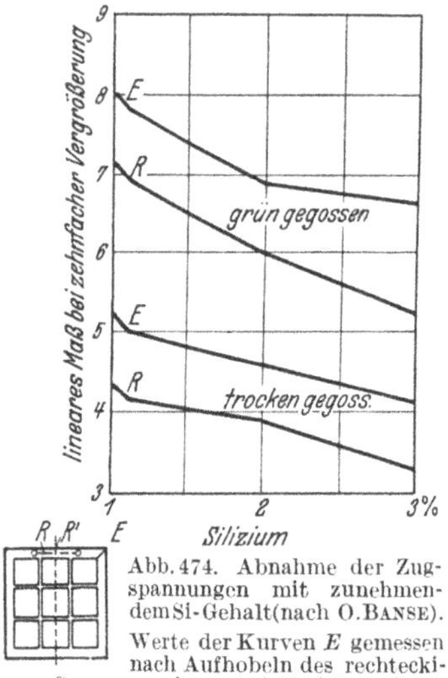

Abb. 474. Abnahme der Zugspannungen mit zunehmendem Si-Gehalt (nach O. Banse). Werte der Kurven E gemessen nach Aufhobeln des rechteckigen Spannungsgitters bei E (siehe Skizze). Werte von R nach Aufhobeln zwischen R und R'.

Es besteht also zweifellos eine enge Beziehung zwischen dem Schwindmaß und der Neigung zu verbleibenden Gußspannungen. Da alle Spannungsgitter auf dem Prinzip der ungleichen Wandstärken beruhen, so ist es verständlich, daß zahlreiche Versuchsmodelle zur Ermittlung der Gußspannungen in Vorschlag gebracht worden sind. Unter anderem sei noch auf das Spannungsgitter Modell Gießerei-Institut Aachen hingewiesen (Abb. 475), das in ähnlicher Form, jedoch stehend gegossen, auch in Amerika und England vielfach Verwendung gefunden hat (Abb. 476). Die Neigung verschiedener Gußlegierungen zu Gußspannungen kann aber auch am Gußstück selbst ermittelt werden, und zwar sowohl spannungsoptisch bzw. durch den auftretenden Asterismus bei der Durchleuchtung mit Röntgenstrahlen, wie auch durch Messung der auftretenden elastischen Lochverformungen beim Bohren von Löchern in die Bauteile oder Gußkörper (*11*). Neuerdings haben sich magnetische Messungen für den Nachweis innerer Spannungen sehr bewährt. In diesem Zusammenhang sei insbesondere auf den im Kaiser-Wilhelm-Institut für Metallforschung in Stuttgart entwickelten „Ferrographen" hingewiesen (*15*).

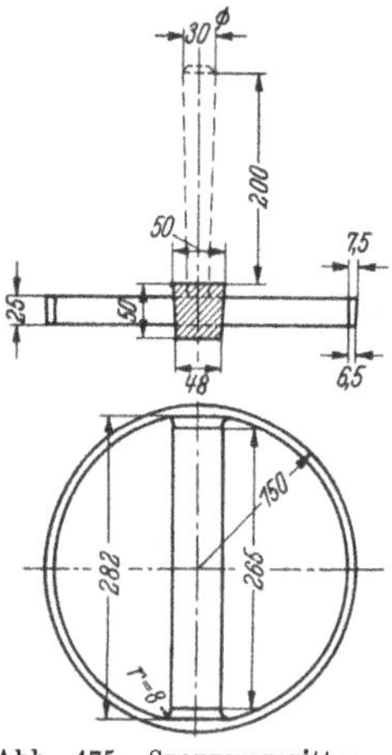

Abb. 475. Spannungsgitter-Ringform (Modell Aachen).

Im allgemeinen neigen eutektische Legierungen weniger zur Lunker- und Warmrißbildung als Legierungen mit großem Erstarrungsintervall.[1] Die Vor-

[1] Das „meßtechnisch feststellbare" Lunkervolumen ist bei eutektischen Legierungen dennoch meistens größer, was aber keinen Widerspruch bedeutet (vgl. die Ausführungen zu Zahlentafel 72).

gänge der Schwindung und Lunkerung sind auch zu beachten, wo Prüfstäbe dem Gußstück anzugießen sind. Metallurgisch ungünstige Ausbildungsformen, etwa gemäß Abb. 477, können zu Oberflächenschäden am Gußstück oder zu Ergebnissen am Prüfstab führen, die für die Kennzeichnung der Brauchbarkeit des Gußstücks ungeeignet sind.

Wie wir gesehen haben, beruhen Spannungen und Rißbildungen beim Abgießen von Gußstücken zum großen Teil auf einer ungleichmäßigen Abkühlung der einzelnen Konstruktionsteile. Daraus ergeben sich folgende auch für Grauguß zutreffende grundlegende Forderungen (*12*):

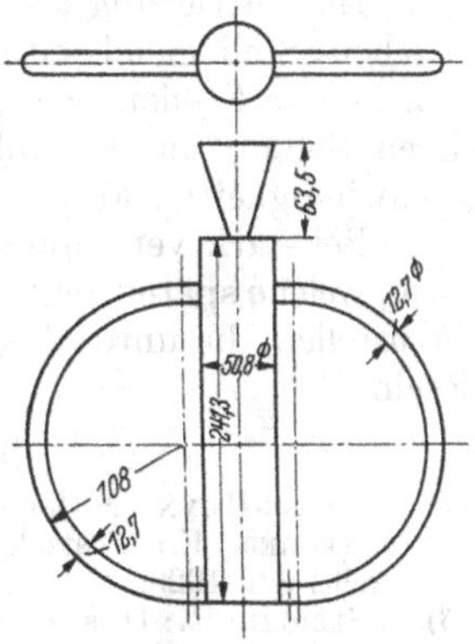

Abb. 476. Abmessungen des Probekörpers zur Erfassung der Spannungen (in USA. angewandt).

1. Jedes Gußstück, auch das kleinste, soll grundsätzlich so konstruiert werden, daß alle Wandstärken gleichmäßig abkühlen. Teile mit der Möglichkeit gleicher Abkühlungsgeschwindigkeit sollen deswegen gleich gehalten werden. Weit vorspringende Teile, die in den Formsand hineinragen und eine große Oberfläche im Verhältnis zu ihrer Masse haben, müssen mit größerer Wandstärke gewählt werden als andere, die im Verhältnis zur Masse geringere Oberfläche besitzen, da hierdurch ein Ausgleich in den Abkühlungsgeschwindigkeiten geschaffen wird. Aus demselben Grunde sollen die äußeren Wandungen etwas stärker gehalten werden als die innerhalb des Gußstückes liegenden Konstruktionsteile.

2. Läßt sich diese Bedingung aus anderen Gründen nicht erfüllen, so muß das Gußstück, um der Entstehung von Schwindungshohlräumen zu begegnen, so eingeformt werden können, daß die Anordnung richtig dimensionierter Gußtrichter auf allen Teilen größter Wandstärken möglich ist.

Abb. 477. Unzweckmäßig angeordnete Prüfstäbe an einer bronzenen Schiffsschraube.

Widersprechen Konstruktionszweck oder andere wichtige Umstände auch dieser Forderung, so muß

3. dem Gießereimann der Ausweg offen bleiben, mit Hilfe geeigneter, in ihrer Wirkung sicherer Maßnahmen (wie das Verstärken dünnwandiger Teile), die Stellen größter Stoffanhäufung so lange unter dem Einfluß des aus den Trichtern nachfließenden Gußmaterials zu halten, bis die Schrumpfung im Abguß vollendet ist.

4. Die Übergänge in den Wandstärken sollen möglichst sanft erfolgen, vor allem sind zu scharfe Hohlkehlen und Abrundungen zu vermeiden.

5. Bei Konstruktionsteilen, auf die nicht direkt ein verlorener Kopf oder ein Schlackenkranz aufgesetzt werden kann, soll die waagerechte Fläche möglichst klein gehalten werden (*13*).

6. Hohlkörper, besonders solche, die höheren oder sogar wechselnden Drücken ausgesetzt sind, sollen so konstruiert sein, daß für die Kerne genügend Auflagerflächen vorhanden sind, so daß die Anwendung von besonderen Kernstützen möglichst eingeschränkt werden kann.

7. Die Gattierung ist stets auf die dünnsten Querschnitte des Gußstücks einzustellen. Sind gleichzeitig starke Wanddickenunterschiede nicht zu vermeiden, z. B. an den Stellen, wo später Schrauben eingelassen werden (Augen), so ist an diesen Stellen durch Einlegen von Kühleisen ein Ausgleich der Abkühlungsgeschwindigkeiten anzustreben.

8. Bei stark verrippten Gußstücken ist es von Vorteil, diejenigen Stellen der Form, welche später die Schwindung besonders stark behindern, aus Kernstücken herzustellen, die unter dem Einfluß höherer Temperatur leichter nachgeben (zerrieseln).

Schrifttum zum Kapitel XIId.

(*1*) MARTENS-HEYN: Materialienkunde für den Maschinenbau, Bd. II A, 2. Aufl., S. 331ff.
(*2*) HONEGGER, E.: Festschrift zum 70. Geburtstag von Prof. D. A. STODOLA. Zürich: Orell Füßli 1929.
(*3*) v. STEIGER, R.: Diss. Zürich 1913. Stahl u. Eisen Bd. 33 (1913) S. 1442.
(*4*) Abb. 460 zeigt die Abmessungen des vom Techn. Ausschuß für Gießereiwesen zur Normalisierung vorgeschlagenen Spannungsgitters.
(*5*) MAURER, E.: Stahl u. Eisen Bd. 47 (1927) S. 1323.
(*6*) BAUER, O., u. K. SIPP: Gießerei Bd. 23 (1936) S. 253.
(*7*) BENSON, E. L., u. H. ALLISON: Engineering Bd. 166 (1938) S. 23, sowie Foundry Trade J. Bd. 58 (1938) S. 527.
(*8*) LE THOMAS, A.: Rev. Fond. mod. Bd. 23 (1929) S. 70.
(*9*) HENRIKSEN, E. K.: Støberiet 1934, 1. Sept.
(*10*) BANSE, O.: Stahl u. Eisen Bd. 39 (1919) S. 139.
(*11*) Vgl. MATHAR, J.: Arch. Eisenhüttenw. Bd. 6 (1933/34) S. 277.
(*12*) 1 bis 4 nach KRIEGER, R.: Stahl u. Eisen Bd. 38 (1938) S. 412.
(*13*) Vgl. OEKING, H.: Stahl u. Eisen Bd. 43 (1923) S. 841.
(*14*) Vgl. Dtsch. Bergwerksztg. Bd. 42 (1941) Nr. 131.
(*15*) FÖRSTER, F., u. K. STAMPKE: Z. Metallkde. Bd. 33 (1941) S. 97.

XIII. Technologische Eigenschaften des festen Gußeisens.

a) Die Zerspanbarkeit (Bearbeitbarkeit) des Gußeisens.

1. Allgemeines.

Der Zerspanungsprozeß der Metalle spielt in der verarbeitenden Industrie eine sehr wichtige Rolle, zumal Millionen von Arbeitern täglich und dauernd in ihm beschäftigt sind. Die seit Jahrzehnten von der Wissenschaft und Praxis angestrebten Bemühungen, ihn möglichst wirtschaftlich zu gestalten, haben daher eine hervorragend wichtige, volkswirtschaftliche Bedeutung. Wegen der schon von F. W. TAYLOR vor 50 Jahren erkannten Verwickeltheit und der durch die hohe Zahl der Einflußgrößen bedingten Vielgestaltigkeit war und ist die Forschung auf diesem Gebiet äußerst schwierig. Sie kann nur in tiefgründiger Arbeit von wissenschaftlich und praktisch ausgebildeten Fachleuten geleistet werden.

In den früheren durch TAYLOR (*1*) eingeleiteten Arbeiten auf diesem Gebiete stand die Untersuchung des Werkzeuges im Vordergrund. Sie führte anfangs des Jahrhunderts zur Entwicklung und allgemeinen Einführung des Schnellarbeitsstahles. Da es sich bald herausstellte, daß das Verhalten der Baustoffe unter dem Schnitt des Drehmeißels im Drehvorgang nicht ohne weiteres auf die anderen Zerspanungsarten, wie Bohren, Fräsen, Sägen und Schleifen, übertragen werden konnte, daß also eine für das Drehen gefundene „Zerspanbarkeitskennziffer“ nicht auch für die genannten anderen Vorgänge gilt, so mußte man den Begriff „Zerspanbarkeit“ weiter unterteilen in die Materialeigenschaften: Drehbarkeit, Bohrbarkeit, Fräsbarkeit, Schleifbarkeit usw. An den bisher zum Abschluß gekommenen neueren Forschungen über Drehbarkeit und Bohrbarkeit waren vor allem das Aachener Laboratorium für Werkzeugmaschinen und Betriebslehre und das Berliner Versuchsfeld für Werkzeugmaschinen beteiligt. Die Zielsetzung ist dabei entweder, bei konstant gehaltener Stoffeigenschaft des Werkstückes die Leistung des Werkzeuges, d. h. seine Schneideigenschaft zu ermitteln, oder umgekehrt bei einem in Form, Härtung und Stoffqualität (z. B. eines Drehmeißels, Bohrers usw.) konstanten Werkzeuges die Zerspanungseigenschaft des Werkstückes zu finden.

2. Bearbeitung durch Drehen.

Zur Ermittlung der Zerspanbarkeit durch Drehen läßt man das Werkzeug bei zunächst gleichbleibendem Spanquerschnitt (gleicher Vorschub, gleiche Schnitttiefe beim Drehen) und gleichbleibender übriger Schnittbedingungen unter Veränderung der Arbeitsgeschwindigkeit (v) auf das zu untersuchende Werkstückmaterial wirken und bestimmt für jede Geschwindigkeit die sogenannte Standzeit (T). Trägt man die gewonnenen Punkte in einem rechtwinkligen Koordinatensystem auf, dann erhält man die für das ganze Problem wichtige und charakteristische T-v-Kurve. Die Lage dieser Kurve über den steigenden Geschwindigkeitswerten ist dann ein Kennzeichen für die Zerspanbarkeitseigenschaft (in diesem Falle „Drehbarkeit“) des Werkstoffes, d. h. je weiter nach rechts die Kurve liegt, desto besser ist die Drehbarkeit und umgekehrt. Dann wiederholt man diese Versuchsreihe unter anderen Schnittbedingungen, wie anderer Spantiefe oder anderen Vorschubes, Anwendung von Wasserkühlung usw. (Abb. 478).

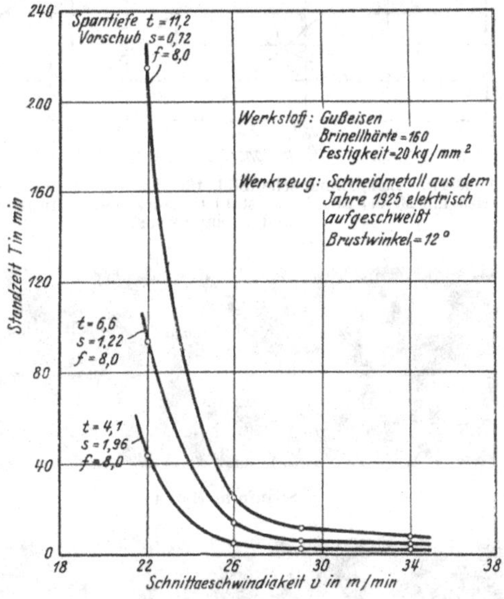

Abb. 478. Einfluß der Spantiefe und des Vorschubs bei konstantem Spanquerschnitt auf die Standzeit (SCHALLBROCH).

Die „Standzeit“ ist erreicht, wenn die Schneidkante absolut unbrauchbar, d. h. durch Wärmewirkung abgeschmolzen ist. Dieser Zeitpunkt ist bei Schnellstahl auf wenige Sekunden genau, entweder durch Augenschein (Blankbremsung auf der Welle) oder durch Messung der Schnittkräfte in einem Meßgerät (Ansteigen des sogenannten Rückdruckes) bestimmbar. Bei Gußeisen tritt eine Dunkelfärbung der Schnittfläche auf, die durch kleine aufgeschweißte Spanteilchen verursacht ist. Da nun die Lage der ganzen Kurve nicht als Vergleichskennziffer der Zerspanbarkeit gewählt werden kann, so ist man übereingekommen einen bestimmten Punkt der Kurve, und zwar den Zeitpunkt T, der bei Grobschnitt im Mittel einer wirtschaftlichen Auswechselzeit entspricht, d. h. T gleich 60 min zu wählen und nun die dieser Zeit von einer Stunde entsprechende Schnittgeschwindigkeit, also v_{60}, als Kennziffer für die Drehbarkeit anzusehen. Man konnte diese Zeit unbedenklich wählen, weil nur in den seltensten

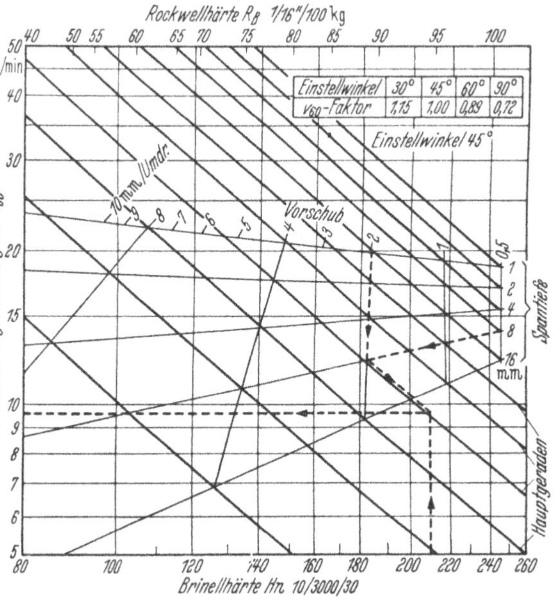

Abb. 479. Zerspanungsschaubild für den Drehvorgang von Gußeisen mit Meißel aus Schnellstahl bei trockenem Schnitt (WALLICHS und DABRINGHAUS).

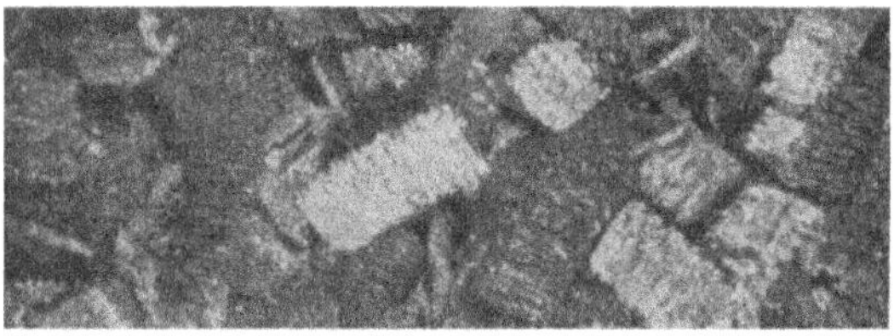

Spanform Mat. 4

Spanform Mat. 9

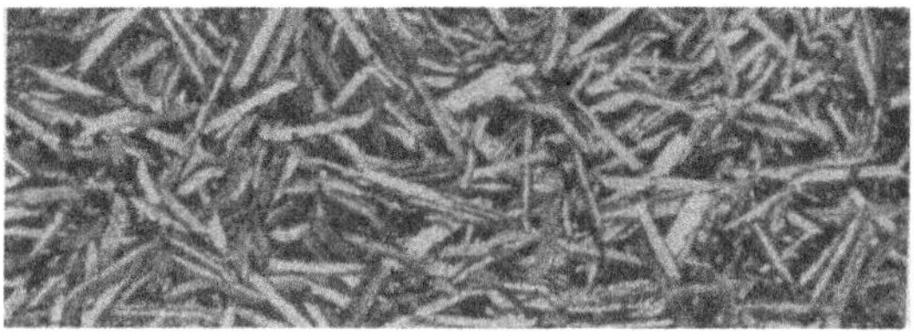

Spanform Mat. 14

Abb. 480. Vergleich der Spanform von Material 4 (oben) und Material 9 (Mitte) mit Material 14 (unten). Spanquerschnitt 3 mal 1,12 mm, $v = 16$ m/min.

Fällen in dem über dieser Zeit liegenden Gebiete höherer Standzeit noch ein Überschneiden der Kurven stattfindet. Man fand für bestimmte Gruppen der Stoffe, z. B. für C-Stähle, legierte Baustähle und Stahlguß einerseits und die gebräuchlichen Gußeisensorten andererseits, daß die v_{60}-Punkte über den Härtewerten auf einer hyperbelähnlichen Kurve lagen, die den schlüssigen Beweis der gesetzmäßigen Abhängigkeit ergaben. Nur einige wenige besondere Sorten, wie z. B. der 12%-Manganstahl, fielen aus der Gesetzmäßigkeit heraus. Die Kennlinien der Drehbarkeitsziffern auf Grundlage des veränderten Vorschubes ergeben für ein bestimmtes Material, im doppellogarithmischen System aufgetragen, gerade Linien. Weitere Gesetzmäßigkeiten zwischen den Zerspanbarkeitsziffern und veränderter z. B. verdoppelter Spantiefe, auf die hier nicht näher eingegangen werden kann, erleichterten die nun erfolgreich durchgeführte Aufgabe, für jede im Grobschnitt vorkommende Spanunterteilung und für jede Festigkeit, für eine bestimmte normale Meißelform und trockenen Schnitt, die für eine Standzeit von einer Stunde richtige Schnittgeschwindigkeit aus einer einfach zu bedienenden Bestimmungstafel abzulesen.

Die von A. WALLICHS und Mitarbeitern (*2*) so entwickelte Bestimmungstafel zeigt Abb. 479. Die Bedienung dieser Tafel ist die folgende: Bekannt sei Brinellziffer $H_n = 210$, gewählt seien auf Grund der vorliegenden Zerspanungsarbeit, Werkstückform, Maschinengröße usw. die Schnittbedingungen:

Spantiefe $t = 8$ mm
Vorschub $s = 2$ mm/Umdr. } nomineller Spanquerschnitt $F = 16 \text{ mm}^2$,

gesucht ist v_{60}, d. h. die Schnittgeschwindigkeit, bei der eine Lebensdauer der

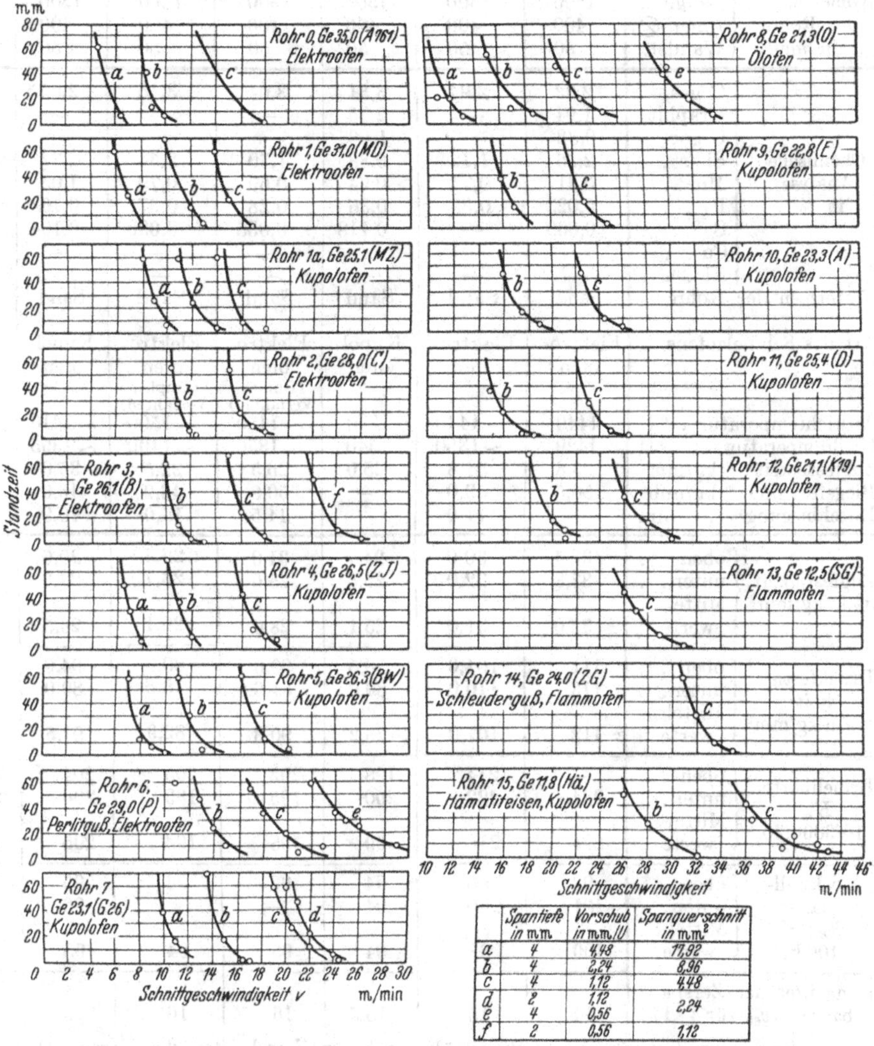

	Spantiefe in mm	Vorschub in mm/U	Spanquerschnitt in mm²
a	4	4,48	17,92
b	4	2,24	8,96
c	4	1,12	4,48
d	2	1,12	2,24
e	4	0,56	
f	2	0,56	1,12

Abb. 481. Zusammenstellung der *T-v*-Kurven für Gußeisen (Einstellwinkel des Meißels 45°).

Meißelschneide, oder wie der Fachausdruck lautet, die „Standzeit" von 60 min gewährleistet ist.

Man sucht in dem mit „Vorschub" und „Spantiefe" gekennzeichneten Hilfsnetz den Schnittpunkt der Linie $t = 8$ mm und $s = 2$ mm/Umdr. auf. Von diesem Schnittpunkt aus geht man in paralleler Richtung zu den mit „Hauptgeraden" bezeichneten schräg von links oben nach rechts unten verlaufenden Linien weiter, bis man das Abszissenlot der betreffenden Brinellhärte schneidet; je nach Höhe der Brinellziffer geht man hierbei in schräger Richtung abwärts oder aufwärts. Der Schnittpunkt dieser genannten Weglinie mit dem Abszissenlot gibt am Ordinaten-

Zahlentafel 74 (na

		Rohr Nr.	0	1	1a	2	3	4	5
Werkstück	Bezeichnung (nach Festigkeit)		Ge 35.0	Ge 31.0	Ge 25.1	Ge 28.0	Ge 26.1	Ge 26.5	Ge 26
	Abmessungen der Rohre in mm	Länge	1500	1500	1500	1500	1500	1500	1500
		Innen-∅	400	400	400	400	400	400	400
		Wandst.	50	50	50	50	50	50	50
Angaben des Herstellers	Chemische Analyse in %	C ges.	2,82	2,94	3,31	3,04	3,16	2,65	2,70
		Graphit	1,94	—	2,25	—	—	—	2,05
		C geb.	0,88	—	1,06	—	—	—	0,65
		Si	2,85	1,12	0,88	1,70	2,54	2,34	2,00
		Mn	0,41	0,71	0,94	0,69	0,79	1,05	0,60
		P	0,023	0,33	0,36	0,28	0,27	0,163	0,27
		S	0,009	—	0,118	0,035	0,030	0,104	0,09
		Cu	—	—	—	—	—	—	0,08
		Ni	—	—	—	—	—	—	—
	Einformen der Rohre		Sand	Sand	Sand	Sand	Sand	Sand	Sand
	Art des Schmelzofens		Elektroofen	Elektroofen	Kupolofen	Elektroofen (Duplex-Verfahren)	Elektroofen (Duplex-Verfahren)	Kupolofen	Kupoofen
	Abstichtemperatur	°C	1440	~1440	1390	~1450	~1500	~1410	~142
	Gießtemperatur	°C	1420	~1350	1340	~1350	~1400	~1395	~125
	Zugfestigkeit*	kg/mm²	35,8	34,8	25,0	26,5	22,5	35,0	31,0
	Biegefestigkeit*	kg/mm²	50,5	53,0	—	50,8	46,2	46,6	57,9
	Durchbiegung*	mm	—	11,0	—	14,5	15,0	10,9	12,2
Proben aus den Rohren	Zugfestigkeit σ_B in kg/mm²	oben	36,4	30,0	24,7	31,0	28,5	29,6	25,8
		unten	33,8	32,0	25,5	25,0	23,7	23,3	26,9
		Mittelwerte	35,0	31,0	25,1	28,0	26,1	26,5	26,3
	Druckfestigkeit σ_{-B} in kg/mm²	oben	111	104,0	76,5	99,0	89,3	94,0	90,6
		unten	113	110,0	80,0	81,6	76,5	89,0	96,8
		Mittelwerte	112	107,0	78,2	90,3	82,9	91,5	93,7
	Brinellhärte H_n 10/3000/30	oben	—	214	198	202	205	204	196
		unten	224	222	200	195	183	206	212
		Mittelwerte	224	218	199	198	194	205	204
	Rockwellhärte R_B 1/16″ 100 kg	oben	98	96	94	96	94	95	93
		unten	101	100	94	—	—	96	96
		Mittelwerte	100	98	94	95	94	95	94
	Kennziffer der Zerspanbarkeit (v_{60} für 4·1)		14	15	15,5	16	16	16	17

* Prüfung gesondert gegossener Biegestäbe nach den Vorschriften des Vereins Deut-

maßstab unmittelbar die gesuchte v_{60} an; in diesem Falle 9,5 m/min. Man kann aus obigem Schaubild auch sehr schnell den Unterschied in der anwendbaren v_{60} ermitteln, der trotz konstanter Größe des nominellen Spanquerschnittes dann entsteht, wenn die Zusammensetzung aus t und s sich ändert; z. B. ist für den gleichen nominellen Spanquerschnitt $F = 16$ mm², wie in obigem Beispiel, aber bei $t \cdot s = 4 \cdot 4$ ist, die gesuchte $v_{60} = 7{,}3$ m/min, d. h. nur 77% von 9,5 m/min wie vorher bei $t \cdot s = 8 \cdot 2$ ermittelt wurde.

Zwischen den Werten der verschiedenen Meißelformen (Einstellwinkel, Schaftquerschnitt usw.), ebenso zwischen Trockenschnitt und Schnitt mit Wasserllichs und Dabringhaus).

6	7	8	9	10	11	12	13	14	15
e 29.0	Ge 23.0	Ge 21.3	Ge 22.8	Ge 23.3	Ge 25.4	Ge 21.1	Ge 13.0	Ge 24.0	Ge 11.8
1500	1500	1500	1500	1500	1500	1500	1500	1500	1500
400	400	500	500	400	400	400	500	500	400
50	50	50	20	50	50	50	20	20	50
2,92	3,13	2,88	3,03	3,20	3,10	3,39	3,37	3,51	3,71
2,04	—	2,56	—	—	—	2,59	3,19	3,41	—
0,88	—	0,32	—	—	—	0,80	0,18	0,10	—
1,57	1,51	1,47	1,68	2,01	1,89	1,60	2,34	2,31	1,80
0,36	1,06	0,60	0,98	0,79	0,80	0,52	0,50	0,69	0,91
0,370	0,305	0,358	0,223	0,35	0,23	0,393	0,728	0,756	0,098
0,011	0,104	0,061	0,102	0,106	0,093	0,118	0,060	0,026	0,044
0,111	—	0,115	—	—	—	0,066	—	—	—
0,053	—	—	—	—	—	0,055	—	—	—
Sand	Lehm	Sand	Sand (liegend)	Sand	Sand	Sand	Sand	Zentrifugalguß	Lehm
lektroofen	Kupolofen von 900 mm l.W.	Oelofen	Kupolofen	Kupolofen (Schürmann-Ofen)	Kupolofen (Schürmann-Ofen)	Kupolofen	Flammofen	Flammofen	Kupolofen von 900 mm l.W.
50/1530	—	~1450	~1400	~1350	~1350	1390/1375	~1400	~1400	—
~1390	—	~1350	~1300	~1250	~1250	~1240	1200/1250	1250/1280	—
35,53	31,5	26,8	—	24,0	20,8	24,95	—	—	13,7
56,45	39,5	48,8	—	43,0	45,9	42,95	—	—	21,6
11,60	11,3	13,0	—	13,5	13,0	12,45	—	—	11,8
31,2	23,2	21,6	RI 23,5	22,9	26,2	20,5	—	24,3	15,1
26,9	23,0	21,0	RII 22,0	23,8	24,5	21,8	13,0	23,8	8,6
29,0	23,1	21,3	22,8	23,3	25,4	21,1	13,0	24,0	11,8
98,0	77,0	72,0	RI 84,0	83,5	81,6	71,4	57,2	84,2	55,4
97,5	76,6	71,4	RII 84,0	88,0	81,3	72,0	56,6	86,0	37,7
97,7	78,0	71,7	84,0	85,8	81,5	71,7	57,0	85,0	46,5
202	177	172	RI 182	177	182	151	152	166	135
188	189	182	RII 180	188	182	171	159	170	119
195	183	177	181	182	182	161	156	168	127
91	88	89	RI 89	87	89	79	85	87	78
96	89	88	RII 88	91	90	88	84	86	69
93	89	88	89	89	89	83	84	87	73
17,8	19,7	21,7	22,5	23	23	25	27	32,5	36,5

scher Eisengießereien.

kühlung, bestehen bestimmte Abhängigkeiten, die durch Anwendung von Umrechnungsfaktoren Berücksichtigung finden können.

Die Drehbarkeitsuntersuchung handelsüblicher Graugußsorten ergab — wie bereits erwähnt — der Natur nach ähnliche Gesetzmäßigkeiten wie für die C-Stähle, legierte Stähle und Stahlguß. Die Größenordnung der für die einzelnen Brinellwerte gefundenen Drehbarkeitskennziffer ist natürlich eine andere.

In diesem Zusammenhang waren die von A. Wallichs und H. Dabringhaus (*2*) durchgeführten Untersuchungen an 17 verschiedenen Gußeisensorten mit 12 bis 35 kg/mm² Zugfestigkeit besonders aufschlußreich. Zahlentafel 74 zeigt alle kennzeichnenden Werte dieser Materialien. Danach gelangten im Kupolofen-, Elektro- und Flammofen erzeugte Gußeisen zur Prüfung. Das unter 14 (Ge 24.0) aufgeführte Schleudergußrohr fiel im Zuge der Untersuchungen durch seine besonders gute Bearbeitbarkeit ganz aus dem Rahmen der erwarteten Zusammenhänge, was schon aus der Art der Spanform (Abb. 480) zum Ausdruck kam. Sämtliche

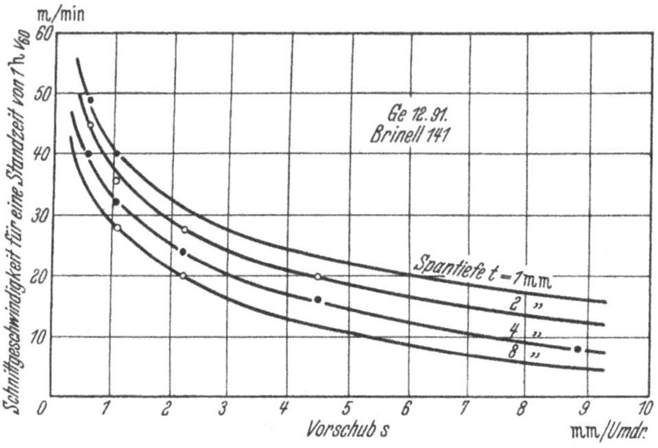

Abb. 482. v_{60}-s-Schaubild für Gußeisen 12.91.

Versuche wurden ohne Kühlung durchgeführt. Abb. 481 zeigt die Zusammenstellung der T-v-Kurven für einen Einstellwinkel von 45° bei verschieden gewähltem Vorschub, Spantiefe und Spanquerschnitt. Alle Standzeitkurven bestätigten die bei früheren Stahluntersuchungen gemachte Erfahrung, daß die Kurven um so flacher verlaufen, je weiter sie nach rechts, d. h. bei höheren Schnittgeschwindigkeiten liegen. Ferner erkennt man, daß eine Verdoppelung des Vorschubes einen doppelt so großen Abfall der Schnittgeschwindigkeit zur Folge hat, wie eine Verdoppelung der Spantiefe, eine Beziehung, die auch schon früher an einem Gußeisen 12.91 mit 141 Brinelleinheiten (3,51% C, 2,77% Graphit, 1,99% Si) zum Ausdruck gekommen war (Abb. 482).

Zahlentafel 75. Zusammenstellung der untersuchten Gußeisensorten nach WALLICHS und DABRINGHAUS.

Nr.	Bezeichnung	Brinellhärte	Kennziffer v_{60} (4·1)	Kennziffer v_{60} (4·2)	Richtungsgröße A
0	Ge 35.0	224	14	9,5	13
1	Ge 31.0	218	15	10,8	14
1a	Ge 25.1	199	15,5	11,5	13
2	Ge 28.0	198	16	11,5	15
3	Ge 26.1	194	16	11,5	15
4	Ge 26.5	205	16	11,5	15
5	Ge 26.3	204	17	12,5	16
6	Ge 29.0	195	17,8	13	16
7	Ge 23.0	183	19,7	15	16
8	Ge 21.3	177	21,7	16,5	17
9	Ge 22.8	181	22,5	17	18
10	Ge 23.3	182	23	17,3	19
11	Ge 25.4	182	23	17	20
12	Ge 21.1	161	25	18	21
13	Ge 13.0	156	27	20	22
14	Ge 24.0	168	32,5	24,5	27
15	Ge 11.8	127	36,5	27,5	30

In Abb. 483 sind dann noch einmal alle T-v-Kurven der 17 untersuchten Gußeisen für einen Spanquerschnitt von 4 · 1,12 mm zusammengestellt. In Zahlentafel 75 finden sich die für die Zerspanbarkeit maßgebenden Kennziffern beisammen. Die darin aufgeführte Richtungsgröße A ist eine Zahlengröße, die sich aus der verschiedenen Neigung der Geraden herleitet, welche die Abhängigkeit der Stundengeschwindigkeit vom Vorschub s in halblogarithmischer Darstellung

(Abb. 484) zeigt. Die Richtungsgröße gibt in erster Annäherung eine Kennziffer für das Verhalten der Werkstoffe untereinander an; die Neigung der Geraden in

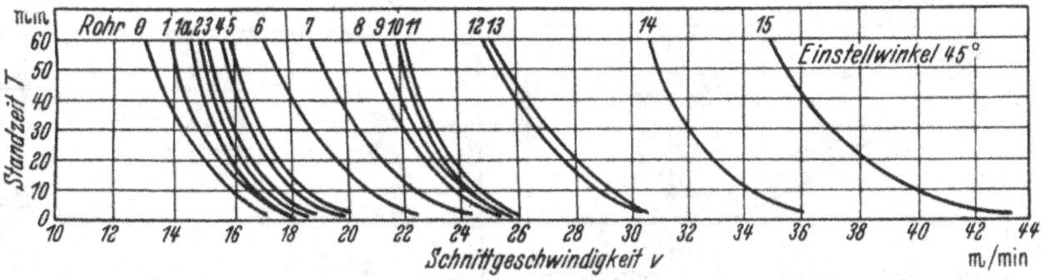

Abb. 483. Zusammenstellung der T-v-Kurven für 4× 1,12 mm aller untersuchten Gußeisensorten.

Abb. 484 ist bei gegebener Spantiefe für die härteren Werkstoffe mit kleinerer Stundengeschwindigkeit geringer als bei den weicheren Materialien, d. h. eine

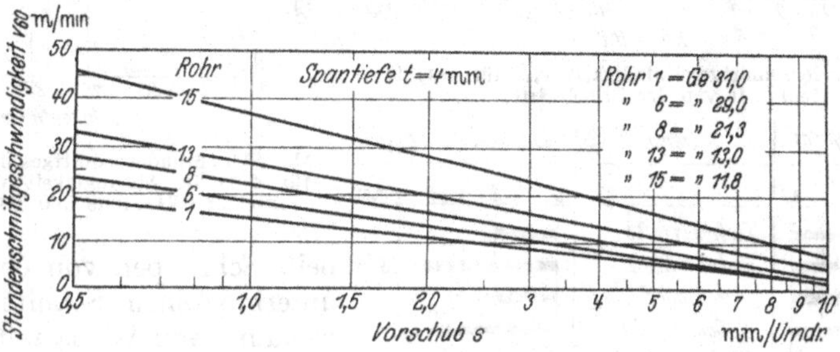

Abb. 484. v_{60}-s-Schaubilder für 4 mm Spantiefe von fünf verschiedenen Gußeisensorten.

Vergrößerung des Vorschubs hat bei den härteren Werkstoffen einen geringeren Abfall der Stundengeschwindigkeit zur Folge. Abb. 485 zeigt die Abhängigkeit der Richtungsgröße A von den v_{60}-Werten. Die erwähnten Versuche ergaben nun eine Beziehung, derzufolge die Zerspanbarkeit von Gußeisen von der Brinell- oder Rockwellhärte abhängig war, dagegen

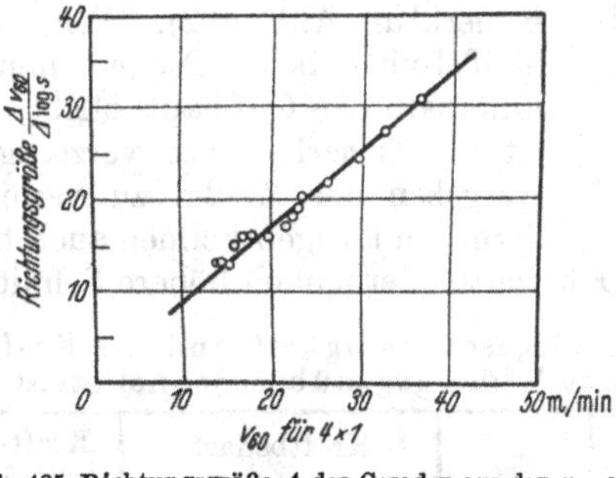

Abb. 485. Richtungsgröße A der Geraden aus den v_{60}-s-Schaubildern in Abhängigkeit von v_{60} (für Spantiefe t = 4 mm, Vorschub s = 1 mm)

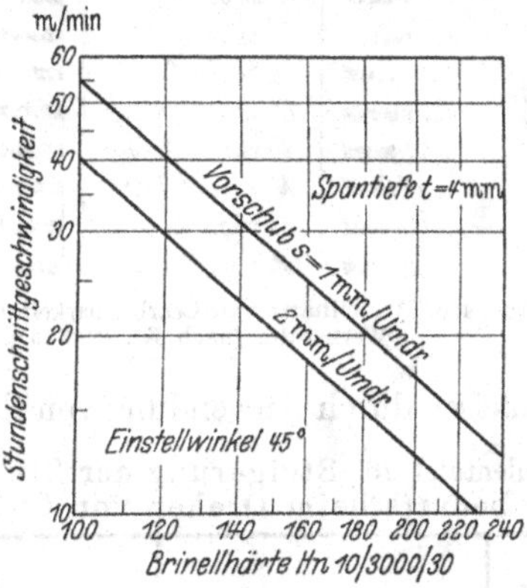

Abb. 486. Werte der Stundenschnittgeschwindigkeit für Gußeisen in Abhängigkeit von der Brinellhärte im doppeltlogarithmischen Feld.

nicht von der Analyse, Gießart oder dem Gefüge (Abb. 486 bis 487a). Eine Beziehung zwischen der Härte verschiedener Werkstoffe und ihrer Bearbeitbarkeit ist jedoch nicht ohne weiteres vorhanden (Abb. 488).

Bei gleicher Zugfestigkeit wäre nach den besprochenen Versuchen normaler Grauguß schlechter bearbeitbar als Stahl oder Stahlguß, lediglich der Schleuderguß liegt auf der gleichen Kurve mit Stahl bzw. Stahlguß (Abb. 489 und 490).

Verwendung von Hartmetall läßt ferner, wie Abb. 491 und Zahlentafel 76 erkennen lassen, wesentlich höhere Schnittgeschwindigkeiten zu. Heute wird z. B.

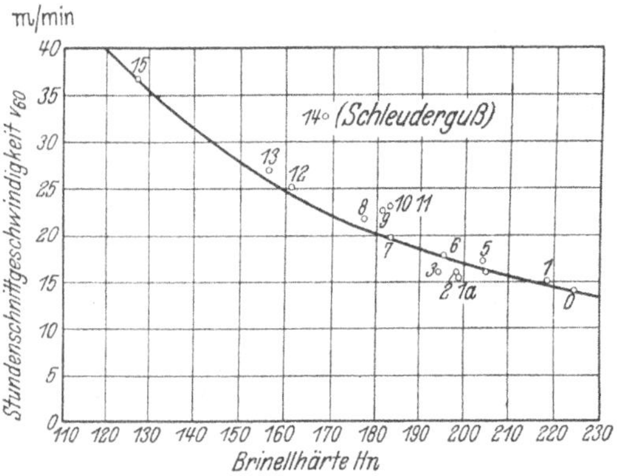

Abb. 487. Stundenschnittgeschwindigkeit v_{60} (für 4 · 1) in Abhängigkeit von der Brinellhärte.

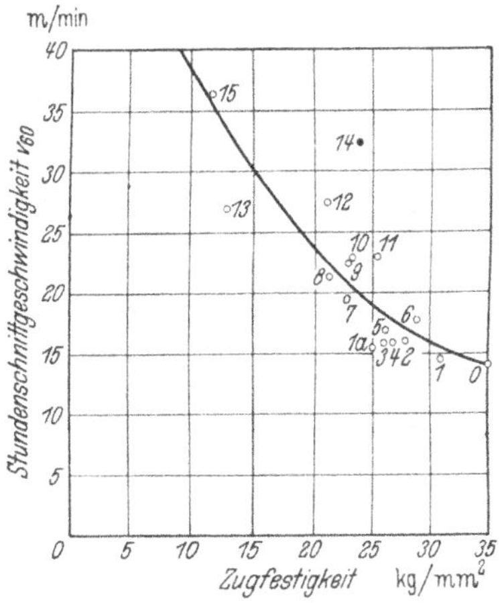

Abb. 487a. Stundenschnittgeschwindigkeit v_{60} (für 4 · 1) in Abhängigkeit von der Zugfestigkeit (WALLICHS und DABRINGHAUS).

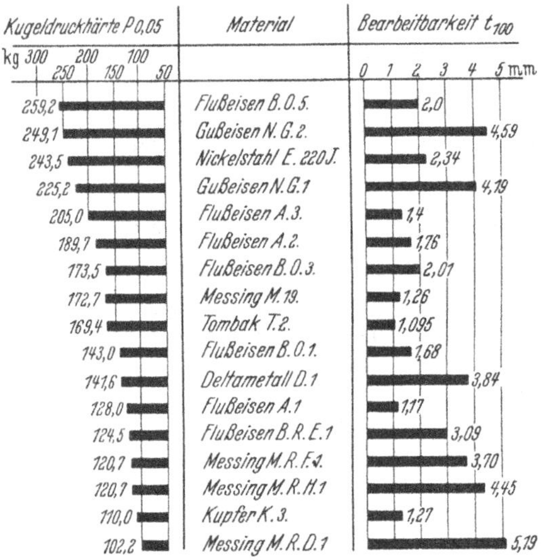

Abb. 488. Brinellhärte und Bearbeitbarkeit verschiedener Werkstoffe [nach KESSNER (6)].

beim Schruppen von Grauguß im unterbrochenen Schnitt bei Verwendung von Widia mit $v = 50$ m/min, $t = 15$ mm und $s = 1{,}02$ mm gearbeitet.

Über den Einfluß der Gußhaut auf die Bearbeitbarkeit sind die Auffassungen noch nicht einheitlich. Bei gut gestrahltem Guß macht sich ein nachteiliger Einfluß der Gußhaut nur selten bemerkbar (Abb. 492). Wenn die Meißelspitze beim Drehen immer unterhalb der Gußhaut bleibt, so ist mit Sicherheit ein vorzeitiges Ausgeben der Meißel zu verhindern. Im übrigen können auch bei Gußeisen durch Anwendung von flüssigen Kühlmitteln erheblich höhere Schnitt-

Zahlentafel 76. Steigerung der Stundenschnittgeschwindigkeit und des Kraftbedarfs beim Drehen von Gußeisen mit Widia gegenüber Schnellstahl.

Rohr	Werkstoff	v_{60} ss m/min	v_{60} Widia m/min	v_{60} Steigerung	Kraftbedarf Schnellstahl kW	Kraftbedarf Widia kW	Kraftbedarfsteigerung
1	Ge 31.0	14	48	1 : 3,4	4,5	10	1 : 2,2
5	Ge 26.3	16	56	1 : 3,5	4,5	9,5	1 : 2,1
7	Ge 23.1	19	62	1 : 3,3	5	11	1 : 2,2
8	Ge 21.3	20,5	69	1 : 3,4	5	11	1 : 2,2
	SM.-Stahl* von 65 bis 70 kg/mm² . .	22	50	1 : 2,3	—	—	—

* Nach SCHLESINGER: Werkstattstechnik Bd. 23 (1929) S. 381 bis 387.

geschwindigkeiten erzielt werden, wie A. WALLICHS und K. KREKELER (*3*) zeigen konnten. An Sand- bzw. Schleudergußrohren etwa gleicher Zugfestigkeit (Zahlentafel 77) wurden mit bzw. ohne Kühlung die in Abb. 493 wiedergegebenen *T*-*v*-Kurven erhalten, aus denen sich die in Zahlentafel 78 mitgeteilten Werte für die

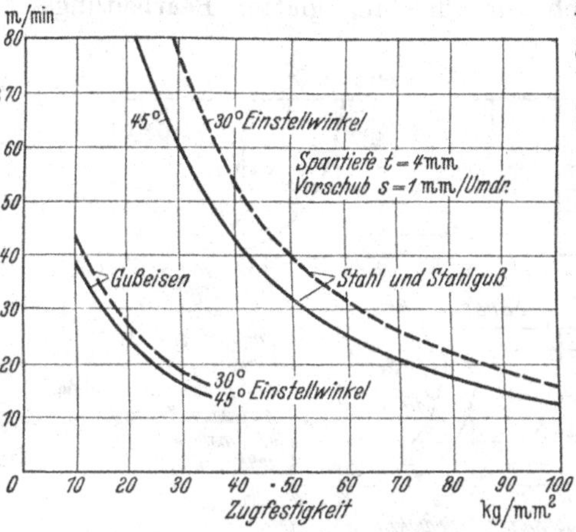

Abb. 489. Die Zerspanbarkeit des Gußeisens im Vergleich zu Stahl und Stahlguß. Einfluß des Einstellungswinkels (WALLICHS und DABRINGHAUS).

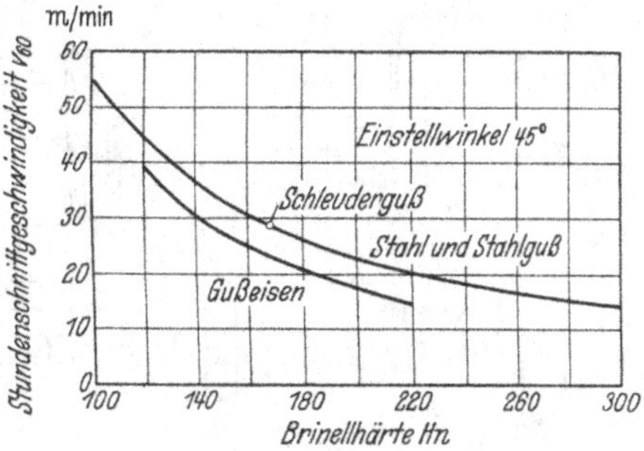

Abb. 490. Stundenschnittgeschwindigkeit v_{60} (für 4 · 1) von Gußeisen im Vergleich zu Stahl und Stahlguß.

Standzeit von 60 min ergaben. Man erkennt die bemerkenswerte Leistungssteigerung durch die Kühlwirkung, ferner in Übereinstimmung mit früheren Versuchen, die wesentlich bessere Zerspanbarkeit des Schleuderrohrgusses trotz seines gegenüber dem Sandgußrohr höheren Phosphorgehaltes. Durch Verwendung von Bohremulsionen, die gleichzeitig kühlen und schmieren, fallen die anwendbaren Schnittgeschwindigkeiten noch höher aus (Zahlentafel 78, unten). Gußeisen bildet bei der Bearbeitbarkeit durch Drehen meistens einen mehr oder weniger großen Reißspan (*4*) ohne Aufbauschneide (im Gegensatz zum sog. Fließspan oder zum Scherspan). H. SCHALLBROCH und A. WALLICHS (*5*) ermittelten auch die zur Zerspanung von weißem und schwarzem Temperguß erforderlichen Schnittkräfte, die bei dem letzteren

Zahlentafel 77.

Bezeichnung	Schleuderguß Ge 24.0	Sandguß Ge 25.1
Abmessungen der Rohre:		
Länge . . . . mm	1500	1500
Innendurchmesser . . . mm	500	400
Wandstärke . . . . . mm	20	50
Chemische Analyse:		
C (gesamt) . . . . %	3,51	3,31
Graphit . . . . %	3,41	2,25
C (gebunden) . . . . . . %	0,10	1,06
Si . . . . %	2,31	0,88
Mn . . . . %	0,69	0,94
P . . . . %	0,756	0,360
S . . . . %	0,026	0,118
Zugfestigkeit σ_B . . . . kg/mm²	24,0	25,1
Druckfestigkeit σ_{-B} . . kg/mm²	85,0	78,2
Brinellhärte H_n 10/3000/30 . .	168	199
Rockwellhärte —B 1/16″/100 kg	87	94

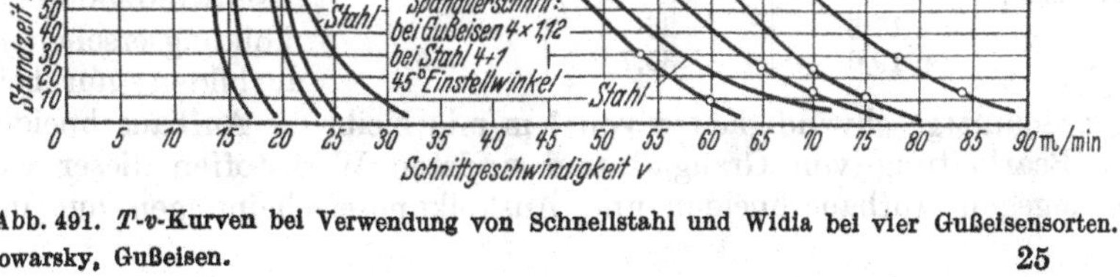

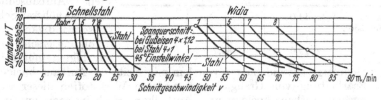

Abb. 491. *T*-*v*-Kurven bei Verwendung von Schnellstahl und Widia bei vier Gußeisensorten.

erheblich tiefer liegen. Bei weißem Temperguß wächst die Schnittkraft bei Schnittgeschwindigkeiten zwischen 15 und 20 m/min infolge der Bildung starker, festhaftender Aufbauschneiden, so daß sich zur Erzielung glatter Bearbeitungs-

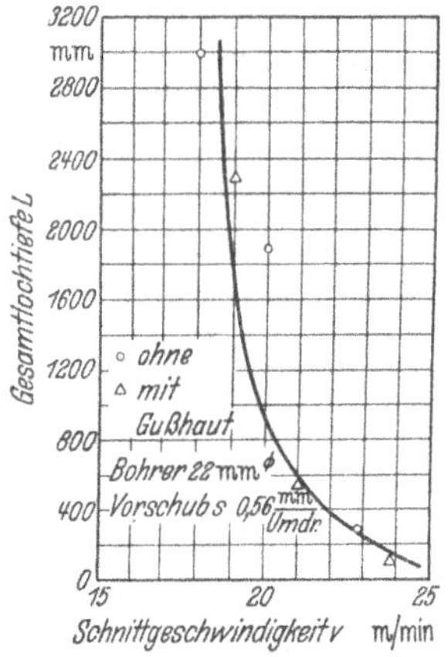

Abb. 492. Einfluß der Gußhaut auf die Lage der L-v-Kurven bei Gußeisen.

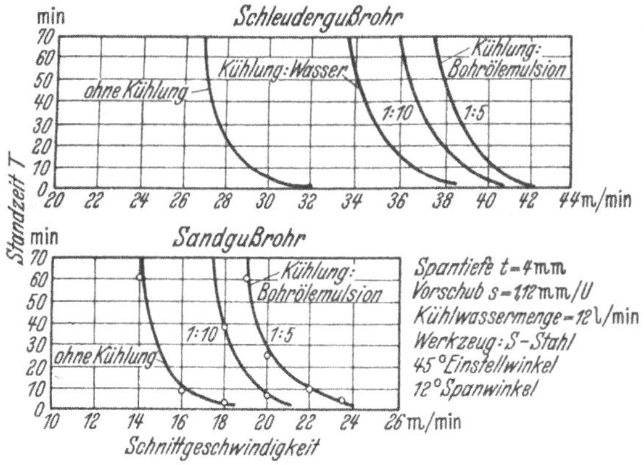

Abb. 493. Einfluß der Kühlmittelart auf die Lage der Standzeitkurve (T-v-Kurve) beim Drehen von Gußeisen (WALLICHS und KREKELER).

flächen bei diesem Werkstoff hohe, über 20 m/min liegende Schnittgeschwindigkeiten empfehlen. Interessant ist, daß nach Beobachtungen von W. DAWIHL (*14*) der Verschleiß titankarbidhaltiger Hartmetallwerkzeuge bei Grauguß mit der Geschwindigkeit gleichmäßig ansteigt, während der Verschleiß bei der Bearbeitung von Stahl auch bei der dafür besonders geeigneten titankarbidhaltigen Hartmetallsorte einen sehr deutlich ausgeprägten Mindestwert hat (Abb. 494). Die Beobachtungen ergaben weiterhin, daß bei Bearbeitung von Stahl mit Hartmetallwerkzeugen sich auf der Spanablauffläche bei niedrigen Schnittgeschwindigkeiten Aufbauschneiden und bei höheren Schnittgeschwindigkeiten Auskolkungserscheinungen ausbilden; nur bei sehr niedrigen Schnittgeschwindigkeiten von 1 m/min bleibt die Aufbauschneide aus. Bei der Bearbeitung von Grauguß und anderen Werkstoffen dieser Gruppe können dagegen Aufbauschneiden und Auskolkungserscheinungen nur in sehr

Zahlentafel 78. Werte der Schnittgeschwindigkeiten für eine Standzeit von 60 min. (Nach A. WALLICHS und K. KREKELER.)

Vorschub	1,12 mm/U
Spantiefe	4 mm
Werkzeug	Drehmeißel SS, Einstellwinkel 45°
Kühlmenge	12 l/min

Drehen von Schleuderguß (Ge 24.0)

Arbeitsvorgang	Stundenschnittgeschwindigkeit v_{60} m/min	Geschwindigkeitsgewinn gegen Trockenbearbeitung %	Steigerung gegen Wasser bzw. gegen Emulsion 1:10 %
Trocken	27,0	—	—
Wasser	33,75	25	—
Bohrölemulsion			
1:10	36,0	33	7
1:5	37,5	39	4,2

Drehen von Sandguß (Ge 25.1)

Arbeitsvorgang	Stundenschnittgeschwindigkeit v_{60} m/min	Geschwindigkeitsgewinn gegen Trockenbearbeitung %	Steigerung gegen Emulsion 1:10 %
Trocken	14,0	—	—
Bohrölemulsion			
1:10	17,5	25	—
1:5	19,0	35,7	18,6

geringem Umfange beobachtet werden. Da bei der Stahlbearbeitung die höchsten Schnittdrücke und sehr hohe Temperaturen an der Werkzeugschneide auftreten, ergab sich zusammen mit der Tatsache, daß die Aufbauschneiden Verschweißungserscheinungen zwischen Werkstoffteilchen und dem Werkzeug darstellen, der Schluß, daß der Verschleiß bei der Stahlbearbeitung in wesentlichem Umfange durch die Mitwirkung der freien Oberflächenkräfte zwischen Werkstoff und Werkzeug bedingt wird.

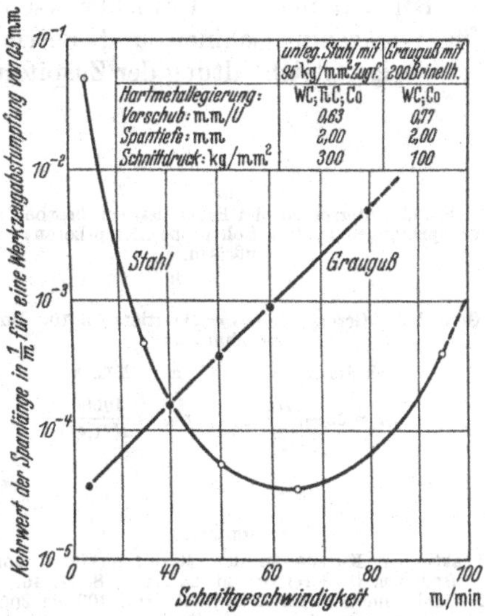

Abb. 494. Einfluß der Schnittgeschwindigkeit auf den Verschleiß von Hartmetallegierungen (W. Dawihl).

3. Bearbeitung durch Bohren.

Das Verfahren mit Gewichtsvorschub. Eines der ältesten Verfahren, mit dem man auch in der Praxis am häufigsten eine Beurteilung der Bohrbarkeit, oft auch der Zerspanbarkeit allgemein anstrebt, ist das sogenannte Keep-Lorenz-Bohrverfahren mit Gewichtsvorschub, wobei als Kennwert des Verfahrens die Eindringtiefe l_{100} eines Bohrers für 100 Umdrehungen festgestellt wird unter gleichbleibender Belastung. A. Kessner (*6*) wandte das gleiche Verfahren an unter Verwendung eines geraden Spitzbohrers und von Elektrolytkupfer als Vergleichswerkstoff. Zur Behebung des Einflusses der Kreuzschneide des Bohrers wird vor Beginn des Versuches ein Loch in die Probe gebohrt, dessen Durchmesser der Länge der Kreuzschneide entspricht (Abb. 495 links).

Eine wichtige Vorbedingung bei der Durchführung des Keep-Lorenz-Versuches ist nach A. Wallichs und W. Mendelson (*7*) die bis ins einzelne gleichbleibende Form des Bohreranschliffes und der Bohrerzuspitzung. Schon geringe Abweichungen führen, wie H. Schallbroch (*8*) zeigte, zu merklichen Veränderungen des l_{100}-Wertes auch unter sonst gleichen Bedingungen.

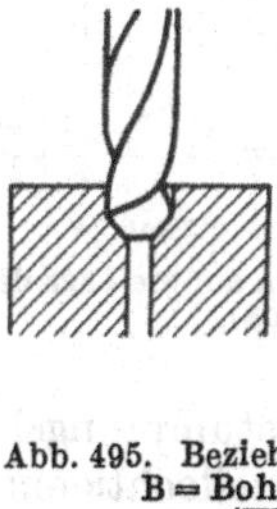

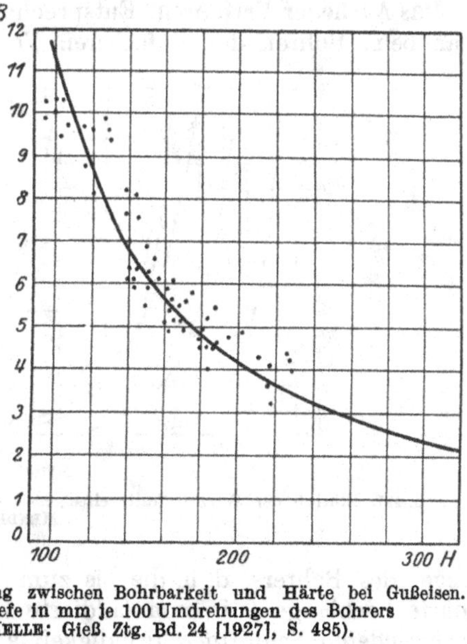

Abb. 495. Beziehung zwischen Bohrbarkeit und Härte bei Gußeisen. B = Bohrtiefe in mm je 100 Umdrehungen des Bohrers (W. Melle: Gieß. Ztg. Bd. 24 [1927], S. 485).

Daher konnte auch die Arbeit von W. Melle (*9*), der ebenfalls das Keßner-Verfahren benutzte, keine Aufschlüsse über die „Bearbeitbarkeit“ durch Drehen geben, da er die Abnutzung und Abstumpfung des Bohrers bewußt ausschaltete, deren Einbeziehung zur richtigen Beurteilung aber notwendig ist. Wie unsicher und verschiedenartig die Ergebnisse dieses Bohrverfahrens ausfallen können, ersieht man aus dem Vergleich zweier unter fast gleichen Bedingungen vorgenommenen Prüfungen von O. v. Schwarz und W. Melle (*10*) (Abb. 496).

Bei den neueren Gewichtsvorschubversuchen des Aachener Laboratoriums für Werkzeugmaschinen und Betriebslehre wurde daher, um die immerhin schwierige Gleichhaltung der Zuspitzung zu vermeiden, auf jede Zuspitzung ver-

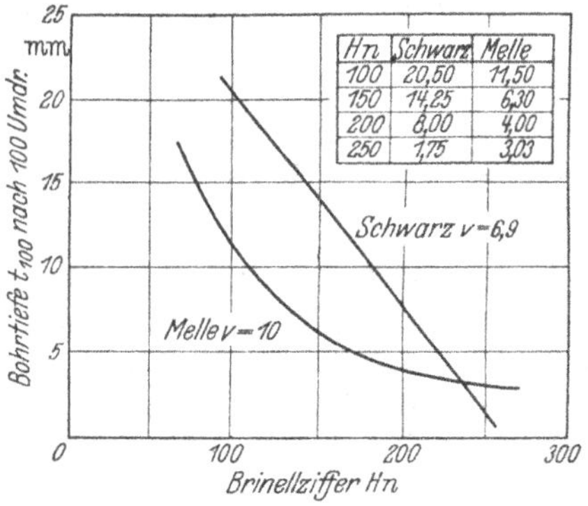

Abb. 496. Unterschiede der Ergebnisse von Bearbeitbarkeitsprüfungen mittels Bohrprobe „Keep-Lorenz" bei Gußeisen.

Gefundenes Gesetz für t_{100} = Bohrtiefe für 100 Bohrumdrehungen:

nach Schwarz $t_{100} = 33 - \frac{H_n}{8}$ nach Melle $t_{100} = \frac{10000}{H \cdot 1{,}47}$

O. v. Schwarz:
Praktischer Kursus in der Materialprüfung von Gußeisen. Gießereiztg. Bd. 24 (1927) S. 441/46.
Normale Gußeisensorten, Brinellhärte: 100 bis 200; von unten gebohrt mit Spiralbohrer 10 mm Durchmesser; vorgebohrt mit 3 mm Durchmesser. Spitzenwinkel 120°; Vorschubgewicht 60 kg; Schnittgeschwindigkeit 6,3 m/min.

W. Melle:
Über Härte und Bearbeitbarkeit von Gußeisen. Gießereiztg. Bd. 24 (1927) S. 485/86.
Normale Gußeisensorten, Brinellhärte: 90 bis 240; von oben gebohrt mit Spiralbohrer 10 mm Durchmesser; vorgebohrt mit 3 mm Durchmesser. Spitzenwinkel 240°; Vorschubgewicht 55 kg; Schnittgeschwindigkeit 10 m/min.

zichtet und das ganze Loch mit einem Durchmesser vorgebohrt, der mindestens gleich der Querschneidenbreite ist (*7*).

Das Aachener Verfahren. Entsprechend der Standzeit beim Drehen bestimmt man beim Bohren der einfacheren Versuchsdurchführung halber die „Stand-

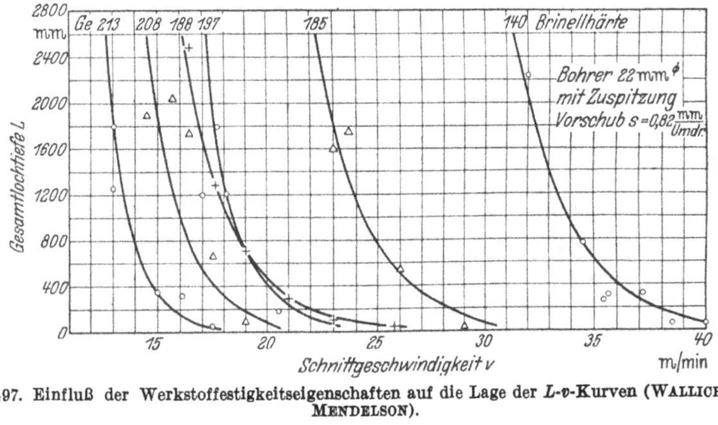

Abb. 497. Einfluß der Werkstoffestigkeitseigenschaften auf die Lage der L-v-Kurven (Wallichs und Mendelson).

länge" des Bohrers, d. h. die bis zum Abstumpfungskriterium des Bohrers gebohrte Lochlänge L in mm (addierte Einzellochtiefen). L in Abhängigkeit der angewendeten Schnittgeschwindigkeit aufgetragen, führt ebenfalls zu hyperbelartigen Kurven (Abb. 497). Als Vergleichskennzeichen, das der v_{60} beim Drehen entspricht, wählte man beim Bohren die Größe $v_{L\,2000}$, d. h. diejenige Schnittgeschwindigkeit, bei der der Bohrer unter den betreffenden Bedingungen $L = 2000$ mm Standlänge aufweist. Zwischen $v_{L\,2000}$ und der Brinellhärte der gebohrten Werkstoffe bestehen offenbar gesetzmäßige Beziehungen (Abb. 498), die es ermöglichen, eine werkstattmäßig ermittelte Kennzeichnung der Bohrbarkeit der normal zerspanbaren Gußeisensorten zu geben.

Die Bohrbarkeit der zur Verfügung stehenden 6 Gußeisensorten (Zahlentafel 79) wurde durch Standlängenversuche bei mehreren Vorschüben von 0,3 bis 1,33 mm/U untersucht. Die Standlängen-Schnittgeschwindigkeitskurven dieser 6 Gußeisensorten für einen mittleren Vorschub 0,82 mm/U sind in Abb. 497 dargestellt. Die L-v-Kurven liegen in einem Schnittgeschwindigkeitsbereich von etwa 13 bis 40 m/min, während der Bereich der Brinellhärte nur zwischen 140 bis 213 kg/mm² liegt. Ferner ersieht man, daß die L-v-Kurven mit steigender Festigkeit zunehmend steiler verlaufen, lediglich das Perlitgußeisen Ge 188 weist einen ziemlich flachen Verlauf auf. Aus den zahlreichen L-v-Kurven wurden die Bohrbarkeitsziffern $v_{L\,2000}$ der bei anderen Vorschüben bestimmten L-v-Kurven in Abb. 498 in einem Schaubild mit doppellogarithmischer Teilung in Abhängigkeit vom Vorschub aufgetragen. Es ergeben sich hierbei Gerade, die bei weichem Gußeisen flacher verlaufen. Bei weichem Gußeisen setzt demnach eine Steigerung des Vorschubes die anwendbare Schnittgeschwindigkeit verhältnismäßig weniger herab als bei hartem Gußeisen, z. B.:

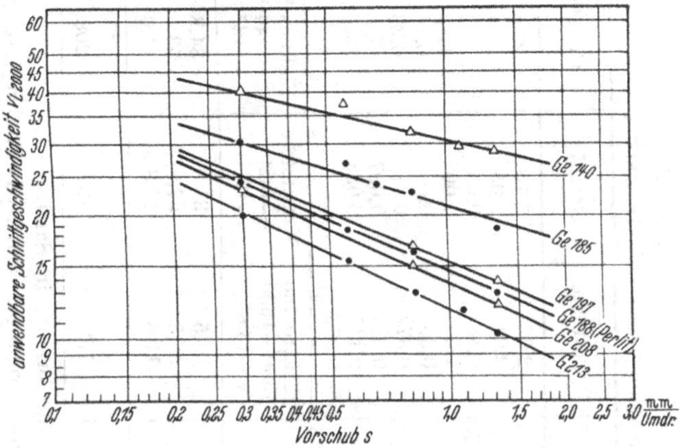

Abb. 498. Die anwendbare Schnittgeschwindigkeit v_{L2000} in Abhängigkeit von dem Vorschub für Härte verschiedener Gußeisensorten. Bohrer: 22 m Durchmesser mit Zuspitzung; Einzellochtiefe 50 mm; trocken (WALLICHS und MENDELSON).

Ge 140 $s = 0{,}30$ mm/U	$v_{L\,2000} = 41$ m/min		
Ge 140 $s = 1{,}33$ „	$v_{L\,2000} = 24{,}2$ „	39% Abfall
Ge 213 $s = 0{,}30$ „	$v_{L\,2000} = 20{,}5$ „	
Ge 213 $s = 1{,}33$ „	$v_{L\,2000} = 10{,}3$ „	50% „

Der Abstand der Kennlinien der einzelnen Gußeisensorten läßt einen zahlenmäßig ausdrückbaren Einfluß der Härte vermuten. Die Auftragung der $v_{L\,2000}$-Werte für einen Vorschub in Beziehung zur Härte führt im doppellogarithmischen System zu einer Geraden (Abb. 499).

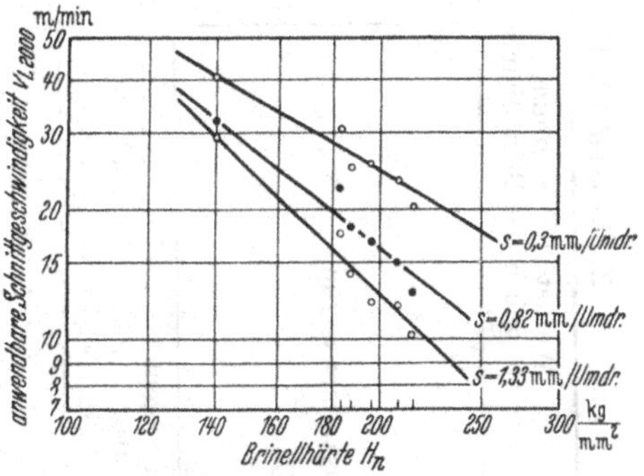

Abb. 499. Anwendbare Schnittgeschwindigkeit in Abhängigkeit von der Brinellhärte.

Die $v_{L\,2000}$-Werte in Abb. 498 gelten nur für die folgenden Versuchsbedingungen: Bohrerdurchmesser = 22 mm, Einzellochtiefe $l = 50$ mm, Querschneidenbreite 3 mm. Da jedoch der Einfluß der Querschneidenbreite sowie der Einfluß der Einzellochtiefe nur unbedeutend zu sein scheint, so kommt dem Schaubild wahrscheinlich allgemeinere Bedeutung zu. Durch den Anschliff eines kleineren Querschneidenwinkels rückt die L-v-

Zahlentafel 79. Die Werkstoffe der Bohrversuche (A. WALLICHS und W. MENDELSON).

Werkstoffbezeichnung: (Die Zahlen hinter Ge geben die Brinellhärte in kg/mm² an)		Ge 140	Ge 185	Ge 188	Ge 197	Ge 208	Ge 213
Chemische Zusammensetzung in %	C gesamt	3,39	3,31	2,92	2,70	2,94	2,82
	Graphit	2,69	2,25	2,04	2,05	—	1,94
	C gebunden	0,80	1,06	0,88	0,65	—	0,88
	Si	1,60	0,88	1,57	2,00	1,12	2,85
	Mn	0,52	0,94	0,36	0,60	0,71	0,41
	P	0,393	0,36	0,37	0,27	0,33	0,023
	S	0,118	0,118	0,011	0,097	—	0,009
	Cu	0,066	—	0,111	0,083	—	—
	Ni	0,055	—	0,053	—	—	—
Art des Schmelzofens		Kupolofen	Kupolofen	Elektroofen	Kupolofen	Elektroofen	Elektroofen
Abstichtemperatur	°C	1390—1375	~1390	1550—1630	~1420	~1440	~1440
Gießtemperatur	°C	~1280	~1340	~1390	~1250	~1350	~1420
Zugfestigkeit	kg/mm² *	24,9	25,0	35,5	31,0	34,8	35,8
Biegefestigkeit	kg/mm² *	42,9	—	56,5	57,9	53,0	50,5
Durchbiegung	mm *	12,5	—	11,6	12,8	11,0	—
Brinellhärte 10/3000/30 Mittelwert von Rand und Mitte der Platte		140	185	188	197	208	213

Plattenabmessung: 400 mm Durchmesser, 80 mm hoch. Einformung im Sand.

* Prüfung erfolgte an gesondert gegossenen Probestäben nach den Vorschriften des vormaligen Vereins Deutscher Eisengießereien.

Kurve in höhere Schnittgeschwindigkeitsgebiete, die Schnittkräfte steigen jedoch mit der Querschneidenbreite an. Bohrer mit einem Sonderschliff „Stock" (mit gebrochenen Schneidekanten) ergaben eine um 35% höher anzuwendende Schnittgeschwindigkeit als normal geschliffene (nicht zugespitzte) Bohrer.

Vergleich der Keep-Lorenz-Methode mit dem Standlängenverfahren: Bei den neueren Keep-Lorenz-Versuchen mit Gußeisen und Stahlguß ergaben die Versuche von WALLICHS und MENDELSON, daß bei Gußeisen die Darstellung der l_{100}-Werte in Abhängigkeit von der Härte ähnlichen Verlauf hat wie die der $v_{L\,2000}$-Werte. Die Auftragung der l_{100}-Werte in Abhängigkeit von den $v_{L\,2000}$-Kennziffern (Abb. 500) ergab eine geradlinige Abhängigkeit der l_{100}-Werte zu den Bohrbarkeitskennziffern, d. h. die Gewichtsvorschub-Bohrprüfung ist geeignet, Gußeisen-Werkstoffe nach ihrer **Bohrbarkeit** einzuordnen; das für die wirklichen werkstattmäßigen Verhältnisse richtige Maß dieser Stufung kann jedoch nur durch Standlängenversuche bestimmt werden. Dennoch scheint die Gewichtsvorschubmethode wenigstens zur qualitativen Unterscheidung der Drehbarkeitswerte verschiedener Gußeisen geeignet zu sein (*11*) mit der Einschränkung, daß werkstattmäßig anwendbare Zahlenangaben für diese Unterschiede wiederum nur auf Grund der Ergebnisse von Standzeitversuchen möglich sind (Abb. 501).

4. Das Sägen von Gußeisen.

A. Wallichs und H. Seul (*12*) haben an verschiedenen Werkstoffen, darunter auch Ge 26.91 und Ge 14.91 planmäßige Sägeversuche angestellt. Danach soll Gußeisen stets ohne Kühlung gesägt werden, da diese die Trennzeit stark verlängert. Für die Erreichung kurzer Trennzeiten beim Betrieb von Hubsägen sei hoher Bügeldruck und niedrige Schnittgeschwindigkeit einem umgekehrten Verhältnis vorzuziehen. Für die Wahl der Zahnteilung gelte, daß bei härterem Gußeisen (über Ge 26.91) eine feine Teilung einer groben vorzuziehen sei.

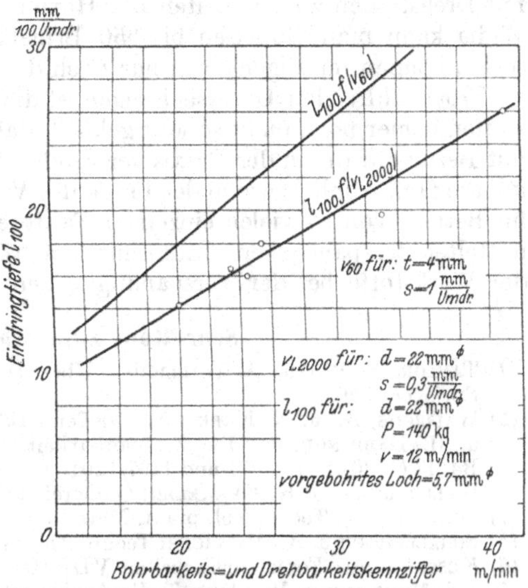

Abb. 500. Die Eindringtiefe l_{100} in Abhängigkeit von der Bohrbarkeits- und Drehbarkeitskennziffer v_{L2000} bzw. v_{60} für Gußeisen (Wallichs und Mendelson).

5. Das Senken, Reiben und Fräsen von Gußeisen.

Unter Senken und Reiben versteht man auf dem Gebiet der Metallbearbeitung zwei Sonderfälle der Metallzerspanung, bei welchen nicht eine große Spänemenge unter Einsatz möglichst geringen Aufwandes, sondern eine besondere Maßhaltigkeit und geometrische Formgenauigkeit der bearbeiteten Werkstücksform sowie eine besonders glatte Oberfläche der Werkstücke angestrebt wird. Insbesondere trifft dies für den Reibvorgang zu. Das Senken stellt demgegenüber nur eine Vorarbeit dar, durch welche das mit Bohrwerkzeugen vorgebohrte Loch bezüglich seiner Rundheit, Achsenrichtigkeit und Oberflächenglätte so weit verbessert wird, daß der nachfolgende Reibvorgang den gewünschten Erfolg hat.

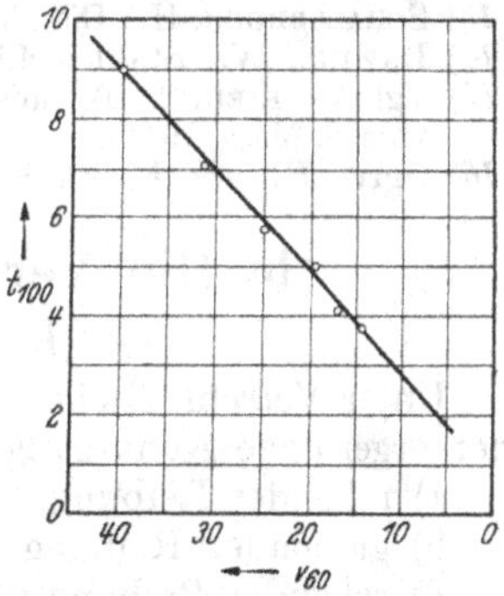

Abb. 501. Beziehung zwischen der Bohrbarkeit t_{100} und der Stundenschnittgeschwindigkeit nach Wallichs-Dabringhaus bei Grauguß.

H. Schallbroch (*13*) fand bei vergleichenden Untersuchungen an Gußeisen mit etwa 21 kg/mm² und St. 60.11, daß unter gleichen Schnittbedingungen sowohl beim Senken als auch beim Reiben die Schnittkräfte beim Gußeisen erheblich niedriger lagen als bei St. 60.11, obgleich beide Stoffe die gleiche Brinellhärte aufwiesen. Infolge niedriger Schnittkräfte können beim Senken und besonders beim Reiben von Gußeisen erheblich höhere Vorschübe angewandt werden.

Die Ursache dieser Erscheinungen wird auf die Verschiedenheit der Spanbildung bei Gußeisen (bröckeliger Span) und Stählen (Krollspan) zurückgeführt. Der Abbiegungswiderstand der Späne bei mehrschneidigen Werkzeugen, der bei Gußeisen fast nicht vorhanden sei, überwiege bei Stählen wahrscheinlich die Auswirkung der durch die Zugfestigkeit gegebenen Unterschiede. Auf Reibahlenzähnen beim Bearbeiten von Gußeisen bilde sich keine Aufbauschneide. Die Standzeitbestimmung beim Fräsen ist noch umstritten (*16*).

Die Standzeitbestimmung beim Fräsen ist noch umstritten (*16*).

Was die Grenzen der Bearbeitbarkeit von Gußeisen betrifft, so kann man im allgemeinen sagen, daß Gußeisen mit Brinellhärten bis etwa 350 kg/mm² mit Drehstählen zu bearbeiten ist. Härtere Sorten benötigen Spezialstähle. Mit Widia kann man Gußeisen bis 650 Brinellhärte bearbeiten. Härtere Gußeisensorten können im allgemeinen nur noch durch Schleifen behandelt werden.

Trotz zahlreicher Untersuchungen ist die Frage der Zerspanbarkeit von Werkstoffen immer noch nicht so weit geklärt, daß man eine brauchbare Rangordnung mit Bezug auf die in der Praxis verwendeten Metalle und Legierungen aufstellen könnte (*15*). Ähnlich wie in der Frage der Verschleißprüfung hängt das Verhalten im Betrieb von so vielen einzelnen Faktoren ab, daß die im Laboratorium ermittelten Zerspanbarkeitsziffern nur ganz rohe Anhaltspunkte für das Verhalten der Werkstoffe bei der Verspanung geben können.

Schrifttum zum Kapitel XIIIa.

(*1*) Taylor, F. W., u. A. Wallichs: Über Drehbarkeit und Werkzeugstähle. Berlin: Springer 1920.
(*2*) Wallichs, A., u. K. Krekeler: Gießerei Bd. 15 (1928) S. 1289; ferner Wallichs, A., u. H. Dabringhaus: Die Zerspanbarkeit des Gußeisens im Drehvorgang. Gießerei Bd. 17 (1930) S. 1169/77 und 1197/1201.
(*3*) Wallichs, A., u. K. Krekeler: Gießerei Bd. 18 (1931) S. 493.
(*4*) Schwerd, F.: Techn. Zbl. prakt. Metallbearb. Bd. 46 (1936) S. 745.
(*5*) Schallbroch u. A. Wallichs: Techn. Zbl. prakt. Metallbearb. Bd. 48 (1938) S. 849.
(*6*) Kessner, A.: Forschungsarbeiten VDI Heft 208 (1918) S. 26.
(*7*) Vgl. Mendelson, W.: Diss. T. H. Aachen 1932; ferner Wallichs, A., Beutel, H., u. W. Mendelson: Masch.-Bau Betrieb Bd. 11 (1932) S. 478, sowie Wallichs, A., u. W. Mendelson: Bericht über betriebswissenschaftl. Arbeiten. Z. VDI Bd. 8 (1932) S. 19.
(*8*) Schallbroch, H.: Schieß-Defries-Nachr. Bd. 4 (1924/25) S. 102.
(*9*) Melle, W.: Gießereiztg. Bd. 25 (1928) S. 557 und 596.
(*10*) v. Schwarz, O., u. W. Melle: Gießereiztg. Bd. 24 (1927) S. 485.
(*11*) Auf diesen Zusammenhang hat erstmalig H. Jungbluth die obigen Forscher (*7*) hingewiesen.
(*12*) Wallichs, A., u. H. Seul: Werkzeugmaschine Bd. 38 (1934) Heft 8/9.
(*13*) Schallbroch, H.: Diss. T. H. Aachen 1930.
(*14*) Dawihl, W.: Stahl u. Eisen Bd. 61 (1941) S. 210.
(*15*) Vgl. Andrieu, O.: Technische Blätter zur Deutschen Bergwerks-Zeitung. Jahrg. 31 Nr. 10 vom 9. März 1941.
(*16*) Opitz, H., und F. Meyer: TZ f. prakt. Metallbearbeitung, Bd. 51 (1941) Nr. 21/22.

b) Die Verschleißfestigkeit von Gußeisen.

1. Allgemeine Bemerkungen.

Unter Verschleiß eines Werkstückes wird die durch Reibungsbeanspruchung hervorgerufene Abnutzung verstanden. Zu unterscheiden ist zwischen

a) rollender Reibung,
b) gleitender Reibung,
c) rollender Reibung mit anteiligem Gleiten (Schlupf),
d) der Erosionswirkung flüssiger oder gasförmiger Medien.

Der Verschleißwiderstand jedes Werkstoffes ist bei jeder dieser Reibungsarbeiten abhängig von

1. der Gleit- (Ström-) Geschwindigkeit und dem spezifischen Druck,
2. der Anwesenheit von Schmier- oder Scheuermitteln,
3. dem Vorhandensein korrodierender Einflüsse,
4. der Oberflächenbeschaffenheit,
5. Temperatureinflüssen.

Beim Verschleiß eines Werkstückes können folgende Einzelerscheinungen unterschieden werden:

a) mechanische Wegnahme kleiner Werkstoffteilchen,
b) Oberflächenverformung und Kalthärtung des Werkstoffes,
c) Oxydationserscheinungen zwischen den reibenden Metallen.

Bei den in der Praxis vorkommenden Verschleißverhältnissen tritt meist eine Vielzahl der genannten Einflüsse in wechselnder Zusammenstellung auf. Eine laboratoriumsmäßige Normal-Verschleißprüfung ist daher zur Zeit noch nicht möglich. Die Versuchsbedingungen müssen vielmehr (ähnlich wie bei Korrosionsmessungen) weitgehend auf den einzelnen Fall abgestimmt werden.

Die bisher entwickelten Prüfgeräte tragen im allgemeinen die Merkmale dieser Sonderverhältnisse (vgl. Abb. 540 bis 542). Die mit ihnen gewonnenen Zahlenwerte erlauben aber im allgemeinen eine relative Bewertungsmöglichkeit der Werkstoffe bezüglich ihrer Verschleißeigenschaften.

Ein unmittelbarer Vergleich von auf verschiedenen Prüfmaschinen bzw. auf gleichen Prüfmaschinen unter verschiedenen Betriebsbedingungen gewonnenen Werten ist indessen nicht angängig. Der Abnutzungswiderstand ist kein Werkstoffkennwert, sondern jeweilig von der Art des Angriffs abhängig, die Abnützungsprüfung ist also eine reine Modellprobe (*1*).

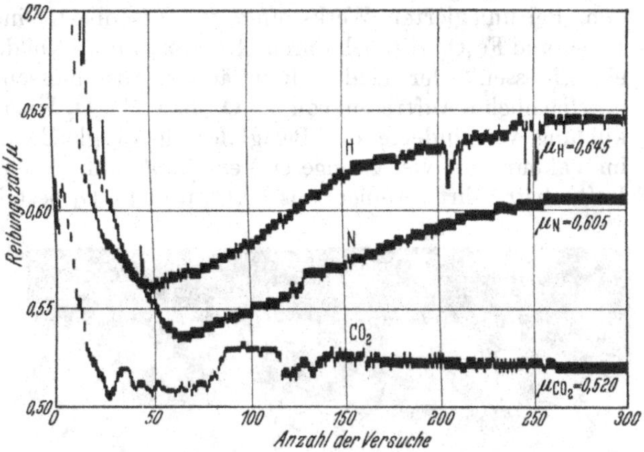

Abb. 502. Einfluß der Versuchszahl bei fortlaufenden Versuchen.

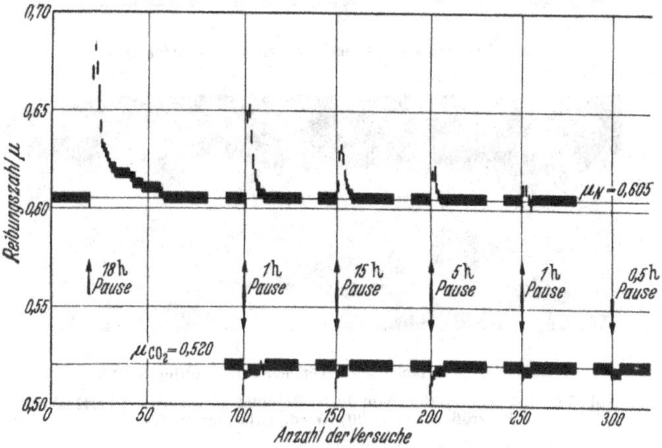

Abb. 503. Einfluß von Versuchspausen zwischen fortlaufenden Versuchen.
Abb. 502 und 503. Reibungszahl bei gleitender Reibung in verschiedenen Gasen.
Anpreßdruck $P = 1000$ kg; spezifischer Anpreßdruck $p = 625$ kg/cm²; Gleitgeschwindigkeit $v = 0,1$ cm/s. Die senkrechten Striche sind die Verbindung von Höchstwert und Tiefstwert jedes Versuchs. Ein Versuch = ein Befahren in einer Richtung.

2. Theorie der trockenen Reibung.

Versuche von M. Fink (*2*) sowie von M. Fink und N. Hoffmann (*3*) zeigten, daß bei Abnützungsversuchen, insbesondere bei rollender Reibung, ein oxydierter Verschleißstaub anfällt, der im Gegensatz zu der bislang vorherrschenden Anschauung (wie insbesondere Versuche in sauerstoffreien Gasen zeigten) keine Nebenerscheinung des Verschleißvorganges darstellt, vielmehr als eine selbständige Komponente des Abnützungsvorganges angesehen werden muß. Durch die bildsame Verformung der obersten Materialschicht werden „Lockerstellen" im Atomgitter herbeigeführt, die chemisch besonders aktiv sind, daher bei Berührung mit Luft sehr leicht oxydieren. Ist die Verformungsfähigkeit sehr stark (weicher Stahl, Austenitgefüge), so werden auch in großer Zahl Stellen entstehen, die gegenüber dem Sauerstoff der Luft sehr reaktionsfähig sind. Die Anzahl dieser aktiven Stellen wird daher auch in starkem Maße von der Härte des Materials abhängen. Andererseits kann die Oxydationsfähigkeit eines Metalls oder einer Legierung durch Zusätze bis zur vollkommenen Passivität vermindert werden. Bei unlegierten Werkstoffen auf Eisenbasis sind es vor allem die Oxyde Fe_2O_3 und Fe_3O_4, die sich durch „Reiboxydation“ bilden. Unter Bedingungen, die ein „Fressen“ der beiden Reibflächen ausschlossen, konnte F. ROLL (*4*) das oberflächliche Auftreten von Fe_2O_3 bzw. Fe_3O_4-Überzügen feststellen. Wasserkühlung verminderte die Belagbildung, desgleichen trat in Stickstoffgas oder im Vakuum ein viel geringerer Verschleiß auf. Auch gleitender Verschleiß bei Luftzutritt führt zu einem aus Fe_2O_3 und Fe_3O_4 bestehenden Oxydstaub. Jedenfalls muß man annehmen, daß die „trockene Reibung“ abhängig ist von der Atmosphäre, in der gearbeitet wird. Das geht auch tatsächlich überzeugend aus der Abb. 502 hervor, wo an St. 37 als Gleitbahn und gehärtetem Chromstahl der Einfluß der Adsorptionskraft verschiedener Gase (CO_2, H und N) auf die Reibungszahl zum Ausdruck kommt (*5*). Versuchspausen (Abb. 503) führten zu Veränderungen der Reibungsverhältnisse, die bei Stickstoff und Kohlendioxyd entgegengesetzt gerichtet sind. Daraus wurde geschlossen, daß es sich hier bei diesen Gasen um grundsätzlich verschiedene Arten von Adsorption handelt, die auch deutlich in einem ganz verschiedenen Grad der plastischen Verformung der weicheren Gleitbahn (Abb. 504 und 505) zum Ausdruck kam.

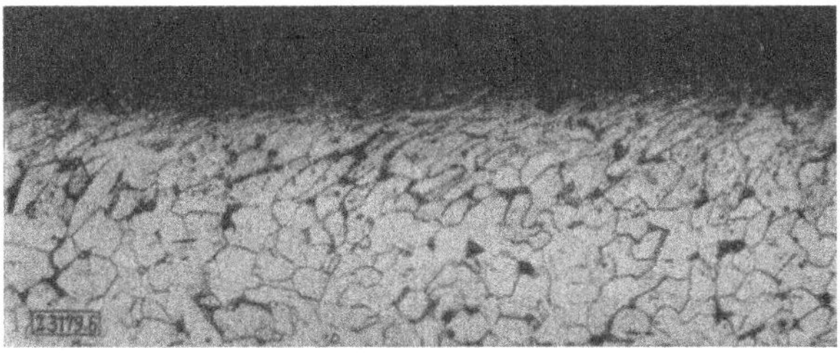

Abb. 504. Oberfläche nach Versuchen in Stickstoff.

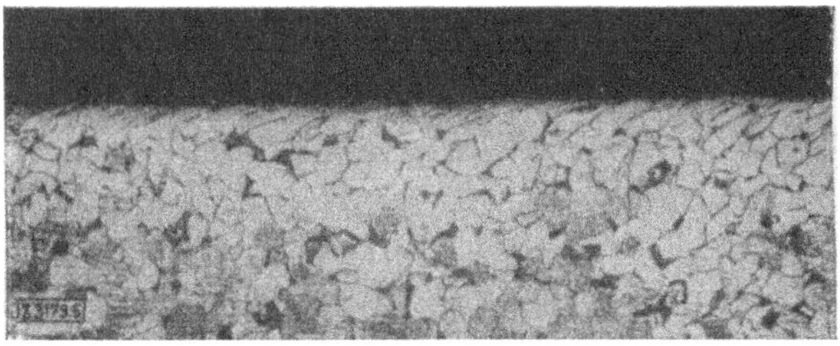

Abb. 505. Oberfläche nach Versuchen in Kohlendioxyd.

Abb. 504 und 505. Gefüge von durch Reibung verformten Oberflächen. Vergrößerung = 100, Wiedergabe davon 4/5.

3. Die Bedeutung der Schmierung.

Von größtem Einfluß auf die Reibungskräfte und den Verschleiß bei rollender und gleitender Reibung ist die Zusammensetzung und der Aufbau des Schmieröls, insbesondere dessen Adsorptionskraft für den Fall der „Grenzschmierung“, d. h. des Schmierungszustandes, in dem keine Flüssigkeitsreibung mehr vorhanden ist und die Schmierung sich dem Zustand „trockener Reibung“ nähert. Dann spielen Strömungsvorgänge keine Rolle mehr, vielmehr treten in Reaktion des Schmierfilms mit den freien Oberflächenkräften der gleitenden Metalle starke Molekularkräfte in Erscheinung, welche elektrischer Natur sind und annähernd dem Coulombschen Gesetz ($R = \mu P$) gehorchen (*5*). Dabei ist anzunehmen, daß sich die Metalle mit ihrer spezifischen Eignung für Lagerzwecke in zunehmendem Ausmaß in den aktiven Schmiermitteln lösen. Atome der Metalle verbinden sich dabei mit Molekülen der Schmieröle zu Seifen, die als trennende Schicht alsdann die Größe der Reibung auf der adsorbierten Schmierschicht bestimmend beeinflussen. W. B. HARDY (*6*) fand dabei die in Abb. 506 wiedergegebene Beziehung zwischen dem Molekulargewicht, also der Kettenlänge im molekularen Aufbau des öligen Schmiermittels und der Reibungszahl bei Gleitung von Stahl auf Stahl. Aber auch die Art der metallischen Oberfläche beeinflußt stark die Größe der wirksamen Molekularkräfte. So muß man z. B. annehmen, daß die oberflächliche Kaltverformung der gleitenden Metalle im Sinne der erwähnten Finkschen Lockerstellen zu einer starken Steigerung der freien Molekularkräfte und damit zu einem intensiveren Festhalten des Ölfilms führt, wie es kaltgezogenen Lagerbronzen eigen ist (*7*) und auch die Eignung kaltverformbarer Werkstoffe für Lager- und Laufzwecke erklärt. Damit wäre auch die Beobachtung erklärt, daß bei nicht allzu starken Lagerdrücken gewöhnliches weiches Flußeisen (St. 37) oder austenitisches Material sich mitunter besser bewährt als harter Stahl. Jedenfalls scheint es heute als erwiesen, daß die Mitwirkung freier Oberflächenkräfte zwischen Werkstoff und bearbeitendem Werkzeug bzw. dem Gegenwerkstoff den Verschleißvorgang stark beeinflußt (*61*). Die guten Erfahrungen, die man mit der Verwendung graphithaltiger Öle gemacht hat, hängen einmal mit der starken Verschiebbarkeit des Graphits parallel zu seiner kristallographischen Basis zusammen, die gewissermaßen ein Auswalzen des Graphits zu feinsten Blättchen ermöglicht, d. h. denselben zu einem trockenen Schmiermittel werden läßt; daneben wirkt aber auch seine gegenüber Metallen an sich stärkere Adsorptionskraft für träge (inaktive) Öle in gleicher Richtung (*2*).

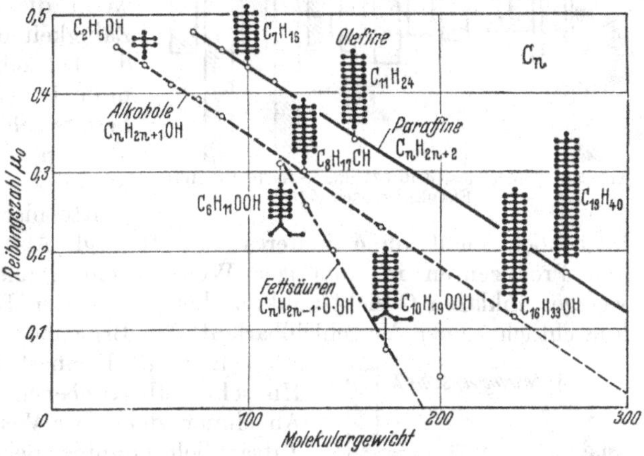

Abb. 506. Haftreibungszahl μ_0 in Abhängigkeit vom Molekulargewicht des Schmiermittels für Stahl auf Stahl (W. B. HARDY).

4. Andere Einflüsse.

Die Abnützung durch Verschleiß wächst im allgemeinen mit dem Anpreßdruck, der Umlaufgeschwindigkeit (fallend nach Überschreitung einer kritischen), dem Härteunterschied der aufeinander arbeitenden Flächen (bei gleitender Reibung) und der Arbeitstemperatur. Bei Reibverschleiß fanden F. ROLL und W. PULEWKA (*8*), daß unterschiedliche Härte beider Proben im Bereich von 200 bis 300 BE für die mengenmäßige Bildung von Fe_2O_3 bei entsprechendem Anpreßdruck und entsprechender Umlaufgeschwindigkeit am günstigsten sei. Zu bemerken ist, daß ein Unterschied in der Brinellhärte den Temperatureffekt und damit die Entstehung der Produkte der Reiboxydation beeinflußt. So ergibt eine geringe Brinellhärte beider Proben (etwa 120 BE) nur eine geringe Reiboxydation (vornehmlich Fe_2O_3-Bildung). Große Härte (etwa 500 BE) beider Verschleißteile dagegen fördert die Fe_3O_4-Bildung. Tritt Wegnahme von Metallteilchen ein, so nimmt der Verschleiß schnell zu, wenn nicht für eine Entfernung der Reibspäne gesorgt wird. Die Wegnahme von Teilchen konnte von F. HEIMES und E. PIWOWARSKY (*9*) auch bei Grauguß nachgewiesen werden, wobei im Verschleißstaub 75,52% Fe bei 4,76% ges.-C und 2,49% Graphit festgestellt wurden. Auch hier wurde die Wegnahme der Teilchen um so größer, je stärker Sauerstoff durch Walzoxydation eingepreßt wurde. Bei guter ununterbrochener Schmierung zeigt sich unter normalen Betriebsbedingungen auch im Dauerbetrieb keine Abnützung durch Verschleiß.

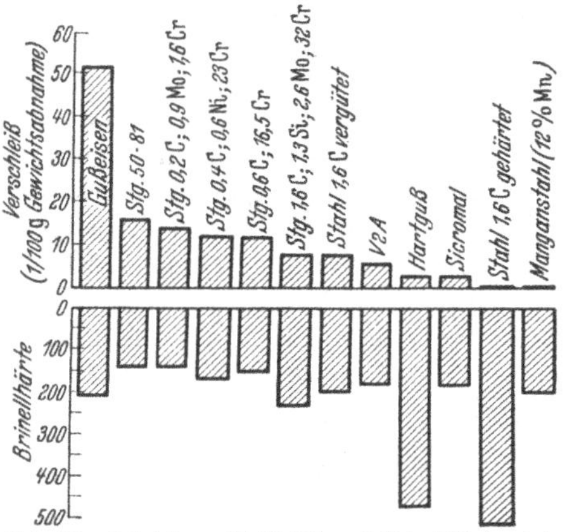

Abb. 507. Spindelverschleiß (?) und Brinellhärte einiger Eisenlegierungen (*63*).

Ist die Abnützung umgekehrt proportional der Härte?

Aus der Tatsache, daß allein von der Werkstoffseite aus gesehen, die Abnützung dann am kleinsten ist, wenn die Summe von Härte und Zähigkeit bzw. Verformungsfähigkeit des betrachteten Materials ein Optimum ist (*10*), müßte man eigentlich bereits schließen, daß die landläufige Behauptung, der Abnutzungswiderstand steige etwa proportional der Härte, nicht zutreffen kann und auch tatsächlich nicht ohne weiteres zutrifft (vgl. Abb. 507). Es belastet daher den Produzenten in unnötiger Weise, wenn immer wieder aus mehr oder weniger unklaren Gesichtspunkten heraus bei der Beurteilung des Gußeisens hinsichtlich seiner Verschleißbarkeit die Brinellhärte in den Vordergrund geschoben wird. Erinnert sei nur an die in dieser Hinsicht übertriebenen Forderungen russischer Abnehmer deutscher Werkzeugmaschinenfabrikate. Tatsächlich könnten Beispiele in Hülle und Fülle beigebracht werden, aus denen die Unhaltbarkeit jener alten Regel nachzuweisen wäre. Abb. 508 z. B. zeigt, daß vier Kolbenringwerkstoffe mit übereinstimmender Härte (266 bis 282 BE) einen ganz verschieden hohen Abrieb bei trockener Reibung unter sonst gleichen Versuchsbedingungen aufweisen. G. SCHLESINGER (*11*) untersuchte die flache gußeiserne Führungsbahn einer Werkzeugmaschine mit durch Gußeisenlote auslegierten Fehlstellen auf Verschleiß und konnte feststellen, daß sich trotz Härteunterschiede von 175 bis 265 BE an den legierten bzw. an den unlegierten Stellen unter Zugrundelegung einer Betriebsdauer von einem Jahr, ja sogar von zwei bis drei Jahren kein meßbarer Unterschied im Verschleiß nachweisen ließ. A. L. BOEGEHOLD (*12*) konnte an einem Automobilmotor, dessen einzelne Zylinder aus vier verschiedenen Gußeisensorten bestanden, nach einer Laufzeit des Wagens von 32200 km keinen Einfluß des Zylindermaterials auf den Verschleiß beobachten, wenn stets für gute Schmierung gesorgt wurde. Abb. 509a—c und 510 nach F. HEIMES und E. PIWOWARSKY (*9*) lassen erkennen, daß im Bereich geringerer Härten von Gußeisen ferrithaltiges Grundgefüge sowohl hohen als auch geringen Verschleiß aufwies, daß aber mit steigender Härte über etwa 130 R_B der Ver-

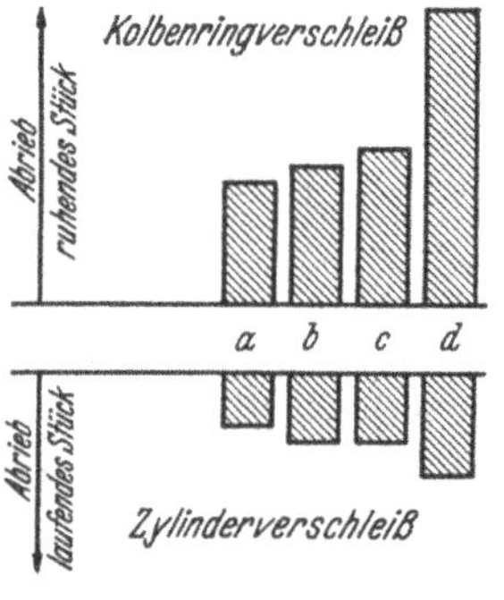

Abb. 508. Vier Kolbenringwerkstoffe mit übereinstimmender Härte (266 bis 272 BH) zeigen einen verschiedenen Abrieb bei trockener Reibung und bei gleichen Versuchsbedingungen. (Gegenmaterial = Cr-legierter Zylinderstahl.) Aus: Der Kolbenring, Nr. 10, Mitt. der F. Goetze A.G. Burscheid b. Köln.

schleiß praktisch unabhängig von der Härte blieb. F. B. COYLE (*13*) fand bei Versuchen unter gleitender Reibung ohne Schmiermittel bei etwa 22 kg Anpreßdruck sogar ein leichtes Ansteigen des Verschleißes über etwa 200 BE des Gußeisens (Abb. 511). J. E. HURST (*12*) fand bei seinen Motorversuchen zwischen der Verschleißfestigkeit von Werkstoffen mit Härtewerten von 238, 260, 488 und 502 keine nennenswerten Unterschiede im Verhalten. Diese und beliebig zu erweiternde Beispiele beweisen also, daß die Härte eines Werkstoffs noch keinen sicheren Schluß auf sein Verhalten unter verschleißfördernden Bedingungen zuläßt. TH. KLINGENSTEIN (*14*) konnte zeigen, daß bei hochwertigem Gußeisen die Abnützung bei gleitender Reibung mit dem Härteunterschied der aufeinander arbeitenden Teile anwächst (Abb. 512). Zu beachten ist in Abb. 512, daß der arbeitende härtere Teil günstigere Ergebnisse ergibt als der arbeitende weichere Teil, wenn man gleiche Härteunterschiede zum Vergleich nimmt. Erst

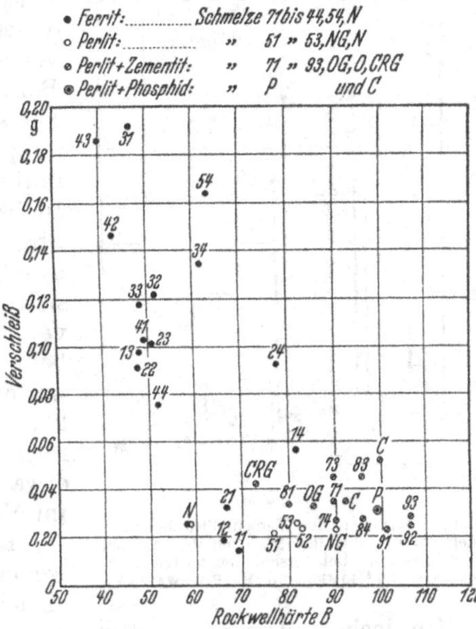

Abb. 509a. Einfluß der Härte auf den Verschleiß bei rollender Reibung (F. HEIMES und E. PIWOWARSKY).

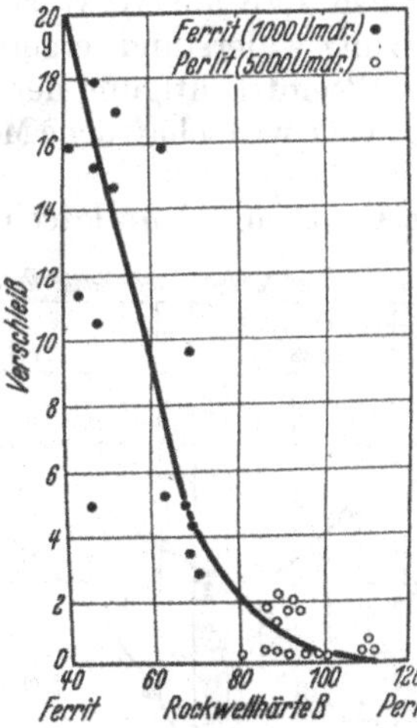

Abb. 509b. Einfluß der Härte unter Berücksichtigung des Gefüges auf die Abnutzung bei gleitender Reibung (F. HEIMES und E. PIWOWARSKY).

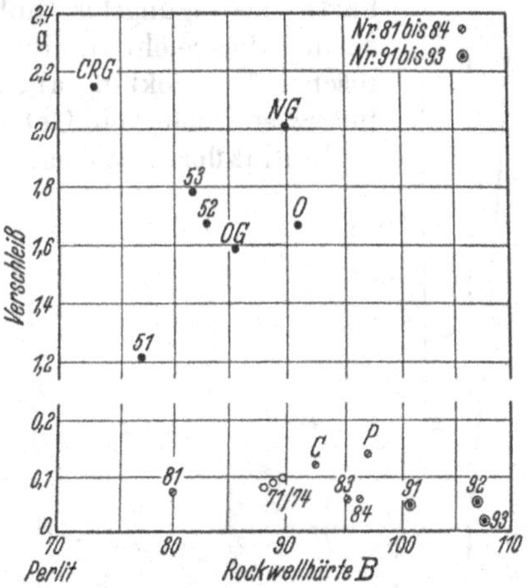

Abb. 509c. Abhängigkeit des Verschleißes durch gleitende Reibung von der Härte bei den perlitischen Schmelzen (F. HEIMES und E. PIWOWARSKY).

wenn ruhender und arbeitender Teil aus ein und demselben Material gearbeitet sind, so schält sich die Beziehung zwischen Verschleiß und Härte in eindeutiger Weise heraus. Einen weiteren Beleg für diese Bedingungen konnte ein süddeutsches Werk erbringen (*15*). In dem Augenblick, wo dieses Werk nämlich dazu überging, die Kolbenringe seiner serienweise gelieferten Motoren aus dem gleichen Material (Lanz-Perlit) herzustellen wie die Zylinder, gingen die Ersatzlieferungen für verbrauchte Kolbenringe geradezu sprunghaft zurück (Abb. 513). Entsprechende Beobachtungen konnten auch E. Söhnchen und E. Piwowarsky (*16*) machen. Unter ähnlichen Bedingungen an verschiedenen Gußeisen durchgeführte Verschleißversuche ergaben die in Abb. 514 aufgezeigte Beziehung. Man erkennt einen hyperbolischen Feldstreifen, der sich bei Darstellung im doppellogarithmischen Maßstab in ein geradlinig verlaufendes Streufeld auflösen läßt. In beiden Darstellungen sieht man die große Streuung der Werte, die jedoch mit zunehmender Härte geringer wird. Beschränkt man sich allerdings auf eine einzige Gußsorte und verändert man durch entsprechende Wärmebehandlung Härte und Verschleiß in genügend weiten Grenzen, so ergibt sich eine ziemlich klare Beziehung ohne erheblichen Streubereich, wo Brinellhärten zwischen 250 und etwa 400 BE keine wesentlichen Unterschiede im Verschleiß mehr ergeben (Abb. 515).

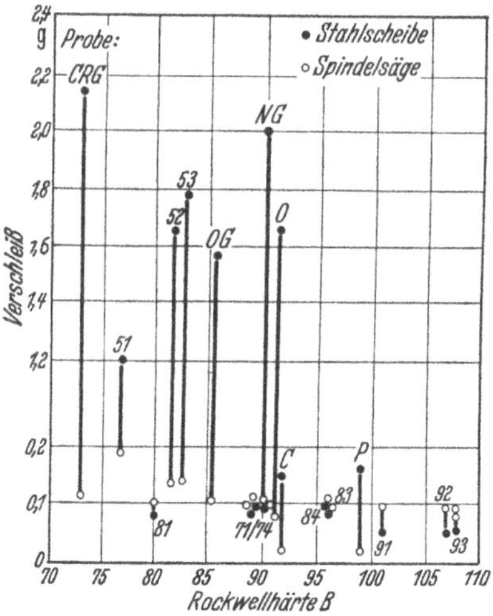

Abb. 510. Vergleich des Verschleißes bei gleitender Reibung auf der Stahlscheibe und bei der Spindelsäge bei verschieden harten Gußeisensorten (F. Heimes und E. Piwowarsky).

Bei den verschiedenen Arten von Verschleißvorgängen darf man niemals Schlüsse ziehen hinsichtlich des Verhaltens von Werkstoffen, insbesondere von Stoffpaaren unter abweichenden Arbeitsbedingungen. Die Angelegenheit hat auch eine wichtige patentrechtliche Seite. Wollte man z. B. immer von der Auffassung ausgehen, daß höhere Werkstoffhärte bedingungslos höheren Abnutzungswiderstand ergebe, so könnte dies leicht zu einer wesentlichen Beeinträchtigung der technischen Entwicklung auf diesem für die volkswirtschaftliche Metallbilanz so wichtigen Gebiete führen.

Einfluß der metallischen Grundmasse. Heute sind sich alle technisch

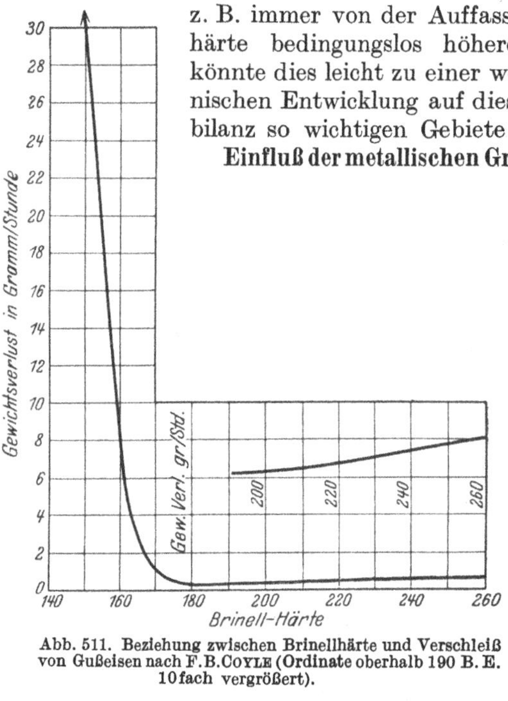

Abb. 511. Beziehung zwischen Brinellhärte und Verschleiß von Gußeisen nach F. B. Coyle (Ordinate oberhalb 190 B. E. 10fach vergrößert).

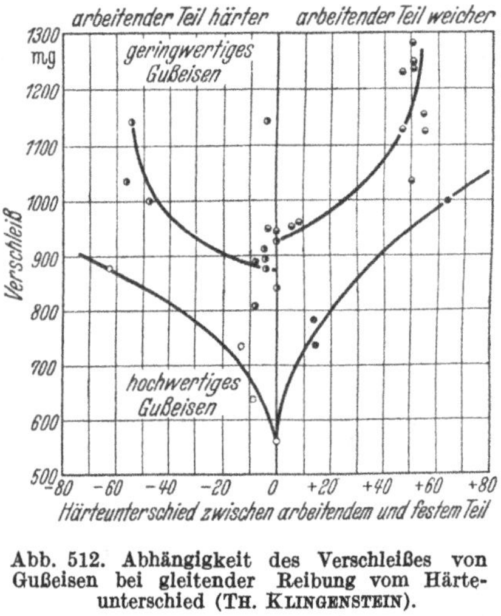

Abb. 512. Abhängigkeit des Verschleißes von Gußeisen bei gleitender Reibung vom Härteunterschied (Th. Klingenstein).

vorgebildeten Kreise darüber einig, daß hohe Härte allein keinesfalls ein gutes Verhalten des Werkstoffs bei Beanspruchung auf Verschleiß verbürgt. Vielfach sind

Werkstoffe von relativ großer Weichheit, aber starkem Verformungsvermögen bei hoher Kerbunempfindlichkeit der kaltgehärteten Zonen (*17*) denjenigen mit hoher Härte weitaus überlegen, vor allem, wenn die Abnützung unter hohen mechanischen Beanspruchungen des Werkstoffs vor sich geht. In Fällen z. B. reinen Sandverschleißes oder kontinuierlicher Erosionswirkungen bei kleinen spezifischen Flächenbeanspruchungen, dagegen hoher Geschwindigkeit der verschleißverursachenden Teile können relativ spröde Werkstoffe von hoher Naturhärte im Vorteil sein. Von größter Bedeutung beim Arbeiten zweier Metalle gegeneinander ist deren Unterschied in der Härte und im Gefügeaufbau. Bei Gußeisen wird ferner die Abnützung stark beeinflußt vom Aufbau der metallischen Grundmasse sowie der Menge und Art der Graphitausbildung. Der Werkstoff selbst stellt aber in jedem Falle nur e i n e der zahlreichen Komponenten des Verschleißvorganges dar, wie Abb. 516 nach Th. Klingenstein und H. Kopp (*19*) an einigen Beispielen zum Ausdruck bringt.

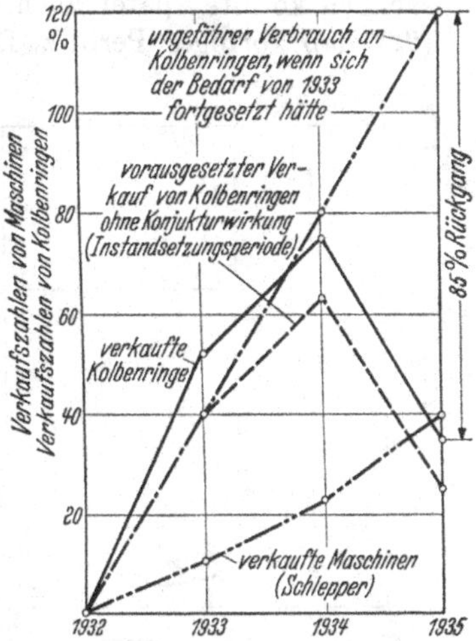

Abb. 513. Gegenüberstellung des Verbrauchs an Kolbenringen ohne und mit Abstimmung des Gefüges und der Härte zwischen Ring und Zylinder. In beiden Fällen war der Zylinder aus Lanz-Perlit, aber nur im zweiten Fall auch der Ring von gleichem Werkstoff (H. Lanz A.G.).

Wenn auch bereits früher einzelnen Gießern mehr oder weniger bekannt, so ist doch erst durch die Arbeiten von A. Diefenthäler und K. Sipp (*20*) der gesamten Fachwelt eindeutig zum Bewußtsein gekommen, daß für die Schaffung eines gegen Abnützung widerstandsfähigen Gußeisens (Grauguß) ein solches mit vorwiegend perlitischer Grund-

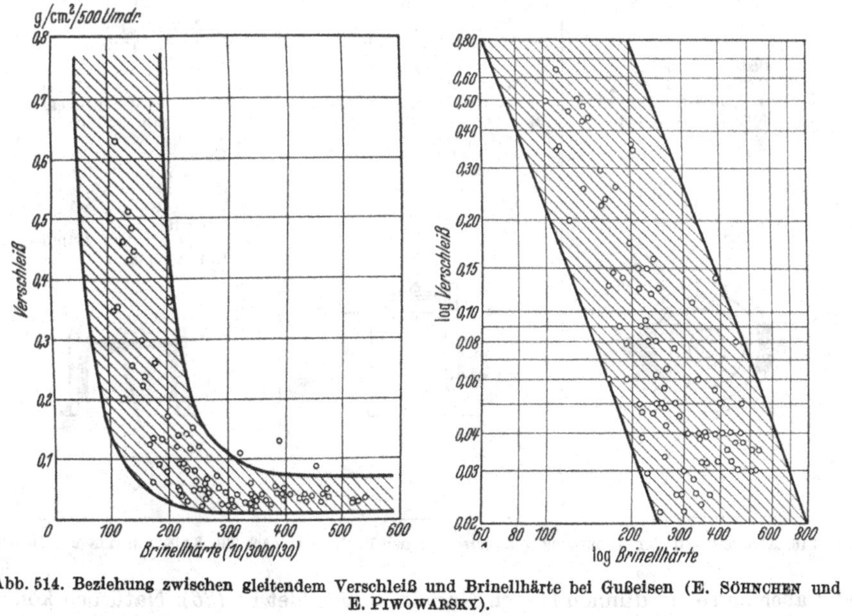

Abb. 514. Beziehung zwischen gleitendem Verschleiß und Brinellhärte bei Gußeisen (E. Söhnchen und E. Piwowarsky).

masse unter Ausschluß von freiem Ferrit einerseits, freiem Zementit andererseits, die wichtigste Voraussetzung sei. Die entsprechenden Patentanmeldungen (*21*) gehen in das Jahr 1916 zurück. Sie geben einem „ausgereiften" perlitischen Gefüge, d. h. einem ausgesprochen streifigen Perlit den Vorzug (Abb. 517). Tatsächlich konnte später auch von anderer Seite der Nachweis erbracht werden (*22*), daß körniger Perlit z. B. beim Spindelversuch (*23*) mehr dem Verschleiß ausgesetzt ist als lamellarer (Abb. 518). Abb. 518 scheint auch die von TH. H. WICKENDEN (*24*) geäußerte Ansicht zu bestätigen, derzufolge einem möglichst feinlamellaren Perlit der Vorzug zu geben sei. Auf Grund umfangreicher Untersuchungen an Zylinder- und Schieberbüchsenguß sowie auf Grund seiner Beobachtungen an gußeisernen Lokomotivteilen konnte später auch R. KÜHNEL (*25*) den freien Ferrit im Gußeisen in erster Linie für einen erhöhten Verschleiß verantwortlich machen. KÜHNEL empfiehlt also ebenfalls ein vorwiegend perlitisches Gefüge, jedenfalls aber Brinellhärten über 180 kg/mm², ohne allerdings damit strenge Beziehungen zwischen dem Verschleiß und der Härte aufstellen zu wollen. Sehr eindeutig konnten E. PIWOWARSKY und Mitarbeiter (*9*, *16*) den Zusammenhang zwischen Grundmasse und Abnützung bei gleitender Reibung bestätigen, eine Beziehung, die durch die Abb. 509 und 515 zum Ausdruck kommt und in ähnlicher Weise auch schon von A. L. BOEGEHOLD (*12*) gefunden worden war (Abb. 519). Etwas übereutektoider Zementit wirkt nicht verschleißerhöhend, wenn er fein verteilt

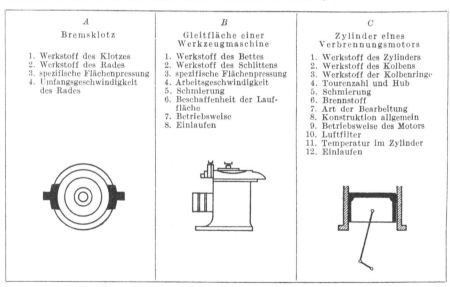

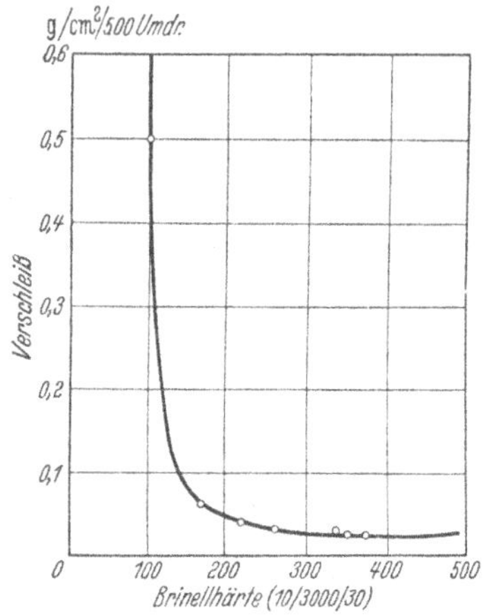

Abb. 515. Beziehung zwischen Härte und gleitendem Verschleiß bei Gußeisen mit 3,26% C und 2,64% Si (E. SÖHNCHEN und E. PIWOWARSKY).

A Bremsklotz	*B* Gleitfläche einer Werkzeugmaschine	*C* Zylinder eines Verbrennungsmotors
1. Werkstoff des Klotzes	1. Werkstoff des Bettes	1. Werkstoff des Zylinders
2. Werkstoff des Rades	2. Werkstoff des Schlittens	2. Werkstoff des Kolbens
3. spezifische Flächenpressung	3. spezifische Flächenpressung	3. Werkstoff der Kolbenringe
4. Umfangsgeschwindigkeit des Rades	4. Arbeitsgeschwindigkeit	4. Tourenzahl und Hub
	5. Schmierung	5. Schmierung
	6. Beschaffenheit der Lauffläche	6. Brennstoff
	7. Betriebsweise	7. Art der Bearbeitung
	8. Einlaufen	8. Konstruktion allgemein
		9. Betriebsweise des Motors
		10. Luftfilter
		11. Temperatur im Zylinder
		12. Einlaufen

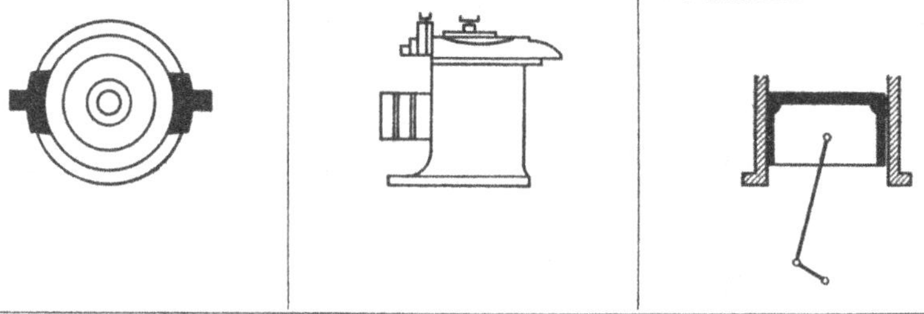

Abb. 516. Abhängigkeit der Abnützung von verschiedenen Einflüssen (nach TH. KLINGENSTEIN und H. KOPP)

oder aber besser in dünnen langen Nadeln ausgebildet ist (*26*). Natürlich können unter besonderen Umständen ferrithaltige Gußeisen ein gutes Verhalten zeigen, wenn die übrigen Eisenbegleiter, wie Silizium, Phosphor und Schwefel, entsprechend eingestellt sind, der Graphit in günstiger Form vorliegt und wenn vor allem eine gute Schmierung sichergestellt ist (*27*). So konnte z. B. TH. KLINGENSTEIN den Verschleißwiderstand eines ferrithaltigen Gußeisens durch etwa 0,7% P annähernd auf denjenigen eines perlitischen Gußeisens erhöhen (Abb. 520). Von größter Wichtigkeit ist aber immer das Material der Gegenscheibe, so daß ein an anderer Stelle bewährtes Material versagen kann, wenn das Gegenmaterial nicht zweckmäßig ausgewählt ist. Sowohl Verschleißprüfung als auch Verhalten im Betrieb werden demnach von der richtigen Abstimmung der miteinander arbeitenden Metallpaare abhängen. Im allgemeinen ist z. B. der Verschleiß von Grauguß auf Grauguß geringer als beim Arbeiten von Grauguß auf Stahl. In letzterem Falle tritt selbst bei naheutektoider Grundmasse fast immer ein beträchtlich höherer Verschleiß auf (Abb. 521 und 522), eine Beobachtung, die man beim Arbeiten von Kolbenringen auf Stahlbüchsen ganz eindeutig feststellen kann. Durch Härtung der Büchsen, z. B. Nitrieren derselben, können die Verhältnisse jedoch noch günstiger werden als beim Arbeiten von Gußeisen auf Gußeisen.

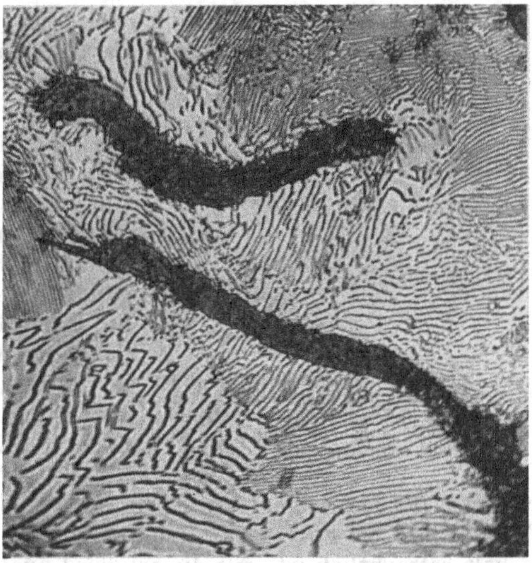

Abb. 517. Grauguß mit lamellar perlitischem Gefüge. $V = 500$.

Der Einfluß der Graphitausbildung. Bezüglich der Graphitausbildung hat es sich herausgestellt, daß grobe Lamellen sich günstiger verhalten als feinschuppiger Graphit. Am ungünstigsten verhält sich feineutektischer Graphit mit viel freiem Ferrit in den Gefügezonen des Graphiteutektikums. Natürlich spielt auch die Graphitmenge eine große Rolle. Da Graphit einerseits dem Material gewisse Notlaufeigenschaften verleiht, andererseits aber das Gefüge auflockert bzw. unterbricht, so gibt es hinsichtlich Graphitausbildung und Graphitmenge bestimmte Bestwerte. Sehr wichtig dürften die Feststellungen von A. WALLICHS und J. GREGOR (*26*) sein, nach denen der Verschleiß von Grauguß in vielen Fällen mehr von der Graphitverteilung als von der Versuchsanordnung abhängig sei. Der zahlenmäßige Nachweis dieser Beziehung gelang unter Benutzung

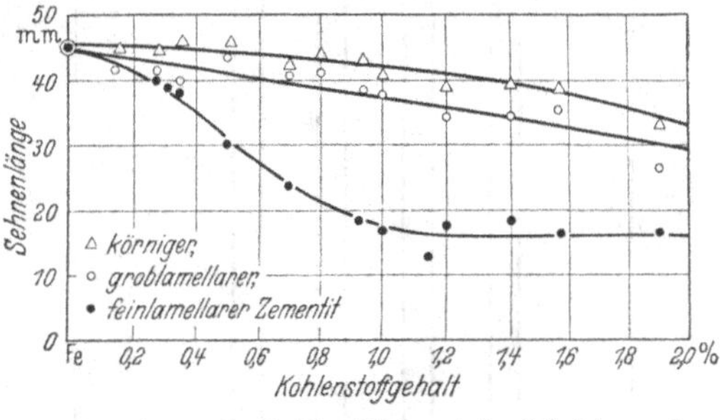

Abb. 518. Einfluß der Perlitausbildung beim Spindelversuch (W. KÖSTER und W. TONN).

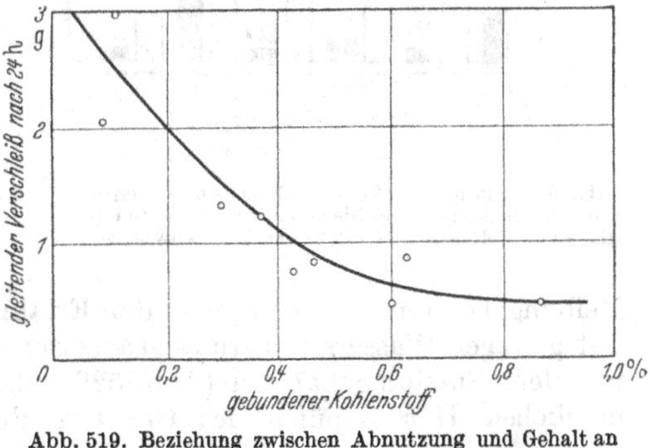

Abb. 519. Beziehung zwischen Abnutzung und Gehalt an gebundenem Kohlenstoff (A. L. BOEGEHOLD).

eines neuen, kennzeichnenden Begriffes der „linearen Graphitdurchsetzung“ (vgl. Abb. 523a). Zur Ermittlung dieser Größe werden die von einem Hilfsliniennetz geschnittenen Graphiteinschlüsse bei 75facher Vergrößerung ausgezählt. Proben aus starken Querschnitten wiesen daher auch eine höhere Verschleißfestigkeit auf als solche aus dünnen Querschnitten, wobei sogar die Wirkung von Legierungszusätzen völlig überdeckt werden kann. Temperkohle dürfte sich nach Ansicht des Verfassers wegen ihrer geringeren Gleitfähigkeit etwas ungünstiger verhalten als lamellarer Graphit.

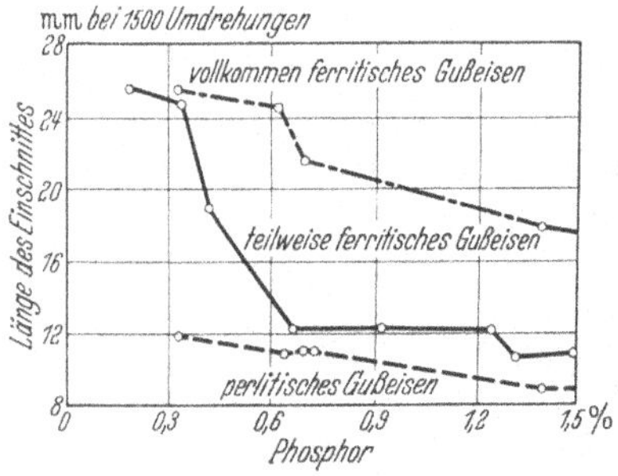

Abb. 520. Beziehung zwischen dem P-Gehalt und Verschleiß bei Gußeisen. Spindelprinzip: Gußeisen gegen Stahlscheibe. 5 kg Belastung und 400 Umdr/min (nach Th. Klingenstein).

Der Einfluß des Siliziums. Silizium wirkt bekanntlich auf eine Verringerung des Karbidgehaltes hin (vgl. Abb. 73); dadurch wird zwar die Härte herabgesetzt, aber auch infolge der zunehmenden Härte des entstehenden Silikoferrits ausgeglichener. Hinzu kommt die Vergröberung des Graphits, die allerdings bei höheren Siliziumgehalten wieder zurückgeht. All dies ruft, wie von F. Heimes und E. Piwowarsky (*9*) festgestellt wurde, in seiner Endwirkung eine Verringerung des Verschleißes bei rollender Reibung hervor, die aber erst bei höherem Siliziumgehalt beträchtlich ist; mit diesem wird auch der Unterschied zwischen den ungeglühten, perlitischen und den ferritisch geglühten Proben immer kleiner. Bei den Versuchen von E. Söhnchen und E. Piwowarsky (*28*) mit gleitender

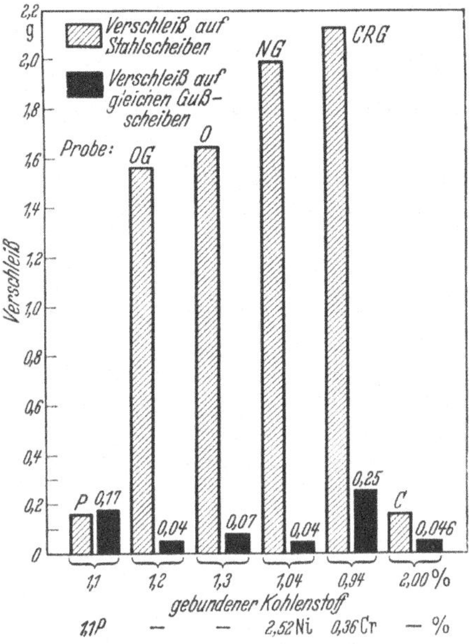

Abb. 521. Einfluß des Verschleißscheiben-Werkstoffs auf die Abnützung verschiedener Gußeisensorten bei gleitender Reibung (F. Heimes und E. Piwowarsky).

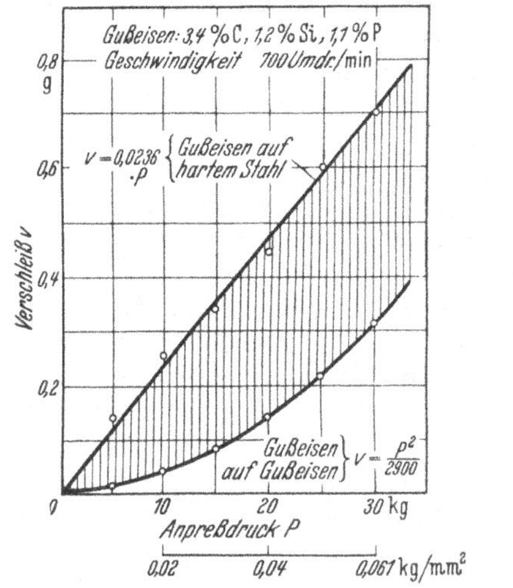

Abb. 522. Einfluß des Anpreßdrucks auf den gleitenden Verschleiß bei trockener Reibung (E. Söhnchen und E. Piwowarsky).

Reibung, bei denen entsprechend den Erfahrungen von Heimes und Piwowarsky mit geringer Wasserschmierung gearbeitet wurde, stieg der Verschleiß dagegen mit dem Siliziumgehalt an (Abb. 528); das ist u. a. vielleicht mit einem allmählichen Herausspülen des Graphits durch das Wasser zu erklären. Bemerkenswert ist hierbei der Einfluß der Glühung, die bei mittleren Siliziumgehalten wegen der Entstehung von Ferrit und der Bildung von Temperkohle den Abnutzungswiderstand stark beeinträchtigt. Ist im Gußeisen weniger als 1% Si vorhanden, so ändert sich das perlitische Gußgefüge durch Glühen weniger; umgekehrt ist bei siliziumreichem Eisen durch Glühen das ferritische Gefüge wenig zu beeinflussen. Deshalb ist der Verschleiß der geglühten und ungeglühten Proben durch gleitende Reibung bei Siliziumgehalten unter 1% und über 6% kaum voneinander verschieden. Bei rollender Reibung ergab sich ein günstiger Einfluß des Siliziums, beim Spindelversuch dagegen ein Verschleißmaximum bei etwa 3% Silizium (Abb. 528). Bei rein gleitender trockener Reibung von Gußeisen auf Stahl steigt nach E. SCHARFFENBERG (*29*) der spezifische Verschleiß mit zunehmendem Siliziumgehalt über etwa 1,8% anscheinend an.

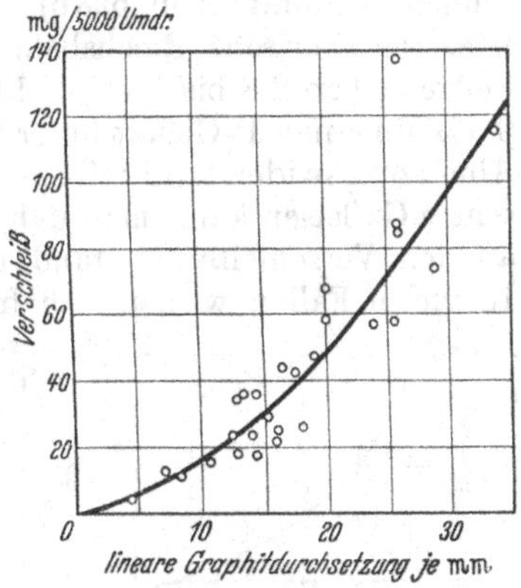

Abb. 523a. Zusammenhang zwischen Abnutzung und Graphitverteilung (linearer Graphitdurchsetzung) nach A. WALLICHS und J. GREGOR).

Merkwürdig ist das Ergebnis mit der Spindel-Säge: Der Verschleiß steigt zunächst mit dem Siliziumgehalt und fällt dann wieder. Eine Erklärung für das dem Befunde bei gleitender Reibung teilweise entgegengesetzte Verhalten ist in der besonderen Beanspruchungsart sowie darin zu suchen, daß beim Spindel-Versuch keine Wasserschmierung benutzt wurde. Der anfallende Verschleißstaub kann auch je nach seiner Beschaffenheit fördernd oder hemmend wirken. Dadurch wäre z. B. die geringere Abnützung unter der Spindel-Säge bei hohen Siliziumgehalten zu erklären. Hinzu kommt aber noch, daß hier die Wegnahme von Werkstoffteilchen eine große Rolle spielt, worauf der Gefügeaufbau einen erheblichen Einfluß hat. Aus dem härteren Silikoferrit werden zweifellos kleine Teilchen von der umlaufenden Scheibe nicht so leicht herausgerissen werden.

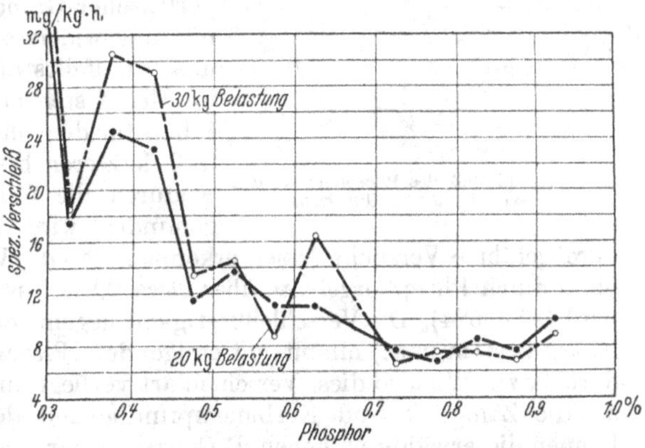

Abb. 523b. Spezifischer Verschleiß und Phosphor bei Bremsklötzen (nach SCHARFFENBERG).

Der Einfluß des Phosphors. Steigende Phosphormengen im Gußeisen erhöhen im allgemeinen die Verschleißfestigkeit, doch liegen die zweckmäßig zu wählenden P-Gehalte je nach Verschleißart und Art des Stoffpaares verschieden hoch. Bei gleitender Reibung und Arbeiten von Gußeisen auf Gußeisen geht man im allgemeinen nicht über 0,45 bis 0,75% P hinaus, da die im Relief stehenden Phosphide der aufeinander arbeitenden Materialien leicht zu einem verschleißfördernden harten Verschleißstaub führen. Beim Arbeiten von Gußeisen auf Stahllegierungen kann man mit Vorteil den P-Gehalt auf etwa 0,75 bis 0,85% steigern und erhält gerade dann recht gute Werte, eine Feststellung, die auch in Abb. 521 nach der Arbeit von F. HEIMES und E. PIWOWARSKY (*9*) zum Ausdruck kommt und von der man beim Arbeiten gußeiserner Kolbenringe auf Stahlbüchsen in der

Praxis in umfangreicher Weise Gebrauch macht. Aber selbst bei trockener Reibung von Gußeisen auf Stahl sind P-Gehalte bis etwa 0,65% sehr vorteilhaft. Das wird u. a. bestätigt durch Versuche von E. SCHARFFENBERG (*29*), nach denen der Verschleiß von Bremsklötzen gegen Radreifenmaterial bei rein gleitender trockener Reibung mit zunehmendem P-Gehalt der Bremsklötze bis etwa 0,65% schnell abnimmt (Abb. 523 b), um mit höherem P-Gehalt nur noch langsam zu sinken. Die Deutsche Reichsbahn schreibt in ihren Lieferbedingungen für Bremsklötze neben 2,8 bis 3,4% C, 1,6 bis 2,6% Graphit, 1,5 bis 2,0% Si und 0,3 bis 0,5% Mn einen P-Gehalt unter 0,8% vor (*58*). Beim Spindel-Verschleiß steigt der Abnützungswiderstand mit zunehmendem P-Gehalt des Gußeisens an. Bei ferritischem Gußeisen kann man daher durch P-Zusatz von etwa 0,75% P annähernd an den Verschleißwiderstand perlitischer Gußeisen herankommen (Abb. 520). In vielen Fällen wirken sich freilich steigende P-Gehalte bis etwa 0,65% vorteilhaft aus, während bei weiter steigendem P-Gehalt die Verbesserung des Verschleißwiderstandes in keinem Verhältnis mehr steht zu der zunehmend einsetzenden Versprödung des Werkstoffes. In Gußeisen mit vorwiegend perlitischem Gefüge nimmt mit steigendem P-Gehalt der Abnützungswiderstand nur noch wenig zu (Abb. 520). Daß dennoch bei gleitender Reibung von Gußeisen auf Gußeisen bzw. Stahl auch bei rein perlitischer Grundmasse des Gußeisens der Abnützungswiderstand noch verbessert wird, liegt u. a. zweifellos auch darin begründet, daß das im Relief stehende Phosphidnetz Adsorptionszellen für den schmierenden Ölfilm darstellen, so daß letzterer besser haftet, ohne abzureißen, wodurch die Gefahr einer trockenen Reibung gemindert wird. Nach verschiedenen Methoden durchgeführte Versuche lassen erkennen, daß der Verschleißwiderstand von Gußeisen durch Phosphorgehalte über etwa 0,8% hinaus nur noch mäßig verbessert wird (Abb. 524). Die Verschleißfestigkeit gegenüber hartem Scheuermittel (Sand, hartes Gestein usw.) nimmt mit steigendem Phosphorgehalt bis etwa 1,2% oder darüber zu. Wo also diese Verschleißart vorliegt und keine großen Anforderungen an die Zähigkeit und Kerbunempfindlichkeit des Materials gestellt werden, können die erwähnten hohen P-Gehalte sogar noch erhebliche Vorteile bringen (z. B. Düsen für Sandstrahlgebläse usw.).

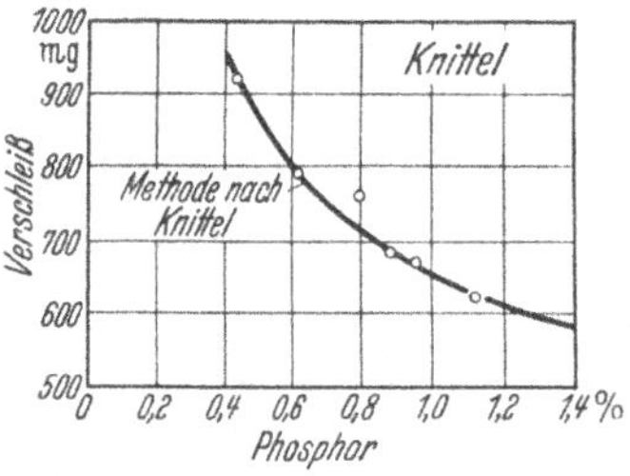

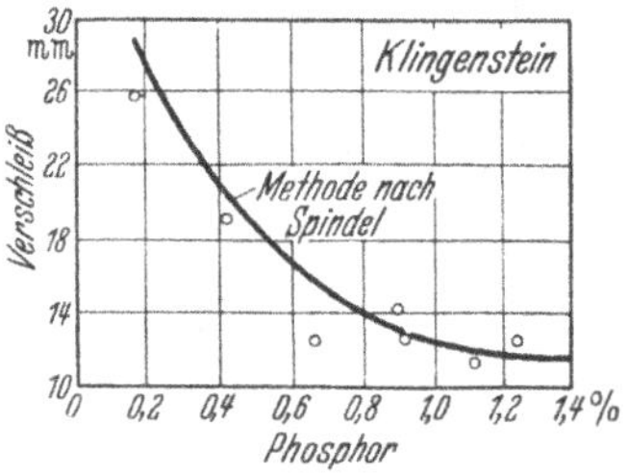

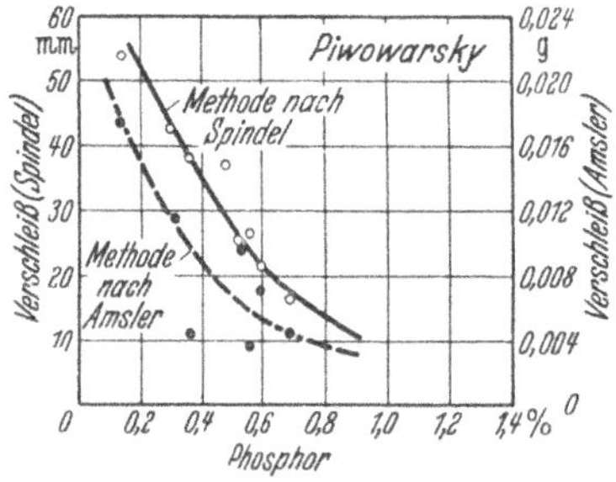

Abb. 524. Einfluß des Phosphors auf den Verschleiß von Gußeisen.

Der Einfluß des Mangans. Mangan im Gußeisen kann sowohl durch erhöhte Karbidbildung als auch auf dem Wege über die Fixierung von Martensit oder Austenit auf den Verschleißwiderstand günstig einwirken. E. SCHARFFENBERG (*29*) fand beim Arbeiten von Gußeisen-Bremsklötzen auf Radreifen bei rein gleitender trockener Reibung einen Bestwert des Verschleißwiderstandes bei etwa 1,4 bis 1,5% Mangan (Abb. 525). Alsdann stieg der Verschleiß allerdings sehr schnell an. TH. KLINGENSTEIN (*14*) fand im Bereich von 1 bis 1,65% Mn eine leichte Erhöhung des Verschleißwiderstandes (Abb. 527). Wenn es durch hohe Mangangehalte zu martensitischem Grundgefüge kommt, wird Gußeisen sehr verschleißfest, insbesondere gegen die scheuernde Wirkung harten Verschleißstaubes (Kohlenstaubmotor). Bei weißem Gußeisen bringen Mangangehalte bis zu 6% keine Verbesserung bei Verschleiß gegen Siliziumkarbid. Diese Feststellungen von O. E. ELLIS, J. R. GORDON und G. S. FARNHAM (*30*) stehen jedoch nicht ohne weiteres im Widerspruch zu manchen praktischen Erfahrungen von anderer Seite, die ein manganreicheres Gußeisen für verschiedene Verwendungszwecke empfehlen (vgl. Zahlentafel 80).

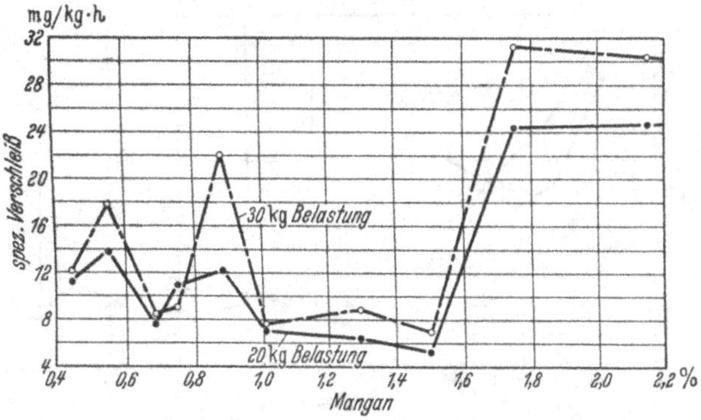

Abb. 525. Spezifischer Verschleiß und Mangan bei Bremsklötzen (nach SCHARFFENBERG).

Der Einfluß des Schwefels. Vom Schwefel ist zu erwarten, daß er vorwiegend über seinen Einfluß auf den Karbidgehalt des Gußeisens zum Ausdruck kommt. Wahrscheinlich aber wird man gleichzeitig den anwesenden Mangangehalt in Betracht ziehen müssen, ähnlich wie dies in Abb. 320 nach H. JUNGBLUTH und F. BRÜGGER (vgl. Seite 248) der Fall war. Bei gleitender trockener Reibung zwischen Bremsklotzmaterial und Radreifenstahl

Zahlentafel 80. Manganreiche Gußeisen für Zwecke hoher Verschleißfestigkeit.

C %	Si %	Mn %	P %	S %	Ni %	Schrifttum
1,25 bis 3,50	<1,25	1,0 bis 3,75	n. a.	<0,2	1 bis 3,5	U.S.A. Pat. Nr. 1211826 (1926) f. Walzen, Gesenke, Werkzeuge.
3,57	1,01	2,87	0,31	0,038		Mahlscheiben der Fa. Epple & Buxbaum, Augsburg.
3,42	0,63	3,05	0,49	0,138		ADÄMMER, H.: Stahl u. Eisen Bd. 30 (1910) S. 898.
3–4	0,5–1	2–7	mögl. niedr.		0,1–1	Zylinderlaufbüchsen gemäß D.R.P. Nr. 650603, Kl. 46a, Gr. 1 d. Fa. Schichau, Elbing v. 2. 10. 1932.
2,5–3,5	2–5	4–12	n. a.	n. a.	1,5–8,0	Dazu bis 10% Kobalt. D.R.P. a. der Fa. Friedr. Krupp A.-G., Essen vom 14. 6. 1938. Als Material für Zylinder von Verbrennungskraftmaschinen.

fand E. SCHARFFENBERG (*29*) die in Abb. 526 wiedergegebene Beziehung, derzufolge mit steigendem Schwefelgehalt des Gußeisens der spez. Verschleißwiderstand steigt. Bei Verbrennungsmaschinen kann der SO_2- oder S_2O_3-Gehalt der Verbrennungsgase einen zusätzlichen Faktor durch auftretenden Korrosionsverschleiß darstellen.

Der Einfluß von Spezialelementen. W. KÖSTER und W. TONN (*23*) fanden bei der Suche nach einem Zusammenhang zwischen dem Gefügeaufbau der Eisenlegierungen und ihrem Verschleiß nach dem Spindelprinzip, daß in den α-Mischkristallen des Eisens mit Wolfram, Molybdän und Aluminium der Verschleiß der Brinellhärte annähernd umgekehrt proportional ist. In den γ-Mischkristallen des Eisens dagegen zeigte sich der Verschleiß von der Brinellhärte kaum abhängig.

Die gleichen Beziehungen ergaben sich überraschenderweise für den Verschleiß auf Schmirgelpapier, auf der Amsler-Maschine und bei der Ritzhärte. Bei Gußeisen sind Beziehungen dieser Art noch nicht untersucht worden. Im allgemeinen werden Spezialelemente, welche lediglich die Härte steigern, eine Verbesserung des Verhaltens bei gleitender Reibung, vor allem aber gegenüber hartem nichtmetallischem Verschleißstaub vermuten lassen. Steigerung der Zähigkeit dagegen wird eine Verbesserung der Verhältnisse bei den mit Kalthärtung verbundenen Prüfverfahren (rollende Reibung, Spindel-Prinzip usw.) erwarten lassen. Wie sich aber ein Legierungselement in der Praxis auswirkt, kann nur der eng auf die praktischen Verhältnisse zugeschnittene Großversuch entscheiden.

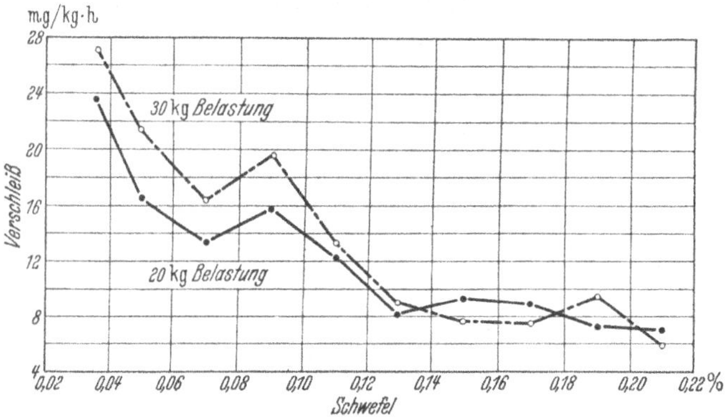

Abb. 526. Spezifischer Verschleiß und Schwefel bei Bremsklötzen (nach SCHARFFENBERG).

Nickel verringert den Karbidgehalt, steigert aber dennoch die Härte von Gußeisen bei manchmal auch zu beobachtender Graphitverfeinerung. Ferner setzt es die Oxydierbarkeit des Eisens herab, die nach M. FINK (*2*) als eine der Hauptursachen des Verschleißes angesehen wird. Danach sollte man eigentlich einen eindeutig günstigen Einfluß des Nickels auf den Verschleißwiderstand des Gußeisens vermuten. Tatsächlich soll sich Nickel nach zahlreichen, insbesondere ausländischen Arbeiten günstig auf den Verschleißwiderstand von perlitischem Gußeisen auswirken. Andere Arbeiten dagegen finden keinen oder nur einen sehr geringen Einfluß. Mitunter ist allerdings auch beobachtet worden, daß Nickel über den Weg des Härteausgleichs, z. B. bei Werkzeugmaschinenbetten usw., einen günstigen Einfluß hat. E. PIWOWARSKY und H. NIPPER (*31*) fanden an einem Gußeisen mit etwa 2,86% C, 1,96% Si, 0,48% Mn, 0,22% P durch Zusatz von 1% Ni unter gleichzeitiger Verminderung des Si-Gehaltes um ein Drittel des Nickelgehaltes keinen Einfluß des letzteren bei der Prüfung nach SPINDEL, dagegen eine deutliche Verbesserung des Verhaltens der legierten Schmelze auf der Amsler-Maschine, wie Zahlentafel 81 zeigt.

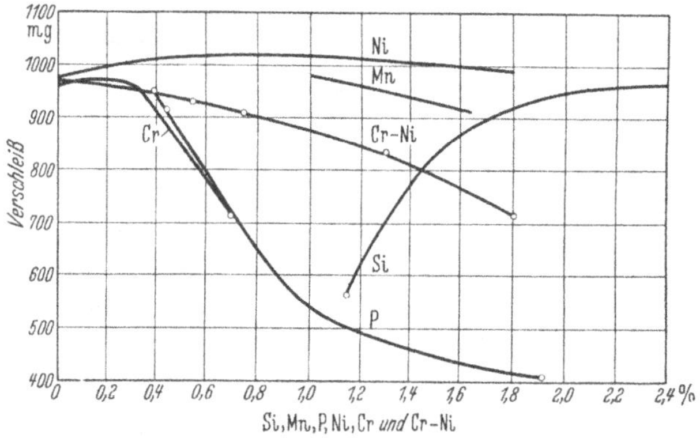

Abb. 527. Einfluß verschiedener Legierungsbestandteile auf den Verschleiß von Gußeisen (TH. KLINGENSTEIN).

TH. KLINGENSTEIN (*14*) fand bis etwa 1% Nickel einen etwas nachteiligen Einfluß auf das Verhalten bei gleitender Reibung, über 1% hinaus war dagegen eine schwache Zunahme des Verschleißwiderstandes zu beobachten (Abb. 527).

Zahlentafel 81.

	Versuchsrolle		Gegenrolle	
	Härte BE	Gesamtverschleiß nach 60 st g	Härte BE	Gesamtverschleiß nach 60 st g
Ohne Nickel, Trockenguß .	183	0,0044	178	0,0055
Mit Nickel, Trockenguß . .	197	0,0013	178	0,0018
Ohne Nickel, Naßguß . . .	199	0,0040	178	0,0045
Mit Nickel, Naßguß	207	0,0029	178	0,0025

E. Söhnchen und E. Piwowarsky (*28*) untersuchten drei Reihen von Gußeisen mit steigendem Nickelgehalt, die 0,2 bzw. 0,8% Si enthielten, in der dritten Reihe einen mit steigendem Ni-Gehalt von 2,5 auf 0,7% fallenden Si-Gehalt (Ni/3-Ab-

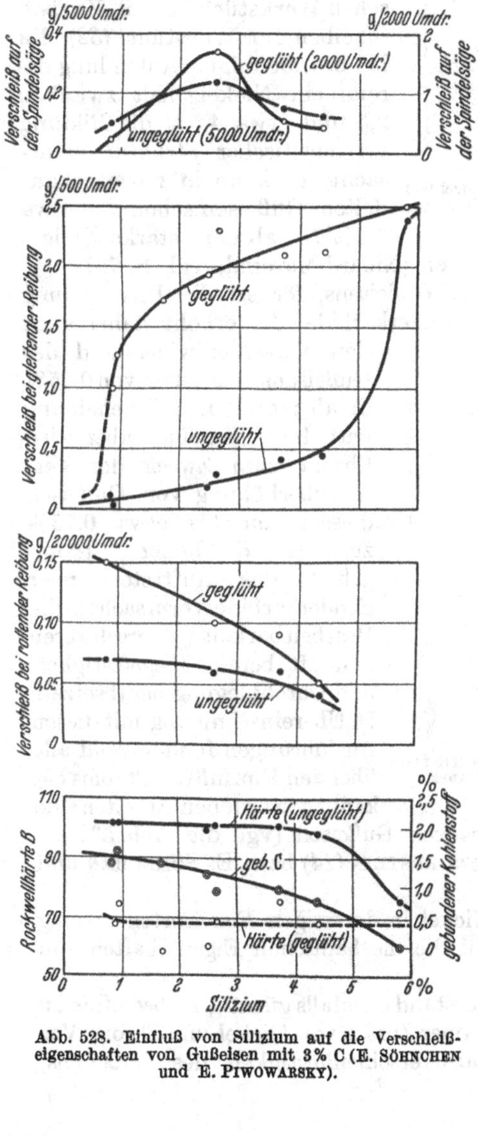

Abb. 528. Einfluß von Silizium auf die Verschleißeigenschaften von Gußeisen mit 3% C (E. Söhnchen und E. Piwowarsky).

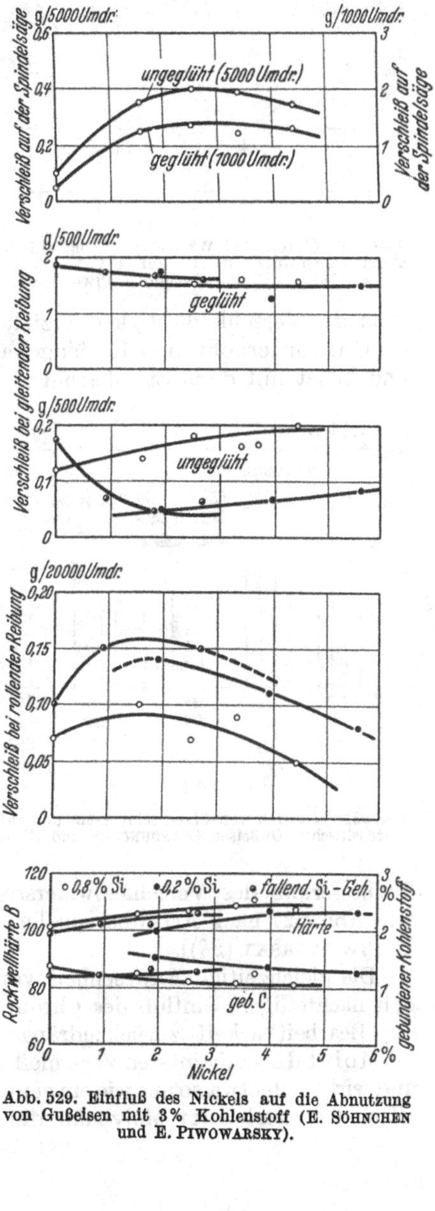

Abb. 529. Einfluß des Nickels auf die Abnutzung von Gußeisen mit 3% Kohlenstoff (E. Söhnchen und E. Piwowarsky).

zug) hatten. Bei rollender Reibung bzw. nach dem Spindel-Prinzip wurde der Verschleißwiderstand erst oberhalb etwa 2% Ni besser, nachdem er zuerst entsprechend anstieg (Abb. 529). Lediglich in der dritten Reihe und bei gleitender Reibung, konnte von vornherein eine Verbesserung des Verschleißwiderstandes beobachtet werden. Steigert man den Nickelgehalt des Gußeisens bis zum Auftreten von Naturmartensit, so fällt der Verschleiß, insbesondere bei gleitender Reibung, sprunghaft ab, wie E. SÖHNCHEN und E. PIWOWARSKY (*28*) zeigen konnten (Abb. 530 und 531). Das deckt sich mit den Erfahrungen an martensitischen Zylinderbüchsen oder anderen naturmartensitischen Werkstücken, z. B. Kurbelscheiben für Webstühle (*32*). Da bei beschleunigter Abkühlung bereits ein Nickelgehalt zwischen 2,5 und etwa 4,5% die Bildung martensitischer Struktur verursacht, so kann in wärmebehandeltem Gußeisen schon von etwa 2,5% Ni ab eine starke Steigerung der Verschleißfestigkeit erzielt werden (Nihard-Material, vgl. S. 731).

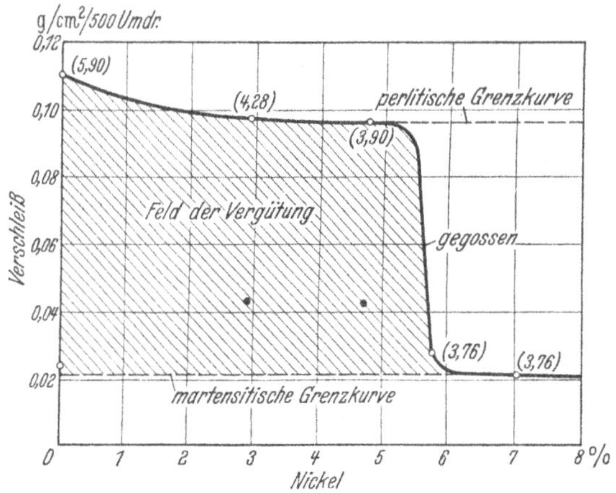

Abb. 530. Einfluß der Wärmebehandlung auf den Verschleiß nickelhaltigen Gußeisens. Die Zahlen bedeuten den C + Si-Gehalt (E. SÖHNCHEN und E. PIWOWARSKY).

Chrom erhöht den Karbidgehalt des Gußeisens, fördert die Perlitbildung und bildet mit dem Eisenkarbid harte Sonderkarbide. Es erhöht daher auch den Verschleißwiderstand des Gußeisens, was schon von 0,25% Cr ab merklich in Erscheinung tritt. Im allgemeinen aber wird Chrom zum Zweck der Verschleißerhöhung von Gußeisen diesem nur bis etwa 0,75% zugesetzt, da höhere Chromgehalte das Auftreten freier Sonderkarbide verursachen, die Bearbeitbarkeit erschweren und oft bereits Biegefestigkeit und Durchbiegung herabsetzen. In Übereinstimmung mit diesen Ausführungen fanden wohl alle über den Einfluß des Chroms bekannt gewordenen Arbeiten eine Verbesserung des Verschleißwiderstandes von Gußeisen [vgl. die Abb. 532 sowie Abb. 527 nach Arbeiten von TH. KLINGENSTEIN (*14*) bzw. E. SÖHNCHEN und E. PIWOWARSKY (*28*)].

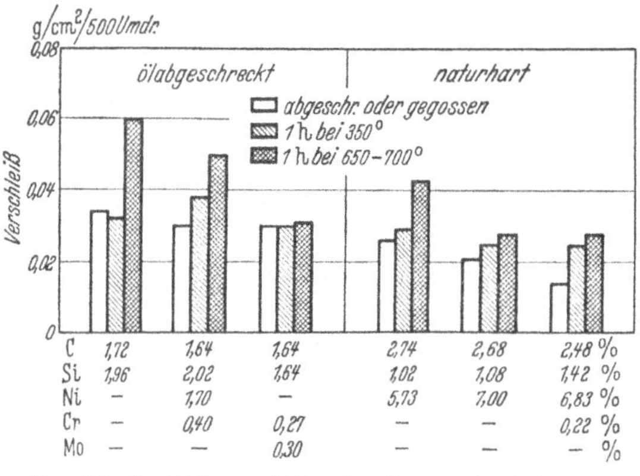

Abb. 531. Vergleich von ölabgeschrecktem und naturhartem martensitischen Gußeisen (E. SÖHNCHEN und E. PIWOWARSKY).

Die gleichzeitige Anwesenheit von Nickel in derartigen Eisensorten vermag den nachteiligen Einfluß des Chroms auf die mechanischen Eigenschaften und die Bearbeitbarkeit zurückzudrängen.

Molybdän scheint den Verschleißwiderstand ebenfalls günstig zu beeinflussen und wirkt sich etwa so aus wie ein gemeinsamer Zusatz von Nickel und Chrom. Vor allem aber verbessert Molybdän die Warmverschleißfestigkeit des Gußeisens, was sich z. B. bei Kolbenringen, Zylinderbüchsen, Warmwalzen usw. vorteilhaft auswirkt. Die Mo-Gehalte liegen im allgemeinen zwischen 0,30 und 0,60% Mo (*28*).

Vanadin ist hinsichtlich seines Einflusses auf den Verschleißwiderstand noch zu wenig untersucht, um heute schon ein abgeschlossenes Urteil zuzulassen. Nach den Ausführungen auf S. 766 wäre ein günstiger Einfluß des Vanadins vor allem über dessen Einfluß auf die spez. Dichte des Gußeisens zu erwarten (desoxydierende Wirkung), weniger jedoch infolge seiner Neigung zur Karbidbildung, da Vanadinkarbide im festen Gußeisen wahrscheinlich sehr wenig löslich sind und zur Ausseigerung neigen.

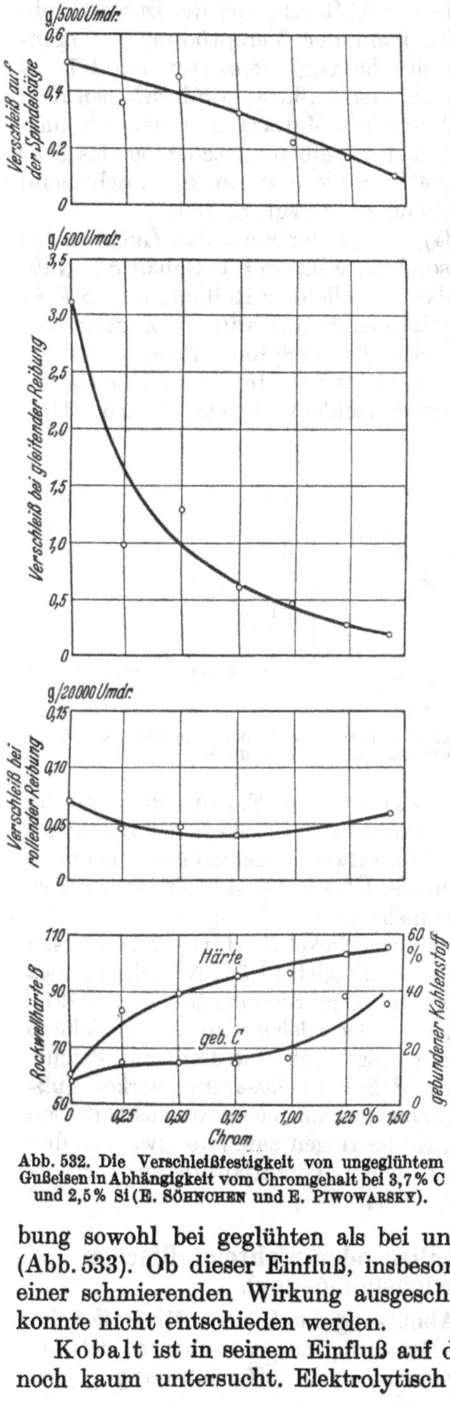

Abb. 532. Die Verschleißfestigkeit von ungeglühtem Gußeisen in Abhängigkeit vom Chromgehalt bei 3,7% C und 2,5% Si (E. SÖHNCHEN und E. PIWOWARSKY).

Kupfer wirkt ausgleichend auf die Härte, gleichzeitig aber auch ein wenig härtesteigernd. Danach könnte u. U. ein günstiger Einfluß des Kupfers vermutet werden. E. SÖHNCHEN und E. PIWOWARSKY (*28*) fanden bei rollender Reibung keinen bemerkbaren Einfluß bei Kupferzusätzen zwischen 0,5 und 2%. Dagegen wurde der Verschleiß bei gleitender Reibung sowohl bei geglühten als bei ungeglühten Proben eindeutig herabgesetzt (Abb. 533). Ob dieser Einfluß, insbesondere bei den höheren Cu-Gehalten, mit einer schmierenden Wirkung ausgeschiedener Kupferteilchen zusammenhängt, konnte nicht entschieden werden.

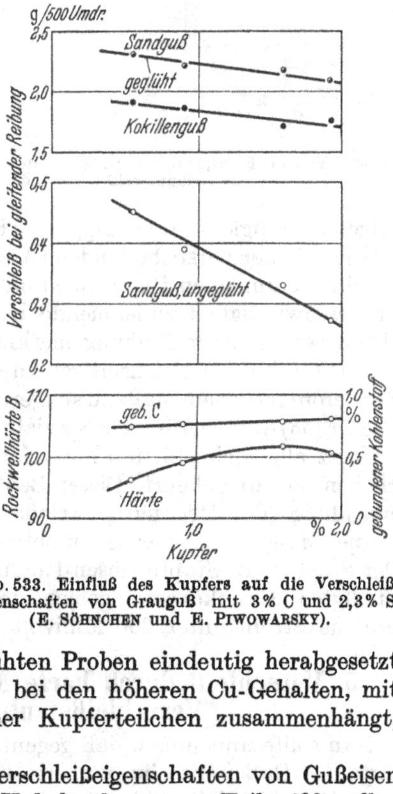

Abb. 533. Einfluß des Kupfers auf die Verschleißeigenschaften von Grauguß mit 3% C und 2,3% Si (E. SÖHNCHEN und E. PIWOWARSKY).

Kobalt ist in seinem Einfluß auf die Verschleißeigenschaften von Gußeisen noch kaum untersucht. Elektrolytisch mit Kobalt überzogene Teile (*33*) sollen die Widerstandsfähigkeit metallischer Flächen gegen Verschleiß und Einfressung herabmindern.

Antimon wirkt sich in Gußeisen sehr verschleißvermindernd aus (*34*), leider wird das Gußeisen bereits durch Sb-Gehalte von 0,2% sehr spröde. Durch gleichzeitige Anwesenheit höherer Nickelgehalte kann der Versprödung entgegengearbeitet werden (*35*). Besonders martensitische Gußeisensorten mit 0,1 bis 3,0% Sb und 3 bis 10% Ni sind nicht nur hoch verschleißfest, sondern haben auch eine hohe Warmverschleißfestigkeit (*36*). Derartiges Material hat nämlich auch eine starke Anlaßbeständigkeit, ja durch Glühen desselben zwischen 500 bis 800° vor der Verwendung tritt sogar eine weitere Verbesserung ein, die anscheinend mit einem Alterungsvorgang in Zusammenhang steht (vgl. S. 709).

Arsen wirkt verschleißvermindernd (*34*), versprödet auch das Gußeisen bei weitem nicht so stark wie Antimon, insbesondere, wenn der P-Gehalt des Gußeisens unter etwa 0,35% bleibt. Während aber bei rollender Reibung bis 0,5% As keine wesentliche Beeinflussung des Verschleißwiderstandes auftritt, zeigt sich bereits bei diesem Gehalt beim Spindel-Prinzip eine Verminderung der Gewichtsverluste auf etwa die Hälfte. Allerdings ist der Verschleiß sehr stark von der Um-

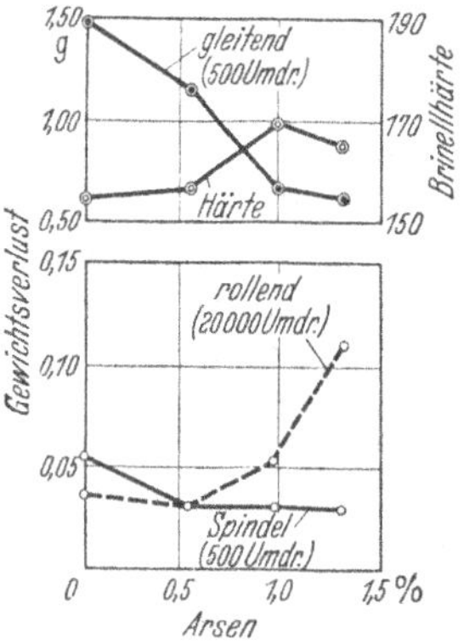

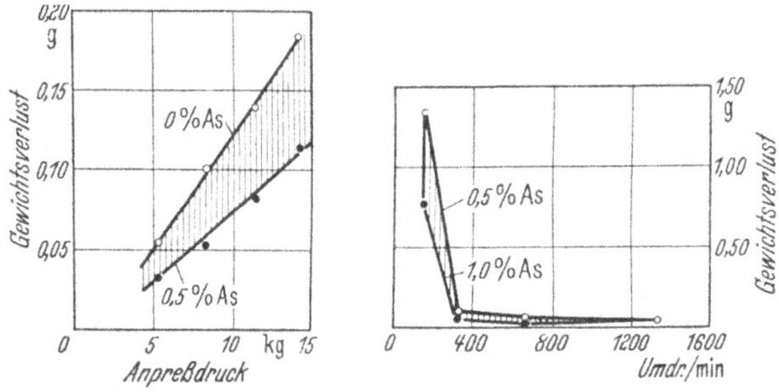

Abb. 534. Verschleißfestigkeit von Gußeisen in Abhängigkeit vom Arsengehalt, dem Anpreßdruck und der Umdrehungszahl der Spindel (E. Piwowarsky und E. Söhnchen).

laufgeschwindigkeit abhängig, wie E. Piwowarsky und E. Söhnchen (*37*) im Rahmen einiger Versuche fanden (Abb. 534). Proben, die bei sehr hohen Geschwindigkeiten kaum einen Unterschied im Verschleiß aufwiesen, zeigen mit abnehmender Geschwindigkeit zunehmende Unterschiede. Über 0,5% As scheint der Verschleiß bei rollender Reibung merklich zuzunehmen.

Bor vermag bei gleichzeitiger Anwesenheit von Nickel die Härte von Gußeisen in außerordentlichem Maße zu steigern. Gußeisen mit 3,5 bis 4,5% Nickel und etwa 1% Bor (*38*) dürften für viele Spezialfälle von besonderer Eignung sein (vgl. S. 791).

Ganz allgemein dürften korrosionsfördernde Spezialelemente den Verschleiß erhöhen und umgekehrt. Dieser Beobachtung trägt auch eine Deutsche Patentanmeldung (*60*) Rechnung, welche fordert, daß beim Zusammenwirken gußeiserner Maschinenelemente mit solchen anderer Zusammensetzung aus Gußeisen oder Stahl (z. B. Stopfbüchsen-Packungen, Kolbenringen usw.) der zwischen den beteiligten Eisenkörpern gemessene durch deren Potentialdifferenz hervorgerufene Strom unter 300 Millivolt zu liegen hat.

5. Verschleiß durch harte Mineralien oder nichtmetallischen Verschleißstaub (Kohlenstaubmotor).

Man sollte annehmen, daß gegenüber Abnützung durch harte Mineralien die Härte des Gußeisens eine vorherrschende Bedeutung haben müßte, so daß für diesen Verschleißfall weißes Gußeisen mit hohem Kohlenstoffgehalt das gegebene

Material sein müßte. Abb. 535 nach O. W. Ellis (*39*) zeigt aber, daß lediglich gegenüber Sand mit zunehmendem Kohlenstoffgehalt der Verschleiß von Hartguß zurückgeht. Dies deckt sich mit früheren Beobachtungen von Ellis und Mitarbeitern (*40*), bei denen mit steigendem Kohlenstoffgehalt auch die Verschleißbeständigkeit gegenüber Siliziumkarbid zurückging (Hartgußkugeln in einer Kugelmühle in Siliziumkarbid laufend). J. O. Everhart (*41*) untersuchte verschiedene mit Nickel, Chrom und Molybdän legierte Eisensorten auf ihre Eignung als Fullermühlenmaterial (Zementmühlenteile). Neben einem chromreichen Material bewährte sich ganz besonders ein Mo-legiertes Gußeisen. Die Zusammensetzungen waren:

C %	Si %	Mn %	Cr %	Mo %	BH	Gew.-Verl. %
2,53	0,66	0,74	28,14	—	460	0,38
2,00	1,25	0,50	2,95	4,95	650	0,24.

Also auch hier bewährten sich merkwürdigerweise die niedrig gekohlten Materialien am besten und zeigten den geringsten Verschleiß bezogen auf ihr Ursprungsgewicht. Nach dem USA.-Patent Nr. 2160290 (*42*) eignet sich als Material mit hohem Abnutzungswiderstand gegen den Angriff von Sand, Schrottkugeln und dergl., ferner für Düsen von Sandstrahlgebläsen oder Schlammableitungsrohre für Tiefbohrungen besonders gut eine Legierung mit 1 bis 1,5% C, 0,5 bis 2% Bor, 5 bis 6% Cr, 14 bis 18% Wolfram, Rest Eisen, also wiederum eine kohlenstoffärmere Legierung.

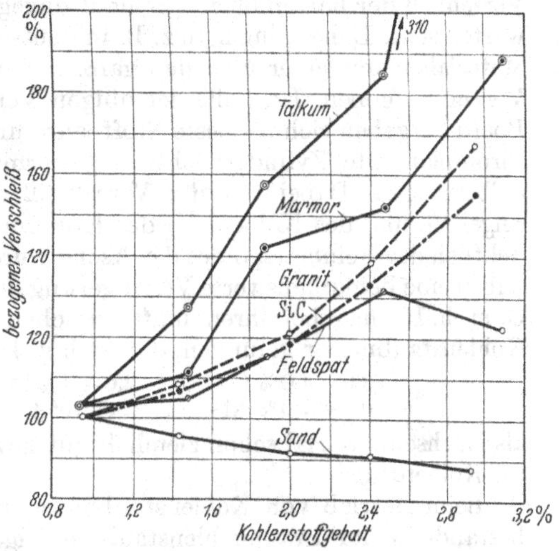

Abb. 535. Verschleiß von Hartguß mit etwa 0,75% S in Abhängigkeit vom Kohlenstoffgehalt und dem Angriffsmittel (nach O. W. Ellis).

Einen Sonderfall im Rahmen der Verschleißmöglichkeiten stellt zweifellos der Kohlenstaubmotor dar. Bei einem Staubverbrauch je Zylinder z. B. von 50 kg/st Braunkohlenstaub bei einem Motor von 170 PS_i ergibt sich bei nur 6% Aschegehalt ein Aschenentfall von 3 kg/st oder 6000 mg Asche je m^3 Ansaugeluft, d. h. etwa die 3000fache Menge fester Bestandteile, wie bei Automobilmotoren unter sonst gleichen Verhältnissen. Das bedeutet, daß im Laufe einer 1000stündigen Betriebszeit nicht weniger als etwa 3000 kg harter schmirgelnder Bestandteile (Al_2O_3 — SiO_2 — Fe_2O_3 usw.) je Zylinder verarbeitet werden müssen, eine Menge, die etwa 2 bis 3 m^3 ausmacht. Damit kann man auch die Schwierigkeit der Aufgabe erkennen, welche diejenigen Stellen zu lösen haben, welche sich ernstlich mit dem Problem des Kohlenstaubmotors beschäftigen. Der „Fuel Research Board" (*43*) ließ 27 verschiedene Kombinationen von Büchsen-, Kolben- und Kolbenring-Werkstoffen systematisch untersuchen. Der Verschleiß der Büchsen tritt bekanntlich am meisten im oberen Totpunkt ein, die Abnützung der Kolben vor allem am Kopfende, von den Kolbenringen wird der oberste am meisten, der unterste am wenigsten beansprucht. Es ergaben sich u. a. umstehende Abnutzungsziffern je Stunde (Zahlentafel 81 a).

Je größer also die Zylinderhärte, um so kleiner die Abnutzung von Büchse, Kolben und Kolbenring. Dieses Resultat scheint dem Verfasser jedoch nicht

Zahlentafel 81a.

Material der Büchse	Härte (Vickers)	Büchse $^1/_{1000}$ in.	1. Kolbenring g	Kolben $^1/_{1000}$ in.
Leichtmetall	60—145	10—11,5	2,5—5	bis 8,5
Ungehärtetes Gußeisen . . .	200—240	2—3,5	1,8—2,6	3,2—6,3
Vergütetes Gußeisen	ca. 500	1,2	0,9	2,4
Nitrierter Stahl u. Gußeisen.	ca. 1000	0,4—0,6	0,16—0,6	0,3—1,4
Chromplattiertes Gußeisen. .	ca. 1000	0,05—0,11	0,15—0,7	0,2—1,5

schlüssig zu sein, da es sich nicht auf einen Dauerbetrieb bezieht. Man muß nämlich bedenken, daß z. B. das Auswechseln der Büchsen ein sehr unangenehmes und zeitraubendes Geschehen ist und ein Auswechseln unter 500 Betriebsstunden praktisch nicht in Frage kommen kann. Bei den nitrierten oder chromplattierten Materialien dürfte zwar zu Beginn des Betriebes ein recht gutes Verhalten, nach Verschleiß der harten oberen Schicht dagegen ein sehr schneller Verschleiß zu erwarten sein. Daher ging man z. B. in deutschen Versuchsbetrieben (*44*) dazu über, Materialien mit einer über den ganzen Querschnitt gleichbleibenden Härte den Vorzug zu geben. Im Falle der obigen Versuche des englischen „Fuel Research Board" ergeben sich als beste Stoffpaare unter den gegebenen Bedingungen: eine chromplattierte Zylinderbüchse mit normalem Gußeisenkolben und Gußeisenkolbenringen. Dabei war der Verschleiß der Büchse $^1/_7$, des obersten Kolbenringes $^1/_{16}$ und des Kolbens $^1/_{30}$ der Kombination in gewöhnlichem Gußeisen. Hinsichtlich des Feinheitsgrades der Asche wurde mit zunehmender Mahlfeinheit derselben eine bemerkenswerte Verringerung des Verschleißes gefunden. Die Schichau G. m. b. H. hat bei ihren umfangreichen Versuchen an einem Versuchsstand-Kohlenstaubmotor gefunden, daß sich z. B. ein manganreiches Gußeisen mit:

3,0—4,0% C, 2,0—7% Mn, 0,5—1,0% Si
0,1—1,0% Ni (Schwefel und Phosphor niedrig)

als Büchsenmaterial schon ziemlich gut bewährt (*45*), bei Benutzung Cr-Ni-legierter Kolbenringe.

Beim Betrieb von Kohlenstaubmotoren hat sich der Angriff der Schlackenbestandteile im Braunkohlenstaub in folgender Reihenfolge verringert:

Al_2O_3—SiO_2—Koks—Fe_2O_3—MgO—CaC—S_2O_3 (*46*).

Gegenüber Warmverschleiß soll auch ein weißes, siliziumarmes Gußeisen geeignet sein, das nach einer neueren Patentanmeldung (*57*) folgende Zusammensetzung hat:

C = 2,80 bis 3,80%, Mn = 0,40 bis 1,00%, Cr = 0,50 bis 3,00%,
0,10 bis 1,00% Mo und 0,10 bis 2,00% V bei über 0,10% P
(gegebenfalls 0,60 bis 1,00% P), ferner 0,10 bis 1,00% Ti.

Der Siliziumgehalt soll 0,40% nicht übersteigen.

6. Die Tropfenschlagbeständigkeit.

Diese Beanspruchungsart ist noch wenig untersucht. Auch hier folgt im allgemeinen einer Verfestigung der Oberfläche eine tiefgreifende Schädigung, sobald die erste örtliche Aufrauhung zustande gekommen ist. Oft wirken rein mechanische mit rein korrosiven Einflüssen zusammen (Nähères vgl. Kapitel XVIIk).

7. Verschleißverminderung durch Oberflächenbehandlung.

Die Nitrierhärtung: Durch Behandlung von Gußeisen in dissozierendem Ammoniakstrom (10- bis 12proz. Dissoziation des NH_3) zwischen 500 bis 600° erfolgt eine starke, bis zu 1050 BE heraufgehende Oberflächenhärtung unter Bildung von harten Nitriden (Abb. 539). Im folgenden seien einige Ausführungen grundlegender Natur über das Nitrierhärten gemacht.

Abb. 536 zeigt das Zustandsschaubild der Eisen-Stickstoff-Legierungen bis etwa 9% N. Es treten darin die Verbindungen Fe_2N (11,1% N) und Fe_4N (5,9% N) auf. Bei 580° löst α-Eisen etwa 0,3% N. Bei 580° zerfällt der γ-Mischkristall mit 2,3% N zu einem mit Braunit bezeichneten Eutektoid zwischen α-Eisen und der γ'-Phase (Nitrid Fe_4N). Die γ'-Phase selbst ist zwischen 2,8 und 5,5% N die Komponente eines aus dem Zerfall der ε-Phase zustande gekommenen Eutektoids mit 4,5% N. Beim Nitrieren von Eisenlegierungen im Ammoniakstrom bildet sich in den Randschichten die ε-Phase. Der Stickstoffgehalt nimmt nach dem Innern zu ab und erreicht am innersten Rand der sog. Nadelgrenze (ausgeschiedene Nitridnadeln Fe_4N, zustande gekommen während der Abkühlung durch die sinkende Löslichkeit des α-Eisens für Stickstoff) etwa 0,015% N.

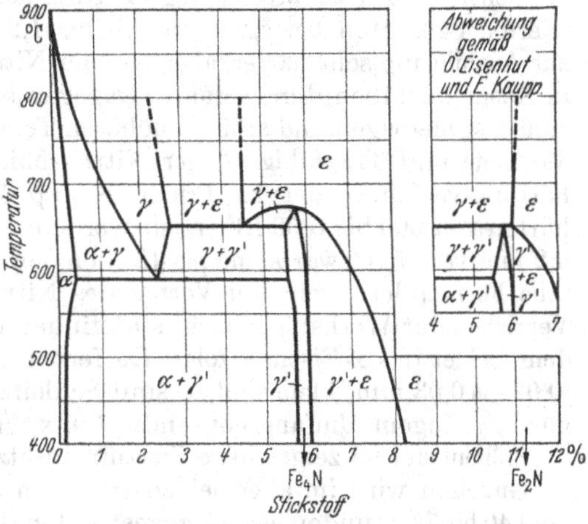

Abb. 536. Zustandsschaubild des Systems Eisen-Stickstoff (nach E. Lehrer, sowie O. Eisenhut und E. Kaupp).

Man neigt heute zu der Auffassung, daß die Einwanderung des Stickstoffs bei der Nitrierung nicht durch Gasdiffusion, sondern durch sog. Platzwechselreaktion (*47*) in das Eisen erfolgt. Das oberflächlich gebildete Fe_2N z. B. beginnt bereits oberhalb 400° zu dissoziieren und gibt gemäß

$$Fe_2N \rightarrow 2\,Fe + N$$

Stickstoff nach dem Eiseninnern ab.

Die Härtesteigerung bei der Nitrierung ist verursacht:

1. durch die hohe Härte der gebildeten Nitride,
2. durch die Blokkierung der Gleitflächen des α-Eisens infolge ausgeschiedener Nitride,
3. durch Gitterstörungen, verursacht bei hohem Dispersitätsgrad der Nitridmoleküle.

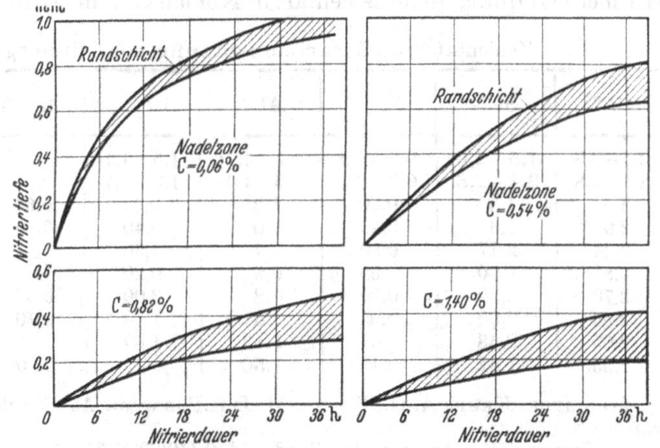

Abb. 537. Größe der Nitrierzone verschieden gekohlten Stahls in Abhängigkeit von der Nitrierdauer (W. Eilender und O. Meyer).

Zunehmender Kohlenstoffgehalt hemmt die Diffusionsgeschwindigkeit des Stickstoffs und führt zu geringeren Härtetiefen (Abb. 537). Da die Elemente Chrom, Aluminium, Vanadin und Titan sehr harte, im Eisen unlösliche Nitride bilden, so enthalten die zu nitrierenden Gußeisensorten noch 0,8 bis 2,0% Al, 0,8 bis 1,75% Cr, mitunter auch 0,1 bis 0,3% V, 0,2 bis 0,5% Mo und etwas Nickel. Die Nitride der erwähnten Spezialelemente (Al, Cr und V) dissoziieren erst bei hohen Temperaturen (über 1500° C); daher bleiben auch in diesen legierten Gußeisensorten die Eisenatome die Träger der Stickstoffdiffusion, indem sie den Stickstoff durch wechselnde Bindung und Zerfall an die Al-, Cr- und V-Atome heranführen bzw. weiterreichen. Eine Beheizung der zu nitrierenden Werkstücke durch Hochfrequenzströme führt nach O. Meyer, W. Eilender und W. Schmidt (*48*) zu beschleunigter Diffusion des Stickstoffs. Die Dicke der nitrierten Schichten beträgt etwa 0,6 bis 1,2 mm. Nitrieren oberhalb 580° führt zur Ausbildung sehr harter, aber spröder Nitridrandschichten und wird daher nur in Ausnahmefällen durchgeführt. Dagegen kann eine zweimalige Verstickung bei zunächst niedrigen und alsdann höheren Temperaturen bei gleichbleibender Härte die Tiefe und Tragfähigkeit der Nitrierschicht erhöhen (*49*). Nach dem Nitrierhärtungsverfahren der Fa. Friedr. Krupp A.-G. in Essen können Oberflächenhärten von 800 bis 1050 BE erzielt werden. Die glasharte Randschicht von 0,1 bis 0,2 mm verträgt zwar keine plastischen Verformungen, dagegen recht gut elastische Formänderungen. Der Vorteil des Nitrierverfahrens besteht darin, daß ein Verziehen der Werkstücke nicht stattfindet, da Härtung bzw. Luftabkühlung aus dem Gebiet des α-Eisens erfolgt. Da ferner die dilatometrischen Härtungseffekte (0,02 bis 0,03 mm) klein sind, so sind Schleifzugaben nach der Härtung nicht oder nur in geringem Umfang notwendig (max. 1/1000 mm).

Zahlentafel 82 zeigt einige Zusammensetzungen von Nitriergußeisen.

Gußeisen wird im allgemeinen zwischen 525 bis 570° nitriert, und zwar während 40 bis 75 Stunden je nach angestrebter Härtetiefe und chemischer Zusammensetzung. Die Nitrierschicht beträgt alsdann 0,25 bis 0,40 mm und hat eine Rockwell-C-Härte von 78 bis 80. Den Phosphorgehalt von Nitriergußeisen hält man zweckmäßig unter etwa 0,25%. Die mitunter beobachtete Anlaßsprödigkeit des Nitriergußeisens tritt in Gegenwart von Molybdänzusätzen nicht auf (*50*). Da grobe Graphitausbildung eine narbige Oberfläche nitrierten Gußeisens verursachen kann, so ist man auch dazu übergegangen, Gußeisen durch beschleunigte Abkühlung weiß zur Erstarrung zu bringen und durch eine anschließende Wärmebehandlung den elementaren Kohlenstoff in Temperkohleform zur Ab-

Zahlentafel 82. Zusammensetzung von Nitriergußeisen.

C %	Si %	Mn %	Al %	Cr %	Mo %	V %	Schrifttum:
2,5–2,8	1,5–2,0	0,8–1,0	1,5–2,0	1,5–1,75	—	—	(*a*)
2,4–2,8	2,4–2,8	0,5–0,7	0,6–0,8	1,3–1,7	—	—	(*b*)
2,5	1,5	0,60	1,25	0,20	0,60	—	(*c*)
2,9	1,6	0,60	1,0	0,40	0,75	—	(*d*)
2,64	2,17	0,80	0,7	1,50	—	—	(*e*)
2,80	1,80	0,65	0,9	0,20	—	—	(*f*)
2,70	2,50	0,70	0,8	2,00	0,30	—	(*g*)
2,80	2,00	n. a.	1,5	1,50	0,40	—	(*h*)
2,65	2,58	0,61	1,43	1,69	—	—	(*i*)
2,33	1,62	0,40	1,50	—	0,60	0,27	(*k*)

(*a*) Friedr. Krupp A.-G., Essen: vgl. D.R.P. angem. Akt.-Zeich. 131518, Kl. 18c, 3/25 vom 15. 9. 1933.
(*b*) Giolitti, F.: Assoc. techn. Fond. Bd. 9 (1935) S. 31.
(*c*) Homerberg, V. O., u. D. L. Endlund: Metals & Alloys Bd. 5 (1934) S. 141.
(*d*) Tyson, J. D.: Masters's Thesis, M. I. T. 1933, vgl. auch (*c*).
(*e*) Friedr. Krupp A.-G., Essen: H. B. 6228.
(*f*) Gunite Corporation USA. Persönliche Mitteilung.
(*g*) Wie (*b*), mittlere Zusammensetzung.
(*h*) Franz. Patent Nr. 779367, vgl. Stahl u. Eisen Bd. 52 (1932) S. 669.
(*i*) Hurst, J. E.: J. Iron Steel Inst. Bd. 125 (1932) S. 223.
(*k*) Challansonnet, J.: Internationaler Gießereikongreß Paris (1937) Bericht C. I. — 3.

scheidung zu bringen (*50*). Nickelhaltige Nitriergußeisen wurden u. a. von A. N. DOBROWIDOW und N. SCHUBIN (*51*) in den Bereich von Untersuchungen hineingezogen. Silizium hat keinen ausgesprochenen Einfluß auf die Oberflächenhärte nach dem Versticken, doch sinkt im allgemeinen die Härtetiefe mit der Erhöhung des Si-Gehaltes (*52*). Mangan übt weder auf die Oberflächenhärte noch auf die Härtetiefe einen Einfluß aus. Phosphor von 0,2% ab beeinflußt nicht die Härtetiefe, verringert aber etwas die Oberflächenhärte (*52*). Nitrierte Schleudergußbüchsen werden bereits seit dem Jahre 1928 hergestellt (*53*). Abb. 539 zeigt Härte und Härtetiefe von nitriergehärteten Schleudergußbüchsen nach W. A. GEISLER und H. JUNGBLUTH (*53*). Zahlentafel 84 aus der gleichen Arbeit zeigt einige Festigkeitswerte von Schleudergußwerkstoffen im Vergleich zu Zylinderguß.

Autogene Oberflächenhärtung. Die zu härtenden Teile der Gußstücke werden mit Spezialbrennern rasch erhitzt und durch die Wärmeableitung in die dahinter liegenden kalten Teile infolge Martensitbildung gehärtet (z. B. Anwendung bei Nockenwellen, vgl. S. 961). Liegt die Temperatur der Abschreckschicht unter etwa 860°, so tritt neben Martensit vielfach Abschrecktroostit als härtemindernder Gefügebestandteil auf, erst bei Abschreckung von etwa 900° tritt oberflächlich die volle Martensithärte auf, wobei das Material infolge des allmählichen Gefügeüberganges vom Rand zu den tieferen Stellen im allgemeinen auch nicht zum Abblättern neigt (*54*). Zahlentafel 83 zeigt die Brenneigenschaften von Azetylen und Leuchtgas, Abb. 538 die theoretische Verbrennungstemperatur in Abhängigkeit vom Mischungsverhältnis nach einem Bericht von H. W. GRÖNEGRESS (*59*). Man erkennt, daß durch Erhöhung der Sauerstoffzufuhr bei beiden Gasen eine größere Leistung zu erzielen ist. Um jedoch Randentkohlungen zu vermeiden, verzichtet man auf den geringen Zeitgewinn bei Verwendung höherer Mischungsverhältnisse und arbeitet bei Leuchtgas im allgemeinen mit einem Mischungsverhältnis 0,6:1, bei Azetylen mit einem solchen von 1:1 (neutrale Azethylenflamme).

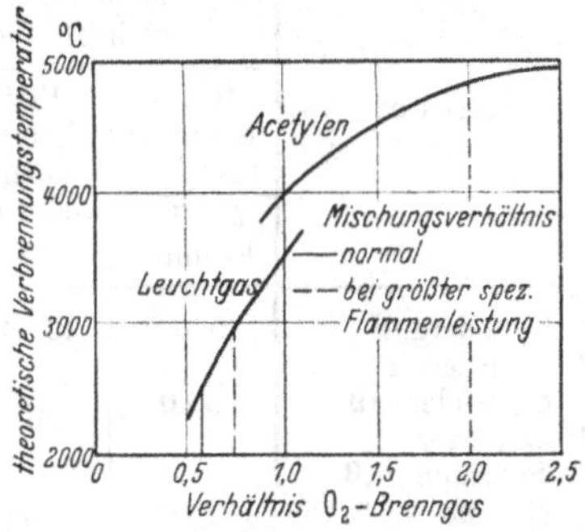

Abb. 538. Verbrennungstemperatur in Abhängigkeit vom Mischungsverhältnis (H. W. GRÖNEGRESS).

Zahlentafel 83. Brenneigenschaften von Azetylen und Leuchtgas.

	Azetylen	Leuchtgas
Oberer Heizwert . . . . kcal/m³	13800	4300
Größte Zündgeschwindigkeit . . . . cm/sec	1350	705
Größte spez. Flammenleistung (nach BRÜCKNER) . kcal/cm²sec	10,7	3,03
Höchste Flammentemperatur (nach RIBAUD) . . . . . . °C	3100	2800

Einfluß von Spezialelementen. Kleine Zusätze von Chrom, Nickel, Molybdän und Vanadin haben nur insoweit Einfluß auf die Härtbarkeit, als sie den Ac_3-Punkt herabdrücken. Karbidstabilisierende Zusätze benötigen eine höhere Erhitzung zur vollständigen Lösung vor dem Abschrecken. Die Bedeutung von Legierungszusätzen liegt mehr in ihrer Wirkung auf die physikalischen Eigenschaften (*62*).

Andere Verfahren. In das Gebiet der Zementationsprozesse gehören auch die Vorgänge des Aluminierens, Chromierens, Silizierens, Borierens, Wolframierens, Verkobaltens usw., die vielfach starke Oberflächenhärten ergeben und in manchen

Fällen, z. B. bei Hartgußwalzen, Glasformen usw. sich gut bewährt haben. Die Einführung der Sonderelemente in die Oberfläche des Grundmetalls erfolgt dabei auf Grund von reinen Diffusions- und Reaktions-Diffusionsvorgängen.

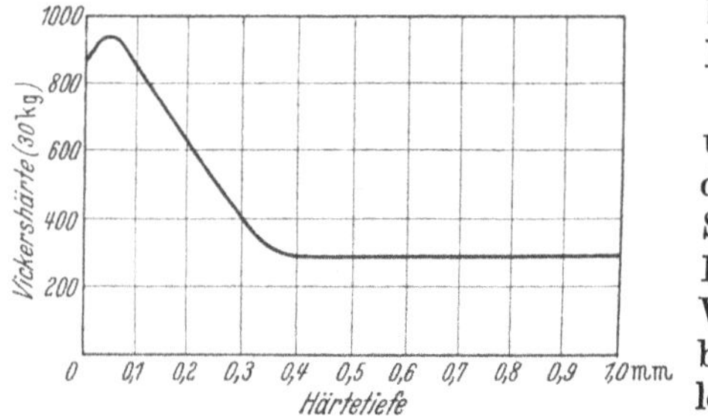

Abb. 539. Härte und Abschrecktiefe von nitriergehärteten Schleudergußbüchsen (W. GEISSLER und H. JUNGBLUTH).

Auch das Silizieren und Aluminieren usw. durch Glühen der Werkstücke in den Chloriden der Zementationsstoffe wie $SiCl_4$ (bei 800°) bzw. $AlCl_3$ (bei 900 bis 1000°) gehört hierher, ebenso wie die Vernickelung von Eisen nach dem Karbonylverfahren. Bei letzterem wird Kohlenoxyd über Nickel oder Nickeloxydulpulver (bei 180°) geleitet. Das gebildete Nickelkarbonyl läßt man bei 800 bis

Zahlentafel 84.

Werkstoff	Festigkeiten nach der englischen Ringprobe (Vorschriften d. B. E. S. A.)			Festigkeiten an Zerreißstäben aus den Büchsen		Brinellhärte in der Bohrung
	Ringfestigkeit $\frac{1,87\,P\cdot D}{b\cdot d^2}$ * kg/mm²	Bleibende Formänderung %	Elastizitätsmodul kg/mm²	Zugfestigkeit kg/mm²	Elast.-Modul Spannungsbereich 2—14 kg/mm²	kg/mm²
1. Zylinderguß . . .	25—31	15—25	8000—10000	22—26	8000—10000	180—210
2. Unlegierter Schleuderguß . .	33,0	7,5	12000	27,0	11500	240—285
3. Legierter Schleuderguß (1% Mo, 0,4% Cr)	35,0	6,5	13000	30,0	12500	260—300
4. Gehärt. unleg. Schleuderguß . .	34,0	4,0	12000	26—30,0	12000	350—500
5. Nitrierguß . . .	40,0	2,0	17000	41,0	17250	280—320 Oberfläche 700—900 Vickers

* P = Kraft in kg, D = Ringaußendurchmesser, b = Ringbreite, d = Ringdicke.

1000° auf Eisenbleche, Stäbe usw. einwirken (2 Stunden), wodurch eine Eisennickelschicht entsteht.

Auch durch Behandeln von Eisen bei höheren Temperaturen (600 bis 900°) in Zyanbädern, Gemischen von Benzol und Stickstoff, Gemischen von Kohlenoxyd und Ammoniak usw. gelingt es, in die Eisenoberfläche sowohl Kohlenstoff als auch Stickstoff einzuführen. Diese Verfahren ergeben nach verhältnismäßig kurzer Behandlungszeit hohe Oberflächenhärten. Doch ist die Härtetiefe gering und die Empfindlichkeit der zementierten Schicht gegen starke Verformungen

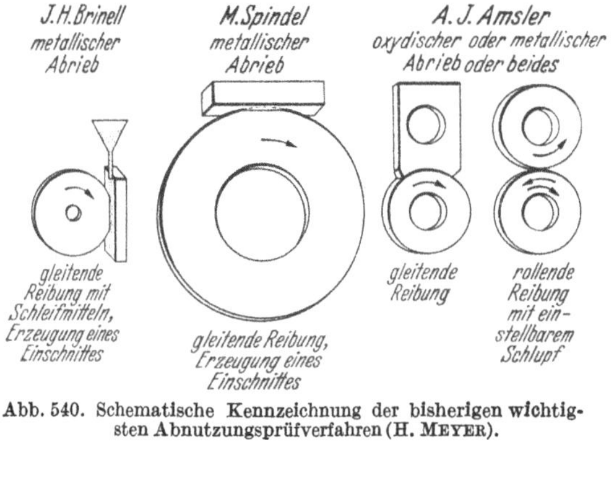

Abb. 540. Schematische Kennzeichnung der bisherigen wichtigsten Abnutzungsprüfverfahren (H. MEYER).

größer. Ein Gußeisen mit erhöhter Einhärtetiefe, das sich zur Herstellung von dickwandigem Temperrohguß eignet und eine schnelle Graphitisation beim Tempern zeigt, wird nach Beobachtungen der „Soc. d'Electrochimie, d'Electrométallurgie et des Aciéries Electriques (*55*) so erhalten, daß man der Schmelze einen Zusatz von seltenen Erden, etwa von Zer, besonders in Form von Mischmetall, zufügt, und zwar in solchen Mengen, daß das erstarrte Gußeisen nur Spuren des Zusatzes enthält. Gewöhnlich soll der Zusatz unter 1% betragen; er kann vorteilhaft bestehen aus einer Legierung mit 52% Zer, 47% anderen seltenen Erdmetallen und 1% Eisen.

Gleitfähige Legierungen mit erhöhter Korrosionsbeständigkeit. Bereits an der Einführung nitrierter Schleudergußbüchsen war die chemische Beständigkeit der Nitrierschicht maßgebend beteiligt. C. H. MEYER (*56*) untersuchte zahlreiche Stoffpaare auf ihre Eignung für verschleißfeste und dabei korrosionsfeste Lager-, Pumpenteile usw. Hierbei ergab der austenitische Nickelgrauguß bei Verwendung mittelharter Wellen gute Gleiteigenschaften. Antimonzusatz erhöhte das Gleitvermögen und gab beste Widerstandsfähigkeit gegen Laugen. Die Gleitfähigkeit des ferritisch-karbidischen Chromgusses war wesentlich besser als die des austenitischen Chrom-Nickel-Stahlgusses. Für chemisch weniger beanspruchte Gußstücke bewähren sich geringe Zusätze an Chrom oder Molybdän zum normalen, dem Verwendungsgebiet in seiner Zusammensetzung zweckmäßig angepaßten Gußeisen.

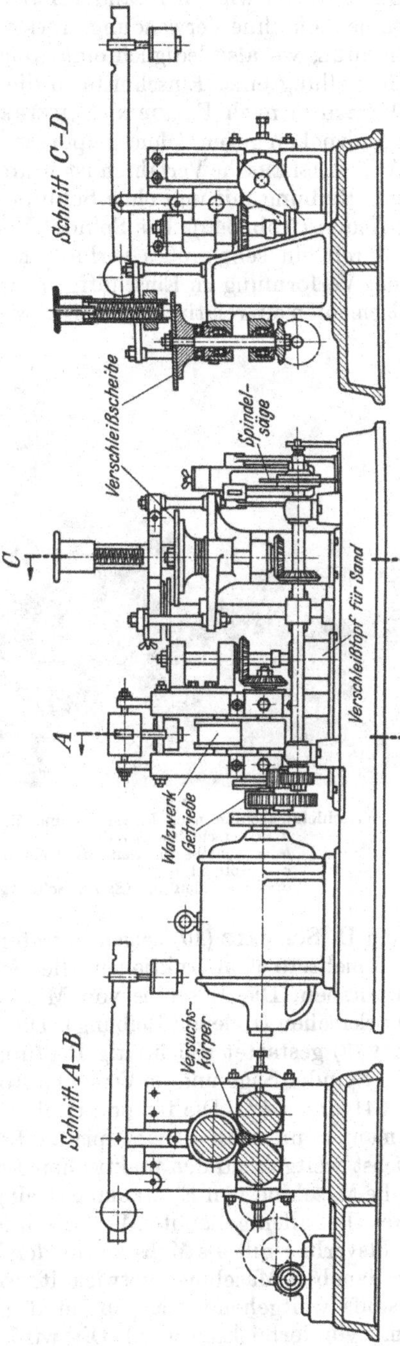

Abb. 541. Verschleißmaschine nach F. HEIMES und E. PIWOWARSKY (Schnittzeichnung).

8. Die Prüfung der Verschleißfestigkeit.

Bis heute sind mehr als 50 verschiedene Verschleißprüfverfahren entwickelt worden. Die meisten der aus den Anfängen der Verschleißprüfung bekannt gewordenen Verfahren beruhen auf gleitender Reibung unter Verwendung von Schleifmitteln. Dieses Verfahren ist sehr wirksam und gibt bei relativ kurzen Prüfzeiten vergleichliche Ergebnisse. Hauptvertreter dieser Prüfart ist die

Prüfung nach J. H. BRINELL (*17*), bei der eine langsam umlaufende Schneidscheibe auf dem flach ausgebildeten Prüfkörper einen Einschnitt ergibt (vgl. Abb. 540). Als Schleifmittel wird hier Sand verwendet. Ganz ähnlich dem Brinellschen Verfahren, jedoch ohne Verwendung eines Schleifmittels, arbeitet das Verfahren nach M. SPINDEL, wo also lediglich eine weiche Stahlscheibe von 1 mm Durchmesser zur Herstellung eines Einschnitts in die Prüfkörper benutzt wird (Abb. 540). Bei den Verfahren nach F. ROBIN, SCHEIBE u. a. wird das Verhalten des Materials beim Andrücken gegen Schmirgelpapier bzw. eine Karborundumscheibe ermittelt. Das A. J. AMSLERsche Verfahren ist weitgehend modifizierbar. Es kann sowohl für rollende Reibung mit und ohne Schlupf als auch für gleitende Reibung Verwendung finden (Abb. 540). Das Spindel-Verfahren gibt bei seiner üblichen Ausführung durch ein sehr großes Verhältnis von Druck zu Gleitgeschwindigkeit eine so große Verformung im Einschliffgrund, daß bei Prüfung harter Werkstoffe diese im allgemeinen ein relativ zu günstiges Verhalten gegenüber duktileren Materialien zeigen. Das Umgekehrte gilt für das Ergebnis des Amsler-Versuches. Geben jedoch beide Verfahren ein günstiges Resultat bei der Prüfung eines Werkstoffes, so ist meistens mit Sicherheit auf ein besonders gutes Verhalten im Betrieb desselben zu rechnen. Wichtig ist, daß bei den meisten Maschinen, vor allem aber der Maschine nach SPINDEL (MAN), erst nach einem längeren Schleifweg von etwa 100 m ein geradliniges Ansteigen des Verschleißwertes auftritt, während vorher meist die Abnutzung schneller als der Verschleißweg zunimmt, wie W. EILENDER, W. OERTEL und H. SCHMALZ (*10*) zeigen konnten. Außer den erwähnten Maschinen gibt es noch mehrere Konstruktionen, die sich mehr oder weniger in der Praxis eingeführt haben. Die Maschine von MOHR und FEDERHAFF z. B. arbeitet ähnlich der Amslerschen (rollende Reibung). Die Maschine nach F. HEIMES und E. PIWOWARSKY (*9*) gestattet gleichzeitig Prüfung bei rollender bzw. gleitender Reibung, mit der Spindel-Säge und im Verschleißtopf mit Normenquarzsand oder Schmirgel (Abb. 541 und 542). Die für praktische Verhältnisse wertvollsten Ergebnisse erzielt man, wenn man den zu prüfenden Sonderfall eines Verschleißvorganges möglichst weitgehend den praktischen Bedingungen anpaßt. Neuerdings hat sich auch die Maschine von E. SIEBEL gut eingeführt, welche ähnlich der Brinellschen arbeitet. Bei allen genannten Verfahren ist der Anpreßdruck verstellbar, und der Gewichtsverlust gilt als Maßstab für den Verschleißwiderstand. Zahlreiche Werke haben daneben Maschinen entwickelt, welche den Eigenarten des zu prüfenden Werkstoffs weitgehend angepaßt sind (Prüfung von Bremstrommeln, Kolbenringen, Zylinderbüchsen usw.). Oft wird als Maßstab für den Widerstand gegen Abnützung auch die Reibungszahl μ benutzt und gemäß: $\frac{M}{R} = \mu \cdot P$ errechnet,

Abb. 542. Verschleißmaschine nach F. HEIMES und E. PIWOWARSKY.
a = Verschleißwalzwerk
b = Scheibe für gleitende Reibung
c = Spindelsäge
d = Verschleißtopf (Sand, Schmirgel)

wo M das Drehmoment, P den Anpreßdruck, μ die Reibungszahl und R den Radius des angreifenden Hebels bedeuten. Als Widerstand gegen Abnützung kann jedoch auch die Reibungsarbeit in cm^3/kWst (bei elektrischem Antrieb) Verwendung finden (*18*).

Schrifttum zum Kapitel XIIIb.

(*1*) Vgl. den Tätigkeitsbericht des Unterausschusses für Verschleißprüfung beim VDE im Jahresbericht des VDE für 1931. Stahl u. Eisen Bd. 52 (1932) S. 62.
(*2*) Fink, M.: Diss. Berlin-Charlottenburg 1929.
(*3*) Fink, M., u. N. Hoffmann: Z. Metallkde. Bd. 24 (1932) S. 49, sowie Arch. Eisenhüttenw. Bd. 6 (1932/33) S. 161.
(*4*) Roll, F.: Z. anorg. allg. Chem. Bd. 224 (1935) S. 322; vgl. Roll, F., u. W. Pulewka: Z. anorg. allg. Chem. Bd. 221 (1934) S. 177.
(*5*) Donandt, H.: Über den Stand unserer Kenntnisse in der Frage der Grenzschmierung. Z. VDI Bd. 80 (1936) S. 821.
(*6*) Hardy, W. B.: Kolloid-Z. Bd. 51 (1930) S. 6.
(*7*) Riebe, A.: Gleitlager mit Abmessungen von Wälzlagern. Z. VDI Bd. 78 (1934) S. 444.
(*8*) Roll, F., u. W. Pulewka: Z. anorg. allg. Chem. Bd. 221 (1934) S. 177.
(*9*) Heimes, F., u. E. Piwowarsky: Arch. Eisenhüttenw. Bd. 6 (1932/33) S. 501.
(*10*) Eilender, W., Oertel, W., u. H. Schmalz: Arch. Eisenhüttenw. Bd. 8 (1934/35) S. 61; vgl. Schmalz, H.: Diss. T. H. Aachen 1934.
(*11*) Schlesinger, G.: Gießerei Bd. 19 (1932) S. 281.
(*12*) Boegehold, A. L.: Proc. Amer. Soc. Test. Mater. Bd. 29 (1929) S. 115; ferner Hurst, J. E., u. F. K. Neath: Bull. Brit. cast Iron Ass. Bd. 19 (1928) S. 9 bzw. Carnegie Schol. Mem. Bd. 9 (1918) S. 59.
(*13*) Coyle, F. B.: Persönliche Mitteilung an den Verfasser.
(*14*) Klingenstein, Th.: Mitt. Forsch.-Anst. GHH-Konzern Bd. 1 (1931) S. 999.
(*15*) Sipp, K.: Stahl u. Eisen Bd. 57 (1937) S. 42.
(*16*) Söhnchen, E., u. E. Piwowarsky: Gießerei Bd. 23 (1936) S. 489.
(*17*) Vgl. Meyer, H.: Arch. Eisenhüttenw. Bd. 9 (1935/36) S. 501.
(*18*) Vgl. Zimmermann, E.: Diss. T. H. Aachen 1929.
(*19*) Klingenstein, Th., u. H. Kopp: Mitt. Forsch.-Anst. GHH-Konzern März 1939 S. 23.
(*20*) Sipp, K.: Stahl u. Eisen Bd. 40 (1920) S. 1141.
(*21*) D.R.P. Nr. 301913 vom 10. Mai 1916; ferner D.R.P. Nr. 325250 vom 16. Okt. 1918.
(*22*) Schmalz, H.: Diss. T. H. Aachen 1934; vgl. Fußnote (*10*).
(*23*) Vgl. Köster, W., u. W. Tonn: Arch. Eisenhüttenw. Bd. 8 (1934/35) S. 111.
(*24*) Wickenden, Th. H.: J. Soc. automotor. Engrs. Bd. 22 (1928) S. 206; vgl. Gießerei Bd. 25 (1928) S. 255.
(*25*) Kühnel, R.: Gießerei Bd. 11 (1924) S. 211, 493, 509 und 573; ferner ebenda Bd. 11 (1925) S. 17, sowie Stahl u. Eisen Bd. 45 (1925) S. 1461.
(*26*) Wallichs, A., u. J. Gregor: Gießerei Bd. 20 (1933) S. 517 und 548.
(*27*) Wissenschaftl. Techn. Mitteilungsblätter der E. Becker & Co. A.-G. in Leipzig, Ausgabe August 1935.
(*28*) Söhnchen, E., u. E. Piwowarsky: Arch. Eisenhüttenw. Bd. 7 (1933/34) S. 371.
(*29*) Scharfenberg, E.: Gießerei Bd. 19 (1932) S. 145.
(*30*) Ellis, O. E., Gordon, J. R., u. G. S. Farnham: Trans. Amer. Foundrym. Ass. Bd. 3 (1936) S. 511.
(*31*) Piwowarsky, E., u. H. Nipper: Gießerei Bd. 17 (1930) S. 934.
(*32*) Nickel-Berichte des Nickel-Informationsbüro Frankfurt a. M. Bd. 5 (1935) S. 181.
(*33*) D.R.P. ang. der Firma Bozel-Maletra Société Industrielle de Produits Chimiques in Paris. Akt.-Zeich. B. 165790, Kl. 48a, 14 vom 13. Juni 1934.
(*34*) Piwowarsky, E., Vladescu, J., u. H. Nipper: Arch. Eisenhüttenw. Bd. 7 (1933/34) S. 371.
(*35*) Piwowarsky, E.: Gießerei Bd. 22 (1935) S. 277; vgl. D.R.P. Nr. 590059, Kl. 18d, Gruppe 230 vom 7. Dez. 1933.
(*36*) Wie Fußnote (*35*); vgl. dazu D.R.P. Nr. 660338, Kl. 18d, Gruppe 230 vom 28. April 1938.
(*37*) Piwowarsky, E., u. E. Söhnchen: Stahl u. Eisen Bd. 55 (1935) S. 312.
(*38*) Hirsch, W. F.: Metal Progr., Sept. Bd. 34 (1938) S. 230 u. 278.
(*39*) Ellis, O. W.: Foundry Trade J. Bd. 57 (1937) S. 23 und 29.
(*40*) Ellis, O. W.: Foundry Trade J. Bd. 53 (1935) S. 449/52; Trans. Amer. Foundrym. Ass. Bd. 43 (1935) S. 511/30; vgl. Stahl u. Eisen Bd. 57 (1937) S. 183.
(*41*) Everhart, J. O.: J. Amer. ceram. Soc. Bd. 21 (1938) Nr. 2.

(42) Vgl. Deutsche Bergwerks-Zeitung Nr. 303 vom 29. Dez. 1939.
(43) Foundry Trade J. Bd. 60 (1939) S. 112.
(44) Die Fa. F. Schichau G.m.b.H. in Elbing leistete hier ausgehend von den Pawlikowskischen Patenten bedeutende Pionierarbeit, vgl. auch den Aufsatz von Dr. WAHL. Z. VDI Bd. 80 (1936) S. 1099.
(45) Vgl. D.R.P. Nr. 650603, Kl. 46a, Gr. 1 vom 2. Okt. 1932 (Inhaber: F. Schichau G.m.b.H. in Elbing). Vgl. GOETTE, H.: Techn. Blätter der Deutschen Bergwerks-Zeitung Bd. 30 (1940), Nr. 43.
(46) Freundlichst mitgeteilt von der Fa. F. Schichau G.m.b.H. in Elbing.
(47) EILENDER, W., u. O. MEYER: Arch. Eisenhüttenw. Bd. 4 (1930/31) S. 343.
(48) MEYER, O., EILENDER, W., u. W. SCNMIDT: Arch. Eisenhüttenw. Bd. 6 (1932/33) S. 245.
(49) HENGSTENBERG, O., u. F. NEUMANN: Arch. Eisenhüttenw. Bd. 7 (1933/34) S. 61.
(50) HURST, J. E.: Foundry Trade J. Bd. 53 (1935) S. 372. Ferner D. R. P. 703727 vom 16. Sept. 1933 (Friedr. Krupp A.G. Essen).
(51) D.R.P. ang. d. Firma F. Krupp vom 15. Sept. 1933 (Akt.-Zeich. 131518, Kl. c, 3/25); vgl. auch DOBROWIDOW, A. N., u. N. SCHUBIN: Arch. Eisenhüttenw. Bd. 8 (1934/35) S. 361.
(52) HURST, J. E.: L'Usine 1937 S. 29.
(53) GEISLER, W. A., u. H. JUNGBLUTH: Techn. Mitt. Krupp Heft 4 (1938) S. 96.
(54) Gießerei Bd. 25 (1938) S. 162.
(55) Franz. Pat. Nr. 843354.
(56) MEYER, C. H.: Diss. T. H. Aachen 1939. Arch. Eisenhüttenw. Bd. 13 (1939/40) S. 437.
(57) Österr. Pat. Anmeldung vom 4. April 1938 (Gesch.-Zeichen: A 2076 — 38, Kl. 18b) der Schoeller-Bleckmann Stahlwerke A.-G., Wien.
(58) Vgl. auch die vorläufigen Bedingungen für die Lieferung von Sohlen für zweiteilige Bremsklötze vom 20. Febr. 1928 (Deutsche Reichsbahn. R.-B.-Zentr. A., Bremsabteilung).
(59) GRÖNEGRESS, H. W.: Vortrag ADB im VDI, Ortsgruppe Aachen am 18. 12. 1940.
(60) D.R.P. ang. Akt.-Zeich. O 23722 (Klasse 18d, 2/30) vom 3. August 1939.
(61) Vgl. DAWIHL, W.: Z. techn. Phys. Bd. 21 (1940) S. 44.
(62) DAY, R. O.: Metals and Alloys Bd. 12 (1940) S. 167.
(63) KNIPP, E.: Gießerei Bd. 24 (1937) S. 25.

c) Die Gleiteigenschaften des Gußeisens.

Bei der Verwendung von Gußeisen für Gleitbahnen von Werkzeugmaschinen usw. spielt in erster Linie die gute Verschleißfestigkeit des Gußeisens, sowie seine Bearbeitbarkeit, eine ausschlaggebende Rolle. Aber auch als Lager- und Stützschalen ist Gußeisen in den letzten etwa zehn bis fünfzehn Jahren in steigendem Maße verwendet worden. Da die Gleiteigenschaften des Gußeisens durch den eingelagerten Graphit bedingt sind, so kommen für den genannten Zweck nur normal bis hochgekohlte Legierungen in Frage. Um in solchen Fällen neben ausreichenden Gleiteigenschaften auch noch genügende mechanische Festigkeiten zu erhalten, hat z. B. E. PIWOWARSKY (*1*) vorgeschlagen, hochgekohlten Temperguß als gleitfähige Gußlegierung zu verwenden. Im Gegensatz hierzu sehen zwei deutsche Patentschriften das graphitisierende Glühen kohlenstoffarmer Eisensorten mit 1,5 bis 2,5% C und 0,9 bis 0,6% Si bei 760 bis 982° C vor zwecks Herstellen von Gegenständen mit guten Gleiteigenschaften. Nach einer deutschen Patentanmeldung von A. WIRTZ (*2*) soll sich ein Gußeisen mit einem Kohlenstoffgehalt von etwa 3,8% und einem durch Schmelzüberhitzung erzeugten feingraphitischen Gefüge für durch sich drehende Reibungskörper beanspruchte Lagerschalen besonders gut eignen. Eine weitere deutsche Patentschrift (*3*) bezieht sich auf ein Verfahren zum Herstellen von Lagerschalen aus Gußeisen, dadurch gekennzeichnet, daß Hämatiteisen mit hohem Kohlenstoffgehalt und einem Siliziumgehalt von 1,6 bis 3,5% in Sandformen mit eingelegten Abschreckplatten unter solchen Abkühlungsbedingungen vergossen wird, daß an der Oberfläche des Gußstücks ein feingraphitisches Gefüge mäßiger Härte entsteht. Nach Versuchen von W. MEBOLDT (*7*) eignet sich Perlitguß mit einer Brinellhärte von 180 kg/mm² bei Flächenpressungen bis zu 50 kg/cm² und Gleitgeschwindigkeiten bis 1,7 m/s für

Vollager und Büchsen, selbst bei den meist schlecht gewarteten Landmaschinen, wie z. B. Strohpressen und Dreschmaschinen. Bedingungen hierfür sind jedoch Vermeidung von Kantenpressungen sowie Feinstbearbeitung der Laufflächen und zuverlässige Schmierung. Außer mit Perlitguß sind noch gute Erfahrungen mit Sondergrauguß gemacht worden, besonders bei Rollgangslagern in Walzwerken und bei Kranlagern (*8*). In vielen Fällen wird aber neben guten Gleiteigenschaften und ausreichender Verschleißfestigkeit noch hohe Korrosionsbeständigkeit verlangt, wie dies im chemischen Apparatebau der Fall ist und wo gewisse Bronzen diesen Ansprüchen genügen. Im Zuge der Bestrebungen nach brauchbaren Austauschwerkstoffen hat sich für solche Fälle auch austenitischer Nickelgrauguß (Niresist) als geeignet erwiesen. Dieser hat nach C. H. Meyer (*4*) bei Verwendung mittelharter Wellen gute Gleiteigenschaften, falls er frei ist von gröberen Karbideinlagerungen. Das Gleitvermögen kann durch Verwendung gehärteter Wellen oder nach einem Vorschlag von E. Piwowarsky (*5*) durch geringen Antimonzusatz zum Nickelgrauguß verbessert werden. Über den Einfluß kleiner Zusätze an Spezialelementen zu Gußeisen zwecks schnellerer Erzeugung einer spiegelglatten Lauffläche vgl. in Zahlentafel 190 das D.R.P. Zweigstelle Österreich vom 11. Nov. 1940. (*6*)

E. Falz (*9*) gab eine Zusammenstellung über die Ersatzmöglichkeit hochzinnhaltiger Bronzen, die auch den Werkstoff Gußeisen berücksichtigt (Zahlentafel 85).

Zahlentafel 85.

Art der Lager	Geeignete Werkstoffe*						GBz entbehr-lich?
	GE	P-St	WM	LM	Bl	GBz	
1. Elektromotorenlager			×	×	×		ja
2. Lagerschalen, Maschinenbau	×	×	×	×	×		ja
3. Leerlaufbüchsen	×	×	×	(×)	(×)		ja
4. Zahnradpumpenlager	×			×	×		ja
5. Spurlager	×		×		×		ja
6. Kurbellager			×		×		ja
7. Achslagerungen		×	×		×		ja
8. Werkzeugmaschinen-Spindellager			×		×		ja
9. Zahnradgetriebebüchsen	×		×		×		ja
10. Walzenlager		×			×		ja
11. Vorderachs-Lenkzapfenbüchsen					×		ja
12. Kreuzkopflager			×		×		ja
13. Ventilführungsbüchsen	×				×	×	ja
14. Schnecken- und Schraubenräder	×	×			(×)	×	ja
15. Federbolzenbüchsen					×	×	u. Umst.
16. Papierkalanderlager					×	×	u. Umst.
17. Kolbenbolzenbüchsen				×	×	×	u. Umst.
18. Elevatorkettengliederbüchsen						×	kaum
19. Verschleißplatten						×	kaum
20. Rauchgasgebläselager						×	kaum

* GE = Gußeisen; P-St = Preßstoff; WM = Weißmetall; LM = Leichtmetall; Bl = Bleibronze; GBz = Gußbronze.

Schrifttum zum Kapitel XIIIc.

(*1*) Piwowarsky, E.: D.R.P. ang. (1929), inzwischen nicht weiter verfolgt.

(*2*) Wirtz, A.: Deutsche Patentanmeldung: Akt.-Zeich. W 103301, Kl. 18d, 2/30 vom 9. April 1938 (Erfinder: Dr.-Ing. A. Wirtz).

(*3*) D.R.P. Nr. 700732, Kl. 31c vom 24. Jan. 1937 (Erfinder: U. Klinge und E. Säman; Anmelder: Ruhrstahl A.-G. in Witten).

(4) MEYER, C. H.: Diss. T. H. Aachen 1939; vgl. Arch. Eisenhüttenw. Bd. 13 (1939/40) S. 437.
(5) PIWOWARSKY, E.: D.R.P. Nr. 159760 Zweigstelle Österreich.
(6) D.R.P. Nr. 685609 (Hauptpatent) und Nr. 686780 (Zusatzpatent). Erfinder: F. R. BONTF in Canton, Ohio, USA.
(7) MEBOLDT, W.: Z. VDI (1935) S. 629. Ferner: Masch.-Bau Betrieb (1937) S. 373.
(8) KESSNER, A.: Metallwirtsch. Bd. 19 (1940) S. 513, 555 u. 673.
(9) FALZ, E.: Metallwirtsch. Bd. 19 (1940) S. 874.

XIV. Die mechanischen und elastischen Eigenschaften des Gußeisens.

a) Die Zugfestigkeit.

Die Zugfestigkeit thermisch nicht nachbehandelten Gußeisens liegt je nach chemischer Zusammensetzung und Gefügeaufbau zwischen 12 kg und 45 kg/mm². Durch vergütende Wärmebehandlung kann die Festigkeit noch weiter gesteigert werden. Da die ferritische (siliziumhaltige) Grundmasse an sich eine Zugfestigkeit von 35 bis 40 kg/mm² besitzt, lamellarstreifiger Perlit eine solche von etwa 80 bis 90 kg/mm², so erkennt man, daß durch die eingelagerten Graphitanteile ein erheblicher Abfall der Festigkeit verursacht wird (Abb. 288). Es ist nun Aufgabe des wissenschaftlich und betriebstechnisch vorgeschulten Gießerei-Ingenieurs, durch zweckmäßige chemische Zusammensetzung und Beherrschung der Ausbildungsform von Grundmasse und Graphiteinlagerungen dem Gußeisen die für den jeweiligen Verwendungszweck günstigste Festigkeit und Gefügeausbildung zu verleihen, gegebenenfalls das Optimum an mechanischer Festigkeit aus dem Grauguß herauszuholen, sei es auch unter Preisgabe gewisser dem Gußeisen arteigener Eigenschaften, sofern deren Beeinträchtigung für den betrachteten Zweck von untergeordneter Bedeutung erscheint. Während die Kerbwirkung des eingelagerten Graphits für den Abfall der Festigkeit gegenüber einer graphitfreien Grundmasse verantwortlich ist, verursacht die Verengungs- und Umlenkungswirkung des Graphits hinsichtlich der Spannungsbahnen (vgl. die Ausführungen auf Seite 237ff.) eine Abweichung des elastischen Verhaltens vom Hookeschen Gesetz, eine Abweichung, die, wie früher (Seite 239) ausgeführt werden konnte, nicht die metallische Grundmasse betrifft, sondern das heterogene Gemenge: Grundmasse + Graphit. Gußeisen besitzt im Gegensatz zu Eisen und Stahl keine sehr deutlich ausgesprochene Streckgrenze. Die Dehnungen nehmen schneller zu als die Spannungen, bis schließlich nach Überschreitung der Trennfestigkeit der praktisch dehnungslose Bruch eintritt. Abb. 543 zeigt das Dehnungs-Spannungsdiagramm eines Gußeisens mit etwa 22 kg/mm² Zugfestigkeit nach Messungen in der Versuchsanstalt der Firma Friedr. Krupp A.-G., Essen (1). Durch Feinmessungen wurden die gesamten und die bleibenden Dehnungen bei verschiedenen Belastungsstufen ermittelt. Aus der Differenz ergeben sich alsdann die federnden Dehnungen. Hervorgehoben ist in Abb. 543 die Spannung σ_E, bei der die bleibenden Dehnungen den Betrag von 0,03% erreichen (vereinbarte technische Elastizitätsgrenze), ferner die Span-

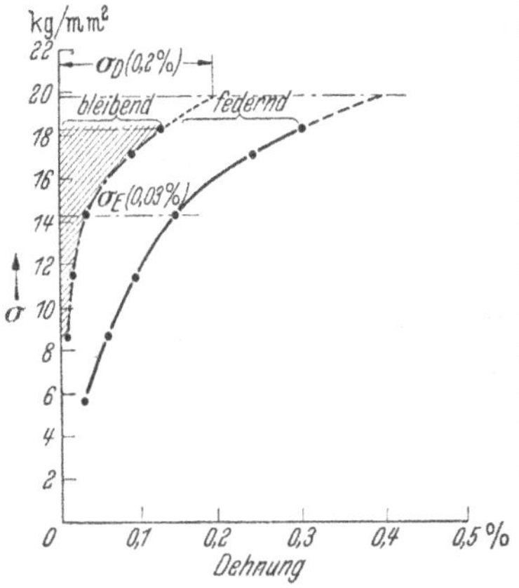

Abb. 543. Zugversuch. Feinmessung an Ge 22 (FRIEDR. KRUPP A.-G. Essen).

nung σ_D, bei der die bleibenden Dehnungen auf 0,2% angewachsen sind (vereinbarte technische Streckgrenze).

Über die Warmfestigkeit von Gußeisen siehe Kapitel XVIa.

Die heute noch vielfach benutzten Bachschen Zahlen (Zahlentafel 86) werden der Entwicklung der Gußlegierungen auf Eisenbasis sowie dem heutigen Stand

Zahlentafel 86. Zulässige Beanspruchungen in kg/cm² (C. BACH).

Beanspruchungsart		Gußeisen				Stahlguß			Temperguß	
		12.91	18.91	22.91	26.91	38.81	45.81	52.81	32.92	38.92
σ_B		1200	1800	2200	2600	3800	4500	5200	3200	3800
σ'_B		2400	3400	4000	4600					
σ_w		700	1000	1200	1400	1700	2000	2100		
Zug	I	300	430	510	600	1200	1400	1500	700	800
	II	200	280	340	400	800	920	1000	460	520
	III	100	140	170	200	400	460	500	230	260
Biegung	I	600	770	880	1000	1200	1400	1500	1000	1100
	II	400	500	580	660	800	920	1000	660	740
	III	200	250	290	330	400	460	500	330	370
Druck	I	800	970	1080	1200	1200	1400	1500	1200	1300
	II	530	640	720	800	800	920	1000	800	860

von Wissenschaft und Technik nicht mehr gerecht. Zwar rechnet der Konstrukteur auch heute noch vielfach in Anlehnung an die Wöhlerschen Versuche bezüglich der drei Hauptfälle I, II und III der ruhenden, schwellenden und wechselnden Belastung mit Verhältniswerten von 3 : 2 : 1, doch sind die zulässigen Beanspruchungen bei den hochwertigen Gruppen der Eisenguß-, Stahl- bzw. Tempergußlegierungen bereits wesentlich höher, als die den Bachschen Zahlentafeln zugrunde liegenden Werte (Zahlentafel 86a nach E. BOCK). Im neuzeitlichen Maschinenbau geht man aber allmählich auch grundsätzlich von den Bachschen Verhältniswerten ab, wobei man bei Ermittlung der zulässigen Spannungswerte in zunehmendem Maße die Dauerfestigkeitsschaubilder berücksichtigt.

Zahlentafel 86a. Entnommen dem Aufsatz von E. BOCK: Zulässige Spannungen der im Maschinenbau verwendeten Werkstoffe. Maschinenbau Bd. 9 (1930) S. 637.

Zulässige Spannung von Stahlguß, Gußeisen und Nichteisenmetallen

Werkstoff	Zulässige Spannungen I kg/cm²	II kg/cm²	III kg/cm²
Stg. 38.81 geglüht	1100	600— 850	500— 700
Stg. 45.81 geglüht	1300	700—1000	550— 800
Stg. 50.81 R geglüht	1500	800—1100	650— 900
Stg. 60.81 geglüht	1800	850—1200	700—1000
Gußeisen Ge 12.91	400	350	280
Sondergußeisen Ge 26.91	800	700	560

b) Die Druckfestigkeit.

Da bei Gußeisen das Verhältnis der Druckfestigkeit zur Zugfestigkeit viel höher liegt als dies bei den meisten anderen metallischen Werkstoffen der Fall ist, so ergibt sich hier eine vorteilhafte Sonderstellung des Gußeisens, die nach A. THUM (*3*) auf die verschiedene Rolle zurückgeführt wird, die der Graphit bei Zug- bzw. Druckbeanspruchung ausübt.

Die Druckfestigkeit des Gußeisens ist im Vergleich zur Zugfestigkeit so hoch, daß früher Gußeisen fast ausschließlich für Zwecke hoher Druckbelastungen ausgewählt wurde; doch kommen reine Druckbeanspruchungen, abgesehen von Gußeisen für Fundamentplatten, Säulen usw. kaum vor, vielmehr sind meistens Zug- mit Biege- und Schubbeanspruchungen verknüpft, wie dies bei Torsions- und Knickbeanspruchungen der Fall ist.

Auch bei Druckbelastung ergeben sich ähnlich den Verhältnissen bei Zug für jede Spannungsstufe Gesamtverkürzungen, die nach Entlastung zu einer bleibenden Verkürzung führen, woraus sich die federnde Verkürzung ergibt. Es ist wahrscheinlich, daß bei Gußeisen die bleibenden Formänderungen sowohl für Zug als auch für Druck nach Entlastung mit fortschreitender Zeit noch weiter abklingen, ähnlich wie dies neuerdings für das Verhalten von Stahl nach Belastung in höheren Temperaturbereichen gefunden wurde [Rückdehnung bei Dauerstandversuchen (*2*)]. Abb. 544 zeigt die Ergebnisse von Feinmessungen an einem Gußeisen der gleichen Art, wie es für Abb. 543 galt (*1*). Man sieht, daß die Spannungs-Verkürzungskurve für Druck steiler ansteigt als dies bei Zugbelastung der Fall ist.

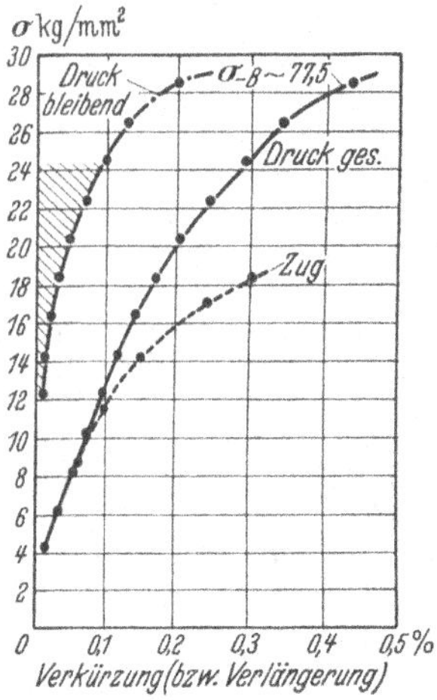

Abb. 544. Druckversuche. Feinmessung an Ge 22 (FRIEDR. KRUPP A.-G. Essen).

Aus Abb. 545 erkennt man, daß das Verhältnis von Zugfestigkeit zu Druckfestigkeit mit zunehmender mechanischer Höherwertigkeit des Gußeisens abnimmt. Die mit *B* bezeichneten Werte stammen aus einer Arbeit von C. BACH (*4*), die mit *K* bezeichneten Werte sind bei der Firma Friedr. Krupp A.-G. in Essen gewonnene Mittelwerte (*1*) einer größeren Anzahl von Messungen. Das ursprünglich bis 27 kg/mm² entworfene Diagramm wurde vom Verfasser auf Werte bis 30 kg/mm² extrapoliert. Das Verhältnis $\sigma_{-B} : \sigma_B$ nimmt von 4,27 bei $\sigma_B = 16$ kg/mm² auf 3,42 bei $\sigma_B = 30$ kg/mm² ab. In der gleichen Abb. 545 ist auch noch das Verhältnis der Quetschgrenze zur Druckfestigkeit aufgenommen; die Quetschgrenze geht mit der Festigkeit im betrachteten Rahmen von 72% auf 58% der Druckfestigkeit herunter, was besagt, daß mit zunehmender Zugfestigkeit das Gußeisen bei Druckbeanspruchungen sich etwas plastischer verhält (*1*). Die Abhängigkeit der Druckfestigkeit eines Gußeisens mit etwa 3,5% C und 1,6% Si in Abhängigkeit von der Temperatur, ermittelt an Hohlzylindern von 38 mm äußerem Durchmesser, 12,7 mm innerem Durchmesser bei 235 mm Länge, zeigt Abb. 719 nach S. H. INGBERT und P. D. SALE (*26*), vgl. auch Kapitel XVIa.

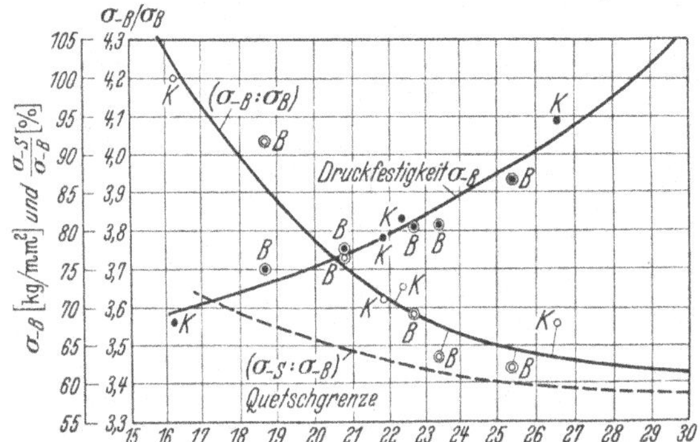

Abb. 545. Druck- und Zugfestigkeit bei Gußeisen.

c) Biegefestigkeit und Durchbiegung.

Die Biegefestigkeit wird im allgemeinen an getrennt gegossenen unbearbeiteten Stäben von 30 mm Durchmesser und 650 mm Länge bei 600 mm Auflagerentfernung = dem 20fachen Durchmesser der Stäbe ermittelt (vgl. DIN Vornorm DVM-Prüfverfahren A 110). Die Werte für die Durchbiegung sind für möglichst viele Belastungsstufen, mindestens aber für die maximale Bruchlast anzugeben. Die Belastung soll allmählich, stoßfrei steigend, bis zum Bruch des Stabes gesteigert werden. Die Belastungszunahme soll so bemessen sein, daß in 30 sec

höchstens 5 mm Durchbiegung beim 30-mm-Stab,
höchstens 2,5 mm Durchbiegung beim 10-mm-Stab

erreicht werden.

Die Belastung beim Bruch ist beim 30-mm-Stab auf 10 kg und beim 10-mm-Stab auf 1 kg genau zu bestimmen.

Die Durchbiegung im Augenblick des Bruches ist beim 30-mm-Stab auf 0,1 mm und beim 10-mm-Stab auf 0,05 mm in üblicher Weise aus dem Weg des Druckstempels zu ermitteln.

Die Biegefestigkeit in kg/mm² ist nach der Formel

$$\sigma'_B = \frac{P \cdot l}{4W}, \quad \text{worin} \quad W = \frac{\pi d^3}{32} \quad \text{ist,}$$

zu berechnen und auf 0,5 kg/mm² genau anzugeben, wobei P die Bruchlast in kg, l die Stützweite in mm, d der ursprüngliche mittlere Durchmesser in Stabmitte in mm ist. Angenähert gilt:

$$\sigma'_B = \frac{1500 \cdot P}{d^3} \quad \text{für den 30-mm-Stab,}$$

$$\sigma'_B = \frac{500 \cdot P}{d^3} \quad \text{für den 10-mm-Stab.}$$

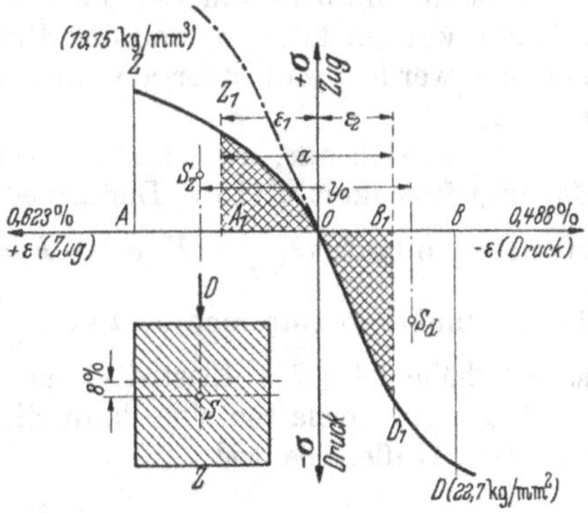

Abb. 546. Diagramm der Vorgänge bei Biegung von Gußeisen (FRIEDR. KRUPP A.-G. Essen).

Infolge der verschiedenen Moduln für Zug und Druck (vgl. Abb. 546) ist die Biegefestigkeit des Gußeisens stark von der Querschnittsform abhängig, worauf u. a. bereits C. BACH hingewiesen hat. Da die Verschiebung der neutralen Faser unter Biegebelastung von der Menge des Graphits und dessen Ausbildungsform abhängt, so sind die Spannungsunterschiede für Zug und Druck in der äußersten Faser um so kleiner, je höherwertiger das Gußeisen ist, wofern diese Höherwertigkeit in Beziehung zum Kohlenstoffgehalt und zur Graphitausbildung steht. In diesem Zusammenhang sei auf die Abb. 649 und 650 nach A. THUM im Abschnitt XIVm dieses Buches hingewiesen.

Beim Abgießen quadratischer Stäbe kann aber auch die Schreckwirkung an den Stabkanten einen zusätzlichen Einfluß auf den Ausfall der Biegefestigkeit ausüben. A. L. NORBURY (*25*) untersuchte zwölf Probestäbe, sechs mit quadratischem und sechs mit rundem Querschnitt, aus einer Pfanne und einem Einlauf stehend gegossen. Das Eisen enthielt 3,26% ges. C; 0,76% geb. C; 1,32% Si; 0,53% Mn; 0,105% S; 0,98% P. Die Stäbe waren 400 mm lang und 38 mm stark. Aus den sechs quadratischen Stäben wurden durch Bearbeitung drei runde und drei quadratische Stäbe mit fallender Stärke hergestellt, dasselbe geschah mit den sechs runden Gußstäben. Die zwölf bearbeiteten Stäbe wurden mit 305 mm Auflagelänge zerbrochen. Die Biegefestigkeit wurde für die runden Stäbe nach der Formel

$$\sigma'_B = \frac{8 \cdot P \cdot l}{\pi \cdot d^3}$$

und für die quadratischen Stäbe nach der Formel

$$\sigma'_B = \frac{1{,}5 \cdot P \cdot l}{a^3}$$

berechnet. Es bedeutet:

σ'_B = Biegefestigkeit in kg/mm^2,
P = Bruchbelastung in kg,
l = Auflagelänge in mm,
d = Durchmesser des Stabes in mm,
a = Quadratseite des Stabes in mm.

Aus den Ergebnissen war zu erkennen, daß die runden Stäbe, ganz gleichgültig ob sie aus runden oder quadratischen Rohstäben hergestellt waren, durchschnittlich um 12% höhere Werte lieferten als die quadratischen.

Die Normen für die Bestimmung der Biegefestigkeit (Zahlentafel 90) enthalten für sieben Länder die Vorschrift des getrennt gegossenen, unbearbeiteten Probestabes von 650 mm Länge und 30 mm Durchmesser, für eine Stützweite von 600 mm. Das Verhältnis λ der Länge zum Durchmesser ist 20.

Großbritannien, Holland, Norwegen, Schweden und die USA. stufen je nach Wandstärke auch den Durchmesser der Biegeprobe ab, wobei nur bei Norwegen und Schweden das Verhältnis λ konstant gehalten wird (λ rd. 15).

Es kommen aber auch viele Fälle vor, wo die Normalmaße deshalb nicht eingehalten werden können, weil das Probematerial aus dem Gußstück selbst entnommen werden muß oder aus anderen Gründen abweichend gehalten werden müssen.

Es fragt sich nur, wie man in diesen Fällen zu vergleichbaren Ergebnissen für die Biegefestigkeit und die Durchbiegung (f) kommt. Die Formel für die Nennspannungen lautet $E \cdot f = K \cdot \sigma$, wo $K = \frac{l^2}{6 d}$ für den zylindrischen Stab von der Länge l und dem Durchmesser d und $\frac{l^2}{6 h}$ für den rechteckigen Stab mit h als Querschnittshöhe ist (E = Elastizitätsmodul).

Allgemein verhalten sich dann die Festigkeiten zweier zylindrischer Proben desselben Gußeisens wie

$$\frac{\sigma_1}{\sigma_2} = \frac{f_1}{f_2} \cdot \frac{E_1}{E_2} \cdot \frac{l_2^2}{l_1^2} \cdot \frac{d_1}{d_2}.$$

Theoretisch müßte bei gleichem Werkstoff die Festigkeit gleich groß ausfallen, jedenfalls $E_1 = E_2$ sein, also mit $l/d = \lambda$:

$$\frac{f_1}{f_2} = \frac{l_1^2}{l_2^2} \cdot \frac{d_2}{d_1} = \frac{\lambda_1^2}{\lambda_2^2} \cdot \frac{d_1}{d_2},$$

woraus folgt

für gleichen Durchmesser: $\frac{f_1}{f_2} = \frac{\lambda_1^2}{\lambda_2^2} = \frac{l_1^2}{l_2^2}$,

für gleiches Verhältnis λ: $\frac{f_1}{f_2} = \frac{d_1}{d_2}$.

In Wirklichkeit bleiben weder die Biegefestigkeiten gleich, noch folgen die Durchbiegungen streng dem theoretischen Gesetz. Immerhin sind die Abweichungen gegenüber dem theoretischen Wert unbeträchtlich, solange nicht bedeutende Unterschiede im Gefüge der verglichenen Werkstoffe auftreten.

Der ehemalige Edelgußverband ließ seinerzeit zur Klärung der Verhältnisse eine größere Anzahl von Versuchen durchführen. Bedauerlicherweise sind die Ergebnisse nur in der Form von prozentualen Vergleichswerten zum Normalstab 600 × 30 veröffentlicht worden, ohne nähere Angaben über die chemische Zusammensetzung und das Gefüge. Man erfährt durch die Veröffentlichung (*31*) lediglich, daß die Reihen bis Nr. 8 phosphorreichen Handelsguß, Ge 12, Ge 14, Ge 18 und Ge 22 umfassen, während die übrigen sieben Reihen der Güteklasse Ge 26 angehörten.

Es ergab sich für gleichen Durchmesser, daß zum mindesten für $d = 30$ mm die wirkliche Durchbiegung innerhalb eines Verhältnisses $\lambda = 10$ bis 20 nur um wenige Prozent höher ausfiel als nach dem theoretischen Ansatz $f_2 = \frac{\lambda_2^2}{\lambda_1^2} \cdot f_1$ zu erwarten war. Mit zunehmender Festigkeit wurde die Abweichung noch geringer.

Die Biegefestigkeit stieg mit abnehmendem Verhältnis λ, aber ebenfalls nur wenig. Auch hier nahm die Abweichung mit der Höherwertigkeit des Gußeisens ab.

Nicht wesentlich verschieden waren die Ergebnisse mit Stäben von 18 und 12 mm Durchmesser.

Für gleiches Verhältnis λ müßte die Durchbiegung theoretisch $f_2 = \frac{d_2}{d_1} \cdot f_1$ sein. Gegenüber den theoretischen Zahlen ergeben sich hier beträchtliche Abweichungen, weil gesondert gegossene Stäbe von 30, 18 und 12 mm Durchmesser vorlagen, so daß die Abkühlungsgeschwindigkeit einen überwiegenden Einfluß gewinnen konnte.

Entsprechend der zunehmenden Abkühlungsgeschwindigkeit beim Übergang vom 30er Stab auf die Stäbe von 18 und 12 mm Durchmesser stiegen die Biegefestigkeiten an.

Wo jedoch nur kleine Abweichungen im Durchmesser vorliegen, kann die Festigkeit unbedenklich als konstant angenommen werden. Rechnet man mit der Formel des Normalstabes, dann sind die mit abweichenden Durchmessern erhaltenen Bruchlasten nach der Beziehung zu korrigieren (*28*):

$$\frac{P_2}{P_1} = \frac{d_2^4}{d_1^4}.$$

Das alte Normblatt DIN 16.91 (Gußeisen) berücksichtigte zwar die Biegefestigkeit, erklärte ihre Ergebnisse aber als unverbindlich für die Abnahme. Das ist insofern bedauerlich, als damit, wie wir später sehen werden, die einzige einfach durchführbare Prüfmethode, aus der ein Maßstab für die Zähigkeit des Gußeisens abgeleitet werden könnte, ihrer Bedeutung nach nicht entsprechend herausgestellt wird. Das liegt daran, daß die Ergebnisse der Biegeversuche etwas stärker streuen, als dies bei der Prüfung der Zugfestigkeit der Fall ist. Die Biegefestigkeit allein eignet sich freilich nicht zur Kennzeichnung des mechanischen Verhaltens von Gußeisen, da ihr Wert in stärkerem Maße, als dies bei der Zugfestigkeit der Fall ist, von der Menge und Ausbildungsform des Graphits abhängt. Die hierdurch verursachte verschieden starke Abweichung vom Hookeschen Gesetz für Zug und Druck äußert sich in einer starken Verlagerung der Neutralachse um 2 bis 8% nach der Druckseite hin, da der Elastizitätsmodul für Druck wesentlich höher ist als für Zug. Die Spannungs-Dehnungskurve erfährt dadurch auch eine mehr oder weniger starke Krümmung in Richtung zunehmender Dehnungen. Durch die Unterschiede der Moduln für Zug und Druck ergibt sich ferner, daß die Biegefestigkeit in starkem Maße von der Querschnittsform des Biegestabes abhängig ist. An Hand der in Abb. 546 zum Ausdruck gebrachten Darstellung kann das Verhalten des Gußeisens beim Biegeversuch leicht ersehen werden. Ausgehend vom Punkt O, in dem, der neutralen Faser entsprechend, Dehnung und Spannung gleich Null sind, sind die Dehnungs-Spannungs- bzw. die Verkürzungs-Spannungskurven einer bestimmten Gußeisensorte nach links oben bzw. rechts unten eingetragen. Die

Linien sind gekrümmte Kurven, entsprechend den Abweichungen vom Hookeschen Gesetz, wobei die Proportionalität der Dehnungen bzw. Verkürzungen mit dem Abstand von der neutralen Faser erhalten bleibt. Soll bei einem bestimmten Spannungszustand das aus der Biegetheorie abzuleitende Gleichgewicht der inneren Kräfte zu beiden Seiten der neutralen Faser vorhanden sein, so müssen die doppelt schraffierten Flächen zu beiden Seiten des Nullpunktes gleich sein, weil alsdann die Zug- und Druckkräfte sich das Gleichgewicht halten. Da aber auf der Druckseite die Verkürzungen mit zunehmender Spannung langsamer anwachsen als die Dehnungen auf der Zugseite, so entsteht ein unsymmetrisches Spannungsfeld mit dem Erfolg einer Verschiebung der neutralen Faser nach der Druckseite hin, und zwar je nach Graphitisierung und Graphitausbildung um 2 bis 8%. Wird auf der Zugseite mit zunehmender Spannung in dem von der Nullinie entferntesten Punkt die Zugfestigkeit des Materials überschritten, so geht der Biegestab zu Bruch. In Abb. 546 sind die von C. BACH (*7*) an einem graphitreichen Gußeisen ermittelten Werte eingetragen. Der Bruch erfolgte demnach bei einer Zugspannung von 13,15 kg/mm², wobei die zugehörige größte Druckspannung 22,7 kg/mm² betrug. Die äußersten Zugfasern waren um 0,623% gelängt, die äußersten Druckfasern gleichzeitig um 0,488% verkürzt (*1*). Im Augenblick des Bruches war die neutrale Faser um 8% aus der Schwerpunktslage nach der Druckseite hin verschoben worden. Der Bruch beim Biegeversuch wird also stets durch Überschreiten der Zugfestigkeit an der am meisten gezogenen Faser eingeleitet.

Eine besondere Bedeutung erfährt die Biegefestigkeit bzw. der Biegeversuch bei gleichzeitiger Betrachtung der Werte für die gemessenen Durchbiegungen. A. THUM und H. UDE (*8*) wiesen darauf hin, daß die Bruchverformung sich zu etwa 65 bis 85% aus elastischer, zu 35 bis 15% aus plastischer (bleibender) Formänderung zusammensetzt, so daß die Gleichung gilt:

$$f = P_B \cdot \alpha_{(bl.+el.)} \text{ const},$$

worin bedeuten: f = die Bruchdurchbiegung, P_B = die Bruchlast, $\alpha_{(bl.+el.)}$ = die „mittlere Dehnungszahl" der Gesamtformänderungen. Mit Hilfe von Modellversuchen an künstlich geschlitzten Stahlstäben konnten die genannten Forscher ableiten, daß die mittlere Dehnungszahl durch die Menge und Ausbildungsform des Graphits bestimmt wird, daß dagegen die maximale Bruchlast außer von der Menge und Form des Graphits auch noch von der Art der metallischen Grundmasse beeinflußt wird. Eine hohe Durchbiegung kann hierbei sowohl ein Zeichen hoher Festigkeit als auch eines hohen Graphitgehaltes sein. Zur besseren Auswertung des Biegeversuches schlugen daher THUM und UDE das Verhältnis

$$\frac{\sigma_B}{f_B} = \frac{\text{Biegefestigkeit}}{\text{Durchbiegung}}$$

vor, ein Quotient, den die Genannten mit „Durchbiegungsziffer" bezeichneten. Da der erwähnte Quotient der „mittleren Dehnungszahl" der Gesamtformänderungen umgekehrt proportional ist, so könne er als Maßstab für den Einfluß des Graphits auf den Verlauf des Biegeversuches gelten. Zwar ergaben sich nach Auswertung des Schrifttums keine eindeutigen Beziehungen zur Menge, dagegen aber zur Ausbildungsform der Graphiteinschlüsse. Bei Werten jenes Quotienten über etwa 4,75 ist der Graphit im allgemeinen fein, bei Werten zwischen 4,75 und 3,3 mittelmäßig und bei Werten unter 3,3 grob ausgeschieden. In geringerem Maße wirkt sich auch eine zunehmende Graphitmenge auf eine Erniedrigung jenes Quotienten aus. Ein Vergleich mit der Biegefestigkeit läßt ferner auf die Beschaffenheit der metallischen Grundmasse schließen. Liegt z. B. der Quotient hoch bei niedriger Biegefestigkeit, so deutet dies auf eine geringe Festigkeit der Grundmasse hin.

Die von Thum und Ude genannten Grenzwerte für das Verhältnis Biegefestigkeit : Durchbiegung können natürlich keine Allgemeingültigkeit besitzen. So fordern z. B. E. Piwowarsky und E. Hitzbleck (*9*) auf Grund durchgeführter Versuche eine Verschiebung der Grenzwerte nach unten, während H. Pinsl (*10*) und E. Hugo (*11*) eine solche nach oben wünschen.

A. Gimmy (*30*) schlägt neuerdings an Stelle des Begriffes der Durchbiegungsziffer den Ausdruck „Steifigkeit“ oder „Starrheit“ vor, was eigentlich das Wesen jenes Koeffizienten noch besser trifft. In Gegenüberstellung des später zu erörternden Ausdrucks „Nachgiebigkeit“ wird sich der Vorteil der neu in Vorschlag gebrachten Ausdrucksweise nach A. Gimmy noch besser hervorheben.

Da zur Auswertung des Biegeversuches die eigentliche Biegegleichung $\sigma' = p \cdot f^m$ mit dem entscheidenden Koeffizienten p für die Neigung und dem Exponenten m für die Krümmung der Kurve im praktischen Gebrauch zu unbequem ist, so wählte G. Meyersberg (*1*) als Kennzeichen des Verformungsüberganges von Gußeisen bei Biegebeanspruchung den Ausdruck:

$$\frac{f_B}{\sigma'_B},$$

der in Beziehung steht zu der Dehnungszahl α. An Hand überzeugenden Zahlenmaterials konnte Meyersberg die Vorzüge dieses Ausdrucks zeigen gegenüber der alleinigen Angabe der Biegefestigkeit oder der Durchbiegung, insbesondere für die Beurteilung der Vorgänge vor Eintritt des Biegebruchs. Nach Meyersberg gibt obiger Quotient eine neue Vorstellung von den spezifischen Eigenschaften des Gußeisens, da die Begriffe „Weichheit“ oder „Zähigkeit“ nicht das Wesentliche treffen, das durch jenen Quotienten der „bezogenen Durchbiegung“ zum Ausdruck gebracht werden soll. Daher wählte er für diese den Ausdruck „Nachgiebigkeit“ (spez. Verformbarkeit) und für den mit 100 multiplizierten Quotienten der bezogenen Durchbiegung den Ausdruck „Verbiegungszahl“ (Z_f). Die Verbiegungszahl kann nach H. Jungbluth und P. Heller (*12*) unter anderem auch ein Maßstab für die Wandstärkenabhängigkeit sein, und zwar sollen die Werte der unempfindlicheren Gußeisensorten etwa bei $Z_f = 30$ und darunter, die der empfindlicheren dagegen darüber liegen. Als weitere Materialkonstante entwickelte G. Meyersberg das sog. „Biegeprodukt“:

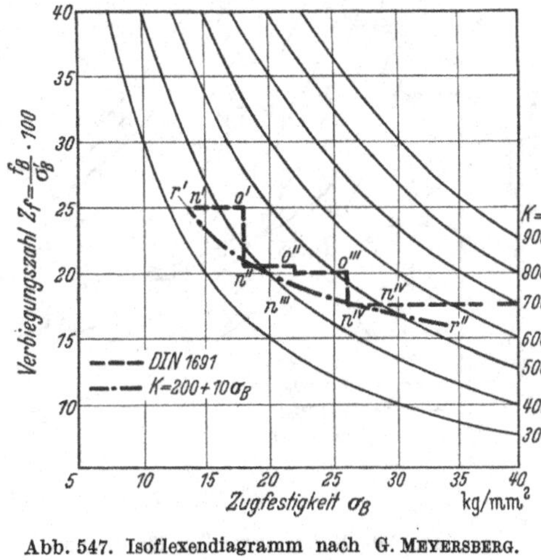

Abb. 547. Isoflexendiagramm nach G. Meyersberg.

$$\text{Zugfestigkeit} \times \text{Verbiegungszahl} = \frac{100 \cdot f_B \cdot \sigma_B}{\sigma'_B}.$$

Das „Biegeprodukt“ soll einen Maßstab für die Bruchsicherheit verschiedener Gußeisensorten darstellen für solche Belastungsfälle, wo eine Spannung erst durch eine aufgezwungene Deformation zustande kommt. Durch Eintragung der Werte gleichen Biegeprodukts in ein Diagramm mit der Zugfestigkeit als Abszisse und der Verbiegungszahl als Ordinate (Isoflexendiagramm), ergibt sich tatsächlich ein wertvolles Mittel zur vergleichlichen Beurteilung verschiedener Gußeisensorten, die seinerzeit sogar zwanglos zu einer Revision der ursprünglichen Normungsentwürfe (1928) führte (Abb. 548). Die Bruchsicherheit kann nämlich nach der mathematischen Entwicklung von G. Meyersberg durch die Formel:

$$S = \sim k \cdot \frac{Z_f \cdot \sigma_B}{100 \cdot f}$$

zum Ausdruck gebracht werden (wobei der Wert k für Gußeisensorten zwischen 12 und 36 kg/mm² Zugfestigkeit = etwa 1,5 gesetzt werden kann), das besagt aber, daß die Sicherheit gegen Bruch bei derselben von außen aufgezwungenen Durchbiegung f bei allen Gußeisensorten gleich ist, bei denen das Produkt $Z_f \cdot \sigma_B$ (Biegeprodukt) gleich ist. Man kann also beim Überschreiten einer verlangten Festigkeit unbedenklich eine geringere Durchbiegung beim Biegeversuch dulden (wobei freilich alle Durchbiegungen auf das gleiche Verhältnis Stablänge : Stabdurchmesser = 20 bei D = 30 mm umzurechnen wären). Das aber ist für eine gerechte und sachgemäße Beurteilung verschiedener Gußeisensorten von großer Bedeutung, wie auch H. Jungbluth in seinem Referat über die Meyersbergsche Arbeit (*13*) betonte.

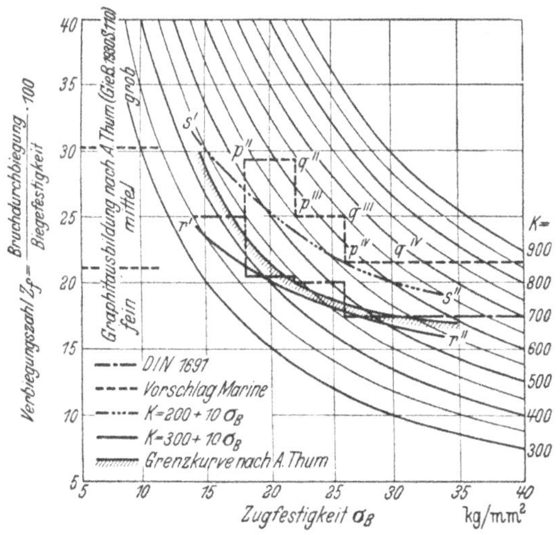

Abb. 548. Normenvorschläge für Grauguß.

Während nun Thum und Ude durch Vergleich ihrer Durchbiegungsziffer mit der Biegefestigkeit bzw. dem Graphitgehalt einen Einblick in den **Gefügeaufbau** des Gußeisens bekommen möchten, Meyersberg aber durch den reziproken Wert der Durchbiegungsziffer die Nachgiebigkeit des Gußeisens, also seine **Eigenschaften** kennzeichnen will, war zu erwarten, daß sich durch Verbindung beider Ausdrücke ein besonders guter Einblick in die Beziehungen zwischen Gefügeaufbau und Festigkeitseigenschaften ergeben müßte. H. Jungbluth (*13*) hat zu diesem Zweck die Grenzwerte nach Thum und Ude in das Isoflexendiagramm nach Meyersberg eingetragen, wobei er sich des doppelt logarithmischen Maßstabes bediente (Abb. 549). Man erkennt nun deutlich, wie die Mittellinie des eine mittlere Graphitausbildung kennzeichnenden Bereichs der Durchbiegungsziffer (3,3 bis 4,75) bei etwa 25 bis 26 kg/mm² Zugfestigkeit mit derjenigen Isoflexe zusammenfällt, die mit dem Biegeprodukt 625, d. h. etwa 25·25 für diejenige Mindestfestigkeit maßgebend ist, bei deren Überschreitung wir normenmäßig von hochwertigem Gußeisen sprechen.

Abb. 548 enthält neben den Grenzwerten für grobe, mittlere und feine Graphitausbildung auch die Thumsche Grenzkurve zwischen Gußeisen mit hoher und geringerer Festigkeit. Man erkennt nun, wie die Abstufung der Güteklassen nach DIN 1691 nur wenig unterhalb dieser Thumschen Kurve und auch richtungsmäßig in Anpassung an diese verläuft, ein Beweis für die Richtigkeit der Gesichtspunkte, welche von den bei Aufstellung der Gußeisennormen beteiligten Arbeitsausschüssen befolgt wurden.

H. Jungbluth (*14*) hat später die Verhältnisse unabhängig von Meyersbergs Rechnung nochmals eingehend nachgeprüft. Zu dem Zweck hat er die entsprechende Meyersbergschen Zahlen (*15*) nachgerechnet und von Rechenfehlern befreit. Dann hat er nach der Formel $\frac{\sigma_B'}{\sigma'} = \frac{f_B^m}{f^m} = S$

für eine Durchbiegung von 5 mm die jeweils sich einstellende Sicherheit gegen Bruch (S) für jeden Werkstoff errechnet, Werkstoffe mit gleicher oder ähnlicher Isoflexenkonstante ausgesucht, die entsprechenden Isoflexen gezeichnet und die Werkstoffe mit ihrem S-Wert eingetragen. Es wurde wiederum ein logarithmisch geteiltes Achsenkreuz gewählt, um die Isoflexen als gerade Linie darstellen zu können. Man erkennt aus Abb. 550, daß die Meyersbergsche Beziehung zwischen Bruchsicherheit und Biegeprodukt im allgemeinen stimmt.

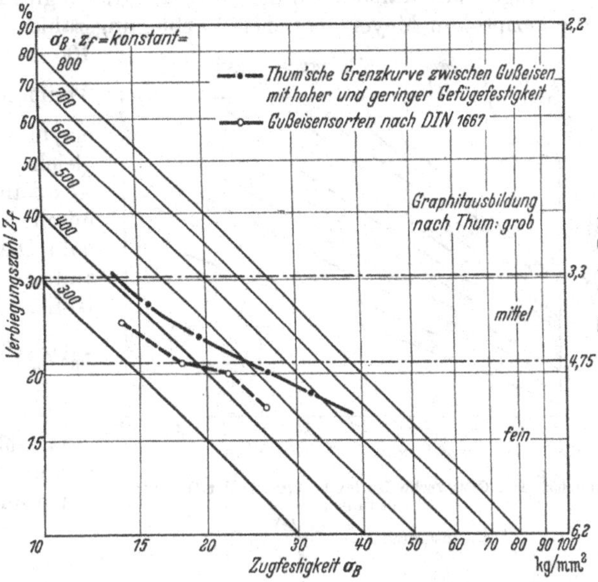

Abb. 549. Isoflexenschar nach MEYERSBERG in logarithmischem Maßstab aufgetragen.

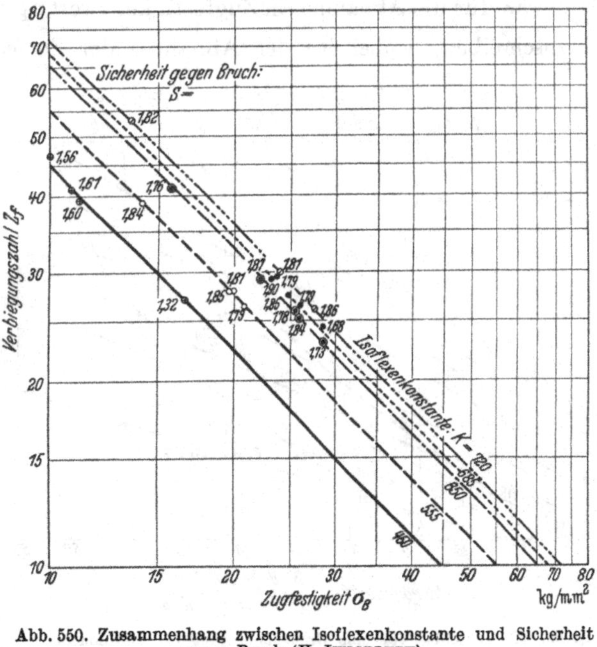

Abb. 550. Zusammenhang zwischen Isoflexenkonstante und Sicherheit gegen Bruch (H. JUNGBLUTH).

Sodann wurde von H. JUNGBLUTH (*14*) zur schärferen Prüfung der von MEYERSBERG (*16*) gewählte Weg der Punktpaarvergleichung durchgeführt, und zwar mit den Meyersbergschen Zahlen für 52 Stäbe. Von 1225 Punktpaaren lagen nur 50 Paare — das sind 4,07% — unrichtig. Der von MEYERSBERG vorgeschlagene Weg erscheint demnach nach H. JUNGBLUTH gangbar. MEYERSBERG schlug nun für Abnahmezwecke vor, in Verbindung mit DIN 1691 jeder Zugfestigkeit einen Wert $K = 200 + 10\,\sigma_B$ zuzuordnen (Abb. 548), wobei $K = \sigma_B \cdot Z_f$ bedeutet, aber bei der Errechnung des K in der Formel $K = 200 + 10\,\sigma_B$ der wirklich gefundene Wert für die Zugfestigkeit σ_B einzusetzen wäre. Es wäre alsdann bei der Abnahme eine geringe, in ihrer Größe noch festzulegende Unterschreitung des Wertes für die Zugfestigkeit bei der Abnahme erträglich, wenn nur der K-Wert erhalten bleibt.

Eine der Abb. 549 ähnliche Darstellungsart der Beziehungen zwischen der

Verbiegungszahl Z_f, der Graphitausbildung nach THUM und der Zugfestigkeit hat auch A. GIMMY (*17*) in Vorschlag gebracht.

Trägt man danach auf der Ordinate die Zugfestigkeit und auf der Abszisse die reziproken Meyersbergschen Verbiegungszahlen, und zwar nur ihren durch 100 geteilten Wert, d. h. also die Thumsche Durchbiegungsziffer $\frac{\sigma'_B}{f}$, ein, und verbindet man dann Punkte gleicher Tangenswerte miteinander, so erhält man auch ohne logarithmische Teilung gerade Linien (Abb. 551). Diese Geraden sind aber nichts anderes als die Meyersbergschen Isoflexe, da die Beziehung besteht:

$$\sigma_B \cdot Z_f = \frac{\sigma_B \cdot f_B}{\sigma'_B} = \frac{\sigma_B}{\frac{\sigma'_B}{f_B}} = K_B \text{ nach GIMMY.}$$

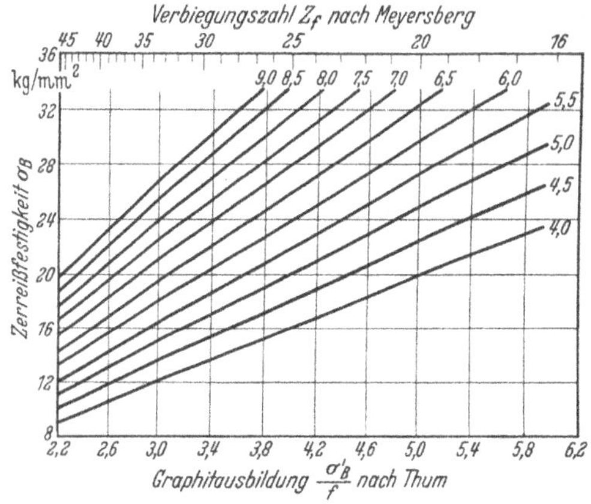

Abb. 551. Das GIMMYsche Isoflexendiagramm der Graphitausbildung $\left(\text{Konstanten } K_B = \frac{\sigma_B \cdot f_B}{\sigma'_B}\right)$.

Die Meyersbergsche K-Beziehung nimmt dann (vgl. Abb. 552) die Form an:

$$K = 2 + \frac{1}{10} \cdot \sigma'_B.$$

Wollte man von diesem Diagramm im Sinne MEYERSBERGS Gebrauch machen, dann wäre für die Abnahme ein Zugfestigkeitswert σ_B und ein K-Wert $= 2 + \frac{1}{10}\sigma'_B$ vorzuschreiben, wobei bei der Abnahme der Zugfestigkeitswert um eine bestimmte, noch festzulegende Spanne unterschritten werden dürfte, wenn der K-Wert mindestens erreicht, vielleicht sogar etwas überschritten würde. Die Darstellung nach A. GIMMY hat nach H. JUNGBLUTH (*14*) den Vorteil, daß sie für den Praktiker besser geeignet ist, als die logarithmische Darstellung nach MEYERSBERG (vgl. Abb. 552).

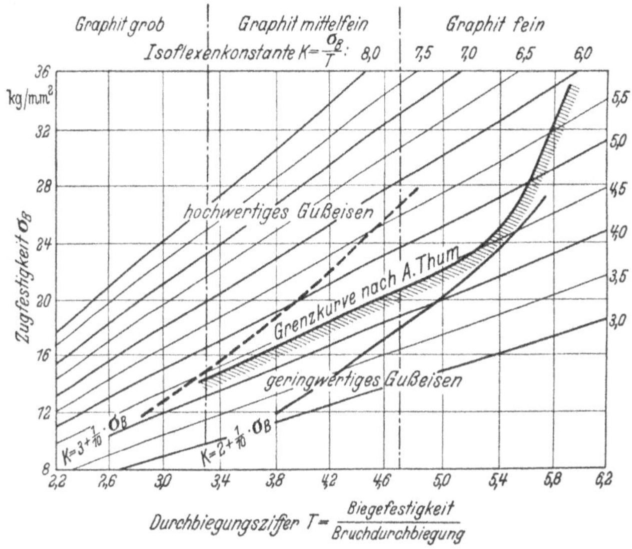

Abb. 552. Vorschlag für eine Graugußnormung (H. JUNGBLUTH).

Das Verhältnis der Biegefestigkeit zur Zugfestigkeit weicht um so mehr von dem zu erwartenden Wert $= 1$ ab, je mehr das betreffende Gußeisen durch Menge und Ausbildungsform des Graphits in seinem elastischen Verhalten vom Hookeschen Gesetz abweicht. Zahlentafel 87 zeigt Mittelwerte unter Verwendung zahlreicher Kruppscher Messungen (*1*) und läßt erkennen, daß der Quotient

$\sigma'_B : \sigma_B$ von $\sim 2{,}2$ bei Ge 12 bis $\sim 1{,}82$ bei Ge 26 fällt. Der Quotient fällt mit ansteigender Festigkeit des Gußeisens noch weiter und erreicht bei etwa 34 bis 36 kg/mm² Zugfestigkeit den Wert von etwa 1,4. In Abb. 553 sind auf Grund verschiedener Werte des Schrifttums zwei Kurven mitgeteilt, innerhalb denen sich je nach dem Gefügeaufbau des Materials die Werte für die Verhältniszahl der Biege- zur Zugfestigkeit bewegen.

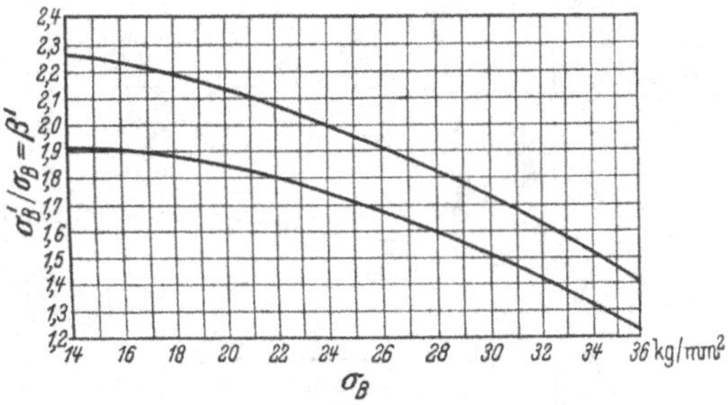

Abb. 553. ($\sigma'_B : \sigma_B$) über σ_B bei Gußeisen.

Von dieser Beziehung können in der Praxis Abweichungen vorkommen. Fallen sie zu Ungunsten der Zugfestigkeit aus, so sind sie meistens durch mangelnde Sorgfalt bei der Ermittlung der Zugfestigkeit verursacht (zusätzliche Biegebeanspruchungen durch nicht genau zentrische Einspannung, Verwendung von Beißkeilen an Stelle von Einspannstücken mit Schultern bzw. von Gewindestücken mit gut geschmierten kugeligen Auflagern).

Zahlentafel 87. Mittelwerte aus Kruppschen Messungen.

Güteklasse	σ_B kg/mm²	σ'_B kg/mm²	σ'_B/σ_B	f mm	$Z_f = 100 \frac{f}{\sigma'_B}$ %
Ge 12	11,8	26,0	2,20	12,5	48,1
Ge 14	16,1	33,8	2,10	11,8	34,9
Ge 18	21,8	41,8	1,92	13,4	32,0
Ge 22	22,3	42,3	1,89	12,6	29,8
Ge 26	26,5	48,3	1,82	11,7	24,2

Bei mechanisch minderwertigeren Eisensorten kann aber auch das Auftreten von Ferrit in den Kernzonen der Biegestäbe eine gleichgerichtete Abweichung hervorrufen. Fallen die Verhältniszahlen der Biege- zur Zugfestigkeit wesentlich zu Ungunsten der Biegefestigkeit aus, so können verschiedene, zumeist in der Gefügeausbildung liegende Ursachen vorhanden sein. Das Auftreten netzförmiger Graphitausbildung in den Randzonen des unbearbeiteten Biegestabes, z. B. gegenüber mehr lamellarer Ausbildung im Inneren des Kerns, führt nach den Erfahrungen des Verfassers fast immer zu einer Abweichung der letzteren Art.

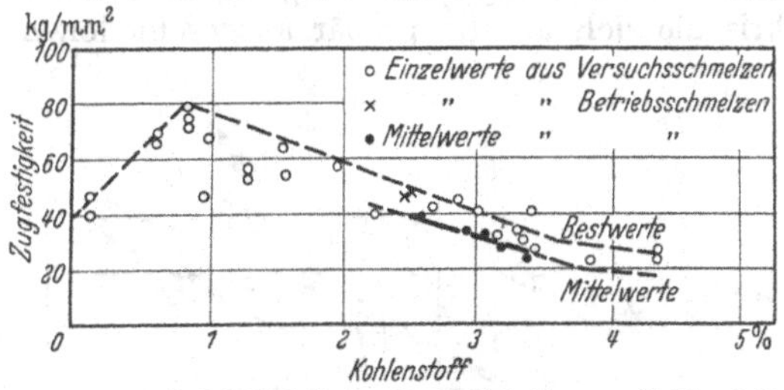

Abb. 554. Abhängigkeit der Zugfestigkeit vom Kohlenstoffgehalt bei hochwertigem Gußeisen (Gebr. Sulzer A.G.).
○ Einzelwerte aus Versuchsschmelzen.
× Einzelwerte aus Betriebsschmelzen.
• Mittelwerte aus Betriebsschmelzen.

Abb. 554 zeigt die für die Eigenschaften von Gußeisen wichtigste Beziehung zwischen Zugfestigkeit und Kohlenstoffgehalt nach einer Darstellung der Fa. Gebr. Sulzer, Winterthur (vgl. auch Abb. 288). Abb. 555 gibt in großen Zügen die Eigenschaften der dem alten Normblatt zugrunde liegenden Gußeisensorten nach Arbeiten von R. Mailänder und H. Jungbluth (*18*) wieder. Das hierzu benutzte Material stand als in getrocknete Sandformen stehend von unten gegossene Stäbe von 30 mm Durchmesser und 650 mm Länge zur Verfügung. Im unteren Teil der Abb. 555 sind über den einzelnen Normklassen die Festigkeitswerte (Härte, Biegefestigkeit, Druckfestigkeit, Torsionsfestigkeit, Zugfestigkeit, Verbiegungszahl und Verhältnis von Biege- zur Zugfestigkeit) aufgetragen. Im oberen Teil der Abbildung zeigt die Wahl der Maßstäbe für die Zug-, Torsions-, Biege- und Druckfestigkeit im Verhältnis von 1 : 1,5 : 2 : 4, daß die genannten Eigenschaften etwa in diesem Verhältnis zueinander stehen, da die Kurven annähernd parallel verlaufen. Das Verhältnis zwischen Biege- und Zugfestigkeit nimmt mit der mechanischen Höherwertigkeit des Gußeisens ab, desgleichen die Verbiegungszahl

$$Z_f = \frac{\text{Durchbiegung mm}}{\text{Biegefestigkeit kg/mm}^2}$$

nach MEYERSBERG. Im Gebiet zwischen etwa 1,8 und 2,4% Kohlenstoffgehalt beobachtete E. PIWOWARSKY (vgl. S. 206) mitunter einen unerwarteten Abfall der Festigkeitswerte, der durch zusammenhängende netzförmige Ausscheidung des Graphits um die Primärkristalle verursacht sein dürfte

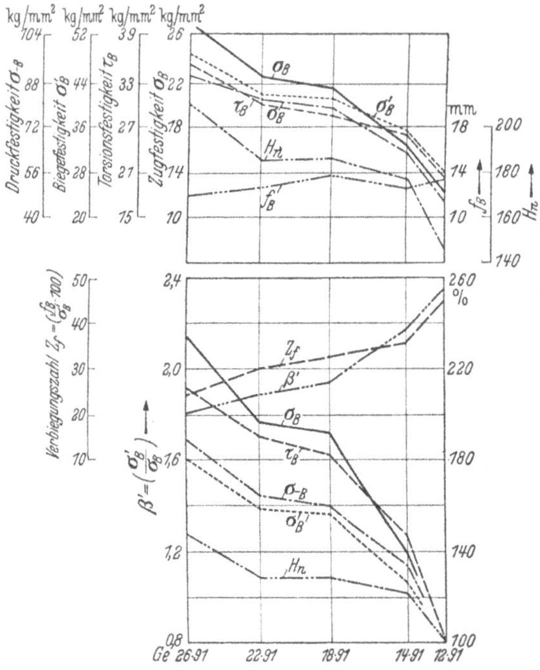

Abb. 555. Beispiele für mechanische Eigenschaften der Gußeisengüteklassen (nach R. MAILÄNDER und H. JUNGBLUTH).

(vgl. auch Abb. 269 und 281), wobei die dem Eutektikum zugehörigen Mischkristalle sich an die primär ausgeschiedenen Mischkristalle anlagern und den Raum für die Ausscheidung des eutektischen Graphits verengen.

Die Dauerfestigkeit (Schwingungsfestigkeit) der Gußeisenklassen des Normenblattes folgt, wie P. A. HELLER (*19*) bei Auswertung aller im Schrifttum vorliegenden Versuchsergebnisse nachweisen konnte, einer Geraden, welche der Gleichung: $\sigma_D = 0{,}6 \cdot \sigma_B - 3{,}7$ (Abb. 556) gleichkommt.

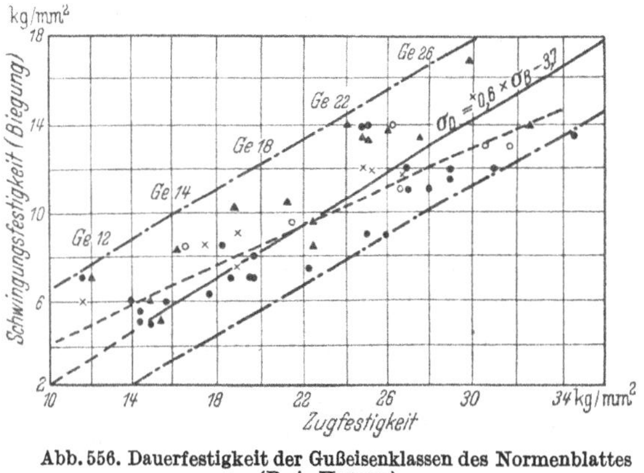

Abb. 556. Dauerfestigkeit der Gußeisenklassen des Normenblattes (P. A. HELLER).

Hingewiesen sei noch auf Abb. 557, welche die Knickfestigkeit von Gußeisen etwa der Güteklasse Ge 26 bei mittiger und außermittiger Druckbelastung im Vergleich zu Stahl 37 nach Versuchen von G. BIERETT (*23*) zeigt.

d) Der Elastizitätsmodul.

Der Elastizitätsmodul E als reziproker Wert der Dehnungszahl $\alpha = \frac{\varepsilon}{\sigma}$ (ε = elastische Dehnung für die Spannungseinheit, σ = Spannung), beträgt für Eisen und Stahl unabhängig vom Gefügezustand 20000 bis 22000 kg/mm² und ist unabhängig von der Höhe der elastischen Beanspruchung. Der Elastizitätsmodul des Gußeisens dagegen liegt je nach chemischer Zusammensetzung, Menge und Ausbildungsform des Graphits zwischen 6000 und 16000 und ist im Gegensatz zu den Verhältnissen bei Eisen und Stahl stark abhängig von der Beanspruchung. Das elastische Verhalten des Gußeisens folgt angenähert dem Potenzgesetz: $\varepsilon = a \cdot \sigma^m$. Abb. 558 zeigt den Modul für Zugbeanspruchung bei den genormten Güteklassen nach Versuchen bei der Firma Friedr. Krupp A.-G., Essen (*18*). Je mechanisch höherwertiger das Gußeisen wird, um so höher ist der Modul und um so geringer ist die Abhängigkeit desselben von der Beanspruchung.

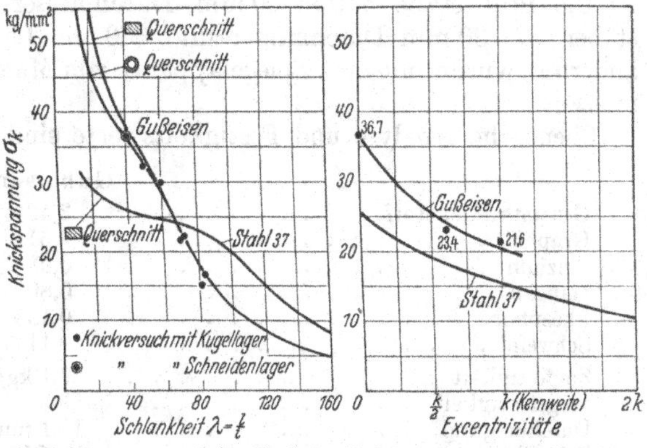

Knickspannungslinien für Gußeisen und St 37, berechnet aus den Druckstauchungslinien, und Ergebnisse der Knickversuche. Die Linie für St 37 für den Rohrquerschnitt würde von $\lambda \gtreqless 40$ ebenfalls etwas tiefer als für den Rechteckquerschnitt verlaufen.

Knickspannungen für Gußeisen und St 37 bei außermittigem Druck für die Schlankheit $\lambda = 40$. Die Linie für St 37 gilt für den Rechteckquerschnitt, für den der Gußeisenlinie entsprechenden Rohrquerschnitt würde die Linie für St 37 noch etwas tiefer verlaufen.

Abb. 557. Knickversuche an Gußeisen (G. BIERETT).

Bei niedrigen Kohlenstoffgehalten von etwa 1,5% und darunter nähert sich der Modul mehr und mehr den für Eisen und Stahl geltenden Werten (Abb. 855). Der Elastizitätsmodul für Druck (Abb. 559) zeigt eine wesentlich geringere

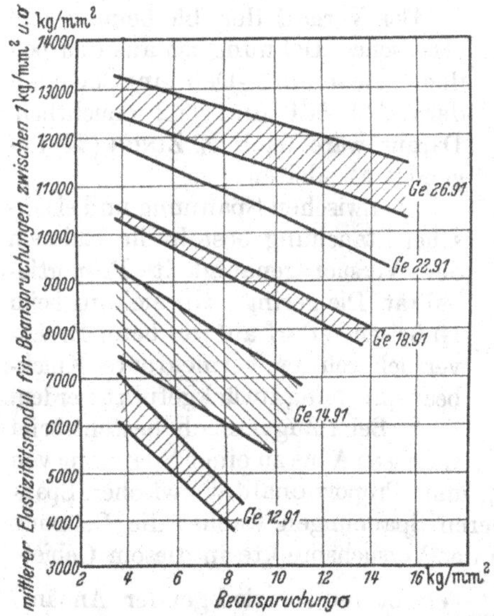

Abb. 558. Elastizitätsmodul für Zugbeanspruchung (R. MAILÄNDER und H. JUNGBLUTH).

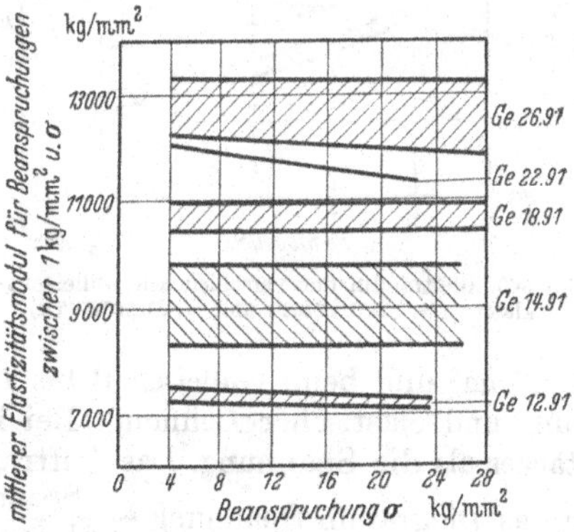

Abb. 559. Elastizitätsmodul für Druckbeanspruchung (R. MAILÄNDER und H. JUNGBLUTH).

Spannungsabhängigkeit, dasselbe gilt für den Gleitmodul (Abb. 560). Bei kleinen Beanspruchungen sind die Moduln für Zug und Druck annähernd gleich groß, die Differenzierung wächst aber mit der Höhe der Beanspruchung.

Für die Frage des elastischen Verhaltens von Gußeisen sind die nachstehend mitgeteilten Ergebnisse zweier von der Materialprüfungsanstalt der Firma Gebrüder Sulzer in Winterthur (*24*) ausgeführten Feinmessungsversuche ganz besonders aufschlußreich.

Die Probestäbe hatten 20 mm Durchmesser und waren normalen Biegestäben von 30 mm Durchmesser und 650 mm Länge entnommen. Die Längenänderung wurde mit dem Spiegelapparat von MARTENS bei 50 mm Meßlänge gemessen.

Chemische Analyse und Festigkeitswerte sind folgende:

		Gußeisen A	Gußeisen B
Gesamtkohlenstoff		3,42%	2,51%
Graphit		2,51%	1,63%
Silizium		0,93%	2,75%
Mangan		0,80%	0,37%
Phosphor		0,15%	0,02%
Schwefel		0,11%	0,02%
Zugfestigkeit		27,1 kg/mm²	47,8 kg/mm²
Biegefestigkeit		53,9 „	73,5 „
Durchbiegung		12,1 mm	14,8 mm
Brinellhärte		217	281
Elastizitätsgrenze bei Zugbeanspruchung	$E_{0,001}$	5,5 kg/mm²	7,0 kg/mm²
	$E_{0,002}$	6,4 „	12,0 „
	$E_{0,003}$	7,2 „	14,7 „
	$E_{0,005}$	8,5 „	19,0 „
	$E_{0,01}$	11,6 „	24,0 „
	$E_{0,03}$	16,4 „	31,8 „
Elastizitätsgrenze bei Druckbeanspruchung	$E_{0,01}$	15,5 „	24,0 „
	$E_{0,03}$	24,2 „	~33,0 „

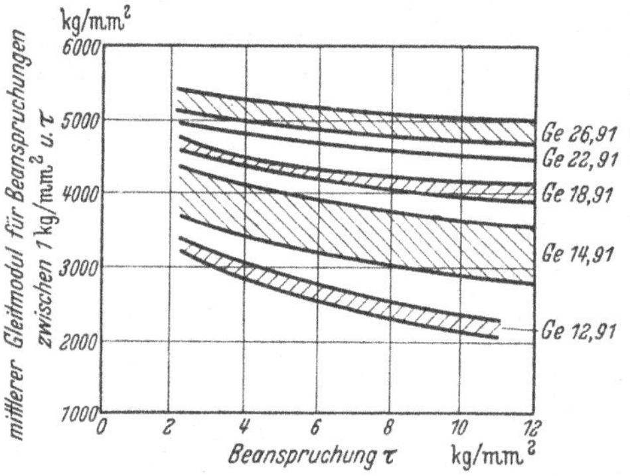

Abb. 560. Gleitmodul der verschiedenen Gußeisengüteklassen (R. MAILÄNDER und H. JUNGBLUTH).

Der Verlauf der bleibenden und elastischen Dehnung ist aus den beiden Spannungs-Dehnungsschaubildern Abb. 561 und 562 ersichtlich. Daraus wäre nach E. ZINGG (*24*) folgendes abzuleiten:

„1. Zwischen Spannung und elastischer Stauchung besteht im Rahmen der Versuchsgenauigkeit Proportionalität. Die geringe Abweichung beim Gußeisen B darf auf die beim Druckversuch schwer vermeidbare Knickbeanspruchung zurückgeführt werden.

2. Beim Zugversuch besteht beim Gußeisen A bis zu einer Spannung von 6 kg/mm² und beim Gußeisen B bis 16 kg/mm² Proportionalität zwischen Spannung und elastischer Dehnung. Bei höheren Spannungen wächst die Dehnung stärker als die Spannung. Das Auftragen der Versuchspunkte in diesem Gebiete in das Diagramm Spannung — $\frac{\text{Spannung}}{\text{el. Dehnung}}$ ergibt mit befriedigender Annäherung eine Gerade, was für das Spannungs-Dehnungs-Diagramm eine hyperbolische Gesetzmäßigkeit ergibt. Die gestrichelt gezeichnete Verlängerung der Geraden $\frac{\text{Spannung}}{\text{el. Dehnung}}$ gibt im Schnittpunkt mit der Abszisse für Zug einen höheren Elastizitätsmodul als für Druck, was unwahrscheinlich ist. Das Gußeisen folgt bis zu

einer Grenzspannung dem Hookeschen Gesetz in gleicher Weise wie Stahl, besitzt also eine Proportionalitätsgrenze. Oberhalb dieser Grenzspannung wird das Gesetz von H. SCHLECHTWEG [(*22*) vgl. folgende Seite] mit befriedigender Übereinstimmung erfüllt.“

Auch die Sulzerschen Versuche bestätigten erneut, daß der Elastizitätsmodul beim Gußeisen in erster Linie durch die Graphitdurchsetzung beeinflußt wird, und daß von eingehenden Versuchen über das elastische Verhalten wertvolle Aufschlüsse zu erwarten sind. Das verstärkte Anwachsen der elastischen Dehnungen oberhalb der Proportionalitätsgrenze dürfte nach E. ZINGG (*24*) durch plastische Verformungen oder Rißbildungen im Kerbgrund der Graphitlamellen verursacht sein.

Die Abweichungen des *E*-Moduls bei Gußeisen von den bei Eisen und Stahl geltenden Werten hängt mit dem Einfluß des Graphits zusammen, der zu einer Umleitung des Spannungsflusses zwingt und den Weg der Spannungslinien ver-

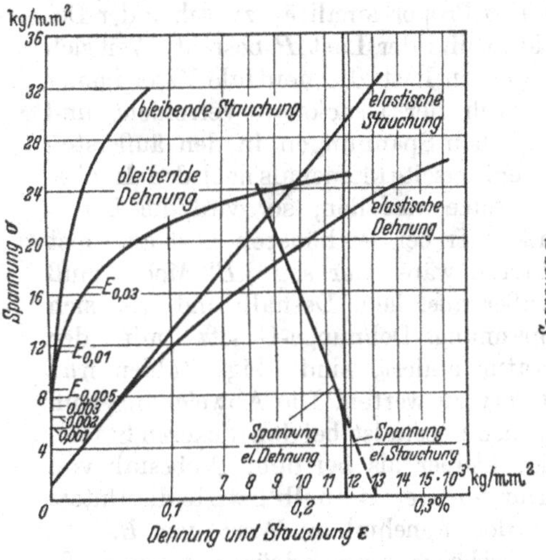

Abb. 561. Spannungs-Dehnungs-Diagramm Gußeisen A. Nach Versuchen der GEBR. SULZER A.G. Winterthur (E. ZINGG).

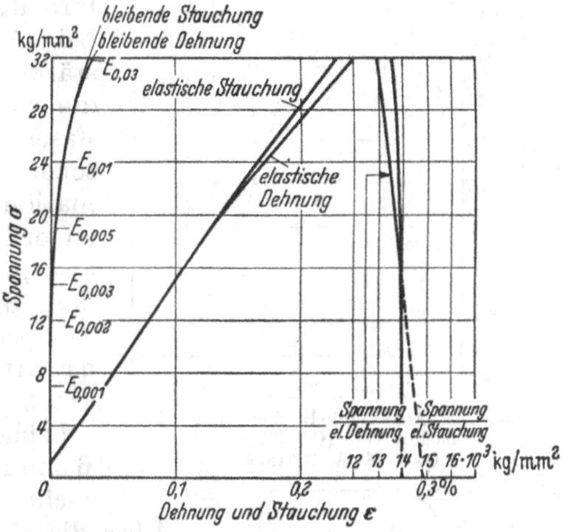

Abb. 562. Spannungs-Dehnungs-Diagramm Gußeisen B. Nach Versuchen der GEBR. SULZER A.G. Winterthur (E. ZINGG).

größert. Der abweichende Modul bezieht sich auf das heterogene Gemenge der Grundmasse mit dem Graphit, während die Grundmasse an sich dem Hookeschen Gesetz folgt (vgl. die Ausführungen auf S. 237ff.).

Dies konnte u. a. auch M. A. MITINSKI (*20*) zeigen, der den Elastizitätsmodul verschiedener Gußeisensorten aus Biegeversuchen ermittelte. Abb. 563 zeigt die Abhängigkeit des Elastizitätsmoduls von der Summe C + Si. MITINSKI konnte weiter zeigen (*21*), daß der *E*-Modul (besser die Abweichung vom Hookeschen Gesetz) einer Temperaturabhängigkeit folgt, die durch Abb. 564 wiedergegeben wird. An drei verschiedenen Gußeisensorten, die sich lediglich, aber nicht sehr stark, im Si-Gehalt unterschieden, nämlich:

GE I	3,38% C	2,07% Si	0,58% Mn	0,63% P	0,084% Si
GE II	3,33 „	2,45 „	0,65 „	0,98 „	0,077 „
GE III	3,4 „	2,8 „	0,6 „	0,8 „	0,08 „

hat MITINSKI an Biegeproben die Änderung der Verformung bei Belastungen von rund 0,8 und rund 3 kg/mm² in Abhängigkeit der Probentemperatur untersucht. Um Gußspannungen auszuschalten, wurden die Proben auf 500° erwärmt und nachher im Ofen langsam abgekühlt. Probendurchmesser 6 mm, Stützweite

303 mm. Belastung zuerst 200 g, dann unter wiederholtem Belasten und Entlasten von zusätzlichen 700 g, also = 900 g. Die Winkeländerung wurde erst abgelesen, wenn keine Änderung mit der Zeit mehr beobachtet werden konnte.

Als Maß für den „Elastizitätsmodul" fand MITINSKI (Abb. 564):

Temperatur	20	100	200	300	400	500° C
GE I	24000	22900	25000	21900	18000	17000 kg/mm²
GE II	19600	18500	21700	18700	16000	15800
GE III	16900	15900	18500	13500	11600	11000

Dickere Probestäbe ergaben:

bei 15 mm Durchmesser aus GE III bei 20° C $E = 9650$ kg/mm²
„ 30 „ „ „ GE II „ 20° C $E = 13900$.

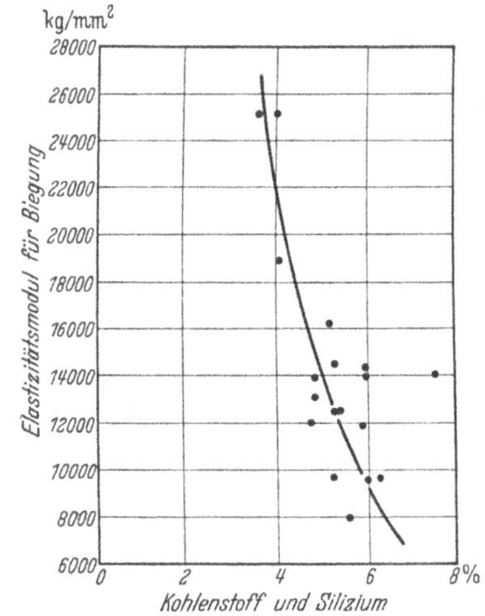

Abb. 563. Abhängigkeit des Elastizitätsmoduls vom (C + Si)gehalt (nach M. A. MITINSKI).

Die benutzte Formel $E = \frac{P \cdot l^2 \cdot b}{16\, J \cdot a}$ darf eigentlich nur für ein Material angewendet werden, für das das Hookesche Gesetz streng erfüllt ist, wo also Proportionalität zwischen der Deformation α und der Last P besteht. Weil sich bei der höhern Last die neutrale Faser immer stärker nach der Druckseite verschiebt und die wirklichen Spannungen in den äußersten Fasern der Zugseite kleiner als nach dem Hookeschen Gesetze ausfallen, so wird die Deformation kleiner bei der höheren Last als sonst zu erwarten wäre. Der sog. „E"-Modul muß also größer ausfallen. Deshalb und weil sich das Spannungs-Dehnungs-Gesetz mit der Temperatur ändert, sind obige Zahlen nur qualitativ zu werten. Die Abweichung vom Hookeschen Gesetz ist bei den dickeren Stäben erheblich kleiner als bei dem Probestab von 6 mm Durchmesser; deshalb lieferte die Untersuchung dort annehmbare Werte von E.

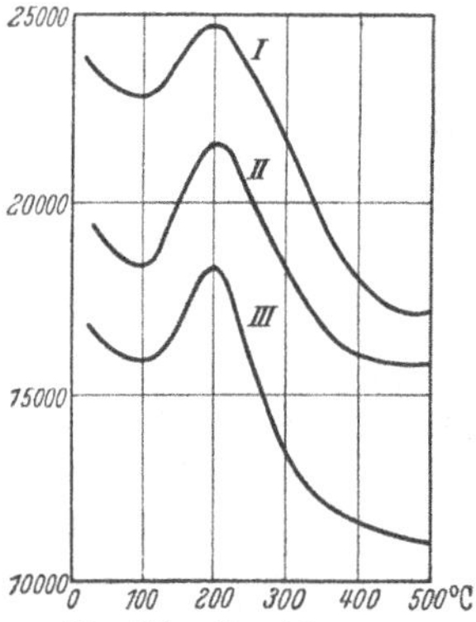

Abb. 564. Abweichung vom HOOKEschen Gesetz (E-Modul?) (M. A. MITINSKI).

Über die elastische Zusammendrückung von Gußeisen bei höheren Temperaturen vgl. Abb. 724 sowie die Ausführungen auf S. 575.

Von H. SCHLECHTWEG (*22*) wurde an einigen Proben aus Gußeisen durch Glühung die Ausbildung des Graphits und Ferrits geändert und deren Einfluß auf den Elastizitätsmodul E und den Werkstoffkennwert $\left(B + C\sqrt{\tfrac{2}{3}}\right)$ untersucht, durch die entsprechend einem neu entwickelten Elastizitätsgesetz

$$\varepsilon = \frac{\sigma}{E} \cdot \frac{1}{1 + \left(B - C\sqrt{\tfrac{2}{3}}\right)\sigma - L\sqrt{\sigma \cdot \sqrt{\tfrac{2}{3}}}}$$

das Verhalten von spröden Stoffen wie Gußeisen beim Zerreißversuch bestimmt wird. (B, C und L sind Werkstoffkonstanten, die aus dem Zug- bzw. Druckversuch ermittelt werden.) Dabei ergab sich, daß der Elastizitätsmodul praktisch nur vom Graphitgehalt abhängt, und zwar mit steigendem Graphitgehalt oder zunehmender Größe der Graphitblättchen sinkt, während der Wert $\left(B + C\sqrt{\tfrac{2}{3}}\right)$ mit dem Gehalt an Ferrit, besonders an feineren Ferritinseln, größer wird.

Über den Elastizitätsbeiwert vergüteten Gußeisens vgl. Abb. 855 und die Ausführungen auf S. 697.

e) Die Normung des Gußeisens.

Das bisherige DIN-Blatt 1691 Gußeisen unterschied für Maschinenguß mit besonderen Gütevorschriften vier Güteklassen mit 14, 18, 22 und 26 kg/mm² Zugfestigkeit, wie Zahlentafel 88 zeigt. Mit Ge 26.91 beginnen die Sondergüten.

Zahlentafel 88. Ausschnitt aus dem bisherigen Normenblatt DIN 1691.

Klasseneinteilung und Werkstoffeigenschaften

Güteklassen		Vorschriften		
Maschinenguß ohne besondere Gütevorschriften $H = 120-140$*	Ge 12.91	Gut bearbeitbar In der Regel findet keine Abnahmeprüfung statt. Die Gießerei gewährleistet eine Mindestzugfestigkeit von 12 kg/mm²		
Maschinenguß mit besonderen Gütevorschriften $H = 140-200$*		Gut bearbeitbar		
		Zugfestigkeit σ_B kg/mm² mind.	Biegefestigkeit[1] σ_B' kg/mm² mind.	Durchbiegung[1] f_B mm mind.
	Ge 14.91	14	(28)	(7)
	Ge 18.91	18	(34)	(7)
	Ge 22.91	22	(40)	(8)
	Ge 26.91	26	(46)	(8)
Sondergüten $H = 200-220$*	z. B. Sternguß	Mit Ge 26.91 beginnen die Sondergüten		

* Härte nach Brinell (H 10/3000/30).

[1] Diese Werte gelten nur vorläufig und nur für den unbearbeiteten Biegestab von 30 mm Durchmesser bei 600 mm Stützweite.

Angaben über die Festigkeitsprüfung finden sich in DIN-Vornorm DVM Prüfverfahren A 108 und 109. Letztere sieht die in Abb. 565 dargestellten beiden Probestabformen (Form A und Form B) für die Abnahmeprüfung vor. Da die getrennt gegossenen, aus einer am Gußstück angegossenen Probeleiste herausgearbeiteten oder aus dem Gußstück selbst herausgearbeiteten Stäbe den höchst beanspruchten Teilen des Gußstücks sinngemäß entsprechen sollen, so ändert sich der Durchmesser der Probestäbe mit dem Durchmesser und der Art des Gußstücks. Um vergleichliche Bedingungen zu schaffen, ändern sich die Abmessungen der Probestäbe gemäß Zahlentafel 89 in proportionalem Verhältnis zu den Hauptabmessungen des Stabkerns. Bei der Kürze der Stäbe kommen dieselben für Dehnungsmessungen nicht in Frage. Überhaupt findet die Verwendung derartiger Kurzzerreißstäbe im Vergleich zu den bei der Stahlabnahme gültigen Proportionalstäben mit langem Schaft ihre Berechtigung in der Voraussetzung, daß hier die Bruchdehnung nur einige Zehntel Prozent beträgt. Da aber bei gewissen hochwertigen, insbesondere thermisch nachbehandelten Gußeisensorten die statische Dehnung Werte bis zu 4% und mehr betragen kann, so würden bei Verwendung der kurzen Zerreißproben durch Behinderung der Querdehnung (mehrachsiger Spannungszustand) auch die Festigkeitswerte zu hoch ausfallen. Für solche Fälle, insbesondere wenn die Dehnung beim Zerreißversuch ermittelt werden soll, eignen sich die Kurzzerreißstäbe natürlich nicht. Amerikanische und schweizerische Abnahmebestimmungen sehen die Verwendung von Probestäben mit zylindrischen Mittelstücken vor. Umfangreiche Gemeinschaftsversuche deutscher Werke zwecks Feststellung, ob die kurzen Stabformen gegenüber den längeren methodisch im Nachteil sind, obwohl sie vom Standpunkt der Probeentnahme an sich erhebliche Vorzüge haben, brachten bisher keine Klärung der verschiedenen Standpunkte. Es muß aber angenommen werden, daß bei praktisch

Zahlentafel 89. Probestababmessungen gemäß Abb. 565 (Maße in mm).

Nenndurchmesser d	Querschnitt mm² F	Durchmesser c	Gewinde: Metrisch nach DIN 14 D	Gewinde: Whitworth nach DIN 11 D	a^*	r	b mindestens	L^* mindestens	l ≈
6	28,3	7	M 10	—	28	1,5	13	54	14
8	50,3	9	M 12	1/2″	31	1,5	16	63	14
10	78,5	12	M 16	5/8″	34	1,5	20	74	20
12,5	122,7	14,5	M 20	3/4″	37	1,5	24	85	20
16	201,1	18	M 24	1″	40	1,5	30	100	20
20	314,2	22	M 30	1 1/8″	43	1,5	36	115	20
25	490,9	28	M 36	1 3/8″	46	2,5	44	134	24
32	804,3	36	M 45	1 3/4″	50	2,5	55	160	28
40	1256,6	44	M 56	2 1/4″	54	2,5	68	190	28

* Bei Stäben mit zylindrischem Mittelteil werden die Maße a und L höchstens um die Länge d vergrößert.

dehnungsfreien Gußeisensorten (Dehnung 0,2 bis 0,6%) der Unterschied in den Ergebnissen des Zugversuches sehr klein sein wird. Selbst wenn die Streuung beim kurzen Stab einige Prozent größer sein sollte als beim längeren, z. B. dem amerikanischen Stab, so würde dennoch dem kurzen Stab aus Gründen leichterer Probeentnahme, billigerer Bearbeitbarkeit usw. der Vorzug zu geben sein.

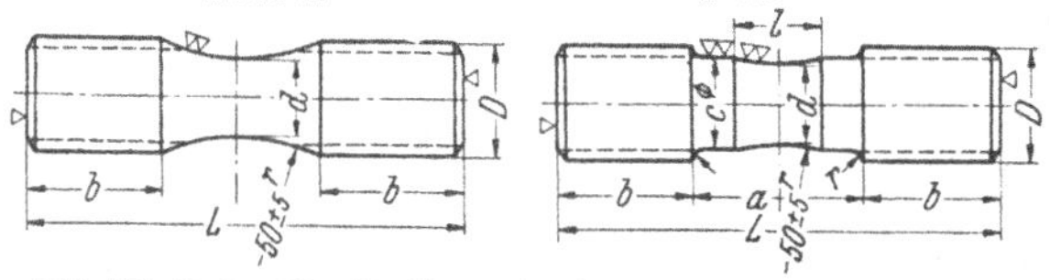

Abb. 565. Probestäbe für die Festigkeitsprüfung von Gußeisen (DIN Vornorm DVM-Prüfverfahren A 109).

Da das bisherige Normblatt DIN 1691 der Weiterentwicklung des Werkstoffs Gußeisen und den vertieften Erkenntnissen über die spezifischen Eigenschaften desselben nicht mehr genügend Rechnung trägt, so ist eine Neubearbeitung des Normblattes im Zuge (*29*). Unter Beibehaltung der bisherigen Güteklassen für den 30-mm-Durchmesser-Stab wird voraussichtlich eine neue mit 30 kg/mm² Zugfestigkeit hinzutreten, wobei als mechanisch hochwertige Gußeisensorten nach wie vor solche mit 26 kg/mm² und mehr Zugfestigkeit, bezogen auf den 30-mm-Durchmesser, verstanden sein sollen. Forderungen über 30 kg/mm² Zugfestigkeit, bezogen auf einen 30-mm-Durchmesser, werden wohl durch die Norm nicht erfaßt werden, vielmehr als „Sondergüten" unter besondere Vereinbarungen der beiden Teile fallen. Da die Gefügeausbildung und damit die Festigkeitseigenschaften eines Gußstücks außer von der chemischen Zusammensetzung auch von den Erstarrungs- und Abkühlungsbedingungen und damit letzten Endes von der Wandstärke abhängen, so soll diesen gesetzmäßigen Beziehungen durch Abstufung der Festigkeitseigenschaften der einzelnen Gußeisenmarken nach der Wanddicke Rechnung getragen werden. Darüber hinaus werden voraussichtlich statt des bisher einheitlichen Biegestabes von 30 mm Durchmesser solche mit gestaffelten Durchmessern für die einzelnen Wanddicken vorgesehen, wobei das Auflagenverhältnis, d. h. das Verhältnis zwischen Auflagenlänge und Stabdurchmesser, mit 20 konstant bleibt und die geforderten Durchbiegungen in ein passendes Verhältnis hierzu gebracht werden. Wahrscheinlich kommt es bei der endgültigen Umarbeitung des Normblattes 1691 zur Dreistufung der Klassen, derart, daß Festigkeiten über 30 kg/mm² unter „Sondergüten" fallen. Die Normung gilt nur für Gußteile, für die keine besonderen anderen Vorschriften bestehen. Dünn-

Neuer Normungsentwurf für Gußeisen.

Graues Gußeisen* unlegiert oder niedrig legiert	DIN 1691 Entwurf

1. Begriff.

Graues Gußeisen ist ein Eisenwerkstoff mit meist mehr als 1,7% Kohlenstoff, von dem ein größerer Teil im Gefüge als Graphit vorhanden ist, der dem Bruch eine hell- bis dunkelgraue Farbe gibt. Das graue Gußeisen wird aus Roheisen allein und/oder aus Brucheisen, Stahlschrott und anderen Zusätzen erschmolzen, in Formen gegossen und im allgemeinen keiner nachträglichen Wärmebehandlung unterworfen.

2. Geltungsbereich.

Die Norm gilt nur für Graugußteile, bei deren Verwendung vor allem die Festigkeit von Bedeutung ist und für die keine besonderen anderen Vorschriften bestehen.

3. Beschaffenheit der Gußstücke.

Die Gußstücke dürfen keine Gußfehler, wie Lunker, Blasen, Sandlöcher, Risse usw. haben, welche die Bearbeitbarkeit und Verwendbarkeit beeinträchtigen. Normenreife Prüfverfahren zur Feststellung der Bearbeitbarkeit können zur Zeit noch nicht angegeben werden, jedoch soll die Brinellhärte, geprüft nach DIN 1605, Blatt 3, 250 kg/mm² nicht überschreiten, sofern es sich nicht um absichtlich abgeschreckte Stellen handelt.

Größere Gußfehler dürfen nur mit Genehmigung des Bestellers oder seines Beauftragten ausgebessert oder verdeckt werden. Kleinere Gußfehler, wie kleine Sand- oder Schlackenstellen, kleine Kaltschweißen, kleine Schülpen und Schönheitsfehler, können entweder belassen oder vom Lieferer selbständig ausgebessert werden, falls vom Besteller oder seinem Beauftragten keine gegenteiligen Forderungen gestellt werden.

4. Form, Abmessungen und Gewichte.

Form, Abmessungen und Gewichte der Gußstücke sollen den Modellen, Schablonen oder Zeichnungen entsprechen. Das Gewicht eines Stückes darf das Gewicht eines maßhaltig gegossenen Stückes bei Modellarbeit um nicht mehr als 5%, bei Schablonenarbeit oder bei Arbeit nach Skelettmodellen um höchstens 10% überschreiten. Muß in besonderen Fällen vom errechneten Gewicht ausgegangen werden, so ist die mittlere Wichte[1] mit 7,25 kg/dm² zugrunde zu legen. Sofern keine besonderen Vereinbarungen getroffen werden, darf das Gußstück erst bei einem Übergewicht von mehr als 15% verworfen werden. Wird außerdem eine Begrenzung der Wanddicke verlangt, so gelten nebenstehende Werte.

Soll-Wanddicke	Zulässige Unterschreitung
bis 12 mm	25%
über 12 bis 25 mm .	20%
über 25 mm	15%

Andere Werte der zulässigen Unterschreitung sind besonders zu vereinbaren.

5. Güteklassen.

Die Klasseneinteilung erfolgt in dieser Norm nach der Zugfestigkeit. Die Eigenschaften des Gußstückes, besonders seine Festigkeitseigenschaften, müssen dem Verwendungszweck angepaßt werden. Dabei ist vor allem zu berücksichtigen, daß die Gefügeausbildung und die Festigkeitseigenschaften des Gußstückes außer von der chemischen Zusammensetzung des Werkstoffes auch von den Erstarrungs- und Abkühlungsverhältnissen und damit von der Wanddicke abhängen. Diesen gesetzmäßigen Beziehungen muß durch Abstufung der Festigkeitseigenschaften der einzelnen Gußeisenmarken nach der Wanddicke Rechnung getragen werden.

Je nach dem Verwendungszweck wird unterteilt in „normales Gußeisen", das für die allgemeinen Zwecke des Maschinenbaues ausreicht, in „hochwertiges Gußeisen", das für höherbeanspruchte Teile erforderlich ist, und in „Sondergußeisen", das nur in Ausnahmefällen verwendet wird. Die Werkstoffklassen umfassen mehrere Gußeisenmarken mit verschiedenen Festigkeitseigenschaften (s. Zahlentafel 1).

[1] Vgl. DIN 1306.

* Wiedergegeben mit Genehmigung des Deutschen Normenausschusses. Verbindlich ist die jeweils neueste Ausgabe des Normblattes im Normformat A 4, das beim Beuth-Vertrieb G.m.b.H., Berlin SW 68, erhältlich ist.

Neuer Normungsentwurf für Gußeisen (Fortsetzung).

6. Probenahme.

Zur Ermittlung der Zugfestigkeit dienen je nach Vereinbarung angegossene oder getrennt gegossene Proben in Form von Stäben oder Leisten, deren Rohdurchmesser oder Wanddicke entsprechend Zahlentafel 1 und 2 der maßgebenden Wanddicke des Gußstückes angepaßt wird. Die maßgebende Wanddicke, also nicht die mittlere Dicke, sondern die Dicke der hauptsächlich beanspruchten Teile des Gußstückes, ist der Gießerei vom Besteller anzugeben.

Zahlentafel 1. Einteilung und Festigkeit der genormten unlegierten und niedriglegierten Gußeisensorten.

Werkstoffklassen	Gußeisenmarken	Probestabdurchmesser[2] mm	Zugfestigkeit mindestens kg/mm²	Biegefestigkeit mindestens kg/mm²	Durchbiegung mindestens mm
Normales Gußeisen	Ge 12.91[1]	30	12	—	—[1]
	Ge 14.91	20 30 45	16 14 11	30 28 24	4 7 10
	Ge 18.91	20 30 45	20 18 15	36 34 30	4 7 10
Hochwertiges Gußeisen	Ge 22.91	20 30 45	24 22 19	42 40 36	5 8 11
	Ge 26.91	20 30 45	28 26 23	48 46 42	5 8 11
Sondergußeisen	Ge 30.91	20 30 (45)[3]	32 30 (25)[3]	50 48 (45)[3]	5 8 (11)[3]

[1] In der Regel erfolgt bei dieser Gußeisensorte keine Abnahmeprüfung.
[2] Der Probestab von 20 mm Dmr. gilt für maßgebende Wanddicken von 8 bis 15 mm, der Probestab von 30 mm Dmr. gilt für maßgebende Wanddicken von 15,1 bis 30 mm, der Probestab von 45 mm Dmr. gilt für maßgebende Wanddicken von 30,1 bis 50 mm.
[3] Vorläufig nur Richtwerte.

Zahlentafel 2. Probenformen zur Festigkeitsprüfung des grauen Gußeisens.

Maßgebende Wanddicke des Gußstückes	Probe für den Zugversuch		Getrennt gegossene Probe für den Biegeversuch		
	Rohguß Durchmesser oder Dicke	fertig bearbeitet Durchmesser	Durchmesser	Länge mindestens	Auflagerentfernung
mm	mm	mm	mm	mm	mm
8 bis 15 . . .	20	12,5	20	450	400
15,1 bis 30 . . .	30	20	30	650	600
30,1 bis 50 . . .	45	32	45	950	900

Für den Biegeversuch sind Rundstäbe aus der gleichen Gießpfannenfüllung, die für das Gußstück verwendet wird, zu gießen, wobei die Probestababmessungen ebenfalls entsprechend Zahlentafel 1 und 2 der maßgebenden Wanddicke des Gußstückes angepaßt werden.

Liegt die maßgebende Wanddicke unter 8 mm oder über 50 mm, so sind über die Probestababmessungen besondere Vereinbarungen zu treffen. Ebenso sind über die Lage des anzugießenden Probestabes oder der Leiste sowie über die Anzahl der zu gießenden oder zu prüfenden Proben gegebenenfalls Vereinbarungen zu treffen.

Für die Probeabnahme gilt im übrigen DIN-Vornorm DVM-Prüfverfahren A 108, Festigkeitsprüfung von Gußeisen, Probenahme.

Neuer Normungsentwurf für Gußeisen (Fortsetzung).

Sofern keine anderen Vereinbarungen getroffen werden, gilt für die Zahl der zur Prüfung zu entnehmenden Stücke oder Proben folgende Zahlentafel.

Die bei der Prüfung unbrauchbar werdenden Stücke werden auf der Lieferung angerechnet.

Zahl der zu prüfenden Stücke oder Proben	Zahl der Gußstücke	Gewicht des Loses kg
bis 3	bis 150	bis 7500
bis 6	bis 250	bis 12500
bis 9	bis 350	bis 17500
bis 12	bis 450	bis 22500
usw.	usw.	usw.

7. Prüfung der Festigkeitseigenschaften.

Für die Abnahme ist die Zugfestigkeit maßgebend, während die Biegefestigkeit und Durchbiegung nur zur Unterrichtung ermittelt werden.

Für die Form der Zerreißprobe und die Durchführung des Zug- und Biegeversuches gelten die DIN-Vornormen DVM-Prüfverfahren A 109, Festigkeitsprüfung von Gußeisen, Zugversuch, und DVM-Prüfverfahren A 110, Festigkeitsprüfung von Gußeisen, Biegeversuch.

Liefert ein Versuch nicht die vorgeschriebenen Festigkeitswerte, so sind zwei weitere Versuche durchzuführen, die beide genügen müssen. Bei der Beurteilung der Festigkeitsversuche bleiben Proben mit offensichtlichen Fehlern außer Betracht.

8. Modelle.

Siehe DIN 1511, Blatt 1 und 2.

9. Innendruckversuch.

Wird bei Hohlkörpern, die auf Innendruck beansprucht werden, ein Innendruckversuch verlangt, sind die anzuwendenden Druckmittel, die Druckhöhe und die Dauer des Versuchs bei der Bestellung zu vereinbaren.

wandiger Guß z. B. ist nicht Gegenstand der Norm, da für diesen besondere Verhältnisse gültig sind.

Zu dem im folgenden wiedergegebenen Entwurf der Neufassung des Normblattes 1691, das in Zusammenarbeit mit den Hersteller- und Verbraucherkreisen entwickelt worden ist, bemerkt daher die Wirtschaftsgruppe Gießereiindustrie (*27*) folgendes:

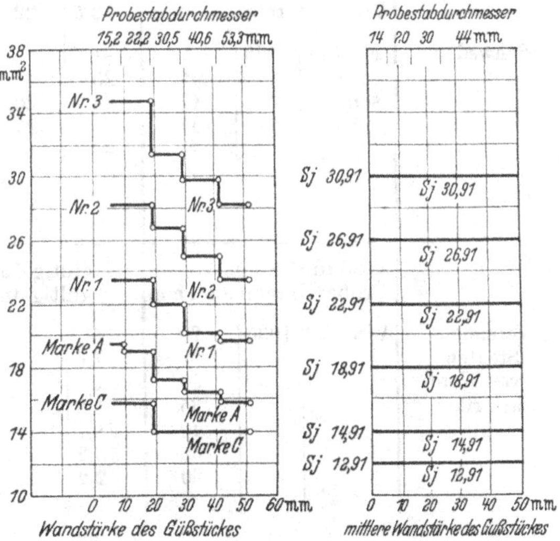

Britische Norm. Norwegische Norm.

Abb. 566. Beispiel für die Klasseneinteilung zweier Normen (H. JUNGBLUTH).

Entwurf zur Neufassung des Normblattes Gußeisen.

„Es handelt sich hierbei um eine Grundnorm, in der nicht alle Wünsche von Sonderindustrien untergebracht werden können. Die Norm verhindert jedoch nicht, daß andere als die darin enthaltenen Vorschriften für Sonderzwecke aufgestellt werden können, wie in Absatz 2 „Geltungsbereich“ angedeutet ist. Durch diesen Absatz bleiben auch bereits alle bestehenden Vorschriften, wie z. B. in DIN 2420 (Technische Lieferbedingungen für gußeiserne Rohre und Formstücke) oder die Liefervorschriften der Vereinigung der Großkesselbesitzer für Economiserteile unberührt. Aus ähnlichen Gründen konnten Angaben z. B. über Hartguß oder über Gußeisen mit gewährleisteter magnetischer Induktion nicht ein-

Zahlentafel 90. Vorschriften über Zugfestigkeit und Biegefestigkeit von
nach der Wanddicke
Als Anlage 2 zur Niederschrift über die Sitzung des

Land	Norm	Ausgabejahr	Klasseneinteilung	Zugfestigkeit in kg/mm^2					durchzuführen an
	Wanddicke mm			< 9,5	<19,0	<28,5	<41,2	>41,2	
	Probendurchmesser mm			15,6	22,25	30,5	40,6	53,3	
England	BSS 321	1938	C	15,7	15,7	14,2	14,2	14,2	angegossenen oder getrennt gegossenen Proben
			A	19,7	18,9	17,3	16,5	15,7	
	BSS 786	1938	1		23,6	22,0	20,5	19,7	
			2		28,3	26,8	25,2	23,6	
			3		34,6	31,5	29,9	28,3	
	Wanddicke mm			20	30	40			
	Probendurchmesser mm								
Holland	N 715	1933	Gij 00	—	—	—			Proben aus Biegeversuch
			Gij 14	15	14	12			
			Gij 18	20	18	16			
			Gij 22	24	22	20			
	Wanddicke mm			< 9	<13	<17,5	>17,5		
	Probendurchmesser mm			13,5	22	30	40		
Schweden	Normvorschlag	1935	A	—	—	—	—		steigend gegossener Probe, deren Durchmesser der Wanddicke d. Gußstückes angepaßt wird; gegebenenfalls auch an angegossener Probe
			B	23	19	14	11		
			C	24	20,5	18	15		
			D	—	27,5	24	22		
			E	—	—	30	28		
	Wanddicke mm			gültig für alle Wanddicken					
	Probendurchmesser mm			gültig für alle Durchmesser					
Vereinigte Staaten von Nordamerika	A48—36	1936	20	14					den getrennt gegossenen Biegeproben, deren Durchmesser nach der Wanddicke abgestuft ist, werden die Zerreißproben entnommen
			25	17,6					
			30	21					
			35	24,6					
			40	28,1					
			50	35,2					
			60	42,2					

gefügt werden. Für solche Sondergußarten müßten, sobald das Bedürfnis dafü vorliegt, besondere Normblätter aufgestellt werden.“

Ein neues Normblatt 1691 gemäß dem besprochenen Entwurf würde mit de Abstufung nach Wandstärken das nachholen, was in einigen anderen Länder z. B. England und Norwegen (Abb. 566 und Zahlentafeln 90 bis 92) auf Grun der Einsicht in den Begriff der Wandstärkenabhängigkeit bereits längst geta

Gußeisen in Normen mit einer Abstufung der Festigkeitseigenschaften (H. JUNGBLUTH).

Unterausschusses für Gußeisen beim VDE vom 21. April 1939.

Biegefestigkeit in kg/mm²					Durchbiegung in mm					durchzuführen an
< 9,5 15,6	<19,0 22,25	<28,5 30,5	<41,2 40,6	>41,2 53,3	< 9,5 15,6	<19,0 22,25	<28,5 30,5	<41,2 40,6	>41,2 53,3	
39,5	38,0	36,4	33,6	30,8	1,8	2,5	3,8	3,0	3,8	angegossenen oder getrennt gegossenen Proben, wobei das Auflagerverhältnis 15; 10,5; 15; 11,25 bzw. 11,4 beträgt
31,3	30,8	29,8	28,8	27,9	1,5	2,3	3,3	2,5	3,6	
	40,8	39,4	37,8	37,2		2,8	4,1	3,3	4,3	
	45,5	44,1	42,5	41,1		3,0	4,3	3,6	4,8	
	52,0	48,8	47,2	45,8		3,3	4,6	4,1	5,3	
20	30	40				20	30	40		
—	—	—				—	—	—		stehend gegossenen Stäben von 20, 30 oder 40 mm Durchmesser bei 400, 600 bzw. 600 mm Auflagerentfernung. Probendurchmesser vom Besteller nach Wanddicke des Gußstückes zu bestimmen
28	25	22				4	4	4		
32	29	27				4	5	5		
36	34	32				4	6	6		
< 9 13,5	<13 22	<17,5 30	>17,5 40							
—	—	—	—			—	—	—		stehend gegossenen Stäben mit 200, 330, 450 bzw. 600 mm Stützweite
50	40	32	28			2,5	4			
56	46	37	37			3	4			
—	56	45	38			3,5	5			
—	—	52	47			4	5			
<12,7 22,25	<25,4 30,5	<50,8 50,8	>50,8 frei							
29,0	33,5	32,3								stehend gegossenen Probestäben mit 305, 447 bzw. 610 mm Stützweite Biegeversuch ist bei Abnahme freigestellt
33,0	37,2	36,6								
37,0	40,9	40,9								
41,0	44,6	44,7								
45,0	48,3	49,0								
53,8	55,7	55,5								
61,8	63,1	—								

worden ist. Allerdings konnte H. JUNGBLUTH (*5*) zeigen, daß die Exponenten der Wandstärkenabhängigkeit der fünf britischen Güteklassen zwar hinsichtlich der höherwertigen Klassen in der Größenordnung praktischer Erfahrungen liegen, diejenigen der geringerwertigen dagegen zu günstig angesetzt sind (Abb. 567), zumal unter vergleichlichen Schmelz- und Abkühlungsbedingungen das höherwertige Eisen erfahrungsgemäß auch die geringere Wandstärkenabhängigkeit und

Zahlentafel 91.
Vorschriften über Zug- und Biegefestigkeit von Gußeisen in Normen ohne Abstufung der Festigkeitseigenschaften nach der Wanddicke (H. JUNGBLUTH).
Anlage 1 zur Niederschrift über die Sitzung des Unterausschusses für Gußeisen beim VDE vom 21. April 1939.

Land	Norm	Ausgabejahr	Klasseneinteilung	Zugfestigkeit: mindestens kg/mm²	Zugfestigkeit: gültig für Wanddicke mm	Zugfestigkeit: zu ermitteln an	Biegeversuche: Biegefestigkeit mindestens kg/mm²	Biegeversuche: Durchbiegung mindestens mm	Biegeversuche: gültig für Wanddicke mm	Biegeversuche: zu ermitteln an
Deutschland	DIN 1691	1933	Ge 12 Ge 14 Ge 18 Ge 22 Ge 26	— 14 18 22 26	alle	angegossener Probe mit der mittleren Wanddicke (< 30 mm)	— (28) (34) (40) (46)	— (7) (7) (8) (8)	alle	getrennt gegossener Probe von 30 mm Dmr. und 600 mm Stützweite
Frankreich	Eisenbahn	1929	F 1 F 2 FS 1 FS 2	13 18 — —		angegossener oder getrennt gegossener Probe	— — 38,5 45,5	— — — —		herausgearbeiteter oder angegossener Probe (8·10 mm²), 30 mm Stützweite
	Marine		allg. (a) fest (b) hochf. (c)	— — —			24,5 31,5 38,5	(0,20)[1] (0,25)[2] (0,18)[1] (0,25)[2] —		
Italien	Uni 668 bis 670	1933	G 00 G 15 G 18 G 22 G 26	— 15 18 22 26	alle	aus Stück herausgearbeiteter Probe (höchstens 20 mm Meßdurchmess.)	— 28 34 40 46	— 7 7 7 8	alle	stehend gegossener Probe von 30 mm Dmr. und 600 mm Stützweite
Japan	JES 134/ G 27						10 14 19 23	— 2,0 2,5 3,0		
Norwegen	SF 91	1936	Sj 12.91 Sj 14.91 Sj 18.91 Sj 22.91 Sj 26.91 Sj 30.91	12 14 18 22 26 30	alle	getrennt gegossenem Stab mit der Wanddicke angepaßtem Durchmess.	24 27 33 39 45 50	nach Probenmaße gestaffelt[3]	alle	getrennt gegossener Probe mit der Wanddicke angepaßtem Durchmess.
Polen	Militär P. S. 195 bis 525		S 4 S 3 S 2 S 1		alle	angegossener oder getrennt gegossener Probe	28 34 40 46		alle	stehend gegossener Probe von 35 mm Dmr. (abzuarbeiten auf 30 mm Durchmess.) und 300 mm Stützweite

[1] Bei Stückgewichten unter 600 kg.
[2] Bei Stückgewichten unter 1500 kg.
[3] Durchbiegungsvorschriften in den norwegischen Normen.

Zahlentafel 91 (Fortsetzung).

Land	Norm	Ausgabejahr	Klasseneinteilung	Zugfestigkeit: mindestens kg/mm²	Zugfestigkeit: gültig für Wanddicke mm	Zugfestigkeit: zu ermitteln an	Biegeversuche: Biegefestigkeit mindestens kg/mm²	Biegeversuche: Durchbiegung mindestens mm	Biegeversuche: gültig für Wanddicke mm	Biegeversuche: zu ermitteln an
Rumänien	A 11	1936	F F—12 F—14 F—18 F—22 F—26	— 12 14 18 22 26	— zwischen 20 u. 40	wenn möglich an angegossenen, sonst an getrennt gegossenen Proben (bis höchstens 30 mm Dmr.)	— 24 28 34 40 46	— 6 7 10 10 10	— zwischen 20 u. 40	getrennt gegossenen Proben von 30 mm Dmr. und 600 mm Stützweite
Rußland	OST 265	1928	2. Güte 1. Güte				22 30	3,0 3,5		liegend gegossenem Stab von 25 mm Dmr. und 300 mm Stützweite
	OST 970	1930	Tschg. 4 Tschg. 3 Tschg. 2 Tschg. 1				— 24 28 32	— 4 6 8		getrennt gegossenem Stab von 30 mm Dmr. und 600 mm Stützweite
	OST 8827	1930	Stsch 24 Stsch 28 Stsch 32 Stsch 36 Stsch 40 Stsch 44 Stsch 48				24 28 32 36 40 44 48	(a) (b) 5 2 6 2,5 8 3 8 3 10 4 10 4 11 4		stehend gegossenem Stab von 30 mm Dmr. bei 600 mm (a) bzw. 300 mm (b) Stützweite
Schweiz	VSM 10691	1935	Ge 12.91 Ge 18.91 Ge 22.91 Sonderguß	12 18 22 >26	alle	in der Regel aus den Bruchstükken der Biegeprobe	24 34 40	6 7 8	alle	stehend gegossenem Stab von 30 mm Dmr. u. 600 mm Stützweite
Ehemalige Tschechoslowakei	CSN 1035	1931	A B C D	12 16 20 26	alle	angegossenen oder getrennt gegossenen Proben mit der mittleren Wanddicke angepaßtem Durchmess.	20 27 33 37	6 7 8 8	alle	stehend gegossener Probe von 30 mm Dmr. u. 600 mm Stützweite
Ungarn	Mosz 80	1934	ö. v. 28 ö. v. 35	14 18			28 35	7 8		getrennt gegossener Probe mit 30 mm Dmr. und 600 mm Stützweite

damit den kleineren Neigungswinkel bei Darstellung der Beziehungen im doppellogarithmischen System besitzt. Zahlentafel 90 und 91 gibt nach einer Zusammenstellung von H. JUNGBLUTH (*6*) eine Übersicht über die Abnahmevorschriften von Gußeisen in den verschiedenen Ländern geordnet nach solchen Ländern, die ihre Normen ohne bzw. mit Abstufung der Festigkeitseigenschaften nach der Wanddicke durchgeführt haben. Das letztere Verfahren hat den besonderen Vorzug, daß es auch den Konstrukteur zwingt, sich mit den Beziehungen zwischen Wanddicke und Festigkeit bei Gußeisen vertraut zu machen und somit auch mit den Schwierigkeiten, die er dem Gießer verursacht, wenn er für einen bestimmten Verwendungszweck eine höhere als unbedingt notwendige Festigkeit des Materials fordert. Andererseits ist von der Abstufung der Festigkeit nach Wandstärken zu erwarten, daß sie endlich dem Gießer den erwarteten Mehrpreis erbringt, wenn für Gußstücke höherer Wandstärken gleich hohe Festigkeiten verlangt werden, wie von solchen mittlerer oder geringerer Wandstärken, da mit zunehmender Wandstärke die Erzielung gleich hoher Festigkeit metallurgisch schwieriger und betriebstechnisch teurer ist.

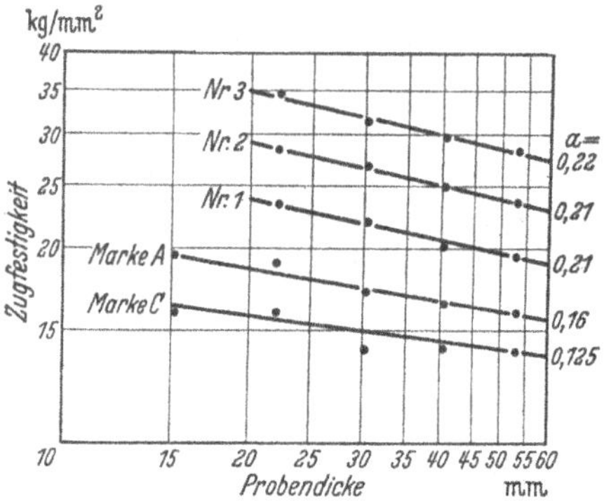

Abb. 567. Britische Normen. Wandstärkenabhängigkeit (H. JUNGBLUTH).

Zahlentafel 92. (Norwegische Norm.)

	Durchbiegung in mm bei			
mittlerer Wanddicke mm	< 7	<15	<25	>50
Probendurchmesser mm	13,5	20	30	45
Stützweite mm	200	300	450	675
Sj 12.91	—	—	—	—
Sj 14.91	1,8	2,7	4,0	6,0
Sj 18.91	2,0	3,0	4,4	6,5
Sj 22.91	2,2	3,2	4,7	7,0
Sj 26.91	2,3	3,4	5,0	7,5
Sj 30.91	2,4	3,6	5,3	8,0

Schrifttum zum Kapitel XIVa bis XIVe.

(*1*) Vgl. MEYERSBERG, G.: Gießerei Bd. 17 (1930) S. 478 und 587; Stahl u. Eisen Bd. 50 (1930) S. 1305; Krupp. Mh. Bd. 12 (1931) S. 301.
(*2*) Diplom-Arbeit A. HEUER: Eisenhüttenm. Institut T. H. Aachen September 1940.
(*3*) THUM, A.: Gießerei Bd. 16 (1929) S. 505.
(*4*) BACH, C.: Elastizität und Festigkeit, 8. Aufl. S. 200. Berlin: Springer 1920.
(*5*) JUNGBLUTH, H.: Gießerei Bd. 26 (1939) S. 433.
(*6*) JUNGBLUTH, H.: Unterausschuß für Gußeisen beim VDE, Sitzung vom 21. April 1939.
(*7*) Wie (*4*), aber S. 299.
(*8*) THUM, A., u. H. UDE: Gießerei Bd. 16 (1929) S. 501 u. 1164, sowie Bd. 17 (1930) S. 105; vgl. Stahl u. Eisen Bd. 50 (1930) S. 1135 und 1305.
(*9*) PIWOWARSKY, E., u. E. HITZBLECK: Gießerei Bd. 27 (1940) S. 21.
(*10*) PINSL, H.: Gießerei Bd. 18 (1931) S. 334 und 357.
(*11*) HUGO, E.: Diss. T. H. Aachen 1934.
(*12*) JUNGBLUTH, H., u. A. HELLER: Arch. Eisenhüttenw. Bd. 5 (1931/32) S. 519.
(*13*) Ref. Stahl u. Eisen Bd. 50 (1930) S. 1305.
(*14*) JUNGBLUTH, H.: Bericht Unterausschuß für Gußeisen beim VDE. Sitzung vom 8. Nov. 1940.

(*15*) Krupp. Mh. Bd. 12 (1931) S. 312.
(*16*) Krupp. Mh. Bd. 12 (1931) S. 323/24.
(*17*) Gimmy, A.: Gießerei Bd. 20 (1933) S. 235 u. 280; vgl. Stahl u. Eisen Bd. 54 (1934) S. 1064.
(*18*) Mailänder, R., u. H. Jungbluth: Techn. Mitt. Krupp Bd. 3 (1933) S. 83.
(*19*) Heller, P. A.: Gießerei Bd. 19 (1932) S. 301 und 325. Vgl. auch (*18*).
(*20*) Mitinski, M. A.: Rev. Métall. Mém. Bd. 33 (1936) S. 498; vgl. Stahl u. Eisen Bd. 57 (1937) S. 1327.
(*21*) Mitinski, M. A.: Ass. Techn. Fond. Bd. 11 (1937) S. 378.
(*22*) Schlechtweg, H.: Arch. Eisenhüttenw. Bd. 6 (1932/33) S. 507.
(*23*) Bierett, G.: Arch. Eisenhüttenw. Bd. 10 (1936/37) S. 165.
(*24*) Für die Überlassung der von E. Zingg (Gebr. Sulzer A.-G., Winterthur) durchgeführten Versuche möchte ich Herrn Direktor Dr.-Ing. F. Meyer, Winterthur, herzlichst danken. Die mitgeteilten Versuche stammen aus dem Jahre 1937.
(*25*) Norbury, A. L.: Foundry Trade J. 1. Nov. (1928) S. 328.
(*26*) Ingbert, S. H., u. P. D. Sale: Proc. Amer. Soc. Test. Mater. 1926 II. S. 33.
(*27*) Vgl. Gießerei Bd. 28 (1941) S. 209.
(*28*) Vgl. Cast Iron Metals Handbook der Amer. Foundrym. Ass. (1940) S. 449.
(*29*) Vgl. Gießerei Bd. 28 (1941) S. 209.
(*30*) Gimmy, A.: Z. VDI Bd. 86 (1942) S. 155.
(*31*) Meyersberg, G.: Arch. Eisenhüttenw. Bd. 5 (1931/32) S. 513.

f) Die Härte von Gußeisen.

Die Härte liegt im allgemeinen für Maschinenguß je nach Qualität und Wandstärke zwischen 125 bis 215 BE. Für Zylinderguß liegt sie zwischen 180 bis 260 BE. Man kann folgende Stufungen unterscheiden:

	BE kg/mm²
Sehr weiches, ferritreiches Gußeisen, weich geglühter Grauguß und ferritreicher Temperguß	100— 140
Gewöhnlicher Maschinenguß	140— 180
Austenitisches Gußeisen im Rohguß	140— 180
Desgl. mit Kupfer und Chromzusätzen	160— 220
Gußeisen mit vorwiegend perlitischer Grundmasse	175— 225
Gußeisen mit sorbo-perlitischer Grundmasse	240— 340
Gußeisen mit martensitischer Grundmasse, je nach dem Grade der Durchhärtung	360— 500
Martensitisches Gußeisen schwach legiert	450— 550
Weißes Gußeisen je nach Kohlenstoffgehalt	300— 500
Weißes Gußeisen schwach legiert	350— 550
Weißes Gußeisen mit martensitischer Grundmasse	550— 700
Nitriertes Gußeisen (an der Oberfläche)	850—1050

Die Härte ist für Gußeisen im allgemeinen nur mittelbar von Bedeutung, insofern man glaubt, aus ihr auf andere wichtige Eigenschaften (Verschleiß, Bearbeitbarkeit usw.) schließen zu können. Zur Ermittlung der Härte bedient man sich meistens der Eindringverfahren nach Brinell gemäß DIN 1605. Bei Verwendung von Abschnitten aus Normalbiegestäben benutzt man am besten 20 mm dicke Scheiben. Bei Verwendung einer 10-mm-Kugel mit 3000 kg Last werden auf den sauber polierten Querschnittsflächen beiderseitig Eindrücke nach Abb. 568 durchgeführt. Die Eindrücke erfolgen zweckmäßig im Abstand von $r/2$ vom Mittelpunkt der Stabachse auf der einen Seite und im Abstand von $2/3\,r$ auf der anderen Seite, wobei sie gegeneinander versetzt zu liegen kommen. Um vergleichliche Härtezahlen in kg/mm² zu erhalten, muß die Bedingung $P = aD^2$ erfüllt sein, d. h. es müssen sich die Belastungen wie die Quadrate der Kugeldurchmesser verhalten, wobei a für Stahl

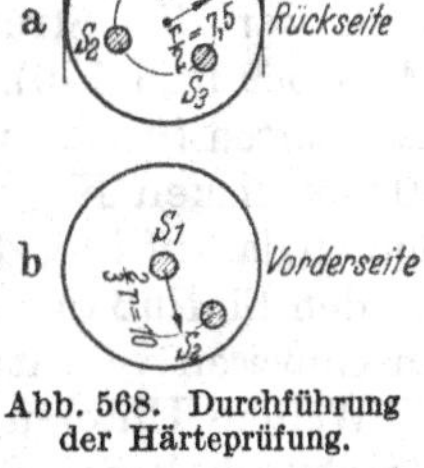

Abb. 568. Durchführung der Härteprüfung.

und Stahllegierungen im allgemeinen = 30 ist, die Kugeldurchmesser 2,5 bzw. 5 und 10 mm betragen, gemäß:

Kugeldurchmesser	Belastung in kg			
D	30 D^2	10 D^2	5 D^2	2,5 D^2
10	3000	1000	500	250
5	750	250	125	62,5
2,5	187,5	62,5	31,2	15,6

Die eingerahmten Lasten sind auf den normalen Vorlasthärteprüfern fast aller Systeme einstellbar, während für die größeren Lasten von 250 kg bis 3000 kg die Beschaffung einer ausgesprochenen Brinell-Presse erforderlich ist. Die Belastungsdauer beträgt 30 sec.

Diese auf die Prüfvorschriften für Stahl und andere Eisenlegierungen abgestellten Bedingungen tragen den Eigenheiten graphithaltigen Gußeisens in unzureichendem Maße Rechnung. Die Verwendung von 2,5-mm-Kugeln scheidet

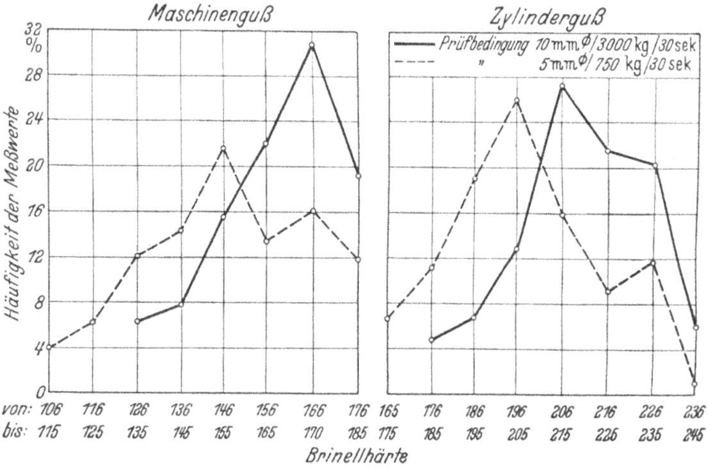

Abb. 569 und 570. Brinellhärtehäufigkeit der mit der 5 und 10 mm dicken Kugel ermittelten Werte. Je 1000 Einzelmessungen an 143 Maschinengußteilen und an 212 Zylindergußstücken (H. REININGER).

für die meisten der Prüffälle von Grauguß überhaupt aus. Aber auch zwischen der 5- und der 10-mm-Kugel können sich Unterschiede bei der Härteprüfung ergeben. So untersuchte H. REININGER (*1*) Maschinen- und Zylinderguß verschiedener Härtestufen und fand an Hand von je 1000 Einzelmessungen, daß bei der Prüfung nach den Normvorschriften mit der 5 mm dicken Kugel an Stellen mit gleichem Gefüge und mit gleicher Wandstärke in den meisten Fällen eine geringere Brinellhärte gemessen wurde als mit der 10 mm dicken Kugel; auch war die Streuung der Meßergebnisse mit der kleineren Kugel größer (Abb. 569 und 570). Aus einer Reihe von Brinellhärtebestimmungen an eng benachbarten Stellen wurde die Beziehung zwischen der mit der 5 und der mit der 10 mm dicken Kugel gemessenen Brinellhärte ermittelt. Gefügeuntersuchungen deuten darauf hin, daß vor allem die Menge, Größe und Verteilung des Graphits für den Einfluß des Kugeldurchmessers auf das Ergebnis der Brinellhärteprüfung an Gußeisen verantwortlich sind.

Weitere Untersuchungen von H. REININGER (*2*) bestätigten den Einfluß des Graphitgehaltes und der Graphitgröße auf die Meßergebnis-Differenzen (Abb. 571) und rechtfertigten eine Korrektur, nach deren Vornahme erst eine Gleichwertigkeit der Ergebnisse gemäß der (10/3000/30)- und (5/750/30)-Prüfung anerkannt werden könne. Für die untersuchten Gußeisensorten (Maschinen- bzw. Zylinderguß) gelten danach folgende Korrekturen innerhalb der angegebenen Härtebereiche:

Brinellhärtebereich Maschinenguß:

125	bis	155	BE (10/3000/30) = BE (5/750/30) + 20
156	bis	185	BE (10/3000/30) = BE (5/750/30) + 15

Zylinderguß:

175	bis	235	BE (10/3000/30) = BE (5/750/30) + 10
236	bis	245	BE (10/3000/30) = BE (5/750/30) + 5.

Wenn aus irgendwelchen Gründen (5/750/30) als Prüfungsbedingung vorgeschrieben ist, müssen die nach (10/3000/30) ermittelten Werte durch entsprechende Abzüge korrigiert werden.

Die in der Praxis stillschweigend vorausgesetzte normenmäßige Gleichheit

Werte nach (5/750/30)
= Werte nach (10/3000/30)

ist demnach in der Mehrzahl der untersuchten Fälle nicht vorhanden, sondern nur durch Korrektur erzielbar.

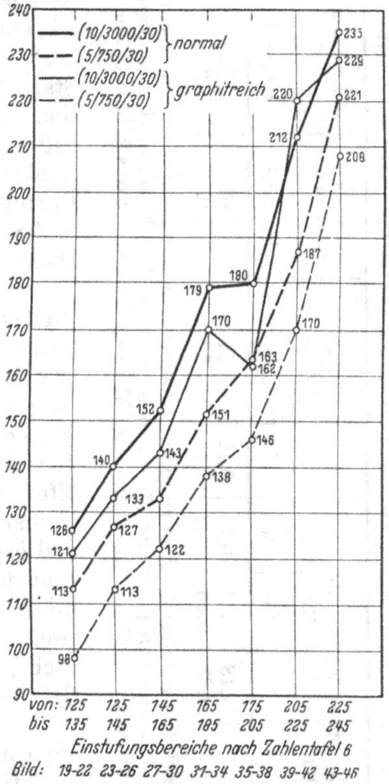

Abb. 571. Messungsergebnisdifferenzen aus den Meßfeldern nach Abb. 19 bis 46, Zahlentafel 6 des Originalaufsatzes von H. Reininger.

Vom Unterausschuß für Gußeisen beim VDE (3) wurde an sechs Versuchsstellen eine Gemeinschaftsuntersuchung über die Streuung bei der Ermittlung der Brinellhärte von Gußeisen durchgeführt, bei der der Regelversuch nach DIN 1605, Blatt 3, mit einer 10 mm dicken Kugel bei 3000 kg Belastung und 30 sec Dauer zugrunde gelegt wurde. Eine einwandfreie Abhängigkeit zwischen der Höhe der Härte und der Streuung konnte in dem untersuchten Härtebereich von 120 bis 180 Brinelleinheiten nicht festgestellt werden. Ebenso war ein Einfluß der Beobachtereigenheiten sowie der verwendeten Prüfgeräte auf die Härtestreuung nicht erkennbar. Es wurde daher der zu untersuchende Härtebereich von 180 auf 250 Brinelleinheiten erweitert und bei diesen Ergänzungsversuchen eine deutliche Änderung der Härtestreuung mit der Härte und ebenso ein Einfluß des Gefüges ermittelt. Die Härteschwankung nahm mit zunehmender Härte ab, und zwar von ± 13 Brinelleinheiten bei 120 Einheiten mittlerer Härte auf ± 5 bis 6 Brinelleinheiten bei 250 Einheiten. Es konnte auch hier erneut nachgewiesen werden, daß die Streuung der Brinellhärte von Gußeisen nicht von der Grundmasse, sondern von der Menge und Ausbildungsform des Graphits abhängt. Eine einwandfreie Beziehung zwischen der Summe des Kohlenstoff- und Siliziumgehaltes oder Sättigungsgrad einerseits und Härtestreuung andererseits war nicht zu erkennen. Stahlkugeln für die Härteprüfung ergeben nur bis etwa 400 Brinelleinheiten zuverlässige Ergebnisse. Über 400 Brinelleinheiten ergeben sich infolge Abplattung der Kugeln zunehmend geringere

Zahlentafel 93. Härte und Bearbeitbarkeit von Gußeisen mit verschiedener Graphitverteilung (E. Lips).

Durchmesser des gegossenen Stabes in	Chemische Zusammensetzung Gesamt-C	Graphit	Si	Mn	P	S	Zug-festigkeit	Brinellhärte	Mikrohärte der Grundmasse	Bohrbarkeit[1] in Anzahl Umdrehungen für 1.	2.	3.
mm	%	%	%	%	%	%	kg/mm²	kg/mm²	kg/mm²	Bohrloch		
220	2,91	2,15	1,18	0,87	0,73	0,12	24	185	305	166	176	184
25	3,10	2,30	1,83	0,56	0,46	0,13	26	212	305	140	142	143

[1] Die Messung der Bohrbarkeit geschah wie folgt: In dem zu untersuchenden Werkstoff wurden bei gleichem Bohrdruck mittels eines Bohrers von 15 mm Durchmesser nacheinander 3 Löcher von je 10 mm Tiefe gebohrt und die Anzahl der hierfür benötigten Umdrehungen gemessen. Ein Verschleiß des Bohrers kommt zum Ausdruck in einer zunehmenden Anzahl Umdrehungen für das 2. bzw. 3. Bohrloch.

Härten, so daß man gezwungen ist, zu Hartmetall oder Diamantkugeln überzugehen.

Aus den obigen Ausführungen, insbesondere aus den Versuchen von H. Reininger ergibt sich die Unzulänglichkeit der Rockwell-, Shore-, Vickers- sowie anderer Härteprüfungen mit kleineren Eindruckkörpern als der 5-mm-Kugel. Nur bei sehr feingraphitischem Gußeisen wird man auch in höheren Härtebereichen mit diesen kleineren Prüfkörpern brauchbare Resultate erzielen. In jedem Falle aber ergibt sich die Notwendigkeit, die Mittelwerte zahlreicher Einzelmessungen anzugeben. Bei Gußeisen mit starken Wandstärken wird auch der Härteabfall nach der Mitte der Wand zu berücksichtigen sein. Stark vom Mittelwert abweichende Einzelwerte sind meist ein Beweis für das Vorhandensein schadhafter Stellen (Graphitansammlungen, Sulfidnester, Lunkerstellen usw.). Die Anwendung der Rockwell-Härteprüfung sieht entweder die Verwendung einer $^1/_{16}$″-Stahlkugel (Rockwell-B-Härte) oder aber eines Diamantkegels von 120° Kegelwinkel vor, dessen Spitze mit $r = 0{,}2$ mm abgerundet ist (Rockwell-C-Härte). Beide Verfahren arbeiten mit Vorlast. Für homogene oder quasiisotrope Werkstoffe ergibt sich zwischen der Brinell- und der Rockwell-B-Prüfung eine ausreichende empirische Beziehung. Die Vickers-Härte wird mit einer regelmäßigen, vierseitigen Diamantpyramide bei einem Flächenöffnungswinkel von 136° unter Verwendung sehr kleiner Lasten (15,6; 31,20 oder 62,5 kg) durchgeführt und ergibt ähnlich der Rockwell-C-Härte sehr kleine Eindrücke. Die beiden Verfahren eignen sich daher weniger für Grauguß, dagegen gut für weißes Gußeisen oder nitrierten Guß. In letzterem Falle sind noch Nitrierschichten bis herunter zu 0,2 mm Härtetiefe einwandfrei zu messen.

Auch die **Rücksprunghärte** ist im allgemeinen nur für weißes Gußeisen (Hartguß), gegebenenfalls noch für feinkörnigen, feingraphitischen Grauguß geeignet, aber auch für letzteren Fall nicht zu empfehlen. Für ganz dünne Überzüge, z. B. galvanische Niederschläge von Schutzmetallen usw. kommt auch die **Ritzhärteprüfung** in Frage. Sehr feine Diamantspitzen oder Diamantkegel eignen sich recht gut zur Bestimmung der sog. **Mikrohärte** von Gußeisen, d. h. zur Bestimmung von Gefügekonstituenten. Erstmalig hat E. Lips (*4*) die Anwendung der Mikrohärteprüfung für Gußeisen empfohlen.

Ein Vergleich der Einzelhärten der einzelnen Gefügekomponenten mit der Durchschnittshärte dürfte künftig wertvolle Aufschlüsse geben für die Beziehungen zu anderen Eigenschaften des Gußeisens, z. B. seiner Verschleißfestigkeit und Bearbeitbarkeit. Zahlentafel 93 (nach E. Lips) vergleicht die Brinellhärte zweier perlitischer Gußeisensorten gleicher Mikrohärte der Grundmasse, aber verschiedener Brinellhärte. Aus der Tatsache, daß die Bearbeitbarkeit des feingraphitischen Gußeisens der höheren Brinellhärte besser war, als die des grobgraphitischen Eisens geringerer Brinellhärte bei in beiden Fällen gleicher Mikrohärte der perlitischen Grundmasse, ergibt sich auch hier die große Bedeutung der linearen Graphitdurchsetzung für die Bearbeitbarkeit von Gußeisen (vgl. auch die Ausführungen auf S. 402).

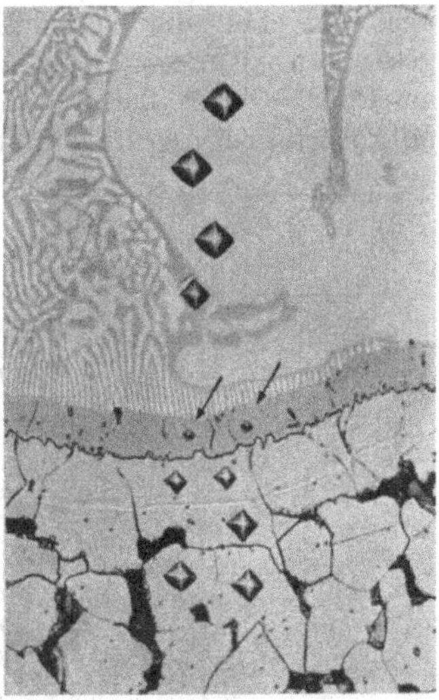

Abb. 572. Hartlötung von Stahl mit Cu-P-Lot (Querschliff). Prüflast 10 g. $V = 500$ (H. Hanemann).

H. Hanemann (*5*) hat inzwischen mit der Firma C. Zeiss in Jena einen für die große Praxis sehr brauchbaren Mikrohärteprüfer geschaffen, bei dem eine Diamantpyramide von 0,8 mm Durchmesser in der Mitte der objektivseitigen Frontlinsenfläche so angebracht wird, daß noch ein ausreichender ringförmiger Teil der freien Öffnung für Beleuchtung und Beobachtung erhalten bleibt. Als geeignetes optisches System wurde ein Apochromat von 8 mm Brennweite der numerischen Apertur 0,65 benutzt, bei dessen Berechnung der Ausfall der achsnahen Strahlen berücksichtigt wurde und dessen Frontlinse den besonders großen freien Durchmesser von 2,3 mm erhielt. Mit dieser Einrichtung ist die Mikrohärte der härtesten Gefügekonstituenten noch ermittelbar, wobei man lineare Vergrößerungen von 500 und 1000 den Messungen zugrunde legt und daher sogar galvanisch niedergeschlagene Schichten, Nitrierschichten, Seigerungszonen usw. auf ihren Härteverlauf untersucht werden können. Die Prüflast kann bis 100 g gesteigert werden, beträgt aber im allgemeinen nur 5 bis 20 g. Von der Anwendung der Mikrohärteprüfung werden auch für Gußeisen wichtige Fortschritte in der Konstitutionsforschung zu erwarten sein. Abb. 572 zeigt verschiedene Mikrohärte-Eindrücke in der Übergangszone einer Hartlötung von Stahl mit Phosphorkupfer-Lot bei einer Prüflast von 10 g. Man beachte die verschiedene Mikrohärte in der Grundmasse des Stahls, der Lötfuge (Pfeile in Abb. 572) und den Gefügekomponenten des Lötmetalls. Inzwischen konnte ein weiteres Baumuster des Mikrohärteprüfers entwickelt werden (*11*), dessen Auflösungsvermögen gegenüber dem ersten Gerät eine Steigerung auf den doppelten Wert erfahren hat. Es ist als Immersionsobjektiv ausgebildet mit dem bisher größtmöglichen Wert der numerischen Apertur von 1,35. Bei der Mikrohärteprüfung gilt nicht das Kicksche Ähnlichkeitsgesetz. Die Mikro-

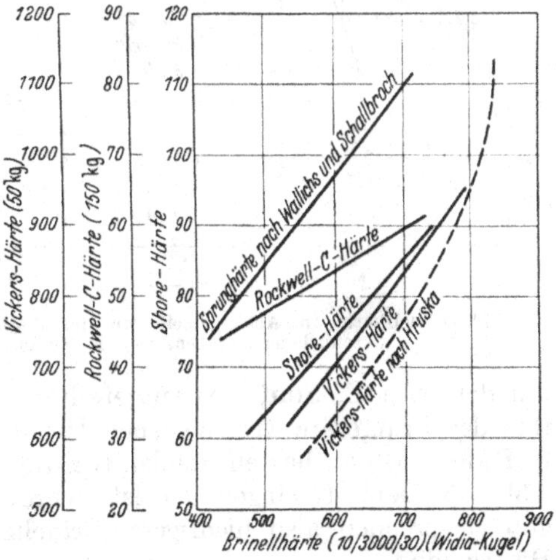

Abb. 573. Beziehungen verschiedener Härtewerte von weißem Gußeisen nach J. S. Vanick und J. T. Eash.

härte ist nicht nur eine Funktion der Werkstoffeigenschaften, sondern auch der Eindrucktiefe. Das gilt vor allem für die Vorgänge in den oberflächennahen Schichten, wo der Einfluß der Translation vor dem Einfluß der Bildung neuer Oberflächenenergie infolge Erzeugung neuer innerer Oberflächen zurücktritt. Während das auf Translationsvorgängen beruhende Kicksche Ähnlichkeitsgesetz um so besser erfüllt wird, je mehr der Vorgang dem Meyerschen Potenzgesetz $P = a \cdot d^n$ bei $n = 2$ folgt, ist der oberflächennahe Vorgang bei der Mikrohärteprüfung die Funktion einer Potenz < 3 der Eindrucktiefe.

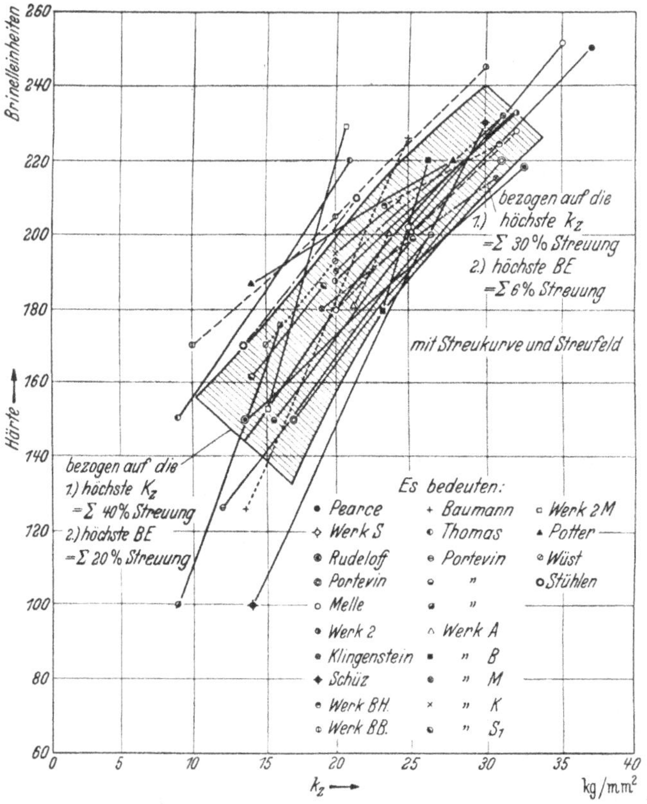

Abb. 574. Brinellhärte in Abhängigkeit von der Zugfestigkeit (laut verschiedener Angaben, nach F. Roll).

J. S. Vanick und J. T. Eash (*6*) machten Härtemessungen an sehr harten Werkstoffen, darunter an weißem Gußeisen. In Abb. 573 sind die Kurven eingetragen, die den gefundenen Beziehungen zwischen Rockwell-C-Härte, der mit amerikanischem Gerät gemessenen Shore Härte sowie der Vickers-Diamanthärte zu der mit Widiakugel gemessenen Brinell-Härte (10/3000/30) entsprechen. Zum Vergleich ist die seinerzeit von A. Wallichs und H. Schallbroch (*7*) ermittelte Kurve für die mit deutschem Skleroskop gemessene Sprunghärte eingetragen. Der beträchtliche Unterschied zwischen den Kurven für Sprung- und Shore-Härte deckt sich praktisch völlig mit dem von E. Schüz (*8*) mitgeteilten Schaubild, so daß zweifelsfrei ein Einfluß der Prüfgeräte verschiedener Herkunft vorliegt. Auch die seinerzeit von J. Hruska (*9*) an harten Stählen für die Vickers-Härte ermittelte Kurve, die in Abb. 573 ebenfalls eingetragen ist, wurde im wesentlichen bestätigt. Bei Hartguß entsprechen also niedrigere Brinellzahlen höheren Werten der anderen Härtegrade.

Der Zusammenhang zwischen Härte und Zugfestigkeit ist beim Grauguß nicht so eindeutig wie etwa beim Stahl oder anderen Metallen, die mit großer Einschnürung zerreißen. Der Zugversuch mißt beim Gußeisen den Trennungswiderstand, der ja in weit höherem Maße von der Größe und Ausbildungsform des Graphits abhängig ist als die Druckfestigkeit oder die Kugeldruckhärte, welche vorwiegend von der Beschaffenheit der metallischen Grundmasse abhängen. Daraus erklären sich einerseits die gegenüber andern Werkstoffen erheblich größeren Unterschiede zwischen Druck- und Zugfestigkeit sowie die unklaren Beziehungen zwischen Härte und Zugfestigkeit andererseits.

In der Literatur ist eine große Reihe von empirisch gefundenen Beziehungen bekannt, die es ermöglichen sollen, von der Härte auf die Zugfestigkeit zu schließen. Mit zunehmender mechanischer Höherwertigkeit des Gußeisens steigt die Härte viel langsamer an als die Zugfestigkeit (Abb. 290), da der Einfluß der Menge und Ausbildungsform des Graphits einen überwiegenden Einfluß auf die Zugfestigkeit gewinnt, während die Härte nach wie vor vorwiegend durch das metallische Grundgefüge bestimmt wird. Ist die Grundmasse perlitisch, so liegt die Härte zwischen 175 und 225 Brinelleinheiten, die Festigkeit kann aber je nach der Graphitausbildung zwischen 22 und 45 kg/mm² schwanken. Die aufgestellten Gleichungen gelten meist für ferritisch-perlitische Gefüge und zeigen untereinander große Verschiedenheiten, wie die Zusammenstellung von F. ROLL (*10*) (Abb. 574) zeigt, der Werte von PEARCE, RUDELOFF, PORTEVIN, MELLE, KLINGENSTEIN, SCHÜZ, BAUMANN, LE THOMAS, POTTER, WÜST, STÜHLEN und 10 verschiedenen Werken berücksichtigte. Die Linien des Diagrammes streuen etwa 30%, bezogen auf die Höchstfestigkeit von 30 kg/mm², und ca. 40%, bezogen auf die niedrigste Festigkeit von 20 kg/mm².

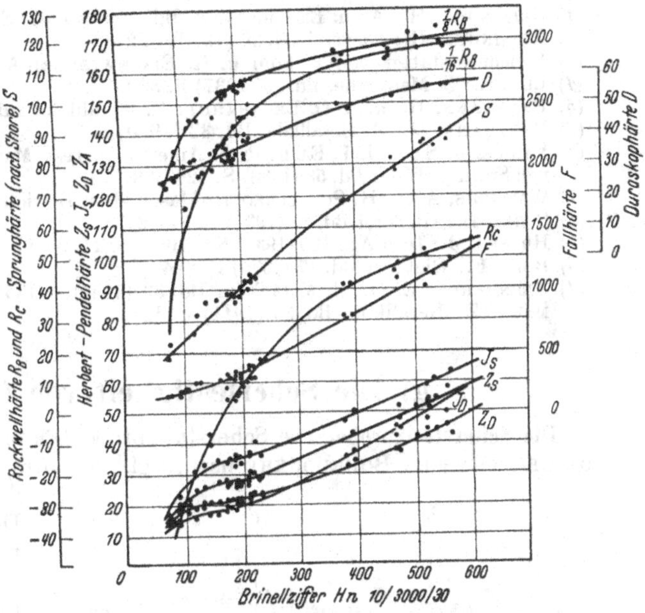

Abb. 575. Umrechnungskurven für Härteziffern bei Gußeisen und Hartguß (nach A. WALLICHS und H. SCHALLBROCH).

Die Streuung ist also weit größer als rechnerisch zulässig ist. Immerhin ist aber eine lose Beziehung der Härte zur Festigkeit vorhanden und die Härteprüfung wird auch in Zukunft ihre Bedeutung insofern behalten, als sie einen Hinweis zur allgemeinen Kennzeichnung des Gußstückes gibt und vor allen Dingen bei dicken Wandstärken ein Maß für den Gefügeunterschied zwischen Rand und Mitte liefert.

Vergleich verschiedener Verfahren der Härteprüfung:

Was die Beziehungen zwischen den verschiedenen Härteziffern betrifft, so ergibt sich, daß für keines der zahlreichen Härteprüfverfahren die Härteziffern verhältnisgleich mit der Brinellziffer ansteigen. Für verschiedene Werkstoffe weist der Krümmungsverlauf der Umrechnungskurven Verschiedenheiten auf, so daß nach A. WALLICHS und H. SCHALLBROCH (*7*) auch für Gußeisen und Hartguß eine gesonderte Aufstellung der Kurven notwendig war. Gemäß Abb. 575 waren von den dort genannten Forschern folgende Prüfarten herangezogen worden:

1. Brinellhärte $H_n = 10/3000/30$,
2. Rockwellhärte B-Skala; 1/8″-Kugel, 100 kg, 1/16″-Kugel, 100 kg,
3. Rockwellhärte C-Skala, Diamantkegel, 120°, 150 kg,
4. Sprunghärte S (nach SHORE), 2,5 g Hammergewicht, 254 mm Fallhöhe,

5. Duroskophärte D, 3-mm-Stahlkugel in 70-mm-Pendel,
6. Fallhärte F (nach Wüst und Bardenheuer), 5-mm-Stahlkugel, 1,5-kg-Hammer, 100 mm/kg Fallarbeit.
7. Herbert-Pendelprüfer:
a) 1-mm-Stahlkugel; I. Zeithärte Z_D, II. Induzierte Härte J_D (Zeithärte nach 2 Kugelschritten),
b) 1-mm-Diamantkugel; I. Zeithärte Z_D, II. Induzierte Härte J_D.

Über die Warmhärte von Gußeisen vergl. die Ausführungen auf S. 569 und ff.

Schrifttum zum Kapitel XIV f.

(1) Reininger, H.: Arch. Eisenhüttenw. Bd. 10 (1936/37) S. 29.
(2) Reininger, H.: Gießerei Bd. 26 (1939) S. 241.
(3) Bericht erstattet von E. Pohl u. H. Eisenwiener: Arch. Eisenhüttenw. demnächst.
(4) Lips, E.: Z. Metallkde. Bd. 29 (1937) S. 339.
(5) Hanemann, H., u. E. O. Bernhardt: Z. Metallkde. Bd. 32 (1940) S. 35.
(5) Hanemann, H.: Z. Metallkde. Bd. 32 (1940) S. 35.
(6) Vanick, J. S., u. J. T. Eash: Proc. Amer. Soc. Test. Mater. Bd. 38 (1938) II S. 202/16; vgl. Stahl u. Eisen Bd. 58 (1938) S. 1297/98.
(7) Wallichs, A., u. H. Schallbroch: Masch.-Bau Betrieb Bd. 10 (1931) S. 18/20.
(8) Schüz, E.: Gießerei Bd. 21 (1934) S. 321/27.
(9) Hruska, J.: Iron Age 135 (1935) Nr. 16 S. 20/21, 90, 92, 94, 96.
(10) Roll, F.: Gießerei Bd. 17 (1930) S. 864.
(11) Bernhardt, E. O.: Z. Metallkde. Bd. 33 (1941) S. 135. Vgl. Schulz, F., u. H. Hanemann: Z. Metallkde. Bd. 33 (1941) S. 124.

g) Die Scherfestigkeit von Gußeisen.

Die Scherstanzprobe. Die Scherstanzprobe (Frémont, Ronceray, Sipp-Rudeloff, Thyssen-Bourdouxhe usw., vgl. Abb. 576), welche mit Rücksicht auf die einfachste Art ihrer Durchführung und der Probeentnahme vom Gußstück selbst als Ersatz der Zugprobe vielfach vorgeschlagen wurde, hat sich bislang nicht einbürgern können, da ihre Beziehungen zum Ergebnis der Zugversuche unter Berücksichtigung der verschiedenen Güteklassen Ge 12 bis Ge 26 von Gußeisen noch nicht hinreichend festliegt. Das Verhältnis Scherfestigkeit zu Zugfestigkeit schwankt bei den einzelnen Forschern zwischen 0,75 bis 1,8, wie nebenstehende Zusammenstellung nach W. Jolly (*1*) zeigt (Zahlentafel 94).

W. Jolly konnte auch zeigen, daß das Verhältnis von σ_B zu τ_s mit steigender Festigkeit stark abnimmt:

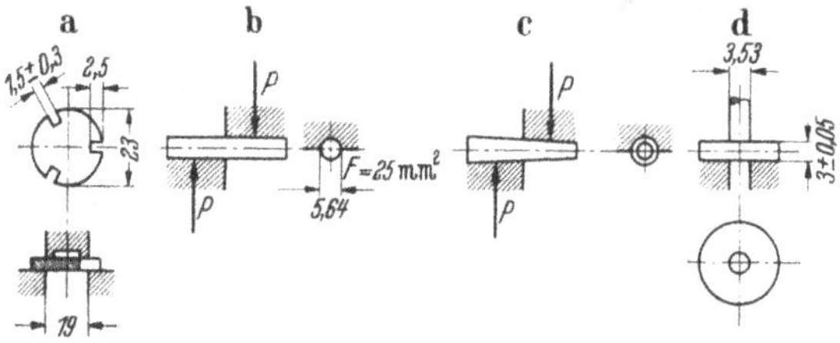

Abb. 576. Schematische Darstellung verschiedener Scherverfahren.
a = Lochstanzprobe nach Sipp-Rudeloff.
b = Scherversuch mit zylindrischen Proben nach Frémont.
c = Scherversuch mit konischen Proben nach Thyssen-Bourdouxhe.
d = Lochversuch nach Deleuse.

Zahlentafel 94.

Bearbeiter	Scherfestigkeit / Zerreißfestigkeit
Frémont	1,0
Ronceray	1,0
Siegle	1,2–1,4
Elliott	1,14–1,31
Rother	0,75
Ando	0,916–1,2
Thomas	0,9–1,0
Sipp-Rudeloff	0,64–0,67
Versch. engl. Forscher	1,0–1,8

Probe 5,6 mm Durchmesser			Probe 12,7 mm Durchmesser		
σ_B in kg/mm²	τ_s in kg/mm²	$\frac{\sigma_B}{\tau_s}$	σ_B in kg/mm²	τ_s in kg/mm²	$\frac{\sigma_B}{\tau_s}$
16,5	26,8	1,61	15,0	26,8	1,84
21,3	31,5	1,47	19,7	31,5	1,60
26,0	36,2	1,39	24,4	36,2	1,47
30,6	41,0	1,34	29,1	41,0	1,40
33,5	44,1	1,31	32,3	44,1	1,37

Eine ähnliche Feststellung hatte bereits K. SIPP (*2*) im Jahre 1920 gemacht. Sie deckt sich auch mit den neueren Ergebnissen von Versuchen auf internationaler Basis, durchgeführt an 11 Gußeisensorten, über die u. a. R. BERTSCHINGER (*10*) kritisch berichtete. Abb. 577 zeigt die damaligen Ergebnisse nebst den Streuwerten. In die gleiche Abbildung ist auch eine Kurve für die Torsionsfestigkeit (τ_t) eingetragen; sie verläuft ähnlich wie die Kurven der Scherfestigkeit, da ja auch die Torsionsfestigkeit den Zerreißwiderstand erfaßt. Fernerhin ist die absolute Höhe der Scherfestigkeit natürlich von den geometrischen Formen der einzelnen Probekörper abhängig. Im übrigen unterliegen die Werte für τ_s derselben Streuung innerhalb eines Gußstückes mit wechselnder Wandstärke, wie dies nach der jeweiligen Wandstärkenabhängigkeit des Gußeisens zu erwarten ist. Aber vielleicht liegt gerade in der Möglichkeit, mit kleinen, an verschiedenen Stellen des Körpers entnommenen Proben sich ein Bild zu machen von dem Grad der Streuung der mechanischen Eigenschaftswerte eines Gußstückes, der eigentliche Vorteil gegenüber den Ergebnissen an getrennt gegossenen oder angegossenen Proben, welche stets dieselbe Dimension haben oder bestenfalls der mittleren Wandstärke des Gußstückes angepaßt sind (*3*). J. SHAW (*4*) fand an karbid- und phosphidreichen Eisensorten mit 1,2% geb. C und 1,3% P gleichmäßigere Werte für die Scherfestigkeit als für die Zugfestigkeit. Gegenüber der in Frankreich üblichen Probenahme, nach der mit einem Hohlbohrer Versuchsstäbchen von etwa 5 mm Durchmesser herausgearbeitet und ohne weitere Nacharbeit dem Versuch unterworfen werden, wird von deutscher Seite mit Rücksicht auf den heterogenen Gefügeaufbau des Gußeisens eine stärkere Dimensionierung des Probestabes erwogen sowie ein Überdrehen der Stäbchen mit einem Hohlfräsapparat empfohlen (*5*). Um unabhängig von der generellen Bauart der Maschinen vergleichliche Werte für die Scherfestigkeit zu

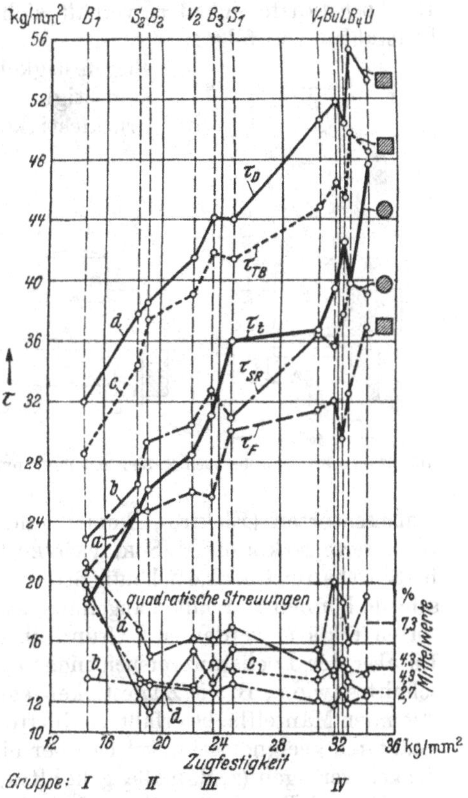

Abb. 577. Meßergebnisse mit verschiedenen Scherverfahren.

erzielen, wird es auch nötig werden, die konstruktive Gestaltung sämtlicher den Prüfstab umfassenden Einspannvorrichtungen einheitlich auszubilden.

Die Lochstanzprobe. Für die Scherfestigkeit schlugen sowohl die ehemalige Studiengesellschaft zur Veredelung von Gußeisen (Stuverguß) als auch die Prüfungskommission für Gießereiwesen beim VDG (Prüf. Gieß.) den Lochstanzversuch nach SIPP-RUDELOFF (*6*) vor mit kleinen Abänderungen bei der Gestaltung von Matrize und Probescheibe. Letztere hat nach Stuverguß eine Plattendicke von 2,5 mm, nach der Prüf. Gieß. jedoch 1,8 bis 2 mm mit drei bis vier radialen Einschnitten, die etwa 1,5 mm breit und so tief sind, daß bei einem Gesamtplattendurchmesser von 23 mm noch eine Kreisfläche von etwa 18,5 mm Durchmesser (bei Stuverguß 18 mm) verbleibt. Später schlug R. RUDELOFF (*7*) einige Abänderungen der Lochstanzvorrichtung vor (Abb. 578a und b). Die Lochstanzfestigkeit τ_{st} verhält sich nach RUDELOFF zu den übrigen Festigkeitszahlen wie folgt:

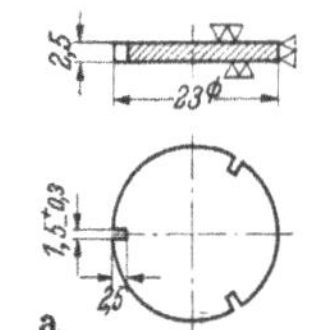

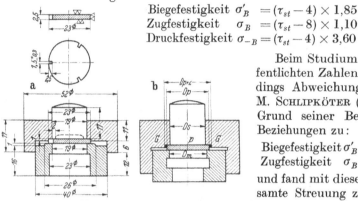

$$\text{Biegefestigkeit } \sigma'_B = (\tau_{st} - 4) \times 1{,}85$$
$$\text{Zugfestigkeit } \sigma_B = (\tau_{st} - 8) \times 1{,}10$$
$$\text{Druckfestigkeit } \sigma_{-B} = (\tau_{st} - 4) \times 3{,}60$$

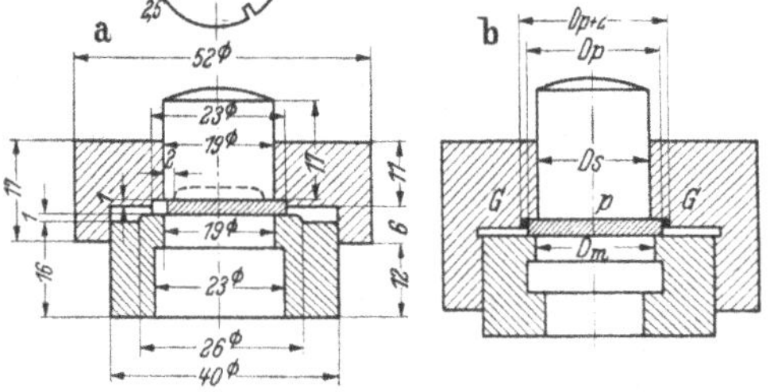

Abb. 578. Lochstanzprobe nach K. SIPP und R. RUDELOFF.

Beim Studium der hierzu veröffentlichten Zahlen findet man allerdings Abweichungen bis zu 23%. M. SCHLIPKÖTER (*8*) korrigierte auf Grund seiner Beobachtungen die Beziehungen zu:

$$\text{Biegefestigkeit } \sigma'_B = 1{,}87 \times \tau_{st} \text{ bzw.}$$
$$\text{Zugfestigkeit } \sigma_B = 0{,}98 \times \tau_{st}$$

und fand mit diesen Formeln die gesamte Streuung zu nur $\pm 15\%$ bei einer mittleren Streuung von ungefähr $\pm 7{,}5\%$. Bleiben höherwertige Gußeisensorten (Elektro-, Emmel- und Flammofen-Gußeisen) im Rahmen dieser Streuwerte, so konnte M. SCHLIPKÖTER bei normalem Kupolofenguß, insbesondere bei Si-Gehalten über 1,4% häufig Streuwerte von 25 bis 30% feststellen. Diese Unterschiede können nur mit mangelnder struktureller Gleichmäßigkeit dieser Eisensorten erklärt werden auf Grund ihrer zu großen Wandstärkenabhängigkeit. Da aber der Lochstanzversuch nicht die mittleren Eigenschaften des Stabquerschnittes (wie z. B. die Zugfestigkeit sie ergibt), sondern nur diejenigen einer bestimmten Mantelfläche erfaßt, so dürfte er nur zur Kennzeichnung von Gußeisenqualitäten geeignet sein, welche über eine weitgehende Wandstärkenunempfindlichkeit verfügen (z. B. mäßig gekohltes, heiß erschmolzenes Gußeisen mit niedrigem Si- und P-Gehalt, insbesondere dann, wenn ein Teil des Si durch Nickel ersetzt wird, vgl. auch die Ausführungen betreffend die Wandstärkenabhängigkeit auf S. 123ff.). Geschliffene Probescheiben ergaben nach SCHLIPKÖTER nur eine um 0,74 kg/mm² höhere Stanzfestigkeit gegenüber ungeschliffenen Probekörpern; auch eine wechselnde Dicke (zwischen 1,5 bis 4 mm beobachtet) der Stanzplättchen ergab nur Abweichungen von maximal $\pm$ 0,63 kg/mm².

In einer Arbeit von E. HUGO, E. PIWOWARSKY und H. NIPPER (*9*) waren auch die Vorteile einer von E. PIWOWARSKY in Vorschlag gebrachten Abschereinrichtung besprochen worden (Abb. 579, vgl. S. 128ff.), die sich besonders gut eignete zur Erfassung des Dickeneinflusses. Bei der Untersuchung der betr. Schmelzen dieser Arbeit ergaben sich praktisch als parallel anzusehende Beziehungsgeraden zwischen der zweischnittigen Scherfestigkeit τ_z nach E. PIWOWARSKY, der Lochstanzfestigkeit τ_{st} nach RUDELOFF-SIPP und der einschnittigen Abscherfestigkeit τ_s nach FRÉMONT, wobei die Unterschiede in den Festigkeiten dem Einfluß der verschiedenen Abmessungen der Proben sowie der Verschiedenartigkeit der Prüfverfahren an sich zugeschrieben werden müssen. Auffällig ist, daß bei fast allen Schmelzen eine gute Übereinstimmung der Festigkeitswerte zwischen τ_z und τ_{st} besteht, während die Werte für τ_s teilweise beträchtlich tiefer liegen. Das mag vor allem auf den äußerst kleinen Scherquerschnitt der Frémontschen Proben ($F = 23{,}75$ mm²) gegenüber den Querschnitten der Scherprüfungen für τ_z ($F = 63{,}5$ mm²) und τ_{st} ($F = 85$ mm²) zurückzuführen sein. Es ergab sich ferner, daß das Verhältnis $\sigma'_B : \tau_z$ mit zunehmender Wertigkeit des Materials zunimmt; für die Zugfestigkeiten wurden ähnliche Verhältnisse gefunden, und zwar:

$\sigma_B = (\tau_z - 7) \cdot 1{,}08$ für die hochwertigen, legierten und

$\sigma_B = (\tau_z - 8) \cdot 1{,}04$ für die weniger guten Sorten,

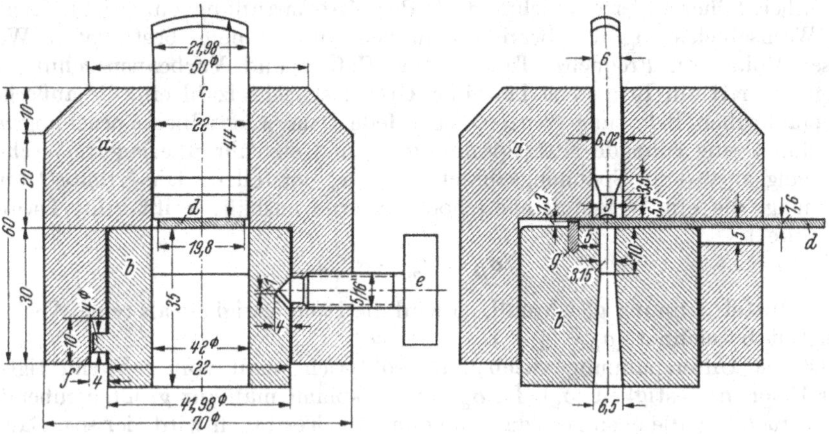

Abb. 579. Werkzeug zur Prüfung der Abscherfestigkeit (nach E. HUGO und E. PIWOWARSKY).

wobei auch hier festzustellen ist, daß das Verhältnis $\sigma_B : \tau_z$ mit steigender Festigkeit stark zunimmt.

Für die Beziehungen zwischen τ_z und der Härte ergab sich für die legierten, höherwertigen Schmelzen eine durch den Koordinatenausgangspunkt laufende Gerade gemäß $H = 6{,}61\,\tau_z$; wird die Gerade jedoch dem wahren Verlauf der betreffenden Punktschar angepaßt, so erhalten wir: $H - 40 = 5{,}16\,\tau_z$. Die weniger guten Schmelzen haben höhere Verhältniszahlen von $H : \tau_z$.

Schrifttum zum Kapitel XIVg.

(1) JOLLY, W.: Foundry Trade J. (1929) S. 247 und 273; vgl. a. Foundry (1929) S. 779, sowie Rev. Fond. mod. (1929) S. 206 bis 210.
(2) SIPP, K.: Die Scherprobe in ihrer Anwendung auf Gußeisen. Stahl u. Eisen Bd. 40 (1920) S. 1697.
(3) LE THOMAS, A., u. R. BOIS: L'Usine (1929) S. 29.
(4) SHAW, J.: Foundry Trade J. (1928) S. 274.
(5) Arbeitssitzung des ehemaligen Edelgußverbandes am 16. 6. 1930 in Berlin.
(6) SIPP-RUDELOFF: Stahl u. Eisen Bd. 40 (1920) S. 1697; Gießerei Bd. 14 (1926) S. 580 und 597; Stahl u. Eisen Bd. 46 (1926) S. 97.
(7) RUDELOFF, R.: Gießerei Bd. 16 (1929) S. 218.
(8) Ergebnisse aus der Versuchsanstalt der Deutschen Eisenwerke, Abt. Gelsenkirchen-Schalke.
(9) HUGO, E., PIWOWARSKY, E., u. H. NIPPER: Gießerei Bd. 22 (1935) S. 421.
(10) BERTSCHINGER, R.: Gießerei Bd. 28 (1941) S. 25.

h) Dauerfestigkeit und Kerbsicherheit.

Graues Gußeisen folgt dem Hookeschen Gesetz nicht, die Ermüdungsfestigkeit des Werkstoffes und die Dauerhaltbarkeit gußeiserner Konstruktionen sind dennoch verhältnismäßig hoch, die Wirkung äußerer Kerben und der geometrischen Gestalt ist stark herabgesetzt und die Fähigkeit, unter wechselnder Beanspruchung Formänderungen schon bei Spannungen unter der Dauerfestigkeit dauernd in Wärme überzuführen, bedeutend.

Alle diese Eigenschaften sind auf die innere Kerbung durch Graphiteinschlüsse zurückzuführen und erfahren bei wechselnder Beanspruchung Veränderungen, die sich aus zwei nebeneinander herlaufenden, sich gegenseitig widerstreitenden Vorgängen erklären lassen, für deren Auswirkung die „wahre" Elastizitätsgrenze maßgebend ist. Bei Grauguß liegt die scheinbare Elastizitätsgrenze tief, weil die wahren Spannungen in den Metallstegen schon bei geringer äußerer Beanspruchung wesentlich höhere Werte annehmen als der Mittelspannung entspricht. Bleiben bei Wechselbelastung die Beanspruchungen unter einem bestimmten Wert, dessen Höhe von Frequenz, Temperatur, Gefüge und Vorbeanspruchung abhängt, so tritt ein Bruch erst bei einer Grenzlastwechselzahl ein, die außerhalb der praktischen Belastungsgrenzen liegt. Jede Dauerwechselbeanspruchung läßt sich durch eine ruhende Mittelspannung σ_m und eine ihr überlagerte Wechselspannung mit dem Spannungsausschlag $\pm \sigma_a$ darstellen. Die größte Grenzspannung, die ein Werkstoff eben noch dauernd aushält, heißt seine Dauerfestigkeit

$$\sigma_D = \sigma_m \pm \sigma_a .$$

Ist die Mittelspannung gleich null, so wird die Dauerfestigkeit als reine Wechselfestigkeit bezeichnet ($\sigma_D = \pm \sigma_a$).

Ist die Unterspannung gleich null, so spricht man von Schwellfestigkeit oder Ursprungsfestigkeit (σ_u). Ist $\sigma_a = 0$, so kommt man zur größten ruhenden Beanspruchung, die eben noch dauernd ohne Bruch ertragen wird, der sog. Dauerstandfestigkeit. Da reine Wechselfestigkeit und Ursprungsfestigkeit im Verhältnis von etwa 1:1,5 stehen, genügt es, wenn man einen dieser beiden Werte durch Dauerversuche ermittelt.

Über die Dauerfestigkeit der Gußeisenklassen des alten Normenblattes 1691 für Gußeisen vgl. Abb. 556 nach P. A. Heller.

Auf die Höhe der Dauerfestigkeit haben verschiedene Faktoren Einfluß.

1. Der Einfluß der Frequenz.

Nach G. H. Krouse (*1*) nimmt bei Gußeisen die Biegeschwingungsfestigkeit bei sehr hohen Frequenzen zu. G. R. Brophy und E. R. Parker (*2*) hielten dem Befund von H. F. Moore und J. B. Kommers, die keine Änderung der Schwingungsfestigkeit bis 5000 Wechsel/min gefunden haben, das Ergebnis eigener Versuche mit gehärtetem und angelassenem Kohlenstoffstahl entgegen, wonach, allerdings nur bei grobkörniger Struktur, die Schwingungsfestigkeit bei 20000 Wechsel/min gegenüber der bei 2000 Wechsel/min abnehme. Zwei Versuchsergebnisse von A. Pomp und H. Hempel (*3*) lassen leider keinen Schluß zu, weil sich die Versuche auf verschieden große, verschieden gestaltete und z. T. auf verschieden graphithaltige Proben bezogen. Bei einem Gußeisen von 17 kg/mm² Zugfestigkeit mit 3,04% C, 2,30% Graphit, 1,92% Si war die Zug-Druck-Schwingungsfestigkeit bei 500 Wechsel/min 4,0 kg/mm², bei 30000 Wechsel/min dagegen 3,5 kg/mm²; für ein Gußeisen von 25,2 kg/mm² mit 3,09% C, 2,31% Graphit, 2,07% Si ergab sich die Zug-Druck-Schwingungsfestigkeit bei 500 Wechsel/min zu 6 kg/mm²; für ein Gußeisen gleicher Festigkeit mit 3,21% C, 2,48% Graphit und 1,9% Si bei 30000 Wechsel/min zu 6,5 kg/mm². Der Einfluß liegt somit nicht eindeutig fest, doch ist aus dem Verhalten bei höheren Temperaturen zu schließen, eher eine Zunahme als eine Abnahme zu erwarten.

2. Der Einfluß der Temperatur.

H. F. Moore, S. W. Lyon und N. P. Inglis (*4*) bestimmten für ein Gußeisen von 22 kg/mm² Zugfestigkeit mit 3,44% C, 2,76% Graphit und 1,1% Si mit feiner Graphitausbildung und lamellarem Perlit die Temperaturabhängigkeit der Zugfestigkeit im Kurz- und Langversuch und der Biegeschwingungsfestigkeit. Bis 500° C (Abb. 580) fiel die Biegeschwingungsfestigkeit wenig ab; bei ungefähr 600° C unterschritt die Langzugfestigkeit die Dauerfestigkeit, welche noch bei 760° C rd. 3/5 ihres Wertes bei Raumtemperatur aufwies, als Folge der Laständerungsgeschwindigkeit. Nach E. Kaufmann (*5*) läßt sich auch für Grauguß der Festigkeitsbuckel im Gebiet der Blauwärme nachweisen; das Verhältnis v = Biegeschwingungsfestigkeit/Zugfestigkeit sei aber günstiger als bei Raumtemperatur.

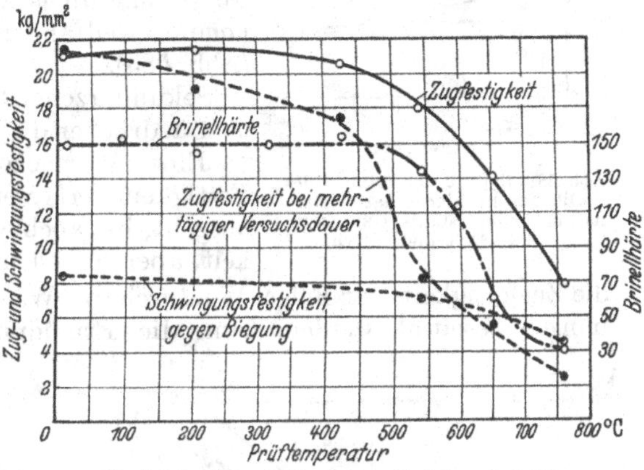

Abb. 580. Festigkeitseigenschaften von Gußeisen bei höheren Temperaturen nach H. F. Moore.

Für Temperaturen unter dem Gefrierpunkt wiesen W. D. Boone und H. B. Wishart (*6*) eine nicht unbeträchtliche Erhöhung der Dauerfestigkeit nach, was im Einklang steht mit der Änderung der Zugfestigkeit.

Sie fanden bei

			26°	−12°	−29°	−40° C	
norm. Grauguß,	ungekerbt	σ_{wb}	6,33	6,33	6,68	8,08	kg/mm²
	gekerbt	σ_{wb}	7,03	7,03	6,68	9,49	„
Meehanite,	ungekerbt	σ_{wb}	14,77	—	16,17	—	„
	gekerbt	σ_{wb}	14,06	—	15,07	—	„

3. Der Einfluß des Gefüges.

a) Die metallische Grundmasse. Bei grauem Gußeisen hat man es in den weitaus meisten Fällen mit einer lamellarperlitischen Struktur zu tun, ausnahmsweise mit körnigem Perlit und selten mit reinem Ferrit.

Der Abstand der Perlitlamellen kann sich in weiten Grenzen ändern und so klein werden, daß die lamellare Struktur mit den normalen mikroskopischen Hilfsmitteln nicht mehr auflösbar ist (sorbitischer, troostitischer Perlit).

Mit zunehmender Perlitfeinheit nehmen, einem Bericht über die Untersuchungen von M. Gensamer, E. B. Pearsall und G. V. Smith (*7*) an einem naheutektoiden Stahl (0,78% C, 0,18% Si, 0,63% Mn) zufolge, die Zugfestigkeit, die Streckgrenze und die Ermüdungsfestigkeit zu. Bei gröberer Perlitstruktur nähern sich Streckgrenze und Schwingungsfestigkeit immer mehr (Abb. 581).

Die Biegeschwingungsfestigkeit von C-Stahl mit 0,02% C bestimmten H. F. Moore und F. Jasper (*8*) zu rd. 18 kg/mm², was sich annähernd auch ergibt, wenn man die Werte von C. Herold (*28*) für körnig und lamellarperlitischen C-Stahl mit 0,9 und 0,4% C gegen Null extrapoliert (Abb. 582). Trägt man in dieses Bild auch noch die Werte von Gensamer, Pearsall und Smith in Abhängigkeit der Perlitfeinheit ein, so sieht man, daß die Einlagerung des Zementits in immer gröberen Lamellen und schließlich in Kugelform eine immer schwächer werdende Steigerung hervorzurufen vermag.

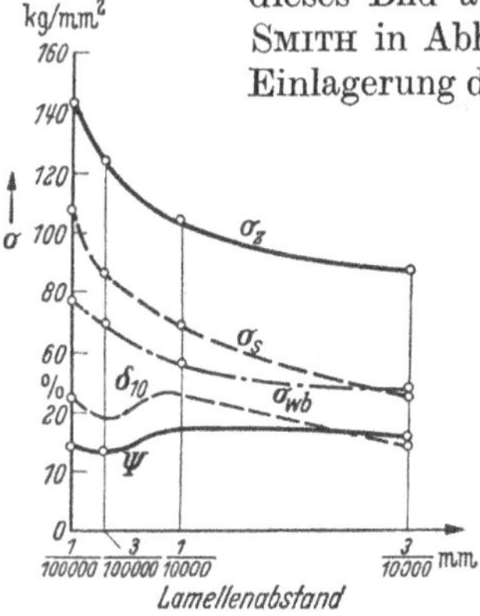

Abb. 581. Einfluß der Feinheit des Perlits auf die Eigenschaften eines naheutektoiden Stahls (Gensamer, Pearsall und Smith).

Die Biegeschwingungsfestigkeit nimmt bei C-Stahl proportional mit steigendem Perlitanteil im Grundgefüge zu. Bei gleichem ges.-C-Gehalt läßt sich diese Beziehung auch für Gußeisen nachweisen, wo sie allerdings nicht so eindeutig zum Ausdruck kommt, weil andere Einflüsse das Bild verschleiern (Abb. 583).

Sekundärzementit, überschüssige Cr- und V-Karbide u. ä. drücken die Ermüdungsfestigkeit herunter (*9*).

Eine Wärmebehandlung, sofern sie auf eine Festigkeitsverbesserung durch Strukturänderung ausgeht, hat auch eine Verbesserung der Dauerfestigkeit, aber in bedeutend geringerem Ausmaße als für die Zugfestigkeit, zur Folge. Wo durch die Wärmebehandlung nur innere Spannungen beseitigt werden, kann die Ermüdungsfestigkeit verbessert werden,

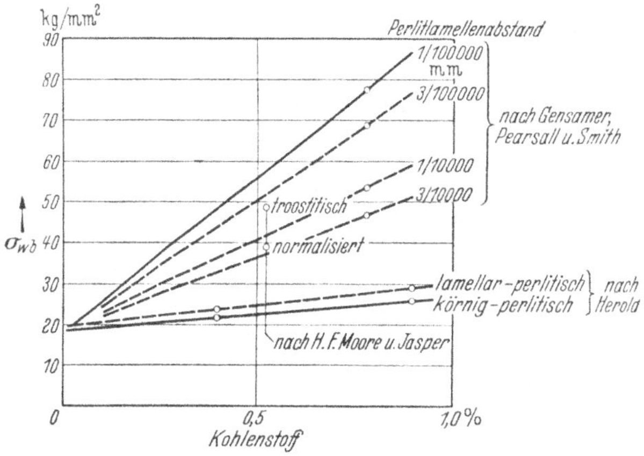

Abb. 582. Einfluß des Kohlenstoffs bei verschiedener Ausbildung des Perlits auf die Biegeschwingungsfestigkeit von Stahl.

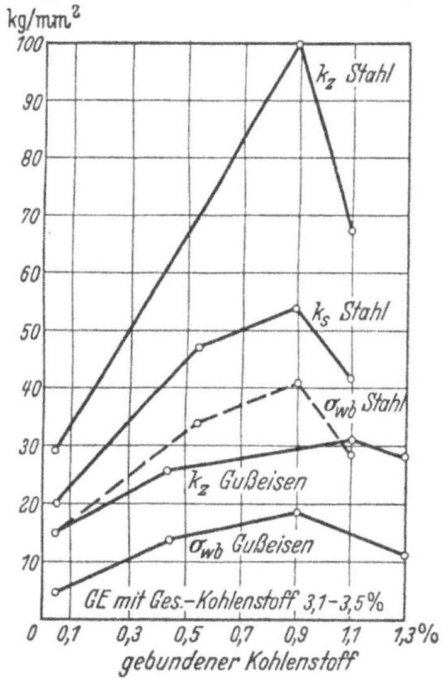

Abb. 583. Einfluß des geb. Kohlenstoffgehaltes auf die Festigkeitseigenschaften von Stahl und Gußeisen nach verschiedenen Forschern zusammengestellt (*13*).

aber sie braucht es nicht, weil unter Umständen der Gesamtspannungszustand unter Last ungünstiger ist. H. F. Moore und J. J. Picco (*10*) fanden an einem Gußeisen von 3,07 %C, 1,26 % Si, 0,9 % Mn, 0,15 % P und 0,08 % S folgende Zahlen:

Behandlung	Zugfestigkeit kg/mm²	Härte	Biegeschwingungsfestigkeit kg/mm²
Anlieferungszustand	33,7	187	14,8
vergütet (ölabgeschr. v. 871°, angel. bei 538°)	53,8	255	17,5

Das Verhältnis $v = \sigma_{wb}/\sigma_z$ wird hier ungünstiger.

Die Wirkung des Weichglühens untersuchten R. BERTSCHINGER und E. PIWOWARSKY (*20*) an vier im Anlieferungszustand perlitischen, im Elektroofen mit saurem Futter erzeugten Schmelzen, die überhitzt worden waren, mit folgenden Anlieferungswerten:

Ges.-C %	Si %	Mn %	P %	S %	Überhitzt auf °C	Vergossen bei °C
3,29	1,53	0,54	0,183	0,040	1510	1395
2,46	2,64	0,53	0,21	0,036	1535	1455
2,00	3,00	0,50	0,20	0,034	1540	1470
1,60	3,58	0,50	0,21	0,042	1540	1490

Die versuchte Abmilderung zu starker Unterkühlungswirkung mit Ca-Si-Zusätzen gelang infolge zu kurzer Abstehzeiten nicht vollständig; die drei niedriggekohlten Schmelzen zeigten eine unerwünschte netzförmige Graphitanordnung. Vor und nach dem Weichglühen über dem Ac_1-Punkt wurden die ges.-C- und Graphitgehalte bestimmt zu:

Anlieferungszust.		weichgeglüht	
Ges.-C %	Graphit %	Ges.-C %	Graphit %
3,29	2,27	3,27	3,05
2,46	1,63	2,44	2,35
2,00	1,01	1,91	1,78
1,60	0,77	1,60	1,42

Die Festigkeiten sind an profiliert gegossenen Probestäben ermittelt worden. Für die Ermüdungsfestigkeit wurde eine Schenksche Umlaufbiegemaschine für 3000 Wechsel/min benutzt; die Proben waren allseitig bearbeitet (7,99 mm Durchmesser, Kerbschärfe $d=0{,}11$) und poliert (Zahlentafel 95).

Durch die netzförmige Graphitanordnung fiel die Zugfestigkeit der niedriggekohlten Schmelzen. Die erreichbaren Festigkeiten bei normaler, ungeordneter Graphitausbildung dürften dem gestrichelten Linienzug (Abb. 584) folgen, sie sind als korrigierte Werte $\sigma_{z\,korr.}$ ebenfalls aufgeführt.

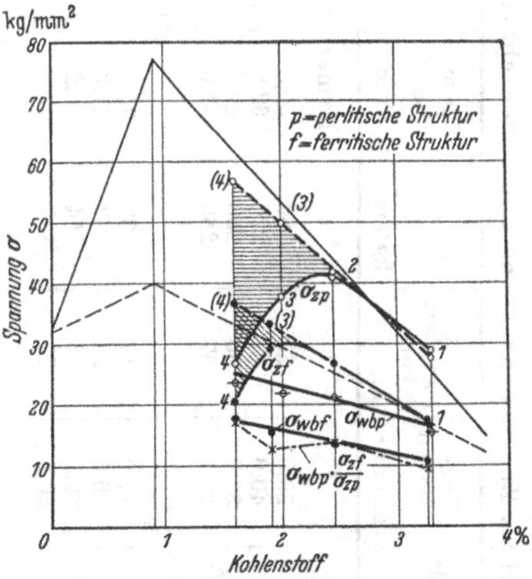

Abb. 584. Festigkeitswerte der Versuche mit vier Schmelzen mit perlitischer und ferritischer Grundmasse (BERTSCHINGER u. PIWOWARSKY).

Bemerkenswert ist nun die Parallelität der Biegeschwingungsfestigkeit mit den **korrigierten** Zugfestigkeitswerten. Danach scheint die Dauerfestigkeit bei netzförmiger Graphitanordnung dem Zugfestigkeitsabfall nicht zu folgen, was praktisch von großer Bedeutung wäre. Abb. 585 zeigt die Biegeschwingungsfestigkeit der perlitischen bzw. ferritischen Proben in Abhängigkeit vom Gesamtkohlenstoff- und Graphitgehalt.

Der Einfluß des Siliziums: Die festigkeitssteigernde Wirkung des Silikoferrites trägt ohne Zweifel auch zur Steigerung der Ermüdungsfestigkeit bei, aber sie wird überlagert durch den Einfluß des Gesamtkohlenstoffgehaltes; die Änderung verläuft daher im großen und ganzen wie die Beziehung zum ges.-C-Gehalt.

Der Einfluß des Phosphors: Mit dem stärkeren Auftreten von Phosphideutektikum vermindert sich die Ermüdungsfestigkeit, aber nicht etwa geradlinig

Zahlentafel 95. Zusammensetzung und Eigenschaften der Versuchsschmelzen von BERTSCHINGER und PIWOWARSKY.

Schmelze	C-Gehalt %	Zug-festigkeit kg/mm²	Zug-festigkeit korr. kg/mm²	Härte kg/mm²	Biege-festigkeit kg/mm²	Durch-biegung mm	Verdr.-festigkeit kg/mm²	Gleit-modul kg/mm²	Verdr.-Winkel Grad	Schlagfestigkeit ohne Kerbe mkg/cm²	Schlagfestigkeit mit Kerbe mkg/cm²	Biege-schwingungs-festigkeit kg/mm²
Lamellar-perlitisches Gefüge:												
1	3,29	29,0	28	186	50,5	6,60	26,2	$512,10^3$	54	0,99	0,56	15,5
2	2,46	40,6	41	226	62,2	6,05	30,3	590	37	0,87	0,46	21,1
3	2,00	37,6	50	256	49,7	3,46	29,0	650	20	0,78	0,45	21,9
4	1,60	26,7	57	265	44,0	3,03	23,7	680	8	0,73	0,46	23,0
Ferritisches Gefüge:												
1	3,27	17,2	17	99	35,4	7,0	15,7	495	124	0,95	0,55	11,0
2	2,44	26,6	27	132	47,6	6,9	19,4	560	127	0,90	0,51	13,5
3	1,91	29,1	33	154	46,2	4,0	20,3	595	38	0,79	0,40	15,1
4	1,60	20,4	37	182	41,3	3,3	20,9	605	7	0,60	0,40	17,9

mit dem Phosphorgehalt. Die von P. HELLER (*11*) festgestellte große Streuung der Versuchswerte ist auch durch weiteres Versuchsmaterial erhärtet (Abb. 586).

Der Einfluß von Sonderlegierungszusätzen: Die Veredelung der Grundmasse hat eine Verbesserung der Ermüdungsfestigkeit zur Folge, aber sie wird weitgehend überdeckt durch den Kohlenstoffeinfluß. Eine stärkere Erhöhung ist nur dann zu erwarten, wenn gleichzeitig die Abscheidung und die An-

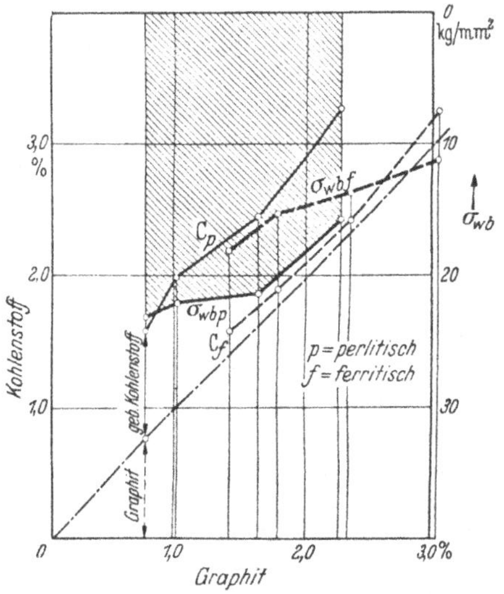

Abb. 585. Abhängigkeit vom C- und Graphitgehalt (BERTSCHINGER u. PIWOWARSKY). Man beachte, daß die rechte Ordinate gegenläufig gewählt ist.

ordnung des Graphits günstig beeinflußt wird. Die bloße Erhöhung der Zähigkeit der Grundmasse bleibt ohne Wirkung. Begünstigen die Zusätze die Bildung von freien Karbiden (Cr, V), so fällt die Ermüdungsfestigkeit ab.

In Abb. 587 sind einige Werte der Zugfestigkeit, der Biegeschwingungsfestigkeit und des Gesamtkohlenstoffgehaltes nickellegierter Gußeisen eingetragen. Wenn auch für die Zugfestigkeit die Zunahme insgesamt der Zunahme des Ni-Gehaltes folgt, so ist doch in erster Linie der Gesamt-C-Gehalt maßgebend. Ähnlich wirkt sich Kupfer im Grauguß aus. Bei mäßigen Cu-Gehalten scheint die gleichzeitige Anwesenheit von Nickel in entsprechenden Zusätzen günstig zu wirken (*13*).

b) Der Einfluß des Graphits. Grauguß und Temperguß sind als Körper aufzufassen, deren innere Spannungsverhältnisse unter dem Angriff äußerer Kräfte mehr oder weniger stark von den Spannungsverhältnissen in einem vollständig isotropen und vollkommen elastischen Körper abweichen. Durch die im allgemeinen ungeordnete Graphiteinlagerung ist die metallische Grundmasse gekerbt, aber zum Unterschied etwa zu einem Stahlkörper mit einer wohldefinierten äußeren Kerbe (Rille, Bohrung) durch eine Unzahl sich in ihrer Wirkung überlagernder Kerben.

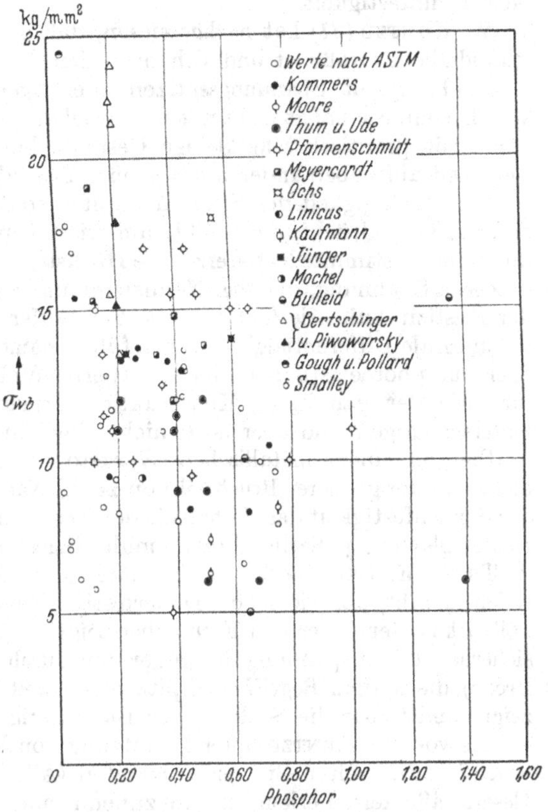

Abb. 586. Abhängigkeit der Biegeschwingungsfestigkeit σ_{wb} vom Phosphorgehalt.

Dagegen treten die Ungleichmäßigkeiten, wie sie in der Grundmasse vorkommen, weit zurück.

Von verschiedenen Forschern ist festgestellt worden, daß zusätzliche äußere Kerben in einem von Werkstoff zu Werkstoff verschiedenen Ausmaße angebracht werden können, ohne eine besondere Wirkung im Verhalten des Materials unter Wechsellast hervorzurufen. Diese Kerbunempfindlichkeit wird sich so lange einstellen, als der Gesamtspannungszustand sowie auch die örtliche Kerbwirkung die Anrißbildung nicht stärker begünstigen als die vorhandene innere oder äußere Kerbung. Unter Umständen ist eine zusätzliche Kerbe sogar in der Lage, örtlich den Spannungszustand zu verbessern, die Gefährlichkeit bestehender Kerben herabzusetzen und dadurch die Ermüdungsfestigkeit zu steigern (Entlastungskerben).

Kerben haben die zweifache Folge, einerseits der ungleichmäßigen Spannungsverteilung über den Querschnitt (örtliche Spannungsunterschiede) und andererseits der Schaffung dreidimensionaler Spannungszustände, indem mit zunehmender Kerbung auch Spannungen quer zur äußeren Kraftrichtung hervorgerufen werden.

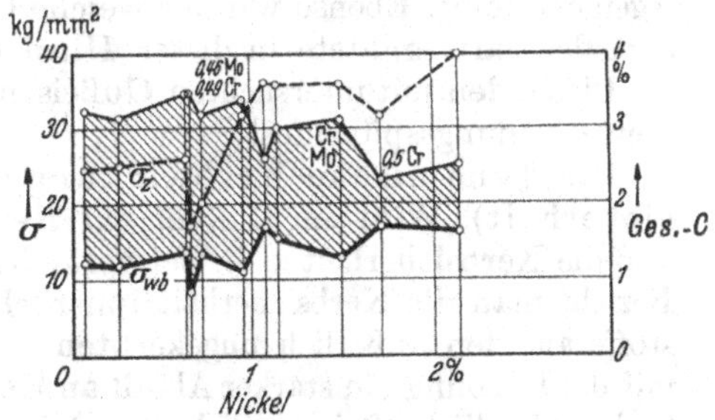

Abb. 587. Einfluß des Nickels auf die Biegeschwingungsfestigkeit von Gußeisen (*13*). Obere Kurve = Ges. Kohlenstoff.

Die Rißbildung geht von Stellen stärkster Spannungsanhäufung aus; zwischen der Kerbgestalt und der Spannungsspitze besteht eine Zuordnung. Mit wachsender Kerbtiefe bei sonst gleichen Verhältnissen durchläuft die Spannungsspitze einen Höchstwert, die Räumlichkeit des Spannungszustandes aber wird stets größer. Bei der größtmöglichen

Kerbtiefe und verschwindend kleinem Kerbwinkel werden die drei Hauptspannungen gleich groß. Schubkräfte treten nicht mehr auf, und der Bruch erfolgt nach Überwindung eines Höchstwertes der technischen Kohäsionsfestigkeit oder Trennfestigkeit.

W. KUNTZE (*21*) hat nachgewiesen, daß die Festigkeit des Werkstoffes eine veränderliche Größe ist und sich nach dem örtlichen Spannungszustand richtet.

Die Fähigkeit, Spannungsspitzen zu ertragen, ist von Werkstoff zu Werkstoff verschieden. Sie hängt nicht mit der Bruchdehnung zusammen, denn auch Werkstoffe mit praktisch sehr kleiner Gesamtdehnung weisen größtmögliche Kerbsicherheit auf neben anderen mit großer Bruchdehnung (Abb. 303).

Die Abhängigkeit der Spannungsspitze von der Form wird durch die Formziffer α_k ausgedrückt, die angibt, um wieviel in ideal-elastischem Werkstoff die durch eine bestimmte Kerbe erzeugte Höchstspannung die auf den Restquerschnitt bezogene Spannung, die sog. Nennspannung σ_n, übertrifft. Nach den Gesetzen der Elastizitätstheorie läßt sich die Formziffer berechnen, soweit die Rechnung auf integrale Differentialgleichungen führt. Zumeist wird sie durch Feinmessungen oder auf photoelastischem Wege experimentell bestimmt. Heute sind bereits für viele der gängigsten Konstruktionsformen die Formziffern bekannt; die Untersuchungen sind aber noch nicht abgeschlossen.

Die von einem metallischen Werkstoff ertragbare Spannungsspitze ist ein kleinerer oder größerer Bruchteil von $\alpha_k \cdot \sigma_n$. Nach W. KUNTZE versteht man unter der Spitzenfestigkeit das Verhältnis der Ermüdungsfestigkeit der gekerbten Probe zu der glatten, polierten Probe, multipliziert mit der zugehörigen Formziffer. A. THUM, E. LEHR (*22*) u. a. benützen den Begriff der Kerbwirkungszahl β_k, welche angibt, um wieviel die Dauerfestigkeit bei idealer Formgebung die Dauerhaltbarkeit der gekerbten Form übersteigt. β_k ist der reziproke Wert der Kerbsicherheit (Nennspannung der gekerbten durch Nennspannung der ungekerbten Probe), die in dem Begriff der Spitzenfestigkeit enthalten ist. Die Kerbsicherheit zeigt unmittelbar die Senkung der Dauerfestigkeit durch die Kerbung.

Die von W. KUNTZE unter Benutzung von Versuchsergebnissen von P. LUDWIK (*23*) ermittelten Spitzenfestigkeiten (Abb. 304) lassen nur bedingt gewisse Gesetzmäßigkeiten erkennen. Mit zunehmender Festigkeit, mit anderen Worten, zunehmendem Perlitanteil, scheinen die Baustähle in steigendem Maße die Fähigkeit einzubüßen, Spannungsspitzen zu ertragen. Der Werkstoff wird kerbempfindlicher. Ferritisches Weicheisen hat die bessere Spitzenfestigkeit als körnig-perlitischer Stahl, der seinerseits dem lamellar-perlitischen C-Stahl überlegen erscheint. Ebenso war der weiche Cr-Ni-Stahl besser als der zäh vergütete, dem der hartvergütete in dieser Hinsicht unterliegt (*13*).

Die beiden mituntersuchten Gußeisen Ge 12 und Ge 24 zeigten sich vollkommen spannungsspitzenfest.

Die dynamische Kerbwirkung (Kerbempfindlichkeit oder Kerbsicherheit). Wird ein C-Stahl auf Kerbsicherheit untersucht, so findet man, daß die Kerbsicherheit z. B. bei veränderlicher Kerbtiefe ein Minimum erreicht. Bezieht man die Kerbsicherheit innerlich nicht oder nur wenig gekerbter Werkstoffe auf den äußerlich ungekerbten Zustand (glatter, polierter Stab), so tritt mit der Kerbung ein starker Abfall an Kerbsicherheit ein, der Werkstoff erscheint kerbempfindlich. Bei innerlich gekerbten Werkstoffen, wie Grauguß, ist der Bezugspunkt nicht der kerblose Zustand. Der scheinbare Nullpunkt befindet sich in *A*, *B*, *C* ... (Abb. 588), je nach Menge, Form und Gestalt der graphitischen Einlagerung. Zusätzliche Kerbung ruft nun entweder gar keinen oder nur einen verhältnismäßig kleinen Abfall an Ermüdungsfestigkeit hervor, der Werkstoff erscheint kerbunempfindlich. Man erkennt daraus, daß für höherwertiges Gußeisen schon aus dieser Überlegung heraus eine gewisse Kerbempfindlichkeit zu erwarten ist, vor allem, wo die Festigkeitssteigerung durch Herabsetzung der Graphitmenge erzielt wurde.

Über die Höhe der Kerbsicherheit sind wenige Angaben veröffentlicht worden. Die Untersuchung mit Ge 12 und Ge 24 von P. LUDWIK (*12*) ist bereits erwähnt worden; sie lieferte für beide 100% Kerbsicherheit für die untersuchten Formen. M.P.A.-Berlin-Dahlem bestimmten für die Gußeisensorten mit 18,4; 24,8 und 34 kg/mm² Zugfestigkeit an glatten und spitzgekerbten zylindrischen Proben ($\omega = 60^0$, $D = 9{,}48$ mm, $d = 7{,}46$ mm, $\varrho = 0{,}1$, Kerbschärfe $d/\varrho = 75$) die Kerbsicherheiten zu 1, 0,97 und 0,81. Das hochfeste Gußeisen zeigte somit einen Abfall von 20% an Ermüdungsfestigkeit. A. POMP und H. HEMPEL (*13*) haben bei Zug-Druck- und Biegeschwingungsfestigkeit an drei verschiedenen Gußeisensorten folgendes gefunden:

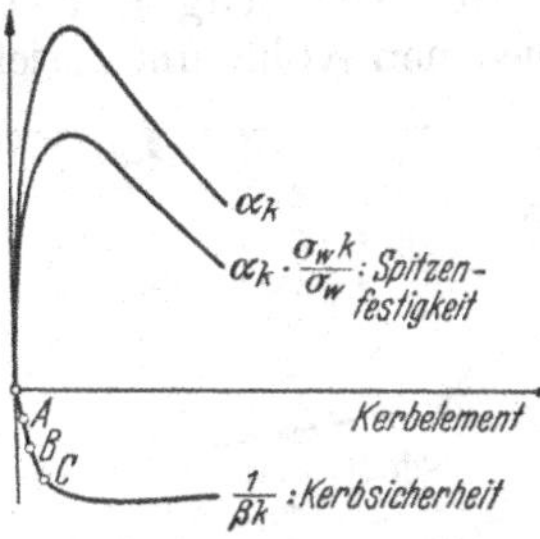

Abb. 588. Beziehung zwischen Kerbsicherheit und Spitzenfestigkeit.

Zugfestigkeit kg/mm²	Ges.-C %	Graphit %	Kerbsicherheit Zug-Druck-Versuch	Kerbsicherheit Biegeversuch ohne Gußhaut	Kerbsicherheit Biegeversuch mit Gußhaut
17,8	3,37	2,69	1,00	0,50	0,57
25,2	3,21	2,48	0,77	0,61	0,78
27,1	2,93	2,19	0,80	0,57	0,67

Die Kerbsicherheit für den Biegeversuch liegt bei dem Gußeisen mit 17,8 kg/mm² Zugfestigkeit unwahrscheinlich niedrig. Dieselben Forscher fanden an einem anderen Gußeisen von 17 kg/mm² Zugfestigkeit mit 3,04% C, 2,30% Graphit die Kerbsicherheit bei Zug-Druckversuchen an Stäben von 8,5 mm Durchmesser mit 1,1 mm Loch zu 100%, an Stäben von 9,5 mm Durchmesser mit 2,1 mm Loch zu 86% und bei Biegeschwingungsversuchen an Stäben von 10,5 mm Durchmesser mit Dreieckskerbe (0,5/60⁰/0,1) bzw. mit 1,5 mm Loch zu je 90%.

Die Versuche von BERTSCHINGER und PIWOWARSKY beziehen sich auf zylindrische Stäbe mit 3 verschiedenen Kerbschärfen 8/70, 8/5 und 8/0,5 und 3 verschiedene Kerbtiefen $(D-d)/D = 0$, 0,11 und 0,33 am perlitischen und ferritischen Werkstoff.

Zahlentafel 96 gibt die gefundenen Resultate; die Abb. 589 bis 591 zeigen graphisch die Abhängigkeit von Kerbschärfe und Kerbtiefe.

Zahlentafel 96.

Werkstoff Ges.-C %	Werkstoff Zugfestigkeit kg/mm²	Kerbtiefe $(D-d)/D$ ** 0	Kerbtiefe $(D-d)/D$ ** 0,11	Kerbtiefe $(D-d)/D$ ** 0,33	Kerbschärfe d/ϱ 0,11	Kerbschärfe d/ϱ 1,6	Kerbschärfe d/ϱ 16	Zwei Kerben (ϱ=5 u. 0,25 mm)
		Schwingungsfestigkeit bei Umlaufbiegung kg/mm²						
Perlitisches Gußeisen:								
3,29	29,0	15,5	14,7	11,3	15,5	11,1	11,3	11,3
2,46	40,6	21,1	15,9	12,8	21,1	18,1	12,8	16,1
2,00	37,6/50*	21,9	17,5	15,8	21,9	20,3	15,8	17,7
1,60	26,7/57*	23,0	19,2	16,5	23,0	20,2	16,5	17,8
Ferritisches Gußeisen:								
3,27	17,2	11,0	8,2	8,4	11,0	9,5	8,4	—
2,44	26,6	13,5	11,7	10,3	13,5	11,1	10,3	—
1,91	29,1/33*	15,1	13,5	11,9	15,1	14,5	11,9	—
1,60	20,4/37*	17,9	15,3	13,7	17,9	16,5	13,7	—

* Bedeutet: korrigierte Festigkeitswerte gemäß Abb. 584. ** $d = 8$ mm.

Daraus folgt:

1. Hochfestes Gußeisen wird mit steigender Festigkeit kerbempfindlicher; das Maß hängt von der Graphitausbildung ab.

2. Ferritisches Gußeisen mit hoher Festigkeit ist kerbsicherer als lamellarperlitisches derselben Graphitstruktur.

Die Wirkung der Temperkohle. Die Kugelform der elementar ausgeschiedenen Kohle unterbricht den metallischen Zusammenhang sowohl im weißen als im schwarzen Temperguß weit weniger als die räumlich gewundenen Graphitblättchen des Graugusses. Die Folge ist die erhöhte Zugfestigkeit und Bruchdehnung. Dagegen scheint ein Abfall des Verhältnisses $v =$ Biegeschwingungsfestigkeit/Zugfestigkeit einzutreten, so daß keine Verbesserung gegenüber dem hochwertigen Grauguß resultiert.

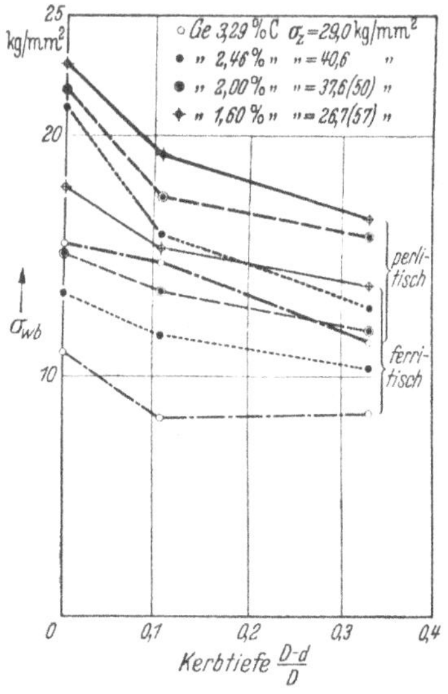

Abb. 589. Einfluß der Kerbtiefe (BERTSCHINGER u. PIWOWARSKY).

Über die Schwingungsfestigkeiten von Temperguß bestehen Veröffentlichungen von K. ROESCH, H. A. SCHWARTZ, R. MAILÄNDER, A. CAMPION, R. SCHNEIDEWIND und A. E. WHITE, A. POMP und H. HEMPEL (*19*), jedoch vermißt man darin Angaben über die Kerbsicherheit. F. MEYERCORDT (*14*) gibt für quergebohrte Rundstäbe (ohne Angabe der Dimensionen) für

	σ_{wb} kg/mm²	σ_{wbk} kg/mm²	$1/\beta_k$
schwarzen Temperguß	11,5	10,5	0,91
weißen Temperguß	17,5	10,5	0,63.

Der weiße Temperguß zeigt somit eine wesentliche Kerbempfindlichkeit.

BERTSCHINGER und PIWOWARSKY (*20*) untersuchten im Anschluß an die Graugußschmelzen 4 perlitische und 4 ferritische Tempergüsse. An den ferritischen Tempergüssen wurde ein Teil der auf der Schenkschen Umlaufbiege-

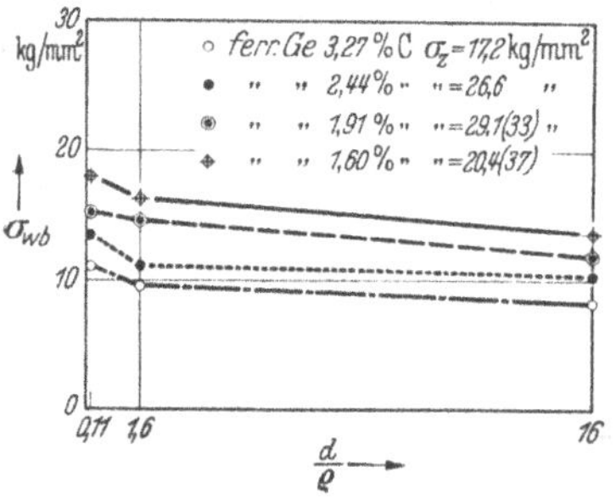

Abb. 590. Einfluß der Abrundungsschärfe bei ferritischem Gußeisen (BERTSCHINGER u. PIWOWARSKY).

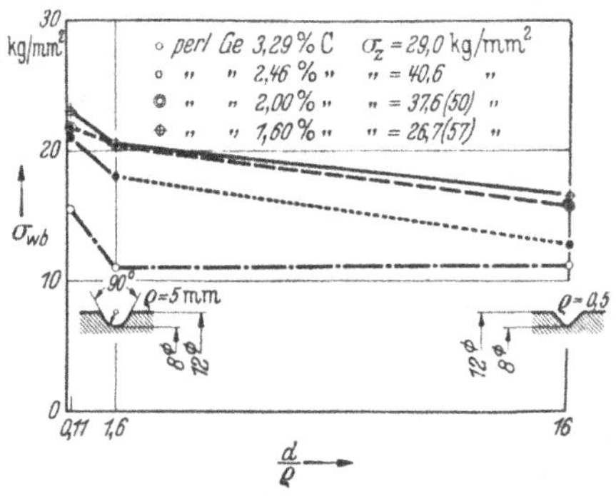

Abb. 591. Einfluß der Abrundungsschärfe bei perlitischem Gußeisen (BERTSCHINGER u. PIWOWARSKY).

maschine (3000 W/min) untersuchten Proben mit einem scharfen Kerb außerhalb des dünnsten Querschnittes so versehen, daß für beide dieselbe Nennspannung herauskam. Der Bruch erfolgt weder im dünnsten Querschnitt noch in der Kerbe, das Material erwies sich als kerbunempfindlich in Übereinstimmung mit F. MEYERCORDT (*14*).

Bei Temperguß scheint sich das Verhältnis der Biegeschwingungsfestigkeit zur Zugfestigkeit nicht unerheblich tiefer herauszustellen als bei Grauguß, wo aus einer großen Zahl von Untersuchungen innerhalb der Zugfestigkeit bis zu 35 kg/mm² der Wert von rd. 0,48 ermittelt wurde.

Für Temperguß ist z. B.:

Nach Roesch	$v = 0{,}35-0{,}43$
Nach Mailänder	$= 0{,}35-0{,}46$
Nach Schneidewind und White . .	$= 0{,}40-0{,}42$
Nach Bertschinger und Piwowarsky	$= 0{,}40$ i. M.

Die Wirkung überlagerter Kerben. Die Dauerhaltbarkeit von Konstruktionselementen steigt, wenn statt einer Kerbe mehrere Kerben in geeigneter Weise überlagert werden (*15*). Die Dauerfestigkeit einer Schraube ist besser als die Dauerfestigkeit desselben zylindrischen Stabes mit nur einer umlaufenden Rille. A. Thum drückt sich dahin aus, daß der Spannungsfluß geglättet werde, wodurch die Formziffer absinkt. Mit dieser Erwartung sind auch die Ergebnisse der Untersuchungen von Bertschinger und Piwowarsky im Einklang, die an perlitischem Grauguß (siehe Zahlentafel 96) durch Zusatzkerben größerer Schärfe zwar einen Abfall an Ermüdungsfestigkeit fanden, bezogen auf den Querschnitt der scheinbaren Zusatzkerbe (dünnster Querschnitt) jedoch eine Zunahme (vgl. Zahlentafel 96, rechte Spalte).

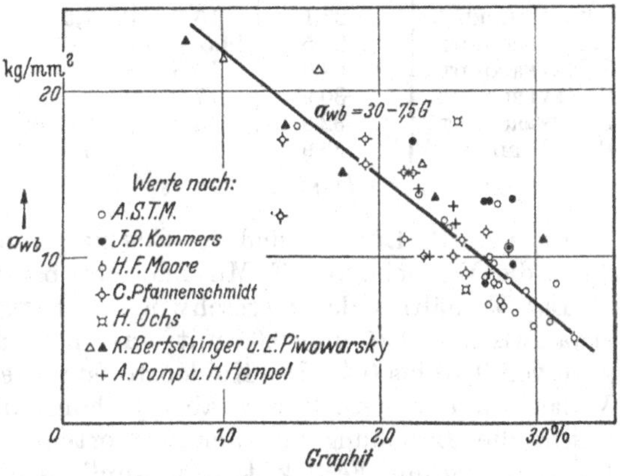

Abb. 592. Biegewechselfestigkeit von Gußeisen in Abhängigkeit vom Graphitgehalt.

Die Beziehung zum Graphitgehalt, Form, Größe und Anordnung. Über den Einfluß von Form, Größe und Anordnung ist bis jetzt nur wenig gearbeitet worden, von qualitativen Erwägungen abgesehen. Aus den in Abb. 592 verwerteten Biegeschwingungsfestigkeiten in Abhängigkeit des Graphitgehaltes bei ungefähr gleich hohem Gesamtkohlenstoffgehalt würde sich ein Vergleich auf der Grundlage der Formel $\sigma_{wb} = 30 - 7{,}5\,G$ ergeben, wo G der Graphitgehalt in Prozenten ist. Auch die Pomp-Hempelschen Werte fügen sich zufriedenstellend ein. Für die Zug-Druckfestigkeitswerte läßt sich eine gleichgeartete Beziehung auf Grund der wenigen bekannten Ergebnisse nicht aufstellen.

4. Das Verhältnis der Schwingungsfestigkeiten untereinander und zur Zugfestigkeit.

Die Schwingungsfestigkeiten spielen unter den Dauerfestigkeiten insofern eine besondere Rolle, weil sie zusammen mit der Zug- und Druckfestigkeit, der Biegefestigkeit und der Verdrehfestigkeit einen orientierenden Schluß auf die Form des allgemeinen Dauerfestigkeitsschaubildes gestatten. Aber auch deswegen, weil sie experimentell leichter zugänglich sind als Dauerfestigkeiten unter Vorspannung.

Bei C-Stählen verhalten sich $\sigma_{wb} : \sigma_w : \tau_w = 1 : 0{,}7 : 0{,}6$ (vgl. Arbeitsblätter des Fachausschusses für Maschinenelemente des VDI 1933/34), allerdings mit starken

Streuungen. Nach R. SCHEU (*24*) ist $\tau_w/\sigma_{wb} = 0{,}58 \pm 6\%$, nach E. LEHR $= 0{,}59 \pm 14\%$ und $\sigma_w/\sigma_{wb} = 0{,}70\left\{\begin{matrix}+11\%\\-\ 7\%\end{matrix}\right.$.

Über Gußeisen liegen verschiedene Werte vor (Zahlentafel 97).

Zahlentafel 97.

Forscher	Zugfestigkeit kg/mm²	σ_{wb}	σ_w	τ_w	v	v_1	v_2
LUDWIK/SCHEU	Ge 12	7	—	6,5	0,56	—	0,93
E. LEHR. . . .	11,6	6	—	4,5	0,52	—	0,75
POMP/HEMPEL .	17,0	10	3,5	—	0,59	0,35	—
POMP/HEMPEL. .	17,8	9	3,5	—	0,51	0,39	—
E. LEHR. . . .	19,0	9	—	7,5	0,48	—	0,835
F. MEYERCORDT.	21,6	10,5	—	10,0	0,475	—	0,954
F. MEYERCORDT.	22,5	10,0	—	9,0	0,455	—	0,90
LUDWIK/SCHEU	Ge 24	14	—	13	0,58	—	0,93
E. LEHR	24,8	12	—	9	0,49	—	0,75
POMP/HEMPEL .	25,2	12	6,5	—	0,48	0,54	—
POMP/HEMPEL .	27,1	15	7,5	—	0,55	0,50	—
F. MEYERCORDT	28,5	14,5—15	—	14,0	0,51/3	—	0,93
F. MEYERCORDT	29,0	13,5	—	13,0	0,515	—	0,96
F. MEYERCORDT	30,9	17,0	—	15,0	0,55	—	0,88
F. MEYERCORDT	32,8	13,0	—	12,5	0,40	—	0,96
POMP/HEMPEL .	35,9	13	7,5	—	0,36	0,55	—

$v = \sigma_{wb}/\sigma_B$; $v_1 = \sigma_w/\sigma_{wb}$; $v_2 = \tau_w/\sigma_{wb}$.

Die von P. LUDWIK und R. SCHEU gefundenen hohen Werte τ_w/σ_{wb} sind durch die Versuche von F. MEYERCORDT bestätigt worden.

Das Verhältnis der Biegeschwingungsfestigkeit zur Zugfestigkeit schwankt etwa zwischen 0,35 und 0,65 mit einer besonders starken Häufung in der Gegend von 0,46 bis 0,48. Der Kohlenstoffstahl zeigt einen fast übereinstimmenden Verlauf für das Verhältnis v, aber je höher die Festigkeit steigt, um so mehr weicht die Beziehung von der Proportionalität ab, allerdings erst zwischen 90 bis 100 kg/mm Festigkeit. Eine ähnliche Abhängigkeit besteht zwischen der Güte des Gußeisens und dem Verhältnis v nach K. KNEHANS (*16*), danach schwanken die Verhältniszahlen v für

Ge 18	zwischen	0,55	und	0,52,
SO 26	„	0,50	„	0,46,
SO 40	„	0,45	„	0,43.

Die großen Streuungen dürften zur Hauptsache aus der Bestimmung der Zugfestigkeit fließen, die neben der zuverlässigeren Dauerfestigkeit in den Quotient eintritt. Von den aufgestellten Formeln für die Abhängigkeit v trifft diejenige von J. B. KOMMERS $\sigma_{wb} = 0{,}48\ \sigma_B$ etwas besser zu als die Formel von P. HELLER $\sigma_{wb} = 0{,}7\ \sigma_B - 3{,}7$ kg/mm². Es ist verschiedentlich versucht worden, eine Beziehung zwischen der Biegefestigkeit σ'_B und der Zugfestigkeit σ_B zu finden (*17*). Der Gedanke liegt nahe, auch das Verhältnis der entsprechenden Dauerfestigkeiten in diese Beziehung einzuordnen. Die folgenden Versuchswerte von POMP und HEMPEL zeigen, daß mindestens größenmäßig diese Beziehung besteht, trotzdem sich die Dauerfestigkeiten auf andere Spannungsbereiche erstrecken:

Zugfestigkeit σ_B	17,8	25,2	27,1	35,9 kg/mm²
Biegefestigkeit σ'_B	31,5	48,5	50,3	55,9 „
Biegewechselfestigkeit σ_{wb}	9,0	12,0	15,0	13,0 „
Zug-Druck-Wechselfestigkeit σ_w	3,5	6,5	7,5	7,5 „
Biege-/Zugfestigkeit σ'_B/σ_B	1,77	1,92	1,86	1,52 „
Biegewechselfestigkeit/Zugfestigkeit σ_{wb}/σ_w .	2,57	1,84	2,00	1,73 „

Offenbar drängt sich hier eine Korrektur des ersten Wertes auf, weil sowohl $\sigma'_B/\sigma_B = 1{,}77$ für Ge 17,8 bei kreisförmigem Querschnitt erfahrungsgemäß zu niedrig und $\sigma_{wb}/\sigma_w = 2{,}57$ zu hoch ist. Die Abweichungen sind jedenfalls bei der Zugfestigkeit als bei der Zugdruckfestigkeit zu suchen, von denen die erste zu hoch, die zweite zu niedrig ausgefallen ist.

5. Der Einfluß überlagerter Spannungen.

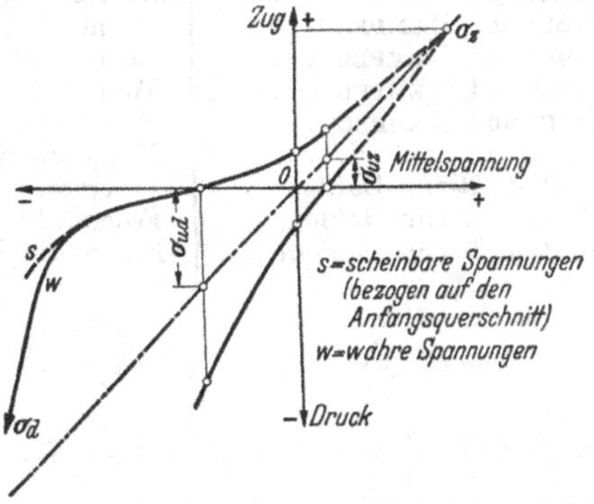

Abb. 593. Zug-Druck-Dauerfestigkeit (schematisch).

Dem gekerbten Werkstoff ist, gleichgültig, ob innere oder äußere Kerbung vorliegt, auf der Zugvorspannungsseite des Dauerfestigkeitsschaubildes eine ertragbare Lastwechselamplitude zugeordnet, die mit zunehmender Vorspannung rasch abnimmt und die auf der Druckvorspannungsseite kein annähernd gleiches Gegenstück hat. Diese Erscheinung ist auch bei Stählen nachzuweisen, sobald die Oberflächenbearbeitung die Kerbempfindlichkeitsschwelle erreicht hat, in weit stärkerem Maße bei innerlich gekerbtem Werkstoff wie Grauguß.

Auf der Druckvorspannungsseite (Abb. 593) stellt man dagegen eine bedeutende Ausweitung der ertragbaren Lastwechselamplitude fest. Leider läßt sich diese günstige Eigenschaft nicht im vollen Umfang ausnützen; die bleibenden Formänderungen erreichen bei Lastamplituden $> \sigma_{ud}/2$ sehr bald Werte,

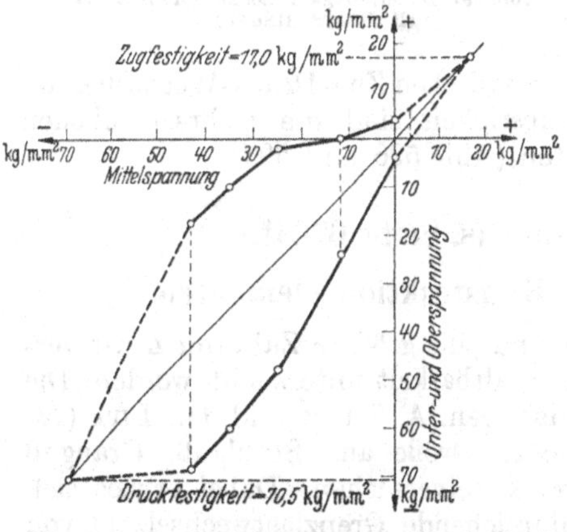

Abb. 594. Zug-Druck-Wechselfestigkeitsschaubild von Gußeisen Ge 14.

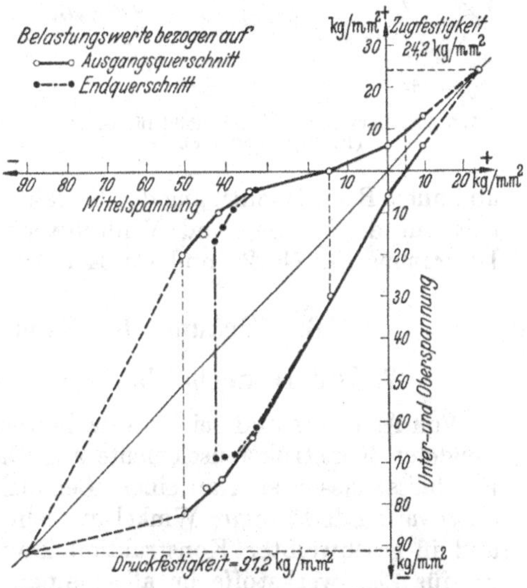

Abb. 595. Zug-Druck-Wechselfestigkeitsschaubild von Gußeisen Ge 22.

welche im Bauwerk unzulässig sind. Aus dem Diagramm von A. Pomp und H. Hempel für Ge 22 erkennt man das Maß der Zunahme der Querschnittsabmessungen (Abb. 595).

Das Verhältnis der Ursprungsfestigkeiten σ_{ud}/σ_{uz} ist der Größe nach nicht sehr verschieden vom Verhältnis von Druck- zur Zugfestigkeit, in beiden Fällen als Folge der Abweichung vom Hookeschen Gesetz (Zahlentafel 98).

Auf Grund der Versuche von Moore, Lyon und Inglis, Pomp und Hempel,

Zahlentafel 98.

Forscher	Werkstoff	σ_{du}/σ_{zu}	σ_d/σ_z
MOORE, LYON und INGLIS	Ge mit 22,2 kg/mm² Zugfestigkeit	4,2	3,5
SEEGER	perl. Grauguß	2,7	3,5
POMP und HEMPEL	Ge mit 17,0 k/gmm² Zugfestigkeit	3,4	4,1
POMP und HEMPEL	Ge mit 24,2 kg/mm² Zugfestigkeit	3,3	3,8
POMP und HEMPEL	Te 45,0 roh	1,4	
POMP und HEMPEL	Te 45,0 bearb.	1,2	
BUCHMANN	Mg-Sandguß	1,5—4,0	
M. P. A. Berlin-Dahlem	Federstahl	1,4	
M. P. A. Berlin-Dahlem	Federstahl gekerbt (0,03 mm)	1,6	
M. P. A. Berlin-Dahlem	Federstahl korrodiert	10,5	

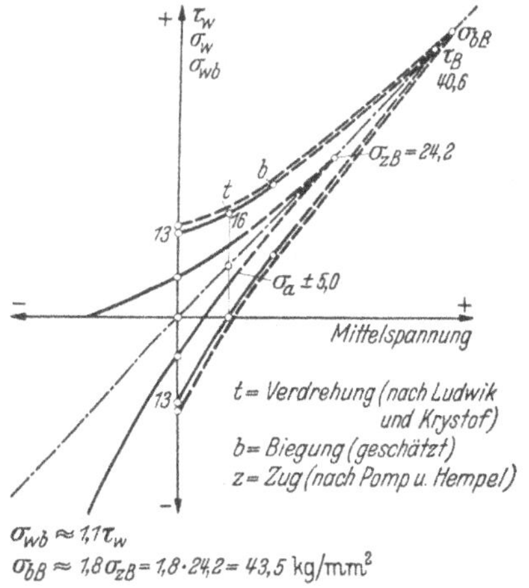

Abb. 596. Dauerfestigkeitsschaubild für Ge 24 (R. BERTSCHINGER).

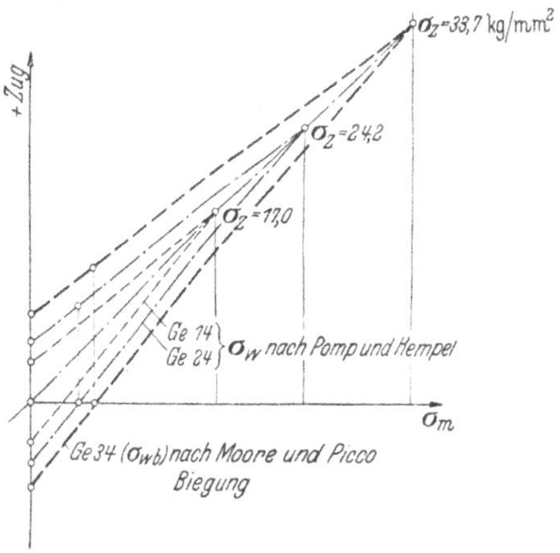

Abb. 597. Dauerfestigkeitsschaubild für Ge 34 (R. BERTSCHINGER).

und unter Berücksichtigung der Beziehungen zwischen Zug-Druck-Wechselfestigkeit mit der Biege- und Verdrehwechselfestigkeit sind die wahrscheinlichen Diagramme für Ge 24 und Ge 34 entworfen (Abb. 596 und 597).

6. Wirkung der Korrosion (s. Seite 670ff.).

7. Die Dauerhaltbarkeit von Konstruktionselementen.

Von A. THUM und seinen Mitarbeitern sind eine größere Zahl der meist verwendeten Konstruktionselemente auf Dauerhaltbarkeit untersucht worden. Die Ergebnisse lassen sich an einem Beispiel darlegen. A. THUM und TH. LIPP (*18*) unterwarfen T-förmige Winkel verschiedener Größe aus Stahlguß, Grauguß und in geschweißter Konstruktion Dauerwechselversuchen. Dabei erwies sich die für Eisenwerkstoffe im allgemeinen hinreichende Grenzlastwechselzahl von 10 Millionen Wechseln als unzulänglich, es ergaben sich Brüche auch noch nach 60, 80 und mehr Millionen Wechseln. Umgekehrt liegt dann der Schluß nahe, daß für gekerbte Probestäbe auch mit höheren Grenzlastwechselzahlen gerechnet werden muß. Die beiden Forscher fanden Resultate gemäß Zahlentafel 99.

Man erkennt, daß auch bei Bauelementen zunehmende Werkstückgröße und abnehmende Ermüdungsfestigkeit Hand in Hand gehen. Die Bearbeitung setzt die Streuung herab und wirkt sich auf die Ermüdungsfestigkeit von Gußeisen ähnlich günstig aus wie die bessere Formgebung (Keilübergang), die die Formziffer herabmindert. Im übrigen ergab sich, daß die Zugfestigkeit keinen An-

Zahlentafel 99.

Werkstoff	Kleine Proben			Große Proben		
Ges.-C %	3,02	3,30	3,30	2,60	3,10	3,23
Graphit %	2,17	—	—	1,74	—	—
Si %	2,50	1,40	1,40	2,71	1,71	1,74
Mn %	0,96	0,70	0,70	0,42	0,48	0,17
P %	0,19	0,30	0,30	0,03	0,75	0,63
S %	0,05	0,10	0,10	0,02	0,21	0,75
Cr %	—	—	0,25	—	—	—
Ni %	—	—	1,00	—	—	—
Festigkeit kg/mm²						
σ_B	32,0	30,5	34,0	35,5	20,0	21,0
σ_{wb} (glatt, poliert)	14,5	14,0	14,5	16,0	10,0	11,0
Brinellhärte	—	—	—	—	160	160
Dauerhaltbarkeit						
mit Gußhaut	13—14	13,5—14	—	—	(7,5—8)	(9—10)
Geschlichtet	17,5	16,5—17	—	18,5—19	(50 Mill.)	(20 Mill.)
Keilübergang (roh)	18,0	16,5	—	—	—	—
„ (bearbeitet)	17,5/18,5	17—17,5	—	18—18,5	—	—

haltspunkt für die zu erwartende Dauerfestigkeit der Konstruktionselemente darstellt. Ein Grauguß Ge 22 zeigte sich in der Dauerfestigkeit, insbesondere bei den kleineren Formelementen, den zum Vergleich herangezogenen Werkstoffen kaum unterlegen, teilweise sogar gleichwertig oder überlegen (Abb. 598).

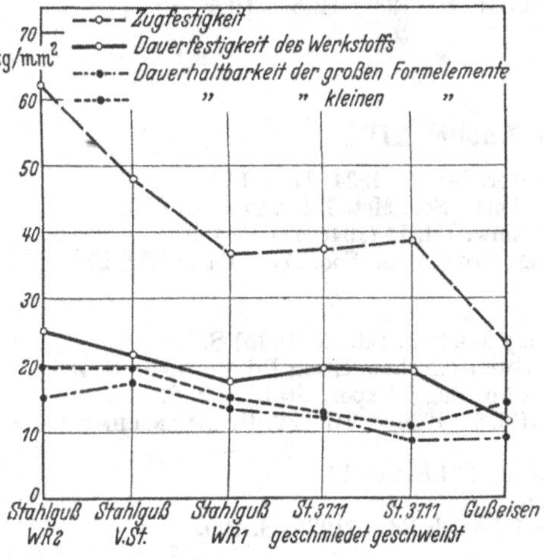

Abb. 598. Vergleich der Zugfestigkeits- und Dauerfestigkeitswerte (LIPP u. THUM).

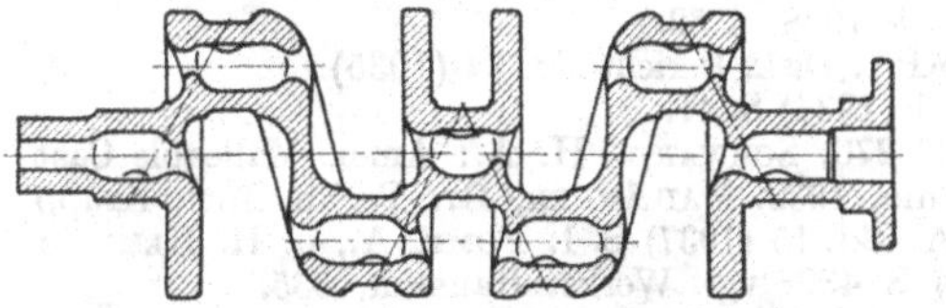

Abb. 599. Beanspruchungsgerechte Form einer gegossenen Kurbelwelle (THUM 1938, M.P.A. Darmstadt).

H. WIEGAND (*27*) berichtet über Dauerfestigkeitsversuche mit Schraubenverbindungen, deren

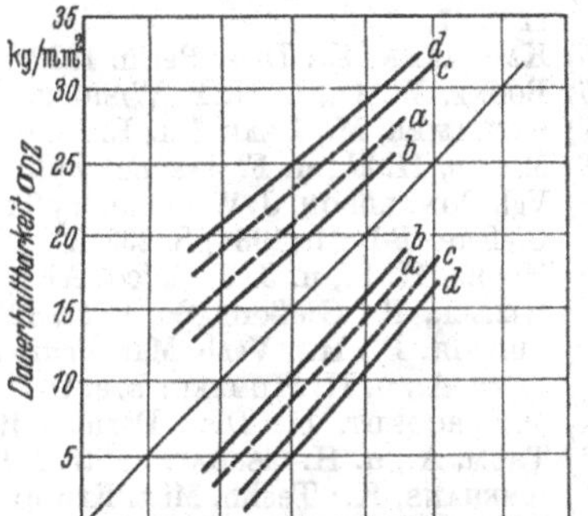

Abb. 600. Zug-Druck-Dauerfestigkeits-Schaubild von Schraubenverbindungen nach H. WIEGAND.
a = ¾″-Stahlschraube mit Gußeisenmutter,
b = ¾″-Stahlschraube mit Stahlmutter,
c = Schraube M 22 × 1,5 mit Stahlmutter,
d = Schraube M 22 × 1,5 mit Gußeisenmutter oder Leichtmetallmutter.

Ergebnisse in Abb. 600 zusammengefaßt sind. Man erkennt die Überlegenheit von gußeisernen gegenüber Stahlmuttern, die darauf zurückzuführen ist, daß sich das Gewinde einer gußeisernen Mutter infolge des geringeren Elastizitätsmoduls den Verformungen des Bolzengewindes besser anzupassen vermag.

An dieser Stelle sei auch auf die Erfolge in der spannungsgerechten Konstruktion von Kurbelwellen hingewiesen. Die beanspruchungsgerecht durchkonstruierte Kurbelwelle nach A. THUM (Abb. 599) aus Fordschem Sondermaterial ergibt eine Verdreh-Dauerhaltbarkeit von 12 bis 12,5 kg/mm² gegen 8 bis 8,5 kg bei der schon geschickt konstruierten Fordschen V 8-Welle (*25*), vgl. Zahlentafel 100. Erreicht wurde dies durch gleichmäßige Führung des Spannungsflusses, insbesondere wird der Spannungsfluß von den Wangen durch Angleichen des Dehnvermögens der einzelnen Teile, Vermeiden schroffer Übergänge, scharfer Ränder der Zapfenbohrung usw. so gleichmäßig wie möglich übergeleitet. Der Sicherung eines gleichmäßigen Spannungsflusses an diesen kritischen Stellen einer Kurbelwelle dient auch der Vorschlag (D.R.P. ang.) der Fa. Gebr. Sulzer (vorm. Ludwigshafen) durch Einlegen von Stahleinlagen in der Wange einer Kurbelwelle einen gleichmäßigen Kraftfluß zu erzwingen (*26*).

Zahlentafel 100. Dauerhaltbarkeit von Gußkurbelwellen (THUM, BANDOW 1938).

Form	Werkstoff	Verdrehdauerhaltbarkeit kg/mm²	Biegedauerhaltbarkeit kg/mm²	
Stahlform	Perlitguß	5,5	1,8*	5,0**
Stahlform	Temperguß	6,0	2,3*	6,5**
Ford	Ford-Halbstahl	8,0—8,5	4,0*	10,3**
Neue Form der M.P.A. Darmstadt	Ford-Material	12,0—12,5	9,5—10,0	—

* Bezogen auf den Zapfenquerschnitt.
** Bezogen auf den Wangenquerschnitt.

Schrifttum zum Kapitel XIVh.

(*1*) KROUSE, G. H.: Proc. Amer. Soc. Test. Mater. Bd. 34 (1934) II S. 156.
(*2*) BROPHY, G. R., u. E. R. PARKER: Trans. Amer. Soc. Met. Bd. 24 (1936) S. 927.
(*3*) POMP, A., u. H. HEMPEL: Arch. Eisenhüttenw. Bd. 14 (1940/41) S. 439.
(*4*) MOORE, H. F., LYON, S. W., u. N. P. INGLIS: Proc. Amer. Soc. Test. Mater. Bd. 27 (1927) II S. 87.
(*5*) KAUFMANN, E.: Diss. Berlin 1933.
(*6*) BOONE, W. D., u. H. B. WISHART: Foundry Trade J. Bd. 53 (1935) S. 122.
(*7*) GENSAMER, M., PEARSALL, E. B., u. G. V. SMITH: Stahl u. Eisen Bd. 60 (1940) S. 465.
(*8*) MOORE, H. F., u. F. JASPER: Bull. Univ. Illin. Engg. Exper. Stat. 1936 S. 142.
(*9*) Vgl. DONALDSON, J. W.: Foundry Trade J. Bd. 55 (1936) S. 9 u. 432. PFANNENSCHMIDT, C.: Gießerei Bd. 21 (1934) S. 233ff.
(*10*) MOORE, H. F., u. J. J. PICCO: AFA. Preprint 1934 S. 34—17.
(*11*) HELLER, P.: Gießerei Bd. 19 (1932) S. 326.
(*12*) LUDWIK, P.: Int. Verb. Mat.-Prüf.-Kongreß Zürich Bd. 1 (1931) S. 190.
(*13*) POMP, A., u. H. HEMPEL: a. a. O.
(*14*) MEYERCORDT, F.: Diss. Darmstadt 1935 S. 101.
(*15*) THUM, A., u. H. OSCHATZ: Mitt. MPA. Darmstadt 1933 H. 1 S. 30.
(*16*) KNEHANS, K.: Techn. Mitt. Krupp Bd. 4 (1938) S. 59.
(*17*) DÜBI, E.: Prüfung des Gußeisens, EMPA. Disk.-Bericht Nr. 34 (1935).
(*18*) THUM, A., u. TH. LIPP: Gießerei Bd. 21 (1934) S. 41.
(*19*) ROESCH, K.: Gießerei Bd. 21 (1934) S. 270. SCHWARTZ, H. A.: Amer. Malleable Cast Iron, Penton Publ. Co., Cleveland, Ohio, 1932. MAILÄNDER, R.: Techn. Mitt. Krupp Bd. 4 (1938) S. 59. CAMPION, A.: AFA. Bd. 15 (1937) S. 1. POMP, A., u. H. HEMPEL: Arch. Eisenhüttenw. Bd. 14 (1940/41) S. 439; vgl. Werkstoffaussch. 535.
(*20*) BERTSCHINGER, R., u. E. PIWOWARSKY: Gießerei Bd. 28 (1941) S. 365.
(*21*) KUNTZE, W.: Stahlbau Bd. 8 (1935) S. 9, sowie Metallwirtsch. Bd. 19 (1940) S. 1073.
(*22*) LEHR, E.: Spannungsverteilung in Konstruktionselementen. VDI-Verlag 1934.
(*23*) LUDWIK, P.: Z. öst. Ing.- u. Archit.-Ver. 1929, S. 403.
(*24*) LUDWIK, P., u. R. SCHEU: Z. VDI Bd. 76 (1932) S. 638.
(*25*) THUM, A.: Vortrag auf der fachwissenschaftlichen Tagung der früher im Edelgußverband zusammengeschlossenen Firmen am 25. Mai 1939 in Eßlingen.
(*26*) Von Herrn Direktor Dr.-Ing. F. MEYER, Gebr. Sulzer, Winterthur, freundlich mitgeteilt.
(*27*) WIEGAND, H.: Z. VDI Bd. 83 (1939) S. 64. Ref. Stahl u. Eisen Bd. 60 (1940) S. 768.
(*28*) HEROLD, C.: Wechselfestigkeit metallischer Werkstoffe, S. 74. Wien: Springer 1937.

i) Die Dämpfungsfähigkeit des Gußeisens.

1. Begriff der Dämpfungsfähigkeit.

Unter der Dämpfungsfähigkeit eines metallischen Werkstoffes versteht man die Eigenschaft, im Verlaufe eines Verformungskreisprozesses Formänderungsenergie nichtumkehrbar aufzuspeichern.

Von der in ein metallisches Werkstück eingeleiteten mechanischen Formänderungsenergie geht immer ein Teil in dieser oder jener Form verloren als Umwandlungs- und Fortleitungsverluste (innere und äußere Reibung, durch das Mitschwingen umgebender oder stützender Medien — Luft, Fundamente). Schwingungsdämpfende Effekte können auch mit dämpfungsarmen Werkstoffen durch entsprechende Gestaltung des Werkstückes erreicht werden. Die Dämpfung des Werkstoffes und die Dämpfung in der ganzen Konstruktion sind also begrifflich auseinanderzuhalten. Doch ist von vornherein ein Vorteil darin zu erblicken, wenn dem Werkstoff an sich Dämpfungsfähigkeit innewohnt, besonders wenn sie sich wie beim Gußeisen mit der Möglichkeit paart, verwickeltere Formen durch den Gießprozeß einfach herzustellen.

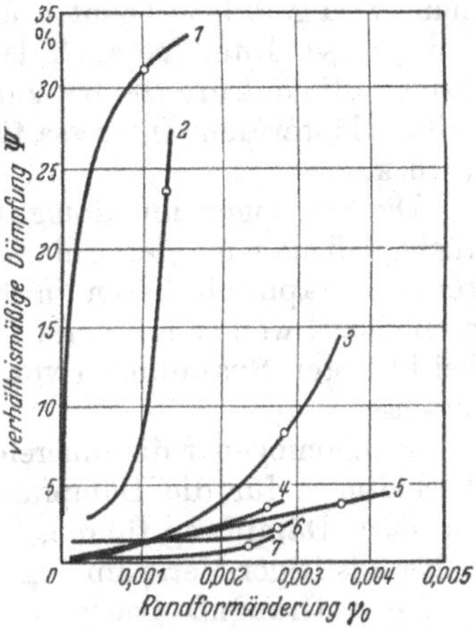

Abb. 601. Verhältnismäßige Dämpfung einiger Werkstoffe (die Werte der Grenzdämpfung, die der Schwingungsfestigkeit zugeordnet sind, sind durch einen Kreis gekennzeichnet); nach K. GÜNTHER: Diss. Braunschweig 1929.
Es bedeuten: 1 = Gußeisen, 2 = Einsatzstahl, 3 = Siliziumstahl, 4 = Mangannickelstahl, 5 = Chromnickelstahl, 6 = Chromstahl, 7 = Rübelbronze.

2. Messung der Dämpfungsfähigkeit.

Die Werkstoffdämpfung kommt zustande durch Verformungsvorgänge im Gebiet der Feinstruktur. Ohne Inhomogenitäten irgendwelcher Art tritt im elastischen Spannungsgebiet Dämpfung nicht ein, wobei allerdings solche Inhomogenitäten nicht von vornherein vorhanden zu sein brauchen, sondern oft erst durch den Verformungsvorgang ausgelöst werden.

Innere und äußere Gestalt des Prüfkörpers, die Spannungsverteilung auf Grund der äußeren Kräfte und die diesem Feld überlagerten Spannungsinhomogenitäten aus strukturellen Gründen sowie die Temperaturverteilung sind die Ursachen dafür, daß in jedem Punkt des Prüfkörpers im allgemeinen verschiedene Dämpfungsanteile entstehen, die in ihrer Summe die Gesamtdämpfung des Werkstückes ergeben. Vergleichbare Ergebnisse setzen somit gleich große und gleich gestaltete Prüfkörper unter entsprechenden Belastungs- und Temperaturverhältnissen voraus.

Die spezifische Dämpfung wird ausgedrückt durch die Arbeit der inneren Spannungen bei einem vollständigen Belastungswechsel ($H = \int \sigma \cdot d\varepsilon$ mmkg/mm^3) und vorteilhaft auf die gesamte eingeführte Formänderungsenergie A bezogen. Diese verhältnismäßige Dämpfung $\psi = 100 \cdot H/A$ in % ist ein Maß für die durch Werkstoffdämpfung je Einheit der eingeleiteten Formänderungsenergie in Wärme umgewandelten Energie (Abb. 601).

Versuchsmäßig kommt man den Werkstoffdämpfungswerten nahe entweder durch die Ermittlung der Hysteresiskurve, auf statischem Wege, z. B. durch die Bestimmung der Leistung zur Aufrechterhaltung des Verformungskreisprozesses in bestimmten vorgegebenen Grenzen, oder durch die Bestimmung des logarithmischen Dekrementes abklingender Schwingungen bzw. durch die Bestimmung der Wärmebewegung. Zusammenstellungen und Kritik der einzelnen Verfahren finden sich z. B. bei O. FÖPPL (*1*), A. THUM (*2*) und J. GEIGER (*3*) usw.

3. Wesen der Dämpfungsfähigkeit.

Überschreitet die Spannung in irgendeinem Punkte die Elastizitätsgrenze und kommt es zu dispersen Lockerungen und damit verbundener erhöhter Plastizität, so wird Energie nicht umkehrbar gebunden. Damit sind gleichzeitig einsetzende Ausheilungs- und Verfestigungsvorgänge verbunden. Über einer gewissen Amplitudengrenze, die vom augenblicklichen Zustand des Werkstoffes abhängt, findet die Ausheilung nicht mehr oder nur ungenügend statt, die inneren Gleitungen und Anrißbildungen wachsen sich aus zu makroskopischer Rißbildung; der dämpfende Effekt wird außerordentlich gesteigert. Diese Erscheinung wird geradezu benutzt, um die Dauerfestigkeit abzugrenzen. Trotzdem sich ein gewisses Interesse auch darauf erstreckt, welcher Energieanteil oberhalb der Dauerfestigkeitsgrenze bis zum Bruch durch die Dämpfung vernichtet wird, tritt es hinter dem Interesse für die Dämpfung unterhalb der Ermüdungsgrenze zurück.

Die Störungen im Atomgitterbau unterhalb der Dauergrenze sind so geringfügig, daß sie nach den Untersuchungen von H. MÖLLER und M. HEMPEL (*4*) z. B. röntgenographisch kaum in Erscheinung treten. Ihre Existenz ist aber unzweifelhaft, weil es mit den feinsten Messungen (*5*) in vielen Fällen gelingt, schon bei kleinsten Spannungen von der Größenordnung g/mm² eine Dämpfung nachzuweisen.

Je inhomogener die inneren Spannungen ausfallen, um so günstiger liegen die Verhältnisse für die Dämpfung. Die Heterogenität der Struktur an sich kann zu hoher Dämpfung führen, braucht es aber nicht, wenn sie lediglich zu räumlicher allseitiger Verspannung führt.

Beim Grauguß bewirken die graphitischen Einlagerungen unregelmäßige Unterbrechungen der metallischen Grundmasse. Im Spannungszustand finden sich neben mehr oder weniger gleichmäßig beanspruchten Metallstegen mit hoher Räumlichkeit des Spannungszustandes andere mit unregelmäßiger Spannungsverteilung und stärker oder schwächer ausgeprägten Spannungsspitzen, die für das Auftreten der Dämpfung verantwortlich sind, denn nur unter ihrer Wirkung sind erhöhte plastische Elementarverformungen denkbar. Die einzelnen Elementargebiete sind nicht voneinander unabhängig, die Auswirkungen der Einzelvorgänge überlagern sich.

Das Zustandekommen der inneren Reibung durch ein Wechselspiel von Lockerungen und Verfestigungen läßt darauf schließen, daß alle Faktoren, die bei der Wechselfestigkeit von Bedeutung sind (Gestalt, Oberfläche, Struktur, Temperatur, Verformungsgeschwindigkeit, Dauer und Art der äußeren Beanspruchung), auch die Dämpfung verändern müssen.

4. Der Einfluß der Wechselzahl.

Unterhalb der Ermüdungsfestigkeit führen die Wechselspannungen allmählich zu einem Gleichgewichtszustand, wo sich eine Änderung der Dämpfungsfähigkeit nicht mehr nachweisen läßt. Zwischen dem jungfräulichen und dem Beharrungszustand erfolgt die Veränderung der Dämpfung nach Maßgabe des sich ändernden Umfanges energiebindender Vorgänge zum Umfang elastischer Elementarvorgänge in den verfestigten Bezirken.

Die Form des Überganges vom jungfräulichen Zustand zum Zustand der sogenannten stabilen Enddämpfung ist verschieden: stetige Zunahme oder stetige Abnahme, Durchgang durch ein Minimum oder Maximum oder Pendelung um einen Mittelwert. Diese letztere Erscheinungsform liegt möglicherweise auch im „Beharrungszustand" vor (*11*) (vgl. auch Abb. 602).

Die stabile Enddämpfung nähert sich dem Nullwert u. U. so stark, daß z. B. P. LUDWIK und R. SCHEU (*6*) den Standpunkt vertreten haben, die Dämpfung könne mit der Wechselzahl vollständig verschwinden. Praktisch gesprochen sicher, während es physikalisch für metallische Werkstoffe kaum anzunehmen ist.

J. GEIGER (*3*) fand für Gußeisen auch höherer Festigkeit (bis 34 kg/mm²) hohe jungfräuliche Dämpfungsfähigkeit, die nach 100 bis 200000 Wechseln in einen tieferen Endwert überging, der sich bis zu 500000 Wechseln nicht mehr wesentlich veränderte. Einzelversuche bis 700000 bzw. 1800000 Wechsel ergaben Abweichungen von 3 bis 5% nach oben bzw. nach unten. H. LANGHANS (*7*) hat demgegenüber den Eintritt der Enddämpfung z. T. erst nach 4 Millionen Wechseln beobachtet.

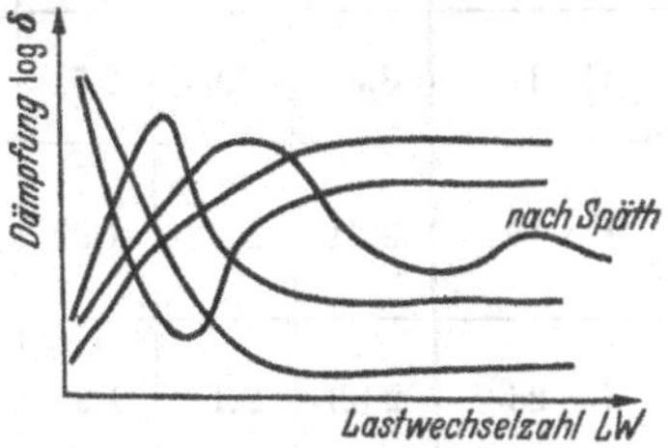

Abb. 602. Übergang vom jungfräulichen Zustand zur stabilen Enddämpfung (F. KÖRBER).

Nach dieser Hinsicht hat M. HEMPEL (*8*) eine Anzahl Gußeisensorten bei Zug-Druckbeanspruchung eingehend untersucht. Er fand für Ge 12, Ge 14, Ge 18 und Ge 26.91 (Abb. 603 und Zahlentafel 100 oben), wie GEIGER, nach verhältnismäßig hoher jungfräulicher Dämpfung einen anfänglich rascheren, nachher langsameren

	Dämpfung:	Dämpfung:	Dämpfung:	Dämpfung:
Kurve 1	zu Versuchsbeginn	zu Versuchsbeginn	zu Versuchsbeginn	zu Versuchsbeginn
Kurve 2	nach 0,5 u. 0,9 Mill. Lastwechseln	nach 0,4 Mill. Lastwechseln	nach 0,4 u. 0,9 Millionen Lastwechseln	nach 0,5 Millionen Lastwechseln
Kurve 3	nach 1,8, 3,7, 8,3 u. 12,0 Mill. Lastw.	nach 1,8 u. 3,9 Mill. Lastwechseln	nach 1,9 u. 9,9 Millionen Lastwechseln	nach 4,3 u. 7,1 Millionen Lastwechseln
Kurve 4	—	nach 8,3 u. 10,9 Mill. Lastwechseln	—	nach 10,0 Millionen Lastwechseln

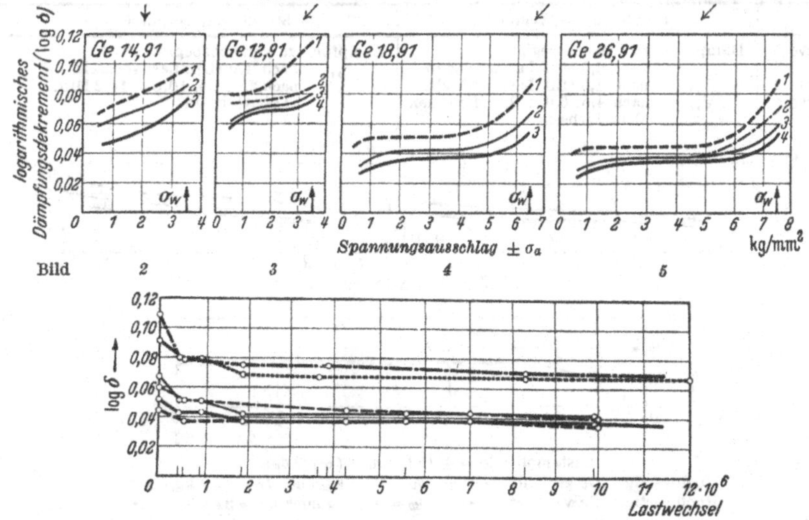

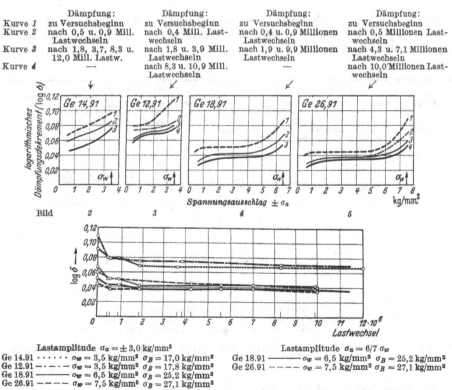

Lastamplitude $\sigma_a = \pm 3{,}0$ kg/mm²

Ge 14.91 · · · · · · $\sigma_w = 3{,}5$ kg/mm² $\sigma_B = 17{,}0$ kg/mm²
Ge 12.91 —·—·— $\sigma_w = 3{,}5$ kg/mm² $\sigma_B = 17{,}8$ kg/mm²
Ge 18.91 ———— $\sigma_w = 6{,}5$ kg/mm² $\sigma_B = 25{,}2$ kg/mm²
Ge 26.91 — — — — $\sigma_w = 7{,}5$ kg/mm² $\sigma_B = 27{,}1$ kg/mm²

Lastamplitude $\sigma_a = 6/7\ \sigma_w$

Ge 18.91 ———— $\sigma_w = 6{,}5$ kg/mm² $\sigma_B = 25{,}2$ kg/mm²
Ge 26.91 — — — — $\sigma_w = 7{,}5$ kg/mm² $\sigma_B = 27{,}1$ kg/mm²

Abb. 603. Dämpfung verschiedener Gußeisensorten in Abhängigkeit vom Spannungsausschlag und von der Lastwechselzahl (M. HEMPEL).

Zahlentafel 101.

Gußeisen-klasse	Chemische Zusammensetzung C ges. %	Graphit %	Si %	Mn %	P %	S %	Zugfestigkeit kg/mm²	Wechselfestigkeit kg/mm²	Prüfbelastung kg/mm²	Verhältnismäßige Dämpfung ψ %
Ge 14	3,04	2,30	1,92	0,64	0,53	0,076	17,0	3,5	1,0 3,5	22,1 35,5
Ge 12	3,37	2,69	2,51	0,57	0,39	0,064	17,8	3,5	1,0 3,5	29,5 35,0
Ge 18	3,21	2,48	1,99	0,71	0,21	0,045	25,2	6,5	1,0 3,5 6,5	13,8 17,5 25,8
Ge 26	2,93	2,19	1,90	0,57	0,22	0,048	27,1	7,5	1,0 3,5 6,5	12,9 15,7 18,4
H.Ge, Stange K_1, geglüht	2,35	1,82	2,40	1,37	0,028	0,011	37,7	11,5	3,5 6,5 11,5	11,3 12,9 15,9
H.Ge, Stange K_2, vergütet	2,35	1,80	2,40	1,37	0,028	0,011	34,9	11,5	3,5 6,5 11,5	11,1 12,4 15,9

Abfall gegen den stabilen Endwert. Die Kurven beziehen sich auf $\sigma_a = \pm 3{,}0$ kg/mm² bzw. auf $\sigma_a = \frac{6}{7}\sigma_w$. Der Charakter der Kurve erwies sich nur bei einem geglühten Kokillenguß geändert (Abb. 604).

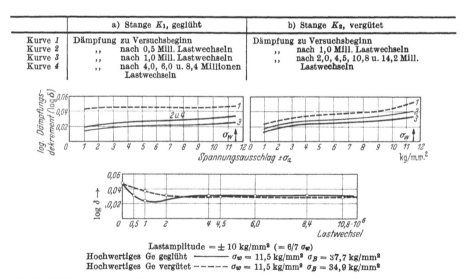

	a) Stange K_1, geglüht	b) Stange K_2, vergütet
Kurve 1 Kurve 2 Kurve 3 Kurve 4	Dämpfung zu Versuchsbeginn ,, nach 0,5 Mill. Lastwechseln ,, nach 1,0 Mill. Lastwechseln ,, nach 4,0, 6,0 u. 8,4 Millionen Lastwechseln	Dämpfung zu Versuchsbeginn ,, nach 1,0 Mill. Lastwechseln ,, nach 2,0, 4,5, 10,8 u. 14,2 Mill. Lastwechseln

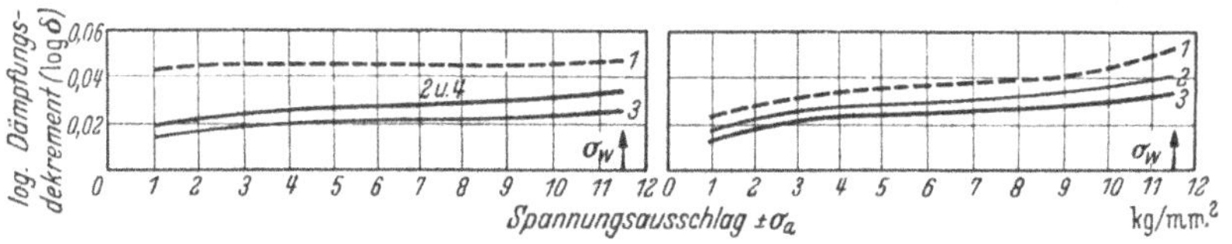

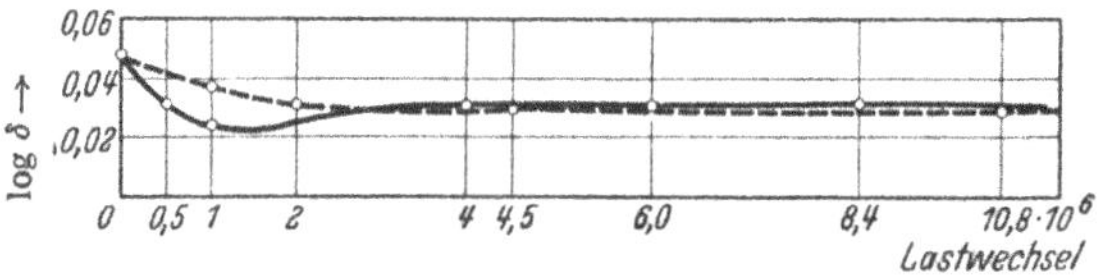

Lastamplitude $= \pm$ 10 kg/mm² (= 6/7 σ_w)
Hochwertiges Ge geglüht ——— σ_w = 11,5 kg/mm² σ_B = 37,7 kg/mm²
Hochwertiges Ge vergütet - - - - - σ_w = 11,5 kg/mm² σ_B = 34,9 kg/mm²

Abb. 604. Kokillengußproben. Dämpfung des hochwertigen Gußeisens in Abhängigkeit vom Spannungsausschlag und von der Lastwechselzahl (nach M. Hempel).

Die Höhe der Dämpfungen hängt mit der Spannungsamplitude zusammen, jedoch ebensosehr mit der Vorbeanspruchung, weil auch Gußeisen stark trainierungsfähig ist [H. F. MOORE, N. INGLIS und W. LYON (*9*), E. KAUFMANN (*21*)]. Es kommt bei vorsichtiger stufenweiser Verfestigung zu einer starken Hebung der Elastizitätsgrenze und damit zu einer Abnahme der Dämpfung.

5. Der Einfluß der Spannungsamplitude.

Jeder Änderung der Belastungs- (oder Verformungs-)grenzen entspricht eine Änderung der Dämpfung. Somit muß zu jedem Belastungsfall innerhalb eines Dauerfestigkeitsschaubildes eine Schar von Kurven in Abhängigkeit der Wechselzahl, von der jungfräulichen Dämpfung angefangen bis zur stabilen Enddämpfung, zugeordnet sein. Da die Dauerfestigkeit durch ihre Begriffsbildung bereits die nötige Bruchsicherheit in sich schließt, so wird es genügen, die Dämpfungsfähigkeit für mehr oder weniger dauerfestigkeitsnahe Zustände zu untersuchen. Daß dabei der möglichen Streuung der Dauerfestigkeitswerte und dem Verhältnis der Werkstoffdauerfestigkeit zur Dauerhaltbarkeit des Werkstückes gebührend Rechnung zu tragen ist, braucht wohl nicht hervorgehoben zu werden.

J. GEIGER beziffert diese betriebsinteressanten Spannungen mit 4 bis 9 kg/mm² für Verdrehungsbeanspruchung.

Dämpfungsbestimmungen sind bisher anscheinend nur für Schwingungsbeanspruchungen und nicht unter Vorspannungen bestimmt worden, obschon gerade diese Fälle aufschlußreich wären.

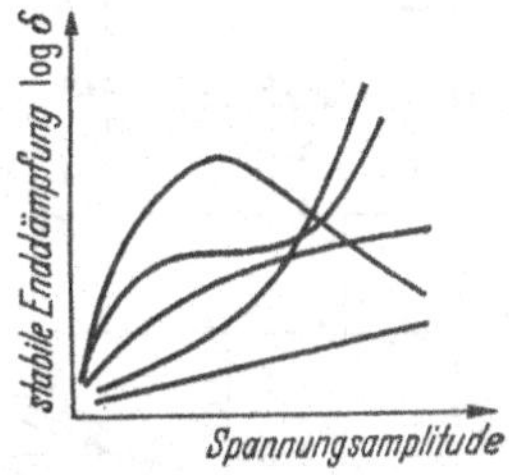

Abb. 605. Beziehungen zwischen Lastamplitude und stabiler Dämpfung (F. KÖRBER).

Mit Rücksicht auf die Verwendung des Gußeisens sind die Werte für Verdrehung und Biegung besonders wertvoll. Über die Ermittlung der Dämpfungsfähigkeit bei verschiedenen Lastamplituden ist aber noch eine grundsätzliche Feststellung zu machen.

Der Gleichgewichtszustand ist dem Wesen der inneren Vorgänge nach nicht unabhängig vom Wege, auf dem er erreicht wurde. Mit anderen Worten, die Werte für die Dämpfung fallen verschieden aus, je nachdem man aus dem Bereich größerer Lastamplituden auf kleinere Amplituden übergeht oder von Null zu diesen aufsteigt, ohne sie zu überschreiten. Der Bauschinger-Effekt, d. h. der Eintritt der Wechselfließgrenze oder gleichbedeutend damit, das Herabwerfen der E-Grenze und die Vergrößerung der Dämpfung, richtet sich nach der vorausgegangenen Amplitudenspannung (*10*).

Die Stärke des Ausschwingversuches, mit einer einzigen abklingenden Schwingung für alle möglichen Lastamplituden die Dämpfung zu ermitteln, ist zugleich seine Schwäche. Die erhaltenen Werte gelten nur für die besonderen untersuchten Verhältnisse.

Stellt man die Dämpfungswerte aus abklingenden Schwingungen in Abhängigkeit der Lastamplitude dar, so findet man auch hier einen verschiedenen Verlauf je nach Werkstoff und Struktur. Neben einem mit der Lastamplitude (Verformung) verhältnismäßigen Verlauf oder einer beschleunigten oder verzögerten Zunahme ist auch der Wechsel von Verzögerung und Beschleunigung beobachtet worden, ebenso der Abfall nach Überschreitung eines Maximums (*11*), Abb. 605.

Über die Veränderlichkeit der verhältnismäßigen Dämpfung von grauem Gußeisen sind neben den Arbeiten von O. FÖPPL und seinen Mitarbeitern namentlich die Veröffentlichungen von H. LANGHANS (*7*), J. GEIGER (*3*, vgl. Abb. 605a sowie Zahlentafel 102) und M. HEMPEL (*8*) aufschlußreich, an die sich eine weitere Arbeit von C. H. LORIG und V. H. SCHNEE (*12*) anschließt.

Den angeführten Veröffentlichungen sind auf Grund der Zahlenangaben oder aus der bildmäßigen Wiedergabe die verhältnismäßigen Dämpfungen entnommen und in Zahlentafel 103 gegenübergestellt — ergänzt durch einige Werte aus eigenen Versuchen — bezogen auf Grenzrandspannungen $\tau_{ow} = \sigma_B/6$ und $\sigma_B/3$ bzw. $\tau_{ow} = \pm 2{,}6$ und $10\ \mathrm{kg/mm^2}$. Die Größenordnung der Dämpfung kann daraus abgeschätzt werden, wobei τ_{ow} die Verdrehspannung in der äußersten Faser bedeutet.

Zum Vergleich sei angeführt, daß für weichen Stahl gefunden wurde:

Werkstoff	Zugfestigkeit kg/mm²	ψ %		Forscher
		$\tau_{ow} = 6$	$\tau_{ow} = 10$	
St. 37,11	38	4	7	Campion
St. 35,61	57	3,2	4,8	Geiger

Bei den hochfesten Gußeisen ist innerhalb der angegebenen Randspannungen ein verhältnismäßiges Anwachsen vom ψ mit der Lastamplitude zu beobachten, während bei den minder- und mittelfesten Gußeisen die Zunahme meist kleiner bleibt. Das hängt damit zusammen, daß bei den verschiedenen Werkstoffen mit den gewählten Randspannungen nicht derselbe Ausschnitt aus der Kurve der Dämpfungsfähigkeit in Funktion der Lastamplitude getroffen wird; ferner zeigt die Zahlentafel 103 deutlich, wie beim hoch- und höchstfesten Werkstoff ein Absinken der Dämpfungsfähigkeit stattfindet, aber nicht bis zu den Werten von C-Stahl gleicher Festigkeit.

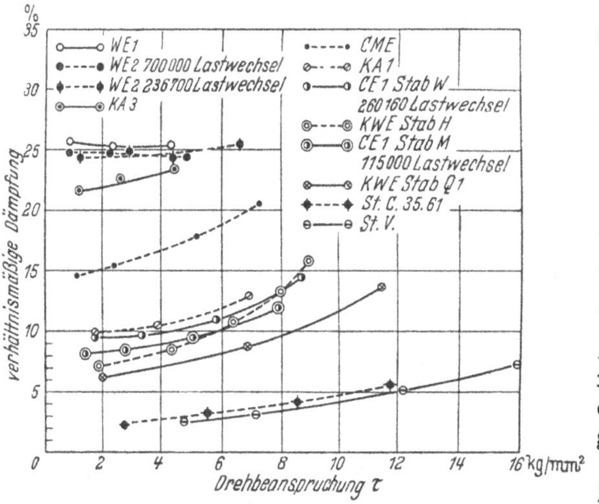

Abb. 605a. Verhältnismäßige Dämpfung verschiedener Gußeisensorten (vgl. Zahlentafel 102) bei Verdrehbeanspruchung (J. Geiger).

Untereinander sind die Zahlen aus dem genannten Grunde und weil nicht in allen Fällen die gleiche Be-

Zahlentafel 102.

	Chemische Zusammensetzung %					Schubmodul	Streckgrenze	Bruchgrenze	Brinellhärte	Einschnürung
	C	Si	Mn	P	S	$G \cdot 10^{-3}$	kg/mm²	kg/mm²		%
Weicheisen 1	3,42	2,33	0,64	0,40	0,09	3,05	—	13,3	163	—
„ 2	3,54	2,57	0,67	0,31	0,07	3,08	—	19,4	174	—
Kolbenaufsatzeisen, KA 3	3,22	2,25	0,74	0,31	0,08	3,05	—	18,0	179	—
„ KA 1	3,07	1,10	0,89	0,16	0,10	4,43	—	23,5	207	—
Kurbelwelleneisen . . .	2,99	1,17	1,00	0,21	0,12	5,41 4,91 4,95	—	27,0	223	—
Zylindermanteleisen . .	3,02	1,07	0,79	0,23	0,12	3,93	—	27,1	207	—
Zylindereisen 1	2,97	1,03	0,87	0,75	0,13	4,92	—	26,3	235	—
„ 2	3,09	1,38	0,99	0,62	0,14	4,40	—	30,8	229	—
Kurbelwelle E 3	2,70	1,55	0,90	0,21	0,07	5,55	—	34,4	255	—
Kurbelwelle S 1	2,75	1,91	0,85	0,16	0,11	5,14	—	30,8	220	—
St. C. 35.61	0,35	0,35	0,80	—	—	8,60	37,7	57,5	152	57,8
Vergütungsstahl	0,31	0,13	0,67	0,04	0,02	8,60	53,3	70,1	207	58,7

Zahlentafel 103.

Zugfestigkeit kg/mm²	Chemische Analyse in %					Mechanische Werte kg/mm²					Dämpfungsfähigkeit ψ % *					Forscher
	Ges.-C	Si	Mn	P	S	H	τ_B	σ_{wb}	τ_w	G	$\sigma_B/6$	$\sigma_B/3$	τ_2	τ_6	τ_{10}	
57 [1]	1,6	3,58	0,5	0,21	0,04	265	23,7	23,0	>17	6800	~5	~10	—	4,5	5	Bertschinger und Piwowarsky mit Gilgenberg
50 [1]	2,0	3,0	0,5	0,20	0,036	257	29,0	21,9	>16	6500	6,9	14,6	—	6,2	8	
45	—	(Meehanite)		—	—	—	—	—	—	—	9	20	3	7,6	13	Campion
40,6	2,46	2,64	0,53	0,4	0,034	226	30,5	21,0	>16	5900	8,8	17,6	—	8,5	12	Bertschinger und Piwowarsky mit Gilgenberg
40,0	2,80	2,00	1,00	<0,3	<0,1	—	—	—	12,5	—	6,8	—	5	6,8	8,7	Langhans
39,0	2,90	1,57	0,57	0,21	0,10	225	—	—	—	—	7,2	19,0	—	—	—	Lorig und Schnee
37,0	3,19	1,23	(Meehanite)			—	—	—	—	—	10,2	25	5	10	19	Campion
~35	3,16	2,26	0,6	0,33	0,07	—	—	16,5	—	—	9,0	17	5	9	14	Brophy
34,1	3,16	1,54	0,57	0,22	0,11	213	—	16,1	—	—	9,0	21,3	—	—	—	Lorig und Schnee
32,0	3,10	1,40	0,90	<0,3	<0,1	—	—	—	10,0	—	12,3	—	11,7	12,6	—	Langhans
30,0	2,93	1,88	1,00	0,24	0,06	—	—	—	11,5	—	9,8	10,1	9,6	9,8	10,0	Langhans
~30,0	3,27	2,05	0,8	0,34	0,09	—	—	14,4	—	—	12	18	8	12	18	Brophy
29,0	3,29	1,53	0,54	0,183	0,04	186	26,2	15,5	>12	5100	14	22	—	14	23	Bertschinger und Piwowarsky mit Gilgenberg
28,5	3,37	1,00	0,52	0,22	0,10	205	—	—	—	—	9,9	23,4	—	—	—	Lorig und Schnee
27,1	3,02	1,07	0,79	0,23	0,12	207	—	—	—	3950	17	23	15	19	—	Geiger
27,0	2,99	1,17	1,00	0,21	0,12	223	—	—	—	5410	7—8	11—16	6	8,2	12	Geiger
20,0	3,3—6	7,0	0,3—0,6	<0,1	<0,1	—	—	—	8,0	—	20,7	20,7	—	20,7	—	Langhans
18,0	3,22	2,25	0,74	0,31	0,07	179	—	—	—	3050	22	24	22	—	—	Geiger
17,0	—	—	—	—	—	—	—	—	—	—	17,5	25	14	26	32	Campion
13,3	3,42	2,33	0,64	0,40	0,09	163	—	—	—	3050	25	25	>25	>25	—	Geiger
~10—12	—	—	—	—	—	—	—	—	—	3150	27	28	27	28	29	Knackstedt

[1] extrapoliert.

* τ_2, τ_6 und τ_{10} bedeuten: Verdrehwechselbeanspruchung von $\pm$ 2, 6 bzw. 10 kg/mm².

stimmungsmethode vorliegt, nur bedingt vergleichbar. Bei GEIGER und LANGHANS beziehen sich die Ergebnisse auf vorbelastetes Material, die anderen Werte auf jungfräulichen Werkstoff. Bei den eigenen Versuchen sind die Hysteresiswerte nach 50 bis 100 vorausgegangenen Wechseln statisch ermittelt worden, bei den Versuchen von KNACKSTEDT, BROPHY, CAMPION und LANGHANS aus den Ausschwingkurven, während GEIGER nach dem Ausschwing- und dem Resonanzverfahren arbeitete. Die Werte nach LANGHANS sind stabile Enddämpfungen.

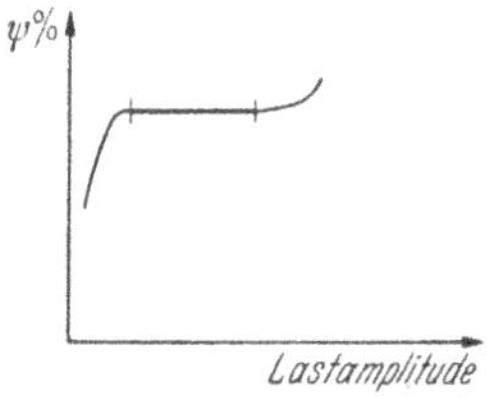

Abb. 606. Einfluß der Lastamplitude bei Grauguß (schematisch).

Der Dämpfungsfähigkeitsverlauf ist in der Nähe der Dauergrenze und darüber hinaus bei Gußeisen stets nach einem parabolischen Gesetz gefunden worden, etwas verschieden dagegen der Übergang zu ganz kleinen Wechselspannungen.

M. HEMPEL fand bei Zug-Druck-Ausschwingversuchen die Dämpfung in weiten Grenzen nahezu unveränderlich, mit einem starken Abfall gegen Null und einem raschen Anstieg in der Nähe der Dauerfestigkeit, daneben aber bei einem mittelfesten Gußeisen auch den parabolischen Verlauf über das ganze Lastamplitudenintervall (s. Abb. 603 oben). Es scheint, daß die Form mit einem Wendepunkt (schematisch gemäß Abb. 606) kennzeichnend für Gußeisen ist, und daß sich auch andere Ergebnisse, z. B. von KNACKSTEDT, aber auch z. T. die von GEIGER mitgeteilten (Abb. 605a und Zahlentafel 102) so deuten lassen. Eine Unveränderlichkeit der Dämpfungsfähigkeit über weite Strecken der Lastamplitudenzunahme ist nur denkbar, wenn das Maß der neu entstehenden Lockerungen und der Ausheilungen gleich bleibt.

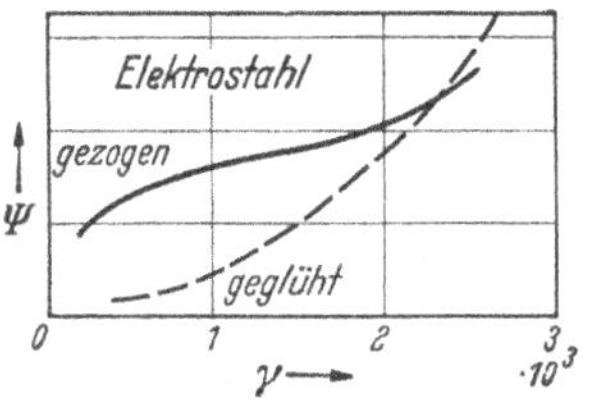

Abb. 607. Verlauf der Dämpfung von gezogenem bzw. geglühtem Stahldraht (nach H. LÜTTGERDING).

Die Untersuchungen von H. LÜTTGERDING (*17*), namentlich an gezogenem und geglühtem Stahldraht, lassen vermuten, daß die Art, Zahl und Verteilung der Inhomogenitäten durch die Graphiteinlagerung den Charakter der Abhängigkeit bestimmt. LÜTTGERDING fand an dem an Inhomogenitäten reichen, kaltgezogenen Draht den Wendepunktcharakter der Kurve, der durch das Ausglühen verschwand und in den parabolischen Verlauf überging (Abb. 607).

6. Einfluß der Frequenz.

Nach E. BECKER (*18*) und A. BANKWITZ (*19*) besteht bis 3000 W/min keine Abhängigkeit von der Lastwechselfrequenz, solange kein merkliches Fließen des Werkstoffes bei der örtlichen Temperatur eintritt. Wenn auch für weichere Werkstoffe deshalb eine ähnliche Abhängigkeit von der Frequenz anzunehmen ist, wie ganz allgemein für höhere Temperatur, so dürfte dieser Umstand bei Gußeisen innerhalb der üblichen Frequenzen, der statische Versuch eingeschlossen, keine große Rolle spielen.

7. Einfluß der Temperatur.

G. R. BROPHY und E. R. PARKER (*20*) haben festgestellt, daß durch Dämpfung die Temperatur unter Umständen bis zur Rotglut ansteigen kann, wenn nicht künstlich gekühlt wird. Sie bestätigten im übrigen den Befund von E. KAUFMANN (*21*), der an Perlitguß von 3,19% C, 1,09% Si ein Minimum der Dämpfungsfähigkeit bei 250 bis 350° gefunden hat.

8. Der Einfluß des Gefüges.

a) Die metallische Grundmasse. Verhältnismäßig reine, weiche Metalle dämpfen stärker als legierte, die Dämpfung nimmt bei Mischkristallen mit der Zahl der Komponenten ab, wobei das zuerst zugesetzte Legierungselement am stärksten wirkt.

In heterogen aufgebauten Metallen ist im allgemeinen die Dämpfungsfähigkeit größer. Bei lamellar-perlitischen C-Stählen steigt die Dämpfungsfähigkeit nach HEMPEL und PLOCK (*22*) mit zunehmendem Perlitgehalt zuerst an, sie nimmt aber mit der versteifenden, festigkeitssteigernden Wirkung des Zementits wieder ab auf ein Minimum in eutektoiden Stählen, um mit dem Erscheinen von Sekundärzementit wieder zuzunehmen (Abb. 608). Körnig-perlitischer Stahl dämpft weniger als lamellar-perlitischer, weil die kerbende Wirkung dieser Struktur kräftiger ist als jener. Mit zunehmender Feinheit des Perlits, die eine Vergleichmäßigung der örtlichen Spannungen zur Folge hat, nimmt die Dämpfung ab, so daß sich die Reihenfolge: lamellarer Perlit, Sorbit und Troostit ergibt.

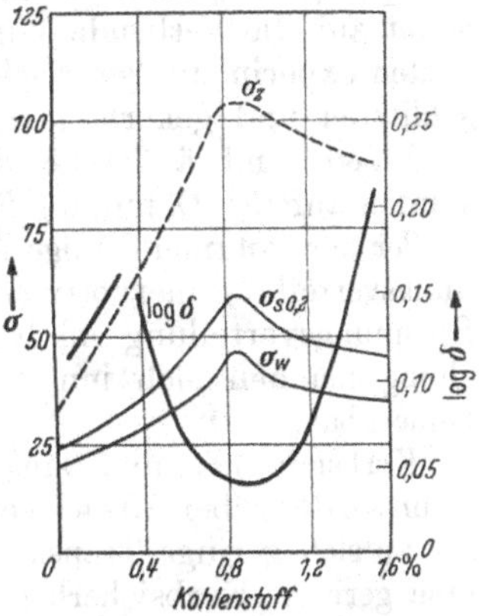

Abb. 608. Stabile Enddämpfung in Abhängigkeit vom C-Gehalt für $\varepsilon = 0{,}08\,\%$, Zug-Druckbeanspruchung (nach HEMPEL u. PLOCK).

Die Wirkung des Grundgefüges auf die Dämpfungsfähigkeit ist von BERTSCHINGER und PIWOWARSKY mit GILGENBERG (*13*) an vier hochwertigen Gußeisensorten (Zusammensetzung S. 463) untersucht worden. Bezogen auf eine Verdrehrandspannung $\tau_{wo} = \pm 6$ kg/mm² fanden sie für die perlitischen und die weichgeglühten Schmelzen:

Ges-C % perl./ferrit.	Si % perl./ferrit.	σ_{wb} kg/mm² perl./ferrit.	H kg/mm² perl./ferrit.	ψ % perl./ferrit.
3,29/3,27	1,53/1,42	15,5/11,0	186/99	14/20
2,46/2,44	2,64/2,44	21,1/13,5	226/132	8,5/12
2,00/1,91	3,00/2,80	21,9/15,1	257/154	6,5/17
1,60/1,60	3,58/3,32	23,0/17,9	265/182	4,5/7

Die Erhöhung vom ferritischen zum perlitischen Zustand ist nur vorhanden, wenn die Dämpfung bei beiden Werkstoffen auf dieselbe Lastamplitude bezogen wird. Bei gleichen Anteilen an der Dauerfestigkeit verschwindet der Unterschied nahezu; multipliziert man die perlitischen Dämpfungen ψ mit dem umgekehrten Verhältnis der Wechselfestigkeiten, so kommen annähernd die ferritischen Dämpfungszahlen heraus (20, 13, 9, 6).

Systematische Untersuchungen legierter Gußeisensorten fehlen fast gänzlich. Nach LORIG und SCHNEE (*12*) ergibt sich für Cu-legiertes Gußeisen mit zunehmendem Cu-Gehalt eine Erhöhung der Dämpfung bei niedrigen Lastamplituden, eine Erniedrigung bei höheren Lastamplituden, gültig für jungfräuliche Dämpfungen. Ob dieses Verhältnis auch für die stabile Enddämpfung zutrifft, ist eine offene Frage. Nach den Kurven von HEMPEL, wonach im großen und ganzen beim Übergang von den jungfräulichen zu den stabilen Enddämpfungen lediglich eine Parallelverschiebung nach niedrigeren Dämpfungswerten eintritt, möchte man es annehmen. Nach E. SÖHNCHEN und E. PIWOWARSKY (*23*) u. a. werden Zugfestigkeit und Härte durch Cu-Zusatz größer. Ein Abfall der Festigkeit ist erst bei höheren Cu-Gehalten zu erwarten, wenn die Ausscheidungen von Cu, die über 1% Cu zu beobachten sind, gröber werden. Dementsprechend fanden LORIG und SCHNEE innerhalb betriebswichtiger Verdrehspannungen von 6 bis 10 kg/mm² und um so ausgeprägter, je höher die Lastamplitude gewählt wird, eine Abnahme von ψ bis 3% Cu für Gußeisen mit 2,9 und 3,17% C im Mittel, bei Gußeisen mit 3,37% C im Mittel über 2% Cu wieder eine Zunahme.

b) Wirkung des Graphits. Eutektoider Stahl hat eine verhältnismäßig kleine Dämpfungsfähigkeit. Die hohe Dämpfungsfähigkeit des grauen Gußeisens muß somit auf die kerbende Wirkung des Graphits zurückgeführt werden. Den direkten experimentellen Nachweis dafür haben A. THUM und H. UDE (*24*) an geschlitzten und gekerbten Stahlstäben erbracht.

Innere und äußere Kerbung, und somit auch die Oberflächengestaltung, werden auf die Dämpfungsfähigkeit einen um so stärkeren Einfluß ausüben, je größer der volumenmäßige Anteil der Kerben ist, welche ungleichmäßige Spannungsverteilung hervorrufen. Dabei kommt es natürlich auch noch auf die Spannungsverteilung im beanspruchten Werkstück an. Bei Verdrehbeanspruchung machen sich innere Kerben in Achsennähe kaum dämpfungserhöhend bemerkbar.

Kerbsicherheit und Dämpfungsfähigkeit gehen häufig parallel, aber nur dann, wenn sie derselben Ursache entspringen. In Fällen, wo die oberflächlichen Kerben die an sich geringe Translationsmöglichkeit der Kristalle herabsetzen, wo somit eine geringe Kerbsicherheit vorhanden ist, kann trotzdem eine große Dämpfungsfähigkeit aus inneren Kerben vorhanden sein (Elektron).

BERTSCHINGER und PIWOWARSKY mit GILGENBERG (*13*) ermittelten auf Grund der Formel von PORTEVIN für die Graphitdurchsetzung

$$n = \frac{z_1 z_2}{l_1 l_2} \cdot V$$

(wo z die Schnittpunktzahlen der Graphitlamellen mit einem Netz, l die Linienlängen des Netzes in den beiden Richtungen, V die lineare Vergrößerung darstellt, vgl. Kap. IX b) für die oben genannten vier Gußeisensorten die Graphitdurchsetzung:

Ges.-C. %	Graphit %	Lamellen je mm²	Verhältnismäßige Dämpfung ψ in % bei $\tau_0 =$ kg/mm² 3,9	7,8	11,8	15,7	19,5
perlitisch							
3,29	2,27	4,52	10,4	18,0	26,3	98	—
2,46	1,63	3,11	8,0	9,6	14,5	22	33
2,00	1,01	1,90	5,9	6,9	9,3	13,3	17,8
1,60	0,77	0,99	4,4	4,6	5,5	7,4	—
ferritisch							
3,27	3,05	3,49	28,1	28,1	87,8	—	—
2,44	2,35	2,29	9,5	14,0	—	—	—
1,91	1,78	1,44	5,9	8,2	13,3	60,5	—
1,60	1,42	1,03	6,7	7,6	10,4	—	—

Es hat sich durch das Weichglühen nicht nur keine Erhöhung der Lamellenzahl ergeben, sondern sogar eine Abnahme.

Die Dämpfungsfähigkeit nimmt mit der Graphitdurchsetzung zu. Innerhalb betriebswichtiger Randspannungen geht deren Zunahme der Graphitdurchsetzung proportional, bei höheren Randspannungen ergibt sich ein parabolischer Verlauf (Abb. 609). In Abb. 610 sind mit den Dämpfungswerten für die bestimmte Randspannung von rd. 8 kg/mm² zugleich die Werte für St. 37 und St. 60 eingetragen. Man sieht, daß sich diese Werte in den Kurvenverlauf einordnen. Aber die Spannung von 8 kg/mm² bei Verdrehung spielt im Werkstück für Stahl nicht dieselbe Rolle wie für Gußeisen.

Eine zusätzliche Untersuchung an einer Schmelze von 2,51% C, 2,8% Si, 0,39% Mn, 0,16% P und 1,17% S, die in nasse, getrocknete und auf 250 bzw. 500⁰ vorgewärmte Formen vergossen wurde, zeigte, daß die netzförmige Anordnung des Graphits für die Dämpfungsfähigkeit nicht ungünstig zu sein scheint. Das netzförmige Gefüge war

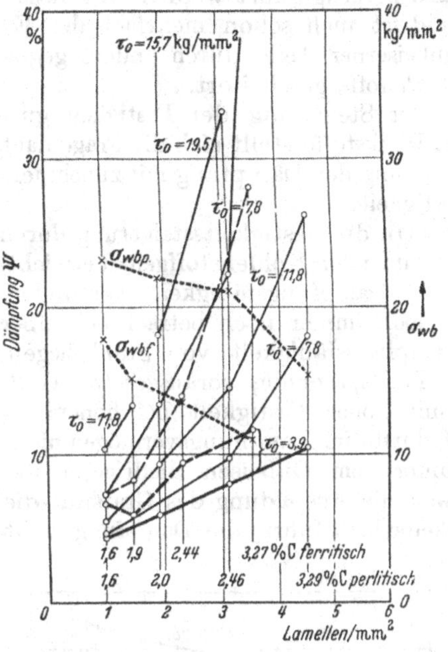

Abb. 609. Verhältnismäßige Dämpfung in Beziehung zur Graphitdurchsetzung (BERTSCHINGER, PIWOWARSKY u. GILGENBERG).

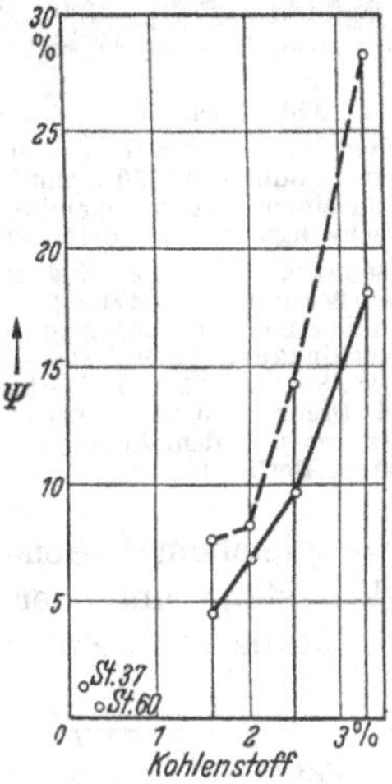

Abb. 610. Bezogene Dämpfung bei der Randspannung 7,8 kg/mm² (nach BERTSCHINGER, PIWOWARSKY u. GILGENBERG).

beim Naßguß am ausgeprägtesten und am schwächsten bei der getrockneten, auf 500⁰ angewärmten Form.

Im großen und ganzen ergab sich die Dämpfungsfähigkeit in derselben Reihenfolge (Abb. 611).

Nun war die Graphitverteilung in den vorgewärmten Formen nicht nur gleichmäßiger, die Graphiteinlagerungen an sich erschienen auch rundlicher, also mit kleineren Kerbschärfen, so daß auch darauf der Rückgang der Dämpfungsfähigkeit zurückzuführen sein dürfte. Dieselbe Erscheinung beobachtet man ja auch bei körnigem und lamellarem Perlit, und aus demselben Grunde ist die Dämpfungsfähigkeit von Temperguß tiefer einzusetzen als für Grauguß.

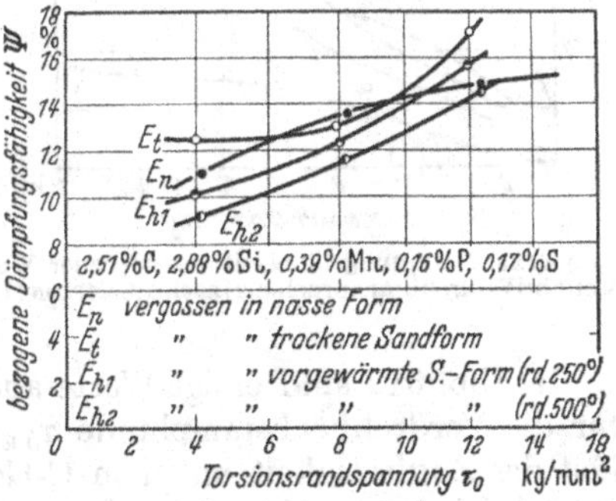

Abb. 611. Verhältnismäßige Dämpfung bei verschiedenen Gießarten. Nach BERTSCHINGER, PIWOWARSKY u. GILGENBERG.

9. Die praktische Bedeutung der Dämpfung.

Die Dämpfungsfähigkeit von Gußeisen ist aus strukturellen Gründen schon bei geringen Beanspruchungen verhältnismäßig groß gegenüber anderen Eisenwerkstoffen. Man vergleiche etwa das Ausschwingdiagramm von Kugellagerstahl

($G = 8000$ kg/mm²) mit dem eines Graugusses von $G = 3150$ kg/mm² (Abb. 611a) oder die Gegenüberstellungen in den Abb. 611b und 611c. Die Herabminderung schädlicher Schwingungen in periodisch beanspruchtem Konstruktionsstahl durch die Werkstoffdämpfung ist für Gußeisen in hervorragendem Maße zu erwarten. Der ruhige Gang vieler Kraft- und Arbeitsmaschinen muß vorwiegend auf diesen Umstand zurückgeführt werden. An diesem Umstand ist auch schon mehrfach der Ersatz gußeiserner Teile durch andere gegossene Werkstoffe gescheitert.

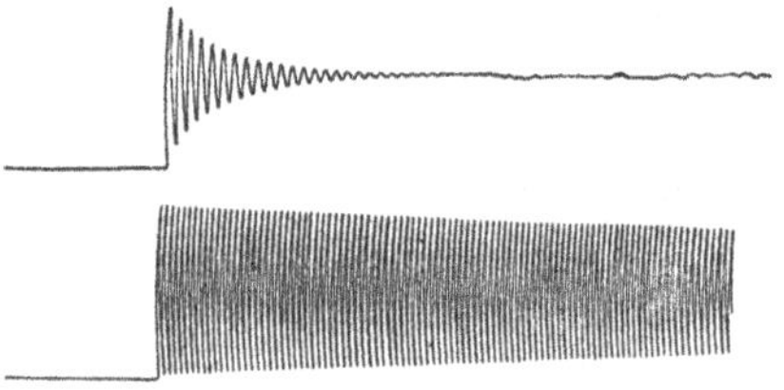

Abb. 611a.
Oben: Ausschwingkurve eines Gußeisenstabes mit einem Schubmodul von 3150 kg/mm², bei $d = 12$ mm und einem Ausschwingradius von 220 mm (Ausschwingmaschine FÖPPL-PERTZ).
Unten: Ausschwingkurve eines Kugellagerstahls mit einem Schubmodul von 8000 kg/mm², bei $d = 12$ mm und einem Ausschwingradius von 220 mm (Ausschwingkurve FÖPPL-PERTZ). Entnommen aus: W. KNACKSTEDT: Die Werkstoffdämpfung bei Drehschwingungen nach dem Dauerprüfverfahren und dem Ausschwingverfahren. Berlin 1930 (*3*).

Mit der Steigerung der Festigkeit gußeiserner Werkstoffe stellt sich die Frage nach der Änderung der Dämpfung mit zunehmender Festigkeit.

Wo man die Festigkeitssteigerung durch den abnehmenden Kohlenstoffgehalt erreicht, wird die Dämpfungsfähigkeit vermindert sein, jedoch immer noch beträchtlich über der Dämpfungsfähigkeit von Stahl liegen, gleiche Beanspruchung vorausgesetzt. Gußeisen mit hoher Festigkeit bei hohem C-Gehalt dürfte im Dämpfungsvermögen nicht weit unter dem Gußeisen niedrigerer Festigkeit von gleichem C-Gehalt liegen, weil die Ausbildung des Graphits, die zur Festigkeitssteigerung oder zum Festigkeitsabfall führt, die Dämpfung nicht im gleichen Maße zu beeinflussen braucht.

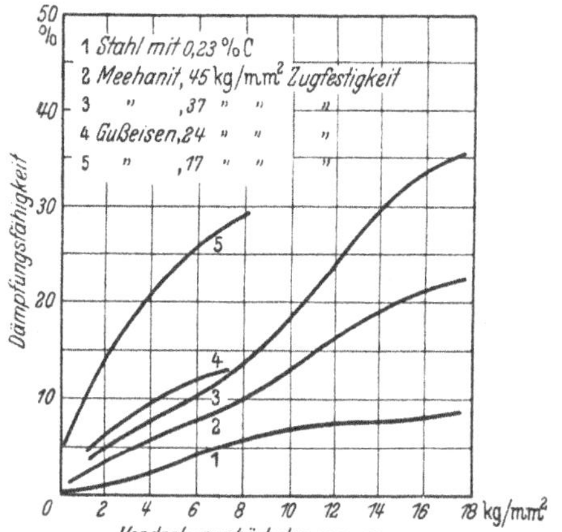

Abb. 611b. Dämpfungsfähigkeit verschiedener Werkstoffe bei Verdrehbeanspruchung [nach A. CAMPION (*14*)].

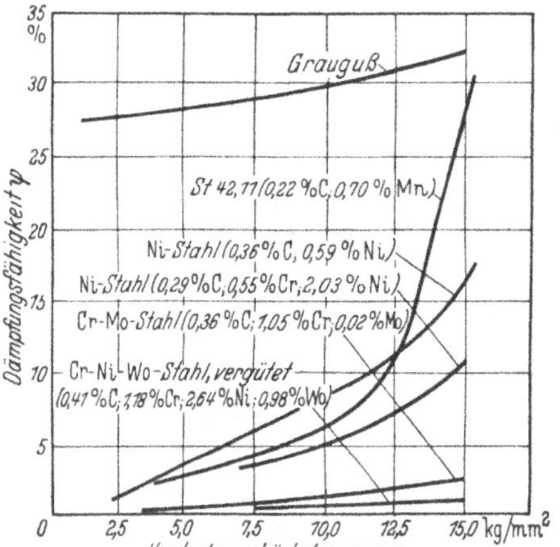

Abb. 611c. Verhältnismäßige Dämpfung von Gußeisen im Vergleich zu verschiedenen Stahlsorten bei Verdrehbeanspruchung [nach J. GEIGER (*3*)].

In Abb. 612 sind einige Werte aus der Literatur über die Dämpfungsfähigkeit für die Verdrehhöchstamplitude $\tau_{o\,w} = \pm 3{,}5$ kg/mm² dargestellt, in Abhängigkeit der Zugfestigkeit mit dem C-Gehalt als Parameter, die kritisch nur unter Berücksichtigung der Bemerkung über die Vergleichbarkeit der Ergebnisse (s. S. 483) betrachtet werden dürfen. Die Inkongruenz der Versuchsergebnisse gemäß Abb. 613, wo die Dämpfung in Abhängigkeit der Beanspruchung $\tau_{o\,w} = 0{,}35\,\sigma_B$ aufgetragen ist, ist aus demselben Grunde zu beurteilen. Immerhin geht die Bedeutung des C-Gehaltes für die Dämpfung unverkennbar hervor.

Bevor die systematische Untersuchung hier noch weite Lücken gefüllt hat, wird man kaum mit einer über das Gefühl hinausgehenden rechnungsmäßigen Berücksichtigung der Dämpfungsfähigkeit rechnen können.

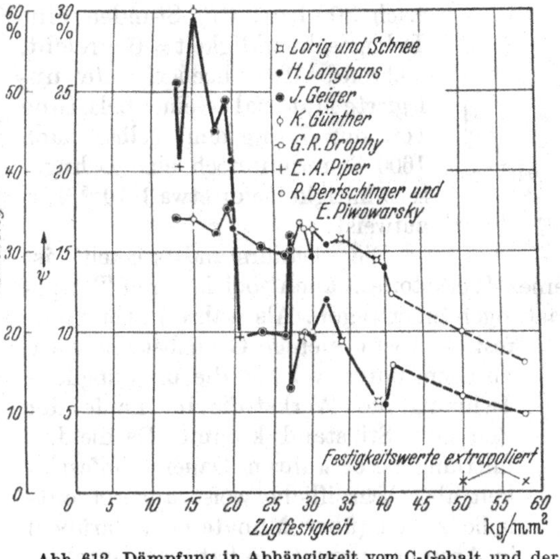

Abb. 612. Dämpfung in Abhängigkeit vom C-Gehalt und der Zugfestigkeit σ_B für Verdrehbeanspruchungen $\tau_{ow} = \pm\, 3{,}5\ \text{kg/mm}^2$.

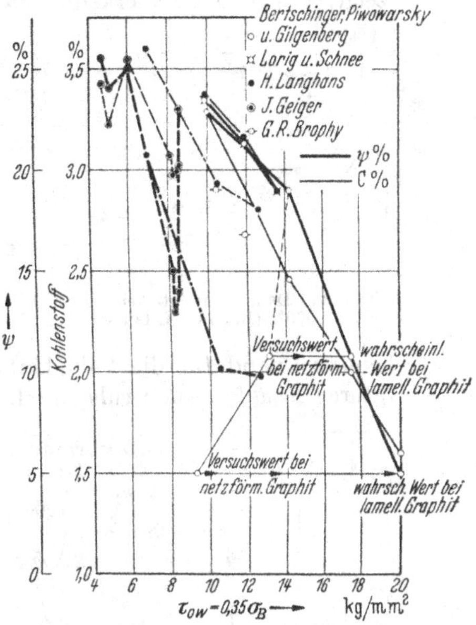

Abb. 613. Die Dämpfung ψ% bei Verdrehbeanspruchung in Abhängigkeit von $\tau_{ow} = \pm 0{,}35\,\sigma_B$.

Schrifttum zum Kapitel XIVi.

(1) Föppl, O.: Mitt. Wö. Inst. 1937 Heft 3 S. 19ff.
(2) Thum, A.: Handbuch der Werkstoffprüfung II. S. 185. Berlin: Springer 1939.
(3) Geiger, J.: Gießerei Bd. 27 (1940) S. 1.
(4) Möller, H., u. M. Hempel: Arch. Eisenhüttenw. Bd. 11 (1937/38) S. 315.
(5) Förster, F., u. W. Köster: Z. Metallkde. Bd. 29 (1937) S. 116ff.; ebenso Förster, F.: Z. Metallkde. Bd. 29 (1937) S. 109.
(6) Ludwik, P., u. R. Scheu: Z. VDI Bd. 76 (1932) S. 638.
(7) Langhans, H.: Diss. Jena 1939.
(8) Hempel, M.: Arch. Eisenhüttenw. Bd. 14 (1940/41) S. 505.
(9) Moore, H. F., Lyon, S. W., u. N. P. Inglis: Bull. Ill. Univ. 1927 Nr. 164.
(10) Kuntze, W.: Z. Metallwirtsch. Bd. 19 (1940) S. 1076.
(11) Körber, F.: Stahl u. Eisen Bd. 59 (1939) S. 624.
(12) Lorig, C. H., u. V. H. Schnee: Trans. Amer. Foundrym. Ass. Bd. 48 (1940) S. 425.
(13) Bertschinger, R., u. E. Piwowarsky: Gießerei Bd. 28 (1941) S. 365.
(14) Campion, A.: Foundry Trade J. Bd. 56 (1937) S. 173.
(15) Brophy, G. R.: Trans. Amer. Soc. Met. Bd. 24 (1936) S. 154.
(16) Knackstedt, W.: Mitt. Wöhler-Inst. 1929 Nr. 2 S. 59.
(17) Lüttgerding, H.: Mitt. Wö. Inst. 1939 S. 44.
(18) Becker, E.: Diss. Braunschweig 1927.
(19) Bankwitz, A.: Diss. Braunschweig 1932.
(20) Brophy, G. R., u. E. R. Parker: Trans. Amer. Soc. Met. Bd. 24 (1936) S. 919.
(21) Kaufmann, E.: Diss. Berlin 1930.
(22) Hempel, M., u. C. H. Plock: Mitt. K.-Wilh.-Inst. Eisenforschg. Bd. 17 (1935) S. 19.
(23) Söhnchen, E., u. E. Piwowarsky: Gießerei Bd. 21 (1934) S. 449.
(24) Thum, A., u. H. Ude: Gießerei Bd. 16 (1929) S. 501ff.

k) Die Dauerstandfestigkeit des Gußeisens.

Über die Dauerstandsfestigkeit des Gußeisens liegen noch relativ wenige Arbeiten im Schrifttum vor. C. H. Lorig und F. B. Dahle (2) berichteten über die Dauerstandfestigkeit von unlegiertem und molybdänlegiertem Gußeisen bei

370°, also im Bereich des Temperaturgebietes, in dem unlegiertes Gußeisen vielfach bereits einen starken Abfall der Härte und der Festigkeitseigenschaften zeigt. Aus Abb. 613a erkennt man, daß das Mo-legierte (allerdings auch niedriger gekohlte) Eisen bei einer Belastung von 12,2 bzw. 13,7 kg/mm² nach 300 bzw. 670 Stunden eine Dehngeschwindigkeit = 0 erreicht, während das hochgekohlte unlegierte Material bei einer Belastung von nur 7,4 kg/mm² selbst nach 1600 Stunden noch eine Dehngeschwindigkeit von etwa $3 \cdot 10^{-5}$ %/st aufweist.

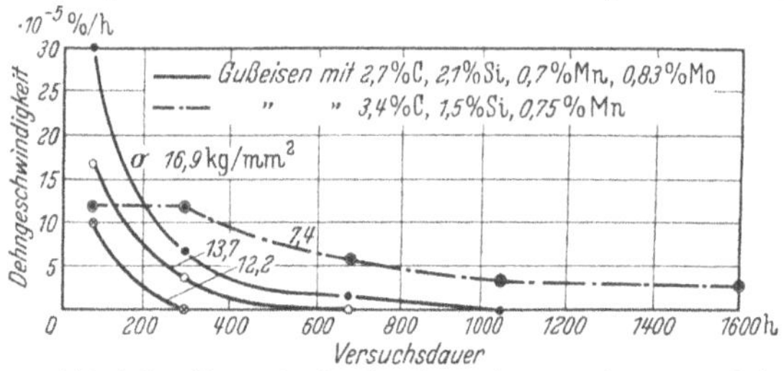

Abb. 613a. Dauerstandfestigkeit zweier Gußeisensorten bei 370°. (Nach C. H. LORIG u. F. B. DAHLE.)

Die Dauerstandfestigkeit ist kennzeichnend für die Fähigkeit eines Werkstoffes, auch bei höheren Temperaturen langdauernde ruhende Belastungen zu ertragen. Als wahre Dauerstandfestigkeit ist diejenige Grenzbelastung anzusehen, unter welcher die ursprüngliche Dehnung des Werkstoffs im Laufe der Zeit zum Stillstand kommt. Da die Ermittlung dieser wahren Dauerstandfestigkeit aber begreiflicherweise außerordentliche Zeiten (über Monate oder darüber) in Anspruch nimmt, so hat man verschiedene abgekürzte Verfahren in Vorschlag gebracht (*1*), von denen man aber heute noch nicht mit Bestimmtheit weiß, ob sie geeignet sind, die wahre Dauerstandfestigkeit zu kennzeichnen. Nach den vom betr. Unterausschuß beim Verein deutscher Eisenhüttenleute aufgestellten „Vorläufigen Richtlinien für die Ermittlung der Dauerstandfestigkeit von Stahl" (DIN-Vornorm DVM-Prüfverfahren A 117 und A 118, Entwurf 1) wird die (abgekürzt ermittelte) Dauerstandfestigkeit als vorhanden angesehen, wenn beim Versuch zwischen der 25. und 35. Stunde die Dehngeschwindigkeit den Betrag von $10 \cdot 10^{-4}$ %/st (= 1/1000 %/st) nicht überschreitet (*5*).

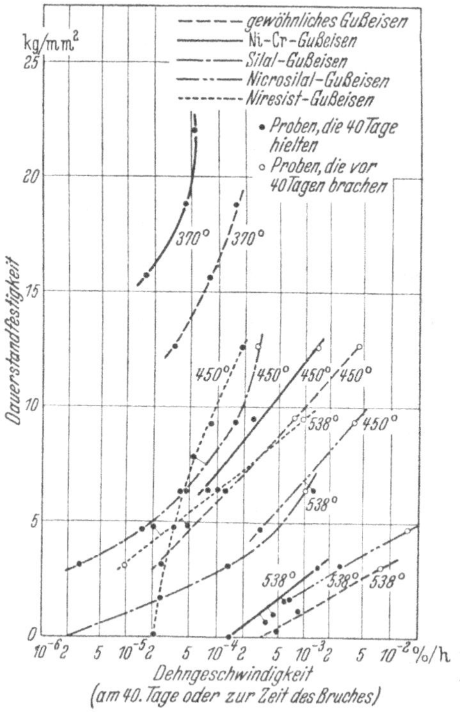

Abb. 613b. Dauerstandfestigkeit verschiedener Gußeisensorten nach H. J. TAPSELL, M. L. BECKER und C. G. CONWAY.

Eine bemerkenswerte Arbeit über die Dauerstandfestigkeit an fünf verschiedenen Gußeisensorten (chemische Zusammensetzung siehe Abschnitt XVIb, Volumenbeständigkeit) von H. J. TAPSELL, M. L. BECKER und C. G. CONWAY (*3*) ist von H. JUNGBLUTH und P. A. HELLER (*4*) in die Form der Abb. 613b gebracht worden. Die an sich instruktive Darstellung offenbart deutlich die Schwächen der heutigen abgekürzten Verfahren. Im übrigen ist die Überlegenheit der höher legierten Gußeisensorten, insbesondere der Silal-, Nicrosilal- und Niresist-Basis, gegenüber unlegiertem Gußeisen erwartungsgemäß ganz ausgesprochen.

Schrifttum zum Kapitel XIV k.

(*1*) Vgl. Werkstoff-Handbuch Stahl u. Eisen, Verlag Stahleisen 1937, Blatt C 47.
(*2*) LORIG, C. H., u. F. B. DAHLE: Metals & Alloys Bd. 2 (1931) S. 229.
(*3*) TAPSELL, H. J., BECKER, M. L., u. C. G. CONWAY: J. Iron Steel Inst. Bd. 133 (1936), S. 303.
(*4*) Ref. JUNGBLUTH, H., u. P. A. HELLER: Stahl u. Eisen Bd. 56 (1936) S. 659 und 692 sowie Bd. 57 (1937) S. 735.
(*5*) Vgl. ESSER, H., u. H. SCHMITZ: Arch. Eisenhüttenw. Bd. 15 (1941/42) S. 19; Werkstoffaussch. 543.

l) Über die Schlagfestigkeit von Gußeisen.

Der Begriff der Schlagfestigkeit technischer Nutzlegierungen trägt bekanntlich gewisse Unzulänglichkeiten in sich. Das Wort Festigkeit hat strenggenommen nur dort eine Berechtigung, wo eine dem Werkstoff aufgezwungene, zum Bruch führende statische oder dynamische Spannung auf den beanspruchten Querschnitt bezogen werden kann. Für den Fall der Schlagfestigkeit oder, wie schon treffender in Vorschlag gebracht worden ist, der Schlagzähigkeit eines Werkstoffes, wo es sich also um eine Energie- oder Arbeitsaufnahme handelt, kann grundsätzlich nur eine Bezugnahme auf den an der Arbeitsaufnahme beteiligten Volumenanteil des Werkstoffes in Frage kommen. Die Schwierigkeiten, die sich jedoch selbst bei sehr zähen Werkstoffen der genauen Ermittlung des Arbeitsvolumens entgegenstellen (*1*), lassen für eine technologische, rein praktische Beurteilung der Werkstoffe den an sich unberechtigten Bezug der Schlagarbeit auf den Schlagquerschnitt als vorläufig noch kleineres Übel zu. Ist so der Begriff der Schlagfestigkeit oder der spezifischen Schlagzähigkeit für den Wissenschaftler recht wenig eindeutig, so sind doch unter geeigneten Bedingungen durchgeführte Schlagversuche für den Praktiker von gewissem Wert, da sie ihm einen Anhaltspunkt für das Verhalten des Werkstoffs oder eines Werkstücks bei zu Gewaltbrüchen führenden Beanspruchungen liefern.

Im Gegensatz zu den früheren Auffassungen, welche im Gußeisen generell einen spröden Werkstoff sahen, wissen wir heute, daß dieses Material bei mäßigen, den üblichen Gebrauchsbeanspruchungen des praktischen Betriebes nahekommenden Spannungsverhältnissen sich als ein Werkstoff von dynamisch durchaus ausreichenden Eigenschaften erwiesen hat (*2*).

Wo allerdings die Sicherheit gegen Bruch, d. h. gegen die möglichen Wirkungen stärkster Stoßbeanspruchungen in erster Linie ausschlaggebend ist für die Wahl des Werkstoffes, dort wird der Konstrukteur ohne Zweifel zu einem zähen Stahl, einem hochwertigen geglühten Stahlguß oder einem weichen Temperguß greifen. Dennoch erscheint es nicht unmöglich, daß auch hier der legierte, niedriggekohlte oder nachbehandelte Grauguß sich noch weiter wird vortasten können, nachdem u. a. eigene Versuche des Verfassers (*3*) an Gußeisensorten wechselnden Kohle-, Silizium- und Phosphorgehaltes, wechselnder Probeformen, verschiedener Schlaggeschwindigkeit und verschiedener thermischer Nachbehandlung (über 8000 Einzelwerte), über die im folgenden berichtet wird, verschiedene Wege aufzeigen, zu einem Gußeisen mit erhöhter Schlagzähigkeit zu gelangen.

Die spezifische Schlagzähigkeit (Schlagbiegefestigkeit) normal zusammengesetzten und unter den üblichen Bedingungen, z. B. des Kupolofenbetriebes, hergestellten Graugusses ist infolge der inneren Kerbwirkung des Graphits relativ klein und schwankt unter Verwendung der für Eisen und Stahl gebräuchlichen kleinen Schlagprobe zwischen 0,25 und etwa 0,60 mkg. Dennoch finden sich im Schrifttum auch wesentlich höhere Werte, die jedoch in den meisten Fällen durch die Art der Probestäbe und der Versuchsdurchführung bedingt sind und nur mit größter Vorsicht Schlußfolgerungen auf die Zähigkeitswerte des Materials zulassen. Kleine Probeformen, z. B. in Anlehnung an die bei Stahl vielfach gebrauchte kleine Kerbschlagprobe der Abmessungen $10 \times 10 \times 55$, ergeben insbesondere an bearbeiteten gekerbten oder ungekerbten Graugußstäben starke Streuungen und sind kaum geeignet, selbst stärkere Unterschiede im dynamischen Verhalten des Gußeisens zum Ausdruck zu bringen. Verfasser hat u. a. die Reststäbe einer früheren Arbeit (*4*), welche den Einfluß der Gießtemperatur, der Wandstärke und des Gesamtkohlenstoffgehalts auf die Festigkeitseigenschaften von Grauguß zum Ausdruck brachte, verwendet, um an ungekerbten, allseitig bearbeiteten, aus Rundstäben von 22 bis 67 mm Durchmesser herausgearbeiteten Stäben von $10 \times 10 \times 55$ mm (10 mkg Pendelschlagwerk nach CHARPY) Schlagversuche vorzunehmen. Das Ergebnis von etwa 200 Schlagproben war: durchweg niedrige Werte zwischen 0,22 bis 0,41 kg/cm² und keine Beziehungen zur Wandstärke und der Schmelzbehandlung. Lediglich der Einfluß des Kohlenstoffs setzte sich ganz schwach durch, wenn die Anzahl der Proben groß genug war (vgl. in Abb. 614 die Mittelwerte von je 25 Schlagproben). Es betrug die Schlagarbeit (Mittelwerte von je 25 Proben) in:

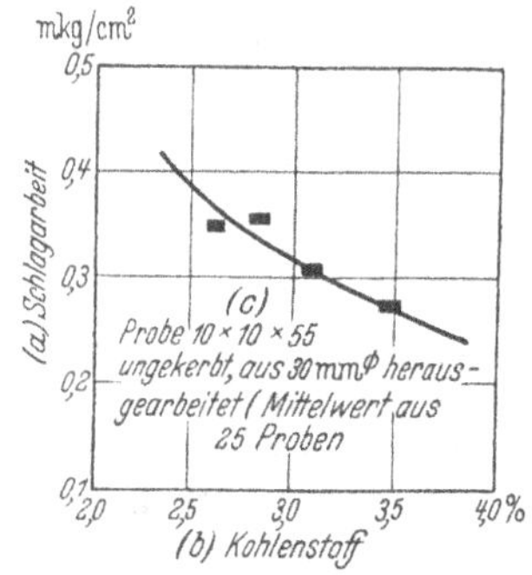

Abb. 614. Einfluß des Kohlenstoffs auf die Schlagfestigkeit von Gußeisen (E. PIWOWARSKY).

Gruppe I	Gruppe II	Gruppe III	Gruppe IV
C = 3,51 – 3,4%	3,12 – 3,02%	2,88 – 2,85%	2,59 – 2,63%
S = 0,28 mkg/cm²	S = 0,31 mkg/cm²	S = 0,36 mkg/cm²	S = 0,35 mkg/cm²

Dieses Ergebnis bestätigt die Ergebnisse einer Gemeinschaftsarbeit (*5*) verschiedener amerikanischer Gießereien an 25 Schmelzen aus dem Kupol- bzw. Elektroofen, wo ebenfalls an den Proben unter 1 cm² Querschnitt keine brauchbaren Werte sich ergeben hatten, insbesondere wenn die Schlagproben aus wesentlich dickeren Stäben herausgearbeitet worden waren. Die besten Werte mit geringster Streuung wurden bei Verwendung möglichst großer Proben erzielt. An ungekerbten Stäben mit 30,5 mm Durchmesser (Länge = 51,5 cm, Stützweite 44,1 cm bei 7,3 cm² Querschnitt), stammend aus Schmelzen mit ähnlichen Herstellungs- und Gießbedingungen, ergab sich jedoch bei Auswertung des umfangreichen Zahlenmaterials und Umrechnung in deutsche Maße eine durchaus klare Beziehung zum Kohlenstoffgehalt der Schmelzen (Abb. 615). Alle aus dem schraffierten Feld in Abb. 615 herausfallenden Schmelzen zeichnen sich durch eine Besonderheit aus. Sehr hoher Phosphorgehalt (2%) verursachte eine Erniedrigung der Schlagzähigkeit. Das gleiche wurde durch Gießen in Trockensand infolge der damit verbundenen Graphitvergröberung verursacht. Ein mit hohem Stahlzusatz erschmolzenes Gußeisen ergab die höchste Schlagzähigkeit, die in

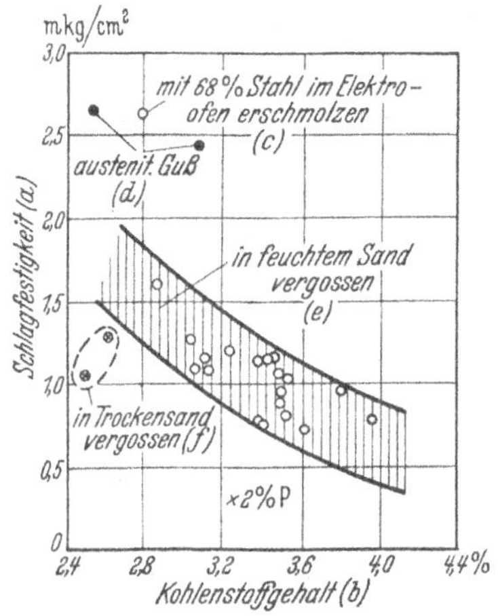

Abb. 615. Schlagfestigkeit verschiedener Gußeisensorten in Abhängigkeit vom Kohlenstoffgehalt (nach Werten der Amer. Soc. Test. Mat.). Probenform: 30,5 mm Durchmesser ungekerbt; Schlagmoment: 16,6 mkg; Stützweite: 44,1 cm; Probenlänge: 51,5 cm.

der Größenordnung der Zähigkeit von austenitischem Gußeisen lag. Die ungewöhnlich hohen Werte in Abb. 615 hängen hier nachweislich mit der großen Stützweite der Schlagproben zusammen, wodurch sich infolge höherer Durchbiegungswerte eine größere Energieaufnahme des Werkstoffes ergibt. Bei Verwendung abgeänderter Izodproben mit einem rechteckigen Querschnitt von 2,42 cm² ergab sich eine grundsätzlich ähnliche Beziehung wie Abb. 615. Zusätzlich angebrachte Kerben (anscheinend nachträglich eingefräst) riefen eine Erniedrigung der Schlagarbeit hervor, wobei die Wirkung äußerlich angebrachter Kerben um so größer ausfiel, je höher die Schlagzähigkeit des Materials war. Diese mit der Höherwertigkeit des Gußeisens zunehmende Kerbempfindlichkeit fand auch durch die eigenen Versuche des Verfassers (*3*) ihre Bestätigung.

Betreffend dem Einfluß der Temperatur auf die Schlagzähigkeit des Gußeisens fanden F. B. Dahle (*6*) und später E. v. Rajakovics (*7*) den in Abb. 616 zusammengestellten Verlauf. Die Werte der Abb. 616 liegen entsprechend den gewählten Probeformen in der Größenordnung, wie sie meist bei Gußeisen gefunden wird. Auch hier hat die Versuchsreihe mit dem niedrigeren Kohlenstoffgehalt die bessere Schlagzähigkeit. Ein Molybdänzusatz scheint in der gleichen

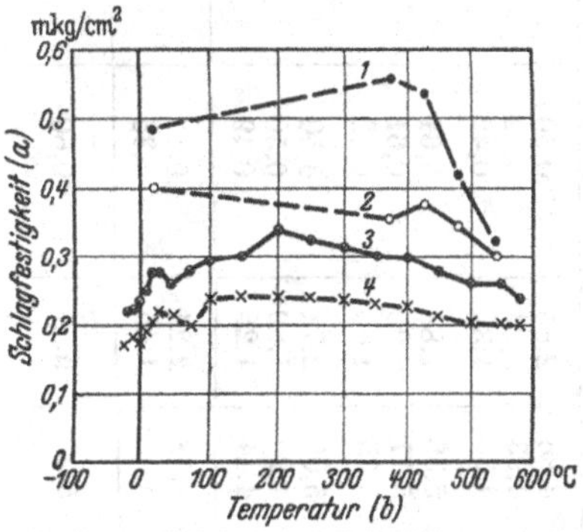

	C%	Si%	Mo%			
1	2,69	1,75	0,82	ungekerbt	F. B. Dahle	Proben 1,287 cm Dmr., Izod-Hammer
2	2,81	1,69	—	ungekerbt		
3	3,35	1,89	—	ungekerbt	E. v. Rajakovics	Proben 0,8 × 1,0 cm, bearbeitet, Charpy-Hammer, (Spitzkerb 3 mm (gemäß DVM 1926)
4	3,35	1,89	—	gekerbt		

Abb. 616. Einfluß der Temperatur auf die Schlagfestigkeit von Gußeisen.

Richtung zu wirken. Die gekerbte Probe zeigt eine geringere Schlagzähigkeit als die ungekerbte.

Neuere Untersuchungen von M. Paschke und F. Bischof (*8*) an Gußeisensorten mit 3,36 bis 3,83% Kohlenstoff und Phosphorgehalten von 0,14 bis 1,22% ergaben trotz konstanter Versuchsbedingungen weder eine Abhängigkeit der Schlagbiegefestigkeit von der Temperatur noch vom Phosphorgehalt. Die aufgenommenen Arbeitswerte waren sehr klein (0,08 bis 0,22 mkg/cm²). Auch hier war offenbar die Probeform (deutsche Normalprobe mit 0,7 cm² Schlagquerschnitt) zu klein gewählt worden.

Im Rahmen der nachstehend beschriebenen Versuche von E. Piwowarsky (*3*) wurden bisher über 8000 Schlagproben unter den verschiedensten Bedingungen vorgenommen. Sie beziehen sich auf fünf verschiedene Versuchsreihen mit insgesamt 26 Schmelzen (vgl. Zahlentafel 104). Die mit V und H bezeichneten Reihen entstammten einem 100-kg-Hochfrequenzofen, die übrigen mit P, ferner mit E und K bezeichneten Schmelzreihen wurden im Tiegelofen hergestellt. Die mit V, H und P bezeichneten Reihen sollten den Einfluß abnehmenden Kohlenstoffgehalts bzw. der abnehmenden Summe Kohlenstoff- + Siliziumgehalt erfassen. Die Gießtemperaturen wurden in allen Fällen auf die veränderten Gesamt-Kohlenstoffgehalte abgestimmt. Im Rahmen der Reihen V und H wurden auch einige legierte Gußeisensorten untersucht. Reihe P umfaßte 9 Schmelzen mit hohem (3,4%), mittlerem (2,6%) und niedrigem (2,1%) C-Gehalt, wobei der Phosphorgehalt von 0,1% über 0,45 bis auf 0,80% verändert werden sollte. Die

Zahlentafel 104 Chemische Zusammensetzung der Versuchsschmelzen zur Bestimmung der Schlagzähigkeit von Gußeisen.

Reihe	Nr. der Schmelze	Ofenart	Gießtemperatur °C	Ges.-C %	Si %	C + Si %	Graphit %	Mn %	P %	S %	Ni %	Cr %	Mo %
V	3	100-kg-Hochfrequenzofen	1325	4,08	1,76	5,84	3,40	0,54	0,066	0,020	—	—	—
	2		1350	3,28	2,25	5,53	2,80	0,43	0,062	0,019	—	—	—
	1		1400	2,40	2,50	4,90	1,46	0,28	0,070	0,040	—	—	—
	5		1375	2,70	1,50	4,20	0,92	~ 0,42	~ 0,065	~ 0,030	—	—	—
	6		1425	2,04	1,90	3,94	Sp.	~ 0,42	~ 0,065	~ 0,030	—	—	—
	4		1350	3,12	2,26	5,38	2,60	0,39	0,062	0,020	1,77	0,53	—
H	1	100-kg-Hochfrequenzofen	1375	2,80	1,44	4,24	2,30	~ 0,45	~ 0,065	~ 0,040	—	—	—
	2		1400	2,20	2,02	4,22	2,00	~ 0,45	~ 0,065	~ 0,040	—	—	—
	3		1425	1,88	1,94	3,82	1,80	~ 0,45	~ 0,065	~ 0,040	—	—	—
	5		1450	1,72	1,96	3,68	1,60	~ 0,45	~ 0,065	~ 0,040	—	—	—
	4		1425	1,86	2,00	3,86	1,50	~ 0,45	~ 0,065	~ 0,040	1,70	0,40	—
	6		1450	1,64	2,02	3,66	1,20	~ 0,45	~ 0,065	~ 0,040	1,70	0,40	—
	7		1425	2,00	1,96	3,96	1,40	~ 0,45	~ 0,065	~ 0,040	—	0,27	0,30
	8		1450	1,64	1,94	3,58	1,08	~ 0,45	~ 0,065	~ 0,040	—	0,27	0,30
P	1	250-kg-Fulminaofen ölbeheizt	1350	3,48	1,38	4,86	2,65	0,50	0,125	0,018	—	—	—
	2		1375	2,83	2,10	4,93	2,24	0,52	0,144	0,026	—	—	—
	3		1400	2,12	2,18	4,30	1,30	0,42	0,136	0,026	—	—	—
	4		1325	3,64	1,72	5,36	2,88	0,61	0,450	0,026	—	—	—
	5		1375	2,65	2,52	5,17	2,00	0,61	0,320	0,032	—	—	—
	6		1425	2,03	1,32	3,35	1,00	0,42	0,290	0,030	—	—	—
	7		1350	3,65	1,40	5,05	2,74	0,50	0,776	0,046	—	—	—
	8		1375	2,56	1,64	4,20	1,80	0,50	0,776	0,029	—	—	—
	9		1400	2,10	2,34	4,44	1,26	0,49	0,822	0,033	—	—	—
E	1	50-kg-Öl-tiegelofen	1375	2,88	1,90	4,78	2,24	0,43	0,120	0,024	—	—	—
	2		1428	1,96	2,64	4,60	1,45	0,35	0,140	0,024	—	—	—
K		Kupolofen 420 Durchm.	1300	3,95	1,95	5,90	n. b.	0,60	0,60	0,035	—	—	—

C + Si-Gehalte sollten hier zwischen 4 bis 5% liegen. Im allgemeinen wurden auch hier die angestrebten Zusammensetzungen erzielt. Lediglich Schmelze 6 dieser Reihe erhielt infolge Betriebsstörung am Ofen einen zu geringen Siliziumgehalt, wodurch auch die Summe Kohlenstoff + Silizium auf 3,35% sank. Ferner fiel durch ein Versehen bei der Gattierung bei den Schmelzen 5 und 6 der Phosphorgehalt etwas zu niedrig aus. Mit sinkendem Gesamt-Kohlenstoffgehalt nimmt auch hier, wie in den Reihen V und H, der Graphitgehalt entsprechend ab.

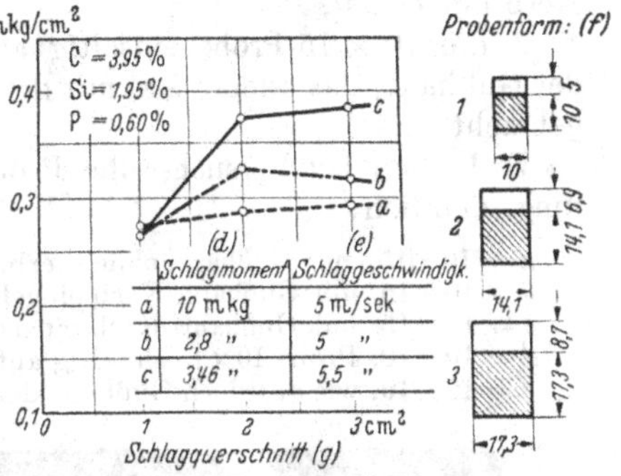

Abb. 617. Einfluß des Schlagquerschnitts geometrisch ähnlicher Probeformen auf die Schlagfestigkeit hochgekohlten Kupolofeneisens (E. PIWOWARSKY).

Die Versuchsreihen V und H dienten zur Untersuchung der Vergütungsmöglichkeit von Grauguß. Über die dort erzielten Ergebnisse wurde an anderer Stelle berichtet (*9*). Für die Schlagversuche wurden bei Versuchsreihe V Stäbe von 22 mm Durchmesser abgegossen, und zwar stehend in trockenem Sand, nassem Sand sowie in eisernen Kokillen. Die aus diesen Proben herausgearbeiteten Stäbe der Abmessungen 10 × 10 wurden ungekerbt geschlagen. Bei Versuchsreihe H wurden die Stege einer Spezialprobe zur Ermittlung der Rißneigung für die Schlagversuche benutzt. Die Stege hatten die Abmessungen 10 × 10 × 350 mm und wurden ungekerbt mit Gußhaut bei je 55 mm Länge der Proben geprüft (vgl. Abb. 852).

Die Abmessungen der zur Reihe K zugehörigen Probestäbe gehen aus Abb. 617 hervor. Es kamen geometrisch ähnliche Stäbe mit eingegossenem Kerb zum Abguß (Naßguß, stehend gegossen) sowie Stäbe der gleichen Form, aber ohne Kerb, die mit ihren vollen rechteckigen Abmessungen (10 × 15 bzw. 14 × 21 sowie 17,3 × 26 mm) geprüft wurden. Ein Teil der letzteren Stäbe wurde durch Einfräsen eines Kerbs auf die gleichen aus Abb. 617 ersichtlichen Abmessungen gebracht.

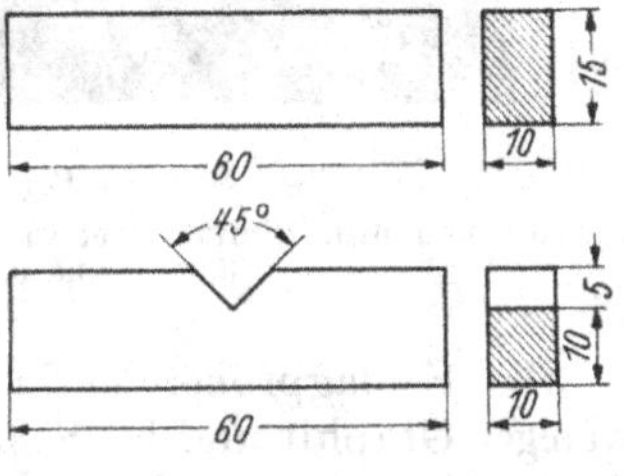

Abb. 618. Abmessungen der Schlagproben.

Im Rahmen der Reihe E wurden senkrecht in Naßguß abgegossene Probestäbe der Abmessungen 30 × 30 ⌽ geprüft bei Verwendung eines 15 mm tiefen eingegossenen Kerbs von 45 ∢, ferner kamen zur Untersuchung ungekerbte Rundstäbe von 30 mm Durchmesser, herausgearbeitet aus senkrecht in Naßguß abgegossenen Rundstäben von 35 mm Durchmesser. Die übrigen Prüfbedingungen sind den verschiedenen Abbildungen beigeschrieben.

Von der am eingehendsten untersuchten Schmelzreihe P wurden zur Ermittlung der Zug- und Biegefestigkeit Stäbe von 35 mm Durchmesser stehend in Naßguß hergestellt, ferner für die Prüfung der Schlagbiegefestigkeit Stäbe der Abmessungen 10 × 15, gekerbt und ungekerbt (in letzterem Falle mit einem 5 mm tiefen Kerb von 45 ∢, vgl. Abb. 618. Die Schlagproben kamen in folgenden Behandlungsstufen zur Prüfung:

Stufe *A* Gußzustand,
Stufe *B* einmal geglüht, 2 st bei 900°,
Stufe *C* zweimal geglüht, je 2 st bei 900°,
Stufe *D* 20 min etwa 50° oberhalb Ac_1 geglüht, in Öl abgeschreckt, 2 st bei 650° angelassen.

Um bei der Wärmebehandlung eine Entkohlung zu vermeiden, wurden die

Stäbe und Proben in Gußeisenspäne eingepackt. Der Ac_1-Punkt wurde durch Abschreckversuche festgelegt.

Die Prüfung der Biegefestigkeit erfolgte nach Abdrehen auf 30 mm Durchmesser, die der Zugfestigkeit an Kurzzerreißstäben mit einem Zerreißdurchmesser von 18 mm. Die Schlagfestigkeit wurde außer an den in Abb. 618 gezeigten Probeformen noch an zwei bearbeiteten Formen geprüft, und zwar wurde

1. in die 10 × 15-Probe ein Kerb von der gleichen Form wie der eingegossene Kerb eingefräst,

2. die 10 × 15-Probe einseitig auf 10 × 10 mm bearbeitet und einmal mit der Gußhaut, das andere Mal mit der bearbeiteten Seite in die Zugspannungslage gebracht.

Es kamen bei Versuchsreihe P demnach insgesamt 5 Probeformen zur Prüfung, nämlich:

a = 10×15, mit Gußhaut, ohne Kerb,
b = 10×15, mit Gußhaut, Kerb eingefräst,
c = 10×15, mit Gußhaut, Kerb eingegossen,
d = 10×10, Probe 10×15 einseitig auf der Schlagseite bearbeitet,
e = 10×10, wie d, jedoch Gußhaut der Schlagseite zugewandt.

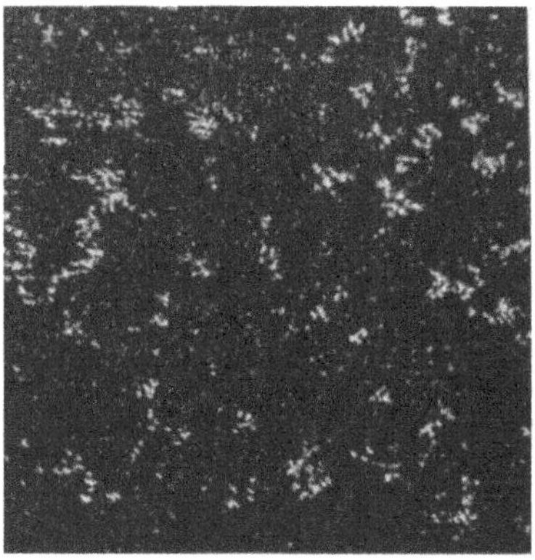
Schmelze P_{7A}

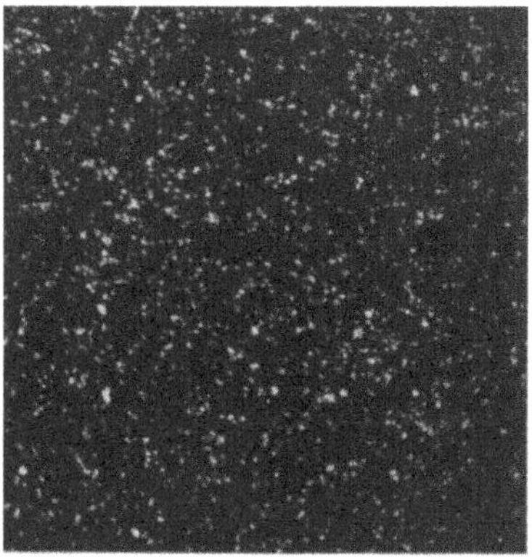
Schmelze P_{7D}

Abb. 619 und 620. Einfluß einer thermischen Vergütung auf die Phosphidverteilung eines Gußeisens mit 3,6% C und 0,8% P. Tiefätzung, V = 20 (E. Piwowarsky).

Die Schlagproben enthielten entsprechend dem geringen Gußquerschnitt weniger Graphit und bei Schmelze 6 zum Teil noch etwas freien Zementit. Durch das Glühen bei 900° waren die Schmelzen schon nach der ersten Glühung, Schmelze 6 erst nach der zweiten Glühung fast vollkommen ferritisch geworden, wodurch Schmelze 6 etwas Temperkohle enthielt. Durch das Vergüten wurde in der Grundmasse stets ein sehr feiner, körniger Perlit erzielt. Überraschenderweise wurde auch die Steaditverteilung durch das Glühen und Vergüten wesentlich gleichmäßiger und feiner (Abb. 619 und 620).

Abb. 617 zeigt das Prüfungsergebnis an der hochgekohlten Kupolofenschmelze. Die Stäbe kamen roh mit Gußhaut zur Prüfung, und zwar einmal auf einem 10-mkg-Charpy-Hammer, ferner auf einem 15-mkg-Hammer, bei dem jedoch der eiserne Bär durch einen Leichtmetallbär ersetzt worden war, um die Versuchsgenauigkeit zu erhöhen. Bei einem Gewicht von 2,23 kg, einer Pendellänge von 0,80 m und einem größten Fallwinkel von 160° errechnet sich das Arbeitsvermögen dieses Hammers zu 3,46 mkg. Die Schlaggeschwindigkeit betrug 5,5 m/sec, die Leerlaufarbeit 0,075 mkg. Die verschiedene Schlaggeschwindigkeit wurde hier, wie in allen weiteren Fällen, durch Wahl der Fallhöhe erreicht, wodurch sich natürlich eine Veränderung des Schlagmomentes ergab. Solange das letztere jedoch wesentlich größer ist als die vom Material vernichtete Energie, spielt seine Änderung keine Rolle, jedenfalls ist dies nach dem heutigen Stand der Erkenntnisse anzunehmen. Wie Abb. 617 zeigt, nimmt die aufgenommene Energie mit zunehmender Stabdicke (Wanddicke) zu. Die beiden Versuchsreihen mit gleicher Schlaggeschwindigkeit liegen allerdings ziemlich eng zusammen, während eine Vergrößerung der Schlaggeschwindigkeit von 5 auf 5,5 m bereits eine größere Differenzierung der Werte ergibt. Übrigens sei vermerkt, daß, wo nicht anders angegeben, die mitgeteilten Werte für die Schlagzähigkeit stets das Mittel aus fünf bis acht Einzelversuchen darstellen. Aus dem Verlauf der Kurven nach Abb. 617 kann man bereits vermuten, daß Schlagquerschnitte unter 1,5 cm^2 weniger geeignet sind, Unterschiede im Verhalten des rohgegossenen Materials zum Ausdruck zu bringen. Natürlich werden die Werte der Abb. 617 noch zu ergänzen sein durch Schlagprüfungen an Stäben zunehmenden Durchmessers, aber gewonnen aus einem und demselben hinreichend dimensionierten Stab, um die Grenze der Quasiisotropie von Grauguß bei der Schlagzähigkeitsprüfung zu ermitteln.

Zahlentafel 105 zeigt bei gleicher Schlaggeschwindigkeit den Einfluß veränderten Kohlenstoff- bzw. Kohlenstoff- und Siliziumgehaltes auf die Schlagzähigkeitswerte der Schmelzen der Reihe H. Im Gußzustand ist keine klare Beziehung vorhanden, die Werte liegen unabhängig von der chemischen Zusammensetzung etwa in gleicher Größenordnung. Erst im geglühten bzw. vergüteten (abgeschreckt und angelassen) Zustand ergibt sich ein Zusammenhang mit der Analyse derart, daß mit abnehmendem Kohlenstoff-

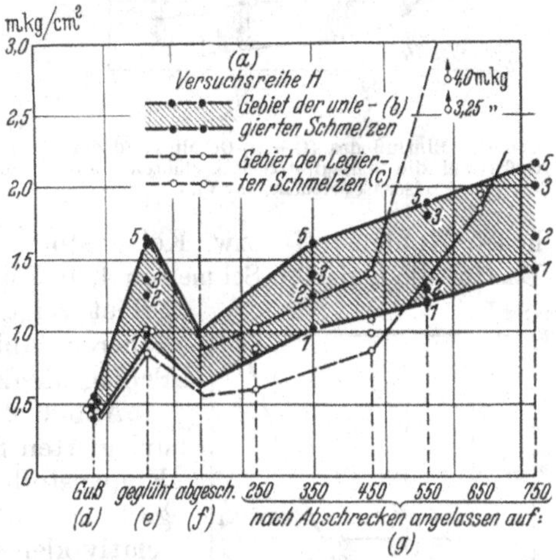

Abb. 621. Schlagfestigkeit der aus dem Steg der Rißneigungskörper (vgl. Abb. 853) herausgesägten Proben in Abhängigkeit von der Glühbehandlung. Probenkörper: 10×10 mm ungekerbt mit Gußhaut, Schlagmoment: 10 mkg, Schlaggeschwindigkeit: 5 m/sek.

Zahlentafel 105. Schlagzähigkeiten der aus dem Steg der Rißneigungskörper entnommenen Proben (Reihe H) nach thermischer Behandlung (vgl. Abb. 621), mit Gußhaut geprüft.

Schmelze Nr.	Gußzustand	Geglüht 850°	Abgeschreckt und angelassen auf 250°	350°	450°	550°	650°	750°
1	0,57	0,98		1,02		1,20		1,43
2	0,42	1,24		1,25		1,28		1,65
3	0,39	1,36		1,40		1,80		2,0
5	0,45	1,60		1,60		1,88		2,16
4	0,55	0,84	0,88		1,09		2,04	
6	0,44	1,08	0,61		1,40		2,15	
7	0,44	0,94	0,86		0,86		4,0	
8	0,54	1,64	1,03		0,96		3,25	

bzw. Kohlenstoff- und Siliziumgehalt die durch eine thermische Behandlung erreichbare Erhöhung der Schlagzähigkeit deutlich zunimmt.

Klarer werden die Beziehungen, wenn die Schlagzähigkeit in Abhängigkeit von der Anlaßtemperatur aufgetragen wird, wie dies in Abb. 621 geschehen ist.

Im Gußzustand liegen alle Werte eng beisammen. Durch einfaches Glühen (1 bis 2 Std. bei etwa 850°) tritt bereits der Einfluß erniedrigten Kohlenstoffgehaltes in Erscheinung. Ein Abschrecken führt wiederum zu einem Abfall und einer Zusammenführung der Werte, während mit zunehmender Anlaßtemperatur die Schlagzähigkeit eindeutig zunimmt. In dem Streugebiet für die unlegierten Schmelzen entsprechen die unteren Werte den

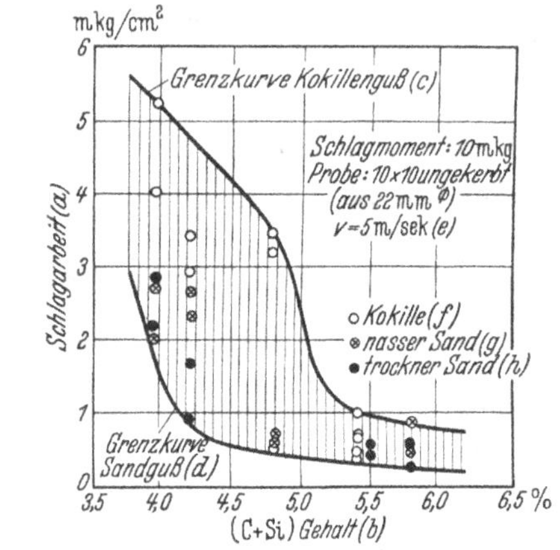

Abb. 622. Einfluß des (C + Si)-Gehaltes und der Gußart auf die Schlagfestigkeit geglühten Gußeisens (Versuchsreihe V).

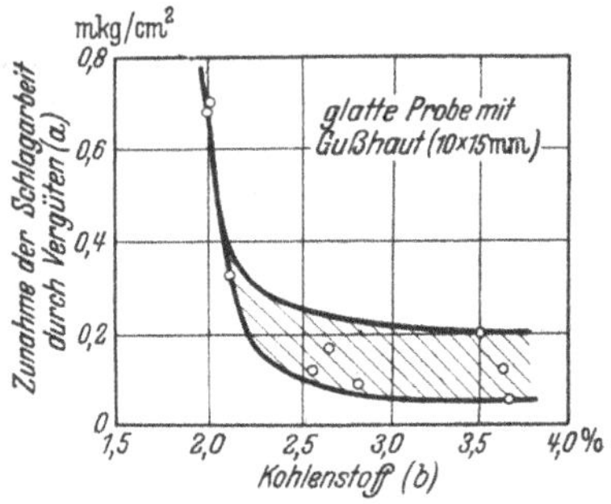

Abb. 623. Einfluß des Kohlenstoffs auf die Steigerung der Schlaggeschw. durch thermische Vergütung. Schlagmoment: 3,46 mkg; Schlaggeschw.: 5,5 m/sek; Versuchsreihe P (Proben 1a u. 9a der Stufen A und D).

hohen Kohlenstoff- bzw. Kohlenstoff- und Siliziumgehalten und umgekehrt. Das für die legierten Schmelzen 4, 6, 7 und 8 gültige dünn eingezeichnete Streugebiet zeigt, daß im Fall legierten Gußeisens mit höheren Anlaßtemperaturen zur Erzielung hoher Schlagzähigkeit gerechnet werden muß.

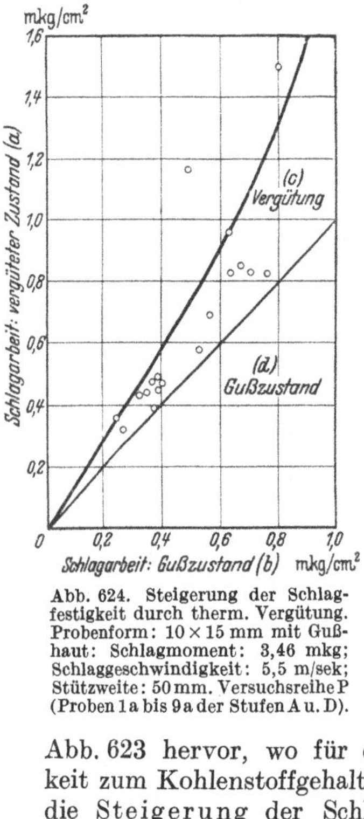

Abb. 624. Steigerung der Schlagfestigkeit durch therm. Vergütung. Probenform: 10 × 15 mm mit Gußhaut: Schlagmoment: 3,46 mkg; Schlaggeschwindigkeit: 5,5 m/sek; Stützweite: 50 mm. Versuchsreihe P (Proben 1a bis 9a der Stufen A u. D).

Abb. 622 zeigt das Ergebnis der Prüfung an den unlegierten Schmelzen der Versuchsreihe *V*. Hoher Kohlenstoff- bzw. Kohlenstoff- und Siliziumgehalt gibt sowohl bei Sand- wie auch bei Kokillenguß relativ kleine Zahlen für die Schlagzähigkeit. Mit abnehmendem Kohlenstoffgehalt dagegen nimmt bei Kokillenguß von C + Si etwa 5, bei Sandguß von C + Si = 4 abwärts die Schlagzähigkeit sehr schnell zu. Der extrapolierte Verlauf der Grenzkurven für Sand- bzw. Kokillenguß läßt denjenigen Gehalt an Kohlenstoff bzw. Kohlenstoff und Silizium ableiten, bei welchem für Sand- bzw. Kokillenguß kaum noch unterschiedliche Werte für die Schlagzähigkeit zu erwarten sind. Das dürfte jene Zusammensetzung sein, bei welcher unabhängig vom Gießverfahren (insbesondere der Abkühlungsgeschwindigkeit) das Gußeisen mehr oder weniger meliert bis weiß fällt. Eine analoge Beziehung konnte der Verfasser auch für die Zugfestigkeit nachweisen (*9*). Daß in Abb. 622 der Kurvenverlauf in erster Linie durch den Kohlenstoffgehalt bedingt wird, geht auch aus Abb. 623 hervor, wo für die Schmelzreihe P die Beziehung der Schlagzähigkeit zum Kohlenstoffgehalt dargestellt ist. (Man beachte, daß die Ordinate hier die Steigerung der Schlagzähigkeit zum Ausdruck bringt gegenüber dem Gußzustand.) Überraschend ist in dieser Abbildung, daß selbst phosphorreichere

Schmelzen, wofern sie nur entsprechend im Gesamtkohlenstoffgehalt tief genug liegen, einer Steigerung der Schlagzähigkeit zugänglich sind, eine Feststellung, die für die Praxis von besonderer Bedeutung sein dürfte.

Die Ergebnisse an der Schmelzreihe *P* mit verschiedenem Kohlenstoff- und Phosphorgehalt erbrachten den wichtigsten Aufschluß über die hier nachgeprüften Beziehungen. Schon die eben besprochene Abb. 623 erbrachte in Gegenüberstellung der im Gußzustand sowie im vergüteten Zustand geschlagenen Proben der Probeform *a* (10 × 15 mm mit Gußhaut ohne Kerb) interessante Feststellungen. Stellt man, wie dies in Abb. 624 geschehen ist, die im Gußzustand gewonnenen Werte den vergüteten Werten gegenüber, so erkennt man wiederum, daß die Vergütungsmöglichkeit um so aussichtsreicher ist, je höherwertiger das Gußeisen im Anlieferungszustand ist. Übrigens hat sich hier, wie in allen anderen Fällen, ergeben, daß auf Basis perlitischer Grundstrukturen die Schlagzähigkeit am höchsten ausfällt, wenn das Gefüge des Gußeisens neben geeigneter Graphitausbildung einen gleichmäßigen körnigen Perlit zeigt. Die Ergebnisse der Schlagbiegeversuche an den Behandlungsstufen *A* bis *D* bei Wahl der Prüfkörper gemäß Probeformen *a* bis *c* ergaben, daß die Werte der ungekerbten Proben *a* des Querschnitts 10 × 15 mm am höchsten lagen. Die gekerbten Proben *b* und *c* zeigten geringere Werte, wobei es anscheinend gleichgültig war, ob der Kerb eingefräst oder eingegossen war. Da auch die auf 10 × 10 mm heruntergehobelten Proben keinen eindeutigen Unterschied aufwiesen, wenn einmal die Gußhaut (Proben *d*), das andere Mal die bearbeitete Seite (Proben *c*) beim Schlagversuch in die Zuglage kamen, so schien es, daß die Gußhaut anscheinend keinen wesentlichen Einfluß auf die Schlagzähigkeit des Gußeisens auszuüben vermag. Die thermische Vergütung wirkte sich am stärksten bei den niedriggekohlten Proben der Behandlungsstufe *D* aus (vgl. auch Abb. 625). Ein Vergleich der Werte für die 10 × 15 mm-Probe, ungekerbt mit Gußhaut (Proben *a*) mit den auf 10 × 10 mm heruntergehobelten Proben (Proben *d*, Gußhaut auf der Zugseite), ergibt eine in

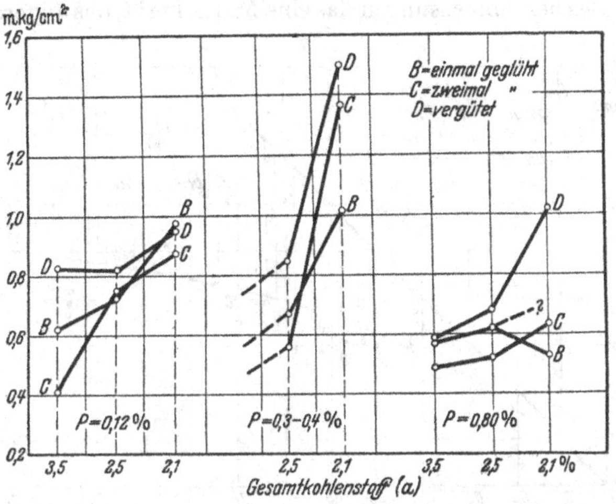

Abb. 625. Einfluß des Glühens u. Vergütens auf die Schlagfestigkeit von Gußeisen bei verschied. Kohlenstoff- u. Phosphorgehalt (Versuchsreihe P). Probenform: 10 × 15 mm, ungekerbt mit Gußhaut; Schlagmoment = 3,46 mkg; Schlaggeschwindigkeit = 5,5 m/sek; Stützweite = 50 mm.

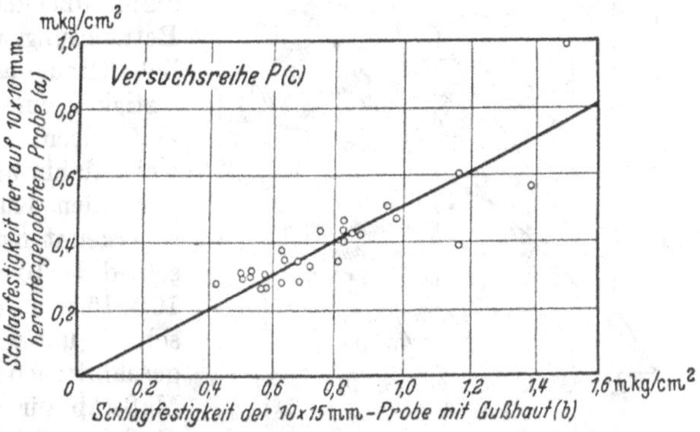

Abb. 626. Verhältnis der Schlagfestigkeit bei wechselnder Probehöhe. Schlagmoment: 3,46 mkg; Schlaggeschwindigkeit: 5,5 m/sek; Stützweite: 50 mm.

Abb. 626 graphisch dargestellte Beziehung, d. h. die Hochkantprobe 10 × 15 mm besitzt eine etwa doppelt so hohe Schlagfestigkeit je cm² Querschnitt als die quadratische 10 × 10-mm-Probe. Nun wird die Kerbempfindlichkeit von Werkstoffen gegenüber Gewaltbrüchen fast immer dadurch ermittelt, daß Proben gleicher Abmessungen das eine Mal gekerbt, das andere Mal ungekerbt zur Prüfung kommen und aus der Differenz der Werte die Kerbempfindlichkeit abgeleitet wird. Dieser Weg zur Ermittlung der Kerbempfindlichkeit ist, wenigstens für Werkstoffe vom Charakter des Graugusses, nicht ganz eindeutig. In Abb. 627 ist nach diesem Verfahren die Kerbempfindlichkeit für den Fall der Versuchsreihe *P* ermittelt worden, wobei den ungekerbten Proben *a* die spezifischen Werte für die gekerbten Proben *b* und *c* gegenübergestellt sind. Die Abweichung von der Geraden gleicher Schlagfestigkeit wäre dann nach bisher üblicher Darstellung ein Maß für die Kerbempfindlichkeit. In die Abb. 627 sind auch einige dem Schrifttum entnommene Werte aufgetragen, die sich der Kurve für die Kerbempfindlichkeit gut anpassen. Nach dieser Betrachtungsweise würden bereits gewöhnliche Graugußsorten mit niedrigster Schlagfestigkeit eine erhebliche Kerbempfindlichkeit zeigen. Ändert man die Betrachtungsweise dahin ab daß man die aus Abb. 627 gewonnene Kurve in die Abb. 627a einsetzt, so erkennt man, daß der Zähigkeitsunterschied der 10 × 10-mm-Probe gegenüber der 10 × 15-mm, aber auf einen freien Querschnitt unter dem Kerb von 10 × 10 eingeschnittenen Probe, ein wesentlich besserer Maßstab für die Kerbempfindlichkeit des Gußeisens ist (Abb. 627a). Danach würden erst Gußeisensorten, deren Schlagzähigkeit oberhalb etwa 0,35 mkg liegt, in allmählich zunehmendem Maße kerbempfindlich sein, was mit den Beobachtungen über den Einfluß von Kerben, z. B. bei der Ermittlung der Dauerfestigkeit, gut übereinstimmt (vgl. die Ausführungen Seite 466ff.).

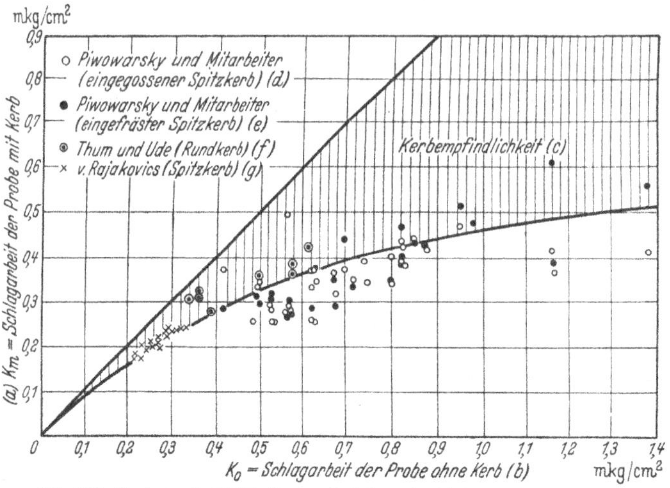

Abb. 627. Kerbempfindlichkeit von Gußeisen in bisher üblicher Darstellung.

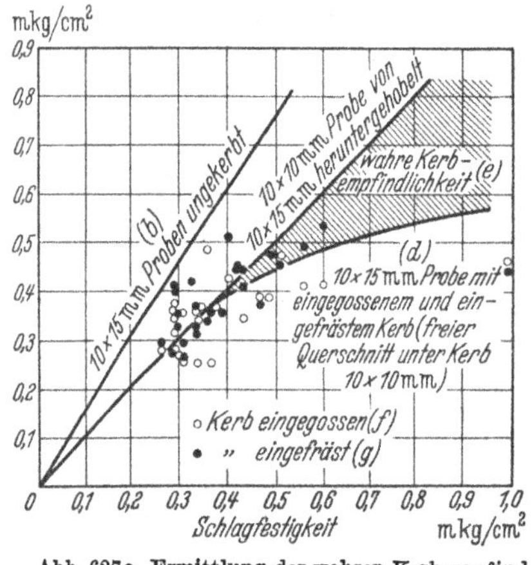

Abb. 627a. Ermittlung der wahren Kerbempfindlichkeit von Gußeisen (Versuchsreihe P). Schlagmoment: 3,46 mkg; Schlaggeschwindigkeit: 5,5 m/sek.

Der Einfluß der Schlaggeschwindigkeit. Statische Proben lassen grundsätzlich geringere Arbeitswerte erwarten als Schlagproben; dies hängt zusammen mit der Steigerung des Gleitwiderstandes bzw. der inneren Reibung mit der Verformungsgeschwindigkeit. Falls, wie bei Flüssigkeiten, auch die innere Reibung von Metallen der Geschwindigkeit proportional ist, so wäre eine lineare Funktion beider Größen zu erwarten. Bei Legierungen mittlerer bis hoher Zähigkeit zeigte sich jedoch selbst bei einer Steigerung der Schlaggeschwindigkeit von 0,99 m/sec auf 7,48 m/sec nur ein untergeordneter Einfluß der Schlaggeschwindigkeit (*10*). Dagegen beobachtete bereits R. BAUMANN (*11*) bei Kerbschlagversuchen an gewöhnlichem Gußeisen eine Zunahme der Arbeitsaufnahme von 0,15 bis auf 0,28 mkg, wenn das Arbeitsvermögen des Hammers beim Schlag von 2 auf 13,3 mkg gesteigert wurde. Leider gibt BAUMANN keine Schlaggeschwindigkeiten an; im übrigen führt er die erhöhte Energieaufnahme auf die lebendige Energie der fortgeschleuderten Probenhälften zurück. Nimmt man an, daß die ganze Probe auf die Geschwindigkeit des Hammers beschleunigt wird, so ergeben sich Energiewerte, welche bei Schlagzähigkeiten unterhalb 0,5 mkg/cm² etwa 30 bis 50% der gesamten gemessenen Energieverminderung des Hammers ausmachen. Bei Gußeisensorten mit niedriger Schlagzähigkeit kann demnach der Anteil der in den beschleunigten Proben steckenden lebendigen Energiemengen das wahre Bild der Schlagfestigkeitswerte völlig verwischen. Führt man jedoch die Rechnung so durch, daß lediglich die inneren Probenhälften eine Winkelgeschwindigkeit um ihren Auflagerpunkt gleich der Geschwindigkeit des Hammers beim Auftreffen ausführen, so kommt man, wie F. UEBEL (*12*) errechnete, auf Energieanteile von nur etwa 10 bis 15%, welche vom Gesamtwert der gemessenen Energieabnahme des Pendelhammers abzuziehen wären. Der Arbeitsinhalt der abfliegenden Probenhälften ist rechnerisch zu erfassen und ergibt sich unter der Annahme, daß die Probenhälften um die Auflagestelle gedreht werden, zu $A_2 = \frac{1}{2} J w^2$, wobei J das Massenträgheitsmoment einer Probenhälfte bezogen auf die Drehachse, w ihre Winkelgeschwindigkeit ist. Bei einer Steiggeschwindigkeit v des Pendelhammers nach Durchschlagen der Probe und einer Auflagerentfernung a ist

$$w = \frac{v}{a/2} \quad \text{und demnach} \quad A_2 = \frac{2 J v^2}{a^2}.$$

Die Richtigkeit dieses Ansatzes wurde an drei Gußeisensorten nachgeprüft, die mit verschiedenen Fallgeschwindigkeiten geschlagen wurden. Ohne Berücksichtigung der Schlagverluste steigt die Kerbzähigkeit mit der Fallgeschwindigkeit parabelförmig an. Bei Abzug der Verlustarbeit ergab sich — allerdings nicht ganz eindeutig — ein geradliniger Anstieg der Kerbzähigkeit mit der Schlaggeschwindigkeit. Die mangelnde Übereinstimmung dieser Ergebnisse mit den Erfahrungen an zähen Werkstoffen führt zu dem Schluß, daß die rechnerisch ermittelten Arbeitsinhalte der abfliegenden Probenhälften die Schlagverluste nur unvollständig wiedergeben.

Die Schlagverluste wurden deshalb durch Versuche bestimmt. Die bereits durchgeschlagenen Proben wurden mit einer dünnen Gummischnur zusammengefügt und noch einmal geschlagen. Man kann annehmen, daß für die Höhe der Schlagverluste die Steiggeschwindigkeit des Pendelhammers maßgebend ist und die Probenhälften sich bei Wiederholung des Schlags genau so wie beim Hauptversuch bewegen. Die Schlagarbeit beim Wiederholungsversuch gibt dann den Schlagverlust wieder, wenn dieselbe Steiggeschwindigkeit wie beim Hauptversuch erreicht wird. Die Genauigkeit dieses Verfahrens ist sehr befriedigend, wenn das Gummiband soweit wie möglich zur Schlagseite hin geschoben und nur gerade so straff gespannt wird, daß die Probenhälften auf dem Auflager nicht auseinanderfallen.

Die so bestimmten Schlagverluste waren wesentlich größer als die rechnerisch ermittelten Arbeitsinhalte der fortgeschleuderten Probenhälften (Abb. 628 bis 630). Es erweist sich damit, daß die an starken Eindrücken erkennbaren Stöße der

Probenhälften auf den Pendelhammer eine wesentliche Rolle spielen. Bei Berücksichtigung dieser Schlagverluste wurden gleichbleibende Kerbzähigkeitswerte bei Fallgeschwindigkeiten zwischen 2 und 6 m/sec erhalten. Sie sind noch etwa

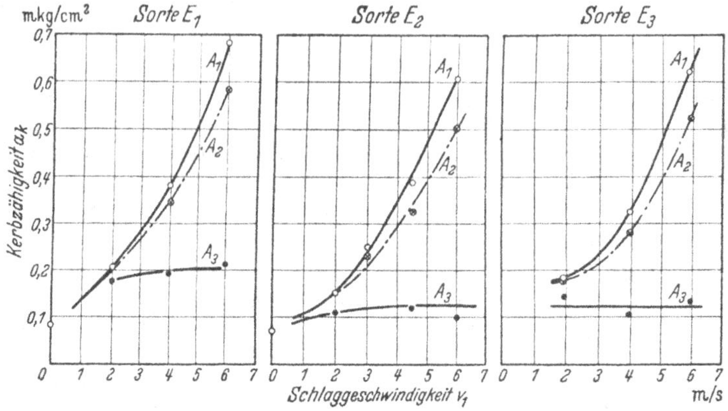

Abb. 628 bis 630. Kerbzähigkeit von Gußeisen in Abhängigkeit von der Schlaggeschwindigkeit (F. UEBEL).
Kurve A_1 = normal ermittelte Kerbzähigkeit ohne Abzug der Verlustarbeit.
Kurve A_2 = Kerbzähigkeit nach Abzug der Verlustarbeit gemäß:

$$A_2 = \frac{2\,J\,v^2}{a^2}$$

Kurve A_3 = Kerbzähigkeit nach Abzug der experimentell ermittelten Verlustarbeit.

doppelt so groß wie die unter sonst gleichen Bedingungen beim statischen Biegeversuch ermittelten Arbeitswerte. Diese Beziehungen verlieren natürlich an praktischer Bedeutung in dem Maße, wie die Werte für die Schlagzähigkeit des Gußeisens über etwa 0,5 mkg/cm² hinausgehen. Sie sind bei Werten über 1 mkg/cm² noch kaum von praktischer Bedeutung.

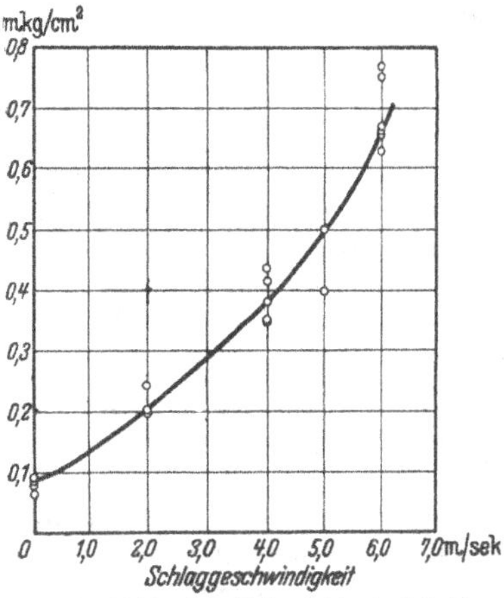

Abb. 631. Abhängigkeit der Schlagfestigkeit von der Schlaggeschwindigkeit. Werte für $v = 0$ statisch durch Versuche ermittelt. Probenform: 30 × 30 mm, Gußzustand, Kerb eingegossen, Kerbform ∢ 45°, Querschnitt unter Kerb 30 × 15 mm. Hammergewicht = 12 kg, Stützweite = 30 mm.

Abb. 631 zeigt als Beispiel den Einfluß der Schlaggeschwindigkeit auf die Schlagzähigkeit gekerbter Proben von 30 × 30 mm Durchmesser, stammend von der Öltiegelofenschmelze E_1. Überraschend ist, wie zwanglos sich die statisch an den gleichen Proben bei gleicher Stützweite durch Versuche ermittelten Werte für $v =$ Null den dynamisch ermittelten kurvenmäßig anpassen. Mit einigen ungekerbten, bearbeiteten Proben von 30 mm Durchmesser, entstammend den Schmelzen *1* bis *9* der Reihe *P*, wurden bei wechselnder Schlaggeschwindigkeit ebenfalls Schlagversuche durchgeführt, wobei allerdings Schlaggeschwindigkeiten unter 3,5 m/sec nicht angewandt werden konnten, weil die Proben dieses großen Querschnitts unterhalb dieser Schlaggeschwindigkeiten nicht mehr zu Bruch gingen. Die auf kleine Schlaggeschwindigkeiten extrapolierten Kurven liefen hier wiederum ziemlich eindeutig in die (diesmal aus dem Normalbiegeversuch durch Rechnung ermittelten) Punkte der Energieaufnahmen für $v = 0$ ein. Eine weitere Versuchsreihe an ungekerbten Stäben von 25 mm Durchmesser, stammend aus der gleichen Schmelzreihe P, bei denen infolge des kleineren Querschnitts auch Schlaggeschwindigkeiten bis herunter zu 2 m/sec angewendet werden konnten, bestätigten die gemachten Beobachtungen. Auffallend war, daß die Proben der niedrigst gekohlten Reihe oft einen Rückfall in schlechtere Zähigkeitswerte zeigten, eine Beobachtung, die bei Gußeisensorten zwischen 1,8 und 2,2 bis 2,4% Kohlenstoff öfters auftritt, wenn durch ungeeignete Schmelzführung eine zu engmaschige Graphitausbildung um die Primärkristalle herum zustande kommt vgl. auch S. 207.

Der Einfluß des Phosphors. Der Einfluß des Phosphors auf die Schlagzähigkeit von Gußeisen konnte nunmehr dadurch erfaßt werden, daß die Werte für eine Schlaggeschwindigkeit von 5,5 m/sec unter im übrigen völlig gleichartigen Versuchsbedingungen in ein Diagramm aufgetragen wurden (Abb. 632). In Abb. 632 rechts erkennt man den mit zunehmendem P-Gehalt sinkenden Anteil an der Energieaufnahme der Proben, während Abb. 632 links den Einfluß des Kohlenstoffs erkennen läßt. Aus den oben erwähnten Gründen zeigt der Kurvenverlauf für den Kohlenstoffgehalt von etwa 2,1% einen unerwarteten Abfall.

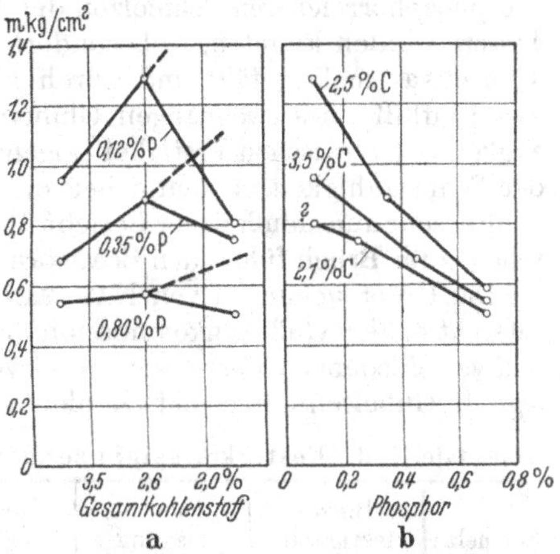

Abb. 632. Einfluß des Kohlenstoff- und Phosphorgehaltes auf die Schlagfestigkeit von Gußeisen (Versuchsreihe P). Probenform: 30 mm Drm., ungekerbt, aus 35 mm Drm.-Stäben gedreht (Gußzustand). Hammergewicht: 12 kg. Schlaggeschwindigkeit: 5,5 m/sek. Stützweite: 130 mm.

In Abb. 633 sind noch die Streugebiete für die Schlagfestigkeit des Phosphors bei verschiedener thermischer Vorbehandlung der Proben eingezeichnet. Man erkennt, daß mitunter bis zu etwa 0,3% P sogar noch mit einer kleinen Zunahme der Schlagzähigkeit gerechnet werden kann, ähnlich wie dies für die Biegefestigkeit nach älteren Ver-

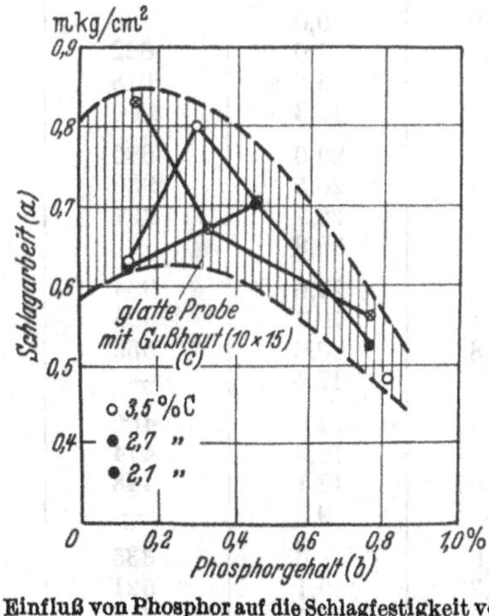

Abb. 633. Einfluß von Phosphor auf die Schlagfestigkeit von Gußeisen verschiedener Wärmebehandlung (Versuchsreihe P). Schlagmoment: 3,46 mkg; Schlaggeschw.: 5,5 m/sek; Stützweite 50 mm.

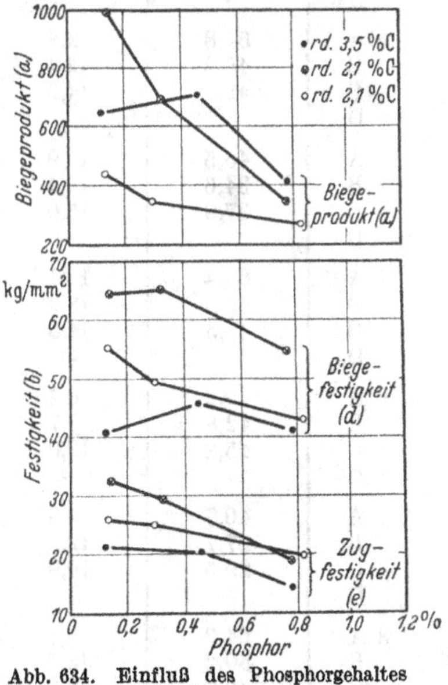

Abb. 634. Einfluß des Phosphorgehaltes auf die Festigkeit des Gußeisens im Gußzustand (Versuchsreihe P).

suchen von F. Wüst und R. Stotz (*13*), insbesondere für höhergekohlte Gußeisensorten zu erwarten ist, vgl. auch die Ausführungen auf S. 260 ff. über die Arbeit von A. Thum und O. Petri. Auch im Rahmen der Versuche von

E. PIWOWARSKY (*3*) ergab sich für die höhergekohlten Eisensorten eine kleine Zunahme der Biegefestigkeit (Abb. 634), während die Zugfestigkeit gleichmäßig abnahm (vgl. Zahlentafel 106). Abb. 625 schließlich ließ noch erkennen, daß selbst die phosphorreicheren Schmelzen der Reihe P durch thermische Vergütung verbessert werden konnten, insbesondere wenn, wie im Fall der Schmelzen P_6, der Guß etwas meliert fällt und durch Nachglühung etwas Temperkohle entsteht. Der Einfluß eines zweimaligen Glühens trat dagegen bei dieser Reihe weder bezüglich der statischen Festigkeitseigenschaften, noch bezüglich der Verbesserung der Schlagzähigkeit eindeutig hervor.

Ein sehr aufschlußreicher Bericht über das Verhalten von Gußeisen bei dynamischen, zum Bruch führenden Beanspruchungen stammt von ST. A. NADASAN (*14*).

Die Untersuchungen von NADASAN wurden als Beitrag zu den Arbeiten der internationalen Gußeisenkommission des NJVM durchgeführt. Es wurden 27 Reihen verschiedener Gußeisensorten — von Ge 14 bis Ge 26 — und mit Molybdän legierte Gußeisen untersucht (Zahlentafel 107). Die Gesamtzahl der dynamischen

Zahlentafel 106. Festigkeitseigenschaften der Schmelzen *1* bis *9* der Reihe P.

Schmelze	Biege-festigkeit kg/mm²	Durch-biegung mm	Biege-ziffer Z_f	Zug-festigkeit kg/mm²	Biege-produkt $Z_f \cdot \sigma_B$	Brinell-härte
1 A	40,7	12,5	30,7	21,0	645	166
B	28,9	15,1	52,2	12,5	652	
C	30,0	15,2	50,7	14,4	731	
D	—	—	—	13,9	—	
2 A	64,0	18,3	28,6	34,3	980	225
B	47,6	25,4	53,4	23,9	1276	
C	45,7	27,0	59,1	20,4	1205	
D	—	—	—	23,3	—	
3 A	54,8	9,2	16,8	25,7	432	232
B	46,2	12,4	26,9	22,5	602	
C	42,2	14,6	34,6	24,2	837	
D	—	—	—	27,3	—	
4 A	45,5	15,9	35,0	20,0	700	176
B	34,6	18,4	53,2	13,0	622	
C	37,9	15,0	39,6	15,6	618	
D	—	—	—	17,3	—	
5 A	64,4	15,1	23,5	29,0	680	226
B	52,5	18,8	35,8	26,5	930	
C	48,5	14,5	29,9	26,7	797	
D	—	—	—	30,8	—	
6 A	49,2	6,7	13,6	24,6	334	243
B	42,8	9,7	20,1	19,7	396	
C	45,2	12,0	26,8	20,6	553	
D	—	—	—	17,4	—	
7 A	40,7	11,8	29,0	14,0	406	181
B	27,7	12,2	44,1	10,6	474	
C	29,5	10,9	37,0	12,1	448	
D	—	—	—	9,9	—	
8 A	54,3	9,8	18,0	18,6	335	236
B	50,2	13,7	27,3	19,1	521	
C	43,7	8,7	19,9	22,7	452	
D	—	—	—	23,0	—	
9 A	42,5	5,8	13,6	19,2	261	297
B	45,0	6,7	14,9	25,5	380	
C	45,7	7,8	17,1	24,4	417	
D	—	—	—	26,8	—	

Zahlentafel 107.
Zusammensetzung und statische Festigkeitswerte der bei den Versuchen verwendeten Gußeisensorten (Mittelwerte).

Versuchsreihe Nr.	Versuchsreihe Zeichen	Klasse nach DIN 1691	Ges.-C %	Graphit %	Geb. C %	Si %	Mn %	P %	S %	Mo %	Biegewerte[1] σ_B' kg/cm²	Biegewerte[1] f mm	Biegewerte[1] $\frac{\sigma_B'}{100\,f}$	Zugfestigkeit[3] kg/cm²	Brinellhärte
1	M	22	3,25	2,53	0,72	1,84	0,84	0,42	0,081	—	4021	13,1	3,075	2333	172
2	N	26	3,30	2,45	0,85	1,34	0,81	0,40	0,095	—	4445	11,9	3,275	2658	179
3	U	22	3,44	2,59	0,85	1,28	0,84	0,38	0,088	—	4329	13,8	3,180	2439	154
4	AA	22	3,53	2,72	0,81	1,61	1,59	0,45	0,057	—	3172	8,8	3,600	2544	179
5	BB	14	3,57	3,02	0,55	2,24	2,35	0,22	0,044	—	3230	12,4	2,610	1623	160
6	CC	26	3,24	2,64	0,60	2,03	1,25	0,40	0,068	—	4244	11,4	3,725	2590	175
7	DD	22	3,51	2,41	1,10	1,81	0,82	0,47	0,098	—	4617	13,4	3,370	2510	179
8	P	18	3,57	—	—	1,47	0,96	0,63	0,086	—	3153	9,3	3,400	2021	179
9	Y	22	3,42	—	—	1,36	0,86	0,78	0,088	—	3778	12,1	3,130	2235	171
10	CR	18	3,65	2,66	0,99	2,04	0,38	0,19	0,084	—	3720	12,0	3,100	2125	164
11	MR	18	3,71	2,78	0,93	1,84	0,44	0,24	0,103	—	3797	10,7	3,725	2082	150
12	MO	22	3,36	2,38	0,98	1,55	0,40	0,26	0,057	0,26	4800	12,0	4,000	2539	188
13	R 1	22	3,33	2,51	0,82	1,53	0,82	0,23	0,084	0,30	3925	13,8	2,840	2306	158
14	R 2	14	3,35	2,57	0,78	1,74	0,85	0,15	0,121	—	3410	13,8	2,480	1787	148
15	R 3	18	3,50	2,78	0,72	2,27	0,90	0,27	0,114	—	—	—	—	2040	166
16	R 4	22	3,36	2,65	0,71	1,50	0,76	0,14	0,088	—	—	—	—	2443	179
17	R 5	26	3,31	2,62	0,69	2,15	0,61	0,14	0,080	0,62	—	—	—	2591	186
18	R 6	18	3,32	2,56	0,76	2,15	0,61	0,14	0,098	—	—	—	—	1998	174
19	R 7	22	3,32	2,54	0,78	1,85	0,58	0,14	0,126	—	—	—	—	2489	—
20	R 8	26	3,26	2,52	0,74	1,73	0,62	0,17	0,100	0,40	—	—	—	2594	180
21	R 9	18	3,47	2,82	0,65	2,31	0,89	0,19	0,080	—	—	—	—	1894	182
22	R 10	18	3,42	2,60	0,82	1,94	0,86	0,26	0,080	—	—	—	—	1873	186
23	R 11	26	3,44	2,61	0,83	1,85	0,86	0,23	0,050	1,01	—	—	—	2721	228
24	AR	26	3,40	2,78	0,62	1,96	0,71	0,22	0,060	0,63	4753	(11,4)[2] 7,6	4,170	2617	200
25	BR	22	3,35	2,55	0,80	2,13	0,56	0,12	0,120	—	4593	(13,5)[2] 9,0	3,400	2575	183
26	HR	22	3,38	2,60	0,78	2,31	0,75	0,13	0,090	—	4122	(11,2)[2] 7,5	3,680	2243	181
27	ZR	26	3,39	2,50	0,89	1,64	0,74	0,25	0,080	0,44	5232	(13,1)[2] 8,7	4,000	3100	201

[1] Biegestab 30 mm Durchmesser, 600 mm lang, mit Ausnahme der Reihen AR, BR, HR und ZR (20 mm Durchmesser, 400 mm lang).
[2] Die Klammerwerte sind umgerechnet auf einen Probestab 600 mm lang.
[3] Probestabdurchmesser 12 mm mit Ausnahme der Reihen R 9, R 10 und R 11 (7 mm Durchmesser).

Proben betrug 1789. Außerdem wurden noch 675 statische Festigkeitsbestimmungen durchgeführt zwecks Klassifikation der untersuchten Werkstoffe nach den Normen.

I. Die Schlagbiegeversuche. Die Schlagbiegeversuche wurden auf einem selbstgebauten senkrechten Fallhammer durchgeführt, der in Abb. 635 dargestellt ist. Der Fallbär wurde seitlich, zwecks Verringerung der Reibung, durch je drei Stahlkugeln, die in zwei halbrunden Kanälen liefen, geführt. Die Restenergie, die der Fallbär nach erfolgtem Bruch des Probestabes noch innehatte, wurde durch die Verformung einer Spiralfeder gemessen. Die Proben hatten 40×40 mm Querschnitt und 200 mm Länge. Sie wurden bei 160 mm Auflagerentfernung durchgeschlagen. Es wurden bearbeitete und unbearbeitete Proben geprüft. Die Proben wurden aus vertikal gegossenen Stäben entnommen, sie wurden durch leichten Druck der aus Abb. 635 ersichtlichen Spiralfedern p' in ihrer Lage auf den Auflagern festgehalten. Der Fallbär hatte ein Gewicht von 12 kg. Der erste Schlag erfolgte aus einer Höhe $H_1 = 5$ cm. Bei jedem weiteren Schlag wurde die Fallhöhe um 5 cm vergrößert. Die Schläge wurden bis zum Bruch fortgesetzt.

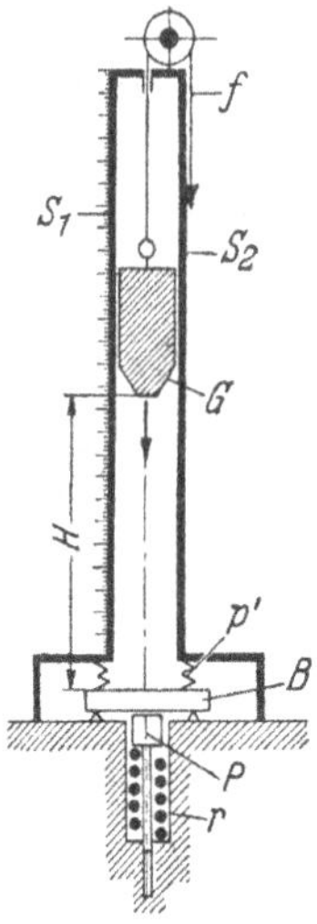

Abb. 635. Schema des verwendeten Fallhammers (A. NADASAN).

Von der bis zum Bruch aufgebrauchten Gesamtschlagenergie von $12 \Sigma H$ cmkg wurden abgezogen: a) die Beträge der nichtverbrauchten Schlagenergie L_r des Fallbären beim letzten Schlag und b) die Verluste L_v durch Beschleunigung der Probehälften nach erfolgtem Bruch. Diese Verluste wurden mit Hilfe der Verformungskurven der Spiralfeder r sowohl für den freien Fall des Bären als auch für das Wegschleudern der gebrochnen rohen und der bearbeiteten Proben versuchsmäßig bestimmt.

Nach dem Abzug der Verluste *a* und *b* wurde die Schlagbiegefestigkeit D aus $D = 12\, \Sigma H / S$ cmkg/cm² bestimmt (S ist der Querschnitt des Probestabes in cm²).

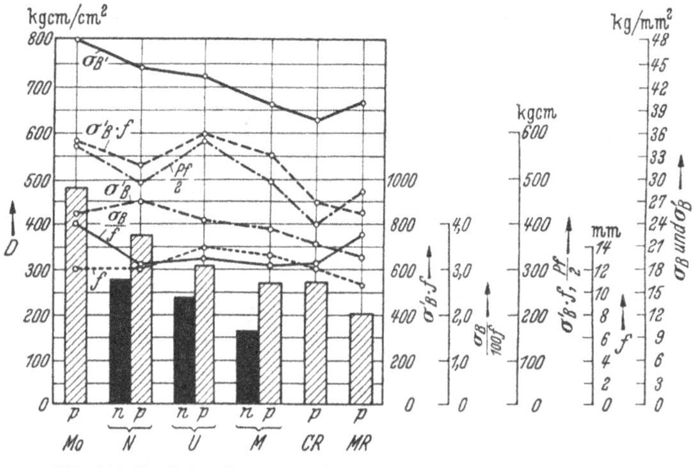

Abb. 636. Ergebnisse der Schlagbiegeproben (p = bearbeitet, n = roh).

Es wurden auch die bei den einzelnen Versuchsreihen festgestellten Streuungen μ% angegeben: $\mu = \left(\sqrt{\sum A^2}/M\right) 100$. In Abb. 636 wurden die Mittelwerte der Schlagbiegefestigkeiten D und die statischen Kennziffern der betreffenden Gußeisenreihen eingetragen.

Als Ergebnis der Schlagbiegeversuche konnte gesagt werden:

1. Die Schlagbiegefestigkeit bei bearbeiteten Proben ist immer höher als die der roh gegossenen Proben.

2. Die Schlagbiegefestigkeit

a) wächst mit den statischen Biege- und Zugfestigkeiten,

b) nimmt schneller zu als die statischen Biege- und Zugfestigkeiten,

c) hängt mit den Ziffern $\sigma'_B \cdot f$ und $P \cdot f/2$ in einem kaum merkbaren Verhältnis zusammen,

d) steht in keinem Zusammenhang mit der Durchbiegung beim Bruch f und der Ziffer $\frac{f \cdot 100}{\sigma'_B}$,

e) ist mit einer verhältnismäßigen Streuung von $\mu = 10 - 25\%$ behaftet.

II. **Pendelschlagversuche.** Zu diesen Versuchen diente ein 10-mkg-Pendelhammer. Durch Einbau eines Leichtmetallpendels wurde das größte Schlagmoment auf 3,93 mkg verkleinert.

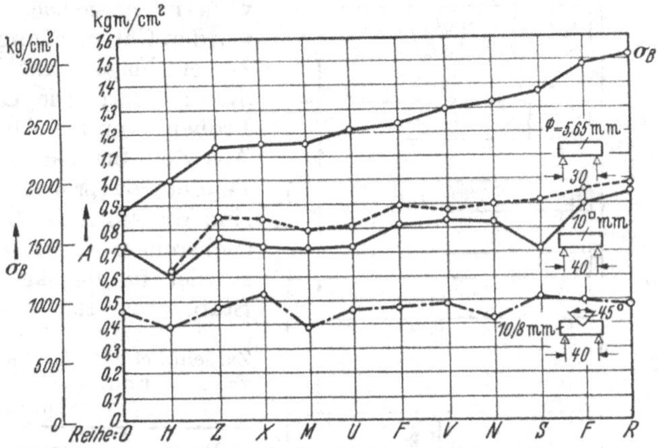

Abb. 637. Das Verhältnis der Pendelschlagfestigkeiten (A kgm/cm²) der ungekerbten, der gekerbten und der Proben nach NICOLAU, zur statischen Zugfestigkeit σ_B (kg/cm²).

Es wurden Versuche mit zwei Auflagerentfernungen von 40 mm und von 70 mm, gemacht, und zwar an Proben mit quadratischen und kreisförmigen Querschnitten. Die letzteren wurden aus den gebrochenen Dauerschlagproben hergestellt. Durch Veränderung der Fallhöhe des Pendels wurden die Schlaggeschwindigkeiten verändert. 3. Den Zusammenhang zwischen der statischen Zugfestigkeit und der Pendelschlagfestigkeit zeigt Abb. 637. Es wurden neben den statischen Zugfestigkeiten die Pendelschlagfestigkeiten der ungekerbten Proben von 10 × 10 × 55 mm, der mit Scharfkerben von 45° versehenen Proben von 8 × 10 × 55 mm und der zylindrischen Proben nach P. NICOLAU (*15*) von 5,64 mm Durchmesser eingetragen. Es ergab sich, daß die Schlagfestigkeitsziffern der ungekerbten Proben und jene der Proben nach NICOLAU mit der statischen Zugfestigkeit des Gußeisens zunehmen. Ferner zeigte sich, daß die Schlagfestigkeit der gekerbten Proben bei den Gußeisensorten verschiedener Qualität, Ge 14 bis Ge 26, fast die gleiche ist. Deshalb sollten bei der Beurteilung des Gußeisens nach seiner Schlagfestigkeit auf Grund solcher Proben keine gekerbten Stäbe verwendet werden.

Bei höheren Schlaggeschwindigkeiten fand auch NADASAN höhere Schlagbiegefestigkeiten.

Die Schlagbiegefestigkeit der bearbeiteten Proben wurde mit einer einzigen Ausnahme und unabhängig von der Stärke der Proben höher gefunden. Die Streuung der Ergebnisse wurde in den meisten Fällen geringer als $\mu = 15\%$ gefunden. Es konnten aber auch Werte bis 22% festgestellt werden. Die Streuung der bearbeiteten Proben fiel bei 18 Vergleichen in 11 Fällen geringer aus als jene der unbearbeiteten Proben aus demselben Gußeisen und bei Probestäben von der gleichen Größe.

III. Schlagzugversuche. Diese Untersuchungen wurden in der nach Körber und Sack (*16*) für Stahlproben angegebenen Weise durchgeführt. Der einer Geschwindigkeit $v=0$ m/sec entsprechende Arbeitsverbrauch bei der Untersuchung des Einflusses der Schlaggeschwindigkeit wurde durch Ausplanimetrieren der Arbeitsfläche des statischen Zugschaubildes bestimmt. Die dynamische Zugfestigkeit stieg mit der statischen Zugfestigkeit, ferner ergab sich, daß die Schlagzugfestigkeit mit der Schlaggeschwindigkeit zunimmt und daß das Gußeisen bei Schlagzugversuchen eine beträchtliche Kerbempfindlichkeit, welche mit der Schärfe der Kerbe zunimmt, aufweist. Mit der Abname der Schlaggeschwindigkeit nahm die Kerbempfindlichkeit zu.

IV. Dauerschlagversuche. Dauerschlagproben wurden mit einem vierfachen Dauerschlagwerk, Bauart Amsler, bei 8, 12, 16 und 20 cmkg Einzelschlagstärke untersucht. Das Hammerpaar für 8 cmkg Schlagstärke wurde auch für Schläge von 6 cmkg verwendbar gemacht. An zwei Versuchsreihen wurden Untersuchungen mit einem Kruppschen Dauerschlagapparat bei 5,1 cmkg Schlagstärke durchgeführt. Die Gestalt der hier benutzten Proben kann aus Abb. 638 entnommen werden. Aus den Bruchstücken dieser Proben wurden Pendelschlagproben gemacht. In Zahlentafel 108 sind die allgemeinen Mittelwerte von acht Versuchsreihen eingesetzt. N_{A6} (Dauerschlagzahl Amsler für 6-cmkg-Schläge) bezieht sich auf Stäbe von 12 mm Durchmesser, welche bei 6 cmkg Schlagenergie geprüft wurden. Die Proben wurden aus den Stäben von 45 × 45 mm Querschnitt herausgeschnitten. Die Ergebnisse in Abb. 639 zeigen klar den Zusammenhang zwischen den Dauerschlagzahlen N_{A6} und der statischen Zugfestigkeit σ_B. Bemerkenswert ist die hohe Dauerschlagzahl der mit Molybdän legierten Reihe MO. Sie erreicht den doppelten Wert der Dauerschlagzahl der Reihe N von einer praktisch gleichen Zugfestigkeit.

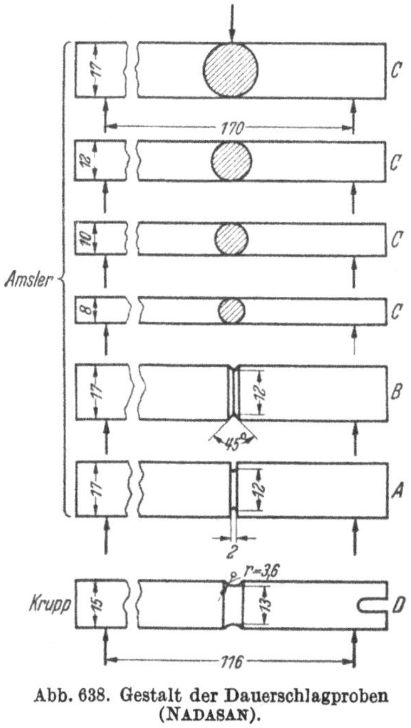

Abb. 638. Gestalt der Dauerschlagproben (Nadasan).

Zahlentafel 108. Mittelwerte der Dauerschlagzahlen und der Streuungen bei Gußeisen verschiedener Qualität.

Reihe	σ_B kg/mm²	N_{A6}	μ %
R 2	17,86	2522	63,04
MR	20,82	4924	44,37
CR	21,30	6632	58,88
R 1	23,05	8505	70,42
M	23,31	9749	28,68
U	24,38	9496	23,63
MO	25,38	32142	40,13
N	26,57	16331	42,01

Die Streuung μ der Versuchswerte betrug bis zu 70%. Bei höherwertigem Gußeisen sank diese Streuung auf 25 bis 40%. Der Unterschied der Dauerschlagzahlen hing erwartungsgemäß mit der Ausbildung des Graphits und des Grundgefüges zusammen.

Den Einfluß des Probenquerschnittes auf die Dauerschlagzahl bei gleicher Schlagstärke zeigt Abb. 640 an einer der untersuchten Reihen, eingetragen in ein halblogarithmisches Netz. Es ergibt sich bei dieser Darstellungsart ein linearer Zusammenhang zwischen dem Durchmesser der Proben und N_A, welche einer Funktion von der Form $N_A = N_0 e^{n_1 \varnothing / M}$ entspricht.

Bei der Darstellung der Versuchsergebnisse der Dauerschlagprüfungen bei verschiedenen Schlagstärken und gleichen Probenquerschnitten im doppeltlogarithmischen Netz (Abb. 641) ergeben sich für den Zusammenhang zwischen N_A und E (Schlagstärke) für verschiedene Querschnittsgrößen der Proben gleichfalls lineare Beziehungen, welche einer Funktion von der Form $N_A=\left(\frac{E_0}{E}\right)^{\frac{1}{n_1}}$ entsprechen. Der parallele Verlauf der Geraden für die Proben von 8, 10 und 12 mm Durchmesser deutet hier auf einen praktisch unveränderlichen Exponenten n_1 hin.

Den **Einfluß der Oberflächenbeschaffenheit der Proben — roh gegossen oder bearbeitet — auf die**

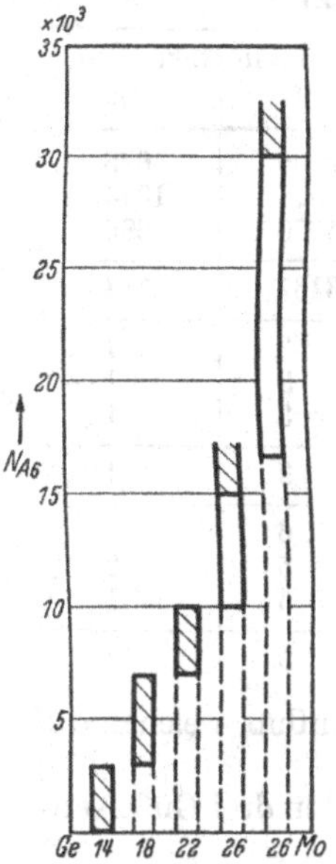

Abb. 639. Dauerschlagzahlen N_{A6} verschiedener Gußeisensorten (NADASAN).

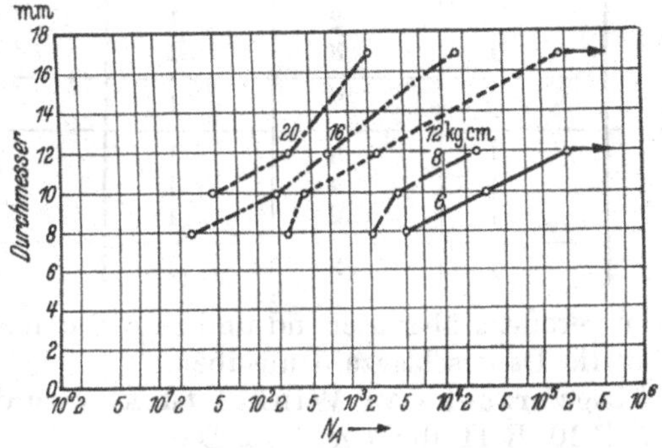

Abb. 640. Dauerschlagzahlen an Proben verschiedener Durchmesser bei unveränderlicher Schlagenergie.
$N_A = N_0 e^{n_2\,\varnothing/M}$; ($M$ = 0,435) (NADASAN).

Dauerschlagzahl an den Reihen R 6, R 7 und R 8 zeigt Abb. 642. Es wurden bei 25 Vergleichen zwischen den Dauerschlagzahlen roher und bearbeiteter Proben in 23 Fällen Ergebnisse zugunsten der bearbeiteten Proben gefunden. Die Unterschiede waren erheblich und schwankten zwischen 25 und 60%. Bei der Bearbeitung war die Gußhaut in Stärke von 1,5 mm entfernt worden.

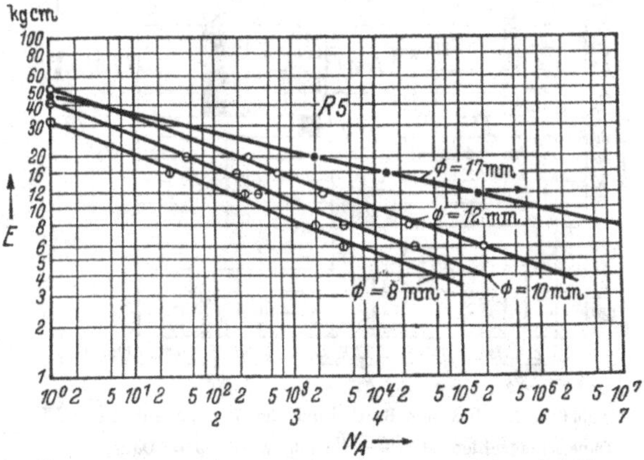

Abb. 641. Zusammenhang zwischen Dauerschlagzahl N_A und Schlagenergie E für verschiedene Probenquerschnitte (NADASAN).

Untersuchungen über die Kerbempfindlichkeit bei der Dauerschlagprüfung wurden an den Reihen HR und ZR durchgeführt. Der Rohdurchmesser der Stäbe betrug 25 mm. Die bearbeiteten Stäbe hatten einen Durchmesser von 17 mm und wurden auf 12 mm Durchmesser gekerbt. Es wurden zwei Kerbformen untersucht (Abb. 638, Form C, A, B). Weiter wurden aus demselben Rohdurchmesser zylindrische Stäbe von 12 mm Durchmesser gedreht, um die Dauerschlagzahl an ungekerbten Stäben derselben Reihen bestimmen zu können. Zahlentafel 109 enthält die Versuchsergebnisse.

Zahlentafel 109. Dauerschlagzahlen an ungekerbten Proben von 12 mm Durchmesser und an gekerbten Proben 17/12 mm Durchmeser.

Gestalt der Probe nach Abb. 638	Reihe HR			Reihe ZR		
	Schlagstärke in cmkg			Schlagstärke in cmkg		
	8	12	16	8	12	16
C	22623	1786	69	31112	2505	628
	12701	1443	246	36680	2926	1044
	9406	1024	357	26594	4070	680
	14910	1418	224	31342	3167	784
A	1	2	2	2	3	1
	1	2	1	2	3	1
	1	3	1	2	3	1
	1	2	1	2	3	1
B	1	3	1	2	6	2
	1	4	1	2	5	2
	1	2	1	2	5	1
	1	3	1	2	5	2

Diese waren geradezu überraschend und zeigten den großen Einfluß, welchen die Kerben auf die Dauerschlagzahl ausüben.

V. Schlagversuche an Winkelstücken wurden mit den drei Gußeisensorten R 9, R 10, R 11, durchgeführt. Die Winkelstücke hatten die in Abb. 643 dargestellte Form und wurden lediglich an der Auflagerfläche und an der Aufschlagfläche des Pendels bearbeitet. Der Gewichtsunterschied zwischen den Winkeln

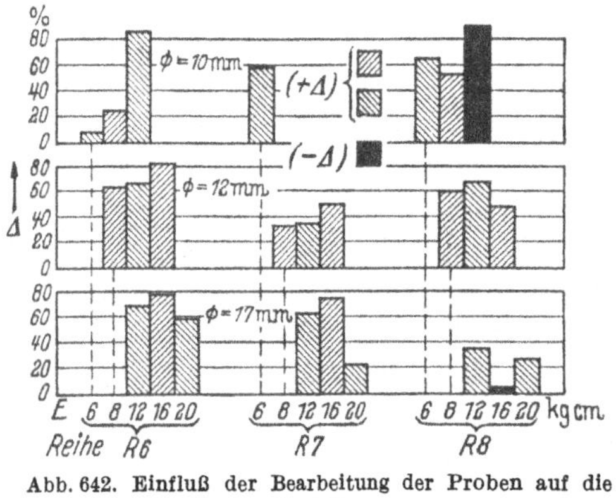

Abb. 642. Einfluß der Bearbeitung der Proben auf die Dauerschlagzahlen. $\Delta = \frac{p-n}{n} \cdot 100$, worin p = Dauerschlagzahl der bearbeiteten Proben, n = Dauerschlagzahl der rohen Proben bedeutet (NADASAN).

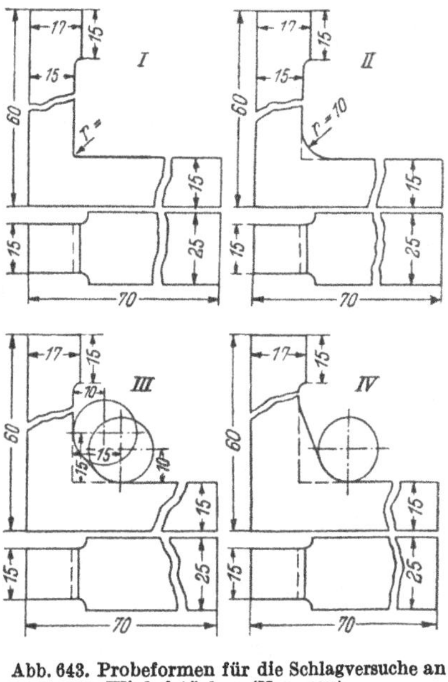

Abb. 643. Probeformen für die Schlagversuche an Winkelstücken (NADASAN).

(*I*), (*II*) und (*III*) war +5,5%; zwischen (*I*) und (*IV*) fand man einen Gewichtsunterschied von +7%. Die Versuche wurden am 10-mkg-Pendelschlagwerk durchgeführt. Die Proben wurden an einem Auflagerstück befestigt.

In Zahlentafel 110 sind die Versuchsergebnisse eingetragen. Es zeigte sich, daß die aus höherwertigem Gußeisen hergestellten Winkelstücke — aus einem Gußeisen mit 1,1% Mo —, welches ein die mit 1% und mehr Molybdän legierten Gußeisensorten kennzeichnendes nadeliges Perlitgefüge aufwiesen, eine viel höhere Schlagfestigkeit hatten, als die Winkelstücke aus Ge 18 und Ge 22. Die Überlegenheit des molybdänlegierten Gußeisens konnte übrigens bei allen dynamischen Festigkeitsuntersuchungen festgestellt werden. Weiter ergibt sich, daß die Gestalt der Winkel gleichfalls die Schlagfestigkeit beeinflußt. Einem geringen Gewichtsunterschied von +5,5 bis +7%, den eine vorteilhafte Hohlkehle verursachte, entspricht eine Zunahme der Schlagfestigkeit von 1 : 2,5. Bei molybdänlegierten Gußeisensorten ist dieses Verhältnis noch günstiger.

Zahlentafel 110. Schlagfestigkeit der Winkelstücke.

Reihe		Gestalt der Probe nach Abb. 643.			
		I	*II*	*III*	*IV*
R 9	1	0,813	1,923	1,883	1,883
	2	0,878	1,278	2,083	1,513
	3	0,893	1,213	1,943	1,983
	4	—	1,178	2,288	—
	m	0,861	1,398	2,049	1,793
R 10	1	0,948	1,228	2,693	1,588
	2	0,878	1,463	1,902	2,133
	3	0,848	1,243	2,023	1,848
	4	0,848	—	2,118	—
	m	0,880	1,311	2,184	1,856
R 11	1	0,998	2,595	6,296 [1]	7,996 [1]
	2	1,213	2,263	6,796 [1]	9,936 [1]
	3	1,123	2,408	13,659 [2]	8,061 [1]
	4	—	2,693	14,319 [1]	—
	m	1,111	2,490	10,267	8,664

[1] Gebrochen durch zwei Schläge.
[2] Gebrochen durch drei Schläge, Arbeitsbeträge wurden addiert.

Der Zusammenhang zwischen Schlag- und Ermüdungsfestigkeit von Gußeisen. In früheren Arbeiten konnte u. a. E. Piwowarsky (*3, 9*) zeigen, daß es zwei Möglichkeiten gibt, die spezifische Schlagfestigkeit von Gußeisen wesentlich zu steigern: einmal die Kohlenstoffverminderung, das andere Mal die Überführung des lamellaren Graphits in eine temperkohleähnliche Form. Aus diesen in den oben genannten Arbeiten erwähnten Maßnahmen ergibt sich grundsätzlich die Möglichkeit, spezifische Schlagfestigkeiten von 1,5 bis herauf zu 5 mkg/cm² zu erhalten, insbesondere dann, wenn durch eine thermische Behandlung (Abschrecken in Wasser oder Öl mit anschließendem Anlassen) der Gefügezustand des Materials in eine geeignete Form gebracht wird. Die auf diese Weise erhaltenen Werte für die Schlagfestigkeit bieten jedoch noch keinen Anhaltspunkt hinsichtlich der Größenordnung der Werte für die Ermüdungsfestigkeit bzw. die Dauerfestigkeit des Gußeisens, nachdem bekanntlich bei mäßigen Schlagimpulsen ein hochwertiger Grauguß dem Stahlguß bzw. der geschweißten Stahlkonstruktion nicht nur gleichwertig, sondern mitunter sogar überlegen ist. Es ist demnach auch abwegig, aus den Werten für die spezifische Schlagfestigkeit bei einmaliger, derart starker Stoßbeanspruchung, daß der Bruch des Probestabes zustande kommt, auf das Verhalten im Dauerbetrieb bei kleineren Schlagimpulsen zu schließen. Denn wie heute der Konstrukteur in zunehmendem Maße davon absieht, die Berechnung seiner Konstruktionen auf den statisch gewonnenen Bachschen Zahlen aufzubauen, vielmehr zu den Werten für die Dauerfestigkeit der Werkstoffe greift und diese seinen Berechnungen zugrunde legt, so kann auch die Frage, ob Grauguß dynamisch zäh oder spröde ist, nicht ohne weiteres auf Grund der Werte für die spezifische Schlagfestigkeit entschieden werden. Man bedenke ferner, daß viele als sehr zäh angesprochene Werkstoffe im Laufe der Zeit, insbesondere bei mechanischer Überbeanspruchung, zu Alterungserscheinungen neigen, wodurch die Widerstandskraft gegen schwere dynamische

Stöße auf einen Bruchteil der ursprünglich vielleicht sehr hohen Schlagfestigkeitswerte herabsinkt. Entscheidend für den praktischen Wert einer Nutzlegierung sind demnach bei einer großen Anzahl praktischer Fälle die Werte für das Verhalten im Dauerbetrieb, wie man sie im Laboratorium durch die Feststellung der Wöhler-Kurve zu ermitteln sucht. Es kann daher vorkommen, wie dies in Abb. 644 schematisch zum Ausdruck gebracht ist, daß ein Material A bei Ermittlung der spezifischen Schlagfestigkeit zäh erscheint, dagegen bei Abnahme der Intensität der Schlagimpulse eine geringere Dauerfestigkeit aufweist als das Material B, das bei schweren Stoßbeanspruchungen eine geringere Arbeitsenergie aufzunehmen vermag. Man kann nun im Schrifttum wiederholt den Hinweis finden, daß im Zuge der Qualitätsentwicklung von Grauguß die Werte für das dynamische Verhalten bei mäßigen Schlagimpulsen wesentlich schneller anstiegen als z. B. die statischen Werte für die Zug- oder Biegefestigkeit. Das heutige hochwertige Gußeisen, welches vielleicht die doppelte bis dreifache statische Festigkeit eines Gußeisens vor etwa zwanzig Jahren hat, ergibt z. B., auf dem Kruppschen Dauerschlagwerk geprüft, ein Hundertfaches und noch mehr an Schlagzahlen gegenüber dem gewöhnlichen Grauguß von damals. Ähnliche Beziehungen bestehen auch zwischen der spezifischen Schlagfestigkeit des Gußeisens und seiner Fähigkeit, dauernd kleine Schlagimpulse auszuhalten, was im übrigen auch aus den Werten an der Probeform *C* der Nadasanschen Versuche (Zahlentafel 109) eindeutig hervorging. Einen weiteren Beitrag zu dieser Frage erbrachte E. Piwowarsky (*17*) an folgenden Beispielen:

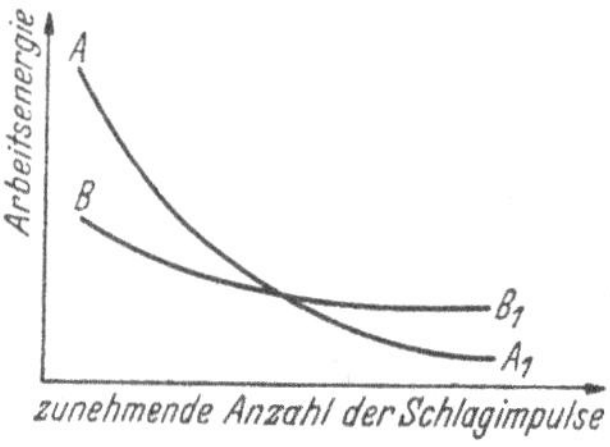

Abb. 644. Möglicher Verlauf von Wöhler-Kurven (schematisch).

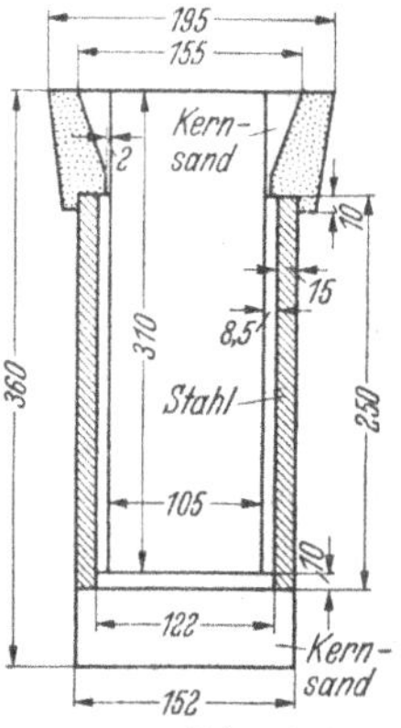

Abb. 645. Versuchsform zum Gießen von Rohrstücken.

Rohrstücke der in Abb. 645 gekennzeichneten Form wurden außen gegen eine Kokille, innen jedoch gegen einen Sandkern gegossen. Die Zusammensetzung des gegossenen Materials war folgende:

Schmelze *I*	Schmelze *II*
2,60 % C	2,48 % C
2,52 % Si	2,94 % Si
0,43 % Mn	0,74 % Mn
0,191% P	0,153% P
0,025% S	0,026% S

Das Material wurde im Gewicht von 300 kg in einem ölgefeuerten Flumina-Ofen erschmolzen, zum Teil zu anderen Zwecken vergossen, zum Teil zu den oben erwähnten Rohrstücken. Die aus Schmelze *I* und *II* abgegossenen Büchsen wurden zunächst in Gußeisenspänen bei 850° 2 st lang geglüht und an der Luft der Abkühlung überlassen. Anschließend wurden die Büchsen verarbeitet, und zwar wurden, wie Abb. 646 zeigt, aus dem mittleren Teil der Büchsen Ringe herausgearbeitet, deren Abmessungen aus Abb. 647 zu entnehmen sind. Die Schlagproben mit den Abmessungen $6 \times 6 \times 55$ mm wurden aus der Längsrichtung des unteren Teiles der Büchsen herausgearbeitet. Je drei Schlagproben und je drei Ringe der Schmelzen *I* und *II* wurden nun wie folgt geprüft:

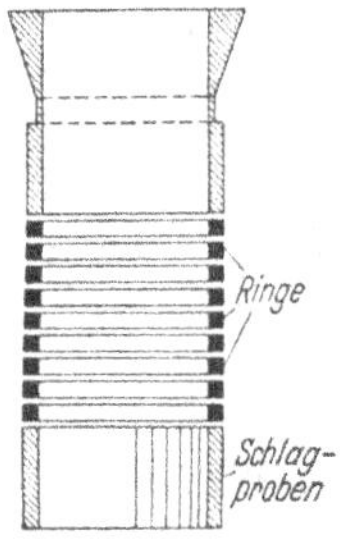

Abb. 646. Lage der ringförmigen Proben im Gußstück.

A. Im normalgeglühten Zustand, d. h. bei 850° 2 st geglüht und an der Luft abgekühlt.

B. Behandelt wie A, dann nochmals auf 850° (30 min) erhitzt und in Öl abgeschreckt. Anschließend wurden die Proben bei 450° im Bleibad 20 min angelassen und an der Luft abgekühlt.

C. Behandelt wie bei B, jedoch bei 650° 20 min angelassen und an der Luft abgekühlt.

Zahlentafel 111.

Probe Nr.	Verbrauchte Arbeit mkg	Mittelwert in mkg	Schlagfestigkeit mkg/cm²
1 A	0,17		
1 A	0,19	0,18	0,50
1 A	0,19		
1 B	0,19		
1 B	0,29	0,24	0,65
1 B	0,25		
1 C	0,57		
1 C	0,42	0,45	1,25
1 C	0,37		
2 A	0,23		
2 A	0,25	0,24	0,65
2 A	0,23		
2 B	0,29		
2 B	0,52	0,41	1,14
2 B	0,42		
2 C	0,70		
2 C	0,67	0,68	1,88
2 C	0,67		

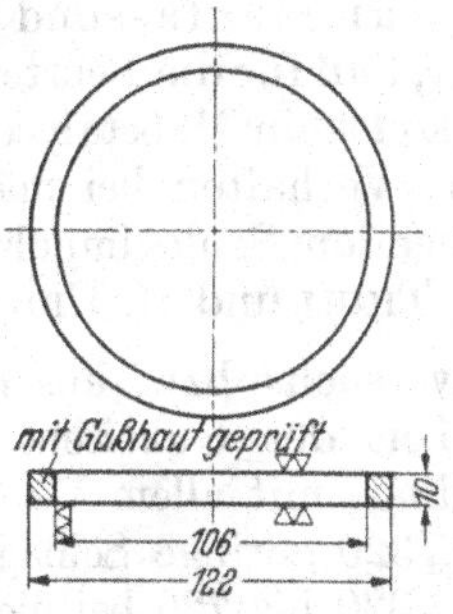

Abb. 647. Abmessungen der aus der Büchse ausgearbeiteten Ringe.

Die Prüfung erstreckte sich auf die Ermittlung der Schlagfestigkeit auf einem 10-mkg-Pendelschlagwerk unter Benutzung ungekerbter Probekörper. Die Auflageentfernung auf dem Pendelschlagwerk betrug 40 mm, das Hammergewicht 7,932 kg. Zahlentafel 111 (rechte Spalte) zeigt die Ergebnisse.

Man erkennt, daß die Schlagfestigkeit des Materials durch die thermische Behandlung eine wesentliche Steigerung erfahren hat. Die Ringe der aus Abb. 647 ersichtlichen Abmessungen wurden nun auf einem kleinen Schlagwerk, wie es ähnlich zur Verdichtung von Sandkörpern bei der Prüfung von Formsanden benutzt wird (Abb. 648), dynamisch beansprucht, wobei bei einem Gewicht des fallenden Körpers von 13 kg die Fallhöhe auf

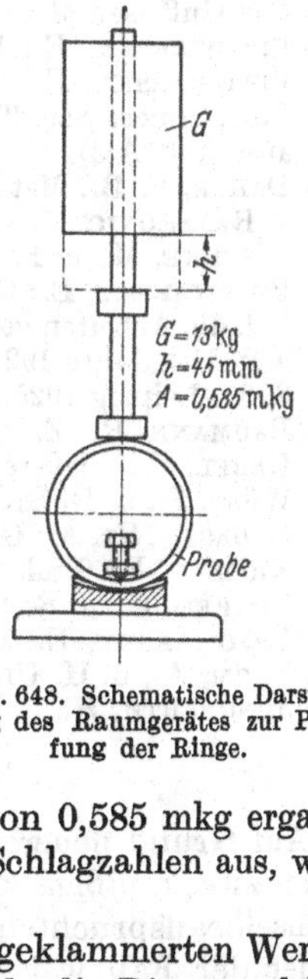

Abb. 648. Schematische Darstellung des Raumgerätes zur Prüfung der Ringe.

Zahlentafel 112.

Proben Bez.	Anzahl der Schläge		Proben Bez.	Anzahl der Schläge	
1 A	(1)		2 A	14	
1 A	8	7,5	2 A	(3)	13
1 A	7		2 A	12	
1 B	14		2 B	214	
1 B	12	13	2 B	274	244
1 B	(7)		2 B	(9)	
1 C	411		2 C	929	
1 C	356	383,5	2 C	1066	997,5
1 C	(97)		2 C	(4)	

45 mm eingestellt wurde, so daß sich eine Schlagenergie von 0,585 mkg ergab. Bei dieser Beanspruchung hielten die betreffenden Ringe Schlagzahlen aus, wie sie aus Zahlentafel 112 hervorgehen.

Die unterstrichenen Zahlen sind die Mittelwerte. Die eingeklammerten Werte sind bei Berechnung des Mittelwertes nicht berücksichtigt, da die Ringe, welche die eingeklammerten Werte ergaben, im Bruch sichtbare Fehler aufwiesen, die aus Einschlüssen herrührten. Man erkennt, daß die Schlagzahlen mit der thermischen Nachbehandlung in wesentlich größerem Ausmaße anstiegen, als dies bei den Werten für die spezifische Schlagfestigkeit der Fall war.

Zusammenfassend geht also auch aus den mitgeteilten Versuchen erneut hervor, daß für die Beurteilung der Zähigkeit von Gußeisen die spezifische Schlagfestigkeit kein Maßstab sein kann. Jedenfalls nicht, soweit es sich um das dynamische Verhalten bei mäßigen, den normalen Betriebsbeanspruchungen nahekommenden Schlagimpulsen handelt.

A. THUM und H. UDE (*18*) haben versucht, aus dem Wert $\frac{P \cdot f}{2}$ des statischen Biegeversuchs bzw. aus dem Wert $\sigma'_B \cdot f$ einen Rückschluß zu ziehen auf die Zähigkeit des Gußeisens bei dynamischen Beanspruchungen. So glaubten sie (allerdings mit allem Vorbehalt) sagen zu können, daß

$\sigma'_B \cdot f \leqq 320$ geringe Schlagfestigkeit, besonders bei hohem Phosphorgehalt,
$\sigma'_B \cdot f = 320$ bis 720 bei niedrigem Phosphorgehalt gute,
bei $P = 0{,}2$ bis 0,6% mittlere und
bei $P > 0{,}6\%$ schlechte Schlagfestigkeit,
$\sigma'_B \cdot f > 720$ stets gute Schlagfestigkeit
zu erwarten sei.[1]

H. JUNGBLUTH und P. A. HELLER (*19*) unterstreichen die Unzuverlässigkeit dieser Beziehung und weisen darauf hin, daß sie im Rahmen umfangreicher Versuche für die Gießereifachausstellung 1929 keinen Anhaltspunkt für eine auch nur entfernte Beziehung der vermuteten Art finden konnten.

Schrifttum zum Kapitel XIV l.

(*1*) Vgl. insbesondere die Arbeit von M. MOSER: Zur Gesetzmäßigkeit der Kerbschlagprobe. Stahl u. Eisen Bd. 42 (1922) S. 90, ferner PAWLISKA, R., u. M. SCHMIDT: Kerbschlagproben. NJVM, Zürich 1930.
(*2*) Vgl. hierzu die zahlreichen Arbeiten von A. THUM und Mitarbeitern: Dauerfestigkeit und Konstruktion S. 277. VDI-Verlag, Berlin 1932; Stahl u. Eisen Bd. 52 (1932) S. 977; Das Gußeisen als Konstruktionswerkstoff. Gießerei Bd. 23 (1936) S. 460.
(*3*) PIWOWARSKY, E.: Vortrag auf dem Intern. Gießereikongreß in Düsseldorf 1936.
(*4*) PIWOWARSKY, E.: Gießerei Bd. 20 (1933) S. 1ff.
(*5*) Proc. Amer. Soc. Test. Mater. Bd. 33 (1933) Teil I (Unterausschuß XV im Gußeisenausschuß A 3).
(*6*) DAHLE, F. B.: Metals & Alloys Bd. 5 (1934) S. 17/18.
(*7*) v. RAJAKOVICS, R.: Gießerei Bd. 22 (1935) S. 95/96.
(*8*) PASCHKE, M., u. F. BISCHOF: Gießerei Bd. 22 (1935) S. 447/52.
(*9*) PIWOWARSKY, E.: Gießerei Bd. 24 (1937) S. 37.
(*10*) Vgl. die Arbeiten von M. MOSER: Stahl u. Eisen 1921 bis 1923; sowie Kruppsche Monatshefte der Jahre 1921 bis 1924. Siehe auch SACHS: Mechanische Technologie der Metalle S. 97. Leipzig 1925.
(*11*) BAUMANN, R.: Z. VDI Bd. 56 (1912) II. S. 1311.
(*12*) UEBEL, F.: Gießerei Bd. 24 (1937) S. 413.
(*13*) WÜST, F., u. R. STOTZ: Ferrum 1914/15 S. 89.
(*14*) NADASAN, ST. A.: Gießerei Bd. 27 (1940) S. 277.
(*15*) NICOLAU, P.: Bull. Ass. techn. Fond. Liége 1934 S. 296.
(*16*) KÖRBER, F., u. R. H. SACK: Mitt. K.-Wilh.-Inst. Eisenforschg. Bd. 4 (1922) S. 11.
(*17*) PIWOWARSKY, E.: Gießerei Bd. 27 (1940) S. 59.
(*18*) THUM, A., u. H. UDE: Gießerei Bd. 17 (1930) S. 105.
(*19*) JUNGBLUTH, H., u. P. A. HELLER: Ref. Stahl u. Eisen Bd. 50 (1930) S. 1136.

m) Der Einfluß der Gestalt.

Auf Grund neuerer Erkenntnisse der Werkstofforschung ist es heute möglich, durch zweckmäßige Formgebung und Oberflächenbehandlung den Werkstoff bei wechselbeanspruchten Konstruktionsteilen weit besser auszunutzen als dies früher der Fall war (*1*).

[1] Vgl. hierzu Seite 505 oben unter 2c.

Der Einfluß der Formgebung überwiegt oft den Einfluß der statisch ermittelten Werkstoffeigenschaften. Daher sind grundsätzlich Werkstoffe mit leichter Formgebungsmöglichkeit durch Guß im Vorteil.

Die folgenden kurzen Ausführungen halten sich an die richtunggebenden Ausführungen von K. Sipp und A. Thum (*2*) zu diesem wichtigen Problem.

„Die Gestaltung eines Gußstückes ist im großen bedingt durch seinen konstruktiven Zweck. Die Formgebung im einzelnen ist durch die technischen Er-

1. Festigkeitswerte.

	Güteklasse[1]	Zugfestigkeit σ_B kg/mm²	Biegefestigkeit σ_B' kg/mm²	Bruchdurchbiegung f mm	Druckfestigkeit σ_{-B} kg/mm²	Verdrehfestigkeit voller Rundstab kg/mm²
	Ge 12.91	12	24	6	48	13
Maschinenguß mit besonderen Vorschriften	Ge 14.91	14	28	7	54	15
	Ge 18.91	18	34	10	67	24
	Ge 22.91	22	40	10	80	34
	Ge 26.91	26	46	10	88	40
Hochwertiger Maschinenguß	—	30	50	11	98	45
	—	35	58	12	110	52

2. Einfluß der Querschnittsform auf die Biegefestigkeit.

Die unterschiedliche Zug- und Druckfestigkeit des Ge und die Unterschiede im *E*-Modul bei Zug- und Druckbeanspruchung verursachen, daß beim Biegeversuch die Spannungsverteilung bei höherer Belastung nicht mehr geradlinig ist (Abb.). Die neutrale Faser verschiebt sich nach der Druckseite und der gezogene Stabquerschnitt wird vergrößert. Folglich ist σ_B' von der Querschnittsform abhängig. Günstig wirkt sich die Stoffanhäufung an der neutralen Faser aus. Gegenüber dem vollen Stabquerschnitt gestattet der aufgelöste z. B. I-Querschnitt bei gleichem W_a jedoch oft bessere Werkstoffausnützung und Gewichtsverminderung (siehe letzte Zeile der nachfolgenden Tabelle).

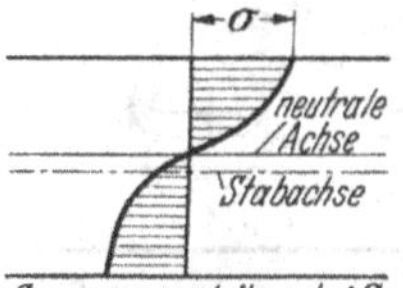

Spannungsverteilung bei Ge

Verhältniswerte für das ertragbare Biegemoment M_b und das Gewicht in kg pro Meter bei gleichem Widerstandsmoment $W_a = 1\ \text{cm}^3$.

Querschnitt					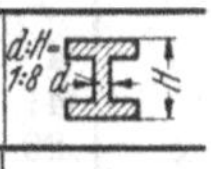
Gewicht . . . . kg/m		3,0	2,7	2,4	1,1
$\sigma_b =$ 20 kg/mm²	Ertragene Nennspannung kg/mm²	48	40	37,4	32,8
	Ertragenes Biegemoment . . %	120	100	93,5	82
$\sigma_b =$ 25 kg/mm²	Ertragene Nennspannung kg/mm²	55	46,5	43	40,2
	Ertragenes Biegemoment . . %	118,2	100	92,5	86,4
$\frac{\text{Ertragene Nennspannung}}{\text{Gewicht}}$ % für $\sigma_B = 25$ kg/mm²		106,5	100	104,2	213

Abb. 649. Grundlagen für das Konstruieren mit Gußeisen (nach Thum).

zeugungsmöglichkeiten und durch die Forderung nach möglichst großer Gestaltsfestigkeit gegeben. Hohe Gestaltsfestigkeit wird erreicht durch günstige Durchbildung des Werkstückes in Hinsicht auf möglichst gleichmäßige Spannungsverteilung und auf werkstofftechnisch günstige Formgebung.

Zur Erfüllung der ersten Forderung muß der Konstrukteur bei der Formgebung

[1] DIN 1691 (bisherige Fassung).

eine möglichst gleichmäßige Verteilung der Spannung anstreben. Er muß sich eine lebhafte Vorstellung von dem Kraftfluß in den Bauteilen verschaffen und Kerbwirkungen durch Verstärkungen, allmähliche Umlenkung des Kraftflusses, Entlastungsübergänge und Entlastungskerben zu verringern suchen. Ferner ist für gleichmäßig große Arbeitsfähigkeit zu sorgen, um dadurch die Widerstandsfähigkeit gegen unvermeidbare Zwangsverformungen und Schlagbeanspruchungen zu erhöhen. Außer der Aufgabe, die Formgebung der Bauteile so zu wählen, daß

Außer der Querschnittsform und der Belastungsart sind beim Entwurf die Werkstoffeigenschaften und ihre Abhängigkeit von den Erstarrungsbedingungen zu berücksichtigen. Da dünne Wandstärken hohe Festigkeitswerte haben, versucht man starke Vollquerschnitte aufzulösen (Hohlhautguß). Man erzielt damit außer hoher Festigkeit Gewichtsersparnis. Beispiele zeigt folgende Tabelle:

Bei gleichem Widerstandsmoment $W_d = 1$ cm³ ergeben sich für verschiedene $\frac{d}{H}$ folgende Gewichte in kg/m:

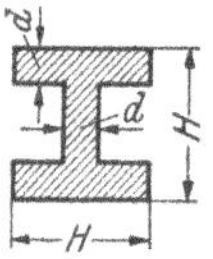

$d/H =$	■	1/3	1/5	1/8	1/10
kg/m =	2,4	1,9	1,4	1,1	1,0

Verringerung der Wandstärke begrenzt durch weiße Gefügeerstarrung.

Bei Biegebeanspruchung ist ferner dem unterschiedlichen Werkstoffverhalten bei Zug und Druck Rechnung zu tragen. Man kommt daher zwecks besserer Werkstoffausnützung zu aufgelösten unsymmetrischen Querschnitten. Beispiele stellt folgende Tabelle dar. Für diese Querschnitte ergeben sich bei gleicher äußerer Belastung $P = 1000$ kg, gleichem Widerstandsmoment $W_d = 90$ cm³ und gleicher zulässiger Zugspannung $\sigma = 5{,}56$ kg/mm² bei $l = 2$ m Auflagelänge folgende Werte für Gewicht und Arbeitsaufnahmefähigkeit:

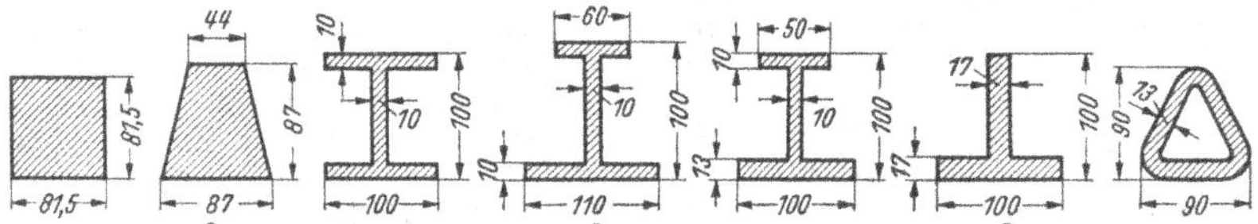

a b c d e f g

Querschnitt	Gewicht kg/m	Gewicht %	Trägheitsmoment J cm⁴	Größte Druckspannung kg/mm²	Größte Durchbiegung mm	Arbeitsaufnahmefähigkeit A cmkg	Arbeitsaufnahmefähigkeit A %	Arbeitsaufnahmefähigkeit pro 1 kg/m %
a	48,2	100	367	5,56	4,54	227	100	100
b	41,3	85,5	345	7,0	4,88	244	107,5	126
c	20,3	42,2	450	5,56	3,72	186	81,9	194
d	19,6	40,6	368	8,02	4,53	226	100	244
e	18,6	38,5	345	9,0	4,84	242	106,7	275
f	22,6	46,8	278	12,4	6,02	301	132,5	282
g	20	41,4	300	9,44	5,56	278	122,5	294

Die Arbeitsaufnahmefähigkeit ist ein Maß für das Vermögen der Konstruktion, Stoßlasten und Zwangsverformungen aufzunehmen. Querschnittsform g (Hohlhautguß) ist besonders günstig hinsichtlich Gewicht, Ausnützung der höheren Druckfestigkeit, Arbeitsfähigkeit und ist ferner verdrehsteif (wichtig bei außermittigem Lastangriff).

Abb. 650. Mittel zum Leichtbau mit Gußeisen (A. Thum 1936, M.P.A. Darmstadt).

sie in allen Teilen fast gleich beansprucht werden, ist noch die Eigenart des Gußeisens richtig zu berücksichtigen, um seine Festigkeit und seine leichte Formgebung richtig ausnutzen zu können. Da die Druckfestigkeit des Gußeisens größer ist als seine Zugfestigkeit, führt die Forderung nach guter Werkstoffausnutzung zu unsymmetrischen Querschnitten bei Biegung. Der aufgelöste Querschnitt (z. B. ⊥ ⊏ I) ist nicht so günstig wie der geschlossene Hohlquerschnitt (z. B. △ oder ○), der eine größere Arbeitsfähigkeit besitzt (Abb. 649 und 650)."

Bei Erzielung großer Formsteifigkeit führt die Anwendung des Hohlhautgusses gleichzeitig zu geringem Gewicht und häufig zu besserer Werkstoffausnutzung als die verrippte Bauweise. [Bemerkung des Verfassers: Wenn allerdings besondere betriebs- oder formtechnische Bedingungen vorliegen oder ausschlaggebend sind, ist vielfach die verrippte Bauweise (kernloses Formen) die wirtschaftlich meistens günstigere.] Die Aufteilung eines Querschnittes durch Rippen hängt vom Grad der verlangten Steifigkeit ab. Fall *III* in Abb. 651 ist dort am Platze, wo sehr feste und steife Konstruktionen gefordert werden, Fall *II* hauptsächlich für steife, Fall *I* für eine nachgiebigere, weniger belastbare Konstruktion (Zickzack-Verrippung oder rippenversteifte Kastenkonstruktion für Werkzeugmaschinen).

Da die Gestaltfestigkeit bewegter oder wechselnd beanspruchter Maschinenteile weniger durch das Verhalten bei statischer als vielmehr bei dynamischer, dem Beanspruchungszustand nahe kommender Prüfungsart ermittelt wird, wobei meistens auch kombinierte Beanspruchungsarten zugrunde gelegt werden müssen, so sind die Dauerfestigkeitswerte, gewonnen am Modell, für den Konstrukteur von besonders großer Bedeutung. Mechanisch hochgezüchtete Werkstoffe haben nur dort erhöhte Bedeutung, wo die Gestalt des fertigen Maschinen- oder Bauteiles

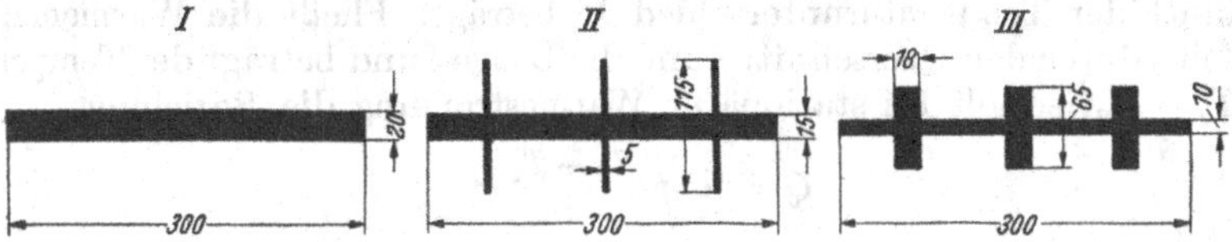

Querschnitt	Plattengewicht kg/lfd.m	Trägheitsmoment cm^4	ertragbare Belastung kg	Durchbiegung cm	ertragbare Schlagarbeit cmkg
I	46,8	20	$20\cdot\frac{4}{l}\cdot\sigma_n$	$1\cdot\frac{l^2}{12E}\cdot\sigma_n$	$20\cdot\frac{l}{3E}\cdot\sigma_n^2$
II	46,8	198	$34{,}4\cdot\frac{4}{l}\cdot\sigma_n$	$0{,}17\cdot\frac{l^2}{12E}\cdot\sigma_n$	$6\cdot\frac{l}{3E}\cdot\sigma_n^2$
III	46,8	125,5	$39{,}2\cdot\frac{4}{l}\cdot\sigma_n$	$0{,}31\cdot\frac{l^2}{12E}\cdot\sigma_n$	$12{,}2\cdot\frac{l}{3E}\cdot\sigma_n^2$

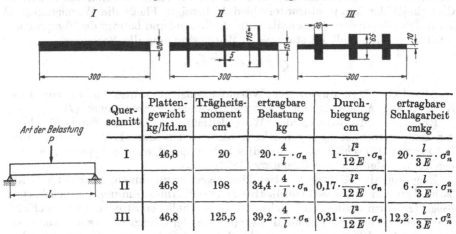

Abb. 651. Einfluß der Verrippung einer Platte auf Festigkeit und Schlagbeanspruchung (A. Thum 1936, M.P.A. Darmstadt).

eine einfache, den ungestörten Spannungsfluß begünstigende Form hat, wo Kerbwirkungen weniger zu erwarten sind und kein hoher Spitzenwiderstand gefordert wird. In allen anderen Fällen muß eine allzu starke mechanische Hochzüchtung des Werkstoffes unterbleiben, insbesondere wenn dieselbe, wie beim Gußeisen, mit dem allmählichen Verlust spezifischer, für die Dauer- und die Gestaltfestigkeit wichtiger Werkstoffeigenschaften, wie zunehmende Kerbempfindlichkeit, abnehmende Dämpfungsfähigkeit usw. erkauft wird. Für Gußeisen kann man wohl bereits heute sagen, daß im allgemeinen mit einer Zugfestigkeit von rund 34 bis 40 kg/mm² die Grenze zweckmäßiger Weiterentwicklung in statisch-mechanischer Beziehung erreicht sein dürfte. Es bleiben dann für Bemühungen um weitere Verbesserungen der Treffsicherheit, Verschleißfestigkeit, Volumenbeständigkeit, Standfestigkeit bei höheren Temperaturen usw. genügend Probleme übrig, um Praktiker und Wissenschaftler für weitere Jahrzehnte forschungsmäßig zu beschäftigen. Über die so wichtige Frage der engen Zusammenarbeit zwischen Gießer, Konstrukteur und Bearbeitungsfachmann sei aus dem hierüber nicht sehr zahlreichen Schrifttum auf den richtunggebenden Bericht von H. Jungbluth (*3*) verwiesen.

Schrifttum zum Kapitel XIV m.

(*1*) Vgl. LEHR, E.: Stahl u. Eisen Bd. 61 (1941) S. 965.
(*2*) THUM, A.: Vortrag auf der fachwissenschaftlichen Tagung der früher im Edelgußverband zusammengeschlossenen Firmen am 25. Mai 1939 in Eßlingen. Vgl. auch PIWOWARSKY, E.: Der Eisen- und Stahlguß auf der VI. Internationalen Gießerei-Ausstellung in Düsseldorf. Düsseldorf, Gießerei-Verlag (1937).
(*3*) JUNGBLUTH, H.: Gießerei Bd. 25 (1938) S. 442.

XV. Die physikalischen Eigenschaften des Gußeisens.

a) Die elektrische und thermische Leitfähigkeit von Gußeisen.

1. Theoretische Grundlagen.

Unter der Wärmeleitfähigkeit λ (Wärmeleitvermögen, Wärmeleitzahl) versteht man die Wärmemenge in Kalorien, die in der Sekunde durch den Querschnitt von 1 cm² hindurchfließt, wenn auf der Strecke 1 cm senkrecht zu diesem Querschnitt der Temperaturunterschied 1° beträgt. Fließt die Wärmemenge Q in der Zeit t durch den Querschnitt f und die Länge l und beträgt der Temperaturabfall $T_1 - T_2$, so gilt bei stationärer Wärmeströmung die Beziehung:

$$Q = \lambda \cdot f \cdot \frac{T_1 - T_2}{l} \cdot t.$$

Absolute Messungen der Wärmeleitfähigkeit wurden u. a. von LEE, KOHLRAUSCH, MEISSNER und MENDENHALL-ANGEL vorgenommen (*1*).

Relative Messungen der Wärmeleitfähigkeit können durch Vergleich von Temperaturmessungen gemacht werden. H. THYSSEN, I. R. MARÉCHAL und P. LENAERTS (*2*) schildern eine auf diesem Prinzip aufgebaute Apparatur, welche sich auf die Methode von DESPRETZ (1822) stützt.

Eine sehr alte Methode, relative Messungen vorzunehmen, besteht im Sichtbarmachen und Ausmessen von Isothermen der Wärmeströmung. Versuchskörper geeigneter Form werden mit Wachs oder einem ähnlichen Stoff in dünner Schicht überzogen und einseitig gleichmäßig erhitzt. Aus der Grenzlinie des Abschmelzens bei stationärer Wärmeströmung wird auf das Wärmeleitvermögen der Versuchskörper geschlossen.

Die von einem metallischen Körper übertragene Wärmemenge hängt nicht nur von der Wärmeleitfähigkeit λ ab, sondern auch von der Temperaturleitzahl $a = \frac{\lambda}{c \cdot \gamma}$, wo c die spezifische Wärme und γ das Raumgewicht bedeuten. Auch die Temperaturleitzahl ist abhängig von der Temperatur und den Verunreinigungen, indem beide die Temperaturleitzahl erniedrigen.

Die Wärmeleitfähigkeit λ (in cal cm^{-1} Grad^{-1} sec^{-1}) erfährt bei tiefen Temperaturen eine schnelle Zunahme (bei Kupfer steigt λ bei Abnahme der Temperatur von 273° auf 20,4° abs. um das 31fache).

Bei Modifikationsänderungen verändert sich auch die Wärmeleitfähigkeit.

Beim Schmelzpunkt erfährt die Leitfähigkeit eine sprunghafte Änderung, und zwar ist λ-flüssig etwa um ein Drittel bis zwei Drittel kleiner als λ-fest.

In den verschiedenen Achsrichtungen der nicht regulären Kristalle ist die Wärmeleitfähigkeit verschieden. Z. B. ist das Verhältnis senkrecht und parallel zur trigonalen Achse bei Wismut = 1,39.

Die Konstitution der Legierungen wirkt auf die Wärmeleitfähigkeit genau so ein wie auf die elektrische. Jedoch wird die thermische Leitfähigkeit in Mischkristallreihen nicht in demselben Grade verringert wie die elektrische Leitfähigkeit. Die Folge davon ist, daß das Leitverhältnis $\lambda/\varkappa$ von dem für die Reinmetalle gültigen Wert mit steigendem Zusatz des andern Metalls bis zu einem Maximum ansteigt. Dieser Verlauf des Leitverhältnisses ist ein Charakteristikum für vollständige Mischkristallreihen.

Die Wärmeleitfähigkeit spielt eine technisch wichtige Rolle für solche Stoffe, die den Transport großer Wärmemengen übernehmen müssen (Kesselböden, Heizungsrohre, Kühlvorrichtungen usw.).

Bei Stahl und Gußeisen ist die Wärmeleitfähigkeit auch für die Wärmebehandlung von Bedeutung. Legierungen mit kleiner Wärmeleitfähigkeit müssen bei der Wärmebehandlung sehr vorsichtig erhitzt werden, um Spannungen und Risse zu vermeiden. Außerordentlich wichtig ist die Frage der Wärmeleitfähigkeit ferner bei Kokillen- und Formbaustoffen, desgleichen für den Kolbenbau bei Explosionsmotoren usw.

Nachstehende Zahlen zeigen, wie stark die Wärmeleitfähigkeit von reinem Eisen (= 100 gesetzt) durch kleine Zusätze von 1% beeinträchtigt wird:

Zusatzmetall	λ relativ
Reines Eisen	100
Kobalt	93
Nickel	81
Kohlenstoff	79
Mangan	74
Aluminium	55
Silizium	50

Der Ausdruck $L = \frac{\lambda}{\varkappa \cdot T}$ (Wiedemann-Franz 1853, Lorenz 1882) besitzt nach sämtlichen Theorien (*3*) einen universellen Wert und ist unabhängig von der Temperatur. Allerdings erhält man nach den einzelnen Theorien verschiedene Absolutwerte.

Die elektrische Leitfähigkeit von Metallen ist im allgemeinen 10^5 bis 10^6mal größer als die eines sehr gut leitenden Elektrolyten (30proz. Schwefelsäure). Der elektrische Widerstand R steigt etwa proportional der absoluten Temperatur. Die Widerstandskurve ist bei mittleren Temperaturen etwa proportional dem thermischen Energieinhalt des Metalls. Bei tiefen Temperaturen nimmt von einer bestimmten Temperatur an der Widerstand sehr schnell ab (Supraleitfähigkeit). In metallischen Leitern ist der Stromtransport nicht begleitet von einem Materialtransport wie bei der Elektrolyse, sondern erfolgt durch die Elektronen mit einer negativen Ladung von $e = -4{,}774 \cdot 10^{-10}$ elektrostatische Einheiten. Im allgemeinen gilt das Ohmsche Gesetz $J = \frac{E}{R}$. Der Widerstand R ist abhängig vom Querschnitt q und der Länge l:

$$R = \varrho \cdot \frac{l}{q}, \text{ in Ohm},$$

ϱ = spez. elektrischer Widerstand, $1/\varrho = \varkappa$ = spez. elektrische Leitfähigkeit.

Auf Grund des Ohmschen Gesetzes und der Kirchhoffschen Verzweigungsregeln kann man drei prinzipielle Meßmethoden anwenden:

1. Widerstandsmessung mit eingeschaltetem Strom- und Spannungsmesser (direkte Methode),

2. Messung mit Hilfe der Wheatstoneschen Brücke. Diese Messung ist nur für große Widerstände geeignet, da die Widerstände der Zuleitungen mit in die Messung eingehen,

3. Messung mit Hilfe der Thomson-Brücke. Diese ist geeignet zur Bestimmung sehr kleiner Widerstände, da die Zuleitungs- und Übergangswiderstände ausgeschaltet werden. Die Meßgenauigkeit beträgt hierbei günstigstenfalls 0,2%.

Mit zunehmender Temperatur nimmt der Widerstand von Metallen zu (Abb. 652). Der Temperaturkoeffizient des Widerstandes ist:

$$\alpha = \frac{1}{R_0} \cdot \frac{dR}{dt}.$$

Bei Modifikationsänderungen tritt auch eine Änderung der Leitfähigkeit ein. Es ist zu unterscheiden zwischen einem allotropen Umwandlungspunkt mit Gitteränderung, bei dem die Leitfähigkeit sich sprunghaft ändert, und einem magnetischen Umwandlungspunkt ohne Gitteränderung, bei dem lediglich eine Richtungsänderung auftritt.

Beim Schmelzpunkt ändert sich die Leitfähigkeit sprunghaft (Abb. 652).

Für heterogene, aber mischkristallfreie Legierungen gilt in erster Annäherung das Gesetz, daß ihre Leitfähigkeit etwa linear von der Volumenkonzentration abhängig ist.

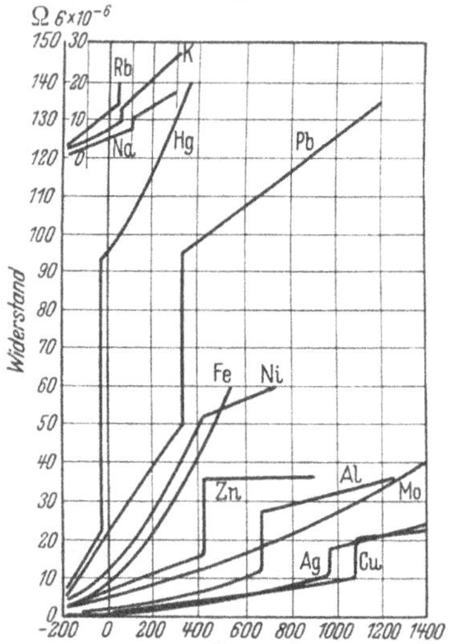

Abb. 652. Abhängigkeit des elektr. Widerstands verschiedener Metalle von der Temperatur (*1*).

Die Kurve der elektrischen Leitfähigkeit und des Widerstandstemperaturkoeffizienten von binären Legierungen, die eine ununterbrochene Reihe von Mischkristallen bilden, fallen von den Werten der reinen Komponenten zuerst steil ab und haben gegen die Mitte hin ein flaches Minimum.

Für unvollständige Mischkristallreihen ergibt sich ein Verlauf der Kurven sinngemäß nach den obigen Ausführungen.

Das Leitvermögen chemischer Verbindungen ist durchweg gering.

2. Einfluß des Gefügeaufbaus.

Reine Metalle haben die beste Leitfähigkeit. Sind die Beimengungen vollkommen unlöslich, so ergibt sich der Widerstand nach der Mischungsregel. Da aber völlige Unlöslichkeit fast nie vorliegt, so werden die ersten Zusätze am stärksten den Widerstand erhöhen. Man hat gefunden, daß je weiter die Stoffe im periodischen System voneinander entfernt sind, also je verschiedener die Wertigkeit ist, um so größer auch der Einfluß auf den Widerstand ist.

Auch gelöste Gase können die Leitfähigkeit erniedrigen. Die elektrische Leitfähigkeit wird durch Kaltverformung geändert. Diese Änderung geht aber nicht dem Verformungsgrad parallel. Bei kleinen Verformungen treten erhebliche Widerstandserhöhungen ein (bis 1%). Mit wachsender Verformung bleibt der Widerstand ungeachtet der weiteren Verfestigung zunächst unverändert (*4*). Bei weit fortgeschrittener Verformung steigt der Widerstand wiederum an, fällt ab, um erneut weiter zu wachsen. Der Knick in der Gleitkurve bedeutet, daß das Gleiten plötzlich von einer Kristallfläche auf eine andere übergeht, also das Gleitsystem sich ändert. Die Widerstandsänderung ist also ursächlich mit einer Störung des Kristallgitters verbunden.

Im Schrifttum finden sich Angaben über die elektrische Leitfähigkeit von Peirce (*5*), der feststellte, daß hartes, karbidreiches Gußeisen einen hohen, weiches, graphitreiches dagegen niedrigen spezifischen Widerstand hat. Weitere Untersuchungen stammen von S. E. Dawson (*6*), H. Pinsl (*7*) und J. H. Partridge (*8*). Die ersten Angaben über die Wärmeleitfähigkeit des Gußeisens stammen von W. Beg-

Zahlentafel 113. Zusammensetzung der untersuchten Gußeisenproben aus dem Hochfrequenzofen.

Bezeichnung	C %	Graphit %	Si %	Mn %	P %	S %
1 A	3,58	2,44	0,90	0,24	0,079	0,115
1 B	3,44	2,32	2,28	0,24	0,086	0,113
1 C	3,24	2,40	4,58	0,24	0,093	0,103
2 A[1]	3,50	2,40	0,88	0,24	0,086	0,114
2 B[2]	3,44	2,24	1,02	0,24	0,076	0,112
3 A	3,25	2,44	1,00	0,24	0,535	0,118
3 B	3,25	2,39	1,26	0,24	1,020	0,118

[1] Dazu 1,5% Ni. [2] Dazu 4,32% Ni.

LINGER (*9*). Im allgemeinen rechnete man bisher mit Werten von 0,07 bis 0,137 im Mittel etwa mit 0,12 cal/cm·sec·°C. Der Einfluß der Zusammensetzung wurde erst in neuerer Zeit von H. MASUMOTO (*10*), H. THYSSEN und Mitarbeitern (*11*), sowie von J. W. DONALDSON (*12*) untersucht. Da der Grauguß als Stahlgrundmasse mit eingelagertem Graphit zu betrachten ist, so werden alle Einflüsse, die beim Stahl ausschlaggebend sind, auch die Leitfähigkeit des Gußeisens bestimmen. Mit steigendem Perlitanteil im Gefüge nimmt die Leitfähigkeit ab. Die perlitische Grundmasse hat nach DONALDSON eine Wärmeleitfähigkeit von 0,12 cal/cm·sec·°C. Bei lamellarer Ausbildung des Zementits wird nach P. BARDENHEUER und H. SCHMIDT (*13*) der elektrische Widerstand stärker durch Kohlenstoff erhöht als bei kugeliger Ausbildung. Der gebundene Kohlenstoff wirkt sich um so mehr im Sinne einer Leitfähigkeitserniedrigung aus, je mehr sich der Perlit einer sorbitischen und martensitischen Ausbildung nähert. So wird beispielsweise nach E. D. CAMPBELL und G. W. WHITNEY (*14*) die elektrische Leitfähigkeit eines perlitischen Stahles bei Ölhärtung um 29%, bei Wasserhärtung um 57% erniedrigt. Nach einer Auswertung des Schrifttums durch M. JAKOB (*15*) wird die Wärmeleitfähigkeit durch Härten um 15 bis 20% heruntergesetzt. Der Einfluß der Korngröße scheint wesentlich zu sein. A. EUCKEN und O. NEUMANN (*16*) fanden bei Antimon, Wismut und Elektrolyteisen, daß die Wärmeleitfähigkeit mit sinkender Korngröße abnimmt, während die elektrische Leitfähigkeit nur wenig beeinflußt wird.

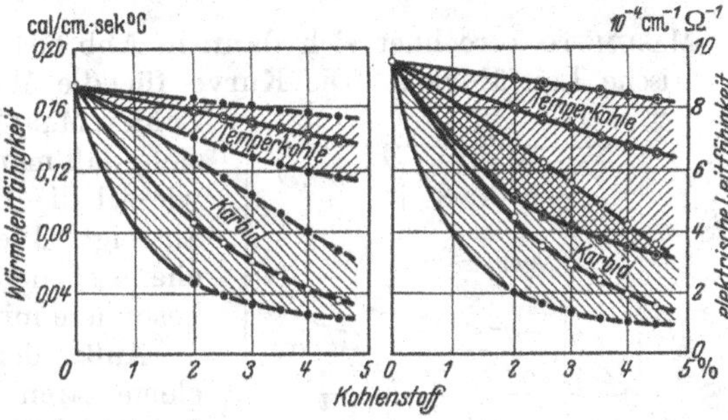

Abb. 653. Einfluß von Zementit und Temperkohle auf die Leitfähigkeit des Eisens (E. SÖHNCHEN).

In besonders starkem Ausmaß beeinflußt die Menge des vorhandenen Graphits oder der Temperkohle die Leitfähigkeit. In Abb. 653 ist die Leitfähigkeit im System Eisen-Karbid und Eisen-Temperkohle berechnet worden mit den Zahlen von MASUMOTO (*10*) nach Zahlentafel 114. Die Berechnung kann mit den sog. Guertlerschen Schrankenwerten oder nach K. LICHTENECKER (*17*) erfolgen. Die Guertlerschen Schrankenwerte geben ein großes Unsicherheitsgebiet (in Abb. 653 schraffiert), das mit größer werdenden Leitfähigkeitsunterschieden der beiden Gefügebestandteile zunimmt. Erst die Anwendung der Lichteneckerschen Berechnungsweise (Addition von Logarithmen) ergab Zahlenwerte, die praktisch zusammenfallen und in Abb. 653 als je ein Wert eingezeichnet sind (Mittellinien der schraffierten Gebiete). Das Ferrit-Temperkohle-Gemisch hat in jedem Falle eine höhere Leitfähigkeit als das Ferrit-Karbid-Gemisch. Man erhält also durch Ausglühen eines weißen Gußeisens eine Erhöhung der Leitfähigkeit. In Abb. 654 sind die Leitfähigkeitserhöhungen für 1% gebildete Temperkohle aufgetragen. Nach der Berechnung müßten die elektrische und die Wärmeleitfähigkeit gleich stark beeinflußt werden. Das stimmt nicht ganz mit den Versuchen MASUMOTOS überein, wie eine Errechnung der Lorenzschen Zahl ($L = \lambda/\varkappa \cdot T$, wobei λ = Wärmeleitfähigkeit, $\varkappa$ = elektrische Leitfähigkeit und T = absolute Temperatur ist) aus MASUMOTOS Werten zeigt. Im Mittel ergibt sich für weißes Gußeisen L zu etwa $3{,}1 \cdot 10^{-8}$, für ausgeglühtes Gußeisen (Ferrit + Temperkohle) zu etwa $3{,}5 \cdot 10^{-8}$ Watt · Ohm · ^{0} C^{-2}. Eine Erhöhung der Lorenzschen Zahl bedeutet, daß die Wärmeleitfähigkeit stärker ansteigt als die elektrische Leitfähigkeit. Unter Berücksichtigung der Lorenzschen Zahlen nach MASUMOTO errechnet sich dann in Abb. 654 die wirkliche Kurve für die elektrische Leitfähigkeit. Die Kurve für die Wärmeleitfähigkeit stimmt mit den Zahlen MASUMOTOS überein. Aus Abb. 654 ergibt sich, daß man nicht allgemein angeben kann, um wieviel die Leitfähigkeit für 1% Temperkohle ansteigt. Die Erhöhung ist abhängig von der chemischen Zusammensetzung und nimmt insbesondere mit steigendem Kohlenstoffgehalt zu.

Zahlentafel 114. Elektrische und Wärmeleitfähigkeit von Ferrit, Zementit und Temperkohle bei 20° (nach H. MASUMOTO).

	Elektrische Leitfähigkeit $^1/_{10^{-4}}\,\Omega \cdot$cm	Wärmeleitfähigkeit cal/cm·sec·°C
Ferrit.	9,569	0,174
Zementit	0,714	0,017
Temperkohle	0,667	0,037

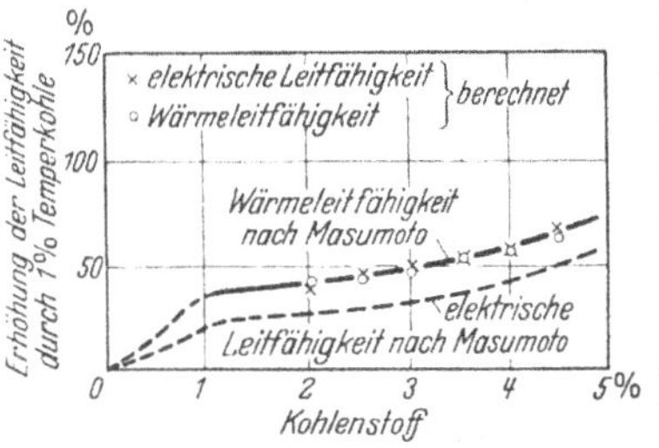

Abb. 654. Erhöhung der Leitfähigkeit durch 1% Temperkohle bei verschiedenen Kohlenstoffgehalten (E. SÖHNCHEN).

Außer der Menge hat auch die Form des elementaren Kohlenstoffs einen Einfluß auf die Leitfähigkeit. MASUMOTO hat festgestellt, daß ein Grauguß mit grobblättriger Graphitausbildung eine Lorenzsche Zahl von etwa $10{,}5 \cdot 10^{-8}$ W × Ohm · ^{0}C^{-2} hat. Der aus dem Schmelzfluß entstandene grobe Graphit wirkt sich also ganz anders aus als die durch Ausglühen entstandene Temperkohle. Gegenüber einem weißen Roheisen hat nach MASUMOTO der Grauguß wohl eine höhere Wärmeleitfähigkeit, aber eine kleinere elektrische Leitfähigkeit. Dies dürfte ohne Zweifel mit dem Graphit und dessen Ausbildungsform zusammenhängen. Letztere ist von großem Einfluß, wie die später erörterten, im Gießerei-Institut der Technischen Hochschule Aachen durchgeführten Versuche von E. SÖHNCHEN *(18)* zeigten. Innerhalb der Kupferreihe und innerhalb der Phosphorreihe wurde ein in Sand gegossener Stab mit groben Graphitadern und ein in Kokille gegossener Stab mit sehr feiner, körniger Ausbildung untersucht. Die gröbere Ausbildung des Graphits bedinge eine Erniedrigung der elektrischen — und eine Erhöhung der Wärmeleitfähigkeit. Es haben aber neben der Graphitform noch Gas- oder Luftblasen und die Korngröße einen Einfluß. Gas- und Luftblasen verringern vor allem die elektrische, zunehmende Kornfeinheit die thermische Leitfähigkeit. Die chemische Zusammensetzung der Schmelzen, an denen E. SÖHNCHEN seine Versuche durchführte, ist aus Zahlentafel 125 (vgl. die magnetischen Eigenschaften) ersichtlich. Für die Bestimmung der absoluten Wärmeleitzahlen nach der Hohlzylindermethode *(19)* wurden Hochfrequenzschmelzen nach Zahlentafel 113 benutzt.

3. Einfluß der Elemente.

Legierungszusätze im Gußeisen beeinflussen die Leitfähigkeit durch Änderung der Graphitmenge und -form, durch Ausbildung neuer Gefügebestandteile und durch Mischkristallbildung. Bei Zusatz von Phosphor und Chrom

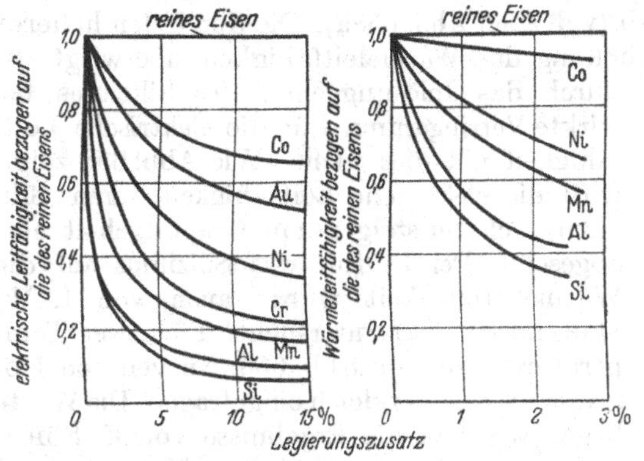

Abb. 655. Leitfähigkeit von festen Lösungen mit Eisen. Aus dem Schrifttum zusammengestellt von E. SÖHNCHEN (*18*).

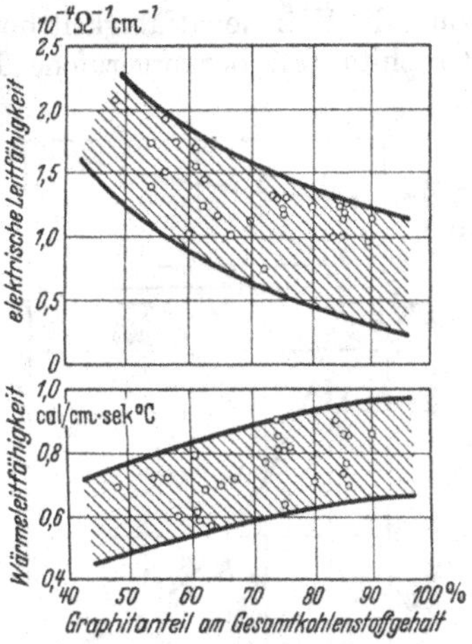

Abb. 656. Einfluß des Graphitanteils am Gesamtkohlenstoffgehalt auf die Leitfähigkeiten (E. SÖHNCHEN).

bilden sich beispielsweise verbindungsartige Gefügebestandteile, die eine Erhöhung der Leitfähigkeit bedingen können. Am wichtigsten ist die Mischkristallbildung. Nach A. L. NORBURY (*20*) ist die atomare Widerstandserhöhung bei Mischkristallbildung um so größer, je weiter die Gruppe des zu dem Lösungsmittel zugesetzten Fremdmetalls von der des Lösungsmittels im periodischen System entfernt ist. Abb. 655 zeigt einige Beispiele, die aus dem Schrifttum zusammengestellt sind. Die elektrische Leitfähigkeit wird im allgemeinen stärker als die Wärmeleitfähigkeit herabgesetzt. Um nun einen Überblick darüber zu bekommen, was auf die Leitfähigkeit entscheidend einwirkt, ist in Abb. 656 die Leitfähigkeit unabhängig von der chemischen Zusammensetzung in Abhängigkeit vom Graphitanteil am Gesamtkohlenstoffgehalt aufgetragen. Bei der elektrischen Leitfähigkeit überwiegt der Einfluß der Mischkristallbildung, und die Leitfähigkeit wird herabgesetzt, während bei der Wärmeleitfähigkeit der größere Graphitgehalt eine Verminderung infolge Mischkristallbildung wettmacht. Da mit zunehmendem Graphitanteil in vielen Fällen auch eine Graphitvergröberung eintritt, so wird die Graphitform mit für den Kurvenverlauf verantwortlich sein.

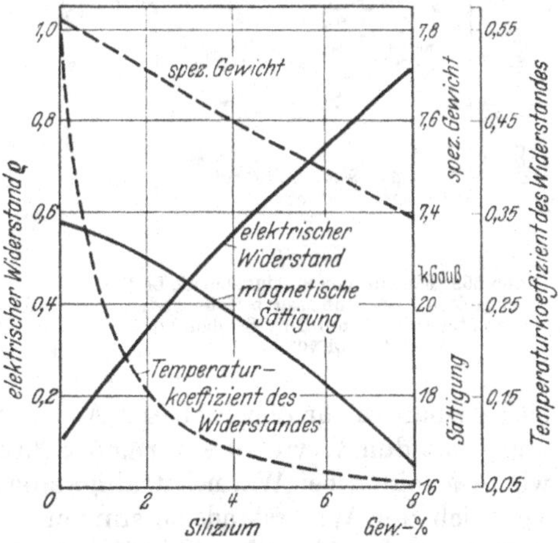

Abb. 657. Verschiedene Eigenschaften von Eisen-Silizium-Legierungen.

Während in reinen Eisen-Silizium-Legierungen der Einfluß der chemischen Zusammensetzung eindeutig zum Ausdruck kommt (Abb. 657), kann infolge der mannigfachen Einwirkung von Silizium auf das Gefüge des Gußeisens (Bildung von Silikoferrit und Silikokarbid, Vermehrung der Graphitmenge, Graphitvergröberung, Kornvergröberung) keine ganz einfache Abhängigkeit der Leitfähigkeit usw. vom Siliziumgehalt erwartet werden. Man sieht in Abb. 658, daß die Wärmeleitzahl mit steigendem Siliziumgehalt und steigendem Graphitanteil am Gesamtkohlenstoffgehalt zunimmt. Bleibt dagegen der Graphitanteil trotz steigendem Siliziumgehalt annähernd gleich, so setzt das in Lösung gehende Silizium die Wärmeleitfähigkeit herab (vgl. auch Abb. 658a). Die durch den höheren Graphitanteil hervorgerufene Erhöhung der Wärmeleitfähigkeit überwiegt die durch das Inlösunggehen des Siliziums bewirkte Verringerung. Für die elektrische Leitfähigkeit gilt dies nicht. Wie Abb. 658 zeigt, wird die elektrische Leitfähigkeit durch Silizium auch bei steigendem Graphitgehalt herabgesetzt. Der Einfluß des Siliziums auf die Wärmeleitfähigkeit wurde auch von J. W. DONALDSON (*12*) untersucht. Für zwei Temperaturen sind in Abb. 658 Kurven von DONALDSON zum Vergleich eingetragen. Die Werte liegen tiefer als die Ergebnisse von E. SÖHNCHEN, was auf den höheren Mangan- und Phosphorgehalt zurückzuführen ist. Die Gußeisenschmelzen mit den hohen Siliziumgehalten enthielten weniger Nebenbestandteile als die mit den niedrigen Siliziumgehalten und nähern

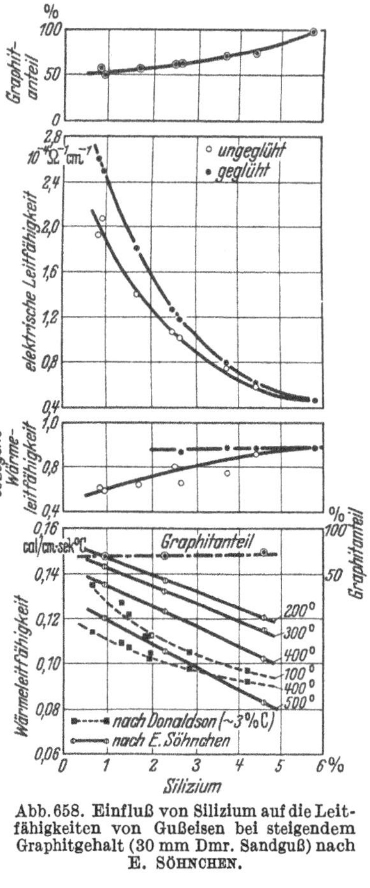

Abb. 658. Einfluß von Silizium auf die Leitfähigkeiten von Gußeisen bei steigendem Graphitgehalt (30 mm Dmr. Sandguß) nach E. SÖHNCHEN.

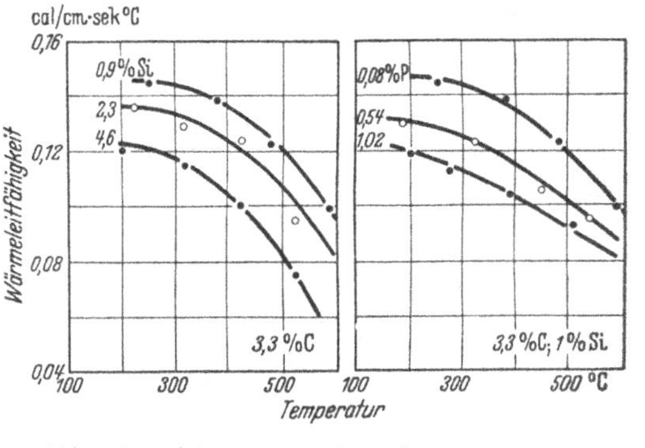

Abb. 658a. Einfluß von Silizium (links) und Phosphor (rechts) auf die Wärmeleitfähigkeit von Gußeisen (E. SÖHNCHEN).

sich deshalb mehr den in dieser Arbeit festgestellten Werten. Die Übereinstimmung mit den Werten des übrigen Schrifttums (*15*) ist keineswegs befriedigend, wie dies leider bei Wärmeleitfähigkeitsmessungen fast immer der Fall ist. Ein Vergleich der Widerstandsmessungen erbrachte jedoch eine sehr gute Übereinstimmung. In Abb. 659 sind die Werte für drei verschiedene Gesamtkohlenstoffgehalte angegeben, wobei man jedesmal verschiedene Widerstandssteigerungen erhält.

Ein besonderes Interesse kommt der Untersuchung über den Einfluß des Phosphorgehaltes zu, seitdem von THYSSEN, MARÉCHAL und LENAERTS (*11*) eine Zunahme der Wärmeleitfähigkeit mit steigendem Phosphorgehalt festgestellt worden war. Im Gegensatz dazu ergaben die Versuche von E. SÖHNCHEN (*18*) nach dem Vergleichsverfahren einwandfrei bei zwei Schmelzreihen eine Herabsetzung der Wärmeleitfähigkeit um etwa 20 bis 30 % durch je 1 % P (vgl. Abb. 658a und Abb. 659a). Bemerkenswert dabei ist, daß der Graphitgehalt in der einen Reihe unveränderlich war, in der anderen nur wenig abfiel, so daß der Abfall nicht durch vermehrte Karbidbildung hervorgerufen sein kann. Nach dem Ausglühen zeigten einige Stäbe höhere, andere geringere Wärmeleitfähigkeit als im gegossenen Zustand. Dies dürfte folgendermaßen zu erklären sein: Beim Ausglühen wird nicht nur elem. C gebildet, sondern auch der durch Seigerung zuviel gebildete Steadit wird verschwinden und Phosphor in Lösung gehen. Das erstere bedingt Leitfähigkeitsverminderung, das letztere Erhöhung. Schließlich dürfte auch die Veränderung der Steaditverteilung durch Ausglühen von Einfluß sein. Auch bei den vollkommen ferritisch geglühten Stäben ergab zunehmender Phosphorgehalt Verringerung der Leitfähigkeit. Kokillenguß hat niedrigere Werte als Sandguß. Die elektrische Leitfähigkeit wird durch Phosphor ebenfalls herabgesetzt, wenn auch mit steigendem Siliziumgehalt der Einfluß zurückgeht, was durch die Angaben von H. Pinsl (7) bestätigt wird. Nach Pinsl soll in graphit- und siliziumreichem Guß ein höherer Phosphorgehalt den Widerstand nicht in gleichem Maße erhöhen wie im Stahl. Der Kokillenguß hat hier höhere Werte als der Sandguß. Abb. 659a zeigt auch deutlich, daß trotz des höheren Siliziumgehaltes (2 gegenüber 1,2%) die Wärmeleitfähigkeit nicht gesunken, sondern infolge des

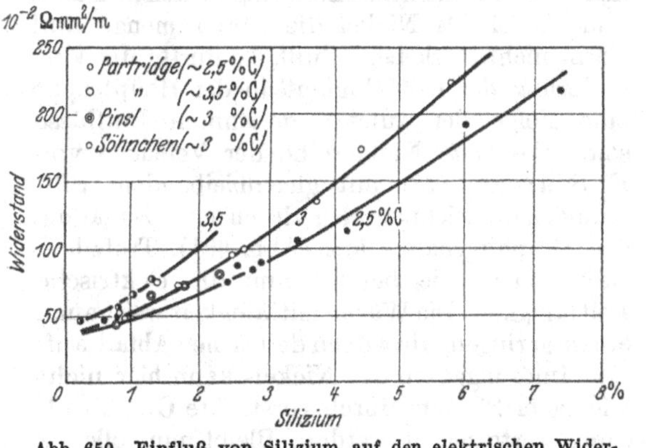

Abb. 659. Einfluß von Silizium auf den elektrischen Widerstand von Gußeisen mit verschiedenem Kohlenstoffgehalt.

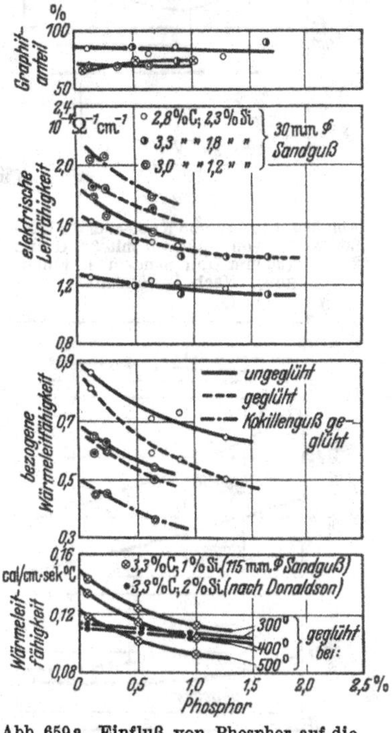

Abb. 659a. Einfluß von Phosphor auf die Leitfähigkeiten von Gußeisen (*18*).

höheren Graphitanteils (etwa 80 gegenüber 70%) gestiegen ist im Gegensatz zur elektrischen Leitfähigkeit. Absolute Messungen bestätigten dann einwandfrei an einer Reihe, in der der Graphitgehalt sogar etwas zunahm, daß steigender Phosphorgehalt die Wärmeleitfähigkeit herabsetzt. Auch hier ergab sich eine Verminderung um etwa 20 bis 30% je 1% P. Donaldson fand ebenfalls einen Abfall der Wärmeleitfähigkeit, der allerdings nicht sehr stark ist. Ein Vergleich mit den Werten von E. Söhnchen ist nicht möglich, da Donaldson keine Graphitgehalte angibt.

Die Leitfähigkeit von Gußeisen wird durch Kupfer (*18*) zunächst herabgesetzt (Abb. 660). Oberhalb 1% Cu tritt dann wieder ein deutlicher Anstieg auf. Die anfängliche Verminderung wird durch Kupfer in Lösung hervorgerufen. Über 1% Cu hinaus liegt das Kupfer in ausgeschiedener Form vor und wirkt so erhöhend auf die Leitfähigkeit.

Nach den Versuchen von Donaldson (*12*) wird die Wärmeleitfähigkeit bei

Erhöhung des Mangangehaltes von etwa 1 auf 2% um 2 bis 3% erniedrigt. Der Einfluß ist also sehr gering. PARTRIDGE (*8*) untersuchte die elektrische Leitfähigkeit und fand zwischen 0,24 und 1,49% Mn eine Steigerung des Widerstandes von 2,4 Mikro-Ohm je 1% Mn. Nach GUMLICH (*1*) erhöht in C-freien Legierungen Aluminium den Widerstand fast genau so stark wie Si. Dies läßt sich nach den allerdings spärlichen Werten von PARTRIDGE auch bei Gußeisen vermuten. Über den Einfluß von Al auf die Wärmeleitfähigkeit des Gußeisens sind dem Verfasser keine Untersuchungen bekannt. Aus den Untersuchungen von SEDSTRÖM (*1*) an reinen Fe-Al-Legierungen ist allerdings zu vermuten, daß die Wärmeleitfähigkeit des Gußeisens durch Al erheblich herabgesetzt wird.

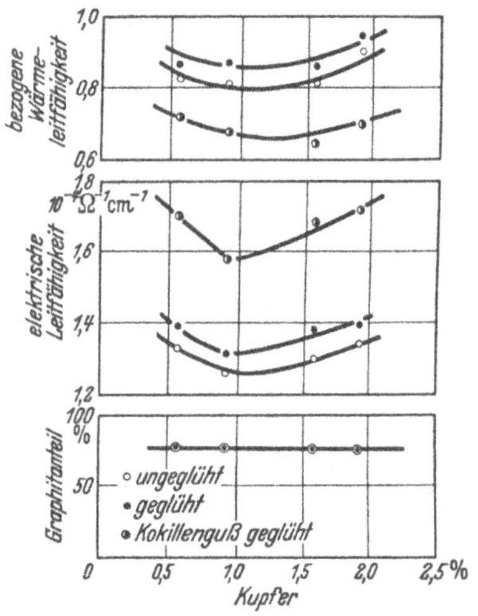

Abb. 660. Einfluß von Kupfer auf die Leitfähigkeiten von Gußeisen mit 3% C und 2,3% Si (30 mm Dmr. Sand- u. Kokillenguß). Nach E. SÖHNCHEN.

Nickel erniedrigt die elektrische und Wärmeleitfähigkeit von Flußeisen (Abb. 661). Im Gußeisen wirkt es auf die Leitfähigkeit ein durch Begünstigung des Karbidzerfalls, Beeinflussung der Graphitgröße, Bildung von Sorbit, Martensit und Austenit, Kornverfeinerung der Grundmasse und Mischkristallbildung zwischen Ferrit und Nickel. Da Nickel die Graphitmenge und -form nicht stark beeinflußt, so dürfte die Veränderung der Leitfähigkeit in der Hauptsache eine Folge der zuletzt genannten Einflüsse sein. Die erste Nickelreihe der Versuche von E. SÖHNCHEN (*18*) mit gleichbleibendem Siliziumgehalt zeichnet sich durch eine Zunahme des Graphitgehaltes aus (Abb. 661). Trotzdem sinkt genau wie bei Silizium die elektrische Leitfähigkeit. Die Wärmeleitfähigkeit weist auch einen geringen, aber doch deutlichen Abfall auf. Das Inlösunggehen des Nickels kann hier nicht wie beim Silizium durch verstärkte Graphitbildung wettgemacht werden. Bleibt nun vollends der Graphitgehalt unveränderlich, wie es eine zweite Nickelreihe (Abb. 661) zeigt, so wirkt lediglich das Inlösunggehen des Nickels, und man erhält einen zuerst stärker, dann schwächer werdenden Abfall der absoluten Wärmeleitzahlen. Wird bei Nickelzusatz das Silizium gleichzeitig vermindert, so erhält man einen Anstieg der Leitfähigkeit (Abb. 662) bis zu einem Höchstwert (Abb. 663). Der günstigste Nickelgehalt liegt bei verschiedenen Ersatzverhältnissen von Silizium zu Nickel ganz verschieden. Abb. 662 und 663 geben eine Anweisung, wie man Silizium- und Nickelgehalt aufeinander abstimmen muß, um trotz erhöhter Legierung keine Erniedrigung der Leitfähigkeit zu erhalten. Der festgestellte Einfluß von Nickel steht in Übereinstimmung mit den spärlichen

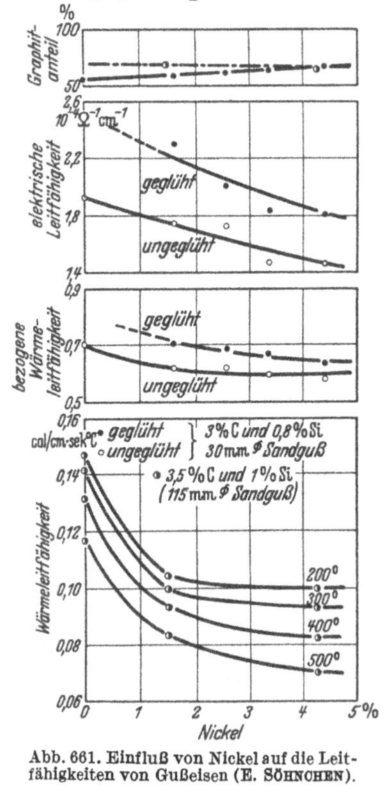

Abb. 661. Einfluß von Nickel auf die Leitfähigkeiten von Gußeisen (E. SÖHNCHEN).

Angaben des Schrifttums. So gibt z. B. DONALDSON (*12*) an, daß durch Zusatz von etwa 0,75% Ni ohne gleichzeitige Verringerung des Siliziumgehaltes die Wärmeleitfähigkeit um 5 bis 10% herabgesetzt wird. Die aus Abb. 661 sich ergebende Tatsache, daß die höheren Nickelzusätze nicht mehr so stark wirken, scheint sich nach der Untersuchung eines volumenbeständigen Gußeisens mit 18% Ni, 6% Si und 2% Cr (Nicrosilal) durch DONALDSON (*12*) zu bestätigen. Dieses Eisen zeigte bei 100° noch eine Wärmeleitfähigkeit von 0,07 cal/cm·sec·°C gegenüber einem Silal ohne Nickel mit 0,09 cal/cm·sec·°C. Die Herabsetzung der

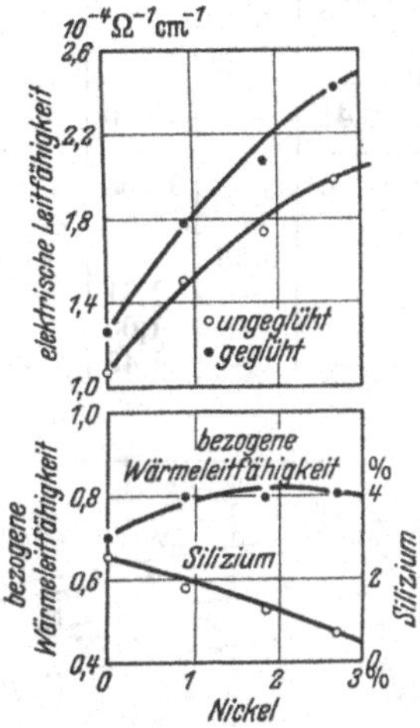

Abb. 662. Einfluß von Nickel auf die Leitfähigkeit von Gußeisen (3% C) bei einem Ersatzverhältnis Si:Ni = 1:1,5 (30 mm Durchmesser Sandguß). Nach E. SÖHNCHEN.

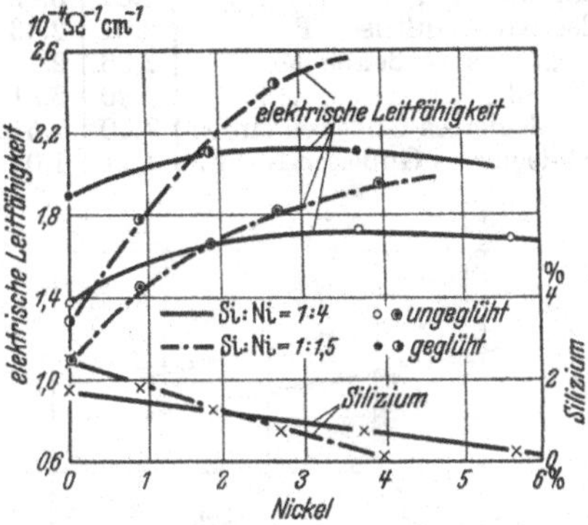

Abb. 663. Einfluß des Ersatzverhältnisses Si:C auf die elektr. Leitfähigkeit von Gußeisen (E. SÖHNCHEN).

elektrischen Leitfähigkeit durch Nickel ist bekannt aus dem hohen Widerstand der austenitischen Gußeisensorten (Nomag-Eisen, Niresist) und aus der Verwendung nickelhaltigen Gußeisens zu Widerstandsgittern. Eine grundsätzliche Untersuchung von J. H. PARTRIDGE (*8*) ist in Abb. 664 wiedergegeben. Der Widerstand steigt erst dann besonders stark an, wenn die Grundmasse in Martensit übergeht.

In einer neueren Arbeit (*31*) untersuchte J. W. DONALDSON die Wärmeleitfähigkeit von hochwertigem unlegiertem und legiertem Gußeisen, besonders einiger feuerbeständiger Sondereisen. Dabei ergab sich, daß die hochwertigen Gußsorten eine etwas geringere Leitfähigkeit besitzen als gewöhnliches Gußeisen, wie es bereits früher von J. W. DONALDSON (*12*) und S. M. SHELTON (*32*) untersucht wurde. Kupfer setzt die Wärmeleitfähigkeit ähnlich wie Nickel und Silizium herab, und zwar ist die Wirkung des Kupfers etwa halb so groß wie die des Siliziums. Molybdän wirkt wie Chrom und Wolfram erhöhend, jedoch weniger stark. Bei gleichzeitiger Anwesenheit von Nickel und Chrom oder Mangan wird die leitfähigkeitsvermindernde Wirkung des Nickels leicht abgeschwächt. Große Nickelanteile setzen die Leitfähigkeit stark herunter. Wird ein Teil des Nickels durch Kupfer ersetzt (Niresist u. ä.), so ist die Wirkung schwächer. Aluminium wirkt stark vermindernd, auch bei Anwesenheit von Chrom. Zahlentafel 115 zeigt die Zusammensetzung der untersuchten Werkstoffe, deren Wärmeleitfähigkeit in Abhängigkeit von der Temperatur in Abb. 665 und 666 dargestellt ist.

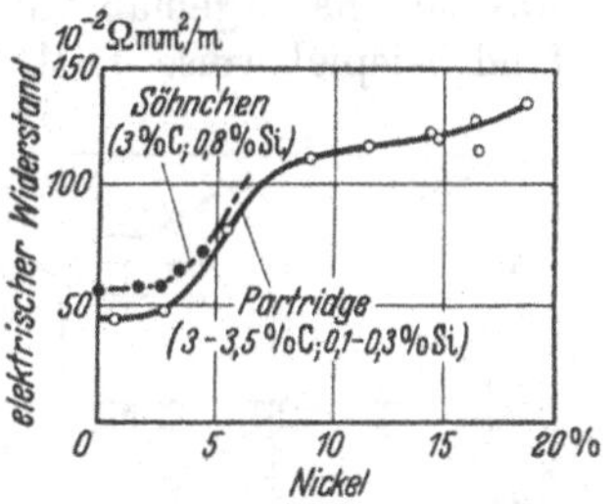

Abb. 664. Einfluß von Nickel auf den elektrischen Widerstand.

Der Aufbau der Eisen-Chrom-Kohlenstoff-Legierungen ist sehr verwickelt,

Zahlentafel 115. Zusammensetzung von auf Wärmeleitfähigkeit untersuchtem Gußeisen (nach DONALDSON).

Gußeisensorte	C %	Si %	Mn %	Cr %	Cu %	Mo %	Ni %	Al %	Zugfestigkeit km/mm²
Unlegiertes Gußeisen P 1. . .	3,20	1,56	0,72	—	—	—	—	—	—
Cu-legiertes Gußeisen Cu. . .	3,18	1,58	0,69	—	1,58	—	—	—	—
Unlegiertes Gußeisen P 2. . .	3,11	2,26	0,39	—	—	—	—	—	—
Cr-Mo-legiertes Gußeisen Cr-Mo	3,12	2,31	0,38	0,54	—	0,77	—	—	—
Ni-Resist	2,41	1,80	0,62	3,37	6,41	—	13,70	—	—
Al-Cr-legiertes Gußeisen Al-Cr .	2,70	0,96	0,58	0,95	—	—	—	7,00	—
Nicrosilal	1,81	6,42	—	2,02	—	—	18,65	—	—
Unlegiertes Gußeisen P . . .	2,61	2,46	0,45	—	—	—	—	—	36,0
Mo-legiertes Gußeisen Mo . .	2,56	2,20	0,63	—	—	0,58	—	—	40,0
Ni-Tensil	2,80	2,51	0,68	0,54	—	—	1,71	—	39,5
Mn-Ni-legiertes Gußeisen Mn-Ni	3,10	2,51	3,11	—	—	—	1,00	—	39,0
Ni-Cr-legiertes Gußeisen Ni-Cr .	3,41	1,03	0,65	0,54	—	—	1,49	—	34,0

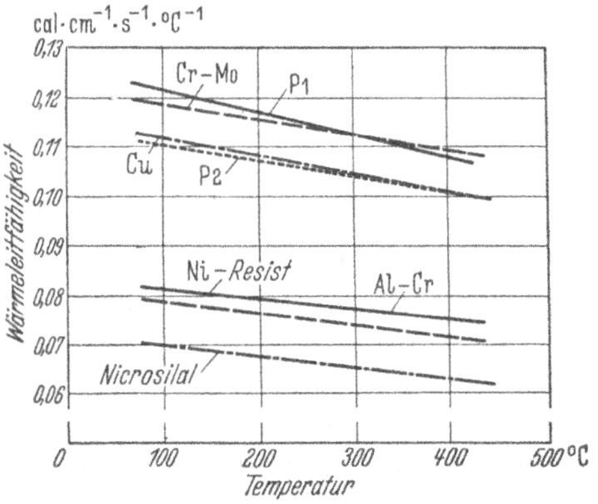

Abb. 665. Wärmeleitfähigkeit unlegierter und legierter Gußeisensorten (nach DONALDSON).

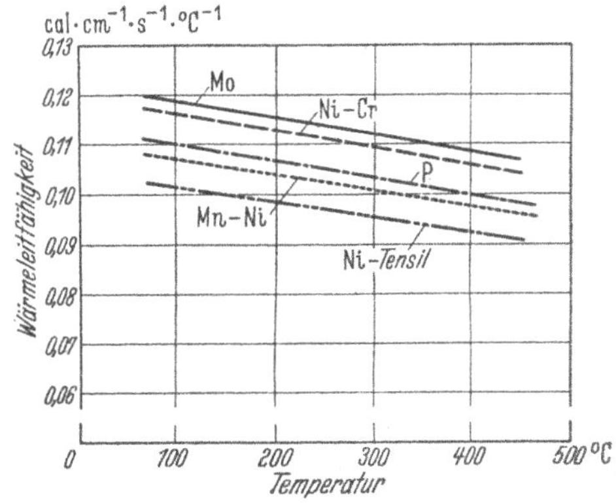

Abb. 666. Wärmeleitfähigkeit hochwertigen Gußeisens (nach DONALDSON).

was sich naturgemäß auch in den Leitfähigkeitskurven widerspiegeln muß. So fand beispielsweise J. MASUSHITA (*21*) in Chromstählen einen Abfall der elektrischen Leitfähigkeit bis 0,6% Cr, darauf einen Anstieg bis 1,2% Cr und erst dann wieder einen ständigen Abfall, während die Wärmeleitfähigkeit bei 1,2% Cr keinen Höchstwert zeigte, sondern nur einen verzögerten Abfall. Auch nach E. SÖHNCHEN [(*18*) Abb. 667] steigt die elektrische Leitfähigkeit, während die Wärmeleitfähigkeit sinkt. Die Werte streuen sehr. Das gegenläufige Verhalten der Leitfähigkeiten deutet darauf hin, daß die Graphitausbildung von maßgebendem Einfluß sein muß. Eine Gefügeuntersuchung ergab mit steigendem Chromgehalt zunehmende Graphitverfeinerung. Lediglich die Schmelze mit 1% Cr, die gröberen Graphit enthielt, fällt deshalb aus dem Kurvenzug in Abb. 667 sehr weit heraus. DONALDSON fand eine Steigerung der absoluten Wärmeleitfähigkeit bis 0,4% Cr um etwa 7%. Dies konnte nicht bestätigt werden. Absolute Messungen (*18*) ergaben bis 0,5% Cr eine sehr starke Verringerung der Wärmeleitfähigkeit. Da Chrom weitgehend mit Eisen Mischkristalle bildet, ein ausgesprochener Karbidbildner ist und

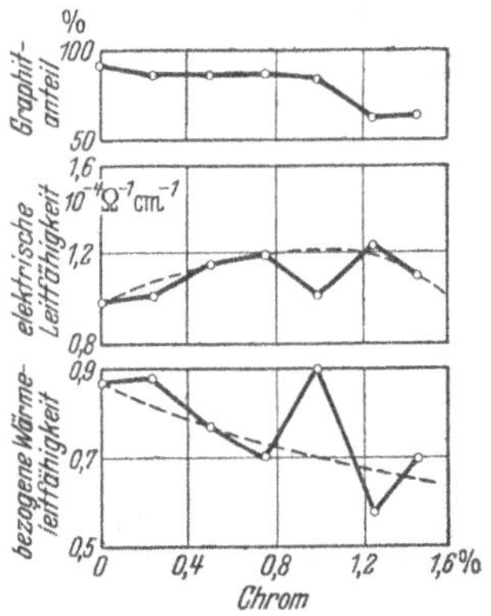

Abb. 667. Einfluß von Chrom auf die Leitfähigkeiten von Gußeisen mit 3,7% C u. 2,5% Si (30 mm Durchmesser Sandguß). Nach E. SÖHNCHEN.

ferner eine nicht unwesentliche Kornverfeinerung hervorruft, so dürften die Werte von E. SÖHNCHEN die größere Wahrscheinlichkeit für sich beanspruchen als diejenigen von DONALDSON.

4. Schlußfolgerungen.

Die Wärmeleitfähigkeit von Gußeisen dürfte also mit 0,12 cal/cm·sec·⁰ C als zu tief angegeben sein. Durch entsprechende Wahl der Zusammensetzung und der Gußbedingungen (hoher prozentualer Gehalt an Graphit, wenig Fremdbestandteile) wird man sicherlich auf den Wert 0,15 cal/cm·sec·⁰ C bei Raumtemperatur kommen können, so daß das Gußeisen innerhalb der Gruppe der Gußlegierungen auf Eisengrundlage (Zahlentafel 116) sofort nach dem Schwarzguß zu stehen kommt. Durch sehr starkes Legieren sowie durch eine Abschreckbehandlung kann die Wärmeleitfähigkeit auf die Hälfte herabgesetzt werden. Gegenüber dem Leichtmetallguß liegt der Eisenguß allerdings um etwa 50% und mehr zurück. Rotguß liegt etwas günstiger als Eisenguß.

Zahlentafel 116. Wärmeleitfähigkeit verschiedener Gußlegierungen auf Eisengrundlage bei Raumtemperatur.

Legierung	Wärmeleitfähigkeit cal/cm·sec·⁰ C
Schwarzer Temperguß . .	0,15 bis 0,17
Gußeisen, unlegiert . . .	0,14 bis 0,16
Stahlguß	0,13 bis 0,15
Weißer Temperguß. . . .	0,11 bis 0,12
Silal	0,09
Gußeisen, abgeschreckt . .	0,08 bis 0,09
Nicrosilal	0,07

Von Bedeutung ist die Größe des Temperaturbeiwertes. Während E. H. HALL und AYRES (*22*) einen mittleren Beiwert von −0,0075 cal/⁰ C angeben, läßt sich aus dem geradlinigen Abfall der Kurven von DONALDSON ein Wert von −0,000015 bis 0,000018 cal/⁰ C errechnen. Aus eigenen Kurven (*18*) ergibt sich ein mittlerer Temperaturbeiwert von etwa −0,0001 cal/⁰ C. Der alte Wert von HALL und AYRES liegt also bestimmt zu hoch. In einer späteren Arbeit von E. HALL (*23*) wird mitgeteilt, daß die Wärmeleitfähigkeit von Gußeisen mit 3,5% C, 2,2% Si und 0,64% Mn zwischen 195 und 542⁰ auf den zwei- bis dreifachen Wert ansteigt. Wenn es auch nach den Versuchen von E. SÖHNCHEN und J. W. DONALDSON unwahrscheinlich ist, daß Gußeisen etwa wie die Leichtmetallegierungen einen positiven Temperaturbeiwert hat, so muß doch in diesem Zusammenhang darauf hingewiesen werden, daß dem Graphit ein positiver Beiwert zugesprochen wird (*24*). Bei höherer Temperatur wirkt also Graphit ausgleichend auf die fallende Wärmeleitfähigkeit der Grundmasse ein. Dies wird sich um so stärker geltend machen, je größer der Graphitanteil des betreffenden Gußeisens ist.

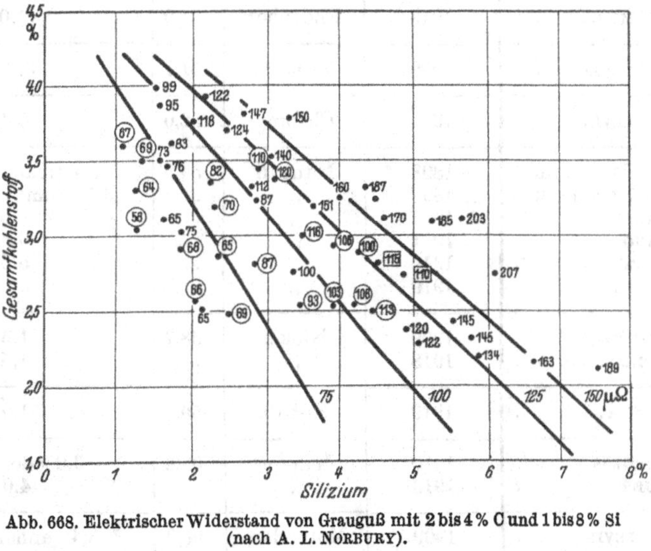

Abb. 668. Elektrischer Widerstand von Grauguß mit 2 bis 4% C und 1 bis 8% Si (nach A. L. NORBURY).

Zahlentafel 117. Einfluß verschiedener Elemente auf den elektrischen Leitwiderstand des Eisens (NORBURY).

1		2	3	4	5
Forscher	Jahr	Element	Atomgewicht	Zunahme des elektrischen Leitwiderstandes für 1% des zugefügten Elementes (in Mikro-Ohm/cm³)	Temperatur bei der Messung °C
GUILLET	1914	Leitwiderstand von reinem Eisen = 9,90 Mikro-Ohm/cm³			b. 20
YENSEN	1914	„ „ „ „ = 9,81 „ „			20
GUMLICH	1919	„ „ „ „ = 9,94 „ „			20
CAMPBELL . . .	1915	Kohle[1]	12,0	34,0	20
BRAUNE	1905	Stickstoff	14,0	14,6	20
BARRETT	1902	Aluminium	27,1	11,1	18
PORTEVIN . . .	1909	„	. . .	11,7	23
YENSEN	1917	„	. . .	12,0	20
GUMLICH	1919	„	. . .	12,0	20
LE CHATELIER .	1898	Silizium	28,3	14,0	. . .
BARRETT	1902	„	. . .	10,3	18
BURGESS	1910	„	. . .	12,0	. . .
PAGLIANTI . . .	1912	„	. . .	13,0	15
YENSEN	1915	„	. . .	13,0	20
GUMLICH	1919	„	. . .	14,0	20
Wahrscheinlichster Wert		„	. . .	13,5	. . .
D'AMICO	1913	Phosphor	31,0	11,05	. . .
PORTEVIN . . .	1909	Vanadin	51,1	5,0	. . .
PORTEVIN . . .	1909	Chrom	52,0	5,4	12
LE CHATELIER .	1898	Mangan	54,9	5,0 (magnetisch)	. . .
LE CHATELIER .	1898	„	. . .	3,5 (unmagnetisch)	. . .
BARRETT	1902	„	. . .	5,0	18
LANG	1911	„	. . .	5,5	20
MATSUSHITA . .	1919	„	. . .	5,5	30
GUMLICH	1919	„	. . .	5,0	20
PORTEVIN . . .	1909	Nickel	58,7	1,5	. . .
HONDA	1918	„	. . .	1,5	30
HONDA	1919	Kobalt	59,0	1,0	30
BURGESS	1910	Kupfer	63,6	3,0 oder 4,0	. . .
RUER	1913	„	. . .	4,0	. . .
PORTEVIN . . .	1909	Molybdän	96,0	3,4 (annähernd)	17
BARRETT	1902	Wolfram	184,0	1,1	18
PORTEVIN . . .	1909	„	. . .	1,5	15
GUERTLER . . .	1911	Gold	197,2	1,1	. . .

[1] Abgeschreckt bei 1100°.

Hoher elektrischer Widerstand läßt sich durch starkes Legieren sowie durch geringen Graphitgehalt leicht erreichen [vgl. Zahlentafel 117 nach NORBURY (*20*) sowie Abb. 668]. Zahlentafel 118 gibt Werte für Gußeisen wieder im Vergleich zu einigen gebräuchlichen Widerstandswerkstoffen (vgl. auch Abb. 669). Nach einer Patentanmeldung der B.S.J. in Remscheid (Akt.-Zeich. B 166698 vom 1. 9. 1934) soll eine Legierung mit 1,5 bis 3,0% C, 6 bis 10% Si, 1 bis 3% Cr, 16 bis 22% Ni, Rest übliche Verunreinigungen sich ganz besonders gut eignen für solche gegossene Gegenstände, die einen hohen elektrischen Widerstand besitzen müssen. Dabei soll das Verhältnis Kohlenstoff zu Silizium so gewählt sein, daß der Werkstoff möglichst viel Graphit enthält, und zwar nach Möglichkeit in grobblättriger Form.

Der spezifische Widerstand nimmt mit steigender Temperatur zu, und zwar verhältnismäßig um so stärker, je kleiner der Wert desselben bei 20° C ist, derart, daß er bei rd. 1000° für alle Eisenlegierungen etwa den gleichen Wert (1,2 bis 1,5 Ohm mm²/m) annimmt.

Zahlentafel 118. Spez. elektrischer Widerstand verschiedener Legierungen bei 20°.

Legierung	Widerstand in Ω mm²/m
Gußeisen, unlegiert (Grenzwerte)	0,3—1,5
Gußeisen, unlegiert (mittel) . . .	etwa 0,6
Gußeisen mit 6% Si (Silal) . . .	etwa 2,0
Gußeisen mit 15% Ni (austenit.)	etwa 1,25
Chronin	etwa 1,0
Nickelstahl (50% Ni)	etwa 0,8
Konstantan	etwa 0,5
Resistin	etwa 0,5
Manganin	etwa 0,45

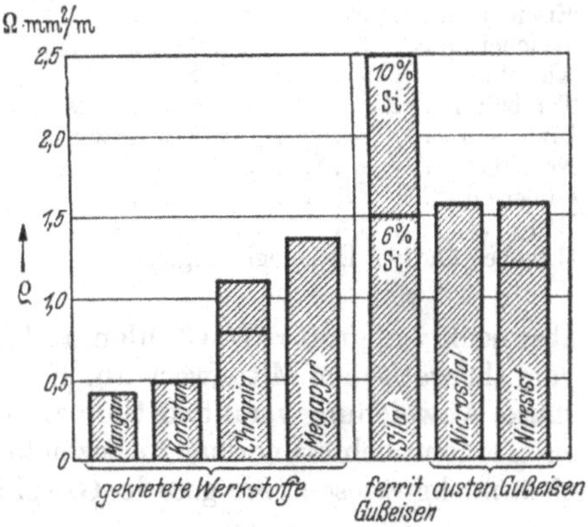

Abb. 669. Elektrischer Widerstand gekneteter und gegossener Werkstoffe.

Um die Wärmeleitfähigkeit der verschiedenen Stoffe in eine leichter erkennbare Beziehung zueinander zu bringen, gibt C. BECKER (*25*) die relative Wärmeleitfähigkeit einer Reihe Stoffe, bezogen auf Luft = 1, wie folgt an:

Luft	1	Zinn	2600
Schmieröl	5	Rotguß	3000
Petroleum	7	Kadmium	4000
Vulkanisierter Kautschuk . . .	8	Messing	4500
Asbest	9	Zink	4800
Wasser	23	Magnesium	6700
Porzellan	45	Aluminium	8700
Graphit	190	Kupfer	15000
Stahl u. Gußeisen	2400	Silber	18000
Nickel	2500		

Zahlentafel 119 gibt die Wärmeleitzahlen verschiedener metallischer Werkstoffe wieder nach einem Aufsatz von R. v. LINDE (*26*).

Nach der Theorie des metallischen Zustandes soll die Beziehung zwischen der elektrischen und der Wärmeleitfähigkeit für alle Stoffe den gleichen Wert haben. Falls die Lorenzsche Zahl L wirklich gleichbliebe, so wäre damit die Möglichkeit gegeben, aus der elektrischen Leitfähigkeit die Wärmeleitfähigkeit zu berechnen. Besonders für das Gebiet hoher Temperaturen wäre eine solche Beziehung von Vorteil, da hier elektrische Messungen wesentlich leichter durchzuführen sind als Wärmemessungen. Nun geben aber schon die verschiedenen Theorien des metallischen Zustandes ganz verschiedene Werte für L (etwa 1,5 bis $2{,}5 \cdot 10^{-8}$ W $\times$ Ohm/° C²). In Wirklichkeit sind die Schwankungen, besonders bei Legierungen,

Zahlentafel 119.
Wärmeleitzahl der wichtigsten metallischen Werkstoffe (R. v. Linde).

	in kcal/m · h °C	in cal/cmsec °C
Silber	360	1,0
Kupfer, rein	330	0,92
Aluminium, rein	180	0,50
Aluminiumlegierungen	100—170	0,28—0,47
Magnesium	135	0,375
Zink	95	0,26
Zinklegierung $ZnAl_4Cu_3$	92	0,25
Messing	75—95	0,2—0,26
Zinn	56	0,155
Rotguß	55	0,153
Eisen, rein	60	0,167
Weicheisen	54	0,153
Nickel	50	0,139
Tombak	50	0,139
Flußeisen	46	0,128
Neusilber	25—40	0,07—0,11
Gußeisen	25—40	0,07—0,11 (zu niedrig)
Blei	30	0,083
Hitzebeständige Eisenlegierungen	10—20	0,028—0,055

aber noch viel größer. Wie Zahlentafel 120 zeigt, weicht der Grauguß am stärksten vom theoretischen Mittelwert ab. Es ist anzunehmen, daß der Graphit für diese starke Abweichung verantwortlich zu machen ist, da Temperguß und weißes Gußeisen einen noch als normal zu bezeichnenden Faktor besitzen. Tatsächlich wurde oben nachgewiesen, wie gerade Graphit die elektrische und Wärmeleitfähigkeit so ganz verschieden beeinflußt. A. Eucken (*27*) erklärt den Unterschied zwischen den theoretisch errechneten und den gefundenen Zahlen damit, daß bei den theoretischen Berechnungen nur das Wärmeleitvermögen des Elektronengases, nicht aber auch das des Ionengitters berücksichtigt ist.

Zahlentafel 120.
Lorenzsche Zahl verschiedener Werkstoffe (nach Angaben von Eucken und Masumoto).

Werkstoff	$\frac{W \cdot \Omega}{^0C^2}$
Eisen	3,2
Stahl	3,0
Weißes Gußeisen	3,1
Schwarzer Temperguß	3,5
Grauguß	10,5
Aluminium	2,23
Amerikanische Legierung	1,65
Duralumin	3,47
Magnalium	2,83
Kupfer	2,23
Messing (mit 18% Zn)	2,65
70% Cu, 30% Mn	4,4
60% Cu, 40% Ni	4,0

5. Leitfähigkeitsmessungen im flüssigen Zustand.

Als Verfahren für die Messung des Widerstandes flüssiger Metalle sind neben den mit Zuleitungselektroden arbeitenden Methoden das Drehfeldverfahren und die Induktionswaage bekannt geworden. Bei Untersuchungen von W. Schmid-Burgk, E. Piwowarsky und H. Nipper (*28*) erwies sich wegen der hohen Temperaturen für flüssiges Gußeisen der folgende Weg als brauchbar:

Um einen geblätterten Eisenkern mit abnehmbarem Joch ist eine Rinne, die das flüssige Metall enthält, angeordnet, konzentrisch zu ihr eine Spule, die mit Wechselstrom gespeist wird. Das dem Kjellin-Ofen gleichende Gerät stellt einen Transformator dar, dessen Sekundärwiderstand aus den Ablesungen auf der Primärseite bestimmt wird. Abb. 670 zeigt das Schema der Versuchsanordnung.

Der zu untersuchende Werkstoff wird kalt in Ringform in die Rinne gelegt und diese durch Kieselgur gegen Wärmeverluste geschützt. Dann wird durch primäre Zuführung einer Leistung von etwa 10 kW, 50 Hz und 380 V der Ring geschmolzen. Zur Erhöhung der Meßgenauigkeit wird der Widerstand durch Anlegen einer Primärspannung von etwa 80 V und 50 Hz bestimmt.

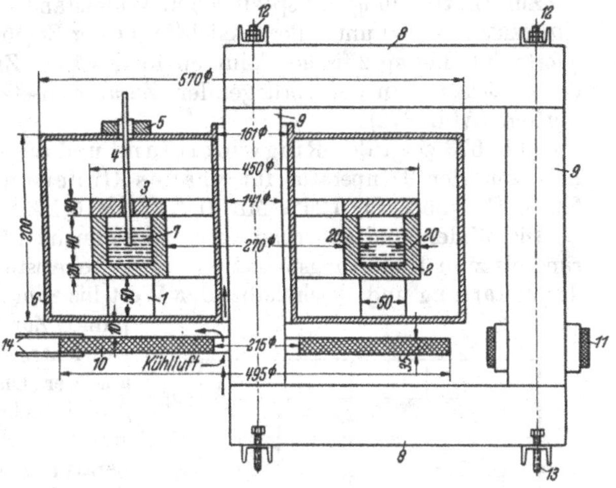

Abb. 670. Schema der Versuchsanordnung (28).

Der spezifische Widerstand ist bestimmt durch

$$\varrho = \frac{R \cdot q}{l} \frac{\text{Ohm} \cdot \text{mm}^2}{\text{m}}, \quad (1)$$

wobei *R* der Widerstand in Ohm, *q* der Leiterquerschnitt in mm² und *l* die Leiterlänge in m ist. Die Sekundärwicklung des Transformators, also das Bad, ist in sich kurzgeschlossen. Die gesamte ihm zugeführte Leistung wird dort zur Deckung der Ohmschen Verluste benutzt. Die Bestimmung des Widerstandes erfolgt nur aus Größen, die auf der Primärseite des Transformators abgelesen werden, und vermeidet so die bisher erforderlichen elektrischen Verbin-

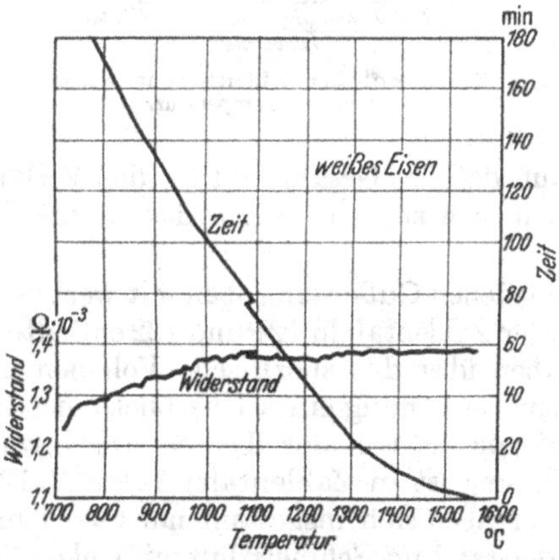

Abb. 671. Ringwiderstand nach Abkühlungszeit in Abhängigkeit von der Temperatur (28).

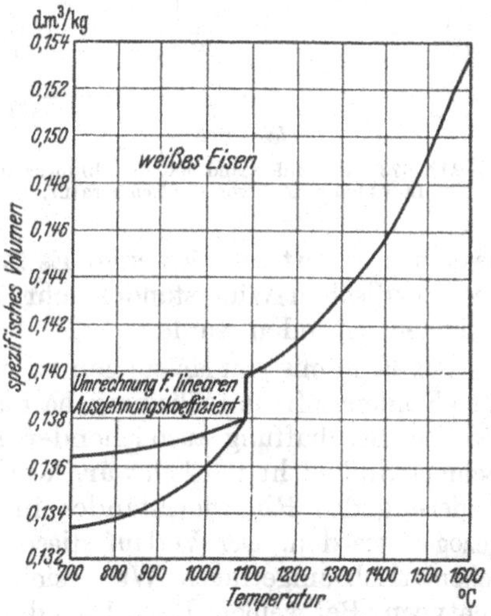

Abb. 672. Das spezifische Volumen in Abhängigkeit von der Temperatur (28).

dungen mit dem heißen Bad. Gleichzeitig wird die Anordnung zum Erhitzen des Bades verwendet.

Abb. 671 zeigt Versuchsergebnisse für ein weißes Gußeisen folgender Zusammensetzung: 2,50% C, 0,54% Si, 0,27% Mn, 0,072% P, 0,142% S, 0,0% Graphit. Aufgetragen ist der Ringwiderstand in Ohm·10^{-3} und die Abkühlungszeit in Abhängigkeit von der Temperatur. Das Bild ist kennzeichnend für den

Verlauf des Widerstandes bei weißem Gußeisen. Der Widerstand ändert sich im Schmelzfluß ziemlich wenig. Der Übergang flüssig zu fest wird durch eine mäßige Richtungsänderung der Kurve des Widerstandes gekennzeichnet, ist aber aus der Abkühlungszeitkurve deutlich erkenntlich.

Zur Bestimmung des spezifischen Widerstandes wurden aus der Dissertation ZIMMERMANN (*29*) unter Berücksichtigung der Ergebnisse von F. SAUERWALD (*30*) Werte für das spezifische Volumen in flüssigem Zustande entnommen, die für ein Gußeisen von der vorliegenden Zusammensetzung angenähert richtig sein dürften (Abb. 672).

Abb. 673 zeigt den Ringwiderstand und die Abkühlungszeit in Abhängigkeit von der Temperatur für graues Gußeisen von der Zusammensetzung 2,92% C, 2,26% Si, 0,26% Mn, 0,072% P, 0,128% S, 2,10% Graphit.

Die Widerstandsänderung ist kennzeichnend für graues Eisen: keine Änderung bis zum Erstarrungspunkt, sprunghafter Anstieg des Widerstandes während der Erstarrung und gleichbleibender Wert bis zum magnetischen Umwandlungspunkt. Zur Bestimmung des spezifischen Gewichtes wurden wieder Mittelwerte aus der Dissertation ZIMMERMANN zugrunde gelegt. Den spezifischen Widerstand in Abhängigkeit von der Temperatur zeigt Abb. 674. Oberhalb des Schmelzpunktes steigt er an, unterhalb

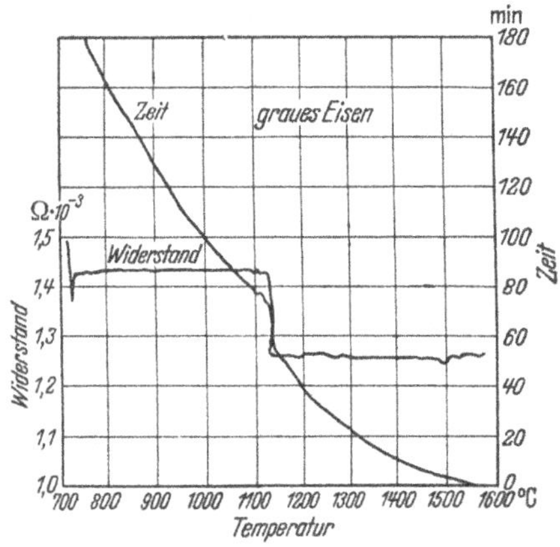

Abb. 673. Ringwiderstand und Abkühlungszeit in Abhängigkeit von der Temperatur.

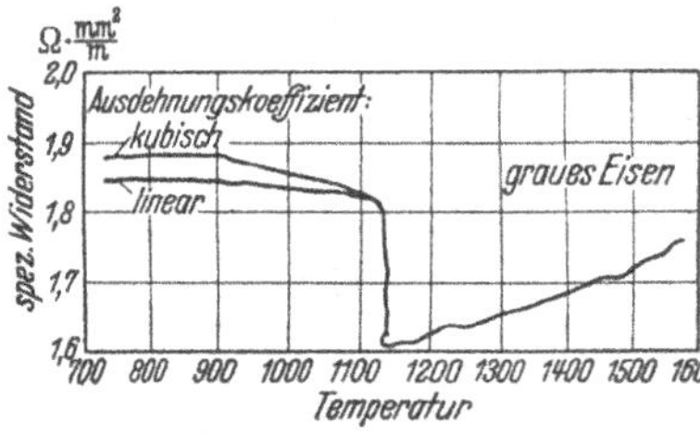

Abb. 674. Spezifischer Widerstand in Abhängigkeit von der Temperatur.

desselben ändert er sich wenig. Es fällt auf, daß das Gesamtbild für den Verlauf des spezifischen Widerstandes sehr ähnlich dem ist, wie es für das spezifische Volumen gefunden wurde.

Das Ergebnis von Messungen an verschiedenen Gußeisenproben mit wechselndem Kohlenstoff- und Siliziumgehalt ist in den Zahlentafeln 121 und 122 enthalten. Da die Beschaffung ausreichender Angaben über das spezifische Volumen im Schmelzfluß nicht möglich war, konnte zur Gewinnung eines Überblicks nur die Änderung des Ringwiderstandes in Abhängigkeit von der Temperatur herangezogen werden. Der Verlauf dieser Änderung ist in Zahlentafel 121 und 122 schematisch eingetragen. Wie ersichtlich, ergaben sich insgesamt nur zwei Kurventypen. Bei weißem Eisen fällt der Widerstand im Schmelzfluß mit sinkender Temperatur nur schwach, das Erstarrungsintervall prägt sich auf den Kurven kaum aus. Bei grauem Eisen steigt der Widerstand bei der Erstarrung sprunghaft an. Im flüssigen Zustand ändert er sich stärker, im festen jedoch schwächer als bei weißem Eisen. Eine Auswertung der ganzen Versuchsunterlagen etwa in der Art, daß für eine Temperatur von 1550° C die Leitfähigkeit in Abhängigkeit vom Kohlenstoffgehalt bei verschiedenen Siliziumgehalten unter der Annahme unveränderten spezifischen Gewichts aufgetragen wurde, führte zu keinem befriedigenden Ergebnis. Ebenso war es nicht möglich, einen gesetzmäßigen Zusammenhang zwischen Leitfähigkeit, Graphitgehalt, Siliziumgehalt usw. zu finden. Dieses wird erst dann möglich sein, wenn genaue Angaben über das spezifische Gewicht für die einzelnen Legierungen bei den in Betracht kommenden Temperaturen vorliegen.

Eine metallurgische Auswertung der Versuchsergebnisse im Hinblick auf die Graphitisierung von Gußeisen ergab weder eine Stütze noch einen Gegenbeweis

Zahlentafel 121.

Ring Nr.	% C	% Si	% Graphit	Gesamt-abbrand %	Widerstands-änderung
24	2,50	0,48	—	1,45	
44	2,20	0,40	—	1,66	
47	2,22	0,76	—	—	
49	2,25	1,22	—	—	
54	1,49	0,20	—	1,12	
59	1,74	1,16	—	1,08	
57	1,78	0,80	—	1,94	
55	1,57	0,20	—	2,77	
62	1,95	3,24	1,00	0,89	
63	1,84	3,22	1,00	1,19	

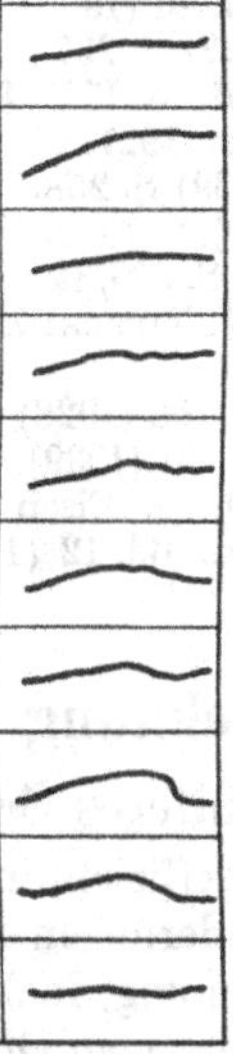

Zahlentafel 122.

Ring Nr.	% C	% Si	% Graphit	Gesamt-abbrand %	Widerstands-änderung
51	2,34	1,92	1,20	—	
27	2,60	0,84	1,42	1,24	
53	2,48	2,32	1,56	0,86	
29	2,70	1,28	1,60	1,26	
31	2,90	1,93	1,84	1,41	
40	2,98	1,87	1,86	1,22	
32	2,94	2,20	1,96	0,69	
43	3,00	1,90	2,00	1,24	
36	3,03	0,98	2,00	0,86	
33	2,92	2,26	2,10	0,94	
39	3,24	1,43	2,16	1,01	
34	3,90	0,40	2,48	1,12	

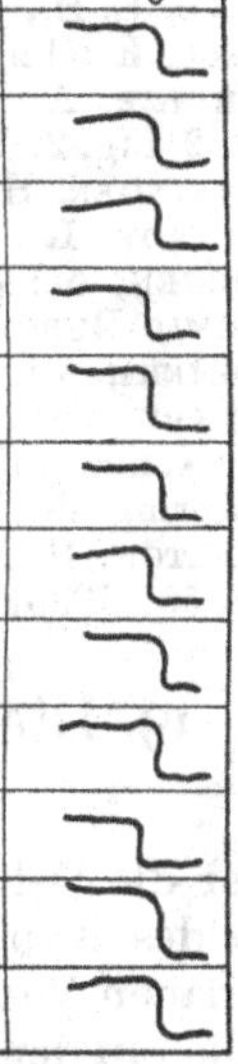

für verschiedene mit der Graphitisierung des Gußeisens in Beziehung stehende Anschauungen, insbesondere hinsichtlich des molekularen Zustandes flüssiger Eisen-Kohlenstoff-Legierungen.

Schrifttum zum Kapitel XVa.

(*1*) Allgemeine Literatur: Schulze, A.: Die thermische bzw. elektrische Leitfähigkeit, in Guertlers Handbuch der Metallographie. Berlin 1925. Werkstoffhandbuch Stahl u. Eisen Bd. 17. Handbuch der Physik von Geiger-Scheel Bd. 11.
(*2*) Thyssen, H., Maréchal, J. R., u. P. Lenaerts: Fond. Belge Bd. 5 (1931) S. 80.
(*3*) Nach Eucken, A.: Die Natur des metallischen Zustandes. Z. Metallkde. Bd. 23 (1931) S. 332.
(*4*) Vgl. die Untersuchung an Messingkristallen von K. Ohshima und G. Sachs. Z. Phys. Bd. 51 (1928) S. 321.
(*5*) Peirce, C. W.: Proc. Amer. Acad. Bd. 46 (1910/11) S. 202.
(*6*) Dawson, S. E.: Foundry Trade J. Bd. 29 (1924) S. 439/44.
(*7*) Pinsl, H.: Gießereiztg. Bd. 25 (1928) S. 73/83.
(*8*) Partridge, J. H.: J. Iron Steel Inst. Bd. 112 (1925) S. 191/224; vgl. Stahl u. Eisen Bd. 46 (1926) S. 112/14.
(*9*) Beglinger, W.: Verh. Ver. Befördg. Gewerbfl. Bd. 75 (1896) S. 33/61.
(*10*) Masumoto, H.: Sci. Rep. Tôhoku Univ. Bd 16 (1927) S. 417/35.
(*11*) Thyssen, H., u. Mitarbeiter: Foundry Trade J. Bd. 44 (1931) S. 405/07; vgl. Stahl u. Eisen Bd. 52 (1932) S. 292.
(*12*) Donaldson, J. W.: Foundry Trade J. Bd. 45 (1931) S. 5/6; Bd. 50 (1934) S. 283/85; J. Iron Steel Inst. Bd. 128 (1933) S. 255/76; vgl. Stahl u. Eisen Bd. 53 (1933) S. 1312/13.
(*13*) Bardenheuer, P., u. H. Schmidt: Mitt. K.-Wilh.-Inst. Eisenforschg. Bd. 10 (1928) S. 193/212, vgl. Stahl u. Eisen Bd. 48 (1928) S. 1788.
(*14*) Campbell, E. D., u. G. W. Whitney: J. Iron Steel Inst. Bd. 110 (1924) S. 291/311; vgl. Stahl u. Eisen Bd. 45 (1925) S. 556/57.

(15) JAKOB, M.: Z. Metallkde. Bd. 16 (1924) S. 353/58.
(16) EUCKEN, A., u. O. NEUMANN: Z. phys. Chem. Bd. 111 (1923) S. 431/46; Bd. 125 (1927) S. 211/28.
(17) LICHTENECKER, K.: Phys. Z. Bd. 25 (1924) S. 169/81, 193/204 und 225/33.
(18) SÖHNCHEN, E.: Arch. Eisenhüttenw. Bd. 8 (1934/35) S. 223.
(19) Zur Kenntnis der Wärmeübertragung durch feuerfeste Baustoffe (Coburg: Verlag des Sprechsaal, Müller & Schmidt 1930), Aachen (Techn. Hochschule), Dr.-Ing.-Diss. Vgl. HANS ESSER, HERMANN SALMANG und MAX SCHMIDT-ERNSTHAUSEN: Sprechsaal Bd. 64 (1931) S. 127/29, 154/58, 165/67, 187/89 und 205/08.
(20) NORBURY, A. L.: J. Iron Steel Inst. Bd. 101 (1920) S. 627/45; vgl. Stahl u. Eisen Bd. 40 (1920) S. 1496.
(21) MASUSHITA, J.: Sci. Rep. Tôhoku Univ. Bd. 9 (1920) S. 475/76.
(22) HALL, E. H., u. J. AYRES: Phys. Rev. Bd. 10 (1900) S. 277/310.
(23) HALL, E.: Phys. Rev., Ser. 2, Bd. 19 (1922) S. 237.
(24) SCHULZE, A.: Die thermische Leitfähigkeit, S. 171. In: Guertler, W.: Metallographie Bd. 2 Lfg. 2. Berlin: Gebrüder Borntraeger 1927.
(25) REININGER, H.: Metallwirtsch. Bd. 18 (1939) S. 258.
(26) v. LINDE, R.: Metallwirtsch. Bd. 18 (1939) S. 1055.
(27) EUCKEN, A.: Z. Metallkde. Bd. 23 (1931) S. 329/34.
(28) SCHMID-BURGK, W., PIWOWARSKY, E., u. H. NIPPER: Z. Metallkde. Bd. 28 (1936) S. 224.
(29) ZIMMERMANN, L.: Diss. T. H. Aachen 1928.
(30) SAUERWALD, F.: Z. anorg. allg. Chem. Bd. 155 (1926) S. 1.
(31) DONALDSON, J. W.: Foundry Trade J. Bd. 60 (1939) S. 513; Bd. 61 (1939) S. 56; Engineering Bd. 148 (1939) S. 26; Ref. Stahl u. Eisen Bd. 60 (1940) S. 770.
(32) SHELTON, S. M.: J. Res. Nat. Bur. Stand. Bd. 12 (1934) S. 441; vgl. Stahl u. Eisen Bd. 55 (1935) S. 45 und 1195.

b) Die thermische Ausdehnung des Gußeisens.

1. Allgemeines und älteres Schrifttum.

Über die Definition des Audehnungskoeffizienten β vgl. die Ausführungen zu Beginn des Kapitels über die Volumenänderungen des Gußeisens auf Seite 342. Zur genauen Verfolgung der Metallausdehnung, insbesondere von Ausdehnungsanomalien in den Umwandlungspunkten, hat man Differentialdilatometer gebaut. Das Prinzip derselben besteht darin, daß die Ausdehnungsdifferenz der Versuchsprobe gegenüber einer Probe ohne Phasenumwandlung, aber mit etwa ähnlichem Ausdehnungskoeffizienten bestimmt wird. Die sich in einem solchen Falle ergebende Kurve zeigt Abb. 675.

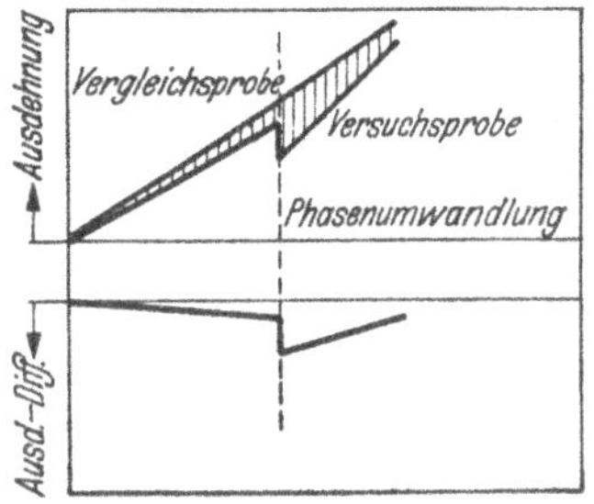

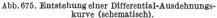

Abb. 675. Entstehung einer Differential-Ausdehnungskurve (schematisch).

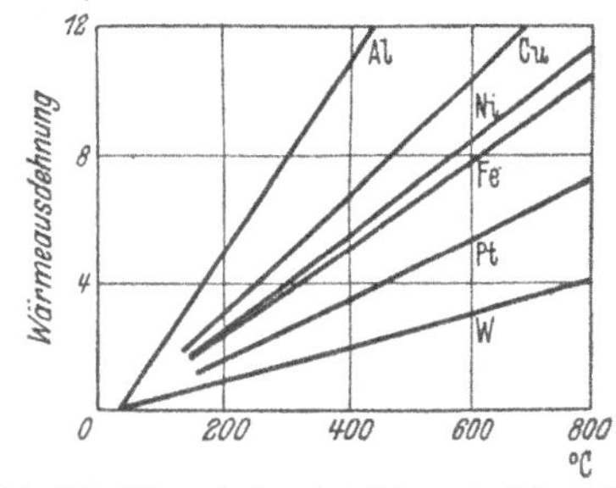

Abb. 676. Thermische Ausdehnung einiger Metalle (nach GUERTLER-SCHULZE).

Die thermische Ausdehnung bei reinen Metallen verläuft oberhalb 0° im allgemeinen linear (vgl. Abb. 676). Die Ausdehnungskoeffizienten zwischen 0 und 100° für einige wichtige Metalle zeigte bereits Zahlentafel 65. (Kapitel: Volumenänderungen und Schwindung.)

Unterhalb 0° fällt der Ausdehnungskoeffizient rasch ab, oberhalb 0° wird die Kurve flacher entsprechend der Ausdehnungskurve, die bei höheren Temperaturen in eine Gerade übergeht.

Ausdehnungsanomalien treten auf beim Vorhandensein von allotropen und magnetischen Umwandlungspunkten.

Die thermische Ausdehnung der nichtregulären Kristalle ist in den verschiedenen Achsrichtungen verschieden.

Gegen den Einfluß von Beimengungen und Verunreinigungen ist der Ausdehnungskoeffizient viel weniger empfindlich als andere Eigenschaften. Eindeutige Gesetzmäßigkeiten haben sich bisher noch nicht ableiten lassen.

Bei den Legierungen ist wiederum zu unterscheiden nach der Anzahl der vorhandenen Phasen. Der Ausdehnungskoeffizient einer mischkristallfreien heterogenen Legierung ist eine lineare Funktion der Volumenkonzentration. Bei den Legierungssystemen mit vollständiger Mischkristallbildung haben die Kurven des linearen Ausdehnungskoeffizienten einen gegen die Konzentrationsachse konvexen Verlauf; tritt eine Mischungslücke auf, so ergibt sich im heterogenen Gebiet eine Gerade, im Mischkristallgebiet eine gebogene Linie.

Im älteren Schrifttum (*1*) findet man zahlreiche Einzelangaben über den Ausdehnungsbeiwert von Gußeisen, die jedoch häufig stark voneinander abweichen (vgl. Zahlentafel 124). Das mag einmal durch die Verschiedenheit des Gefügeaufbaus der untersuchten Werkstoffe, dann aber auch durch den bereits während der Prüfung einsetzenden Wachstumsvorgang bedingt sein. Planmäßige Untersuchungen gab es bisher nicht. Die Werte für den mittleren Ausdehnungsbeiwert zwischen 20^0 und 200^0 schwanken im Schrifttum zwischen 9 und $14 \cdot 10^{-6}$ mm ^{0} C.

Der Einfluß von Legierungszusätzen auf den Ausdehnungsbeiwert ist auch recht wenig untersucht. O. Bauer und H. Sieglerschmidt (*2*) fanden keine merkliche Veränderung des Ausdehnungsbeiwertes durch 0,55% Cu und 0,48% Ni. A. L. Boegehold (*3*) stellte eine Verringerung des Ausdehnungsbeiwertes durch 1,41% Ni und 0,73% Mo fest.

2. Neueres Schrifttum.

Bei der weiten Verwendung von Gußeisen zu Maschinenteilen, die höheren Temperaturen ausgesetzt sind, ist eine genaue Kenntnis des Einflusses von Gefügeaufbau und chemischer Zusammensetzung auf den Ausdehnungsbeiwert dieses Werkstoffes wünschenswert. Im Gießerei-Institut der Technischen Hochschule Aachen haben E. Söhnchen und O. Bornhofen (*4*) eine größere Untersuchung über den Ausdehnungsbeiwert von Gußeisen durchgeführt, und zwar unter Verwendung von Schmelzen einer früheren Arbeit (*5*), die zur Bestimmung der magnetischen, elektrischen und Wärmeeigenschaften von Gußeisen dienten (Zahlentafel 125).

Die Ausdehnung wurde mit Hilfe eines von der Firma E. Leitz (Wetzlar) gelieferten Dilatometers gemessen, wobei teils einfache, teils Differential-Ausdehnungskurven (Vergleichswerkstoff Chronin) aufgenommen wurden. Die Auswertung der erhaltenen Kurven beschränkte sich auf Temperaturen, bei denen während der verhältnismäßig kurzen Versuchsdauer noch kein Wachsen eingesetzt hatte, d. h. also auf Temperaturen unterhalb des Perlitpunktes. Errechnet wurden die mittleren Ausdehnungsbeiwerte zwischen 20^0 und t^0 sowie die entsprechenden wahren Ausdehnungsbeiwerte. Ein klares Bild erhielt man aber nur bei Auftragung der mittleren Werte. Anscheinend war die Versuchsgenauigkeit zur Bestimmung der wahren Ausdehnungsbeiwerte nicht groß genug.

In den Ausdehnungskurven der perlitischen Gußeisensorten wurden zwei Verzögerungsbereiche gefunden. Der erste Bereich zwischen 200 und 250^0, der in den Kurven der ferritischen Proben nicht auftrat, dürfte durch die magnetische Umwandlung des Zementits bedingt sein. Die zweite Unregelmäßigkeit trat je nach Zusammensetzung sowohl in den perlitischen als auch in den ferritischen Proben zwischen 400 und 700° auf. Trägt man den Ausdehnungsbeiwert in Abhängigkeit von der Temperatur auf, so erhält man für den mittleren Ausdehnungsbeiwert ein Abflachen der Kurve bei 400 bis 700°, während in dem gleichen Temperaturgebiet der wahre Ausdehnungsbeiwert einen Höchstwert durchläuft; erst danach wird der A_1-Punkt durchschritten, verbunden mit einem starken Abfall des Ausdehnungsbeiwertes. Der zweite Verzögerungsbereich kann mit einer Auflösung von Kohlenstoff im α-Eisen im Zusammenhang stehen. Nach W. KÖSTER (*6*) nimmt die Löslichkeit in reinen Eisen-Kohlenstoff-Legierungen besonders oberhalb 500° stark zu. Die Lösung des Kohlenstoffs ist mit einer Ausdehnungsverzögerung verbunden. Auch bei Stählen und weißen Eisensorten wurde diese Verzögerung gefunden. Da die Lage und Form der Löslichkeitskurve des Kohlenstoffs im α-Eisen durch andere Elemente, wie Silizium, Mangan, Kupfer, Nickel, Chrom usw., verändert wird, so ist es erklärlich, daß je nach der chemischen Zusammensetzung des Gußeisens die Lage des Verzögerungsbereiches verschieden ist. Von Bedeutung mögen auch Unterschiede in der Lösungsgeschwindigkeit von Graphit und Karbid sein. In einigen Fällen trat vor dem Durchlaufen des Perlitpunktes ein Wiederanstieg des wahren Ausdehnungsbeiwertes an. Worauf diese Erscheinung zurückzuführen ist, konnte nicht festgestellt werden.

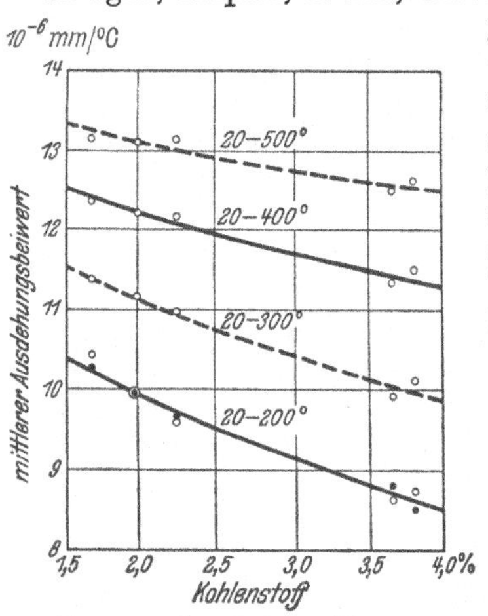

Abb. 677. Einfluß des Kohlenstoffs auf den Ausdehnungsbeiwert von weißem Gußeisen (nach J. DRIESEN).

Der Einfluß des Kohlenstoffs bis zu Gehalten von 4% auf den Ausdehnungsbeiwert von Eisen ist von J. DRIESEN (*7*) untersucht worden. In Abb. 677 sind einige Werte für weiße Eisenlegierungen aufgetragen. Der Einfluß des Kohlenstoffs ist sehr groß. Vielfach behauptet man, weißes Gußeisen habe einen zweimal so großen Ausdehnungsbeiwert als Grauguß (*8*). Diese Auffassung ist irrig. Grauguß hat den höheren Ausdehnungsbeiwert, was sich durch Rechnung und Versuch beweisen läßt. Der Ausdehnungsbeiwert eines Ferrit-Graphit-Gemisches läßt sich errechnen, da er in Abhängigkeit vom Volumenanteil sich als gerade Linie darstellen muß. Unter Benutzung eines Ausdehnungsbeiwertes zwischen 20 und 100° für Eisen von $12{,}5 \cdot 10^{-6}$ mm/° C und für Graphit von $8 \cdot 10^{-6}$ mm/° C erhält man $12 \cdot 10^{-6}$ mm/° C bei 3,5% C. Für weißes Gußeisen mit 3,5% C ergibt sich aus den Kurven von DRIESEN in Abb. 677 ein Wert von $8{,}8 \cdot 10^{-6}$ mm/° C. Auch bei Verwendung eines niedrigeren Wertes für Graphit ergibt sich immer ein höherer Ausdehnungsbeiwert beim grauen Eisen. Ebenso zeigt ein Vergleich der perlitischen und ferritischen Reihen in den nachfolgenden Abbildungen ein Steigen des Ausdehnungsbeiwertes durch Zersetzung von Karbiden. Der Graphit ist an und für sich weniger ausdehnungsfähig und ohne eine größere Unregelmäßigkeit in der Erhitzungs- bzw. Abkühlungs-Ausdehnungskurve. Da er also in viel geringerem Grade beim Erhitzen die Ausdehnung der metallischen Grundmasse mitmacht, entstehen, soweit keine anderen Reaktionen einsetzen, nach Auffassung von F. ROLL (*1*) feine Risse, die den Hohlraum der Graphitblätter noch mehr vergrößern. Diese Lockerung soll auch für das Wachsen des Gußeisens von besonderer Bedeutung sein.

Im allgemeinen ist der Ausdehnungsbeiwert gegenüber Zusätzen viel weniger empfindlich als andere physikalische Eigenschaften, z. B. die elektrische Leitfähigkeit. Wie Abb. 678 an Mischkristallreihen zeigt, haben die Kurven meist einen gegen die Waagerechte konvexen Verlauf, so daß die Ausdehnungsbeiwerte der Mischkristalle kleiner sind, als sich aus der Mischungsregel ergibt. Nach A. SCHULZE (*9*) sind die Abweichungen der Ausdehnungsbeiwerte von der geraden Linie darauf zurückzuführen, daß das Atom des Zusatzmetalls eine Verformung des Grundgitters hervorruft, so daß der mittlere Abstand der Atome nicht mehr verhältnisgleich der Zusammensetzung bleibt. Eine Verkleinerung der Atomabstände hat dann, ähnlich wie beim Zusammendrücken, eine Verkleinerung des Ausdehnungsbeiwertes zur Folge. Gesetzmäßigkeiten sind bisher noch nicht abgeleitet worden. Bei den Eisenlegierungen wirken Mangan und Aluminium erhöhend, Silizium, Nickel, Kobalt, Chrom und Vanadin erniedrigend. Stärker als die Mischkristallbildung ist der Einfluß des Kohlenstoffs. Beim Auftreten neuer Verbindungen im Gefüge beim Legieren lassen sich bestimmte Aussagen nicht machen. Für das Gußeisen sind Karbidbildungen wichtig. Abb. 679 zeigt nach Versuchen von E. MAURER und W. SCHMIDT (*10*) die Wirkung einiger Karbide. Mangan- und Chromkarbid wirken erhöhend auf den Ausdehnungsbeiwert von reinem Eisen.

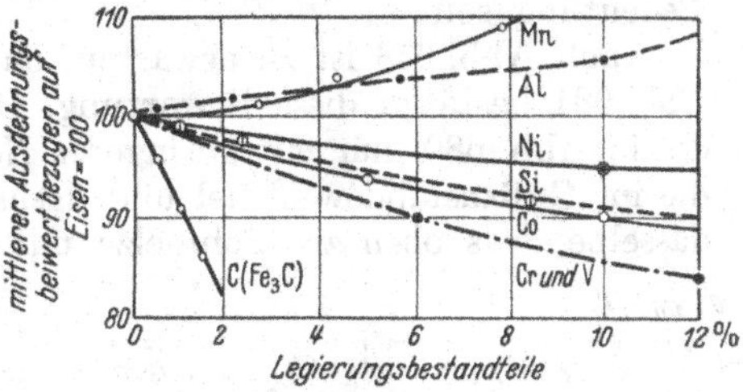

Abb. 678. Mittlerer Ausdehnungsbeiwert von Eisenmischkristallreihen (*4*).

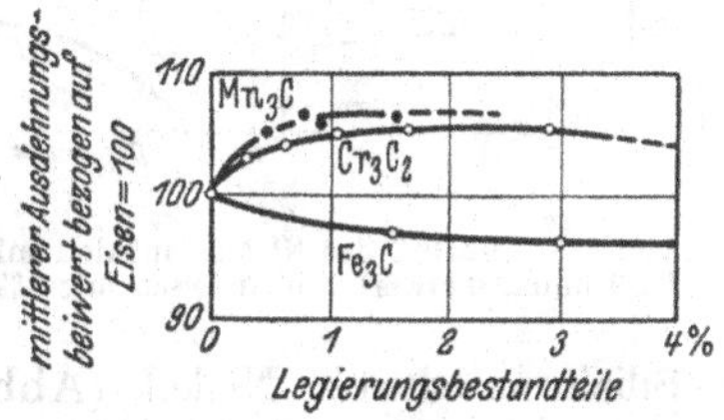

Abb. 679. Einfluß verschiedener Karbide auf den mittleren Ausdehnungsbeiwert zwischen 20 und 450° von reinem Eisen (N. E. MAURER und W. SCHMIDT).

In Abb. 680 ist der Einfluß des Siliziums im perlitischen und ferritischen Gußeisen aufgetragen. Oberhalb 1,5% Si findet man den nach Abb. 678 zu erwartenden Abfall des Ausdehnungsbeiwertes mit zunehmendem Siliziumgehalt. Die Schmelze mit 0,9% Si liegt in der perlitischen Reihe sehr tief. Dies dürfte auf die Wirkung der Karbide (Eisen-Silizium-Karbid) zurückzuführen sein, da bei höheren Temperaturen (oberhalb 400°) durch Zersetzung dieser Karbide die Kurven den üblichen Verlauf annehmen. Diese Erklärung gilt auch für die ferritische Reihe. Die Schmelze mit 0,9% Si war nur sehr schwierig vollkommen zu graphitisieren, so daß es nicht ausgeschlossen ist, daß Reste von Karbid nach dem Glühen zurückgeblieben sind. Nach Abb. 679 wirken aber gerade geringe Gehalte an Karbid besonders stark auf den Ausdehnungsbeiwert. Ein wachstumsbeständiges ferritisches Gußeisen mit 5,8% Si und 2,25% C (Silal) ergab die mittleren Ausdehnungsbeiwerte nach Zahlentafel 123.

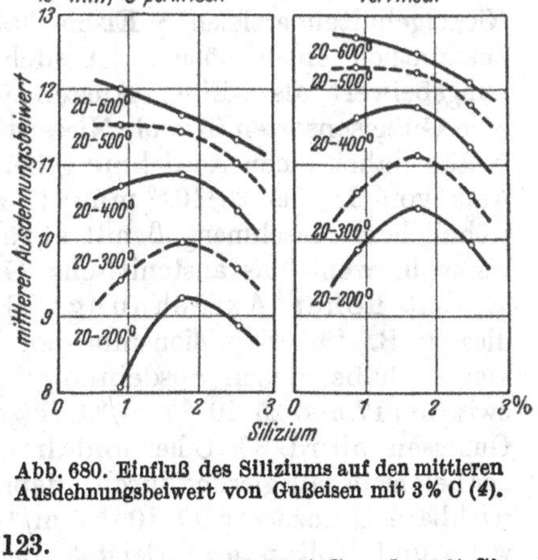

Abb. 680. Einfluß des Siliziums auf den mittleren Ausdehnungsbeiwert von Gußeisen mit 3% C (*4*).

Zahlentafel 123.
Mittlerer Ausdehnungsbeiwert eines grauen Gußeisens mit 2,25% C und 5,8% Si.

Temperaturbereich von 20° bis t^0	200	300	400	500	600	700	800
mm je °C (Ausdehnungsbeiwert)	11,3	11,6	12,0	12,5	12,9	13,3	13,6

Untersucht wurden von E. Söhnchen und O. Bornhofen (4) ferner der Einfluß von Phosphor in zwei verschiedenen Reihen. Es ergab sich keine eindeutige, aber auch keine wesentliche Beeinflussung bis 1,5% P. Mangan und Schwefel dürften mit den im Gußeisen vorkommenden Gehalten ebenfalls ohne Bedeutung sein.

Nach Abb. 678 ist zu erwarten, daß Nickel schwächer wirkt als Silizium. Abb. 681 bestätigt diese Erwartung. Die Kurven zeigen denselben Verlauf wie die in Abb. 680, nur mit geringerer Neigung. Für die Schmelze mit 1,9% Ni, die im Gußzustand weiß fiel und deshalb nicht untersucht werden konnte, gilt dasselbe, was oben zur Schmelze mit 0,9% Si gesagt wurde. Bei Ersatz des

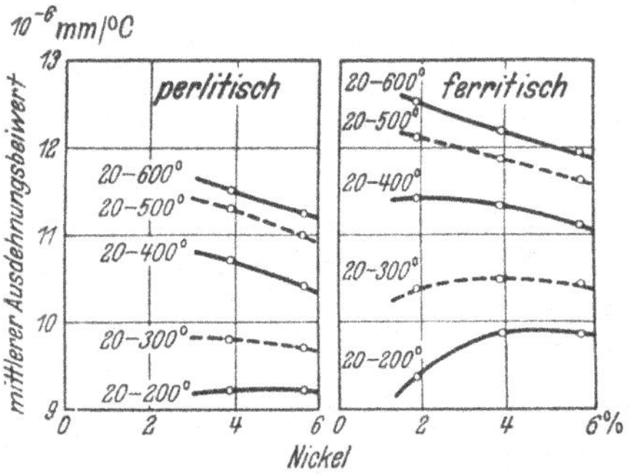

Abb. 681. Einfluß des Nickels auf den mittleren Ausdehnungsbeiwert von Gußeisen mit 3% C (4).

Siliziums durch Nickel (Abb. 682) steigt der Ausdehnungsbeiwert zunächst an, um dann entsprechend der verstärkten Mischkristallbildung abzufallen.

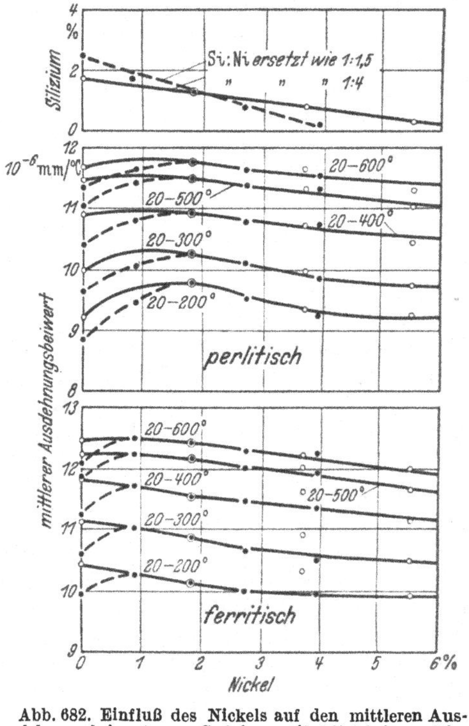

Abb. 682. Einfluß des Nickels auf den mittleren Ausdehnungsbeiwert von Gußeisen mit 3% C bei verschiedenem Ersatzverhältnis von Silizium zu Nickel (4).

Merkliche Veränderungen im Ausdehnungsbeiwert des Gußeisens kann man ebenso wie bei den Stählen durch Legieren mit hohen Nickelgehalten erzielen. γ-Eisen hat bekanntlich einen höheren Ausdehnungsbeiwert als α-Eisen. Austenitische Gußeisensorten (Nimol, Niresist) weisen daher einen Ausdehnungsbeiwert von 18 bis $20 \cdot 10^{-6}$ mm/° C zwischen 20 und 600° auf gegenüber gewöhnlichem Maschinenguß mit etwa 11 bis $12 \cdot 10^{-6}$ mm/° C. Dies ist besonders wertvoll, wenn das austenitische Gußeisen gemeinsam mit anderen Legierungen mit hoher Ausdehnung bei erhöhten Temperaturen arbeiten soll, wie dies z. B. für Explosionsmotoren mit Leichtmetallkolben gilt. Die Leichtmetalle haben einen Ausdehnungsbeiwert, der je nach der Zusammensetzung zwischen 17 und $25 \cdot 10^{-6}$ mm/° C liegt. Stellt man den Zylinder aus austenitischem Gußeisen mit rd. 3% C her und drückt außerdem noch den Ausdehnungsbeiwert der Leichtmetallegierung durch entsprechend hohe Siliziumgehalte an die untere erreichbare Grenze von $17 \cdot 10^{-6}$ mm/° C, so ist ein gutes Spiel zwischen Zylinderwand und Kolben gewährleistet. Beim Zusammenbau von austenitischem Gußeisen der erwähnten Zusammensetzung mit anderen Werkstoffen, die einen kleineren Ausdehnungsbeiwert haben als Leichtmetalle, macht sich sein hoher Ausdehnungsbeiwert natürlich unangenehm bemerkbar. In solchen Fällen ist ein austenitisches Gußeisen mit Nickelgehalten über 20% verwendbar. Nach Versuchen von T. H. WICKENDEN (*11*) fällt oberhalb 15% Ni der Ausdehnungsbeiwert des austenitischen Gußeisens stark bis zu einem Tiefstwert bei etwa 35% Ni und durchläuft Größenordnungen, wie sie bei Stahl und gewöhnlichem Gußeisen vorkommen (Abb. 683). Für solche Bauteile, die nur einen sehr geringen Ausdehnungsbeiwert haben dürfen, eignet sich daher besonders ein Guß-

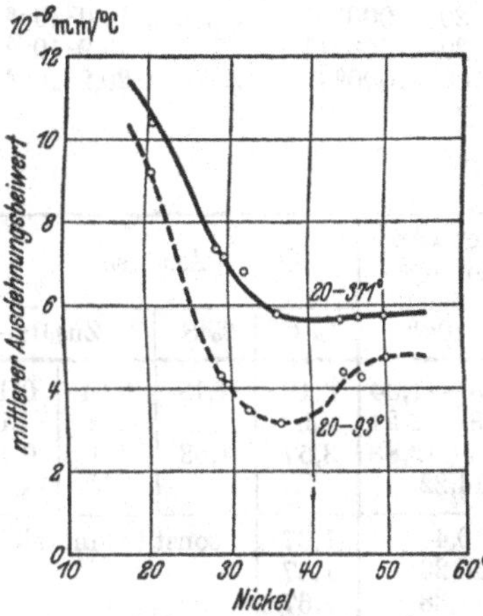

Abb. 683. Einfluß hoher Nickelgehalte auf den mittleren Ausdehnungsbeiwert (N. T. H. WICKENDEN).

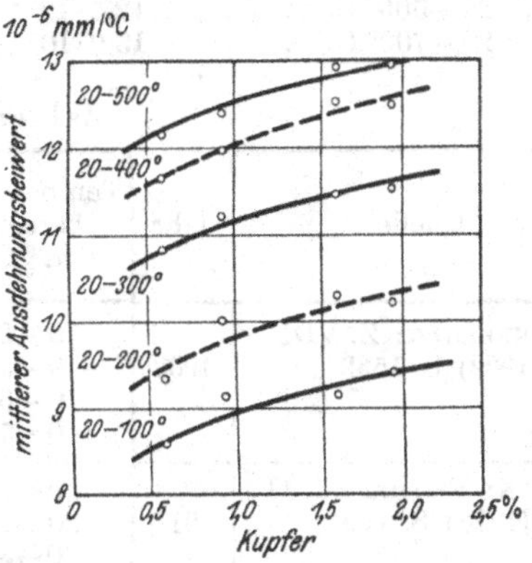

Abb. 684. Einfluß des Kupfers auf den mittleren Ausdehnungsbeiwert von perlitischem Gußeisen mit 3% C (*4*).

eisen mit etwa 35% Ni. Ein solches Gußeisen des Invar-Typs hat nach Mitteilungen der Internationalen Nickel Company NewYork (*12*) folgende chemische Zusammensetzung: ges.-C = 2,50%, Si = 1,25%, Mn = 1,00%, Ni = 36,00% Cr = 4,00%.

Eine Vergrößerung des Ausdehnungsbeiwertes läßt sich noch durch Legieren mit Kupfer (Abb. 684) oder mit Aluminium (Abb. 685) erreichen. Der ansteigende Kurvenverlauf ist erklärlich,

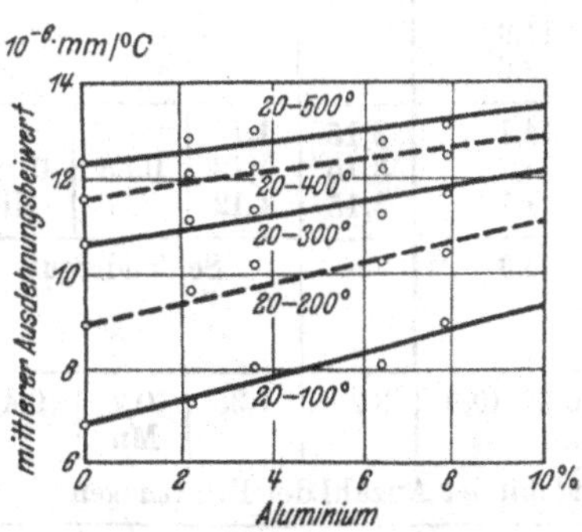

Abb. 685. Einfluß des Aluminiums auf den mittleren Ausdehnungsbeiwert von ferritischem Gußeisen mit 3,5 bis 3,8% C (*4*).

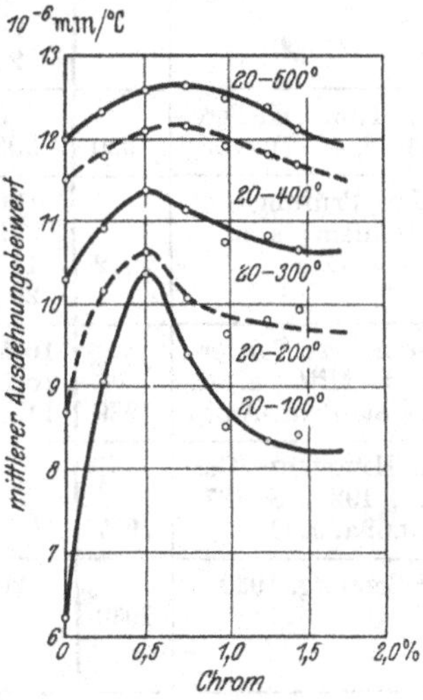

Abb. 686. Einfluß des Chroms auf den mittleren Ausdehnungsbeiwert von perlitischem Gußeisen mit 3,5 bis 3,8% C (*4*).

da sowohl Kupfer als auch Aluminium einen höheren Ausdehnungsbeiwert haben als Eisen. Bei der Veränderung durch Chrom in Abb. 686 findet man einen ähnlichen Verlauf der Kurven wie in Abb. 680 und 681. Der anfängliche Anstieg infolge Karbidbildung geht oberhalb 0,5% Cr durch Lösung von Chrom in ein Abfallen über. Die Kurven flachen mit zunehmender Temperatur infolge Karbidzersetzung ab. Wegen der größeren Beständigkeit der Chrom-Eisen-Karbide fallen jedoch die Kurven nicht, wie in Abb. 680 und 681, bei höheren Temperaturen wieder ab.

Die Wärmeausdehnung von Gußeisen wird von H. JUNGBLUTH (*13*) für ein reines Gußeisen ohne Begleitelemente wie folgt angegeben:

von 20— 50° C	$8{,}6 \cdot 10^{-6}$	von 20— 900° C	$13{,}0 \cdot 10^{-6}$
„ 20—250° C	$9{,}0 \cdot 10^{-6}$	„ 20—1000° C	$15{,}9 \cdot 10^{-6}$
„ 20—500° C	$12{,}5 \cdot 10^{-6}$	„ 700—1000° C	$20{,}2 \cdot 10^{-6}$
„ 20—700° C	$13{,}9 \cdot 10^{-6}$		

Zahlentafel 124.

Quelle	Jahr	Temperaturbereich in ° C	Mittlerer Ausdehnungskoeffizient $\times 10^{-6}$	Analyse			
				% C	% Si	Zusätze	
DITTENBERGER: Z. VDI (1902) S. 1532		0—250	11,18—11,34	3,19	1,18	0,04	0,13
	1902	0—350	11,98—12,21	bis	bis	bis	bis
		0—500	12,58—12,88	3,57	1,68	0,1	0,16
		0—750	14,22			Ni	Cu
DRIESEN: Ferrum Bd. 11 (1914) S. 129		20—100	10,44	1,67	sonst techn. rein		
	1914	20—200	10,28	1,67			
		20—300	11,38	1,67			
		20—500	13,15	1,67			
		20—100	9,61	2,24	„	„	„
		20—200	9,64	2,24			
		20—300	10,96	2,24			
		20—500	13,16	2,24			
		20—100	8,59	3,66	„	„	„
		20—200	8,83	3,66			
		20—300	9,88	3,66			
		20—500	12,50	3,66			
Hütte (s. a. ROLL: Gießereiztg. 1930 S. 4—7) . . .		15—200	12,0	3,5	0,07	0,03	0,005
	1930	500—600	17,5	3,5		Mn	P
Staatl. Mat.-Prüfungsamt Berlin-Dahlem; s. a. ROLL: a. a. O.		20—75	10,7		Gußeisen		
		75—150	10,8				
	1912	150—200	11,9				
		200—250	12,6				
SIEGLERSCHMIDT: Sonderheft 9 d. Mitt. a. d. Staatl. Mat.-Prüf.-Amt		16,4—508	14,1	3,15	1,12	—	—
		16,7—519,3	14,2	3,15	1,12	0,55	0,48
	1929	14,1—504,5	14,1	3,15	1,12	Cu	Ni
GREEN u. HERTWIG: Gas Age-Rec. 1927, S. 187; s. a. ROLL: a. a. O.	1927		6,3	Schleuderguß			
ROLL: Gießereiztg. 1930 S. 4—7		20—350	10,2—10,9	3,2	1,35	0,7	0,4
	1930					Mn	P
		zunehmend mit der Anzahl der Erhitzungen					
STÄBLEIN: Werkstoffhandbuch Stahl u. Eisen (1927) Blatt 011			10,5		Gußeisen		
SANDER, W., u. P. HIDNERT: Sci. Pap. Bur. Stand. Bd. 17 (1922) S. 611		25—100	8,4	3,08	1,68	—	—
	1922	25—300	11,6	3,08	1,68	—	—
HENNING, F.: Wärmetabellen der Techn. Reichsanst.		191—16	8,66	3,50	—	—	—

Über Herstellung und Eigenschaften von stickstoffhärtbarem Gußeisen berichteten F. Giolitti (*14*) und J. E. Hurst (*15*). Aus der letztgenannten Untersuchung sind erwähnenswert die spezifische Wärme mit 0,12 bis 0,14 kcal/kg °C und der Ausdehnungsbeiwert, der von $1{,}09 \cdot 10^{-6}$ bei 30° annähernd geradlinig auf $1{,}50 \cdot 10^{-6}$ bei 350° ansteigt. Das spezifische Gewicht bestimmte Hurst zu etwa 7,4 kg/dm³.

Technische Gußeisensorten im Rahmen des Normenblattes haben eine Wärmeausdehnung zwischen 0 und 100° C von 10 bis $11 \cdot 10^{-6}$. Demgegenüber hat schwarzer Temperguß eine Ausdehnungszahl von 10 bis $11 \cdot 10^{-6}$ bei 0 bis 100° und von 12 bis $13 \cdot 10^{-6}$ bei 0 bis 500°. Unlegierter Stahlguß hat eine Zahl von 18 bis $20 \cdot 10^{-6}$, während Aluminium-Kolbengußlegierungen eine solche von 17 bis 25, Magnesiumlegierungen eine solche von 25 bis $28 \cdot 10^{-6}$ besitzen. Aus dieser Gegenüberstellung ergibt sich noch einmal, wie wichtig es ist, beim Zusammenbau von verschiedenen Werkstoffen auf deren Ausdehnungsbeiwert Rücksicht zu nehmen, wenn Spannungen vermieden werden sollen.

Schrifttum zu Kapitel XVb.

(*1*) Schulze, A.: Die thermische Ausdehnung. In: Handbuch der Metallographie, hrsg. von W. Guertler, Bd. 2 Teil 2 Lfg. 2 S. 110/11. Berlin: Gebr. Borntraeger 1926. Roll, F.: Gießereiztg. Bd. 27 (1930) S. 4/7.
(*2*) Sieglerschmidt, H.: Mitt. dtsch. Mat.-Prüf.-Anst. Sonderh. 9 (1929) S. 63/68; Stahl u. Eisen Bd. 50 (1930) S. 845.
(*3*) Boegehold, A. L.: Stahl u. Eisen Bd. 50 (1930) S. 809.
(*4*) Söhnchen, E., u. O. Bornhofen: Arch. Eisenhüttenw. Bd. 8 (1934/35) S. 357.
(*5*) Söhnchen, E.: Arch. Eisenhüttenw. Bd. 8 (1934/35) S. 29/36.
(*6*) Köster, W.: Arch. Eisenhüttenw. Bd 2 (1928/29) S. 503/22.
(*7*) Driesen, J.: Ferrum Bd. 11 (1913/14) S. 129/38.
(*8*) Stahl u. Eisen Bd. 51 (1931) S. 1406.
(*9*) Schulze, A.: Gießereiztg. Bd. 26 (1929) S. 389/98 u. 428/34.
(*10*) Maurer, E., u. W. Schmidt: Mitt. K.-Wilh.-Inst. Eisenforschg. Bd. 2 (1921) S. 5/20; vgl. Stahl u. Eisen Bd. 42 (1922) S. 103/05.
(*11*) Wickenden, T. H.: Nickel-Cast Iron News Bd. 4 (1933) Nr. 3 S. 7; vgl. Nickel-Ber. 1934 Nr. 7 S. 101.
(*12*) Nickel-Cast Iron News, Mai 1939.
(*13*) Jungbluth, H.: Werkstoff-Handbuch Stahl u. Eisen (1937) Bl. L 11.
(*14*) Giolitti, F.: Metallurg. ital. Bd. 25 (1933) S. 485.
(*15*) Hurst, J. E.: Foundry Trade J. Bd. 49 (1933) S. 243/247/259.

c) Die magnetischen Eigenschaften des Gußeisens.

1. Theoretische Grundlagen.

Das magnetische Verhalten von Metallen und Legierungen läßt sich kennzeichnen durch das Verhältnis $B/H = \mu$, wo B die magnetische Induktion, H die Feldstärke des elektrischen Feldes, sowie μ die Permeabilität bedeuten. Das Verhältnis $J/H = \varkappa$ (J = Magnetisierungsintensität) ist ein Maßstab für die Suszeptibilität. Es gelten ferner folgende Beziehungen:

$$B = 4\pi J + H, \tag{1a}$$

$$\mu = 4\pi\varkappa + 1, \tag{1b}$$

$$\varkappa = \frac{\mu - 1}{4\pi}. \tag{1c}$$

In Abb. 687 ist die Magnetisierungskurve eines ferromagnetischen Körpers dargestellt. Mit dem Ansteigen der Feldstärke folgt die Magnetisierungsintensität J zunächst der sog. jungfräulichen Kurve *1* und erreicht einen maximalen Sättigungswert J_∞. Mit Verminderung der Feldstärke verbleibt bei $H = 0$ ein Induktionswert J_r, der mit Remanenz bezeichnet wird. Die entgegengesetzte Feldstärke H_c, bei der die Remanenz verschwindet und der magnetische Anfangszustand des Metalls hergestellt wird, heißt Koerzitivkraft. Der geschlossene Kurvenzug gemäß Abb. 687 wird Hysteresiskurve genannt. Eine ähnliche Kurve ergibt sich, wenn anstatt des Wertes J die Induktion B aufgetragen wird. Die umschlossene Fläche in Abb. 687 ist ein Maßstab für den Energieverlust bei der Ummagnetisierung (Wattverluste elektrischer Maschinen, Transformatoren usw.).

Man unterscheidet zwischen den unmittelbaren oder primären magnetischen Eigenschaften und den mittelbaren oder sekundären Eigenschaften. Zu ersteren gehört der Sättigungswert sowie alle Induktionswerte bei hohen Feldstärken, ferner der magnetische Umwandlungspunkt (Curie-Punkt). Diese Größen sind unabhängig von der Kristallitenorientierung, von der Anordnung des Gefüges und von der mechanischen Beanspruchung. Sie hängen nur ab von der Art und Menge des ferromagnetischen Bestandteils. G. Tammann (*1*) hat einige Gesetzmäßigkeiten aufgestellt, die in erweiterter Fassung folgendermaßen lauten (*2*):

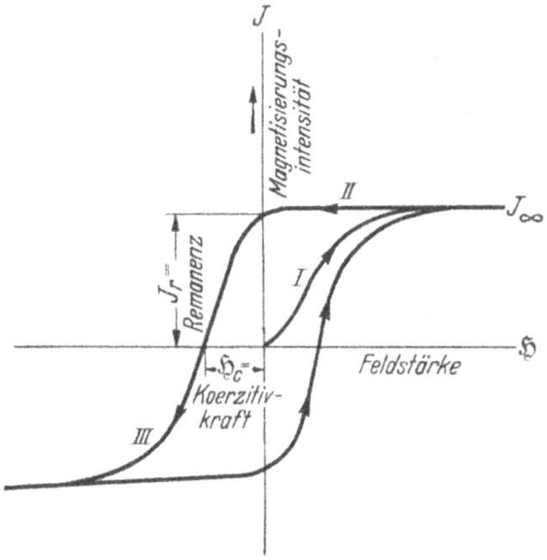

Abb. 687. Magnetisierungskurve eines ferromagnetischen Körpers.

1. Mischkristalle, in denen das ferromagnetische Metall als Lösungsmittel aufzufassen ist, sind ferromagnetisch. Sättigung und Curie-Punkt werden herabgesetzt (eine Ausnahme macht nur Kobalt).

2. Chemische Verbindungen eines ferromagnetischen Metalls mit einem andern Metall sind unmagnetisch. Verbindungen mit einem metalloiden Element sind oft noch ferromagnetisch.

3. In heterogenen Gemengen einer ferromagnetischen und einer unmagnetischen Kristallart bleibt der Curie-Punkt konstant, die Sättigung wird proportional dem Volumenanteil des unmagnetischen Fremdmetalls erniedrigt.

4. Mischkristalle, in denen ein ferromagnetisches Metall in einem unmagnetischen Metall oder einer Verbindung gelöst ist, sind stets unmagnetisch.

Zu den sekundären Eigenschaften gehört alles, was zur Hysterese zu rechnen ist, also Koerzitivkraft, Remanenz, Anfangs- und Maximalpermeabilität. Diese Eigenschaften hängen sehr stark vom Gefügeaufbau ab. Für die Koerzitivkraft haben A. Kussmann und B. Scharnow (*3*) gefunden, daß im Mischkristall die Koerzitivkraft konstant bleibt und erst im heterogenen Gebiet stark ansteigt. Bei Einkristallen ist die Induktion bzw. die Magnetisierungsintensität abhängig von der Kristallrichtung. Als Beispiel für die Entstehung ferromagnetischer Materialien aus unmagnetischen Komponenten sei auf die Heuslerschen Legierungen verwiesen, deren Ferromagnetismus anscheinend mit dem Auftreten einer festen Lösung $(Cu, Mn)_3Al$ verknüpft ist (*4*). Der Höchstwert des Ferromagnetismus wird erreicht bei einer Legierung mit 30% Mn, 15% Al und 55% Cu. In Wasser abgeschreckt sind sie fast unmagnetisch, durch Glühung werden sie magnetisch, wobei in den verschiedenen Alterungsstufen die Hysteresisschleife eine verschiedene Form annehmen kann.

Bei der Nutzbarmachung magnetischer Eigenschaften in der Technik unterscheidet man magnetisch weiches und magnetisch hartes Material. Von elektrischen Maschinen und Transformatorenblechen, die einer dauernden

Ummagnetisierung unterworfen sind, verlangt man möglichst geringe Wattverluste. Diese Materialien müssen daher eine sehr enge Hysteresisschleife besitzen.

Handelt es sich dagegen um ein Material, das als Dauermagnet Verwendung finden soll, so ist eine möglichst große Koerzitivkraft und Remanenz erwünscht, also eine breite Hysteresisschleife. Es hat sich gezeigt, daß Elemente, die mit dem Eisen keine feste Lösung, sondern ein heterogenes Gemenge bilden, die Koerzitivkraft stark erhöhen; dabei ist es gleichgültig, ob das Zusatzelement magnetisch oder unmagnetisch ist. Daß bei reinen Metallen und Mischkristallen überhaupt meßbare Beträge der Koerzitivkraft vorliegen, ist wahrscheinlich nur den immer vorhandenen heterogenen Beimengungen zuzuschreiben. Bei magnetisch hartem Material ist die Menge, die Größe und die Form der heterogenen Teilchen von größtem Einfluß auf die magnetischen Eigenschaften.

Man hat dies technisch ausgenutzt und auf der Basis von Eisenlegierungen mit hohem Anteil der gelösten Komponente und großer Übersättigungsmöglichkeit des α-Mischkristalls (Systeme: Fe-Co-Mo und Fe-Co-W, Fe-Ni-Al und Fe-Co-Ti) neuartige, sehr leistungsfähige Dauermagnetstähle entwickelt.

Fe-Ni-Legierungen mit 30% Ni zeigen eine starke Temperaturabhängigket der Permeabilität. In der Nähe von 20^0 nimmt die Induktion um rd. 50 Gauß pro 1^0 Temperaturerhöhung ab.

Unter der Anfangspermeabilität μ_0 versteht man das Verhältnis $B:H$ für ganz kleine Feldstärken von Null bis zu wenigen Tausendsteln Gauß.

Unmagnetische Stähle bzw. Gußeisen (Nomag, Monelgußeisen) finden Anwendung für diejenigen Konstruktionsteile elektrischer Maschinen, welche in magnetischen Kraftfeldern (auch Streufeldern) liegen, aber keinen magnetischen Nebenschluß ermöglichen sollen. In magnetischen Wechselfeldern verhindern sie die sonst unvermeidliche Erwärmung durch Wirbelströme. Bei Kompaßgehäusen verhindern sie eine Verdichtung des magnetischen Endfeldes und gewähren damit eine strömungsfreie Einstellung der Magnetnadel.

2. Schrifttum.

Die magnetischen Eigenschaften des Gußeisens sind schon früher Gegenstand von Untersuchungen (*5*) gewesen. Leider lassen diese Arbeiten und auch die Versuche von J. H. PARTRIDGE (*6*) nicht immer eindeutig den Einfluß eines Elementes erkennen. E. SÖHNCHEN (*7*) hat daher im Aachener Gießerei-Institut die in Zahlentafel 125 aufgeführten Schmelzen im gegossenen wie auch im vollkommen ferritisch geglühten Zustand untersucht, über deren Ergebnisse im folgenden berichtet sei: Der ausgeglühte Werkstoff entspricht etwa einem schwarzen Temperguß, abgesehen von der Kohlenstofform. Neukurve und Hysteresisschleife wurden mit dem Jocheisenprüfer Nr. 560 der Firma Hartmann & Braun, A.-G., Frankfurt a. M., aufgenommen. Aus der erhaltenen Neukurve erhält man die Permeabilitätskurve und aus ihr als wichtigste Größe die Maximalpermeabilität $\mu_{\max}$ mit den zugehörigen Koerzitiv- und Remanenzwerten. Die Anfangspermeabilität μ_0 läßt sich nur schätzungsweise angeben, doch liegt ihre Änderung im Sinne von $\mu_{\max}$. Als kennzeichnende Größe ergibt sich noch aus der Hysteresisschleife die Koerzitivkraft H_c und die Remanenz B_r. Die Sättigungsmagnetisierung wurde mit einer Einrichtung bestimmt, wie sie von F. STÄBLEIN und K. SCHRÖTER (*8*) benutzt wurde, wobei als Vergleichswert der von H. ESSER und G. OSTERMANN (*9*) gefundene Sättigungswert für Elektrolyteisen ($4\pi J_\infty = 22580$ Gauß) diente.

Zahlentafel 125. Zusammensetzung der untersuchten Schmelzen (E. Söhnchen).

Probe	C %	Graphit[1] %	Si %	Mn %	P %	Si %	Sonstiges %
U 1	3,12	1,75	0,85	0,42	0,10	0,077	—
U 3	2,70	1,80	2,64	n. b.[2]	n. b.	n. b.	—
U 4	3,01	2,17	3,72	n. b.	n. b.	n. b.	—
U 5	2,90	2,15	4,40	n. b.	n. b.	n. b.	—
U 7	2,92	1,69	0,80	0,38	0,08	0,061	1,60 Ni
U 8	2,84	1,73	0,77	n. b.	n. b.	n. b.	2,55 Ni
U 9	2,79	1,71	0,80	n. b.	n. b.	n. b.	3,37 Ni
U 10	2,89	1,81	0,79	n. b.	n. b.	n. b.	4,43 Ni
B 1	3,08	1,48	0,92	0,05	0,020	0,012	—
B 2	3,04	1,64	1,72	0,05	0,020	0,014	—
B 3	3,02	1,82	2,50	0,06	0,024	0,012	—
B 4	2,80	2,76	5,80	0,13	0,020	0,012	—
B 5	2,84	1,60	1,76	0,07	0,020	0,010	0,90 Ni
B 6	2,92	1,58	1,26	0,03	0,017	0,020	1,85 Ni
B 7	3,04	1,80	0,70	0,01	0,024	0,018	2,70 Ni
B 9	3,08	1,68	0,14	0,04	0,020	0,018	3,95 Ni
B 10	3,06	1,80	0,30	0,04	0,020	0,014	5,63 Ni
B 11	3,08	1,82	0,72	0,03	0,014	0,018	3,70 Ni
A	2,80	2,40	2,30	n. b.	0,11	n. b.	—
B	2,89	2,31	2,02	n. b.	0,65	n. b.	—
C	2,75	2,33	2,07	n. b.	0,74	n. b.	—
D	2,68	2,02	1,93	n. b.	1,26	n. b.	—
Br 5	3,42	2,92	1,76	n. b.	0,50	n. b.	—
Br 6	3,30	2,30	1,76	n. b.	0,88	n. b.	—
Br 7	3,20	3,20	1,82	n. b.	1,64	n. b.	—
C 1	3,80	3,40	2,50	0,68	0,110	0,025	0,00 Cr
C 2	3,85	3,28	2,72	n. b.	n. b.	n. b.	0,24 Cr
C 3	3,80	3,24	2,12	n. b.	n. b.	n. b.	0,50 Cr
C 4	3,74	3,20	2,70	n. b.	n. b.	n. b.	0,74 Cr
C 5	3,82	3,20	2,62	n. b.	n. b.	n. b.	0,98 Cr
C 6	3,54	2,20	2,40	n. b.	n. b.	n. b.	1,23 Cr
C 7	3,76	2,44	2,24	0,59	0,118	0,036	1,43 Cr
P 1	3,06	2,32	2,26	0,72	0,097	0,026	0,56 Cu
P 2	3,04	2,28	2,60	n. b.	n. b.	n. b.	0,91 Cu
P 3	2,96	2,20	2,14	n. b.	n. b.	n. b.	1,57 Cu
P 4	3,04	2,24	2,28	n. b.	n. b.	n. b.	1,92 Cu

[1] Der Graphitgehalt bezieht sich stets auf Sandguß von 30 mm Durchmesser.
[2] Nicht bestimmt.

Einfluß der Kohlenstofform.

Die magnetischen Eigenschaften, wie überhaupt die physikalischen Größen des Gußeisens, hängen besonders von der Zustandsform des Kohlenstoffs ab. Deshalb läßt sich nicht ohne weiteres eine Beziehung zwischen dem Gesamtkohlenstoffgehalt und der magnetischen Größe aufstellen. Maßgebend ist vielmehr das Verhältnis von Zementit zu Graphit, das bei einer gegebenen Legierung durch die Größe des Gußquerschnitts oder durch eine Glühbehandlung beeinflußt wird.

Für den Einfluß des Gußquerschnitts bringt Abb. 688 ein Beispiel. Koerzitivkraft und Permeabilität erfahren eine größere, Remanenz und Sättigung nur eine geringere Veränderung. Die Unterschiede prägen sich um so stärker aus, je wandstärkenabhängiger das Gußeisen ist.

Die Koerzitivkraft reinen Eisens wird durch Kohlenstoff in Form von Graphit weniger als durch die gleiche Menge Kohlenstoffs in Form von Zementit erhöht. Dies ist darauf zurückzuführen, daß der elementare Kohlenstoff im Vergleich zum Zementit einen kleineren Raum einnimmt, wodurch die Gesamtmenge der Fremdbestandteile im Eisen kleiner wird. Da ferner die Verbindung zwischen elementarem Kohlenstoff und Ferrit nicht so innig ist wie zwischen Zementitteilchen und Grundmasse, so werden die für die Größe der Koerzitivkraft maßgebenden interkristallinen Spannungen (*10*) im ersten Falle bedeutend größer sein. Von maßgebendem Einfluß auf die innere Verspannung ist auch die Ausscheidungsgröße eines Gefügebestandteiles; auf dieser Erkenntnis beruht, wie bereits früher erwähnt, die Entwicklung neuer Dauermagnetstähle (*11*). Zementit z. B. erhöht in feinblättriger Form die Koerzitivkraft eines Stahles stärker als in grobstreifiger Ausscheidung, während die kugelige Anordnung am schwächsten wirkt.

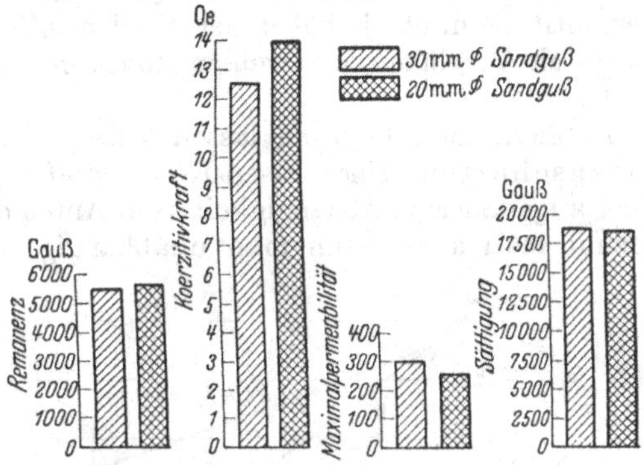

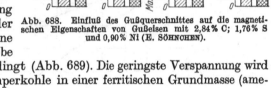

Abb. 688. Einfluß des Gußquerschnittes auf die magnetischen Eigenschaften von Gußeisen mit 2,84% C; 1,76% S und 0,90% Ni (E. Söhnchen).

Die Untersuchung zweier vollkommen ferritisch geglühter Gußeisenstäbe mit verschieden feinem Graphit, aber sonst gleicher chemischer Zusammensetzung erbrachte eine Bestätigung der Vermutung, daß auch eine feine Graphitausbildung hohe, grobe eine niedrige Koerzitivkraft bedingt (Abb. 689). Die geringste Verspannung wird die kugelige Ausbildung der Temperkohle in einer ferritischen Grundmasse (amerikanischer Temperguß) bewirken.

Zwischen Koerzitivkraft und Maximalpermeabilität besteht eine wechselseitige Beziehung: Je größer die erste, desto kleiner die zweite Eigenschaft, und umgekehrt. Für die Remanenz läßt sich eine ähnliche Beziehung nicht ohne weiteres nennen; während die Koerzitivkraft mit steigendem Graphitgehalt (z. B. durch Ausglühen) kleiner wird, wird die Remanenz einmal erhöht, mitunter aber auch erniedrigt.

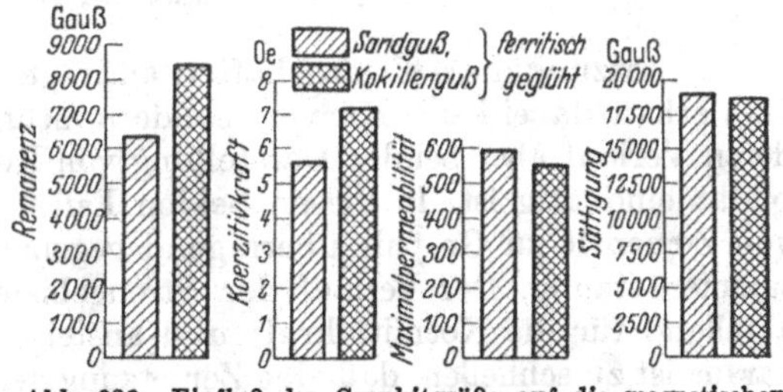

Abb. 689. Einfluß der Graphitgröße auf die magnetischen Eigenschaften von Gußeisen mit 3,04% C, 2,28% Si und 1,92% Cu (E. Söhnchen).

Unabhängig von den erörterten sogenannten mittelbaren magnetischen Eigenschaften verhalten sich die unmittelbaren, von denen die wichtigste Eigenschaft der Sättigungswert ist. Dieser ist unabhängig von der Form und Anordnung des Gefüges, also vor allem des elementaren Kohlenstoffs (vgl. Abb. 689), wie auch des Zementits (*9*). Verändert wird der Sättigungswert nur durch die Art und die Menge der unmagnetischen oder weniger magnetischen Fremdbestandteile. In heterogenen Gemengen ist die Erniedrigung verhältnisgleich dem Mengenanteil der unmagnetischen Kristallart. In Abhängigkeit von den Volumenprozenten wird also die Sättigung durch eine Gerade dargestellt. Wählt man als Abszisse Gewichtsprozente, so erhält man eine von einer Geraden abweichende Kurve, z. B. für ein Ferrit-Graphit-Gemenge:

$$S = \frac{22580\,(100 - a)}{100 + 2{,}451 \cdot a} \qquad (1)$$

wobei S die Sättigung des Gemenges in Gauß und a die Gewichtsprozente Kohlenstoff als Graphit bedeuten. Für ein Ferrit-Zementit-Gemenge bleibt die Geradlinigkeit auch bei der Beziehung der Sättigung auf Gewichtsprozente ungefähr bestehen, so daß in diesem Falle folgende einfache Beziehung gilt (*9*):

$$S = 22580 - 1394 \cdot b, \tag{2}$$

wenn b die als Zementit vorhandenen Gewichtsprozente Kohlenstoff bedeutet. Gleichung (1) und (2) sind in Abb. 690 bis 4% C zur Darstellung gebracht. Das Ferrit-Graphit-Gemisch hat stets einen höheren Sättigungswert als das Ferrit-Zementit-Gemisch; je höher der Kohlenstoffgehalt ist, desto stärker ist deshalb die durch Ausglühen eines weißen Roheisens erzielbare Steigerung des Sättigungswertes.

Ähnliche Berechnungen lassen sich für die mittelbaren magnetischen Eigenschaften reiner Eisen-Kohlenstoff-Legierungen nicht durchführen. Zu einer angenäherten Abhängigkeit vom Anteil des Graphits am Kohlenstoffgehalt kommt man aber, wenn man unabhängig von der sonstigen chemischen Zu-

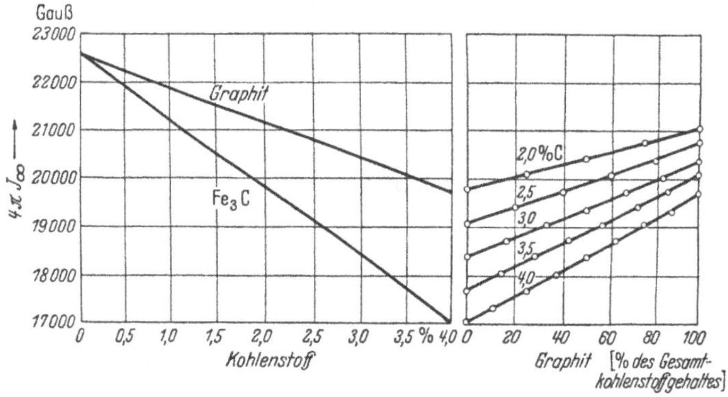

Abb. 690. Einfluß des Kohlenstoffs und der Kohlenstofform auf die magnetische Sättigung reiner Eisen-Kohlenstofflegierungen.

sammensetzung diese Eigenschaften aufträgt, wie es in Abb. 691 geschehen ist. Man erhält dabei keine Kurven, sondern mehr oder weniger große Streugebiete, deren Verlauf aber bei der Darstellung von Koerzitivkraft und Maximalpermeabilität eindeutig ist. In diesen beiden Fällen ist der Einfluß des Verhältnisses von Zementit zu Graphit überragend gegenüber der sonstigen chemischen Zusammensetzung. Der Verlauf der Streugebiete ist zunächst flach, dann steiler abfallend für die Koerzitivkraft und ansteigend für die Maximalpermeabilität; daraus ist zu schließen, daß eine Zersetzung der letzten Reste Zementit die Koerzitivkraft und Permeabilität besonders stark beeinflußt. Bei der Remanenz ist keine klare Abhängigkeit zu ersehen. Die Sättigung nimmt eine Mittelstellung ein.

3. Einfluß der Elemente.

Aus dem überragenden Einfluß des Verhältnisses von Zementit zu Graphit, besonders auf Koerzitivkraft und Maximalpermeabilität, ergibt sich eine Bewertung der im Gußeisen vorkommenden oder absichtlich zugesetzten Elemente aus ihrer Beeinflussung der Graphitmenge und der Graphitverteilung. Darüber hinaus dürften das Inlösunggehen des Zusatzes (Mischkristallbildung mit Eisen), die Ausbildung neuer Gefügebestandteile und die Veränderung der Grundmasse (Kornverfeinerung des Ferrits oder Perlits, Bildung von Sorbit, Martensit und Austenit) von Bedeutung sein.

Aus der Tatsache, daß im Dreistoffsystem Eisen-Kohlenstoff-Silizium kein ternäres Eutektikum auftritt, wäre zu schließen, daß weitgehende Mischkristallbildung zwischen Zementit und dem ebenfalls magnetischen Fe_3Si_2 oder dem unmagnetischen Eisen-Silizium stattfindet; so soll z. B. Zementit etwa 5% Si in feste Lösung aufnehmen (*12*). Unwahrscheinlich ist eine von K. HONDA und T. MURAKAMI (*13*) angenommene ternäre Verbindung. Immerhin dürfte man es nach ihren Untersuchungen bis zu hohen Siliziumgehalten (20 bis 30%) mit magnetischen Gefügebestandteilen (Silikoferrit, Zementit, Fe_3Si_2 oder einem ternären Gefügebestandteil zwischen Eisen, Silizium und Kohlenstoff) zu tun haben, deren Curie-Punkte bei 450 bis 700° und bei 90° liegen.

Unter Zugrundelegung des Sättigungs- und Dichteabfalls in reinen Eisen-Silizium-Legierungen nach E. GUMLICH (*14*), sowie unter der Annahme, daß der gebundene Kohlenstoff als Zementit vorliegt, ist die Sättigung in Abb. 692

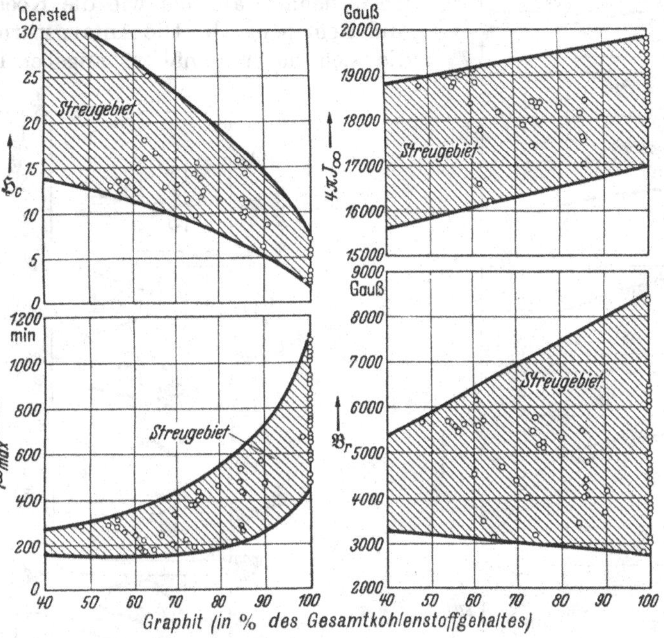

Abb. 691. Einfluß des Graphitgehaltes auf die magnetischen Eigenschaften von Gußeisen (*7*).

berechnet worden. Bei Vergleich mit den durch Versuch gefundenen Werten ergibt sich für den gegossenen, nicht geglühten Zustand, daß der Abfall stärker ist als die Rechnung zeigt. Das bestätigt die Auffassung, daß man es im Gefüge nicht mit reinem Zementit zu tun hat, sondern mit einer Kristallart, die vermutlich als Mischkristall zwischen Fe_3C und Fe_3Si_2 aufzufassen ist und die eine geringere Sättigung hat als Zementit. Die gefundenen Werte liegen unterhalb der berechneten Kurve. Das dürfte zu einem großen Teil auf die Nichtberücksichtigung der Verunreinigungen bei der Berechnung zurückzuführen sein.

Der günstige Einfluß des Siliziums — Verkleinerung der Hysteresisverluste, Erhöhung der Permeabilität — auf Eisenlegierungen mit niedrigem und hohem Kohlenstoffgehalt beruht auf seiner karbidzersetzenden Wirkung. Abb. 692 zeigt die Herabsetzung der Koerzitivkraft mit steigendem Siliziumgehalt, die lediglich eine Folge der Graphitvermehrung ist, da das Inlösunggehen des Siliziums (Kurve für den geglühten Zustand) keine Veränderung der Koerzitivkraft bedingen kann. Die Remanenz sinkt auch ständig. Es zeigt sich aber keine eindeutige Veränderung nach dem Ausglühen, worauf schon verwiesen wurde. Oberhalb 5% Si sinken Koerzitivkraft und Remanenz nicht weiter. Die Maximalpermeabilität sinkt zunächst etwa bis 5% Si, darüber hinaus erhält man eine sehr starke Erhöhung, wie es aus der entsprechend starken Verkleinerung der Koerzitivkraft in diesem Gebiet nicht anders zu erwarten ist. Dieser Kurvenverlauf steht in Übereinstimmung mit den Ergebnissen von PARTRIDGE, der aber oberhalb 6% Si wieder einen Abfall der Maximalpermeabilität erhielt. Bei 6,04% Si betrug sie 1021, bei 7,38% Si nur mehr 383. Die der Maximalpermeabilität zugeordneten Feldstärken- und Induktionswerte nehmen ähnlich wie die Koerzitivkraft und Remanenz ab. Die Anfangspermeabilität, die sich nur angenähert angeben läßt, wird

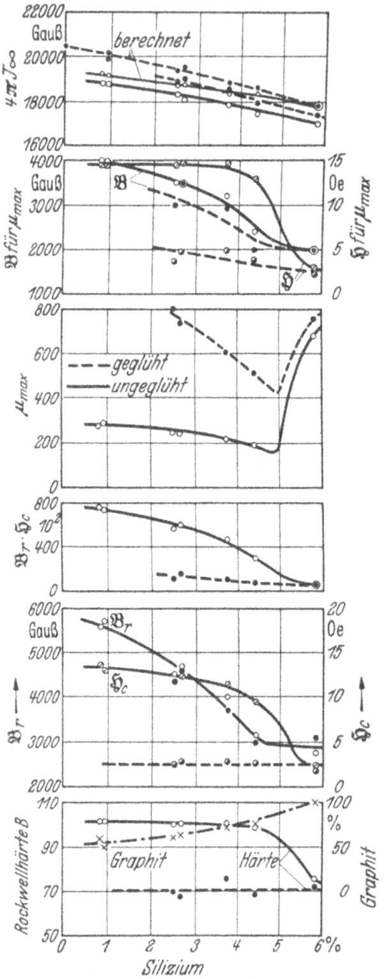

Abb. 692. Einfluß von Silizium auf die magnetischen Eigenschaften von Gußeisen mit 3% C (30 mm Durchmesser, Sandguß) (7).

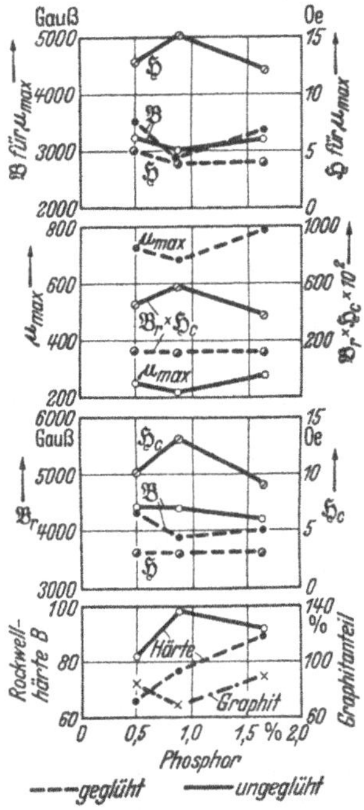

Abb. 693. Einfluß von Phosphor auf die magnetischen Eigenschaften von Gußeisen verschiedenen Kohlenstoff- und Siliziumgehaltes (7).

bis 5% Si kaum beeinflußt und beträgt etwa 60, steigt dann aber bei etwa 6% Si auf etwa 220. Oberhalb 6% Si wird sie vermutlich wieder sinken.

Die gesamten Wattverluste setzen sich aus den Hysteresis-, Wirbelstrom- und Nachwirkungsverlusten zusammen. Nach GUMLICH (*14*) beträgt der erste Anteil etwa 50 bis 90% bei Eisen-Silizium-Legierungen, macht also den Hauptbestandteil der Verluste aus. Einen Maßstab dafür hat man in der Gütezahl $B_r \cdot H_c$, die in Abb. 692 stark mit zunehmendem Siliziumgehalt fällt. J. H. PARTRIDGE (*6*) gibt nebenstehende Hysteresisverluste an:

Si . . . . . . %	2,54	2,87	3,41	4,76	6,04
W/kg	44,1	44,4	39,7	31,9	5,83

Auch die Wirbelstromverluste dürften abnehmen, da der Widerstand mit dem Siliziumgehalt ansteigt.

Die in Stählen üblichen **Phosphorgehalte** verändern die Hysteresiseigenschaften nicht. Dies ist erklärlich, da der Phosphor in feste Lösung aufgenommen wird. J. H. PARTRIDGE (*6*) fand bei Gußeisensorten mit verschiedenen Kohlenstoff- und Siliziumgehalten ebenfalls keine wesentliche Veränderung der magnetischen Eigenschaften, wenn er bis 0,5% P zusetzte. Abb. 693 zeigt nun Untersuchungen bei Gußeisen mit Gehalten bis über 1,5% P, aus denen, wie auch aus anderen Versuchsreihen mit kohlenstoffärmerem und siliziumreicherem Gußeisen, kein eindeutiger Einfluß des Phosphors hervorgeht. Die Zustandsform des Kohlenstoffs scheint von größerer Bedeutung zu sein als ein Phosphorzusatz (vgl. besonders das Gegeneinanderlaufen der Graphit- und Koerzitivkraftkurve). Die Sättigung wird nur unwesentlich herabgesetzt.

Der **Mangangehalt** im handelsüblichen Grauguß ist nur beschränkt veränderlich, doch seien der Vollständigkeit wegen in Abb. 694 einige Ergebnisse von PARTRIDGE (*6*) zusammengestellt. Entsprechend der Verringerung des Graphitgehaltes bis auf 0 sinken Induktion,

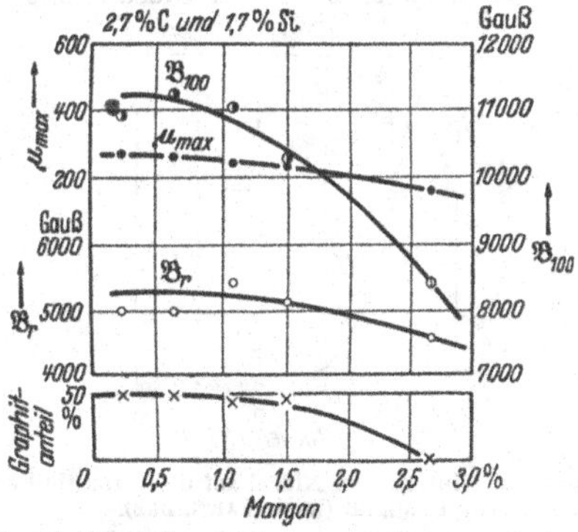

Abb. 694. Einfluß von Mangan auf die magnetischen Eigenschaften von Gußeisen verschiedener Kohlenstoff- und Siliziumgehalte (*6*, *7*).

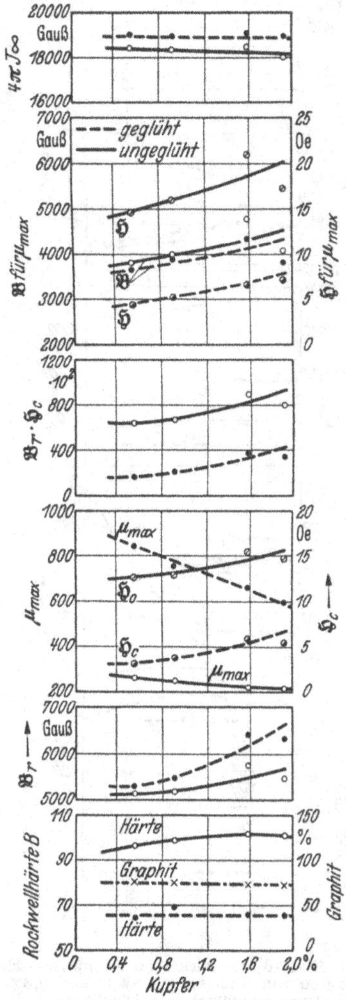

Abb. 695. Einfluß von Kupfer auf die magnetischen Eigenschaften von Gußeisen mit 3% C und 2,3% Si (20 mm Durchmesser, Sandguß) (*7*).

Permeabilität und Remanenz. Die Koerzitivkraft wird stark ansteigen. Die Sättigung dürfte entsprechend der Bildung von Austenit bis auf 0 herabgesetzt werden.

Die früher weitverbreitete Auffassung über den schädlichen Einfluß des **Kupfers** auf Eisen-Kohlenstoff-Legierungen ist heute widerlegt durch zahlreiche Untersuchungen der mechanischen, chemischen und physikalischen Eigenschaften von gekupferten Stählen. So wird beispielsweise die Eignung eines hochgekohlten Stahles für die Verwendung als Dauermagnet durch Kupferzusatz verbessert. Abb. 695 zeigt, daß auch im Gußeisen Koerzitivkraft H_c und Remanenz B_r und damit auch deren Produkt mit steigendem Kupfergehalt größer werden, wobei die Sättigung kaum herabgesetzt wird. Das Produkt $B_r \cdot H_c$ (Güteziffer) läßt sich noch erhöhen durch: 1. Abschrecken (die Volumenbeständigkeit des Graugusses wird durch Kupfer erhöht und der A_1-Punkt herabgesetzt), 2. Verminderung des Siliziumgehaltes. Ein Teil des Siliziums läßt sich auch durch Chromzusatz ausgleichen.

Die Ursache der hohen Koerzitivkraft gekupferten Gußeisens ist in der feinen Ausscheidung des Kupfers oder eines kupferhaltigen Mischkristalls (*15*) zu suchen. Die Menge der Kupferausscheidungen und damit die Größe der einzelnen magnetischen Eigenschaften hängen von der Abkühlungsgeschwindigkeit ab. Da die Gieß- und Glühbedingungen für die geprüften vier Schmelzen dieselben waren, so sind die erhaltenen Werte untereinander vergleichbar.

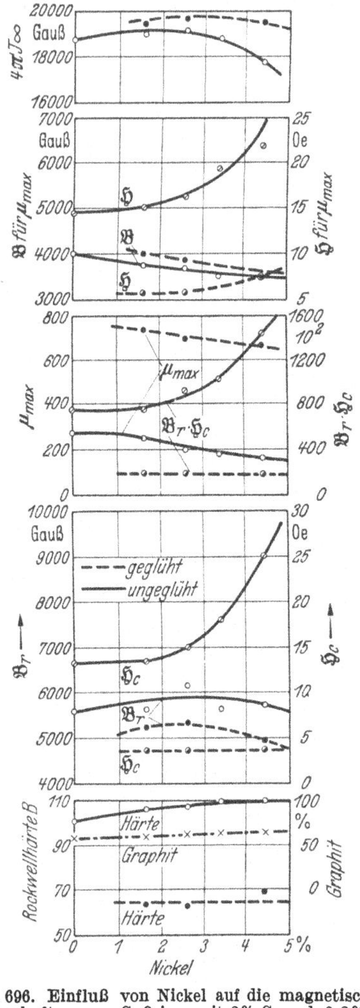

Abb. 696. Einfluß von Nickel auf die magnetischen Eigenschaften von Gußeisen mit 3% C und 0,8% Si (30 mm Durchmesser, Sandguß) (*7*).

Nickel beeinflußt wie die mechanischen und technologischen Eigenschaften des Gußeisens so auch sein physikalisches Verhalten. Zunächst wurde von E. SÖHNCHEN eine Legierungsreihe mit gleichbleibendem Siliziumgehalt von 0,8% untersucht (Abb. 696). Oberhalb 2% Ni beginnt die Koerzitivkraft stark zu steigen. Da Nickel in Lösung geht, kein Karbid bildet und die Graphitmenge vermehrt, so kann diese Steige-

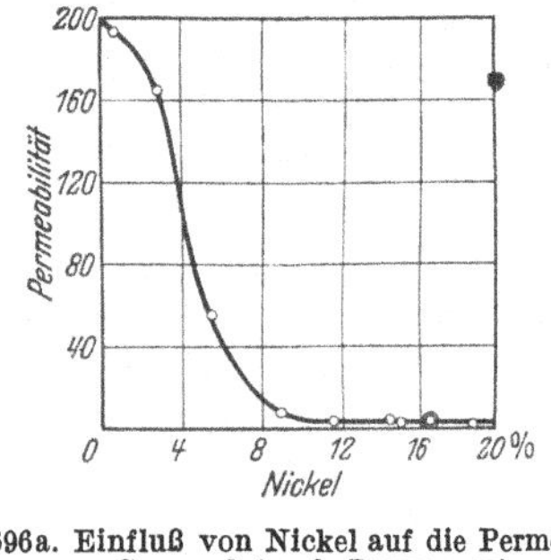

Abb. 696a. Einfluß von Nickel auf die Permeabilität von Grauguß (nach PARTRIDGE).

rung nur auf die Volumenänderung bei der nach tiefen Temperaturen verschobenen γ/α-Umwandlung (Martensitbildung) und die dadurch bedingten inneren Spannungen zurückgeführt werden. Entsprechend dem Anstieg der Koerzitivkraft sinkt die Permeabilität (vgl. auch Abb. 696a). Die Remanenz wird nicht wesentlich verändert, so daß das Produkt $B_r \cdot H_c$ ständig größer wird.

Die Sättigung fällt zunächst nicht, es liegt im Gegenteil ein geringer Anstieg vor. Dies wird verständlich, wenn man bedenkt, daß das Inlösunggehen des Nickels die Sättigung nur wenig herabsetzt (10% Ni um 5% gegenüber 10% Si um 30%). Der geringe Anstieg ist also eine Folge der Graphitvermehrung. Oberhalb 3% Ni wird die Sättigung bedeutend kleiner durch vermehrte Austenitbildung. Bei noch höheren Nickelgehalten wird das Gußeisen vollkommen unmagnetisch. Ein derartiges unmagnetisches Gußeisen, z. B. mit 10% Ni und 5% Mn, wurde schon von S. E. DAWSON (*16*) herausgebracht. Dieses sogenannte „Nomag“-Eisen hat einen hohen elektrischen Widerstand, ausreichende mechanische Eigenschaften, läßt sich gut vergießen und bearbeiten und kann daher auch als Ersatz für andere unmagnetische Werkstoffe, wie Messing, dienen. Seit einigen Jahren wird auch das mit Nickel, Kupfer und Chrom legierte austenitische Gußeisen (Niresist) als unmagnetischer Werkstoff verwendet. Die Permeabilität bei 2,6 bis 106 Oersted und zwischen -20^0 und $+100^0$ beträgt etwa 1,04 bis 1,06, liegt also in der Größenordnung der Permeabilität von Handelsmessing. Der hohe elektrische Widerstand von Niresist (1,20 Ω mm²/m) gewährleistet geringe

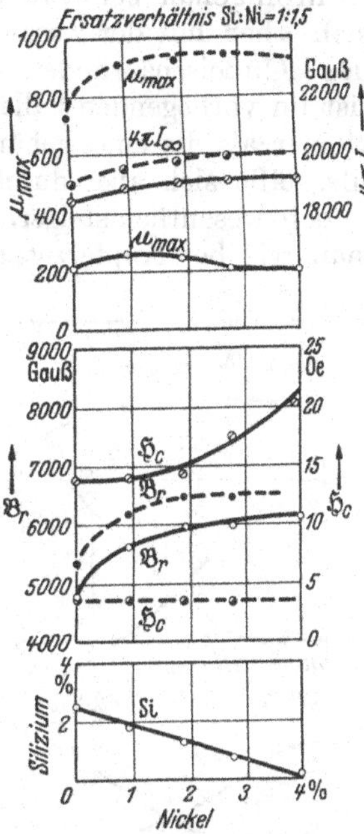

Abb. 697. Einfluß von Nickel auf die magnetischen Eigenschaften von Gußeisen mit 3% C bei wechselndem Silizium- und Nickelgehalten (20 mm Durchmesser, Sandguß) (7).

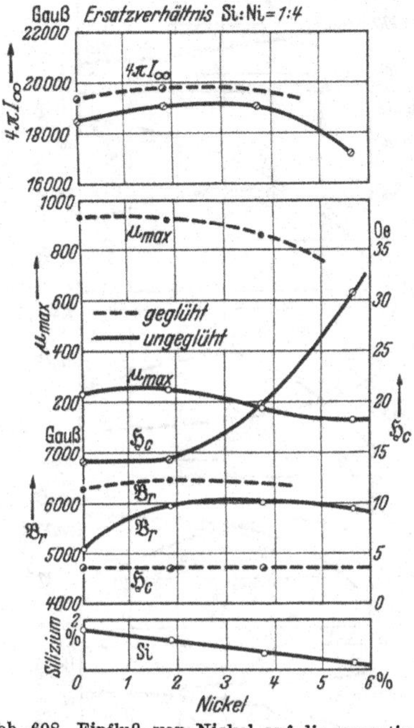

Abb. 698. Einfluß von Nickel auf die magnetischen Eigenschaften von Gußeisen mit 3% C bei wechselndem Silizium- und Nickelgehalten (20 mm Durchmesser, Sandguß) (7).

Wirbelstromverluste. Die Festigkeitseigenschaften sind ausgezeichnet, ebenso die Volumenbeständigkeit sowie die Korrosionsbeständigkeit.

Für unmagnetische (austenitische) Gußeisen kann man allgemein ansetzen bei

H in Oersted	*B* in Gauß
50	60 bis 100
100	150 „ 200
250	350 „ 450
5000	5500 „ 6000
10000	10500 „ 11000

Wird im Gußeisen das Silizium durch Nickel im Verhältnis von 1 : 1,5 und 1 : 4 ersetzt (Abb. 697 und 698), so wird die Koerzitivkraft stark erhöht. Remanenz, Permeabilität und Sättigung bleiben nach einer anfänglichen Steigerung gleich oder fallen wieder ab. Diese Veränderungen sind um so stärker, je mehr Silizium für ein Teil zugesetztes Nickel herausgenommen wird.

Die Bedeutung des Chroms als Zusatz zu Eisen-Kohlenstoff-Legierungen liegt in der Bildung von Doppelkarbiden, die als Ursache der hohen Koerzitivkraft in den Dauermagnetstählen anzusehen sind. Obwohl die Sättigung der reinen Eisen-Chrom-Legierungen mit steigendem Gehalt an Legierungsmetall schwächer abnimmt, als z. B. die der Eisen-Silizium-Legierungen (bei 10% Si um 30%, bei 10% Cr um etwa 15%), ist der Abfall der Sättigung im chromhaltigen Gußeisen doch am stärksten von allen Zusatzelementen (Abb. 699).

Auch hierfür ist die Karbidbildung verantwortlich zu machen. Das Verhalten von Remanenz, Koerzitivkraft und der Gütezahl $B_r \cdot H_c$ im chromhaltigen Gußeisen ist das gleiche wie im Chromstahl. Nach Überschreiten eines gewissen Chromgehaltes sinkt die Gütezahl wieder; bei dem untersuchten Gußeisen liegt dieser günstigste Chromgehalt bei etwa 0,7%, er kann sich aber mit der Zusammensetzung des Gußeisens ändern. Die Gütezahl ist im vorliegenden Falle etwa zehnmal kleiner als die eines gehärteten Chromstahls, läßt sich aber durch Abschrecken noch wesentlich steigern. Dabei ist genau wie bei Kupferzusatz die

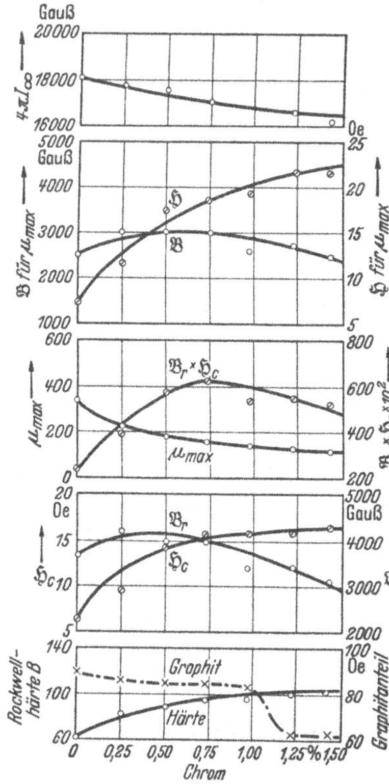

Abb. 699. Einfluß von Chrom auf die magnetischen Eigenschaften von Gußeisen mit 3,75% C und 2,5% Si (30 mm Durchmesser, Sandguß) (7).

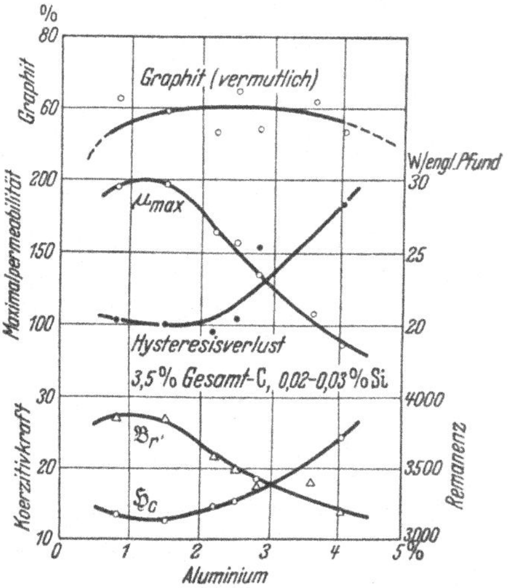

Abb. 699a. Einfluß des Aluminiums auf die magnetischen Eigenschaften von Gußeisen (J. H. Partridge).

Erhöhung der Volumenbeständigkeit durch Chrom von Vorteil. Zu beachten ist ferner die Erhöhung des A_1-Punktes. E. Gumlich (*17*) hat darauf hingewiesen, daß Silizium verschlechternd auf die Gütezahl einwirkt. Zweckmäßig wird man also auch im Gußeisen den Siliziumgehalt so niedrig wie möglich halten oder das Silizium weitgehend durch Nickel ersetzen. Dann dürfte auch der günstigste Chromgehalt bei niedrigeren Werten liegen.

Von der Untersuchung geglühter Stäbe wurde abgesehen, da das chromhaltige Gußeisen nur sehr schwer rein ferritisch zu erhalten ist.

In metallurgischer Beziehung wirkt Aluminium ähnlich wie Silizium. Es ist deshalb zu erwarten, daß auch Aluminium das Gußeisen magnetisch weicher macht. Anscheinend gilt das aber nur für Aluminiumgehalte unterhalb 1%, da nach den Ergebnissen von Partridge (*6*) im Rohguß etwa ab 1,5% Al die Koerzi-

Zahlentafel 126. Magnetische Eigenschaften genormten Gußeisens.
Die normalerweise gewährleisteten Werte betragen nach DIN 1691 für Ge 12,91:

	Magnetische Induktion		
	B 12,5	*B* 25	*B* 50
$\frac{AW}{cm}$	12,5	25	50
C. G. S.-Einheiten (Gauss) mindestens. . . .	4000	6000	8000

Zahlentafel 127. Magnetische Werte für Gußeisen.

Güteklasse	Koerzitivkraft in Oersted	Remanenz in Gauß	Sättigung in Gauß für *H* = 10000 Oersted
Ge 12.91	10	4000—5000	17000—18000
14.91	10	4000—5000	17000—18000
18.91	10	5000—6000	17000—18000
22.91	10	5000—6000	17000—18000
26.91	10	5000—6000	17000—18000

tivkraft und damit die Hysteresisverluste steigen, während Remanenz und Permeabilität sinken (Abb. 699a). Ob dieses Verhalten mit dem Gefügeaufbau zusammenhängt, läßt sich nicht sagen, da das Zustandsschaubild der Eisen-Aluminium-Kohlenstoff-Legierungen noch nicht ganz klar ist (*18*). Die Graphitmenge bleibt in dem untersuchten Bereich ziemlich gleich und ist daher kaum für die Veränderung der magnetischen Eigenschaften verantwortlich. Ähnliche Ergebnisse wie Partridge beim aluminiumhaltigen Gußeisen fand E. Gumlich (*19*) bei den Eisen-Aluminium-Legierungen. Sicherlich deuten die gefundenen Erscheinungen auf das Vorhandensein einer inneren Entmagnetisierung durch Oxydhäute (Tonerde) zwischen den Kristalliten hin. Die Oxydhautbildung im aluminiumhaltigen Gußeisen wurde eingehend von E. Piwowarsky und E. Söhnchen (*20*) erörtert.

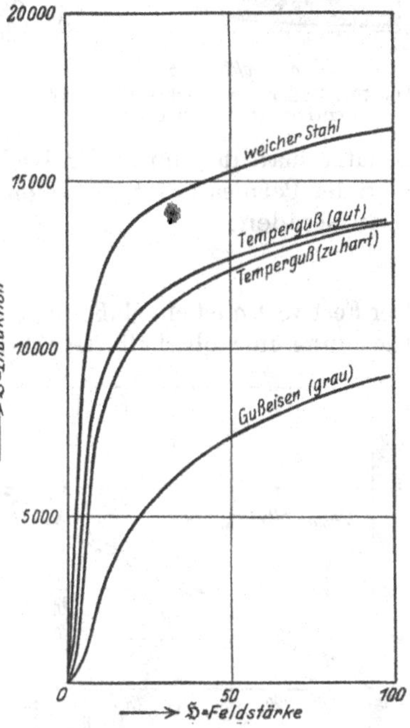

Abb. 700. Magnetische Eigenschaften verschiedener Werkstoffe (H. Field).

Abb. 700 zeigt einen Vergleich der magnetischen Eigenschaften von Grauguß, Temperguß und Stahl nach einer älteren Arbeit von H. Field (*21*).

Man kann bei den verschiedenen Güteklassen mit den in Zahlentafel 126 und 127 zusammengestellten Werten rechnen.

4. Berechnung der magnetischen Eigenschaften.

Früher wurde allgemein bei den Werkstoffen ein gleichsinniges Verhalten von mechanischer und magnetischer Härte angenommen. Während dies für die Härtesteigerung durch bildsame Verformung gilt, treten schon erhebliche Abweichungen von dieser Annahme bei der Härteänderung durch Wärmebehandlung auf. Erst recht ist sie ungültig in Legierungsreihen, wie A. Kussmann und B. Scharnow (*22*) zeigen konnten. Die Koerzitivkraft ist nur von den die Härteänderung begleitenden inneren Spannungen abhängig, nicht aber von der Härte selbst. Deshalb ist das Bestehen einer allgemeingültigen Beziehung abzulehnen, wenn auch in Einzelfällen Gesetzmäßigkeiten bestehen können. Abb. 701 zeigt für die von E. SÖHNCHEN (*7*) untersuchten Gußeisensorten ein größeres Streugebiet der Abhängigkeit; besonders stark ist der Anstieg der Koerzitivkraft oberhalb 90 Rockwell-B-Einheiten. Roh läßt sich also aus der mechanischen Härte die Koerzitivkraft bei Gußeisen schätzen.

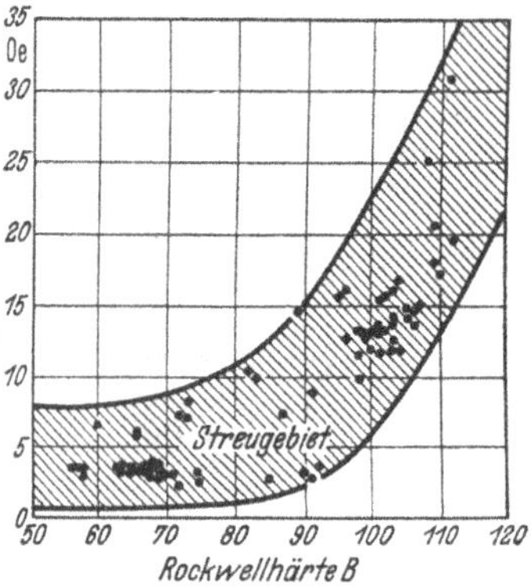

Abb. 701. Beziehung zwischen Härte und Koerzitivkraft bei Gußeisen (7).

Die Berechnung der Sättigung von Zweistofflegierungen macht keine Schwierigkeiten, wenn es sich um ein Gemenge handelt, wie für die Eisen-Kohlenstoff-Legierungen gezeigt wurde. Schwierig wird die Berechnung in Dreistofflegierungen, da in vielen Fällen die aufbauenden Bestandteile und deren magnetische Sättigungen nicht bekannt sind.

Es liegen zahlreiche Versuche vor, auch die Magnetisierungskurve in eine mathematische Form zu bringen. Die bekannteste Näherungsgleichung stammt von FRÖLICH (*23*):

$$B = \frac{H}{a + bH} \quad \text{oder} \quad \mu = \frac{1}{a + bH}.$$

Benutzt man den im ausländischen Schrifttum häufig verwendeten reziproken Wert der Permeabilität, die sogenannte Reduktivität, so erhält man die Gleichung einer Geraden:

$$\frac{1}{\mu} = a + bH. \tag{3}$$

Der Festwert a ist ein Maß für die magnetische Härte. Abgesehen davon, daß diese Gleichung nur oberhalb der Maximalpermeabilität gilt, sind auch die aus den Punkten für hohe Feldstärken (bis zu 300 Oersted) gewonnenen Zahlen recht unsicher. Für einige Gußeisensorten wurde die FRÖLICHsche Darstellung gewählt. Dabei stellte sich heraus, daß sich die Punkte nur schwer auf eine Gerade vereinigen lassen. Ferner ergab die Neigung der Geraden Sättigungswerte, die weit unter dem gefundenen Wert lagen, und zwar um 20 bis 30% bei ungeglühtem, um 40 bis 50% bei geglühtem Werkstoff. Dieses Ergebnis dürfte seine Bestätigung durch Untersuchungen von A. KÖPSEL (*24*) finden, der die Induktionen nach der FRÖLICHschen Gleichung berechnete und dabei Abweichungen von den gefundenen Werten in Höhe von 34% für Gußeisen und 260% für Stahl erhielt, während nach der verbesserten Formel

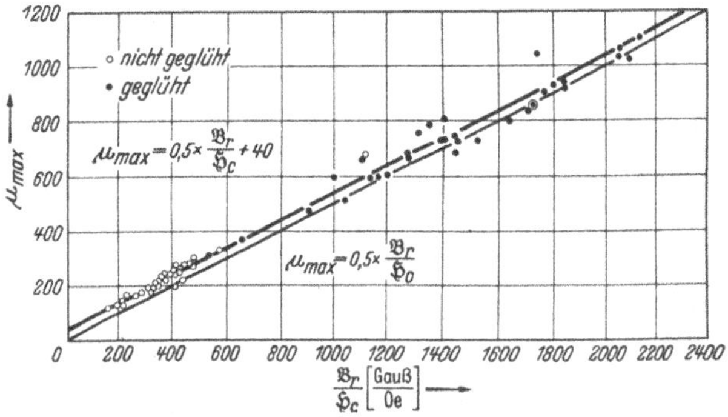

Abb. 702. Abhängigkeit der Maximalpermeabilität vom Verhältnis B_r/H_c bei Gußeisen (*7, 25*).

$$B = e\frac{H}{a + bH} \tag{4}$$

die Abweichungen nur 0,47 bzw. 1,1% betrugen.

Von E. Gumlich und E. Schmidt (*25*) wurde eine Beziehung zwischen Maximalpermeabilität, Remanenz und Koerzitivkraft aufgestellt:

$$\mu_{\max} = 0{,}5\,\frac{B_r}{H_c}. \tag{5}$$

Für die untersuchten Gußeisensorten ist in Abb. 702 $\mu_{\max}$ in Abhängigkeit von B_r/H_c dargestellt. Gleichung (5) wird den Punkten nicht gerecht; die durchschnittliche Abweichung beträgt $\pm\,13\%$. Wesentlich besser stimmt mit den tatsächlich gefundenen Werten die Gerade

$$\mu_{\max} = 0{,}5\cdot\frac{B_r}{H_c} + 40 \tag{6}$$

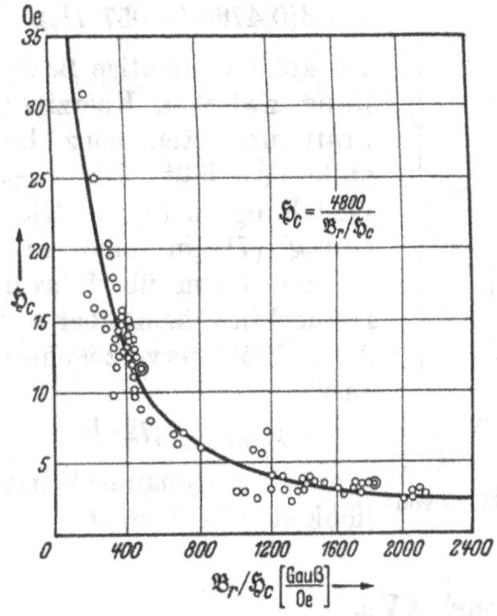

Abb. 703. Beziehung zwischen H_c und $B_r H_c$ bei Gußeisen (7).

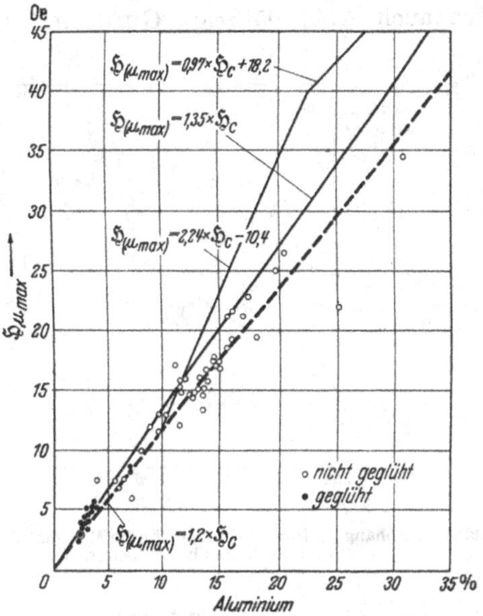

Abb. 704. Abhängigkeit der Feldstärke für die Maximalpermeabilität von der Koerzitivkraft bei Gußeisen (7).

überein; hierbei beträgt die Streuung nur $+6$ bzw. $-4{,}5\%$. Gumlich und Schmidt haben noch eine zweite Formel aufgestellt, in der der Faktor, mit dem B_r/H_c vervielfacht wird, selbst wieder von H_c abhängt:

$$\mu_{\max} = (0{,}476 + 0{,}00568\,H_c)\,B_r/H_c\,. \tag{7}$$

Wie Abb. 703 zeigt, hängt H_c von B_r/H_c entsprechend

$$H_c = \frac{4800}{B_r H_c} \tag{8}$$

ab. Es wird dann

$$\mu_{\max} = 0{,}476\cdot\frac{B_r}{H_c} + 27{,}3, \tag{9}$$

eine Formel, die ähnlich der Gleichung (6) ist.

Die **Feldstärke**, bei der die **Maximalpermeabilität** liegt, soll von der Koerzitivkraft gemäß

$$\mu_{\max} = 1{,}35\cdot H_c \tag{10}$$

abhängen. Nach W. S. Messkin (*26*) ist die Abhängigkeit je nach Größe der Koerzitivkraft verschieden: Die Maximalpermeabilität ergibt sich danach

für $H_c =$ 10 Oersted bei $1{,}2\cdot H_c$, (11)
für $H_c =$ 10,0 bis 22,5 Oersted bei $2{,}24\cdot H_c - 10{,}4$, (12)
für $H_c =$ 22,5 bis 40,0 Oersted bei $0{,}97\cdot H_c + 18{,}2$. (13)

Nach Abb. 704 sind die Gleichungen (12) und (13) unbrauchbar für Gußeisen; der Wirklichkeit am nächsten kommt Gleichung (11) für alle Feldstärken.

Auch für die Ermittlung der Induktion bei der Maximalpermeabilität $B\,\mu_{\max}$ ist von E. GUMLICH (*27*) eine Gleichung aufgestellt worden:

$$B\,\mu_{\max} = 0{,}62 \cdot B_r.$$

GUMLICH weist schon selbst darauf hin, daß der Faktor 0,62 nur für weiche Eisensorten gilt, für Gußeisen also nicht in Frage kommt, wie es tatsächlich auch Abb. 705 zeigt. GUMLICH hat für harte Werkstoffe eine genauere Formel angegeben:

$$B\,\mu_{\max} = 1{,}3(0{,}476 + 0{,}0057 \cdot H_c) B_r.$$

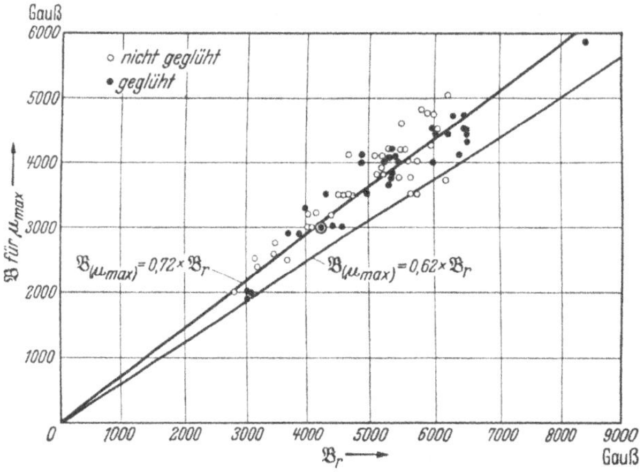

Abb. 705. Abhängigkeit der Induktion für die Maximalpermeabilität von der Remanenz bei Gußeisen (*7*).

Da keine eindeutige Beziehung zwischen Koerzitivkraft und Remanenz besteht, so läßt sich diese Gleichung nicht wie Gleichung (7) in eine einfachere Form überführen. Immerhin scheint aber aus Abb. 705 hervorzugehen, daß

$$B\,\mu_{\max} = 0{,}72 \cdot B_r$$

hinreichend genau der Wirklichkeit nahe kommt.

Schrifttum zum Kapitel XVc.

(*1*) TAMMANN, G.: Z. phys. Chem. Bd. 65 (1908) S. 73.
(*2*) MESSKIN, W. S. und A. KUSSMANN: Die ferromagnetischen Legierungen, Kap. 4. Berlin: Springer 1932.
(*3*) KUSSMANN, A., u. B. SCHARNOW: Z. Phys. Bd. 54 (1929) S. 1.
(*4*) HEUSLER, E., u. F. RICHARZ: Z. anorg. allg. Chem. Bd. 61 (1909) S. 277; vgl. auch Naturwiss. Bd. 16 (1928) S. 613.
(*5*) Vgl. PIWOWARSKY, E.: Hochwertiger Grauguß und die physikalisch-metallurgischen Grundlagen seiner Herstellung S. 188. Berlin: Springer 1929.
(*6*) PARTRIDGE, J. H.: J. Iron Steel Inst. Bd. 112 (1925) S. 191/237; Carnegie Schol. Mem. Bd. 17 (1928) S. 157/90; vgl. Stahl u. Eisen Bd. 46 (1926) S. 112/14.
(*7*) SÖHNCHEN, E.: Arch. Eisenhüttenw. Bd. 8 (1934) S. 29.
(*8*) STÄBLEIN, F., u. K. SCHRÖTER: Z. anorg. allg. Chem. Bd. 174 (1928) S. 193.
(*9*) ESSER, H., u. G. OSTERMANN: Arch. Eisenhüttenw. demnächst.
(*10*) KUSSMANN, A., u. B. SCHARNOW: Z. Phys. Bd. 54 (1929) S. 1.
(*11*) KÖSTER, W.: Z. Elektrochem. Bd. 38 (1932) S. 549; Stahl u. Eisen Bd. 53 (1933) S. 849/56 (Werkstoffaussch. 225).
(*12*) KŘIŽ, A., u. F. POBORIL: J. Iron Steel Inst. Bd. 126 (1932) S. 323/49; Stahl u. Eisen Bd. 52 (1932) S. 1229; siehe auch SCHEIL, E.: Mitt. Forsch.-Inst. Verein. Stahlwerke, Dortmund Bd. 1 (1928/30) S. 1.
(*13*) HONDA, K., u. T. MURAKAMI: Sci. Rep. Tôhoku Univ. Bd. 12 (1928) S. 257.
(*14*) GUMLICH, E.: Wiss. Abh. phys.-tech. Reichsanst. Berlin Bd. 4 (1918) S. 345.
(*15*) ISHIWARA, T., JONEKURA, T., u. T. ISHIGAKI: Sci. Rep. Tôhoku Univ. Bd. 15 (1926) S. 81/114.
(*16*) DAWSON, S. E.: Foundry Trade J. Bd. 29 (1924) S. 439/44.
(*17*) GUMLICH, E.: Stahl u. Eisen Bd. 42 (1922) S. 99/100.
(*18*) SÖHNCHEN, E., u. E. PIWOWARSKY: Arch. Eisenhüttenw. Bd. 5 (1931/32) S. 111/21.
(*19*) GUMLICH, E.: Stahl u. Eisen Bd. 39 (1919) S. 905/07.
(*20*) PIWOWARSKY, E., u. E. SÖHNCHEN: Metallwirtsch. Bd. 12 (1933) S. 417/21.

(21) Field, H.: Foundry Trade J. Bd. 1 (1927) S. 291.
(22) Kussmann, A., u. B. Scharnow: Z. anorg. allg. Chem. Bd. 178 (1929) S. 317.
(23) Vgl. Messkin, W. S., u. A. Kussmann: Die ferromagnetischen Legierungen S. 15. Berlin: Springer 1932.
(24) Köpsel, A.: ETZ Bd. 49 (1928) S. 1361/63.
(25) Gumlich, E., u. E. Schmidt: ETZ Bd. 32 (1901) S. 697.
(26) Messkin, W. S.: Mitt. Inst. Metallforschg., Leningrad, Lfg. 12 1930.
(27) Gumlich, E.: ETZ Bd. 44 (1923) S. 81.

d) Die spezifische Wärme des Gußeisens.

Die Arbeiten über den Wärmeinhalt reinen Eisens bzw. die spezifische Wärme desselben streuen außerordentlich stark. Das gilt insbesondere von dem Temperaturgebiet zwischen 650 bis 925° und für die durch die Modifikationswechsel des Eisens verursachten Anomalien. Die Temperaturabhängigkeit der wahren spezifischen Wärme und des Wärmeinhalts von reinem Eisen verlaufen grundsätzlich gemäß der schematischen Darstellung in Abb. 706 (*13*). Für die α/γ-Umwandlung sind Werte zwischen 2,90 bis 6,67 cal/g gefunden worden (*1*). Die niedrigsten Werte des Wärmeinhalts und die höchsten Werte für die Wärmetönung der α/γ-Umwandlung wurden bei Bestimmungen im Eis- oder Wasserkalorimeter erhalten. Die sichersten Werte dürften die Verfahren liefern, bei der die Temperatur der Probe nur wenig geändert wird. Nach Untersuchungen basierend auf dieser Überlegung gaben H. Esser und W. Bungardt (*1*) für die α/γ-Umwandlung den Wert von rd. 3,6 cal/g, H. Esser und E. F. Baerleken (*12*) später den Wert von 3,93 cal/g an. Wärmeinhalt und spezifische Wärme des Eisens wachsen nach Untersuchungen von P. Oberhoffer und A. Meuthen (*2*) mit dem Kohlenstoffgehalt.

S. Umino (*3*) fand diese Beziehung bestätigt, wie folgende Zahlen für den Wärmeinhalt und die mittlere spezifische Wärme zwischen 0 und 1250° C zeigen:

% C	kcal	c_m
0,090	212,7	0,1701
0,224	213,1	0,1706
0,300	213,5	0,1708
0,540	214,5	0,1718
0,610	214,9	0,1720
0,795	214,9	0,1720
0,920	214,9	0,1720
0,994	214,3	0,1715
1,235	215,2	0,1722
1,410	215,5	0,1724
1,575	216,0	0,1728
2,846	224,5	0,1796

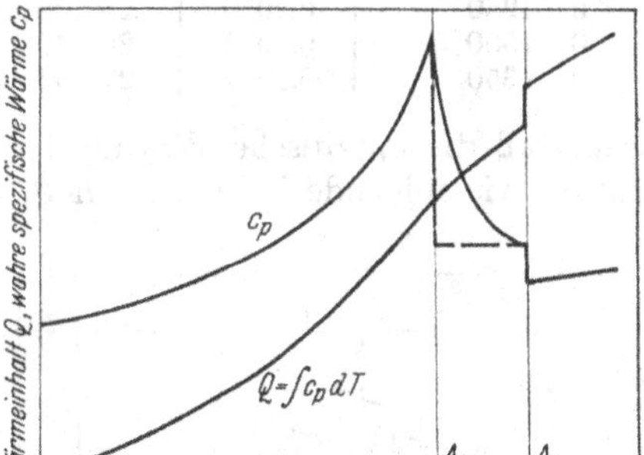

Abb. 706. Temperaturabhängigkeit der wahren spezifischen Wärme und des Wärmeinhaltes von reinem Eisen (schematisch).

E. Schröder (*4*) fand Werte annähernd in derselben Größenordnung, allerdings für höhere Temperaturbereiche, z. B. hatte ein Material mit 1,7% C und 0,58% Mn im Temperaturbereich zwischen 1544 und 1566° C einen Wärmeinhalt von 326 kcal. F. Morawe (*5*) ermittelte die Wärmeinhaltzahlen von drei verschieden zusammengesetzten grauen Gußeisen und fand die in Zahlentafel 128 dargestellten Werte für den Wärmeinhalt und die mittlere spezifische Wärme zwischen 0 bis 1350° C (vgl. Abb. 707 und 708).

Trägt man die Werte der Wärmeinhalte von Grauguß gemäß der Moraweschen Arbeit über denen an weißem Eisen gewonnenen Werte von S. Umino auf (Abb. 707), so sieht man, daß die Uminoschen Werte höher liegen. Das liegt

Zahlentafel 128.
Wärmeinhalt und mittlere spezifische Wärmen von Grauguß (F. Morawe).

	Eisen 1:		Eisen 2:		Eisen 3:	
Zusammensetzung	3,71% C, 1,5% Si, 0,63% Mn, 0,147% P, 0,069% S		3,72% C, 1,41% Si, 0,88% Mn, 0,54% P, 0,078% S		3,61% C, 2,02% Si, 0,80% Mn, 0,89% P, 0,080% S	
Temperatur °C	Spez. Wärme kcal/kg °C	Wärmeinhalt kcal/kg	Spez. Wärme kcal/kg °C	Wärmeinhalt kcal/kg	Spez. Wärme kcal/kg °C	Wärmeinhalt kcal/kg
0— 200	0,1100	22,00	0,0900	18,00	0,0693	13,85
0— 250	—	—	—	—	—	—
0— 300	0,1178	35,33	0,1042	31,25	0,0903	27,10
0— 350	—	—	—	—	—	—
0— 400	0,1213	48,52	0,1111	44,44	0,1008	40,30
0— 450	—	—	—	—	0,1043	46,95
0— 500	0,1235	61,75	0,1155	57,75	0,1070	53,50
0— 550	0,1250	68,75	0,1173	64,50	0,1093	60,10
0— 600	0,1277	76,63	0,1200	72,00	0,1125	67,50
0— 650	0,1325	86,10	0,1240	80,60	0,1161	75,45
0— 700	0,1439	100,75	0,1324	92,65	0,1224	85,70
0— 750	0,1547	116,04	0,1463	109,75	0,1357	101,80
0— 800	0,1591	127,30	0,1522	121,76	0,1451	116,10
0— 850	0,1609	136,80	—	—	0,1493	126,90
0— 900	0,1616	145,40	0,1564	141,00	0,1506	135,80
0— 950	0,1616	153,50	0,1566	148,80	0,1515	143,50
0—1000	0,1613	161,30	0,1563	156,30	0,1510	151,00
0—1050	0,1610	169,00	0,1557	163,50	0,1505	158,00
0—1100	0,1605	176,50	0,1555	171,00	0,1505	165,50
0—1150	0,2113	243,00	0,2056	236,50	0,2013	231,50
0—1200	0,2083	250,00	0,2029	243,50	0,1988	238,50
0—1250	0,2056	257,00	0,2002	250,30	0,1960	245,00
0—1300	0,2033	264,30	0,1978	257,00	0,1937	251,80
0—1350	0,2011	271,50	0,1952	263,50	0,1911	258,00

daran, daß die spezifische Wärme des Graphits höher ist als diejenige des Zementits, wie folgende Zahlen nach S. Umino zeigen:

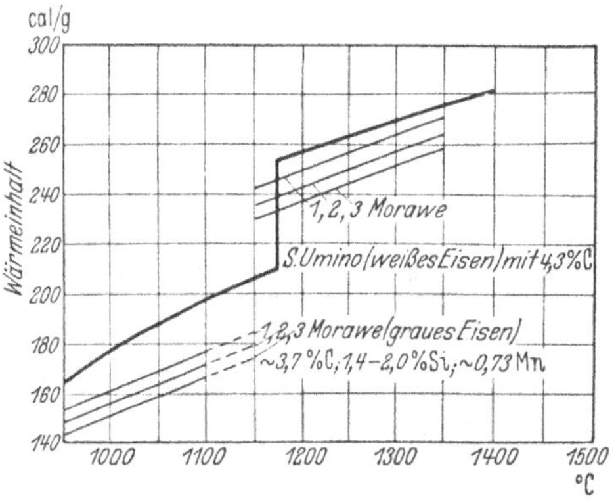

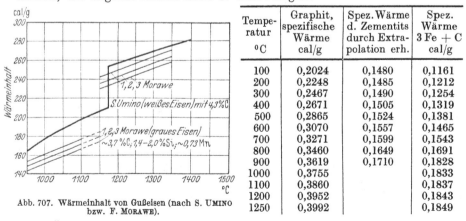

Abb. 707. Wärmeinhalt von Gußeisen (nach S. Umino bzw. F. Morawe).

Temperatur °C	Graphit, spezifische Wärme cal/g	Spez. Wärme d. Zementits durch Extrapolation erh.	Spez. Wärme 3 Fe + C cal/g
100	0,2024	0,1480	0,1161
200	0,2248	0,1485	0,1212
300	0,2467	0,1490	0,1254
400	0,2671	0,1505	0,1319
500	0,2865	0,1524	0,1381
600	0,3070	0,1557	0,1465
700	0,3271	0,1599	0,1543
800	0,3460	0,1649	0,1691
900	0,3619	0,1710	0,1828
1000	0,3755		0,1833
1100	0,3860		0,1837
1200	0,3952		0,1843
1250	0,3992		0,1849

In Übereinstimmung hiermit konnte K. Honda (*6*) zeigen, daß die spezifische Wärme mit fortschreitender Graphitisation abnimmt, z. B.

	spez. Wärme cal/g		spez. Wärme cal/g
Gußzustand	0,1371	Angelassen bei 670° 10 Minuten .	0,1316
Angelassen bei 670° 5 Minuten .	0,1345	Angelassen bei 670° 60 Minuten .	0,1158.

Ein reines Ferrit-Graphit-Gemisch (6,67% C) müßte danach die spezifische Wärme von 0,118 haben. Die Schmelzwärmen von weißem Gußeisen betragen:

nach S. Umino (*3*) bei 4,3 % C = 46,7 cal/g,
nach E. Schmidt (*7*) bei 4,35 % C = 59 cal/g.

An einem Eisen mit 4,22% C, 1,48% Si, 0,73% Mn, 0,12% P und 0,032% S fand S. Umino (*8*) die in Abb. 709 graphisch dargestellten Zahlen für die mittlere spezifische Wärme bzw. die wahre spezifische Wärme. Aus den Zahlen für den Wärmeinhalt ergab sich als Schmelzwärme der Betrag von 47 cal/g. Aus der Moraweschen Arbeit lassen sich Werte von 58 und 59 cal/g interpolieren. Frühere wesentlich tiefere Werte, die von Gruner (*9*) gefunden wurden, sind zweifellos zu niedrig. Für den Wärmeinhalt flüssigen Gußeisens ergeben sich nach Abb. 707 Werte von 260 bis 280 cal/g bei einer Eisentemperatur von etwa 1350°. Für rd. 1500° lassen sich Werte von 280 bis 295 extrapolieren. Das stimmt ungefähr mit den Angaben von Braun und Hollender (*10*), die für geschmolzenes Gußeisen Werte von 280 bis 290 cal/g angeben. E. Schröder (*4*) fand an im Siemens-Martin-Ofen vorgeschmolzenem Stahleisen Werte von 275 bis 285 cal/g bei Abstichtemperaturen von 1210 bis 1270°. Die Übereinstimmung der Werte ist recht gut. M. Levin und H. Schottky (*11*) zeigten aus Untersuchungen an weißem und grauem Roheisen, daß die spezifischen Wärmen bei beliebigen Gehalten an freiem Kohlenstoff aus den spezifischen Wärmen des Eisens, Eisenkarbids und Graphits berechnet werden können gemäß:

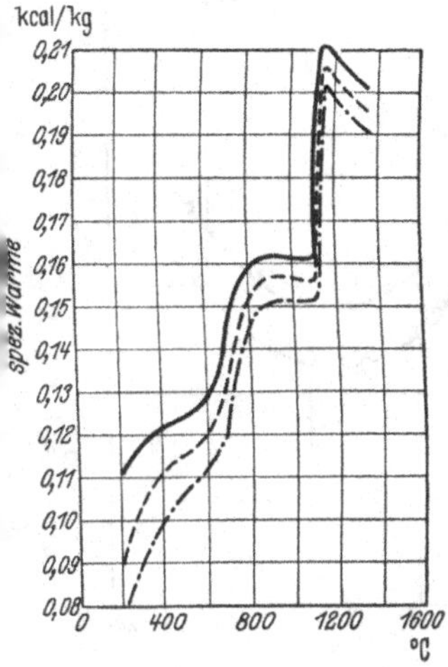

Abb. 708. Spezifische Wärme von Gußeisen nach F. Morawe.

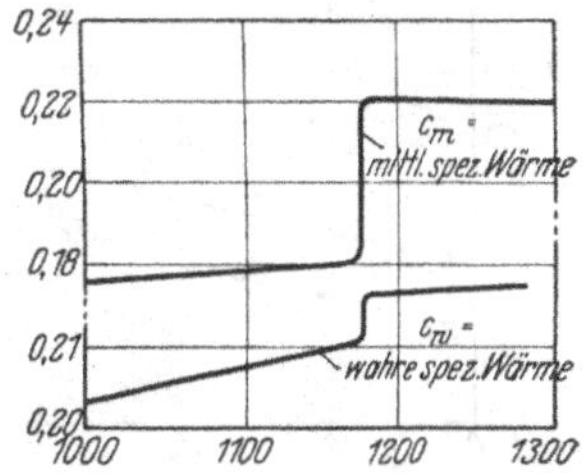

Abb. 709. Mittlere und wahre spezifische Wärme von Gußeisen (S. Umino).

t °C	Atomwärme Eisen cal	Atomwärme Graphit cal	Summe (3 Fe + C) cal	Molekularwärme Fe_3C cal
59	6,22	2,39	21,05	25,31
175	6,73	3,31	23,49	28,47
325	7,50	4,50	27,00	27,48
463	8,33	5,00	29,99	27,10
600	9,72	5,27	34,42	26,69

	Probe 1	Probe 2
Gehalt an C %	6,31	5,17
„ „ Graphit % . .	5,77	4,10
„ „ Zementit % . .	8,12	16,05
„ „ Ferrit % . . .	86,11	79,85
Spez. Wärme beobachtet .	c_p (17—100) = 0,1192	c_p (17—640) = 0,1462
Spez. Wärme berechnet. .	c_p (17—100) = 0,1188	c_p (17—640) = 0,1469
Differenz	+0,37 %	—0,47 %

H. Esser und E. F. Baerlecken (*12*) untersuchten nach zwei verschiedenen Verfahren Eisensorten mit 0,08 bis 4,10% C auf ihren Wärmeinhalt bei

Temperaturen bis 1100°. Die höher gekohlten Eisensorten bis auf zwei derselben waren karbidisch. Die wahre spez. Wärme nimmt danach mit steigendem Kohlenstoffgehalt der Legierungen zu. Beachtenswert in der genannten

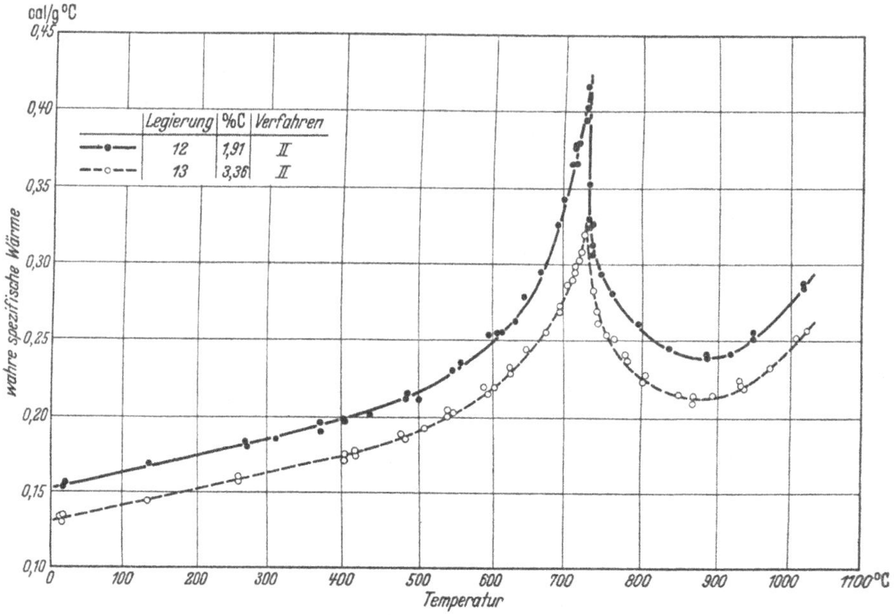

Abb. 710. Wahre spezifische Wärme von Eisen-Kohlenstoff-Legierungen (Grauguß) mit 1,91 und 3,36% C in Abhängigkeit von der Temperatur (H. ESSER und E. F. BAERLECKEN).

Arbeit ist die Beobachtung, daß die graphithaltigen Proben Nr. 12 und 13 (Abb. 710) einen milderen Abfall der spez. Wärme oberhalb A_1 zeigen als die rein karbidischen Legierungen (Abb. 711). Zwischen Wärmeinhalt und

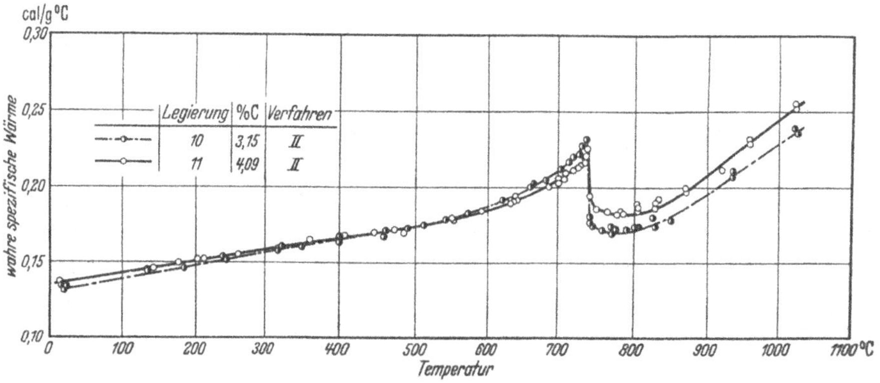

Abb. 711. Wahre spezifische Wärme von Eisen-Kohlenstoff-Legierungen (weißes Gußeisen) mit 3,15 und 4,09% C in Abhängigkeit von der Temperatur (H. ESSER und E. F. BAERLECKEN).

Kohlenstoffgehalt besteht für Temperaturen bis etwa 500° eine geradlinige Beziehung.

Der Wärmeinhalt flüssiger Kupolofenschlacken wird im Schrifttum mit 400 bis 475 cal/g angegeben.

Schrifttum zum Kapitel XVd.

(1) Esser, H., u. W. Bungardt: Arch. Eisenhüttenw. Bd. 8 (1934) S. 37. Vgl. auch (12).
(2) Oberhoffer, P., u. A. Meuthen: Metallurgie Bd. 5 (1908) S. 173.
(3) Umino, S.: Sci. Rep. Tôhoku Univ. Bd. 16 (1927) S. 775.
(4) Schröder, E.: Diss. T. H. Braunschweig 1932; vgl. Stahl u. Eisen Bd. 53 (1933) S. 873.
(5) Morawe, F.: Gießerei Bd. 17 (1930) S. 234.
(6) Honda, K.: Sci. Rep. Tôhoku Univ. Bd. 12 (1924) S. 347.
(7) Schmidt, E.: Z. Metallkde. Bd. 7 (1915) S. 164.
(8) Umino, S.: Sci. Rep. Tôhoku Univ. Bd. 15 (1926) S. 597.
(9) Vgl. Wüst, F., Meuthen, A., u. R. Durrer: Forsch.-Arb. 1918 Heft 204.
(10) Braun, F., u. G. Hollender: Stahl u. Eisen Bd. 41 (1921) S. 1021.
(11) Levin, M., u. H. Schottky: Ferrum Bd. 10 (1913) S. 194/207.
(12) Esser, H., u. E. F. Baerlecken: Arch. Eisenhüttenw. Bd. 14 (1940/41) S. 617.
(13) Vgl. auch Ulich, H.: Physikalische Chemie, S. 34. Dresden u. Leipzig: Th. Steinkopf 1938.

e) Strahlungsvermögen und Temperaturmessung flüssigen Roh- und Gußeisens.

Die Messung kann erfolgen:

1. durch Thermoelemente,
2. durch optische Pyrometer, und zwar:
   a) Gesamtstrahlungspyrometer,
   b) Teilstrahlungspyrometer,
   c) Farbpyrometer.

Zu 1. Eisen-Konstantan- (Konstantan = Eisen-Kupfer-Legierung) und Nickel-Nickelchrom-Elemente (Abb. 712) eignen sich für die Temperaturmessung von flüssigem Roh- und Gußeisen nicht, da ihr Anwendungsbereich bei 1000° bzw. 1250° seine oberste Grenze hat. Platin-Platin-Rhodium-Elemente sind bis 1600° verwendbar, neigen aber bei Dauergebrauch in höheren Temperaturen (über 1250°) zur Alterung, werden brüchig und sind empfindlich gegen Metalldämpfe und reduzierende Einwirkungen unter Aufkohlungsmöglichkeiten (CO-Atmosphäre, Kohlenstaubpartikel usw.). Die höchsten vorkommenden Gußeisentemperaturen können mit Molybdän-Graphit-, Wolfram-Graphit- und Siliziumkarbid-Graphit-Elementen gemessen werden (2200 bis 3000°), doch liegen noch zu wenige Erfahrungen über die zulässigen Temperaturgrenzen bei Dauermessungen, desgleichen über die Fehlergrenzen vor (7).

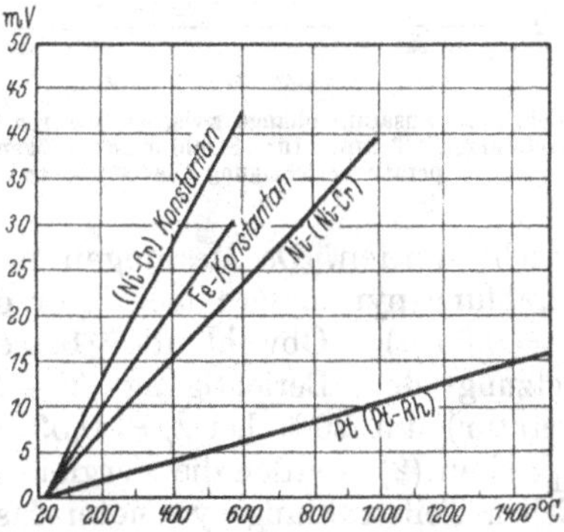

Abb. 712. Thermokräfte einiger Legierungspaare.

Thermoelemente bedürfen des Schutzes durch ff. Schutzrohre. Für innere Schutzrohre eignet sich Quarz bis zu Temperaturen von etwa 1600°. Derartige Rohre werden aber bei Temperaturen über 1500° schon sehr weich und entglasen bei längerem Gebrauch über 1350° unter zunehmenden Sprödigkeitserscheinungen. Äußere Schutzrohre aus Quarz verschlacken in Berührung mit Metalloxyden außerordentlich schnell. Besser eignen sich daher Schutzrohre aus Sillimanit oder aus Siliziumkarbid. Die letzteren haben eine befriedigende Lebensdauer, wenn sie stets langsam erhitzt und abgekühlt werden. Andernfalls platzen die Rohre an den Stellen größten Temperaturunterschieds leicht ab. Neuerdings werden auch Hartporzellane mit 50 bis über 90% Tonerde (Handelsname: Prokorund) hergestellt, die für Gußeisenmessungen allerdings noch nicht erprobt sind (*9*). Für Gußeisenmessungen eignet sich im allgemeinen das Pt/Pt-Rh-Element mit Schutzrohren aus Siliziumkarbid am besten. Für höchste Temperaturen kann man die oben erwähnten hochschmelzenden Molybdän-Wolfram-Siliziumkarbid-Kohle-Kombinationen wählen unter Verwendung der sehr teuren Beryllium- und Thoriumoxyd- bzw. Zirkonoxydrohre, die freilich Messungen bis zu etwa 2000° gestatten. Thermoelemente lassen nur Punktmessungen zu.

Zu 2. Die optischen Instrumente haben den Vorteil, daß sie nicht in das Temperaturfeld hineingebracht zu werden brauchen, sondern daß man das Temperaturfeld aus bestimmter Entfernung „anvisiert". Sie beruhen auf den gesetzmäßigen Beziehungen zwischen der Strahlung eines Körpers und seiner Temperatur. Die Gesamtstrahlungspyrometer erfassen die gesamte Strahlung (Licht- und Wärmestrahlung). Da sie sich vorzugsweise für die Temperaturmessung geschlossener Ofenräume eignen, außerhalb der Ofenräume aber starker Berichtigungen bedürfen, deren Art und Größe heute nur zum Teil genau bekannt sind (*2*), so soll auf die Beschreibung dieser für die Messung flüssigen Roh- und Gußeisens weniger geeigneten Instrumente verzichtet werden.

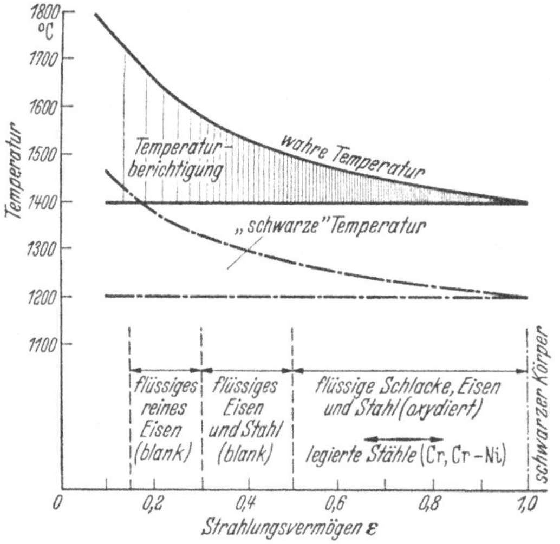

Abb. 713. Zusammenhänge zwischen wahrer Temperatur, „schwarzer" Temperatur, Strahlungsvermögen und Temperaturberichtigung (K. GUTHMANN).

Unter Teilstrahlungspyrometern versteht man im allgemeinen nur die auf der Helligkeitspyrometrie basierenden Instrumente, bei denen nur die sichtbaren Strahlen des Lichtes (0,4 bis 0,8 μ Wellenlänge) zur Grundlage der Messung gemacht werden. Da Messungen in Gelb stark streuen, verwendet man bei Teilstrahlungspyrometern meist nur die Strahlungsintensität in Rot (Wellenlänge $\lambda = 0{,}65\ \mu$). Obwohl die bessere Augenempfindlichkeit und die Herabsetzung der Berichtigung $T - S$ (wahre Temperatur — abgelesene Temperatur) um 20% bei $\lambda_e = 0{,}53\ \mu$ für eine Einführung der Messung im Grün sprechen (*2*), werden die Vergleichsmessungen der heute auf dem Markt befindlichen Teilstrahlungspyrometer fast ausschließlich im Rot durchgeführt. Nachteilig für alle optischen Meßinstrumente ist, daß sie nur bei Messungen am schwarzen Körper die wahren Temperaturen ergeben, also an einem Körper, der alle seine Oberfläche treffende Strahlung absorbiert und keine reflektiert, da nur für diesen die erwähnten Gesetze gelten. Dieser schwarze Körper sendet stets das Höchstmaß der bei der betreffenden Temperatur möglichen Strahlung aus. Da folglich ein beliebiger Körper nur einen Bruchteil der Strahlung des schwarzen Körpers aussenden kann, muß das Verhältnis: ausgestrahlte Energie des beliebigen zu der des schwarzen Körpers — Emissionsvermögen (ε) oder Schwärzegrad genannt — stets einen Wert kleiner als 1 annehmen. Das heißt: Die auf Grund der Strahlung ermittelte „schwarze" oder „scheinbare" Temperatur liegt beim nichtschwarzen (beliebigen) Körper stets u n t e r der wahren Temperatur. Zu dem am Meßgerät, das auf den schwarzen Körper geeicht ist, abgelesenen Wert muß also noch eine Berichtigung hinzugezählt werden; sie ist um so größer, je kleiner das Emissionsvermögen ist (Abb. 713). Dieses Emissionsvermögen ist ein für verschiedene Stoffe verschiedener Beiwert, der stark auch von der Ausbildung der Oberfläche (poliert, rauh usw.) beeinflußt wird. Es ist abhängig von der Wellenlänge; von der Temperatur kann es für Eisen innerhalb des sichtbaren Spektralbereichs praktisch als unabhängig (*2*) angesehen werden.

Eisenoxyd, flüssige Schlacke usw. haben ein viel größeres Emissionsvermögen als blanker flüssiger Stahl, so daß die notwendigen Korrekturen für die durch die optischen Meßinstrumente erfaßte schwarze Strahlung wesentlich kleiner sind, um die wahre Temperatur zu ermitteln (Abb. 714).

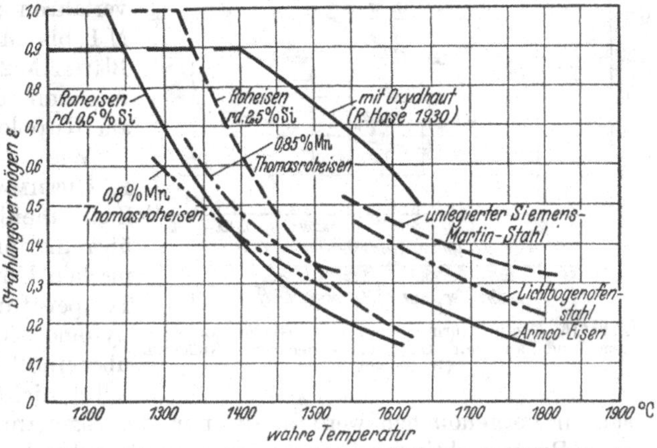

Abb. 714. Strahlungsvermögen verschiedener Roheisen- und Stahlarten.

H. T. Wensel und W. F. Roeser (*3*) fanden, daß man bei optischer Messung der Temperatur flüssigen Gußeisens bis 1375° mit einer Berichtigung von 34 bis 44° auskommt, um die wahre Temperatur zu ermitteln, daß man aber oberhalb 1375° sprunghaft 105 bis 135° hinzuzuzählen habe. Den Sprung erklären sie durch die Annahme, daß oberhalb 1375° die Oxydation des Kohlenstoffs und damit Reduktion der Oxydhäutchen einsetze, wodurch das blanke Bad zum Durchscheinen kommt. Des weiteren nehmen sie an, daß bei etwa 1375° der Übergang von flüssigem zu festem Oxyd stattfinde, wobei festes Oxyd unterhalb 1350° in geschmolzenem Eisen verhältnismäßig unlöslich, geschmolzenes Oxyd oberhalb 1350° sofort löslich sei.

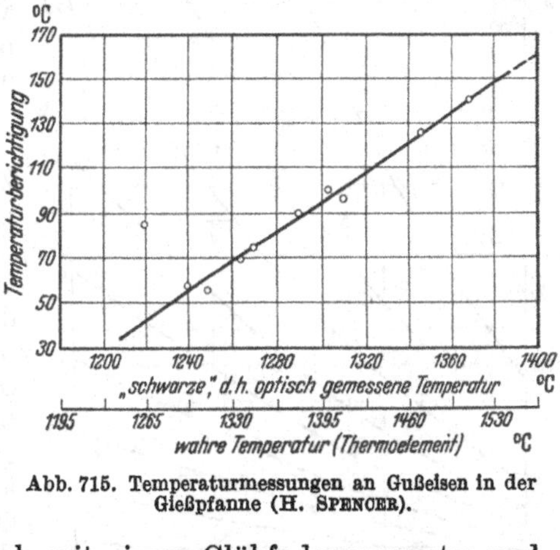

Abb. 715. Temperaturmessungen an Gußeisen in der Gießpfanne (H. Spencer).

Ähnliche Untersuchungen wurden von W. H. Spencer (*4*) an Gußeisen mit 1,5% Si, 0,45% Mn, 3,50% C, 0,08% S und 0,65% P durchgeführt. In der Gießpfanne wurde sowohl optisch als auch thermoelektrisch die Oberflächentemperatur der Gußeisenschmelze gemessen. Zwischen den optisch mit einem Glühfadenpyrometer und den thermoelektrisch ermittelten Temperaturen ergaben sich die in Abb. 715 eingezeichneten Temperaturunterschiede zwischen wahren und optisch gemessenen, d. h. schwarzen Temperaturen. Je nachdem, ob beim Gießen der blanke Gießstrahl oder eine mit Oxydhaut bedeckte Stelle anvisiert wird, erhält man recht beträchtliche Unterschiede zwischen der wahren, mit Thermoelementen und zwischen der schwarzen, mit Glühfadenpyrometer ermittelten Temperatur (Abb. 716).

Die für die bisher übliche Messung im Rot („wirksame" Wellenlänge $\lambda = 0{,}65\,\mu$, vgl. Abb. 717) notwendigen Angaben, wie günstigste Meßstelle,

Höchst- und Niedrigstwert des an dieser Meßstelle auftretenden Emissionsvermögens, mittlerer Erfahrungswert für das Emissionsvermögen, notwendige Berichtigung, mögliche Fehler usw., hat die Wärmestelle des VDE in Düsseldorf (*2*) in den für jedes Schmelzverfahren gesonderten Merkblättern M 1 bis M 9 zusammengestellt. Die Blätter M 2 d und M 2 h enthalten die Angaben für die Temperaturmessung am Kupolofen.

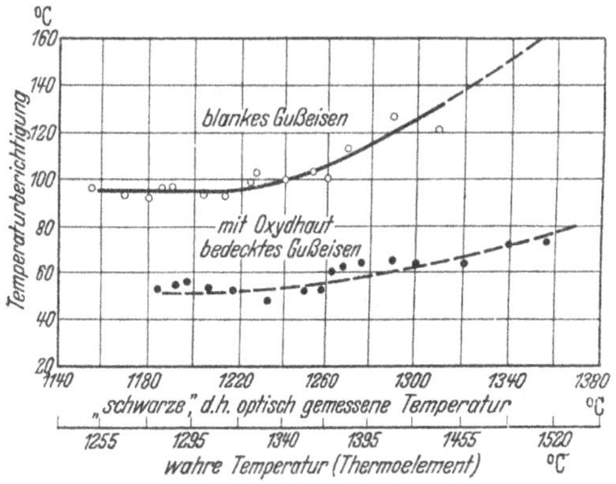

Abb. 716. Temperaturmessungen beim Gießen an blankem und an mit Oxydhaut bedecktem Gußeisen (H. Spencer).

Wie die Untersuchungen von K. Guthmann (*5*) über die gleichen Zusammenhänge ergeben haben, ist übereinstimmend mit den amerikanischen Untersuchungen die optische Temperaturmessung mit Helligkeitspyrometern nicht geeignet, Aufschluß über eine Schmelzbeurteilung zu geben, selbst nicht, wenn nur relative Messungen vorgenommen werden, da nur die sogenannte schwarze Temperatur ohne Berücksichtigung des stets wechselnden, durch die metallurgischen Eigenarten der Schmelze bedingten Strahlungsvermögens ermittelt werden kann. Allein die Ermittlung der wahren Temperatur, entweder durch die sehr teure und umständliche thermoelektrische Messung oder durch die einfache Farbpyrometermessung, gibt die Möglichkeit metallurgisch einwandfreier Betriebsüberwachung.

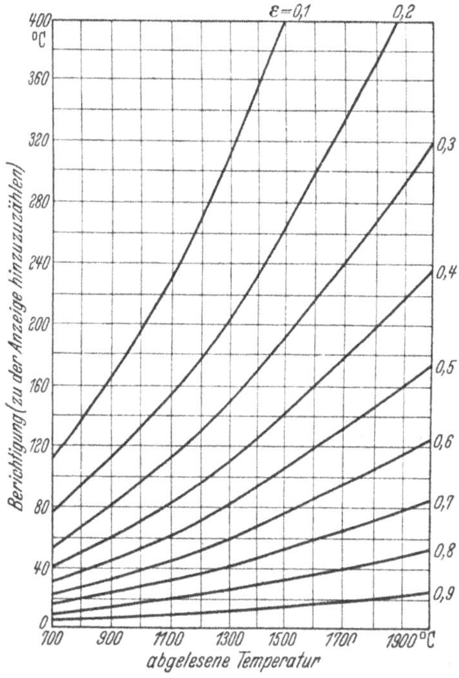

Abb. 717. Berichtigungen bei nichtschwarzer Strahlung bei verschiedenem ε ($\lambda = 0{,}65\ \mu$). (Aus Mitteilung 96 der Wärmestelle Düsseldorf.)

Wertvolle Erkenntnisse über die Zusammenhänge zwischen wahrer Temperatur, „schwarzer" Temperatur, Strahlungsvermögen und Temperaturberichtigung sind in den Eisenhüttenwerken durch die Einführung des von G. Naeser im Kaiser Wilhelm-Institut für Eisenforschung, Düsseldorf, entwickelten kombinierten Farbhelligkeitspyrometer gewonnen worden (*6*). Mit diesem Gerät können die wahren Temperaturen (T) zwischen 1000° und 2200° an Öfen und ihrem Wärmgut, an Flammen, flüssigen Schlacken, an Eisen- und Stahlschmelzen, beim Walzen und Schmieden usw. gemessen werden.

Das Naesersche Zweifarbenverfahren ist für alle hüttenmännischen Verfahren in gleicher Weise anwendbar. Ob oxydierte oder oxydfreie Stellen anvisiert werden, ist an sich ohne Belang; nur muß beide Male eine Stelle derselben Strahlung (Emission) beobachtet werden. Dafür werden im allgemeinen die dunklen Stellen günstiger sein als die schneller wechselnden hellen.

Wärmestelle Düsseldorf	**Verzeichnis der Merkblätter**	M 0

Verzeichnis der Merkblätter . . . . M 0
Aufbau und Anwendung der Merkblätter . . . . M 00
Ofeninnenraum:
  Stahlschmelzöfen (z. B. Siemens-Martin-Ofen, Lichtbogenofen usw.) . . . . M 7
  Mischer . . . . M 7
Abstich:
  Hochofen . . . . M 1d u. M 1h
  Kupolofen . . . . M 2d u. M 2h
  Stahlschmelzöfen (z. B. Siemens-Martin-Ofen, Lichtbogenofen usw.) . . . . M 6d
Kippen:
  Kippstrahl der Pfanne . . . . M 3d u. M 3h
  Kippstrahl des Mischers . . . . M 3d u. M 3h
  Kippstrahl des Konverters . . . . M 4d u. M 4h
Badoberfläche des Hochfrequenzofens bei abgenommenem Deckel M 5d u. M 5h
Gießen:
  Strahl aus der Stopfenpfanne . . . . M 8d u. M 8h
Löffelprobe beim Probenehmen . . . . M 9d

d = dunkle Stelle   h = helle Stelle

Wärmestelle Düsseldorf	**Aufbau und Anwendung der Merkblätter**	M 00

Meßstelle	Angabe, ob dunkle (oxydfreie) oder helle (vollkommen oxydierte) Stelle gemessen werden soll. Angaben über die Lage der Meßstelle, die anvisierte Fläche, Art und Richtung der Beobachtung.

Niedrigstwert . . . E_{min} Höchstwert . . . . E_{max} mittlerer Erfahrungswert . . E_{erf}	des Emissionsvermögens an der Meßstelle für Messung im Rot (Wellenlänge $\lambda = 0{,}65\ \mu$)	Nach Versuchen schwankte für die angegebene Meßstelle trotz Beachtung von Vorsichtsmaßregeln das Emissionsvermögen in diesen Grenzen.

⁰ C abgelesene Temperatur		Zahlenmäßige Angabe der Berichtigung bei verschiedenen Ablesungstemperaturen für die beiden Grenzwerte an der betr. Meßstelle wie auch für einen mittleren Erfahrungswert. Berichtigt wird im allgemeinen auf der Grundlage von ε_{erf}.
Temperaturberichtigung in ⁰C (Zuschlag zur abgelesenen Temperatur) auf der Grundlage von	E_{min} E_{max} E_{erf}	

Wenn auf der Grundlage von ε_{erf} berichtigt wird, so kann der Fehler höchstens betragen	⁰ C zu niedrig ⁰ C zu hoch	Angabe des möglichen größten Fehlers, wenn das tatsächliche Emissionsvermögen einen der Grenzwerte hat, dagegen mit ε_{erf} gerechnet wird: abgelesene Temperatur: 1400⁰ C ε_{erf} = 0,43 ergibt 115⁰ Berichtigung $\varepsilon_{wirklich}$ = 0,5 ergibt 93⁰ Berichtigung. folglich größter möglicher Fehler: 115 — 93 = 22⁰ zu niedrig.

Bemerkungen:

Wärmestelle Düsseldorf	**Kupolofenabstich**					M 2d
Meßstelle	dunkel (oxydfrei), d. h. anvisiert werden die dunklen breiten Flächen des Strahls am Ende der kurzen Abstichrinne beim Einfallen in die Pfanne. Beobachtung schräg rückwärts, soweit es möglich, meist wegen des Rauchs von unten.					
Niedrigstwert . . . . ε_{min}	des Emissionsvermögens an der Meßstelle für Messung im Rot			0,41		
Höchstwert . . . . ε_{max}				0,68		
mittlerer Erfahrungswert . . . . ε_{erf}				0,55		
°C abgelesene Temperatur		1200	1250	1300	1350	1400
Temperaturberichtigung in °C (Zuschlag zur abgelesenen Temperatur) auf der Grundlage von	$\varepsilon_{min} = 0{,}41$	94	100	107	114	121
	$\varepsilon_{max} = 0{,}68$	39	42	44	47	50
	$\varepsilon_{erf} = 0{,}55$	61	66	70	75	80
Fehlergrenzen durch Annahme des Erfahrungswertes ε_{erf}	°C zu niedrig	33	34	37	39	41
	°C zu hoch	22	24	26	28	30
Bemerkungen:						

Wärmestelle Düsseldorf	**Kupolofenabstich**					M 2h
Meßstelle	hell (vollkommen oxydiert), d. h. anvisiert werden die hellen Streifen des Strahles am Ende der Abstichrinne beim Einfallen in die Pfanne. Beobachtung schräg rückwärts, soweit es möglich, meist wegen des Rauches von unten.					
Niedrigstwert . . . . ε_{min}	des Emissionsvermögens an der Meßstelle für Messung im Rot			0,78		
Höchstwert. . . . . ε_{max}				0,92		
mittlerer Erfahrungswert . . . . ε_{erf}				0,85		
°C abgelesene Temperatur		1250	1300	1350	1400	1450
Temperaturberichtigung in °C (Zuschlag zur abgelesenen Temperatur) auf der Grundlage von	$\varepsilon_{min} = 0{,}78$	26	28	30	32	34
	$\varepsilon_{max} = 0{,}92$	9	10	10	11	11
	$\varepsilon_{erf} = 0{,}85$	18	19	20	21	22
Fehlergrenzen durch Annahme des Erfahrungswertes ε_{erf}	°C zu niedrig	8	9	10	11	12
	°C zu hoch	9	9	10	10	11
Bemerkungen: Am Kupolofen einer Tempergießerei war es nicht möglich, die zu schnell wechselnden hellen Stellen anzuvisieren. Sinngemäß gilt auch hier die Bemerkung auf Merkblatt M 1h (Hochofenabstich, helle Stellen).						

Zusammenstellung 1.
Die wichtigsten Fehlerquellen der elektrischen Temperaturmessung.

Ursache	Wirkung	Beseitigung des Fehlers, soweit im praktischen Betrieb möglich
1. **Trägheit der Anzeige.** Je größer die Masse der Thermometer, desto länger brauchen sie, um sich auf Temperaturänderungen einzustellen. Armierte Elemente brauchen bis zu $^1/_4$ st und mehr.	Falsche Schlußfolgerungen über den Zeitpunkt von Temperaturänderungen und über das Ausmaß der Temperaturspitzen. Träge Elemente sind bei schnellem Temperaturwechsel unbrauchbar.	Möglichste Vermeidung zu schwerer Armierung der Elemente. Wo angängig, Einbau der Elemente ohne äußeres Schutzrohr. Verwendung möglichst dünner Elementschenkel.
2. **Strahlungsaustausch.** Haben die Wände eines Raumes eine andere Temperatur als das zu messende Medium, so findet ein Wärmeaustausch mit dem Element statt, der die Messung beeinflußt.	Zu niedere oder zu hohe Temperaturangaben von Abgasen usw.	Fehler bei Temperaturmessung von Flüssigkeiten und strömendem Dampf ohne Bedeutung. Messung der wahren Gastemperaturen nur möglich mit Hilfe von Durchflußpyrometern.
3. **Wärmeableitung.** Elementschenkel und Armierung leiten einen Teil der aufgenommenen Wärme ab.	Fehler um so größer, je größer die Wärmeleitfähigkeit des ableitenden Stoffes und je kürzer der Weg ist.	Genügende Eintauchtiefe des Elementes. (Bei unarmierten mindestens 10 cm, bei Elementen mit Schutzrohr mindestens 20 cm.) Thermoelemente besonderer Form zum Abtasten der Oberflächentemperaturen. Bei Temperaturmessungen fester Körper (Mauerwerk usw.) Einbau der Heißlötstelle in die Körper.
4. **Änderung der Temperatur der Kaltlötstelle.** Die Eichung der Elemente gilt nur für eine bestimmte Temperatur. (0 oder 20°) der Kaltlötstellen.	Wechsel der Außentemperatur ($\pm 25^0$ je nach der Jahreszeit) oder sonstige Wärmebeeinflussung der Kaltlötstellen bedingt entsprechend falsche Temperaturangaben.	Rechnerische Korrekturen: Bei Platinelementen Korrekt. $= +0{,}5$ $(t_k - 20^0)$. Bei Konstantanelementen: Der volle Betrag der Temperatur der Kaltlötstelle ist der abgelesenen Temperatur zuzuzählen. Kompensationsleitungen zum Ausgleich der Temperaturänderungen einer Kaltlötstelle. Einbringen der Kaltlötstelle bis zu 1 m Tiefe in den Boden.
5. **Zu hoher Widerstand der Leitungen.**	Zu niedrige Anzeigen bei größeren Fernleitungen.	Widerstandsverringerung durch genügende Querschnittsbemessung der Leitungen. Eichung der Elemente unter Zwischenschaltung des betreffenden Widerstands.
6. **Veränderlichkeit der Thermokraft bei längerem Gebrauch.**	Die Eichkurve und damit die Temperaturanzeige stimmt nicht mehr.	Periodische Nacheichung der Elemente, besonders nach dauernder Benutzung in hohen Temperaturbereichen. Rechtzeitige Auswechslung der Elemente aus unedlem Metall.

Zusammenstellung 2.
Fehlerquellen der optischen Temperaturmessung mit Strahlungspyrometern.

Die Meßgenauigkeit der Instrumente ist laboratoriumsmäßig geprüft, in den meisten Fällen genügend und die Messungsfehler überschreiten nicht 1% des wahren Wertes. Bei der praktischen Handhabung im Gießereibetrieb beeinträchtigen eine Reihe von Einflüssen die Meßgenauigkeit, und zwar:

Ursache	Wirkung	Beseitigung des Fehlers, soweit dies möglich ist
1. Ungleichmäßige Temperaturverteilung glühender und flüssiger Metalle und anderer Körper. Bemerkung: Die optische Messung erfaßt nur die Oberflächentemperatur	Verschiedene Ergebnisse je nach der anvisierten Stelle und Zeitpunkt der Ablesung.	A. Beim Kupolofenabstich gleichmäßige Verteilung einer Anzahl von Ablesungen über die Zeitdauer des Abstichs zur Erzielung eines Mittelwertes. B. Anvisieren glühender Flächen in Feuerungen usw. immer nur unter den gleichen Bedingungen ausüben an ein und derselben Stelle zur Erzielung von vergleichbaren Relativwerten.
2. Unterschiede in der relativen Lichtemission der verschiedenen Temperaturen. Bemerkung: Diese Unterschiede verschwinden nur bei Temperaturmessung am „schwarzen Körper" im allseitig geschlossenen gleichmäßig erhitzten Hohlraum.	Wesentlich verschiedene Korrekturwerte, je nachdem Schlacke, Oxydhaut, Zunder oder Metall anvisiert wird.	A. Beim Kupolofenabstich Vermeidung des Anvisierens von blankem Metall ohne Oxydhaut (hohe; unsichere Korrekturen!) unmittelbar am Abstichloch und von mitgerissenen Schlackenteilchen, dagegen Messung der hellsten an der Luft oberflächlich oxydierten Streifen in der Rinne oder im Strahl. (Korrekturwerte dann nur rd. 10°). B. Bei Kenntnis der Natur des anvisierten Körpers nachträgliche Korrektur mit Hilfe bekannter Formeln oder Kurven.
3. Störung der Strahlung durch den Einfluß absorbierender Medien (Rauch, Qualm, Staub, beschmutzte Linsen, anders einstrahlende Nebenkörper).	Unter Umständen ganz unkontrollierbare und unzuverlässige Werte.	Beim Kupolofenabstich Anvisieren des Strahles von hinten oder Wegblasen der Gas- oder Rauchentwicklung durch Preßluft.
4. Veränderung der Konstantwerte des Instruments bei längerem Gebrauch (Stromzahl, Leuchtkraft der Vergleichslämpchen usw.)	Mit der Zeit immer unrichtiger werdende Temperaturablesungen.	Regelmäßige Nacheichung der Instrumente in bestimmten Zeitabständen, rechtzeitige Auswechselung ungenau gewordener Vergleichsteile.

Zur Durchführung der Messung wird mit dem Glühfadenpyrometer in den beiden Farben Rot und Grün beobachtet. Aus der Differenz der beiden Temperaturen $S_{grün} - S_{rot}$ läßt sich mit Hilfe einer Kurve die Berichtigung $T - S_{rot}$ ermitteln. Das Verfahren hat eine Genauigkeit der Bestimmung der wahren Temperatur von $\pm 15^0$; es erfordert jedoch ein sehr gut geeichtes Gerät, mehrere Ablesungen und geübte Beobachter.

Das Naesersche kombinierte Farbpyrometer ist in gemeinschaftlicher Arbeit mit R. Hase (Hannover) zu einem technisch einfach zu bedienenden Gerät entwickelt worden (Farbpyrometer „Bioptix"), wobei die langjährigen Erfahrungen, die R. Hase mit einem konstruktiv ähnlichen Helligkeitspyrometer sammeln konnte, weitgehend benutzt werden konnten. Die Handhabung ist sehr einfach. Drei Stellringe, die mit dem ringförmigen Farb- und Graukeil gekoppelt sind, werden so weit in das Gesichtsfeld eingedreht, bis der Strahler die gleiche Farbe und Helligkeit besitzt wie das Vergleichsgesichtsfeld und damit die Trennungslinie zwischen den beiden Vergleichsfeldern verschwindet.

Die Zusammenstellungen 1 und 2 geben Angaben zur Fehlervermeidung bei der Temperaturmessung mit thermoelektrischen bzw. optischen Instrumenten nach zwei Tafeln, die auf der VI. Gießereifachausstellung 1936 in Düsseldorf zu sehen waren.

Über den Einfluß des Farbsinns der Beobachter auf die Richtigkeit der Temperaturmessungen vgl. (*8*).

Schrifttum zum Kapitel XVe.

(*1*) Fitterer, C. R.: Trans. Amer. Inst. min. metallurg. Engrs. 1936, Techn. Publ. Nr. 747; vgl. Stahl u. Eisen Bd. 53 (1933) S. 1285, Bd. 55 (1935) S. 330.
(*2*) Blaurock, F.: Diss. T. H. Aachen 1935; Arch. Eisenhüttenw. Bd. 8 (1934/35) S. 517.
(*3*) Wensel, H. T., u. W. F. Roeser: Trans. Amer. Foundrym. Ass. Bd. 36 (1928) S. 191/212 und 837; vgl. Stahl u. Eisen Bd. 48 (1928) S. 1488.
(*4*) Spencer, H.: Trans. Amer. Inst. min. metallurg. Engrs., Iron Steel Div. Bd. 120 (1936) S. 203.
(*5*) Guthmann, K.: Stahl u. Eisen Bd. 57 (1937) S. 1245 und 1269; vgl. Mitt. Wärmestelle Nr. 250 und Stahlwerks-Aussch. VDE Nr. 333.
(*6*) Naeser, G.: Arch. Eisenhüttenw. Bd. 9 (1935/36) S. 483; Stahl u. Eisen Bd. 59 (1939) S. 592.
(*7*) Vgl. Stahl u. Eisen Bd. 60 (1940) S. 232.
(*8*) Fornander, Sven: Jernkont. Ann. Bd. 125 (1941) S. 67. Ref. Stahl u. Eisen Bd. 61 (1941) S. 760.
(*9*) Hersteller: Staatl. Porzellanmanufaktur, Berlin; vgl. Gießerei Bd. 28 (1941) S. 276.

XVI. Verhalten des Gußeisens bei hohen und tiefen Temperaturen.

a) Warmfestigkeit und Warmhärte.

Für die Warmfestigkeit des Gußeisens bei erhöhten Temperaturen (unterhalb Ac_1) ist die Beständigkeit des Eisenkarbids von ausschlaggebender Bedeutung und alle im Kapitel „Das Wachsen des Gußeisens" erwähnten Maßnahmen zur Stabilisierung des Karbids werden sich in diesem Sinne auswirken müssen. Im allgemeinen ist hinsichtlich des Wärmeeinflusses auf die mechanischen Eigenschaften das Gußeisen dem unlegierten Flußeisen und Stahl insofern etwas überlegen, als erst Temperaturen oberhalb 300 bis 400° C einen Abfall der Festigkeitswerte bewirken.

Ältere Arbeiten:

Ausgezeichnete allgemeine Übersichten über das ganze Gebiet von Warmfestigkeitsversuchen sind in den Schrifttumsstellen (*1*) bis (*5*) angegeben. Als älteste Veröffentlichung über Warmfestigkeitsversuche an Gußeisen berichtete W. Fairbairn (*6*) über die Wirkungen der Wärme, und zwar so treffend, daß seine Ausführungen auch heute noch gültig sind. Später führten W. Brockbank (*7*) und P. Spence (*8*) Biegeversuche bei tieferen Temperaturen durch.

Untersuchungen von J. E. Howard (*9*) am Watertown Arsenal (Vereinigte Staaten von Nordamerika) erstrecken sich in der Hauptsache auf Schweißeisen, Flußeisen und Flußstahl, wobei zum Vergleich die Ergebnisse mit einem Gußeisen von 22 kg/mm² Zugfestigkeit, wie es früher für Geschütze gebraucht worden war, herangezogen wurden. Die niedrigste Versuchstemperatur war −18°, die höchste rd. 900°. Howard fand bis etwa 480° keine Abnahme der Festigkeit des

Gußeisens, aber zwischen Raumtemperatur und dieser Temperatur auch kein ausgesprochenes Maximum wie für Flußeisen und Flußstahl. In der Gegend von 400° ist die Festigkeit aber doch unverkennbar höher als bei Raumtemperatur.

Die Continental Iron Works, Brooklin, N. Y. (*10*), haben gußeiserne Säulen mit 97 cm² Querschnitt in einem vertikalen Gasofen erhitzt und hydraulisch bis zum Bruch belastet. Die für gewöhnliche Temperatur zu 32 kg/mm² berechnete Bruchspannung fiel auf 4,5 kg/mm² bei 649°.

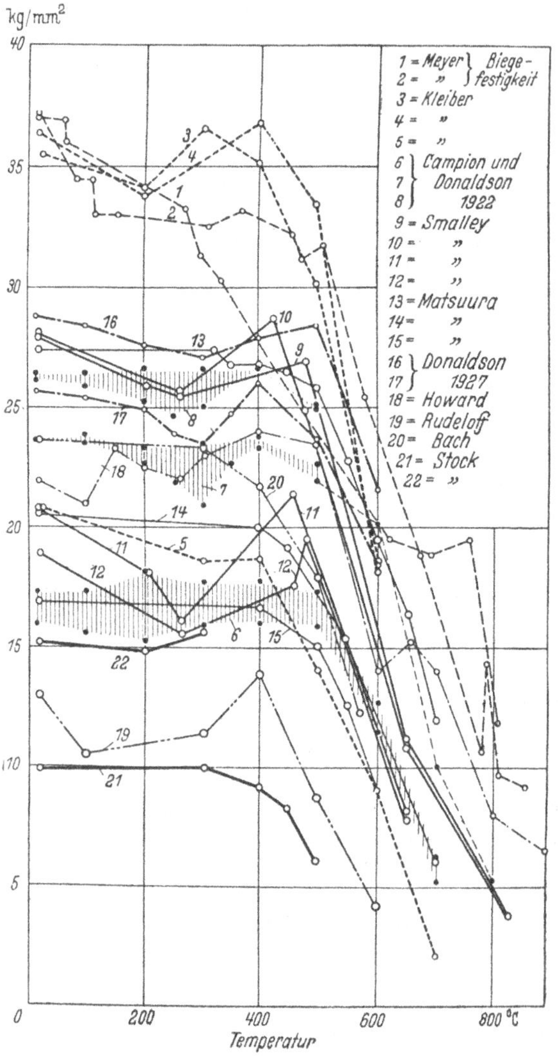

Abb. 718. Einfluß erhöhter Temperaturen auf die Festigkeitseigenschaften von Gußeisen [verschiedene Forscher (*34*)].

Über zahlreiche Versuche an gußeisernen Speicherstützen liegt ein Kommissionsbericht aus dem Jahre 1897 vor (*11*). Zentrisch mit 5 kg/mm² belastete Hohlgußsäulen (213 mm Innen-, 273 mm Außendurchmesser) verloren ihre Tragfähigkeit bei einer Erwärmung auf rd. 750°. Es handelt sich dabei aber nicht um stehende Temperatur, sondern um langsam gesteigerte Erwärmung.

Über Versuche an Eisenbahnrädern in der Hitze berichtete M. Bush (*12*). M. Rudeloff (*13*) veröffentlichte die Ergebnisse von Zugversuchen, ausgeführt im Flüssigkeitsbad mit Rundstäben von 10 mm Durchmesser und der mittleren chemischen Zusammensetzung: 3,56% ges. C, 2,65% Si, 0,93% Mn, 0,517% P und 0,054% S. Rudeloff fand, daß auf ein Minimum bei 100° ein Maximum bei 400° folgt (Abb. 718, Kurve *19*).

C. Bach (*14*) hat an hochwertigem Gußeisen von der durchschnittlichen Zusammensetzung 3,64% ges. C, 0,79% geb. C, 1,178% Si, 1,73% Mn, 0,158% P, 0,085% S, 0,170% Cu, 0,0285% As und Spuren von Antimon, ebenfalls im Flüssigkeitsbad, die Abhängigkeit der Zerreißfestigkeit von der Temperatur ermittelt und fand die in Abb. 718, Kurve *20*, dargestellte Abhängigkeit.

Fr. Meyer (*15*) fand bei Warmbiegekurzversuchen von 500° ab bleibende Durchbiegungen, die auch mit bloßem Auge sichtbar waren (Abb. 718, Kurven *1* und *2*).

B. Stock (*16*) berichtet über die Untersuchung zweier im Betrieb gebrochener gußeiserner Ventilgehäuse, die an der Materialprüfungsanstalt Berlin-Lichterfelde auf Warmfestigkeit untersucht worden waren. In einem Falle handelte es sich um ein Ventil in der Hauptdampfleitung hinter dem Überhitzer, das Risse zeigte, die von der zu hohen Erhitzung durch den Dampf herzurühren schienen. Der Betriebsdruck des Kessels war 14 at. Zur Beantwortung der Frage, bei welcher Temperatur praktisch ins Gewicht fallende Änderungen der Festigkeitseigenschaften des Gußeisens eintreten, wurden Zugversuche von Raumtemperatur bis 500° vorgenommen. Angaben über die chemische Zusammensetzung sind in der Veröffentlichung nicht enthalten. Die Mittelwerte der Zugfestigkeiten gibt Abb. 718, Kurve *21*, wieder. Die Festigkeit wird somit bis 400° nicht wesentlich beeinflußt. Die Biegefestigkeit betrug im Mittel 29,3 kg/mm² und zeigte auf einen Auflagerabstand von 250 mm bei einer quadratischen Probe 240/10/10 mm bei gewöhnlicher Temperatur eine Durchbiegung von 51 mm. Im zweiten Fall war ein Ventil, für 8 at und 300° gebaut, im Betrieb gesprungen. Die Zugversuche zeigten die in Kurve *22* (Abb. 718) dargestellten mittleren Festigkeiten.

Aus dem von I. M. Bregowski und L. W. Spring (*17*) erstatteten Bericht über Zugversuche an Gußeisen geht hervor, daß ein Abfall der Festigkeit erst bei 400 bis 450° eintritt. Die Kurve der Zugfestigkeit in Funktion der Temperatur zeigte zwischen Raumtemperatur und 400° keinen regelmäßigen Verlauf (Temperaturmessung erfolgte nicht ganz einwandfrei).

Im Auftrage amerikanischer Feuerversicherungsgesellschaften hat das Bureau of Standards in den Jahren 1917 bis 1920 umfangreiche Versuche über das Verhalten von Tragkonstruktionen bei hohen Temperaturen angestellt (*18*). Die 12 Fuß und 8 Zoll langen Säulen wurden in einem vertikalen Ofen unter Belastung von 100000 lbs steigender Temperatur ausgesetzt. U. a. sind auch gußeiserne Hohlsäulen von 19 mm Wandstärke und 140 mm l. W. und 17 mm Wandstärke und 152 mm l. W. untersucht worden. Bis zu einer bestimmten Temperatur dehnten sich die Säulen unter der Wärme gegen die Last aus, darüber hinaus folgte eine Drucksteigerung bis zum Bruch.

Bedeutungsvoll ist die Arbeit von A. Campion und J. W. Donaldson (*19*) über die Warmfestigkeit von drei Gußeisensorten.

Aus den Versuchen geht hervor, daß bei allen drei Werkstoffen im Anlieferungszustand Festigkeitsminima in der Gegend von 200 bis 300°, Festigkeitsmaxima dagegen ungefähr bei 400° auftreten (Abb. 718, Kurven *6*, *7*, *8*), die bei den angelassenen Proben *7* zwar wieder, aber bedeutend schwächer erscheinen, während bei *6* und *8* im Temperaturintervall von 15 bis 400° nur Maxima beobachtet werden, die gegenüber der Lage im Anlieferungszustand mehr oder weniger verschoben sind (gestrichelte Gebiete).

In allen Fällen tritt der rasche Festigkeitsabfall erst in der Gegend von 500° auf. Bemerkenswert ist die Zunahme der Festigkeit in den angelassenen Proben.

Auch O. Smalley (*20*) untersuchte die Temperaturabhängigkeit der Zugfestigkeit von Gußeisen und in Verbindung damit den Einfluß der chemischen Zusammensetzung (Abb. 718, Kurven *9*, *10*, *11* und *12*). Der allgemeine Charakter der Kurven stimmt mit dem Ergebnis der Untersuchung von Rudeloff überein.

Von A. Marks (*21*) sind, im Hinblick auf die bedeutenden Anforderungen an die Hitzebeständigkeit von Gußeisen in Dieselmotoren und doppeltwirkenden Verbrennungsmotoren, Versuche zu dem ausgesprochenen Zweck unternommen worden, den Punkt des raschen Festigkeitsabfalles zu ermitteln.

Nach diesen Versuchen findet keine Abnahme unter 21 kg/mm² statt, wenn die Temperatur 450° (?) nicht überschreitet.

Eine Änderung im geb. Kohlenstoffgehalt trat hierbei nicht ein, was mit dem Ergebnis der Untersuchungen von Donaldson und anderen Forschern nicht übereinstimmt.

A. L. Mellanby (*22*) erstattete auf der Tagung des Institute of British Foundrymen, Glasgow, einen Bericht über die Beanspruchung von Dieselmotorengußstücken durch Wärmespannungen und gab Zugfestigkeitsversuche bekannt, die auf Grund mehrstündiger Erwärmung und unter konstanter Last gefunden worden waren. Der Abfall an Festigkeit ist bis 370° belanglos, bei höheren Temperaturen sinkt die Festigkeit jedoch sehr rasch.

J. W. Donaldson (*23*) kam bei seinen Untersuchungen an einem Zylinder- und einem manganhaltigen Gußeisen zu dem Ergebnis, daß längere Erhitzung auf 450 und 550° den gebundenen Kohlenstoff und damit die Festigkeit sehr stark beeinflußt.

Durch einen hohen Mangangehalt werde die Stabilität des Karbides vergrößert und damit der Abfall an Festigkeit und Härte vermindert. Die Zugproben, die vor dem Versuch ½ st auf der Versuchstemperatur gelassen worden sind, ergaben für den Anlieferungszustand bei 300° ein Minimum an Festigkeit, bei 400° ein Maximum mit anschließendem starkem Abfall bei rd. 420°. Nach 200stündigem Anlassen auf 450° war das Maximum bei 400° vollständig verschwunden. Im Rahmen einer Diskussion seines Berichtes vor englischen Fachleuten beantwortete Donaldson die Frage, warum auf 450 bzw. 550° angelassen worden sei, dahin, für den Viertakt-Dieselmotor müßte eine Temperatur von 450° als Maximaltemperatur betrachtet werden, und 550° würden nur ganz ausnahmsweise erreicht. Young (*24*) glaubt, das Gleichgewicht sei nach 200 st noch nicht erreicht, was Donaldson zugibt, aber eine Zerlegung des Karbids zu 95% annimmt.

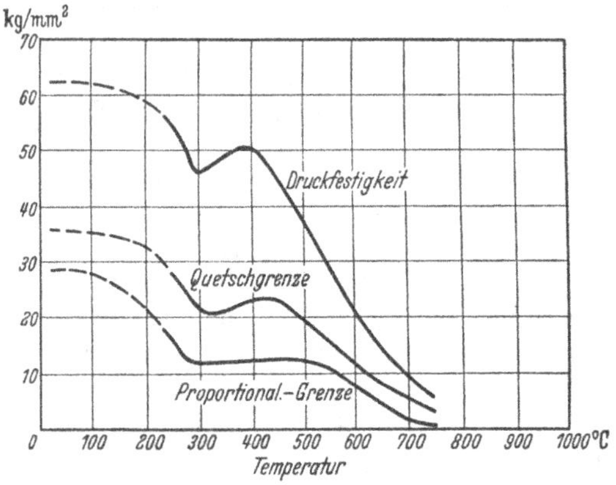

Abb. 719. Druckfestigkeit von Gußeisen bei höheren Temperaturen (nach Ingberg u. Sale).

Beachtenswerte Versuche an Baumaterial haben S. H. Ingberg und P. D. Sale (*25*) ausgeführt. Die 266 mm langen Hohlgußproben (38 mm Durchmesser außen, 12 mm l. W.) wurden in horizontaler Anordnung untersucht. Der verwendete Guß (3,52% Ges.-C., 3,10% Graphit, 1,58% Si, 0,37% Mn, 0,715% P und 0,115% S) hatte bei Raumtemperatur die Biegefestigkeit von 42 kg/mm². Die Kurven der Druckfestigkeit, der Streck- und Proportionalitätsgrenze in Abhängigkeit von der Temperatur weisen in der Gegend von 300° ein Minimum, bei 400° ein Maximum auf, an das sich bei der Druckfestigkeit ganz unvermittelt ein rascher Festigkeitsabfall anschließt. Die Spannungs-Dehnungskurven für die einzelnen Versuchstemperaturen lassen den zwischen 400 und 500° einsetzenden Festigkeitabfall erkennen, ebenso das Minimum bei 300°. Der Elastizitätsmodul erreicht bei 250° ein Maximum, worauf besonders hingewiesen sei, da Rudeloff und andere einen stetigen Abfall des Elastizitätsmoduls zwischen Raumtemperatur und 400° gefunden haben (Abb. 719).

Die Zugversuche von A. S. Clark (*26*) an Gußeisen bestätigen, daß ein stärkerer Abfall erst in der Gegend von 400 bis 430° zu erwarten ist.

Der Veröffentlichung von H. F. Moore und S. W. Lyon (*27*) lassen sich einige Zahlen entnehmen, die im Hinblick auf jüngere (*34*) Untersuchung instruktiv sind. Aus der Gegenüberstellung der Proben mit den mechanischen Eigenschaften geht die Wirkung der Anwesenheit von Perlitzementit

Nr.	Ges.-C %	Graphit %	Geb.-C %	Si %	Mn %	P %	Si %
92	3,44	2,76	0,68	1.10	0,62	0,51	0,093
94 B	3,30	3,30	0,05	1,14	0,61	0,38	0,100

hervor. Die Abwesenheit des Perlits drückt sich in der Form der Spannungs-Dehnungs-Kurve aus. Leider fehlen Angaben für Nr. 94 B für höhere Temperaturen. Für Nr. 92 ergaben sich im Kurz- und Langversuch (einige Tage) die Zerreißfestigkeit und die Brinellhärte wie folgt:

Nr.	Zugfestigkeit kg/mm²	Druckfestigkeit kg/mm²	Brinellhärte 10/1000/30
92 . .	22,2	78,0	148
94 B .	14,4	58,6	91

Temperatur ⁰ C	Brinellhärte 1500/10/30 500/10/30*	Zugfestigkeit Kurzversuch kg/mm²	Langversuch kg/mm²
21	148	21,1	21,4
204	145	21,4	20,0
427	154	20,8	17,5
538	135	18,0	8,3
760	32*	7,9	2,5

Die Wirkung der Zeit war schon bei 200⁰ unverkennbar, jedenfalls bei 400⁰ aber ganz bedeutend. Interessant ist dort ferner, daß die Schwingungsfestigkeit bei Biegung mit der Temperatur weniger schnell abfällt, als die Festigkeit bzw. die Härte.

Neuere Arbeiten:

In einem Aufsatz über den Kruppschen Sternguß teilt P. Kleiber (*28*) die Ergebnisse von vergleichenden Zugfestigkeitsversuchen an Stern- und Zylinderguß mit. Es handelt sich um ein niedriggekohltes Gußeisen. Der Sternguß behält die Festigkeit bis zu hohen Temperaturen. Der Festigkeitsabfall erfolgt für Zylindergußeisen bei etwa 400⁰, bei Sternguß erst bei 500⁰ (Abb. 718 und 720; Kurve *3* ist Sternguß im Anlieferungszustand, Kurve *4* ist Sternguß, angelassen 200 st auf 500 bis 550⁰, und Kurve *5* ist Zylinderguß im Anlieferungszustand). Die Warmzugfestigkeit des Sterngusses wird weder dem Wert noch dem Verlauf nach durch ein 200-stündiges Anlassen auf 500 bis 550⁰ verändert. Im einen wie im anderen Fall ergibt sich ein Minimum zwischen Raumtemperatur und 200⁰ und ein Maximum zwischen 200 und 400⁰.

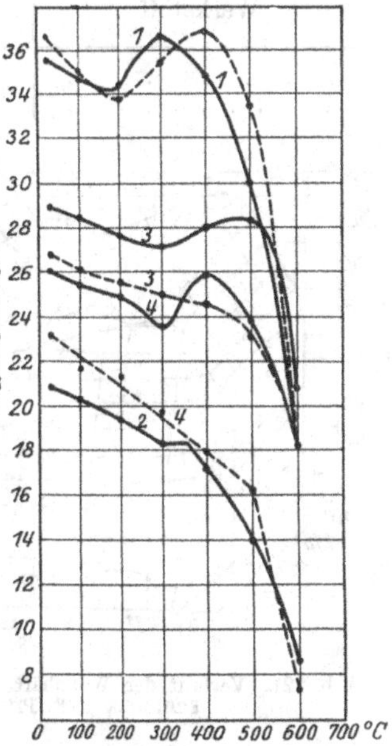

Abb. 720. Warmfestigkeit verschiedener Gußeisensorten (nach einer Zusammenstellung von H. Jungbluth).

P. Kleiber:
—— *1* = Sternguß Anlief.-Zust.
– – – *1* = Sternguß, 200 st bei 500 bis 550° geglüht.
—— *2* = Zylindereisen Anl.-Z.

J. W. Donaldson:
—— *3* = Lanz-Perlit, Anl.-Z.
– – – *3* = Lanz-Perlit, 200 st bei 550° geglüht.
—— *4* = Zylindereisen Anl.-Z.
– – – *4* = Zylindereisen, 200 st bei 550° geglüht.

H. Matsuura (*29*) berichtet über Versuche an Gußeisen für Dieselmotorenzylinder. Nach diesem Autor liegen die Temperaturen, die im Betrieb vorkommen, normalerweise bei etwa 600⁰; sie können aber bei Überlastung der Maschine und bei Störungen im Kühlwasserzufluß bis auf 1000⁰ (?) ansteigen. Die Ergebnisse beziehen sich auf bearbeitete Rundproben, die 1 st lang auf 600⁰ angelassen worden sind. Der Probendurchmesser war 0,656″, die Länge 8″. Vor der Belastung wurden die Stäbe 30 min bei der Versuchstemperatur belassen. Von folgenden Werkstoffen wurde die Zerreißfestigkeit ermittelt (Abb. 718, Kurve *13* [*A*], *14* [*B*] und *15* [*C*]). An der Mikrostruktur der Proben konnte der Autor keine Veränderungen feststellen; der gebundene Kohlenstoff hatte bei 600° nur unwesentlich abgenommen.

	Ges.-C %	Geb. C %	Si %	Mn %	P %	S %
A	2,47	0,83	1,40	2,10	0,16	0,05
B	2,83	0,66	2,00	1,30	0,61	0,07
C	3,44	0,54	2,54	1,10	0,84	0,06

J. W. Donaldson (*30*) hat später Versuche über den gleichen Gegenstand angestellt. Er zeigt wiederholt, daß sowohl beim Zylindergußeisen *Z* als beim Perliteisen *P* im Anlieferungszustand die Zugfestigkeit mit wachsender Temperatur zuerst fällt und nachher wieder ansteigt, um bei etwa 400° ein Maximum zu erreichen. Wärmebehandeltes Gußeisen zeigt wesentlich geringere Festigkeiten, ferner verschwindet das Minimum der Festigkeit. Die Analyse der beiden Gußeisen ergab:

Werkstoff	Ges.-C %	Geb. C %	Si %	Mn %	P %	S %
Z	3,16	0,68	1,48	0,97	0,704	0,054
P	3,35	0,91	0,65	0,85	0,17	0,117

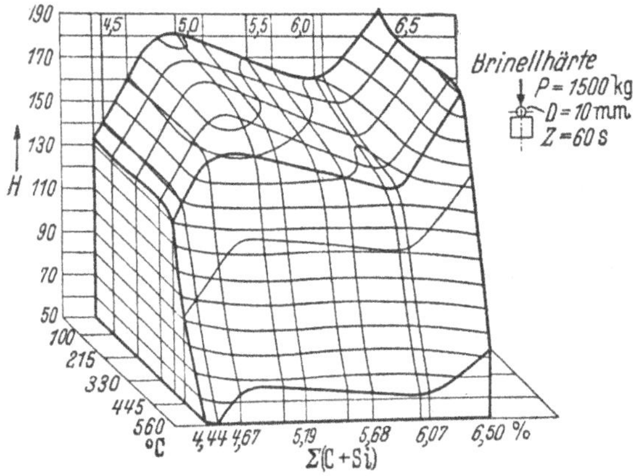

Abb. 721. Verlauf der Warmhärte bei Gußeisen (R. Bertschinger u. E. Piwowarsky).

Die Ergebnisse bestätigen die früher ausgeführten Versuche. Sie sind in Abb. 718 durch die Kurven *16* (Z) und *17* (P) wiedergegeben. Abb. 720 zeigt nochmals die Ergebnisse der Arbeiten von J. W. Donaldson (*31*) und P. Kleiber (*32*) in einer von H. Jungbluth (*33*) gewählten Gegenüberstellung.

R. Bertschinger und E. Piwowarsky (*34*) ermittelten die Abhängigkeit der mechanischen Eigenschaften naheutektischer Gußeisensorten mit niedrigem Mangan-Phosphor- und Schwefelgehalt und von 0,52 bis 2,96% ansteigendem Siliziumgehalt zwischen 20 und 560° C. Die Festigkeitseigenschaften der nicht schmelzüberhitzten Materialien waren entsprechend niedrig. Es konnte gezeigt werden, daß die Festigkeitsminima zwischen 0 und 400° nicht von Gußspannungen abhängen, daß eine spezifische Wirkung des Siliziums nicht auftrat und daß die Warmfestigkeit durch eine Graphitvergröberung ungünstig beeinflußt wird. Die Biege- und Druckfestigkeiten bei 560° betrugen nur noch die Hälfte des Wertes bei Zimmertemperatur. Der Elastizitätsmodul nahm über 100° mit steigender Temperatur ab, und zwar um so mehr, je gröber der Graphit war. Im Temperaturintervall zwischen 20 und 350° zeigte der Elastizitätsmodul verschiedenes Verhalten. Während er in einer Versuchsreihe stetig abfiel, prägte sich bei einem anderen Teil des Materials ein Maximum in der Gegend von 100 bis 150° aus. Die Abb. 721 bis 724 zeigen in graphischer Darstellung einen Ausschnitt aus den dortigen Versuchsergebnissen. Bemerkenswert in Abb. 721 ist der Zusammenhang zwischen Brinellhärte und der Summe C + Si. E. HONEGGER (*35*) berichtete über Dauerversuche, bei welchen in Abständen von 24 st entweder bei konstanter Last die Temperatur oder bei konstanter Temperatur die Belastung erhöht wurde. Aus den Dehnungs-Zeit-Kurven wurden die Kriechgeschwindigkeiten am Schluß der einzelnen Temperatur- oder Laststufen entnommen und in Abhängigkeit von Temperatur oder Belastung aufgetragen. Als Dauerstandfestigkeit wurden die Beanspruchungen ermittelt, für welche die Kriechgeschwindigkeit nach 24 st eben noch gleich Null wird. Diese Extrapolation ist aber ziemlich unsicher; auch der Fehler, den die Verwendung der gleichen Probe für die verschiedenen Last- oder Temperaturstufen mit sich bringt, kann nach Versuchen von anderer Seite nicht unerheblich werden.

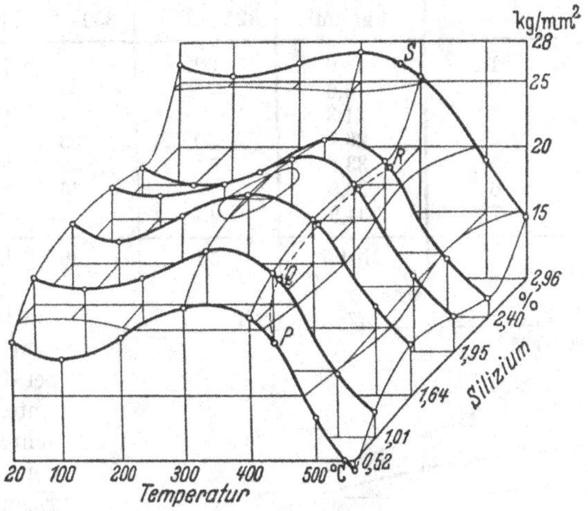

Abb. 722. Verlauf der Biegfestigkeit (R. BERTSCHINGER u. E. PIWOWARSKY).

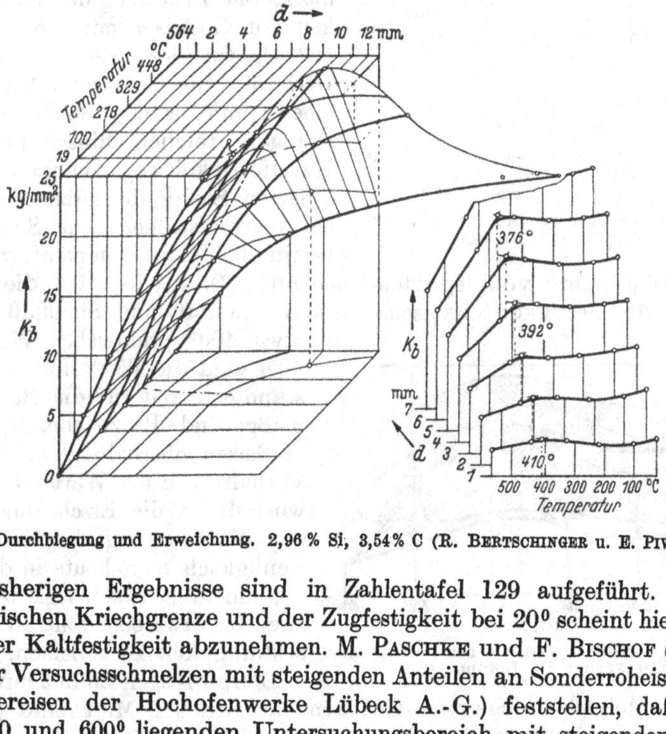

Abb. 723. Durchbiegung und Erweichung. 2,96 % Si, 3,54 % C (R. BERTSCHINGER u. E. PIWOWARSKY).

Die bisherigen Ergebnisse sind in Zahlentafel 129 aufgeführt. Das Verhältnis zwischen Kriechgrenze und der Zugfestigkeit bei 20° scheint hiernach mit wachsender Kaltfestigkeit abzunehmen. M. PASCHKE und F. BISCHOF (*36*) konnten an vier Versuchsschmelzen mit steigenden Anteilen an Sonderroheisen (weißes HK-Sondereisen der Hochofenwerke Lübeck A.-G.) feststellen, daß in dem zwischen 0 und 600° liegenden Untersuchungsbereich mit steigendem Sonder-

Zahlentafel 129.
Kriechgrenze von sieben Gußeisensorten in % der Zugfestigkeit bei 20°.

Guß-Nr.	Zugfestigkeit bei 20° kg/mm²	Kriechgrenze (in % der Zugfestigkeit bei 20°) bei				
		325—350°	350—375°	375—400°	400—425°	425—450°
1	13,9	62	—	—	—	—
2	16,6	—	—	—	36	—
3	21,3	—	—	—	—	28
4	26,1	50	33	—	—	—
5	33,2	54	39	—	—	—
6	33,6	—	36	—	26	—
7	34,9	43	—	24	—	—
	Mittel	52	36	24	31	28

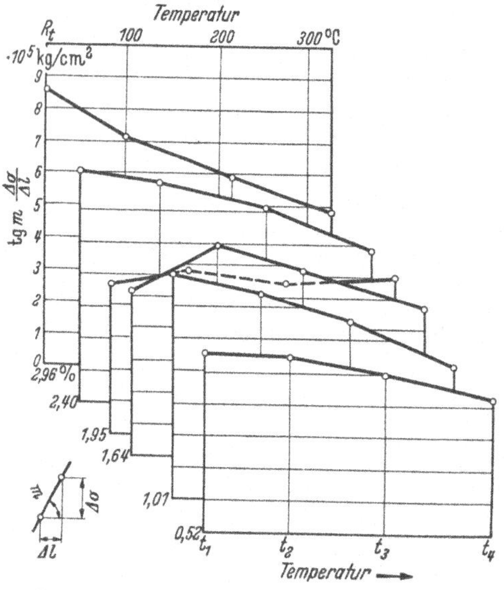

Abb. 724. Elastische Zusammendrückung (R. Bertschinger u. E. Piwowarsky).

roheisenzusatz entsprechende Zunahmen der Festigkeit bei höheren Temperaturen (bis 8 kg Zugfestigkeit bei 65 % Anteil des Sonderroheisens) zu beobachten waren. Heute gelingt es, mit der Verbesserung der mechanischen Eigenschaften von unlegiertem Gußeisen auch dessen Festigkeit bei höherer Temperatur erheblich zu steigern. Abb. 725 nach einer Arbeit von R. Mailänder und H. Jungbluth (*47*) zeigt die stetige Erhöhung der Warmfestigkeit von Gußeisen mit den genormten Güteklassen (des alten Normenblattes DIN 1691 für Gußeisen). Die Kruppschen (unlegierten) Sondergüten für Grauguß reichen hinsichtlich ihrer Warmfestigkeit sogar nahe an schwach legierten Stahlguß heran (Abb. 726); die Warmfestigkeit von So 30 liegt bereits bei allen Temperaturen oberhalb der Streckgrenze von legiertem Stahlguß (*47*). An sich hat die Gegenüberstellung der Festigkeitseigenschaften von Grauguß und Stahlguß nur bis etwa 400° praktischen Wert, darüber sind die Werte für die Dauerstandfestigkeit für die Beurteilung maßgebend. Hinzu kommt, daß bei Gußeisen oberhalb etwa 500° das Verhalten in der Wärme beeinflußt wird durch die Erscheinungen des sog. Wachsens (vgl. Kapitel XVI b), wenngleich man heute in der Lage ist, einem schwach legierten Gußeisen bis etwa 650° völlige Volumenbeständigkeit zu verleihen.

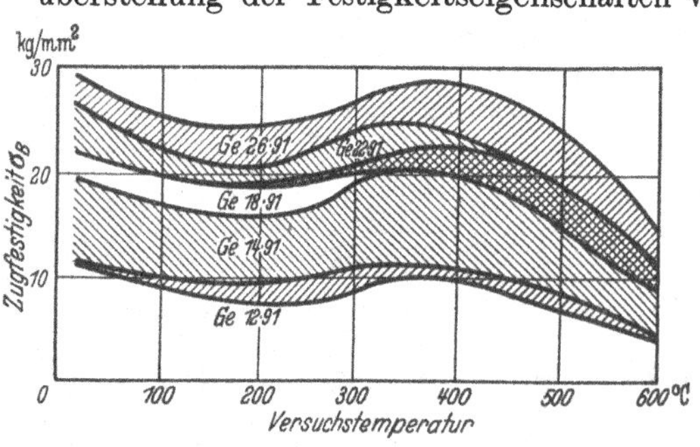

Abb. 725. Warmfestigkeit von verschiedenen Gußeisensorten (R. Mailänder u. H. Jungbluth).

Den günstigen Einfluß mit Chrom, Nickel oder Molybdän legierten Gußeisens konnte Th. Meierling (S. 598) zeigen. Besonders günstig z. B. für Ventilsitze und Ventilteile an Verbrennungsmotoren soll sich ein Eisen mit

2—3% C, 0,5—2% Al,
2—3% Si, 0,5—2% Cr

bewährt haben (Deutsche Patentanmeldung T. 44913, Kl. 18d, 2/20 vom 6.2.1935, Anmelder: A. Teves, GmbH., Frankfurt a. M.). Als besonders geeignete Zusammensetzung wird angegeben:

C = 2,65%, Al = 1,25%,
Si = 2,50%, Cr = 1,75%.

J. Challansonnet (*37*) untersuchte die in Zahlentafel 131 aufgeführten, in einem elektrischen Ofen hergestellten Schmelzen, bestimmte die Volumenbeständigkeit durch Differential-Ausdehnungskurven sowie die Warmfestigkeit durch Biege- und Brinellproben. Die kleinste bleibende Verlängerung durch thermische Behandlung zwischen 0 und 950° zeigten zwei Mo-V-legierte, weiß erstarrte Schmelzen. Biegefestigkeit und Brinellhärte wurden bis 600° ermittelt (Zahlentafel 130). Hiernach verlor das perlitische unlegierte Material bei 600° ca. 45% seiner Ausgangsbiegefestigkeit, das chromlegierte rd. 35% und der Molybdänguß 30%. Die mehrfach-legierten Materialien mit V-Zusatz hatten einen gleich großen Abfall der Biegefestigkeit zu verzeichnen, jedoch lag bei diesen Sondergußeisen die Biegefestigkeit bei 600° doppelt so hoch wie bei dem perlitischen Eisen (vgl. die Ausführungen über den Einfluß des Vanadins S. 749ff.). Ähnliche Ergebnisse wurden bei der Härtebestimmung mit der Kugeldruckprobe erhalten. Besonders günstig verhielten sich hier die Mo-legierten Sorten, die nur einen Härteverlust von 20% erlitten. Bei den mehrfach-legierten Schmelzen war es möglich, bei 600° noch eine Härte von 200 BE zu behalten (Zahlentafel 130). Wenn bei 650° die Brinelleindrücke während 15 sec, 5 und 15 min einwirkte, so ergab sich ein starker Härteabfall, der bei einer Ni-V-Mo-legierten Schmelze über 30% betrug (von 180 auf 120 BE). H. Uhlitzsch und W. Leineweber (*38*) kamen auf Grund der Untersuchung von 13 verschieden legierten Gußeisensorten zu dem Ergebnis, daß der Verlauf der Warmfestigkeitskurve bis etwa 300° durch die mit einem Volumeneffekt verbundenen magnetischen Umwandlungen des Zementits bedingt ist, ohne damit auch andere zusätzliche Ursachen auszu-

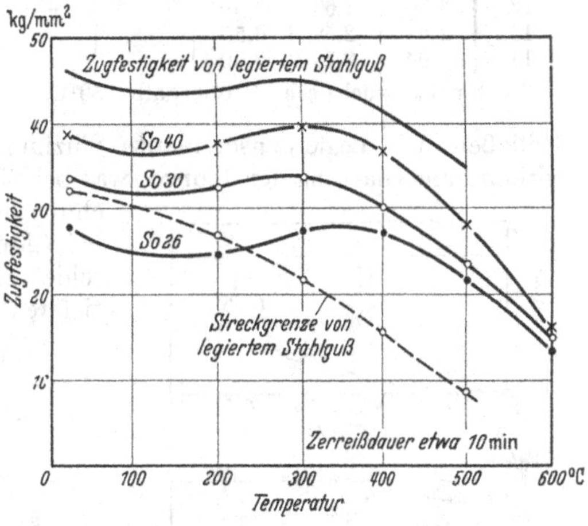

Abb. 726. Warmfestigkeit hochwertiger Gußeisensorten im Vergleich zu Stahlguß (R. Mailänder u. H. Jungbluth).

Zahlentafel 130. Warmhärte der Schmelzen nach J. Challansonnet.

Schmelze	Brinellhärte			
	Rohguß	300°	500°	600°
1	240	230	195	130
2	195	188	160	75
14 (Mo-V)	228	210	210	180
6 (Mo-V)	269	250	200	195
11 (Ni-Mo-V)	286	272	269	210

Zahlentafel 131. Zusammensetzung der Versuchsschmelzen nach J. CHALLANSONNET.

Nr.	Chemische Zusammensetzung:								Verlängerung mm
	C %	Si %	Mn %	Ni %	Cr %	Mo %	V %	Ti %	0—950°
1	3,50	1,50	0,70	Gefüge perlitisch				—	4 $\cdot 10^{-3}$
2	3,50	3,00	0,16	Gefüge ferritisch				—	n. best.
3	3,50	1,55	0,70	—	0,75	—	—	—	2 $\cdot 10^{-3}$
4	3,20	1,50	0,50	—	—	0,90	—	—	s. Fußnote[1]
5	3,14	2,12	0,40	—	—	0,70	0,48	0,14	$1{,}5 \cdot 10^{-3}$
6	3,10	1,89	0,60	—	—	0,65	0,27	0,15	$1{,}2 \cdot 10^{-3}$
7	2,87	2,02	0,60	1,02	—	0,78	0,22	0,14	$1{,}2 \cdot 10^{-3}$
8	2,65	2,08	0,65	1,14	—	0,98	0,38	0,13	$0{,}7 \cdot 10^{-3}$
9	2,86	2,21	0,65	1,18	—	0,90	0,40	0,15	$0{,}7 \cdot 10^{-3}$
10	3,17	2,20	1,10	0,40	—	0,37	0,47	0,17	$0{,}5 \cdot 10^{-3}$
11	2,98	2,22	0,73	0,37	—	0,31	0,26	0,12	$0{,}5 \cdot 10^{-3}$
12	3,50	1,60	0,60	—	—	—	0,30	—	$0{,}5 \cdot 10^{-3}$
13	2,62	2,58	0,55	—	—	1,78	0,36	0,13	$0{,}2 \cdot 10^{-3}$
14	2,64	2,78	0,60	—	—	1,48	0,30	0,18	$0{,}2 \cdot 10^{-3}$

[1] Schmelze wuchs schnell oberhalb 850° C.

schließen. Die Legierungselemente Silizium, Nickel, Chrom und Molybdän bewirken eine Glättung der Kurve, was bei Silizium und Nickel mit einer Schwächung der Stärke der Zementitumwandlung, bei Chrom und Molybdän mit einer Verschiebung der Umwandlungspunkte nach tieferen Temperaturen erklärt werden könnte.

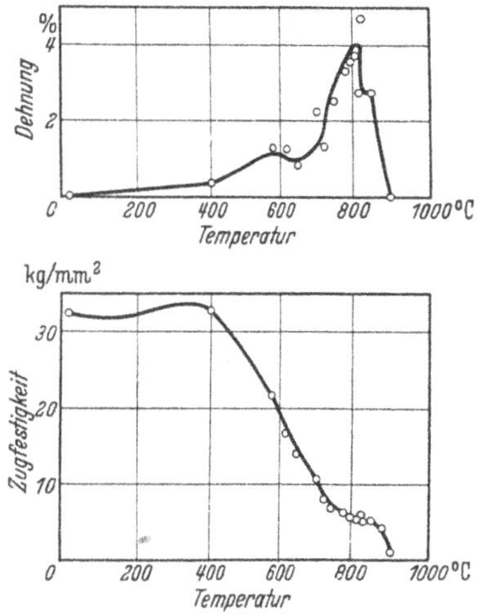

Abb. 727. Warmzerreißversuche an Gußeisen (F. ROLL).

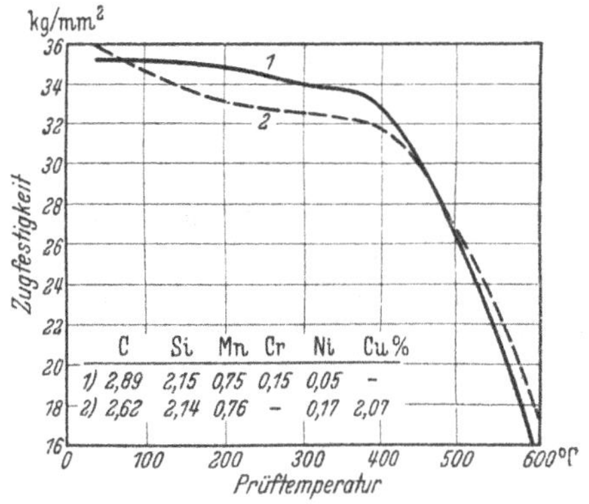

Abb. 728. Warmzugfestigkeit von reinem und kupferhaltigem Grauguß (nach R. S. MAC PHERRAN).

F. ROLL (*45*) stellte fest, daß ähnlich den Stählen auch Gußeisen in den Umwandlungsintervallen (A_1- bzw. A_3-Bereich) eine Unstetigkeit der Festigkeitseigenschaften aufweist (Abb. 727). Ein perlitischer Riemenscheibenguß mit einer Ausgangsfestigkeit von 26,5 kg/mm² bei 20° zeigte die Unstetigkeit im Bereich zwischen 725 bis 735° C. Bei einem perlitischen Gußeisen mit 32,5 kg/mm² Ausgangsfestigkeit setzte die Unstetigkeit erst bei etwa 750° ein und verlief bis etwa 850°. Die gleichzeitig ermittelte Dehnung ergab ihren höchsten Wert bei etwa 800°. R. S. MACPHERRAN (*48*) untersuchte die Frage, ob, wie vielfach angenommen wird, Gußeisen durch Kupferzusätze rotbrüchig gemacht wird. Durch Bestimmung der Warmfestigkeit an einem kupferfreien Gußeisen und einem solchen mit 2,07% Cu stellte er fest, daß dieses keinen größeren Festigkeitsabfall in der Wärme erlitt als der unlegierte Vergleichswerkstoff und keine Zeichen von Rotbrüchigkeit auftraten (Abb. 728). Hochlegierte Gußeisensorten haben bei 850° noch ausnutzbare Festigkeitswerte, wie aus der Arbeit von K. ROESCH (*46*) hervorgeht (Abb. 729 und 730). H. J. TAPSELL (*39*) untersuchte gewöhnliches Gußeisen, Ni-Cr-legiertes, ferner Silal, Nicrosilal und Niresist bei Temperaturen zwischen 370 und 850°. Die beste Warmfestigkeit besaß Nicrosilal. Über die Verformungsfähigkeit von Gußeisen bei höheren Temperaturen vgl. Kapitel „Warmverformung von Gußeisen" S. 799ff.

Über die den Pittsburger Eisen- und Stahlgießereien (Pittsburgh Iron and Steel Foundries Company) unter dem Namen „Adamite" geschützten Legierungen sagt die Patentschrift (*40*) über Zusammensetzung und Eigenschaften der Adamite folgendes: Si 0,50 bis 2,0%, Cr 0,50 bis 1,5%, Ni 0,25 bis 1,0%, Mn 0,45% oder weniger, Schwefel unter 0,05%, Phosphor unter 0,12%, Gesamtkohlenstoffgehalt 1,25 bis 3,5%. Die Verschleißfestigkeit und Wärmebeständigkeit der Adamite ist wesentlich größer als die des normalen oder niedrig legierten

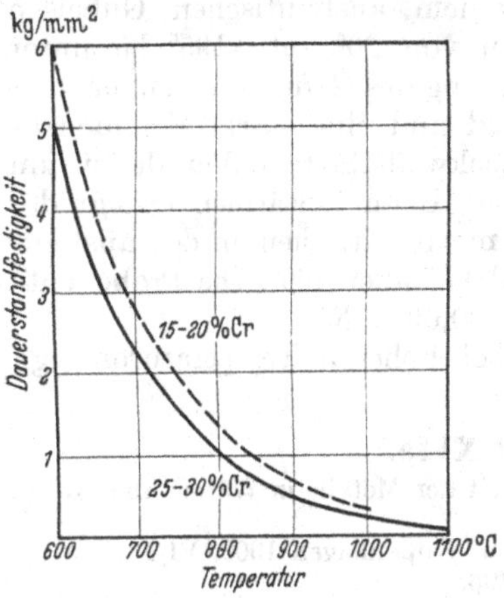

Abb. 729. Dauerstandfestigkeit von Chromguß (K. ROESCH).

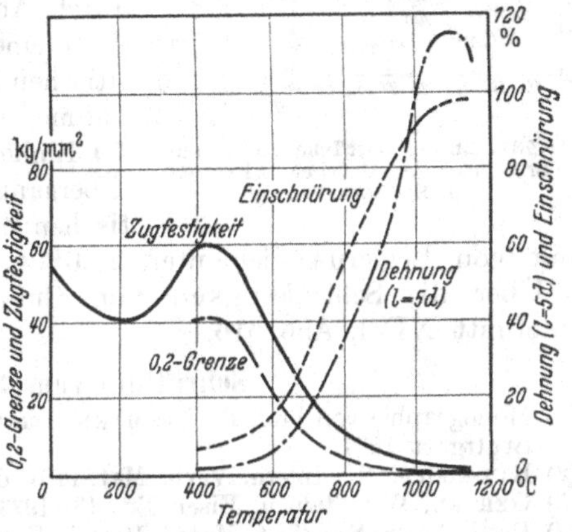

Abb. 730. Warmzerreißdiagramm von 30 proz. Chromguß (K. ROESCH).

Gusses üblicher Legierungsverhältnisse und trotz höherer Härte bleibt das Material genügend zäh. „Adamite" läßt sich auch in Sandformen gießen oder bei Rotglut glühen, ohne an Güte merklich zu verlieren (*41*), läßt sich angeblich sogar walzen und schmieden, wird aber normalerweise in gehärtetem Zustand verwendet.

Über das Verhalten von Gußeisen bei tiefen Temperaturen existieren wenig systematische Arbeiten. PIWOWARSKY (*42*) stellte bei wiederholten Pendelungen kleiner Dilatometerstäbchen aus Gußeisen zwischen + 300° und − 180° (flüssige Luft) fest, daß hochwertige, heiß erschmolzene, feingraphitische Eisensorten durch diese Behandlung weniger kürzten als gewöhnliches Gußeisen. Während nun weichere Eisensorten, Stähle und andere Metalle oder Legierungen bei tiefen Temperaturen ein ausgesprochenes Sprödigkeitsgebiet besitzen (*43*), konnten C. PARDUN und E. VIERHAUS (*44*) an verschiedenen Gußeisensorten der in Zahlentafel 132 mitgeteilten Zusammensetzung nachweisen, daß dieser Werk-

Zahlentafel 132. Analysen der Versuchseisensorten (PARDUN und VIERHAUS).

	Gußeisenart	Si %	Mn %	P %	S %	C %	Graphit %
1	Maschinenguß mittlerer Festigkeit	1,80	0,60	0,527	0,080	3,56	3,06
2	Hochwertiger Maschinenguß	1,24	0,56	0,326	0,103	3,42	2,35
3	Röhrenguß	1,81	0,56	0,509	0,071	3,64	2,94
4	Hämatitguß	2,03	0,86	0,095	0,071	3,78	3,26
5	Eisen für dünnwandigen Guß . .	2,17	0,49	1,084	0088	3,42	2,82

stoff auch bei sehr tiefen Temperaturen große Beständigkeit aufweist. Die Kerbzähigkeit der untersuchten Eisensorten blieb selbst bei -80^0 noch die gleiche wie bei Zimmertemperatur (etwa 0,5 mkg/cm²). Die Biegefestigkeit blieb bis -35^0 C annähernd konstant (in tieferen Temperaturbereichen wurde sie nicht geprüft), die Zugfestigkeit stieg langsam an. Die Zunahme erreichte im Temperaturgebiet der flüssigen Luft i. M. etwa 15%. Das gleiche galt von der Kugeldruckhärte (Abb. 731). Die erwähnten Autoren führen das zuweilen unter dem Einfluß der Kälte beobachtete Zubruchgehen gußeiserner Formstücke nicht auf erhöhte Sprödigkeit des Werkstoffs zurück, sondern auf das Auslösen von Wärme- und Kältespannungen.

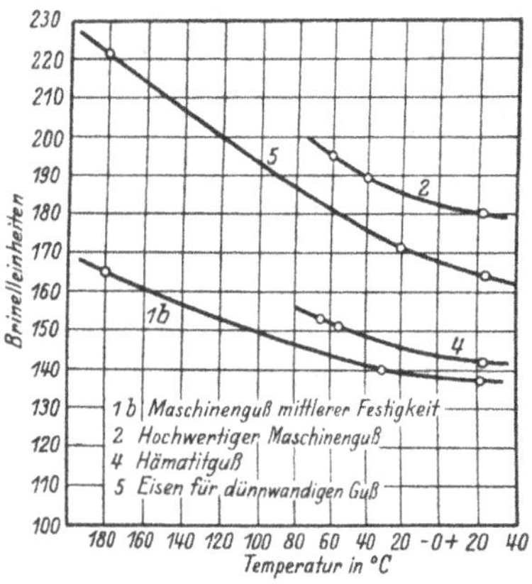

Abb. 731. Einfluß tiefer Temperaturen auf die Brinellhärte von Gußeisen (C. PARDUN u. E. VIERHAUS).

J. GALIBOURG und P. LAURENT (*49*) beobachteten an einem austenitischen Gußeisen durch Abkühlen von 20^0 auf -195^0 bei unter -60^0 eine Änderung des Gefüges in den martensitischen Zustand und eine starke Volumenzunahme. Die Rockwell-Härte nahm dabei um 50 Einheiten zu. Beim Erwärmen erfolgt der Übergang des martensitischen in den austenitischen Zustand bei über 460^0. Die Probe enthielt von Legierungselementen 2,20% Cr und 20,69% Ni.

Über die Schlagfestigkeit von Gußeisen bei höheren Temperaturen vgl. Abschnitt XIV1, Abb. 616.

Schrifttum zum Kapitel XVIa.

(*1*) Monographie von Prof. R. BAUMANN: Die Festigkeit der Metalle in Wärme und Kälte. Stuttgart 1907.
(*2*) RUDELOFF, M.: Intern. Verb. Mat.-Prüf. d. Techn. Kopenhagen 1909, VI/I.
(*3*) OERTEL: W.: Stahl u. Eisen Bd. 43 (1923) S. 1395.
(*4*) Proc. Amer. Soc. Test. Mater. 1924 II S. 128/40.
(*5*) NONNENMACHER, E.: Stand der Erkenntnisse über Elastizität und Festigkeit von Gußeisen. Diss. Stuttgart 1915.
(*6*) FAIRBAIRN, W.: Rep. Brit. Ass. advancement science 1837 S. 377.
(*7*) BROCKBANK, W.: Chem. News 1874 S. 62.
(*8*) SPENCE, P.: Chem. News 1871 S. 109 und 124.
(*9*) HOWARD, J. E.: Iron Age 1889 S. 525; Stahl u. Eisen Bd. 10 (1890) S. 708.
(*10*) Engineering 1896 S. 374.
(*11*) Kommissionsbericht. Hamburg: O. Meißner 1897.
(*12*) BUSH, M.: Bull. Congrès Chemins de fer 1899 S. 361.
(*13*) RUDELOFF, M.: Mitt. Techn. Versuchsanst. S. 293. Berlin 1900.
(*14*) BACH, C.: Mitt. Forschungsarbeiten auf dem Gebiet des Ingenieurwesens Heft I S. 61.
(*15*) JÜNGST, C.: Beitrag zur Untersuchung des Gußeisens. Stahl u. Eisen Bd. 33 (1913) S. 140.
(*16*) STOCK, B.: Z. Dampfkessel-Maschinenbetrieb 1912 S. 401.
(*17*) Bericht Intern. Verb. Mat.-Prüf. d. Techn. VI. Kongreß. New York 1912.
(*18*) CALFAS, P.: Génie civ. 1921 S. 261 und 283.
(*19*) CAMPION, A., u. J. W. DONALDSON: Einfluß niedriger Temperatur auf die Festigkeitseigenschaften von Gußeisen. Foundry Trade J. 1922 II S. 32.
(*20*) SMALLEY, O.: Engineering 1922 S. 280.
(*21*) MARKS, A.: Die Festigkeit von Gußeisen bei hohen Temperaturen. Foundry Trade J. 1923 II.
(*22*) MELLANBY, A. L.: Foundry Trade J. 1924 S. 475/80.
(*23*) DONALDSON, J. W.: Foundry Trade J. 1925 I S. 517.
(*24*) YOUNG: Foundry Trade J. 1925 II S. 123.
(*25*) INGBERG, S. H., u. P. D. SALE: Proc. Amer. Soc. Test. Mater. 1926 II S. 33.
(*26*) CLARK, A. S.: J. Royal Techn. College III S. 120/31. Glasgow 1926.
(*27*) MOORE, H. F., u. S. W. LYON: Dauerschlagversuche an grauem Gußeisen. Proc. Amer. Soc. Test. Mater. 1927 II S. 87.

(28) KLEIBER, P.: Krupp. Mh. 1927 S. 110/14.
(29) MATSUURA, H.: Foundry Trade J. 1927 S. 175.
(30) DONALDSON, I. W.: Foundry Trade J. 1927 S. 143 und 167.
(31) Foundry Trade J. Bd. 29 (1924) S. 252/54, Bd. 35 (1927) S. 143/46, 167/71. Zuschrift von HURST ebenda S. 188; ferner Iron Age Bd. 113 (1924) S. 1859/61; s. a. Stahl u. Eisen Bd. 45 (1925) S. 840/43, sowie Gießerei Bd. 12 (1925) S. 55/57.
(32) KLEIBER, P.: Krupp. Mh. Bd. 8 (1927) S. 110/16.
(33) JUNGBLUTH, H.: Gießerei Bd. 15 (1928) S. 465.
(34) BERTSCHINGER, R., u. E. PIWOWARSKY: Gießerei Bd. 22 (1935) S. 325.
(35) HONEGGER, E.: Eidgen. Mat.-Prüf.-Anst. Techn. Hochsch. Zürich: Disk.-Ber. Nr. 37 (1928) S. 21.
(36) PASCHKE, M., u. F. BISCHOF: Gießerei Bd. 22 (1935) S. 625.
(37) CHALLANSONNET, J.: Ber. C. I/4 auf dem Internationalen Gießerei-Kongreß. Paris 1937.
(38) UHLITZSCH, H., u. W. LEINEWEBER: Arch. Eisenhüttenw. Bd. 9 (1935/36) S. 185.
(39) TAPSELL, H. J.: L'usine (1936) S. 25 (Septemberheft).
(40) D.R.P. 350312, Kl. 18b, Gruppe 20.
(41) Kontrollversuche des Verfassers ergaben, daß ein vierstündiges Glühen adamiteähnlicher Legierungen bei 850° gar keinen, bei 1000° nur einen mäßigen Abfall der Härte zur Folge hatte; vgl. Stahl u. Eisen Bd. 49 (1928) S. 1826.
(42) PIWOWARSKY, E.: Gießereiztg. Bd. 23 (1926) S. 414.
(43) Vgl. a. Z. VDI Bd. 71 S. 1497.
(44) PARDUN, C., u. E. VIERHAUS: Gießerei Bd. 15 (1928) S. 99.
(45) ROLL, F.: Gießerei Bd. 27 (1940) S. 123.
(46) ROESCH, K.: Gießerei Bd. 23 (1936) S. 472.
(47) MAILÄNDER, R., u. H. JUNGBLUTH: Techn. Mitt. Krupp Bd. 1 (1933) S. 83ff.
(48) MACPHERRAN, R. S.: Min. & Metall. Bd. 17 (1936) S. 183; vgl. Stahl u. Eisen Bd. 57 (1937) S. 737.
(49) GALIBOURG, J., u. P. LAURENT: Jap. Nickel Rev. (1940) S. 29/31.

b) Volumenbeständigkeit und Wachsen von Gußeisen.

1. Begriff.

Unter „Wachsen von Gußeisen" versteht man dessen Neigung, beim Erhitzen auf höhere Temperatur, insbesondere aber bei wiederholtem Erhitzen und Abkühlen irreversible Volumenvergrößerungen zu erfahren. Es teilt diese Eigenschaft aber mit vielen anderen Werkstoffen und sogar legierte Stähle zeigen bei wechselndem Temperaturfeld in hohen Temperaturbereichen keine vollkommene Volumenkonstanz. Bei gewöhnlichem Grauguß erreichen die Volumenänderungen jedoch von etwa 300 bis 400° aufwärts (im Dampfstrom schon von 250° aufwärts) mit der Zeit ein Ausmaß, das für einen sicheren Dauerbetrieb manchmal untragbar wird. Heute kennen wir die Ursachen dieses Wachsens genau und sind imstande, ein für alle praktischen Temperaturbereiche geeignetes Gußeisen (legiert bzw. unlegiert) herzustellen. Bei Maschinenguß für Dampfmaschinen, Dieselmotoren und Explosionsmaschinen, Kesselteile usw. haben die Klagen über ein unzureichend volumenbeständiges Gußeisen fast völlig aufgehört, da alle höherwertigen Gußeisensorten bereits in unlegiertem Zustand bis etwa 400°, in schwach legiertem Zustand bis 550° praktisch vollkommen gefüge- und volumenbeständig sind. Von seiten der Turbinenindustrie werden Wachstumswerte von 0,05% als erträglich bezeichnet (*1*). Die der A_1-Umwandlung zugehörige Perlitlinie PSK des Eisen-Kohlenstoff-Diagramms (Abb. 23) bewirkt eine bemerkenswerte Unterteilung des für die Wachstumsvorgänge in Frage kommenden Temperaturgebietes. Während bei Beanspruchungen unterhalb A_1 oft nur eine mit geringer Geschwindigkeit und in beschränktem Ausmaß eintretende Volumenvermehrung von wenigen Prozenten oder Zehntelprozenten zu beobachten ist, verläuft der Wachstumsvorgang oberhalb dieser Temperaturgrenze meist in verhältnismäßig kurzen Zeiträumen bis zu Werten von 3 bis 5%, mitunter sogar bis zu 30% und höher. Von der rein praktischen Seite aus betrachtet, sind aber gerade die Vorgänge unterhalb A_1 (und etwa oberhalb 200° bis 300°) besonders wichtig für das Verhalten von Dampfmaschinenzylindern aus Gußeisen, gewissen Teilen an Dieselmotoren, Gehäusen von Dampfturbinen, Vorwärmerrohren von Dampfkesseln usw., während für gußeiserne Kokillen, Roststäbe, Auspuffrohre u. a. mehr und mehr die in den Temperaturzonen oberhalb A_1 auftretenden Wachstumserscheinungen in Frage kommen. Es sei vorweggenommen, daß das Wachsen von Gußeisen unter bemerkenswerten Gefügeveränderungen erfolgt. In den Randzonen der Gußkörper erfolgt unter dem Einfluß oxydierender Gase eine Oxydation des Silikoferrits zu Kieselsäure oder einem komplexen Silikat. Hierbei entsteht längs der Graphitadern ein nach E. SCHEIL (*62*) auf Jodätzung ansprechender Gefügebestandteil, der als Gemenge von Ferrit mit jenem Silikat angesehen wird. Neben der Oxydation erfolgt gleichzeitig (falls die Temperatur hoch genug ist) ein Zerfall des Eisenkarbids unter Temperkohleabscheidung, die ebenso wie der vorhandene Graphit allmählich vergast wird. Wird eine Graphitader sehr schnell von einer Oxydschicht umgeben, so kann nach E. SCHEIL die weitere Zerlegung des Karbids stark behindert werden. In den tieferen Zonen der Gußkörper tritt die Oxydation vor dem dort auftretenden Karbidzerfall mehr und mehr zurück. Beide geschilderten Vorgänge sind mit irreversiblen Volumenänderungen verbunden. Doch kommen, wie wir später sehen werden, noch andere, das Wachsen begünstigende Faktoren hinzu, insbesondere bei höheren über dem Umwandlungspunkt liegenden Temperaturen.

2. Prüfung der Volumenbeständigkeit.

Bei der Prüfung des Gußeisens auf Volumenbeständigkeit ist in Übereinstimmung mit E. SCHEIL (*2*) folgendes zu beachten. Die Prüftemperatur darf den Ac_1-Punkt nicht überschreiten, sofern dies nicht auch im Gebrauch des Gegenstandes der Fall ist. Bei pendelnder Glühbehandlung tritt ein wesentlich stärkeres Wachsen des Gußeisens ein als nach Dauerglühung bei derselben Temperatur. Eine Pendelglühung der Proben ist also nur angebracht, wenn auch der Gebrauchsgegenstand häufigen Temperaturwechseln unterworfen ist. Die Abmessungen der Proben, Bearbeitung der Oberfläche und die Lage der Probe im Gußstück ist von merklichem Einfluß auf den Wachstumsbetrag. Die Probe ist möglichst in einer dem Gebrauchsgegenstand entsprechenden Dicke und mit der natürlichen Gußhaut zu prüfen. Die Meßmarke wird bei zylindrischen Proben zweckmäßig auf der Mantelfläche angebracht. Bei niedrigen Glühtemperaturen spielt die Oxydation des Gußeisens zwar schon bei dünnen Proben, aber noch nicht bei Gebrauchsgegenständen eine Rolle. Ein Vergleich der Volumen- mit den Längenmessungen führt alsdann zu keiner Übereinstimmung, zumal der Betrag des Wachsens mit steigendem Probenquerschnitt abnimmt. Die von E. PIWOWARSKY und O. BORNHOFEN (*3*) durchgeführten Wachstumskurzversuche unter Zugbelastung führten

a) zu keiner wesentlichen Erniedrigung der Temperaturschwelle beginnenden Wachsens;

b) bei Temperaturen bis zu etwa 500° herauf zu einer statischen Dehnung, die mit der Neigung zum Wachsen keine eindeutige Beziehung erkennen ließ;

c) in Temperaturbereichen oberhalb etwa 500° zu Volumenänderungen, die ihrer Art nach für die Neigung zum Wachsen kennzeichnend waren.

Im Vakuum ferritisch geglühte Gußeisensorten ergaben beim Belastungsversuch im Vakuum unabhängig von der chemischen Zusammensetzung praktisch gleiche Volumenänderungen, die ihrer Größe nach mit den an Stahlsorten feststellbaren Volumenänderungen übereinstimmten.

Als Wachstumskurzversuch wurde von den genannten Autoren eine zweimal 20stündige Glühung bei 650° unter 1 kg/mm² Zugbeanspruchung bei mäßigem Luftzutritt vorgeschlagen.

3. Der Einfluß der chemischen Zusammensetzung und des Gefügeaufbaus.

Kohlenstoff. Bei reinen Eisen-Kohlenstoff-Legierungen tritt, wie P. Oberhoffer und E. Piwowarsky (*4*) an einem Material mit 1,75% C sowie an einem in Kokille vergossenen siliziumfreien Roheisen mit 4,3% C dilatometrisch zeigen konnten, keine wesentliche Volumenvermehrung bei pendelnder Erhitzung und Abkühlung auf. Wird allerdings die Temperatur über 900° gesteigert, so zeigt sich auch bei weißen Eisensorten ein beginnender Zerfall des freien Zementits und damit eine mindestens dem dilatometrischen Effekt dieses Vorgangs (9 bis 10% bezogen auf 100% reines Karbid) gleichkommende Volumenvergrößerung. Bei einem Roheisen mit 4,6% C; 0,04% Si; 0,04% P; 0,02% S und Spuren von Mangan trat nach Oberhoffer und Piwowarsky der Karbidzerfall bei 1060° ein. Ein höher gekohltes Roheisen mit 5,15% C zeigte schon bei 960° den Beginn des Karbidzerfalles, während an einem durch Kokillenguß weiß erstarrten Eisen mit 1% Si und 4% C der Karbidzerfall bei 760° einsetzte (Abb. 732). Hieraus folgt, daß mit wachsendem Kohlenstoffgehalt die Temperatur der beginnenden Karbidzersetzung sinkt, daß aber auch Silizium im gleichen Sinne, jedoch in bedeutend verstärktem Ausmaß wirkt (vgl. Abb. 733).

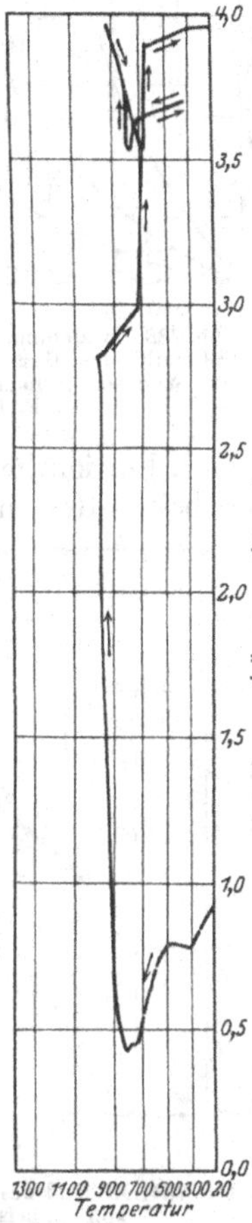

Abb. 732. Differentialausdehnungskurve eines weißen Roheisens mit 1% Si und 4% C (1. und 2. Erhitzung).

Auch die älteren Arbeiten von H. F. Rugan und H. C. H. Carpenter (*5*) hatten bei Wachstumsversuchen an verschiedenen weißen Roheisensorten mit geringen Gehalten an Mangan, Silizium, Schwefel und Phosphor und Kohlenstoffgehalten von 0,15 bis 4,0% nur die relativ sehr kleinen Volumenänderungen von 0,2 bis 0,3% ergeben. In einer späteren Arbeit gelangte dann Carpenter (*6*) zu der Schlußfolgerung, daß sehr wesentlich für den Wachstumsvorgang die indirekte Wirkung des Graphits sei, insofern als dieser das Eindringen von Gasen in das Eisen ermögliche.

Zu einem ähnlichen Ergebnis gelangte J. H. Andrew (*7*), der den allmählichen Zerfall des Karbids und die entlang den Graphiteinlagerungen in das Eisen eindringenden oxydierenden Gase für die Ursache des Wachsens von Gußeisen hielt.

Auf die Bedeutung der Ausbildungsform des Graphits war schon von Piwowarsky (*8*), Stäger (*9*), Messerschmidt (*10*) und Fletcher (*11*) hingewiesen worden, welche übereinstimmend eine Verminderung des Wachsens mit zunehmender Graphitverfeinerung feststellen konnten. Zu ähnlichen Ergebnissen gelangen Campbell und Glasford (*12*), Hurst (*13*), Andrew und Hyman (*14*), Pearson (*15*) und Honegger (*16*). Aber erst die temperkohleartige Graphitausbildung bürgt nach Piwowarsky und Freytag (*17*), sowie nach Wüst und Leihener (*18*) für hinreichende Volumenbeständigkeit. Temperguß ist daher praktisch volumenbeständig. Auffallend ist die gute Volumenbeständigkeit des karbidfreien Ferrit-Graphit-Eutektikums schmelzüberhitzten oder nach dem Hanemann-Borsig-Verfahren schmelzbehandelten Gußeisens (Stabilguß).

Silizium. Wie schon erwähnt, übersteigt der Einfluß des Siliziums auf das Wachsen von Gußeisen den des Kohlenstoffs um ein erhebliches Maß, wenngleich die von K. Sipp und F. Roll (*19*) versuchte schematische Darstellung (Abb. 733) auch dem Kohlenstoff eine ganz bedeutende Rolle zuweist. Rugan und Carpenter hatten in einer Versuchsreihe mit rd. 1,0 bis 6% Si bei 900° Glühtemperatur Volumenvermehrungen von 15 bis 68% beobachtet, und zwar war die Volumenzunahme dem Siliziumgehalt ungefähr proportional (Abb. 734). Die gleiche Abhängigkeit zeigte sich zwischen dem Siliziumgehalt und der Gewichtszunahme. Auch aus zahlreichen späteren Arbeiten (*20*) ergaben sich ähnliche Feststellungen. Während jedoch Glasford und Campbell als Haupt- und Primärursache für das Wachsen des Gußeisens den Siliziumgehalt anführen, nimmt Honegger an, daß das Silizium nur eine sekundäre Wirkung auf das Wachsen ausübt, indem es graphitbildend wirkt. Diese Auffassung dürfte jedoch hinsichtlich der Wirkung des Siliziums auf das Wachsen durch zahlreiche Arbeiten des einschlägigen Schrifttums widerlegt sein. Obwohl P. Bardenheuer (*61*) gelegentlich einer Untersuchung an 4 proz. Siliziumstahl keine leichtere Oxydierbarkeit des Silikoferrits feststellen konnte, so stellten z. B. Pearson sowie E. Piwowarsky und O. Bornhofen doch analytisch fest, daß nach ihren Wachstumsversuchen ein großer Teil des vorhandenen Siliziums in SiO_2 übergegangen war, ja daß durch Sauerstoffbestimmungen bzw. durch Bestimmung der Zunahme des elementaren Kohlenstoffs das Ausmaß der Volumenzunahme schon in naher Übereinstimmung mit dem Ergebnis des praktischen Versuches ermittelt werden konnte (Zahlentafel 133).

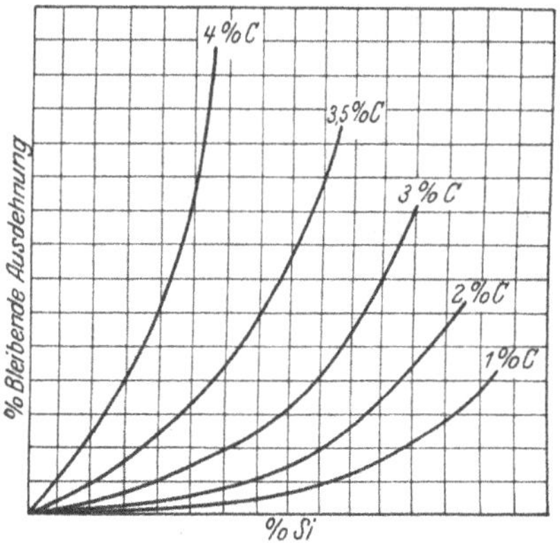

Abb. 733. Beziehung zwischen dem C- bzw. Si-Gehalt des Gußeisens und der Neigung zum Wachsen (schematisch nach K. Sipp u. F. Roll).

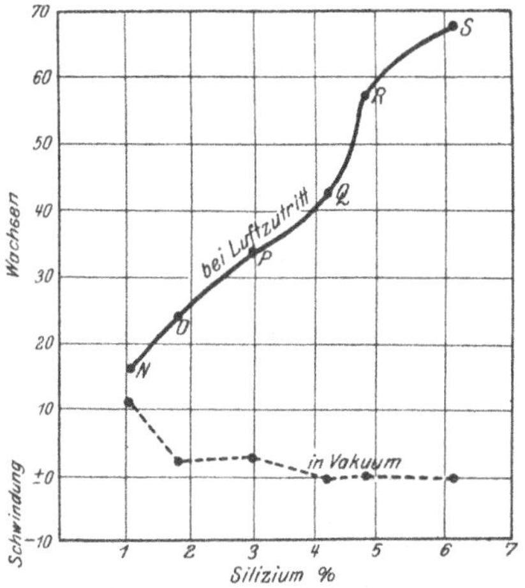

Abb. 734. Einfluß des Siliziums auf das Wachsen von Gußeisen (Carpenter).

Zusammensetzung des Materials:

%	N	O	P	Q	R	S
Ges. C . .	3,98	3,98	3,79	3,76	3,79	3,38
Geb. C . .	0,64	0,68	0,30	—	—	—
Si	1,07	1,79	2,96	4,20	4,83	6,14

Was den Einfluß höherer Siliziumgehalte betrifft, so konnten A. L. Norbury und E. Morgan (*21*) feststellen, daß im Gegensatz zu den Ergebnissen von Rugan und Carpenter u. a. ein über 3,5 bis 4% ansteigender Siliziumgehalt einen starken, das Wachsen hemmenden Einfluß auszuüben vermag, wenn durch geeignete Maßnahme dafür gesorgt wird, daß der Graphit nicht zu grob anfällt (Abb. 735 und 736).

Die verschiedenartige Wirkung des Siliziums auf das Wachsen läßt sich demnach wie folgt zusammenfassen: Silizium wirkt zunächst graphitbildend und erleichtert dadurch den das Wachstum begünstigenden Gasen den Zutritt zum Innern des Werkstoffes. Hierdurch wird ferner die Oxydation des Eisens und des Kohlenstoffs ermöglicht. Aber auch das Silizium des Silikoferrits wird oxy-

Zahlentafel 133. Vergleich zwischen berechneter und gemessener Längenzunahme (nach E. PIWOWARSKY und O. BORNHOFEN).

Schmelzenbezeichnung vgl. Zahlentafel 134	Längenzunahme in %				
	theoretisch zu erwarten auf Grund von			gemessen Reihe II Dauerglühen bei 650° nach 300 st	Differenz gegenüber dem theoretischen Betrag
	Karbidzerfall	Oxydat. Si-SiO_2	Summe		
a	1,02	1,87	2,89	2,30	0,59
b	0,80	3,43	4,23	3,97	0,26
c	0,78	4,82	5,60	5,60	0,00
d	0,83	3,49	4,28	4,04	0,24
e	0,85	2,57	3,42	2,77	0,65
f	0,81	1,48	2,29	1,74	0,55
g	0,86	0,66	1,52	1,20	0,32
h	0,95	0,73	1,68	1,32	0,36
i	0,98	0,43	1,41	0,32	1,09
k	0,95	1,38	2,33	1,87	0,46

diert (*62*) und trägt seinerseits zur Volumenvermehrung bei. Da die graphitisierende Wirkung des Siliziums bei etwa 3,5% Si ein Maximum erreicht, andererseits siliziumreichere Eisensorten unter dem Einfluß oxydierender Gase dichte

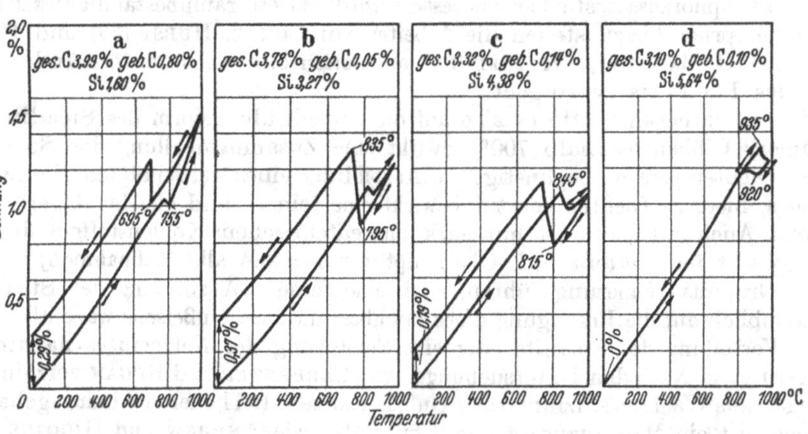

Abb. 735. Dilatometerversuche an hochgekohltem Material (nach A. L. NORBURY u. E. MORGAN).

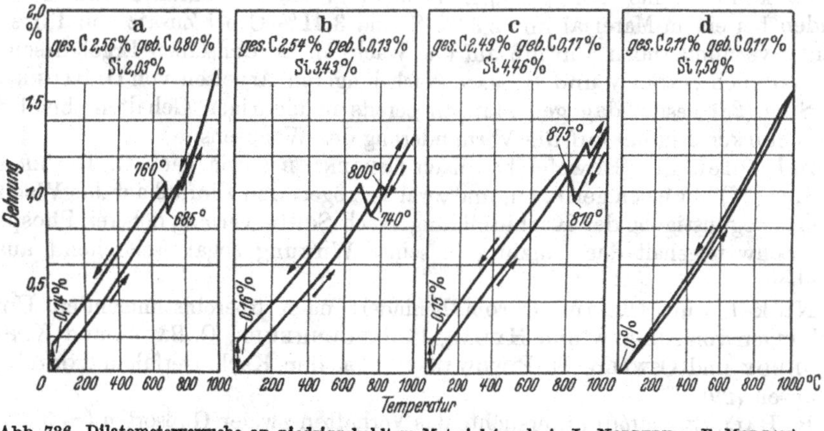

Abb. 736. Dilatometerversuche an niedriggekohltem Material (nach A. L. NORBURY u. E. MORGAN).

und festhaftende Oxydschichten bilden, so nimmt mit zunehmendem Si-Gehalt über etwa 3,5% der prozentuale Wachstumsbetrag wieder ab bis von etwa 5 bis 7% Si ab völlige Volumenkonstanz, auch bei relativ hohen Temperaturen, auftritt (Silal und Nicrosilal).

Phosphor. Über den Einfluß des Phosphors herrscht noch keine vollkommene Klarheit. Versuche von CARPENTER an Legierungen mit Phosphorgehalten von 0,1 bis 0,68% ergaben mit zunehmendem Phosphorgehalt ein verzögertes Wachsen. Eigentümlicherweise zeigte auch die Gewichtszunahme mit zunehmendem Phosphorgehalt eine Steigerung. Zu ähnlichen Ergebnissen gelangt HURST auf Grund stationärer Glühversuche an verschiedenen Gußeisensorten. Die phosphorreicheren Proben neigten hierbei weniger zum Karbidzerfall. Auch KENNEDY und OSWALD (*22*) fanden an einem Gußeisen mit 2,96% C, 2,88% Si und 1,56% P ein vermindertes Wachsen. Die Forscher führten diese Erscheinung darauf zurück, daß der bei hohem Phosphorgehalt vorhandene Steadit sozusagen die Eisenkristalle umhüllt, wodurch die oxydierende Wirkung der eindringenden Gase auf das Eisen vermindert wird. Auch nach E. SÖHNCHEN und E. PIWOWARSKY (*26*) behindert bei Zutritt oxydierender Gase der Phosphor das Eindringen des Sauerstoffs besonders wirksam dann, wenn er netzförmig ausgeschieden ist und so das Perlitkorn vollkommen einhüllt. Es wäre dann erklärlich, daß ein Gußeisen, welches an sich z. B. durch höheren Kohlenstoffgehalt mehr zum Wachsen neigt, durch Phosphorzusatz stärker verbessert wird als ein raumbeständigeres Eisen. In Widerspruch hierzu stehen die Arbeiten von SCHÜZ, HURST (*23*) und RICHMAN (*24*), O. BAUER und K. SIPP (*25*), aus denen ein wachstumsfördernder Einfluß des Phosphors hervorgeht.

Im wesentlichen dürfte es also auf die Ausscheidungsform des Steadits ankommen. Glühen oberhalb 700° bewirkt eine Zusammenballung des Steadtis. Hohe Gießtemperatur begünstigt die Ausbildung eines ausgeprägten Netzwerkgefüges, niedrige Gießtemperatur bewirkt eine feinere und gleichmäßigere Verteilung. Auch in Eisensorten mit stark untereutektischem Kohlenstoffgehalt tritt der Steadit fein verteilt auf. Überhaupt verursachen alle Maßnahmen, die zu einer Graphitverfeinerung führen, auch eine feinere Ausbildung des Steadits. Im Hinblick auf die Erzeugung eines raumbeständigen Gußeisens wäre also eine feine Verteilung des Steadits oder eine Zerstörung des Netzgefüges nachteilig.

Mangan. Nach den Untersuchungen von CARPENTER und RUGAN vermindert Mangan das Wachsen siliziumarmer Gußeisensorten. Bei höheren Siliziumgehalten dagegen ist ein Manganzusatz von 2 bis 5,5%, wie ANDREW und HIGGINS (*27*) zeigen konnten, nur von geringer Bedeutung. Auch KENNEDY und OSWALD fanden bei einem Material mit 2,39% Si und 3,41% C bei Zusatz von 1,5% Mn keinen vermindernden Einfluß auf das Wachsen. Zu denselben Ergebnissen gelangten auch ANDREW und HYMAN. Nach jüngeren Arbeiten von O. BAUER und K. SIPP (*28*) besitzt dagegen Mangan bereits in niedrigen Gehalten (bis 1,5%) einen starken Einfluß auf die Verminderung des Wachsens.

Schwefel. Der Schwefel hat nach CARPENTER sowie nach O. BAUER und K. SIPP (*25*) nur einen geringen, und zwar verzögernden Einfluß auf das Wachsen infolge Begünstigung der Karbidbildung. Nach SCHÜZ vermag höherer Phosphor- und Schwefelgehalt das Silizium in seiner Wirkung sogar weitgehend auszugleichen.

Nickel und Chrom. Chrom behindert nach übereinstimmenden Untersuchungen von ANDREW und HYMAN, P. BARDENHEUER, O. BAUER und K. SIPP, KENNEDY und OSWALD, E. PIWOWARSKY u. a. den Karbidzerfall und damit das Wachsen (*29*).

R. HALL-SMITH (*60*) untersuchte das Verhalten zweier Gußsorten (~3,3% C,

2,4% Si, 0,6% Mn, 0,25% P und 0,1% S), von denen eine mit 1% Cr legiert war, bei 60facher Pendelglühung zu je 5 Stunden bei 925° in sauerstoffhaltiger Atmosphäre. Festigkeitsuntersuchungen ergaben für das chromfreie Gußeisen einen

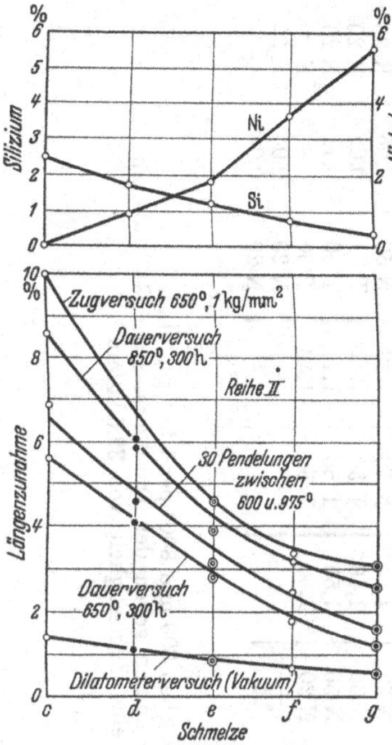

Abb. 737. Längenzunahme nach verschiedenen Prüfverfahren bei steigendem Nickel- und gleichzeitig fallendem Siliziumgehalt (PIWOWARSKY u. BORNHOFEN).

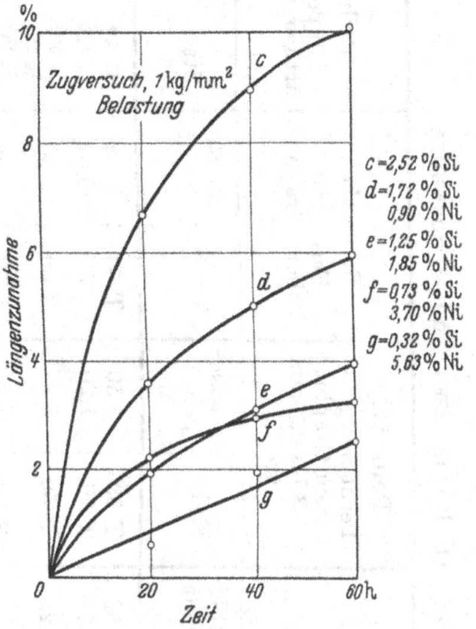

Abb. 738. Wachsen unter Belastung (nach PIWOWARSKY u. BORNHOFEN).

Abfall der Zugfestigkeit von 21 auf 7 kg/mm², während das chromlegierte vor und nach der Pendelglühung 28 kg/mm² aufwies. Die Raumzunahme des legierten Eisens betrug nur ein Drittel von dem des chromfreien Werkstoffs. Das Gefüge des legierten Gußeisens war, von einer geringen Vergröberung der Graphitadern abgesehen, nach der Glühung völlig unverändert, während im unlegierten die Graphitadern stark vergrößert erschienen, der Silikoferrit oxydiert, der Perlit völlig abgebaut und ein Oxydnetzwerk gebildet worden war.

Nickel bewirkt nach den Untersuchungen von ANDREW und HYMAN ein gesteigertes Wachsen des Gußeisens. Die Ursache hierfür wird darauf zurückgeführt, daß Nickel ebenso wie Silizium und Aluminium eine vermehrte Graphitbildung befördere und dadurch das Eindringen der Gase erleichtere. Nach KENNEDY und OSWALD ist der erwähnte Einfluß des Nickels in Gegenwart von Chrom jedoch nur ein sehr geringer. Bei niedrigem Siliziumgehalt, Zusatz von 1,1% Ni und rd. 2,0% Cr zeigte sich sogar eine deutliche Verzögerung des Wachsens. Diese Feststellung wird durch die Untersuchungen von SIPP und ROLL (*30*) an Gußeisensorten mit rd. 1% Ni bestätigt. Untersuchungen von E. PIWOWARSKY

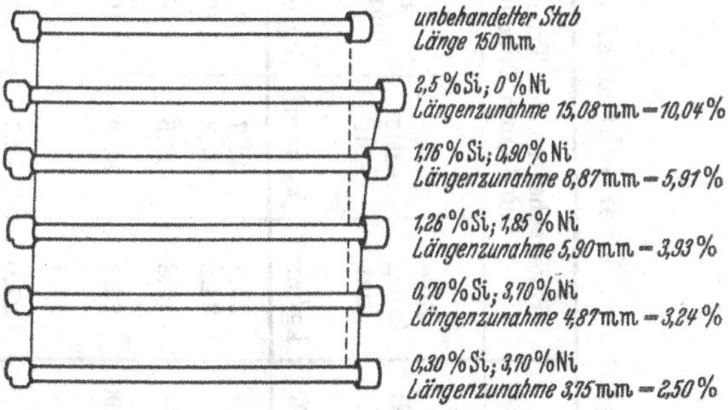

Abb. 739. Einfluß des Nickels bei vermindertem Siliziumgehalt (nach PIWOWARSKY u. BORNHOFEN). Zeichnung nach den Originalstäben der Zugversuche. Von oben nach unten: fallender Si- und steigender Ni-Gehalt.

Zahlentafel 134. Übersicht über die untersuchten Schmelzen (E. Piwowarsky und O. Bornhofen).

Schmelze	Chemische Zusammensetzung[1]			Eigenschaften der Trockengußstäbe von 33 mm Durchmesser				Reihe I: Perlit mit feinlamellarem Graphit (0,002 bis 0,02 mm groß)		Reihe II: Perlit mit größerem Graphit (0,03 bis 0,2 mm groß)		Reihe III: Ferrit mit grobem Graphit[2]		Reihe IV: Temperkohleartiger Graphit[3]	
	C %	Si %	Ni %	Zugfestigkeit kg/mm²	Biegefestigkeit kg/mm²	Brinellhärte kg/mm²	spezifisches Gewicht g/cm³	Stab[4]	Karbidgehalt %	Stab[4]	Karbidgehalt %	Stab[4]	Karbidgehalt %	Stab[4]	Karbidgehalt %
a	3,08	0,94	—	25,9	42,7	212	7,3976	T 33	1,52	T 50	1,50	T 50	0,04	K 33	0,04
b	3,03	1,74	—	24,2	37,8	196	—	N 33	1,29	T 50	1,20	T 50	0,04	K 33	0,04
c	3,07	2.52	—	19,8	33,5	199	7,3312	N 20	1,22	N 50	1,18	N 50	0,00	K 20 K 33	0,02
d	2,90	1,77	0,90	25,1	37,2	199	7,4037	N 20	1,23	N 50	1,26	N 50	0,03	K 20 K 33	0,04
e	2,92	1,25	1,85	27,1	—	—	7,4423	T 20	1,32	N 50	1,29	N 50	0,04	K 20 K 33	0,06
f	3,10	0,73	3,70	27,0	42,7	222	7,4380	N 33	1,24	N 50	1,20	N 50	0,03	K 33	0,06
g	3,09	0,32	5,63	27,9	43,2	225	7,4724	N 33	1,26	N 50	1,28	N 50	0,06	K 33	0,34
h	3,06	0,38	3,95	29,6	42,5	237	7,4848	N 33	1,46	T 50	1,42	T 50	0,02	K 20	0,08
i	3,05	0,23	1,95	28,6	—	—	7,4968	N 50	1,55	T 50	1,44	T 50	0,11	N 20	0,14
k	3,04	0,72	2,70	27,4	—	—	7,4707	N 20	1,50	T 50	1,42	T 50	—	K 20	0,04
l	2,80	5,80	—	26,6	—	—	6,9982	—	—	—	—	N 20	0,04	K 33	0,00
m	2,24	5,80	—	24,9	—	—	7,0940	—	—	—	—	N 20	0,04	—	—

[1] Dazu im Mittel 0,03% Mn, 0,02% P, 0,015% S.
[2] Stäbe wie Reihe II, zwischen 650 und 800° pendelnd geglüht.
[3] Stäbe im Kohlen-Sand-Gemisch 1 st bei 1050°, dann mehrmals zwischen 600 und 800° pendelnd geglüht.
[4] T = Trockensandguß; N = Naßsandguß; K = Kokillenguß. Die Zahlen geben den Durchmesser der Gußstäbe an. Der geglühte Kokillengußstab von 30 mm Durchmesser hatte eine Zugfestigkeit von 38,6 kg/mm².

und F. FREYTAG (*17*) führten ebenfalls zu dem Ergebnis, daß die vielfach verbreitete Ansicht, Nickel befördere das Wachsen, sich nicht bestätigt (*32*); wenn der Siliziumgehalt um den bezüglich der notwendigen Graphitbeförderung gleichwertigen Anteil am Nickelzusatz vermindert wird, so ergäbe sich sogar ein die Volumenbeständigkeit beträchtlich fördernder Einfluß des Nickels (*33*).

E. PIWOWARSKY und O. BORNHOFEN (*34*) konnten bei einer Versuchsreihe, in deren Rahmen das Silizium als graphitisierendes Element systematisch durch Nickel ersetzt wurde, zeigen, daß unabhängig vom gewählten Prüfverfahren das Wachsen mit steigendem Nickelgehalt stark vermindert wurde (Abb. 737 bis 739 und Zahlentafel 134). Ferner konnte durch Messung der elektrischen Leitfähigkeit gezeigt werden, daß bei den untersuchten Schmelzen der Hauptanteil der Volumenzunahmen einer Oxydation des Siliziums zuzuschreiben war (Abb. 740 und Zahlentafel 133).

Aluminium. Nach ANDREW und HYMAN ist die Wirkung des Aluminiums ähnlich der des Siliziums, d. h. wachstumsfördernd. Als Ursache wird auch hier, wie schon erwähnt, die Beeinflussung der Graphitbildung angenommen. Nach E. PIWOWARSKY und E. SÖHNCHEN (*35*) begünstigt Aluminium bis etwa 4,5% Al das Wachsen, darüber hinaus wirkt es hemmend (Abb. 759).

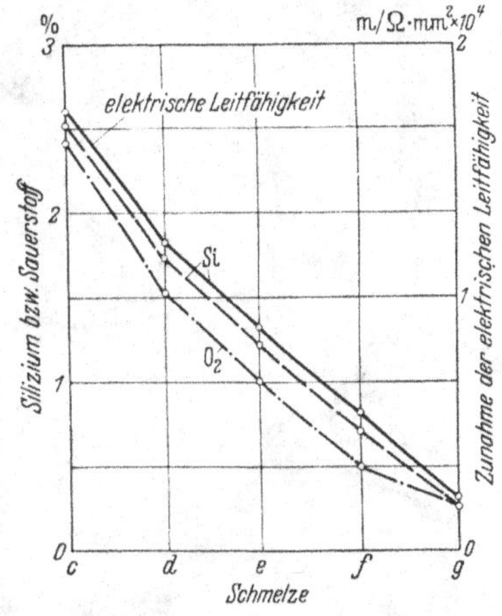

Abb. 740. Zunahme der elektrischen Leitfähigkeit und des Sauerstoffgehaltes durch 300stündiges Glühen bei 650° im Vergleich zum Siliziumgehalt (Reihe II).

Titan. Über den Einfluß des Titans auf das Wachsen von Gußeisen wurden eingehende Untersuchungen von KENNEDY und OSWALD ausgeführt. Das Ergebnis dieser Arbeiten läßt sich dahin zusammenfassen, daß durch eine Desoxydation mit Titan die Neigung zum Wachsen stark vermindert wird. Die Forscher führen diese Erscheinung auf die durch die Desoxydation verminderte Gasmenge zurück. Auch dürfte hierbei die verdichtende Wirkung des Titans, wie PIWOWARSKY (*36*) zeigen konnte, eine wesentliche Rolle spielen. Vermutet werden muß, daß die Desoxydation mit Titan bei Pendelglühungen in höheren Temperaturlagen nur anfangs einen hemmenden Einfluß ausübt. Bei längeren Glühungen werden infolge der durch die Modifikationsänderungen unvermeidlichen Gefügeauflockerung auch gut desoxydierte Werkstoffe nach und nach verstärktes Wachsen zeigen.

Vanadin. Nach ANDREW und HYMAN begünstigt Vanadin, wenn auch weniger ausgeprägt, das Wachsen von Gußeisen. Nach J. CHALLANSONNET (*37*) wirkt Vanadin allein oder in Verbindung mit Molybdän oder Nickel ähnlich wachstumshemmend wie Chrom (vgl. S. 766ff.).

Zusammenfassend läßt sich der Einfluß der verschiedenen Legierungselemente auf das Wachsen des Gußeisens folgendermaßen darstellen: Alle Legierungselemente, wie z. B. Silizium, Aluminium, unter Umständen auch Titan und Nickel, die den Karbidzerfall im Gußeisen begünstigen, wirken wachstumsbefördernd. Alle Legierungselemente, die eine stabilisierende Wirkung auf die Karbide ausüben, wie z. B. Chrom, evtl. auch Mangan und Vanadium u. a., wirken wachstumsvermindernd. Das gleiche gilt von Nickel, selbst in größeren Prozentanteilen, wenn man gleichzeitig einen der Einwirkung auf den Graphitgehalt gleichwertigen Abzug an Silizium vornimmt.

4. Zur Theorie des Wachsens von Gußeisen.

Die älteren Untersuchungen von A. E. OUTERBRIDGE (*38*) aus den Jahren 1904 und 1905 fußen auf der Vorstellung, daß das Wachsen nicht auf chemische oder kristalline Änderungen zurückzuführen ist, sondern auf die thermische Bewegung der Moleküle, die durch mehrmaliges Erhitzen und Abkühlen daran behindert sein sollen, in ihre Ausgangslage zurückzukehren (?). Die Folge sei die Ausbildung feiner Haarrisse, d. h. eine zunehmende Gefügeauflockerung. In späteren Arbeiten des genannten Forschers findet sich allerdings die Ansicht, daß der Druck der eingeschlossenen Gase eine ausschlaggebende Rolle bei den Wachstumsvorgängen spiele. RUGAN und CARPENTER führen das Wachsen auf die bei jedem Temperaturwechsel eindringende oxydierende Atmosphäre und die hierdurch bewirkte Oxydation des Kohlenstoffs und des Eisensilizides zurück. Das Maximum des Wachsens sei dann erreicht, wenn sowohl Silizium als auch das gesamte Eisen zu FeO (?) und SiO_2 oxydiert seien. Im Gegensatz hierzu stehen die Untersuchungen von OKOCHI und SATO (*39*), die als Hauptursache für das Wachsen den Ausdehnungsdruck der eingeschlossenen Gase bei höheren Temperaturen annehmen. Bei der Abkühlung von hohen Temperaturen sollen die vorher eingedrungenen Gase verhindert sein, zu entweichen. Die späteren Untersuchungen von T. KIKUTA (*40*) bringen den experimentellen Nachweis, daß die Voraussetzungen der erwähnten Forscher bezüglich der Gasdurchlässigkeit den Tatsachen nicht entsprechen. KIKUTA steht auf Grund seiner Untersuchungen auf dem Standpunkt, daß weder die Oxydation noch auch die Gase allein die Volumenänderungen hervorrufen können. Ausgehend von der Tatsache, daß die Auflösungsgeschwindigkeit des Kohlenstoffs im γ-Eisen von der Teilchengröße des ersteren abhängig sei, schließt KIKUTA, daß bei der Erhitzung eines Gußeisens in den γ-Bereich die in der Grundmasse verteilten feinen Temperkohleausscheidungen schneller vom Eisen gelöst würden als die gröberen Graphitlamellen. Bei der Abkühlung wiederum würde an den Stellen der größeren Kohlenstoffkonzentration die γ/α-Umwandlung später einsetzen. Die Folge dieser ungleichmäßigen Auflösungs- bzw. Ausscheidungsvorgänge seien Spannungen über den gesamten Querschnitt des Gußstückes, die zu einer fortlaufenden Bildung von feinen Rissen und damit zu irreversiblen Volumenvergrößerungen Anlaß geben. Die durch diese Risse eindringende, oxydierende Atmosphäre wirke ihrerseits ebenfalls in gleichem Sinne. ANDREW gelangte zu folgender Vorstellung über das Wachsen des Gußeisens. Ein Teil des Wachsens wird durch den Zerfall des gebundenen Kohlenstoffs bewirkt. Ein weiterer Anteil fällt auf die längs den Graphitadern eindringende Luft und die dadurch eingeleitete Oxydation des Ferrits zu Fe_3O_4. Darüber hinaus soll bei der Abkühlung gemäß $3\,Fe + 4\,CO = Fe_3O_4 + 4\,C$ elementarer Kohlenstoff in feiner Verteilung abgelagert werden. Durch die von Erhitzung zu Erhitzung fortschrei-

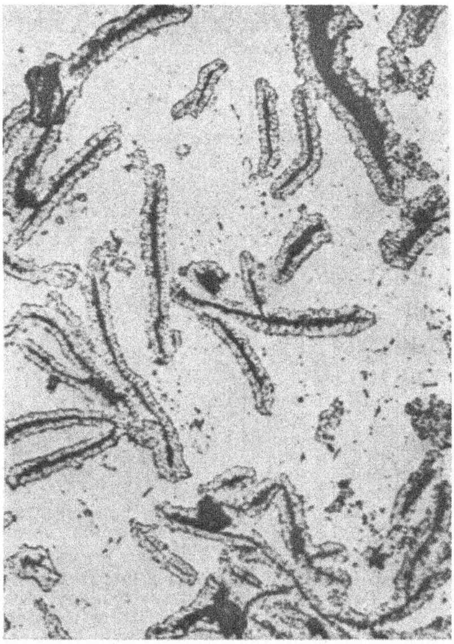

Abb. 741. Gefügeänderung von Gußeisen nach 30maliger Pendelung zwischen 600° und 950° C (ungeätzt, $V = 250$). Nach E. PIWOWARSKY und W. FREYTAG.

tenden Gefügeänderungen, welche durch Oxydation von Eisen (Silikoferrit), Silizium, Graphit usw. bedingt sind, tritt eine sowohl über den ganzen Querschnitt des Gußstücks als auch über die Zeitdauer des Wachsens fortschreitende Änderung des Ausdehnungskoeffizienten ein, was zu Spannungen und Rissen führt und ebenfalls volumensfördernd sich auswirkt. Nach E. SCHEIL (*41*) könnte auch die wahrscheinlich mit einer Volumenänderung verbundene Umwandlung evtl. im Eisen vorhandenen Oxyduls gemäß $4FeO \rightarrow Fe_3O_4 + Fe$ zu ähnlichen Folgen führen. In einer älteren Arbeit gaben C. BENEDICKS und H. LÖFQUIST (*42*) eine rein mechanische Theorie für das Wachsen von Gußeisen bei Temperaturen oberhalb A_1. Die Forscher nahmen an, daß bei Durchschreiten des Umwandlungspunktes die Umwandlung zunächst in den Randschichten des Gußstückes unter Kontraktion einsetze. Dadurch, daß das Innere des Gußstückes noch nicht auf Umwandlungstemperatur gelangt sei, treten zwischen Kern und Rand Spannungen auf, die zu Rissen Anlaß geben. Bei der Abkühlung sollen sich ebenfalls die Randschichten zuerst umwandeln und dadurch wiederum eine weitere Auflockerung des Gefüges zwischen Rand und Mitte bewirkt werden. Die Theorie von BENEDICKS dürfte nur für einen Teil der Raumzunahmen in Frage kommen. Sie gibt nämlich keine Erklärung für die Volumenänderungen, die sich abspielen bei kontinuierlicher Erhitzung oberhalb des Umwandlungspunktes sowie für die Vorgänge unterhalb A_1. Zu einer der Auffassung von O. BENEDICKS und F. LÖFQUIST ähnlichen Vorstellung vom Wachstumsvorgang gelangte E. HURST (*43*). Auf Grund früherer Arbeiten von LE CHATELIER, WINKELMANN und SCHOTT, T. H. NORTON, GREEN und DALÉ (*44*) über das Wachsen feuerfester Steine soll die gesamte Raumzunahme in die von WINKELMANN und SCHOTT abgeänderte Nortonsche Formel

$$W = \frac{A}{\frac{Z}{E} \cdot v}$$

zusammengefaßt werden können. In dieser Formel bedeutet:

W = Neigung zum Wachsen,	E = Elastizitätsmodul,
A = Ausdehnungskoeffizient,	v = Wärmedurchgang.
Z = Zugfestigkeit,	

Von allen bisher erwähnten und noch zu benennenden Forschern konnte übereinstimmend festgestellt werden, daß die ersten Längenänderungen gekennzeichnet waren durch eine allmähliche völlige Abscheidung des Kohlenstoffs in elementarer Form (primäres Wachsen nach F. WÜST und P. LEIHENER), der sich gern an den vorhandenen Graphiteinschlüssen abscheidet (vgl. Abb. 741 nach Versuchen von PIWOWARSKY und FREYTAG). Das mit einer weiteren Auflockerung und Oxydation des Werkstoffs verbundene sekundäre Wachsen ist vorwiegend an die Wechselwirkung mit der umgebenden Gasatmosphäre gebunden. Im Vakuum oder in neutraler Atmosphäre kommt das sekundäre Wachsen mehr oder weniger zum Stillstand. Pendelglühungen im Temperaturintervall der Modifikationsänderungen des Eisens werden für die Mehrzahl der praktischen Fälle zu scharf sein, immerhin aber relativen und vergleichlichen Wert behalten.

Vorgänge unterhalb A_1: Die Zahl der speziellen Untersuchungen über die unterhalb A_1 auftretenden Wachstumsvorgänge ist nicht sehr groß. Aus den Untersuchungen von A. CAMPION und J. W. DONALDSON (*46*) ergibt sich, daß durch wiederholtes Erhitzen auf 550° nur Volumenänderungen von 0,2 bis 0,4% festgestellt werden konnten. Die Veränderung des spezifischen Volumens von Gußeisen durch wiederholte Erhitzung bis 550° C und Abkühlung wurde von A. CAMPION und J. W. DONALDSON an folgenden Materialien untersucht:

Probe	Ges.-C %	Graphit %	Si %	S %	P %	Mn %
A 4	3,37	2,64	1,56	0,073	0,950	0,54
A 5	3,38	2,66	1,23	0,061	0,751	1,08
A 6	3,29	2,59	1,72	0,072	0,766	1,66

Es zeigte sich hierbei, daß mit der Zahl der Erhitzungen bis etwa zur fünften das spezifische Volumen eine Vermehrung um 0,25 bis 0,4% erfuhr. Weitere Pendelungen bewirken alsdann merkwürdigerweise wieder eine Verminderung des spezifischen Volumens auf etwa die Hälfte der ursprünglichen Zunahme. Dieser Wert blieb alsdann auch noch nach 20 Erhitzungen und Abkühlungen praktisch konstant. Die Versuche von SCHWINNING und FLÖSSNER (*47*) an Maschinenguß führten zu dem Ergebnis, daß sich die Raumzunahmen unterhalb A_1 besonders in dem Temperaturgebiet zwischen 550 und 650° abspielen (Abb. 742). Die Verfasser wiesen nach, daß die beobachteten Volumenänderungen in der Hauptsache auf den Zerfall des perlitischen Zementits zurückzuführen sind. Auf An-

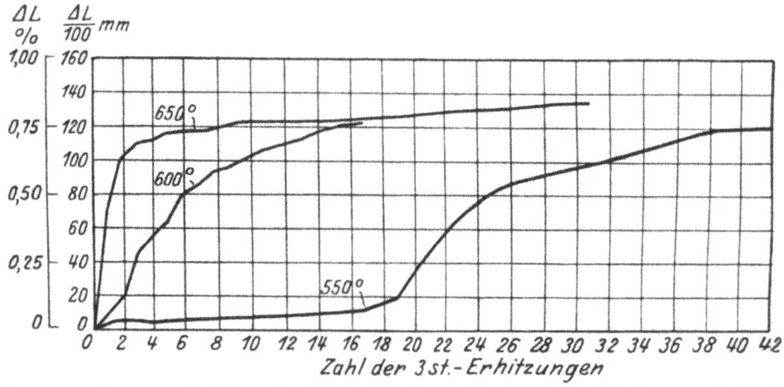

Abb. 742. Längenzunahme von Gußeisen in Abhängigkeit von der Zahl der Erhitzungen bei 550°, 600° und 650° (SCHWINNING u. FLÖSSNER).

regung des Unterausschusses für Vorwärmerfragen des Vereins deutscher Ingenieure führte C. PARDUN (*48*) Wachstumsversuche unterhalb A_1 an gußeisernen Ekonomiserrohren bei Sand- und Schleuderguß aus. Hierbei zeigten die Schleudergußrohre im Gegensatz zu den Sandgußrohren, selbst bei Dauerglühungen zwischen 300 und 400°, keine Volumenänderungen. Diese Volumenbeständigkeit von Schleudergußrohren wird auf den Glühprozeß zurückgeführt, dem die Rohre nach erfolgtem Guß zwecks Beseitigung der gehärteten Oberflächenzone bzw. zum Gefüge- und Spannungsausgleich unterzogen werden. Bei phosphorreichen Ekonomiserrohren beobachtete P. BARDENHEUER (*49*) unterhalb 500° ebenfalls nur ein geringes Wachsen.

Interessante Ergebnisse erzielten F. WÜST und P. LEIHENER an verschiedenen Gußeisensorten. Sie konnten feststellen, daß an der Luft erschmolzene Proben durch längeres Glühen bei 600° in neutraler Atmosphäre mehr wachsen, als aus dem analytisch feststellbaren Karbidzerfall theoretisch zu erwarten war. Waren sie aber vorher bei 450° (55 Stunden) im Vakuum geglüht worden, so näherte sich der Betrag des Wachsens mehr dem theoretischen, während im Vakuum erschmolzene Proben den theoretisch möglichen Wert nicht überschritten. Es zeigte sich ferner, daß Proben aus dem gleichen Gußblock, je nachdem, ob sich die Entnahmestelle am Rande oder in der Mitte des Blockes befand, verschiedene Raumzunahmen aufwiesen. Die Größe der Volumenänderung nahm, wie Abb. 743 zeigt, vom Rand des Blockes nach der Mitte hin zu. Alle diese Versuche beweisen den starken Einfluß der Gase, ohne allerdings Anhaltspunkte für den Mechanismus der Beeinflussung zu bieten. Auch der vorherrschende Einfluß der Graphitausbildung konnte bei diesen Versuchen beobachtet werden. Desgleichen stellten die Verfasser fest, daß auch bei diesen unterhalb A_1 durchgeführten Glühungen die aus dem perlitischen Zementit sich bildende Temperkohle an die Graphitlamellen anlagerte. Aus ihren Beobachtungen schließen diese Forscher, daß das Lösungsvermögen des Ferrits (vgl. S. 47) für Kohlenstoff in Gegenwart von Zementit größer sein muß als in Gegenwart von Graphit.

Das daraus sich ergebende Konzentrationsgefälle gleicht sich durch Diffusion aus, d. h. vom Zementit geht dauernd etwas in Lösung und wandert zum Graphit. Die Geschwindigkeit dieses Vorganges ist also bestimmt durch den von der Temperatur abhängigen Diffusionskoeffizienten, durch das noch unbekannte Lösungsvermögen des Ferrits für Kohlenstoff und das davon abhängige Konzentrationsgefälle. Was die Volumenänderungen im Heißdampf betrifft, so beobachtete schon C. Carpenter an einem Turbinengehäuse Raumänderungen bis zu 7%. Gußeiserne Ventile zeigten nach dem gleichen Forscher im überhitzten Dampf derartige Volumenvergrößerungen, daß ihre Lebensdauer nur sehr beschränkt war. Auch von O. Wedemeyer (*50*) wurden ähnliche Beobachtungen an einer Dampfturbine gemacht. Nach 7jähriger Betriebsdauer waren alle Teile der Turbinen, die mit dem überhitzten Dampf in Berührung gestanden hatten, weitgehendst aufgelockert und oxydiert. Aus Versuchen von E. Piwowarsky (*45*) an Gußeisensorten mit wechselndem Silizium-, Phosphor-, Schwefel- und Chromgehalt ging hervor, daß bei Behandlung im Dampfstrom von 300 bis 450° die Volumenänderungen sowohl auf Karbidzerfall als auch auf Oxydation der Grundmasse und der Begleitelemente zurückzuführen sind. Es zeigte sich, daß höhere Phosphor- und Chromgehalte einen verzögernden Einfluß auf das Wachsen ausübten (Abb. 744 bis 748 und Zahlentafel 135). Diese günstige Beeinflussung dürfte hinsichtlich des Chromzusatzes auf der karbidstabilisierenden, graphitverfeinernden und gußverdichtenden Wirkung beruhen. Kurze und zusammenhanglose Graphitlamellen liefern günstigere Ergebnisse als längere und evtl. miteinander in Verbindung stehende Graphitadern [vgl. Abb. 749 nach Versuchen von F. Wüst und P. Leihener (*18*)]. Selbst die von Piwowarsky (*45*) ausgeführten Pendelungen zwischen + 300 und − 185° zeigten noch den Einfluß der Schmelzüberhitzung, d. h. die Beeinflussung der Volumenänderungen durch die Graphitausbildungsform. Alle Proben, die besonders hoch überhitzt waren, zeigten eine geringere Verkürzung bei der erwähnten Wärme- bzw. Kältebehandlung. Wüst und Leihener (*18*) konnten an verschiedenen Gußeisenproben, die in die Dampfleitung einer Turbinenanlage eingelegt worden waren (19 at und 330° C), nach mehr als 5000 Stunden nur Wachstumswerte von etwa 0,1% feststellen (Abb. 749e), wobei allerdings diejenigen Proben, welche vorher in neutraler Atmosphäre bei Laboratoriumsversuchen am meisten gewachsen waren, die größten Werte hatten. Nach Versuchen von Coyle (*51*) beginnt ein stärkeres Wachsen in überhitzter Dampfphase erst bei 500°, dagegen im fließenden Dampfstrom schon bei 425°. Für das praktische Verhalten von Gußeisen im überhitzten Dampf, wo schon von 200° an Zerstörungen von Maschinen und Bauteilen beobachtet worden sind, müßten

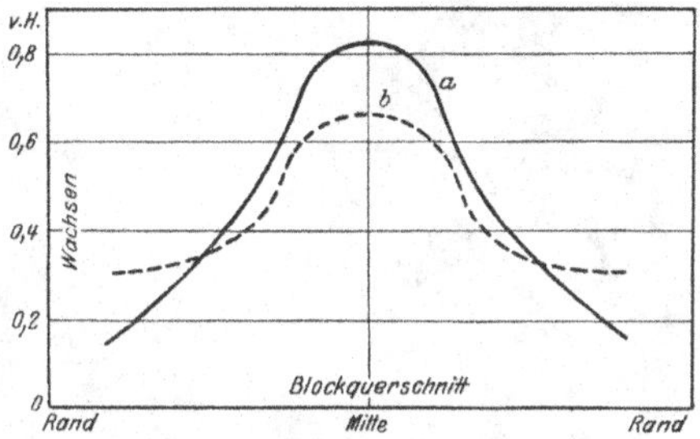

Abb. 743. Abhängigkeit des Wachsens von der Lage der Probekörper im Block (F. Wüst und P. Leihener).

demnach noch bisher nicht erfaßte zusätzliche, die Raumänderungen beschleunigende Umstände von Bedeutung sein. Neuerdings vermutet man u. a. in den Schwingungen derartiger Maschinen zusätzliche (möglicherweise den Werkstoff auflockernde) Einflüsse. Vielleicht spielt aber auch die bei Gußeisen besonders ausgeprägte Neigung, unter wiederholtem Belastungswechsel eine ausgeprägte

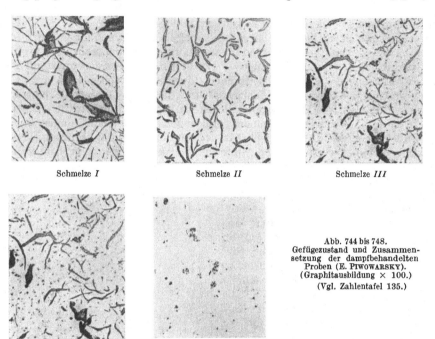

Schmelze *I*

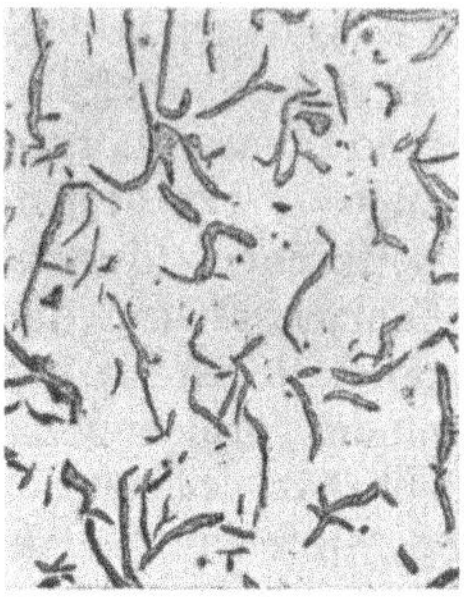

Schmelze *II*

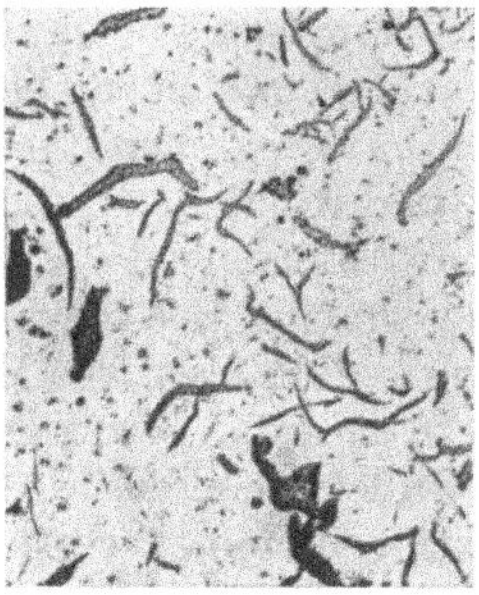

Schmelze *III*

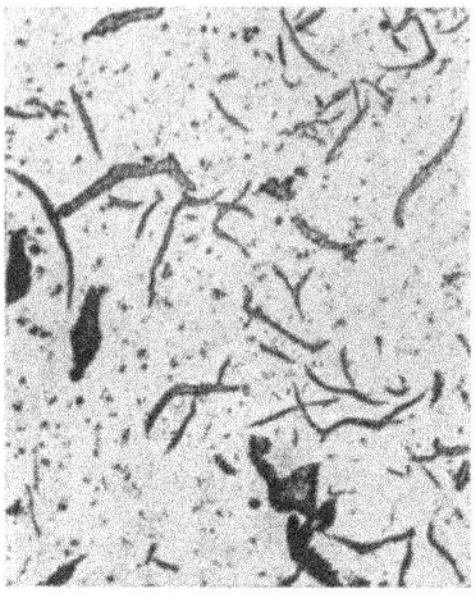

Schmelze *IV*

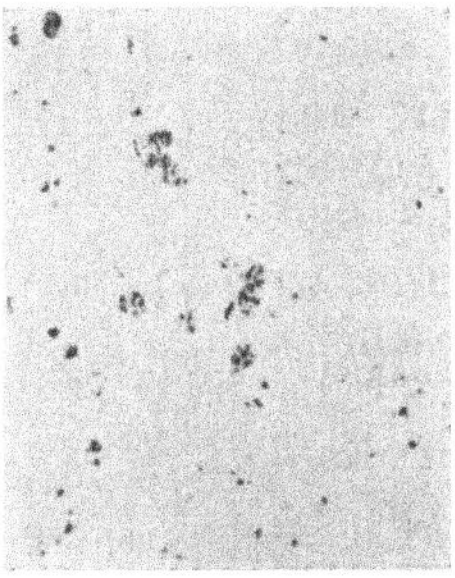

Schmelze *V*

Abb. 744 bis 748. Gefügezustand und Zusammensetzung der dampfbehandelten Proben (E. Piwowarsky). (Graphitausbildung × 100.) (Vgl. Zahlentafel 135.)

Zusammensetzung	I	II	III	IV	V
Ges.-C %	3,55	3,04	2,89	2,98	3,42
Graphit %	2,78	2,03	1,73	1,64	0,06
Si %	2,13	1,08	0,97	1,14	1,00
Mn %	0,50	0,43	0,46	0,47	0,48
S %	0,03	0,03	0,03	0,12	0,03
P %	Sp.	Sp.	0,63	Sp.	Sp.
Cr %	—	—	—	—	1,12

Hysteresis zu zeigen (vgl. Abb. 750) (*52*), eine im Rahmen dieses Fragenkomplexes noch wenig beachtete zusätzliche Rolle, da die Summierung der Belastungseffekte leicht zu bleibenden Verformungen (Volumenänderungen) führen dürfte. Zur Erklärung der Unstimmigkeit zwischen Längen- und Volumenänderung wurde von E. Scheil (*2*) ferner darauf hingewiesen, daß vielleicht das Wachsen unter Oxydation am Rande schneller verlaufe als das Wachsen im Kern der Stücke, das vornehmlich durch Karbidzerfall zustande komme. Die hierdurch verursachten Spannungen könnten ebenfalls die Verlängerung beeinflussen.

In zahlreichen Fällen werden sich jedenfalls die einzelnen Einflüsse so überlagern, daß nicht festzustellen ist, welcher Einfluß sich am stärksten durchsetzt. So untersuchte E. Piwowarsky z. B. drei Eisensorten, und zwar: Mischer-Eisen, Emmel-Eisen und Elektro-Eisen nach der Kurzmethode des Wachsens (*3*) unter

Zahlentafel 135. Einfluß einer Behandlung im Dampfstrom bei verschiedenen Temperaturen auf Gußeisen (vgl. Abb. 744 bis 748).

Behandlung im Dampfstrom bei		300° C					350° C					450° C				
Schmelze Nr.		I	II	III	IV	V	I	II	III	IV	V	I	II	III	IV	V
Gewichtszunahme durch die Dampfbehandlung . . . . %		0,41	0,38	0,25	0,23	0,27	0,85	0,70	n. b.	0,64	0,82	2,80	1,93	1,86	1,89	1,72
Volumenänderung durch die Dampfbehandlung . . . . %		—	—	—	—	—	—	—	—	—	—	10,2	4,4	4,2	6,6	5,4
Gewichtsverlust der Proben durch die chemische Entzunderung mittels KOH und Zinkstaub . . %		0,78	1,20	0,57	0,60	0,69	1,28	2,00	n. b.	1,26	2,25	6,9	5,0	4,7	3,4	4,2
Sauerstoffwerte der zunderfreien Kernzone . . . . . %	Extraktionsmethode . %	0,054	0,029	0,022	0,045	0,005	0,168	0,033	n. b.	0,043	0,008	0,684	0,053	0,051	0,422	0,015
	Chlormethode . . %	—	—	—	—	—	—	—	—	—	—	0,736	0,070	0,093	0,502	0,059
Änderung des Graphit- und des Gesamt-C-Gehaltes durch die Dampfbehandlung . . %	ges. C. . . %	3,44	2,94	2,85	2,95	3,40	3,37	2,84	n. b.	2,90	3,31	3,09	2,83	2,71	2,73	3,08
	Graphit. . %	2,72	1,92	1,71	1,63	0,08	2,70	1,85	n. b.	1,63	0,14	2,79	1,87	1,99	1,73	0,21
	geb. C . . %	0,72	1,02	1,14	1,32	3,32	0,67	0,99	n. b.	1,27	3,17	0,30	0,96	0,72	1,00	2,87

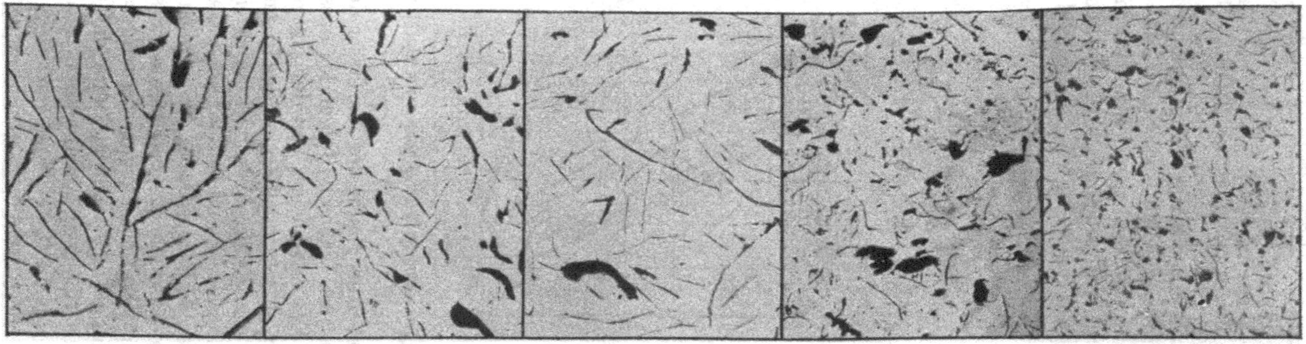

Probe: a — b — c — d — e
Wachsen: 4% — 1,76% — 1,24% — 0,81% — 0,12%

Abb. 749. Einfluß der Graphitausbildung auf das Wachsen von Gußeisen; ungeätzt × 100 (WÜST und LEIHENER).

1 kg Belastung bei 650° während zweimal 20 Stunden und fand:

	Längen-änd. %	C %	Si %	Si + C %	Mn %	P %	S %
Mischer-Eisen .	1,57	3,57	1,99	5,56	0,49	0,72	0,024
Emmel-Eisen .	0,425	3,07	1,71	4,78	1,06	0,11	0,092
Elektro-Eisen .	0,140	2,89	1,59	4,48	0,78	0,19	n. b.

Man sieht, daß die Volumenänderungen sowohl mit dem fallenden Kohlenstoff- bzw. Siliziumgehalt, der Summe C + Si, als auch der zunehmenden Entgasung der Schmelze bzw. der Schmelzüberhitzung in Zusammenhang gebracht werden könnten. Wahrscheinlich aber wirkten sämtliche Faktoren zu gleicher Zeit in dem erwarteten Sinne ein. Aus den angeführten Untersuchungen sowie auf Grund eige-

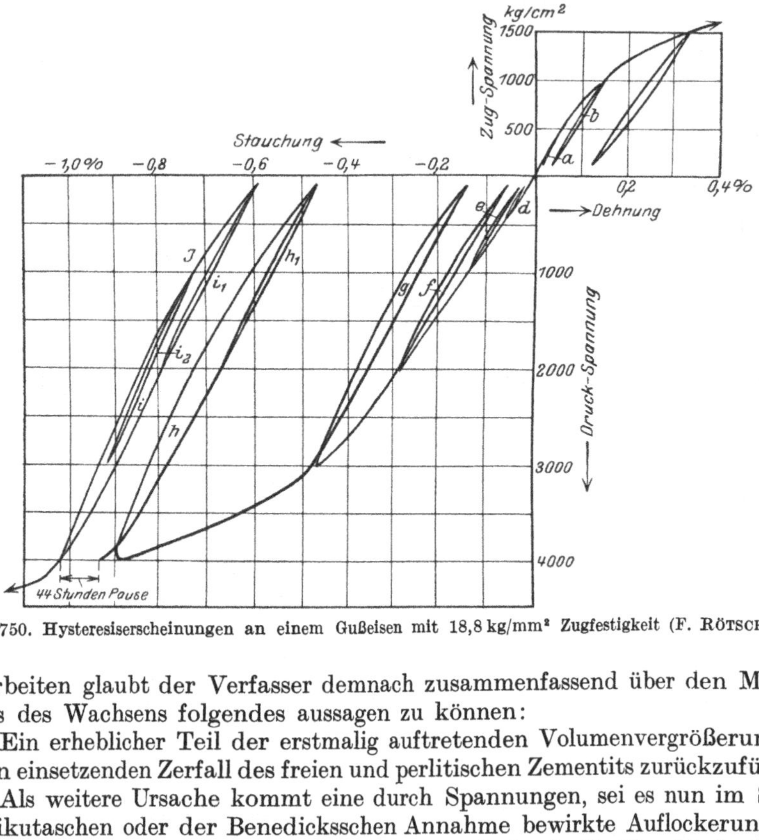

Abb. 750. Hysteresiserscheinungen an einem Gußeisen mit 18,8 kg/mm² Zugfestigkeit (F. RÖTSCHER).

ner Arbeiten glaubt der Verfasser demnach zusammenfassend über den Mechanismus des Wachsens folgendes aussagen zu können:

1. Ein erheblicher Teil der erstmalig auftretenden Volumenvergrößerung ist auf den einsetzenden Zerfall des freien und perlitischen Zementits zurückzuführen.

2. Als weitere Ursache kommt eine durch Spannungen, sei es nun im Sinne der Kikutaschen oder der Benedicksschen Annahme bewirkte Auflockerung des Gefüges in Frage. Diese Spannungen können auch durch die Verschiedenheiten in den Ausdehnungskoeffizienten des Eisens, des Graphits und der nichtmetallischen Verunreinigungen hervorgerufen werden. Nachdem eine gewisse Auflockerung eingetreten ist, setzt der Oxydationsvorgang ein und damit ein verstärktes Wachsen. Anzunehmen ist, daß zunächst Eisen und Silizium, dann erst der Kohlenstoff oxydiert werden.

3. Die Reaktionsgase und die im Gußeisen eingeschlossenen Gase können rein mechanisch nur zu einem sehr geringen Teil zum Wachsen beitragen. Dagegen können katalytische Wirkungen auf den Karbidzerfall in Frage kommen sowie physikalische oder molekulare Beeinflussungen noch zu klärender Natur. Sind

die Gase oxydierend, so wirken sie in gleicher Weise wie die von außen eindringende Atmosphäre.

4. Zunehmende spezifische Dichte (*53*) begünstigt die Volumenbeständigkeit durch Behinderung des Karbidzerfalls und des Gaszutritts zum Innern der Gußstücke.

5. Feine, temperkohleartige Graphitausbildung behindert den Gasaustausch zwischen Gußstück und Atmosphäre und damit das Wachsen. Auch vom Standpunkte der Ausbildungsmöglichkeit mechanischer Spannungen gemäß Punkt 2 ist diese Graphitform die günstigere.

5. Die Herstellung volumenbeständigen Gußeisens.

Über diesen Gegenstand sind im Laufe der letzten Jahre im einschlägigen Schrifttum zahlreiche Ausführungen und Vorschläge angeführt worden. Es darf jedoch vorweggenommen werden, daß bei allen Gußeisensorten, selbst bei denen, die als besonders volumenbeständig bezeichnet werden müssen, die Volumenkonstanz lediglich eine Frage der Temperatur und Glühdauer ist. Selbst das beste Gußeisen wird bei zeitlich ausgedehnten Pendel- oder Dauerglühungen in höheren Temperaturbereichen noch mehr oder minder merkliche Gefüge- und Volumenänderungen erfahren.

Auf Grund der bisherigen Ausführungen läßt sich sagen, daß die Hauptschwierigkeit, die bei der Herstellung eines volumenbeständigen Gußeisens zu überwinden ist, in der Stabilisierung des Eisenkarbides liegt. Diese läßt sich in erster Linie erreichen durch einen niedrigen Kohlenstoff-, besonders aber durch einen niedrigen (evtl. teilweise durch Nickel ersetzten) Siliziumgehalt bei gleichzeitig möglichst weitgehender Verfeinerung des Graphits (Schmelzüberhitzung), Erhöhung der spez. Dichte, d. h. einer möglichst gasarmen Herstellung (Desoxydation, Vakuumbehandlung, Formsandqualität) sowie mäßigen Zusätzen von Chrom. Nach H. Reininger (*59*) ist es daher richtiger, im unmittelbaren Gußzustand ein verhältnismäßig hartes Eisen mit feiner Graphitabscheidung zu erzeugen, das dann durch planmäßiges Glühen erweicht wird. Dieses „Ausglühen" ist natürlich mit einem Wachsen verbunden, was für die endgültigen Gußstückabmessungen zu berücksichtigen ist. Das Wachsen wird somit als Bestandteil der Gußerzeugungsvorgänge vorausgenommen, wonach aber die so behandelten, hinsichtlich ihres Gefügezustandes nunmehr stabilisierten Gußteile volumenbeständiger sind. Diese Auffassung konnte eindeutig belegt werden an Hand ausführlicher Probekörperuntersuchungen sowie an Auspuffkrümmern und Feuerungsrosten.

Es sei ausdrücklich bemerkt, daß dieses Verfahren des Nachglühens (*57*) nur empfohlen werden kann für Hitzeeinwirkungen auf die Gußteile zwischen etwa 500 und 1000°. Bis 550° Einwirkungstemperatur können die Zementitanteile im Gefüge durch „Karbidstabilisatoren" in Gestalt von Chrom-, Vanadin-, Wolfram-, Mangan- oder Molybdängehalten genügend hitzebeständig gehalten werden,

Zahlentafel 136. Zusammensetzung und Zugfestigkeit der Hauptversuchsproben.

Probe Nr.	Ges.-C %	Graphit %	Si %	Mn %	P %	S %	Cr %	Ni %	Mo %	Zugfestigkeit kg/mm²
10	3,12	2,48	1,43	1,08	0,31	0,012	—	—	—	25,0
11	3,12	2,47	1,47	—	—	—	0,72	—	—	28,0
12	3,12	2,55	1,49	—	—	—	—	—	1,05	25,5
13	3,10	2,45	1,41	—	—	—	—	0,55	—	23,9
14	3,12	2,30	1,41	—	—	—	0,63	0,58	0,99	29,9

d. h. es gelingt so, bis etwa zu dieser Grenztemperatur durchaus raumbeständige Gußstücke, z. B. Motorfahrzeugzylinder und -zylinderköpfe zu erzeugen.

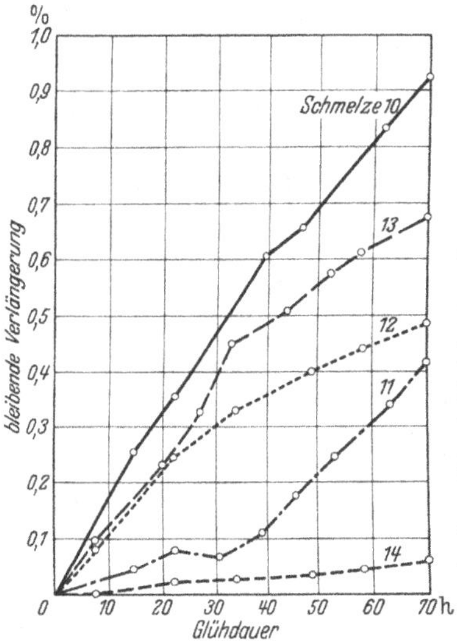

Abb. 751. Bleibende Verlängerung der untersuchten Proben von 5 mm Durchmesser durch Glühen bei 625° (TH. MEIERLING).

TH. MEIERLING (*54*) fand bei Glühversuchen mit schwach legiertem Gußeisen, daß ein Material mit 3,1% C, 1,4% Si, 1,1% Mn, 0,6% Cr, 0,6% Ni und 1% Mo neben guter Warmfestigkeit die beste Volumenbeständigkeit (70stündiges Glühen bei 625 bis 675° sowie Pendelglühungen zwischen 200 und 900°) aufwies (Abb. 751 und Zahlentafel 136 bis 138).

In diesem Zusammenhang interessiert eine Patentanmeldung der Fa. Otto Jachmann A.-G., Berlin-Borsigwalde (*55*), derzufolge für Gegenstände, die bei Temperaturen über 400° praktisch volumenbeständig sein müssen, eine Graugußlegierung mit 0,1 bis 2,5% Molybdän, 0,2 bis 2% Chrom und 0,1 bis 8% Nickel Verwendung findet, wobei die genannten Legierungselemente in die auf eine Temperatur von über 1650° erhitzte Graugußschmelze eingebracht werden. So ergab ein 144stündiges Glühen auf 625° die Grundlage einer Ermittlung des richtigen Werkstoffs. Für die verschiedenen Möglich-

Zahlentafel 137. Änderung der Warmzugfestigkeit der Hauptproben bei 625° in Abhängigkeit von der Zeit der Glühung bei dieser Temperatur.

Probe Nr.	Zugfestigkeit in kg/mm² nach Glühung von						
	0 st	2 st	5 st	15 st	30 st	50 st	100 st
10	25,0	14,5	—	12,7	14,3	12,5	10,4
11	28,0	20,4	12,9	12,3	13,8	12,8	18,4
12	25,5	19,3	—	14,7	13,3	14,9	16,6
13	23,9	18,7	—	15,6	20,8	17,4	9,8
14	29,9	26,5	23,4	22,6	23,8	20,5	20,8

Zahlentafel 138. Längenänderung der untersuchten Proben von 2 mm Durchmesser durch pendelndes Erhitzen zwischen 20 und 900°.

Probe Nr.	1. Pendelung %	2. Pendelung %	3. Pendelung %	4. Pendelung %	Gesamt %
10	+0,045	+0,080	+0,160	+0,243	+0,528
11	−0,205	−0,052	+0,013	+0,004	−0,260
12	+0,118	+0,047	+0,136	+0,200	+0,501
13	+0,083	+0,148	+0,279	+0,280	+0,790
14	−0,084	−0,053	−0,015	−0,018	−0,170

keiten, volumenbeständiges Gußeisen zu erhalten, ist somit bevorzugt die im Betriebe der Gußteile zur Einwirkung gelangende Temperatur und ihre Dauer von Bedeutung, wie folgende Zahlen (*55*) zeigen:

Legierungstemperatur	Längenausdehnung
1690° C	0,02%
1550° C	0,07%
1430° C	0,16%

Interessant sind auch die Feststellungen von PIWOWARSKY und FREYTAG (*17*), daß die gasarm erschmolzenen (Vakuum-) Proben bzw. die chromhaltigen, besonders aber diejenigen, welche den Kohlenstoff in Temperkohleform besitzen, selbst bei ziemlich hohen Siliziumgehalten (etwa 2%) mehr und mehr von der erwarteten Beziehung zwischen Siliziumgehalt und der Gewichtszunahme abweichen, während die Beziehungen zwischen Gewichtszunahme und Längenänderung unabhängig von der Größe des Wachsens und der Art der Schmelzführung erhalten bleiben.

Für Zwecke, die hohe Volumenbeständigkeit auch bei sehr hohen Temperaturen erfordern, hat man übrigens immer die Möglichkeit, auf die mit Nickel-Chrom oder Aluminium höher legierten Spezialgußeisensorten zurückzugreifen. Zahlentafel 139 nach einer Arbeit von H. J. TAPSELL, M. L. BECKER und C. G. CONWAY (*56*) gibt eine Vorstellung von der hohen Volumenbeständigkeit verschiedener Spezialgußeisensorten.

Als weitere Möglichkeiten, das Wachsen von Grauguß zu verhindern, seien erwähnt die Verfahren der Oberflächenbehandlung durch Sherardisieren, Galvanisieren, Emaillieren und Verchromen sowie durch Spritzbehandlung (nach U. SCHOOP). Auch die Verwendung von Überzugstoffen, die für Gase undurchlässig sind und etwa den gleichen Ausdehnungskoeffizienten wie das Eisen besitzen, wird für kleinere Gebrauchsgegenstände in Frage kommen. Erfolge sind nach dieser Richtung in jüngerer Zeit durch die Oberflächenbehandlung mit Aluminium erzielt worden (*58*).

Zahlentafel 139. Ergebnisse über das Wachsen von fünf Gußeisen (nach H. J. TAPSELL, M. L. BECKER und C. G. CONWAY).

Versuchstemperatur °C	Grauguß			Nickel-Chrom-Gußeisen			Silal-Gußeisen			Nicrosilal-Gußeisen			Niresist-Gußeisen		
	a*	b*	c*	a	b	c	a	b	c	a	b	c	a	b	c
450	130	0,02	0,05	89	0,06	0,10	114	0,0025	< 0,012	44	0,162	0,70	56	0,063	0,08
540	66	0,91	1,30	78	0,37	0,60	62	0,0075	< 0,016	43	0,58	1,1	41	0,01	0,02
540 [1]	40	0,028	0,016	40	0,018	0,032	—	—	—	—	—	—	—	—	—
850	—	—	—	—	—	—	15	2,52	—	41	0,05	—	42	0,33	—
											I. Schmelzung	II. Schmelzung			
Ges.-Kohlenstoff . %		3,29			3,19			2,39			1,75	1,80		2,44	
Graphit . . . . %		2,19			2,54			2,31			1,47	1,53		1,70	
Silizium . . . . %		1,27			2,13			5,72			5,84	4,43		1,11	
Mangan . . . . %		0,28			0,58			0,67			0,68	0,60		0,76	
Phosphor . . . . %		0,72			0,80			0,30			0,045	0,036		0,26	
Schwefel . . . . %		0,12			0,090			0,063			0,039	0,046		0,057	
Nickel . . . . . %		—			0,67			—			17,72	18,67		16,56	
Chrom . . . . . %		—			0,34			—			2,10	2,56		3,30	
Kupfer . . . . . %		—			—			—			—	—		7,30	

* a = Anzahl der Tage, b = lineare Gesamtdehnung in % am Ende der Versuchszeit, c = Dehngeschwindigkeit in 10^{-5} %/st am Ende der Versuchszeit. [1] 5 Tage bei 650° angelassen.

Schrifttum zum Kapitel XVIb.

(1) Gemeinschaftssitzung der Turbinenkommission mit dem Unterausschuß für Gußeisen beim VDE vom 21. Jan. 1930.
(2) SCHEIL, E.: Arch. Eisenhüttenw. Bd. 10 (1936/37) S. 111.
(3) PIWOWARSKY, E., u. O. BORNHOFEN: Arch. Eisenhüttenw. Bd. 5 (1931/32) S. 163.
(4) OBERHOFFER, P., u. E. PIWOWARSKY: Stahl u. Eisen Bd. 45 (1925) S. 1173.
(5) RUGAN, H. F., u. H. C. H. CARPENTER: J. Iron Steel Inst. Bd. 2 (1909) S. 29.
(6) CARPENTER, H. C. H.: J. Iron Steel Inst. Bd. 1 (1911) S. 196.
(7) ANDREW, J. H.: J. Iron Steel Inst. Carnegie Schol. Mem. 1911 S. 236; Trans. Amer. Foundrym. Ass. Juni 1927; Stahl u. Eisen Bd. 47 (1927) S. 2126; J. Iron Steel Inst. Bd. 2 (1925) S. 167; Foundry 1927 S. 959.
(8) PIWOWARSKY, E.: Wachsen und Schwinden von Gußeisen und der hochwertige Grauguß. Gießereiztg. 1926 S. 371/414; Trans. Amer. Foundrym. Ass. Sept. 1926; Gießereiztg. 1926 S. 379, 414.
(9) STÄGER, H.: BBC-Mitt. Bd. 13 (1926) Nr. 2.
(10) MESSERSCHMIDT: Gießereiztg. 1913 S. 589/92, 692/95, 725/29.
(11) FLETCHER, Diskussion Arbeit HURST: J. Iron Steel Inst. 1917.
(12) CAMPBELL u. GLASFORD: Mitt. Intern. Verb. Materialprüfungen. New York 1912.
(13) HURST, J. E.: J. Iron Coal Trades Rev. 1918 S. 415; Stahl u. Eisen Bd. 39 (1919) S. 881; Jahresvers. Amer. Foundrym. Ass. 1918; Stahl u. Eisen Bd. 38 (1918) S. 248; Foundry Trade J. 1925 H. 49 und 52; Engineering 1919 4. Juli; Engineering 1916 S. 97; Stahl u. Eisen Bd. 37 (1917) S. 211; Foundry Trade J. 1926 S. 137; Ref. Gießerei Bd. 14 (1926) S. 807.
(14) ANDREW u. HYMAN: J. Iron Steel Inst. Bd. 1 (1924) S. 451/63; Ref. Stahl u. Eisen Bd. 44 (1924) S. 1050/53.
(15) PEARSON, C. E.: J. Iron Steel Inst. Carnegie Schol. Mem. 1926 S. 281.
(16) HONEGGER, E.: Das Wachsen von Gußeisen bei hohen Temperaturen. BBC-Mitt. Bd. 12 Nr. 10 (1925) S. 201/08; Gießereiztg. 1926 S. 132.
(17) PIWOWARSKY, E., u. W. FREYTAG: Diss. Aachen 1928 (W. FREYTAG); Gießerei Bd. 15 (1928) S. 1193.
(18) Diss. P. LEIHENER. Aachen 1928 sowie Mitt. K.-Wilh.-Inst. Eisenforschg. Bd. 10 (1928) S. 265; vgl. Stahl u. Eisen Bd. 49 (1929) S. 366, Bd. 50 (1930) S. 1136.
(19) SIPP, K., u. F. ROLL: Gießerei 1927 Heft 24 S. 415; Ref. Gießereiztg. 1927 S. 229/44, 280/84; Gießereiztg. (1927) S. 229 und 281; vgl. a. MEYERSBERG: Perlitguß. Berlin: Julius Springer 1927.
(20) FRENCH: L'usine 1926 11. Dez. Heft 21; vgl. a. KENNEDY u. OSWALD: Einfluß der Zusammensetzung. Metal Ind. 1926 S. 395; Ref. Gießerei 1926 S. 973; vgl. CARPENTER, H. C. H.: Proc. 1912 Bd. 28; Stahl u. Eisen Bd. 31 (1911) S. 866; J. Iron Steel Inst. Bd. 1, (1911) S. 196 (819); Stahl u. Eisen Bd. 33 (1913) S. 1280. RUGAN u. CARPENTER: Trans. Amer. Inst. min. metallurg. Engrs. Bd. 35 (1905) Heft 223 S. 44; J. Iron Steel Inst. Bd. 2 (1909) S. 29, 1943. RUGAN: J. Iron Steel Inst. 1912 4. Okt. RICHMANN, A. J.: Foundry Trade J. 1925 26. Nov. S. 449, 3. Dez. S. 417. KENNEDY u. OSWALD: Trans. Amer. Foundrym. Ass. 1926; Stahl u. Eisen Bd. 57 (1937) S. 140.
(21) NORBURY, A. L., u. E. MORGAN: J. Iron Steel Inst. Bd. 1 (1931) S. 413.
(22) KENNEDY u. OSWALD: Trans. Amer. Foundrym. Ass. 1926; Stahl u. Eisen Bd. 47 (1927) S. 140.
(23) Engineering 1916 S. 97, sowie ebenda 1919 4. Juli; Stahl u. Eisen Bd. 37 (1917) S. 211; Foundry Trade J. Bd. 2 (1926) S. 137; Ref. Gießerei 1926 S. 807.
(24) RICHMAN: Foundry Trade J. 1925 S. 449, 471.
(25) BAUER, O., u. K. SIPP: Gießerei Bd. 17 (1930) S. 989.
(26) SÖHNCHEN, E., u. E. PIWOWARSKY: Stahl u. Eisen Bd. 55 (1935) S. 340; vgl. REBECCA HALL: Pig Iron Rough Notes (Sloss Sheffield Steel & Iron Co.), Birmingham, Ala. Bd. 58 (1934) S. 2.
(27) ANDREW u. HIGGINS: Vortr. J. Iron Steel Inst. Sept. 1925; Iron Coal Trade Rev. Bd. 111 (1925) Nr. 3002 S. 389/93; Foundry Trade J. 1925 S. 235; vgl. a. Rev. Métall. 1926 S. 363/64; Ref. Gießerei 1926 S. 522.
(28) Gießerei Bd. 15 (1928) S. 1018 und 1047.
(29) ROLL, F.: Gießerei Bd. 17 (1930) S. 995.
(30) a. a. O.
(32) Vgl. Zuschriftenwechsel E. PIWOWARSKY — O. BAUER und K. SIPP: Gießerei Bd. 18 (1931) S. 84.
(33) Vgl. D.R.P. 480284, Kl. 18b, Gr. 1 vom 2. Dez. 1923. H. Lanz A. G.: Durch Nickel veredeltes Gußeisen.
(34) PIWOWARSKY, E., u. O. BORNHOFEN: Arch. Eisenhüttenw. Bd. 7 (1933/34) S. 269.

(35) PIWOWARSKY, E., u. E. SÖHNCHEN: Metallwirtsch. Bd. 12 (1933) S. 417.
(36) PIWOWARSKY, E.: Stahl u. Eisen Bd. 43 (1923) S. 1491.
(37) CHALLANSONNET, J.: Bericht C. I./4. auf dem Internationalen Gießerei-Kongreß in Paris (1937).
(38) OUTERBRIDGE, A. E.: Trans. Amer. Inst. min. metallurg. Engrs. Febr. 1904; Bd. 35 (1905) S. 223/244; Stahl u. Eisen Bd. 24 (1904) S. 407.
(39) OKOCHI u. SATO: Z. Tokyo Imp. Univ. Bd. 10 (1920) S. 3.
(40) KIKUTA, T.: Sci. Rep. Tôhoku Univ. Bd. 11 (1922) S. 1; Rev. Métall. 1922 S. 579.
(41) SCHEIL, E.: Unterausschuß für Gußeisen d. VDE. Sitzung am 18. Jan. 1928.
(42) BENEDICKS, C., u. H. LÖFQUIST: J. Iron Steel Inst. (1927) S. 603.
(43) HURST, J. E.: Foundry Trade J. (1926) S. 137.
(44) Trans. Ceram. Soc. Bd. 25 (1925/26) S. 428/70 4. Teil.
(45) PIWOWARSKY, E.: Gießereiztg. Bd. 23 (1926) S. 379.
(46) CAMPION, A., u. J. W. DONALDSON: Foundry Trade J. (1923) S. 32.
(47) SCHWINNING u. FLÖSSNER: Stahl u. Eisen Bd. 47 (1927) S. 1075.
(48) PARDUN, C.: Vgl. Wachstumserscheinungen an gußeisernen Rohren bei niedrigen Temperaturen. Arb. vorgelegt dem Unteraussch. f. Gußeisen d. VDE am 8. März 1927.
(49) BARDENHEUER, P.: Unteraussch. f. Gußeisen d. VDE. Sitzung am 18. Jan. 1928.
(50) WEDEMEYER: Gießereiztg. (1926) S. 379, 414.
(51) COYLE, F. B.: Persönliche Mitteilung an den Verfasser.
(52) Nach RÖTSCHER, F.: Die Maschinenelemente, S. 96. Berlin: Springer 1927.
(53) Vgl. Gießereiztg. 1926 S. 371/414, sowie BAUER, O., u. K. SIPP: a. a. O.
(54) MEIERLING, TH.: Arch. Eisenhüttenw. Bd. 7 (1933/34) S. 141.
(55) Patentanmeldung I. 50914, Kl. 18b, 1/02 vom 16. 4. 1932.
(56) TAPSELL, H. J., M. L. BECKER, u. C. G. CONWAY: J. Iron Steel Inst. Bd. 133 (1936) S. 303.
(57) Vgl. auch HURST, J. E.: Jahresvers. d. Amer. Foundrym. Ass. 1918; Iron Coal Trades Rev. 1918; Stahl u. Eisen Bd. 39 (1919) S. 881.
(58) WENDT: Krupp. Mh. (1922) S. 133.
(59) Wissenschaftlich-Technische Mitteilungsblätter der Firmen Edm. Becker & Co. und der Metallgußgesellschaft m. b. H., Leipzig W 35 (Heft Nov./Dez. 1936).
(60) HALL, R.-SMITH: Iron Age Bd. 141 (1938) Nr. 23 S. 43.
(61) Vgl. Stahl u. Eisen Bd. 50 (1930) S. 1093.
(62) SCHEIL, E.: Arch. Eisenhüttenw. Bd. 6 (1932/33) S. 61; vgl. Stahl u. Eisen Bd. 53 (1933) S. 806.

c) Hitze- und feuerbeständige Gußlegierungen.

1. Allgemeines.

Unlegiertes Eisen wird oberhalb etwa 600° unter dem Einfluß korrodierender Gase, Dämpfe usw. rasch zerstört; außerdem ist es in diesem Temperaturgebiet bereits so entfestigt, daß es als Baustoff ungeeignet wird. Selbst das Legieren mit Sonderelementen in Ausmaßen, wie es zur Erhöhung der Warmfestigkeit perlitischer Gußeisensorten zwischen 350 und 650° mit Erfolg angewandt wird, schützt das Metall nicht mehr vor dem chemischen Angriff zerstörender Medien.

Tatsächlich ist es seit Jahrzehnten bekannt, und besonders seit dem Jahre 1910 geben Schrifttum und Patentschriften (STRAUSS, MAURER, MONNARTZ, BORCHERS, BREARLY) darüber Auskunft, daß nur ein Legieren mit relativ hohen Anteilen von Sonderelementen dem technischen Eisen für Arbeitstemperaturen oberhalb 600° die nötige Warmfestigkeit und Hitzebeständigkeit verleiht. Hierbei sei vermerkt, daß die sog. Zunderbeständigkeit, d. h. die Widerstandsfähigkeit gegen oxydierende Einflüsse bei höheren Temperaturen nur ein Teilgebiet jener Eigenschaften deckt, die man von hitzebeständigen Legierungen voraussetzt. So soll hitzebeständiges Material auch genügend warmfest und formbeständig sein, bei hohen Arbeitstemperaturen nicht grobkristallin und spröde werden, ein stabiles Gefüge besitzen und möglichst auch frei sein von Umwandlungen mit starken dilatometrischen Effekten. Wichtig ist ferner die Bearbeitbarkeit, Schweißbarkeit, Gießfähigkeit, die Lage des Schmelzpunktes usw. Bei der Auswahl der Sonderelemente hat man die Möglichkeit, verschiedene Wege zu gehen, je nach den gewünschten Eigenschaften. Ausreichende Nickelzusätze z. B. erhöhen die Warmfestigkeit, Volumenbeständigkeit und Korrosionssicherheit des Eisens an sich, während Zusätze von Chrom, Aluminium und Silizium die Warmfestigkeit ebenfalls direkt begünstigen, die Hitzebeständigkeit aber nur auf dem Umweg über die Bildung mehr oder weniger festhaftender oxydreicher Deckschichten sichern. Meistens wirken sich ausreichende Zusätze von Nickel, Chrom, Molybdän, Silizium und Aluminium sowohl auf die Warmfestigkeit als auch auf die Hitzebeständigkeit günstig aus.

Will man metallische Gußkörper auf höhere Temperaturen bringen, ohne daß sie oberflächlich oxydieren oder zundern, so muß man sie in Graugußspäne einpacken oder in reduzierender Atmosphäre (Kohlenoxyd, Wasserstoff) erhitzen. Auch die Verwendung von Salzbädern mit geeigneten Schmelzintervallen wird vielfach angewandt.

Ein neueres Verfahren, um Oxydation, Kohlung oder Entkohlung von Metallen während des Erhitzens zu verhüten, gegebenenfalls gleichzeitige Reduktion herbeizuführen, wird im amerikanischen Patent 2703425 beschrieben. Die Arbeitsweise besteht darin, das Erhitzen in einer Atmosphäre, die Lithium oder eine Lithiumverbindung enthält, durchzuführen. Es kommt hierbei zur Ausbildung einer Schutzschichte, hauptsächlich aus Lithiumoxyd oder Lithiumkarbonat, auf den Metallen (*23*).

2. Hitzebeständiges Gußeisen auf Basis höherer Chromgehalte.

Die niedrigsten Chromgehalte, die eine merkliche Verbesserung der Hitze- und Zunderbeständigkeit über 850° hinaus hervorrufen, betragen 3 bis 6%. Doch sind derartige Legierungen seltener und meistens in Verbindung mit höheren Siliziumgehalten anzutreffen. Etwas verbreiteter sind schon die Legierungen mit rd. 8% Chrom, da sie dem von VEGESACK gefundenen ternären Eutektikum mit 3,6% C, 8% Cr und 88,4% Fe mit 1050° Schmelztemperatur nahekommen und daher gießtechnische Vorzüge besitzen. Sie sichern hinreichende Zunderbeständigkeit bis etwa 800° C. Mit ansteigendem Chromgehalt wird die Haftfähigkeit der Zunderschichten verbessert. Bei 30% Cr liegt die Zundergrenze um 1200° (Abb. 752). Vom Kohlenstoffgehalt ist die Hitzebeständigkeit im allgemeinen weniger abhängig. Da aber mit steigendem Chromgehalt das eutektische Temperaturgebiet stark erhöht wird, rücken bei hohen Cr-Gehalten Beständigkeitsgrenze des Zunders und Erweichungspunkt derart zusammen (Zahlentafel 140), daß die erstere im praktischen Betrieb kaum noch voll ausgenutzt werden kann. Mit Rücksicht auf hinreichende Vergießbarkeit derartiger Legierungen geht man

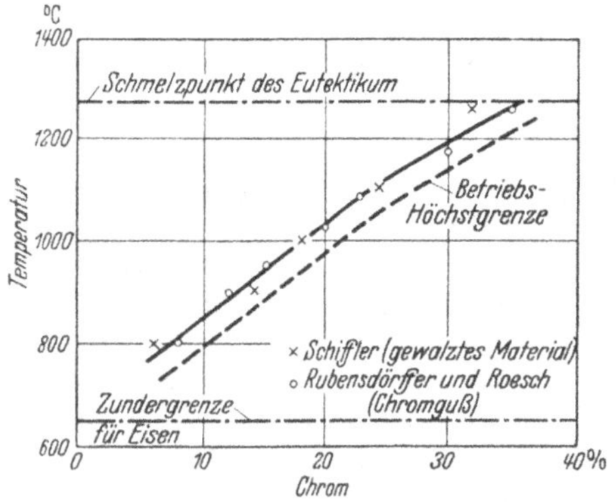

Abb. 752. Zunderbeständigkeit von Eisen-Chromlegierungen mit rd. 1% Si und 1% C.

Zahlentafel 140. Erstarrungsintervalle chromreicher Legierungen (J. E. HURST).

% Cr	Liquidus-Temp. °C bei 1% C	Liquidus-Temp. °C bei 2% C	Eutekt. Temp. °C
15	1385	1275	1180
20	1425	1350	1190
30	1420	1390	1265
40	1420	1490	1280

mit dem Kohlenstoffgehalt nicht gern unter 1% C herunter, mit Rücksicht auf die Schaffung umwandlungsfreier, gleichzeitig auch korrosionsbeständiger Legierungen dagegen anderseits nicht gern über 2% Kohlenstoff herauf. Der hochlegierte Chromguß mit 25 bis 35% Cr und 0,8 bis 1,5% C ist sowohl hitze- und zunderbeständig als auch von hohem Korrosionswiderstand. Um letzteren zu sichern, muß allerdings der Chromgehalt mit zunehmendem Kohlenstoffgehalt entsprechend ansteigen, um trotz Abbindung eines erheblichen Anteils des Chroms als komplexe Karbide einen ausreichenden Chromgehalt der Grundmasse und damit deren ferritischen Charakter zu sichern (Abb. 753). Abb. 754 zeigt einen Vertikalschnitt durch das ternäre System Eisen-Kohlenstoff-Chrom nach Tofaute, Küttner und Büttinghaus (*25*) bei 30% Cr. Man erkennt, daß infolge Einengung des γ-Gebietes auch bei höchsten Temperaturen kein γ-Eisen auftritt, wenn der Kohlenstoffgehalt unter etwa 1% bleibt. Eine Umkristallisation und eine hiermit etwa zu erwartende Veränderung der chemischen und physikalischen Eigen-

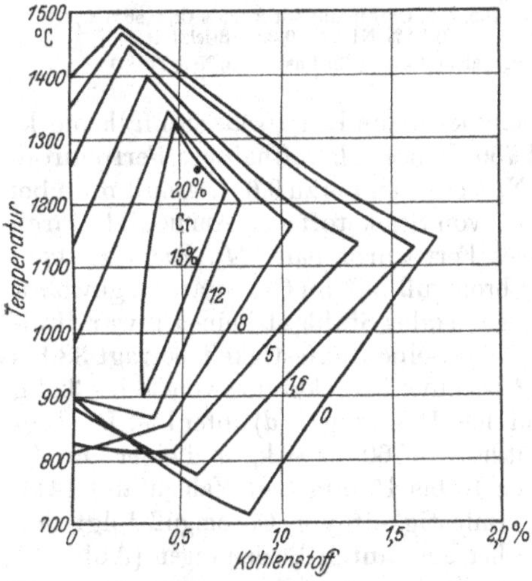

Abb. 753. Projektion der Teilschnitte bei verschiedenem Chromgehalt im ternären System Fe-Cr-C auf die Eisenkohlenstoffseite (*25*).

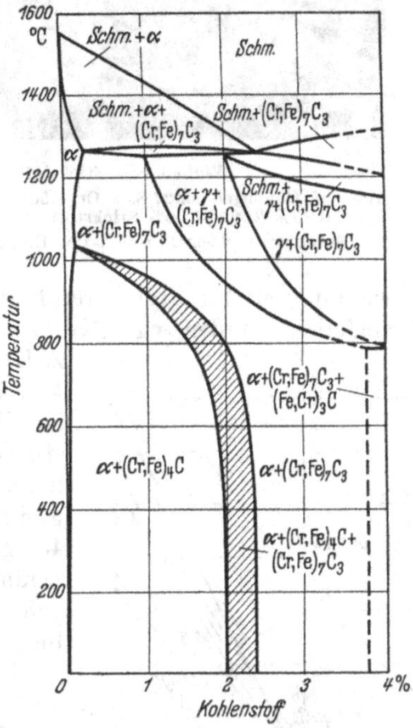

Abb. 754. Senkrechter Schnitt durch das Raumdiagramm Eisen-Chrom-Kohlenstoff für 30% Cr (Tofaute, Küttner u. Büttinghaus).

schaften durch irgendeinen Glühprozeß ist daher nicht möglich. Bei einem Kohlenstoffgehalt von etwa 1,5% dagegen kommt man bereits bei rd. 1000° in das heterogene α/γ-Feld. Die Unmöglichkeit einer Kornverfeinerung durch Wärmebehandlung stellt, wie K. Roesch (*1*) in seiner ausgezeichneten Abhandlung über den hochlegierten Chromguß betont, teils einen Mangel, teils aber einen Vorteil dar, da im Gegensatz zu austenitischen Chrom-Nickel-Legierungen die chemische Beständigkeit unabhängig von der Warmbehandlung ist bzw. eine solche eben gar nicht erforderlich ist. Aus diesem Grunde könne der 30proz. Chromguß mit dem gleichen Material geschweißt werden, ohne daß die Korrosionsbeständigkeit der Schweißstelle leidet. Eine Glühung im Gebiet um 900 bis 1000° macht nach K. Roesch den Chromguß etwas spröder, wobei die Doppelkarbide allmählich zusammenballen und die Festigkeit verringern. Eine Ausscheidung an den Korngrenzen könne die Sprödigkeit noch verstärken, desgl. die Umwandlung der Chromkarbide beim Glühen das Spröderwerden möglicherweise begünstigen. Die

Korngröße des Chromgusses läßt sich durch die Gießtemperatur etwas beeinflussen. Man darf aber zur Erreichung eines feinen Korns die Gießtemperatur nur so weit senken, daß noch mit dem Auslaufen der Formen zu rechnen ist. Durch Stickstoff

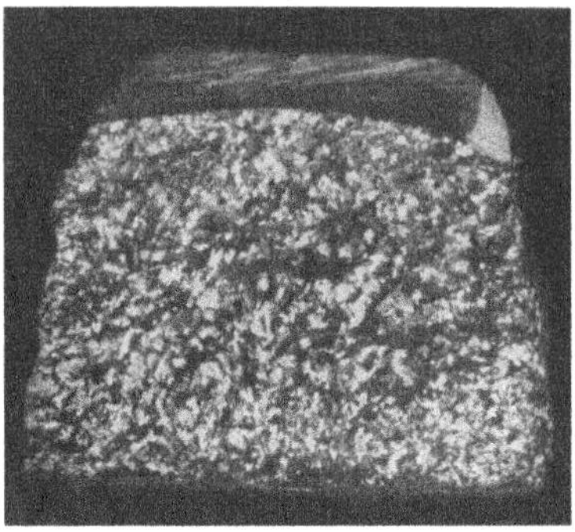

Einfluß von Stickstoff auf das Bruchgefüge von Chromguß.

Abb. 755. Chromguß mit 27,85% Cr, 0,50% C, 0,75% Ni und 0,06% Stickstoff.

Abb. 756. Chromguß mit 27,35% Cr, 0,56% C, 0,34% Ni und 0,32% Stickstoff.

(Entnommen einem Prospekt der Electro Metallurgical Comp., 30 East 42nd, New York.)

in Form eines stickstoffreicheren Ferrochroms kann die Korngröße ebenfalls merklich verfeinert werden, vgl. Abb. 755 und 756. Ein stickstoffhaltiges Ferrochrom z. B. mit N_2-Gehalten bis zu 0,65% erhält man bei Durchblasen von Stickstoff oder Ammoniak durch ein flüssiges Ferrochrombad (*24*). Richtig abgestimmter Chromguß hat im Gegensatz zu gewöhnlichem Gußeisen oder Stahlguß keine Umwandlungen (Abb. 757). Seine Zugfestigkeit beträgt 38 bis 48 kg/mm², bei einer Streckgrenze von 28 bis 32 kg je mm² und einer Dehnung ($5 \cdot d$) unter 1%. Die Biegefestigkeit liegt bei 60 bis 80 kg und einer Durchbiegung von 10 bis 15 mm (vgl. Zahlentafel 141).

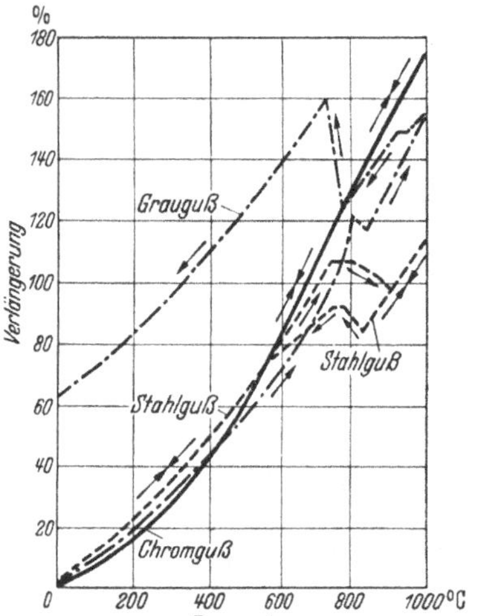

Abb. 757. Dilatometerkurven von Stahlguß, Grauguß und Chromguß (K. Roesch).

Die Warmfestigkeit von Chromguß folgt den vom Stahl her bekannten Beziehungen (Abb. 729 und 730).

Bei 1000° ist die Dauerstandfestigkeit von Chromguß mit etwa 0,2 kg/mm² nur noch sehr klein (Abb. 729). Durch Zusätze von Molybdän oder Nickel kann sie merklich verbessert werden (Guronit-Extra). Einige Zusammensetzungen chromreicher Gußeisensorten nach dem Schrifttum bzw. der Patentliteratur gibt Zahlentafel 190.

Zahlentafel 141.
Physikalische Eigenschaften des 25- bis 32proz. Chromgusses (K. Roesch).

Biegefestigkeit kg/mm²	60—65 am Normalbiegestab gemessen
Durchbiegung mm	10—12
Zugfestigkeit kg/mm²	40—45
Brinellhärte kg/mm²	270
Elastizitätsmodul	20000 kg/mm²
Ausdehnungskoeffizient	bei 0—200° $= 9{,}4 \cdot 10^{-6}$ mm/° C
Wärmeleitfähigkeit	0,042 cal/cm/sec/° C, d. h. 45% von Eisen
Spezifisches Gewicht	7,4 kg/dm²
Schwindung	1,6—1,8%

In chromreichem Guß kann ein Teil des Chroms durch Silizium ersetzt werden (Abb. 758 rechts). Die Beziehungen bzw. die Abhängigkeit der Bearbeitbarkeit von der chemischen Zusammensetzung zeigt Abb. 758 nach E. Schüz (*10*).

Die nickelreichen Legierungen mit austenitischem Gefüge haben gegenüber den nickelarmen Eisen-Chrom-Legierungen des raumzentrierten (ferritischen) Gebietes die höhere Warmfestigkeit. Ein Vorteil der nickelreichen Legierungen ist ferner ihre Volumenbeständigkeit, ihr großer Widerstand gegen die Aufnahme von Stickstoff und ihre relativ große Zähigkeit auch nach längerer Betriebsdauer. Bei oxydierender Atmosphäre sind sie auch in schwefelhaltigen Gasen brauchbar, bei reduzierender Atmosphäre dagegen wirkt der alsdann meist vorhandene Schwefelwasserstoff bei hohen Temperaturen (über 800°) zerstörend unter Bildung von nickelreichen Sulfiden. Durch Zusätze von Aluminium gelingt es aber nach H. Gruber (*2*), auch diese Legierungen sehr schwefelfest zu machen. Die gießtechnischen Eigenschaften hitze- und zunderbeständiger Legierungen sind im allgemeinen eine Funktion des Kohlenstoffgehaltes bzw. der Konstitution,

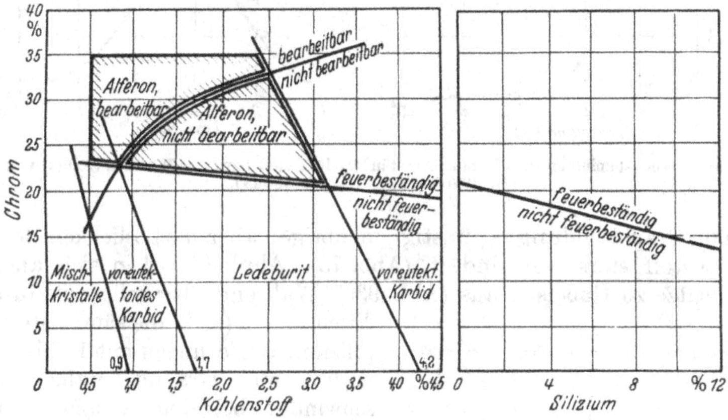

Abb. 758. Schematisches Schaubild der Fe-Cr-C-Legierungen mit den Grenzgebieten der Feuerbeständigkeit, Bearbeitbarkeit und der Gefügebestandteile (nach E. Schüz).

indem höher gekohlte, eutektische oder naheutektische Legierungen naturgemäß sich wesentlich besser vergießen lassen, als sehr niedrig gekohlte Legierungen mit ausgesprochenem Mischkristallcharakter. Auch neigen die letzteren bekanntlich stärker zur interkristallinen Korrosion.

3. Hitzebeständiges Gußeisen auf Basis höherer Silizium- und Aluminiumgehalte.

Der voluminöse, schlechthaftende dunkle Zunder des Eisens wird durch steigenden Chromzusatz im Stahl allmählich dichter und festhaftender. Bei hohen Temperaturen (über 900°) läßt die Schutzwirkung des Chroms auf die Konstitution und die Eigenschaften des Zunders jedoch allmählich nach. Daraus ergibt sich nach E. Scheil und E. H. Schulz (*3*) die technische Regel, für Arbeitstemperaturen unterhalb 1000° die Zunderbeständigkeit der Eisenlegierungen durch Chrom, bei Arbeitstemperaturen oberhalb 1000° dagegen vorwiegend durch Aluminiumzusätze zu sichern. Die oxydischen Deckschichten aluminiumreicher Stähle sind hell bis weißlich grau, meist sehr dünn und dicht. Die Oxydschicht haftet auch bei höheren Temperaturen noch fest und unverändert. Vom Standpunkt der deutschen Rohstoffwirtschaft kommt den in den letzten Jahren entwickelten hitze- und zunderbeständigen Gußlegierungen, bei denen die Elemente Silizium und Aluminium einen bestimmenden Einfluß auf die erwähnten Eigenschaften ausüben, eine stets wachsende Bedeutung zu. Derartige Gußlegierungen sind erstmalig in England, Belgien und Frankreich eingehend untersucht worden (vgl. Zahlentafel 146). Ihre Basis ist im allgemeinen ein niedrig bis mäßig gekohltes Gußeisen. Vom Silizium im Gußeisen wissen wir nun, daß es bis etwa 3,5% die

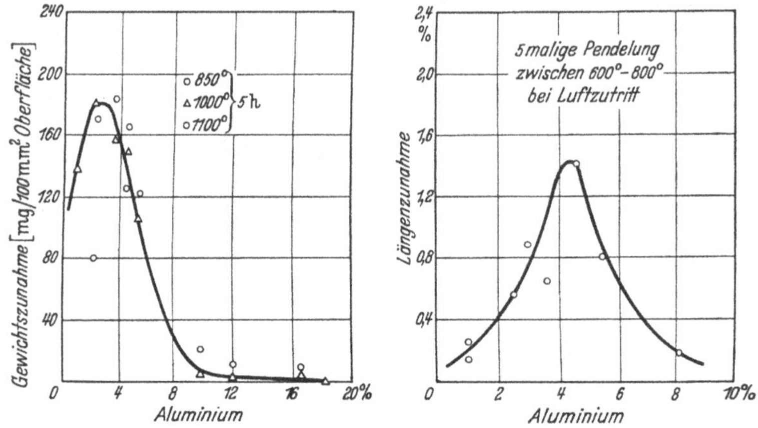

Abb. 759. Einfluß von Aluminium auf die Zunderbeständigkeit (links) bzw. das Wachsen (rechts) von Gußeisen (E. PIWOWARSKY u. E. SÖHNCHEN).

prozentuale Graphitbildung begünstigt, im übrigen aber die Löslichkeit des Eisens für Kohlenstoff stark vermindert (Abb. 73). Ähnlich wirken sich auch Aluminiumzusätze zu Gußeisen aus (Abb. 939). Während aber selbst siliziumreiche Eisensorten (z. B. die säurefesten Eisen-Silizium-Legierungen mit 14 bis 16% Si) noch etwas Graphit enthalten, verschwindet bei den aluminiumhaltigen Gußeisensorten von etwa 9% Al aufwärts die graphitische Phase. Derartige Legierungen bestehen demnach nur noch aus komplexen Mischkristallen, Karbiden und Aluminiden (*4*). Sie sind hart und spröde, ähnlich den hochlegierten siliziumhaltigen Gußeisensorten. In graphitischem Gußeisen wird ferner die Volumenbeständigkeit durch Silizium- bzw. Aluminiumzusätze bis rd. 4% stark vermindert. Das gewöhnlichen Graugußsorten charakteristische „Wachsen“ bei Temperaturen oberhalb etwa 300 bis 400° klingt jedoch insbesondere in mäßig gekohlten (1 bis 3% C) Legierungen oberhalb dieser Gehalte an Silizium bzw. Aluminium allmählich wieder ab (*4*), um bei etwa 5 bis 6% Si bzw. 7 bis 8% Al praktisch aufzuhören (vgl. Abb. 759). Ausreichende Volumenbeständigkeit ist aber die wichtigste Voraussetzung für die Verwendung derartiger Legierungen bei höheren Temperaturen. Die grundlegenden Silalpatente (vgl. Fußnoten 1 bis 3 der Zahlentafel 146) umfassen daher Siliziumgehalte von 4 bis 10% mit und ohne Aluminiumgehalte von 1 bis 10%. Nach Auffassung des Verfassers muß mindestens

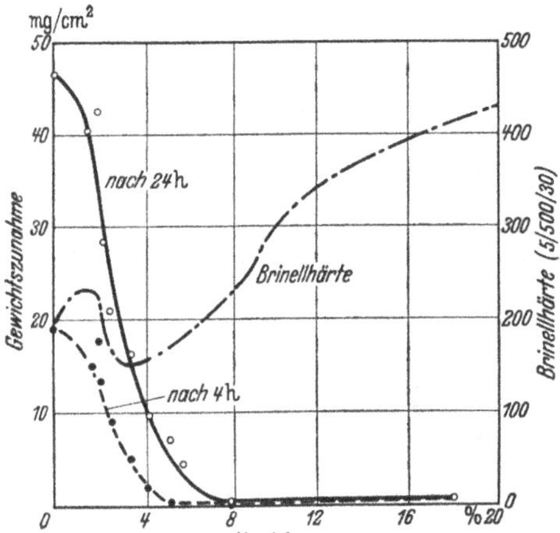

Abb. 760. Einfluß des Aluminiums auf Härte und Zunderbeständigkeit des Gußeisens nach J. R. MARÉCHAL.

eines dieser beiden Elemente in einem prozentualen Anteil von mehr als 5 bis 6% vorhanden sein. Unterhalb dieser Anteile besteht ferner nicht unbedingte Additivität der Wirkung. So zerfielen z. B. bei Glühversuchen des Verfassers Gußlegierungen mit 2 bis 5% Al bei 2 bis 4% Si zu einem kaolinähnlichen Pulver, wenn sie längere Zeit auf Temperaturen über 1050° C gehalten wurden (vgl. S. 608). Auch in aluminiumreicheren Gußlegierungen mit 6 bis 8% Al empfiehlt es sich, den Siliziumgehalt unterhalb 2 bis 3% (am besten unter 1%) zu halten, oder aber denselben auf über 5% hinaus zu steigern. In diesem Sinne ist z. B. die französische Patentschrift 668009 (vgl. Zahlentafel 146) viel zu weitgehend und einengend, da sie Kombinationen von Zusammensetzungen umfaßt, die keine ausreichende Volumenbeständigkeit besitzen. Die Versuche von E. Piwowarsky und E. Söhnchen (*4*) gemäß Abb. 759 fanden später eine vollkommene Bestätigung durch J. R. Maréchal (*12*), wie aus Abb. 760 hervorgeht.

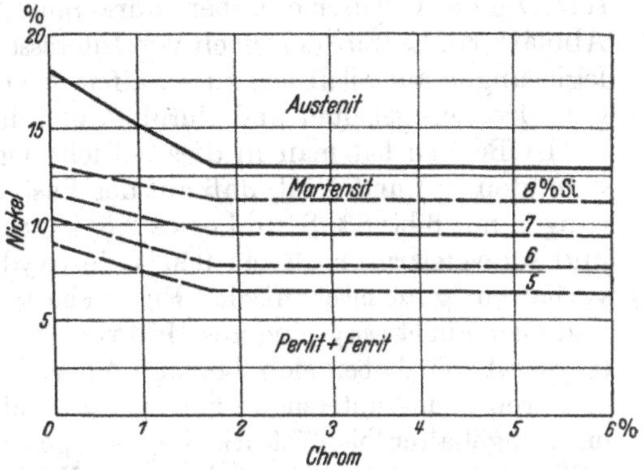

Abb. 761. Gefügeaufbau von Nickel-Chrom-Silizium-Gußeisen (nach A. L. Norbury u. E. Morgan).

Da die ferritischen Gußlegierungen der Silalbasis sehr spröde und schwer zu bearbeiten sind, hat man in England mit Erfolg versucht, durch ausreichenden Nickelzusatz ein austenitisches Grundgefüge zu erzwingen. Eigentümlicherweise ist der zur Austenitbildung[1] notwendige Nickelgehalt unabhängig vom gleichzeitig anwesenden Siliziumgehalt, ja praktisch sogar vom anwesenden Kohlenstoffgehalt, wenn derselbe sich in den Grenzen zwischen 1 bis 3% bewegt (Abb. 761). Durch Chromzusatz kann man das Korn verfeinern und den Graphit in eutektische Form überführen (Abb. 762), wodurch die Festigkeitseigenschaften wesentlich verbessert werden. Höhere Chromzusätze als 3 bis 5% werden jedoch auch in diesen Fällen nicht vorgenommen, da sie das Material zunehmend verspröden und im übrigen nur bis etwa 2% die Austenitbildung begünstigen (Abb. 761). Diese mit Nicrosilal bezeichneten Gußlegierungen enthalten im allgemeinen kein Aluminium und besitzen Werte von 18 bis 28 kg/mm² für die Zugfestigkeit und 35 bis 65 kg/mm² für die Biegefestigkeit.

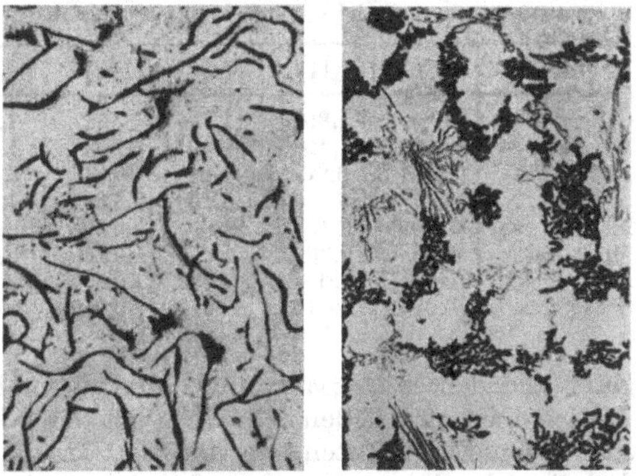

Abb. 762. Gefüge von Nicrosilal. Chemische Zusammensetzung:

	Links	Rechts:
C %	1,9	1,58
Si %	6,0	6,30
Ni %	20,6	17,0
Cr %	1,87	3,1

($V = 200$)

Legierungen der Nicrosilalbasis kommen für deutsche Verhältnisse infolge ihres hohen Nickelgehaltes zur Zeit weniger in Frage. Außerdem überschneiden

[1] Nicht dagegen der Martensitbildung (Abb. 761).

sie sich hinsichtlich ihrer Wirtschaftlichkeit mit den chromreichen, niedriggekohlten, nur wenig oder gar nicht mit Nickel legierten ferritischen Gußlegierungen, denen sie freilich bezüglich Zähigkeit weit überlegen sind. Dagegen neigt infolge des größeren Ausdehnungskoeffizienten austenitischer Gußlegierungen (zwischen 0^0 und 900^0 etwa $18 \cdot 10^{-6}$ gegen etwa $14 \cdot 10^{-6}$ für ferritische Sorten) die schützende Oxydschicht bei stärkeren Temperaturschwankungen etwas zum Abblättern. Es wäre demnach von Interesse, nickelarme oder aber nickelfreie Gußlegierungen auf Silalbasis zu schaffen, bei denen auch der Chromgehalt in mäßigen Grenzen gehalten und durch Aluminium ersetzt werden könnte.

In Belgien hat man in dieser Richtung beachtliche Fortschritte erzielt und gefunden [(*5*) und (*11*)], daß auf der Basis Eisen-Kohlenstoff-Silizium die Legierungen mit 6 bis 8% Si und etwa 2,5% C bei 2 bis 2,5% Cr (im übrigen phosphor- und schwefelarm) noch bei 950^0 C in oxydierender Atmosphäre sich vorzüglich verhalten, gute mechanische Eigenschaften (25 bis 45 kg/mm² Biegefestigkeit) und auch ein etwas geringeres Maß von Sprödigkeit besitzen. Für höhere Betriebstemperaturen haben sich bei den Versuchen der belgischen Forscher aus einer größeren Reihe untersuchter Schmelzen mit Siliziumgehalten bis 14% und Aluminiumgehalten bis 27% die Legierungen mit 5 bis 6% Si und 6 bis 7% Al bei 1,8% bis 2,5% C am besten bewährt. Wichtig ist jedoch bei derartigen Legierungen, den Kohlenstoff- und Siliziumgehalt dieser Legierungen auf einen ferritischen Guß ohne Umwandlungen einzustellen (*11*).

E. Piwowarsky (*6*) stellte Untersuchungen an, um festzustellen, ob in Legierungen der Silalbasis eine merkliche Steigerung der Zähigkeit erreichbar sei durch Nickelzusätze einer solchen Größenordnung, daß der ferritische Charakter der Legierungen noch erhalten blieb. Zahlentafel 142 zeigt die Zusammensetzung der untersuchten Schmelzen.

Zahlentafel 142.

Schmelze	I	II	III	IV	V
C %	1,80	1,80	1,74	1,72	1,62
Graphit %	1,50	1,40	1,50	1,44	1,40
Si %	7,48	6,96	6,81	6,81	6,86
Al %	4,67	5,80	5,15	4,80	4,65
Ni %	0,00	2,12	3,90	6,00	9,40
Mn %	0,33	0,30	0,26	0,26	0,26
P %	0,09	0,094	0,098	0,094	0,09
S %	0,015	0,016	0,016	0,015	0,015

Das Material war durchweg außerordentlich hart und ließ sich nur durch Schleifen bearbeiten. Die Hälfte der Stäbe wurde zwei Stunden lang bei 950^0 geglüht und danach langsam im Ofen erkalten gelassen. Durch diese Behandlung wurden aber selbst in den Schmelzen mit 10% Ni weder das Gefüge noch die mechanischen Eigenschaften oder die Härte nachweislich beeinflußt, ein Zeichen, daß die Schmelzen umwandlungsfrei, d. h. ferritisch waren. Es scheint demnach, in Übereinstimmung mit den Versuchen von H. L. Norbury und E. Morgan (*7*), daß auch bei Anwesenheit höherer Silizium- und Aluminiumgehalte der zur Austenitbildung nötige Nickelgehalt keine wesentliche Veränderung erfährt (vgl. Abb. 761). Zahlentafel 143 gibt Biegefestigkeit (oben) und Durchbiegung (unten) der Sand- bzw. Kokillengußproben, Zahlentafel 144 die Zugfestigkeit derselben wieder. Überraschenderweise haben die nickelfreien Proben die besten Werte und zeigen auch am ausgeprägtesten den günstigen Einfluß der beschleunigten Abschreckung durch die Kokille, was darauf schließen läßt, daß Nickel in diesen Legierungen sehr harte und spröde Silizide bzw. Aluminide zu bilden vermag, solange es nicht zur homogenen Austenitbildung durch höhere Ni-Gehalte kommt.

Eine Übersicht über die chemische Zusammensetzung hitzebeständiger Gußlegierungen auf Basis höherer Silizium-Aluminium- bzw. höherer Chromgehalte mit und ohne gleichzeitige Nickelgehalte geben Zahlentafel 146 und 147, über einige Festigkeitseigenschaften sowie über die Zunderung von Nicrosilal gibt Zahlentafel 145 sowie die Abb. 735 und 736 (*7*) Auskunft.

Über hitzebeständigen Guß, wie er heute laufend hergestellt wird, berichtete u. a. auch A. Le Thomas (*13*). Die Hitzebeständigkeit von Gegenständen aus Eisen - Aluminium - Chrom - Legierungen kann auch noch dadurch gesteigert werden, daß die Werkstoffe mit einer alkalischen Lösung, wie Sodalösung, Kalkwasser, Barytlösung, Natronlauge usw. behandelt werden. Die Dauer der Behandlung erstreckt sich je nach Bedarf über mehrere Stunden bis zu mehreren Tagen. Nach der Behandlung können die Werkstücke dann noch mit Vorteil auf einige 100° erhitzt werden (*14*).

Zahlentafel 143. Biegefestigkeit und Durchbiegung der untersuchten Schmelzen (Mittel aus je drei Versuchen).

Schmelze Nr.	Ni %	Biegefestigkeit in kg/mm² Gußzustand Sandguß	Gußzustand Kokillenguß	Geglüht Sandguß	Geglüht Kokillenguß
I	0	20,6	41,0	21,8	41,0
II	2	14,0	22,0	16,0	28,0
III	4	18,0	29,5	17,5	26,0
IV	6	19,0	36,5	19,0	28,0
V	10	16,0	18,0	26,0	30,0
		Durchbiegung in mm			
I	0	3,0	2,7	3,0	3,3
II	2	2,5	2,0	2,7	2,2
III	4	4,2	2,4	3,1	2,1
IV	6	3,8	2,2	3,4	2,1
V	10	2,8	1,4	4,2	2,2

Zahlentafel 144. Zugfestigkeit in kg/mm² der untersuchten Schmelzen (Mittel aus je drei Versuchen).

Schmelze Nr.	Ni %	Kokillenguß Gußzustand	Kokillenguß Geglüht	Sandguß Gußzustand	Sandguß Geglüht
I	0	14,7	12,0	8,9	8,0
II	2	12,7	10,2	7,8	9,0
III	4	13,0	Warmrisse	8,0	8,5
IV	6	11,8	12,7	7,6	8,6
V	10	13,6	12,3	10,0	9,2

Zahlentafel 145. Festigkeitseigenschaften und Zunderung verschiedener Nickel-Chrom-Silizium-Gußeisen (Norbury und Morgan).

Chemische Zusammensetzung C %	Si %	Cr %	Ni %	Biegefestigkeit in kg/mm² rohe Gußstäbe mit 30,5 mm Ø	22,2 mm Ø	15,2 mm Ø	10,1 mm Ø	geglüht[1] 15,2 mm Ø	Durchbiegung in mm auf 356 mm Länge 30,5 mm Ø	22,2 mm Ø	15,2 mm Ø	10,1 mm Ø	Brinellhärte Stab mit 30,5 mm Ø	Zunahme in % an Volumen durch Zunderung[2]	Gewicht
1,75	4,7	1,35	6,2	32	38	39	38 [3]	32	2,8	2,8	4,7	6,9	429	—	—
2,06	7,9	2,31	7,5	14	14	17	23	18	2,3	2,8	3,6	5,1	213	1,2	0,3
2,57	6,3	6,04	6,1	28	20 [3]	24 [3]	52 [3]	32	2,5	1,1	2,5	1,1	393	—	—
1,87	6,5	0,0	10,9	48	62	72	28	48	7,6	8,6	11,1	5,6	306	6,5	1,3
1,70	7,5	3,5	10,7	52	53	37	42	100	4,1	4,3	3,8	7,1	420	2,0	—
2,06	5,6	4,07	11,5	45	55	68	53 [3]	—	10,0	16,5	24,1	19,4	199	2,4	0,2
1,63	6,2	0,48	18,1	34	43	47	52	55	12,0	12,0	20,0	29,0	116	3,6	0,5
1,80	6,9	2,07	17,5	30	35	—	46	—	11,5	8,6	—	33,0	155	2,1	0,3
2,22	5,2	4,8	17,1	55	57	71	—	—	11,8	16,0	19,0	—	—	1,0	0,1

[1] 2 st bei 950°. — [2] Stab mit 15,2 mm Durchmesser. Fünfmal 4 st bei 900° in feuchter Kohlensäure geglüht. — [3] Melierter oder weißer Bruch.

Zahlentafel 146.
Beispiele patentierter Legierungen auf Aluminium-Silizium- (Nickel-) Basis

Jahr	Ges.-C %	Si %	Al %	Cr %	Ni %	Cu %	Mn %	Mo %	Schrifttum
1928	2,0—3,0	4—10	1—10	—	—	—	—	—	(1)
1928	1,5—2,0	5—7	1—10	0—6	20—13	—	—	—	(2)
1928	~1,8	6	—	~2	—	—	<1	—	(3)
1928	0,8—2,0	bis 6	7—15	10—20	18	1—3	—	—	(4)
1929	0,8—2,0	0,3—6	2—25	0—25	—	0—10	—	—	(5)
1929	1,5	5,25	7,5	—	—	—	—	—	(6)
1931	1,5—2,5	<1	10—14	4—8	(bis 4)	(bis 4)	—	—	(7)
1931	*	4—8	—	0—10	4—20	—	—	—	(8)
1931	2,2—2,4	~1	8—12	5—6	(2—4)	(<2)	—	—	(9)
1931	0,8—2,5	5—11	—	—	—	bis 5	—	bis 3	(10)
1934	1,8—2,5	5—6	6—7	—	—	—	—	—	(11)
1934	1,5—3,0	6—10	—	1—3	16—22	—	—	—	(12)
1935	1,5—2,8	<3	12—25	10—3	(<6)	(<4)	—	—	(13)
1937	*	2,5—7,0	—	0,25—6,0	—	—	—	—	(14)
1938	~2,7	~1,0	0,5—9	0,1—3,5	—	—	—	—	(15)

* C in Grenzen des üblichen Gußeisens.

(1) Engl. Pat. 323076 (Silal-Patent der Brit. Cast Iron Res. Ass. Birmingham).
(2) Engl. Pat. 378508 (Nicrosilal-Patent, allgemeine Fassung).
(3) Wie (2), jedoch spezielles Beispiel.
(4) Pat.-Anm. O. 17105, Kl 18b, Gr. 20 der Österr. Schmidtstahlwerke A.-G., Wien.
(5) Franz. Pat. 668009 der Österr. Schmidtstahlwerke, allgemeine Fassung.
(6) Wie (5), jedoch spezielles Beispiel.
(7) Vorschlag E. Piwowarsky, D.R.P. ang. vom 10. 12. 1931 (zurückgezogen).
(8) Zusatz zum Nicrosilal-Patent (Engl. Pat. 323076, vgl. Schrifttum 1).
(9) Wie (7), aber günstigste Zusammensetzung.
(10) Für korrosionsbeständige Legierungen, D.R.P. ang. H. Werner, Wesseling a. Rh.
(11) Nach H. Thyssen, Lüttich: vgl. Stahl u. Eisen Bd. 54 (1934) S. 1322.
(12) Für hohen elektrischen Widerstand. D.R.P. ang. Berg. Stahlindustrie, Remscheid.
(13) Vorschlag E. Piwowarsky D.R.P. ang. (zurückgezogen).
(14) Engl. Pat. 495820 vom 10. 2. 1937.
(15) Franz. Patentanmeldung Akt.-Zeich. Gr. 8. — Cl. 2 (British & Dominions Feralloy limited, England) vom 12. 1. 1938.

4. Prüfung der Feuerbeständigkeit.

Von Bedeutung für die Bewertung hitzebeständiger Legierungen ist die Prüfung der Hitzebeständigkeit und Feuerbeständigkeit. Die letztere wird meist auf den Gewichtsverlust in g/m² nach Ablösung der Zunderschicht bezogen. Doch ist dieser Wert stark von der Glühzeit abhängig, so daß brauchbare vergleichliche Werte erst nach langen Glühdauern erzielt werden. Die Fa. Friedr. Krupp prüft daher die Hitzebeständigkeit durch Ermittlung des Metallverlustes nach 120 bis 240 Glühstunden (8). Bei sehr hochlegierten Stählen kommen sogar noch längere Glühzeiten in Frage. Für Temperaturen bis 900° kommen in Deutschland fast ausschließlich elektrisch beheizte Muffelöfen zur Verwendung, für 900 bis 1300° dagegen Silitstab-Öfen. Letztere werden bei der Fa. Krupp als liegende Öfen ausgebildet (9), bei den Ver. Stahlwerken (Vestag) dagegen als stehende Öfen.

Die Proben haben entweder die Abmessungen 15 bis 20 mm Durchmesser bei 50 mm Probenlänge (Vestag) oder 50 × 25 × 5 mm (Krupp) und sind auf Schmirgel 1 G vorgeschliffen (Krupp). Ein weiterer Feinschliff auf 1 F oder sogar 00 (Vestag), der teuer und zeitraubend ist, wird von der Fa. Krupp nicht für notwendig gehalten. Für Al-reiche Legierungen dürfte angesichts der äußerst dünnen sich bildenden Zunderschichten (6) jedoch ein weiteres Feinschleifen zu empfehlen sein.

Zahlentafel 147. Beispiele patentierter hitze- und zunderbeständiger Gußlegierungen auf Chrom- (Nickel-) Basis.

Jahr	C %	Si %	Mn %	Al %	Cr %	Ni %	Cu %	Mo %	Schrifttum
1901	*	—	—	—	—	0,5—40	—	—	(*1*)
1911	2—3,5	—	—	—	13—17	—	—	—	(*2*)
1922	0—3,0	—	—	—	5—30	—	—	—	(*3*)
—	3,7	2,0	0,48	—	7,3	—	—	—	(*4*)
—	4,0	2,0	0,45	—	7,8	—	—	—	(*5*)
—	3,0	3,0	0,80	—	8,0	—	—	—	(*6*)
1920	*	—	—	—	—	9—30	—	—	(*7*)
1925	1,5—3,5	1—3	~1	—	10—34	—	—	—	(*8*)
1926	1,8—2,2	—	—	—	22—26	—	—	—	(*9*)
1926	*	—	—	—	2—15	5—35	—	—	(*10*)
1929	>1	—	—	—	>10	—	—	—	(*11*)
1933	bis 1,5	—	—	—	3—13	—	—	5—15	(*12*)
1933	bis 1,5	—	—	—	13—30	—	—	5—15	(*13*)
1933	bis 2,6	—	—	—	13—30	8—25	—	5—15	(*14*)
—	2,5—3,3	bis 2,8	1—2	—	2—6	15—20	5—10	—	(*15*)
—	0,7—1,5	—	—	—	18—33	—	—	—	(*16*)
—	0,8—1,5	~1	—	—	25—35	—	—	—	(*17*)
1934	2—3,5	3—5	0,5—1,0	—	4—6	—	—	—	(*18*)
1934	0,5—3,0	—	—	—	5—40	—	—	—	(*19*)
1934	bis 2,0	bis 2	—	bis 2	10—25	—	1—5	—	(*20*)
1938	1,8—3,2	4—10	0,2—3	—	0,6—8	—	—	—	(*21*)

* C in Grenzen des üblichen Gußeisens.

(*1*) G. GRUNAUER (USA -Pat. 723601 vom Jahre 1901).
(*2*) Engl. Pat. 11063 vom Jahre 1911 (Anmelder: P. R. KUEHNRICH).
(*3*) USA.-Pat. 1554615 vom Jahre 1922 (Anmelder: P. A. E. ARMSTRONG).
(*4*) LE THOMAS, A.: Bericht Nr. 11 auf dem Intern. Gieß.-Kongreß Düsseldorf 1936.
(*5*) HURST, J. E.: Foundry Trade J. 1934 S. 117.
(*6*) Wie (*5*).
(*7*) Engl. Pat. 173811 (L. HALL).
(*8*) D.R.P. 539686 (Meier & Weichelt, Leipzig).
(*9*) Österr. Pat. 118022 vom Jahre 1926 (Meier & Weichelt, Leipzig).
(*10*) Engl. Pat. 281051 vom Jahre 1926 (Intern. Nickel Co.).
(*11*) Engl. Pat. 350393 vom Jahre 1929 (B. VERVOORT, Düsseldorf).
(*12*) D.R.P. ang. V. 30861, Kl. 18d, Gr. 2/40 vom 28. 7. 1933 (B. VERVOORT, Düsseldorf).
(*13*) und (*14*) wie (*12*).
(*15*) Niresist Patent der Intern. Nickel Co., New York.
(*16*) Pyrodur der Bergischen Stahlindustrie, Remscheid.
(*17*) Vgl. ROESCH, K.: Gießerei Bd. 23 (1936) S. 472.
(*18*) D.R.P. ang. K. 128927, Kl. 18d, Gr. 2/50 v. 3. 2. 1933 (H. KREISSLE in Ansbach).
(*19*) D.R.P. ang. V. 30517, Kl. 18d, Gr. 2/40 v. 9. 3. 1934 (B. VERVOORT, Düsseldorf).
(*20*) D.R.P. 630684, Kl. 18d, Gr. 2 v. 30. 12. 1934 (Akomfina in Zürich).
(*21*) USA.-Pat. 2167301 vom 23. 3. 1938 (E. A. JONES, JACKSON und A. H. DIERKER).

Das Ablösen des Zunders mittels Zinkstaub und Kalilauge ist nur bei unlegiertem Gußeisen möglich. Bei legiertem Gußeisen gelingt es mitunter, durch Abschrecken der Probestücke von Ofentemperatur in Wasser den Zunder abzusprengen. Noch anhaftende Oxydreste können durch Behandeln mit verdünnter Salz- oder Schwefelsäure, der 0,5% Sparbeize zugesetzt wird, entfernt werden. Auch eine Behandlung mit 3,5proz. Borsäure während 24 Stunden ist geeignet, Oxydbelege vollkommen zu entfernen, vgl. Kapitel Korrosion S. 650. Besser, insbesondere bei hochlegierten Materialien, ist eine Behandlung der Probestücke in einer heißen, 10- bis 25proz. ammoniakalischen Ammoniumzitratlösung, wobei ein Angriff des metallischen Eisens ausgeschlossen ist. In hartnäckigen Fällen empfiehlt es sich, die Proben kurze Zeit in geschmolzenen Salpeter von etwa 400° einzulegen, wodurch die Lösung der Eisenoxyde erheblich beschleunigt wird.

Auch eine etwa einstündige Behandlung der Proben in einer Schmelze aus Soda und Kaliumzyanid (1:1) bei etwa 550° entfernt die Zunderschicht chromreicher Stähle und Gußeisensorten.

5. Über den Mechanismus der Verzunderung von Gußeisen und die Haftbarkeit der gebildeten Zunderschichten.

Grundsätzlich laufen folgende drei Reaktionen während der Zunderbildung auf reinen Metallen ab:

1. Der Sauerstoff tritt in die Oxydhaut über, was nur möglich ist, wenn sein Partialdruck höher ist als der Zersetzungsdruck der Oxyde,
2. das Metall tritt in die Oxydschale über,
3. der Stofftransport innerhalb der Oxydschale geht durch Diffusion vor sich.

Die Geschwindigkeit der Zunderbildung ist die Resultierende aus den Geschwindigkeiten der genannten Teilvorgänge.

Bei den meisten Metallen gehorcht die Geschwindigkeit der Zunderbildung einem Wurzelgesetz, d. h. die Dickenzunahme der entstehenden Zunderschicht $\frac{dn}{dt}$ ist umgekehrt proportional der Dicke n der zur Zeit t bereits vorhandenen Zunderschicht (*15*). Es besteht also die Beziehung $m = K \cdot \sqrt{t}$, d. h. die gebildete Zundermenge m ist proportional der Wurzel aus der Zeit. Durch neuere Forschungen konnte nachgewiesen werden, daß im allgemeinen die Zunderbildung aus Metall und Sauerstoff nicht an der Grenzschicht Zunder/Metall erfolgt, sondern an der Außenoberfläche des Zunders vor sich geht. Der entstehende Zunderkörper zeigt dementsprechend abgerundete Kanten. Innerhalb der Zunderschicht diffundierender Bestandteil ist also das Metall und nicht der Sauerstoff.

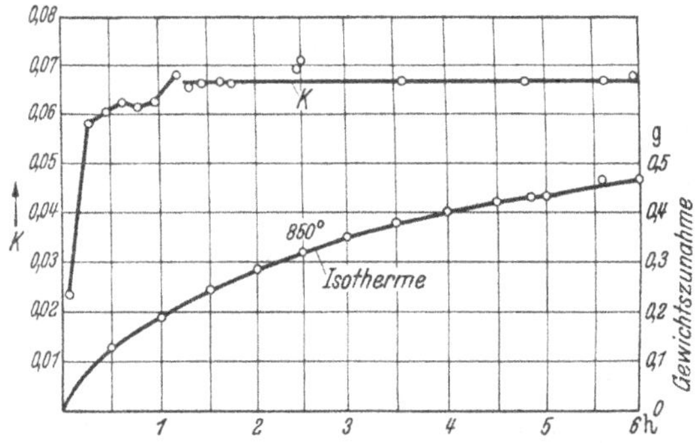

Abb. 763. Zunderisothermen von gewalztem Elektrolytkupfer und Abweichung vom Wurzelgesetz der Verzunderung. Wurzelgesetz: $m = K\sqrt{t}$, also $K = \frac{m}{\sqrt{t}}$, wo m = Gewichtszunahme in der Zeit t je 1 cm² Probenoberfläche bedeutet.

Für einige wenige Metalle wie Wolfram, Magnesium und Kalzium gilt ein lineares Zeitgesetz. Ort der Zunderbildung ist hier die Grenzschicht Zunder/Metall, diffundierender Bestandteil in der Oxydschale demnach der Sauerstoff. Der Zunderkörper muß aus diesen Gründen zu einspringenden Kanten neigen (*16*).

Es ist im allgemeinen ungewöhnlich, daß ungeladene Teilchen diffundieren, deshalb führte C. Wagner (*17*) die Annahme ein, daß das Metall in der Form Ionen + Elektronen wandert, was rechnerisch und durch ein Schaubild belegt werden konnte (*18*).

Reines Eisen gehorcht dem Wurzelgesetz (Abb. 763, Beschriftung). Diffundierender Bestandteil innerhalb der Zunderschicht ist das Eisenatom und nicht der Sauerstoff; die Zunderbildung geht auf der Grenzschicht Oxyd-Atmosphäre vor sich.

Die grundsätzlichen Bedingungen für den Verzunderungsvorgang in Mehrstoffsystemen hat E. Scheil (*16*) zusammengestellt. Aus der Arbeit ist zu folgern, daß „in der Regel die in geringer Menge vorhandenen Elemente sich an der

Grenze Zunder/Metall anreichern, und zwar als Oxyd, wenn der Zusatzstoff unedler, und in metallischer Form, wenn er edler als das im Überschuß vorhandene Metall ist".

Die angeführte Regel hat für Gußeisen, das wegen der in reichlichem Maße vorhandenen Eisenbegleiter als Mehrstoffsystem zu gelten hat, besondere Bedeutung. Da die Bildungswärmen der im unlegierten Gußeisen vorhandenen Elemente durchweg höher sind als die der Eisenoxyde, ist also eine Anreicherung der Oxyde dieser Elemente in der Grenzschicht Zunder/Metall zu erwarten. Der Zunderverlauf kann also mit E. SCHEIL auf folgende Weise beschrieben werden: Die Eisenbegleiter seien mit B, das Eisen mit A bezeichnet. An der Oberfläche bilden sich dann zunächst die unedleren Oxyde BO. Die gebildete Schicht ist jedoch nicht vollständig dicht, sondern es entstehen Risse, in denen es zur Bildung von AO kommt. In beiden Kristallarten erfolgt das Weiterwachsen infolge Diffusion durch die Zunderschicht, und zwar dürfte in der AO-Schicht bevorzugt A und in der BO-Schicht bevorzugt B diffundieren. Da die Nachlieferung von B wegen der geringeren Konzentration gegenüber A stark verlangsamt erfolgt, überwuchert schließlich das Oxyd des Grundmetalles die BO-Teilchen. Ferner werden die A-Atome teilweise um die BO-Teilchen herumwandern, so daß BO zum Teil die Verschiebung der Grenzschicht zur Probenmitte hin mitmacht.

Im Gußeisen spielt vorwiegend das Silizium die Rolle des Zusatzelementes. Zwischen Grundmasse und Oxydhaut schiebt sich eine Schicht, die aus Silikaten und Kieselsäure, je nach dem Sauerstoffdruck, besteht. Außerdem aber bilden die Graphitadern Wege für das Eindringen des Sauerstoffs. Zunächst kommt es innerhalb der äußeren Graphitadern wegen des geringen Sauerstoffangebotes zur Bildung von Eisensilikaten. Mit der weiteren Vergasung der Graphitadern kann der Sauerstoff leichter nachdringen, und es kommt jetzt zunehmend zur Bildung von Eisenoxyden. Ein Querschnitt durch die Zunderschicht des Gußeisens zeigt also außen die Oxydhaut, die vorwiegend aus Oxyden des Eisens besteht und die in die ursprünglich mit Graphit ausgefüllten Kanäle vorgedrungen ist. Mit dem Fortschreiten zum Kern tritt in den Adern zunehmend ein heller Bestandteil (Eisensilikate) auf, und schließlich findet man nur noch mehr oder minder angegriffenen Graphit neben Silikaten.

Zur Erfassung des Zunderverlaufs bei Gußeisen haben E. PIWOWARSKY und W. PATTERSON *(19)* an verschiedenen Gußeisensorten Zeit-Verzunderungs-Kurven aufgenommen. Die Versuchsanordnung war verhältnismäßig einfach. Die in einem Hartporzellantiegel zur Aufnahme etwa abspringenden Zunders befindliche zylindrische Probe wurde mit einem dünnen Chrom-Nickel-Draht an einer Waage befestigt und in einen elektrischen Widerstandsofen eingehängt. Der Ofen wurde durch einen Regler auf Versuchstemperatur gehalten und die Verzunderungsisotherme durch kurzzeitig aufeinanderfolgende Wägungen aufgenommen. Der Luftaustausch konnte durch eine Öffnung im Ofen vor sich gehen, und die Lebhaftigkeit dieses Vorganges drückte sich in durch Strömungen bedingten Bewegungen der Waage aus. Um vergleichbare Ergebnisse zu bekommen, wurden auch noch einige andere Werkstoffe unter den gleichen Bedingungen dem Sauerstoffangriff bei hohen Temperaturen ausgesetzt.

Als Beispiel ist in Abb. 763 eine Verzunderungsisotherme von Elektrolytkupfer für 850° aufgetragen. Aus den Einzelwerten wurden mittels der Beziehung $K = \frac{m}{\sqrt{t}}$ die K-Werte errechnet und in das gleiche Schaubild eingetragen. Nach einer durch Wägefehler bedingten Anlaufstreuung schwanken die K-Werte um den Wert $K = 0{,}067$, d. h. das Kupfer gehorcht ziemlich genau dem Wurzelgesetz.

Die gleiche Rechnung wurde an drei Werkstoffen nachstehender Zusammensetzung vorgenommen:

Zusammensetzung	C	Si	Mn	P	S
Stahl St C 16.61 . .	0,14	0,31	0,42	0,005	0,026
Perlitguß	3,31	1,92	0,64	0,44	0,102
Gußeisen 26.91 . .	3,33	1,80	1,49	0,18	0,16

Die Ergebnisse sind in Abb. 764 zusammengestellt. Nach anfänglichem Anstieg und darauffolgendem Abfall schwankt der K-Wert des Stahles ebenfalls um Mittelwerte, es besteht also nach einer gewissen Anlaufzeit das Wurzelgesetz der Verzunderung. Das Gußeisen zeigt erwartungsgemäß beträchtliche Abweichungen vom Wurzelgesetz. Die bekannte Widerstandsfähigkeit gegen Zunderangriff kommt in niedrigeren K-Werten zum Ausdruck. Bei höheren Korrosionstemperaturen verarmt jedoch die Grundmasse immer schneller an den Eisenbegleitern, die in die Zunderschicht abwandern. Mit der Annäherung der Zusammensetzung an die des Stahls paßt sich auch das Zunderverhalten dem des Stahls an, was in einem zeitabhängigen Anstieg der K-Werte zum Ausdruck kommt.

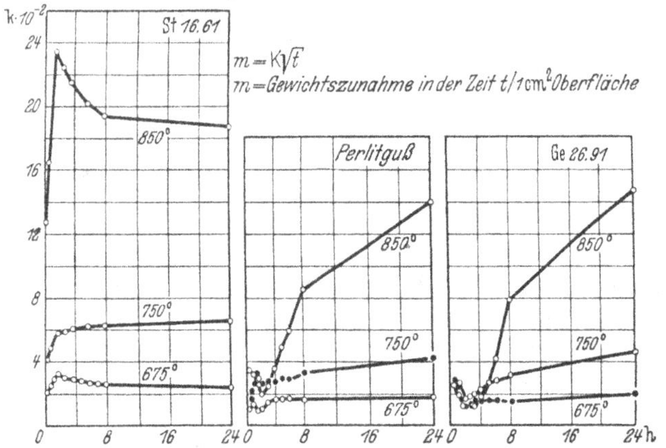

Abb. 764. Abweichung vom Wurzelgesetz der Verzunderung bei verschiedenen Werkstoffen (E. PIWOWARSKY u. W. PATTERSON).

Temperaturabhängigkeit der Zunderbildung.

Die Temperaturabhängigkeit des Zunderverlaufs gehorcht bei umwandlungsfreien Metallen einem Exponentialgesetz. Umwandlungen innerhalb der Metalle führen jedoch nach K. FISCHBECK und F. SALZER (*20*) zu Abweichungen.

Die erwähnten Arbeiten über den Einfluß einer Umwandlung auf den Zunderverlauf sind durch Einzelwägungen nach Verzunderung bei bestimmten Temperaturen ermittelt worden. Um ein schnelles vergleichbares Ergebnis über den Einfluß der Temperatur auf die Verzunderungsgeschwindigkeit zu bekommen, wurde eine einfachere Anordnung gewählt. Die Probe befand sich, wie bereits geschrieben wurde, in einem elektrischen Widerstandsofen, der durch einen Programmregler mit der konstanten Erhitzungsgeschwindigkeit von 100°/st erhitzt wurde.

Trägt man die so gefundenen Gewichtszunahmen im Maßstabe des natürlichen Logarithmus gegen die Zeit in linearem Maßstabe auf, so kann man bei umwandlungsfreien Werkstoffen einen stetigen Kurvenverlauf beobachten; Modifikationsänderungen prägen sich dagegen in einem deutlichen Knick der Kurve aus.

Einige Versuchsergebnisse über den Einfluß der Temperatur auf die Verzunderung enthalten die Abb. 765 und 766. Es wurden folgende Werkstoffe verwendet:

1. gewalztes Elektrolytkupfer,
2. Armcoeisen üblichen Reinheitsgrades,
3. Karbonylstahl mit 0,82% C,
4. Gußeisen mit 3,1% C, 2% Si, 0,5% Mn, 0,08% P.

Erwartungsgemäß fehlen in der Kupferkurve Unstetigkeiten. Die anderen Werkstoffe zeigen dagegen Knicke in den Kurven, die jedoch um 20 bis 50° oberhalb der Umwandlungspunkte liegen, eine Beobachtung, die sich mit der von K. Fischbeck und F. Salzer deckt. Die vermehrte Zunderbildung erfolgt also wohl erst nach beendeter Umwandlung. Auffällig ist die Verdoppelung beim Armcoeisen, deren Ursache noch unklar ist.

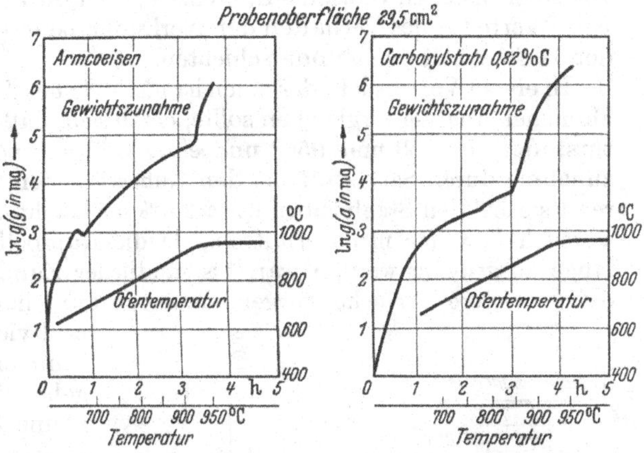

Abb. 765. Gewichtszunahme beim Verzundern mit konstanter Erhitzungsgeschwindigkeit (E. Piwowarsky und W. Patterson).

Haftbarkeit von Zunderschichten.

Die im vorstehenden mitgeteilten Untersuchungen lassen bereits das bekannte günstige Verhalten des Gußeisens gegenüber Verzunderungsvorgängen erkennen. Von technischem Interesse ist jedoch nicht nur die Zundergeschwindigkeit, sondern die Art des Zunders, insbesondere seine Haftbarkeit. Gerade die letztere Eigenschaft ist bei den verschiedensten Behandlungsverfahren sowohl im guten wie im schlechten Sinne von Bedeutung. Eine gut haftende, dichte Zunderschicht schützt in gewissem Grade vor weiterem Angriff, ist also von Bedeutung für Werkstoffe, die zeitweise oder dauernd bei höheren Temperaturen verwendet werden. Durch Glühen nachbehandelte Werkstücke, z. B. Gußrohre, können bei gut haftender Glühhaut oft unbedenklich mit Farb- oder Teeranstrichen versehen werden, ohne daß Abblätterungen zu befürchten sind. Bei schlecht haftenden Schichten oder, wie man es häufig findet, bei nur stellenweise abblätterndem Zunder wird man unter Umständen durch teure mechanische oder chemische Verfahren den Restzunder entfernen müssen, bevor man Anstriche aufbringen kann. Schlecht haftender Zunder ist vor allem beim Walzen von Stahlblöcken erwünscht, während anderseits beim Auswalzen von sehr dünnen Blechen in Paketen ein Klebzunder erwünscht ist, um ein Kleben der Bleche nach dem Walzen zu vermeiden. Stellenweise anhaftender Zunder kann beim Stahlhärten zu unliebsamen Härtefehlern führen.

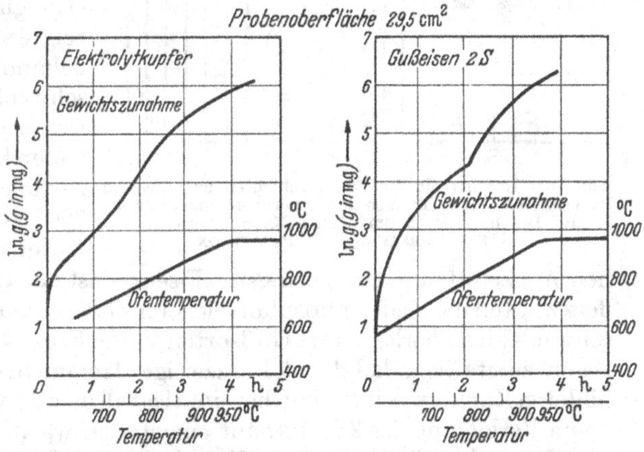

Abb. 766. Gewichtszunahme beim Verzundern mit konstanter Erhitzungsgeschwindigkeit (E. Piwowarsky und W. Patterson).

Die Haftbarkeit von Zunderschichten spielt also eine beträchtliche Rolle bei den meisten Glühprozessen. Um einen zahlenmäßigen Anhalt für das Haften von Zunderschichten zu bekommen, wurden eine Anzahl Gußeisensorten im Vergleich zu handelsüblichen Stählen nach folgenden Verfahren untersucht:

Ausgewogene zylindrische Probekörper wurden bei Luftzutritt geglüht und die durch Sauerstoffaufnahme bedingte Gewichtsvermehrung durch Wägung ermittelt. Dann wurde der Zunder durch zeitlich stufenweise Behandlung in einer Putztrommel entfernt und die Ergebnisse jeder Stufe durch Wägung festgehalten. Die so ermittelten Gewichtsdifferenzen geben, in Prozente umgerechnet, brauchbare Werte für das Verhalten der Werkstoffe beim Glühen und für den Vergleich der Haftbarkeit von Zunderschichten.

In einem Vorversuch, der einen handelsüblichen St 37 mit zwei Gußeisensorten ähnlicher Analyse vergleichen sollte, ergab sich, daß bei den gewählten Temperaturstufen von 850 und 950° und einer Glühzeit von 2 Stunden die Gewichtszunahme durch Sauerstoff bei den Gußeisensorten ungefähr 1,9% betrug, während sie bei den Stahlproben etwa 2,6% ausmachte. Die Haftbarkeit bei diesem Versuch ließ sich nicht ermitteln, da die Rumpelbehandlung versehentlich so lange ausgedehnt worden war, bis sämtlicher Zunder entfernt war. Es wurden daher weitere Versuche vorgenommen an zwei handelsüblichen Stählen St 37 und vier Gußeisensorten, deren Zusammensetzung in Abb. 767 angegeben ist. Als Probenform wurden kleine Plättchen von 30 mm Durchmesser und 5 mm Höhe gewählt, die aus Normalbiegestäben durch Abstechen hergestellt waren. Die Verzunderung erfolgte in einem elektrischen Ofen bei leichtgeöffneter Tür, so daß eine kontinuierliche Erneuerung der Luft des Ofeninnern ermöglicht wurde. Bei 400 und 600° zeigte sich nach zweistündiger Glühbehandlung allgemein eine nur sehr schwache Verzunderung, so daß wesentliche Ergebnisse nicht auftreten konnten. Die Haftbarkeit war zunächst bei allen Proben gut. Bei 700° jedoch trat schon ein deutlicher Unterschied im Verhalten der einzelnen Werkstoffe auf. Den geringsten Eisenverlust nach restloser Entfernung des Zunders zeigten die beiden phosphorreicheren Gußeisensorten. Zwischen Stahl und den schwach phosphorlegierten Gußsorten waren kaum Unterschiede vorhanden, dagegen zeigte sich, daß durch kurzzeitiges Trommeln ein beträchtlicher Teil des gebildeten Zunders beim Stahl bereits abgefallen war, während beim Gußeisen noch keine Verletzung der Zunderhaut eingetreten war. Bei 800° verstärkte sich noch der Unterschied im Verhalten. Hinzu kommt, daß in diesem Temperaturbereich das Gußeisen relativ schwächer oxydiert. Erst bei 900° setzt auch die Verzunderung des Gußeisens stärker ein, jedoch ist auch jetzt noch der Prozentsatz des leicht zu entfernenden Zunders bei den Gußeisensorten wesentlich geringer als bei den gewählten Stahlsorten, d. h. die Haftbarkeit der Zunderschichten auf Gußeisen bleibt besser. Die Untersuchungen nach einstündiger Glühzeit deckten sich mit diesen Ergebnissen. Auch die Haftbarkeit des Zunders gesondert gegossener, weiß erstarrter Proben mit Gußhaut war bei 900° noch recht gut, jedoch lag sie etwas unter den in Abb. 767 aufgezeigten Werten des grauen Materials ähnlicher Zusammensetzung. Die gebildete Zundermenge war bei den weißen und den grauen Proben etwa gleich hoch. Die größte Haftbarkeit der Oxydhaut zeigten die phosphorreicheren Gußeisensorten mit 0,8% P. Um das Verhalten über noch größere

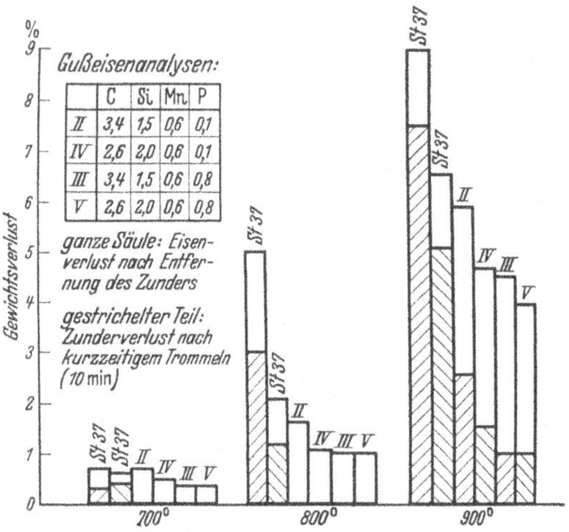

Abb. 767. **Haftbarkeit von Zunderschichten auf Gußeisen im Vergleich zu zwei Stählen St 37. (Proben ohne Gußhaut: 30 mm Durchmesser, 5 mm hoch.) Nach Versuchen von** E. PIWOWARSKY und W. PATTERSON.

Zeiträume zu prüfen, wurden Zylinder von 25 mm Durchmesser und 20 mm Höhe in einen keramischen Tiegel eingesetzt. Dieser Tiegel wurde mit einem Chrom-Nickel-Draht an einer Waage befestigt und in den Ofenraum eingehängt. Durch kurzzeitig aufeinanderfolgende Wägungen wurde dann die Gewichtsänderung der Probe verfolgt. Untersucht wurden drei Werkstoffe der in Abb. 768 beigeschriebenen Zusammensetzung.

Die Prüfung erfolgte ohne Gußhaut. In den räumlichen Schaubildern der Abb. 769 sind für die gewählten Temperaturstufen von 675, 750 und 850° die Gewichtsveränderungen eingetragen. Alle Gußeisenproben zeigten nach etwa 2 Stunden einen deutlichen Gewichtsrückgang, der vermutlich auf einer Reaktion zwischen dem Kohlenstoff und den gebildeten Oxyden beruhte und so lebhaft vor sich ging, daß der weitere Verzunderungsverlauf für einige Zeit überdeckt wurde. Die Größe der Gewichtsabnahme war bei den tieferen Temperaturen etwas deutlicher als bei 850°.

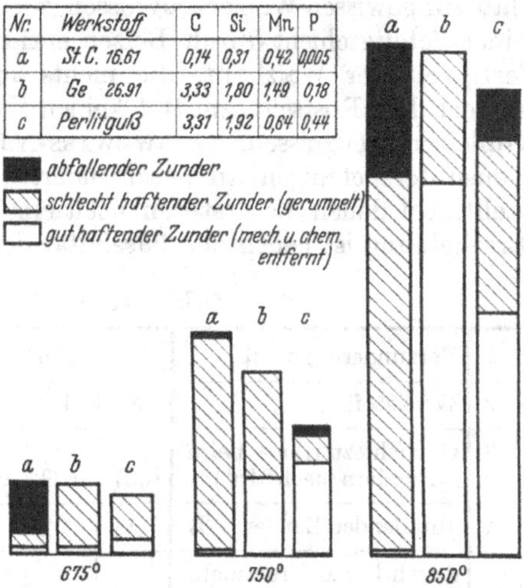

Abb. 768. Haftbarkeit von Zunderschichten nach 24 stündiger Verzunderung (E. PIWOWARSKY u. W. PATTERSON).

Einen Überblick über die Eigenschaften der Zunderschichten bei dieser Versuchsreihe gibt die Zahlentafel 148. In Spalte 3 ist die nach 24stündiger Verzunderung jeweils beobachtete Gewichtszunahme eingetragen. Trotz der langen Glühzeiten weist bei allen Temperaturstufen immer noch der Grauguß die geringere Gewichtszunahme auf, darunter insbesondere der Perlitguß, was sowohl der Struktur als dem höheren Phosphorgehalt zuzuschreiben sein dürfte. Die stärkste Verzunderung zeigt auch hier wiederum der Stahl. Spalte 4 enthält die beim Glühen schon abgefallene Menge Zunder. Auch hier zeigt sich das günstige Verhalten des Gußeisens. Spalte 5 enthält die Werte für den durch 10 min lange Behandlung in einer Putztrommel entfernten Zunder. Durch Addition 4 und 5 ergeben sich die Zahlenwerte für den gar nicht oder nur schlecht haftenden Zunder gemäß Spalte 6. Spalte 7 enthält schließlich die insgesamt entfernte Zundermenge. Durch Differenzbildung von 6 und 7 erhält man in Spalte 8 die Menge an gut haftendem Zunder. Auch hier prägt sich deutlich aus, daß die gut haftenden Zundermengen bei den Gußeisensorten wesentlich höher sind. Während infolge der langen Glühdauer von 24 Stunden hinsichtlich der Zundermenge die Werkstoffe St C 16.61 und GE 26.91 kaum noch wesentliche Unterschiede zeigen, ist die Haft-

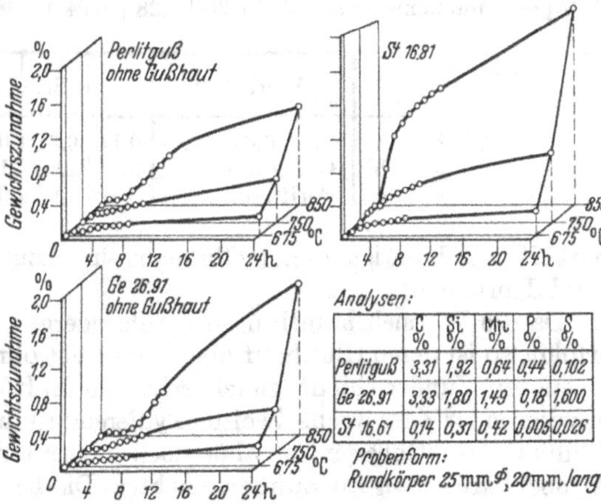

Abb. 769. Zeit-Verzunderungs-Schaubild von Gußeisen und St 37 (E. PIWOWARSKY und W. PATTERSON).

barkeit der Zunderschichten beim Gußeisen immer noch wesentlich größer (vgl. auch Abb. 768 sowie Zahlentafel 156).

Die Haftfestigkeit von Zunderschichten spielt in der Frage des Rostschutzes eine wichtige Rolle. Man findet in manchen Liefervorschriften z. B. die Bedingung, daß auf gewissen Walzerzeugnissen, wie Stahlrohren, die Walzhaut vor Auftragen einer Schutzschicht durch Beizen entfernt werden muß, denn die geringe Haftfestigkeit der Walzhaut, die nichts anderes als eine Zunderschicht darstellt, sichert dem Rostschutzmittel keinen Halt. Anders verhält es sich bei geglühten Gußeisenerzeugnissen. E. PIWOWARSKY *(21)* hat vor Jahren vergleichende Korrosionsuntersuchungen an geschleuderten und sandgegossenen Gußrohren angestellt, bei denen die ersteren noch eine gewisse Überlegenheit aufwiesen. Diese Erscheinung ist neben der Passivität der Glühhaut zweifellos auf die gute Haft-

Zahlentafel 148 (vgl. hierzu Abb. 768).

1	Verzunderungstemp. . .	675°			750°			850°		
2	Werkstoff	a	b	c	a	b	c	a	b	c
3	Gewichtszunahme beim Zundern (nach 24 st) %	0,37	0,33	0,29	1,05	0,80	0,75	3,08	2,54	2,45
4	abfallender Zunder %	1,11	0	0	0,03	0	0,21	2,92	0,01	1,10
5	durch kurzes Trommeln entfernt (10 min) %	0,35	1,54	1,04	5,03	2,37	0,56	8,83	2,98	4,08
→6	schlecht haft. Zunder %	1,46	1,54	1,04	5,06	2,37	0,77	11,75	2,99	5,18
7	Gesamtzunder . . . %	1,63	1,61	1,39	5,10	4,23	2,95	11,85	11,70	10,80
8	gut haftender Zunder %	0,17	0,07	0,35	0,04	1,86	2,18	0,10	8,71	5,62
9	Gesamteisenverlust %	1,26	1,28	0,94	4,08	3,47	2,26	9,14	9,48	8,68

	Werkstoff	C	Si	Mn	P	S
a	St. 16.61 . . .	0,14	0,31	0,42	0,005	0,026
b	Ge. 26.91 . .	3,33	1,80	1,49	0,18	
c	Perlitguß . . .	3,31	1,92	0,64	0,44	

barkeit und Dichtigkeit der Glühhaut zurückzuführen (vgl. Zahlentafel 151, Kapitel Korrosion).

Da die Wärmebehandlung der Schleudergußrohre mit reduzierender Flamme erfolgt, so ist deren Glühhaut allerdings nicht ohne weiteres mit der im Luftstrom erzeugten Zunderschicht gleichartig. Die Haftfestigkeit einer in weniger stark oxydierender oder wechselweise oxydierend-reduzierender Atmosphäre erzeugten Glühhaut bei Gußeisen ist aber noch größer als die in vorwiegend oxydierender Atmosphäre erzeugten Zunderschichten. Die bewußte Erzeugung solcher Schichten bezeichnet man bekanntlich in der Praxis mit Inoxydation *(22)*. Diese wird seit langem angewendet zur Rostsicherung von gußeisernen Gegenständen, wie Kochgeschirren usw.

Schrifttum zum Kapitel XVIc.

(*1*) ROESCH, K.: Gießerei Bd. 23 (1936) S. 472.
(*2*) GRUBER, H.: Über hitze- und schwefelbeständige Legierungen. Diss. Danzig.
(*3*) SCHEIL, E., u. E. H. SCHULZ: Hitzebeständige Chrom-Aluminium-Stähle. Arch. Eisenhüttenw. Bd. 6 (1932/33) Heft 4 S. 155/60.
(*4*) PIWOWARSKY, E., u. E. SÖHNCHEN: Metallwirtsch. Bd. 12 (1933) S. 417/21.

(*5*) Comité des Recherches sur le Comportement des Métaux aux Températures élevées. Centre de Liège 1935.
(*6*) Piwowarsky, E.: Z. Metallkde. Bd. 29 (1937) S. 257.
(*7*) Norbury, H. L., u. E. Morgan: J. Iron Steel Inst. Bd. 123 (1931) S. 413; vgl. Stahl u. Eisen Bd. 52 (1932) S. 1229.
(*8*) Krupp. Mh. Bd. 12 (1931) S. 153.
(*9*) In den Krupp. Mh. Bd. 12 (1931) S. 239 beschrieben.
(*10*) Schüz, E.: Mitt. Forsch.-Anst. G. H. H.-Konzern Bd. 1 (1930/32) S. 37.
(*11*) Thyssen, H.: Rev. Métall. Mém. Bd. 33 (1936) S. 379; vgl. Stahl u. Eisen Bd. 54 (1934) S. 1322.
(*12*) Vgl. Gouttier, L. J.: Rev. Fond. Mod. Bd. 32 (1938) S. 236.
(*13*) Thomas, A. Le: Fond. Belge Nr. 48 (1937) S. 544.
(*14*) D.R.P. Nr. 645306, Klasse 48d, Gruppe 401, vom 29. April 1937 (Heraeus-Vakuumschmelze A. G. in Hanau).
(*15*) Vgl. Scheil, E.: Z. Metallkde. Bd. 29 (1937) S. 209.
(*16*) Scheil, E.: Z. Metallkde. Bd. 29 (1937) S. 209/14.
(*17*) Wagner, C.: Z. phys. Chem. Bd. 21 (1933) S. 25.
(*18*) Jost, W.: Diffusion und chemische Reaktion in festen Stoffen, S. 143/50. Dresden: Steinkopf 1937.
(*19*) Piwowarsky, E., u. W. Patterson: Gießerei Bd. 26 (1939) S. 381.
(*20*) Fischbeck, K., u. F. Salzer: Metallwirtsch. Bd. 14 (1935) S. 733/39 und 753/58.
(*21*) Piwowarsky, E.: Z. VDI Nr. 32 (1938) S. 1116.
(*22*) Piwowarsky, E.: Gießerei Bd. 15 (1928) S. 177.
(*23*) Vgl. Dtsch. Bergwerksztg. Bd. 42 (1941) Nr. 231 vom 2. Okt. S. 4.
(*24*) Ssamarin, A. M., u. M. L. Korolew: Arbeiten aus dem Moskauer Institut, Stal Nr. 12 (1939), S. 3.
(*25*) Tofaute, W., Küttner u. A. Büttinghaus: Arch. Eisenhüttenw. Bd. 9 (1935/36) S. 607.

XVII. Die chemischen Eigenschaften des Gußeisens.

a) Allgemeines.

Unter Korrosion versteht man die von der Oberfläche ausgehende unbeabsichtigte Zerstörung metallischer (oder nichtmetallischer) Stoffe in wässerigen, säure-, alkali- oder salzhaltigen Lösungen bzw. Schmelzen, in bestimmten Gasen oder unter dem Einfluß der Atmosphäre. Die Zerstörungen treten auf entweder in der Form eines gleichmäßigen Angriffs über eine große Fläche oder aber in der Form örtlicher, oft punktförmiger Anfressungen („pittings").

Zahlenmäßige Übertreibung der durch Korrosion eintretenden Eisenverluste hat, wie K. Daeves (*99*) betont, zuweilen den Wettbewerb des Baustoffs Eisen und Stahl mit Beton, Holz und Leichtmetallen erschwert. Gegenüber den im Ausland genannten unwahrscheinlich hohen Verlustzahlen hat G. Schaper (*100*) den für Deutschland in Frage kommenden jährlichen Verlust auf 120 Mill. Mark geschätzt. Auch diese Zahl dürfte noch viel zu hoch liegen. Tatsächlich haben K. Daeves und K. Trapp (*101*) den für Deutschland gültigen Wertverlust durch Korrosion metallischer Stoffe auf nur etwa 8 Mill. Mark berechnet. Berücksichtigt man die wirklich rostgefährdeten Mengen aller in Deutschland im Gebrauch befindlichen Stahl- und Eisenteile, teilt sie nach der Verwendung auf die Art der angreifenden Atmosphäre auf und legt die jetzt bekannten Rostungsgeschwindigkeiten zugrunde, so kommt man zu einem jährlichen Rostungsverlust, der etwa 1/2% der jährlichen deutschen Stahlerzeugung entspricht, also durchaus erträglich ist. Davon entfallen über die Hälfte auf Eisenbahnschienen und -schwellen, die zu den wenigen Stahlteilen gehören, die ohne jeden Anstrich dem Angriff der Witterung ausgesetzt sind (*105*).

Von den Theorien des Korrosionsmechanismus (Gasabsorptions-, katalytische Kolloid-, Wasserstoffsuperoxyd-, einfache Oxydations-, elektrochemische und

Säuretheorie) befriedigte bislang die elektrochemische oder Lokalelement-Theorie erfahrungsgemäß am besten.

Der Korrosionswiderstand ist nämlich keine eindeutige Eigenschaft der Substanzen; er hängt ab von der Natur und dem Grade der Konzentration des Korrosionsmittels sowie der Reinheit der geprüften Materialien, ferner von gewissen physikalischen Eigenschaften, z. B. Temperatur, Gasgehalt, Bewegungszustand des korrodierenden Mediums. Andererseits haften allen Methoden zur Bestimmung des Korrosionsangriffes gewisse Mängel an. Die Bestimmung des Gewichtsverlustes je Oberflächeneinheit als Maßeinheit des Korrosionsangriffs wird oft erschwert durch die Niederschläge, welche der Ätzangriff auf der Oberfläche der Proben hervorruft; sie wird auch den lochfraßähnlichen Korrosionsangriffen nicht gerecht, erfaßt schließlich auch nicht den Güteverlust, der sich z. B. im Festigkeits-, Dehnungs- und Zähigkeitsabfall äußert (Korrosionsermüdung). Der volumetrische Versuch, beruhend auf dem Volumen des entwickelten Wasserstoffs, ist weniger anwendbar in Fällen langsamen Angriffes, welche aber gerade die wichtigsten Fälle der Praxis sind. Die kalorimetrische Methode, welche die Menge der frei gemachten Wärme angibt, ist in den meisten Fällen der gewöhnlichen Korrosion ebenfalls nicht anwendbar. Die Methode, bei der die EMK bei der Auflösung von Metallen gemessen wird, wird wiederum gestört durch Erscheinungen der Polarisation. Der Fachnormenausschuß für Korrosionsfragen und die Dechema (Deutsche Gesellschaft für das chemische Apparatewesen E. V., Frankfurt a. M.), die in Gemeinschaftsarbeit bereits die Korrosionsblätter DIN 4850 — Richtlinien für die Durchführung und Auswertung von Korrosionsversuchen an Metallen —, DIN 4851 — Maßeinheit für Gewichts- und Dickenabnahme bei Metallen —, DIN 4852 — Prüfung in kochenden Flüssigkeiten (Kochversuch) — und DIN Vornorm 4853 — Prüfung von Leichtmetallen auf Seeklima und Seewasserbeständigkeit — herausgegeben haben, übergaben der Öffentlichkeit vor kurzem (*1*) zur Kritik die in ihrem Aufbau dem Normblatt DIN 4850 weitgehend angepaßten Normblattentwürfe:

DIN E 4860 Richtlinien für die Durchführung von Bodenkorrosionsversuchen sowie

DIN E 4861 Richtlinien für die Festlegung der für die Bodenkorrosion maßgebenden Fremdströme.

Zweck der im Entwurf vorliegenden Normblätter ist die Schaffung von Vergleichsmöglichkeiten der Ergebnisse derartiger Untersuchungen untereinander. Der Entwurf beschränkt sich vorerst allein auf den Gewichtsverlust, wofür als Maßeinheit $g/m^2 \cdot$Tag benutzt werden soll. Hierbei würden sämtliche Korrosionswirkungen zwischen Werten von etwa 0,0001 und 10000 liegen, also bequeme Zahlengrößen ergeben. Außerdem soll zur weiteren Kennzeichnung noch die Dickenabnahme in mm je Tag als zusätzliche Angabe in den vorläufigen Normungsvorschlag einbezogen werden; für noch anschaulicher wird die Angabe der Tage oder Jahre gehalten, die für die Abtragung einer Schicht von 1 mm benötigt werden.

b) Die elektrochemische Theorie.

Die elektrochemische Theorie fußt auf der Tatsache, daß alle metallischen Stoffe ein schwächer oder stärker ausgeprägtes Bestreben haben, unter Abgabe von Elektronen in den ionisierten Zustand überzugehen, etwa gemäß $Me = Me^{++} + 2$ Elektronen, wobei das Metall selbst sich negativ auflädt. An der Grenzfläche Metall-Lösung entsteht eine elektrische Doppelschicht, die in reinem Wasser sehr bald zu einem Gleichgewichtszustand führt (Abb. 770a),

d. h. reine Metalle korrodieren in reinem Wasser nicht merklich. Erst wenn die vom Metall ausgesandten Ionen abgeführt oder neutralisiert werden, kann die Korrosion fortschreiten. Z. B. können die bei diesem Vorgang freigewordenen Elektronen im zugehörigen Reduktionsvorgang aufgenommen werden gemäß

$$\tfrac{1}{2}\,O_2 + H_2O + 2\,\text{Elektr.} = 2\,OH^- \quad \text{oder}$$

$$Cl_2 + 2\,\text{Elektr.} = 2\,Cl^-$$

und führen so zur Bildung negativ geladener Ionen. Die rechnerisch erfaßbare Affinität dieser Reaktionen kann durch das elektrochemische Potential gemessen werden, da dieses proportional ist dem Lösungsdruck (P), mit welchem das betreffende Metall z. B. in wässerige Lösungen hinein anodisch Ionen abzugeben bestrebt ist. Übersteigt die Konzentration ionisierter Metallatome einer Lösung einen bestimmten Wert, so ist ihr osmotischer Druck (p) bestrebt, die Metallionen wiederum kathodisch zur Entladung zu bringen, wobei das Metall positiv aufgeladen wird (Polwechsel, Abb. 770b). Die negative oder positive Potentialdifferenz der gegeneinander arbeitenden Vorgänge ist alsdann maßgebend für die Richtung der Reaktion, wobei das resultierende Potential nach NERNST (2) gemäß $E = \frac{R \cdot T}{n F} \cdot \ln \frac{P}{p}$ ($n F$ = durch die Ionen transportierte Elektrizitätsmenge) zu berechnen ist. Da es für den Ablauf technischer Korrosionsprozesse also lediglich auf die Potentialunterschiede ankommt, wählt man als Bezugsgröße das Eigenpotential bestimmter experimentell besonders gut reproduzierbarer Elektroden (sog. Normalelektroden), z. B. einer Quecksilber-Kalomelelektrode (d. h. Quecksilber, das mit Kalomel und einer $^1/_1$ n-KCl-Lösung bedeckt ist), deren Potential gleich Null gesetzt wird. Die Potentialdifferenz dieser Elektrode gegen der als Nullpunkt für die E_0-Werte nach einem Vorschlag von NERNST gebräuchlichen Normalwasserstoffelektrode beträgt 0,286 V. Ordnet man die E_0-Werte ihrer Größe nach, so gelangt man zu der sog. Spannungsreihe der Elemente (Zahlentafel 149). Bei elektrolytischen Prozessen wirkt alsdann das elektropositivere Metall als Kathode, das unedlere wird dabei zur Anode.

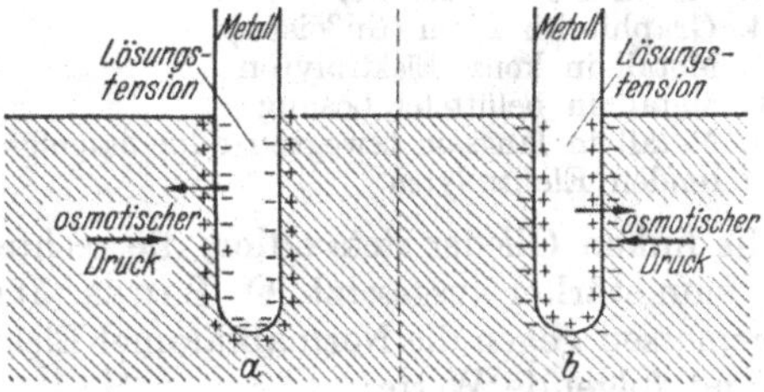

Abb. 770. Potentialsprung: Metall-Lösung (A. EUCKEN).

Zahlentafel 149. Spannungsreihe einiger Elemente, gemessen gegen die Normalwasserstoffelektrode in wässeriger Lösung (Volt):

Li/Li	+	−3,02	Pb/Pb	++	−0,12
K/K	+	−2,92	Sn/Sn	++	−0,10
Na/Na	+	−2,71	$2H/H_2$	+	±0,00
Mg/Mg	++	−1,55			
Zn/Zn	++	−0,76	Cu/Cu	++	+0,34
Fe/Fe	++	−0,43	Cu/Cu	+	+0,51
Cd/Cd	++	−0,40	Ag/Ag	+	+0,80
Tl/Tl	++	−0,33	Hg/Hg	++	+0,86
Co/Co	++	−0,29	Au/Au	+	+1,5
Ni/Ni	++	−0,22			

Die auf thermodynamischen Begriffen beruhende elektrolytische Spannungsreihe der Elemente hat nur grundsätzliche Bedeutung für die Initialtendenz eines Korrosionsvorganges, d. h. für die Korrosionsmöglichkeit; der weitere Verlauf des Prozesses, insbesondere aber die Geschwindigkeit der Korrosionsreaktionen hängt von zahlreichen Nebenerscheinungen ab, welche vielfach von vornherein nicht zu übersehen sind.

Wird an das System Metall-Lösung ein elektrischer Strom von außen so angelegt, daß das Metall am negativen, die Lösung am positiven Pol liegt, so wird die Korrosion durch zusätzliche Steigerung der Potentialdifferenz Metall-Lösung stark begünstigt, umgekehrte Polung dagegen kann die Korrosion zum

Stillstand bringen, wenn die gegensätzlich wirkenden elektromotorischen Kräfte sich gerade kompensieren. Sogenannte vagabundierende Ströme (direkte oder durch Induktion erzeugte Fremdströme, veranlaßt z. B. durch ungenügende Isolation elektrischer Leitungen, schlechte Erdung von Straßenbahnschienen usw.) können auf den Korrosionsvorgang von Metallen (z. B. Gas- und Wasserrohrleitungen) einen äußerst verderblichen Einfluß ausüben. Elektrische Ströme, welche die Korrosion begünstigen, können ferner durch örtliche Potentialunterschiede innerhalb ein und desselben Grundmetalls zustande kommen (**Lokalelemente**), z. B. sind in den Systemen:

1. Metall ausgeglüht	→	Metall kalt verformt,
2. Metall oxydiert bzw. Schlacken im Metall	→	Metall blank bzw. schlackenfreie Metallzone,
3. Metall nicht bearbeitet	→	Metall bearbeitet,
4. Graphit im Eisen (Gußeisen)	→	umgebendes Eisen,
5. Metall in konz. Elektrolyten	→	Metall in verd. Elektrolyten,
6. Metall in belüfteter Lösung	→	Metall in unbelüfteter Lösung,
7. Metall in langsam bewegten oder stagnierenden Elektrolyten	→	Metall in schnell bewegten Elektrolyten.

die linken Glieder stets edler, die rechten Glieder daher anodisch und der Korrosion stärker ausgesetzt. O. BAUER (*3*) stellte eine Spannungsreihe der Metalle, gemessen gegen die Normalkalomel-Elektrode in 1proz. Kochsalzlösung auf und fand folgende Werte:

Gußeisen	−0,762
Elektrolyteisen	−0,755
Flußeisen	−0,755
Stahl	−0,744
Graphit	+0,372

Graphit hat also gegenüber Eisen bzw. Gußeisen eine Potentialdifferenz von etwa 1 Volt, was demnach die Tendenz der dem Graphit benachbarten Zonen, in Lösung zu gehen, grundsätzlich erhöhen muß. Gemäß einer D.R.P. angem. (*106*) scheint zwischen gußeisernen Maschinenelementen und Maschinenteilen (Gußeisen oder Stahllegierungen) dann erhöhte Gefahr einer Korrosion bei Dauerbeanspruchung durch rollende und gleitende Reibung zu bestehen, wenn der zwischen den Eisenkörpern gemessene, durch Elektrolyse hervorgerufene Strom den Betrag von 300 Millivolt übersteigt. Oft können kleine Änderungen der Zusammensetzung die Verhältnisse umkehren. Silumin z. B. ist in Meerwasser edler, in 3proz. Kochsalzlösung dagegen unedler als Gußeisen. Bei Verbundgußstücken aus Gußeisen und Silumin wird dementsprechend in Meerwasser Gußeisen, in 3proz. Kochsalzlösung Silumin stärker angegriffen als das andere Metall des Verbundstückes, das auf Kosten des korrodierenden Metalls geschützt wird. Korrosionsprüfungen von Verbundgußstücken, die eine Aluminiumlegierung enthalten, können daher bei Verwendung von Kochsalzlösung statt künstlichem Meerwasser leicht zu Ergebnissen führen, die dem Verhalten in der Praxis genau entgegengesetzt sind (*107*).

Kathodische Polarisation. Durch Lokalelemente der gekennzeichneten Art wird in den meisten praktischen Fällen die Korrosion eingeleitet. Hierbei entwickelt sich in nicht oxydierenden Säuren an der Kathode elementarer Wasserstoff, der aber erst dann entweichen kann, wenn die Vereinigung zweier Wasserstoffatome zu einem Wasserstoffmolekül erfolgt ist. Diese Reaktion geht jedoch erst bei einer gewissen Überspannung vor sich, deren Wert in erster Linie von der Art des Kathodenmaterials sowie von der Stromdichte abhängt. Eine sichtbare Wasserstoffentwicklung erfolgt demnach erst, wenn die Bedingung: Potential des unedleren Metalls gegen die Lösung − (Potential des Wasserstoffs + Überspannungswert des Wasserstoffs an der edleren Kathode) < 0 erfüllt ist (PALMAER).

Solange diese Bedingung nicht erfüllt ist, bildet der atomare Wasserstoff bei genügender Menge einen lückenlosen Film, der den Zutritt neuer Wasserstoffionen zur Oberfläche verhindert, was gleichbedeutend ist mit einer Verhinderung des Inlösunggehen des betr. Metalls, z. B. des Eisens. Dieser mit Polarisation bezeichnete Zustand ist aber keine Konstante, sondern hängt in weitem Maße von der Zusammensetzung des flüssigen Mediums ab, von der Temperatur, dem Druck, dem Bewegungszustand der Flüssigkeit usw. Auch bei Gußeisen scheint die kathodische Beladung des Graphits mit Wasserstoff zu einer Verringerung der Auflösungsgeschwindigkeit des anodischen Eisens gegenüber der anfänglichen Korrosionsgeschwindigkeit zu führen, nachdem A. THIEL und J. ECKELL (*4*) feststellten, daß Graphit für Wasserstoff eine bedeutende Überspannung ergibt.

In sauerstoffhaltigen neutralen Wässern oder verdünnten Salzlösungen sowie in schwach sauren Lösungen, deren Wasserstoffionenkonzentration einen p_H-Wert von etwa 5 nicht unterschreitet, ferner in alkalischen Lösungen mit $p_H \geqq 12$ kommt es nicht zur Entwicklung gasförmigen Wasserstoffs. Vielmehr wird der an den Kathoden zur Entladung kommende atomare Wasserstoff durch den Sauerstoffgehalt der Lösung zu Wasser oxydiert (Depolarisation).

Anodische Polarisation. Die von der metallischen Anode abgestoßenen Ionen können mit den Anionen des (dissoziierten) Elektrolyten (Cl', CO₃'', SO₄'', NO₃', OH') unlösliche Verbindungen bilden, die unter Umständen das anodische Metall mit einer nichtmetallischen, thermodynamisch edleren Schicht überziehen. Sind diese Schichten porös und für den Elektrolyten durchlässig, so kann bei hoher Potentialdifferenz zwischen Deckschicht und Anode die Korrosion verstärkt einsetzen (Beispiel: Lochfraß bei Eisen, vgl. Abb. 771). Ist die Schicht dicht und für wässerige Ionen undurchlässig, so kann wirksamer Schutz eintreten und die Korrosion zum Stillstand kommen (Al_2O_3-Bildung bei Aluminium). Je größer die Haftfähigkeit der anodischen Deckschicht, d. h. in dem Maße, wie vor allem der Ort der Deckschichtenbildung der Anodenoberfläche näherkommt, um so besser ist der durch anodische Polarisation bewirkte Korrosionsschutz.

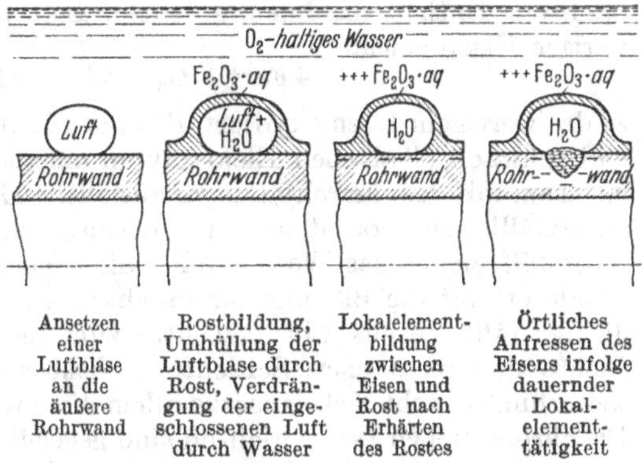

Abb. 771. Entstehung von Lochfraß bei Warmwasserrohren. (Darstellung nach E. H. SCHULZ.)

c) Rostbildung und Passivität.

Auch reines Wasser ist, wie praktisch jede Flüssigkeit, in bestimmtem Umfang in seine Ionen gespalten, gemäß:

$$2\,H_2O \rightleftharpoons 2\,H^+ + 2\,(OH)'.$$

Der Anteil einer Flüssigkeit an freien Wasserstoffionen ist von großer Bedeutung für ihren Charakter, da die Wasserstoffionen eine große Beweglichkeit haben und stark reduzierend wirken können, wenn sie reichlich vorhanden sind. Um ein Maß für den reduzierenden oder oxydierenden Charakter von Flüssigkeiten, vor allem von Wasser, zu haben, ging man von dem neutralen Charakter des Wassers aus, dessen Gehalt an Wasserstoffionen als Grundlage für die Aufstellung eines Maßstabes diente, und führte den Begriff des p_H-Wertes ein, der bei reinstem Wasser 7 beträgt; die Lösungen unterhalb dieses Wertes sind sauer, die Lösungen oberhalb alkalisch. Auf die Weise konnte man eine allgemein gültige p_H-Skala einführen, die in 14 Einheiten eingeteilt ist in der Weise, daß die Lösung mit der stärksten sauren Reaktion den p_H-Wert 0 und die Lösung mit der stärksten alkalischen Reaktion den p_H-Wert 14 hat.

In sauerstoffhaltigem Wasser oder wässerigen sauerstoffhaltigen Lösungen korrodierendes Eisen sendet zweiwertige Eisenionen in Lösung, die mit den Hydroxylionen der Flüssigkeit gemäß

$$Fe^{++} + 2\,OH' = Fe(OH)_2$$

reagieren, d. h. Ferrohydroxyd bilden, welches z. T. ausfällt, aber immerhin eine gewisse Löslichkeit besitzt. Der in der Lösung befindliche Anteil dieser Verbindung ist wie jedes andere in wässeriger Lösung gehaltene Salz dissoziiert gemäß

$$Fe(OH)_2 \rightarrow Fe^{++} + 2\,(OH)'.$$

Der osmotische Druck der ionisierten Metallatome wirkt dem Lösungsdruck des Eisens entgegen und würde nach bestimmter Zeit den Korrosionsvorgang abbremsen. Enthält die Lösung jedoch Luftsauerstoff gelöst, so wird das zweiwertige Eisen gemäß

$$4\,Fe^{++} + O_2 + 4\,H^+ \rightarrow 4\,Fe^{+++} + 2\,H_2O$$

zu dreiwertigem Eisen oxydiert, das mit den (OH)'-Ionen dreiwertiges, in Wasser und schwach alkalischen Elektrolyten unlösliches Ferrihydroxyd bildet und gemeinsam mit dem Ferrohydroxyd ausfällt, wodurch die Konzentration der Lösung an Metallionen verarmt und der Lösungsdruck sich erneut auswirken kann. Je sauerstoffreicher das Wasser oder die wässerige Lösung ist, um so näher der Anode erfolgt die Bildung der anodischen (oxydischen) Rostschicht und um so dichter fällt sie aus. Chromzusätze zum Eisen erhöhen die Deckfähigkeit und Dichte der oxydischen Schichten. Nickelzusätze begünstigen diesen Vorgang weiterhin, obwohl Nickelzusätze allein diese Wirkung nicht auszuüben vermögen. Die chromreichen Deckschichten sind gegenüber vielen aggressiven Agenzien und oxydierenden Säuren sehr widerstandsfähig und die Ursache der Korrosions- und Rostsicherheit hochlegierter Chrom-Nickel-Stähle.

Aber auch unlegiertes Eisen kann durch Eintauchen in konzentrierte Salpetersäure eine zweidimensionale, mit dem Grundmetall durch atomare Kräfte fest verbundene Sauerstoffschicht erhalten und damit in oxydierenden Medien passiv werden. Ablösen der passiven Deckschicht z. B. durch mineralische Säuren hebt die Passivität allerdings wieder auf. Zusätze von Aluminium wirken ähnlich wie Chrom, indem sie in Korrosionsfällen, die mit Oxydation verbunden sind, festhaftende, chemisch sehr widerstandsfähige Al_2O_3-reiche Deckschichten bilden. Auch Kupferzusätze zum Eisen können bekanntlich zu einer korrosionshemmenden, kupferoxyd- bzw. kupferhydroxydreichen Schutzschicht führen. Der Angriff in feuchter Luft ist wahrscheinlich im Anfang ein rein chemischer Angriff. Die Hauptzerstörung ist aber elektrochemischer Art, da die Luft einen mehr oder weniger großen Wassergehalt mit gelösten Salzen oder Säuren (Kohlensäure, schweflige Säure) enthält. Für den Verlauf der Schutzschichtenbildung in Wässern ist es übrigens nach L. W. Haase (*5*) ohne Belang, ob man annimmt, daß die Hydroxylionen sich zunächst mit irgendwelchen Metallionen verbinden, etwa denjenigen des Eisens unter Bildung der oben erwähnten Hydroxyde, oder ob sie sich zunächst frei an der Wand anlagern, bevor sie mit evtl. Härtebildnern reagieren und statt dessen die Metallionen auf andere Ionen einwirken, etwa denjenigen der Kohlensäure unter Bildung von Eisenbikarbonat:

$$Fe^{++} + 2\,HCO_3' = Fe(HCO_3)_2 \text{ (Ferrobikarbonat).}$$

Die Hydroxyde der Schwermetalle, die freien Hydroxylionen und die Hydroxyde des Natriums, Kalziums oder Magnesiums reagieren in praktisch gleicher Weise mit den Härtebildnern der Wässer unter Bildung schwer löslicher Verbindungen:

$$Ca(HCO_3)_2 + Ca(OH)_2 = 2\,CaCO_3 + 2\,H_2O,$$

die sich an der natürlichen Schutzschichtbildung beteiligen (Kesselstein!).

Nach der elektrochemischen Theorie führt auch eine lokale Potentialdifferenz, hervorgerufen durch verschiedene Gefügekomponenten, nichtmetallische Einschlüsse, Seigerungen, innere Spannungen usw. zur Korrosion, wobei die unedleren Anteile sich anodisch verhalten. Bei Gußeisen führt die kathodische Beladung des Graphits mit Wasserstoff zu einer Verringerung der Auflösungsgeschwindigkeit des anodischen Eisens gegenüber der anfänglichen Korrosionsgeschwindigkeit (beginnende Depolarisation).

Die Erscheinung der Passivität. Ähnlich den Vorgängen bei Stahl kann auch Gußeisen durch Eintauchen in konzentrierte Salpetersäure eine zweidimensionale, mit dem Grundmetall durch atomare Kräfte fest verbundene Sauerstoffschicht erhalten (*89*) und damit in oxydierenden Medien „passiv" werden. Ablösen der passiven Schicht, z. B. durch mineralische Säuren, hebt die Passivität natürlich wieder auf. In sauerstoffreichen Medien soll nach F. Tödt (*90*) die Oberfläche kathodischer Metallteile durch Sauerstoffadsorption veredelt werden, so daß diese Teile wie eine Sauerstoffelektrode wirken und die Abscheidung von Wasserstoff verhindern, wodurch die Korrosion zum Stillstand kommt. Die Kathodenflächen sind also gewissermaßen mit Oxydhäutchen bedeckt und passivieren das Lokalelement. Eine andere Auffassung bezüglich der Passivierungsursachen vertreten H. Uhlig und J. Wulff (*91*). Sie gehen bei ihren Überlegungen von atomtheoretischen Betrachtungen aus und nehmen an, daß die Passivität von Legierungen durch die Verschiebung eines Elektrons des einen Legierungselementes auf das andere zustande kommt. Bei Chrom-Eisen-Legierungen geht ein Elektron des Eisens (ob ein 4s- oder 3d-Elektron, bleibt ungeklärt) zum Chrom über und füllt dort die 3d-Schale auf. Ohne Elektronenübergang ist bei Chrom diese Schale mit 5 Elektronen besetzt. Zum vollständigen Aufbau fehlen noch weitere 5 Elektronen. Die Annahme dieses Elektronenüberganges wird durch die größere Elektronenaffinität des Chroms (0,96 Elektronen-Volt) gegenüber Eisen mit 0,86 Elektronen-Volt verständlich. Wenn ein Elektron von einem Eisenatom übergeht, so wird dieses damit passiviert, wenn der Übergang jedoch fehlt, ist das Atom aktiv. Gestützt wird diese Ansicht nach den Verfassern außerdem durch die Beobachtung, daß das Eisen aus einer Eisen-Chrom-Legierung in deren aktivem Zustand als Fe^{++} und im passiven Zustand als Fe^{+++} in Lösung geht, d. h. ein Elektron ist infolge des Übergangs an Chrom gebunden und kann sich nicht mit dem Eisenatom lösen.

d) Der Einfluß des Graphits.

A. Thiel und Breuning (*6*) sowie A. Thiel und J. Eckel (*4*), die für die Überspannung des Graphits einen sehr hohen Wert von + 0,335 V gefunden haben, erklären die starke Auflösungsgeschwindigkeit des grauen Gußeisens mit der Unterbrechung der sonst gleichförmigen Eisenoberfläche durch den herausragenden unlöslichen Graphit, der mit der Eisenoberfläche Furchen und damit bevorzugte Stellen für die Gasentwicklung bildet, vgl. Abb. 772 nach F. Roll (*55*). Wie aber die großen Unterschiede bei der Ermittlung des Überspannungswertes des Wasserstoffs [W. Palmaer (*7*) fand ihn negativ zu − 0,02 V] beweisen, ist die Rolle des Graphits bei der Korrosion noch keineswegs geklärt. Es scheint vielmehr, daß die einzelnen Forscher bei ihren Messungen nicht vollkommen gleichartige Materialien verwendet haben. Ein dichter grobkristallinischer Graphit wird zweifellos andere Überspannungswerte liefern als loser und feinkristalliner Graphit bzw. Temperkohle, bei denen die Möglichkeit der Anlagerung von Gasschichten in erhöhtem Maße gegeben ist.

E. R. EVANS (*8*) hat nun nachgewiesen, daß ein großer Teil der Korrosion hervorgerufen wird durch die Ströme, die durch Änderungen in der Sauerstoffkonzentration der Flüssigkeit entstehen. Er hat gezeigt, daß die Stellen, an denen die Sauerstoffkonzentration am geringsten ist, anodisch sind und Korrosion erleiden, während die mit Sauerstoff gesättigten Stellen ein edleres Potential annehmen und geschützt werden. Damit nimmt EVANS an, daß u. a. dem Graphit sowie allgemein dem Gefügeaufbau beim Rosten des Gußeisens nicht die Bedeutung zukommt, die er bei Säureauflösung besitzt. Es ist darum nicht verwunderlich, daß auch praktische Versuche über den Einfluß des Graphits bzw. der Graphitausbildung bisher noch keine eindeutigen Beziehungen zum Korrosionsverhalten von Gußeisen erbracht haben. Bei rein lösenden chemischen Vorgängen wird aber zweifellos der Graphit die Auflösungsgeschwindigkeit des Gußeisens ganz erheblich steigern.

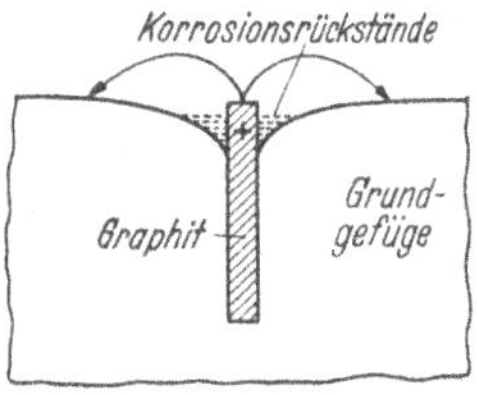

Abb. 772. Lokalelementstrom an einer Graphitader (F. ROLL).

E. PIWOWARSKY und P. KÖTZSCHKE (*9*) untersuchten den Einfluß der Ausbildungsform des Graphits auf die Korrosion von Grauguß, indem sie gewöhnlichen Grauguß mit etwa 3,5% C und rd. 2% Silizium mit schmelzüberhitztem, feingraphitischem und mit getempertem Kokillenguß verglichen. Sie kamen zu dem Ergebnis, daß die Art der Graphitausbildung, wie sie durch die oben erwähnten Maßnahmen geregelt werden kann, in überraschendem Gegensatz zu den theoretisch zu erwartenden Unterschieden keinen wesentlichen Einfluß auf die Korrosion in Säuren oder das Rosten in wässerigen Salzlösungen ausübt. Auch die Menge des Graphits habe, solange sie in den bei grauem Gußeisen üblichen Grenzen wechselt, nur einen mäßigen Einfluß, auf die Korrosion. Nun hatte aber E. PIWOWARSKY (*10*) an Schleuder- und Sandgußrohren vergleichende Untersuchungen vorgenommen und bei der Korrosion in feuchtem Erdreich und gesättigter Ammonsulfatlösung sogar ein um ca. 20% günstigeres Verhalten des Schleudergusses gegenüber dem Sandguß festgestellt (Zahlentafel 151). Es ist aber möglich, daß die Ausbildungsform des Graphits den Korrosionsgrad auch hier nicht wesentlich bestimmte, sondern daß dem Grundgefüge, das beim Schleuderguß stets durch eine nachfolgende Glühbehandlung weitgehend homogenisiert wird, die ausschlaggebende Bedeutung zukommt. Außerdem ist der Zustand der Oberfläche von nicht zu unterschätzendem Einfluß und es ist wahrscheinlich, daß gerade die Oberfläche des Schleudergusses besonders dicht ist. Sie trägt zudem infolge der Glühbehandlung eine widerstandsfähige, wenn auch dünne Oxydschicht (Glühhaut), die dem darunterliegenden Material einen besseren Schutz verleiht, als es

Zahlentafel 150.

Schmelze Nr.	Ges.-C %	Graphit %	Silizium %	Mangan %	Phosphor %	Schwefel %
6	2,80	2,80	3,56	0,41	0,059	0,025
1	3,05	3,03	2,70	0,40	0,053	0,024
2	3,04	3,02	2,22	0,40	0,058	0,024
3	3,02	3,00	1,80	0,40	0,058	0,024
4	3,03	3,02	1,28	0,41	0,054	0,024

Zahlentafel 151.

Vergleichende Korrosionsversuche an Sand- und Schleudergußrohren. Die hier aufgeführten Werte stellen das Mittel aus je 10 Einzelversuchen dar.

Versuchsreihe Nr.	Behandlung	Rohrart	Mittleres Ausgangsgewicht der Ringe g	Mittlerer Gewichtsverlust g	Gewichtsverlust in %	Steigerung der Beständigkeit des Schleudergusses in %
I	Feuchtes Erdreich	Sandguß . . . Schleuderguß .	367,4 356,1	0,71 0,54	0,193 0,152	21,2
II	Verkupfert. Feuchtes Erdreich	Sandguß . . . Schleuderguß .	398,6 364,2	1,49 1,24	0,374 0,336	10,2
III	Ammonsulfat	Sandguß . . . Schleuderguß .	404,2 355,3	2,61 1,93	0,636 0,540	15,1

die poröse Gußhaut beim Sandguß vermag (vgl. Seite 615ff.). P. BARDENHEUER und K. L. ZEYEN (*11*) stellten im Rahmen verschiedener Versuche fest, daß Gußeisen von $^1/_1$ n Salzsäure, Schwefelsäure und Essigsäure um so stärker angegriffen wird, je feiner seine Graphitausbildung ist. Das gleiche traf auch für $^1/_1$ n Salpetersäure zu, wenn auch hierbei die Ergebnisse nicht ganz eindeutig sind. Es spiele eine Rolle, ob die gröbere oder feinere Graphitausbildung durch die Temperatur oder den Zustand der Form, durch eine verschiedene Dicke der Gußstäbe oder durch eine verschieden hohe Überhitzung der Schmelzen erzielt worden sei. H. NIPPER und E. PIWOWARSKY (*12*) gossen Schmelzen der in Zahlentafel 150 wiedergegebenen Zusammensetzung in nasse bzw. getrocknete Formen sowie in Kokillen und stellten fest, daß sowohl bei der Korrosion in feuchtem Boden, vor allem aber durch verdünnte Mineralsäuren, der Angriff bestimmt wird durch die Zahl der gebildeten Lokalelemente, d. h. durch das Verhältnis Graphitmenge zu Graphitoberfläche. Demzufolge erzeugt eutektisch ausgeschiedener Graphit z. B. in siliziumreichen Kokillenguß bzw. in siliziumarmen Sandguß die schlechtesten Korrosionseigenschaften. Temperkohle dagegen, ebenso wie kurzer gedrungener Graphit, ergibt unter vergleichlichen Kohlenstoffgehalten die günstigsten Werte (Abb. 773).

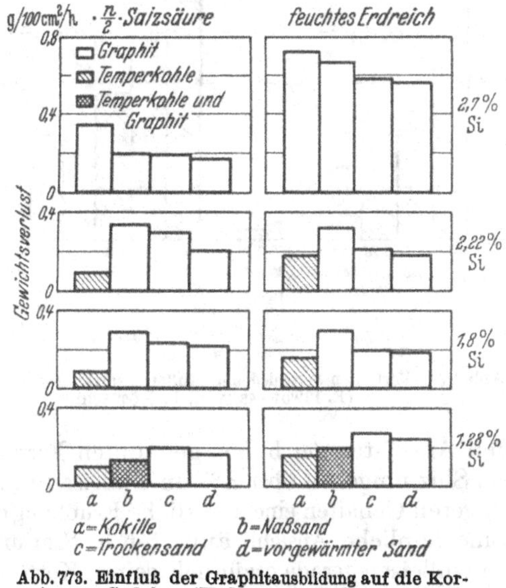

Abb. 773. Einfluß der Graphitausbildung auf die Korrosion von Gußeisen (H. NIPPER u. E. PIWOWARSKY).

O. BAUER (*13*) glaubte zwar beim Rosten in wässerigen Salzlösungen der feingraphitischen Ausbildung den Vorzug geben zu müssen, weil die groben Graphitblätter die Feuchtigkeit infolge Kapillarwirkung besser in das Innere des Eisens saugen. Diese Fähigkeit muß man aber grundsätzlich auch den feinen Graphitteilchen zuschreiben.

e) Der Einfluß der Begleitelemente.

1. Der Einfluß des Siliziums (sowie kleiner Ni-Zusätze).

Nach N. Friend und C. W. Marshall (*14*) üben Siliziumgehalte zwischen 1,2 und 2,3% keinen merklichen Einfluß aus sowohl auf die Säurekorrosion wie auf das Rosten, solange der Unterschied der gleichzeitig vorhandenen relativen Graphitmengen und des gebundenen Kohlenstoffs nicht beträchtlich ist. Zu demselben Ergebnis kamen wesentlich später P.D. Schenck (*15*) und M.G. Delbart (*16*), von denen der letztere allerdings gleichzeitig den Mangan-, Phosphor- und Schwefelgehalt stark wechselte, so daß seine Versuche einen quantitativen Schluß auf den Einfluß des Siliziums nicht zulassen. Ebenso konnte M. R. Girard (*17*) bei seinen Rostversuchen in belüfteter und unbelüfteter Kochsalzlösung keine wesentlichen Unterschiede bei Gußeisen mit Siliziumgehalten zwischen 1,6 und 3,25% beobachten. Auch bei den Eisensorten, die keinen freien Graphit enthalten, ist die Frage des Siliziumeinflusses nur wenig geklärt. Zu erwähnen sind hier die Untersuchungen der Japaner Utida und Saîto (*18*), die bei einem Stahl mit 4% Silizium einen schwachen Abfall der Säurekorrosion gegenüber einem solchen mit 1,3% Silizium festgestellt haben, während W. Oertel und K. Würth (*19*) bei Siliziumzusätzen, allerdings zum nichtrostenden Chromstahl, bis 4,7% überhaupt keinen spezifischen Einfluß des Siliziums gegenüber Korrosion in Salzsäure und Meerwasser feststellen konnten. Entgegen den Ansichten der bisher genannten Forscher stellte A. A. Pollit (*20*) fest, daß ein Siliziumgehalt über 3% im Gußeisen die Korrosion herabsetzt, während bei geringeren Gehalten eine merkliche Erhöhung der Angreifbarkeit zu beobachten war. Eine ähnliche Ansicht äußerten K. Sipp und F. Roll (*21*), daß nämlich Silizium im Gußeisen gerade bezüglich seines Korrosionsverhaltens sich anders verhält als andere Elemente, die im Zustand des Mischkristalls den geringsten oder keinen Korrosionsanreiz geben, während hier Silizium trotz Mischkristallbildung bei kleinen Gehalten den Angriffswiderstand vermindert. H. G. Haase (*22*) kam bei seinen Untersuchungen ebenfalls zu dem Ergebnis, daß die Korrosion mit zunehmendem Siliziumgehalt bis zu 3 bzw. 6% ansteigt und erst dann wieder zu niedrigeren Werten absinkt. Gleichzeitig stellte er noch einen Umkehrpunkt bei 1,3% Silizium fest, für den er aber keine Erklärung abgibt. In seinen Patentschriften, die die Herstellung säurebeständiger Eisen-Silizium-Legierungen betreffen, weist R. Walter (*23*) auf die Bedeutung der auftretenden Silizide besonders hin. Danach ist die Bildung chemisch einheitlicher Silizide anzustreben derart, daß die Ausgangsmaterialien in solchen stöchiometrischen Verhältnissen zueinander zur Reaktion gebracht werden, daß daraus ein Eisensilizid entsprechend der Formel Fe_2Si resultiert. Spätere Untersuchungen am System Eisen-Silizium haben jedoch gezeigt, daß ein Eisensilizid entsprechend dieser Formel nicht auftritt, so

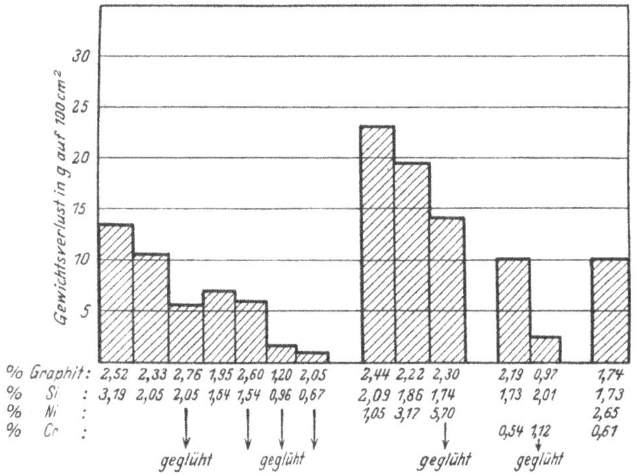

Abb. 774. Verhalten verschiedener Gußeisensorten gegen Essigsäure (E. Piwowarsky u. P. Kötzschke).

daß die Ansicht WALTERS kaum zutreffen dürfte. Der Einfluß der einwandfrei festgestellten Silizide Fe_3Si_2 und FeSi auf die Korrosion hochsilizierter Gußeisensorten wird weiter unten behandelt werden.

E. PIWOWARSKY und P. KÖTZSCHKE (*9*) sowie E. SÖHNCHEN und E. PIWOWARSKY (*24*) stellten an Grauguß mit 2,8 bis 3% Ges.-C fest, daß mit steigendem Siliziumgehalt bis zu etwa 3% bei Salzsäure bzw. bei Essigsäure (Abb. 774) die Korrosion beständig anwuchs, um bei höheren Gehalten wieder abzufallen. Das deckt sich auch mit den Arbeiten von A. LE THOMAS (*25*), der in kochender konzentrierter Schwefelsäure ebenfalls bei etwa 3% ein Maximum des Säureangriffs gefunden hatte (Abb. 775 rechts). Chromzusätze erhöhten stark den Angriff durch konzentrierte Schwefelsäure. Wieweit alle diese Ergebnisse durch Menge und Ausbildungsform des Graphits überdeckt sind, ist allerdings schwer zu entscheiden.

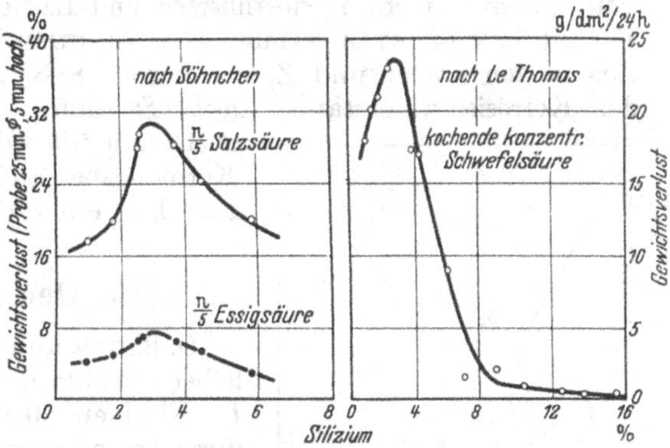

Abb. 775. Einfluß des Siliziums auf die Korrosion von Gußeisen. (Nach E. SÖHNCHEN bzw. LE THOMAS).

In wässerigen Salzlösungen (Kochsalz, Ammonsulfat, Kaliumbikarbonat) war nach P. KÖTZSCHKE und E. PIWOWARSKY (*9*) ein Siliziumgehalt von 0,7 bis 3% ohne Einfluß auf den Rostprozeß. Hier brachten selbst Nickelgehalte bis zu 6% keine wesentlichen Vorteile; sie fanden ferner nur einen mäßigen löslichkeitsmindernden Einfluß des Nickels und auch diesen erst (im Gegensatz zu HAASE) bei höheren Nickelgehalten (über 3%), während in $^1/_5$ n-Essigsäure der Einfluß des Nickels ausgeprägter war, die nickelarmen Proben jedoch eine höhere Löslichkeit besaßen als die völlig unlegierten (Abb. 774).

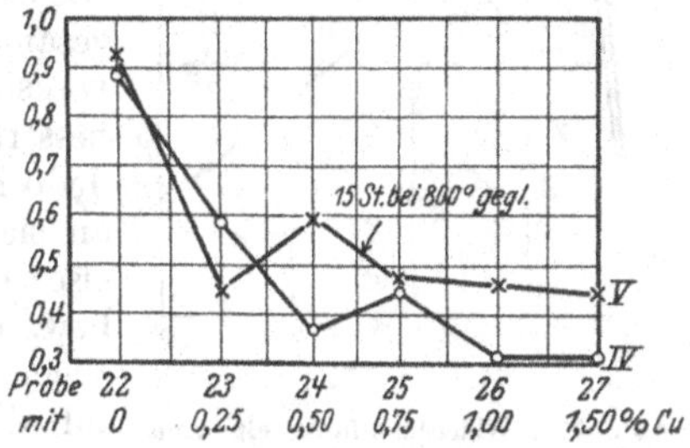

Abb. 776. Einwirkung von Salzsäure auf kupferhaltiges Gußeisen (nach W. DENECKE).

2. Der Einfluß des Kupfers.

Über den Einfluß eines geringen Kupfergehaltes, wie er zur Erzielung besserer Witterungsbeständigkeit auch bei Stahl erfolgt, bestehen beim Gußeisen die Untersuchungen von E. PIWOWARSKY und P. KÖTZSCHKE (*9*) bzw. von W. DENECKE (*25*) und R. T. ROLFE (*26*). Die ersteren fanden bei wässerigen Lösungen lediglich einen schwachen Einfluß auf die Korrosion in Kochsalz sowie eine etwa 25proz. Steigerung der Witterungsbeständigkeit durch 0,3 bis 0,4% Cu. Gegenüber dem Angriff von Salzsäure brachte ein Cu-Zusatz keinen Vorteil, während DENECKE zum Gußeisen mit 4,15% C, 1,29% Si, 0,26% Mn, 0,07% P und 0,004% S bei 0,4 bis 1,5% Cu einen starken Rückgang des Angriffs feststellte (vgl. Abb. 776).

J. R. MARÉCHAL (*27*) fand bei Versuchen an Gußeisen mit steigendem Kupfergehalt in verdünnter Schwefelsäure verschiedener Konzentration die in Abb. 777 dargestellte Beziehung. Danach besteht eine klare Abhängigkeit zu der Konzentration der Säure, aber ein ebenso klarer Abfall des Gewichtsverlustes mit steigendem Kupfergehalt. In n/5-Essigsäure fanden E. PIWOWARSKY und P. KÖTZSCHKE

(*9*) sowie E. SÖHNCHEN und E. PIWOWARSKY (*28*) im Gegensatz zu C. PFANNENSCHMIDT (*29*) eine geringe Steigerung des Angriffs. Korrosionsuntersuchungen mit kupferhaltigem Schleudergußrohrmaterial in verschiedenen wässerigen Lösungsmitteln ergaben bis zu einem Cu-Gehalt von 0,775% keinen eindeutigen Einfluß des Kupfers (*30*). R. T. ROLFE (*31*) fand in Gruben- und Seewasser sowie in schwach sauren Wässern durch Zusatz von 1,35% Cu einen nachteiligen Einfluß des Kupfers, in destilliertem und Leitungswasser dagegen einen kleinen Vorteil. V. V. SKORTCHETTI und A. Y. CHOULTINE (*32*) erhielten bei gleichzeitigem Zusatz von Kupfer und Zinn (Zinn = 1,8·Kupfer) eine sechsfache Steigerung des Korrosionswiderstandes gegen Salzsäure. Die bisher vorliegenden Untersuchungen über den Einfluß des Kupfers auf die Korrosionsbeständigkeit des Gußeisens geben also noch kein einheitliches Bild.

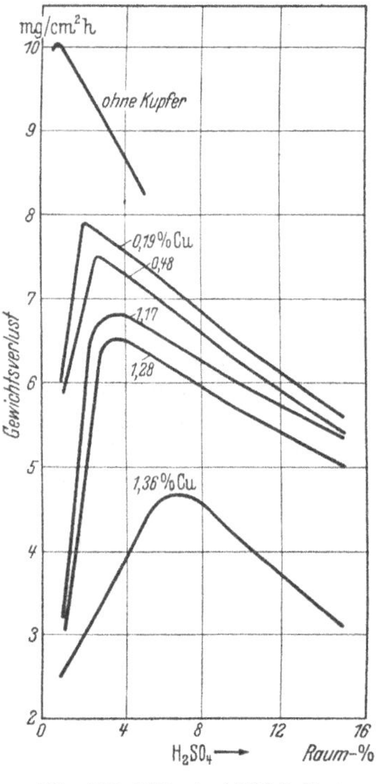

Abb. 777. Widerstandsfähigkeit von Gußeisen gegen verdünnte Schwefelsäure in Abhängigkeit vom Kupfergehalt (nach J. R. MARÉCHAL).

3. Der Einfluß des Nickels.

O. BAUER und E. PIWOWARSKY (*33*) fanden bei höher gekohltem Gußeisen bereits durch etwa 1% Ni einen 20proz. Abfall im Gewichtsverlust durch 1proz. Schwefelsäure. Auch H. G. HAASE (*22*) erhielt bei Gußeisen mit nur 0,8% Ni eine nachweisbare Gewichtsverminderung bei der Korrosion gegenüber Laugen und Säuren, was aber auf die größere Dichte und das feinere Korn des nickelhaltigen Gußeisens zurückgeführt wurde. Beim Legieren von Schleudergußrohren mit kleinen Nickel-, Molybdän- und Chromgehalten, die insgesamt unter etwa 1,2% blieben, konnte E. PIWOWARSKY (*98*) eine gewisse, bis zu 30% gehende Verbesserung der Korrosionseigenschaften feststellen. Jedoch spielen derartige Verbesserungen bei der an sich sehr hohen Korrosionsbeständigkeit gußeiserner Röhren keine ausschlaggebende Rolle, bzw. sie sind wirtschaftlich kaum auswertbar. Vielmehr kommt der günstige Einfluß des Nickels auf die Korrosionseigenschaften von Gußeisen allein oder im Verein mit anderen Elementen wie Chrom oder Kupfer erst bei höheren Nickelgehalten zum Ausdruck, insbesondere bei den austenitischen Legierungen (Nimol und Niresist). Dagegen vermögen Nickelzusätze von 0,5% aufwärts bereits merklich die Widerstandsfähigkeit des Gußeisens gegen Laugen oder alkalische Wässer zu steigern. E. PIWOWARSKY und P. KÖTZSCHKE (*9*) fanden in eindampfender Kalilauge bzw. geschmolzenem Kaliumhydroxyd einen stetig abfallenden Gewichtsverlust bis zu etwa 6% Nickel (Abb. 778 und Abb. 779). Der Gewichtsverlust wird um so kleiner, je geringer der gleichzeitig anwesende Siliziumgehalt des Gußeisens ist (Abb. 780). Aus Abb. 778 und 780 ist zu ersehen, daß der günstige Einfluß des Nickels um so ausgeprägter ist, je aggressiver das Medium, bzw. je höher die Temperatur desselben ist. Der korrosionsmindernde Einfluß des Nickels hält aber auch über etwa 6% noch weiter an, wie u. a. die Versuche von H. E. SEARLE und R. WORTHINGTON (*34*) zeigten. Das Verhalten von Gußeisen bis zu 30% Nickel beim Eindampfen von heißer Ätznatronlauge von 50 auf 65% unter vermindertem Druck während 54 Tagen zeigt Abb. 781. Merkwürdigerweise wirkte elektrolytisch erzeugte Natronlauge stärker als Ammoniak-Sodalauge. Heiße Kalilauge scheint unlegiertes Gußeisen stärker anzugreifen, als heiße Natronlauge (Abb. 782).

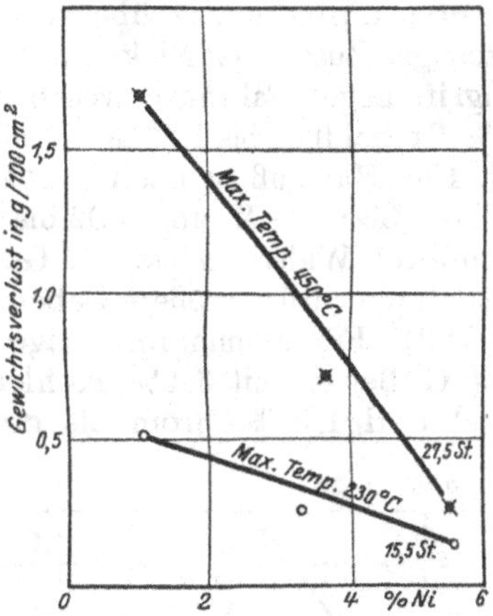

Abb. 778. Korrosion von Gußeisen in Kalilauge bei verschiedener Temperatur in Abhängigkeit vom Nickelgehalt (E. PIWOWARSKY u. P. KÖTZSCHKE).

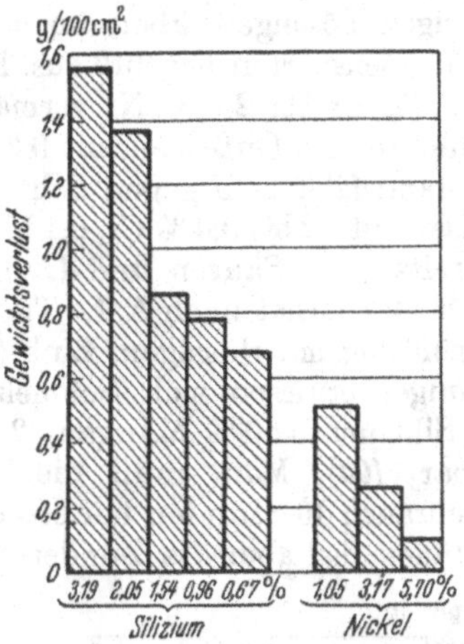

Abb. 779. Korrosion von Gußeisen in Kalilauge bei 230° und 15½ Stunden Versuchsdauer (nach E. PIWOWARSKY u. P. KÖTZSCHKE).

W. W. STENDER und B. P. ARTAMONOW (*35*) untersuchten das Verhalten eines Gußeisens mit 3,54% C, 1,84% Si, 0,72% Mn, 0,179% P und 0,043% S in alkali-

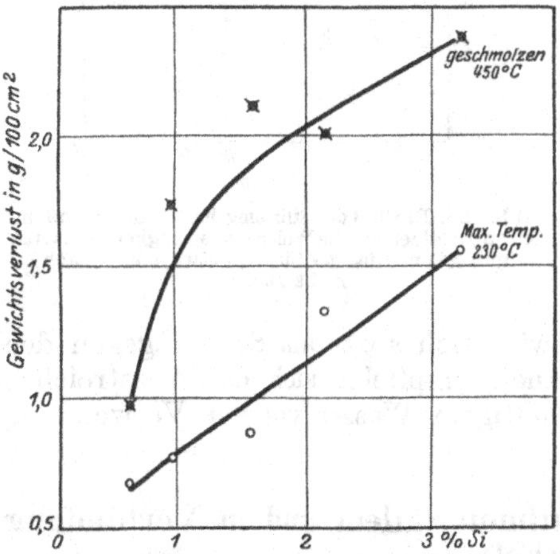

Abb. 780. Korrosion von Gußeisen bei verschiedener Temperatur in Abhängigkeit vom Siliziumgehalt (E. PIWOWARSKY u. P. KÖTZSCHKE).

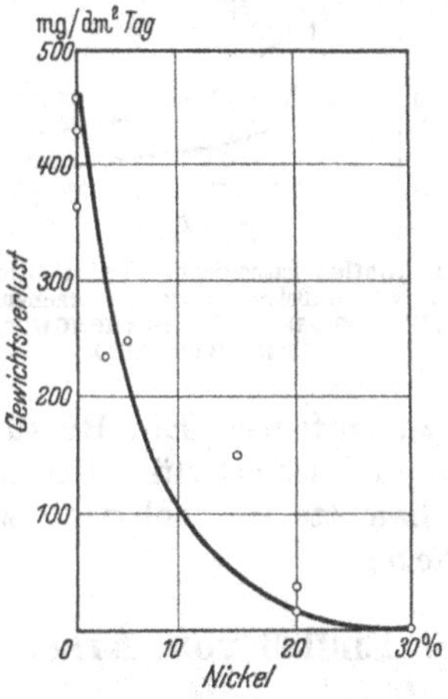

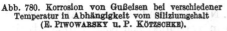

Abb. 781. Einfluß des Nickelgehaltes auf die Laugenbeständigkeit des Gußeisens (H. E. SEARLE und R. WORTHINGTON).

schen Lösungen und geschmolzenen Alkalien. Die Korrosion zeigte sich abhängig von der Temperatur der Lösung, ihrer Konzentration und ihrem Gehalt an Chlorid- und Chlorationen. Wie Abb. 782 zeigt, läßt sich die Stärke des Angriffs in geschmolzenen Alkalien durch kathodische Polarisation stark herabmindern, was auch für wässerige Lösungen von Alkalien gilt. Als besonders laugenfest gilt kupferfreies Niresisteisen mit 2,6 bis 3,0% C, 0,8 bis 1,4% Si, 18 bis 22% Ni und 2 bis 4% Chrom (*34*).

4. Der Einfluß des Chroms.

Schon kleine Chromzusätze zu Gußeisen von etwa 0,40% aufwärts vermögen die Säurekorrosion des Gußeisens wesentlich herabzusetzen. Auf das Rosten in wässerigen Lösungen üben im allgemeinen erst Chromzusätze über etwa 1% einen nennenswerten Einfluß aus. Ein gleichzeitiger Zusatz von Nickel und Chrom z. B. 0,5% Cr bei 2,5% Ni vermag den Angriff gegen Salzsäure wesentlich zu vermindern. Ein Gußeisen mit 0,30 bis 0,60% Cr bei 0,60 bis 1,25% Ni soll sehr widerstandsfähig sein gegen Schwefeldioxyd. Für Hartguß ist nach SILLER (*39*) ein Eisen mit 0,2 bis 0,4% Cr, 0,1 bis 0,30% Ni, 0,3 bis 0,5% Mo und 0,02 bis 0,05% W bereits gegen Säuren und Laugen von erhöhter Widerstandskraft. Gußeisen mit 1 bis 4% Cr hat nach A. LE THOMAS (*49*) auch wesentlich größere Lebensdauer in Berührung mit flüssigem Zink (vgl. Abb. 783). Für aluminiumhaltige Zinklegierungen erwiesen sich Schmelztiegel aus Gußeisen mit 3,4% Kohlenstoff, 1,6% Silizium, 0,60% Mangan, 2,20% Nickel und 1,10% Chrom als gut verwendbar (*104*). Man muß die Tiegel vor Gebrauch 10 Stunden bei etwa 930° nachglühen, hat aber die Zunderschicht

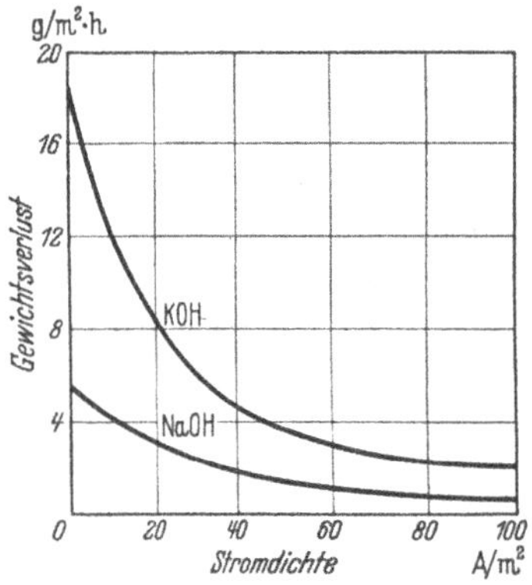

Abb. 782. Einfluß kathodischer Polarisation auf die Korrosion von Gußeisen in geschmolzenen Alkalien (nach W. W. STENDER, B. P. ARTAMONOW u. V. K. J. BOGOJAWLENSKY).

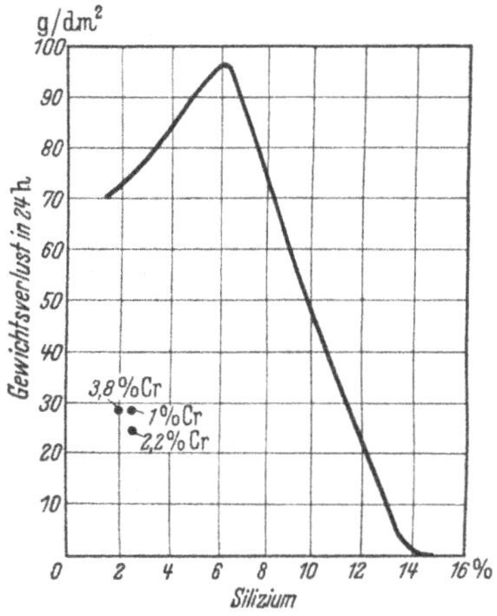

Abb. 783. Einfluß des Siliziumgehaltes ohne und mit Chromzusätzen auf die Widerstandsfähigkeit von Grauguß gegen flüssiges Zink bei etwa 550° (nach A. LE THOMAS).

nicht zu entfernen. Ein Rostüberzug erwies sich sogar als Schutz gegen den Angriff des schmelzflüssigen Metalls. Auch empfiehlt sich ein Ausstreichen mit Schamotte und schwach wasserglashaltigem Wasser vor der Verwendung der Tiegel.

5. Der Einfluß von Arsen und Antimon (allein und in Verbindung mit Nickel).

E. PIWOWARSKY, J. VLADESCU und H. NIPPER (*36*) fanden, daß Arsenzusätze zu Gußeisen die Beständigkeit desselben in verschiedenen Säuren (0,2-n-Essigsäure, 0,5-n-Salzsäure, 0,4-n-Schwefelsäure) bedeutend verbesserten. Antimongehalte dagegen wirkten nur in Salzsäure günstig auf den Korrosionswiderstand. Höhere Antimongehalte (0,5 bis 8,0%) erhöhten nicht nur den Widerstand gegen Mineralsäuren, insbesondere Salzsäure, sondern auch gegen Rosten, besonders in Seewasser (*37*). Die Laugenbeständigkeit des Gußeisens wurde durch 0,5 bis 0,6% Antimon um das Zwei- bis Vierfache erhöht (*36*). Leider wirken sich bereits kleine Antimongehalte von 0,2 bis 0,3% schon sehr ungünstig auf die Versprödung des Gußeisens aus. E. PIWOWARSKY (*38*) konnte aber beobachten, daß die

Zahlentafel 151a. Analysen und Festigkeit der bei den Korrosionsversuchen verwendeten Proben (E. PIWOWARSKY).

Nr.	C %	Si %	Ni %	Sb %	Zugfestigkeit kg/mm²	Brinell-härte
1	3,20	2,20	—	—	23,6	172
2	3,15	1,53	1,80	—	26,4	185
3	3,10	0,45	3,55	—	Lunker	212
4	3,15	0,40	5,30	—	33,0	258
5	2,97	2,30	—	0,40	14,0	—
6	3,10	1,82	—	0,71	12,5	—
7	3,15	0,41	3,10	0,40	26,5	205

durch Antimon verursachte Versprödung des Gußeisens durch Nickelzusätze beseitigt werden kann, was sich auch in der Veränderung der Zugfestigkeit offenbart (Zahlentafel 151a). Es konnte ferner festgestellt werden, daß in derartigen Antimon und Nickel führenden Gußeisen die Laugenbeständigkeit so gesteigert wird, daß sie im Vergleich zu nur nickelhaltigem Gußeisen zu einer erheblichen Einsparung von Nickel führen kann (Abb. 784). Antimonreichere, nickelhaltige Gußeisen haben auch den Vorteil einer erhöhten Warmverschleißfestigkeit und Anlaßbeständigkeit, wie Abb. 962 erkennen läßt. Da die durch Antimon verursachte Versprödung des Gußeisens aber erst durch einen 6- bis 8fachen Nickelgehalt gegenüber dem anwesenden Antimon völlig aufgehoben werden kann, so dürften derartig hoch legierte Gußeisen nur für bestimmte Sonderzwecke in Frage kommen. Wichtig ist in diesen austenitischen Gußeisen, daß der Graphit eutektisch oder in lamellarer Form, keineswegs aber in Netzform ausgeschieden ist, da sonst die Festigkeit des Materials stark abfällt, wie die Abbildungen 267 bis 269 zeigten, deren Zusammensetzung wie folgt ist:

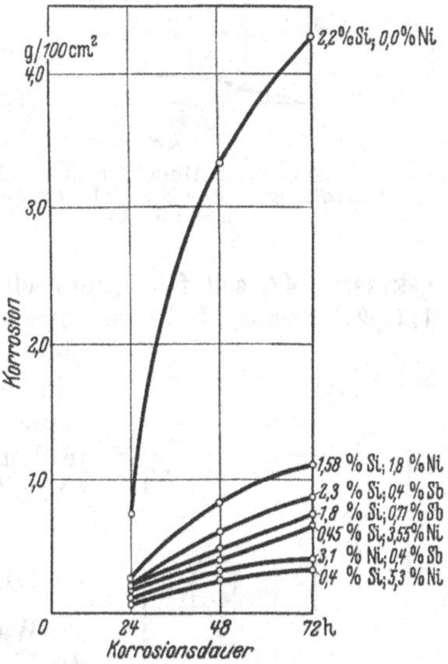

Abb. 784. Einfluß von Nickel und Antimon an der Korrosion in konzentrierter Kalilauge (nach E. PIWOWARSKY).

Probe	Ges.-C %	Si %	Graphit %	Mn %	Ni %	Sb %
6	2,48	0,30	1,20	0,24	14,62	0,00
15	2,42	0,30	1,06	0,20	13,94	0,92
23	2,12	0,27	1,10	0,17	14,90	1,78

6. Der Einfluß anderer Elemente.

E. PIWOWARSKY und E. SÖHNCHEN (*40*) berichten, daß Aluminiumzusätze die Beständigkeit von Gußeisen gegen schmelzflüssige Natronlauge stark beeinträchtigen (Abb. 785). Die Beständigkeit gegen 10proz. Salzsäure nimmt mit steigendem Aluminiumgehalt beständig zu, während gegenüber Salpetersäure die Verbesserung erst über etwa 4% Al einsetzte (Abb. 786). Verstärkte man die Säurekonzentration, so trat in Salpetersäure eine starke Passivierung ein, während der Angriff in Salzsäure sich verstärkte, aber keine eindeutige Beziehung mehr zum Al-Gehalt aufwies. Der Mangangehalt hat in den üblichen

Grenzen keinen ausgeprägten Einfluß auf die Korrosionseigenschaften, wird aber im allgemeinen selten über 0,6% gehalten. Auch der Phosphorgehalt übersteigt selten den Gehalt von etwa 0,30%, obwohl das Phosphid selbst sehr edel und in Säuren sehr widerstandsfähig ist. Molybdängehalte sollen nach zahlreichen Beobachtungen der Praxis die Korrosionsbeständigkeit des Gußeisens schon von

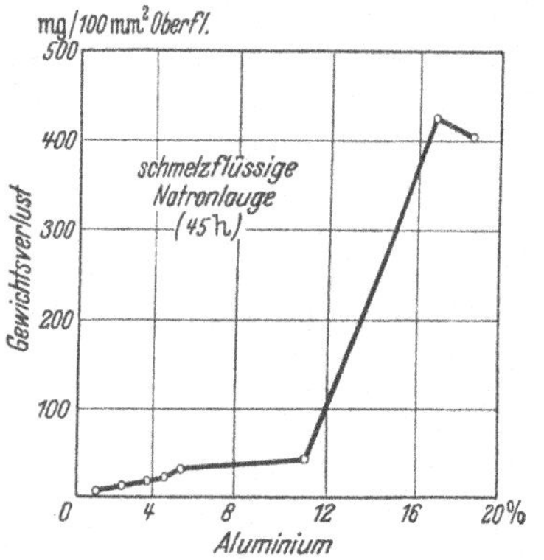

Abb. 785. Einfluß von Aluminium auf die Korrosion in schmelzflüssiger Natronlauge (E. PIWOWARSKY u. E. SÖHNCHEN).

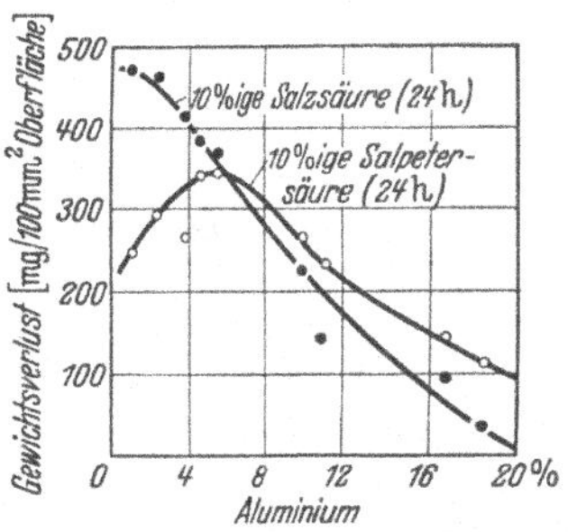

Abb. 786. Einfluß von Aluminium auf die Korrosion in 10 proz. Salz- und Salpetersäure. (E. PIWOWARSKY und E. SÖHNCHEN).

Gehalten ab etwa 0,20% merklich verbessern, besonders gegenüber Mineralsäuren, vor allem Salzsäuren (*41*). Nach A. GEISSEL (*42*) soll für chemisch widerstandsfähigen Guß das Eisen hoch (auf 1500° C) erhitzt, heiß vergossen und schnell abgekühlt werden, damit ein gleichmäßiges Gefüge mit feiner Graphitausbildung entstehe. Ein solches, für Sulfatschalen, Schwefelkessel u. a. geeignetes Material soll nach GEISSEL um so besser sein, je höher der Gehalt angebundenem Kohlenstoff ist (Abb. 787).

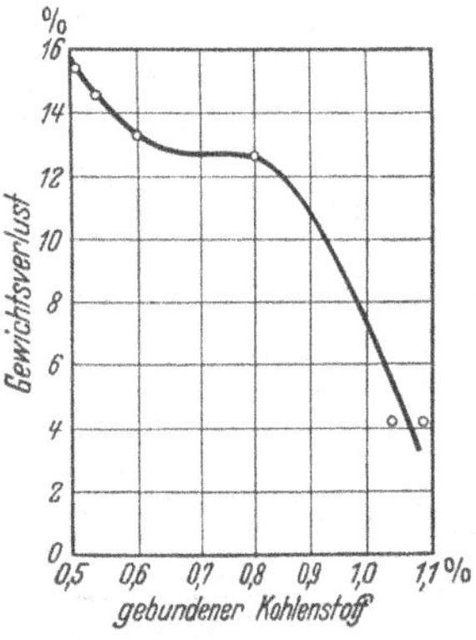

Abb. 787. Zusammenhang zwischen gebundenem Kohlenstoff und der Säurebeständigkeit von Gußeisen (nach A. GEISSEL).

f) Der korrodierende Einfluß von Gasen.

Wasserstoff wirkt auf Gußeisen entkohlend ein, wie die Versuche von W. BAUKLOH (*54*) u. a. gezeigt haben. Silizium, Mangan und Chrom verringern die Entkohlung durch Wasserstoff merklich (vgl. die Ausführungen S. 299). Schweflige Säure sowie Kohlensäure vermögen bei Temperaturen über 450° Gußeisen bereits merklich anzugreifen. Doch ist der Angriff bei geringeren Konzentrationen dieser Gase bis etwa 650° selbst bei unlegiertem Gußeisen noch erträglich. In CO_2-reicheren CO/CO_2-Gemischen dagegen erreicht die Entkohlungsgeschwindigkeit bei 800 bis 1000° erhebliche Werte. Auf Grund der besseren Vergasungsmöglichkeit von gebundenem Kohlenstoff wird weißes Gußeisen schneller entkohlt als graues. Ausgesprochene Randentkohlungszonen treten nur an grauem Gußeisen auf (*111*). Sehr energisch reagiert Schwefelwasserstoff mit Gußeisen, wie aus der vergleichlichen Darstellung von F. ROLL (*55*) hervorgeht. Die Korrosion der Metalle durch Gase unter Ausschluß von Feuchtigkeit kann andern Gesetzmäßigkeiten unterworfen sein als die Korrosion bei Gegenwart von Wasser, so daß nur mit Vorsicht Schlüsse von der einen Korrosionsart auf die andere gezogen werden können. Aber auch bei Gegenwart von Wasser können so erheblich verschiedene Vorgänge maßgebend sein, daß man nur dann vom Verhalten eines Metalls unter gewissen Bedingungen auf sein Verhalten unter andern Bedingungen schließen darf, wenn in beiden Fällen die korrosionsbestimmenden Faktoren vergleichbar sind.

g) Siliziumreiches Gußeisen (Siliziumguß).

Von etwa 11 bis 12% Si an zeigen gegossene Eisen-Silizium-Legierungen einen schnell ansteigenden Widerstand gegen Korrosion durch Säuren, vor allem heiße Salpetersäure hoher Konzentration und heiße Schwefelsäure. Die hohe Korrosionsbeständigkeit der Legierungen mit ca. 14% Si wurde von M. G. Corson (*43*) mit einer aus dem Diagramm kaum abzuleitenden Verbindung Fe_3Si (14,4% Si) in Zusammenhang gebracht, die sich etwa mit der maximalen Konzentration der α-Mischkristalle deckt (vgl. Zahlentafel 5 und Abb 46).

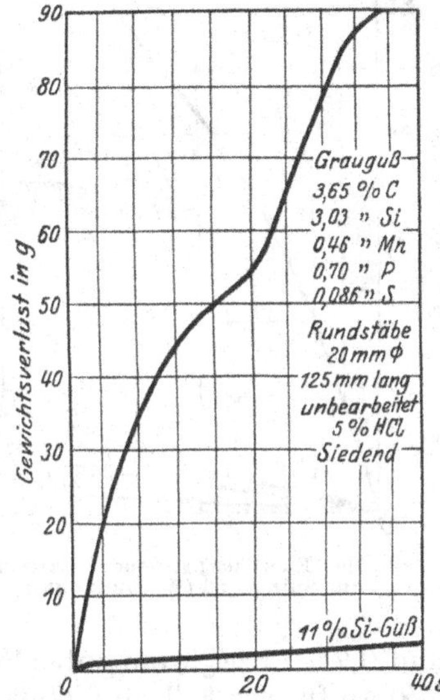

Abb. 788. Einwirkung siedender Salzsäure auf Grauguß und 11 proz. Siliziumguß (W. Denecke).

Mit dem Auftreten der Fe_3Si_2-Kristalle (in technischen Legierungen etwa ab 16% Si) tritt nach W. Denecke (*44*) eine weitere starke Steigerung der Säurebeständigkeit auf (vgl. die Abb. 788 bis 791). Leider zeigen die hochlegierten Eisen-Silizium-Verbindungen hohe Sprödigkeit bei starker Neigung zu Warmrissen und grober Kristallausbildung, so daß die Herstellung einwandfreier Gußstücke erhebliche Schwierigkeiten bietet. Der Ges.-C-Gehalt von Siliziumguß liegt unter 0,75 bis 0,85%. Eine gewisse Graphitmenge (0,3 bis 0,5%), die an sich die Säurebeständigkeit verringert, ist aus Gründen geringerer Schwindung und besserer Bearbeitbarkeit in derartigen Legierungen meistens erwünscht. Der P-Gehalt soll 0,2%, der S-Gehalt 0,05%, der Mn-Gehalt 0,3% nach Möglichkeit nicht übersteigen (*45*). Th. Meierling und W. Denecke (*46*) untersuchten die Festigkeitseigenschaften von Eisen-Silizium-Legierungen, unter anderem auch von solchen mit 0,10 bis 0,40% C und 8 bis 21% Si. Sie finden dabei die in Abb. 792 angegebenen Werte. Bemerkenswert ist der Höchstwert der Schwindung bei 16% Si, eine Tatsache, die für die Herstellung hochsäurefester Legierungen von unangenehmer Bedeutung ist. F. Espenhahn (*47*) bringt eine kurze Zusammenstellung über säurefesten Guß, aus der hervorgehoben sei, daß eine Legierung mit 16 bis 17% Si nicht überhitzt werden soll; die Gießtemperatur soll nicht wesentlich über der Erstarrungstemperatur liegen.

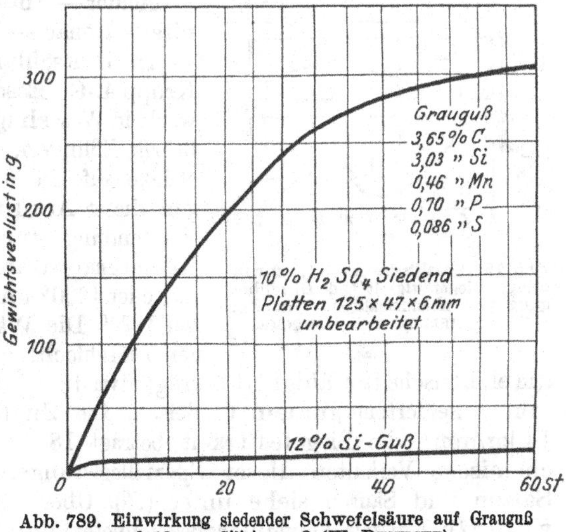

Abb. 789. Einwirkung siedender Schwefelsäure auf Grauguß und 12 proz. Siliziumguß (W. Denecke).

In Pulverfabriken wird oft eine mit Mischsäure bezeichnete Säure mittlerer Konzentration in gußeisernen Gefäßen aufbewahrt. A. Le Thomas (*48*) untersuchte die Beziehungen zwischen dem Si-Gehalt des Gußeisens und dem Angriff einer Mischsäure von 33% H_2SO_4, 12% HNO_3 und 55% H_2O und fand, daß über 4% Si im Eisen die Widerstandsfähigkeit schnell zunahm. Bei etwa 10% Si ist praktisch Säurebeständigkeit vorhanden. Da aber ein solches Material geringe Festigkeit, Zähigkeit und Bearbeitbarkeit besitzt, empfiehlt Le Thomas die Zusammensetzung in den linken Kurvenast der Abb. 793 zu verlegen, dem Eisen aber noch etwa 1 bis 4% Cr zuzusetzen, wodurch die Säurebeständigkeit ausreichende Werte erhalten könne. Aber selbst ein Eisen mit etwa 2,5% C, 1,5% Si, 0,9% Mn, 0,07% P, 0,01% S

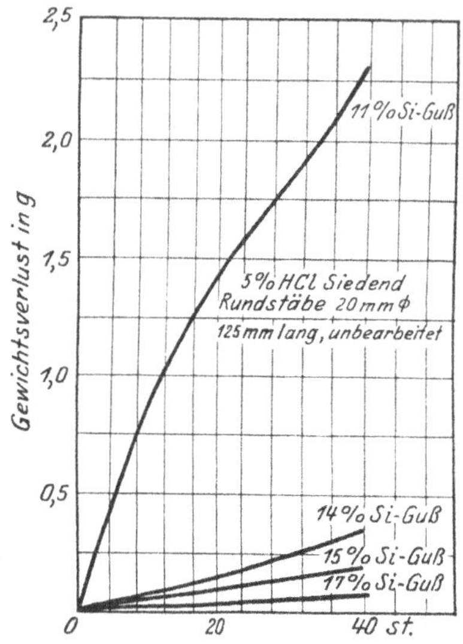

Abb. 790. Einwirkung siedender Salzsäure auf Siliziumguß (W. Denecke).

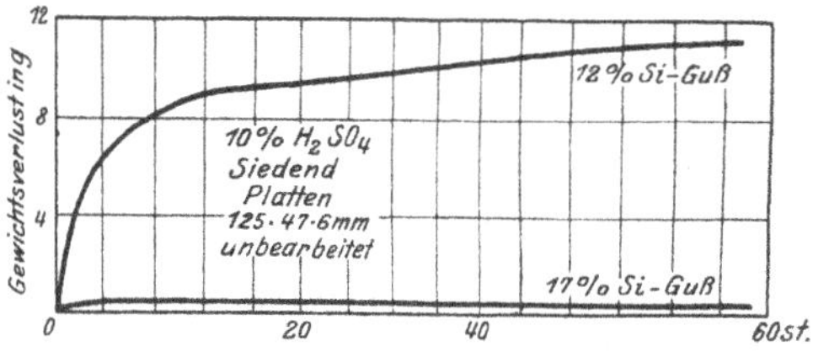

Abb. 791. Einwirkung siedender Schwefelsäure auf Siliziumguß (W. Denecke).

und 0,7% Cr zeigte ein gutes Verhalten. Ähnliche Überlegungen stellte Le Thomas (*49*) an für den Fall, daß Gußeisen mit flüssigem Zink in Berührung steht. Auch hier haben sich Chromgehalte von 1 bis 4% zum Gußeisen bestens bewährt (Abb. 783).

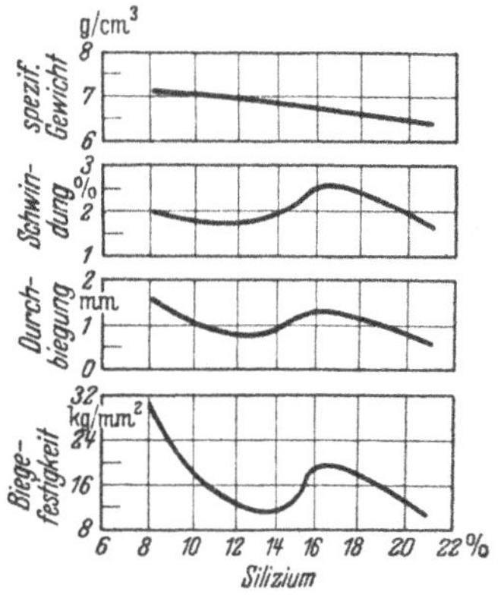

Abb. 792. Spezifisches Gewicht, Schwindung, Biegefestigkeit und Durchbiegung von siliziumhaltigem Gußeisen (Th. Meierling u. W. Denecke).

Säurebeständiger Guß mit 12 bis 18% Si kommt unter verschiedenen Handelsnamen in Gebrauch, z. B.

Acidur — Antacid — Duracid — Duriron — Elianite — Ironac — Tantiron — Thermisilid usw. (*50*).

In Deutschland stellen die Firmen Friedr. Krupp A.-G., Essen (Thermisilid) Wesselinger Gußwerk in Wesseling, Bz. Köln (Antacid), Maschinenfabrik Eßlingen, Peter Stühlen, Köln, u. a. Gußstücke auf Basis hoher Si-Gehalte her. Legierungen dieser Art finden in der chemischen Industrie Verwendung für Rohrleitungen, Trockentürme, Kolonnenapparate usw. Ihr Schmelzpunkt liegt zwischen 1200° und etwa 1400°. Thermisilid schmilzt bei 1220°. Die Wärmeleitfähigkeit dieser Legierungen ist schlechter als die von normalem Grauguß, die elektrische Leitfähigkeit beträgt etwa die Hälfte, die Schwindung das Doppelte von unlegiertem grauem Gußeisen. Die Zugfestigkeit liegt zwischen 8 und 14 kg/mm², die Biegefestigkeit beträgt 18 bis 30 kg/mm²; näheres über das chemische Verhalten dieser Speziallegierungen in verschiedenen Chemikalien, Salzen und Säuren siehe unter (*50*). Über Gattierungen für Si-reichen Guß vgl. (*51*). Ein mit Durichlor bezeichnetes Material enthält neben etwa 14% Si noch 3,5% Mo und 1% Ni. Es soll gegen konzentrierte Salzsäure sehr beständig sein. Siliziumeisen kann nur bis etwa 10% Si im Kupolofen hergestellt werden, da hier eine schlechte Trennung des als Garschaumgraphit aufgenommenen Kohlenstoffs stattfindet. Für den eigentlichen Siliziumguß kommt daher der Flamm-, Öl- oder elektrische Ofen in Frage. Als Formsand sowie auch für Kernsand sind nur beste gasdurchlässige Sandmischungen zu verwenden. Beim Einformen sind scharfe Ecken und plötzliche Übergänge zu vermeiden. Siliziumguß darf nicht überhitzt vergossen werden. Es existieren daher zahlreiche Verfahren, um eine unnötige Überhitzung zu vermeiden, bzw. die Schmelze vor dem Vergießen schnell abzukühlen (*52*). Größere Kupferzusätze scheinen die Bearbeitbarkeit des Siliziumgusses durch schneidende Werkzeuge zu ermöglichen. Eine deutsche Patentanmeldung (*53*) z. B. beantragt Schutz für Eisen-Silizium-Gußlegierungen mit 0 bis 0,6% Kohlenstoff, 5 bis 20% Silizium, 0,2 bis 30% Kupfer, Rest Eisen als Werkstoff für säurebeständige Gegenstände, die durch schneidende Werkzeuge wie übliche Drehstähle bearbeitbar sein sollen. Im Unteranspruch werden dann noch kleine Mengen an Bor, Kobalt, Nickel, Chrom, Wolfram, Zirkon oder Titan als weitere Zusatzstoffe genannt.

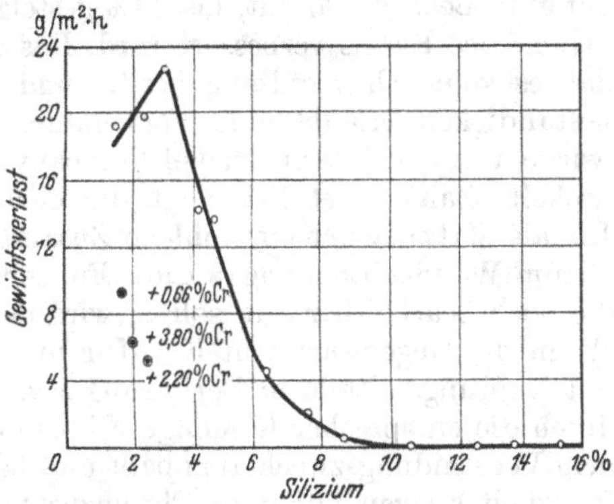

Abb. 793. Einfluß des Siliziumgehaltes auf die Beständigkeit von Gußeisen in Mischsäure (LE THOMAS).

h) Säurebeständige Gußeisen mit hohem Nickel- bzw. Chromgehalt.

Nickel und Chrom lösen sich im festen Zustand nicht in allen Verhältnissen. Es besteht zwischen etwa 35 bis 40% Cr und 80 bis 90% Cr eine Mischungslücke. Legierungen, die zwischen 35 und 90% Cr enthalten, sind infolgedessen nicht verarbeitbar. Eisen und Chrom lösen sich zwar in festem Zustand in allen Verhältnissen, aber zwischen 40 und 60% Cr entstehen je nach der Vorbehandlung spröde Verbindungen (vgl. Abb. 795). Im Dreistoffsystem ergibt sich daher eine Dreiteilung der Eisen-Chrom-Nickel-Legierungen (*56*), s. Abb. 794.

Die im Gebiet *A* liegenden Legierungen sind frei von Umwandlungen und infolge ihres Nickelgehaltes gut verarbeitbar. Im Gebiet *B* sind die Legierungen zweiphasig und größtenteils spröde und dann technisch nicht brauchbar. Das Gebiet *C* besitzt nur bei niedrigen Cr-Gehalten technisches Interesse, da die Legierungen mit mehr als 50% Cr kaum verarbeitbar sind und keine dem hohen Cr-Gehalt entsprechende bessere Hitzebeständigkeit aufweisen als die Legierungen mit etwa 20 bis 30% Cr.

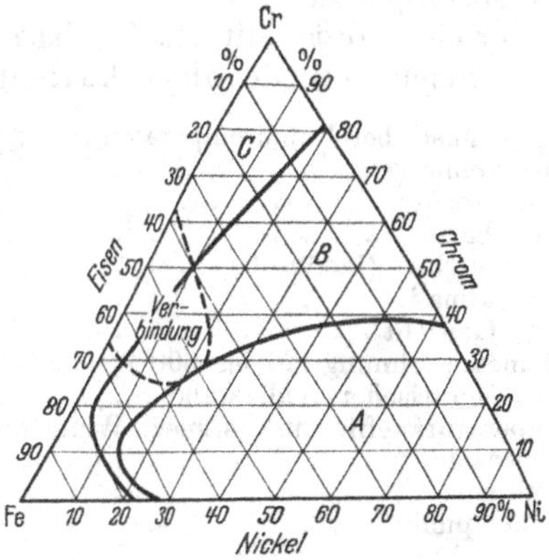

Abb. 794. System Eisen-Nickel-Chrom (nach F. WEVER u. W. JELLINGHAUS).

In dem mit einer gestrichelten Linie umrandeten Gebiet tritt die Verbindung FeCr insbesondere nach längerem Glühen zwischen 600 und 900° auf. Diese Verbindung ist sehr spröde und hart.

Austenitisches Gußeisen wird durch Zusatz von mehr als 15% Ni erzeugt und enthält daneben in der Regel noch Kupfer und Chrom. Es ist unter den Namen Niresist, Nimol, Monel-Gußeisen u. a. im Handel und enthält etwa 15 bis 20% Ni, 7 bis 10% Cu und 2 bis 6% Cr. Der Chromgehalt kann, allerdings unter Verzicht auf gute Bearbeitbarkeit, bis 20% gesteigert werden, wodurch die Zunderbeständigkeit des Eisens verbessert wird. Das austenitische Gußeisen hat den Vorteil, daß es keine Umwandlung besitzt und kein Wachsen aufweist. Seine Zunderbeständigkeit erlaubt eine Verwendung bis etwa 950° C. Das Monel-Gußeisen wurde von der Intern. Nickel Company in New York vor etwa 15 Jahren entwickelt. Zahlentafel 153 zeigt die chemische Zusammensetzung von Niresist. Die als Mittelwert empfohlene Zusammensetzung wird für Abgüsse mit 6 bis 25 mm Wandstärken angewandt. Für Abgüsse mit mehr als 25 mm Wandstärke, die noch bearbeitbar sein sollen, wird der Nickelgehalt um 2 bis 3% gesteigert. Wenn die Gegenwart von Kupfer unerwünscht ist, z. B. bei Gußstücken, die mit Nahrungsmitteln in Berührung kommen, kann der Kupfergehalt mit Erfolg durch die entsprechende Menge Nickel ersetzt werden. Der Chromgehalt wird dem Verwendungszweck angepaßt und beträgt normal 2 bis 4%. Zug- und Biegefestigkeit steigen mit dem Chromzusatz linear an, während die Durchbiegung gleichzeitig abnimmt. Besondere Korrosionsbeständigkeit und Hitzebeständigkeit wird durch etwa 4% Cr erreicht. Die Bearbeitbarkeit ist bei 2% Cr etwa gleich der von gewöhnlichem Gußeisen. Mit steigendem Chromgehalt wird sie schwieriger. Bei 5 bis 6% Cr wird der Bruch des Eisens durch die Anwesenheit von Chromkarbiden weiß. Bei höherem Nickelgehalt können auch höhere Gehalte an Chrom vorhanden sein, ohne daß die Bearbeitbarkeit verloren geht. So sind Legierungen mit etwa 10% Cr und 30% Ni besonders korrosionsbeständig und dabei bearbeitbar. Bei 20% Cr wird höchste Hitzebeständigkeit (bis etwa 1000°) erzielt. Die Zugfestigkeit von Niresist (vgl. S. 732ff.) liegt etwa zwischen der von normalem Maschinenguß und hochwertigem Gußeisen. Sie steigt mit zunehmendem Chromgehalt und fallendem Kohlenstoffgehalt.

Für ein Niresist mit 4% Cr, das die größte wirtschaftliche Bedeutung erlangt hat, können folgende physikalische Werte genannt werden (*57*):

Zugfestigkeit bei Raumtemperatur	14—35 kg/mm²
Bruchdehnung	0,5—3%
Biegefestigkeit	27—52 kg/mm²
Brinellhärte	160—200 kg/mm²
Kerbzähigkeit (Izodprobe)	14—19 mkg/cm²
Schwindmaß	1,3—1,8%
Spez. Gewicht	7,6—7,7 g/cm³
Wärmeausdehnung (20 bis 600°)	$18—18{,}5\cdot10^{-6}$
Spez. elektrischer Widerstand	1,25—1,40 Ohm·mm²/m
Temperaturkoeffizient des spez. Widerstandes (0 bis 100°)	$45\cdot10^{-5}$
Permeabilität	1,03—1,05 Gauß/Oerst.
Remanenz	etwa 0 Gauß
Schmelzpunkt	1280—1320° C

Austenitische Gußeisensorten sind sehr beständig gegen lösend wirkende Mineralsäuren. Zahlentafel 152 zeigt die Stellung des Niresist gegenüber gewöhnlichem Gußeisen, Messing und Bronze (*58*).

Der Vollständigkeit halber seien auch noch folgende Versuchsergebnisse über die Korrosion durch die Atmosphäre, Wassernebel, mit Kohlendioxyd gesättigtes Wasser bei 95° und durch Schwefelwasserstoff bei 95° mitgeteilt:

Probe	Atmosphärische Korrosion nach 1	3	9 Monaten	Wassernebel senkrecht	waagerecht	Mit CO_2 gesättigtes Wasser bei 95°	Schwefelwasserstoff bei 95°
Niresist	9,5	7,9	3—4	6,6	17,6	110	58,5
Gewöhnliches Gußeisen	59,7	63,5	30—40	207	244	660	319

Austenitisches Gußeisen mit Nickel- und Kupferanteilen erhält man durch Gattieren von etwa 20% Monelmetall zum Eisensatz. Für den Fall, daß eine größere und laufende Erzeugung an austenitischem Gußeisen vorgesehen ist, empfiehlt sich das Arbeiten mit zwei Kupolöfen, einem kleinen und einem normalen. Der kleine Kupolofen dient dann zum Niederschmelzen des Monelmetalles, der gewöhnliche zum Niederschmelzen des Gußeisens. Beide Metalle werden in flüssigem Zustande in ein und die gleiche Pfanne abgestochen und in dieser vermischt. Die anfallenden Eingüsse, Steiger und verlorenen Köpfe aus diesen Abgüssen werden in den kleinen Kupolofen aufgegeben. Da aber Monelmetall leicht Schwefel aufnimmt, ist dem Herunterschmelzen dieses Metalls in koks- oder ölgefeuerten Tiegelöfen (in Graphittiegeln) bzw. in elektrischen Schmelzöfen der Vorzug zu geben.

Zahlentafel 152.

Angreifendes Mittel	Relative Gewichtsverlustzahlen: Ni-Cu-Cr-Gußeisen (Niresist)	Unlegiertes Gußeisen	Messing	Bronze
Schwefelsäure, 5%, kalt	1	475,00	1,12	1,08
Schwefelsäure, 5%, kalt, mit Wasserstoffsuperoxyd	1	25,40	1,18	1,22
Schwefelsäure, 10%, 95 bis 100°	1	1,95	0,15	0,15
Schwefelsäure, 60° Bé, 95 bis 100°	1	1,95	—	0,08
Salzsäure, 5%, kalt	1	185,00	13,00	24,00
Essigsäure, 25%	1	400,00	2,75	2,22
Seewasser	1	5,00	0,50	2,15
Salzwassersprühregen	1	2,90	0,27	0,08

Ein austenitisches Gußeisen mit 18 bis 22% Ni ohne Kupfer wird hauptsächlich in der Nahrungs- und Genußmittelindustrie, ferner bei der Herstellung farbloser Laugen und überall dort dem Niresist vorgezogen, wo dessen Kupfergehalt durch Verfärbung oder Vergiftung der mit dem Eisen in Berührung kommenden erzeugten Waren schädlich ist.

Auf Vorschlag von E. Piwowarsky hat C. H. Meyer (*59*) versucht, die chemischen Eigenschaften von Niresist durch Zusätze von Antimon weiterhin zu verbessern. Die nachfolgenden Zahlen geben die Zusammensetzung der von C. H. Meyer untersuchten Schmelzen wieder. Da Antimon anscheinend die Löslichkeit des Niresist für Kupfer vermindert, so ließ ein Kupfergehalt über etwa 6% im Schliffbild bereits Kupferausscheidungen erkennen:

Bezeichnung	C %	Si %	Cr %	Ni %	Cu %	Sb %	BH in kg/mm^2
Niresist 3	2,99	2,40	2,39	13,62	6,39	—	118
Niresist 16	2,66	2,97	2,70	15,40	9,23	0,85	152
Niresist 17	2,65	2,81	3,71	14,87	9,40	1,44	207
Niresist 18	2,88	3,04	3,91	14,87	7,36	2,70	229
Niresist 19	2,80	2,58	4,05	15,00	7,10	1,63	229
Niresist 20	2,76	2,40	4,15	14,80	6,27	2,83	207

Die Rostbeständigkeit sämtlicher Proben wurde im Salzsprühkasten (10 st) mit 5proz. Kochsalzlösung geprüft. Es zeigte sich, daß Antimon keine Verbesserung der Rostbeständigkeit des Niresist bewirkt.

Der Einfluß der verschiedenen Antimonzusätze zum Niresist auf die chemische Beständigkeit bei Zimmertemperatur gegen Salzsäure, Schwefelsäure und Essigsäure ging aus den nachstehenden Zahlen hervor:

Gewichtsverluste in $g/m^2/st$ bei Zimmertemperatur.

Antimon in %	0,0	0,85	1,44	2,70	1,63	2,83
2,0 Gew.-% HCl	0,18	0,065	0,11	0,07	0,07	0,05
7,5 Gew.-% HCl	0,31	0,12	0,13	0,11	0,12	0,096
15,0 Gew.-% HCl	1,38	0,56	0,43	0,42	0,35	0,30
37,2 Gew.-% HCl	—	17,5	11,9	10,4	12,2	16,3
5,0 Vol.-% H_2SO_4 . . .	0,13	0,08	—	—	0,14	0,14
10,0 Gew.-% $CH_3.COOH$.	0,10	—	—	—	0,10	0,11

Der Antimonzusatz bewirkt mithin eine erhebliche Steigerung der Salzsäurebeständigkeit. Für geringe Salzsäurekonzentrationen (bis zu etwa 10 Gew.-%) ist Niresist mit 2,83% Sb bei Zimmertemperatur ebenso beständig wie 9 Cr/20 Ni-Guß.

Die chemische Beständigkeit des Niresist gegen Schwefelsäure und Essigsäure wird durch Antimonzusatz nicht wesentlich beeinflußt. Das in Zahlentafel 139 mit Nicrosilal bezeichnete Material (vgl. Seite 599 sowie Abb. 906) ist eigentlich ein hitze- und zunder- und volumenbeständiges Material, das aber auch gegenüber Schwefelsäure, vor allem aber bei 4 bis 6% Cr gegen kalte Essigsäure sehr beständig ist. Gegen Salpetersäure sind sowohl Nicrosilal als auch Niresist selbst bei höheren Chromzusätzen vollkommen unbeständig. Hier müssen daher die chromreichen ferritischen Gußeisensorten Verwendung finden. Durch Molybdänzusätze bis etwa 3% kann man allerdings die Salzsäurebeständigkeit von Niresist etwas verbessern, desgl. durch Steigerung des Kupfergehaltes bis zu 15% die Beständigkeit gegen Schwefelsäure erhöhen (*59*). Man hat auch versucht, in den austenitischen Gußeisen einen größeren Teil des Nickels durch Mangan zu ersetzen. Bei etwa 4% Mangan im Gußeisen erhält man nämlich den austenitischen Zustand bereits durch Nickelgehalte von 5% aufwärts. W. S. Messkin und B. E. Somin (*60*) schlagen sogar völligen Ersatz des Nickels durch Mangan vor, allerdings nur als Werkstoff für unmagnetische Gußstücke (vgl. Seite 551).

i) Säurebeständiges Gußeisen mit hohem Chromgehalt und ferritischer Grundmasse.

In kohlenstofffreien Eisenlegierungen wird das γ-Gebiet durch etwa 13 bis 14% Cr abgeschnürt und das Eisen gegenüber oxydierenden Einflüssen rostfrei (Abb. 795). Nach E. C. Bain (*61*) wird das γ-Gebiet durch steigenden Kohlenstoffgehalt erweitert (Abb. 796). Da aber mit steigendem Cr-Zusatz das ganze System Eisen-Kohlenstoff nach links verschoben wird, wie aus Arbeiten von I. G. H. Monnypenny, P. Oberhoffer, K. Daeves, W. Austin, M. A. Grohmann u. a. (*62*) hervorgeht (vgl. auch die Ausführungen auf Seite 757, sowie Abb. 753), so erhalten chromreiche Legierungen schon mit verhältnismäßig niedrigen Kohlenstoffgehalten den Charakter eines Gußeisens. Bei ca. 34% Cr sind von den nebenstehenden drei Legierungen:

	C %	Si %	Mn %	Cr %
Legierung a . .	1,1	1,3	0,42	33,6
Legierung b . .	2,3	1,4	0,40	34,2
Legierung c . .	3,1	1,2	0,38	34,9

die mit *b* bezeichnete naheutektisch, Legierung *a* stark untereutektisch, Legierung *c* stark übereutektisch, wie auch Abb. 797 nach einer schematischen Darstellung von E. HOUDREMONT und R. WASMUTH (*62*) nebst zugehörigen Abb. 798 bis 800 erkennen lassen. K. ROESCH und A. CLAUBERG (*63*) untersuchten die Korrosionseigenschaften von Eisen-Chrom-Legierungen mit dem in Abb. 801 und 802 gekennzeichneten Ergebnis. Danach benötigen Gußeisen mit etwa 1% C mindestens 25% Cr, solche mit 1,5% C mindestens 28% Cr und Legierungen mit etwa 2% C mindestens etwa 33% Cr, um nichtrostend ohne Wärmebehandlung zu sein. Da für Gußstücke eine Wärmebehandlung nur selten in Frage kommen wird, so dürften dies auch die zur Rostsicherheit von Gußeisen notwendigen Mindest-Chromgehalte sein. C. KÜTTNER (*64*) stellte fest, daß sich in Fe-Cr-Legierungen die Rostsicherheit mit den bekannten $n/8$ Mol-% sprunghaft steigert. Die Arbeit von KÜTTNER widerspricht aber durchaus nicht der erstgenannten Arbeit, da sich die Küttnerschen Werte nur auf die gelösten Chromanteile beziehen, im Chromguß aber stets erhebliche Mengen ledeburitischer Be-

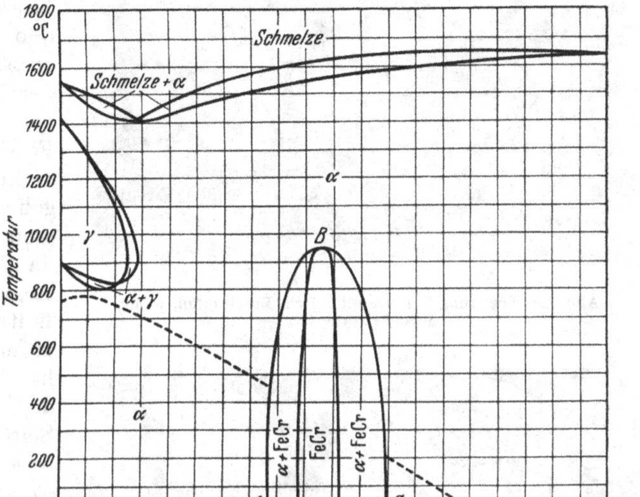

Abb. 795. System Eisen-Chrom (nach OBERHOFFER u. ESSER, sowie WEVER u. JELLINGHAUS, vgl. E. HOUDREMONT, Sonderstahlkde. S. 182. Berlin: Springer 1935).

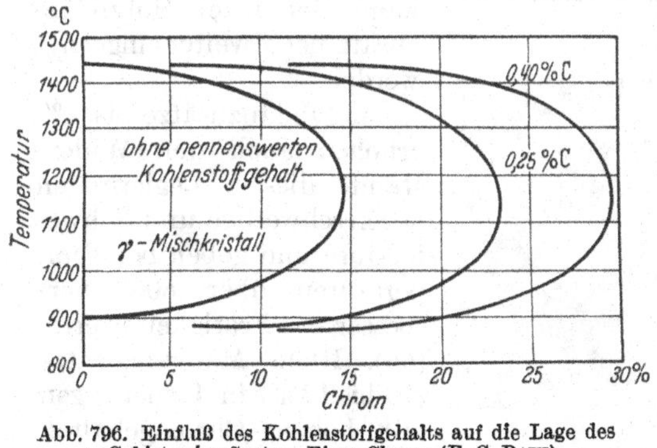

Abb. 796. Einfluß des Kohlenstoffgehalts auf die Lage des γ-Gebietes im System Eisen-Chrom (E. C. BAIN).

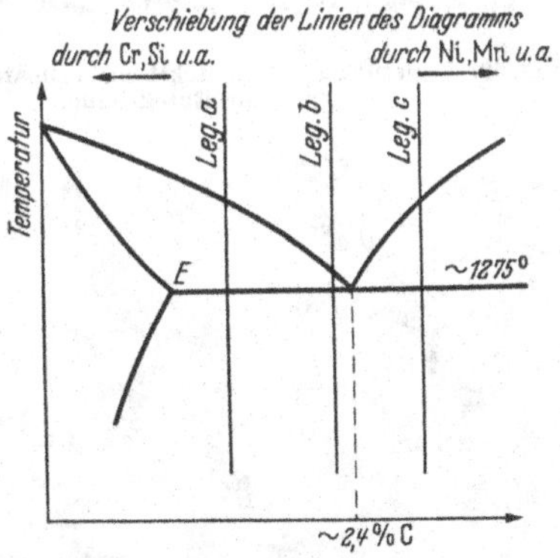

Abb. 797. Eisen-Kohlenstoff-Diagramm bei Gegenwart von rund 34% Cr (E. HOUDREMONT u. R. WASMUTH).

standteile vorliegen, in denen sich das Chrom als Doppelkarbid mit dem Eisenkarbid $(Cr\text{-}Fe)_7C_3$ vorfindet. Legierungen der Chromgußbasis sind sehr widerstandsfähig gegenüber oxydierenden Einflüssen, ziemlich widerstandsfähig gegen Salpetersäure sowie eine Reihe organischer Säuren; sie sind auch in starkem Maße seewasserbeständig, haben aber keine ausgesprochene Beständigkeit gegen die

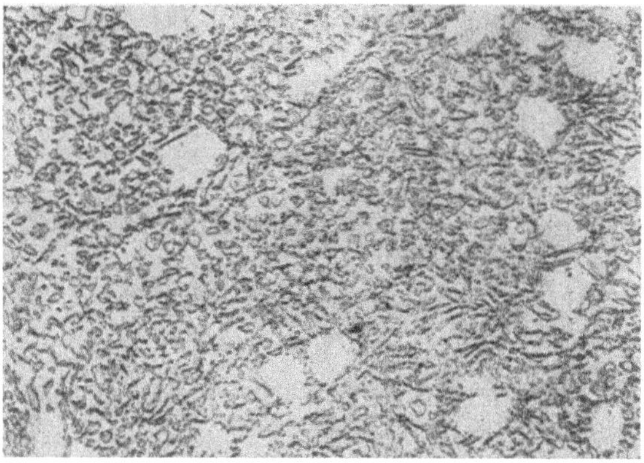

Abb. 798. Legierung *b*, etwa eutektisch. Eutektikum, wenig Mischkristalle (*E*).

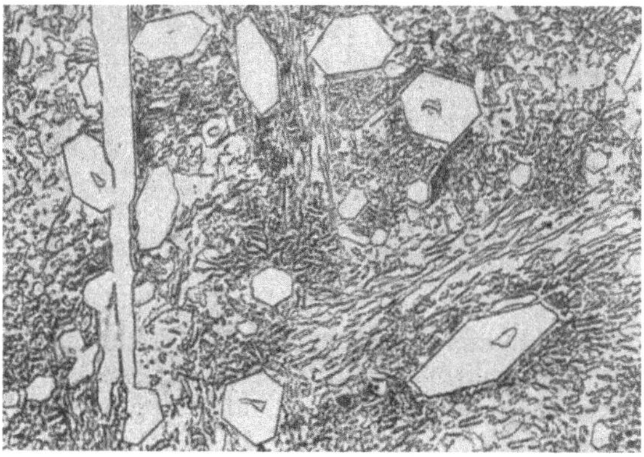

Abb. 799. Legierung *c*, übereutektisch. Primärer Komplexzementit und Eutektikum.

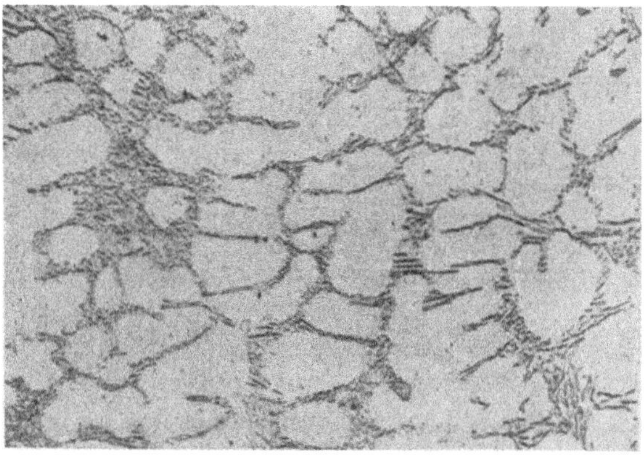

Abb. 800. Legierung *a*, untereutektisch. Mischkristalle (*E*) und wenig Eutektikum.

Abb. 798 bis 800. Gefüge kohlenstoffreichen Chromgusses (E. HOUDREMONT u. R. WASMUTH).

meisten Mineralsäuren, insbesondere Salz- und Schwefelsäure. Durch Zusatz von Molybdän kann die Säurebeständigkeit gesteigert werden, durch kleine Nickelzusätze wird der Sprödigkeit der Legierungen etwas entgegengearbeitet sowie die Festigkeit und Warmbeständigkeit verbessert. Nickelgehalte über 1 bis 3% kommen aber nicht in Betracht, da sie den Widerstand dieser Legierungen gegen schwefelhaltige Gase sowie die Beständigkeit in Mischsäuren herabsetzen. In Mischsäuren der Sprengstoffindustrie (vgl. Seite 636) bewirkt die anwesende Salpetersäure eine so starke Passivierung der Oberfläche, daß der Chromguß nicht angegriffen wird. Abb. 803 zeigt nach einer Arbeit von F. SCHULTE (*65*) den Konzentrationsbereich der gebräuchlichsten Mischsäuren. Lediglich in den durch Schraffur gekennzeichneten Gemischen ist der Chromguß gefährdet. Das betr. Gebiet kann aber durch Molybdänzusatz noch weiter eingeengt werden.

Molybdänzusätze bis 4% erhöhen auch den Widerstand dieser Legierungen gegen schweflige und Schwefelsäure und geben bei Temperaturen über 800° verbesserte Festigkeitswerte (*66*). Hohe Manganzusätze (10 bis 12%) in Legierungen mit hohen Chromgehalten verbessern ferner die Warmfestigkeit, ohne die Korrosionssicherheit merklich zu beeinträchtigen.

Chromguß mit 1 bis 2% C hat ein zwischen 1430 und 1250° liegendes Erstarrungsintervall. Bei niedrigen C-Gehalten ist der Guß umwandlungsfrei, daher auch nicht mehr durch Wärmebehandlung vergütbar. Die Korngröße wird daher ausschließlich durch die Gießverhältnisse bedingt. Niedrige Gießtemperatur sowie die Verwendung stickstoffhaltigen Ferrochroms (0,7 bis 1% N_2) oder Zusätze von Titan begünstigen die erwünschte Kornverfeinerung. Stickstoffhaltiger Chromguß mit 0,1 bis 0,3% Stickstoff soll sogar säurebeständiger sein als stickstoffarmer Guß. Auch die Festigkeitswerte werden hierdurch besser (Abb. 755 und 756).

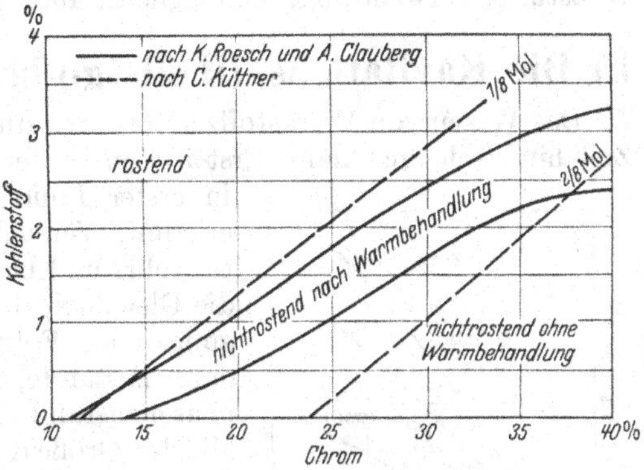

Abb. 801. Korrosionseigenschaften von Eisen-Chrom-Legierungen (K. Roesch und A. Clauberg).

Chromreiche Legierungen sind im allgemeinen auch feuerbeständig. K. Roesch und A. Clauberg nennen als oberste Arbeitstemperatur sogar 1270°. E. Schüz (*67*) untersuchte die Bearbeitbarkeit der chromreichen Legierungen und kam zu dem in Abb. 758 wiedergegebenen Schaubild. Für Gegenstände und Gußstücke, die nicht bearbeitet werden oder nur unvollkommen bearbeitet werden, aber absolut rostsicher gegen Säuren und Laugen sein müssen, dabei auch warmfest sein sollen, verwendet man neuerdings Legierun-

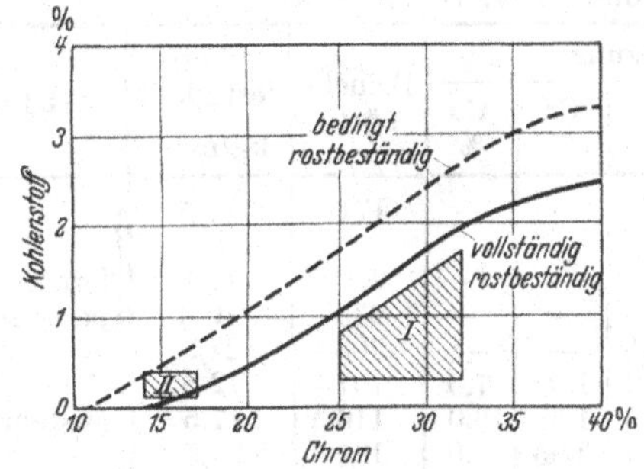

Abb. 802. Zusammensetzung des rostbeständigen Chromgusses (K. Roesch und A. Clauberg).

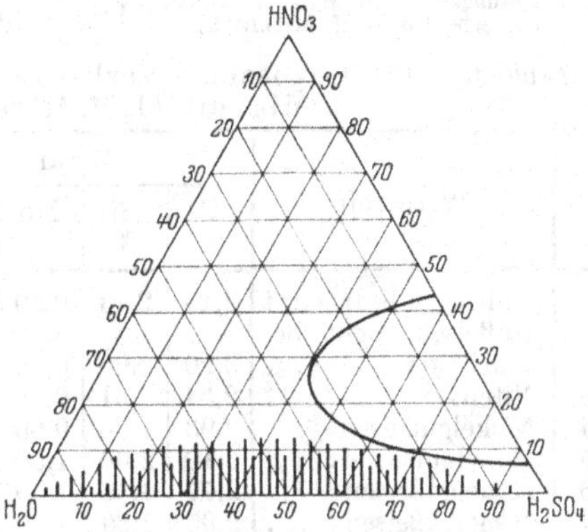

Abb. 803. Beständigkeit von Chromguß in Mischsäuren (F. Schulte).

Zahlentafel 153.
Zusammensetzung hochlegierter korrosionsbeständiger Gußlegierungen.

Nr.	Material	C %	Si %	Mn %	Ni %	Cu %	Cr %	Mo %
1	Niresist, allg. . . .	2,5—5,3	1,25—2,25	0,7—1,5	12—16	5—8	1—6,0	—
2	Niresist, mittl. Zusammensetzung	2,9	1,5	1,1	14	6	2—3	—
3	Niresist, Cu-frei . .	2—3	1,2—2,2	0,8	18—22	—	0—4,0	0—3,0
4	Nicrosilal[1].	1,5—2,2	5—7	0,5—1,0	16—22	—	1,5—2,0	—
5	Nicrosilal, mittl. Zusammensetzung	1,8	6,0	0,8	18	—	2	—
6	Chromguß, allg. . .	0,5—3,0	0,3—3,0	$<0,5$	0—2,5	—	25—40	0—4,5
7	Chromguß, mittl. Zusammensetzung	1—2	0,3—1,2	$<0,5$	0—1,5	—	28—35	0—2,5
8	Guronit (*68*) . . .	0,1—3,0	0,3—1,2	$<0,4$	0—30	—	13—35	5—20

[1] Außerdem 0 bis 10% Aluminium (vgl. Zahlentafel 146 und 147).

gen mit sehr hohen Chrom- bzw. Molybdängehalten (vgl. Zahlentafel 147). Chromguß mit 1 bis 2% C findet vorwiegend für verschleißfeste, insbesondere dünnwandige Gußstücke Verwendung, die möglichst auch noch korrosionsbeständig sein sollen.

k) Die Kavitations- (Hohlsog-) beständigkeit des Gußeisens.

Das Wesen von Werkstoffzerstörungen durch Hohlsog (Kavitation) war lange Zeit hindurch ungeklärt. Erst in den letzten Jahren hat man die Zerstörungen in erster Linie als mechanische Angriffsvorgänge erkannt. Versuche im Laboratorium mittels Venturirohrs und besonderer Tropfenschlaggeräte haben die Gleichheit der Angriffe nachgewiesen. Beschädigungen als Folge von Kavitation kommen immer dann zustande, wenn an der Grenzfläche ein Zweiphasenzustand Flüssigkeit-Dampf vorliegt (*102*, *108*). Mit der Größe der Oberflächenspannung nimmt auch die Beschädigung zu. Die Angriffe beim Hohlsog sind auf die sehr schnelle Kondensation von Dampfbläschen zurückzuführen, wodurch Wasserschläge mit Drücken bis zu etwa 30000 kg/cm² zustande kommen, so daß die Fließgrenze der meisten metallischen Werkstoffe überschritten wird. Ist nach Überschreiten der Kaltverfestigungsgrenze oder

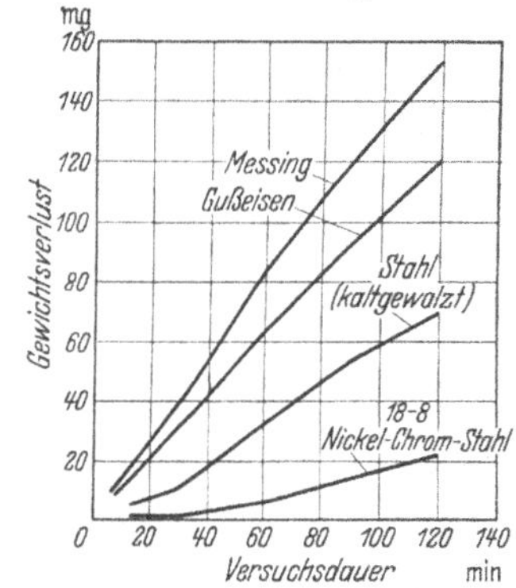

Abb. 804. Kavitation verschiedener Legierungen (nach W. C. SCHUMB, H. PETERS u. L. H. MILLIGAN).

Zahlentafel 154. Gegossene Werkstoffe zwecks Prüfung der Kavitationsbeständigkeit (J. M. MOUSSON und J. W. DONALDSON).

Nr.	Werkstoff	Zusammensetzung C %	Si %	Mn %	Ni %	Cr %	Cu %	Brinell-härte kg/mm²	Zug-festigkeit kg/mm²	Gefüge
1	Gußeisen, bearbeitet	3,18	2,13	0,50	—	—	—	171	17,5	ferritisch perlitisch
2	Gußeisen, nicht bearbeitet	3,20	2,00	0,50	—	—	—	200	17,5	ferritisch perlitisch
3	Nitensyl	2,54	2,51	0,76	1,05	—	—	235	39,0	ferritisch perlitisch
4	Nickelgußeisen . . .	2,93	1,36	0,50	4,81	—	—	303	24,5	ferritisch perlitisch
5	Monelgußeisen . . .	3,10	2,00	1,50	15,00	1,0	7,0	107	12,5	austenitisch
6	Monelgußeisen . .	2,77	1,86	1,00	14,48	1,88	6,0	116	17,5	austenitisch
7	Monelgußeisen . . .	2,95	1,89	1,00	14,36	3,95	6,0	161	24,5	austenitisch

Zahlentafel 155. Kavitationsverluste gegossener Werkstoffe nach S. L. KERR.

Nr.	Zusammensetzung C %	Si %	Mn %	P %	S %	Ni %	Cr %	Cu %	Mo %	Zug-festig-keit kg/mm²	Rock-well-B-Härte	Gewichtsverlust bei 25° in mg: Frischwasser erste 30 min	Frischwasser letzte 60 min	Seewasser erste 30 min	Seewasser letzte 60 min
1	3,1	2,3	0,75	0,07	0,12	—	—	—	—	31,6	89,7	19,7	50,1	27,2	80,9
2	3,5	1,1	0,56	0,18	0,10	—	—	—	—	24,6	86,2	19,5	57,1	25,1	74,2
3	3,4	1,3	0,75	0,25	0,08	—	—	—	—	17,5	85,2	37,9	69,8	73,9	115,3
4	3,5	1,6	0,56	0,20	0,11	—	—	—	—	18,3	82,4	46,9	75,6	48,0	100,3
5	3,3	1,7	0,78	0,12	0,12	—	—	—	—	19,0	80,5	46,5	76,5	41,4	73,6
6	3,5	1,3	0,62			—	—	—	—	22,5	78,5	45,6	85,7	57,6	95,4
7	3,4	2,3	0,59			—	—	—	—	16,9	75,7	67,8	89,7	75,8	100,2
8	2,7	1,8	1,00			1,9	—	—	—	33,0	100,0	10,9	43,0	29,4	65,1
9	3,7	2,0	0,70	0,25	0,06	2,5	0,3	—	—	21,0	102,3	33,3	66,5	65,1	102,1
10	2,9	1,7	—			14,1	2,7	6,0	—	14,0	67,5	46,9	62,5	53,7	68,3
11	3,0	1,9	—			14,4	4,0	6,0	—	17,5	82,9	28,7	41,6	28,6	51,4
12	3,3	1,3	0,51			—	—	—	0,40	30,2	89,5	20,3	54,1	28,4	63,9

nach dem Herausbrechen von Metallteilchen erst einmal die Erosion eingeleitet, so schreitet der weitere Angriff sehr schnell fort.

W. C. SCHUMB, H. PETERS und L. H. MILLIGAN (*69*) behandelten erstmalig das Verhalten von Gußeisen gegenüber Erosion durch Hohlsog im Vergleich zu anderen Werkstoffen und fanden das in Abb. 804 wiedergegebene Resultat. Kurz darauf behandelte J. W. DONALDSON (*70*) zusammenfassend die bisher bekannt gewordenen Ergebnisse, wobei er sich auch auf neuere Versuche von

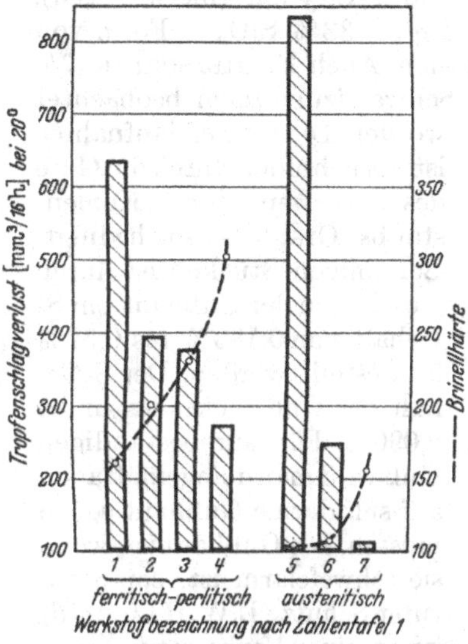

Abb. 805. Tropfenschlagbeständigkeit verschiedener Gußwerkstoffe (nach J. W. DONALDSON).

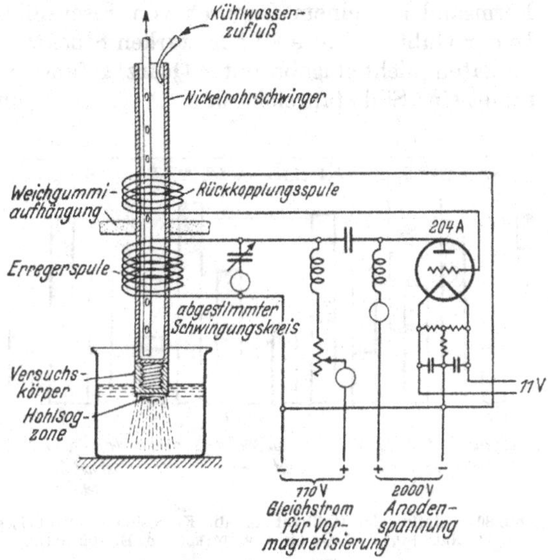

Abb. 806. Versuchsanordnung zur Ermittelung der Erosion durch Hohlsog (nach S. L. KERR).

J. M. MOUSSON (*71*) stützte. Die Zahlentafel 154 zeigt die Zusammensetzung der in Betracht gezogenen Werkstoffe, während Abb. 805 das Ergebnis zum Ausdruck bringt. Danach scheint die Härte der Werkstoffe von ausschlaggebender Bedeutung zu sein, wenngleich auch das Gefüge sich durchsetzt. Austenitische Werkstoffe scheinen infolge ihrer Kalthärtungsmöglichkeit dem heterogenen Perlit überlegen zu sein. Nach S. L. KERR (*72*), der die Kavitation nach einem anderen Verfahren (vgl. Abb. 806 und Zahlentafel 155) ermittelte, haben auch die Legierungszusätze einen merklichen Einfluß auf die Kavitationsbeständigkeit der Werkstoffe (*110*).

l) Die Bedeutung der Gußhaut.

Praktiker und Wissenschaftler wissen, daß der Sandguß in der Gußhaut einen wertvollen natürlichen Korrosionsschutz besitzt. Auch O. KRÖHNKE kommt auf Grund seiner reichen Erfahrungen und zahlreichen Arbeiten (*73*) zu dem Schluß, daß die natürliche Gußhaut des Gußeisens einen besseren Schutz gewährt, als die mehr mechanisch aufgelagerte Walz- oder Schmiedehaut bei Flußeisen. Dasselbe gilt für die Glühhaut von Schleuderguß, der zwar keine eigentliche Gußhaut, dagegen eine nach Art der Inoxydationsprozesse (*74*) beim Glühen der Rohre zustande gekommene gleichmäßige, über die ganze Rohroberfläche festhaftende Eisenoxydulschicht besitzt. Bekannt ist ja, daß die durch den sogenannten Inoxydationsprozeß auf Grauguß gebildete Eisenoxydulschicht überaus fest auf dem Metall haftet, sehr stoßfest und dabei außerordentlich korrosionsfest ist (vgl. Seite 618 und 664). Die Inoxydationsschicht kommt durch ein in teils oxydierender, teils reduzierender Atmosphäre durchgeführtes Glühen des Graugusses bei mäßigen Temperaturen zustande. Die Glühhaut bei Schleudergußrohren kommt nun unter ähnlichen Glühbedingungen zustande, so daß auch sie sehr fest auf dem Rohrgrund haftet. In diesem Zusammenhang sei auf bekannte Tatsache hingewiesen, daß z. B. die Vorteile gekupferten Stahls bei atmosphärischer Korrosion vorwiegend auf der besseren Haftfähigkeit der kupferhaltigen Oxydschichten beruhen. Die Gußhaut besteht nach dem Erstarren im Formsand aus einem Gemisch von Eisensilikaten und Oxyden (meist Fe_3O_4). In der Gußhaut eines 80 mm starken Stückes konnte bis 33% SiO_2 in Form von Silikaten (nicht eingebrannter Quarz) gefunden werden. Auch E. Diepschlag (*75*) findet eine Silikatanreicherung. Desgleichen sind Schwefelzunahmen beobachtet worden. Die Schwefelaufnahme ist vornehmlich durch die Güte des verwendeten Kohlenstaubs, Graphits usw. bedingt. Bei einigen Stücken ist durch Abschaben der Gußhaut ein S-Gehalt von 0,183% bis 0,52% festgestellt worden. Der S-Gehalt des Gußstückes lag unter 0,090%. Für säurebeständigen Guß wird man demgemäß auch auf sulfidarme Gußhaut sehen müssen. Die Gußhaut ist, wenn sie schwefelarm ist, somit ein guter Schutz. L. W. Haase (*76*) fand eine Verbesserung des chemischen Widerstandes gegenüber bearbeiteten Proben von 35 bis 40%. Auch E. Piwowarsky und E. Söhnchen (*98*) fanden bei Korrosionsversuchen in DVL-Lösung an verschiedenen Gußeisensorten und nach verschiedenen Zwischenbehandlungen derselben eindeutig einen günstigen Einfluß der Gußhaut (Abb. 807). Man erkennt übrigens, wie die Stufe des Anlaßtroostits in Übereinstimmung mit zahlreichen Arbeiten hierüber am stärksten angegriffen wird. Auch die Praxis bestätigt den Wert der Gußhaut. Es ist von den Gießereien deswegen darauf zu achten, daß Apparateteile, welche nicht bearbeitet werden, durch das

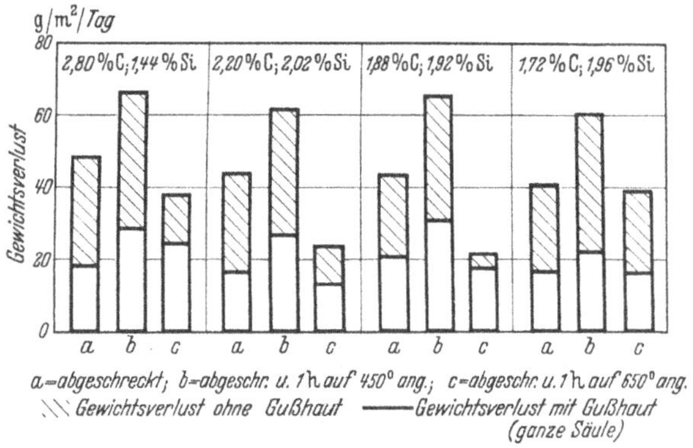

Abb. 807. Einfluß der Gußhaut auf die Korrosion von Gußeisen in 3% NaCl+0,1% H_2O_2 (E. Piwowarsky u. E. Söhnchen).

Zahlentafel 156. Koeffizient der Haftfähigkeit der Deckschichten (nach Girard).

	Korrosionsdauer in Tagen	Stahl	Gußeisen	Stahl	Gußeisen
NaCl	272 [1]	0,03	0,02	0,19	0,56
$MgCl_2$	122	—	nicht bestimmt		—
$MgSO_4$	80	0,03	0,02	0,19	0,56
$CaSO_4$	188	0,45	0,68	0,10	0,37
Sulfatgemisch	292	0,26	0,57	0,16	0,35
Sulfatfreies Gemisch	292	0,04	0,13	0,02	0,13
Künstliches Seewasser	669	0,11	0,30	0,05	0,11

[1] Im unbelüfteten Zustand = 142 Tage.

Putzen nicht unnötig ihrer Gußhaut beraubt werden (*55*). M. R. Girard (*17*) errechnete den Koeffizienten für die Haftbarkeit der Oxyde als Quotienten der am Metall festhaftenden Oxyde und den theoretisch gebildeten Oxyden, wie sie sich auf Grund der Eisenverluste ergaben; er fand dabei für die auf der Gußeisenoberfläche gebildeten Oxyde eine dreimal bessere Haftkraft als die unter gleichen Verhältnissen auf einer Stahloberfläche abgesetzten Oxyde (Zahlentafel 156).

Auf die Bedeutung der Gußhaut für das mechanische Verhalten des Gußeisens vgl. u. a. Seite 680.

m) Schutzüberzüge und natürliche Lebensdauer.

Die Korrosionssicherheit ist bei Grauguß für die Mehrzahl der praktischen Fälle derart ausreichend, daß einfache Schutzüberzüge (Anstriche, Asphaltierungen u. dgl.) völlig genügen. Für schwierigere Fälle, z. B. für das Verlegen von Rohrleitungen in gewissen Küstengebieten mit aggressiver Bodenzusammensetzung oder Fortleitung von aggressiven Wässern, genügt eine Verstärkung bzw. Verdoppelung der einfachen Asphaltierung bzw. das Aufbringen eines zweiten Nachstriches im kalten Zustand, wodurch der erste Schutzüberzug verdichtet wird. Verstärkungen des Oberflächenschutzes durch Einlagen faseriger Natur werden selbst in diesen gekennzeichneten Fällen nicht notwendig; wo sie angewandt werden, dienen sie vor allem als Schutz gegen Beschädigungen während des Transportes. In Fällen schwerster Korrosionsgefahr (verstärkter Säureangriff) bzw. in Fällen, wo aus sanitären Gründen (Heilwässer mit aggressivem Charakter) zusätzliche Maßnahmen erwünscht sind, kann natürlich auch eine sehr wirkungsvolle Emaillierung der Gußrohre erfolgen. Derartige Emailleüberzüge haften auf der Oberfläche des Gußeisens überaus gut und sind sehr dicht und stoßfest.

Es ist bekannt, daß Gußeisen als Werkstoff für Bedarfsgegenstände der chemischen Industrie, für Kanalartikel (Kanaldeckel, Rinnenabläufe, Senkkästen, Abflußrohre), Jauchepumpen, Dachbedeckungen usw., bevorzugt verwendet wird. Hier ist es die Widerstandsfähigkeit gegen die Einwirkungen aggressiver Wässer verschiedenster Zusammensetzung, gegen abwechselnd feuchte und trockene Korrosion, die zur Wahl des Graugusses als Werkstoff geführt hat. Viele Tausende von Tonnen Grauguß sind ferner in Form von Tübbings im Berggebiet den Einwirkungen saurer und salzhaltiger Wässer (Solen) ausgesetzt (77). An dieser Stelle sei auch auf die Bewährung von Gußeisen in besonders schwer gelagerten Fällen hingewiesen, wo der Korrosionsangriff unter Mitwirkung von Wasser, Sauerstoff und Kohlensäure bei höheren Temperaturen erfolgt, z. B. bei Ekonomiserrohren, Warmwasser- und Dampfradiatoren sowie gußeisernen Zentralheizungskesseln. Die längsten und umfangreichsten Erfahrungen über das Verhalten von Grauguß gegenüber den verschiedenartigsten Beanspruchungen liegen aber auf dem Gebiet der Rohrleitungen vor. G u ß e i s e r n e L e i t u n g e n bis zu den allergrößten Ausmaßen sind in allen Teilen der Welt seit Jahrhunderten den Angriffen des Bodens und des durchfließenden Gases und Wassers ausgesetzt. Es soll hier nicht so sehr an die alten Leitungen gedacht sein, die vor Jahrhunderten in Versailles, Koblenz, Weilburg und anderen Orten in die Erde gelegt wurden und die heute noch ihren Dienst tun. Man könnte dagegen einwenden, daß diese Röhren aus Holzkohlenroheisen, also einem anderen, dem heutigen nicht gleichartigen Roheisen, hergestellt worden sind. Seit 1796 wird nun nachweislich in Deutschland Koksroheisen erzeugt. Es liegen daher bei den seit 1826 in Deutschland gebauten Gas- und Wasserwerken (1826 erstes Gaswerk in Hannover) Röhren aus Gußeisen, das dem heutigen Gußeisen als Stoff gleichartig ist. Verfasser hat sich vor einigen Jahren an eine Reihe dieser Städte, und zwar Großstädte, gewandt und nach den Erfahrungen mit Gußröhren gefragt. Die Antworten sprechen sich über 50- bis 100jährige Betriebsergebnisse aus und lauten durchweg dahin, daß die Erfahrungen mit Gußeisen als Werkstoff für erdverlegte Rohrleitungen nur gute sind. Selbstverständlich sind auch bei Gußeisen vereinzelt schwere Korrosionsfälle vorgekommen, teils verursacht durch Erdströme, teils durch besonders ungünstige Bodenverhältnisse (Schlackenaufschüttung). Einmütig spricht aber aus allen Antworten die Überzeugung, daß Gußeisen für Rohrleitungen hinsichtlich seiner Korrosionsbeständigkeit ein zuverlässiger und brauchbarer Werkstoff ist. Diese Eignung des Gußeisens hat übrigens auch der Ausschuß für Korrosionsfragen des Deutschen Vereins von Gas- und Wasserfachmännern in einem von E. NAUMANN bearbeiteten zusammenfassenden Bericht zur Korrosionsfrage anerkannt (*78*). Es decken sich also die Feststellungen der Wissenschaft und die Erfahrungen der Praxis in weitem Ausmaß.

Das Bureau of Standards in Amerika konnte allerdings bei seinen umfangreichen vergleichenden Bodenkorrosionsversuchen in verschiedenartigem Erdreich (geprüft wurden über 14000 Rohrstücke) angeblich keinen Unterschied zwischen gußeisernen und Stahlröhren feststellen (*79*). L. OLSANSKY (*80*) verglich Proben von Rohren aus Gußeisen mit rd. 3,7% C, 1,6 bis 1,8% Si, 0,6% Mn, 0,2 bis 0,45% P, 0,08% S mit solchen aus Stahl mit 0,38% C. Sämtliche Proben wurden u. a. einer 5proz. Salpetersäure von 20° ausgesetzt. Der Angriff war bei den Gußeisenproben selbst unter Berücksichtigung ihrer Wandstärke geringer als bei den gleichen Bedingungen unterworfenen Stahlrohrproben. Der Korrosionswiderstand des Gußeisens war um so größer, je feiner Korn und Graphitteilchen, je dicker die Gußhaut und je höher der Gehalt an gebundenem Kohlenstoff war. Der Korrosionsangriff der Stahlrohrproben war bei glatter feinkörniger Oberfläche derselben, möglichst dicker schützender dicht anliegender Oxydhaut und möglichst geringen Verunreinigungen am kleinsten.

n) Die Graphitierung (Spongiose).

Unter dem Einfluß vagabundierender Ströme tritt im Austrittsbereich der Fremdströme eine beschleunigte Zerstörung metallischer Gegenstände im Erdboden auf (*81*), die zu örtlichem Angriff und unter Umständen zur völligen Auflösung der metallischen Bestandteile führt, im Falle von Grauguß alsdann unter Zurücklassung des graphitischen Anteils (Graphitierung). Hierbei sind vagabundierende Gleichströme wirkungsvoller als vagabundierende Wechselströme, deren Wirkung jedoch zunimmt, je niedriger deren Wechsel ist. Hochfrequenzströme sind demnach praktisch weniger von Einfluß (*82*). Schadhafte, porige Isolierungen der metallischen Körper sind gegenüber dem Einfluß von Fremdströmen vielfach nachteiliger als blanke Metalle. Ableitung der Fremdströme durch gutleitende Drähte und Erdung nach den tieferen Bodenschichten können vorteilhaft sein (elektrische Drainage). Große Wandstärken sind ein weiteres Hilfsmittel zur Erhöhung der Betriebssicherheit. Anreicherungen von Chlor im Rost korrodierter Eisenteile, die im Erdreich eingebettet waren, sollen nach MEDINGER (*83*) darauf schließen lassen, daß die Korrosion durch vagabundierende Ströme verursacht ist, auch wenn der Chlorgehalt des Leitungswassers kaum 4 mg/l beträgt. Beim Zusammenbau gußeiserner Teile mit solchen von edlerem Potential kann es ebenfalls zu störenden Lokalströmen kommen. Daher arbeitet man, wo sich, wie z. B. beim Dampfkesselbau, die Verwendung verschiedener Materialien nicht vermeiden läßt, mit sogenannten Gegenströmen, um das Summenpotential = 0 zu erreichen. Auch baut man an gefährdeten Stellen der Anlagen absichtlich unedlere Metalle als die zu schützenden ein und erreicht damit eine Ablenkung der Korrosion (*84*).

o) Die Bewährung von Gußeisen bei offener atmosphärischer Korrosion.

Noch heute ist es sehr schwierig, besonders für industrielle Gegenden mit aggressiver Atmosphäre, einen allen Anforderungen entsprechenden metallischen Werkstoff zu schaffen. Neben hoher Widerstandsfähigkeit gegen Rauch und Dämpfe spielen Feuersicherheit, Lebensdauer, Unterhaltungskosten und einfache Verlegungsmöglichkeit bei geringen Anschaffungskosten eine ausschlaggebende Rolle. Gußeisen hat sich gerade gegenüber atmosphärischer Korrosion bisher außerordentlich gut bewährt (*85*). In Tai Shang in China steht ein vor etwa 500 Jahren gebauter Tempel, der noch heute ein in bestem Zustand befindliches gußeisernes Dach besitzt. Auch in verschiedenen Städten Amerikas stehen große Gebäude, die vor 50 bis 60 Jahren erbaut sind und deren gußeiserne Dächer keine Instandsetzung erforderten. Selbst das im Jahre 1873 erbaute sog. Cast Iron Building auf der California-Straße in San Franzisko überstand die große Feuersbrunst von 1906 ohne jeglichen Schaden, während die umgebenden Bauten durch die Einwirkung des Feuers stark gelitten hatten.

Auf Grund dieser Erfahrungen ist eine auf die Verwendung von Gußeisen abgestellte neue Dachbauweise entwickelt worden (*85*). Die Gußplatten sind 5 mm dick, 1320 mm lang und 610 mm breit. Sie wiegen etwa 35 kg und vermögen eine Last von rd. 1800 kg mit ausreichender Sicherheit zu tragen. Die halbkreisförmigen Firstkappen sind so lang, wie die Dachplatten breit sind, und greifen durch angegossene Flansche übereinander, wodurch sich eine durchaus sichere Abdeckung gegen Regen ergibt. Das Gewicht der Dachbauweise beträgt bei den üblichen Sparrenentfernungen rd. 50 kg/m^2, bleibt demnach in der Größenordnung des Gewichts neuzeitlicher Bedachungsarten. Die hier erwähnte Bauweise sieht selbstverständlich auch geeignete Entlüftungsschächte vor. Ein Anstrich der Platten wirkt günstig, ist aber nicht unbedingt notwendig.

Gußeiserne Dachplatten ähnlicher Ausführung sind bereits im Jahre 1877 von Gebr. Buderus, Hirzenhainerhütte, hergestellt worden (*86*). Nach Mitteilung der United States Pipe and Foundry Co. ist das von ihr für Dächer verwendete Gußeisen besonders widerstandsfähig gegen konzentrierte Dämpfe von schwefeliger Säure und trotzt allen industriellen Dämpfen und Gasen mit Ausnahme von Salpetersäuredämpfen. Das für den vorliegenden Zweck verwendete Eisen sei gleicher Zusammensetzung, wie es auch für die Herstellung von gußeisernen Röhren dient, d. h. ein phosphorhaltiges Eisen mit etwa 0,8 bis 1% P.

In England ist Gußeisen auch für den Häuserbau erfolgreich verwendet worden. Allein in der Provinz Derby sind im Jahre 1927 über 500 gußeiserne Häuser aus genormten Platten errichtet worden (*87*). Die Zusammensetzung betrug: 3,3 bis 3,6% Kohlenstoff; 2,25 bis 2,75% Silizium; 0,8 bis 1% Mangan; 1 bis 1,3% Phosphor. Gemäß einer britischen Patentanmeldung (*88*) vom 23. Sept. 1937 soll sich ein Eisen mit: C = 3,50%, Si = 2,0%, Mn = 0,50%, P = 0,20%, S = 0,05%, Cu = 0,50%, Cr = 0,50%, Ni = 2,50% dergestalt, daß die Summe von Si + Cu etwa = 2,50% beträgt, gegenüber atmosphärischer Korrosion besonders widerstandsfähig verhalten.

Für deutsche Verhältnisse kommt natürlich die Verwendung von Gußeisen für Dachbedeckungen und im Häuserbau nicht in Frage, es sei denn, daß durch die Entwicklung des Walzens von Gußeisen und die Schaffung gußeiserner Bleche die Bedingungen z. B. für die Verwendung als Bedachungsmaterial tragbar werden.

Vor dem Aufkommen der hüttenmännischen Großprozesse zur Gewinnung von Flußeisen war Gußeisen der verbreitetste Baustoff für alle Arten von Bauzwecken (Fundamentplatten, Säulen, Konsolen, Schienen, Träger usw. sowie für Zwecke der Wasserversorgung, insbesondere von Wasserleitungsrohren). Im Kapitel XXVII dieses Buches ist näher auf dieses auch heute noch so wichtige Verwendungsgebiet von Gußeisen eingegangen.

p) Korrosionskurzprüfungen.

Korrosionskurzprüfungen sind stets mit Vorsicht zu beurteilen. Sie sind den Verhältnissen der Praxis weitgehend anzupassen. Vor allem ist es wichtig, dafür zu sorgen, daß der Charakter der korrodierenden Flüssigkeit während des ganzen Versuches erhalten bleibt. Unter Benutzung des bekannten Tödtschen Oxydimeters (*92*) gelingt es z. B., den Sauerstoffgehalt der Korrosionsflüssigkeit laufend zu kontrollieren. Auf Grund der Versuche von E. R. Evans und F. Tödt (*93*) kann man aus der Ablesung der Stärke von Strömen, die beim Eintauchen zweier verschieden edler Metalle in einer korrodierenden Flüssigkeit entstehen und außerhalb der Lösung miteinander metallisch verbunden sind, schnell ein unmittelbares Maß für die Größe der Korrosion erhalten. Die Messung der Ströme erfordert eine hohe Genauigkeit des Ableseinstrumentes. Der Ausfall des Versuches hängt aber auch hier von der Form und Größe der Versuchskörper ab. Den besten Aufschluß über das korrosionschemische Verhalten technischer Legierungen gewinnt man eben immer noch durch entsprechend angesetzte Dauerversuche, die sich über Monate oder Jahre erstrecken.

Es gibt außer verschiedenen Methoden zur Schnellprüfung des korrosionschemischen Verhaltens von Legierungen auch Schnellprüfungen auf Laugenbeständigkeit (*94*), auf Neigung zu Spannungsrissen (*95*) und zur interkristallinen Korrosion. Letztere ist von großer Bedeutung für Werkstoffe mit ausgesprochener Kornstruktur (austenitische Werkstoffe usw.). Sie besteht in 24- bis 200stündigem Kochen der Legierungen in einer Lösung, die auf einen Liter Wasser 160 g Kupfersulfat und 100 cm^3 konz. Schwefelsäure enthält. Auch Lösungen, die in einer $^1/_{10}$n-Kupfersulfatlösung noch 10% freie Schwefelsäure besitzen, finden hierfür Verwendung. Man prüft den elektrischen Widerstand oder auch gewisse mechanische Eigenschaften der untersuchten Legierungen vor und nach dieser Behandlung.

q) Die Entfernung der Rostschichten.

Zur Entrostung metallischer Gegenstände oder Probekörper vor bzw. nach dem Korrosionsversuch gibt es zahlreiche Verfahren (vgl. auch Seite 611).

1. Die mechanischen Verfahren (Reiben, Bürsten, Trommeln usw.) sind nicht zu empfehlen, da leicht auch metallische Grundmasse abgelöst und in den zu ermittelten Gewichtsverlust irrtümlich hineingezogen wird;

2. die chemischen Verfahren:

Abheben der Korrosionsschichten durch Entwicklung von Wasserstoff:

a) Kochen in 15proz. Natronlauge mit Zinkgranalien,
b) Behandlung in 10- bis 25proz. Schwefelsäure bei 45 bis 80°,
c) kathodische Behandlung in 15proz. Natronlauge,
d) kathodische Behandlung in 10proz. Weinsteinsäure oder Zitronensäure.

Auflösung des Korrosionserzeugnisses:

a) in Sparbeize enthaltender Salzsäure von 22° Bé,
b) in 40proz. Formollösung,
c) in einer Lösung von 0,2 g Arsentrioxyd oder 0,5 g Zinkchlorür auf 100 cm^3 dest. Wasser,

d) in ammoniakalischer Ammoniumzitratlösung (173 g Zitrat und 200 cm^3 Ammoniak auf 1 l Wasser).

Über die chemischen Methoden vgl. A. PORTEVIN (*96*). Nach J. N. FRIEND und C. W. MARSHALL (*97*) hat sich auch gesättigte wässerige Borsäurelösung (etwa 3,5proz.) als Entrostungsmittel gut bewährt, da sie den größten Teil des Rostes innerhalb von zwei Tagen entfernt, ohne das Eisen selbst nachweislich anzugreifen. Ein einfaches, jedoch sehr wirksames Verfahren, Metallgegenstände, vornehmlich aus Eisen, zu entzundern, beschreibt das französische Patent 863574. Die Arbeitsweise besteht darin, die entfetteten Gegenstände in die Lösung eines organischen Salzes, wie Ammoniumoxalat, zu tauchen und dann zu erhitzen. Das in die Zunderschicht eingedrungene Salz zersetzt sich explosionsartig und reißt so den Zunder von der Unterlage ab. Vorteilhaft wird eine 5- bis 15proz. Lösung von oxalsaurem Ammonium verwendet.

Die Beseitigung und Verhütung von Wasserstein- und Rostablagerungen in Kesselanlagen mit nur geringer oder ohne wesentliche Wasserverdampfung beschreibt D.R.P. 706932. Man verfährt so, daß dem Wasser zur Beseitigung der alkalischen Reaktion ein Gemisch von Salpetersäure und Kaliumdichromat und eventuell noch Kaliumpermanganat zugesetzt werden. Es gelingt so, die Härtebildnerabscheidungen zu vermeiden und durch das vollkommen sichere Inlösunghalten der Zusätze einen dauernden Korrosionsschutz zu erreichen. An Stelle von Dichromat kann man auch freie Chromsäure und andere oxydationsfähige Zusätze entsprechend verwenden. Die eingangs erwähnte Beseitigung der Alkalität kann bis zur Erreichung des Neutralpunktes oder gegebenenfalls darüber hinaus bis zur Erreichung einer schwach sauren Wasserstoffionenkonzentration durchgeführt werden (*109*).

Die Wirkung der sog. Sparbeizen (d. h. Säuren mit Zusatz von hochmolekularen organischen Substanzen wie Leim, Gelatine, Stärke, Teeröle, Gummiarten, Aldehyde, Ketone, sulfonierte Fettsäuren, Amine, Zyanverbindungen, Harnstoff oder Kohlensäurederivate usw.) besteht darin, daß die Sparbeizteilchen bevorzugt an der Metalloberfläche adsorbiert werden, während am Zunder keine Adsorption stattfindet. Da nun der elektrische Widerstand der Sparbeizschicht noch 20- bis 50mal größer ist als der Widerstand einer Schicht aus kristallisiertem Ferrosulfatheptahydrat, die das Eisen in Schwefelsäure zu passivieren vermag, so erkennt man, daß die Beizsäure vorwiegend die oxydischen Zunder- oder Glühschichten von Eisen und Stahl angreifen wird, sie absprengt oder auflöst, ohne das Eisen selbst erheblich anzugreifen. Beim Beizen z. B. von Eisenblechen beträgt daher der Metallverlust in reinen Säuren etwa 1,9 bis 2,2%, in sparbeizhaltiger Säure dagegen nur 1,3 bis 1,7% (*103*). Die meisten Betriebe verwenden zum Beizen oder Entrosten Schwefelsäure, da diese billiger arbeitet als Salzsäure. Letztere verwendet man jedoch dort, wo eine Anwärmung für das Beizbad nicht möglich ist. Ferner wird sie bevorzugt, wenn zum Zweck der nachfolgenden Verzinkung oder Verzinnung usw. eine möglichst glatte Oberfläche erzielt werden soll. Die Anwärmung des Bades bei Beizung mit Schwefelsäure erfolgt auf Temperaturen von 45 bis etwa 80°.

Schrifttum zum Kapitel XVII a bis q.

(*1*) Korrosion u. Metallsch. 1940 Heft 5.
(*2*) Vgl. EUCKEN, A.: Grundriß der physikalischen Chemie S. 269. Leipzig 1924.
(*3*) BAUER, O.: Gas- u. Wasserfach Bd. 68 (1925) S. 704.
(*4*) THIEL, A., u. J. ECKEL: Korrosion u. Metallsch. Bd. 4 (1928) S. 148.
(*5*) HAASE, L. W.: Vom Wasser Bd. 10 (1935) S. 186.
(*6*) THIEL, A., u. E. BREUNING: Die Überspannung des Wasserstoffs an reinen Metallen. Z. anorg. allg. Chem. Bd. 83 (1913) S. 329 bis 361.

(7) PALMAER, W.: Die Korrosion der Metalle, Theorie und Versuche. Korrosion u. Metallsch. Bd. 3 (1926) S. 33 und 37.
(8) EVANS, E. R.: Die Korrosion der Metalle S. 100ff.
(9) PIWOWARSKY, E., u. P. KÖTZSCHKE: Arch. Eisenhüttenw. Bd. 2 (1928/29) S. 333.
(10) PIWOWARSKY, E.: Z. VDI Bd. 32 (1938) S. 1116.
(11) BARDENHEUER, P., u. K. L. ZEYEN: Mitt. K.-Wilh.-Inst. Eisenforschg. Bd. 11 (1929) S. 247; Gießerei Bd. 16 (1929) S. 1041.
(12) NIPPER, H., u. E. PIWOWARSKY: Foundry Bd. 60 (1933) Nr. 14 S. 36.
(13) BAUER, O.: VDI-Nachr. Bd. 21 (1927) S. 12.
(14) FRIEND, N., u. C. W. MARSHALL: Einfluß des Siliziums auf die Korrosion von Gußeisen. J. Iron Steel Inst. Bd. 87 (1913) S. 382 bis 387.
(15) SCHENCK, P. D.: Rostfreies Gußeisen. Bull. Brit. Cast Iron Res. Ass. Bd. 1 (1924) Nr. 4 S. 275.
(16) DELBART, M. G.: Vergleichende Versuche der Gußeisenkorrosion in Schwefelsäure verschiedener Konzentration. Comptes Rendus (1925) S. 768.
(17) GIRARD, M. R.: Untersuchungen über das Rosten von Stahl und Gußeisen. Rev. Métall. (1926) S. 361 bis 367, 407 bis 417.
(18) UTIDA u. SAÎTO: Der Einfluß der Metalle auf die Korrosion von Eisen und Stahl. Sci. Rep. Tôhoku Univ. (1925) S. 295 bis 312.
(19) OERTEL, W., u. K. WÜRTH: Über den Einfluß des Molybdäns und Siliziums auf die Eigenschaften eines nichtrostenden Chromstahls. Diss. Aachen 1926.
(20) POLLIT, A. A.: Die Ursachen und die Bekämpfung der Korrosion. Vieweg 1926. S. 47.
(21) SIPP, K., u. F. ROLL: Das Wachsen des Gußeisens. Gießereiztg. Bd. 24 (1927) S. 231.
(22) HAASE, H. G.: Säure- und alkalifestes Gußeisen. Diss. Clausthal 1927.
(23) WALTER, R.: Patentschriften Nr. 341793, Kl. 18b; Nr. 400138, Kl. 18b.
(24) PIWOWARSKY, E.: Vom Wasser Bd. 10 (1935) S. 173.
(25) DENECKE, W.: Zur chemischen Zerstörung des Gußeisens. Gießerei Bd. 15 (1928) S. 307.
(26) ROLFE, R. T.: Iron Steel Ind. Bd. 1 (1928) S. 205 und 237.
(27) MARÉCHAL, J. R.: Foundry Trade J. Bd. 57 (1937) S. 125.
(28) SÖHNCHEN, E., u. E. PIWOWARSKY: Gießerei Bd. 21 (1934) S. 449 Heft 43/44.
(29) PFANNENSCHMIDT, C.: Gießerei Bd. 16 (1929) S. 179.
(30) Private Mitteilung einer großen westdeutschen Gießerei.
(31) ROLFE, R. T.: Iron Steel Ind. Bd. 1 (1928) S. 205 und 237.
(32) SKOTCHETTI, V. V., u. A. Y. CHOULTINE: Metallwirtsch. Bd. 12 (1933) S. 107.
(33) BAUER, O., u. E. PIWOWARSKY: Stahl u. Eisen Bd. 40 (1920) S. 130.
(34) SEARLE, H. E., u. R. WORTHINGTON: Chem. metall. Engng. Bd. 40 (1933) S. 528.
(35) STENDER, W. W., ARTAMONOW, B. P., u. V. K. J. BOGOJAWLENSKY: Trans. electrochem. Soc. Bd. 72 (1937) S. 389.
(36) PIWOWARSKY, E., VLADESCU, J., u. H. NIPPER: Arch. Eisenhüttenw. Bd. 7 (1933/34) S. 323.
(37) Vgl. USA.-Patent Nr. 735819 vom 11. 8. 1903.
(38) PIWOWARSKY, E.: Gießerei Bd. 22 (1935) S. 274 Nr. 12; vgl. D.R.P. Nr. 543562, Kl. 18b, Gr. 20 vom 17. Juli 1930 sowie Nr. 603305.
(39) D.R.P. Nr. 426835 aus dem Jahre 1924.
(40) PIWOWARSKY, E., u. E. SÖHNCHEN: Arch. Eisenhüttenw. Bd. 7 (1933/34) S. 269.
(41) SCHRECK, W. E.: Gießerei Bd. 24 (1937) S. 561.
(42) GEISSEL, A.: Gießerei Bd. 25 (1938) S. 564.
(43) CORSON, M. G.: Iron Age (1927) S. 797; Ref. Gießerei Bd. 14 (1927) S. 879; Chem. Zbl. Bd. 2 (1927) Nr. 24.
(44) DENECKE, W.: Gießerei Bd. 15 (1928) S. 307; von WHITAKER, E.: Foundry Trade J. (1928) wird die weitere Erhöhung der Säurebeständigkeit durch Si-Gehalte über 16% bestritten.
(45) Cast Iron Bull. Brit. Cast Iron Ass. Bd. 1 (1924) Nr. 4.
(46) DENECKE, W.: Gießerei Bd. 15 (1928) S. 381.
(47) ESPENHAHN, F.: Gießerei Bd. 15 (1928) S. 917.
(48) A. LE THOMAS: La Fonte (1937) S. 1111.
(49) A. LE THOMAS: La Fonte (1936) S. 719.
(50) Vgl. RABALD, E.: Apparatebaustoffe S. 463. Leipzig: O. Spamer 1931.
(51) Foundry Trade J. Bd. 42 (1930) S. 240.
(52) Vgl. z. B. D.R.P. Nr. 613738, Kl. 18b, Gruppe 20 vom 28. Juli 1933 (H. Werner in Wesseling).
(53) D.R.P. angem. Akt.-Zeich. E. 46432, Kl. 18d, 2/40 vom 2. Jan. 1935 (Eisengießerei P. Stühlen, Köln-Kalk, und V. Fuß, Köln-Rodenkirchen).
(54) BAUKLOH, W.: Gießerei Bd. 22 (1935) S. 406.

(55) ROLL, F.: Korrosion u. Metallsch. Bd. 14 (1938) S. 98.
(56) WEVER, F., u. W. JELLINGHAUS: Mitt. K.-Wilh.-Inst. Eisenforschg. Bd. 8 (1931) S. 93.
(57) HANEL, R., u. R. MÜLLER: Mitt. Nickel-Informationsbüro, Frankfurt a. M.
(58) BALLAY, M.: Bull. Assoc. techn. Fond. Bd. 3 (1929) S. 343; vgl. ROLL, F.: Gießerei Bd. 21 (1934) S. 153.
(59) MEYER, C. H.: Diss. T. H. Aachen 1939; vgl. Arch. Eisenhüttenw. Bd. 13 (1939/40) S. 437.
(60) MESSKIN, W. S., u. B. E. SOMIN: Rep. Inst. Metals Leningrad Bd. 14 (1933) S. 13; vgl. Stahl u. Eisen Bd. 54 (1934) S. 1063.
(61) BAIN, E. C.: Trans. Amer. Soc. Steel Treat. Bd. 9 (1926) S. 9.
(62) HOUDREMONT, E., u. R. WASMUTH: Gießerei Bd. 19 (1932) S. 322.
(63) ROESCH, K., u. A. CLAUBERG: Chem. Fabr. Bd. 6 (1933) S. 317.
(64) KÜTTNER, C.: Techn. Mitt. Krupp Nr. 1 (1933) S. 17.
(65) SCHULTE, F.: Gießerei Bd. 26 (1939) S. 477.
(66) FURNAN, W. H.: Metals & Alloys Bd. 4 (1933) S. 167.
(67) SCHÜZ, E.: Mitt. Forsch.-Anst. GGH. Bd. 1 (1930/31) S. 34.
(68) Norwegisches Patent Nr. 55793/18d vom 8. Nov. 1933 (B. VERVOORT).
(69) SCHUMB, W. C., PETERS, H., u. L. H. MILLIGAN: Metals & Alloys Bd. 8 (1937) S. 126; vgl. Stahl u. Eisen Bd. 58 (1938) S. 735; Bd. 58 (1938) S. 119.
(70) DONALDSON, J. W.: Foundry Trade J. Bd. 59 (1938) S. 88; vgl. das ausführliche Referat in Stahl u. Eisen Bd. 59 (1939) S. 1048.
(71) MOUSSON, J. M.: Trans. Amer. Soc. mech. Engrs. Bd. 59 (1937) S. 399; vgl. Stahl u. Eisen Bd. 58 (1938) S. 735.
(72) KERR, S. L.: Trans. Amer. Soc. mech. Engrs. Bd. 59 (1937) S. 373; vgl. Stahl u. Eisen Bd. 58 (1938) S. 735.
(73) KRÖHNKE, O., MAASS, E., u. W. BECK: Die Korrosion. Leipzig: S. Hirzel 1929. S. 49.
(74) PIWOWARSKY, E.: Gießerei Bd. 15 (1928) S. 177.
(75) DIEPSCHLAG, E.: Gießerei Bd. 21 (1934) S. 408.
(76) HAASE, L. W.: Korrosion V, 1936. S. 108. Berlin: VDI-Verlag.
(77) Probleme des Schachtbaus. Dtsch. Bergwerksztg. Bd. 33 (1932) 13. März.
(78) NAUMANN, E.: Gas- u. Wasserfach Bd. 75 (1932) S. 350.
(79) Iron Age 1928 S. 1806; vgl. das Referat in Gießerei Bd. 15 (1928) S. 825.
(80) OLSANSKY, L.: Foundry Trade J. Bd. 57 (1937) S. 341.
(81) KERR, S. L.: Trans. Amer. Soc. mech. Engrs. Bd. 59 (1937) S. 92ff.
(82) KERR, S. L.: Trans. Amer. Soc. mech. Engrs. Bd. 59 (1937) S. 27ff.
(83) MEDINGER: Z. angew. Chem. (1931) Nr. 26; vgl. Gießerei Bd. 25 (1938) S. 417.
(84) FEIL, E.: Gießerei Bd. 25 (1938) S. 417.
(85) Iron Age Bd. 136 (1935) Nr. 11 S. 10; vgl. Z. VDI Bd. 80 (1936) S. 1509.
(86) D.R.P. Nr. 1438, vgl. Techn. Blätter, Wochenschrift, Dtsch. Bergwerksztg. Bd. 36 (1935) S. 845.
(87) Persönl. Mitt. der Bradley & Foster Ltd., Darlaston, an den Verfasser.
(88) Brit. Patent Nr. 27523/36 der Burtonwood Motor and Aircraft Engineering Company Ltd.
(89) Vgl. RUPP, E., SCHMID, E., u. W. BOAS: Metallwirtsch. Bd. 9 (1930) S. 33.
(90) TÖDT, F.: Z. physik. Chem. Abt. A Bd. 148 (1930) S. 434.
(91) UHLIG, H., u. J. WULFF: Amer. Inst. min. metallurg. Engrs. Techn. Publ. Nr. 1050; vgl. auch Metals Techn. Bd. 6 (1939) Nr. 4 sowie Stahl u. Eisen Bd. 60 (1940) S. 33.
(92) Die chem. Fabrik 1931 S. 169 und 184.
(93) Vgl. HAASE, L. W.: Wass. u. Gas Bd. 19 (1928/29) S. 1129.
(94) FRY, A.: Stahl u. Eisen Bd. 59 (1939) S. 800.
(95) ATHAVALE, G. T.: Korrosion u. Metallsch. Bd. 15 (1939) S. 73.
(96) PORTEVIN, A.: Stahl u. Eisen Bd. 58 (1938) S. 1421.
(97) FRIEND, J. N., u. C. W. MARSHALL: J. Iron Steel Inst. Bd. 91 (1915) S. 357.
(98) Bisher unveröffentlicht.
(99) DAEVES, K.: Stahl u. Eisen Bd. 60 (1940) S. 1181.
(100) SCHAPER, G.: Stahl u. Eisen Bd. 56 (1936) S. 1249.
(101) DAEVES, K., u. K. TRAPP: Stahl u. Eisen Bd. 57 (1937) S. 169.
(102) NOWOTNY, H.: Rundschau Deutscher Technik (1941) Nr. 8 S. 2.
(103) MACHU, W.: Korrosion u. Metallsch. Bd. 16 (1940) S. 428; vgl. Arch. Eisenhüttenw. Bd. 14 (1940/41) S. 263.
(104) Foundry Bd. 68 Nr. 9 S. 83; vgl. Techn. Bl. z. Dtsch. Bergwerksztg. Nr. 22 (1941) S. 303.
(105) Dtsch. Bergwerksztg. Nr. 137 (1941) S. 4.
(106) D.R.P. angem. Akt.-Zeich. O 23722 Klasse 18d, 2/30 vom 3. 8. 1939. Erfinder: Johann Schiffers, Hamburg.

(*107*) SCHIKORR, G., u. ALEX, K.: Metallwirtsch. Bd. 19 (1940) S. 779.
(*108*) RUTENBECK, TH.: Z. Metallkde. Bd. 33 (1941) S. 145.
(*109*) Vgl. Dtsch. Bergwerksztg. Bd. 42 (1941) Nr. 232 vom 3. Okt. S. 4.
(*110*) Vgl. SCHWARZ, M. v.: Metallwirtsch. Bd. 20 (1941) S. 977 und 953.
(*111*) BAUKLOH, W., u. U. ENGELBERT: Arch. Eisenhüttenw. Bd. 15 (1941/42) S. 247.

XVIII. Der zusätzliche Oberflächenschutz von Gußeisen.

a) Nichtmetallische Überzüge.

Bereits auf Seite 645 bis 647 ist ausgeführt worden, daß für die meisten Verwendungszwecke von Gußeisen die natürliche Guß- bzw. Glühhaut einen weitgehenden Schutz gegenüber Korrisionserscheinungen darstellt. Um dennoch den Anforderungen der Abnehmer Rechnung zu tragen, erhält Gußeisen mitunter einen zusätzlichen Korrosionsschutz. Handelt es sich um Teile, die lediglich der atmosphärischen Luft ausgesetzt sind, so genügt einfaches Schwärzen oder eine Tauchung in Teer oder einem Teerderivat.

Das Schwärzen von Gußstücken: 80% Graugußschwärzepulver werden mit 10% sehr fein gemahlenem Holzkohlepulver und 10% fein gesiebtem Ofenruß gut durcheinandergemischt und mit gekochtem Leinöl angerührt bis zur Konsistenz einer dicken Ölfarbe, alsdann mit einem etwas angefeuchteten Haarpinsel dünn auf die Gußstücke aufgetragen und diese schließlich zweimal gebrannt. Beim ersten Brennen (Totbrennen) beträgt die Temperatur etwa 300 bis 400°. Wenn die Gußstücke beim Erkalten noch handwarm sind und noch etwa 50° haben, werden sie mit einer groben Haarbürste abgebürstet und zum zweiten Male gebrannt. Vorerst wird die Schwärze wieder sorgfältig und ganz hauchdünn mit einem Pinsel aufgetragen und die Brenntemperatur auf etwa 150° gesteigert. Wenn dann bei Abkühlung die Stücke noch gut handwarm sind, wird mit einer Wachsbürste gut nachgerieben.

Für den Außenschutz von Gußrohren haben sich bis heute am besten Überzüge von Teerpech und Bitumina bewährt. In Amerika werden vielfach Rohrisolierungen aus Steinkohlenteer verwendet (*1*). Das Bitumen (Rückstand der Erdöldestillation) läßt sich durch geeignete Aufbereitung unter Zufügung von Füllstoffen und Weichmachern als Schutz für die Außenisolierung von Rohren in seinen physikalischen Eigenschaften wesentlich verbessern. Die Umwicklung bituminierter Rohre mit imprägniertem Wollfilz oder imprägnierter Jute stellt einen weiteren, für normale Korrosionsbedingungen bei Gußrohren allerdings nicht notwendigen und daher auch bei Gußrohren weniger üblichen Schutz dar. Besonders günstig soll sich nach F. EISENSTECKEN (*1*) der mit Neo-Bitumen bezeichnete Isolierstoff bewähren (*2*). Im allgemeinen wird von seiten der Abnehmer an die Isolierung von Gußröhren ein angesichts der guten korrosionschemischen Eigenschaften von Gußeisen viel zu weitgehender Oberflächenschutz verlangt. Hier scheint eine unangebrachte Übertragung der Gesichtspunkte, die für Stahlrohre angebracht sind, vorzuliegen. Die Innenkorrosion von Rohren kann weitestgehend durch die Aufbereitung des Wassers zurückgedrängt werden (*3*). Eine im Rohrinneren angebrachte, etwa 1 mm dicke Bitumenschicht schützt auch bei aggressivsten Wässern (ausgenommen Benzolkohlenwasserstoffe) vor Innenkorrosion. Nach W. KRUMBHAAR (*4*) sollen sich auch synthetische Harze für den Rohrschutz recht gut bewährt haben. Die für Rostschutz verwendeten Teersorten seien relativ lichtempfindlich sowie auch ziemlich empfindlich gegen Temperaturänderungen. Zusätze von Kautschuk zum Teer wirkten sich recht günstig aus. Auch Asphaltemulsion hat sich für den genannten Zweck bewährt. Am günstigsten sei nach seiner Auffassung jedoch die Verwendung chlorierten Kautschuks. Immerhin sei zu beachten, daß diese Substanz bis zu 50% Chlor enthalte. Der im Ausland hergestellte sulphorisierte Kautschuk dagegen habe sich nicht bewährt und sei für Rohrschutz nicht zu empfehlen. Englische Ekonomiserrohre sind vielfach mit einer schützenden Masse aus Kunstharz und Graphit überzogen. Für den Innenschutz metallischer Hohlkörper kommen auch Öl- und Zelluloselacke (*5*) zur Anwendung, die den besonderen Vorteil einer sehr schnellen Trocknung haben.

Chlorkautschukanstriche (*6, 7*) können durch Aufstreichen oder elektrolytisch bei 50 bis 100 V und 2 bis 4 A/dm^2 aufgebracht werden (*8*). Der Chlorkautschuk ist zum Schutz von Säurewagen, Beizwannen, Rohrleitungen, Pumpen und Filterpressen in der chemischen Industrie sehr geeignet. Seine Beständigkeit gegen höhere Temperatur ist aber beschränkt. Deshalb soll Chlorkautschuk bei feuchter Wärme über 60 bis 65° und bei trockener über 100 bis 105° gar nicht benutzt werden. Man kennt heute auch eine Anzahl mehr oder weniger säurebeständiger Emaillen, die in besonders gelagerten Fällen auf die Innenwand von Rohren (bei Schleudergußrohren besonders leicht) aufgetragen werden können.

Anstriche: Das Einbrennen von Leinöl bzw. Leinölfirnissen bei Temperaturen zwischen 180 und max. 350° (am besten nicht über 300°) gibt dem Gußeisen einen guten Schutz. Bei ölhaltigen Anstrichen ist durch richtige Dosierung des Ölgehalts einer unerwünschten Quellung vorzubeugen (*9*). Als Grundierfarbe hat sich aber immer noch Bleimennige am besten bewährt. Auch eine Verwendung von Bleiweiß, Zinkweiß, Lithopone usw. kommt u. U. in Frage (*4*). Eine Mischung von Lithopone mit Bleiweiß bzw. Zinkweiß hat sich anscheinend ebenfalls sehr gut bewährt. Unter den metallischen Schutzstoffen hat sich neuerdings auch Aluminiumpulver durchgesetzt. Durch Rückstrahlung des kurzwelligen Lichtes erhöht es die Lebensdauer der Ölfarben (*1*), bringt Gewichtsverminderung, Aufhellung und größere Filmfestigkeit.

b) Schutzüberzüge aus Metallen.

Schützende Metalle, wie Zink, Zinn, Nickel, Chrom usw., können entweder durch Tauchverfahren oder durch elektrolytische Verfahren aufgetragen werden. In allen Fällen ist eine vorherige Entrostung der Oberfläche notwendig.

1. Entrosten und Beizen.

Leichter Rost: Beseitigung geschieht durch Abreiben mit Drahtbürsten, auch durch Behandlung mit einem Sandstrahlgebläse, Nachreiben mit petroleumgetränkten Lappen, gründliche Beseitigung aller Spuren des Petroleums.

Stärkerer Rost: Beizen mit verdünnter Salzsäure ($H_2O + 6\%\ HCl$). Nachwaschen mit Kalkwasser und schließlich mit kochendem reinem Wasser.

Tiefgreifende Verrostung: Benutzt wird eine Beize aus 3 g Weinsäure + 10 g Zinnchlorür + 2 g Quecksilberoxyd + 1 l Wasser + 50 cm^3 hundertfach verdünnte Indigolösung. Zunächst erfolgt Waschen der Teile in kochendem Wasser, dann Waschen in absolutem Alkohol, schließlich Bestreichen mit der Lösung, worauf sich der Rost sehr leicht ablöst. Die Lösung ist sehr giftig! Für groben Grauguß: Stark konzentrierte Schwefelsäure. Für Temperguß: Ebensolche Salzsäure. In beiden Fällen kann eine wesentliche Verbilligung durch den Zusatz hochmolekularer organischer Stoffe erfolgen, z. B. von Dr. Vogels Sparbeize „Adazid fest" oder Rodine.

Das Naßputzen. a) Das Putzen mit Säuren. Das Putzen oder Beizen beruht auf der Durchdringung der dem Abgusse anhaftenden Sandschicht mit der Beizflüssigkeit, wobei sich an der Oberfläche des Abgusses Wasserstoff entwickelt, der die Sandschicht absprengt. Bei Zunderschichten, die im wesentlichen aus den drei Eisenoxyden FeO, Fe_2O_3 und Fe_3O_4 bestehen, wird das in Säuren leichter lösliche Eisenoxydul herausgelöst, worauf die Zunderschicht ihren Zusammenhalt verliert und leicht abspringt.

Beschaffenheit der Säure: 1 Teil Schwefelsäure von 66° Bé und 2 Teile Wasser.

Beizwärme: 25 bis 30° C.

Beizgefäße: Mit Blei ausgekleidete Holztröge (für kleinere Abgüsse).

Beizen größerer Stücke: Überbrausen mit Beizflüssigkeit auf der mit Blei beschlagenen Säurebank.

Erzielung gleichmäßiger Beizwirkung: Zu empfehlen ist die Verwendung von Flußsäure im Verhältnis von 1 Teil 30°ige Flußsäure auf 20 Teile Wasser. Flußsäure löst nicht nur die Eisenoxyde, sondern auch den anhaftenden Formsand.

Beizdauer: Bei Verwendung von Schwefelsäure 3 bis 15 Stunden, je nach Stärke der Sandkruste. Bei Verwendung von Flußsäure ½ bis 1 Stunde.

Nachbehandlung der gebeizten Stücke: Tauchen der gebeizten Stücke in Kalkmilch, trocknen, abspülen mit warmem Wasser, abtrocknen in Sägemehlpackung.

Das Putzen mit Säuren erfordert größte Vorsicht, insbesondere bei Verwendung von Flußsäure. Verwendung ganz zuverlässiger Leute und wirksamste Gasabsaugungs-Einrichtungen sind unerläßlich. Das elektrolytische Beizen, bei dem das an der Anode auftretende Anion die Oxyde löst, hat bisher wenig Eingang gefunden; es scheint aber, daß in Zukunft dieses Reinigungsverfahren mehr beachtet wird, weil bei demselben kein Wasserstoff in das zu reinigende Werkstück diffundiert, wodurch die Haftfähigkeit von Überzügen aller Art verbessert wird (*10*).

b) Das Putzen mit dem scharfen Wasserstrahl. Der Putzraum ist ähnlich der Kammer eines Freisandstrahl-Gebläses zu gestalten. Der die Strahldüse bedienende Mann befindet sich außerhalb der Kammer. Der zu putzende Abguß ruht auf einer von außen zu bedienenden Drehscheibe.

Wasserdruck: etwa 75 bis 100 at.

Durchmesser der Wasserzuleitung: etwa 75 mm.

Durchmesser der Düsenmündung: 6 bis 8 mm.

Leistungsfähigkeit: Stücke, deren Reinigung von Hand 2 Tagschichten bedingen würden, werden leicht in 30 bis 40 min tadellos von allem anhaftenden Sande befreit.

Die Hauptvorzüge des Putzens mit dem Hochdruckwasserstrahl sind:

1. Unmittelbare, sehr beträchtliche Lohnersparnisse.
2. Wiedergewinnung des Sandes und der Kernfüllungen.
3. Wiedergewinnung der Kerneisen in unverbogenem und, soweit es die Kerngestalt erlaubt, in unzerbrochenem Zustande.
4. Vermeidung von Staub.

Hauptnachteile:

1. Hohe Anschaffungskosten.
2. Hohe Kraftkosten.

2. Das Verzinken.

Von den verschiedenen Überzugsverfahren wird das elektrolytische nur in sehr geringem Umfang angewendet. Auch das Sherardisier- und das Spritzverfahren finden nur beschränkte Verwendung. Sehr verbreitet und fast ausschließlich in Anwendung ist das Tauchverfahren (Feuerverzinkung).

Die Vorbehandlung ist für die Haltbarkeit der Zinküberzüge von größter Bedeutung. Die Gußhaut ist durch Sandstrahlgebläse weitgehend zu entfernen. Zu empfehlen ist nachfolgendes Beizen in 2proz. Flußsäure bei anschließendem Scheuern in Naßtrommeln zur Beseitigung des oberflächlich zutage tretenden Graphits. Ist die Reinigung durch das Sandstrahlgebläse sehr sorgfältig geschehen, so kann man auch von der Behandlung mit Flußsäure absehen und während 2 bis 3 min in eine heiße 3- bis 4proz. Schwefelsäurelösung tauchen. Zur Entfernung der Gußhaut kann man auch in einer Mischung bestehend aus 4 Teilen Schwefelsäure und 1 Teil Flußsäure beizen, wobei die Beizzeit auf 6 bis 7 min erhöht wird. Das in den Trommeln verwendete Scheuerwasser enthält meistens einen Zusatz von 2% Salzsäure und etwas Ammoniak. Man hüte sich vor einer Überbeizung der Gußstücke *(11)*.

Der eigentlichen Verzinkung vorauf geht eine Behandlung der sauberen Gußstücke in einem Zink-Ammoniumchlorid-Bad, das z. B. aus 46% $ZnCl_2$ und 53 bis 54% NH_4Cl besteht. Dieses Bad wird im allgemeinen durch Dampf beheizt. Die Gußstücke verbleiben darin nur wenige Sekunden und werden nach dem Trocknen in das eigentliche feuerflüssige Zinkbad überführt. Meistens verwendet man Doppelkessel. Im ersten Kessel werden die Stücke auf 470° gehalten, im zweiten (dem Blankbad) auf 520°. Die verzinkten Stücke werden abgeschleudert, durch ein Talg- oder Palmölbad gezogen und abkühlen gelassen. Bei 50 bis 60° werden sie mit schwacher Lauge gewaschen, mit Wasser angespritzt und mit weichen Lappen nachbehandelt.

Verbesserung des Zinkbelages durch Aluminiumzusätze *(12)*. Herstellung einer Vorlegierung aus 95% Zink und 5% Aluminium. Einbringen der Ware in das Beizbad mit 10% Salzsäure und etwas Vogels Beizzusatz, Beseitigung etwaigen Säureüberschusses durch fließendes Wasser. Gereinigte Ware kommt in eine Flußmittellösung, die aus mit Zink gesättigter konz. Salzsäure und einem Zusatz von Ammoniumchlorid besteht. Die aus dieser Lösung gehobenen Teile werden nach dem Abtrocknen in das Zink-Aluminium-Bad getaucht, das wieder aus einer Fluß- und einer Blankabteilung besteht. Die Behandlung ist dieselbe wie bei der normalen Feuerverzinkung.

Während bei gewöhnlicher Feuerverzinkung die Stärke der Zinkschicht nur auf max. 500 g je 1 m² herabgedrückt werden kann, ist es beim Spar- und Hochglanzverfahren möglich, auf 135 g für die gleiche Fläche herunterzukommen. Der Belag fällt zudem schöner aus und ist haltbarer. Die Größe der Zinkblumen gibt keine Anhaltspunkte für die Güte des Belages.

Verzinkung von Blechen. Der Zinküberzug besteht meistens aus drei Schichten, einer inneren aus $FeZn_3$, einer mittleren aus $FeZn_7$ und einer äußeren aus reinem Zink. Da die innere Schicht sehr spröde ist, blättert der Zinküberzug oft ab. Man muß daher darauf hinarbeiten, daß sich möglichst wenig Eisen-Zink-Legierung bildet. G. Brayton *(13)* hat festgestellt, daß der Eisengehalt der Verzinkungsbäder zwischen 0,03 und 3,2% schwankt und von oben nach unten zunimmt, und zwar um so mehr, je älter das Bad wird. R. J. Wean *(13)* schlägt daher vor, die zu verzinkenden Stücke möglichst nur in den oberen Teil des Bades einzutauchen, das zweckmäßig recht tief gemacht wird, und jede mechanische Beunruhigung des Bades zu vermeiden, wodurch die höher eisenhaltigen Teile nach unten absinken.

3. Das Verzinnen.

a) Allgemeines. Die Verzinnung von Gußeisen ist schwierig, weil sich häufig kleinere Graphitschuppen darauf befinden, auf denen das geschmolzene Zinn nicht haftet. Es wird in der Regel vor der Verzinnung mit dem Sandstrahlgebläse behandelt oder während 10 bis 12 Stunden naß getaucht, um die kleinen Graphitblättchen zu entfernen, dann leicht gebeizt und bis zum Verzinnen unter Wasser aufbewahrt.

Die so behandelten Gegenstände werden in ein Flußmittel eingetaucht, bevor sie dem Zinnbad (etwa 290° Temperatur) ausgesetzt werden. Für das Flußmittel wird am häufigsten Zinkchlorid als Grundlage benutzt, dem zweckmäßig 10 bis 20% Ammoniumchlorid zugesetzt werden. Die Oberfläche des geschmolzenen Zinns wird mit einer Schicht des gleichen Flußmittels bedeckt, welche die Gegenstände passieren, bevor sie in das Zinn gelangen. Hierdurch werden anhaftende Spuren von Oxyd entfernt.

Für hochwertige Verzinnungsarbeiten an Eisen- und Stahlerzeugnissen benutzt man zwei Zinnbäder. Die Gegenstände werden nach ihrer Entnahme aus dem ersten Bad sofort in das zweite getaucht. Auf diese Weise wird auf der Oberfläche des ersten Bades eine ziemlich dicke Schicht des Flußmittels erhalten. Es ist belanglos, ob etwas hiervon an den Gegenständen haften bleibt, wenn sie aus dem ersten Bad herausgehoben werden, denn das zweite Bad — weniger durch aufgelöstes Eisen verunreinigt — vermittelt einen glatteren und glänzenderen Überzug. Bei Benutzung eines zweiten Bades wird dieses zweckmäßig mit einer dünnen Talgschicht bedeckt. Es muß verhältnismäßig kühl gehalten werden, andernfalls die Gegenstände bei der Entnahme zu einer gelblichen Färbung oxydieren. Bei Benutzung nur eines Bades nimmt man eine geringere Menge des Flußmittels, so daß man es beiseite schieben und die Gegenstände durch eine reine Oberfläche herausheben kann.

b) Behandlung nach Angaben von M. Schlötter (*12*): Rommeln, d. h. Behandeln der Ware in Schleudertrommeln während 2 bis 3 Tage in fließendem Wasser mit Kleinkies, Basaltstücken und „Rommelangeln" aus Hartguß, mit nachfolgendem gelindem Beizen in verdünnter Schwefelsäure.

Adoucieren, d. h. Glühen in Gefäßen aus ff. Ton in einem Gemenge von Rot- und Brauneisenstein durch 4 bis 6 Stunden und nachfolgendes Beizen mit verdünnter Schwefelsäure, der etwas Stärkezucker oder Zinnsalz zugesetzt ist.

Nach dem Adoucieren oder Rommeln Eintauchen in eine Lösung von 1 Teil Salmiak in 16 Teilen Wasser, flüchtiges Trocknen und gelindes Anwärmen und Tauchen in das möglichst dünnflüssige Zinnbad. Vielfach wird vor dem Eintauchen in das Zinnbad eine Verkupferung angewandt. Die adoucierten oder gerommelten Teile werden, noch ehe sie nach dem Waschen völlig trocken wurden, in eine Lösung von Kupferchlorid mit geringem Zusatz von Zyankali getaucht und erst, wenn sie danach vollständig trocken wurden, in das Zinnbad gebracht.

Doppelverzinnung: Nach der Verzinnung im ersten, bald unrein werdenden Zinnbad und nachfolgender Abkühlung wird das Material oft einem zweiten, stets völlig rein gehaltenen Zinnbad unterzogen. Die Stücke erhalten höheren Glanz und bessere Haltbarkeit.

Bleizusätze: Zweck derselben ist die Verstärkung der Rostsicherheit. Eine gebräuchliche Zusammensetzung solcher Bäder ist: 71 Teile Zinn, 23,5 Teile Blei, 5,5 Teile Zink.

c) Nach W. Gonser und E. E. Slowter (*14*) wird das Zinn aus einem Dampfgemisch, bestehend aus Zinnchlorür und Wasserstoff, auf der Probe niedergeschlagen. Die Stärke des Überzuges ist abhängig von der Temperatur der Probe, der Temperatur des Gasgemisches und der Zeit, aber unabhängig von der Gasgeschwindigkeit. Im allgemeinen genügen wenige Minuten bei 500 bis 600°. Der Wasserstoff reduziert das Zinnchlorür zu metallischem Zinn, das sich auf dem Gußstück niederschlägt und sich mit ihm legiert. Geringe Mengen Wasserdampf stören nicht. Es wurden Überzüge auf Eisen, Zink und Kupferlegierungen hergestellt. Das Verfahren gibt sehr gleichmäßige Überzüge selbst auf unregelmäßigen Flächen.

4. Die Vernicklung von Gußeisen (*15*).

Allgemeines. Galvanische Niederschläge von Kupfer, Nickel und Chrom auf Gußeisen weisen im allgemeinen eine wesentlich schlechtere Haftfähigkeit auf als auf Flußeisen. Der Grund hierfür liegt darin, daß der Graphit des Gußeisens von einer bestimmten Größe, Gestalt und Menge ab die Haftfähigkeit stark beeinflußt. Dicke, grobblätterige und kugelige Graphitformen sind in diesem Zusammenhang unerwünscht, während dünne, feine Graphitlamellen sowie haken- und sternchenförmiger, feiner Graphit weniger nachteilig wirken. An solchen Stellen, wo gröbere Graphiteinschlüsse an der Oberfläche zutage treten, kann unter Druckeinwirkung der galvanische Niederschlag eingedrückt werden. Ferner haben dicke Graphitlamellen den Nachteil, daß sie schwammartig die Badflüssigkeit festhalten, wodurch die Haftfähigkeit stark herabgesetzt wird und eine rasche Zerstörung durch „Unterkorrosion" entstehen kann.

Von den anderen Bestandteilen des Gußeisens wirken sich nur höhere Phosphorgehalte schädlich aus, und zwar findet in diesem Falle beim Beizen während der Vorbehandlung eine Entwicklung von Phosphorwasserstoff statt und der Graphit wird bloßgelegt.

Vorbehandlung: Außerordentlich wichtig ist eine vollkommen einwandfreie Entfettung der Gußstücke! Nach E. Werner (*16*) sind alle Vorentfettungsmittel, die stets aus Derivaten aromatischer Kohlenstoffe bestehen, unzweckmäßig. Nimmt man die anschließende Entfettung elektrolytisch vor, so hat das Bad etwa folgende Zusammensetzung: 80 g Kupferzyankalium, 5 g 99 proz. KCN, 5 g Salmiakgeist, 800 g Ekanol, 100 g NaOH und 15 ltr. Wasser. Als Anoden verwendet man Kupferplatten. Das Material wird dann in einer 10 proz. HCl-Lösung von anhaftenden Alkalien befreit, gespült und vernickelt. B. Trautmann (*15*) hält die Bearbeitung im ruhenden Bade unter gewissen Voraussetzungen für am zweckmäßigsten. Am leichtesten gestaltet sich die Vernicklung und Verchromung von Gußeisen, wenn die Gegenstände durch feines Schleifen und Polieren geglättet worden sind. Schwieriger liegen die Verhältnisse, wenn rohe Gußeisenteile oder solche, die nur teilweise vorgeschliffen werden (z. B. Ofenteile), vor dem Vernickeln noch zu scheuern oder zu beizen sind, um eine metallisch blanke Oberfläche zu erhalten. Nehmen die Gußteile nach dem Beizen die Vernicklung nicht an, so ist der Grund meistens darin zu suchen, daß Graphitlamellen die Beizflüssigkeit aufgesogen haben. Es ist daher nach dem Beizen eine Laugenbehandlung zu empfehlen. Weiter empfiehlt es sich, die Teile mit scharfen Stahldrahtbürsten zu behandeln, um die Fläche blank zu scheuern.

Galvanische Behandlung. Die Vernicklung läßt sich auf Gußeisen unmittelbar aufbringen, wenn für eine richtige Gefügeausbildung (siehe unter „Allgemeines") gesorgt wird. Ist das Gußeisen für die Vernicklung nicht geeignet, so bleibt nur übrig, die Vorverkupferung oder Vorvermessingung anzuwenden. Bei dieser Vorbehandlung ist es ohne weiteres möglich, Stellen, die sich dem Ansetzen des galvanischen Niederschlages widersetzen, durch Nachbearbeitung mit Handkratzbürsten nachzuarbeiten und weiter zu verkupfern, bis der Gegenstand gleichmäßig bedeckt ist. In diesem Fall läßt sich die darauf folgende Vernicklung einwandfrei aufbringen. Die Vernicklung kann in allen für Eisen geeigneten

Bädern ohne Chloride und mit Borsäurezusatz, und zwar in langsam arbeitenden Bädern (Stromdichte 0,3 bis 0,5 A/dm^2 bei p_H-Werten von 5,6 bis 6,2) und sog. Schnellvernicklungsbädern erfolgen. Bei diesen letzteren Bädern mit hohem Metallgehalt (bis zu 400 g Nickelsulfat/ltr.) werden Badtemperaturen von 35 bis 60° C, Stromdichten bis zu 10 A/dm^2 und p_H-Werte zwischen 5,8 und 2 angewandt.

Von Bedeutung ist die Stärke der Vernicklung für den Korrosionsschutz des Gußeisens. Werden die Niederschläge stärkeren Beanspruchungen (z. B. Witterungseinflüssen u. dgl.) ausgesetzt, so muß die Vernicklung unbedingt porenfrei sein. Da die Porosität der Vernicklung von der Dicke abhängt und bei etwa 0,025 mm erst praktisch Porenfreiheit erreicht wird, muß diese Vernicklungsstärke eingehalten werden. Wird eine Zwischenverkupferung oder -vermessingung angewandt, so kann die Vernicklung entsprechend der Dicke der Zwischenschicht dünner ausgeführt werden.

Ausgedehnte Untersuchungen über die vorteilhafteste Art der Vernicklung von Gußeisen führten L. LEMENS und J. DUPONT (*17*) durch. Die Arbeitsweise war folgende: Die mechanisch gereinigten Gußstücke wurden vorerst in einem Reinigungsbad mit 100 g Soda/ltr. und 20 g feiner Tonerde/ltr. bei 10 A/dm^2 während 2 bis 5 min behandelt, worauf diese in ein elektrolytisches Ätzbad gebracht wurden. Bei der Erzeugung war darauf Bedacht zu nehmen, daß sich kein Graphit auf den Proben abscheidet, da sonst keine gut haftenden Niederschläge zu erhalten waren. Nach einer Reihe von Versuchen wurde ein Gemisch von Schwefelsäure und Phosphorsäure, z. B. aus 80 Teilen Phosphorsäure und 20 Teilen Schwefelsäure von 53° Bé bei einer Stromdichte von 8 A/dm^2 als für die Ätzung am geeignetsten gefunden. Nach 5 min wurden die Proben aus dem Ätzbad genommen, woran sich die Vernicklung schloß, für welche sich Bäder mit einfacher Zusammensetzung am vorteilhaftesten erwiesen. Am günstigsten waren Bäder von Nickelsulfat $NiSO_4 \cdot 7\,H_2O$ und Borsäure mit mäßigen Zusätzen an Kochsalz und Salmiak.

Vernickelungsfehler entstehen vielfach durch zu hohe Kolloidgehalte der Bäder oder ungenügende Stromspannungen (*18*). Auch zu starke Azidität oder Abkühlung der Elektrolyten können die Ursache sein.

5. Die Verchromung.

Die unmittelbare Verchromung von Gußeisen findet nur bei der Starkverchromung zur Herstellung verschleißfester Oberflächen, die keinen Korrosionseinwirkungen ausgesetzt sind, Anwendung. Treten Witterungs- oder andere Korrosionseinflüsse auf, so muß das Gußeisen mit einer korrosionsbeständigen Zwischenvernicklung versehen werden, da die Verchromung selbst nicht porenfrei ist und daher keinen Schutz des Grundmetalles übernehmen kann.

Eine gute Zusammenstellung über fabrikmäßiges Verchromen gab R. SCHNEIDEWIND (*19*). Schwarze Chromniederschläge bestehen im allgemeinen aus etwa 75% Metall und 25% Chromoxyd (*20*). Das Verchromen von Gußeisen geschieht am besten bei einer Badtemperatur von 50 bis 55°, einer Stromdichte von 40 bis 50 A/dm^2 während etwa 10 min. Das Verchromungsbad enthält 250 bis 500 g CrO_3/ltr. Dieses wird kathodisch zu Cr_2O_3 reduziert, indem in Gegenwart von H-Ionen das H_2CrO_4 zu $H_2Cr_2O_7$ reduziert wird. Verchromte Eisensorten sind bis etwa 800° hitzebeständig. Bei höheren Temperaturen diffundiert das Chrom der Oberfläche in das Innere des Metalls, das alsdann oberflächlich an Chrom verarmt. Die wasserstoffbeladene Chromschicht macht die Chromauflage spröde. Sollen die Chromüberzüge geschliffen werden, dann ist es vorteilhaft, den Wasserstoff vorher durch langsames Erwärmen der Stücke auf 150 bis 300° oder mehr möglichst weitgehend auszutreiben. Die Erwärmung muß langsam erfolgen, da die Chromauflage sonst leicht abblättert oder rissig wird. Chromüberzüge haben eine schlechte Benetzungsfähigkeit, auch gegenüber Ölen (*43*). Gußeisen läßt sich im allgemeinen schwieriger verchromen als Schmiedeeisen und Stahl.

Nach einem bei der Bethlehem Steel-Company angewendeten Verfahren (*21*) werden auf Gußstücken Überzüge von Ferrochrom aufgebracht, um die Teile, die der Hitze, Korrosion durch Säure oder besonderer Abnutzung unterliegen, zu schützen. Die Vorteile dieser Überzüge liegen in erster Linie in ihrer Härte und Zähigkeit. Sie sind auf mechanischem Wege vom Gußstück nicht zu entfernen.

6. Andere Verfahren zur Erzeugung metallischer Schutzüberzüge.

Auch die Metalle Blei und Aluminium dienen zur Erzeugung schützender Deckschichten [Silizieren, Verbleien, Alitieren, Alumetieren usw., vgl. das Schrifttum im Werkstoffhandbuch Eisen und Stahl, Verlag Stahleisen (1937), Bl. Ul.].

Die Erzeugung von Aluminiumüberzügen auf Stahl nach dem Tauchverfahren war Gegenstand der Untersuchungen der Crown Cork & Seal Co. Ltd., Baltimore, Mds. (vgl. Amerikanisches Patent 2235729). Man verfährt nach einem Referat in der Deutschen Bergwerks-Zeitung (*48*) so, daß man die Gegenstände in einer reduzierenden Atmosphäre bis auf 1300° F (etwa 705° C) erhitzt und dann bei einer Temperatur zwischen 400 bis 900° F (etwa 205 bis 482° C) unter Vermeidung von oxydierenden Einflüssen in das schmelzflüssige Aluminiumbad taucht. Bei einer Badtemperatur von 1270 bis 1325° F (etwa 688 bis 718° C) soll die Tauchdauer nur kurz sein, um die Bildung der Eisen-Aluminium-Verbindung $FeAl_3$ zu verhindern. Nach dem Tauchen schreckt man durch Blasen mit Luft ab.

Auch die Herstellung von Niederschlägen aus Aluminium oder Chrom durch Zersetzung der betr. Chloride bei höheren Temperaturen gewinnt zunehmend an Bedeutung (*22*), desgl. die Auftragschweißung (*23*). Über die Herstellung von Überzügen aus Kupfer und Kupferlegierungen hat W. MACHU (*47*) eine zusammenfassende Darstellung gegeben. Hier kommen neben Feuerverkupferung noch Diffusions-, Plattierungs-, Metallspritz- und elektrochemische Verfahren in Frage. Bei dem sog. Inoxydieren (*24*) werden die Eisenstücke auf Rotglut erwärmt und der Einwirkung von Abgasen aus einem Gaserzeuger ausgesetzt, wodurch Eisenoxyd gebildet wird. Wenn man dann über die Gegenstände unverbrannte Gase (Gemisch von Kohlenoxyd und Kohlenwasserstoffen) leitet, so wird das Eisenoxyd in Magneteisen übergeführt nach der Formel

$$3\,Fe_2O_3 + CO = CO_2 + 2\,Fe_3O_4\,.$$

Die verschiedenen heute üblichen Verfahren (44, 50) sind folgende: Das eine sieht das Arbeiten im Ofen bei offener Flamme ohne Atmosphärenwechsel vor. In diesem Fall darf das Gas nur eine sehr mäßige Wirkung ausüben und muß daher einen starken Anteil von Kohlensäure und auch von Kohlenoxyd enthalten. Bei einem zweiten Verfahren wird das Inoxydieren in der Muffel ohne Atmosphärenwechsel vorgenommen; hier ist aber die Schutzschicht sehr dünn und gewährleistet keinen genügenden Schutz. Ein drittes Verfahren geht in einem Ofen bei offener Flamme mit Atmosphärenwechsel vor sich, während schließlich das letzte und beste Verfahren in der Verwendung einer Muffel mit Atmosphärenwechsel besteht. Näheres vgl. S. 664.

7. Dichte und Dicke der aufgebrachten Metallschichten.

Wichtig ist, daß alle aufgebrachten Metallschichten dicht und porenfrei sind, andernfalls kann unterhalb der Deckschicht durch die höhere Potentialdifferenz der verbundenen Metalle bei Gegenwart von Feuchtigkeit erhöhte Korrosion einsetzen. Angegriffen wird nach W. J. MÜLLER (*25*) ein Metall, dessen natürliche oder künstliche Deckschicht Poren enthält, in denen mehr als etwa ein Tausendstel (bis etwa ein Hundertstel) der Oberfläche des Metalls frei liegt; nicht korrodiert wird das Metall, wenn die freie Porenfläche einen geringeren Anteil an der Gesamtfläche hat. M. SCHLÖTTER (*12*) nennt als Mindestschichtdicken unter der Voraussetzung, daß die Schichten porenfrei sind, folgende Zahlen:

bei Zink	0,019 bis 0,0118 mm	entspr. 85 bis 140 g/m²,
bei Kadmium	0,005 bis 0,008 mm	entspr. 40 bis 60 g/m²,
bei Nickel	0,025 mm	entspr. 220 g/m²,
bei Blei	0,004 bis 0,008 mm	entspr. 50 bis 100 g/m²,
bei Zinn	0,002 mm	entspr. 15 g/m²,
bei Kupfer	0,01 mm	entspr. 90 g/m².

Bei der Verchromung ist die aufgebrachte Schichtstärke 0,00033 bis 0,00066 mm, während für einen einigermaßen brauchbaren Korrosionsschutz eine Mindeststärke von 0,025 mm erforderlich wäre. Wenn trotzdem dieser „Chromhauch" eine nicht zu leugnende Schutzwirkung ausübt, so ist dies nach M. SCHLÖTTER darauf zurückzuführen, daß bei der Verchromung kein reines, metallisches Chrom abgeschieden wird, sondern ein Metall, in dessen Kristallgitter Chromoxydul- bzw. -suboxydulverbindungen eingebaut sind (Schwarzverchromung) und das chemisch und physikalisch andere Eigenschaften hat als das sonst bekannte Chrom. Insbesondere zeichnet es sich durch eine sehr geringe Oberflächenspannung aus, welche bewirkt, daß Wasser auf Chromüberzügen nicht haftet, sondern sich zu Tropfen zusammenballt. Über die notwendige Dicke elektrolytischer Niederschläge verschiedener Metalle auf Stahl vgl. (*42*).

c) Die Phosphatrostschutzverfahren.

Die Phosphatrostschutzverfahren (Coslettieren, Parkerisieren, Atramentieren, Bonderisieren, Granodine- und Digafot-Verfahren usw.) bestehen darin, daß durch chemische Behandlung auf der Metalloberfläche ein kristallinischer Überzug erzeugt wird, welcher die Brücke zwischen Metall und dem diesem wesensfremden Überzug herstellt. Dadurch wird insbesondere das sonst über kurz oder lang eintretende Unterrosten verhindert. Durch langjährige Arbeiten kennt man heute die Arbeitsbedingungen, um solche Phosphatschichten mit den besten Schutzeigenschaften herzustellen, welche die der gewöhnlichen Anstrichverfahren und auch metallischer Überzüge erheblich übertreffen. Je nach der Art des Objekts und den Anforderungen an die Schutzwirkung kommen verschiedene Abarten des Grundverfahrens zur Anwendung.

Alle Phosphatverfahren arbeiten mit einer Lösung bestehend aus Phosphorsäure (85%ige Orthophosphorsäure) und einem oder mehreren Metallphosphaten (Eisen-, Mangan-, Zinkphosphate usw.). Für die Haltbarkeit und den Schutz der Überzüge ist die Nachbehandlung mit Ölleim (D.R.P. 564361) oder Lack von ausschlaggebender Bedeutung. Eine gute Übersicht über die Patentlage betr. Zusatzverfahren zur Verbesserung des Phosphatschutzverfahrens gab A. FOULON (*45*).

Bei der Bildung der Phosphatschutzschicht können folgende, meist unter Wasserstoffentwicklung verlaufende Reaktionen vor sich gehen, wobei die erste Reaktion die wichtigste ist (*46*):

$$Fe + 2H_3PO_4 = Fe(H_2PO_4)_2 + H_2$$
$$Fe + Fe(H_2PO_4)_2 = 2FeHPO_4 + H_2$$
$$Fe + 2FeHPO_4 = Fe_3(PO_4)_2 + H_2$$
$$Fe + Zn(H_2PO_4)_2 = ZnHPO_4 + FeHPO_4 + H_2$$
$$Fe + 2ZnHPO_4 = FeZn_2(PO_4)_2 + H_2 \text{ usw.}$$

An die Stelle des Zinks kann auch Mangan oder ein anderes Metall treten. Die Schutzschicht besteht somit aus sekundären und neutralen, u. U. gemischten Schwermetallphosphaten.

Es hat sich gezeigt, daß feinkristalline und gleichmäßige Phosphatschichten am beständigsten sind.

Am bekanntesten ist das Verfahren nach PARKER (D.R.P. 463778). Die zu parkerisierenden Teile werden metallrein gebeizt und von anhaftender Säure sorgfältig befreit. Die Phosphatbehandlung, die eine Stunde dauert, erfolgt in einer ca. 3proz. wäßrigen Lösung von Eisenmanganophosphaten bei 98°. Nach Trocknung der Teile wird die Phosphatschicht durch Behandlung mit Ölpasten, Lacken usw. fixiert. Eisen mit mehr als 6% Legierungszusätzen läßt sich nicht parkerisieren. Schweißen, Löten und mechanische Bearbeitung muß vor der Behandlung erfolgen. Die Schutzwirkung beruht auf der Bildung einer sehr dichten, kristallinen Schicht von sekundären und tertiären, wasserunlöslichen Phosphaten. Diese Schicht ist überdies ausgezeichnet durch ein ausgesprochenes Adsorptionsvermögen für Öle usw. (*26*). Das gebrauchte Bad wird immer wieder durch ein bestimmt zusammengesetztes Phosphatpulver aufgefrischt. Die erforderliche Apparatur ist denkbar einfach (*27*), Beizbehälter, eine Wanne für das durch Dampfröhren geheizte Phosphatbad, eine Wanne für die Endschicht und erforderlichen Falles ein Dampfbad. Das Arbeitsgut wird entweder in Drahtkörben oder in Trommeln eingebracht, eine Hängebahn bedient die ganze Reihe von Apparaten.

Nach den vorliegenden Versuchen rechnet man mit einem durchschnittlichen Verbrauch von 30 g komplexer Salze je behandeltes m². Das Bad wird in bestimmten Zwischenräumen durch einen Phosphatzusatz (Manganophosphate) erneuert. Solche Manganophosphate lassen sich z. B. aus Ferromangan und Phosphorsäure (vgl. D.R.P. 504568) gewinnen.

Die Vorteile dieses Verfahrens können folgendermaßen zusammengefaßt werden: Ausgezeichnetes Anhaften infolge der ursprünglichen Ätzung des Metalles, gute Korrosionsfestigkeit, gleichmäßige Schicht von etwa 0,0005 mm Stärke. Die physikalischen Eigenschaften des Metalles (Elastizität usw.) werden nicht beeinflußt. Es ist möglich, Eisen, Stahl oder Gußeisen von beliebiger Form mit dem Überzug zu versehen. Die Arbeitsgänge sind leicht durchführbar und der Preis bewegt sich in wirtschaftlichen Grenzen.

Nach einer anderen Arbeitsweise (Patent von PÄZ) enthalten die Lösungen von Phosphorsäure auch primäre Phosphate der Schwermetalle und lösliche Molybdänverbindungen; ebenso kann die Lösung Fluoride, besonders saure Fluoride, enthalten oder noch solche Salze, die die Abscheidung von Molybdänoxyd begünstigen (*28*). Unter dem Gesichtspunkt der deutschen Rohstoffwirtschaft ist es von Bedeutung, daß auch Zinkphosphate allein oder gemeinsam mit Schwermetallphosphaten für die erwähnten Rostschutzverfahren in Betracht kommen (*45*). Zusätze von kolloidaler Kieselsäure in den Metallphosphaten erhöhen die Haftfähigkeit der Phosphatüberzüge (*45*).

Die mit solchen Schutzschichten versehenen Eisengegenstände werden oft mit Anstrichen, welche gut auf dieser Schicht haften, versehen. Diese Nachbehandlung erfordert z. B. das sogenannte Bonderit-Verfahren. Das Bad enthält in diesem Falle außer Phosphaten noch Eisen-Mangan-Verbindungen und bestimmte Kupfersalze, wodurch die Behandlungszeit auf etwa 10 min herabgesetzt wird. Auch die neuerdings entwickelte Elektrophosphatierung (*49*) führt zu Schichten, welche infolge ihrer besonderen Eigenschaften mit entsprechender Nachbehandlung einen erhöhten Korrosionsschutz ergeben und auch einen sehr günstigen Haftgrund für Lackanstriche bieten.

d) Die Inoxydation des Eisens.

Unter Inoxydieren versteht man in der Poteriegußerzeugung ein Verfahren, wonach man eine mehr oder weniger starke Oberflächenschicht von Gußeisen-, Stahl- oder Schmiedestücken durch Glühen bei geeigneten Temperaturen und geeigneter Gasatmosphäre in Eisenoxyduloxyd (Fe_3O_4) umwandelt, um dem so behandelten Eisen durch die bekannte Unempfindlichkeit von Eisenoxyduloxyd gegen feuchte Luft und Wasser einen billigen, zuverlässigen und dauernd wirkenden Rostschutz zu geben. WEIGELIN, HORSTMANN, K. IRRESBERGER sowie E. PIWOWARSKY (*44*) berichten in ihren Veröffentlichungen eingehend über Entstehung und Entwicklung des Verfahrens, über Verbesserungen der Ofenkonstruktionen und die Theorien der Inoxydation. Die Betriebsweise ist kurz folgende: Die zu inoxydierenden Waren werden auf einem Schlitten in den Inoxydationsofen geschoben, auf eine Temperatur von 800 bis 900° gebracht und bei dieser Temperatur einer oxydierenden Gasatmosphäre ausgesetzt. Um das Temperaturintervall von 850 bis 900° ohne wesentliche Schwankungen beibehalten zu können, muß abwechselnd mit oxydierender und reduzierender Flamme gearbeitet werden, da sonst bei dauernd oxydierender Flamme bald die zulässige Höchsttemperatur überschritten, umgekehrt bei dauernd reduzierender Flamme die Temperatur unter die zulässige Mindesttemperatur sinken würde. Man unterscheidet demnach eine Oxydations- und eine Reduktionsperiode, ohne daß jedoch in der „Reduktions"-Periode eine Reduktion etwa des während der Oxydation gebildeten Eisenoxyds erfolgen würde, wie man früher annahm. Vielmehr wird in beiden Arbeitsabschnitten direkt Inoxyd (Eisenoxyduloxyd) gebildet, sofern auch im Oxydationsabschnitt der Gehalt an freiem Sauerstoff in der Gasphase niedrig genug gehalten und ein Überschreiten der oberen Temperaturgrenze vermieden wird. Nach zwei- bis dreistündiger Dauer dieses Prozesses wird die Beschickung aus dem Ofen gezogen und in ruhiger Luft abgekühlt.

Die Forderungen, die man an Ofen, Temperatur, Gaszusammensetzung und Gasdruck stellt, sind aus den Veröffentlichungen von WEIGELIN und IRRESBERGER bekannt. Danach sind als bestgeeignete Temperaturen 850 bis 900° anzusprechen, der Reduktionsgrad der Arbeitsgase möglichst hoch zu halten, also auch während des Oxydationsabschnittes ein Überschuß an freiem Sauerstoff zu vermeiden und die Schwankungen zwischen Unterdruck und Überdruck im Oxydationsabschnitt bzw. Reduktionsabschnitt gering zu halten. E. PIWOWARSKY und H. v. BEULWITZ (*44*) kamen auf Grund ihrer Versuche über die Inoxydation von Gußeisen zu folgenden Ergebnissen:

1. Unter Zugrundelegung einer Behandlungsdauer von zweieinhalb bis drei Stunden kann in den Grenzen von 800 bis 880° vollwertige Inoxydation geliefert werden. Temperaturen von 900° können schon ein Loslösen des Inoxyds zur Folge haben, so daß diese Temperatur als günstigste Bildungstemperatur angezweifelt wird, im Gegensatz zu WEIGELIN.

2. Bestimmte Regeln für die Gaszusammensetzung lassen sich nicht ableiten. Der Wasserstoffgehalt scheint für den Reaktionsverlauf von wesentlicher Bedeutung zu sein. Doch ist die Inoxydation in weiten Grenzen möglich. Im Oxy-

dationsabschnitt wird bei mäßigem Sauerstoffüberschuß die Bildung des Inoxyds beschleunigt, im Reduktionsabschnitt, wo freier Sauerstoff zu vermeiden ist, die Bildung der notwendigen sauerstoffärmeren Zwischenschicht begünstigt.

3. Eine gute Inoxydhaut muß aus zwei Zonen aufgebaut sein, wobei die äußere in ihrer homogenen Zusammensetzung dem Magnetit (Fe_3O_4) entspricht und gegen weitere chemische Angriffe schützt. Die innere Schicht ist reicher an Eisenoxydul, das infolge der netzförmigen Umklammerung der inneren Teile der Außenschicht und seines wurzelhaften Eindringens in die metallische Unterlage eine gute Verbindung zwischen der spröden Außenzone und dem Metall verbürgt.

4. Gußeisen sowohl als Schmiedeeisen lassen sich gut inoxydieren. Dabei zeigt die Außenzone der Inoxydschicht bei Schmiedeeisen größere Homogenität und Dicke bei sonst gleicher Behandlung. Hinwiederum stehen Proben, die in getrockneten oder geschwärzten Formen oder in kohlehaltigen Sand gegossen waren, hinsichtlich Dicke und Ausbildung der Inoxydschicht den grüngegossenen Proben nach.

5. Nicht zu stark verrostete Proben lassen sich bei entsprechend langer Behandlungsdauer noch gut inoxydieren.

6. Die Dicke der Inoxydhaut ist abhängig vom Werkstoff (Kohlenstoffgehalt) und von der Behandlungsdauer. Dicken von 0,075 bis 0,085 mm dürften für Gegenstände des täglichen Gebrauches als normal gelten. Als untere Begrenzung wäre 0,065 mm und als obere 0,12 mm anzusprechen. Gegenstände, die keine besondere mechanische Behandlung auszuhalten haben, können auch ohne Gefahr stärker inoxydiert werden.

e) Die Emaillierung des Gußeisens.

Emaille ist ein bei über 500° C schmelzendes Gemisch von Silikaten, Boraten, Phosphaten und Fluoriden der glasbildenden Elemente (Natrium, Kalium, Kalzium, Aluminium und Blei), das entweder durch Entglasung und Ausscheidung fester oder gasförmiger Stoffe opak erstarrt, durch Zusatz im Glasfluß unlöslicher Stoffe oder durch Aufnahme von Eisenoxyd aus der Unterlage undurchsichtig wird. Farbige Emaillen werden durch Zusatz entsprechend färbender Metalloxyde erhalten. Das schwierigste Problem bei der Emaillierung von Eisen und Gußeisen ist, die Emaille so gut mit dem Grundmetall zu verbinden, daß auch größere Temperaturunterschiede diese Verbindung nicht aufheben. Wenn jedoch dem Glas Metalloxyde zugesetzt werden, so entstehen gute Bindungen zwischen Metall und Glas. Allerdings geht die chemische Beständigkeit der Gläser nach Zusatz von Metalloxyden zurück. Es wird daher gewöhnlich eine dünne Schicht eines sogenannten Grundemails auf den Eisengegenstand gebracht. Sie ist zwar nicht besonders beständig gegen chemische Einflüsse, verbindet sich aber gut mit der Eisenunterlage. Auf diese Schicht kommt dann das eigentliche Deckemail mit seiner guten Widerstandsfähigkeit gegen chemische Einflüsse. Als Metalloxyde zur Verbesserung der Haftung des Grundemails kommen vor allem CoO, NiO oder MnO_2 in Betracht (*29*).

Zu den Stoffen, die den Schmelzpunkt der Emaille erniedrigen können, gehört das Bleioxyd, während ein stärkerer Anteil von Kieselsäure oder Feldspat ihn erhöht. Zum Färben der Emaille können folgende Stoffe verwendet werden: Rot erhält man durch ein Gemisch von Eisenoxyd und Tonerde, rosa durch Goldsalze, dann auch durch Cassius-Purpur, gelb durch Antimonoxyd, braun durch größere Mengen von Eisenoxyd mit Ton, dunkelbraun durch roten Ocker, orange durch ein Gemisch von Bleiantimoniat, Tonerde und Eisenoxyd, grün durch Eisenoxydul oder Chromoxyd, blau durch Kobaltverbindungen, violett durch Manganperoxyd. Das Schmücken der emaillierten Gegenstände kann auf mehrere Arten erfolgen. Das Bemalen mit Hand wird sehr wenig ausgeübt. Besser ist der Aufdruck mit Hilfe von in die Farbe getauchten Gummipfropfen mit nachfolgender Auftragung einer leicht schmelzbaren Glasur, die ein schönes Aussehen verleiht. Das gebräuchlichste Verfahren besteht einfach in dem Aufpudern farbiger Emaillen, die eine marmorierte Färbung hervorrufen. Der Schutz der Metallfläche hängt von der Erzeugung einer gleichmäßig zusammenhängenden Emailschicht ab. Jeder Riß in ihr oder unzureichende Haftung können die Korrosion des Metalls einleiten. Rißbildung oder mangelhafte Haftung sind also die Gefahren, die das Emaillierwerk zu vermeiden hat. Wenige Industrien arbeiten aber unter so komplizierten Arbeitsbedingungen wie die Emailindustrie, die an vielen Fehlermöglichkeiten leidet. Diese sind zu einem kleineren Teile auf etwa vorhandene Fehler der Metallunterlage, zum größeren Teile auf Fehlermöglichkeiten des glasigen Emailüberzuges und seiner Auftragung zurückzuführen.

Das Emaillieren von Gußeisen erfordert je nach der Art des Deckemailauftrages zwei Arten von Grundemails. Für das Aufpudern des Deckemails kommt lediglich der Schmelzgrund in Frage. Sobald das grundierte Brenngut die Muffel verläßt, wird der Deckemailpuder auf den durchgeschmolzenen, noch feuerflüssigen Grund aufgesiebt. Wird das Deckemail naß, in Form eines Schlickers aufgetragen, so gelangt ein Frittegrund zur Anwendung.

Frittegrundemails haben eine bedeutend größere Ausdehnung, als sie bisher angenommen wurde (*30*). Mit steigender Temperatur wächst ihr Ausdehnungskoeffizient so stark, daß er zwischen 500 und 600° durch die β-α-Umwandlung des freien Quarzes mehr als doppelt so groß wie der des Gußeisens wird.

Gußeisen $3\alpha = 395 \cdot 10^{-7}$ C. G. S.-Einheiten,
Frittegrund $3\alpha = 860 \cdot 10^{-7}$ C. G. S.-Einheiten zwischen 500 und 600°.

Der im Frittegrundemail vorliegende freie Quarz kann im Dünnschliff nachgewiesen werden.

Jede Emaille muß zunächst als solche hergestellt werden; dazu werden Mineralien mit Flußmitteln und Zusatzstoffen geschmolzen. Als Mineralien verwendet man hauptsächlich Feldspat, Quarz, Flußspat, Kalkspat. Flußmittel sind Soda, Borax und Salpeter. Um die Emaille undurchsichtig zu machen, verwendete man früher ausschließlich Zinnoxyd, welches gleich in die Emaille eingeschmolzen wurde (bis 20%). Heute trübt man weiße Emaille durch Kryolith, Kieselfluornatrium oder Flußspat vor, um das eigentliche Trübungsmittel (Zinnsäure, Zirkonoxyd, Titanoxyd) erst beim Vermahlen der Emaille zuzusetzen (2 bis 6%). Die geschmolzene Emaille läßt man flüssig in Wasser laufen, wobei sie durch die plötzliche Abschreckung zerbröckelt und so leichter gemahlen werden kann. Diese Emaillemasse (Granalien) wird auf mit Porzellanfutter ausgekleideten Trommelmühlen durch Flintsteine oder Porzellankugeln unter gleichzeitigem Zusatz von Ton, Wasser, Farboxyden soweit gemahlen, daß die sich ergebende Aufschlämmung auf einem Sieb von 3600 Maschen (Nr. 60) einen Rückstand von 2 bis 20% hinterläßt, je nach Art und Verwendung der Emaille. Ehe die Gegenstände nun mit Emaille überzogen werden, müssen sie sorgfältig von allen Fremdkörpern gereinigt werden. Heute reinigt man Guß nur noch durch Abstrahlen mit Sand oder Stahlkies oder auch mit dem Sandfunker (*31*). Der zu emaillierende Gegenstand wird durch Eintauchen in die Emaillemasse, durch Angießen oder durch Aufspritzen der Emaillemasse mittels Preßluft mit Emaille überzogen, der Auftrag getrocknet und dann in einer Muffel bei 800 bis 950° C eingebrannt. Hierbei schmelzen die einzelnen Emaillekörnchen zu einer zusammenhängenden Schicht zusammen. Ein Überzug genügt nur selten. Auf den ersten Grundüberzug folgt meist noch mindestens ein weiterer Überzug, je nach Farbe und Zweck der Emaillierung. Statt den zweiten und dritten Überzug naß aufzutragen, ist es bei bestimmten Artikeln üblich, die Emaille in Form von Puder auf den erhitzten Gegenstand aufzupudern (Badewannen, Sanitätsguß). Dazu verwendet man durch Preßluft angetriebene Rüttelsiebe, oder man taucht den Gegenstand in Emaillepuder (kleine Artikel).

An die säurefesten Emails der chemischen Industrie werden höchste Ansprüche an Korrosionsbeständigkeit gestellt. Entsprechend der Anwendung bei z. T. heißen und konzentrierten Säuren sind sie auch anders zusammengesetzt, besonders ärmer an den leichter löslichen Anteilen Alkali und Borsäure. Die Prüfbedingungen sind scharf. Das säurefeste Email muß etwa zwölfmalige Behandlung mit heißer 20proz. Salzsäure ohne Schädigung aushalten. Zur Herstellung von säurebeständigen Gußemaillen werden die Gußstücke zunächst mit einer gewöhnlichen Grundmasse emailliert und dann mit weißer, säurebeständiger Emaille überzogen. Die chemische Widerstandsfähigkeit der Emaillen wird erreicht durch Einführung von tonerdehaltigen Zirkonverbindungen und von Titanoxyd (*32*). Der Kieselsäuregehalt beträgt am besten unter 50%, der Zirkongehalt zwischen 2 und 10% und der Titangehalt zwischen 6 und 8%. Die Zusammensetzung für eine derartige säurebeständige Gußemaille kann z. B. sein: Natrium-Zirkon-Silikat 7,08%, Quarz 40,58%, Borax 18,94%, Soda 19,65%, Salpeter 3,50%, Titanoxyd 13,86%, Mennige 3,04%, Antimonoxyd 6,93%, Flußspat 5,94%.

A. J. Andrews (*33*) hat ein säurebeständiges weißes Puderemail durch planmäßige Änderung der Zusammensetzung von Schmelzen gefunden in der Zusammensetzung: 15,6% Na_2O, 29,6% PbO, 41,7% SiO_2, 13,1% SnO_2. Es ist weniger feuerfest, aber sehr beständig gegen Säuren, z. B. heiße konz. HCl. Es ist nicht schwierig, säurebeständige Emails herzustellen, doch ist es schwer, eine geeignete, gute Trübung zu erhalten. Die Einbrenntemperatur verändert diese Emails wenig bezüglich ihrer Säurefestigkeit. Alle Fluorverbindungen schaden ihr, sind aber zur Trübung unentbehrlich. Deshalb sollten nie mehr als 4% Fluorsalze zum Gemenge zugegeben werden. $PbO + B_2O_3$ sollten in der geschmolzenen Menge 15 bis 18%, nie über 20% ausmachen. In Bleiemails ruft PbO in Mengen von über 10% eine gelbe Farbe hervor. Al_2O_3 erhöht die Säurebeständigkeit nicht, verbessert aber die Verarbeitungseigenschaften des Emails. E. Schütz (*34*) entwickelte eine Rechnung zur Beurteilung von folgendem Rezept: 8,5% Quarz, 24% Feldspat, 11,2% Salpeter, 9,9% Soda, 25,3% Borax, 4,2% Kreide und 16,9% Zinnoxyd. Es ergeben sich 36,37% Grundstoffe (Al_2O_3, SiO_2, CaO), 44,44% Flußmittel (Na_2O, K_2O, B_2O_3) und 19,19% Deckstoffe (SnO_2). Die Rechnung für den kubischen Ausdehnungskoeffizient (3α) ergibt 339 gegenüber demjenigen von Gußeisen mit $330 \cdot 10^{-7}$ CGS.-Einheiten.

Fehler beim Emaillieren. Weißes Gußeisen läßt sich besser emaillieren als graues. Ferritisches oder ferritisiertes graues Gußeisen verursacht ein besseres Haften der Emaille als ein perlitisches, noch zum Wachsen neigendes Material (*35*). Zu dicht gestampfter Formsand sowie zuviel Wasser im Formsand führen ebenfalls zu Oberflächenfehlern. Die Oberfläche des Gußeisens braucht nicht glatt zu sein, vielmehr lassen sich rauhe Oberflächen besser emaillieren, so daß man die Gußteile mit Stahlsand bewußt aufrauht (*36*), damit die Emaille besser haftet. Zu starkes Einstäuben mit Graphit wirkt ungünstig und führt zur Blasenbildung. Das Ausleeren der Gußstücke soll so früh als möglich erfolgen, um einer Rostgefahr vorzubeugen. Die zu emaillierenden Gußteile sollen trocken und warm gelagert werden.

Der häufigste Fehler im Gußemail sind die sog. Kochporen. Sie sind

Gegenstand zahlreicher Untersuchungen gewesen, bei denen als Ursache fast immer Gasbildung nachgewiesen werden konnte. Da beim Erhitzen des Emails, selbst aus stark vorgetrockneten Schlickern, immer noch Wasser abgegeben wird (*37*), ferner auch das Eisen beim Emaillieren nachweislich noch Wasserstoff abgibt (*38*), so dürfte die Entstehung von Kochporen oder der diesen verwandten Fischschuppenerscheinung (*39*) vorwiegend auf Gasabgaben während des Emaillierprozesses zurückzuführen sein. Tatsächlich konnten H. Hoff und J. Klärding (*38*) zeigen, daß beim Zusammenschmelzen von Emailleschlicker mit Stahlspänen mehr Gase entwickelt werden, als beim Erhitzen des Schlickers allein (Abb. 808). Bedenkt man, daß diese Versuche mit Stahlspänen durchgeführt wurden, so ist zu erwarten, daß bei Verwendung von Gußspänen die Gasentwicklung eher noch größer geworden wäre, da der höhere Kohlenstoff des Gußeisens noch zusätzlich Reduktionsgase frei machen dürfte.

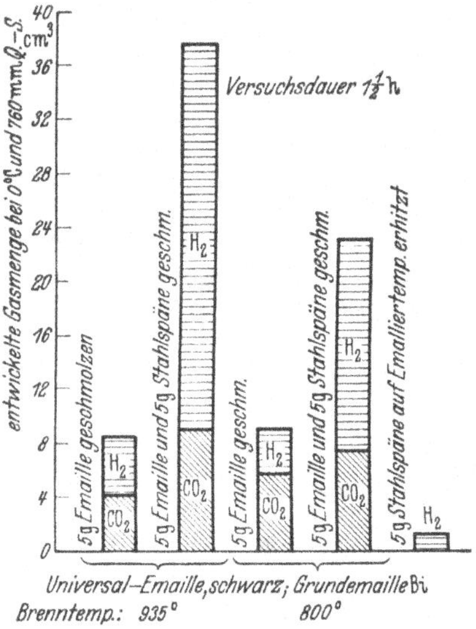

Abb. 808. Entwickelte Gasmenge beim Schmelzen von Emaille und beim Zusammenschmelzen von Emaille und Stahlspänen (H. Hoff u. J. Klärding).

J. Brink (*30*) glaubt ferner, daß Kochporen an den Stellen des Gußstückes bevorzugt auftreten, die schneller erstarrt sind, so daß die unzureichende Graphitisierung an diesen Stellen später noch irgendwelche Reaktionen auslöst. Hohe Brenntemperatur des Frittegrundemails begünstigt die Kochporenbildung im Deckemail (*30*). Die Bildung von Rostflecken im Frittegrundemail (Abb. 809) wurde bisher meistens auf Gußfehler zurückgeführt (*30*). Auch unsachgemäßes Trocknen des aufgetragenen Frittegrundschlickers wurde als Ursache genannt und ein Zusatz von Dinatriumphosphat als Rostschutzmittel empfohlen. J. Brink (*30*) konnte als weitere Ursache der Rostfleckenbildung im Frittegrund das im kristallinen Zustand zur Mühle gegebene Dinatriumphosphat feststellen. Für verschiedene Fritten war eine bestimmte Abstehzeit der Schlicker zur Beseitigung der Rostflecken erforderlich. Mit der Auflösung von Soda oder des Phosphats selbst im Anmachewasser des Schlickers konnte dieser Emaillefehler beseitigt werden.

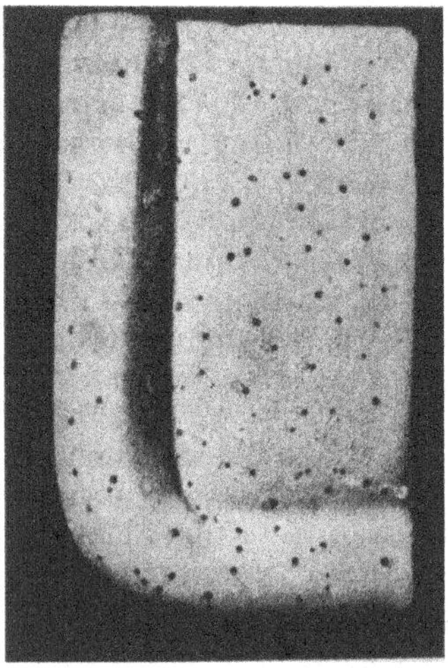

Abb. 809. Rostflecken im Frittegrundemail (J. Brink).

Welliges Email tritt nach J. Brink (*30*) besonders oft an scharf getrocknetem (120°) Deckemail auf, wenn der Boden der Muffel noch nicht Brenntemperatur erreicht hat. Das scharf getrocknete Email, bzw. der auf das Naßemail aufgetragene Puder beginnt infolge der von der Muffelwandung ausgestrahlten Hitze zu schmelzen, ohne daß das Gußeisen in der Temperatur nachkommen kann. Das schmelzende Email zieht sich auf Grund seiner Oberflächenspannung zusammen und vermag sich während des Glattbrandes nicht wieder zu verteilen.

f) Zement und Beton als Rostschutzmittel.

Im abgebundenen Zement sind stets geringe Mengen von Kalziumhydroxyd vorhanden, deren Anwesenheit die Ursache ist, daß in Zement eingebettetes Eisen nicht rostet, solange die Konzentration der Kalziumhydroxydlösung einen bestimmten zulässigen Grenzwert nicht überschreitet (*40*). Zement kann als reiner oder Purzement, in Mischung mit Sand als Mörtel oder in Mischung mit Kies als Beton Verwendung finden. Da alle diese Mischmaterialien eigentlich nur zum Schutz des leichter rostenden Flußeisens herangezogen werden und für das gegen Rosten widerstandsfähigere Gußeisen ohne Bedeutung sind, sei auf weitere Einzelheiten verzichtet.

Die Möglichkeit, begehbare eiserne Rohrleitungen vor Korrosion zu schützen, besteht nach Untersuchungen von RESSMANN (*41*) darin, einen zweimaligen Anstrich von Tonerdeschmelzzement aufzubringen, der mit der gleichen Menge feinen Sandes und wenig Wasser zu einem streichfähigen Brei angemacht wird. Etwa vorhandene Roststellen sind nach dem ersten Anstrich an den auftretenden Anfärbungen erkennbar.

Schrifttum zum Kapitel XVIIIa bis f.

(*1*) EISENSTECKEN, F.: Stahl u. Eisen Bd. 59 (1939) S. 537.
(*2*) FLEISCHMANN, E.: Gas- u. Wasserfach Bd. 79 (1936) S. 802.
(*3*) HAASE, L. W.: Gesundh.-Ing. Bd. 60 (1937) S. 69.
(*4*) KRUMBHAAR, W.: Vortrag Korrosionstagung Berlin (1932).
(*5*) WOLFF, H.: Vortrag Korrosionstagung Berlin (1932).
(*6*) FARBEROW, M. I.: Korrosion u. Metallsch. Bd. 13 (1937) S. 100.
(*7*) SCHULTZE, G.: Korrosion u. Metallsch. Bd. 12 (1936) S. 249.
(*8*) WIEGAND, G.: Gas- u. Wasserfach Bd. 79 (1936) S. 198.
(*9*) PETERS, F. J.: Farben-Ztg. Bd. 38 (1933) S. 1609ff.; Chem. Zbl. Bd. 105 (1934) I S. 770. WOLFF, H.: Korrosion u. Metallsch. Bd. 12 (1936) S. 253.
(*10*) SCHLÖSSER, M.: Gießerei Bd. 24 (1937) S. 444.
(*11*) Iron Age Bd. 135 (1935) Nr. 24 S. 22.
(*12*) Nach SCHLÖTTER, M.: Obmann für das Gebiet der Oberflächenbehandlung von Gußeisen auf der VI. Gießereifachausstellung (1936) in Düsseldorf.
(*13*) WEAN, R. J.: Iron Age (1938) S. 27.
(*14*) GONSER, W., u. E. E. SLOWTER: Metal Ind. Bd. 52 (1938), Teil I, S. 473 u. 503; vgl. Engineer 1938 S. 475.
(*15*) Teilweise nach Unterlagen des Nickel-Informationsbüro Frankfurt/M., bearbeitet von B. TRAUTMANN, vgl. dazu: PFANNHÄUSER: Die elektrischen Metallniederschläge. Berlin: Springer 1928, sowie REINIGER, H.: Gießerei 22 (1935) Bd. S. 148.
(*16*) WERNER, E.: Metallbörse Bd. 20 (1930) S. 1321ff.
(*17*) LEMENS, L., u. J. DUPONT: Ing. Chimiste (Brüssel) Bd. 23 (1939) S. 73.
(*18*) VOSS, W., u. R. J. SNELLING: Chem. metallurg. Z. Die Metallbörse Bd. 19 (1929) S. 1967 und 2023 (Nr. 73).
(*19*) SCHNEIDEWIND, R.: Dpt. Engin. Res. Univ. Michigan (1930), Circ. Series Nr. 3.
(*20*) Vgl. Z. Metallkde. Bd. 30 (1938) S. 24.
(*21*) Iron Coal Trade Review (1928) Dezemberheft.
(*22*) SARKISOW, E. S.: (Doklady) C. R. Acad. Sci. URSS. Bd. 22 (1939) S. 318.
(*23*) KARSTEN, A.: Gießerei Bd. 22 (1935) S. 411.
(*24*) PIWOWARSKY, E.: Das Inoxydieren von Gußeisen. Gießerei Bd. 15 (1928) S. 177; vgl. auch Fonderie moderne (1925) S. 90.
(*25*) MÜLLER, W. J.: Vortrag Korrosionstagung Berlin (1935); vgl. Stahl u. Eisen Bd. 55 (1935) S. 1459.
(*26*) Vgl. RACKWITZ, E.: Korrosion u. Metallsch. Bd. 5 (1929) S. 29.
(*27*) Vgl. Walzwerk und Hütte (1929) Heft 1 S. 21.
(*28*) Vgl. FEIL, E.: Gießerei Bd. 25 (1938) S. 417.
(*29*) PERMAN, J.: Berg- und Hüttenmännisches Jahrbuch der montanistischen Hochschule Leoben Bd. 84 (1936) Heft 2; vgl. Metallwirtsch. Bd. 16 (1937) S. 225.
(*30*) BRINK, J.: Diss. Aachen T. H. 1933.
(*31*) Vgl. das Kapitel Emaillierung von L. VIELHABER, in E. PIWOWARSKY: Der Eisen- und Stahlguß auf der VI. Gießereifachausstellung 1936 in Düsseldorf. Gießereiverlag G. m. b. H., Düsseldorf 1937; ferner VIELHABER, L.: Gießerei Bd. 24 (1937) S. 468.

(32) Emailletechn. Mbl. 1934 S. 66, Juniheft.
(33) ANDREWS, A. J.: J. Amer. ceram. Soc. Bd. 13 (1930) S. 509.
(34) SCHÜTZ, E.: Gießereipraxis (1936) S. 346.
(35) EMMEL, K.: Gießerei Bd. 26 (1939) S. 285.
(36) Schaal, R. B.: Trans. Amer. Foundrym. Ass. Bd. 46 (1939) Heft 4; vgl. das Referat von PFANNENSCHMIDT, C.: Gießerei Bd. 27 (1940) S. 87.
(37) KLÄRDING, J.: Sprechsaal Bd. 71 (1938) S. 93 u. 106.
(38) HOFF, H., u. J. KLÄRDING: Stahl u. Eisen Bd. 58 (1938) S. 914 (Werkstoffaussch. Nr. 433).
(39) KLÄRDING, J.: Stahl u. Eisen Bd. 59 (1939) S. 268.
(40) GRÜN, R.: Vortrag Korrosionstagung Berlin (1932).
(41) RESSMANN, A.: Gas- u. Wasserfach Bd. 83 (1940) S. 393.
(42) Techn. Blätter der Dtsch. Bergwerksztg. Nr. 39 (1940) S. 462.
(43) KRÄMER, O.: Techn. Blätter der Dtsch. Bergwerksztg. Bd. 30 (1940) Nr. 30; vgl. KRÄMER, O.: Die Hartverchromung. Leipzig: E. G. Leuze.
(44) PIWOWARSKY, E.: Gießerei Bd. 15 (1928) S. 177.
(45) FOULON, A.: Techn. Blätter, Wochenschr. zur Dtsch. Bergwerksztg. Nr. 3 (1941) S. 37.
(46) MACHU, W.: Die chemische Fabrik Bd. 13 (1940) S. 461.
(47) MACHU, W.: Korrosion u. Metallsch. Bd. 16 (1940) S. 308; Bd. 17 (1941) S. 157.
(48) Dtsch. Bergwerksztg. Bd. 42 (1941) vom 4. Okt.
(49) D.R.P. Nr. 639447 und 643869. Die Lieferung der Anlagen erfolgt durch die Siemens & Halske A.G.
(50) La Fonderie moderne, Juni (1925) S. 90; Beil.

XIX. Festigkeitseigenschaften von Grauguß und Temperguß nach Vorkorrosion.

Grauguß nach Vorkorrosion:

Erstmalig wurden durch E. PIWOWARSKY (*1*) Ergebnisse dieser Art aus einer Gemeinschaftsarbeit mit Stellen der Industrie mitgeteilt. Danach beeinflußt Vorkorrosion die statischen Eigenschaften von Grauguß unmerklich. Aus Biege-, Zug- und Schlagversuchen wurde gefolgert, daß „Gußeisen in angreifenden Mitteln, wie sie bei der Verwendung z.B. von Gußrohren vorkommen, keine oder jedenfalls eine unwesentliche Beeinträchtigung der Festigkeitseigenschaften erfährt. In vielen Fällen wurde sogar eine leichte Verbesserung der mechanischen Eigenschaften beobachtet".

Zur Ergänzung dieser Versuche wurden im Gießerei-Institut in den letzten Jahren Untersuchungen an vier Sorten Grauguß, drei handelsüblichen Stählen St 37 und drei Sorten Temperguß verschiedener Struktur unter vergleichenden Bedingungen und über längere Zeiträume (bis zu 14 Monaten) durchgeführt (*3*). Um gegebenenfalls mit Angaben des Schrifttums vergleichbare Ergebnisse zu erhalten, wurden als Korrosionsmittel die in der Korrosionsforschung üblichen Agenzien Leitungswasser, verdünntes Seewasser (Brackwasser) und 3proz. Kochsalzlösung verwendet. Leitungswasser wurde in Form der Wechseltauchung an die in Korrosionsbottichen von 50 l Inhalt hängenden Proben herangebracht. Die tägliche Tauchdauer betrug in Anlehnung an die Versuchsergebnisse von F. EISENSTECKEN und K. KESTING (*2*), die Höchstwerte des Rostverlustes in Abhängigkeit von der Tauchdauer beobachtet haben, 9 Stunden je Tag. Verstärkend auf den Angriff sollte auch die tägliche Wassererneuerung wirken, bei der die Lösungstension der Fe''-Ionen voll zur Auswirkung kommen kann und bei der durch die mitgeführten, gelösten Sauerstoffmengen eine schnelle Beseitigung der Fe''-Ionen durch Ausfällung als dreiwertiges Hydrat bewirkt wird. Das zu den Versuchen verwendete Leitungswasser hat bei jahreszeitlich bedingten Schwankungen etwa folgende Eigenschaftswerte:

Karbonhärte	11,2—12,9	p_H-Wert	7,02—7,12
Nichtkarbonhärte	0,8— 1,8	freie Kohlensäure	21,0—27,5
Gesamthärte	13,0—13,9	Sauerstoff	9,3—10,4

Brackwasser wurde durch Auflösen käuflichen Meersalzes in Leitungswasser bis zur Sättigung und Verdünnen dieser Lösung im Verhältnis 1 : 6 hergestellt und in Form der Dauertauchung an die Proben herangebracht. Die Erneuerung erfolgte einmal monatlich. Der Normvorschrift DIN 5853, die je 1 cm² Probenoberfläche mindestens 6 cm³ Korrosionsmittel vorsieht, wurde genügt; im ersten Zeitabschnitt jeder Versuchsreihe standen 20 bis 30 cm³ je 1 cm² Oberfläche zur Verfügung, nach Herausnahme der Serien entsprechend mehr.

Die untersuchten Graugußschmelzen wurden im Fulmina-Ölofen erschmolzen und hatten folgende Zusammensetzung:

Zahlentafel 157.

Nr.	C %	Si %	Mn %	P %	Graphit %
1	3,4	1,58	0,6	0,20	2,24
2	3,3	1,69	0,6	0,85	2,23
3	2,28	**0,49**	0,6	0,26	0,21
4	2,68	1,88	0,6	0,81	1,81

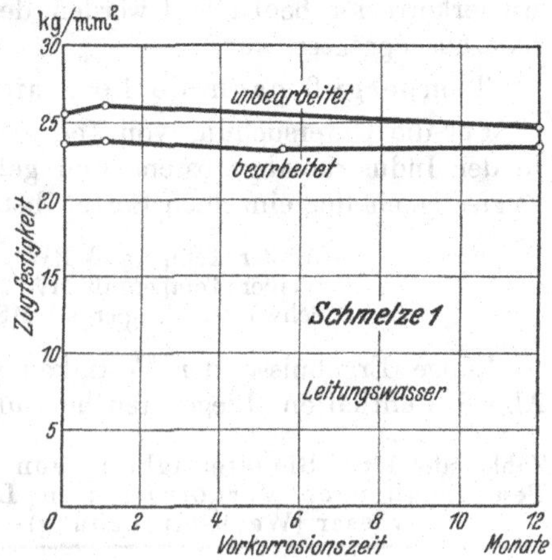

Abb. 810. Zugfestigkeit von Grauguß nach Vorkorrosion (W. PATTERSON u. E. PIWOWARSKY).

Die infolge des unbeabsichtigt niedrigen Si-Gehaltes weiß gefallene Schmelze 3 wurde durch dreimaliges Glühen bei 900° (je 1 Stunde) mit nachfolgender Ofenabkühlung ferritisch geglüht. Sie fällt jedoch, wie spätere Angaben zeigen werden, nicht aus dem Rahmen der übrigen Ergebnisse heraus.

Die Biegefestigkeit wurde am 20-mm-Rundstab von 400 mm Auflagelänge ermittelt. Die Zugstäbe waren zylindrisch mit einer Meßlänge von 100 mm und 20 mm Prüfdurchmesser. Die Köpfe wurden mit Gewinde versehen. Die Schlag-

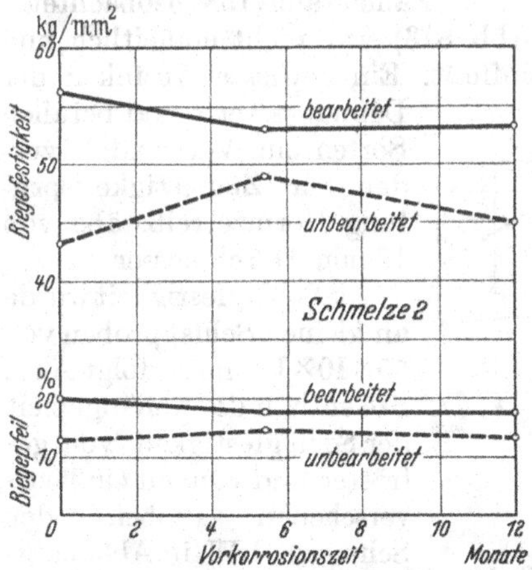

Abb. 811. Biegefestigkeit von Grauguß nach Vorkorrosion (W. PATTERSON u. E. PIWOWARSKY).

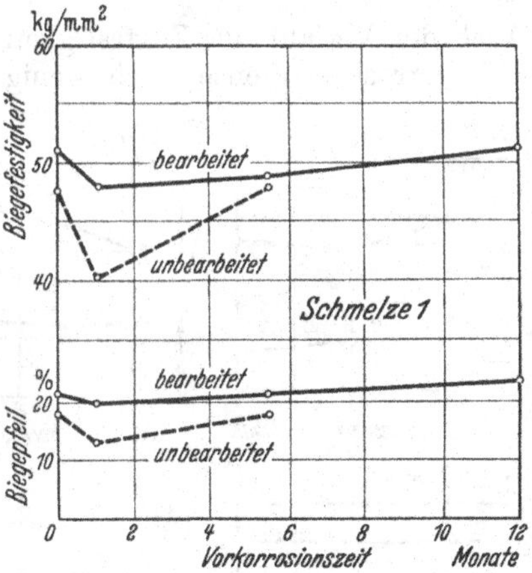

Abb. 812. Biegefestigkeit von Grauguß nach Vorkorrosion (W. PATTERSON u. E. PIWOWARSKY).

festigkeit wurde an vorkorrodierten Proben gekerbter und ungekerbter Vierkantstäbe mit und ohne Gußhaut ermittelt.

Aus den zahlreichen Versuchsreihen sind Teilergebnisse in den Abb. 810 bis 812 aufgetragen worden. Sie bestätigten ebenso wie die hier nicht aufgeführten Versuchsreihen die Vermutung von E. PIWOWARSKY (*1*), daß Grauguß durch Vorkorrosion im allgemeinen nur unwesentlich geschädigt wird.

Verschiedentlich wurde zunächst ein gewisser Rückgang der Eigenschaft durch Vorkorrosion im ersten Zeitraum beobachtet, der von einem merklichen Anstieg, oft bis über den Ausgangswert hinaus, abgelöst wird. Darauf folgte ein ziemlich stetiger leichter Abfall der Eigenschaften in Abhängigkeit von der Dauer der Vorkorrosion. Möglicherweise wird der Festigkeitsanstieg durch eine durch Korrosion bedingte Verbesserung der Oberflächenbeschaffenheit bewirkt. Ein gewisser Zähigkeitsanstieg konnte auch bei den Schlagversuchen nach Brackwasserkorrosion beobachtet werden, der bei den Schmelzen mit niedrigem P-Gehalt ausgeprägter war.

Temperguß nach Vorkorrosion:

Für die Untersuchung von Temperguß nach Vorkorrosion standen ebenfalls in der Industrie abgegossene und getemperte Schmelzen zur Verfügung. Die Zugfestigkeit der einzelnen Sorten betrug:

Weißer Temperguß BW	44,8 kg/mm^2
Weißer Temperguß MW	50,9 kg/mm^2
Schwarzer Temperguß MS	34,9 kg/mm^2

Einige Ergebnisse der Festigkeitsprüfung nach Vorkorrosion sind in der Abb. 813 enthalten. Biegeversuche wurden an 16 mm starken Rundstäben (mit Gußhaut) bei 250 mm Stützlänge und einem Krümmungsradius des Biegedorns von 20 mm vorgenommen. Wegen der um etwa 15% schwankenden Werte kam ein Einfluß der Vorkorrosion nicht zum Ausdruck. Beispielsweise wurden an Temperguß BW Werte gemäß Zahlentafel 158 beobachtet.

Zahlentafel 158. Biegefestigkeit von weißem Temperguß nach Vorkorrosion in Leitungswasser (Wechseltauchung).

Korrosionszeit Monate	Biegefestigkeit kg/mm^2	Durchbiegung mm
0	94,5	50,2
1	97,6	40,0
6	91,2	45,5
12	99,2	50,3

Auch der Verlauf der Zugfestigkeit (s. Abb. 813) war nicht einheitlich und von Vorkorrosion offensichtlich wenig beeinflußt. Ein gewisses Absinken der Dehnungswerte trat bei allen Sorten ein. Verwendet wurden zur Zugfestigkeitsprüfung Normzerreißstäbe von 12 mm Durchmesser.

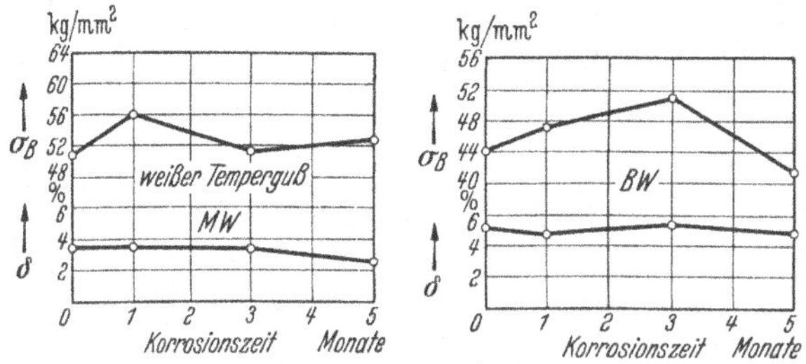

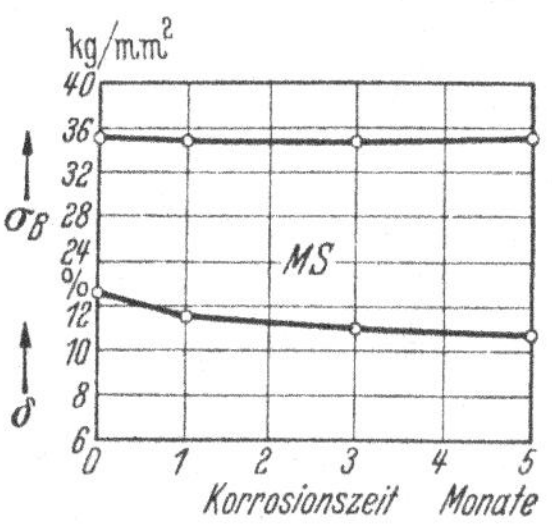

Abb. 813. Einfluß einer Vorkorrosion auf die Festigkeit und die Dehnung von Temperguß. 3 proz. Kochsalzlösung (W. PATTERSON u. E. PIWOWARSKY).

Die Schlagfestigkeit wurde an kleinen Schlagproben von 55×10×10 mm verfolgt. Abb. 814 enthält die Abhängigkeit der Schlagfestigkeit von gefrästen und von mit Gußkerb versehenen Proben der Schmelze BW in Abhängigkeit von der Vorkorrosionszeit in Brackwasser. Der schon bei den Graugußversuchen vermutete Verlauf der Eigenschaftswerte kommt hier ausgeprägter zum Ausdruck. Nach vorübergehendem Abfall erfolgt ein Anstieg, der bei der Probe mit Fräskerb die Ausgangsschlagfestigkeit übersteigt. Der darauf folgende Abfall ist bei der Probe mit eingegossenem Kerb (offensichtlich als Schutz der Gußhaut zu deuten) geringer als bei der bearbeiteten Probe.

Eine vorübergehende beträchtliche Zunahme der Schlagfestigkeit wurde auch an Schlagproben mit eingefrästem Rundkerb der Schmelzen MS und MW beobachtet. Der nachfolgende Abfall war bei dem schwarzen Temperguß geringer und führte nach einem Jahr Vorkorrosion zu Werten, die noch über der Schlagfestigkeit des unkorrodierten Werkstoffs lagen.

Die Schlagfestigkeit von weißem Temperguß nach einjähriger Korrosion unterschritt die Werte des Ausgangszustandes um nur unwesentliche Beträge.

Zusammenfassend war zu folgern, daß weder die Festigkeitseigenschaften von Grauguß noch die von Temperguß unter den angegebenen Korrosionsbedingungen wesentlich durch Vorkorrosion geschädigt werden. Häufig konnte im Gegenteil eine vorübergehende deutliche Zunahme, insbesondere der Schlagfestigkeit, beobachtet werden.

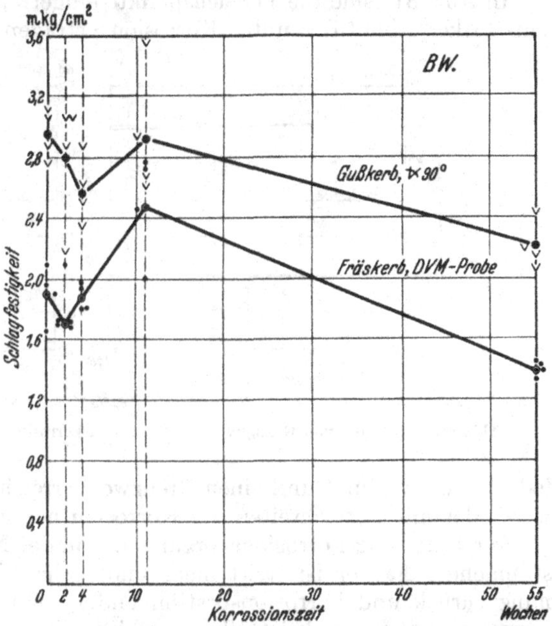

Abb. 814. Schlagfestigkeit von weißem Temperguß nach Dauertauchung in Brackwasser (E. PIWOWARSKY u. W. PATTERSON).

Statische Beanspruchung und gleichzeitige Korrosion.

„Spannungskorrosion." Unter „Spannungskorrosion" werden Schadenfälle zusammengefaßt, bei denen Risse und Brüche von Werkstücken durch ruhende Spannungen bei gleichzeitigem Korrosionsangriff hervorgerufen werden können. Der mengenmäßige Metallverlust kann in diesen Fällen sehr gering sein. Zonen bevorzugter Anfälligkeit sind dann die am stärksten durch Spannungen beanspruchten Stellen des Gefüges, insbesondere, wenn diese Spannungen örtliche Verformungen hervorgerufen haben. Die Gefahr der Rißbildung ist oft außerordentlich groß und der abschließende Gewaltbruch kann nach wenigen Tagen oder Stunden Korrosionszeit erfolgen.

Die Verfahren zur Untersuchung der gleichzeitig durch ruhende Spannungen und Korrosionsangriff beanspruchter Werkstoffe lassen sich in zwei Gruppen unterteilen:

1. Im ersten Falle werden mit Hilfe von Spannvorrichtungen dem Prüfkörper gewisse Verformungen rein elastischer oder zusammengesetzter Art (plastisch und elastisch) aufgezwungen (konstante Formänderung).

2. Bei der zweiten, aus versuchstechnischen Gründen weniger häufig angewandten Versuchsart wird, meist durch unmittelbare Gewichtsbelastung, eine während des Versuchs konstant bleibende Belastung aufgebracht, was der tatsächlichen Beanspruchung im Betriebe in vielen Fällen näherkommen dürfte. Das elastische und plastische Ausweichen des Werkstoffs mit zunehmendem Korrosionsangriff ist ungehindert möglich (konstante Belastung).

In einer weiteren Versuchsreihe wurde sodann zunächst die Biegefestigkeit der vier in Zahlentafel 157 genannten Graugußschmelzen unter der vorliegenden Stabform in folgender Weise bestimmt:

Die Biegespannung wurde durch einen angehängten Kübel, in den Wasser einfloß, erzeugt.

Im Augenblick des Bruches wurde das Wasser abgesperrt und die Bruchspannung durch Auswiegen des Kübels bestimmt. Dann wurde der zur Einstellung der gleichen spezifischen Belastung notwendige Abstand des 20-kg-Gewichtes errechnet und von dieser Entfernung vom Prüfquerschnitt ausgehend, der Abstand des angehängten Gewichtes von Versuch zu Versuch verringert und die Zeit bis zum Bruch gemessen.

In Abb. 815 sind die Versuchspunkte eingetragen. Man erkennt, daß zunächst ein starker Abfall der unter Korrosion ertragenen Biegespannung eintritt, der

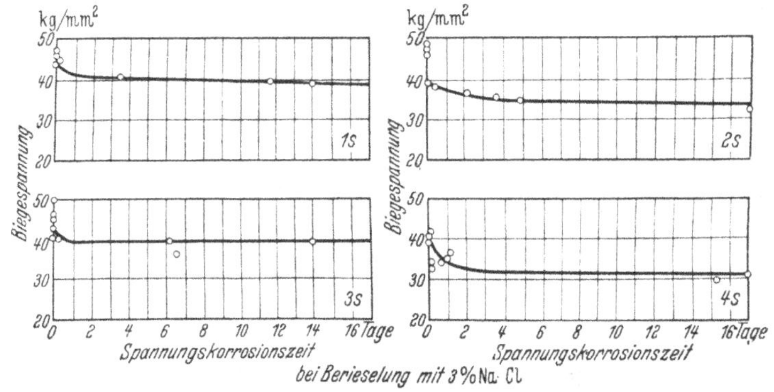

Abb. 815. Verhalten von Grauguß unter Spannungskorrosion (W. PATTERSON u. E. PIWOWARSKY).

jedoch bald abklingt und einen Grenzwert erreicht (Spannungskorrosions-Grenzwert), der mit Fortschreiten der Korrosion nur wenig absinken dürfte.

Der Spannungskorrosionsvorgang, der in der Nähe der Biegefestigkeit ein bestimmender Faktor ist, tritt mehr und mehr mit sinkender spezifischer Spannung zurück und korrosionsbestimmender Faktor wird die flächig angreifende Korrosion mit ihrem bei Gußeisen geringfügigen Einfluß auf die Festigkeit.

Das Verhältnis der Biegefestigkeit zum Spannungskorrosions-Grenzwert ist in Zahlentafel 159 enthalten.

Zahlentafel 159.

Schmelze	Biegefestigkeit kg/mm²	Spannungskorrosions-Grenzwert kg/mm²	$\frac{\sigma'_{KB}}{\sigma'_B} \cdot 100$ %
1	45,3	39,0	86,1
2	48,2	34,5	71,6
3	45,9	39,0	85,0
4	40,1	31,0	77,3

An Gußeisen als einem durch zügige Beanspruchung nur wenig plastisch verformbaren Werkstoff lassen sich also Spannungskorrosionsversuche bis zur Bruchfestigkeit durchführen, was bei duktilen Werkstoffen wegen der eintretenden Verformung nicht möglich ist. Die unter Spannungskorrosion ertragenen Beanspruchungen erreichen bemerkenswert hohe Werte (71 bis 86% der Biegefestigkeit). Zusammenfassend wäre also zu sagen, daß Gußeisen unter statischen Spannungen bis zu einer Höhe, die dem Verhältnis der Streckgrenze zur Zugfestigkeit beim Stahl entsprechen würde, spannungskorrosionsunempfindlich ist. Bei Auftragung der spezifischen Biegespannung gegen die bis zum Bruch wirkende Korrosionszeit ergeben sich den Wöhler-Kurven ähnliche Linien, die nach einigen

Tagen annähernd parallel zur Zeitachse verlaufen. Die Größe dieser während einer bestimmten Zeit unter Korrosion ertragenen Spannung wird als Spannungskorrosions-Grenzwert bezeichnet.

Dynamische Beanspruchung und gleichzeitige Korrosion.

„Korrosionsermüdung." Die schwerwiegendsten Schäden unter der Einwirkung von Spannung und Korrosion werden zweifellos durch den gleichzeitigen Angriff schwingender Beanspruchung und Korrosion hervorgerufen. Die Einstufbarkeit der Legierungen nach Festigkeitseigenschaften geht vollständig verloren. Werkstoffe mit besten statischen und dynamischen Eigenschaften und gutem allgemeinem Korrosionswiderstand können unter Korrosionsschwingungsbeanspruchung ebenso wie geringwertigere versagen. Wärme-, Vergütungs- und Oberflächenbehandlung sind von bestimmten Grenzwechselzahlen ab wirkungslos; sie besitzen allenfalls eine verzögernde Wirkung.

Es scheint zu gelten, daß bevorzugt der primäre Korrosionswiderstand, wie er in der elektrochemischen Spannungsreihe zum Ausdruck kommt, für den Widerstand gegen Korrosionsschwingungsbeanspruchung Bedeutung hat. Sekundäre Vorgänge, wie Passivierungserscheinungen, Deckschichtenbildung u. dgl. treten dagegen zurück und können in vielen Fällen eine den Zerstörungsvorgang beschleunigende Wirkung ausüben. Wenig beeinflußt durch Korrosionsermüdungsbeanspruchung bleiben also vorwiegend Werkstoffe, deren Korrosionswiderstand weniger auf diesen sekundären Begleiterscheinungen beruht, wie der des Kupfers, der hochkupferhaltigen Legierungen auf Mischkristallbasis, einer Anzahl Kupfer-Nickel-Legierungen und in gewissem Grade auch der hochlegierten ferritischen und austenitischen Stähle.

Korrosionsdauerversuche an Gußeisen. Die geplanten Dauerversuche an den gleichen, in den beiden Zahlentafeln 158 und 159 gekennzeichneten Graugußschmelzen konnten wegen Ausfalls der Versuchsmaschine nicht durchgeführt werden. Es wurden deshalb Korrosionsdauerversuche an Stäben einiger weitgehend auf ihre mechanischen Eigenschaften untersuchten Graugußschmelzen durchgeführt (*4*).

Die verwendeten Schmelzen wurden im sauren Hochfrequenzofen einer westdeutschen Gießerei erschmolzen und durch Nachsilizieren in der Pfanne auf die in Zahlentafel 160 angegebenen Zusammensetzungen gebracht. Das Gefüge wies durchweg feinen Graphit in perlitischer Grundmasse auf. Die Umlaufbiegestäbe, deren Abmessungen der Abb. 816 zu entnehmen sind, wurden aus Rundstäben von 16 mm Durchmesser herausgedreht.

Zahlentafel 160.

Eigenschaft	Schmelzenbezeichnung			
	(*A*)	(*B*)	(*C*)	(*D*)
Kohlenstoffgehalt . . . . %	1,60	2,00	2,46	3,29
Graphitgehalt . . . . %	0,77	1,01	1,63	2,27
Silizium. . . . . %	3,58	3,00	2,64	1,53
Phosphor . . . . %	0,21	0,20	0,21	0,18
Zugfestigkeit . . . . kg/mm²	26,7	37,6	40,6	29,0
Biegefestigkeit . . . . kg/mm²	44,0	49,7	62,2	50,5
Durchbiegung . . . . mm	3,03	3,46	6,05	6,6
Schlagfestigkeit . . . . mkg/cm²	0,73	0,78	0,87	0,99
Brinellhärte . . . . kg/mm²	265	256,6	226	186,3
Torsionsfestigkeit . . . . kg/mm²	23,7	29,0	30,3	26,2
Verdrehungswinkel f. 150 mm . . . . . . Grad	8	20	37	54

Die Dauerfestigkeitswerte dieser Schmelzen sind in Abb. 817 eingetragen und aus Zahlentafel 161 zu ersehen.

Für die Untersuchung der Korrosionszeitfestigkeit stand eine Umlaufbiegemaschine „Duplex“ von Schenck zur Verfügung. Die Maschine arbeitet mit konstanter Belastung. Der Probestab wird einseitig in ein am Motor angebrachtes

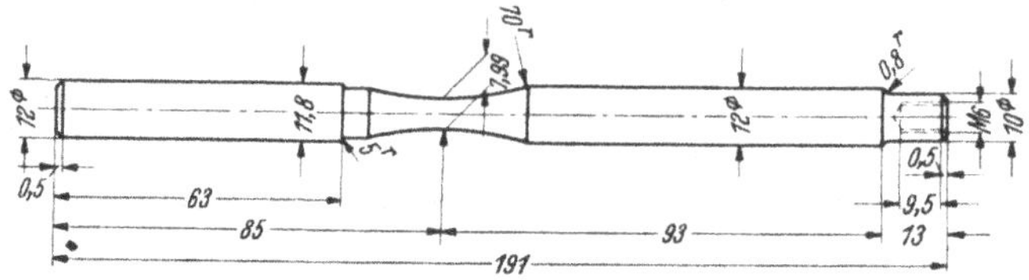

Abb. 816. Prüfstab zur Umlaufbiegemaschine.

Futter eingesteckt. Die andere Stabseite wird mit einem Kugellager, das eine Gewichtsschale trägt, versehen. Die Maschine ist symmetrisch gebaut, so daß zwei Stäbe gleichzeitig untersucht werden können. Die Prüffrequenz beträgt 3000/min. Die Lastspiele werden durch Synchronuhrwerke, die durch Herabfallen der Waageschalen beim Bruch der Probe abgeschaltet werden, gezählt.

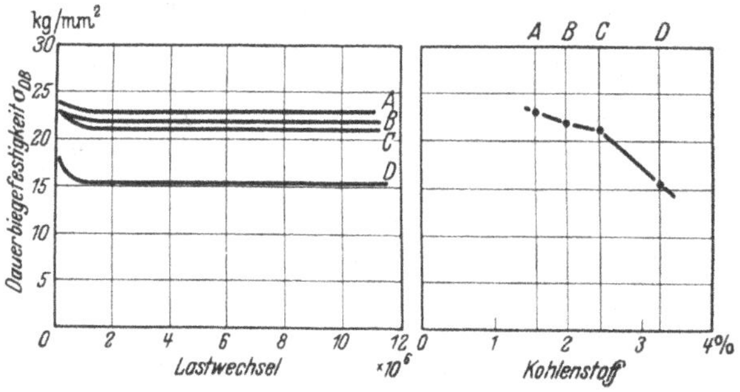

Abb. 817. Wöhler-Kurven der Schmelzen gemäß Zahlentafel 160. Gußzustand (Gefüge: lam.-perlitisch).

Die für die gewählte Biegespannung aufzubringende Last P (vgl. Abb. 818) wird berechnet aus der Beziehung:

$$P = \frac{\sigma \cdot d^3}{10{,}18 \cdot l}.$$

l ist im allgemeinen = 100 mm. Wählt man den Durchmesser der Einschnürung des Probestabes $d = 7{,}99$ mm, so wird $\sigma = 2\,P$, was die Ausrechnung vereinfacht.

Da eine Korrosionseinrichtung für die Duplexmaschine zur Zeit nicht im Handel war, wurde die in Abb. 818 wiedergegebene Anordnung einfachster Art entwickelt. Als Korrosionsraum dient ein kleiner Gummiball, der, mit zwei Bohrungen versehen, über den Probestab geschoben wird. In den Boden wurde die Tülle eines Fahrradschlauches als Abflußöffnung für die Korrosionsflüssigkeit eingeschraubt. Der Zulauf erfolgte durch ein oben eingeführtes Röhrchen, das mit einem Hahn versehen war. Zwei mit aufgekitteten Glasscheiben versehene Schaulöcher vervollständigten die Einrichtung.

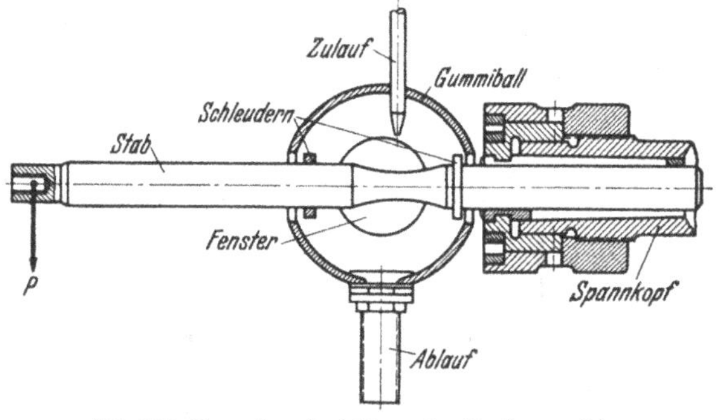

Abb. 818. Korrosionseinrichtung der Duplexmaschine (W. Patterson u. E. Piwowarsky).

Zur Bestimmung der Korrosionszeitfestigkeit wurden sorgfältig entfettete Stäbe unter gleichzeitigem Betropfen mit Leitungswasser Lastspielen bis $50 \cdot 10^6$ ausgesetzt. Die erhaltenen Wöhler-Kurven sind in Abb. 819 eingetragen worden.

Einige orientierende Versuche in 3proz. NaCl-Lösung sind in der gleichen Abbildung enthalten.

Aus Zahlentafel 161 sind auch die beobachteten Werte der Korrosionszeitfestigkeit zu ersehen:

Zahlentafel 161.

Eigenschaft	Schmelze			
	(*A*)	(*B*)	(*C*)	(*D*)
Dauerbiegefestigkeit in kg/mm²	22,0	21,2	21,2	15,4
Korrosionszeitfestigkeit $10 \cdot 10^6$ H_2O	15,8	13,9	15,1	11,9
Korrosionszeitfestigkeit $50 \cdot 10^6$ H_2O	14,6	12,6	14,4	11,3
Korrosionszeitfestigkeit $10 \cdot 10^6$ NaCl	—	12,5	12,5	—

Ein bemerkenswerter Fall von „Kerbwirkung durch Werkstoffanhäufung" trat bei der Prüfung von Flachbiegestäben mit Gußhaut auf. Die zunächst für die Flachbiege- und Torsionsmaschine von Schenck abgegossenen Flachbiegeproben der Schmelzen *A* bis *D* (Zahlentafel 160) brachen durchweg im Übergang des Prüfteils zu den Köpfen. Die ursprüngliche Stabform ($h = 10$ mm) hatte parallele Deckflächen; um eine sichere Einspannung zu gewährleisten, wurden die Köpfe verstärkt angegossen und durch Fräsen und Schleifen auf 13 mm Dicke abgearbeitet. Zwischen dem Prüfteil und den Köpfen entstand so eine Stufe von 1,5 mm Höhe. Durch die dadurch bedingte Kerbwirkung traten Endrisse auf, obwohl der Stabquerschnitt an dieser Stelle mit $60 \cdot 10$ mm² die Verengung des Prüfteils mit einem Querschnitt von $35 \cdot 10$ mm² wesentlich übertraf.

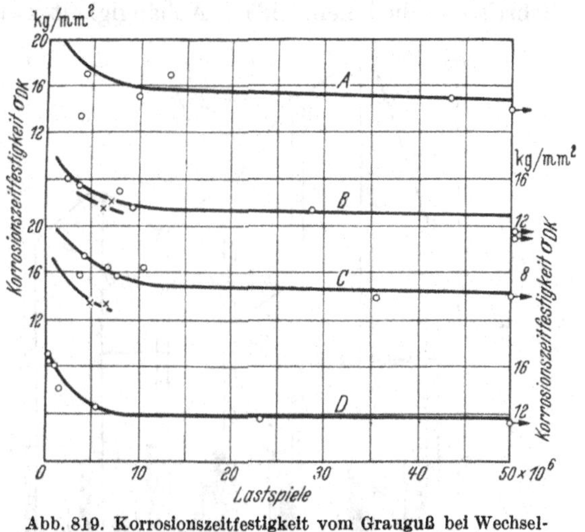

Abb. 819. Korrosionszeitfestigkeit vom Grauguß bei Wechselbiegung in Leitungswasser (○) bzw. 3proz. NaCl-(×)-Lösung (W. Patterson u. E. Piwowarsky).

Die Probenform wurde nunmehr so abgeändert, daß das Prüfteil des Stabes nur im mittleren Teil parallele Deckflächen hatte und in die ebenfalls verdickt gegossenen Köpfe schwach konisch überging. Die Köpfe wurden jedoch bis zur Dicke der konischen Prüfteilenden abgefräst, so daß der Übergang vom Stab zu den Köpfen stufenlos erfolgte. Stäbe dieser Form wurden sodann aus zwei Schmelzen nachstehender Zusammensetzung (Zahlentafel 162) abgegossen:

Zahlentafel 162.

Schmelze Nr.	C %	Gr %	Si %	P %	Zugfestigkeit kg/mm²
F	3,80	3,46	1,75	0,22	26,6
E	3,21	2,26	1,88	0,96	23,0

Während des Versuchs liefen die Flachbiegeproben dieser Schmelzen in einem Wasserkasten, dem Leitungswasser in einer Menge von etwa 5 l/st zugeführt wurde. Die Proben waren dauernd von Wasser bedeckt. Als Korrosionszeitfestigkeit für $50 \cdot 10^6$ Lastspiele konnten folgende Werte (Zahlentafel 163) beobachtet werden:

Zahlentafel 163.

Schmelze Nr.	Dauerbiege-festigkeit kg/mm²	Korrosionszeit-festigkeit kg/mm²
E	15,0	13,0
F	12,0	11,0

Das sich aus Korrosionsdauerversuchen an Gußeisen ergebende Bild ist im Vergleich zu anderen Werkstoffen recht günstig. Abgesehen davon, daß das Verhältnis von Zugfestigkeit zu Korrosionszeitfestigkeit im Vergleich zu hochgezüchteten Legierungen außerordentlich hoch ist, erreicht auch der absolute Wert der Korrosionszeitfestigkeit eine solche Höhe, daß Gußeisen, besonders im Hinblick auf seine billige Beschaffung und leichte Formgebbarkeit, als wertvoller Baustoff für korrosionsschwingungsbeanspruchte Werkstücke gelten kann.

Bei der bereits erwähnten starken Abhängigkeit der Korrosionszeitfestigkeit von den chemischen Eigenschaften und weniger von der Textur der Werkstoffe lag die Frage nahe, welche Zusammenhänge zwischen Analyse und der Korrosionszeitfestigkeit des Gußeisens bestehen.

Die räumliche Darstellung aller erreichbaren Dauerfestigkeitswerte des Schrifttums ließ keine klare Abhängigkeit zwischen C-, Si-Gehalt und Dauer-

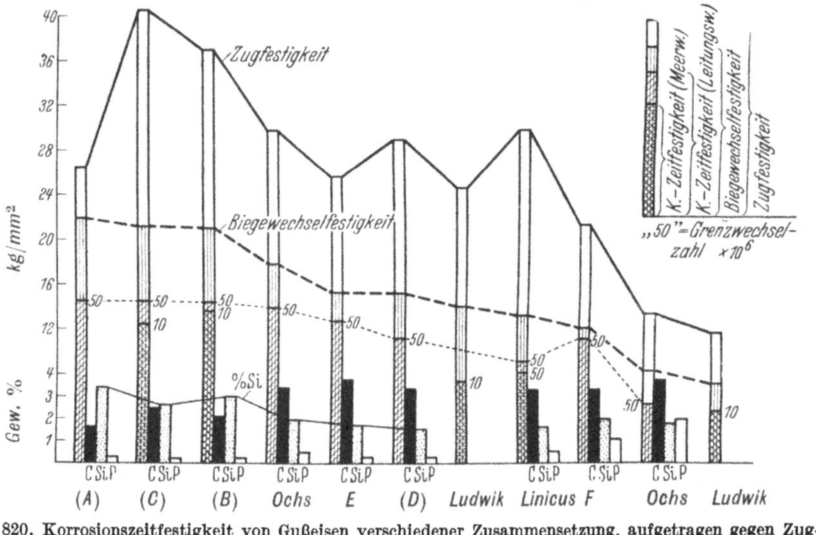

Abb. 820. Korrosionszeitfestigkeit von Gußeisen verschiedener Zusammensetzung, aufgetragen gegen Zug- und Dauerbiegefestigkeit. Werte dem Schrifttum entnommen (W. PATTERSON).

festigkeit erkennen. Berücksichtigte man jedoch nur die sogenannten hochwertigen Graugußsorten, unter denen hier Graugußarten mit mehr als 26 kg/mm² verstanden werden sollen, so ordneten sich die Werte recht gut gesetzmäßig an, derart, daß mit zunehmendem Siliziumgehalt bis etwa 3,5% Si die Biegewechselfestigkeit stark (von 10 bis 14 auf etwa 22 kg/mm²), darüber hinaus aber kaum noch zunahm.

Die Zugfestigkeit zeigte keine Beziehung zum Si-Gehalt, was bei ihrer Abhängigkeit von der Textur bekanntermaßen nicht zu erwarten ist.

Ein im Schrifttum (5) mitgeteilter hoher Wert für die Biegewechselfestigkeit bei einer Schmelze mit 1,7% Ni und dem ungewöhnlich niedrigen C + Si-Gehalt von 3,39% wird erklärlich, wenn man annimmt, daß Nickel in der Lage ist, auch in bezug auf die Dauerfestigkeit einen Teil des Siliziums zu ersetzen.

Dauerfestigkeitswerte bei Siliziumgehalten über 3,6% liegen nicht vor. Auch der Bereich zwischen 2,7 und 3,6% Si ist nur durch die beiden Werte von E. PI-

WOWARSKY und Mitarbeitern (4), die jedoch gut in der extrapolierten Kurve liegen, erfaßt. Bemerkenswert ist jedoch das Verhalten einer Silallegierung, deren Dauerfestigkeit von GOUGH und POLLARD (6) zu 23,5 kg/mm² bestimmt wurde. Die Schmelze enthielt 2,09% C, 6,39% Si, 1,13% Mn, wenig Phosphor, Schwefel und Aluminium. Die Zugfestigkeit betrug ebenfalls 23,5 kg/mm², womit das Verhältnis der Dauerfestigkeit zur Zugfestigkeit = 1 wird, vermutlich als Auswirkung des Mangels jeglicher Verformbarkeit bei noch vorhandener guter Trennfestigkeit. Der in der Richtung der extrapolierten Kurve liegende Dauerfestigkeitswert würde die Kurve also sinngemäß fortführen. Wieweit diese anscheinend einfache Beziehung im Hinblick auf die Struktur von Silal Geltung hat, müßte allerdings durch eingeschaltete Zwischenwerte ermittelt werden. Da die Korrosionszeitfestigkeit, wie Abb. 820 zeigt, etwa gleichen Verlauf wie die Dauerfestigkeit nimmt, wird sie sekundär durch Erhöhung des Siliziumgehaltes ebenfalls günstig beeinflußt.

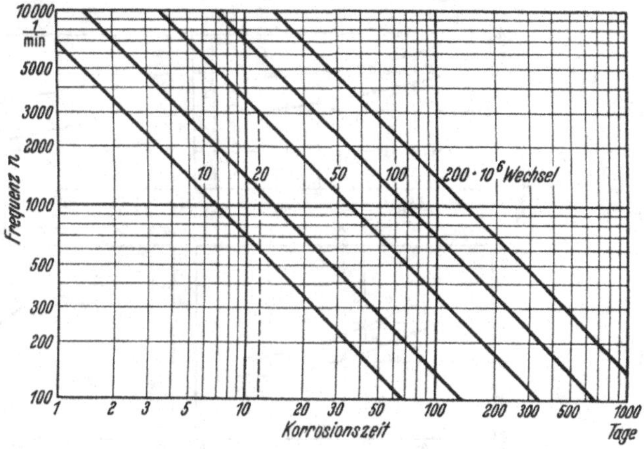

Abb. 821. Wirksame Korrosionszeit bei gegebener Grenzlastwechselzahl in Abhängigkeit von der Frequenz der Prüfmaschine (W. PATTERSON).

Trägt man die wirksame Korrosionszeit bei gegebener Grenzlastwechselzahl im doppeltlogarithmischen System gegen die Frequenz der Prüfmaschine auf, so erhält man geradlinige Beziehungen (Abb. 821).

Der äußerlich sichtbare Angriff des Korrosionsmittels im Dauerversuch zeigt ähnliche Erscheinungsformen wie bei anderen Werkstoffen. An zahlreichen Stellen bilden sich quer zum Spannungsfluß Narben aus. Als Beispiel sei die Oberfläche eines Umlaufbiegestabes nach kurzer Abbeizung der Rostschicht mit scharfer Salzsäure in Abb. 821a wiedergegeben. Die zahlreichen Narben wirken als Umlaufkerben.

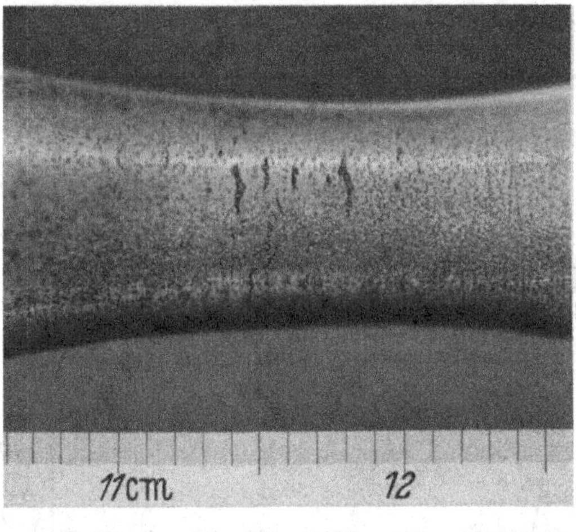

Abb. 821a. Durch Korrosion verursachte Narben im Einschnürungsgebiet eines Umlaufbiegestabes (W. PATTERSON).

Wechselspannung und Vorkorrosion. Es bestehen keine Gründe anzunehmen, daß die Dauerfestigkeit von Gußeisen wesentlich durch Vorkorrosion geschädigt wird. Die Empfindlichkeit gegen feine Oberflächenschäden ist infolge der Graphiteinlagerungen bekanntermaßen gering. Da Gußeisen auch sehr geringe Neigung zu interkristalliner Korrosion hat, sind die aus dieser Schadenursache hervorgehenden Einwirkungen auf die Dauerfestigkeit als gering anzunehmen.

Versuchsergebnisse liegen kaum vor. Einige Angaben nach Versuchen der Metallgesellschaft in Frankfurt a. M. machte E. PIWOWARSKY (*1*). Infolge starker Streuungen der Versuchswerte ließen sich die Endwerte nach 4- und nach 40tägiger Vorkorrosion in $NaCl$-H_2O_2-Lösung nur schlecht ermitteln (Abb. 822

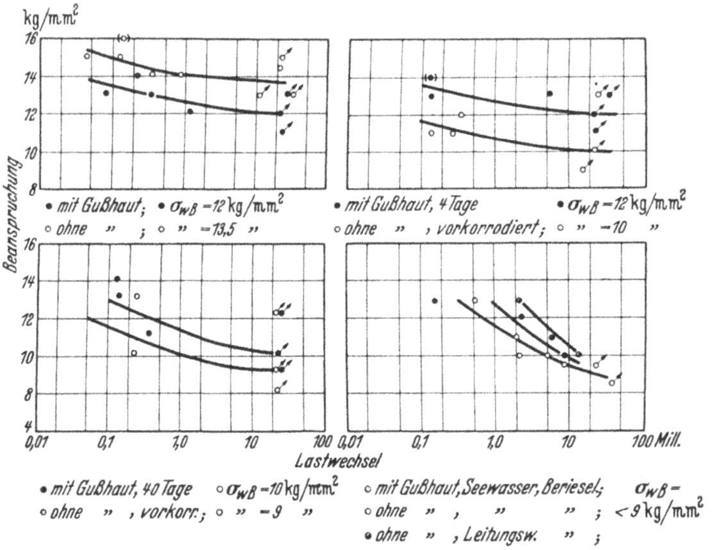

Abb. 822. Einfluß der Gußhaut und einer Vorkorrosion auf die Biegewechselfestigkeit von Gußeisen (Versuche: Metallgesellschaft).

bis 823). Vergleicht man jedoch die Bestwerte aus diesen Versuchen, so erhält man folgende Zahlen:

Zahlentafel 164.

Zustand	Bei einer Grenzwechselzahl von $20 \cdot 10^6$ Lastspielen trat kein Bruch ein bei einer Spannung von: bearbeitete Proben kg/mm²	unbearbeitete Proben kg/mm²
Unkorrodiert	15,0	13,2
4 Tage vorkorrodiert	13,2	13,2
40 Tage vorkorrodiert	12,3	12,3
Gleichzeitige Korrosion in Leitungswasser	9,5	—
Gleichzeitige Korrosion in $NaCl$-H_2O_2-Lösung	9,0	9,3

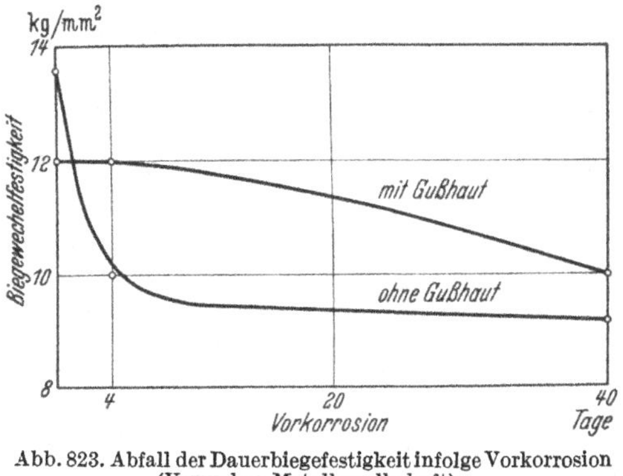

Abb. 823. Abfall der Dauerbiegefestigkeit infolge Vorkorrosion (Versuche: Metallgesellschaft).

Die Werte lassen erkennen, daß die Herabsetzung der Dauerfestigkeit durch Oberflächenschädigung zunächst die bearbeitete Probe trifft. Die Gußhaut bietet außerdem anscheinend einen gewissen Schutz, was in der höheren Lage der Wöhler-Kurven des unbearbeiteten Werkstoffs nach Vorkorrosion zum Ausdruck kommt.

Einige von W. PATTERSON und E. PIWOWARSKY (*3*) vorgenommene Tastversuche an den Proben *E* und

F (Zahlentafel 162) nach dreißigtägiger Vorkorrosion durch Leitungswasserwechseltauchung sowie an Umlaufbiegestäben der Schmelzen (*C*) und (*B*) (Zahlentafel 160) zeigten kaum einen Einfluß der Vorkorrosion. Die Proben mit Gußhaut (*E* und *F*) konnten durch Trainieren über den Wert der Ausgangswechselfestigkeit gebracht werden, ein Beweis, daß die Schädigung nur sehr gering sein kann. Etwas stärker wurden die bearbeiteten Proben (*C*) und (*B*) betroffen. Es gelang nicht mehr, durch Trainieren die Ausgangsschwingungsfestigkeit zu erreichen.

Schrifttum zum Kapitel XIX.

(*1*) PIWOWARSKY, E.: Z. VDI Bd. 82 (1938) S. 370/72; Stahl u. Eisen Bd. 59 (1939) S. 71.
(*2*) EISENSTECKEN, F., u. E. KESTING: Korrosion V., S. 48. Berlin 1936.
(*3*) PATTERSON, W.: Diss. T. H. Aachen 1940; vgl. PATTERSON, W., u. E. PIWOWARSKY: Arch. Eisenhüttenw. Bd. 14 (1940/41) S. 561.
(*4*) GILGENBERG, H.: Dissertation Aachen 1939; vgl. PIWOWARSKY, E., BERTSCHINGER, R., u. H. GILGENBERG: Gießerei demnächst.
(*5*) PFANNENSCHMIDT, C. W.: Zitiert bei P. A. HELLER: Die Dauerfestigkeit des Gußeisens. Gießerei Bd. 19 (1932) S. 331.
(*6*) WEVER, F., u. B. PFARR: Mitt. K.-Wilh.-Inst. Eisenforschg. Bd. 15 (1933), Lfg. 11, Abhdlg 230/231.

XX. Der Einfluß thermischer Nachbehandlungen auf die Gefügeänderungen und die Eigenschaften perlitischer Grundmassen (Härtungs- und Glühprozesse).

a) Allgemeine Grundlagen.

Wird ein lamellar-perlitisches Material (Abb. 824) kurz unterhalb A_1 (Perlitpunkt) längere Zeit geglüht, so versuchen die Karbidlamellen vermöge ihrer Oberflächenspannung kugelige Form anzunehmen, sie beginnen zu koagulieren. Je nach Glühtemperatur und Glühdauer entstehen dann Übergangsstufen, deren

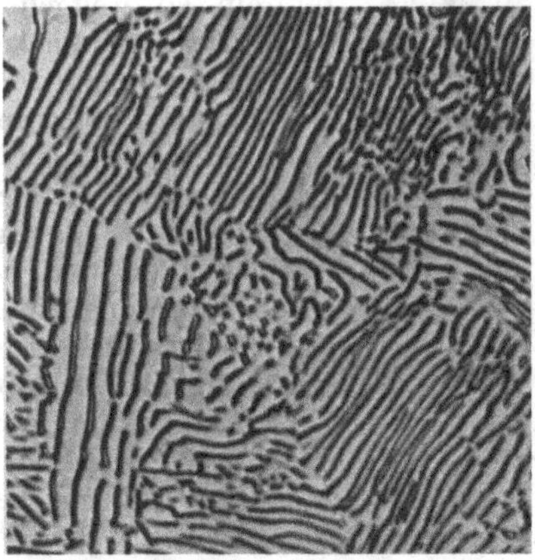

Abb. 824. Gefüge eines eutektoiden Stahls mit streifigem Perlit. $V = 500$.

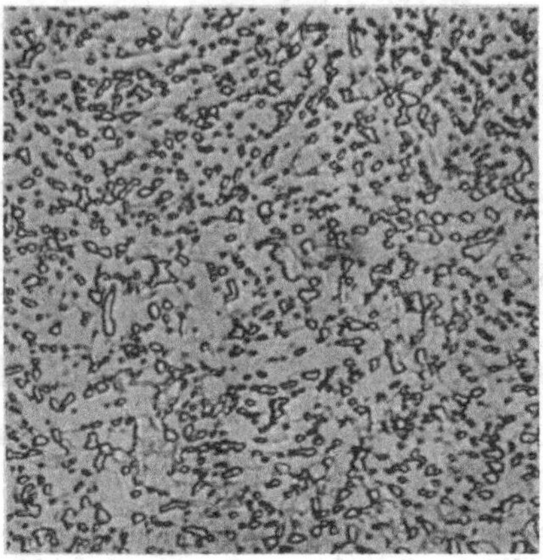

Abb. 825. Gefüge eines weichgeglühten Stahls. Körniger Perlit. $V = 500$.

Endglied der sog. körnige Perlit ist (Abb. 825). Man kann jedoch auch in kürzerer Zeit zum Ziele kommen, wenn man das Material nur wenig über A_1 hinaus erhitzt und alsdann langsam abkühlen läßt. Es bleiben nämlich nach der Umwandlung des Perlits zunächst immer noch zahlreiche Karbidteilchen ungelöst, welche bei der nachfolgenden Abkühlung im Umwandlungsbereich impfend (vgl. die Ausführungen Seite 11) wirken und die Perlitbildung mit geringster Unterkühlung vor sich gehen lassen. Der Perlit entsteht dann mehr und mehr bei seiner wahren Gleichgewichtstemperatur mit dem Austenit und fällt nicht lamellar, sondern körnig aus. Den Beweis, daß lamellarer Perlit aus unterkühlter (und etwas übersättigter) Lösung entsteht, erbrachten u. a. die Versuche von WHITELEY, der durch die Wirkung ungelöster Karbidpartikelchen (*1*) einerseits, durch mechanische Verformung (*2*) im Temperaturbereich kurz unterhalb der wahren Gleichgewichtstemperatur (A_1-Punkt) andererseits die Entstehung körnigen Perlits erzwingen konnte.

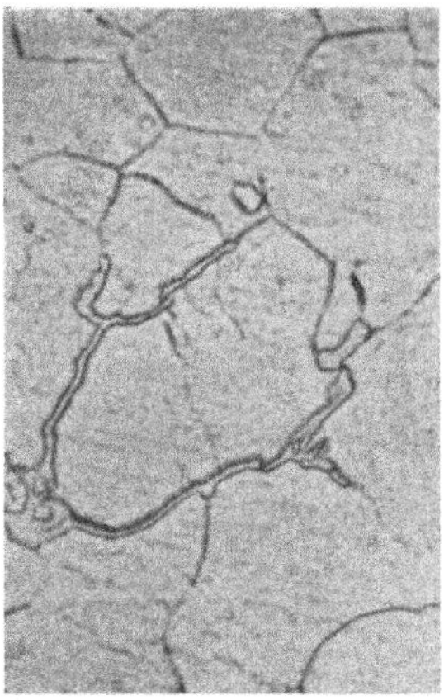

Abb. 826. Korngrenzenzementit in einem weichen Eisen mit etwa 0,1% C. Ätzung II. $V = 250$ (E. PIWOWARSKY u. H. HABBEL).

Erhitzt man ein weiches Eisen (unter etwa 0,45% C) mit perlitisch-ferritischer Grundmasse etwa 40 bis 60° über den Perlitpunkt und läßt es sehr langsam bis etwa 650° wieder abkühlen, so beobachtet man nicht selten ein Zusammenballen des Zementits zu größeren Anteilen, das sich bei Wiederholung dieser Behandlungsart (Pendeln um den A_1-Punkt) unter Umständen allmählich bis zum völligen Verschwinden des perlitischen Strukturelementes steigern kann, wobei der Zementit dann oft in die Korngrenzen des Ferrits sich einordnet. Als Ursache dieser Erscheinung müssen ungelöste Ferritanteile angesehen werden, an denen sich bei anschließender Abkühlung der voreutektoide Ferrit sowie die ferritische Komponente des Perlits anlagern und den Zementit nach den Korngrenzen zurückdrängen (Korngrenzenzementit Abb. 826). Gute Diffusionsfähigkeit des Kohlenstoffs in der Grundmasse ist eine wesentliche Vorbedingung für ein so weitgehendes Zusammenfließen. Fremde Elemente wie P — Si — Ni — Co und Cr verhindern nach E. PIWOWARSKY (*3*) in steigendem Maße das Zusammenballen. Kritische Verformung untereutektoider Eisensorten begünstigt nach A. POMP (*4*) ebenfalls das Auftreten von Korngrenzenzementit. Ähnliche Beobachtungen können an übereutektoiden Eisensorten bei der gleichen Wärmebehandlung gemacht werden, nur daß hier ungelöste Zementitpartikel den Anreiz für die Anlagerung weiterer Zementitmengen bilden. Während körniger Perlit dem Material eine größere Verformungsfähigkeit und Bearbeitbarkeit verleiht, als sie dem lamellaren Zustand eigen ist, verursacht der Korngrenzenzementit eine Abnahme der Kerbzähigkeit des Materials. Im Gußzustand nach langsamer Erstarrung zeigen technische Eisen-Kohlenstoff-Legierungen mit etwa 0,1 bis 0,6% C (Stahlformguß) ein grobes Ferrit-Perlit-Gefüge mit ungünstiger Ferritanordnung

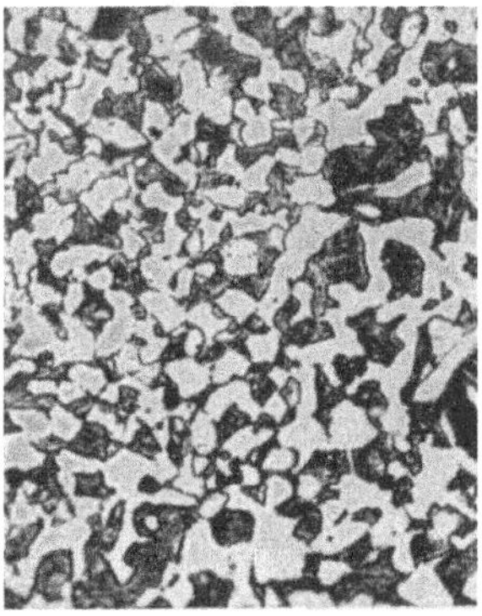

geglüht — ungeglüht

Abb. 827 und 828. Stahlguß mit etwa 0,35% C. $V = 50$.

(Gußgefüge, Widmannstättensche Struktur, Abb. 827) und verminderter dynamischer Dehnungsfähigkeit. Durch Normalglühen (Erhitzung auf Temperaturen nahe oberhalb der Linie *GOS* und langsame bis mäßig schnelle Abkühlung) ist eine mit erhöhter dynamischer Verformungsfähigkeit verbundene Gefügeverfeinerung zu erzielen (Abb. 828).

Wird eine reine Eisen-Kohlenstoff-Legierung, z. B. eine eutektoide, aus dem Bereich des homogenen γ-Gebiets (Abb. 23) mit zunehmender Geschwindigkeit abgekühlt, so tritt eine zunehmende Unterkühlung der γ/α-Umwandlung ein (Abb. 829), gleichzeitig wird der entstehende Perlit immer feiner, bis er fast strukturlos (Abb. 830) erscheint. Er führt dann den Namen **Sorbit**. Diese letztere Struktur verleiht dem Material bei etwa gleicher Festigkeit eine gute Verformungs- und Ziehfähigkeit, hohe Dehnung sowie gute dynamische Eigenschaften (Schlagprobe). Steigert man die Abkühlungsgeschwindigkeit, so sinkt die A_1-Um-

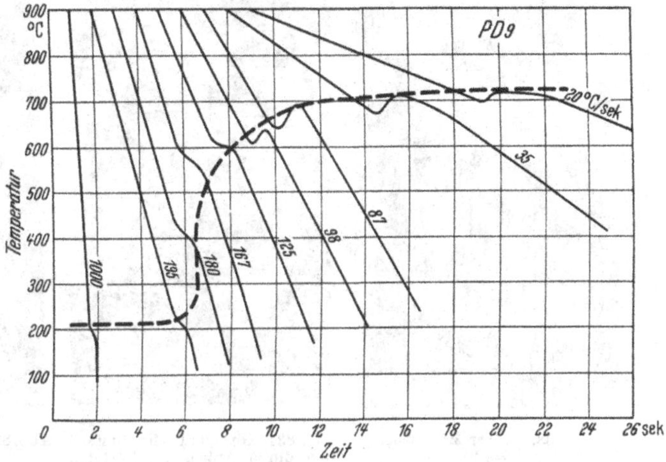

Abb. 829. Abhängigkeit der Abkühlungskurve und der Temperaturlage der Perlitumwandlung bei verschiedenen Abschreckgeschwindigkeiten an einem Stahl mit 0,82% C (H. Esser u. W. Eilender).

Abb. 830. Sorbit. $V = 250$.

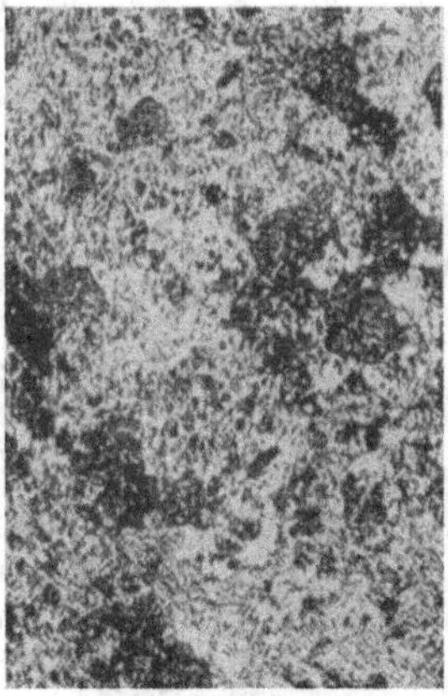

Abb. 831. Troostit (dunkel) und Martensit (hell). $V = 250$.

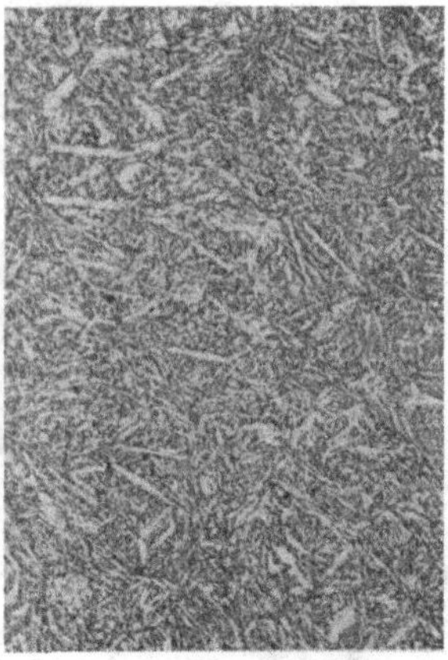

Abb. 832. Feiner Martensit. $V = 250$.

wandlung weiter, und zwar in reinen Eisen-Kohlenstoff-Legierungen im allgemeinen bis auf etwa 580 bis 650° (Abb. 829). Der gegenüber der Normallage durch zunehmende Abkühlungsgeschwindigkeit erniedrigte *Ar*-Punkt wird im Schrifttum mit *Ar'* bezeichnet. Wird die Abkühlungsgeschwindigkeit weiterhin gesteigert bis zum Erreichen einer ganz bestimmten kritischen Geschwindigkeit (bei unlegiertem Stahl, wenn das Intervall 650 bis etwa 300° in ungefähr 5 bis 7 sec durchlaufen wird), so tritt bei etwa 250 bis 300° ein zweiter mit *Ar''* bezeichneter thermischer (auch dilatometrisch nachweisbarer) Effekt auf, mit dessen Erscheinen das Material eine besonders große Härtesteigerung erfährt. Gleichzeitig tritt im Gefüge ein mit Martensit benannter, durch Ätzung schwerer angreifbarer Gefügebestandteil auf (Abb. 832), wobei die sonst in der Nähe von 210⁰ gefundene

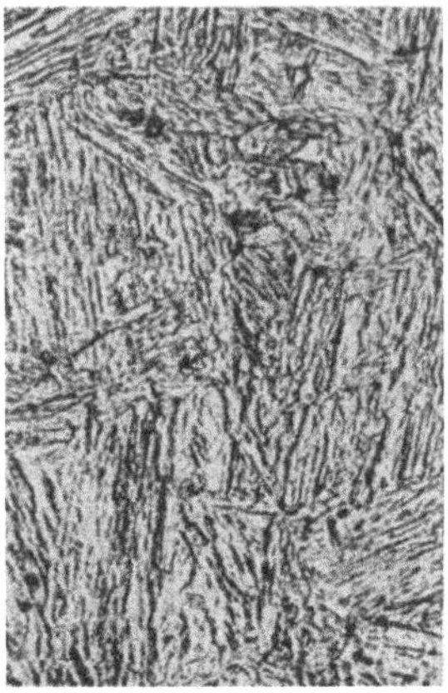

Abb. 833. Grober Martensit. $V = 250$.

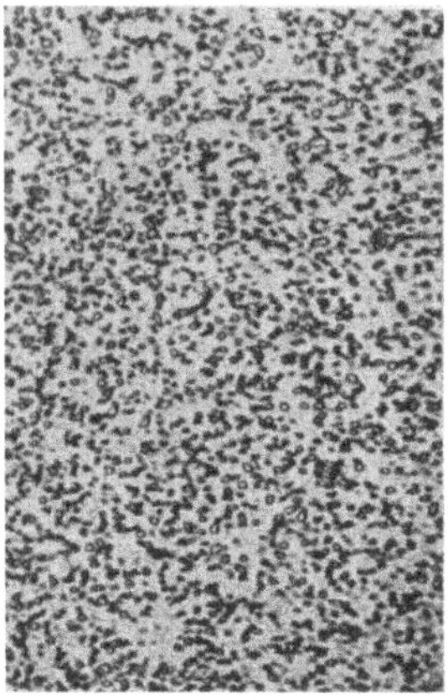

Abb. 834. Körniger Perlit, entstanden durch Anlassen gehärteten Stahls. $V = 500$.

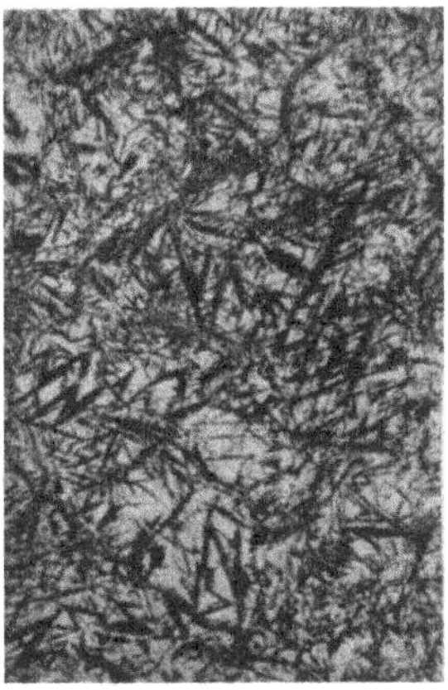

Abb. 835. Martensit und Austenit. $V = 500$. Ätzung II.

magnetische Anomalie des Eisenkarbids verschwindet (homogener Martensit). Innerhalb eines kleinen Geschwindigkeitsintervalls (in Richtung geringerer Abkühlungsgeschwindigkeit) tritt neben Martensit vielfach ein mit Troostit bezeichnetes Übergangsgefüge (Abb. 831) auf, das sich durch besonders starke Angreifbarkeit durch Ätzmittel (starke Dunkelung) auszeichnet und dem Material bei verminderter Verformungsfähigkeit gute elastische Eigenschaften bei etwas erhöhter Festigkeit verleiht. Troostit gehört noch zu den Unterkühlungsstrukturen des Perlits und führt das ausgeschiedene Karbid in submikroskopisch feiner (nach C. Benedicks in kolloidaler) Ausbildungsform. Troostit tritt auch auf, wenn Eisen-Kohlenstoff-Legierungen vor völliger Perlitauflösung (bei Erhitzung) oder vor der völligen Perlitkristallisation (bei Abkühlung) abgeschreckt werden. Er ist dann als ein bei Ätzung schnell dunkelnder Saum zwischen den perlitischen und martensitischen Gefügeformen leicht zu erkennen, vgl. Abb. 838 (*42*). Bei weiter gesteigerter Abschreckung aus homogenem γ-Gebiet, z. B. in Eiswasser oder flüssiger Luft, nimmt der martensitische Gefügebestandteil allmählich (insbesondere bei hochgekohlten Legierungen) wieder ab, das Material härtet weniger durch

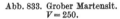

Abb. 836. Gegenüber Abb. 835 zunehmender Austenitanteil. $V = 500$.

Abb. 837. Homogener Austenit mit ausgeprägter Zwillingsbildung. $V = 500$.

(Überhärtung), da von nun ab in zunehmendem Maße durch Unterdrückung der γ/α-Umwandlung der weichere unmagnetische Austenit im Gefüge auftritt (Abb. 835 und 836). Reiner Austenit tritt nur bei höhergekohlten Legierungen auf, besonders wenn sie Nickel und Mangan enthalten (Abb. 837). Die Unterdrückung der γ/α-Umwandlung geht um so leichter vor sich, je mehr durch Erhitzen auf hohe Temperaturen die Impfwirkung ungelöst zurückgebliebener Karbidanteile zurückgedrängt wird. Wie sich diese Verhältnisse auf die Härte von Eisen-Kohlenstoff-Legierungen auswirken, zeigt als Beispiel Abb. 839 nach Arbeiten von H. Jungbluth (*5*). Wie sich die Intensitäten der thermischen, den Umwandlungsvorgängen zugehörigen Effekte mit zunehmenden Abschreckgeschwindigkeiten verlagern, zeigt Abb. 840 nach A. Portevin und C. Chevenard (*46*).

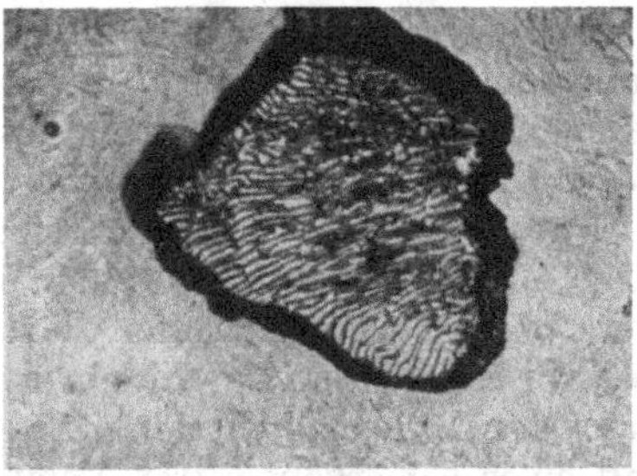

Abb. 838. Perlitkristall, bei 680° gebildet und in seinem Wachsen durch Abschrecken unterbrochen. $V = 1000$. (E. Scheil u. Mitarbeiter).

Jenes mit Martensit bezeichnete Härtungsgefüge, welches bei typischer Ausbildung zahlreiche unter den Winkeln des regulären Systems (60°, 90°, 109,5°) sich kreuzende Nadeln erkennen läßt, tritt bei guter Durchglühung und anschließender Abschreckung aus einem Temperaturgebiet kurz oberhalb völliger Kohlenstoffauflösung (Ac_3) in Form einer sehr feinkörnigen, fast strukturlosen Ausbildung auf, die Hanemann (*6*) mit Hardenit bezeichnete. Neben zu schroffer Abschreckung führt auch Härtung aus zu hohen Temperaturbereichen oberhalb Ac_3 (Überhitzung) zu grober Martensitausbildung (Abb. 833), die stets von einer erhöhten Sprödigkeit des Materials begleitet ist. In demselben Sinne wirkt ein vor der Abschreckung durchgeführtes zu langes Glühen, selbst bei an und für sich nicht zu hoher Temperatur. Ein Abschrecken aus einer je nach Zusammensetzung und Größe der Werkstücke 20 bis 50° oberhalb Ac_3 gelegenen Temperatur nach 5 bis 30 min langem Glühen auf dieser Temperatur zwecks völliger und gleichmäßiger Auflösung des Kohlenstoffs stellt die Grenzwerte für die meisten der praktischen Fälle dar.

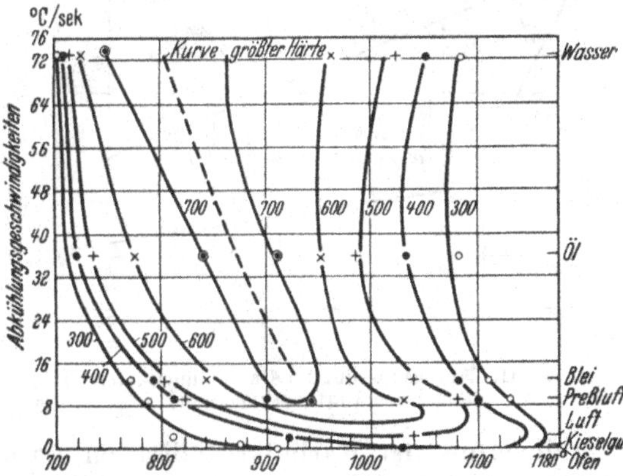

Abb. 839. Kurven gleicher Härte bei einem Stahl mit 0,6% C und 1,6% Cr (H. Jungbluth).

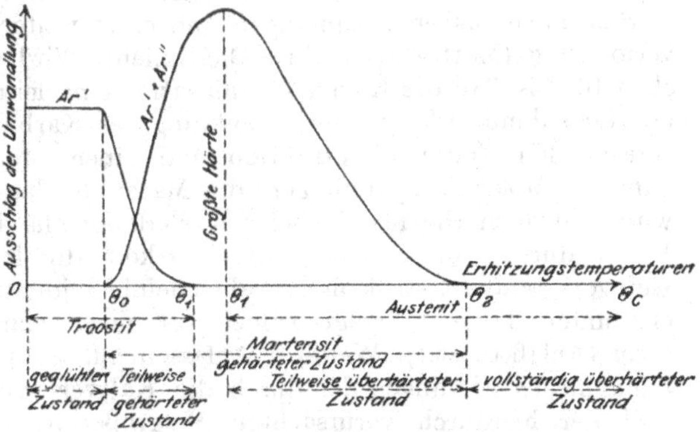

Abb. 840. Schematische Darstellung des Einflusses der Abkühlungsgeschwindigkeit auf die Intensität der Haltepunkte (A. Portevin u. C. Chevenard).

b) Theorie der Härtung.

Martensit tritt auf, wenn die Abschreckgeschwindigkeit der Eisen-Kohlenstoff-Legierungen aus dem γ-Gebiet kleiner ist als die Geschwindigkeit der Phasenumwandlung γ/α, aber größer als die zugehörige Kristallisationsfähigkeit des Kohlenstoffs aus der festen Lösung im γ-Eisen. Ein Zusatz fremder Elemente wie Ni und Mn, Cr, W usw. ermöglicht eine geringere Härtungsgeschwindigkeit (Lufthärtung, Vorteil: Geringere Wärmespannungen), die aber auch notwendig ist, da z. B. die Elemente Ni und Mn die Geschwindigkeit der Phasenumwandlung γ/α verzögern, bei zu schroffer Härtung demnach Austenit auch bei Zimmertemperatur erhalten und damit ein ungenügender Härtegrad erzielt würde. Der Übergang des flächenzentrierten γ-Eisens in die raumzentrierte Form des α-Eisens ist mit einer bemerkenswerten Volumenvergrößerung (beim reinen Eisen $\sim$0,26%) verbunden, deren Wert durch die infolge starker Unterkühlung beim Härten erst in der Gegend von 200 bis 300° vor sich gehende Phasenumwandlung noch vergrößert wird. Die Legierung zieht sich ja beim Härtungsvorgang bis zum Eintreten der Phasenumwandlung mit dem Ausdehnungskoeffizienten des γ-Eisens ($\sim 22 \cdot 10^{-6}$ gegen $\sim 12 \cdot 10^{-6}$ des α-Eisens) zusammen.

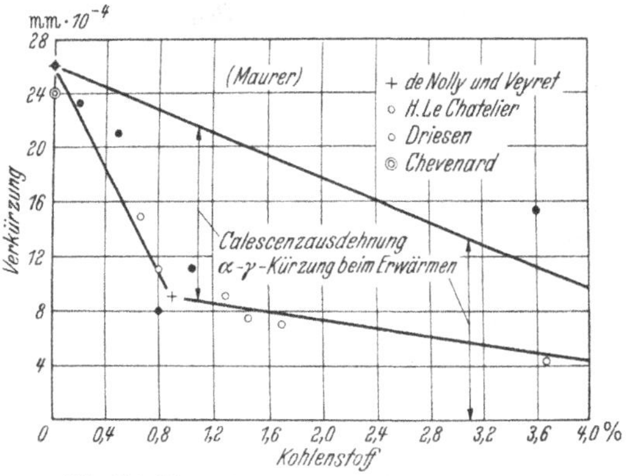

Abb. 841. Längenänderung im Umwandlungsintervall (Maurersche Härtungshypothese).

Die Kristallisation des Karbids aus der festen Lösung ist nun ebenfalls mit einer meßbaren Kontraktion (*8*) verbunden, deren Intensität nach der Theorie von E. Maurer (*9*) durch Unterkühlung in demselben Maße wächst wie die γ/α-Dilatation (Abb. 841). Beim Härten wird demnach dem aus stärksten Unterkühlungsbereichen mit submikroskopisch feinem Korn kristallisierenden α-Eisen durch Verhinderung der Karbidkristallisation ein um den Betrag der dadurch ausbleibenden Kontraktion höheres spezifisches Volumen aufgezwungen (gehärteter Stahl hat ein um 0,6 bis 1% höheres spez. Volumen). Dies führt aber zu starken molekularen Spannungen und einer weiteren Verfestigung durch Kaltverformung (Martensitnadeln = Gleitlinien). Wird durch späteres Anlassen auf etwa 100 bis 300° die Karbidkristallisation eingeleitet, so führt diese zunächst zu feinster submikroskopischer Ausbildung des Karbids, verbunden mit einer entsprechenden Volumenkontraktion und einem starken Härtenachlaß (Beseitigung der Molekularspannungen) des Materials, das nunmehr wesentlich weicher wird und auch die magnetische Karbidanomalie bei etwa 210° wieder zeigt. Dieser durch eine starke Angreifbarkeit durch Ätzmittel gekennzeichnete Gefügezustand ist strukturell wahrscheinlich identisch mit dem bereits früher erwähnten Troostit, zeigt jedoch oft noch martensitähnliche Ausbildungsform (Anlaßtroostit). Weiteres Anlassen auf etwa 350 bis 650° ruft auch ein allmähliches Abklingen der durch die Kaltverformung bedingten Verfestigung und der hierdurch verursachten Vergrößerung des spez. Volumens hervor (vgl. auch Abb. 842), verbunden mit einem weiteren, aber mäßigeren Härtenachlaß. Es kommt schließlich zu einer fortschreitenden Koagulation des Karbids, die zu einem mikroskopisch auflösbaren, jedoch sehr feinen und gleichmäßigen körnigen Zementit führt (Abb. 834). Für den beim Anlaßvorgang auftretenden troostitischen Gefügebestandteil schlug E. MAURER (*10*) den Namen Osmondit vor.

Wir stellten oben fest, daß der Härtungsvorgang auf einer starken Unterkühlung der γ/α-Umwandlung und der Verhinderung der Karbidkristallisation beruht. Einflüsse, welche die Unterkühlungsfähigkeit beeinträchtigen, vermindern demnach auch die Durchhärtung des Materials, z. B. als Keime wirkende nichtmetallische Einschlüsse von Sulfiden, Oxyden, Silikaten; auch eingelagerter Graphit verhält sich wahrscheinlich ähnlich. Im gleichen Sinne, und zwar sehr stark, wirken ungelöste Zementit- bzw. Ferritreste. In teilweisem Zusammenhang hiermit steht die geringere Härtbarkeit unlegierter, kohlenstoffarmer (unter 0,3% C), d. h. ferritreicher Eisensorten, sowie das Auftreten von Troostitfeldern an den Korngrenzen gehärteter übereutektoider Stähle.

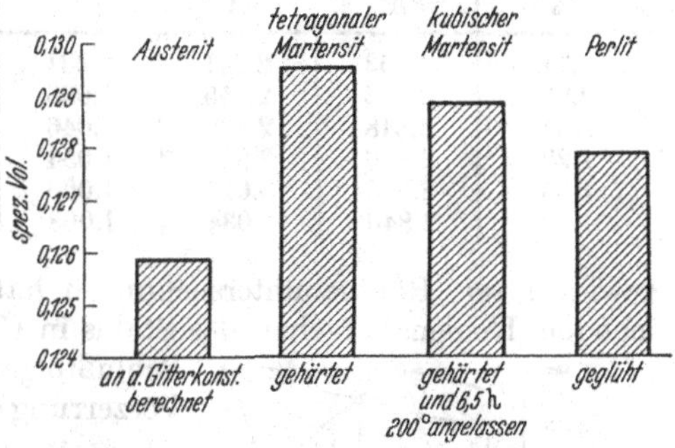

Abb. 842. Spez. Volumen eines Stahles mit 0,8% C in verschiedenen Gefügezuständen (H. J. WIESTER 1935).

Überhärtetes und daher neben erhöhter Sprödigkeit zu weiches austenithaltiges Material kann durch vorsichtiges Anlassen auf etwa 150 bis 250° nachgehärtet werden, indem durch diese Behandlung der Austenit allmählich zerfällt. Die dabei auftretende, mit der γ/α-Umwandlung verknüpfte Volumenzunahme zersprengt allerdings alsdann in vielen Fällen derartige unzweckmäßig gehärtete Werkstücke.

Obwohl thermodynamisch der Austenit instabiler ist als der Martensit, so zeigt jener doch oft, insbesondere bei hohen Kohlenstoffgehalten, eine größere passive Resistenz gegenüber Anlaßvorgängen zwischen etwa 80 bis 200°. In diesen Fällen wandelt sich etwa vorhandener Martensit früher in die perlitähnlichen Gefügeausbildungen um. In hochgekohlten, zur homogenen Austenitbildung bei der Abschreckung neigenden Stählen liegt das Maximum der Martensitkristallisation bei oder unterhalb Zimmertemperatur (Abb. 843). Mit abnehmendem Kohlenstoffgehalt rückt der Beginn der Martensitbildung zu höheren, die Grenze des Austenitzerfalls zu tieferen Temperaturen. Dadurch wird das Gebiet der Beständigkeit des Austenits eingeschränkt und verschwindet von etwa 1% C an schließlich ganz. Es überschneidet sich dann das Gebiet des Austenitzerfalls mit dem der Martensitbildung. Bei Anlaßtemperaturen über 250° geht daher der Austenit wahrscheinlich direkt, d. h. ohne den Umweg über den Martensit in die perlitischen Strukturen (Anlaßtroostit-körniger Perlit) über.

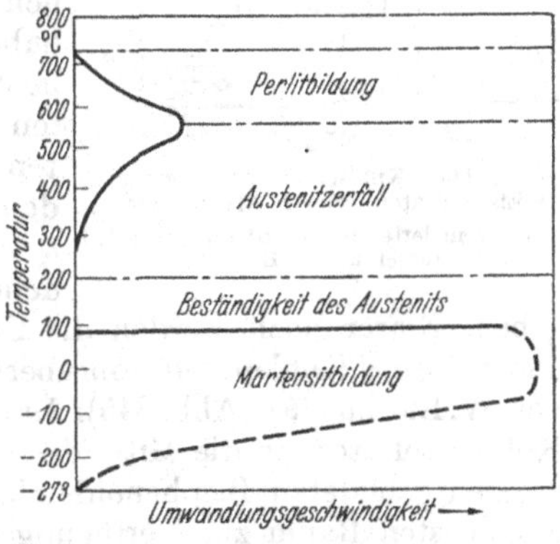

Abb. 843. Bildungsgeschwindigkeit des Austenits bei einem Stahl mit 1,6% C (schematisch nach H. HANEMANN).

Außer der oben erwähnten Maurerschen Härtungstheorie existieren noch zahlreiche andere Anschauungen über die Vorgänge bei der Stahlhärtung, unter denen insbesondere auf diejenigen von L. GRENET (*11*), A. MCCANCE (*12*), Z. JEFFRIES und R. S. ARCHER (*13*), H. HANEMANN und A. SCHRADER (*14*), K. HONDA (*15*), H. ESSER und W. EILENDER (*16*), F. WEVER (*7*) sowie von E. SCHEIL (*17*) hin-

Zahlentafel 165. Gitterabmessungen des tetragonalen Martensits und des kubisch-flächenzentrierten Austenits in abgeschreckten Kohlenstoffstählen (nach EINAR ÖHMAN).

Kohlenstoff	Tetragonale Phase (Martensit)				Austenit (γ-Eisen)	
%	a Å	c Å	$\frac{c}{a}$	Volumen der tetragonalen Gittereinheit (Å)³	a Å	Volumen des Elementarkubus (Å)³
0,71	2,853	2,941	1,031	11,97	3,581	11,48
0,80	2,852	2,956	1,036	12,06	3,584	11,51
1,04	2,848	2,979	1,046	12,08	3,592	11,59
1,20	2,846	2,999	1,054	12,15	3,600	11,66
1,35	2,843	3,014	1,060	12,18	3,609	11,76
1,40	2,840	3,034	1,068	12,23	3,616	11,82

gewiesen sei. Röntgenuntersuchungen haben ferner bestätigt, daß bei zunehmendem Kohlenstoffgehalt des Stahls in Übereinstimmung mit den Maurerschen Schlußfolgerungen eine zunehmende tetragonale Verzerrung des α-Eisens eintritt (Zahlentafel 165). Dieser tetragonale Martensit (α-Martensit) geht bereits bei 100 bis 150⁰ mit merklicher Geschwindigkeit und entsprechendem Anlaßeffekt in die kubische Form des α-Eisens mit gestörtem Aufbau (kubischer oder β-Martensit) über. Wie dabei unter Ausnutzung der vorhandenen Gitterstruktur die Atome des flächenzentrierten γ-Eisens tetragonal zusammengefaßt zu denken sind und lediglich einen Schrumpfungsprozeß durchzumachen haben, zeigt Abb. 844. Röntgenuntersuchungen beim Anlassen von Austenit-Einkristallen zeigten (*18*), daß der Übergang vom flächenzentrierten γ-Eisen zum raumzentrierten α-Eisen über den tetragonalen Martensit durch kristallographische Schiebung erfolgt, wobei sich 24 verschiedene, einander gleichwertige Möglichkeiten ergeben. Klarer noch werden die Umlagerungsvorgänge, welche auch die Lagenänderung des Kohlenstoffatoms berücksichtigen, in Anlehnung an die Anschauung von W. ENGEL (*19*) (Abb. 845). Danach lagert sich im tetragonalen Martensit das Kohlenstoffatom in die Mitte des aus zwei Würfelmitten und zwei Würfeleckenatomen gebildeten Bisphenoids ein, wo ihm im kubisch-raumzentrierten Gitter am meisten Raum zur Verfügung steht. Die Bildung des kubischen Martensits ist mit einer Abwanderung des Kohlenstoffatoms aus seiner ursprünglichen natürlichen Lage verbunden, während die Bildung magnetisch nachweisbarer Molekülgruppen des Eisenkarbids eine örtliche Anreicherung des Kohlenstoffs durch Diffusion erforderlich macht, die erwartungsgemäß erst bei weiterer Temperatursteigerung und hinreichender Anlaßdauer erfolgen kann.

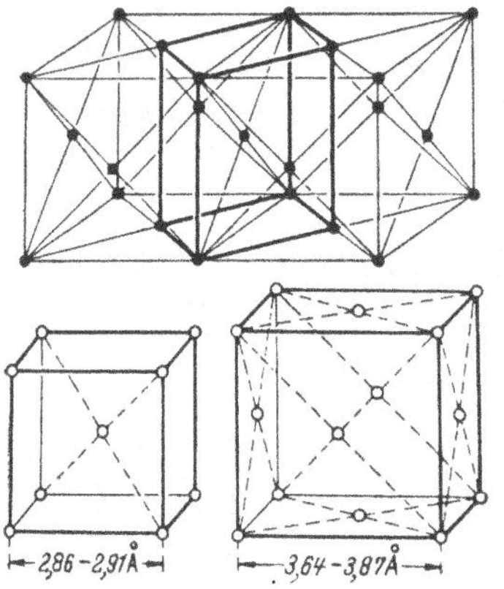

Abb. 844. Kubisch-flächenzentriertes γ-Eisen (unten rechts) als tetragonal-raumzentriertes (oben) Gitter ($c/a = \sqrt{2}$) aufgefaßt (K. HONDA).

H. ESSER und W. EILENDER (*16*) sehen in Anlehnung an bereits früher geäußerte Auffassungen anderer Forscher im Martensit nicht eine feste Lösung, sondern ein heterogenes Gemenge von α-Eisen und hochdispersem Eisenkarbid, wobei die Martensithärte außer durch Kornverfeinerung noch infolge Blockierung der Gleitflächen des α-Eisens durch hochdisperse Karbidausscheidungen bedingt wird. Damit wäre auch eine Brücke geschlagen zu den vorwiegend auf Ausscheidungshärtung beruhenden Vergütungsmöglichkeiten, wobei den Vorgängen bei der Stahlhärtung lediglich eine größere Geschwindigkeit bei der Ausscheidung der blockierenden Phase eigentümlich wäre.

Die größte Schwierigkeit bei der Vereinheitlichung der bestehenden Härtungshypothesen und Härtungstheorien macht zweifellos die eindeutige, auch atomistischen Vorstellungen gerecht werdende Festlegung der Kennzeichen, unter denen ein im Zerfall begriffener Mischkristall in das heterogene Zerfallsstadium eintritt (vgl. auch die Ausführungen auf S. 709). Vielleicht werden hier diejenigen Arbeiten Aufklärung bringen, welche sich mit der Komplexbildung zwischen den ionisierten Atomen homogener Phasen (in Vorbereitung der Ausscheidung) beschäftigen.

c) Das Härten und Anlassen (Vergüten) von Gußeisen.

Nach Angaben von J. E. HURST (*26*) soll bereits im Jahre 1839 in England ein Patent betr. Härten von Gußeisen erteilt worden sein. Dennoch wurden harte gußeiserne Gegenstände bis etwa zum Jahre 1920 fast ausschließlich durch die zu Hartguß führenden Methoden mit stark wechselnder Gefügeausbildung von Rand zu Mitte der Gußstücke hergestellt. Erst in dem Patent der Firma Friedr. Krupp D.R.P. Nr. 324584, Kl. 18c, Gruppe 1 vom 21. Mai 1919 scheint zum ersten Male systematisch der Weg zur Härtung von Gußeisen nach Art der Stahlhärtung gewiesen worden zu sein. Einige Jahre später hat J. E. FLETCHER (*27*) ein Patent darauf genommen, Gußeisen unter 3,5% C auf homogenen Austenit zu härten und durch Anlassen auf Temperaturen unterhalb der Perlitbildung härtere Zwischengefüge (Troostit, Sorbit) zu erzeugen. Aber auch die Erzeugung harter Zwischenstufen durch Unterbrechung des Abschreckvorganges bzw. durch Härtung eines vorwiegend perlitischen Gußeisens auf Martensit, Troostit oder Sorbit wird von FLETCHER eingehend behandelt.

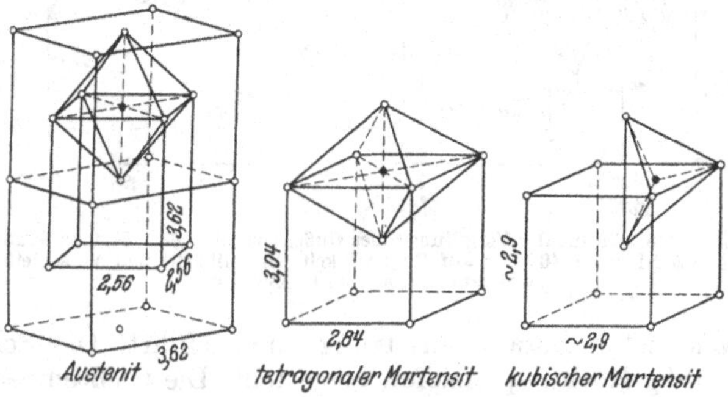

Abb. 845. Umlagerung des Kohlenstoffatoms beim Anlassen (nach W. ENGEL).

Fast alle damals und auch später durchgeführten Vergütungsversuche an Gußeisen (*28*) ergaben, daß zunächst durch allzu scharfe Abschreckung aus den in Frage kommenden Härtetemperaturen durch teilweise Austenitbildung die Festigkeitseigenschaften des Gußeisens sich um 10 bis 40% verschlechtern, wobei die Härte jedoch bereits wesentlich ansteigt (Abb. 846 und 847). Erst durch anschließendes Anlassen bei steigenden Temperaturen werden nunmehr die Festigkeitseigenschaften verbessert und erreichen im allgemeinen bereits bei der Anlaßstufe 200 bis 250° wieder die Höhe der Werte des Anlieferungszustandes. Mit steigender Anlaßtemperatur wird dann die Zugfestigkeit weiter verbessert, um bei unlegierten Gußeisensorten bei Anlaßtemperaturen oberhalb etwa 300°, bei legierten Gußeisensorten oberhalb 400° oder 500° wieder abzufallen. Die Änderung der Zugfestigkeit folgt mit einer gewissen Phasenverschiebung der Änderung der Härte derart, daß bei mäßigen Anlaßtemperaturen die Härte bereits ihren höchsten Wert erreicht, wenn die Festigkeit noch tief liegt, und daß im allgemeinen die Härte bereits abfällt, wenn die Festigkeit noch in der Nähe der durch das Anlassen erreichbaren Höchstwerte liegt (Abb. 846 u. Zahlentafel 285).

E. PIWOWARSKY vermutete früher (*29*), daß die thermische Vergütbarkeit von Gußeisen einmal mit der Graphitmenge, das andere Mal mit der Ausbildungsform des Graphits in innigem Zusammenhang steht und daß die Verhältnisse sich etwa so gestalten würden, wie es aus Abb. 848 schematisch hervorgeht. Das Bild wäre so zu deuten, daß mit zunehmender Vergröberung des Graphits einerseits, mit zunehmendem Kohlenstoffgehalt bzw. Siliziumgehalt andererseits die Vergütbarkeit etwa linear sinkt. Spätere Versuchsergebnisse von E. PIWOWARSKY (*30*) zeigten jedoch (vgl. Abb. 849), daß in den Beziehungen zwischen Vergütungsfähigkeit und chemischer Zusammensetzung gewisse Unstetigkeiten bestehen, wie durch eine Reihe von Vor- und Hauptversuchen gezeigt werden konnte.

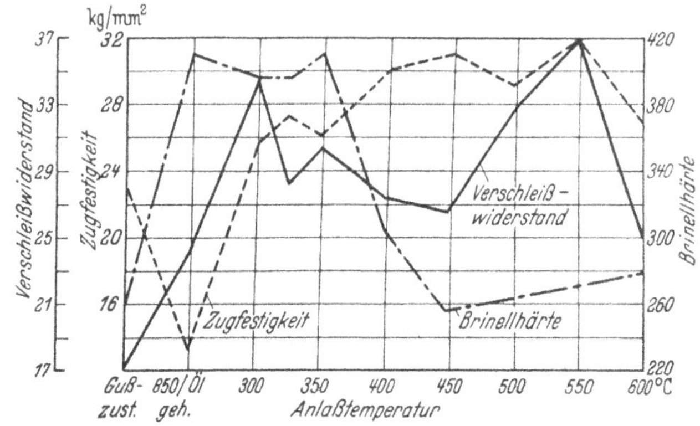

Abb. 846. Einfluß der Vergütung eines Gußeisens mit 1,68% Si, 0,65% Mn, 1,84% Ni und 0,46% Cr auf Zugfestigkeit, Brinellhärte und Verschleißwiderstand (nach A. B. EVEREST).

1. Vorversuche.

Vorversuche wurden mit Schmelzen der in Zahlentafel 166 gekennzeichneten Zusammensetzung durchgeführt. Die Schmelzen wurden in einem 100-kg-Hochfrequenzofen hergestellt. Die Gießtemperatur betrug 1325° für eine Zusammensetzung gemäß Schmelze 3 (höchster Kohlenstoffgehalt sowie größte Summe C+Si) und wurde entsprechend der Abnahme des Kohlenstoffgehaltes und der Summe C + Si auf 1425° bei Schmelze 6 gesteigert. Dies entspricht einer um 50 bis 75° höheren Temperatur der Schmelzen im Ofen.

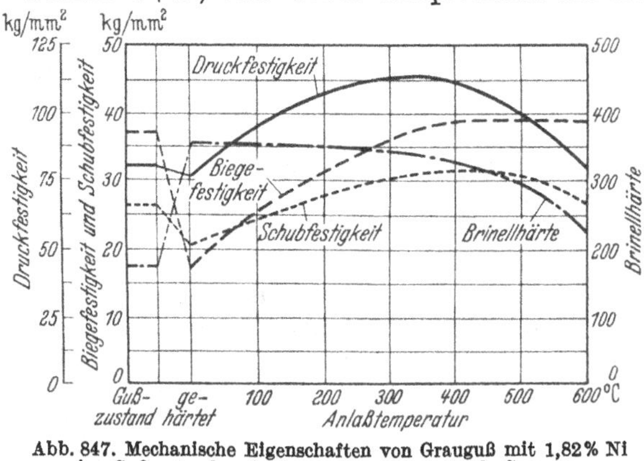

Abb. 847. Mechanische Eigenschaften von Grauguß mit 1,82% Ni im Gußzustand, gehärtet und vergütet (nach GUILLET, GALIBOURG u. BALLAY).

Die Schmelzen wurden zu Stäben von 20 mm Durchmesser vergossen, und zwar die in Sand geformten Stäbe stehend von unten, die Kokillenstäbe dagegen stehend von oben. Die in Sandform vergossenen Stäbe wurden zu gleichen Teilen in Naßguß bzw. in auf etwa 250° vorgewärmte Formen vergossen.

Ein Teil der Stäbe wurde im Gußzustand, ein weiterer Teil nach erfolgter Ausglühung geprüft, während die restlichen Stäbe nach dem erforderlichen Weichglühen abgeschreckt und auf Temperaturen zwischen 200 und 400° angelassen wurden. Zur Festlegung der zweckmäßigsten Glüh- und Abschrecktemperaturen wurde in allen Schmelzen zunächst die Lage des A_1-Punktes ermittelt. Die Abschreckungstemperatur betrug etwa 40° oberhalb Ac_1 und ergab sich z. B. für die Schmelzen 1, 2 und 4 zu etwa 840°, für die Schmelzen 3, 5 und 6 zu etwa 820°. Abgeschreckt wurde in allen Fällen in Öl. Die Probestäbe wurden vor der thermischen Vergütung bearbeitet. Vor dem Abschrecken wurden die Stäbe 20 min auf Abschrecktemperatur gehalten. Das Anlassen erfolgte während einer Zeit von 2 st bei den hierfür gewählten Temperaturen, und zwar in einem

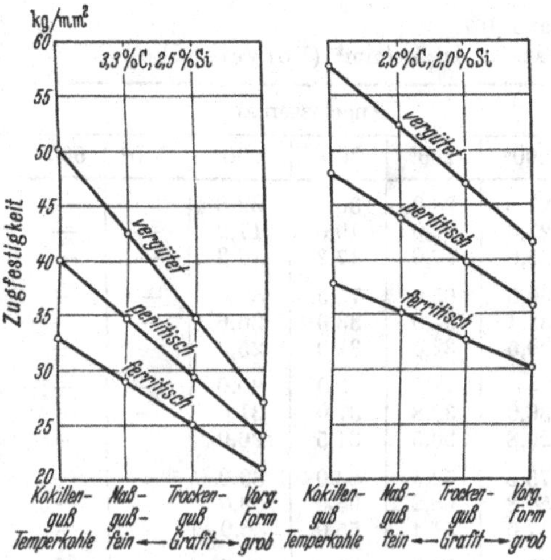

Abb. 848. Einfluß der Graphitausbildung und der Graphitmenge auf die Vergütungsmöglichkeit von Gußeisen (schematisch).

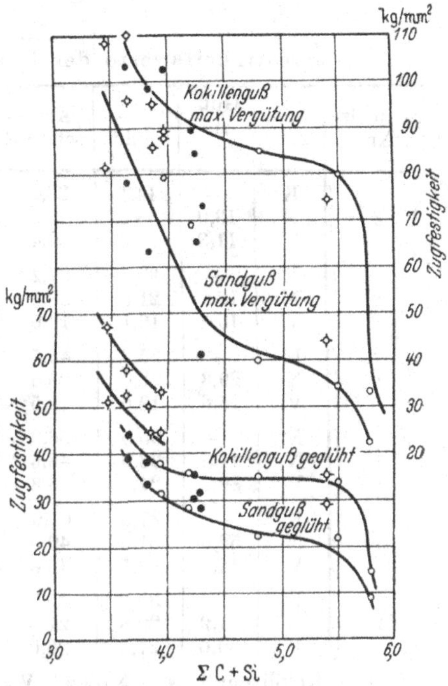

Abb. 849. Vergütbarkeit von grauem Gußeisen in Abhängigkeit vom Kohlenstoff- und Siliziumgehalt (nach E. Piwowarsky).
○ Schmelzen der Vorversuche,
● Schmelzen der Hauptversuche,
◇ Legierte Schmelzen.

kohlenstoffhaltigen Sand, um eine Entkohlung der Oberfläche der Stäbe zu vermeiden.

Abb. 850 und 851 (vgl. Zahlentafel 167 und 168) stellen den gegenseitigen Verlauf der Festigkeit und Härte einiger Naßguß- bzw. Kokillengußproben dar. Abb. 850 und 851 bestätigen die bisherigen Beobachtungen, daß durch das Abschrecken die Festigkeit entweder abnimmt oder nur wenig verbessert wird, während durch das anschließende Anlassen Steige-

Zahlentafel 166. Schmelzen der Vorversuche (Analysen der Naßgußproben).

Schmelze Nr.	C %	Si %	C + Si %	Graphit %	Mn %	P %	S %	Sonstige Elemente
3	4,08	1,76	5,84	3,40	0,54	0,066	0,020	—
2	3,28	2,25	5,53	2,80	0,43	0,062	0,019	—
1	2,40	2,50	4,90	1,46	0,28	0,070	0,040	—
5	2,70	1,50	4,20	0,92	n. b.	n. b.	n. b.	—
6	2,04	1,90	3,94	Spur.	n. b.	n. b.	n. b.	—
4	3,12	2,26	5,38	2,60	0,39	0,062	0,020	1,77 Ni 0,53 Cr

rungen der mechanischen Eigenschaften erzielt werden. Das Anlaßgebiet höchster Härtesteigerung liegt bei tieferen Temperaturen als das Anlaßgebiet höchster Festigkeitssteigerung. Aus Abb. 850 und 851 erkennt man ferner, daß die Vergütbarkeit der Schmelzen in dem Maße zunimmt, wie die Summe C + Si, insbesondere aber der Gesamtkohlenstoffgehalt, kleiner wird. Durch Anlassen ergaben sich bei geringen (C + Si)-Gehalten ganz ungewöhnlich hohe Festigkeitswerte (bis über 100 kg/mm²). Infolgedessen wurden im Rahmen der folgenden Hauptversuchsreihe nur Schmelzen mit einer Summe (C + Si) kleiner als 4,5% durchgeführt.

Zahlentafel 167.
Zugfestigkeitswerte der Probestäbe in kg/mm² (Vorversuche).

Schmelze Nr.	Gießart[1]	Gußzustand	Geglüht	Abgeschreckt	Angelassen auf					
					200°	250°	300°	400°	500°	600°
3	K	—	14,1	23,5	27,5	29,0	30,5	32,8	—	—
	N	13,0	8,5	17,5	21,0	22,0	19,0	17,2	—	—
	V	11,3	7,6	12,4	15,0	17,0	17,2	16,3	—	—
2	K	—	33,5	37,2	60,0	65,0	73,5	80,0	—	—
	N	18,2	21,5	22,5	33,4	34,0	33,0	26,6	—	—
	V	16,4	16,1	19,0	29,5	32,5	31,0	25,5	—	—
1	K	—	35,2	45,5	—	78,5	85,0	80,0	—	—
	N	29,3	22,0	23,5	36,0	39,8	37,0	31,0	—	—
	V	25,6	19,6	19,5	29,8	30,5	31,5	26,0	—	—
5	K	—	35,5	56,0	75,5	72,5	83,0	89,0	—	—
	N	41,5	28,0	48,6	54,8	65,2	65,0	69,0	—	—
	V	39,7	24,7	46,8	47,0	51,4	55,0	56,0	—	—
6	K	—	37,5	61,0	102,0	96,0	97,5	90,5	—	—
	N	52,0	31,5	49,5	68,5	71,0	71,2	79,0	—	—
	V	44,8	29,5	46,8	61,0	62,0	61,0	68,0	—	—
4	K	—	35,0	45,0	69,5	69,0	68,6	68,0	73,0	58,5
	N	31,9	29,8	27,8	44,0	43,0	44,0	37,0	36,5	29,1
	V	30,6	27,5	26,0	36,1	39,8	40,3	35,9	34,4	25,3

[1] K = Kokillenguß, N = Naßguß, V = Guß in vorgewärmte Form.

Zahlentafel 168.
Rockwell-C-Härten der Probestäbe[1] (Vorversuche).

Schmelze Nr.	Gießart	Gußzustand	Geglüht	Abgeschreckt	Angelassen auf					
					200°	250°	300°	400°	500°	600°
3	K	38,7	—	71,0	40,0	40,7	38,2	32,0	—	—
	N	37,9	16,2	41,4	38,9	36,9	36,8	29,0	—	—
	V	31,6	14,7	37,8	37,4	35,5	35,0	28,0	—	—
2	K	50,6	—	79,5	51,4	51,4	49,3	40,5	—	—
	N	46,1	21,6	74,5	46,5	46,1	40,7	37,5	—	—
	V	44,1	20,2	61,3	45,2	42,2	39,9	35,5	—	—
1	K	50,8	—	80,5	50,2	50,8	48,5	40,8	—	—
	N	46,5	31,0	77,3	45,8	46,8	42,9	39,8	—	—
	V	45,4	31,0	76,6	44,6	42,5	42,9	38,5	—	—
5	K	51,0	—	78,8	40,9	51,3	50,6	40,2	—	—
	N	46,6	41,1	76,9	46,8	47,1	45,1	43,4	—	—
	V	45,4	41,1	77,7	45,2	46,5	48,4	41,6	—	—
6	K	49,9	—	80,7	49,8	49,4	47,9	42,5	—	—
	N	47,2	41,2	80,1	47,1	47,2	45,3	42,9	—	—
	V	46,8	39,4	80,5	46,9	46,5	43,5	41,3	—	—
4	K	55,8	—	98,4	51,5	51,6	51,5	41,3	40,0	29,5
	N	53,1	30,0	93,2	52,0	51,4	50,5	39,3	37,2	28,8
	V	52,4	27,7	89,5	49,3	47,6	48,5	37,7	35,2	26,5

[1] Mittel aus je 5 bis 8 Messungen.

2. Schmelzen der Hauptversuche.

Die Schmelzen der Hauptversuchsreihe mit (C + Si)-Gehalten unter 4,5% wurden wiederum in einem 100-kg-Hochfrequenztiegelofen hergestellt (Zahlentafel 169). Die Schmelzen Nr. 1, 2, 3 und 5 sollten den Einfluß der chemischen Zusammensetzung (insbesondere des systematisch erniedrigten Kohlenstoffgehaltes) an unlegiertem Werkstoff zum Ausdruck bringen, während die Schmelzen 4 und 6

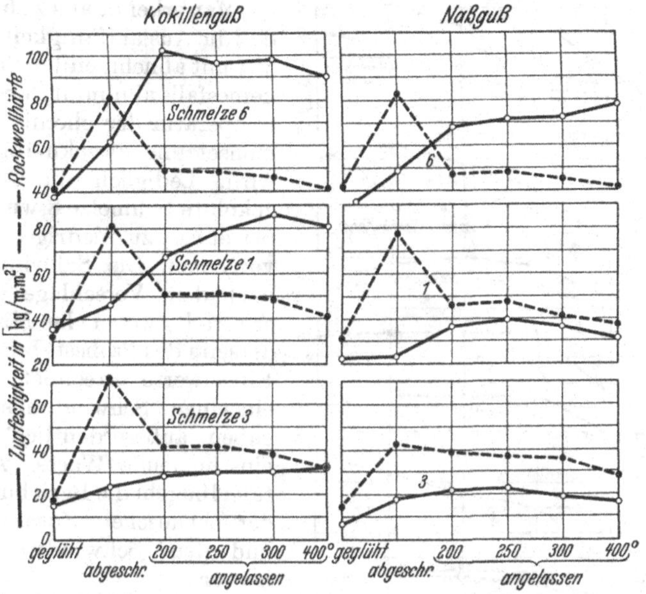

Abb. 850. Verlauf von Festigkeit und Härte bei einigen Kokillenguß- und Naßgußproben der Vorversuche (E. Piwowarsky).

mit Chrom und Nickel, die Schmelzen 7 und 8 mit Chrom und Molybdän legiert worden sind. Um die Schmelzen auch technologisch weitestgehend zu beurteilen, wurden Lunkerproben, Schwindungsproben, Sonderproben zur Ermittlung der Neigung zu Anrissen, Auslaufproben usw. (vgl. Abb. 852) abgegossen. Die Kokillenstäbe wurden wiederum von oben, die Sandgußstäbe steigend von unten gegossen. Die Abmessungen der zum Abguß gekommenen Probekörper sind

Zahlentafel 169. Schmelzen der Hauptversuche.

Schmelze Nr.	C %	Si %	C + Si %	Cr %	Mo %	Ni %	Gieß-tempera-tur °C	Gieß-spi-rale[1] mm	Lineare Schwin-dung[2] %	C_r[3]
1	2,80	1,44	4,24	—	—	—	1375	385	1,08	3,28
2	2,20	2,02	4,22	—	—	—	1400	465	1,18	2,86
3	1,88	1,94	3,82	—	—	—	1425	400	1,39	2,52
4	1,86	2,00	3,86	0,40	—	1,70	1425	590	1,77	2,52
5	1,72	1,96	3,68	—	—	—	1450	490	1,73	2,37
6	1,64	2,02	3,66	0,40	—	1,70	1450	410	1,78	2,31
7	2,00	1,96	3,96	0,27	0,30	—	1425	455	1,84	2,65
8	1,64	1,94	3,58	0,27	0,30	—	1450	250	1,85	2,28

[1] Mittel aus je zwei Gießproben. [2] Mittel aus je zwei Schwindproben.
[3] Korr. Sättigungsgrad (vgl. S. 232).

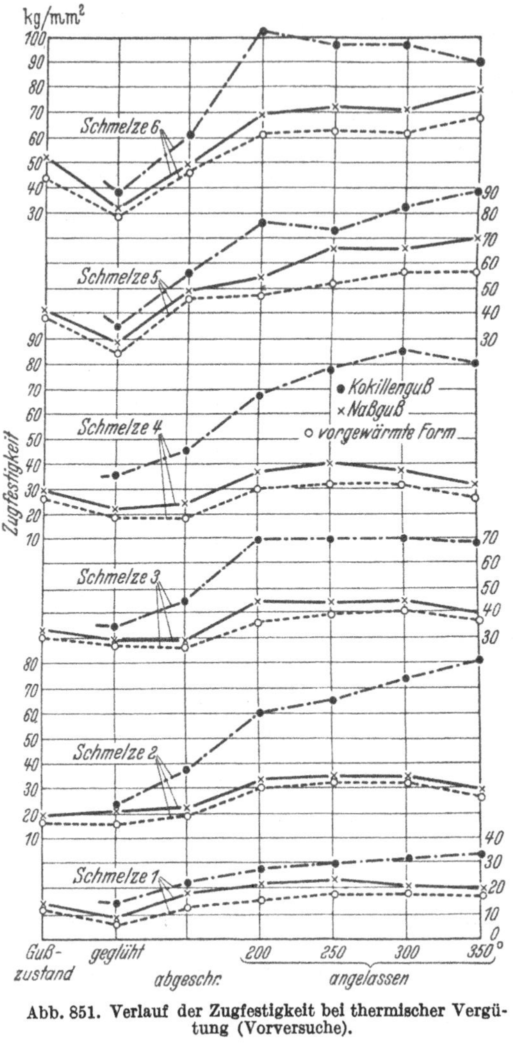

Abb. 851. Verlauf der Zugfestigkeit bei thermischer Vergütung (Vorversuche).

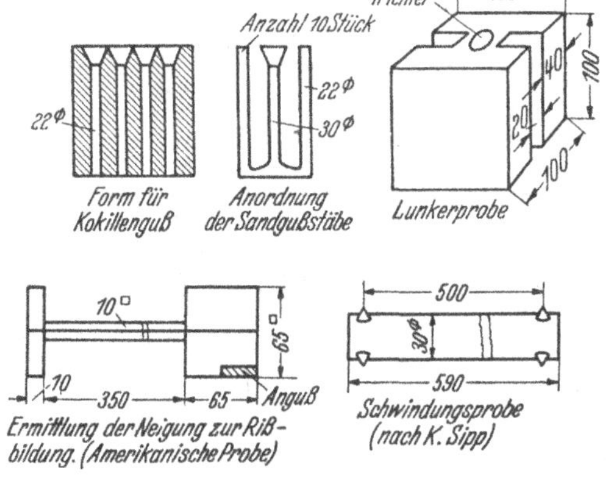

Abb. 852. Skizzen der Probekörper (Hauptversuche).

aus Abb. 852 zu ersehen. Die bekannte Spiralprobe (Auslaufprobe) wurde in diese Abbildung nicht aufgenommen, sie wurde nach dem vom Edelgußverband angenommenen Vorschlag von K. Sipp durchgeführt.

Man erkennt aus Zahlentafel 169, daß die Auslauffähigkeit der Schmelzen mit abnehmender Summe C + Si keinesfalls abnimmt, wenn die Gießtemperatur der chemischen Zusammensetzung zweckmäßig angepaßt wird. Lediglich die sehr niedriggekohlte Schmelze 8 wurde offenbar bei etwas zu niedriger Temperatur vergossen. Die Schwindung wurde nach dem Vorschlage von K. Sipp ermittelt, wobei das Mittel der beiderseits des Probestabes gemessenen Einzelwerte errechnet wurde. Die einzelnen Schwindungsproben ergaben außerordentlich gut übereinstimmende Werte. Aus Zahlentafel 169 geht die Beziehung zwischen der chemischen Zusammensetzung und dem Schwindwert eindeutig hervor.

Von den bei jeder Schmelze abgegossenen zwei Proben zur Ermittlung der Rißneigung zeigten beide Proben der Schmelze 1 Warmrisse; von Schmelze 2 war nur eine Probe gerissen, während die übrigen Schmelzen 3 bis 8 keine Anzeichen einer Rißbildung erkennen ließen. Diese höchst überraschende Feststellung, daß trotz stark zunehmender Schwindung die Rißproben ohne Anriß geblieben waren, läßt darauf schließen, daß mit abnehmendem Kohlenstoff bzw. abnehmender Summe C + Si die Plastizität der Schmelze im Erstarrungsintervall und im Gebiet unmittelbar nach der Erstarrung zunehmend größer wird. Die Ergebnisse der Lunkerproben (die Lunkerproben wurden an der Stegstelle durchgeschnitten) waren hinsichtlich der Beziehungen zwischen chemischer Zusammensetzung und Lunkerneigung eindeutig.

Da alle Schmelzen von Nr. 4 aufwärts im Gußzustand zunehmend weiß gefallen waren, wurden sämtliche Schmelzen nicht im Anlieferungszustand, sondern erst nach zweistündigem Glühen bei 850° und Ofenabkühlung geprüft. Die Vorgänge des Abschreckens und Anlassens wurden in gleicher Weise gehandhabt, wie dies bei den Vorproben beschrieben worden ist, mit dem Unterschied, daß ein weiterer Temperaturbereich beim Anlassen Berücksichtigung fand und daß für den Anlaßvorgang die Probekörper in Graugußspänen statt in Kohlesand verpackt wurden.

3. Festigkeitseigenschaften.

In Zahlentafel 170 sind die Festigkeitswerte der geglühten Probestäbe untergebracht. Man erkennt bei Auswertung der unlegierten Proben 1, 2, 3 und 5, wie

Zahlentafel 170. Festigkeitswerte der geglühten Probestäbe.

	Kokillenproben					Sandproben				
	Biegefestigkeit kg/mm²	Durchbiegung mm	Zugfestigkeit kg/mm²	Z_f (Verbiegungszahl)	Biegeprodukt: $\frac{\sigma_B \cdot f \cdot 100}{\sigma'_B}$	Biegefestigkeit kg/mm²	Durchbiegung mm	Zugfestigkeit kg/mm²	Z_f (Verbiegungszahl)	Biegeprodukt: $\frac{\sigma_B \cdot f \cdot 100}{\sigma'_B}$
1	62	58	31	95	294	44	6,1	28	12,6	35,2
2	69	59	35	86	300	68	13,5	30	19,8	59
3	79	71	38	90	344	72	28	33	39,5	129
4	104	28	51	27	137	101	13	50,5	12,9	66
5	92	100	44	109	480	80	46	39	58	226
6	111	15	58	13,6	78	108	14	52,5	12,9	68
7	91	26	53	29,5	147	108	39	44	35	154
8	103	35	67	34	229	102	37	50,5	36	182

Verbiegungszahl und Biegeprodukt mit abnehmender Summe C + Si stark zunehmen. Die legierten, insbesondere die in Kokille vergossenen Schmelzen zeigen noch erheblich bessere Werte für die Zug- bzw. Biegefestigkeit, dagegen verhältnismäßig geringe Werte für die Verbiegungszahl und das Biegeprodukt (wahrscheinlich wäre bei größeren Stabdicken bzw. bei Wahl einer geringeren Abkühlungsgeschwindigkeit beim Abschrecken bzw. nach dem Anlassen der Wert der Sonderelemente auch für die Steifigkeit bzw. Nachgiebigkeit besser zum Ausdruck gekommen). Die Zugfestigkeit- und Härteprüfung an den Sand- bzw. Kokillenguß-proben (vgl. Zahlentafel 171 und 172) ergab, daß wiederum ganz ungewöhnlich hohe Werte der Biege- bzw. Zugfestigkeit erzielt werden konnten und daß in Übereinstimmung mit den früheren Feststellungen der eigenartige gegenseitige Verlauf von Härte und Zugfestigkeit (Vorauseilung des Härteabfalls) sich bestätigte.

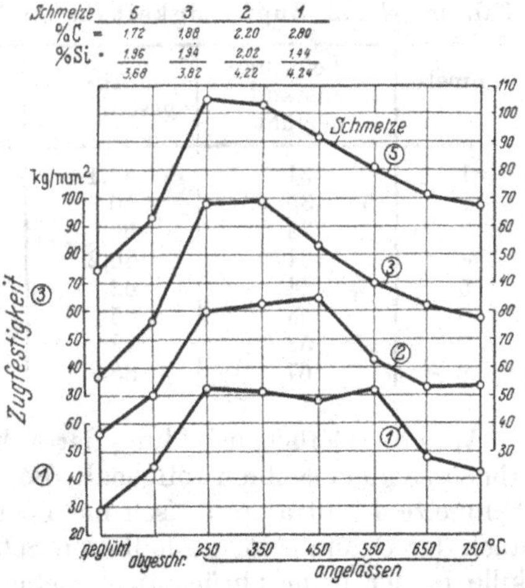

Abb. 853. Festigkeitsverlauf der Kokillenstäbe bei den unlegierten Schmelzen.

Auch ist deutlich zu erkennen, wie bei den unlegierten Schmelzen 1, 2, 3 und 5 die Vergütungsfähigkeit mit abnehmendem Kohlenstoff bzw. abnehmender Summe C + Si zunimmt (Abb. 853). Aus den bereits oben erwähnten Gründen

Zahlentafel 171. Zugfestigkeit und Brinellhärte der Sandgußproben in kg/mm².

	Haupt-versuchs-Schmelze Nr.		Anlieferungszustand geglüht	Abgeschreckt	Abgeschreckt und angelassen auf					
					250°	350°	450°	550°	650°	750°
vgl. Zahlentafel 169	1	σ_B	28	39	41	40	40	38	36	28
		H	122	384	318	247	238	226	201	200
	2	σ_B	30	44	64	65	65	60	48	46
		H	125	449	395	380	336	278	210	196
	3	σ_B	33	50	60	63	58	54	44,5	42
		H	142	405	459	391	339	260	211	191
	4	σ_B	50,5	76,5	83	86	76	64	62,5	60
		H	129	534	465	431	391	310	255	250
	5	σ_B	39	53	62	71	78	76	62	50
		H	150	420	431	361	344	236	212	191
	6	σ_B	52,5	70	96	91	78	70	65	64
		H	231	515	488	474	337	293	255	250
	7	σ_B	44	62	68	78	89	78	69	60
		H	206	525	515	472	383	355	281	238
	8	σ_B	50,5	68	80,5	74	68	68	58	54
		H	218	625	—	—	—	—	297	—

zeigte sich bei diesen Versuchen kein besonderer Vorzug der Sonderelemente für die maximal erreichbaren Werte der Festigkeit im vergüteten Zustand. Bei diesen niedriggekohlten Schmelzen liegt der Vorteil der Sonderelemente eben weniger in der Höhe der absolut erreichbaren Festigkeitsziffer, als vielmehr, wie noch gezeigt werden soll, in dem Vorteil, die thermische Behandlung mit geringeren Abkühlungsgeschwindigkeiten und bis zu wesentlich größeren Wandstärken vornehmen zu können.

Zahlentafel 172. Zugfestigkeit (kg/mm²) der Kokillengußproben (Hauptversuche).

Schmelze Nr.	Anlieferungszustand geglüht	Abgeschreckt	Abgeschreckt und angelassen auf					
			250°	350°	450°	550°	650°	750°
1	31	44,1	72	71	68	73	48	43,5
2	35	50	80	81	84,5	62,5	53,5	54
3	38	56	97	98	83	70	62	58
4	51	80,2	94	95	84	79,5	71,5	64
5	44	62	105	103	91,5	80,5	72	68
6	58	65	73	110	90	86	81	75
7	53	72	82	88	85	82	72,5	72
8	67	85,9	90	102	108	90	71	70,5

Was die Gefügeausbildung der Schmelzen 1 bis 3 und 5 betrifft, so war mit abnehmendem Kohlenstoffgehalt die Graphitausbildung laufend günstiger. Von Schmelze 4 ab trat praktisch nur noch Temperkohle im Gefüge auf. Dies dürfte auch der Grund sein, weshalb von Schmelze 4 ab der Vorteil des Gießens in Kokille immer mehr zurücktritt; vielmehr zeigen die Schmelzen der Zusammensetzung 4 bis 8 in zunehmendem Maße bereits bei Sandguß Festigkeitswerte im geglühten bzw. vergüteten Zustand, die nahe an die bei Kokillenguß erzielten heranreichen. Andererseits ergab sich bei der Auswertung der Schmelzen aus den Vorversuchen, daß übermäßig hohe Kohlenstoffgehalte bzw. besonders hohe Gehalte an C + Si den Vorteil des Kokillengusses ebenfalls zurücktreten lassen.

Daraus folgen Beziehungen zwischen thermischer Vergütbarkeit und Kohlenstoff- bzw. C + Si-Gehalt, wie sie in Abb. 849 zum Ausdruck kommen. Diese Abbildung dürfte wohl das wichtigste Ergebnis aus der mechanischen Prüfung der Hauptversuche darstellen. Eine sinngemäße Auswertung dieser Abbildung weist ferner den Praktiker auf diejenigen Gebiete der chemischen Zusammensetzung von Gußeisen hin, bei denen der Kokillenguß Vorteile bringt; sie läßt schließlich auch diejenigen Gebiete der chemischen Zusammensetzung erkennen, wo selbst bei geringeren Wanddicken mit Vorteil Sonderelemente wie Nickel, Chrom und Molybdän dem Gußeisen zugesetzt werden können.

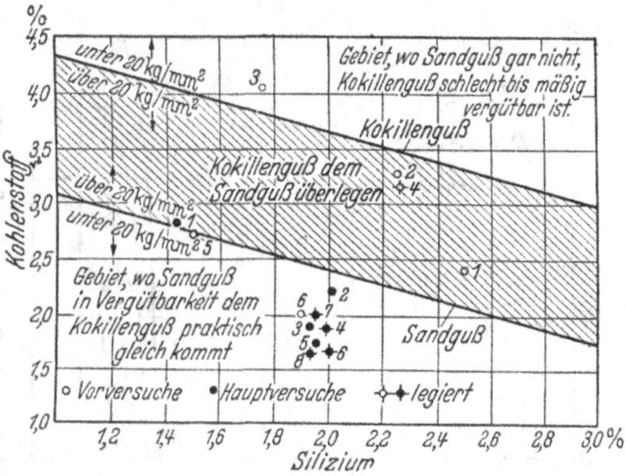

Abb. 854. Vergütbarkeit von Gußeisen nach Ölabschreckung (E. PIWOWARSKY).

Auf Grund der vorhandenen Versuchsergebnisse wurde nunmehr versucht, in Abb. 854 mit den Kohlenstoff- und Siliziumgehalten als Koordinaten in großen Zügen diejenigen Gebiete abzugrenzen, welche eine gute bzw. mäßige Vergütbarkeit des Gußeisens erwarten lassen. Als mäßig vergütbar wurden diejenigen Schmelzen bezeichnet, bei denen durch Vergütung gegenüber dem geglühten Zustand ein Festigkeitszuwachs von unter 20 kg/mm² erzielt worden war. Alle in Sand vergossenen Schmelzen mit einer Festigkeitszunahme von über 20 kg/mm² (teilweise bis 60 kg/mm²) liegen unterhalb einer Geraden (untere Linie in Abb. 854). Für Kokillenguß liegt diese Gerade bei höheren Kohlenstoff- und Siliziumgehalten, so daß im schraffierten Feld der Kokillenguß dem Sandguß überlegen ist.

Um über das elastische Verhalten des Gußeisens im vergüteten Zustand einen Überblick zu bekommen, wurden Feinmessungen an einigen auf höchste Festigkeit vergüteten Stäben mit 10 mm Durchmesser bei einer Meßlänge von 80 mm durchgeführt. Es wurden dabei für die Bruchlast Dehnungen von 0,2 bis 0,5% festgestellt. Die errechneten Elastizitätsbeiwerte reihten sich den erwarteten Größen gut ein und zeigten, daß mit abnehmendem Kohlenstoff- bzw. Graphitgehalt die Abhängigkeit von der Prüfspannung immer geringer wurde. In Abb. 855 ist der Elastizitätsbeiwert des Gußzustandes der üblichen Gußeisengüteklassen dem des vergüteten Zustandes hochwertiger Eisensorten gegenübergestellt. In beiden Fällen ist der Streubereich eingetragen. Jedoch war bei niedriggekohltem Grauguß besonders gut zu beobachten, daß temperkohlehaltiger Guß einen höheren Elastizitätsbeiwert besitzt als graphithaltiger.

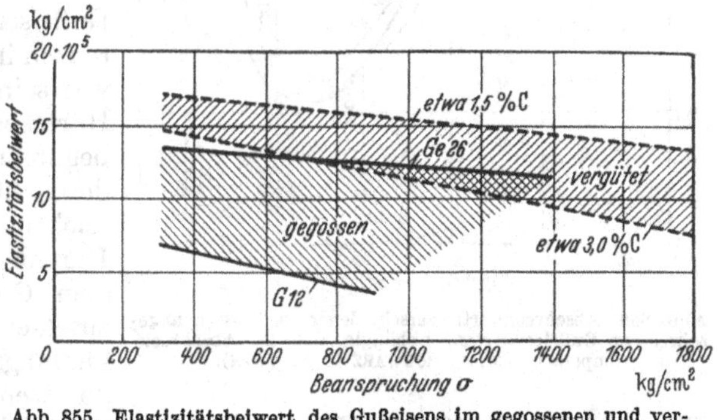

Abb. 855. Elastizitätsbeiwert des Gußeisens im gegossenen und vergüteten Zustand (nach E. PIWOWARSKY u. E. SÖHNCHEN).

d) Praktische Grenzen der Härtbarkeit von unlegiertem und legiertem Gußeisen.

Durch Abschreckung aus Temperaturen oberhalb der Perlitauflösung lassen sich sowohl an legiertem als auch an unlegiertem Gußeisen sehr hohe Brinellhärten erzeugen (Abb. 856), wenn die Abschreckung in Wasser erfolgt und damit die Gewähr für eine weitgehende Martensitbildung geschaffen wird (*31*). Ist der Kohlenstoffgehalt hierbei höher als etwa 3,2 bis 3,5% bzw. die Summe C + Si höher als 4,5% bei Sandguß bzw. 5,5% für Kokillenguß, so macht sich die Unterbrechung der Grundmasse auf die Festigkeitseigenschaften derartig stark bemerkbar, daß eine beachtenswerte Steigerung derselben durch die Härtung der Grundmasse wenig oder gar nicht stattfindet (Abb. 849). Solche Fälle werden daher grundsätzlich nur dort von praktischer Bedeutung sein, wo es auf Erhöhung der Verschleißfestigkeit ankommt. Das Härten in Wasser oder wässerigen Lösungen verschiedener, insbesondere alkalisch reagierender Salze kommt jedoch für die Vergütung von Gußeisen nur in Fällen einfachster Formgebung in Frage. Auch führt die Härtung unlegierten Gußeisens zu starken Härtedifferenzen innerhalb einer Wandstärke, was seinerseits die Entstehung von Härtespannungen noch weiterhin begünstigt. Um aber auch bei milderer Abschreckung noch eine hinreichende Härtung und ausreichende Durchhärtung zu erzielen, muß man dem Gußeisen Legierungselemente zusetzen, welche die kritische Abkühlungsgeschwindigkeit stark herabsetzen, das sind vor allem die Elemente Nickel, Chrom, Mangan, Wolfram und Molybdän. Siliziumgehalt über 1% und zunehmender Graphitgehalt des Gußeisens vergrößern die kritische Abkühlungsgeschwindigkeit.

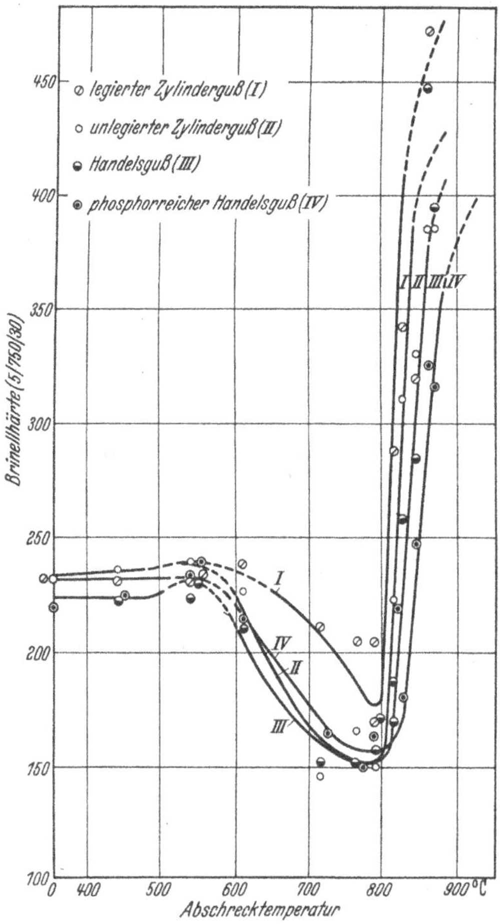

Abb. 856. Abschreckhärte verschiedener in Wasser abgeschreckter Gußeisensorten, abhängig von der Abschrecktemperatur (M. v. SCHWARZ u. A. VÄTH).

Darum hat bereits J. E. FLETCHER (*27*) auf die Vorzüge siliziumarmen Gußeisens, wie es z. B. nach dem Lanz-Prozeß durch Gießen in vorgewärmte Formen erzielbar ist, hingewiesen und zur Sicherung der Durchhärtung folgende Zusätze in den mitgeteilten Gehalten empfohlen:

Nickel	in Gehalten von 0,5—5 %		Wolfram	in Gehalten von 0,5—5,0%
Chrom	„ „ „ 0,2—1,0%		Bor	„ „ „ 0,1—0,5%
Molybdän	„ „ „ 0,5—5,0%			

Ein Anlassen unlegierten Gußeisens nach erfolgter Härtung führt bei Anlaßtemperaturen über etwa 300° im allgemeinen zu einem ziemlich gleichmäßigen Abfall der Härte, wie Abb. 857 zeigt, die sich auf die gleichen Eisensorten bezieht wie Abb. 856.

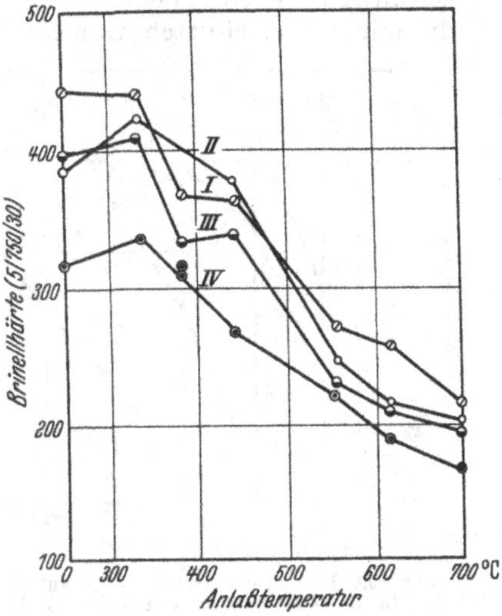

Abb. 857. Anlaßhärten verschiedener Gußeisensorten, die von 870° in Wasser abgeschreckt wurden (M. v. SCHWARZ u. A. VÄTH).
⊗ legierter Zylinderguß (*I*),
○ unlegierter Zylinderguß (*II*),
● Handelsguß (*III*),
⊙ phosphorreicher Handelsguß (*IV*).

Ölhärtung unlegierten Gußeisens führt nur zu mäßiger Härtesteigerung. Mit abnehmendem Kohlenstoff- und Siliziumgehalt nimmt die Härtbarkeit zu und steigt alsdann durch Zusätze von Ni, Cr usw. weiter an, wie u. a. aus amerikanischen Arbeiten (*32*) hervorgeht (Abb. 858). Mit steigendem Nickelgehalt kann die Abschrecktemperatur gesenkt werden, wie aus Arbeiten von GUILLET, GALIBOURG und BALLAY (*33*) hervorgeht, wobei Abb. 859 für Ölhärtung, Abb. 860 für Windhärtung gilt. Abb. 861 nach J. E. HURST (*34*) schließlich läßt erkennen, wieviel Nickel in Grauguß mit zunehmender Wanddicke im allgemeinen notwendig ist, um auch im Kern noch hohe Härten zu erhalten. Da bei Nickelgehalten von 5 bis 6% selbst bei Luftabkühlung martensitisches Gefüge entsteht, stellt dieser Nickelgehalt den höchst zulässigen für vergütbares Gußeisen dar. Höhere Nickelgehalte würden in steigendem Maße die Entstehung von Austenit zur Folge haben und damit einen zunehmenden Härteabfall bewirken. Als günstigste Glühtemperatur vor dem Abschrecken kommt im allgemeinen eine je nach Wandstärke zwischen 25 und 75° oberhalb Ac_1 gelegene Temperatur in Frage, als beste Härtetemperatur eine um 20 bis 40° über Ar_1 gelegene Temperatur. Der Einfluß der Elemente Nickel, Chrom, Molybdän, Silizium usw. auf die

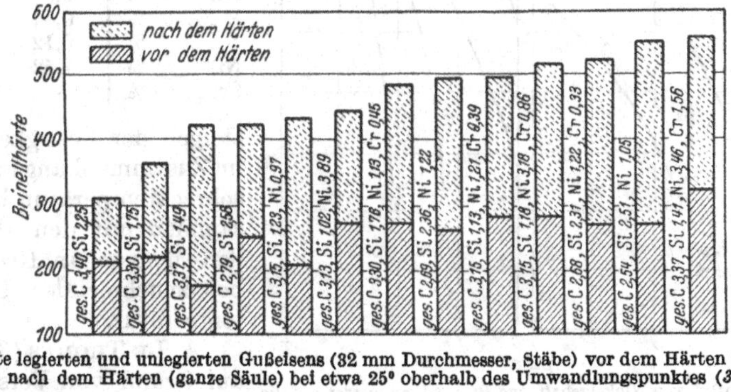

Abb. 858. Härte legierten und unlegierten Gußeisens (32 mm Durchmesser, Stäbe) vor dem Härten (unterer Teil) und nach dem Härten (ganze Säule) bei etwa 25° oberhalb des Umwandlungspunktes (*32*).

Verlagerung des Perlitintervalls ist dabei zu beachten. Manganzusätze sind in vergütbarem Gußeisen im allgemeinen nur bis etwa 1,25% von Vorteil, darüber hinaus begünstigt Mangan die Rißbildung beim Härten. E. J. BARTHOLOMEW und J. D. PAINE (*45*) ließen sich ein Verfahren schützen, nach dem bei nickelhaltigem Gußeisen mit etwa 3,0 bis 3,6% C, 1 bis 2,5% Ni und (oder) 0,2 bis 0,50% Cr durch Abschrecken von Temperaturen zwischen 844 und 925° C in einem Salzbad von etwa 315° Temperatur und 15 bis 30 min langem Halten auf dieser

Temperatur eine hohe Festigkeit bei mäßiger Härte erzielt werden soll. Das Härtebad besteht aus 53% Kaliumnitrat, 7% Natriumnitrat und 40% Natriumnitrit. Die Abb. 862a und 862c beziehen sich auf die im folgenden mit A bezeichneten, die Abb. 862c und 862d auf die mit B bezeichneten Gußeisentypen.

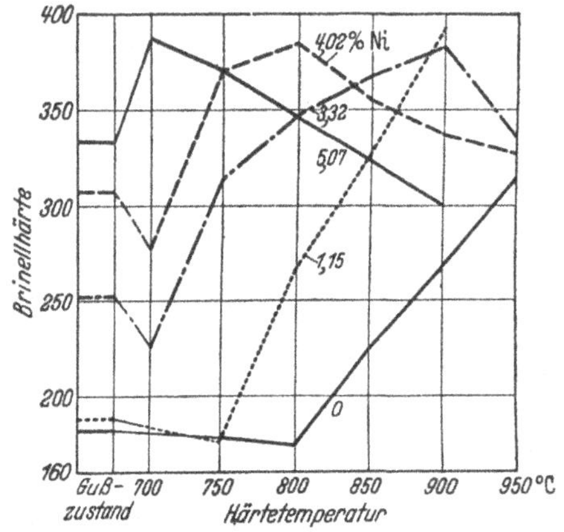

Abb. 859. Einfluß des Nickelgehaltes auf die günstigste Härtetemperatur von Grauguß bei Ölhärtung (nach L. GUILLET, J. GALIBOURG und M. BALLAY).

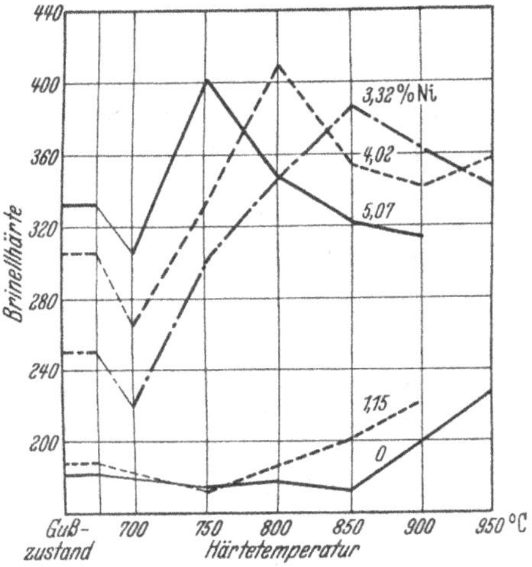

Abb. 860. Einfluß des Nickelgehaltes auf die günstigste Härtetemperatur von Grauguß bei Windhärtung (nach L. GUILLET, J. GALIBOURG und M. BALLAY).

Die Durchmesser der Probestäbe, welche die Werte gemäß Abb. 862 ergeben hatten, betrugen 12,8 (obere Bilder) bzw. 18,2 mm (untere Bilder). Das Ansteigen der Festigkeitskurven im Zusammenhang mit der Abschrecktemperatur hängt zusammen mit den abnehmenden Mengen an Restaustenit bei zunehmender Härtebadtemperatur.

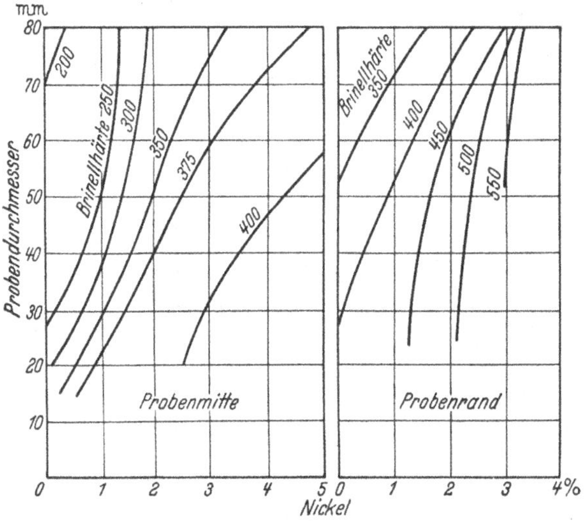

Abb. 861. Einfluß von Nickelgehalt und Probendurchmesser auf die Brinellhärte eines Schleudergußeisens mit 3,7% C, 1,9% Si, 0,95% Mn, 0,86% P, 0,11% Cr nach Glühen bei 900° und Härten von 875° in Öl (nach J. E. HURST).

	Type A	Type B
Ges.-C . %	3,36	3,39
Geb. C. %	0,86	0,89
Si . . . %	1,42	1,24
Mn . . %	0,37	0,44
P . . . %	0,44	0,30
S . . . %	0,12	0,13
Ni. . . %	1,52	1,44
Cr. . . %	—	0,50

A. LE THOMAS (*35*) glaubt auf Grund von Versuchen an Gußeisen vergleichlicher Zusammensetzung festgestellt zu haben, daß ein unmittelbar aus dem Elektroofen vergossenes Eisen eine bessere Vergütbarkeit besitze, als solches aus dem Kupolofen. Auch durch Umschmelzen eines im Elektroofen hergestellten Eisens im Kupolofen ging die Vergütbarkeit merklich zurück.

J. E. HURST (*26*) konnte zeigen, daß auch ferritisch geglühtes Gußeisen eine gute Vergütungsfähigkeit hat, insbesondere, wenn der Graphit fein verteilt ist (Schleuderguß). Hurst untersuchte auch den Einfluß des Phosphors und fand die in den Abb. 863 und 864 wiedergegebenen Beziehungen. Die sieben in Betracht gezogenen Eisensorten hatten die in Zahlentafel 173 ersichtlichen chemischen Zusammensetzungen. Die Festigkeit im Rohguß fiel erst von 0,6 % P an merklich ab. Gußeisen mit höheren P-Gehalten als etwa 0,6 % ergab hinsichtlich der

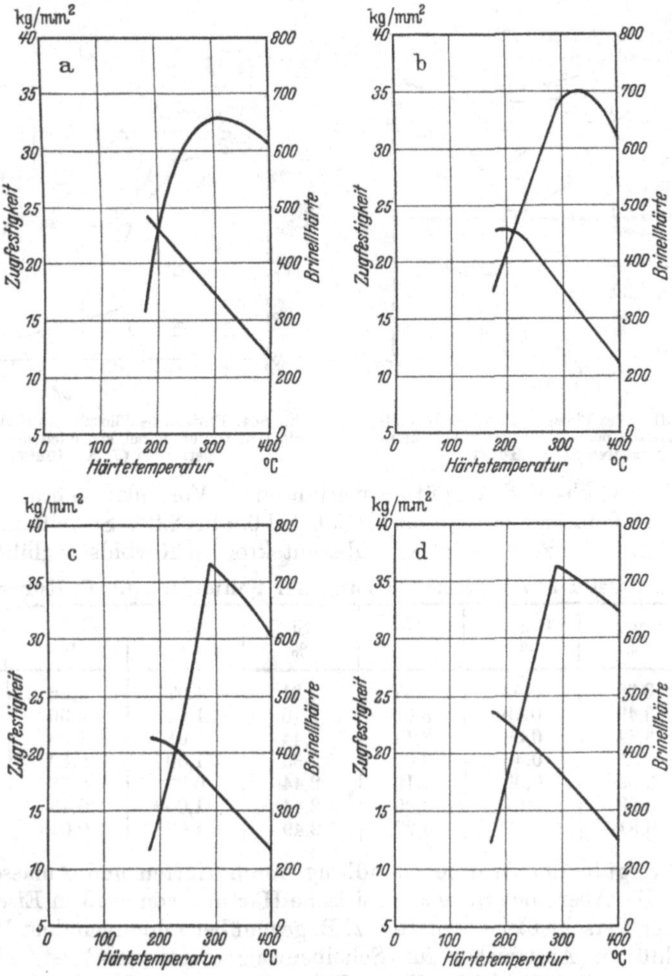

Abb. 862. Anlaßkurven nickelhaltigen Gußeisens nach Abschreckung von 844 bis 925° (Bartholomew u. Paine). Abszisse bedeutet hier: Temperatur des Salzbades (Härtebadtemperatur).

Festigkeitssteigerung keine Vergütungsmöglichkeit von praktischem Interesse mehr. Interessant ist die Feststellung, daß Phosphor im Rohguß die Härte merklich steigerte, in den Anlaßzuständen dagegen die Härtesteigerung sich mehr und mehr ausglich.

Von besonderem Interesse, da mit besonderer Aussicht auf Erfolg verbunden, ist natürlich von jeher die Vergütung niedrig gekohlten Gußeisens gewesen. Bereits während des Weltkrieges hat A. Portevin (*36*) die Aufmerksamkeit der Fachgenossen darauf zu lenken versucht, daß sich ein unter Stahlzusatz hergestelltes Gußeisen (fonte aciérée) durch Abschrecken von etwa 850⁰ und Anlassen auf etwa 500° vergüten lasse, daß auf diese Weise bei Wanddicken von 20 mm sich Brinelleinheiten von 250 bis 270 erzielen lassen und daß es aussichtsreich erscheine, ein solches thermisch behandeltes Material u. a. für die Herstellung von Granaten zu verwenden. Es ist allerdings dem Verfasser bekannt, daß damals auch schon in Deutschland, Rußland und anderen Ländern ähnliche Beobachtungen mit ähnlichen Schlußfolgerungen gemacht worden waren. In den letzten 10 Jahren sind

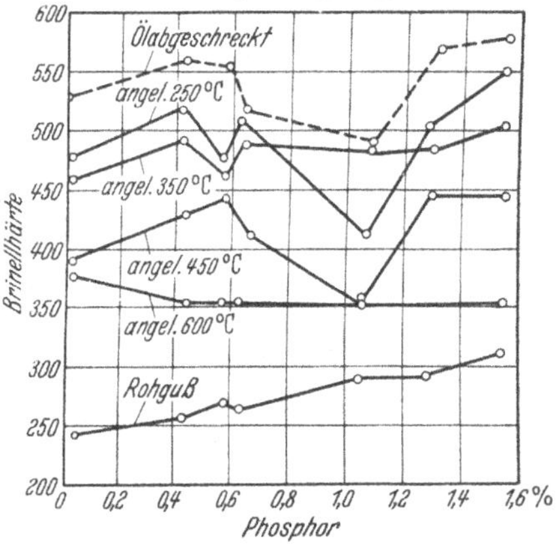

Abb. 863. Einfluß des Phosphors auf die Brinellhärte von Gußeisen bei verschiedenen Anlaßtemperaturen (J. E. HURST).

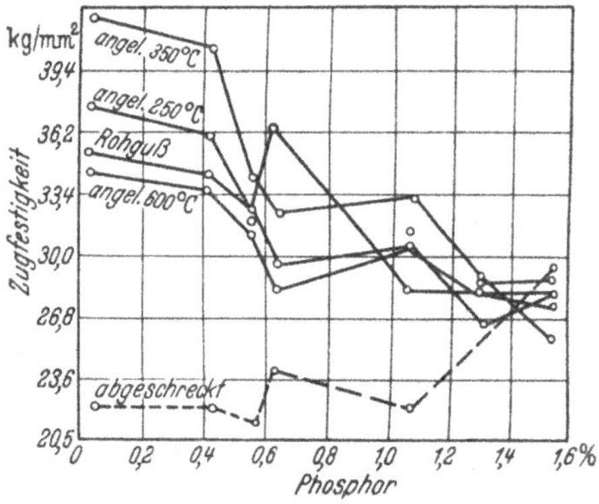

Abb. 864. Einfluß des Phosphors auf die Zugfestigkeit von Gußeisen bei verschiedenen Anlaßtemperaturen (J. E. HURST).

nun sehr viele Glüh- und Vergütungsverfahren in Vorschlag gebracht worden, nach denen ein Gußeisen mit 1,5 bis 2,4% C bei 0,9 bis 2,2% Si weiß oder meliert abgegossen wird, bis zum Zerfall des übereutektoiden Karbids geglüht und als-

Zahlentafel 173. Zusammensetzung der Schmelzen (J. E. HURST).

Schmelze Nr.	C ges. %	C geb. %	Gr %	Si %	Mn %	P %	Cr %
1	3,39	0,52	2,87	2,21	1,07	1,56	0,52
2	3,49	0,49	3,00	2,16	1,08	1,30	0,71
3	3,44	0,30	3,14	2,44	1,01	1,06	0,59
4	3,55	0,46	3,09	2,35	1,00	0,63	0,61
5	3,59	0,39	3,19	2,44	0,93	0,58	0,62
6	3,60	0,54	3,06	2,44	1,09	0,43	0,55
7	3,81	0,59	3,22	2,49	1,02	0,035	0,61

dann einer vergütenden Wärmebehandlung durch Härten und Anlassen unterzogen wird (*37*). Aber auch die martensitische Härtung von weißem Eisen zwecks Erhöhung der Verschleißeigenschaften z. B. gegenüber schmirgelndem Verschleiß (Sandstrahldüsen, Abstreicher für Scheibenwalzenroste usw.) ist schon vorgeschlagen worden (*38*). Viele dieser Behandlungsmethoden fallen allerdings schon mehr in das Gebiet des Temper- oder Schnelltempergusses als in dasjenige des normal zusammengesetzten handelsüblichen Gußeisens (*43*).

Mit dem Vorgang der Austenitumwandlung im Gußeisen beschäftigten sich bisher nur wenige Arbeiten (*44*). Danach scheint Gußeisen im Bereich von 593 bis 482° merkwürdigerweise leichter zu härten als Stahl, d. h. die kritische Umwandlungsgeschwindigkeit ist in diesem Bereich kleiner als bei Stahl. Ebenso überraschend sind die bisherigen Feststellungen, daß ein grobkörniges Gußeisen besser durchhärtet als ein feinkörniges (*44*). Im übrigen ähneln die Kurven für die Austenitumwandlung für Gußeisen grundsätzlich denen aus der Stahlpraxis her bekannten (Abb. 865).

e) Über die Wahl der Abschreckbäder.

Die Wahl der Abschreckbäder ist von größter Bedeutung für den erfolgreichen Verlauf des Abschreckvorganges. Unsachgemäße Auswahl eines Abschreckbades kann zu Mißerfolg, z. B. zu unzureichender Durchhärtung führen, obwohl das zu härtende Gußeisen durchaus gut härtbar ist. Bei der Abschreckung kommt es ja darauf an, daß in dem durch die Abkühlungsgeschwindigkeit zu tieferen Temperaturen verlagerten (Abb. 829 und 840) Umwandlungsintervall des Austenits zu Martensit die Abkühlungsgeschwindigkeit des zu härtenden Gußstücks größer ist als die Umwandlungsgeschwindigkeit des Gefüges. Andernfalls kommt es nur zu unzureichender Härtesteigerung und zum Auftreten weicherer Zwischenstufen des Gefüges (Troostit, Sorbit usw.). Am günstigsten ist es, die Abkühlungsgeschwindigkeit des zu härtenden Stückes so zu leiten, daß im Umwandlungsintervall die größte Abkühlungsgeschwindigkeit auftritt, bei tieferen Temperaturen bzw. nach erfolgter Umwandlung aber eine Verringerung der Abkühlung einsetzt, damit nicht unnötige Wärmespannungen im Material verbleiben, die zum Verzug oder zu Rißbildung führen könnten. In diesem Zusammenhang ist eine Arbeit von A. Rose (*39*) besonders aufschlußreich. Rose untersuchte den Abkühlungsvorgang metallischer Körper (als vergleichender Eichkörper diente eine Silberkugel von 20 mm Durchmesser) in verschiedenen Abschreckmedien (Luft, Preßluft, Wasser, Emulsionen, Öle, Fischtrane, Salzlösungen usw.) und konnte zeigen, daß die Abschreckung in drei Stufen erfolgt. In der ersten Stufe bildet sich durch Kochen oder Zersetzung (bei Öl) eine Dampfhaut, die mehr oder weniger stabil ist und auch durch Rühren nicht immer zerstört wird. Sie stellt einen isolierenden Wärmeschutz dar (Leidenfrostprinzip). In der zweiten Stufe bricht die Dampfhaut zusammen und die Abkühlungsgeschwindigkeit steigt bis zu einem Maximum, da durch ein lebhaftes Kochen und durch Verdampfung des Abschreckmediums ein starker Wärmeentzug zustande kommt. In diesem Stadium wird die Geschwindigkeit der Abkühlung sehr stark von den

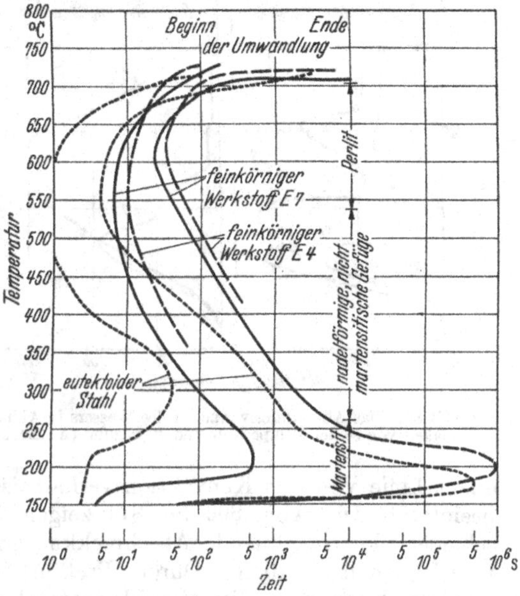

Abb. 865. Austenitumwandlung bei unterkritischen Temperaturen für Gußeisen (nach Murphy, Woost u. D'Amico) und für eutektoidischen Stahl (nach Davenport u. Bain).

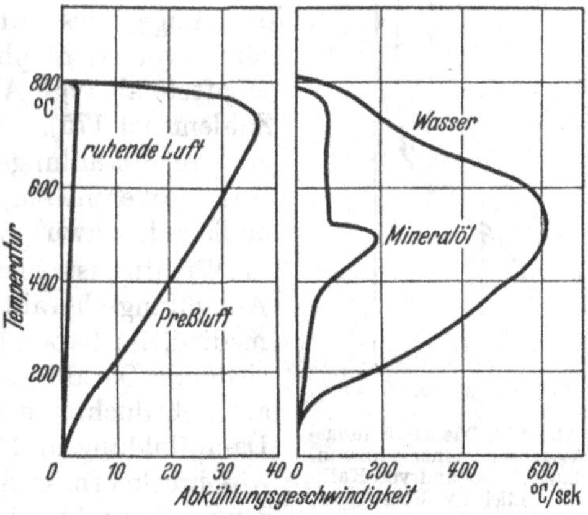

Abb. 866. Das Abkühlungsvermögen von Luft, Öl und Wasser (A. Rose).

physikalischen Eigenschaften (Dichte, Viskosität usw.) beeinflußt. Der Ausdehnungsbereich dieser ersten beiden Stufen wird führend beeinflußt von den Siedetemperaturen und dem Siedebereich der gewählten Flüssigkeiten. In der dritten Stufe ist die Siedetemperatur unterschritten, die Abkühlungsgeschwindigkeit wird in

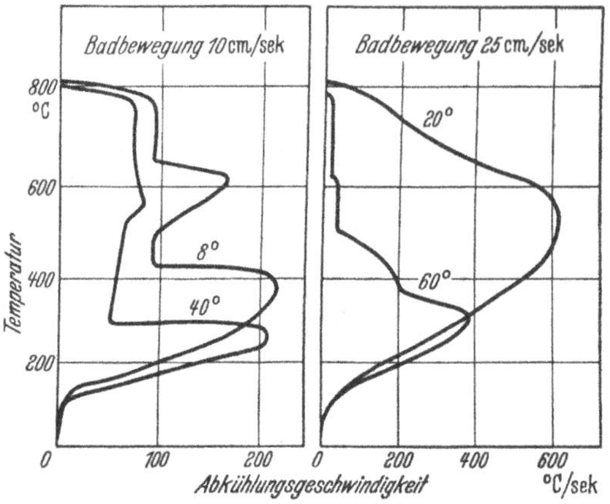

Abb. 867. Das Abkühlungsvermögen des Wassers in Abhängigkeit von seiner Temperatur und Bewegung (A. ROSE).

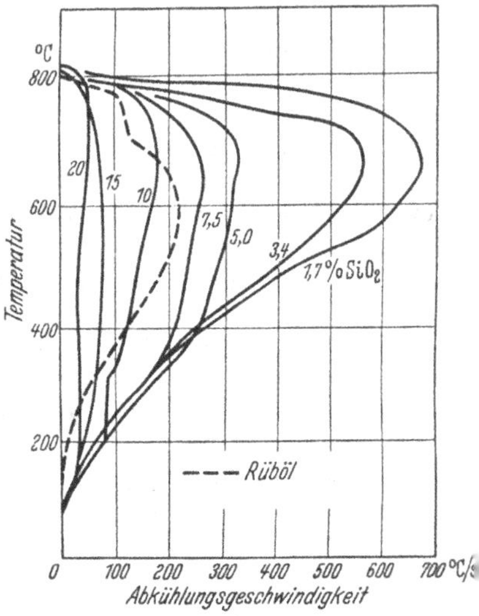

Abb. 868. Das Abkühlungsvermögen verschiedener Wasserglaslösungen im Vergleich zu Rüböl (A. ROSE).

erster Linie von den Konvektionsverhältnissen beeinflußt. Die Abb. 866 bis 874 zeigen verschiedene kennzeichnende Abschreckkurven in verschiedenen Medien. Durch Preßluft von 1 kg/cm² kann man die Abkühlungsgeschwindigkeit auf die beim Härten in Ölen steigern (Abb. 866 links). Im allgemeinen hat aber Wasser etwa die 10fache

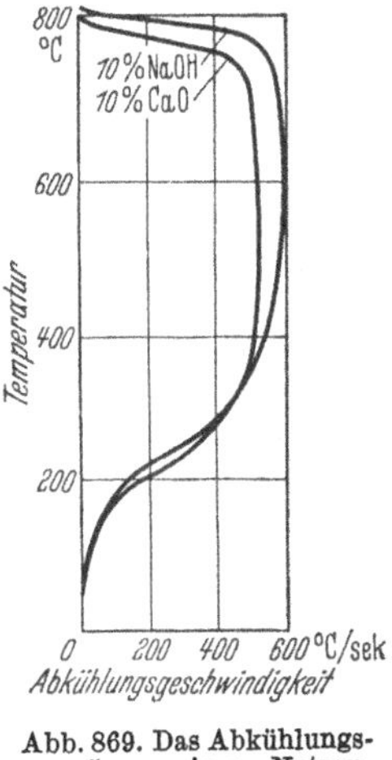

Abb. 869. Das Abkühlungsvermögen einer Natronlaugelösung und von Kalkmilch (A. ROSE).

Schreckwirkung wie Öl (Abb. 866 rechts). Zusatz von Alkalien erhöht die Geschwindigkeit der Wasserabschreckung noch weiter stark (Abb. 869) Bei Ölen hängt die Lage des Abkühlungsmaximums stark von den physikalischen Eigenschaften ab (vgl. Abb. 870 bis 872 und Zahlentafel 175). Fette Öle haben eine größere Abkühlungsgeschwindigkeit und einen größeren Temperaturbereich gleichmäßiger Kochwirkung (Abb. 873 und 874).

Wichtig ist also die Kenntnis der Abkühlungscharakteristik der Abschreckmedien. So haben z. B. leichte, niedrig siedende Öle durch ihren hohen Gehalt an leichtflüchtigen Bestandteilen starke Dampfbildung und damit ein geringeres Abschreckvermögen, insbesondere in der ersten und zweiten Abkühlungsstufe.

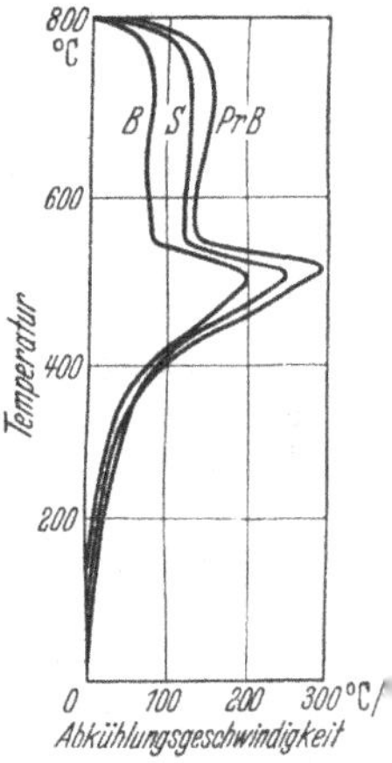

Abb. 870. Das Abkühlungsvermögen von Mineralölen verschiedener Herkunft (A. ROSE).

Das Abkühlungsvermögen der Öle nimmt also mit steigender Dichte und Siedetemperatur zu. Zu beachten ist aber, wie Abb. 871 zeigte, daß das Maximum der Abkühlungsgeschwindigkeit gleichzeitig zu höheren Temperaturen rückt. Daher kann beim Härten in schweren Ölen das Umwandlungsintervall des Gefüges bereits wieder in den Teil abnehmender Geschwindigkeit fallen, die angestrebte Schreckwirkung wird vermindert und die Härtung unzureichend. Durch Ölemulsionen oder Wasserglaslösungen (Abb. 868) verschiedener Konzentration können die verschiedenartigsten Abstufungen der gewünschten Ab-

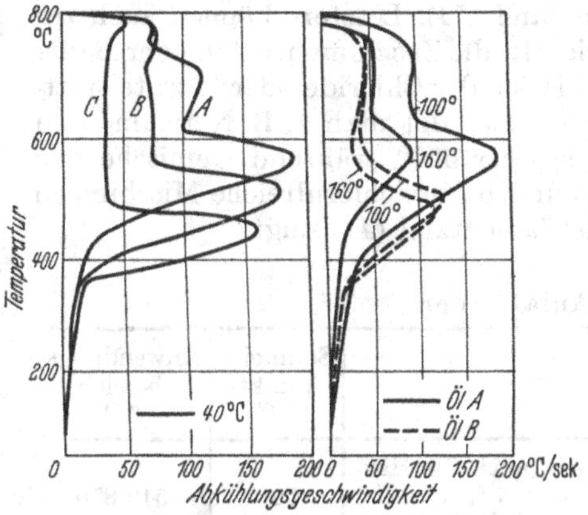

Abb. 871. Abkühlungsvermögen dreier Mineralöle mit verschiedenen physikalischen Eigenschaften (A. ROSE).

Abb. 872. Abkühlungsvermögen der Öle *A* und *B* in Abhängigkeit von der Badtemperatur (A. ROSE).

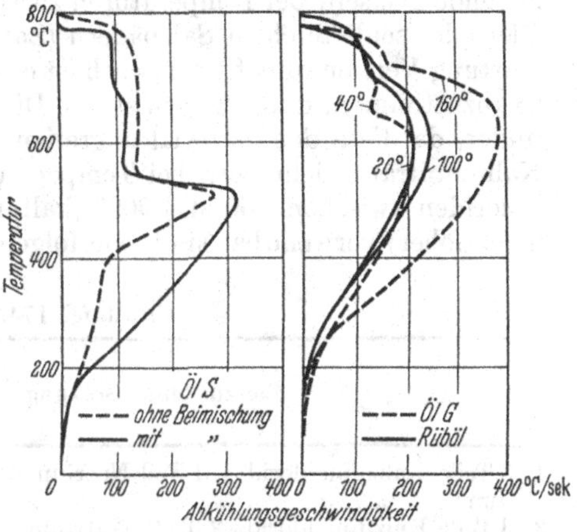

Abb. 873. Veränderung des Abkühlungsvermögens eines Mineralöls durch Zumischen eines fetten Öles.

Abb. 874. Abkühlungsvermögen einer Ölmischung *G* im Vergleich zu dem von reinem Rüböl.

kühlungsgeschwindigkeit erzielt werden. Tatsächlich kann, wie ROSE zeigte, der ganze Wärmeübergangsbereich zwischen 0 und 15000 kcal/m²·st·°C, bezogen auf die Schreckwirkung im Bereich von etwa 500° (dem Maximum der Bildungsgeschwindigkeit von Perlit aus dem Austenit), lückenlos überbrückt werden (Abb. 875).

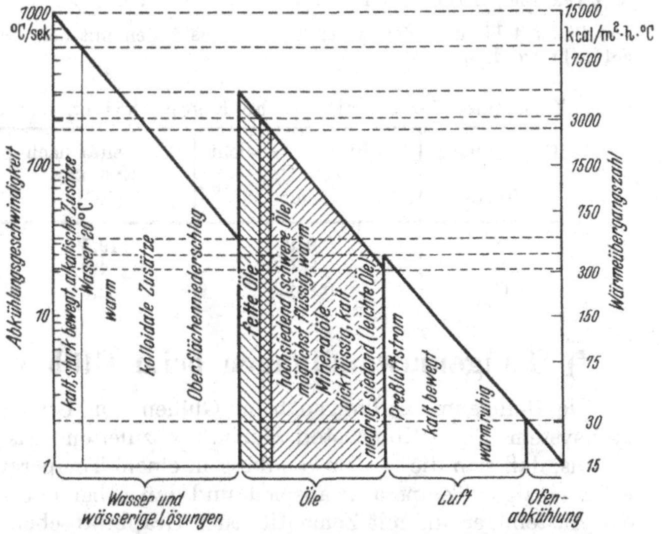

Abb. 875. Abkühlungsvermögen der Abschreckmittel und die daraus abgeleiteten Wärmeübergangszahlen bei etwa 500° (A. ROSE).

Die Verwendung kalziumchloridhaltigen Wassers mit Konzentrationen an $CaCl_2$ zwischen 50 g/l und dem Sättigungspunkt bei Wassertemperaturen zwischen 0 und 30° C ist Gegenstand des englischen Patentes Nr. 499440 (Priorität 30. Dez. 1937). Zu der Kalziumchloridlösung können noch etwa 5 bis 15 % hydrochloriger Säure oder etwa 20 bis 25 g Zucker pro Liter zugesetzt werden.

Was den Einfluß von Kalkaufschwemmungen (vgl. Abb. 869) betrifft, so sieht A. ROSE (*39*) als ausschlaggebend für die Vorteile ihrer Anwendungen, daß der ganze Abkühlungsvorgang in Flüssigkeiten, die zu dünnen Oberflächenniederschlägen führen, viel gleichmäßiger erfolgt, eine Feststellung, die bereits

S. SÂTO (*40*) machte. Die Niederschläge verhindern das Festsetzen der Dampfhaut und begünstigen das Kochen.

Das Anlassen von gehärtetem Gußeisen kann erfolgen entweder in reduzierenden Gasen, bei Temperaturen zwischen 345 und 725° (evtl. noch darüber) in Blei oder schließlich in Salzbädern (Zahlentafel 174). Letztere können auch zur Härtung Verwendung finden, doch ist es wichtig, die Zusammensetzung der Bäder so abzustimmen, daß keine zu starke Dissoziation der Chloride oder Nitrate stattfindet, da diese das Material angreifen. So verwendet man z. B. Natrium- und Kaliumnitrate nicht gern bei Temperaturen über 550°, während Gemische von Chloriden zwischen 650 und 900° (kalium- und bariumchloridreiche Mischungen noch höher) verwendbar sind, wie folgende Zahlentafel (*41*) zeigt:

Zahlentafel 174. Anlaßbäder.

Badzusammensetzung	Schmelzpunkt °C	Anwendungsbereich °C
1. 3 Teile Kalziumchlorid + 1 Teil Natriumchlorid (auch für Härtung)	500	540/870
2. 3 Teile Kalziumchlorid, 2 Teile Natriumchlorid, 3 Teile Zyannatrium	500	500/800
3. 1 Teil Kalziumchlorid, 2 Teile Natriumchlorid, 4 Teile Kaliumchlorid, 7 Teile Bariumchlorid	470	500/800
4. 1 Teil Natriumnitrat + 1 Teil Kaliumnitrat	220	240/520
5. 1 Teil Kaliumnitrat + 1 Teil Natriumnitrit	145	160/500
6. 4 Teile Natriumnitrat, 3 Teile Kaliumnitrat, 3 Teile Bariumnitrat	160	180/400
7. Blei	330	350/900
8. 1 Teil Blei, 2 Teile Zinn	180	200/500

Die Bäder 4 bis 6 dürfen unter keinen Umständen mit den Bädern 1 bis 3 in Berührung gebracht werden.

Zahlentafel 175. Physikalische Eigenschaften der untersuchten Öle.

Bezeichnung der Ölsorte	Spezifisches Gewicht (20° C) g/cm³	Viskosität nach ENGLER (50°)	Flammpunkt °C	Stockpunkt °C
A	0,918	19,5	252	−20
B	0,900	4,9	200	−34
C	0,882	2,0	164	−60

f) Gefügeumwandlungen beim Glühen von Gußeisen.

Die Gefügeumwandlungen beim Glühen von Gußeisen sind aus dem Dreistoffsystem Eisen-Kohlenstoff-Silizium abzuleiten. Als wesentlich ergibt sich daraus, daß sich die A_1-Umwandlung in einem Temperaturbereich und nicht bei einer einzigen Temperatur abspielt und daß neben den umkehrbaren Vorgängen des Austenitzerfalls mit Zementit- oder Graphitabscheidung auch ein nicht umkehrbarer Übergang vom metastabilen (Zementit-) System zum stabilen (Graphit-) System stattfindet. Je größer der Siliziumgehalt ist, zu desto höheren Temperaturen wird der A_1-Umwandlungsbereich verschoben; die Reaktionen verlaufen dadurch schneller und gleichzeitig neigt die Kristallisation bei der Abkühlung mehr nach dem stabilen System. Ist der Phosphorgehalt größer, so verlaufen die Umwandlungen mehr nach dem metastabilen System.

Diese Beziehungen konnten H. HANEMANN und A. SCHRADER (*20*) an Hand von Gefügebildern eindeutig nachweisen, wobei sie zur Verfolgung der einzelnen

Auflösungs- und Kristallisationsvorgänge vom Schnitt durch das System Eisen-Kohlenstoff-Silizium (Abb. 876) ausgingen.

Der Temperaturbereich des Graphiteutektoids liegt zwischen P_1 und P_2, das Perlitintervall zwischen K_1 und K_2. Zwischen K_1 und K_2 vollzieht sich beim Abkühlen der umkehrbare Vorgang:

$$\gamma \rightarrow \alpha + Fe_3C\,, \tag{1}$$

beim Erhitzen:

$$\alpha + Fe_3C \rightarrow \gamma\,. \tag{2}$$

Die reversible Reaktion zwischen P_1 und P_2 lautet:

$$\gamma \rightleftarrows \alpha + C\ (\text{Temperkohle}). \tag{3}$$

Neben diesen umkehrbaren Vorgängen verläuft eine nicht umkehrbare Umwandlung, nämlich der Übergang aus dem metastabilen in das stabile System. Die Formeln lauten für Temperaturen

oberhalb P_2: $\quad \gamma + Fe_3C \rightarrow \gamma + C\,,$ (4)

zwischen P_2 und P_1: $\quad \gamma + \alpha + Fe_3C \rightarrow \gamma + \alpha + C\,,$ (5)

zwischen P_1 und K_1: $\quad \gamma + \alpha + Fe_3C \rightarrow \alpha + C\,,$ (6)

unterhalb K_1: $\quad \alpha + Fe_3C \rightarrow \alpha + C\,.$ (7)

Im Zusammenhang mit diesen Reaktionen gehen alsdann Änderungen im Gefügeaufbau des Gußeisens vor sich, wie sie in den Abbildungen 82 bis 84 zu sehen waren. Bezüglich des Segregatgraphits vgl. allerdings die textlichen Ausführungen auf Seite 75 unten.

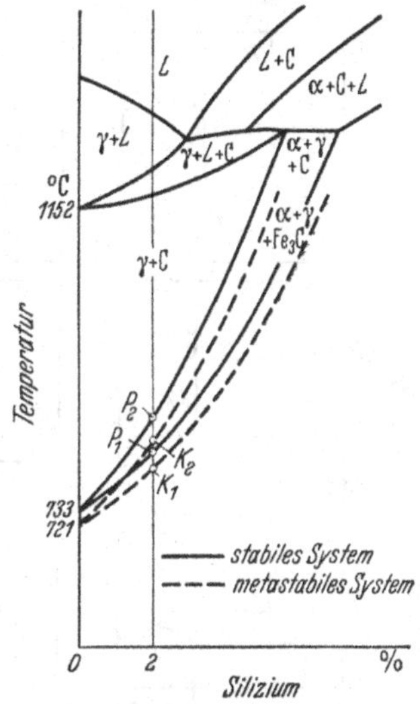

Abb. 876. Schnitt durch das System Eisen-Kohlenstoff-Silizium bei 3% C und Kennlinie für 2% Si (H. Hanemann und A. Schrader).

Ein Glühen von Grauguß erfolgt

a) bei Temperaturen oberhalb 350° und unterhalb etwa 550°, zur Beseitigung innerer Spannungen, wenn die Maßhaltigkeit bearbeiteter Gußkörper gesichert bleiben soll (Kolben, Autozylinder usw.);

b) zwischen 550 und 650°, wenn Gußspannungen völlig beseitigt werden sollen, ohne daß erhebliche Wachstumswerte und nachweisliche Gefügeänderungen auftreten;

c) zwischen 675 und 825°, wenn Einformung lamellaren Perlits zu körnigem erfolgen und die Bearbeitbarkeit verbessert werden soll;

d) zwischen 800 und 925°, wenn harte Stellen beseitigt oder der Guß weichgeglüht werden soll.

Die meisten unlegierten grauen Gußarten werden bereits durch Glühbehandlungen zwischen 800 bis 925° (je nach chemischer Zusammensetzung) mehr oder weniger ferritisch und fallen hierdurch auf Brinellhärten von 130 bis 150 BE. Grauguß, der mit Rücksicht auf seine Verwendung als besonders volumenbeständig hergestellt wurde, widersteht freilich einem Glühprozeß stärker und selbst 8- bis 10stündiges Glühen bei 900° kann z. B. ein chromhaltiges Material noch nicht wesentlich erweichen. Pendeln im Erstarrungsintervall begünstigt die Ferritisierung von Gußeisen, desgl. ein vorheriges Abschrecken aus Temperaturgebieten oberhalb 800°. Oft werden Gußteile, die im späteren Betriebe höheren Temperaturen ausgesetzt sind, vor der Ablieferung so weit geglüht, daß die durch die Temperatur zu erwartende Volumenänderung vorweggenommen wird. Ein solches Gußteil hat alsdann nach erfolgter Bearbeitung eine größere

Volumenbeständigkeit. Außer Guß für besondere elektrische oder magnetische Verwendungszwecke, Schleudergußrohre usw. wird vor allem auch Textilmaschinenguß vielfach zur Beseitigung harter Stellen, leichteren Bearbeitung durch Ausbohren, Drehen, Fräsen, Bohren und Gewindeschneiden geglüht. Eine große englische Textilmaschinenfabrik z. B., die je Arbeitswoche 32000 bis 60000 Abgüsse mit Wandstärken bis herunter zu 3 mm ausbringt, hat ein sehr sorgfältiges Glühverfahren entwickelt, bei dem die Gußteile im Bereich von 750 bis 850° C geglüht werden, und zwar in gußeisernen Glühtöpfen und durch Sinter und Graugußspäne verpackt gegen Oxydation geschützt (*21*). Der gesamte Glühprozeß nimmt 24 bis 48 Stunden in Anspruch.

Zur Bestimmung der Umwandlungspunkte bei Grauguß.

Die Ermittlung des Perlitintervalls erfolgt normalerweise auf thermischem Wege durch Aufnahme von Erhitzungs- bzw. Abkühlungskurven. Viele kleine Gießereien verfügen aber nicht immer über Einrichtungen, mit denen sie die genaue Lage der Umwandlungspunkte zu ermitteln vermögen. In diesem Falle kann man sich, wie E. Piwowarsky (*22*) zeigte, leicht dadurch helfen, daß man von dem betreffenden Gußeisen kleine Abschnitte bei steigenden Temperaturen in Wasser abschreckt und an den abgeschliffenen Oberflächen Härteprüfungen vornimmt. Das Halten auf Glühtemperatur vor dem Abschrecken schwankt je nach Dicke der verwendeten Stücke zwischen 10 und 20 Minuten. Als Beispiel dafür, daß mit einer hinreichenden praktischen Genauigkeit das Umwandlungsintervall durch den Härteanstieg ermittelt werden kann, sei auf Abb. 877 hingewiesen, wo die Kurven des Härteverlaufs neun verschiedener Legierungen mitgeteilt sind. Die chemische Zusammensetzung des Materials gibt Zahlentafel 176. Die Schmelzen stammen aus einer bereits früher veröffentlichten Arbeit des Verfassers (*23*) über die Schlagfestigkeit und Kerbsicherheit von Gußeisen. Man erkennt aus Abb. 877 deutlich den Einfluß des Siliziums auf die Erhöhung des Umwandlungsintervalls von Gußeisen. Desgleichen ist im allgemeinen eine steigende Tendenz der Höhenlage des Perlitintervalls mit zunehmendem Phosphorgehalt zu beobachten. Die Systematik der Kurven ist ziemlich eindeutig. Es sei jedoch darauf hingewiesen, daß Schmelze 5 im Phosphorgehalt, Schmelze 6 im Siliziumgehalt zu niedrig ausgefallen war, wodurch die Abweichung von der erwarteten Systematik erklärlich wird.

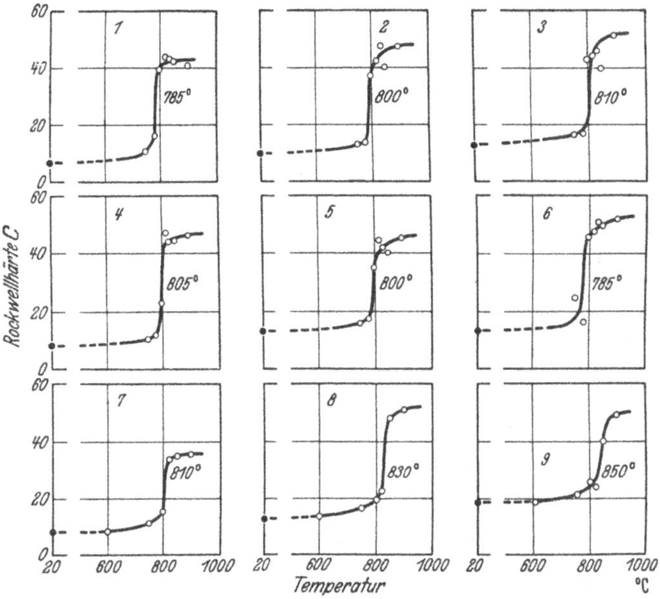

Abb. 877. Perlitintervalle von Gußeisensorten verschiedener P-Gehalte (vgl. Zahlentafel 176).

Zahlentafel 176. Chemische Zusammensetzung der Versuchsschmelzen.

Nr. der Schmelze	Gieß-temperatur °C	Ges.-C %	Si %	C + Si %	Graphit %	Mn %	P %	S %
1	1350	3,48	1,38	4,86	2,65	0,50	0,125	0,018
2	1375	2,83	2,10	4,93	2,24	0,52	0,144	0,026
3	1400	2,12	2,18	4,30	1,30	0,42	0,136	0,026
4	1325	3,64	1,72	5,36	2,88	0,61	0,450	0,026
5	1375	2,65	2,52	5,17	2,00	0,61	0,320	0,032
6	1425	2,03	1,32	3,35	1,00	0,42	0,290	0,030
7	1350	3,65	1,40	5,05	2,74	0,50	0,776	0,046
8	1375	2,56	1,64	4,20	1,80	0,50	0,776	0,029
9	1400	2,10	2,34	4,44	1,26	0,49	0,822	0,033

g) Alterungserscheinungen an Gußeisen.

Es ist bekannt, daß technische Legierungen, bei denen die maximale Löslichkeit eines Mischkristalls mit sinkender Temperatur abnimmt, alterungsverdächtig sind. Abschrecken aus Temperaturgebieten höherer Löslichkeit der Fremdkomponente führt in solchen Fällen direkt oder erst nach folgendem Anlassen auf mäßige Temperaturen zu einer merklichen Erhöhung der Festigkeit bei ansteigender, gleichbleibender oder auch abnehmender Dehnungsfähigkeit. Der letztere Fall ist alsdann vielfach mehr oder weniger mit einer starken Versprödung des Werkstoffes verbunden. Zunächst an Duralumin beobachtet und an den Kupfer-Aluminium-Legierungen studiert, hat es sich später ergeben, daß außerordentlich viele technische Legierungen der Eisen- oder Nichteisenbasis zu Alterungserscheinungen neigen. Diese auch mit Aushärtung bezeichneten, früher irrtümlich auf feindisperse Ausscheidungen zurückgeführten Alterungserscheinungen haben heute ihre grundsätzliche Erklärung gefunden in den besonderen Eigenschaften von instabilen Gitter-Zwischenlagen infolge des durch die Abschreckung verhinderten Ausscheidungsvorganges. Durch längeres Liegen bei Zimmertemperatur oder beschleunigt durch mäßiges Anlassen werden die Zwischenstellungen der Gitterlagen wieder beseitigt, wobei der Haupteffekt der Enthärtung in einem zeitlichen Stadium erfolgt, wo es noch nicht zu mikroskopisch oder selbst röntgenographisch nachweisbaren Ausscheidungen der Fremdkomponente oder deren chemischer Verbindung mit dem Grundmetall gekommen ist.

Bei reinem oder kohlenstoffarmem Eisen führen u. a. die Elemente Kohlenstoff, Stickstoff, Kupfer, Phosphor, Titan, Molybdän usw. zu nachweisbaren Alterungseffekten.

An Gußeisen sind systematische Untersuchungen über Alterungserscheinungen noch nicht durchgeführt worden. Verfasser hat allerdings die starken Härtungserscheinungen anlaßbeständiger antimonhaltiger Nickel-Gußeisensorten mit der Überlagerung der Enthärtungsvorgänge nach Art der Stahlenthärtung durch solche der Härtesteigerung infolge Alterungserscheinungen in Beziehung gebracht (vgl. Abb. 962, sowie die zugehörigen Ausführungen im Kapitel XXII dieses Buches). Auch konnte Verfasser zusammen mit E. Söhnchen in den Jahren 1936/38 an kupferhaltigem Gußeisen Versprödungen durch Anlassen nach voraufgegangener Abschreckung aus Temperaturgebieten zwischen 550 und 750° beobachten, worüber jedoch bisher keine schrifttumsmäßigen Hinweise erfolgten. Da jedoch wiederholt sowohl vom Verfasser als auch von seiten der Praxis unerklärliche Versprödungen an Gußeisen festgestellt werden konnten, so wird vermutet, daß auch bei Gußeisen vor allem bei Gegenwart von Elementen, wie Kupfer, Nickel, Chrom, Antimon, Molybdän, Titan usw. und von Nitriden oder

Hydriden Alterungsmöglichkeiten bestehen, die noch ein weites Feld für Forschungsarbeiten ergeben. Im folgenden sei aus der Zahl der Beobachtungen des Verfassers ein Beispiel für die Wahrscheinlichkeit der Alterungsanfälligkeit gewisser Gußeisensorten besprochen:

Einige aus der Praxis überlassene Stücke dünnwandigen Spezialgußeisens mit etwa 3,6% C, 2,6% Si und 0,75% P, die angeblich zur Versprödung neigen sollten, wurden im Gießereiinstitut der T. H. Aachen entsprechend aufgeteilt, die einzelnen Stücke auf steigende Temperaturen zwischen 250 und 550° erhitzt, auf den gewählten Temperaturen jeweils 20 Minuten geglüht und alsdann in Wasser abgeschreckt. Die jeder Abschreckstufe zugehörigen Teilstücke wurden nunmehr sofort, sowie nach 20—40—120 und 160 Stunden auf Härte (Rockwell B) untersucht. Das Ergebnis zeigt Abb. 878. Man erkennt, daß zwar nur geringe Härtesteigerungen zustande gekommen sind, deren Verlauf aber durchaus den systematischen Beziehungen entspricht, wie sie von Alterungserscheinungen bei Legierungen anderer Art bekannt sind. Die abgeschreckten Proben zeigten, sofort nach Abschreckung geprüft, von einer Abschrecktemperatur um 350° und aufwärts an bereits merkliche Härteanstiege (untere Kurve in Abb. 878). Nach 120stündiger Lagerung war das Maximum des Alterungseffektes erreicht. Auffallend ist jedoch, daß hier auch die Abschreckstufen bis herunter zu 250° noch eine nachweisliche natürliche Alterung ergaben. Der Verlauf der Alterung ließ vermuten, daß auch hier ein gewisser Kupferzusatz allein oder im Zusammenhang mit anderen alterungsfähigen Komponenten als Ursache der beobachteten Alterungseffekte anzusprechen sei. Leider war die genaue Zusammensetzung des Materials nicht bekannt. Die kleine Untersuchung zeigt jedoch, daß Beobachtungen dieser Art für die Praxis des Graugießers noch sehr bedeutsam werden dürften.

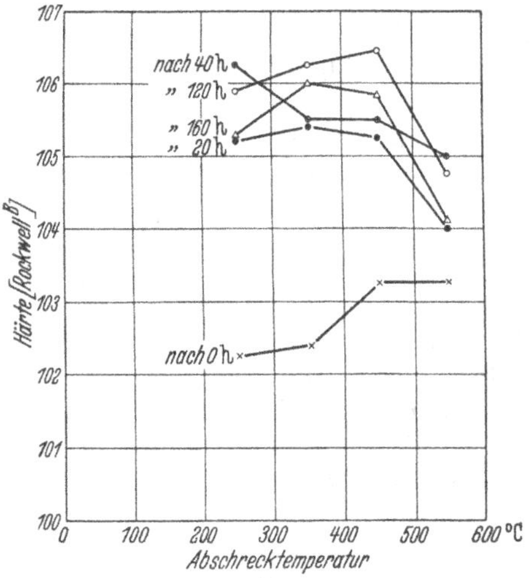

Abb. 878. Alterungserscheinungen an Grauguß (E. PIWOWARSKY).

h) Begriffsbestimmungen für Fachausdrücke.

Im Jahre 1929 hat der Werkstoffausschuß des Vereins deutscher Eisenhüttenleute zum ersten Male Vorschläge für die Vereinheitlichung einer Reihe von Fachausdrücken auf dem Gebiete der Wärmebehandlung veröffentlicht (*24*), um zu einer eindeutigen Begriffsbestimmung für häufig gebrachte Fachwörter zu kommen und damit Mißverständnisse zu vermeiden. In Fortsetzung dieser Bestrebungen hat der Werkstoffausschuß einige Jahre später (*25*) auch die Begriffsbestimmungen für die Ausdrücke „Altern", „Reckaltern" und „Aushärtung" eingehend beraten. Die Begriffsbestimmungen für diese Ausdrücke, die im folgenden aufgeführt sind, können heute als endgültig angesehen werden.

1. Wärmebehandlung: Ein Verfahren oder eine Verbindung mehrerer Verfahren zur Behandlung von Eisen und Stahl in festem Zustande, wobei der Werkstoff lediglich Änderungen der Temperatur oder des Temperaturablaufs unterworfen wird mit dem Zweck, bestimmte metallurgische Eigenschaften zu erzielen.

2. Abschrecken: Beschleunigte Abkühlung eines Werkstoffes.

3. Härten: Abkühlen von Stahl (oder Gußeisen) aus Temperaturen über A_1 (meist über A_3) mit solcher Geschwindigkeit, daß Härtung durch Martensitbildung eintritt.

4. Glühen: Erhitzen eines Werkstückes im festen Zustande (auf eine bestimmte Temperatur) mit nachfolgender, in der Regel langsamer Abkühlung.

5. Normalglühen: Erhitzen auf eine Temperatur dicht oberhalb Ac_3 (bzw. oberhalb der Linie ES) mit nachfolgender Abkühlung in ruhender Atmosphäre.

6. Weichglühen (auf körnigen Zementit glühen): Glühen eines Werkstückes zur Erzeugung von körnigem Zementit, meist durch längeres Erwärmen dicht unter Ac_1, oder Pendeln um A_1 mit nachfolgender langsamer Abkühlung.

7. Anlassen: Erwärmen (nach vorausgegangener Härtung durch Wärmebehandlung oder nach Kaltverformung) auf eine Temperatur unterhalb Ac_1 mit nachfolgender Abkühlung.

8. Vergüten: Vereinigung von Härten und nachfolgendem Anlassen auf so hohe Temperaturen, daß eine wesentliche Steigerung der Zähigkeit eintritt.

9. Altern: Im metallkundlichen Sinne jede im Laufe der Zeit ohne gleichzeitige äußere Einwirkung eintretende Eigenschaftsänderung eines Stoffes, die auch bei Raumtemperatur vor sich geht (natürliche Alterung) oder durch Anwendung erhöhter Temperaturen beschleunigt wird (künstliche Alterung).

10. Reckaltern (Stauchaltern): Ein durch jede Art Kaltverformung eingeleitetes oder beschleunigtes Altern.

11. Aushärtung: Eine allmähliche Härtesteigerung durch Alterung, meist nach vorausgegangenem Abschrecken.

Schrifttum zum Kapitel XX.

(*1*) J. Iron Steel Inst. Bd. 106 (1922) S. 89; Stahl u. Eisen Bd. 42 (1922) S. 1598.
(*2*) Engg. Bd. 114 (1922) S. 733/36; Stahl u. Eisen Bd. 43 (1923) S. 204.
(*3*) Piwowarsky, E.: Ber. Werkstoffaussch. Eisenhüttenl. Nr. 33 (1924); vgl. auch F. Körber u. W. Köster: Mitt. K.-Wilh.-Inst. Eisenforschg. Bd. 5 (1924) S. 145, sowie Ishiwara, T.: Sci Rep. Tôhoku Univ. Bd. 14 (1925) S. 377/90.
(*4*) Pomp, A.: Stahl u. Eisen Bd. 44 (1924) S. 1694/96.
(*5*) Jungbluth, H.: Stahl u. Eisen Bd. 42 (1922) S. 1393.
(*6*) Hanemann, H.: Stahl u. Eisen Bd. 32 (1912) S. 1397.
(*7*) Wever, F.: Arch. Eisenhüttenw. Bd. 5 (1931/32) S. 367.
(*8*) De Nolly, H., u. L. Veyret: J. Iron Steel Inst. Bd. 90 (1914) S. 165.
(*9*) Maurer, E.: Über das Beta-Eisen und über Härtungstheorien. Mitt. K.-Wilh.-Inst. Eisenforschg. Bd. 1 (1921) S. 39—86.
(*10*) Maurer, E.: Stahl u. Eisen Bd. 44 (1924) S. 622.
(*11*) Grenet, L.: J. Iron Steel Inst. Bd. 81 (1911) S. 13.
(*12*) McCance, A.: J. Iron Steel Inst. Bd. 89 (1914) S. 192.
(*13*) Jeffries, Z., u. R. S. Archer: Vgl. die kritische Würdigung derselben durch F. Körber: Ber. Werkstoffaussch. Eisenhüttenl. Nr. 25.
(*14*) Hanemann, H., u. A. Schrader: Ber. Werkstoffaussch. Eisenhüttenl. Nr. 61.
(*15*) Honda, K.: Arch. Eisenhüttenw. Bd. 1 (1927/28) S. 527—533.
(*16*) Esser, H., u. W. Eilender: Arch. Eisenhüttenw. Bd. 4 (1930/31) S. 113.
(*17*) Scheil, E.: Arch. Eisenhüttenw. Bd. 2 (1928/29) S. 375.
(*18*) Kurdjumow, G., u. G. Sachs: Z. Phys. Bd. 64 (1930) S. 325.
(*19*) Engel, W.: Ingeniörvidenskabelige Skrifter. A. Nr. 30 S. 152; vgl. auch Arch. Eisenhüttenw. Bd. 6 (1932/33) S. 199.
(*20*) Hanemann, H., u. A. Schrader: Arch. Eisenhüttenw. Bd. 12 (1938/39) S. 603.
(*21*) Jackson, J.: Foundry Trade J. Bd. 49 (1937) S. 434; vgl. Metallwirtsch. 1938 S. 958.
(*22*) Piwowarsky, E.: Gießerei Bd. 26 (1939) S. 609.
(*23*) Vortrag von E. Piwowarsky auf dem Internationalen Gießerei-Kongreß Düsseldorf, 1936, vgl. Gießerei Bd. 23 (1936) S. 674.
(*24*) Stahl u. Eisen Bd. 49 (1929) S. 878/79.

(25) Stahl u. Eisen Bd. 55 (1935) S. 962; vgl. Werkstoff-Handbuch Stahl u. Eisen 2. Aufl. (1937) Blatt T 2.
(26) Hurst, J. E.: Trans. Amer. Foundrym. Ass. 1936 S. 373; vgl. Gießerei Bd. 24 (1937) S. 195.
(27) Fletcher, J. E.: Brit. Patent Nr. 245196 vom 1. Oktober 1924.
(28) Arbeiten von Hurst, Coyle, Potter, Piwowarsky, Durand, Grotts, Botschwar, Kalinikof, Guillet, Everest, Galibourg, Ballay, Eddy und anderen.
(29) Vortrag von E. Piwowarsky auf dem Intern. Gießerei-Kongreß in Philadelphia 1934.
(30) Piwowarsky, E.: Gießerei Bd. 24 (1937) S. 97.
(31) v. Schwarz, M., u. A. Väth: Gießerei Bd. 21 (1934) S. 345.
(32) Coyle, F. B.: Amer. Progress in the Use of Alloys in Cast Iron Foundry Trade J. Bd. 49 (1933) S. 7; vgl. Nickel Cast Iron Data, Sect. 3 Nr. 7 der Intern. Nickel Company, New York.
(33) Guillet, L., Galibourg, J., u. M. Ballay: Rev. Métall. 1931 S. 581.
(34) Hurst, J. E.: Gießerei Bd. 19 (1932) S. 458.
(35) Le Thomas, A.: Gießerei Bd. 23 (1936) S. 339.
(36) Portevin, A.: Academie des Sciences, Séance du 3 Juillet 1922 S. 27.
(37) Vgl. U.S.A.-Patent Nr. 2014559, ferner D.R.P. ang. Nr. F. 72062, Kl. 18c, 12/01 vom 22. Okt. 1931 (Ford Motor Company Ltd. London), sowie Cone, E. F.: Metals Alloys Bd. 11 (1937) S. 303 usw.
(38) Vgl. die Patentanmeldung der Fa. Friedr. Krupp A.-G., Essen, vom 3. Juni 1936 (Akt.-Zeich. K 142440, Kl. 18c, 12/10).
(39) Rose, A.: Arch. Eisenhüttenw. Bd. 13 (1940) S. 345.
(40) Sâto, S.: Sci. Rep. Tôhoku Univ. Bd. 21 (1932) S. 564.
(41) Entnommen dem Werkstoff-Handbuch Stahl u. Eisen Blatt T 14/2. Vgl. auch Metallwirtsch. Bd. 37 (1939) S. 792.
(42) Scheil, E., und Mitarbeiter: Arch. Eisenhüttenw. Bd. 11 (1937/38) S. 93.
(43) Fleischer, F.: Gießerei Bd. 27 (1940) S. 317.
(44) Vgl. das zusammenfassende Referat von H. Jungbluth: Stahl u. Eisen Bd. 60 (1940) S. 765.
(45) Bartholomew, E. J., u. J. D. Paine: USA. Patent Nr. 2200765 vom 14. Mai 1940 (vgl. Franz. Pat. Nr. 866503).
(46) Portevin, A., u. C. Chevenard: Rev. Métall. (1917) S. 135; (1919) S. 67; (1922) S. 564.

XXI. Legiertes Gußeisen.

a) Allgemeines.

Legiertes Gußeisen soll nur dort angewendet werden, wo durch Zusatz von Spezialelementen zu Gußeisen eine technisch eindeutige und wirtschaftlich tragbare Verbesserung bestimmter Eigenschaften, wie Verschleiß, Volumenbeständigkeit, Hitze- und Zunderbeständigkeit, Verhalten gegen Korrosion usw. erzielbar ist. Legierungselemente wie Nickel, Chrom und Molybdän, welche die kritische Abkühlungsgeschwindigkeit beim Härten und Vergüten herabsetzen, finden für thermisch nachzubehandelndes Gußeisen seit 1925 eine steigende Verwendung. Im allgemeinen aber ist man in Deutschland bestrebt, mechanisch hochwertiges Gußeisen möglichst unter Ausnützung rein metallurgischer Maßnahmen zu erzielen, so daß der Anteil legierten Gußeisens an der Gesamtproduktion unter 2 bis 3% liegen dürfte. Selbst für USA., wo doch legiertes Gußeisen mehr in Mode ist als in Deutschland, ist der Anteil legierten Gußeisens an der Gesamt-Gußerzeugung auf höchstens 3 bis 5% zu schätzen (*1*). Als legierter Guß bzw. Gußbruch im Sinne der Anordnung Nr. 48 der Reichsstelle für Eisen und Stahl vom 11. Juni 1940 (Reichsanzeiger Nr. 134 vom 11. Juni 1940, S. 1/2) gilt ein Material, wenn dessen Gehalt an Legierungselementen folgende Sätze überschreitet (*2*):

Nickel	1,00%		Kobalt	0,50%	
Chrom	1,00%	(0,40%)	Vanadin . . .	0,50%	(0,25%)
Molybdän. . . .	0,15%	(0,25%)	Mangan. . . .	9,00%	(2,00%)
Wolfram	1,00%		Silizium. . . .	7,00%	

Die Reichsstelle ging bei Festsetzung der Grenzgehalte an Speziallegierungen davon aus, in stärkerem Maße als bisher legierte Schrotanfälle der Wiederverwendung zuzuführen. Die Grenzgehalte sind daher angesetzt ausgehend von der Zweckmäßigkeit der Wiedergewinnung jener Legierungselemente. An sich wird man von legiertem Gußeisen grundsätzlich bereits dann sprechen müssen, wenn der Gehalt an den betr. Legierungselementen den in Klammern gesetzten Wert erreicht.

Eine gute Übersicht über den Einfluß von Legierungselementen auf die mechanischen Eigenschaften von Gußeisen gab V. A. Crosby (*3*). Die Arbeit ist deswegen hervorzuheben, weil sie planmäßig den Einfluß verschiedener Legierungselemente auf den gleichen Grundwerkstoff, nämlich ein Eisen mit 3,24% C, 1,88% Si, 0,71% Mn, 0,17% P und 0,09% S verfolgte (Abb. 879). Den Einfluß

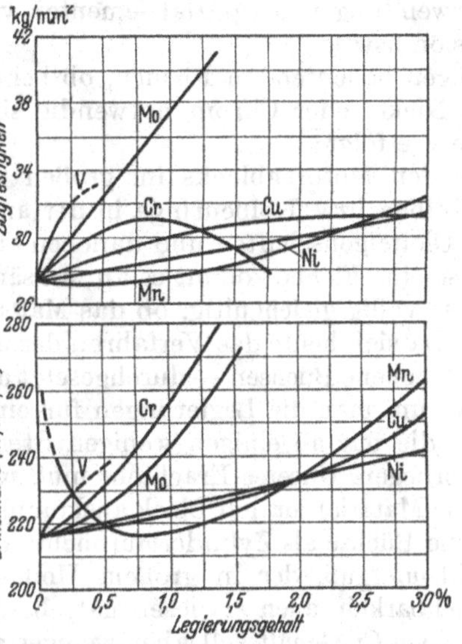

Abb. 879. Einfluß verschiedener Legierungselemente auf Zugfestigkeit und Härte eines Gußeisens (nach V. A. Crosby).

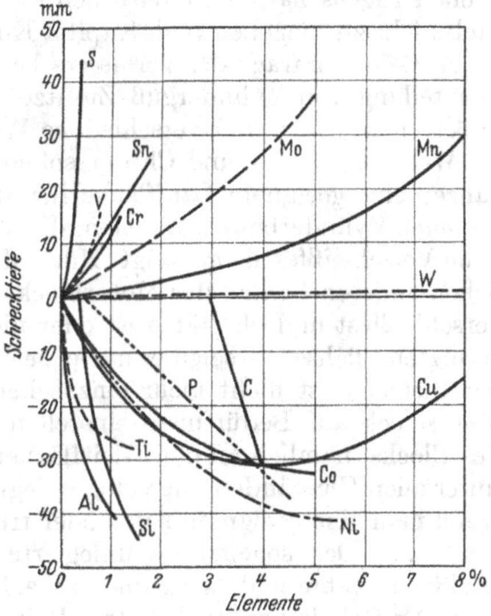

Abb. 880. Einfluß verschiedener Elemente auf die Schrecktiefe von Grauguß (nach K. Taniguchi).

verschiedener Metalle auf die Schrecktiefe von Gußeisen zeigt Abb. 880 nach K. Taniguchi (*27*).

In Deutschland versucht man seit Jahren, den Verbrauch an Spezialelementen für das Legieren von Grauguß auf diejenigen Fälle zu beschränken, wo dies wirtschaftlich tragbare Vorteile bringt.

So wird in Deutschland entgegen einer früher viel umfangreicheren Verwendung von Spezialelementen wie Nickel, Chrom und Molybdän, z. B. im Zylinder- und Automobilguß, ein Legieren des Gußeisens für entbehrlich gehalten mit Ausnahme folgender Verwendungszwecke (*29*):

1. Bei gegossenen Kurbelwellen ist ein Chromgehalt von höchstens 0,6% zulässig, dagegen kein Zusatz von Kupfer, Molybdän und Nickel.
2. Gußeisen für Zylinderbüchsen darf bis 0,3% Cr enthalten.
3. Gegossene Ventilsitzringe dürfen bis 1% Mo enthalten.
4. Gußeisen und Temperguß für Bremstrommeln dürfen 0,3% Mo enthalten.
5. Bei Gußeisen- und Hartgußwalzen kann bis auf folgende Verwendungszwecke auf eine Legierung verzichtet werden:

a) Hartgußwalzen mit einer Oberflächenhärte von mehr als 90° (ermittelt mit dem Rückprallhärteprüfer von Schuchardt und Schütte) können bis 2% Cr und 4,5% Ni enthalten.

b) Hartgußwalzen für kontinuierliche Band- und Drahtstraßen können bis 1,5% Cr, 1,5% Ni und 0,3% Mo enthalten.

c) Kaliberfertigwalzen mit einer Oberflächenhärte über 40° (ermittelt mit dem Rückprallhärteprüfer nach SCHUCHARDT und SCHÜTTE) können bis 0,75% Cr und 0,3% Mo enthalten.

d) Nicht gekühlte Hartguß-Warmwalzen, deren Arbeitstemperatur über 300° beträgt, können bis zu 0,4% Mo enthalten.

Zur Legierungseinsparung muß dafür gesorgt werden, daß die Verbraucher die legierten Walzen nach Abnutzung an die Hersteller für die Wiederverwendung zurückliefern.

Bei der Herstellung von Gußeisen mit besonderen chemischen und physikalischen Eigenschaften ist natürlich die Verwendung von Spezialelementen vielfach nicht zu umgehen (vgl. Kapitel Korrosion usw.).

Auf eine Umfrage des Verfassers bei einigen bedeutenden Firmen, ob bei der Herstellung von Zylinderguß Zusätze von Nickel oder Chrom notwendig sind, äußerten sich u. a. drei verschiedene Werke wie folgt:

Werk A. Nickel und Chrom sollen bei den Motorenblocks im großen und ganzen eine geeignete Lauffläche für die Kolben bzw. Kolbenringe in der angegossenen Zylinderbahn herstellen, die gute Gleiteigenschaften und daneben auch hohe Verschleißfestigkeit zeigt. Nur auf diese eine Fläche kommt es an; an sämtlichen anderen Stellen des Motorblocks ist es völlig gleichgültig, ob das Material verschleißfest und gleitfähig ist oder nicht. Da sich heute das Verfahren der eingesetzten Büchsen — seien es nasse, seien es trockene Büchsen — durchgesetzt und bewährt hat, ist nicht mehr einzusehen, warum man die Legierungen für einen Motorblock auf Bedürfnisse einstellen soll, die nur an einigen wenigen Stellen des Blocks, nämlich an den Gleitflächen, vorliegen. Unseres Erachtens muß man unter allen Umständen mit völlig unlegiertem Material für den Block auskommen, wenn man eine geeignete nasse oder trockene Büchse als Zylinderlaufbüchse einsetzt .... Der sogenannte unlegierte Schleuderguß, der in großem Umfange praktisch gebraucht wird und seine Brauchbarkeit auch erwiesen hat, besitzt einen Cr-Gehalt von etwa 0,3%. Dieser geringe Cr-Gehalt soll aber weniger zur Verbesserung der Eigenschaften des Materials dienen, als vielmehr dazu, bei der Abkühlung der geschleuderten Büchse in der metallenen Kokille das „Hängenbleiben" der Legierung beim eutektischen Punkt zu erleichtern. Cr-Zusätze in diesen Höhen halten wir für vorteilhaft und vertretbar. Will man darüber hinaus noch eine bedeutende Steigerung der Qualität erreichen, dann muß man die sogenannte Nitriergußbüchse verwenden, d. h. eine Büchse aus nitrierfähigem Gußeisen, die in bekannter Weise durch Ammoniakbehandlung gehärtet wird. Der Werkstoff enthält neben 1 bis 1½ % Al auch noch 1 bis 1½ % Cr. Dieser Cr-Gehalt ist unerläßlich, um die nötige Härte zu bekommen. Bei Verwendung von Nitriergußbüchsen ist ein solcher Cr-Gehalt aber auch vertretbar, denn wenn man einen Motorblock aus unlegiertem Gußeisen nimmt und ihn mit Nitriergußbüchsen ausrüstet, d. h. mit Büchsen, die einen verhältnismäßig hohen Legierungsgehalt haben, wird man sicher vom Standpunkt der Einsparung devisenverbrauchender Legierungselemente immer noch bei weitem besser fahren, als wenn man den ganzen Motorblock aus einem Ni—Cr-legierten Gußeisen herstellt. Dabei ist noch nicht einmal berücksichtigt, daß sich Motoren mit Motorblocks aus unlegiertem Gußeisen und mit eingesetzten Nitriergußbüchsen bedeutend besser verhalten in bezug auf Laufdauer, als Motoren mit einem Motorblock aus Ni—Cr-legiertem Gußeisen ohne eingesetzte Büchsen.

Werk B. Nickelzusätze und Cr-Ni-Zusätze werden bei uns seit etwa 3 Jahren nicht mehr verwendet.

In Ausnahmefällen, in denen vom Kunden ganz besonders hohe Härte der Zylinderlaufbahnen gefordert wird, werden sich Zusätze von Ferro-Chrom nicht immer vermeiden lassen. Der normale Automobil- und Rippenzylinderguß für luftgekühlte Motoren kann auf Zusätze von Chrom-Nickel, Nickel- und Chromlegierungen verzichten.

Werk C. 1. Bei Büchsen von geringer Wandstärke — etwa 7 mm —, also für sogenannte trockene Büchsen, kann das bisher normal erfolgte Legieren mit Chrom entfallen; das Chrom kann ohne weiteres durch Vanadin ersetzt werden.

2. Bei mittlerer Wandstärke — bis etwa 14 mm — müssen wir vorläufig am Legieren mit Chrom festhalten.

3. Bei größeren Wandstärken, von 14 bis 22 mm, wurde bisher mit Chrom und Nickel legiert. Die Legierung kann ohne weiteres mit Chrom und Molybdän erfolgen.

Das Nickel ist also zum Legieren von Schleuderguß-Zylinderlaufbüchsen nicht nötig und kann ohne weiteres entfallen.

Auf das Chrom als Legierungselement kann hingegen von einer gewissen Wandstärke an vorläufig nicht verzichtet werden.

b) Verwendete Metalle und Ferrolegierungen.

(1 bis 8 nach Angaben der Gesellschaft für Elektrometallurgie, Berlin-Charlottenburg.)

1. Ferromangan. Hochofen-Ferromangan mit Gehalten von rd. 80 % Mn enthält rd. 6% C bei rd. 0,3% P.

Im elektrischen Ofen hergestellte Ferromanganlegierungen enthalten bis zu 98% Mn. Die C-Gehalte bewegen sich bei diesem Werkstoff zwischen rd. 6% und rd. 0,1%. Das Produkt mit niedrigstem C-Gehalt, höchstem Mangangehalt und möglichst niedrigem Eisen- sowie Phosphorgehalt ist am wertvollsten.

2. Ferrosilizium. Masseln bei Hochofen-Ferrosilizium und unregelmäßige Bruchstücke bis zu Kopfgröße bei dem im elektrischen Ofen erzeugten Ferrosilizium. Die Si-Gehalte bei den im elektrischen Ofen erzeugten Ferrosiliziumlegierungen sind: 25 bis 28%, ferner rd. 45%, rd. 75%, rd. 90%, sowie rd. 98%. Das letztaufgeführte, höchstprozentige Gut wird auch Siliziummetall genannt.

Die Elemente Mangan, Silizium und Aluminium ergeben eine Reihe wertvoller Desoxydationslegierungen, wie

Ferromangan-Silizium (Silicomangan), 65—75% Mn, 15—26% Si,
Ferrosilizium-Aluminium (Silical), etwa 85% Si bei 8—10% Al,
Ferroaluminium-Silizium (Alsimin), 45—50% Al, 35—40% Si,
Ferrosilizium-Aluminium-Mangan (Simanal), 18—22% Si, 8—22% Al, 8—22% Mn.

3. Ferrochrom. 60 bis 70 % Cr, C-Gehalte von rd. 10 % abwärts mit allen Zwischenkohlungen bis zu den niedrigen Gehalten von 0,04%. Rest besteht aus Eisen, etwas Silizium und geringen Mengen an Schwefel und Phosphor.

4. Ferromolybdän. Gehalte an Mo von 65 bis 75 % und je nach Wunsch mit C-Gehalten von max. 1% bzw. max. 0,1% in Stücken oder pulverisiert. Höherprozentige Legierungen mit rd. 85% Mo und rd. 95% Mo, praktisch C-frei, sind als technisches Molybdänmetall bekannt.

5. Ferrowolfram. Gehalt von rd. 80 % W und, auf Wunsch der Verbraucher, mit max. 1% C oder max. 0,1% C. Neben dem Ferrowolfram wird für Legierungszwecke auch technisch reines Wolframmetall mit 98 bis 99% W hergestellt.

6. Ferrovanadin. Gehalte an Vanadin im Ferrovanadin betragen rd. 60%, rd. 80% und rd. 96%. Aluminothermisch hergestelltes Ferrovanadin ist C-frei.

Zahlentafel 177. Einige Eigenschaften der Spezialelemente.

	Atomgewicht °C	Dichte	Schmelzpunkt	Struktur		Zusatzmengen zu perlitischem Eisen %	Abschrecktiefe
Mangan	54,93	7,2	1274	kubisch (Mangantyp)	K 16, T 2	—	wird erhöht
Nickel	58,69	8,8	1455	kubisch fl.-zentr.	K 2	0,2 —3,0	wird erniedrigt
Chrom	52,0	7,0	1650	kubisch r.-zentr.	K 1, H 1, K 16	0,15—0,8	wird erhöht
Molybdän	96,0	10,2	2620	kubisch r.-zentr.	K 1	0,3 —1,5	wird leicht erhöht
Vanadin	51,0	6,0	1720	kubisch r.-zentr.	K 1	0,1 —0,5	wird erhöht
Kupfer	63,57	8,93	1083	kubisch fl.-zentr.	K 2	0,5 —2,5	wird leicht erniedr.
Aluminium	26,97	2,70	660,0	kubisch fl.-zentr.	K 2	bis 0,2	wird stark erniedr.
Titan	48,1	4,50	1800	hexagonal d. K.-Pack.[1]	H 1	0,05—0,2	wird erniedrigt
Kobalt	58,97	8,71	1480	hexagonal bzw. kubisch fl.-zentr.	H 1, K 2	bis 2,0	wird leicht erniedr.
Wolfram	184,0	19,30	3400	kubisch r.-zentr.	K 1	0,1 —5,0	wird erhöht
Bor	10,82	1,73	2300	nicht bekannt (?)		bis 1,0	wird erhöht
Blei	207,2	11,34	327	kubisch fl.-zentr.	K 2	bis 0,10	verschieden
Zink	65,37	7,14	419	hexagonal d. K.-Pack.[1]	H 1	—	verschieden
Antimon	120,20	6,69	630	h.-rhomboedrisch (pseudokub.)	H 10	0,1 —0,4	wird erhöht
Arsen	74,96	5,72	817	h.-rhomboedrisch (pseudokub.)	H 10	0,1 —0,6	wird erhöht
Zinn	118,7	7,2	232	tetragonal	T 1, K 4	0,25—2,0	wird leicht erniedr.
Wismut	209,0	9,75	269	hexagonal rhomboedrisch	H 10	bis 0,3	wird erniedrigt
Zirkon	90,6	6,40	1857	hexagonal d. K.-Pack.[1]	H 1, K 1	0,1 —03	wird erniedrigt
Uran	238,2	18,70	1850	monoklin		0,2 —0,5	
Magnesium	24,32	1,74	650	hexagonal d. K.-Pack.[1]	H 1	bis 0,20	nicht eindeutig
Natrium	22,99	0,97	97,7	kubisch r.-zentr.	K 1	bis 0,10	
Beryllium	9,02	1,85	1285	hexagonal d. K.-Pack.[1]	H 1	bis 1,5	wird erhöht
Kalzium	40,07	1,54	810	kubisch fl.-zentr.	K 2, H 1	bis 0,5	wird erniedr.
Barium	137,36	3,60	658	kubisch r.-zentr.	K 1	bis 0,2	wird erniedr.
Strontium	87,63	2,63	797	kubisch fl.-zentr.	K 2	bis 0,2	wird erniedr.
Cer	140,25	6,79	618	hexagonal kubisch fl.-zentr.	H 1, K 2	bis 1,00	wahrsch. erhöht
Kadmium	112,40	8,64	63,8	hexagonal d. K.-Pack.[1]	H 1	—	etwas vermindert(?)
Lithium	6,94	0,534	180	kubisch r.-zentr.	K 1	bis 0,2	wird leicht erhöht
Tellur	—	—	—	—		bis 2,00	wird erhöht

[1] Bedeutet: dichteste Kugelpackung.

7. Ferrotitan. Das im elektrischen Ofen mit Hilfe von Kohlenstoff erzeugte Ferrotitan enthält Gehalte an Titan von 15 bis 20% und C-Gehalte von 5 bis 10%. Die aluminothermisch gewonnenen Ferrotitane sind praktisch C-frei und enthalten an Titan 20 bis 30% neben 4 bis 6% Al und ferner rd. 40% Ti neben 6 bis 10% Al.

Zahlentafel 178. Preise verschiedener Ferrolegierungen und Metalle. (Stand vom Oktober 1936.)

I. Ferrolegierungen.

	Einheit	Preis
Ferroaluminium 60%	100 kg	155,— RM.[1]
Ferrochrom max. 0,06% C	1 kg Rein-Cr	1,88 schw. Kr.[2, 3]
„ 0,10% C	1 „ „	1,75 „ „ [2, 3]
„ 0,15% C	1 „ „	1,68 „ „ [2, 3]
„ 0,20% C	1 „ „	1,64 „ „ [2, 3]
„ 0,50% C	1 „ „	1,48 „ „ [2, 3]
„ 1% C	1 „ „	0,95 RM.[1, 3]
„ 2% C	1 „ „	0,85 „ [1, 3]
„ 2—4% C	1 „ „	0,79 „ [1, 3]
„ 4—6% C	1 „ „	0,69 „ [1, 3]
„ 6—8% C	1 „ „	0,67 „ [1, 3]
Ferromangan affiné max. 1% C	1000 kg	375,— „ [1, 4]
Ferromolybdän 65—75% Mo	1 kg Rein-Mo	6,50 „ [1]
Kalzium-Molybdat 40—45% Mo	1 „ „	6,10 „ [1]
Chrom-Nickel, 60—65% Ni, 15% Cr	1 kg	3,— RM.[1]
„ 50% Ni, 12% Cr	1 „	2,50 „ [1]
„ 40% Ni, 10% Cr	1 „	2,20 „ [1]
Ferrophosphor 20—25% P.	1000 „	225,— „ [5]
mindestens 25% P.	1000 „	260,— „ [5]
Ferrosilizium 25—30%	1000 „	7.10 £ [2, 14]
„ 45%	1000 „	205,— RM.[6, 7]
„ 75%	1000 „	320,— „ [6, 8]
„ 90%	1000 „	410,— „ [6, 9]
Ferrosilizium-Mangan	1000 „	175,— „ [1]
Kalzium-Silizium, 60—65% Si, 32—36% Ca stückig	1000 „	3100 ffrs.[1]
Silical, 85% Si, 8—10% Al	1000 „	430,— RM.[1, 10]
Feralsit, 40—50% Si, 18—22% Al	1000 „	330,— „ [11]
Alsimin, 30% Si, 40% Al	1000 „	715,— „ [1, 12]
Ferrotitan praktisch kohlefrei 20—25% Ti	1 „	1,30 „ [1]
„ 25—30% Ti	1 „	1,70 „ [1]
„ 38—40% Ti	1 „	1,90 „ [1]
Ferrovanadium 60—80% V	1 kg Rein-V	26,25 „ [1, 13]
Ferrowolfram 80—85% W, max. 1% C	1 kg Rein-W	4,20 „ [1]

II. Metalle [vgl. Metallwirtsch. XV (1936) S. 979].

Aluminium	98/99% =	1,36 RM. je kg	Chrom	rein	= 4,00 RM. je kg
Blei	99,9% =	0,23 „ „ „	Vanadin	96,00%	= 27,10 „ „ „
Kupfer	99,75% =	0,57 „ „ „	Silber	rein	= 41,00 „ „ „
Messing	64,5% =	0,43 „ „ „	Mangan	rein	= 1,60 „ „ „
Rotguß	Rg. 10 =	0,67 „ „ „	Silizium	98/99%	= 1,— „ „ „
Nickel	98/99% =	2,60 „ „ „	Wolfram	97/98%	= 4,30 „ „ „
Zink	99,9 % =	0,22 „ „ „	Gold	rein	= 2,85 „ „ g
Zinn	99,75% =	2,60 „ „ „	Platin	rein	= 6,60 „ „ „
Molybdän	85/90% =	6,50 „ „ „			

[1] Frachtfrei deutschem Verbraucherwerk einschließlich Verpackung. [2] Frei deutschem Seehafen. [3] Für mindestens 5000 kg, für kleinstückiges Material besondere Aufschläge. [4] Basis 75% Mn, Skala 10 RM. [5] Verpackt ab Werk. [6] Waggonladung, verpackt, franko Stückgut 20 RM. Aufschlag ab Werk. [7] Basis 45% Si, Skala 6 RM. [8] Basis 75% Si, Skala 7 RM. [9] Basis 90% Si, Skala 10 RM. [10] Basis 85% Si, Skala 6,50 RM. Al ohne Basis, Skala 10 RM. [11] Basis 40% Si, Skala 6 RM.; Basis 18% Al, Skala 12 RM. [12] Basis 40% Al, Skala 14 RM; Basis 30% Si, Skala 5 RM. [13] Bei Abschluß Mengenrabatte. [14] Basis 25% Si, Skala £ — .3.6.

8. **Kalzium-Silizium.** Stückig, Faustgröße und darunter, sowie gemahlen in Korngrößen 1 bis 3 mm mit Gehalten an Ca von 30 bis 36% und rd. 60% Si. Kalzium-Silizium mit niedrigeren Gehalten an Ca wird nur ungern verwendet.

Zahlentafel 177 gibt einige charakteristische Zahlen verschiedener Sonderelemente wieder, Zahlentafel 178 die Marktpreise verschiedener Metalle und Ferrolegierungen.

c) Nickel im Gußeisen.

1. Der Einfluß von Nickel auf die Konstitution hochgekohlter Eisen-Kohlenstoff-Legierungen bei Sandguß.

Ähnlich dem Einfluß des Siliziums (Abb. 73), nur wesentlich schwächer, verringert Nickel die Lösungsfähigkeit des flüssigen Eisens für Kohlenstoff (vgl. Abb. 882). Die Verdrängung des Kohlenstoffs aus der Schmelze folgt einer Temperaturfunktion, welche durch Abb. 65c zum Ausdruck kommt. Man erkennt, daß die Verdrängung bei höheren Temperaturen ausgeprägter ist als bei tieferen Temperaturen, ferner, daß die verdrängende Wirkung bei kleinen Gehalten an Silizium und Nickel am größten ist, um von einem gewissen Zusatz an konstant zu bleiben. Diese Konvergenzgehalte liegen für Silizium bei ca. 3%, für Nickel bei etwa 14%. Bei gleichzeitiger Anwesenheit von Nickel und Silizium war nach E. Piwowarsky und K. Schichtel die Verschiebung der C′D′-Linie im Eisen-Kohlenstoff-Diagramm kleiner, als den additiv zu erwartenden Werten entspricht, solange der Anteil der beiden Elemente unterhalb der Konvergenzgehalte lag. Abb. 881 zeigt die Verschiebung der eutektischen Konzentration durch die Elemente Chrom, Nickel und Silizium.

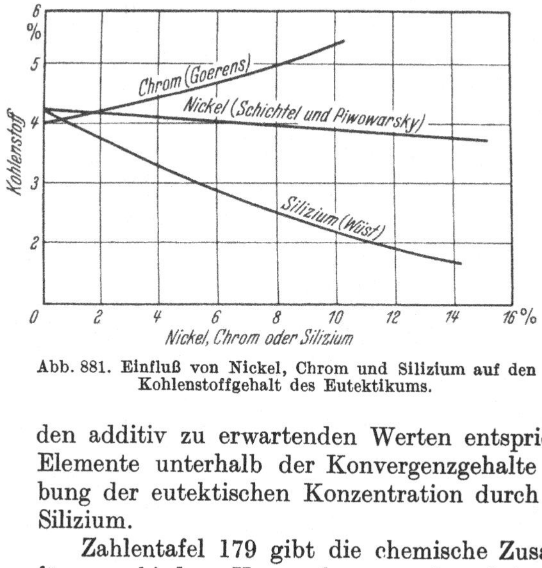

Abb. 881. Einfluß von Nickel, Chrom und Silizium auf den Kohlenstoffgehalt des Eutektikums.

Zahlentafel 179 gibt die chemische Zusammensetzung legierten Gußeisens für verschiedene Verwendungszwecke wieder unter Berücksichtigung von ausländischen Analysentypen.

Sowohl Silizium als auch Nickel begünstigen im Roh- und Gußeisen die Graphitbildung, jedoch wirkt Silizium in dieser Richtung 2,5- bis 3mal stärker (Abb. 73, 93 und 94). Abb. 882 gibt die Verhältnisse quantitativ für normale Gießverhältnisse wieder nach Arbeiten von E. Söhnchen und E. Piwowarsky (*4*).

In den erstarrten Eisen-Kohlenstoff-Legierungen verringert Nickel ähnlich dem Silizium, nur wesentlich schwächer (vgl. Abb. 883), die Löslichkeit des Kohlenstoffs im Austenit. Da Nickel den Austenit stabilisiert und das Existenzfeld desselben vergrößert, sinken mit zunehmendem Nickelgehalt die Ac_1- als auch die Ar_1-Punkte, desgleichen der eutektische Kohlenstoffgehalt, während im System Eisen-Kohlenstoff-Silizium der eutektische Kohlenstoffgehalt an sich stärker verringert wird, die eutektische Temperatur dagegen ansteigt (Kap. V). Da Nickel im Gegensatz zu Silizium die kritische Umwandlungsgeschwindigkeit γ/α stark verkleinert, so treten in den Eisen-Kohlenstoff-Legierungen mit zunehmendem Nickelgehalt auch bei Sandguß die Unterkühlungsstrukturen von Perlit über Martensit zu Austenit auf (Abb. 884 bis 887), während die Härte den in Abb. 888

Zahlentafel 179. Chemische Zusammensetzung legierten Gußeisens.

Verwendungszwecke	Ges.-C %	Si %	Mn %	P %	Ni %	Cr %	Mo %	V %	Cu %	dazu
Hochwertiger	2,80—3,2	1,8 —2,5	0,6 —0,9	< 0,35	—	—	0,3 —0,5	—	—	—
Maschinenguß	2,75—3,2	1,4 —2,5	0,7 —0,9	< 0,25	0,5 —2,0	bis 0,4	—	—	—	—
„ schwer . .	3,0 —3,3	0,8 —1,6	0,6 —0,8	< 0,35	0,6	—	0,5	—	—	—
Werkzeugmaschinen . . .	2,6 —3,2	1,25—2,6	0,75—0,9	bis 0,6	bis 1,0	—	0,25—1,20	—	—	—
	2,75	2,4	0,85	bis 0,4	1,8	0,4	—	—	—	—
Gesenke	3,0 —3,3	1,8 —2,2	0,5 —0,75	< 0,35	—	—	1,0 —1,5	—	—	—
schwer	2,7 —3,3	0,8 —1,75	—		1,25—1,75	0,4 —0,8	—	—	—	—
leicht	2,8 —3,4	1,0 —1,75	—		2,5 —3,5	0,6 —1,0	—	—	—	—
. . .	3,0 —3,5	1,25—2,2	0,75		2,00	0,35	0,60	—	—	—
. . .	3,5	1,5	0,50		0,5 —1,75	—	—	0,20	—	—
für Karosseriebleche	3,25	1,25	0,45	< 0,1	2,0	0,7	—			
Zahnräder	3,1 —3,3	1,2 —1,6	0,7		1,5 —1,75	0,3 —0,4	bis 0,6	—	—	—
. . .	3,1 —3,5	0,9 —1,2	0,5 —0,7	< 0,2	1,50	0,3 —0,5	—	—	—	—
Ritzel	3,0 —3,4	1,2 —2,4	0,6 —0,85		bis 0,8	0,25	0,4— 0,8	—	—	—
Autozylinder (Block und Köpfe)	3,2 —3,4	2,0 —2,2	0,6 —0,8	< 0,35	0,25—1,75	0,30—0,50	—	—	—	—
	3,2 —3,4	2,0 —2,2	0,6 —0,8		0,2 —0,5	0,30—0,50	0,5 —1,0	—	bis 0,6	—
	3,2 —3,4	2,0 —2,2	0,6 —0,8		0,2 —0,5	0,30—0,50	0,5 —1,0	—	0,5—1,0	—
	3,1 —3,3	1,9 —2,25	0,65—0,90	< 0,35	—	0,25—0,7	0,2 —1,0	—	—	—
luftgekühlte Zylinder . .	2,9 —3,4	1,8 —2,3	0,6 —0,8		0,2 —1,5	0,1 —0,4	0,35—1,50	—	—	—
	3,0 —3,4	1,8 —2,2	0,7	< 0,20	0,5 —3,0	0,5 —0,8	—	—	—	—
Dieselzyl.-Köpfe	3,1 —3,6	1,6 —2,0	0,8 —0,85		bis 1,25	—	bis 0,75	—	—	—
. . . .	3,1 —3,3	1,6 —2,0	0,8 —0,85		—	0,4 —0,6	0,8 —1,0	—	—	—
Autom.-Kolben	∼ 3,5	∼ 2,0	0,6 —1,0	—	0,25	—	—	—	—	—
„ Ford Motor Comp. .	1,4 —1,7	0,9 —1,1	0,9 —1,1	< 0,12	—	0,02	—	—	1,5—2,0	—
Kolbenringe (Automobile) .	3,2 —3,4	1,6 —2,0	0,5 —0,8	< 0,45	0,5 —1,5	bis 0,35	—	—	—	—
. . .	3,20—3,4	1,5 —2,5	0,75—0,9	< 0,45	—	0,30	0,35	—	—	—
„ Einzelguß vergütb. .	3,3 —3,6	2,4 —2,6	0,4 —0,6	< 0,60	0 —1,0	bis 0,60	bis 0,4	—	bis 0,6	—
„ Dampfmaschinen . .	3,0 —3,3	1,7 —2,2	0,6 —0,9	< 0,3	1,0 —1,5	0,3 —0,5	—	—	—	—
Bremstrommeln	3,2 —3,4	1,8 —2,4	0,6 —0,70		0,25—1,5	bis 0,3	bis 0,75	—	—	—
. . .	3,2 —3,4	1,8 —2,4	0,6 —0,70		—	—	0,5	—	1,0	—
. . .	3,0 —3,2	1,6 —2,2	0,7 —0,8		2,25	0,4	—	—	—	—
. . .	3,0 —3,3	1,8 —2,2	0,7 —0,8		—	0,35	0,35—0,45	—	—	—
. . .	2,5 —2,8	2,2 —2,4	0,6 —0,8	< 0,2	—	—	0,60	—	—	—
„ Ford Motor Comp. .	1,5 —1,7	0,9 —1,1	0,7 —0,9	< 0,1	—	—	—	—	2—2,25	—

Zahlentafel 179 (Fortsetzung).

Verwendungszwecke	Ges.-C %	Si %	Mn %	P %	Ni %	Cr %	Mo %	V %	Cu %	dazu
Laufbüchsen (Autozyl.)	3,0 —3,4	1,8 —2,2	0,55—0,8	< 0,2	1,5 —2,2	0,4 —0,8	—	—	—	—
. .	3,0 —3,4	1,8 —2,4	0,70—1,2	< 0,7	—	0,3 —1,0	0,6 —1,2	—	—	—
Dieselzyl. Laufbüchsen	2,90—3,10	2,10	0,85		—	0,4 —0,6	0,8 —1,0	—	—	—
Kurbelwellen	2,75—3,0	1,9 —2,3	0,55—0,75	< 0,2	1,0 —1,5	—	0,5 —0,75	—	—	—
leicht	2,50—3,0	2,0 —2,5	0,70—1,0		1,0 —1,5	—	0,6 —1,0	—	—	—
. . .	3,0	1,8	1,0	0,20	—	0,25	0,8	—	—	—
Fordtypen mit thermischer Nachbehandlung	3,0 —3,3	0,5 —0,70	0,2 —0,45	< 0,10	—	—	—	—	2,0—3,0	S < 0,08
	1,25—1,6	0,85—1,1	0,6 —0,8	< 0,1	—	0,40—0,5	—	—	1,5—2,00	S < 0,06
Kurbelwellen schwer	2,45—2,75	2,5 —1,6	0,6 —0,9	< 0,2	0,8 —1,2	—	0,6 —1,25	—	—	—
	2,6 —3,0	1,8 —2,5	0,95		1,2		1,1	—	—	—
Automob. Kurbelwellen	2,8 —3,2	1,8 —2,3	0,6 —0,8		1,4 —1,7	0,3 —0,6	0,5 —0,6	—	—	—
,, schwer	1,75	0,65	0,65	0,05	etwa 2,0	—	etwa 0,6	—	—	—[1]
,, aus Elektroofen	3,0 —3,2	2,0 —2,4	0,5 —0,7	< 0,02	0,4 —0,5	0,8 —1,0	0,4 —0,6	—	—	—
Nockenwellen	3,2	2,2	0,65		0,40	0,85	0,50	—	—	—
. . .	2,9 —3,1	1,75—2,0	0,5 —0,6		1,25—1,5	0,3 —0,4	0,5 —0,6	—	—	—
. . .	3,1 —3,4	2,1 —2,4	0,5 —0,75	< 0,30	0,2 —0,40	0,75—1,0	0,4 —0,6	—	—	—
. . .	3,1 —3,3	2,2	0,65		—	0,4	0,5	0,85	—	—
. . .	3,3 —3,6	0,45—0,55	0,15—0,35	< 0,05	—	bis 0,25	—	—	2,5—3,0	—[2]
Stößel	~ 3,2	1,2 —2,2	0,6 —0,8	< 0,2	1,75	0,35	0,75	—	—	—
Ventilsitzringe	2,25—2,75	2,25—2,75	D.R.P. A. Teves		—	1,0 —1,75	—	—	—	0,75—1,5 Al
,, Schnellstahl Am.	1,2 —1,4	0,30—0,6	0,25—0,50	< 0,05	—	2,5 —3,5	—	—	1,5—2,0	14—17 W
Ventilschäfte (Ford)	0,9 —1,2	2,0 —3,5	~ 0,25	< 0,05	13—15	14—16	—	—	—	S < 0,06
Widerstandsgitter	~ 3,5	~ 3,0	0,55—0,65	< 0,6	2,2 —5,0	—	—	—	—	—
Stahlwerks-Kokillen schwer	3,3 —3,8	0,8 —1,6	0,5 —0,8	< 0,10	—	—	0,25—0,35	—	—	—
leicht	2,5 —3,5	1 —2	0,5 —0,8	< 0,15	0,75—1,5	0,5 —0,75	—	—	—	—
Glasformen, Sandguß	2,75—3,60	1 —2	0,5 —0,8	< 0,30	0,75—1,5	0,5 —0,75	—	—	—	—
	2,80—3,25	1,8 —2,0	0,5 —0,8	< 0,25	—	0,25—0,6	—	—	—	—
,, Kokillenguß	3,50—3,80	1,4 —1,6	0,5 —0,60	< 0,45	1,20—1,50	—	0,20—0,30	—	—	—
	3,50—3,80	1,8 —2,2	0,5 —0,60	< 0,45	0,60—1,25	0,30	—	—	—	—
Guß mit erhöhter Korrosionsbeständigkeit (Rohre usw.)	3,3 —3,5	1,8 —2,2	0,5 —0,6	< 0,25	bis 2,5	bis 0,6	—	—	bis 0,8	—
Laugenkessel	3 —3,5	0 8 —1,4	0,3 —0,5	< 0,30	1—2	—	—	—	—	—
. . . .	3 —3,5	0,8 —1,6	0,3 —0,5	< 0,15	2—4	—	—	—	—	0,4—0,8 Sb

Roststäbe	3,1 —3,0	2,0	0,7		—	1,0	—	—	—	—
. . .	3,1 —3,3	1,5	0,4		1,5	0,6	—	—	—	—
. . .	3,4 —3,6	1,7	0,5		—	—	—	0,15	—	—
. . .	2,8 —3,0	1 —1,2	0,6 —0,8		1 —1,25	0,25—0,75	—	—	—	—
. . .	3,1 —3,3	1,2 —1,4	0,6 —0,8	0,2	1,5	0,60	—	—	—	—
. . .	3,0 —3,5	1,75—2,25	0,5 —0,8	0,2	—	0,85—1,25	—	—	—	—
Schmelztiegel f. Aluminium	2,8 —3,3	1,2 —2,0	0,6 —0,8	< 0,2	2,5	0,75	—	—	—	—
Bremsklötze	versuchsweise zum Grauguß noch:				1,0	0,5	—	—	—	—
Nitrierguß ·	∼ 2,50	1,50	0,5 —0,6		—	0,2	0,60	—	—	1,25 Al
. . .	∼ 2,65	2,60	0,6	< 0,1	—	1,7	—	—	—	1,45 Al
Warmwalzen	3,1 —3,3	0,65—1,2	0,25—0,30	0,15—0,40	—	—	0,25—0,35	—	—	—
Hartguß[1]	3,0 —4,0	0,2 —1,0	1 —1,75	< 0,35	—	bis 1,5	2,25—4,0	—	—	—
Hartgußwalzen	2,96	0,6	0,27	0,34	—	—	0,28		—	—
Hartgußwalzen	3 —3,75	0,75	0,2 —0,8	< 0,1	—	0,9 —1,25	0,15—0,8		—	—
Glühkasten für Temperguß	3,75	2,75	0,80	0,20	2,0	1,55	—	—	—	geb.C=0,50%

[1] Vgl. PEARCE, J. G. The Institution of Mechanical Engineers 1938

gekennzeichneten Verlauf annimmt. Daher ist es auch zu erklären, daß bei gleichbleibendem Siliziumgehalt im Grauguß die Härte mit zunehmendem Nickelgehalt ansteigt, während der gebundene Kohlenstoffgehalt fällt (Abb. 889). Wie im Ver-

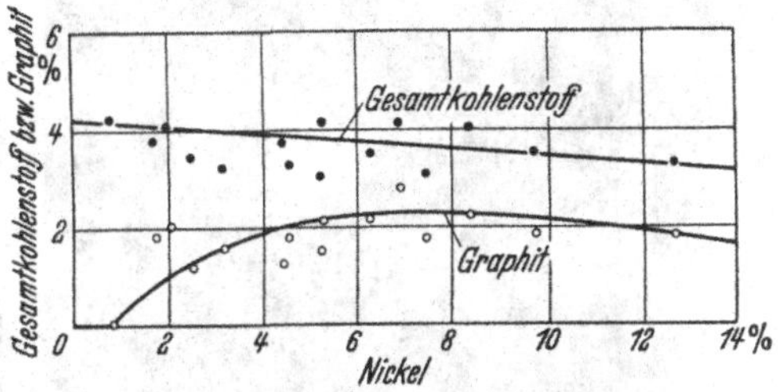

Abb. 882. Einfluß von Nickel auf den Gesamtkohlenstoff- und Graphitgehalt hochgekohlter reiner Eisen-Kohlenstoff-Legierungen (E. SÖHNCHEN und E. PIWOWARSKY).

hältnis hierzu Silizium- bzw. Chromzusätze sich auswirken, zeigt Abb. 890. Nickel bewirkt im allgemeinen auch eine günstigere Graphitausbildung im Gußeisen,

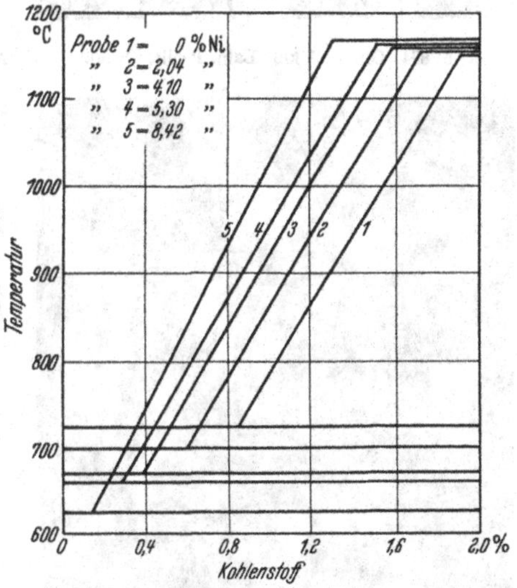

Abb. 883. Erniedrigung der Perlitumwandlung und (Verschiebung der Linie $E'S'$ durch Nickel in Eisen-Kohlenstoff-Legierungen (nach E. SÖHNCHEN und E. PIWOWARSKY).

insbesondere bei siliziumärmerem Grauguß. Welche Gefügebildner in nickelhaltigen Eisen-Kohlenstoff-Silizium-Legierungen zu erwarten sind, zeigt Abb. 891 nach Arbeiten von A. L. NORBURY und E. MORGAN (*31*) für eine Wandstärke von 25 mm und etwa 2 bis 3% Kohlenstoffgehalt.

2. Der Einfluß des Nickels auf die Eigenschaften von perlitischem Gußeisen.

Härte. Perlitische oder sorbo-perlitische nickelhaltige Gußeisensorten haben je nach Si- und Ni-Gehalt Brinellhärten von 190 bis 280 BH. Die Härte ist

Abb. 884. Ohne Nickel. Lam. Perlit. × 500.

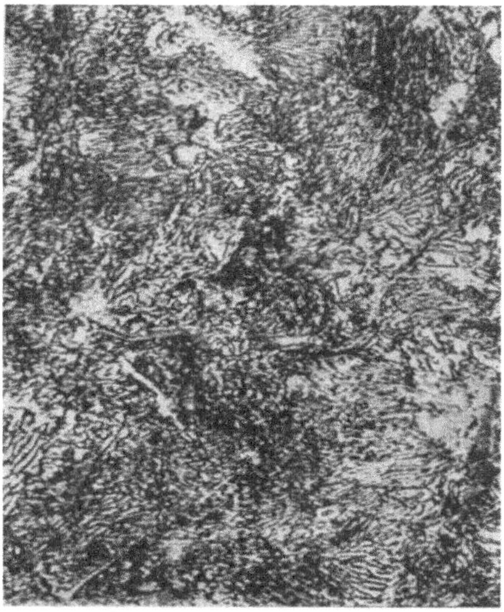

Abb. 885. Mit 1 % Nickel. Feinlamellarer Perlit. × 500.

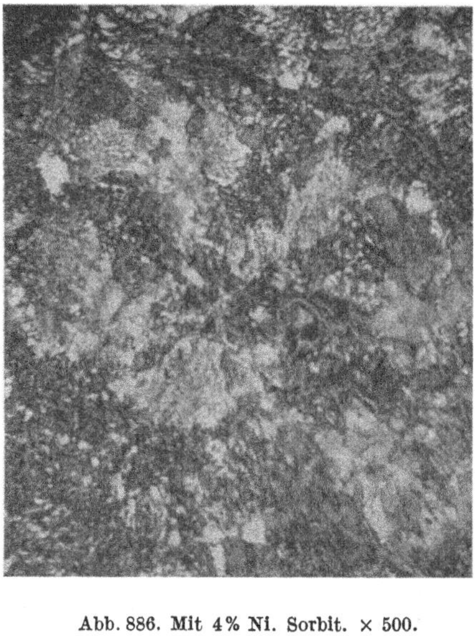

Abb. 886. Mit 4% Ni. Sorbit. × 500.

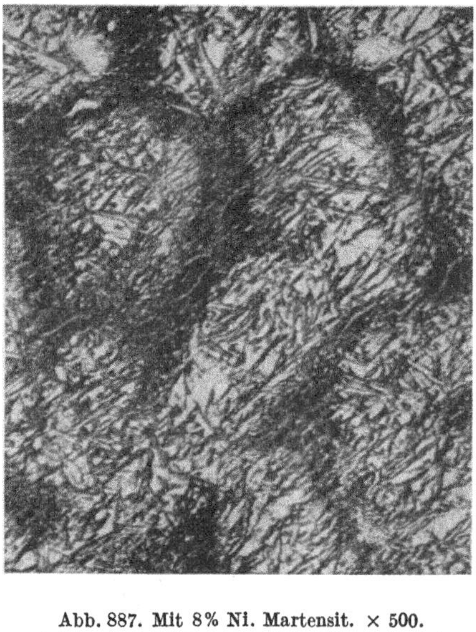

Abb. 887. Mit 8% Ni. Martensit. × 500.

Abb. 884—887. Gefüge eines untereutektischen (etwa 3% C) Gußeisens mit etwa 1,1 bis 1,25% Si bei zunehmendem Nickelgehalt (Ätzung II).

gleichmäßig verteilt, auch bei sehr unterschiedlichen Wandstärken. Abb. 892 zeigt den Ausgleich der Härte bei zunehmendem Ni-Gehalt in separat gegossenen Gußeisenwürfeln von 100 mm Kantenlänge. Diese ausgleichende Wirkung des Nickels ist eine der wichtigsten Ursachen für den noch weiter unten zu behandelnden günstigen Einfluß des Nickels auf die gute Bearbeitbarkeit und höhere Verschleißfestigkeit nickelhaltigen Gußeisens. Über den Einfluß des Nickels auf die Härte und einige andere Eigenschaften des Gußeisens im Vergleich zu dem Einfluß von Chrom und Molybdän vgl. Abb. 195 (Seite 148).

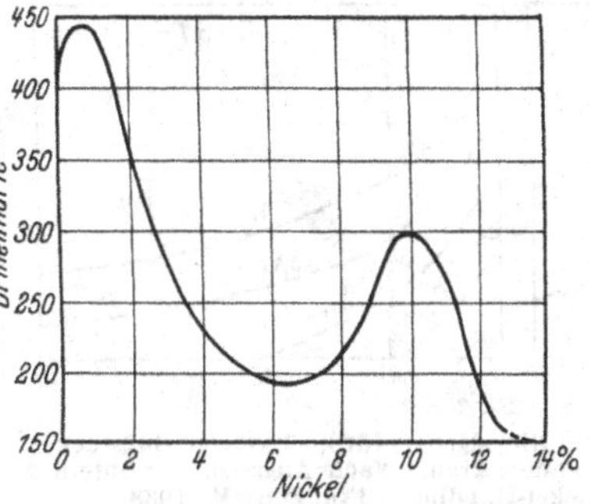

Abb. 888. Einfluß von Nickel auf die Brinellhärte hochgekohlter reiner Eisen-Kohlenstoff-Legierungen. (Kohlenstoffgehalt wie in Abb. 892).

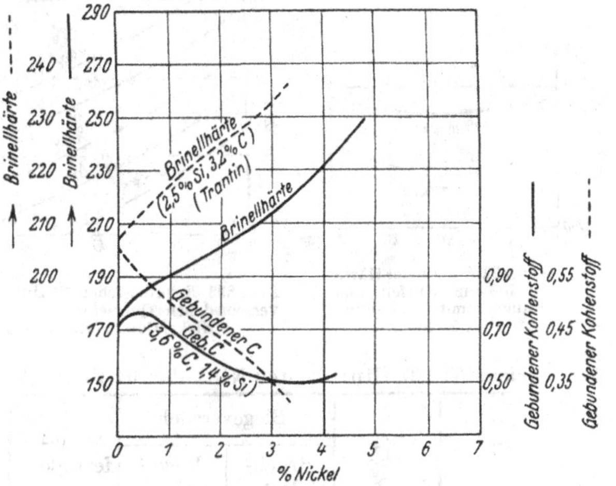

Abb. 889. Einfluß des Nickels auf die Brinellhärte und den geb. Kohlenstoff von Gußeisen.

Zug- und Biegefestigkeit.

Früher sind bei Grauguß nur geringe Festigkeitssteigerungen durch Nickelzusätze beobachtet worden. Der Einfluß des Nickels tritt nämlich nur bei bestimmten Grenzen des Kohlenstoff- und Siliziumgehalts in Erscheinung. Bei chromfreiem Grauguß mit hohen C-Gehalten (> 3,3%) bewirken erst Ni-Gehalte von 2% einen günstigen Einfluß auf die mechanischen Eigenschaften, bei chromhaltigem (0,3 bis 0,6%) Eisen höheren oder chromfreiem Eisen niedrigeren (< 3,1%) C-Gehaltes dagegen bereits Ni-Gehalte um 1% herum. Soll der Einfluß von Nickelzusätzen im Grauguß voll zur Auswirkung kommen, so empfiehlt es sich, einen dem Graphitisierungseinfluß des zugesetzten Nickels gleichwertigen Anteil an Silizium in der Gattierung in Abzug zu bringen. Wie hierbei in Abhängigkeit vom Kohlenstoffgehalt und der Wandstärke die Ni- bzw. Si-Gehalte einzustellen sind, zeigt Abb. 893 für den Fall der Herstellung hochwertigen Maschinengusses unter mittleren Betriebsverhältnissen. Silizium

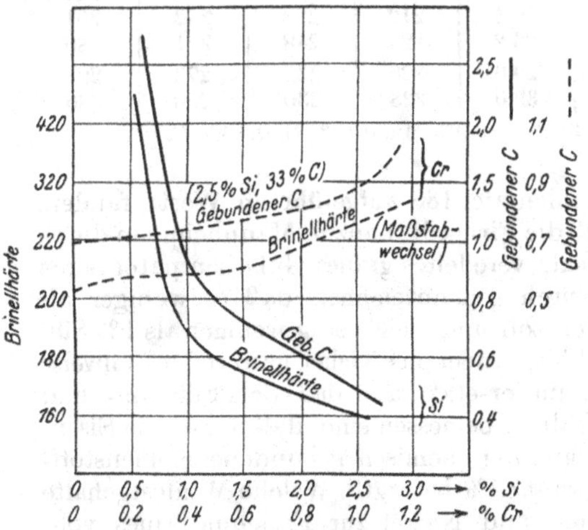

Abb. 890. Einfluß von Silizium und Chrom auf die Brinellhärte und den geb. Kohlenstoff von Gußeisen (Intern. Nickel Comp.).

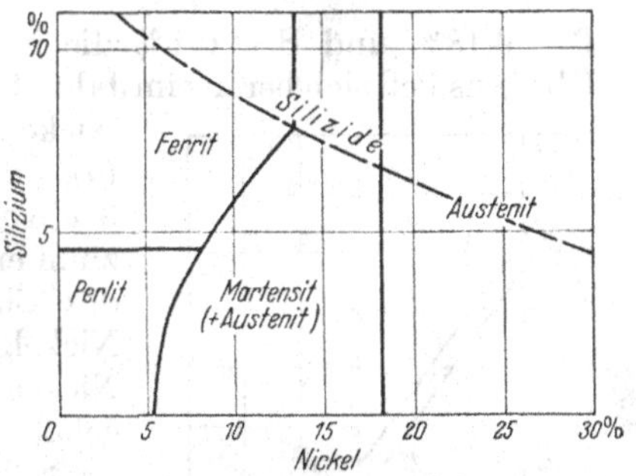

Abb. 891. Zustandsschaubild der Gußeisenlegierungen mit Nickel- und Siliziumzusatz bei 2—3% C (A. L. Norbury und E. Morgan).

und Nickel werden je nach den Betriebsverhältnissen im Verhältnis von 1:2 bis 1:4 ersetzt. Zahlenmäßige Unterlagen hierzu lieferten u. a. HANSON und EVEREST (*5*), wobei sie an einem Automobilzylindereisen mit C = 3,3%, Mn = 0,9%,

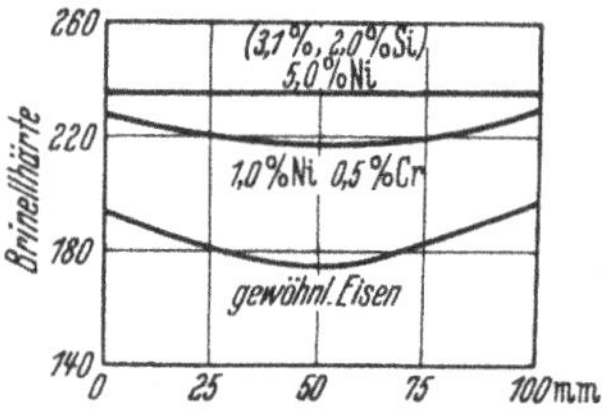

Abb. 892. Verlauf der Härte bei 100 mm Würfeln aus Grauguß mit und ohne Nickel. (Inco).

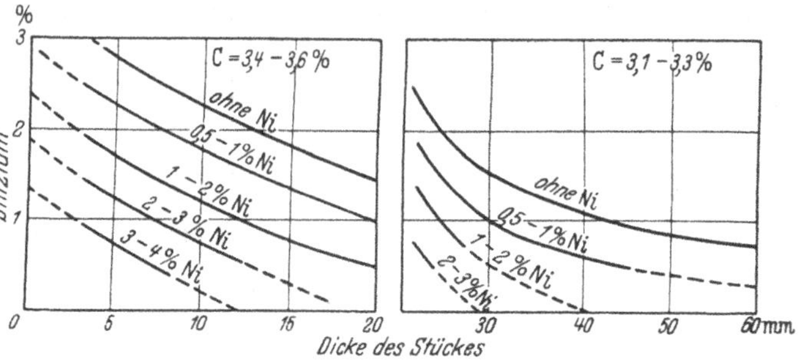

Abb. 893. Erforderlicher Silizium- und Nickelgehalt für hochwertige Gußstücke verschiedenen Querschnittes (vollkommen grau). Nach Angaben der Intern. Nickel Comp. (Inco); vgl. Nickel-Handbuch, Frankfurt/M. 1938.

Zahlentafel 180. Einfluß des Nickels auf Festigkeit und Härte (HANSON u. EVEREST).

Ni	Si*	Biegeversuch		Zug-festigkeit	Brinellhärte (Stufenplatte)			
		Bruch-last	Biege-festigkeit					
%	%	kg	kg/mm²	kg/mm²	25 mm	12 mm	8 mm	3 mm
0,00	2,00	1288	52,8	20,0	192	192	229	299
0,70	2,00	1296	53,2	20,5	197	199	229	235
1,12	2,00	1355	55,5	20,8	199	210	229	235
0,00	1,30	—	—	—	228	250	364	340
0,93	1,29	1350	55,49	26,4	212	228	242	251
1,84	1,35	1422	58,70	26,2	225	248	251	286
1,22	1,42	1496	61,30	29,0	226	232	273	292
1,12	1,44	1444	59,00	32,0	228	230	250	386

* Sonstige Zusammensetzung: 3,2 bis 3,4% C, 0,9% Mn, 0,10% S, 0,18% P.

P = 0,18% und S = 0,1% die in Zahlentafel 180 aufgeführten Werte fanden. Übrigens ließ sich bereits im Jahre 1923 die Firma H. Lanz in Mannheim ein durch Nickelzusatz veredeltes graues Gußeisen patentieren (*6*), „dadurch gekennzeichnet, daß es weniger als 3% Kohlenstoff und gleichzeitig weniger als 1% Silizium enthält, wobei das Nickel ganz oder teilweise das Silizium ersetzt, und daß der Silizium- und Nickelgehalt so bemessen sind, daß der an die Eisen-Nickel-Legierung chemisch gebundene Kohlenstoffgehalt etwa 0,85% beträgt". Welche Mindestgehalte an Silizium und Nickel zur Erzielung eines vollkommen grauen Gefüges in dünnen Wandstärken benötigt werden, zeigt Abb. 894 für ein Gußeisen mit 2,75% C. Je größer der Wandstärkenunterschied der Gußstücke, um so größer soll nach F. B. COYLE (*28*) der Ersatz von Silizium durch Nickel von Vorteil sein (Abb. 895).

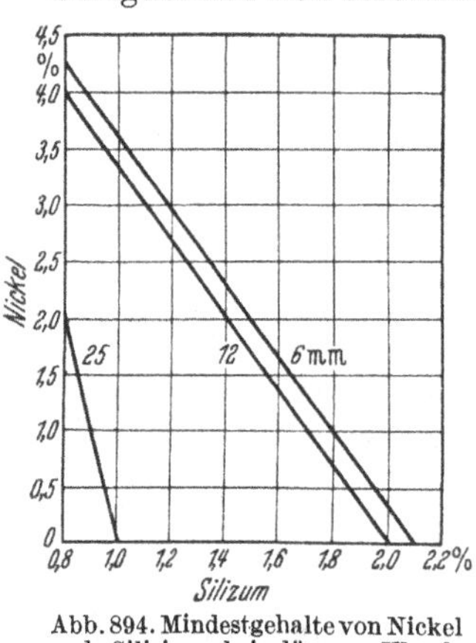

Abb. 894. Mindestgehalte von Nickel und Silizium bei dünnen Wandstärken zur Erzielung eines vollkommen grauen Gefüges bei gleichbleibendem Kohlenstoffgehalt von 2,75% (Nitensyleisen).

Auch die Art des Schmelz- und Legierungsverfahrens hat einen stark bestimmenden Einfluß auf die quantitative Auswirkung von Nickelzusätzen im

Grauguß. Höhere Stahlzusätze (70 bis 95%) in der Gattierung wirken günstig, insbesondere wenn man auf weißen oder melierten Guß gattiert und das Nickel gemeinsam mit einer bestimmten Menge Silizium in der Pfanne (COYLE-Verfahren) zusetzt. Auf einer solchen Arbeitsweise beruht der Erfolg des amerikanischen, mit Nitensyl bezeichneten Spezial-Graugusses (D.R.P. 609319), bei welchem bewußt auf hohe Festigkeiten hingearbeitet wird. Abb. 896 gibt die nach diesem Schmelz- und Legierungsverfahren erreichbaren Werte für die Zugfestigkeit wieder in Abhängigkeit von Nickel- und Siliziumgehalt. Für Nitensyl gelten folgende analytische

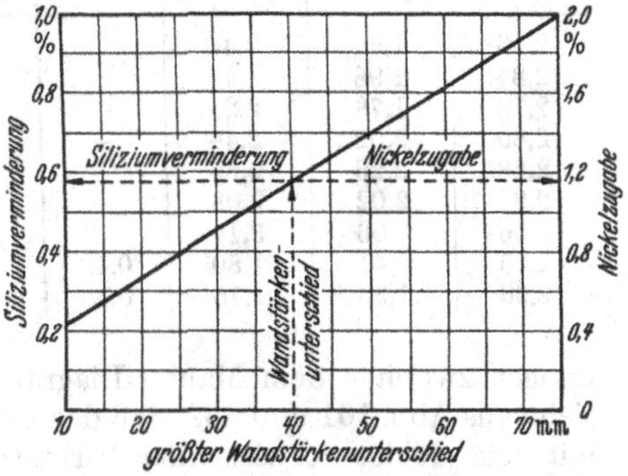

Abb. 895. Gattierungsschaubild für nickellegiertes Gußeisen (nach F. B. COYLE).

	Grenzwerte	Bestwerte
Ges.-Kohlenstoff	= 2,5 – 3,1 %	2,65 – 2,95%
Mangan	= 0,5 – 0,90%	0,5 – 0,90%
Phosphor	= unter 0,15%	unter 0,15%
Schwefel	= unter 0,12%	unter 0,12%
Silizium	= 1,2 – 2,75%	1,5 – 2,0 %
Nickel	= 1,0 – 4%	2%

Es werden damit (zum Teil durch Vergütung) folgende Festigkeitswerte erreicht:

Zugfestigkeit	35 bis 53 kg/mm²
Druckfestigkeit	116 bis 134 kg/mm²
Proportionalitätsgrenze für Zug	7,7 bis 9,8 kg/mm²
Proportionalitätsgrenze für Druck	17,7 bis 28,2 kg/mm²
Elastizitätsmodul (für Zug und Druck)	14100 bis 16200 kg/mm²
Durchbiegung (amerik. Stababmessungen)	2 bis 5 mm
Härte	220 bis 320 B. E.
Dauerschlagzahl (13 mm ⌀, gekerbt, 7,5 cmkg Fallarbeit)	2000 bis 3000.

Durch Ölhärtung mit nachfolgendem Anlassen läßt sich die bei Nitensyl-Eisen bereits im Gußzustand vorhandene hohe Festigkeit (Zahlentafel 181) noch verbessern (Zahlentafel 182).

Auf Grund seiner ausgezeichneten Festigkeitseigenschaften wird Nitensyl-Eisen vor allem als Werkstoff für solche Gußstücke verwendet, die im Gebrauch hohen Beanspruchungen ausgesetzt sind, z. B. für Rahmen und Spindeln von schweren Werkzeugmaschinen, für Preß- und Ziehgesenke, Zahnräder, Turbinengehäuse, Ventilteile. Einige kennzeichnende Verwendungsbeispiele gibt Zahlentafel 183 unter Nennung der dafür in Betracht kommenden chemischen Zusammensetzung und Festigkeitswerte wieder.

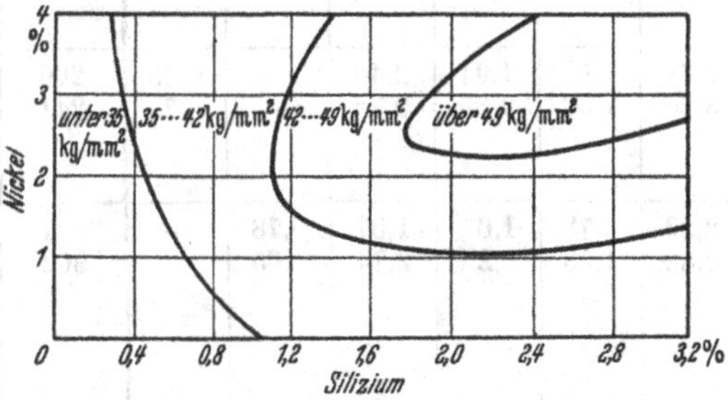

Abb. 896. Festigkeitseigenschaften von Nitensyleisen und dabei einzuhaltendes Verhältnis zwischen Silizium- und Nickelgehalt bei 2,75% C (Nickel-Handbuch, Frankfurt/M. 1938).

Zahlentafel 181. Nitensyl-Eisen für dünnwandige Gußstücke (etwa 5 mm Wandstärke).

Chemische Zusammensetzung in %			Brinellhärte	Zugfestigkeit in	Bearbeitbarkeit	Verschleißwiderstand
Ges.-C	Si	Ni	kg/mm²	kg/mm²		
2,75	1,8	1,5	220	42	sehr gut	mittel
2,75	1,4	1,4	255	45	gut	mittel
2,75	1,2	3,25	320	42	schwierig	hoch

Auf Grund der Großzahlforschungen unter Auswertung von etwa 30000 Zerreißproben stellte COYLE die Bezie-

Zahlentafel 182. Wirkung von Ölhärten und Anlassen auf die Zugfestigkeit von Nitensyl-Gußeisen.

Chemische Zusammensetzung in %				Zugfestigkeit (Gußzustand) in kg/mm²	Ölhärtung von °C	Zugfestigkeit in kg/mm² nach Anlassen auf		
Ges.-C	Si	Ni	Cr			316°	427°	510°
2,46	1,98	2,44	—	42	816	58,5	62	·
2,84	1,98	1,44	—	39	816	53	55,5	·
2,78	1,79	2,28	—	48	816	58,3	59	·
2,89	2,02	2,44	—	46,5	816	53	55,5	·
2,68	2,26	2,69	—	45	816	51	52	·
2,81	2,02	3,08	—	49	816	44	57	·
2,56	2,06	3,14	—	42	816	48	53	·
2,75	2,41	1,80	0,42	38,6	857	·	·	57
2,90	1,35	1,75	0,35	39,5	857	·	·	62

hungen zwischen dem Maurer-Diagramm und den Festigkeitswerten fest. Man sieht aus Abb. 161 und 162, daß das Gebiet höchster Festigkeit sich nicht völlig mit dem Gebiet vorwiegender Perlitstruktur deckt. Das beim unlegierten Gußeisen ziemlich eng begrenzte Gebiet höchster Festigkeit (28 bis 32 kg/mm²) wird durch Nickelzusätze wesentlich verbreitert (erhöhte Treffsicherheit) und überdeckt gleichzeitig das Perlitfeld in wachsendem Ausmaß (Abb. 163 und 164). Zusatz von Chrom hat eine Verschiebung des Perlitfeldes in Richtung höherer Si-Gehalte zur Folge.

Zahlentafel 183. Anwendungsbeispiele für Nitensyl-Gußeisen (Nickel-Handbuch).

Chemische Zusammensetzung in %						Brinellhärte kg/mm²	Zugfestigkeit in kg/mm²	Scherfestigkeit in kg/mm²	Durchbiegung in mm*	Verwendung
Ges.-C	Mn	Si	Ni	Cr	Mo					
2,85	0,85	2,55	1,63	0,4	—	240	38,7	2,3	·	Rahmen für schwere Werkzeugmaschinen
2,78 3,25	· 1,08	1,91 2,39	2,46 0,75	— —	0,55 0,7	286 241	42,1 46,5	2,1 ·	3 ·	Automobilzylinderblöcke und -kolben (Elektroguß)
2,89 2,82	0,73 1,03	1,6 2,2	1,07 2,74	0,78 0,65	— —	321 302	45,5 45,8	2,8 2,1	4 4	Gußstücke für den allgemeinen Maschinenbau, wie Zahnräder, Rollen, Büchsen, Druckhülsen
2,75	0,8	1,75	2	—	—	240	45	·	·	Dieselmaschinengehäuse
2,76 2,73	0,63 0,63	1,91 2,59	0,66 1,11	— —	— —	269 269	47 49,4	2,8 2,5	6,35 6,35	Verschiedene leichte Gußstücke
2,75	0,85	2,41	1,8	0,42	—	321	57	·	·	Werkzeugmaschinenguß
2,9	0,8	1,35	1,75	0,35	—	320	62	·	·	Zieh- u. Preßgesenke für Blechbearbeitung

* Bezogen auf die amerik. Stababmessungen.

Gleichzeitige Nickel- und Chromzusätze vermögen, wie E. PIWOWARSKY (7) an kleinen Probeschmelzen von je 25 kg bei thermisch nachbehandeltem (aber ungehärtetem) Kokillenguß mit Zugfestigkeiten bis zu 75 kg/mm² feststellte, die Festigkeit in kohlereicheren Legierungen noch um 10 bis 20%, in kohleärmeren Legierungen um 10 bis 30% zu erhöhen. Während Chromzusätze infolge der die Karbid- (Doppelkarbid-) bildung begünstigenden Einwirkung des Chroms sich bei kohlenstoffreicherem Eisen stärker auswirken, Nickelzusätze dagegen bei kohlenstoffärmerem Eisen, bietet die gleichzeitige Anwesenheit mäßiger Chromanteile bei nickelhaltigem Gußeisen merkbare Vorteile hinsichtlich Feinheit des Gefüges, Festigkeit bei höheren Temperaturen, Verschleißfestigkeit, Volumenbeständigkeit, Korrosionsvorgänge usw.

Dickeneinfluß. Wie schon aus Abb. 178 und Abb. 892 hervorging, hat Nickel den für Gußeisen überaus wichtigen Einfluß, daß es ausgleichend wirkt auf das Gefüge und damit auf die mechanischen und physikalischen Eigenschaften von Gußstücken, selbst bei starken Unterschieden in deren Wandstärken. Abb. 171

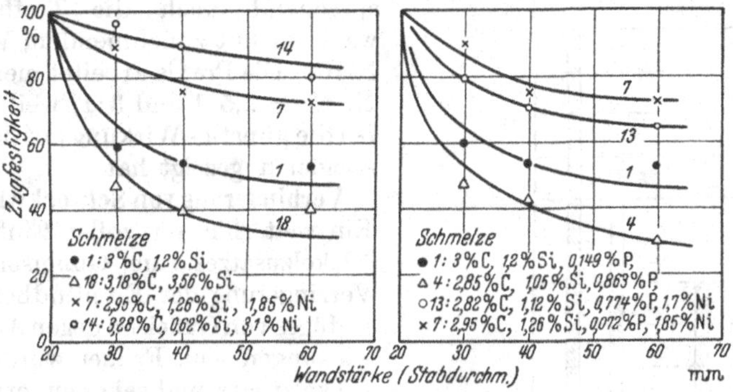

Abb. 897. Abnahme der Zugfestigkeit von Grauguß mit der Wandstärke bei verschiedenen Silizium-Phosphor- und Nickelgehalten (nach E. PIWOWARSKY u. E. SÖHNCHEN).

und 172 zeigen nach Versuchen von E. PIWOWARSKY und E. SÖHNCHEN die große Gegensätzlichkeit im Einfluß von Silizium und Nickel auf die Brinellhärte und den gebundenen Kohlenstoffgehalt bei Versuchsschmelzen an Rundstäben von 10 bis 100 mm Wandstärke. Spätere Versuche der gleichen Autoren, die aus einem 400-kg-Lichtbogenofen vergossen wurden, bestätigten die früheren Versuche, auch bezüglich des Verhaltens der Zugfestigkeit (8). Abb. 897 links zeigt, wie die Wandstärkenabhängigkeit abnimmt in dem Maße, wie Silizium durch Nickel ersetzt wird. Der spezifische Einfluß des Nickels ist so ausgeprägt, daß er auch den ungünstigen Einfluß höherer Phosphorgehalte auf die Wandstärkenabhängigkeit auszugleichen vermag (Abb. 897 rechts).

Häufig wird zur Erzielung eines hochwertigen Graugusses, wie auch bei Stahlguß, neben Nickel noch Chrom und Molybdän zugesetzt, beide dadurch charakterisiert, daß sie die Karbidbildung fördern, Molybdän allerdings bedeutend weniger ausgeprägt als Chrom. Die festigkeitssteigernde Wirkung ist deshalb bei Chrom auch viel größer. Es ist aber nicht ungefährlich, Chrom allein dem Gußeisen zuzusetzen, da es zu leicht harte Stellen bildet und dann das Gußeisen oft nicht zu gebrauchen ist. Es empfiehlt sich daher, einen dem Cr-Gehalt gleichen Anteil an Silizium oder einen diesem gleichwertigen Anteil an Nickel dem Eisen zuzuschlagen. Chromzusätze bis etwa 0,75% können übrigens hinsichtlich ihrer härtenden Wirkung durch Silizium ausgeglichen werden, ohne daß die Wandstärkenabhängigkeit beeinträchtigt wird. Die Gebiete im Maurer-Diagramm, in denen sich das Feld höchster Festigkeit mit dem für eine Wandstärke von 10 bis 80 mm gültigen Perlitfeld überdeckt, wird durch Chromzusatz sogar erhöht, vgl. Abb. 163 und 164 mit Abb. 162. Bei gleichzeitigem Cr- und Ni-Zusatz z. B. braucht man nicht unbedingt den Si-Gehalt dem Nickel entsprechend zu verringern, da der höhere Si-Gehalt durch das Cr kompensiert wird sowohl hinsichtlich der Karbidbildung als auch hinsichtlich der Wandstärkenabhängigkeit. Man kann also aus einer Charge verschieden stark mit Ni legieren, indem man an Stelle der Verringerung des Si-Gehaltes eine entsprechende Menge Cr zugibt. Außer einer beachtenswerten Festigkeitssteigerung erhält man dann noch eine weitere erhebliche Verminderung des Dickeneinflusses.

Die Ergebnisse von F. B. COYLE über die Beeinflussung des Gußeisen-Schaubildes durch gleichseitigen Zusatz von Nickel und Chrom können wie folgt zusammengefaßt werden: Mitgeteilt wurden die Ergebnisse für ein Verhältnis von Ni:Cr = 1:1 und 2:1. Die Gebiete des weißen Eisens blieben die gleichen wie im Maurerschen Schaubild, lediglich das Perlitfeld vergrößerte sich. Die Gebiete höchster Zugfestigkeit und dementsprechend auch die Treffsicherheit wachsen mit zunehmendem Verhältnis Ni:Cr. Die Praxis arbeitet meistens mit Ni:Cr = 2,5:1 und 3:1, weil sich hierbei die günstige Wirkung auf den Härteausgleich gezeigt hat.

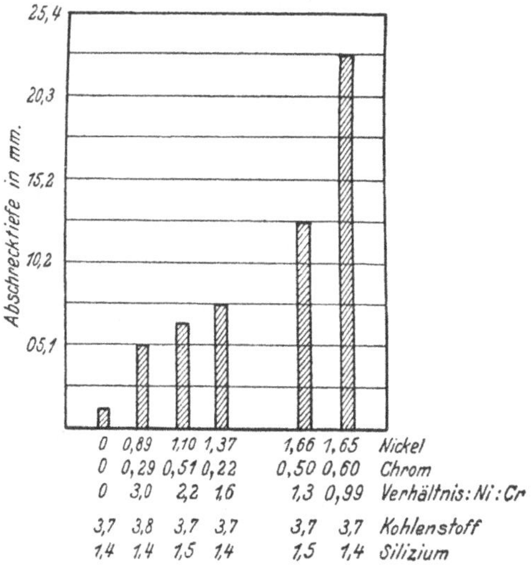

Abb. 898. Einfluß von Nickel und Chrom auf die Abschrecktiefe (Inco).

Verhinderung von Schreckwirkungen: Ein weiterhin wertvoller Einfluß eines Nickelzusatzes zum Gußeisen soll die Verringerung der Empfindlichkeit des Gefüges von Gußeisen gegen Abschreckwirkungen sein. Früher wurde oft ein Nickelzusatz, und sei er nur etwa 0,5%, mitunter bei dünnwandigem Guß (Herde, Öfen, Spinnereimaschinen usw.) verwendet, um einen weichen, biegsamen, elastischen und gut bearbeitbaren Guß von gleichmäßigem Gefüge hervorzurufen. Bei der Herstellung von Widerstandsgittern (*9*) mit höherem Nickelgehalt bis zu 5% zeigt sich dieser Einfluß besonders ausgeprägt. Die Neigung eines nickelfreien Gußeisens zu Gußspannungen und zur Ausbildung harter Stellen, insbesondere an scharfen Ecken und Kanten ist um so größer, je niedriger der Kohlenstoff- und Siliziumgehalt ist, so daß unter Umständen insbesondere dort, wo es sich um einen mechanischen sehr festen (evtl. niedriggekohlten) dünnwandigen Guß handelt, ein gewisser Nickelzusatz zum Gußeisen zu empfehlen wäre. Abb. 898 gibt bei gleichem Silizium- und Kohlenstoffgehalt den Einfluß eines verschiedenen Verhältnisses Nickel:Chrom auf die Abschreckwirkung bei Hartguß wieder. Während man beim Hartguß im allgemeinen mit Nickelgehalten bis 1,5% und Chromgehalten von 0,50 bis 0,80% auskommt, wählt man in Amerika zur Erzielung größerer Oberflächenhärten (550 bis 700 BE.) mitunter Nickelgehalte von 2,5 bis 6% bei 0,5 bis 1,5% Chrom. Wo es sich um Stücke besonders hoher Oberflächenhärte handelt, wird es ferner auf Grund amerikanischer Arbeiten für zweckmäßig angesehen, das Verhältnis Nickel:Chrom umgekehrt zu wählen, d. h. etwa doppelt soviel Chrom (0,5 bis 1,5%) als Nickel (0,25 bis 1%) zuzusetzen und den Einfluß des erhöhten Chromgehaltes durch eine Steigerung des Siliziumgehaltes (bis etwa 2%) auszugleichen. Diese eigenartigen Legierungen, welche sich nötigenfalls schmieden und thermisch behandeln lassen, werden vorwiegend für Hartgußwalzen, Kammräder, Kaltwalzen, Seilrollen, Ziehringe, Zahnritzel usw. verwendet und sind unter dem Namen „Adamite“ bekannt und patentiert.

Dichte und Feinkörnigkeit. Nickelzusätze vermögen auch die Dichte von Grauguß zu erhöhen. Abb. 899 und 900 lassen diesen Einfluß erkennen an den Ergebnissen zweier zeitlich auseinanderliegenden Arbeiten von E. PIWOWARSKY und Mitarbeitern (*32*). Auch die Neigung zur Ausbildung poröser Stellen wird gleichzeitig verringert (*10*).

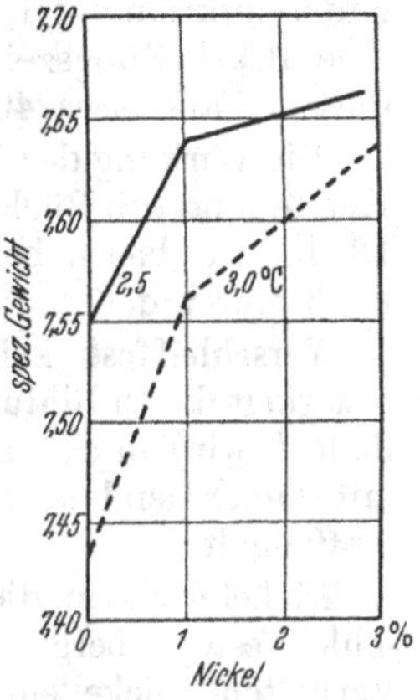

Abb. 899. Einfluß des Nickels auf die Dichte von Gußeisen (E. PIWOWARSKY und W. FREYTAG).

Ein nicht unwesentliches Verwendungsgebiet von Nickelgußeisen lag daher früher im Kolben- und Zylinderguß sowie im Kompressorenbau, wo man z. B. in Amerika bei der Verminderung des Ausschusses besonders große Erfolge aufzuweisen hatte. Wenn man neben dem günstigen Einfluß des Nickels durch gleichzeitigen Chromzusatz eine größere Festigkeit und eine weitere Verfeinerung der metallischen Grundmasse erzielen will, ohne daß die härtende Wirkung des Chroms sich unangenehm bemerkbar macht, so empfiehlt es sich, ein Verhältnis von Nickel zu Chrom von mindestens 2,5 zu wählen. Dieses aus der Erfahrung abgeleitete Verhältnis kommt auch bei Berücksichtigung der bisher veröffentlichten Arbeiten zum Ausdruck. So zeigt z. B. Abb. 901 nach Umrechnung einer Arbeit von E. PIWOWARSKY den Einfluß eines Nickel- und Chromgehalts auf den Gehalt an gebundenem Kohlenstoff in Abhängigkeit vom gegenseitigen Verhältnis. Man

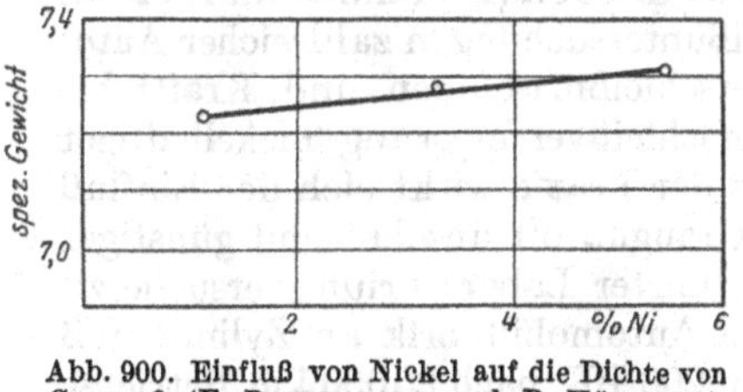

Abb. 900. Einfluß von Nickel auf die Dichte von Grauguß (E. PIWOWARSKY und P. KÖTSCHKE).

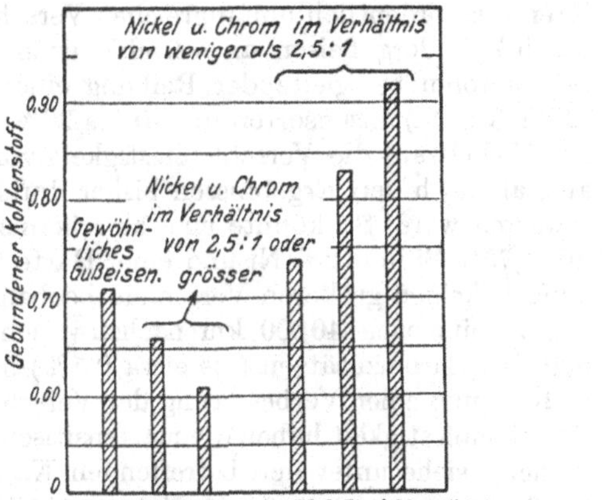

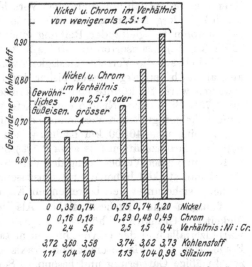

Abb. 901. Einfluß von Nickel und Chrom auf den Gehalt an geb. Kohlenstoff (Eisen mit 1% Si).

sieht deutlich, daß auch hier bei etwa 2,5 ein kritisches Anteilverhältnis vorhanden ist.

Bearbeitbarkeit. Der das Gefüge und die Härte ausgleichende Einfluß des Nickels bewirkt bereits von 0,5% Ni aufwärts, daß sich legierte Gußeisensorten bis zu einer Härte von 350 BE. noch gut bearbeiten lassen, während unlegierte, nickelfreie Eisensorten mit über etwa 225 BE. oft bereits Schwierigkeiten bei der Bearbeitbarkeit bereiten (*11*). In phosphorreichen Eisensorten ist der günstige Einfluß des Nickels auf die Bearbeitbarkeit allerdings schwächer ausgeprägt (*12*).

Folgendes Beispiel (*13*) möge die Erhöhung der Bearbeitbarkeit beleuchten.

Gefräste Zahnräder mit einem Stückgewicht von etwa 100 kg aus einer Legierung mit

Si = 1,5—1,6%	S = unter 0,1%
P = 0,4—0,5%	Mn = 0,6—0,7%

erforderten je Stück zur Bearbeitung 9 st. Durch Nickelzusatz von 0,5 % und Siliziumreduktion auf 1,2 bis 1,3% wurde (unter sonst gleichen Arbeitsbedingungen) eine Bearbeitungszeit von 5½ st erreicht. Die Arbeitszeitersparnis betrug in diesem Falle etwa 40%.

Die Wirkung des Nickels auf die Kornverfeinerung ist z. B. vorteilhaft bei der Herstellung von Büchsen und Spindeln auszunutzen. Ein Nickelzusatz von 0,75 bis 1% bewirkt hier neben Erleichterung der Bearbeitbarkeit infolge des feinen Korns auch eine tadellose Oberfläche.

Verschleißfestigkeit. Silizium begünstigt im Gußeisen an sich die Abnutzungsfestigkeit durch Bildung eines gegenüber dem Ferrit verschleißfesten Silikoferrits. Jedoch wird in den meisten Fällen dieser günstige Einfluß überdeckt durch die mit zunehmendem Siliziumgehalt starke Abnahme des gebundenen Kohlenstoffgehalts.

Nickel wirkt in dieser Richtung milder, begünstigt ferner die Entstehung verschleißfester Übergangsstufen. So zeigte bereits Zahlentafel 81 das vorteilhafte Verhalten nickellegierten Gußeisens. Bei rollender Reibung, bei welcher die Oxydierbarkeit nach Arbeiten von M. Fink (*15*) eine Hauptursache der den Verschleiß begünstigenden „Walzoxydation" ist, wirkt Nickel meist günstig, sobald eine merkliche Veredelung des Eisenpotentials auftritt. Bei gleitender Reibung dagegen sind bestimmte Verhältnisse an Silizium zu Nickel innezuhalten, um die besten Werte zu erzielen (*16*); eine zu starke Reduzierung des Siliziums darf hierbei nicht eintreten. A. Wallichs und J. Gregor (*17*) fanden im Rahmen ihrer außerordentlich umfangreichen Verschleißuntersuchungen zahlreicher Automobil-Zylindergußeisen an verschiedenen Verschleißmaschinen und Kraftfahrzeugmotoren bei gleitender Reibung eine Verschleißverringerung nickelhaltiger (2 bis 3% Ni) Eisensorten um 10 bis 30%. In der Praxis wirkt sich der Einfluß des Nickels auf die Verschleißfestigkeit von Grauguß oft anscheinend günstiger aus, als nach den Ergebnissen bisher durchgeführter Laboratoriumsversuche zu erwarten wäre. So konnte eine amerikanische Automobilfabrik an Zylinderguß mit 1,75% Si und 2% Ni und einer Härte von 200 BE. nach 80000 km Betriebslaufzeit keinen größeren Verschleiß beobachten, als er an unlegiertem Zylinderguß bereits nach 40000 km nachzuweisen war (*18*). Auch in Verbindung mit mäßigen Chromzusätzen (bis etwa 0,5%) haben sich Nickelzusätze bei Grauguß in Richtung einer Verbesserung der Verschleißfestigkeit gut bewährt. Sehr hohe Verschleißfestigkeit haben die martensitischen und austenitischen Gußeisensorten (näheres siehe unter den betreffenden Kapiteln).

Volumen- und Hitzebeständigkeit. Als Ursachen mangelnder Volumenbeständigkeit von Grauguß bei höheren Temperaturen kommen vor allem Vorgänge des Karbidzerfalls und der Oxydation von metallischer Grundmasse und Graphit in Frage. Hier hat Wissenschaft und Praxis auch an unlegiertem Gußeisen durch zweckmäßige Gattierung und besondere Sorgfalt bei der Herstellung erhebliche Fortschritte aufzuweisen. Durch geeignete Nickel- oder Nickel + Chromzusätze ist eine weitere Erhöhung der Volumenbeständigkeit des Gußeisens zu erzielen, welche im Dampf- bzw. Gasmaschinen- und Turbinenbau den höchsten Anforderungen entspricht. Wie günstig für die Volumenbeständigkeit von Grauguß der systematische Ersatz von Silizium durch Nickel sich auswirkt, zeigt Abb. 737 bis 739 nach Versuchen von E. Piwowarsky und O. Bornhofen (*19*), wo die nach den verschiedensten Prüfverfahren durchgeführten Wachstumsversuche eindeutig die Vorteile des nickellegierten Gußeisens erkennen lassen. Durch Leitfähigkeitsversuche konnten die genannten Autoren zeigen, daß neben der gegenüber Silizium mäßigeren Einwirkung von Nickel auf den Karbidzerfall das edlere Potential des Nickelferrits gegenüber dem Silikoferrit eine starke Verringerung der meist von den Graphitlamellen ausgehenden Oxydationserscheinungen zur Folge hat. Auf betriebsmäßigen Beobachtungen dieser Art beruht auch das Lanzsche Patent D.R.P. 480284 (Kl. 18b, Gruppe 1), welches sich auf ein durch Nickel veredeltes, vorwiegend perlitisches Gußeisen mit weniger als 3% Kohlenstoff und weniger als 1% Silizium bezieht, in dem das Silizium ganz oder teilweise durch Nickel ersetzt wird. In Verbindung mit Chrom und Molybdän lassen sich sehr warmfeste, volumenbeständige Gußeisensorten herstellen. So hat nach Versuchen von Th. Meierling (*20*) an verschieden zusammengesetzten Elektrogußeisen ein Material mit 3,1% C, 1,4% Si, 1,1% Mn, 1% Mo, 0,6% Ni und 0,6% Cr besonders günstige Resultate ergeben. Mit ähnlich zusammengesetzten Gußeisen haben R. Zech und E. Piwowarsky (*21*) sehr günstige Resultate, zum Teil eine 3- bis 4fache Steigerung der Betriebsdauer von Roststäben bei einer modernen Kesselanlage mit Braunkohlenfeuerung erzielt.

Chemisches Verhalten. Bei Korrosionsvorgängen in verdünnten Mineralsäuren oder wässerigen Salzlösungen bringen kleine Nickelgehalte zu Grauguß anscheinend keinen technischen und wirtschaftlichen Vorteil, obwohl auch gegenteilige Beobachtungen vorliegen (*22*). In starken Laugen und geschmolzenen Alkalien dagegen äußern sich Nickelzusätze überaus günstig, insbesondere, wenn gleichzeitig der Siliziumgehalt herabgesetzt wird, der für laugenbeständigen Guß so niedrig als möglich gehalten werden sollte (Abb. 778 bis 780). Je höher die Betriebstemperatur, um so stärker prägt sich der wohltuende Einfluß des Nickels aus (Abb. 778), und in solchen Fällen machen sich höhere Nickelgehalte (2 bis 4%) weit schneller bezahlt als die bisher meist mit nur 1 bis 2% Ni legierten Gußeisensorten.

3. Martensitisches Nickel-Gußeisen.

Martensitisches Gußeisen, das im Gußzustand bearbeitbar ist und erst durch Abschrecken in Öl oder Abkühlung an der Luft gehärtet wird, enthält 2,5 bis 3,5 % Ni, wobei meistens auf Brinellhärten von 350 bis 450 angelassen wird (Zahlentafel 185). Soll Naturmartensit entstehen, so ist der Ni-Gehalt auf 4,5 bis 6% Nickel einzustellen (Abb. 902, 888, 891 und 884 bis 887). Bei martensitischem Nickelhartguß (Nihard-Eisen) beträgt der gleichzeitig anwesende Chromgehalt 1,25 bis 2,25%, während er in ersteren Fällen unter 1% bleibt. Die Härte von Nihard liegt zwischen 550 und 750. Soll der martensitische Zustand auf dem Umweg über den Zerfall eines durch Abschreckung austenitisch gemachten Materials entstehen, so liegt der Nickelgehalt zwischen 4,5 bis 6%.

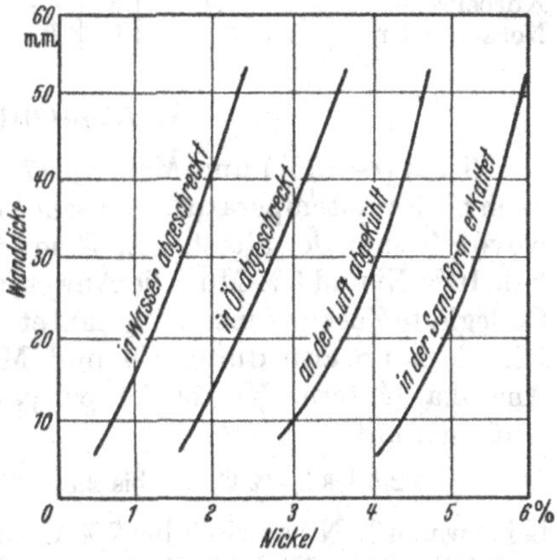

Abb. 902. Notwendiger Nickelgehalt zur Erzielung martensitischen Gefüges im Grauguß (Nickel-Handbuch, Frankfurt/M. 1938).

Weitere Beispiele für vergütbares Nickelgußeisen bringt Zahlentafel 184 (*23*). Vgl. auch (*25*). Vergleichende Ergebnisse über die Verschleißfestigkeit von nickellegiertem perlitischen bzw. martensitischem Gußeisen gegenüber unlegiertem Gußeisen finden sich u. a. in der Arbeit von A. Fischer (*14*).

Zahlentafel 184. Zusammensetzungs- und Anwendungsbeispiele nickelhaltigen martensitischen Gußeisens.

Ges.-C %	Si %	Mn %	P %	Ni %	Cr %	Anwendungsgebiete
2,8—3	1,5—1,8	0,8—1,0	0,3	2,5—2,8	0,5—0,7	Zylinderbüchsen, Zahnräder, Kurvenscheiben für Webstühle
3,0—3,2	1,5	1,0	0,4	4—4,2	0,8	Meßplatten von Kugeln für Kugellager. Kolben für Hochdruckpumpen
2,8	2,0	1,0	0,6	4,2	—	Zylinder für luftgekühlte Flugzeugmotoren
2,8—3,2	1,5—2	1,0	< 0,4	4,2—4,5	0,6—0,8	Zementpumpengehäuse
3,2—3,5	~1,5	1,0	< 0,3	5—6	—	Hochverschleißfeste Zylinderlaufbüchsen, Bremstrommeln, Führungen
2,9—3,6	0,5—1,2	0,5—1,5	< 0,3	4—6	1,25–2,25	Nickel-Hartguß

Zahlentafel 185. Nickelgußeisensorten mit martensitischem Gefüge durch Vergüten.

Verwendungszweck	Chemische Zusammensetzung						Vergütung	Brinellhärte nach Vergütung
	Ges. C %	Si %	Mn %	Ni %	Cr %	Mo %		
Zylinderlaufbüchsen	3,3	1,8	1	3	0,5	—	850°/Öl + 350°	380
Zahnräder.	3,2	1,3	0,8	3	0,75	—	850°/Öl + 350°	350
Kurbelwellen . . .	2,4	1,3	·	3—4	—	—	850°/Öl + 300°	350
Nockenwellen . . .	3	1,9	0,55	1,5	0,35	0,55	870°/Öl + 320°	450

4. Austenitisches Gußeisen.

Nickel (~ 15%) und Mangan (7 bis 9%) erhalten den austenitischen Zustand auch bei Raumtemperatur. Typische Vertreter sind: Nomag, Niresist und Nicrosilal, wovon Nomag der älteste ist. Eine typische Zusammensetzung des letzteren enthält 10% Ni und 5% Mn. Die Anwesenheit von Al ist ebenfalls zu empfehlen. Eine Cu-legierte Zusammensetzung lautet: 5% Ni, 5% Cu, 5% Mn, 1% Al. Ein Teil des Nickels kann also durch Cu und Mn ersetzt werden. Seit 1929 hat sich, von Amerika (Intern. Nickel-Company, New York) ausgehend, ein austenitisches Gußeisen mit

2,8 bis 3,1% C, 1,3 bis 2,5% Si, 0,75 bis 1,5% Mn, 0,1% P, 0,08% S

bei etwa 14% Ni, sowie 5 bis 7% Cu und 1,5 bis 4% Cr eingeführt, das unter dem Handelsnamen Niresist-Gußeisen bekannt geworden ist. Nach der analytisch ziemlich weit gefaßten deutschen Patentschrift D.R.P. 580832 soll der Kohlenstoff innerhalb der bei Gußeisen gebräuchlichen Grenzen von 2 bis 4% liegen, bei einem Nickelgehalt von 5 bis 35% und einem Chromgehalt bis zu 8%, wobei der Nickelgehalt stets überwiegt. Sodann ist im zweiten und dritten Anspruch die Legierung gekennzeichnet durch einen Kupfergehalt von 2 bis 16%, bei einem Mangangehalt von 3 bis 10% und einem Aluminiumgehalt bis 3%. Es sei bemerkt, daß Niresist mit mehr als 7% Cr nur noch schwer bearbeitbar ist (Brinellhärte über 400 kg/mm²), so daß es selten mehr als 4% Cr besitzt (vgl. auch S. 638).

Abb. 903 zeigt die Veränderung der Mischungslücke im System Eisen-Kupfer durch Nickel nach R. Vogel und C. Chevenard bzw. den Kontrollversuchen von

F. Roll (*25*). Mit Rücksicht auf die Korrosionsbeständigkeit dieses Materials soll der Austenit kein freies Kupfer enthalten, andererseits bewirkt der anwesende Chromgehalt eine Härtesteigerung der Grundmasse sowie durch Ausscheidung von komplexen Eisen-Chromkarbiden eine Unterbrechung des Graphitnetzwerkes und damit eine Verbesserung der mechanischen Festigkeit (Zahlentafel 186 sowie Abb. 762, 904 und 905).

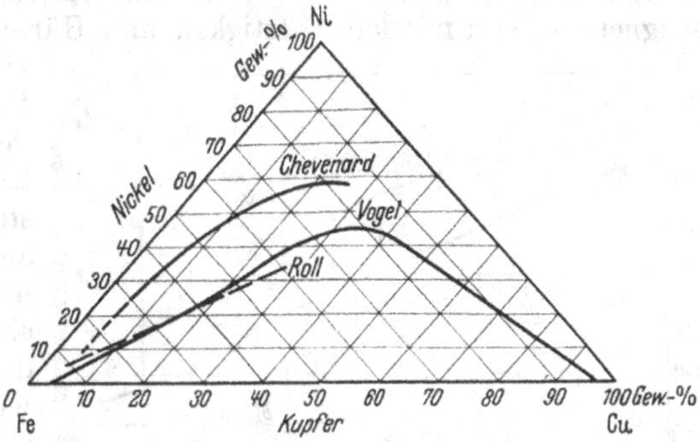

Abb. 903. Einfluß von Nickel auf die Mischungslücke im System Eisen-Kupfer (vgl. Abb. 948).

Niresist (auch Nimol- oder Monelgußeisen) ist unmagnetisch (Elektroindustrie), korrosions- und säurebeständig (chemische Industrie), bis 850° volumenbeständig und hat gute Gleiteigenschaften. Es kann im Kupolofen hergestellt werden, wobei für Kupfer bzw. Chrom mit einem Abbrand von 15% bzw. 25 bis 30%, für Nickel mit max.

Zahlentafel 186. Festigkeitswerte verschiedener Niresistsorten (nach F. Roll).

Chemische Zusammensetzung in % Ni	Cr	Zugfestigkeit in kg/mm²	Bruchdehnung ($l = 10d$) in %	Biegefestigkeit in kg/mm²	Durchbiegung in mm	Brinellhärte 3000/10/30
20	—	15	0,3—1,5	28	21	130—150
20	4	30	0,3—1,5	45	12	170—180
15	—	16	0,3—2	33	25	130—150
15	4	36	0,9	50	17	—270
10	2	26	0,2—1,5	45	14	200—270

5% zu rechnen ist. Niresist kann geschweißt werden, und zwar verhältnismäßig leicht, entweder mit dem Lichtbogen oder autogen. Die Schweißnähte sind weich und ohne harte Adern, daher gut bearbeitbar. Zur Erzielung hämmerbarer und bearbeitbarer Schweißnähte, die keiner nachträglichen Wärmebehandlung bedürfen, verwendet man Schweißstäbe aus Monelmetall oder austenitischem Nikkelgußeisen, und zwar für die Gasschmelzschweißung nackte Stäbe und für die elektrische Lichtbogenschweißung umhüllte Elektroden.

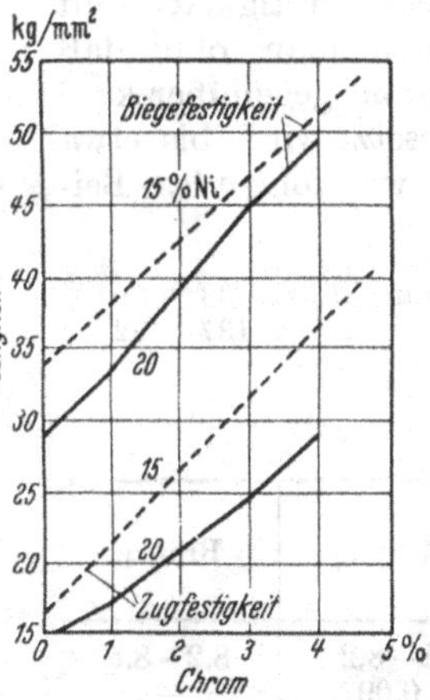

Abb. 904. Einfluß des Chromgehaltes auf die Zug- und Biegefestigkeit von Niresist mit 15 und 20% Ni (nach F. Roll).

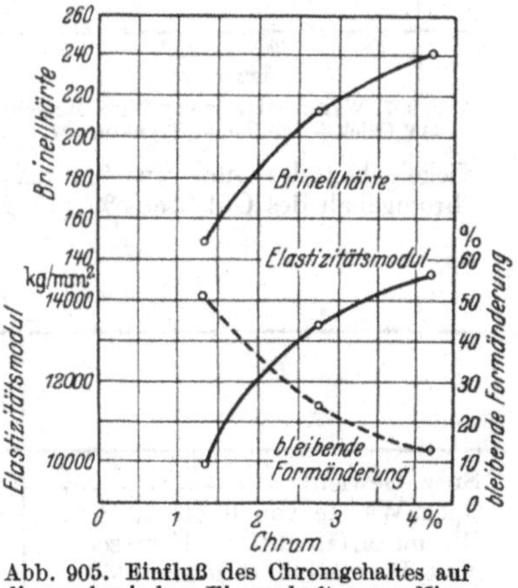

Abb. 905. Einfluß des Chromgehaltes auf die mechanischen Eigenschaften von Niresit-Gußeisen (nach J. E. Hurst).

Nicrosilal, ein hitzebeständiges Ni-Si-Cr-Gußeisen (vgl. Kapitel XVIc) ist eine Erfindung der Brit. Cast Iron Res. Ass. mit 1,75% C, 5 bis 6% Si, 18% Ni, 1,5 bis 5% Cr und bis zu 1% Mn (vgl.

die Zahlentafeln 139 und 145). Es hat einen großen Widerstand gegen Wachsen und Zundern (Abb. 906 und 907).

Die rein austenitischen Gußeisensorten sind unmagnetisch oder schwach magnetisch, von mittlerer Festigkeit und Härte, bei hohem Ausdehnungskoeffizienten und geringer Wärmeleitfähigkeit. Sie besitzen eine niedrig liegende Elastizitätsgrenze bei großer Verformbarkeit. In untenstehender Zahlentafel 187 ist das austenitische Gußeisen verglichen mit gewöhnlichem Gußeisen, Messing und Bronze. Der Vergleich mit den beiden letzteren Legierungen wurde gewählt, weil das austenitische Gußeisen viel gemeinsames mit ihnen hat. Vor allem die hohe Korrosionsbeständigkeit, so daß es auch bereits für Kunstguß in Vorschlag gebracht wurde.

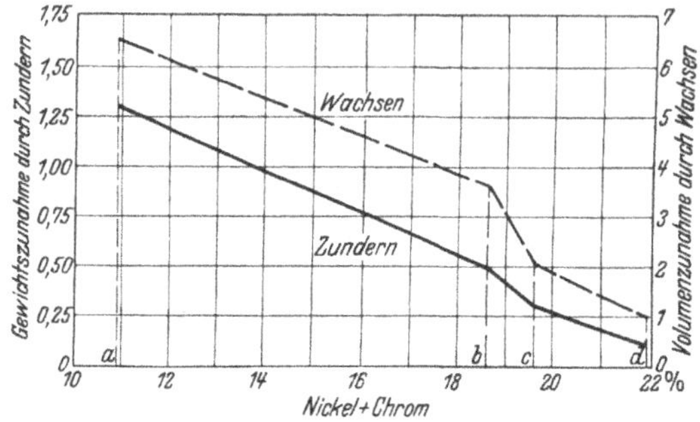

	a	b	c	d
C % .	1,87	1,63	1,80	2,22
Si % .	6,5	6,2	6,9	5,2
Ni % .	10,9	18,1	17,5	17,1
Cr % .	–	0,48	2,07	4,8

Abb. 906. Verzunderung und Wachsen von Nicrosilal verschiedener Zusammensetzung in Abhängigkeit vom Chrom- und Nickelgehalt (nach A. L. NORBURY und E. MORGAN; vgl. Nickel-Handbuch, Frankfurt/M. 1938).

Beim Zusammenbau von Niresist mit Leichtmetallen und Bronzeguß ist es günstig, daß deren Ausdehnungskoeffizient zwischen 0° und 600° mit etwa 18 bis 24×10^{-6} demjenigen des Niresist recht nahe kommt. (Leichtmetallkolben mit Ringträgern und Kronen aus Niresist.) Für starke chemische Angriffe durch Laugen bei gleichzeitig starken mechanischen Beanspruchungen bringen Nickelgehalte bis herauf zu 30% in kupferfreiem Gußeisen noch erhebliche Vorteile gegenüber perlitischem Gußeisen. Soll das austenitische Nickelgußeisen höhere Festigkeit und Härte besitzen, so kann man, ohne daß der Korrosionswiderstand gegenüber kaustischer Soda herabgesetzt wird, bis etwa 3,5% Cr hinzufügen, wie folgendes Beispiel zeigt:

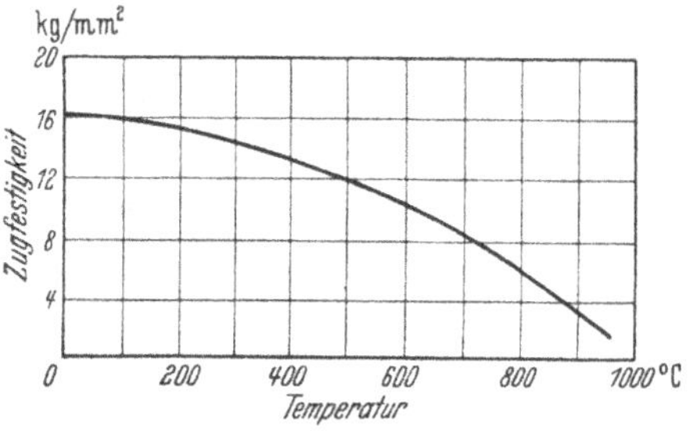

Abb. 907. Warmfestigkeit von Niresist nach M. BALLAY (Nickel-Handbuch, Frankfurt/M. 1938).

Nickelgehalt des Gußeisens % . .	21	20	Zugfestigkeit kg/mm² . . .	38	26
Chromgehalt des Gußeisens % . .	2,5	—	Brinellhärte BE.	137	72

Zahlentafel 187.

	Austenitisches Gußeisen	Gewöhnliches Gußeisen	Messing	Bronze
Spez. Gewicht	7,5—7,6	6,9—7,7	8—8,2	8,2—8,5
Spez. Wärme von 0 bis 100°. . .	—	0,12	0,09	—
Wärmeleitfähigkeit cal/cm·sec·°C	0,08	0,11—0,13	0,26	0,26
Max. Permeabilität μ max. . . .	1,03	240,0	1,0	1,0
Spez. Widerstand in Ω mm²/m . .	150,0	95,0	7,0	16,0
Widerstandstemp. Koeffizient . .	0,00045	0,0019	0,002	0,00065
Ausdehnungskoeffizient 10^{-6} . . .	18	11	19	18
Zugfestigkeit kg/mm²	22—40	20—32	31—65	31

Vergleichende Untersuchungen einer großen deutschen Eisengießerei mit unlegiertem und chromlegiertem Monelgußeisen oder Niresist (dreimaliges Erhitzen des Materials in Ätznatron auf 320 bis 330° C, Halten auf dieser Temperatur während 8 Stunden, Abkühlen auf dem Sandbad, Gesamteinwirkungsdauer der geschmolzenen Alkalis etwa 32 Stunden) ergaben:

	Material I	Material II
Ges.-Kohlenstoff . %	3,09	2,28
Graphit . . . . %	1,94	1,36
Silizium . . . . . %	1,89	2,43
Mangan . . . . . %	0,77	0,70
Phosphor . . . . %	0,44	0,10
Schwefel . . . . %	0,06	0,04

	Material I	Material II
Nickel . . . . . %	—	12,87
Chrom . . . . . %	—	2,50
Kupfer . . . . . %	—	5,25
Gewichtsverlust . g/Tag/m²	16	0,04

In diesem Falle enthielt das nickelhaltige Gußeisen sogar einen unzweckmäßig hohen Siliziumgehalt, trotzdem ergab sich der außerordentliche Unterschied im Verhalten.

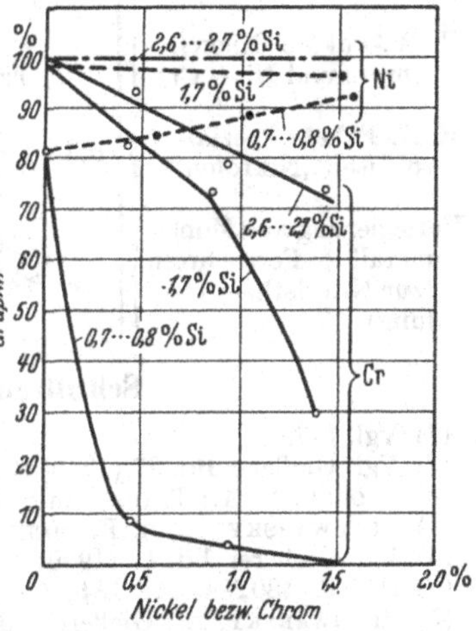

Abb. 908. Einfluß von Chrom und Nickel auf den prozentualen Graphitgehalt bei verschiedenen Siliziumgehalten (C. Pfannenschmidt).

Bemerkenswert ist das günstige Verhalten austenitischen Gußeisens (Niresist) in den meisten säure- und salzhaltigen Korrosionsmitteln. Hier verhält sich Niresist-Gußeisen ähnlich, zum Teil sogar besser als viele handelsübliche, im Preis wesentlich teurere Bronzen.

Zu beachten ist oft, daß der Korrosionsangriff bei Niresist mit der Zeit schneller abklingt als dies bei vielen Vergleichslegierungen der Fall ist. Nach Versuchen, die C. H. Meyer (*26*) auf Anregung des Verfassers durchführte, verursacht ein Zusatz von Antimon eine erhebliche Steigerung der Salzsäurebeständigkeit von Niresist.

Versetzt man ein graphithaltiges und Nireiches austenitisches Metall der Eisengruppe mit Beryllium, so geht ein Teil des Kohlenstoffs in den gebundenen Zustand über; ferner tritt Be_2C als neuer Bestandteil auf. Diese Veränderungen im Gefüge haben eine starke Härteerhöhung zur Folge. So stieg in einem Eisen mit 2,93% C, 17,22% Ni, 1,52% Si, 1,43% Mn die Härte von 120 BE. ohne Be auf 477 BE. bei 3,88% Be (*27*). Austenitisches Gußeisen hat gute Verschleiß- und Gleiteigenschaften bei guter Warmfestigkeit (Abb. 907). Ein austenitisches Gußeisen mit 2,5 bis 3,5% C, 2 bis 5% Si, 4 bis 12% Mn bei 1,5 bis 8,0% Ni und bis zu 10% Kobalt ist Gegenstand der Deutschen Pat.-Anmeldung Akt.-Zeichen 1489691, Kl. 18d der Fa. Friedr. Krupp A.-G., Essen, als Material für Zylinder von Verbrennungsmotoren (vgl. unter Kapitel XXVIIb).

Zahlentafel 188 gibt einige handelsübliche Zusammensetzungen von Ferrolegierungen bzw. Paketen usw. zwecks Zusatz von Nickel zu Gußeisen.

In Deutschland hat man sich in den letzten Jahren mit Erfolg bemüht, manche Vorteile, die man bislang nur mit Nickelzusätzen zu Gußeisen zu erreichen glaubte, durch Verbesserung der metallurgischen Herstellungsbedingungen zu erzielen, so daß Nickelzusätze heute fast ausschließlich für höherlegierte Sondergußlegierungen mit besonderen chemischen oder physikalischen Eigenschaften Verwendung finden.

Vom Gesamt-Weltverbrauch an Nickel entfallen nach einer Mitteilung von R. C. Stanley, Präsident der Internationalen Nickel Co. (*30*), nur 3 % auf legiertes Gußeisen, während z. B. der Anteil bei Stahl und Stahlguß etwa 60% beträgt.

Zahlentafel 188.

	Ni %	Cr %	Si %	
Handelsübliches Reinnickel.	99	—	—	Metallurgische Gesellschaft, Berlin
Silizium-Nickel (F-Nickel).	~ 92	—	5—6	Basse & Selve, Altena i. W.
Nichrom (Siliziumhaltig)	~ 60 60 40	20 15 20	— — —	Wolf Netter, Ludwigshafen a. Rh. Ver. Deutsche Metallwerke A.-G., Zweigniederlassung Basse& Selve, Altena i. W.
Thermochrom	60 65	20 15	— —	Elektrometall Schniewindt, Pose & Marré G.m. b.H. in Halle, Sa.
H. W.-Pakete (Nickel, Chrom und Ni + Cr)	0,5—1 kg Ni bzw. Cr je Paket			Hugo Wachenfeld, Düsseldorf-Oberkassel
E. K.-Pakete Spezialroheisen „Nikrofen"	0,5—1,2	1,5—2,5		Possehl, Eisen- und Stahlgesellschaft m. b. H., Lübeck und Elberfeld.
Vorlegierung aus Monelmetall + Ferrochrom (zur Niresistherstellung)	>56% Ni >23% Cu 7,5% Cr		<1,5 C <1,75 Si	Metallgesellschaft. Frankfurt/M.

Schrifttum zum Kapitel XXIa bis c.

(*1*) Vgl. (*30*).
(*2*) Vgl. Gießerei Bd. 27 (1940) S. 269.
(*3*) Crosby, V. A.: Trans. Amer. Foundrym. Ass. Bd. 45 (1937) S. 626.
(*4*) Piwowarsky, E., u. E. Söhnchen: Arch. Eisenhüttenw. Bd. 5 (1931/32) S. 111.
(*5*) Vgl. Gießerei Bd. 17 (1930) S. 59.
(*6*) D.R.P. 480284, Kl. 18b, Gr. 1.
(*7*) Piwowarsky, E.: Gießerei Bd. 14 (1927) S. 509.
(*8*) Piwowarsky, E., u. E. Söhnchen: Z. VDI Bd. 77 (1933) S. 463.
(*9*) Vgl. auch Withmann: Making 5 per Cent Nickel Cast Iron Alloy in an Electric Furnace. Trans. Amer. Inst. min. metallurg. Engrs. 1921.
(*10*) Levi, M.: Fond. Mod. Bd. 17 (1923) S. 82.
(*11*) Smith, A.: Foundry Trade J. Bd. 38 (1928) S. 77.
(*12*) Hanson, D.: Foundry Trade J. Bd. 39 (1928) S. 315.
(*13*) Vgl. Wählert, M.: Nickelgußeisen in Theorie und Praxis. Gießerei Bd. 17 (1930) S. 59.
(*14*) Fischer, A.: Gieß.-Praxis Bd. 54 (1933) S. 318; vgl. Fleischer, F.: Gießerei Bd. 27 (1940) S. 317.
(*15*) Fink, M.: Diss. T. H. Charlottenburg 1929; vgl. a. Arch. Eisenhüttenw. Bd. 6 (1932/33) S. 161.
(*16*) Vgl. Piwowarsky, E., u. Mitarbeiter: Arch. Eisenhüttenw. Bd. 6 (1932/33), S. 501, sowie Bd. 7 (1933/34) S. 371.
(*17*) Wallichs, A., u. J. Gregor: Gießerei Bd. 20 (1933) S. 517 und 548.
(*18*) Gießereiztg. Bd. 25 (1928) S. 94.
(*19*) Piwowarsky, E., u. O. Bornhofen: Arch. Eisenhüttenw. Bd. 7 (1933/34) S. 269.
(*20*) Meierling, Th.: Arch. Eisenhüttenw. Bd. 7 (1933/34) S. 141.
(*21*) Zech, R.: Diss. T. H. Aachen 1932. Zech, R., u. E. Piwowarsky: Gießerei Bd. 21 (1934) S. 385.
(*22*) Haase, H. G.: Säure- und alkalibeständige Gußeisen. Diss. Clausthal 1927.
(*23*) Vgl. Nickel-Handbuch, Frankfurt/M. 1938.
(*24*) Piwowarsky, E.: Z. VDI Bd. 79 (1935) S. 1393.
(*25*) Roll, F.: Gießerei Bd. 21 (1934) S. 152.
(*26*) Meyer, C. H.: Diss. T. H. Aachen 1939.
(*27*) L'usine vom 5. Nov. 1936 S. 31. Ballay, M., u. L. Guillet: La Fonte (1937) S. 951.
(*28*) Coyle, F. B.: Foundry Trade J. Bd. 49 (1933) S. 7, 19, 35, 84.

(*29*) Vgl. Anlage 5 zum Rundschreiben des Unterausschuß für Gußeisen beim VDE vom 14. Febr. 1940.
(*30*) Foundry Trade J. Bd. 60 (1939) S. 43; vgl. Stahl u. Eisen Bd. 60 (1940) S. 823.
(*31*) NORBURY, A. L., u. E. MORGAN: Iron Steel Inst. Mai (1932); vgl. Nickel-Handbuch des Nickel-Informationsbüro G. m. b. H., Frankfurt/M. 1938.
(*32*) Vgl. FREYTAG, W.: Diss. Aachen 1928. PIWOWARSKY, E., u. W. FREYTAG: Gießerei Bd. 15 (1928) S. 1193. Ferner: PIWOWARSKY, E., u. P. KÖTZSCHE: Arch. Eisenhüttenw. Bd. 2 (1928/29) S. 333.

d) Chrom im Gußeisen.

1. Allgemeines.

Das System Eisen-Chrom (Abb. 795 und 796) zeigt eine ununterbrochene Reihe von Mischkristallen mit einem Minimum bei etwa 38% Cr und einer Temperatur von etwa 1470°. Die durch Chromzusätze zu tieferen Temperaturen verlagerten A_4- bzw. A_3-Punkte führen bei etwa 13% Cr zu einer Abschnürung des γ-Gebietes. F. WEVER und W. JELLINGHAUS (*1*) wiesen im Zweistoffsystem eine Verbindung FeCr nach, die sich aus dem Mischkristall mit sehr geringer Geschwindigkeit bildet und sowohl Eisen als auch Chrom im Überschuß zu lösen vermag. Der von MURAKAMI bestimmte Verlauf der magnetischen Umwandlung erfährt durch das Existenzgebiet der unmagnetischen Verbindung FeCr eine Unterbrechung. Chrom bildet mit Kohlenstoff sehr stabile Karbide und zwar ein

kubisches Chromkarbid der Formel . . . . Cr_4C
ein trigonales Chromkarbid der Formel . . . . . . Cr_7C_3 und
ein orthorhombisches Chromkarbid der Formel . . Cr_3C_2.

Im ternären System Fe—Cr—C kommt es daher auch zu sehr stabilen komplexen Karbiden, denen man im allgemeinen die Formeln $(Fe, Cr)_7C_3$ und $(Fe, Cr)_3C$ zuschreibt (*2*). Da bei Hinzutritt von Chrom zu kohlenstoffhaltigem Eisen etwa ⅔ des Chroms in die Karbide und nur etwa ⅓ in die Grundmasse geht, so kommt es, daß mit zunehmendem Kohlenstoffgehalt auch der Chromgehalt stark gesteigert werden muß, wenn man in diesen Legierungen die γ-Umwandlung vermeiden will und umgekehrt, wie ein Schnitt durch das ternäre System bei 30% Cr nach den Arbeiten von TOFAUTE, KÜTTNER und BÜTTINGHAUS (*2*) zeigt (Abb. 754). Da der Perlitpunkt durch Chromzusätze eine Erhöhung erfährt, so liegt bei höheren Cr-Gehalten das A_1-Intervall über A_2 (Näheres über den Einfluß von Chrom auf die Existenzgebiete der Phasen im Dreistoffsystem siehe: E. HOUDREMONT, Sonderstahlkunde Berlin: Julius Springer 1935, S. 182ff., und P. OBERHOFFER: Das technische Eisen. III, von W. EILENDER und H. ESSER bearbeitete Auflage Berlin: Julius Springer 1936, S. 146). Chrom erhöht im Gußeisen die Neigung zur Karbidbildung und Schreckwirkung, verfeinert die Graphitbildung, erhöht Festigkeit, Warmfestigkeit und Härte (vgl. Abb. 95, sowie Abb. 909), vermindert die Wandstärkenabhängigkeit des Graugusses, erhöht die Volumenbeständigkeit und Verschleißfestigkeit, steigert die Haftfähigkeit von Korrosions- und Zunderschichten und verleiht dem Eisen bei entsprechend hohem Chromgehalt und geeigneter sonstiger Zusammensetzung Rostsicherheit und Feuerbeständigkeit bis zu Temperaturen von etwa 1050° C.

2. Niedrig legiertes Gußeisen.

Der Einfluß des Chroms auf die meisten Eigenschaften des Gußeisens macht sich bereits bei kleinen Zusätzen von 0,3% an bemerkbar. In zahlreichen Fällen liegt der günstigste Chromgehalt niedrig legierten Gußeisens zwischen 0,4 und

0,6%. Höhere Zusätze sind, insbesondere bei dünnwandigen Gußstücken, unter etwa 15 bis 20 mm nur möglich, wenn der härtende Einfluß des Chroms durch eine entsprechende Erhöhung des Siliziumgehaltes ausgeglichen wird. In welchen Grenzen der Chrom- und Siliziumgehalt von Grauguß mit etwa 2,9 bis 3,3% C sich bewegen darf, wenn man einerseits eine Härte von 180 bis 200 Brinelleinheiten nicht unterschreiten will, andererseits noch keine Bearbeitungsschwierigkeiten auftreten sollen, zeigt Abb. 909 nach A. B. KINZEL und W. CRAFTS (*3*). Man kann der Abbildung entnehmen, daß die Grenzen, innerhalb denen der Chrom- und Siliziumgehalt sich bewegen darf, mit zunehmender Wanddicke weiter werden, d. h. die Legierungen mit steigenden Chromanteilen werden unabhängiger gegen Schwankungen der Wanddicke und dies selbst bei höheren Siliziumgehalten. Aus einer Arbeit von H. J. YOUNG (*6*) sei das dort genannte „Loded Iron" erwähnt, ein Gußeisen mit hohem Siliziumgehalt (Si > 3%), das durch Zusatz von Chrom und Molybdän perlitisch gemacht wird. Beispiel: 4% Si, 2,5% Cr und etwas Mo. Es wird zu Zylinderlaufbüchsen verwendet.

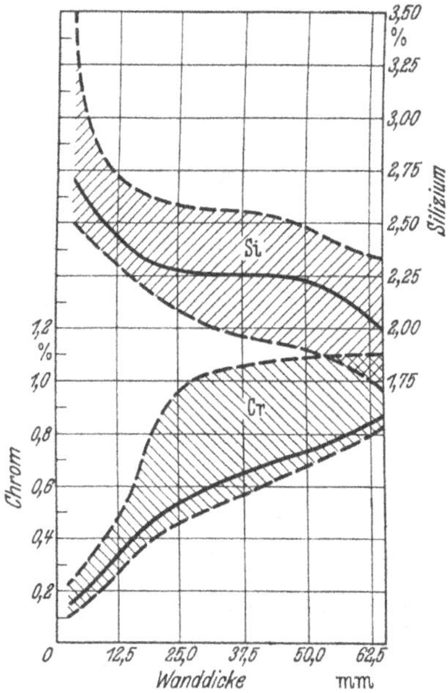

Abb. 909. Ungefährer Gehalt an Silizium und Chrom für verschiedene Wanddicken (A. B. KINZEL und W. CRAFTS).

Zahlentafel 189 nach J. W. DONALDSON (*4*) zeigt den Einfluß des Chroms auf ein Gußeisen mit etwa 3,2% C, wenn bei gleichbleibendem Siliziumgehalt der Chromzusatz steigt. Man erkennt, daß durch höhere Zusätze als etwa 0,6% infolge Auftretens überperlitischen Karbids die Verbesserung der Festigkeitseigenschaften wieder zurückgeht und das Eisen zu hart wird. Andererseits zeigen die Abb. 910 und 911, daß der zunehmende Chromgehalt das Karbid erheblich stabilisiert, so daß ein solches Eisen mit rd. 0,8% Cr selbst nach längerem Glühen bei 550° noch volumenbeständig ist. Tatsächlich ist ein Eisen mit 0,8 bis 1% Cr bis etwa 650°, mit 2 bis 3% Chrom bis etwa 850° volumenbeständig (*5*). Wie sich ein kleiner Anteil an Chrom von nur 0,39% bei 1,4% Si auswirkt, zeigen die Abb. 912 und 913 nach J. W. DONALDSON (*4*).

Zahlentafel 189. Analysen und Festigkeitswerte der Probe.

Bezeichnung	P	Cr 1	Cr 2	Cr 3	Cr 4	Cr 5
Gesamt-Kohlenstoff . . %	3,16	3,19	3,17	3,16	3,24	3,21
Geb. Kohlenstoff . . . %	0,68	0,70	0,93	1,13	1,25	1,53
Graph. Kohlenstoff . . %	2,48	2,49	2,24	2,03	1,99	1,68
Silizium . . . . %	1,48	1,42	1,40	1,42	1,60	1,48
Schwefel . . . . %	0,054	0,049	0,040	0,07	0,058	0,04
Phosphor . . . . %	0,70	0,70	0,69	0,68	0,77	0,66
Mangan . . . . %	0,97	0,96	0,97	1,00	0,95	0,95
Chrom . . . . %	0,0	0,20	0,39	0,66	0,78	0,90
Zugfestigkeit . kg/mm²	26,1	26,8	29,0	28,1	24,9	21,1
Brinellhärte	223	235	248	255	262	277

Über chromlegierte Gußeisensorten mit Nickel und Molybdän vgl. auch Zahlentafel 179.

Der härtende Einfluß von Chrom kann auch durch Nickelzusätze erheblich gemildert werden, wodurch sich Werkstoffe mit hoher Festigkeit bei ausreichender Zähigkeit und guter Bearbeitbarkeit ergeben. Daher findet man in niedrig legier-

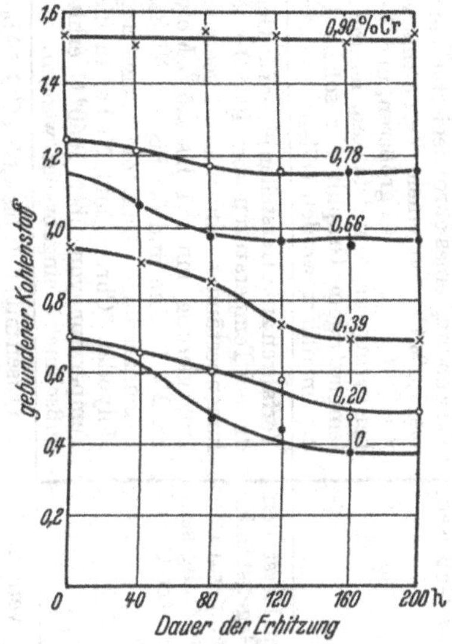

Abb. 910. Zersetzung des gebundenen Kohlenstoffes bei 450° in Abhängigkeit vom Chromgehalt (DONALDSON).

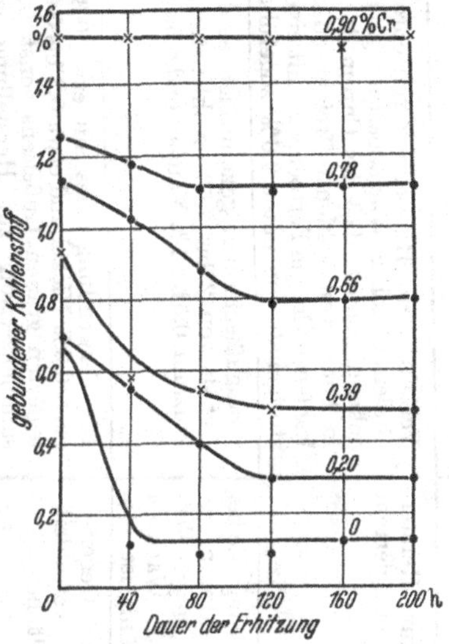

Abb. 911. Zersetzung des gebundenen Kohlenstoffes bei 550° in Abhängigkeit vom Chromgehalt (DONALDSON).

ten Gußeisensorten sehr oft die Kombination von Nickel und Chrom. Während aber Silizium in chromhaltigem Gußeisen mit dem Chromgehalt etwa in gleichem

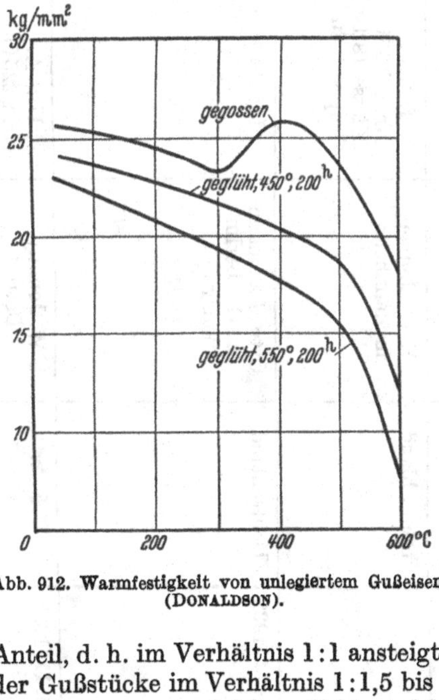

Abb. 912. Warmfestigkeit von unlegiertem Gußeisen (DONALDSON).

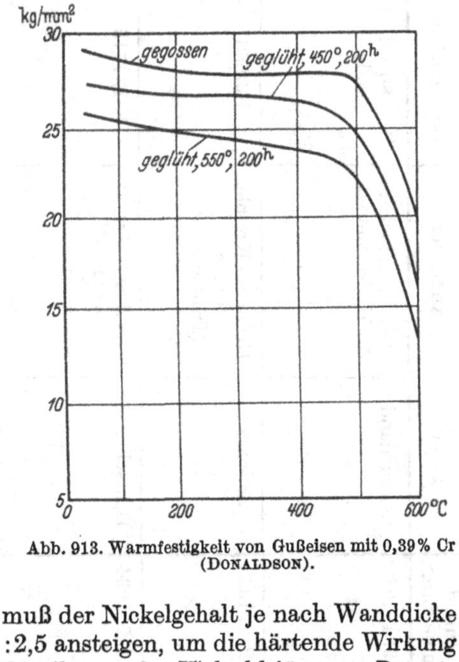

Abb. 913. Warmfestigkeit von Gußeisen mit 0,39 % Cr (DONALDSON).

Anteil, d. h. im Verhältnis 1:1 ansteigt, muß der Nickelgehalt je nach Wanddicke der Gußstücke im Verhältnis 1:1,5 bis 1:2,5 ansteigen, um die härtende Wirkung des Chroms auszugleichen. Zahlentafel 190 gibt aus der Vielzahl jüngerer Patent-

Zahlentafel 190. Neuere Patentschriften betr. Gußeisen mit geringen Chromgehalten.

Datum der Anmeldung	Land	Anmelder	Aktenzeichen	Bezeichnung	Patentanspruch
9. 4. 1930	Deutschland	Dr. Schumacher & Co., Dortmund	Sch. 80. 30/18 b. l.	Verfahren zur Herstellung von chromlegiertem Gußeisen.	Verfahren zur Herstellung von chromlegiertem Gußeisen hoher Wärmebeständigkeit, dadurch gekennzeichnet, daß das Chrom dem Gußeisen in Form von kohlenstoffreiem oder praktisch kohlenstoffreiem Ferrochrom mit einem Kohlenstoffgehalt von unter 0,6% zugeführt wird.
2. 2. 1933	Schweiz	Hermann Kreißle, Ansbach (Deutschland)	165558	Graugußlegierung, die bei hohen Temperaturen, wie z. B. 1050° C, gegen Verzundern und Wachsen widerstandsfähig ist.	Graugußlegierung, gekennzeichnet durch einen Gehalt von 2 bis 3,5% Kohlenstoff, 3 bis 5% Silizium, 0,5 bis 1% Mangan und 4 bis 6% Chrom.
17. 7. 1934	Deutschland	Klauber & Simon, Dresden-N.	K 134715	Gußeisen für Gegenstände mit verschleißfesten Gleitflächen.	Die Verwendung eines mit etwa 0,3% Chrom, etwa 0,3% Nickel und etwa 0,3 bis 0,6% Kupfer legierten grauen Gußeisens sonst üblicher Zusammensetzung zur Herstellung von Gegenständen mit Gleitflächen, deren Verschleißwiderstand durch schnelle Erzeugung einer spiegelglatten Lauffläche verbessert wird.
	Deutschland	Karl Lindner in Mannheim	D.R.P. Nr. 697951 Klasse 18d Gruppe 2/80	Chromlegiertes Gußeisen.	Verwendung eines chromlegierten Gußeisens mit bis 1,5% Cr und einem Verhältnis von Cr : Ni wie 2 : 1 bis 1 : 1 bei größeren, und 1 : 2 bis 1 : 6 bei geringeren Wandstärken, feinem Korn und feinblättrigem Graphit für solche Gußstücke, die emailliert werden sollen.
16. 4. 1932	Deutschland	Otto Jachmann A.-G., Berlin-Borsigwalde	I. 50914	Verfahren zum Herstellen einer für Gegenstände, die bei Temperaturen über 400° beständig sein müssen, geeigneten Graugußlegierung.	Verfahren zum Herstellen einer für Gegenstände, die bei Temperaturen über 400° C praktisch volumenbeständig sein müssen, geeigneten Graugußlegierung mit 0,1 bis 2,5% Molybdän, 0,2 bis 2% Chrom und 0,1 bis 8% Nickel, dadurch gekennzeichnet, daß die Legierungselemente Molybdän, Chrom und Nickel in die auf eine Temperatur von über 1650° C erhitzte Graugußschmelze eingebracht werden.
5. 11. 1938	U. S. A.	W. Jominy, Detroit	U. S. A. Nr. 2225997	Hitze- und verschleißfestes Gußeisen	Ein Eisen mit: 2,25 bis 4,00% C, 1,50 bis 3,50% Si, 0,05 bis 0,60% Ti, 0,60 bis 1,25% P, 0,30 bis 1,00% Mn bei 0,50 bis 2,00% Cr.

		Berlin		gußeiserner Werkstücke durch Schleuderguß.	dadurch gekennzeichnet, daß man Gußeisen mit 0,3 bis 0,9% Nickel, 0,13 bis 0,33% Chrom, 0,1 bis 0,2% Vanadin, 0,2 bis 0,4% Molybdän einzeln, zu mehreren oder gemeinsam legiert in Schleudergußformen vergossen und der Gefügeaufbau der Gußstücke durch Wärmebehandlung vergütet wird.
10. 10. 1936	England	Burtonwood Motor and Aircraft Engineering Company Ltd.	27523/36	Bearbeitbare Gußlegierung mit gutem Widerstand gegen atmosphärische Korrosion.	Kupfer, Chrom und Nickel enthaltende Gußlegierung, dadurch gekennzeichnet, daß die Summe Silizium + Kupfer zusammen bis 2,5% beträgt[1].
25. 6. 1939	USA.	E.A.Jones, Jackson u. A. H. Dierker, Columbus, Ohio	USA.-Pat. Nr. 2167301	Legiertes Gußeisen.	Legiertes Gußeisen mit Siliziumgehalten größer als die der Chromgehalte bei Grauguß mit vorwiegend graphithaltiger Grundmasse bei Si-Gehalten zwischen 4,23 bis 10%, Cr-Gehalten von 0,6 bis 8%, Mn-Gehalten von 0,20 bis 3,0% und P-Gehalten unter 0,30% (S = unter 0,20%) bei C-Gehalten zwischen 1,80 und 3,20%.
11. 11. 1940	Zweigstelle Österreich		D.R.P. Zweigstelle Österreich Nr. 1 59760, Kl. 47f		Die Verwendung eines mit je 0,3% oder annähernd so viel Chrom und Nickel, sowie 0,3 bis 0,6% kupferlegierten grauen Gußeisens sonst üblicher Zusammensetzung zur Herstellung von Gegenständen mit Gleitflächen, deren Verschleißwiderstand durch schnelle Erzeugung einer spiegelglatten Lauffläche verbessert wird.

[1] Z. B. Ges.-Kohlenstoff . . 3,50% Silizium . . 2,00% Kupfer . . 0,50% Schwefel . . 0,05% Mangan . . 0,50% Phosphor . . 0,20%
Chrom . . 0,50% Nickel . . 2,50% Rest . . . . Eisen.

anmeldungen einige Beispiele für spezielle Verwendungszwecke chromarmen Gußeisens.

3. Chromreiches Gußeisen.

Höhere Anteile an Chrom als etwa 3% kommen in dem sog. Niresist-Guß vor, desgleichen in dem chromreichen ferritischen Guß mit 30 bis 35% Cr (vgl. Kapitel XXIc 4, sowie XVIc und XVIIi).

4. Der Zusatz des Chroms zu Gußeisen.

In chromarmen Gußeisensorten erfolgt der Chromzusatz im allgemeinen bereits im Kupolofen, da sich die handelsüblichen Ferrochromsorten im flüssigen Gußeisen nur schwer vollkommen lösen lassen. Dabei ist mit einem Abbrand an Chrom von 10 bis 25% (je nach der Höhe des Zusatzes und der Art des Ofenbetriebes) zu rechnen. Chromhaltiges Gußeisen muß heißer vergossen werden als unlegiertes Gußeisen, insbesondere wenn dünne Querschnitte gut auslaufen sollen. Für Pfannenzusätze ist nur ein möglichst kohlenstoffarmes Ferrochrom zu verwenden. Auf die Sortierung chromhaltiger Abfälle ist besonders sorgfältig zu achten, da sonst kostspielige Ausschußziffern durch Reißen komplizierter Gußstücke, mangelnde Bearbeitbarkeit usw. unvermeidlich sind.

Besonders in Tempergußbetrieben kann durch irrtümliche Eingattierung chromhaltigen Schrotts und Gußbruchs schwerer wirtschaftlicher Schaden entstehen.

Schrifttum zum Kapitel XXId.

(1) Mitt. K.-Wilh.-Inst. Eisenforschg. Bd. 13 (1931) S. 93.
(2) Tofaute, W., C. Küttner u. A. Büttinghaus: Arch. Eisenhüttenw. Bd. 9 (1935/36), S. 607.
(3) Kinzel, A. B., und W. Crafts: The Alloys of Iron and Chromium. London 1937.
(4) Donaldson, J. W.: Foundry Trade J. Bd. 40 (1929) S. 489.
(5) Bastien, P.: Chaleur Industr. (1936) S. 13.
(6) Young, H. J.: Foundry Trade J. Bd. 60 (1939) S. 29.

e) Molybdän im Gußeisen.

1. Zustandsdiagramme und Gefügebeeinflussung.

Das binäre System Eisen-Molybdän zeigt eine weitgehende, mit steigender Temperatur noch zunehmende Löslichkeit des Molybdäns im α-Eisen. Das γ-Gebiet wird im reinen System durch 2,5 bis 3,0% Mo abgeschnürt. In Legierungen über 50% Mo steigt die Schmelzkurve stark an, da Mo mit 2620° einen sehr hohen Schmelzpunkt besitzt (Abb. 914).

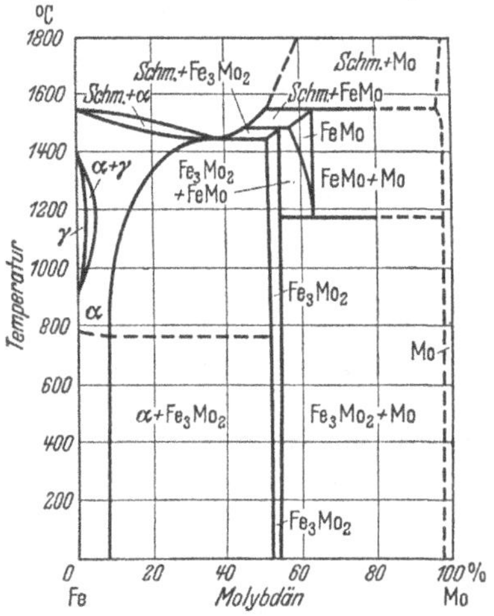

Abb. 914. Das Zustandsschaubild Eisen-Molybdän (nach Sykes).

Im ternären System Eisen-Kohlenstoff-Molybdän wird durch Zusatz von Mo eine Verringerung der Konzentration des Perlits herbeigeführt, dessen eutektoide Zusammensetzung bei einem Stahl mit 0,86% C und 8% Mo bereits bei nur etwa 0,4% liegt, was freilich für Molybdängehalte, wie sie für Gußeisen in Frage kommen, quantitativ noch nicht von erheblicher Bedeutung ist. Obwohl Mo den Ac_3-Punkt erhöht, erniedrigt es die Temperaturlage der Perlitbildung (Ar_1-Punkt), da es die kritische Abkühlungsgeschwindigkeit vermindert und damit die Durchhärtefähigkeit erhöht. In Kohlenstoffstählen mit etwa 0,9% verursachen bereits 2% Mo eine Unterkühlung der Perlitumwandlung um 100 bis 150°.

Für Gußeisen kommen im allgemeinen Mo-Zusätze zwischen 0,25 und 1,25% in Frage. Molybdän erhöht Festigkeit, Härte und Verschleißfestigkeit, Volumenbeständigkeit und vielfach auch die Korrosionsbeständigkeit, verfeinert die Grundmasse, erhöht die Ermüdungsfestigkeit, Warmfestigkeit, Anlaßbeständigkeit (nach voraufgegangener Härtung) und vermindert sehr stark die Wandstärkenabhängigkeit. Molybdänzusätze zu Gußeisen oder Stahl verteilen sich auf Ferrit und Zementit, wobei das komplexe Mo-haltige Eisenkarbid bei weitem nicht so stabil ist, wie es die Eisen-Chrom-Karbide sind. J. Musatti und G. Calbiani (1) glauben annehmen zu dürfen, daß erst Molybdängehalte im Gußeisen oberhalb 2,5% zu allmählicher Ausbildung eines Sonderkarbids führen. Diese Beobachtungen bestätigen die aus dem periodischen System abgeleitete Ansicht von Roll (2), daß der Einfluß von Molybdän auf die Stabilisierung des Eisenkarbids nicht eindeutig sei. Tatsächlich zeigt auch Zahlentafel 191 nur einen mäßigen Einfluß des Molybdäns auf die prozentualen Kohlenstofformen bei Gehalten bis etwa 2% Mo. Molybdän bewirkt ferner, daß der Graphit mehr und mehr in körniger Form, d. h. in kurzen gedrungenen Blättchen zur Abscheidung kommt. Nach E. Piwo-

WARSKY (*3*) ist diese Art der Graphitform nächst der temperkohleartigen Ausbildung für die Eigenschaften von Grauguß am günstigsten und einer feinen, eutektischen Anordnung vielfach vorzuziehen.

2. Die mechanischen Eigenschaften.

Als erster dürfte G. W. SARGENT (*4*) im Jahre 1920 auf den günstigen Einfluß von Molybdän auf Festigkeit und Zähigkeit von Gußeisen hingewiesen haben. Aber erst 1922 erbrachte eine Arbeit von O. SMALLEY (*5*) ein größeres Zahlenmaterial über den Einfluß von Molybdän auf die mechanischen Eigenschaften von Gußeisen verschiedener Handelsqualitäten. Während bei siliziumreicheren Eisensorten (Si = 1,94 bis 2,05%) mit 3,24 bis 3,47% Ges.-Kohlenstoff erst von 0,50% Mo an eine mäßige Steigerung der Festigkeitseigenschaften zu beobachten war, konnte in siliziumärmeren (1,1 bis 1,68% Si) schon von 0,12% Mo an ein günstiger Einfluß beobachtet werden. Die günstigsten Werte ergaben sich bei einem im Tiegelofen umgeschmolzenen Kupolofenzylindereisen mit relativ niedrigem Gesamtkohlenstoff- und einem Molybdängehalt von etwa 1,5%, wie folgende Zahlen zeigen:

	Ges.-C%	Geb. C%	Graphit%	Si%	Mn%	P%	S%	Mo%
I	2,85	0,61	2,24	1,54	0,55	0,54	0,11	—
II	2,77	0,60	2,17	1,68	0,66	0,62	0,08	1,55

	I	II
Zugfestigkeit kg/mm²	26,8	33,4
Druckfestigkeit kg/mm²	86	105
Brinellhärte.	223	269
Bruchbefund	feines dichtes Korn	wie bei I, aber mit seidigem Glanz

Beachtet man den ziemlich hohen Phosphorgehalt, so sind die bereits damals erzielten Festigkeitssteigerungen (σ_B um max. 25%, σ_{-B} um 22%, σ'_B um 9%) durchaus bemerkenswert. Die nächste größere Arbeit von E. PIWOWARSKY (*6*) aus dem Jahre 1925 behandelte den Einfluß des Molybdäns an sehr kohlereichem (3,5 bis 4% C) schwedischem Eisen mit äußerst geringen Gehalten an Mn, P und S (Summe dieser Elemente = 0,159 bis 0,18%). Trotz des sehr hohen Kohlenstoffgehaltes und ungünstigster Graphitausbildung der damals noch nicht überhitzten Schmelzen konnte E. PIWOWARSKY durch kleine Molybdänzusätze bis etwa 0,6% doch wesentliche Verbesserungen der Qualität erzielen, wie z. B. aus folgenden Zahlen hervorgeht:

Ges.-C %	Geb.C. %	Graph. %	Si %	Mo %	Zugfestigkeit kg/mm²	Druckfestigkeit kg/mm²	Biegefestigkeit kg/mm²	Durchbiegung mm	Härte kg/mm²	Spez. Schlagarbeit mkg/cm²
3,75	0,65	3,10	1,86	—	13,—	68	29	8,3	161	0,68
3,73	0,59	3,14	1,77	0,29	15,9	76	28	7,6	200	0,98
3,85	0,62	3,23	1,77	0,52	21,3	89	39	7,4	224	1,08

Beachtenswert ist hier u. a. neben der Festigkeitssteigerung um 64% die außerordentliche Erhöhung des Arbeitsvermögens. Die Climax Molybdenum Company in New York (*7*) gibt in USA. bewährte Leitanalysen für Automobilzylinderblöcke, Dampf- und Dieselmaschinenzylinder, Pumpengehäuse, Kolben, gußeiserne Gesenke usw. bekannt, die bei heißem Schmelzbetrieb (bis ca. 1500°), aber mäßiger Gießtemperatur zu ausgezeichneten Ergebnissen geführt haben, z. B.

Chem. Zusammensetzung %	Zylinderguß	Maschinenkolben	Gesenke
Ges.-Kohlenstoff	3,00—3,15	3,15—3,30	2,75—3,00
Graphit	2,65—2,75	2,90—3,00	2,05—2,20
Silizium	2,00—2,20	2,20—2,40	2,00—2,20
Mangan	0,40—0,50	0,40—0,55	0,45—0,60
Phosphor	0,20 max.	0,20 max.	0,25 max.
Schwefel	0,08 max.	0,08 max.	0,06 max.
Molybdän	0,35—0,40	0,35—0,40	1,25—1,50

An Werten wurden dabei erhalten:

	Zylinderguß		Maschinenkolben		Gesenke	
	ohne Mo	mit Mo	ohne Mo	mit Mo	ohne Mo	mit Mo
Zugfestigkeit . . kg/mm²	21	27	20	29	28	40
Brinellhärte . . . kg/mm²	198	208	201	213	235	285
Bearbeitbarkeit	gut	sehr gut	gut	sehr gut	gut	gut

Für hochwertigen Automobil- und Maschinenguß empfiehlt die Climax Molybdenum Company die Verwendung bis zu 30% Stahlschrott in der Gattierung, bei schweren gußeisernen Gesenken oder großen Gußstücken für den Maschinenbau seien noch höhere Schrottmengen zu empfehlen.

E. K. Smith und H. C. Aufderhaar (*8*) untersuchten an Hand von 40 im Gastiegelofen hergestellten Schmelzen den Einfluß des Molybdäns. Ihre Gattierung betrug:

42 % Gußschrott
50 % Roheisen
8 % Stahl.

Die Analysen fielen sehr gleichmäßig und waren etwa wie folgt:

Ges.-Kohle = 3,32%	Phosphor = 0,37%
Silizium = 2,18%	Schwefel = 0,06%
Mangan = 0,52%	Molybdän bis 4,4%

Über die erreichten Schmelztemperaturen, die Gießbedingungen usw. werden ausreichende Mitteilungen nicht gemacht. Die mechanischen Eigenschaften wurden mit steigenden Mo-Gehalten ständig besser und erreichten bei 1,5% Mo mit 31,5 kg/mm² Zugfestigkeit ihren besten Wert. Die Verfasser weisen mit Recht darauf hin, daß die erreichbaren Höchstwerte bei günstigeren Gattierungsverhältnissen noch voraussichtlich höher liegen dürften. Die Härte nimmt schneller zu, als die Bearbeitbarkeit nachläßt, so daß ein Eisen mit 1,5% Mo und 260 Brinellhärte sich noch leicht bearbeiten läßt. Ein Eisen mit 4,4% Mo und 408 BE ließ sich nicht mehr bohren. Für die Bearbeitbarkeit benutzten die Verfasser einen modifizierten Keep-Versuch, waren sich allerdings der begrenzten Bedeutung dieses Prüfverfahrens bewußt. In einer neueren Veröffentlichung weist K. Smith (*9*) darauf hin, daß bereits 0,35% Mo zu einem Gußeisen mit 3 bis 3,5% C und 1,9 bis 2,1% Si zugesetzt das Eisen widerstandsfähiger macht gegen Verschleißwirkungen und gegen atmosphärische Korrosion.

Die umfangreichste und unter weitgehender Beachtung der neueren Schmelzbehandlungsmethoden durchgeführte Arbeit stammt von J. Musatti und G. Calbiani (*1*) vom Breda-Institut in Mailand. Die Schmelzen wurden in einem elektrisch beheizten Kryptolofen aus Roheisen, Stahl und Ferromolybdän hergestellt. Die Schmelzen wurden durchweg auf ca. 1500° überhitzt, auf dieser Temperatur 10 Minuten belassen, auf 1450° abgekühlt und bei dieser Temperatur vergossen.

Der Kohlenstoff variierte zwischen 2,6 und 3,1%, der Siliziumgehalt zwischen 1,5 und 2,4%, der Molybdängehalt betrug max. 3,2%. Die Schmelzen wurden zu 30-mm-Rundstäben (Trockenformen) vergossen.

Zahlentafel 191 (Versuche von KÜSTER und PFANNENSCHMIDT).

Herkunft[1]	C ges. %	C geb. %	Mn %	Si %	S %	Mo %	P %	Graphit %	σ'_B	σ_B	f mm	Dauerschläge	Brinellhärte
E	3,44	0,68	0,43	2,62	0,09	—	0,16	2,76	34,4	19,3	10,6	21	167
E	3,42	0,68	0,43	2,48	0,06	0,80	0,16	2,78	49,3	25,8	12,8	63	195
O	3,46	0,70	0,27	2,41	0,03	1,24	0,13	2,76	44,5	30,5	10,2	—	207
O	3,24	0,74	0,35	2,50	0,03	1,27	0,15	2,50	48,2	25,2	12,1	n. b.	229
O	3,30	0,92	0,4	2,48	—	2,23	0,16	2,42	49,7	28,8	9,6	n. b.	241
E	3,32	0,98	0,42	2,50	0,039	2,50	0,15	2,34	59,3	35,05	11,9	—	245

[1] E = Elektroofen; O = Ölofen.

Wie die Zahlenwerte der 44 Versuchsschmelzen zeigen und aus ihrer graphischen Darstellung (Abb. 915) hervorgeht, liegt das Optimum der mechanischen Eigenschaften bei etwa 1,5% Mo. Dies stimmt gut überein mit den Angaben der Climax Company, den Ergebnissen der Arbeit von SMALLEY und einem zusammenfassenden Bericht von R. C. GOOD (*10*) über den Einfluß der Spezialelemente auf Gußeisen. Qualitativ finden die Ergebnisse der Arbeit von MUSATTI und CALBIANI ihre Bestätigung durch die Resultate einer Arbeit von F. H. KÜSTER und C. PFANNENSCHMIDT (*11*), wo selbst in kohlenstoff- und siliziumreichem Eisen durch 2,50% Mo etwa 35 bis 36 kg/mm² Zugfestigkeit erreicht werden konnte (Zahlentafel 191).

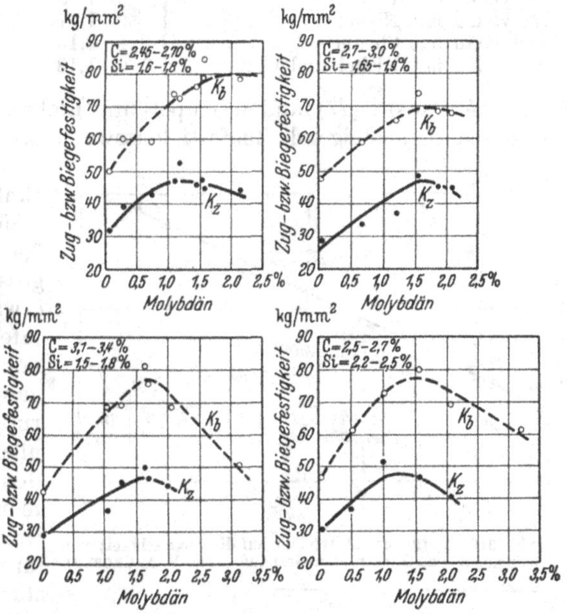

Abb. 915. Einfluß von Molybdän auf Zug- und Biegefestigkeit von Grauguß mit verändertem Kohle- und Siliziumgehalt (MUSATTI und CALBIANI).

Höhere Mo-Gehalte als etwa 2,5% machen nach MUSATTI und CALBIANI das Eisen spröde und nur noch schwer bearbeitbar. Dies deckt sich weitgehend mit den Ergebnissen von SMITH und AUFDERHAAR, KÜSTER und PFANNENSCHMIDT, sowie den Angaben der Climax Company.

1933 ließ das Elektrowerk in Weißweiler durch E. PIWOWARSKY einige Versuchsschmelzen mit Molybdänzusätzen durchführen. Die je etwa 40 kg schweren Schmelzen aus dem Hochfrequenzofen der Weißweiler Versuchsschmelzhalle zeigten zu Stäben von 22,5 mm Durchmesser in nasse Formen vergossen umstehende Werte (Zahlentafel 191a, Mittel von je acht Stäben).

Nach W. F. CHUBB (*12*) wird eine bessere Ausnutzung und größere Wirtschaftlichkeit erreicht durch gleichzeitige Zugabe von Nickel und Molybdän im Verhältnis 3:1. Zweckmäßig sei ein Zusatz von 0,5 bis 1,5% Ni und bis zu 0,5% Mo,

Zahlentafel 191a.

	Chem. Zusammensetzung der Schmelzen in %						Mechanische Eigenschaften:		
	Ges.-C	Graphit	Si	Mn	Mo	Cr	Biegefestigkeit kg/mm²	Durchbiegung mm ($s=20 \cdot d$)	Zugfestigkeit kg/mm²
1	2,99	2,33	1,96	0,72	—	—	37,4	11,5	25,5
2	2,95	2,12	1,90	0,73	0,47	—	52,0	9,4	31,3
3	2,95	1,84	1,92	0,71	0,52	0,66	54,6	6,8	32,1

wodurch eine höhere Festigkeit und Zähigkeit, eine gleichförmigere Härte und gleichmäßigere Verteilung des Graphits erhalten werde. Nachstehende Zahlen zeigen Angaben aus der erwähnten Arbeit, und zwar die durchschnittliche Zunahme der mechanischen Eigenschaften durch Zusatz von je 0,1% Mo mit oder ohne gleichzeitigen Zusatz anderer Legierungselemente:

	Zugfestigkeit kg/mm²	Biegefestigkeit kg/mm²	Brinellhärte kg/mm²
Molybdän allein.	1,18	0,12	5
Molybdän mit Nickel	1,57	0,28	12
Molybdän mit Chrom	3,15	0,14	2
Molybdän mit Nickel und Chrom. .	1,18	0,14 (?)	3—4

V. A. CROSBY (*17*) fand an Kupol- und Elektroeisen mit steigendem Molybdängehalt stetig ansteigende Zugfestigkeitswerte bis zu 0,6 bzw. 1,4% Mo (Abb. 916).

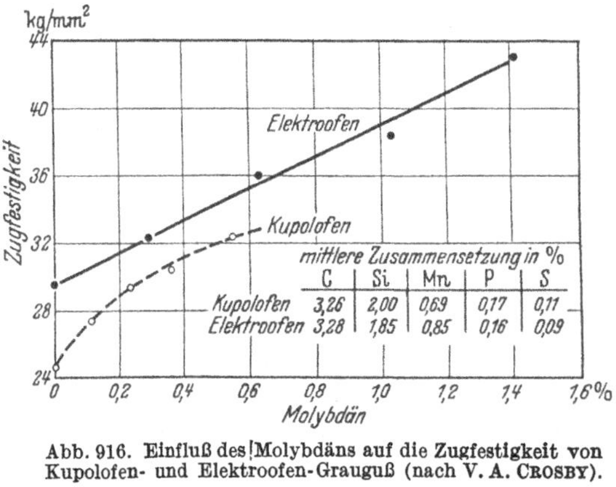

Abb. 916. Einfluß des Molybdäns auf die Zugfestigkeit von Kupolofen- und Elektroofen-Grauguß (nach V. A. CROSBY).

J. E. HURST (*18*) untersuchte den Einfluß von Mangan (0,25 bis 2,86%) und Molybdän (0,02 bis 3,45%) auf in grüne Formen vergossenes Hochfrequenzeisen mit etwa 3,5% C und etwa 1% Si (Zahlentafel 192). In allen Reihen, ausgenommen die mit dem höchsten Mangangehalt, ergab sich eine Verbesserung der Festigkeitseigenschaften, allerdings am ausgeprägtesten bei den Mn-armen Eisensorten. Da die meisten Schmelzen aber meliert bis weiß anfielen (Abb. 917), so sind sie für die Kennzeichnung von grau erstarrendem Gußeisen nicht ohne weiteres verwendbar. Durch Glühen der Proben ergaben sich alsdann sehr hohe Festigkeitswerte. Molybdän verschiebt die Punkte *S*, *E* und *C* des Eisen-Kohlenstoffdiagramms etwas nach links. Dadurch wird u. a. auch die Konzentration des Perlits an Kohlenstoff verringert (Abb. 918).

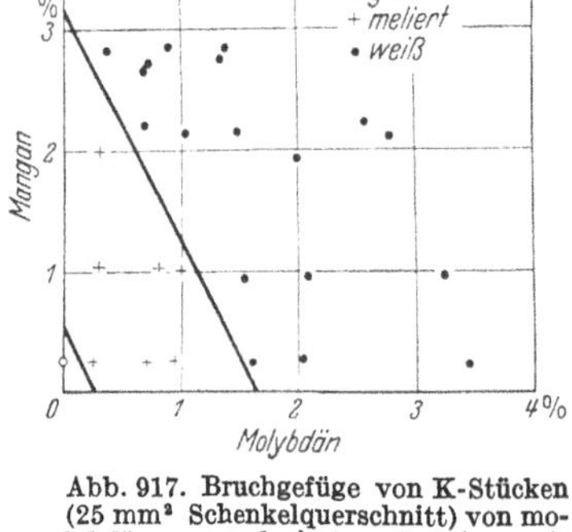

Abb. 917. Bruchgefüge von K-Stücken (25 mm² Schenkelquerschnitt) von molybdän-manganlegierten Gußeisen mit rd. 3,5% C und 1,0% Si (nach J. E. HURST).

3. Dickeneinfluß.

Schon geringe Zusätze an Mo verringern die Empfindlichkeit des Gußeisens gegen Eigenschafts- und Gefügeänderungen bei Gußstücken mit stark wechselnden Wanddicken. An einem Eisen mit 3,3% C, 1,2% Si, 0,85% Mn, 0,23% P und 0,12% S untersuchte R. BERGER (*13*) den Einfluß von 0,32% bzw. 0,64% Mo, wobei er Radkränze mit verschiedener Dicke (20—30—40 und 60 mm) bei einer 80 mm starken Nabe vergoß. Dabei ergab sich, daß bereits durch den geringen Zusatz von 0,32% Mo das Gußeisen weitgehend wandstärkenunabhängig geworden war (Abb. 919). Bei 0,9% Mo Zusatz fand J. MACKENZIE (*14*) selbst in versuchsweise abgegossenen dicken Gußstäben von rd. 24 cm Durchmesser einen überraschend großen Einfluß des Molybdäns auf den Gefüge- und Eigenschaftsausgleich.

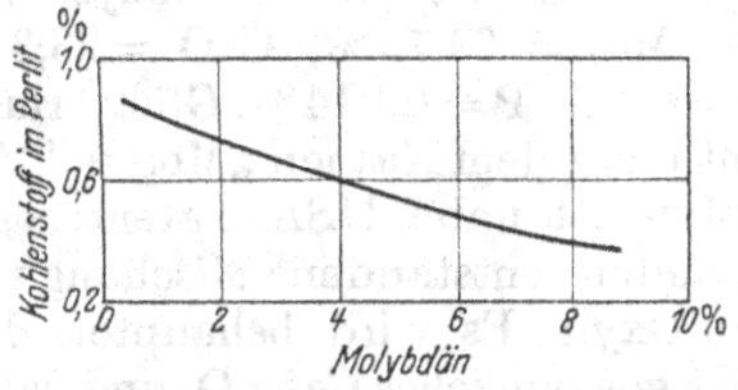

Abb. 918. Einfluß von Molybdän auf den Kohlenstoffgehalt des Perlits (MUSATTI und CALBIANI).

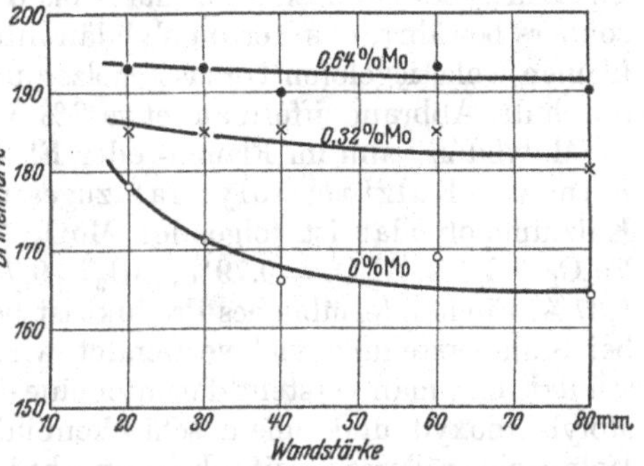

Abb. 919. Einfluß von Molybdän auf den Härteausgleich bei Gußeisen (R. BERGER).

4. Verschleißfestigkeit.

J. MUSATTI und G. CALBIANI (*1*) haben auf einer Amsler-Maschine bei 150 kg Anpreßdruck ($n = 166$/min.) Verschleißversuche durchgeführt und eine stetige Steigerung des Verschleißwiderstandes festgestellt, der bei 1,5% nur noch den sechzehnten Teil, bezogen auf das unlegierte Eisen, betrug. (Gewichtsverlust z. B. nach 100000 Umdrehungen = 7,3 g beim unlegierten und $\sim$ 0,45 g bei dem Eisen mit 1,5% Mo. Durchmesser der Versuchsringe = 40 mm, Dicke derselben = 10 mm.)

5. Hitze- und Volumenbeständigkeit.

An Probekörpern mit 10 mm Durchmesser und 10 cm Länge fanden MUSATTI und CALBIANI (*1*) nach 24stündiger Erhitzung in oxydierender Atmosphäre bei 800° eine Volumenzunahme

von 7,8 bis 8%	bei 0,0 % Mo
von 6,1 %	bei 0,74% Mo
von 5,8 %	bei 1,08% Mo
von 1,75%	bei 1,54% Mo.

Ein anschließendes Glühen dieser Proben weitere 100 Stunden hindurch bei Zeitabschnitten von je 3 Stunden bewies die bessere Hitzebeständigkeit des molybdänreicheren Materials, dessen oberflächliche Entkohlung hinter den un- oder schwachlegierten Proben stark zurückblieb (2,1 gegen 3,5 mm Entkohlungszone).

Bei Stahlwerkskokillen konnte durch Zusätze von 0,3% Mo eine Verdoppelung der Lebensdauer der Jahreshaltbarkeit erzielt werden (*15*). (Vgl. auch Seite 969.)

6. Das Legieren des Gußeisens mit Molybdän.

Kleinere Mengen von Ferromolybdän bis etwa 0,5% Mo lösen sich trotz ihres hohen Schmelzpunktes ohne weiteres in der Pfanne. Bei sehr heißem Eisen werden sogar Gehalte bis 1%, ja sogar bis 1,5% anstandslos gelöst, wenn das FeMo auf Pulver- bis Erbsengröße zerkleinert wird. Im allgemeinen werden hochprozentige

(60 bis 80% Mo) Legierungen verwendet; es wird vielfach vermutet, daß die eutektische Legierung mit etwa 36% (Schmelzpunkt ca. 1440° C) besonders geeignet sein müßte. Im Kupolofen kann der Abbrand an Molybdän leicht unter 10% gehalten werden. Im Flamm- oder Elektroofen kann man das Molybdän 10 bis 15 Minuten vor dem Abstich zusetzen und hat dann bei richtiger Chargenführung einen Molybdänabbrand von nur 4 bis 8%. Bei Walzenguß hat es sich ferner besonders bewährt, das Ferromolybdän mit etwas Roh- oder Spiegeleisen in einem kleinen Kokstiegelofen vorzuschmelzen und flüssig in der Pfanne zuzusetzen, wodurch die Abbrandziffern auf etwa 2% Mo gedrückt werden können.

Molybdän kann im Flamm- oder Elektroofen ferner als Oxyd direkt oder in Form von Kalziummolybdat zugesetzt werden. Eine typische Analyse von Kalziummolybdat ist folgende: MoO_3 (40,5% Mo) = 60,75%, CaO = 23,3%, Fe_2O_3 = 2,6%, Al_2O_3 = 0,79%, SiO_2 = 9,7%, S = 0,2%, P = 0,014%. Glühverlust: 1,37%. Ein handelsübliches Produkt ist bekannt unter dem Namen „Molyte", das bei Stahlherstellung viel verwendet wird. Molyte ist unter USA.-Patenten geschützt, und man versteht darunter eine durch Sintern entstandene Mischung von Molybdänoxyd und einem schlackenbildenden Oxyd. Es wird behauptet, daß Molyte ein größeres spezifisches Gewicht habe als gewöhnliches $CaMoO_4$ und daher schneller durch das Bad sinkt. Auch soll es sich schneller vollkommen reduzieren lassen, da es im Herstellungsprozeß schon teilweise reduziert ist.

Ein molybdänhaltiges Roheisen wird von der Firma Bradley & Forster (*16*) in Sheffield seit einiger Zeit hergestellt, und zwar mit Gehalten von 1 bis 8,5% in Kombination mit verschiedenen Si-, Mn- und P-Gehalten. Die Si-Ge-

Zahlentafel 192. Festigkeitseigenschaften von molybdän- und manganmolybdänlegiertem Gußeisen nach J. E. Hurst.

Nr.	Zusammensetzung				Zugfestigkeit	Elastizitätsmodul	Proportionalitätsgrenze
	C %	Si %	Mn %	Mo %	kg/mm²	kg/mm²	kg/mm²
1 A	3,34	0,87	0,26	0,02	27,8	14000	—
B	3,32	0,89	0,25	0,26	27,6	13400	—
C	3,37	0,96	0,26	0,69	35,0	14500	18,9
D	3,43	0,96	0,26	0,96	34,2	16800	18,9
E	3,37	1,01	0,29	1,62	35,6	14900	22,1
F	3,37	1,05	0,28	2,07	—	—	—
G	3,37	1,17	0,28	3,45	36,6	14250	18,9
2 B	3,43	0,99	1,04	0,32	33,4	14500	22,1
C	3,40	0,99	1,04	0,81	42,4	16400	31,5
D	3,43	0,95	1,00	1,00	42,6	14300	29,9
E	3,37	1,01	0,95	1,57	—	—	—
F	3,40	1,01	0,98	2,17	43,0	16600	26,8
G	3,55	1,04	0,97	3,27	52,4	16300	33,1
3 B	3,60	0,99	2,14	0,32	38,2	—	23,6
C	3,49	1,03	2,23	0,70	39,8	17600	36,2
D	3,55	1,08	2,17	1,06	36,2	—	31,5
E	3,49	1,17	2,16	1,49	38,3	18350	33,1
F	3,49	1,05	1,96	1,98	42,1	17700	33,1
G	3,55	1,03	2,22	2,61	44,8	16800	36,2
4 A	3,60	1,10	2,82	0,39	37,9	17800	29,9
B	3,61	1,10	2,65	0,76	—	—	—
C	3,60	1,05	2,72	0,78	37,2	16600	33,1
D	3,68	1,08	2,86	0,91	—	—	—
E	3,63	1,24	2,78	1,36	36,2	15900	31,5
F	3,71	1,05	2,83	1,82	—	—	—
G	3,60	1,10	2,14	2,78	—	—	—

halte liegen zwischen 1,0 und 2,5%, die C-Gehalte zwischen 2,7 und 3,87%. Gepulvertes Ferromolybdän löst sich im Gußeisen im allgemeinen so gut, daß selbst bei Pfannen von nur 100 kg Inhalt ein Zusatz bis 2% erzielt werden kann. Nach dem Zusatz von Ferromolybdän hat es den Anschein, als ob das Eisen heißer geworden wäre. Das trifft jedoch nicht zu. Dagegen ist das so behandelte Eisen dünnflüssiger, so daß sich in zahlreichen Fällen ein Abstehenlassen desselben für 3 bis 6 Minuten empfiehlt.

Über molybdänlegierte Gußeisensorten mit Zusätzen an Nickel und Chrom vgl. auch Zahlentafel 179.

Schrifttum zum Kapitel XXI e.

(*1*) MUSATTI, J., u. G. CALBIANI: Metallurg. ital. Bd. 8 (1930) S. 649/69; Bull. Brit. Cast Iron Ass. Nr. 30 Okt. 1930.
(*2*) ROLL, F.: Gießerei Bd. 16 (1929) S. 933.
(*3*) PIWOWARSKY, E.: Gießereiztg. Bd. 23 (1926) S. 371/414; Trans. Amer. Foundrym. Ass. Sept. 1926.
(*4*) SARGENT, G. W.: A. S. T. M. Trans. II (1920) S. 5.
(*5*) SMALLEY, O.: Foundry Trade J. Bd. 27 (1922) S. 519/23; Bd. 28 (1923) S. 3/6. Vgl. a. Stahl u. Eisen Bd. 44 (1924) S. 498.
(*6*) PIWOWARSKY, E.: Stahl u. Eisen Bd. 45 (1925) S. 289/97; Foundry Trade J. Bd. 31 (1925) S. 517/22; vgl. a. Gießerei Bd. 12 (1925) S. 667/68.
(*7*) Einem Werbeprospekt der Gesellschaft entnommen.
(*8*) SMITH, E. K., u. H. C. AUFDERHAAR: Iron Age Bd. 2 (1929) S. 1507/09; Fond. Mod. Bd. 24 (1930) S. 80/81.
(*9*) SMITH, E. K.: Foundry (1930) S. 54/55 15. Juni.
(*10*) GOOD, R. C.: Trans. Amer. Foundrym. Ass., Bull. August 1930.
(*11*) KÜSTER, H., u. C. PFANNENSCHMIDT: Gießerei (1931) S. 53/58.
(*12*) CHUBB, W. F.: Molybdenum in Cast Iron. Foundry Trade J. (1939) S. 274—277; Aussprache 6. April 1939 S. 285—286; vgl. Nickel-Berichte 1939 S. 82.
(*13*) BERGER, R.: Gieß.-Praxis Bd. 54 (1933) S. 381.
(*14*) MACKENZIE, J.: Symposium on Cast Iron, 1933 (Amer. Foundrymens Ass.).
(*15*) Stahl u. Eisen Bd. 52 (1932) S. 711.
(*16*) Vgl. Foundry Trade J. Bd. 53 (1934) S. 329.
(*17*) CROSBY, V. A.: Foundry Trade J. Bd. 58 (1938) S. 103
(*18*) HURST, J. E.: Foundry Trade J. Bd. 55 (1936) S. 39 u. 66; vgl. Stahl u. Eisen Bd. 57 (1937) S. 1325.

f) Vanadin im Gußeisen.

1. Zustandsdiagramm und Gefügebeeinflussung.

Das Element Vanadin hat eine Dichte von 5,7 und schmilzt bei 1715° C. Das von R. VOGEL und G. TAMMANN (*1*), F. WEVER und W. JELLINGHAUS u. a. bearbeitete binäre Zustandsdiagramm Eisen-Vanadin (Abb. 920) ähnelt stark dem binären Zustandsdiagramm Eisen-Chrom (Abb. 795). Das Minimum in der Schmelzkurve der lückenlosen Mischkristallreihe liegt bei 1435° und etwa 32% V. Die Abschnürung des γ-Gebietes erfolgt durch Vanadingehalte, die nach Arbeiten zahlreicher Forscher zwischen 1,1 und 2,5% V liegt [wahrscheinlichere Grenzwerte 1,1 bis 1,5% (*2*)].

Obwohl Vanadin die Oxyde V_2O_3, V_2O_4 und V_2O_5 zu bilden vermag (*40*), so ist bei normal- bis höhergekohltem Gußeisen vor allem mit der Anwesenheit von Vanadinkarbiden zu rechnen. Von seiten verschiedener Forscher sind synthetisch die Karbide V_2C, V_3C_2, V_4C_3, V_3C_4 und V_5C festgestellt worden, von denen aber im Zweistoffsystem anscheinend nur die Karbide V_5C und V_4C_3 stabil sind (*1*). Neuerdings nahmen E. MAUER, TH. DÖRING und W. PULEWKA (*17*) an verschiedenen Vanadinstählen quantitative Karbidaussonderungen vor, die chemisch zu zwei Vanadinkarbiden der Formel VC und V_4C_3 führten. Mit gleicher Zusammensetzung wurden synthetisch Vanadinkarbidproben hergestellt. Diese sowie die Karbidproben aus den Stählen wurden röntgenographisch untersucht. Alle Proben hatten innerhalb der Meßgenauigkeit (Eichverfahren) dasselbe flächenzentriert-kubische Gitter mit einer Kantenlänge $a = 4{,}152 \pm 0{,}005$ Å. Das deckt sich mit früheren Untersuchungen von A. MORETTE (*3*), der beim Zusammenschmelzen von V_2O_5 und Zuckerkohle zu einem der Formel V_4C_3 nahekommenden Karbid mit $a = 4{,}146$ Å gelangte. Dieser Befund schließt aber das Auftreten eines kohlenstoffreicheren Vanadinkarbids VC nicht aus, vielmehr scheint es, daß zwischen dem Karbid V_4C_3 und VC eine Mischreihe existiert, bei denen die Kohlenstoffatome nur bestimmte Gitterplätze bevorzugen, ohne jedoch alle möglichen besetzen zu können. Erst das Karbid der Formel VC ist gittermäßig als gesättigt anzusprechen (*17*). Das in technischen Stahl- und Gußeisensorten bis 0,5% Vanadinzusatz zu erwartende Sonderkarbid dürfte vorwiegend von der Formel V_4C_3 sein, von dem man aber noch nicht bestimmt weiß, ob es auch als komplexes Karbid mit dem Zementit auftritt (*1*). Jedenfalls fanden auch F. ROLL und A. SCHIEBOLD, daß bei einem Gußeisen mit 0,94% V mindestens 85% des gesamten Vanadins als Karbid vorlag, wobei röntgenographische Strukturuntersuchungen an dem aus dem Gußeisen isolierten Karbid ein flächenzentriertes Gitter mit $a = 4{,}136$ Å ergaben. Die chemische Untersuchung des karbidischen Rückstandes ließ auf V_4C_3 schließen (*8*). Im quasibinären Schnitt Fe_3C und V_4C_3, der ein einfaches Diagramm mit einem bei 1151° liegenden Eutektikum darstellt, nehmen daher R. VOGEL und E. MARTIN (*26*) im Gegensatz zu M. OYA (*24*) keine gegenseitige Löslichkeit der Karbide an (*1*). V_4C_3 ist stabiler als die Chrom- und Wolframkarbide, entzieht der Grundmasse Kohlenstoff und ist infolge seiner, wenn überhaupt, so äußerst geringen und trägen Löslichkeit im Austenit die Ursache, daß V-haltiges Material selbst nach hohen Glühtemperaturen vielfach eine geringere Durchhärtfähigkeit besitzt. Allerdings könnte man diese Erscheinung auch darauf zurückführen, daß durch Abbindung eines dem V-Zusatz entsprechenden C-Gehaltes der Anteil des härtungsfähigen Kohlenstoffgehaltes vermindert wird. Jedenfalls stellten H. SCHRADER und F. BRÜHL (*4*) fest, daß bei Mangan-Vanadin-Stählen die Wirkung der Kohlenstoffabbindung zu schwerlöslichen Karbiden selbst durch erhöhte Abschrecktemperaturen, bei denen ein Verzug beim Ablöschen eben noch erträglich war, nicht ausgeglichen werden konnte. Vanadin verringert daher nach J. CHALLANSONNET (*5*) auch bei Gußeisen im Gegensatz zu Chrom, Molybdän und anderen Elementen kaum die kritische Abkühlungsgeschwindigkeit bei der martensitischen Härtung. Zusätze von 0,25 bis 0,50% V schienen allerdings die Temperatur der Perlitauflösung um etwa 100° zu erhöhen, ohne bei der Abkühlung aus hohen Temperaturen die Lage des Perlitintervalls

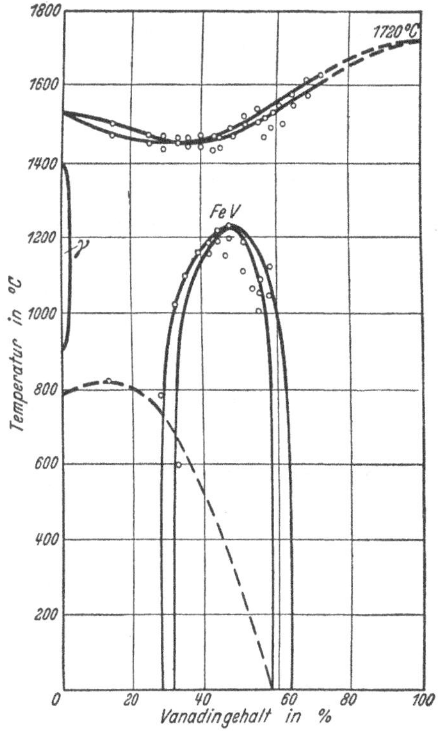

Abb. 920. Das Zustandsschaubild Eisen-Vanadin (nach F. WEVER und W. JELLINGHAUS).

zu beeinflussen. Schmelzen auf Basis der Zusammensetzung gemäß A in Zahlentafel 195, die unlegiert bei 835° zu graphitisieren begannen, zeigten ferner durch Zusatz von 0,25% V eine Erhöhung des Beginns der Graphitisierung um 90° auf 925°, durch 0,5% V sogar auf 975°. Ähnliche Auswirkungen zeigten Zusätze von Vanadin bei unlegierten Schmelzen der Basis B und C gemäß Zahlentafel 195. In entsprechenden, aber nickellegierten Schmelzen (Abb. 924b) war der gleiche Einfluß zu beobachten, bis auf die Schmelze der Reihe B mit 1% Ni, die angesichts des hohen Si- und C-Gehaltes mit zunehmendem V-Gehalt früher zu graphitisieren begann (Keimwirkung der Vanadinkarbide?). Der Curie-Punkt des Zementits wurde durch 0,25 bzw. 0,50% V auf 160 bzw. 130° erniedrigt. Im System Vanadin-Silizium wurde von H. J. WALLBAUM (*6*) die Verbindung V_3Si nachgewiesen. Sie kristallisiert im β-Wolframtyp mit der Kantenlänge $a = 4{,}712 \pm 0{,}003$ Å. V_3Si ist isomorph mit der Verbindung Cr_3Si ($a = 4{,}555$ Å). Das metallische Grundgefüge von Gußeisen wird durch V-Zusätze mitunter merklich verfeinert, das V-reiche Karbid neigt im Gegensatz zum lamellaren Perlit zur kugelförmigen Ausbildungsform. Bei der großen Affinität des Vanadins zu Kohlenstoff tritt freies Eisenkarbid erst dann auf, wenn der größte Teil des Vanadins sich zu V_4C_3 abgesättigt hat (vgl. Abb. 921). Bei 2% V z. B. tritt danach erst oberhalb von 0,4% C Eisenkarbid im Gefüge auf. Überhaupt lassen sich die Verhältnisse im System Eisen-Kohlenstoff-Vanadin nach dem heutigen Stand der Kenntnisse der in Frage kommenden Teilsysteme am einfachsten dahin zusammenfassen, daß der zugefügte Vanadingehalt sich größtenteils zu einem stabilen und im festen Eisen praktisch unlöslichen Vanadinkarbid der Formel V_4C_3 abbindet und so dem System Kohlenstoff entzieht. Das System kann alsdann auf die Verhältnisse im binären System Eisen-Kohlenstoff zurückgeführt werden, wobei für die kennzeichnenden Sättigungspunkte des Eutektikums, der Mischkristalle, des Perlitpunktes usw. in Konzentration und Temperaturlage der nach Abzug des für die Abbindung zu V_4C_3 benötigten Kohlenstoffgehaltes verbleibende Restkohlenstoffgehalt maßgebend ist. Während also im System Eisen-Chrom-Kohlenstoff zur Abschnürung des γ-Gebietes um so höhere Chromgehalte benötigt werden, je höher der Kohlenstoffgehalt der Legierung ist, der Stabilitätsbereich des γ-Feldes gleichzeitig aber eingeengt wird und schließlich verschwindet, tritt durch Vanadinzusätze lediglich eine errechenbare, nach rechts gerichtete Parallelverschiebung (Abb. 922) des Eisen-Kohlenstoff-Diagramms auf, wie sie übrigens bisher bei keinem anderen Element beobachtet werden konnte. Da gemäß der Formel V_4C_3 je 1% Vanadin 0,175% C abgebunden werden, so lassen sich die Verhältnisse rechnerisch leicht erfassen. Daß diese Rechnung im allgemeinen stimmt (*25*), ist ferner eine Bestätigung der Auffassungen von E. MAURER sowie R. VOGEL und E. MARTIN, denen zufolge eben das Karbid V_4C_3 das im System Eisen-Kohlenstoff-Vanadin vorherrschende ist (*25*). Wenn trotzdem Vanadinzusätze zu Stahl und Gußeisen bemerkenswerte Änderungen im Aufbau des Perlits (Neigung zu feiner sorbitischer Ausbildung) hervorrufen, so könnte dies einmal mit der impfenden Wirkung der zahlreichen fein verteilten Vanadinkarbide zusammenhängen, andererseits aber mit einer vielleicht vorhandenen,

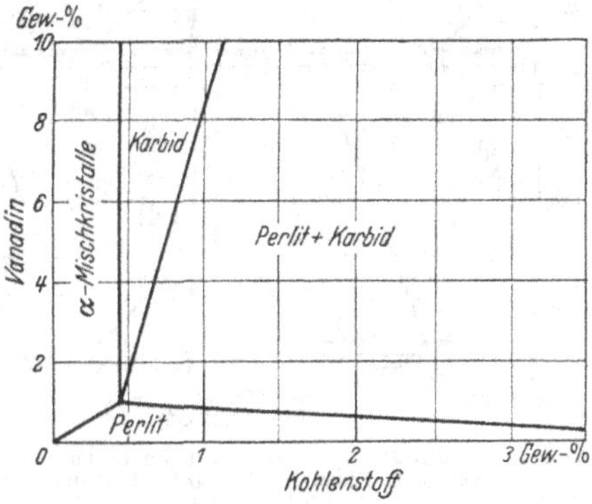

Abb. 921. Strukturdiagramm der Eisen-Kohlenstoff-Vanadin-Legierungen (R. VOGEL und E. MARTIN).

wenn auch noch so geringen gegenseitigen Löslichkeit der beiden im System auftretenden Karbide (des Eisen- bzw. Vanadinkarbids). Da anzunehmen ist, daß der überragende Anteil des Vanadinkarbids sich bereits im Schmelzfluß ausscheidet, so ist ferner eine beachtliche Wirkung dieser Karbidausscheidungen auf die Unterkühlungsvorgänge des Eutektikums zu erwarten, eine Beziehung, welche das Vanadin als sog. Pfannenzusatz in niedrig gekohlten Gußeisensorten besonders wertvoll zur Verhinderung netzförmiger Graphitausbildung erscheinen läßt, vorausgesetzt, daß diesen Karbiden nach Aufbau, Schmelzpunkt und freier Oberflächenenergie grundsätzlich eine impfende Wirkung im erstarrenden Gußeisen zukommt, was gemäß Abb. 923 nach F. Roll (*28*) wahrscheinlich ist. Die wenn auch noch so geringe gegenseitige Löslichkeit der beteiligten Karbide im festen Zustand würde im übrigen auch für den Einfluß des Vanadins auf diejenigen Eigenschaften eine Erklärung zulassen, welche eine durch Vanadin erhöhte Stabilität des Eisenkarbids zur Voraussetzung haben (Hitzebeständigkeit, Volumenbeständigkeit, Warmfestigkeit usw.). Im Ferrit und Austenit wird Vanadin jedenfalls erst dann nachweisbar, wenn dessen Gehalt höher liegt, als dem Karbid V_4C_3 entspricht.

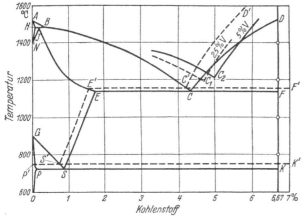

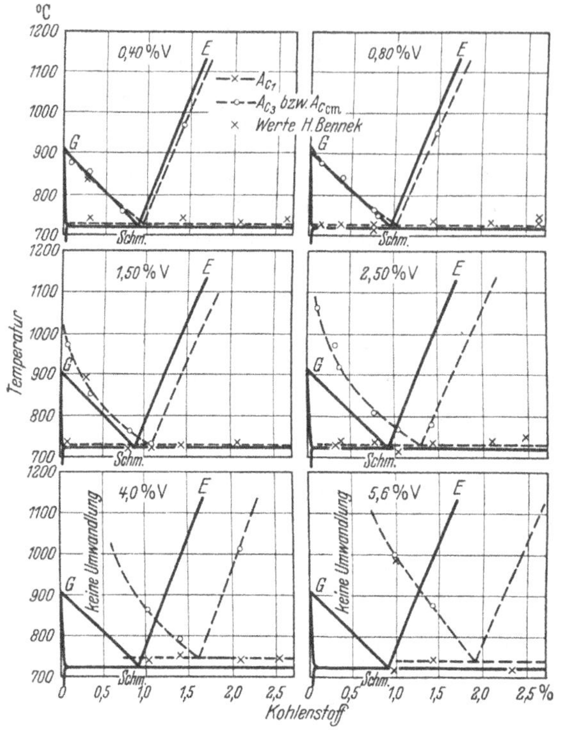

Abb. 922. Einfluß des Vanadins auf die Linien *GOS* und *SE* des Systems Eisen-Kohlenstoff (H. Hougardy).

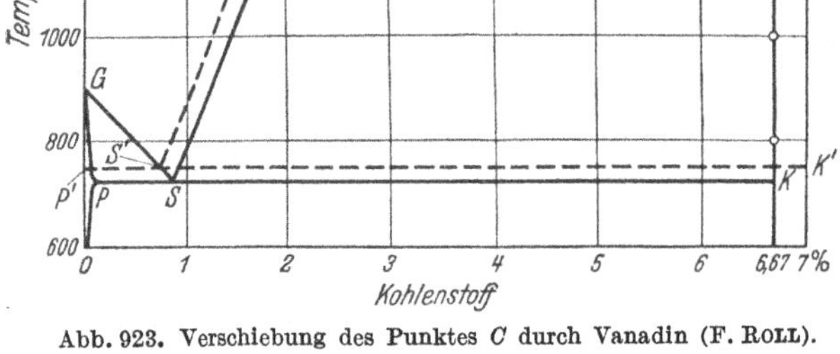

Abb. 923. Verschiebung des Punktes *C* durch Vanadin (F. Roll).

2. Einfluß des Vanadins auf die Härte und die Festigkeitseigenschaften von Gußeisen (Grauguß).

Im Gegensatz zu O. Smalley (*7*), der früher die härtende Wirkung des Vanadins bestritt, konnte bereits E. Piwowarsky im Rahmen älterer Versuche (*8*) zeigen, daß Vanadin die Karbidbildung stark begünstigt. Diese aus dem Jahre 1925 stammenden Versuche wurden an relativ hoch gekohlten Eisensorten durchgeführt, werden demnach vor allem für die Herstellung legierten Hartgusses von Bedeutung sein. Unter Hinweis auf die in Zahlentafel 193 zusammengestellten Ergebnisse sagte seinerzeit E. PIWOWARSKY:

„Merkwürdigerweise tritt der Einfluß des Vanadins erst bei Zusätzen über 0,5%, dann allerdings sehr plötzlich zutage, und zwar ist die Wirkung bei den siliziumärmeren Reihen *I* und *II* weit ausgeprägter als in der Reihe *III* mit 2,75% Si. Die härtende Wirkung des Vanadins äußert sich in einer raschen Steigerung der Härte sowie der Druckfestigkeit. Desgleichen erreicht die Biegefestigkeit relativ hohe Werte (vgl. die durch Klammern gekennzeichneten Werte in Zahlentafel 193). Natürlich sind Eisensorten mit so hohem Karbid-Kohlenstoff-Gehalt wie die meisten Schmelzen der Reihen *I* und *II* als Handelsgußeisen nicht mehr zu verwenden; aber die Tatsache, daß trotz so ungewöhnlicher Steigerung der Härte die Biegefestigkeit noch Werte von 52 kg/mm² bei Prüfung mit Gußhaut erreichen konnte, scheint einen die Zähigkeit stark begünstigenden Einfluß des Vanadins zu beweisen, der in Zahlentafel 193 durch eine wesentliche Steigerung der spezifischen Schlagarbeit zum Ausdruck kommt. Diese Beobachtung deckt sich mit den Ergebnissen von R. MOLDENKE (*9*) u. a., die durch Vanadin bei härtender Einwirkung auf den Guß eine wesentliche Erhöhung der Dichte und des Verschleißes feststellen konnten. Die Versuche[1] lassen daher die Anwendung von Vanadin dort erfolgreich erscheinen, wo es sich um Guß von hoher Widerstandsfähigkeit gegen Stoß, um Guß hoher Festigkeitseigenschaften und großer Verschleißfestigkeit handelt. Die Versuche lassen auch vermuten, daß Vanadin ein wertvolles Element bei der Herstellung von Hartguß darstellen dürfte."

Zahlentafel 193. Ältere Versuche mit Vanadin (E. PIWOWARSKY).

Reihe	Ges.-C %	Geb. C %	Graphit %	Graphit in % des Ges.-C	Si %	V %	Biegefestigkeit kg/mm²	Durchbiegung mm	Druckfestigkeit kg/mm²	Spezifische Schlagarbeit mkg/cm²	Härte BE
I	3,95	1,51	2,44	61,7	1,14	—	33,0	5,5	81	0,40	170
	3,95	1,58	2,43	60,5	0,99	0,25	34,5	5,5	104	0,42	201
	3,90	1,45	1,45	37,2	0,95	0,45	39,0	4,8	113	0,42	258
	3,85	2,50	1,35	35,5	0,95	0,65	[41,0]	4,5	122	0,57	[305]
	3,90	3,84	0,06	1,23	0,95	1,05	[50,0]	4,0	155	0,59	[436]
II	3,90	1,22	2,76	70,0	1,50	—	31,0	6,6	79	0,33	170
	4,00	1,25	2,75	60,7	1,55	0,20	32,0	6,5	87	0,33	190
	4,00	1,28	2,72	60,2	1,66	0,45	35,0	6,8	112	0,38	195
	3,95	1,67	2,28	58,5	1,65	0,75	[46,0]	7,0	122	0,41	[242]
	3,95	1,72	2,23	56,7	1,70	0,95	[52,0]	6,5	134	0,59	[277]
III	3,90	0,95	2,95	76,0	2,71	—	27,0	7,6	78	0,28	160
	3,85	0,95	2,90	74,3	2,85	0,43	27,5	7,4	81	0,34	175
	3,85	1,16	2,69	70,0	2,82	0,70	29,5	6,5	108	0,41	220
	3,80	1,28	2,52	66,5	2,85	0,95	31,0	6,1	115	0,42	242

Diese älteren Beobachtungen von E. PIWOWARSKY über die Verstärkung des karbidfördernden Einflusses von Vanadin bei Gehalten über etwa 0,5% decken sich mit neueren Feststellungen von J. CHALLANSONNET (*10*), der an Eisensorten gemäß Zahlentafel 195, die im übrigen noch

2,4% Si, 1,4% Mn, 0,03% S und 0,07% P

[1] Bei diesen Versuchen über den Einfluß des Vanadins war das Abgießen der Versuchsstäbe irrtümlich bei 1200 bis 1250° erfolgt, so daß durch die zu niedrige Gießtemperatur die Karbidbildung vielleicht zusätzlich begünstigt worden war. Doch ändert dies an den kennzeichnenden Merkmalen des Vanadinzusatzes kaum etwas, verursachte vielmehr wohl nur eine Parallelverschiebung der gefundenen Werte zu etwas höheren Karbid-Kohlenstoff-Gehalten mit einer entsprechenden Verschiebung in den mechanischen Werten. Unter sich sind die Zahlen in jedem Falle vergleichbar.

enthielten, einen Einfluß des Vanadins auf die Graphitbildung und die Härte gemäß Abb. 924a gefunden hat, fielen auch die Schmelzen der in Zahlentafel 198 wiedergegebenen Kohlenstoff- und Siliziumbasis nach J. CHALLANSONNET durch Vanadinzusätze um so schneller weiß an, je geringer der Kohlenstoff- bzw. Siliziumgehalt der Schmelzen war. In einer weiteren Versuchsreihe mit 3,8% C und 2,4% Si, bei der ein V-Zusatz bis 1,1% erfolgte (Zahlentafel 194), waren bei mehr als 0,5% V eindeutig freie Sonderkarbide im Gefüge zu erkennen, wobei das letztere in körnigen Troosto-Sorbid überging. Abb. 924b zeigt den Einfluß des Vanadins auf den Graphitisierungsbeginn nickelhaltigen Gußeisens mit Grundanalysen gemäß Zahlentafel 197. Lediglich die C- und Si-reichste Schmelze *B* läßt (wahrscheinlich infolge Impfwirkung der V-reichen Karbide) ein Absinken der Temperatur beginnender Graphitisierung mit steigendem Vanadingehalt erkennen.

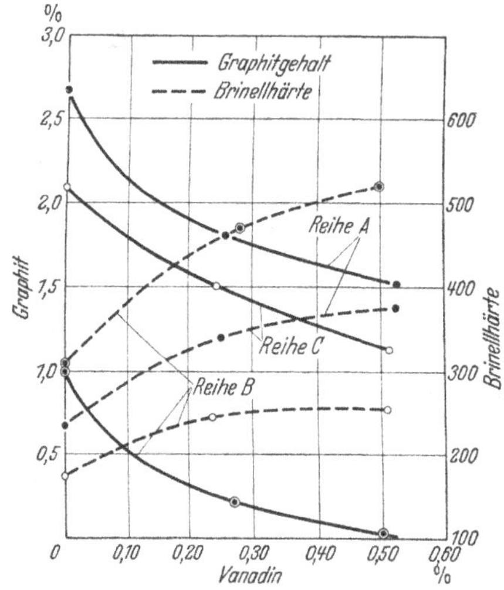

Abb. 924a. Einfluß eines Vanadinzusatzes auf die Graphitmenge und Härte von Gußeisen (J. CHALLANSONNET).

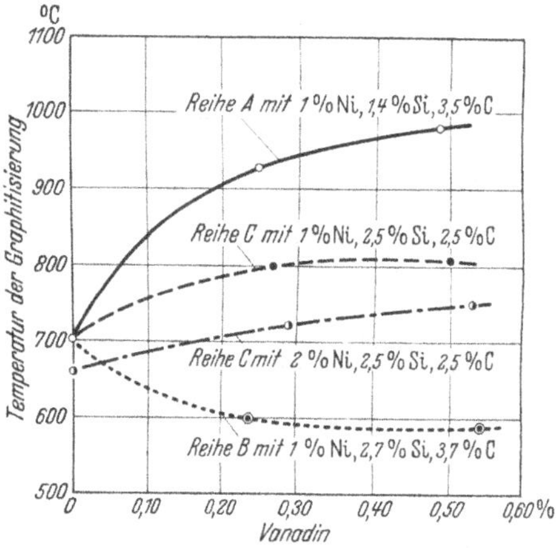

Abb. 924b. Einfluß von Vanadin auf die Graphitisierungstemperatur von nickelhaltigem Gußeisen (J. CHALLANSONNET).

Was den relativen Graphitisierungswert (*36*) des Vanadins betrifft, so dürfte dieser, wenn der Einfluß des Siliziums = + 1,0 gesetzt wird, gemäß Zahlentafel 196 bei C + Si-Gehalten zwischen 5 bis 6 etwa — 1 betragen, dagegen etwa — 2 bis — 3 bei C + Si-Gehalten von etwa 4,5 und darunter, d. h. Vanadin wirkt tatsächlich um so stärker auf die Karbidbildung, je mehr das Eisen schon an sich zur melierten oder weißen Erstarrung neigt; am ausgeprägtesten wirkt Vanadin in Eisensorten unter etwa 1 bis 1,5% Si.

Zahlentafel 194 (nach J. CHALLANSONNET).

V %	Härte kg/mm²	Biegefestigkeit (Frémont) kg/mm²	Scherfestigkeit kg/mm²
0,0	150	45	26
0,10	180	56	31
0,20	190	65	34
0,45	225	90	45
0,60	270	105	51,3
0,75	320	völlig weiß erstarrt	—
1,10	503	desgl. weiß erstarrt	—

Beim Vergleich verschieden hoch gekohlter Eisensorten, die teils unlegiert, teils mit Nickel und Chrom legiert waren, mit solchen, die durch Zusatz von Vantiteisen Vanadingehalte von 0,15 bis 0,51% neben 0,06 bis 0,08% Ti enthielten, fand die Fa. Gebr. Sulzer A.-G. (*19*) Werte für die Festigkeitseigenschaften von überraschender Güte, wobei bis 310 BE die Bearbeitbarkeit keine Schwierigkeiten machte (Zahlentafel 199). Auch E. PIWOWARSKY (*11*) fand unter Verwendung von norwegischen Vanadin und Titan führenden Roheisens durchweg recht gute Festigkeitswerte (Zahlentafel 200). Das verwendete norwegische V-Ti-Roheisen (Vantit) hatte etwa folgende Zusammensetzung:

Ges.-Kohlenstoff .	etwa 4%
Silizium.	von 0,5 bis 2,0%
Mangan.	0,2% max.
Phosphor	0,025% max.
Vanadin	0,5% min. (meist 0,6 bis 0,7%)
Titan	etwa 0,5%

Das genannte Eisen wurde von

Zahlentafel 195 (nach J. CHALLANSONNET).

Schmelze	V %	Härte BE.	Ges.-C %	Geb. C %
1 A	0,00	228	3,52	1,40
8 A	0,24	342	3,50	2,05
9 A	0,52	371	3,52	2,35
1 B	0,00	178	3,71	1,05
8 B	0,26	241	3,70	1,90
9 B	0,57	253	3,65	2,10
1 C	0,00	301	2,50	1,50
8 C	0,28	471	2,42	2,20
9 C	0,59	512	2,35	2,30

Zahlentafel 196. Graphitisierungswerte verschiedener Elemente.

Element	Graphitisierungswert	Element	Graphitisierungswert
Silizium	+ 1,00	Mangan	— 0,25 †
Aluminium	+ 0,50 *	Molybdän. . . .	— 0,30 ††
Titan	+ 0,40 **	Chrom	— 1,00
Nickel	+ 0,35	Vanadin	— 2,00 †††
Kupfer.	+ 0,30 ***		

* Diese Zahl gilt bis rd. 2% Al. Darüber hinaus bis etwa 4% Al geht der Graphitisierungswert allmählich zurück, bis der Graphit völlig verschwindet.

** Mittelwert. Kleine Ti-Mengen von 0,1 bis 0,2 % wirken stärker als Silizium, weitere Mengen geringer auf die Graphitbildung als Silizium.

*** Bei C-Gehalten über etwa 3% geht der Wert auf 0,05 zurück.

† Für Mangangehalte zwischen 0,8 und 1,5%. Unter 0,8% beeinflußt Mangan die Karbidbildung schwächer und kann unter 0,6% Mn bei Gegenwart von Schwefel sogar stark graphitfördernd wirken.

†† Für Mo-Gehalte zwischen 0,8 und 1,5%. Darunter wirkt Molybdän schwächer, darüber stärker auf die Graphitbildung.

††† Mittelwert.

den Werken Bremanger Kraftselskap in Bergen und Christiania Spigerwerk in Oslo hergestellt, und zwar im elektrischen Ofen unter Zusatz von Holzkohle als Reduktionsmittel. Die zehn Versuchsschmelzen zu je 150 kg Gewicht wurden in einem 200-kW-Hochfrequenzofen erschmolzen, bei 1350°

Zahlentafel 197 (nach J. CHALLANSONNET).

Schmelze	C %	Si %	Mn %	P %	S %
A	3,55	1,46	0,42	0,077	0,022
B	3,70	2,70	0,56	0,110	0,040
C	2,50	2,50	0,55	0,070	0,038

Zahlentafel 198. Festigkeitseigenschaften von nickel- und vanadinlegiertem Gußeisen (nach CHALLANSONNET).

C ges. %	C geb. %	Si %	Mn %	Ni %	V %	Druckfestigkeit kg/mm²	Biegefestigkeit kg/mm²	Brinellhärte bei Wandstärke (Sandguß) 31 mm	18 mm	12 mm	6 mm	3 mm
2,50	1,50	2,50	0,50	—	—	112,0	66,0	301	306	405	520	600
2,48	1,30	2,45	0,48	0,98	—	126,0	70,0	251	265	298	351	375
2,50	1,20	2,43	0,50	1,98	—	127,0	72,0	277	298	340	405	430
2,42	2,20	2,41	0,45	—	0,28	142,0	91,0	461	521	583	652	—
2,35	2,30	2,38	0,43	—	0,59	145,0	95,0	512	560	602	—	—
2,45	1,90	2,40	0,46	1,01	0,27	132,0	72,0	313	435	473	552	650
2,49	2,00	2,42	0,51	1,03	0,50	134,0	74,0	330	445	480	560	650
2,44	1,85	2,40	0,42	2,06	0,28	138,0	76,0	360	407	438	495	558
2,40	2,03	2,60	0,40	1,97	0,53	141,0	76,0	401	421	450	474	505

Zahlentafel 199. Zusammensetzung und mechanische Eigenschaften von legiertem Gußeisen (Gebr. Sulzer A.-G., Winterthur).

	Zusammensetzung												Mechanische Eigenschaften			
	C gesamt %	C Graphit %	Si %	Mn %	P %	S %	Ni %	Cr %	W %	Mo %	V %	Ti %	Zugfestigkeit kg/mm²	Biegefestigkeit kg/mm²	Durchbiegung mm	Brinellhärte kg/mm²
1	1,53	0,42	2,58	0,51	0,03	0,02	—	—	—	—	0,15	—	63,4	90,0	10,5	338
2	1,55	0,74	2,61	0,94	0,03	0,02	—	—	—	—	0,20	—	55,3	67,5	8,5	335
3	2,58	1,70	2,89	0,29	0,02	0,03	—	—	—	—	—	—	41,2	65,0	10,5	267
4	2,71	2,00	3,00	0,35	0,03	0,02	0,26	0,49	0,37	0,45	0,35	0,06	42,2	67,0	16,5	270
5	2,88	1,83	2,51	0,31	0,02	0,03	1,74	0,35	1,73	0,40	0,45	0,07	44,2	—	—	303
6	3,19	n. b.	1,96	0,88	0,40	0,08	—	—	—	—	—	—	31,6	49,5	11,5	238
7	3,22	1,60	1,75	0,57	0,01	0,01	0,18	0,53	—	—	0,50	0,08	40,8	62,5	11,5	310
8	3,42	2,41	0,60	0,32	0,05	0,05	—	—	—	—	—	—	22,2	41,0	10,5	181
9	3,30	2,13	2,02	0,70	0,04	0,06	0,19	0,41	—	—	0 40	0,07	33,8	53,0	10,5	274
10	3,39	2,17	1,85	0,46	0,03	0,02	1,14	0,45	0,77	0,45	0,35	0,06	41,4	66,0	14,5	297
11	3,81	2,67	1,03	0,53	0,02	0,10	—	—	0,69	—	0,51	0,08	22,8	54,0	10,0	265
12	4,14	3,24	1,30	0,93	0,02	0,07	—	—	1,01	—	0,51	0,08	32,4	52,5	11,5	260
13	4,32	3,46	1,42	0,41	0,02	0,05	—	—	0,11	—	0,48	0,08	25,0	46,0	17,5	202

Zahlentafel 200 (Versuche von E. Piwowarsky).

Probe	V-Ti-Eisen-Zusatz %	C %	Graphit %	Geb. C %	Si %	Mn %	P %	S %	V %	Ti %	Zugfestigkeit bei 20° kg/mm²	Zugfestigkeit bei 400° kg/mm²	Biegefestigkeit kg/mm²	Durchbiegung mm	Härte BE	Schlagfestigkeit mkg/cm²
Ti 1	70	3,00	2,22	0,78	1,85	0,39	0,018	0,022	0,45	0,063	32,2	26,5	57,7	14,5	186	1,04
Ti 2	60	3,24	2,40	0,84	2,18	0,60	0,010	0,020	0,63	0,074	29,2	28,7	55,0	10,5	233	0,70
Ti 3	15	3,30	2,60	0,70	2,34	0,54	0,060	0,028	0,15	0,034	28,6	27,2	57,0	14,1	206	0,95
Ti 4	67	2,76	1,96	0,80	2,42	0,35	0,024	0,024	0,45	0,096	33,0	39,2	71,3	12,9	266	0,67
Ti 5	78	2,96	2,16	0,80	2,40	0,64	0,014	0,020	0,56	0,114	29,8	29,4	59,4	8,1	255	0,61
Ti 6 *	15	2,48	1,98	0,50	2,60	0,43	0,050	0,022	0,15	0,038	23,3	27,4	46,6	6,5	244	0,75
Ti 6b **	15	2,48	1,86	0,62	2,82	0,43	0,050	0,022	0,17	0,038	35,2	34,1	72,7	16,6	235	0,86
Ti 7	—	2,78	2,20	0,58	2,30	0,42	0,083	0,024	—	—	21,7	22,1	45,7	7,2	221	0,60
Ti 8	15	2,60	1,96	0,64	1,96	0,52	0,320	0,032	0,14	0,072	28,0	32,2	56,2	8,6	254	0,64
Ti 9 ***	20	3,04	2,28	0,76	1,94	0,40	0,190	0,030	0,19	0,120	36,1	38,0	70,8	13,6	244	0,70
Ti 10 †	8	2,60	1,80	0,80	2,12	0,40	0,100	0,026	0,49	0,086	34,3	38,4	68,9	11,3	273	0,57

* Teilweise harte Stellen.

** Wie Schmelze 6, aber in der Pfanne mit 0,3% Si nachsiliziert.

† Zusatz 0,5% Ferrovanadin (41 proz.) in der Pfanne.

*** Die Probe Ti 9 enthielt außerdem 0,43% Cr und 0,94% Ni.

in grüne Sandformen zu Probestäben vergossen und auf ihre Eigenschaften geprüft. Die Schmelzen enthielten in der Gattierung 0 bis 70% V-Ti-Eisen, Rest Hämatiteisen, Silbereisen und Blechschrott je nach angestrebter Analyse. Insgesamt wurden über 3000 Einzelprüfungen vorgenommen. Die wichtigsten Werte der mechanischen Prüfung sind ebenfalls in Zahlentafel 200 mitgeteilt. Die legierten Schmelzen zeigten durchweg hervorragende Festigkeitswerte. Der vom Verfasser wiederholt diskutierte Wert einer Nachsilizierung von Grauguß geht aus Schmelze Ti 6b im Vergleich zu Schmelze Ti 6 deutlich hervor. Cr-Ni-Zusätze (Schmelze 9) wirkten sich ebenfalls günstig aus. Die Graphitausbildung der legierten Schmelzen war feinlamellar bis feinkörnig. Nach E. Piwowarsky empfiehlt sich bei Verwendung höherer Gehalte karbidfördernder Elemente eine entsprechende Erhöhung des Siliziumgehaltes. Aus der Tatsache, daß bei einem Gußeisen mit 2,48% Kohlenstoffgehalt und 2,8% Si bei 0,17% V die Biegefestigkeit auf 72,7 kg/mm² heraufging und trotz dieser hohen Festigkeit die Nachgiebigkeit (hoher Durchbiegungswert) überraschend groß war (Zahlentafel 200), könnte man schließen, daß ein solches Gußeisen geeignet wäre, auch bei örtlicher Überbeanspruchung hohe Ermüdungswerte aufzuzeigen, sich also z. B. für Kurbelwellen besonders gut zu eignen.

Zahlentafel 201. (Versuchswerte H. Wachenfeld).

V %	σ_B in kg/mm²	σ'_B in kg/mm²	Brinellhärte
0,00	25,5, 25,6 } 25,5	51,3	215, 215 } 215
0,07	26,2, 26,7 } 26,4	53,5	225, 229 } 227
0,11	27,6, 28,7 } 28,2	58,6	229, 229 } 229
0,23	29,8, 30,8 } 30,3	58,6	237, 237 } 237
0,35	28,2, 29,0 } 28,6	52,4	240, 248 } 244

H. Wachenfeld (*8*) erhielt mit einer Gattierung gemäß:

Hämatit	35%	Stahlabfälle	15%
Siegerländer grau	10%	Guter Gußbruch	40%

die ein Eisen mit:

3,40%	Kohlenstoff	0,15%	P und
1,80%	Silizium	0,09%	S
0,85%	Mangan		

ergab, die in Zahlentafel 201 aufgeführten Ergebnisse. Sie zeigen, daß die Festigkeitseigenschaften (Mittelwerte zweier Einzelprüfungen) bei über 0,30% V wieder zurückgehen, was mit dem Auftreten von übereutektoidem Karbid in der Grundmasse in Zusammenhang stehen könnte. Im Rahmen dieser Versuchsreihe verwendete H. Wachenfeld ein 54proz. Ferro-Vanadin. Im Rahmen einer 2. Versuchsreihe, wo ein 40proz. Vanadin Verwendung fand, wurde ein gutes Maschineneisen als Ausgangslegierung benutzt. Die Analyse desselben lautete:

Kohlenstoff	= 3,12%	Phosphor	= 0,36%
Silizium	= 1,78%	Schwefel	= 0,01%
Mangan	= 0,60%		

Es wurden folgende Versuchsergebnisse erzielt:

V %	σ_B in kg/mm²	σ'_B in kg/mm²	Brinellhärte
0,0	26,7	52,2	218
0,11	28,3	54,8	223
0,18	29,9	59,1	232

Es ergibt sich demnach wiederum eine, wenn auch leichtere, so doch bemerkliche Verbesserung der Festigkeitseigenschaften. Auch hier waren die Ergebnisse Mittelwerte von je 2 Proben. Es zeigte sich ferner, daß durch Verwendung der Ferrolegierungen als H.-W.-Pakete der Abbrand an Vanadin zwischen 10 und 30% schwankte. Leider gibt WACHENFELD nichts über die Gießmethode bzw. den Stabdurchmesser an, so daß die Werte gemäß Zahlentafel 201 nur als Vergleichswerte gelten können. M. J. CHALLANSONNET (*5*) erhielt bei den bereits früher erwähnten Versuchen im Hochfrequenzofen unter Zusatz von Ferrovanadin im Rahmen der Reihe mit 2,5% C die in Zahlentafel 198 aufgeführten Werte für die Festigkeitseigenschaften. Man erkennt, daß bei derart niedrig gekohlten Schmelzen bereits 0,3% V genügten, um das Eisen praktisch weiß anfallen zu lassen. Nickelzusätze wirkten dem stark karbidfördernden Einfluß des Vanadins merklich entgegen. Überraschend hoch ist die Biegefestigkeit der vorwiegend weiß angefallenen Proben. Hinsichtlich

Zahlentafel 202 (Werte der MAN).

Versuchs-reihe	Stab Nr.	C %	Si %	Mn %	P %	S %	V %	σ'_B kg/mm²		f in mm		σ_B kg/mm²		Brinellhärte	
I	1	2,90	0,88	0,82	0,20	0,12	0,00	55,8	52,4	7,5	8,5	37,9		269	
	2	2,90	0,88	0,82	0,20	0,12	0,00	48,2			7,0	—		—	
	3	2,90	0,88	0,82	0,20	0,12	0,00	53,2			7,0	—		—	
	4	3,02	1,69	0,94	0,28	0,10	0,23	49,8	48,1	10,0	10,5	33,1	33,4	255	253
	5	3,02	1,69	0,94	0,28	0,10	0,23	49,8			10,5	33,4		255	
	6	3,02	1,69	0,94	0,28	0,10	0,23	44,7			9,0	33,7		248	
II	1	2,93	1,31	0,79	0,26	0,11	0,00	45,3	47,0	9,0	9,0	37,2	37,4	235	235
	2	2,93	1,31	0,79	0,26	0,11	0,00	49,4			10,0	37,2		235	
	3	2,93	1,31	0,79	0,26	0,11	0,00	46,4			8,0	37,9		235	
	4	3,07	1,84	0,87	0,35	0,10	0,23	39,8	39,3	7,0	7,0	32,2	32,2	248	248
	5	3,07	1,84	0,87	0,35	0,10	0,23	37,4			7,0	32,2		248	
	6	3,07	1,84	0,87	0,35	0,10	0,23	39,8			7,0	32,2		248	

der Wandstärkenabhängigkeit bezüglich der Härte, scheint das V-legierte Gußeisen dem nickellegierten unterlegen zu sein.

C. PFANNENSCHMIDT (*8*) gab Werte bekannt, die bei der MAN, Werk Augsburg gewonnen wurden. Zahlentafel 202 zeigt die Versuchsergebnisse, bei denen, um graues Eisen zu erhalten, der Siliziumgehalt der Schmelzen eine erhebliche Vergrößerung erfahren mußte, wenn mit V-Zusatz gearbeitet wurde. Die Biegestäbe hatten 30 mm Durchmesser bei 600 mm Auflageentfernung, die aus den Biegestäben herausgearbeiteten Zerreißstäbe besaßen 20 mm Durchmesser. Das an sich sehr hochwertige Eisen erfuhr durch den V-Zusatz keine Verbesserung, sondern sogar eine merkliche Minderung seiner mechanischen Eigenschaften. In der zweiten Versuchsreihe ergab sich bei der Biegeprüfung nach den Vorschriften des Büro Veritas (10·8 mm Proben von 30 mm Auflage) als Mittel von je sechs Versuchen der Wert 64,5 kg/mm² ohne, gegen 52,6 kg/mm² mit Vanadinzusatz, also ebenfalls eine merkliche Verminderung.

Zwei weitere Schmelzen mit 0,06 bzw. 0,18% V bei 3,14% C und 1,54 bzw. 1,66% Si ergaben praktisch die gleiche Biegefestigkeit (51,9 gegen 52 kg/mm²) bei praktisch gleicher Durchbiegung (11 gegen 10,5 mm) und unterscheiden sich lediglich durch die Zugfestigkeit, die bei 0,06% V = 31,5 kg, bei 0,18% V = 35,7 kg/mm² betrug. Die Schmelzen waren alle nach dem Duplex-Verfahren hergestellt worden bei einer Nachbehandlung bzw. Überhitzung im sauren Hochfrequenzofen. Als Einsatz im Kupolofen diente minderwertiger Bruch und Stahlschrott.

Zahlentafel 203. Ergebnisse der analytischen und technologischen Untersuchungen (Mitteldeutsche Stahlwerke A.G.).

	C %	Si %	Mn %	P %	S %	V %	Biege-festigkeit kg/mm²	Durch-biegung in mm	Zug-festigkeit kg/mm²	Brinell-Härte kg/mm²	Lunkerung Vol.-%	Spiral-länge mm	Temperatur beim Zusatz °C
I	3,22	1,69	0,42	0,52	0,12	—	48,3	13,1	28,0	230	4,48	760	1340
						0,17	49,8	13,2	29,85	238	4,18	650	
						0,21	49,9	13,4	29,2	239	4,08	630	
						0,42	55,7	12,8	32,95	263	n. b.	560	
II	2,79	1,87	0,29	0,16	0,069	—	54,3	13,2	29,5	266	3,27	650	1390
						0,12	55,5	12,6	31,6	280	3,15	600	
						0,22	57,2	12,8	33,8	287	2,95	550	
						0,27	62,5	14,3	35,7	290	2,65	400	
III	3,36	1,42	0,41	0,41	0,131	—	42,3	12,5	22,0	226	2,86	750	1335
						0,145	46,0	12,5	22,6	229	2,42	600	
						0,172	46,2	12,5	23,5	240	2,30	550	
IV	3,22	2,43	0,40	0,53	0,104	—	37,7	13,2	20,0	224	2,42	850	1345
						0,12	41,8	13,9	20,6	229	2,33	740	
						0,26	44,8	13,7	22,7	243	2,19	700	
						0,37	48,8	12,6	24,4	Fehler	n. b. Innenlunker	640	
V	3,37	1,88	0,53	0,44	0,099	—	n. b.	n. b.	22,9	n. b.	n. b.	780	1335
						0,13			22,9			740	
						0,18			25,3			660	
						0,28			24,0			640	
VI	3,15	1,34	0,80	0,46	0,13	—	52,1	12,7	28,7	213	n. b.	n. b.	1340
						0,12	53,0	12,2	30,1	219			
						0,20	54,3	11,2	31,1	229			
						0,28	51,2	8,9	31,0	236			

Die Mitteldeutschen Stahlwerke (*8* und *18*) berichteten über das Ergebnis von 5 verschiedenen, im Kupolofen erschmolzenen Gußeisensorten und eine weitere im Anschluß hieran noch im Öltrommelofen 70 Minuten auf 1500° überhitzten Kupolofenschmelze. Das Legieren erfolgte mit pulverisiertem Ferrovanadin von etwa 60% V und 1,2% Si, das praktisch kohlefrei war. Die Versuchsergebnisse (Zahlentafel 203) lassen im allgemeinen eine Steigerung der Biege-, Zugfestigkeit und Härte erkennen. Die Durchbiegung zeigte entweder keine Verbesserung oder sogar von 0,10% V aufwärts eine leichte Verminderung. Die Neigung zur Lunkerung ging überraschenderweise etwas zurück (Desoxydation?), während die Gießfähigkeit, gemessen an einer Auslaufspirale von 50 mm² Querschnitt, sich mit zunehmendem V-Zusatz stark verminderte (Abb. 925). Die metallographische Untersuchung ergab keine offensichtliche Veränderung der Graphitmenge, dagegen eine wenn auch geringe Verfeinerung der perlitischen Grundmasse. Der Graphitisierungswert wurde mit — 1,0 überaus niedrig geschätzt.

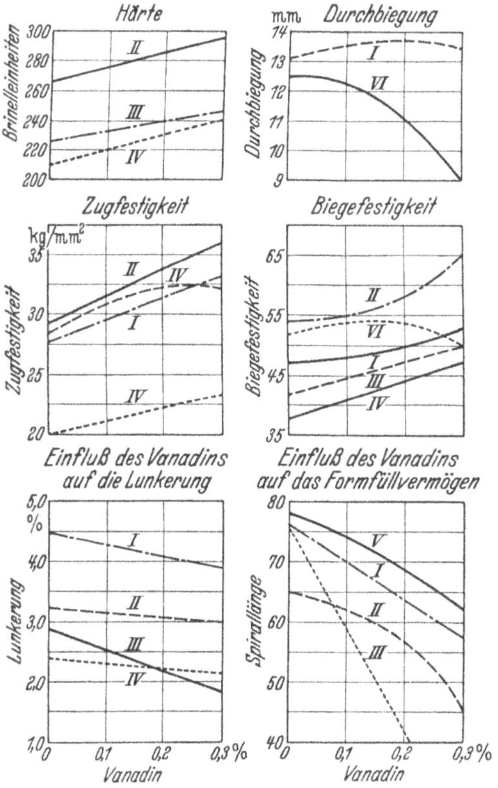

Abb. 925. Einfluß des Vanadins auf die technologischen und Festigkeitswerte von Gußeisen (J. WISSER [*8, 18*]).

Die Betriebsforschungsabteilung der Deutschen Eisenwerke (*8*) verglich ein normalgekohltes unlegiertes Gußeisen mit einem molybdänlegierten und drei vanadinlegierten Schmelzen, wobei der V-Gehalt ziemlich hoch eingestellt wurde. Die Schmelzen wurden im elektrisch beheizten Graphitstabofen hergestellt. Zahlentafel 205 zeigt die Ergebnisse.

Daraus ergibt sich, daß Vanadin ähnlich Molybdän eine merkliche Steigerung der Festigkeit und Härte bei entsprechender Abnahme der Durchbiegung bewirkte. Zum Legieren wurde ein Ferrovanadin mit etwa 55% V sowie ein Ferromolybdän mit etwa 65% Mo verwendet. Die Schichau G. m. b. H. in Elbing (*8*) stellte fest, daß bei gleichen Gehalten an C und Si die Festigkeit und der Elastizitätsmodul von Gußeisen durch Vanadin erhöht werden. Die gleiche Verbesserung lasse sich jedoch erzielen durch entsprechende Verminderung des Kohlenstoff- und Siliziumgehaltes. Diese Beobachtung stützt die früher bezüglich der Abbindung eines Teils des Kohlenstoffs zu unlöslichem Vanadinkarbid gemachten Ausführungen.

Orientierende Versuche der Maschinenfabrik Eßlingen (*8*) ließen erkennen, daß bei dem Eßlinger Kurbelwellenmaterial ein wenigstens teilweiser Ersatz des Molybdäns durch Vanadin möglich sein dürfte.

Im Rahmen sehr umfangreicher Versuche des Aachener Gießerei-Instituts (*8*) an 15 Schmelzen mit verändertem Kohlenstoff-, Silizium- und Vanadingehalt (Zahlentafel 209) ergab sich kein eindeutiger Einfluß des V-Gehaltes auf die Eigenschaften des Gußeisens. Fast immer ließ sich nämlich die durch den V-Zusatz veränderte Eigenschaftsgröße in Zusammenhang mit dem veränderten Verhältnis: Gesamt-Kohlenstoff zu Graphit erklären. Lediglich die Warmfestigkeit bei etwa 450° schien durch V-Zusätze merklich verbessert zu werden, wenn sie auch nicht an das Verhalten der zum Vergleich herangezogenen Cr-Mo-haltigen Schmelzen heranreichte. Das stimmt überein mit den Ergebnissen der bei der Fa. Hartung-Jachmann A.-G. (*8*) durchgeführten Versuche, wo insbesondere die Warmfestigkeit der bei höheren Temperaturen (bis 500° C) 100 Stunden lang geglühten Proben mit dem V-Gehalt kontinuierlich anstieg. Im übrigen zeigten die erwähnten Versuche einen Bestwert für die Biegefestigkeit und die Durchbiegung bei etwa 0,35% V. Die wichtigsten der hier gewonnenen Zahlen an den aus einem 5-t-Heroult-Ofen erschmolzenen Legierungen geben die Zahlentafeln 206, sowie 207 und 208 wieder. Bemerkt sei noch, daß die Stabilität der Karbide durch den V-Zusatz erheblich gefördert wurde. Während eine 100stündige Glühung bei 500° C in Legierung I einen Zerfall des Karbids um 31,3% verursachte,

Zahlentafel 204. **Zusammensetzung vanadinlegierter Gußeisensorten** (Vanadium Corporation of America).

Anwendung	Chemische Zusammensetzung												
	Ges.-C %	Graphit %	geb. C %	Si %	S %	P %	Mn %	Ni %	Cr %	Cu %	Ti %	Mo %	V %
Glasformen	3,30	2,70	0,60	1,65	0,07	0,30	0,60	....	....	....	....	....	0,15
Roststäbe	3,70	....	....	1,70	0,09	0,45	0,55	....	....	....	....	....	0,15
Gesenke	3,40	2,50	0,90	1,30	0,07	0,25	0,50	....	....	....	....	....	0,15
Gesenke	3,40	2,60	0,80	1,00	0,10	0,30	0,80	....	....	....	....	....	0,25
Bronzewalzen	0,30	....	....	0,80	....	....	0.30	....	....	....	....	....	0,25
Lokomotivzylinderblocks	3,45	....	....	1,55	0,10	0,50	0,55	....	....	....	....	....	0,15
Bremstrommeln	3,15	....	....	1,90	0,10	0,20	0,65	....	....	1,50	....	....	0,10
Bremstrommeln	3,05	....	....	1,85	....	....	....	1,25	....	....	....	0,75	0,15
Formen für Kokillenguß	3,30	....	....	2,20	0,10	0,25	0,70	....	....	1,50	....	....	0,10
Formen für Kokillenguß	3,30	....	....	2,20	0,10	0,25	0,70	....	0,50	....	....	....	0,10
Diesel-Zylinderköpfe	3,00	....	....	2,10	....	....	....	....	....	....	....	0,50	0,10
Diesel-Zylinderköpfe	3,05	....	....	1,85	....	....	....	1,25	....	....	....	0,75	0,10
Diesel-Zylinderköpfe	3,00	....	....	1,85	0,10	0,20	0,75	....	....	....	0,20	....	0,10
Autozylinderblocks	2,85	2,35	0,50	1,70	0,10	0,30	0,40	0,85	....	....	....	....	0,10
Kolbenringe	3,70	....	....	2,70	0,08	0,35	0,70	....	....	....	0,15	....	0,10
Gesenke	3,60	....	....	1,40	0,09	0,25	0,50	2,00	0,70	....	....	....	0,15
Gesenke	3,50	....	....	1,25	0,08	0,20	0,60	1,50	....	....	....	....	0,15
Stahlwalzen	3,50	....	....	1,00	....	....	0,50	....	1,75	....	....	....	0,20
Stahlwalzen	3,50	....	....	1,10	....	....	1,20	4,00	1,85	....	....	....	0,35
Warmwerkzeuge	3,20	2,60	0,60	1,00	....	....	0,70	0,40	0,40	....	....	....	0,10
Greiferplatten	3,10	....	...	2,00	....	....	....	....	0,35	....	....	....	0,10

Zahlentafel 205 (Deutsche Eisenwerke A. G.).

Schmelze Nr.	22	23	24	25	26
angestrebt	unlegiert	0,4% Mo	0,4% V	0,8% V	0,8% V + 0,4% Si
Chem. Zusammensetzung:					
C %	3,32	3,28	3,25	3,15	3,13
Si %	2,24	2,17	2,38	2,33	2,66
Mn %	0,45	0,42	0,48	0,48	0,42
P %	0,37	0,40	0,38	0,36	0,38
S %	0,096	0,079	0,085	0,077	0,084
Mo %	—	0,66	—	—	—
V %	—	—	0,44	0,92	0,87
Zugfestigkeit kg/mm²	21,0	25,3	25,7	28,6	28,8
Biegefestigkeit kg/mm²	43,8	49,6	52,5	53,1	52,2
Durchbiegung in mm	12,2	10,6	10,8	10,1	9,8
Brinellhärte	194	221	223	249	242

ging dieser in den Schmelzen II bis IV auf die Werte 22,9%, 3,5% und 8,9% zurück. Der Bestwert der Karbidstabilität ergab sich also bei der Schmelze III mit 0,43% Vanadin.

R. SCHNEIDEWIND und R. G. MCELWEE (*34*) stellten im Detroit-Elektroofen 36 Versuchsschmelzen her und vergossen sie zu Stäben von 22 bis 76,2 mm Durchmesser. Untersucht wurden Zug-, Biegefestigkeit, Härte, Schlagfestigkeit, Dickeneinfluß usw. Die Zugfestigkeit wurde nach bekannten Vorschlägen in Abhängigkeit von der Summe C + $^1/_3$ Si graphisch aufgetragen. Auf diese Weise konnte in etwa die Wirkung zu- bzw. abnehmender Mischkristallenteile im Gefüge zum Ausdruck gebracht werden. Ein Teil der Schmelzen wurde mit Vanadin in Höhe von 0,3% legiert und es ergab sich in fast allen Fällen eine beachtliche Steigerung der Festigkeit (Abb. 926), die um so ausgeprägter war, je dünner die abgegossenen Stababmessungen waren (Abb. 927 und 928). Durchbiegung und Schlagzähigkeit wurden kaum beeinflußt, während Biegefestigkeit und Härte anstiegen. Die V-legierten Schmelzen zeigten ferner eine weit geringere Streuung der Festigkeitswerte, was also einer Verbesserung der Treffsicherheit gleichkäme. Während in zahlreichen Fällen die Festigkeitssteigerung durch V-Zusätze größenordnungsmäßig durch eine entsprechende Kohlenstoffabbindung erklärbar ist, waren im Falle der erwähnten Versuche die Gütesteigerungen zu groß, um lediglich mit dem erwähnten Kohlenstoffentzug in Beziehung gebracht zu werden. Es müßte hier demnach auch noch ein gewisser Einfluß des Vanadins auf die Grundmasse oder die Graphitausbildung angenommen werden, was die früher vermutete Rückwirkung der bereits im Schmelzfluß ausgeschiedenen Vanadinkarbide auf die Unterkühlungsvorgänge bei der eutektischen Kristallisation zu bestätigen scheint.

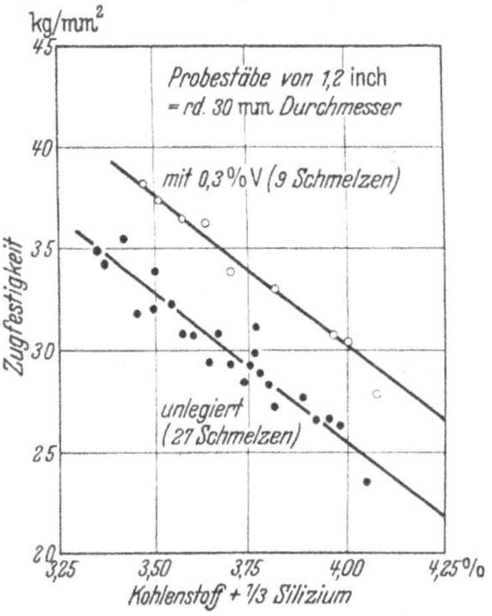

Abb. 926. Einfluß von Vanadin (0,3%) auf die Zugfestigkeit von Grauguß (R. SCHNEIDEWIND und R. G. MCELWEE).

T. BARLOW (*35*) berichtet über den Einfluß von Kupferzusätzen in Verbindung mit andern Legierungselementen wie Chrom, Molybdän, Vanadin und Nickel. Eine typische Zusammensetzung enthält 3,10 bis 3,25% Gesamt-C, 1,80 bis 2,20% Si, 1,75% Cu und 0,25 bis 0,35% V und hat eine Zugfestigkeit von 32 bis 43 kg/mm². Bei einer gegebenen Härte erzielt man durch einen Zusatz von

Zahlentafel 206. Ergebnisse der Versuchsschmelzen bei der Hartung-Jachmann A.-G.

Material	Analyse in %								Zugfestigkeit kg/mm²	Biegefestigkeit kg/mm²		Durchbiegung in mm		Härte BE
	ges. C	geb. C	Graphit	Si	Mn	P	S	V		Einzelwerte	Mittelwerte	Einzelwerte	Mittelwerte	
I	3,09	0,80	2,29	1,58	0,80	$0,24_4$	$0,02_2$	—	30,8	50,7 49,9	50,3	12,5 11,5	12,0	210
II	3,00	0,83	2,17	1,58	0,80	$0,23_3$	$0,01_2$	0,31	32,9	54,7 51,9	53,4	12,3 11,1	11,7	220
III	2,97	0,85	2,12	1,58	0,80	$0,23^9$	$0,01_0$	0,43	34,3	44,2 44,4	44,3	8,5 8,5	8,5	227
IV	2,96	0,90	2,06	1,61	0,80	$0,22_3$	$0,00^6$	0,68	37,3	40,9 41,9	41,4	7,4 7,5	7,5	256

Zahlentafel 207. Ergebnisse der Versuchsschmelzen bei der Hartung-Jachmann A.-G.

Material	Biegefestigkeit in kg/mm²								Durchbiegung in mm							
	ungeglüht		nach 100stündiger Glühung bei						ungeglüht		nach 100stündiger Glühung bei					
			350°		450°		500°				350°		450°		500°	
	Einzelwerte	Mittelwerte	Einzelwerte	Mittelwerte	Einzelwerte	Mittelwerte	Einzelwerte	Mittelwerte	Einzelwerte	Mittelwerte	Einzelwerte	Mittelwerte	Einzelwerte	Mittelwerte	Einzelwerte	Mittelwerte
I	50,7 49,9	50,3	49,3 47,8	48,6	48,3 50,6	49,5	49,0 55,7	52,3	12,5 11,5	12,0	12,0 11,5	11,8	11,5 11,5	11,5	12,0 14,5	13,7
II	54,7 51,9	53,4	48,2 53,6	50,9	53,7 53,8	53,8	57,0 55,0	56,0	12,3 11,1	11,7	10,5 12,1	11,3	11,8 11,0	11,4	13,0 11,6	12,3
III	44,2 44,4	44,3	44,7 42,7	43,7	42,6 44,3	43,5	45,4 46,4	45,9	8,5 8,5	8,5	8,8 7,9	8,4	8,5 8,5	8,5	8,8 8,6	8,7
IV	40,9 41,9	41,4	41,4 47,5	44,4	37,6 39,0	38,3	46,8 42,0	44,4	7,4 7,5	7,5	7,5 8,5	8,0	6,8 7,2	7,0	8,0 7,5	7,8

2% Cu mit 0,15 bis 0,20% V eine Erhöhung der Zugfestigkeit um 3,2 bis 8 kg/mm² gegenüber dem reinen Vanadineisen. Mit anderen Worten: Es wird bei der

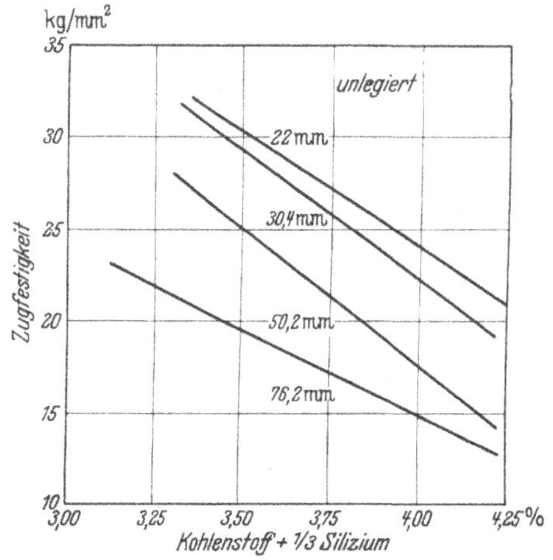

Abb. 927. **Zugfestigkeit getrennt gegossener Probestäbe in Abhängigkeit vom Kohlenstoff- und Siliziumgehalt (R. Schneidewind und R. G. McElwee).**

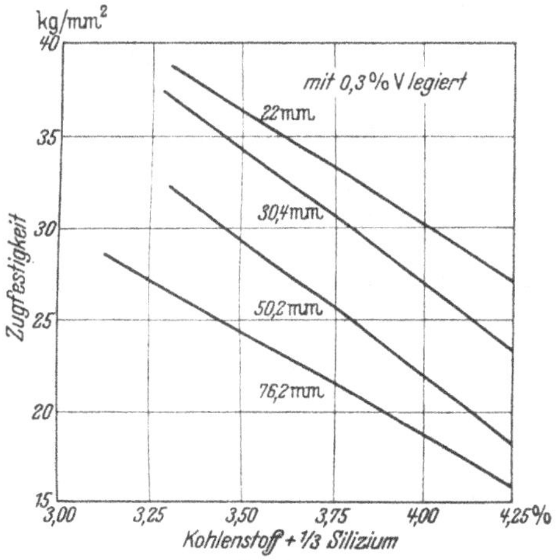

Abb. 928. **Zugfestigkeit getrennt gegossener Probestäbe in Abhängigkeit vom Kohlenstoff- und Siliziumgehalt (R. Schneidewind und R. G. McElwee).**

gleichen Brinellhärte mit Kupfer-Vanadin eine höhere Festigkeit erreicht als mit Kupfer oder Vanadin, jedes für sich allein dem Gußeisen zulegiert. Dieses Kupfer-Vanadin-Eisen hat ausgezeichnete Eigenschaften hinsichtlich der Abschreckung, des Kleingefüges und der Festigkeitswerte. Es hat für Brems-

Zahlentafel 208. Warmzerreißversuche der Versuchsschmelzen bei der Hartung-Jachmann A.-G.

Material	Zugfestigkeit in kg/mm² geprüft bei						Härte in BE ungeglüht
	20°	350°	400°	450°	500°	nach 100stündiger Glühung bei 500°	
I	30,8	29,9	32,8	32,1	26,9	29,2	210
II	32,9	32,7	33,1	32,8	30,4	31,9	220
III	34,3	31,6	34,8	35,4	29,6	35,2	227
IV	37,3	34,0	39,4	33,0	32,0	37,0	256

trommeln Verwendung gefunden und soll nun für Dauerformen, die heißes Metall aufnehmen, benutzt werden. Das kupfer-vanadin-legierte Gußeisen hat zwei hervorstechende Eigenheiten. Die erste ist seine Eignung für Wärmebehandlung. Gußstücke, die einer außerordentlich großen Abnutzung widerstehen und daher eine hohe Brinellhärte besitzen müssen, dabei aber bearbeitet werden, können mit diesem legierten Eisen zunächst in einer Härte, die noch gut bearbeitbar ist, abgegossen werden, um dann auf das gewünschte Gefüge vergütet zu werden. Die zweite Eigenheit ist die ungewöhnliche Gleichartigkeit des Gefüges, die den Werkstoff für das Gießen verschieden starker Querschnitte und für das Vergießen bei wechselnden Überhitzungsgraden geeignet macht. Daher wird diese Legierungszusammensetzung besonders dort empfohlen, wo es auf Einhaltung gleichmäßiger Eigenschaften Tag für Tag ankommt, und wo eine Unempfindlichkeit des Gefüges gegenüber Wandstärkenunterschieden gefordert wird.

Zahlentafel 209. Versuchsergebnisse des Aachener Gießerei-Instituts.

Schm. Nr.	C %	Si %	Graphit %	V %	Cr %	Mo %	Zugfestigkeit in kg/mm² bei 20°	bei 350°	bei 450°	bei 550°	Biegefestigkeit kg/mm²	Durchbiegung mm ges.	mm bl.	Härte 5/750/30 Mitte	Rand	Schwindung %	Wachsen in % (80 Std. bei 650° geglüht²)
0	3,28	1,20	2,53	—	—	—	32,3	27,9	22,4	14,4	44,6	5,7	(1,70)	234	239	1,17	0,07
1	2,25	2,77	1,60	—	—	—	37,7	28,4	18,8	14,0	64,1	7,4	(1,0)	263	282	—	0,78
2	2,65	2,08	2,04	—	—	—	30,8	22,0	21,6	14,4	53,8	6,9	(1,05)	263	250	1,18	0,24
3	2,95	2,16	2,19	—	—	—	29,3	28,4	17,3	15,5	43,3	6,5	(0,98)	231	233	1,17	0,38
4	2,25	2,57	1,56	—	0,38	0,24	41,0	31,8	35,1	23,9	69,7	6,4	(—)	295	299	1,34	0,35
5	2,68	2,76	1,95	—	0,59	0,44	40,4	39,2	37,3	24,7	61,8	6,4	(0,7)	302	300	1,35	0,27
6	3,23	1,96	1,82	—	0,69	0,68	32,1	31,2	37,1	25,5	51,7	5,1	(0,35)	306	311	1,395	0,03
7	2,14	2,96	1,37	0,16	—	—	24,9	24,8	26,0	16,3	42,1	4,5	(0,45)	263	282	1,15	0,68
8	2,15	2,91	1,50	0,37	—	—	36,8[1]	25,2	35,4	10,4	48,2	5,3	(0,46)	249	290	1,06	0,89
9	2,82	3,04	1,99	0,15	—	—	31,6	25,0	24,9	17,6	51,0	6,8	(0,5)	247	252	—	0,28
10	2,78	3,03	1,95	0,28	—	—	30,4	24,7	26,1	17,2	46,8	5,8	(0,3)	(179)	253	1,29	0,02
11	2,54	3,06	1,78	0,64	—	—	31,1	30,2	19,5	15,6	57,6	6,9	(0,86)	215	265	1,075	0,45
12	3,03	1,97	2,30	0,26	—	—	26,4	24,5	21,5	18,4	51,7	7,1	(0,95)	241	249	1,14	0,25
13	3,04	2,61	2,21	0,58	—	—	29,1	34,4	31,5	19,3	55,9	6,7	(0,75)	252	248	1,20	0,90
14	3,06	2,74	2,12	0,91	—	—	31,5	27,1	23,7	14,2	44,0	6,4	(0,52)	275	262	1,28	0,65

[1] Diese Schmelze zeigte eine sehr ungünstige, netzförmige Graphitanordnung. [2] Im Muffelofen geglüht bei der Fa. H. Lanz A.G. in Mannheim.

3. Vanadin im Walzenguß.

Nach einem von J. CHALLANSONNET bearbeiteten Prospekt der A./S. Bremanger Kraftselskap vom Juni 1932 (*5*) soll bei Walzenguß die Verwendung von Vantit-Eisen durch 0,3% V eine Härtesteigerung der Oberfläche von 500 auf 700 Brinell-Einheiten bei einer Vergrößerung der Abschrecktiefe um 12 bis 25% und einer bemerkenswerten Milderung des Überganges zur melierten bzw. grauen Innenzone bewirkt haben. Für Warmwalzen wurde in der genannten Schrift ein V-Ti-Eisen mit 3,2% C, bei 1,2 bis 1,6% Si und 0,6% Mn empfohlen. Für Kaltwalzen ein 15proz. Anteil eines V-Ti-Eisens mit 4,2% C bei 0,3 bis 0,4% Si und 0,2% Mn in der Gattierung.

Diese Beobachtungen stehen jedoch im Gegensatz zu den Versuchsergebnissen von K. TANIGUCHI (*27*), der mit steigendem Vanadinzusatz eher eine Verminderung der Oberflächenhärte von Walzenguß durch Vanadin beobachten konnte (Abb. 929). Dagegen fand TANIGUCHI eine merkliche

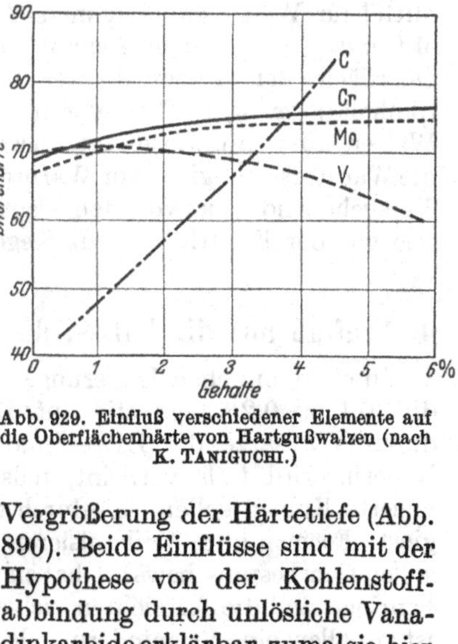

Abb. 929. Einfluß verschiedener Elemente auf die Oberflächenhärte von Hartgußwalzen (nach K. TANIGUCHI.)

Vergrößerung der Härtetiefe (Abb. 890). Beide Einflüsse sind mit der Hypothese von der Kohlenstoffabbindung durch unlösliche Vanadinkarbide erklärbar, zumal sie hier auch größenordnungsmäßig mit dem durch die Rechnung nachzuprüfenden Effekt übereinstimmen, d. h. Vanadin bewirkt hier nicht viel mehr, als was nicht auch durch eine einfache Kohlenstoffverminderung zu bewirken wäre. Dennoch hätte die Verwendung von Vanadin bei Walzenguß einen Vorteil, wenn z. B. durch wirtschaftlich tragbare Zusätze die Warmbeständigkeit von Warmwalzen gesteigert werden könnte. Da es ferner bei Walzenguß auf eine porenfreie Oberfläche von großer Dichte ankommt, so würde Vanadin schon durch seine desoxydierende Wirkung Vorteile erbringen, die seine Verwendung im Walzenguß gerechtfertigt erscheinen lassen.

Nach Auffassung der Friedr. Krupp Grusonwerke A.-G. in Magdeburg (*8*) ist weder bei Vollhartguß noch bei Schalenhartguß (Walzenguß) durch Zusatz von Vanadin eine Härtesteigerung zu erwarten. Selbst wenn durch V-Zusatz eine Steigerung des Karbidgehaltes oder der Härte der Karbide auftreten würde, sei eine Steigerung der Oberflächenhärte fraglich, da mit zunehmendem V-Gehalt des Materials der für die Gesamthärte maßgebende Kohlenstoffgehalt der Mischkristalle abnehme. Dagegen sei es nicht ausgeschlossen, daß Vanadin an Stelle von Chrom zur Einstellung der Schrecktiefe Aussicht auf Erfolg habe. Das gleiche wird von der Fa. Gontermann-Peipers (*8*) bestätigt, die auf Grund durchgeführter Versuche zu der Auffassung gelangte, daß durch V-Zusätze bei Hartguß weder eine Härtesteigerung noch eine Erhöhung der Verschleißfestigkeit von Hartgußwalzen auftrat. Jedoch sei das letztere noch nicht eindeutig beweisbar, da eine Materialwegnahme bei Hartgußwalzen weniger durch den Walzprozeß, als vielmehr durch das erforderliche Nachschleifen auf der Schleifmaschine zustande komme. Wenn dennoch K. Taniguchi (*27*) bei seinen Versuchen über den Einfluß verschiedener Elemente auf die Schrecktiefe von Gußeisen eine bemerkenswerte Erhöhung der letzteren durch Vanadin fand (Abb. 890), so dürfte diese Beobachtung mehr mit einer Verminderung des aktiven Kohlenstoffgehalts infolge Abbindung des letzteren zu V_4C_3 zusammenhängen, als mit einer spezifischen Wirkung des Vanadins auf die Grundmasse des Eisens. Die Alpine Montan A.-G. (*8*) hat bis Ende 1939 in ihren Betrieben 21 Stück vanadinlegierte Hartgußwalzen abgegossen, die erst zum Teil bearbeitet und in Verwendung sind. Die bisherigen Erfahrungen mit diesen Walzen sollen zufriedenstellend sein. Als Desoxydationsmittel für Walzenguß scheint sich Vanadin recht gut bewährt zu haben. Nach Mitteilung der Fa. Gontermann-Peipers (*8*) wird durch Zusatz von 0,2% V die Oberfläche der Walzen dichter und die Neigung zu kleinen Oberflächenfehlern (pinholes) geringer. Besonderen Anreiz hätte die Verwendung von Vanadin im Walzenguß, wenn, wie gesagt, durch wirtschaftlich tragbare Zusätze an V vor allem die Warmbeständigkeit von Warmwalzen gesteigert werden könnte. Entsprechende Versuche sind u. a. von den Deutschen Eisenwerken in Duisburg-Meiderich sowie von der Fa. Irle in Deuz-Siegen bzw. der Fa. K. Buch in Weidenau geplant.

4. Einfluß auf die Hitze-, die Zunder- und die Volumenbeständigkeit.

In stahlähnlichen Legierungen wirken sich bereits kleine Gehalte von Vanadin (0,1 bis 0,2%) günstig auf die Warmfestigkeit aus (*22*). Die Möglichkeit, durch V-Zusätze die Hitze- und Zunderbeständigkeit von Gußeisen zu verbessern, wird teils verneint, teils als aussichtsreich hingestellt (*12*). Vanadinlegierte Kolben sollen sich durch geringstes Wachstum auszeichnen. Auch V-legierte Formen zum Vulkanisieren von Gummi sowie Gußstücke für Glasformen sollen sich bestens bewährt haben (*12*). Auch für Schleudergußbüchsen und Kolbenringe sind die Aussichten vielversprechend. Neben guter Wärmebeständigkeit ist vor allem eine Verminderung des Verschleißes zu erwarten. Auch im Maschinen-

und Pumpenbau sowie bei der Herstellung von Stahlwerkskokillen ist die Verwendung von Vanadin aussichtsreich. Bei einer um 15 bis 20% höheren Festigkeit sollen V-Ti-legierte Maschinenteile sich auch in höheren Temperaturbereichen (425 bis 450°) besser verhalten haben. Ein belgisches Werk (*13*) erhielt mit einer Kupolofengattierung aus

50% Kokillenbruch,
35% Hämatiteisen,
15% V-Ti-Eisen (4% C, 2 bis 2,5% Si)

eine um 25 bis 70% größere Haltbarkeit der daraus gestellten Stahlwerkskokillen.

Im Rahmen der Versuche des Aachener Gießerei-Instituts (*8*) an 15 Schmelzen mit V-Gehalten von 0,15 ansteigend bis etwa 0,60 bzw. 0,90% V innerhalb der einzelnen Reihen mit verschiedenem Kohlenstoffgehalt (2,2%, 2,6% und etwa 3% C) ergab sich ein mit steigender Glühtemperatur stärker differenziertes Abhängigkeitsverhältnis zum Vanadingehalt der Schmelzen, das jedoch, wie bereits an anderer Stelle ausgeführt, in eine ebenso klare Beziehung zum Kohlenstoff- bzw. Graphitgehalt der einzelnen Schmelzen gebracht werden konnte (Abb. 930). Von den selben Schmelzen wurden Proben an die Fa. Meier & Weichelt, Leipzig, gesandt, wo im Laboratorium durch Herrn Dr. Roll unabhängig von der Versuchsanordnung des Aachener Institutes Verzunderungsversuche durchgeführt wurden, die in Übereinstimmung mit den Aachener Versuchen die gleichen Beziehungen erkennen lassen (Abb. 930a).

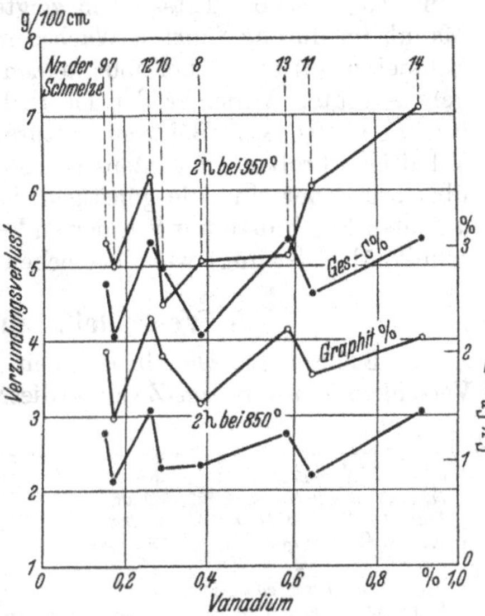

Abb. 930. Einfluß des Vanadiums auf die Verzunderungsverluste (Aachener Versuche).

Aus den Ergebnissen der Versuche bei der Hartung & Jachmann A.-G. (*8*) über die Stabilisierung des Karbids durch Vanadin (vgl. S. 763) ist zu folgern, daß Vanadin die Volumenbeständigkeit des Gußeisens im Bereich von 350 bis 650° erheblich verbessern dürfte. Da aber Vanadin anderseits mit steigender Temperatur insbesondere über 750° C hinaus die Verzunderung des Gußeisens stark begünstigt, so dürfte durch Überlagerung der Rückwirkungen praktisch kein Vorteil durch V-Zusätze eintreten. Das deckt sich auch mit den Ergebnissen einer neueren Arbeit von H. Cornelius und W. Bungardt (*39*), die bei Untersuchungen über den Einfluß von Vanadin auf die Zunderbeständigkeit von Stählen durch 4,7% V unterhalb etwa 900° nur eine schwache Verbesserung des Verzunderungsschutzes unlegierter Stähle beobachten konnten. Bei chrom-

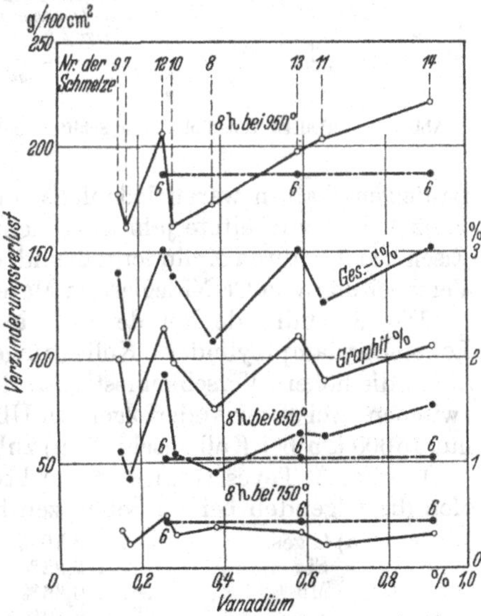

Abb. 930a. Einfluß des Vanadiums auf die Verzunderungsverluste (Versuche Meier und Weichelt).

legierten Stählen und noch höheren Temperaturen trat selbst dieser mäßige Einfluß des Vanadins ganz hinter den vorteilhaften Wirkungen des Chroms zurück und rief bei weiterer Temperatursteigerung sogar eine Begünstigung der Verzunderung hervor. Tatsächlich zeigten auch die bei der Fa. H. Lanz A.G. in Mannheim durchgeführten Wachstumsversuche an dem Material der Aachener Schmelzen (*8*) selbst bei 450° keinen Vorteil eines V-Zusatzes. Das gleiche Ergebnis zeigten Versuche der Fa. H. Lanz (*8*) an eigenen Betriebsschmelzungen mit 0,1 bis 0,6% V. Bei Temperaturen von 650° und aufwärts verzunderten die V-haltigen Proben mindestens ebenso schnell wie die unlegierten Proben. Um so überraschender sind die günstigen, bei der Fa. A. Teves in Frankfurt/M. beobachteten Ergebnisse mit V-legierten Ventilsitzringen [(*37*), vgl. den folgenden Abschnitt 5]. Allerdings war dort neben 0,5% V noch 0,50% Cr vorhanden.

5. Verschleiß- und Laufeigenschaften.

An Büchsen für Dieselmaschinen, hergestellt mit 25% V-Ti-Eisen, ging der Verschleiß eines Sulzer-Zweitaktdieselmotors (3000 PS) nach 9000 bis 11000 Betriebsstunden von ursprünglich 3,2 bis 3,9 mm auf 1,7 bis 1,1 mm zurück. Jede Kurve in Abb. 931 stellt die durchschnittliche Abnutzung von je sechs Zylinderbüchsen dar (*14*). Zu beachten ist, daß die Neigung zum Verschleiß sich erst nach dem Einlaufen der Kolben differenziert. Infolge Verwendung des norwegischen V-Ti-Eisens waren die Laufbüchsen stets hoch gekohlt und enthielten mehr als 3,4% C. Verschleißfestigkeit und Laufeigenschaften waren jedenfalls mit V-Zusatz günstiger. Auch die Daimler-Benz A.-G. verarbeitete jahrelang mehrere tausend Tonnen norwegisches Vantit-Eisen (*8*) für ihren Zylinderguß und erhielt dabei ebensowenig Klagen als bei Verarbeitung von Cr-Ni-legiertem Material für Zylinder und Kolben.

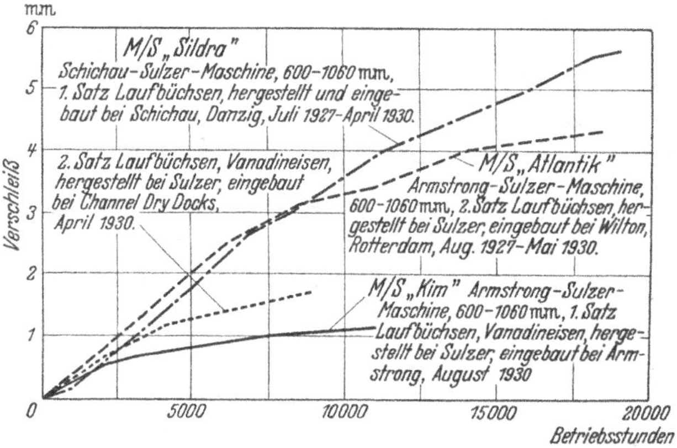

Abb. 931. Verhalten vanadinlegierter Schiffszylinder (G. MYLAL).

Die „Chemins de Fer de Paris à Orléans" (*15*) verwenden V-Ti-Eisen für Lokomotivdampfzylinder, Kolbenringe, Kolbenschieber usw., wobei sie eine durch die höhere Verschleißfestigkeit der Gußstücke bewirkte größere Laufdauer zwischen zwei aufeinanderfolgenden Überprüfungen (z. B. 40000 km gegen früher nur 15000 km bei Kolbenschiebern) zulassen konnten.

Die Fa. A. Teves G. m. b. H. in Frankfurt hat versuchsweise (*8*) im Elektroofen die folgenden beiden Schmelzen hergestellt:

a) C ges.	3,70%	b) C ges.	3,68 %
Si	2,82%	Si	2,84 %
Mn	0,66%	Mn	0,67 %
P	0,80%	P	0,78 %
S	0,032%	S	0,029%
V	0,15%	V	0,120%
Ti	0,16%		

Das Vanadin wurde in Form von gepulvertem Ferro-Vanadin knapp vor dem Abstechen dem flüssigen Eisen zugesetzt.

Das Material wurde zu Einzelguß-Kolbenringen mit einem Modell von

$$155 \cdot 142{,}5 \cdot 4{,}5 \text{ mm}$$

vergossen. Die Rohlings-Abmessungen betrugen:

$$157 \cdot 141 \cdot 5{,}0,$$

das Fertigmaß der Ringe

$$154 \cdot 142{,}6 \cdot 2{,}5 \text{ mm}.$$

Hinsichtlich ihrer physikalischen Eigenschaften wurden die Ringe nach den BESA-Normen mit folgendem Ergebnis geprüft:

E-Modul	9430 kg/mm²	bleibende Formänderung .	10,5%
σ'_B	31,9 kg/mm²	Härte (Rockwell-B) . . .	103

Gefügeausbildung: Feiner Fadengraphit mit verhältnismäßig breiten eutektischen Rändern, die jedoch bei der Bearbeitung wegfielen; sorbitisch-lamellarperlitisches Grundgefüge von hoher Feinheit mit Spuren von Ferrit; feines Phosphidnetz.

Bei der Prüfung auf der Siebelschen Verschleißmaschine zeigte der Ring *b* das gleiche Verhalten, wie der normale chrom-molybdänlegierte Ring; Ring *a* zeigte eine geringe Unterlegenheit.

Bei Laufversuchen in Einzylinder-Flugzeug-Motore zeigten beide Ringe günstige Lauf- und Verschleißverhalten, wobei die Spannungshaltung des Ringes bei Ring *b* etwas günstiger als bei Ring *a* war; hingegen war das Laufverhalten des Ringes *a* etwas günstiger. Beide Ringe konnten aber praktisch als gleichwertig mit dem chrom-molybdänlegierten Flugzeugring angesprochen werden.

Nach Versuchen bei der gleichen Firma hat sich auch ein V-legierter Ventilsitzring mit 0,5% Cr und 0,5% V als Ersatz für bis dahin Mo-legierte Ringe (0,8% Cr und 1% Mo) bestens bewährt. Hinsichtlich Anlaßbeständigkeit zeigt sich der neue Werkstoff dem früheren sogar überlegen (*37*).

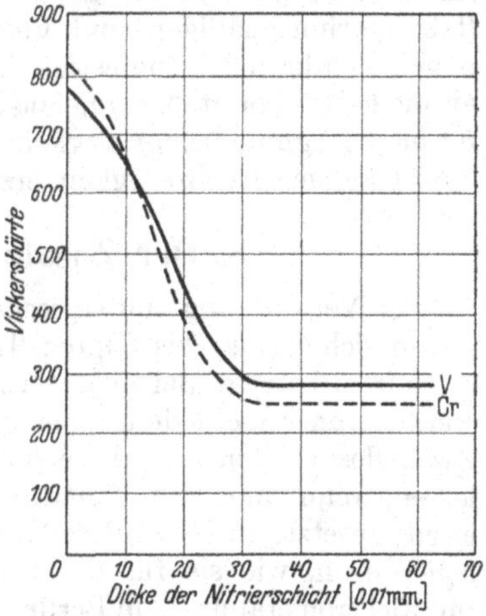

Abb. 932. Vanadin an Stelle von Chrom bei Nitrierguß (J. CHALLANSONNET).

6. Vanadin bei Nitrierguß.

Die Vanadinnitride V_2N und VN sind sehr stabil. Das bei etwa 2000° schmelzende VN zeigt selbst bei dieser Temperatur nur den Beginn geringer Zersetzung, und sogar im Ferrovanadin ist die Stabilität der Vanadinkarbide sehr groß (*20*). In Nitrierstählen ist nach K. WENDT (*21*) eine beachtliche Steigerung der Härte zu erwarten. Bei der praktisch völligen Abbindung des Vanadins als Karbid bzw. Nitrid sollten eigentlich selbst höhere Vanadingehalte auf die Nitrierfähigkeit höher gekohlter Eisensorten kaum von Einfluß sein. Dennoch fand J. CHALLANSONNET (*16*) beim Vergleich der Nitrierfähigkeit eines Cr-haltigen Gußeisens mit einem V-haltigen, daß bei sonst gleichbleibender Zusammensetzung die Unterschiede in der Härte und der Härteveränderung nicht wesentlich sind (Abb. 932). Die beiden Eisensorten hatten folgende Zusammensetzung:

	I	II		I	II
C	= 2,33%	2,5 %	Cr =	—	0,25%*
Si	= 1,62%	1,50%	Mo =	0,60%	0,60%
Mn	= 0,40%	0,40%	Al =	1,50%	1,25%
V	= 0,27%	—	Ti =	0,10%	n. b.

Die V-haltige Schmelze wurde durch Zusatz von 45% V-Ti-haltigem norwegischen Roheisen hergestellt. Nach dem Nitrieren (70 st bei 530°) ergaben sich folgende Härteverhältnisse:

Material	Nitriertiefe in $\frac{mm}{100}$	Oberflächenhärte	
		Rockwell	Vickers
V-legiert.	0—30	70	800
Cr-legiert	0—35	79	875

7. Vanadin im Temperguß.

Ähnlich wie bei Gußeisen hat E. PIWOWARSKY *(11)* auch den Einfluß von Vanadin auf die Eigenschaften von Temperguß (Weiß- und Schwarzguß) untersucht, wobei der Vanadinzusatz in Form des Vantitroheisens vorgenommen wurde. Als Ergebnis kann gelten, daß ein Gehalt von nur 0,05 bis 0,10% V zu einem hochwertigen, sehr verschleißfesten Temperguß mit sorbo-perlitischem Endgefüge führt. Während z. B. unlegierter Temperguß (Schwarzguß) unter den gewählten (laboratoriumsmäßigen und ungünstigen) Herstellungs- und Glühbedingungen neben 38,5 kg/mm² Zugfestigkeit nur 3,6% Dehnung und 1,43 mkg/cm² Schlagarbeit hatte, konnten vergleichsweise bei den mit Vanadin legierten Güssen bei 50 bis 56 kg/mm² Zugfestigkeit Dehnungswerte von 3,8 bis 4,25% bei 1,45 bis 2,80 mkg/cm² Kerbzähigkeit erzielt werden.

8. Der Zusatz von Vanadin zu Gußeisen.

Bei Verwendung norwegischen V-Ti-Eisens in der Kupolofengattierung ergaben sich *(11)* 40- bis 80proz. Titanverluste, während der Abbrand an Vanadin 5 bis 20% betrug. Bei Zusatz von hochprozentigem Ferrovanadin (Si und C arm) werden von verschiedenen Seiten Abbrandziffern zwischen 30 bis 80% genannt. Zweifellos werden sich diese hohen Abbrandzahlen auf 20 bis 30% verringern lassen, wenn man das Vanadin einem bereits vordesoxydierten flüssigen Gußeisen zusetzt, insbesondere bei Verwendung leicht löslicher Ferrovanadinlegierungen, wie sie für die vorliegenden Sonderzwecke von der Gesellschaft für Elektrometallurgie in Berlin in Form eines 40- bis 42proz. Ferrovanadins mit etwa 8 bis 10% Si geschaffen wurde. Ob bei der hohen Affinität des Vanadins zu Sauerstoff auch der bekannte Weg über die sog. wärmeführenden Pakete mit Erfolg benutzt werden kann, müssen weitere Versuche zeigen. Beim Zusatz von Vanadin zu flüssigem Stahl wurden Abbrandziffern von 2,5 bis 33% gefunden *(23)*, je nach den metallurgischen Verhältnissen und der Art des Schmelzofens.

9. Seigerungserscheinungen in V-haltigem Material.

Nimmt man an, daß bei Überschuß von Kohlenstoff praktisch ein großer Teil des Vanadins sich bereits vor der Erstarrung als Karbid ausscheidet, so ist bei einem spezifischen Gewicht der Vanadinkarbide von 5,3 bis 5,5 [*(17)* und *(29)*] mit starken Blockseigerungen zu rechnen. Tatsächlich hat man selbst bei Stählen

* Hier muß es offenbar 1,25% Cr heißen, wenn ein Vergleich der beiden Materialien einen Sinn haben soll.

starke Anhäufungen von Vanadinkarbiden beobachtet (*30*). Dasselbe ist natürlich in verstärktem Ausmaß bei Gußeisen zu erwarten. Nach Angaben von F. ROLL (*31*) werden bereits bei Gießpfannen von etwa 1 t Fassung die Seigerungserscheinungen derart groß, daß sie nicht nur zu starken Karbidnestern im Gußstück führen, sondern bereits vor dem Vergießen eine starke Anreicherung von Vanadin im oberen Teil der Gießpfanne zustande kommt. Bereits im Schmelzfluß ausgeschiedene Vanadinkarbide müssen übrigens erwartungsgemäß zu einer Verminderung der Gießbarkeit führen, was auch inzwischen beobachtet werden konnte (Zahlentafel 203 und Abb. 925).

10. Die Bestimmung des Vanadins im Gußeisen.

Bei Eisen und Stahl erfolgt die Bestimmung des Vanadins entweder maßanalytisch (Verfahren von CAMPAGNE), photometrisch oder potentiometrisch (*32*). In chrom- und molybdänfreien Gußeisensorten ergeben die potentiometrischen und photometrischen Methoden völlig übereinstimmende Ergebnisse. Die maßanalytische Methode ist bei Gegenwart von mehr als 6% Cr nicht anwendbar. Vor einigen Jahren hat H. PINSL (*33*) eine photometrische Vanadinbestimmung mit Hilfe des Pulfrichschen Photometers entwickelt, nach der auch zahlreiche Gießereien den Vanadingehalt von Gußeisen ermitteln. Inzwischen konnte H. PINSL (*38*) über ein verbessertes photometrisches Vanadinbestimmungsverfahren für die Untersuchung von legiertem Roh- und Gußeisen berichten. Im Rahmen einer Gemeinschaftsuntersuchung zur Bestimmung des Vanadins in Roh- und Gußeisen, durchgeführt vom Vanadinausschuß des Vereins Deutscher Gießereifachleute unter Leitung von H. PINSL (*41*), konnte jüngst herausgestellt werden, daß von den potentiometrischen Verfahren das sicherste und genaueste das nach BLUMENTHAL sein dürfte. Etwas größere Schwankungen wurden bei der Arbeitsweise von THANNHEISER-DICKENS festgestellt, die sich aber mit wenigen Ausnahmen in den betrieblich zugelassenen Fehlergrenzen halten.

Von den photometrischen Verfahren waren mit der verbesserten Arbeitsweise nach PINSL, die den Einfluß etwa vorhandenen Titans beseitigt, sehr gute Ergebnisse erhalten worden, die höchstens bei Spurengehalten etwas unsicher wurden. Die übrigen in der Gemeinschaftsuntersuchung nach anderen photometrischen Arbeitsweisen erhaltenen Ergebnisse zeigten größere und zum Teil nicht zulässige Abweichungen vom Sollwert. Auf Grund dieser Ergebnisse wurde den Gießerei-Laboratorien empfohlen, für die Vanadinbestimmung in Gußeisen entweder nur die potentiometrischen oder photometrischen Verfahren anzuwenden, die sich bei dieser Gemeinschaftsuntersuchung als am sichersten und genauesten erwiesen hatten oder aber bei anderen eingeführten Verfahren die Ursache der Streuungen zu finden und zu beseitigen.

11. Zusammenfassung betr. den Einfluß von Vanadin im Gußeisen.

Zusammenfassend kann man also sagen, daß für das Legieren von Gußeisen mit Vanadin Gehalte von 0,08 bis 0,45% in Frage kommen. Vanadin befördert sehr stark die Karbidbildung, und es scheint, daß der karbidfördernde Einfluß um so ausgeprägter ist, je silizium- und kohlenstoffärmer das Eisen ist, je härter ferner der Schmelzofen geht und je dünnwandiger der Guß ist. Das Gefüge des Gußeisens wird durch Vanadinzusätze bis etwa 0,3% nur wenig verändert. Der Perlit neigt in zunehmendem Maße zu sorbitischer Ausbildung (der Perlitpunkt bei Abkühlung wird durch V-Zusätze anscheinend kaum beeinflußt). Über etwa 0,25 bis 0,4% V treten freie Karbide auf, die kugelförmige Ausbildung besitzen, zu starker Blockseigerung neigen, zu Fehlstellen im Bruchgefüge führen und die Gießfähigkeit beeinträchtigen.

Der Beginn der Temperkohlebildung wird durch je 0,1% V um etwa 20 bis 40° erhöht (Abb. 924b).

Die mechanischen Eigenschaften normaler Gußeisensorten werden durch V-Zusätze merklich verbessert, und zwar um 2 bis 3 kg/mm² je 0,1% V. An sich mechanisch schon sehr hochwertiges Gußeisen darf bei Wanddicken bis etwa 30 mm nur mit 0,08 bis 0,20% V legiert werden, bei Wanddicken von 30 bis 50 mm können sich noch V-Gehalte bis etwa 0,35% günstig auswirken. Auch der E-Modul wird merklich erhöht. Gasfreiheit und Dichte werden durch V-Zusätze zweifellos erhöht. Zahlreiche Einflüsse des Vanadins im Gußeisen sind dadurch erklärbar, daß die auch im flüssigen Eisen schwer- oder nur zum Teil löslichen Vanadinkarbide dem Material Kohlenstoff entziehen, wodurch gewissermaßen das ganze Eisen-Kohlenstoff-Diagramm nach rechts verschoben wird.

Die Warmfestigkeit, insbesondere zwischen 350 und 450°, scheint merklich verbessert zu werden, desgl. die Dauerstandsfestigkeit.

Im Hartguß (Walzenguß) wird weniger die Härte der Oberfläche erhöht, als vielmehr deren Sauberkeit und Porenfreiheit sowie vielleicht auch die Zähigkeit der karbidischen Gefügezonen. Bei der Regulierung der Härtetiefe dürfte Vanadin sich ähnlich auswirken wie eine Verminderung des Kohlenstoffgehaltes.

Der Einfluß des Vanadins auf die Zunderbeständigkeit ist noch wenig geklärt. Besondere Vorteile sind anscheinend kaum zu erwarten. Insbesondere ist über etwa 650° eher eine Verschlechterung der Zunderbeständigkeit anzunehmen.

In Nitrierguß könnte sich Vanadin z. T. wenigstens ähnlich auswirken wie Chrom.

Bei richtiger Abstimmung der chemischen Analyse ist durch V-Gehalte von 0,10 bis etwa 0,25% auch eine Verbesserung der Verschleißfestigkeit, insbesondere bei gleitender Reibung, zu erwarten.

Vanadinzusätze haben sich bisher mehr oder weniger bewährt für die Herstellung von: Laufbüchsen, Kolbenringen, hochfestem Maschinenguß (Lokomotiv-. Gasmaschinen, Gesenkmaterial, Schleif- und Brechmaschinen, Kolben, Stempel usw.), Hartgußwalzen (Kalt- und Warmwalzen), Stahlwerkskokillen, Glasformen und möglicherweise auch Roststäben. Für warmfesten Guß, insbesondere in Verbindung mit Nickel oder Molybdän, gelingt die Schaffung bis herauf zu etwa 650° warmfester, härte-, gefüge- und volumenbeständiger Gußstücke. Im allgemeinen jedoch scheint Vanadin eher das Element Chrom als das Element Molybdän im Gußeisen ersetzen zu können. Zahlentafel 204 gibt einige auf amerikanische Verhältnisse zugeschnittene Analysenbeispiele für die Verwendung vanadinlegierter Gußeisensorten (*12*).

Schrifttum zum Kapitel XXIf.

(*1*) Vgl. Oberhoffer, P.: Das technische Eisen, III. von W. Eilender und H. Esser bearbeitete Auflage S. 177. Berlin: Springer 1936.

(*2*) Vgl. Houdremont, E.: Sonderstahlkde. S. 356. Berlin: Springer 1935.

(*3*) Morette, A.: J. Four électr. März (1936) S. 90.

(*4*) Schrader, H., u. F. Brühl: Techn. Mitt. Krupp, A: Forsch.-Ber. 2 (1939) Nr. 16 S. 207; vgl. Stahl u. Eisen Bd. 60 (1940) S. 76.

(*5*) Challansonnet, M. J.: Bull. Ass. techn. Fond. Okt. (1930) S. 291.

(*6*) Wallbaum, H. J.: Z. Metallkde. Heft 12 (1939) S. 362.

(*7*) Smalley, O.: Foundry Trade J. Bd. 26 (1922) S. 277.

(*8*) Aus einer Gemeinschaftsarbeit verschiedener Firmen über den Einfluß von Vanadin im Gußeisen (1940) (durchgeführt im Auftrag der Reichsstelle für Eisen und Stahl, sowie mit Unterstützung der Wirtschaftsgruppe Gießerei-Industrie, Berlin).

(*9*) J. Iron Steel Inst. 1911 sowie a. Smith, Kent: Foundry Trade J. Bd. 27 (1923) S. 52/53.

(10) CHALLANSONNET, M. J.: Bericht C I/2 auf dem Internationalen Gießerei-Kongreß Brüssel 1935 (Mém. Ass. Techn. Fond. Belge).
(11) PIWOWARSKY, E.: Gießerei Bd. 20 (1933) S. 61.
(12) STADLER, F.: Gießerei Bd. 27 (1940) S. 57.
(13) Mitteilung der Soc. An. d'Angleur-Athus in Tilleur-les-Liège.
(14) Vgl. MYHRE, G.: Liners Motor Ship, Febr. 1932.
(15) Einer gutachtlichen Äußerung der „Chemin de Fer de Paris à Orléans" vom 12. Aug. 1932 entnommen.
(16) CHALLANSONNET, J.: Bericht C I/3 auf dem Internationalen Gießerei-Kongreß in Paris 1937.
(17) Arch. Eisenhüttenw. Bd. 13 (1939/40) S. 337.
(18) WISSER, J.: Gießerei Bd. 27 (1940) S. 81.
(19) Gebr. Sulzer A.G., Winterthur: Hochwertiges Gußeisen. Erste Mitteilungen des neuen internationalen Verbandes für Materialprüfung (Zürich 1930).
(20) Vgl. HOUGARDY, H.: Die Vanadiumstähle S. 134ff. Berlin: H. G. Gärtner 1934.
(21) WEN DT, K.: Krupp. Mh. (1922) S. 121.
(22) Wie (20), aber S. 110/111.
(23) Wie (20), aber S. 15.
(24) OSAWA, A., u. M. OYA: Sci. Rep. Tôhoku Univ. Bd. 19 (1930) S. 95.
(25) Wie (20), jedoch S. 38ff.
(26) VOGEL, R., u. E. MARTIN: Arch. Eisenhüttenw. Bd. 4 (1930/31) S. 487.
(27) TANIGUCHI, K.: Japan Nickel-Review Bd. 1 (1933) S. 28/94.
(28) ROLL, F.: Gießerei Bd. 20 (1933) S. 401/406.
(29) NICOLARDOT, P.: Das Vanadium. Paris: Gauthiers-Villard 1905.
(30) Wie (20), jedoch S. 25, 62 und 63.
(31) ROLL, F.: Persönliche Mitteilung.
(32) Arch. Eisenhüttenwes. Bd. 5 (1932/33) S. 105, sowie Werkstoffhandbuch Stahl und Eisen II. Aufl. Düsseldorf 1937; vgl. BLUMENTHAL: Metall u. Erz (1940) Heft 6 S. 190.
(33) PINSL, H.: Z. angew. Chem. Bd. 50 (1937) S. 115/120.
(34) Trans. Amer. Foundrym. Ass. Bd. 47 (1939) Nr. 2 S. 491.
(35) BARLOW, T.: Foundry Trade J. Bd. 62 (1940) S. 203.
(36) Vgl. SMITH, A. J. N.: Brit. Cast Iron Res. Ass. Rep. Bd. 125 (1937).
(37) ENGLISCH, C.: Gießerei Bd. 28 (1941) S. 264.
(38) PINSL, H.: Gießerei Bd. 27 (1940) S. 441.
(39) CORNELIUS, H., u. W. BUNGARDT: Arch. Eisenhüttenwes. Bd. 15 (1941/42) S. 107.
(40) Vgl. SIEMONSEN, H., u. H. ULICH: Z. Elektrochem. Bd. 46 (1940) S. 141.
(41) Von H. PINSL erstatteter Vorbericht vom 8. 7. 1941.

g) Aluminium im Gußeisen.

1. Zustandsdiagramm und Gefüge.

Das binäre Zustandsdiagramm Eisen und Aluminium (Abb. 933) läßt erkennen, daß Al im α/δ-Eisen bis 34,5% löslich ist. Das Gebiet zwischen 40 bis 60% Al hat noch keine eindeutige Fassung finden können. Das γ-Gebiet wird bereits durch etwa 1% Al abgeschnürt. Eisen-Aluminium-Legierungen mit 25 bis 50% Al neigen, insbesondere bei Hinzutritt feuchter Luft, zum Zerfall, was auf die vorhandenen Verunreinigungen an Kohlenstoff-, Silizium usw. zurückgeführt wird (1). Durch Hinzutritt von Kohlenstoff wird das γ-Gebiet erweitert,

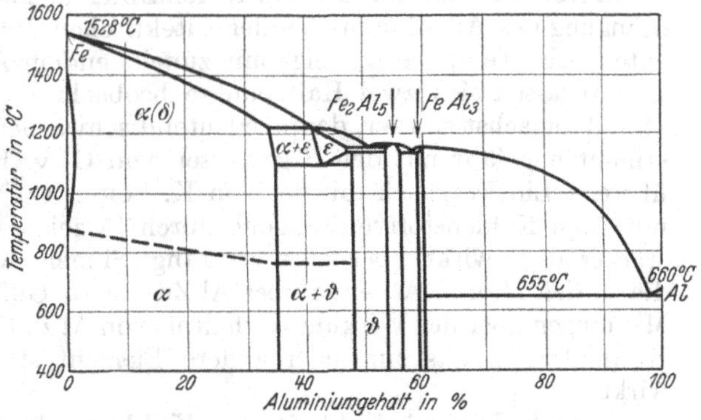

Abb. 933. System Eisen-Aluminium (nach GWYER und PHILLIPS, sowie WEVER und MÜLLER).

so daß sich das Existenzfeld des Austenits (2) bei 11,5% Al bis zu 1,35% C und bei 12% Al bis 2,35% C erstreckt (3), vgl. auch Abb. 934. Die Aluminide des

Eisens sind hart und spröde, an Karbiden kommt das Al_4C_2 (*4*) sowie möglicherweise das Karbid AlC_3 (*1*) vor. Die Verhältnisse bei der Erstarrung im Dreistoffsystem werden nach R. Vogel und H. Mäder (*4*) durch folgende Vierphasengleichgewichte bestimmt:

1. Schmelze + α-Mischkristalle + γ-Mischkristalle $\rightleftarrows$ ε-Mischkristalle,
2. Schmelze + γ-Mischkristalle $\rightleftarrows$ ε-Mischkristalle + Graphit,
3. Schmelze + ϑ-Mischkristalle $\rightleftarrows$ ε-Mischkristalle + Al_4C_3,
4. Schmelze $\rightleftarrows$ ε-Mischkristalle + Graphit + Al_4C_3.

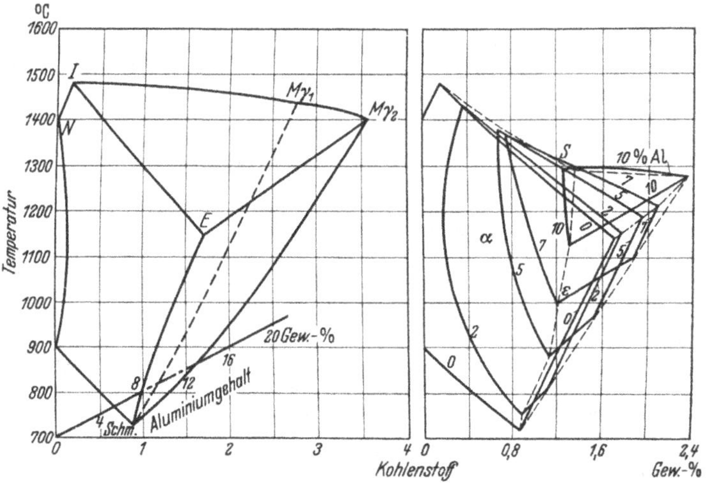

Abb. 934. Der Austenitbereich in der Eisenecke des Zustandsschaubildes Eisen-Aluminium-Kohlenstoff [nach K. Löhberg und W. Schmidt (*3*)].

Die Umwandlung im festen Zustand wird durch folgende drei Vierphasengleichgewichte bestimmt:

1. ε-Mischkristalle + Al_4C_3 $\rightleftarrows$ ϑ-Mischkristalle + Graphit,
2. ε-Mischkristalle + γ-Mischkristalle $\rightleftarrows$ α-Mischkristalle + Graphit,
3. ε-Mischkristalle + Graphit $\rightleftarrows$ α-Mischkristalle + ϑ-Mischkristalle.

2. Die Löslichkeit des Kohlenstoffs im flüssigen Eisen.

In Abb. 935 sind die Ergebnisse der Untersuchungen über die Kohlenstoffverdrängung des Aluminiums bei der eutektischen Temperatur wiedergegeben. Die eutektische Temperatur steigt mit zunehmendem Al-Gehalt stark an. Bis etwa 4% Al lassen sich zwei Haltepunkte beobachten. Die Kohlenstoffverdrängung nimmt zunächst stärker, dann bedeutend schwächer ab. Der Verlauf der Kurven stimmt ungefähr mit den Ergebnissen von O. v. Keil und O. Jungwirth (*5*) überein. Ein Vergleich mit der von K. Schichtel und E. Piwowarsky (*6*) ermittelten Kohlenstoffverdrängung durch Si zeigt, daß Al bis etwa 2 bis 2,5% stärker als Si wirkt, über 2,5% verdrängt Si mehr Kohlenstoff. Damit ließen sich die in den älteren Arbeiten über Al-Zusatz zu Gußeisen sich widersprechenden Meinungen über das Wirkungsverhältnis von Al zu Si einfach erklären, da je nach Konzentration das eine oder andere Element stärker kohlenstoffverdrängend wirkt.

3. Die Löslichkeit des Kohlenstoffs im festen Eisen.

Auch im festen Eisen (γ-Eisen) wird die Löslichkeit des Kohlenstoffs durch Al verringert. Die aus Abb. 936 berechnete Kohlenstoffverdrängung (0,02 bis 0,05 %) fällt auf durch ihre im Verhältnis zum flüssigen Zustand geringen Werte. Aus den Ergebnissen läßt sich der Schluß ziehen, daß die Eisenecke des Dreistoffsystems Fe-C-Al ein ähnliches Aussehen hat wie diejenige der verwandten

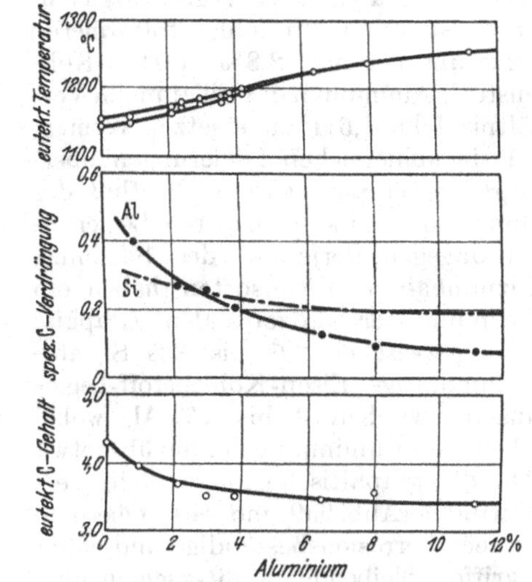

Abb. 935. Verschiebung von eutektischer Temperatur und Konzentration durch Aluminium und spezifische Kohlenstoffverdrängung im flüssigen Zustand bei verschiedenen Aluminium- und Siliziumgehalten (E. PIWOWARSKY und E. SÖHNCHEN).

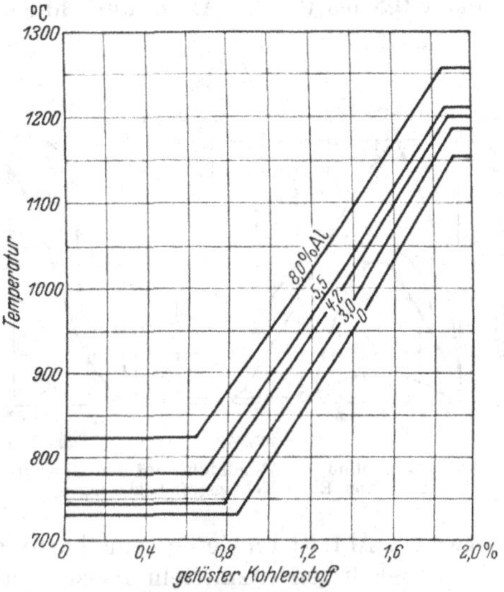

Abb. 936. Einfluß des Aluminiums auf die Kohlenstofflöslichkeit im γ-Eisen und die Lage des Perlitgleichgewichts (nach E. PIWOWARSKY und E. SÖHNCHEN).

Systeme Fe-C-Si, Fe-C-P, Fe-C-Cr, Fe-C-V usw. Deshalb wird auch im System Fe-Al das abgeschnürte homogene γ-Gebiet, das sich nach F. WEVER (*7*) nur

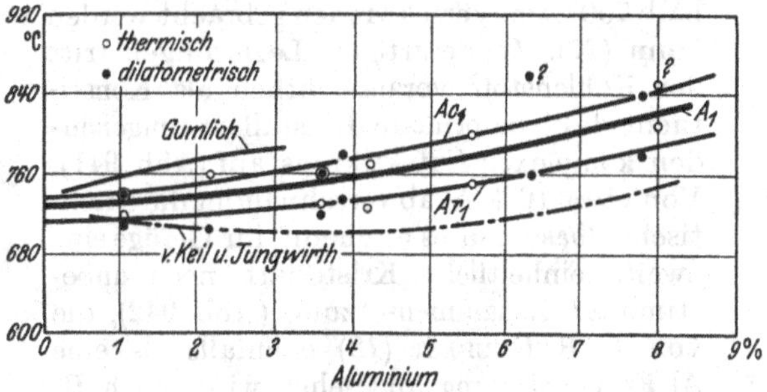

Abb. 937. Verschiebung des A_1-Punktes von Gußeisen durch Aluminium.

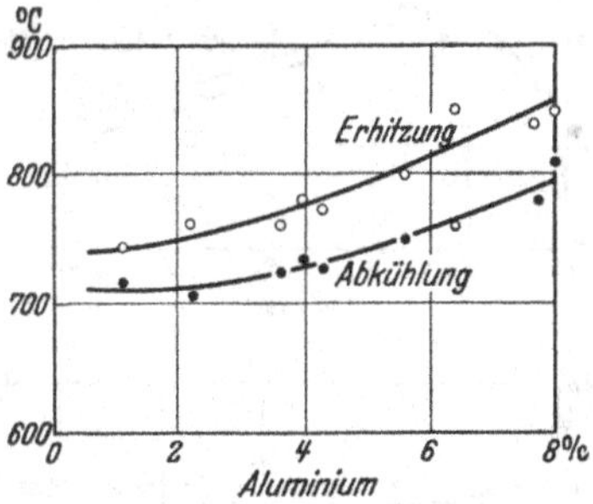

Abb. 938. Verschiebung des Perlitpunktes von Gußeisen durch Aluminium (*11*).

bis 1% Al erstreckt, durch Kohlenstoffzusatz zu höheren Al-Gehalten erweitert, was durch Abb. 934 bestätigt wird.

Die Abb. 937 und 938 zeigen den Einfluß des Aluminiums auf die Temperaturlage des Perlitintervalls (*11*), eine Beziehung, die bereits aus den Abb. 934 und 936 abzuleiten war.

4. Die Graphitbildung und die Härte.

Schon Forschern wie LEDEBUR, STEAD, HADFIELD, KEEP, TURNER u. a. (*8*, *9*, *10*) war bekannt, daß Aluminiumzusätze zu Roh- oder Gußeisen die Graphitbildung begünstigen. Entgegen sich widersprechenden älteren Auffassungen über den Grad der Einwirkung von Aluminium auf die gebildeten Graphitmengen (Abb. 939) kann man heute in Übereinstimmung mit Versuchsergebnissen des Verfassers annehmen, daß in kohlereicheren Gußeisensorten 1% Silizium etwa 0,5 bis 0,75% Aluminium hinsichtlich des Graphitisierungsgrades gleichwertig ist, während in kohlenstoffärmeren Legierungen (unter 2,8% Gesamt-Kohlenstoff) Aluminium das Silizium im Verhältnis 1 bis 1,5:1 zu ersetzen vermag, d. h. in kohlereichen Legierungen überwiegt der graphitisierende Einfluß des Aluminiums, in kohleärmeren Legierungen dagegen derjenige des Siliziums. Siliziumhaltige Eisensorten haben ein Maximum der prozentualen Graphitbildung zwischen 2,5 bis 3% Si, aluminiumhaltige Eisen-Kohlenstoff-Legierungen zwischen 3 bis 4% Al, wobei jedoch bei Aluminiumgehalten über etwa 11% die graphitische Phase völlig verschwindet (Abb. 939 und 940). Oberhalb etwa 6% Al tritt im Gefüge eine harte, aber sehr korrosionsbeständige und daher in säurehaltigen Ätzmitteln meist unangegriffen bleibende, weiß erscheinende, primär kristallisierende Phase auf, welche wahrscheinlich eine der im System Al-Fe zahlreich auftretenden Eisen-Aluminium-Verbindungen darstellt. Bei Aluminiumgehalten zwischen 6 und 9% scheint diese weiße Phase jedoch eine instabile, durch Kristallseigerung entstandene Gefügeart darzustellen, da sie durch längeres Glühen oberhalb 700° zum Verschwinden gebracht werden kann (*11*). In derartigen Legierungen tritt der Kohlenstoff voraussichtlich als Konstituent des jene primäre Kristallart umgebenden komplexen Eutektikums auf (Abb. 941). Von etwa 16% Al ab verschwindet die eutektische Phase und es erscheint im Gefüge eine zweite einheitliche Kristallart noch unbestimmter Zusammensetzung (Abb. 942), die von A. B. Everest (*12*) ebenfalls als eine Al-Fe-Verbindung angesehen wird, nach R. Vogel und H. Mäder (*4*) jedoch einen Dreistoffmischkristall der ε-Reihe darstellt.

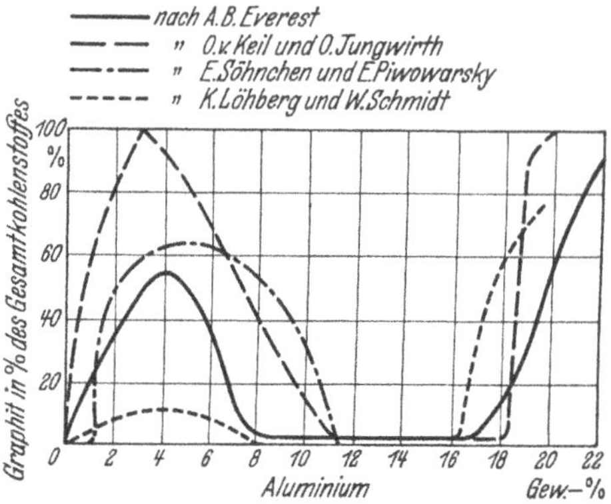

Abb. 939. Einfluß des Aluminiums auf den Graphitgehalt von Eisen-Kohlenstoff-Legierungen.

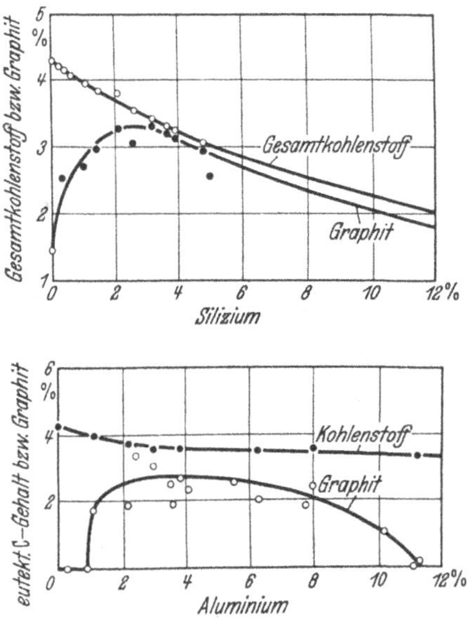

Abb. 940. Einfluß von Silizium (nach Wüst und Petersen) bzw. Aluminium (nach Piwowarsky und Söhnchen) auf die eutektische Konzentration und den Graphitgehalt von Gußeisen.

Der Verlauf der Härte entspricht vollkommen den Beobachtungen über die Graphitbildung (Abb. 943 unten).

5. Niedriglegiertes Al-Gußeisen.

Schon ein unter bauxithaltiger Schlacke erschmolzenes Roheisen zeigt ein außerordentlich feinkörniges dichtes Gefüge, das z. T. auf die geringen, beim Reduktionsprozeß in das Eisen übergeführten Aluminiumgehalte dieser Spezialeisensorten zurückgeführt wird (*13*).

In Gehalten bis 0,2% wird Aluminium zu flüssigem Grauguß, Temperguß und Hartguß zugesetzt und dient hier in erster Linie als Desoxydationsmittel. Hierdurch wird das Korn verfeinert, die Dichte des Materials erhöht und auch die mechanische Wertigkeit des gegossenen Materials verbessert. So konnte z. B.

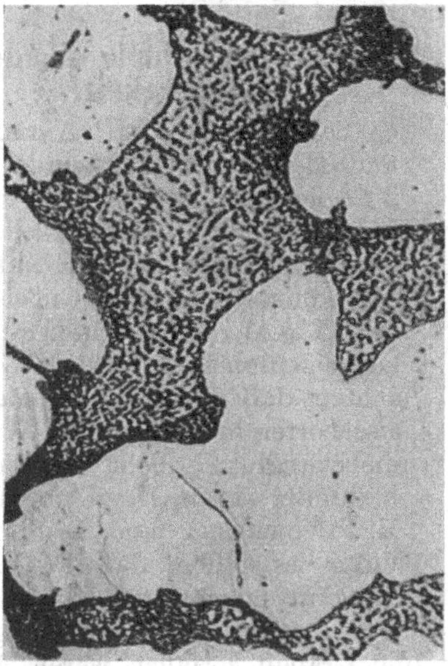

Abb. 941. Gußeisen mit etwa 2,8% C und 11,15% Al; geätzt, Gußzustand. × 500.

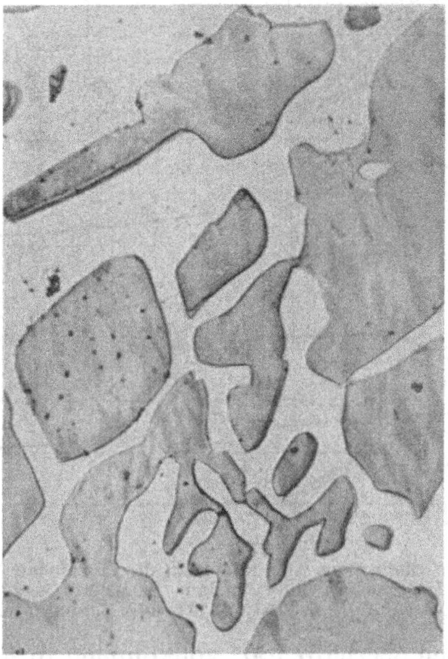

Abb. 942. Gußeisen mit etwa 2,6% C und etwa 18,5% Al; geätzt, Gußzustand. × 500.

E. PIWOWARSKY (*14*) bereits durch Al-Gehalte von 0,02 bis 0,08% bei Grauguß mit etwa 3,5% C und etwa 1% Si Steigerungen der Biegefestigkeit um 25% bei gleichbleibender oder etwas erhöhter Durchbiegung feststellen, wobei auch die spez. Schlagfestigkeit um 25 bis 50% zunahm.

Versuche von E. PIWOWARSKY und E. SÖHNCHEN (*11*) ergaben in Übereinstimmung mit dem Befund von A. B. EVEREST (*12*), daß die Zug- und Biegefestigkeit von Gußeisen bis zu etwa 4% Al ansteigt, wenn der gleichzeitig vorhandene Siliziumgehalt unter 1,35% bleibt (Abb. 944 und 945)*. Die bis etwa 3% Al ansteigenden Zahlen für die Durchbiegung verursachten eine entsprechende Steigerung der für die sog. „Nachgiebigkeit“ des grauen Gußeisens kennzeichnenden Verbiegungszahl (Z_f nach G. MEYERSBERG). Im allgemeinen werden für siliziumfreie Graugußsorten Aluminiumgehalte von max. 3 bis 4% in Frage kommen. Bei Gegenwart von Siliziumgehalten zwischen 1 bis 4% sind Aluminiumgehalte zwischen 2 und 4% unzweckmäßig, da derartig zusammengesetzte Legierungen mitunter zum inter-

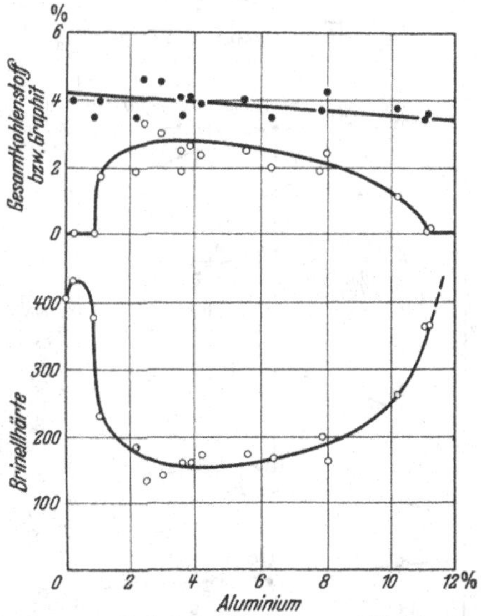

Abb. 943. Einfluß von Aluminium auf Härte und Graphitbildung von Gußeisen (E. PIWOWARSKY und E. SÖHNCHEN).

* Die Zusammensetzung der Versuchsschmelzen gibt Zahlentafel 210 wieder.

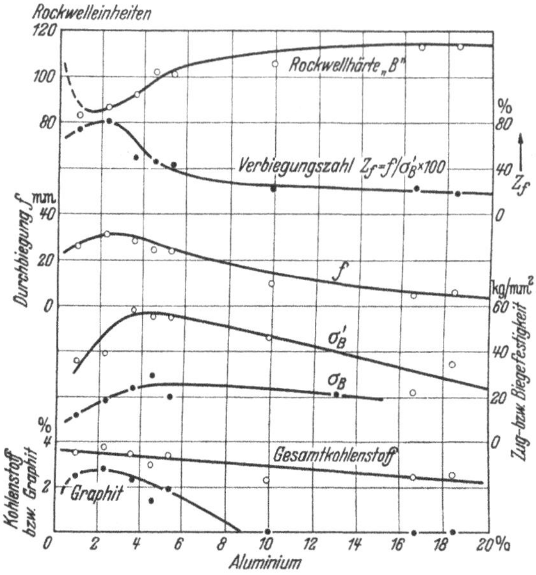

Abb. 944. Einfluß von Aluminium auf die Eigenschaften von Gußeisen. Schmelzen ohne Silizium. Schmelzen 1—20 nach Zahlentafel 210 (E. PIWOWARSKY und E. SÖHNCHEN).

kristallinen Verfall unter Ausbildung einer kaolinartigen Korrosionsmasse neigen.

6. Volumen- und Zunderbeständigkeit.

Schon von J. H. ANDREW und H. HYMAN (*15*) wurde an 2 Legierungen mit 1 und 3% Al festgestellt, daß Al das Wachsen begünstigt. Auch A. B. EVEREST (*12*) konnte an einem Gußeisen mit 3,7% Al, das sehr gute Festigkeitseigenschaften zeigte, beobachten, daß niedriglegierte Gußeisensorten bei wiederholter Wärmebehandlung nicht volumenbeständig waren. Desgl. konnten E. PIWOWARSKY und E. SÖHNCHEN feststellen, daß Fe-C-Al-Legierungen mit 2 bis 6% Al durch ein- bis zweistündiges Glühen oberhalb 700° vollkommen in Ferrit und Graphit zerfallen waren. Bei Al-Gehalten über 6% war der Zerfall schon geringer. In einer Legierung mit 11% Al blieb trotz 62stündiger Glühung oberhalb 700° die harte und korrosionsbeständige weiße Phase (Abb. 941) erhalten.

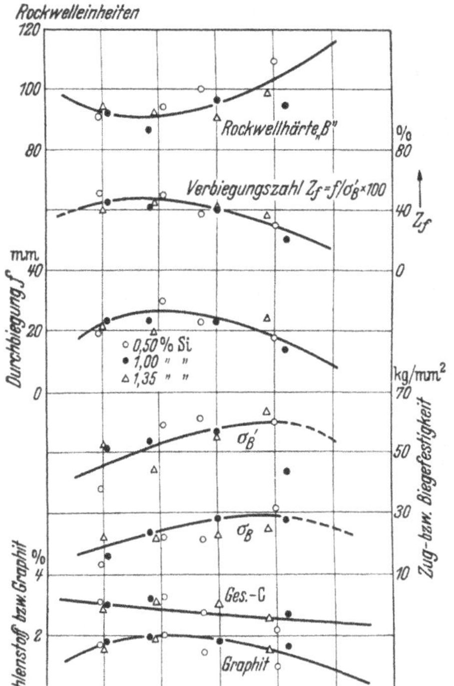

Abb. 945. Einfluß von Aluminium auf die Eigenschaften von Gußeisen. Schmelzen mit Silizium. Schmelzen 21—36 nach Zahlentafel 210 (E. PIWOWARSKY und E. SÖHNCHEN).

Zahlentafel 210.

Schmelze Nr.	Gesamt-C %	Graphit %	Al %	Si %
1	3,50	2,50	0,98	
2	3,74	2,78	2,30	
3	3,46	2,28	3,60	
4	2,94	1,36	4,56	
5	3,35	1,88	5,41	
10	2,28	0,00	9,93	
16	2,42	0,00	16,65	
20	2,56	0,00	18,40	
25	3,10	1,65	0,93	0,47
22	3,26	1,99	2,06	0,56
31	2,75	1,41	2,72	0,49
24	2,14	0,99	3,97	0,53
21	3,07	1,84	1,06	1,01
28	3,26	1,99	1,84	0,89
35	3,12	1,88	3,00	1,05
32	2,72	1,68	4,17	0,98
26	2,98	1,62	0,99	1,46
29	3,24	1,99	1,91	1,26
23	3,10	1,99	2,99	1,28
36	2,65	1,60	3,85	1,38

Die gut bearbeitbaren Schmelzen der Zahlentafel 210 sowie einige Kleinschmelzen wurden durch fünfmaliges Pendeln zwischen 600 und 800° auf Wachsen geprüft. Die Ergebnisse bei den Si-freien Schmelzen zeigt Abb. 946 links. Oberhalb 5 bis 6% Al nimmt das Wachsen mit dem allmählichen Verschwinden der graphitischen Phase wieder ab, so daß anzunehmen ist, daß die zunderbeständigen Legierungen sich durch ein außerordentlich geringes Wachsen auszeichnen.

Die Si-haltigen Schmelzen waren entsprechend ihrem mehr oder minder hohen Si-Gehalt stärker gewachsen als die reinen Fe-C-Al-Legierungen. Auch sie zeigten mit zunehmendem Al-Gehalt bis 4% eine Zunahme des Wachstumsbetrages. Das deckt sich auch mit entsprechenden Versuchen von PLOYÉ (Abb. 946 rechts). Die Hitzebeständigkeit reiner C-freier Fe-Al-Legierungen wurde u. a. von A. HAUTTMANN (*16*) beschrieben. Zwischen 4 und 9% Al nahm die Gewichtszunahme nach Art einer Resistenzgrenze sprunghaft bis auf fast Null ab. Über 9% Al wird Eisenoxyd durch Al restlos reduziert und die gebildete Tonerde wirkt als Schutzschicht. Eigene Versuche (*11*) bestätigten diesen Befund (Abb. 947).

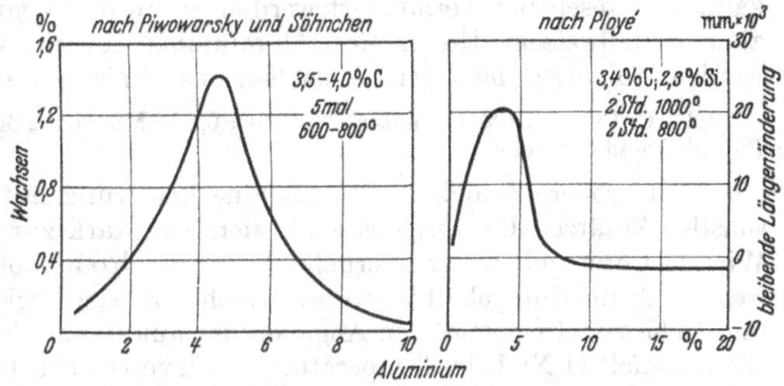

Abb. 946. Einfluß von Aluminium auf das Wachsen von Gußeisen.

7. Hochlegierte Sondergußeisen.

Die hitzebeständigen Gußeisensorten (Zahlentafel 146 und 211) auf Basis höherer Aluminiumgehalte haben den Nachteil, daß sie spröde und schwer bearbeitbar sind. Die Wahl der chemischen Zusammensetzung hat zunächst so zu erfolgen, daß man aus dem Bereich der zur interkristallinen Korrosion in feuchter Luft oder wässerigen Agenzien neigenden Zusammensetzungen heraus bleibt (*17*). Die sehr weit reichende französische Patentschrift 668009 (Zahlentafel 146 und 211) z. B. umfaßt eine ganze Anzahl von Legierungen, die entgegen dem Sinn des Schutzanspruches eine unzureichende Volumenbeständigkeit besitzen. Selbst eine Legierung etwa gemäß:

1,65% Ges.-Kohlenstoff	6,00% Aluminium
2,00% Silizium	2,00% Kupfer,

die ebenfalls in den Bereich der erwähnten Patentschrift hineinfiele, neigte noch zu starken Korrosionserscheinungen bei wiederholter Erhitzung auf Temperaturen zwischen 800 und 1000°. Ihr Siliziumgehalt ist mit Rücksicht auf den an der unteren zulässigen Grenze liegenden Aluminiumgehalt zu hoch. Würde der Aluminiumgehalt auf über 8% bemessen werden, so vermag diese Legierung jenen Siliziumgehalt von 2% ohne Schaden auszuhalten. Oder aber, der Siliziumgehalt müßte auf einen Wert von über 4% ansteigen, wenn der Aluminiumgehalt bei 6% verbleiben soll. Von Bedeutung für die Hitzebeständigkeit, die Volumenbeständig-

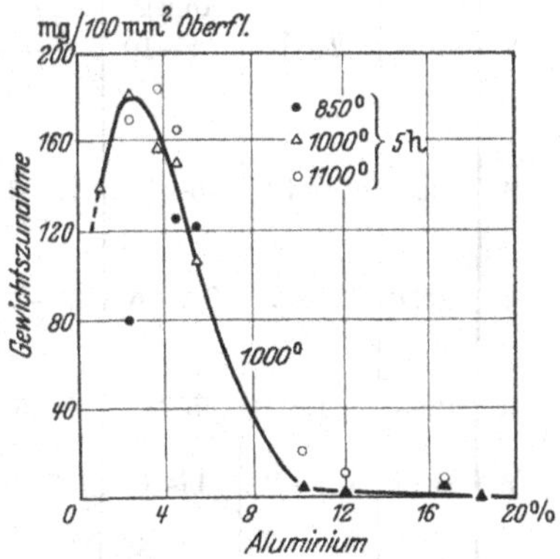

Abb. 947. Einfluß von Aluminium auf die Zunderbeständigkeit von Gußeisen (nach PIWOWARSKY und SÖHNCHEN).

keit, vor allem aber die Verringerung der Sprödigkeit ist es, den Kohlenstoffgehalt möglichst niedrig zu bemessen. Da damit aber die Gießeigenschaften stark beeinträchtigt werden, so ist der praktische Gießer vor die Kernfrage gestellt, den Kohlenstoffgehalt in Beziehung zu bringen zu der Gestalt der Gußstücke sowie zu den maximal erreichbaren Temperaturen seiner Schmelzöfen. Nach einer neueren D.R.P.a. der Deutschen Eisenwerke A.G. in Gelsenkirchen gelingt es, durch Steigerung des Phosphorgehaltes auf etwa 0,8 bis 1,0% die Laufeigenschaften dieses Sondergußeisens wesentlich zu verbessern. Die Sprödigkeit der aluminiumreichen Legierungen, die fast durchweg Legierungen der α-Eisen-Basis sind, kann nun wesentlich vermindert werden, wenn den Legierungen zusätzlich oder aber in teilweisem Ersatz des Aluminiums gewisse Chromgehalte beigefügt werden. So zeigte nach den Versuchen des Verfassers eine Legierung mit

2,2% C, 13% Al, 6% Cr, unter 1% Si bei 0,5% Mn und möglichst geringen Anteilen an Phosphor und Schwefel

eine weit größere Zähigkeit als z. B. eine Legierung mit 18,4% Aluminium ohne sonstige Zusätze, die übrigens auch ziemlich stark zur Warmrißbildung neigte. Wird der Chromgehalt so weit erhöht, daß er gleich oder höher als der gleichzeitig anwesende Aluminiumgehalt ist, so lassen sich derartige Legierungen mit 10 bis 16% Al und 10 bis 20% Cr gemäß den Angaben der amerikanischen Patentschrift 1550509 (Zahlentafel 211 Nr. 1) im Temperaturbereich von 600 bis 1200° sogar schmieden und walzen, bei niedrigen Kohlenstoffgehalten sogar zu Draht verarbeiten (?) Was die Neigung zur Warmrißbildung und Grobkornbildung betrifft, so scheint die Möglichkeit vorhanden, ähnlich den chromreichen hitzebeständigen Legierungen, so auch im Falle der aluminiumhaltigen Gußsorten, eine Beeinflussung des Primärgefüges durch keimbildende Zusätze, z. B. durch Ferrotitan oder stickstoffreiche

Zahlentafel 211. Die Entwicklung aluminiumreicher Gußlegierungen.

Nr.	Jahr	Ges.-C %	Si %	Al %	Cr %	Ni %	Cu %	Bemerkungen
1	1923	0,2—3	nicht angeg.	10—16	10—20	—	—	USA.-Pat. 1550509
2	1928	2—3	4—10	1—10	—	—	—	Brit. Pat. 323076 (Silal-Pat. d. Brit. Cast Iron Res. Ass. in Birmingham)
3	1928	etwa 1,8	5—7	1—10	0—6	20—13	—	Brit. Pat. 378 508 (Nicrosilal-Pat. Brit. Cast Iron Res. Ass.)
4	1929	0,8—2	0,3—6	2—25	0—25	—	0—10	Franz. Pat. 668 009 der Österr. Schmidt-Stahlwerke
5	1929	1,5	5,25	7,5	—	—	—	Wie Nr. 4, aber spez. Fall
6	1929	0,8—2	bis 6	0,2—10	10—25	—	bis 5	Brit. Pat. 305047 der Österr. Schmidt-Stahlwerke
7	1931	1,5—2,5	max. 1	10—14	4—8	(bis 4)	(bis 4)	Vorschlag E. Piwowarsky, D.R.P. ang. 10. Dez. 1931
8	1934	1,8—2,5	5—6	6—7	—	—	—	Nach H. Thyssen, Universität Lüttich (vgl. Schrifttumsstelle 11, S. 610)
9	1934	bis 2	bis 2	bis 2	10—25	—	1—5	D.R.P. 630684 der Akomfina in Zürich

Chromlegierungen, ferner durch zweckmäßige Temperaturführung (Überhitzen, Abstehen der Schmelzen, mäßige Gießtemperatur usw.) zu bewirken. Das Ziel weiterer Forschungen wird und muß es aber sein, Mittel und Wege zu ergründen, um auch eine gewisse Bearbeitbarkeit der aluminiumreichen Legierungen zu erreichen.

Manche Gießer verwenden kleine Aluminiumzusätze, um im Einfrieren begriffene Steiger wieder wirksam zu machen. Auch Thermitgemische werden zu diesem Zweck öfters angewendet.

Schrifttum zum Kapitel XXIg.

(*1*) Roll, F.: Z. Metallkde. Bd. 26 (1934) S. 210.
(*2*) Wever, F.: Mitt. K.-Wilh.-Inst. Eisenforschg. Bd. 11 (1929) S. 221.
(*3*) Löhberg, K., u. W. Schmidt: Arch. Eisenhüttenw. Bd. 11 (1937/38) S. 607.
(*4*) Vogel, R., u. H. Mäder: Arch. Eisenhüttenw. Bd. 9 (1935/36) S. 333.
(*5*) v. Keil, O., u. O. Jungwirth: Arch. Eisenhüttenw. Bd. 4 (1930/31) S. 221.
(*6*) Schichtel, K., u. E. Piwowarsky: Arch. Eisenhüttenw. Bd. 3 (1929/30) S. 139.
(*7*) Wever, F., u. A. Müller: Sonst wie unter (*2*).
(*8*) Borsig, A.: Stahl u. Eisen Bd. 14 (1894) S. 10.
(*9*) Hogg, T. W.: J. Iron Steel Inst. Bd. 2 (1894) S. 104; vgl. Stahl u. Eisen Bd. 15 (1895) S. 407.
(*10*) Melland, G., u. H. W. Waldron: Stahl u. Eisen Bd. 21 (1901) S. 54.
(*11*) Piwowarsky, E., u. E. Söhnchen: Metallwirtsch. Bd. 12 (1933) S. 417.
(*12*) Everest, A. B.: Foundry Trade J. Bd. 38 (1927) S. 169; vgl. Gießereiztg. Bd. 25 (1928) S. 786.
(*13*) Paschke, M., u. E. Jung: Arch. Eisenhüttenw. Bd. 5 (1931/32) S. 1.
(*14*) Piwowarsky, E.: Stahl u. Eisen Bd. 45 (1925) S. 290.
(*15*) Andrew, J. H., u. H. Hyman: J. Iron Steel Inst. Bd. 109 (1924) S. 451.
(*16*) Hauttmann, A.: Stahl u. Eisen Bd. 51 (1931) S. 65.
(*17*) Piwowarsky, E.: Z. Metallkde. Bd. 29 (1937) S. 257.

h) Kupfer im Gußeisen.

1. Zustandsdiagramme und Gefüge.

Das binäre System Eisen-Kupfer ist Gegenstand zahlreicher Untersuchungen gewesen. R. Vogel und W. Dannöhl (*1*) setzten sich mit den bestehenden Meinungsverschiedenheiten auseinander und korrigierten die bestehenden Diagramme gemäß Abb. 948. Danach besteht im flüssigen Zustand eine über einen weiten Konzentrationsbereich gehende Mischungslücke. Die Löslichkeit des Kupfers im γ-Eisen beträgt bei $1477^0 = 8\%$ und steigt mit sinkender Temperatur bis auf 8,5% bei 1094^0. Bei 810^0 und 5,6% Cu liegt ein Eutektoid vor, dessen eisenreicher Mischkristall $\sim$ 3,4% Cu in Lösung hält (*9*). Diese Löslichkeit fällt alsdann bis auf $\sim$ 0,2% Cu bei Zimmertemperatur (Abb. 949). Im ternären System ist ein ternäres Eutektikum bei 4,37% C und 3% Cu gefunden worden (Ishiwara). Die Erstarrungstemperatur desselben liegt 25^0 tiefer als im binären System Eisen-Kohlenstoff. Der Perlitpunkt des Gußeisens wird durch Kupfer etwas erniedrigt und zwar um 6 bis 10^0 je 1% Cu (*6*). Bis 3% Cu wird der Kohlenstoffgehalt des ternären Eutektikums kaum verändert. Die Löslichkeit des Kupfers in flüssigem Gußeisen wird von verschiedenen Forschern zwischen 3 bis 5% liegend angegeben. Elemente wie Nickel (Abb. 913), Mangan, Aluminium und Chrom vergrößern diese Löslichkeit z. T. sehr erheblich (*2*). Bei 14% Ni wird in niedriggekohlten Eisensorten rd. 7% Cu in Lösung gehalten (Abb. 913 und 950). Bei 16% Ni und 16% Cr sogar über 10%. Daher werden Kupferzusätze zu Gußeisen gern in Form von Mangankupfer, Mangan-Siliziumkupfer, Mangan-Aluminiumkupfer (*3*) oder Monelmetall (z. B. 20% Monelmetall zur Erzielung von 13,5% Ni und 6,5% Cu, Niresist) gemacht. Die Graphitbildung wird durch Kupfer schwach begünstigt.

Auch auf die Graphitausbildung hat Kupfer keinen ausgeprägten Einfluß. Während H. Kopp (*4*) bei Zusatz von 2,36% Cu eher eine leichte Vergröberung der Graphitlamellen festzustellen glaubte, fanden L. W. Eastwood, A. E. Bousu und C. T. Eddy (*5*) eine Verfeinerung sowohl der perlitischen Grundmasse als auch des Graphits. Wenn Kupfer dem Gußeisen über seine Lösungsfähigkeit hinaus (~4 bis 5% Cu) zugesetzt wird, so wirkt das während der Graphitkristallisation tropfenförmig bereits ausgeschiedene Kupfer, indem es die impfend wirkenden Schlackenteilchen umgibt, begünstigend auf die Unterkühlung des Eutektikums und verursacht so eine feine Graphitausbildung mit dendritischem Gefüge (*6*), vgl. Abb. 263.

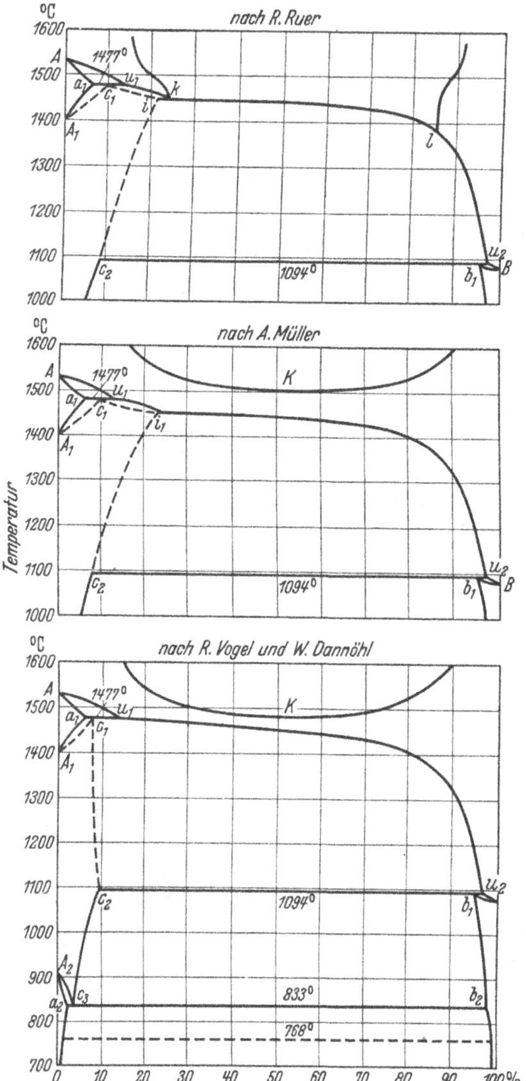

Abb. 948. Das Zustandsschaubild Eisen-Kupfer.

2. Einfluß auf die Festigkeitseigenschaften.

Bereits ältere Arbeiten fanden keinen ausgeprägten Einfluß des Kupfers auf die Festigkeitseigenschaften von Gußeisen. So untersuchte z. B. C. Pfannenschmidt (*7*) den Einfluß von 0,2 bis 2% Cu und stellte eine geringfügige Steigerung der Zugfestigkeit (0,5 bis 2 kg/mm² bei $\sigma_B \approx 14$ kg/mm², 0,5 kg/mm² bei $\sigma_B \approx 21$ kg/mm² und 1 bis 2 kg/mm² bei $\sigma_B \approx 24$ kg/mm²), der Biegefestigkeit (2 bis 3 kg/mm² bei $\sigma_B \approx 44$ kg/mm²) und Brinellhärte (15 bis 20 Einheiten bei 210 BE) bei geringem Ansteigen der Graphitmenge fest. Die Ergebnisse neuerer Arbeiten von E. Söhnchen und E. Piwowarsky (*8*) sowie L. W. Eastwood, A. E. Bousu und C. T. Eddy (*5*) ergaben ein leichtes Ansteigen von Zug- und Biegefestigkeit bis etwa 1,5% Cu (Abb. 951 und 952) bei leichtem Anstieg der Härte, während H. Kopp (*4*) eine beachtliche Steigerung der Härte bei Eisensorten mit etwa 3,3% C und etwa 2,5% Si fand (Abb. 953). Der Verlauf der letzteren hängt übrigens davon ab, ob der Kupferzusatz zu niedrig oder höher siliziertem Gußeisen erfolgt. Bei Gußeisen, das infolge niedrigen Si-Gehaltes zu harten Stellen neigt, verursacht Kupfer einen Härteabfall mit bemerkenswertem Ausgleich der Härte über den Querschnitt des Gußkörpers. Dasselbe tritt auf, wenn trotz mittlerem oder höherem Si-Gehalt die Neigung zu harten Stellen auf Grund anderer Härtebildner (Karbidbildner),

z. B. Chrom, Vanadin usw. verursacht ist. Nach J. E. HURST minderten Zugaben von 0,6 bis 1,15% Cu die Härte eines Gußeisens mit 0,6% Cr (bei 2,05% Si und 3,6% C) von 360 auf 280 BE, wobei der Gehalt an gebundenem C von 1,5 auf 0,58% fiel (Abb. 954). In solchen Fällen wird durch den Cu-Zusatz auch die Bearbeitbarkeit des betr. Gußeisens merklich verbessert (*10*). In Eisensorten dagegen, die bei ausreichendem C- und Si-Gehalt eindeutig zu grauer Erstarrung neigen, bewirkt ein Kupferzusatz durch Mischkristallbildung mit dem α-Eisen einen leichten Anstieg der Härte. Die Wandstärkenabhängigkeit des Gußeisens wird im übrigen durch Cu-Zusätze kaum beeinflußt (*8*). Nach T. E. BARLOW (*15*) wirken sich bei niedriger gekohltem Gußeisen Cu-Zusätze von 1 bis 2% günstiger auf die Festigkeit aus als bei höher gekohltem Gußeisen. Die Neigung des Kupfers, die Durchbiegung zu beeinflussen, macht sich allerdings mit sinkendem C-Gehalt (unter 3,1%) stärker bemerkbar. V. H. SCHNEE (*11*) erwähnt in einer Arbeit über den Einfluß von Kupferzusätzen auf die mechanischen Eigenschaften des Gußeisens, daß in Amerika im Jahre 1936 der Verbrauch von Gußeisen mit 0,5 bis 3% Cu etwa 250000 t betragen habe, davon die Hälfte für Zylinderblocks und Schwungräder.

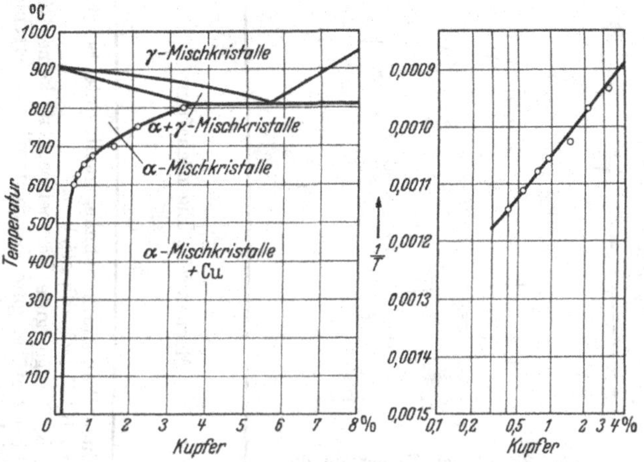

Abb. 949. Löslichkeit von Kupfer in α-Eisen (nach BUCHHOLTZ und KÖSTER).

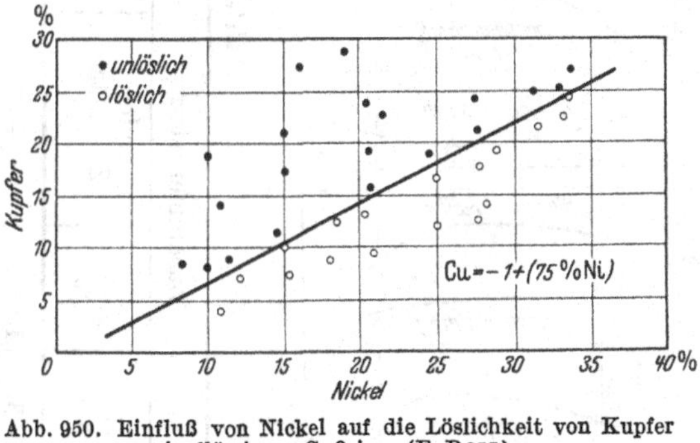

Abb. 950. Einfluß von Nickel auf die Löslichkeit von Kupfer in flüssigem Gußeisen (F. ROLL).

3. Andere Eigenschaften.

Kupfer, dessen Löslichkeit im flüssigen Gußeisen < 4 bis 5% beträgt, soll die Dünnflüssigkeit und Gießeigenschaften verbessern, die Korndichte erhöhen und auf die Schreckempfindlichkeit dünner Querschnitte ähnlich wie Nickel wirken, ferner auch die Bearbeitbarkeit und die Gleiteigenschaften verbessern. Ähnliches soll von Mo-haltigem (~0,5% Mo) Gußeisen mit 0,82 bis 1,66% Cu gelten.

Die Verschleißfestigkeit des Gußeisens wird durch Cu-Zusätze wenig beeinflußt und je nach den vorhandenen Bedingungen teils etwas erniedrigt (*4*), teils wenig erhöht (*8*). Zur Herstellung von verschleißfesterem Gußeisen mit spiegelglatten Laufflächen wurde ein mit 0,3 bis 0,6% Cu legiertes Gußeisen in Vorschlag gebracht (*11*). Die Volumenbeständigkeit von Grauguß wird durch Kupferzusätze etwas verbessert. Vor allem wirken sich Cu-Gehalte unter 0,5% merklich aus (*8*).

Chemisches Verhalten. Cu-legiertes Gußeisen besitzt eine etwas verringerte Rostneigung, insbesondere beim Angriff von Wasser, Leitungswasser (*7*), Seewasser, feuch-

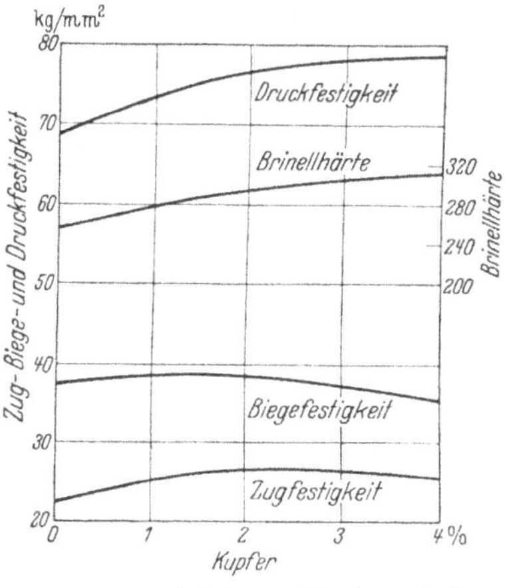

Abb. 951. Einfluß von Kupfer auf die Eigenschaften von Grauguß (EASTWOOD, BOUSU und EDDY).

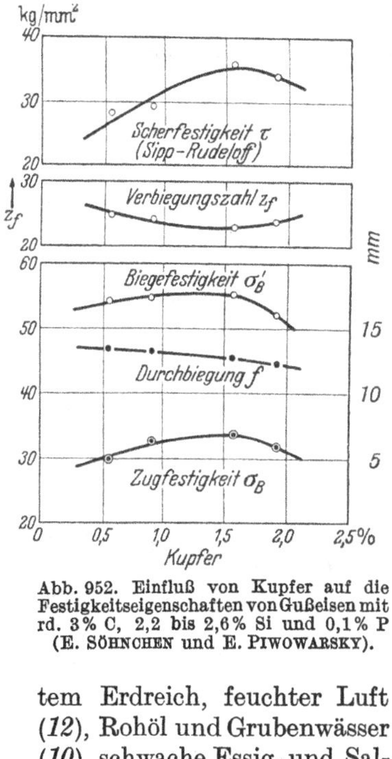

Abb. 952. Einfluß von Kupfer auf die Festigkeitseigenschaften von Gußeisen mit rd. 3% C, 2,2 bis 2,6% Si und 0,1% P (E. SÖHNCHEN und E. PIWOWARSKY).

tem Erdreich, feuchter Luft (*12*), Rohöl und Grubenwässer (*10*), schwache Essig- und Salpetersäure (*7*). V. V. SKORTCHELETTI und A. Y. CHOULTINE (*13*) beobachteten, daß

Zahlentafel 212.

Verwendungszweck	Zusammensetzung C %	Si %	andere Zuschläge %	Cu %	Mechanische Eigenschaften	Zugfestigkeit kg/mm²
Zylinderblocks (Ford)	3,15—3,4	1,8—2,1	—	0,75	Geringe Wandstärkenabhängigkeit, gute Bearbeitbarkeit, Verschleißfestigkeit.	21—25
Schwungräder	3,3 —3,6	1,4—1,8	1,0 —1,25 Mn	0,75	Feines Gefüge, gute Bearbeitbarkeit, keine Risse.	22—27
Zahnräder	3,2 —3,4	1,4—1,6	—	1,75—2,25	Dichtes Gefüge, gute Bearbeitbarkeit, Verschleißfestigkeit.	24—28
Schwerer Maschinenguß	3,1 —3,3	1,4—1,8	—	1,75—2,25	Besonders dichtes Gefüge, gute Bearbeitbarkeit, hohe Verschleißfestigkeit.	26—32
Pumpen, Kompressoren	3,1 —3,5	2,2—2,5	0,25—0,5 Cr	0,8 —1,2	Dichtes Gefüge, Undurchlässigkeit für Flüssigkeiten, gute Bearbeitbarkeit, hohe Festigkeit.	21—28
Bremstrommeln usw.	3,15—3,4	1,8—2,1	0,4 —0,6 Cr	1,25—1,75	Hohe Verschleißfestigkeit, Wärmebeständigkeit, Dichtigkeit.	24—32
Bremstrommeln usw.	3,2 —3,3	1,7—2,4	0,4 —0,6 Mo	0,75—1,25	Vorstehende Eigenschaften in erhöhtem Maße.	28—32
Dieselzylinder, schwere Zylinderblocks für Traktoren usw.	2,8 —3,10	1,9—2,6	0,8 —1,25 Mn 0,5 —1,1 Mo	1,75—2,0	Hohe Festigkeit und Verschleißwiderstand, gute Bearbeitbarkeit.	35—56
Bremstrommeln, Metallformen, Zylinderbüchsen usw.	3,1 —3,25	1,8—2,2	0,25—0,35 V	1,75	Hohe Festigkeit, Wandstärkenunabhängigkeit, Verschleißfestigkeit, ungewöhnlich hohe Hitzebeständigkeit.	32—42
Allgemeiner Maschinenguß	3,2 —3,6	1,8—2,0	0,75—1,0 Ni	0,75—1,0	Erhöhte Dichtigkeit, Gleichmäßigkeit, gute Oberfläche.	21—27

mit Zinn und Kupfer legiertes Gußeisen mit 3,5% C, 1,5% Si und 0,5% Mn bei 1,3 bis 1,5% Cu + Sn (dieses im Verhältnis von 8:1) gegenüber Schwefel- und Salzsäure eine sechsmal bessere Beständigkeit bei genügenden Festigkeitseigenschaften zeigte als ein unlegierter Grauguß sonst gleicher Zusammensetzung; vgl. auch Kapitel XVIIe 2.

Bezüglich der physikalischen Eigenschaften vgl. Kapitel XV. Austenitische Gußeisensorten enthalten vielfach höhere Kupfergehalte (vgl. Kapitel XXIc 4).

Kupfer wird dem Gußeisen vielfach in Verbindung mit kleinen Mengen an Nickel, Chrom, Molybdän usw. oder

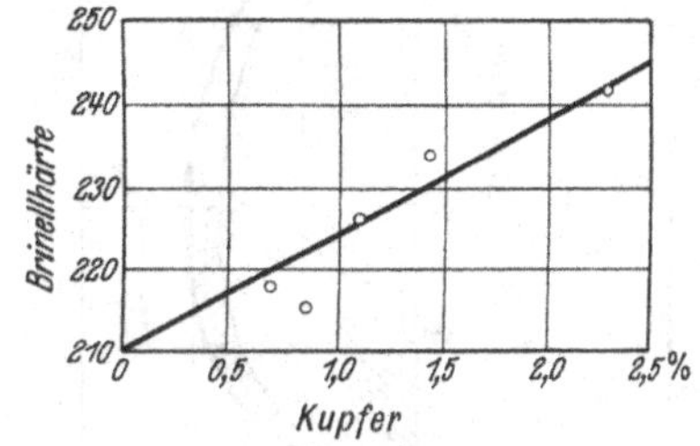

Abb. 953. Einfluß des Kupfers auf die Brinellhärte (H. Kopp).

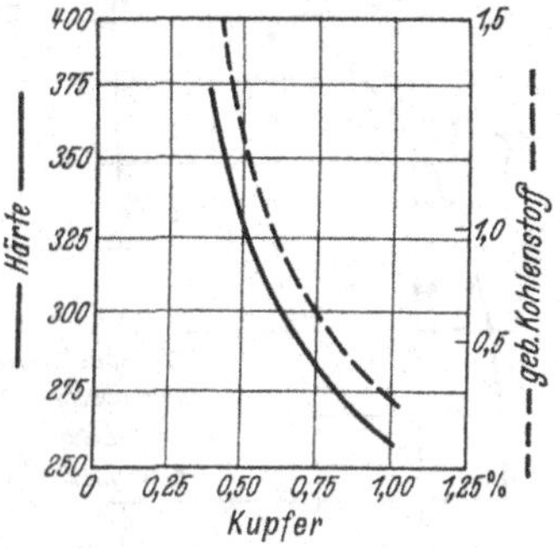

Abb. 954. Einfluß von Kupfer auf die Härte und die Kohlenstofform von Gußeisen (J. E. Hurst).

etwas erhöhten Anteilen an Mangan zugesetzt. Verluste beim Zusatz von Kupfer im Kupolofen treten nicht auf.

4. Verwendungsgebiete.

Außer für Zwecke erhöhter chemischer Widerstandsfähigkeit wird Kupfer auch im Automobilbau als Zusatzelement zu Spezialgußeisen verwendet, z. B. braucht die Ford Motor Co. für Bremstrommeln ein Eisen mit: Ges.-C = 1,55 bis 1,7%, Si = 0,9 bis 1,1%, Cu = 2 bis 2,25%, Mn = 0,7 bis 0,9%, Phosphor max. 0,10% Schwefel max. 0,08%.

Auch für Zylinderblocks und Schwungräder wird in USA. in weitem Umfang ein Eisen gebraucht mit: Ges. C = 3,15 bis 3,6%, Si = 1,4 bis 2,1% und 0,5 bis 1,0% Cu (*10*). Eine gute Zusammenstellung chemischer Zusammensetzungen Cu-legierten Gußeisens für verschiedene Verwendungszwecke gab T. E. Barlow (*14*), vgl. Zahlentafel 212.

Schrifttum zum Kapitel XXIh.

(*1*) Vogel, R., u. W. Dannöhl: Arch. Eisenhüttenw. Bd. 8 (1934) S. 39.
(*2*) Hurst, J. E.: Foundry Trade J. Bd. 50 (1934), S. 21 und 73.
(*3*) D.R.P. Nr. 487538, Kl. 18b vom 28. November 1929.
(*4*) Kopp, H.: Mitt. Forsch.-Anst. GHH-Konzern Bd. 3 (1935) Heft 7 S. 195.
(*5*) Eastwood, L. W., A. E. Bousu u. C. T. Eddy: Trans. Amer. Foundrym. Ass. Preprint Nr. 36. — 2. Kongreß Detroit 1936.
(*6*) Sallitt, W. B.: Foundry Trade J. Bd. 57 (1937) S. 354.
(*7*) Vgl. Pfannenschmidt, C.: Gießerei Bd. 16 (1929) S. 179.
(*8*) Söhnchen, E., u. E. Piwowarsky: Gießerei Bd. 26 (1934) S. 449.
(*9*) Buchholtz, H., u. W. Köster, Stahl u. Eisen Bd. 50 (1930) S. 687.
(*10*) D.R.P. ang. Akt.-Zeichen K 134715, Kl. 18d vom 17. Juli. 1934.
(*11*) Schnee, V. H.: Foundry Bd. 65 (1937) S. 39 und 127.
(*12*) D.R.P. ang. Akt.-Zeichen V 30076, Kl. 18d vom 11. Mai. 1929.
(*13*) Skortcheletti, V., u. A. Y. Choultine: vgl. Metallwirtsch. Bd. 12 (1933) S. 107.
(*14*) Barlow, T. E.: Iron Age Bd. 145 (1940) S. 19; vgl. Gießerei Bd. 27 (1940) S. 350.
(*15*) Barlow, T. E.: Metals & Alloys Bd. 12 (1940) S. 158.

i) Titan im Gußeisen.

1. Zustandsdiagramme.

Abb. 955 zeigt das nach W. TOFAUTE und A. BÜTTINGHAUS (*1*) abgeänderte binäre Zustandsdiagramm Eisen-Titan. Das binäre Eutektikum zwischen der

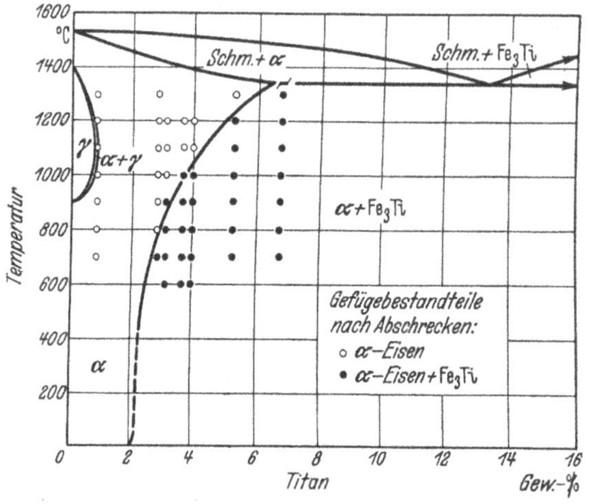

Abb. 955. Ausschnitt aus dem System Eisen-Titan (TOFAUTE und BÜTTINGHAUS).

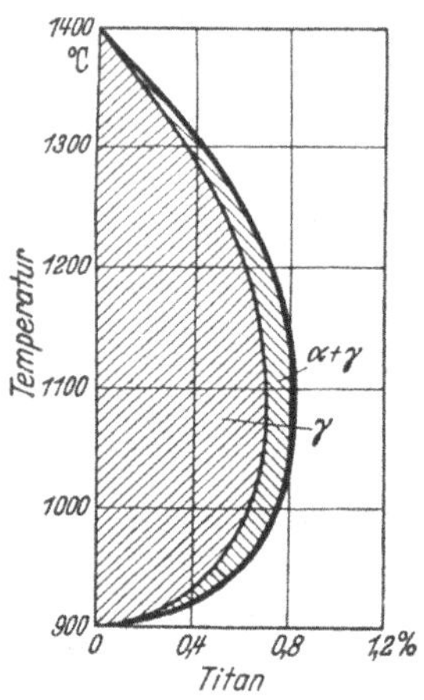

Abb. 956. Das geschlossene γ-Feld des Zweistoffschaubildes Eisen-Titan (A. BÜTTINGHAUS).

Verbindung Fe_3Ti und den eisenreichen Mischkristallen liegt bei 13,2% Ti und 1350°. Das γ-Gebiet wird durch 0,8% Ti abgeschnürt (Abb. 956). Die maximale Löslichkeit des eisenreichen Mischkristalls bei 1350° beträgt 6,3% Ti und fällt auf etwa 2% bei Raumtemperatur. Nach den Untersuchungen von W. TOFAUTE und A. BÜTTINGHAUS (*1*) an Schmelzen bis zu 3% C und 6% Ti treten im System Eisen-Eisentitanid-Titankarbid-Zementit keine anderen Kristallarten auf als in den binären Randsystemen. Zwischen Titankarbid TiC und dem Zementit besteht wahrscheinlich keine größere Löslichkeit. Das γ-Feld des binären Systems Eisen-Titan wird durch Hinzutreten von etwa 0,35 % Kohlenstoff auf 1% erweitert, mit weiter ansteigendem Kohlenstoffgehalt dagegen stetig abgeschnürt. Die α—γ-Umwandlung wird dadurch zu höheren Kohlenstoffgehalten und höheren Temperaturen verschoben (Abb. 957). A. BÜTTINGHAUS (*2*) entwarf ein ideales Teilschaubild Fe-Fe_3Ti-TiC-Fe_3C.

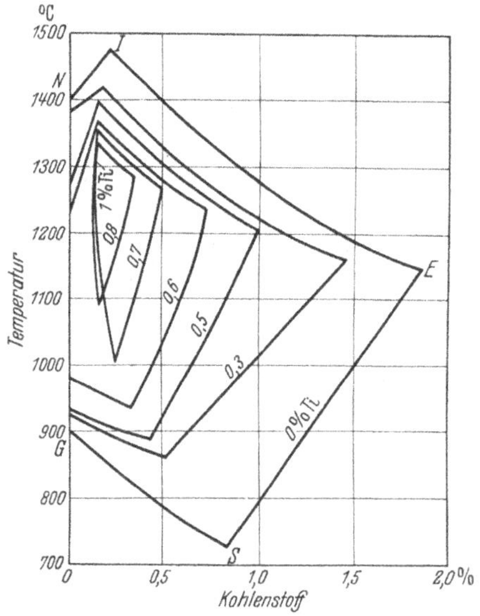

Abb. 957. Projektion der Begrenzungslinien des γ-Feldes aus Schnitten mit verschieden hohen Titangehalten auf die Ebene des Systems Eisen-Kohlenstoff (TOFAUTE und BÜTTINGHAUS).

2. Gefügeausbildung.

In Ti-haltigem Gußeisen tritt als häufiger Sonderbestand das reguläre (kubische) Titankarbid (TiC) auf (Eisenkarbid ist rhombisch). Dieses harte, weißlich graue, würfelig kristallisierte (Abb. 258) Titankarbid wird im Gegensatz zum Eisenkarbid in alkalischer Natriumpikratlösung nicht angegriffen. Die Gitterkonstante des Titankarbids wird von A. BÜTTINGHAUS (*2*) mit etwa 4,32 Å, von W. HOFMANN und A. SCHRADER (*3*) mit 4,315 Å angegeben. Da Titan ein stabiles Nitrid bildet, so kann man im Gußeisen mitunter auch das rötliche, ebenfalls kubische Titannitrid (TiN) beobachten, das ebenfalls regulär kristallisiert, trotz der dem Titankarbid sehr nahe kommenden Gitterkonstante von 4,225 Å aber dennoch keine nachweisliche Mischbarkeit (*3*) mit demselben hat. Titanzusätze zu Grauguß bewirken im allgemeinen eine merkliche Verfeinerung des abgeschiedenen Graphits (*6*).

3. Einfluß auf die Eigenschaften.

Die Ergebnisse älterer Arbeiten über den Einfluß von Ti im Gußeisen sind sehr widerspruchsvoll (*4*). Sie stimmen aber fast alle darüber überein, daß Titan die Graphitbildung begünstigt, den Graphit verfeinert, Zug- und Biegefestigkeit etwas erhöht und den Verschleißwiderstand steigert (*5*). Es wirkt ferner desoxydierend und denitrierend auf Gußeisen und ergibt ein dichtes, feines Korn. P. G. BASTIEN und L. GUILLET (*12*) untersuchten den Einfluß von Titan bis 3% Ti. Während es bei der Erstarrung stets graphitfördernd wirkte, übte es beim Glühen des Gusses kaum einen Einfluß aus auf die Temperatur der Graphitisierung. Im übrigen verfeinerte es den Graphit und begünstigte das Wachsen.

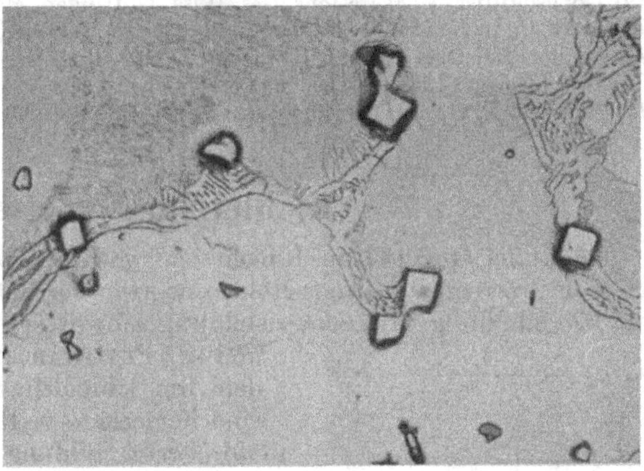

Abb. 958. Anhäufung von hellgrauen würfeligen Einschlüssen aus Titankarbid am Steadit in grauem Gußeisen mit 0,10% Ti (W. HOFMANN und A. SCHRADER). $V = 600$.

Von Bedeutung für die Rückwirkung des Titans auf Gußeisen ist es, ob das Titan als metallisches Titan durch kohlenstoffarmes Ferrotitan zugesetzt wird, oder ob es durch Roheisen bzw. kohlenstoffreicheres Ferrotitan in das Bad eingeführt wird (*6*). Die Ti-Zusätze zu Gußeisen bleiben im allgemeinen unter 0,3 bis 0,5%. Nach dem Verfahren der British Cast Iron Research Association in Birmingham (*8*) wird ein mechanisch hochwertiges Gußeisen durch Titanzusätze dadurch erzielt, daß die Schmelze nach dem Titanzusatz einer kurzen Behandlung mittels oxydierender Gase oder fester Oxydationsmittel unterworfen wird (vgl. Seite 201).

Besonders aussichtsreich sind Titanzusätze zu Gußeisen in Verbindung mit Molybdän, Chrom oder Silizium, aber auch im Zusammenwirkung mit Sauerstoff, wie außer NORBURY und MORGAN (vgl. Kapitel VIIh) auch H. BRUHN (*11*) zeigen konnte.

4. Art des Legierens.

Die handelsüblichen Ferrotitane werden oft mit Gehalten bis zu 10% Aluminium und 15 bis 20% Silizium geliefert. Die Gewinnung des Ferrotitans erfolgt durch Reduktion von Rutil bzw. Titandioxyd im elektrischen Ofen oder aber aluminothermisch. Da zahlreiche Eisenerze Titangehalte zwischen 0,1 und 1% enthalten, so sind viele handelsübliche Roheisensorten titanführend (*7*). Das im

Roheisen oft zu beobachtende Zyanstickstofftitan der ungefähren Zusammensetzung $Ti_{10}C_2N_8$ kristallisiert ebenfalls kubisch und scheint ein Gemenge von TiN und TiC darzustellen (*9*, *10*).

Schrifttum zum Kapitel XXI i.

(*1*) TOFAUTE, W., u. A. BÜTTINGHAUS: Arch. Eisenhüttenw. Bd. 12 (1938/39) S. 33.
(*2*) BÜTTINGHAUS, A.: Diss. Aachen 1937.
(*3*) HOFMANN, W., u. A. SCHRADER: Arch. Eisenhüttenw. Bd. 10 (1936/37) S. 65.
(*4*) Vgl. die kritische Behandlung des Schrifttums durch E. MORGAN: Bull. British Cast Iron Ass. Birmingham Bd. 4 Nr. 3 (1934).
(*5*) KÜSTER, J. H., u. C. PFANNENSCHMIDT: Gießerei Bd. 18 (1931) S. 53.
(*6*) PIWOWARSKY, E.: Stahl u. Eisen Bd. 43 (1923) S. 1491, sowie ebendort Bd. 44 (1924) S. 745.
(*7*) WAGNER, A.: Stahl u. Eisen Bd. 50 (1930) S. 664.
(*8*) Auslandspatente und D.R.P. ang. unter Akt.-Zeichen B 166441, Kl. 18b vom 7. August 1934.
(*9*) GOLDSCHMIDT, V. M.: Nachr. Ges. Wiss. Göttingen, Math.-Phys. Klasse 1927 S. 390.
(*10*) AGTE, C., u. K. MOORS: Z. anorg. allg. Chem. Bd. 198 (1931) S. 233.
(*11*) BRUHN, H.: Diss. Aachen 1937; vgl. D.R.P. ang. Akt.-Zeichen D 75065, Kl. 18b, 1/02 vom 13. April 1937 (Zweigstelle Österreich).
(*12*) BASTIEN, P. G., u. L. GUILLET JR.: Fonte Bd. 9 (1939) S. 45; Ref. Stahl u. Eisen Bd. 60 (1940) S. 767.

k) Blei im Gußeisen.

Blei ist im Gußeisen noch nicht nachgewiesen worden; doch neigen aus bleihaltigen Erzen erschmolzene Roheisensorten bei erstmaliger Erstarrung mitunter zur Blasenbildung bzw. zur Ausbildung schwarzer (Graphit-) Nester. G. LENTZE und E. PIWOWARSKY (*1*) konnten bei Gußeisen, dem im Schmelzfluß Blei zugesetzt worden war, eine bemerkenswerte Neigung zu erhöhter Karbid-(Perlit-)Bildung feststellen. Ihre Versuche, trotz der bekannten Unlöslichkeit des Gußeisens für Blei durch geringe Kupferzusätze wenigstens Spuren von Blei im Gußeisen nachweislich zu machen, mißlangen, obwohl Kupfer sowohl im Blei als auch im Eisen eine gewisse Löslichkeit besitzt. Bereits sehr geringe Zusätze von 0,005 bis 0,01% Blei zu flüssigem Gußeisen können sehr nachhaltige Rückwirkungen auf die Eigenschaften haben. Bei normaler Schmelzführung bewirkten kleine Bleizusätze nach H. BRUHN (*2*) einen mit steigendem Kohlenstoffgehalt des Gußeisens abnehmenden prozentualen Abfall der Zerreißfestigkeit (Abb. 958a). Dieser Festigkeitsabfall tritt aber nicht ein, wenn das flüssige Gußeisen durch gewisse Nachbehandlungsmethoden (Schmelzüberhitzung, Titan-Kohlensäurebehandlung, Behandlung mit Erz-Titanformlingen usw.) eine Umformung seiner nichtmetallischen Einschlüsse erfahren hat. Auf die Härtetiefe bei Hartguß wirkt nach H. BRUHN Blei steigernd bei Guß aus dem Martin-, Flamm- oder Elektroofen und C-Gehalten zwischen 2,4 bis 3,1%, dagegen verringernd bei Guß aus dem Kupolofen und C-Gehalten zwischen 3,4 bis 3,9%.

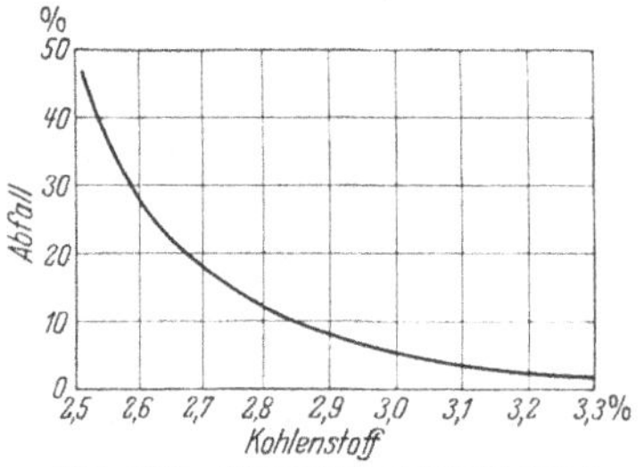

Abb. 958a. Prozentualer Abfall der Zerreißfestigkeit von Gußeisen durch Bleizusatz bei normaler Schmelzführung in Abhängigkeit vom Kohlenstoffgehalt (H. BRUHN).

Schrifttum zum Kapitel XXI k.

(*1*) LENTZE, G.: Diss. T. H. Aachen 1928; vgl. auch PIWOWARSKY, E.: Hochwertiger Grauguß, S. 287. Berlin: Springer 1929.
(*2*) BRUHN, H.: Diss. Aachen 1937; vgl. auch D.R.P. 704495 der Deutschen Eisenwerke A.G.

l) Arsen und Antimon im Gußeisen.

Die zugehörigen Zweistoffsysteme geben die Abb. 959 und 960 wieder (*4*). Bei Arsenzusätzen zu Gußeisen besteht Vergiftungsgefahr durch Entwicklung von Arsenwasserstoff (AsH_3). Die älteren Schrifttumsangaben (*1*) stimmen in etwa darin überein, daß Arsen das Gußeisen hart und spröde macht, ihm aber auch einen höheren Rostwiderstand verleihen kann. Antimon wirkt nach ihnen noch schädlicher als Arsen auf die mechanischen Eigenschaften des Gußeisens ein. Zur Nachprüfung und Ergänzung dieser Hinweise haben E. Piwowarsky, J. Vladescu und H. Nipper (*1*) an Hand von 72 verschiedenartig (Öltiegelofen, Hochfrequenzofen, Kupolofen) hergestellten Schmelzen mit 2,4 bis 3,7% C, 2,6 bis 0,8% Si und 0,06 bis 0,52% P bei S-Gehalten zwischen 0,02 bis 0,38% den Einfluß dieser beiden Elemente auf die Festigkeitseigenschaften, das chemische Verhalten und den Verschleißwiderstand untersucht. Die Arsengehalte der Schmelzen lagen zwischen 0,08 und etwa 2%, die Antimongehalte zwischen 0,2% und 1,2%. Nach den Ergebnissen dieser Arbeit übt Arsen, das in den untersuchten Mengen im Ferrit löslich ist, auf Menge und Ausbildung des Graphits sowie des Grundgefüges nur einen geringen Einfluß aus. Biege- und Zugfestigkeit wurden durch Arsen zunächst erhöht, sanken aber bei höheren Gehalten ab. Brinellhärte und Elastizitätsmodul sowie Verschleißwiderstand (nach Spindel) nahmen mit dem Arsenanteil zu, besonders aber die Korrosionsbeständigkeit gegen Säuren. Die Schlagfestigkeit und Dauerschlagzahl dagegen wurde durch Arsen beeinträchtigt, jedoch nicht so stark wie durch Phosphor und Schwefel, deren Wirkung bei gleichzeitiger Gegenwart von Arsen verstärkt wird. Antimon wirkt der Graphitbildung entgegen und scheint im Zementit etwas löslich zu sein. Biege- und Zugfestigkeit, Durchbiegung und Zähigkeit werden durch dieses Element stark herabgesetzt, Brinellhärte, Elastizitätsmodul und Verschleißfestigkeit im allgemeinen erhöht (Abb. 961). Die

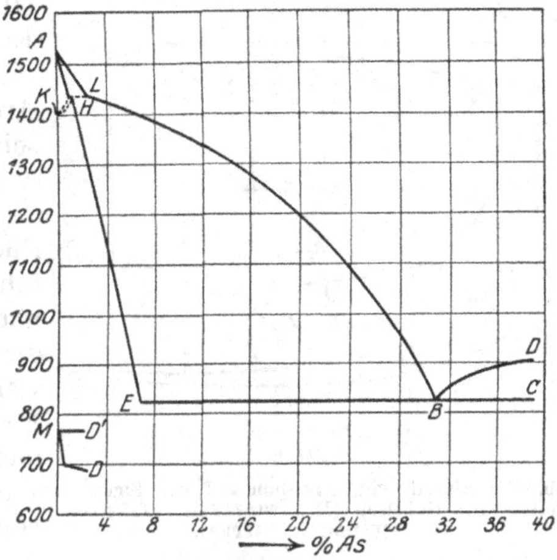

Abb. 959. Zustandsschaubild der Eisen-Arsenlegierungen (Oberhoffer und Gallaschik).

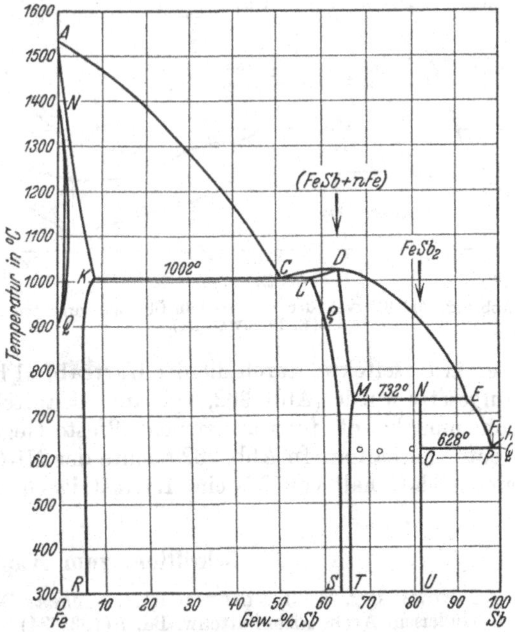

Abb. 960. Zustandsschaubild Eisen-Antimon (Kurnakow und Konstantinow, sowie F. Wever).

Wirkung auf das Korrosionsverhalten ist je nach dem angreifenden Mittel verschieden (vgl. Kapitel XVIIe 5).

Reduktionsversuche mit einem arsen- und antimonhaltigen Roteisenstein im Tiegel (*1*) hatten das Ergebnis, daß etwa 20 bis 60% des Arsens und 10 bis 50% des Antimons aus dem Erz in das Eisen übergingen; bei Schmelzversuchen im Kleinkupolofen erhielt man eine an Arsen und Antimon arme „Rohgangsschlacke", ein Zeichen dafür, daß durch das Kohlenoxyd-Kohlensäure-Gemisch die beiden Schädlinge weitgehend verflüchtigt wurden. Die nach beiden Verfahren hergestellten Gußeisen waren auch nach mehrmaligem Umschmelzen, bei dem der Gehalt an den schädlichen Elementen weit herunterging, minderwertig in ihren Festigkeitseigenschaften. Es scheint demnach, daß Arsenzusätze zu Gußeisen sich wesentlich harmloser auswirken als aus der Eisenerzreduktion stammende Arsengehalte.

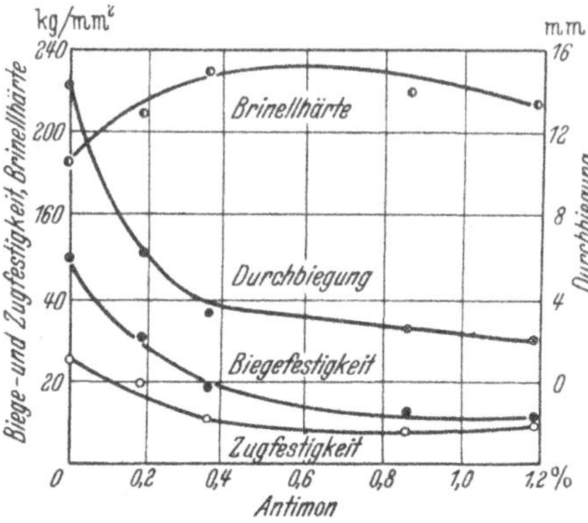

Abb. 961. Einfluß von Antimon auf die Eigenschaften von Gußeisen (E. PIWOWARSKY, J. VLADESCU und H. NIPPER).

Zu ähnlichen Schlußfolgerungen bezüglich des Einflusses von Arsen bei Versuchen an vier Gußeisensorten kamen auch W. H. SPENCER und M. M. WALDING (*2*). Nach E. PIWOWARSKY (*3*) kann in phosphorarmem Gußeisen der durch Antimonzusatz verursachte Festigkeits- und Zähigkeitsabfall durch einen etwa 6- bis 8fachen Anteil an Nickel ausgeglichen werden, was zu einem mechanisch festen, außerordentlich laugenbeständigen Gußeisen führt (vgl. Zahlentafel 184). Bei den martensitischen Eisensorten der Legierungsbasis Eisen-Nickel-Antimon zeigten sich dabei eigenartige Vergütungseffekte, durch die der Härteabfall beim Anlassen um 100 bis 200° heraufgesetzt wurde (Abb. 962, vgl. auch Kapitel XXg sowie Abb. 878). Diese Erscheinung könnte für warmverschleißfeste Gegenstände besondere praktische Bedeutung erhalten. In Abb. 962 reichte der Ni-Gehalt von 7% nicht mehr aus, bei einem Sb-Gehalt von 3% eine Härtesteigerung durch Abschrecken zu bewirken.

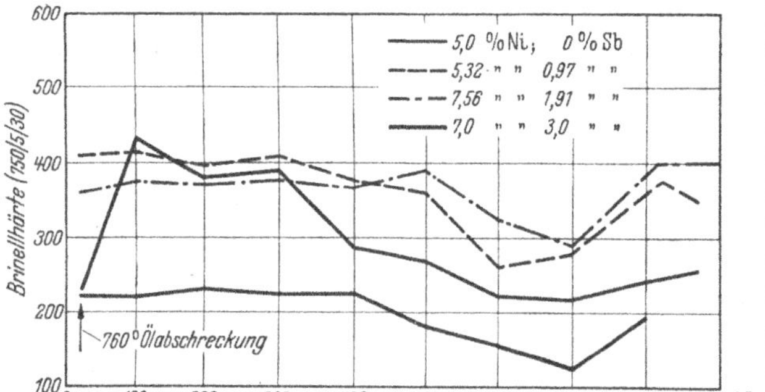

Abb. 962. Anlaßkurven der von 760° in Öl abgeschreckten Proben (E. PIWOWARSKY).

Schrifttum zum Kapitel XXI l.

(*1*) PIWOWARSKY, E., J. VLADESCU u. H. NIPPER: Der Einfluß von Arsen und Antimon auf Gußeisen. Arch. Eisenhüttenw. Bd. 7 (1933/34) S. 323.

(*2*) SPENCER, W. H., u. M. M. WALDING: Trans. Bull. Amer. Foundrym. Ass. Bd. 4 (1933); Bd. 40 S. 491; vgl. auch KÖRBER, F., u. G. HAUPT: Arch. Eisenhüttenw. Bd. 12 (1938/39) S. 81.

(*3*) PIWOWARSKY, E.: Gießerei Bd. 22 (1935) S. 274.

(*4*) Vgl. OBERHOFFER, EILENDER, ESSER: Das Technische Eisen, 3. Aufl. Berlin: Springer 1936.

m) Der Einfluß von Wolfram, Bor, Beryllium, Zirkon, Wismut, Kadmium, Barium, Kalzium, Lithium, Zinn, Zer, Kobalt, Niob, Thorium, Lanthan und Uran.

Wolfram. Das binäre System Eisen-Wolfram (Abb. 963) ähnelt sehr stark dem binären System Eisen-Molybdän (Abb. 914). Beide Systeme besitzen ein geschlossenes γ-Feld (*1*).

Von dem Dreistoffsystem Eisen-Eisensilizid-Wolfram wurden von R. Vogel und H. Töpker (*2*) sechs Schnitte thermisch und mikroskopisch ausgearbeitet. Die Verbindung FeSi bildet mit Wolfram einen pseudobinären Schnitt, auf dem die ternäre kongruent schmelzende Verbindung FeWSi nachgewiesen wurde und eine ternäre inkongruent schmelzende Verbindung FeW_2Si wahrscheinlich gemacht werden konnte. Die im System Eisen-Silizium im festen Zustand entstehende Verbindung Fe_3Si_2 bildet mit einem ternären Mischkristall der Reihe Fe_3Si_2-FeWSi im festen Zustand lückenlose Mischkristalle. Dieser Mischkristall hat als Endglied die Zusammensetzung 25,75% W, 19,55% Si, 54,7% Fe, was ungefähr der Formel Fe_7WSi_5 entspricht. Die Kristallisationsvorgänge sind durch drei Übergangsvierphasenebenen und eine eutektische Vierphasenebene gekennzeichnet. Auf einer fünften Vierphasenebene erfolgt die Bildung der ternären Mischkristallphase, die mit der im System Eisen-Silizium im festen Zustand entstehenden Verbindung Fe_3Si_2 eine lückenlose Reihe von Mischkristallen bildet. Zwei isotherme Schnitte geben die Zustandsfelder bei 1175° und bei Raumtemperatur an. Die Lage der Versuchsschmelzen im Dreistoffsystem wurde durch Stichproben auf chemische Zusammensetzung nachgeprüft.

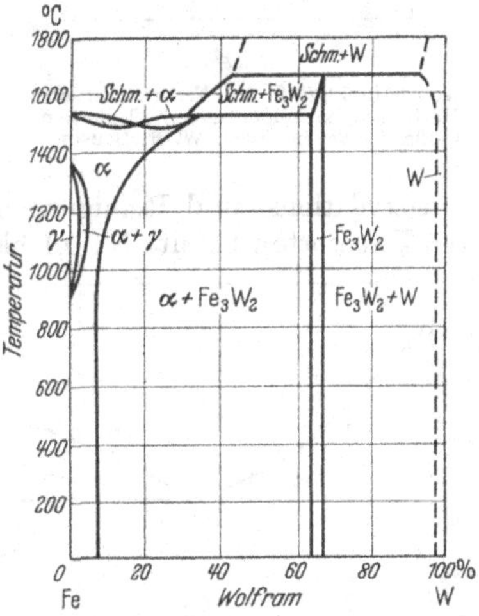

Abb. 963. Das Zustandsdiagramm Eisen-Wolfram (W. Köster).

Zum Legieren des Eisens eignet sich nur ein kohlenstoffarmes Ferrowolfram. Niedrig gekohltes Ferrowolfram löst sich trotz seines hohen Schmelzpunktes ziemlich leicht im Eisen. E. Piwowarsky (*3*), der den Einfluß von Wolfram in höher gekohltem Gußeisen untersuchte, bezeichnete Wolfram als aussichtsreiches Legierungselement für Gußeisen. Sein Einfluß in normal bis niedrig gekohltem Gußeisen ist noch wenig untersucht. Die Firma Bradley & Forster (*4*) ließ sich ein hochfestes Gußeisen, insbesondere für Hartgußzwecke patentieren, das neben den Elementen Chrom, Vanadin und Nickel noch 0,25 bis 10% Wolfram enthält.

Borzusätze zu Grauguß machen dieses hart und spröde (*20*). Sie wirken sich insbesondere bei nickelhaltigem Hartguß sehr intensiv aus und führen zu sehr hohen Härteziffern und hoher Verschleißfestigkeit. Auf Grund von Untersuchungen, wie sie in Abb. 964 zum Ausdruck kommen, haben die Industrial Research Laboratories Ltd. in Los Angeles (Cal.) ein unter Patentschutz stehendes Eisen mit:

Ges.-C = 2,50 bis 3,25; Si = 0,50 bis 1,50%; Mn = 0,50 bis 1,25%; Ni = 3,50 bis 4,50%; B = 0,70 bis 1,10%, P und S jedes $< 0{,}05\%$

entwickelt, das den Handelsnamen „Xaloy" führt (*5*). Bereits 0,25% B machen normalen Grauguß meliert oder weiß. Xaloy besitzt eine Zugfestigkeit von 21 bis 32 kg/mm² bei Biegefestigkeiten bis zu 70 kg/mm² und einer Druckfestigkeit bis 150 kg/mm². Das borhaltige Karbid ist sehr stabil und neigt auch bei höheren

Glühtemperaturen nicht zur Zersetzung. Der Borzusatz kann entweder durch Zusatz von Ferrobor zum Gußeisen erfolgen oder aber durch Aufgeben von Borax auf die Schmelze. Das genannte Bor-Nickel-Gußeisen eignet sich auch zur Herstellung von Verbundguß, z. B. im Schleudergußverfahren (Einsätze, Büchsen), wobei die Dicke der eingeschleuderten Schicht 1,5 bis 6 mm beträgt. Durch Diffusion tritt eine innige Verbindung mit dem Grundmetall (Stahl oder Gußeisen) ein.

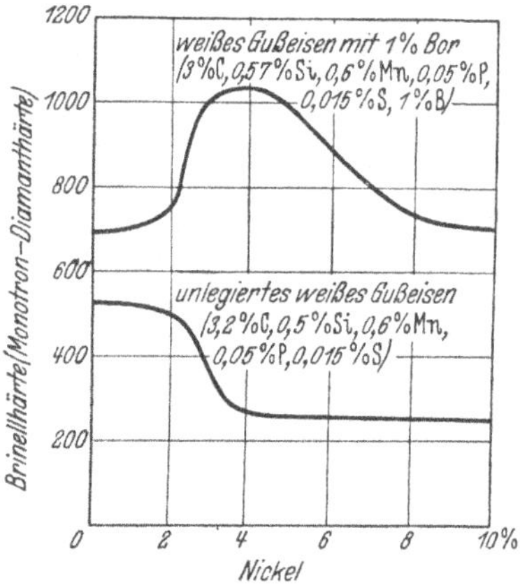

Abb. 964. Einfluß des Nickels auf die Härte von borfreiem und borlegiertem weißen Gußeisen (nach W. F. Hirsch).

Beryllium ist in Gehalten bis etwa 4% zu austenitischem Gußeisen zugesetzt worden, wo es die Anlaßbeständigkeit des Austenits und dessen Härte durch gleichmäßige Ausscheidung von Berylliumkarbid (Be_2C) stark erhöht. So stieg die Brinellhärte eines austenitischen Gußeisens mit 2,95% C, 1,43% Mangan, 1,52% Silizium und 17,22% Nickel von 120 kg durch Zusatz von 3,88% Be auf 470 kg/mm² (*6*). Das Zustandsdiagramm Eisen-Beryllium zeigt Abb. 965 (*28*).

Zirkonzusätze zu Gußeisen wirken sich als Desoxydations- und Reinigungsmittel günstig aus und erhöhen in siliziumärmeren Eisensorten bereits bei 0,1 bis 0,30% Zr die Festigkeit und Zähigkeit des Gußeisens (*7*). Zu weißem Gußeisen zugesetzt, bewirkt Zr eine sehr feine Ausbildung des Graphits bzw. der Temperkohle. O. Smalley (*18*) fand bei Grauguß keine besonderen Vorteile durch Zirkonzusätze.

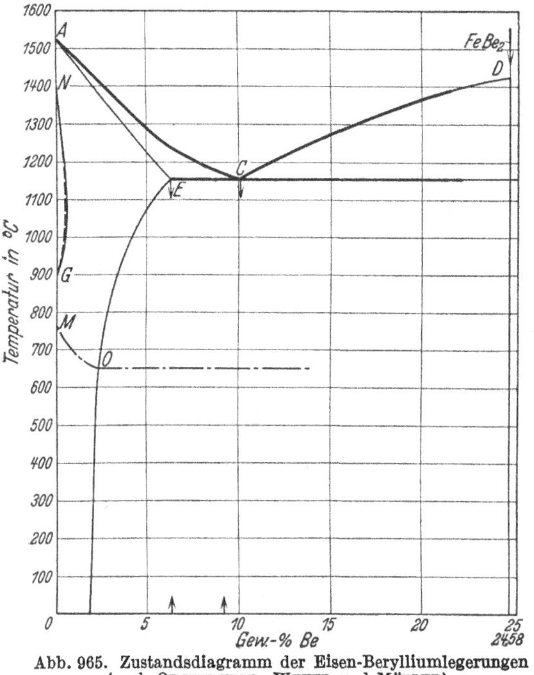

Abb. 965. Zustandsdiagramm der Eisen-Berylliumlegerungen (nach Oesterheld, Wever und Müller).

Wismut wirkt nach E. K. Smith und H. C. Aufderhaar (*8*) erweichend auf Gußeisen, verringert den geb. Kohlenstoff und erhöht den Graphitgehalt. W. F. Chubb (*9*) berichtet, daß Wismut bis zu 2% desoxydierend wirkt, Härte und Festigkeit vermindert, dagegen die Bearbeitbarkeit hebt. Da Wismut an sich im Gußeisen nicht löslich ist und leicht oxydiert, werden die dem Gußeisen zugesetzten Gehalte dieses Elementes analytisch im Fertigguß nicht gefunden (*10*).

Kadmium. Kadmium ist im Gußeisen unerwünscht. Etwa durch kadmiumplattierte Metalle in den Kupolofen eingebrachtes Cadmium geht im Schmelzprozeß verloren. Spencer und Walding (*10*) fanden eine Explosivwirkung, wenn Cd in metallischer Form dem Gußeisen zugefügt wurde. Bemerkenswerte Einflüsse bezüglich der Festigkeiten sind bei kadmiertem Eisen nicht bekannt geworden, lediglich eine geringe Verminderung der Biege- und Schlagfestigkeit; unter Umständen wird die Abschrecktiefe etwas geringer.

Barium. Über den Einfluß von Barium auf Gußeisen sind noch keine eingehenden Untersuchungen durchgeführt worden.

In kleinen Mengen wirkt Barium desoxydierend. Bezüglich der meisten Auswirkungen ähnelt Barium sehr dem Kalzium (*10*).

Kalzium wird in Form von Kalziumsilizid als Pfannenzusatz in steigendem Maße zur Graphitisierung schrottreicher Gattierungen verwendet. Es reinigt das Eisen und wirkt stark graphitisierend. Von den Zusätzen an Kalzium in Höhe von 0,3 bis 0,6% wird später im Fertigguß nur noch wenig (meist unter 0,1%) wiedergefunden. Über den spezifischen Einfluß von reinem Kalzium auf Gußeisen ist wenig bekannt. Es scheint den gebundenen Kohlenstoff etwas zu erhöhen (*10*) und die Festigkeit leicht zu steigern. O. SMALLEY (*18*) fand keine wesentlichen Vorteile.

Lithium. Nach H. Osborg (*11*) wirken kleine Lithiumzusätze, am besten in Form einer 30- bis 50proz. Kalzium-Lithium-Legierung, verbessernd auf die Dünnflüssigkeit, Dichte und Festigkeit von Grauguß. Der Graphit soll ebenfalls eine Verfeinerung erfahren, die Härte ein wenig ansteigen. E. PIWOWARSKY und Mitarbeiter (*12*) konnten diesen günstigen Einfluß des Lithiums nicht bestätigt finden, doch reichen die bisherigen Beobachtungen noch nicht zu einem abschließenden Urteil aus.

Natrium fand sich mitunter in gebrauchten gußeisernen Elektroden bei der Aluminiumelektrolyse aus Bauxit, wobei bekanntlich Kryolith (AlF_6Na_3) als Lösungsmittel für die Tonerde gebraucht wird. Auch bei der Elektrolyse von Natriumchlorid in gußeisernen Töpfen wird dieselbe Beobachtung gemacht. Die blank polierte Schliffläche eines solchen Gußeisens überzieht sich an der Luft bald mit einem weißen Belag aus Natriumhydroxyd oder -karbonat, der auch nach wiederholter Entfernung immer wieder auftritt. Ob das Natrium in diesen Gußeisenstücken legiert oder mechanisch eingeschlossen ist, ist noch nicht bekannt. Bemerkenswert ist die Tatsache, daß derartige natriumhaltige Gußeisenstücke auch nach monatelangem Liegen nicht rosten.

Kobalt. Die ersten Versuche über den Einfluß von Kobalt auf Gußeisen führten O. BAUER und E. PIWOWARSKY (*19*) durch. Wie auch Versuche von P. BASTIEN und L. GUILLET JR. (*20*) zeigten, wirkt Kobalt leicht graphitisierend auf Gußeisen, verfeinert etwas den Graphit, beeinträchtigt aber fast alle sonstigen mechanischen Eigenschaften. Es geht zum Teil in den Zementit, löst sich aber zum größten Teil im Ferrit, wie W. BOLTON (*21*) annimmt.

Zinn in Gehalten von 0,25 bis 0,50% wirkt nach E. VALENTA und N. CHWORINOV (*13*) in übereutektischen Schmelzen leicht graphitisierend, die Härte wird deutlich gesteigert, die Festigkeit dagegen vermindert, insbesondere bei Zusätzen über 0,5% Sn. Der Verschleißwiderstand wird stark erhöht. Die Härtesteigerung durch 0,5% Sn ist ungefähr so groß wie durch 1,2% Ni und 0,35% Cr. Wenn es auf Festigkeit nicht ankäme, könnten sogar 1 bis 2% Sn zugesetzt werden zwecks Steigerung des Verschleißwiderstandes.

Cer. Klar hervortretende Vorteile eines Cer-Gehaltes hat man bisher nicht gefunden. Die Schrifttumsangaben widersprechen sich in vielem. R. MOLDENKE und L. SPRING (*10*) behaupten, daß kleine Mengen Cer die mechanischen Eigenschaften verbessern und führen dies auf eine desoxydierende bzw. entschwefelnde Wirkung zurück. L. GUILLET (*14*) stellte fest, daß Cer die Graphitbildung beeinträchtigt. O. SMALLEY fand, daß Cer keinen besonderen Einfluß auf die Eigenschaften von Gußeisen habe. Er weist aber darauf hin, daß Cer bisher nur in kleinen Mengen zugegeben wurde und daß sein Einfluß weitgehend von der Art des „Basiseisens“ abhänge. W. F. CHUBB (*9*) fand, daß 0,15% Cer die Biegefestigkeit um 18% erhöht und daß die Durchbiegung dabei steigt. Es macht die Schmelze dünnflüssig und hat eine gewisse reinigende Wirkung. R. STRAUSS (*15*) untersuchte die Einwirkung von Cer-Mischmetall auf Eisen und Stahl. Er stellte fest, daß dieses Metall vor allem eine reinigende Wirkung auf Eisenschmelzen ausübt, wobei es insbesondere Verunreinigungen, wie Sauerstoff, Stickstoff und Schwefel, weitgehend zu entfernen in der Lage ist. STRAUSS gab neben Cer-Mischmetall auch Legierungen des Mischmetalles mit 20 bis

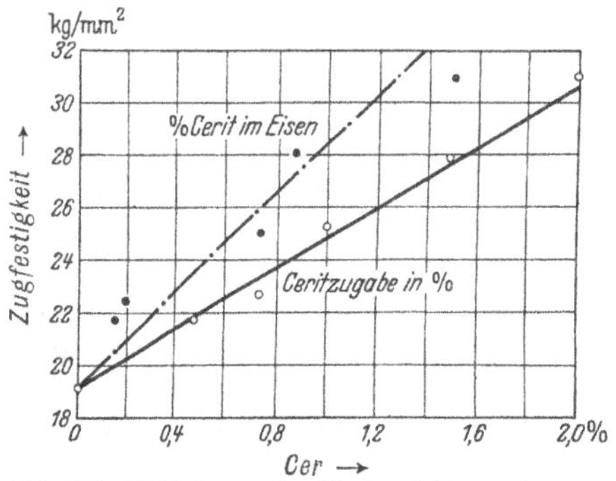

Abb. 966. Einfluß von Cer-Mischmetall auf die Zerreißfestigkeit von Gußeisen. Versuchsreihe III (BAUKLOH und MEIERLING).

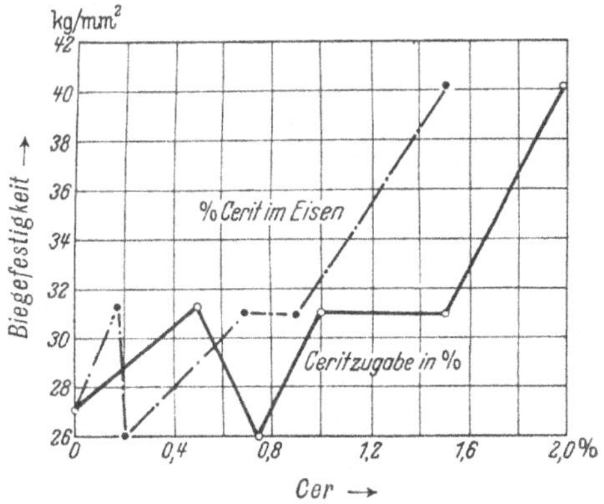

Abb. 967. Einfluß von Cer-Mischmetall auf die Biegefestigkeit von Gußeisen. Versuchsreihe III (BAUKLOH und MEIERLING).

60% Al oder 5 bis 15% Ca, die auch Magnesium, Silizium oder Titan enthielten, zu. Auf diese Weise erhielt er eine Schlacke, die außerordentlich dünnflüssig war und sich vom Eisenbad leicht trennen ließ.

W. BAUKLOH und TH. MEIERLING (*16*) untersuchten den Einfluß eines cerreichen Mischmetalls mit:

Cer	51 %	Magnesium	0,62%
Sonstige seltene Erden	46,9 %	Aluminium	0,03%
Silizium	0,13%	Kalzium	0,02%
Eisen	0,55%		

auf die Eigenschaften von Kupolofeneisen und fanden, daß sowohl die Biege- als auch die Zerreißfestigkeit des Gußeisens in günstigem Sinne beeinflußt werden

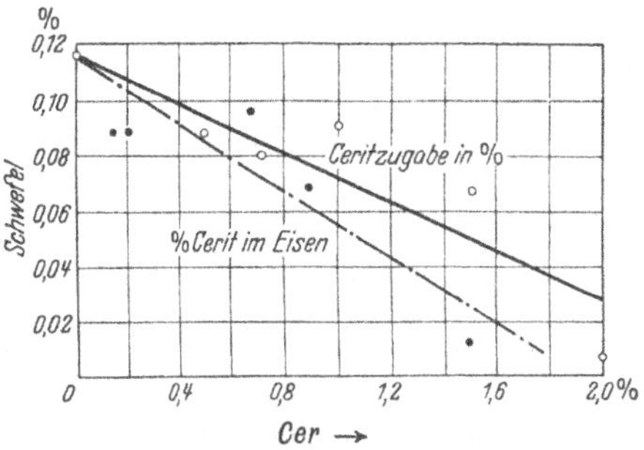

Abb. 968. Entschwefelung von Gußeisen durch Cer-Mischmetall. Versuchsreihe III (BAUKLOH und MEIERLING).

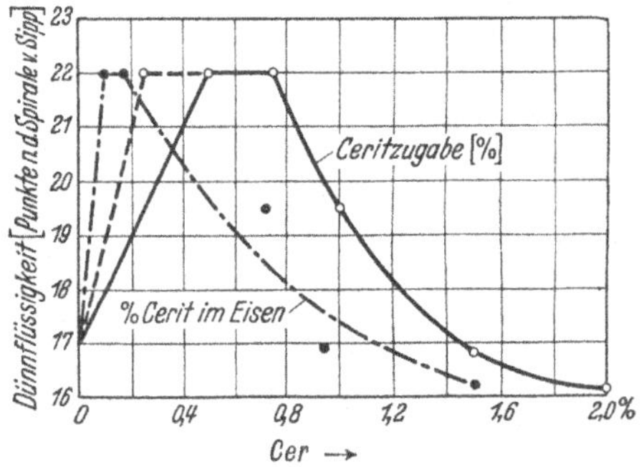

Abb. 969. Einfluß von Cer-Mischmetall auf die Dünnflüssigkeit von Gußeisen (BAUKLOH und MEIERLING).

(Abb. 966 und 967). Es trat ferner eine bemerkenswerte Entschwefelung des Eisens ein (Abb. 968). Der Flüssigkeitsgrad des Eisens wurde durch geringere Ceritgehalte verbessert, während größere Mengen durch die stärker auftretende Ceroxydbildung wieder einen Abfall des Flüssigkeitsgrades hervorriefen (Abb. 969). Das von BAUKLOH und MEIERLING verwendete Gußeisen besaß bei Versuchsreihe:

I etwa 3,2% C bei etwa 2,5% Si und 0,5 bis 0,7% P,
II etwa 3,1% C bei etwa 3,0% Si und 0,35% P,
III etwa 3,1% C bei 2,7 bis 3,0% Si und rd. 0,38% P.

Die Ceritzugaben lagen zwischen 0,25 und 2,0%. Das im Eisen später nachweisbare Cer betrug 0,16 bis 1,5%.

Nach einer ungarischen Patentanmeldung (*23*) wird Cer oder Cermischmetall in Mengen bis zu 1% Cer Gußeisen oder Temperguß zugesetzt. Zahlentafel 214 bringt die Gegenüberstellung des Einflusses von Cer auf Gußeisen nach einer kritisch-zusammenstellenden Arbeit von F. Bischof (*25*).

Uran. Zum Legieren von Gußeisen eignet sich nur ein kohlenstoffarmes Ferrouran. Nach Versuchen von H. S. Foote (*17*) bewirkten Zusätze bis 0,5% Uran (*17*) bei einem Eisen mit ca. 3,3% C und 1,7% Si eine 8- bis 10proz. Erhöhung der Zerreiß- und Biegefestigkeit (vgl. Zahlentafel 213) bei schwacher Härtesteigerung (von 187 auf 196). Der Karbidgehalt wurde kaum beeinflußt. Dagegen soll Uran das Eisen reinigen und auch ein dichteres Korn verursachen sowie sehr saubere und scharfkantige Gußstücke ergeben. Nach O. Smalley (*18*) hat dagegen Uran bis 0,2% (als 41proz. Ferrouran zugesetzt) keinen Einfluß auf den Flüssigkeitsgrad, die Schwindung, die Zug- und Biegefestigkeit.

Magnesiumzusätze zu Gußeisen, die übrigens von heftigen Reaktionen begleitet sind, ließen nach O. Smalley (*18*) keine Rückwirkung auf die physikalischen Eigenschaften erkennen, machten jedoch das Eisen hart.

Zahlentafel 213. Einfluß von Uran auf Grauguß (nach H. S. Foote).

Probe Nr.	1	2	3	4	5	6
Uran zugesetzt . . . . %	0,0	0,10	0,20	0,30	0,40	0,50
„ im Guß . . . . %	0,0	0,07	0,18	0,21	0,22	0,26
Geb. Kohle . . . . %	0,71	0,74	0,62	0,66	0,69	0,65
Graphitgehalt . . . . %	2,59	2,56	2,70	2,70	2,67	2,67
Gesamtkohlenstoff . . . . . %	3,30	3,30	3,32	3,36	3,36	3,32
Silizium . . . . %	1,67	1,68	1,70	1,77	1,75	1,72
Mangan . . . . %	0,32	0,30	0,32	0,36	0,31	0,27
Schwefel . . . . %	0,11	0,10	0,09	0,09	0,07	0,08
Phosphor . . . . %	0,56	0,53	0,55	0,52	0,54	0,56
Zerreißfestigkeit kg/mm². . . .	19,59	21,64	21,61	21,61	21,04	21,19
Biegelast kg, ⌀ 3,0 cm, Aufl.-Entf. 60,0 cm	621,7	686,0	707,0	681,4	684,4	677,8
Brinellhärte der auf Schreckplatte gegossenen Proben . .	262	477	418	418	418	387
Nicht abgeschreckte Probe . .	187	187	196	187	196	196

Tellur. Ein hartes und dichtes Gußeisen wird nach Untersuchungen der Meehanite Metal Corp. Chattanooga, Tenn. (vgl. Englisches Patent 510757) wie folgt erhalten: Man setzt dem geschmolzenen Gußeisen, welches eine derartige Zusammensetzung besitzt, daß es grau oder meliert erstarren würde, Tellur, vorteilhaft in Mengen von 0,0001 bis 2% zu, wodurch das Gußeisen weiß erstarrt. Setzt man dieselbe Menge Tellur bei Schalenhartguß zu, so wird die weiß erstarrte Schreckschicht tiefer und härter; zu diesem Zweck kann man das Tellur auf die Innenwand der Gußform aufbringen. Bei Zusatz von Tellur zu weiß erstarrendem Gußeisen wird das Eisen härter. Neben dem Tellur können der Schmelze noch Graphitisierungsmittel zugefügt werden, wie Kupfer, Molybdän, Nickel, Aluminium, Kalzium, Titan, Zirkon, Barium und Erdalkali-Silizide. Durch Zusatz von Kupfer, Molybdän und Nickel wird auch eine Steigerung der Zähigkeit erzielt.

Folgender Auszug aus der deutschen Patentanmeldung (*24*) der Meehanite Metal Corporation (Erfinder: Oliver Smalley, Pittsburgh) bringt aufschlußreiche Einzelheiten über den Einfluß von Tellur:

Patentansprüche: 1. Verfahren zur Herstellung von Gußstücken aus weißem

Zahlentafel 214. Zusammenstellung von Angaben verschiedener Forscher.

1 Forscher	2 Zusatz an Cermischung in %	3 % Cer in Mischung	4 Art des Zusatzes	5 Schmelzaggregat	6 Flüssigkeitsgrad	7 Temperatur	8 Schrumpfung	9 Entschwefelung	10 Beschaffenheit des Gusses	11 Festigkeit	12 Biegeprobe	13 Gußanalyse
MOLDENKE . . .	0,05 bis 0,15	30% Fe, 70% seltene Erden mit 50 bis 60% Fe	in Pfanne	Kupolofen	Erhöhung	Erhöhung ?	Abnahme	reinigend	grau	Zunahme	ASTM 31 mm Dmr., 381 mm Auflage	kein Cer gefunden
SMALLEY	0,01 bis 0,10	Ferrolegierung mit 70% Ce	kupferplattierter Stab in Pfanne getaucht	Kupolofen und Tiegel	keine Erhöhung	Erhöhung	keine Abnahme	—	—	bis 0,05% keine Zunahme; bei 0,10% in zwei Fällen Zunahme	—	—
BAUKLOH und MEIERLING . .	0,25 bis 2,00	Cermischmetall mit 51% Ce und 46,9% seltene Erden	1. nußgroße Stücke in vorgewärmte Pfanne, 2. Blechbehälter	Kupolofen mit Vorherd	Erhöhung, bei höheren Cergehalten Abnahme	Erhöhung	—	ja	grau, Graphitverfeinerung	Zunahme	DIN-Vornorm DVM 110 30 mm Dmr., 600 mm Auflage	Cer analysiert

Gußeisen und von Hartguß größerer Härte und Tiefe der Schale, dadurch gekennzeichnet, daß geschmolzenes, graues oder meliertes Gußeisen mit Tellur in Mengen von 0,0001 bis 2% versetzt und nach dem Guß in üblicher Weise abgekühlt wird.

2. Verfahren nach Anspruch 1, dadurch gekennzeichnet, daß das Tellur nur in die äußeren Metallschichten des Gußstückes zum Zweck der Erzielung einer harten Oberflächenzone eingeführt wird, wobei diese Metallschichten alsdann einen Tellurgehalt von 0,001 bis 0,5% aufweisen.

3. Verfahren nach Anspruch 1 oder 2, dadurch gekennzeichnet, daß das Tellur gemeinsam mit Graphitisierungs- und Legierungsmitteln dem flüssigen Eisen zugesetzt wird.

Beschreibung:

„Wenn man zu irgendeinem geschmolzenen Gußeisen, welches beim Gießen freien Graphit enthalten würde, nur 0,0001% Tellur hinzufügt, so verwandelt es sich unverzüglich in ein hartes weißes Eisen, welches in seinen Eigenschaften den harten, weißen, unlegierten oder legierten Gußeisensorten ähnlich ist. Die Menge des Tellurs, die hinzugefügt wird, kann verschieden sein; die obere zweckmäßige Grenze liegt bei etwa 2,0%, vorzugsweise verwendet man weniger als 1%.

Bei grauem Gußeisen, das im allgemeinen ein weiches, leicht zu bearbeitendes Gußstück ergibt, ist es vorzuziehen, das Tellur in der Ausflußrinne des Gießereischachtofens zuzusetzen, obwohl die Beimischung auch in der Pfanne vorgenommen werden kann.

Um die Wirkung der Hinzufügung von Tellur zu zeigen, wurde eine Reihe von Gußstücken mit verschiedenem Tellurgehalt hergestellt und die Härte eines jeden Gußstückes gemessen. Das Eisen, das für diese Versuche verwendet wurde, enthielt nach dem Gießen ohne die Hinzufügung von Tellur 2,2% Graphit, 0,80% gebundenen Kohlenstoff, 1,35% Silizium, 0,80% Mangan, 0,095% Schwefel und 0,15% Phosphor. Zu genanntem Zweck wurde das Eisen mit und ohne Hinzufügung von Tellur in Form einer rechteckigen Stange von 5 × 5 × 10 cm gegossen und nach dem Abkühlen wurden die Stangen in der Mitte durchgeschnitten. Es wurde dann an einem Punkt in der Mitte dieses Quadrates und an einer Ecke des Quadrates die Brinellhärte gemessen. Die folgenden Ergebnisse zeigen die Wirkung der Hinzufügung der verschiedenen Mengen von Tellur auf die Härte des Gußstückes:

Behandlung	Brinellhärtezahlen in der Ecke des Gußstückes	Brinellhärtezahlen in der Mitte des Gußstückes
Graues Gußeisen ohne Tellurzusatz	207	207
Zusatz von 0,0025% Tellur . . .	370	370
Zusatz von 0,005 % Tellur . . .	437	437
Zusatz von 0,025 % Tellur . . .	437	437
Zusatz von 0,05 % Tellur . . .	437	437
Zusatz von 0,10 % Tellur . . .	437	437
Zusatz von 0,20 % Tellur . . .	415	415
Zusatz von 1,00 % Tellur . . .	415	430

Alle Gußstücke, die aus dem mit Tellur versetzten grauen Gußeisen hergestellt wurden, waren weiß erstarrt.

Wenn Tellur in Verbindung mit solchen Stoffen verwendet wird, die als Graphitbildner bekannt sind, z. B. Kupfer, Molybdän, Nickel, Aluminium, Kalzium, Titan, Zirkon, Barium, Erdsilizide, dann hat es sich gezeigt, daß sehr geringe Mengen von Tellur die Graphitisierungswirkung dieser Metalle überdecken.

Wenn Tellur in Verbindung mit Metallen, wie Nickel, Kupfer oder Molybdän verwendet wird, ergibt sich eine größere Härte und Zähigkeit des Gußstückes. Wenn z. B. Tellur in Verbindung mit 2,5% Kupfer hinzugefügt wurde, war die Brinellhärte von 430 auf 470 gestiegen, und wenn man es in Verbindung mit 4% Nickel hinzufügte, wurde die Härte von 430 auf 530 erhöht.

In ähnlicher Weise können kleine Mengen von Tellur auch in solches Gußeisen eingeführt werden, das bei der Herstellung von Hartgußwalzen, Hartgußwagenrädern, landwirtschaftlichen Geräten u. dgl. verwendet wird. Die Hinzufügung von Tellur ergibt eine größere Tiefe der harten Schale und erhöht die Härte.

Zum Beispiel ergibt sich bei Hartguß mit 3,1% Graphit, 1,2% Silizium, 0,7% Mangan, 0,095% Schwefel und 0,2% Phosphor ohne Hinzufügung von Tellur eine Abschreckungstiefe von 10 mm bei einer Brinellhärte von 415. Nach Hinzufügen von 0,0025% Tellur wurde die Härtetiefe auf 37 mm erhöht und die Brinellhärte auf 460. Nach Hinzufügen von 0,005% Tellur war das Gußstück durch und durch hart, und die Brinellhärte war auf 469 gestiegen. Ein Hinzufügen von 0,1% Tellur erhöhte die Brinellhärte weiter auf 477. Weitere Zusätze von Tellur schienen die Härte nicht mehr zu erhöhen, sofern sie nicht in Verbindung mit Kupfer, Nickel oder Molybdän oder mit einem Gemisch dieser Metalle verwendet wurden.

Für die Zwecke der vorliegenden Erfindung kann das Tellur mit anderen

Metallen, z. B. Nickel, Kupfer, Selen u. a., entsprechend den zu erzielenden Eigenschaften des Gußstückes legiert werden.

Eine weitere Anwendung der Erfindung besteht in der Verwendung verhältnismäßig kleiner Mengen von Tellur für die Zwecke der Oberflächenhärtung von Gußstücken. Das Tellur wird an der Innenseite einer aus Sand, Lehm oder einem sonstigen feuerfesten Stoff hergestellten Form zerstäubt, und wenn das geschmolzene Gußeisen in die Gießform läuft, wird eine Härtesteigerung in einer Tiefe von 0,25 mm bis 1,25 mm erzeugt, wobei die Härtetiefe durch die Menge Tellur bestimmt wurde, das in die Gießform eingeführt war. Auf diese Weise kann die Oberfläche eines Gußstückes an der Stelle gehärtet werden, an der es der größten Abnutzung unterworfen ist. Zum Beispiel wird dieses Verfahren zum Härten der Innenseite von Scheiben oder Rollen verwendet, die bei Drahtwinden benutzt werden; ferner für die sich abnutzenden Oberflächen der Zähne von gußeisernen Rädern, von Bremstrommeln oder Bremsschuhen oder sonstigen Maschinenteilen. So kann durch die Verwendung von pulverförmigem Tellur in Verbindung mit gepulvertem Kupfer, Manganeisen oder Nickel eine verschiedene Oberflächenhärte erzielt werden.

Zum Beispiel ergibt eine Mischung von 50% gepulvertem Manganeisen mit 80% Mangan und 50% pulverförmigem Tellur eine Oberfläche, die zäher, aber nicht so widerstandsfähig gegen Abnutzung ist als bei der ausschließlichen Verwendung von Tellurpulver. Man kann auch andere Mischungsverhältnisse benutzen, z. B. 25% Tellurpulver und 75% Manganeisenpulver oder 75% Tellurpulver und 25% Manganeisenpulver. Ferner kann das Tellurpulver auch mit anderen pulverförmigen Metallen z. B. Kupfer oder Nickel vereinigt oder das Tellur kann zuerst mit einem anderen Metall legiert und dann gepulvert werden und das Pulver an die gewünschten Stellen der Gießform gebracht werden. Wenn pulverförmiges Tellur mit pulverförmigem Eisensulfid gemischt und an der Innenseite einer Gießform aufgetragen wird, wird eine besondere Härte und ein tiefes Eindringen erreicht. Wo eine geringere Oberflächenhärte und ein weniger tiefes Eindringen erwünscht ist, kann das Tellurpulver mit gepulvertem Graphit oder gepulverter Porzellanerde vereinigt werden.

Thorium, Niob, Lanthan. Kaum bzw. noch gar nicht untersucht ist der Einfluß der Elemente Thorium, Niob, Lanthan usw. auf die Eigenschaften von Gußeisen. Das u. a. nichtrostenden austenistischen Stählen zwecks Verhinderung der interkristallinen Korrosion zugesetzte Niob bildet stabile Karbide, z. B., Nb_4C_3, aber auch Ferroniobide z. B. der Zusammensetzung Fe_3Nb_2 (*26*). Die Verwendung von Lanthan wird von F. Bischof (*25*) erwähnt. Thoriumzugaben bis 1% wurden von W. Baukloh und Meierling (*29*) untersucht. Sie führten zu einer Steigerung der Dünnflüssigkeit und einer Verbesserung der Zug- und Biegefestigkeit bei gleichzeitiger Erhöhung der Durchbiegung. Thorium wirkt nach der genannten Arbeit entschwefelnd und denitrierend auf Gußeisen. Thorium dürfte sich auch günstig auswirken auf ein bei hohen Temperaturen zunderfestes Widerstands- und Baumaterial (*27*).

Schrifttum zum Kapitel XXI m.

(*1*) Vgl. Köster, W.: Arch. Eisenhüttenw. Bd. 2 (1928/29) S. 194 und 503. Siehe auch: Takeda, S.: Techn. Rep. Tôhoku Univ. Bd. 10 (1931) S. 42ff.
(*2*) Arch. Eisenhüttenw. Bd. 13 (1939/40) S. 183/88 (Werkstoffausschußber. 480).
(*3*) Piwowarsky, E.: Stahl u. Eisen Bd. 45 (1925) S. 289.
(*4*) Brit. Pat. Nr. 421104 vom 3. Mai 1934.
(*5*) Hirsch, W. F.: Metall Progreß Bd. 34 (1938) S. 230 und 278; vgl. Gießerei Bd. 28 (1941) S. 36.
(*6*) Ballay, M. M., u. M. L. Guillet: La Fonte Heft 25 (1937) S. 951.
(*7*) Hall, R.: Foundry Bd. 62 (1934) S. 22 und 54.
(*8*) Smith, E. K., u. H. C. Aufderhaar: Iron Age Bd. 128 (1931) S. 96.
(*9*) Chubb, W. F.: Metallurgia (1933) Dezember.

(*10*) Zusammenfassender Bericht von W. BOLTON: Foundry Bd. 64 (1936) S. 35.
(*11*) OSBORG, H.: Metal Ind. Bd. 44/45 (1934) S. 585 u. 617 (28. Dez.).
(*12*) PIWOWARSKY, E.: Gießerei Bd. 26 (1940) S. 21.
(*13*) VALENTA, E., u. N. CHVORINOW: Ber. M. O.-7 Gießereikongreß Paris 1937.
(*14*) GUILLET, L.: L'Usine Bd. 27 (1939) S. 16.
(*15*) STRAUSS, R.: Metallwirtsch. Bd. 16 (1937) S. 973.
(*16*) BAUKLOH, W., u. TH. MEIERLING: Gießerei Bd. 27 (1940) S. 337.
(*17*) FOOTE, H. S.: Foundry Bd. 52 (1924) S. 105.
(*18*) SMALLEY, O.: Engg. Bd. 114 (1922) S. 277; vgl. Stahl u. Eisen Bd. 43 (1923) S. 564.
(*19*) BAUER, O., u. E. PIWOWARSKY: Stahl u. Eisen Bd. 40 (1920) S. 1300.
(*20*) BASTIEN, P., u. L. GUILLET JR.: La Fonte Bd. 9 (1939) S. 64.
(*21*) BOLTON, W.: Foundry Bd. 64 (1936) S. 35.
(*22*) Vgl. Dtsch. Bergwerksztg. Nr. 115 (1940) S. 6.
(*23*) Ung. Pat.-Anmeld. Akt.-Zeich. A. 4442 Kl. XII/e vom 17. 7. 1940. Die entsprechende deutsche Anmeldung der Auergesellschaft A.G. Berlin hat die Priorität vom 18. 7. 1939.
(*24*) D.R.P. angem. Akt.-Zeich. M. 142089 Kl. 18b, 1/02 vom 27. 6. 1938.
(*25*) BISCHOF, F.: Gießerei Bd. 28 (1941) S. 6.
(*26*) Vgl. Stahl u. Eisen Bd. 60 (1940) S. 214, sowie Metallwirtsch. Bd. 18 (1939) S. 588.
(*27*) Vermutet auf Grund verschiedener Patentansprüche von W. GUERTLER in Berlin-Charlottenburg.
(*28*) Vgl. OBERHOFFER, P., W. EILENDER u. H. ESSER: Das technische Eisen. S. 192, Berlin: Springer 1936, sowie KÖSTER, W.: Arch. Eisenhüttenwes. Bd. 13 (1939/40) S. 227.
(*29*) BAUKLOH, W., u. H. MEIERLING: Gießerei Bd. 29 (1942) S. 93.

XXII. Die spanlose Verformung des Gußeisens.

a) Warmverformung.

Bis in die neueste Zeit hinein galt Gußeisen als plastisch nicht verformbar. Auf dieser vermutlichen Eigenschaft des Gußeisens basierte sogar die bisherige Einteilung der Eisenlegierungen in Stahl und Gußeisen. Zwar haben bereits in der Mitte des achtzehnten Jahrhunderts gewisse Sheffielder Gießer gußeiserne Rasierklingen (?) auf den Markt gebracht (*1*), freilich ohne den erwarteten finanziellen Erfolg. Trotzdem ferner während der Jahre 1920 bis 1930 bei Gelegenheit von Ausstellungen und Tagungen wiederholt Gußeisenproben gezeigt wurden, die warm zu verbiegen und zu tordieren waren, ja sogar in kaltem Zustand noch ein erhebliches Maß von Duktilität aufwiesen, so sprach man doch im allgemeinen dem Gußeisen nicht denjenigen Grad von Warmverformbarkeit zu, wie man dies bei Flußeisen und Stahl gewohnt war. Heute wissen wir, daß Gußeisensorten praktisch aller Zusammensetzungen durch Warmwalzen, Warmverpressen, Verbundwalzen usw. spanlos verformbar sind. Freilich wird für die Aufnahme des Walzens von Gußeisen in den praktischen Großbetrieben das Interesse der beteiligten Industriekreise und deren Bemühungen um die Fortentwicklung des Verfahrens maßgebend dafür sein, wann die Warmverformung von Gußeisen zu den selbstverständlichen Formgebungsverfahren der Industrie zählen wird. Entsprechende Vorversuche sind jedenfalls so weit abgeschlossen, daß technische Bedenken grundsätzlicher Art nicht mehr zu bestehen brauchten.

An Hand von Großversuchen in Verbindung mit den vorm. Stahl- und Walzwerken Thyssen konnte H. Nipper zeigen (*7*), daß weißes und graues Gußeisen sowie Temperguß sich durchaus warmverformen lassen (Abb. 970 bis 973). Erste Angaben über den Ausfall dieser Versuche enthält die Nippersche Patentschrift D.R.P. Nr. 634904 vom 9. November 1932, in der auch weitere Angaben über die Verwendbarkeit dieses Werkstoffs gemacht sind.

Zahlentafel 215 enthält eine Anzahl Analysen von Gußeisen und Tempergußsorten, deren Verwalzung erfolgreich durchgeführt werden konnte. Außer Angaben über die Zusammensetzung der Platinen im Gußzustand (a) enthält die

Zusammenstellung einige Angaben über die Auswirkung der Erhitzung auf Walztemperatur (b) und des Walzens auf die Zusammensetzung der Schmelzen (c).

Bis auf einen oberflächlichen Kohlenstoffabbrand beim Walzen blieb danach die Zusammensetzung innerhalb der Analysenfehler erhalten. Beim weißen Guß-

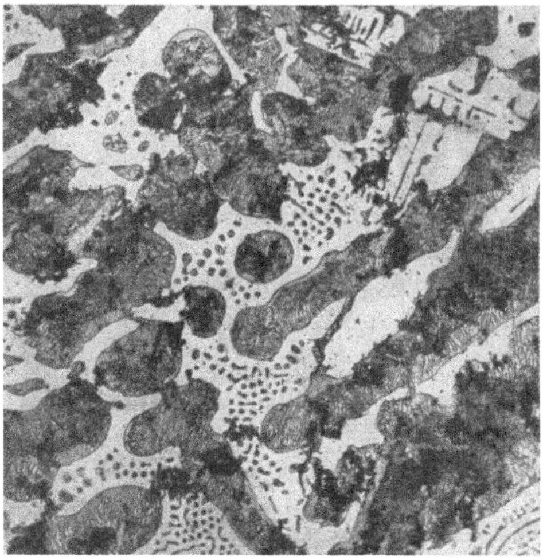

Abb. 970. Weißes Gußeisen mit 3,20% C, 0,45% Si und 0,44% Mn. Ätzung II. Anlieferungszustand. $V = 250$.

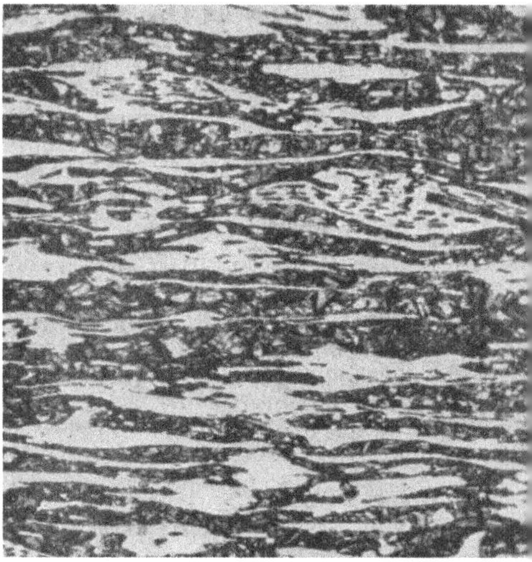

Abb. 971. Wie Abb. 970, aber von 20 mm auf 3 mm warm heruntergewalzt, Gefüge in Walzrichtung. Ätzung II. $V = 250$.

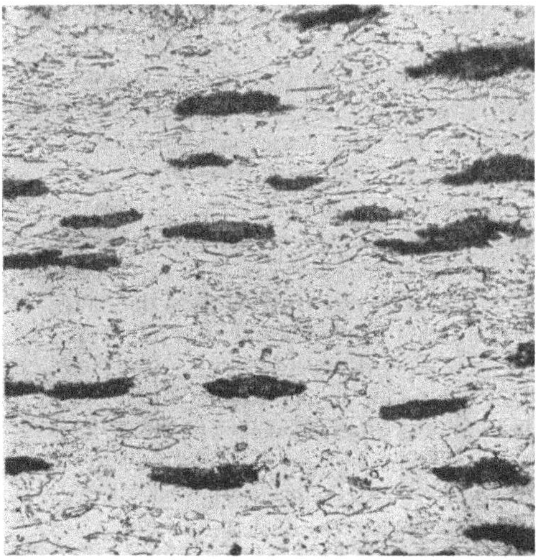

Abb. 972. Material mit 1,44% C, 2,69% Si, 0,63% Mn und 0,025% P bei 1050° gewalzt. Gefüge in Walzrichtung. Ätzung II. $V = 250$.

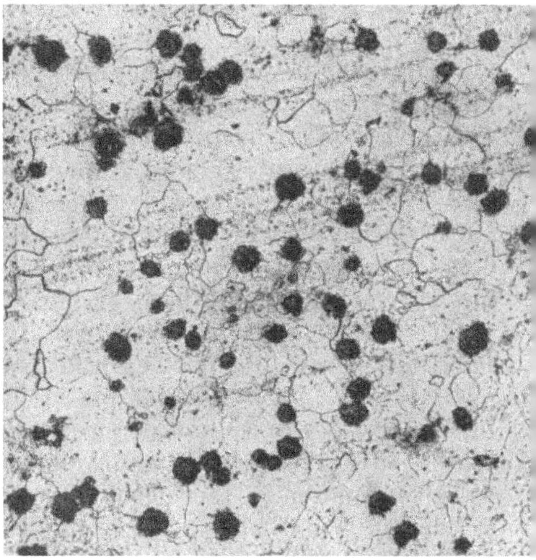

Abb. 973. Wie Abb. 972, aber Gefüge quer zur Walzrichtung $V = 250$.

eisen tritt eine schwache Zunahme des freien Kohlenstoffs ein. Das Schwanken des Gehalts an gebundener Kohle bei der Graugußprobe 2 dürfte auf die Abkühlungsbedingungen bei der Probennahme nach dem Vorwärmen und nach dem Walzen zurückzuführen sein.

Als Beispiel für den Walzvorgang im Rahmen der damaligen Großversuche sei der Walzplan einer 14 mm starken Platine in Zahlentafel 216 mitgeteilt.

Zahlentafel 215. Analysen einiger gewalzter Gußeisenproben.

Gußeisenart		Ges.-C%	Graphit%	Geb.C%	Si%	Mn%	P%	S%
Grauguß Probe 1	a)	3,09	2,40	0,69	1,91	0,45	0,020	0,027
	b)	—	—	—	—	—	—	—
	c)	3,01	2,26	0,75	1,93	0,37	—	—
Grauguß Probe 2	a)	3,81	3,13	0,68	2,37	0,37	0,032	0,023
	b)	3,49	2,44	1,05	2,40	0,39	0,033	0,026
	c)	3,53	3,04	0,49	2,40	0,37	—	—
Gußeisen, weiß, Probe 3	a)	3,20	0,04	3,16	0,45	0,44	0,034	0,024
	b)	3,05	0,05	3,00	0,45	0,45	0,033	0,026
	c)	3,03	0,20	2,83	0,45	0,45	0,035	0,025
Legiertes Gußeisen, Probe A		3,64	3,03	0,61	0,62	0,89	0,029	0,021
			legiert mit 14% Nickel					
Legiertes Gußeisen, Probe B		3,46	3,00	0,46	1,88	0,95	0,024	0,021
			legiert mit 13,8% Nickel					
Schnelltemperguß	1a)	1,44	—	—	2,69	0,63	0,025	0,025
	2a)	1,28	—	—	2,74	0,46	0,040	0,024
	3a)	1,30	—	—	2,68	0,27	0,047	0,025

Über die in einer Hitze erreichten Dickenabnahmen und die dazu erforderliche Stichzahl unterrichtet die Zahlentafel 217.

Die Anrisse infolge zu starken Absinkens der Walztemperatur erfolgten ausschließlich an den Seitenkanten. Anstich- und Auslaufkante waren durchweg rißfrei.

Auch stärkere Platten konnten verwalzt werden. Beispielsweise konnte eine 26 mm starke Platte aus Grauguß 1 (s. Zahlentafel 215) in 7 Stichen mit nur einmaligem Wiedererhitzen nach dem 4. Stich auf 6 mm Stärke heruntergewalzt werden. Durch Walzen zwischen gewöhnlichen Eisenblechen gelang es, diese Platte auf 0,25 mm Stärke auszuwalzen. Hierbei trat jedoch eine starke Entkohlung ein, die den C-Gehalt bis auf 1,23% absinken ließ. Durch Verwendung von Stahlblechen mit 1,5% C zum Auswalzen des legierten Gußeisens A konnte der Kohlenstoffgehalt vollständig erhalten werden.

Zahlentafel 216. Übersicht über die Dickenabnahme der gewalzten Platten.

Stich	Dicke in mm	Dickenabnahme in mm	je Stich in %	Gesamtabnahme in %
0	14	—	—	—
1	11,2	2,8	20	20
2	8,8	2,4	21,8	37,0
3	6,8	2,0	22,7	51,5
4	5,2	1,6	23,5	62,5
5	4,0	1,2	23,1	71,3

Zahlentafel 217. Dickenabnahme und Stichzahl bis zum Anreißen an den Kanten.

Gußeisen	Stichzahl	Dickenabnahme in %
Grauguß, Probe 1	4	62,5
Grauguß, Probe 2	2	37,0
Gußeisen, weiß	4	62,5
Gußeisen, legiert, A und B	2	37,0

Die Walztemperatur soll, wie die Nippersche Patentschrift angibt, zwischen etwa 950 und 1150° C liegen. Bei höheren Phosphorgehalten müssen mit Rücksicht auf die Bildung niedrigschmelzender Eutektika die Walztemperaturen an der unteren Grenze des angegebenen Bereiches liegen.

Durch Auswalzen von Gußeisen gemeinsam mit Stahl ergibt sich ein festverschweißter Verbundwerkstoff. Im Stahlblech bildet sich eine zementierte

Übergangszone aus, die belegt, daß die Verbindung durch Diffusion hergestellt ist und ein Loslösen oder glattes Abreißen nicht eintreten kann.

Gewalztes Gußeisen der Graugußprobe 1 ließ sich einwandfrei elektrisch stumpfschweißen. Die Zerreißprobe ging neben der Schweißnaht zu Bruch bei einer Belastung von 30 kg/mm². Auch nach einem Bericht von D. F. FORBES, Präsident der Gunite Foundries in Rockford, USA., gelingt es, weißes Gußeisen in Blöcke zu gießen und auszuwalzen (*1*). Auch graues Gußeisen sei dort schon mit Erfolg verwalzt worden, wenngleich das Anwendungsgebiet für gewalztes graues Eisen eingeschränkter erscheine. A. ULITOWSKIJ (*2*) berichtete über neuere Versuche zur Warmverarbeitung von Gußeisen für dünnwandige Massenteile. In nachstehenden Ausführungen sei einem Referat von G. HIEBER (*3*) über die zitierte Arbeit gefolgt. Danach wird das zur Anfertigung eines Stückes erforderliche Gußeisen im Hochfrequenzofen eingeschmolzen und unmittelbar in eine darunterstehende Matrize vergossen, wonach sofort die Patrize durch Bedienen eines Hebels gesenkt wird. Nach einem Sekundenbruchteil wird durch Betätigung des gleichen Hebels das Guß- oder besser gesagt „Preßstück“ aus der Form herausgeworfen. Bei dem gepreßten Stück ist nur die Oberfläche durch Abschrecken erstarrt, während das Innere des Stückes noch flüssig bleibt. Infolge der kurzen Preßzeiten ist die Wärmebeanspruchung der bei diesen Versuchen verwendeten Graugußmatrizen nur gering, so daß sie zur Erzeugung einer großen Anzahl von Werkstücken verwendet werden können. Nach dem geschilderten Verfahren werden kleine Teile für elektrische Meßgeräte erzeugt, und zwar auf einer technisch noch nicht vollkommen durchgebildeten Presse in einer Schicht bis zu 1400 Stück von etwa 5 g Fertiggewicht, wobei sie die nötigen Festigkeitseigenschaften haben und die Umrisse der Matrizen sehr genau wiedergeben. Bereits seit zwei Jahren beträgt die monatliche Erzeugung 50000 bis 100000 Preßteile?

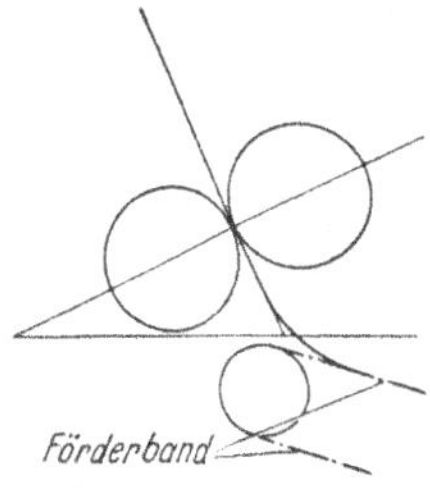

Abb. 974. Walzenanordnung zur direkten Herstellung dünner Bänder aus flüssigem Gußeisen (ULITOWSKIJ).

Außer Preßteilen versuchte A. ULITOWSKIJ in grundsätzlich gleicher Weise auch dünne Gußeisenbänder herzustellen. Hierzu wird das geschmolzene Metall mit einem Trichter zwischen zwei Walzen vergossen, deren Walzenebene von der Lotrechten um einen gewissen Winkel abweicht (Abb. 974). Die aufgegossene Metallmenge und die Walzgeschwindigkeit wurden so aufeinander abgestimmt, daß das aus den Walzen austretende Band nicht durchgehend aus festem Metall besteht, sondern nur oberflächlich eine erstarrte Schicht hat, während es innen noch flüssig ist (*4*). Die geringe Festigkeit des Bandes beim Verlassen der Walzen infolge der dünnen, erstarrten Oberflächenschicht führte zu der erwähnten Schrägstellung der Walzenebene, die so gewählt wurde, daß die Beanspruchung des Bandes beim Verlassen der Walzen möglichst gering war. Außerdem wurde das Metallband zur Gewichtsentlastung von einem Förderband aufgefangen, welches man so angeordnet hatte, daß das Band eine möglichst geringe Knickung erfuhr. Die Beschaffenheit der Oberfläche des so hergestellten Metallbandes hängt von der Walzenoberfläche ab, so daß bei entsprechend sauber polierten Walzen Bänder mit sehr gleichmäßiger und sauberer Oberfläche hergestellt werden konnten. ULITOWSKIJ schildert dann die Schwierigkeiten dieser Arbeitsweise, bei der die Gieß- und Walzgeschwindigkeit und die Lage der Walzenebene aufeinander genau abgestimmt werden müssen. Es soll jedoch gelungen sein (*5*), Bänder von 0,3 (?) bis 3 mm Dicke in Längen bis zu 4 m auszuwalzen.

Die Festigkeitseigenschaften warmverformten Gußeisens sind außerordentlich gute. So hatte schon H. A. NIPPER festgestellt, daß z. B. die Zugfestigkeit gewalzten grauen Eisens in der Längsrichtung bis zu 75 kg/mm² betrug bei einigen Prozent Dehnung und das am Material, so wie es aus der Walze kam. Gewalzter Temperguß ergab Festigkeiten bis zu 120 kg/mm² bei 5% Dehnung im Walzzustand und 50 bis 60 kg/mm² bei 15 bis 20% Dehnung im geglühten Zustand. Abb. 975 zeigt nach W. D. Jones (*6*), wie durch das Warmverpressen von Gußeisen sowohl Festigkeit, Härte als auch die Dichte erheblich ansteigen, wobei allerdings erst oberhalb 850° die Verbesserung des Gußeisens durch die Warmverpressung sprunghaft gesteigert wird, um von etwa 1000° wieder abzufallen.

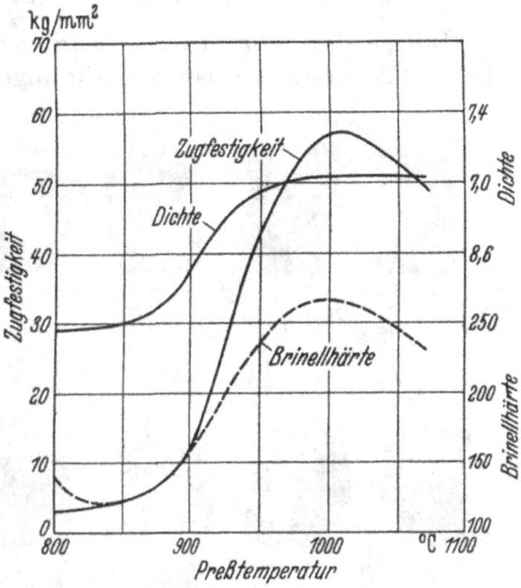

Abb. 975. Eigenschaften von Preßgußeisen in Abhängigkeit von der Preßtemperatur (W. D. Jones).

Im Aachener Gießerei-Institut untersuchten H. Nipper und E. Piwowarsky (*7*) die Warmstauchfähigkeit von Gußeisen, der in Zahlentafel 218 mitgeteilten Zusammensetzung.

Schmelze 1 fiel weiß, die übrigen Schmelzen waren grau bei rein perlitischem Grundgefüge.

In einer ersten Versuchsreihe wurden die Proben stufenweise nach jedesmaligem Wiedererhitzen bis zum Anriß gestaucht. Die Verformungsgrade in der ersten Stufe betrugen 9 bis 19%, in den weiteren 3 bis 5%. Als Proben wurden Zylinder von 20 mm Durchmesser und 30 mm Höhe verwendet. Der Zylindermantel war unbearbeitet (d.h. mit Gußhaut). Die Stauchgeschwindigkeit betrug etwa 0,5 mm/s. Die Proben wurden innerhalb 2 bis 3 Stunden auf die Versuchstemperatur erhitzt

Zahlentafel 218.

Nr.	C %	Si %	Mn %	P %	S %	Graphit %	Geb. C %
1	3,28	0,65	0,66	0,138	0,075	0,96	2,32
3	3,15	2,20	0,64	0,135	0,066	2,20	0,95
4	3,09	3,12	0,64	0,135	0,058	2,20	0,89
5	3,09	4,06	0,64	0,133	0,058	2,20	0,89
6	3,04	5,20	0,64	0,134	0,055	2,20	0,84

und dann schnell in die Maschine gebracht. Die folgende Zusammenstellung enthält die bis zum Anriß erzielten Verformungsgrade (Abb. 975a und b):

Versuchstemperatur	Bis zum Anriß erzielte Verformung in % (In Klammern: Zahl der Verformungsstufen)			
°C	Nr. 3	Nr. 4	Nr. 5	Nr. 6
20	18,4 (1)	18,5 (1)	13,0 (1)	17,3 (1)
700	18 (1)	25 (6)	22 (3)	19 (3)
800	27 (8)	30 (6)	28 (4)	31 (4)
900	29 (5)	30 (6)	24 (4)	19 (3)

Die zweite Versuchsreihe diente zur Bestimmung der in einem Zuge erreichbaren Verformungsgrade. Von jeder Reihe wurden eine Anzahl Proben um 5, 15, 25 und 35% gestaucht und auf Anrisse untersucht. Die Verformungsstufe, die noch anrißfrei war, wurde in die folgende Zusammenstellung eingetragen:

Versuchstemperatur	Intervall, in dem Anrisse erfolgen, in %				
°C	Nr. 1	Nr. 3	Nr. 4	Nr. 5	Nr. 6
700	15—25	5—15	5—15	25—35	25—35
800	15—25	5—15	25—35	25—35	25—35
900	35—45	5—15	15—25	15—25	15—25

Infolge der sehr groben Stufung der Verformung kommt der tatsächliche Eintritt der ersten Anrisse nur sehr ungenau zum Ausdruck; die beiden Zusammenstellungen belegen jedoch, daß sich sowohl weißes wie graues Gußeisen schon bei den verhältnismäßig niedrigen Temperaturen von 700 bis 900° innerhalb sehr großer Unterschiede im Siliziumgehalt durch Stauchen weitgehend verformen läßt. Im Gegensatz zum Stauchversuch bei Raumtemperatur, bei der der Bruch mit der bekannten Rutschkegelbildung eintritt, bilden sich bei höheren Temperaturen Längsrisse aus, ohne daß es immer zum Bruch kommt. Häufig läßt sich die Probe zur flachen Platte mit mehr oder minder eingezacktem Rand auspressen. Den Verformungswiderstand K beim Stauchen zeigt Abb. 976. Die mit „Druckfestigkeit" bezeichneten Werte wurden bestimmt durch Bildung des Quotienten:

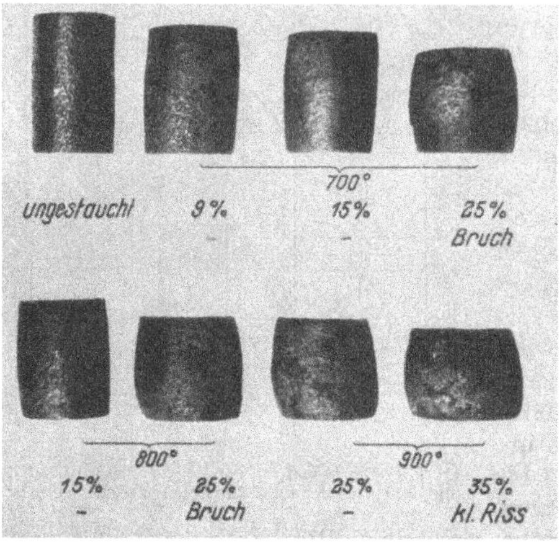

Abb. 975a. Warmstauchversuche an einem weißen Gußeisen mit 3% C; 0,6% Si; 0,6% Mn; 0,14% P (7).

$$K = \frac{P}{F_x}.$$

(Maximale Lastanzeige P bei einer Verformung von 15%; rechnerischer Durchschnittsquerschnitt F_x bei dieser Verformung nach dem Verfahren von HENNECKE, Diss. Aachen 1926 und Werkstoffausschußbericht Nr. 94). Mit der hervorragenden Verformbarkeit des weißen Gußeisens der Schmelze 1 geht also ein beträchtlicher, mit zunehmender Temperatur geringer werdender Formänderungswiderstand parallel. Der steigende Siliziumgehalt wirkt ebenfalls stark erniedrigend auf den Kraftbedarf beim Stauchen.

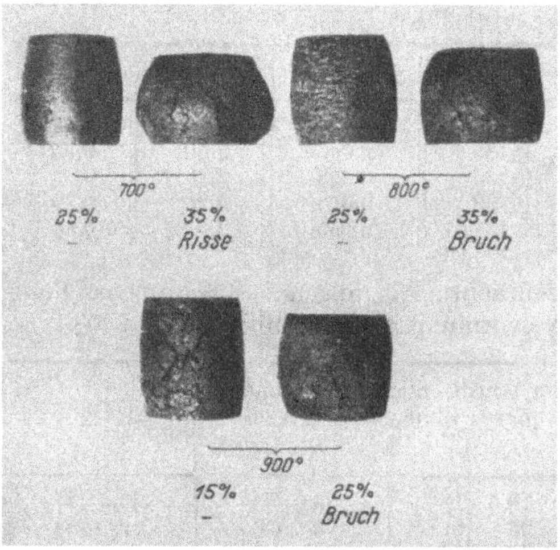

Abb. 975b. Warmstauchversuche an einem grauen Gußeisen mit 3% C; 5,2% Si; 0,65% Mn; 0,14% P (7).

Die Rekristallisation von Gußeisen. Im Anschluß an die erwähnten Versuche des Aachener Gießerei-Instituts über die Warmstauchfestigkeit von Gußeisen ließ E. PIWOWARSKY Versuche anstellen über das Verhalten von Gußeisen bei der

Rekristallisation. Im Zusammenhang mit dem Warmwalzen bzw. Warmpressen von Gußeisen mußten ja derartige Feststellungen von Bedeutung sein, da sie geeignet sind, Aufklärung zu bringen über die Vorgänge während des Verformungsprozesses. Voraussetzung einwandfreier Untersuchungen war allerdings, daß das zu untersuchende Material in ferritisch-geglühter Form vorlag. Eine Schwierigkeit bei der Untersuchung der Rekristallisation von Gußeisen stellte allerdings die Bestimmung der jeweiligen Ferritkorngröße dar, da das Ferritkorn je nach Anordnung des Graphits in seinen Wachstumsvorgängen mehr oder weniger stark gehindert wurde. Die nachstehenden mitgeteilten Versuchsergebnisse lassen jedoch erkennen, daß die Rekristallisation des Gußeisens weitgehende Ähnlichkeit mit den Vorgängen bei anderen Metallen hat.

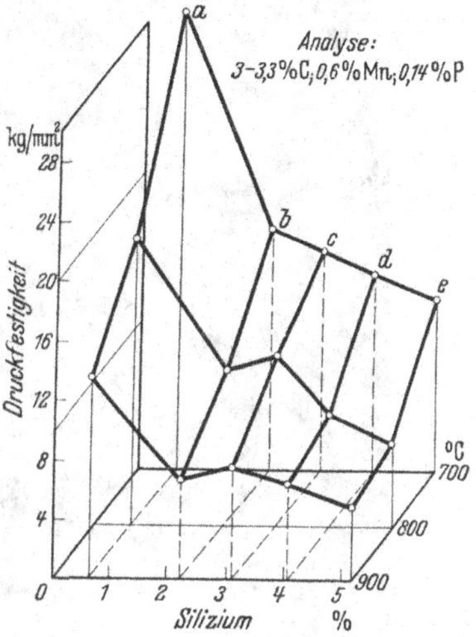

Abb. 976. Warmdruckfestigkeit von Gußeisen (H. NIPPER und E. PIWOWARSKY mit R. FELDHOFF).

Für die Versuche standen 6 Graugußschmelzen zur Verfügung, deren Zusammensetzungen der Zahlentafel 219 zu entnehmen sind.

Die Schmelzen wurden bei einer Glühbehandlung bei 850° ferritisiert. Das Untersuchungsverfahren bestand darin, daß kleine zylindrische Proben von 20 bis 25 mm Durchmesser durch Stauchen um den gewünschten Betrag verformt und daran anschließend einer Glühbehandlung unterworfen wurden. Nach dem Glühen wurden die Proben aufgeschnitten und mikroskopisch untersucht. Die Entwicklung der Korngrenzen des Ferrits erfolgte mit 3proz. alkoholischer Salpetersäure. Naturgemäß wurde durch die lange Ätzzeit, die zum Hervorrufen klarer Korngrenzen erforderlich war, das Material in der Nähe des Graphits stärker angegriffen, so daß der Graphit selbst verbreitert und unscharf erscheint. Bei einer Rekristallisationstemperatur von 500°

Zahlentafel 219.

Bezeichnung[1]	C %	Si %	Mn %	P %	S %
2 S, 2 K	3,1	2,04	0,54	0,086	0,048
3 S, 3 K	2,38	3,24	0,60	0,104	0,046
P 3	2,16	1,67	0,27	0,35	0,016
L 3	3,19	1,75	0,74	0,33	—

war in keinen Fällen, selbst nach Stauchungen um 30%, irgend eine Gefügeumbildung durch das rekristallisierende Glühen zu beobachten. Die Auswirkung einer Glühung bei 600° war nicht völlig eindeutig. Da ferner in diesen Fällen, z. B. nach 10- bis 20proz. Verformung, die ursprünglichen Gleitlinien noch zu erkennen waren, dürfte auch diese Temperatur noch unterhalb der Rekristallisationsschwelle selbst für Verformungsgrade von 20% liegen. Bei 700° war nach 15proz. Stauchung der Schmelze 2 S und 2stündiger Glühung eine starke Kornumbildung, und zwar eine Grobkornbildung zu beobachten, während ein Verformungsgrad von 7% noch keine Kornveränderung ergab. Bei 750° führte bereits eine 8proz. Stauchung zu einer starken Korn-

[1] S = Sandguß, K = Kokillenguß.

vergröberung gegenüber dem Anlieferungszustand, wie Abb. 978 gegenüber Abb. 977 erkennen läßt. Nach 20proz. Stauchung war die Kornvergröberung gegenüber der 8proz. Stauchung wesentlich vermindert (Abb. 979), jedoch gegenüber dem Anlieferungszustand (Abb. 977) erheblich vergröbert. Die 3 letztgenannten Abbildungen beziehen sich auf die mit P_3 bezeichneten Schmelze. Es konnte im übrigen im Rahmen der Untersuchungen beobachtet werden, daß bei Tempera-

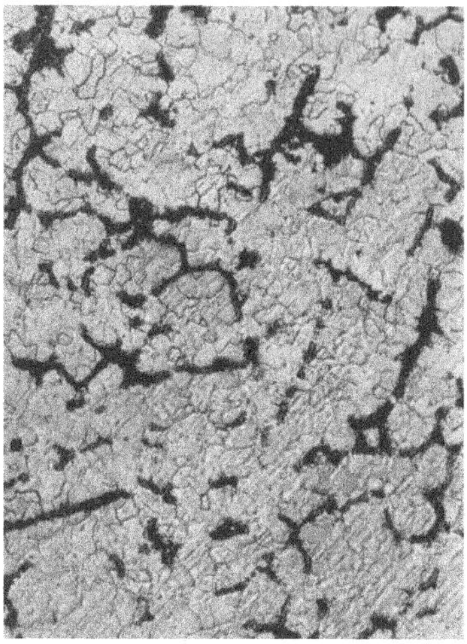

Abb. 977. Ausgangsgefüge Schmelze P_3 ($V = 250$).

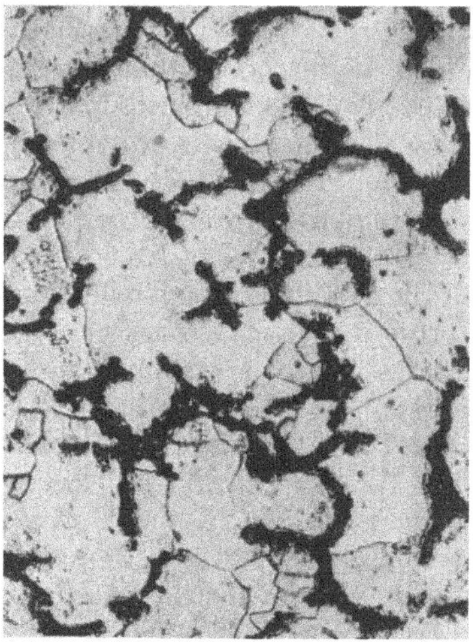

Abb. 978. 8% verformt und bei 750° 2 Std. lang rekristallisiert ($V = 250$).

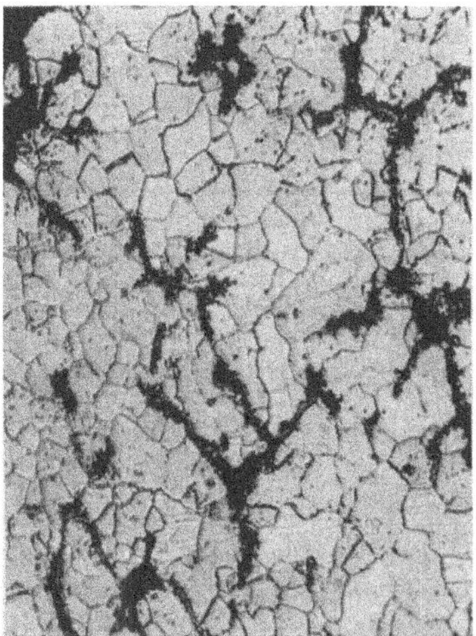

Abb. 979. 20% verformt, sonst wie Abb. 978.

Zahlentafel 220. Einfluß des Stauchgrades und der Glühdauer auf die Ferritkorngröße eines Gußeisens.

Lage im Schliff	Stauchgrad in %	Glühtemp. in °C	Glühzeit in St.	Korngröße in μ^2
Einfluß des Stauchgrades:				
Rand .	0	—	—	290
Mitte .	—	—	—	480
Rand .	8	750	2	1885
Mitte .	—	—	—	1146
Rand .	12	750	2	2375
Mitte .	—	—	—	1216
Rand .	15	750	2	976
Mitte .	—	—	—	725
Rand .	20	750	2	809
Mitte .	—	—	—	498
Einfluß der Glühdauer:				
Mitte .	12	750	2	1216
Mitte .	12	750	5	1305
Mitte .	12	750	8	2225

turen etwa unter 800° eine zweistündige Glühzeit nicht ausreichte, um die Kornveränderungen durch das rekristallisierende Glühen zu Ende zu führen. So läßt z. B. Zahlentafel 220, die sich auf die Untersuchungen an der Schmelze 2 S bezieht, erkennen, daß bei einer Glühtemperatur von 750° eine 8proz. Stauchung zu einer geringeren Kornvergröberung führte als die 12proz. Stauchung. Wenn man jedoch die Glühdauer über 5 auf 8 St. verlängerte, so ergab sich auch hier ein weiteres Anwachsen der Korngröße, die möglicherweise bei weiterer Glühdauer noch weiter angehalten hätte. Dies vorausgesetzt würde auch bei ferritischem Grauguß die Beziehung zwischen Stauchgrad, Glühtemperatur und Korngröße denselben Gesetzmäßigkeiten folgen, wie dies bei den bisher auf ihre Rekristallisationserscheinungen hin untersuchten Metallen und technischen Nutzlegierungen beobachtet worden ist. Es wurden weiterhin auch noch Glühungen bis zu Temperaturen von etwa 1000° durchgeführt. Da jedoch beim Überschreiten des Umwandlungspunktes Überlagerungen des Rekristallisationskornes durch die Umkristallisation auftraten, konnten die Beziehungen nicht so weit verfolgt werden, daß sie zur Aufstellung eines völligen Rekristallisationsdiagramms ausgereicht hätten.

b) Kaltverformung.

B. Garre (*8*) stellte fest, daß sich Gußeisen dynamisch um einen größeren Betrag bis zum Auftreten der ersten Risse stauchen ließ als statisch. Die Unterschiede waren bei Sondereisen stärker als bei gewöhnlichem Gußeisen, wie folgende Zahlentafel zeigt:

Zahlentafel 221.

Bezeichnung	Stauchung %		Verhältnis dynam. : statisch
	dynamisch	statisch	
Sondergußeisen	14,70	13,00	1,13
Maschinenguß	13,50	12,04	1,12
Gewöhnliches Gußeisen	9,30	9,00	1,03

Leider fehlen in dem Bericht nähere Angaben über den Werkstoff, und auch die Schliffbilder sind nicht klar genug, um aus ihnen Näheres zu ersehen.

Im Aachener Gießerei-Institut wurden in den Jahren 1934 bis 1938 Versuche durchgeführt, die ergaben, daß die Kaltverformbarkeit des Gußeisens unter bestimmten Bedingungen beträchtlich größer war, als man aus den Dehnungswerten des Zugversuches schließen möchte. Durch Stauchen ließen sich bei Raumtemperatur ohne Zwischenglühung Verformungen erzielen, die bis zu 20% Höhenabnahme sowohl bei ferritischem als bei perlitischem Grauguß betrugen. Beim Biegeversuch kann die Durchbiegung und damit die Verformung im Mittelteil des Normalbiegestabes ganz beträchtlich sein und bei statischer Verdrehung konnte an einem Stabe, dessen Schaftlänge gleich dem 10fachen Durchmesser (15 mm Durchmesser) war, ein Verdrehwinkel von fast 90° gemessen werden. Das hierzu verwendete Gußeisen hatte 2,12% C, 2,18% Si und 0,13% P. Der Einfluß einiger Legierungselemente auf den Ausfall des Stauchversuches geht aus folgenden Angaben hervor:

Aus einer Anzahl ferritisch geglühter Schmelzen mit geeignet gewählten Si-, P- und Ni-Gehalten wurden Stauchkörper von 10 mm Höhe und 15 mm Durchmesser gearbeitet, die bei Raumtemperatur bis zum Bruch gestaucht wurden. Die Versuchsergebnisse sind in den Abb. 980 bis 982a zusammengestellt, wo die Druckfestigkeit und die jeweils beobachtete größte Stauchung sowie die Zusammensetzung der Schmelzen enthalten sind.

Der Einfluß des Siliziums (Abb. 980) äußert sich eindeutig in einer beträchtlichen Verminderung der Festigkeit und der Verformbarkeit beim Überschreiten des für die Graphitisierung notwendigen Gehalts. Eine Extrapolation zu niedrigeren Si-Werten verbietet sich, weil durch die hierbei eintretende Stabilisierung der

Karbide wachsende Mengen Perlit und Ledeburit auftreten. Bemerkenswert ist die starke Verformbarkeit der Legierung *b*.

Phosphor beeinflußt die Verformung des Gußeisens in ähnlicher Weise. Die Druckfestigkeit (Abb. 981) wird mit steigendem Phosphorgehalt herabgesetzt. Dagegen wird das Verformungsvermögen wesentlich schwächer beeinträchtigt. Diese Erscheinung ergänzt die bekannte Beobachtung, daß Phosphorgehalte bis 0,35% die Zug- und Biegefestigkeit eher heraufsetzen als vermindern und widerspricht der Auffassung von der stark versprödenden Wirkung mäßiger Phosphorgehalte.

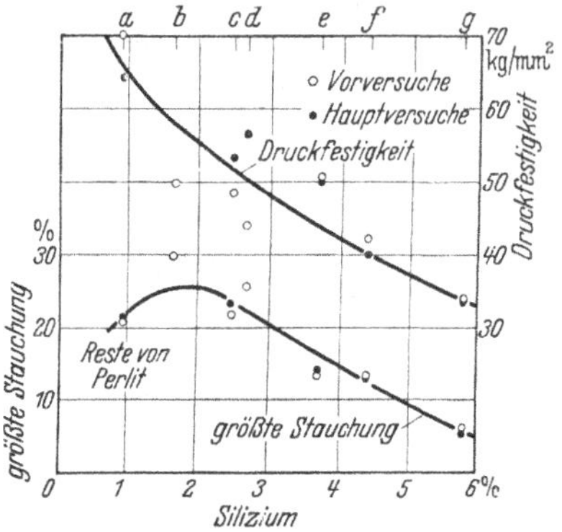

	a	b	c	d	e	f	g
% C . .	3,08	3,04	3,02	2,70	3,01	2,90	2,80
% Si . .	0,92	1,72	2,50	2,64	3,70	4,40	5,80
% Mn .	0,05	0,05	0,06	—	—	—	0,13
% P . .	0,02	0,02	0,024	—	—	—	0,02

Abb. 980. Einfluß von Silizium auf Druckfestigkeit und größte Stauchung von Gußeisen (Gießerei-Institut T. H. Aachen) (7).

Nickel erweist seinen meist günstigen Einfluß auch bei der Verformung des Gußeisens. Druckfestigkeit und Verformbarkeit erfahren innerhalb gewisser Grenzen eine Steigerung (Abb. 982 und 982a). Jedoch ändern sich die Verhältnisse, je nachdem, ob der Nickelgehalt bei gleichbleibendem Siliziumgehalt erhöht, oder aber ein dem Graphitisierungseinfluß gleichwertiger Anteil an Silizium gleichzeitig in Abzug gebracht wird. Eine Verbesserung erfahren Druckfestigkeit und Verformbarkeit durch Anpassung des Si-Gehaltes an den Nickelgehalt. Abb. 982 gibt die Werte bei steigendem Nickelzusatz unter gleichzeitiger Herabsetzung des Si-Gehaltes wieder.

Zusammenfassend kann gesagt werden, daß zur Erzielung guter Kaltverformbarkeit mit dem Si- und dem Ni-Gehalt nicht über den zur Graphitisierung notwendigen Betrag hinausgegangen werden sollte. Einen ersten Anhalt für den Einfluß der Gießbedingungen auf nachträglich ferritisch geglühte Schmelzen, deren Zusammensetzungen der Zahlentafel 219 entnommen werden können, geben die in der folgenden Zahlentafel 222 zusammengestellten Werte.

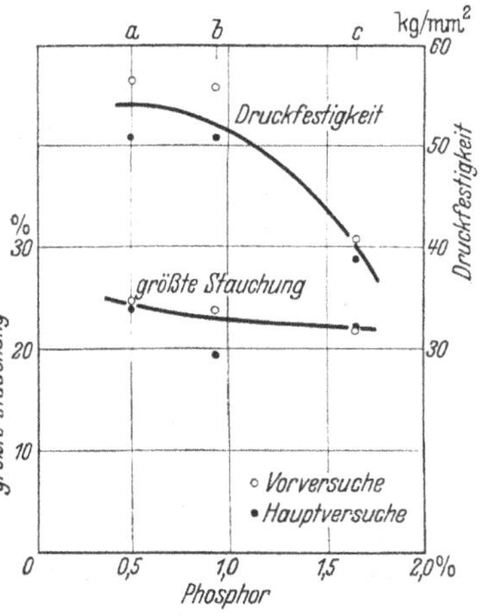

	a	b	c
% C . . .	3,42	3,30	3,20
% Si . . .	1,76	1,76	1,82
% P . . .	0,50	0,88	1,64

Abb. 981. Einfluß von Phosphor auf Druckfestigkeit und größte Stauchung von Gußeisen (Gießerei-Institut T. H. Aachen) (7).

Zahlentafel 222.

Schmelze	Formart	Druckfestigkeit kg/mm²	Größte Stauchung %
2 K	Kokille	86,6	31,6
2 S	Sand	55,7 (?)	27,2
3 K	Kokille	99,8	29,6
3 S	Sand	70,3	33,6

Die durch die Gießart bedingte höhere Druckfestigkeit der in Kokille gegossenen Schmelzen ist nach der Glühung bestehen geblieben. Die Verformbarkeit liegt mit 27 bis 33,6% bei recht hohen Werten, jedoch läßt sich aus diesen Angaben noch kein eindeutiger Schluß über den Einfluß der Gießbedingungen auf die Verformbarkeit ziehen.

Sollte die Kalt- und Warmverformung von Gußeisen einmal in stärkerem Ausmaß betrieben werden, so dürfte es an Absatzgebieten für dieses Spezialprodukt nicht fehlen, da die hohe Dämpfungsfähigkeit, die Kerbunempfindlichkeit, die guten Korrosionseigenschaften, wahrscheinlich auch der größere Widerstand gegen Altern usw. spezifisch wertvolle Eigenschaften sind, die z. B. bei der Herstellung von Fundamentplatten, Rahmen, Trägern, Eisenbahnschwellen usw. aus gewalztem Gußeisen bzw. zu Blechen verwalzten und später durch Schweißen zusammengeformten Werkstücken von besonderem Vorteil sein dürften. Hierbei ist zu beachten, daß durch die starke Parallelschichtung des Graphits in Walzrichtung (Abb. 972) in vielen Fällen noch eine weitere Verbesserung mancher Werkstoffeigentümlichkeiten des Gußeisens, vor allem der Kerbsicherheit und des chemischen Verhaltens, eintreten dürfte. Auch das Walzen austenitischen, unmagnetischen Gußeisens dürfte hinreichend Absatzgebiete finden.

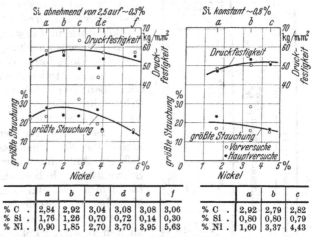

Es liegt nicht nur an dem Einsatz der Wissenschaftler und Forscher, sondern auch an dem Interesse der Praktiker, in welchem Ausmaß dieses aussichtsreiche Formgebungsverfahren für Gußeisen in Deutschland schneller entwickelt wird als im Ausland.

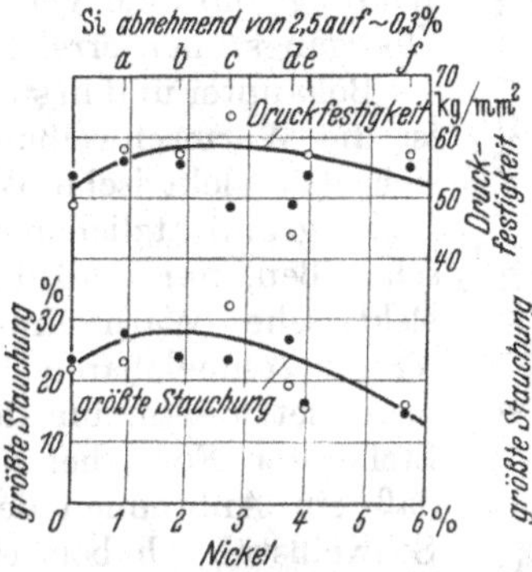

	a	b	c	d	e	f
% C .	2,84	2,92	3,04	3,08	3,08	3,06
% Si .	1,76	1,26	0,70	0,72	0,14	0,30
% Ni .	0,90	1,85	2,70	3,70	3,95	5,63

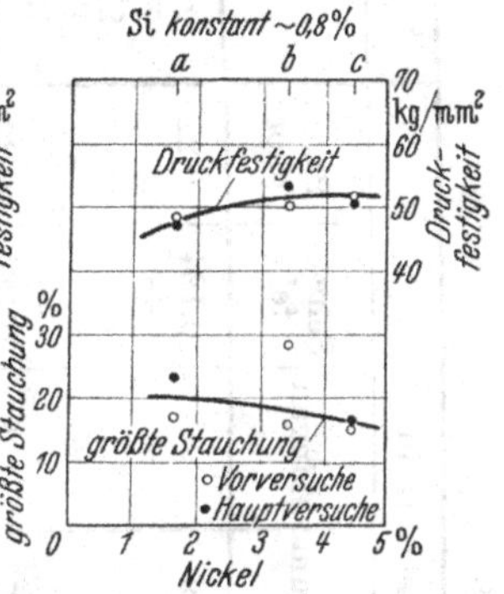

	a	b	c
% C .	2,92	2,79	2,82
% Si .	0,80	0,80	0,79
% Ni .	1,60	3,37	4,43

Abb. 982 (links) und 982a (rechts). Einfluß von Nickel auf Druckfestigkeit und größte Stauchung von Gußeisen mit wechselndem bzw. gleichbleibendem Si-Gehalt (Gießerei-Institut T. H. Aachen) (7).

Schrifttum zum Kapitel XXII.

(1) Vgl. Foundry Trade J. Bd. 58 (1938) S. 341.
(2) Ulitowskij, A.: Stal Bd. 7 (1937) S. 99.
(3) Hieber, G.: Ref. Stahl u. Eisen Bd. 58 (1938) S. 524.
(4) Lippert, T. W.: Iron Age Bd. 135 (1935) S. 10.
(5) Kalaschnikow, A. G.: Teori. prakt. met. Bd. 9 (1937) S. 72.
(6) Jones, W. D.: Foundry Trade J. Bd. 59 (1938) S. 401; vgl. Stahl u. Eisen Bd. 59 (1939) S. 1074.
(7) Nipper, H., u. E. Piwowarsky: Gießerei Bd. 28 (1941) S. 305.
(8) Garre, B.: Gießerei Bd. 15 (1928) S. 792.

XXIII. Das Schweißen von Gußeisen.

Grauguß bzw. Gußeisen lassen sich einwandfrei schweißen. Man unterscheidet grundsätzlich zwischen Kaltschweißung und Warmschweißung. In beiden Gruppen ist sowohl Gasschweißung (Autogenverfahren) als auch Elektroschweißung möglich.

Kaltschweißung wird dort angewandt, wo es nicht möglich ist, das Gußstück anzuwärmen. Man verwendet hier meistens siliziumreiche Elektroden. Die Kalt-

Zahlentafel 223.

Bild	Behandlung	Zusammensetzung in %							Brinellhärte				
		Kohlenstoff			Silizium	Mangan	Schwefel	Phosphor	Einzelwerte				Mittelwerte
		gesamt	gebunden	freier									
1	Gußanlieferungszustand	3,23	0,88	2,35	1,89	0,81	0,124	0,22	212	204	213	212	210
2	nach 30 min bei 450—550° C	3,25	0,86	2,39	—	—	—	—	217	206	204	212	210
3	nach 10 min bei 700—800° C	3,23	0,88	2,35	—	—	—	—	210	208	203	215	209
4	nach 20 min bei 700—800° C	3,21	0,69	2,52	—	—	—	—	182	179	164	174	175
5	nach 120 min bei 700—800° C	3,24	0,41	2,83	—	—	—	—	151	142	144	147	146
6	nach 480 min bei 700—800° C	3,21	0,28	2,93	1,87	0,79	0,122	0,22	139	131	124	119	128

schweißung von Gußeisen wird bei mechanisch hochbeanspruchten Teilen oft nur ungern angewendet, weil mit ihr im allgemeinen geringere Festigkeitseigenschaften als mit der Warmschweißung erzielt werden. Vielfach aber verbietet insbesondere die Form des Gußstückes eine Vorwärmung. Für die Fälle, bei denen dann doch auf die Kaltschweißung zurückgegriffen werden muß, wurde durch Metallisieren der Schweißflanken eine Erhöhung der Zugfestigkeit der Schweißverbindung und eine Verminderung der Härte der Übergangszonen erreicht (*6*).

Bekannter und in steigendem Maße angewandt ist die Warmschweißung. Hierbei unterscheidet sich das elektrische Warmschweißen in vielen Fällen grundsätzlich nur wenig vom alten Schmelzschweißen, nur muß die Form für das moderne elektrische Warmschweißen aus gutleitenden, schwer schmelzbaren Formkohleplatten zusammengesetzt sein, um den Lichtbogen von jeder Stelle der Form herausziehen zu können, ohne daß ein Anbrennen der Formteile erfolgt. Die Schweißstäbe haben einen Durchmesser von 5 bis 15 mm und eine Länge von 50 bis 100 cm. Man braucht Stromstärken von 400 bis 600 A bei 50 bis 60 V Spannung. Die Elektroden sind an den positiven Pol anzuschließen. Doch findet man auf einzelnen Werken bereits Schweißaggregate mit 100 kVA Leistung. Mit Stahlelektroden ist eine gesunde Warmschweißung fast unmöglich, da die Schweißnaht meistens blasig wird. Kaltschweißung mit Stahlelektroden gibt hinreichende Bindung, doch kann nach C. STIELER (*1*) Gewähr für Dichte und Festigkeit nicht übernommen werden. Ist Kaltschweißung aus betriebstechnischen Gründen notwendig, so erzielt man unter anderem mit Elektroden aus Monelmetall (70% Ni, 30% Cu) eine gut bearbeitbare dichte Schweißnaht. Für die elektrische Warmschweißung verwendet man nach den Erfahrungen bei Edm. Becker A.-G., Leipzig (*2*) am besten Schweißstäbe, deren Siliziumgehalt um 0,7% höher ist als der Siliziumgehalt des zu schweißenden Gußstückes. Die Teile um die Schweißstelle herum müssen vorsichtig auf etwa 450 bis 550° C angewärmt werden. Dann reichen selbst 30 Minuten Glühdauer noch nicht aus, das Gefüge des Gußkörpers zu verändern. Je höher die Anwärmtemperatur über etwa 500° hinausgeht, um so kürzer muß die Anwärmezeit sein, denn bei 700° C führt eine längere Anwärmzeit als etwa 10 Minuten bereits zu einer zunehmenden Veränderung des Grundgefüges, insbesondere zu Karbidzerfall usw.; vgl. Zahlentafel 223 nach H. REININGER (*3*). Zahlentafel 224 nach der gleichen Quelle (*3*) gibt verschiedene Zusammensetzungen bewährter Gußeisen-Schweißstäbe wieder.

G. KRITZLER und G. ARNOLD (*7*) konnten zeigen, daß einfache und senkrecht zur Schweiße nicht zu breite Gußeisenteile sich autogen ohne Vorwärmung verschweißen lassen. Der erste Teil der Naht muß jedoch in einem bestimmten Pilgerschrittschweißverfahren ausgeführt werden. Auch ist es ratsam, am Anfang der Schweißnaht den umgebenden Grundwerkstoff sowohl in Richtung der Schweißnaht wie auch senkrecht dazu mit dem Brenner gut anzuwärmen, um unerwünschte Spannungen zu vermeiden. Maßgebend für die Festigkeit der Verbindung ist u. a. der gewählte Zusatzwerkstoff.

Zahlentafel 224. Chemische Zusammensetzung bewährter Gußeisen-Schweißstäbe.

Lfde. Nr.	Zusammensetzung in %				
	Gesamtkohlenstoff	Silizium	Schwefel	Mangan	Phosphor
1	3,20	3,29	0,075	0,50	0,23
2	3,05	3,36	0,074	0,56	0,60
3	3,25	2,76	0,076	0,52	0,48
4	3,23	3,24	0,076	0,46	0,32
5	3,20	2,09	0,073	0,34	0,20
6	3,30	2,71	0,070	0,49	0,44

Das zur Verschlackung der Verunreinigungen und Abdeckung der Schweißstelle während des Schweißens übliche Flußmittel besteht aus einem pulverisierten Gemenge von 80% kalzinierter Soda + 18% Borsäure + 2% Silizium. Die Borsäure kann man auch durch das billigere Borax ersetzen; das Pulver verarbeitet sich dann aber nicht so gut und neigt zum Blähen. Für die Kaltschweißung von Gußeisen lassen sich nach S. W. JERNILOW (*4*) Schweißstäbe mit 3,2% C, 5% Si, 0,5% Mn, 0,3% P und 0,06% S verwenden. Als Umhüllung wurden die in Zahlentafel 225 angegebenen Zusammensetzungen erprobt. Die Bindung erfolgte mit Wasserglas. Nach Angaben von JERNILOW sollen sich die Stäbe hinsichtlich Dichte, Bearbeitbarkeit und Schweißbarkeit gut bewährt haben.

Zahlentafel 225. Zusammensetzung der Umhüllung bei Untersuchungen von S. W. JERNILOW zur Kaltschweißung von Gußeisen.

	I	II	III	IV	V
Karborund . . . . %	65	40	50	—	—
Graphit. . . . . . %	17	30	25	25	30
Aluminium . . . . %	15	3	5	5	5
Bariumkarbonat . . %	3	—	—	—	—
Kreide . . . . . . %	—	17	20	20	15
Krokus . . . . . . %	—	10	—	—	10
Ferrosilizium . . . %	—	—	—	50	40

Da über die Zusammensetzung von Umhüllungen für Schweißelektroden im Schrifttum nur wenig zu finden ist, sei auf Zahlentafel 226 und 227 hingewiesen, wo die Zusammensetzung von Elektrodenumhüllungen nach chemischer Zusammensetzung und Stoffverwendung nach F. E. CARIOTT (*5*) mitgeteilt ist.

Nach C. STIELER (*1*) wendet man das Gasschweißverfahren besonders für

Zahlentafel 226. Zusammensetzung von Elektrodenumhüllungen.

Elektrodenart	SiO_2 %	Fe_2O_3 %	TiO_2 %	MnO_2 %	Al_2O_3 %	CaO %	MgO %	MoO_3 %	Na_2O %	Vergasbare Stoffe %
Gasschutzelektrode	28,32	2,54	12,00	15,85	0,11	0,51	2,99	2,25	7,20	30,66
Titanoxydelektrode	21,75	2,14	47,88	8,35	4,19	3,87	2,99	—	3,66	8,17
Eisenoxydelektrode	29,42	18,73	19,31	19,60	—	4,13	4,49	—	6,30	8,13

Zahlentafel 227.
Werte für die Herstellung der in Zahlentafel 215 angegebenen Elektroden.

Gasschutzelektrode	Titanoxydelektrode	Eisenoxydelektrode
80 Teile Wasserglas von 42,5° Bé	40 Teile Wasserglas	70 Teile Wasserglas
12 Teile Rutil	10 Teile Talkum	20 Teile Rutil
10 Teile Mangankarbonat	10 Teile Kaolin	15 Teile Mangankarbonat
10 Teile Talkum	50 Teile Rutil	20 Teile Eisenerz
5 Teile Ferromangan	6 Teile Kalk	5 Teile Ferromangan
24 Teile Holzmehl	3 Teile Holzmehl	155 Teile Talkum oder Asbest
$2^1/_2$ Teile Ferromolybdän	5 Teile Ferromangan	6 Teile Kalk

kleinere und dünnwandige Gußstücke an, z. B. für Motorzylinder, Teile für Zentralheizungen. Die mechanischen Eigenschaften des mit der Gasflamme niedergeschmolzenen Schweißgutes sowie dessen Gefügeaufbau sind dem bei Elektroschweißung erzielten ähnlich.

Schrifttum zum Kapitel XXIII.

(1) Stieler, C.: Gießerei Bd. 23 (1936) S. 129.
(2) Becker, Edm., A.-G., Leipzig, Mitteilungsblätter vom November 1935.
(3) Reininger, H.: Mitteilungen der Fa. Edmund Becker & Co., Leipzig, November 1935.
(4) Vgl. Lohmann, W.: Fortschritte der Schweißtechnik im ersten Halbjahr 1937. Stahl u. Eisen (Umschau) Bd. 57 (1937) S. 1052.
(5) Cariott, F. E.: J. Amer. Weld. Soc. Bd. 17 (1938) Nr. 3 S. 12; vgl. Stahl u. Eisen Bd. 58 (1938) S. 976.
(6) Krug, P.: Gießerei Bd. 27 (1940) S. 423.
(7) Kritzler, G., u. G. Arnold: Gießerei Bd. 28 (1941) S. 52.

XXIV. Fehlerquellen bei der Gefügeuntersuchung von Gußeisen.

Eine unsachgemäße Vorbereitung der Schliffe für die mikroskopische Untersuchung kann ein völlig falsches Bild vom Aufbau der betr. Legierung ergeben.

An anderer Stelle konnte der Verfasser das graphitische (ungeätzte) sowie das Ätzgefüge von zwei verschiedenen Gußeisensorten mit 3,1% bzw. 3,4% Koh-

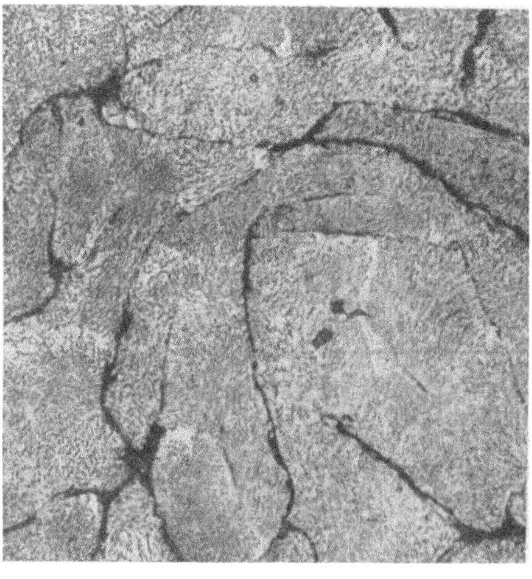

Abb. 983. Zu kurz poliert, der Graphit ist noch zugegratet und der Perlit unnatürlich körnig.

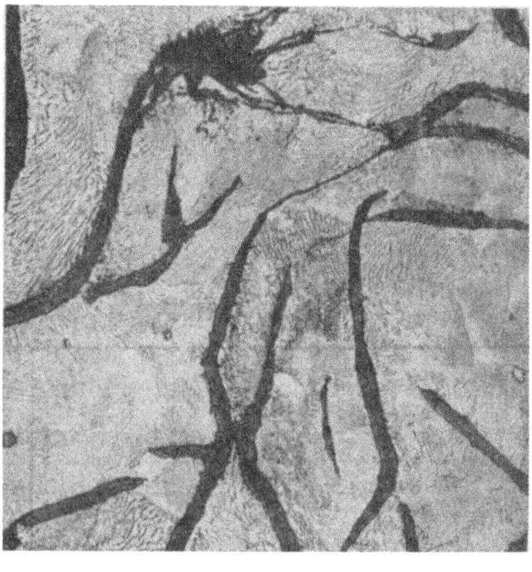

Abb. 984. Richtig poliert, der Graphit ist scharf begrenzt und glatt, der Perlit streifig.

(Aufnahmen: A. Schrader, Techn. Hochschule Berlin.)
$V = 500$.

lenstoff zeigen, wie es in vier führenden Laboratorien Amerikas auf Grund der örtlich verschiedenen Schleif- und Ätzmethoden entwickelt worden war (*1*). Die Unterschiede in der bildlichen Wiedergabe sowohl der Graphitausbildung als auch der Grundmasse waren derart, daß man geneigt wäre zu bezweifeln, ob es sich dort tatsächlich in allen Fällen um ein und dasselbe Material handelt. Und doch konnte A. SCHRADER (*2*) beweisen, daß tatsächlich derartig große Unterschiede

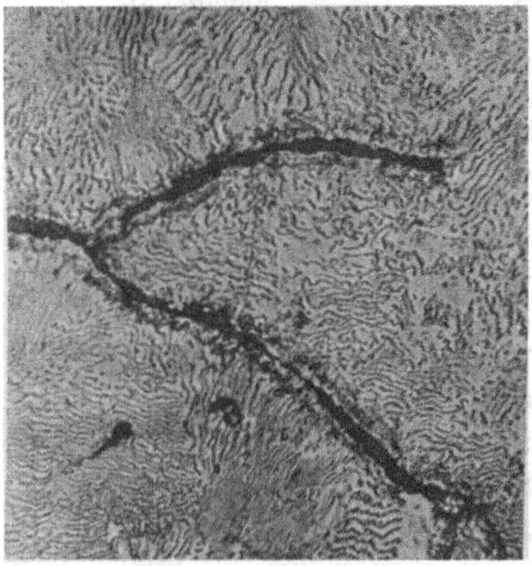

Abb. 985, viel zu kurz poliert

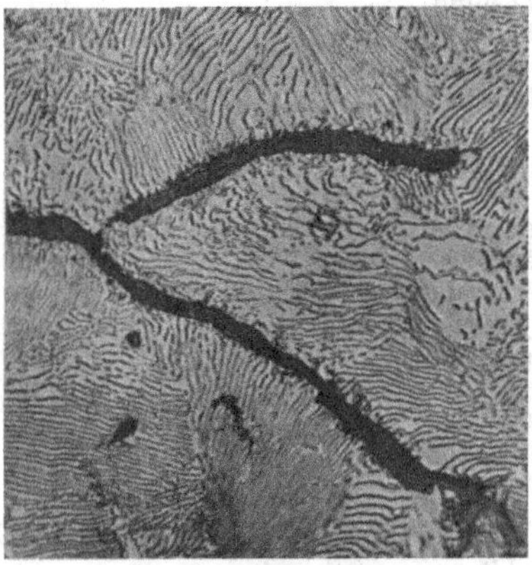

Abb. 986, zu kurz poliert

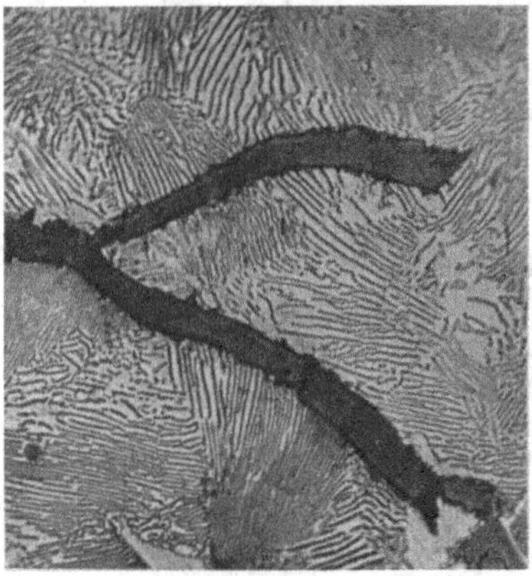

Abb. 987, richtig geätzt und poliert

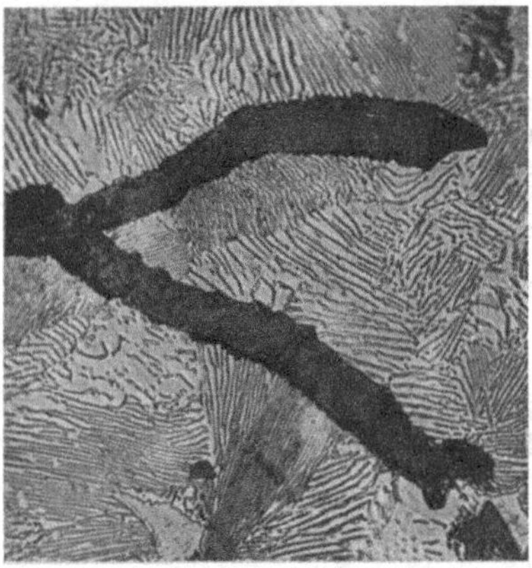

Abb. 988, richtig poliert, aber zu lange geätzt

Abb. 985 bis 988. Ätzgefüge grauen Gußeisens nach verschiedener metallographischer Vorbehandlung (Aufnahmen: M. KRICHEL, Gießerei-Institut der Techn. Hochschule Aachen). $V = 500$.

im Gefügeaufbau vorgetäuscht werden können. Abb. 983 und 984 zeigen den Einfluß des Polierens auf das Grundgefüge von Gußeisen bei 500facher Vergrößerung. In Abb. 983 ist infolge zu kurzen Polierens der Graphit noch zugegratet und der Perlit scheinbar körnig ausgebildet. Abb. 984 nach richtiger Polier- und Ätzdauer läßt den Graphit scharf begrenzt erkennen und zeigt, daß es sich um ein ausgesprochen lamellar-perlitisches Material handelt. Die Abb. 985 bis 988 zeigen das gleiche nach einem Polier- und Ätzversuch im Aachener Gießerei-Institut. Abb. 985 zeigt das durch das Schleifen noch aufgerauhte Gefüge mit dem zugegrateten und darum noch viel zu dünn und ungleichmäßig erscheinenden Graphit. Auch bei Abb. 986 war die Polierzeit noch zu kurz. In Abb. 987 ist Polier- und Ätzzeit richtig gewählt. Der Perlit ist gut lamellar, der Graphit glatt

Zahlentafel 228. Zusammenstellung über die für die Erkennung im polarisierten Licht in Betracht kommenden Gefügebestandteile von Eisen und Stahl.

Art	Zusammensetzung	Kristallaufbau
Nichtmetallische Einschlüsse		
Silikate	$(FeO, MnO)\cdot SiO_2$	hexagonal triklin
Mangansulfid	MnS	kubisch
Eisensulfid	FeS	hexagonal
Kobaltsulfid	CoS	hexagonal
Nickelsulfid	NiS	hexagonal
Molybdänsulfid	MoS_2	hexagonal
Chromsulfid	CrS	unbekannt
Aluminiumoxyd	Al_2O_3	hexagonal
Chromit	$FeO\cdot Cr_2O_3$	kubisch
Eisenoxydul	FeO	kubisch
Eisenoxyd	Fe_2O_3	hexagonal
Eisenoxyduloxyd	Fe_3O_4	kubisch
Berylliumoxyd	BeO	hexagonal
Aluminiumnitrid	AlN	hexagonal
Eisennitride	Fe_4N	kubisch
	Fe_2N	hexagonal
Titannitrid	TiN	kubisch
Zirkonnitrid	ZrN	kubisch
Metallische Gefügebestandteile		
Graphit	C	hexagonal
Zementit	Fe_3C	rhombisch
Chromkarbide	Cr_4C	kubisch
	Cr_7C_3	trigonal
Wolframkarbid	WC, W_2C	hexagonal
Titankarbid	TiC	kubisch
Vanadinkarbid	V_4C_3	kubisch
Eisensilizid	$FeSi_2$	tetragonal
Intermetallische Verbindung im System Fe-Cr	FeCr	nicht sicher bekannt
Martensit	—	kubisch und tetragonal
ε-Phase des Systems Fe-Mn	Mischkristall	hexagonal
Kobalt	α-Kobalt	hexagonal
Schutzüberzüge		
Kadmium	Cd	hexagonal
Zinn	Sn	hexagonal
Zink	Zn	hexagonal

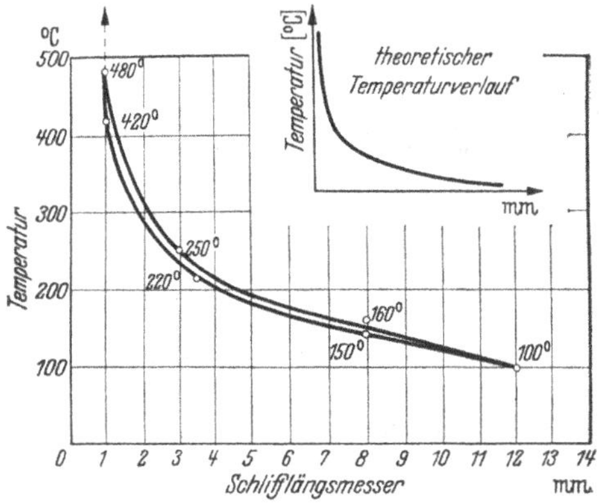

Abb. 989. Temperaturverlauf bei der Herstellung eines Gußeisenschliffs von 30 mm Durchmesser (F. ROLL).

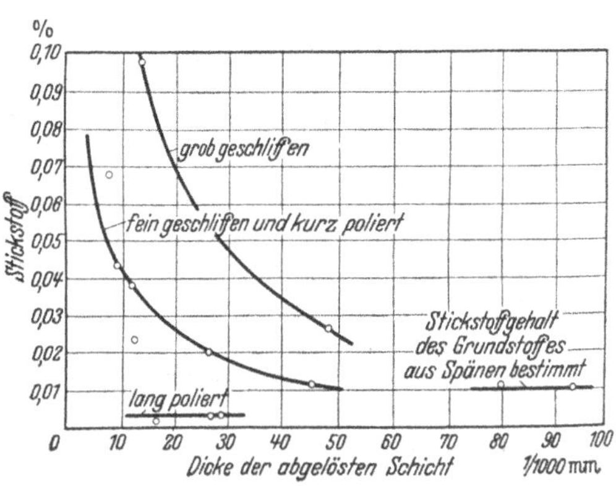

Abb. 990. Mikroanalytisch bestimmte Stickstoffgehalte in der Oberfläche von geschliffenen und polierten Weicheisenschliffen in Abhängigkeit von der Dicke der abgelösten Schicht (nach H. J. WIESTER).

und flächig ausgebildet. Ätzt man den an sich richtig vorbereiteten Schliff zu lange (Abb. 988), so erscheint der Graphit unnatürlich breit und im Gefüge anteilmäßig zu groß, da die Grundmasse um den Graphit herum stark abgetragen ist

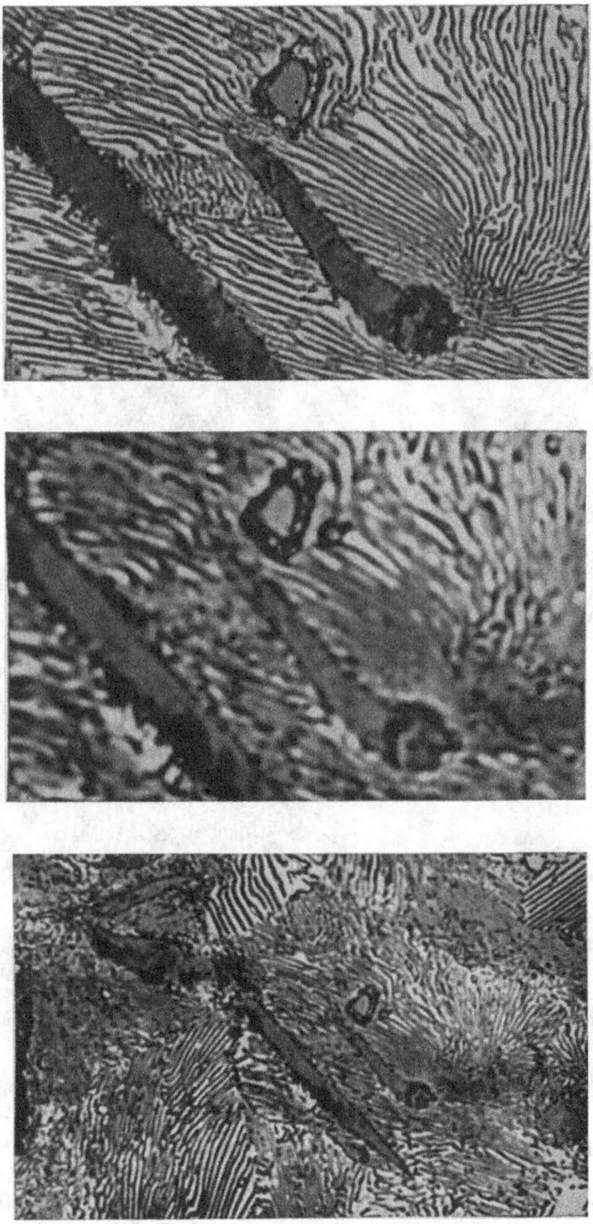

Apochromat 30, num. Apertur 0,65.

$V = 400$ — $V = 1000$: Apochromat 15, num. Apertur 0,30.

Abb. 991 bis 993. Einfluß der Apertur des Objektivs auf das Auflösungsvermögen (aus Zeiss-Prospekt 505).

(Potentialdifferenz: Graphit—Grundmasse). Geht eine solche Ätzung zu weit, wozu man leicht bei ferritischen Eisensorten geneigt ist, um die Korngrenzen des Ferrits besser herauszubringen, so bricht der Graphit schließlich teilweise oder auch völlig aus, da er ja jetzt in der Grundmasse nicht mehr lückenlos eingebettet ist. Beim

Fertigschleifen von Gußeisen empfiehlt es sich daher, eine gut gekühlte, möglichst feinkörnige mit Petroleum oder Terpentin befeuchtete Schleifscheibe zu verwenden. Beim Polieren von Hand in den feinen Kornstufen poliere man in ausreichender Zeit unter Wechsel der Schleifrichtung. Um gute Bilder zu erhalten,

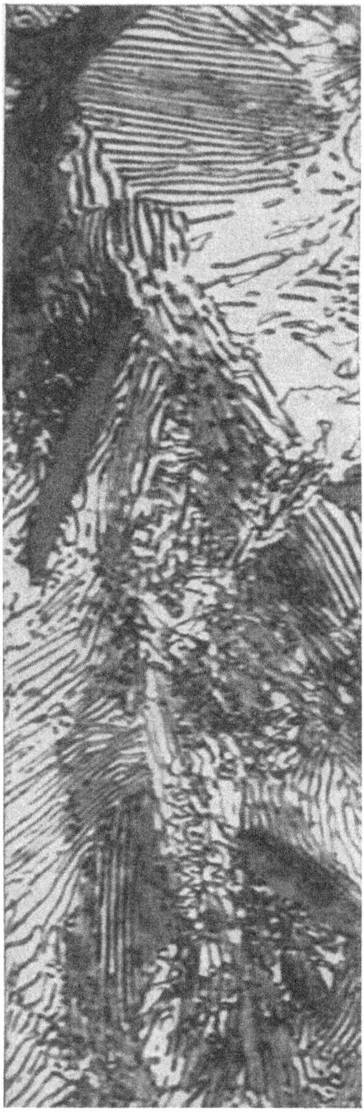

Planglas-Illuminator × 1000.

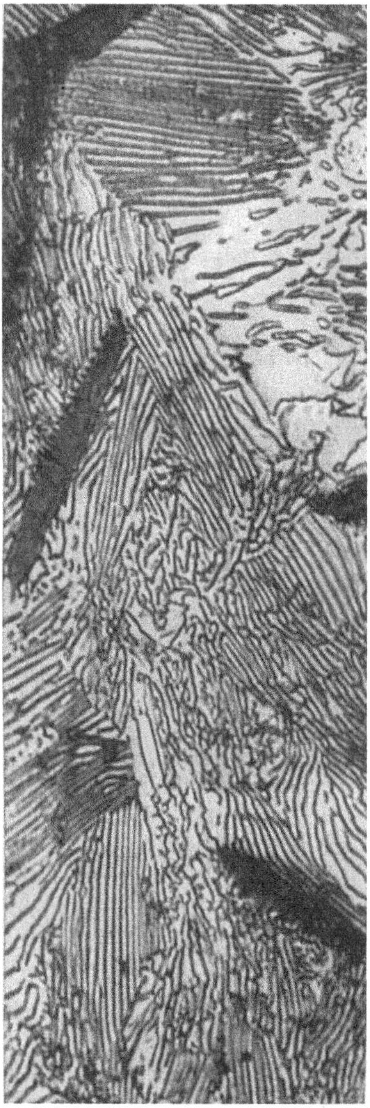

Prisma-Illuminator × 1000.

Abb. 994 und 995. Einfluß von Planglas- und Prisma-Illuminator auf das Auflösungsvermögen (aus Zeiss-Prospekt 505). Originalaufnahmen $V = 500$, zweifach vergrößert.

kann man auch nach dem Ätzen noch ein- oder zweimal auf dem Tuch nachpolieren. Beim Schleifen und Polieren von Material instabiler Gefügezustände (gehärteten oder austenitischen Gußeisens) drücke man nicht zu stark von Hand und sorge für beste Kühlung, da sonst durch Erwärmung des Schliffs Anlaßzustände hervorgerufen werden können. Abb. 989 nach F. Roll (*3*) zeigt, wie hoch die Temperatur in Entfernung von der Oberfläche ansteigen kann, wenn trocken geschliffen wird. Hingewiesen sei auch auf die Tatsache, daß nach Untersuchungen von H. J. Wiester (*4*) bei Eisenlegierungen unter dem Einfluß des Schleifens

Zahlentafel 229. Ätzung von Gußeisen, Temperguß und Stahlguß (F. Roll).

	Normalätzung:	Sonderätzungen:			Schrifttum:
Makro	500 cm³ Alkohol 500 cm³ H_2O 500 cm³ HCl (1,19) 30 g Eisenchlorid 1 g Kupferchlorid 0,5 g Zinnchlorid	Zementit neben Phosphid und Eisennitrid	Pikrat alkalisch: 25 g NaOH 25 g H_2O 2 g Pikrinsäure (kristallisiert) $^1/_2$ Std. auf dem Wasserbad digerieren	Zementit und Eisennitrid gefärbt (bis schwarz). Phosphid und Ferrit ungefärbt.	JUNGBLUTH: Krupp. Mh. Bd. 18 (1924) S. 95
			Pikrat neutral: nur durch Ausfällen mit kalter konz. Na_2CO_3 zu erhalten; 3mal umkristallisieren. Ätzdauer bis $1^1/_2$ Std. kochend	Phosphid gefärbt. Zementit ungefärbt.	A. SCHRADER: T. H. Mitt. Berlin 1934
Mikro	4 cm³ HNO_3 (1,20) 100 cm³ Alkohol (96%) oder: 4 g Pikrinsäure (kristallisiert) 100 cm³ Alkohol (96%)	Phosphid neben Zementit	8–10% wässerige Chromsäure 1 Min. kochend ätzen. Sonderätzung: Vorätzen mit alkoholischer Pikrinsäure und dann in obiger Chromsäure. Trocknen. Anlaufen lassen. Ätzung II: der so geätzte Schliff wird nochmals mit alkohol. HCl nachgeätzt.	Phosphid wird angegriffen. Phosphid eilt dem Zementit in den Anlauffarben voraus.	Siehe auch KÜNKELE: Gießerei (1931) S. 37
Mit einer dieser Lösungen kommt man in der Ätzung von Gußeisen, Temperguß und Stahlguß gut aus		Phosphid neben Zementit	10 g Kalium-Ferrizyanid 10 g KOH 10 g H_2O Ätztemperatur: 50°, 3 min	Phosphid deutlich gefärbt. Zementit noch nicht gefärbt.	A. SCHRADER: T. H. Mitt. Berlin 1934
			Lösung 1: 2% alkohol. HNO_3 Lösung 2: 100 cm³ H_2O 100 cm³ Alkohol 10 cm³ HCl (1,19) 10 g Weinsteinsäure 10 g Alaun 10 g Eisenchlorid 2 g Eisensulfat Lösung 3: 10% KOH Lösung 4: 10% KOH kalt gesättigt mit $KMnO_4$	Zuerst Probe in Lösung 1 leicht anätzen und abspülen, dann mit Lösung 2 kurz ätzpolieren und in Lösung 3 und dann in Lösung 4 etwa 1 Min., zuletzt in Lösung 3. Mit dest. Wasser abspülen und trocknen, eventuell Wiederholen ohne Lösung 1 und 2. Phosphid hell bis dunkelbraun. Zementit bleibt hell, Mischkristalle bleiben hell	Nach W. HEIKE u. A. GERLACH: Gießerei Bd. 20 (1933) S. 567

und Polierens eine starke Stickstoffaufnahme des Materials aus der Luft stattfinden kann (Abb. 990). Zahlentafel 229 gibt die wichtigsten Ätzmethoden für Gußeisen, Temperguß und Stahlguß wieder nach einer Zusammenstellung von F. ROLL. Was die mikroskopische Untersuchung betrifft, so beachte man, die Vergrößerung möglichst nicht durch Balgauszug, sondern durch bessere „Auflösung" des Gefüges unter Verwendung stärkerer Objektive durchzuführen (Abb. 991 bis 993). Bei starken Vergrößerungen führt die Verwendung von Planglas zwar zu einer Minderung der Lichtintensität, erfordert also höhere Aufnahmezeiten, sie ergibt aber schärfere und klarere Bilder, wie Abb. 994 im Vergleich mit Abb. 995 erkennen läßt. Eine häufig vorkommende Fehlerscheinung ist das Auftreten eines meist am ungeätzten oder schwach geätzten Schliff erkennbaren perlitischen Ätzgefüges (Abb. 996), das, wie F. ROLL (*3*) mitteilt, bei Gußeisen bereits zu der Bezeichnung „Oxyperlit" geführt haben soll, in Wirklichkeit aber Ätzflecken darstellt. Nach A. SCHRADER (*3*) sind diese Flecken zu vermeiden, wenn dem Abspülwasser etwas Ammoniak beigefügt wird. Was die Kennzeichnung nichtmetallischer Einschlüsse betrifft, so sei im Zusammenhang mit der Zahlentafel 57 nach COMSTOCK (Seite 316) noch auf die Zusammenstellung der im polarisierten Licht leichter zu identifizierenden Gefügebestandteile hingewiesen [vgl. Zahlentafel 228 nach SCHAFMEISTER und MOLL, vgl. auch (*8*)]. Von M. NIEHSNER (*5*) war für die qualitative Bestimmung eisenoxydischer Einschlüsse in Eisen und Stahl und für die Feststellung ihrer Verteilung ein Schliffabdruckverfahren auf Ferrozyankali enthaltendes Gelatinepapier (Blutlaugensalzpapier) bei nachfolgender Entwicklung in Salzsäure entwickelt worden. Nachdem sich zeigte, daß das Verfahren in der ursprünglichen Form für den angestrebten Nachweis nicht ganz einwandfrei arbeitete (*6*), wurde es von NIEHSNER entsprechend abgeändert und von R. MITSCHE sowie einem Arbeitskreis, bestehend aus acht verschiedenen Versuchsstellen, erneut überprüft. Obwohl diese Untersuchungen ergaben, daß das abgeänderte Niehsnersche Verfahren für den Nachweis nichtmetallischer Einschlüsse in Eisen und Stahl, vor allem solcher eisenoxydischer Natur, grundsätzlich geeignet sei, wird es von dieser Seite als maßgebendes Betriebsverfahren oder gar für Abnahmezwecke als noch nicht völlig reif bezeichnet (*7*). Dem Verfasser hat das Verfahren allerdings für Übersichtsaufnahmen, insbesondere bei Temper- und Hartguß, bereits wertvolle Dienste geleistet.

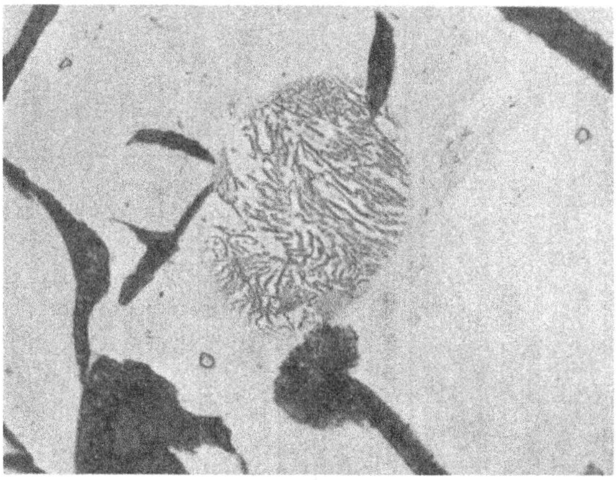

Abb. 996. Ätzfleck im Gußeisen, häufig als „Oxyperlit" angesehen (Aufnahmen A. SCHRADER, Techn. Hochschule, Berlin). $V = 1000$.

Über Untersuchungen von Gußeisen mit dem Übermikroskop berichteten B. v. BORRIES und W. RUTTMANN (*9*). Doch brachten diese Untersuchungen für Grauguß noch keine auswertbaren praktischen Gesichtspunkte.

Schrifttum zum Kapitel XXIV.

(*1*) Vgl. PIWOWARSKY, E.: Der Eisen- und Stahlguß auf der VI. Internationalen Gießerei-Ausstellung in Düsseldorf. Düsseldorf: Gießerei-Verlag G. m. b. H. 1937.

(*2*) Aufnahmen A. SCHRADER, Institut für Metallkunde, T. H. Berlin.
(*3*) ROLL, F.: Gießerei Bd. 23 (1936) S. 645.
(*4*) WIESTER, H. J.: Arch. Eisenhüttenw. Bd. 9 (1935/36) S. 525; vgl. auch SCHOTTKY, H., u. H. HILTENKAMP: Stahl u. Eisen Bd. 56 (1936) S. 444.
(*5*) NIEHSNER, M.: Mikrochem. Bd. 10 (1931/32) S. 275; Bd. 12 (1932) S. 1.
(*6*) MEYER, O., u. A. WALZ: Arch. Eisenhüttenw. Bd. 7 (1933/34) S. 531.
(*7*) NEUWIRTH, F., R. MITSCHE u. H. DIENBAUER: Arch. Eisenhüttenw. Bd. 13 (1939/40) S. 355.
(*8*) ROLL, F.: Gießerei Bd. 26 (1939) S. 1.
(*9*) v. BORRIES, B., u. W. RUTTMANN: Wiss. Veröff. Siemens-Werke. Sonderdruck. Berlin: Springer 1940.

XXV. Das Schmelzen von Gußeisen im Kupolofen.

a) Der Kupolofen und seine Betriebsführung.

Der Kupolofen als Umschmelzschachtofen mit idealstem Wärmeaustausch zwischen festem bzw. gasförmigem Energieträger und Umschmelzgut ist auch heute noch der wichtigste Schmelzofen für Gußeisen (Grauguß, Temperguß, Hartguß), vor allem aber für normale bis höchstwertige Graugußqualitäten. Lediglich für die Herstellung niedriggekohlter Eisensorten bzw. für die Herstellung höherlegierten Spezialeisens bedarf er einer Ergänzung durch elektrisch-, gas-, kohlenstaub- oder ölbeheizte Herdöfen.

Als frühgeschichtlicher Vorgänger des heutigen Kupolofens muß grundsätzlich der Réaumursche Umschmelzschachtofen angesehen werden (*1*). Dieser in seiner Leistung noch sehr bescheidene Ofen hat sich in stationären Gießereianlagen um das Jahr 1720, und zwar zunächst in Frankreich, eingeführt. Wärmetechnisch und leistungsmäßig gilt jedoch erst die Schaffung des sog. Irelandofens um das Jahr 1858 als praktisch bedeutendster Ausgangspunkt für die Schaffung eines brauchbaren Umschmelzofens im Gießereiwesen (*2*). Seine Hauptmerkmale waren: zwei Düsenreihen, Schachterweiterung von der Schmelzzone nach oben, desgleichen erweiterter Herdraum, später auch in Verbindung mit einem Vorherd. Die heutigen normalen Kupolofenformen weichen von diesem Vorbild nur ab hinsichtlich der Hauptabmessungen, der Zahl und Stellung der Düsen, der Anzahl der Düsenreihen und dem Verhältnis ihres Gesamtquerschnittes zum Ofenquerschnitt sowie der Anordnung und Gestaltung der Vorherde (Vorschläge aus alter und neuerer Zeit stammen u. a. von: CAMERON, LEVAUD, KRIGAR, WÜST, SIPP, PIWOWARSKY, SCHÜRMANN, GREINER und ERPF, POUMAY, STOTZ, REIN usw. und führten zu den heute unter Namen wie: Krigarofen, Sulzerofen, Eßlingerofen, Lanzofen, Bestenbostelofen, Durlacherofen und anderen bekannten Ofenformen).

Kupolöfen sind mit Rücksicht auf die Erhaltung der angestrebten Siliziumgehalte und die thermische Beanspruchung des Futters im allgemeinen sauer ausgekleidet (Klebsande, Quarzschiefer). Nur bei vereinzelten, ganz besonders gelagerten Betriebsverhältnissen ist auch basische Zustellung versucht worden (*67*).

Ofenabmessungen und Schmelzbetrieb. Bei einem Kupolofen sind folgende Zonen zu unterscheiden (*3*): Vorwärmezone — Schmelzzone — Wind- oder Oxydationszone — Schlackenzone und Zone des flüssigen Eisens. Die erstgenannten drei Zonen sind Teile der nutzbaren Schachthöhe, die beiden letzteren Zonen sind Bestandteile des Gestells. Die Vorwärmezone schließt nach oben mit der Gicht (Fülltür) ab. Durch die Reibung der Beschickung an den Ofenwänden erfolgt eine zunehmend nach unten konvexe Verlagerung der Koks- und Eisensätze, andererseits bewirkt der Widerstand, den der eingeblasene Wind an der Beschickung, vor allem am niedergehenden Koks findet, eine bemerkenswerte Schichtung der Luft und Verbrennungsgase (Abb. 997), die den sauerstoffhaltigen Gasanteil auch gegenüber der Gestellzone in Nähe der Düsen räumlich nach unten verbreitert, so daß besonders bei Öfen größerer Durchmesser zwischen Schlackenebene und Windzone ein toter, vom Gebläsewind nicht oder nur mäßig durchstrichener Raum verbleibt (Abb. 998). Als obere Begrenzung der Schmelzzone muß die gekrümmte Isothermenfläche mit etwa 1250° Temperatur (der beginnenden Auf-

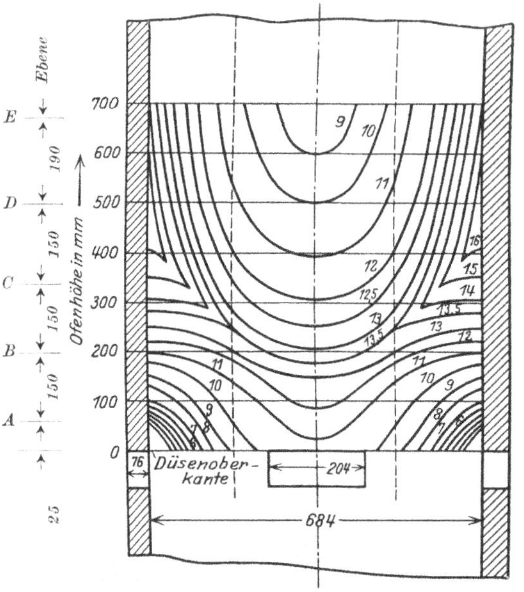

Abb. 997. Linien gleichen CO_2-Gehaltes im Kupolofen (nach Zahlen von BELDON dargestellt).

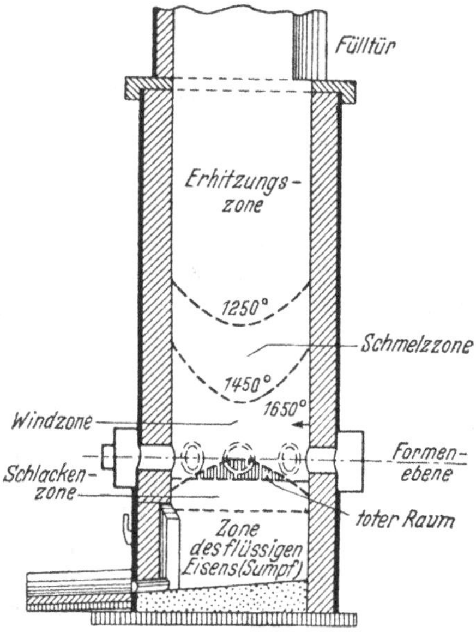

Abb. 998. Arbeitszonen eines Kupolofens (I. TRIFONOW).

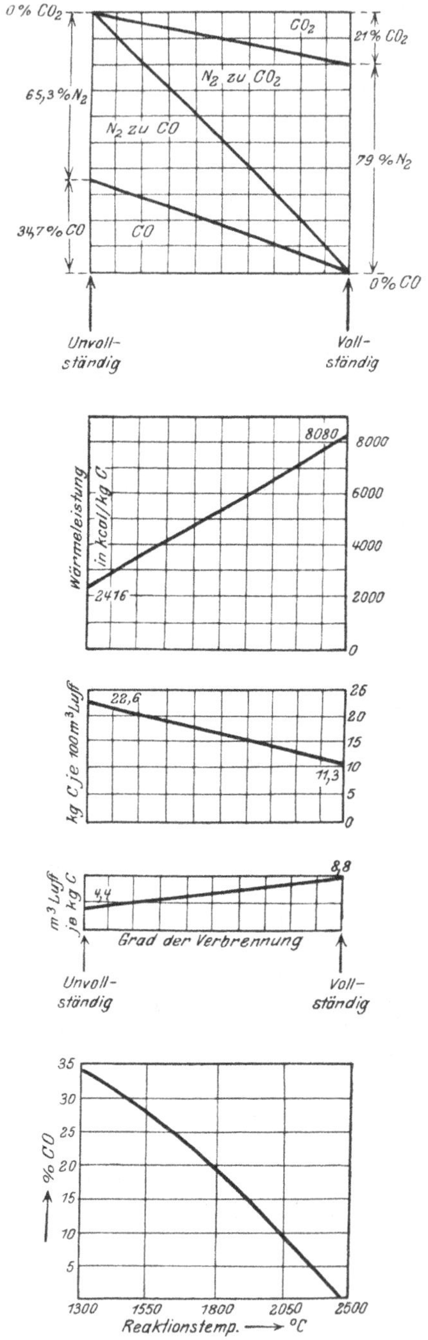

Abb. 999. Kupolofengichtgase und ihre Beziehungen zu den Verbrennungsvorgängen (MATHESIUS-PFEIFFER.)

schmelzung der meisten Roheisen- und Gußbruchsorten) angesehen werden, als untere Begrenzung dürfte die Zone maximaler Ofentemperatur gelten, die im allgemeinen auch mit dem höchsten Anteil an Kohlensäure und dem geringsten Anteil freien Sauerstoffs in der Gasphase zusammenfällt. Es kommt alsdann als eigentliche Schmelzzone ein konvexer konischer Raum zustande, der je nach Ofengröße, Koksqualität und Düsensystem eine vertikale Ausdehnung von 300 bis 700 mm hat. Die Zahl 300 gilt als geringste Ausdehnung der Schmelzzone bei einer Düsenreihe, die Zahl 700 als mittlere Ausdehnung bei Verwendung zweier Düsenreihen. Grobstückiger Koks, zunehmender Satzkoksanteil sowie zunehmende Windmenge wirken im Sinne einer vertikalen Vergrößerung der Schmelzzone.

Allgemeines über die Verbrennungsvorgänge im Kupolofen. Die Verbrennungsvorgänge im Kupolofen haben nicht nur rein wärmetechnische und wärmewirtschaftliche Bedeutung, sie stehen vielmehr in innigem Zusammenhang mit der Ofenleistung, den Kohlungs- und Oxydationsvorgängen und über die erreichbaren Temperaturen auch mit der Qualität des erschmolzenen Eisens. Als Forderung gilt:

Umschmelzung der Gattierung mit mäßigem Koksaufwand bei bestem Verbrennungsverhältnis, höchst erreichbarer Eisentemperatur und geringstem Abbrand. Wie stark eine unvollkommene Verbrennung (abnehmendes CO_2:CO-Verhältnis im Gichtgas) die Ausnützung des Brennstoffs sowie die theoretische Verbrennungstemperatur beeinträchtigt, zeigt Zahlentafel 230 sowie Abb. 999. Un-

Zahlentafel 230.

Verbrennungsverhältnis	Vollst. 100 / Verbr. 0	90/10	80/20	70/30	60/40	50/50	40/60	30/70	20/80	10/90	0/100
1 kg C = WE	8080	7514	6948	6382	5806	5251	4685	4119	3553	2987	2416
Verlust in WE	0	566	1132	1698	2264	2829	3395	3961	4527	5093	5664
Ausnützung des Brennstoffs in %	100	93	86	79	72	65	58	51	44	37	30

mittelbar vor den Formen, aber auch noch weit oberhalb derselben, haben wir mit einer Zone zu rechnen, welche noch freien Sauerstoff in der Gasphase führt, wie u. a. aus den Werten der Zahlentafel 231 nach A. W. Beldon (*39*) hervorgeht, dessen

Zahlentafel 231. Gichtgasanalysen nach A. W. Beldon (*39*). Vgl. Abb. 997.

Ebene	Höhe über Düsenebene	Nr. der Versuchsreihe	Entfernung der Entnahmestelle v. Ofenfutter cm	Mittel aus je fünf Gasanalysen CO_2 %	O_2 %	CO %
		1	33,75	12,0	0,2	14,2
A	25 mm	2	22,50	10,3	2,1	14,0
		3	11,25	4,5	15,8	0,2
		1	33,75	13,1	0,1	12,4
B	175 mm	2	22,50	12,5	0,3	12,9
		3	11,25	11,5	8,9	0,5
		1	33,75	11,9	0,1	14,4
C	325 mm	2	22,50	12,8	0,1	13,2
		3	11,25	15,0	4,9	1,0
		1	33,75	9,8	0,0	18,1
D	475 mm	2	22,50	11,5	0,0	15,4
		3	11,25	16,9	0,4	4,8
		1	33,75	8,6	0,0	19,9
E	665 mm	2	22,50	10,1	0,0	17,1
		3	11,25	15,2	0,1	6,8

Versuche sich auf einen Ofen von 684 mm Durchmesser (4 Düsen, Düsenverh. $^1/_8$) beziehen, der bei etwa 2 t Stundenleistung (= 5,6 t/st/m²) mit 28,3 m³ Wind (= 75,83 m³/min/m²) bei 233 mm WS-Druck betrieben wurde. Welch große Abweichungen hierbei die Flächen gleicher CO_2-Konzentration von der horizontalen Ebene annahmen, zeigt Abb. 997. Die hier eingezeichneten Kurven sind aus den Beldonschen Zahlen extrapoliert. Bei derartigen Verbrennungsvorgängen im Schachtofen haben die CO_2—CO—O_2-Kurven stets einen charakteristischen Verlauf, indem, bezogen auf die Ofenhöhe, die Kohlensäure auf Kosten des freien Sauerstoffs einem Maximum zustrebt (Oxydationskurve), nach dessen Überschreitung eine erst schnelle, dann langsamere Reduktion der Kohlensäure erfolgt (Reduktionskurve). In den meisten Fällen wird das Auftreten des Kohlenoxyds bereits vor völligem Verschwinden des freien Sauerstoffs beobachtet. Dieser Verlauf der Gaszusammensetzung ist übrigens auf Grund thermodynamischer und physikalisch-chemischer Ableitungen auch leicht theoretisch rekonstruierbar, wie u. a. K. PFEIFFER (*45*) zeigen konnte. Vgl. auch Abb. 1003 u. 1004.

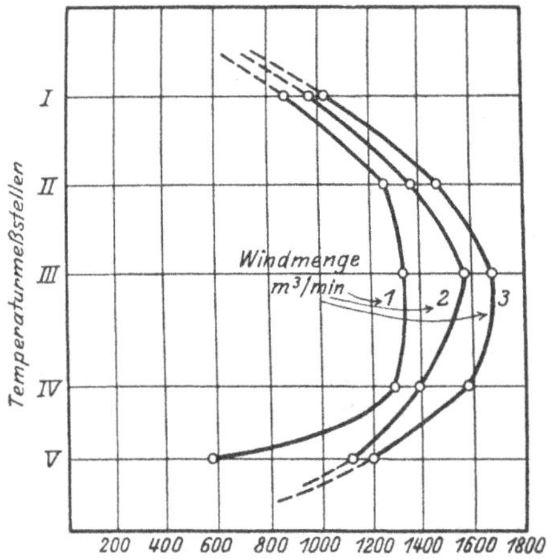

Abb. 1000. Temperaturverlauf im Versuchsschachtofen bei verschiedener Windmenge (Versuchsreihe *I* nach DIEPSCHLAG).

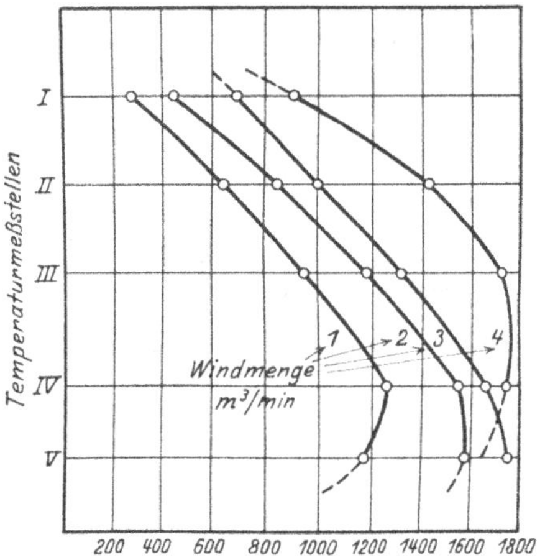

Abb. 1001. Temperaturverlauf im Versuchsschachtofen bei verschiedener Windmenge (Versuchsreihe *II* nach DIEPSCHLAG).

Bei Betrachtung der Verbrennungsvorgänge im Kupolofen wird im allgemeinen angenommen, daß die Kokssubstanz primär zu Kohlensäure verbrennt und erst dann eine allmähliche Reduktion zu Kohlenoxyd einsetzt, deren Grad von der Schichthöhe des Kokses (Satzkoks), der Art der Kokssubstanz (Verbrennlichkeit), der zugeführten Windmenge und der Temperatur abhängt. Diese Annahme erleichtert natürlich die Auffassung über die Verbrennungsvorgänge, obwohl aller Wahrscheinlichkeit nach noch während der Oxydationsperiode des Koks bereits eine merkliche Reduktion der Kohlensäure zu Kohlenoxyd zustande kommt. Ja, es gibt versuchsmäßig begründete Auffassungen, denen zufolge die Kohlenoxydbildung die primäre Reaktion ist (*69*). Man begeht aber praktisch kaum einen Fehler, wenn man den Betrachtungen über die Verbrennungsverhältnisse die Hypothese von der primären Kohlensäurereaktion zugrunde legt (vgl. auch die Ausführungen auf Seite 851).

Der Temperaturverlauf im Schachtofen folgt den Änderungen der Gasphase, wobei das Maximum des CO_2-Wertes normalerweise mit dem Maximum der Ofentemperatur zusammenfällt (Abb. 1003). Jeder Verbrennungsschachtofen nimmt je nach dem vorhandenen Düsensystem eine bestimmte maximale Windmenge an, bis zu deren Erreichung die Vollkommenheit der Verbrennung in der Verbrennungszone zunimmt, begleitet von einer gleichgerichteten Temperatursteigerung. E. DIEPSCHLAG fand (*46*), daß sich an der Grenze zwischen Oxydations- und Reduktionszone ein Temperaturhöchstwert bilden muß, der auch bei Versuchen an Modellöfen festzustellen war. Dieser Temperaturhöchstwert ist um so höher, je größer die Windmenge ist. So zeigen Abb. 1000 und 1001 den Temperaturverlauf in einem mit Koks beschickten Versuchsschachtofen von 245 mm l.W. und 1380 mm Gesamthöhe bei vier Düsen von je 52 mm l.W. Die Zahlentafeln 232 bis 235 geben die übrigen zur Beurteilung notwendigen Zahlen. Kurve *4* (Abb. 1001) durch ihre höhere Lage läßt erkennen, daß hier die max. Aufnahmefähigkeit der Oberflächeneinheit des Brennstoffs für den Sauerstoff unter den hier obwaltenden Verhältnissen annähernd erreicht worden ist. Die Erniedrigung der Zone höchster Temperatur in Abb. 1001 gegenüber Abb. 1000 ist auf die kleinere Stückgröße des verwendeten Kokses (Waldenburger Koks mit 14,6% Asche) zurückzuführen. Eine solche Oberflächenvergrößerung wirkt sich stets im Sinne einer scheinbaren Steigerung der Verbrennlichkeit aus. Als Beispiel für die gleichartige Wirkung einer tatsächlich vorhan-

Zahlentafel 232 (Versuch 1).

Temperaturen der Meßstelle °C	Windmenge/min		
	1 m³	2 m³	3 m³
I	800	880	940
II	1200	1310	1450
III	1280	1550	1650
IV	1280	1390	1590
V	570	1150	1220

Zahlentafel 233 (Versuch 1).

	Gaszusammensetzung bei					
	1 m³/min		2 m³/min		3 m³/min	
	Verbr. Zone	Gicht	Verbr. Zone	Gicht	Verbr. Zone	Gicht
% CO_2	15,7	11,0	16,0	10,0	16,4	7,4
% O_2	0,6	0,8	0,9	1,0	1,0	1,0
% CO	6,6	14,2	5,1	15,4	4,0	18,8

Zahlentafel 234 (Versuch 2).

Temperaturen der Meßstelle °C	Windmenge/min			
	1 m³	2 m³	3 m³	4 m³
I	—	800	940	1040
II	920	1010	1100	1330
III	1070	1190	1240	1470
IV	1230	1390	1440	1470
V	1190	1400	1480	—

Zahlentafel 235 (Versuch 2).

	Gaszusammensetzung bei							
	1 m³/min		2 m³/min		3 m³/min		4 m³/min	
	Verbr. Zone	Gicht	Verbr. Zone	Gicht	Verbr. Zone	Gicht	Verbr. Zone	Gicht
% CO_2 .	15,2	11,4	15,4	9,0	16,1	8,5	16,5	8,0
% O_2 . .	0,7	0,6	0,3	0,2	0,6	0,5	0,4	0,5
% CO . .	6,8	14,2	7,0	16,6	5,8	17,2	4,6	18,2

denen erhöhten Verbrennlichkeit sei auf Abb. 1002 bis 1004 hingewiesen, wo von A. VOGEL und E. PIWOWARSKY (*10*) in einem Versuchsofen von 100 mm l. W.

bei einem Düsenverhältnis 1 : 6 und 0,3 m^3 Wind/min die Verbrennlichkeit von Heizkoks gegenüber Petrolkoks der in Zahlentafel 236 wiedergegebenen Analyse bei gleicher Stückgröße verglichen werden sollte. Auch hier liegt das Maximum des CO_2-Gehaltes der Gase (Abb. 1003) und damit auch das Maximum der Temperatur (Abb. 1004) bei dem reaktionsfähigeren Petrolkoks niedriger.

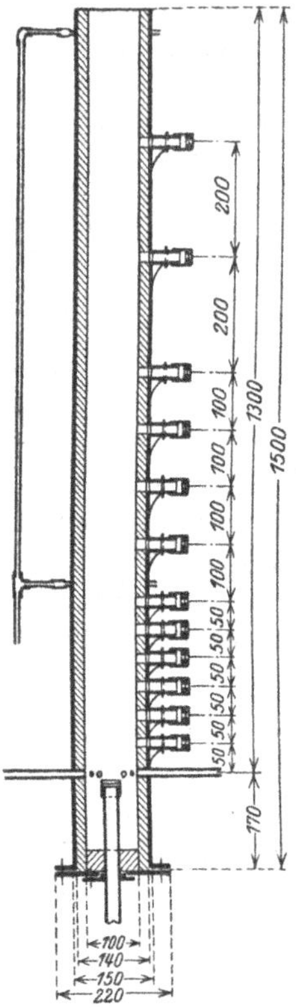

Abb. 1002. Versuchsschachtofen.

Zahlentafel 236.

	Chemische Zusammensetzung des Versuchsmaterials (VOGEL u. PIWOWARSKY)							
	Asche %	H_2O %	C %	H %	O+N %	S %	Porosität %	Flücht. Bestandteile %
Heizkoks	10,77	1,56	84,7	3,45	1,30	0,78	45,20	—
Petrolkoks	0,71	1,70	94,25	1,44	2,17	1,43	63,00	2,2

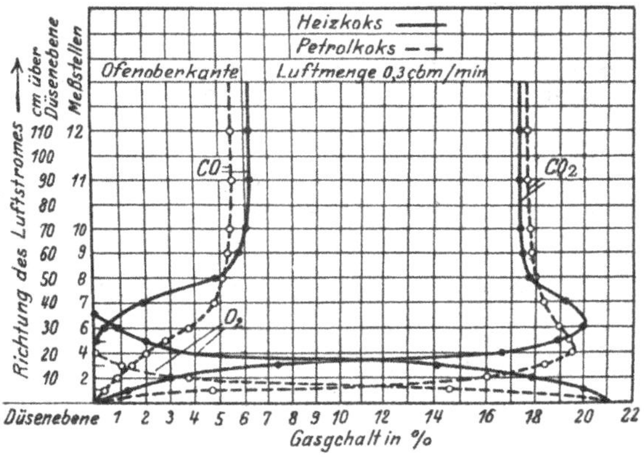

Abb. 1003. Änderung der Gasphase im Versuchsschachtofen (VOGEL u. PIWOWARSKY).

E. PIWOWARSKY und F. MEYER (*47*) konnten durch systematische Versuche die an und für sich bekannte, aber früher viel zu wenig beachtete Tatsache demonstrieren, daß eine Änderung der Windmenge bei mäßigem Satzkoksaufwand

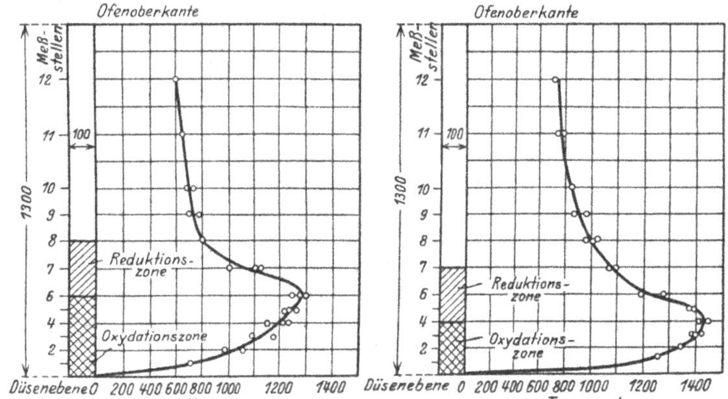

Abb. 1004. Temperaturverlauf im Versuchsschachtofen. Links für Heizkoks, rechts für Petrolkoks (VOGEL und PIWOWARSKY).

die Betriebsverhältnisse des Kupolofens bei weitem nicht so nachteilig beeinflußt (Abb. 1005), wie ein (unter allen Umständen zu vermeidender) Koksüberschuß (Abb. 1006).

Die Versuche wurden ausgeführt in der Gießerei der Fa. Gebr. Sulzer, A.-G. in Winterthur. Als Versuchsofen diente ein Kupolofen mit Vorherd bei einem Schmelzzonendurchmesser von 700 mm. Der Durchmesser des Ofens erweiterte sich über der Schmelzzone auf 1000 mm. Am Ofen befanden sich zwei Düsenreihen im Abstand von 400 mm.

Die obere Reihe besaß 8 Düsen mit je 75·75 mm Querschnitt, also 8·75·75	=	45000 mm²
Die untere Reihe hatte 4 Düsen mit je 110·140 mm Querschnitt, also 4·15400	=	61600 mm²
Gesamt-Blasquerschnitt	=	106600 mm²

$$\frac{\text{Blasquerschnitt}}{\text{Schmelzzonenquerschnitt}} = \frac{106600}{384600} = 0{,}28.$$

Durch voraufgehende monatelange Betriebsüberwachung des Versuchsofens war festgestellt worden, daß bei den gewählten gleichen Gattierungen die besten Ergebnisse erzielt wurden, wenn der Ofen mit 7,5% Satzkoks (entsprechend 9% Gesamtkoks, d. h. Satz- + Gattierungstrennkoks + verbranntem Füllkoks) bei 60 m³ Wind/min betrieben wurde; es entspricht bei einem Koks mit annähernd 85% C diese Windmenge praktisch der theoretischen (62 m³/min). Um nun die Bedeutung von Luftmenge und Kokssatz auf die Veränderung sämtlicher wichtigen Betriebszahlen zu belegen, wurden bei gleicher Gattierung und gleichem Durchsatz:

1. bei gleichbleibendem Satzkoks von 7,5% (= ∼ 9% Gesamtkoks) die eingeblasene Luftmenge weitmöglichst in Richtung Luftmangel und Luftüberschuß geändert (Versuchsreihe *I*, Versuche 1 bis 5);

2. bei gleichbleibender Luftmenge von 60 m³/min der Satzkoks in den Grenzen von annähernd 6,5% bis ungefähr 12,5% geändert (Versuchsreihe II, Versuche 6 bis 10).

Die Ergebnisse der Versuche, wie sie sich aus den Wärmebilanzen und den übrigen Betriebszahlen ableiten ließen, wurden in Zahlentafel 237 zusammengestellt. Sie kommen auch in den Abb. 1005 und 1006 zum Ausdruck. Es geht daraus deutlich hervor, daß Koksverbrauch, Luftmenge, thermischer Wirkungsgrad und Schmelzleistung innig miteinander verknüpft sind.

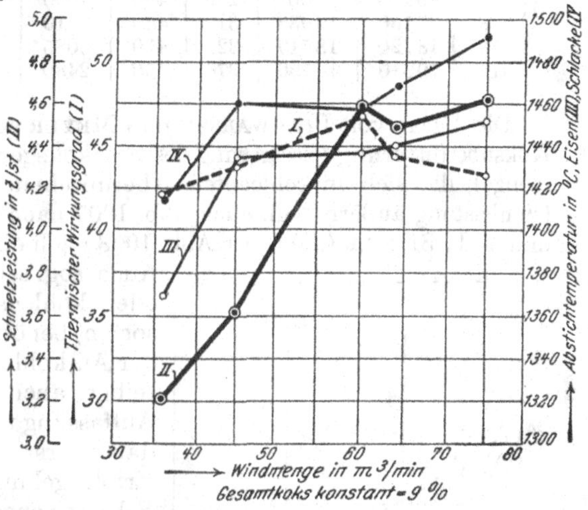

Abb. 1005. Graphische Darstellung der Versuchsergebnisse in Reihe *I*. (E. Piwowarsky und F. Meyer.)

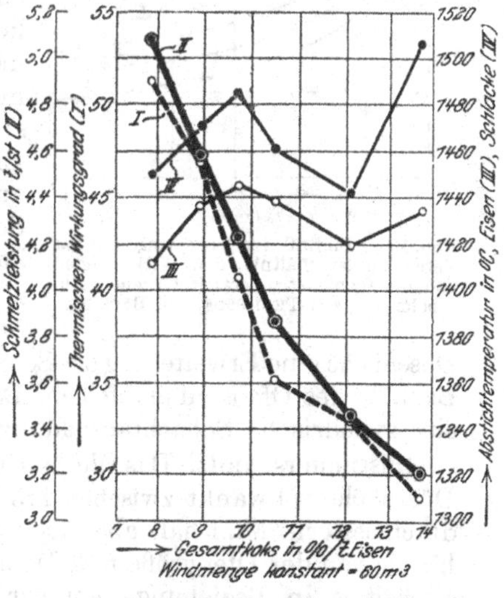

Abb. 1006. Graphische Darstellung der Versuchsergebnisse in Reihe *II*. (E. Piwowarsky und F. Meyer.)

Zahlentafel 237. Zusammenstellung

	Versuchsreihe Nr.	Eingesetztes Eisen in kg	Ausgebrachtes Eisen in kg	Schmelzdauer in min.	Füllkoks in kg	Satzkoks in kg	Koks zurückgewonnen in kg	Gesamtkoks in kg	Satzkoks % je t Eisen	Gesamtkoks % je t Eisen	Winddruck cm WS
I	1	19210	18999	376	450	1470	160	1760	7,65	9,25	25
I	2	22630	22410	372	450	1720	115	2055	7,60	9,08	31
I	3	20438	20214	265	450	1490	110	1830	7,42	8,96	40
I	4	21130	20898	280	450	1530	80	1900	7,24	8,99	46
I	5	21320	21086	275	450	1590	70	1970	7,46	9,24	58
II	6	20970	20739	245	450	1320	117	1653	6,29	7,88	40
II	3	20438	20214	265	450	1490	110	1890	7,42	8,96	40
II	7	19220	19008	270	450	1690	268	1872	8,79	9,74	40
II	8	20160	19938	310	450	2010	182	2278	9,36	10,51	40
II	9	18720	18519	322	450	2085	273	2262	11,12	12,08	40
II	10	20010	19790	370	450	2480	171	2761	12,38	13,79	40

Die Arbeit von PIWOWARSKY und MEYER zeigt vor allem die Nachteile einer Koksüberfütterung (Steigerung des Satzkoksgewichtes bei unzureichender Windmenge), die sich in schlechtem, thermischem Wirkungsgrad und verringerter Ofenleistung äußern; vgl. auch Abb. 1007 nach einer Arbeit von T. C. THOMPSON und M. L. BECKER (*48*) sowie Abb. 1008 nach einer Arbeit von B. OSANN JR. (*54*). Auch sog. schwere Gattierungen (viel Schrott oder kohlenstoff- und phosphorarme Eisensorten) benötigen lediglich einen um den Betrag der Aufkohlung höheren Satzkoks. Die gegenteilige, auch heute noch nicht völlig beseitigte Auffassung trug einen guten Teil Schuld daran, daß es erst vor 15 bis 20 Jahren mit vollem Erfolg gelungen ist, unter Benutzung großer Schrottmengen zu einem hochwertigen, heiß erschmolzenen Kupolofenguß (vgl. Seite 160ff.) zu gelangen. Die von G. BUZEK (*7*) bei Satzkoksmengen von etwa 8% angegebenen Windmengen von etwa 80 bis 100 $m^3/m^2/min$ sind nur selten ausreichend; die von der Wärmestelle Düsseldorf in den Anhaltszahlen für den Energieverbrauch in Eisenhüttenwerken (*11*) aufgeführten Werte kommen den heute üblichen Windmengen schon mehr entgegen (vgl. Zahlentafel 238).

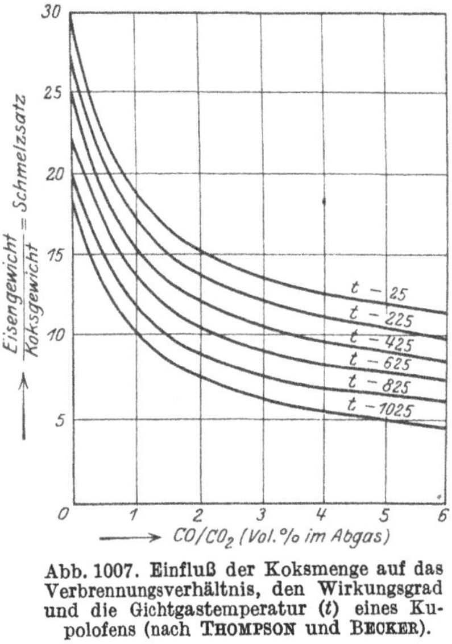

Abb. 1007. Einfluß der Koksmenge auf das Verbrennungsverhältnis, den Wirkungsgrad und die Gichtgastemperatur (*t*) eines Kupolofens (nach THOMPSON und BECKER).

Schachtausbildung. Nach K. SIPP (*2*) ist nur bei Öfen über 700 mm Durchmesser in Düsenhöhe eine Erweiterung des Schachtes nach unten hin aus Gründen geringerer Bauhöhe des Ofens zu empfehlen. Bei Verschmelzung sperrigen Schrotts ist stets eine zylindrische Schachtausbildung vorzuziehen.

Düsenquerschnitt. Das Verhältnis Düsenquerschnitt zu Ofenquerschnitt in Düsenhöhe schwankt zwischen 1:3 bei kleinen Öfen bis 1:15 bei großen Ofendurchmessern. Man hält aber auch vielfach an einem Verhältnis von 1:5 unabhängig von der Ofengröße fest. Dennoch versucht man im allgemeinen das obige Verhältnis in Beziehung zum wirksamen Ofenquerschnitt zu bringen (siehe nächste Seite unten).

der Versuchsergebnisse.

Windmenge m^3/min	Verhältnis von Kohlensäure zu Kohlenoxyd	Gichtverluste in % der Gesamtwärmeeinnahme		Summe der Gichtverluste %	Therm. Wirk.-Grad in %	Schmelzzeit in min.	Erzeugung in t/st	Abstichtemperaturen in °C	
		fühlb.	latente					des Eisens	der Schlacke
36	76 : 24	7,21	16,45	23,66	42,0	376	3,20	1370	1414
45	74 : 26	6,61	19,7	26,31	43,8	372	3,61	1433	1460
60	86 : 14	7,39	9,48	16,87	46,7	265	4,58	1436	1457
64	74: 26	7,68	22,34	30,02	44,4	280	4,48	1440	1468
75	78 : 22	0,64	20,7	31,34	43,2	275	4,61	1452	1492
60	88 : 12	7,05	8,64	15,69	51,3	245	5,08	1411	1450
60	86 : 14	7,39	9,48	16,87	46,7	264	4,58	1436	1460
60	73 : 27	7,74	21,06	28,80	40,7	270	4,23	1445	1485
60	66 : 34	7,71	26,60	34,31	35,1	310	3,86	1438	1461
60	62 : 38	9,23	33,26	42,49	32,9	322	3,45	1420	1443
60	60 : 40	12,23	32,44	44,67	28,8	370	3,21	1435	1507

Zahl der Düsenreihen und Düsenanordnung. Nach K. SIPP(*2*) sind mehrere Düsenreihen mit Rücksicht auf die Verschlakkungsgefahr vorzuziehen. Die Form der Düsen ist nach dem gleichen Autor mit Rücksicht auf eintretende Verschlackung groß zu wählen. Der Abstand der Düsenreihen in vertikaler Richtung beträgt im allgemeinen 200 bis 500 mm (Zahlentafel 239). Die Verwendung zweier Düsenreihen läßt natürlich die Zuführung größerer Windmengen zu, so daß die Stundenleistung des Ofens ansteigt (Abb. 1009), vgl. (*43*). Dennoch sind in der Praxis im allgemeinen (anscheinend aus Gründen betriebstechnischer Einfachheit) die Anhänger einer einzigen Düsenreihe

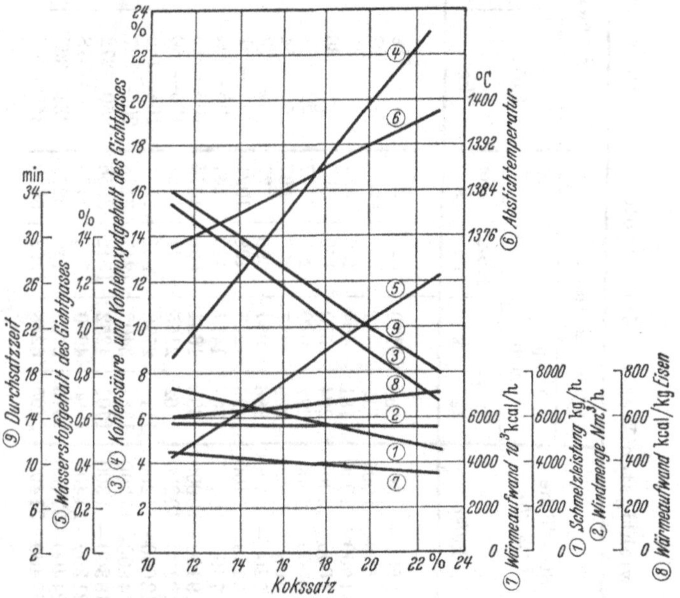

Abb. 1008. Schaubild über den Betriebszustand des von B. OSANN jun. untersuchten Kupolofens.

1 = Schmelzleistung
2 = Gemessene Windmenge
Gichtgas-Zusammensetzung:
3 = CO_2-Gehalt
4 = CO-Gehalt
5 = H_2-Gehalt
6 = Abstichtemperatur
7 = Wärmeaufwand je h
8 = Wärmeaufwand je kg Eisen
9 = Durchsatzzeit

(Beachte, daß hier unter „Durchsatzzeit" die Zeit verstanden wird, die das Eisen vom Aufgeben an der Gicht bis zu seiner Verflüssigung benötigt, vgl. die Ausführungen auf Seite 832).

Ofendurchmesser mm	Verhältnis	Düsenzahl	Schrifttum
450— 650	1 : 5	2	La Fonte, Nr. 18 (1935) S. 693
600— 800	1 : 8	3	
750— 900	1 : 10	4	
600—1000	1 : 6	nicht angegeben	Vorschlag von Y. A. DYER [vgl. J. E. HURST: Foundry (1929) S. 196/198].
1100—1570	1 : 7		
1625—2200	1 : 8,3		

Zahlentafel 238. Die wichtigsten Werte beim Kupolofenbetrieb (Wärmestelle Düsseldorf).

Lichte Weite des zyl. ausgemauerten Schachtes	Lichter Schachtquerschnitt	Anzahl der Düsen	Düsen-Gesamtquerschnitt	Stündliche Leistung	Füllsatz bei 2 Düsenreihen Koks	Füllsatz bei 2 Düsenreihen Eisen	Füllsatz bei 1 Düsenreihe Koks	Füllsatz bei 1 Düsenreihe Eisen	Schmelzsätze Koks	Schmelzsätze Eisen	Schmelzsätze Kalk	Druck	Wind	Durchmesser der Windleitung
mm	cm²		cm²	kg/st	kg	kg	kg	kg	kg	kg	kg	in mm WS	m³ je min.	mm
457	1639	2	206	200—500	68	170	—	—	18	181	2,7	282—322	8,5	zweimal 101,6
584	2677	4	555	500—1000	113	284	—	—	27	272	4,1	322—403	17,6	161,9
686	3689	8	765	1000—2000	181	454	159	397	36	362	5,5	322—403	28,3	254,0
686	3689	8	787	1000—2000	204	510	159	397	36	362	5,5	322—403	28,3	298,4
813	5186	8	787	3000—5000	272	680	227	567	50—54	544	8,0	403—484	70,8	298,4
813	5186	8	1038	3000—5000	299	737	227	567	50—54	544	8,0	403—484	70,8	355,6
940	6934	8	1180	5100—6100	386	964	295	737	64—73	726	11,4	403—484	85,0	355,6
1067	8934	12	1741	6100—7100	499	1247	408	1021	82—91	907	13,6	484—564	99,1	355,6
1143	10257	12	2012	7100—9100	567	1417	499	1247	95—104	1043	16,0	484—564	127,4	431,8
1219	11670	12	2238	9100—10000	638	1644	590	1474	109—118	1179	18,0	484—564	141,5	431,8
1372	14774	12	3019	10100—12200	862	2155	771	1928	136—150	1497	23,0	484—564	170,0	460,4
1524	18238	12	3522	12000—14200	1111	2778	955	2581	168—186	1860	27,0	564—645	198,2	460,4
1676	22070	12	4142	14200—18300	1361	3402	1247	3118	204—227	2268	34,0	564—645	254,8	631,8
1829	23264	12	5642	18300—21300	1701	4252	1542	3856	250—272	2722	41,0	564—645	283,1	631,8
1981	30825	12	6097	21300—24400	1996	4990	1769	4423	286—318	3175	45,4	564—645	339,7	631,8
2134	35747	12	6097	24400—27400	2313	5785	2110	5275	331—363	3629	54,4	564—645	382,2	631,8
2220	41037	16	5548	27400—31400	2495	6238	2268	5670	358—395	3946	59,0	564—645	424,7	762,0

in der Mehrheit (*49*). Lediglich bei Verwendung höherer Stahlschrottanteile wird mitunter das mehrreihige Düsensystem vorgezogen, da es eine Verbreiterung der Schmelzzone bewirkt und bei Verwendung ausreichender Windmengen das störungsfreie Niederschmelzen der schweren Gattierungsbestandteile sichert (*50*). Als gutes Mittel gegen die Verschlackung der Düsen gilt die Umschaltbarkeit wechselweise arbeitender Düsensätze, wie dies u. a. beim Bestenbostelofen der Fall ist. Eine einfachere Lösung bietet der Lanzofen mit Ringdüse, deren untere Ränder zurückspringen (*2*). Bei Verwendung vorgewärmten oder ausgesprochenen Heißwindes tritt Düsenverschlackung im allgemeinen überhaupt nicht auf.

Höhenlage der Windformen. Als geringste Höhendifferenz zwischen Herdsohle und Mitte Windformebene ist mit Rücksicht auf die Gefahr einer zu starken Kühlung des niedertropfenden oder im Gestell angesammelten Eisens der Wert von 350 bis 450 mm anzusetzen (*4*). Bei vorherdlosen Öfen geht der Wert auf 600 bis 800 mm herauf, in einzelnen Fällen sogar bis 1 m. Bei Verwendung höherer Stahlschrottanteile in der Gattierung hängt die Höhenlage der Düsen davon ab, ob man eine geringere oder stärkere Aufkohlung des Eisens anstrebt. Für letztere ist neben den Windverhältnissen und der Koksqualität die Höhe der Schmelzzone, die Höhe des koksgefüllten Gestells sowie die Verweildauer des Eisens im Gestell maßgebend. Bei Öfen mit geringer Entfernung der Düsenebene von der Herdsohle ist zwecks Verhinderung einer Rückkühlung des flüssigen Eisens eine Schräglage der Düsen nach unten nur mit Vorsicht anzuwenden.

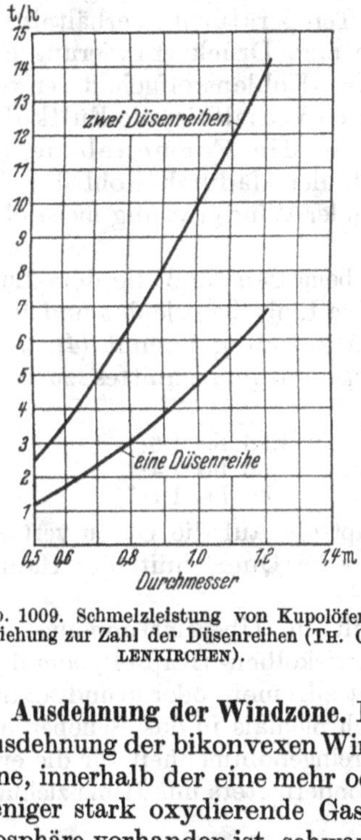

Abb. 1009. Schmelzleistung von Kupolöfen in Beziehung zur Zahl der Düsenreihen (TH. GEILENKIRCHEN).

Ausdehnung der Windzone. Die Ausdehnung der bikonvexen Windzone, innerhalb der eine mehr oder weniger stark oxydierende Gasatmosphäre vorhanden ist, schwankt je nach den Betriebsbedingungen zwischen 450 und 1050 mm. Bei Übersteigerung der eingeführten Windmengen tritt, vor allem bei gleichzeitiger Verwendung grobstückigen Kokses, eine weitere Verlagerung der Windzone nach oben ein, die alsdann meist zu verstärktem Oberfeuer oder matt anfallendem Eisen (zu starke Windkühlung vor den Formen) führt.

Winddruck. Der Winddruck schwankt je nach Ofendurchmesser

Zahlentafel 239. Kupolofenabmessungen und Betriebsdaten.

Firma	Ofen	Durchm. mm	Düsenzahl	Düsenreihen Zahl	Düsenreihen Abstand mm	Düsenquerschn. zu Ofenquerschn.	wirksame Ofenhöhe mm	Kokssatz %	Schmelzleistung t/m²/st	Eisentemperatur °C Abstich	Eisentemperatur °C Guß
Werk A . . . . . (Gew. Handelsguß)	N	1000	8	1		0,065 (?)	4460	12,0	7,92	1350	1340
	G	1000	8	1		0,065 (?)	4460	12,0	7,92	1330	1320
	H	800	6	2	350	0,197	4700				
							4350	12,0	12,00	1305	1280
	S	1300	10	2	200	0,075 (?)	6850				
							6650	11,5	7,57	1300	1250
Werk B . . . . . (Handels- und hochwertiger Guß)	2, 3	1300					6650				
		(1500)	6	2	250	0,204	6300	12,0	12,5	1410	1235
	1, 4	900					4850				
	5, 10	(1100)	10	2	250	0,123	4600	14,0	8,65	1435	1285
	6, 7, 8	900					4850				
	9, 11, 12	(1100)	10	2	250	0,377	4600	14,0	8,65	1450	1295
Werk C . . . . . (Hochwertiger Guß)	1—4	900		2	430	0,50	4830	11,2	9,45	1550	1350

und Betriebsverhältnissen zwischen 200 mm (bei kleinsten Öfen) und etwa 1200 mm Wassersäule bei größeren Öfen. Mit Rücksicht auf die Gasaufnahme flüssigen Eisens unter erhöhtem Druck ist letzterer möglichst niedrig zu bemessen (Abb. 443). Er muß aber im Zusammenhang mit der Bewegungsenergie des Windes ausreichend sein, um möglichst bis in das Innere des Ofens Frischwind heranzubringen. Bei größeren Öfen ist letzteres auch bei starken Winddrücken kaum zu erreichen (toter Raum). Druckmessungen im Ofenraum geben keinen sicheren Anhaltspunkt über das Vordringen des Windes nach der Ofenmitte. Es ist daher abwegig, wenn z. B. aus nahezu gleichen Drücken am Rand und in der Mitte die Folgerung gezogen wird, „alle komplizierten Düsensysteme, welche eine gleichmäßige Windverteilung ergeben sollen, seien darum unnötig" (*5*).

F. B. Coyle (*44*) stellte an einem Ofen von 920 mm Durchmesser fest, daß die Windpressung grundlegend für Temperatur und Stundenleistung sei. Bei einer Schmelzleistung von 3,6 bis 4,1 t/st stieg die Temperatur im Verhältnis mit dem Winddruck; bei geringer Ofenleistung hatte eine Druckveränderung eine größere Wirkung als bei höherer. Auch der Gesamt-Kohlenstoffgehalt sei vom Winddruck abhängig, er stehe zu ihm im umgekehrten Verhältnis; die Füllkokshöhe werde am besten so gewählt, daß sie die Formenebene um 60 cm überrage. Die Beobachtungen Coyles finden dadurch wohl ihre Erklärung, daß bei gleichen Verhältnissen mit steigender Windpressung meist eben auch die Windmenge steigt.

Querschnitt der Windleitung. Diese ist so zu bemessen, daß die dem Luftstrom vom Gebläse erteilte Bewegungsenergie keine Einbuße erleidet und beim Eintritt in den Schacht in voller Stärke zur Auswirkung kommt (*4*). J. E. Hurst (*6*) gibt folgende Verhältnisse des Düsengesamtquerschnittes zu demjenigen des Windzuleitungsrohres an:

Für Öfen bis 1000 mm Durchmesser	1,75 bis 1,6:1
„ „ von 1000 bis 1600 mm Durchmesser . .	1,60 bis 1,4:1
„ „ über 1600 mm Durchmesser	1,40 bis 1,1:1

Für den Windkasten, der den Wind vom Hauptrohr auf die Düsen verteilt, wird ziemlich übereinstimmend der drei- bis vierfache Querschnitt des Hauptrohres empfohlen (*5*).

Art der zu verwendenden Gebläse. Hier gilt in Übereinstimmung mit A. Achenbach (*4*) folgendes: „Die Frage, ob dem Kreiskolben- (Kapsel-) oder dem Kreiselgebläse der Vorgang gebührt, läßt sich nicht allgemein oder grundsätzlich beantworten, die Entscheidung hierüber sollte auch niemals in das Belieben des Betriebsleiters gestellt oder aus einer gewissen Voreingenommenheit für die eine oder andere Betriebsart heraus getroffen werden, sondern stets mit Hinzuziehung

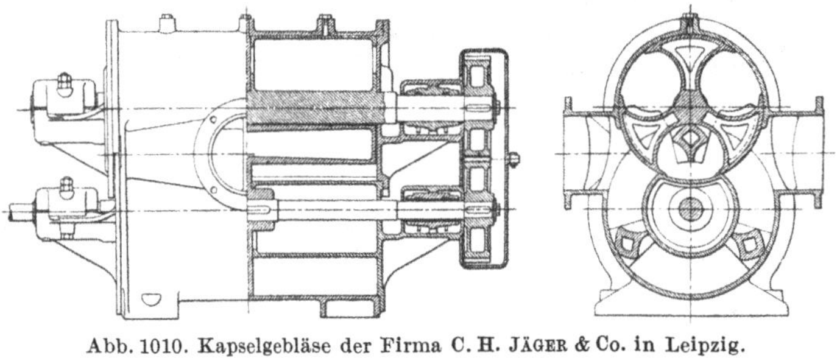

Abb. 1010. Kapselgebläse der Firma C. H. Jäger & Co. in Leipzig.

der Lieferfirma des Gebläses erfolgen, da sie nur von Fall zu Fall und unter Berücksichtigung der örtlichen Verhältnisse den jeweiligen Erfordernissen gerecht werden kann.

Eine Darlegung der Unterscheidungsmerkmale in der Betriebsweise der beiden Gebläsearten läßt die Mannigfaltigkeit der zu beachtenden Gesichtspunkte erkennen.

Das Kreiskolbengebläse fördert zwangsläufig und paßt sich ohne Beeinträchtigung der Fördermenge jeder Schwankung der Widerstandshöhe selbsttätig an; ebenso hat es die Eigenschaft, unabhängig von den Druckschwankungen die Liefermenge dem jeweiligen Bedarf durch entsprechende Änderung der Drehzahl anzupassen, bietet dagegen nicht die Möglichkeit einer Kraftersparnis bei Drosselung (vgl. Abb. 1010 und 1011).

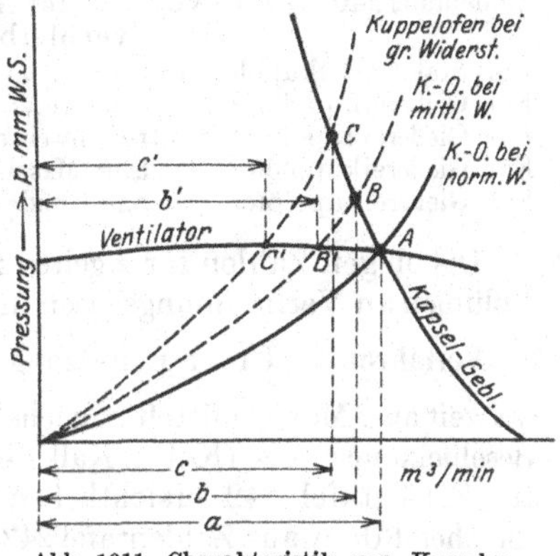

Abb. 1011. Charakteristik von Kapselgebläse und Ventilator (TRINKS).

Anlage und Betrieb des Kreiskolbengebläses erfordern daher stets einen größeren Kostenaufwand, der aber durch unbedingte Gleichmäßigkeit des Betriebs und die mit der Unempfindlichkeit gegen Druckschwankungen verbundene Entlastung der Betriebsüberwachung reichlich ausgeglichen werden dürfte.

Das Kreiselgebläse (Abb. 1012) wirkt allein durch die Umlaufgeschwindigkeit des Kreiselrades und ist infolgedessen gegen Druckschwankungen außerordentlich empfindlich. Dies hat bei Erhöhung der Widerstände ein Zurückgehen der Förderleistung bis zum vollständigen Aussetzen derselben, beim Sinken der Widerstände ein mit der Drehzahl steigendes Anwachsen der Leistung bis zur Überlastung des Motors (Durchgehen) zur Folge, wenn nicht durch sofortiges Abdrosseln eine Einschränkung des Kraftverbrauchs erfolgt (Abb. 1013).

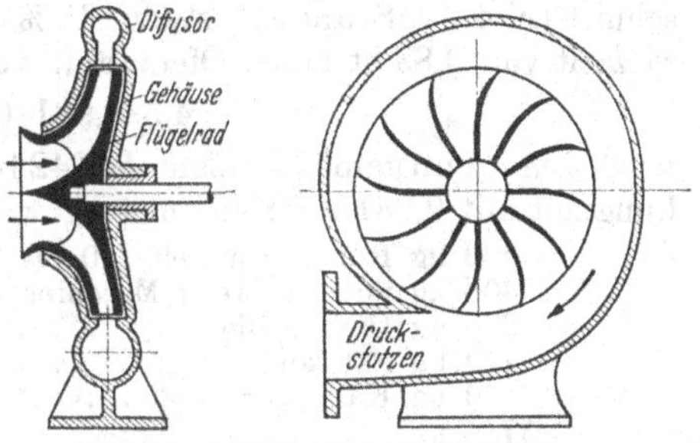

Abb. 1012. Kreiselgebläse für Kupolöfen.

Demzufolge ermöglicht zwar das Kreiselgebläse in weiten Grenzen eine stromsparende Anpassung des Kraftbedarfs an die Förderleistung, erfordert aber eine ständige Überwachung und Regelung, so daß die geringeren Anlagekosten und Kraftersparnisse durch die Vermehrung der Bedienungskosten wieder aufgehoben werden dürften."

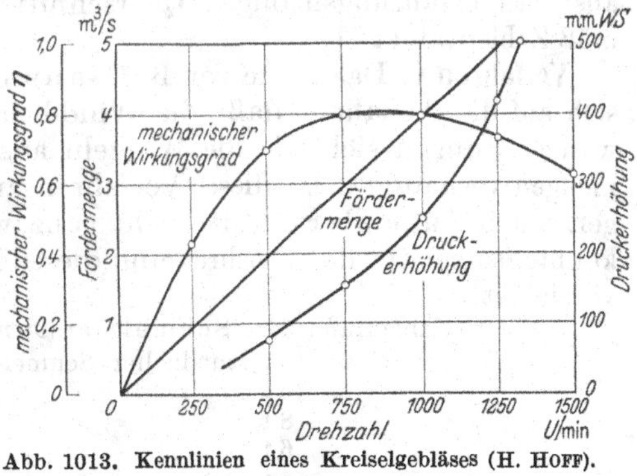

Abb. 1013. Kennlinien eines Kreiselgebläses (H. HOFF).

Wirksame Schachthöhe. Im allgemeinen wird man mit dem vier- bis fünffachen lichten Ofendurchmesser in Düsenzone auskommen. Nach Angaben von G. BUZEK (*7*) kommt man auf wirksame Ofenhöhen vom 5,1-fachen bis 6,17 fachen Durchmesser des Ofens, wobei die kleinere Zahl den größeren, die größere Verhältniszahl den kleineren Ofentypen zukommt. B. OSANN (*8*) gibt drei Verfahren zur Berechnung der wirksamen Ofenhöhe an:

Verfahren A. Dieses Verfahren ermittelt zunächst den Inhalt des Kupolofens J und setzt alsdann $J = F \cdot H$; $H = \frac{J}{F}$. Aus der gemäß Zahlentafel 240 zugrunde gelegten Aufenthaltsdauer z der Gase (2) im Kupolofen ergibt sich der Querschnitt in Düsenhöhe $Q = \frac{J}{z}$. Alsdann ist $H = \frac{J}{Q}$.

Zahlentafel 240. Werte von z = der Anzahl von Sekunden, welche die Gase im Ofen verbleiben sollen (nach B. OSANN).

Für Stahlwerkskupolöfen	6,5
Für Gießereikupolöfen (sehr schwerer Guß)	4,1
Für Gießereikupolöfen (mittelschwerer Guß)	3,7
Für Gießereikupolöfen (leichter Maschinenguß)	3,3
Für Gießereikupolöfen (Ofenguß und ähnlicher Guß)	3,1

Die obigen Zahlen für z gelten für einen Satzkoks von 11 bis 12% und einem Volumen an Verbrennungsgasen in Höhe von 6,5 m^3 je kg Koks.

Verfahren B. Unter Benutzung der Formel $H = \frac{J}{Q}$ geht man von der Durchsatzzeit aus. Man ermittelt zunächst den Rauminhalt des stündlich durchgesetzten Beschickungsgutes (Koks, Kalkstein, Roheisen, Gußbruch usw.) mit Hilfe der aus Zahlentafel 242 ersichtlichen Raummetergewichte, kürzt diese Zahl entsprechend dem aus Zahlentafel 243 zu entnehmenden Schrumpfungskoeffizienten und errechnet den Ofeninhalt J mit Hilfe der Durchsatzzeit. Für letztere gibt Zahlentafel 244 entsprechende Anhaltspunkte. Die Werte werden natürlich in Anlehnung an verschiedenartige Betriebsverhältnisse von Fall zu Fall gewisse Korrekturen erfahren. Nach B. OSANN würde z. B. ein Ofen von 0,71 m^2 Querschnitt bei 4,5 t Stundenleistung, 12% Schmelzkoksverbrauch und einer Durchsatzzeit von 0,83 st einen Ofeninhalt von:

$$J = 4{,}5 \cdot 0{,}981 \cdot 0{,}84 \cdot 0{,}83 = 3{,}07 \text{ m}^3$$

benötigen, wenn gemäß Zahlentafel 242 für 1000 kg flüssiges Eisen 1150 kg Beschikkungsgut mit 0,981 m^3 Raummetergewicht, z. B. gemäß folgender Gattierung:

400 kg	Roheisenmasseln (40 bis 50 cm lang)	0,148 m^3
400 kg	mittelschwerer Maschinenbruch	0,328 m^3
200 kg	Gießabfälle	0,217 m^3
120 kg	Satzkoks	0,267 m^3
30 kg	Kalkstein	0,021 m^3
1150 kg		0,981 m^3

errechnet werden. Alsdann ist $H = \frac{J}{Q} = \frac{3{,}07}{0{,}71} = 4{,}33$ m.

Der Ofenquerschnitt ergibt sich in beiden Rechnungsfällen gemäß A und B aus einer erfahrungsmäßigen Querschnittsfläche je Tonne Schmelzleistung gemäß Zahlentafel 241.

Verfahren C. Das dritte von B. Osann benutzte Rechnungsverfahren gründet sich auf die Annahme, daß „die Winddrücke bei Kupolöfen gleichartiger Gußwarengattungen sich wie die Wurzeln aus den sekundlich eingeführten Windmengen verhalten". Da dieses Verfahren auf einer hypothetischen Annahme des genannten Autors beruht, die nicht ganz widerspruchslos hingenommen werden könnte, so sei auf die Beschreibung dieses Rechnungsverfahrens an dieser Stelle verzichtet.

Zahlentafel 241. Schmelzleistung und Ofenquerschnitt.

Bei	15 t	stündlicher	Schmelzleistung	1200 cm^2
„	10 t	„	„	1300 cm^2
„	8 t	„	„	1400 cm^2
„	6 t	„	„	1500 cm^2
„	4 t	„	„	1600 cm^2
„	2 t	„	„	2000 cm^2
„	1 t	„	„	2300 cm^2
„	0,5 t	„	„	2900 cm^2
„	0,25 t	„	„	3300 cm^2

Zahlentafel 242. Raummetergewichte des Beschickungsgutes bei Kupolöfen.

1 m^3 Roheisenmasseln (70—80 cm lang) wiegt	2040 kg
1 m^3 Roheisenmasseln (40—50 cm lang) wiegt	2700 kg
1 m^3 Kokillen- und Zylinderbruch wiegt	2100 kg
1 m^3 mittelschwerer Maschinenbruch wiegt	1220 kg
1 m^3 leichter Maschinenbruch und Gießabfälle von Maschinengußstücken wiegen	920 kg
1 m^3 Poterie- und Ofenbruch wiegt	600 kg
1 m^3 Radiatorenbruch wiegt	600 kg
1 m^3 Gießereikoks wiegt	450 kg
1 m^3 Kalkstein wiegt	1450 kg
1 m^3 Flußspat wiegt	1300 kg

Zahlentafel 243. Mittelwerte der Schrumpfungskoeffizienten in %.

Für schwere Gattierung	6%
Für mittelschwere Gattierung	16%
Für leichte Gattierung	28%

Zahlentafel 244. Normale Durchsatzzeiten bei verschiedenem Kokssatz.
Wenn die Durchsatzzeit bei 12% Schmelzkoksverbrauch 50 min beträgt, so ist sie bei

$$8\%\ \text{Schmelzkoks} = 50\cdot\frac{8}{12}\cdot\frac{8{,}0^*}{6{,}9} = 39\ \text{min} = 0{,}65\ \text{st}$$

$$10\%\ \text{„} = 50\cdot\frac{10}{12}\cdot\frac{7{,}3}{6{,}9} = 44\ \text{min} = 0{,}73\ \text{st}$$

$$12\%\ \text{„} = 50\cdot\frac{12}{12}\cdot\frac{6{,}9}{6{,}9} = 50\ \text{min} = 0{,}83\ \text{st}$$

$$14\%\ \text{„} = 50\cdot\frac{14}{12}\cdot\frac{6{,}6}{6{,}9} = 56\ \text{min} = 0{,}93\ \text{st}$$

$$16\%\ \text{„} = 50\cdot\frac{16}{12}\cdot\frac{6{,}3}{6{,}9} = 61\ \text{min} = 1{,}02\ \text{st}$$

$$18\%\ \text{„} = 50\cdot\frac{18}{12}\cdot\frac{6{,}15}{6{,}9} = 67\ \text{min} = 1{,}12\ \text{st}$$

Koks- und Eisengichten. Die Eisengichten hängen ab von dem Gewicht der Koksgicht und dem gewählten Satzkoksanteil in Prozent der Eisengicht. Bei normaler Stückgröße des verwendeten Kokses ergibt sich nach fast völlig übereinstimmenden Angaben des Schrifttums (*4*, *6*) ein Optimum der Betriebs- und Verbrennungsverhältnisse, wenn die Schütthöhe der Satzkoksgicht etwa 150 mm beträgt. Das gibt je m^2 Ofenquerschnitt ein Koksgewicht von 70 bis 80 kg. Bei gegebenem Satzkoksanteil ist dann das Gewicht der Eisengicht leicht zu errechnen (vgl. auch Zahlentafel 242 und 246 sowie Abb. 1014). Da in den Gießereien mitunter Koks mit Kanten-

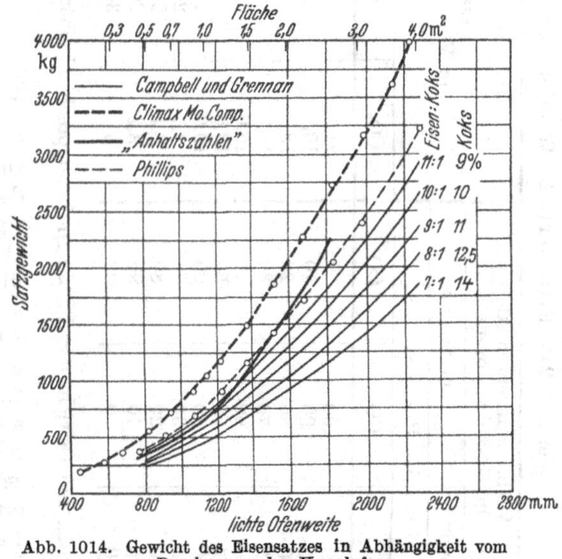

Abb. 1014. Gewicht des Eisensatzes in Abhängigkeit vom Durchmesser des Kupolofens.

* Dabei bedeutet 8,0 die Windmenge für 1 kg Kokskohlenstoff bei 8% Schmelzkoks und 6,9 diejenige bei 12% Schmelzkoks usw. in m^3. Vgl. OSANN: Die Vorausbestimmung der Zusammensetzung der Gichtgase usw. Gießereizeitung (1919) S. 225 und Stahl u. Eisen Bd. 39 (1919) S. 1318 sowie Lehrbuch der Eisen- und Stahlgießerei im Kapitel Verbrennungsvorgänge im Gießereischachtofen.

längen bis zu 22 cm Verwendung findet, bedarf obige Rechnung in solchen Fällen die Annahme von Satzkoksschichthöhen bis zu 220 mm (*9*).

Höhe der gesamten Füllkoksschicht. Diese soll so bemessen werden, daß das Schmelzen eines Eisensatzes beendet ist, ehe er in die Zone kommt, die noch freien Sauerstoff enthält (Windzone). Die obere Begrenzung dieser Zone fällt nach den umfangreichen Untersuchungen von A. W. Beldon (*39*) mit der Lage der Fläche höchster Tempera-

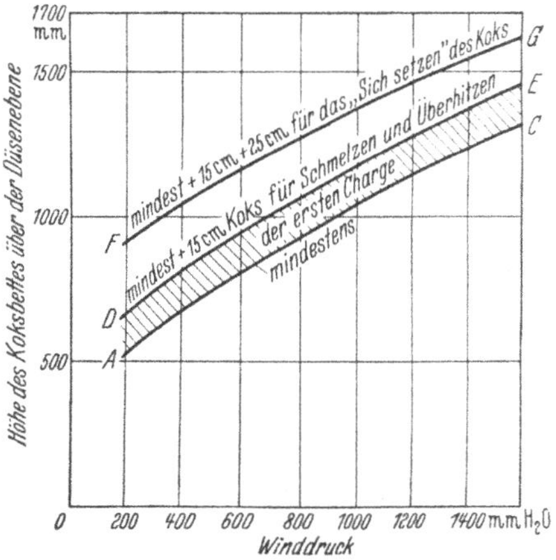

Abb. 1015. Zweckmäßigste Höhe des Koksbetts für verschiedene Windpressungen (Campbell und Grennan).

tur zusammen (untere Begrenzung der Schmelzzone). Sie liegt bei niedrigen Winddrücken (unter 300 mm Wassersäule) bei 450 bis 500 mm über Düsenebene und steigt mit zunehmendem Winddruck stark an. In Abb. 1015 nach H. L. Campbell und J. Grennan (*5*) gibt die Linie *AC* für alle Winddrücke und Ofengrößen an, wie hoch das Koksbett im Kupolofen mindestens sein muß. Die einzelnen Punkte dieser Linie wurden errechnet in Anlehnung an die Beldonschen Versuche. Die Linie *DE* berücksichtigt die 150 mm hohe zusätzliche Koksschicht, welche für das Schmelzen und Überhitzen der ersten Charge benötigt wird. Als Ausgleich für das „Sichsetzen" des Koksbettes

Zahlentafel 245. Erforderliche Windmenge unter verschiedenen Verbrennungsbedingungen.

Fall	Verbrennungsprodukt in Gewichtsprozent: zu Beginn	am Schluß der Reaktion		Gasanalyse in Volumenprozent			O_2 je kg Kohlenstoff	Luft je kg Kohlenstoff	Luft[1] von 15° je kg Koks (100% C)	Luft[1] von 15° je kg Koks (90% C)
	CO_2	CO_2	CO	CO_2	CO	N_2	kg	kg	m³	m³
A	100	100	0	21	0	79,0	2,66	11,6	9,48	8,53
B	95	90	10	19,7	2,1	78,3	2,53	10,9	8,91	8,02
C	90	80	20	18,3	4,5	77,2	2,39	10,4	8,50	7,65
D	85	70	30	16,3	7,1	76,3	2,26	9,8	8,01	7,20
E	80	60	40	15,0	9,9	75,1	2,13	9,2	7,52	6,77
F	75	50	50	13,0	13,0	74,0	2,00	8,7	7,12	6,41
G	70	40	60	10,9	16,6	72,5	1,86	8,1	6,62	5,96
H	65	30	70	8,7	20,3	71,0	1,73	7,5	6,14	5,53
I	60	20	80	6,1	24,6	69,3	1,60	6,9	5,64	5,07
J	55	10	90	3,2	29,4	67,4	1,46	6,3	5,15	4,63
K	50	0	100	0	34,7	65,3	1,33	5,8	4,74	4,26

[1] Bei spezifischem Gewicht $g = 1{,}222$ kg/m³, entsprechend einer für Mitteldeutschland gültigen Feuchtigkeitskorrektur.

und den Wärmeverlust zwischen der Zeit der Messung des Koksbettes und dem Beginn des Blasens haben die genannten Verfasser das Koksbett um weitere 250 mm erhöht (Sicherheitskoks). Beim Ofenbetrieb schwankt die Koksbetthöhe zwischen den Linien *DE* und *AC*. Durch den satzweise nachfolgenden Schmelzkoks wird der zwischen den Linien lagernde und dort verbrennende Koks immer wieder ergänzt.

Die Windmengen. Bei vollkommener Verbrennung des im Koks vorhandenen Kohlenstoffs zu Kohlensäure werden je kg Kohlenstoff auf Grund der molekularen Umsetzungen 2,66 kg Sauerstoff oder 11,5 kg Luft = 9,4 m^3 Luft von 15^0 C und einem spez. Gewicht von 1,222 kg/m^3 gemäß einer für Mitteldeutschland gültigen Feuchtigkeitsziffer benötigt (Zahlentafel 245). Das ergibt bei einem Koks mit 90% Kohlenstoff = 8,53 m^3, bei einem Koks mit 85% Kohlenstoff = etwa 8,00 m^3 Luft je kg Koks, die zur vollkommenen Verbrennung theoretisch benötigt werden. Die dem Ofen maximal zuzuführende Windmenge ergibt sich alsdann aus der Verbrennungsgeschwindigkeit des Kokses. Letztere hängt von der Reaktionsfähigkeit des Kokses (unter Berücksichtigung des Charakters der Kokssubstanz sowie der dem Wind dargebotenen reaktionsfähigen Oberfläche derselben) ab, sowie von der Stückgröße und der Porosität (Makro- und Mikroporosität). Vermag der Koks die ihm zugeführte Windmenge nicht mehr anzunehmen, so ist ein allmähliches Kaltblasen des Kokses zu erwarten. Diesen Grenzfall ermittelten E. Piwowarsky und A. Vogel (*10*) an einem Koks von 40 mm Stückgröße und rund 85% C zu etwa 255 m^3 je m^2 Ofenquerschnitt und Minute bei einer Ausgangstemperatur des Kokses von 850^0C. Diese Zahl stellt demnach die oberste Grenze der einem Kupolofen zuzumutenden Windmengen dar. Da bei einem Raummetergewicht des Kokses von etwa 450 kg/m^3 eine 150 mm hohe Koksschicht rund 68 kg wiegt, so ergibt sich, daß dieser Kokssatz eine Verbrennungszeit von mindestens $\frac{68 \cdot 8}{255} = 2{,}1$ min erfordert, wenn je Kilogramm Koks 8 m^3 Luft angesetzt werden. H. L. Campbell und J. Grennan (*5*) rechnen mit Verbrennungszeiten für eine 150 mm hohe Koksschicht je nach Stückgröße und Verbrennlichkeit des Kokses von 4 bis 6 min. Das kommt der oben experimentell ermittelten Verbrennungszeit von mindestens 2,1 min größenordnungsmäßig nahe. Leider setzen Campbell und Grennan als Windmenge je kg Koks nur 6,41 m^3 an gemäß Fall F nach Zahlentafel 245. Sie kommen alsdann selbst bei Annahme der kürzesten Verbrennungszeit von 4 min zu Windmengen, die etwa den alten Buzekschen Anhaltszahlen entsprechen, für Verbrennungszeiten von 5 und 6 min aber entschieden zu niedrig liegen, wie ein Vergleich mit den Windmengen gemäß den von der Wärmestelle Düsseldorf herausgegebenen „Anhalts-

Zahlentafel 246. Betriebsangaben für Kupolofen. Nach G. Phillips (*12*).

Lichte Weite	Fläche	Gewicht des Kokssatzes	Gewicht des Eisensatzes	Windmengen		Leistung
cm	m^2	kg	kg	m^3/min	kg/min	t/st
76,2	0,456	45,3	363	58,5	71,7	4,07
91,4	0,655	63,5	508	73,3	88,8	5,08
106,7	0,893	86,2	690	102,8	125,6	7,11
121,9	1,167	113,5	907	132,0	161,8	9,14
137,2	1,475	145,0	1160	161,0	197,8	11,17
152,4	1,823	177,0	1415	206,5	253	14,22
167,6	2,202	216,0	1722	249,5	305	17,27
182,9	2,620	256,0	2050	294,0	360	20,32
198,1	3,080	300,0	2400	337,0	412	23,37
213,4	3,570	347,0	2720	394,0	483	27,43
228,6	4,100	400,0	3190	456,0	557	31,49

zahlen für den Energieverbrauch in Eisenhüttenwerken" (*11*) oder den von G. P. PHILLIPS (*12*) empfohlenen Werten (Zahlentafeln 238 und 246) erkennen läßt, insbesondere wenn man die Windmengenwerte graphisch darstellt (Abb. 1016). Wenn

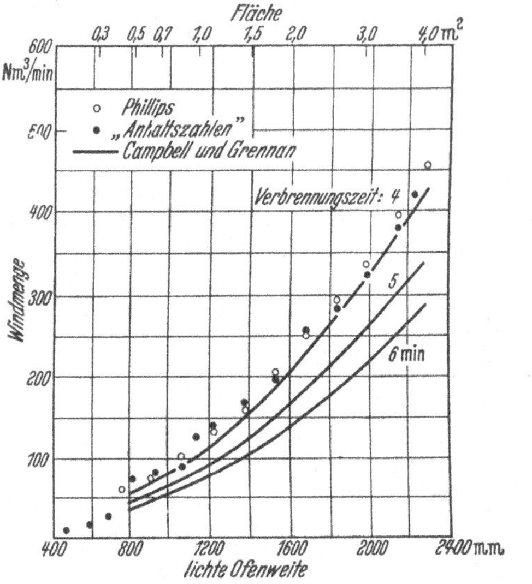

Abb. 1016. Zusammenhang zwischen Windmenge und Ofenabmessungen des Kupolofens.

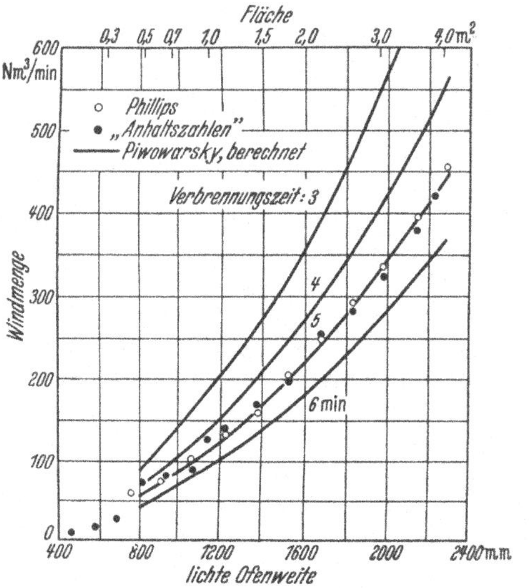

Abb. 1017. Zusammenhang zwischen Windmenge und Ofenabmessungen.

man dagegen, wie dies wohl geschehen muß, den Kupolofenbetrieb auf vollkommene Verbrennung des Satzkokses vor den Windformen bzw. innerhalb der eigentlichen Verbrennungszone einstellt und je kg Satzkoks den theoretisch notwendigen Luftbedarf einsetzt (z. B. 8 m³ bei einem Koks mit rd. 85% C), so ergeben sich Windmengen, die den im praktischen Betrieb als zweckmäßig erkannten entsprechen (Zahlentafel 247 und Abb. 1017). Tatsächlich liegen die heute bei gut geführten Kupolöfen gebräuchlichen Windmengen zwischen 120 und etwa 180 m³/m²/min und gehen sogar in Einzelfällen bis 200 m³ herauf (vgl. Abb. 1018 und Zahlentafel 248). In Abb. 1017 sind die Zahlen der Arbeit von CAMPBELL und GRENNAN entsprechend korrigiert, ferner wurde als praktisch erreichbare Verbrennungszeit noch die Zeit von 3 min je Kokssatz von 152 mm Höhe berücksichtigt. Man erkennt nunmehr, wie die so ermittelten Windmengen den praktisch gebräuchlichen wesentlich näher kommen (mittlere Verbrennungszeit = 4 bis 5 min). Es ist klar, daß der Wert von 3 min Verbrennungszeit je Kokssatz von 152 mm Höhe noch unterschritten werden könnte, wenn man z. B. mit Heißwind arbeitet. Ob es allerdings betriebstechnisch von Vorteil ist, mit allzu großen Windmengen zu arbeiten, muß mit Rücksicht auf die zu erwartenden Eisentemperaturen, vor allem aber mit Rücksicht auf

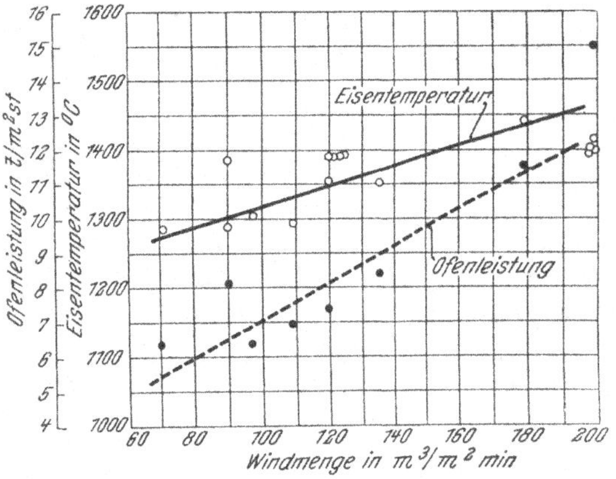

Abb. 1018. Einfluß der spezifischen Windmenge auf die Eisentemperatur und die Schmelzleistung der Kupolöfen.

die Abbrandverhältnisse in der Oxydationszone des Ofens erst noch eingehend geprüft werden. Unterhalb der kritischen Windmenge verursachen zunehmende spezifische Windmengen einen Anstieg der maximalen Flammen- und damit der Ofentemperatur in der Verbrennungszone bei (wahrscheinlich, d. V.) Verringerung der vertikalen Zone maximaler Flammen- bzw. Ofentemperatur. Bei Übersteigerung der Windmengen, insbesondere über jene durch die kritischen Verbrennungszeiten errechneten hinaus, tritt Gefahr des Kaltblasens vor den Formen ein mit gleichzeitig zunehmender Verlagerung der Verbrennungs- und Schmelzzone nach oben, wodurch auch ein Ansteigen der Gichttemperatur zu erwarten ist, bis der Ofen schließlich völlig einfriert. Abb. 1018 ist aus den in Zahlentafel 248 für einen lichten Ofendurchmesser von 0,9 bis 1,3 m zugehörigen Betriebszahlen verschiedener Gießereien gewonnen, die der Verfasser in den Jahren 1927/28 auf eine gleichgerichtete Umfrage bei einer größeren Anzahl gut geführter Eisengießereien zusammenstellte. Abb. 1018 läßt erkennen, wie im Rahmen der dort gebräuchlichen Windmengen sich zwanglos eine enge Beziehung zwischen Windmenge, Schmelzleistung und Eisentemperatur ergab. Wie sich die Schmelzleistung von Kupolöfen mit zunehmendem Durchmesser bei Zugrundelegung 4- und 5minutiger Verbrennungszeiten je Koksgicht und Satzkoksanteilen von 11 bzw. 12,3% (nach Campbell und Grennan) verändert, zeigt Abb. 1019. Man erkennt, daß die errechneten Werte mit den nach den „Anhaltszahlen" mitgeteilten bzw. von Phillips angegebenen recht gut übereinstimmen (vgl. auch Zahlentafel 247).

Zahlentafel 247. Windmenge und Schmelzleistung.

	Lichter Schacht-Durchm.	Lichter Schacht-querschnitt	Kokssatz je Satz (150 mm hoch)	Luftbedarf zur vollkommenen Verbrennung eines Kokssatzes[1]	Zur Verbrennung des Kokssatzes erforderliche Menge Wind in m³/min bei einer Verbrennungszeit von				Schmelzleistung in t je st bei verschiedener Verbrennungsgeschwindigkeit je 150 mm Satzkokshöhe					
									Kokssatz: 1 : 9 = 11% Koks			Kokssatz: 1 : 8 = 12,5% Koks		
	mm	m²	kg	m³	3 min	4 min	5 min	6 min	4 min	5 min	6 min	4 min	5 min	6 min
1	810	0,517	33,6	280	92	70,0	56	46,5	5,1	4,10	3,36	4,48	3,66	3,05
2	910	0,650	42,6	355	118	88,8	71,0	59,2	6,4	5,20	4,27	5,70	4,60	3,86
3	1060	0,882	58,1	485	162	121	97,0	81,0	8,75	7,0	5,90	7,85	6,20	5,20
4	1220	1,170	75,8	632	211	158	126,5	105	11,50	9,2	7,62	10,00	8,15	6,80
5	1370	1,474	95,7	798	266	197	159,6	133	14,20	11,6	9,70	12,5	10,2	8,55
6	1520	1,814	118,5	996	332	249	199	166	17,90	14,2	11,90	15,85	12,65	10,60
7	1680	2,217	143,5	1196	398	299	239	199	21,50	17,25	14,25	19,20	15,40	12,80
8	1830	2,630	170,6	1424	475	356	285	234	25,80	20,6	17,20	23,0	18,35	15,20
9	1980	3,079	200,0	1664	554	414	333	277	30,4	24,25	20,2	27,0	21,5	17,8
10	2130	3,563	232,5	1924	641	481	385	321	35,0	28,0	23,5	31,5	25,0	20,8
11	2280	4,083	266,5	2220	740	555	444	370	40,2	32,2	26,8	36,0	23,7	24,0

[1] Bei 90% C im Koks und vollkommener Verbrennung zu Kohlensäure.

Zahlentafel 248. Betriebszahlen verschiedener Kupolöfen.

Lfd. Nr.	Bezeichnung	Gußeisensorte	Kupolofenbauart	Ofenabmessungen: lichter Durchmesser m	Ofenabmessungen: Zahl der Düsenreihen	Ofenabmessungen: Anzahl der Düsen	Ofenabmessungen: Gesamtdüsenquerschnitt cm²	Stündliche Leistung t	Eingeblasene Windmenge m³ je min.	Mittlere Temperatur d. erschm. Eisens °C	Entnahmestelle der untersuchten Probe	Sauerstoffgeh. d. Eisens im Mittel Gew.-%
35	*A*	Grauguß für Gliederkessel	Bestenbostel	1,3	1	4	2060	10 (7,6)[1]	160 (121)[1]	1390	Probestück aus einem durch Sandfehler entstandenen Ausschußkesselglied	0,044
36	*B*	Grauguß für Gliederkessel	Bestenbostel	1,3	1	4	2060	10 (7,6)	160 (121)	1390	Probestück aus einem durch Sandfehler entstandenen Ausschußkesselglied	0,036
37	*C*	Grauguß für Hochdruckkessel	Bestenbostel	1,3	1	4	2060	10 (7,6)	160 (121)	1390	Probestück aus einem durch Sandfehler entstandenen Ausschußkesselglied	0,047
38	*D*	Grauguß für Gliederkessel (Klein)	Durlach	1,0	2	11	2500	9 (11,5)	140 (179)	1440	Probestück aus einem durch Sandfehler entstandenen Ausschußkesselglied	0,038
42	A_n	Maschinenguß (naß)	Schürmann-Ofen	1,0	—	—	2200	12 (15)	160 (200)	1400	Als Probe gegossen	0,028
43	A_t	Maschinenguß (trocken)	Schürmann-Ofen	1,0	—	—	2200	12 (15)	160 (200)	1400	Als Probe gegossen	0,029
44	T_n	Maschinenguß (naß)	Schürmann-Ofen	1,0	—	—	2200	12 (15)	160 (200)	1400	Als Probe gegossen	0,027
45	T_t	Maschinenguß (trocken)	Schürmann-Ofen	1,0	—	—	2200	12 (15)	160 (200)	1400	Als Probe gegossen	0,029
46	*A*	Maschinenguß	Ofen mit Vorherd	1,0	1	4	1680	6,25 (8,1)	70 Druck = 600 mm WS (90)	1250 bis 1320	Aus zylindrischem Gußstück entnommen	0,059
47	*B*	Maschinenguß	Ofen mit Vorherd	1,0	1	4	1680	6,25 (8,1)	70 Druck = 600 mm WS (90)	1250 bis 1320	Aus zylindrischem Gußstück entnommen	0,030
48	*C*	Maschinenguß	Ofen mit Vorherd	1,25	1	4	1680	7,5 (6)	90 Druck = 700 mm WS (72)	1250 bis 1320	Aus zylindrischem Gußstück entnommen	0,033
49	*D*	Maschinenguß	Ofen mit Vorherd	0,9	1	4	1680	4,7 (6,0)	75 Druck = 650 mm WS (109)	1250 bis 1320	Aus zylindrischem Gußstück entnommen	0,040
50	*H*	Badewannengußeisen	Schachtofen Vulkan mit Schrägaufzug	1,2	1	4	1490	7 (6,3)	110 (97)	1300	Ausschußbadewannenstück durch Formfehler	0,033

[1] Die in Klammern gesetzten Werte beziehen sich auf die Windmengen bzw. die Ofenleistung je m³ Ofenquerschnitt.

Der Kalksteinzuschlag. Der Kalksteinzuschlag hat den Zweck, eine gut flüssige, niedrig schmelzende und gut koagulierfähige Kupolofenschlacke zu sichern, welche als Folge des Aschengehaltes des Kokses, der Verunreinigungen des Einsatzes und der teilweisen Oxydation einiger Eisenbegleiter (Silizium, Mangan) in einer Menge von 4 bis 7% bezogen auf den metallischen Einsatz anfällt. Die kristallisierten Teile einer Kupolofenschlacke bestehen vornehmlich aus Pseudowollastonit ($CaOSiO_3$) und Gehlenit ($2\,CaO \cdot Al_2O_3 \cdot SiO_2$). Im nachfolgenden sind einige Schlackenzusammensetzungen angegeben:

Zahlentafel 249.

CaO %	SiO_2 %	Al_2O_3 %	FeO %	MnO %	MgO %	S %	P %	Schrifttum
27,9	54,0	3,47	4,35	2,12	—	0,12	0,056	Schriftwechsel mit den Deutschen Eisenwerken A.G., Gelsenkirchen
27,0	53,0	<12,0	4,00	n. b.	n. b.	n. b.	n. b.	
17,7	52,2	13,5	12,10*	n. b.	n. b.	n. b.	n. b.	F. ROLL: Kolloid-Z. Bd. 79 (1937) S. 221
20,3	52,7	8,0	14,24*	5,70†	n. b.	n. b.	n. b.	
20,8	54,7	9,4	9,76*	4,40†	n. b.	n. b.	n. b.	
28,8	50,6	10,2	1,76	1,10	1,72	0,31	n. b.	B. OSANN JR.: Gießerei Bd. 18 (1931) S. 830
27,0	53,0	12,0	4,00	n. b.	n. b.	n. b.	n. b.	G. HÉNON: Gießerei Bd. 25 (1938) S. 165

* Fe_2O_3. † Mn_3O_4.

Wenn man mit G. HÉNON (*13*) die mittlere Zusammensetzung einer Kupolofenschlacke hinsichtlich ihrer wichtigsten Bestandteile mit:

53% SiO_2 12% Al_2O_3 27% CaO und 4% Fe_2O_3

ansetzt und die mittlere Zusammensetzung der Koksaschen mit:

46% SiO_2 39% Al_2O_3 4% CaO und 6% Fe_2O_3

gegenüberstellt, so erkennt man, daß diese Asche durch Hinzutreten vor allem von Kieselsäure und Kalk in die Zusammensetzung der üblichen Kupolofenschlacke übergeführt werden kann. Kieselsäure und Tonerde entnimmt die Schlacke aus dem der Beschickung anhaftenden Sand und der feuerfesten Auskleidung. Legt man zur Ermittlung des Kalksteinzuschlags der Einfachheit wegen die anzustrebende Zusammensetzung des Pseudowollastonits $CaOSiO_3$ zugrunde, so ergibt sich, daß je kg SiO_2 1,66 kg reines $CaCO_3$ oder 1,70 kg Kalkstein mit rund 3% Verunreinigungen erforderlich sind. Bei 10% Satzkoks und einem Koks mit 10% Asche und rund 50% SiO_2 ergibt sich eine Kalksteinmenge von 0,85 kg oder

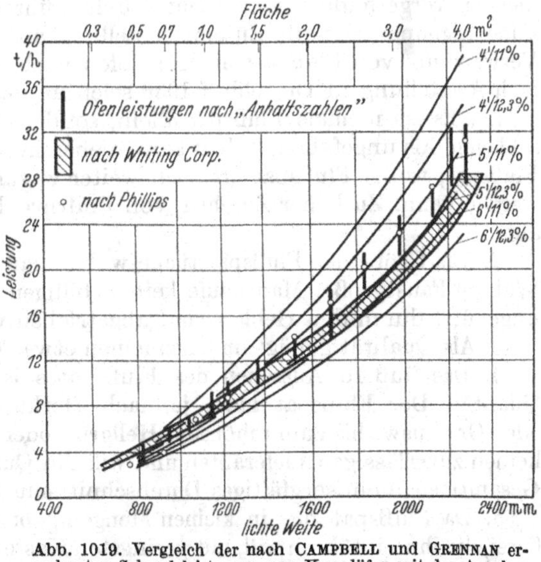

Abb. 1019. Vergleich der nach CAMPBELL und GRENNAN errechneten Schmelzleistungen von Kupolöfen mit den Angaben der „Anhaltszahlen" bzw. den Angaben von G. P. PHILLIPS.

rund 85% der Koksasche. Wenn die Gattierung nun etwa 2% Silizium hat, von dem 10% = 0,2 Si zu 0,425 kg SiO_2 verbrennen, so werden zu ihrer Bindung rd. 0,75 kg Kalkstein benötigt, so daß für die beiden genannten Reaktionen allein 1,60 kg Kalkstein benötigt werden. Mit dieser Kalksteinmenge von 16% des Satzkokses kommt man jedoch nicht aus, da durch den an den Roheisenmasseln anhaftenden Sand, mehr noch durch Verschlackung des sauren Ofenfutters zusätzliche Kalksteinmengen benötigt werden, so daß man im allgemeinen mit 20 bis 30% Kalkstein, bezogen auf den Satzkoksverbrauch, rechnet. Bei höherem Aschengehalt des Kokses ist es empfehlenswert, den Kalksteinzuschlag entsprechend zu erhöhen. B. OSANN (*14*) hält bei 12% Koksasche einen Kalksteinzuschlag von 30%, bei 15% Aschengehalt einen solchen von 35% bezogen auf den Satzkoks am besten. Wenn man nach einem Vorschlag von HÉNON (*13*) den zur Bildung eines leicht flüssigen Kalksilikats erforderlichen Kalk bereits der Kokskohle zumischt, so ergibt sich, daß das Mauerwerk weniger angegriffen wird, die Winddüsen klarer bleiben und die anfallenden Schlackenmengen auf die Hälfte heruntergehen. Dagegen ist durch die Anreicherung der oxydischen Schlackenbestandteile der Eisenoxydgehalt $1^1/_2$ mal höher gegenüber dem Arbeiten mit Kalksteinzuschlag zum Satzkoks. Auch der Schwefelgehalt des Eisens steigt etwas an, da der Koksschwefel durch den Kalk abgebunden wird und in vermindertem Ausmaße entweichen kann. Die aufkohlende Wirkung ist bei selbstverschlackendem Koks geringer, so daß sich dessen Verwendung bei der Herstellung niedriggekohlten Eisens empfehle (vgl. auch Seite 868). Bei normalem Arbeiten mit Kalksteinzuschlag soll die Schwefelaufnahme der Schlacke am günstigsten sein bei einem CaO-Gehalt derselben von etwa 28% (*15*); dabei soll der Kalkstein nicht auf den Koks, sondern auf das Eisen aufgegeben werden. Der Kalkstein selbst soll möglichst rein und hart sein, mindestens 95% $CaCO_3$ enthalten bei möglichst nicht über 2% SiO_2, Rest Fe_2O_3 und $MgCO_3$. Die Ansichten über die Verwendung von Flußspat gehen stark auseinander. Doch setzt sich wohl immer mehr die Auffassung durch, daß der Flußspatzusatz nur bei schlechter Kalkqualität Vorteile erbringt. In diesen Fällen wird das Verhältnis Kalkstein zu Flußspat wie 2:1 für richtig gehalten und in der Praxis auch am meisten vorgefunden. Eine leicht durchzuführende Prüfung von Kalkstein auf seine Eignung zeigt die Zusammenstellung auf S. 841. Einige Leitsätze für die Verwendung von Flußspat im Kupolofen nach einer Tafel auf der VI. Gießereifach-Ausstellung in Düsseldorf 1936 seien im folgenden wiedergegeben (*16*):

„1. Es ist niemals Flußspat allein, sondern zusammen mit Kalkstein zuzuschlagen. Als ungefährer Anhalt kann dienen zwei Drittel Kalkstein + ein Drittel Flußspat, wobei Flußspat oft noch weiter zugunsten von Kalkstein vermindert werden kann. Zu hoher Zuschlag von Flußspat hebt seine günstigen Wirkungen auf.

2. Die Größe der Flußspatstücke wähle man für normalgroße Kupolofen von Walnuß-Faustgröße. Man kaufe keinen billigen Flußspat, etwa Grus, da dieser ungenützt durch den Gebläsewind abgetrieben würde.

3. Als Qualität genügt im allgemeinen etwa 80 bis 85% Fluorkalzium.

4. Das äußere Aussehen des Flußspates ist kein Anhaltspunkt für seine Qualität. Der Flußspat kann je nach Herkunft das schmutzigste Rotbraun oder Grau usw. bis zum schönsten Hellgrün oder Weiß aufweisen. Hat man noch keinen zuverlässigen Lieferanten und will die Qualität prüfen, ziehe man aus der Gesamtmenge ein sorgfältiges Durchschnittsmuster.

5. Da Flußspat nur in kleinen Mengen gebraucht wird, kann sich jede Gießerei, die ihn einführen will, mit geringsten Kosten einige hundert Kilogramm beschaffen. — Diese Menge reicht für genügend viel Schmelzen völlig aus, um bei ge-

nauer Beobachtung und Prüfung des Betriebes mit und ohne Flußspatzuschlag die Vorteile oder eventuell Ersparnisse festzustellen, welche der Verbrauch von Flußspat für den einzelnen Betrieb herbeiführt.

6. In Deutschland sind in folgenden Bezirken Gruben im Betrieb, welche einen für Kupolofenzuschläge geeigneten Flußspat liefern können: im Harz, in Thüringen, im sächsischen Vogtland, in Bayern, in der Oberpfalz und an der Donau bei Regensburg sowie im südbadischen Schwarzwald."

Die Prüfung des Kalksteins durch Ätzen mittels Salzsäure
(nach AULICH 1923).

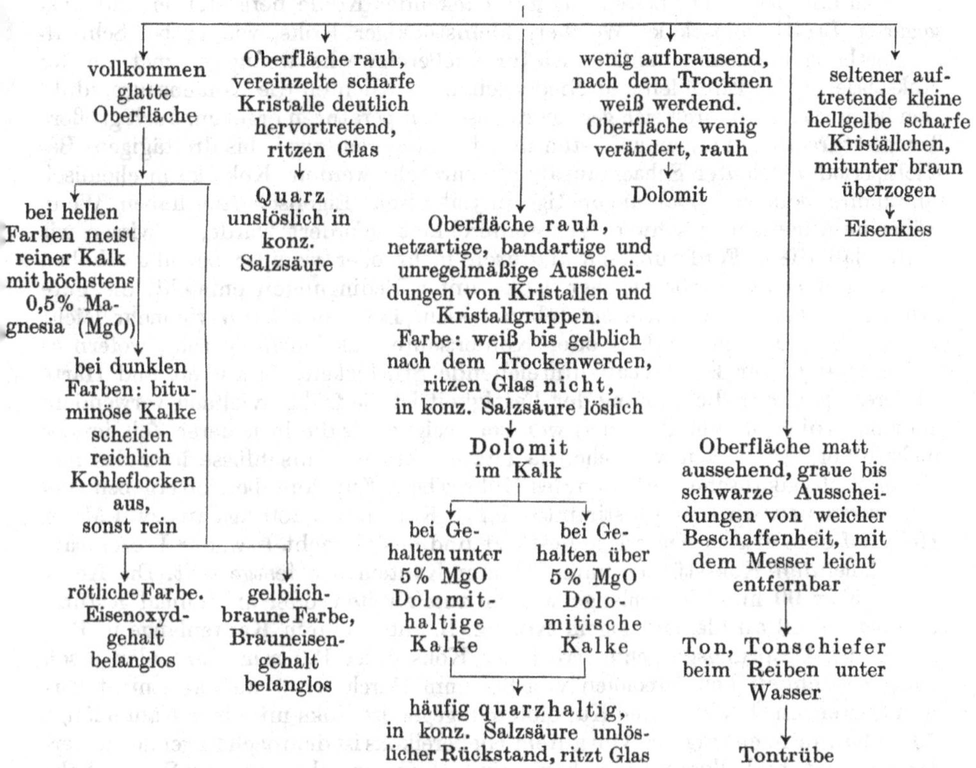

Der Schmelzverschleiß des Ofenfutters insbesondere in der Verbrennungs- und Schmelzzone des Ofens kann bei längerem Schmelzbetrieb erheblich sein und bei achtstündigem Schmelzen bereits eine 5- bis 10proz. Volumenvergrößerung des Oberofens ausmachen, was für die Einstellung der günstigsten Windmengen zu beachten ist (*17*).

Man hat auch schon mit mehr oder weniger gutem Erfolg die Verwendung von Dolomit als Zuschlag beim Kupolofenschmelzen versucht. Nach Auffassungen amerikanischer Fachkreise soll Dolomit eine flüssigere Schlacke bewirken und die Düsen weniger verschlacken. Die Schwefelaufnahme aus dem Koks soll bei Verwendung von Dolomit geringer sein, wie folgende in einer Gießerei unter vergleichlichen Bedingungen gewonnenen Ergebnisse (nicht überzeugend, d. V.) zeigen (*68*):

Chem. Zusammensetzung %	Kalkstein + Flußspat		Dolomit		Kalk	
	Gattierung	Schmelze	Gattierung	Schmelze	Gattierung	Schmelze
Ges.-C	3,61	3,85	3,70	3,68	3,67	3,62
Si	2,80	2,70	2,81	2,73	2,82	2,70
Mn	0,75	0,65	0,78	0,69	0,77	0,67
P	0,41	0,43	0,47	0,47	0,46	0,40
S	0,07	0,086	0,053	0,066	0,057	0,083

Der Einfluß der Koksqualität. Allgemeines. Koks, der sich für den Betrieb von Kupolöfen eignet, soll hart und grobstückig (über 120 mm Kantenlänge) sein, mindestens 85% Kohlenstoff enthalten bei max. 10% Asche und max. 1% Schwefel. Dem entspricht am besten aus gut backender Kohle hergestellter, gut ausgegarter Breitkammerkoks. Weicher, kleinstückiger Koks, wie er bei Schmalkammerbetrieb mitunter anfällt, ist für Gießereizwecke wenig geeignet, da der Koksabrieb beim Einfüllen und Niedergehen der Gichten die Kohlensäurereduktion begünstigt, wodurch sich geringere Eisentemperaturen ergeben, auch größere Temperaturschwankungen auftreten und bei längeren (zwei- bis dreitägigen) Betriebsperioden leichter Schachtansätze verursacht werden. Koks kann chemisch einwandfrei sein und doch ungünstige physikalische Eigenschaften haben. Wenn früher im allgemeinen schwere Verbrennlichkeit gefordert wurde, so wissen wir heute, daß diese Forderung nur dadurch mehr oder weniger bewußt erhoben wurde, weil schwerverbrennlicher Koks unter Bedingungen entsteht, die gute Stückigkeit bei guter Härte entstehen lassen. Der Koks kann vielmehr leicht verbrennlich, d. h. gegen Luft oder Kohlensäure reaktionsfähig sein, wofern es gelingt, mit dieser Eigenschaft hinreichende Stückigkeit, Festigkeit und Härte zu vereinigen. Für die Prüfung der Festigkeit ist die früher vielfach verwendete Trommelprobe (Micum-Trommel) weniger geeignet als die in neuerer Zeit immer mehr bevorzugten Sturzversuche, da letztere bessere Aufschlüsse über das mechanisch-physikalische Verhalten des Kokses beim Kupolofenbetrieb ergeben. Bei Sturzversuchen wird eine bestimmte Menge Koks (etwa 200 kg) aus zwei Meter Höhe auf eine eiserne Unterlage gestürzt und das Gewicht bzw. der Prozentsatz an anfallenden Koksstücken unter 60 mm Kantenlänge festgestellt. Die Koksstücke über 90 mm Kantenlänge werden zum zweiten- oder drittenmal gestürzt und der Anteil an kleinstückigem Koks z. B. unter 60 mm Kantenlänge in Prozenten des Ursprungsgewichts errechnet. Koks unter 120 mm Kantenlänge soll nach Möglichkeit bei Kupolöfen von 800 mm Durchmesser aufwärts nicht verwendet werden. Bei kleineren Kupolöfen dagegen ist Koks mit einer Kantenlänge 70 bis 90 mm noch tragbar. Von gutem Gießereikoks ist demnach folgendes zu verlangen: Matt- bis hellgraues Aussehen, keine schwarzen, schwammigen Stücke, hohe Festigkeit, Stückgröße möglichst über 120 mm Kantenlänge, Anteile unter 90 mm Kantenlänge höchstens 15%, Porenraum nicht über 50%, Schwefelgehalt unter 1,20%, Wassergehalt max. 4% und Heizwert nicht unter 6800 bis 7000 cal bei einem Aschengehalt von höchstens 10%.

Einfluß der Verbrennlichkeit: Der ursprünglich von KOPPERS (*18*) eingeführte Begriff der „Verbrennlichkeit" erscheint bei verschiedenen Autoren in den abgewandelten Begriffen Reaktionsfähigkeit (Entzündlichkeitsverfahren nach BUNTE) oder Reduktionsfähigkeit (AGDE und SCHMITT). Wenn auch bei laboratoriumsmäßigen Versuchen nach den Methoden von KOPPERS, FISCHER, AGDE und SCHMITT u. a. Kokse verschiedener Herkunft ein merklich unterschiedliches Verhalten zeigen, so sind diese Unterschiede für das verbrennungstechnische Verhalten der Kokse im Kupolofen vielleicht von untergeordneter Bedeutung (*18*), da bei den hohen Ofentemperaturen ein Ausgleich des spezifischen Verhaltens der

Kokse zu erwarten ist (*19*), was tatsächlich durch H. JUNGBLUTH und K. KLAPP (*18*) experimentell nachgewiesen werden konnte. A. VOGEL und E. PIWOWARSKY (*20*) sowie F. KRAEMER (*21*) konnten zeigen, daß es grundsätzlich nicht ohne weiteres angängig ist, die Kohlensäurereaktion als Maßstab für die Sauerstoffreaktion zu benutzen, da die letztere offenbar eine Reaktion erster, die erstere eine Reaktion zweiter Ordnung sei, wenngleich nach K. BUNTE (*22*) beide Arbeitsverfahren im allgemeinen verhältnisgleiche Werte zu ergeben scheinen. Die Verbrennlichkeit des Kokses hängt auch von der Mikro- bzw. Makroporosität des Kokses ab sowie von dem Aufbau, der Korngröße und der Oberflächengestaltung der Kokssubstanz (*19*, *21*) und (*23*), sowie von einer evtl. Nacherhitzung auf hohe Temperaturen (*66*). Feinkristalliner Koks neigt weniger zur Rißbildung bei steigenden Ofentemperaturen und hat die höhere Abriebfestigkeit, er eignet sich daher besonders gut zum Gebrauch als Füllkoks (*19*). Kokssorten aus Schmalkammern geben im allgemeinen einen um 50⁰ tieferen Zündpunkt gegenüber Koks aus alten breiten Kammern (*24*), sind also leichter verbrennlich. Was die Porigkeit betrifft, so konnten u. a. Feststellungen gemacht werden, nach denen eine bestimmte Kokssorte von größerer Porigkeit unter sonst gleichen Verhältnissen etwa dreimal so gasdurchlässig war wie eine andere Sorte, ohne daß die Festigkeitswerte einen wesentlichen Unterschied aufwiesen (*24*). A. KRUPKOWSKI, M. CZYZEWSKI und M. OLSCEWSKI (*25*) haben eine neue Methode zur Bestimmung der Reaktionsfähigkeit von Koks entwickelt, die noch einfacher auszuführen ist als die bekannte Methode nach KOPPERS. Als Maßstab für die Reaktionsfähigkeit gilt die je Minute entwickelte $CO_2 + CO$-Menge bzw. die CO-Konzentration im Reaktionsgas, die nach einem 33proz. Umsatz in Metalloxyd (im vorliegenden Falle von Nickeloxyd) eintritt. Nach Versuchen von K. SIPP und P. TOBIAS (*26*) ist ferner bekannt, daß die laboratoriumsmäßig gewonnenen Unterschiede der Reaktionsfähigkeit (z. B. die Lage des Zündpunktes) in Zusammenhang stehen mit der Neigung des Kokses, in Berührung mit flüssigem Eisen das letztere aufzukohlen (Abb. 1020). Das steht in Übereinstimmung mit neueren Versuchen von R. SUCHANEK (*27*), der nachweisen konnte, daß der reaktionsfähigere polnische (heute Generalgouvernement) Koks mehr aufkohlt als der weniger reaktionsfähige Ostrauer Koks (vgl. Zahlentafel 250). Für die Aufkohlungsverhältnisse von Bedeutung ist, wie u. a. H. V. JOHNSON und MACKENZIE (*28*) zeigte, auch der Aschengehalt des Kokses, indem mit dessen Zunahme die Aufkohlungsfähigkeit zurückgeht, was leicht einzusehen ist.

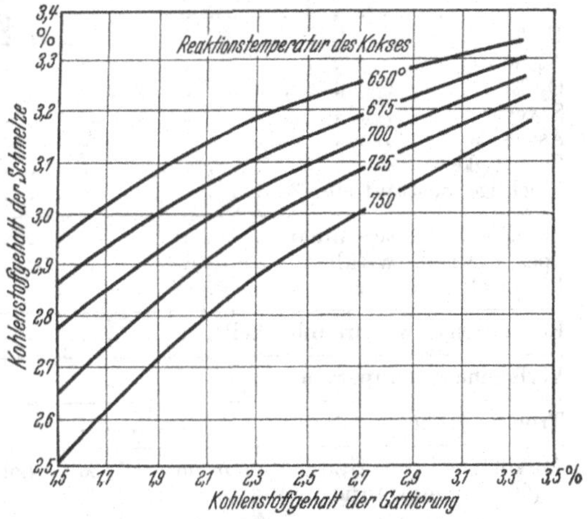

Abb. 1020. Abhängigkeit des Kohlenstoffgehaltes der Schmelze von demjenigen der Gattierung sowie von der Reaktionsfähigkeit des Kokses für bestimmte Betriebsverhältnisse (nach K. SIPP und P. TOBIAS).

Einfluß der Koksumkrustung. Nach F. THOMAS (*29*) wird durch einen verschlackbaren, dünnen Koksüberzug bewirkt, daß die im Schachtofen aufsteigenden Gase mit dem festen Brennstoff weniger in Reaktion treten, wodurch z. B. die Reaktion $CO_2 + C = 2\,CO$ zurückgedrängt und mit dem Erfolg einer Koksersparnis eine vorzeitige Vergasung des Brennstoffs verhindert wird. In Übereinstimmung hiermit steht eine ältere Patentanmeldung (*30*), die für den Einfluß einer Koksumkrustung z. B. mit Kalkmilch in Anspruch nimmt, daß:

a) eine vorzeitige Verbrennung des Kokses im Ofenschacht verhütet wird,
b) die Aufkohlung des Schmelzgutes vermindert und
c) der Koks in der Schmelzzone besser ausgenutzt wird, wodurch
d) der Kohlenstoffgehalt im Enderzeugnis wesentlich herabgesetzt und
e) das Eisen besser entschwefelt wird.

E. Piwowarsky und F. Kraemer (*31*) konnten diesen Zusammenhang bei Laboratoriumsversuchen nicht bestätigt finden, ja es ergab sich, daß der gekalkte Koks durch die Umkrustung sogar reaktionsfähiger wurde. Eine Nachprüfung der

Zahlentafel 250. Nach R. Suchanek.

	Ostrauer Koks	Polnischer Koks
C %	82,9	83,1
H_2 %	0,38	0,36
N_2 %	0,99	1,00
O_2 %	0,40	0,44
S verbr. %	0,71	0,82
Asche %	10,80	10,60
Feuchtigkeit	3,82	3,68
Flüchtige Bestandteile %	1,08	0,87
Spez. Gewicht, scheinbar	0,996	0,956
Spez. Gewicht, wirklich	1,905	1,889
Porosität %	47,72	49,40
Reduzierende Verbrennlichkeit	20—40	50—70
Verbrennungstemperatur	1550° C	1400° C
Trommelprobe	87%	35%
Aufkohlung von Stahlabfällen mit 0,12% C bei 18% Satzkoks (90—110 mm Stückgr.)	775%	890%

Koksumkrustung von seiten der Praxis ergab keinen nennenswerten Einfluß der Koksumkrustung auf das Verhalten desselben im Kupolofen, und zwar weder hinsichtlich der Verbrennungsverhältnisse noch hinsichtlich der Aufkohlung. Auf Grund von Parallelversuchen im Laboratorium und im Betrieb seien demnach nur dann für den gekalkten Koks bessere Betriebsergebnisse zu erwarten (*32*), wenn dieser auch in bezug auf Stückigkeit und Festigkeit dem ungekalkten Koks überlegen sei. Diese letztgenannten Versuche (*32*) bezogen sich allerdings nur auf Ruhrkoks.

Eine Umhüllung des Eisens und Schrotts der Gattierung erbringt auf Grund einiger Vorversuche (*41*) anscheinend keine merklichen betriebstechnischen oder qualitativen Vorteile.

Einfluß der Stückgröße des Kokses. Auf die Verbrennungsvorgänge: Wie Abb. 1021 nach G. Speckhardt (*33*) schematisch zum Ausdruck bringt, ist unter sonst vergleichlichen Verhältnissen bei kleinstückigem Koks eine stärkere Konzentrierung der entwickelten Wärme zu erwarten bei schnellerem, durch erhöhte CO_2-Reduktion begünstigtem Temperaturabfall in zunehmenden Höhen des Ofenschachtes. Einer sehr schnellen Verbrennung des Kokses mit sehr schnellem Verschwinden freien Sauerstoffs folgt also eine beschleunigte Reduktion der Kohlensäure und ein starkes Ansteigen der Kohlenoxydwerte im Abgas. Die Folge ist u. a. eine niedrige Gichttemperatur (Fall *1*). Bei Koks normaler Stückgröße mit kleinerer Gesamtoberfläche ist sowohl der Verbrennungsvorgang verlangsamt, als auch die Reduktion der gebildeten Kohlensäure. Der freie Sauerstoff verschwindet erst in etwas höherer Ofenzone, die Gichtgastemperatur steigt, desgleichen tritt eine Verbreiterung der Zone höchster Flammen- (bzw. Ofen-) temperatur ein (Fall 2). Bei übergroßstückigem Koks (Fall 3) reicht die ganze Ofenhöhe nicht einmal aus, um den zugeführten Sauerstoff restlos zu Kohlensäure zu verbrennen, ein Fall, der praktisch kaum eintreten dürfte. Dagegen sind die Fälle *1* und 2 praktisch durchaus zu verwirklichen. In beiden Fällen gelingt die Herstellung eines heißen Eisens, doch wird bei Fall *1* viel Koks vergast, bevor er in die Schmelz-

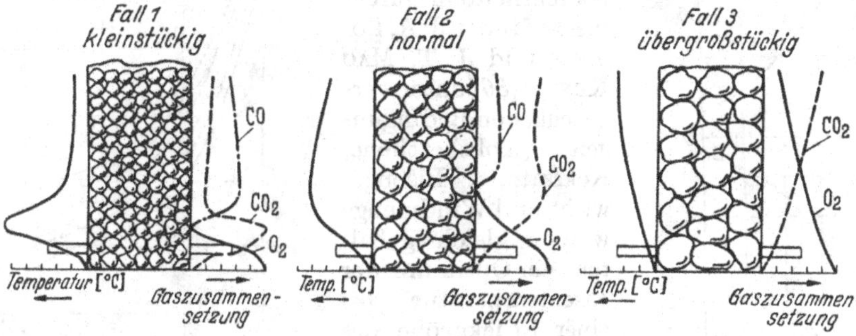

Abb. 1021. Schematische Darstellung des Einflusses der Stückgröße des Schmelzkoks auf die Verbrennungscharakteristik im Kupolofen (G. SPECKHARDT).

oder Verbrennungszone gelangt, wodurch der Koksaufwand steigt und der thermische Wirkungsgrad des Ofens sinkt. Die Erzeugung eines heißen Eisens nach Fall *1* gelingt allerdings nur bei ausreichender Windzufuhr, d. h. die zugeführten Windmengen müssen sich der oberen Grenze der üblichen spezifischen Windmengen nähern, also 120 bis 140 $m^3/m^2/$min und mehr betragen. Fall *2* gestattet die Erzeugung heißen Eisens auch bei Windmengen, die mittleren Windverhältnissen entsprechen. Daß mit zunehmender Stückgröße des Kokses der thermische Wirkungsgrad und damit in Übereinstimmung auch das Verbrennungsverhältnis:

$$\eta_v = \frac{CO_2}{CO_2 + CO} \cdot 100$$

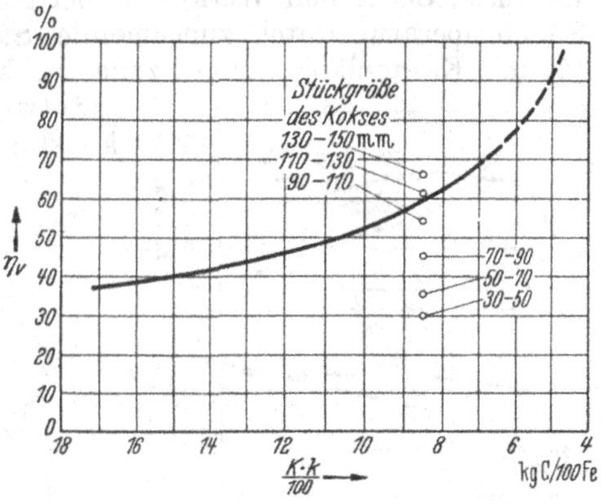

Abb. 1022. Einfluß der Stückgröße des Kokses auf η_v (nach G. BUZEK und M. CZYZEWSKI). Bezüglich der Bedeutung des Abszissenwertes vgl. S. 849 und Abb. 1034.

zunimmt, deckt sich mit den Untersuchungen von H. E. BLAYDEN, W. NOBLE und H. L. RILEY (*34*), desgleichen mit neueren Untersuchungen von G. BUZEK und M. CZYZEWSKI (*35*), vgl. Abb. 1022, wobei ferner mit zunehmender Stückgröße die stündliche Schmelzleistung des Ofens (gleiche Windverhältnisse vorausgesetzt) sinkt (Abb. 1023 und 1024). Dagegen wird im Gegensatz zu den Versuchen von G. BUZEK und M. CZYZEWSKI im allgemeinen eine merkliche Erhöhung der Eisentemperatur beobachtet. Zu jeder Stückgröße an Koks gehört eben ein bestimmtes Optimum an zugeführtem Wind, zu einer bestimmten Windmenge aber gehört umgekehrt eine bestimmte Stückgröße des Kokses, wenn hinsichtlich Eisentemperatur die besten Verhältnisse erzielt werden sollen. Natürlich ist die für Kupolofenverhältnisse in Frage kommende Stückgröße sowohl nach unten wie nach oben begrenzt.

Bei Öfen mittleren Durchmessers (850 bis 1100 mm) dürfte die unterste Grenze bei etwa 70 bis 90 mm, die oberste bei etwa 200 bis 220 mm Kantenlänge des Kokses liegen. Diese Grenzen verschieben sich sinngemäß mit der Ofengröße und den physikalischen Eigenschaften des verwendeten Kokses. Bei einem kleinen Versuchskupolofen von 530 mm lichtem Durchmesser fanden J. A. BOWERS und J. T. MAC KENZIE (*36*) unter vergleichlichen Bedingungen (Koksbetthöhe, Kokssatz, Eisengewicht und Windmenge wurden gleich gehalten) ein Optimum der Eisentemperatur bei einer Stückgröße des Kokses von etwa 60 mm (Abb. 1025). Umgekehrt ergab sich bei Versuchen an einem Kupolofen von 800 mm lichtem Durchmesser auf einem deutschen Werk, daß bei gleichbleibendem Satzkoks von 10% die Eisentemperatur durch zunehmende Stückgröße von unter 60 mm auf etwa 120 mm Kantenlänge schnell zunahm, bei weiterer Steigerung der Stückgröße auf etwa 210 mm Kantenlänge dagegen annähernd konstant blieb (*37*), wie Abb. 1026 erkennen läßt.

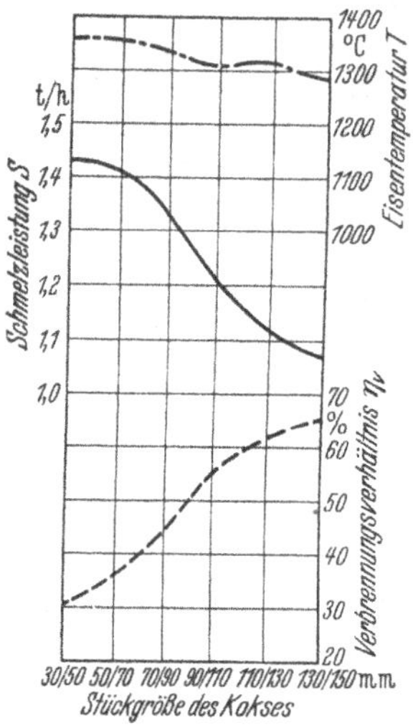

Abb. 1023. Zusammenhang zwischen Koksstückgröße, Verbrennungsverhältnis (η_v), Schmelzleistung und Eisentemperatur (nach G. BUZEK und M. CZYZEWSKI).

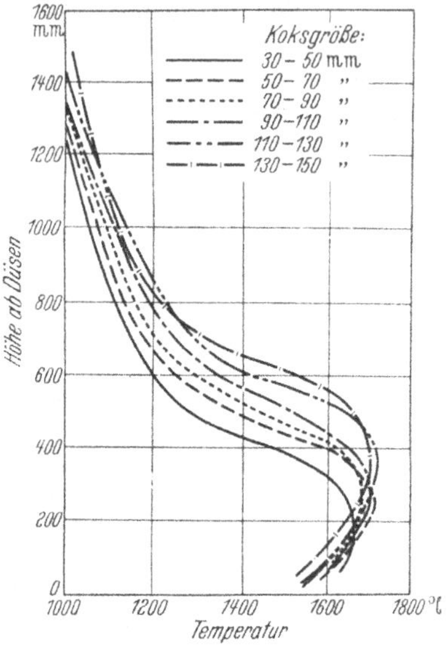

Abb. 1024. Zusammenhang zwischen Koksgröße und Ausdehnung bzw. Temperatur der Schmelzzone (nach G. BUZEK und M. CZYZEWSKI).

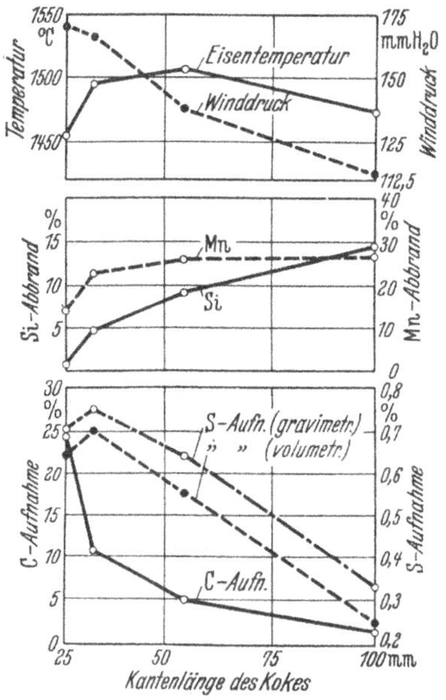

Abb. 1025. Einfluß der Stückgröße des Kokses auf den Kupolofenbetrieb (nach J. A. BOWERS und J. T. MACKENZIE).

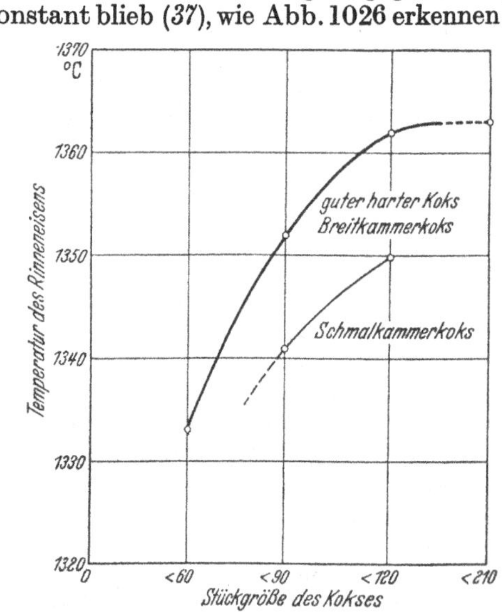

Abb. 1026. Einfluß der physikalischen Beschaffenheit von Schmelzkoks und seiner Stückgröße auf die Temperatur des Rinneneisens (Versuchsabteilung der Deutschen Eisenwerke A. G. Gelsenkirchen).

Es ist anzunehmen, daß bei über 210 mm hinaus gehender Steigerung der Stückgröße des Breitkammerkokses durch allmähliches Kaltblasen desselben ein Abfall der Eisentemperatur aufgetreten wäre.

Einfluß auf die Ab- und Zubrandverhältnisse. Alle bisher durchgeführten Arbeiten konnten bestätigt finden, daß mit zunehmender Stückgröße des Kokses der Abbrand an Silizium, Mangan, Eisen und Kohlenstoff ansteigt (Abb. 1025 und 1027). Hinsichtlich des Schwefels finden sich allerdings Unterschiede. Während z. B. J. A. BOWERS und J. T. MACKENZIE mit zunehmender Stückgröße ein Zurückgehen der Schwefelaufnahme feststellten, fanden G. BUZEK und M. CZYZEWSKI eine Zunahme des Schwefels (Abb. 1028). Die Unterschiede dürften in verschiedenen spezifischen Windmengen begründet liegen.

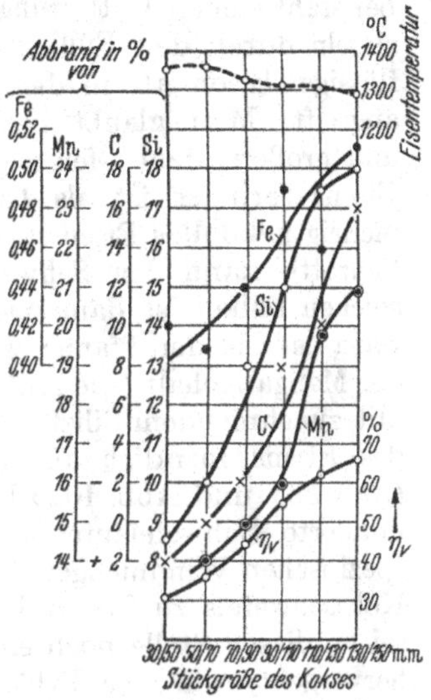

Abb. 1027. Beziehungen zwischen Koksstückgröße, Verbrennungsverhältnis (η_v), Eisentemperatur und Abbrand (G. BUZEK und M. CZYZEWSKI).

Einfluß auf die Ofen- und Eisentemperatur. Angesichts der Schwierigkeiten bei der Bestimmung der wahren Ofentemperaturen sind Beziehungen zwischen dieser und den sonstigen Betriebsbedingungen nur mit Vorsicht aufzunehmen. Auch hier werden die Windverhältnisse entscheidend mitwirken. Wenngleich im allgemeinen aus theoretischen Erwägungen heraus der kleinstückigere Koks bei ausreichender Windzufuhr die höhere Verbrennungstemperatur ergeben dürfte, da er ja größere Windmengen örtlich anzunehmen vermag, so kann doch eine zwar hinsichtlich der maximalen Ofentemperatur geringere, aber mehr auseinandergezogene Verbrennungs- bzw. Schmelzzone das heißere Eisen ergeben, da das abfließende Eisen einen weiteren Weg höherer Ofentemperatur zu durchlaufen hat, als dies im Fall der Verwendung kleinstückigen (vielleicht auch besonders reaktionsträgen) Kokses der Fall sein dürfte. Es muß daher bezweifelt werden, ob die dieser Erwartung zuwiderlaufenden Temperaturkurven in Abb. 1023 und 1027 eine weitere als nur einmalige Bedeutung haben.

Der Koksschwefel im Kupolofenbetrieb. Da die Kupolofenschlacke bei ihrem sauren Charakter und den darin noch vorhandenen Eisen- und Manganoxyden nur sehr wenig Schwefel aufzunehmen vermag (praktisch kaum mehr als 0,15% S = 0,41% FeS*), so wird der Koksschwefel, sofern er nicht gasförmig entweicht, vom Eisen unter Sulfidbildung aufgenommen. Bei der Verbrennung des Kokses wird der organische und Sulfidschwefel zu SO_2 verflüchtigt, das aber vom herunterschmelzenden Eisen zum Teil wieder aufgenommen und als Eisen- oder Mangansulfid gelöst wird. Im allgemeinen rechnet man, daß etwa 50% des im Koks vorhandenen Schwefels als Schwefelzubrand vom flüssigen Eisen auf-

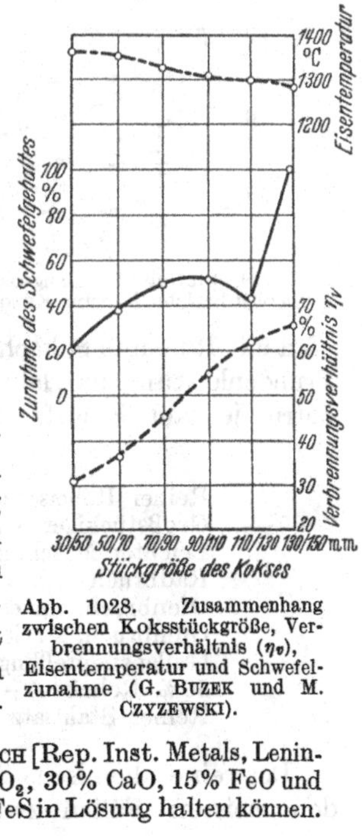

Abb. 1028. Zusammenhang zwischen Koksstückgröße, Verbrennungsverhältnis (η_v), Eisentemperatur und Schwefelzunahme (G. BUZEK und M. CZYZEWSKI).

* Nach B. P. SCHIVANOV, A. S. GINZBERG und M. M. WOYOWICH [Rep. Inst. Metals, Leningrad Bd. 15 (1933) S. 171] soll eine Kupolofenschlacke mit 50% SiO_2, 30% CaO, 15% FeO und 5% Al_2O_3 bei 1300° den unwahrscheinlich hohen Betrag von 5% FeS in Lösung halten können.

genommen werden. Der Schwefelgehalt des Füllkokses sowie derjenige Teil des Satzkokses, welcher zur Auffüllung des Füllkokses beiträgt, gibt seinen Schwefel bei stahlreichen Gattierungen, die im Ofensumpf (Gestell) bzw. beim Herunterrieseln durch den Füllkoks noch erheblich aufkohlen, praktisch völlig an das flüssige Eisen ab in dem Maße, in welchem das flüssige Eisen den Füllkoks angreift. Man glaubt beobachtet zu haben (*38*), daß bei heißem Ofengang und großen, dem Ofen zugeführten Windmengen, die Schwefelaufnahme des Eisens geringer ist als bei langsamem Schmelzbetrieb. Beim Arbeiten auf niedrig gekohltes Eisen bzw. bei zunehmendem Verschmelzen kohlenstoffarmen Schrotts kann der Schwefelzubrand höhere Werte annehmen als 50%. In solchen Fällen ist dann meist eine Entschwefelung des flüssigen Eisens durch Soda usw. in der Pfanne bzw. im Vorherd notwendig, insbesondere dann, wenn der Mangangehalt (wie z. B. bei Temperguß) an der unteren Grenze sich bewegt. Mit zunehmendem Siliziumgehalt der Gattierung nimmt die Schwefelaufnahme des Eisens merklich ab, wie Beobachtungen bei der Fa. Meier & Weichelt (Abb. 383 und Abb. 1029 bzw. 1030) erkennen lassen. Die oben erwähnte verminderte Schwefelaufnahme der Gattierung beim Schmelzbetrieb mit hohen spezifischen Windmengen beruht darauf, daß ein entsprechend höherer Teil des Koksschwefels zu SO_2 verbrennt und mit den Gichtgasen entweicht. Im übrigen sei an dieser Stelle noch einmal auf Abb. 385a und 385b hingewiesen, aus der hervorgeht, wie eine Erhöhung des Gußbruchanteils der Gattierung eine gesteigerte Schwefelaufnahme des anfallenden Rinneneisens hervorruft. Dasselbe gilt in erhöhtem Maße von steigenden Stahlschrottanteilen der Gattierung.

Beziehungen zwischen Art der Gattierung und dem Abbrand. Im allgemeinen wird mit einem Abbrand von 0,5 bis 1,5% gerechnet. Wie die Abbrandzahlen jedoch, abgesehen von der Ofenführung (Windmenge, Stückgröße des Kokses usw.) von der Art der Gattierung abhängen, konnte J. A. LANIGAN (*42*) zeigen. Es soll sich hier um sehr sorgfältig durchgeführte Beobachtungen an einem Kupolofen mit 1220 mm Schachtweite und 20 t Stundenleistung handeln. Der Abbrand betrug je nach Einsatzart:

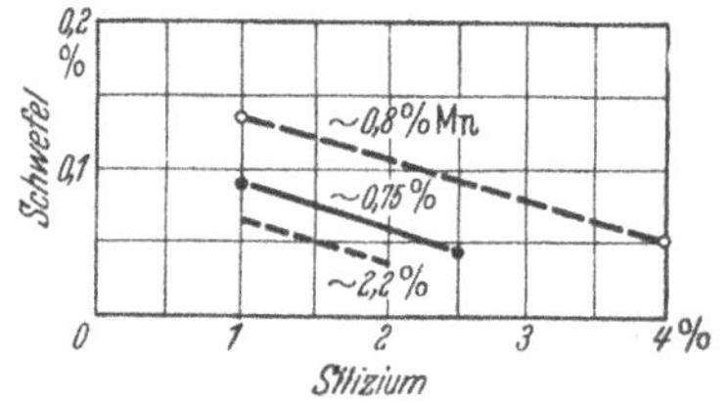

Abb. 1029. Einfluß des Mangans auf die Silizium-Schwefel-Beziehung beim Kupolofen (F. ROLL).

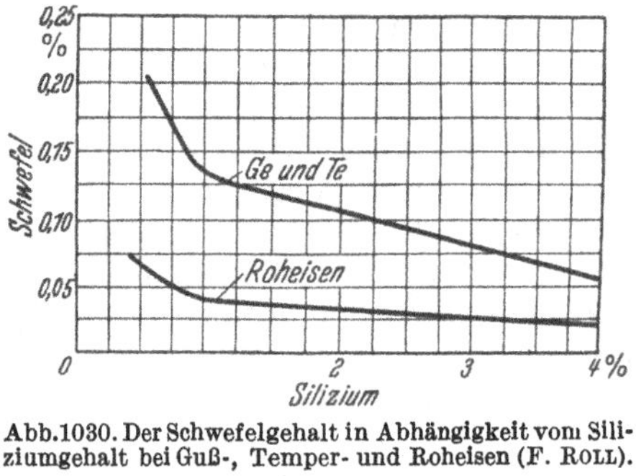

Abb. 1030. Der Schwefelgehalt in Abhängigkeit vom Siliziumgehalt bei Guß-, Temper- und Roheisen (F. ROLL).

Einsatz	Abbrand
Reiner Roheisensatz	0,003%
Großstückiger Maschinenbruch	0,650%
Leichter Maschinenbruch	0,980%
Radbruch	0,680%
Ofenbruch, unverzundert	2,750%
Ofenbruch, stark verzundert	5,850%
Gußspänepreßlinge	2,010%
50% Roheisen + 50% Preßlinge	1,230%
Reiner Stahlsatz	1,650%

Der reine chemische Abbrand z. B. an Silizium, Mangan und Eisen liegt in den meisten Fällen zwischen 0,5 und 1%. Den gesamten Gewichtsverlust kann man nur dann einwandfrei erfassen, wenn man den gut gestrahlten Einsatz sorgfältig wägt und das anfallende Rinneneisen ebenfalls über die Waage laufen läßt. Andernfalls ergeben sich meist viel zu hohe Abbrandziffern, die aber eigentlich außer dem rein chemischen Abbrand alles umfassen, was eine Gewichtsdifferenz zwischen Einsatz und Ausbringen verursachen kann. Der chemische Abbrand an Mangan und Silizium übersteigt selten einen Wert von 0,5% des Einsatzes. Der Eisenabbrand beträgt im allgemeinen ebenfalls etwa 0,5%, steigt jedoch bei schlecht geführten Öfen auf 1% und mehr. Je höher der Satzkoks, je kohlenstoff- und siliziumreicher der Einsatz ist, je kalkreicher ferner die Schlacke usw., um so weniger Eisen wird verschlackt. Über Methoden zur Ermittelung des wahren Abbrandes im Rahmen der gesamten Schmelzverluste sei auf die Arbeit von R. GERISCH (*51*) hingewiesen.

Während der Kupolofen normalerweise, und zwar in erster Linie mit Rücksicht auf die Sicherung eines bestimmten Siliziumgehaltes im Eisen, sauer zugestellt wird (kieselsäurereicher Klebsand, Quarzschiefer oder Silika-Formsteine), hat man versucht, ihn auch basisch auszukleiden (*52*). Das ist natürlich beim Arbeiten auf ein Si-armes Eisen (Temperguß, Konvertereisen usw.) durchaus möglich, ja es soll sogar ein wesentlich geringerer Schwefelgehalt im Rinneneisen vorhanden sein, der Phosphor niedriger liegen und der Manganabbrand geringer ausfallen. Für normalsiliziertes Gußeisen (Grauguß) dagegen wird mit Rücksicht auf die Erhaltung eines bestimmten Siliziumgehaltes ohne größere Analysenschwankungen, vor allem aber auch mit Rücksicht auf die Preiswürdigkeit einer sauren Auskleidung der letzteren nach wie vor der Vorzug zu geben sein, solange nicht betriebssichere Verfahren entwickelt werden, die auch eine weitgehende Entphosphorung P-reicherer Gattierungen ermöglichen.

Man hat auch versucht, aus dem Kupolofen unmittelbar aus Erz ein gießfertiges Gußeisen zu erzeugen (*53*). Aus Gründen, die nicht weiter entwickelt zu werden brauchen, dürfte einer solchen Arbeitsweise beim heutigen Stand der Technik und bei den Anforderungen an die Gleichmäßigkeit und Kontinuität des Schmelzproduktes und dessen mechanische Hochwertigkeit keine besondere Bedeutung zukommen.

Die Gesetze des Kupolofenschmelzens. Unter diesem Thema gab H. Jungbluth (*55*) noch einmal eine Zusammenfassung seiner gemeinsam mit P. A. HELLER (*56*) und H. KORSCHAN (*57*) durchgeführten Überlegungen und experimentellen Arbeiten über die Beziehungen zwischen der Luftmenge (L) je kg Kohlenstoff, dem Satzkoks (K) je 100 kg Eisen, dem Verbrennungsverhältnis η_v (Verhältnis CO_2: Summe $CO_2 + CO$ mal 100%) der Abgase, der Schmelzleistung in t/st und der Eisentemperatur untereinander. Zurückgreifend auf die ältere Formel von G. BUZEK (*7*) gemäß

$$S = \frac{600 \cdot W}{L \cdot K \cdot k}, \quad \text{worin}$$

S = Schmelzleistung in t/st,
W = Windmenge in Nm^3/min,
K = kg Koks je 100 kg Eisen,
k = kg C je 100 kg Koks

bedeuten, werden zur Verbrennung von 1 kg C zu CO = 4,45 m³ Luft angesetzt, zur Verbrennung von 1 kg C zu CO_2 entsprechend 8,9 m³ und mit Hilfe des Verbrennungsverhältnisses $\eta_v = \frac{CO}{CO_2 + CO} \cdot 100$ wird die Luftmenge je kg C gemäß:

$$L = 4{,}45 \cdot \frac{100 + \eta_v}{100}$$

ausgedrückt, so daß nunmehr die Buzeksche Formel sich durch:

$$S = \frac{60}{10} \cdot \frac{W}{\frac{K \cdot k}{100} \cdot 0{,}45 \cdot \frac{100 + \eta_v)}{100}}$$

ausdrücken läßt oder zusammengezogen: $S = \frac{60000 \cdot W}{K \cdot k \cdot 4{,}45\,(100 + \eta_v)}$ lautet.

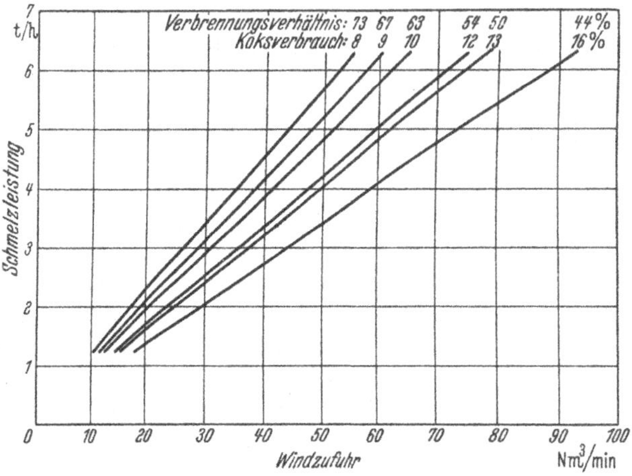

Abb. 1031. Beziehungen zwischen Windmenge, Satzkoks und Schmelzleistung (H. Jungbluth und H. Korschan).

Zwischen W und $\frac{K \cdot k}{100}$ bestehe kein innerer Zusammenhang, da man sie unabhängig voneinander ändern könne. Für die Beziehung zwischen Windmenge und Schmelzleistung dagegen bestehe bei konstanten Satzkoks ein linearer Zusammenhang, nicht aber zwischen W und η_v, wie verschiedene Forscher anzunehmen glaubten (*58*). Vielmehr ergebe sich, daß bei bestimmtem Satzkoks unabhängig von der Windmenge das Abgasverhältnis η_v sich nicht mehr ändere (Abb. 1031). Mit anderen Worten: zwischen Kokssatz und Menge des zur Oxydation bzw. Reduktion verbrauchten Kokses bestehe eine eindeutige Beziehung gemäß Abb. 1032. Ein physikalischer Zusammenhang zwischen $\frac{K \cdot k}{100}$ und η_v konnte durch systematische Untersuchun-

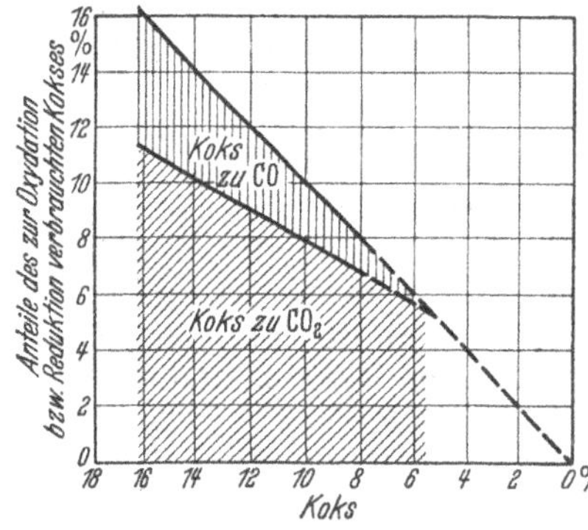

Abb. 1032. Beziehung zwischen Kokssatz und Menge des zur Oxydation bzw. Reduktion verbrauchten Kokses (H. Jungbluth und P. A. Heller).

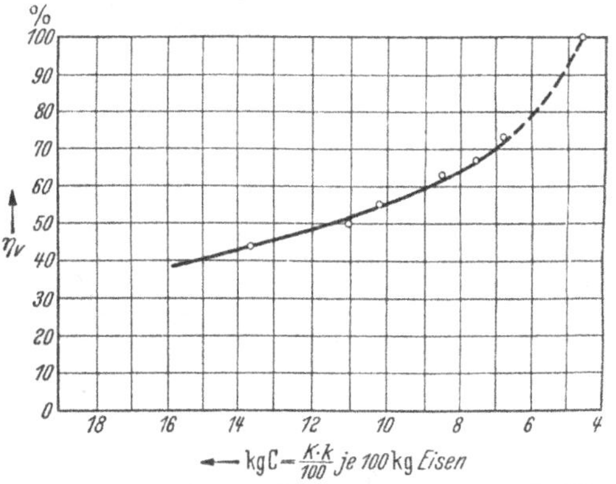

Abb. 1033. Beziehung zwischen Kohlenstoffmenge je 100 kg Eisen und dem Verbrennungsverhältnis η_v (H. Jungbluth und P. A. Heller).

gen erbracht und gemäß Abb. 1033 zum Ausdruck gebracht werden, eine Beziehung, welche auch durch die wichtige Formel: $\eta_v = \frac{386{,}5}{\frac{K \cdot k}{100}} + 15$ zu erfassen war. Natürlich sollte man annehmen, daß diese überraschende Beziehung zunächst nur unter den bei den Jungbluthschen Untersuchungen obwaltenden Verhältnissen ihre volle Gültigkeit habe. Es ergab sich aber aus späteren Untersuchungen von H. Jungbluth und E. Brühl (*59*), daß für Kupolöfen von 600 bis 1300 mm Durchmesser der von H. Jungbluth und P. A. Heller gefundene Zusammenhang zwischen kg C je 100 kg Eisen und η_v sich nicht wesentlich änderte (Abb. 1034), die Beziehungskurve also (die natürlichen Streuungen vorausgesetzt) einen Festwert darzustellen scheint. Rein zahlenmäßig können natürlich, wie Jungbluth und Brühl zugeben und auch von M. Barigozzi (*60*) gefordert wird, durch große Unterschiede in der Stückigkeit des Kokses oder dessen Reaktionsfähigkeit Veränderungen eintreten, die aber an der Grundsätzlichkeit der Beziehung wenig zu ändern vermögen. Zur Erklärung dafür, daß das Abgasverhältnis auch bei veränderter Windmenge konstant bleibe, wenn der Satzkoks konstant bleibe, wies H. Jungbluth (*61*) darauf hin, daß z. B. bei Verdoppelung der Windmenge sich zwar auch die Windgeschwindigkeit verdoppelt und die Berührungszeit des Windes je Längeneinheit Koks nur halb so groß werde, es verdoppele sich aber auch die Glühzone und damit käme die Berührungszeit wieder auf ihren alten Wert. Während nun durch die verbesserte Buzeksche Formel sowie durch Abb. 1031 die Beziehung zwischen Windmenge, Kokssatz und Schmelzleistung eindeutig zum Ausdruck kommen, haben Jungbluth und Korschan als weitere Veränderliche die Eisentemperatur hinzugenommen und die zu erwartenden Verhältnisse graphisch entwickelt (Abb. 1035 und 1036), wobei sie freilich unterstellten, daß mit zunehmender (theoretischer) Verbrennungstemperatur auch das Eisen heißer würde, was nach Auffassung des Verfassers nicht bedingungslos anzunehmen war[1]. Aus der Tatsache dagegen, daß bei gleicher Windmenge mit steigendem Kokssatz die Temperatur des Eisens steigt, obwohl η_v kleiner wird, ziehen Jungbluth und Korschan (*57*) die grundsätzlich wichtige Schlußfolgerung, daß die mit steigendem Kokssatz ansteigenden Anteile an Kohlenoxyd im Gichtgas aus der Reduktion der Kohlensäure stammen, so daß im allgemeinen eine Beziehung zwischen η_v und theor. Verbrennungstemperatur einerseits, der Eisentemperatur anderseits unter sonst vergleichlichen Betriebsbedingungen zu bestehen scheint, wie sie von den genannten Autoren im Zusammenhang mit Windmenge, Kokssatz und Durchsatzzeit durch Versuche ermittelt wurde (Abb. 1035 und 1036). A. Nahoczky (*62*) hat nun die letzteren Beziehungen auch rechnerisch erfaßt und kommt zu einer Formel, welche das Verhältnis zweier Durchsatzzeiten bei gleichbleibender Windmenge in Abhängigkeit vom Kokssatz wie folgt erfaßt:

$$\frac{i_2}{i_1} = \frac{(100 + \eta_{v_2}) \cdot K_2 \cdot (100 \cdot t_K + K_1 \cdot t_v)}{(100 + \eta_{v_1}) \cdot K_1 \cdot (100 \cdot t_K + K_2 \cdot t_v)},$$

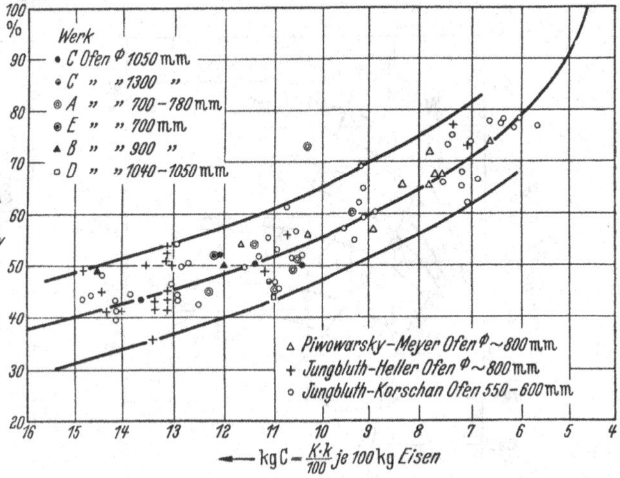

Abb. 1034. Beziehung zwischen η_v und kg C/100 kg Eisen (H. Jungbluth und F. Brühl).

[1] In der Schmelzzone ist jedenfalls eine Beziehung gemäß Abb. 1037 zwischen η_v (hier Verbrennungsverhältnis $\frac{CO_2\,max}{CO_2\,max + CO} \cdot 100$) unter sonst gleichen Betriebsverhältnissen zu erwarten.

wobei bedeuten:

i = Durchsatzzeit in min,
t_K = Schüttgewicht des Kokses in t/m³,
t_v = Schüttgewicht des Eisens in t/m³,
V = Inhalt des Ofens oberhalb des Füllkokses in m³,
K = Kokssatz in %,
k = % C im Koks,
W = Windmenge in Nm³/min,

$$\eta_v = \frac{CO_2}{CO_2 + CO} \cdot 100 \text{ in } \%.$$

In Abb. 1038 ist das rechnerisch sich ergebende Verhältnis von $i_2 : i_1$ schaubildlich dargestellt. Man sieht zunächst, daß eine Verdoppelung des Kokssatzes eine

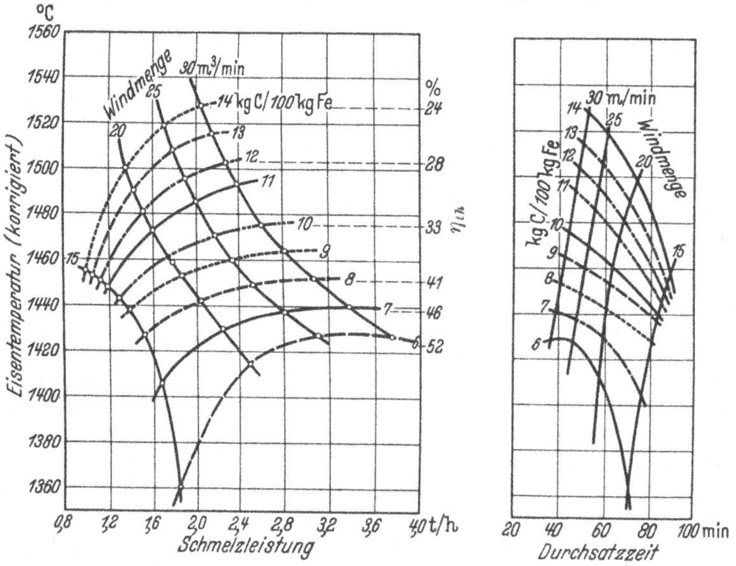

Abb. 1035 und 1036. Zusammenhang zwischen Eisentemperatur, Schmelzleistung, Windmenge, Kokssatz und Durchsatzzeit (nach H. JUNGBLUTH und H. KORSCHAN).

Verlängerung der Durchsatzzeit von nur 30% zur Folge hat, was nach H. JUNGBLUTH und P. A. HELLER (*63*) daher rührt, daß zu dem höheren Kokssatz ein kleineres η_v gehört, und daß dadurch je Minute mehr Koks vergast wird als bei größerem η_v. Sodann sieht man, daß die von JUNGBLUTH und KORSCHAN durch Versuche ermittelten Durchsatzzeiten wenigstens bei Windmengen von 30 Nm³/min gut in das Bild passen, bei 15 Nm³/min auch noch bei Kokssätzen bis etwa 10%, dann erst weicht die Kurve stärker ab. Aber selbst bei 14% Koks beträgt der Fehler nur etwa 10%, ist also immer noch tragbar.

Aus der Formel kann man natürlich auch ersehen (*63*), wie sich z. B. die Änderung der Stückgröße des Einsatzes auf die Durchsatzzeit auswirkt. Wird der Eisensatz kleinstückiger, d. h. t_v größer, dann wird auch die Durchsatzzeit i vergrößert und umgekehrt.

Man kann auch noch eine Beziehung zwischen Schmelzleistung, Durchsatzzeit und Kokssatz aufstellen (*63*). Mit den gewohnten Bezeichnungen schreibt sich die Formel von NAHOCZKY:

$$S = \frac{60}{i} \cdot \frac{100 \cdot t_K \cdot t_v \cdot V}{100 \cdot t_K + K \cdot t_v}.$$

Eine kritische Untersuchung der Formel zeigte (*63*), daß eine Änderung der Stückgröße des Eisensatzes ohne Einfluß auf die Schmelzleistung sein muß. Wenn man annehmen könnte, daß aller Kohlenstoff vor den Formen zunächst vollständig zu Kohlensäure verbrennt, dann würde man nach den Überlegungen von H. JUNGBLUTH (*55*) zu sehr einfachen Vorstellungen über den Schmelzmechanismus des Kupolofens kommen. Es wäre alsdann nämlich, wie sich zeigen ließ (*57*), der vor den Formen je Zeiteinheit zu Kohlensäure verbrennende Kohlenstoffanteil unabhängig von der Größe der Satzkoksmenge bei gleicher Windmenge stets gleich groß, nämlich:

$$C_{\text{Wind/st}} = \frac{60 \cdot W}{8,9}.$$

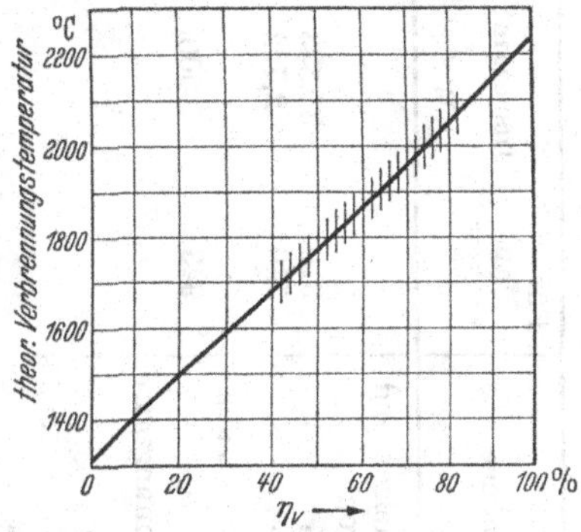

Abb. 1037. Theoretische Verbrennungstemperatur bei verschiedenen Verbrennungsverhältnissen in der Schmelzzone.

Der Unterschied zwischen dem in der Stunde gesamt verbrennenden Kohlenstoff

$$C/\text{st} = \frac{K \cdot k}{10} \cdot S$$

und dem vor dem Formen verbrennenden wäre dann gleich dem zur Reduktion benutzten (vgl. auch Abb. 1032). Da sich aus der Formel

$$C_{\text{Wind/st}} = \frac{60 \cdot W}{8,9}$$

ableiten lasse, daß die Schmelzleistungen sich dann umgekehrt wie die durch den Wind je 100 kg Eisen verbrannten Kohlenstoffmengen verhalten müßten, so könne der Zusammenhang zwischen Schmelzleistung und verbrannter Kohlenstoffmenge je Stunde durch die Gleichung S = 0,35 W −0,03 C/st wiedergegeben werden. JUNGBLUTH sagt dann wörtlich:

„Das Schmelzen im Kupolofen ginge dann so vor sich, daß bei konstanter Windmenge je Minute sich eine Glühzone herausbildet, die in ihrer räumlichen Ausdehnung nur von der Windmenge, nicht aber von der Satzkoksmenge abhängig wäre. Steigende Schmelzkokssätze würden dann so wirken, daß die niedergehenden Eisengichten immer größere Schichten von Reduktionskoks überwinden müssen, ehe sie in die Glühzone gelangen können. Sie werden in der Geschwindigkeit des Niedersinkens „abgebremst", es durchläuft je Zeiteinheit, also z. B. je Stunde, immer weniger Eisen die Glühzone."

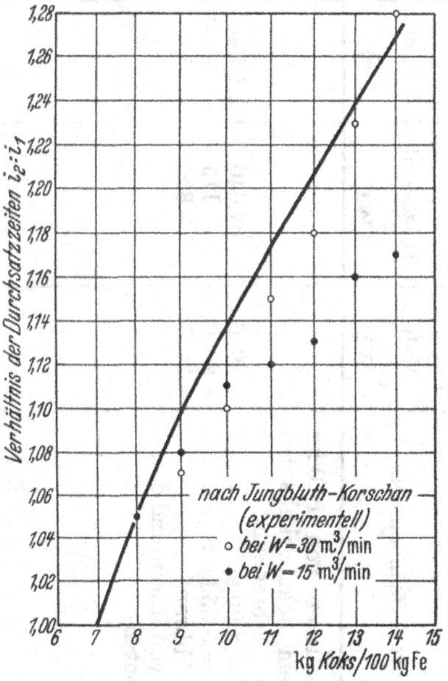

Abb. 1038. Einfluß des Kokssatzes auf die Durchsatzzeit (A. NAHOCZKY).

Den **thermischen Wirkungsgrad** des Kupolofens η_{th} kann man am einfachsten ausdrücken durch das Verhältnis der im anfallenden Rinneneisen enthaltenen Wärmemenge zum Wärmeaufwand durch die vollkommene Verbrennung des Kokses zuzüglich der der wärmeabgebenden Reaktionen (Abbrand usw.). Gut geführte Kupolöfen haben einen thermischen Wirkungsgrad von 45 bis

Zahlentafel 251. Die Wärmebilanz eines Kupolofens (L. SCHMID).

Eingebrachte Wärmemenge	Für die Maß-einheit WE	Insgesamt WE	Summe %	Ausgebrachte Wärmemenge	Für die Maß-einheit WE	Insgesamt WE	Summe %
Verbrennungswärmen von 10,0 kg mittelmäßigem Schmelzkoks bei vollständiger Verbrennung				Wärmeaufwand zum Schmelzen und Überhitzen auf 1400° von			
				98,85 kg Gußeisen	319	31,533	46,0
80,00 % = 8,00 kg C	8080	64,640	94,4	5,05 kg Schlacke	540	2,722	4,0
0,50 % = 0,05 kg S	2250	113	—	zur Abspaltung von 1,06 kg CO_2 aus dem Kalkstein	943	1,000	1,4
1,2 kg Abbrand (Verbrennung von Eisen und dessen Begleitelementen)	3221	3,865	5,6	zur Erwärmung der Verbrennungsgase auf 400° 14,4 % = 9,5 m^3 CO_2 9,7 % = 6,4 m^3 CO 0,9 % = 0,6 m^3 O_2 75,0 % = 49,7 m^3 N_2 100,0 % = 66,2 m^3 (Feuchtigk. = 1,00 kg)	146	9,642	14,1
				Wärmeverlust durch die Reduktion von 5,9 m^3 CO_2 zu CO	3046	18,063	26,3
				durch die Wärmeausstrahlung des Bodens und des Mantels	—	5,658	8,2
		68,618	100,0			68,618	100,0

50 % und darüber, heraufgehend bis zu etwa 60 %. Bei schlecht geführten Kupolöfen oder solchen, die aus bestimmten Gründen mit viel Satzkoks arbeiten müssen, sinkt der thermische Wirkungsgrad auf Werte von 25 bis 35 % oder sogar noch herunter. Zahlentafel 251 gibt die Wärmebilanz eines mit etwa 46 % thermischem Wirkungsgrad arbeitenden Kupolofens wieder nach L. SCHMID (*64*). Abb. 1039 zeigt die Veränderung der Wärmebilanz des Versuchskupolofens von H. JUNGBLUTH, H. KORSCHAN und P. A. HELLER mit 550 bis 600 mm Durchmesser und 3820 mm wirksamer Schachthöhe längs einer Kurve gleicher Windmenge bzw bei 2 t/st Schmelzleistung. Man erkennt, daß mit steigendem Kokssatz der thermische Wirkungsgrad immer ungünstiger wird, da das Verhältnis der vom Eisen aufgenommenen Wärmemenge zur gesamt zugeführten Wärmemenge immer ungünstiger wird. Folgt man einer Kurve gleichen Kokssatzes, so ergibt sich für zwei verschiedene Kokssätze ein Bild gemäß Abb. 1040. Der thermische Wirkungsgrad fällt hier von 50 % bei 6 % C je 100 kg Eisen auf etwa 25 % bei 14 % C/100 Eisen. Da beim normalen Kupolofenbetrieb mit Kaltwind hohe Wirkungsgrade im allgemeinen auf Kosten der Eisentemperatur gehen (Abb. 1035), so schlugen H.

JUNGBLUTH und F. STÄBLEIN (*65*) vor, den Wirkungsgrad in Beziehung zu bringen zum Ausbringen an gutem Guß. Jedenfalls kommt es beim Kupolofenschmelzen gar nicht darauf an, ob man einige Prozent mehr oder weniger Satzkoks aufwendet, da die Kostenanteile des Schmelzkokses für die kaufmännische Bilanz von ganz untergeordneter Bedeutung sind. Anderseits soll der Satzkoks so eng bemessen werden, wie es die Notwendigkeiten der angestrebten Qualität erfordern, da durch unnötig hohe Kokssätze nicht nur der thermische Wirkungsgrad fällt, die Stundenleistung des Ofens heruntergeht, sondern auch im allgemeinen der Schwefelzubrand größer wird, was bei Temperguß oder hochwertigem Sonderguß sehr nachteilig ist.

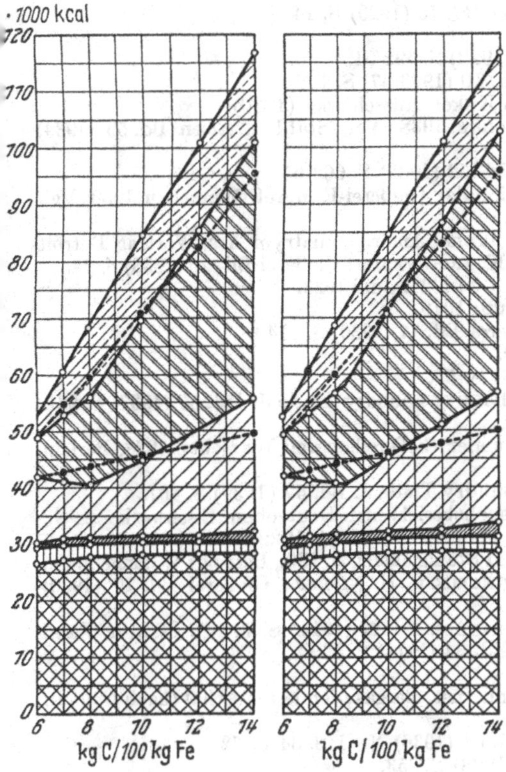

Abb. 1039. Wärmebilanz bei 15 cm³ Windmenge je Minute (links) bzw. einer Schmelzleistung von 2 t/st (rechts) (H. JUNGBLUTH).

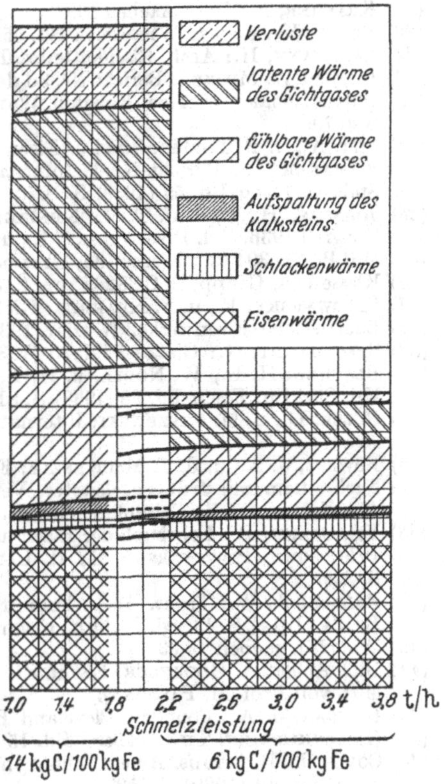

Abb. 1040. Wärmebilanz bei 14 bzw. 6 kg C je 100 kg Eisen (H. JUNGBLUTH).

Schrifttum zum Kapitel XXVa.

(*1*) Vgl. JOHANNSEN, O.: Geschichte des Eisens, S. 98. Verlag Stahl u. Eisen 1924.
(*2*) Vgl. den Vortrag von K. SIPP auf der 16. Arbeitssitzung des Edelgußverbandes am 18. Juni 1935.
(*3*) Vgl. TRIFONOW, Iw.: Gießerei Bd. 20 (1933) S. 497.
(*4*) Vgl. ACHENBACH, A.: Fehlerquellen der landesüblichen Bauregeln des Schachtofens. Gießerei Bd. 25 (1938) S. 324.
(*5*) Vgl. CAMPBELL, H. L., u. J. GRENNAN: Foundry Trade J. Bd. 54 (1936) S. 141ff.
(*6*) Vgl. HURST, J. E.: Foundry Trade J. Bd. 40 (1929) S. 196/98.
(*7*) Vgl. BUZEK, G.: Stahl u. Eisen Bd. 30 (1910) S. 353/62, 567/75, 694/700.
(*8*) Vgl. OSANN, B.: Die Hauptabmessungen von Gießereischachtöfen. Gießerei Bd. 17 (1930) S. 293ff.
(*9*) PHILLIPS, G. P.: Foundry Bd. 66 (1938) S. 28.

(10) VOGEL, A., u. E. PIWOWARSKY: Gießerei Bd. 16 (1929) S. 147; vgl. auch PIWOWARSKY, E.: Gießerei Bd. 26 (1939) S. 169.
(11) Düsseldorf: Verlag Stahl u. Eisen m. b. H. 1925.
(12) PHILLIPS, G. P.: Foundry Bd. 66 (1938) S. 28.
(13) HÉNON, G.: Gießerei Bd. 25 (1938) S. 165.
(14) OSANN, B.: Gieß.-Praxis Bd. 17/18 (1939) S. 161.
(15) BLEEKE, W. H.: Foundry Trade J. Bd. 44 (1931) S. 182.
(16) Vgl. PIWOWARSKY, E.: Der Eisen- und Stahlguß auf der VI. Gießereifachausstellung in Düsseldorf, S. 31. Düsseldorf: Gießerei-Verlag G. m. b. H. 1937.
(17) Zuschrift zum Aufsatz von DAWSON, S. E.: Foundry Trade J. Bd. 53 (1935) S. 304.
(18) Vgl. JUNGBLUTH, H., u. K. KLAPP: Gießerei Bd. 16 (1929) S. 761.
(19) HOMBORG, E.: Arch. Eisenhüttenw. Bd. 8 (1934/35) S. 49.
(20) VOGEL, A., u. E. PIWOWARSKY: Gießerei Bd. 16 (1929) S. 147.
(21) KRAEMER, F.: Diss. Aachen 1932.
(22) BUNTE, K.: Gas- u. Wasserfach Bd. 65 (1922) S. 592/94.
(23) LANDMANN, H.: Arch. Eisenhüttenw. Bd. 10 (1936/37) S. 1.
(24) Disk. zu W. MELZER: Bericht Nr. 36 des Kokereiausschusses (1930).
(25) Internationaler Gießerei-Kongreß Warschau 1938. Vgl. Stahl u. Eisen Bd. 59 (1939) S. 1070.
(26) SIPP, K., u. P. TOBIAS: Stahl u. Eisen Bd. 52 (1932) S. 662/65.
(27) SUCHANEK, R.: Bericht Nr. 8. Internationaler Gießerei-Kongreß Warschau 1938. Vgl. Stahl u. Eisen Bd. 59 (1939) S. 1070.
(28) JOHNSON, H. V., u. J. T. MACKENZIE: Trans. Amer. Foundrym Ass. Vortrag Detroit Kongreß 1936. Vgl. PIWOWARSKY, E., u. K. ACHENBACH: Gießerei Bd. 25 (1938) S. 74.
(29) D.R.P. Nr. 394120, Klasse 18a, Gruppe 3 vom 24. Juni 1923.
(30) Klasse 18a, Gruppe 3, C 38289 vom 2. Juni 1919.
(31) PIWOWARSKY, E., u. F. KRAEMER: Gießerei Bd. 17 (1930) S. 1149.
(32) Buderussche Eisenwerke, Wetzlar 1930.
(33) SPECKHARDT, G.: Gießerei Bd. 25 (1938) S. 55.
(34) BLAYDEN, H. E., W. NOBLE, u. H. L. RILEY: Foundry Trade J. Bd. 57 (1937) S. 261. Vgl. Stahl u. Eisen Bd. 38 (1938) S. 811.
(35) BUZEK, G., u. M. CZYZEWSKI: Internationaler Gießereikongreß Warschau 1938, Bericht Nr. 1.
(36) BOWERS, J. A., u. J. T. MACKENZIE: Foundry Trade J. Bd. 57 (1937) S. 467.
(37) Nach einem mir frdl. zugeleiteten Versuchsbericht der Deutschen Eisenwerke A. G., Abt. Versuchsstelle Gelsenkirchen, betr. Versuche vom Sept. 1929.
(38) Vgl. OSANN, B.: Lehrbuch der Eisen- und Stahlgießerei, S. 139. Leipzig: W. Engelmann 1920, sowie PIWOWARSKY, E., H. LANGEBECK u. H. NIPPER: Gießerei Bd. 17 (1930) S. 225.
(39) BELDON, A. W.: Trans. Amer. Foundrym. Ass. Bd. 22 (1914) S. 1; vgl. Stahl u. Eisen Bd. 34 (1914) S. 1; vgl. Stahl u. Eisen Bd. 34 (1914) S. 360.
(40) Wie (16), jedoch S. 33.
(41) Dipl.-Arbeit A. GÖCKELER: Eisenhüttenm. Inst. Bergakademie Clausthal (nach freundl. Mitt. von Prof. M. PASCHKE).
(42) LANIGAN, J. A.: Foundry, Cleveland Bd. 64 (1936) Nr. 1 S. 34 u. 72.
(43) GEILENKIRCHEN, TH.: Gießerei Bd. 15 (1928) S. 853.
(44) COYLE, F. B.: Trans. Amer. Foundrym. Ass. Bd. 37 (1929) S. 21 u. 671; vgl. Stahl u. Eisen Bd. 49 (1929) S. 1593.
(45) PFEIFFER, K.: Gießerei Bd. 13 (1926) S. 877, 893, 913.
(46) DIEPSCHLAG, E.: Gießerei Bd. 15 (1928) S. 3.
(47) PIWOWARSKY, E., u. F. MEYER: Stahl u. Eisen Bd. 45 (1925) S. 1017.
(48) THOMPSON, T. C., u. M. L. BECKER: Foundry Trade J. (1916) S. 491.
(49) Vgl. PIWOWARSKY, E.: Hochwertiger Grauguß, S. 226. Berlin: Springer 1929.
(50) NIEUWENHUIJS, W. H.: Stahl u. Eisen Bd. 47 (1927) S. 886.
(51) GERISCH, R.: Gießerei Bd. 27 (1940) S. 77.
(52) HEIKEN, C.: Gießerei Bd. 21 (1934) S. 453.
(53) D.R.P. ang. vom 26. Juni 1933, Akt.-Zeich. F. 75805, Kl. 18a, 18/02 (H. Felser, Bensberg b. Köln).
(54) OSANN, B.: Gießerei Bd. 18 (1931) S. 809. Vgl. Stahl u. Eisen Bd. 51 (1931) S. 1238 sowie Bd. 52 (1932) S. 446.
(55) JUNGBLUTH, H.: Gießerei Bd. 26 (1939) S. 113.
(56) JUNGBLUTH, H., u. P. A. HELLER: Techn. Mitt. Krupp Bd. 1 (1933) S. 99; vgl. Arch. Eisenhüttenw. Bd. 7 (1933/34) S. 153.
(57) KORSCHAN, H.: Diss. Leoben 1938. Vgl. Techn. Mitt. Krupp. A.: Forschungsbericht 1938 S. 79 sowie Arch. Eisenhüttenw. Bd. 12 (1938/39) S. 167.

(*58*) Vgl. Barigozzi, M.: Foundry Trade J. Bd. 61 (1939) S. 41 sowie Vecsey, B.: Intern. Gießerei-Kongreß Warschau-Krakau, 15. bis 17. Sept. 1938. Mém. Bd. 21 S. 1.
(*59*) Jungbluth, H., u. E. Brühl: Techn. Mitt. Krupp. A.: Forsch.-Ber. Bd. 2 (1939) S. 1.
(*60*) Vgl. (*58*) sowie das Referat: Stahl u. Eisen Bd. 60 (1940) S. 802.
(*61*) Vgl. Ref. von Jungbluth, H., u. P. A. Heller: Stahl u. Eisen Bd. 59 (1939) S. 1070.
(*62*) Nahoczky, A.: Intern. Gießerei-Kongreß Warschau-Krakau (1938) Mém. Bd. 21 S. 7.
(*63*) Wie (*62*); ferner das Ref. von Jungbluth, H., u. P. A. Heller: Stahl u. Eisen Bd. 59 (1939) S. 1070.
(*64*) Schmid, L.: Gießerei Bd. 15 (1928) S. 781.
(*65*) Jungbluth, H., u. F. Stäblein: Techn. Mitt. Krupp. B.: Techn. Ber. Bd. 7 (1939) S. 41.
(*66*) Wilde, G.: Mitt. Forsch.-Inst. Verein. Stahlwerke, Dortmund, Bd. 2 (1939) S. 109.
(*67*) Heiken, C.: Gießerei Bd. 21 (1934) S. 453.
(*68*) Dierker, A.: Engineering Experiment Station News (Ohio University) Bd. 4 Nr. 3 Okt. 1932.
(*69*) Vgl. u. a. die Arbeiten von O. A. Tzukhanova und K. H. Kolodtzew vom Moskauer Wärmetechn. Institut. Vgl. Z. Feuerungstechn. Bd. 27 (1939) S. 288.

b) Vorherde für Kupolöfen.

Vorherde bei Kupolöfen dienten früher dazu, einen Ausgleich der chemischen Zusammensetzung des Rinneneisens zu erwirken und die für größere Gußstücke notwendigen Materialmengen aufzusammeln. Heute haben darüber hinaus die Vorherde von Kupolöfen eine große Bedeutung für die Gütesteigerung des Eisens, nachdem man durch Beheizung der Vorherde mittels der Kupolofenabgase oder besser durch Sonderbeheizung die Möglichkeit längeren Abstehens des flüssigen Eisens bzw. eine zusätzliche Überhitzung desselben geschaffen hat. Nachdem man auch die Bedeutung suspendierter Schlakkenteilchen (Oxyde, Sulfide, Garschaumgraphit usw.) sowie gelöster oder aus Reaktionen herrührender Gase auf die Vorgänge der Graphitisierung erkannt hat, wird auch einer Abtrennung der Schlacke sowie einer zusätzlichen Entgasung (Rüttelherde, Schleudervorherde, vgl. S. 137) erhöhte Aufmerksamkeit zugewendet. Die Abb. 1041 bis 1049 zeigen verschiedene Ausführungsformen heutiger Vorherd-Konstruktionen (*1*). Abb. 1044 zeigt eine beliebte und sehr bewährte Ausführungsform mit getrenntem Eisen- und Schlackenablauf (Freier-Grunder Eisen- und Metallwerke G. m. b. H in Salchendorf bei Siegen). Letztere Ausführung ist ferner bekannt durch ihre elegante Lösung, den Eisenspiegel im Gestell auf konstanter Höhe zu halten.

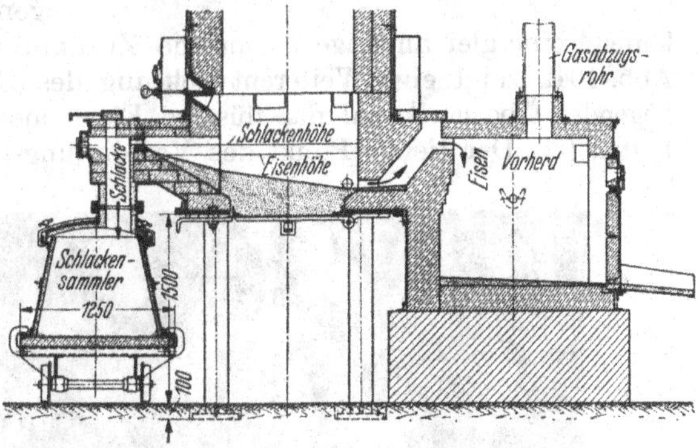

Abb. 1041. Kupolofen mit Vorherd und Schlackensammler, Bauart der Gewerkschaft Emka in Schladern.

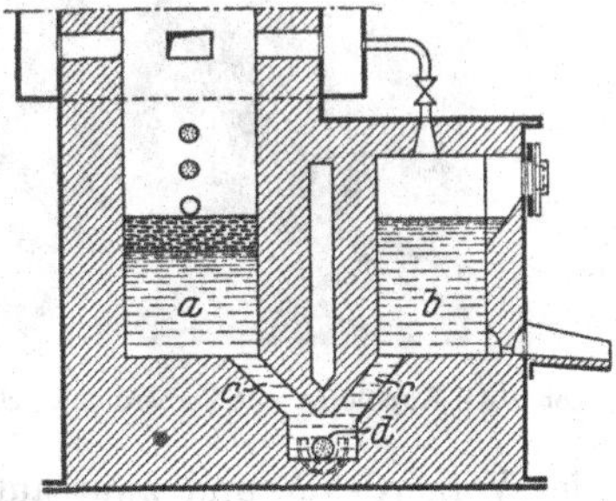

Abb. 1042. Unterer Teil eines Gießereischachtofens mit Vorherd Bauart R. Stotz und R. Gerisch.

Bei einer Ausführung des Vorherdes nach R. Stotz (Abb. 1046) seitlich neben dem Ofenschacht und nicht, wie bei den sonstigen Vorherden üblich, seitlich unterhalb des Ofenschachts, wird an nutzbarer Höhe des Kupolofens etwa 1 m gewonnen, was bei niedriger Gichtbühne von wesentlicher Bedeutung ist.

Durch Beibehaltung des Kupolofenherdes als Teileisensammler wird auch der Vorteil der günstigen desoxydierenden Wirkung des weißglühenden Kokses auf das flüssige Eisen beibehalten. Hierdurch ist auch die Möglichkeit gegeben, bei kleinerem Vorherd größere Mengen flüssigen Eisens anzusammeln, z. B. zum Guß schwerer Stücke, ohne das Eisen abzukühlen. Die geringen Strahlungsverluste des angebauten Siphonvorherdes gewährleisten heißes Eisen bei geringerem Koksverbrauch.

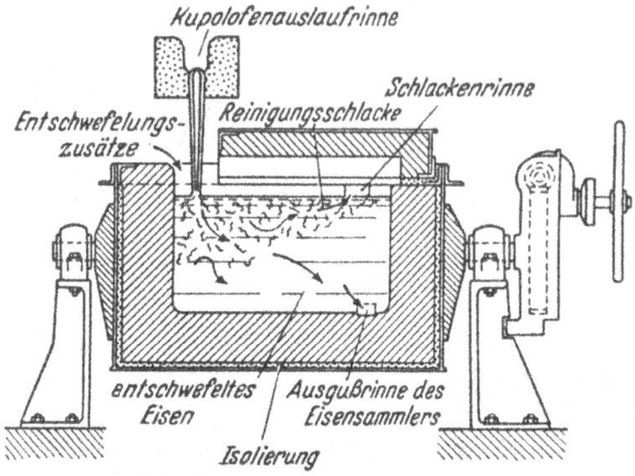

Abb. 1043. Kippbarer Eisensammler für Schachtöfen zum Entschwefeln und Entschlacken (Bauart WHITING, USA.).

Die Zuführung des geschmolzenen heißen Eisens von unten in den Vorherd vermeidet die Abkühlung und Oxydation des flüssigen Eisenstrahls beim sonstigen Vorherüberlauf durch die Luft. Das flüssige Eisen tritt durch den Siphon schlackenfrei unten in den Vorherd ein und steigt in diesem hoch. Hierdurch entsteht eine intensive Mischung des flüssigen Eisens im Vorherd und es wird laufend eine gleichmäßige chemische Zusammensetzung der Gußstücke erzielt. Abb. 1042 zeigt eine Weiterentwicklung des Gedankens, durch möglichst tief liegenden Überlaufkanal das flüssige Eisen möglichst frei von Schlacken zu erhalten (*2*). Der tiefste Punkt des Verbindungskanals *c* liegt unterhalb der Sohle

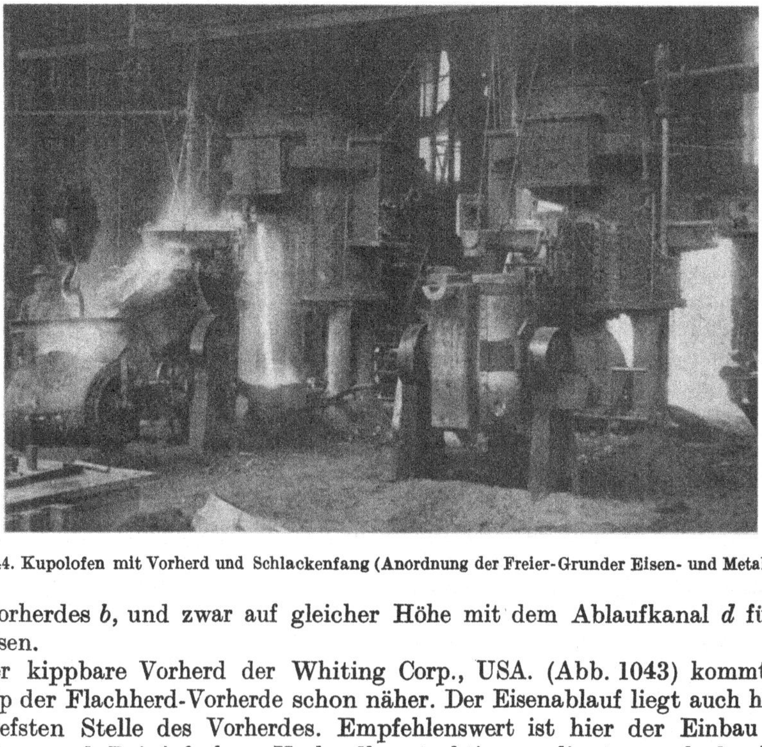

Abb. 1044. Kupolofen mit Vorherd und Schlackenfang (Anordnung der Freier-Grunder Eisen- und Metallwerke).

des Vorherdes *b*, und zwar auf gleicher Höhe mit dem Ablaufkanal *d* für das Ersteisen.

Der kippbare Vorherd der Whiting Corp., USA. (Abb. 1043) kommt dem Prinzip der Flachherd-Vorherde schon näher. Der Eisenablauf liegt auch hier an der tiefsten Stelle des Vorherdes. Empfehlenswert ist hier der Einbau einer Zwischenwand. Bei einfacheren Vorherdkonstruktionen gelingt es auch, durch Verwendung von Gießpfannen mit Siphonausguß ein schlackenfreies Eisen zu erhalten. Derartige Gießpfannen sollten heute überall im Betrieb sein, da sie den Ausschuß durch Schlackenstellen stark vermindern.

Beim Rüttelherd nach J. DECHESNE (*3*) ruht der Vorherd in offenen Lagern und wird durch zwei Nockenscheiben in der Minute etwa 100 mal gehoben. Der Antrieb erfolgt durch Motor und Schneckenrad. Unter „Rütteln" des Vorherdes wird hierbei nach J. DECHESNE der „zentrale senkrechte, für die Gasabscheidung entscheidende Stoß" verstanden, unter „Schütteln" die „exzentrische Verlagerung des Eisenspiegels" als Folge der durch die offene Lagerung bedingten geringen horizontalen Bewegung des Vorherdes. Zahlentafel 252 gibt einige Werte bezüglich der Wirkung des Rüttelns nach einer Arbeit von C. IRRESBERGER (*3*). Abb. 1045 gibt die Vorderansicht eines Rüttelherdes wieder. Der spezifische Einfluß des Rüttelns ist vielfach bezweifelt (*4*) oder gar völlig bestritten (*5*) worden. J. MEHRTENS (*4*) führte die zunehmend besseren Eigenschaften der Schmelzen gemäß Zahlentafel 252 auf die steigenden Schrottmengen der verwendeten Gattierungen zurück. L. ZEYEN (*5*) kam auf Grund durchgeführter Rüttelversuche in drei verschiedenen Gießereien zur völligen Verurteilung des Rüttelvorganges, wobei er ausführt, daß „die mit diesem Verfahren erzielten Erfolge auf die gründliche Durchmischung der Schmelze, namentlich aber auf den geringen Kohlenstoffgehalt und die hohe Schmelztemperatur zurückzuführen seien". Der von L. F. GIRARDET (*6*) gebaute Rüttelvorherd faßt 2500 kg und macht 28 bis 30 Rüttelbewegungen/min. Das Eisen verweilt in diesem mit Schweröl beheizten Vorherd nur 3 bis 4 min. Die chemische Zusammensetzung des Gußeisens wird durch die Rüttelbewegung nicht verändert; dagegen werden die Festigkeitseigenschaften

Abb. 1045. Rüttelvorherd (Deutsche Industriewerke Berlin-Spandau).

Zahlentafel 252. Festigkeitszahlen von gerütteltem Eisen (C. IRRESBERGER).

Bez.	Analyse					Zug-festig-keit	Biege-festig-keit	Durch-biegung	Härte	Abstich-Temp.
	C %	Si %	Mn %	P %	S %	kg/mm²	kg/mm²	mm	kg/mm²	°C
R 0*	3,72	2,22	0,46	0,37	0,17	20,5	42,0	11,5	222	1320
R 10	3,20	2,27	0,56	0,38	0,08	26,0	51,0	12,5	216	1310
R 15	3,40	2,34	0,45	0,33	0,09	27,5	52,5	12,5	228	1300
R 20	3,38	2,15	0,42	0,37	0,13	30,0	56,5	12,5	217	1330
R 20	3,62	1,74	0,71	0,30	0,17	30,5	54,6	14,2	240	1300
R 30	3,48	2,15	0,45	0,20	0,13	32,5	55,5	14,0	215	1360
R 30	3,48	1,57	0,68	0,41	0,14	33,8	57,5	11,9	224	1340
R 50	3,02	1,83	0,40	0,34	0,14	33,5	61,5	12,5	215	1340
R 70	2,82	2,94	0,66	0,15	0,14	32,5	65,0	18,0	189	1350

* Die Bezeichnung R bedeutet „gerüttelt", die Zahl dahinter den Prozentsatz Stahlschrott in der Gattierung.

bei gewöhnlichem Gußeisen angeblich um ~ 40% und bei mit Stahlzusatz erschmolzenem Gußeisen um ~ 20% erhöht, was auf die Verbesserung des Gefüges zurückzuführen ist. Graphit, Perlit, Zementit und das Phosphideutektikum seien gleichmäßiger verteilt als beim nichtgerüttelten Gußeisen. Die Verfeinerung des Korns habe auch eine größere Widerstandsfähigkeit gegen Korrosion zur Folge.

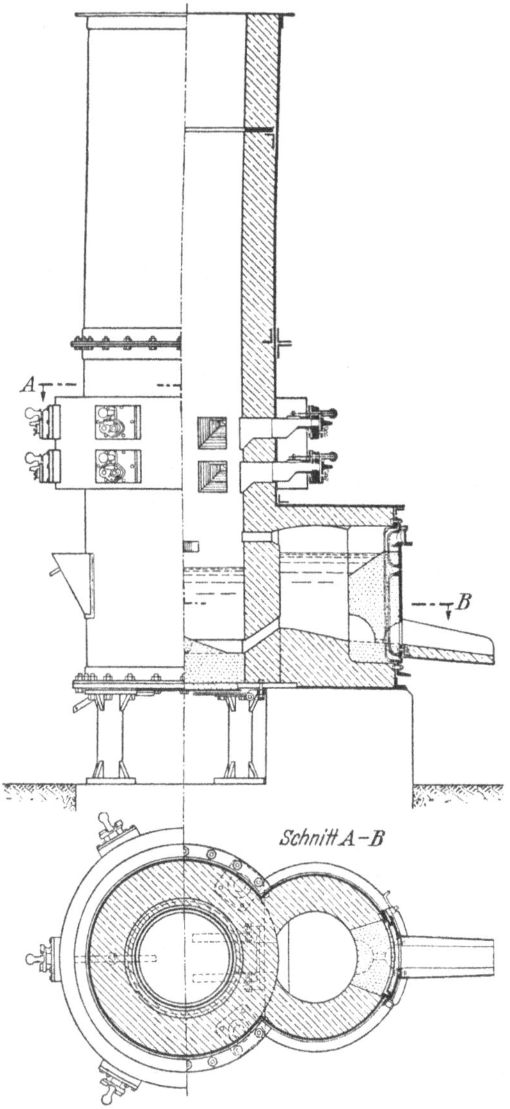

Abb. 1046. Kupolofen mit Vorherd, Bauart R. STOTZ.

Das Rütteln eines matt erschmolzenen Eisens im unbeheizten Vorherd dürfte durch den unvermeidlichen Temperaturabfall des Eisens leicht zu einer Qualitätsverminderung führen, während das Rütteln stark überhitzten Eisens aus den uns bekannten Ursachen (Einfluß von Zeit und Temperatur) heraus einen gewissen Erfolg verspricht. K. v. KERPELY (*8*) rüttelte ein auf 1700° erhitztes Gußeisen etwa der folgenden Zusammensetzung:

Ges.-C = 3,15%	P = 0,4%
Si = 1,9%	S = 0,08%
Mn = 0,8%	

und erhielt hierdurch Zerreißfestigkeiten von

36,3 kg/mm² und 41,6 kg/mm²

gegenüber

32,8 kg/mm² und 37,6 kg/mm²

am ungerüttelten Eisen.

Wesentlich günstiger dürften die Erwartungen sein, welche man an das Schleudern des Gußeisens im Vorherd oder in der Pfanne knüpfen darf, da hierbei die auftretenden Zentrifugalkräfte eine stark entgasende und entschlackende Wirkung ausüben. So überaus zahlreich die das Zentrifugieren von Gußeisen betreffende Literatur, besonders aber die Patentliteratur ist, so ist doch über Versuche betreffend das Ausschleudern von hochwertigen, stark überhitzten Schmelzen noch nichts bekannt geworden. Abb. 1047 zeigt als Beispiel eine interessante Lösung eines Zwischenapparates zum Zentrifugieren von Gußeisen nach einer älteren britischen Patentschrift (*9*).

Als Nachteil des gewöhnlichen Vorherdes gilt, daß zugleich mit dem Abstehen des Eisens ein Mattwerden verbunden ist. Aus diesem Grunde wurde es schon sehr früh unternommen, den Vorherd durch die Abgase des Kuppelofens vorzuwärmen; man kann auf diese Weise jedoch nur Vorwärmtemperaturen von 600 bis 800° erreichen, was zur Erzielung von heißem Ersteisen durchaus nicht genügt.

Eine Ausführung, über die G. SIMON (7) berichtet, sieht die Beheizung des Vorherdes durch eine besondere Zusatzfeuerung vor. Die Ausführung kann als einfacher oder Doppelkammer-Vorherd ausgebildet werden (Abb. 1048 und 1049). Durch den schräg nach oben verlaufenden Überlaufkanal kommt nur schlackenfreies Eisen in den Vorherd. Im Gegensatz zum Kupolofen ist hier der Vorherd basisch ausgekleidet. Die Konstruktion Abb. 1049 eignet sich besonders für Öfen mit tief liegender Düsenebene. Die Beheizung erfolgt durch einen ein- und ausschwenkbaren Ölbrenner. Heute gibt es zahlreiche Konstruktionen beheizter Vorherde, von denen diejenigen, bei denen der Vorherd als beheizter Flachherdmischer ausgebildet ist, besonders wirksam sind im Sinne der angestrebten Eisenüberhitzung. Jede Beheizung des Vorherdes aber wirkt sich im Sinne der Arbeiten von E. PIWOWARSKY und H. HANEMANN in Richtung der angestrebten Graphitverfeinerung aus, wobei sich eine je nach Zeitdauer und Überhitzungstemperatur wechselnde Gütesteigerung ergibt. Dasselbe gilt natürlich sinngemäß für beheizte Mischer, wobei sich aber angesichts der Größe mancher Mischer auch ohne besondere Zusatzbeheizung durch Abstehenlassen des Eisens eine Reinigung desselben von Gasen, Schlacken, Garschaumgraphit usw. ergibt, wobei schon Festigkeitssteigerungen um 6 bis 12 kg/mm² beobachtet werden konnten.

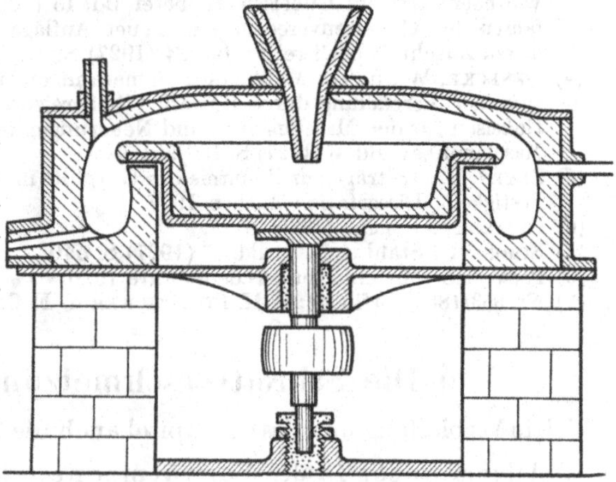

Abb. 1047. Schleuderherd für Metalle und Legierungen (Brit. Patent Nr. 953 aus dem Jahre 1883).

Vorherde werden ebenso wie der Kupolofen meistens sauer zugestellt. Es besteht aber durchaus die Möglichkeit, den Vorherd basisch zuzustellen, wenn man durch geeignete betriebstechnische Maßnahmen darauf achtet, daß sich der evtl. Siliziumabbrand in mäßigen und vor allem gleichbleibenden Grenzen hält. Durch die Berührung mit dem basischen Material der Auskleidung erhält das Gußeisen allerdings einen ganz anderen Charakter hinsichtlich der Tendenz zur Graphitisierung, die von Fall zu Fall erst erprobt werden muß, um nicht unnötigen Ausschuß zu erhalten.

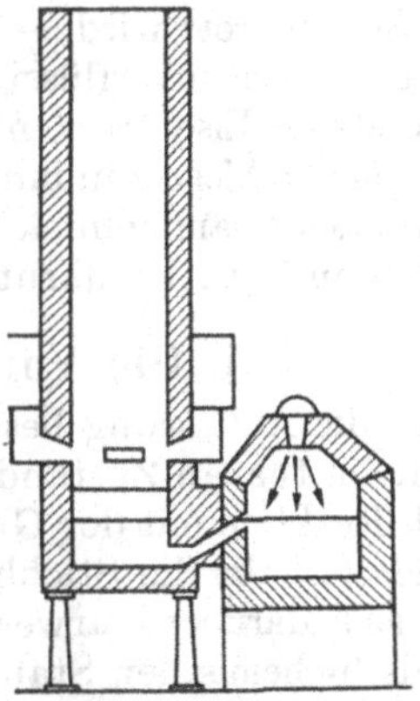

Abb. 1048. Kuppelofen mit hochgelegten Düsen, Eisen- u. Schlackenraum im Kuppolofen und ölbeheiztem Überdruckvorherd.

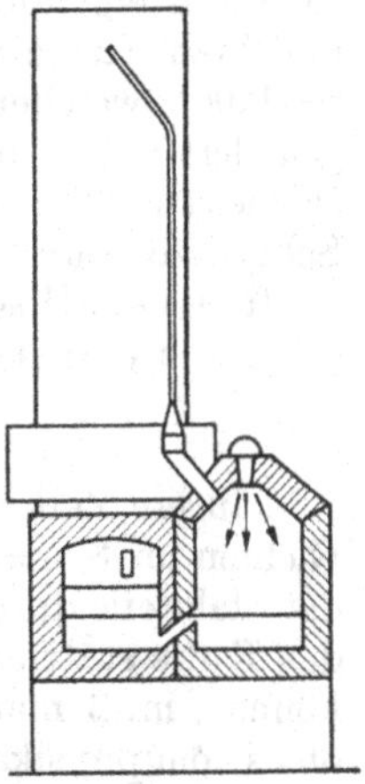

Abb. 1049. Kuppelofen mit ölbeheiztem Überdruck-Doppelkammervorherd.

Schrifttum zum Kapitel XXVb.

(1) MEHRTENS, J.: Gießerei Bd. 27 (1940) S. 100.
(2) D.R.P. Nr. 671857, Kl. 31a, Gr. 1/10 vom 16. Febr. 1936 (Erfinder R. STOTZ, Düsseldorf-Lohausen).

(3) IRRESBERGER, C.: Rüttelherd zur Vergütung von flüssigem Gußeisen oder Stahl. Stahl u. Eisen Bd. 46 (1926) S. 869/72. — Die Vergütung des Gußeisens durch Rüttelung. Gießerei Bd. 13 (1926) S. 425/27. Zuschriften hierzu: Stahl u. Eisen Bd. 46 (1926) S. 1705/06. — Die Veredelung des Gußeisens durch Rütteln und Schütteln. Gießereiztg. Bd. 23 (1926) S. 355/58. MAURER, O.: Verfahren zur Verbesserung und zur Erzeugung von hochwertigem Gußeisen. Gießerei Bd. 13 (1926) S. 727/31. LISSNER, A.: Alte Verfahren der Gußeisenveredelung in neuer Auflage. Gießereiztg. Bd. 23 (1926) S. 678/79; hierzu Zuschrift Gießereiztg. Bd. 24 (1927) S. 97.
(4) DENECKE, W., u. TH. MEIERLING: Bemerkungen zur Entschwefelung des Gußeisens und zu seiner Veredelung durch Rütteln. Gießereiztg. Bd. 23 (1926) S. 569. MERTENS, J.: Gußeisen für den Maschinenbau und Neuerungen im Schmelzbetrieb der Eisengießereien. Maschinenbau Bd. 6 (1927) S. 196/201.
(5) ZEYEN, L.: Beiträge zur Kenntnis des Graphits im Grauguß und seines Einflusses auf die Festigkeit. Dissertation Aachen 1927.
(6) GIRARDET: L'usine (1929) S. 27.
(7) SIMON, G.: Stahl u. Eisen Bd. 47 (1927) S. 540.
(8) Persönliche Mitteilungen aus dem Jahre 1926.
(9) Nr. 953/1883. Erfinder: C. M. PIELSTICKER u. F. C. G. MÜLLER.

c) Die Schrottverschmelzung im Kupolofen.

Vgl. in Verbindung mit diesem Kapitel auch die Ausführungen gemäß Kap. VIIh.

Allgemeines: In der Vorwärmzone gehen in abwechselnder Schichtung Koks- und Eisensätze nieder und nehmen aus den Verbrennungsgasen Wärme auf. Je nach Zusammensetzung und Temperatur bzw. nach der Oberflächengröße der Stoffe und der Reaktionzeit ist — allgemein gesehen — auch eine chemische Einwirkung zwischen Koks, Gasen und der Gattierung möglich.

In der Schmelzzone werden unter Einwirkung der aus der Verbrennungszone aufsteigenden sehr heißen Gase die weitgehend vorgewärmten Roheisen- und Stahlstücke verflüssigt. Für die ersteren genügen hierzu Temperaturen von rd. 1200°; weicher Stahlschrott wird — wenn sich seine Zusammensetzung nicht geändert hat — noch länger unverflüssigt bleiben und erst bei rd. 1400 bis 1500° schmelzen. Die gebildeten Eisentropfen durchrieseln rasch den unteren Teil der Schmelzzone und kommen hierbei in innige Berührung mit weißglühendem Koks.

Im Gestell schließlich sammeln sich die Roheisen- und Schrotttropfen, mischen sich und stehen in enger Berührung mit dem Füllkoks.

1. Die Vorwärmzone.

Längere Zeit hat die Auffassung bestanden, daß während des Absinkens der Gichten im Schacht im festen Zustand eine Erhöhung des Kohlenstoffgehaltes der Stahlteile durch Reaktion mit der Gasphase oder infolge Zementation durch den Koks stattfände (*1*). Um die Stichhaltigkeit dieser Annahme nachprüfen zu können, muß man sich darüber klarwerden, ob in der Vorwärmzone des Kupolofens vom physikalisch-chemischen Standpunkt aus die Voraussetzungen für eine Aufkohlung überhaupt grundsätzlich gegeben sind.

Bei der Betrachtung der Vorgänge im Gießereischachtofen wurden früher augenscheinlich zu leicht die im Hochofen herrschenden Verhältnisse unbewußt übernommen. Es ist deshalb wichtig, einige wesentliche Unterschiede hervorzuheben:

Im Hochofen kommen auf 100 kg Erz rd. 100 kg Koks; in Verbindung mit der Verwendung von Heißwind stellt sich darum in einiger Entfernung von den Düsen die gewünschte reduzierende Atmosphäre ein. Aber selbst im Hochofen findet sich in unmittelbarer Nähe der Formen noch freier Sauerstoff.

Demgegenüber liegt der Kokssatz beim Kupolofen im allgemeinen bei rd. 8 bis 12% des Eisensatzes, und es wird im allgemeinen mit Kaltwind gearbeitet.

Aus dieser Gegenüberstellung erhellt schon, daß beim Gießereischachtofen ganz andere Verbrennungsbedingungen und Gasverhältnisse vorliegen müssen als beim Hochofen. Kennzeichnende Größen im Hinblick auf die Einwirkung der Gasphase auf die Beschickung sind einmal ihre Zusammensetzung und zweitens ihre Temperatur. Es ist also wichtig festzustellen, welchen Verlauf Gas- und Temperaturcharakteristik im Kupolofen haben. Aus den Verbrennungsvorgängen in einem schmalen nur mit Koks beschickten Versuchsofen (s. Abb. 1003) ging bereits deutlich hervor, daß der Kohlensäureanteil einem Höchstwert zustrebt, wobei die Sauerstoffkurve gegenläufig ist; nach Überschreitung des Höchstwertes an Kohlensäure setzt die Reduktion zu Kohlenoxyd ein.

Entsprechend dem Ansteigen des Kohlensäureanteiles steigt die Temperaturkurve; ihr Höchstwert fällt praktisch zusammen mit dem Höchstwert des Kohlensäuregehaltes.

Ausschlaggebend dafür, ob ein Kohlensäure-Kohlenoxyd-Gemisch oxydierenden oder reduzierenden Charakter hat, sind die Temperaturen, welche den jeweiligen Kohlenoxyd-Kohlensäure-Anteilen zugeordnet sind. Das Boudouardsche Gleichgewicht gibt uns hierfür den nötigen Aufschluß (Abb. 1050). In dieses Schaubild wurden die Gleichgewichtslinien für die Reaktionen des Eisens und seiner Oxyde in Kohlensäure-Kohlenoxyd-Gemischen (nach Bauer und Glässner, Schenck, Matsubara usw.) mit aufgenommen. Trägt man — wie in Abb. 1050 geschehen — alsdann noch die in den verschiedenen Kupolofenzonen gefundenen Gaszusammensetzungen (in Abhängigkeit von der zugehörigen, gemessenen Temperatur) ein, so ist aus der Lage der Punkte in dem einen oder anderen Feld zu entnehmen, ob Oxydation oder Reduktion durch die Gasphase zu erwarten ist. Die aus verschiedenen Kupolofenversuchen entnommenen Werte liegen nun weit im Wüstit- bzw. Magnetitfeld, wie das gestrichelte Gebiet in Abb. 1050 und der Hinweis auf einige einschlägige Arbeiten erkennen läßt. Es ist daher vom physikalisch-chemischen Standpunkte aus ganz eindeutig, daß die Gasphase im Schacht des Kupolofens weit davon entfernt ist, Kohlungsreaktionen zuzulassen. Die im Ofenschacht möglichen Umsetzungen müssen daher folgendermaßen verlaufen (*2*):

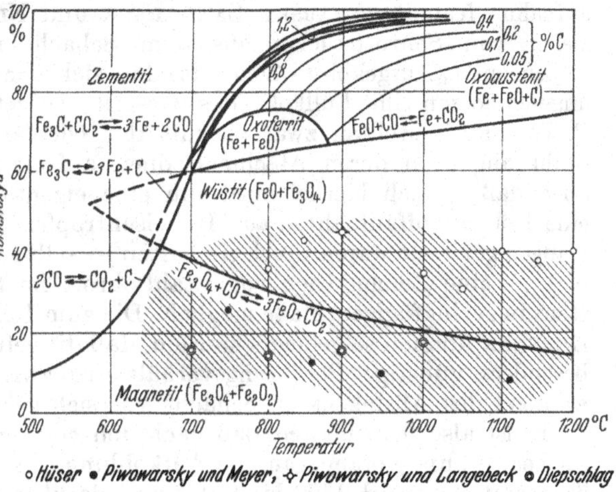

Abb. 1050. Gleichgewichtsschaubild der Kohlungsreaktionen bei 1 Atm. (nach Boudouard, Baur, Glässner, Schenck, Matsubara u. a.).

1. $CO_2 + C \rightarrow 2\,CO$
2. $Fe_3C + CO_2 \rightarrow 3\,Fe + 2\,CO$
3. $Fe + CO_2 \rightarrow FeO + CO$
4. $3\,FeO + CO_2 \rightarrow Fe_3O_4 + CO$

Von der Gasphase her ist also keine zementierende, sondern vielmehr eine mehr oder weniger starke Frischwirkung auf das feste Eisen zu erwarten.

Für die Beurteilung der Zementationsmöglichkeit im Schacht muß noch geprüft werden, ob eine Aufkohlung durch den Koks, also durch f e s t e n Kohlenstoff, in Frage kommt.

Wie von der Stahleinsatzhärtung her bekannt, bedarf es für eine Aufkohlung festen Eisens durch feste Kohlungsmittel neben Temperaturen von rd. 1000° vor allem längerer Einwirkungsdauer (*3*). Vergegenwärtigen wir uns, daß weder die Eisen- noch die Koksstücke klein genug sind, um sich gegenseitig im Schacht eine genügend große Berührungsfläche darzubieten, daß vielmehr durch die unregelmäßige Gestaltung der Oberfläche und die ungleichmäßige Schichtung viele Hohlräume zwischen ihnen sind, ferner, daß eine dauernde gegenseitige Verschiebung stattfindet, dann wird es klar, daß nur für einen kleinen Teil der Stahlstücke genügend Gelegenheit und Zeit zur Kohlenstoffaufnahme aus dem Koks im Schacht vorhanden ist, selbst wenn ausreichende Temperaturen vorhanden sind. Hinzu kommt, daß durch die Frischwirkung der um die Stahlstücke streichenden Gase die oxydierende Einwirkung überwiegt.

Die Untersuchung der Gas- und Temperaturverhältnisse ist mehrfach auf metallographischem Wege ergänzt worden. J. GRENNAN (*1*) stellte an aus verschiedenen Ofenzonen herausgenommenen Stahlstücken teils eine lokale Aufkohlung der Randschichten bis zu Gehalten von 1% C, teils keine Kohlenstoffaufnahme fest. PIWOWARSKY, LANGEBECK und NIPPER (*4*) fanden beim Herausziehen von Schrottstücken aus dem Schacht nur oxydierte und entkohlte Außenzonen. Aufgekohlte Zonen fanden sich nur bei Stahlstücken, welche noch ungeschmolzen im Füllkoks des Gestells vorgefunden wurden. K. SIPP und P. TOBIAS (*5*) stellten zwar an mit der Ofenbeschickung heruntergegangenen Stahlstangen in deren Abschmelzzonen aufgekohlte Stellen fest; sie betonen aber, daß es sich hierbei nicht um eine eigentliche Zementation, sondern um eine Kohlenstoffaufnahme aus Roheisentropfen handelt, welche auf die Stahlstangen gerieselt waren. Auch sie halten — selbst bei Gasverhältnissen von Großöfen — eine Zementation von Stahlschrott im festen Zustand für allerhöchstens in geringfügigem Maße möglich. Die zum Teil abweichenden Ergebnisse von GRENNAN können so gedeutet werden, daß die gefundene Randaufkohlung durch besonders günstige Berührungsverhältnisse zwischen Stahlstücken und Koks während des Absinkens im Schacht vor sich gehen konnte.

Es ist also festzuhalten, daß nach den vorliegenden Erkenntnissen Stahl als solcher — ohne vorangegangene Aufkohlung — schmilzt, wobei die Tropfen eine Temperatur von rd. 1400 bis 1500° und darüber auf ihrem Weg durch die Verbrennungszone ins Gestell mitbekommen. Bei der innigen Berührung der sich im Gestell ansammelnden Schmelze mit dem Füllkoks geht die Aufkohlung nunmehr rasch vonstatten, womit bei hohen Schrottanteilen in der Gattierung eine fortgesetzte relative Überhitzung parallel geht, weil ja höhergekohlten Eisen-Kohlenstoff-Legierungen nach dem Zustandsdiagramm niedrigere Liquidustemperaturen zukommen als kohlenstoffärmeren. Die hier wiedergegebene Auffassung ist übrigens bereits im Jahre 1925 von J. FIELD (*6*) angedeutet worden.

2. Schmelz- bzw. Verbrennungszone.

Für die Kohlenstoffaufnahme von abschmelzendem Schrott beim Durchrieseln der Schmelz- bzw. Verbrennungszone ist es unter anderem wichtig, wieviel reaktionsfähige, saubere Oberfläche beim Koks vorhanden ist. Ist er von einem Schlackenfilm überzogen, so wird die Aufkohlung behindert sein. Ebenfalls sind Stückgröße und Menge von Bedeutung. Alle diese Faktoren gewinnen aber erst größeres Gewicht in Verbindung mit den längeren Einwirkungszeiten, wie sie nur im Gestell gegeben sind. Sie sollen daher erst später eingehender besprochen werden. Vieles, was dort zu sagen ist, gilt aber grundsätzlich auch für die Einwirkung zwischen Koks und Eisentropfen in der Schmelz- und Verbrennungszone.

Die Frage der Windmenge soll im Rahmen der Einzelbetrachtungen unberührt bleiben und erst bei der später folgenden Behandlung allgemeiner Fragen der Schrottverschmelzung berücksichtigt werden.

3. Gestell.

Im Gestell des Kupolofens findet wegen der im Verhältnis zur Höhe kleinen Oberfläche des Bades praktisch keine Einwirkung der Gasphase statt; genauere Ermittlungen haben ergeben, daß letztere noch schwach oxydierend ist. Flüssiges Roheisen, abgeschmolzener Schrott und Schlacke stehen hier bei hohen Temperaturen in inniger Berührung mit dem Füllkoks und können mit ihm leicht in Reaktion treten; d. h. es erfolgt eine teilweise Reduktion von Metalloxyden aus der Schlacke. Für die Aufkohlung des flüssigen Eisens im Gestell sind bestimmend:

Der Konzentrationsunterschied zwischen dem Kohlenstoffgehalt des niederrieselnden Eisen und dem Lösungsvermögen des Eisens für Kohlenstoff bei der vorliegenden Badtemperatur.

Die Temperatur des Bades.

Die Eigenschaften und Menge des Kokses.

Die Art der Schlacke.

Die spez. Windmenge.

Die Berührungszeit zwischen Bad und Koks.

Einfluß des Konzentrationsunterschiedes. Nach den Erkenntnissen der physikalischen Chemie wird die Geschwindigkeit einer Reaktion bestimmt durch die Konzentrationsdifferenz zwischen den reagierenden Phasen (*7*). Bei weiter Spanne ist sie groß, bei kleinem Gefälle dagegen sinkt sie bis zu kleinsten Werten ab; in den praktischen Fällen aber fehlt zur Erreichung des Gleichgewichtes vielfach die nötige Zeit.

Die anfängliche Kohlenstoffkonzentration der Schmelze ist bestimmt durch den mittleren Kohlenstoffgehalt der Gattierung, d. h. von Roheisen und Schrott. Das Lösungsvermögen der Schmelze für Kohlenstoff bei einer bestimmten Temperatur wird von den einzelnen Eisenbegleitern teils erhöht, teils vermindert. Das Ausmaß dieser Verschiebung der Gleichgewichtslinien ist durch eingehende Untersuchungen bekannt (*8*); man weiß ferner, wie weitgehend die so gewonnenen Beziehungen auf Kupolofenverhältnisse übertragen werden können (*9*), bei denen im allgemeinen keine Gleichgewichtsverhältnisse vorliegen dürften.

Entsprechend der oben gekennzeichneten Forderung der Theorie lieferten zahlreiche praktische Versuche das Ergebnis, daß der Aufkohlungsbetrag vom Kohlenstoffgehalt der Gattierung abhängt (*10*), d. h. bei niedrigen Kohlenstoffgehalten der Gattierung kohlt die Schmelze um vergleichlich höhere Beträge auf als bei höheren Ausgangs-Kohlenstoffkonzentrationen, wie u. a. die an einem Kleinkupolofen durchgeführten Versuche von E. PIWOWARSKY, H. LANGEBECK und H. A. NIPPER (*11*) zeigen (vgl. Abb. 1051 und 1052, sowie Zahlentafel 253). Unter sonst vergleichlichen Betriebsbedingungen (kontinuierliches Abfließen der Schmelzen, periodisches Abstechen, gegebener Gestellhöhe und Koksverhältnisse) ergibt der prozentuale Aufkohlungsbetrag (a %) einer bestimmten Gattierung (z. B. 50:50) multipliziert mit dem Kohlenstoffgehalt (C_G %) dieser Gattierung den absoluten Aufkohlungsbetrag $\left(A = \frac{a}{100} \cdot C_G,\right.$ siehe Abb. 1053$\left.\right)$. Durch Addition des mit der Gattierung eingeführten Kohlenstoffgehaltes zu diesem Aufkohlungsbetrag ergibt sich sodann der Kohlenstoffgehalt der Schmelze.

$$C_s = C_G + A = C_G \cdot \left(\frac{a}{100} + 1\right) \text{ (vgl. Abb. 1053).}$$

Einfluß der Temperatur. Da Reaktionsgeschwindigkeit und Flüssigkeitsgrad von Schmelze und Schlacke mit zunehmender Temperatur ansteigen, muß auch die Aufkohlung ein größeres Ausmaß annehmen. Praktische Versuche von

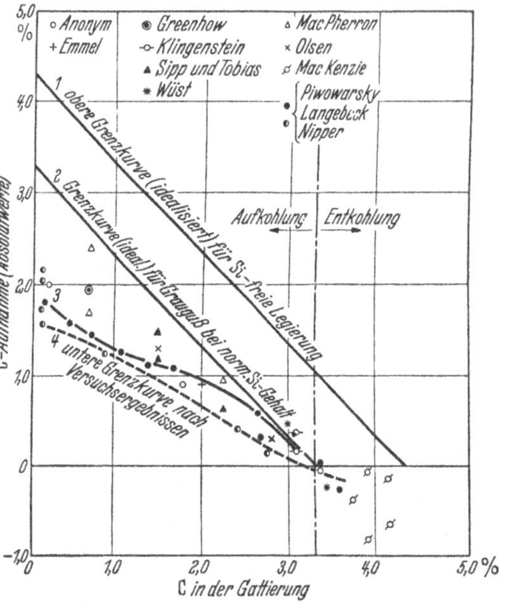

Abb. 1051. Abhängigkeit des Aufkohlungsbetrages vom Kohlenstoffgehalt der Gattierung (PIWOWARSKY, LANGEBECK und NIPPER).

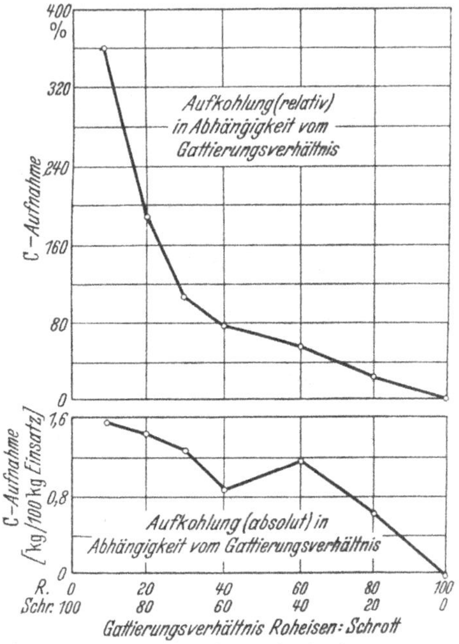

Abb. 1052. Aufkohlung in Abhängigkeit von verschiedenen Verhältnissen Roheisen zu Schrott (PIWOWARSKY, LANGEBECK und NIPPER).

Zahlentafel 253.

Zu Abb. 1052. Aufkohlung verschiedener Schrott-Roheisen-Gattierungen.

Chemische Zusammensetzung des Einsatzes:

	C%	Si%	Mn%	P%	S%
Roheisen:	3,36	2,56	0,78	0,64	0,042
Stahlschrott:	0,15	0,13	0,71	0,054	0,054

Koks: 9,63% Asche, 1,33% S, 4,14% flüchtige Bestandteile.

Kalkstein: 54,89% CaO, 0,04% S.
Flußspat: 67,61% CaF_2, 0,055% S.

Ofendurchmesser: 300 mm.
Satzkoks: 25,2%.
Windmenge: 145 $m^3/m^2/st$.

Gattierungsverhältnis Roheisen: Schrott	Kohlenstoffgehalt der Schmelze %	Kohlenstoffgehalt der Beschickung %	Kohlenstoffzubrand je 100 kg Einsatz kg	Kohlenstoffzubrand relativ %
100:0	3,32	3,36	− 0,04	− 1,2
80:20	3,26	2,66	+ 0,68	+ 27,3
60:40	3,19	2,03	1,16	57,2
40:60	2,48	1,40	1,08	77,2
30:70	2,36	1,09	1,27	116
20:80	2,22	0,775	1,445	187
10:90	2,02	0,46	1,56	340

H. V. JOHNSON und J. T. MACKENZIE (*13*) bestätigen im allgemeinen diese Erwartung (Abb. 1054). Daß in einigen Fällen Abweichungen von der erwarteten Gesetzmäßigkeit auftraten, erklären die Verfasser der Arbeit durch Hinweis auf die Möglichkeit, daß die Schlacke beim Ablaufen des Eisens aus dem Gestell (Abstich) sich nicht immer mit der gleichen Intensität bzw. dem gleichen Grad der Haftfähigkeit an den Füllkoksstücken anlagert.

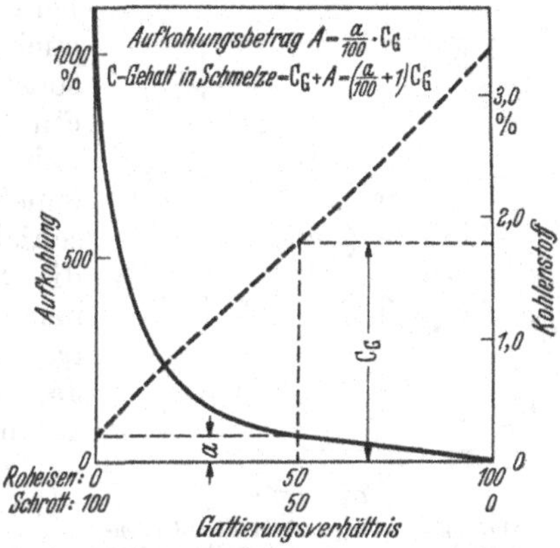

Abb. 1053. Ermittlung des Kohlenstoffgehaltes in der Schmelze aus dem Gattierungskohlenstoff und der Kohlungskurve. Schematisch (PIWOWARSKY, LANGEBECK und NIPPER).

Einfluß des Kokses. Chemische Eigenschaften: Es ist anzunehmen, daß für die Reduktions- und Aufkohlungsarbeit im Gestell die Reaktionsfähigkeit des Kokses (durch den Zündpunkt gekennzeichnet) eine merkliche Bedeutung hat (*14*). Weiterhin kommt dem Aschegehalt erhebliche Bedeutung zu. Hierüber stellte J. T. MACKENZIE (*15*) zahlenmäßige Beziehungen fest (Abb. 1055). Höhere Aschegehalte geben vor allem auf dem Wege über die steigende Umhüllung des Kokses mit Schlacke geringere Kohlenstoffgehalte in der Endschmelze. G. HÉNON (*12*) glaubte daher annehmen zu dürfen, daß der von K. SIPP und P. TOBIAS (*5*) gefundene Zusammenhang zwischen der (durch den Zündpunkt gekennzeichneten) Reaktionsfähigkeit des Kokses und dem Aufkohlungsgrad des Eisens (Abb. 1020) ebensogut mit dem Aschengehalt des Kokses zu erklären wäre (Zahlentafel 254). G. HÉNON bringt

Zahlentafel 254. Versuchsergebnisse nach K. SIPP und P. TOBIAS.

Koks Nr.	Zündpunkt °C	Aschegehalt %	Kohlenstoffgehalt des flüssigen Eisens bei einem C-Gehalt der Gattierung [1]				
			1,5%	1,9%	2,6%	3,1%	3,5%
I	650	7,74	2,95	3,08	3,24	3,31	3,36
II	725	8,81	2,66	2,83	3,06	3,17	3,24
III	750	9,86	2,50	2,72	2,97	3,11	3,20

[1] Zahlenwerte dem Diagramm Abb. 1020 entnommen.

Zahlentafel 255 nach G. HÉNON.

Beispiel	Gußqualität	Aschengehalt des Kokses %	Kohlenstoffgehalt in % der Gattierung	Kohlenstoffgehalt in % des flüssigen Eisens
I	Walzenguß	13,94	2,70	2,86
		10,08	2,70	3,38
II	Automobilzylinder-	8,80	2,95	3,37
	guß	5,25	2,95	3,47
III	Temperguß	20,3 selbstver-	2,07	2,78
	(weißkörnig)	10,0 schlackend	2,07	3,37
IV	Automobilzylinder-	20,3	2,91	3,08
	guß	10,0	2,91	3,36
V	Granaten	18,1	2,49	2,69
		9,0	2,49	3,01
VI	Perlitguß	18,1	2,57	3,08
		9,0	2,57	3,26

hierzu noch verschiedene Beispiele (Zahlentafel 255), welche die vermutete Beziehung eigentlich sehr überzeugend zum Ausdruck bringen. Im übrigen hängt der durch den Aschengehalt des Kokses verursachte Aufkohlungsbetrag natürlich auch von der Aufenthaltszeit des flüssigen Eisens im Gestell ab, ist daher bei Betrieb ohne Vorherd entsprechend größer. Aber auch im Verlauf einer Schmelzung ändert sich bei sonst gleichbleibenden Verhältnissen der Grad der durch den Aschegehalt des Kokses verursachten Aufkohlung, da ja der im Gestell lagernde Koks sich in zunehmendem Maße mit einer isolierenden Aschenschicht umgibt. Da dasselbe auch für den bis über die Düsen anstehenden Koks gilt, so ist im allgemeinen zu Beginn der Schmelzung der Aufkohlungsbetrag größer als bei fortgeschrittener Schmelzzeit. Ja, jeder Ofen hat geradezu eine bestimmte Aufkohlungscharakteristik, die der erfahrene Gießer sich praktisch zu eigen macht, wo es gilt, den angestrebten Kohlenstoffgehalt verschiedenartiger Gußstücke möglichst weitgehend einzuhalten. Bei selbstverschlackendem Koks soll die Aufkohlung merklich geringer sein als bei gewöhnlichem Koks, wie G. Hénon (*16*) an folgenden Beispielen zeigte: Tempereisen aus Stahlschrott und Hämatit ergab

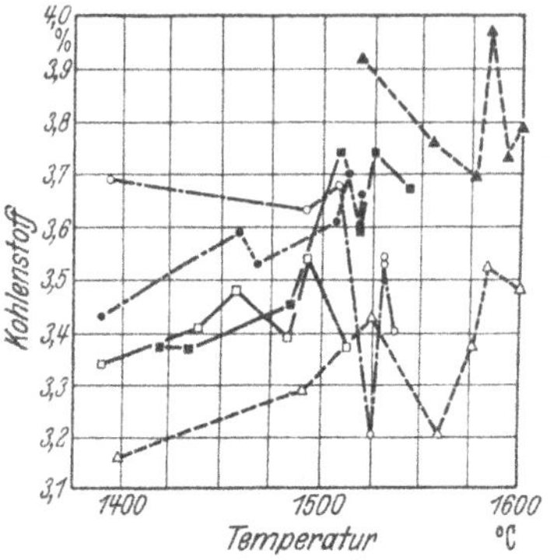

Abb. 1054. Abhängigkeit des Kohlenstoffgehaltes des flüssigen Eisens von der Temperatur. Gattierung mit 0,3% Si; Kohlungsmittel: Gießereikoks (nach Johnson und MacKenzie).

△ kontinuierlicher Ablauf, Düsenhöhe über Ofensohle = 100 mm
○ kontinuierlicher Ablauf, Düsenhöhe über Ofensohle = 400 mm
□ kontinuierlicher Ablauf, Düsenhöhe über Ofensohle = 400 mm
▲ intermittierender Ablauf, Düsenhöhe über Ofensohle = 100 mm
● intermittierender Ablauf, Düsenhöhe über Ofensohle = 400 mm
■ intermittierender Ablauf, Düsenhöhe über Ofensohle = 400 mm

bei gewöhnlichem Koks	bei selbstverschlackendem Koks
C = 3,37%	2,78%
Si = 0,67%	0,42%
Mn = 0,26%	0,29%
S = 0,15%	0,17%
P = 0,10%	0,09% .

Beim Arbeiten auf Automobilzylinder ergab sich

bei gewöhnlichem Koks	bei selbstverschlackendem Koks
C = 3,36%	3,08%
Si = 2,05%	1,94%
Mn = 0,75%	0,69%
S = 0,063%	0,115%
P = 0,64%	0,61% .

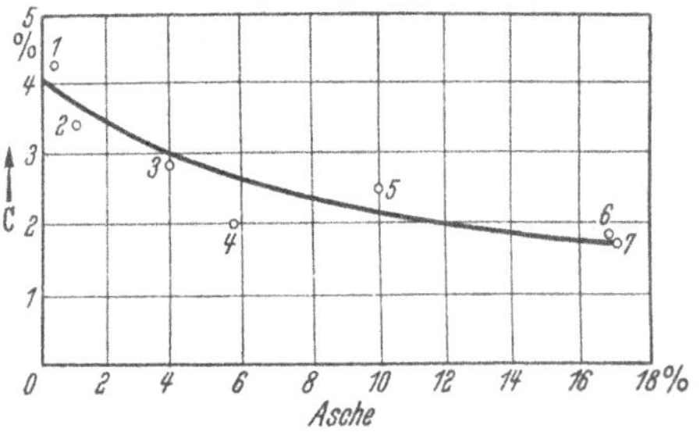

Abb. 1055. Abhängigkeit des Kohlenstoffgehaltes der Schmelze vom Aschegehalt des Kokses (J. T. MacKenzie).

Stückgröße und physikalische Eigenschaften: Ferner hängt die Reduktions- und Kohlungsfähigkeit von der Stückgröße und dem Charakter der Kokssubstanz ab. Großstückiger und harter Koks wird sich auch noch in Schmelzzone und Gestell von kleinstückigem und weichem nach der Oberflächengröße hin unterscheiden und weniger Reaktionsfläche abgeben (vgl. Seite 844ff. sowie Abb. 1023 bis 1026). Der Einfluß der Porosität läßt sich sinngemäß einstufen. So fanden z. B. H. Nipper und E. Piwowarsky (*17*), daß sowohl weicher Stahl als auch Gußeisen durch Petrolkoks am stärksten aufgekohlt wurden. Es folgten dann Koks und Holzkohle in gleichen Abständen, während die Wirkung von Graphit stark von seinem Reinheitsgrad und der Struktur abhingen.

In diesem Zusammenhang mag auch an die Versuche erinnert werden, durch sekundäre Veränderung der Oberflächenbeschaffenheit des Kokses die Verbrennungsvorgänge und die Aufkohlung zu beeinflussen. Auf den Grad der Aufkohlung sowie den Koksverbrauch haben diese Maßnahmen, die z. T. zu Patentanmeldungen geführt haben (*18*), jedoch keinen nachweislichen Einfluß ausgeübt (*19*) oder irgendwelche Rückwirkungen gezeitigt, die nicht auch mit Kokssorten ohne irgendwelche Umhüllungen erzielbar sind (*20*). Auch für Eisen und Schrott der Gattierung wurde als Umhüllungsmaterial Kalkmilch (*18*), Wasserglas, Eisenerzschlämmen, Zement sowie Gemische aus diesen Materialien (z. B. Wasserglas, Martinschlacke und Ton) in Vorschlag gebracht bzw. als wirkungslos auf die oben aufgeführten Ziele bzw. die Qualität des Gusses nachgewiesen (*21*).

Menge: Daß größere Koksmengen höhere Aufkohlungsbeträge ergeben (Abb. 1056), dürfte vor allem davon herrühren, daß dem geschmolzenen Eisen bei seinem Abtropfen mehr Koksstücke in den Weg treten, die Schmelzzone nach oben verlängert wird und die Frischwirkung der dann meist kohlenoxydreicheren Gase im Schacht auf die Beschickung zurückgeht (*22*).

Einfluß der Schlacke. E. PIWOWARSKY, H. LANGEBECK und H. NIPPER (*22*) arbeiteten bei ihren Aufkohlungsversuchen einmal mit gewöhnlichen Schlacken-(Kalkstein-Flußspat-)Mengen; das andere Mal gaben sie 50% vom Eisensatz an normaler Kupolofenschlacke mit auf. Ein wesentlicher Einfluß auf die Kohlung konnte nicht festgestellt werden. Demgegenüber sahen wir, daß ein hoher Aschegehalt des Kokses, d. h. vermehrte Ascheverschlackung, den Kohlenstoffgehalt der Endschmelze vermindert.

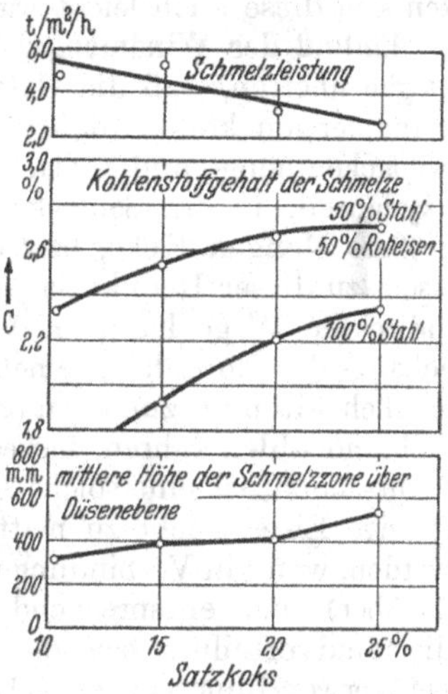

Abb. 1056. Abhängigkeit der mittleren Höhe der Schmelzzone über Düsenebene, des Kohlenstoffgehaltes der Schmelze und der Schmelzleistung von der Satzkoksmenge (E. PIWOWARSKY, H. LANGEBECK und H. NIPPER).

Diese zunächst scheinbar im Widerspruch zueinander stehenden Ergebnisse werden verständlicher, wenn man berücksichtigt, daß bei der Verschlackung der Koksasche der ideale Fall vorliegt, daß die Schlacke nicht erst von außen kommend die Koksporen zu überziehen braucht, sondern gewissermaßen dauernd auf ihnen selbst entsteht.

Ferner erreicht man nach einer Patentbeschreibung (*23*) eines westdeutschen Hüttenkonzerns durch Erhöhung des Kalkzuschlages auf 50 bis 100% (bezogen auf den Satzkoks) bei bestimmten Gattierungs- und Ofenverhältnissen beim Schrottverschmelzen ein bemerkenswertes Zurückgehen des Kohlenstoffgehaltes, wie folgende Zahlen zeigen, die bei 12,7% Satzkoks gewonnen wurden:

Analysenergebnisse:

Kalkverbrauch in						
kg	% des Kokssatzes	C %	Si %	Mn %	P %	S %
14,0	50	2,83	0,75	0,56	0,085	0,125
19,5	70	2,69	0,80	0,54	0,085	0,130
25,0	80	2,41	0,79	0,62	n. b.	n. b.
28,0	100	2,30	0,78	0,53	n. b.	0,120

Die Schlackenzusammensetzung mit und ohne stark erhöhte Kalksteinmenge lag dabei innerhalb umstehender Grenzen:

normale Kalksteinmenge	erhöhte Kalksteinmenge
SiO_2 = 45—60%	35—45%
CaO = 15—30%	30—40%
MgO = 2%	3— 5%
FeO = 8—20%	bis 5%
Al_2O_3 = 2— 3%	6— 8%

Diese Ergebnisse des „Kalkzusatz“-Verfahrens hinsichtlich einer Kohlenstoffverminderung des anfallenden Eisens könnten von der sicherlich viel größeren Viskosität herrühren, welche die Ofenschlacke in diesem Falle hat. Dank ihrer Zähflüssigkeit wird sie den Koks länger und kräftiger vor Berührung mit dem Eisen schützen.

Viel weniger leicht konnte die bei den Versuchen von PIWOWARSKY, LANGEBECK und NIPPER fallende höhere Schlackenmenge — weil nur von außen auftröpfelnd — einen Schutzfilm auf dem Koks bilden. Handelt es sich zudem um vergleichlich leichtflüssige, gewöhnliche Kupolofenschlacken — wie hier angewandt —, so dürften sich diese auch leicht wieder von den Koksstücken absondern.

Einfluß der Windmenge. Wir sahen auf Grund der physikalisch-chemischen Gegebenheiten, daß die Gattierung im Schacht leicht gefrischt wird. Erhöhte Windmengen können daher das Ausmaß dieser Oxydbildung beeinflussen, also Schlackenmenge und Schlackenart mitbestimmen. So entstandene höhere Metalloxydanteile in der Schlacke beanspruchen aber für ihre Reduktion im Gestell größere Mengen Koks, bzw. es wird ein Teil des Kohlenstoffgehaltes des Roheisens zu dieser Reduktionsarbeit mit herangezogen und verbraucht. Auf diesem indirekten Wege kann die Windmenge Einfluß auf die Höhe des Kohlenstoffgehaltes der Endschmelze nehmen. In der Tat gab es praktische Vorschläge, diese Möglichkeiten auszunützen (*24*). Da jedoch allzu große Windmengen zu erhöhten Abbrandzahlen führen, insbesondere aber höhere Silizium- und Manganverluste verursachen, ist eine solche Arbeitsweise praktisch kaum von Vorteil, zumal das flüssige Eisen leicht zu matt anfällt (*25*). Letzteres kann allerdings vermieden werden, wenn in Verbindung mit hohen Windmengen (160 bis 180 m^3/m^2/min und darüber) auch entsprechend hohe Satzkoksmengen gewählt werden (*2a*). Auch die Windverteilung bzw. das Düsensystem sind von großer Bedeutung. So findet bei Verwendung von zwei Düsenreihen durch stärkeres Auseinanderziehen der Schmelzzone eine stärkere Aufkohlung statt als bei Vorhandensein von nur einer einzigen Düsenreihe (vgl. die Ausführungen über die ersten Emmelschen Versuche auf Seite 161 ff.).

Insgesamt ist also festzustellen, daß weniger die Menge als vielmehr die Entstehungsart und der Charakter der Schlacke die Aufkohlung beeinflussen.

Gestellinhalt und Berührungszeit Bad/Koks. Eine einfache Regelungsmöglichkeit für den Gestellinhalt bietet die Höhe des Gestells. Auch durch konische Gestaltung der Gestellform kann die Kohlungsmöglichkeit vermindert werden.

Schließlich ist es durch Regelung der Zeit, welche das flüssige Eisen mit dem Koks im Gestell in Berührung steht, möglich, den Kohlenstoffgehalt der Endschmelze zu beeinflussen: Öfen mit Vorherd, allgemeiner gesagt, mit dauerndem Abfluß des Eisens aus dem Gestell, ergeben kleinere Kohlenstoffgehalte als solche mit nur periodischem Abstich. K. SIPP und P. TOBIAS (*26*) stellten hierzu fest, daß bei einer Legierung mit 2,5% C nach 10 minutigem Verbleiben der Schmelze im Gestell die Aufkohlung um 0,2% höher war als nach sofortigem Abfluß.

Allgemeines zur Schrottverschmelzung. Zunächst soll die Frage berührt werden, welche Wärmemengen vergleichlich beim Roheisen- und anderseits beim Stahlschmelzen benötigt werden. Abb. 1057 soll verdeutlichen, daß — entgegen der früher anzutreffenden Meinung — das Stahlschmelzen keinen ins Gewicht fallenden höheren Wärmebetrag erfordert als das Schmelzen und Überhitzen von Roheisen oder Gußbruch, wenn gleiche Überhitzungsstufen zum Vergleich kommen. Das Schaubild zeigt die Wärmeinhaltskurven für Gußeisen einerseits, von Stahlschrott und Elektrolyteisen anderseits. Demnach ist zwar der Wärmeinhalt des flüssigen Gußeisens nach dem Aufschmelzen bei 1175° um ~ 60 WE/kg niedriger als der von eben geschmolzenem weichen Stahl. Wird aber Gußeisen auf die gleiche Temperaturstufe und darüber hinaus erhitzt, wie der Stahl sie schon bei seinem Abschmelzen hat, so steigt auch dessen Wärmeinhalt auf Beträge an, die nur mehr um rund 20 WE/kg hinter denen von Stahl zurückstehen, wenn man z. B. 1550° als Vergleichstemperatur nimmt. Unabhängig also davon, ob nun das direkte Verfahren des Niederschmelzens von Roheisen oder das indirekte des Schmelzens von Stahlschrott mit nachfolgender Aufkohlung angewandt wurde, haben Eisen-Kohlenstoff-Legierungen bestimmter Überhitzungsgrade keine wesentlichen Unterschiede im Wärmeinhalt. Es war also irrig, wenn früher für das Niederschmelzen sogenannter „schwerer“ Gattierungen größere Kokszusätze für notwendig erachtet wurden. Wer diese Erkenntnis allerdings vor einer Reihe von Jahren aussprach (*27*), sah sich meist schweren Angriffen, besonders von seiten praktisch erfahrener Ofenkonstrukteure, ausgesetzt. Kein Wunder, denn noch im Jahre 1919 sagt E. LEBER (*35*, ein Schüler von A. LEDEBUR: „Eine Gattierung von 85 bis 90% Schmiedeeisen kann leicht zu Mißerfolgen führen, abgesehen davon, daß ein solcher Satz sehr hohen Brennstoffaufwand erfordert.“ Ja selbst im Geigerschen Handbuch der Eisen- und Stahlgießerei Bd. III (1928) S. 312 steht der Satz: „Der Satzkoksverbrauch beträgt bei großem Schrottsatz 15 bis 20%.“ Und dies, nachdem in dem gleichen Werk auf S. 114 als normaler Koksverbrauch im Kupolofen 8 bis 10% angegeben wird. Heute ist anerkannt, daß für das Schrottschmelzen nur derjenige Mehrbedarf an Koks nötig ist, welcher für die Aufkohlung des Schrottanteils gebraucht wird.

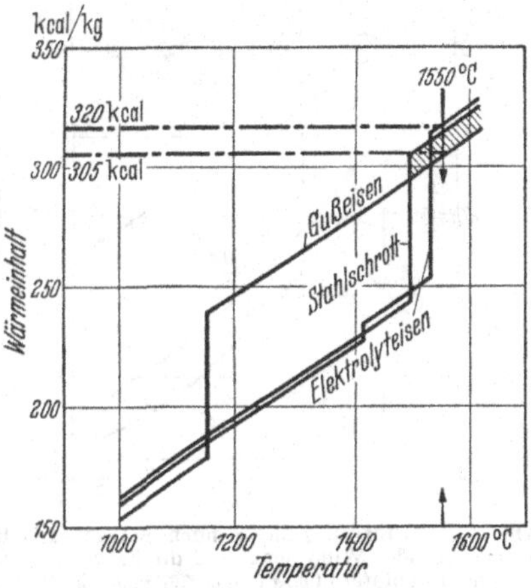

Abb. 1057. Wärmeinhalt von Gußeisen, Stahlschrott und Elektroeisen in Abhängigkeit von der Temperatur (E. PIWOWARSKY).

Die hierzu erforderliche Lösungswärme kann unter Benutzung von physikalisch-chemischen Gleichungen nach dem Vorgang von G. TAMMANN und W. OELSEN bzw. F. KÖRBER und W. OELSEN (*28*) berechnet werden. Legt man der Rechnung die Konzentrationen und Temperaturen des metastabilen Systems $Fe-Fe_3C$ zugrunde, so errechnet sie sich zu 890 cal/g C; bei Benutzung der Werte aus dem stabilen System Fe—C zu 574 cal/g C. Diesen Wärmemengen entsprechen Temperaturerniedrigungen von 40° bzw. 27° je % gelösten Kohlenstoffs. Neben dieser wärmeverbrauchenden Auflösung von Kohlenstoff in der Schmelze werden aber auch exotherme Reaktionen, etwa unter Teilnahme der anderen Eisenbegleiter, vor sich gehen, deren Natur und Wärmeausbeute noch unbekannt sind (Bildung komplexer Silikokarbide usw.).

Das Niederschmelzen von Schrott ist also vorwiegend eine Temperaturfrage und nicht eine Frage der Wärme- bzw. Koksmenge. Leider war lange Zeit die Ansicht verbreitet, daß zur Erreichung der notwendigen höheren Temperaturen die Kokssätze vergrößert werden müssen. Erst nachdem sich die Erkenntnis durchgesetzt hatte, daß diese Ansicht unzutreffend ist, waren die Voraussetzungen für eine betriebssichere Erschmelzung von schrottreichen Gattierungen gegeben, um welche sich zweifellos K. EMMEL (*9*) ganz besondere Verdienste erworben hat.

Wahrscheinlich würde die betriebssichere Erschmelzung schrottreicher Gattierungen auch schon früher gelungen sein, wenn mit Erhöhung des Kokssatzes eine entsprechende Vergrößerung der Windmenge versucht worden und möglich gewesen wäre. Hierzu aber reichten in vielen Fällen die vorhandenen Gebläse nicht aus. So konnte es denn nicht ausbleiben, daß sich bei alleiniger Erhöhung des Kokssatzes das Gegenteil des Erstrebten, nämlich eine Temperaturerniedrigung ergab. Die ungünstigen Folgen einer solchen einseitigen Koksüberfütterung (Absinken der Koksausnutzung, des thermischen Wirkungsgrades, der Schmelzleistung und der Eisentemperatur; Ansteigen der Abgasverluste) zeigt nochmals Abb. 1058 in Anlehnung an Abb. 1005 und 1006 (*29*). Umgekehrt werden die Schmelzleistung (*30*) und auch die Eisentemperatur durch zunehmende spezifische Windmengen erhöht, wenn nicht bestimmte kritische hohe Luftmengen überschritten werden (Abb. 1035). Zu hohe Windmengen dürften auch über den Weg erhöhter Oberflächenoxydation der Beschickung und damit bedingter größerer Reduktionsarbeit im Gestell zu niedriger gekohltem Eisen von verminderter Rinnentemperatur führen. Nach Auffassungen von H. JUNGBLUTH und P. HELLER (*31*) soll durch angestrebte Anpassung der Windmengen an erhöhte Kokssätze kaum eine Änderung der Verbrennungsverhältnisse an der Gicht zu erwarten sein (vgl. S. 850).

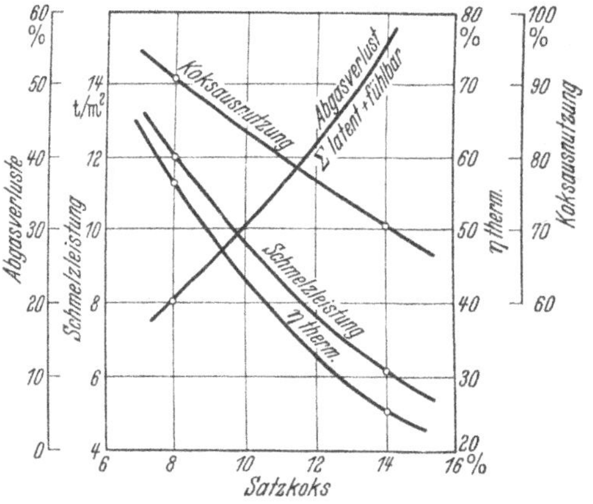

Abb. 1058. Einfluß zunehmenden Satzkoksgehaltes bei gleichbleibender Windmenge auf die Betriebsverhältnisse eines Kupolofens (E. PIWOWARSKY und F. MEYER).

Wie aus dem Vorstehenden erhellt, geben richtig bemessene Kokssätze (beispielsweise 8 bis 10%) bei angemessener Windmenge eine intensive vollständige Verbrennung bei stark zusammengezogener Schmelzzone [vgl. Abb. 1059 nach einer schematischen Darstellung von E. PIWOWARSKY (*32*)]. Bei Steigerung der Satzkokses (etwa auf 12%) erfolgt noch innerhalb der Oxydationszone eine stärkere Reduktion des gebildeten Kohlendioxyds durch den von der Verbrennungsluft nicht erfaßten Satzkoks. Durch diese wärmeverbrauchende Reaktion wird die Temperatur der Verbrennungszone insgesamt zu niedrigeren Werten herabgedrückt; ihre Ausdehnung nach der Höhe hin aber ist größer geworden. In vermehrtem Maße gilt dies für den hohen Kokssatz von 16%, wo Oxydation und Reduktion sich bei weiterhin gedrückten Temperaturen noch mehr überschneiden gemäß den waltenden Gleichgewichtsbedingungen in den verschiedenen Zonen des Ofeninneren (Abb. 1059). Wird nun bei steigendem Kokssatz auch die Windmenge proportional erhöht, so dürfte die Ofentemperatur sowohl in der Schmelzzone als auch in den oberen Ofenzonen absolut höher liegen als bei entsprechenden Kokssätzen, aber gleichbleibender Windmenge (s. Abb. 1060). Für das Abschmelzen der Gattierungsbestandteile bedeutet dies folgendes:

Bei geringeren Kokssätzen schmilzt die Gattierung erst verhältnismäßig nahe der Düsenebene; die gebildeten Tropfen haben dann nur eine kleine Strecke allerdings höchster Hitzegrade zu durchlaufen, bevor sie ins Gestell gelangen. Umgekehrt wird das Eisen bei Verbreiterung der Verbrennungszone schon höher im Ofen seine Schmelztemperatur erreichen, hat dann auch einen längeren Weg bis zum Gestell zurückzulegen, der indessen durch einen weniger hohen Unterschied zwischen der Temperatur der Eisentropfen und der mittleren Ofentemperatur gekennzeichnet ist. Besondere Bedeutung hätte dies vor allem für den Roheisenteil der Gattierung, da dieser ja im Gegensatz zum Stahlschrott bei verhältnismäßig niedrigen Temperaturen abschmelzen kann und bei dem zuletzt gekennzeichneten Fall auf längerem Wege Gelegenheit hat, an Temperatur zu gewinnen. Daher tritt insbesondere bei schrottarmen oder schrottfreien Gattierungen oft der Fall ein, daß eine Erhöhung des Satzkokses selbst bei gleichbleibender Windmenge zu einer Steigerung der Eisentemperatur führt, wie dies u. a. aus der Abb. 1035 sowie Abb. 1008 nach B. OSANN jr. hervorgeht. B. OSANN hatte dort unter Durchsatzzeit im Gegensatz zum üblichen Sprachgebrauch die Zeit eingesetzt, die das Eisen vom Aufgeben an der Gicht bis zu seiner Verflüssigung benötigt. Gemäß dieser Erklärung kam er dabei zu dem Ergebnis, daß mit steigenden Kokssätzen die Durchsatzzeit kürzer wird, weil der Temperaturabfall oberhalb der Schmelzzone kleiner ist. Das abfließende Eisen durchläuft also einen längeren Weg in der (für derartige Gattierungen maßgebenden) eigentlichen Schmelzzone. Man erkennt jedoch leicht, wie sich die Verhältnisse beim Verschmelzen stahlreicher Gattierungen in das Gegenteil wandeln müssen, da der Schrottanteil der Gattierung bei den absolut niedrigeren Ofentemperaturen ungeschmolzen in das Gestell gelangt, sich erst hier auflöst und nunmehr die Temperatur des anfallenden Eisens stark herabsetzt.

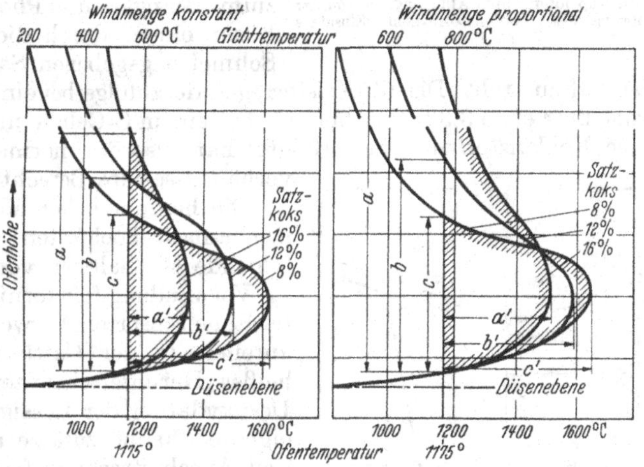

Abb. 1059 und 1060. Änderungen der Temperaturcharakteristik eines Kupolofens mit den Wind- und Koksverhältnissen (schematisch und idealisiert dargestellt nach E. PIWOWARSKY).

Im ganzen gesehen, muß es Gegenstand weiterer Überlegungen, Rechnungen und Untersuchungen bleiben, ob beim Abtropfen über längere Wege bei „mittleren“ Temperaturunterschieden oder beim Ablaufen über kürzere Strecken in Verbindung mit höchster Temperaturspanne die bessere Wärmeübertragung stattfindet.

Natürlich wird für die zweckmäßigsten Verhältnisse des Wärmeüberganges die Stückgröße der Roheisen- und Stahlschrottanteile in der Gattierung den Betriebsverhältnissen, insbesondere der Ofengröße, anzupassen sein. Um ein möglichst gleichmäßiges Eisen zu erzielen, darf z. B. die Größe der Stahlschrottstücke im Vergleich zu den oftmals schweren Roheisenmasseln nicht zu klein bemessen werden. Scheiben, Platten, Nietputzen usw. schichten sich oft zu stark übereinander oder schweißen zusammen, wodurch die Wärmeaufnahme behindert wird. Auch die vielmals gehörte Regel „ist die Wandstärke des Stahlschrotts größer als 40 mm, so soll man den Stahl auf den Koks, ist sie geringer, so den Stahl auf das Roheisen gichten“ ist keinesfalls unbedingt richtig, hat vielmehr, wie M. MIKLAU (*33*) mit Recht betont, je nach den obwaltenden Betriebs-, Wind- und Koksverhältnissen von Fall zu Fall erst erprobt zu werden.

Was den Einfluß der chemischen Zusammensetzung betrifft, so ist nach den Untersuchungen von K. EMMEL (*34*) vor allem zu beachten, daß mit steigendem

Gehalt der Gattierung an Silizium die Kohlenstoffaufnahme schrottführender Gattierungen vermindert wird (Abb. 1061). Erklärlich ist diese Erscheinung, wenn man sich der Auffassung anschließt, daß im flüssigen Eisen mit zunehmendem Siliziumgehalt auch der Anteil nichtdissoziierter Silizidmoleküle zunimmt, wodurch für die Bildung von Karbidmolekülen weniger Eisen zur Verfügung steht. Eine ähnliche Beziehung war bereits bezüglich des Einflusses von Silizium auf die Schwefelzunahme beim Kupolofenbetrieb beobachtet worden (vgl. Abb. 383 und Seite 848).

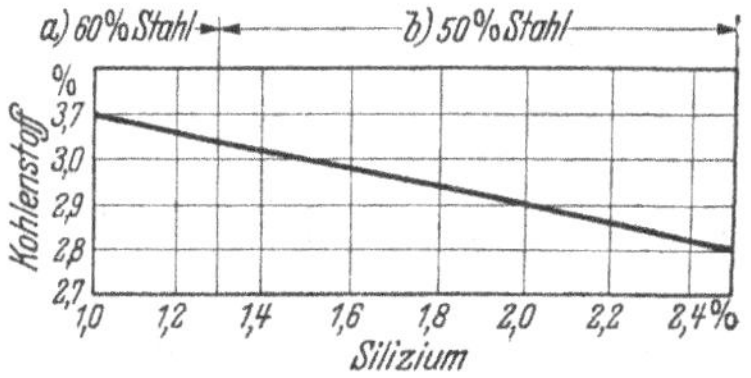

Abb. 1061. Einfluß des Siliziums auf den Grad der Kohlenstoffaufnahme des Gußeisens beim Schmelzen in ein und demselben Kupolofen, ohne Abhängigkeit von der Menge des kohlenstoffarmen Einsatzes (K. Emmel).

Abb. 1062 läßt ferner erkennen, daß entsprechend der Zusammensetzung der Gattierung, insbesondere in Abhängigkeit von ihrem Silizium-, Mangan- und Phosphorgehalt, das flüssige Eisen einem durch die Zusammensetzung der Schmelze gegebenen Sättigungspunkt an Kohlenstoff zustrebt. Die alte Meisterregel, derzufolge bei einem C-Gehalt der Gattierung über etwa 3,3% ein Abbrand, bei einem C-Gehalt unter etwa 3,3% dagegen eine Kohlenstoffzunahme erfolgt, hat also für normale Kupolofen-Betriebsverhältnisse ihre Berechtigung.

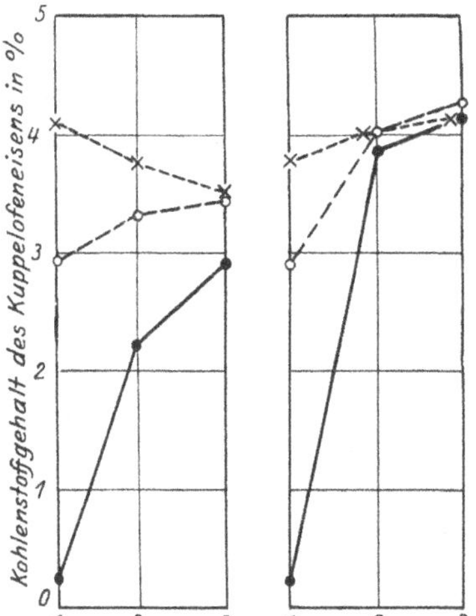

Abb. 1062. Abhängigkeit des Kohlenstoffgehaltes im Eisen von der Koksqualität (J. T. MacKenzie).

● Stahlschrott,
○ Roheisen niedrig gekohlt,
× Roheisen hoch gekohlt.

Die heute üblichen Methoden zur Herstellung mechanisch hochfesten Gußeisens sehen u. a. folgende Maßnahmen vor:

Verwendung feinkörniger, z. T. niedrig gekohlter Roheisensorten, Verwendung von Stahlschrottanteilen in der Gattierung bis zu etwa 80%, heißes Herunterschmelzen der Eisensätze, gute Desoxydation der flüssigen Schmelze, Wahl geeigneter Pfannenzusätze und zweckmäßige Gieß- und Anschnittechnik, ferner Arbeiten unter geeigneten Schlackendecken sowie Festlegung der chemischen Zusammensetzung unter Berücksichtigung des Verwendungszweckes und der maßgebenden Wanddicke.

Im Rahmen dieser Maßnahmen kommt dem Stahlschrottzusatz in der Gattierung zweifellos eine überragende Bedeutung zu. Da die Verwendung hoher Stahlschrottanteile leicht zu erhöhter Schwefelaufnahme, verminderter Gießfähigkeit, verstärkter Lunkerbildung und bei unsachgemäßer Schmelzführung zu einer ungleichmäßigen chemischen Zusammensetzung und damit zu unerwünschten Qualitätsschwankungen führt, so ist mehrfach vorgeschlagen worden, zunächst ein synthetisches Zwischenprodukt unter Verwendung erhöhter Stahlschrottanteile herzustellen und dieses Zwischenprodukt alsdann der eigentlichen Gattierung in angemessener Weise zuzusetzen. Dieses Verfahren hat sich insbesondere dort bewährt, wo es auf die Herstellung mechanisch hochfester Gußeisensorten mit erniedrigtem Kohlenstoffgehalt aus dem Gießereischachtofen ankommt. Unter niedrig gekohltem Gußeisen seien beim Kupolofenbetrieb Gußeisensorten unter 2,8 bis 3,0% Gesamtkohlenstoff verstanden, deren unterste Kohlenstoffgrenze im allgemeinen bei 2,4 bis 2,6% C liegt, während für den

Flamm- oder Elektroofenbetrieb die untere Kohlenstoffgrenze auf etwa 1,5% bis 1,8% Gesamtkohlenstoff zu erweitern wäre.

Im Zuge der Bestrebungen, mechanisch sehr hochwertige Roh- und Gußeisensorten auch ohne Inanspruchnahme devisenzehrender Spezialelemente herzustellen, spielt die Art der Stahlschrotteinführung eine überragende Rolle. Auch die Art und der Zeitpunkt der „Grauung" des Gußeisens ist hier von bemerkenswertem Einfluß.

So gelingt die Herstellung mechanisch höchstwertiger Gußeisensorten oder höher gekohlter Zwischenprodukte für die Gußeisenherstellung, wenn die Gattierung so gestaltet wird, daß das anfallende Rinneneisen grau bis meliert oder meliert bis weiß anfällt und alsdann in der Rinne oder Gießpfanne durch graphitisierende Zusätze „gegraut" wird. Man kann aber auch so weit gehen, dem Rinneneisen eine so ausgesprochene Tendenz zur weißen Erstarrung zu geben, daß es auch beim Vergießen zu Gußstücken stärkster Wanddicken (60 bis 80 mm und darüber) noch ausgesprochen weiß erstarren würde. Das gelingt, wenn man den Siliziumgehalt der Gattierung vor der „Grauung" nicht wie im allgemeinen üblich auf mindestens 0,8 bis 1,2% Si einstellt, sondern noch unter diesen Gehalt soweit als möglich herunterdrückt. Falls das letztere mit Rücksicht auf die vorliegenden Roheisen-, Gußbruch- und Stahlschrottverhältnisse nicht oder nur schwerlich möglich ist, so kann das gegebene Ziel erreicht werden, wenn der Gattierung bei Siliziumgehalten vor dem „Grauen" von 0,8% und darüber Mangangehalte von 1,5 bis etwa 2,0% oder darüber bzw. karbidbildende Elemente in der entsprechenden Auswirkung zugeschlagen werden. Die besten Ergebnisse werden erzielt, wenn man gleichzeitig den Schrottanteil der Gattierung als niedriggekohltes, siliziumarmes oder siliziumfreies synthetisches Zwischenprodukt einführt. Letzteres ist besonders von Vorteil, wenn auch das endgültige Gußeisen mit vermindertem Kohlenstoffgehalt angestrebt wird. Dieses niedriggekohlte siliziumarme oder siliziumfreie, jedenfalls aber auf weiß oder höchstens etwas meliert eingestellte Zwischenprodukt wird unter Verwendung hoher Stahlschrottanteile (50 bis 80% und darüber) bei möglichstem Ausschluß siliziumreicher Roheisensorten bzw. möglichstem Ausschluß von Zuschlägen an Ferrosilizium in einem geeigneten Schmelzofen, am besten im Gießereischachtofen synthetisch gewonnen und zu Masseln geeigneter Größe vergossen. Eine schroffe Abkühlung des Zwischenproduktes durch Vergießen in eiserne Masselbetten bzw. Abspritzen der erstarrenden Masseln mittels Wasser ist vorteilhaft. Die „Grauung" eines hiermit hergestellten Gußeisens in der Rinne oder Pfanne erfolgt in bekannter Weise. Die gekennzeichnete Arbeitsweise führt zu äußerst wandstärkenunempfindlichen, volumenbeständigen und mechanisch höchstwertigen Gußeisensorten, die bei mittlerer Wanddicke (22 bis 25 mm bzw. 30 mm Stabdurchmesser) bereits im Rohguß 34 bis 42 kg/mm² Zugfestigkeit besitzen. Letztere kann durch thermische Nachbehandlung (z. B. 1- bis 2stündiges Glühen bei etwa 850° C und nachfolgende Luftabkühlung) auf 40 bis 60 kg/mm² gesteigert werden.

Im Zuge der Bestrebungen, mechanisch hochwertige Gußeisensorten mit noch geringeren Kohlenstoffgehalten als etwa 2,8% Gesamtkohlenstoff herzustellen, hat es sich leider gezeigt (vgl. Kapitel VIIi), daß Gußeisen mit 2,2 bis 2,8% C oder darunter eine mit fallendem Kohlenstoffgehalt steigende Tendenz aufweisen, den Graphit netzförmig um die primär kristallisierten Mischkristalle abzuscheiden, wodurch die Festigkeitseigenschaften stark beeinträchtigt werden. Es kommt vor, daß durch diese Erscheinung Zugfestigkeiten von nur 10 bis 22 kg/mm² (bezogen auf mittlere Wanddicken von 20 bis 30 mm) auftreten, wo solche von 28 bis 38 kg/mm² und darüber zu erwarten gewesen wären (vgl. Abb. 267 bis 269). Die Praxis sucht diese Erscheinung durch „Impfen" der Schmelze unter Einführung von Substanzen zu bekämpfen, die in der Schmelze aktive Kristallisationszentren für die Graphitkristallisation auszubilden vermögen. Diese Arbeitsweise bedarf aber größter Sorgfalt und führt dennoch nicht immer zum Ziel. Schon die einwandfreie Einführung jener Substanzen in die Schmelze macht erhebliche Schwierigkeiten, führt zu starken Abbränden und benötigt die Innehaltung ganz bestimmter optimaler Zeiten zwischen der Einführung der impfenden bzw. graphitisierenden Elemente und dem Beginn des Gießens in die Formen. Bei größeren Eisenmengen geht der Einfluß jener Elemente mit wachsender Gießdauer zurück, so daß die zuletzt abgegossenen Gußstücke sich so verhalten, als wären sie gar nicht geimpft.

Die Neigung zur Ausbildung netzförmiger Graphitausbildung und damit zum Abfall der Festigkeitswerte kann aber auch durch andere Maßnahmen vermindert werden, z. B. dadurch, daß man Schmelzen mit Kohlenstoffgehalten unter etwa 2,8% bis herunter zu etwa 2,4% (beim Kupolofenbetrieb) oder etwa 1,5% (bei Flamm- und Elektroofenbetrieb), die unter gewöhnlichen Bedingungen oder nach der oben gekennzeichneten Impfmethode fertig gemacht wurden, unmittelbar vor dem Vergießen zu Gußstücken nochmals durch ein im allgemeinen trichterförmig ausgebildetes Filter gießt, welches impfende Substanzen ähnlicher Zusammensetzung z. B. hochschmelzende graphitfördernde Ferrolegierungen, Graphit, Holzkohle, Koks oder Gemische dieser Substanzen in stückiger Form enthält. Bei Verwendung von Graphit, Holzkohle, Koks oder Petrolkoks empfiehlt sich die Verwendung möglichst aschearmer Substanzen dieser Art. Die Größe des Filters, die Höhe desselben bzw. die Stückgröße der impfenden Substanzen ist durch einige Vorversuche leicht zu ermitteln und so einzustellen, daß keine unerwünschte Änderung der chemischen Zusammensetzung beim Hindurchgießen des Eisens durch das Filter erfolgt. Die Verwendung des Gießfilters kommt auch beim Umgießen des Eisens aus größeren in kleinere Pfannen in Frage. Werden größere Pfannen beibehalten, wie sie zum Abgießen größerer Gußstücke benötigt werden, so kann das Gießfilter direkt auf die betr. Gießformen aufgesetzt werden.

Bei langen Absteh- oder Gießzeiten wird das Filter ferner entsprechend mehr mit den impfenden Substanzen angefüllt, als bei kurzen Gießzeiten oder kurzen Abstehzeiten. Je geringer ferner der Kohlenstoffgehalt des zu vergießenden Materials, für eine um so längere und intensivere Berührung des flüssigen Materials mit den Substanzen des Gießfilters muß Sorge getragen werden. Die Verwendung derartiger Gießfilter verhindert auch bei normal bis höher gekohlten dünnwandigen Gußstücken eine oberflächliche Schreckwirkung mit teilweiser Weißerstarrung, so daß vielfach ein Nachglühen derartiger Stücke vermieden wird.

Schrifttum zum Kapitel XXVc.

(*1*) Grennan, J.: Trans. Amer. Foundrym. Ass. Bd. 32 (1924) S. 448/66; vgl. Bericht Stahl u. Eisen Bd. 45 (1925) S. 844.

(*2*) Vgl. dazu die Ausführungen: Piwowarsky, E.: Gießerei Bd. 17 (1930) S. 1149; Bd. 19 (1932) Heft 27/28. Jungbluth, H.: Stahl u. Eisen Bd. 51 (1931) S. 773.

(*3*) Oberhoffer, P.: Das technische Eisen, 2. Aufl., 1925 S. 500ff.

(*4*) Piwowarsky, E., H. Langebeck u. H. Nipper: Gießerei Bd. 17 (1930) Hefte 10, 12, 15.

(*5*) Sipp, K., u. P. Tobias: Stahl u. Eisen 1932 S. 662/64.

(*6*) Field, I.: Foundry Trade J. (1925) S. 309.

(*7*) Nernst, W.: Theoretische Chemie S. 617. Stuttgart: Ferd. Enke 1926.

(*8*) Schichtel, K., u. E. Piwowarsky: Arch. Eisenhüttenw. Bd. 3 (1929) S. 139/47. Williams, C. E., u. K. C. E. Sims: Foundry Bd. 50 (1922) S. 390/93. Fletcher, J. E.: Bull. Brit. Cast Iron Ass. Jan 1925, S. 5/7.

(*9*) Emmel, K.: Gießerei Bd. 16 (1929) S. 605/12. Klingenstein, Th.: Stahl u. Eisen Bd. 45 (1925) S. 1476/78. Sipp u. Tobias: a. a. O.

(*10*) Langebeck, H., u. J. T. MacKenzie: Metals & Alloys Bd. 6 (1935) Heft 2 S. 31/34.

(*11*) PIWOWARSKY, E., H. LANGEBECK u. H. A. NIPPER: a. a. O. (*4*).
(*12*) HÉNON, G.: La Fonte (1938) S. 1131.
(*13*) JOHNSON, H. V., u. J. T. MACKENZIE: Amer. Cast Pipe Co., Birmingham, Ala. Veröffentlicht bei Amer. Foundrym. Ass., Chicago III, 222 West Adams Street.
(*14*) SIPP u. TOBIAS: a. a. O. (*5*).
(*15*) MACKENZIE, J. T.: Trans. Amer. Foundrym. Ass. Bd. 38 (1930) S. 383/432.
(*16*) HÉNON, G.: Gießerei Bd. 25 (1938) S. 165.
(*17*) NIPPER, H., u. E. PIWOWARSKY: Gießerei Bd. 19 (1932) S. 1.
(*18*) Deutsche Patentanmeldung C 38289, Klasse 18a, Gr. 3 vom 2. Juni 1919, im Einspruchsverfahren zurückgewiesen. Ferner D.R.P. Nr. 394120 (Klasse 18a, Gr. 3) vom 24. Juni 1923 (inzwischen fallen gelassen). Vgl. auch: Gießerei Bd. 17 (1930) S. 1149ff.
(*19*) PIWOWARSKY, E.: Gießerei Bd. 17 (1930) S. 1149.
(*20*) Vergleichende Versuche der Buderusschen Eisenwerke vom Jahre 1930.
(*21*) Diplomarbeit A. GÖCKELER, Clausthal 1929 (freundl. mitgeteilt von Prof. M. PASCHKE).
(*22*) PIWOWARSKY, E., H. LANGEBECK u. H. NIPPER: a. a. O.
(*23*) Deutsche Patentanmeldung (Klasse 18b, Gr. 1/02, H 131577) vom 27. April 1932.
(*24*) Vgl. die im Beschwerdeverfahren zurückgewiesene Anmeldung C 36886 VI/18b vom 30. Juni 1925, welche die Erzeugung eines Eisens mit Kohlenstoffgehalten unter 3,2% bei erhöhter Windmenge oder Windpressung unter Schutz stellen wollte.
(*25*) GILLES, CHR.: Gießerei Bd. 21 (1934) S. 148.
(*26*) SIPP, K., u. P. TOBIAS: Stahl u. Eisen Bd. 52 (1932) S. 662.
(*27*) Gießereiztg. Bd. 21 (1924) S. 524 (Zuschriftenwechsel).
(*28*) KÖRBER, F. u. W. OELSEN: Arch. Eisenhüttenw. Bd. 6 (1931/32) S. 569.
(*29*) PIWOWARSKY, E., u. F. MEYER: Stahl u. Eisen Bd. 45 (1925) S. 569/78.
(*30*) OBERHOFFER, P., u. E. PIWOWARSKY: Stahl u. Eisen Bd. 47 (1927) S. 533.
(*31*) JUNGBLUTH, H., u. P. HELLER: Arch. Eisenhüttenw. Bd. 7 (1933) S. 153/55.
(*32*) PIWOWARSKY, E.: Auszug aus einem Vortrag: Bull. Mens. de l'Association Technique de Fonderie de Paris; März 1934, S. 10.
(*33*) MIKLAN, M.: Gießerei Bd. 16 (1929) S. 183.
(*34*) EMMEL, K.: Gießerei Bd. 16 (1929) S. 605.
(*35*) LEBER, E.: Der Temperguß (1919) S. 146.

d) Sonderverfahren beim Kupolofenschmelzen.

1. Über das Kupolofenschmelzen mit Heißwind.

In einem mit A. VOGEL (*1*) gemeinsamen Aufsatz, betitelt „Theoretische Betrachtungen zur Frage der Windvorwärmung bei Kupolöfen", waren die Konstanten der Reaktionsgeschwindigkeit für die Sauerstoff- bzw. die Kohlensäurereaktion im Bereiche kleiner Strömungsgeschwindigkeiten experimentell ermittelt worden. Auf Grund der damaligen Versuchsergebnisse konnte abgeleitet werden, daß die Reaktionsordnungen offenbar verschieden sind, demnach die übliche Kohlensäurereaktionsmethode nicht ohne weiteres als Maßstab für die Verbrennlichkeit von Brennstoffen zu verwerten sei. An einem Graphit mit 99,3% C, 0,6% H, 0,2% H_2O, 0,06% Asche und 9,8% Porosität untersuchten die Verfasser damals auch die Reaktion $CO_2 + C \rightleftarrows 2\,CO$, und zwar im Temperaturbereich von 910 bis 1010°, wobei als Reaktionsgas ein Gemisch von 79 Vol.-% N und 21 Vol.-% CO_2 angewandt wurde. Es ergab sich (Zahlentafel 256), daß mit erhöhter Geschwindigkeit der kohlendioxydreichen Versuchsgase der prozentuale Anteil der Kohlensäurereduktion systematisch zurückging. Daraus wurde für die Verbrennungsvorgänge im Kupolofen die Forderung abgeleitet, diesem je Quadratmeter Querschnittsfläche möglichst große Windmengen zuzuführen. Diese Forderung findet ihre natürliche Begrenzung, wenn unter den Bedingungen der Zuführung kalter Luft der Fall eintritt, daß die im Ofen notwendige Vorwärmung des Windes auf die Zündtemperatur des Satzkokses demselben vor den Windformen höhere Wärmemengen entzieht, als sie durch den zeitlich parallel verlaufenden Verbrennungsvorgang entwickelt werden. Bei einem Versuchsofen von 100 mm Durchmesser, der mit Heizkoks von 40 mm Stückgröße bei 850° Ursprungstem-

Zahlentafel 256.

Temperatur °C	Anfangskonzentration CO_2%	Luftmenge l/min	Abgasanalyse CO_2%	Abgasanalyse CO%
910	21	2	13,6	12,2
910	21	3	14,6	10,6
910	21	4	15,0	9,4
910	21	6	16,2	8,3
910	21	9	17,2	6,8
945	21	2	10,4	17,2
945	21	3	11,2	15,8
945	21	6	13,0	12,8
945	21	9	14,2	11,0
975	21	2	6,8	22,2
975	21	4	8,8	19,8
975	21	6	10,2	18,0
995	20	2	4,4	27,0
995	20	4	6,8	22,8
995	20	8	10,2	18,2
1005	20	2	3,8	28,2
1010	20	2	3,2	29,0

peratur der Kokssäule betrieben wurde (Abb. 1063), trat dieser Fall bei einer Windmenge von etwa 2 m^3/min ein (Abb. 1064). Umgerechnet auf einen Quadratmeter ergäbe das eine Windmenge von 255 m^3/m^2/min. Wenngleich diese Zahl noch um 50 bis 100 m^3 über den im praktischen Kupolofenbetrieb verwendeten Luftmengen liegt, so rückt sie bei Annahme reaktionsträgeren Kokses bzw. erhöhter Stückgröße sicherlich noch weiter herunter, so daß auch im praktischen Kupolofenbetrieb in ungünstig gelagerten Fällen bereits die Gefahr des „Kaltblasens" bestehen kann

Arbeitet man dagegen mit Heißwind, so wird mit zunehmender Windtempera-

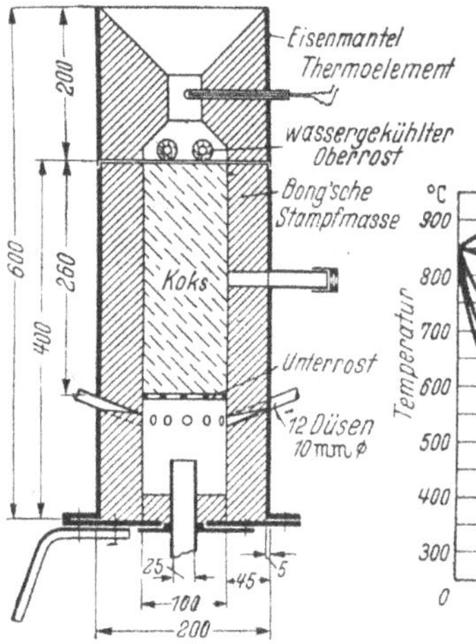

Abb. 1063. Versuchsofen für Kaltblaseversuche (E. PIWOWARSKY und A. VOGEL).

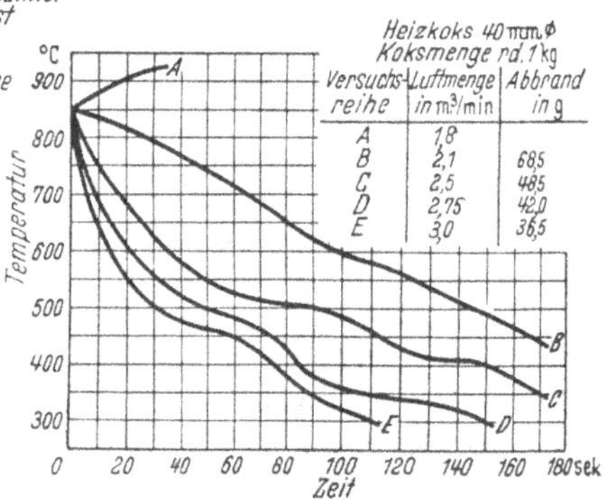

Abb. 1064. Zeit-Temperaturkurven bei Kaltblaseversuchen mit Heizkoks (E. PIWOWARSKY und A. VOGEL).

tur die Möglichkeit des Kaltblasens immer geringer. Gemäß der für die maximale Verbrennungstemperatur gültigen Formel:

$$T_{\max} = \frac{Q}{R \cdot c},$$

wo bedeuten:

Q = Wärmekapazität je kg Brennstoff,
R = Abgasmenge in Nm^3/kg,
c = spezifische Wärme je Nm^3 Abgasmenge,

kann durch Vorwärmung des Windes der Wert des Zählers künstlich vergrößert werden, wodurch die maximale Verbrennungstemperatur entsprechend ansteigt gemäß:

$$T_{max} = \frac{Q + W}{R \cdot c},$$

wobei W dem Wärmewert des Heißwindes entspricht.

Nach „Hütte"[1] steigt die sogenannte Anfangstemperatur (d. h. die praktisch erreichbare Verbrennungstemperatur) mit der Luftvorwärmung bei festem Brennstoff um 0,57 bis 0,68 (im Mittel 0,6)$\cdot t_m$, wobei unter t_m die Lufttemperatur zu verstehen ist, d. h. für je 100° Steigerung der Windtemperatur steigt die Anfangstemperatur um $\sim$ 60°. Auf Grund des größeren Temperaturgefälles in der Schmelzzone einerseits, der bei Heißluft geringeren Kühlwirkung des Windes auf das aus der Schmelzzone abtropfende Eisen andererseits usw. sollte man von einer Windvorwärmung folgende Vorteile erwarten:

1. Steigerung der minutlich pro m² Ofenquerschnitt zuführbaren Windmenge,
2. Erhöhung der pro Zeiteinheit verbrennbaren Kohlenstoffmenge
3. erhöhte Schmelzleistung,
4. besserer thermischer Wirkungsgrad,
5. Verminderung der oxydierenden (sauerstoffführenden) Zone und damit geringere Abbrandzahlen,
6. Verminderung der kühlenden (oxydierenden) Ofenzone, welche sich im Sinne einer Erhöhung der Eisentemperatur auswirken sollte,
7. bessere Entschwefelung (gemäß Punkt 4 und 6),
8. geringere Düsenverschlackung und Neigung zu Ansätzen.

Am idealsten wäre natürlich eine Vorwärmung des Windes bis auf die Zündtemperatur des Brennstoffs, weil dann ein Kaltblasen nicht mehr zu befürchten ist.

Diese Vorteile der Windvorwärmung sollten sich eigentlich um so mehr auswirken, je reaktionsträger der Koks ist, wodurch, wie der Verfasser schon vor einigen Jahren (*2*) betonte, die Geschwindigkeit der Sauerstoffreaktion vor den Formen durch die Luftvorwärmung künstlich erhöht wird, während die natürliche Reaktionsträgheit des Kokses die Kohlensäurereaktion im Schachtoberteil zurückdrängen sollte. Als bekannteste Ofentypen mit Windvorwärmung seien erwähnt:

Der Schürmann-Ofen der Schürmann-Ofen G. m. b. H., Düsseldorf: Diesem Ofen liegt das Prinzip zugrunde, einen Teil (1/2 bis 1/4) der Gase aus der Schmelzzone zu entnehmen, sie der weiteren Einwirkung des glühenden Kokses zu entziehen und ihre physikalische Wärme zur Aufheizung des Regeneratormauerwerks zu verwenden. Der Ofen arbeitet nach dem Umschaltsystem. Die Vorwärmung des Windes erreicht Werte von 250 bis 300°. Bei Kuppelung zweier Öfen auf ein Speicheraggregat ergibt sich eine zweckmäßige konstruktive Lösung (vgl. Abb. 1065). Die vorteilhafte Arbeitsweise mit den oben unter 1 bis 8 erwähnten Rückwirkungen ist erwiesen, die wirtschaftliche und betriebstechnische Seite allerdings noch umstritten (*3*). Über Betriebserfahrungen mit dem Schürmann-Ofen berichtete u. a. auch E. Springorum (*4*). Danach war die Schmelzleistung 75% höher als bei gewöhnlichen Kupolöfen. Die Temperatur des Eisens soll, optisch gemessen, 1500 bis 1550° (?) betragen haben bei einem Satzkoksverbrauch von etwa 7%; bei einem Stahlzusatz von 50% erhöhte sich der Satzkoks auf 8,5 bis 9%. Der Verfasser glaubte als Norm aufstellen zu können, daß für je 25% Stahlzusatz ein Kokszuschlag von 1% zu machen sei. Die Schlacken-

---

[1] „Hütte" Taschenbuch für Eisenhüttenleute, IV. Aufl. S. 323. Berlin: W. Ernst & Sohn 1930.

menge beträgt etwa 5%. Es fiel auf, daß der Kohlenstoff nicht abbrannte, sondern eher zunahm, was übrigens G. OTT (5) auf Grund seiner Erfahrungen mit diesem Ofentyp auf dem Grusonwerk in Magdeburg bestätigt, der darin den Hauptvorteil dieses Ofens bei der Herstellung von Schalenhartguß erblickte.

Über den nach dem Vorschlag von A. HÖRNIG entworfenen Ofen (Hörnig-Ofen) mit kontinuierlich arbeitenden Gegenstromwärmetauschern ist noch wenig bekannt geworden. Der Ofen kann mit Gichtverschluß ausgerüstet werden (im Betrieb beim Bernsdorfer Eisenwerk in Bernsdorf, O.-L.).

Der Hammelrath-Ofen der Fa. A. H. Hammelrath G. m. b. H. in Köln-Lindenthal: Auch hier wird, ähnlich wie beim Schürmann-Ofen, aus der Schmelzzone ein Teil der Gase abgesaugt, jedoch in kontinuierlichem Gegenstrom durch das in den Ofen ringsum angebaute Kanalsystem geleitet. Der Ofen scheint über das Versuchsstadium nicht hinausgekommen zu sein.

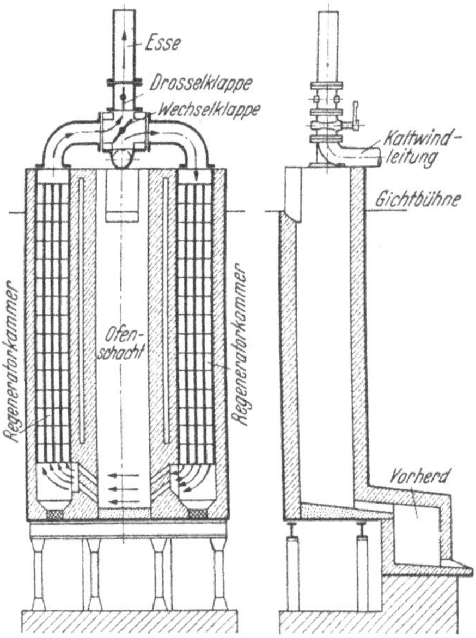

Abb. 1065. Kupolofen nach SCHÜRMANN (Gießereiztg. 1928, S. 108).

Der Griffin-Ofen (6) der Griffin Wheel Co. in Chikago, USA.: Von den CO-reichen Abgasen mit 700 bis 800° C werden ca. 40% mit Hilfe von Exhaustor und oberem Windkasten (vgl. Abb. 1066) einer Verbrennungskammer zugeführt, mit vorgewärmter Sekundärluft verbrannt und durch ein eisernes, als Wärmeaustauscher ausgebildetes Röhrensystem ins Freie geleitet. Die Windvorwärmung beträgt 250 bis 325°.

Die Verbesserung der Wärmewirtschaft in diesem Heißwindofen setzt sich aus 15 bis 20% Wärmegewinn im Heißwind, ferner zu 10 bis 15% durch Verbesserung der Koksausnutzung zusammen (Zahlentafel 257). Außer der Minderung des Koksverbrauches ergibt sich eine weitere Ersparnis durch die Herabsetzung des Luftbedarfes um 25%, ferner durch die Verringerung des Winddruckes auf die Hälfte, womit eine entsprechende Ersparnis an Kraftverbrauch verbunden ist.

Zahlentafel 257. Amerikanische Heißwind-Kupolöfen.

Werk	Koksersparnis %
Griffin Wheel Co., Werk South Chikago	25
Griffin Wheel Co., Werk Detroit	25
Griffin Wheel Co., Werk Denver	22
Griffin Wheel Co., Werk St. Paul	29
Griffin Wheel Co., Werk Kansas City	28
Griffin Wheel Co., Werk Boston	27
Griffin Wheel Co., Werk Salt Lake City	20
New Orleans Car Wheel Co., New Orleans	30
Maryland Car Wheel Co., Baltimore	25
Kohler & Kohler, Kohler (Wisconsin)	40
Casey-Hedges, Chattanooga, Tenn.	33
National Malleable & Steel Castings Co.	25

In der nebenstehenden Zahlentafel sind die bei einigen Heißwindanlagen festgestellten Ersparnisse an verbrauchtem Koks zusammengestellt[1].

In Zahlentafel 258 sind einige Werte aus Betriebsergebnissen der Pullman Car Mfg. Corp. in Michigan City, Ind., nach einem Bericht von R. A. FISKE (6) aufgeführt.

[1] Vgl. Gießereiztg. 1929 S. 681.

Das für die Windvorwärmung abgesaugte Gas verläßt den Ofen mit 760°. Von der Ringleitung führt eine Rohrleitung zu einer Vorkammer, die durch drei Öffnungen mit der Verbrennungskammer verbunden ist. Vorgewärmte Verbrennungsluft wird in die Verbrennungskammer durch die Gaseintrittöffnungen eingeführt. Die Verbrennungsgase gehen durch das durchlochte Gewölbe in den Winderhitzer, der aus 256 gußeisernen Röhren von 100 mm äußerem Durchmesser und 2975 mm Länge mit zusammen 210 m² Heizfläche besteht. Die Abgase werden durch einen Exhaustor abgesogen. Der Gebläsewind tritt oben in den Winderhitzer ein, durchströmt ihn in drei Windungen und geht dann durch die Düsen in den Ofen. Die Temperatur der Abgase in der Verbrennungskammer beträgt bis zu 935°, über dem Gewölbe 845° und beim Austritt aus dem Winderhitzer 315°. Der Wind wird auf 250 bis 280° erwärmt. Der Ofen kann auch mit kaltem Gebläsewind betrieben werden. Wenn mit kalter Luft geblasen wird, muß der Winddruck von 360 bis 385 mm WS auf 540 bis 630 mm WS erhöht werden. Alle zwei Wochen wird der Staub aus dem Winderhitzer entfernt; die Gasleitungen werden einmal wöchentlich gereinigt.

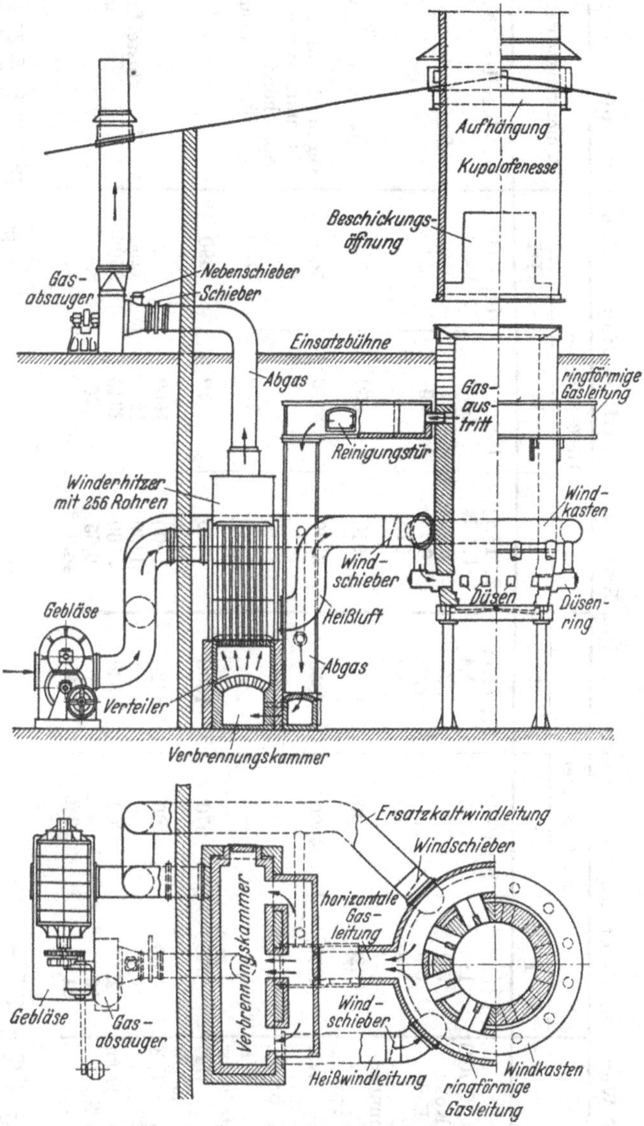

Abb. 1066. Querschnitt und Grundriß durch den Kupolofen mit Windvorwärmung (Anlage der Pullman Car Mfg., Corp. Michigan).

Der Heißwindofen hat einen lichten Durchmesser von 2135 mm. Die zum Vergleich herangezogenen beiden Öfen besaßen Durchmesser von 1675 mm. Abb. 1066 zeigt die Ofenanlage, Zahlentafel 258 gibt einige interessante Angaben über die Wärmewirtschaft an Kalt- bzw. Heißwindöfen gleicher Hauptabmessungen.

Der Ofen nach Toussaint-Levoz (Heer/Namur, Belgien): Dieser Ofen arbeitet ebenfalls mit Wärmeaustauschern, hat aber noch den besonderen Vorteil

Zahlentafel 258. 6 Wärmebilanzen an Kalt- und Heißwind-Kupolöfen (Griffin-Ofen) gleicher Hauptabmessungen.

	Kaltwindofen 1	Kaltwindofen 2	Kaltwindofen 3	Heißwindofen I	Heißwindofen II	Heißwindofen III	Bemerkungen des Referenten
CO_2 — CO — O_2	9; 18,4; —	10; 16,8; —	11; 15,1; —	12; 13,4; —	13; 11,8; —	14; 10,1; —	O_2 überall = Null
Verbrennungsverhältnis CO_2/CO	1:2	1:1,6	1:1,4	1:1,1	1,1:1	1,4:1	
Windmenge m³ je kg Koks	5,9	6,1	6,3	6,5	6,7	6,9	Luftmangel
Abgasmenge m³ je kg Koks	6,3	6,5	6,6	6,7	6,9	7,1	
Gichtgastemperatur °C	420	420	420	315	315	315	
Temperatur in Verbrennungszone °C	1420	1500	1520	1610	1650	1720	nicht angegeben wie ermittelt
Im Ofen ausgenützte Wärme je kg Koks WE	4350	4600	4850	5100	5340	5600	vermutlich den obigen Verbrennungsverhältnissen entsprechend
Je kg Koks zugeführte Windwärme (bei 315°) WE	—	—	—	706	730	750	zugeführte Wärme je kg Koks
Fühlbare Wärmeverluste je kg Koks WE	945	970	1000	470	480	490	
Chemisch geb. Wärme als CO im Abgas je kg Koks WE	2600	2360	2120	1900	1660	1390	
Sonstige Verluste	1000	1030	1110	1150	1200	1250	S-K-L-Verluste. Diss. v. Kalkst.
Schmelzwärme WE je kg	2200	2350	2520	3160	3340	3500	
Gesamt-Koksverbrauch %	13,2	12,4	11,7	9,65	9,25	8,4	
Ofen-Wirkungsgrad	31 %	33,2%	35,4%	44,5 %	47,0 %	49,5 %	

eines stark rückspringenden Düsensystems (Abb. 1067). Die kühlende Zone unterhalb der Schmelzzone normaler Öfen ist hier vollkommen beseitigt, gewissermaßen seitlich um 90° ausgeschwenkt. Die Badische Maschinenfabrik baut seit einigen Jahren ebenfalls Kupolöfen mit rückspringenden Düsen, über deren Bewährung der Ver-

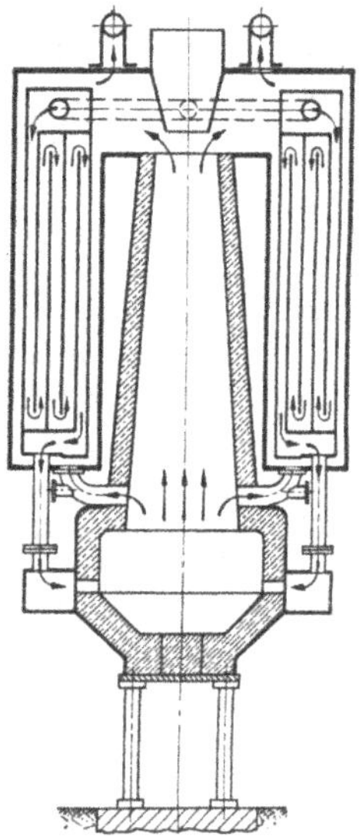

Abb. 1067. Kupolofen mit Windvorwärmung nach TOUSSAINT-LEVOZ.

fasser bislang ein einwandfreies Urteil sich nicht bilden konnte. Ein solcher vom Verfasser längere Zeit im Betrieb beobachteter Ofen mit doppelkonischem Inneren und schräg nach unten gerichteten Düsen arbeitete allerdings mit einer Windpressung von 960 bis 1050 mm WS, was an sich nicht günstig ist, da die Gasaufnahme des Eisens und damit die Porosität der hiermit vergossenen Stücke leicht erhöht wird (vgl. S. 354). Doch dürfte durch Änderungen im Düsensystem und in der Gestaltung des Unterofens dieser evtl. Mangel leicht zu beseitigen sein.

Der Moore-Heißwindofen: Der Moore-Ofen der American Cast Iron Pipe Co. (Acipco) ist dadurch gekennzeichnet, daß der kalte Wind durch ein in die Kupolofenwand des Oberofens eingebautes Röhrensystem streicht und auf diese Weise sich auf max. 150° C vorwärmt (Abb. 1068). Das Material für die Erhitzerröhren ist das gleiche, wie es für Kokillen Verwendung findet. Die Röhren halten im allgemeinen etwa 75 Schmelzen zu je 20 st aus. Der Schmelzkoksverbrauch fiel von 13,5 auf 10%. Die Eisentemperatur stieg von 1450 auf 1470°, die Schmelzleistung stieg von 18 auf 20 t/st. Der Ofen ist auf dem genannten Werk seit dem Jahre 1927 in Betrieb (*7*).

Windvorwärmung mit unabhängig vom Kupolofen betriebenen Winderhitzern: Verfasser hat an mehreren Stellen eine Kritik der bestehenden Windvorwärmungsverfahren gegeben (*8*). Wie aus den bisherigen Ausführungen hervorging, beruhen fast alle gekennzeichneten Verfahren auf der Ausnutzung der fühlbaren oder latenten Wärme der Kupolofenabgase (Hammelrath-, Schürmann-, Griffin-, Acipco-Ofen usw.). Wenn auch nach den vorliegenden Schrifttumsangaben eine zwangsläufige Kuppelung der Windvorwärmung mit dem Schmelzofen nach den erwähnten Verfahren praktisch nicht erfolglos war, so hat sich doch eigentlich nur der Griffin-Ofen, und zwar in USA., durchsetzen können, wo über 60 Heißwindofen in Betrieb sind.

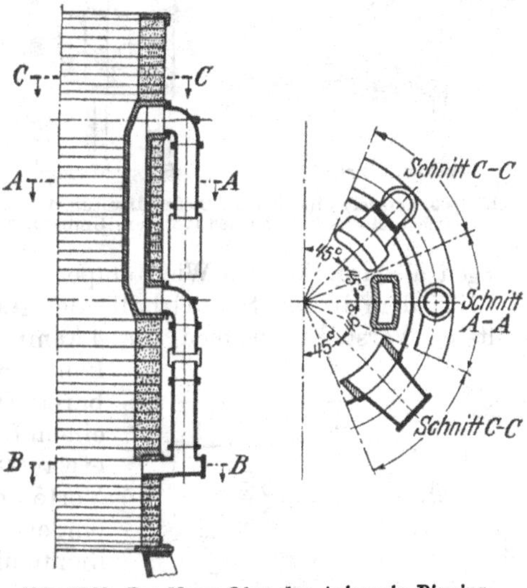

Abb. 1068. Der Moore-Ofen der Acipco in Birmingham, Ala.

Vielfach waren die vorgeschlagenen Verfahren betriebstechnisch zu kompliziert, gingen aber auch wärmetechnisch nicht weit genug, um die Vorteile einer Windvorwärmung in überzeugender Weise zu sichern. B. Osann, immer (*9*) ein grundsätzlicher Gegner der Verwendung von Heißwind beim Kupolofenschmelzen, nahm neuerdings (*10*) wiederum Stellung zur Frage der Vorwärmung des Gebläsewindes bei Kupolöfen. Unter Hinweis auf die erste Vorwärmung des Gebläsewindes von Faber du Faur im Jahre 1832 in einem Kupolofen in Wasseralfingen, wo eiserne Rohrschlangen in den Schachtraum oberhalb der Gicht zur Nutzbarmachung der heißen Abgase eingebaut worden waren, sagt B. Osann unter Bezug auf diese konstruktiv unzweckmäßige Lösung mit Recht:

„Die Folgen von Betriebsunterbrechungen (des intermittierenden Kupolofenbetriebes, der Verfasser) sind aber immer Undichtigkeiten und Reparaturen. An deren Kosten sind alle Bestrebungen in dieser Richtung (nämlich der Verwendung von Heißwind beim Kupolofenschmelzen, der Verfasser) gescheitert.

Man hätte sie vermeiden können, wenn man die Gase vor ihrer Verbrennung ebenso wie beim Hochofen abführte und in Winderhitzern außerhalb des Ofens verbrannte, aber dann trat der geringe Heizwert der Kupolofenabgase hindernd in Erscheinung."

Soll ein Arbeiten mit Heißwind besondere Vorteile bieten, so empfiehlt es sich tatsächlich, die Windvorwärmung in einem vom Kupolofen unabhängig betriebenen, gesondert beheizten Wärmeaustauscher vorzunehmen und die Heißwindtemperatur auf über 300 bis 400° zu steigern. Ein Verfahren zum Schmelzen mit Heißwind bei unabhängig vom Kupolofen betriebenem Winderhitzer ist zwar im USA.-Patent Nr. 1376479 vom 3. Mai 1921 vorbeschrieben, doch wird dort die Windvorwärmung nach oben hin ausdrücklich mit 500° F = 290° C begrenzt. Es hat sich ferner gezeigt, daß ein Schmelzen mit Heißwind wärmetechnisch und qualitativ hinsichtlich der Güte des erschmolzenen Eisens dann besondere Vorteile verspricht, wenn nach dem Vorschlag des Verfassers (*11*) in einem vom Kupolofen unabhängig betriebenen Winderhitzer Heißwind von 400° bis heraufgehend zu 600 oder 700° erzeugt wird und der Satzkoks des Kupolofens gleichzeitig um mindestens 2 bis 4% gegenüber dem üblichen Ofenbetrieb herabgesetzt wird. Zur Erzeugung eines heißen, schwefel-, gas- und sauerstoffarmen Eisens von bester Formfüllfähigkeit genügen alsdann je nach Windtemperatur bereits Satzkoksanteile von 6 bis 8%.

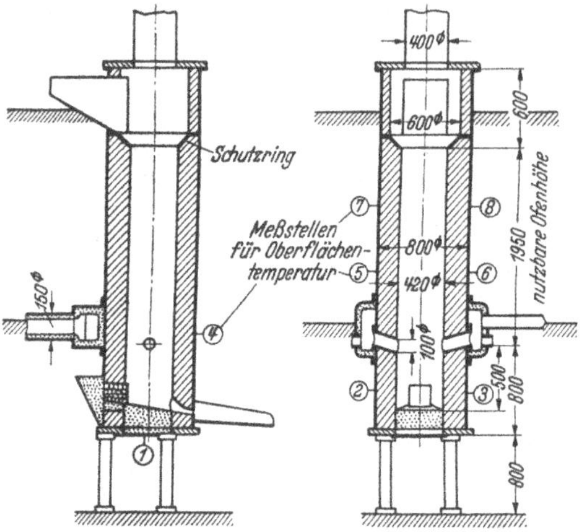

Abb. 1069. Versuchskupolofen des Gießereiinstituts der Technischen Hochschule Aachen (vor dem Umbau).

Bei dem in der Schmelzhalle des Aachener Gießerei-Instituts vorhandenen älteren Versuchskupolofen von 420 mm l. W. in Düsenhöhe (neuerdings vollkommen modern umgebaut), der bei einer nutzbaren Ofenhöhe von 2000 mm (Abb. 1069) und einem Gesamtdüsenquerschnitt von 135 cm² mit etwa 400 mm WS Winddruck arbeitete, konnte der Vorteil dieser Arbeitsweise inzwischen mehrfach eindeutig gezeigt werden. Als Windvorwärmer diente hier ein Sicromalrekuperator der Rekuperator G. m. b. H., Düsseldorf, der mit einer Rostfeuerung versehen ist.

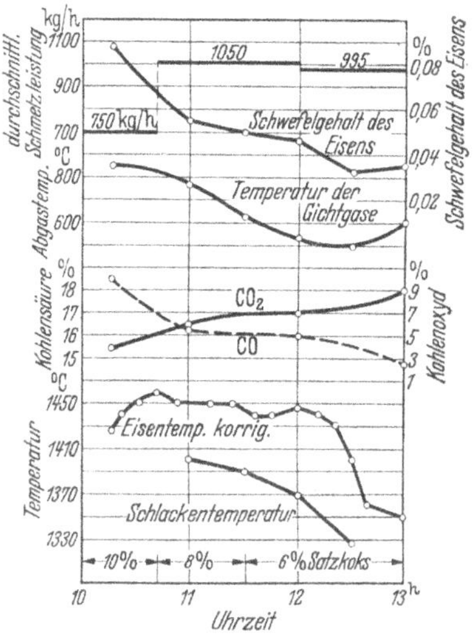

Abb. 1070. Einfluß fallender Satzkoksanteile auf die Schmelzvorgänge eines Versuchskupolofens mit 420 mm innerem Durchmesser (E. Piwowarsky).

Der erwähnte Versuchskupolofen ergab bei zahlreichen früheren Schmelzungen unter Verwendung eines Kokses mit etwa 90% C und stahlfreien Eisensätzen von 100 kg je Gicht bei rund 15 bis 20 m³/min Kaltluft und 12 bis 15% Satzkoks ein Eisen von 1400 bis 1425°, wobei die Schmelzleistung 550 bis 650 kg/st betrug. Um festzustellen, wieweit man mit dem Satzkoks ungestraft heruntergehen könne, ohne daß die Eisentemperatur wesentlich zurückginge, wurde durch einen über 3 st gehenden Versuch ein Gießerei-I-Eisen mit 3,7% C, 2,2% Si, 0,6% P und 0,03% S zunächst mit 10% Satzkoks geschmolzen, alsdann der Satzkoks auf 8% und schließlich auf 6% heruntergedrückt. Abb. 1070 zeigt eine Darstellung des Schmelzverlaufs. Als wichtigstes Ergebnis ist klar zu entnehmen, daß bei Kaltwindbetrieb der Ofen einen Satzkoksbedarf von mindestens 8% hatte. Bei 6% Satzkoks bestand stärkste Gefahr des Einfrierens. Auf Grund dieser Feststellungen wurde ein weiterer Versuch durchgeführt, bei dem ein Material mit 3,50% C, 1,87% Si, 0,55% P und 0,062% S bei von 350 bis 475⁰ steigenden Windtemperaturen heruntergeschmolzen wurde, wobei der Satzkoks von 10% bis auf 5% herabgesetzt wurde. Während der Schmelzperiode mit geringstem Satzkoks wurde alsdann die Windtemperatur wiederum bis auf etwa 325⁰ gesenkt. Die graphische Darstellung der Veränderungen im Ofenbetrieb zeigt Abb. 1071. Die Beziehung zwischen Windtemperatur und Temperatur des flüssigen Eisens ist überraschend deutlich zum Ausdruck gekommen. Eisen- und Windtemperatur folgen einander mit einer zeitlichen Verschiebung von 15 bis 20 min, was mit der Durchsatzzeit des Ofens ziemlich genau übereinstimmt. Trotz der kurzen Schmelzdauer dieses Versuches wird man annehmen können, daß der Ofen bei Windtemperaturen über 450⁰ mit einem Satzkoksanteil von etwa 6 bis 7% laufend ein Eisen von über 1500⁰ Temperatur ergeben dürfte, was normalerweise ohne erhebliche Stahlschrottanteile in der Gattierung (bei entsprechend höheren Satzkoksanteilen natürlich) praktisch nicht zu erreichen wäre. Man erkennt ferner aus Abb. 1071, daß bei Verbleiben auf 5% Satzkoks, aber fallender Windtemperatur, der Abbrand an Kohlenstoff, insbesondere aber an Silizium, schnell ansteigt. Es wird also vom Ofen in zunehmendem Maße Kohlenstoff und Silizium (wahrscheinlich auch Mangan) als Heizquelle an Stelle mangelnden Satzkokses herangezogen. Man beachte ferner den niedrigen Schwefelgehalt des flüssigen Eisens. Leider war es bei dem eben beschriebenen Versuch nicht möglich, auch noch die Abgasanalysen und Abgastemperaturen zu ermitteln, da der Ofen so schnell schmolz, daß die verfügbaren Hilfskräfte zur Begichtungsarbeit herangezogen werden mußten. Der Ofen ergab bei einem Einsatz von 1280 kg ein Ausbringen von 1218 kg, was bei einer Schmelzdauer von etwa 70 min einer Schmelzleistung von rund 1100 kg/st entsprach.

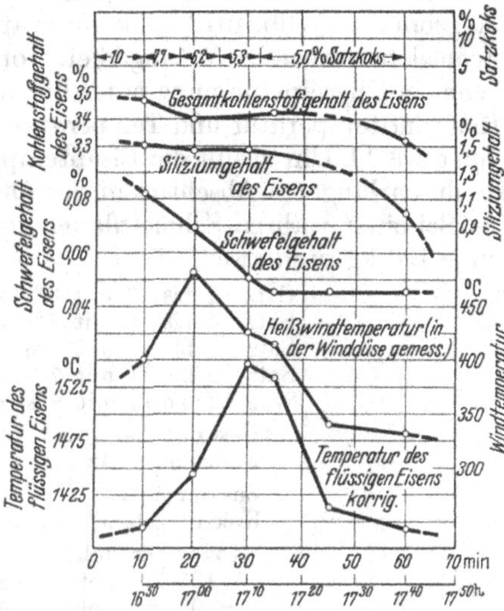

Abb. 1071. Einfluß wechselnder Windtemperatur und wechselnden Satzkokses auf die Schmelzverhältnisse eines Versuchskupolofens von 420 mm innerem Durchmesser (E. PIWOWARSKY).

Der eben beschriebene Versuch wurde nunmehr wiederholt, wobei als Einsatz ein Gießerei-I-Eisen mit 3,55% C und 0,70% P zur Verschmelzung kam. Es wurde also wiederum vollkommen schrottfrei gefahren, um den Einfluß der Windtemperatur auf die Überhitzungsmöglichkeiten des flüssigen Eisens einwandfreier beobachten zu können. Es wurde diesmal sofort mit einem Satzkoksanteil von

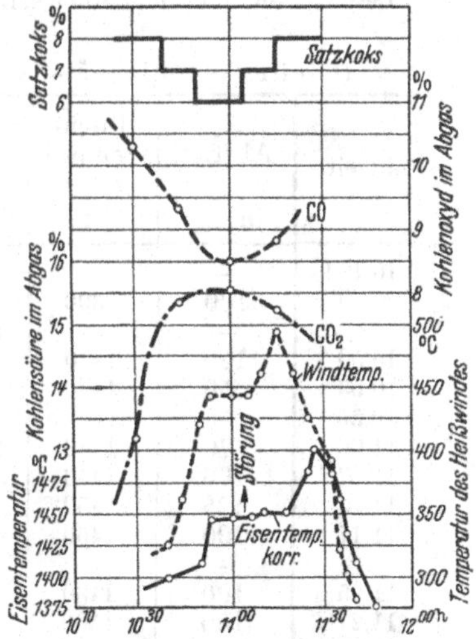

Abb. 1072. Einfluß wechselnder Windtemperatur und wechselnden Satzkokses auf die Schmelzverhältnisse eines Versuchskupolofens von 420 mm innerem Durchmesser (E. PIWOWARSKY).

nur 8% begonnen bei einer Anfangswindtemperatur von 220 bis 300°. Die Windtemperatur wurde auch hier allmählich auf etwa 500° gesteigert, dann wieder auf etwa 300° gesenkt, diesmal aber zwecks Verhinderung des Einfrierens der Satzkoks in dieser letzten Schmelzperiode wieder auf den Ursprungswert von 8% heraufgebracht. Abb. 1072 gibt in graphischer Darstellung die Änderungen des Schmelzbetriebes in Abhängigkeit von Windtemperatur und Satzkoks. Man erkennt in Übereinstimmung mit Abb. 1071 wiederum die enge Beziehung zwischen Heißwindtemperatur und Temperatur des flüssigen Eisens. Lediglich um die Zeit von etwa 11 Uhr bleibt die Eisentemperatur hinter der Windtemperatur zurück, da durch längeres Abschlacken des Ofens Windverluste eingetreten waren.

Bei einer wahren Schmelzdauer von etwa 75 min schmolz der Ofen 13 Sätze zu je 100 kg, und zwar:

Satz 1 bis 3 mit 8% = zusammen 24 kg Satzkoks
Satz 4 bis 6 mit 7% = zusammen 21 kg Satzkoks
Satz 7 bis 9 mit 6% = zusammen 18 kg Satzkoks
Satz 10 bis 11 mit 7% = zusammen 14 kg Satzkoks
Satz 12 und 13 mit 8% = zusammen 16 kg Satzkoks

Gesamtkoks . . . . = 93 kg
Füllkokseinsatz . . . . = 74 kg

Zusammen . . . . =167 kg
Koksrückstand . . . . = 42 kg

Koksverbrauch:
= 125 kg = etwa 9,8% mit Füllkoks,
= 93 kg = etwa 7,4% ohne Füllkoks.

Dem Winderhitzer wurden zugeführt. . . . . rund 70 kg Koks.
Davon wurden zum Anheizen etwa benötigt . . . . . . 20 bis 25 kg Koks.
Nach Schmelzschluß noch vorhanden . . . . 30 kg Koks.
Zur Winderhitzung daher benötigt. . . . . rund 15 bis 20 kg Koks.
Gesamtkoksverbrauch einschließlich Füllkoks und Winderhitzung, jedoch ohne den zum Anheizen benötigten Koks . . . . = etwa 11%.
Desgleichen aber mit Anheizen . . . . = etwa 13%.

Zahlentafel 259.
(Gichtgasanalysen etwa 80 cm unterhalb der Gicht entnommen.)

Uhrzeit	Abstich in kg	Eisentemperatur °C	Uhrzeit	Gichtgasanalyse CO_2 %	Gichtgasanalyse CO %	Gichtgasanalyse O_2 %	Uhrzeit	Heißwindtemperatur °C	Satzkoks %
10.10[1]	—	—	—	—	—	—	10.20	220	8
10.40	100	1390	10.30	13,2	10,2	0,5	10.40	300	
—	—	—	10.45	15,3	9,3	0,4	10.45	360	7
10.50	100	1410	—	—	—	—	10.50	420	
10.53	50	1440	—	—	—	—	—	—	6
10.55[2]	—	—	—	—	—	—	10.55	440	
11.00	70	1440	11.00	15,5	8,5	0,5	11.00	440	
11.07	100	1440	—	—	—	—	11.05	440	
11.10	125	1450	—	—	—	—	11.10	460	
11.17	100	1450	11.15	15,2	8,8	0,6	11.15	490	
—	—	—	—	—	—	—	11.20	460	7
11.25	100	1480	—	—	—	—	11.25	400	
11.27	100	1500	—	—	—	—	11.30	380	
11.33	70	1480	—	—	—	—	11.33	320	8
11.35	70	1460	—	—	—	—	—	—	
11.37	100	1430	—	—	—	—	11.37	300	
11.40	50	1410	—	—	—	—	11.40	280	
11.44[3]	90	—	—	—	—	—	—	—	—
11.46	50	1375	—	—	—	—	—	—	—

1275 kg = gesamte Menge flüssigen Eisens.

[1] Wind angesetzt. [2] Schlacke abgelassen. [3] Wind abgestellt.

In Zahlentafel 259 sind die wichtigsten während dieses Versuches gewonnenen Zahlen zusammengestellt.

Um festzustellen, ob das hier beschriebene System des Kupolofenschmelzens mit Heißwind geeignet ist, Betriebsstörungen zu überwinden, wurde in einem am 16. Februar 1935 durchgeführten Versuch der Ofen wiederum mit einer vollkommen stahlschrottfreien Gattierung, ausgehend von 12% Satzkoks, betrieben, der Satzkoks allmählich auf 8% gesenkt, gleichzeitig aber die Windtemperatur bis auf 700° gesteigert. Das Eisen fiel außerordentlich heiß (über 1525° wahre Eisentemperatur). Es wurde nunmehr eine starke Betriebsstörung künstlich dadurch hervorgerufen, daß dem Ofen plötzlich mittels einer von der Heißwindleitung unabhängigen Windleitung Kaltluft von etwa 20° zugeführt wurde. Innerhalb ½ st fror der Ofen ein und gab kein Eisen mehr. Es wurde jetzt erneut auf Heißwind von 700° umgeschaltet, wodurch der Ofen nach 10 bis 15 min wiederum Eisen gab und vollkommen klar niedergeholt werden konnte. Lediglich einige schwere Masseln, welche für den Ofendurchmesser zu groß gewählt waren und während der Störungsperiode im oberen Teil des Schachtes zusammengebacken waren, kamen nicht mehr herunter. Dieser Versuch, der übrigens über einen Zeitraum von etwa 5 st ausgedehnt worden war (von 4 Uhr nachmittags bis 9 Uhr abends), zeigte eindeutig die betriebstechnische Zuverlässigkeit dieser Heißwindschmelzweise.

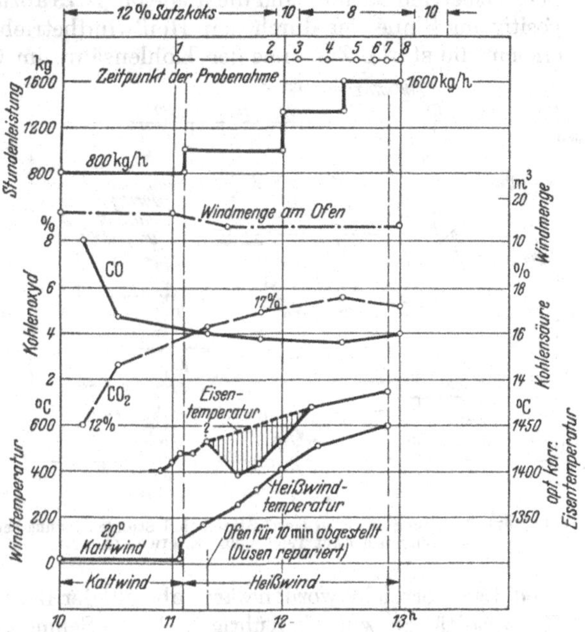

Abb. 1073. Verlauf eines Heißwind-Kupolofen-Schmelzversuchs mit stahlreicher Gattierung beim Arbeiten auf Temperguß (E. PIWOWARSKY).

Um die Eignung dieses Heißwindschmelzverfahrens auch für die Verarbeitung stahlschrottreicherer Gattierungen nachzuweisen, wurde ein weiterer Versuch angesetzt, bei dem eine aus 58% Trichtern mit 0,25 bis 0,30% S bestehende Gattierung unter Zusatz von 22% Stahlschrott, Rest Roheisen, mit einem Koks von 0,8 bis 1% S verschmolzen wurde, wobei zur Begünstigung der Schwefelaufnahme auf ein tempergußähnliches Produkt mit rund 3% C, 0,35% Mn, 0,55% bis 0,60% Si bei 0,08% P gearbeitet wurde. Es wurden insgesamt 38 Satz je 101 kg, d. h. 3838 kg durchgesetzt, wobei der Satzkoks mit Rücksicht auf den Stahlschrottanteil in der Gattierung um etwa 2% erhöht wurde (als Ausgleich für die Aufkohlung). Es wurden verschmolzen: 19 Satz mit 12%, 5 Satz mit 10%, alsdann 12 Satz mit 8%, während die beiden letzten Gichten wiederum mit 10% Satzkoks gefahren wurden. Nach dem achten Satz wurde der bisher mit Kaltluft von 20° betriebene Ofen auf Heißwind umgestellt, der von 80° allmählich auf 580° stieg. Je Satz wurden ferner 2 kg Kalkstein und 1 kg Flußspat zugegeben. Abb. 1073 zeigt die Ergebnisse des genannten Schmelzversuches. Leider mußte der Ofen um 11.15 Uhr für etwa 10 bis 12 min außer Betrieb gesetzt werden, da die

Glimmerplättchen in den Düsen durchschmolzen und durch massive Eisenbleche ersetzt werden mußten. Dadurch fiel in der folgenden Zeitperiode die Temperatur des Eisens erheblich, stieg aber nach etwa 45 min wieder auf den im Hinblick auf die steigende Windtemperatur zu erwartenden Betrag. Da der Ofen bei der hohen Innentemperatur gegen 13 Uhr in Düsenzone außen mehrere dunkelrote Zonen aufwies, wurde der Betrieb wiederum unterbrochen, dabei aber leider der Winderhitzer nicht rechtzeitig auf Ausblasen umgeschaltet, wodurch daselbst einige Überhitzerrohre durchbrachen. Der Betrieb mit Heißwind wurde nunmehr völlig unterbrochen und der Ofen auf Kaltwind umgeschaltet, wobei der Satzkoks wiederum um 2% erhöht wurde. Trotz dieser unvorhergesehenen Störungen (man halte zugute, daß ein Teil der Ofenarbeiten von Studierenden des Gießereiwesens durchgeführt wurde, die noch ungenügende Erfahrungen im praktischen Schmelzbetrieb hatten) sind die aus Abb. 1073 abzuleitenden Ergebnisse durchaus positiv im Sinne der durch den Heißwindbetrieb gehegten Erwartungen. Man erkennt die starke Zunahme der Kohlensäure im Gichtgas mit sinkendem Satzkoks (die Kohlenoxydmessungen bei diesem Versuch fielen infolge Störungen an der Gasbestimmungsapparatur etwas zu niedrig aus), auch noch während der Heißwindperiode, sieht ferner den Zusammenhang zwischen Eisentemperatur und der Temperatur des Windes und kann mit Rücksicht auf die oben besprochene zeitliche Verschiebung von Eisen- und Windtemperatur vermuten, daß auch im vorliegenden Falle trotz der aufgetretenen Störungen eine Eisentemperatur von rund 1500° erreicht worden wäre, obwohl der Betrieb auf Temperguß ging und die Koksqualität zu wünschen übrig ließ.

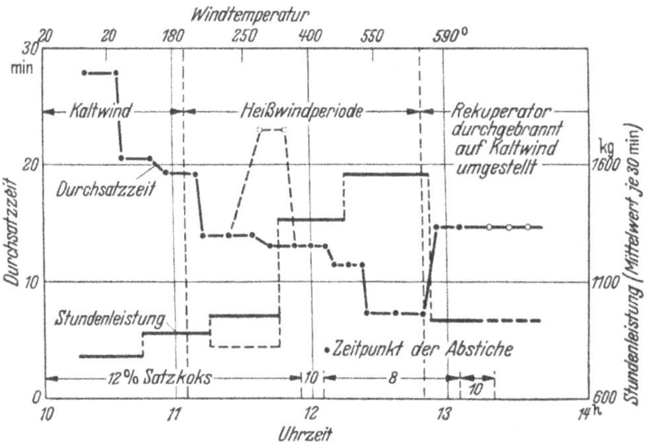

Abb. 1074. Beziehung zwischen Durchsatzzeit und Stundenleistung beim Heißwindversuch auf Temperguß (E. PIWOWARSKY).

Die Schmelzleistung stieg von rd. 800 kg/st bei Kaltwindbetrieb auf fast 1600 kg/st bei 560° Windtemperatur (Abb. 1073 und 1074). Daß trotz dieser außerordentlichen Erhöhung der Schmelzleistung die Temperatur des Eisens, trotz der erwähnten Störungen, überhaupt noch so hoch anstieg, ist ein schlüssiger Beweis für die Vorteile der Verwendung überhitzten, d. h. höher als etwa 300° betragenden Heißwindes. Hätte man durch Drosselung der Schmelzgeschwindigkeit, erreichbar durch Drosselung der Windzufuhr, die Schmelzleistung des Ofens etwa in der Gegend von rund 1200 kg gehalten, so wäre das Eisen voraussichtlich mit weit höherer Temperatur angefallen. Bemerkt sei, daß die Gichtgastemperaturen (gemessen mit einem Absaugepyrometer etwa 60 cm unter Gicht) zwischen 525 und 575° schwankten, und daß der Ofen ferner eine Kaltwindmenge von 14 bis 16 m³ erhielt (Abb. 1073). Bei dem hohen Schwefelgehalt des Einsatzes und der hohen Schmelzgeschwindigkeit fiel der Schwefelgehalt des Eisens nur mäßig und betrug:

bei 20° (Kaltwindperiode) . . . . etwa 0,21%,
bei 430° (Heißwindperiode) . . . . etwa 0,20%,
bei 560° (Heißwindperiode) . . . . etwa 0,17%.

Der Koksverbrauch im Kupolofen betrug:

75 kg Füllkoks (ohne Anheizen),
368 kg Satzkoks, insgesamt
443 kg.

Nach Abzug von 65 kg im Rückstand verbleiben an Koksverbrauch im Ofen 378 kg, d. h. bezogen auf den Gesamteinsatz von 3838 kg = 9,8%, bezogen auf das Ausbringen von 3652 kg = 10,3%. Der Eisenverlust, einschließlich Abbrand und Spritzer, betrug 186 kg = 4,85%. Die angefallene Schlackenmenge betrug 259 kg. Die Schlacke war hellgrau, von hoher Festigkeit und teilweise entglast. Der Koksverbrauch im Rekuperator betrug (ausschließlich Anheizen) rund 175 kg = 4,5%, bezogen auf den Einsatz, bzw. 4,8%, bezogen auf das Ausbringen. Durch zweckmäßigere Betriebsüberwachung hätte man denselben zweifellos auf maximal 3% herunterdrücken können, was dem betriebsmäßig zu erwartenden Wirkungsgrad des Rekuperators und auch den früher erreichten Werten näher käme. Es sind demnach insgesamt 14,3% Koks, bezogen auf den Einsatz, bzw. 15,1%, bezogen auf das Ausbringen, aufgewandt worden, was angesichts des kleinen Ofens, des erheblichen Stahlschrottanteils und der Koksqualität immer noch als niedrig anzusprechen ist. Im übrigen spielt es aber keine Rolle, ob beim Kupolofenschmelzen 1 bis 2% mehr oder weniger Koks gebraucht werden, da die Temperatur des Eisens und dessen Qualität, ferner die Leistung und Arbeitsweise des Schmelzsystems im Vordergrund steht. Benutzt man für das Heißwindschmelzen metallische Wärmeaustauscher von hohem Wirkungsgrad, so ergeben sich übrigens bereits auf Grund des zwischen 75 und 85% liegenden Wirkungsgrades derartiger Rekuperatoren im Vergleich zu dem Wirkungsgrad von 45 bis 55% bei einem mit Kaltwind betriebenen Kupolofen wärmetechnische Vorteile, die imstande sein dürften, die Anlagemehrkosten einer solchen Heißwindschmelzanlage allein auf dem Weg über die Koksersparnis in kurzer Zeit auszugleichen, vor allem bei Gießereien mit großer laufender Produktion.

Im folgenden sei überschlägig eine vergleichende Wärmerechnung für einen Kupolofen von etwa 1 m² Schachtquerschnitt bei Betrieb mit und ohne metallischen Winderhitzer durchgeführt. Als Wärmewirkungsgrad des Kupolofens wurden 50%, als Wärmewirkungsgrad des Winderhitzers dagegen 80% eingesetzt. Nach Angaben (*12*) der Rekuperator G. m. b. H. in Düsseldorf liegen die Wirkungsgrade von metallischen Rekuperatoren für Windtemperaturen von 600 bis 700° je nach Preislage, d. h. Wärmekapazität des Brennstoffs, zwischen 70 und 85%. Die obere Grenze gilt für den Betrieb mit Gas und einem hohen Wärmepreis, die untere Grenze für Betrieb mit festen Brennstoffen und einem niedrigen Wärmepreis. Der Wirkungsgrad ist dabei definiert als das Verhältnis zwischen Wärmeinhalt der vorgewärmten Luft und dem Wärmeinhalt des aufgewandten Brennstoffs.

Lichter Durchmesser: 1,13 m; $F = 1{,}003$ m².

Die Satzkoks-Schütthöhe soll nach Ledebur rund 150 mm betragen; bei einem Raummetergewicht des Koks = 500 kg/m³ ergibt sich der Kokssatz zu 0,15 × 500 = 75 kg/m²; bei Annahme von 10% Kokssatz hätte die Eisengicht 750 kg zu betragen.

1 kg Kohlenstoff verbrennt zu Kohlendioxyd mit 8080 WE; der Kohlenstoffgehalt des Kokses sei zu 90% angenommen. Die latente Wärme des Kokses wird im Kupolofen im allgemeinen nur zu ~ 50% ausgenutzt; der thermische Wirkungsgrad des Rekuperators beträgt ~ 80%.

Davon ausgehend ergeben sich folgende Zahlen je 750 kg Einsatz:

Fall I:

bei 10% Kokssatz: 75 kg·8080·0,9·0,5 = 270000 WE, die zur Ausnutzung kommen;

Fall II:

bei 8% Satzkoks = 60 kg und 2% Koks = 15 kg im Rekuperator verbrannt, kommen zur Ausnutzung:

a) 60·8080·0,9·0,5 = 218000 WE
b) 15·8080·0,9·0,8 = 87000 WE
= 305000 WE = Überschuß gegen Fall I: 35000 WE.

Die einem Wärmewert von 35000 WE entsprechende Menge Satzkoks kann ohne weiteres abgezogen werden. Der Rekuperator liefert 87000 WE, benötigt werden 270000, daher durch Verbrennung von Satzkoks noch zu erzeugen:

$$270000 - 87000 = 183000 \text{ WE}.$$

X sei die benötigte kg-Zahl Satzkoks. Dann ist:

$$183000 = X\cdot(8080\cdot 0{,}9\cdot 0{,}5)$$
$$X = 183000:8080\cdot 0{,}9\cdot 0{,}5 = \text{rd. } 51 \text{ kg} = 6{,}8\% \text{ von } 750 \text{ kg Eisensatz.}$$

Korrigierter Ofenbedarf:

51 kg Satzkoks = 6,8%
15 kg i. Rekuperator = 2,0%
8,8% von 750 kg

Fall III:

7% Satzkoks = 52,5 kg, 3% Rekuperatorkoks 22,5 kg.
a) Ofenbetrieb: 52,5·8080·0,9·0,5 = 191000 WE
b) Rekuperator: 22,5·8080·0,9·0,8 = 131000 WE
322000 WE = Überschuß gegen Fall I=48000 W.

Die 48000 WE entsprechende Menge Satzkoks kann abgezogen werden. Der Rekuperator liefert 131000 WE, benötigt werden 270000 WE, daher durch Verbrennung von Satzkoks nur noch zu erzeugen:

$$270000 - 131000 = 139000 \text{ WE}.$$

Y sei die benötigte kg-Zahl Satzkoks, dann ist wiederum:

$$139000 = Y\cdot(8080\cdot 0{,}9\cdot 05)$$
$$Y = 139000 : 3620 = 38{,}0 \text{ kg} = 5{,}2\% \text{ von } 750$$

Korrigierter Ofenbedarf: 38,0 kg = 5,2% Satzkoks
Rekuperator: . . . . . .22,5 kg = 3,0% Brennkoks
8,2% von 750 kg

Satzkoks im Ofen %	Heißkoks für Winderhitzer %	Windtemperatur °C	Summe Brennstoff %	Gesamtersparnis durch Vorwärmung %
10,0	0,0	20	10,0	0,0
7,6	1,5	~ 400	9,1	9,8
6,8	2,0	~ 600	8,8	13,8
5,2	3,0	~ 800	8,2	21,9

Ganz allgemein ergeben sich auf Grund derartiger Rechnungen etwa obige Brennstoffmindestersparnisse beim Kupolofenschmelzen mit heißem Wind und getrennter Beheizung der Winderhitzer unter den oben benutzten Wärmewirkungsgraden.

Zu diesen rein rechnerisch zu erfassenden Ersparnissen kommt alsdann noch hinzu die durch den niedrigeren Satzkoks verursachte geringere Schwefelaufnahme des flüssigen Eisens sowie die Vorteile durch geringere Oxydation und Rückkühlung des Eisens vor den Windformen. Eine überschlägige Rechnung ergibt übrigens, daß ein höherer im Winderhitzer zu verheizender Anteil an Koks als etwa 3% nur dort angebracht sein wird, wo man ohne Rücksicht auf den Wärmehaushalt mit hohen Satzkoksmengen (über 8 bis 10%) und großen Mengen heißen Windes eine noch weitere Temperatursteigerung des flüssigen Eisens zu erzwingen hofft. Doch würden in diesem Falle u. a. die hohen Gichtgastemperaturen sich wahrscheinlich sehr unangenehm auswirken, das Eisen ferner wieder zunehmend schwefelreicher anfallen usw.

Nach Durchführung und Auswertung der hier beschriebenen Versuche hielt R. Dawidowsky (Bergakademie Krakau) auf dem Internationalen Gießereikongreß in Warschau (8. bis 17. September 1938) einen Vortrag unter dem Thema: „Die Vorteile der Windvorwärmung bei den Kupolöfen“. Auch hier wird der Betriebsweise beim Kupolofenschmelzen unter Verwendung von getrennt beheizten Winderhitzern das Wort geredet. Der dort angegebene Verbrauch von kaum 1 kg Kohle je 100 kg Eisen im betr. Winderhitzer läßt allerdings darauf schließen, daß eine sehr weitgehende Windvorwärmung nicht beabsichtigt ist. Dennoch soll in Übereinstimmung mit den Beobachtungen und Versuchen des Verfassers der Erfolg dieser Schmelzweise zufriedenstellend ausgefallen sein.

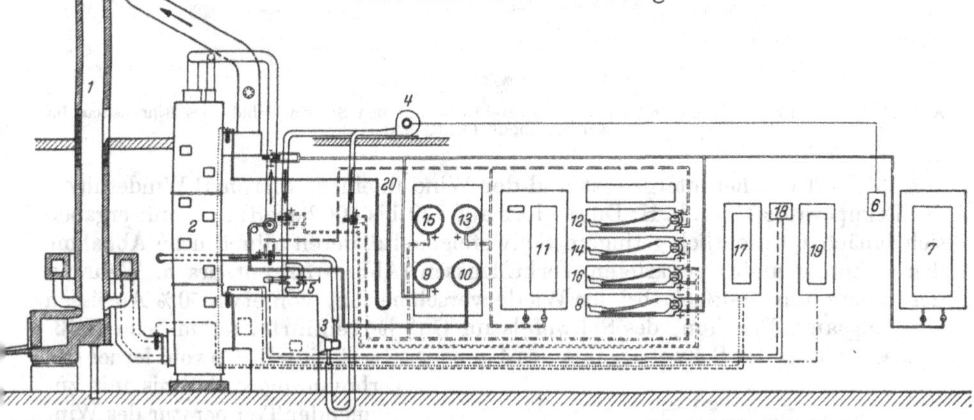

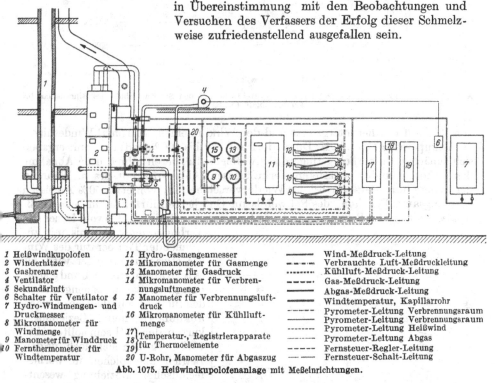

1 Heißwindkupolofen
2 Winderhitzer
3 Gasbrenner
4 Ventilator
5 Sekundärluft
6 Schalter für Ventilator *4*
7 Hydro-Windmengen- und Druckmesser
8 Mikromanometer für Windmenge
9 Manometer für Winddruck
10 Fernthermometer für Windtemperatur
11 Hydro-Gasmengenmesser
12 Mikromanometer für Gasmenge
13 Manometer für Gasdruck
14 Mikromanometer für Verbrennungsluftmenge
15 Manometer für Verbrennungsluftdruck
16 Mikromanometer für Kühlluftmenge
17, *18*, *19* Temperatur-, Registrierapparate für Thermoelemente
20 U-Rohr, Manometer für Abgaszug

Wind-Meßdruck-Leitung
Verbrauchte Luft-Meßdruckleitung
Kühlluft-Meßdruck-Leitung
Gas-Meßdruck-Leitung
Abgas-Meßdruck-Leitung
Windtemperatur, Kapillarrohr
Pyrometer-Leitung Verbrennungsraum
Pyrometer-Leitung Verbrennungsraum
Pyrometer-Leitung Heißwind
Pyrometer-Leitung Abgas
Fernsteuer-Regler-Leitung
Fernsteuer-Schalt-Leitung

Abb. 1075. Heißwindkupolofenanlage mit Meßeinrichtungen.

Jedenfalls dürfte eine nach dem Vorschlag des Verfassers durchgeführte Vorwärmung des Windes auf über 300° bis heraufgehend zu 500 bis 700°, durchgeführt in unabhängig vom Kupolofen arbeitenden Winderhitzern, zu ganz eindeutigen technischen, qualitativen und betriebswirtschaftlichen Vorteilen beim Kupolofenbetrieb führen. Leider haben zahlreiche ältere Arbeiten die Windvorwärmung beim Kupolofenantrieb mit Rücksicht auf die gegenüber einem Hochofenbetrieb anders gearteten metallurgischen Vorgänge grundsätzlich abgelehnt und damit in Gießereikreisen eine starke Abneigung gegen das Heißwindschmelzen hervorgerufen. Erst die Arbeiten von H. Jungbluth und P. A. Heller (*13*) sowie von H. Jungbluth und H. Korschan (*14*) haben die Vorgänge beim Kupolofenbetrieb soweit aufgeklärt, daß eine grundsätzliche Stellungnahme gegen die Einführung heißen Windes beim Kupolofenschmelzen auch aus metallurgischen und verbrennungstechnischen Gründen nicht mehr haltbar ist.

Inzwischen hatte sich die A.G. der Eisen- und Stahlwerke vormals Georg Fischer in Schaffhausen/Schweiz dazu entschlossen, eine Heißwind-Kupolofenanlage nach dem Vorbild der kleinen Aachener Versuchsanlage zu erstellen. Seit Februar 1941 ist diese Anlage in Betrieb und hatte bis zum Frühherbst des gleichen Jahres über 1000 t flüssiges Eisen hergegeben. Die Anordnung dieser für einen Ofen von 800 mm Durchmesser bestimmten Anlage geht aus Abb. 1075 hervor. Über die praktischen Erfahrungen mit dieser Anlage berichtete M. BADER (*55*). Bei dem auf Temperguß arbeitenden Ofen wurde der bisherige Satzkoks

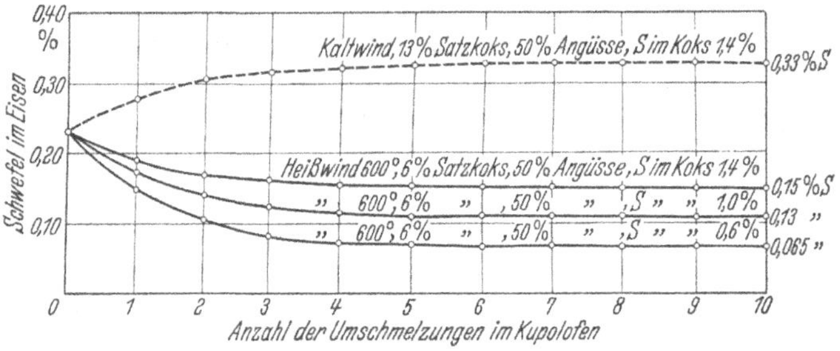

Abb. 1076. Einfluß des Kupolofenbetriebes mit Heißwind auf den Schwefelgehalt des Rinneneisens bei Temperrohguß (M. BADER).

von 13% auf 6% heruntergesetzt und der Wind in einem Sicromal-Winderhitzer der Rekuperator G. m. b. H. Düsseldorf auf 450 bis 600° erhitzt. Damit ergaben sich zunächst wesentlich geringere Schwefelgehalte, deren allmähliche Abnahme den rechnungsmäßig erwarteten Verhältnissen (Abb. 1076) entsprach. Während der frühere hohe Satzkoks bei der Wiederverschmelzung von etwa 50% Angüssen eine langsame Erhöhung des Schwefels im Guß herbeiführte, nahm beim Heißwindschmelzen der Schwefelgehalt des Rinneneisens stetig ab. Obwohl ferner das Verbrennungsverhältnis mit zunehmender Temperatur des Windes etwas ungünstiger wird, als es bei Kaltwindbetrieb und gleichbezogenen Satzkoksmengen nach den für Kaltwindbetrieb gültigen JUNGBLUTHschen Beziehungskurven der Fall sein sollte (Abb. 1077), ergaben sich doch für den Betrieb als solchen in wärmetechnischer Beziehung wesentliche Vorteile bei 18 bis 38% effektiver Koksersparnis. Die Wärmebilanzen gemäß Abb. 1078 bis 1080 sowie Zahlentafel 260 sprechen für sich und zeigen

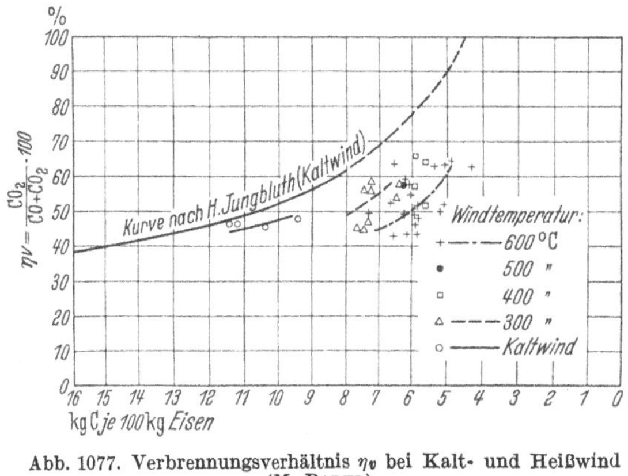

Abb. 1077. Verbrennungsverhältnis η_v bei Kalt- und Heißwind (M. BADER).

deutlich die Vorteile einer Windvorwärmung auf etwa 450 bis 600°. An den günstigen Wärmebilanzen ist der gute Wirkungsgrad des Sicromal-Wärmeaustauschers (erst bei voller Ausnützung 75 bis 85%) noch nicht entsprechend beteiligt. Er wurde im vorliegenden Fall mit Generatorgas betrieben. Die Abbrandverhältnisse beim Heißwindbetrieb waren eher günstiger als beim Betrieb mit kaltem Wind. Das anfallende Eisen hatte hervorragende Gieß- und Laufeigenschaften, obwohl bei der gewählten Arbeitsweise die Temperatur des Rinneneisens bei Heißwindbetrieb nur um 30 bis 50° höher lag als bei Kaltwindbetrieb.

Jedenfalls haben die beschriebenen Großversuche den Beweis erbracht, daß ein Arbeiten mit Heißwindtemperaturen von über 300° bis heraufgehend zu etwa

600° erhebliche qualitative und betriebstechnische Vorteile mit sich bringt, vor allem aber, daß im Gegensatz zu der bisherigen Auffassung des größten Teils der

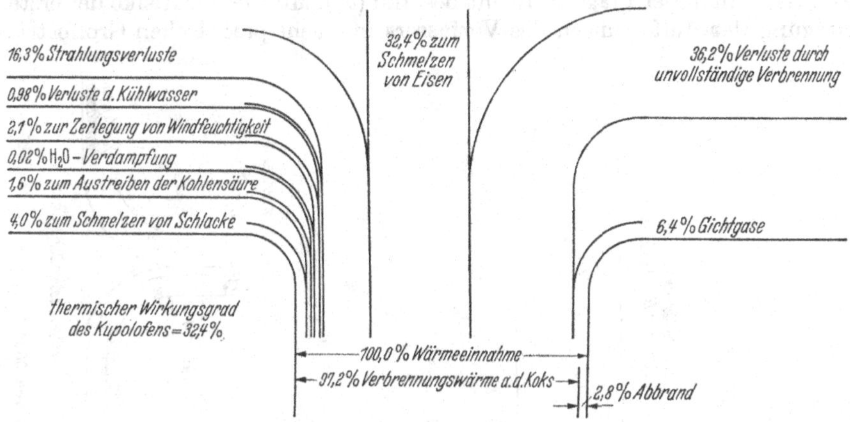

Abb. 1078. Wärmebilanz eines auf Temperrohguß arbeitenden Kupolofens von 650 mm Durchmesser bei Kaltwindbetrieb (M. BADER).

Zahlentafel 260. Vergleichende Bilanzzahlen beim Betrieb eines Kupolofens von 650 mm Durchmesser mit Kalt- bzw. Heißwind (BADER und PIWOWARSKY). Betrieb auf Temperrohguß (die Zahlentafel bezieht sich auf andere Versuchsschmelzen als die Abb. 1078 bis 1080).

		Kalt-wind	Heißwind von 300°	600°
Wärmeinhalt des aufgewandten Koks	%	97,0	88,70	79,30
Verbrennungswärme der Eisenbegleiter	%	3,0	3,90	4,90
Wärmeeinführung durch Heißwind	%	—	7,40	15,80
Summe:		100,00	100,00	100,00
Wärmeinhalt des flüssigen Eisens	%	31,80	51,80	60,00
Wärmeinhalt der flüssigen Schlacke	%	3,34	6,40	5,65
Kohlensäurezersetzung des Kalksteins	%	1,60	2,07	—
Wasserverdampfung aus dem Koks	%	0,02	0,05	0,04
Zerlegung der Windfeuchtigkeit	%	1,90	2,02	3,06
Physikalische Wärme der Gichtgase	%	9,20	5,30	4,95
Latente Wärme der Gichtgase (unvollkommene Verbrennung)	%	43,00	26,50	20,00
Kühlwasserverluste	%	0,94	0,80	1,90
Strahlungsverluste	%	8,20	5,06	4,40
Summe:		100,00	100,00	100,00
Thermischer Wirkungsgrad des Kupolofens	%	31,80	51,80	60,00
Thermischer Wirkungsgrad des Winderhitzers	%	—	60,00	64,20
Thermischer Wirkungsgrad der Gesamtanlage	%	31,80	48,70	53,80
Temperatur der Gichtgase	°C	350	200	200
Totaler Koksverbrauch kg/t flüssiges Eisen		163,00	106,00	79,00
Verbrauch an Anthrazit (für Winderhitzer)	kg/t	—	27,00	24,80
Koks + Anthrazit je kg/t flüssiges Eisen		—	133,00	103,80
Koksersparnis gegenüber Kaltwind	%	35,00	35,00	51,50
Notwendige Kokseinfuhr gegenüber Kaltwind	%	—	65,00	48,50
Notwendige Anthraziteinfuhr in % vom Koks bei Kaltwind	%	—	16,60	15,20
Gewichtsmäßige Einfuhrersparnis in % des Koksverbrauchs bei Kaltwind		—	18,40	36,30

Die Zahlen der letzten Rubrik beziehen sich auf andere Schmelzungen als diejenigen der drei oberen Rubriken. Die Windtemperaturen waren hier 20° bis 300° und 650°.

Fachwelt das Arbeiten mit so hohen Windtemperaturen beim Kupolofenschmelzen grundsätzlich überhaupt möglich und vorteilhaft ist, daß also die Auffassung des Verfassers in dieser Frage zu Recht bestand (*56*). Mit diesem Risiko der ersten Übertragung der Auffassungen des Verfassers in einem praktischen Großbetrieb

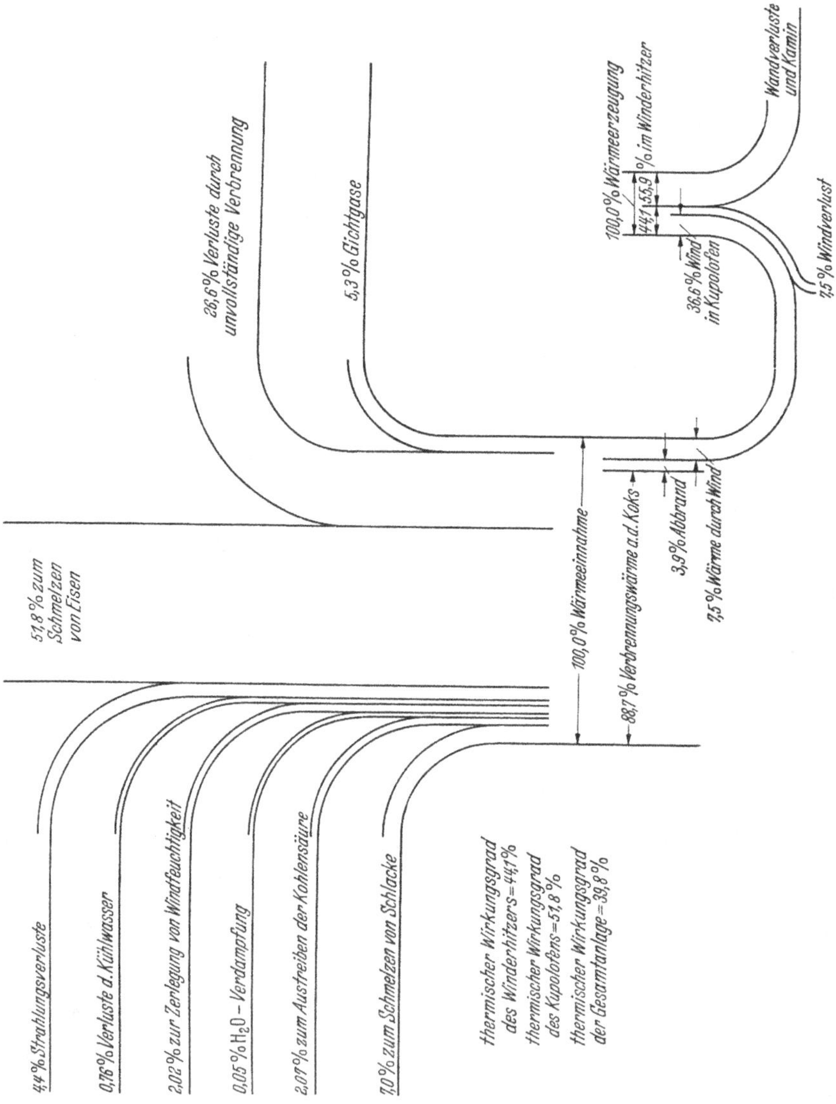

Abb. 1079. Wie Abb. 1078, aber bei Betrieb mit Heißwind von 300° C.

hat sich jedenfalls die A.G. der Eisen- und Stahlwerke vormals Georg Fischer in Schaffhausen ein großes Verdienst erworben und vorbildliche Pionierarbeit geleistet.

Auf Grund der günstigen Ergebnisse mit dem ersten Heißwindkupolofen hat inzwischen die A.G. der Eisen- und Stahlwerke vorm. Georg Fischer in Schaffhausen vier weitere Kupolöfen mit einem Durchmesser von 700 bis 900 mm auf das Schmelzen mit Heißwind umgestellt. In diesen Ofen, die seit Mitte September 1941 nur noch mit Heißwind betrieben werden, sind seitdem mehrere tausend Tonnen Temperrohguß erschmolzen worden.

2. Die Wassereinspritzung in die Düsenzone.

Obwohl die Ansichten darüber, wie sich die Feuchtigkeit des Gebläsewindes auf den Kupolofengang auswirkt, noch sehr auseinandergehen, wird doch von der Mehrzahl der Fachleute immer wieder beobachtet, daß mit größerer Windfeuchtig-

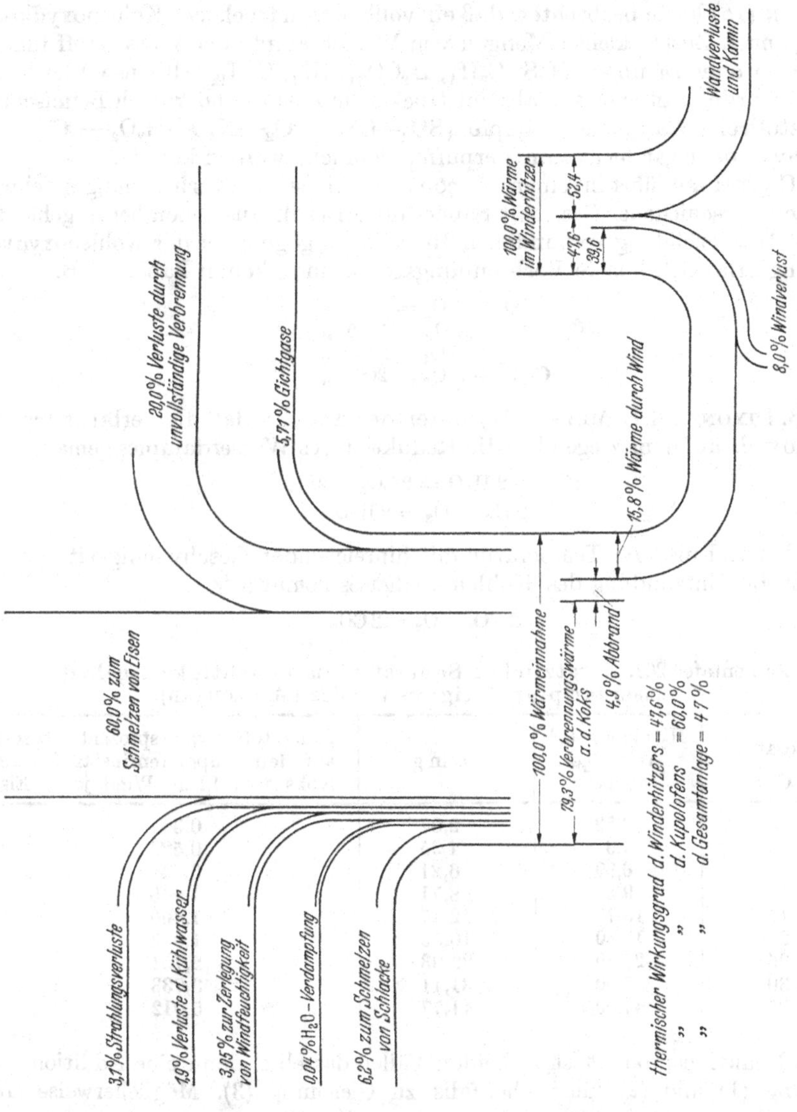

Abb. 1080. Wie Abb. 1078, aber bei Betrieb mit Heißwind von 600° C.

keit die Eisentemperatur etwas höher wird und der Ofen schneller schmilzt. M. J. Léonard (*15*) wies in neuerer Zeit auf diese Verhältnisse hin und äußerte die Ansicht, daß es nicht ohne Einfluß bleiben könne, ob man mit trockener oder feuchter Luft arbeite, da gemäß Zahlentafel 261 bei + 35° mit der Luftfeuchtigkeit bis zu 5% des Gußgewichts an Sauerstoff eingebracht werden könnte. Nach seiner Auffassung machen sich beim Kupolofenbetrieb die Jahreszeiten durchaus bemerkbar, ja sogar zwischen Tag- und Nachtzeit könnten Unterschiede im Kupolofenbetrieb beobachtet werden. Nach H. V. Crawford (*53*) spielt der Feuchtigkeitsgehalt der Luft nur eine untergeordnete Rolle auf den Kupolofengang. Hingegen will S. E. DAWSON (*54*) gefunden haben, daß mit zunehmender Luftfeuchtigkeit der Zementitanteil im Grauguß ansteigt.

Die katalytische Wirkung der Feuchtigkeit auf die Entzündungsfähigkeit gewisser explosiver Gasgemische ist seit mehr als 40 Jahren bekannt. Bereits H. B. DIXON (*16*) hatte beobachtet, daß ein vollkommen trockenes Kohlenoxydknallgas erst nach Zusatz kleiner Mengen von Wasserdampf oder Wasserstoff führenden Gasen oder Dämpfen (H_2S, C_2H_4, H_2CO_3, NH_3, C_5H_{12}, HCl usw.) leicht explosibel wurde, während es in absolut trockenem Zustand oder nach Beimischung wasserstoffreier Gase oder Dämpfe (SO_2—CS_2—CO_2—N_2O—N_2O_2—CCl_4 usw.) nur schwer oder gar nicht zum Verpuffen gebracht werden konnte.

LE CHATELIER führt in seinen „Leçon de combustion" Verbrennungsgeschwindigkeiten verschiedener Gase mit Sauerstoff an (*15*), aus denen hervorgeht, daß alle mit Wasserbildung verbundenen Reaktionen gegenüber der Kohlenoxydverbrennung erheblich höhere Verbrennungsgeschwindigkeiten haben, z. B.

$$CO + \tfrac{1}{2}\,O_2 = 2 \text{ m/sec}$$
$$CH_4 + 2\,O_2 = 4\text{—}5 \text{ „}$$
$$H_2 + \tfrac{1}{2}\,O_2 = 20 \text{ „}$$
$$C_2H_2 + 3\,O_2 = 200 \text{ „}$$

H. B. DIXON und L. MEYER (*17*) waren der Ansicht, daß die Verbrennung des Kohlenoxyds auf dem Wege über die Reduktion des Wasserdampfes gemäß:

$$2\,CO + 2\,H_2O = 2\,CO_2 + 2\,H_2, \qquad (1)$$
$$2\,H_2 + O_2 = 2\,H_2O \qquad (2)$$

bereits bei viel niederer Temperatur mit hinreichender Geschwindigkeit vor sich gehe als die Entzündung des Kohlenoxydgases gemäß:

$$2\,CO + O_2 = 2\,CO_2. \qquad (3)$$

Zahlentafel 261. Zusätzlicher Sauerstoff im Feuchtigkeitsgehalt wasserdampfgesättigten Windes (M. LÉONARD).

Temperatur °C	H_2O in g je m³ Wind (gesättigt)	O_2 in g	Sauerstoffgewichtsprozente bezogen auf den Kupolofeneinsatz bei 10% Koks und 12 m³ Wind je kg Eisen
— 5	3,23	2,87	0,344
± 0	4,9	4,35	0,522
+ 5	6,99	6,21	0,745
+ 10	9,8	8,71	1,045
+ 15	13,70	12,17	1,460
+ 20	18,60	16,53	1,983
+ 25	25,80	22,93	2,751
+ 30	35,00	31,11	3,733
+ 35	47,00	41,77	5,012

Das Reaktionsprodukt ist in beiden Fällen dasselbe, denn eine Addition von Gleichung (1) und (2) führt ebenfalls zu Gleichung (3). Möglicherweise (*18*) tritt bei höheren Temperaturen aber auch gemäß:

$$2\,H_2O + O_2 = 2\,H_2O_2 \qquad (4)$$

oder nach

$$H_2 + O_2 = H_2O_2 \qquad (5)$$

intermediäre Wasserstoffsuperoxydbildung ein, mit dem Erfolg erhöhter Explosionsgeschwindigkeit der Reaktion:

$$H_2O_2 + CO = CO_2 + H_2O. \qquad (6)$$

Nach H. WIELAND (*19*) käme sogar die Bildung von Ameisensäure

$$H_2O + CO = HCOOH \quad (7)$$

als Zwischenprodukt in Frage, die sich alsdann wieder spalten würde gemäß

$$HCOOH = CO_2 + H_2. \quad (8)$$

Auf Verbrennungsvorgänge unter Teilnahme von festem Kohlenstoff (Koks) übertragen, läßt ein mäßiger Wasserdampfgehalt nach:

$$\begin{array}{l} 2\,H_2O + C_2 = 2\,CO + 2\,H_2 \\ 2\,H_2 \;\; + O_2 = 2\,H_2O \\ \hline C_2 + O_2 = 2\,CO \text{ (Addition)} \end{array} \quad (9)$$

oder

$$\begin{array}{l} 4\,H_2O + \;\; C_2 = 2\,CO_2 + 4\,H_2 \\ 4\,H_2 \;\; + 2\,O_2 = 4\,H_2O \\ \hline C_2 + 2\,O_2 = 2\,CO_2 \text{ (Addition)} \end{array} \quad (10)$$

ebenfalls eine katalytische Einwirkung auf die Geschwindigkeit der Kohlenstoffvergasung erwarten. Freilich widerspricht die Ansicht, man könne durch Wasser oder Wasserdampfregelung bei Verbrennungsvorgängen bemerkenswerte reaktionsfördernde, verbrennungstechnisch günstige Wirkungen erzielen, noch sehr dem Empfinden eines großen Teils von Fachleuten, da diese nur die endotherme Wasserzersetzung, etwa nach:

$$C + H_2O = CO + H_2 - 1788 \text{ kcal}$$

(je kg reagierender Sauerstoff)

in Betracht ziehen, ohne die Rückwirkung der Feuchtigkeit auf die durch Katalyse mögliche Steigerung der Reaktionsgeschwindigkeit zu beachten. Allerdings dürfte die Bemessung des Katalysators über eine bestimmtes Maß hinaus die günstigen Auswirkungen wieder beeinträchtigen. Ob es ferner unter wesentlich veränderten Reaktionsbedingungen, z. B. Verbrennung unter hohem Druck, oder unter weitgehender Vorwärmung der reagierenden Stoffe (Gas- bzw. Luftvorwärmung) noch der katalytischen Einwirkung der Feuchtigkeit zwecks Steigerung der Reaktionsgeschwindigkeit bedarf, steht noch dahin, mindestens aber ist von Fall zu Fall mit einer Verschiebung des Feuchtigkeitsbestwertes zu rechnen. Hatte schon NEUFANG (*20*) beobachtet, daß eine mäßige Anfeuchtung des Gebläsewindes imstande sei, den Betrieb des Kupolofens günstig zu beeinflussen, so gründet sich das Verfahren der Vulkan-Feuerungs A.-G. in Köln (*21*) auf die Beobachtung, daß sich eine mäßige direkte Wasserzufuhr in den Reaktionsraum in Form eines fein zerteilten Wasserstrahls (Wassernebel) hinsichtlich der Temperaturentfaltung weit günstiger auswirke, als bereits dampfförmig im Gebläsewind vorhandene Feuchtigkeit. Tatsächlich konnte P. OBERHOFFER bei vergleichenden Versuchsreihen an den Kupolöfen zweier rheinischer Eisengießereien damals (*21*) die Beobachtung machen, daß sich durch eine Wasserzufuhr von rd. 2,5 ccm je m^3 Luft eine höhere Eisentemperatur (durchschnittlich um etwa 50^0), ein besserer thermischer Wirkungsgrad des Ofens bei bemerkenswerter Satzkoksersparnis (um etwa 10 bis 25%) und etwas vergrößerter Schmelzleistung, sowie ein geringerer Schwefelzubrand einstellte, während die Gichtgase kohlensäurereicher entwichen.

Leider konnten damals nur unzureichende entsprechende Dampfzusatzversuche durchgeführt werden, aus denen eine verschiedenartige Auswirkung der Art des Feuchtigkeitszusatzes (flüssig oder dampfförmig) hätte hergeleitet werden können. Um der Frage näher zu kommen, stellten P. OBERHOFFER und E. PIWOWARSKY (*22*) später eine kleine Versuchsanlage auf, um den Einfluß der Feuchtigkeit auf die Verbrennungsvorgänge von Hüttenkoks durch Versuche zu erfassen.

Ein nach oben hin ganz schwach konisch zulaufender Schachtofen von 220 mm innerem Durchmesser in der Düsenzone (vgl. Abb. 1081) und 1500 mm Schachthöhe wurde mit neun Temperaturmeß- (Thermoelemente) und (zu diesen um 90^0 versetzt) neun Gasentnahmestellen versehen. Sechs Schaulöcher von je 20 mm Durchmesser, nach außen durch Schraubenkappen mit eingelegten Glasscheiben abgeschlossen, dienten zur optischen Beobachtung der Temperaturen im Ofeninnern. Der Ofen besaß sechs Winddüsen mit insgesamt 45 cm^2 freiem Querschnitt. Er wurde mit einem gebrochenen trockenen Hüttenkoks von stets etwa 30 mm Durchmesser beschickt (Sortierung durch Siebe von 26 bzw. 34 mm Maschenweite). Die Messung der einem Kompressor entnommenen Windmengen erfolgte durch einen in die Windleitung eingebauten Rotamesser (*23*). Die Windfeuchtigkeit wurde durch ein eingebautes Haarhygrometer ermittelt. Die Feuchtigkeit des Windes konnte durch Zwischenschaltung eines mit Chlorkalzium beschickten Trockenapparates (*u* in Abb. 1081) in die Windzuführungsleitung bis auf etwa 3 g/m^3 vermindert oder durch Überleiten über ein gasbeheiztes, wassergefülltes Sättigungsrohr (*v* in Abb. 1081) beliebig gesteigert werden. Durch Vertauschen des Trockenapparates mit einem beheizbaren, gut isolierten Winderhitzer besonderer Bauart konnte die Windtemperatur schließlich bis etwa 400^0 erhöht werden. Es bestand endlich die Möglichkeit, durch drei der bestehenden Winddüsen ganz nahe ihrer Einführungsstelle in den Ofen aus drei Glasbüretten (*m*) bestimmte Wassermengen in den Ofen einlaufen zu lassen.

Abb. 1081. Ansicht der Versuchseinrichtung mit Windtrocknungsapparat und Sättiger.

Es kamen insgesamt 24 Versuche zur Auswertung, von denen 15 mit je 25 m^3 Wind/st sowie die andern 9 mit je 45 m^3/st geblasen wurden. Über die gewählten Gesamtfeuchtigkeitsgehalte, die Behandlung des Windes und die Art der Feuchtigkeitszuteilung gibt Zahlentafel 262 näheren Aufschluß. Aus der Zahlentafel heben sich die Versuche III Y 25 (2) und III Z 25 (2) heraus, welche mit übersättigtem bzw. naturfeuchtem, aber erhitztem Wind betrieben wurden. Die Zusatzzahlen 25 bzw. 45 bezeichnen stets die Luftmenge in m^3/st. Während die Versuche der Bezeichnung A, B und C mit ein und demselben Koks durchgeführt worden waren, wurde für die Versuche X, Y und Z ein Koks anderer Herkunft benutzt. Die eingespritzten Wassermengen sind bei den Versuchen mit nur je 25 m^3/st Windmenge prozentual sehr groß, konnten aber mit Rücksicht auf die Genauigkeit der Bürettenablesung nicht vermindert werden. Bei den Versuchen mit 45 m^3/st eingeblasener Windmenge verminderte sich demgemäß bei ungefähr gleichem Wasserzusatz je Minute die eingespritzte Wassermenge je m^3

auf einen den praktischen Verhältnissen besser angepaßten Wert. Für die schaubildliche Darstellung der Gasverhältnisse (Abb. 1081a) wurde der auf 21% Luftsauerstoff bezogene Anteil der sauerstoffführenden Gase ermittelt. In der Original-

Zahlentafel 262. Versuchsplan.

Hauptversuch Nr.	Eingespritztes Wasser in g je m³ Wind	Gesamtfeuchtigkeit in g/m³ (g je min) Unterreihe 1 mit vorgetrocknetem Wind	2 mit feuchtem Wind	3 mit feuchtem Wind
I A 25	0,0	3,5 (1,46)	11,6 (4,6)	12,5 (5,2)
I B 25	7,2	10,7 (4,46)	18,8 (9,6)	19,7 (7,97)
I C 25	14,4	17,9 (7,46)	26,0 (10,6)	26,9 (10,97)
II A 45	0,0	4,5 (3,37)	7,86 (5,88)	9,67 (7,25)
II B 45	4,0	8,5 (6,37)	11,86 (10,25)	13,67 (11,27)
II C 45	8,0	12,5 (9,37)	15,86 (12,47)	17,67 (14,25)
III X 25	0,0	3,07 (1,28)	5,13 (2,14)	
III Y 25	7,2	10,27 (4,28)	10,05 (4,38) nur in Vorlage gesättigt, keine Einspritzung	
III Z 25	14,4	17,47 (7,28)	5,13 (2,14) mit Heißwind, naturfeucht, keine Einspritzung	

arbeit ist auch die Temperaturcharakteristik der Versuche innerhalb des Ofens schaubildlich dargestellt.

Grundsätzlich hatte diese in allen Reihen das gleiche Gepräge. Mit zunehmendem Auftreten von Kohlensäure trat eine entsprechende Abnahme des freien

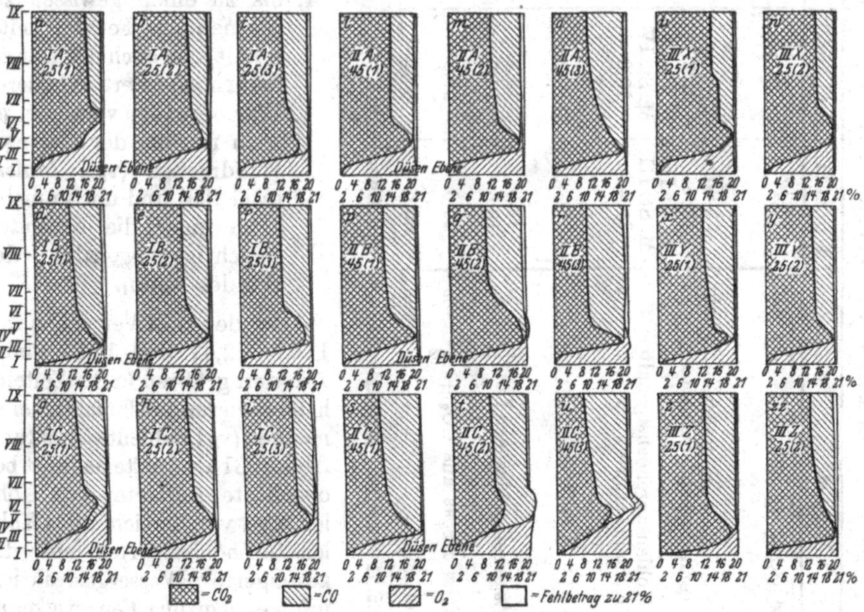

Abb. 1081a. Darstellung der Gasverhältnisse.

Sauerstoffs ein. Hatte die Kohlensäurekurve einen Höchstwert erreicht und war der freie Sauerstoff verschwunden oder nur noch in geringen Mengen vorhanden,

Zahlentafel 263. Vergleich von Wassereinspritzung und natürlicher Feuchtigkeit.

Versuch	I B 25 (1)	I A 25 (2)	II B 45 (1)	II A 45 (2)	II C 45 (1)	II B 45 (2)	III Y 25 (1)	III Y 25 (2)
Zugeführte Gesamtfeuchtigkeit . . g/min	4,46	4,60	6,37	5,88	9,37	10,25	4,28	4,38 in Vorlage gesättigt
Davon in die Düsen eingespritzt . g/min	3,00	—	3,00	—	6,00	—	3,90	—
Lage des Temperaturhöchstwertes . . .	1390° M. St. II *	1325° M. St. II	1590° M. St. II	1525° M. St. II	1590° M. St. II	1540° M. St. II-III	1390° M. St. II	1330° M. St. III
Lage des Kohlensäurehöchstgehaltes . .	M. St. III	M. St. IV	zwischen M. St. IV u. V		zwischen M. St. III u. IV		M. St. IV	
Höchster Kohlensäurewert . . . . . %	19,4	19,2	20,6	19,9	18,8	20,2	18,8	19,8
Auftreten von Kohlenoxyd	kurz vor dem Kohlensäurehöchstwert		kurz vor dem Kohlensäurehöchstwert	kurz nach dem Kohlensäurehöchstwert	geringe Mengen weit vor dem Kohlensäurehöchstwert	geringe Mengen in dem Kohlensäurehöchstwert	vor dem Kohlensäurehöchstwert	in dem Kohlensäurehöchstwert
Abgase in % der eingeblasenen Luft CO_2 %	11,3	14,4	11,7	11,3	9,4	10,1	12,2	13,8
Abgase in % der eingeblasenen Luft CO %	18,6	11,7	18,4	18,4	22,6	20,7	17,2	13,8
Sauerstoff im Abgas aus $CO_2 + \frac{CO}{2}$ %	20,6	20,3	20,9	20,5	20,7	20,45	20,8	20,7
Koksverbrauch . . . . g/min	66,6	58,2	121,2	119,4	128,4	124,2	66,0	61,8

* M. St. II bedeutet: Meßstelle II usw. (vgl. Abb. 1081 a).

so setzte das Auftreten von Kohlenoxyd ein, und zwar anteilmäßig annähernd nach der Beziehung:

$$CO_2 + \frac{CO}{2} = 21\%,$$

wenn Kohlensäure und Kohlenoxyd in Raumteilprozenten gemessen sind.

Betrachtete man die Versuche der Reihen A und B, so war zu erkennen (vgl. Abb. 1081 a), daß mit zunehmendem Feuchtigkeitsgehalt zunächst

1. das Abgas die Neigung zeigte, kohlenoxydreicher auszufallen;
2. der Kohlensäurehöchstwert in diesen Fällen zunehmend etwas tiefer zu liegen kommt;
3. in Übereinstimmung mit Punkt 2 auch der Temperaturhöchstwert bezüglich der Höhenlage sich nach unten verschob;
4. bis zu einem gewissen zunehmenden Feuchtigkeitsgehalt sich auch der Temperaturhöchstwert zu höheren Wärmegraden verschob, jedoch nur bei der kleineren Windmenge (vgl. Zahlentafel 263) und um so mehr, je geringer die absoluten Feuchtigkeitsgehalte des Windes waren.

Bei den drei Versuchen mit 11,27, 12,47 und 14,25 g/min, also den größten in der Zeiteinheit reagierenden Feuchtigkeitsmengen (vgl. Zahlentafel 262 und Abb. 1081 a), dürfte das dort beobachtete Auftreten von Kohlenoxyd vor Erreichen des Kohlensäurehöchstwertes auf die gesteigerte Wassergasreaktion infolge zu großer Feuchtigkeitszuführung in der Zeiteinheit zurückzuführen sein. Da in diesen Fällen die Kohlensäure- (Oxydations-)Kurve wieder zunehmend flacher (gegenüber der Ordinate) verläuft und in ihrem Verlauf den Kohlensäurekurven bei feuchtigkeitsarmen Versuchen ähnelt, so scheint der Feuchtigkeitsbestwert merkbar überschritten gewesen zu sein und diese schon der bloßen Überlegung entspringende Erwartung damit ihre Bestätigung gefunden zu haben.

Um nun die besondere Auswirkung einer Wassereinspritzung in den Verbrennungsraum einwandfreier nachzuprüfen, wurden in Zahlentafel 263 solche Versuche mit ihren kennzeichnenden Ergebnissen gegenübergestellt, bei denen unter denselben Bedingungen (gleiche Windmengen je Stunde) möglichst gleiche Feuchtigkeitsmengen je Zeiteinheit zugeführt wurden, die sich jedoch durch die Art der Feuchtigkeitszuführung (eingespritzt oder windgesättigt) unterschieden.

Eine genaue Betrachtung der Zahlen zeigt, daß durch die Wassereinspritzung:

1. stets ein um 50 bis 65° größerer Temperaturhöchstwert erzielt wurde;
2. der Temperaturhöchstwert Neigung erhält, der Höhenlage nach näher an die Düsen heranzurücken;
3. desgl. der Kohlensäurehöchstwert räumlich im allgemeinen tiefer zu liegen kommt;
4. der Sauerstoff in den kohlenstofführenden Gichtgasanteilen etwas größer ausfällt (Wassergasreaktion);
5. die Verbrennungsgeschwindigkeit des Kokses um 1,5 bis 14,5% gesteigert wird.

Was den Versuch mit Heißwind III Z 25 (2) betrifft, so zeigte sich bei Gegenüberstellung mit dem hinsichtlich Feuchtigkeit und Windmenge vergleichbaren Versuch III X 25 (2), daß eine Windvorwärmung durch Erhöhung der Reaktionsgeschwindigkeit praktisch in demselben Sinne wirkt wie eine Wassereinspritzung in die Düsen oder eine Erhöhung der Windfeuchtigkeit (unterhalb des Bestwertes natürlich), denn es wurde auch hier:

1. der Kohlensäurehöchstgehalt erniedrigt,
2. desgleichen die Zone höchster Temperatur gesenkt,
3. der Höchstwert der Verbrennungstemperatur gesteigert (1425 gegen 1380°),
4. die in der Zeiteinheit vergaste Koksmenge um 1,5 bis 14,5% erhöht.

Unter dem Eindruck der Versuchsergebnisse erscheint demnach die Annahme berechtigt, daß ein gewisser Feuchtigkeitsgehalt diesseits eines Bestwertes auch bei der Verbrennung von festem Kohlenstoff eine günstige Wirkung im Sinne einer Steigerung der Reaktionsgeschwindigkeit auszulösen vermag. Über die Reaktionsvorgänge läßt sich freilich noch nichts Bestimmtes aussagen.

Eine günstige Einwirkung der Feuchtigkeit durch Beeinflussung des Zündpunktes scheint jedenfalls nicht in Frage zu kommen, nachdem durch besondere Versuche des Verfassers ein hemmender Einfluß der Luftfeuchtigkeit auf dessen Lage festgestellt werden konnte, wie Zahlentafel 264 zeigt. Diese Versuche waren mit einer dem Verfahren von Bunte und Köhmel nachgebildeten Einrichtung

Zahlentafel 264.

Zündpunkte verschiedener Brennstoffe in trockener bzw. feuchter Luft in °C.

	a) trockene Luft $H_2O = 3\ g/m^3$			b) feuchte Luft $H_2O = 12\ g/m^3$		
	60 l/st	30 l/st	15 l/st	60 l/st	30 l/st	15 l/st
Halbkoks	311	350	378	342	373	397
Hüttenkoks	461	482	501	486	502	518
Petrolkoks	481	505	537	508	532	550
Graphit	625	637	642	643	650	656

durchgeführt worden bei 3 mm Korngröße und 15 bis 60 l/st Strömungsgeschwindigkeit.

Auch bei einer anderen Versuchsreihe zur Kennzeichnung der Verbrennlichkeit einer Anzahl von Brennstoffen aus dem Grad der Kohlensäurereduktion konnte beobachtet werden, daß im angewandten Temperaturgebiet von 400 bis 900° die trockene Kohlensäure etwas stärker zerlegt wurde, der Wasserdampf also auch hier einen hemmenden Einfluß auf die Reaktionsfähigkeit des Kokses ausübte. Allerdings glichen sich die Unterschiede mit steigender Temperatur immer mehr aus. Der Verfasser glaubt hingegen, die günstige Einwirkung mäßiger Wasserdampfmengen bei den vorliegenden Verbrennungsversuchen wenigstens teilweise rein physikalisch auf die hierdurch erhöhte Strahlungsfähigkeit der Gasphase zurückführen zu dürfen, wodurch infolge des erhöhten Wärmeüberganges die Zündung benachbarter Koksteilchen rascher erfolgt und der Verbrennungsvorgang auf einen kleineren Raum beschränkt wird mit dem Erfolg einer Zusammenziehung der Verbrennungszone bei erhöhter Flammentemperatur. Auf diese Weise würde sich auch die Beobachtung erklären, daß sich der günstige Einfluß des Wasserdampfes erst in Temperaturen auswirkte, bei denen dessen Strahlungsintensität mit der Temperatur rasch zunimmt (oberhalb 800 bis 900°). Während trockene Luft praktisch diatherm (*24*) ist, nimmt der Strahlungsfaktor c für Wasserdampf und Rauchgase den Wert an

$$c = \frac{p \cdot s}{100} \; (s \text{ in m}, \; p = \text{Teildruck in } \%).$$

Bezogen auf einen schwarzen Körper von 0°, bei einer Gastemperatur von z. B. 1400°, einer Schichtdicke von $s = 2$ m und Partialdrücken von $p_{CO_2} = 12\%$; $p_{H_2O} = 10\%$; $p_{CO} = 3\%$ betragen die Strahlungsanteile:

	kcal/m²/st
für Kohlenoxyd	$4{,}0 \cdot 10^3$
für Kohlensäure	$27{,}6 \cdot 10^3$
für Wasserdampf	$39{,}6 \cdot 10^3$

Der Grenzwert günstig wirkenden Wasserdampfanteils würde dann erreicht sein, wenn sich die Vorteile erhöhter Strahlung mit den Nachteilen zunehmender (endothermer) Wasserdampfreduktion thermisch ausgleichen.

Diese Auffassung soll natürlich die Möglichkeit einer katalytischen Auswirkung des Wasserdampfzusatzes etwa gemäß Gleichung (9) und (10) nicht ausschließen. In welchem Ausmaß ferner noch veränderte Gasadsorptionsverhältnisse eine Rückwirkung auf die Verbrennungsvorgänge ausüben, ist kaum zu sagen, nachdem die Adsorptionsvorgänge bisher leider nur für niedrigere Temperaturen durchforscht sind. Immerhin lassen z. B. gerade die Arbeiten von A. Magnus und H. Roth (*25*) über die Adsorption von Kohlendioxydwasserstoff-Gemischen an Kohle (bis + 169°) eine Beeinflußbarkeit der Oberflächenreaktion durch wechselnde Adsorptionsverhältnisse auch bei höheren Temperaturen erwarten.

Auf mehreren rheinisch-westfälischen Gießereien konnten an Hand systematischer Untersuchungen die eben erwähnten Vorzüge einer Wassereinspritzung im allgemeinen bestätigt werden. Ältere dem Verfasser mitgeteilte Zahlen schwanken allerdings in weiten Grenzen, und zwar betrug etwa:

1. die Erhöhung der Eisentemperatur 0 bis 40° C,
2. die Koksersparnis 5 bis 30%,
3. die Leistungssteigerung bis 25%.

Bei Schachtöfen zum Umschmelzen von Hochofenschlacke stieg (*26*) bei Anwendung des Wasserzufuhrverfahrens die Produktion erheblich bei Koksersparnissen bis zu 35%. Selbst wenn der Kokssatz um 48,5% des normalen erniedrigt wurde, traten keine Störungen ein. Die Schlacke blieb auch dann sehr flüssig und die Temperaturen lagen 30 bis 40° über den normalen Werten. Über günstige Auswirkungen des Wassereinspritzverfahrens berichtete auch G. OTT (*27*) auf Grund der jahrelangen Erfahrungen damit auf dem Grusonwerk in Magdeburg. OTT fand dabei u. a. eine Kokseinsparung von 1,75%, bezogen auf den Eisensatz oder von 15%, bezogen auf den Kokssatz. HARR (*28*) berichtete ebenfalls über erfolgreiche Versuche mit demselben Verfahren. Seine Anordnung ist aus Abb. 1082 zu ersehen. Das der Druckwasserleitung (Trinkwasserleitung) entnommene Wasser durchlief zwei parallel in die Leitung eingebaute Filter, welche eine Verstopfung der Spritzdüsen verhindern sollten (Abb. 1083).

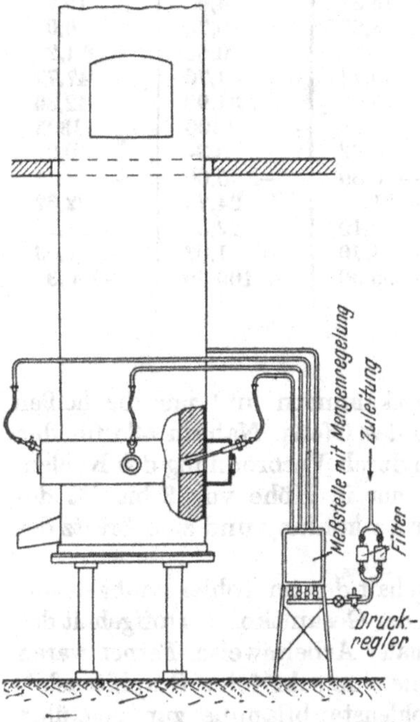

Abb. 1082. Kupolofen mit Wassereinspritzung (Versuchsanordnung von D. HARR).

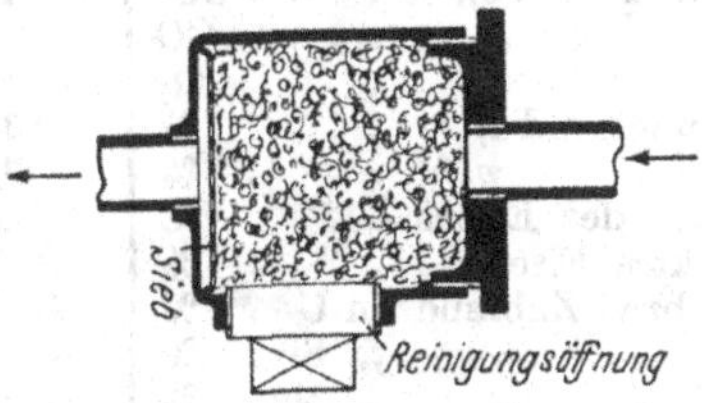

Abb. 1083. Reinigungsfilter (D. HARR).

3. Die Kohlenstaubzusatzfeuerung.

Nach dem A. Kaiserschen Verfahren der Babcockwerke in Oberhausen wird ein Teil des Brennstoffes durch Kohlenstaub ersetzt. Bei den ersten systematischen Versuchen von A. KAISER und P. BARDENHEUER (*29*) wurden rund 12% des Koksgewichts, d. h. 0,8 bis 1% an Kohlenstaub, bezogen auf den Einsatz, oberhalb (170 mm) der Düsenebene durch Preßluft in den Kupolofen (l. W. 900 mm) eingeführt. Als Ergebnisse bei Umstellung des Betriebes von rund 11% Satzkoks auf rund 7% bei rund 0,8 bis 0,9% Kohlenstaub wurden von KAISER und BARDENHEUER folgende Vorteile festgestellt (Zahlentafel 265):

Die Schmelzleistung erhöhte sich gegenüber dem normalen Betrieb um 30,8 und bei außergewöhnlich scharfem Ofengang um 23%.

Der thermische Wirkungsgrad erfuhr eine Steigerung um 37,14 bzw. 37,43%.

Der Schwefelgehalt nahm entsprechend dem geringeren Koksverbrauch ab; nach den Analysenergebnissen von etwa zwei Jahren betrug die Erniedrigung des Schwefelgehaltes durch die Zusatzfeuerung im Durchschnitt 15 bis 25%.

Die Schlackenmenge wurde entsprechend den geringeren Mengen an Koks und Kalkstein vermindert. Bei den Versuchen betrug die Verminderung 8,22 bzw. 18,94%.

Irgendwelche Nachteile gegenüber dem normalen Betrieb konnten damals nicht festgestellt werden.

Der Abbrand an Eisen, Mangan und Silizium war praktisch der gleiche wie beim normalen Ofenbetrieb.

Die Festigkeitseigenschaften wurden durch die Zusatzfeuerung kaum beeinflußt. Die damaligen Prüfungsergebnisse deuteten aber eher auf eine geringe Verbesserung als auf eine Verschlechterung des erschmolzenen Gußeisens hin.

Der kohlenstaubgefeuerte Kupolofen der American Radiator Company (*31*)

Zahlentafel 265.

	1. Versuch ohne Zusatzfeuerung	1. Versuch mit Zusatzfeuerung	2. Versuch ohne Zusatzfeuerung	2. Versuch mit Zusatzfeuerung
Ofenleistung kg/st	5267	6889	6203	7629
Satzkoks trocken (einschl. Kohlenstaub) . . . %	9,57	6,95	10,29	7,29
Ges. Brennstoff trocken . . . . . %	10,49	7,74	11,47	8,45
Windmenge m^3/100 kg Eisen	73,8	58,2	85,4	68,3
Windmenge einschließlich Preßluft	—	60,4	—	70,1
Abgasanalyse in Vol.-% . . . . CO_2	15,07	16,38	14,6	15,2
„ . . . . CO	8,86	4,83	9,75	6,0
„ . . . . O_2	—	—	0,65	1,2
Ofenwirkungsgrad η_1* . . . . %	37,00	50,74	34,76	47,77
„ η_2** . . . . %	34,85	46,00	31,92	42,86
Temperatur des Eisens . . . . °C	1350	1365	1400	1395
Verschlacktes Eisen . . . . . . %	0,25	0,23	0,34	0,27
Abbrand bzw. Zubrand an C . %	+ 2,07	− 0,89	− 5,00	− 7,27
„ „ „ „ Si . %	− 19,84	− 21,00	− 24,73	− 22,62
„ „ „ „ Mn . %	− 22,19	− 22,19	− 22,37	− 24,21
„ „ „ „ P . %	− 7,48	− 4,76	− 1,03	− 1,03
„ „ „ „ S . %	+ 70,42	+ 55,30	+ 109,40	+ 100,3

* Bezogen auf den eingebrachten Kohlenstoff.
** Bezogen auf die gesamte Wärmeeinnahme.

hat seitlich am Ofen angebrachte Verbrennungskammern und nur die heißen Verbrennungsgase gelangen in die Schmelzzone des Ofens. Nahezu alle für den Schmelzvorgang erforderlichen Kalorien wurden durch Verbrennung des Kohlenstaubes erzeugt. Koks wurde dem Schmelzgut nur in Höhe von 2 bis 4% des flüssigen Eisens zugesetzt, also nur soviel, als zur Aufkohlung und zum Ersatz des abgebrannten Füllkokses erforderlich ist.

F. Meyer (*31*) berichtete, daß der Schwefelgehalt des im kohlenstaubgefeuerten Ofens um 20 bis 30% geringer war, daß auch der Gesamtkohlenstoffgehalt des Eisens um etwa 20% niedriger lag als bei normaler Arbeitsweise. Ferner waren die Abbrandziffern kleiner. Das Eisen zeigte stets eine sehr feine Graphitausbildung, was auf die hohe Temperatur der Kohlenstaubflamme zurückgeführt wurde. Die Festigkeitswerte des Eisens lagen um 10 bis 12% höher als vorher. Die Ausmauerung litt nicht unter den hohen Temperaturen der Kohlenstaubflamme, die Reparaturkosten lagen nicht höher als vorher. Der Brennstoffverbrauch je Tonne flüssigen Eisens (t zu 910 kg) betrug 60 kg. Daran war der Satzkoks mit 60% beteiligt. Nach den in Illinois üblichen Preisen für Koks bzw. Kohlenstaub ergab sich eine Kostenersparnis für den Brennstoff von 50,4%. Die Abstichtemperatur des Eisens aus dem kohlenstaubgefeuerten Ofen wurde mit 1450 bis 1480° C angegeben.

4. Die Ölzusatzfeuerung.

Bereits in dem alten USA.-Patent Nr. 173884 vom 22. Februar 1876 ließ sich der Erfinder das Einblasen von Teerkohle (coaloil-carbon) oder Gaskohle (gas-carbon) in die Düsen des Kupolofens patentieren, um die oxydierende Atmosphäre vor den Düsen zu vermindern und damit den Abbrand herabzusetzen. Es wurde damals auch beobachtet, daß weniger Luft nötig war, um die gleiche Temperatur zu erzeugen. In dem wenige Jahre späteren USA.-Patent Nr. 360620 vom 5. April 1887 wird die Einführung von Naphtha in die Düsen des Kupolofens vorgesehen, um durch die damit erzielte höhere Temperatur das Niederschmelzen von Eisen- und Stahlabfällen zu ermöglichen. Dann hörte man im Schrifttum lange Jahre nichts mehr von einer Ölzusatzbeheizung. Erst im Jahre 1921 berichtete wiederum K. Berthold (*32*) über ein solches Verfahren, das damals allein in mehr als 25 Betrieben des ehemaligen österreichisch-ungarischen Staatsgebietes eingeführt war. Systematische Versuche bei der Fa. Hofherr-Schrantz-Clayton-Shuttleworth an einem Ofen von 1200 mm l. W. erstreckten sich über mehr als vier Monate und waren dadurch gekennzeichnet, daß abwechselnd mit und ohne Ölzusatz gearbeitet wurde. Der ölbetriebene Ofen mit einem Verbrauch von rund 0,8 kg Öl/100 kg Eisen brauchte 5,61 % Koks gegen 12,1 % des nur koksbetriebenen Ofens, wobei insbesondere die Rückwirkung auf den Schwefelzubrand beachtenswert ist (vgl. Abb. 1084).

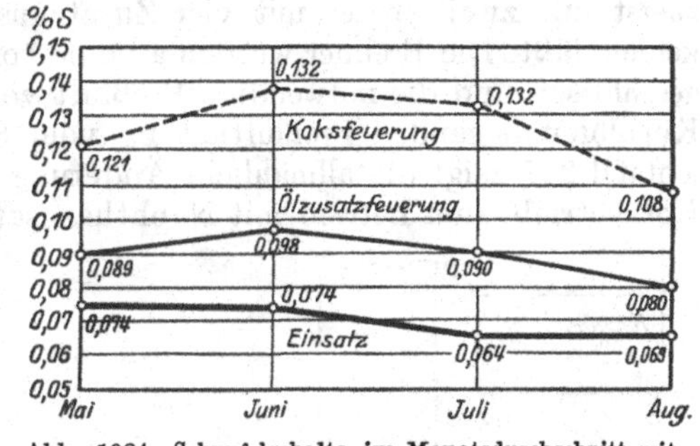

Abb. 1084. Schwefelgehalte im Monatsdurchschnitt mit und ohne Ölzusatz zum Kupolofen (K. Berthold).

Abb. 1085 gibt in Gegenüberstellung die Wärmestrombilder (Sankey-Diagramme), wie sie sich als ideale Mittelwerte von 20 Bilanzen, gewonnen an einem Kupolofen von 800 mm l. W. nach den Versuchen von K. Berthold (*50*) darstellen. Sie sind bezogen auf eine gesamte Schmelzeisenmenge von je 15 t bei 10% bzw. 5% (und 0,8% Öl) Satzkoks (mit 80% C) unter Zugrundelegung eines

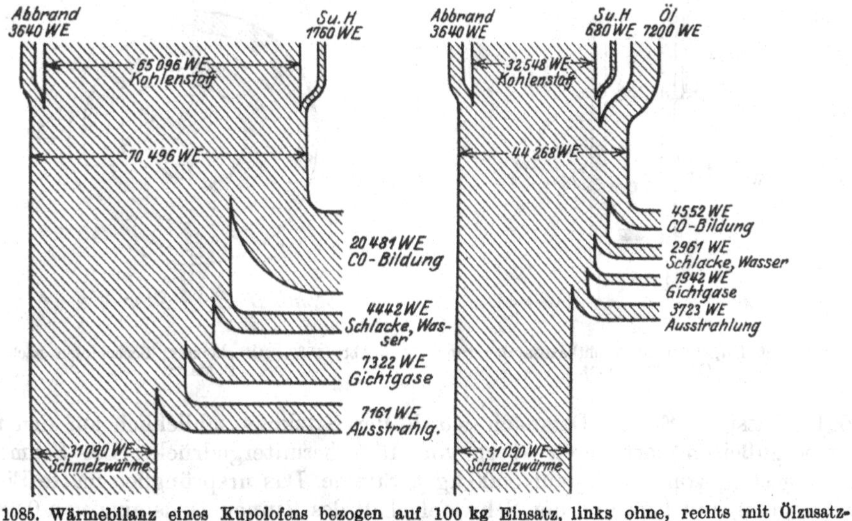

Abb. 1085. Wärmebilanz eines Kupolofens bezogen auf 100 kg Einsatz, links ohne, rechts mit Ölzusatzfeuerung (K. Berthold).

Eisenabbrandes von in beiden Fällen = 1,3%. Der Wirkungsgrad beträgt danach 38,7% gegen 56,3% beim Betrieb mit Ölzusatzfeuerung. Als Eisentemperatur wurden 1390° (315 WE/100 kg flüssigen Eisens) angenommen. Das Verbrennungsverhältnis $\frac{CO_2}{CO}$ konnte von $\frac{55}{45}$ auf $\frac{80}{20}$ bei der Ölzusatzbeheizung erhöht werden.

In jüngster Zeit berichtete W. Schneider (*33*) über Naphthazusatzfeuerung im Betrieb einer Tempergießerei. Schwefelreicher Koks war die Veranlassung zu den Versuchen. Die im folgenden mitgeteilten, für die betreffende Gießerei zufriedenstellenden Ergebnisse, dürften zum großen Teil darauf zurückzuführen sein, daß man gleichzeitig mit dem Naphthazusatz den ungewöhnlich hohen Satzkoks in Höhe von 24% verminderte und gleichzeitig auch den Eisensatz erhöhte. Für einen Ofen von 800 mm Durchmesser war auch die Ofenleistung vor dem Naphthazusatz mit 3500 kg/st viel zu gering und wahrscheinlich auf zu geringe spezifische Windmengen zurückzuführen. Beim Arbeiten mit Naphthazusatz arbeitete man zuerst mit zwei, später mit vier Zusatzdüsen, deren Anordnung Abb. 1086 erkennen läßt. Die Brenner wurden an eine vorhandene Naphtha-Druckleitung angeschlossen und die notwendige Preßluft von 2 bis 2,5 at einer in der Nähe der Kupolöfen liegenden Preßluftleitung vom Sandstrahlgebläse entnommen. Zahlentafel 267 zeigt die allmähliche Änderung der Betriebsverhältnisse von reinem Koksbetrieb zum Betrieb mit Naphthazusatz in Höhe von 0,8 bis 1 kg für je

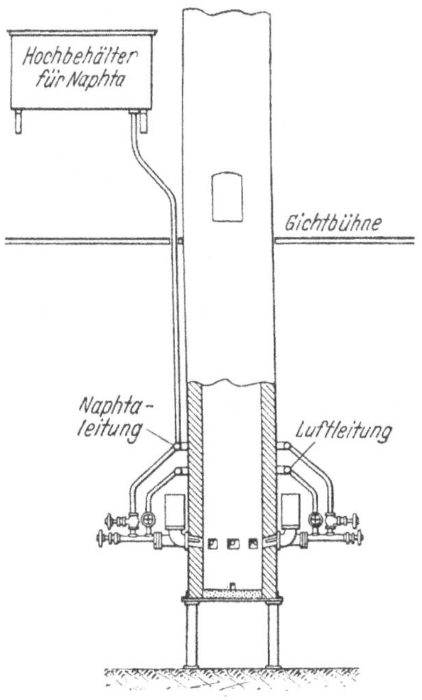

Abb. 1086. Kupolofen mit Naphthazusatzfeuerung (W. SCHNEIDER).

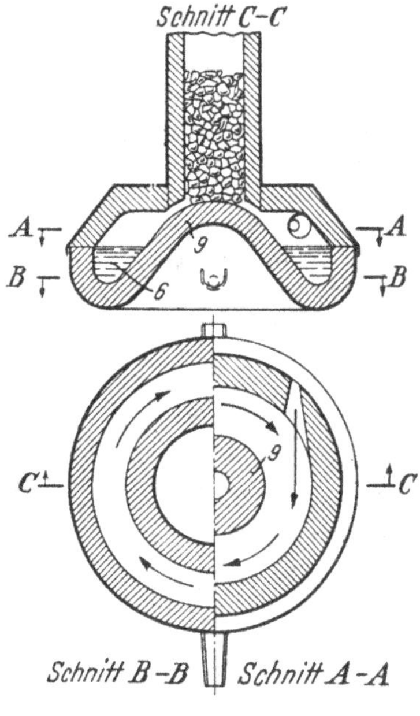

Abb. 1087. Ölbeheizter Schachtofen nach P. MARX.

100 kg flüssigen Eisens. Demnach wurde der Satzkoks schließlich auf den für Tempergußeisen normaleren Wert von 15% heruntergedrückt. Die Schmelzleistung stieg von 3500 kg auf 5500 kg je Stunde. Das ursprünglich matte Eisen wurde genügend heiß und der Schwefelgehalt des Rinneneisens ging von 0,28% auf 0,19 bis 0,20% herunter. Der Koks, den das Werk zu verarbeiten gezwungen war, enthielt 2,5 bis 3,6% Schwefel. Die Glühdauer des Temperrohgusses konnte von 208 auf 136 st verkürzt werden, wodurch auch die Haltbarkeit der Tempertöpfe erheblich stieg.

Einen ausschließlich mit flüssigen, gasförmigen oder staubförmigen Brennstoffen befeuerten Schachtofen hat P. MARX (*34*) in Hennef/Sieg entwickelt. Ein solcher mit Öl beheizter Ofen stand längere Zeit in der Versuchs-Schmelzhalle des Aachener Gießerei-Instituts und ergab hinsichtlich Ölverbrauch, Eisentemperaturen, Abbrandzahlen usw. Werte, die den Ofen als technisch verwendbar kennzeichneten, hinsichtlich der Wirtschaftlichkeit allerdings mehr auf die ölreicheren Länder als tragbar verwies. In einer der verschiedenen Patentschriften des Erfinders (*7*) wird die schematisch in Abb. 1087 dargestellte Bauweise empfohlen. Sie ist gekennzeichnet durch einen unter dem Schacht angeordneten ringförmigen Überhitzungs- und Veredelungsraum, in dem auch die Brenner tangential angeordnet sind. Der ringförmige Sammelraum für das flüssige Eisen ist in der Mitte zu einer die Beschickung tragenden Haube ausgebildet und absenkbar. Die heißen Abgase des Schachtes ermöglichen eine Windvorwärmung auf 250 bis 350°.

Zahlentafel 266. Wissenswertes über Heizöle.

Man unterscheidet Heizöle:

1. aus der Erdölverarbeitung
   a) Gasöl,
   b) Heizöl — Erdöl — und Rückstand,
   c) Heizöl — Misch- und Gasöl u. Rückstand;
2. aus der Steinkohlenverarbeitung
   a) Steinkohlenteerheizöl;
3. aus der Braunkohlenverarbeitung
   a) Braunkohlenteerheizöl.

Neben Heizöl wird auch Steinkohlenteer, Braunkohlenteer und Generatorteeröl benutzt.

Heizwerte verschiedener flüssiger Brennstoffe:

Gasöl	10500—11000	WE/,kg
Rohölrückstände (Masut, Pacura)	10000—11000	„
Rohöl	9500—11500	„
Steinkohlenteeröl	8500— 9000	„
Kreosotöl aus Braunkohlenteer	8700	„
Rohnaphthalin	9600	„
Horizontalofenteer	8150— 8350	„
Vertikalofenteer	8700	„

Wichtig für die Bemessung von Anlagen ist die Viskosität der als Heizstoff in Aussicht genommenen Öle. Es sind daher, wenn nicht Gasöle oder die normalen deutschen Teeröle als Brennstoff in Frage kommen, bei Anfragen und Bestellungen Angaben darüber erwünscht, bei welcher Temperatur das zur Verwendung kommende Heizöl pumpfähig und bei welcher es fein zerstäubbar ist. Eine genügende Zerstäubbarkeit ist bei den meisten Heizölen bei einer Viskosität von 1 bis 1,5 Englergrad vorhanden.

Einige wissenswerte Angaben über Heizöle, wie sie auf der Gießereifachausstellung 1936 in Düsseldorf in Form einer Lehrtafel zusammengestellt waren, enthält Zahlentafel 266.

5. Der gasbeheizte Kupolofen.

Über erfolgreiche Versuche, einen Gießereischachtofen ausschließlich mit Gas (Koksgas) zu betreiben, berichtete K. Emmel (*35*). Der Versuchsofen von 600 mm Durchmesser hatte am unteren Ende eine ringförmige Erweiterung, an der die Brenner angesetzt waren. Die Schachthöhe konnte niedriger gehalten werden als beim koksbeheizten Ofen. Der Ofen arbeitete ohne Füllkoksschicht, das abfließende Eisen sammelte sich in einem flach ausgebildeten Vorherd, der durch besondere an der Stirnseite angebrachte Brenner beheizt wurde. Die heißen Abgase von Vorherd und Schacht wurden zur Vorwärmung der Ventilatorluft auf etwa 550° durch einen Winderhitzer geleitet. Der ursprünglich sehr hohe Abbrand konnte schließlich auf normalere Werte zurückgedrückt werden. Das anfallende Eisen besaß Temperaturen von 1380 bis 1430°. Es wurden zunächst Tempergußgattierungen, später auch Graugußgattierungen mit ausreichendem Erfolg heruntergeschmolzen. Als günstigster Gasverbrauch wird die Zahl von 20 m³ je 100 kg Eisen genannt.

Zahlentafel 267. Versuchsergebnisse mit Naphthazusatzfeuerung (W. SCHNEIDER).

Nr.	Brenner-zahl	Satz-gewicht kg	Füllkoks kg	Satzkoks kg	Koksverbrauch für 100 kg flüssiges Eisen kg	Satzkoksverbrauch für 100 kg flüssiges Eisen kg	Naphtha-verbrauch kg	Naphthaverbrauch für 100 kg flüssiges Eisen kg	Schmelz-leistung in der Stunde kg	Gesamt-durchsatz kg	Anmerkung
1	—	325	1120	4524	30,0	24	—	—	3500	18850	Reiner Koksbetrieb.
2	2	325	1120	2925	25,0	18	162	0,8	5500	16250	Eisentemperatur für dünnwandige Abgüsse zu niedrig, zeitweise sehr matt.
3	2	325	1120	3100	24,5	18	172	1,0	5500	17225	
4	2	350	1120	3136	21,7	16	196	1,0	5500	19600	Temperatur etwas höher, für mittlere Abgüsse verwendbar.
5	2	400	1120	3600	19,6	15	240	1,0	5500	24000	Eisen war heiß, für alle dünnwandigen Abgüsse verwendbar.
6	2	430	1120	3870	20,8	15	240	1,0	5500	24000	Eisen war heiß, 1370 bis 1390°, für alle dünnwandigen Abgüsse verwendbar.
7	4	450	1120	4185	19,0	15	279	1,0	5500	27900	
8	4	450	1120	4387	18,8	15	234	0,8	5500	29250	
9	4	450	1120	4252	19,0	15	227	0,8	5500	28350	
10	4	450	1120	3847	19,4	15	205	0,8	5500	25650	

6. Sauerstoffzusatz zum Gebläsewind.

Obwohl bereits vor 15 bis 20 Jahren an mehreren Stellen die Rückwirkung einer Sauerstoffanreicherung der Gebläseluft von Kupolöfen untersucht worden ist, so ist doch in der Literatur hierüber wenig bekannt geworden. Die allgemeine Einführung dieser Maßnahme scheiterte bisher an den zu hohen Kosten der Sauerstoffbeschaffung. Theoretisch läßt eine solche Sauerstoffanreicherung gemäß $t_{\text{max.}} = \frac{H_u}{G \cdot c_p}$ ($t_{\text{max.}}$ = theoretische Flammentemperatur) auch eine höhere Ofentemperatur erwarten *(36)*, da ja der Wert G des Nenners um das Gewicht des durch die Sauerstoffanreicherung eingesparten Stickstoffs verringert wird. Auch die kühlende Ofenzone vor den Formen wird kleiner, die Schmelzzone sinkt und wird stärker konzentriert. Eine große ausländische Gießerei, welche in den Jahren 1926 bis 1928 ihren hochwertigen Maschinenguß versuchsweise bei etwa 3proz. Sauerstoffanreicherung (Sauerstoff aus Bomben) herstellt, erzielte ein sehr heißes Eisen und erreichte damit bei P-Gehalten des Eisens von 0,40 bis 0,50% Zugfestigkeiten von 35 bis 36 kg/mm². Als Mehrkosten werden rund 4,— RM/t flüssigen Eisens genannt.

An einem Ofen mit 900 mm lichtem Durchmesser führte später F. MORAWE *(37)* neun Versuchsschmelzen durch, und zwar vier ohne Sauerstoffanreicherung, weitere

Zahlentafel 268 (F. MORAWE).

Versuche	Satzkoks %	Schmelzleistung kg/st	Eisentemperatur °C	Gichtgastemperatur °C	$CO_2:CO$ Gichtgas
Ohne Sauerstoffanreicherung:					
I. 20,9% O_2	11,21	3613	1344	410	1,20
II. 20,9% O_2	9,38	5507	1302	340	1,90
III. 20,9% O_2	9,54	5949	1322	408	0,86
IV. 20,9% O_2	8,77	5675	1293	450	2,24
Mit Sauerstoffanreicherung:					
V. 22,26% O_2	8,99	6000	1310	308	1,18
VI. 22,94% O_2	8,84	6717	1308	244	1,44
VII. 23,77% O_2	8,05	8081	1298	356	1,73
VIII. 24,11% O_2	8,58	6492	1305	320	1,41
IX. 25,39% O_2	8,56	6604	1322	346	1,04

fünf mit Sauerstoffanreicherungen des Gebläsewindes um 1,36 bis 4,46%. Hierbei ergab sich günstigstenfalls eine Satzkokersparnis von 2,3% je t Eisen. Die Leistungssteigerung erreichte bei 2,87% Sauerstoffanreicherung ihr Maximum mit 46,93%. Die mittlere Leistungssteigerung errechnete sich im Durchschnitt zu rund 25%. Der thermische Wirkungsgrad nahm je Prozent zugeführten Sauerstoffs um 0,59% zu. Aus der Wärmebilanz je 100 kg Eisen ergab sich, daß je Prozent Sauerstoffanreicherung 2298 kcal weniger Wärme verbraucht wurden. Die Eisen- und Gichttemperaturen zeigten keine größeren Veränderungen (Zahlentafel 268). Der Eisenabbrand betrug 0,24 bis 0,60% bei den Versuchen ohne und 0,12 bis 0,51% bei den Versuchen mit Sauerstoffanreicherung. Man kann nicht behaupten, daß die Ergebnisse dieser Versuche den Erwartungen einer Sauerstoffanreicherung sonderlich entsprächen. Vielmehr setzten sich bei diesen Versuchen die Beziehungen zur Satzkoksmenge nach bekannten Erwartungen durch. Ein Sauerstoffanreicherungsversuch unter Verwendung von Anthrazit als Brennstoff zeigte, daß letzterer für den Kupolofenbetrieb zu weich und daher nicht brauchbar war.

Was die Wirtschaftlichkeit der Sauerstoffanreicherung betrifft, so sei darauf hingewiesen, daß größere Anlagen zur Erzeugung von Linde-Luft heute mit 2,4 Pfg./m³ Sauerstoff rechnen (*38*). Bei Herstellung einer 73 proz. Linde-Luft sinken unter Annahme neuzeitlicher Großanlagen die Kosten noch weiter, so daß eine Anreicherung der Gebläseluft auf etwa 35% O_2 mit einem Preis von 1,3 Pfg./m³ Sauerstoff einschließlich Tilgung und Verzinsung erreichbar ist.

7. Andere Sonderkonstruktionen von Kupolöfen.

Die British Cast Iron Research Association in Birmingham hatte auf Grund früherer Untersuchungen einen Kupolofen mit niedriger Luftgeschwindigkeit (sog. „soft-blast"-Ofen) normalisiert, gekennzeichnet durch eine einzige Reihe von Düsen mit rechteckiger Form bei großem Windmantel. Auf Grund weiterer Untersuchungen von J. FLETCHER (*39*) hat die Genannte alsdann einen Kupolofen mit sog. ausgeglichener Windzuführung („balanced-blast" oder Gleichwindofen) entwickelt, der sich in England recht gut eingeführt hat. Seit dem Jahre 1930 sind in England und einigen anderen Ländern (Dänemark, Indien, Australien, USA.) über 150 derartiger Öfen in Betrieb genommen worden, meistens als Umbauten bestehender Anlagen. J. G. PEARCE (*40*) kennzeichnet diesen Ofen wie folgt:

„Die Windzufuhr wird an den Hauptdüsen durch einzelne Schraubenventile an jeder am Windmantel angebrachten Düse geregelt. Der Ofen trägt außerdem drei Reihen kleiner Oberdüsen, die ebenfalls vom Windmantel gespeist werden. Die Windzufuhr dieser kleinen Düsen kann man schon am Anfange des Ofenganges regulieren; sie bleiben dann nachträglich unverändert, so daß man sie während des eigentlichen Ofenganges nicht nachreguliert. Die Stellung der Ventile der Hauptwindformen (Düsen) bedingt die Verteilung der zugeführten Luft zwischen den Hauptdüsen und den Oberdüsen. Normalerweise wird diese Stellung nicht während des Ofenganges verändert; doch kann es unter Umständen vorteilhaft sein, die Hauptdüsenventile gegen das Ende des Schmelzganges etwas zu schließen. Die Windverteilung zwischen den unteren und oberen Windformen wird bedingt durch die Stellung der Hauptdüsen, die dem jeweiligen Schmelzgang des Ofens angepaßt wird. Durch Veränderung der Stellungen von Ventilen und Düsen (Windformen) kann man die Leistung des Ofens in den Grenzen von 40% unterhalb der Normalleistung regulieren, ohne daß dabei die Temperatur oder Güte der Schmelzen bzw. die Wirtschaftlichkeit des Betriebes beeinflußt werden. Der Ofen läßt sich deshalb leicht dem jeweiligen Eisenbedarf weitestgehend anpassen.“

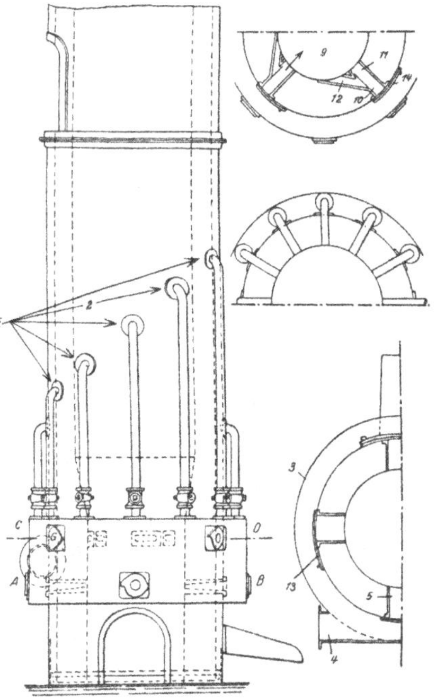

Abb. 1088. Skizze eines Poumay-Ofens (der Patentschrift entnommen).

Mit Öfen dieser Bauart soll man angeblich höhere Schmelztemperaturen erzielen bei einer Koksersparnis von mindestens 20 bis 30%. Gleichzeitig soll der Gießereiausschuß vielfach um 25 bis 30% zurückgegangen sein, da das Metall gasarm sei und in der Pfanne ruhig liege. In vereinzelten Fällen sei man mit dem Satzkoksanteil sogar auf 4 bis 5,3% (?) heruntergekommen, freilich „in gewissem Grade auf Kosten des Füllkokses“. Mehrere Gießereien, die diesen Ofen betreiben, haben bereits über ihre Erfahrungen damit berichtet (*41*). Da das Arbeiten mit mehreren Düsenreihen an sich nicht mehr neu ist, so kommt u. a. H. V. CRAWFORD (*42*) mit Recht zu dem Urteil, daß gegenüber den älteren Ausführungsformen sich das neue Verfahren durch seine bessere Konstruktion auszeichne, sowie durch die Tatsache, daß die Hauptdüsen während des Schmelzens verstellt werden, während die oberen unverändert bleiben. Der Erfolg des neuen Ofens beruhe jedenfalls wesentlich mehr auf der genauen Kontrolle der Windzufuhr an sich als auf der Besonderheit des Verfahrens. Tatsächlich kann man in dem Giessler-Poumay-Ofen der Firma C. F. R. Giessler in London, benannt nach dem Erfinder A. POUMAY (Belgien), bis zu einem gewissen Grade den Vorläufer des Gleichwindkupolofens sehen. Dieser letztgenannte Ofen ist gekennzeichnet durch drei Gruppen von Windformen, von denen zwei mit der Schmelzkammer zusammenarbeiten, während die dritte in den Kupolofen in einem gewissen Abstand oberhalb dieser Zone mündet (Abb. 1088). Die Gruppe der unteren Windformen (Ebene $A-B$) ist radial gerichtet, während die mittlere Gruppe (Ebene $C-D$) von Windformen gebildet wird, die je zwei Kanäle aufweisen, von welchen der eine radial gegen die Mitte des Kupolofens, der andere tangential zur Wand des Kupolofens gerichtet ist.

Eine dritte Reihe von Windformen (*E*) ist für die Umformung des Kohlenoxyds in Kohlensäure bestimmt. Diese Windformen werden durch Rohrleitungen, die mit Regulierhähnen versehen sind, vom Windkasten gespeist und sind längs des Schachtes in einer Schraubenlinie angeordnet, so daß sie den Wind in verschiedenen Höhen einblasen. Die unteren Düsenreihen arbeiten also mit Windmangel und erst die spiralförmig angeordneten haben die Aufgabe, das Kohlenoxyd vollkommen zu verbrennen. Die von A. POUMAY (*43*) vertretene Ansicht, daß es falsch sei, vor den Windformen den Koks zu Kohlensäure zu verbrennen, da dies einen erhöhten Abbrand verursache, unrationelles Schmelzen bewirke und die gebildete Kohlensäure „ja doch wieder in den oberen Zonen des Kupolofens reduziert werde", braucht nicht besonders richtiggestellt zu werden, da sie von der Mehrzahl der Fachleute als unhaltbar erkannt ist. Vom Poumay-Ofen wird nun behauptet (*44*), daß er mit Satzkoksmengen bis herunter zu 6% im Dauerbetrieb zufriedenstellend arbeite. Daß er einen geringeren prozentualen Abbrand an Silizium, Mangan usw. aufweist, ist aus der weniger stark oxydierenden Atmosphäre der Schmelzzone leicht zu verstehen. Auch dem Erreichen eines guten Verbrennungsverhältnisses an der Gicht widerspricht die Konstruktion nicht, wenn die Hilfsdüsen wirklich sorgfältig gewartet werden; dagegen ist der Ofen selbst bei der vom Erfinder vorgeschlagenen, sorgfältigen Betriebsführung (*45*) kaum geeignet, ein stark überhitztes Eisen zu liefern, ohne wenigstens teilweise auf bereits bekannte Betriebsmaßnahmen zurückzugreifen. Die vom Erfinder garantierten Hundertsätze (*46*) der Ersparnis an Brennmaterial, welche nach dem Einbau des Systems nicht überschritten werden, nämlich bei einem Koks von 10 bis 11% Asche und 1 bis 2% Wasser:

Art des Gußeisens bzw. des Einsatzes:	Poumay-Ofen %	Gewöhnlicher Kupolofen %
Gewöhnliches phosphorhaltiges Gußeisen	6	9–14
Hämatit	8	12–18
50% Hämatit + 50% Stahl	9	14–22
20% Hämatit + 80% Stahl	10	16–26

lassen erkennen, daß auch der Erfinder noch von dem Irrtum der Notwendigkeit wesentlich höherer Satzkoksmengen bei Verschmelzung schwerer, schrottreicher Gattierungen befangen ist, demgemäß für den Kupolofennormalbetrieb viel zu hohe Koksmengen angesetzt hat. Die für den Poumay-Ofen in Anspruch genommenen Kokssätze (abgesehen von dem 6proz.) können an jedem gut geführten Ofen auch ohne jegliche Zusatzbeheizung ohne weiteres erreicht werden. Über Betriebsergebnisse mit dem Poumay-Ofen berichtete u. a. J. CAMERON (*47*). Er nennt hierbei folgende Zahlen für einen Ofen:

		Vor dem Umbau	Nach dem Umbau
Koksverbrauch	%	10	7,17
Schmelzleistung	t/st	10,52	13,16
Gichtgas		12,7 CO_2	18,0 CO_2
		0,3 O_2	0,5 O_2
		10,5 CO	0,12 CO
Eisentemperatur	°C	1315	1344
Schwefel im Eisen	%	0,068	0,052

Auch der Poumay-Ofen hat in dem Noris-Kupolofen sowie in dem Kupolofen nach GREINER-ERPF (*48*) (1885) seine Vorgänger. Erfolgversprechend und mit der Theorie im Einklang wäre es, wenn man dem

Kupolofen Sekundärluft in einer Temperaturzone zuführte, die noch eben über dem Zündpunkt des kohlenoxydhaltigen Gasgemisches liegt, wo dagegen das Reaktionsvermögen der Kokssubstanz gegenüber der Kohlensäure bereits relativ klein ist.

Einen neuen Kupolofentyp beschreibt J. J. SHEEHAN (*49*). Das Eisen durchläuft nach dem Durchgang durch die Schmelzzone eine hocherhitzte Reaktionssäule und dann noch eine Überhitzungszone (s. Abb. 1089). Es sind zwei Düsenreihen vorhanden, eine an der Schmelzzone, die andere an der Überhitzungszone; zwischen ihnen befindet sich die etwa 4 m hohe Reaktionszone, in der man bei Gegenwart von Eisen Silizium aus Kieselsäure reduzieren, also eine Reaktion herbeiführen kann, die sonst im entgegengesetzten Sinne verläuft.

Ein interessantes und vielleicht noch entwicklungsfähiges Verfahren zum Schmelzen von Metallen, Eisen und Gußeisen im Schachtofen ist von W. ZÖLLER entwickelt worden und Gegenstand eines deutschen Patentes (*51*).

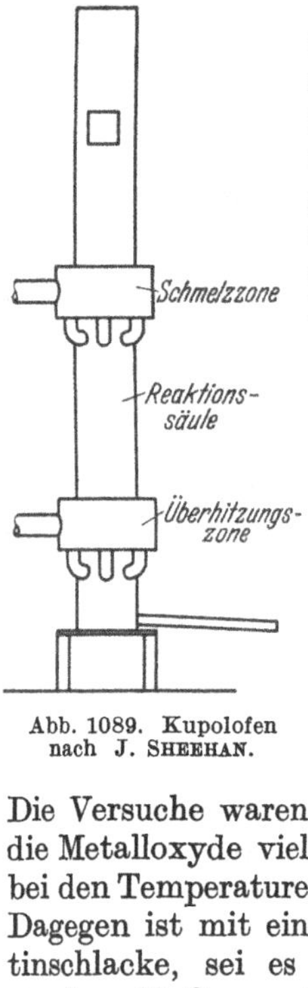

Abb. 1089. Kupolofen nach J. SHEEHAN.

Das Verfahren beruht darauf, daß das Schmelzen in absatzweiser Begichtung unter Ausnutzung eines höchsterzielbaren Temperaturgefälles zwischen Brennstoff und Schmelze durchgeführt wird, indem stets nur eine Eisen- und dann nur eine Koksgicht aufgegeben und diese Koksgicht vorerst auf Weißglut geblasen wird, ehe die Aufgabe einer weiteren Eisen- und Koksgicht erfolgt. Man kann in diesem Falle die Abhitze des Ofens ganz oder teilweise zur Erhitzung der Ofenherdsohle mittelbar oder unmittelbar nutzbar machen.

Nach dem Zusatzpatent Nr. 678261 wird auch die strahlende Wärme ausgewertet. Zu diesem Zweck ist oberhalb des Ofenschachtes eine Strahlkuppel angeordnet, deren Form bzw. Strahlfläche die günstige Rückstrahlung der Wärme nach optischen Gesetzen auf die Stelle des Ofenschachtes gestattet, an welcher die auf der schmelzenden Eisengicht ruhende Koksgicht weiß geblasen werden soll, und die so ausgebildet ist, daß gleichzeitig den Gasen ein möglichst widerdstands- und druckfreier Abzug gesichert ist.

Hingewiesen sei ferner auf die Versuche, saure Martinschlacke als Manganträger im Kupolofen zu verwenden. Die Versuche waren zum Scheitern verurteilt, da in der sauren Martinschlacke die Metalloxyde viel zu stabil an die zugehörigen Säuren abgebunden sind, um bei den Temperaturen im Kupolofen reduziert zu werden (vgl. auch Seite 313/314). Dagegen ist mit einem gewissen Erfolg die Verschmelzung von basischer Martinschlacke, sei es als Wärmeträger, sei es als Schlackenbildner, versucht worden. B. OSANN (*52*) berichtete hierüber eingehend. Darnach könne man die basische Martinschlacke u. U. an Stelle von Kalkstein aufgeben.

Schrifttum zum Kapitel XXVd.

(*1*) VOGEL, A.: Gießerei Bd. 16 (1929) S. 147.
(*2*) PIWOWARSKY, E.: Gießerei Bd. 11 (1924) S. 425.
(*3*) Vgl. HELLMUND, E.: Gießerei Bd. 9 (1922) S. 146. BOLZANI, L.: Gießerei Bd. 11 (1924) S. 376. PIWOWARSKY, E., u. N. BROGLIO: Gießerei Bd. 11 (1924) S. 425. SCHMID, L.: Gießerei Bd. 12 (1925) S. 505, 521 und 547. GILLES, CHR.: Gießereiztg. Bd. 20 (1923) S. 259. REIN, C.: Gießereiztg. Bd. 20 (1923) S. 279/301. HOLTZHAUSEN, P.: Gießereiztg. Bd. 21 (1924) S. 497/520. FRANZ, L.: Gießereiztg. Bd. 22 (1925) S. 277. GOLDBECK: Gießerei Bd. 13 (1926) S. 522 [Zuschriften Gießereiztg. Bd. 23 (1926) S. 173, 220, 243].
(*4*) SPRINGORUM, E.: Gießereiztg. Bd. 25 (1928) S. 105.
(*5*) OTT, G.: Gießerei Bd. 16 (1929) S. 111.

(6) USA.-Patent Nr. 1627536 vom 3. Mai 1927; vgl. Foundry (1926) S. 730 u. 754; Iron Age (1927) S. 1071/1155; Ref. Gießerei Bd. 14 (1927) S. 881. FISKE, R. A.: Iron Age Bd. 124 (1929) S. 872; vgl. Gießereiztg. Bd. 26 (1929) S. 681 u. Gießerei Bd. 16 (1929) S. 385.
(7) MACKENZIE, J. T.: Iron Steel Ind. (1931) S. 17; Trans. Bull. Amer. Foundrym. Ass. (1931) S. 197. COTLIN, J. W.: Iron Age Bd. 141 (1938) S. 40.
(8) Vgl. (1) sowie PIWOWARSKY, E.: Hochwertiger Grauguß. Berlin: Springer 1929 S. 236ff.
(9) OSANN, B.: Stahl u. Eisen Bd. 28 (1908) S. 1497.
(10) Gieß.-Praxis Bd. 59 (1936) S. 436ff.
(11) D.R.P. Nr. 663297.
(12) Schriftliche Mitteilung der Rekuperator G. m. b. H., Düsseldorf.
(13) JUNGBLUTH, H., u. P. A. HELLER: Techn. Mitt. Krupp Bd. 1 (1933) S. 99 u. 105; vgl. auch Arch. Eisenhüttenw. Bd. 7 (1933) S. 153.
(14) JUNGBLUTH, H., u. H. KORSCHAN: Techn. Mitt. Krupp Bd. 5 (1938) S. 79.
(15) LÉONARD, M. J.: Belg. Austauschvertrag. Intern. Gießerei-Kongreß London 1939.
(16) DIXON, H. B.: Trans. Roy. Soc. Bd. 175 (1884) S. 617; J. chem. Soc. Bd. 49 (1886) S. 94 u. 384; vgl. DIXON, H. B.: Engineering Bd. 120 (1925) S. 284.
(17) DIXON, H. E., u. L. MAYER: Ber. dtsch. chem. Ges. Bd. 19 (1884) S. 1099.
(18) Vgl. a. NERNST, W.: Theoretische Chemie, 8. bis 10. Aufl. S. 771/72. Stuttgart: Ferdinand Enke 1921.
(19) WIELAND, H.: Ber. dtsch. chem. Ges. Bd. 45 (1912) S. 697.
(20) NEUFANG, E.: Stahl u. Eisen Bd. 29 (1909) S. 70.
(21) Vgl. auch Gießerei Bd. 11 (1924) S. 413.
(22) OBERHOFFER, P., u. E. PIWOWARSKY: Über den Einfluß der Feuchtigkeit bei Verbrennungsvorgängen, insbesondere bei der Verbrennung von Koks. Stahl u. Eisen Bd. 46 (1926) S. 39.
(23) Rotawerke A.-G. in Aachen.
(24) Vgl. Ber. Stahlw.-Aussch. VDE Nr. 103.
(25) MAGNUS, A., u. H. ROTH: Z. anorg. allg. Chem. Bd. 150 (1926) S. 311.
(26) Mitt. der Isola G. m. b. H., Essen/Ruhr v. 11. Nov. 1927; vgl. a. OSANN, B.: Ein neues Kupolofenbetriebsverfahren. Gießerei Bd. 11 (1924) S. 413; Stahl u. Eisen Bd. 44 (1924) S. 1789; Gießerei Bd. 12 (1925) S. 5; Gießereiztg. Bd. 22 (1925) S. 57.
(27) OTT, G.: Gießerei Bd. 16 (1929) S. 111.
(28) HARR, D.: Gießerei Bd. 16 (1929) S. 567.
(29) KAISER, A.: Diss. Aachen 1927; vgl. a. BARDENHEUER, P., u. A. KAISER: Stahl u. Eisen Bd. 47 (1927) S. 1389 sowie Gießerei Bd. 14 (1927) S. 870.
(30) Gießereiztg. Bd. 24 (1927) S. 566.
(31) MEYER, F.: Iron Age Bd. 123 (1928) S. 1593; vgl. Foundry Trade J. Bd. 40 (1929) S. 368.
(32) BERTHOLD, K.: Stahl u. Eisen Bd. 41 (1921) S. 1544.
(33) SCHNEIDER, W.: Gießerei Bd. 21 (1934) S. 98.
(34) D.R.P. Nr. 611120, Kl. 31a, Gr. 1/10 vom 12. Nov. 1932.
(35) EMMEL, K.: Gießerei Bd. 26 (1939) S. 193; vgl. D.R.P. Nr. 554933.
(36) Vgl. a. GUMZ, W.: Die Verbrennung mit sauerstoffangereicherter Luft. Feuerungstechn. Bd. 16 (1928) S. 73.
(37) MORAWE, F.: Diss. T. H. Berlin 1929; vgl. Gießerei Bd. 17 (1930) S. 155.
(38) Vgl. ROESER, W.: Diss. T. H. Aachen 1939; Stahl u. Eisen Bd. 59 (1939) S. 1057.
(39) FLETCHER, J.: Brit. Patent Nr. 333322; D.R.P. Nr. 530986 usw.
(40) PEARCE, J. G.: Gießerei Bd. 23 (1936) S. 262.
(41) SHEPHERD, H. H.: Foundry Trade J. Bd. 47 (1932) S. 399; ebenda Bd. 48 (1933) S. 7; Bd. 50 (1934) S. 99. Ferner WHARTON, E.: Foundry Trade J. Bd. 48 (1933) S. 124 sowie BUCHANAN, W. J.: Foundry Trade J. Bd. 54 (1936) S. 69.
(42) CRAWFORD, H. V.: Foundry Trade J. 56 (1937) S. 139.
(43) POUMAY (Sohn): Rev. Fond. mod. (1929) S. 59.
(44) Vgl. Foundry Trade J. Bd. 54 (1927) S. 62; Stahl u. Eisen Bd. 47 (1927) S. 1249/50; Gießerei Bd. 15 (1928) S. 816.
(45) Rev. Fond. mod. (1926) S. 191.
(46) Entnommen einem Reklameflugblatt; vgl. a. Gießerei Bd. 15 (1928) S. 816.
(47) CAMERON, J.: Foundry Trade J. Bd. 40 (1929) S. 215.
(48) LEDEBUR, A.: Eisen und Stahlgießerei, 3. Aufl. S. 5, 117. Leipzig: Voigt 1901. KERL, B.: Handbuch der Metallhüttenkde. (1885); vgl. a. SCHMID, S.: Sonderbauformen des Kupolofens. Gießerei Bd. 15 (1928) S. 781.
(49) SHEEHAN, J. J.: Foundry Trade J. Bd. 60 (1939) S. 173.
(50) BERTHOLD, K.: Stahl u. Eisen Bd. 41 (1921) S. 393.

(*51*) D.R.P. Nr. 676804 vom 21. Nov. 1936 und Nr. 678261 (Zusatzpatent). Vgl. Gießerei Bd. 26 (1939) S. 629.
(*52*) OSANN, B.: Gießerei Bd. 16 (1929) S. 772.
(*53*) CRAWFORD, H. V.: Foundry, Cleveland Bd. 65 (1937) S. 34 u. 87.
(*54*) DAWSON, S. E.: Foundry Trade J. Bd. 53 (1935) S. 341 und 344; vgl. Stahl u. Eisen Bd. 57 (1937) S. 184.
(*55*) BADER, M.: Diss. T. H. Aachen 1942.
(*56*) Vgl. a. Zuschrift: PIWOWARSKY-KNICKENBERG: Gießerei Bd. 28 (1941) S. 333.

XXVI. Andere Schmelzöfen.

a) Öl-, gas- und kohlenstaubgefeuerte Flammöfen.

Der Flammofen ist natürlich rein metallurgisch dem Kupolofen vorzuziehen, insbesondere, wenn er nach dem Regenerativ- oder Rekuperativsystem arbeitet und damit starke Überhitzungen des Eisens zuläßt. Wenngleich der Wärmewirkungsgrad derartiger Flammöfen kleiner ist als derjenige von Schachtöfen (*1*), so sind dennoch die bessere Innehaltung der angestrebten Temperatur, die Möglichkeit laufender Analysenkontrollen, die bessere Möglichkeit der Entschlackung und Desoxydation, die Möglichkeit der Einstellung niedriger Kohlenstoffgehalte usw. Vorteile, welche besonders für Temper- und Walzenguß ausschlaggebend sein können, aber auch bei der Herstellung von Spezialgrauguß mit erniedrigtem Kohlenstoffgehalt große Vorteile bieten. Wenn man von den kohlengefeuerten Öfen absieht, wie sie heute noch vielfach für die Herstellung von Walzenguß benutzt werden, so kann man an besonderen Typen unterscheiden:

1. stationäre Flammöfen,
2. rotierende und kippbare Flammöfen.

Die Beheizung kann erfolgen durch Gas, insbesondere Koksofen- oder Mischgas, ferner durch Öl oder Kohlenstaub. Ölbeheizte Flammöfen ohne Windvorwärmung ergeben mitunter starke und ungleichmäßige Abbrände an den Eisenbegleitern, eine Windvorwärmung auf 250 bis 350° dagegen ermöglicht höhere Temperaturen, schnelleres Einschmelzen, geringeren Abbrand und eine Einsparung an Heiz- oder Brennstoff von 15 bis 20%. Eine Windvorwärmung über 600° hinaus kann trotz weiterer Vorteile auch mit Nachteilen verbunden sein, vor allem kann bei großen langen Öfen die Flamme zu kurz werden, so daß die Badbeheizung ungleichmäßig wird. Auch spielt die Frage der Haltbarkeit der ff.-Auskleidung eine wirtschaftlich und betriebstechnisch wichtige Rolle. Sobald man nämlich von den üblichen sauren ff.-Massen, insbesondere den guten Klebsanden, zu gebrannten Steinen oder zu Magnesitfutter übergehen muß, steigen die Kosten für die ff.-Auskleidung um ein Mehrfaches. Die Badtiefe bei stationären Flammöfen darf nicht zu groß werden, im allgemeinen nicht über 300 bis 350 mm hinausgehen, bei rotierenden Öfen kann sie größer werden, da die mechanisch erzwungene Badbewegung den Temperaturausgleich innerhalb des Bades begünstigt. Wärmewirtschaftlich von großem Vorteil sind diejenigen Ofenkonstruktionen, bei denen man im Schacht vorschmilzt und im Flammofen raffiniert und überhitzt (Duplex-Verfahren). Im folgenden seien einige der bekannt gewordenen Flammofentypen aufgeführt:

Flammöfen in Duplexbetrieben. Bereits in alten Patenten (*2*) findet man den Gedanken vertreten, zur Raffination von Kupolofenguß diesen in einen vorgebauten Flammofen mit Rostfeuerung ablaufen zu lassen. Unter den späteren Konstruktionen ist besonders die von F. WÜST (*3*) vorgeschlagene Bauart bekannt geworden, nach der ein Ofen auf der Maschinenfabrik Eßlingen längere Zeit in Betrieb war. Bei 8 bis 10% Ölverbrauch (Steinkohlenteeröl von 9200 kcal) war eine Überhitzung des im Kupolofen vorgeschmolzenen Materials auf über 1600° C möglich. Der Ofen arbeitete nach dem Rekuperativsystem, wobei Windtemperaturen von 400 bis 600° erreichbar waren. Das Schmelzgut wurde im Kupolofen lediglich mit einem Kalkzuschlag von 1 bis 2% und der zur evtl. Aufkohlung nötigen Koksmenge heruntergeschmolzen (Abb. 1090). Eine ähnliche Konstruktion wurde auch der Firma Friedr. Krupp A.-G. in Essen (*4*) geschützt. Sie erstreckt sich auf eine

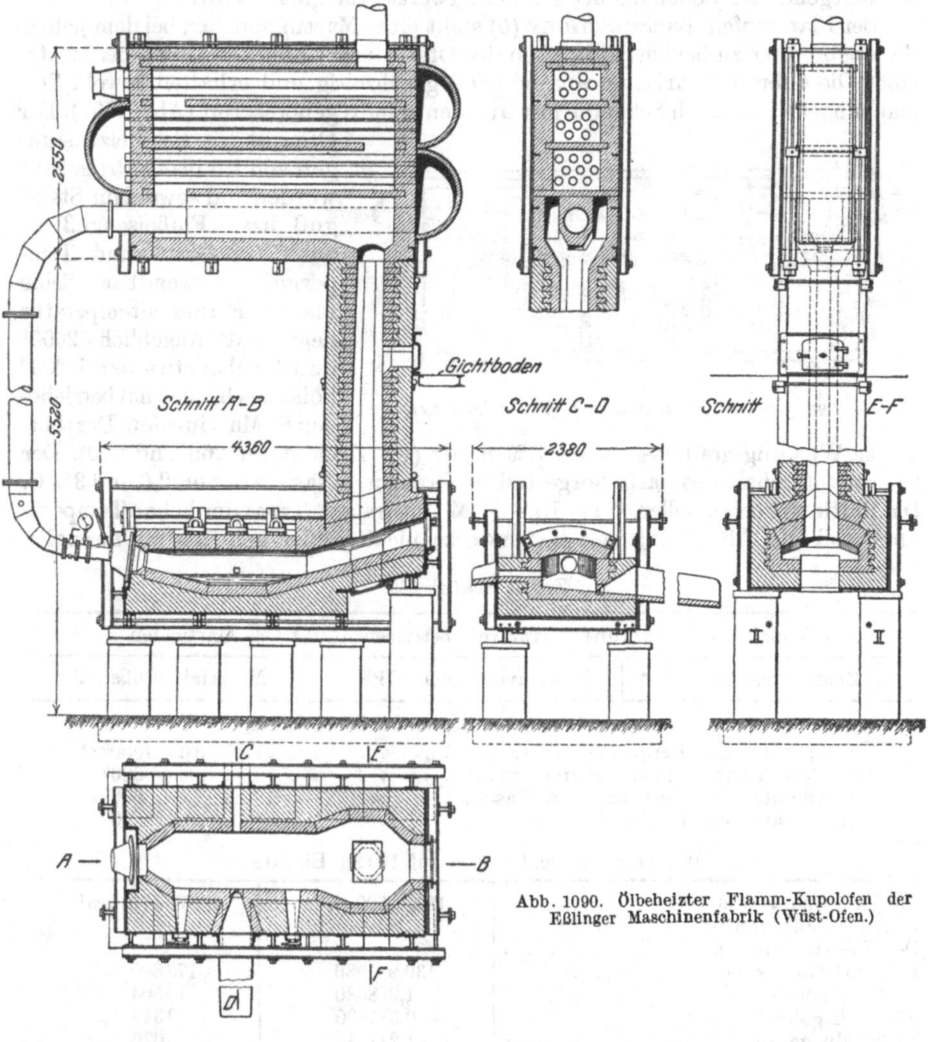

Abb. 1090. Ölbeheizter Flamm-Kupolofen der Eßlinger Maschinenfabrik (Wüst-Ofen.)

Ofenanlage, bestehend aus einem Kupolofen und einem an diesen angeschlossenen gasbeheizten Flammofen, dessen heiße Abgase die niedergehende Kupolofenbeschickung vorwärmen, zum Erschmelzen von zementitfreien, besonders zur Herstellung von Stahlwerkskokillen geeigneten Gußeisens, dadurch gekennzeichnet, daß der mit einem wannenförmigen Herd versehene Vorofen als Regenerativ- bzw. Rekuperativofen ausgebildet ist, dessen Verbrennungsgase zunächst im Gleichstrom mit dem sich bildenden Gußeisen, sodann durch einen Regenerator und von hier vermittels eines besonderen, über der Schmelzzone des Kupolofens angebrachten Düsenringes in den Kupolofen eingeführt werden.

Flachherd-Flammöfen. Unter den gasbeheizten Flammöfen für Gießereizwecke möchte der Verfasser zunächst den heute kaum noch in Betrieb befindlichen Ofen nach E. BOSSHARDT (*5*) nennen, da hierin nach seiner persönlichen Erfahrung ganz hervorragende Qualitäten erzielbar waren. Der Bosshardt-Ofen besaß an den Kopfseiten direkt angebaute Gaserzeuger und arbeitete normalerweise mit schwachem Unterdruck, wodurch die Erzielung höchster Temperaturen bei weitgehender Schonung des ff. -Mauerwerks ermöglicht wurde.

Der Flammofen, Bauart SCHURY (*6*) stellt einen Martinofen dar, bei dem jedoch die Gasbrenner zu beiden Stirnseiten des Ofens durch mächtige Ölbrenner ersetzt sind. Die Ölbrenner arbeiten anscheinend gleichzeitig und erhalten sowohl Zerstäubungsluft als auch Sekundärluft aus den Windregeneratoren (Abb. 1091). Der Ofen ist für Schmelzleistungen von 1,5 bis zu 15 t gebaut worden und sowohl für Stahlguß bzw. Flußeisenguß als auch für Grau- und Temperguß verwendbar. Seine max. Flammentemperatur liegt mit angeblich 2000° und darüber etwa 150 bis 200° höher als bei normal betriebenen S.-Martin-Öfen. Der thermische Wirkungsgrad liegt etwa 3% höher (vgl. Zahlentafel 269 und 270). Der Kohlenstoffgehalt des darin hergestellten Graugusses lag zwischen 2,6 und 3% C. Die Raffinierkosten sollen etwa 15,— RM./t betragen. Trotz der hohen Temperaturen soll die Abnutzung des Mauerwerks nicht größer sein als im normalen

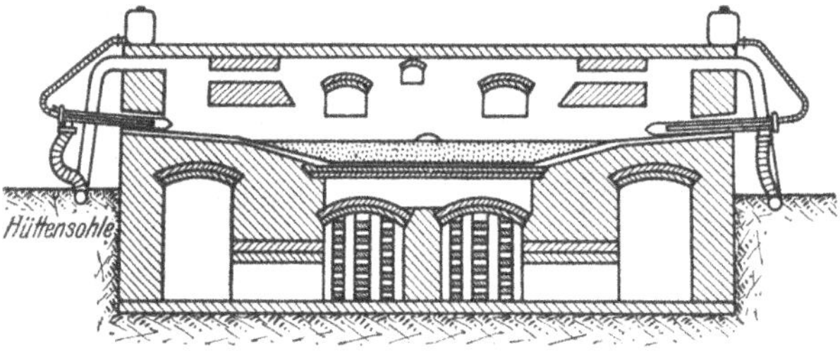

Abb. 1091. Schmelz- und Raffinierofen (Bauart SCHURY).

Zahlentafel 269.

Wärmebilanz eines kontinuierlich betriebenen 10-t-Gas-Martinofen.

Zustellung: sauer	Kohlenverbrauch: 33%	Material: Flußstahl

Gemessene Werte vor Beginn der Schmelzung

Temperatur des Herdmauerwerkes	1000° C
Mittlere Temperatur der Kammern	900° C
Temperatur des einströmenden Gases	600° C
Temperatur des Einsatzes	0° C

Wärmeeinnahme bezogen auf 100 kg Einsatz:

130,9 m³ Gas von 600° C	130,9·600·0,34	28400 kcal
171,0 m³ Luft von 0° C	—	—
Der Einsatz bringt mit	—	—
130,9 m³ Gas geben	130,9·1286	178800 „
1,3 kg C geben	1,3·8080	10504 „
0,3 kg Si geben	0,3·7830	2349 „
1,2 kg Mn geben	1,2·1730	2076 „
Wärmeeinnahme	Summa	222129 kcal

Wärmeausgabe bezogen auf 100 kg Einzatz:

Schmelzwärme des Einsatzes	100·32	3200 kcal	Nutzwärme
Wärmemenge zum Erhitzen auf 1750° C	100·1750·0,16	28000 „	
15 kg Schlacke nehmen mit	15·504	7560 „	17,4%
284 m³ Essengas nehmen mit bei 800°	800·284·0,38	86600 „	39,0%
Verlust durch Leitung und Strahlung		96769 „	43,6%
Wärmeausgabe	Summa	222129 kcal	100 %

S.-M.-Ofen, da Neigung und Länge der Brennerflamme so eingestellt werden können, daß die Hauptwärme an das Bad und nicht an das Ofengewölbe gelangt. Die Baukosten sollen wegen Wegfalls der Gaserzeuger sowie der Gasregeneratoren wesentlich billiger sein als beim S.-M.-Ofen. Der Ofen kann stationär oder auch kippbar gebaut werden.

Zahlentafel 270.

Wärmebilanz eines mit unterbrochenem Betrieb schmelzenden 10-t-Schuryofens

Zustellung: sauer	Teerölverbrauch: 18%	Material: Flußstahl

Gemessene Werte vor Beginn der Schmelzung

Temperatur des Herdmauerwerks	0° C
Temperatur der Kammern	0° C
Temperatur des Einsatzes	0° C
Brennstoff: Teeröl mit $H_u = 9600$ kcal	0° C

Wärmeeinnahme bezogen auf 100 kg Einsatz:

210 m³ Luft von 0° C	—	—
Der Einsatz bringt mit	—	—
18 kg Teeröl geben	18·9600	176400 kcal
1,2 kg C geben	1,2·8080	9696 „
0,3 kg Si geben	0,3·7830	2349 „
0,9 kg Mn geben	0,9·1730	1557 „
Wärmeeinnahme	Summa	190002 kcal

Wärmeausgabe auf 100 kg Einsatz:

Schmelzwärme des Einsatzes	100·32	3200 kcal	Nutzwärme 21,2%
Wärmemenge zum Überhitzen auf 1850°	1850·0,16·100	29600 „	
15 kg Schlacke	15·504	7560 „	
210 m³ Essengas bei 500° C	500·210·0,322	33800 „	17,8%
Erwärmung des Ofens auf 900°	180·900·0,23	37500 „	19,8%
Verlust durch Leitung und Strahlung		78342 „	41,2%
Wärmeausgabe	Summa	190002 kcal	100%

Erwähnt sei ferner der Hesse-Flammofen, ein dem S.-M.-Ofen ähnlicher Flachherd-Schmelzofen mit Ölfeuerung, der seit einigen Jahrzehnten auf der Luitpoldhütte in Amberg in Betrieb ist und dort zur völligen Zufriedenheit, insbesondere bei der Herstellung von Rohrguß arbeitet (*7*). Er ist hydraulisch kippbar und arbeitet nach dem Rekuperativsystem. Ein Teil der seitlich angeordneten Kammern macht die Kippbewegung (Winkel 20°) mit, ein anderer Teil der unter und hinter dem Ofen gelagerten Kammern dagegen nicht, die Verbindung bleibt aber durch Wasserverschlüsse auch während des Kippens erhalten. Der Ofen, der durch je neun Ölbrenner auf jeder Seite beheizt wird, wird meist als Mischer für die Aufnahme des flüssigen Eisens vom Hochofen und zur richtigen Einstellung der chemischen Zusammensetzung für Röhrenguß verwendet. Der Teerölverbrauch beträgt bei flüssigem Einsatz nur etwa 2,5%, die Schmelzkosten 4,00 bis 4,50 RM.

Über die konstruktive Durchbildung kleiner (ca. 1000 kg Fassung) sauer zugestellter S.-M.-Öfen mit Ölbeheizung berichtete C. E. Meissner (*8*).

Rotierende Flammöfen. Kleine rotierende Flammöfen, die sich für Gießereizwecke bewährt haben, sind u. a.:

Der Schmelzofen System „Fulmina" des Ölfeuerungswerk Fulmina in Edingen-Mannheim. Die Trommellänge dieser Öfen beträgt 2000 bis 4000 mm, der Durchmesser 1000 bis 1800 mm, die Fassung 500 bis 5000 kg. Die Schmelzzeit liegt entsprechend zwischen 75 und 180 Minuten, der Ölverbrauch zwischen 14 und 18%.

Der exzentrisch gelagerte Schaukel-Drehofen Bauart Buess der Buess-Schmelzofenbau Kom.-Ges. in Hannover (*9*) wird sowohl für Gas-, wie auch für Kohlenstaub- und Ölfeuerung gebaut, hat wie alle Kleinschmelzöfen normalerweise eine saure Zustellung (Stampfmasse mit mind. 95% Kieselsäure), kann aber auch basisch oder neutral zugestellt werden. Die Brennstoffgase werden auf der einen Stirnseite durch einen hohlen Drehzapfen eingeführt. Der Ofenkörper ist um 360° drehbar. Die exzentrische Anordnung kommt dadurch zustande, daß die Längsachse des Ofenkörpers mit der horizontalen Achse einen spitzen Winkel bildet. Der Ofen wird von der Badischen Maschinenfabrik in Durlach als Lizenznehmerin gebaut.

Der Ellipsoid-Drehofen Bauart Karl Schmidt G. m. b. H. in Neckarsulm (Abb. 1092) arbeitet normalerweise mit Ölfeuerung, liefert Ofentemperaturen bis 1760° und Eisentemperaturen bis 1500°. Die genannte Firma hat die Fabrikation des Ofens aufgegeben und der Firma Thonwerk Biebrich Ofenbau G. m. b. H. in Wiesbaden-Biebrich übertragen.

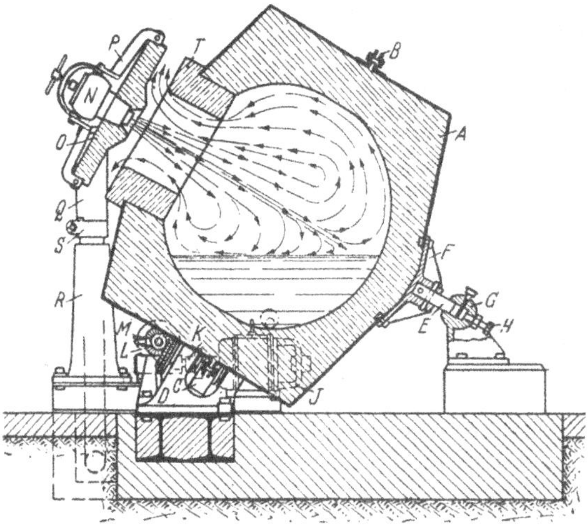

Abb. 1092. Ellipsoid-Drehofen Bauart K. SCHMIDT.

Alle die genannten Schmelzöfen können auch mit Winderhitzung betrieben werden, ergeben alsdann Temperaturen, in denen selbst niedrig gekohlter Stahlguß hergestellt werden kann. Das gilt insbesondere vom Fulmina-Ofen und von dem mit Spezialbrenner versehenen Schmidt-Ofen. Durch Einbau eines Spezialbrenners mit Windvorwärmung (im Gießerei-Institut zu Aachen) konnte im Fall des letzteren Ofens die Eisentemperatur leicht auf 1600 bis 1650° C erhöht werden, wobei die Einschmelzgeschwindigkeit erheblich zunahm und die Abbrandverhältnisse gleichmäßiger wurden. Die Luftvorwärmung bei diesen Öfen beträgt je nach der konstruktiven Lösung des Windvorwärmers 150 bis 350°C. Die Verschmelzung großer Anteile an Dreh- oder Bohrspänen ist in dieser Art von Öfen ohne weiteres möglich. Bei Verwendung von Schweröl ist eine Vorwärmung des Heizöls zweckmäßig und während der Wintermonate unbedingt notwendig.

Der kohlenstaubgefeuerte Trommelofen der Firma J. D. Brackelsberg in Milspe (*10*) eignet sich ebenfalls vorzüglich für die Herstellung hochwertigen Gußeisens, für Temperguß und bei vorgenommener Windvorwärmung sogar für die Herstellung von Stahlguß (Abb. 1093). Bei einem Mindestverbrauch von 13 bis 15% Kohlenstaub für Temperguß mit 12 bis 14% Asche schmilzt ein 4-t-Ofen aus kaltem Einsatz heraus in etwa 2,5 st ein Eisen mit 1400 bis 1525° Temperatur bei nur 1% Abbrand. Bei Grauguß beträgt der Kohlenstaubmindestverbrauch nur 10% bis 12%. Der Ofen arbeitet mit Winddrücken, die ausreichen, die Flugasche aus dem Schmelzraum abzuführen (200 bis 400 mm WS.). Die Vorteile der Drehbewegung äußern sich in einer vorzüglichen Entgasung und Desoxydation der Schmelze (*11*). Die Neigung zur Lunkerbildung geht auffallend zurück und der Flüssigkeitsgrad auch phosphorarmen Eisens sei ein überraschend guter. Durch die Drehbewegung wird eine gute Ausnutzung der Gewölbetemperatur für die rasche und starke Überhitzung des Bades erwirkt und das Gewölbe sehr geschont.

Der thermische Wirkungsgrad beträgt 28,7 bis 40,7%, ist also im Vergleich zu gas- oder ölbeheizten Flammöfen sehr gut. Bei Windvorwärmung steigt der Wirkungsgrad noch weiter und die Eisentemperatur kann nötigenfalls auf etwa 1650° gebracht werden (Abb. 1124). In Europa waren im Jahre 1938 etwa 125 Brakkelsberg-Öfen in Gebrauch. Aber auch in England bzw. Amerika sind mehrere Öfen aufgestellt worden, so bei der Firma Clagg & Howgate in Bingley, Yorkshire, England, und den Firmen Kelsey-Hayes Wheel Co. in Detroit bzw. der Ford Motor Company of Canada in Windsor (Canada). Der 3-t-Ofen in Bingley hatte einen Staubverbrauch von 20%, eine Schmelzdauer von 3,5 st bei der Herstellung von Temperguß. Nach 161 Schmelzen war das Ofenfutter noch un-

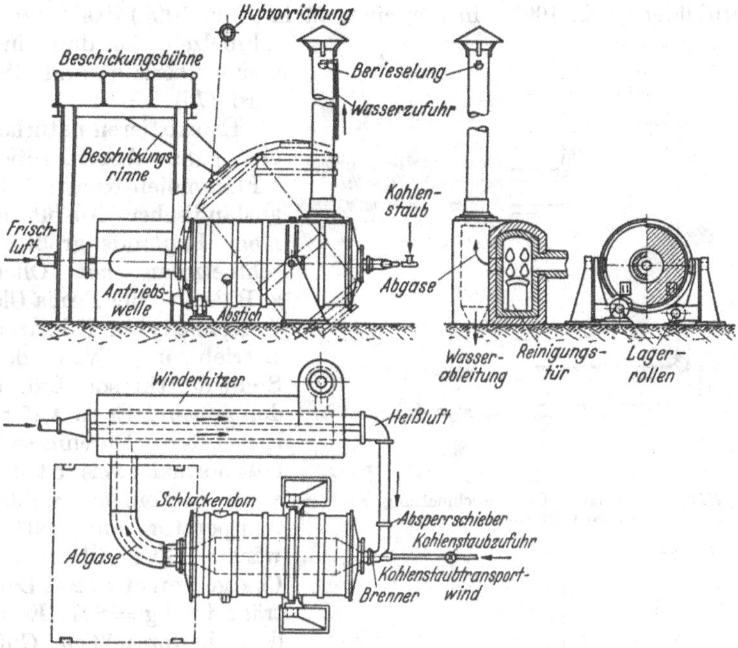

Abb. 1093. Schematische Darstellung einer Brackelsberg-Ofenanlage mit Winderhitzer.

versehrt (*12*). Der 8 t-Ofen der Firma Kelsey-Hayes Wheel Co. in Detroit stellt vorwiegend Bremstrommeln her mit folgender Zusammensetzung (*13*):

Ges.-C = 1,55 bis 1,7%	Si = 0,9 bis 1,1%
Mn = 0,7 „ 0,9%	Cu = 2,0 „ 2,2%
P = max. 0,10%	S = max. 0,08%

Bei einer Erzeugung von 270 t je Tag und einer Schmelzdauer von 3 st betrug die Ofenhaltbarkeit 150 bis 175 Chargen (bei saurer Zustellung). In dem Ofen der Ford Motor Co. wird ein hochgekohlter Guß mit etwa 3,5% C und 1,75 bis 3% Si hergestellt. Die Haltbarkeit des Futters beträgt hier 350 bis 400 Chargen (*13*). Auf einem italienischen Werk wird der Brackelsberg-Ofen zur Herstellung von Nitriergußeisen verwendet (*14*). Der Ofen gibt dort heißen Guß und anerkannt gleichmäßige Schmelzen. Die Höhe des beobachteten Abbrandes bei einer mittleren Zusammensetzung von 2,4 bis 2,8% C, 2,4 bis 2,8% Si, 0,5 bis 0,7% Mn, unter 0,07% P, weniger als 0,07% S, 1,3 bis 1,7% Cr und 0,6 bis 0,8% Al zeigt Zahlentafel 271:

Zahlentafel 271. Abbrand im Brackelsberg-Ofen.

	Auf die Analyse bezogen %	Auf das Einzelelement bezogen %
C	0,10—0,15	3,5— 6,3
Si	0,15—0,25	5,3—10,5
Mn	0,10—0,15	14,3—30,0
Cr	0,05	0,3— 0,4 (?)
Al	0,10	1,2— 1,7 (?)

Abb. 1094 und 1095 zeigen an Hand zweier Sankey-Diagramme die Wärmebilanz eines Brackelsberg-Ofens beim Arbeiten auf Grau- bzw. Temperguß nach einer Arbeit von P. BARDENHEUER und K. L. ZEYEN (*10*). Hingewiesen sei noch auf eine spätere Anmeldung BRACKELSBERGS, den Ofen als Doppelkammerofen auszubilden (Abb. 1096), in der einen (*h* in Abb. 1096) das Eisen vorzuschmelzen, das dann in Kammer *g* überläuft und überhitzt wird (*15*).

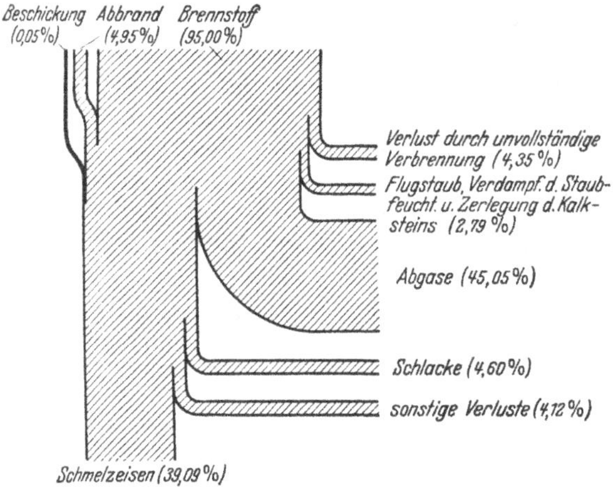

Abb. 1094. Wärmebilanz einer Graugußschmelzung aus dem Brackelsberg-Ofen.

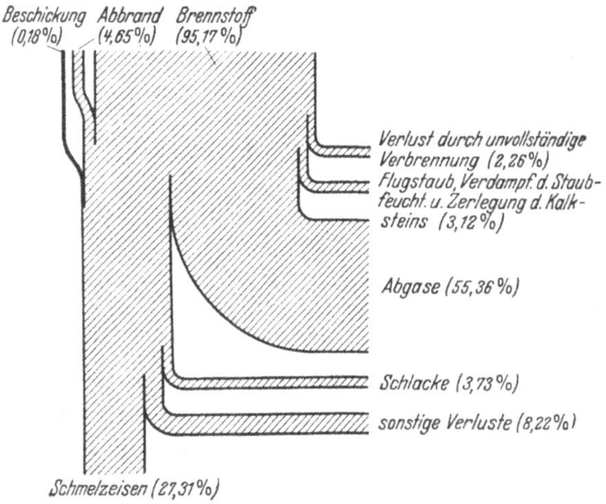

Abb. 1095. Wärmebilanz einer Tempergußschmelzung aus dem Brackelsberg-Ofen.

Es existieren natürlich auch eine ganze Anzahl rotierender Flammöfen-Konstruktionen ausländischer Ausführungsformen. Englands größter Drehschmelzofen mit Ölfeuerung z. B. ist bei der Firma Glenfield & Kennedy in Kilmarnock in Betrieb und von der Fa. Stein & Atkinson, Ltd. in London gebaut. Er ist 4,27 m lang, hat 2,13 m Durchmesser und faßt normalerweise 5 t. Die Luft wird in einem Stahlröhrenrekuperator auf 300° vorgewärmt. Der Ölverbrauch je Charge von etwa 2 st Dauer beträgt 400 kg = 8%. Es werden dort hauptsächlich Gußspäne eingeschmolzen (*16*). Über einen mit Koksofengas befeuerten Drehofen bei der Ford Motor Company Ltd. in Dagenham (England) berichten V. C. FAULKNER und J. N. BURNS (*17*). Dieser Ofen von 5 t Kapazität erhält sein flüssiges Eisen aus Kupolöfen von 5 t/st-Leistung. Das Kupolofeneisen sammelt sich in einem Vorherd, damit die Aufkohlung durch den Füllkoks möglichst gering bleibt. Sind 5 t zusammen, so wird das Material in den Drehofen überführt und hier eine Stunde lang überhitzt. Während der eine Drehofen auf das Conveyer-System abgießt, wird in dem zweiten überhitzt, so daß kontinuierlicher Betrieb zustande kommt. Das Duplexsystem arbeitet auf Temperguß und Spezialguß für

Kurbel- und Nockenwellen. Alle anfallenden Trichter, Steiger usw. werden in das Schmelzaggregat zurückgeführt. Im Drehofen wird aber niemals kalt ein- oder zugesetzt. Dieses Arbeitsverfahren soll sich außerordentlich bewährt haben. Von anderen ausländischen Ofenkonstruktionen sei noch erwähnt der Sesci-Ofen (*21*), der Fofumi-Ofen der Fours et Fumisterie industrielle in Paris (12, Rue de Milan) sowie der Drehofen der Firma Stein et Roubaix (Abb. 1097) in Paris (19, Rue Lord Byron). Der Fofumi-Ofen arbeitet mit Schweröl, die beiden anderen mit Kohlenstaub. Sie besitzen Rekuperatoren, durch die der Wind auf 200 bis 350° erhitzt wird. Beim Sesci-Ofen erfolgt die Zündung an einem Rost aus Karborundumstäben. Die Öfen können auch für Betrieb mit Schweröl oder Kohlenstaub geliefert werden.

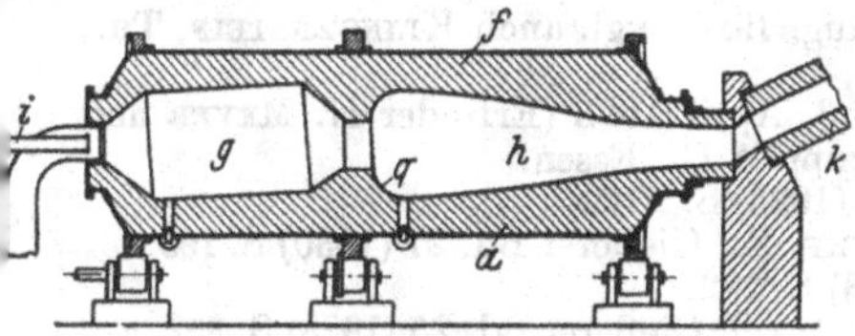

Abb. 1096. Doppelkammer-Brackelsberg-Ofen.

Abb. 1097. 2-t-Drehofen der Fa. Stein & Roubaix, aufgestellt 1934 bei den Fonderies de la Coursière in Nouzonville für die Fabrikation von Schwarztemperguß.

Nach S. E. Dawson (*18*) hängen Art und Intensität der Verbrennung ab von der Teilchengröße und der Temperatur des Kohleluftgemisches und dem Anteil flüchtiger Bestandteile. Bei bestimmter Teilchengröße bedingen sich die beiden anderen Faktoren gegenseitig. Für normale Kohle sind folgende Zusammengehörigkeiten anzustreben.

Flüchtige Bestandteile:	Lufttemperatur:
7%	550° C
10%	460° C
13%	400° C
15%	330° C
18%	260° C

Bituminöse oder weiche Kohle mit mehr als 30% an flüchtigen Bestandteilen verbrennt mit kalter Luft. Der Luftbedarf für gängige Kohle beträgt 8,5 m³ je kg.

Ein umlaufender Trommelschmelzofen mit mittelbarer Beheizung durch Strahlrohre ist Gegenstand des D.R.P. Nr. 690489 vom 13. Sept. 1938 (*20*). Die Heizkörper werden von feststehenden Ofenköpfen getragen. Das Neue der Erfindung besteht darin, daß die Zuführungs- und Stützvorrichtung für die Heizkörper in den oberen

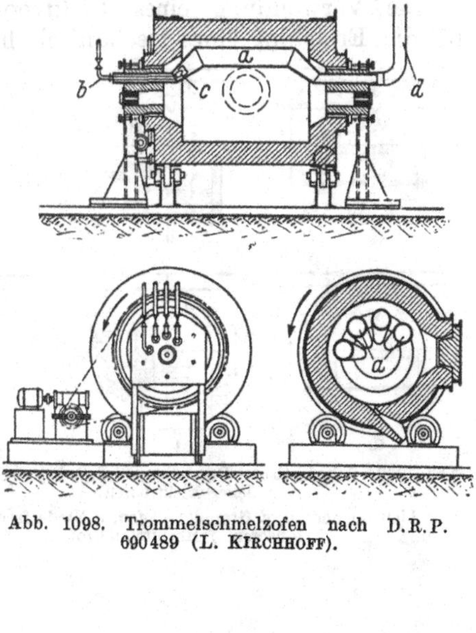

Abb. 1098. Trommelschmelzofen nach D.R.P. 690489 (L. Kirchhoff).

Hälften der Ofenköpfe angeordnet und die Heizkörper im Innern des Ofens nach oben abgekröpft sind. In Abb. 1098 ist als Ausführungsbeispiel ein Ofen mit einseitiger Beheizung dargestellt, und zwar im Längsschnitt, im Querschnitt und in der Vorderansicht von der Brennerseite aus. In der Patentschrift ist auch ein Ofen mit doppelseitiger Beheizung beschrieben.

Eine gute Übersicht über die Schmelzofentypen für Gießereien gab H. Reininger (*19*).

Schrifttum zum Kapitel XXVIa.

(*1*) Gnade, R.: Stahl u. Eisen Bd. 39 (1919) S. 590 sowie Osann, B.: Lehrbuch der Eisen- und Stahlgießerei, 4. Aufl. S. 35 und 543. Leipzig 1920.
(*2*) Brit. Patent Nr. 8946 aus dem Jahre 1896.
(*3*) D.R.P. Nr. 531064, Kl. 31a, Gr. 1 vom 7. Aug. 1926, vgl. auch Klingenstein, Th.: Stahl u. Eisen Bd. 45 (1925) S. 1476.
(*4*) D.R.P. Nr. 631218, Kl. 31a, Gr. 1/60 vom 3. April 1928 (Erfinder H. Meyer und L. Penserot). Anmeldung der Fa. Friedr. Krupp A.G. Essen.
(*5*) D.R.P. Nr. 398208, vgl. Stahl u. Eisen Bd. 45 (1925) S. 272.
(*6*) Vgl. Gießerei Bd. 14 (1927) S. 895 sowie Brocke, F.: Gießerei Bd. 27 (1930) S. 195.
(*7*) Hesse, E., u. H. Pinsl: Gießerei Bd. 15 (1928) S. 282.
(*8*) Meissner, C. E.: Iron Age Bd. 121 (1928) S. 713; vgl. Gießerei Bd. 25 (1928) S. 352.
(*9*) Vgl. Gießerei Bd. 15 (1928) S. 816, Diskussion.
(*10*) Stotz, R.: Gießerei Bd. 15 (1928) S. 905. Bardenheuer, P.: Gießerei Bd. 15 (1928) S. 814. Bardenheuer, P., u. K. L. Zeyen: Mitt. K.-Wilh.-Inst. Eisenforschg. Bd. 11 (1929) S. 237; vgl. Stahl u. Eisen Bd. 49 (1929) S. 1393; vgl. Gießerei Bd. 15 (1928) S. 1169.
(*11*) Bardenheuer, P.: Gießerei Bd. 15 (1928) S. 1169.
(*12*) Foundry Trade J. (1931) S. 257.
(*13*) Cone, E. F.: Metals & Alloys Bd. 9 (1938) S. 105.
(*14*) Giolitti, F.: Metallurg. ital. Bd. 25 (1933) S. 485.
(*15*) USA. oder Brit. Patent Nr. 344980 vom 31. Dez. 1929.
(*16*) Foundry Trade J. (1938) S. 530 sowie Engineer (1938) S. 52.
(*17*) Faulkner, V. C., u. J. N. Burns: Foundry Trade J. Bd. 53 (1935) S. 465.
(*18*) Dawson, S. E.: Foundry Trade J. Bd. 54 (1936) S. 393.
(*19*) Reininger, H.: Gießerei Bd. 26 (1929) S. 237.
(*20*) Erfinder Ludwig Kirchhoff in Bergisch-Gladbach.
(*21*) Vgl. Foundry Trade J. Bd. 44 (1931) S. 137; Stahl u. Eisen Bd. 52 (1932) S. 314.

b) Der Elektroofen.

Abb. 1099 zeigt schematisch die verschiedenartige Anwendung des elektrischen Stromes zum Schmelzen von Metallen.

Die Verwendung eines Elektroofens gibt an sich noch keine Gewähr für die Erzielung eines mechanisch hochwertigen Gußeisens, und ein schlecht oder unsachgemäß geführter Elektroofen ergibt fast stets ein geringwertigeres Eisen, als es bei normaler Kupolofenbetriebsführung erzielbar ist. Auf Grund der in Deutschland üblichen Strompreise kommt eigentlich nur der Duplexbetrieb in Frage, doch kann die Erniedrigung der Einsatzkosten durch Verwendung billigen Gußbruchs, Abfälle und Späne mitunter die Mehrkosten des Stromaufwandes aufwiegen (*9*), vgl. Zahlentafel 272 und 273.

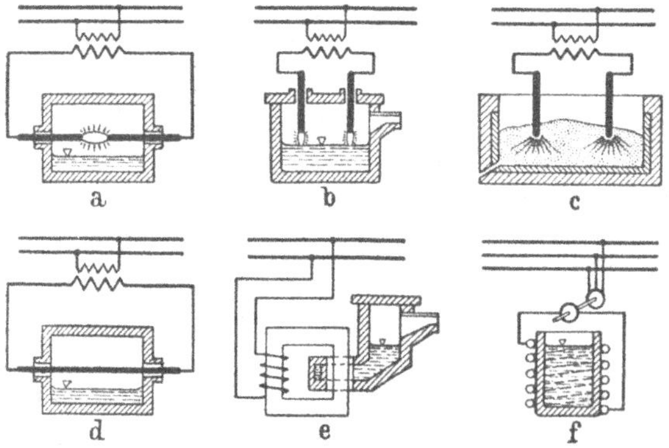

Abb. 1099. Schematische Darstellung der Arbeitsweise verschiedener Elektroöfen.
a—c Lichtbogenöfen, *d* Graphitstabofen, *e* Niederfrequenz-Induktionsofen, *f* Hochfrequenzofen.

Zahlentafel 272.
Satz-, Schmelz- und Raffinierkosten beim Duplexverfahren (G. SPEER).

	RM/100 kg	RM
1. Satzkosten.		
Gattierung:		
300 kg Maschinengußbruch	6,00	18,00
400 kg Ofengußbruch	4,50	18,00
200 kg Eingüsse	5,50	11,00
100 kg Stahlspäne	2,00	2,00
1000 kg Satzkosten		49,00
2. Schmelzkosten	1,30	13,00
Satz- + Schmelzkosten für 1000 kg Einsatz		62,00
3. Raffinierkosten.		
3 kg Ferrosilizium 90%	56,22	1,70
1 kg Ferromangan 80%	21,00	0,21
12 kg Weißkalk	3,45	0,42
6 kg Flußspat	2,60	0,15
3 kg Koksgrus	0,80	0,03
1,5 kg Graphitelektroden	150,00	2,25
Löhne		1,00
Deckelverbrauch je 1000 kg		0,50
Ofenfutterverbrauch je 1000 kg		1,00
150 kWst 3,5 Pf./kWst		6,30
Satz-, Schmelz- und Raffinierkosten für 1000 kg Einsatz		75,56

Der Lichtbogen-Elektroofen. Gegenüber einem Wärmeverbrauch von 0,55 bis $0{,}85 \cdot 10^6$ kcal/t im Kupolofen (bei 8 bis 12% Koksverbrauch) und etwa $1{,}5 \cdot 10^6$ kcal/t beim Flammofenbetrieb (*1*) kann man den Strom- bzw. Wärmeverbrauch beim Elektroschmelzen (Lichtbogenöfen) etwa wie folgt ansetzen:

a) lediglich für Überhitzung ohne Schlackenarbeit = 150 bis 250 kWst/t, d. h. 0,13 bis $0{,}22 \cdot 10^6$ kcal/t;

b) für Duplexbetrieb (flüssiger Einsatz bei ein bis zwei Schlacken) = 450 bis 650 kWst/t, d. h. 0,38 bis $0{,}56 \cdot 10^6$ kcal/t;

c) bei kaltem Einsatz (vorwiegend Roheisen und Gußbruch) für Schmelzen und Raffinieren = 650 bis 850 kWst/t = 0,56 bis $0{,}73 \cdot 10^6$ kcal/t;

Zahlentafel 273.
Satz-, Schmelz- und Raffinierkosten bei festem Einsatz von Spänen (G. SPEER).

	RM/100 kg	RM
1. Satzkosten.		
Gattierung:		
500 kg Gußspäne	2,80	14,00
500 kg Stahlspäne	2,00	10,00
3 kg Ferrosilizium 90%	56,22	1,70
1 kg Ferromangan 80%	21,00	0,21
1000 kg Satzkosten		25,91
2. Schmelz- + Raffinierkosten.		
12 kg Weißkalk	3,45	0,42
6 kg Flußspat	2,60	0,15
10 kg Koksgrus	0,80	0,08
2,5 kg Graphitelektroden	150,00	3,75
Löhne		2,50
Deckelverbrauch je 1000 kg		0,50
Ofenfutterverbrauch je 1000 kg		1,00
800 kWst 3,5 Pf./kWst		28,00
Satz-, Schmelz- und Raffinierkosten für 1000 kg Einsatz		72,31

d) für Herstellung synthetischen Gußeisens (aus Stahlabfällen, Gußspänen und Aufkohlungsmitteln) für Schmelzen und Raffinieren = 800 bis 1200 kWst/t = 0,68 bis $1{,}0 \cdot 10^6$ kcal/t.

Grundsätzlich sei zum Elektroofenbetrieb noch folgendes gesagt: Überhitzen eines ohne größere Stahlschrottanteile hergestellten Eisens bei gleichzeitigem Verzicht auf Schlackenarbeit führt zwar meist zu einem besser vergießbaren, seltener aber zu einem auch mechanisch wesentlich verbesserten Gußeisen.

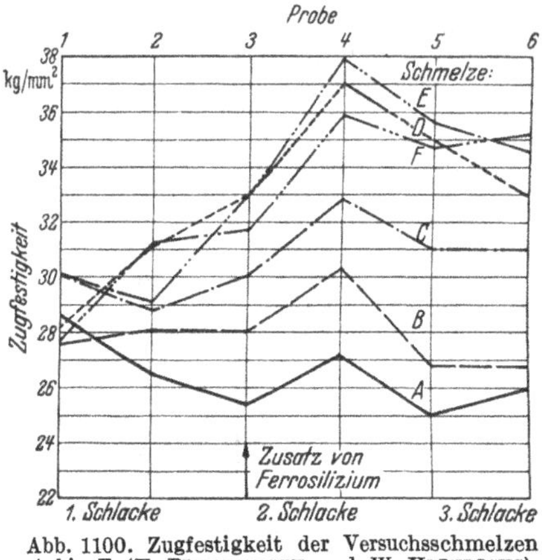

Abb. 1100. Zugfestigkeit der Versuchsschmelzen *A* bis *F* (E. PIWOWARSKY und W. HEINRICHS).

Die Verbesserung des flüssigen Kupolofeneisens im Duplexbetrieb wird um so wirksamer, je höher der im Kupolofen verschmolzene Stahlanteil ist, wie E. PIWOWARSKY und W. HEINRICHS (*2*) zeigen konnten. Die Güteverbesserung steigt ferner mit dem Ausmaß der aufgewandten Schlakkenarbeit (Arbeiten auf Karbidschlacke oder auf eine bzw. zwei kalkreiche Kalkflußspatschlacken)(Abb.1100). Sauerstoffhaltige Schlacken sind nachteilig und können u. U. den günstigen Einfluß einer Schmelzüberhitzung überdecken oder zunichte machen. In Abb. 1100 ist bis zum Zeitpunkt der Probenahme 4 mit folgenden Schlacken gearbeitet worden:

1. mit tonreichen Schlacken (Linienzug *A*),
2. mit einfachen Kalkschlacken (Linienzug *B*),
3. mit Kalk-Flußspat-Koks-Schlacken (Linienzug *C*),
4. mit Karbidschlacken (Linienzug *D*, *E* und *F*).

Bei den Schmelzen wurde nach Entnahme der Probe 4 eine bisher in dem betreffenden Betrieb übliche Kalk-Flußspat-Koks-Schlacke gesetzt, um nicht durch unerwartete Rückwirkungen der Experimentierschlacken die Brauchbarkeit des Gußmaterials zu gefährden. Durch die Aufsilizierung zwischen der ersten und der zweiten Versuchsschlacke trat in allen Fällen eine bemerkenswerte wesentliche Erhöhung der Festigkeitswerte auf. J. H. KÜSTER und C. PFANNENSCHMIDT (*3*) berichten, daß sie nach gründlichen Versuchen von dem bisherigen Arbeiten unter einer Karbidschlacke abgegangen seien zugunsten des Arbeitens mit zwei Kalkschlacken. Es handelte sich um einen nach dem Duplexverfahren arbeitenden Elektroofen Bauart Héroult von 2 t Fassung. Die erste Schlacke wurde aus Kalk, Flußspat und Koks hergestellt, nach etwa 30 Minuten Einwirkungsdauer abgezogen und aus Kalk, Flußspat und Koks eine zweite Schlacke gebildet. Diese Arbeitsweise wurde gewählt, wenn eine Entschwefelung bis herunter zu 0,035% gefordert wurde. Es sei aber ausdrücklich betont, daß die genannten Autoren einen Schwefelgehalt im Elektroeisen in Höhe von 0,06 bis 0,07% in keiner Weise für schädlich halten. Die besten Festigkeitswerte werden nach Erfahrungen des Verfassers dann erzielt, wenn die Aufsilizierung zwischen den beiden Arbeitsschlacken an einem im Kupolofen meliert heruntergeschmolzenen Eisen vorgenommen wurde. Diese Arbeitsweise, durchgeführt an einem mit 40 bis 80% betragenden Stahlschrottanteil der Kupolofengattierung ergibt wohl die besten heute erreichbaren Qualitäten bei großer Wirtschaftlichkeit. Mit synthetischem Guß sind ähnliche Werte zu erzielen, doch fordert das Aufkohlen des im Elektroofen heruntergeschmolzenen niedriggekohlten Stahls geraume Zeit und damit erhöhte Stromkosten, die für deutsche Verhältnisse nicht ohne weiteres tragbar sind. Die Zahlentafel 274 gibt Zusammensetzung und Festigkeitswerte synthetischen Graugusses nach einem Bericht von H. NATHUSIUS (*4*). Die Lage dieses Eisens hinsichtlich seiner Festigkeitseigenschaften im Vergleich zu allerdings älteren Arbeiten über hochwertigen Guß zeigt Abb. 1101. In Abb. 1102 ist der Verlauf der Aufkohlung des Bades bei verschiedenen Kohlungsmitteln nach einer Arbeit von C. C. WILLIAMS und C. E. SIMS (*5*) zu erkennen. Eine dieser Reihenfolge ähnliche hatten bereits H. NIPPER und E. PIWOWARSKY (*6*) durch Laboratoriumsversuche ermittelt und eine abnehmende Aufkohlung in folgender Reihenfolge: Petrolkoks-Koks-Holzkohle gefunden. Nach Angaben von NATHUSIUS läßt sich durch Benützung von Holzstämmen eine Aufkohlung bis zu 4,5% C erzielen, doch sei dieser Weg kostspielig und unangenehm, da die Lichtbögen zum Stoßen neigen und das Bad sehr unruhig wird.

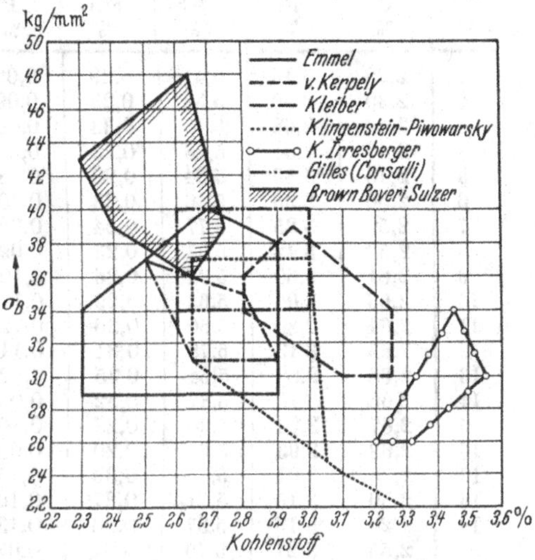

Abb. 1101. Streuung der Zugfestigkeit synthetischen Graugusses (gestricheltes Gebiet) im Vergleich zu anderen (älteren) Schmelzverfahren nach H. NATHUSIUS.

Da von seiten mancher Abnehmer bei Elektroofenguß vielfach Schwefelgehalte bis herunter zu 0,02% verlangt werden, so kommt in solchen Fällen natürlich nur der basisch zugestellte Elektroofen in Frage. Sind jedoch Schwefelgehalte von 0,08 bis etwa 0,12% zugelassen, so hat der sauer zugestellte Elektroofen wirtschaftlich den Vorzug. Nach TH. KLINGENSTEIN und H. KOPP (*7*) kann man bei basisch zugestellten Öfen mit Haltbarkeiten für das Futter von 80 bis 100 Schmelzen rechnen, bei Deckelhaltbarkeiten (sauer) von etwa 250 Schmelzen. Bei saurer Zustellung dagegen ergeben sich Futterhaltbarkeiten von 450 bis 500 Schmelzen bei Deckelhaltbarkeiten bis 500 Schmelzen und darüber (vgl. auch Abb. 1103). Aber auch metallurgisch hat der saure Ofen gewisse Vorteile. Schon F. KRAUS (*8*) wies darauf hin, daß beim sauer zugestellten Ofen das Bad einem dauernden Raffiniervorgang ausgesetzt ist infolge der Siliziumeinwanderung in das Bad, wodurch der Desoxydations- und Entgasungsprozeß ständig in Gang gehalten wird. TH. KLINGENSTEIN und K. KOPP (*8*) stellen darüber hinaus fest, daß das basisch hergestellte Material im Ofen bewegungslos und wie tot liege, stärker zur Lunkerbildung neige und im Bruch sehr oft ein

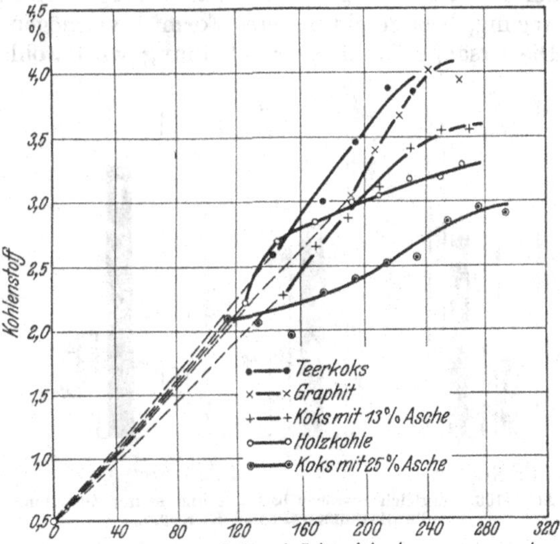

Abb. 1102. Verlauf der Aufkohlung des Bades bei verschiedenen Kohlungsmitteln (C. C. WILLIAMS und C. E. SIMS).

Zahlentafel 274. Synthetischer Elektroofengrauguß.

Nr.	Fertigprobe						Biege-festigkeit	Zerreiß-festigkeit	Bri-nell-härte
	C %	Si %	C + Si %	Mn %	P %	S %	kg/mm²	kg/mm²	
1	2,28	3,13	5,41	0,29	0,09	0,020	56,8	42,8	262
2	2,39	2,90	5,39	0,23	0,09	0,017	59,2	39,3	258
3	2,42	2,68	5,10	0,33	0,05	0,015	66,0	44,9	285
4	2,47	3,81	5,28	0,23	0,08	0,025	64,8	42,2	312
5	2,48	3,86	5,34	0,20	0,08	0,017	62,0	43,1	285
6	2,50	2,96	5,46	0,23	0,10	0,019	60,5	43,0	266
7	2,52	3,25	5,77	0,24	0,09	0,020	50,2	38,2	269
8	2,52	3,42	5,94	0,23	0,09	0,016	59,7	37,9	269
9	2,61	3,30	5,91	0,26	0,10	0,020	70,1	41,3	289
10	2,63	3,00	5,63	0,29	0,11	0,022	60,8	37,6	255
11	2,64	2,86	5,50	0,26	0,12	0,023	53,4	39,3	266
12	2,65	3,13	5,78	0,31	0,11	0,022	49,5	39,5	274
13	2,66	2,88	5,54	0,35	0,12	0,014	62,3	40,3	235
14	2,66	3,16	5,82	0,32	0,08	0,016	67,5	48,0	269
15	2,67	3,23	5,90	0,28	0,10	0,016	59,0	35,8	241
16	2,68	2,93	5,61	0,29	0,09	0,017	57,6	37,4	255
17	2,75	3,01	5,76	0,33	0,15	0,022	54,2	39,3	258
18	2,56	3,15	5,71	0,27	0,10	0,019	59,6	40,6	268
19	2,24	3,13	5,37	0,26	0,13	0,014	47,2	32,3	302
20	2,55	3,21	5,76	0,24	0,07	0,022	54,5	43,0	285
21	2,57	3,34	5,91	0,28	0,07	0,020	53,5	34,4	269
22	2,62	3,76	6,38	0,30	0,06	0,010	58,4	37,3	281
23	4,02	1,22	5,24	1,16	0,12	0,028	31,1	16,8	197

dunkelgraues Aussehen (Graphiteutektikum infolge zu starker Unterkühlung bei der Erstarrung!) zeige. Das sauer hergestellte Material dagegen habe mehr Bewegung, besitze ein besseres Formfüllvermögen und neige weniger zum Lunkern. Die Ursache für diese Erscheinung wird wohl mit Recht dahingehend geklärt, daß basisches Material „reiner" und freier von nichtmetallischen Einschlüssen sei, also „keimfreier" als das sauer erschmolzene. Interessant sind die Ergebnisse der Laboratoriumsuntersuchungen an diesen beiden Eisensorten hinsichtlich der Rückstandsbestimmungen (Zahlentafel 276). Der dieses Ergebnis begleitende Text des Laboratoriums lautete:

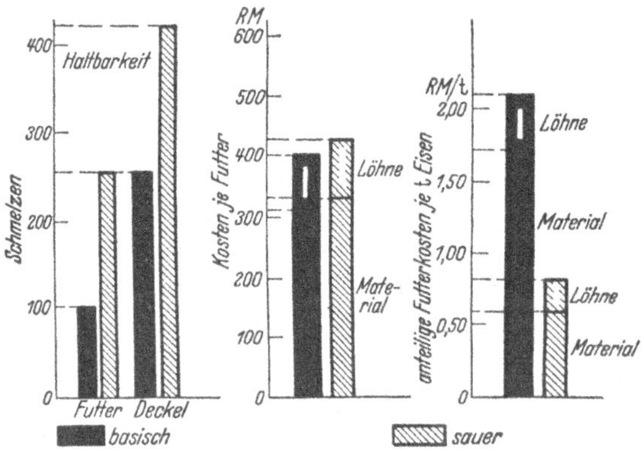

Abb. 1103. Vergleich zwischen basischer und saurer Zustellung (TH. KLINGENSTEIN und K. KOPP).

„Bei dem basisch erschmolzenen Eisen sind die Werte der Schlackenbestimmung sehr niedrig. Vor allem ist der überaus niedrige Kieselsäuregehalt auffällig. Wir fanden einen solch niedrigen Kieselsäuregehalt bisher nur bei hochwertigem, mit besonderer Sorgfalt erschmolzenem Hämatitroheisen. Ein Gehalt an nichtmetallischem Eisen in obiger Höhe entspricht dem normalen Mittelwert. Auch die Gehalte an nichtmetallischem Mangan und Tonerde weichen nicht von der Norm für gutes Hämatitroheisen ab."

Im Gegensatz hierzu lautete das Ergebnis für das Eisen aus dem sauren Ofen wie folgt:

„Der Gesamtrückstand ist mit 0,158% verhältnismäßig hoch, wenn man z. B. vergleicht, daß ein in der Pfanne behandeltes und abgestandenes Hämatitroheisen zwei Stunden nach dem Abstich nur einen Gesamtrückstand von 0,100 bis 0,110% besitzt. Die verhältnismäßige Höhe des Gesamtrückstandes geht in erster Linie auf den Rückstand an nichtmetallischen Mangan- und Eisenverbindungen zurück. Der Gehalt an Kieselsäure entspricht in etwa dem des erwähnten sonderbehandelten Hämatits."

Zahlentafel 275. Vergleich der Festigkeitswerte bei Kupolofenguß und Elektroofenguß mit etwa gleichen Analysenwerten (KLINGENSTEIN und KOPP).

Ofen	Analyse					Festigkeit				Futter
	C	Si	Mn	P	S	Biegefestigkeit	Durchbiegung	Zugfestigkeit 30 ∅	Zugfestigkeit 20 ∅	
	%	%	%	%	%	kg/mm²	mm	kg/mm²	kg/mm²	
Elektroofen .	3,39	1,80	0,83	0,24	0,029	55,9	11,3	28,7	32,7	basisch
Kupolofen. .	3,32	1,90	0,83	0,24	0,073	42,0	10,8	24,8	27,8	
Elektroofen .	3,12	1,94	0,86	0,24	0,103	52,7	11,7	28,0	31,1	sauer
Kupolofen. .	3,11	1,94	0,89	0,18	0,097	44,0	10,1	24,8	26,1	
Elektroofen .	3,17	2,04	0,79	0,25	0,088	49,1	11,7	28,7	30,5	sauer
Kupolofen. .	3,17	2,07	0,79	0,19	0,089	45,2	11,2	23,9	28,3	
Elektroofen .	3,20	2,20	0,83	0,27	0,073	52,7	12,2	28,2	31,1	sauer
Kupolofen. .	3,26	2,17	0,84	0,24	0,068	44,4	11,4	23,6	27,9	

Häufigkeitskurven für die Schwefelgehalte aus sauer bzw. basisch betriebenen Elektroöfen nach KLINGENSTEIN und KOPP zeigte die Abb. 1104. Der Unterschied im Schwefelgehalt ist danach nicht sehr groß. Natürlich kommt ein sauer zugestellter Elektroofen wegen der Si-Aufnahme für die Herstellung von niedrigsiliziertem Material, z. B. Temperguß oder Hartguß nicht ohne weiteres in Frage. Als bestes Einsatzmaterial für den sauren Ofen gelten Schienenabfälle, Abfälle von Profileisen, Bandagen usw. Bei der Gegenüberstellung von Kupolofen- und Elektroofenguß ist es nach Ansicht des Verfassers nicht angängig, von der chemischen Zusammensetzung als Vergleichsmaßstab auszugehen, wie dies z. B. Zahlentafel 275 von TH. KLINGENSTEIN und H. KOPP geschehen ist. Vielmehr sind ausschließlich die für einen bestimmten Verwendungszweck geforderten bzw. max. erreichbaren Eigenschaften maßgebend. Elektroguß verlangt ja ein ganz anderes Verhältnis bzw. eine andere Summe C + Si als Kupolofenguß. Im allgemeinen geht Elektroofenguß härter und verlangt unter vergleichenden Gieß-

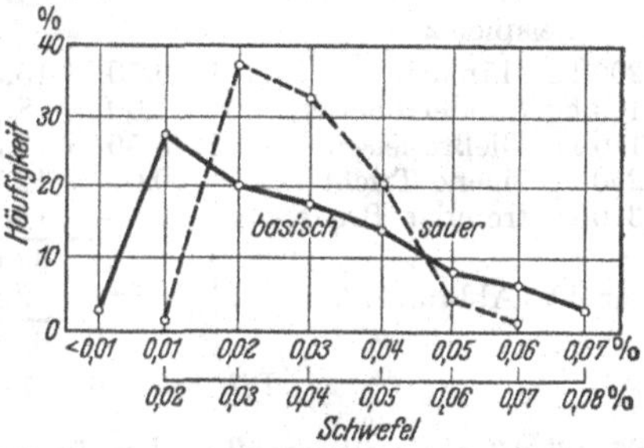

Abb. 1104. Häufigkeitskurven der Schwefelgehalte bei synthetischem Roheisen aus dem Elektroofen (KLINGENSTEIN und KOPP).

Zahlentafel 276. Ergebnis der Rückstandsuntersuchung bei basisch und sauer erschmolzenem Gußeisen.

	basisch	sauer
Kieselsäure %	0,013	0,031
Tonerde %	0,004	Spur
Mn-Oxydule %	0,006	0,014
Fe-Oxydule %	0,104	0,113
Beurteilung	Werte der Schlackenbestimmung sehr niedrig	Rückstand verhältnismäßig hoch

bedingungen eine höhere Summe an C + Si als Kupolofenguß. Wie durch Verwendung eines billigeren Einsatzes, selbst ausgehend von festem Einsatz, die Herstellungskosten von Elektroguß denen von Kupolofenguß bzw. nach dem Duplexverfahren hergestellten Guß angeglichen werden können, zeigen die Zahlentafeln 272 und 273 nach einer Arbeit von G. SPEER (*9*) sowie Zahlentafel 277 entnommen einem Prospekt der Demag-Elektrostahl G. m. b. H., Duisburg (*10*). Die Leistungsaufnahme von Lichtbogen-Elektroöfen hängt weitgehend vom Material der Elektroden ab. Graphitelektroden können (*9*) mit einem Strom von etwa

Zahlentafel 277. Kostenvergleiche zwischen reinem Kupolofen- und Duplexbetrieb (nach Angaben der Demag-Elektrostahl G. m. b. G., Düsseldorf).

Kupolofen allein			Kupol- und Elektroofen		
	RM/t	RM		RM/t	RM
Beispiel 1					
300 kg Hämatit	76,50 =	22,95	300 kg Kokillenbruch	62,00 =	18,60
200 kg Stahlschrott	30,00 =	6,00	200 kg eigene Trichter	50,00 =	10,00
200 kg eigene Trichter	50,00 =	10,00	500 kg fremder Bruch	52,00 =	26,00
100 kg Sonderroheisen	83,00 =	8,30			54,60
200 kg Gießroheisen 1	75,50 =	15,10	für 3% Abbrand (infolge kälteren Schmelzens im Kupolofen)		1,64
		62,35			56,24
für 4% Abbrand		2,49			
		64,84			
Differenz: 64,84 — 56,24 = 8,60 RM					
Beispiel 2					
200 kg Hämatit	76,50 =	15,30	200 kg Kokillenbruch	62,00 =	12,40
100 kg Sonderroheisen	83,00 =	8,30	250 kg eigene Trichter	50,00 =	12,50
150 kg Gießroheisen	75,50 =	11,33	550 kg fremder Bruch	52,00 =	28,60
250 kg eigene Trichter	50,00 =	12,50			53,50
300 kg fremder Bruch	52,00 =	15,60	für 3% Abbrand		1,61
		63,03			55,11
für 4% Abbrand		2,52			
		65,55			
Differenz: 65,55 — 55,11 = 10,44 RM					

27 A/cm² ohne übermäßige Erwärmung belastet werden, während Kohleelektroden bei einem Viertel dieser Stromdichte bereits rotglühend werden. Das Verhältnis des Elektrodenverbrauches bei Verwendung von Graphit- bzw. Kohleelektroden ist nach G. SPEER (*9*) annähernd 1:4 bis 1:5. Synthetisches Roh- und Gußeisen ist von vielen Schweizer Gießereien mit großem Erfolg hergestellt worden (*11*). Dort wurden im Niederschacht-Lichtbogenofen jährlich bis zu 10000 t Elektro-Roheisen erschmolzen. Beteiligt an diesem Erzeugungsprozeß waren vor allem die Firmen Eisen- und Stahlwerke Oehler & Co. in Aarau sowie Brown, Boveri und Co. in Baden, die Firma Gebr. Sulzer A.-G. in Winterthur, ferner A.G. der Eisen- und Stahlwerke vorm. Georg Fischer in Schaffhausen, und die Gießerei Bülach der Gebr. Sulzer A.-G. (für Kolbenringguß).

Im normalen Lichtbogen-Elektroofenbetrieb ist es schwierig, das Material auf über 3% C aufzukohlen. Auch sind bei der Herstellung niedrig gekohlten Materials mit 2,4 bis 2,7% C und bis zu 3% Si im basischen Ofen mehrfach Schwierigkeiten aufgetreten, die wahrscheinlich mit einer allzu starken Keimfreiheit der Schmelze oder mit einer allzu starken Überhitzung, und zwar vor allem einer lokalen Überhitzung unter den Lichtbögen, zusammenhängen. So nimmt z. B. MORRISON (*12*) eine gewisse Löslichkeit der unter dem Lichtbogen gebildeten Karbide im Eisen an, falls nicht durch eine geeignete Flußspatschlacke eine Bindung derselben stattfindet. Auch auf die Möglichkeit der Bildung von Kalkaluminaten und von Siliziumkarbid sei hingewiesen (*13*). Die bei Elektrobetrieb zu zahlenden Strompreise liegen zwischen 2,5 und 4,5 Pfg. je kWst. Doch sind dem Verfasser schon Abkommen mit niedrigeren Strompreisen bekannt geworden. Den wirtschaftlichen Bedenken kommt auch die Arbeitsweise mit Drehtisch entgegen, wobei je zwei Elektroöfen mit einem Kupolofen zusammenarbeiten. Auch die Einführung elektrisch beheizter Vorherde dürfte sich qualitativ gut auswirken (*14*). Der Gefahr einer lokalen Überhitzung durch die hohe Temperatur des Lichtbogens könnte vielleicht durch Einführung von Elektroöfen mit rotierenden Lichtbögen nach M. G. Jevreinoff und S. J. Telnoff (*15*) gesteuert werden. Beim Verarbeiten von viel niedriggekohlten Spänen im Elektroofen hat man mit Erfolg diese Chargen als letzte einer Schicht unter guter Vermischung der Späne mit Holzkohle eingefüllt und den gut abgedichteten Ofen bis zum nächsten Schichtbeginn sich selbst überlassen. Neben einer guten Aufkohlung ergab sich hierdurch auch ein qualitativ besseres, gasfreieres Material als bei Beschickung des Ofens zu Beginn der folgenden Schicht.

Zahlentafel 278 gibt den Mindest-Anschlußwert von Lichtbogen-Elektroöfen nach Angaben der Demag (*10*), Zahlentafel 279 die Anzahl der möglichen Abstiche.

Zahlentafel 278.

Normal. Chargengewicht in t	Mindester Anschlußwert in kVA
¼	125
½	200
1	350
3	600
6	1100
10	1700

Zahlentafel 279.

Ofeninhalt t	Abstiche in 8 Stunden	Abstiche in 10 Stunden
0,5	3—5	6—9
1,0	3—4	6—8
3,0	2—3	4—6
6,0	2—3	4—6
10,0	2—3	4—6

Grau- und Temperguß aus dem indirekten Lichtbogenofen wird selten hergestellt. Die Deckelhaltbarkeit ist infolge der strahlenden Hitze nicht besonders gut. Betriebsergebnisse an einem Ofen dieses Typs wurden u. a. von I. C. Bennett und I. H. Vogel (*16*) mitgeteilt. Öfen mit indirekter strahlender Lichtbogenheizung bei seitlich eingeführten Elektroden, die um ihre horizontale Achse dreh- oder schwenkbar sind, haben sich in den Vereinigten Staaten von Amerika sehr gut eingeführt. Wie Verfasser auf einer im Jahre 1934 durchgeführten Amerikareise feststellen konnte, waren dort damals mehr als 400 derartiger Öfen (meist der sog. Detroit-Ofen) in Betrieb. In Deutschland werden derartige Öfen (z. B. der Siemens-Lichtbogen-Schaukelofen) für die Schmelzung von Buntmetallen vielfach verwendet. Ihre Fassung liegt meistens zwischen 100 und 1000 kg.

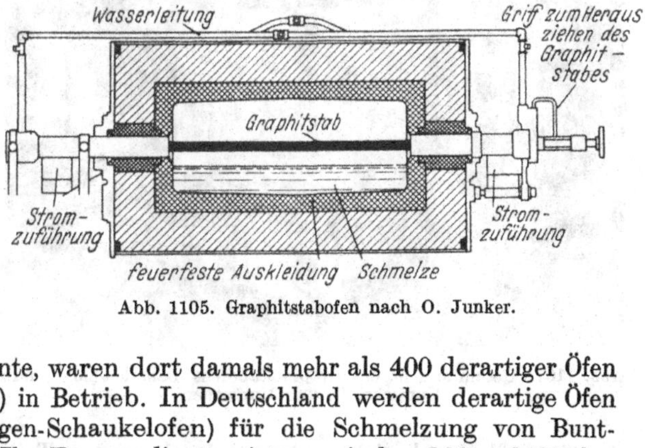

Abb. 1105. Graphitstabofen nach O. Junker.

Der Graphitstab-Schmelzofen. In Glashütten Frankreichs bereits in Betrieb befindliche größere Einheiten eines Hochtemperatur-Schmelzofens mit Graphitstabheizung sind von der Firma Otto Junker in Lammersdorf bei Aachen durch die Verwendung bis in die Schmelzrinne vorgezogener wassergekühlter Kontakte zum Schmelzen von Grauguß und Sonderstählen weiterentwickelt

Abb. 1106. Graphitstabofen nach Junker. Type Ge 301. 200 kVA Anschlußwert, Fassungsvermögen 300 kg. Schmelzleistung 300 kg/st.

worden (*17*). Die betriebssichere Lösung dieser wichtigen Kontaktfrage war für den Dauerbetrieb dieses Ofens von größter Bedeutung (*18*).

Abb. 1107. Gesamtansicht des Graphitstabofens Bauart Junker, mit Kupferkokille und Umformer.

Die Bauweise ergibt sich aus Abb. 1105 sowie aus den Abb. 1106 und 1107. Ein Graphitstab wird durch Strom zum Glühen gebracht. Der Stab liegt in der Drehachse eines Trommelofens, der zum Kippen oder zum Schaukeln drehbar gelagert ist. Der Heizstab ist leicht auszuwechseln; er kann vor jeder Beschikkung ausgefahren werden, so daß der Ofen mit der Schaufel beschickt werden kann.

Der Querschnitt des Heizstabes ist ziemlich groß, die Arbeitsspannung dementsprechend niedrig, z. B. 40 V und darunter, d. h. der Ofen hat an keiner Arbeitsstelle, auch nicht während des Betriebes, Teile, die nicht gefahrlos berührt werden können. Die Stromstärke, auf den durchflossenen Heizleiterquerschnitt gerechnet, ist sehr hoch, z. B. 300 bis 400 A/cm² Querschnitt, die Wattbelastung der Oberfläche desgleichen, z. B. 100 W/cm² Staboberfläche. Bei diesen Leistungen erreicht der Graphitstab etwa eine Temperatur bis zu 2300°. Der Ofen hat aber keine örtlich wirkende Hitze wie der Lichtbogenofen, sondern die ganze Staboberfläche strahlt gleichmäßig auf Bad und Ofenwand. Die Arbeitstemperatur kann durch Regeln der Spannung geändert werden, was auch zum Ausgleich des Graphitabbrandes von Vorteil ist.

Im Ofenraum ist während des Schmelzens ein hoher Kohlenoxydüberschuß vorhanden, aber keine freie Kohle, die das Bad aufkohlen könnte. Der Kohlestab verbrennt allmählich nach drei bis fünf Schmelzen, aber nur in dem Maße, wie Sauerstoff vorhanden ist. Der Chargenabbrand ist selbst für sehr sauerstoffempfindliche Legierungen kaum spürbar. Der Graphitverbrauch ist auch bei kleinen Einheiten, etwa 100 kVA, wenig höher als bei großen Lichtbogenöfen z. B. 4 bis 6 kg/t beim 100-kg-Kohlestabofen. Die Graphitstabkosten betragen für den 60-kW-Ofen entsprechend 30 kg Badfassung rd. 1 RM je Stab; für den 120-kW-Ofen entsprechend 100 kg Badfassung rund 2 RM je Stab.

Zahlentafel 280.

Kosten für das Umschmelzen von 100 kg Stahlschrott im Graphitstabofen.

Lohn:	für 1 Guß = 1 RM/100 kg	0,01 RM
Strom:	höchstens 1 kWst/kg zu 0,03 RM/kWst	0,03 „
Graphit:	Stäbe: Haltbarkeit 3 Güsse zu 100 kg = 300 kg je Stab zu RM 2,–	0,0067 „
	Kontaktstücke: Haltbarkeit 6 Güsse zu 100 kg = 600 kg je Kontaktstück zu RM. 2,60	0,0043 „
Auskleidung:	Haltbarkeit 100 Güsse 200 kg zu RM. 0,50 = RM 100,– + Lohn RM 10,– für 10000 kg RM 110,–	0,011 „
Abbrand:	(sehr gering, etwa 1%) z. B. bei einem Preis des Schrotts von 0,04 RM/kg	0,004 „
Tilgung:	angenommen 20% je Jahr = 3000 Güsse zu 100 kg entsprechend 300000 kg 20% von RM 16000,– = RM 3200,–	0,0107 „
Gesamte Schmelzkosten je kg Schrott	. . . .	0,0731 RM

Der kalte Ofen braucht etwa 1,5 st, bis er einen kalten Einsatz auf 1600 bis 1700° erhitzt hat. Bei heißem Ofen verkürzt sich die Schmelzdauer auf etwa 40 min. Dies gilt sowohl für den 30-kg- als auch für den 100-kg-Ofen. Die Haltbarkeit des hochfeuerfesten Ofenfutters ist gut. Bei hitzebeständigem Guß z. B. braucht die Schlackenzone nur alle zwei Wochen ausgebessert zu werden.

Der Ofen benötigt einen Umformer, um die niedrige Arbeitsspannung zu bekommen. Zweckmäßig kann man den Umformer gleich an die Hochspannung legen. Der Umformer hat mehrere Leistungsstufen, um den mit dem Stabverschleiß wechselnden Widerstand auszugleichen. Die bisher gelieferte Ofenbauart gestattet nur Einphasenanschluß an Wechselstrom, ein Nachteil, der sich jedoch in verständnisvoller Zusammenarbeit mit den zuständigen Kraftwerken überwinden läßt. Mehrere 1000-kg-Dreiphasenöfen mit Anschlußwerten von 500 kW sind bereits im Betrieb.

Die Umschmelzkosten im kleinen Ofen betragen, reichlich gerechnet, 0,09 bis 0,11 RM/kg bei 0,05 RM/kWst, dagegen bei dem meist üblichen Preis von 0,03 RM/kWst nur 0,07 bis 0,09 RM je kg (vgl. Zahlentafel 280). Gegenüber den anderen bekannten Elektroöfen hat der Graphitstabofen den Vorteil der Vermeidung punktförmiger Hitze, geringer Oxydation der Charge und Vermeidung einer die Ausmauerung beschädigenden Übertemperatur und Badwirbelung bei sehr einfacher Bedienung und großer Betriebssicherheit, wobei der Stromverbrauch der gleiche ist.

Das Anwendungsgebiet des Graphitstabofens umfaßt alle Stahlsorten, die keiner intensiven Schlackenarbeit bedürfen sowie hochlegierte hitze- und säurebeständige Legierungen, ferner alle Legierungen, die einen Umschmelzpreis von 0,07 bis 0,09 RM je kg vertragen können oder vorteilhaft in nichtoxydierender Atmosphäre erschmolzen werden. Der Ofen gestattet es ohne weiteres, Badtemperaturen bis zu 1700° zu erreichen. Eine große Bedeutung dürfte nach Ansicht von O. GENGENBACH (*19*) der Graphitstabofen zur Erzeugung hochwertigen Graugusses erlangen. Soll dieses im Kupolofen vorgeschmolzen werden, so wird es hierauf in den Graphitstabofen umgefüllt und auf etwa 1550° C erhitzt. Diese Veredelung des Graugusses durch Überhitzen kann im Graphitstabofen aber auch direkt vorgenommen werden, ohne daß das Material im Kupolofen schon vorgeschmolzen wird. Der geringe Abbrand ermöglicht auch die Verwendung von Spänen als Ausgangsmaterial, ohne eine Oxydation derselben befürchten zu müssen. So wurden in einem 200-kg-Ofen 80 kg Kupolofen-Gußspäne ohne jeglichen Zusatz geschmolzen. Der Schmelze wurden 0,4 kg = 0,5% Kalzium-Silizium zugesetzt und daraufhin die Schmelze auf 1530° überhitzt. Die feine Graphitverteilung führte zu einer bemerkenswerten Qualitätsverbesserung.

Als Stromleiter innerhalb des Ofenraums kommt für Elektroöfen Graphit oder Kohle in Frage. Ersterer hat die größere mechanische Festigkeit, das bessere Leitvermögen und damit die bessere Belastbarkeit. Die Festigkeit von Graphit ist auch in hohen Temperaturbereichen kaum beeinträchtigt, wie Beobachtungen am Graphitstabofen ergaben. Eine Gegenüberstellung der Eigenschaften von Graphit- bzw. Kohlenelektroden gibt Zahlentafel 281 nach G. SPEER (*9*).

Zahlentafel 281. Eigenschaften der Graphit- und Kohleelektroden (G. SPEER).

	Graphit	Kohle
Gewicht . . . . . . kg/cm³	0,00159	0,00156
Widerstandskoeffizient . . . . . Ω/cm³	0,000813	0,00325
Vergleichender Querschnitt für denselben Spannungsverlust	1,0	3,87
Wirkliche Dichte	2,25	2,00
Oxydationstemperatur in Luft . . . . . ° C	660	370—500
Zugfestigkeit . . . . . . kg/cm²	70,47	7,75
Aschegehalt . . . . . . %	< 1	etwa 5
Normale Stromdichte . . . . . . A/cm²	15—20	5—7
Härte nach MOHS	< 1	n. b.
Brinellhärtezahl	4,8—10	n. b.
Skleroskophärte	20—35	n. b.
Druckfestigkeit . . . . . . kg/cm²	211—281	230—240
Spezifische Wärme bei 76°	0,166	—
Spezifische Wärme bei 100°	—	0,18—0,22
Spezifische Wärme bei 542°	0,232	—
Spezifische Wärme bei 926°	0,321	—
Spezifische Wärme bei 1450°	0,390	—
Linearer Ausdehnungskoeffizient	0,00000786	n. b.
Verflüchtigungsbeginn . . . . . . ° C	3500	n. b.

Die Induktionsöfen. Induktionsöfen haben die Vorteile schnelleren Aufheizens, geringeren Stromverbrauchs und einfacherer Betriebsführung. Sie lassen jedoch im allgemeinen keine oder nur eine unzureichende Schlackenarbeit zu, verlangen stets flüssigen Einsatz und erfordern das Verbleiben eines Schmelzsumpfes im Herd, sind also mehr für kontinuierlichen als für intermittierenden Betrieb geeignet. Da die größten bisher für Schmelzzwecke gebauten Aggregate ein Fassungsvermögen von etwa 8 t haben, so sind Induktionsöfen für schweren Guß im Großschinenbau noch nicht geeignet (*20*).

Die ersten Niederfrequenzöfen in Deutschland waren diejenigen der Bauart Russ (1930). Sie erfordern das Verbleiben eines Sumpfes in der Schmelzrinne des Ofens. Ihr Vorteil ist, daß sie ohne besondere Umformer an bestehende Netze angeschlossen werden können, da sie mit normalen Frequenzen arbeiten, wodurch die Anlagekosten wesentlich geringer werden. Neuerdings baut die Firma Russ (Industrie-Elektroofen G. m. b. H., Köln) aber auch Öfen, die nur mit kaltem Einsatz arbeiten. Man braucht alsdann nur einen höheren Anschlußwert. Die Öfen eignen sich recht gut zum Verarbeiten von Gußspänen. Der theoretische Stromverbrauch für das Schmelzen einer Tonne Gußeisen mit anschließender Überhitzung auf etwa 1450° C wird mit 320 kWst angenommen, das gibt bei voller Ausnützung z. B. eines 1000-kg-Ofens (Typ IOG 10) einen Gesamtstromverbrauch von 437 kWst/t. Der theoretische Stromverbrauch für die Überhitzung einer Tonne Gußeisen um 200° wird mit etwa 44 kWst außerordentlich niedrig angegeben (*21*). Die Gesamtkosten je Tonne Gußeisen, wie sie für Jahresleistungen von 500 bis 4500 t von der Herstellerin des Ofens angegeben werden, sind in Zahlentafel 282

Zahlentafel 282. Umschmelzkosten je Tonne Gußeisen.

Ofentyp Russ	IOG 5	IOG 10	IOG 20	IOG 30
Nutzbares Abstichgewicht . . . kg	500	1000	2000	3000
	RM	RM	RM	RM
Bei einer Jahresleistung von 500 t	73,—	85,—	99,50	113,—
1000 t	42,95	48,80	56,10	62,90
1500 t	33,—	36,80	41,70	46,—
2000 t	—	30,80	34,40	37,50
2500 t	—	27,20	30,—	32,80
3000 t	—	24,80	27,30	29,50
3500 t	—	—	25,40	27,30
4000 t	—	—	—	25,40
4500 t	—	—	—	23,90

Die Kosten setzen sich zusammen aus den bereits besprochenen Kosten für den gesamten Stromverbrauch (bei einem angenommenen Strompreis von 4 Pf) und für Wartung und Instandhaltung sowie einem angemessenen Kapitaldienst.

zusammengestellt. Öfen der erwähnten Art stehen heute u. a. bei der Friedrich-Wilhelms-Hütte in Mülheim/Ruhr sowie bei der Firma Klauber & Simon, Dresden.

Niederfrequenzöfen benötigen längere Zeit zum Überhitzen als die anderen Elektroöfen. Sie arbeiten im allgemeinen mit geringen Querschnitten der Schmelzrinnen, um einen günstigen Leistungsfaktor zu erzielen und ohne Kondensatoren auszukommen. Wenn man nun nach einem Vorschlag von H. Beissner (*27*) diese Rinne breiter macht, so wird zunächst der Leistungsfaktor sinken. Jedoch habe man durch Verwendung von Kondensatoren die Möglichkeit, jeden gewünschten Raffinationsgrad zu erzielen. Es sei lediglich ein Frage der Anlagekosten, wieweit man gehen wolle. Bei breiter Rinne ließen sich erheblich größere Leistungen übertragen und trotzdem bleibe die Temperaturdifferenz zwischen Rinne und Bad niedrig, weil jetzt ein größerer Querschnitt die Wärme auf das eigentliche Bad überträgt. Wenn man das Bad nun noch in zwei etwa gleiche Teile trennt, so sei die Abwanderung der Wärme noch besser. Aus dieser Überlegung heraus sei der sogenannte Doppelherdofen (Abb. 1108) entstanden. Bei genügend breiter Rinne ließen sich beispielsweise leicht Doppelherdöfen für 3 t Abgußgewicht bauen mit einer Anschlußleistung von 700 bis 800 kW. Ein solcher Ofen gestatte die Überhitzung um 200° für den gesamten Einsatz von 3 t in einer Zeit von weniger als ½ st oder das Einschmelzen von 3 t festem Einsatz auf flüssigem

Sumpf in weniger als 2 st. Damit ergebe sich für den Betriebsmann die Möglichkeit, schnell zu arbeiten und mit einem Ofen etwa das gleiche zu leisten als mit drei bis vier Öfen der bisherigen Bauart. Gleichzeitig werde durch diese Leistungssteigerung auch die bisherige Schwierigkeit beim Aufkohlen behoben. Trotz dieser erhöhten Energiezufuhr betrage die Rinnentemperatur nur etwa 1500 bis 1550° bei einer Abgußtemperatur von 1450°, also rd. 150° weniger als bei der früheren Ofenform. Infolgedessen seien Rinnenhaltbarkeiten von über 1000 Schmelzen bei flüssigem Einsatz zu erwarten, ehe es nötig werde, die Rinne neu zu stampfen. Wie aus Abb. 1108 ersichtlich, ist durch die Zweiteilung des Herdes auch diese nur noch selten vorkommende Reparatur einfach durchführbar.

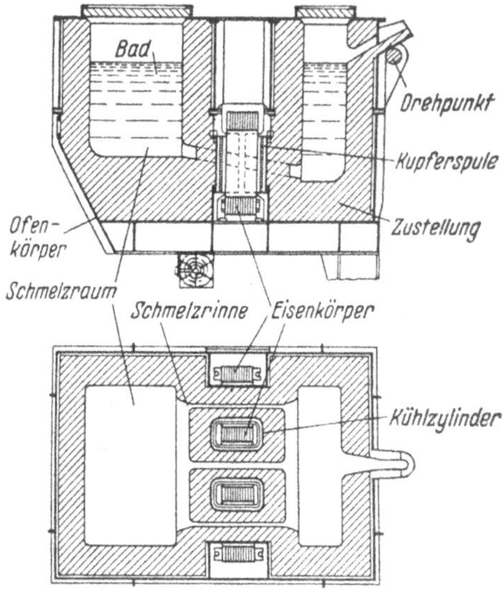

Abb. 1108. Doppelherd-Niederfrequenzofen (H. BEISSNER).

Das Schaltschema eines Hochfrequenzofens ist in Abb. 1109 zu sehen. Die Frequenz liegt zwischen 500 bis max. 2000 Hz. Transformatoren fallen in der Regel fort, da der Generator die erforderliche Spannung direkt hergibt. Die Kondensatoren werden fast ausschließlich in Stromresonanz zum Ofen geschaltet (*22*). Der Hochfrequenzofen gleicht einem Transformator ohne Eisenkern. Öfen von 1 bis 1,5 t arbeiten heute vielfach mit einer Frequenz von nur 500 bis 600 Hz. Nach einer im Jahre 1935 erschienenen Arbeit von KAUTSCHISCHWILI (*23*) ergibt sich folgender Vergleich zwischen einem Lichtbogen- und einem Hochfrequenzofen:

	Lichtbogenofen %	Hochfrequenzofen %
Lohnkostenanteil	25,4	11,25
Stromverbrauch	34,7	29,00
Abschreibung	5,6	13,1
Zustellung	7,2	2,09
Elektrodenkosten	17,5	—
Sonstiges	9,9	6,25
	100,00	62,5

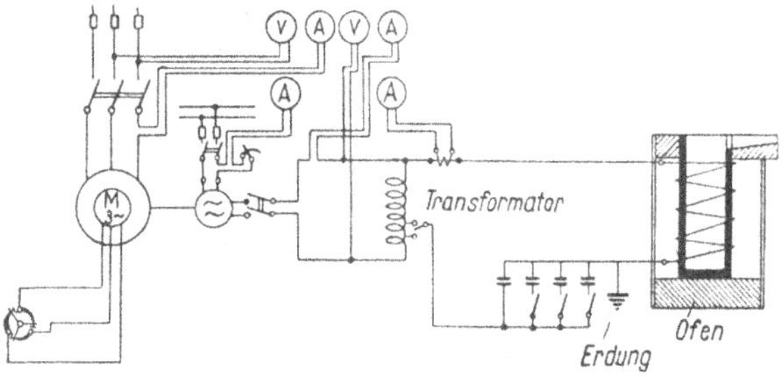

Abb. 1109. Schaltschema eines Hochfrequenzofens.

Der starke Unterschied in den Lohnkosten wird von C. PFANNENSCHMIDT (*23*) bestritten. In beiden Fällen genüge ein Schmelzer zur Bedienung. Bei 4 Pfg. je kWst und vier Schmelzungen/Tag ergibt sich bei einem 2,5-t-Ofen der Stromverbrauch nach PFANNENSCHMIDT im Lichtbogenofen zu 180 kWst/t;

ohne Warmheizen, also bei 4 Pfg. Strompreis je Tag = 7,20 RM;
beim Hochfrequenzofen der gleichen Leistung zu 135 kWst/t = 5,40 RM.

Die Schmelztiegel werden am besten sauer zugestellt und zwar mittels Klebsand oder totgebranntem Quarz plus Frittmasse (Rohn-Patent). Bei gutem Klebsand erreicht man nach C. PFANNENSCHMIDT (*23*) Schmelzzahlen von 100 bis 225 je Tiegel, wodurch die Klebsandkosten auf 4 bis 6 Pfg./t heruntergehen. Auch im Hochfrequenzofen verbleibt am besten ein Sumpf. Nur bei Verschmelzung von Spänen ist dies meistens unnötig. Der Füllfaktor des Ofens soll 0,4 nicht unterschreiten. PFANNENSCHMIDT empfiehlt aus diesem Grunde in Mitte Tiegel einen alten Trichter zu setzen.

Die Überhitzungszeit im Hochfrequenzofen beträgt bei flüssigem Einsatz 12 bis 20 Minuten (*23*), was einen Stromverbrauch von 85 bis 90 kWst/t ergibt. Der Hochfrequenzofen sei also dem Lichtbogenofen überlegen, aber konjunkturempfindlicher infolge der höheren Abschreibungen. C. PFANNENSCHMIDT nennt als Ergebnisse eines Jahresdurchschnitts bei der MAN., Augsburg, folgende Zahlen[1]:

	Nachtbetrieb = 2,2 Pfg./kWst Fest:		Tagbetrieb = 3,6 Pfg./kWst Flüssig:
Strom (700 kWst)	15,40 RM	(139 kWst)	5,34 RM
Abschreibung.	10,00 RM		1,75 RM
Zustellung einschl. Löhne . . .	0,18 RM		0,18 RM
Gezähe, Kühlwasser, Sonstiges	0,31 RM		0,31 RM
	25,89 RM/t		7,58 RM/t Fertigschmelze

Was den Wirkungsgrad von Hochfrequenzöfen betrifft, so wird heute mit einer zwischen 60 und 75% liegenden thermischen Ausnützung des dem Aggregat zugeführten Netzstromes im Dauerbetrieb gerechnet. Da diese Zahlen anscheinend für Stahlguß angegeben worden sind (*20*), dürften sie für Grauguß eher tiefer als höher liegen. Die Verteilung der Verlustzahlen bei Stahlgußbetrieb gibt Abb. 1110 (*20*).

Der Abstich-Hochfrequenzofen (Abb. 1111) nach dem Vorschlag von H. BEISSNER (*27*) hat als wesentlichen Vorteil einen um 10% geringeren Energieverbrauch als der kippbare Hochfrequenzofen. Gleichzeitig bietet diese Anordnung die Möglichkeit einer Weiterentwicklung auf große basische Öfen mit Fassungsvermögen weit über 10 t.

Die Anlagekosten von Hochfrequenzöfen sind ziemlich groß. Eine Anlage

[1] Diese in einem Vortrag (*23*) gegebenen Zahlen weichen von den später veröffentlichten etwas ab. Bei einem Wert von 2,6 Pfg. bzw. 3,8 Pfg. für Nacht- bzw. Tagstrom werden in den Veröffentlichungen (*23*) folgende Vergleichszahlen als Unkostenbeträge genannt:

A. Flüssiger Einsatz:

	Lichtbogenofen RM	Hochfrequenzofen RM
1,8 kg Graphitelektroden . . à RM 1,40	2,52	—
Deckel- u. Zustellungskosten (Rohstoffe)	0,30	0,05
Stromkosten: (à 3,8 Pfg./kWst) 175 kWst / 127 kWst	6,65	4,82
Abschreibungen RM 5,–/1000 / 11,–/1000	0,88	1,40
	RM 10,35/t	RM 6,27/t

B. Fester Einsatz:

	Lichtbogenofen RM	Hochfrequenzofen RM
5 kg Graphitelektroden .	7,—	—
Deckel- u. Zustellungskosten	1,—	0,08
Stromkosten: (à 2,6 Pfg./kWst) 625 kWst	16,30	16,30
Abschreibungen	3,13	6,88
	RM 27,43	RM 23,26/t

Es besteht nach TH. KLINGENSTEIN die Möglichkeit, den Betrieb des Lichtbogenofens dadurch günstiger zu gestalten, daß man die auftretenden Pausen während des Abgießens mehrerer kleiner Pfannen aus einem Ofen dadurch überbrückt, daß man mit nur einer elektrischen Einrichtung wechselweise auf zwei Öfen fährt. Während ein Ofen unter Strom steht, wird der Inhalt des zweiten entleert und dann gefüllt, um nach Beendigung des Überhitzens im zweiten Ofen sofort den Strom pausenlos umzuschalten.

für einen 500-kg-Ofen kann mit 60000 bis 80000 RM angesetzt werden, während ein 500-kg-Schaukelofen mit einer Leistung von 250 kWA bei Anschluß an 6000 V auf etwa 25000 RM kommt.

Hingewiesen sei an dieser Stelle noch auf den kombinierten Lichtbogen-Induktionsofen der AEG. in Berlin (*28*). Die Elektroden stehen hier bei reinem Licht-

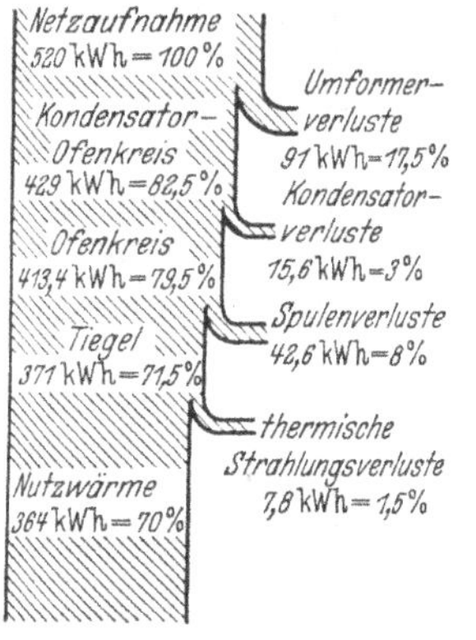

Abb. 1110. Wärmebilanz eines Hochfrequenzofens (N. BROGLIO).

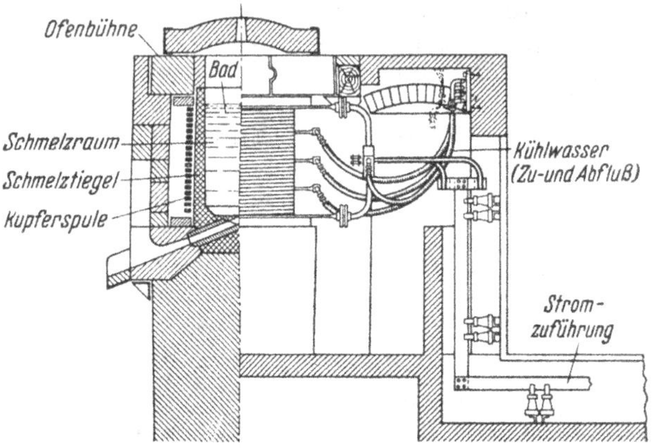

Abb. 1111. Feststehender Abstich-Hochfrequenzofen (H. BEISSNER).

bogenbetrieb, d. h. bei ungekippter Ofenlage, zur Badoberfläche in einem Winkel in Richtung des Induktionsofenraumes geneigt, der der Hälfte des gesamten Winkels gleicht, um den der Ofen zum Herbeiführen des kombinierten Betriebes gekippt wird. Der geneigt angeordnete Deckel steht senkrecht zu den Elektrode (Abb. 1112).

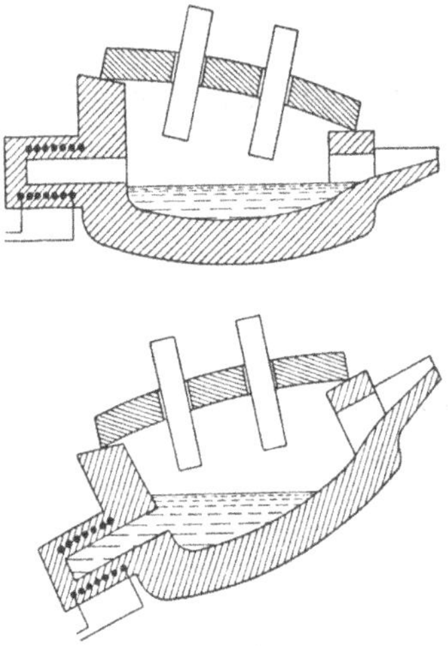

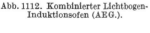

Abb. 1112. Kombinierter Lichtbogen-Induktionsofen (AEG.).

In Elektroöfen stellt man heute mit Erfolg her: Autozylinder und sonstiges Autozubehör, Zylinder, Kolben, Zahnräder, Kurbel- und Nockenwellen, Zylinderbüchsen, Auspuffrohre, Zylinder und Kolben für Dieselmaschinen, Kolbenringe bis zu 3 mm Wandstärke herunter, Kompressorenteile, Armaturen, Düsendeckel, Kommutatorkörper u. a.

Durch den Elektrograuguß sind zum Teil Temperguß und Stahlguß ersetzt worden, so z. B. bei Deckeln von Öltransformatoren, Anpreßringen, Kommutatorkörpern. Die Bearbeitungskosten beim Elektrograuguß sind niedriger als beim Stahlguß und nicht höher als beim gewöhnlichen Gußeisen.

Die Zahl der heute in Deutschland ausschließlich auf Grauguß arbeitenden Elektroöfen ist schwer anzugeben. Sie dürfte mit etwa 12 bis 14 Lichtbogenöfen und 3 bis 4 Induktionsöfen den Verhältnissen nahekommen. Hinzu tritt allerdings die Zahl jener Elektroöfen, die neben Grauguß auch auf Stahlguß, Hartguß und Temperguß betrieben werden, und die mit weiteren 20 bis 25 Ofeneinheiten angesetzt werden können.

c) Das Schmelzen im Tiegel.

Der Vorteil des Tiegelofens liegt darin, daß man dort Sonder- und hochlegierte Gußeisensorten (z. B. Chromguß) mit genauer Endanalyse und sehr großer Gasfreiheit herstellen kann. Der Brennstoffverbrauch ist hoch und beträgt je nach Zusammensetzung der Schmelzen 50 bis 100% vom Einsatz. Durch Zugabe von Ferrolegierungen usw. kurz vor dem Abguß kann man jede gewünschte Graphitausbildung mit ziemlicher Sicherheit erreichen. Die erste Schmelze dauert meistens doppelt so lange als die folgenden. Die Tiegelöfen können stationär oder kippbar gebaut werden. Abb. 1113 zeigt einen stationären ölbeheizten Tiegelschmelzofen System Fulmina. Sehr niedriggekohltes Gußeisen kann in derartigen Öfen ohne Windvorwärmung kaum hergestellt werden.

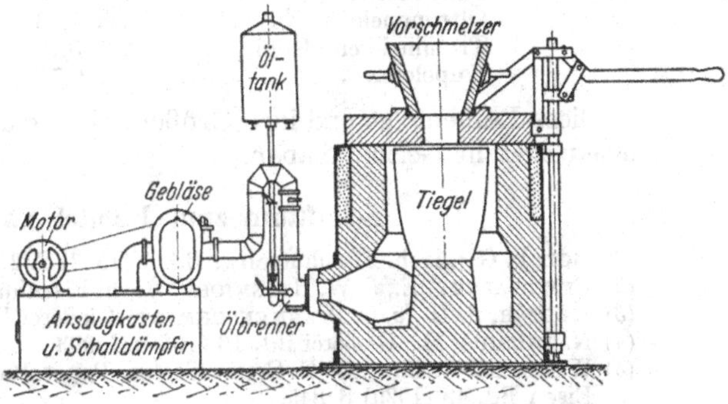

Abb. 1113. Ortsfester öl- oder gasgefeuerter Tiegelschmelzofen, Bauart Fulmina.

d) Kostenvergleiche.

Abb. 1114 zeigt Kosten und erreichbare Temperaturen für einige Schmelzöfen. Der Kupolofen steht mit 8 bis 12 RM je Tonne konkurrenzlos da. Lediglich bei Ansetzen sehr billigen Kohlenstaubs kann diese Zahl annähernd auch vom Brackelsberg-Ofen erreicht werden. Die Schmelzkosten bei Elektroöfen hängen sehr stark vom Strompreis ab, der im allgemeinen zwischen 2,5 und 4,5 Pfg. liegt, in Ausnahmefällen, insbesondere bei laufendem Bezug von Nachtstrom, bis annähernd 1,5 Pfg. heruntergehen kann. R. Stotz (*24*) gab im Jahre 1928 für weißen Temperguß folgende Reihenfolge der gesamten Herstellungskosten an:

Tiegelofen (369,–RM/t) — Öltrommelofen — Elektroofen — Kupolofen mit Elektroofen (Duplex-Betrieb) — Kupolofen mit Kleinkonverter (Duplex-Betrieb) — Siemens-Martin-Ofen — Kohlenflammofen — Kupolofen — Brackelsberg-Ofen (211,— RM/t). Die Einordnung des Brackelsberg-Ofens nach dem Kupolofen kommt daher, daß Stotz den Kohlenstaub mit 12,—RM/t sehr billig angesetzt hat. J. E. Hurst (*25*) gab im Jahre 1931 folgende Schmelzkosten (ohne Material) für Grauguß an, verglichen mit späteren Zahlen von S. E. Dawson (*26*):

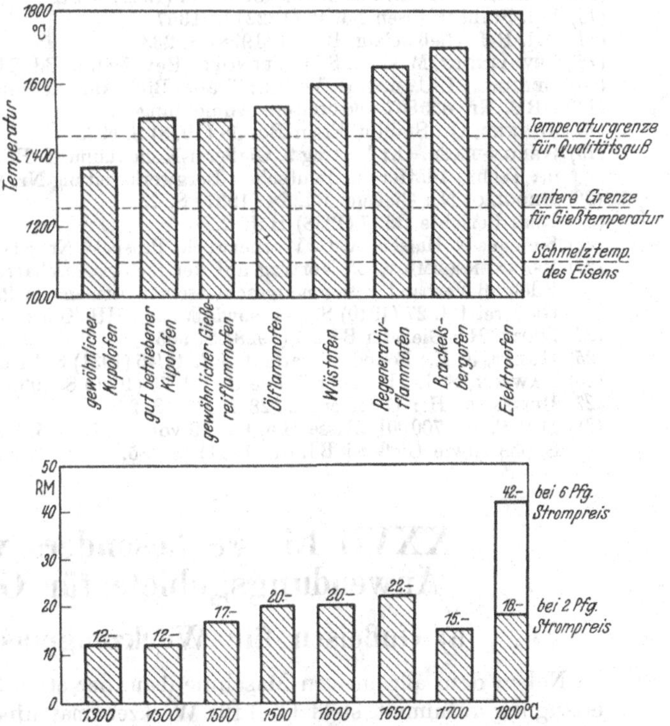

Abb. 1114. Erzielbarkeit von Temperaturen und Schmelzkosten je t bei verschiedenen Ofentypen.

	HURST	DAWSON
Tiegelofen	3,564 £/t	4,0—4,5 £/t
Elektroofen	2,60 „	2,5—3,0 „
Öltrommelofen (Öl)	1,86 „	1,0—1,25 „
Trommelofen (Kohle)	0,78 „	0,7—0,8 „
Kupolofen	0,74 „	0,5—0,75 „

Diese Reihenfolge und ihre Größenordnung dürfte auch für deutsche Verhältnisse ungefähr Geltung haben.

Schrifttum zum Kapitel XXVIb bis d.

(1) BULLE, G.: Arch. Eisenhüttenw. Bd. 1 (1927) S. 21.
(2) PIWOWARSKY, E., u. W. HEINRICHS: Arch. Eisenhüttenw. Bd. 6 (1932/33) S. 221.
(3) KÜSTER, J. H., u. C. PFANNENSCHMIDT: Gießerei Bd. 16 (1929) S. 969.
(4) NATHUSIUS, H.: Gießerei Bd. 16 (1929) S. 993.
(5) WILLIAMS, C. C., u. C. E. SIMS: Techn. Paper Bur. Min. Nr. 418 (1928); vgl. Stahl u. Eisen Bd. 49 (1929) S. 845.
(6) NIPPER, H., u. E. PIWOWARSKY: Gießerei Bd. 20 (1933) S. 277.
(7) KLINGENSTEIN, TH., u. H. KOPP: Gießerei Bd. 27 (1940) S. 41.
(8) Wie (7), vgl. a. Mitt. Forsch.-Anst. GHH-Konzern Bd. 6 (1939) S. 147
(9) SPEER, G.: Gießerei Bd. 26 (1939) S. 237.
(10) Prospekt: Der elektrische Lichtbogen in der Eisengießerei.
(11) Zuschrift DORNHECKER, K.: Gießerei Bd. 25 (1938) S. 568.
(12) MORRISON, W. L.: Chem. metall. Engg. (1922) S. 312
(13) Vgl. Stahl u. Eisen Bd. 42 (1922) S. 1357.
(14) Vgl. Ref. Gießereiztg. Bd. 25 (1928) S. 233.
(15) JEVRÉINOFF, M. G., u. S. J. TELNOFF: Rev. Métall. Bd. 24 (1927) S. 57.
(16) BENNETT, I. C., u. I. H. VOGEL: Trans. Bull. Amer. Foundrym. Ass. Aug. (1931) S. 235.
(17) DRP. Nr. 655867 und weitere Anmeldungen.
(18) JUNKER, O.: Stahl u. Eisen Bd. 58 (1938) S. 698.
(19) GENGENBACH, O.: Vortrag 9. Gießerei-Kolloquium T. H. Aachen 1939; vgl. das Referat in: Techn. Blätter zur Deutschen Bergwerkszeitung Nr. 8 (1939) S. 93.
(20) BROGLIO, N.: Gießerei Bd. 24 (1937) S. 73.
(21) Russ-Berichte Bd. 7 (1938) Heft 2.
(22) Siemens & Halske, A.-G. Wernerwerk, Prospekt Nr. SH 4199.
(23) PFANNENSCHMIDT, C.: Vortrag auf der fachwissenschaftlichen Tagung der ehemals im Edelguß-Verband zusammengeschlossenen Firmen am 25. Mai 1939 in Eßlingen. Vgl. Gießerei Bd. 27 (1940) S. 341, sowie Mitt. GHH-Konzern Bd. 8 (1940) S. 71.
(24) STOTZ, R.: Gießerei Bd. 15 (1928) S. 905.
(25) HURST, J. E.: Foundry Trade J. Bd. 44/45 (1931) S. 316.
(26) DAWSON, S. E.: Foundry Trade J. Bd. 55 (1936) S. 393.
(27) BEISSNER, H.: Gießerei Bd. 28 (1941) S. 265.
(28) D.R.P. Nr. 700001 Klasse 21h, Gr. 19 vom 7. 11. 1935. Vgl. Stahl u. Eisen Bd. 58 (1938) S. 658 sowie Gießerei Bd. 61 (1941) S. 485.

XXVII. Einige besonders wichtige Anwendungsgebiete für Gußeisen.

a) Gußeisen für Werkzeugmaschinenguß.

Neben dem allgemeinen Maschinenbau, der etwa 30 bis 35% der Gußeisenerzeugung aufnimmt, stellt Guß für Werkzeugmaschinen eine besonders wichtige Gattung dar. Werkzeugmaschinenguß, der stellenweise als „schwerster" Guß anfällt, muß dicht, gut bearbeitbar und oft sehr verschleißfest sein, spannungsfrei anfallen und beste Volumenbeständigkeit bei guter Dämpfungsfähigkeit besitzen. Betten, Fundamentplatten, Ständer, Getriebekästen, Schlitten, Spindelböcke, Verbindungsstücke, Rahmen usw. werden im allgemeinen aus besten Gattierungen heraus im Sand- und Lehmgußverfahren hergestellt. Das Material ist im allgemeinen unlegiert. Nur für besonders hohe Anforderungen an Dichte, Verschleiß,

Festigkeit und gleichbleibende Härte werden mitunter kleine Mengen an Nickel, Chrom oder Molybdän zugeschlagen. So zeigt Zahlentafel 284 die Eigenschaften von Werkzeugmaschinenguß, wie er in Amerika Verwendung findet (*3*). Um Restspannungen in Werkzeugmaschinenteilen zu beseitigen, werden diese vielfach bei 500 bis 600° geglüht. Legierte Eisensorten erfordern meist noch höhere Glühtemperaturen. Bei schweren Stücken ist das Spannungsfreiglühen von Werkzeugmaschinenguß natürlich mit Schwierigkeiten verbunden, da nur wenige Gießereien entsprechend große Öfen besitzen.

Man hilft sich alsdann durch langsame Abkühlung der Gußstücke in der Form (die manchmal 24 Stunden und mehr beansprucht), Liegenlassen der Gußstücke im Freien, mechanisches Abklopfen usw. Im Ausland, insbesondere in den Vereinigten Staaten, wird mehr legierter Werkzeugmaschinenguß hergestellt als in Deutschland. Auch das sog. Nitensyl-Eisen (ein nickellegiertes Gußeisen, das meistens noch thermisch nachbehandelt wird, vgl. Seite 725) hat im amerikanischen Werkzeugmaschinenbau schon weitgehend Anwendung gefunden. Das geht auch aus einer Arbeit von J. W. SANDS und D. A. NEMSER (*1*) hervor, wie Zahlentafel 283 erkennen läßt.

Die Gleitbahnen von Werkzeugmaschinenbetten werden zur Erhöhung der Verschleißfestigkeit neuerdings mit Erfolg mittels Azethylenflamme gehärtet. Man erreicht alsdann auch bei unlegiertem Eisen Härte- und Verschleißziffern, wie sie sonst nur bei schwach legiertem Material zu erwarten sind (*3*).

Zahlentafel 283. Eigenschaften von Gußeisen für Werkzeugmaschinen (USA.).

Gußeisensorte	Zerreiß-festigkeit kg/mm²	Biege-festigkeit kg/mm²	Brinell-härte kg/mm²	Schlag-festigkeit mkg/cm²	Relative Bearbeit-barkeit
Gußeisen für Schutzvorrichtungen	16	36,2	210	0,68	8
Normales Gußeisen	22	47,3	220	0,96	8
Hochwertiges Gußeisen	28,4	52,0	230	1,23	7
Ni-Tensyl-Gußeisen	34,7	56,7	250	1,23	7
Ni-Tensyl, vergütet	44,1	56,7	320	1,23	6
Ni-Tensyl + 0,5% Mo, vergütet .	48,8	69,3	350	1,36	4

Wichtig für das Verhalten von Werkzeugmaschinenteilen im Betrieb ist natürlich die zweckmäßige Konstruktion derselben. So kann man z. B. bei Werkzeugmaschinenbetten durch eine Diagonalverstrebung gegenüber der rektangulären Zellenverstrebung die Steifigkeit und Festigkeit der Konstruktion bei gleichem Gußgewicht um etwa 30% verbessern.

Schrifttum zum Kapitel XXVIIa.

(*1*) SANDS, J. W., u. D. A. NEMSER: Metals & Alloys Bd. 10 (1939) S. 262.
(*2*) Vgl. Foundry Bd. 48 (1939) Dez. S. 49; vgl. Gießerei Bd. 27 (1940) S. 454.
(*3*) RUSSEL, P. A.: Foundry Trade J. Bd. 62 (1940) S. 205; vgl. Gießerei Bd. 28 (1941) S. 58.

b) Gußeisen für Laufbüchsen und Kolbenringe.

Das getrennte Abgießen von Laufbüchsen und deren späteres Einsetzen in den Zylinderkörper bringt den Vorteil einer freieren Auswahl des Werkstoffes mit sich. Ferner ist es möglich, die Gattierung der jeweiligen Wandstärke der Büchsen besser anzupassen, als dies der Fall ist, wenn man Zylinder und Laufbüchse in einem Stück gießt. Wirtschaftliche Vorteile, die sich auch gleichzeitig qualitativ auswirken, ergeben sich schließlich dadurch, daß man bei getrenntem Abgießen von Büchsen für diesen wichtigen Teil des (Benzin-) Motors bzw. der Diesel-

Zahlentafel 284. Nickelgußeisen im Werkzeugmaschinenbau.

Maschinenelement	Wandstärken *	Anforderungen	Zusammensetzung in % C	Si	Ni	Cr	Mo	Zugfestigkeit kg/mm²	Brinellhärte kg/mm²
Büchsen und Lager	L	hoher Verschleißwiderstand, gute Bearbeitbarkeit	3,5	1,80	1,50	0,30	***	23,2	200
	S	hoher Verschleißwiderstand, gute Bearbeitbarkeit	3,2	1,10	1,50	0,30	***	27,4	200
Betten, Fundamentplatten, Verbindungsstücke, Schlitten usw.	M	Widerstand gegen Verschleiß und Aufscheuern, gesunder Guß, gute Bearbeitbarkeit	3,3	1,80	1,25	**	...	23,9	190
	S	Widerstand gegen Verschleiß und Aufscheuern, gesunder Guß, gute Bearbeitbarkeit	3,2	1,10	1,50	**	...	28,1	210
Nocken	M	hoher Verschleißwiderstand, gute Bearbeitbarkeit	3,3	1,80	1,25	0,30	***	24,6	200†
	S	hoher Verschleißwiderstand, Bearbeitbarkeit	3,1	1,60	2,00	0,60	***	32,3	240†
Körper für Spannvorrichtungen	S	Zähigkeit, Feinkörnigkeit in dicken Querschnitten, sehr gute Bearbeitbarkeit	3,3	1,80	1,50	**	***	24,6	190
Ständer, Führungen, Rahmen usw.	M	gesunder Guß, gute Bearbeitbarkeit	3,2	1,50	1,50	0,60	...	28,1	230
(Hochfestes Nitensyl-Gußeisen)	M	Festigkeit, hoher Elast.-Modul, Bearbeitbarkeit	2,9	1,70	1,50	**	***	35,1	240
	S	Festigkeit, hoher Elast.-Modul, Bearbeitbarkeit	2,8	1,50	1,50	...	...	38,7	240
Zahnräder	M	hoher Verschleißwiderstand, gute Bearbeitbarkeit	3,3	1,50	1,25	...	...	26,7	200
	S	hoher Verschleißwiderstand, gesunder Guß in dicken Querschnitten, Bearbeitbarkeit	3,2	1,10	2,00	0,30	...	33,7	240
(Hochfestes Nitensyl-Gußeisen)	M	Festigkeit, hoher Verschleißwiderstand, hohe Schlagfestigkeit	3,0	1,50	2,00	...	0,65	42,2	240
Getriebekästen, Führungen (f. Ständer)	L	gesunder Guß, gute Bearbeitbarkeit	3,3	2,10	1,00	...	...	23,2	210
Gußstücke für hydraulischen Druck	L	Preßdichtigkeit, hoher Verschleißwiderstand, gute Bearbeitbarkeit	3,2	1,80	1,00	...	...	24,6	210
	M	Preßdichtigkeit, hoher Verschleißwiderstand, gute Bearbeitbarkeit	3,1	1,60	1,50	0,40	***	29,5	220
(Hochfestes Nitensyl-Gußeisen)	M	Festigkeit, Preßdichtigkeit, hoher Verschleißwiderstand, Bearbeitbarkeit	3,0	2,00	2,00	0,35	0,60	42,2	250
	S	Preßdichtigkeit, hoher Verschleißwiderstand, gute Bearbeitbarkeit	3,1	1,20	1,50	**	***	31,6	220
(Hochfestes Nitensyl-Gußeisen)	S	Festigkeit, Preßdichtigkeit, hoher Verschleißwiderstand, Bearbeitbarkeit	3,0	1,10	2,00	**	0,25	38,7	240
	S	hoher Verschleißwiderstand, gute Bearbeitbarkeit	3,2	1,20	1,25	...	...	28,1	225
Verbindungsstücke s. Betten									
Schlitten s. „									
Spindelblöcke s. „									
Fundamentplatten s. „									

* Querschnitt L leicht = unter 18 mm, M mittel von 20—50 mm, S schwer über 50 mm. ** Cr wird beigefügt bis zu einem Drittel des Ni-Gehaltes, wo höherer Verschleißwiderstand und höhere Festigkeit verlangt ist. *** Mo wird unter entsprechender Reduktion des Cr-Gehaltes beigefügt, wo höhere Festigkeit bei höherer Zähigkeit verlangt ist. † Härte im Anlieferungszustand; wo erwünscht Erhöhung bis 450 BE durch Abschrecken und Anlassen.

oder Gasmaschine einen hochwertigeren, evtl. mit Spezialelementen legierten Werkstoff in Anpassung an die hohen Forderungen hinsichtlich Verschleißfestigkeit und Gleiteigenschaften verwenden kann, ohne den ganzen Motorblock aus einem solchen höherwertigen und teueren Material herstellen zu müssen. Das war vor allem von Vorteil bei den schwerer beanspruchten Diesel- und Lastwagenmotoren, wirkte sich aber auch im Kraftwagenbau günstig auf Qualität und Preisgestaltung aus und brachte devisentechnisch eine Entlastung. Während für normale Fälle schwach chromlegierte Schleudergußstoffe ausreichen, bevorzugt man für Diesel- oder hochbeanspruchte Motoren in steigendem Maße chrommolybdänlegierte Schleudergußbüchsen.

Thermisch gehärtete sowie nitrierte Büchsen haben sich in Deutschland bisher nicht in stärkerem Maße durchsetzen können. Die ersten Büchsen wurden in Sandformen hergestellt, wobei man bei kleineren Dimensionen der Büchsen stehend mit seitlichen (meist tangentialen) Anschnitten und seitlich gelagertem Zulaufkanal arbeitete. Größere Büchsen wurden von oben gegossen mit Benutzung eines umlaufenden Ringkanals und mehreren (mitunter tangentialen) Zulaufkanälen. Die Vorteile der Schleudergußverfahren sind auf Seite 943 herausgestellt. Heute werden nach diesem Verfahren größere Kolbenringe sowie Kolbenringbüchsen von 50 bis 1200 mm Durchmesser, vor allem aber Laufbüchsen für Automobile, Flug- und Dieselmotore hergestellt. Als äußere Gußform dient eine luftgekühlte Drehform aus Hämatitgußeisen oder aus Spezialstahl. Die Drehform wärmt sich durch das flüssige Eisen stark vor, bei kürzeren Büchsen bis zu 600°. Die Vorwärmung der Form gewährleistet im Zusammenhang mit einer zweckmäßigen Zusammensetzung des flüssigen Eisens eine perlitische Gefügeausbildung unter Ausschluß von grobem Graphit einerseits, Temperkohleabscheidung andererseits. Eutektischer Graphit mit ferritischen Zonen muß vermieden werden. Trockene Büchsen mit Wandstärken bis etwa 15 mm können durch Ölvergütung (z. B. Abschrecken aus 850/875° in Öl und Anlassen auf 350/375°) auf eine Brinellhärte von 450 kg/mm² gebracht werden. Dickwandigere Büchsen, vor allem nasse Büchsen mit verdicktem Flanschende neigen zu Ausseigerung von Sulfiden und anderen nichtmetallischen Einschlüssen auf der Innenzone der Büchsen. Durch Benutzung von beheizten Vorherden, Handpfannen mit Schlackenfängen, zweckmäßige (nicht zu niedrige) Gießtemperatur usw. gelingt es, diese Erscheinung zurückzudrängen und die Ausseigerungen an der Oberfläche der Büchse so zu konzentrieren, daß sie bei der späteren Bearbeitung beseitigt werden. Einpudern der Kokillen mit Graphit, Ruß, Ferrosilizium, Ferrophosphor usw. erhöht die Haltbarkeit der Kokillen, vermindert weiterhin die Schreckwirkung der Kokillen und erleichtert das Ziehen der Rohlinge. Um bei dickeren Büchsen den Dickeneinfluß zu mildern und eine zu starke Graphitvergröberung auf der Innenseite derselben zu verhindern, wird der Gattierung manchmal 0,3 bis 0,4% Cr beigegeben, gleichzeitig aber durch Erhöhung des Siliziumgehaltes die Neigung zur Schreckhärtung vermindert (vgl. auch Abb. 909). Es resultiert alsdann immer noch eine bessere Wandstärkenunabhängigkeit des Eisens, während gleichzeitig die Verschleißfestigkeit des Materials steigt. Auch Chrom-Molybdän-Zusätze wirken sich ähnlich aus, wobei durch den Mo-Zusatz weiterhin die elastischen Eigenschaften des Materials bis etwa 300° stabilisiert werden. Außer unlegiertem und legiertem perlitischem Gußeisen kommen auch die austenitischen (Niresist, Nicrosilal, Nomag) sowie die Eisensorten auf α-Basis (Chromguß) für die Herstellung von Büchsen in Frage. Eine jüngere englische Patentschrift (*14*) bezieht sich auf austenitische Zylinderbüchsen mit 10 bis 20% Nickel bei 2 bis 4% Chrom, gekennzeichnet durch einen Ausdehnungskoeffizienten größer als 0,000016 je 1° C.

In einer auf dem Kongreß in Philadelphia vorgelegten Arbeit gab W. PAUL EDDY JR. (*6*) interessante Werte hinsichtlich der durch eine Vergütung erreichbaren Güteziffern für Zylinderbüchsen von höchstens 9 mm Wandstärke. Die chemische Zusammensetzung dieses Gusses war: 3,1 bis 3,4% C (gesamt), 0,75 bis 0,90% C (gebunden), 0,55 bis 0,75% Mn, < 0,2% P, < 0,1% S, 1,9 bis 2,1% Si, 0,55 bis 0,75% Cr, 1,8 bis 2,2% Ni. Die Brinellhärte im Gußzustand betrug 212 bis 241 Einheiten bei mindestens 26 kg/mm² Zugfestigkeit. Die Zylinderbüchsen wurden 30 bis 40 min bei 838 bis 850° geglüht, in Öl abgeschreckt und auf eine Brinellhärte von mindestens 512 Einheiten, entsprechend mindestens 52 Rockwell-C-Einheiten, angelassen.

Zahlentafel 285.
Veränderung von Zugfestigkeit und Härte durch das Vergütungsverfahren bei Zylinderbüchsen.

Zustand	Zugfestigkeit kg/mm²	Brinellhärte
Gegossen	25,9—28,7	—
Geglüht	26,6—30,1	217—248
Gehärtet	19,6—25,2	570—650
Gehärtet und angelassen:		
2 st bei 149°	23,1—27,3	530—610
2 st „ 177°	25,2—28,0	500—570
1 st „ 232°	27,3—30,1	470—530
1 st „ 316°	31,5—39,2	450—500

Zahlentafel 285 gibt die Veränderung von Zugfestigkeit und Härte derartiger Büchsen durch Vergütung wieder. Durch die Härtung fällt die Festigkeit um 10 bis 40%. Die ursprüngliche Festigkeit wird jedoch durch Anlassen wieder hergestellt. Bei einer Anlaßtemperatur von 316° ist die Festigkeit bereits höher als im Anlieferungszustand, aber die Härte schon zu gering. Daher wird als Lösung ein zweistündiges Anlassen bei 177° empfohlen. Dann beträgt die Festigkeit etwa 90% des Anlieferzustandes. Durch das Anlassen bei 177° ändert sich das ursprüngliche Härtungsgefüge noch nicht, mikroskopisch ist jedenfalls noch nichts nachweisbar.

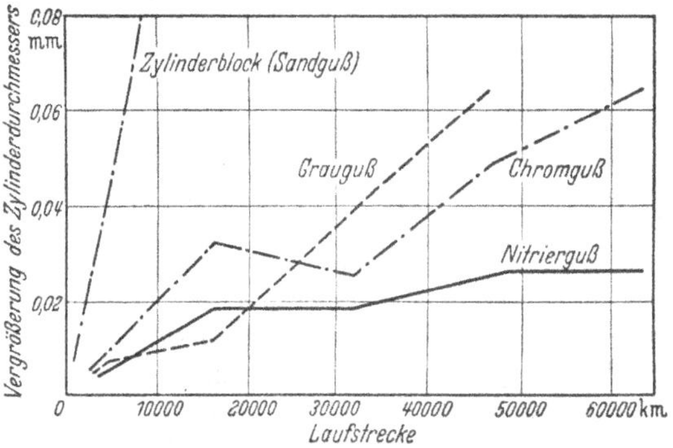

Abb. 1115. Verschleißversuche mit verschiedenen Zylinderbaustoffen. Nach C. PARDUN: Gießerei Bd. 24 (1937) S. 215.

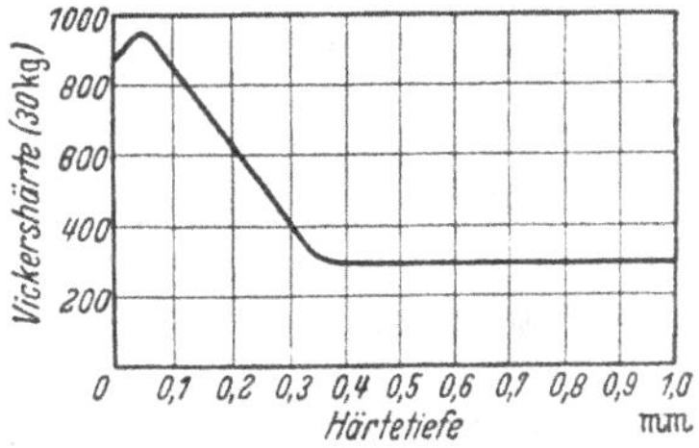

Abb. 1116. Härteverlauf in den Randzonen nitrierter Schleudergußbüchsen (K. KNEHANS).

Durch Wasserhärtung wurde in diesen Büchsen keine höhere Härte erzielt, dagegen trat fast stets ein Unrundwerden der Büchsen ein, z. B. bei etwa 120 mm Innendurchmesser und 130 mm Außendurchmesser stellte sich bei Wasserhärtung eine Zunahme des Durchmessers um 0,32 bis 0,45 mm, bei Ölhärtung um 0,25 bis 0,35 mm ein. Die Abweichung von der Rundung betrug entsprechend 0,3 bis 0,50 mm bzw. 0,05 bis 0,15 mm. Die Büchsen wurden außen auf 0,075 bis 0,125 mm größer geschliffen als der Innendurchmesser des Zylinderblocks. Mit 3000 bis 6000 kg Preßdruck werden sie in den Block hineingedrückt. Dennoch werden die Büchsen im Betrieb oft locker, weil sie etwas nachschrumpfen. Heute haben die Büchsen oben einen kleinen Flansch, der in eine entsprechende Bohrung der Zylinderblocks paßt. Derartige Büchsen werden mit tangentialem Anschnitt am unteren Ende und sehr großem verlorenem Kopf gegossen. Die Büchsen werden mit 105 at Wasserdruck abgepreßt. Im allgemeinen gehen sie erst bei 140 bis 245 at zu Bruch.

Abb. 1115 zeigt vergleichlich den Verschleiß verschiedenartiger Laufbüchsen. Unlegierte bzw. schwach legierte Laufbüchsen weisen Zugfestigkeiten von 26 bis 36 kg/mm² bei etwa 220 bis 250 Brinelleinheiten im unvergüteten Zustand auf (*7*). Zahlentafel 286 zeigt einige Eigenschaften geschleuderter Zylinderlaufbüchsen im Vergleich zu ruhend gegossenem Sandguß, wie sie auf der Lehrschau der 6. Gießereifachausstellung Düsseldorf 1936 (*9*) mitgeteilt waren. Den Verlauf der Härte in den Randzonen nitrierter Schleudergußbüchsen zeigt Abb. 1116 nach einem Bericht von K. Knehans (*8*).

Zahlentafel 287 aus der gleichen Arbeit (*8*) gibt einige charakteristische Werte für geschleuderte Zylinderlaufbüchsen aus verschiedenen Werkstoffen im Vergleich mit den Werten für normalen Zylinderguß.

Zahlentafel 286. Eigenschaften geschleuderter Zylinderlaufbüchsen im Vergleich zu ruhend gegossenem Sandguß (*9*).

Eigenschaften	Schwach chromlegiert (0,3% Cr) wagerecht gegossen (Gußzustand)		Schwach chromlegiert (0,3% Cr) wagerecht gegossen (Gußzustand)	
	Schleuderguß in heiße Metallformen	Sandguß ruhend	Schleuderguß in Sandformen	Sandguß ruhend
Zugfestigkeit kg/mm²	28—35	24—28	28—32	24—28
Brinellhärte kg/mm²	220—250	200—220	220—255	200—220
Elastizitätsmodul . . kg/mm²	10000—14000	8000—10000	nicht bestimmt	nicht bestimmt

	Chrom-Nickel-legiert, vergütet in senkrechte Sandformen		Chrom-Aluminium-legierter Kokillenschleuderguß wagerecht; 50 st bei 500° in Ammoniak verstickt (Nitrierguß):
	Schleuderguß	Sandguß ruhend	
Zugfestigkeit	34—36 kg/mm²	30—32 kg/mm²	Zugfestigkeit 35—45 kg/mm² Druckfestigkeit 110—130 kg/mm² Biegefestigkeit 60—80 kg/mm² (10 ⌀, l = 200 mm)
Biegefestigkeit . . .	50—55 kg/mm² (10 · 15⌷, l = 240 mm)	46—50 kg/mm² (30 ⌀, l = 600 mm)	
Brinellhärte	270—290	270—290	Härte: Kernzone 280—300 BE Härtezone 800—900 Vickers El.-Mod. 15000—18000 kg/mm²
Brinellhärte stets 5/750/30			

Die chemische Zusammensetzung geschleuderter Zylinderlaufbüchsen aus perlitischem Grauguß liegt also je nach Größe der Büchsen und ihrem Verwendungszweck zwischen:

3,4 bis 3,7% Gesamtkohlenstoff,
1,5 bis 2,8% Silizium,
0,8 bis 1,2% Mangan,
0,3 bis 0,6% Phosphor,
0,3 bis 0,8% Chrom und (oder)
0,3 bis 1,0% Molybdän und (oder)
0,6 bis 1,0% Nickel.

Daneben mitunter noch bis zu 0,15% Vanadin und (oder) Titan. Der Elast.-Modul liegt hier zwischen 8000 und 12500 kg/mm², die Zugfestigkeit zwischen 24 und 30 kg/mm².

Zahlentafel 287. Festigkeitswerte von Zylinderlaufbüchsen.

Werkstoff	Festigkeiten nach der englischen Ringprobe (Vorschriften d. B.E.S.A.) Ringfestigkeit $\frac{1{,}87\,D \cdot P}{b \cdot d^2}$ * kg/mm²	Bleibende Formänderung %	Elastizitätsmodul kg/mm²	Festigkeit an Zerreißstäben aus den Büchsen Zugfestigkeit kg/mm²	Elast.-Modul Spannungsbereich 2–14 kg/mm²	Brinellhärte in der Bohrung kg/mm²
1. Zylinderguß . . .	25—31	15—25	8000 bis 10000	22—26	8000 bis 10000	180—210
2. Unlegierter Schleuderguß . .	33,0	7,5	12000	27,0	11500	240—285
3. Legierter Schleuderguß . . (1% Mo, 0,4% Cr)	35,0	6,5	13000	30,0	12500	260—300
4. Gehärteter unleg. Schleuderguß . .	34,0	4,0	12000	26—30,0	12000	350—500
5. Nitrierguß . . .	40,0	2,0	17000	41,0	17250	280—320 Oberfläche 700—900 Vickers

* P = Kraft in kg, D = Ringaußendurchmesser, b = Ringbreite, d = Ringdicke

Ganz besonderem Verschleiß sind natürlich Büchsen für Kohlenstaubmotoren ausgesetzt, da der Al_2O_3 — SiO_2 — FeO — MgO — CaO usw. enthaltende Verbrennungsrückstand der Braunkohle einen überaus starken Strahl- und Reibverschleiß der Büchsen verursacht. So stieg der Verschleiß unlegierter Zylinderbüchsen, der normal etwa 0,1 μ/st beträgt, durch künstlich verstaubte Luft auf etwa 20 μ/st (*10*). Büchsen für Kohlenstaubmotoren bestehen daher aus höher legierten Gußeisensorten, unter denen sich mehr oder weniger rein weiß erstarrte Büchsen mit 5 bis 7% Mn, bei 2,5 bis 3,5% C und 0,75 bis 1,5% Si bisher noch am besten bewährt haben. Vgl. hierzu Zahlentafel 80 (*13*).

Zahlentafel 288. Verschleiß verschiedener Werkstoffe im Kohlenstaubmotor (nach Fuel Research Board 1938).

Werkstoffe	Vickers-Härte	Höchster Verschleiß in mm/st
Aluminiumlegierung	60— 145	0,254 —0,290
Ungehärtetes Gußeisen	200— 240	0,0533—0,0890
Gehärtetes Gußeisen	500	0,0305
Nitrierstahl und Nitrierguß	950—1000	0,0117—0,0155
Verchromtes Gußeisen	~ 1000	0,0012—0,0028

Aber auch austenitische Zylinderbüchsen mit hohem Mangan- und Nickelgehalt haben sich bei Verbrennungskraftmaschinen bestens bewährt (vgl. Zahlentafel 80, Kapitel Verschleiß). Neuerdings hat man auch mit Erfolg versucht (*16*), Motorzylinder durch Verbundguß aus Leichtmetall mit einer Lauffläche aus Schwermetallen herzustellen, wodurch bei laufendem Motor ein guter Wärmeübergang an die Kühlrippen gewährleistet wird.

Automobilkolbenringe wurden ursprünglich aus in Sand gegossenen Graugußbüchsen hergestellt (*5*). Die neuerdings im Einzelgußverfahren (Stapelguß) hergestellten Ringe (Abb. 1117) sind entweder unlegiert oder legiert. Flugmotorenringe sind fast immer mit etwas Chrom, Molybdän oder (in letzter Zeit versuchsweise)

Vanadium legiert. Nach W. A. Geisler (*5*) soll für höher beanspruchte legierte Ringe das Schleudergußverfahren vorteilhafter sein, da bei Einzelguß besonders kleinere Ringe leicht weiße Randstellen erhalten. Überhaupt erfordert das Gießen von Einzelringen außerordentlich große Sorgfalt in der Herstellung, die sich sowohl auf die Sandaufbereitung, die Ofenführung, die chemische Zusammensetzung des Eisens und die Gieß- und Formmethoden (Anschnittfragen) bezieht. Wichtig für die guten Laufeigenschaften der Kolbenringe ist, daß sie zwar feingraphitisch anfallen, aber den Graphit nicht in eutektischer Form mit ferritischen Stellen besitzen (*11*, *12*), da sie sonst zum Fressen neigen (Abb. 1118 bis 1120). Für die Ölhaftigkeit, den Verschleiß und die Laufeigenschaften spielt auch die Ausbildung des Phosphidnetzes eine große Rolle, vor allem beim Betrieb mit Stahllaufbüchsen (Abb. 1121 bis 1123). Wichtig für das Verhalten im Betrieb ist ferner die Spannungshaltung auch bei höheren (250 bis 350° C) Temperaturen (Abb. 1124) Abb. 1125 zeigt den Spannungsabfall thermisch gespannter bzw. gehämmerter Ringe nach 22stündiger Erwärmung auf 300° (*5*). Abb. 1126 zeigt die Über-

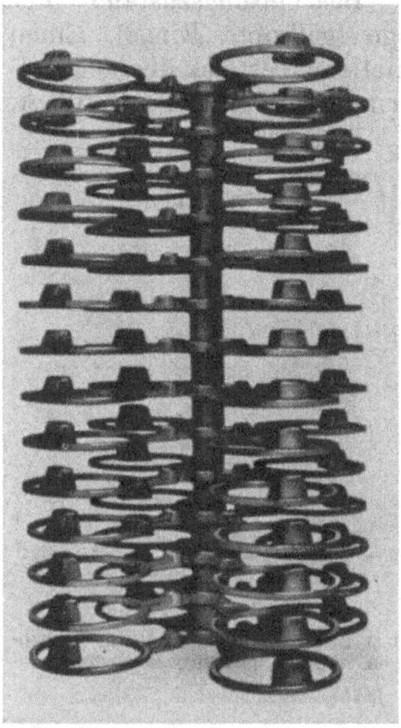

Abb. 1117. Herstellung von Kolbenringen im Einzelgußverfahren (Stapelguß).

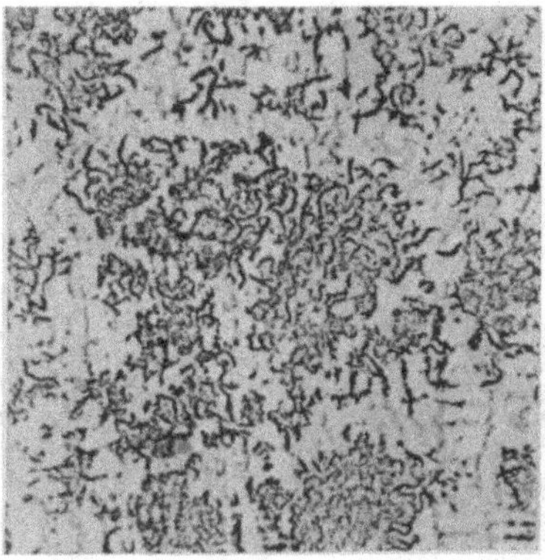

Abb. 1120. Ungünstig, weil sich das eutektische Gefüge durch Unterkühlung in zu fein verteilten Ferrit und Graphit — das sog. Graphit-Eutektikum — entmischt hat. Die weicheren Ferritkörner bilden die Ursache für die schlechten Laufeigenschaften dieses Materials. $V = 100$, ungeätzt.

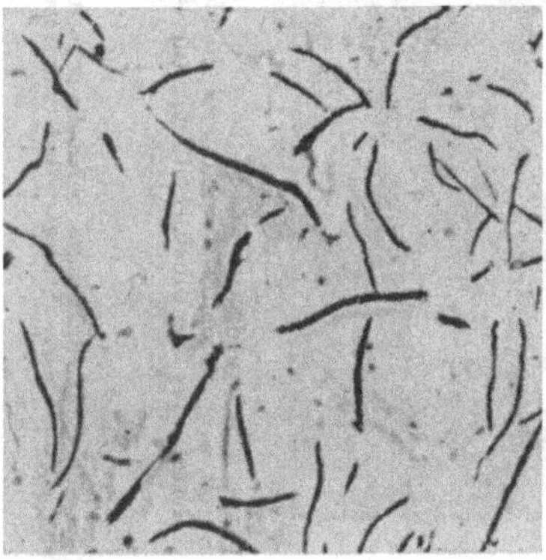

Abb. 1119. Ungünstig, weil der Graphit zu grob ist, was die Festigkeitswerte und die Härte des Werkstoffs herabsetzt. Große bleibende Verformung schon bei kleinen Beanspruchungen. Typisches Büchsengußgefüge. $V = 100$, ungeätzt.

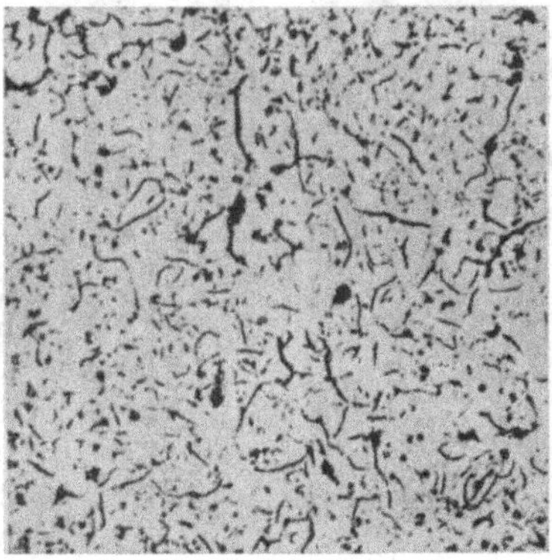

Abb. 1118. Gute Graphitausbildung als feine, kurze Adern. $V = 100$, ungeätzt.

Abb. 1118 bis 1120. Bedeutung der Graphitausbildung für das Verhalten von Kolbenringen im Betrieb (entnommen aus: Technisches über Kolbenringe, bearbeitet von H. Mundorf Mahle Komm.-Gesellschaft, Stuttgart-Bad Cannstatt).

legenheit des Einzelgußverfahrens gegenüber dem normalen Büchsenguß. Sehr gut verhalten sich die legierten Schleudergußringe, die in rotglutwarme metallische Formen geschleudert und später durch Zersägen der Büchsen hergestellt werden. Wichtig ist natürlich, daß die Kolbenringe selbst bei Temperaturen bis etwa 650° noch völlig volumenbeständig sind. Für gutes Verhalten im Betrieb ist auch ein gut ausgeprägtes Phosphidnetzwerk von Bedeutung (Abb. 1121 bis 1123), desgl. der Bearbeitungszustand der Ringe (geläppte Ringe). Einen schnellen Überblick über ein Kolbenringeisen gibt nach W. A.

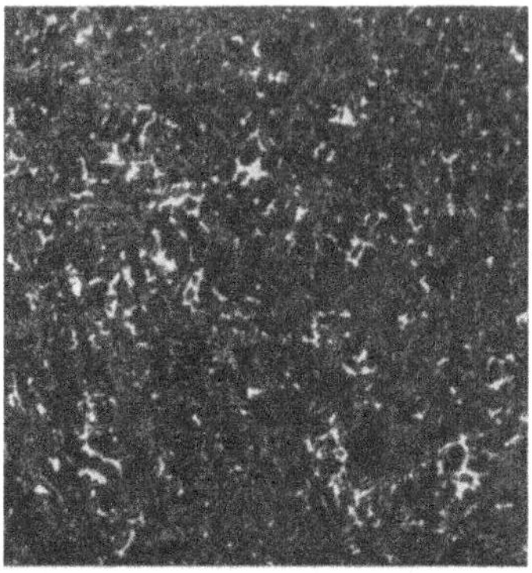

Abb. 1123. Ungünstig: Einzelne unzusammenhängende Phosphidbrocken erhöhen die Sprödigkeit und die Bruchgefahr an den Stellen besonders starker Anhäufungen. $V = 60$, tief geätzt.

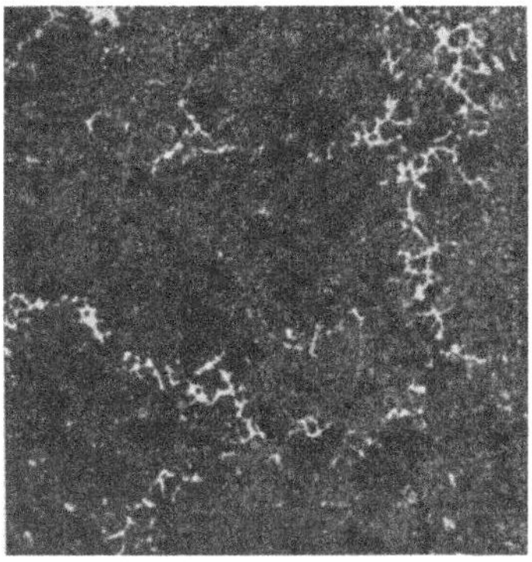

Abb. 1122. Ungünstig: Das Netzwerk ist zu grob, es fehlt somit das zusammenhaltende Gerüst, das die Ölhaftigkeit sichern soll. $V = 60$, tief geätzt.

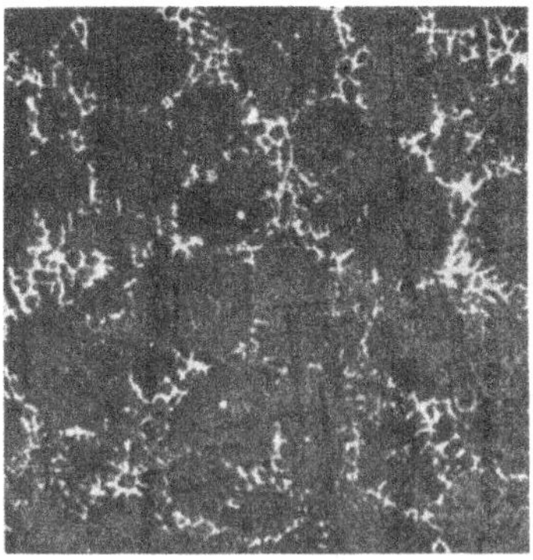

Abb. 1121. Gute Ausbildung des Phosphideutektikums in Form eines gleichmäßigen engmaschigen Netzwerkes, das die Laufeigenschaften wesentlich verbessert. Mengenmäßig beträgt der P-Gehalt in diesem Falle 0,5 bis 0,9%. $V = 60$, tief geätzt.

Abb. 1121 bis 1123. Verschiedene Ausbildung des Phosphideutektikums bei Kolbenringguß. Entnommen: Technisches über Kolbenringe. Untersuchungen vom Prüffeld der Mahle Komm.-Ges., Stuttgart-Bad Cannstatt, bearbeitet von HANS MUNDORF VDI.

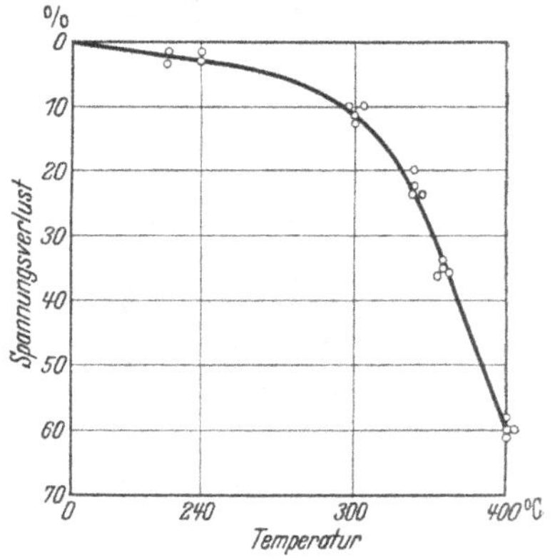

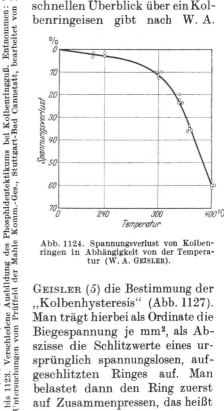

Abb. 1124. Spannungsverlust von Kolbenringen in Abhängigkeit von der Temperatur (W. A. GEISLER).

GEISLER (5) die Bestimmung der „Kolbenhysteresis" (Abb. 1127). Man trägt hierbei als Ordinate die Biegespannung je mm², als Abszisse die Schlitzwerte eines ursprünglich spannungslosen, aufgeschlitzten Ringes auf. Man belastet dann den Ring zuerst auf Zusammenpressen, das heißt auf Schließen, bis zu einer bestimmten Höchstspannung, meist 22 kg/mm², kehrt dann zum Nullpunkt zurück und belastet dann im entgegengesetzten Sinne auf Auseinanderziehen — Öffnen — bis zur gleichen Biegespannung und entlastet wiederum. Die Kurve geht dann nicht mehr bis zum Anfangspunkt zurück. Der Abstand vom Ausgangspunkt zeigt das Ausmaß der „bleibenden Formänderung", das man am einfachsten in Prozenten der maximalen Schlitzweite ausdrückt. Die von der Hysteresiskurve eingeschlossene Fläche entspricht dem Spannungsverlust des Ringes. Der Grad der Neigung der Kurve hängt vom Elastizitätsmodul ab. Je höher der Elastizitätsmodul, desto steiler die Hysteresis.

Zahlentafel 289 gibt einige Richtwerte für die chemische Zusammensetzung von Kolbenringen nach Angaben der Fa. Mahle (*12*). Man erkennt, daß mit Rücksicht auf die sichere graue Erstarrung und die Laufeigenschaften stets der Gesamtkohlenstoffgehalt sehr hoch ist. Man stellt aber auch legierte Kolbenringe her,

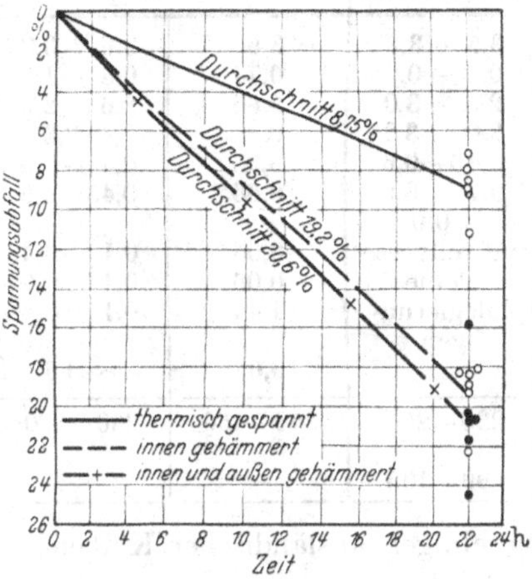

Abb. 1125. Spannungsabfall thermisch gespannter bzw. gehämmerter Kolbenringe nach 22 stündiger Erwärmung auf 300° (W. A. Geisler).

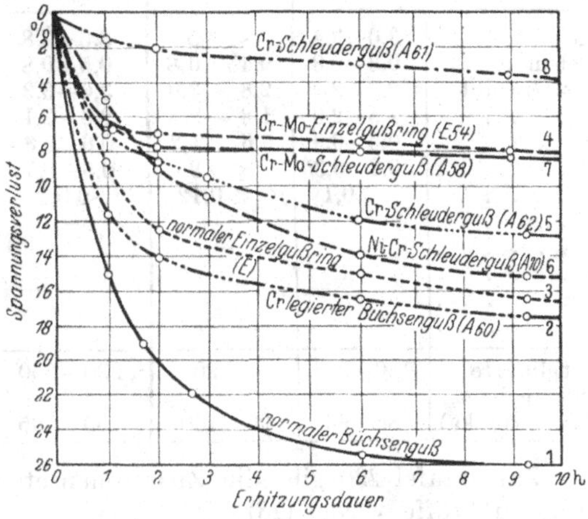

Abb. 1126. Wärmebeständigkeit verschiedener Kolbenringwerkstoffe, am Verlust der Spannung gemessen. Erhitzungstemperatur 340° (W. A. Geissler).

z. B. für Flugzeugmotoren, die neben 3,4 bis 3,80% C, 2,5 bis 3,0% Si, 0,50 bis 0,75% Mn und 0,60 bis 0,80% P noch kleine Chrom- und Molybdängehalte (Cr bis 0,35%, Mo bis 0,60%) besitzen. Der gebundene Kohlenstoffgehalt eines guten Kolbenringes liegt stets zwischen 0,65 bis 0,75%.

Für geschleuderte Automobilkolbenringe mit höchstens 10 mm Wandstärke gibt J. E. Hurst (*1*) folgende Zusammensetzung an:

Ges.-C	= 3,45%
Geb. C	= 0,60%
Si	= 2,55%
Mn	= 0,85%
P	= 0,75%
S max.	= 0,09%

Für chrom-nickel-legierte Zylinderbüchsen nennt J. E. Hurst (*2*) folgende Grenzwerte:

Ges.-C	max. 3,4%
Geb. C	0,6–0,9%
Si	1,8–2,4%
Mn	0,7–1,2%
S	max. 0,08%
P	max. 0,70%
Mo	0,6–1,25%
Cr	0,33–1,00%

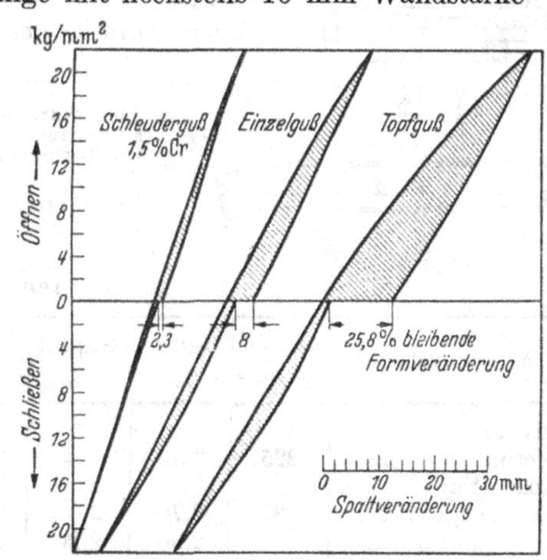

Abb. 1127. Hysteresis verschiedener Kolbenringwerkstoffe (W. A. Geisler).

Über die Notwendigkeit oder Zweckmäßigkeit des Legierens z. B. von Zylinderguß für Verbrennungsmotoren vgl. die Ausführung zu Beginn des Kapitels: Legiertes Gußeisen, Seite 712.

Zahlentafel 289. Chemische Zusammensetzung (Richtwerte).

Zusammensetzung in %	Büchsenguß	Schleuderguß	Einzelguß: Normaler Einzelguß für Gußzylinder	Einzelguß: Spezial-Einzelguß für Stahlzylinder	Einzelguß: Härtbarer Guß (Beispiele:)	Einzelguß: Vergütbarer Guß (Beispiele:)
C gesamt . . .	3,0–3,4	< 3,5	3,5–3,8	3,5 –3,8	3,6	3,6 –3,8
C gebunden . .	0,6–0,8	0,45–0,8	0,5–0,8	0,6 –0,75	0,74	0,8 –1,0
C als Graphit .	2,6–2,9	2,8 –3,0	3,0–3,3	2,8 –3,0	2,86	2,6 –2,9
Si	1,5–2,0	1,8 –2,3	2,6–3,1	3,0 –3,2	2,8	~ 2,8
Mn	0,6–0,9	0,6 –1,2	0,6–0,8	0,45–0,6	0,38	0,4 –0,6
P	0,2–0,35	< 0,8	0,5–0,7	0,7 –0,9	0,56	0,45–0,6
S	< 0,1	< 0,12	< 0,1	< 0,07	—	—
Cr	—	—	—	nur teilweise	0,55	0,1 –0,4
Ni	—	—	—	kleine	0,06	0,1 –0,9
Mo	—	—	—	Zulegierun-	1,44	0,1 –0,4
V	—	—	—	gen	—	—
Cu	—	—	—		0,09	~ 0,6
Brinellhärte	180–220	~ 220	230–260	230–260	350–450	280–320
entsprechend R_B(1/16″, 100 kg)	88–96	96–100	99–105	99–105	—	—

Zahlentafel 290 gibt die Zusammensetzung einiger ausländischer Kolbenringwerkstoffe wieder (*18*).

Größere Kolbenringe versucht man seit mehr als 15 Jahren im Vertikal-Schleuderverfahren als Einzelguß-Dinge herzustellen (Beispiel Abb. 1128).

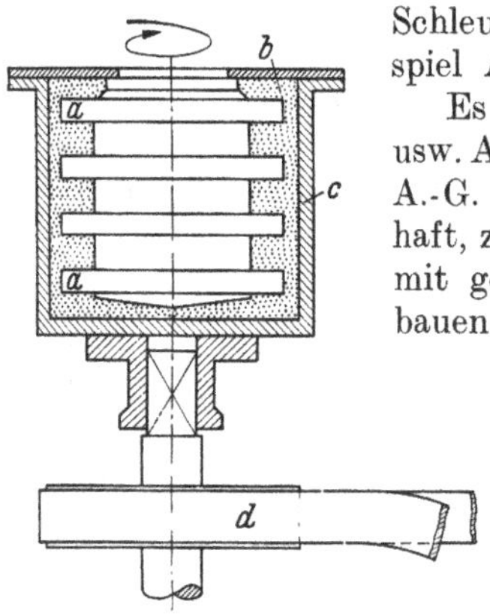

Es gibt Kolbenringe mit geradem und schrägem Stoß usw. Auf Grund umfangreicher Versuche der Firma F. Goetze A.-G. in Burscheid bei Köln (*15*) ergab es sich als vorteilhaft, zur Verminderung der Durchblaseverluste Kolbenringe mit gewollt nichtparallelen Stoßflanken (Keilstoß) einzubauen. Zum Zweck besseren Einlaufens werden Kolbenringe

Abb. 1128. Schleuderform mit senkrechter Drehachse für Graugußkolbenringe (aus A. VÄTH: Der Schleuderguß, VDI-Verlag 1934). Die Form erfordert eine hohe Drehzahl; der Einzelguß ergibt größeren Werkstoffaufwand.

a Kolbenringformen, *b* stark lehmhaltige Formsandauskleidung, *c* Formkokille, *d* Riemenantrieb.

Zahlentafel 290.

Motormuster	H_B kg/mm²	Ges.-C %	Graphit %	Si %	Mn %	Cr %	Ni %	Mo %	P %	S %
Rolls-Royce Merlin II. . . .	225	3,50	—	2,16	1,20	0,42	—	—	0,45	
Hispano-Suiza 12 $Ycrs_1$	235	3,70	3,02	3,02	0,63	<0,1	<0,1	—	0,33	
		2,90	2,20	2,22	0,90	<0,1	<0,1	—	0,33	
Armstrong-Siddeley Tiger VIII . . .	280	3,44	2,57	2,08	0,95	0,13	0,68	0,50	0,54	0,016
Gnome Rhone 14 M 6	220	2,78	2,02	2,63	0,80	0,09	0,11	—	0,30	0,062
Wright-Cyclone G 102 A	225	3,80	3,03	2,76	0,67	0,02	0,06	—	0,53	0,040
Bristol-Mercury VIII	275	3,56	2,63	2,18	0,80	0,34	0,45	0,56	0,27	0,022

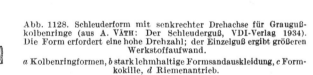

vielfach oberflächlich verzinnt, verkupfert oder mit Einlagen aus Kupfer oder Bronze an der Lauffläche versehen. Nach dem USA.-Patent Nr. 2119033 vom 31. Mai 1938 z. B. werden die den Einlauf begünstigenden Metalle nach Fertigbearbeitung der inneren Ringseiten in Ringnuten der Laufseite mittels Spritzpistole eingebracht (Erfinder: J. Howard Ballard, Sealed Power Corporation, Muskegon, Mich.).

Neuerdings sind auch Kolbenringe aus gewalztem, nachgewalztem, gepreßtem

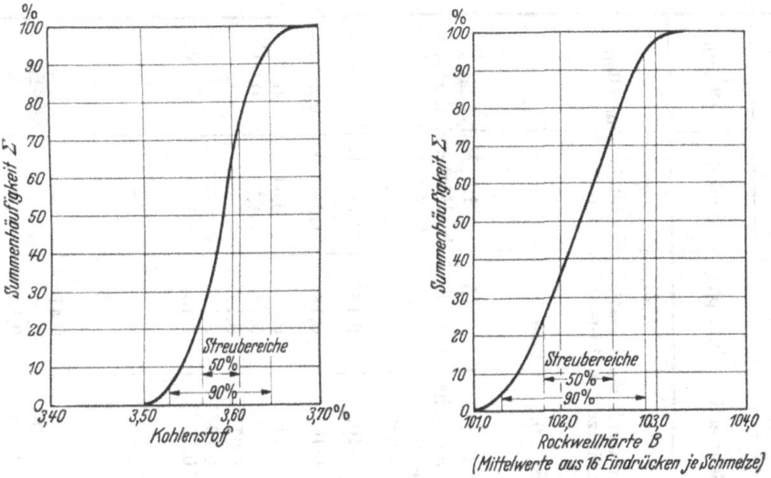

Abb. 1128a. Verteilungskurven der Rockwell B-Härten und der Kohlenstoffgehalte von 360 Elektroofenschmelzen für Einzelgußkolbenfedern mit 12 bis 20 mm² Querschnitt (Gebr. Sulzer A.G., Winterthur).

oder gespritztem Gußeisen in Vorschlag gebracht worden (*17*). Abb. 1128a zeigt Verteilungskurven für Kohlenstoff und Härte bei der Herstellung von Einzelgußkolbenringen (*19*).

Schrifttum zum Kapitel XXVIIb.

(*1*) Hurst, J. E.: Gießereiztg. 1928 S. 20.
(*2*) Hurst, J. E.: Trans. Amer. Foundrym. Ass. Bd. 7 (1936) S. 467.
(*3*) Geisler, W. A., u. H. Jungbluth: Techn. Mitt. Krupp 6 (1938) Heft 4 S. 96.
(*4*) Piwowarsky, E.: Der Eisen- u. Stahlguß. S. 61. Düsseldorf: Gießerei-Verlag 1937.
(*5*) Geisler, W. A.: Gießerei Bd. 22 (1935) S. 460.
(*6*) Eddy jr., W. Paul: Vortrag Gießereikongreß Philadelphia 1934.
(*7*) Pardun, C.: Gießerei Bd. 24 (1937) S. 214.
(*8*) Knehans, K.: Techn. Mitt. Krupp 6 (1938) S. 102.
(*9*) Vgl. Piwowarsky, E.: Der Eisen- und Stahlguß. Düsseldorf: Gießerei-Verlag 1937.
(*10*) Gorsler, A.: Diss. Braunschweig 1928; vgl. H. Wahl: Stahl u. Eisen Bd. 55 (1935) S. 409.
(*11*) Vgl. v. Schwarz, M.: Gießerei Bd. 23 (1936) S. 257.
(*12*) Technisches über Kolbenringe, Werbeprospekt der Fa. E. Mahle, Kommanditgesellsch., Stuttgart-Bad Cannstatt, bearbeitet von H. Mundorff.
(*13*) Rep. Fuel Res. Board 1937/38; vgl. Foundry Trade J. Bd. 60 (1939) S. 112; Stahl u. Eisen Bd. 60 (1940) S. 823.
(*14*) Brit. Pat. 508850 vom 4. Jan. 1938 (Nr. 184/38).
(*15*) „Der Kolbenring." Goetzewerk A.-G., Burscheid bei Köln, Mitteilung Nr. 12.
(*16*) DRP. Nr. 686095. Fichtel & Sachs A.-G. in Schweinfurt. Vgl. Gießereipraxis Bd. 61 (1940) S. 37.
(*17*) Patentanmeldungen Friedr. Goetze A.G., Burscheid (1941).
(*18*) Kötzschke, P.: Luftwissen Bd. 8 (1941) S. 69.
(*19*) Von Herrn Direktor Dr.-Ing. F. Meyer, Gebr. Sulzer A.G., Winterthur, freundlichst überlassen.

Zahlentafel 291.

Die chemische Zusammensetzung von handelsüblichem Zylinderguß[1]. Material, abgesehen von einigen besonders gekennzeichneten Ausnahmefällen, im normalen Kupolofenbetriebe erschmolzen. [Nach R. Reininger: Autom.-techn. Z. Bd. 37 S. 441.] (1934)

Lauf Nr.	Herkunft	Zusammensetzung in %								Zeitschriften und Bemerkungen
		Gesamt-Kohlenstoff	Silizium	(C + Si)	Mangan	Schwefel	Phosphor	Nickel	Chrom	
1	Ford Motor-Cy (Modell T, Fordson-Traktor, Lincoln-Type)	3,5	1,84	etwa 5,3	0,8	0,07	0,35	—	—	Gießerei 1928 S. 679/688
		Erste Schmelzung im Hoch- oder Kupolofen, anschließend Gattierungsanteile einstellen in ölgefeuerten Mischern, hierauf Überhitzen in 15-t-Elektroöfen								
2	Ford Motor-Cy (V-8-Zylinder)	3,2—3,5	1,8—2,1	5,3	0,6—0,8	max. 0,1	0,25—0,32	—	—	Iron Age vom 3. Nov. 1932 S. 682/685
		Schmelzung wie unter 1 beschrieben								
3	USA	2,3	2,1	4,4	0,45	0,09	0,15	1,5 Molybdän		Bull. Ass. techn. Fond. vom Sept. 1932, Supplement S. 49/66
		Mit 270 Brinelleinheiten haben diese Zylinder eine verhältnismäßig hohe Härte, sind aber gut bearbeitbar								
4	USA	3,17	2,15	etwa 5,3	0,56	0,082	—	—	—	Foundry vom 15. März 1928 S. 229/230
5	USA	3,2—3,3	1,44—2,0	4,7—5,2	0,9	0,10	0,18	0,7—1,12	—	Foundry Trade J. 1928 S. 319/321 u. 337/340
6	USA	3,02	2,06	5,0—5,1	0,77	0,10	0,18	1,0—1,6	0,2—0,4	Foundry Trade J. 1928 S. 5/10
7	USA	3,45	1,43	4,9	0,58	0,116	0,39	0,81	0,14	Iron Age 1929 S. 282/283
8	USA	2,80	1,40	4,2	0,62	0,140	0,18	1,36	0,09	
9	Dodge Brs. Corp.	3,25	2,45	5,7	0,85	0,077	0,19	—	—	Gießerei 1929 S. 485/490
10	USA	3,25	2,25	5,5	0,65	0,10	0,15	—	—	Trans. Amer. Bull. Foundrym. Ass. vom Juni 1931 S. 53/64
11	USA	3,25	1,80	5,05	0,70	0,10	0,15	1,25	—	
		Lauf Nr. 10 weicher als Lauf Nr. 11								
12	USA	3,0—3,2	2,10	5,1—5,3	0,8	0,12	0,3	—	—	Foundry vom August 1932 S. 26/27 u. 61/62
13	USA (Elektroofenguß)	3,05—3,15	2,25—2,4	5,4	—	—	—	—	—	Trans. Bull. Amer. Foundrym. Ass. vom Dez. 1931 S. 585/601
14	Int. Harvester Cy	2,9	2,22	5,12	0,54	0,12	0,41	—	—	Analyse vom Sept. 1928
15	Chevrolet-Zylinder	3,05	2,40	5,45	0,67	0,118	0,16	—	—	Analyse vom April 1932
16	Canada	2,8	1,65	4,45	0,8	0,115	0,18	—	—	Canad. Foundryman vom Aug. 1930 S. 13/15 und Sept. 1930 S. 14/15
17	Frankreich	3,25—3,5	1,9—2,2	etwa 5,4	0,4—0,7	max. 0,1	0,6—1,0	—	—	Rev. Fond. mod. vom 25. Jan. 1928, S. 33/35

18	Fiat (Zylinder)	3,04	2,10	5,14	0,48	0,09	1,1	—	—	Analyse vom April 1932
19	Belgien	3,25	1,61	etwa 4,9	0,48	0,076	0,55	—	—	Fonderie Belge vom März 1932 S. 45/47
20	England (Zylinderguß) für									
	Personenwagen	3,0—3,4	1,7—2,0	5,0—5,1	0,7—1,0	max. 0,12	0,2—0,6	—	—	Foundry Trade J. 1929 S. 204
	Lastwagen	3,2—3,4	1,4—1,7	4,8—4,9	0,7—1,0	max. 0,12	0,2—0,6	—	—	
	Motorräder	3,1—3,3	2,0—2,5	5,1—5,3	0,7—1,0	max. 0,12	0,2—0,6	—	—	
21	England	3,41—3,61	1,8—2,0	etwa 5,4	0,66—1,00	0,07—0,12	—	—	—	Rev. Fond. mod. vom 25. Mai 1928 S. 193/198
22	England	2,89	2,02	etwa 4,9	0,53	0,097	0,03	2,44	—	Gießerei 1930 S. 1203
23	Deutschland	3,10	1,97	etwa 5,0	—	—	0,30	—	—	Gießerei 1931 S. 373/380
	Opel A.-G.,									
24	(alte Vorschrift)	3,15—3,7	1,75—2,25	5,4—5,5	0,5—0,8	max. 0,12	max 0,2	1,0—1,5	—	Gültig bis Ende 1931
25	(neue Vorschrift)	bis 3,3	1,5—2,0	4,8—5,3	0,8	max. 0,12	max 0,3	—	—	Gültig ab Ende 1931
26	Daimler-Benz (Zyl.)	3,35	1,64	4,99	0,82	0,112	0,41	—	—	Analyse vom März 1930
27	Büssing (Zylinder)	3,20	2,15	5,35	0,95	0,097	0,19	—	—	Analyse vom Aug. 1931
	E. Becker & Co.									
28	Zylinder, legiert	3,3—3,35	1,8—2,06	5,15—5,3	0,70—0,72	0,107—0,130	0,23—0,32	1,0—1,2	0,23—0,25	Lieferungen v. Dez. 1930
29	Zylinder, legiert	3,2—3,4	1,8—1,9	5,1—5,2	0,70—0,73	0,09—0,13	0,20—0,33	0,7—0,9	0,2—0,25	Anfang 1931, Okt. 1931
30	Zylinder, unlegiert	2,8—3,2	1,7—2,0	4,8—5,1	0,6—0,8	max. 0,13	0,2—0,4	—	—	ab Oktober 1931
31	Gebr. Sulzer A.-G.	3,42	1,95	5,37	0,83	0,095	0,28	—	—	Analyse vom Sept. 1928
32	Zylinder	3,40	1,69	5,09	0,88	0,102	0,32	—	—	luftgekühlt. Zyl. Jan. 1929
33	Zylinder	3,45	2,00	5,45	0,62	0,111	0,25	—	—	wassergek. Zyl. Jan. 1929
34	Zylinder	3,0—3,13	2,3—2,4	etwa 5,4	0,7—0,75	0,114	0,19	—	—	wassergek. Zyl. Okt. 1931
35	Masch.-Fabr. Eßlingen	3,25	2,07	5,32	0,69	0,105	0,18	—	—	wassergek. Zyl. Okt. 1931
36	Breitenfeld u. Scholz	3,4—3,45	1,9—2,1	5,4—5,5	0,6—0,8	0,09—0,11	0,6—0,7	—	—	Analysen von 1929 u. 1932
37	Eisenwerk Brühl G. m. b. H.	2,9—3,0	1,8—2,0	4,7—5,0	0,72	0,10—0,12	0,18	—	—	Analysen v. April 1932
38	DKW-Zylinder	3,2—3,4	2,2—2,6	5,6—5,8	0,6—0,7	0,092—0,128	0,3—0,5	0,9—1,25	—	v. E. Becker & Co. (Aug. 1930)
39	„	3,18	1,72	4,9	0,68	0,118	0,25	—	—	v. Gebr. Sulzer (Nov. 1930)
40	Basisch. Zylinderguß von E. Becker & Co. nach H. Reininger	2,9—3,1	1,9—2,2	5,0—5,1	0,55—0,65	0,06—0,09	0,3—0,5	—	—	Analysen vom Juli u. Okt. 1931
41	Gebr. Reichstein	3,3—3,7	2,4—2,7	6,0—6,1	0,6—0,8	0,1—0,11	0,6—0,8	—	—	Versuchsblöcke
42	Brennaborwerke	3,32—3,34	1,4—1,65	4,7—5,0	0,7—0,8	0,1 max.	0,5—0,8	—	—	Normales Zylindereisen
43	„	3,3—3,4	1,4—1,7	4,8—5,0	0,7—0,8	0,1 max.	0,5—0,8	0,3—1,6	—	Legiertes Zylindereisen

[1] Beim Vergleichen der Kohlenstoff- und Siliziumgehalte ist in allen Fällen, in denen Grenzwerte angegeben sind, zu berücksichtigen, daß zu einem niedrigen Kohlenstoffgehalte ein hoher Siliziumgehalt gehört und umgekehrt. Beispiel: Lauf Nr. 2 gibt 3,2 bis 3,5% C und 1,8 bis 2,1% Si an, d. h. es ist bei Ford gleichermaßen ein Guß mit 3,2% C + 2,1% Si = 5,3% (C + Si) wie 3,5% C + 1,8% Si = 5,3% (C + Si) zulässig. Anders ausgedrückt: Die Summe aus (% C + % Si) $\sim K$ ist praktisch annähernd konstant. Ähnlich sind die Grenzwerte für die angegebenen Silizium- und Nickelwerte aufeinander abzustimmen, wobei mit steigendem Nickelgehalt der Siliziumgehalt fällt und umgekehrt.

c) Gußeisen für Zylinderblöcke, Zylinderköpfe, Kolben, Ventilsitze usw.

Hochwertige gußeiserne Zylinder sollen ein vorwiegend perlitisches (mitunter sorbitisches) Gefüge aufweisen mit gedrungenem, aber nicht zu grob ausgeschiedenem lamellarem Graphit. Für die in Deutschland üblichen Wandstärken von Zylindern gilt eine Summe von C + Si = 4,8 bis 5,3% für Automobilzylinderblöcke und von 5,0 bis 5,3% für Motorradzylinder als ungefährer Anhaltspunkt. Die genaue Einstellung der Kohlenstoff- bzw. Siliziumgehalte erfolgt alsdann unter Berücksichtigung der bekannten Gußeisendiagramme (*1*). Sorgfältige Auswahl der Rohstoffe für die Gattierung, Herstellung eines heißen Eisens, Abstehenlassen desselben im (beheizten) Vorherd, Desoxydieren oder Verwendung geeigneter Pfannenzusatzmittel sowie eine gute Form- und Gießtechnik sind die unbedingte Voraussetzung der Herstellung hochwertigen Zylindergusses. Zahlentafel 291 nach R. REININGER (*1*) gibt eine Zusammenstellung der chemischen Zusammensetzungen, wie sie in Deutschland und in anderen Ländern für die Herstellung von Zylinderguß gewählt werden. Zahlentafel 292 gibt einige Analysen von Zylinderblöcken für Kraftwagen, wie sie in Amerika nach einem Bericht von E. PIWOWARSKY (*2*) üblich waren. Als Leitanalyse für Zylinderblöcke in USA. gilt nach W. P. EDDY (*3*) neuerdings etwa folgende Zusammensetzung:

C = 3,15 — 3,35%, Si = 1,8 — 2,10%, Mn = 0,60 — 0 80%, P = 0,25 bis 0,32%, S = max. 0,10% und vielfach auch Cu = 0,75%. Über den Einfluß des Phosphors gehen allerdings in USA. die Ansichten über die auch bei Zylinderguß zulässigen Gehalte auseinander. Während die Nordstaaten mit ihrer P-ärmeren Erzbasis nicht mehr als 0,32% P wünschen, propagiert man in den Südstaaten mit ihrer P-reicheren Erzbasis P-Gehalte von etwa 0,45%.

Zahlentafel 292.
Zusammensetzung von amerikanischen Zylinderblöcken für Kraftwagen.

	C % (gesamt)	Si %	Mn %	P %	S %	Cr %	Ni %	Mo %	Cu %
Ford	3,2—3,5	1,8—2,1	0,6—0,8	0,25—0,32	0,1	—	—	—	—
Chevrolet	3,35	2,10	0,70	0,20	0,10	0,20	0,20	—	—
Buick	3,30	2,50	0,6—0,8	bis 0,2	bis 0,1	0,40	0,40	—	—
Studebaker	3,30	1,90	0,6—0,8	bis 0,2	bis 0,1	0,15	0,15	—	—
Reo	3,30	2,00	0,65	0,20	0,12	—	—	—	1,00
Für schwere Omnibusse zusätzlich	—	—	—	—	—	0,40	0,75	0,75	0,8—1,0

Der Zylinderguß von Oubridge gemäß der britischen Patentschrift 508850 mit 10 bis 20% Ni ist augenblicklich für deutsche Verhältnisse kaum anwendbar. Oubridge hatte sich übrigens früher einen Werkstoff für Schleudergußbüchsen mit 0,75 bis 1,4% P und 0,1 bis 0,5% V in Großbritannien schützen lassen. Die entsprechende deutsche Anmeldung (O. 23276) befindet sich noch im Prüfungsverfahren.

Auch das Spritzen der Laufflächen von Zylinderbüchsen (*6*) oder Kolben (*7*) sowie von Kurbellagern (*8*) ist bereits bekannt und versuchsweise zur Anwendung gelangt.

Zylinderköpfe wurden bisher in Deutschland ausschließlich in Sandguß hergestellt. Für Zylinderköpfe von Flugzeugmotoren aus Leichtlegierungen finden Saugkokillen (Saugkokille von Bruneau Frères, Paris) Verwendung (*9*), um die Rippenkörper möglichst langlamellig und dicht zu erhalten, ein Verfahren, das auch für die Herstellung luftgekühlter Automobilzylinder aus Gußeisen geeignet erscheint.

Für Automobilkolben ist das früher ausschließlich gebrauchte Gußeisen weitgehend durch Leichtmetall verdrängt worden, obwohl es hinsichtlich Warmfestigkeit und Verschleißwiderstand noch von keiner dieser Legierungen erreicht wurde. Aber aus Gründen der besseren Wärmeleitfähigkeit und aus Gründen des zu hohen Gewichts schied Gußeisen für schnelltourige Maschinen im allgemeinen aus. Dagegen hat sich durch umfangreiche Arbeiten der Ford Motor Comp. der niedrig gekohlte Kolben mit einer Zusammensetzung gemäß: $C = 1{,}35 - 1{,}70\%$, $Si = 0{,}9 - 1{,}3\%$, $Mn = 0{,}6 - 1{,}1\%$, $P = \text{max. } 0{,}12\%$ und $Cu = 1{,}5 - 2{,}8\%$ recht gut bewährt (*4*). Derartige Kolben, die mitunter auch noch 0,15 bis 0,25% Cr enthalten (*5*), werden mit Gießtemperaturen zwischen 1550 und 1600° vergossen, und zwar in grünem Sand (8 Kolben je Kasten). Sie werden einer sehr exakten thermischen Nachbehandlung (*4*, *5*) unterworfen und haben imfertigen Zustand eine Zugfestigkeit von 48 bis 52 kg/mm², bei einigen Prozent Dehnung und einer Härte von 210 bis 245. Über die Notwendigkeit des Legierens von Zylinderguß vgl. Seite 714 und 715.

Schrifttum zum Kapitel XXVIIc.

(*1*) REININGER, R.: Autom.-techn. Z. Bd. 37 (1934) S. 441.
(*2*) PIWOWARSKY, E.: Z. VDI Bd. 79 (1935) S. 1393.
(*3*) EDDY, W. P.: Bericht Intern. Gießerei-Kongreß in Paris (1937).
(*4*) Deutsche Patentanmeldung der Ford Motor Company, London, Akt.-Zeichen: F. 79723, Kl. 18d, 1/30. USA.-Priorität vom 30. Jan. 1935.
(*5*) CONE, E., F.: Metals & Alloys (1936) Aprilheft.
(*6*) Vgl. Essener „Anzeiger für Maschinenwesen" vom 26. März 1940, S. 63/65.
(*7*) Vgl. D.R.P. Nr. 435727.
(*8*) SHAW, H.: „Mechanical World" vom 16. Juli 1937, S. 51.
(*9*) KÖTZSCHKE, P.: Luftwissen Bd. 8 (1941) S. 69.

d) Bremstrommeln.

Für Bremstrommeln zeigte sich sehr bald das Gußeisen den früher gebräuchlichen Werkstoffen, wie Stahlblech, Stahlguß usw. überlegen. Gußeisen hat gegenüber den genannten Werkstoffen eine durch Formgebung leichter erreichbare Steifigkeit, geringere Wärmeausdehnung, bessere durch den eingelagerten Graphit verursachte Griffigkeit gegenüber dem Bremsbelag, infolgedessen auch die kräftigere Bremswirkung voraus. Letztere ist daher auch gleichmäßiger. Die gute Verschleißfestigkeit gewährleistet eine größere Haltbarkeit der Guß- gegenüber der Stahl- oder Stahlgußtrommel. Ihr Nachteil ist das größere Gewicht, so daß sie sich zunächst nur für größere, langsam laufende Kraftwagen durchsetzen konnte. Dem genannten Übelstand wurde abgeholfen durch die um etwa 1933 aufkommende zusammengesetzte Bremstrommel der Firma A. Teves in Frankfurt a. M. (*1*). Zwar hat man schon früher in England und Amerika Bremstrommeln durch Einschleudern von Gußeisen in Stahlrahmen hergestellt (*2*), doch ergab die dort geübte Herstellungsweise entweder eine Wärmestauung zwischen Stahlmantel und Gußeisen oder aber die kombinierten Trommeln mußten zwecks weiterer Bearbeitung geglüht werden. Erfolgreicher war schon die in USA. geschaffene „Centrifuse"-Trommel, eine zusammengesetzte Trommel, bei der das Gußeisen zunächst in einen auf Rotglut erhitzten Stahlring eingeschleudert wurde. Dieser Verbundgußring wurde alsdann gefeilt und durch Punktschweißung mit dem Stahlmantel innig verbunden. Hier war die Wärmeableitung bereits wesentlich besser, zumal das Gußeisen beim Einschleudern in den Stahlring weitgehend mit diesem verschweißte. Die von der Firma A. Teves geschaffene „Centrit"-Bremstrommel benötigt nur ein einziges Preßteil. An einen zur Erleichterung der Verschweißung mit schwalbenschwanzförmigen

Ausschnitten versehenen Stahlrücken wird das Gußeisen im Schleudervorgang so innig angeschweißt, daß eine sehr tief gehende Diffusion und damit eine besonders innige Verbindung zwischen Stahlrücken und Gußeisenkranz zustande kommt. Abb. 1129 zeigt einige Ausführungsformen der „Centrit"-Bremstrommel. Aber auch Bremstrommeln aus vollem Gußeisenmaterial werden heute vielfach im Schleuderverfahren hergestellt. Es handelt sich meistens um ein perlitisches Material mit 2,8 bis 3,3% C, 1,6 bis 2,2% Si, 0,55 bis 0,65% Mn und bis 0,25% P. Sie enthalten mitunter noch 1,25 bis 1,5% Ni und 0,30 bis 0,65% Cr (*3*). Für besonders hochbeanspruchte Bremstrommeln (Lastwagen und Omnibusse) findet auch ein Gußeisen mit martensitischem Gefüge Anwendung (*4*). Der Nickelgehalt beträgt alsdann 5 bis 6%, kann aber auch auf 3,5 bis 4,5% beschränkt werden, wenn das Material einer vergütenden thermischen Behandlung unterzogen wird. Die Brinellhärte liegt je nach chemischer Zusammensetzung zwischen 300 bis 550 Einheiten. Die Ford Motor Company (*4*) hat eine Bremstrommel auf Basis niedrig gekohlten Gußeisens entwickelt, die bei 1,55 bis 1,70% C, 0,90% Si, 0,7 bis 0,9% Mn, max. 0,10% P noch einen Cu-Gehalt von 2,00 bis 2,25% besitzt. Dieses Material wird nach dem Guß wärmebehandelt (vgl. Seite 955 unten und Zahlentafel 296) und hat in diesem Zustand eine Brinellhärte von 190 bis 250 bei etwa 7% Dehnung (bezogen auf 50 mm). Alle Bremstrommeln für den Ford-V-8-Wagen werden heute aus diesem Material hergestellt.

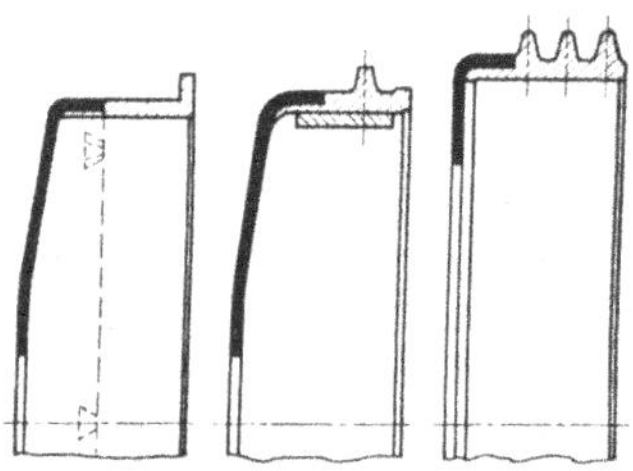

Abb. 1129. „Ate" Centrit-Bremstrommel (A. TEVES).

Schrifttum zum Kapitel XXVII d.

(*1*) Der Ate-Ring, Ausgabe Nr. 8 Bd. 4 (1935) S. 16f., 22f. u. 53f.
(*2*) GEISLER, W. A.: Deutsche Fortschritte in Automobilgußstücken Gießerei Bd. 22 (1935) S. 460.
(*3*) EDDY, W. P.: Bericht Intern. Gieß. Kongreß Paris 1937.
(*4*) Vgl. Nickel-Berichte Bd. 5 (1935) Heft 4 S. 54.
(*5*) CONE, EDWIN F.: Metals & Alloys Bd. 11 (1937) S. 303.

e) Kurbel- und Nockenwellen.

Kurbelwellen:

Das gute Formgebungsvermögen, die hohe Dämpfungsfähigkeit, seine geringe Kerbempfindlichkeit sowie seine guten Gleiteigenschaften lassen das hochwertige Gußeisen geeignet erscheinen für die Herstellung von Kurbelwellen. Das gute Verhältnis der Dauerfestigkeit zur Zugfestigkeit sowie die hohe Dämpfungsfähigkeit führen zu einer im Vergleich zur Zugfestigkeit ansprechend hohen Gestaltsfestigkeit, die derjenigen legierter oder im Einsatz gehärteter, im Schmiedeprozeß hergestellter Wellen nur wenig nachsteht. Wie H. CORNELIUS und F. BOLLENRATH (*1*) betonen, „führte die Entwicklung in der Konstruktion von Kurbelwellen mit Rücksicht auf die Drehschwingungsbeanspruchung zu möglichst verdrehsteifen und damit zu immer schwereren geschmiedeten Wellen für die gleiche Leistung. Weiterhin führte die Durchmesservergrößerung der Lagerzapfen, deren Zweck die Verminderung des Verschleißes war, zu einer Herabsetzung der Beanspruchung der Kurbelwellen auf solche Werte, daß man an die Verwendung hochwertigen Graugusses für Kurbelwellen im Kraftzeugbau denken konnte." Die geringeren Bearbeitungskosten gegossener Wellen, die erhebliche Werkstoffersparnis durch maßgerechtere Anpassung des Rohgusses an die späteren Fertigabmessungen, insbesondere bei Ausführung des Gusses als Hohlguß in den Kurbelwangen und Lagerzapfen, führen ferner zu erheblichen Ersparnissen, bezogen auf die einbaufertigen Wellen, wie als Beispiel nachfolgende Zahlen nach TH. KLINGENSTEIN (*2*) zeigen:

Zahlentafel 293. Vergleich der Kosten von Kurbelwellen aus Stahl bzw. Gußeisen.

Kurbelwelle für	Gewicht	Stückpreis Rohling		Stückpreis einbaufertig		Ersparnis
	kg	Stahl RM	Gußeisen RM	Stahl RM	Gußeisen RM	%
6-Zyl.-Personenwagen . .	16	14,–	13,30	30,25	28,10	7
6-Zyl.-Personenwagen . .	27	30,–	28,50	64,65	58,–	10
4-Zyl.-Lastwagendiesel. .	38	41,–	28,30	109,80	83,30	24
2-Zyl.-Kompressor . . .	40	38,50	25,20	181,–	95,20	47
6-Zyl.-Lastwagendiesel. .	45	49,–	43,95	135,–	112,45	17
6-Zyl.-Lastwagendiesel. .	60	91,50	56,25	244,50	186,15	24
4-Zyl.-Schiffsdiesel . . .	127	193,–	75,–	340,–	221,90	35
6-Zyl.-Schiffsdiesel . . .	176	647,–	126,–	942,–	421,–	55

Die Verwendung gußeiserner Kurbelwellen ist keine Erfindung der Neuzeit. Schon vor 40 bis 50 Jahren, also zu Anfang der großen Entwicklung der Kraftmaschinen, verwendete man gegossene Kurbelwellen aus Stahlguß oder Gußeisen (*3*). Auf der metalltechnischen Ausstellung der American Society for Metals in New York (Sept. 1934) war eine mehrfach gekröpfte gußeiserne Welle zu sehen, die lediglich zum Zwecke der Ausstellung aus einer Bergwerksmaschine ausgebaut worden war, wo sie seit 1898 störungsfreie Dienste geleistet hatte. Eine starke Anregung erhielt die Verwendung gegossener Kurbelwellen durch die seit etwa 1925 betriebenen Entwicklungsarbeiten der Ford Motor Comp. (*1*), die schließlich zu einem niedriggekohlten Zwischenprodukt zwischen Grauguß und Stahlguß führten, das sich für die Herstellung von Kurbelwellen (ähnlich dem Fordschen Bremstrommelmaterial) für den V-8-Motor durchaus bewährte und heute mit folgender Analyse (*1*) hergestellt wird: Ges.-Kohlenstoff = 1,35 bis 1,60%, Silizium = 0,85 bis 1,1%, Mangan = 0,6 bis 0,8%, Kupfer = 1,5 bis 2,0%, Chrom = 0,4 bis 0,5%, Phosphor = max. 0,10%, Schwefel = max. 0,06%.

Abb. 1130. Formeinrichtung und Abguß von Kurbelwellen (Friedr. Krupp A. G. Essen). Vgl. Techn. Mitt. Krupp (1938) S. 88.

Dieser Guß wird aus etwa 50 bis 70% Stahlschrott und 30 bis 50% Gußabfällen von Kurbelwellenqualität im Elektroofen hergestellt. Die Kurbelwellen für den Traktortyp werden in grünem Sand, diejenigen für den V-8- und den 8-PS-Volkswagentyp in Ölkernen (Abb. 1130) vergossen. Der Rohguß wird einer Wärmebehandlung unterzogen gemäß:

Erhitzen auf 900°, bei dieser Temperatur 20 Minuten belassen, dann an der Luft auf 550 bis 650° abkühlen, erneut auf 760 bis 785° erhitzen, hier ein bis zwei Stunden glühen und schließlich in einer weiteren Stunde abkühlen auf 540°. Das

Gefüge besteht aus fein verteiltem körnigem Perlit mit etwas Temperkohle. Die Brinellhärte beträgt 280 bis 320. Hinsichtlich Zähigkeit (impact test) ist dieser Werkstoff gewöhnlichem Gußeisen drei- bis viermal überlegen. Die Werte für die Zugfestigkeit liegen im allgemeinen über 50 kg/mm², meist jedoch zwischen 70 und 80 kg/mm² bei 2,5 bis 3,0% Dehnung (*14*). Die gegossenen Kurbelwellen für den 8-Zylinder-V-Motor sind leichter als die geschmiedeten, ihr Gewicht beträgt geschmiedet roh 41 kg, gegossen roh 28,5 kg bzw. geschmiedet fertig 30 kg sowie gegossen fertig 24,2 kg. In der Zeit von September 1933 bis September 1934 wurden bei Ford 1500000 Kurbelwellen hergestellt. Die höchste Tagesproduktion betrug 6500 Wellen.

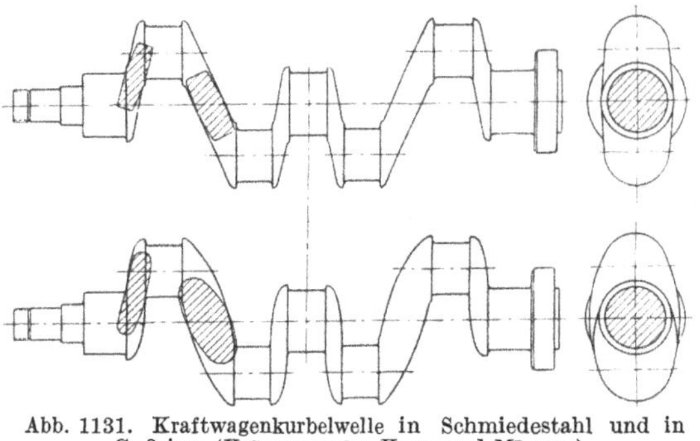

Abb. 1131. Kraftwagenkurbelwelle in Schmiedestahl und in Gußeisen (KLINGENSTEIN, KOPP und MICKEL).
Oben: Ausführung in Schmiedestahl: Lagerzapfen gehärtet, stärkste Teile der Konstruktion; Wangen eckig und schwach; Gewicht 6,2 kg.
Unten: Ausführung in Kurbelwellengußeisen: Hauptabmessungen die gleichen wie oben; Lagerzapfen ungehärtet, schwächste Teile der Konstruktion.

Da das Vorhandensein von Temperkohle oder Graphit für die Dämpfungseigenschaften der Kurbelwelle von großer Bedeutung ist (*13*), versuchen deutsche Gießereien, auch auf Basis höherer Kohlenstoffgehalte eine selbst für hohe Beanspruchungen brauchbare Kurbelwelle (z. B. für Flugmotoren) herzustellen. Das Eßlinger Kurbelwellenmaterial z. B. besteht aus hochwertigem, im Kupolofen erschmolzenem und nach dem Duplexverfahren im Elektroofen nachbehandeltem Gußeisen mit geringen Legierungszusätzen (*4*). Wichtig bei der Herstellung gußeiserner Kurbelwellen ist es, durch zweckmäßige Konstruktion den Spannungsfluß gleichmäßig zu gestalten, um Spannungsspitzen zu vermeiden. Dazu gehört u. a. die Vermeidung scharfer Materialübergänge und eine spannungsgerechte Linienführung (Abb. 1131 bis 1133, vgl. auch Abb. 599, Kapitel XIV h sowie die dortige Zahlentafel 99). TH. KLINGENSTEIN, H. KOPP und E. MICKEL (*4*) teilen die für Kurbelwellen in Frage kommenden Gußeisensorten, abgesehen von den als Temperguß anzusprechenden Zusammensetzungen, in drei Gruppen ein, die sich nach Art und Höhe der Legierungsbestandteile kennzeichnen lassen als:

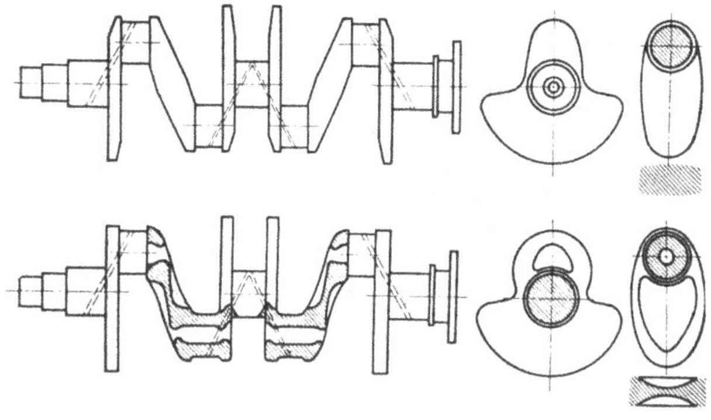

Abb. 1132. Umkonstruktion einer üblichen Kurbelwelle in beanspruchungsgerechte Form zur Herstellung durch Gießen (H. KOPP). Kraftfluß an gefährdeten Zapfenübergängen sanfter umgeleitet. Deshalb an allen Übergängen sogenannte Entlastungsmulden mit großem Abrundungshalbmesser. Zapfenbohrungen tonnenförmig ausgeführt mit Verstärkungen in der Nähe der Übergänge. Zapfenhohlräume sind exentrisch gelagert, daß der äußere durch die Ölbohrung geschwächte Teil eine größere Wandstärke erhält (*8*).

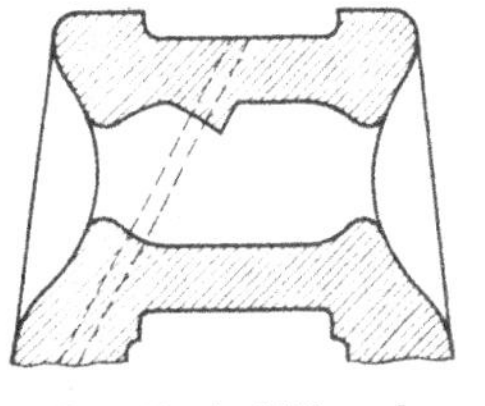

Abb. 1133. Ausbildung der Zapfenbohrung (*8*).

1. niedrig gekohltes Gußmaterial, aber kein Grauguß im eigentlichen Sinne,
2. hochlegiertes Sondergußeisen,
3. niedrig oder unlegiertes Sondergußeisen (vgl. Zahlentafel 294).

Zahlentafel 295 nach H. KOPP (*8*) gibt einen Überblick über die bei einem bestimmten Baumuster einer Kurbelwelle mit verschiedenen Gußwerkstoffen erzielten Gestaltfestigkeitswerte. Auf Grund der bei solchen Versuchen erhaltenen Werte wurde von der Maschinenfabrik Eßlingen ein Sondergußeisen als besonders geeignet für den Guß von Kurbelwellen herausgestellt und seither laufend verwendet, das durch folgende Eigenschaften gekennzeichnet ist:

Kohlenstoffgehalt . . .	2,6—3%, im übrigen niedrig legiert,
Zugfestigkeit	40—50 kg/mm², je nach Wandstärke,
Elastizitätsmodul . . .	1500000—1600000 kg/cm²,
Schubmodul	500000— 600000 kg/cm².

Diese Werte werden, wie H. KOPP ausführt, mit Sicherheit eingehalten und können den Berechnungen zugrunde gelegt werden. Es wurde also bewußt darauf hingearbeitet, einen Werkstoff zu schaffen, der reinen Gußeisencharakter aufweist, im Gegensatz zu der Fordschen Legierung, die mit 1,3 bis 1,6% C manchmal als Halbstahl, manchmal als Schnelltemperguß, selten aber als Gußeisen bezeichnet wird und auch kaum als solches bezeichnet werden kann. Das Wesent-

Zahlentafel 294.
Chemische Zusammensetzung verschiedener Kurbelwellen-Gußwerkstoffe (*4*).

Gruppe	Legierung	C %	Si %	Cr %	Ni %	Cu %	Mo %
1	I	1,35—1,6	0,85—1,1	0,4—0,8	—	1,5—2,0	—
	II	1,8	1,8	0,5	1,0	—	0,5
2	III	2,25—2,5	1,0—1,5	0,5—1,0	4,0 —5,0	—	—
	IV	2,25—2,5	1,0—1,5	wenig	3,0 —4,0	—	wenig
	V	2,8	1,5	0,5	0,6	2,0	—
3	VI	2,6 —2,8	1,6	—	1,25—1,5	—	0,4—0,6
	VII	2,75—3,2	1,95—2,5	0,1—0,2	1,0 —1,5	—	—

Zahlentafel 295.
Vergleich der Festigkeitswerte verschiedener Kurbelwellen-Werkstoffe (*8*).

Werkstoff	Zugfestigkeit kg/mm²	Dauerbiegefestigkeit kg/mm²	Gestaltfestigkeit[1] kg/mm²
Perlitisches Gußeisen	30	14	6,5
Hochwertiges, legiertes Gußeisen. . .	35	16	8
Kurbelwellen-Sondergußeisen	45	22	11,4

[1] Biegedauerhaltbarkeit, bezogen auf die Wange.

lichste ist aber, daß bei Vergleichsversuchen auf Prüfung der Gestaltfestigkeit ganzer Kurbelwellen die erzielten Werte bei Verwendung von Eßlinger Sondergußeisen gegenüber Fordmaterial größenordnungsmäßig in etwa derselben Höhe lagen. Dies ist um so bemerkenswerter, als es sich um Werkstoffe ganz verschiedener Art handelt und der Fordsche Werkstoff eher einen Halbstahl, das Eßlinger Material aber ein Gußeisen darstellt. Das letztere hat dabei noch den Vorteil, daß es im Gegensatz zu dem Fordmaterial keinerlei Wärmebehandlung oder Vergütung bedarf.

Zusammensetzungen in Amerika bzw. England (*7*, *9*, *10*) praktisch gebräuchlicher Gußkurbelwellen geben ferner die Zahlentafeln 296 bis 299.

Auch Kurbelwellen aus schwarzem Temperguß sollen sich nach F. ROLL (*5*) sowohl für langsam als auch für schnell laufende Maschinen bewährt haben, vgl. auch (*12*). Gußeiserne Kurbelwellen sind gegen Abweichungen von der zentralen Lagerung weniger empfindlich als geschmiedete Wellen. Bei Vergleichsversuchen von Kurbelwellen aus nickelhaltigem Gußeisen mit 42 kg/mm^2

Zahlentafel 296. Kurbelwellengußsorten (J. G. PEARCE).

Werkstoff	Ges.-C %	Si %	Mn %	S %	P %	Ni %	Cr %	Mo %	Cu %
1. Legierter Stahlguß .	0,32	0,23	0,88	0,04	0,03	2,42	0,49	0,38	0,13
2. Kupfer-Chrom-Eisen (wärmebehandelt) .	1,56	1,16	0,44	0,05	0,07	—	0,46	—	1,75
3. Gußeisen (geimpft vergossen)	2,75	1,59	0,88	0,07	0,07	—	—	0,29	—
4. Chrom-Molybdän-Gußeisen	3,28	2,19	0,95	0,09	0,17	—	0,42	0,95	—
5. Nickel-Chrom-Gußeisen	3,36	1,22	0,92	0,11	0,12	1,87	0,47	—	—

Zu 1. Der gegossene Knüppel aus legiertem Stahl wurde bei 860° ausgeglüht. Die Probekörper wurden von 850° in Öl abgeschreckt und bei 650° angelassen.

Zu. 2. Das Eisen wurde 20 min auf 900° erhitzt, bis 650° an der Luft abgekühlt, nochmals 60 min bis 760° erhitzt, dann 60 min bis 540° im Ofen abgekühlt und schließlich an der Luft abgekühlt.

Zahlentafel 297. Zusammensetzung für gegossene Kurbelwellen (Amerika) (*7*).

Ges. C %	Si %	Ni %	Cr %	Mo %	Cu %	Bemerkungen bzw. Hersteller
1,5	1,8	—	—	1,5	—	Campbell Wyant Cannon
1,5	1,8	1,0	0,5	0,5	—	Campbell Wyant Cannon
1,5	1,8	1,5	—	0,75—1,0	—	Campbell Wyant Cannon
1,25—1,40	1,90—2,10	—	0,35—0,40	—	2,50—2,75	Ford Motor Comp.
2,75—3,00	1,9 —2,2	1—1,5	—	0,5 —0,75	—	Caterpillar Tractor Comp.
2,0 —2,2	1,0 —1,4	—	—	$\leqq$ 0,5	—	kleine Kurbelwellen Frank Foundries Corp.
2,75—3,20	1,95—2,5	1,0 —1,5	0,1 —0,20	—	—	größere Kurbelwellen Frank Foundries Corp.
2,6 —2,8	~ 1,6	1,25—1,5	—	0,4 —0,6	—	vorgeschlagen für Kurbelwellen über 42 kg Zugfestigkeit
3,0 —3,2	1,5 —2,0	0,4 —0,5	0,8 —1,0	0,4 —0,5	—	Elektroofenguß einer einzelnen Firma
2,25—2,50	1,0 —1,5	4—5	gering	—	—	Martensitisches Gußeisen

Zahlentafel 298.
Zusammensetzung amerikanischer Kurbelwellen aus Gußeisen (*10*).

	Proferall 3 X	Caterpillar	Frankite
Ges.-Kohlenstoff in %	2,40—2,80	2,95—3,05	2,75—3,00
Nickel in %	1,00—1,20	1,50—1,60	1,50—1,00
Mangan in %	0,80—1,20	0,70—0,80	—
Molybdän in %	1,00—1,20	0,75—0,85	0,75—0,50
Silizium in %	2,25—2,75	2,00—2,10	1,90—2,30
Chrom in %	—	—	—
Kupfer in %	—	—	—
Schwefel in %	0,10 max.	0,06—0,08	0,08 max.
Phosphor in %	0,15 max.	0,05—0,07	0,20 max.
Zugfestigkeit kg/mm^2	42,0—56,0	35,0	35,0
Brinellhärte kg/mm^2.	265—320	260—280	230—280

Zahlentafel 299. Kurbelwellengußeisensorten (vgl. hierzu Zahlentafel 296).

Werkstoff	1	2	3	4	5
Zerreißfestigkeit . . . . . . kg/mm²	82,36	50,87	36,69	32,76	29,61
Bruchdehnung . . . . %	10	0,2	0,4	0,8	0,8
Elastizitätsmodul . . . . . . kg/mm²	20,590	18,840	15,260	14,760	13,150
Brinellhärte . . . . kg/mm²	260	260	245	280	265
Wöhlersche Ermüdungsgrenze kg/mm²	± 35,12	± 33,07 bis ± 29,92	± 20,32	± 14,79	± 14,2
Ermüdungsverhältnis	0,43	0,65 bis 0,59	0,65	0,45	0,47
Ermüdungsgrenze bei Verdrehungswechselbeanspruchung . . kg/mm²	± 22,05 bis ± 19,37	± 23,15 bis ± 21,90	± 15,27	± 13,22	± 11,17
Ermüdungsverhältnis	0,27 bis 0,24	0,46 bis 0,43	0,42	0,40	0,38

Zugfestigkeit mit solchen aus Stahl SAE 1045, vergütet auf 70 kg/mm² Zugfestigkeit, wobei das mittlere Lager um 0,8 bis 1,6 mm versetzt wurde, ergab sich, daß unter gleichen Versuchsbedingungen bei den gußeisernen Kurbelwellen der Bruch bedeutend später eintrat, als bei den Kurbelwellen aus

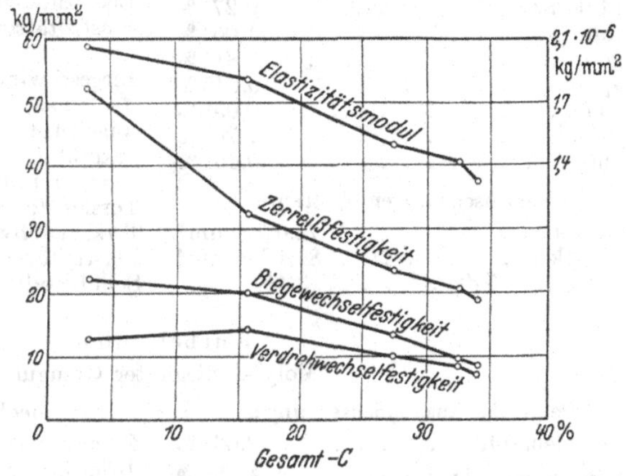

Abb. 1134. Festigkeitswerte von Gußeisen in Abhängigkeit vom C-Gehalt

Stahl (*6*). Abb. 1134 (vgl. auch Zahlentafel 296 und 299) nach J. G. Pearce (*9*) läßt erkennen, daß die kombinierte Biege-Torsionsdauerfestigkeit von Gußeisen bei einem Ges.-C-Gehalt des Gußeisens von

Abb. 1135. Gegossene Kurbelwelle für einen 1200-PS-Dieselmotor, Standardform. (Frdl. überlassen von Direktor Dr.-Ing. F. W. Meyer, Gebr. Sulzer, Winterthur, Schweiz.)

etwa 1,4% derjenigen von Stahl überlegen ist. Auf dieser Erscheinung beruht u. a. möglicherweise die gute Bewährung der Kurbelwelle des Ford-Typs. Einige kennzeichnende Zahlen für die Eigenschaften kohlenstoffreicherer bzw. niedriggekohlter (Fordscher) Kurbelwellen zeigt Zahlentafel 300 nach Angaben der Fa. Gebr. Sulzer A.-G. in Winterthur.

Eine gegossene Kurbelwelle für einen 1200-PS-Dieselmotor (Campbell & Wyant & Cannon in Muskegon, Mich.) zeigt Abb. 1135.

Zahlentafel 300.

Zusammensetzung von Kurbel- und Nockenwellen (Gebr. Sulzer A.G Winterthur).

Kurbelwellen.

Spezialgußlegierung:

Chemische Zusammensetzung:

Ges. Kohlenstoff	1,59 %
Graphit	0,27 %
Silizium	1,06 %
Mangan	0,81 %
Phosphor	0,045 %
Schwefel	0,038 %
Kupfer	1,76 %
Chrom	0,45 %

Mechanische Eigenschaften:

Streckgrenze	71,0 kg/mm²
Zugfestigkeit	84,1 kg/mm²
Dehnung ($l = 5\,d$)	3,4 %
Kontraktion	3,0 %
Brinellhärte	274 kg/mm²
Elastizitätsgrenze $E_{0,01}$	68,0 kg/mm²
Elastizitätsgrenze $E_{0,03}$	71,0 kg/mm²

Biegeschwingungsfestigkeit auf der Amslermaschine bei 10^7 Lastwechseln:

ungekerbt	22,0 kg/mm²
gekerbt (∢ = 60°, Kerbtiefe = 0,1 mm)	22,0 kg/mm²
Torsionsfestigkeit	71,1 kg/mm²
Torsionsschwingungsfestigkeit	16,5 kg/mm²
Elastizitätsmodul	2000000 kg/cm²
Schubmodul	780000 kg/cm²

Kurbelwellen.

Molybdänlegierter Grauguß:

Chemische Zusammensetzung:

Ges. Kohlenstoff	2,66 %
Graphit	1,96 %
Silizium	2,72 %
Mangan	0,83 %
Phosphor	0,16 %
Schwefel	0,027 %
Chrom	0,05 %
Nickel	0,95 %
Molybdän	1,04 %
Kupfer	0,27 %

Mechanische Eigenschaften:

Zugfestigkeit	39,5 kg/mm²
Brinellhärte	274 kg/mm²
Elastizitätsgrenze $E_{0,01}$	15,08 kg/mm²
Elastizitätsgrenze $E_{0,03}$	23,5 kg/mm²
Torsionsschwingungsfestigkeit	14 kg/mm²
Elastizitätsmodul	14000 kg/mm²
Schubmodul	5860 kg/mm²

Nockenwellen.

Die Nockenwellen haben einen grauen Wellenschaft, der der Welle die nötige Zähigkeit verleiht und weiß erstarrte Nocken die gute Verschleißfestigkeit besitzen.

Chemische Zusammensetzung (grauer Teil):

Ges. Kohlenstoff	3,65 %
Kohlenstoff geb.	1,24 %
Kohlenstoff als Graphit	2,41 %
Silizium	0,54 %
Mangan	0,51 %
Phosphor	0,04 %
Schwefel	0,03 %
Kupfer	2,74 %

Mechanische Eigenschaften:

Zugfestigkeit	30 kg/mm²
Brinellhärte	287 kg/mm²
Brinellhärte der weißen Nocke	520 kg/mm²

Im Rahmen einer neueren Arbeit konnten E. Siebel und G. Stähli (*17*) an einem besonders entwickelten Kurbelwellen-Versuchsstand zeigen, daß Gußkurbelwellen der geprüften Ausführung (Typ Wanderer W 24) bei 27 bis 29 kg/mm² Zugfestigkeit zwar eine niedrigere Schwingungsfestigkeit als die zum Vergleich geprüften Stahlwellen mit 86,8 kg/mm² Zugfestigkeit hatten, dagegen bedeutend bessere Laufeigenschaften. Auch sie sind der Auffassung, daß durch Verwendung hochwertigeren Gußeisens bei entsprechender Formgestaltung der Wellen noch weit günstigere betriebstechnische Werte erzielbar sind.

Nocken- bzw. Steuerwellen aus Gußeisen sind ihrer Preiswürdigkeit wegen beliebt, sichern aber auch die für dieses Konstruktionselement nötige Betriebssicherheit, Verschleißfestigkeit und Bearbeitbarkeit. H. Jungbluth (*3*) kennzeichnet den heutigen Stand der Herstellungsverfahren kurz, treffend und klar mit folgenden Ausführungen:

„An eine Nockenwelle müssen folgende Bedingungen gestellt werden: harte Nockenspitzen und weiche Mittellager. Mit drei grundsätzlich verschiedenen Verfahren kann man das angestrebte Ziel erreichen.

a) Man gießt die Nockenwelle aus einer Legierung, die an sich einen mäßig harten, gut bearbeitbaren, perlitischen Guß liefert. An Stellen, die hart werden sollen, vornehmlich also an den Nockenspitzen, legt man Kokillen an. Der Graphit verschwindet dann an diesen Stellen aus dem Gefüge und macht dem harten Eisenkarbid Platz. Man spricht von einer Ledeburithärtung. Das Verfahren hat Vorzüge und Nachteile. Seine Vorzüge bestehen in der Sicherheit, alle Stellen, die weich bleiben sollen, auch wirklich weich zu erhalten, da man die Legierung entsprechend einstellen kann. Es handelt sich dabei nicht nur um Lagerstellen, sondern vornehmlich um das Ritzel für die Ölpumpe, das meist in der Mitte der Welle untergebracht ist und deshalb nicht aus einem anderen Metall hergestellt und aufgesetzt werden kann. Andererseits bekommt man auch die Stellen, die hart werden sollen, mit Sicherheit hart. Die Nachteile des Verfahrens sind folgende: Das Anlegen der Kokillen ist nicht bequem, sie können verstampft werden, sie gehen gegebenenfalls verloren, man muß sie häufig erneuern usw.

b) Man gießt die Nockenwellen aus einem leicht legierten Gußeisen, das man so einstellt, daß die ganze Welle nach dem Gusse weich ist. Dann härtet man die Nockenwellenspitzen, indem man sie mit einem Schneidbrenner auf Härtetemperatur bringt und in Öl ablöscht. Man erhält dann an den Nockenspitzen eine Martensithärte. Das Verfahren hat den Vorteil, daß man keine Kokillen braucht, aber den Nachteil, daß die Oberflächenhärtung der Nockenspitzen mit Schneidbrenner schwierig ist. Ohne eine umfangreichere Apparatur ist eine auch nur mäßige Sicherheit in der Herstellung nicht erreichbar.

c) Man verwendet eine Legierung, die so eingestellt ist, daß sie, in Naßgußsand vergossen, an den Nockenspitzen harte, ansonsten aber weiche Abgüsse liefert. Ford arbeitet nach diesem Verfahren. Es ist wohl die eleganteste Lösung. Man benötigt keine Kokillen und keine Wärmebehandlung. Freilich erfordert das Verfahren eine sehr eingehende Überwachung des Schmelzbetriebes, da man die Zusammensetzung der Legierung in sehr engen Grenzen genau treffen muß, will man keine harten Gußstücke oder solche mit ungenügender Härtetiefe an den Nockenspitzen bekommen; es erfordert außerdem eine sehr genaue Überwachung des Formsandes, da sehr viel auf dessen Gasdurchlässigkeit und richtigen Feuchtigkeitsgehalt ankommt.

Die weitere Herstellung ist sehr einfach; die Wellen werden gewöhnlich liegend geformt und liegend gegossen. Man wird im allgemeinen ein hochwertiges Gußeisen verwenden, dessen Kohlenstoffgehalt man auf etwa 3 bis 3,3% einstellt, um die nötige Härte an den Nockenspitzen zu bekommen. Die Wellen haben sich im laufenden Betriebe bewährt. Es wird in erster Linie eine Frage des Preises sein, ob man sie einführen will oder nicht.

Im Schrifttum ist noch ein weiteres Verfahren, Nockenwellen zu gießen, beschrieben, nämlich Spritzguß. Man hat in Amerika zu diesem Zwecke auch eine große Maschine entworfen, mit der man eine ganz beträchtliche Leistung in der Stunde erzielen kann. Der Verfasser hat aber bei einem Aufenthalt in Amerika im Jahre 1934 nichts Genaueres über diese Maschine erfahren können; nicht einmal die Firma, bei der sie arbeiten soll, konnte ermittelt werden."

Die besten Berichte über die Herstellung gußeiserner Nockenwellen im Ausland (USA.) stammen von F. J. Walls (*14*) und D. J. Vail (*15*). Aus diesen Berichten geht hervor, daß der Beginn der Nockenwellenfabrikation bei der Fa. Campbell, Wyant und Cannon in Muskegon, Mich., bis in das Jahr 1924 zurückreicht. Diese Firma erzeugte im Jahre 1936 täglich etwa 15000 Automobilmotorsteuerwellen verschiedener Bauart mit folgender Zusammensetzung: 3,10 bis 3,40% Gesamt-C, 2,10 bis 2,40 % Si, max. 0,10% S, max. 0,29% P, 0,50 bis 0,75% Mn, 0,75 bis 1,00% Cr, 0,20 bis 0,40% Ni und 0,40 bis 0,60% Mo. Diese mit „Proferall" (processed ferrous-alloyed iron) bezeichnete Eisenlegierung wird durch das Duplexverfahren Kupol-Elektroofen gewonnen und hat in Sand gegossen 262 bis 293 Brinellhärte. Die Wellen werden zu vier in einem Kasten auf Formmaschinen geformt. Die Formen werden auf Förderer abgesetzt, dort abgegossen und nach etwa 45 min Abkühlung zur Putzerei befördert. Nach Abkühlen auf 65° oder darunter wird jede Welle einem Schlagversuch unterworfen. Die Nockennasen werden durch Erhitzen und Abschrecken gehärtet [Verfahren b des Berichtes von H. JUNGBLUTH (*3*)]. Es bildet sich dabei ein martensitisches Gefüge. Die Ford Motor Co., Dearborn, Mich., verwendet ein im Kupolofen erschmolzenes Eisen folgender Zusammensetzung: 3,30 bis 3,65% Gesamt-C, 0,45 bis 0,55% Si, 0,15 bis 0,35% Mn, 2,50 bis 3,00% Cu und 0,00 bis 0,25% Cr. Die Nockenwellen werden zu zweit in grünen Sandformen gegossen. Ihr Hauptquerschnitt ist grau; nur die Nockennasen sind weiß [Verfahren c des Berichtes von H. JUNGBLUTH (*3*)]. Erforderlichenfalls wird das im Kupolofen geschmolzene Metall in 500-kg-Pfannen mit besonderen Zusätzen versehen. Die Entscheidung hierüber wird auf Grund des Bruchaussehens von in Trockensandformen gegossenen runden Probestäben von 32 mm Durchmesser und 152 mm Länge getroffen. Es werden Ferrosilizium oder Ferrochrom zugegeben, um die Abschrecktiefe der Nockennasen auf etwa 3 mm zu halten. Der hohe Cu-Gehalt soll die Neigung der Legierung, verschieden tief abzuschrecken, beseitigen. Neben diesen beiden Verfahren verdient noch das Einlegen oder Einstampfen von Schreckplatten in die Form Erwähnung, um eine weiße Erstarrung der Nockennasen zu erreichen [Verfahren a des Berichtes von H. JUNGBLUTH (*3*)]. Es kommt aber nur für kleinere Mengen in Frage. Ein viertes Verfahren besteht in der Auswahl einer Eisenlegierung, die bei guter Bearbeitbarkeit grau erstarrt und nachher einem Härten durch Abschrecken in Wasser unterzogen wird. Es kommt aber nur da in Frage, wo ein Verwerfen der Welle nicht zu befürchten ist.

Die Lagerstellen der gegossenen amerikanischen Kurbel- und Nockenwellen von Campbell, Wyant und Cannon sowie von der Ford Motor Company werden nicht gehärtet. Dagegen werden bei Ford gegossene Radnaben aus einem kohlenstoffreichen Stahl mit 1,5% C und etwa 1% Si mit Hochfrequenzströmen von 2500 Perioden in 3 sek auf Härtetemperatur erhitzt und in der Bohrung mit einer Wasserbrause auf 60 bis 65 Rockwell-C-Härte gehärtet. Auf ähnliche Weise werden auch die Lagerzapfen von Stahlkurbelwellen gehärtet (*16*).

Schrifttum zum Kapitel XXVIIe.

(*1*) CORNELIUS, H., u. F. BOLLENRATH: Gießerei Bd. 23 (1936) S. 229.
(*2*) KLINGENSTEIN, TH.: Vortrag auf der Hauptversammlung des VDG am 8./9. Mai 1937 in Berlin.
(*3*) JUNGBLUTH, H.: Techn. Mitt. Krupp 6 (1938) Heft 4 S. 88.
(*4*) KLINGENSTEIN, TH., H. KOPP u. E. MICKEL: Mitt. Forschungsanst. GHH-Konzern Bd. 6 (1938) Heft 2 S. 39.
(*5*) ROLL, F.: Z. VDI Bd. 80 (1936) Nr. 46 S. 1365.
(*6*) WICKENDEN, T. H.: Autom. Eng. Nov. 1933; vgl. Nickel-Berichte Bd. 5 (1935) Heft 5 S. 74.
(*7*) PIWOWARSKY, E.: Z. VDI Bd. 79 (1935) S. 1393.
(*8*) KOPP, H.: Mitt. Forschungsanst. GHH-Konzern Bd. 7 (1939) Heft 5 S. 96.
(*9*) PEARCE, J. G.: Gießerei Bd. 26 (1938) S. 196.
(*10*) Autom.-techn. Z. Nr. 12 (1938) S. 333.
(*11*) WALLS, F. J.: Foundry (1936) S. 60 u. 163, sowie (1937) S. 28 u. 83.
(*12*) THUM, A., u. K. BANDOW: Z. VDI Bd. 80 (1936) S. 23.
(*13*) GEIGER, J.: Gießerei Bd. 27 (1940) S. 1.

(14) WALLS, F. J.: Foundry, April (1937) S. 60 u. 163.
(15) VAIL, D. J.: J. Soc. Automot. Engr. Bd. 39 (1936) S. 288.
(16) Persönliche Mitteilung von Herrn Dr.-Ing. E. ZINGG, Winterthur, Schweiz (Gebr. Sulzer A.-G.).
(17) SIEBEL, E., u. G. STÄHLI: Gießerei Bd. 28 (1941) S. 145.

f) Stahlwerkskokillen.

Der jährliche Weltverbrauch an Stahlwerkskokillen beträgt schätzungsweise 100000 t. Der Stahlwerker verlangt von seinen Kokillen eine möglichst große Haltbarkeit, glatte Innenfläche, geringe Neigung zu Rißbildung unter Temperaturschwankungen, sowie leichtes Strippen der Blöcke. Diesen Anforderungen entspricht am besten eine aus Hämatiteisen, Hämatitbruch und wenig Stahlabfällen im Kupolofen erschmolzene Kokille, die bei ihrem Abguß in nicht zu fest gestampften Formen hergestellt wird, wobei der Kern möglichst glatt sein und bestens entgast werden muß. Während im ausländischen Schrifttum meistens Gattierungen mit max. 0,08% P verlangt werden, konnte auf deutschen Werken der Nachweis erbracht werden, daß auch Kokillen mit Phosphorgehalten bis 0,2% sich recht gut bewähren. Graugußkokillen müssen ein dichtes Gefüge haben, aus weichmachenden Eisensorten hergestellt sein, ein ferritisch-perlitisches Mischgefüge (Abb. 1136 zeigt die Lage im Gußeisendiagramm nach E. MAURER) aufweisen und den Graphit in feiner Ausbildung zeigen. Die feine und gleichmäßige Verteilung des Graphits darf aber nicht durch Steigerung der Abkühlungsgeschwindigkeit nach dem Abgießen der Kokillen, sondern soll durch thermisch-metallurgische Maßnahmen erreicht werden (zweckmäßige Gattierung, heißes Herunterschmelzen, Desoxydieren des flüssigen Eisens, Zusatz graphitverfeinernder Elemente wie Chrom, Titan usw.).

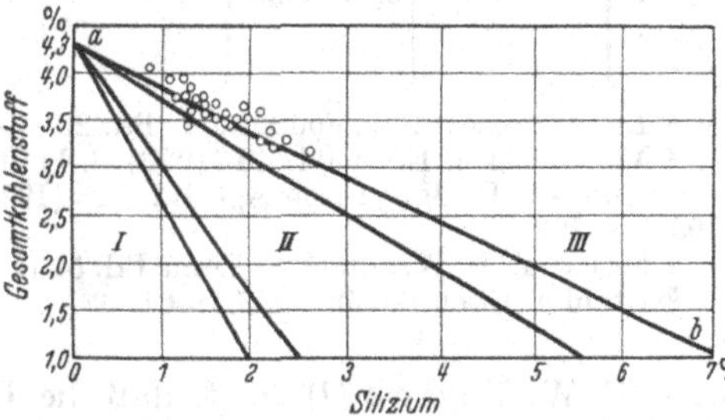

Abb. 1136. Gußeisendiagramm und Kokillenhaltbarkeit Feld *I*: kein Graphit, Feld *II*: Perlit und Graphit, Feld *III*: Ferrit, Perlit und Graphit. Jeder eingezeichnete Punkt bedeutet eine Kokillenhaltbarkeit über 125 Güsse (*3*).

Zahlentafel 301 zeigt die chemische Zusammensetzung von Stahlwerkskokillen nach dem Schrifttum der letzten Jahre. Als mittlere chemische Zusammensetzung nennt K. HOFFMANN (*8*): Ges. C = > 3,5%, Graphit = 3 bis 3,25%, geb. C = max. 0,50%, Si = 1,6 bis 2,0%, Mn = 0,4 bis 0,6%, P = < 0,10%, S = < 0,08 %. In den Vereinigten Staaten von Nordamerika gilt als Richtanalyse ein Ges.-C-Gehalt von 3,60% bei 1,50 bis 1,75% Si (*10*). Im A. K. Sserow-Werk in Rußland (*11*) wird für die Stahlwerksblockformen ein Gußeisen mit 3,7 bis 3,8% C, 1,4 bis 1,7% Si, 1,4 bis 1,6% Mn, rd. 0,15% P und 0,03% S vorgeschlagen, das zur Erzielung fein verteilten Graphits auf 1300 bis 1350° überhitzt und zweckmäßig bei 1170 bis 1200° abgegossen wird.

Wichtig für die Haltbarkeit der Kokillen ist aber nicht nur eine geeignete chemische Zusammensetzung, sondern auch die Konstruktion der Kokille, ihre Konizität, Wanddicke, Behandlung nach dem Guß usw. Die Konizität normal konischer Kokillen schwankt zwischen 1,5 und 2,8%. Doch soll in vielen Fällen bereits eine Konizität von 0,7 bis 1,3% ausreichend sein (*1*). Abb. 1137 zeigt die Beziehung zwischen der Kokillenhaltbarkeit und dem Verhältnis der kleinsten Kokillenwandstärke zum Blockgewicht, Abb. 1138 die Bedeutung eines baldigen Strippens der Kokillen nach erfolgtem Guß (*2*). Ungünstig auf die Haltbarkeit der Kokillen wirkt sich deren allzu rasche Abkühlung nach dem Abguß aus. Abb. 1148

Zahlentafel 301. Analysen

Zusammensetzung in %	LEGRAND[1]	SHIOKAWA[2]	HRUSKA[3] I	HRUSKA[3] II	Werk A[4]	Saarländisches[4] Werk	WITKOWITZ[4]
Gesamt-C.	3,25—4,95 n. Wunsch	2,5—3,5	2,5—3,5	2,5—3,0	3,4—3,9	4,0—4,6	3,9
Graphit .	80 % des Ges.-C	70 % des Ges.-C	nicht angegeben	nicht angegeben	70—80 % des Ges.-C	80—88 % des Ges.-C	3,1
Si . . .	70 % des Ges.-C	1,0—2,0	1,0—1,5	1,0	2,0—3,0	1,9—2,2 nicht unter 1,8	2,2
Mn . . .	0,5—0,8	0,5—1,8	0,75—1,20	1,0—1,8	0,5—1,2	0,45	0,59
P	max. 0,100	unter 0,2	unter 0,15	unter 0,15	0,08—0,12	unter 0,10	0,19
S	max. 0,050	unter 0,06	unter 0,06	unter 0,06	0,01—0,03	0,06—0,07 0,05—0,06 erwünscht unter 0,04, wenn Cu hoch	0,039
Cu . . .	—	max. 0,2	—	—	—	—	0,11
Cr. . . .	—	0,05—0,50	—	0,25—0,50	unter 0,20	—	—
Mo . . .	—	—	—	—	—	—	—
Ni. . . .	—	—	—	—	—	—	—

[1] LEGRAND, A.: Rev. Fond. mod. Bd. 20 (1926) S. 181.
[2] Vgl. Stahl u. Eisen Bd. 43 (1923) S. 1140.
[3] HRUSKA, H. JOHN: Iron Age Bd. 128 (1931) S. 434 u. 460; vgl. Stahl u. Eisen Bd. 52 (1932) S. 223.
[4] MORAWE, F. W.: Stahl u. Eisen Bd. 51 (1931) S. 1221.
[5] Stahl u. Eisen Bd. 52 (1932) S. 61.

nach F. W. MORAWE (*1*) zeigt, daß die Haltbarkeit die größte wird, wenn die Kokillen nach baldigem Strippen auf einem luftdurchwehten Rost langsam abkühlen und erst bei einer Kokillentemperatur von 200 bis 300° künstlich beschleunigt auf Handwärme (50 bis 60°) abkühlen. Zahlentafel 302 (unten) läßt erkennen, daß ein direkter Guß aus dem Hochofen zu ungenügender Lebensdauer der Kokillen führt (*3*). Ein westdeutsches Werk erzielte durch Großzahlforschung bei systematischen Versuchen folgende Haltbarkeit der Kokillen für 1 t Blöcke:

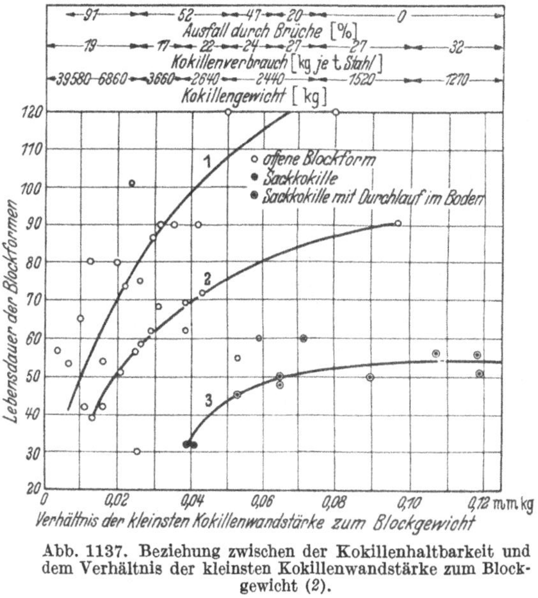

Abb. 1137. Beziehung zwischen der Kokillenhaltbarkeit und dem Verhältnis der kleinsten Kokillenwandstärke zum Blockgewicht (2).

Kokillengattierung Hämatit	Bruch	Stahlschienen	Haltbarkeit Güsse
85	10	5	160
80	12,5	7,5	190
70	20	10,—	220

Am besten bewährte sich demnach die letzte Gattierung. Stahlzusätze über 10 bis 15% führen wiederum zu einem Absinken der Haltbarkeit. Bei Gegenwart von synthetischem Hämatit von Graugußkokillen.

v. Messôly[5]	Pearce[6]	Blakiston[7]	Swinden u. Bolsover[7]	Léonard[7]	R. Travaglini u. R. Comina[8]	Lenort[9]	Morawe[4]
3,6–3,8	> 4,3–0,3% Si	> 3,5	3,5 –3,75	3,5	3,2–3,8	3,70	3,9
3,1–3,5	Si = so hoch, daß ein völlig graues, perlit. Eisen entsteht	< 0,5 geb. C	0,3 –0,6 geb. C	—	mögl. hoch	0,45 geb. C	n. angeg.
1,4–1,8		~ 1,8	1,9 –2,3	1,7	1,5–3,3	1,54	1,70
0,6–0,8	> 0,3	< 1,2	0,6 –1,0	0,4–0,5	0,5–0,7	0,59	0,52
max. 0,09	< 0,1	< 0,06	0,03–0,045	—	0,08–0,10	0,10	0,14
max. 0,06	< 0,1	< 0,03	0,03–0,05	—	< 0,070	0,09	0,075
—	—	—	—	—	—	—	—
—	—	—	—	—	—	—	0,75
—	—	—	—	—	—	0,25	—
—	—	—	—	—	—	—	0,04

[6] Pearce, J. G.: Stahl u. Eisen Bd. 57 (1937) S. 1009.
[7] Swinden, T., u. G. R. Bolsover: Foundry Trade J. Bd. 53 (1935) S. 81, 102 u. 172; vgl. Stahl u. Eisen Bd. 56 (1936) S. 1484.
[8] Travaglini, R., u. R. Comina: La Fabricazione delle Lingottiere. Vortrag Intern. Gieß.-Kongreß Mailand 1931.
[9] Lenort, St.: Stahl u. Eisen Bd. 52 (1932) S. 711.

haben sich aber auch höhere Anteile an Kokillenbruch bewährt, z. B. nach H. Trenkler (*10*):

1. 50% synthetischer Hämatit, 40% Kokillenbruch und 10% norwegisches V-Ti-Roheisen, oder
2. 40% synthetischer Hämatit, 20 bis 25% englischer Hämatit und 35 bis 40% Kokillenbruch.

Synthetische Hämatite (durch Aufkohlung eines Thomasstahls) haben sich also bis zu 50% Anteilen einwandfrei bewährt, doch erscheint es nach E. Herzog (*10*) nicht ausgeschlossen, daß auch höhere Gehalte vorteilhaft zu verwenden sind.

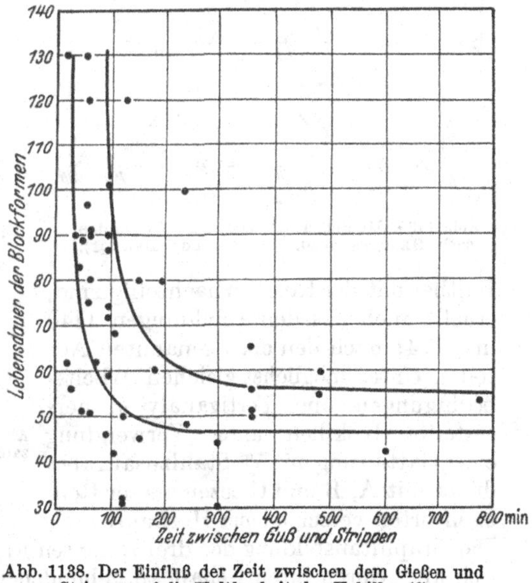

Abb. 1138. Der Einfluß der Zeit zwischen dem Gießen und Strippen auf die Haltbarkeit der Kokillen (*2*).

Die Lebensdauer von Stahlwerkskokillen wird ziemlich zu gleichen Anteilen begrenzt 1. durch Ausbrennen und 2. durch Rißbildung, wie Abb. 1139 nach O. Hengstenberg, K. Knehans und N. Berndt (*10*) auf Grund der Beobachtungen an 506 Kokillen zeigt. Die gleichen Autoren konnten auch nachweisen, daß die Neigung zum Ausbrennen mit zunehmendem Kohlenstoff- und Siliziumgehalt steigt, während mit zunehmendem Mangangehalt der Anteil der aus-

Zahlentafel 302. Chemische Zusammensetzung und Haltbarkeit von Kokillen in verschiedenen Ländern.

Art des vergossenen Stahles	Chemische Zusammensetzung der Kokillen aus Kupolofeneisen Ges.-C %	Si %	Mn %	P %	S %	Cr %	Haltbarkeit	Verwendungsland
Basischer Siem.-Mart.-St.	3,84	1,63	1,20	0,216	0,038	—	137	USA.
Basischer Siem.-Mart.-St.	—	1,34	0,96	0,117	0,046	—	119	USA.
Basischer Siem.-Mart.-St.	3,24	1,96	1,43	0,098	0,030	0,15	181	USA.
Basischer Siem.-Mart.-St.	3,30	1,89	0,85	—	0,063	—	140	Deutschland
Saurer Siem.-Mart.-St. .	—	1,77	0,91	—	—	—	98	Schweden
Saurer Bessemerstahl . .	3,60	1,57	1,03	0,112	0,050	—	92	USA.
Saurer Bessemerstahl . .	3,37	1,69	0,96	0,172	0,078	—	123	England
Thomasstahl	3,78	1,90	1,10	0,166	0,040	—	177	C.S.R. (Protektorat)
Thomasstahl	4,11	1,03	0,93	—	—	—	151	Belgien
Elektrostahl	—	1,53	1,22	0,180	0,054	—	129	USA.
Elektrostahl	4,29	1,31	1,06	0,156	0,044	—	158	Österreich
Elektrostahl	0,38	0,32	0,73	0,029	0,041	—	226	„ (Stahlkokille)
Elektrostahl	0,43	0,27	0,88	0,032	0,021	—	246	„ (Stahlkokille)
	Kokillen aus direktem Guß							
Basischer Siem.-Mart.-St.	3,91	1,09	0,91	0,140	0,038	—	54	USA.
Basischer Siem.-Mart.-St.	—	1,55	0,92	0,101	0,027	—	74	USA.
Basischer Siem.-Mart.-St.	—	1,77	1,09	0,108	0,052	—	87	Frankreich
Duplexstahl	3,70	2,01	0,84	0,120	0,055	—	69	USA.

gebrannten Kokillen geringer wird, wobei bei 0,5 bis 0,6 % Mn ein Bestwert auftrat. Daß ein zu hoher C + Si-Gehalt und damit ein zu hoher Graphitgehalt für die

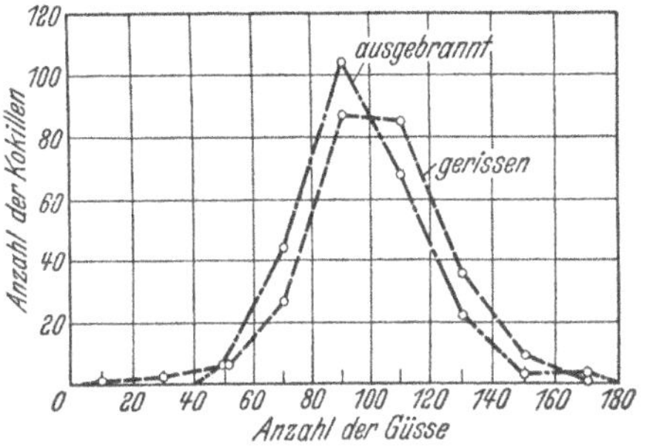

Abb. 1139. Häufigkeit der erreichten Gußzahlen (nach HENGSTENBERG, KNEHANS und BERNDT).

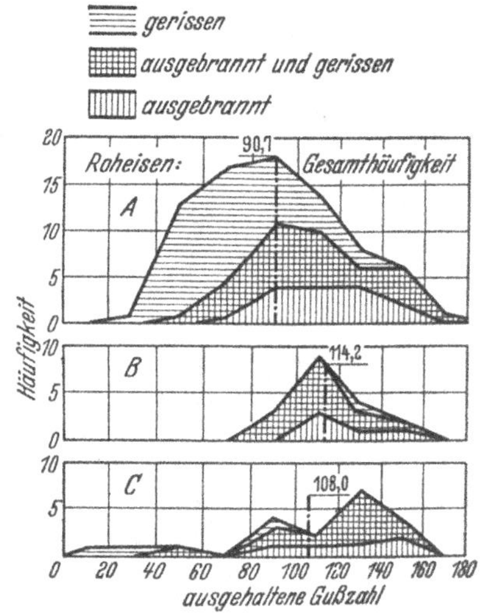

Abb. 1140. Art des Verschleißes und erreichte Gußzahl bei Verwendung verschiedener Roheisen (nach HENGSTENBERG, KNEHANS und BERNDT).

Haltbarkeit der Kokillen nachteilig sind, erhellt auch aus den Abbildungen 1140 und 1141 nach den oben genannten Autoren. Unter möglichst gleichen Arbeitsbedingungen und Fertiganalysen hergestellte Kokillen unter Verwendung einer Gattierung mit 5 % Stahlzusatz aber dreier mit A, B und C bezeichneter Roheisensorten verschiedener Herkunft ergaben Endanalysen gemäß Zahlentafel 303. Die Graphitausbildung der drei Roheisen war etwa die gleiche, sie unterschieden sich aber durch ihren Gehalt an gebundenem Kohlenstoff, indem vor allem das mit A bezeichnete Eisen sehr ferritreich war. Es besaß auch den größten Gesamtkohlenstoffgehalt bzw. die größte Summe C + Si. Abb. 1140 zeigt in Übereinstimmung damit die geringere Lebensdauer der mit diesem Eisen hergestellten

Kokillen. In diesem Zusammenhang sei erwähnt, daß A. KNICKENBERG (9) die Einhaltung eines geb. C-Gehaltes von max. 0,35% empfiehlt. Ein Zusatz zu dem Bericht des Unterausschusses für Blockformen beim Iron and Steel Institute (5) enthält die Ergebnisse von Untersuchungen über den Einfluß des Siliziumgehaltes auf das Verhalten der Kokillen im Betrieb: 13 Reihen von je 22 Kokillen mit Siliziumgehalten von 0,85 bis

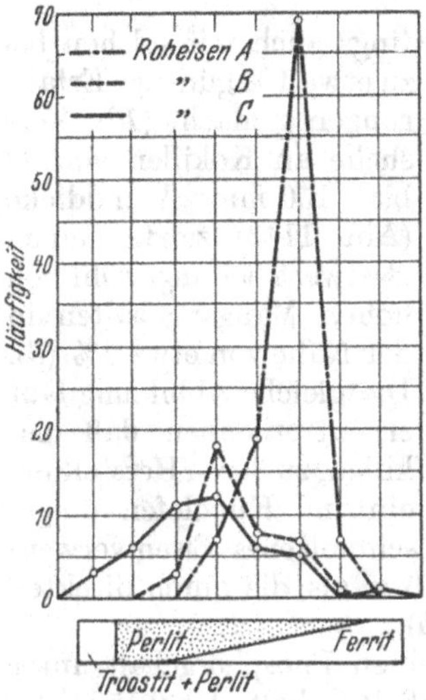

Abb. 1141. Gefüge bei Verwendung verschiedener Roheisen (nach HENGSTENBERG, KNEHANS und BERNDT).

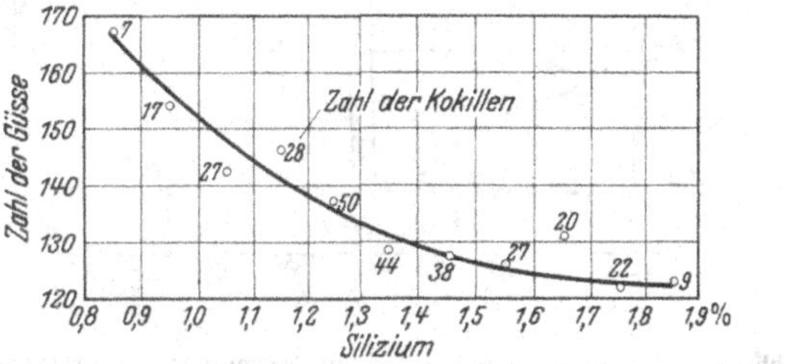

Abb. 1142. Einfluß des Siliziumgehaltes auf die Lebensdauer von Flaschenhalskokillen (5).

1,85% wurden untersucht. Abb. 1142 zeigt die Beziehungen zwischen dem Siliziumgehalt und der Lebensdauer der Kokillen. Es handelt sich dabei um Flaschenhalskokillen von 570·570 mm² lichtem Querschnitt. Bei der Feststellung der Gründe

Zahlentafel 303. Mittel der Abstich- und Gießtemperaturen von den drei untersuchten Roheisensorten.

Roheisen	Kokillen-zahl	Abstich-temperatur °C	Gieß-temperatur °C	Ges.-C %	Si %	Mn %	P %	S %
A	102	1393	1204	3,82	1,79	0,72	0,077	0,108
B	38	1397	1199	3,75	1,80	0,69	0,080	0,107
C	44	1398	1200	3,74	1,71	0,69	0,062	0,108

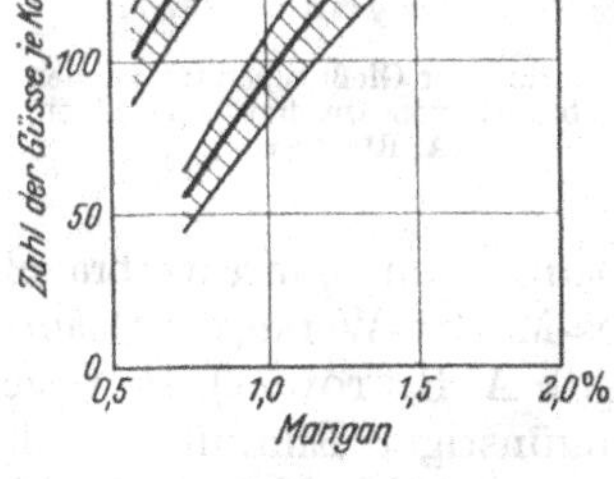

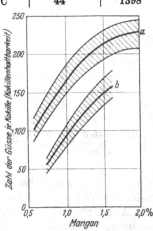

Abb. 1143. Einfluß des Mangangehaltes auf die Kokillenhaltbarkeit (3).

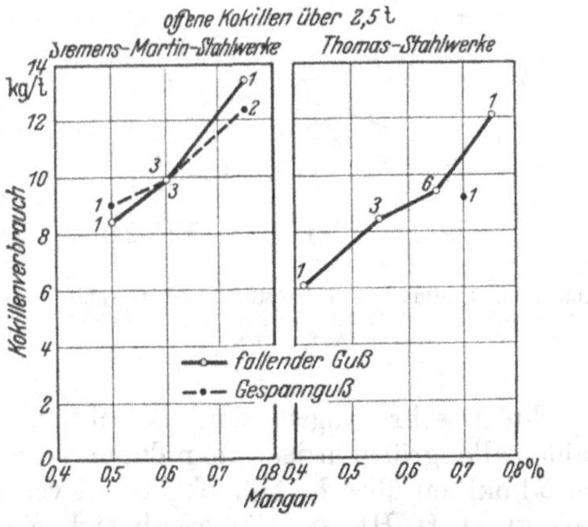

Abb. 1144. Einfluß des Mangangehaltes auf den Kokillenverbrauch von Quadratkokillen über 2,5 t Blockgewicht (A. RISTOW).

für das Unbrauchbarwerden zeigte sich, daß die nur wegen Brandrissen abgesetzten Kokillen durchschnittlich 15 bis 25 Güsse mehr ausgehalten hatten als die nur gesprungenen. Der Siliziumgehalt spielt dabei insofern eine Rolle, als bei niedrigem Siliziumgehalt 66% der Kokillen wegen Zerspringens oder gleichzeitigen Auftretens von Brandrissen und Sprüngen ausfielen, bei 1,75% Si aber nur noch 30%.

Was den Mangangehalt betrifft, so hat man allerdings auch mit solchen bis zu etwa 1% günstige Erfahrungen gemacht (*10*). Versuche an Kokillen von 90 bis 150 mm Wanddicke (Abb. 1143) zeigten einen Bestwert bei ungewöhnlich hohen Mangangehalten in der Nähe von etwa 2% (*3*). Die gleiche Abbildung läßt erneut erkennen, daß Kokillen, zu deren Herstellung ein im Kupolofen umgeschmolzenes Eisen verwendet wurde (Linie *a*), eine größere Haltbarkeit besaßen als die durch direkten Guß aus dem Hochofen erzeugten Kokillen (Linie *b*).

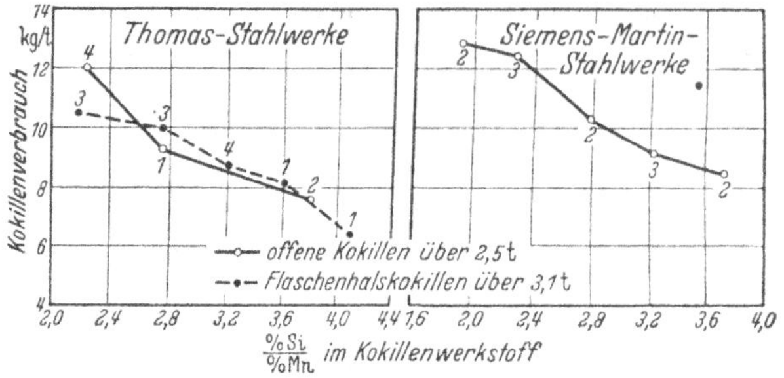

Abb. 1145. Verhältnis von Silizium zu Mangan in Quadratkokillen über 2,5 t Blockgewicht (A. Ristow).

Während man früher glaubte, bei Blockformen einen Phosphorgehalt unter 0,1% einhalten zu müssen, ergab sich neuerdings, daß P-Gehalte bis 0,15% (*6*), ja sogar bis 0,20% (*7*) die Haltbarkeit der Kokillen nicht beeinträchtigten, vielmehr sie sogar merklich verbesserten (*5*). Jedenfalls werden heute P-Gehalte bis zu 0,15% als unschädlich für die Haltbarkeit der Kokillen erachtet (*10*).

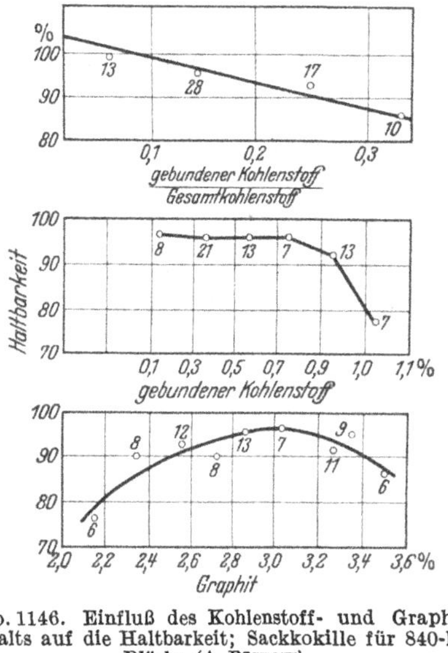

Abb. 1146. Einfluß des Kohlenstoff- und Graphitgehalts auf die Haltbarkeit; Sackkokille für 840-kg-Blöcke (A. Ristow).

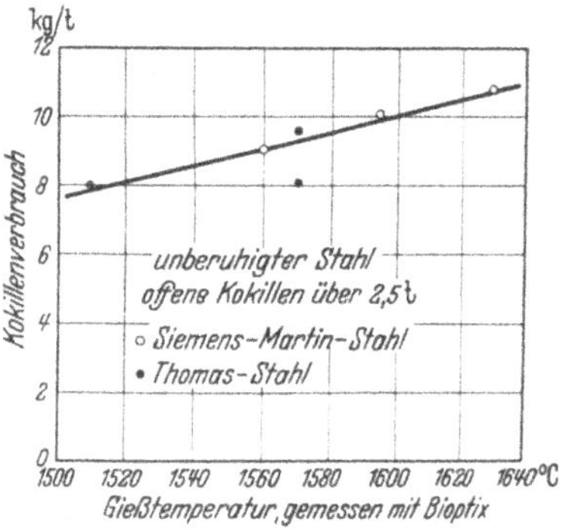

Abb. 1147. Einfluß der Gießtemperatur auf den Kokillenverbrauch von Quadratblockkokillen (A. Ristow)

Einen sehr eingehenden Bericht in Auswertung von Jahresverbrauchszahlen aller größeren deutschen Thomas- und Siemens-Martin-Werke, die Quadratblockkokillen über 2,5 t Blockgewicht verwenden, gab A. Ristow (*7*). Im Gegensatz zu J. H. Hruska (*3*) ergab sich ein sehr ungünstiger Einfluß zu hohen Mangangehaltes auf die Haltbarkeit der Blockformen (Abb. 1143 und 1144). Doch wird in Deutschland der Mn-Gehalt im allgemeinen kaum über etwa 0,60% gehalten. Wichtig für die Haltbarkeit war auch das Verhältnis von Silizium zu Mangan in den Quadratkokillen von über 2,5 t Blockgewicht (Abb. 1145).

Bezüglich des Kohlenstoffgehaltes konnte gefunden werden, daß ein Graphitgehalt von 2,8 bis 3,2% die beste Haltbarkeit ergab (Abb. 1146), während ein zu geringer Graphitgehalt, bemerkenswerterweise aber auch ein allzu hoher, über 3,3% hinaus gehender Graphitgehalt zu einer Verschlechterung der Haltbarkeit führte. Bezüglich des Einflusses der Gießtemperatur des Stahls auf die Haltbarkeit der Kokillen ergab sich eine Beziehung gemäß Abb. 1147, d. h. heißes Gießen führt erwartungsgemäß zu einer Verringerung der Haltbarkeit.

Man hat auch mit mehr oder weniger Erfolg versucht, durch Hinzulegieren von kleinen Mengen Chrom (bis 0,8%), Molybdän (bis 0,3%) oder Titan (bis 0,3%) die Haltbarkeit von Stahlwerkskokillen zu erhöhen. Nickelzusätze erbrachten nur im Zusammenhang mit Chrom oder Molybdängehalten merkliche Vorteile (*1*). Feinkörniges, aus blei- und zinkreichem Möller erblasenes Roheisen soll sich nach A. Wagner (*4*) ganz vorzüglich als Zusatzeisen bei der Herstellung von Stahlwerkskokillen eignen. Ein Nachglühen der rohgegossenen Kokillen auf dunkle Rotglut oder bis in den Bereich der Perlitumwandlung läßt eine weitere Steigerung der Haltbarkeit der Kokillen erwarten, doch ist dieser Vorgang zu kostspielig und birgt die Gefahr des Werfens der Kokillen in sich. Die Verwendung im Bruch fleckigen Hämatits für die Herstellung von Stahlwerkskokillen ist nicht zu empfehlen, da Kokillen aus derartigen Gattierungen in verstärktem Maße zu Rißbildungen im Stahlwerksbetrieb neigen.

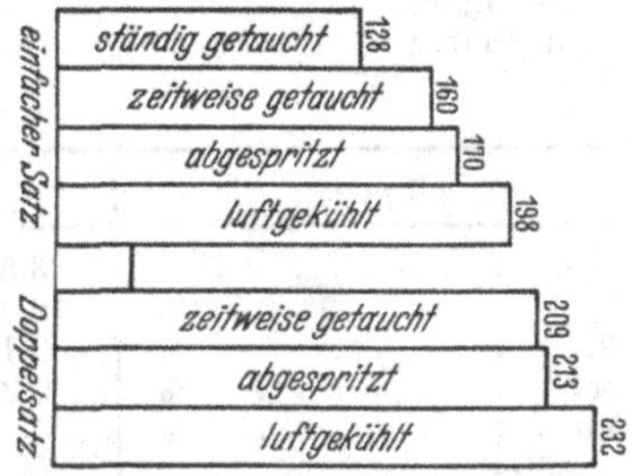

Abb. 1148. Kokillenhaltbarkeit und Art der Abkühlung (*1*).

Schrifttum zum Kapitel XXVIIf

(*1*) Morawe, F. W.: Stahl u. Eisen Bd. 51 (1931) S. 1221.
(*2*) Pearce, J. G.: Foundry Trade J. Bd. 56 (1937) S. 392; vgl. Stahl u. Eisen Bd. 57 (1937) S. 1008.
(*3*) Hruska, J. H.: Iron Age Bd. 128 (1931) S. 434 u. 460; vgl. Stahl u. Eisen Bd. 52 (1932) S. 223.
(*4*) Wagner, A.: Stahl u. Eisen Bd. 50 (1930) S. 664.
(*5*) Eights Report on the Heterogenity of Steel Ingots, S. 265. London 1939. Spec. Rep. Iron Steel Inst. Nr. 25 S. 265. Vgl. Foundry Trade J. Bd. 60 (1939) S. 403/05 und 419/21.
(*6*) Knehans, K., u. N. Berndt: Stahl u. Eisen Bd. 60 (1940) S. 973.
(*7*) Ristow, A.: Stahl u. Eisen Bd. 60 (1940) S. 401.
(*8*) Hoffmann, K.: Stahl u. Eisen Bd. 61 (1941) S. 606.
(*9*) Knickenberg, A.: Gießerei Bd. 28 (1941) S. 127.
(*10*) Hengstenberg, O., Knehans, K., u. N. Berndt: Stahl u. Eisen Bd. 61 (1941) S. 489. Vgl. hier vor allem auch die Diskussion.
(*11*) Arsamasszew, I. G., Bossjakow, I. M., u. N. I. Besotossny: Uralskaja Metallurgija Bd. 9 (1940) Nr. 9 S. 19. Vgl. Chem. Zbl. Bd. 112 (1941) II Nr. 7 S. 945.

g) Gußeisen für Glasformen.

Da die Verwendung von Glas bei Temperaturen zwischen 700 bis 900° vor sich geht, hohe Produktionszahlen erreicht werden müssen und ein ungestörter, kontinuierlicher Betrieb für die Wirtschaftlichkeit der Herstellung von größter Bedeutung ist, so wird an das für Glasformen und sonstige Glasverarbeitungsmaschinen gebrauchte Material außergewöhnlich hohe Ansprüche gestellt. Sorgfältig ausgewählte Gußeisensorten, je nach gewünschter Qualität in Sand- oder Kokille gegossen, legiert oder unlegiert, haben sich für diesen Verwendungszweig recht gut bewährt. An Werkstoffe für Glasformen werden u. a. folgende Anforderungen gestellt: Gute Bearbeitbarkeit, feinkörniges dichtes Gefüge, geringe Nei-

Zahlentafel 304. Zusammensetzung

Typische Kokillenguß-Legierungen (unlegiert)

	Hochgekohlte Type A	Niedriggekohlte Type B
Ges.-C . . . . %	3,50	3,10
Si . . . . %	2,30	2,75
Zugfestigkeit . . . . kg/mm²	14,8	19,7
Brinellhärte . . . . kg/mm²	160	190

Legierte Typen:

Type	1	2	3	4	5	6
Ges.-C . . . . %	3,50	3,50	3,50	3,50	3,6 —3,8	3,6 —3,8
Si . . . . %	2,30	2,30	2,00	2,00	1,4 —1,6	1,4 —1,6
Ni . . . . %	0,15	0,60	1,00—1,25	1,00—1,50	1,20—1,50	1,20—1,50
Cr . . . . %	0,30	0,30	0,30	—	—	—
Mo . . . . %	—	—	—	—	—	0,20—0,30
vergütet	ja	ja	ja	ja	ja	ja
Zugfestigkeit* . . kg/mm²	15,7	16,9	19,7	18,3	22,5	24,6
Brinellhärte*	170	180	200	180	190	210

Zahlenmäßige Stufung des Materials:

Physikalische Eigenschaften	Höchstwerte Punkte	Kokillengußlegierungen							
		A	B	1	2	3	4	5	6
Bearbeitbarkeit	200	180	120	140	160	120	180	200	140
Kornfeinheit	100	70	60	70	80	80	80	90	100
Dichte	100	70	60	80	80	80	80	90	100
Graphitisierungsgrad. . . .	100	70	50	70	60	70	80	90	100
Widerstand gegen Kleben .	100	60	40	50	50	60	70	90	100
Hitzebeständigkeit.	50	40	30	30	35	35	40	50	50
Niedrige Ausdehnung . . .	100	50	60	70	80	80	70	90	100
Hohe Leitfähigkeit.	100	60	70	70	80	80	70	90	100
Widerstand gegen Wachsen.	100	50	40	60	70	80	70	80	100
Verschleißwiderstand. . . .	50	25	30	30	40	50	30	35	45
	***1000	675	560	670	735	735	770	905	935

* Vor dem Anlassen, Probewerte an Sandgußproben.
** Kann auch durch 0,1% Vanadin ersetzt werden.
*** Höchste Punktzahl gibt beste Eignung.

gung zum Wachsen und Verziehen, gute Hitze- und Zunderbeständigkeit bis mindestens 800°, hohe Wärmeleitfähigkeit, aber geringe thermische Ausdehnung, gute Polierbarkeit, geringste Neigung zu Rißbildung bei wiederholtem Temperaturwechsel, geringe Neigung zum sog. Kleben in Berührung mit der heißen Glasmasse sowie guter Verschleiß- und Korrosionswiderstand. Dabei sollen die fertigen Formen möglichst billig sein und eine möglichst lange Lebensdauer haben. Gewöhnliches unlegiertes Gußeisen ist billig in der Herstellung und Formgebung, hat eine sehr gute Bearbeitbarkeit, ist aber vielfach nicht dicht genug, hat keine ausreichende Volumenbeständigkeit, Dichte und Polierfähigkeit. Für hohe Beanspruchungen werden daher schwach mit Nickel, Chrom oder Molybdän legierte Eisensorten bevorzugt. Mit Rücksicht auf einen hohen Widerstand gegen Wachsen und Kleben wird eine feine Graphitausbildung (einer typisch eutektischen Anordnung nahekommend) angestrebt. Die legierten, meist nachgeglühten oder vergüteten Formen, haben eine geringere Bearbeitbarkeit, aber meistens höhere augußlegierungen für Glasformen.

Typische Sandgußlegierungen (unlegiert)

	C	D	E
ı.-C . . . . %	2,75	3,20	3,60
. . . . %	2,00	2,10	2,30
. . . . %	0,60	0,50	0,50
;festigkeit . . . . kg/mm²	35,2	23,2	14,1
ınellhärte . . . . kg/mm²	250	190	160

Legierte Typen:

Type	10	11	12	13	14
ı.-C . . . . %	3,70	3,10—3,40	3,10—3,40	3,00—3,20	2,70—2,90
. . . . %	2,25	1,30—1,50	1,80—2,30	1,00—1,20	1,50—1,80
. . . . %	0,58	0,50—0.60	0,50—0,60	0,50—0, 0	0,70—0,90
. . . . %	1,85	1,25—1,50	0—0,50	1,40—1,60	1,50—2,00
. . . . %	—	0,30—0,60	0,20—0,30	0,20—0,30	—
. . . . %	—	—	0,40—0,60	—	—
gütet.	ja	ja	ja	ja	ja
;festigkeit . . . . . .kg/mm²	16,9	26,7	24,6	28,1	38,7
ınellhärte . . . . . .kg/mm²	174—184	220	210	220	220—240

Zahlenmäßige Stufung des Materials:

Physikalische Eigenschaften	Höchstwerte Punkte	Sandgußlegierungen							
		C	D	E	10	11	12	13	14
arbeitbarkeit	200	80	120	180	200	140	120	140	120
rnfeinheit	100	70	50	40	60	70	60	70	90
ɔhte	100	90	70	50	60	90	80	90	100
aphitisierungsgrad. . . .	100	50	70	60	90	70	60	80	60
ıderstand gegen Kleben . .	100	40	60	40	90	70	60	80	50
tzebeständigkeit.	50	40	30	20	25	35	35	35	35
edrige Ausdehnung . . .	100	60	50	40	60	60	60	80	80
›he Leitfähigkeit	100	60	50	40	40	70	60	80	60
ıderstand gegen Wachsen .	100	60	50	40	50	60	60	80	70
rschleißwiderstand	50	30	25	20	25	30	30	30	35
	***1000	580	575	530	700	695	625	765	700

Dichte, Polierfähigkeit, Volumen- und Hitzebeständigkeit, neigen jedoch leichter zur Rißbildung und müssen daher sehr sorgfältig behandelt werden. Wichtig ist, daß der Phosphorgehalt der Glasformen, der meistens zwischen 0,25 und 0,75% in unlegierten, im allgemeinen unter 0,35% in legierten Eisensorten schwankt, ein engmaschiges Phosphidnetzwerk bildet, andernfalls neigen die Innenseiten insbesondere von Preßglasformen zu einer narbigen Ausbildung, die sich dem verpreßten Glas mitteilt (*1*). Im allgemeinen werden auch unlegierte Sandgußformen vor dem Gebrauch bei 800 bis 900° ausgeglüht, um Spannungen zu beseitigen, eine gute Bearbeitbarkeit der Formen zu erzielen und die Volumenbeständigkeit im Dauerbetrieb zu verbessern. Zahlentafel 304 nach J. S. VANICK (*2*) gibt eine gute Übersicht über die chemische Zusammensetzung von Gußeisen für Glasformen, allerdings unter besonderer Berücksichtigung der Verhältnisse in USA. Es ist nicht immer leicht zu entscheiden, welche Eisentype für einen bestimmten Verwendungsfall am besten ist. Jede Type hat ihre Vor- und Nachteile. Die unlegierten hochgekohlten Typen sind billig, sehr gut bearbeitbar, neigen weniger zu Rißbildungen usw., geben jedoch keine so dichte und polierfähige Oberfläche wie die niedrig gekohlten. Letztere dagegen, insbesondere aber in schwach legiertem Zustand, haben die bereits früher erwähnten Vor- und Nachteile. Type Nr. 4 z. B. wird in USA. für allgemeinere Zwecke vielfach verwendet, während für Plunger und schwer beanspruchte Formen der Type Nr. 3 oft der Vorzug gegeben wird. Plunger und auf starken Verschleiß beanspruchte Formen werden aber auch oft aus den Typen Nr. 2, 3 und 6 hergestellt. Von den Sandgußformen werden die Typen Nr. 11, 13, 14 und C in weitem Ausmaß gebraucht. Die in Zahlentafel 304 wiedergegebene zahlenmäßige Wertstufung der einzelnen Eisensorten beruht grundsätzlich auf einer Punktwertung von je 100 Punkten je erwünschter Eigenschaft. Den amerikanischen Verhältnissen entsprechend ist dort aber die Bearbeitbarkeit als besonders wichtige Eigenschaft in der Punktzahl verdoppelt, während Hitzebeständigkeit und Verschleißwiderstand nur mit der halben Punktzahl eingesetzt sind. Je höher die gesamte am Schluß der Zahlentafel durch Addition sich ergebende Summe ausfällt, um so besser wird das Material bewertet. Da es sich um 10 verschiedene Eigenschaften handelt, so gilt die Zahl 1000 als theoretisch höchste Punktzahl. Man kann natürlich das Punktsystem anderen Arbeitsverhältnissen anpassen, z. B. jede Eigenschaft durchweg mit 60 Punkten bewerten. Wie Zahlentafel 304 zeigt, haben die in Kokillenguß hergestellten Formen die höchste Wertung.

Die höchste bislang erreichte Stückzahl bei Verwendung hochwertiger Glasformen für kleinere Glasteile übersteigt die Zahl 500000, während für massivere Glasformen die Lebensdauer auf ein Zehntel jener Zahl heruntergehen kann. Auch mit Spezialeisensorten wie den Niresist- und Invartypen hat man gute Erfahrungen gemacht, so erwähnt J. S. Vanick u. a. folgende Eisensorten als gut bewährt:

Type	Gußart	Ges.-C %	Si %	Ni %	Cr %	Cu %
Niresist . .	Sand	3,00	1—2	14—16	1,5—2,5	6—7
Invar I . .	oder	2,60	1,5	34—38	2—4	—
Invar II . .	Kokille	2,60	1,5	28—32	2—4	—

Auch die Silal- und Nicrosilaltypen vereinigen gute Hitzebeständigkeit mit ausreichender Bearbeitbarkeit, jedoch ist deren Eignung als Werkstoff für Glasformen vielleicht noch nicht endgültig erprobt (*3*). Auch mit verchromten Glasformen hat man Versuche durchgeführt (*4*), indem man ein Eisen mit z. B. 2,8% C, 1,8 bis 2,0% Si, 0,60% Mn, 0,20% P, 0,25% Cr und 0,05% S ohne Zwischenschicht von Kupfer oder Nickel verchromte. Doch scheint die Chromschicht zum Abblättern zu neigen. Für die Lebensdauer von Glasformen ist übrigens die konstruktive Gestaltung der Formen von mindestens der gleichen Wichtigkeit wie die Auswahl des Werkstoffs. So ist es z. B. höchst unzweckmäßig, bei derartigen Formen mit Kühlrippen zu arbeiten, da dies zu Verwerfungen oder zu Rißbildungen führt auf Grund der starken Beanspruchung der Formen bei dem fortlaufenden Temperaturwechsel während des Betriebes. Stähle sollen sich für Glasformen schlechter eignen als Gußeisen (*5*).

In neueren Arbeiten stellte R. F. Scafe (*6*) die an Glasformen zu stellenden Anforderungen ausführlich heraus.

Schrifttum zum Kapitel XXVIIg.

(*1*) Roll, F.: Beitrag zur Entstehung einer narbigen Oberfläche im Preßglas. Glastechn. Ber. Bd. 15 (1937) S. 427.
(*2*) Vanick, J. S.: Glass Ind. Juli und August 1938.
(*3*) Bornhofen, O.: Grauguß als Werkstoff für Glasformen. Glastechn. Ber. Bd. 12 (1934) S. 339.
(*4*) Nach Mitteilung der Gunite Corporation (USA.).
(*5*) Nach Glass Ind. 1935 S. 180.
(*6*) Scafe, R. F.: Foundry, Cleveland Bd. 68 (1940) Heft 8 S. 30 und 103 und Heft 9 S. 36 und 101; vgl. Gießerei Bd. 27 (1940) S. 508.

h) Gußrohre.

Geschichtliches. Wegen ihrer Preiswürdigkeit und der hohen Korrosionssicherheit werden seit Jahrhunderten Gußrohre für Leitungszwecke von Abwässern, Wasser und Gasen benutzt. In den Renteirechnungen von Schloß Dillenburg werden gußeiserne Wasserleitungsrohre erstmalig im Jahre 1455 genannt. Sie waren dort in Betrieb bis zum Jahre 1760, dem Jahr der Zerstörung des Schlosses. In Langensalza steht vor dem Rathaus der Jacobibrunnen, der sein Wasser durch eine 1000 m lange Leitung erhält. Der Bau dieser Rohrleitung geht mindestens auf das Jahr 1562 zurück, der Brunnen selbst ist 1582 erbaut. Die gußeiserne Rohrleitung ist noch gut erhalten und noch heute im Betrieb (*1*). Die im Jahre 1661 geschaffene Brunnenkunst auf Schloß Braunfels (Kreis Wetzlar), deren gußeiserne Zuflußrohre unter einem Druck von 9 bis 10 at arbeiteten, wurde erst im Jahre 1875 anläßlich eines in diesem Jahre erfolgten Umbaus stillgelegt. Teile dieser Rohrleitung, die erst im Jahre 1932 ausgebaut wurden, zeigten außer leichteren Oxydationserscheinungen keine Veränderung (*1*). Diese und zahlreiche andere Beispiele zeigen die überragende Eignung von Gußeisen für Gebrauchsartikel, die einer Boden- und Wasserkorrosion ausgesetzt sind.

Entwicklung. Gußrohre werden heute in Sand- und Schleuderguß hergestellt. Die Herstellung von Schleuderguß zum Zweck der Schaffung eines dichteren Gusses ist an sich alt und geht auf das Jahr 1809 zurück (*2*). Trotz umfangreicher Entwicklungsarbeiten und zahlloser Patente, insbesondere hinsichtlich der maschinellen Gestaltung von Schleudergußanlagen, brachte erst das Jahr 1910 einen bemerkenswerten Fortschritt durch die Erfindung von O. Briede aus Benrath, der sich eine Schleudergußmaschine patentieren ließ, die mit ihrer gegenüber der äußeren Gußform beweglichen Gießrinne dem späteren De-Lavaud-Verfahren den Weg bereitete (*2*). Dieses auf die beiden Brasilianer D. S. de Lavaud und F. Arens zurückgehende Verfahren arbeitete von 1914 bis 1920 mit einem Kipptrog, brachte aber erst durchschlagende Erfolge durch Anwendung der Briedeschen Idee. Die Erfinder bildeten aber die offene Gießrinne feststehend aus und gaben der Gießform Beweglichkeit in der Achsrichtung. In Deutschland hat J. Holthaus seit 1920 systematisch an der Gestaltung von Schleudergußeinrichtungen gearbeitet und seit 1922 durch umfangreiche Versuche in den Gießereianlagen der Gelsenkirchener Bergwerks-A.-G. (heute Deutsche Eisenwerke A.-G.) in Gelsenkirchen die Entwicklung des Verfahrens zu seinem hohen heutigen Stand gefördert.

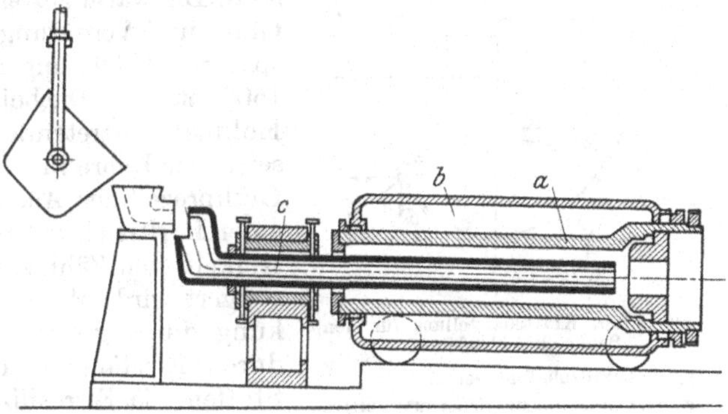

Abb. 1149. Schleuderform nach Briede—de Lavaud.

Zur Erzeugung gußeiserner Rohre bis zu 5 m Länge und 100 bis 500 mm Durchmesser werden heute fast ausschließlich zwei Verfahren benutzt, nämlich das mit Kühlkokille arbeitende Briede-de Lavaud-Verfahren und das in Amerika entwickelte sogenannte „Sandspun-Verfahren", das mit sandausgekleideten (19 bis 25 mm) Schleuderformen arbeitet. Abb. 1149 zeigt schematisch die Wirkungsweise des erstgenannten Verfahrens. Die Kokille *a* liegt drehbar im Wassermantel *b*, in dem sie durch einen Antriebsmotor in Umlauf gesetzt wird. Das Metall wird über die Gießrinne *c* in die Kokille eingeführt, wobei sich letztere von links nach rechts verschiebt, bis die Kokille die äußerste Stellung rechts erreicht hat. Eine besondere Gestaltung des Ausgußteils der Gießrinne sowie eine bestimmte Schrägstellung der Anlage um einige Grad gegen die Horizontale sichern das einwandfreie spiralförmige Aufschleudern des Rohrs auf der Innenseite der Kokille ohne allzu starke Voreilung und damit unter sicherer Verhinderung des Auftretens von Kaltschweißen. Das flüssige Metall erstarrt in 4 bis 6 sec. Die Fertigstellung eines Rohres erfordert nur wenige Minuten. Da diese Herstellung von Gußrohren lediglich einen Muffenkern je Rohr erfordert, so ist die Herstellung sehr vereinfacht, zumal die herzustellende Formfläche sich durch das Schleudergußverfahren um 48 bis 50% vermindert (*2*, *3*). Der Hauptvorteil der Schleudergußrohre besteht darin, das die Wand völlig frei von Sand-, Schlacken- und Gaseinschlüssen ist, wie solche bei stehendem Sandguß auftreten können; vor allem aber kann die Wanddicke sehr gleichmäßig gehalten werden, da ja Kernverlagerungen nicht in Betracht kommen. Die warm gezogenen Rohre werden in einen Glüh- und Vergütungsofen eingebracht und nach späterer Abkühlung in einem Teerbad von etwa 150° getaucht. Die beim Schleuderguß in gekühlte Kokillen auftretende Abschreckung der Außenseite der Rohre führt durch den oben erwähnten Glühprozeß zur Ausbildung von Temperkohle in einer ferritreichen Grundmasse, wodurch die Festigkeit und Zähigkeit der Rohre wesentlich gesteigert wird. Man kann jedoch die Schreckwirkung durch geeignete Auskleidung der Form, durch Einstäubung derselben mit metallischen Stoffen wie Ferrosilizium (*4*), Ferrophosphor (*5*) usw. oder durch Verwendung eines Kokillenbaustoffes verhindern, der bei höheren Temperaturen die Entstehung einer isolierenden Schutzhaut sichert (*6*).

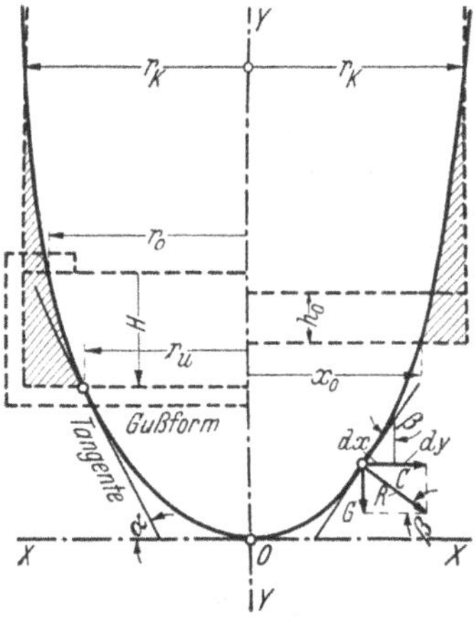

Abb. 1150. Kräftedarstellung für den Senkrechtschleuderguß.

r_K = Kokillenhalbmesser,
x_0 = Halbmesser des Bodenausschnittes (nach N. LILIENBERG),
C = Fliehkraft
G = Schwerkraft,
R = Resultierende aus C und G,
r_o = oberer Halbmesser } der Gußstückinnenwand
r_u = unterer Halbmesser } (zur Berechnung nach J. E. HURST).
Aus VÄTH: „Der Schleuderguß."

Als Kokillenbaustoff für die Herstellung von Gußröhren sind fast alle technisch möglichen Werkstoffe mit mehr oder weniger Erfolg versucht worden. Gut bewährten sich Hämatitkokillen oder solche aus bestimmten Chrom-Molybdän-Stählen. Die Haltbarkeit der Kokillen ist abhängig vom Baustoff derselben sowie von der Lichtweite und den Abmessungen der hergestellten Rohre und beträgt von mehreren hundert bis zu einigen tausend Güssen. Die zur Ausnutzung der Zentrifugalkraft notwendigen Drehzahlen errechnen sich nach der Formel von CAMMEN, wobei ein bestimmtes Verhältnis des Gußgewichts je cm² Kokillenfläche zum Zentrifugaldruck je cm² Kokillenfläche die Ermittlung der günstigsten Drehzahlen gestattet (*2*). Schleuderguß mit senkrechter Drehachse hat höhere Formdrehzahlen nötig als ein solcher mit waagerechter Drehachse (vgl. Abb. 1150). Aus der Formel für den spez. Zentrifugaldruck (F in g/cm²) rotierender kreisringförmiger Flüssigkeiten:

$$F = \frac{\gamma \cdot \omega^2}{2g}\left(r_1^2 - \frac{r_2^3}{r_1}\right)$$

ergibt sich (*10*), daß der vom Gußwerkstoff ausgeübte Flächendruck proportional dem spez. Gewicht (γ) und quadratisch abhängig ist von der Winkelgeschwindigkeit ω und dem Kokillenradius r_1, wobei r_2 den Innenradius des Gußstücks bezeichnet (vgl. dazu Abb. 1150 und 1153). Beim Schleudern um eine senkrechte Drehachse ergibt sich als innere Begrenzungskurve des Gußstücks eine Parabel. Es gilt alsdann (vgl. Abb. 1150):

$$X^2 = 2 \cdot \left(\frac{g}{\omega^2}\right) \cdot Y.$$

Bei gegebenem Kokillenhalbmesser $X = r_K$ und bekanntem ω kann nunmehr die Höhe Y der Parabel berechnet werden. Nach J. E. Hurst (*8*) kann man die notwendige Tourenzahl beim Senkrecht-Schleuderguß berechnen gemäß:

$$n\,(\text{Umdr./min}) = 423 \sqrt{\frac{1}{r_o^2 - r_u^2}} \cdot \sqrt{H}.$$

Mit zunehmender Rohrdicke ($r_o - r_u$) und abnehmender Formhöhe H sinkt die benötigte Tourenzahl. Die günstigste Drehzahl für das Schleudern liegt wenig über der kritischen, d. h. der Mindestdrehzahl. Zu hohe Drehzahlen verursachen starkes „Voreilen" des flüssigen Materials in Richtung der Rohrachsen und führen zu Mattschweißen. Nach L. Cammen (*9*) kann man die günstigste Drehzahl berechnen gemäß: $n = \frac{K_0}{\sqrt{r}}$, wo K_0 eine für Senkrecht- und Wagerecht-Schleuderguß verschiedene Werkstoffkonstante ist und $r = G_{sp}$ (Gewicht auf 1 cm² Kokillenfläche): C_{sp} (Zentrifugaldruck auf 1 cm² Kokillenfläche). Die experimentell ermittelbare Konstante kann gesetzt werden für:

	wagerecht	senkrecht
Zinnreiche Lagermetalle	1400—1800	—
Bleireiche Lagermetalle	1700—1900	—
Rotguß und Bronzen	2000—2200	3000—3400
Stahl	2150— ??	—
Gußeisen	1800—2500	2900—3000
Leichtmetalle	2600—3600	—

Abb. 1153 zeigt derartig ermittelte Drehzahlen für verschiedene Werkstoffe in Abhängigkeit vom Kokillendurchmesser (*10*).

Metallurgisches. Die Zusammensetzung des Gußeisens für die Herstellung von Rohren liegt normalerweise etwa innerhalb folgender Grenzen:

	Sandguß	Schleuderguß
Ges.-C %	3,3—3,6	3,3—3,8
Si %	1,6—2,4	1,6—2,5
Mn %	0,4—0,8	0,4—0,8
P %	0,75—1,75	0,7—1,0
S %	max. 0,12	max. 0,12

Die mechanischen Eigenschaften von Sand- gegenüber Schleudergußrohren zeigt Zahlentafel 305. Will man Rohre noch höherer Festigkeit herstellen, so kann man den Kohlenstoffgehalt weiter senken, den Siliziumgehalt dagegen entweder auf graues, meliertes oder auch weißes Gefüge einstellen. In den letzteren Fällen muß natürlich eine thermische Nachbehandlung nach Art des Temperns vorgenommen werden. Die sehr dünnwandigen geschleuderten Abflußrohre erstarren beim Guß völlig weiß. Ihr Gefüge ist deshalb nach dem Guß durchweg tempergußartig und die Festigkeit im geglühten Zustand mit mehr als 30 kg/mm² besonders hoch. Die Zähigkeit dieser Rohrart macht sich u. a. vorteilhaft beim Transport durch sehr geringe Bruchschäden bemerkbar. Die große Festigkeitssteigerung beim Gießen von Rohren in metallische Kokillen wird

Zahlentafel 305. Mechanische Eigenschaften von Sand- und Schleudergußrohren. (Die unteren Grenzwerte beziehen sich auf die größten, die oberen auf die kleinsten vergleichbaren Rohrdimensionen von 100—400 mm.)

	Sandguß	Schleuderguß
Zugfestigkeit kg/mm²	14—18	20—28
Zugfestigkeit kg/mm²		
a) ganze Rohre, Scheiteldruck in der Mitte	28—32	38—44
b) Rohrstreifen (innen Zug, außen Druck)	30—38	44—50
c) Rohrstreifen (innen Druck, außen Zug)	34—40	52—62
Druckfestigkeit kg/mm² längs (ganzes Rohr)	70—90	90—100
Zerreißfestigkeit kg/mm² (Berstfestigkeit) errechnet aus hydraulischem Berstdruck des ganzen Rohrs	10—14	22—26
Spez. Schlagarbeit mkg/cm²	0,2—0,35	0,40—0,55
Brinellhärte kg/mm²	175—230	170—210

praktisch ausgenützt, indem die Wanddicken der Rohre gegenüber Sandguß erheblich vermindert werden konnten. Auch weitere thermische Vergütungen durch Abschrecken und geeignetes Anlassen sind, insbesondere bei Rohren mit kleinen Anteilen an Spezialelementen, grundsätzlich möglich. Abb. 1151 zeigt die

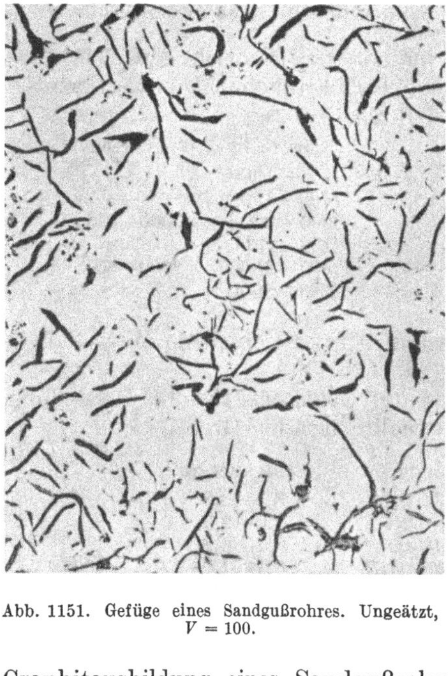

Abb. 1151. Gefüge eines Sandgußrohres. Ungeätzt, $V = 100$.

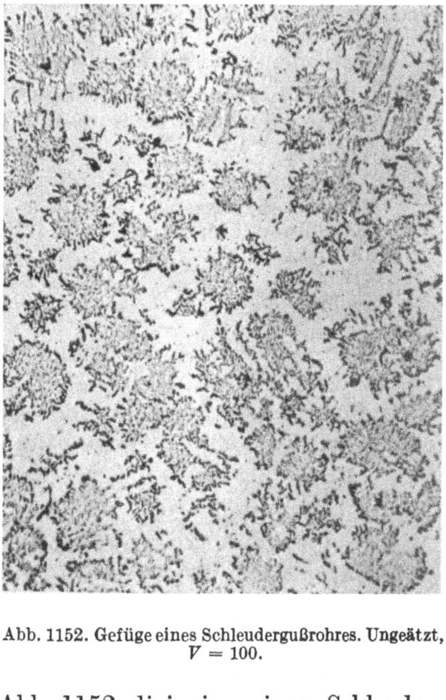

Abb. 1152. Gefüge eines Schleudergußrohres. Ungeätzt, $V = 100$.

Graphitausbildung eines Sandgußrohrs, Abb. 1152 diejenige eines Schleudergußrohres. Die für das Verhalten gegenüber Korrosion so wichtige Gußhaut beim Sandguß entspricht in etwa der Glühhaut eines thermisch nachbehandelten Schleudergußrohrs.

Trotz etwas geringerer Härte und damit besserer Bearbeitbarkeit liegt infolge der feinen, am äußeren Rohrrand meistens temperkohleartigen Graphitausbildung sowie auf Grund der überwiegend ferritischen Grundmasse nicht nur die statische Beanspruchbarkeit des Schleudergußrohres gegenüber dem Sandgußrohr um 50 bis 100% höher, vielmehr ist auch die dynamische Zähigkeit (Schlagfestigkeit) erheblich größer. Damit sinkt aber auch die Bruchgefahr beim Transport und beim Verlegen von Rohren sowie die Gefahr der Rißbildung bei Bodenbewegungen oder hohem Erddruck. Die Sicherheit gegen Rohrbrüche durch Bodenbewegungen, z. B. in Bergwerksgebieten, vulkanischen Zonen oder Gegenden mit sandigen, zur Fließbewegung neigenden Böden, wird ferner weiterhin stark gefördert durch die in den letzten Jahren entwickelten beweglichen Spezialmuffen mit Gummidichtung z. B. die Schraubmuffen der deutschen Eisenwerke A.-G. in Gelsenkirchen (*7*), vgl. auch Abb. 1154.

Werkstoffprüfung für Schleudergußrohre.

Die Prüfung erfolgt:

a) bei den Lichtweiten von 300 mm und weniger an Ringen,

b) bei den Lichtweiten von mehr als 300 mm an Probestäben.

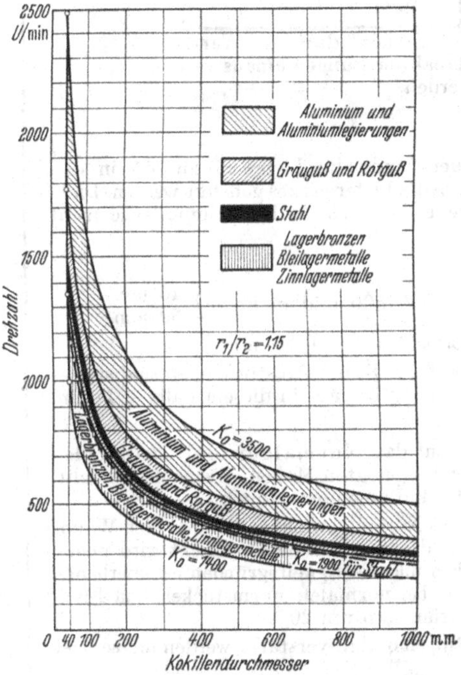

Abb. 1153. Drehzahlbereiche von Gußwerkstoffen für Wagerechtschleuderguß-Hohlkörper (entn. aus A. Väth: Der Schleuderguß. VDI-Verlag 1934).

Ringproben.

Ringe von nicht mehr als 25 mm Breite, die als Probestücke von den wärmebehandelten Rohren abgeschnitten worden sind, werden in einer geeigneten Maschine auf zwei Schneiden sachgemäß gespannt und zerrissen. Aus der so erhaltenen Bruchlast errechnet sich die Ringfestigkeit nach der folgenden Formel:

$$K_r = \frac{3\,P \cdot (D - d)}{\pi \cdot b \cdot d^2}.$$

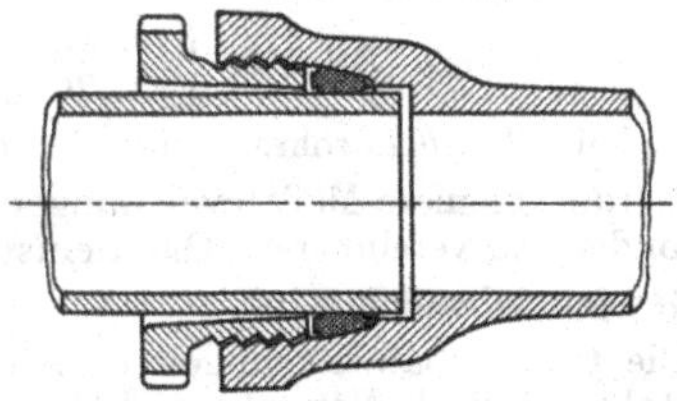

Abb. 1154. Schraubmuffe der Deutschen Eisenwerke A.-G. in Gelsenkirchen.

In dieser Formel bedeuten:

K_r = Ringfestigkeit in kg/mm²,
D = Außendurchmesser des Ringes in mm,
P = Bruchlast in kg,
d = Wandstärke des Ringes in mm,
b = Breite des Ringes in mm.

Die Ringfestigkeit (K_r) soll nicht geringer als 40 kg/mm² sein.

Wasserdruckprobe.

Der Probedruck für Rohre und Formstücke soll nach DIN 2420 das 1,6fache des Betriebsdruckes betragen.

Die Rohrgießereien prüfen im allgemeinen Sandgußrohre mit 20 at,
Schleudergußrohre dagegen mit 30 bis 40 at,
Geschleuderte Ekonomiserrohre werden mit 100 at geprüft.
Auszug aus den Techn. Lieferbedingungen für Rohre und Formstücke vgl. S. 978 und 979.

Schrifttum zum Kapitel XXVIIh.

(*1*) Vgl. Hüttenzeitung der Deutschen Eisenwerke A.-G., Gelsenkirchen Bd. 19 (1939) Nr. 3.
(*2*) Pardun, C.: Über die wissenschaftlichen Grundlagen des Schleudergusses. Diss. T. H. Aachen 1924; vgl. Stahl u. Eisen Bd. 44 (1924) S. 905ff.
(*3*) Haken, W.: Die wirtschaftliche Bedeutung des Schleudergusses. Gießerei Bd. 25 (1938) S. 396.
(*4*) Gieß.-Praxis Bd. 58 (1937) S. 91; vgl. auch Gieß.-Praxis Bd. 59 (1938) S. 67, sowie Foundry Trade J. Bd. 54 (1936) S. 13.
(*5*) D.R.P., im Besitz der Deutschen Eisenwerke A.-G. Gelsenkirchen; vgl. USA.Pat. Nr. 638498.

Gußeiserne Rohre und Formstücke | DIN 2420
Technische Lieferbedingungen — Rohrleitungen

Zulässige Maßabweichungen:

in der Wanddicke:

Nennweite NW	Bei Rohren %	Bei Formstücken[1] %	
bis 100	± 15	+ 30	− 15
125 bis 200	± 12	+ 24	− 12
225 bis 450	± 11	+ 22	− 11
500 und mehr	± 10	+ 20	− 10

[1] An besonders beanspruchten Stellen darf die Wanddicke über die angegebenen Maßabweichungen hinaus verstärkt werden.

in der Länge:

bei Muffenrohren: ± 20 mm

Von der bestellten Gesamtlänge jeder Nennweite dürfen bis zu 10% in kürzeren als normalen Herstellungslängen des Lieferwerkes geliefert werden. Diese kürzeren Stücke dürfen jedoch die halbe normale Herstellungslänge nicht unterschreiten.

bei Muffenformstücken:

bis NW 450 { + 10 mm / − 20 mm   NW 500 und mehr { + 10 mm / − 30 mm

bei Flanschenrohren und Flanschenformstücken: ± 10 mm

Werden kleinere Maßabweichungen gewünscht, z. B. bei Paßstücken, so sind sie besonders zu vereinbaren. Die kleinste Abweichung beträgt in diesem Falle ± 1 mm.

6. Gewichtsabweichungen

Die Gewichtsabweichungen beziehen sich auf das Normalgewicht. Bei geraden Rohren gilt als Normalgewicht das aus den festgelegten Maßen errechnete Gewicht, wobei das Gewicht des Gußeisens zu 7,25 kg/dm³ angenommen wird.

Bei Formstücken werden bei Berechnung des Normalgewichtes die normalen Wanddicken der geraden Rohre zugrunde gelegt; das so errechnete Gewicht wird wegen der bei Formstücken aus gießereitechnischen und Festigkeitsgründen erforderlichen Wanddickenvergrößerung erhöht, und zwar bei normalen Formstücken und Flanschenpaßstücken um 15%, bei normalen Krümmern um 20%.

Für Formstücke, die nach Abs. 10 durch Rippen o. dgl. verstärkt werden müssen, ist das Gewicht besonders zu ermitteln.

Die Abweichungen vom Normalgewicht dürfen betragen:

bei normalen geraden Rohren . . . . ± 5%
bei Formstücken und Flanschenpaßstücken . . . . ± 8%
bei schwierigen Formstücken, z. B. Doppelabzweigen und ähnlichen . . . . ± 12%

Als Verrechnungsgewicht der Rohre und Formstücke gilt das Gewicht in fertig geteertem Zustand.

7. Bearbeitung

Flanschenrohre und Formstücke werden mit bearbeiteten oder — im Einverständnis mit dem Besteller — mit sauber gegossenen Dichtungsleisten und, wenn nicht anders bestimmt, mit gebohrten Schraubenlöchern geliefert. Die Schraubenlöcher werden nach DIN 2508 angeordnet, d. h. die Schraubenlöcher liegen symmetrisch zu den Hauptachsen der Flansche, in die keine Schraubenlöcher fallen dürfen. Sollen die Flansche keine Schraubenlöcher oder besondere Bohrungen oder Schraubenlochstellungen, z. B. nach den Normalien von 1882, erhalten, so ist dies bei Bestellung anzugeben. (Bei Flanschenrohren und Flanschenformstücken nach den Normalien von 1882 gilt für die Anordnung der Schraubenlöcher die Regel, daß in die zur Rohrleitungsebene senkrecht stehende Flanschenachse keine Schraubenlöcher fallen.)

Gußeiserne Rohre und Formstücke Technische Lieferbedingungen Rohrleitungen	DIN 2420

8. Kennzeichnung

Auf die Rohre und Formstücke sind Nennweite und Herstellerzeichen aufzugießen, auf Bogen außerdem der Zentriwinkel in Graden.

9. Teerung

Rohre und Formstücke sind, wenn nicht ausdrücklich anders verlangt, innen und außen vollständig geteert zu liefern. Vor dem Teeren müssen die Rohre auf eine ausreichende Temperatur erwärmt werden. Der Teer darf keine wasserlöslichen Bestandteile enthalten und muß frei von allen Beimengungen sein, die dem Wasser nach ordnungsgemäßer Spülung der Leitung irgendwelchen Geschmack oder Geruch geben könnten.

Prüfung

10. Werkprüfung

Die normalen Rohre und Formstücke werden auf dem Lieferwerk einer Kaltwasserdruckprüfung von mindestens 16 kg/cm² unterzogen mit Ausnahme der P- und O-Stücke und den nachstehenden Einschränkungen.

Der Prüfdruck beträgt:

bei A-, B- und T-Stücken mit Stutzen über 400 NW	10 kg/cm²
bei AA-, BB-, C-, CC- und TT-Stücken mit Stutzen und Abzweigen	
über 200 NW bis 400 NW	8 kg/cm²
über 400 NW	4 kg/cm²
bei X-Stücken über 200 NW bis 400 NW	8 kg/cm²
über 400 NW	4 kg/cm²

Formstücke über NW 700 gelten als Sonderausführung.

Gemäß DIN 2401 beträgt der Prüfdruck das 1,6fache des zulässigen Betriebsdruckes. Bei höheren Betriebsdrücken oder zusätzlichen Beanspruchungen sind diese Formstücke in der Wanddicke und wenn nötig durch Rippen zu verstärken.

Während der Wasserdruckprüfung, die 1 min nicht übersteigen soll, werden die Gußstücke mit einem 1 kg schweren Hammer mit abgerundeter Bahn und normaler Stiellänge mit mäßiger Kraft abgehämmert. Die Wasserdruckprüfung wird bei den in Sandformen gegossenen Rohren und Formstücken vor der Teerung vorgenommen. Im Schleudergußverfahren hergestellte Rohre können in geteertem Zustande geprüft werden.

11. Prüfung durch den Besteller

Sofern die Rohre und Formstücke nicht dem Lager entnommen werden, steht es dem Besteller frei, der Prüfung auf dem Werke beizuwohnen.

Wünscht der Besteller eine zweite Wasserdruckprüfung nach Ankunft der Rohre am Bestimmungsort, so gehen die Kosten dieser zweiten Prüfung auf seine Rechnung. Diese Prüfung muß sachgemäß und mit einwandfreien Einrichtungen ausgeführt werden. Für Bruch oder Ausschußstücke, die sich bei der zweiten Prüfung ergeben, ist der Lieferer zum Ersatz verpflichtet, wenn Guß- oder Werkstoffehler vorliegen.

Es steht dem Lieferer frei, auf seine Kosten dieser Prüfung beizuwohnen.

(6) D.R.P. 657984, Kl. 31c. Vgl. Gieß.-Praxis Bd. 59 (1938) S. 333.
(7) PARDUN, C.: Gas- und Wasserfach (1932) Nr. 5.
(8) HURST, J. E.: Metalls & Alloys Bd. 2 (1931) S. 196; Iron Age (1939) 29. Juni; Foundry Trade J. Bd. 45 (1931) S. 145.
(9) CAMMEN, L.: Amer. Foundrym. Ass. Jahresversammlung 1922; Ref. Stahl u. Eisen Bd. 43 (1923) S. 978; vgl. auch den Bericht von C. PARDUN: Stahl u. Eisen Bd. 43 (1923) S. 1505.
(10) Vgl. VÄTH, A.: Der Schleuderguß. Verlag VDI. (1934); vgl. auch LEWICKI: Z. VDI. (1898) S. 719 sowie E. DIEPSCHLAG: Gießerei Bd. 28 (1941) S. 465.

i) Gußeisen als Material für Roststäbe.

Durch die starke Belastung der Roste, die mit der Steigerung der Kesselleistung fortschreitet, wachsen die Ansprüche an den Rostguß in bezug auf chemische Zusammensetzung, Gefügeaufbau, Zunderfestigkeit und Volumenbeständigkeit. Unter einem feuerbeständigen Gußeisen versteht man ein möglichst volumenbeständiges und zunderfestes Material, das den Feuergasen und Schlacken starken Widerstand gegen Zersetzung bietet. Auf dem Wege über legierte Gußeisensorten mit hohen Chrom-, Aluminium- oder Siliziumgehalten sind diese Bedingungen technisch relativ leicht zu erfüllen. Wirtschaftlich jedoch ist dieser Weg noch umstritten, insbesondere nachdem noch bei weitem nicht die Frage geklärt ist, inwieweit lediglich durch zweckmäßige Auswahl der Grundzusammensetzung insbesondere hinsichtlich des Kohlenstoff- und Phosphorgehaltes die Haltbarkeit der Roste zu steigern ist.

So kommt HOPFELD (*1*) auf Grund von Versuchen an Roststäben mit gehärteter und ungehärteter Bahn aus Material mit hohem Kohlenstoff- und Phosphorgehalt zu dem Ergebnis, man müßte den Phosphor- und Schwefelgehalt möglichst niedrig halten.

Im Gegensatz zu diesen Versuchen stehen die Angaben von STUMPER (*2*), der weißes Gußeisen empfiehlt.

R. KÜHNEL (*3*) berichtet über eingehende Versuche an Roststäben mit steigendem Phosphorgehalt bis 0,75%, aber ohne Angabe des Kohlenstoffs. Er kommt zu der Auffassung, daß es wenig Zweck habe, den Schwefelgehalt im Roststab zu weit herunterzudrücken, ferner, daß die Leichtflüssigkeit des Phosphideutektikums für die Haltbarkeit des Stabes gar nicht so gefährlich sei, zumal das Phosphid in der Nähe der Brennbahn strukturell verschwinde.

K. SIPP und F. ROLL (*4*) fanden in den ausgebrannten Stellen den gleichen Gehalt an Phosphor wie in den angelieferten Stäben, wenngleich die Netzstruktur des Phosphideutektikums (entsprechend den Kühnelschen Beobachtungen) nicht mehr sichtbar war. Die Höhe der Schwefelaufnahme bis 0,46% aus dem Brennstoff deckt sich ebenfalls mit den Kühnelschen Beobachtungen. SIPP und ROLL kommen in bezug auf die Zerstörungsursachen der Roste zu folgenden Ergebnissen:

1. Der Kohlenstoff wird in seiner Form als Fe_3C bzw. Graphit durch die Temperatur stark beeinflußt.
2. Der Zerstörungsvorgang kann sich sowohl als reine Schmelzwirkung als auch durch Umsetzung des Gefüges unterhalb des Schmelzpunktes vollziehen.
3. Die Umsetzung des Gefüges erfolgt in der Hauptsache durch Zerlegung des gebundenen Kohlenstoffs in seine Komponenten.
4. In erhöhtem Maße erfolgt die Zerstörung von der Brennbahn aus durch Einwanderung von Schwefel, wodurch sich Schichten bilden, die wenig widerstandsfähig sind.
5. Der Phosphor erleidet eine Umbildung in seinem Gefügezustand und wirkt insofern störend, als er den Schmelzpunkt erniedrigt.

R. ZECH und E. PIWOWARSKY (*5*) untersuchten das Verhalten von legiertem und unlegiertem Gußeisen als Rostmaterial für einen Kesselbetrieb mit rheinischer Braunkohle. Letztere besaß 61% Wasser bei 0,28% Schwefel im nassen Zustand. In einem Drehstrom-Lichtbogenofen von etwa 300 kW hergestellte Roste der in Zahlentafeln 307 und 308 aufgeführten Zusammensetzung wurden in eine aus 4 Büttner-Steilrohrkessel von je 400 m^2 Heizfläche, 28 at Betriebsdruck und einem Überhitzer von 100 m^2 Heizfläche bestehende Anlage eingebaut. Die Heizflächenbelastung je Kessel betrug 35 kg/m^2·st, die Belastung des Treppenrostes rund 335 kg/m^2·st. Die Durchschnittstemperatur über dem Rost betrug 1200°, diejenige der Abgase etwa 400°. Die Rostglieder in Form von Platten ruhten in Rostwangen. Aus den Kohlenbunkern gelangte die Rohbraunkohle durch den Trocknungsraum auf den Treppenrost, die Asche konnte durch einen Planrostschieber am unteren Ende des Rostes entfernt werden. Die Schlackenzusammensetzung war:

SiO_2	Fe_2O_3	Al_2O_3	CaO	Mg	SO_3
13,85%	20,43%	6,58%	44,75%	4,29%	10,10%

Man erkennt aus den Zahlentafeln 307 und 308, daß durch die verschieden gewählte Zusammensetzung vor allem der Einfluß des Kohlenstoffgehaltes, ferner des Phosphorgehaltes sowie gewisser kleiner Zusätze an Nickel, Chrom und Molybdän auf die Haltbarkeit der Roste ermittelt werden sollte. Die Prüfung auf Verzunderung und Wachsen erfolgte parallel im Laboratorium. Bei der Verzunderungsprobe wurden Probekörper von 60 mm Höhe und 28 mm Durchmesser im gasbeheizten Ofen bei 1000° einem mäßigen Luftstrom ausgesetzt und diese Behandlung viermal wiederholt. Zur Bestimmung der Neigung zum Wachsen wurden Prüfkörper von 100 mm Länge und 15 mm Durchmesser verwendet. Es ergab sich, daß die kohlenstoffreicheren Roste sich stets wesentlich besser im Feuer verhielten, obwohl die laboratoriumsmäßig ermittelte Neigung zum Wachsen größer war. Phosphorgehalte von 0,35 bis 0,45% waren günstig, doch trat bei den kohlenstoffreichen Rosten erst über 0,7% P ein stärkeres Nachlassen der für Rostguß in Frage kommenden Eigenschaften ein. Wie wichtig die Höhe des Gesamtkohlenstoffgehaltes ist, geht daraus hervor, daß in den niedrig gekohlten Rosten Zusätze an den Spezialelementen Nickel, Chrom und Molybdän sich gar nicht merklich auswirkten. In dem kohlenstoffreichen Material dagegen ergaben die erwähnten Zusätze eine Steigerung der Haltbarkeit der Roststäbe um das Drei- oder Vierfache. Die ausgebauten Roste ergaben analytisch in der mehr oder weniger stark verzunderten Brennbahn den gleichen P-Gehalt wie im Anlieferungszustand, dagegen war die ursprüngliche Gefügestruktur des Phosphideutektikums verschwunden. Der Kohlenstoffgehalt in diesen Zonen war auf 0,6 bis 1,4% C heruntergegangen. Nun wird vielfach die Auffassung vertreten, ein Phosphorgehalt über 0,5% sei bei hochwertigem Rostmaterial nicht zulässig. Auf Grund der Versuche von Zech und Piwowarsky kann man aber behaupten, daß diese Phosphorgrenze nur dort von Bedeutung ist, wo ein niedriger gekohltes, dafür im Siliziumgehalt höheres Material Verwendung findet. Ein solches Material aber bewährt sich vielfach wesentlich schlechter, als ein höher gekohltes (über 3,1% C) Material mit entsprechend niedrigerem Siliziumgehalt und Phosphorgehalten bis 0,8%. Es scheint daher, daß die Höhe des C + Si-Gehaltes ausschlaggebend dafür sei, wie hoch der P-Gehalt maximal sein darf. Tatsächlich sind dem Verfasser zahlreiche ausländische Werke bekannt, welche bei zweckmäßiger Grundzusammensetzung sogar mit P-Gehalten bis herauf zu 1,1% sehr gute Erfahrungen gemacht haben. Das kann man wie folgt erklären: An sich ist bekannt, daß das Phosphid chemisch edler ist, als die übrigen Bestandteile unlegierten Gußeisens. Höhere P-Gehalte gestatten im allgemeinen auch, den Siliziumgehalt des Materials an der unteren Grenze zu halten, wodurch also die Volumenbeständigkeit, insbesondere der Widerstand

Zahlentafel 306. Chemische Zusammensetzung von Roststäben.

	C%	Si%	Mn%	P%	S%
Analysengrenzen unlegiert	2,8–3,5	0,8–1,8	0,3–0,6	0,25–0,8	0,06–0,12
Lokomotiv-Roststäbe	3,0–3,4	1,2–1,6	0,4–0,6	0,4 –0,5	0,08–0,12
Braunkohlen-Wanderroste	3,0–3,4	1,2–1,5	< 0,5	0,4 –0,5	0,08–0,12
Für starkwandige Roste	2,8–3,3	0,8–1,2	< 0,75	< 0,4	0,06–0,10
Für hohe Ansprüche[1]	2,8–3,3	< 1,5	0,5–0,8	0,4 –1,0	0,05–0,08
Für hohe Ansprüche[2]	2,0–2,6	5–6	0,4–0,8	< 0,45	< 0,10
Für höchste Ansprüche[3]	1,8–2,2	4–6	0,3–0,6	< 0,35	0,05–0,08
Für höchste Ansprüche[4]	1,6–2,2	1–3	0,4–0,6	< 0,25	< 0,08
Für höchste Ansprüche[5]	2,6–3,2	1–2	0,8–1,5	< 0,25	< 0,08

[1] dazu 6 bis 8% Al evtl. mit 3 bis 5% Cr

[2] dazu 6 bis 8% Al, evtl. mit 3 bis 5% Cr (Silaltype).

[3] dazu 16 bis 20% Ni evtl. mit 1 bis 10% Al (Nicrosilaltyp).

[4] dazu 28 bis 34% Cr evtl. mit 1 bis 2% Ni (Chromgußtyp).

[5] dazu 12 bis 15% Ni; 2 bis 4% Cr; 5 bis 7% Cu (Niresisttyp).

Zahlentafel 307.

Bezeichnung	kohlenstoffreich				kohlenstoffarm			
	20	21	22	23	24	25	26	27
Kohlenstoff . . . in %	3,24	3,26	3,20	3,16	2,60	2,54	2,56	2,60
Graphit . . . . in %	2,38	2,35	2,30	2,20	1,40	1,50	1,64	1,50
geb. Kohle . . . in %	0,86	0,91	0,90	0,96	1,20	1,04	1,01	1,10
Mangan . . . . in %	0,54	0,53	0,62	0,51	0,56	1,48	0,51	0,57
Silizium . . . . in %	1,48	1,40	1,48	1,49	1,12	1,46	1,33	1,30
Phosphor . . . in %	0,15	0,45	0,73	1,17	0,21	0,41	0,78	1,08
Schwefel . . . . in %	0,078	0,058	0,05	0,045	0,08	0,052	0,07	0,045
Zugfestigkeit in kg/mm²	25,8	22,2	18,9	15,1	25,4	25,2	22,6	21,2
Biegefestigk. in kg/mm²	57,4	48,2	37,4	30,0	52,1	49,6	48,1	45,6
Brinellhärte in kg/mm²	222	220	211	222	252	244	248	245
Bruchaussehen	grau	grau	grau	meliert	weiß	weiß	weiß	weiß
Haltbarkeit . . in st	3024	3024	2856	1752	2856	3024	1704	1440
Wachsen . . . . in %	2,65	1,85	3,58	4,25	2,45	2,10	2,40	2,85
Verzunderung in g/cm²	0,27	0,23	0,24	0,27	0,26	0,26	0,32	0,33

Zahlentafel 308.

Bezeichnung	kohlenstoffreich					kohlenstoffarm				
	28	29	30	31	32	35	36	37	38	39
Kohlenstoff . . . in %	3,40	3,12	3,27	3,44	3,47	2,56	2,60	2,52	2,58	2,56
Graphit . . . . . in %	2,38	2,14	1,15	2,38	2,44	1,40	1,41	1,60	1,56	1,48
geb. Kohle . . . in %	1,02	0,98	2,12	1,06	1,02	1,16	1,19	0,92	1,02	1,08
Mangan . . . . . in %	0,70	0,59	0,60	0,51	0,57	0,46	0,52	0,49	0,51	0,50
Silizium . . . . . in %	1,50	1,22	1,55	1,50	1,46	1,04	1,45	1,50	1,04	1,36
Phosphor . . . . in %	0,38	0,34	0,35	0,36	0,4	0,43	0,41	0,45	0,44	0,35
Schwefel . . . . in %	0,07	0,03	0,05	0,05	0,06	0,06	0,05	0,03	0,03	0,05
Nickel . . . . . in %	0,31	1,45	0,58	—	—	0,59	1,1	0,55	—	—
Chrom . . . . . in %	0,12	0,34	1,23	—	0,35	0,28	0,38	1,06	—	0,34
Molybdän . . . . in %	—	—	—	0,28	0,33	—	—	—	0,35	0,35
Zugfestigkeit in kg/mm²	19,92	27,25	17,5	19,4	18,45	20,65	25,5	30,02	30,1	34,4
Biegefestigkeit in kg/mm²	37,9	37,4	45,9	40,38	40,21	34,75	33,5	44,75	43,15	53,95
Durchbiegung in mm .	7,25	6,5	6,35	9,15	9,25	7,35	6,85	8,6	6,9	9,3
Gefüge	grau	grau	mel.	grau	grau	Bruch mel. bis weiß				
Brinellhärte in kg/mm²	212	221	312	196	196	239	212	217	207	213
Haltbarkeit in st . . .	> 8850					1152	2232	> 3408		
Wachsen . . . . in %	1,95	1,24	1,28	2,15	2,55	1,69	1,66	1,8	1,29	1,82
Verzunderung in g/cm²	0,28	0,26	0,24	0,30	0,25	0,23	0,31	0,27	0,28	0,25

gegen Karbidzerfall, gesteigert wird. Hinzu kommt, daß das im Rohguß zu erwartende ternäre Phosphideutektikum sich bei seiner Bildung entmischt, d. h. der diesem ternären Eutektikum zugehörige Kohlenstoffgehalt wird seitlich aus den eutektischen Gefügezonen abgedrängt, so daß ein quasibinäres Eutektikum zurückbleibt. Dieses aber hat, da der graphitische Kohlenstoffgehalt beim Erhitzen ziemlich schwer in Lösung geht bzw. aus den am stärksten beanspruchten Rostteilen herausbrennt, einen wesentlich höheren Schmelzpunkt als das theoretisch im Rohguß zu erwartende ternäre Fe—C—P-Eutektikum. Die Begründung einer unteren P-Grenze mit dem niedrigen Schmelzpunkt des ternären Eutektikums (953°) ist demnach in ihrer Berechtigung stark eingeschränkt. Der Mangangehalt von Gußeisen für Roststäbe soll mit Rücksicht auf das verschlackungsfördernde Manganoxydul niedrig, jedenfalls möglichst nicht über 0,5% Mn eingestellt werden. Was den Siliziumgehalt von Rostmaterial betrifft, so soll dieser, wie gesagt, möglichst niedrig gehalten werden oder aber auf über 4 bis 5% eingestellt werden, wodurch man zwar zu einem etwas spröderen, aber für Roststäbe sehr geeignetem Material kommt. Im allgemeinen aber entscheidet wohl der Preis über die anzufordernde Gußqualität, obwohl man vielfach selbst bei den teuren Spezialsorten auf Basis höherer Aluminium-, Silizium- und Chromgehalte sehr wirtschaftlich fahren kann, wenn beim Betrieb der Roste Bedingungen vorliegen, bei denen die hohe Hitzebeständigkeit bzw. Zunderfestigkeit dieser Werkstoffe sich auswirken kann. Im Falle stark aggressiver (z. B. stark alkaliführender) Schlacken dagegen wird man von Fall zu Fall über die Zweckmäßigkeit einer Verwendung legierter Roststäbe zu entscheiden haben. Zahlentafel 306 gibt einige Leitanalysen für die chemische Zusammensetzung legierten und unlegierten Roststabmaterials.

Schrifttum zum Kapitel XXVII i.

(*1*) Hopfeld, R.: Dampfkessel-Roststäbe mit Schutzüberzeug. VDI-Nachr. Bd. 69 (1925) S. 411.
(*2*) Stumper: Versuche über das Verhalten der Roststäbe im Feuer. Gießereiztg. Bd. 23 (1926) S. 131.
(*3*) Kühnel, R.: Ergebnisse über Untersuchungen an Roststäben. Gießerei Bd. 14 (1926) S. 816.
(*4*) Sipp, K., u. F. Roll: Das Wachsen von Gußeisen. Gießereiztg. Bd. 24 (1927) S. 229/44, 280/84.
(*5*) Zech, R., u. E. Piwowarsky: Gießerei Bd. 21 (1934) S. 385.

k) Alter und neuer Eisenkunstguß.

Während die Verwendung von Gußeisen zu gewerblichen und künstlerischen Zwecken den Japanern und Chinesen anscheinend lange in vorchristlicher Zeit bekannt war (*1*), tritt es im westlichen Europa erst gegen Ende des 14. Jahrhunderts in Erscheinung; zunächst für kriegerische Zwecke (Kanonenkugeln und gußeiserne Kanonen) verwendet, fand es bald als geschätzter Werkstoff für friedliche Zwecke in Wohnung und Haushaltung, für kunstgewerbliche und ornamentale Gegenstände (Ofenplatten, Wappen, Feuerböcke, Grabplatten, Heiligenbilder, Brunnenverkleidungen usw.) weite Verbreitung. Abb. 1155 zeigt eine aus dem 18. Jahrhundert stammende Kaminplatte mit einer Darstellung der wichtigsten hüttenmännischen Teilvorgänge. Im 16. und 17. Jahrhundert wurden Ofen-, Kamin- und Grabplatten oft nach künstlerischen Entwürfen damaliger Holzschnitzer und Kupferstecher hergestellt (Abb. 1156). Die gute Gießbarkeit und das hervorragende Formfüllvermögen des Gußeisens wurde zu Beginn des 19. Jahrhunderts u. a. für die Herstellung filigranartiger, in ihrer künstlerischen Wirkung und technischen Fertigung kaum wieder erreichter Schmuckgegenstände (Abb. 1157) ausgenützt (Musterhütten in Sayn, Berlin und Gleiwitz). Nach einer Zeit tiefen künstlerischen Verfalls in der 2. Hälfte des 19. Jahrhunderts findet der Eisenkunstguß in neuerer Zeit auf deutschen Hüttenwerken (Krupp, Lauchhammer, Oberhütten-Gleiwitz, Wasseralfingen usw.) wiederum zunehmende Pflege bei höchster künstlerischer Entfaltung (Beispiel Abb. 1158).

Abb. 1155. Darstellung der Eisengewinnung und Eisenverarbeitung. Herdplatte, von der Freusburg bei Betzdorf stammend (KIPPENBERGER).

Abb. 1156. Links: Madonna, Museum Schmalkalden, rechts: Kupferstich von Aldegrever (aus: KIPPENBERGER: Die Kunst der Ofenplatten).

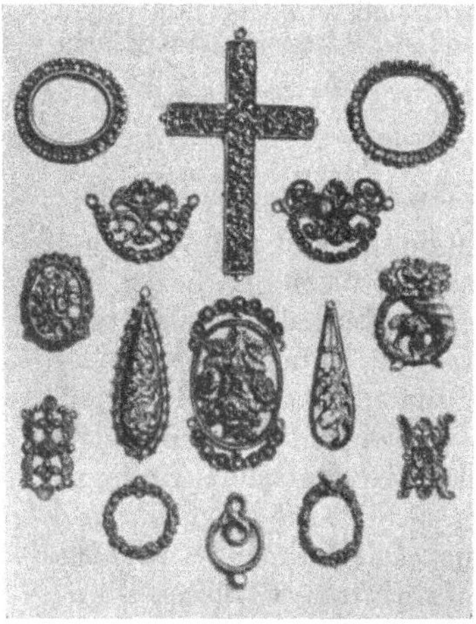

Abb. 1157. Eisenkunstguß (Saynerhütte).

Abb. 1158. Reliefsilhouetten „Arbeit und Freude" von MOSHAGE (Lauchhammerwerk).

Schrifttum zum Kapitel XXVII k.

(1) PIWOWARSKY, E.: Form- und Gießtechnik in vorchristlicher Zeit. Technikgeschichte Bd. 22 (1933). VDI-Verlag, Berlin NW 7.

Schlußworte: Schweißen oder Gießen?

Nachdem vor mehr als 10 bis 15 Jahren die ersten ernsten Versuche gemacht wurden, Gußlegierungen, vor allem aber solche aus Eisen-, Stahl- oder Temperguß, durch geschweißte Konstruktionen zu ersetzen, damals aber infolge Neuartigkeit der Gedankengänge und nicht immer sachlich berechtigter Schlüsse zweifellos über das Ziel hinaus argumentiert wurde, ist heute die Zeit für eine ruhige Beurteilung der Frage „Schweißen oder Gießen" reifer geworden. Da hier rein konstruktive und maschinentechnische Überlegungen in ruhiger Abwägung der Vor- und Nachteile des Gießens als Formgebungsverfahren und der Eigenart graphithaltigen Gußeisens sich paaren müssen, so möchte Verfasser im folgenden (auszugsweise) den Ausführungen seines (maschinentechnisch vorgebildeten) Mitarbeiters R. Bertschinger folgen, der Gelegenheit hatte, die Stellung des Verfassers zu den aufgeworfenen Fragen kennenzulernen und sie in seinem Bericht (*1*) zu berücksichtigen. R. Bertschinger führt etwa folgendes aus:

„Mag auch die Stahlbauweise bei Einzelfabrikation, bei Reparatur und sperrigen Stücken schneller und billiger sein, es bleibt doch zugunsten des Gußeisens zu überlegen: Die Formgebbarkeit des Gußeisens ist größer und die Steifigkeit der Konstruktion leichter zu erreichen. Zellen- und Wabenkonstruktionen und solche aus gewölbten Blechen verteuern das geschweißte Erzeugnis. Sobald um die Ecke geschweißt werden muß, sind die Schweißnähte nicht mehr so einwandfrei herstellbar, daß z. B. die Öldichtigkeit gewährleistet wäre, daß Einbrand- und Kerbstellen vermieden werden und damit die Herabsetzung der Dauerfestigkeit. Die Maßhaltigkeit gußeiserner Konstruktionen ist sicherer, die Gleitfähigkeit in den Führungen größer, die Dämpfungsfähigkeit des Werkstoffes viel besser und manchmal auch die zolltarifliche Belastung exportierter Stücke günstiger.

Der Werkzeugmaschinenbau war einmal die unbestrittene Domäne des Gußeisens. Es kommen dabei Stücke vor von wenigen Kilogramm bis zu 100 t, mit Wänden von 5 bis 250 mm Dicke und mehr, die zum Teil innen und außen zu bearbeiten sind und fehlerfrei sein müssen. Die Gußkosten machen trotz allem nur etwa ein Fünftel der Gestehungskosten aus (*1*). Sie vertragen kleine Mehraufwendungen, was unbedingt zu beachten ist, wenn man höchstwertigen, schwachlegierten Guß anwenden möchte. Gußeiserne Werkzeugmaschinen sind gestalthaltig, wie eine lange, lange Erfahrung lehrt. Die hervorstechendste Eigentümlichkeit ist jedoch der ruhige Lauf durch die Dämpfungsfähigkeit des Gußeisens. Sie spielt eine ausschlaggebende Rolle für Werkzeugmaschinen, die mit Schnellstählen arbeiten; denn Vibrationen sind eine Gefahr für das Werkzeug, und sie beeinträchtigen die Leistung und die Sauberkeit der Arbeit.

Man sagt, Gußeisen liefere verformungssteife Konstruktionen, und man führt diese Eigenschaft fälschlicherweise auf die kleine Bruchdehnung zurück. Das hat damit nichts zu tun. Die Steifigkeit der Konstruktionen hängt vor allem mit der Formgebung zusammen. Das haben die Schweißer auch erkannt; sie sind zur Zellenbauweise übergegangen, und die Vorschläge für Bettkonstruktionen von Werkzeugmaschinen zeigen (*2*), wie sie sich den Einbruch in diese Domäne des Gußeisens denken (Abb. 1159).

Der Konstrukteur rechnete vor dem Weltkriege bei Gußeisen mit Zugfestigkeiten von 12 kg/mm² und meistens darunter, und höchstens bis 24 kg/mm², seit 1928 mit fünf Güteklassen (12, 14, 18, 22 und 26 kg/mm²) und darüber hinaus noch mit Sonderklassen. Die Jagd nach höherer Festigkeit, in die sich der Graugießer durch den Stahlwerker hineintreiben ließ, hat den Erfolg gebracht, daß heute unlegierter Grauguß aus dem Kupolofen zuverlässig und treffsicher zu 28 bis 32 kg/mm² Festigkeit, in Sonderfällen bis herauf zu 40 kg/mm², hergestellt werden kann.

Man hält dem Gußeisen sein Gewicht vor. Der Wunsch und Wille, an Gußgewicht zu sparen, ist bei den Werkzeugmaschinenfabriken vorhanden. Die Arbeitsgemeinschaft für die gußeiserne Leichtbauweise im Werkzeugmaschinenbau des Vereins deutscher Gießereifachleute mit Fachleuten des Werkzeugmaschinenbaues wird auf Grund von Modellversuchen die günstigsten Abmessungen und Formen zu ermitteln suchen.

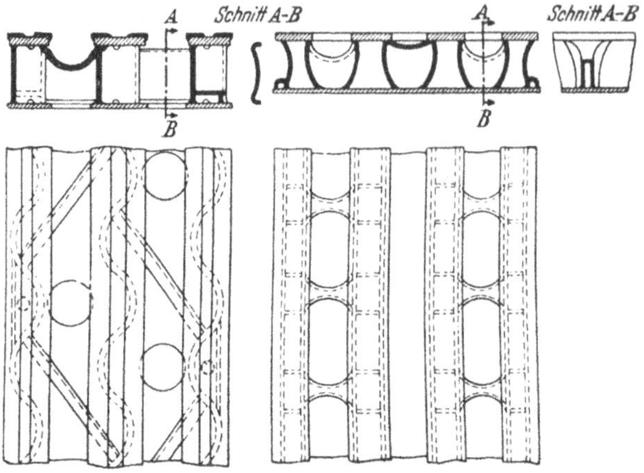

Abb. 1159. Geschweißte Bettkonstruktionen großer Drehbänke (nach JURCZYK).

Der Leichtbau hat sich heute im Transportmittelbau (weniger Werkstoff, kleinerer Betriebsaufwand, geringere Massenkräfte, verminderte Unfallgefahr) bereits durchgesetzt; er ist weit vorgeschritten im Elektrobau, aber noch in den Anfängen beim allgemeinen Maschinenbau. Die Gewichtersparnis geschweißter Leichtbaukonstruktionen gegenüber Grauguß wird von den Schweißern bis zu 60% angegeben und bezieht sich natürlich auf alte Gußkonstruktionen. Es ist Sache der Gießer, wo nötig, mit verbesserten, leichteren Konstruktionen vorzustoßen. Sicher nimmt kein Gießer solche Vergleiche zur Kenntnis wie etwa gemäß Abb. 1160, ohne sich dagegen innerlich aufzulehnen, daß in diesem und in anderen Fällen eine nachgeahmte und eine verbesserte Schweißkonstruktion in Gegensatz zu einer alten, schweren Gußkonstruktion gestellt werden. Mit solchen Vergleichen wird dem Gußgedanken durch die psychologische Wirkung unermeßlicher Abbruch getan. Eine leichtere, aus hochwertigem Gußeisen erzeugte, form- und gießgerechte Konstruktion hält den

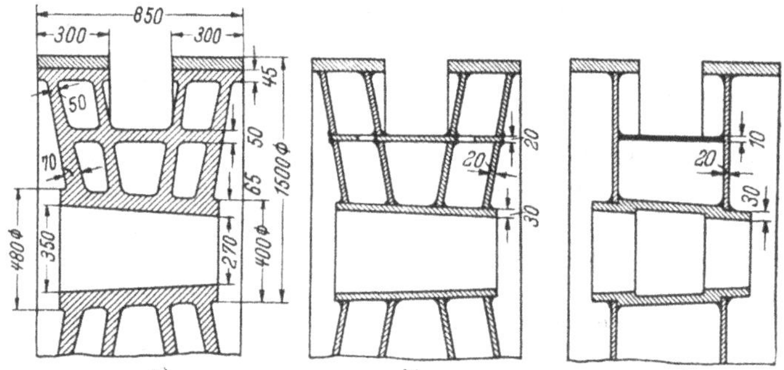

Abb. 1160. Zahnräder (T.W.L.).

a) Gewicht: 4400 kg brutto, 4280 kg netto, Abfall 2,7%.

Kosten für:		
Material	2200 RM.	88%
Modell	100 RM.	4%
Löhne	50 RM.	2%
Zuschläge 250%	125 RM.	6%
	2475 RM.	100%

b) Gewicht: 3000 kg brutto, 2600 kg netto, Abfall 15%.

Kosten für:		
Material	750 RM.	43%
Löhne	175 RM.	10%
Zuschläge 150%	260 RM.	15%
Schweißen	565 RM.	32%
	1750 RM.	100%

Ersparnis gegenüber Guß 30%.

c) Gewicht: 2050 kg brutto. 1925 kg netto, Abfall 6%.

Kosten für:		
Material	500 RM.	75%
Löhne	50 RM.	8%
Zuschläge 150%	75 RM.	11%
Schweißen	40 RM.	6%
	665 RM.	100%

Ersparnis gegenüber Guß 74%.

Vergleich in derartigen Fällen sicherlich aus. Und dazu kommt erst noch die Betriebsbewährung.

Nach K. JURCZYK (*2*) erlangt man bei Zahnrädern, wo Naben, Versteifungen, Speichen und Radscheiben aus Baustahl, der Zahnkranz aus hochwertigem Stahl gefertigt werden, Getriebe von vielfacher Lebensdauer. Demgegenüber stellt O. SMALLEY (*3*) fest, daß hochwertiges Gußeisen im Getriebebau den Stahl- und Bronzerädern überlegen sei, weil Dauerwechselversuche an Meehanite eine Dauerfestigkeit von 15 bis 19 kg/mm², bei geschweißten Konstruktionen von 8 kg/mm² ergeben haben, da bei Meehanite praktisch kein Dickeneinfluß bestehe und kritische Stellen am Zahnfuß nicht zu befürchten seien. Hochwertiges Gußeisen sei verschleißfest, zähe, dämpfungsfähig, homogen, leicht bearbeitbar bei hoher Härte, schlagfest und ohne innere Spannungen. Solche Zahnräder hätten u a. eine glänzende Bewährung im Werkzeugmaschinenbau (Gestalthaltigkeit, Genauigkeit), im Stahlwerk, in der Papier- und Zementindustrie, im Druckgewerbe usw. durch Genauigkeit, Geräuschlosigkeit und Stoßunempfindlichkeit ergeben. In Brikettiermaschinen habe ein Zahn den Prägedruck von 140 t auszuhalten, Schmierung sei unnötig und bis jetzt 200 solcher Maschinen im Dauerbetrieb. Im schweren Kranbetrieb nützten sich Stahlzahnräder schnell ab, hochwertiges Gußeisen dagegen ergäbe eine drei- bis vierfache Lebensdauer. In Betonmischmaschinen und in Zementmühlen hätte Guß bessere Resultate ergeben als vergüteter Stahl. Und das im amerikanischen Markt, wo keine Werkstoffnot zur Einsparung sonderlegierter Stähle führt.

Das ‚lästige' Vibrieren von geschweißten Getriebekästen läßt sich wohl mit gekrümmten Wänden beseitigen, aber damit ist auch ein Teil des Gewinnes durch Schweißen wieder beseitigt. Im Schiffsmaschinenbau hat die Geräuschbildung in gewissen Fällen zu unhaltbaren Zuständen und auch schon zur Rückkehr zum Gußeisen geführt.

In der französischen und englischen Kriegsmarine war die Verwendung von Gußeisen während längerer Zeit unerwünscht, doch ist man auf das Verbot wieder zurückgekommen und hat es aufgehoben.

Walzenbrecher (*4*) werden neuerdings auch geschweißt ausgeführt. Hier lag das Argument vom ‚spröden' Gußeisen besonders nahe. Wer sich einmal bei einem Fallwerk aufstellt und nacheinander Hohlguß aus hochwertigem Guß, aus gewöhnlichem Guß und aus Baustahl zertrümmern sieht, bekommt einen neuen Begriff vom heutigen Grauguß. Das Schlagwort von der Unbrauchbarkeit des Gußeisens bei schlagartiger Beanspruchung ist überholt.

Interessant ist der Vorschlag von JURCZYK (*2*), die Entwicklungsarbeit für den Schweißbau sozusagen von Staats wegen zu fördern dadurch, daß Firmen, die auf den Schweißbau umstellen, also größere Mittel für Schneide- und Biegemaschinen, Pressen, Stanzen und Sondervorrichtungen bereitstellen, in der Werkstoffzuteilung bevorzugt werden sollten, wenn sie gleichwertige oder bessere Arbeit leisten und entwicklungstechnisch tätig sind. Die Entwicklungsarbeit müßte von einer Forschungsstelle aufgenommen werden, die von allen Werken finanziert würde, ähnlich wie beim deutschen Stahlbauverband.

Seit einigen Jahren liegt der Gußradiator mit dem Stahlblechradiator im Kampfe. Der gegossene Radiator ist dem blechernen thermisch nicht unterlegen, auch nur wenig schwerer, aber unbestritten korrosionssicherer und von größerer Lebensdauer.

Der Maschinenguß absorbiert 35 bis 45% des Gußbedarfes, Röhrenguß etwa 13%. Deshalb lohnt es sich, auch mit Rücksicht auf die besonderen Verhältnisse, auf dieses Beispiel näher einzugehen.

Das Schleudergußrohr hat vor den andern einmal die lange Lebensdauer voraus, die nicht laboratoriumsmäßig, sondern durch Gebrauchsbewährung nachgewiesen ist. Bei Gußrohren sind keine besonderen kostspieligen Schutzüberzüge vonnöten, die Tauchteerung genügt. Die hervorragende Festigkeit — es braucht mehrere 100 at, um ein 100er Rohr zu sprengen — schützt vor Wasserschlägen, denen z. B. nichtmetallische Rohre nicht gewachsen sind, und sie gestattet eine weitgehende Reduktion der Wandstärken gegenüber alten Ausführungen. Im Sinne der Werkstoffersparnis sind schon Reduktionen bis zu 15% vorgenommen worden, und neuerdings will man bis zu 30% gehen. Dieses Vorgehen ist richtunggebend. Die Ersparnisse an Gußeisen sind viel weniger im vollständigen Ersatz zu suchen als in der besseren Ausnützung des zur Verfügung stehenden Materials.

Gußeisen scheint sogar zu einem immer beachtlicheren Konkurrenten für Stahlguß aufzurücken. So berichtete H. Harper (*5*) kürzlich, wie durch die Aufrüstung in England und die damit verbundenen langen Lieferzeiten mancher Verbraucher an Stelle von Stahlguß hochwertiges Gußeisen setze und nicht mehr davon abgehe. In steigendem Maße werde verschleißfester Manganhartstahl durch legiertes hochwertiges Gußeisen verdrängt. Die Werbung für hochwertiges Gußeisen habe in USA. und in England dem Guß großen Gewinn gegenüber Bronze, Stahlguß und geschmiedetem, legiertem Stahl gebracht, z. B. für Dieselmaschinenteile, für Ventile für Fluß- und Seewasser, in chemischen Apparaturen und in steigendem Maße im Werkzeugmaschinenbau.

Für Dampfturbinengehäuse war molybdänlegierter Stahlguß das gebräuchliche Material. Es sind Sondergußeisen auf der Ni-Cr-Mo-Basis entwickelt worden, die in Festigkeit und Hitzebeständigkeit den Vergleich durchaus aushalten.

Ähnlich liegt der Fall bei den Bremstrommeln.

Neuerdings wird für eine gemischte Bauweise durch ‚Schweißen und Gießen' geworben. Stahlguß läßt sich gut schweißen, und auch bei Gußeisen sind mit Schweißen sehr beachtliche Erfolge zu verzeichnen. Zur gemischten Bauweise mit Stahlguß- bzw. Gußeisenformstücken und gewalztem und gezogenem Material war nur ein Schritt. Schließlich kommt es nicht allein auf die Werkstoffeinsparung an, sondern auf die Bewährung im Betrieb. Doch wird es sicher Fälle geben, wo sich die beiden Herstellungsverfahren sehr gut ergänzen werden.

Auch neben geschmiedetem Material kann Gußeisen das Feld behaupten. Das bekannteste Beispiel ist die Gußkurbelwelle. Und doch ist sie keine Erfindung der Neuzeit (vgl. S. 955). Auf einer Ausstellung in Philadelphia 1934 wurde eine Gußkurbelwelle aus dem Jahre 1898 gezeigt, die zu diesem Schauzwecke aus einem Bergwerk ausgebaut worden ist. Die legierten Werkstoffe für die Ford-V-8-Wellen sind bekannt. Man denkt heute immer mehr daran, auch für Großkurbelwellen auf Gußeisen überzugehen, wenn ich die Bemerkung von P. L. Jones (*6*) richtig deute: ‚Wenn auch heute ganz große Kurbelwellen noch nicht aus Gußeisen hergestellt werden und dieses Material gegenwärtig auch für andere arbeitende Teile nicht überall enthusiastisch begrüßt wird, so besteht doch ein ausgeprägter Zug in dieser Richtung mit Rücksicht auf die außerordentlich verbesserten Eigenschaften von Sondergußeisen, besonders mit Rücksicht auf die Ermüdungsfestigkeit. Der Vorteil einer solchen Konstruktion im Hinblick auf die billige und rasche Herstellung liegt auf der Hand.'

Immerhin sind meines Wissens bereits Kurbelwellen bis 2,5 t aus Gußeisen in Betrieb genommen.

Näheres über Gußkurbelwellen findet sich u. a. in dem ausgezeichneten Aufsatz von Klingenstein, Kopp und Mickel (*7*). Die Forschungsstätten im ganzen Reich bearbeiten das Problem der Gußkurbelwelle aus unlegiertem Grauguß.

Hier und für ähnlich gelegene Fälle wird dem Gußeisen ein reiches Feld der Anwendung erwachsen. Vgl. Kap. XXVII e.

Die Entwicklung geht heute über die Bachschen Zahlen und ihre vermeintlichen Sicherheiten hinaus. Wer ein Gußeisen von 15 bis 18 kg/mm² wirklicher Zugfestigkeit und von einer Soll-Festigkeit von 12 kg/mm² nach BACH im 3. Belastungsfall mit 1 kg/mm² berechnete, blieb unbewußt weit unter korrosiver Ermüdung. Hätte man schon früher Kurbelwellen, Räder usw., die man glaubte wegen hoher Festigkeit aus Schmiedestahl machen zu müssen, aus bestem Zylinderguß hergestellt, es wären bestimmt sehr viele Brüche nicht eingetreten und viele Werte nicht vernichtet worden.

Gußeisen unterscheidet sich vom Stahl in seiner Grundsubstanz nicht; der Ermüdungsbruch von Stahl als Ausdruck der Kerbempfindlichkeit stimmt mit dem typischen Kerbbruch des Gußeisens überein. Rd. 90% aller Brüche sind Dauerbrüche; in 90% aller Schäden hätte das Gußeisen somit besser abgeschnitten. War es immer in allen 10% der Gewaltbrüche besser, daß das überbeanspruchte Maschinenelement endlose Deformationen erlitt, was unter Umständen zu weitgehender Zerstörung des ganzen Maschinenverbandes führte? Im Maschinenbau, vorzüglich im Elektrobau, gilt der Grundsatz der Sicherung, die bei Überbeanspruchung vernichtet wird, um größeres Unheil zu verhüten. Und nun soll es im Falle des Gußeisens ein Grundübel sein, was richtig angewendet eine vorzügliche Eigenschaft ist?

Abb. 1161. Betonguß-Schachtabdeckungen für schweren Straßenverkehr.

Die Leichtmetalle haben sich in steigendem Maße, namentlich im Transportmittelbau, in den Wettbewerb der Schwermetalle eingeschoben, vor allem wo das Gewicht bzw. die Masse eine ausschlaggebende Rolle spielt, wie im Flugzeugbau, in der Automobil- und der Triebwagenindustrie; beim leichten schnellaufenden Motor z. B. ist das Leichtmetall gegenüber dem früher allein herrschenden Graugußkolben im Vorteil. Für einzelne Verwendungszwecke, wie Zylinder und Zylinderköpfe, ist der Kampf noch nicht überall eindeutig entschieden. Die Silumin- und die Aluminium-Kupfer-Nickel-Legierungen (Y-Leg, Hyduminium) weisen hervorragende Festigkeitswerte in der Kälte und in der Wärme auf; auch die Dauerfestigkeiten und die Kerb- und Korrosionssicherheit sind verhältnismäßig hoch (*8*), so daß eine Wendung zugunsten des Gußeisens kaum zu erwarten ist. Immerhin ist eine Verbesserung der Aussichten für Gußeisen bei energischem Einsatz der Sondergüten in Verbindung mit den Leichtkonstruktionen zu erwarten.

Nicht ohne Reiz ist die Beobachtung, daß die Nichtmetalle, und hier vor allem die neuen Kunstharze, dem Leichtmetall Absatzgebiete streitig machen, die vor nicht allzu langer Zeit dem Gußeisen gehörten. Dafür bietet die Elektrotechnik manches Beispiel; wir erinnern an Schalterkasten, Kabelschutzdeckel und ähnliches.

Der neue Werkstoff ‚Kunstharz' wird noch manche Überraschung bringen. Bei der Konkurrenz mit dem Schweißbau ist diese Entwicklung immerhin bemerkenswert.

Dafür, daß auch Beton und Zement als Ersatz für Gußeisen auftreten, bietet die Schachtabdeckung (Abb. 1161) ein vom konstruktiven Standpunkt aus gelungenes Beispiel. Die neue Ausführung läßt sich allerdings auch unter den Begriff der Leichtkonstruktion einreihen und liegt deshalb in der Entwicklungsrichtung.

Ein Bauwerk muß mit kleinstem Materialaufwand bei angemessenem Preis mindestens den geforderten Betriebsbedingungen genügen. Man war jahrzehntelang im unklaren über die eigentliche Beanspruchung der Werkstoffe. Heute wissen wir die Wirkung des Kraftflusses, die Verteilung der Spannungslinien und ihrer Störungen besser einzuschätzen und durch Teilung des Kraftflusses, durch Massenverlegung und Verbesserung des Kraftangriffes, durch formale Beherrschung der Übergänge usw. die Energieleitung so störungsfrei zu gestalten, daß eine viel bessere Ausnützung des Werkstoffes möglich ist.

Eine wichtige Frage, die viel zuwenig berücksichtigt wird, ist die systematische Erziehung der Konstrukteure, auf die Schwindungsverhältnisse und die dadurch bedingten Spannungen Rücksicht zu nehmen. Man überläßt es dem Gießer, durch ausgeklügelte Kunstgriffe, die seine Arbeit nicht vereinfachen, der Schwierigkeiten Herr zu werden, wo sich durch Teilung der Gußstücke, Überführung von Zugspannungen in Biegespannungen u. ä. rein konstruktiv eine wertvolle Verbesserung erzielen ließe.

Die bis jetzt geleistete Entwicklungsarbeit war gewaltig; die Gießer haben seit rund 25 Jahren zäh und erfolgreich die Qualität des Gußeisens verbessert. Das Gußeisen ist heute wieder wie ehedem ein überragender Werkstoff mit eigentümlichen, vortrefflichen Eigenschaften. Aber diese Tatsache ist dem Konstrukteur und dem Verbraucher noch nicht genügend zum Bewußtsein gekommen. Es fehlt nicht am Werkstoff, es fehlt aber immer noch an hinreichender Aufklärung.

Die Eigenschaften des Gußeisens stellen heute diesen Werkstoff mehr denn je in die vorderste Linie der Baustoffe. Es gibt kaum eine Aufgabe in der Herstellung der Bedarfsgüter, die nicht wirtschaftlich mit Gußeisen gelöst werden könnte, aber viele können wirtschaftlich nur mit Gußeisen gelöst werden."

Schrifttum.

(*1*) Bertschinger, R.: Ist Grauguß als Baustoff überhaupt zu ersetzen? Vortrag auf der 27. Hauptversammlung des Vereins deutscher Gießereifachleute am 21. Okt. 1938 in Berlin. Vgl. Gießerei Bd. 35 (1938) S. 55, sowie Mitt. aus dem Gießerei-Institut der T. H. Aachen Bd. 6 (1940).
(*2*) Jurczyk, K.: Elektroschweißg. Bd. 9 (1938) S. 160.
(*3*) Smalley, O.: Foundry Trade J. Bd. 57 (1937) S. 62.
(*4*) Thum, A., u. Ochs: Diss. T. H. Darmstadt 1935.
(*5*) Harper, H.: Foundry Trade J. Bd. 58 (1938) S. 25.
(*6*) Jones, P. L.: Foundry Trade J. Bd. 58 (1938) S. 86.
(*7*) Klingenstein, Th., Kopp H., u. E. Mickel: Mitt. GHH.-Konzern Bd. 6 (1938) S. 39; vgl. auch Kapitel XXVIIe dieses Buches.
(*8*) Sachs, G.: Fortschritte im Leichtmetallguß für hohe Beanspruchungen. Z. VDI Bd. 77 (1933) S. 115.

Anhang.

Die Entwicklung der Schmelzüberhitzung.

(Die in diesem Anhang angeführten Schrifttumsstellen beziehen sich auf die entsprechenden Zahlen des Schrifttumsverzeichnisses von Kapitel VIIh dieses Werkes.)

Während das auf dem Hanemann-Effekt basierende Verfahren seinerzeit zu einer Patenterteilung führte, wurde die ältere Anmeldung von E. Piwowarsky (*54*), betreffend Anwendung einer für damalige Verhältnisse anormalen Schmelzüberhitzung, im Beschwerdeverfahren vom deutschen Reichspatentamt abgelehnt; in den meisten anderen Kulturländern, darunter auch in Amerika (*54*), wurde ihr Schutz gewährt. Die Anmeldung von E. Piwowarsky bezog sich auf ein

„Verfahren zur Herstellung eines hochwertigen Roh- oder Gußeisens durch Überhitzen der Schmelze“, und zwar sollte gemäß dem bekannt gemachten Anspruch 1 das flüssige Eisen über diejenige Temperaturgrenze erhitzt werden, „bei deren Überschreitung die Karbidbildung ab- und die Graphitbildung zunimmt“. Nach Anspruch 2 sollte die Überhitzungstemperatur 300 bis 550° über der Erstarrungstemperatur liegen, mindestens aber 1500° betragen; nach Anspruch 3 schließlich konnte ein so behandeltes Eisen mit einem matt erschmolzenen, d. h. nicht überhitzten, gemischt werden. Anspruch 1 wurde im Beschwerdeverfahren abgelehnt (*55*), da der Umkehrpunkt nicht immer zu beobachten sei und daher „die in dem Anspruch gegebene Anweisung den angestrebten Erfolg des Verfahrens nicht gewährleiste“. Aber auch Anspruch 2 wurde abgewiesen, und zwar unter Hinweis auf den Aufsatz von G. K. ELLIOT (*56*). In diesem Aufsatz empfiehlt ELLIOT die Verwendung des Elektroofens für die Herstellung oder Nachbehandlung von Gußeisen als Ergänzung des Kupolofens. Letzteren teilte ELLIOT damals seiner Betriebsführung nach in drei Klassen ein, je nach der erzielten Temperatur:

Schlechter Kupolofenbetrieb sei ein solcher mit anfallendem Rinneneisen unter 1385°. Normaler Ofenbetrieb ergebe Temperaturen von 1385 bis 1427°, hervorragend geführte Kupolöfen (excellent cupola practice) hätten ein Rinneneisen von 1427° und darüber. Mit Rücksicht auf die Herstellung niedrig gekohlter, phosphor- und siliziumarmer, daher also schwerflüssiger (nonfluid iron) Eisensorten, sowie mit Rücksicht auf die notwendige oder gewünschte Entschwefelung, insbesondere bei Verwendung billiger Einsatzstoffe, sei mitunter eine höhere Temperatur und damit der Übergang zum Elektroschmelzen von Vorteil, über dessen obere Temperaturgrenze ELLIOT sich wie folgt ausdrückt:

“For most purposes the limit for superheating gray iron in the electric furnace may be set at 2750 degrees (= 1510° C), although when needed, higher temperatures are readily attained. Nothing is gained by excessive superheating unless when a more thorough cleansing of the metal is needed.” ELLIOT sah also selbst beim Elektroofenbetrieb in 1510° die oberste Temperaturgrenze für die Überhitzung und weist darauf hin, daß nötigenfalls auch höhere Temperaturen „erreichbar“ seien, falls eine durchgreifende Reinigung des Materials gefordert wird. Hätte jedoch ELLIOT den kausalen Zusammenhang zwischen den für damalige Verhältnisse anormalen Überhitzungstemperaturen von 300 bis 550° über den Schmelzpunkt (d. h. 1450 bis 1750°) und dem Grad der Graphitverfeinerung bzw. der weiteren Verbesserung der Festigkeitseigenschaften erkannt, so hätte er zweifellos als Verfechter des Duplex-Verfahrens auf diese Beziehungen hingewiesen und auch für normale Betriebsverhältnisse, d. h. für die Herstellung normal bis höher gekohlter Eisensorten höhere Überhitzungstemperaturen als 1510° gefordert. Ja, er hätte diese Forderung nicht nur für den Elektroofenbetrieb aussprechen, sondern ganz allgemein und auf der ganzen Linie der Gußeisengewinnung aus Gründen der Qualitätssteigerung unabhängig vom Ofensystem die Erstrebung möglichst hoher Überhitzungstemperaturen empfehlen und fordern müssen, wie dies dem Sinn der Piwowarskyschen Anmeldung entspricht. Aber nicht nur das geschah nicht, sondern ELLIOT riet für normale Betriebsbedingungen geradezu von höheren Temperaturen ab, indem er den Elektroofen nur für die oben erwähnten Sonderzwecke als Zusatzaggregat empfiehlt, wobei er wörtlich sagt:

“The time is not yet at hand to recommend the electric furnace for general castings under ordinary conditions, but only to suggest it as a highly efficient adjunct to the cupola for extraordinary castings and circumstances.”

Die praktische Bedeutung der Schmelzüberhitzung. Noch im

Jahre 1925 sprach P. Goerens (*57*) im Rahmen eines Vortrages, betitelt: „Wege und Ziele zur Veredelung von Gußeisen“, folgendes aus: „Man hat nun lange gesucht und sucht auch heute noch nach einem Verfahren, welches den Graphit (beim Sandguß, d. V.) bereits während der Erstarrung und nicht erst, wie beim Temperguß, nach einer Glühbehandlung in diese Form (nämlich die feineutektische, temperkohleartige, d. V.) überführt.“ Die Problemstellung lag also damals in der Luft und es waren zweifellos an verschiedenen Stellen der Praxis im Sinne dieser Bestrebungen bereits beachtliche Fortschritte erzielt worden. So war es z. B. manchen Walzengießern nicht mehr unbekannt, daß der Übergang von kohlebeheizten Flammöfen auf solche mit Rekuperativ- oder Regenerativfeuerung vielfach ein feineres Korn im Bruchgefüge von Walzenguß ergab. Unbeschadet ähnlicher Beobachtungen, die um dieselbe Zeit durch die Einführung heißer gehender Öfen in einigen Graugießereien gemacht worden waren (*58*, *59*, *60*), gebührt jedoch zweifellos den Arbeiten des Verfassers aus dem Jahre 1925 (*61*, *62*) schrifttumsmäßig die Priorität, erstmalig einen systematischen und grundsätzlich reproduzierbaren kausalen Zusammenhang zwischen einer in zunehmend hohe Temperaturgebiete durchgeführten Überhitzung und dem Gefüge von Gußeisen, insbesondere der Menge und Ausbildungsform des Graphits aufgezeigt zu haben.

In diesem Zusammenhang sei darauf hingewiesen, daß Th. Klingenstein (*63*) in einer Diskussion über die Bedeutung der Schmelzüberhitzung vor etwa 15 Jahren

„. . . die Genauigkeit der in der Praxis gemachten und in der betreffenden Diskussion angeführten Temperaturangaben bezweifelt und außerdem Anlaß fand, darauf hinzuweisen, daß es ein Verdienst von E. Piwowarsky gewesen sei, zuerst als Mittel zum Zweck einer Materialverbesserung eine starke Überhitzung des Eisens mit dem Ziel einer verfeinerten Graphitausscheidung klar erkannt zu haben.“ Auch W. Guertler sagt zur Frage der Schmelzüberhitzung (*64*):

„. . . Im allgemeinen sucht man beim Gießen von Metallen und Metallegierungen eine Überhitzung zu vermeiden. Von den mancherlei Gründen hierfür sind die wichtigsten: erstens die Kostenersparnis an Wärmeaufwand, zweitens die Vermeidung grobstrahligen Gefüges, drittens die Vermeidung der Gefahr einer verstärkten Reaktion mit Flammengasen, die das Produkt im allgemeinen verderben . . . Demgegenüber ist aber anderseits zuzugeben . . ., daß man auch zur Zeit der Anmeldung des umstrittenen Patentes (vom 29. Juni 1926) schon Fälle gekannt hat (gemeint sind Grauguß und gewisse Aluminiumlegierungen, d. V.), in denen im Gegensatz zur allgemeinen Regel eine Überhitzung der Schmelze aus besonderen Gründen günstige Wirkung auf die erzielten Festigkeitseigenschaften gehabt hat . . .“

Aus der großen Zahl zustimmender Äußerungen in- und ausländischer Wissenschaftler und Praktiker zur Bedeutung der von deutschen Forschern und Praktikern entwickelten Verfahren im Zusammenhang mit der Anwendung der Schmelzüberhitzung seien im folgenden einige herausgegriffen und wiedergegeben:

1. J. T. MacKenzie, Birmingham (USA.), sagt in der Diskussion zum Vortrag von E. Piwowarsky auf dem Intern. Gießerei-Kongreß zu Detroit, USA. 1926 (*65*):

I think Prof. Piwowarsky's discovery has explained more things to the foundrymen, than anything that has come out in a good many years. I feel that Prof. Piwowarsky cannot be too highly complimented on this paper and that his work has supplied the most important generalisation on cast iron of the last decades.

2. The Metallurgist, 29. Jan. 1926 sagt bei der Besprechung der ersten Piwowarskyschen Arbeiten über die Schmelzüberhitzung:

Prof. Piwowarsky's work may prove to have opened up a new avenue in the treatment of cast iron and possibly of other complex alloys. And it can be said that a new line of research has been suggested by these experiments, but that both the fundamental facts and still more the far-reaching hypothesis advanced to account for them require experimental investigation. All three papers, however, are of special interest as an indication of the spirit in which German metallurgists are attacking the complex problems of cast iron. The makers and users of cast iron in this country cannot afford to let our investigators lay behind in such an attack.

3. F. MEYER, Winterthur, Schweiz (Beitrag zur Frage der Einwirkung einer weitgehenden Überhitzung auf Gefüge und Eigenschaften von Gußeisen) sagt (*66*):

Mit einer perlitischen Grundmasse allein ist die besondere Güte des Gußeisens noch nicht verbürgt...

Zu den wichtigsten Arbeiten während der letzten Jahre über die Graphitbildung im Gußeisen dürften die Berichte von E. PIWOWARSKY gehören, in denen er auf die planmäßige Beeinflußbarkeit des Feinheitsgrades der Graphitbildung durch Überhitzung im Schmelzfluß hinweist. Die für die Praxis so außerordentlich wertvolle Tatsache einer planmäßigen Graphitverfeinerung im Schmelzfluß ist von vielen Seiten nunmehr so zuverlässig bestätigt worden, daß an ihrer Tatsache kein Zweifel mehr besteht.

4. W. VALENTIN (*67*) sagt in einem Aufsatz über niedriggekohltes schmiedbares Eisen aus dem Kupolofen:

Noch bis zum Jahre 1925 waren es Zufallstreffer, wenn ein Gußeisen anfiel, das statt der gewöhnlichen groben Lamellen den Graphit in einer feineutektischen Ausbildung zeigte ... Mit diesen Beobachtungen (gemeint ist eine Graphitverfeinerung durch Guß in Kokille, d. V.), die als Voraussetzung für ein Graphiteutektikum eine rasche Abkühlungszeit verlangen, konnte indes die überwiegende Masse der Gußeisenerzeuger, die Sandguß herstellen, nicht viel anfangen, und man wird daher das Aufsehen begreifen, das PIWOWARSKY's überraschende Mitteilung machte, daß „unabhängig vom Siliziumgehalt sämtliche Eisensorten mit zunehmender Überhitzung eine steigende Verfeinerung des graphitischen Gefügeanteils zeigten." Diese Feststellung wurde nicht nur von der Praxis bestätigt, sie wurde auch der Ausgangspunkt einer Reihe von Verfahren, die die Herstellung von Gußeisen höherer Wertigkeit zum Ziele hatten.

5. H. HANEMANN, Berlin, aus einem Gutachten für die Beschwerdeabteilung des Reichspatentamtes (Juli 1930).

... Die Entwicklung der Graugußherstellungsverfahren und die theoretische Erkenntnis ist seit dem Tage der Anmeldung des Piwowarskyschen Patentes in einem sehr schnellen Tempo fortgeschritten. Es ist heute in den Vorstellungen der Fachwelt der Begriff „Überhitzung" ohne weiteres als selbstverständlich verknüpft mit der Erzeugung eines Graugusses hoher Güte. Es sind auch über die damaligen Piwowarskyschen Gesichtspunkte hinaus weitere Theorien für den Grauguß aufgestellt worden. Dies darf aber nicht dazu verleiten, den Inhalt der Erfindung etwa mit dem Maßstab der heutigen Erkenntnisse zu messen. Maßgebend muß bleiben der Stand der Technik am Tage der Erfindung und der Einfluß, den die Bekanntgabe der Piwowarskyschen Forschungen zur Zeit der Patentanmeldung auf die Entwicklung des Gießereiwesens gehabt hat. Aus dieser Erwägung muß ausdrücklich festgestellt und besonders betont werden, daß der Anstoß zu dem heutigen Graugußüberhitzungsverfahren in Deutschland und von hier aus sich auch international ausbreitend von den Arbeiten PIWOWARSKY's ausgegangen ist. Es war schon vorher aus den elektrischen Schmelzverfahren bekannt, daß auch Grauguß unter Umständen hohen Temperaturen ausgesetzt werden kann, aber dies wurde immer noch als unangemessen für die reguläre Metallurgie des Graugusses empfunden. Die mit dem Grauguß an sich gegebene niedere Schmelztemperatur hatte die Vorstellung hervorgerufen, daß der Grauguß in der Regel nicht höher erhitzt werden soll als bis zu einer guten Dünnflüssigkeit. Es erschien in der damaligen Zeit sinnlos, den Grauguß höher zu erhitzen, weil ja jede Erhitzung mit höheren Aufwendungen für Schmelzkosten und wesentlich höheren Aufwendungen an Öfen, Formmaterial, Formtechnik und Arbeiter verbunden ist. Erst die Arbeiten von PIWOWARSKY haben den grundlegenden Wandel in der Auffassung der Gießereifachwelt gebracht, nämlich daß die Überhitzung von Grauguß metallurgisch geboten ist. Man muß daher erklären, daß es gerade diese Arbeiten waren, niedergelegt in der Veröffentlichung von PIWOWARSKY (*68*) und in der entsprechenden obigen Patentanmeldung, welche eine neue Ära im Gießereiwesen begründet haben.

6. F. SAUERWALD, Breslau, aus einem Gutachten für die Beschwerdeabteilung des Reichspatentamtes, 21. Juli 1930, sagt über das Wesen der Graugußüberhitzung:

Der Ausgangspunkt des Verfahrens ist eine ganz bestimmte, von Prof. PIWOWARSKY in eigenst dazu angestellten Versuchen gemachte Feststellung über den Zusammenhang von Erhitzung des flüssigen Gußeisens auf bestimmte sehr hohe Temperaturen mit den im festen Zustand erzielbaren Gefügen und Eigenschaften ... Die dabei gemachten Feststellungen und damit die Begründung eines Überhitzungsverfahrens sind durchaus neuartig ... Es ist noch niemals vor den Piwowarskyschen Arbeiten eindeutiges Material beigebracht worden, daß durch eine besondere Behandlung bei so hohen Temperaturen das Gefüge und die Eigenschaften im festen Zustand in bestimmter Weise beeinflußt werden. Auch sind nirgendwo Vorschläge gemacht worden, die darauf hinauslaufen, einen bestimmten Effekt, wie die

Erzielung des Graphiteutektikums oder einer temperkohleartigen Ausbildung des Graphits, auf einem genau vorgeschriebenen Wege, nämlich die Erhitzung auf ganz bestimmte Temperaturen der Schmelze, zu erreichen . . .

Was die grundsätzliche praktische Bedeutung des Verfahrens und die Beurteilung seiner Neuheit vom allgemeinen metallkundlichen Standpunkt aus betrifft, so kann durchaus auf die früheren Ausführungen des Unterzeichneten (*69*) verwiesen werden, wo die Piwowarskyschen Vorschläge als die einzigen bisher bekannten, in der angedeuteten Richtung liegenden bezeichnet werden.

Daß das angemeldete Verfahren zur Veredelung des Gußeisens durchaus neuartig ist, geht auch aus der speziellen Entwicklung der Gußeisenmetallurgie ganz deutlich hervor, und zwar sieht man dies am leichtesten aus einem Studium der grundlegenden Gießerei-Lehr- und -Handbücher. Gerade in den Lehr- und Handbüchern findet sich alles das, was für die Entwicklung eines Gebietes von grundlegender Bedeutung ist, am deutlichsten wieder. In diesem Zusammenhang ist vom Unterzeichneten die gesamte Buchliteratur daraufhin geprüft worden, ob bereits vor dem Erscheinen der für die Patentanmeldung maßgebenden Arbeit von Piwowarsky entsprechende Hinweise sich finden, aus denen auf die Anwendung ähnlicher Verfahren in früheren Zeiten geschlossen werden kann. Es ist davon nicht die Rede. Von den maßgebenden Büchern, die bis 1925 erschienen sind, nenne ich:

Moldenke, R.: The Principles of iron Foundry. New York: Mc. Graw Hill Book Company 1900.

Osann, B.: Lehrbuch der Eisen- und Stahlgießerei. Leipzig: W. Engelmann 1922.

Geiger, G.: Handbuch der Eisen- und Stahlgießerei, Bd. 1. Berlin: Springer 1925.

Mehrtens, J.: Gußeisen. Berlin: Springer 1925.

Die Verfasser der vorliegenden Werke gehören zu den ersten Fachleuten des Gießereiwesens und es wäre, falls irgendwelche Vorschläge zur Schmelzüberhitzung vorgelegen hätten, sehr verwunderlich, wenn alle diese Autoritäten dies übersehen hätten. Dagegen wird nach dem Erscheinen der dem angemeldeten Patent zugrunde liegenden Untersuchungen in steigendem Maße dem Einfluß hoher Erhitzungstemperaturen in den Handbüchern unter Bezugnahme auf die Piwowarskyschen Arbeiten Rechnung getragen. Die ausführliche Berücksichtigung unter Anerkennung ihrer Priorität finden diese Arbeiten in:

Kerpely, K. v.: Die metallurgischen und metallographischen Grundlagen des Gußeisens, S. 37ff. Halle: W. Knapp 1928.

In Geiger: Handbuch der Eisen- und Stahlgießerei, III. Bd. Berlin: Springer 1928 kommt auf S. 421 gerade bei der Besprechung des Schmelzens von Gußeisen im Elektroofen die Priorität der Piwowarskyschen Untersuchungen in dieser Frage klar zum Ausdruck.

7. Jungbluth, H. (aus dem Sonderheft aus Anlaß des 25jährigen Bestehens des VDG, 1934): Gußeisenforschung in den letzten 25 Jahren, sagt nach Besprechung des niedriggekohlten Eisens (Sternguß und Emmelguß) bzw. des E. Schüzschen Kokillengusses: E. Piwowarsky (1925) auf der einen, Hanemann (1925) auf der anderen Seite schufen endlich einen vierten Typ unlegierten hochwertigen Gußeisens, nämlich das schmelzüberhitzte Gußeisen. In der Folge wurden die Verfahren zur Herstellung hochwertigen Gußeisens meist gekoppelt, sei es, daß man bei niedriggekohltem Eisen mit dem C-Gehalt in die Höhe ging und für nachträgliche Überhitzung sorgte, sei es, daß man durch hohe Stahlsätze im Kupolofen schon von selbst eine gute Überhitzung erzielte.

8. Dr. Richard Moldenke (USA.): Die Herstellung von hochwertigem Gußeisen. (Nach einem Vortrag in der American Electrochemical Society am 26. Sept. 1930 zu Detroit, USA.) (*70*):

Die Grundlage bei der Herstellung von hochwertigem Gußeisen bildet die von deutschen Forschern gemachte Entdeckung, daß graues Gußeisen, unter den gewöhnlichen Überhitzungsverhältnissen im Kupolofen erschmolzen, mikroskopisch kleine Kristalle oder Graphitkeime enthält . . .

Mit der Entdeckung, daß einfach erschmolzenes Eisen gebundene Graphitkeime enthalten kann, stellte sich heraus, daß durch Erhöhung der Temperatur diese Keime sich mehr und mehr auflösen und bei Kupolofeneisen bei etwa 1500°, im Flammofen bei einer etwas niedrigeren Temperatur völlig verschwinden . . . Mit der Entdeckung der Wirkung der Graphitkeime und des Wertes der Überhitzung des erschmolzenen Eisens ist eine Anzahl patentierter Verfahren zur Herstellung von hochwertigem Gußeisen aufgetaucht . . .

9. Phillips, G. P. (U.S.A.): Superheating Cupola Melted Iron (*71*):

The tests indicate that superheating of cupola melted, steelmixed, alloy iron, melted at high temperature in the cupola, is of no particular advantage except that of higher temperature only. In the case of plain iron or very low alloy content iron, made with a pig-scrap mixture in the cupola, a decided improvement was found by superheating the metal. Microscopic examination of the various metals showed little change in graphite size and distribution in the alloy irons but did show improvement in the plain pig-scrap iron of the second series.

10. DELBART, G. (Frankreich) sagt (*72*):

La surchauffe de la fonte à l'état liquide, soigneusement conduite tant aux points de vue durée que température et additions finales, permet d'obtenir un affinement fort intéressant des particules de graphite; l'influence de la scorie et de l'atmosphère du four dans lequel est effectué ce traitement est également assez importante.

11. NEUENDORF, G. (U.S.A.) (*73*), schreibt im Rahmen einer Darstellung der Entwicklungsgeschichte des hochwertigen Gußeisens folgendes:

A new viewpoint is thrust into the discussion on graphite refining, by the investigations of PIWOWARSKY, who by a preliminary superheating of the cast iron, accomplished an improved graphite crystallisation and consequently better physical properties. This work was the beginning of a number of further investigations, which were carried out especially at the Kaiser Wilhelm-Institut für Eisenforschung in Düsseldorf.

12. ACHENBACH, A. (*74*), Leipzig: „Die Entschwefelung und Überhitzung der Schmelze im Gießereischachtofen", sagt zur Überhitzung von Gußeisenschmelzen:

Die Erkenntnis von dem hohen metallurgischen Wert der Schmelzüberhitzung für die Gefügebildung des Gußeisens durch feine Verteilung der Graphit-, Sulfid- und Phosphidbestandteile hat eine große Reihe von Einrichtungen zur künstlichen Steigerung der Schacht- und Vorherdtemperaturen gezeitigt.

13. PINSL, H. (*75*), Amberg: Der Einfluß der Überhitzung und der Vergießtemperatur auf gewöhnlichen Handels- und Maschinenguß; sagt:

Die Verfahren zur Herstellung von hochwertigem Grauguß, von denen in den letzten Jahren so viel die Rede war, sind zum großen Teil auf der Überhitzung der Gußeisenschmelze aufgebaut. Ob nun diese Überhitzung im Elektroofen oder im Ölflammofen oder mit Hilfe der Kohlenstaubfeuerung nachträglich an dem heruntergeschmolzenen Kupolofeneisen erfolgt oder durch geeignete Maßnahmen direkt im Kupolofen vorgenommen wird, die günstige Wirkung auf Graphit und Gefügeausbildung ist dieselbe und in ihrem Ausmaß nur abgestuft durch die Dauer und Höhe der Überhitzung.

14. VÄTH, A. (*76*), Gußeisengattierung und Gußeigenschaften, sagt über den Einfluß der Überhitzung:

Wie bekannt, verfeinert die Überhitzung das Korn des Gußeisens und erhöht Härte und Festigkeit ...

Die Überhitzung des Gußeisens äußert sich in erster Linie in der Graphitverfeinerung.

15. PASCHKE, F. (*77*), München, sagt in einer Arbeit, betitelt, „Warum sollen wir das Gußeisen heiß herunterschmelzen und sehr heiß vergießen?":

Zusammenfassend kann gesagt werden: Durch heißestes Gießen kann man die Qualitäten des Gußeisens bis nahe an die des Stahles bringen, kann die die Güte des Gußeisens behindernden Eisenbegleiter, Silizium und Phosphor, herabmindern und braucht die üblen Wirkungen des Schwefels weniger zu fürchten. Ausschußgründe, die durch fehlerhaftes Formen verursacht werden, können durch heißes Eisen eher begegnet werden als durch kalt vergossenes. Wo durch kalt vergossenes Eisen in solchen Formen unbedingt Ausschuß entstehen würde, kann man mit heißem Eisen immer noch auf ein gutes Gußstück rechnen. Mit heißem Schmelzgang und heißem Vergießen des überhitzten Eisens kann man Gußstücke erzeugen, die man sonst nur glaubt durch Zusätze von Nickel, Chrom und anderen devisenzehrenden Legierungsbestandteilen erreichen zu können. Die vordringliche Aufgabe der deutschen Gießereifachleute ist aber, ohne diese Zusätze hochwertiges Gußeisen zu erzeugen.

16. SIMPSON, G. L. (U.S.A.) (*78*): Hochwertiges Eisen aus dem Elektroofen. Wird Eisen bis auf 1560° überhitzt, so bildet es weiße Dämpfe. Erst bei Überschreitung von 1620° wird die Oberfläche des Eisenbades wieder klar. So überhitztes Eisen ist besser, als es vor dem Überhitzen war. Es läßt sich leichter bearbeiten und hat höhere Festigkeit, obwohl in seiner chemischen Beschaffenheit kein Unterschied nachzuweisen ist. Eine große Gießerei schmilzt ihr Eisen im Kupolofen und erhitzt es dann im Elektroofen auf 1650°. Solches Eisen erlangt gleiche Werte wie Eisen mit 1% Ni.

17. DI GIULIO, A., u. A. K. WHITE (U.S.A.) (*79*): Der gute Einfluß einer Überhitzung hinsichtlich der physikalischen Eigenschaften ist bekannt ... Alle Festigkeitseigenschaften stiegen mit zunehmender Überhitzungstemperatur stark an, solange 1650° nicht überschritten wurden. Eine wirklich bemerkenswerte Graphitverfeinerung liegt nach Ansicht des Berichterstatters erst oberhalb des Wendepunktes (1500°) vor ...

18. DIEPSCHLAG, E. (*80*): Als erster hat wohl E. PIWOWARSKY schon 1925 von der impfenden Wirkung nicht ganz in Lösung gegangener Graphitreste in der Schmelze gesprochen.

19. NORBURY, A. L., u. E. MORGAN (England) (*81*) sagen beim Aufzählen einer Reihe von Faktoren, welche die Struktur des Graugusses beeinflussen können:

1. Schmelzüberhitzung bewirkt eine Verfeinerung des Graphits und eine Abnahme des gebundenen C-Gehaltes.

2. Das gleiche gilt für längeres Erhitzen auf 1300 bis 1400°. Am deutlichsten wird die Sonderheit der Schmelzüberhitzung von Grauguß, wenn man, wie dies in Abb. .. geschehen

ist, die Überhitzungstemperaturen einiger technischer Nutzlegierungen denen von Grauguß verschiedener Überhitzungsstufen gegenüberstellt.

Heute hat sich die Praxis übereinstimmend darauf eingestellt, flüssiges Gußeisen in Bereiche über 1450° C zu überhitzen. Eine so starke Überhitzung wird heute nicht mehr als ungewöhnlich hoch empfunden, vielmehr als Mindestgrenze für die Herstellung von Qualitätsguß gekennzeichnet.

Th. Geilenkirchen (*82*) schrieb unter dem Thema: „Probleme der Erzeugung hoher Temperaturen“ im Jahre 1928 folgendes:

„Ich möchte besonders hervorheben, daß sämtliche Verfahren zur Herstellung von hochwertigem Gußeisen die Behandlung des geschmolzenen Eisens bei Temperaturen voraussetzen, die man bis dahin in der Schmelzofenpraxis nicht anwandte. Damit entwickelt sich das Problem der Herstellung hochwertigen Gußeisens zu einem Problem der Erzeugung hoher Temperaturen in den Schmelzöfen ... Es erscheint aber vor allem wichtig, auf die Erreichung hoher Temperaturen auch im Kupolofen hinzuarbeiten, denn der Kupolofen ist und bleibt der einfachste und beste Schmelzofen für die Eisengießereien. Abb. 1114 (vgl. auch S. 937 dieses Buches, d. Verf.) zeigt in anschaulicher Weise, wie die Bedingung der Erzielbarkeit hoher Temperaturen durch die verschiedenen Schmelzöfen zu erfüllen ist ... Für den Kupolofen sind zwei Linien eingezeichnet, einmal diejenige Temperatur, bis zu der das Eisen in jedem gewöhnlichen Kupolofen ohne Beachtung besonderer Vorsichtsmaßregeln erhitzt werden kann und eine zweite Temperaturlinie, welche in einem vernünftig konstruierten und betriebenen Kupolofen erreicht werden muß ...“

Sachverzeichnis.

n the United States
nasters